重庆市市政工程施工技术资料编写示例

CHONGQINGSHI SHIZHENG GONGCHENG SHIGONG JISHU ZILIAO BIANXIE SHILI

上册

廖奇云 ▲主编

重庆出版集团 重庆出版社

图书在版编目(CIP)数据

重庆市市政工程施工技术资料编写示例 / 廖奇云主编. —重庆：重庆出版社, 2015.2

ISBN 978-7-229-09443-0

Ⅰ.①重… Ⅱ.①廖… Ⅲ.①市政工程—工程施工—资料—编制—重庆市 Ⅳ.①TU99

中国版本图书馆CIP数据核字(2015)第026258号

重庆市市政工程施工技术资料编写示例

CHONGQINGSHI SHIZHENG GONGCHENG
SHIGONG JISHU ZILIAO BIANXIE SHILI

廖奇云 主编

出 版 人：罗小卫
责任编辑：陈渝生
责任校对：杨 军
装帧设计：重庆出版集团艺术设计有限公司·卢晓鸣

重庆出版集团
重庆出版社 出版
重庆市南岸区南滨路162号1幢 邮编：400061 http://www.cqph.com
重庆出版集团艺术设计有限公司制版
重庆紫石东南印务有限公司印刷
重庆出版集团图书发行有限公司发行
E-MAIL:fxchu@cqph.com 邮购电话：023-61520646
全国新华书店经销

开本：889 mm×1194 mm 1/16 印张：99 字数：3100千
2015年4月第1版 2015年4月第1次印刷
ISBN 978-7-229-09443-0
定价：288.00元(上下册)

如有印装质量问题，请向本集团图书发行有限公司调换：023-61520678

编委会名单

策　划：王书旺

主　编：廖奇云　重庆大学建设管理与房地产学院

副主编：

郑应亨　重庆科技学院

陶燕瑜　重庆大学继续教育学院

李卫红　重庆大学继续教育学院

参编人员：

杨　东　重庆建工第八建设有限责任公司

郭长春　重庆建工第三建设有限责任公司

余政兵　重庆建工第四建设有限责任公司

高　峰　重庆建工第十一建筑工程有限责任公司

杨寿忠　重庆市桥梁工程有限责任公司

梁建军　重庆大学城市建设学院

赵超华　重庆交通大学

刘　前　重庆石成科技有限公司

王儒杰　济南金石成科技有限公司

马永正　重庆市两江新区建筑管理局

赵刘杰　中国建筑第七工程局

王宏林　中国建筑第八工程局

彭　嘉　重庆国厦建筑工程有限公司

前　言

市政工程施工技术资料是市政基础设施工程质量的真实反映，也是城建档案的重要组成部分，它是工程项目从开工到竣工验收整个过程核定的必要条件，也是日后对工程进行检查、维修、管理、使用、改建的重要参考依据。

市政基础设施工程资料表格数量较大，涉及专业内容广，给资料填写与整理带来很多困难，尤其是工程竣工报验时资料编制要求更加严格，这些都给施工现场人员带来一定的工作压力。

随着重庆城市的不断扩展，交通流量和轴载的增加，特别是新技术、新材料、新工艺、新设备的广泛应用，国家对城市基础设施建设质量的高标准要求，重庆城市建设质量与速度同步提高。重庆市建设工程质量监督总站先后发布了DBJ 50-078—2008《重庆市城市道路工程施工质量验收规范》、DBJ 50-086—2008《重庆市城市桥梁工程施工质量验收规范》、DBJ 50-107—2010《重庆市城市隧道工程施工质量验收规范》、DBJ 50-128—2011《重庆市城镇道路附属设施工程施工质量验收规范》、DBJ 50-126—2011《重庆市市政工程边坡及挡护结构施工质量验收规范》、DBJ 50-108—2010《重庆市城镇给水排水构筑物及管道工程施工质量验收规范》等一系列施工验收标准规范。

本书依据重庆市城乡建设委员会发布的《重庆市建设工程档案编制验收标准》，参考重庆市建设工程质量监督总站发布的《重庆市政基础设施工程施工技术用表》及相关规程、规范，结合编者多年施工工作经验，将市政基础设施施工工程中涉及到的常用表格与相关文件示例相对照，以方便广大工程技术人员参考借鉴。本书系统性强，具有可操作性和实用性，是市政工程施工现场管理人员及相关技术人员入门学习与提高水平的必备工具书。

书中表格范例填写过程中大量采用虚拟工程信息、人物、工程参数等，旨在方便读者有针对性地填写部分内容。至于资料员填写合格的正式工程资料，必须结合现场施工实际情况，务必首先详细读懂本书中表格填写说明并结合专业知识才能完成，切勿简单模仿。

本书在组稿过程中得到了相关部门和企业的大力支持，在此表示感谢。本书在成稿过程中得到权威机构大力协助，在此表示衷心感谢。限于水平，本书中的不足之处在所难免，敬请指正。请将发现问题发往邮箱jn87921598@126.com，以便我们改进和修订。

编　者

2014年12月20日

目　录

第一部分　重庆市城乡建设委员会文件归档相关要求

关于发布《重庆市建设工程档案编制验收标准》的通知 / 3
重庆市地方标准DBJ 50—129—2011《重庆市建设工程档案编制验收标准》强制性条文 / 4
重庆市建设工程档案编制验收标准 / 5
DBJ 50—129—2011《重庆市建设工程档案编制验收标准》部分条文说明 / 45
重庆市城乡建设档案管理办法 / 53

第二部分　重庆市市政基础设施工程施工技术用表填写示例

重庆市城乡建设委员会关于印发《重庆市市政基础设施工程施工技术用表》和《重庆市市政基础设施工程文件归档内容一览表》的通知 / 59
重庆市市政基础设施工程质量检验的基本要求和填表统一说明 / 60
重庆市《建设工程施工技术用表》(市政工程)填表统一说明 / 91

第一章　重庆市市政基础设施工程质量责任用表填写示例 / 93
质量责任-1　单位工程参建单位有关责任人员名单 / 93
质量责任-2　建设单位工程项目负责人质量责任书 / 94
质量责任-3　建设单位工程项目技术负责人质量责任书 / 95
质量责任-4　监理单位总监理工程师质量责任书 / 96
质量责任-5　监理单位总监理工程师代表质量责任书 / 97
质量责任-6　监理单位(　)专业监理工程师质量责任书 / 98
质量责任-7　施工单位项目经理质量责任书 / 99
质量责任-8　施工单位项目技术负责人质量责任书 / 100
质量责任-9　施工单位项目施工管理负责人质量责任书 / 101
质量责任-10　设计单位项目负责人质量责任书 / 102
质量责任-11　设计单位项目(　)专业负责人质量责任书 / 103
质量责任-12　勘察单位项目负责人质量责任书 / 104

质量责任-13　工程有关人员质量责任书(通用) / 105
质量责任-14　专业分包单位负责人质量责任书 / 106

第二章　重庆市市政基础设施工程检验用表填写示例 / 107
渝市政验收-1　施工现场质量管理检查记录 / 107
渝市政验收-2　单位(子单位)工程施工质量竣工检查报告 / 109
渝市政验收-3　单位(子单位)工程质量竣工评估报告 / 110
渝市政验收-4　勘察文件质量检查报告 / 111
渝市政验收-5　设计文件及设计变更质量检查报告 / 112
渝市政验收-6　工程竣工验收通知书 / 113
渝市政验收-7-1　市政工程竣工验收意见书(一) / 114
渝市政验收-7-2　市政工程竣工验收意见书(二) / 115
渝市政验收-8　单位(子单位)工程质量竣工验收记录 / 116
渝市政验收-9　单位(子单位)工程质量控制资料核查记录 / 118
渝市政验收-10　单位(子单位)工程安全和功能检验资料核查及主要功能抽查记录 / 120
渝市政验收-11　单位(子单位)工程观感质量核查表 / 122
渝市政验收-12　分部(子分部)工程质量验收记录 / 123
渝市政验收-13　分项工程质量验收记录 / 125
渝市政验收-14　检验批质量验收记录 / 126

第三章　重庆市市政基础设施工程监理用表填写示例 / 128
渝市政监理-1　总监理工程师任命书 / 128
渝市政监理-2　工程开工令 / 129
渝市政监理-3　监理通知单 / 130
渝市政监理-4　监理报告 / 131
渝市政监理-5　工程暂停令 / 132
渝市政监理-6　旁站记录 / 133
渝市政监理-7　工程复工令 / 134
渝市政监理-8　工程款支付证书 / 135
渝市政监理-9　施工组织设计/(专项)施工方案报审表 / 136
渝市政监理-10　工程开工报审表 / 138
渝市政监理-11　工程复工报审表 / 140
渝市政监理-12　分包单位资格报审表 / 142
渝市政监理-13　施工测量成果报验表 / 144
渝市政监理-14　工程材料、构配件、设备报审表 / 146
渝市政监理-15　——报审、报验表 / 148
渝市政监理-16　分部工程报验表 / 150
渝市政监理-17　监理通知回复单 / 152
渝市政监理-18　单位工程竣工验收报审表 / 153

渝市政监理-19　工程款支付报审表 / 154
渝市政监理-20　施工进度计划报审表 / 156
渝市政监理-21　费用索赔报审表 / 158
渝市政监理-22　工程临时延期报审表 / 160
渝市政监理-23　工程最终延期报审表 / 162
渝市政监理-24　工作联系单 / 164
渝市政监理-25　工程变更单 / 165
渝市政监理-26　索赔意向通知书 / 167

第四章　重庆市市政基础设施工程竣工验收用表填写示例 / 168

渝市政竣-1　市政工程竣工技术文件材料目录 / 168
渝市政竣-2　单位(子单位)工程开工报告 / 171
渝市政竣-3　单位(子单位)工程竣工报告(竣工申请书) / 172
渝市政竣-4　图纸会审和设计交底纪要 / 173
渝市政竣-5　施工组织设计(或方案)审批表 / 175
渝市政竣-6　工程设计变更(技术核定单)汇总表 / 177
渝市政竣-7　工程洽商及技术核定签证表 / 178
渝市政竣-8　工程质量事故报告表 / 179
渝市政竣-9　《工程质量监督整改通知书》汇总表 / 180
渝市政竣-10　工程遗留项目一览表 / 182
渝市政竣-11　质量问题(事故)整改专项验收表 / 183
渝市政竣-12　施工技术交底记录 / 184
渝市政竣-13　工程质量检查报验单 / 185
渝市政竣-14　施工测量报验单 / 186
渝市政竣-15　测量控制桩移交与复核记录 / 188
渝市政竣-16　工程定位(放线)测量检查记录 / 189
渝市政竣-17　高程测量检查记录 / 190
渝市政竣-18　工程轴线测量记录 / 191
渝市政竣-19　工程竣工测量及复核记录 / 193
渝市政竣-20　沉降(变形)观测记录 / 194
渝市政竣-21　基础坑槽隐蔽工程检查验收记录 / 195
渝市政竣-22　隐蔽工程检查记录 / 196
渝市政竣-23　钢筋机械连接施工质量检查记录 / 197
渝市政竣-24　设备、构配件进场开箱检查记录 / 198
渝市政竣-25　钢筋及预埋件隐蔽工程检查验收记录 / 199
渝市政竣-26　饰面砖(板)施工检查记录 / 200
渝市政竣-27　沥青路面粘层(透层、封层)检查记录 / 201
渝市政竣-28　沥青混凝土路面施工检查记录 / 206
渝市政竣-29　混凝土路面面层施工检查记录 / 208

渝市政竣-30　混凝土浇筑许可证 / 209
渝市政竣-31　混凝土浇筑记录 / 210
渝市政竣-32　砌体施工检查记录 / 211
渝市政竣-33　高边坡开挖及治理施工检查记录 / 213
渝市政竣-34　锚孔施工成型检查记录 / 214
渝市政竣-35　锚杆(索)、锚钉施工检查记录 / 216
渝市政竣-36　抗滑桩施工检查记录 / 218
渝市政竣-37　钢结构隐蔽工程检查验收记录 / 219
渝市政竣-38　钢结构焊接质量检查记录 / 220
渝市政竣-39　钢结构焊缝外观质量检查记录 / 221
渝市政竣-40　钢结构构件涂装工程检查记录 / 222
渝市政竣-41　钢结构防腐涂料涂层厚度检查记录 / 223
渝市政竣-42　大六角头高强度螺栓施工检查记录 / 224
渝市政竣-43　扭剪型高强螺栓施工检查记录 / 226
渝市政竣-44　软土路基及基底处治施工检查记录 / 228
渝市政竣-45　路基填筑施工检查记录 / 230
渝市政竣-46　道路基层施工检查记录 / 232
渝市政竣-47　地下综合管道安装施工隐蔽检查记录 / 234
渝市政竣-48　沟槽回填施工检查记录 / 235
渝市政竣-49　铺砌式面层施工检查记录 / 236
渝市政竣-50　道路附属设施施工检查记录 / 237
渝市政竣-51　填(土)石路堤填筑试验段施工记录表 / 238
渝市政竣-52　挖方路堑施工检查记录 / 239
渝市政竣-53　钻孔灌注桩隐蔽检查记录 / 240
渝市政竣-54　挖孔桩成孔质量检查记录 / 241
渝市政竣-55　水下混凝土灌注施工检查记录 / 243
渝市政竣-56　承台结构施工检查记录 / 246
渝市政竣-57　沉井施工检查记录 / 247
渝市政竣-58　桥梁墩、柱垂直度检查记录 / 250
渝市政竣-59　支座安装成型检测记录 / 252
渝市政竣-60　构件吊装就位及安装成型施工检查记录 / 254
渝市政竣-61　大体积混凝土浇筑施工现场测温记录 / 260
渝市政竣-62　冷却水管安装检查记录 / 262
渝市政竣-63　预应力筋及张拉设备检查记录 / 264
渝市政竣-64　预应力管道安装隐蔽检查记录 / 265
渝市政竣-65　预应力张拉施工记录(一) / 266
渝市政竣-66　预应力张拉施工记录(二) / 267
渝市政竣-67　预应力压浆施工检查记录 / 272
渝市政竣-68　封端施工检查记录 / 274

渝市政竣-69　钢管拱肋制作质量检查记录 / 275
渝市政竣-70　悬浇混凝土施工标高控制记录 / 276
渝市政竣-71　斜拉索安装检查记录 / 280
渝市政竣-72　吊(索)杆安装检查记录 / 282
渝市政竣-73　伸缩缝安装检查记录 / 283
渝市政竣-74　落水管安装检查记录 / 284
渝市政竣-75　地通道防水施工检查记录 / 287
渝市政竣-76　栏杆安装检查记录 / 289
渝市政竣-77　桥梁防雷装置施工检查记录 / 290
渝市政竣-78　桥梁总体成型检查记录 / 292
渝市政竣-79　隧道开挖断面检查记录 / 295
渝市政竣-80　隧道明洞及洞口施工检查记录 / 297
渝市政竣-81　锚喷支护施工检查记录 / 299
渝市政竣-82　隧道防水结构施工检查记录 / 301
渝市政竣-83　隧道超前锚杆施工记录 / 303
渝市政竣-84　隧道超前管棚/小导管检查记录 / 304
渝市政竣-85　隧道钢拱架/格栅钢架检查记录 / 305
渝市政竣-86　隧道(地通道)止水带施工检查记录 / 307
渝市政竣-87　隧道衬砌施工检查记录 / 309
渝市政竣-88　隧道排(渗)水管及盲沟(管)施工检查记录 / 311
渝市政竣-89　隧道排水沟施工检查记录 / 314
渝市政竣-90　隧道电缆沟施工检查记录 / 317
渝市政竣-91　隧道预注浆及后注浆施工检查记录 / 318
渝市政竣-92　隧道仰拱填充混凝土施工检查记录 / 319
渝市政竣-93　隧道周边收敛量测检查记录 / 322
渝市政竣-94　隧道地表/拱顶下沉量检查记录 / 325
渝市政竣-95　隧道总体质量检查记录 / 328
渝市政竣-96　管道/设备焊接检查记录 / 329
渝市政竣-97　阀门试验检查记录 / 331
渝市政竣-98　检查井施工检查记录 / 333
渝市政竣-99　地下排水管道施工隐蔽检查记录 / 335
渝市政竣-100　排水管道闭水试验记录 / 336
渝市政竣-101　池体防水结构施工检查记录 / 338
渝市政竣-102　水池满水试验记录 / 339
渝市政竣-103　箱涵闭水试验记录 / 341
渝市政竣-104　污泥消化池气密性试验记录 / 343
渝市政竣-105　——压力试验记录 / 345
渝市政竣-106　饮用水系统消毒冲洗记录 / 346
渝市政竣-107　安全阀、减压阀高度检查记录 / 347

渝市政竣-108　单机试车条件检查记录(通用表) / 349
渝市政竣-109　电动机试运转检查记录 / 350
渝市政竣-110　接地电阻测试记录 / 352
渝市政竣-111　管道补偿器安装检查记录 / 353
渝市政竣-112　管道防腐施工检查记录 / 354
渝市政竣-113　设备安装、清洗、调整、精校记录(通用表) / 356
渝市政竣-114　设备单机试运转记录(通用表) / 357
渝市政竣-115　电气配管隐蔽检查记录 / 359
渝市政竣-116　电气配线隐蔽检查记录 / 360
渝市政竣-117　电缆敷设施工检查记录 / 361
渝市政竣-118　桥架安装检查记录 / 362
渝市政竣-119　成套开关柜(盘)安装检查记录 / 363
渝市政竣-120　变压器安装检查记录 / 364
渝市政竣-121　——安装试验检查记录(通用表) / 365
渝市政竣-122　照明系统通电试验记录 / 366
渝市政竣-123　系统调试、试运转检查记录 / 367
渝市政竣-124　电气管线安装测试检查记录 / 368
渝市政竣-125　照度测试记录 / 369
渝市政竣-126　建筑材料报验单 / 371
渝市政竣-127　水泥出厂质量证明和进场取样试验报告单汇总表 / 372
渝市政竣-128　钢材出厂质量证明和进场试验报告单汇总表 / 374
渝市政竣-129　钢材焊接接头力学试验报告单汇总表 / 376
渝市政竣-130　钢筋机械连接接头取样试验报告单汇总表 / 378
渝市政竣-131　商品混凝土出厂合格证汇总表 / 380
渝市政竣-132　主要原材料、构配件出厂合格证明及试验单汇总表 / 381
渝市政竣-133　水泥混凝土抗压强度汇总及统计评定表 / 382
渝市政竣-134　混凝土抗渗性能试验报告单汇总表 / 385
渝市政竣-135　混凝土抗弯拉强度汇总及统计评定表 / 386
渝市政竣-136　道路压实度汇总及统计评定表 / 388
渝市政竣-137　道路弯沉值汇总及统计评定表 / 391
渝市政竣-138　砂浆抗压强度汇总及统计评定表 / 393
渝市政竣-139　沥青混凝土压实度汇总表 / 395
渝市政竣-140　沥青(水泥)混凝土路面厚度汇总表 / 398
渝市政竣-141　地基承载力(触探)、岩芯单轴抗压强度报告汇总表 / 399
渝市政竣-142　桩基成型检测(动测或声测)报告汇总表 / 400

第三部分　重庆市市政工程检验批表格填写示例

重庆市城市道路工程施工质量验收基本规定与程序 / 403
第一章　重庆市城市道路工程检验批表格填写示例 / 436
渝市政验收1-1-1　城市道路土质路基检验批质量检验记录 / 436
渝市政验收1-1-2　城市道路石质路基检验批质量检验记录 / 439
渝市政验收1-1-3　城市道路土石路基检验批质量检验记录 / 442
渝市政验收1-1-4　城市道路半挖半填路基检验批质量检验记录 / 445
渝市政验收1-1-5　城市道路半挖半填石质路基(土石混填路基)检验批质量检验记录 / 449
渝市政验收1-1-6　城市道路与构筑物连接段路基检验批质量检验记录 / 453
渝市政验收1-2-1　城市道路砂砾(碎石)垫层检验批质量检验记录 / 455
渝市政验收1-2-2　城市道路石灰粉煤灰底基层检验批质量检验记录 / 458
渝市政验收1-2-3　城市道路级配碎石(砂砾)基层和底基层检验批质量检验记录 / 461
渝市政验收1-2-4　城市道路水泥稳定碎石(砂砾)基层和底基层检验批质量检验记录 / 464
渝市政验收1-2-5　城市道路石灰粉煤灰稳定碎石(砂砾)基层和底基层检验批质量检验记录 / 467
渝市政验收1-2-6　城市道路沥青稳定碎石(ATB)基层检验批质量检验记录 / 470
渝市政验收1-2-7　城市道路水泥混凝土路面检验批质量检验记录 / 475
渝市政验收1-2-8　城市道路热拌沥青混合料(HMA)面层检验批质量检验记录 / 479
渝市政验收1-2-9　城市道路沥青玛蹄脂碎石混合料(SMA) 面层检验批质量检验记录 / 486
渝市政验收1-2-10　城市道路透层、粘层、稀浆封层检验批质量检验记录 / 492
渝市政验收1-3-1　城市道路挡护结构钢筋加工及安装检验批质量检验记录 / 498
渝市政验收1-3-2　城市道路挡护结构预应力筋的加工和张拉检验批质量检验记录 / 500
渝市政验收1-3-3　城市道路挡护结构重力式和衡重式挡土墙检验批质量检验记录 / 502
渝市政验收1-3-4　城市道路挡护结构悬臂式和扶壁式挡土墙检验批质量检验记录 / 504
渝市政验收1-3-5　城市道路挡护结构加筋挡土墙检验批质量检验记录 / 506
渝市政验收1-3-6　城市道路挡护结构桩板式挡土墙检验批质量检验记录 / 509
渝市政验收1-3-7　城市道路挡护结构挖孔桩检验批质量检验记录 / 511
渝市政验收1-3-8　城市道路挡护结构锚杆(索)挡土墙检验批质量检验记录 / 514
渝市政验收1-3-9　城市道路挡护结构抗滑桩检验批质量检验记录 / 516
渝市政验收1-3-10　城市道路挡护结构锚喷防护检验批质量检验记录 / 518
渝市政验收1-3-11　城市道路挡护结构护坡检验批质量检验记录 / 520
渝市政验收1-3-12　城市道路挡护结构砌石工程检验批质量检验记录 / 522
渝市政验收1-3-13　城市道路挡护结构墙背填土检验批质量检验记录 / 524
渝市政验收1-4-1　城市道路排水边沟检验批质量检验记录 / 526
渝市政验收1-4-2　城市道路浆砌(混凝土)排水沟检验批质量验收记录表 / 528
渝市政验收1-4-3　城市道路排水盖板涵检验批质量检验记录 / 530
渝市政验收1-4-4　城市道路排水现浇混凝土箱涵检验批质量检验记录 / 532

渝市政验收1-4-5　城市道路排水拱涵检验批质量检验记录 / 534
渝市政验收1-4-6　城市道路排水管涵(倒虹管)检验批质量检验记录 / 536
渝市政验收1-4-7　城市道路排水检查井检验批质量检验记录 / 538
渝市政验收1-4-8　城市道路排水雨水口连接支管检验批质量检验记录 / 540
渝市政验收1-5-1　城市道路中央分隔绿化带绿化检验批质量检验记录 / 542
渝市政验收1-5-2　城市道路路侧绿化检验批质量检验记录 / 545
渝市政验收1-5-3　城市道路绿化行道树检验批质量检验记录 / 547
渝市政验收1-5-4　城市道路边坡绿化检验批质量检验记录 / 549
渝市政验收1-5-5　城市道路互通立交区绿化检验批质量检验记录 / 552
渝市政验收1-6-1　城市道路照明灯杆、灯具安装检验批质量验收记录表(一) / 555
渝市政验收1-6-2　城市道路照明灯杆、灯具安装检验批质量验收记录表(二) / 558
渝市政验收1-6-3　城市道路照明线路敷设检验批质量验收记录表(一) / 561
渝市政验收1-6-4　城市道路照明线路敷设检验批质量验收记录表(二) / 564
渝市政验收1-6-5　城市道路照明变配电安装检验批质量验收记录表(一) / 567
渝市政验收1-6-6　城市道路照明变配电安装检验批质量验收记录表(二) / 571
渝市政验收1-6-7　城市道路照明控制系统检验批质量检验记录 / 575
渝市政验收1-6-8　城市道路照明安全保护系统检验批质量检验记录 / 577
渝市政验收1-7-1　城市道路人行道土基施工检验批质量检验记录 / 580
渝市政验收1-7-2　城市道路人行道基层施工检验批质量检验记录 / 582
渝市政验收1-7-3　城市道路人行道整平层施工检验批质量检验记录 / 584
渝市政验收1-7-4　城市道路素色人行道预制板铺面施工检验批质量检验记录 / 585
渝市政验收1-7-5　城市道路彩色人行道预制板铺面施工检验批质量检验记录 / 587
渝市政验收1-7-6　城市道路人行道街坊道口施工检验批质量检验记录 / 589
渝市政验收1-7-7　城市道路无障碍设施检验批质量验收记录表 / 591
渝市政验收1-7-8　城市道路人行道路缘石施工检验批质量检验记录 / 593
渝市政验收1-7-9　城市道路人行道树池施工检验批质量检验记录 / 595
渝市政验收1-8-1　城市道路附属设施混凝土防撞护栏施工检验批质量检验记录 / 597
渝市政验收1-8-2　城市道路附属设施波形钢护栏施工检验批质量检验记录 / 600
渝市政验收1-8-3　城市道路附属设施缆索护栏施工检验批质量检验记录 / 602
渝市政验收1-8-4　城市道路混凝土隔离墩施工检验批质量检验记录 / 604
渝市政验收1-8-5　城市道路混凝土(金属)防护栏杆施工检验批质量检验记录 / 606
渝市政验收1-8-6　城市道路料石防护柱、防护墩、防护栏杆施工检验批质量检验记录 / 608
渝市政验收1-8-7　城市道路附属工程公交汽车停车港施工检验批质量检验记录 / 610
渝市政验收1-8-8　城市道路附属工程防眩屏(板)施工检验批质量检验记录 / 612
渝市政验收1-8-9　城市道路附属工程金属防声屏施工检验批质量检验记录 / 614

第二章　重庆市城镇道路附属设施工程质量验收表格填写示例 / 616
渝市政验收2-1-1　城镇道路路缘石施工检验批质量检验记录 / 629
渝市政验收2-2-1　城镇道路人行道路基施工检验批质量检验记录 / 632

渝市政验收2–2–2　城镇道路人行道基层施工检验批质量检验记录 / 634
渝市政验收2–2–3　城镇道路人行道料石面层施工检验批质量检验记录 / 636
渝市政验收2–2–4　城镇道路人行道预制砌块面层施工检验批质量检验记录 / 639
渝市政验收2–2–5　城镇道路沥青混合料铺设人行道面层施工检验批质量检验记录 / 641
渝市政验收2–2–6　城镇道路人行道无障碍设施施工检验批质量检验记录 / 643
渝市政验收2–2–7　城镇道路人行道树池施工检验批质量检验记录 / 645
渝市政验收2–3–1　城镇道路检查井施工检验批质量检验记录 / 647
渝市政验收2–3–2　城镇道路雨水口施工检验批质量检验记录 / 649
渝市政验收2–4–1　城镇道路交通标志施工检验批质量检验记录 / 651
渝市政验收2–4–2　城镇道路路面标线施工检验批质量检验记录 / 654
渝市政验收2–4–3　城镇道路突起路标施工检验批质量检验记录 / 656
渝市政验收2–4–4　城镇道路轮廓标安装施工检验批质量检验记录 / 658
渝市政验收2–5–1　城镇道路混凝土防撞护栏施工检验批质量检验记录 / 660
渝市政验收2–5–2　城镇道路波形钢护栏施工检验批质量检验记录 / 662
渝市政验收2–5–3　城镇道路缆索护栏施工检验批质量检验记录 / 664
渝市政验收2–5–4　城镇道路人行道防护栏杆施工检验批质量检验记录 / 667
渝市政验收2–5–5　城镇道路混凝土隔离墩施工检验批质量检验记录 / 669
渝市政验收2–5–6　城镇道路料石防护柱、防护墩、防护栏杆施工检验批质量检验记录 / 671
渝市政验收2–5–7　城镇道路防眩屏（板）施工检验批质量检验记录 / 673
渝市政验收2–5–8　城镇道路隔离栅和防落网施工检验批质量检验记录 / 675
渝市政验收2–5–9　城镇道路防声屏施工检验批质量检验记录 / 677

第三章　重庆市市政工程边坡及挡护结构施工质量验收表格填写示例 / 679
渝市政验收3–1–1　市政工程边坡工程土质边坡施工检验批检查记录 / 705
渝市政验收3–1–2　市政工程边坡工程岩质边坡施工检验批检查记录 / 707
渝市政验收3–1–3　市政工程边坡及挡护结构重力式挡土墙明挖基坑、基槽施工检验批质量验收记录表 / 710
渝市政验收3–1–4　市政工程边坡及挡护结构重力式挡土墙钢筋工程检验批质量验收记录表 / 712
渝市政验收3–1–5　市政工程边坡及挡护结构重力式挡土墙模板工程检验批质量验收记录表 / 715
渝市政验收3–1–6　市政工程边坡及挡护结构重力式挡土墙扩大基础施工检验批质量验收记录表 / 717
渝市政验收3–1–7　市政工程边坡及挡护结构重力式挡土墙桩基础施工检验批质量验收记录表 / 719
渝市政验收3–1–8　市政工程边坡及挡护结构重力式挡土墙砌体墙身施工检验批质量验收记录表 / 721
渝市政验收3–1–9　市政工程边坡及挡护结构重力式挡土墙混凝土墙身施工检验批质量验收记录表 / 723

渝市政验收3-1-10 市政工程边坡及挡护结构重力式挡土墙墙背填筑施工检验批质量验收记录表 / 725
渝市政验收3-1-11 市政工程边坡及挡护结构重力式挡土墙截(排)水沟施工检验批质量验收记录表 / 727
渝市政验收3-1-12 市政工程边坡及挡护结构重力式挡土墙盲沟施工检验批质量验收记录表 / 729
渝市政验收3-2-1 市政工程边坡及挡护结构桩板式挡土墙边坡开挖(土质边坡)检验批质量验收记录表 / 731
渝市政验收3-2-2 市政工程边坡及挡护结构桩板式挡土墙边坡开挖(岩质边坡)检验批质量验收记录表 / 733
渝市政验收3-2-3 市政工程边坡及挡护结构桩板式挡土墙钢筋工程检验批质量验收记录表 / 736
渝市政验收3-2-4 市政工程边坡及挡护结构桩板式挡土墙模板工程检验批质量验收记录表 / 739
渝市政验收3-2-5 市政工程边坡及挡护结构桩板式挡土墙(肋)桩基础施工检验批质量验收记录表 / 741
渝市政验收3-2-6 市政工程边坡及挡护结构桩板式挡土墙装配式墙面施工检验批质量验收记录表 / 743
渝市政验收3-2-7 市政工程边坡及挡护结构桩板式挡土墙现浇墙面板施工检验批质量验收记录表 / 745
渝市政验收3-2-8 市政工程边坡及挡护结构桩板式挡土墙桩柱(肋)施工检验批质量验收记录表 / 747
渝市政验收3-2-9 市政工程边坡及挡护结构桩板式挡土墙锚杆(索)的制作、安装与锚固检验批质量验收记录表 / 749
渝市政验收3-2-10 市政工程边坡及挡护结构桩板式挡土墙锚杆(索)的张拉、注浆与封锚检验批质量验收记录表 / 751
渝市政验收3-2-11 市政工程边坡及挡护结构桩板式挡土墙墙背填筑施工检验批质量验收记录表 / 753
渝市政验收3-2-12 市政工程边坡及挡护结构桩板式挡土墙截(排)水沟施工检验批质量验收记录表 / 755
渝市政验收3-2-13 市政工程边坡及挡护结构桩板式挡土墙盲沟施工检验批质量验收记录表 / 757
渝市政验收3-3-1 市政工程边坡及挡护结构悬臂式及扶壁式挡墙边坡开挖(土质边坡)检验批质量验收记录表 / 759
渝市政验收3-3-2 市政工程边坡及挡护结构悬臂式及扶壁式挡墙边坡开挖(岩质边坡)检验批质量验收记录表 / 761
渝市政验收3-3-3 市政工程边坡及挡护结构悬臂式及扶壁式挡墙明挖基坑、基槽施工检验批质量验收记录表 / 764
渝市政验收3-3-4 市政工程边坡及挡护结构悬臂式及扶壁式挡墙钢筋工程检验批质量

验收记录表 / 766
渝市政验收3-3-5 市政工程边坡及挡护结构悬臂式及扶壁式挡墙模板工程检验批质量验收记录表 / 769
渝市政验收3-3-6 市政工程边坡及挡护结构悬臂式及扶壁式挡墙扩大基础施工检验批质量验收记录表 / 771
渝市政验收3-3-7 市政工程边坡及挡护结构悬臂式及扶壁式挡墙桩基础施工检验批质量验收记录表 / 773
渝市政验收3-3-8 市政工程边坡及挡护结构悬臂式及扶壁式挡墙砌体墙身施工检验批质量验收记录表 / 775
渝市政验收3-3-9 市政工程边坡及挡护结构悬臂式及扶壁式挡墙锚杆(索)的制作、安装与锚固检验批质量验收记录表 / 777
渝市政验收3-3-10 市政工程边坡及挡护结构悬臂式及扶壁式挡墙锚杆(索)的张拉、注浆与封锚检验批质量验收记录表 / 779
渝市政验收3-3-11 市政工程边坡及挡护结构悬臂式及扶壁式挡墙墙背填筑施工检验批质量验收记录表 / 781
渝市政验收3-3-12 市政工程边坡及挡护结构悬臂式及扶壁式挡墙截(排)水沟施工检验批质量验收记录表 / 783
渝市政验收3-3-13 市政工程边坡及挡护结构悬臂式及扶壁式挡墙盲沟施工检验批质量验收记录表 / 785
渝市政验收3-4-1 市政工程边坡及挡护结构抗滑桩桩孔施工检验批质量验收记录表 / 787
渝市政验收3-4-2 市政工程边坡及挡护结构抗滑桩钢筋工程检验批质量验收记录表 / 789
渝市政验收3-4-3 市政工程边坡及挡护结构抗滑桩桩身施工检验批质量验收记录表 / 792
渝市政验收3-4-4 市政工程边坡及挡护结构抗滑桩锚杆(索)的制作、安装与锚固检验批质量验收记录表 / 794
渝市政验收3-4-5 市政工程边坡及挡护结构抗滑桩锚杆(索)的张拉、注浆与封锚检验批质量验收记录表 / 796
渝市政验收3-5-1 市政工程边坡防护结构锚杆(索)的制作、安装与锚固检验批质量验收记录表 / 798
渝市政验收3-5-2 市政工程边坡防护结构锚杆(索)的张拉、注浆与封锚检验批质量验收记录表 / 800
渝市政验收3-5-3 市政工程边坡防护结构边坡喷护施工检验批质量验收记录表 / 802
渝市政验收3-5-4 市政工程边坡防护结构钢筋混凝土格构护坡施工检验批质量验收记录表 / 804
渝市政验收3-5-5 市政工程边坡防护结构砌块格构护坡施工检验批质量验收记录表 / 806
渝市政验收3-5-6 市政工程边坡防护结构砌筑护坡施工检验批质量验收记录表 / 808
渝市政验收3-5-7 市政工程边坡防护结构绿化护坡施工检验批质量验收记录表 / 810
渝市政验收3-5-8 市政工程边坡防护结构防护网护坡施工检验批质量验收记录表 / 812
渝市政验收3-6-1 市政工程边坡及挡护结构附属(结构)设施栏杆施工检验批质量验收记录表 / 814

渝市政验收3-6-2　市政工程边坡及挡护结构附属(结构)设施装饰施工检验批质量验收记录表 / 816

第四章　重庆市城镇给水排水构筑物及管道工程施工质量验收表格填写示例 / 818

渝市政验收4-1-1　城镇给水排水构筑物及管道工程施工场地放线测量检验批检查记录 / 835
渝市政验收4-1-2　城镇给水排水构筑物及管道工程施工场地平整检验批检查记录 / 837
渝市政验收4-1-3　城镇给水排水构筑物及管道工程施工地基处理检验批检查记录 / 839
渝市政验收4-2-1　城镇给水排水构筑物及管道工程施工基坑开挖与维护检验批检查记录 / 841
渝市政验收4-2-2　城镇给水排水构筑物及管道工程施工基坑开挖与维护(锚杆(挂网喷浆)支护)检验批质量验收记录表 / 844
渝市政验收4-2-3　城镇给水排水构筑物及管道工程施工基坑回填检验批检查记录 / 846
渝市政验收4-3-1　城镇给水排水构筑物及管道工程钻孔灌注桩基础施工检验批检查记录 / 848
渝市政验收4-3-2　城镇给水排水构筑物及管道工程挖孔灌注桩基础施工检验批检查记录 / 850
渝市政验收4-3-3　城镇给水排水构筑物及管道工程承台施工检验批检查记录 / 852
渝市政验收4-4-1　城镇给水排水构筑物及管道工程支架安装施工检验批检查记录 / 854
渝市政验收4-4-2　城镇给水排水构筑物及管道工程支架拆除施工检验批检查记录 / 856
渝市政验收4-4-3　城镇给水排水构筑物及管道工程模板加工(木模板)检验批质量验收记录表 / 858
渝市政验收4-4-4　城镇给水排水构筑物及管道工程模板(钢模板)加工检验批质量验收记录表 / 860
渝市政验收4-4-5　城镇给水排水构筑物及管道工程现浇结构模板安装检验批质量验收记录表 / 862
渝市政验收4-4-6　城镇给水排水构筑物及管道工程模板拆除施工检验批检查记录 / 865
渝市政验收4-5-1　城镇给水排水构筑物及管道工程钢筋原材料试验检验批检查记录 / 867
渝市政验收4-5-2　城镇给水排水构筑物及管道工程钢筋加工及安装检验批检查记录 / 869
渝市政验收4-5-3　城镇给水排水构筑物及管道工程钢筋预应力筋制作及安装检验批检查记录 / 871
渝市政验收4-5-4　城镇给水排水构筑物及管道工程钢筋预应力筋张拉和放张检验批检查记录 / 873
渝市政验收4-6-1　城镇给水排水构筑物及管道工程混凝土及砌体施工混凝土原材料试验检验批检查记录 / 875
渝市政验收4-6-2　城镇给水排水构筑物及管道工程混凝土及砌体施工混凝土配合比设计检验批检查记录 / 877
渝市政验收4-6-3　城镇给水排水构筑物及管道工程混凝土施工(现浇结构)检验批检查记录 / 879

渝市政验收4-6-4　城镇给水排水构筑物及管道工程混凝土施工(混凝土设备基础及闸槽)检验批检查记录 / 883
渝市政验收4-6-5　城镇给水排水构筑物及管道工程预应力混凝土施工检验批检查记录 / 887
渝市政验收4-6-6　城镇给水排水构筑物及管道工程装配式混凝土施工检验批检查记录 / 889
渝市政验收4-6-7　城镇给水排水构筑物及管道工程砌体结构施工检验批检查记录 / 890
渝市政验收4-7-1　城镇给水排水构筑物及管道工程钢结构施工原材料试验检验批检查记录 / 892
渝市政验收4-7-2　城镇给水排水构筑物及管道工程钢结构加工检验批检查记录(一) / 895
渝市政验收4-7-3　城镇给水排水构筑物及管道工程钢结构加工检验批检查记录(二) / 898
渝市政验收4-7-4　城镇给水排水构筑物及管道工程钢结构焊接及拼装检验批质量验收记录表 / 901
渝市政验收4-7-5　城镇给水排水构筑物及管道工程钢结构防腐施工检验批检查记录 / 902
渝市政验收4-8-1　城镇给水排水构筑物工程取水及排放构筑物预制取水头部制作(混凝土取水头部)检验批检查记录 / 904
渝市政验收4-8-2　城镇给水排水构筑物工程取水及排放构筑物预制取水头部制作(箱式钢结构取水头部)检验批质量验收记录表 / 906
渝市政验收4-8-3　城镇给水排水构筑物工程取水及排放构筑物预制取水头部制作(筒式钢结构取水头部)检验批质量验收记录表 / 909
渝市政验收4-8-4　城镇给水排水构筑物工程取水及排放构筑物预制取水头部的沉放检验批质量验收记录表 / 911
渝市政验收4-8-5　城镇给水排水缆车、浮船式取水构筑物工程接管车斜坡道现浇混凝土和砌体结构施工检验批质量验收记录表 / 913
渝市政验收4-8-6　城镇给水排水缆车、浮船式取水构筑物工程接管车斜坡道上现浇混凝土框架施工检验批质量验收记录表 / 917
渝市政验收4-8-7　城镇给水排水缆车、浮船式取水构筑物工程接管车斜坡道上预制钢筋混凝土框架施工检验批质量验收记录表 / 921
渝市政验收4-8-8　城镇给水排水缆车、浮船式取水构筑物工程接管车斜坡道上预制框架施工检验批质量验收记录表 / 925
渝市政验收4-8-9　城镇给水排水缆车、浮船式取水构筑物工程接管车斜坡道上预制框架安装检验批质量验收记录表 / 928
渝市政验收4-8-10　城镇给水排水缆车、浮船式取水构筑物工程接管车斜坡道上轻枕、梁及轨道安装检验批质量验收记录表 / 932
渝市政验收4-8-11　城镇给水排水缆车、浮船式取水构筑物工程摇臂管钢筋混凝土支墩施工检验批质量验收记录表 / 936
渝市政验收4-8-12　城镇给水排水构筑物及管道工程岸边排放构筑物出水口检验批检查记录 / 940
渝市政验收4-8-13　城镇给水排水构筑物及管道工程水中排放构筑物出水口检验批

检查记录 / 942
渝市政验收4–9–1 城镇给水排水水处理构筑物滤池检验批检查记录 / 944
渝市政验收4–9–2 城镇给水排水水处理构筑物沉淀池、沉砂池检验批检查记录 / 946
渝市政验收4–9–3 城镇给水排水水处理构筑物生物反应池检验批检查记录 / 948
渝市政验收4–9–4 城镇给水排水水处理构筑物储泥池、浓缩池检验批检查记录 / 950
渝市政验收4–9–5 城镇给水排水水处理构筑物消化池检验批检查记录 / 952
渝市政验收4–9–6 城镇给水排水水处理工程砌体构筑物施工检验批检查记录 / 954
渝市政验收4–9–7 城镇给水排水水处理工程附属构筑物施工检验批检查记录 / 956
渝市政验收4–10–1 城镇给水排水构筑物及管道工程泵房结构(现浇钢筋混凝土)施工检验批质量验收记录表 / 958
渝市政验收4–10–2 城镇给水排水构筑物及管道工程泵房结构(砖砌体)施工检验批质量验收记录表 / 961
渝市政验收4–10–3 城镇给水排水构筑物及管道工程泵房结构(毛料石砌体)施工检验批质量验收记录表 / 963
渝市政验收4–10–4 城镇给水排水构筑物及管道工程泵房结构(粗、细料石砌体)施工检验批质量验收记录表 / 965
渝市政验收4–10–5 城镇给水排水构筑物及管道工程泵房设备基础施工检验批质量验收记录表 / 967
渝市政验收4–11–1 城镇给水排水水调蓄构筑物水塔(钢筋混凝土圆筒塔身)施工检验批质量验收记录表 / 970
渝市政验收4–11–2 城镇给水排水水调蓄构筑物水塔(钢筋混凝土框架塔身)施工检验批质量验收记录表 / 972
渝市政验收4–11–3 城镇给水排水水调蓄构筑物水塔(钢圆筒塔身)施工检验批质量验收记录表 / 974
渝市政验收4–11–4 城镇给水排水水调蓄构筑物水塔(钢架塔身)施工检验批质量验收记录表 / 976
渝市政验收4–11–5 城镇给水排水水调蓄构筑物水塔(水柜制作)施工检验批质量验收记录表 / 978
渝市政验收4–11–6 城镇给水排水水调蓄构筑物水塔(水柜吊装)施工检验批质量验收记录表 / 980
渝市政验收4–11–7 城镇给水排水水调蓄构筑物调蓄水池、水箱施工检验批质量验收记录表 / 982
渝市政验收4–12–1 城镇给水排水管道工程原材料、成品及半成品检验批检查记录 / 984
渝市政验收4–12–2 城镇给水排水管道工程管道铺设(管道基础施工)检验批质量验收记录表 / 987
渝市政验收4–12–3 城镇给水排水管道工程管道铺设检验批质量验收记录表 / 989
渝市政验收4–12–4 城镇给水排水管道工程管道铺设(管道连接)检验批质量验收记录表 / 992
渝市政验收4–12–5 城镇给水排水管道工程管道连接(球墨铸铁管接口)检验批质量

验收记录表 / 995
渝市政验收 4–12–6　城镇给水排水管道工程管道连接(混凝土管接口)检验批质量验收记录表 / 997
渝市政验收 4–12–7　城镇给水排水管道工程管道连接(化学管材接口)检验批质量验收记录表 / 999
渝市政验收 4–12–8　城镇给水排水管道工程管道防腐(钢管内防腐)检验批质量验收记录表 / 1001
渝市政验收 4–12–9　城镇给水排水管道工程管道防腐(钢管外防腐)检验批质量验收记录表 / 1004
渝市政验收 4–12–10　城镇给水排水管道工程顶管施工(工作井)检验批质量验收记录表 / 1006
渝市政验收 4–12–11　城镇给水排水管道工程顶管施工(顶管管道)检验批质量验收记录表 / 1008
渝市政验收 4–12–12　城镇给水排水管道工程沟涵施工(沟涵基础)检验批质量验收记录表 / 1011
渝市政验收 4–12–13　城镇给水排水管道工程沟涵施工(拱涵)检验批质量验收记录表 / 1013
渝市政验收 4–12–14　城镇给水排水管道工程沟涵施工(盖板涵)检验批质量验收记录表 / 1015
渝市政验收 4–12–15　城镇给水排水管道工程沟涵施工(钢筋混凝土箱涵)检验批质量验收记录表 / 1017
渝市政验收 4–12–16　城镇给水排水管道工程沟涵施工(变形缝)检验批质量验收记录表 / 1019
渝市政验收 4–12–17　城镇给水排水管道工程管桥(吊装式管桥)施工检验批质量验收记录表 / 1021
渝市政验收 4–12–18　城镇给水排水管道工程管桥(现浇管桥)施工检验批质量验收记录表 / 1023
渝市政验收 4–12–19　城镇给水排水管道工程架空箱涵施工检验批质量验收记录表 / 1025
渝市政验收 4–12–20　城镇给水排水管道工程倒虹吸管施工检验批质量验收记录表 / 1027
渝市政验收 4–12–21　城镇给水排水管道工程输水隧道施工检验批质量验收记录表 / 1030
渝市政验收 4–12–22　城镇给水排水管道工程输水隧道施工检验批质量验收记录表(防水) / 1033
渝市政验收 4–12–23　城镇给水排水管道附属构筑物(雨水口)施工检验批质量验收记录表 / 1035
渝市政验收 4–12–24　城镇给水排水管道附属构筑物(检查井)施工检验批质量验收记录表 / 1037
渝市政验收 4–12–25　城镇给水排水管道附属构筑物(通气井)施工检验批质量验收记录表 / 1039

第五章　重庆市城市隧道工程施工质量验收表格填写示例 / 1041
渝市政验收5–1–1　城市隧道洞口、明洞开挖检验批质量验收记录表 / 1060
渝市政验收5–1–2　城市隧道截、排水与防水（洞内排水系统）施工检验批质量验收记录表 / 1062
渝市政验收5–1–3　城市隧道截、排水与防水（施工缝和变形缝处理）施工检验批质量验收记录表 / 1064
渝市政验收5–1–4　城市隧道截、排水与防水（防水板防水）施工检验批质量验收记录表 / 1066
渝市政验收5–1–5　城市隧道截、排水与防水（预注浆堵水）施工检验批质量验收记录表 / 1068
渝市政验收5–1–6　城市隧道截、排水与防水（洞外排水和明洞防水）施工检验批质量验收记录表 / 1070
渝市政验收5–1–7　城市隧道洞门混凝土端墙、翼墙施工检验批质量验收记录表 / 1072
渝市政验收5–1–8　城市隧道洞门砌体端墙、翼墙施工检验批质量验收记录表 / 1074
渝市政验收5–1–9　城市隧道洞口、明洞边仰坡支护（锚杆喷射混凝土）施工检验批质量验收记录表 / 1076
渝市政验收5–1–10　城市隧道洞口、明洞边仰坡支护（预制混凝土格构护坡及各式砌体护坡）施工检验批质量验收记录表 / 1078
渝市政验收5–1–11　城市隧道洞口、明洞施工钢筋安装检验批质量验收记录表 / 1079
渝市政验收5–1–12　城市隧道洞口、明洞混凝土浇筑检验批质量验收记录表 / 1081
渝市政验收5–1–13　城市隧道洞口、明洞施工明洞回填检验批质量验收记录表 / 1085
渝市政验收5–2–1　城市隧道洞身开挖施工检验批质量验收记录表 / 1086
渝市政验收5–3–1　城市隧道初期锚杆（超前锚杆）支护施工检验批质量验收记录表 / 1088
渝市政验收5–3–2　城市隧道初期支护钢筋网施工检验批质量验收记录表 / 1090
渝市政验收5–3–3　城市隧道初期支护喷射混凝土施工检验批质量验收记录表 / 1092
渝市政验收5–3–4　城市隧道初期支护钢架（格栅钢架、型钢钢架）施工检验批质量验收记录表 / 1094
渝市政验收5–3–5　城市隧道初期支护管棚（含超前小导管）施工检验批质量验收记录表 / 1096
渝市政验收5–4–1　城市隧道初衬模板施工检验批质量验收记录表 / 1098
渝市政验收5–4–2　城市隧道初衬钢筋施工检验批质量验收记录表 / 1101
渝市政验收5–4–3　城市隧道初衬混凝土施工检验批质量验收记录表 / 1103
渝市政验收5–4–4　城市隧道初衬仰拱充填施工检验批质量验收记录表 / 1106
渝市政验收5–4–5　城市隧道初衬注浆填充（壁后注浆）施工检验批质量验收记录表 / 1109
渝市政验收5–5–1　城市隧道洞内排水系统施工检验批质量验收记录表 / 1111
渝市政验收5–5–2　城市隧道防水排水系统施工缝和变形缝检验批质量验收记录表 / 1113
渝市政验收5–5–3　城市隧道防水排水系统防水板防水施工检验批质量验收记录表 / 1115
渝市政验收5–5–4　城市隧道防水排水系统预注浆堵水施工检验批质量验收记录表 / 1117
渝市政验收5–5–5　城市隧道防水排水系统洞外排水和明洞防水施工检验批质量验收记录表 / 1119
渝市政验收5–6–1　城市隧道装饰抹灰工程施工检验批质量验收记录表 / 1121
渝市政验收5–6–2　城市隧道装饰工程水性涂料涂饰（薄涂料）施工检验批质量

验收记录表 / 1124
渝市政验收 5-6-3　城市隧道装饰工程水性涂料涂饰(厚涂料)施工检验批质量验收记录表 / 1126
渝市政验收 5-6-4　城市隧道装饰工程水性涂料涂饰(复层涂料)施工检验批质量验收记录表 / 1128
渝市政验收 5-6-5　城市隧道装饰工程溶剂型涂料涂饰(色漆)施工检验批质量验收记录表 / 1130
渝市政验收 5-6-6　城市隧道装饰工程溶剂型涂料涂饰(清漆)施工检验批质量验收记录表 / 1132
渝市政验收 5-6-7　城市隧道装饰工程饰面板装饰安装检验批质量验收记录表 / 1134
渝市政验收 5-7-1　城市隧道路面水泥混凝土基层施工检验批质量验收记录表 / 1137
渝市政验收 5-7-2　城市隧道路面水泥混凝土面层施工检验批质量验收记录表 / 1139
渝市政验收 5-7-3　城市隧道路面沥青混凝土面层施工检验批质量验收记录表 / 1141
渝市政验收 5-8-1　城市隧道附属工程通风设施施工检验批质量验收记录表 / 1143
渝市政验收 5-8-2　城市隧道附属工程照明设施施工检验批质量验收记录表 / 1145
渝市政验收 5-8-3　城市隧道附属工程电缆槽施工检验批质量验收记录表 / 1147

第六章　重庆市桥梁工程施工质量验收表格填写示例 / 1148
渝市政验收 6-1-1　城市桥梁工程无支护基坑施工检验批质量检验记录 / 1173
渝市政验收 6-1-2　城市桥梁工程锚杆喷射混凝土支护基坑施工检验批质量验收记录表 / 1175
渝市政验收 6-1-3　城市桥梁工程悬臂式排桩结构支护基坑施工检验批质量验收记录表 / 1176
渝市政验收 6-1-4　城市桥梁工程基坑扩大基础施工检验批质量检验记录 / 1178
渝市政验收 6-1-5　城市桥梁工程基坑回填施工检验批质量检验记录 / 1180
渝市政验收 6-2-1　城市桥梁工程钻(冲)孔灌注桩施工检验批质量检验记录 / 1181
渝市政验收 6-2-2　城市桥梁工程挖孔灌注桩施工检验批质量检验记录 / 1183
渝市政验收 6-2-3　城市桥梁桩基础承台施工检验批质量检验记录 / 1185
渝市政验收 6-3-1　城市桥梁施工陆上沉井基础检验批质量检验记录 / 1187
渝市政验收 6-3-2　城市桥梁施工水上沉井基础检验批质量检验记录 / 1189
渝市政验收 6-3-3　城市桥梁沉井基础钢套箱施工检验批质量检验记录 / 1191
渝市政验收 6-3-4　城市桥梁沉井基础钢围堰施工检验批质量检验记录 / 1193
渝市政验收 6-4-1　城市桥梁工程模板安装(预制构件模板)检验批质量验收记录表 / 1195
渝市政验收 6-4-2　城市桥梁工程模板安装(整体式模板)检验批质量验收记录表 / 1198
渝市政验收 6-4-3　城市桥梁工程模板拆除检验批质量验收记录表 / 1201
渝市政验收 6-4-4　城市桥梁工程支(拱)架安装检验批质量验收记录表 / 1202
渝市政验收 6-4-5　城市桥梁工程支(拱)架拆除检验批质量验收记录表 / 1203
渝市政验收 6-4-6　城市桥梁工程挂篮检验批质量验收记录表 / 1204
渝市政验收 6-4-7　城市桥梁工程移动模架检验批质量验收记录表 / 1206

渝市政验收6-4-8　城市桥梁工程短线预制模板检验批质量验收记录表 / 1208
渝市政验收6-5-1　城市桥梁基础砌体施工检验批质量检验记录 / 1210
渝市政验收6-5-2　城市桥梁墩台身砌体施工检验批质量检验记录 / 1212
渝市政验收6-5-3　城市桥梁拱圈砌体施工检验批质量检验记录 / 1214
渝市政验收6-5-4　城市桥梁侧墙砌体施工检验批质量检验记录 / 1216
渝市政验收6-5-5　城市桥梁砌石工程(浆砌砌体)施工检验批质量验收记录表 / 1218
渝市政验收6-5-6　城市桥梁砌石工程(干砌片石)施工检验批质量验收记录表 / 1220
渝市政验收6-6-1　城市桥梁施工混凝土原材料检验批质量检验记录 / 1222
渝市政验收6-6-2　城市桥梁施工混凝土配合比设计检验批质量检验记录 / 1224
渝市政验收6-6-3　城市桥梁施工混凝土施工检验批质量检验记录 / 1226
渝市政验收6-7-1　城市桥梁施工钢筋原材料检验批质量检验记录 / 1228
渝市政验收6-7-2　城市桥梁施工钢筋加工和连接检验批质量检验记录 / 1230
渝市政验收6-7-3　城市桥梁施工钢筋安装施工检验批质量检验记录 / 1233
渝市政验收6-8-1　城市桥梁预应力施工原材料检验批质量检验记录 / 1236
渝市政验收6-8-2　城市桥梁施工预应力制作与安装检验批质量检验记录 / 1239
渝市政验收6-8-3　城市桥梁体内预应力施工检验批质量检验记录 / 1242
渝市政验收6-8-4　城市桥梁施工压浆和封锚检验批质量检验记录 / 1245
渝市政验收6-8-5　城市桥梁体外预应力施工检验批质量检验记录 / 1247
渝市政验收6-9-1　城市桥梁工程钢结构原材料(钢材)检验批质量验收记录表 / 1249
渝市政验收6-9-2　城市桥梁工程钢结构原材料(焊接材料)检验批质量验收记录表 / 1251
渝市政验收6-9-3　城市桥梁工程钢结构原材料(连接用紧固标准件)检验批质量验收记录表 / 1252
渝市政验收6-9-4　城市桥梁工程钢结构原材料(涂装材料)检验批质量验收记录表 / 1254
渝市政验收6-9-5　城市桥梁工程钢结构焊接(构件焊接)检验批质量验收记录表 / 1255
渝市政验收6-9-6　城市桥梁工程钢结构焊接(焊钉(栓钉)焊接)检验批质量验收记录表 / 1259
渝市政验收6-9-7　城市桥梁工程钢结构紧固件(普通紧固件)连接检验批质量验收记录表 / 1260
渝市政验收6-9-8　城市桥梁工程钢结构紧固件(高强度螺栓)连接检验批质量验收记录表 / 1261
渝市政验收6-9-9　城市桥梁工程钢零件及钢部件加工(切割)检验批质量验收记录表 / 1263
渝市政验收6-9-10　城市桥梁工程钢零件及钢部件加工(边缘加工)检验批质量验收记录表 / 1265
渝市政验收6-9-11　城市桥梁工程钢零件及钢部件加工(制孔)检验批质量验收记录表 / 1266
渝市政验收6-9-12　城市桥梁工程钢零件及钢部件加工(杆件组装)检验批质量验收记录表(一) / 1268
渝市政验收6-9-13　城市桥梁工程钢零件及钢部件加工(杆件组装)检验批质量验收记录

表(二) / 1271
渝市政验收6-9-14　城市桥梁工程钢零件及钢部件加工(校正和成型)检验批质量验收记录表(一) / 1274
渝市政验收6-9-15　城市桥梁工程钢零件及钢部件加工(校正和成型)检验批质量验收记录表(二) / 1275
渝市政验收6-9-16　城市桥梁工程钢零件及钢部件加工(校正和成型)检验批质量验收记录表(三) / 1276
渝市政验收6-9-17　城市桥梁工程钢零件及钢部件加工(校正和成型)检验批质量验收记录表(四) / 1277
渝市政验收6-9-18　城市桥梁工程钢结构预拼装检验批质量验收记录表(一) / 1282
渝市政验收6-9-19　城市桥梁工程钢结构预拼装检验批质量验收记录表(二) / 1283
渝市政验收6-9-20　城市桥梁工程钢结构预拼装检验批质量验收记录表(三) / 1284
渝市政验收6-9-21　城市桥梁工程钢结构工地拼装和架设检验批质量验收记录表(一) / 1288
渝市政验收6-9-22　城市桥梁工程钢结构工地拼装和架设检验批质量验收记录表(二) / 1289
渝市政验收6-9-23　城市桥梁工程钢结构工地拼装和架设检验批质量验收记录表(三) / 1290
渝市政验收6-9-24　城市桥梁工程钢结构工地拼装和架设检验批质量验收记录表(四) / 1291
渝市政验收6-9-25　城市桥梁工程钢结构工地拼装和架设检验批质量验收记录表(五) / 1292
渝市政验收6-9-26　城市桥梁工程钢结构工地拼装和架设检验批质量验收记录表(六) / 1293
渝市政验收6-9-27　城市桥梁工程钢结构工地拼装和架设检验批质量验收记录表(七) / 1294
渝市政验收6-9-28　城市桥梁工程钢结构涂装(防腐涂料)检验批质量验收记录表 / 1300
渝市政验收6-9-29　城市桥梁工程钢结构涂装(喷铝和喷锌)检验批质量验收记录表 / 1302
渝市政验收6-10-1　城市桥梁工程圬工桥墩(台)施工检验批质量检验记录 / 1303
渝市政验收6-10-2　城市桥梁工程混凝土墩、台身施工检验批质量检验记录 / 1305
渝市政验收6-10-3　城市桥梁工程装配式墩、台身施工检验批质量检验记录 / 1307
渝市政验收6-10-4　城市桥梁工程墩、台帽或盖梁施工检验批质量检验记录 / 1309
渝市政验收6-10-5　城市桥梁工程拱台组合桥台施工检验批质量检验记录 / 1311
渝市政验收6-10-6　城市桥梁工程钢及钢混凝土组合柱墩施工检验批质量验收记录表(一) / 1313
渝市政验收6-10-7　城市桥梁工程钢及钢混凝土组合柱墩施工检验批质量验收记录表(二) / 1314
渝市政验收6-10-8　城市桥梁工程台背填土施工检验批质量验收记录表 / 1316
渝市政验收6-10-9　城市桥梁工程桥台搭板施工检验批质量验收记录表 / 1317

渝市政验收6-11-1　城市桥梁工程梁（板）预制与架设梁桥（钢筋混凝土及预应力混凝土梁（板）预制与架设）施工检验批质量验收记录表 / 1319
渝市政验收6-11-2　城市桥梁工程梁（板）预制与架设梁桥（钢—混凝土结合梁（板）预制与架设）施工检验批质量验收记录表 / 1321
渝市政验收6-11-3　城市桥梁工程梁（板）预制与架设梁桥（钢箱（桁）梁制造与安装）施工检验批质量验收记录表（一） / 1323
渝市政验收6-11-4　城市桥梁工程梁（板）预制与架设梁桥（钢箱（桁）梁制造与安装）施工检验批质量验收记录表（二） / 1324
渝市政验收6-11-5　城市桥梁工程梁（板）预制与架设梁桥（钢箱（桁）梁制造与安装）施工检验批质量验收记录表（三） / 1325
渝市政验收6-11-6　城市桥梁工程梁（板）预制与架设梁桥（钢箱（桁）梁制造与安装）施工检验批质量验收记录表（四） / 1326
渝市政验收6-11-7　城市桥梁工程梁（板）预制与架设梁桥（钢箱（桁）梁制造与安装）施工检验批质量验收记录表（五） / 1327
渝市政验收6-11-8　城市桥梁工程现浇混凝土梁（板）桥施工（固定支架现浇混凝土梁（板））检验批质量验收记录表 / 1331
渝市政验收6-11-9　城市桥梁工程现浇混凝土梁（板）桥施工（移动模架现浇混凝土梁（板））检验批质量验收记录表 / 1333
渝市政验收6-11-10　城市桥梁工程现浇混凝土梁（板）桥施工（挂篮悬臂浇筑混凝土主梁）检验批质量验收记录表 / 1335
渝市政验收6-11-11　城市桥梁工程节段预制与拼装混凝土梁桥施工检验批质量验收记录表（一） / 1337
渝市政验收6-11-12　城市桥梁工程节段预制与拼装混凝土梁桥施工检验批质量验收记录表（二） / 1338
渝市政验收6-11-13　城市桥梁工程简支连续梁桥施工（T梁预制与安装）检验批质量验收记录表（一） / 1341
渝市政验收6-11-14　城市桥梁工程简支连续梁桥施工（T梁预制与安装）检验批质量验收记录表（二） / 1342
渝市政验收6-11-15　城市桥梁工程简支连续梁桥施工（空心板预制与安装）检验批质量验收记录表（一） / 1344
渝市政验收6-11-16　城市桥梁工程简支连续梁桥施工（空心板预制与安装）检验批质量验收记录表（二） / 1345
渝市政验收6-11-17　城市桥梁工程简支连续梁桥施工（T梁、空心板梁墩顶连续、墩梁固结构造）检验批质量验收记录表 / 1347
渝市政验收6-11-18　城市桥梁工程简支连续梁桥施工（桥面连续构造）检验批质量验收记录表 / 1349
渝市政验收6-11-19　城市桥梁工程简支连续梁桥施工（桥面铺装垫层混凝土）检验批质量验收记录表 / 1351
渝市政验收6-11-20　城市桥梁工程连续钢构桥施工检验批质量验收记录表 / 1353

渝市政验收6-12-1　城市桥梁工程拱桥拱座施工检验批质量验收记录表 / 1355
渝市政验收6-12-2　城市桥梁工程拱桥主拱施工(支架施工主拱)检验批质量验收记录表 / 1357
渝市政验收6-12-3　城市桥梁工程拱桥主拱施工(绳索吊装施工主拱)检验批质量验收记录表 / 1359
渝市政验收6-12-4　城市桥梁工程拱桥主拱施工(转体施工主拱)检验批质量验收记录表 / 1361
渝市政验收6-12-5　城市桥梁工程拱桥主拱施工(劲性骨架施工主拱)检验批质量验收记录表 / 1363
渝市政验收6-12-6　城市桥梁工程拱桥主拱施工(钢管混凝土主拱)检验批质量验收记录表 / 1365
渝市政验收6-12-7　城市桥梁工程拱桥主拱施工(钢拱)检验批质量验收记录表 / 1368
渝市政验收6-12-8　城市桥梁工程拱桥腹孔、悬吊结构施工检验批质量验收记录表 / 1370
渝市政验收6-12-9　城市桥梁工程中、下承式拱桥系杆、吊杆施工检验批质量验收记录表 / 1372
渝市政验收6-13-1　城市桥梁工程斜拉桥桥塔施工检验批质量验收记录表 / 1374
渝市政验收6-13-2　城市桥梁工程斜拉桥主梁(混凝土梁)施工检验批质量验收记录表(一) / 1376
渝市政验收6-13-3　城市桥梁工程斜拉桥主梁(混凝土梁)施工检验批质量验收记录表(二) / 1377
渝市政验收6-13-4　城市桥梁工程斜拉桥主梁(钢混凝土结合梁)施工检验批质量验收记录表 / 1379
渝市政验收6-13-5　城市桥梁工程斜拉桥斜拉索施工检验批质量验收记录表 / 1381
渝市政验收6-14-1　城市桥梁工程悬索桥混凝土索塔施工检验批质量验收记录表 / 1383
渝市政验收6-14-2　城市桥梁工程悬索桥加劲梁(混凝土梁)施工检验批质量验收记录表 / 1385
渝市政验收6-14-3　城市桥梁工程悬索桥加劲梁(钢混结合梁)施工检验批质量验收记录表 / 1387
渝市政验收6-14-4　城市桥梁工程悬索桥加劲梁(钢梁)施工检验批质量验收记录表 / 1389
渝市政验收6-14-5　城市桥梁工程悬索桥主缆施工检验批质量验收记录表 / 1390
渝市政验收6-14-6　城市桥梁工程悬索桥吊杆(索)及索夹施工检验批质量验收记录表 / 1392
渝市政验收6-14-7　城市桥梁工程悬索桥索鞍施工检验批质量验收记录表 / 1394
渝市政验收6-14-8　城市桥梁工程悬索桥锚碇施工检验批质量验收记录表 / 1396
渝市政验收6-15-1　城市桥梁工程支座安装检验批质量验收记录表 / 1398
渝市政验收6-15-2　城市桥梁工程伸缩缝安装检验批质量验收记录表 / 1400
渝市政验收6-16-1　城市桥梁工程桥面防水层施工检验批质量验收记录表 / 1402
渝市政验收6-16-2　城市桥梁工程桥面铺装检验批质量验收记录表 / 1405
渝市政验收6-16-3　城市桥梁工程钢桥面防水黏结层施工检验批质量验收记录表 / 1407

渝市政验收6–16–4　城市桥梁工程钢桥面沥青混凝土铺装检验批质量验收记录表 / 1408
渝市政验收6–16–5　城市桥梁工程排水设施施工检验批质量验收记录表 / 1410
渝市政验收6–16–6　城市桥梁工程防撞护栏、隔离设施与栏杆施工检验批质量验收记录表 / 1411
渝市政验收6–16–7　城市桥梁工程人行道结构施工检验批质量验收记录表 / 1413
渝市政验收6–16–8　城市桥梁工程避雷装置施工检验批质量验收记录表 / 1415
渝市政验收6–16–9　城市桥梁工程声屏与防眩设施施工检验批质量验收记录表 / 1417
渝市政验收6–16–10　城市桥梁工程航标施工检验批质量验收记录表 / 1419
渝市政验收6–16–11　城市桥梁工程检修设施施工检验批质量验收记录表 / 1420
渝市政验收6–17–1　城市桥梁工程照明施工（灯杆、灯具安装）检验批质量验收记录表（一）/ 1421
渝市政验收6–17–2　城市桥梁工程照明施工（灯杆、灯具安装）检验批质量验收记录表（二）/ 1423
渝市政验收6–17–3　城市桥梁工程照明施工线路敷设检验批质量验收记录表（一）/ 1426
渝市政验收6–17–4　城市桥梁工程照明施工线路敷设检验批质量验收记录表（二）/ 1427
渝市政验收6–17–5　城市桥梁工程照明施工变配电安装检验批质量验收记录表（一）/ 1429
渝市政验收6–17–6　城市桥梁工程照明施工变配电安装检验批质量验收记录表（二）/ 1430
渝市政验收6–17–7　城市桥梁工程照明施工控制系统安装检验批质量验收记录表 / 1434
渝市政验收6–17–8　城市桥梁工程照明施工安全保护安装检验批质量验收记录表 / 1436
渝市政验收6–18–1　城市桥梁工程混凝土结构外观质量检查验收记录表 / 1438
渝市政验收6–18–2　城市桥梁工程钢结构外观质量检查验收记录表 / 1439
渝市政验收6–18–3　城市桥梁工程桥面外观质量检查验收记录表 / 1440
渝市政验收6–18–4　城市桥梁工程装饰工程外观质量检查验收记录表 / 1442

第七章　市政园林绿化工程施工质量验收表格填写示例 / 1443
渝市政验收7–1–1　城市园林绿化工程栽植土检验批质量验收记录表 / 1464
渝市政验收7–1–2　城市园林绿化工程栽植前场地清理检验批质量验收记录表 / 1466
渝市政验收7–1–3　城市园林绿化工程栽植土回填及地形造型工程检验批质量验收记录表 / 1467
渝市政验收7–1–4　城市园林绿化工程栽植土施肥和表层整理检验批质量验收记录表 / 1469
渝市政验收7–1–5　城市园林绿化工程栽植穴、槽施工检验批质量验收记录 / 1471
渝市政验收7–1–6　城市园林绿化工程植物材料检验批质量验收记录表（一）/ 1473
渝市政验收7–1–7　城市园林绿化工程植物材料检验批质量验收记录表（二）/ 1474
渝市政验收7–2–1　城市园林绿化工程苗木运输和假植检验批质量验收记录表 / 1477
渝市政验收7–2–2　城市园林绿化工程苗木修剪检验批质量验收记录表 / 1479
渝市政验收7–2–3　城市园林绿化工程树木栽植检验批质量验收记录表 / 1480
渝市政验收7–2–4　城市园林绿化工程浇灌水工程检验批质量验收记录表 / 1482
渝市政验收7–2–5　城市园林绿化工程树木支撑检验批质量验收记录表 / 1483

渝市政验收7-3-1　城市园林绿化工程大树移植(挖掘包装)施工检验批质量验收记录表 / 1484
渝市政验收7-3-2　城市园林绿化工程大树移植(吊装运输)施工检验批质量验收记录表 / 1485
渝市政验收7-3-3　城市园林绿化工程大树移植(大树栽植)施工检验批质量验收记录表 / 1486
渝市政验收7-4-1　城市园林绿化工程草坪和草本地被播种检验批质量验收记录表 / 1488
渝市政验收7-4-2　城市园林绿化工程喷播种植检验批质量验收记录表 / 1490
渝市政验收7-4-3　城市园林绿化工程草坪和草本地被分栽检验批质量验收记录表 / 1491
渝市政验收7-4-4　城市园林绿化工程铺设草块和草卷检验批质量验收记录表 / 1492
渝市政验收7-4-5　城市园林绿化工程运动场地草坪施工检验批质量验收记录表 / 1493
渝市政验收7-5-1　城市园林绿化工程花卉栽植检验批质量验收记录 / 1495
渝市政验收7-5-2　城市园林绿化工程水湿生植物栽植槽施工检验批质量验收记录表 / 1497
渝市政验收7-5-3　城市园林绿化工程水湿生植物栽植施工检验批质量验收记录表 / 1498
渝市政验收7-5-4　城市园林绿化工程竹类栽植施工检验批质量验收记录表(一) / 1500
渝市政验收7-5-5　城市园林绿化工程竹类栽植施工检验批质量验收记录表(二) / 1501
渝市政验收7-6-1　城市园林绿化工程设施空间绿化耐根穿刺防水层施工检验批质量验收记录表 / 1503
渝市政验收7-6-2　城市园林绿化工程设施空间绿化排蓄水层施工检验批质量验收记录表 / 1504
渝市政验收7-6-3　城市园林绿化工程设施空间绿化过滤层施工检验批质量验收记录表 / 1505
渝市政验收7-6-4　城市园林绿化工程设施障碍性面层栽植基盘施工检验批质量验收记录表 / 1506
渝市政验收7-6-5　城市园林绿化工程设施顶面栽植工程施工检验批质量验收记录表 / 1507
渝市政验收7-6-6　城市园林绿化设施立面垂直绿化工程施工检验批质量验收记录表 / 1508
渝市政验收7-6-7　城市园林绿化工程坡面绿化防护栽植层工程施工检验批质量验收记录表 / 1510
渝市政验收7-6-8　城市园林绿化工程排盐(渗水)管沟隔淋(渗水)层开槽施工检验批质量验收记录表 / 1512
渝市政验收7-6-9　城市园林绿化工程排盐(渗水)管敷设施工检验批质量验收记录表 / 1514
渝市政验收7-6-10　城市园林绿化工程隔淋(渗水)层施工检验批质量验收记录表 / 1516
渝市政验收7-6-11　城市园林绿化工程施工期植物养护检验批质量验收记录表 / 1518
渝市政验收7-7-1　城市园林绿化工程园路、广场地面铺装碎拼花岗岩面层施工检验批质量验收记录表 / 1519
渝市政验收7-7-2　城市园林绿化工程园路、广场地面铺装卵石面层施工检验批质量验收记录表 / 1520
渝市政验收7-7-3　城市园林绿化工程园路、广场地面铺装嵌草地面施工检验批质量验收记录表 / 1522

渝市政验收7–7–4　城市园林绿化工程园路、广场地面铺装水泥花砖混凝土板块面层施工检验批质量验收记录表 / 1524
渝市政验收7–7–5　城市园林绿化工程园路、广场地面铺装侧石安装检验批质量验收记录表 / 1526
渝市政验收7–7–6　城市园林绿化工程园路、广场地面铺装冰梅面层施工检验批质量验收记录表 / 1528
渝市政验收7–7–7　城市园林绿化工程园路、广场地面铺装花街铺地面层施工检验批质量验收记录表 / 1530
渝市政验收7–7–8　城市园林绿化工程园路、广场地面铺装大方砖面层施工检验批质量验收记录表 / 1532
渝市政验收7–7–9　城市园林绿化工程园路、广场地面铺装压模面层施工检验批质量验收记录表 / 1534
渝市政验收7–7–10　城市园林绿化工程园路、广场地面铺装透水砖面层施工检验批质量验收记录表 / 1536
渝市政验收7–7–11　城市园林绿化工程园路、广场地面铺装小青砖（黄道砖）面层施工检验批质量验收记录表 / 1538
渝市政验收7–7–12　城市园林绿化工程园路、广场地面铺装自然块石面层施工检验批质量验收记录表 / 1540
渝市政验收7–7–13　城市园林绿化工程园路、广场地面铺装水洗石面层施工检验批质量验收记录表 / 1542
渝市政验收7–8–1　城市园林绿化附属工程假山、叠石施工检验批质量验收记录表（一）/ 1544
渝市政验收7–8–2　城市园林绿化附属工程假山、叠石施工检验批质量验收记录表（二）/ 1545
渝市政验收7–8–3　城市园林绿化附属工程假山、叠石施工检验批质量验收记录表（三）/ 1546
渝市政验收7–8–4　城市园林绿化附属工程水景管道安装施工检验批质量验收记录表 / 1548
渝市政验收7–8–5　城市园林绿化附属工程水景潜水泵安装施工检验批质量验收记录表 / 1549
渝市政验收7–8–6　城市园林绿化附属工程水景喷泉喷头安装施工检验批质量验收记录表 / 1550
渝市政验收7–9–1　城市园林绿化附属设施座椅（凳）、标牌、果皮箱安装施工检验批质量验收记录表 / 1551
渝市政验收7–9–2　城市园林绿化附属设施园林护栏安装施工检验批质量验收记录表 / 1552
渝市政验收7–9–3　城市园林绿化附属设施喷灌喷头安装施工检验批质量验收记录表 / 1554

第一部分
重庆市城乡建设委员会文件归档相关要求

关于发布《重庆市建设工程档案编制验收标准》的通知

渝建发〔2011〕103号

各区县(自治县)城乡建委,两江新区、北部新区、高新区、经开区建设局,有关单位:

现批准《重庆市建设工程档案编制验收标准》为我市工程建设强制性标准,编号为:DBJ 50-129—2011,自2011年11月1日起实施。

本标准中以黑体字标志的第3.0.2、5.2.2、6.1.2、6.3.6、6.4.6、7.1.2、8.1.3、8.2.5、10.0.1、10.0.2、11.1.1、11.2.1、11.2.2、11.6.2条为强制性条文,并通过住房和城乡建设部审查与备案(备案号为:J 11899—2011),必须严格执行。

本标准由重庆市城乡建设委员会负责管理和强制性条文的解释,重庆市城市建设档案馆负责技术内容解释。

重庆市城乡建设委员会

二〇一一年九月八日

重庆市地方标准DBJ 50-129—2011
《重庆市建设工程档案编制验收标准》强制性条文

3.0.2　建设工程档案由建设单位组织勘察、设计、监理、施工等单位收集、整理，所需经费应当在工程预算中单列。

5.2.2　建筑安装、市政基础设施等建设工程统一使用重庆市城乡建设委员会规定的，由重庆市城建档案馆和重庆市建设工程质量监督总站联合监制的铅印表格，表格附件用标准的纸张。

6.1.2　所有建设工程均应编制竣工图。

6.3.6　地下管线工程施工过程中和覆土前应当连续跟踪测量，并编制地下管线竣工图。建设单位应当委托具有相应资质的工程测量单位，按照《城市地下管线探测技术规程》(CJJ 61)进行竣工测量，形成准确的竣工测量数据文件和管线工程测量图。

6.4.6　竣工图章和竣工图图标应采用成重庆统一标准。

7.1.2　建设工程都应编制建设工程照片档案。

8.1.3　城乡建设档案管理机构配置的计算机等数字设备和应用软件，应能有效读取归档的电子文件。电子档案应以城乡建设档案管理机构可接收的文件格式和方式报送。

8.2.5　凡移交城乡建设档案管机构的建设工程档案，必须同时移交工程准备阶段文件、竣工验收文件和竣工图的扫描格式电子档案(具体文件内容详见附录E)。

10.0.1　建设工程竣工验收前，必须进行建设工程档案专项验收，并取得建设行政主管部门出具的验收意见。

10.0.2　建设行政主管部门应当自受理之日起在规定时间内出具建设工程档案验收意见。建设工程档案专项验收不合格的，建设单位须按照要求整改、补充，重新提请建设工程档案专项验收。

11.1.1　建设单位在办理建设工程施工许可证时，应当与城乡建设档案管理机构签订《建设工程档案报送责任书》(见附录R)，明确报送建设工程档案的内容、时限、要求及责任。

11.2.1　市级以上(含市级)重点工程、主城区(含北部新区)以及跨区县(自治县)建设工程档案向市城乡建设档案管理机构报送。

11.2.2　除11.2.1条以外的建设工程档案向主城区外其他区县(自治县)城乡建设档案管理机构报送。

11.6.2　建设单位在建设工程竣工验收后及竣工验收备案前，应当向城乡建设档案管理机构报送一套符合规定的建设工程档案。

重庆市建设工程档案编制验收标准

1 总则

1.0.1 为规范建设工程档案,加强工程档案编制、验收及报送等管理工作,提高编制质量,特制订本标准。

1.0.2 本标准适用于新建、改建、扩建的建设工程档案的编制、整理、验收、报送管理。其他专业工程档案的编制验收可参照本标准执行。

1.0.3 建设工程档案编制验收,除符合本标准外,尚应执行国家和重庆市现行有关标准规范的规定。

2 术语

2.0.1 建设工程档案 project archive

在工程建设活动中直接形成的对国家和社会具有保存价值的文字、图纸、图表、声像、电子文件等不同载体的历史记录。也可简称为工程档案。

2.2 建设工程项目 construction project

经批准按照一个总体设计进行施工,经济上实行统一核算,行政上具有独立组织形式,实行统一管理的工程基本建设单位。它由一个或若干个具有内在联系的工程所组成。

2.3 单位工程 single project

具有独立的设计文件,竣工后可以独立发挥生产能力或工程效益的工程并构成建设工程的组成部分。

2.4 分部工程 subproject

单位工程中可以按照专业性质、建筑部分或者材料种类、施工特点、施工程序、专业系统及类别等独立组织施工的工程。

2.5 建设工程文件 construction project document

在工程建设过程中形成的各种形式的信息记录,包括工程准备阶段文件、监理文件、施工文件、竣工图、竣工验收文件,也可以简称为工程文件。

2.6 工程准备阶段文件 seedtime document of a construction project

工程开工以前,在立项、征地、勘察、设计、招投标审批等工程准备阶段形成的文件。

2.7 监理文件 project management document

监理单位在工程设计、施工等监理过程中形成的文件。

2.8　施工文件　construction document

施工单位在工程施工过程中形成的文件。

2.9　竣工图　as-build drawing

工程竣工验收后，真实反映建设工程项目施工结果的图样。

2.10　竣工验收文件　handing over document

建设工程项目竣工验收活动中形成的文件。

2.11　案卷　file

由互有联系的若干文件组成的档案保管单位。

2.12　建设工程声像档案　audio-visual construction archives

在城市规划建设管理活动中直接形成的有保存价值的照片、底片(包括反转片)、影片、录像带、录音带、影音光盘、磁性载体，以声像为主，并辅以文字说明的历史记录。

2.13　建设电子文件　electric construction records

在城乡规划、建设及管理活动中，通过数字设备及环境生成，以数码形式存储于磁带、磁盘或光盘等载体，依赖计算机等数字设备阅读、处理，并可以在通信网络上传送的文件。主要包括建设系统业务管理电子文件和建设工程电子文件。

2.14　建设工程电子文件　electric records of construction engineering

在工程建设过程中通过数字设备及环境生成，以数码形式存储于磁带、磁盘或光盘等载体，依赖计算机等数字设备阅读、处理，并可以在通信网络上传送的文件。主要包括工程准备阶段电子文件、监理电子文件、施工电子文件、竣工图电子文件和竣工验收电子文件。简称工程电子文件。

2.15　建设电子档案　electronic construction archives

具有参考和利用价值并作为档案保存的建设电子文件及相应的支持软件、参数和其他数据。主要包括建设系统业务管理电子档案和建设工程电子档案。

2.16　立卷　filing

按照一定的原则和方法，将有保存价值的文件分门类别整理成案卷，也称为组卷。

2.17　归档　putting into record

文件形成单位完成其工作任务，将形成的文件立卷后，按规定报送档案管理机构。

3　基本规定

3.0.1　建设、勘察、设计、监理、施工单位应将工程文件的形成和积累纳入工程建设管理的各个环节和有关人员的职责范围。

3.0.2　建设工程档案由建设单位组织勘察、设计、监理、施工等单位收集、整理，所需经费应当在工程预算中单列。

3.0.3　建设、勘察、设计、监理、施工单位应配备通过专业培训并经考核合格的城建档案工作人员。

3.0.4　建设单位是工程档案的总负责单位，在工程文件与档案的整理立卷、验收、报送工作中应履行下列职责：

1)贯彻工程档案法律、法规、规章、规范标准及政府规范性文件。

2)在工程招标给予勘察、设计、监理、施工等单位签订协议、合同时，应对工程文件内容、套数、费用、质量、报送时间等提出明确要求。

3)负责收集、整理建设工程的准备阶段文件和竣工验收文件，并进行立卷归档；负责组织、监督和检查勘察、设计、监理、施工单位的工程文件的形成、积累和立卷归档工作；也可以委托监理单位监督、检查工程施工文件的形成、积累和立卷归档工作。

4)收集和汇总勘察、设计、监理、施工单位编制的工程档案。

5)督促勘察、设计、监理、施工单位按照工程建设进度同步编制，形成完整、准确、真实、符合归档要求的工程档案。

3.0.5 勘察、设计、监理、施工单位负责收集整理本单位在工程建设全过程中形成的文件，并将本单位形成的工程文件立卷后及时向建设单位报送。

4 建设工程档案内容

4.1 一般规定

4.1.1 建设工程档案是指建设工程从酝酿、决策到建成投产(使用)的全过程中形成的，应当归档保存的文件。包括建设工程的可行性研究、评估、决策、立项、勘测、设计、施工、调试、生产准备、竣工、试运行等工作中形成的文字、图纸、图表、计算材料、声像材料、电子文件等不同形式与载体的文件材料。它真实、系统、完整地反映工程对象本身的结果。

4.2 归档的具体内容

4.2.1 建筑安装工程具体归档内容参见附录A《建设工程文件归档内容一览表》的要求。市政基础设施工程具体归档内容参见附录B《重庆市市政基础设施工程文件归档内容一览表》的要求。节能分部工程具体归档内容参见附录C《建筑节能工程文件归档内容一览表》的要求。成品住宅装修工程具体归档内容参见附录D《重庆市成品住宅装修工程文件归档内容一览表》的要求。

4.2.2 特殊工程、“四新”技术工程包括采用“新技术”、“新工艺”、“新设备”、“新材料”的工程，其具体归档内容可由建设、监理、施工等单位根据工程实际情况共同提出并报建设行政主管部门批准后执行。

4.2.3 凡向城乡建设档案管理机构报送建设工程档案，必须同时报送一套该工程的电子档案。

5 施工文件编制

5.1 施工文件纸张

5.1.1 施工文件的纸张应采用能够长期保存的50g以上纸，不得使用传真纸。

5.1.2 施工文件中文字材料幅面尺寸规格为A4幅面或者为A4幅面的倍数纸。

5.1.3 一份文件纸张出现多页数时应标注页脚。页脚标注形式为“共*页 第*页”。

5.1.4 纸张不应有破损、斑渍、油污。

5.2 施工用表

5.2.1 施工用表一般分为市政工程和建筑安装工程技术用表。专业性强的轨道交通工程、四新技术工程等经批准可使用特制专业表格。

5.2.2 建筑安装、市政基础设施等建设工程应使用重庆市城乡建设委员会规定的，由重庆市城建档案馆和重庆市建设工程质量监督总站监制的铅印表格,表格附件用标准的纸张。

5.2.3 打印编制形成的施工记录表格,应采用标准铅印表格套打填写相关内容。

5.2.4 施工用表应采用信息技术进行辅助管理。

5.3 施工文件书写

5.3.1 施工文件编制可采用手工书写或电脑打印形成,并符合下列规定:

1)手工书写要求字迹清楚,图样清晰,图表整洁。

2)打印形成字体应与施工用表中字体相区别,图样适度、字体清晰。

5.3.2 施工文件形成的书写材料应符合下列规定:

1)手工书写应采用耐久性强的碳素墨水或者蓝黑墨水。

2)打印应优先选择喷墨打印机或者激光打印机,打印材料选用碳黑色素成分的墨水或墨粉。

3)不得使用复写纸、红色墨水、纯蓝墨水、圆珠笔、铅笔。

5.3.3 施工文件修改应符合下列规定:

1)施工文件不得随意修改,当确需修改时,手工书写文字纠错用杠改,不得使用涂改液纠错。

2)手工书写数据、打印件和图样纠错必须重新制作。

3)书写、打印都不得事后增删内容。

5.4 施工用表填写

5.4.1 施工用表内容填写应真实、准确,与工程实际相符合,必须符合国家和地方有关工程勘察、设计、施工、监理等方面的技术规范、标准和规程。

5.4.2 施工用表填写可采用手工书写或者电脑打印形成,并符合下列规定:

1)工程名称应填写施工许可证确定的名称或建设工程名称加单位工程名。

2)单位名称应为全称,与公章一致。

3)不同表格中的相同内容栏应填写一致。

4)检查部位应填写准确。绝对标高采用黄海高程,坐标采用城市规划统一坐标,图例符号按国家标准,若自行编制符号应附图说明。

5)引用内容应与引用件上一致,包括编号、位置等。

6)岗位证书等证件应填写有效执业资格证书名称和编号。

7)计量单位应采用法定计量单位。

8)施工用表表格形成且手续齐全后,不得事后增删内容,应在空白处加盖以下空白章或用斜线画掉处理。

5.4.3 数字填写真实、准确,并符合下列规定:

1)数据一律采用阿拉伯数字。

2)楼层应同时标注层和标高。

5.4.4 文件形成时间与工程进度吻合,采用8位数,其中年占4位数,月和日各占2位数,不足用“0”补位。

5.5 施工文件签章

5.5.1 签字应符合下列规定:

1)签字应齐全,相关人员应与参建单位报建备案或具备相应资质的人员一致。

2)签字应由本人手工书写,字迹工整,利于辨认。也可采用打印名和人工书写双签名并存方式。

3)除工商部门备案的专用私人印章外,不得使用本人私章代签字。

4)施工用表中设置有地勘、设计等单位签字的,属于本次检查范围内的地勘、设计单位应签字。

5)重要会议形成的各种记录、纪要、意见、结论,参会责任单位代表应签字。

5.5.2　盖章应符合下列规定:

1)凡表格上出现(公章)或(章)处,应加盖本单位公章,若单位法定代表人有明确的书面委托,可使用工程项目部章代替。

2)经过会议形成的各种记录、纪要、意见、结论,整理单位在该文件材料上应加盖公章,参会单位应盖章。

5.6　建筑材料质量证明编制

5.6.1　建筑材料合格证应为原件,当使用复印件时,供货单位应在复印件上加盖公章,并指明原件存放处,经办人应签字。

5.6.2　建筑材料供应商提供的有关建筑材料的检测等证明资料应为原件,或者供应商在复印件上加盖公章,并指明原件存放处,经办人应签字。

5.6.3　现场检测试验报告应是原件。

5.6.4　重要材料应在建筑材料合格证上注明本次进场型号、规格、数量、使用部位、进场时间、现场验收人签字。

6　竣工图编制

6.1　一般规定

6.1.1　竣工图是建设工程施工过程中,根据施工现场的各种真实施工记录和指令性技术文件,对施工图进行修改或重新绘制的,与工程实体相符的图说。

6.1.2　所有建设工程均应编制竣工图。

6.1.3　竣工图按专业划分包括的内容有:建筑、结构、给排水、电气、通风空调、装饰、道路、桥梁、隧道、设备及工艺流程竣工图等。

6.1.4　编制竣工图的时间、数量和编制单位应符合下列要求:

1)竣工图应随建设工程进度及时绘制。

2)根据实际情况确定编制数量。一般由甲乙双方在合同中约定竣工图编制的套数。

3)竣工图应由施工单位负责编制。

6.2　竣工图的编制依据

6.2.1　审核合格备案的施工图。

6.2.2　图纸会审和设计交底记录。

6.2.3　设计变更通知。

6.2.4　技术变更(洽商)记录。

6.2.5　施工现场隐蔽验收记录、材料代用等签证记录。

6.2.6　质量事故报告、鉴定、处理措施及处理结果。

6.2.7　建(构)筑物定位测量、施工检查测量及竣工测量。

6.2.8　其他已实施的指令性文件。

6.3　竣工图的编制办法

6.3.1　利用施工图修改绘制竣工图可采用如下方法:

1)无变更的,在原施工图上加盖竣工图章后作为竣工图。

2)变更较少、未超过图面1/3的,可在原施工图上修改,注明变更修改依据,加盖竣工图章作为竣工图。

3)有局部设计变更的,可将变更部分重新绘制竣工图,并在原施工图上注明变更修改依据和重新绘制的竣工图图号后,加盖竣工图章作为竣工图。

6.3.2　凡在施工中结构、工艺、平面布置等有重大改变,或变更部分超过图面1/3的,应当重新绘制竣工图。

6.3.3　重新绘制的竣工图应该使用竣工图图标,并注明修改编制竣工图的依据和内容。

6.3.4　竣工图目录应按专业重新绘制,内容应包括:序号、图纸名称、竣工图号、原施工图号、图幅、备注。

6.3.5　基础竣工图必须重新绘制。要把基础的纵横断面和地质情况真实地绘制出来,并应写明基础竣工图的编制说明。

6.3.6　地下管线工程施工过程中和覆土前应当连续跟踪测量,建设单位应当委托具有相应资质的工程测量单位,形成准确的测量数据,编制地下管线竣工图。

6.4　竣工图的编制质量

6.4.1　竣工图编制应及时,内容必须真实、准确,与工程实际相符,做到图、物一致,无遗漏和含糊不清的地方。

6.4.2　竣工图应按单位工程分专业进行编制,内容必须完整。

6.4.3　竣工图应是新蓝图,图纸应采用国家标准图幅,做到规格统一。

6.4.4　利用原施工图修改绘制竣工图的,可进行杠改,不能刮改、涂改和使用涂改液。

6.4.5　竣工图上各专业名词、术语、代号、图形文字、符号、线形和选用的结构要素、计量单位,应符合制图规范和相关规定。

6.4.6　竣工图章和竣工图图标应采用重庆市统一标准。

6.4.7　竣工图章应符合下列规定:

1)竣工图章的样式和尺寸应符合图6.4.7的规定。

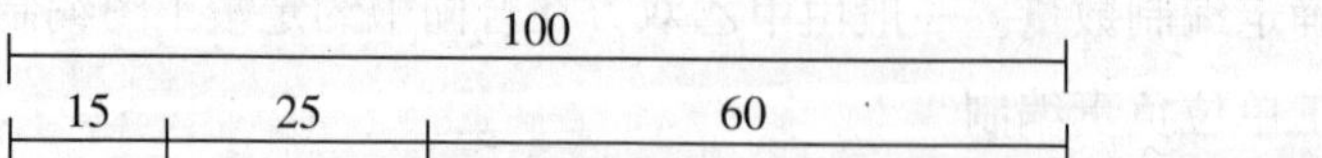

图6.4.7　竣工图章的样式和尺寸(单位:mm)

2)竣工图章应使用不易褪色的红色印油。

3)竣工图章应盖在图纸正面装订线以内、图标栏上方或其他的空白处。

6.4.8 竣工图图标样式及尺寸应符合图6.4.8的要求。

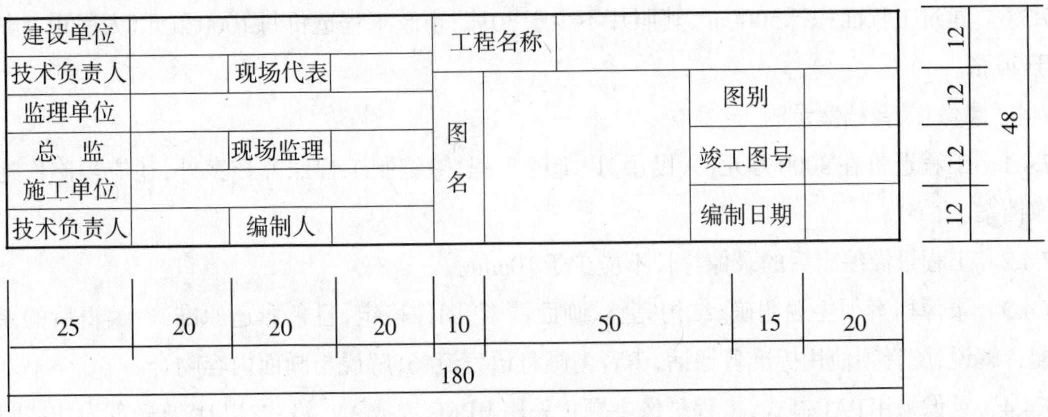

图6.4.8 竣工图图标样式(单位:mm)

6.4.9 竣工图章或竣工图图标的内容应填写完整、签字齐全、清楚,不得代签或者盖私章。

6.4.10 竣工图编制必须使用专业绘图工具、碳素墨水书写和绘制,不得使用其他墨水和颜色的笔绘制。

6.4.11 竣工图绘制应字迹工整,线条清晰,墨色均匀。计算机打印图必须清晰。

7 建设工程声像档案编制

7.1 一般规定

7.1.1 建设工程应编制声像档案。

7.1.2 所有建设工程均应编制照片档案。

7.1.3 建设单位应重视建设工程声像档案工作,督促参建各方做好施工各环节声像档案的收集、整理及归档工作。

7.2 声像档案归档内容

7.2.1 建设工程声像档案包括以下内容:

1)工程原址、原貌及周边状况。

2)工程竣工后的全貌。

3)反映施工过程的各个分部分项工程。

4)工程建设的重大活动、重大事件、竣工验收。

5)工程采用的各种新技术、新工艺、新设备、新材料情况。

6)其他与工程相关的具有保存价值的声像档案。

7.3 照片档案拍摄

7.3.1 照片影像应主题明确,画面清晰、完整,被摄主体不应有失真变形现象。

7.3.2 数码照片的采集应使用JPEG或TIFF格式,单张照片分辨率不小于500万有效像素。

7.3.3 拍摄施工情况须使用图板；图板应标明工程名称、部位、地段、时间等信息。

7.3.4 照片洗印尺寸应为5～7英寸。

7.3.5 光学相机拍摄的工程照片必须附上底片一并存档；数码相机拍摄的工程照片必须附上数码格式的电子文件。电子文件以光盘存储形式归档。

7.3.6 建筑工程面积每5000m²，其照片不少于30张；市政工程造价每1000万元（人民币），其照片不少于20张。

7.4 录像、录音档案录制

7.4.1 工程造价在3000万元（人民币）以上的工程，除编制工程照片档案外，还应当制作建设工程录像档案。

7.4.2 工程录像编辑后的录像片长不应少于10min。

7.4.3 录像档案须主题明确、结构完整、画面清晰、图像稳定，且色彩还原准确；编辑后的录像片应有配音解说，配音须使用标准普通话，声音清晰且语言流畅，解说与画面内容吻合。

7.4.4 录像采用PAL制式，工程录像主题片采用MPEG-2或AVI格式，以DVD光盘为载体归档。

7.4.5 录音档案须声音清晰，其时间长短根据实际录音情况而定，格式采用MP3或WAV。

7.4.6 录音、录像载体应材质完好，没有变形、断裂、发霉及磁粉脱落、磨损、划伤现象。

8 建设工程电子文件与电子档案编制

8.1 基本要求

8.1.1 建设单位应制定电子文件管理制度和技术措施，明确规定电子文件归档的时间、范围、方式、技术环境、相关软件、版本、数据类型、格式、元数据、检测数据等归档要求，确保归档电子文件的质量。

8.1.2 参建各单位应对电子文件的形成、收集、积累、鉴定、归档及归档后电子档案的保管、利用，实行全过程管理与监控，保证管理工作的连续性，确保电子文件的真实性、完整性、有效性和安全。

8.1.3 城乡建设档案管理机构应配置计算机等数字设备和应用软件，能有效读取归档的电子文件。电子档案应以城乡建设档案管理机构可接收的文件格式和方式报送。

8.1.4 建设工程电子文件形成各单位应将已归档的电子文件保存至少1年。

8.2 收集与报送

8.2.1 建设工程电子文件（除扫描格式电子档案）的收集范围、要求、程序、代码标识、格式与载体要求等，应按国家现行标准GB/T 50328《建设工程文件归档整理规范》和CJJ/T 117《建设电子文件与电子档案管理规范》的规定执行。

8.2.2 建设工程电子文件主要包括电子著录信息、建设工程活动中形成的技术文件。电子著录信息应按照项目级著录、案卷级著录、文件级著录的次序，分别建立相应的目录结构。

8.1.3 本标准对建设工程电子档案的编制要求，主要是针对向城乡建设档案管理机构报送的扫描格式电子档案。

8.1.4 扫描格式电子档案的存储格式要求如下：

1）档案封面、红头文件、加盖公章的重要文件及其他重要文件，要求采用32位彩色ISO 10918-1（JPEG）压缩格式存储。

2)其他文件采用1位Tagged Image File Format(TIFF)黑白二值图存储。

3)成图像素不得低于300dpi,JPEG文件不得低于中质量压缩,TIFF文件采用CCITT Group4方式压缩,标准格式图纸黑白二值图像存储空间须符合表8.2.4规定:

表8.2.4 标准格式图纸黑白二值图像存储空间

图纸标准格式	文件大小
A4	100KB左右
A3	300KB左右
A2	600KB左右
A1	800KB左右
A0	1MB左右

4)扫描格式电子档案的存储路径及命名方式应符合下列规则:

(1)扫描格式电子档案命名:首字母+4位页码+5位备用码+文件扩展名;

(2)封面首字母:F;

(3)目录首字母:M;

(4)正文首字母:N;

(5)备考表首字母:Z;

(6)备用码:00000;

(7)存储路径:盘符:\工程名称\案卷题名\电子文件名。

8.1.5 凡报送城乡建设档案管理机构的建设工程档案,必须同时报送工程准备阶段文件、竣工验收文件和竣工图的扫描格式电子档案(具体文件内容详见《建设工程扫描格式电子档案归档内容一览表》附录E)。

8.1.6 建设工程电子文件的元数据应同电子文件一同收集。

8.2 整理与归档

8.3.1 建设工程电子文件的整理、鉴定、归档、验收、报送等应按国家现行标准GB/T 50328《建设工程文件归档整理规范》和CJJ/T 117《建设电子文件与电子档案管理规范》的规定执行。

8.3.2 建设工程电子文件的保管期限和密级等级划分,应按现行国家标准GB/T 50328《建设工程文件归档整理规范》执行。电子文件的背景信息和元数据的保管期限应与内容信息的保管期限一致。

9 建设工程档案整理

9.1 分类立卷的原则和方法

9.1.1 分类立卷应遵循工程文件的自然形成规律,保持卷内文件的有机联系,便于档案的保管、保密和利用。

9.1.2 一个建设工程由多个单位工程组成时,工程文件应按单位工程分类立卷。

9.1.3 分类立卷可采用如下方法:

1)按工程建设程序分类立卷。

2)按专业分类立卷。

3)按载体类型分类立卷。

4)按文件形成责任单位分类立卷。

5)按工程部分分类立卷。

6)按文件内容特征分类立卷。

7)按文件形成时间分类立卷。

9.1.4　组成保管单位的要求如下：

1)案卷内文件应是一组有机联系的文件,一般应具有相同的保存价值和密级。

2)案卷不宜过厚,文字、照片不超过15mm,图纸不超过20mm。

3)案卷内不应有重份文件,不同载体的文件一般应分别立卷。

9.2　卷内文件的排列

9.2.1　卷内文件材料的排列可采用如下方法：

1)按重要程序排列。

2)按时间顺序排列。

3)按文件材料之间的逻辑关系排列。

4)按文件材料的客观形成过程排列。

5)按文件材料所反映的对象在工程程序中的衔接关系排列。

9.2.2　卷内图纸的排列可采用如下方法：

1)按专业排列,同专业图纸按图号顺序排列。

2)按总体和局部的关系排列,反映总体、全局、系统的图纸在前,反应局部、单项的在后。

9.2.3　照片按时间、部位、施工工序排列。

9.2.4　小型工程或专业工程中,文件材料数量少,各种载体文件材料难以独立成卷的,文字、图纸、照片可组成混合卷。文字材料应排列在前,图纸应排列其次,照片应排列在最后。

9.3　案卷编目

9.3.1　编制卷内文件页号应符合下列规定：

1)卷内文件均按有书写内容的页面编号。每卷单独编号,页号从“1”开始。

2)页号编写位置:单面书写的文件在右下角;双面书写的文件,正面在右下角,背面在左下角。折叠后的图纸一律在右下角。

3)页号编写应使用号码机。

4)案卷封面、卷内目录、照片目录、卷内备考表不编写页号。

9.3.2　卷内目录的编制应符合下列规定：

1)卷内目录式样宜符合本规范附录F的要求。

2)序号:以一份文件为单位,用阿拉伯数字从1依次标注。

3)责任者:填写文件的直接形成单位和个人。有多个责任者时,选择一个主要责任者。

4)文件材料题名:填写文件标题的全称。图纸为图名。

5)编制日期:填写文件形成的起止日期。

6)起止页号:填写文件中卷内所排的起始页号。卷内最后一份文件填写起止页号。

7)备注:对卷内文件作必要说明。

8)卷内目录排列在卷内文件首页之前。

9.3.3　照片目录的编制应符合下列规定：

1)照片目录式样宜符合本规范附录C的要求。

2)序号:以一张或一组照片为单位,用阿拉伯数字从1依次标注。

3)责任者:填写照片拍摄单位。

4)照片题名:填写照片所拍摄的内容。

5)摄影时间:填写照片实际的摄影日期。

6)照片/底片编号:填写照片/底片排列顺序号。

7)备注:对卷内照片作必要说明。

8)照片目录排列在卷内照片首页之前。

9.3.4 卷内备考表的编制应符合下列规定:

1)卷内备考表的式样宜符合本规范附录H的要求。

2)卷内备考表主要标明卷内文件的总页数、各类文件页数(照片张数)以及立卷单位和接收单位对案卷情况的说明。

3)卷内备考表排列在卷内文件的尾页之后。

9.3.5 案卷封面的编制应符合下列规定:

1)案卷封面印刷在卷夹的正表面。案卷封面的式样宜符合本规范附录J的要求。

2)档号:由分类号、项目号和案卷号组成。档号由档案保管单位填写。

3)档案馆代号:填写国家给定的本档案馆的编号。档案馆代号由档案馆填写。

4)案卷题名:简明、准确地揭示卷内文件的主要内容及特征。

5)责任者:填写案卷内文件的形成单位或主要责任者。

6)编制日期:填写案卷内全部文件形成的起止日期,与卷内目录中日期项应对应一致。

7)移交单位:填写负责报送建设工程档案的单位。

8)密级:分为绝密、机密、秘密、内部四种。同一案卷内有不同密级的文件,应以高密级为本卷密级。密级的确定应符合国家有关规定。

9)保管期限分下列几种情况:

(1)永久。指工程档案须永久保存。

(2)长期。指工程档案的保存期限为20~60年左右,且不低于该工程的使用寿命。

(3)短期。指工程档案保存20年以下。

(4)同一案卷内有不同保管期限的文件,该案卷保管期限应从长。保管期限的确定应符合国家有关规定。

10)共几卷:立卷的建设工程档案的总卷数。

11)第几卷:本卷在所有建设工程档案中所排的卷次。

12)共几页:本卷的总页数。

9.4 图纸的折叠

9.4.1 图纸折叠应遵循下列要求:

1)A3图纸折叠见附录K(图中序号表示折叠次序,虚线表示折起的部分,以下同)。

2)A2图纸折叠见附录L(图中字母代表实际折叠时的相应尺寸,A为折叠后的剩余部分,1/A是将剩余部分对折,B为折叠的幅面宽度减去装订线宽度,C为装订线的宽度,D为折叠后剩余部分,不同图幅的图纸中字母所代表的尺寸不一定相同,以下同)。

3)A1图纸折叠见附录M。

4)A0图纸折叠见附录N。

5)装订线以上无内容的部分,可以进行裁剪。但裁剪时不应裁剪到图纸内容和内框线。

6)图纸折叠后,应在装订线后添加垫块。

9.5　案卷装订

9.5.1　案卷应采用装订形式。装订应采用线绳三孔左侧装订法,装订要美观整齐、牢固,便于保管和利用。

9.5.2　装订时必须剔除金属物。

9.6　案卷装具

9.6.1　案卷装具应采用城乡建设档案管理机构监制的统一卷盒和卷夹,卷盒和卷夹的外表尺寸应符合下列要求:

1)卷盒的外表尺寸为310mm×220mm,厚度为20mm、30mm。

2)卷夹的外表尺寸为305mm×215mm。

9.6.2　卷盒、卷夹应采用无酸纸制作。

10　建设工程档案专项验收

10.0.1　建设工程竣工验收前,必须进行建设工程档案专项验收,并取得建设行政主管部门出具的验收意见。否则,建设单位不得组织工程竣工验收。

10.0.2　建设行政主管部门应当自受理之日起在规定时间内出具建设工程档案验收意见。建设工程档案专项验收不合格的,建设单位须按照要求整改、补充,重新提请建设工程档案专项验收。

10.1　验收条件

10.1.1　施工单位已按合同约定完成施工内容。

10.1.2　建设工程档案按相关规定要求,收集齐全完整。

10.1.3　建设单位、监理单位对建设工程档案内容的真实性、齐全性已进行审查认定。

10.1.4　应提供两套已整理成册的建设工程档案及其相应的《城建档案案卷目录》(附录P)。

10.1.5　建设单位会同监理单位、施工单位向建设行政主管部门提交《建设工程档案验收申请暨受理通知书》(附录Q)、《城建档案案卷目录》和《建设工程档案报送责任书》(附录R)。

10.2　验收组织

10.2.1　建设工程档案专项验收由建设单位组织,建设行政部门主持。建设行政部门,建设行政主管部门,建设单位项目负责人、技术负责人、城建档案管理员,监理单位总监、监理工程师、城建档案管理员,施工单位项目经理、技术负责人、城建档案管理人员参加。

10.2.2　建设档案专项验收评定小组由建设行政主管部门会同建设单位、监理单位组成。

10.3　验收内容

10.3.1　建设工程档案内容齐全、完整。

10.3.2　文件材料填写齐全、真实、准确,签章完善,竣工图编制符合规范。

10.3.3　文件材料立卷按工程实施程序分类、分专业、分部位整理有序,已编制《城建档案案卷目录》。

10.3.4 文件材料使用优质纸张，书写材料用规定墨水，字迹工整、线条清晰，原件存档，装订规范、美观，案卷要素完善。

10.3.5 档案人员持有有效的《城建档案管理员证》。

10.3.6 建设工程档案专项验收合格后，应对有关纸质档案进行扫描形成电子档案。电子档案在建设工程档案报送前，送城乡建设档案管理机构检查。

11 建设工程档案报送

11.1 报送建设工程档案责任单位

11.1.1 建设单位在办理建设工程施工许可证时，应当与城乡建设档案管理机构签订《建设工程档案报送责任书》(见附录R)，明确报送建设工程档案的内容、时限、要求及责任。

11.1.2 建设单位是向城乡建设档案管理机构报送建设工程档案的责任单位，应当组织建设工程参建单位认真编制建设工程档案，建设工程竣工后负责汇总全部建设工程向城乡建设档案管理机构报送。

11.1.3 施工分包单位应按合同约定套数将专项验收合格的档案向施工单位总承包单位报送。

11.1.4 施工总承包单位应按合同约定套数将专项验收合格的工程档案向建设单位报送。

11.1.5 监理单位应按合同约定套数将专项验收合格的工程档案向建设单位报送。

11.1.6 勘察、设计单位应按合同约定套数将形成的档案向建设单位报送。

11.2 建设工程档案报送范围

11.2.1 市级以上(含市级)重点工程、主城区(含北部新区)以及跨区县(自治县)建设工程档案向城市建设档案管理机构报送。

11.2.2 除11.2.1条以外的建设工程档案向主城区外其他区县(自治县)城乡建设档案管理机构报送。

11.3 报送建设工程档案要求

11.3.1 向城乡建设档案管理机构报送建设工程档案内容应符合国家标准《建设工程文件归档整理规范》及重庆市的相关规定，包括工程准备阶段文件、监理文件、施工文件、竣工图、竣工验收文件、声像和电子文件等。

11.3.2 报送城乡建设档案管理机构的建设工程档案应为原件或副本。

11.4 报送建设工程档案手续

11.4.1 《建设工程档案报送交接书》(附录S)是报送单位与接收单位办理档案交接时产生的文件，其内容包括保送档案的内容和责任单位、责任人。

11.4.2 报送档案应提交《城建档案案卷目录》(附录P)或报送文件清单。

11.4.3 建设工程文件形成单位应向建设单位报送下列文件：

1)勘察、设计单位向建设单位报送相关建设工程技术文件应填写报送文件清单，双方签字盖章后方可办理交接。

2)监理单位向建设单位报送档案应编制《城建档案案卷目录》，双方签字盖章后方可办理交接。

3)施工总承包单位向建设单位报送档案应编制《城建档案案卷目录》，双方签字盖章后方可办理交接。施工分包单位向施工总承包单位报送档案应编制《城建档案案卷目录》或者报送文件清单，双方签字盖章后方可办理交接。

11.4.4　建设单位应向城乡建设档案管理机构报送下列文件:

1)建设单位以建设工程或单位工程为基本单位,汇总全部的纸质档案、声像档案及电子档案,按工程准备阶段文件、竣工验收文件、监理文件、施工文件、竣工图、声像和电子档案的顺序重新排列《城建档案案卷目录》。《城建档案案卷目录》纸质、电子文件各一份。

2)填写城建档案著录单(附录T),纸质、电子文件各一份,著录信息应按《城市建设档案著录规范》进行记录,要求内容齐全、完整、准确。

3)填写《建设工程档案报送交接书》一式六份,要求报送内容填写正确,责任单位盖章,相关责任人签字(或盖章),并写明报送时间。

11.5　报送建设工程档案程序

11.5.1　建设单位应按照相关法规的要求,提供一套符合要求的建设工程档案报送城乡建设档案管理机构。

11.5.2　城乡建设档案管理机构核查建设工程档案的报送目录和档案实物,做到账物相符,不相符时须整改,达到保送条件。

11.5.3　建设工程档案符合保送要求的,城乡建设档案管理机构和建设单位办理报送交接手续。

11.6　报送建设工程档案时限

11.6.1　勘察、设计、施工、监理等工程文件形成单位应按合同规定时间向建设单位报送。

11.6.2　建设单位在建设工程竣工验收后及竣工验收备案前,应当向城乡建设档案管理机构报送一套符合规定的建设工程档案。

11.7　停建、缓建建设工程档案的保管

11.7.1　停建、缓建建设工程的档案,暂由建设单位保管。

附录(节选)

附录F 城建档案卷内目录

城建档案卷内目录

序号	责任者	文件材料题名	编制日期	起止页号	备注

重庆市城市建设档案馆监制

297 36 18 225 18 10

35 8 30 77 15 12 15 18

210

附录G　城建档案照片目录

城建档案卷内目录

序号	责任者	照 片 题 名	摄影时间	照片/底片编号	备注

重庆市城市建设档案馆监制

附录H 卷内备考表

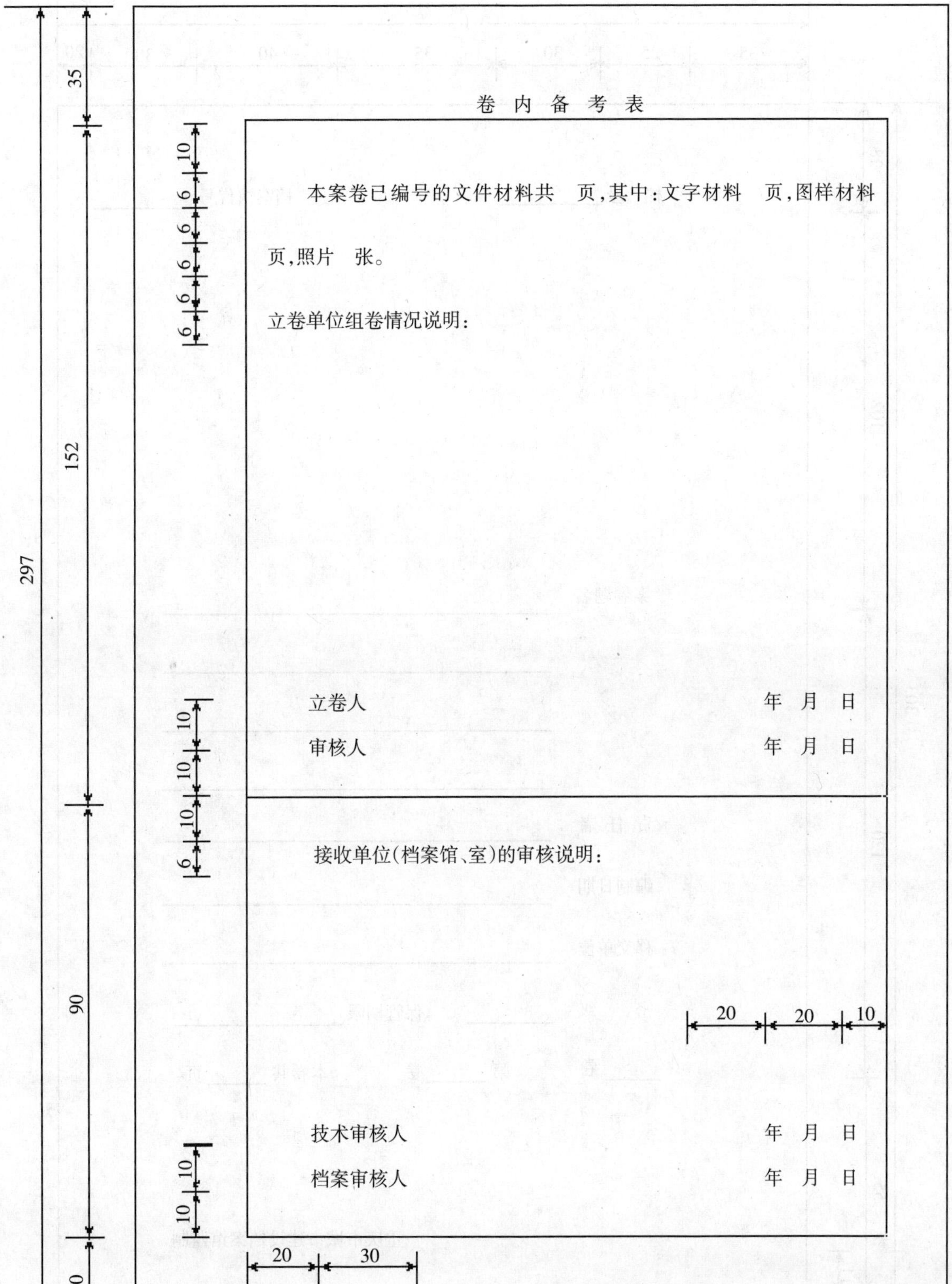
卷 内 备 考 表
本案卷已编号的文件材料共 页,其中:文字材料 页,图样材料
页,照片 张。
立卷单位组卷情况说明:
立卷人 年 月 日
审核人 年 月 日
接收单位(档案馆、室)的审核说明:
技术审核人 年 月 日
档案审核人 年 月 日
297
35
152
90
20
10
6
6
6
6
6
10
10
10
6
10
10
20
20
10
20
30
35
160
15
210

附录J　案卷封面

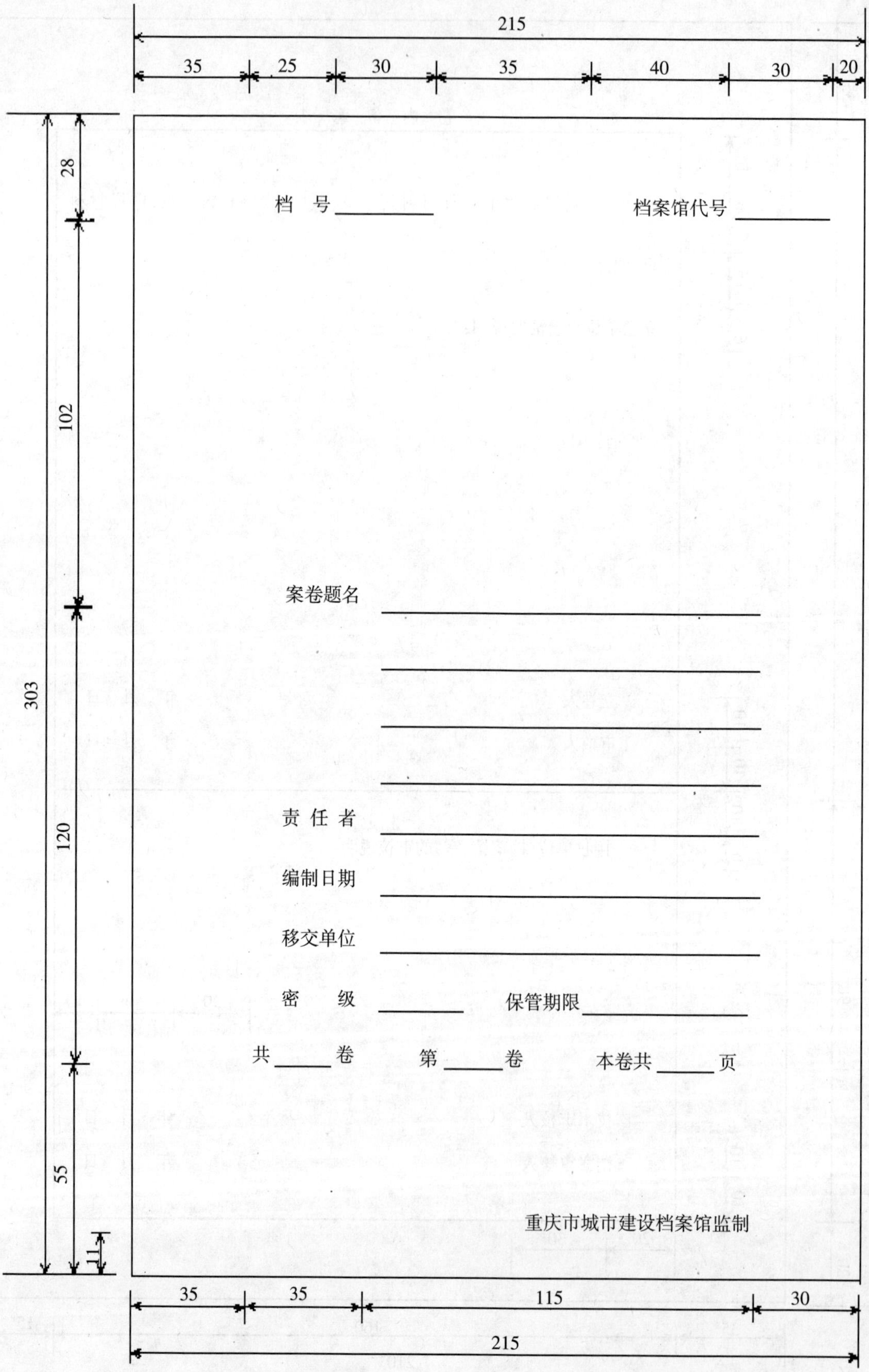
215
35 25 30 35 40 30 20
档　号
档案馆代号
案卷题名
责 任 者
编制日期
移交单位
密　　级
保管期限
共　　卷
第　　卷
本卷共　　页
重庆市城市建设档案馆监制
303
28
102
120
55
11
35 35 115 30
215

附录K A3图纸折叠示意图

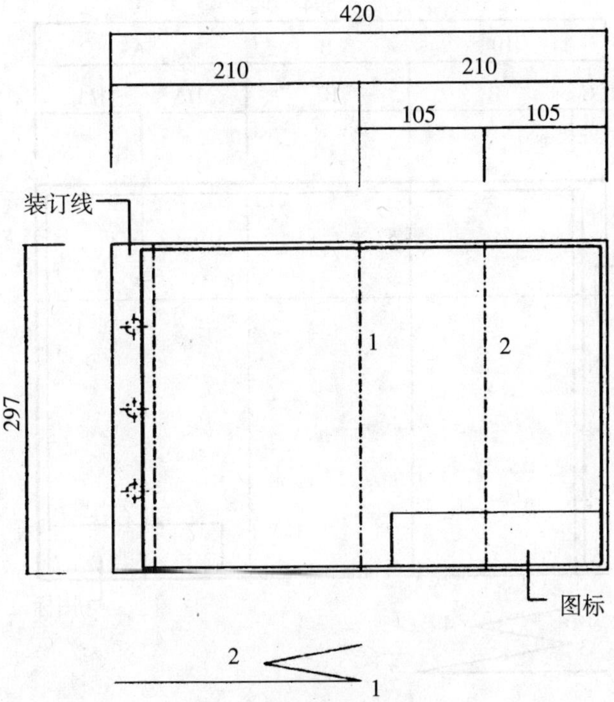

图K-1 图标在长边上

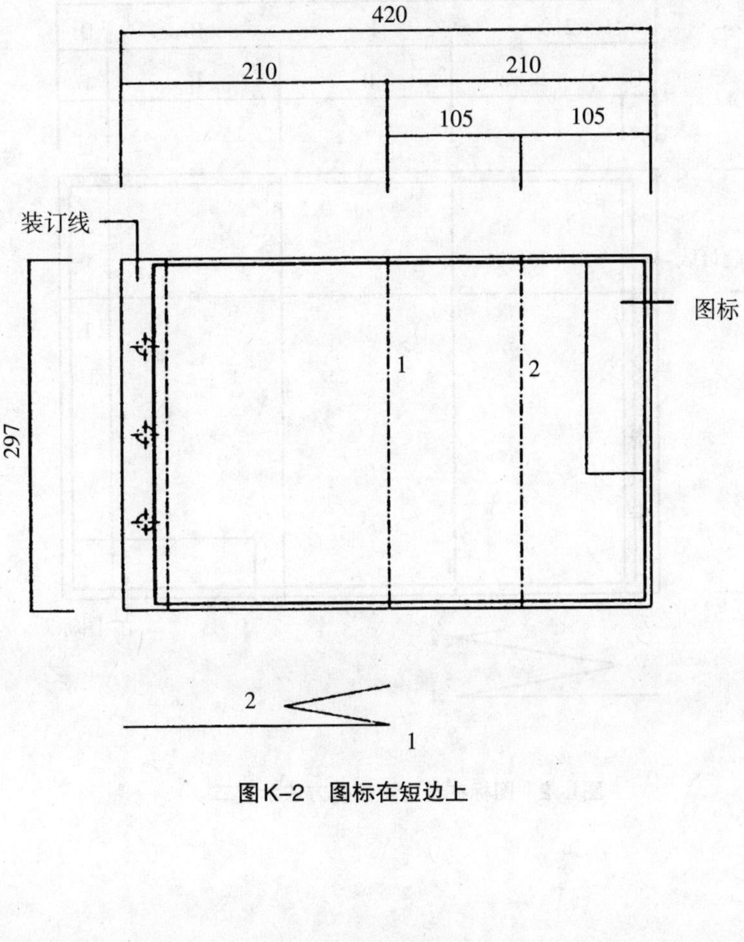

图K-2 图标在短边上

附录L　A2图纸折叠示意图

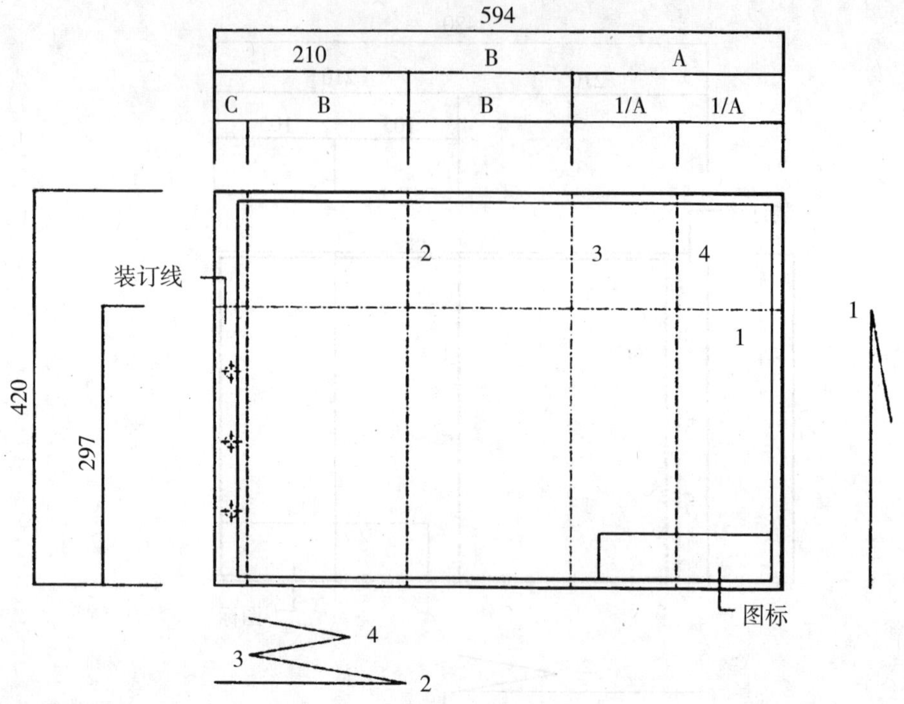

图L-1　图标在长边上折叠方法示意一

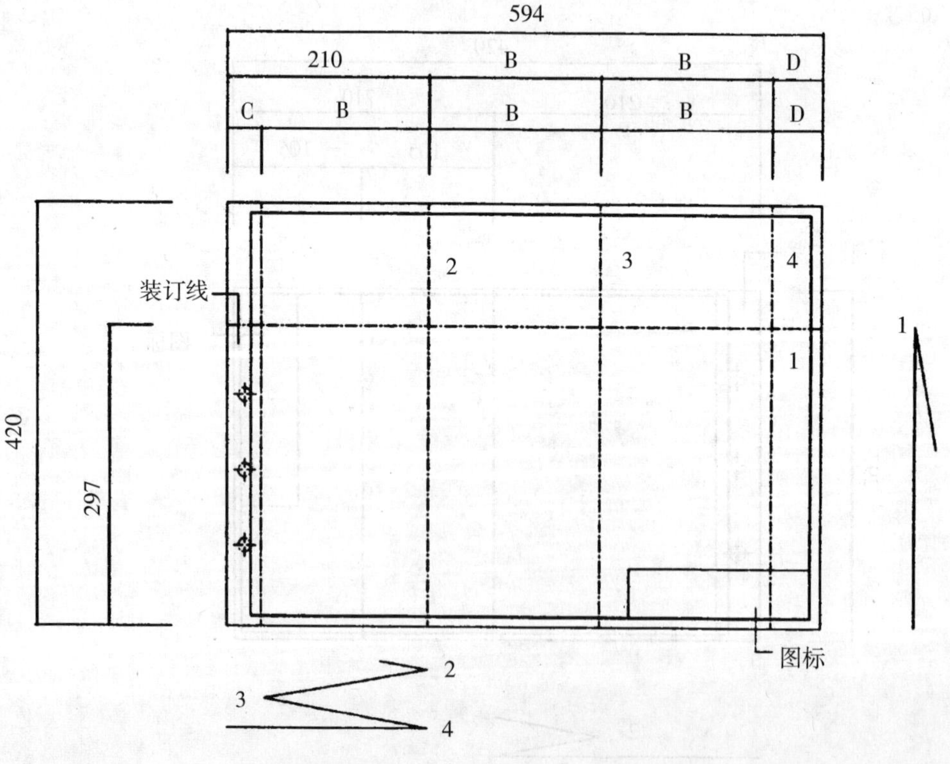

图L-2　图标在长边上折叠方法示意二

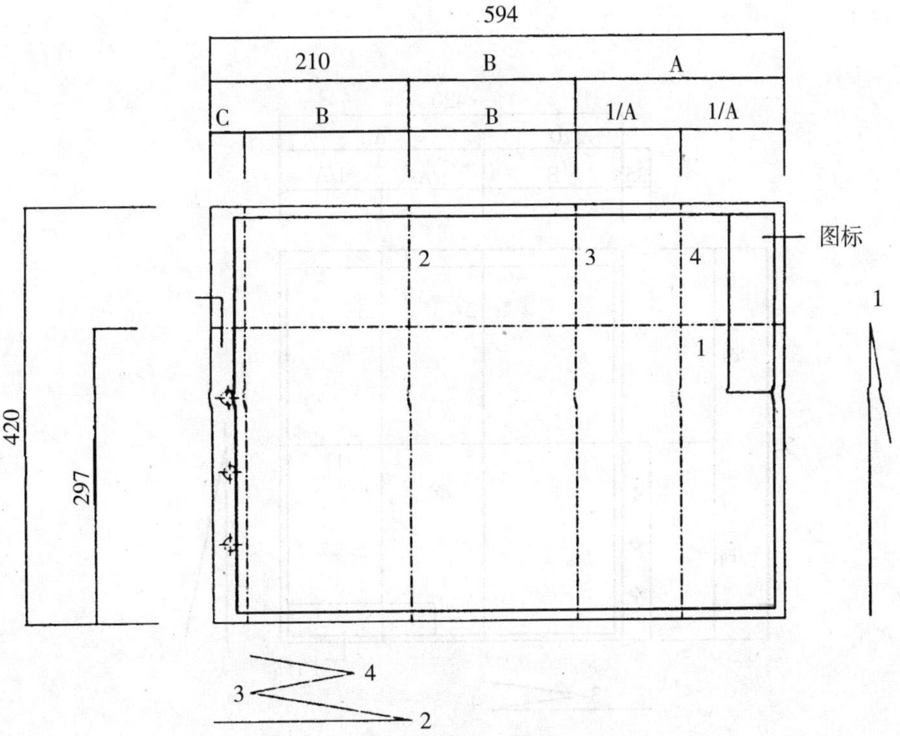

图L-3　图标在短边上折叠方法示意一

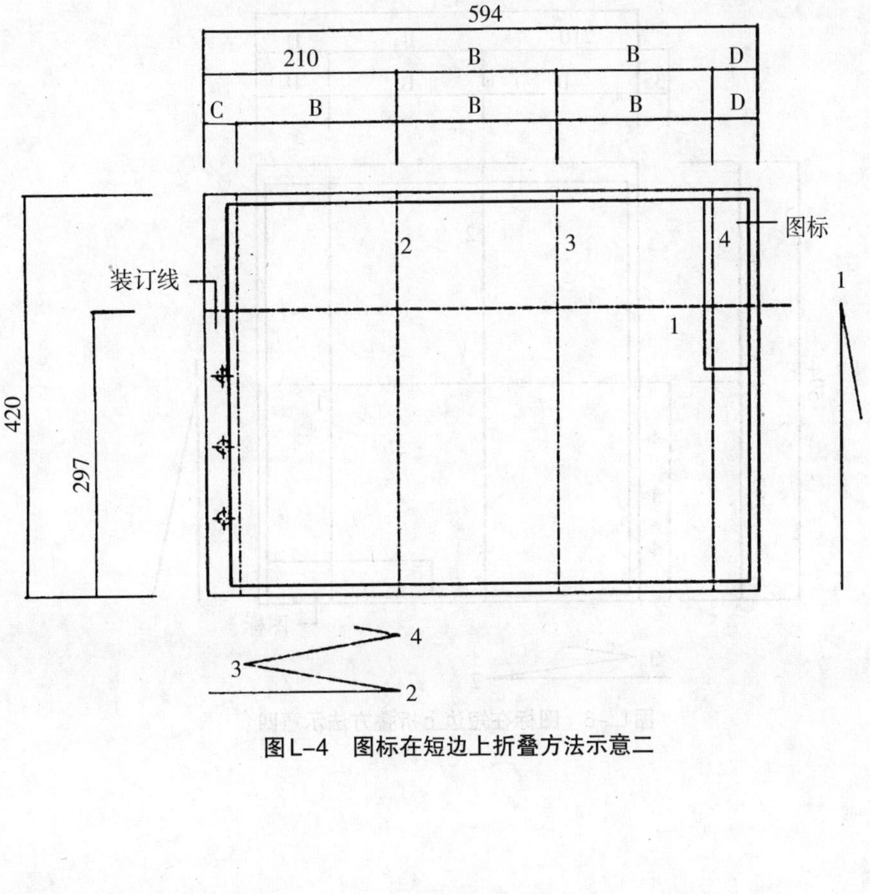

图L-4　图标在短边上折叠方法示意二

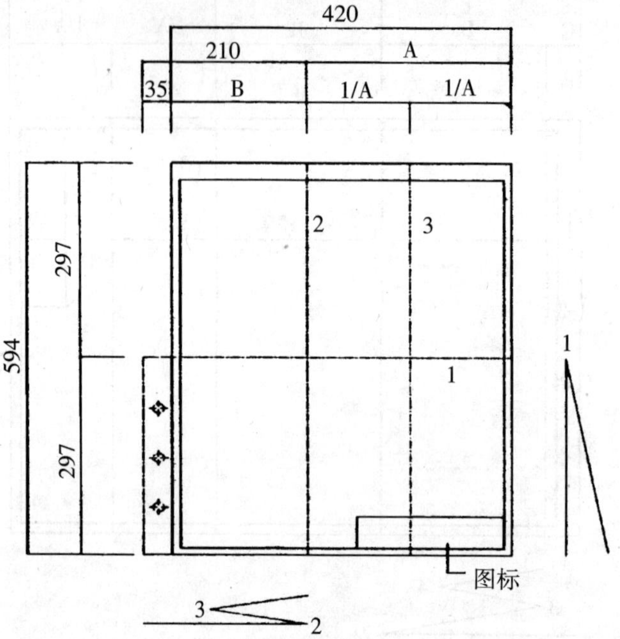

图L－5　图标在短边上折叠方法示意三

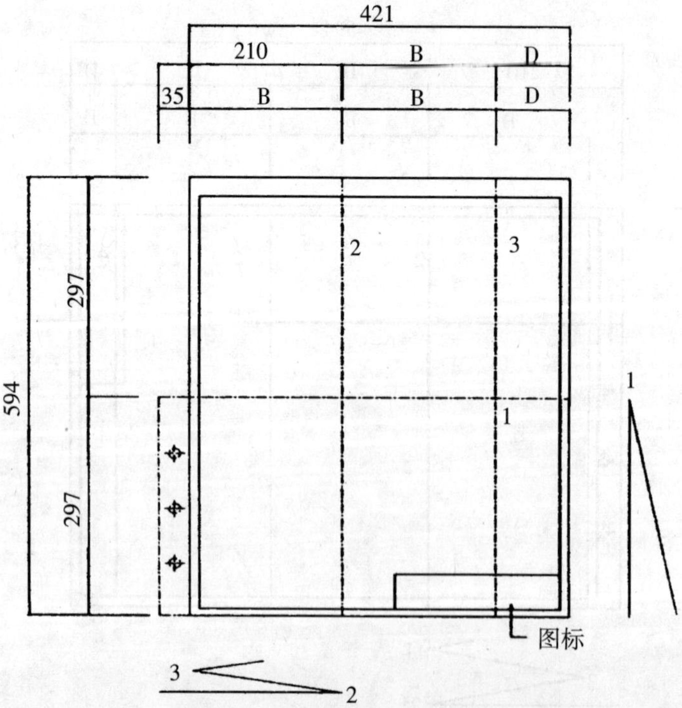

图L－6　图标在短边上折叠方法示意四

附录M　A1图纸折叠示意图

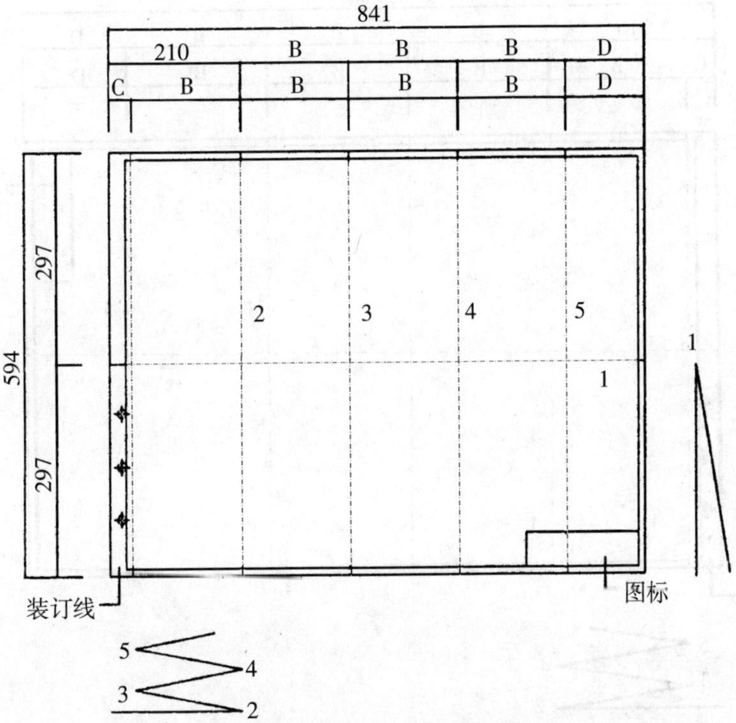

图M–1　图标在长边上折叠方法示意一

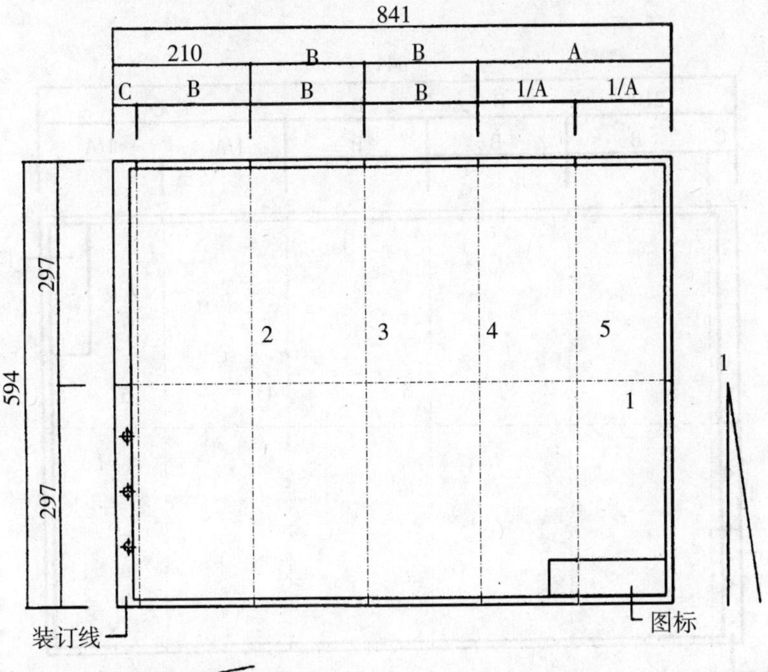

图M–2　图标在长边上折叠方法示意二

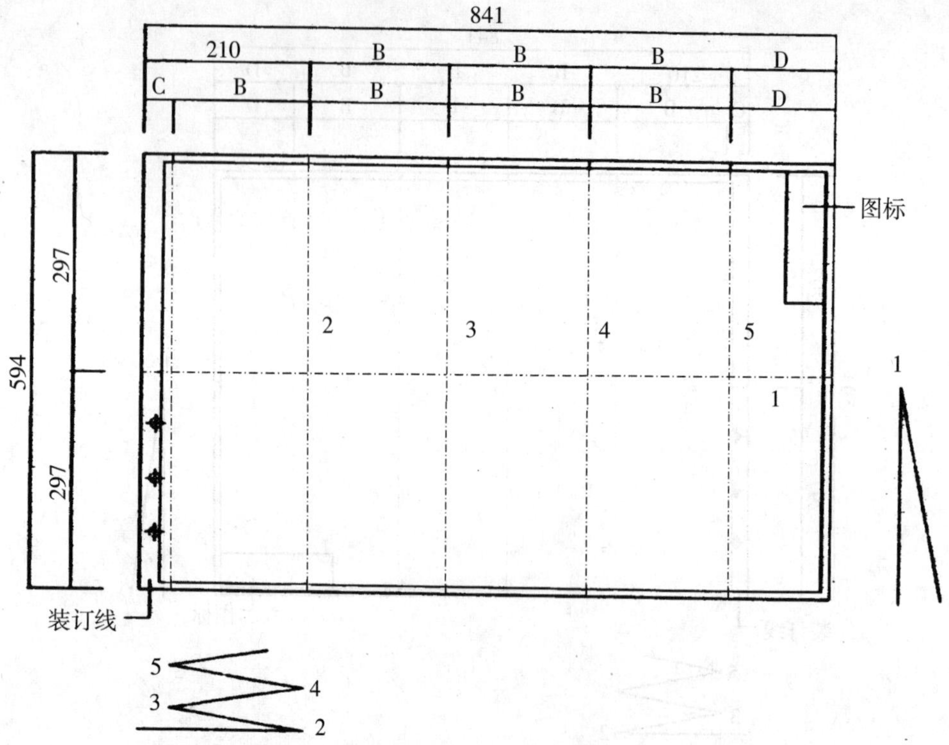

图M-3　图标在短边上折叠方法示意一

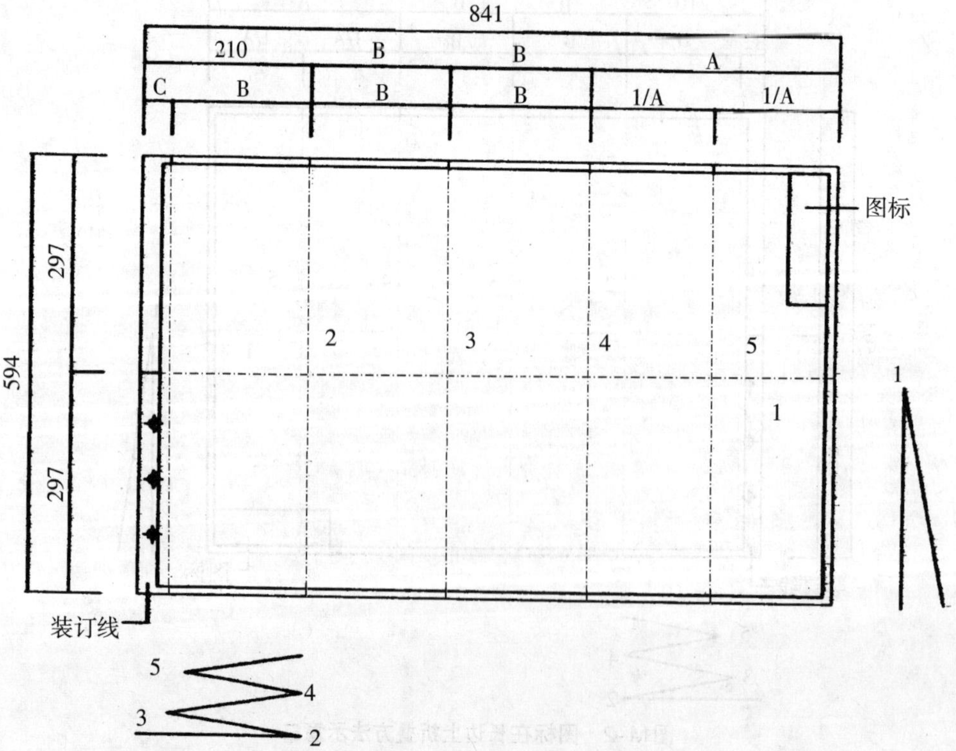

图M-4　图标在短边上折叠方法示意二

附录N　A0图纸折叠示意图

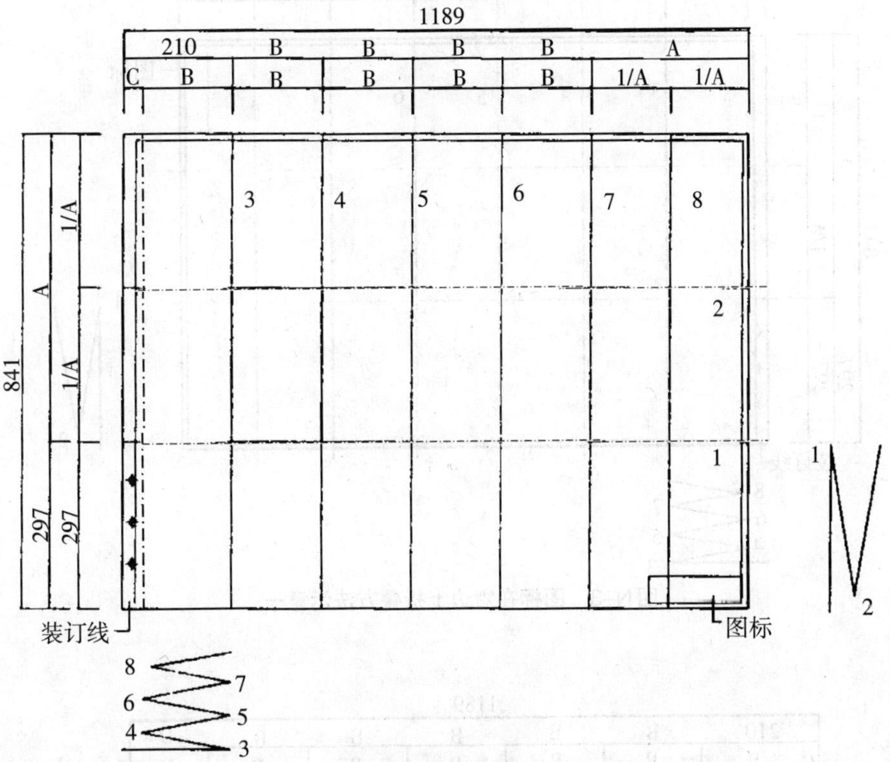

图N-1　图标在长边上折叠方法示意一

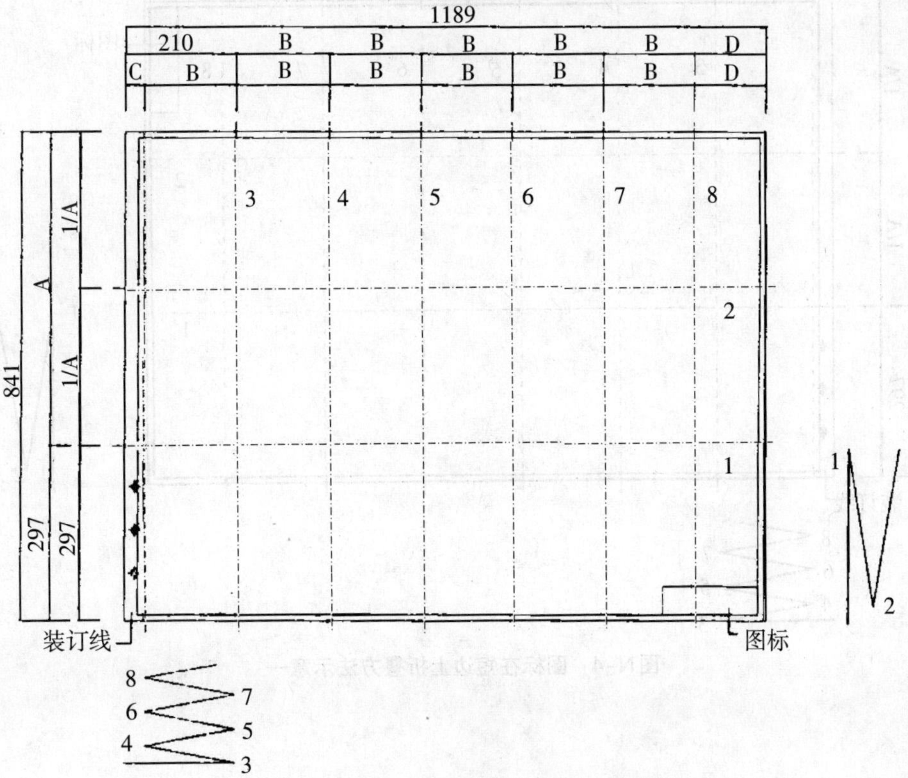

图N-2　图标在长边上折叠方法示意二

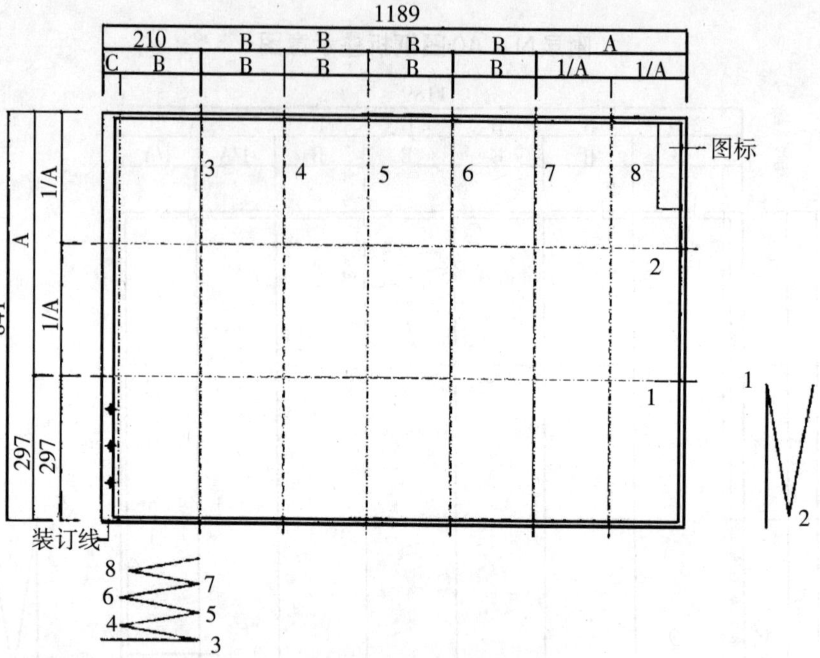

图N–3　图标在短边上折叠方法示意一

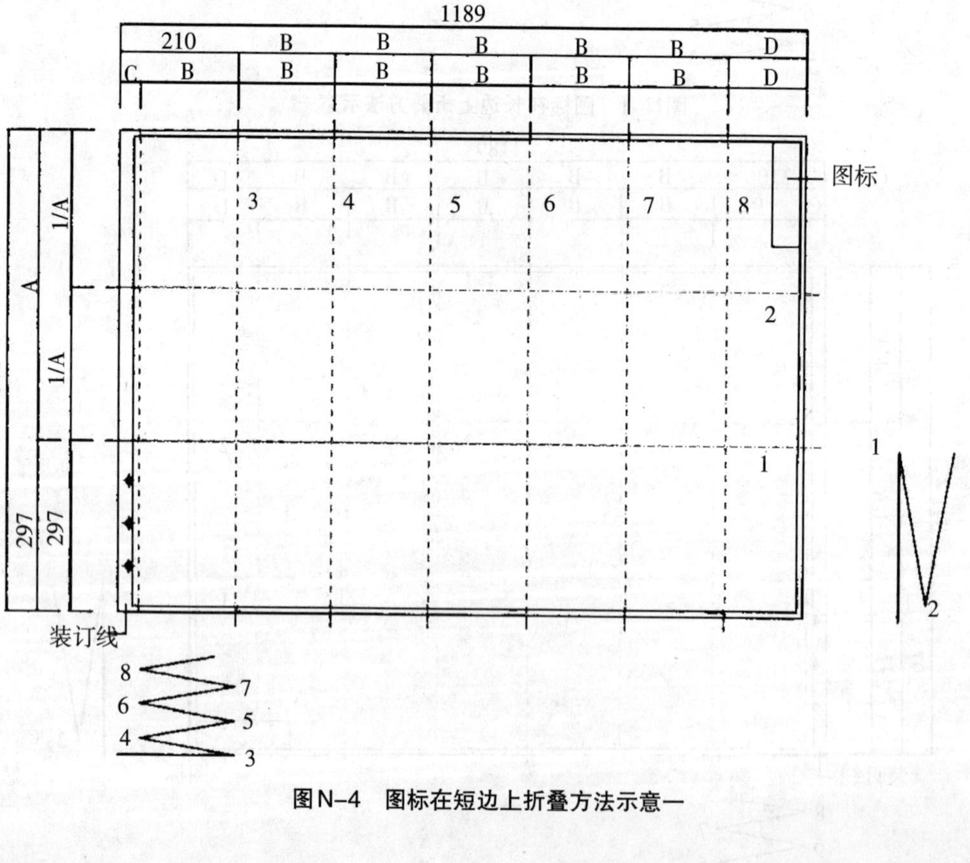

图N–4　图标在短边上折叠方法示意一

附录P　城建档案案卷目录

表P　城建档案案卷目录

序号	案卷号	案卷题名	编制日期	卷内张数	保管期限	密级	备注

附录Q　建设工程档案验收申请暨受理通知书

表Q　建设工程档案验收申请暨受理通知书

<table>
<tr><td>工程名称</td><td colspan="5"></td></tr>
<tr><td>工程地址</td><td colspan="2"></td><td>建设规模</td><td colspan="2"></td></tr>
<tr><td>申请单位地址</td><td colspan="2"></td><td>固定电话</td><td colspan="2"></td></tr>
<tr><td>电子邮箱</td><td colspan="5"></td></tr>
<tr><td>档案员姓名</td><td></td><td>岗位证书号</td><td></td><td>拟定验收时间</td><td></td></tr>
<tr><td colspan="6">交市城建档案馆档案数量(一套)　　　　　(卷)</td></tr>
<tr><td colspan="6">施工单位档案自查意见：

项目经理：
(公章)　年　月　日</td></tr>
<tr><td colspan="6">监理单位审查意见：

总监理工程师：
(公章)　年　月　日</td></tr>
<tr><td colspan="6">建设单位审查意见：

项目负责人：
(公章)　年　月　日</td></tr>
<tr><td colspan="6">城建档案部门意见：

业务指导人：
(公章)　年　月　日</td></tr>
<tr><td colspan="6">1.工程档案验收应提前向市城建档案馆提出申请。
2.市城建档案馆联系电话:63618352　建委政务中心:63671698(传真)
3.建设单位联系电话:　　　施工单位联系电话:</td></tr>
</table>

附录R 建设工程档案报送责任书

建设工程档案报送

责

任

书

重庆市城乡建设委员会制

建设工程档案报送责任书

编号

一、基本情况

工程名称:

工程地址:

建设规模: 工程造价(万元):

计划开工日期:

计划竣工日期:

建设单位:

项目负责人: 联系电话:

城建档案管理员: 联系电话:

监理单位:

总监理工程师: 联系电话:

施工单位:

项目经理: 联系电话:

城建档案管理员: 联系电话:

建设工程档案业务指导及验收单位:

联系人: 联系电话:

建设工程档案接收单位:重庆市城市建设档案馆

联系电话:023-63618352 63630473

地址:重庆市渝中区上清寺路69号

二、建设工程档案报送内容及范围

1. 建筑工程档案报送内容及范围按《重庆市建设委员会关于印发重庆市〈建设工程技术用表〉和〈建设工程文件归档内容一览表〉的通知》渝建发〔2005〕226号文件规定执行,建筑节能工程档案报送内容及范围按《重庆市建设委员会关于发布〈建设工程施工质量验收规范用表(建筑节能分部工程)〉和〈建设工程技术用表(建筑节能工程)〉的通知》渝建发〔2008〕76号文件执行。

2. 市政工程档案报送内容及范围按《重庆市城乡建设委员会关于印发〈重庆市市政基础设施工程施工技术用表〉和〈重庆市市政基础设施工程文件归档内容一览表〉的通知》渝建发〔2010〕93号文件执行。

3. 其他专业工程档案移交内容及范围按相关行业标准规定执行。

以上所涉及的文件具体内容详见重庆市城乡建设委员会或重庆市城市建设档案馆网站。

三、责任条款及处罚措施

1. 建设单位应按国家和市有关建设工程档案管理规定,及时收集、整理建设工程各环节的文件材料,建立健全建设工程档案制度。

2. 城建档案管理机构按照有关建设工程档案管理规定,对该建设工程档案的形成、收集进行指导。

3. 建设工程竣工验收前,建设单位应当持有关材料向建设行政主管部门提请建设工程档案专项验收。

4. 建设单位在建设工程专项验收合格后,方可组织竣工验收。专项验收不合格的,建设单位应按照要求整改、补充,重新提请专项验收。

5. 建设工程竣工验收后,建设单位应当向市城建档案馆报送一套完整的建设工程档案。报送的建设工程档案符合要求的,市城建档案馆出具接收凭证。建设单位取得接收凭证后,方可办理工程竣工验收备案。建设单位未报送建设工程档案,建设行政主管部门不予办理工程竣工验收备案。

6. 根据《建设工程质量管理条例》(国务院令第279号)第五十九条规定"建设工程竣工验收后,建设单位未向建设行政主管部门或者其他有关部门移交建设项目档案的,责令改正,处1万元以上10万元以下的罚款"。

重庆市城市建设档案馆:	建设单位:
(公章)	(公章)
签字:	签字:
年　月　日	年　月　日

《建设工程档案报送责任书》填报说明

1. 建设单位或个人在申请办理《建设工程施工许可证》的同时,可在市或区县(自治县)建设行政管理部门的建设项目报件窗口领取《建设工程档案报送责任书》,或直接从市或区县(自治县)城建档案管理机构领取。

2. 建设单位或个人如实填写《建设工程档案报送责任书》内容,签盖后向市或区城建档案管理机构递交。

3. 建设单位或个人签署《建设工程档案报送责任书》后,向市或区城建档案管理机构领取《建设工程档案报送责任书》签署回执单。

4. 编号填写格式说明

2011AB××××

AB为城建档案管理机构代码,××××为建设工程项目流水号

举例:2011040001

“2011”表示《建设工程档案报送责任书》签署年份

“04”表示《建设工程档案报送责任书》由渝中区城建档案室代表市城建档案馆与建设单位签署

“0001”表示《建设工程档案报送责任书》签署流水号

5. 此责任书一式三份,建设单位一份,城建档案管理机构二份。

附录S 建设工程档案报送交接书

建设工程档案报送交接书

根据《重庆市城乡建设档案管理办法》(渝府令第240号)的规定,向城乡建设档案管理机构报送:

<table>
<tr><td>报送建设工程档案单位</td><td colspan="3"></td></tr>
<tr><td>建设工程名称</td><td colspan="3"></td></tr>
<tr><td>工程地点</td><td colspan="3"></td></tr>
<tr><td>工程总投资
(万元)</td><td></td><td>工程建筑面积
(平方米)</td><td></td></tr>
<tr><td>开工日期</td><td></td><td>竣工日期</td><td></td></tr>
<tr><td>报送建设工程档案情况</td><td colspan="3">建设工程档案总数 卷(盒),其中:
文字材料 卷;图纸 卷;
照片 卷 张;光盘 张;
其他材料
附:《城建档案案卷目录》 份,共 页。</td></tr>
<tr><td colspan="2">报送单位(盖章):
报送单位法定代表人:
报送人(签字):</td><td colspan="2">接收单位(盖章):
接收人(签字):
接收时间:</td></tr>
</table>

说明:本交接书为城乡建设档案管理机构接收城建档案的凭证,建设行政主管部门在办理建设工程竣工验收备案时,应当查验该凭证。

附录T　著录单

表T-1　房屋建筑工程（项目）级著录单

工程名称				
工程地址				
责任人	建设单位		文号项	立项批准文号	
	立项批准单位			规划许可证号	
	设计单位			用地规划许可证号	
	勘察单位			用地许可证号	
	监理单位			施工许可证号	

专业记载

单位工程名称	施工单位	建筑面积（平方米）	高度（米）	层数 地下	层数 地上	结构类型	开工时间	竣工时间

总用地面积（平方米）		总建筑面积（平方米）		幢数	
工程预算（万元）		工程决算（万元）			

档案状况

总卷数（卷）		文字（卷）		图纸	卷		底图（张）		照片（张）		底片（张）	
					张							
录音带（盒）		录像带（盒）		光盘（盘）		计算机	磁带（盘）		缩微片	盘		其他	
							磁盘（盘）			张			
保管期限		密级		进馆日期							
移交单位											

排检与编号

档　号		缩微号	
存放位置起始号			
附　注			

表T-2 市政基础设施工程(项目)级著录单

工程名称					
工程地址					
责任人	建设单位		文号项	立项批准文号	
	立项批准单位			规划许可证号	
	设计单位			用地规划许可证号	
	勘察单位			用地许可证号	
	监理单位			施工许可证号	

专业记载

单位工程名称	施工单位	结构类型	长度（米）	宽度（米）	高度（米）	跨径（米）	孔数	级别	荷载	净空

总用地面积（平方米）		总建筑面积（平方米）			总长度(米)		
开工时间		竣工时间		工程预算（万元）		工程决算（万元）	

档案状况

总卷数（卷）		文字（卷）		图纸	卷		底图（张）		照片（张）		底片（张）
					张						
录音带（盒）		录像带（盒）		光盘（盘）		计算机	磁带（盘）		缩微片	盘	其他
							磁盘（盘）			张	
保管期限		密级				进馆日期					
移交单位											

排检与编号

档 号		缩微号	
存放位置起始号			
附 注			

表T-3 城市管线工程(项目)级著录单

工程名称	
工程地址	

责任者	建设单位		文号项	立项批准文号	
	立项批准单位			规划许可证号	
	设计单位			用地规划许可证号	
	监理单位			用地许可证号	
	竣工测量单位			施工许可证号	

专业记载

单位工程名称	施工单位	地形图号	长度(米)	规格	材质	荷载

起点			止点			总长度(米)	
开工时间		竣工时间		工程预算(万元)		工程决算(万元)	

档案状况

总卷数(卷)		文字(卷)		图纸	卷		底图(张)		照片(张)		底片(张)	
					张							
录音带(盘)		录像带(盒)		光盘(盘)		计算机	磁带(盘)		缩微片	盘		其他
							磁盘(盘)			张		

保管期限		密级		进馆日期	
移交单位					

排检与编号

档　号		缩微号	
存放位置起始号			
附　注			

表T–4　建设工程规划管理档案项目级著录单

工程名称					
工程地址					
责任者	建设单位		文号项	立项批准文号	
	立项批准单位			规划许可证号	
	设计单位			用地规划许可证号	
	监理单位			用地许可证号	
				地形图号	

专业记载							
建筑面积（平方米）		幢数		长度（米）		规格	
高度（米）		层数		宽度（米）		级别	
跨度（米）		净空（米）		荷载			
申请时间				工程造价（万元）			
批准时间				结构类型			
档案状况							
文字（页）		图纸（张）		光盘（盘）		磁盘（盘）	
保管期限		密　级		进馆日期			
移交单位							
排检与编号							
档　　号				缩微号			
存放位置起始号							
附注							

表 T–5　建设用地规划管理档案项目级著录单

<table>
<tr><td colspan="2">用地项目名称</td><td colspan="4"></td></tr>
<tr><td colspan="2">征地位置</td><td colspan="4"></td></tr>
<tr><td rowspan="5">责任者</td><td>用地单位</td><td></td><td rowspan="5">文号项</td><td>立项批准文号</td><td></td></tr>
<tr><td>立项批准单位</td><td></td><td>规划许可证号</td><td></td></tr>
<tr><td>被征单位</td><td></td><td>用地规划许可证号</td><td></td></tr>
<tr><td>规划批准单位</td><td></td><td>用地许可证号</td><td></td></tr>
<tr><td></td><td></td><td>地形图号</td><td></td></tr>
</table>

<table>
<tr><td colspan="6">专 业 记 载</td></tr>
<tr><td>用地分类</td><td></td><td>征拨分类</td><td colspan="3"></td></tr>
<tr><td>原土地分类</td><td></td><td>批准时间</td><td></td><td>用地面积
(平方米)</td><td></td></tr>
</table>

<table>
<tr><td colspan="8">档 案 状 况</td></tr>
<tr><td>文字(页)</td><td></td><td>图纸(张)</td><td></td><td>光盘(盘)</td><td></td><td>磁盘(盘)</td><td></td></tr>
<tr><td>保管期限</td><td></td><td>密 级</td><td></td><td>进馆日期</td><td colspan="3"></td></tr>
<tr><td>移交单位</td><td colspan="7"></td></tr>
</table>

<table>
<tr><td colspan="4">排 检 与 编 号</td></tr>
<tr><td>档　号</td><td></td><td>缩微号</td><td></td></tr>
<tr><td>存放位置起始号</td><td colspan="3"></td></tr>
<tr><td>附
注</td><td colspan="3"></td></tr>
</table>

表T-6 工程（项目）级通用著录单

工程名称	
工程地址	

责任者			文号项		

专业记载

档案状况

总卷数（卷）		文字（卷）		图纸	卷		底图（张）		照片（张）		底片（张）	
					张							
录音带（盒）		录像带（盒）		光盘（盘）		计算机	磁带（盘）		缩微片	盘	其他	
							磁盘（盘）			张		
保管期限		密级		进馆日期								
移交单位												

排检与编号

档 号		缩微号	
存放位置起始号			
附 注			

表T–7　文件能级通用著录单

档号		缩微号	
存放处	库列节(柜)层		
文件题名			
责任者			
文(图)号		文本	
保管期限		密级	
形成时间		载体类型	
数量/单位		规格	
提要			
主题词			
附 注			

DBJ 50-129—2011《重庆市建设工程档案编制验收标准》部分条文说明

1 总则

1.0.3 建设工程档案编制验收，除应执行本标准外，尚应执行GB/T 50328—2001《建设工程文件归档整理规范》、CJJ/T 117—2007《建设电子文件与电子档案管理规范》和建设工程施工验收规范等。

2 术语

2.0.17 对一个建设工程而言，归档包括两个方面：一是勘察、设计、监理、施工单位将本单位在工程建设过程中形成的文件及时向建设单位报送归档；二是建设单位将工程准备阶段文件和竣工验收文件整理立卷，并汇总各参建单位形成的档案，按照规定向城乡建设档案管理机构报送归档。

3 基本规定

3.0.2 本条是根据《重庆市城乡建设档案管理办法》（重庆市人民政府令第240号）规定列为强制性条文的。

4 建设工程档案内容

4.2.1 对附录A、附录B、附录C、附录D中所列城乡建设档案管理机构接收保管的内容，可视工程实际情况适当调整。根据《重庆市〈建设工程技术用表〉和〈建设工程文件归档内容一览表〉的通知》渝建发〔2005〕226号、《〈重庆市市政基础设施工程施工技术用表〉和〈重庆市市政基础设施工程文件归档内容一览表〉的通知》渝建发〔2010〕93号、《关于发布〈建筑工程施工质量验收规范用表（建筑节能分部工程）〉和〈建设工程技术用表（建筑节能工程）〉的通知》渝建发〔2008〕76号、《重庆市城乡建设委员会关于印发〈重庆市成品住宅装修工程技术用表及验收规范用表〉和〈重庆市成品住宅装修工程文件归档内容一览表〉的通知》制定。

4.2.3 根据建设部《全国城建档案信息化建设规划与实施纲要》（建办档〔2004〕39号）的要求，结合我市实际，市建委制发了《关于报送建设工程电子档案的通知》（渝建发〔2007〕116号文），明确要求“今后向城建档案馆（室）报送的工程档案，对其工程准备阶段文件、竣工验收文件及竣工图，应进行数字化扫描处理形成电子档案，并刻录成光盘，同时报送纸质档案和电子档案”。

5 施工文件编制

5.2.1 建筑“四新”技术工程是指采用新技术、新工艺、新材料和新设备的工程。

5.2.2 此条为强制性条文。根据《重庆市〈建设工程技术用表〉和〈建设工程文件归档内容一览表〉的通知》(渝建发〔2005〕226号)、《〈重庆市市政基础设施工程施工技术用表〉和〈重庆市市政基础设施工程文件归档内容一览表〉的通知》(渝建发〔2010〕93号)、《关于发布〈建筑工程施工质量验收规范用表(建筑节能分部工程)〉和〈建设工程技术用表(建筑节能工程)〉的通知》(渝建发〔2008〕76号)、《重庆市城乡建设委员会关于印发〈重庆市成品住宅装修工程技术用表及验收规范用表〉和〈重庆市成品住宅装修工程文件归档内容一览表〉的通知》制定。

5.4 施工用表指在施工过程中规定使用的各种表格。

5.6 建筑材料指用于本建设工程的原材料、半成品及其各种制品等。

建筑材料质量证明原件指加盖生产厂红色检验章或质量证明书专用章的产品质量证明文件及供应商在产品质量证明文件上加盖红色印章的延续性的质量证明文件。

6 竣工图编制

6.1.2 此条为强制性条文。根据《重庆市城乡建设档案管理办法》(重庆市人民政府令第240号)的规定制定。

6.1.3 按专业分,包括土建工程(含建筑、结构)竣工图;给排水安装工程竣工图;电力、照明电气和弱电(包括通讯、避雷、接地、电视等)安装工程竣工图;暖通工程(包括采暖、通风、空调)竣工图;煤气(以及氧气、乙炔气、蒸气、压缩空气等)工程竣工图,设备及工艺流程竣工图;装饰竣工图。具体图纸内容有:图纸目录、竣工图说明、平面图、立面图、剖面图、大样节点图等。比如,建筑竣工图包括:封面、建筑竣工图目录、说明、建筑构造作法一览表、总平、建筑平面图、立面图、剖面图、楼梯、部分平面、建筑详图。

6.3.1 利用施工图修改绘制竣工图时,如果建设工程的设计变更较多、修改后超过图面1/3,这种情况可以由设计院重新出定版施工图。这种定版施工图出来之后,就可以采用6.3.1(1)这种绘制方法,将施工图加盖竣工图章作为竣工图。

6.3.4 竣工图说明应该对工程竣工后的实际情况进行描述。

6.3.5 编制说明应包括:基础的设计承载力、实际承载力,室内外相对标高与绝对标高的关系;嵌岩深度、岩石成分、岩石单轴抗压取样部位及岩石单轴抗压报告单编号等重要数据。

6.3.6 此条为强制性条文。根据《城市地下管线工程档案管理办法》(中华人民共和国建设部令第136号)第八条:“地下管线工程覆土前,建设单位应当委托具有相应资质的工程测量单位,按照CJJ61《城市地下管线探测技术规程》进行竣工测量,形成准确的竣工测量数据文件和管线工程测量图。”

6.4.3 此条适用于建筑安装、市政基础设施工程,交通、水利、电力等相关专业工程可参照有关行业标准执行。建设竣工图作为建设工程档案,必须满足档案保管利用的要求。根据GB/T 50328—2001《建设工程文件归档整理规范》“4.2.6工程文件中文字材料幅面尺寸规格宜为A4幅面(297mm×

210mm)。图纸宜采用国家标准图幅。4.2.7工程文件的纸张应采用能够长期保存的韧力大、耐久性强的纸张。图纸一般采用蓝晒图,竣工图应是新蓝图。计算机出图必须清晰。不得使用计算机出图的复印件。”

6.4.4 图上各种引出说明一般应与图框平行,引出线不得相互交叉,不遮盖其他线条,保持图面整洁,字迹清楚。

6.4.6 此条为强制性条文,依据GB/T 50328—2001《建设工程文件归档整理规范》的相关条文制定。

7 建设工程声像档案编制

7.1.2 根据国家规范GB/T 11821—1989《照片档案管理规范》和《〈重庆市城市建设档案馆声像信息化建设实施方案〉的通知》重城档发〔2005〕12号与《关于进一步加强建设工程声像档案编制管理工作的通知》〔2005〕20号的地方标准,将此条列为强制性条文。

7.4 建设工程录像、录音档案摄制要求是根据现行行业标准GY/T 223《标准清晰度数字电视节目录像磁带录制规范》的规定执行。

8 建设工程电子文件与电子档案编制

8.1.3 城乡建设档案管理机构应配置计算机等数字设备和应用软件,能有效读取归档的电子文件。电子档案应以城乡建设档案管理机构可接收的文件格式和方式报送。

本条根据《全国档案信息化建设实施纲要》(建办档〔2004〕39号)、《重庆市城乡建设档案管理办法》(渝府令〔2010〕240)、CJJ/T 158—2011《城建档案业务管理规范》的相关规定列为强制性条文。

8.2.4 重庆市城乡建设委员会在2007年发出的《重庆市建设委员会关于报送建设工程电子档案的通知》(渝建发〔2007〕116号)中,明确提出了扫描件档案的处理内容和技术要求及相关说明。

8.2.5 凡报送城乡建设档案管理机构的建设工程档案,必须同时报送工程准备阶段文件、竣工验收文件和竣工图的扫描格式电子档案(具体文件内容详见附录E)。

本条根据《重庆市城乡建设委员会关于报送建设工程电子档案的通知》(渝建发〔2007〕116号)之规定列为强制性条文。

9 建设工程档案整理

9.1.2 独立施工、独立发包、专业工程、子单位工程和子分部工程均可独立组卷,例如独栋建筑、消防工程、钢结构工程等。

9.2.1 文件材料排列应注意:

1. 按重要程度排列是将重要的文字材料排列在前,次要的排列在后。

2. 按时间顺序排列是按文件材料形成的时间或文件材料内容所反映的时间顺序排列。

3. 按文件材料之间的逻辑关系排列,即同一事项的请示和批复、同一文件的印本与定稿、主件与附件不能分开,并按批复在前、请示在后,印本在前、定稿在后,主件在前、附件在后的顺序排列。

9.3.4　卷内备考表的说明,主要说明卷内文件复印件情况、页码错误情况、文件的更换情况、检查情况等。没有需要说明的事项可不必填写说明。

9.3.5　城建档案馆的档号依据《重庆市城建档案分类大纲》编写。

档号编写格式举例:

I0101为分类号,包括大类号、属类号和小类号。

2011001为项目号,包括接收年份和该年份移交书流水号。

0001为案卷号,表示某年份小类中的流水号。

案卷题名:文字、照片材料卷包括工程地点、工程名称、单位工程(专业工程)名、主要内容特征;图纸材料卷包括工程地点、工程名称、单位工程名和专业、阶段。例如:重庆朝天门大桥(工程地址及名称)、五里店立交桥(单位工程)、一号墩基础钢筋隐蔽检查记录(主要内容);渝北新牌坊龙湖花园(工程地址及名称)、一号楼(单位工程)、平面立面(内容)建筑(专业)竣工图(阶段)。

责任者:填写文件的直接形成单位,工程准备阶段文件和竣工验收文件有多个责任者一般填写建设单位;监理文件的责任者一般为监理单位;施工文件、峻工图、声像文件、电子文件的责任者一般为施工单位。

移交单位:工程档案的报送单位一般为建设单位。

凡定为短、长期的档案,到期再鉴定时,视其价值可延长保管期限。

9.4.1　图纸折叠应注意:

1. 图纸折叠前应保证图纸是按照标准图幅进行绘制,并留有35~40mm宽度的装订线。如果装订线宽度不足,应对图纸进行裱糊。

2. 图纸折叠力求整齐美观,方便查阅,利于长期保存。

3. 图纸折叠以A4(210mm×297mm)图幅为标准。

4. 图纸折叠时图纸内容应折向内。

10　建设工程档案专项验收

10.0.1　此条为强制性条文。按照《重庆市城乡建设档案管理办法》(重庆市人民政府令第240号)第十五条"建设工程竣工验收前,建设单位应当持有关材料提请建设工程档案专项验收……建设单位在建设工程档案专项验收合格后,方可组织竣工验收"的规定制定。

10.0.2　此条为强制性条文。根据《重庆市城乡建设档案管理办法》(重庆市人民政府令第240号),第十五条"建设行政主管部门应当自受理之日起15个工作日出具验收意见……建设工程档案专项验收不合格的,建设单位须按照要求整改、补充,重新提请建设工程档案专项验收"的规定制定。

10.1.1　归档内容详见第4章相关规定。

10.1.4　根据《重庆市城乡建设档案管理办法》(重庆市人民政府令第240号)第十五条"建设工程竣工验收前,建设单位应当持有关材料提请建设工程档案专项验收"和《建设工程档案专项验收办事指南》第三条"提交申请材料(一)《建设工程档案验收申请暨受理通知书》(二)《城建档案案卷目录》(三)《建设工程档案报送责任书》"的规定制定。

11 建设工程档案报送

11.1.1 此条为强制性条文。根据《重庆市城乡建设档案管理办法》(重庆市人民政府令第240号)第十四条规定:“建设行政主管部门在核发建设工程施工许可证时,应当书面告知建设单位移交建设工程档案的时限、内容、要求及责任。”

11.2.1 此条和11.2.2条列为强制性条文。根据《重庆市城乡建设档案管理办法》(重庆市人民政府令第240号)第二十一条规定:“建设工程档案按照下列规定接收保管:(一)市城乡建设档案管理机构接收保管市级以上(含市级)重点建设工程、主城区(含北部新区)以及跨区县(自治县)建设工程档案。(二)主城区外其他区县(自治县)城乡建设档案管理机构接收保管除本条(一)项以外的建设工程档案。”

11.3 报送建设工程档案质量应符合GB/T 50328—2001《建设工程文件归档整理规范》的有关规定,并结合附录A、附录B、附录C、附录D中规定由城乡建设档案管理机构保存的内容进行报送。

11.6.2 本条列为强制性条文。根据《重庆市城乡建设档案管理办法》(重庆市人民政府令第240号)第十六条规定:“建设工程竣工验收后,建设单位应当向城乡建设档案管理机构移交一套完整的建设工程档案。移交的建设工程档案符合要求的,城乡建设档案管理机构应当出具接受凭证,建设行政主管部门在办理建设工程竣工验收备案时,应当查验该凭证。”

引用标准名录

(一)国家规范标准

1. GB/T 50328—2001《建设工程文件归档整理规范》
2. GB/T 50323《城市建设档案著录规范》
3. CJJ/T 117—2007《建设电子文件与电子档案管理规范》
4. GB/T 11821—1989《照片档案管理规范》
5. GY/T 223《标准清晰度数字电视节目录像磁带录制规范》
6.《全国城建档案信息化建设规划与实施纲要》
7. CJJ/T 158—2011《城建档案业务管理规范》
8.《城市建设档案分类大纲》建办档〔1993〕103号
9. CJJ 61—1994《城市管线探测技术规程》
10.《市政基础设施施工技术文件》建城〔2002〕221号
11.《建设工程项目文件归档范围和保管期限表》
12. GB 10609. 3—1989《技术制图复制图的折叠方法》
13.《建设工程质量管理条例》国务院令第279号
14.《中华人民共和国档案法实施办法》1999年国家档案局第5号令
15.《城市建设档案管理规定》中华人民共和国建设部〔2001〕90号
16.《房屋建筑工程和市政基础设施工程竣工验收备案管理暂行办法》中华人民共和国建设部〔2000〕4号

17.《城市地下管线工程档案管理办法》中华人民共和国建设部令第136号

(二)重庆市规范标准

1.《重庆市城乡建设档案管理办法》2010年重庆市人民政府令240号

2.《重庆市管线工程规划管理办法》渝府令第194号

3.《重庆市〈建设工程技术用表〉和〈建设工程文件归档内容一览表〉的通知》渝建发〔2005〕226号

4.《〈重庆市市政基础设施工程施工技术用表〉和〈重庆市市政基础设施工程文件归档内容一览表〉的通知》渝建发〔2010〕93号

5.《关于发布〈建筑工程施工质量验收规范用表(建筑节能分部工程)〉和〈建设工程技术用表(建筑节能工程)〉的通知》渝建发〔2008〕76号

6. 重庆市城乡建设委员会关于印发《重庆市成品住宅装修工程技术用表及验收规范用表》和《重庆市成品住宅装修工程文件归档内容一览表的通知》渝建〔2011〕541号

7. 重庆市城乡建设委员会《关于主城区(含北部新区)建设工程档案验收和报送的有关事项的通知》渝建〔2010〕590号

8.《重庆市〈城市地下管线工程档案管理办法〉的通知》渝建发〔2002〕98号

9.《重庆市建设委员会关于报送建设工程电子档案的通知》渝建发〔2007〕116号

10.《重庆市城市建设档案案卷质量规定》渝建发〔1998〕237号《重庆市城建档案分类大纲》重城档发〔1998〕6号

11.《关于实行建设工程档案资料员持证上岗制度的通知》重建函〔1996〕74号

12.《重庆市建设工程档案专项验收办法》渝建发〔1999〕59号

13.《〈重庆市城市建设档案馆声像信息化建设实施方案〉的通知》重城档发〔2005〕12号

本标准用词说明

1. 为便于在执行本标准条文时区别对待,对要求严格程度不同的用词说明如下:

1)表示很严格,非这样做不可的:

正面词采用"必须",反面词采用"严禁"。

2)表示严格,在正常情况下均应这样做的:

正面词采用"应",反面词采用"不应"或"不得"。

3)表示允许稍有选择,在条件许可时首选应这样做的:

正面词采用"宜",反面词采用"不宜"。

4)表示有选择,在一定条件下可以这样做的采用"可"。

2. 条文中指明应按其他有关标准执行的写法为:"应符合……的规定"或"应按……执行"。

附录　建设工程扫描格式电子档案归档内容一览表

序号	归档文件	备注
一	立项文件	
1	项目建议书	
2	项目建设书审批意见及前期工作通知书	
3	可行性研究报告及附件	
4	可行性研究报告审批意见	
5	关于立项有关的会议纪要、领导讲话	
6	专家建议文件	
7	调查资料及项目评估研究材料	
8	其他重要文件	
二	建设用地、征地、拆迁文件	
1	选址申请及选址规划意见通知书	
2	用地申请报告及县级以上人民政府城乡建设用地批准书	
3	拆迁安置意见、协议、方案等	
4	建设用地规划许可证及其附件	
5	建设用地文件	
6	国有土地使用证	
7	其他重要文件	
三	勘察、测绘、设计文件	
1	工程地质勘察报告	
2	水文地质勘察报告、自然条件、地震调查	
3	建设用地钉桩通知单(书)	
4	地形测量和用地测量成果报告	
5	申报的规划设计条件和规划设计条件通知书	
6	审定设计方案通知书及审查意见	
7	有关行政主管部门(建设、人防、环保、消防、交通、园林、市政等单位)批准文件或取得有关协议	
8	有关部门对施工图设计文件的审批意见	
9	其他重要文件	
四	招投标文件	
1	勘察、设计承包合同	
2	施工承包合同	
3	其他重要文件	
五	开工审批文件	
1	建设项目列入年度计划的申报文件	
2	建设项目列入年度计划的批复文件或年度计划项目表	
3	建设工程规划许可证及其附件	
4	建设工程开工审查表	
5	建设工程施工许可证	
6	投资许可证、审批证明、缴纳城市建设配套费等证明	
7	工程质量监督手续	
8	其他重要文件	

续表

序号	归档文件	备注
六	竣工验收文件	
1	建设工程竣工验收文件	
2	规划部门出具的认可文件或批准使用文件	
3	公安消防部门出具的许可文件或批准使用文件	
4	环保部门出具的认可文件或批准使用文件	
5	建设工程档案验收意见书	
6	法律、规章等规定必须提供的其他文件(防雷、高切坡、航道、港监等)	
7	其他重要文件	
七	工程竣工图	
1	建筑工程	
(1)	总平面布置竣工图	
(2)	地下管网专业竣工图	
(3)	建筑竣工图	
(4)	结构竣工图	
(5)	给排水竣工图(包括消防)	
(6)	电气竣工图(包括智能建筑电气)	
(7)	通风空调竣工图	
(8)	电梯安装竣工图	
(9)	其他竣工图	
2	市政工程	
(1)	总平面竣工图	
(2)	综合地下管网竣工图	
(3)	各专业地下管网竣工图	
(4)	道路工程竣工图	
(5)	桥梁工程竣工图	
(6)	隧道工程竣工图	
(7)	给排水工程竣工图	
(8)	电照工程竣工图	
(9)	其他工程竣工图	
八	其他工程按相关规定办理	

重庆市城乡建设档案管理办法

渝府令第240号

2010年9月26日

第一章 总则

第一条 为加强城乡建设档案管理，充分发挥城乡建设档案的作用，根据《中华人民共和国档案法》、国务院《建设工程质量管理条例》和《重庆市实施〈中华人民共和国档案法〉办法》等法律法规，结合本市实际，制定本办法。

第二条 本市行政区域内城乡建设档案的管理适用本办法。

本办法所称城乡建设档案，是指过去和现在城乡规划、建设、管理活动中直接形成的对国家和社会具有保存价值的文字、图纸、图表、声像、电子文件等不同形式的历史记录。

第三条 城乡建设档案工作应当遵循统一领导、统一标准、集中管理与分级管理相结合的原则，维护城乡建设档案的完整和安全，便于社会各方面利用。

第四条 市、区县(自治县)人民政府应当加强对城乡建设档案工作的领导，建立健全城乡建设档案管理机构，配备必要的专业人员，把城乡建设档案事业的建设纳入国民经济和社会发展计划，所需经费由同级财政统筹安排。

第五条 市建设行政主管部门负责统一管理全市城乡建设档案工作，接受市档案行政管理部门的业务监督指导。市城乡建设档案管理机构负责全市城乡建设档案的日常管理工作。

区县(自治县)建设行政主管部门负责本行政区域内的城乡建设档案管理工作，接受同级档案行政管理部门的业务监督指导。区县(自治县)城乡建设档案管理机构负责本行政区域内城乡建设档案的日常管理工作，接受市城乡建设档案管理机构的业务监督指导。

第六条 从事城乡规划、建设、管理的单位，应当建立健全档案管理制度，配备档案工作人员，提供必要工作条件，做好城乡建设档案的收集、整理归档、保管和利用工作，并按照规定向城乡建设档案管理机构移交档案。

第七条 从事城乡建设档案工作的人员应当具备档案和建设工程相关专业知识，依照国家相关规定接受专业培训并经考核合格。

第二章 城乡建设档案的收集和整理归档

第八条 城乡建设档案包括建设工程档案、业务管理和业务技术档案、基础资料档案。

第九条 建设工程档案包括：

(一)工业、民用建筑工程档案;

(二)市政基础设施工程(含公用基础设施、园林和风景名胜、市容环境卫生设施等建设工程)档案;

(三)交通基础设施工程档案;

(四)抗震、民防、城市防洪工程档案;

(五)地下管线工程档案;

(六)军事工程档案资料中,除军事禁区和军事管理区以外的穿越市区的地下管线走向和有关隐蔽工程的位置图;

(七)国家和本市规定的其他应当归档的建设工程档案。

第十条　业务管理和业务技术档案包括城乡规划、建设、市政等行政主管部门形成的业务管理和业务技术文件材料。

第十一条　基础资料档案包括有关城乡规划、建设、管理的政策、法规、科学研究成果和城市历史、自然、人文、经济等方面的基础资料。

第十二条　建设工程档案由建设单位组织勘察、设计、监理、施工等单位收集、整理,所需经费应当在工程预算中单列。

建设单位在与勘察、设计、监理、施工等单位签订建设工程合同时,应当提出收集、整理建设工程档案的要求。

第十三条　收集、整理建设工程档案应当遵守下列规定:

(一)内容齐全、真实、准确,与工程实际相符合;

(二)竣工图应当图样清晰,图表整洁,签章手续完备;

(三)归档的建设工程档案应当是原件或者副本;

(四)按照有关规范整理立卷,使用市建设行政主管部门或者其他专业主管部门统一规格的建设工程技术用表和符合国家标准规定的档案装具;

(五)地下管线工程覆土前,建设单位应当依法委托具有相应资质的工程测绘单位进行竣工测绘,形成准确的竣工测绘数据文件和管线工程测绘图;

(六)符合有关技术规范要求。

第十四条　建设行政主管部门在核发建设工程施工许可证时,应当书面告知建设单位移交建设工程档案的时限、内容、要求及责任。

第十五条　建设工程竣工验收前,建设单位应当持有关材料提请建设工程档案专项验收,建设行政主管部门应当自受理之日起15个工作日内出具验收意见。

建设工程属于县级以上重点建设项目的由档案行政管理部门会同建设行政主管部门和项目主管部门对项目档案进行验收;不属于重点建设项目的,由建设行政主管部门会同项目主管部门验收。

建设单位在建设工程档案专项验收合格后,方可组织竣工验收;专项验收不合格的,建设单位应当按照要求整改、补充,重新提请专项验收。

第十六条　建设工程竣工验收后,建设单位应当向城乡建设档案管理机构移交一套完整的建设工程档案。移交的建设工程档案符合要求的,城乡建设档案管理机构应当出具接收凭证,建设行政主管部门在办理建设工程竣工验收备案时,应当查验该凭证。

第十七条　供水、排水、燃气、热力、电力、电信、工业等地下管线专业管理单位应当将更改、报废、漏测部分的地下管线工程档案及时修改补充到本单位的地下管线专业图上，并在每年6月前将上年度修改补充的地下管线专业图及有关资料移交城乡建设档案管理机构。

第十八条　停建、缓建的建设工程，其档案暂由建设单位集中保管。

单位被撤销的，其建设工程档案应当向其主管机关或者城乡建设档案管理机构移交。

第十九条　业务管理和业务技术档案，由城乡规划、建设、市政等行政主管部门按照有关技术规范进行收集和整理，自形成之日起5年内向城乡建设档案管理机构移交。

第二十条　基础资料档案由城乡建设档案管理机构收集，按照有关技术规范整理归档。

第三章　城乡建设档案的保管和利用

第二十一条　建设工程档案按照下列规定接收保管：

（一）市城乡建设档案管理机构接收保管市级以上（含市级）重点建设工程、主城区（含北部新区）以及跨区县（自治县）建设工程档案；

（二）主城区外其他区县（自治县）城乡建设档案管理机构接收保管除本条第（一）项以外的建设工程档案，并于每年6月前向市城乡建设档案管理机构报送上年度建设工程档案目录。

第二十二条　业务管理和业务技术档案按照下列规定接收保管：

（一）市城乡建设档案管理机构接收保管市城乡规划、建设、市政等行政主管部门移交的业务管理和业务技术档案；

（二）区县（自治县）城乡建设档案管理机构接收保管同级城乡规划、建设、市政等行政主管部门移交的业务管理和业务技术档案。

第二十三条　城乡建设档案管理机构应当采取下列措施保管城乡建设档案：

（一）建立科学的管理制度，逐步实现保管的规范化、标准化；

（二）配置适宜安全保存档案的专门库房，配备防盗、防火、防渍、防有害生物的必要设施；

（三）配备适应档案现代化管理需要的技术设备；

（四）配置符合数字信息安全要求的信息载体存放环境、计算机网络防护体系和数据备份、防灾系统；

（五）对重要的城乡建设档案，应当采用现代化技术手段进行异地备份保存；

（六）按照国家有关规定做好保密工作。

第二十四条　城乡建设档案管理机构应当按照国家有关规定确定档案的保管期限。

对已到保管期限的城乡建设档案，应当按照国家有关规定组织鉴定。仍有保存价值的文件材料重新整理后立卷保存；已失去保存价值的文件材料应当造具清册，按照规定程序报批后销毁。

第二十五条　城乡建设档案管理机构应当制定城乡建设档案利用制度，开发城乡建设档案信息资源，建立城乡建设档案资料信息库、目录库，利用现代化手段建立数字档案馆，编研城乡建设档案综合资料，为社会提供城乡建设基础数据、信息咨询和技术服务。

第二十六条　公民、法人和其他组织持介绍信或者身份证等合法证明，可以利用城乡建设档案。

第二十七条　建设单位在进行方案设计前，应当查询施工地段的地下管线、设施等隐蔽工程档案，避免施工中破坏地下管线、设施等。

第二十八条　向城乡建设档案管理机构移交、捐赠、寄存城乡建设档案的单位和个人，对其移交、捐赠、寄存的档案享有优先利用权。

第二十九条　城乡建设档案管理机构对馆藏的重要珍贵档案应当用复制品代替原件提供利用。

第三十条　查阅、摘录城乡建设档案管理机构保管的档案不收取费用。

第三十一条　利用和提供利用城乡建设档案,必须遵守国家和本市有关规定,不得损毁、丢失、涂改、伪造城乡建设档案,不得损害国家安全和利益,不得侵犯他人的合法权益。

第三十二条　载有城乡建设档案管理机构法定代表人签名或者印章标记的城乡建设档案复制品,具有与档案原件同等效力。

第三十三条　城乡建设档案管理机构应当定期做好统计工作,并向同级档案行政管理部门报送统计报表。

第四章　法律责任

第三十四条　供水、排水、燃气、热力、电力、电信、工业等地下管线专业管理单位违反本办法第十七条规定,在规定期限内未移交地下管线专业图及有关资料的,由建设行政主管部门给予警告,责令限期改正;逾期不改正的,处5000元以上10000元以下的罚款。

第三十五条　城乡建设档案管理机构工作人员玩忽职守、滥用职权、徇私舞弊的,由有权机关依法给予行政处分;涉嫌犯罪的,移送司法机关依法处理。

第三十六条　建设、规划、市政等行政主管部门违反本办法规定,不依法履行职责的,由其上级机关或者监察机关责令改正;情节严重的,对直接负责的主管人员依法给予行政处分。

第五章　附则

第三十七条　公路、港口码头、航道及航电枢纽、站场设施等建设工程档案的管理登记、收集、整理和档案专项验收的标准及程序按照交通运输部的行业规定执行,建设行政主管部门可以作为档案专项验收组成员参加档案专项验收。

前款规定的建设工程档案向城乡建设档案管理机构移交的内容及程序,由市建设行政主管部门会同市交通行政主管部门研究制定。

第三十八条　城乡规划业务管理和业务技术档案、地下管线测绘档案原件由规划行政主管部门负责接收和日常管理,城乡建设档案管理机构应当定期收集档案复制件或者数字档案、电子文件。

档案收集、共享的具体办法由市建设行政主管部门会同市规划行政主管部门和市城乡建设档案管理机构研究制定,涉及的费用在城市维护费中专项列支。

第三十九条　本办法自2010年11月1日起施行。《重庆市城市建设档案管理办法》(渝府令第38号)同时废止。

第二部分
重庆市市政基础设施工程施工技术用表填写示例

重庆市城乡建设委员会关于印发《重庆市市政基础设施工程施工技术用表》和《重庆市市政基础设施工程文件归档内容一览表》的通知

渝建发〔2010〕93号

各区县(自治区)城乡建委,各建设、施工、监理单位:

为了适应城市建设不断发展的需要,规范我市市政工程建设质量、安全和档案管理工作,使建设工程档案真实、准确地反映工程实际情况,更好地服务城乡建设,市建设工程质量监督总站、市城市建设档案馆组织专业人员,根据国务院《建设工程质量管理条例》(279号令)、《建设工程文件归档整理规范》和有关市政基础设施工程现行施工及验收规范,对原《重庆市市政工程施工技术用表》进行了修订,重新制定了《重庆市市政基础设施工程施工技术用表》(共计189种表格)和《重庆市市政基础设施工程文件归档内容一览表》,并已经专家组审查通过,决定颁布施行,现将有关事宜通知如下:

一、《重庆市市政基础设施工程施工技术用表》和《重庆市市政基础设施工程文件归档内容一览表》适用于本市范围内所有新建、改建和扩建的市政基础设施工程。

二、《重庆市市政基础设施工程施工技术用表》和《重庆市市政基础设施工程文件归档内容一览表》自2010年7月1日起施行;7月1日前按《重庆市市政工程施工技术用表》(渝建发〔2007〕1号)形成的表格不再重新填写。归档统一按新印发的《重庆市市政基础设施工程文件归档一览表》的顺序排列。

三、《重庆市市政基础设施工程施工技术用表》和《重庆市市政基础设施工程文件归档内容一览表》由市城乡建设委员会负责管理,执行中的问题由市建设工程质量监督总站、市城市建设档案馆负责解释。原《重庆市市政工程施工技术用表》(渝建发〔2007〕1号)、《重庆市市政工程文件归档内容一览表》(渝建发〔2007〕54号)同时作废。

附:1.《重庆市市政基础设施工程施工技术用表样表目录》

2.《重庆市市政基础设施工程文件归档内容一览表》

重庆市城乡建设委员会

二〇一〇年五月二十五日

重庆市市政基础设施工程质量检验的基本要求和填表统一说明

市政基础设施工程包括城市道路、桥梁、供水、排水、隧道、园林、环卫、污水处理、垃圾处理、地下公共设施等等,本书所附表格适用于城镇道路工程、城市桥梁(隧道)工程、给排水管道工程、给排水构筑物工程。

一、施工现场质量管理

施工现场的质量管理应有相应的施工技术规范标准,健全的质量保证体系、施工质量检验制度和综合施工质量水平考核制度。

施工现场质量管理是施工项目质量保证体系的具体要求。其主要内容有:

1. 施工现场应有与承担施工项目有关的施工技术规范和标准。包括各专业的质量验收规范和企业的控制质量、指导施工的工艺标准操作规程。

2. 施工现场应建立健全的质量管理体系,包括人员配备、机构设置、管理模式、运行机制等。

3. 施工现场应建立从工程原材料采购、验收、储存,到施工过程质量自检、互检、专检、隐藏工程验收及对涉及使用功能的抽查检验、交接检验、中间环节的质量管理控制等各项质量检查制度。通过质量检查发现质量缺陷和薄弱环节,制定措施,使质量在施工中各个环节处于受控状态。

施工单位应推行施工控制和合格控制相结合的全过程控制,应有健全的生产控制和合格控制的质量管理体系。这不仅包括原材料控制、工艺流程控制、施工操作控制、每个分项(检验批)的工程质量检验及中间交接环节的质量控制管理和控制,还包括满足施工图设计和功能要求的抽样检验制度。施工单位还应通过管理体系内部的审核和管理者的评审,找出质量管理体系中存在的问题和薄弱环节,制定改进和跟踪检查措施,使施工单位的质量管理体系不断健全完善。

二、工程质量验收工作划分

工程质量验收应划分为单位工程、分部工程、分项工程和检验批。

1. 划分原则:

1)单位(子单位)工程划分的原则:

(1)建设单位招标文件确定的每一个独立合同应为一个单位工程;

(2)具有独立施工条件并能形成独立使用功能的构筑物、建筑物。或是具有独立施工条件并能进行独立核算的工程标段项目。

当单位工程的规模较大时,可将其形成独立使用功能的部分划分为一个子单位工程。一个间作工程中,子单位工程不宜划分过多。

2)分部(子分部)工程的划分原则:

(1)单位(子单位)工程应按工程的结构部位或特点、功能、工程量划分分部工程;

(2)分部工程的规模较大或工程复杂时宜按材料种类、工艺特点、施工工法等,将分部工程划为若干子分部工程。

分部工程(子分部工程)可由一个或若干个分项工程组成。

3)分项工程的划分原则:

分项工程应按主要工序、材料、施工工艺等划分。分项工程可由一个或若干检验批组成。

4)检验批的划分原则:

(1)检验批应根据施工、质量控制和专业验收需要划定;

(2)当一个工程为一个检验批时,可不设检验批。

检验批是施工过程中条件相同并有一数量的材料、构配件或安装项目,由于其质量基本均匀一致,因此作为质量检验的基本单位,按批验收。它是工程验收的最小单位是分项工程及至整个工程质量检验与验收的基础。

2. 工程划分的方法:

开工前,施工单位应会同建设单位、监理工程师确认构成建设项目的单位工程、分部工程、分项工程和检验批,作为施工质量检验、验收的基础。

市政基础设施工程的单位(子单位)、分部(子分部)、分项、检验批的划分可参照相关专业规范执行。

三、工程施工质量验收要求

1. 工程施工应符合工程勘察、设计文件的要求。

2. 工程施工质量应符合规范和相关专业规范的规定。

3. 参加工程施工质量验收的各方人员应具备规定的资格。

4. 工程质量的验收均应在施工单位自行检查评定合格的基础上进行。

5. 隐蔽工程在隐蔽前,应由施工单位通知监理工程师和相关单位人员进行隐蔽验收,确认合格,并形成隐蔽验收文件。

6. 监理工程师应按规定对涉及结构安全的试块、试件和现场检测项目,进行平等检测、见证取样检测并确认合格。

7. 检验批的质量应按主控项目和一般项目进行验收。

8. 对涉及结构安全和使用功能的分部工程应进行抽样检测。

9. 承担复验或检测的单位应为具有相应资质的独立第三方。

10. 工程的外观质量应由验收人员通过现场检查共同确认。

四、工程质量合格的要求

分项工程应按照施工质量标准进行质量控制,每分项工程完成后,必须进行检验;相关各分项工程之间,必须进行交接检验,所有隐蔽分项工程必须进行隐蔽验收,未经检验或验收不合格不得进行下道分项目工程的施工。

1. 隐蔽工程质量验收合格应符合下列规定:

1)该工序工程涉及的所有质量检查项目,经抽样检验全部合格;

2)具有完整的施工操作依据,工程施工符合监理工程师认可的施工方案。

2. 检验批合格质量应符合下列规定:

1)主控项目的质量应经抽样检验合格。即抽样检验或全数检查100%合格;

2)一般项目的质量应经抽样检验合格;当采用计数检验时,除有专门要求外,一般项目的合格点率应达到80%及以上,且不合格点的最大偏差值不得大于规定允许偏差值的1.5倍;

3)主要工程材料的进场验收和复验合格,试块、试件检验合格;

4)具有完整的施工原始资料和质量检查记录。

检验批是质量验收的最小单位,检验批的质量验收记录由施工项目专业技术人员填写,监理工程师(建设单位现场负责人)组织项目机关人员进行验收。

3. 分项工程质量验收合格应符合下列规定:

1)分项工程所含的验收批质量验收全部合格;当工程不设验收批时,分项工程即为质量验收基础;其验收合格条件应按验收批质量验收条件规定执行;

2)分项工程所含检验批的质量验收记录应完整、正确:有关质量保证资料和试验检测资料应齐全、正确。

分项工程质量应由监理工程师(建设单位现场负责人)组织相关单位负责人进行验收。

4. 分部工程质量验收合格应符合下列规定:

1)分部(子分部)工程所含分项工程的质量验收全部合格;

2)质量控制资料完整;

3)涉及结构安全和使用功能的质量已按规定合格;

分部(子分部)工程中,地基基础处理、桩基础检测、混凝土强度、混凝土抗渗、管道接口连接、管道位置及高程、金属管道防腐层、水压试验、严密性试验、管道设备安装调试、阴极保护安装测试、回填压实等的检验和抽样检测结果应符合相关规范的规定。

4)外观质量验收应符合要求。

分部(子分部)工程质量应由总监理工程师(建设单位现场负责人)组织施工项目经理和有关勘察、设计单位项目负责人进行验收。

5. 单位工程质量验收合格应符合下列规定:

1)单位(子单位)工程所含分部(子分部)工程的质量验收全部合格;

2)质量控制资料完整;

3)单位(子单位)工程所含分部(子分部)工程有关安全及使用功能的检测资料完整;

4)涉及工程结构及使用功能和周围环境的参数指标应符合设计和规范规定;

5)外观质量验收应符合要求。

6. 工程质量验收不合格时的处理:

1)经返工重做或更换材料、构件、设备等的分项工程验收批,应重新进行验收;

2)经有相应资质的检测单位检测鉴定能够达到设计要求的分项工程验收批,应予以验收;

3)经有相应资质的检测单位检测鉴定达不到设计要求,但经原设计单位验算认可,能够满足结构安全和使用功能要求的分项工程验收批，可予以验收；

4)经返修或加固处理的分项工程、分部(子分部)工程，改变外形尺寸但仍能满足结构安全和使用功能要求，可按技术处理方案文件和协商文件进行验收。验收结论必须说明原因和附相关单位出具的书面文件资料，并且该单位工程不应评定质量合格，只能写明“通过验收”，责任方应承担相应的经济责任。

通过返修或加固处理仍不能满足结构安全或使用功能要求的分部(子分部)工程、单位(子单位)工程，严禁验收。

五、工程质量验收程序和组织

1. 工程质量验收的一般程序：

工程质量的验收是从工序开始，经分项分部到单位工程结束，贯穿整个施工过程。但对于一般的工序工程，不填写专项的质量验收记录，对质量检查的结果，应记在施工记录中，对于隐藏的工序工程，应填写隐蔽工程验收记录。

根据工程的划分原则，质量检查验收的程序为：

分项工程(检验批)—分部(子分部)工程—单位(子单位)工程

2. 隐蔽工程验收的组织程序：

同一分项工程，因所用材料、设备及施工工艺、施工方法的不同，将被划分为若干施工过程，每一施工过程完工后应进行检查。被下一施工过程隐蔽的部分应进行隐蔽工程验收，填写隐蔽工程记录。隐蔽工程是技术检查验收的范围，是分项工程验收的依据。

隐蔽工程应由专业监理工程师负责组织相关的负责人进行验收。

隐蔽工程完工后应及时进行隐蔽工程验收，作为分项工程验收的依据。隐蔽工程验收由质检工程师填写检查记录，专业监理工程师填写验收结论、检查情况、处理意见。

3. 分项工程(检验批)验收的组织程序：

检验批及分项工程质量验收，实际上是同一级别的质量验收，组织者都是专业监理工程师组织有关单位现场负责人进行验收。关键分项工程及重要部位应由建设单位项目负责人组织总监理工程师、施工单位项目经理和技术质量负责人、设计勘察单位专业设计人员等进行验收。

检验批验收前，施工单位项目专业技术人员填写“检验批质量验收记录”，并在相关栏目签字，检验记录表中实测项目填写测值，其他项目填写文字或结论。专业监理工程师组织验收合格后，签字确认。

分项工程的验收，一般在检验批质量验收合格的基础上进行。对于没有划分检验批的分项工程，其合格条件与检验批的合格条件相同。

4. 分部工程验收的组织程序：

分部工程、子分部工程的质量验收，实际上是同一级的质量验收，都应由总监理工程师(建设单位项目负责人)组织相关单位项目质量负责人等进行验收。对于涉及重要部位的地基基础、主体结构分部(子分部)工程，设计单位工程项目负责人、施工单位技术质量部门负责人应参加验收，单位勘察的项目负责人应参加地基基础分部工程的验收。

分部工程验收，一般在分项工程验收的基础上进行。重要的分部验收，应在当地质量监督机构的监督下进行。

5. 单位工程验收的组织程序:

单位工程经施工单位自检合格后,向建设单位提出验收申请。单位工程有分包单位施工时,分包单位对所承包的工程应按相关规定进行验收,验收时总承包单位应派人参加;分包工程完成后,应及时地将有关资料移交总承包单位。

对符合竣工验收条件的单位工程,应由建设单位按规定组织验收。施工、勘察、设计、监理等单位有关负责人参加验收。工程质量竣工验收记录由施工单位填写,验收结论由监理(建设)单位填写,综合验收结论由参加验收各方共同商定,建设单位填写:并应对工程质量是否符合规范规定和设计要求及总体质量水平做出评价。

由几个施工单位负责施工的单位工程,当其中的施工单位所负责的子单位工程已按设计完成,并经自行检验合格,也可按规定的程序组织正式验收,办理交工手续。在整个单位工程进行全部验收时,已验收的子单位工程验收资料应当作为单位工程验收的附件。

6. 分包工程质量验收的程序和组织:

《建设工程施工合同》的双方主体是建设单位和总承包单位,总承包单位应按施工合同的权利义务对建设单位负责。分包单位对总包单位负责,亦应对建设单位负责。因此,分包单位对承建的项目进行检验时,验收程序应符合法规要求,总承包单位应参加,检验合格后,分包单位应将工程的有关资料移交总承包单位。待建设单位验收时,分包单位负责人应参加验收。

7. 质量监督验收:

单位(子单位)工程验收及重要分部(子分部)、分项(检验批)应在工程质量监督站的监督下进行。哪些是重要的分布、分项工程,应根据专业工程质量验收的规定,并结合工程的特点,在介入该工程质量监督后由质量监督机构拟定。

六、工程竣工验收的程序

1. 工程竣工验收的程序:

工程质量的竣工验收,应在当地质量监督部门的监督下进行,一般程序为:施工单位自行验收—施工单位申请验收—建设单位组织相关单位进行专项验收 —建设组织竣工验收—建设单位申请备案—建设单位组织工程交接验收。

1)施工单位自行验收:

单位工程竣工后,在施工单位相关负责人组织下,依据质量验收标准、施工图等组织企业有关人员进行检查评定,包括质量控制资料检查,全面检查工程设计和合同约定的各项内容是否完工,其质量是否符合验收规范的要求,提出施工申请。

(1)完成建设工程全部设计和合同约定的各项内容。

(2)有完整的技术档案和施工管理资料。

(3)有工程使用的主要原材料、构配件和设备的进场试验报告。

(4)建设行政主管部门及其委托的质量监督机构等有关部门责令整改的问题全部整改完毕。

2)施工单位申请验收:

施工单位应在自检合格基础上将竣工资料与自检结果,报监理工程师申请验收。

总监理工程师应约请相关人员审核竣工资料进行预检，确认符合验收规范和合同约定的要求予以签认。同意施工单位的竣工申请。并据结果写出评估报告报建设单位。

施工单位持监理单位确认的竣工报告，将完整的技术资料、工程质量保修书等报送建设单位，申请竣工验收。

3)建设单位组织竣工验收：

建设单位拟定验收时间和参加竣工验收的人员，提前7天将相关资料和时间报送质量监督机构，并填写《市政基础设施工程竣工验收通知书》。

(1)施工单位提供施工技术质量总结评估报告；

(2)施工单位签署的工程质量保修书；

(3)监理单位出具的工程质量评估报告；

(4)勘察、设计、施工图审查机构签署的质量检查合格报告。

工程竣工验收，应由建设单位组织验收组进行。验收组应由建设、勘察、设计、施工、监理等单位的有关负责人组成，亦可邀请有关方面专家参加。验收组组长由建设单位担任。

工程竣工验收应在构成的各分项工程、分部工程、单位工程质量验收均合格后进行。当设计规定进行道路弯沉试验、荷载试验；桥梁功能、荷载试验等功能性试验时，验收必须在试验完成后进行。工程竣工资料应于竣工验收前完成。

工程竣工验收应符合下列规定：

(1)质量控制资料应符合相关规范的规定。

检验数量：查全部工程。

检查方法：查质量验收、隐蔽验收、试验检验资料。

(2)安全和主要使用功能应符合设计要求。

检验数量：查全部工程。

检查方法：查相关检测记录。

(3)观感质量检验应符合本规范要求。

检验数量：全部。

检查方法：目测并抽检。

(4)竣工验收时，应对各单位工程的实体质量进行检查。

(5)当参加验收各方对工程质量验收意见不一致时，应由政府行业行政主管部门或工程质量监督机构协调解决。

(6)工程竣工验收合格后，建设单位应按规定将工程竣工验收报告和有关文件，报政府行政主管部门备案。

(7)工程竣工验收后，建设单位应将有关文件和技术资料归档。

工程应经过竣工验收合格后，方可投入使用。

七、施工技术用表填写统一说明

施工技术用表是作为工程检查验收和保证工程项目安全运行的重要文件，是市政基础设施工程技术文件的主要组成部分，应随工程进度及时收集、整理，按专业分类，认真填写；力求做到字迹工整、图形清楚、内容完整、准确、齐全、真实地记录和反映施工和竣工验收的全过程，原始资料与实物相符，签字手续合法、完备、齐全。

1. 新编《重庆市市政基础设施工程施工技术用表》的表格采用规定的统一表样，由重庆市建设工程质量监督总站和重庆市城建档案馆统一监制；因特殊工程（或工序）要按需补充（或增加）的表格需经相关部门按有关程序认可方可实施。

2. 新编表格在原表基础上不仅体现了法律、法规赋予建设各方的职责和义务，同时，充分考虑了规范、标准随建设工程技术的发展和进步；并将施工图会审制度、施工交底制度、见证送检制度、施工三检制度等融入了表格之中。整套表格由14种“质量责任”表、14种“渝市政验收”表、26种“渝市政监理”表和142种“渝市政竣”表组成，共计196种；“质量责任”表由相关参建单位填写；“渝市政验收”表按相关规范、标准由有关单位填写；“渝市政竣”表除“设计变更通知”由设计单位填写以外，其余表格均由施工单位项目部负责填写；“渝市政监理”表由监理单位或项目监理部负责填写。

3. 建设单位应将工程档案收集、整理归档工作纳入工程有关合同和相关人员的岗位责任文中，各单位项目负责人分别负责本单位责任范围内工程档案的收集、整理、归档工作，并配备专职档案人员（档案人员必须持证上岗）。

4. 施工技术文件的填写按归档要求必须用不退色的材料书写，严禁使用涂改材料；相关责任人的签字必须齐全，不得用人名章代替签字；签（公）章栏的签公章须与合同签章上的单位名称一致。

5. 各种附图的绘制须用正规的绘图工具，严禁随手绘制。

6. 归档文件中除材料（设备）合格证明可使用复印件外，其他文书及表格必须为原件；当使用复印件时，一定要清晰，且应加盖复印单位的鲜章，并说明该使用项目名称、复印件来源、原件存放地和进场数量，经办人应签字；进口材料可用商检报告代替质保书。

7. 出具检测报告的检测机构必须具备相应的资质和计量认证资格，且签章必备。

8. 表格中“工程名称”栏须填写该工程的全称，且与设计施工文件、施工合同中的名称一致，相应单位名称栏应填写全称，并与合同公章上的名称一致。相关签字人员必须具备法定资格和证书。

9. “渝市政竣”中的施工隐蔽检查记录是对施工过程的重要工序及重要部位的具体记载，与按检验标准规定进行抽样检查的检验表不同，其检查点应为所检查部位的全部或规范要求的重点数的全数，并应按每一次实际隐检的批量来形成表格。

10. “渝市政验收”表中的“检验批质量验收记录”和“分项工程质量验收记录”须严格按现行市政基础设施工程施工验收规范明确的主控项目、一般项目及实际检查情况由负责该项目工程内容的单项技术人员如实填写，相关负责人及时签认。

11. “渝市政竣”表中检查结构栏的填写应具体、明确；有定量和定性要求的应根据检查的要求明确，对定量项目直接填写数据。对定性项目须按实际检查情况对照设计和规范要求如实填写。各检查情况叙述较困难或填写文字较长时，也可用简图结合文字说明的方式表示。

12. 单位工程验收应按表“单位（子单位）工程质量竣工验收记录”填写，并与表“分部（子分部）工程质量验收记录”、“单位（子单位）工程质量控制资料核查记录”、“单位（子单位）工程安全和使用功能检验资料核查及主要功能抽查记录”、“单位（子单位）工程观感质量检查记录”配套使用。

“单位（子单位）工程质量竣工验收记录”由施工单位填写，验收结论由监理（建设）单位填写。综合验收结论由参加验收的各方共同商定，建设单位填写，应对工程质量是否符合设计和规程要求及总体质量水平做出评价。

“单位(子单位)工程质量控制资料核查记录表”由施工单位填写施工单位项目经理签字,检查结论:“资料齐全符合要求”。竣工验收资料核查小组审查后,填写验收结论:“验收合格”。总监理工程师和建设单位项目现场负责人签字。

验收组协商确定抽查检查项目并经检查合格后,由竣工验收实测实量检查组填写“单位(子单位)工程安全和功能检验资料核查及主要功能抽查记录”,施工单位检查结论:符合要求或不符合要求,建设监理单位验收结论:同意验收或不同意验收。施工单位项目经理、总监理工程师或建设单位项目现场负责人签字。

竣工验收外观检查组进行全面检查后,填写“单位(子单位)工程观感质量核查记录”,相关人员签字。

观感的单项评价:基本达到评价标准的可以评为“中”,为合格标准。在合格的基础上,细部构造设计合理、施工作法细腻到位,外观整洁的可评为“好”,如有的项目达不到要求,或有明显缺陷,则评为“差”,评为差的项目应进行缺陷整改,有明显缺陷但不影响安全和功能的项目,经验收组共同商定,也可通过验收。有影响安全和功能的项目,不能评价,必须修理合格后再评价。

观感的综合评价:在受检项目中,质量验收评价为“好”的项目占全部受检项目的80%以上。其余项目评价为“中”则观感的评价为“好”。通过质量评价为“好”、“中”的项目占全部受检项目的80%以上,其余评价为“差”,但不影响安全和使用功能,可以通过验收,综合评价为“中”,不足以上者,综合评价为“差”。

13. 施工技术用表的填写除执行统一说明外。尚需符合部分表中的具体填表说明要求。

14. 严禁对归档的技术文件进行涂改、伪造和随意损毁、缺失等,违反规定将予以处罚,情节严重的,要依法追究法律责任。

八、施工资料组卷方法和要求

1. 市政基础设施工程施工技术文件由施工单位负责编制,建设单位、施工单位负责保存,其他参加单位按其在工程中的相关职责作好相应工作。建设单位应按《建设工程文件归档整理规范》(GB/T 50328)的要求,于工程竣工验收后三个月内报送当地城建档案管理机构。

2. 实行总承包的工程项目,由总承包单位负责汇集、整理各分包单位编制的有关施工技术文件。

3. 工程施工技术文件应随施工进度及时整理,所需表格应按本规定中的要求认真填写、字迹清楚、项目齐全、记录准确、完整真实。

市政基础设施工程施工技术文件中,应由各岗位责任人签认的,必须由本人签字(不得盖图章或由他人代签)。工程竣工,文件组卷成册后必须由单位技术负责人和法人代表或法人签字并加盖单位公章。

4. 建设单位在组织工程竣工验收前,应提前请当地的城建档案管理机构对施工技术文件进行预验收。城建档案管理机构在收到施工技术文件7个工作日内提出验收意见,7个工作日内不提出验收意见,视为同意。

5. 施工技术文件要按单位工程进行组卷。文件材料较多时可以分册装订。卷内文件排列顺序一般为封面、目录、文件材料和备考表。

(1)文件封面应具有工程名称、开竣工日期、编制单位、卷册编号、单位技术负责人和法人代表或法人委托人签字并加盖单位公章。

(2)文件材料部分排列宜按以下顺序：

1)施工组织设计；

2)施工图设计文件会审、技术交底记录；

3)设计变更通知单、洽商记录；

4)原材料、成品、半成品、构配件、设备出厂质量合格证书、出厂检(试)验报告和复试报告(必须一一对应)；

5)施工试验资料；

6)施工记录；

7)测量复核及预检记录；

8)隐蔽工程检查验收记录；

9)工程质量检验评定资料；

10)使用功能试验记录；

11)事故报告；

12)竣工测量资料；

13)竣工图；

14)工程竣工验收文件。

注:对于设备安装工程可参照上述顺序组卷案卷规格及图纸折叠方式按城建档案管理部门要求办理。

九、填写表格配套的规范、标准

(一)建设系统规范、标准:

1. 重庆市地方规范、标准:

重庆市《城市道路工程施工质量验收规范》(DBJ 50-078—2008)

重庆市《城市桥梁工程施工质量验收规范》(DBJ 50-086—2008)

重庆市《城市隧道工程施工质量验收规范》(DBJ 50-107—2010)

重庆市《城市给水排水构筑物及管道工程施工质量验收规范》(DBJ 50-108—2011)

重庆市《城市工程边坡及围护结构施工质量验收规范》(DBJ 50-126—2011)

重庆市《城镇道路附属设施工程施工质量验收规范》(DBJ 50-128—2011)

2. 国家规范、标准:

《建筑工程施工质量验收统一标准》(GB 50300—2013)

《城市桥梁工程施工与质量验收规范》(CJJ 2—2008)

《城镇道路工程施工与质量验收规范》(CJJ 1-2008)

《给水排水构筑物工程施工及验收规范》(GB 50141—2008)

《给水排水管道工程施工及验收规范》(GB 50268—2008)

《盾构法隧道施工与验收规范》(GB 50446—2008)

《地下工程防水技术规范》(GBS 0108—2008)

《城市污水处理厂工程质量验收规范》(GB 50334—2002)

《锚杆喷射混凝土支护技术规范》(GB 50086—2001)

《建筑边坡工程技术规范》(GB 50330—2013)

《生活垃圾卫生填埋技术规范》(CJJ 97—2004,J 302—2004)

《生活垃圾焚烧处理工程技术规范》(CJJ 90—2002,J 184—2002)

《清水混凝土应用技术规程》(JGJ 169—2009)

《市政工程清水混凝土施工技术规程》(DBJ 50-073—2008)

《钢结构工程施工质量验收规范》(GB 50205—2001)

《地下铁道工程施工及验收规范》(GB 50299—1999)

(二)交通系统规范、标准:

《公路工程质量检验评定标准》

《公路路基施工技术规范》(JTG/F 10—2006)

《公路水泥混凝土路面施工技术规范》(JTG/F 30—2003)

《公路沥青路面施工技术规范》(JTG/F 40—2004)

《公路隧道施工技术规范》(JTG/F 60—2009)

(三)规范、标准使用原则:

1. 优先使用地方规范和标准;

2. 国家规范和地方规范互为补充,遇相同检查项目填表时按“就高不就低”的原则执行;

3. 交通系统规范、标准可作参考;

4. 特殊专业工程规范、标准可根据具体情况选用。

重庆市市政基础设施工程施工技术用表样表目录

序号	技术文件名称	表格编号
1	单位工程参建单位有关责任人员名单	质量责任-1
2	建设单位工程项目负责人质量责任书	质量责任-2
3	建设单位工程项目技术负责人质量责任书	质量责任-3
4	监理单位总监理工程师质量责任书	质量责任-4
5	监理单位总监理工程师代表质量责任书	质量责任-5
6	监理单位(　)专业监理工程师质量责任书	质量责任-6
7	施工单位项目经理质量责任书	质量责任-7
8	施工单位项目技术负责人质量责任书	质量责任-8
9	施工单位项目施工管理负责人质量责任书	质量责任-9
10	设计单位项目负责人质量责任书	质量责任-10
11	设计单位项目(　)专业负责人质量责任书	质量责任-11
12	勘察单位项目负责人质量责任书	质量责任-12
13	工程有关人员质量责任书(通用)	质量责任-13
14	专业分包单位负责人质量责任书	质量责任-14
15	施工现场质量管理检查记录	渝市政验收-1
16	单位(子单位)工程施工质量竣工检查报告	渝市政验收-2
17	单位(子单位)工程质量竣工评估报告	渝市政验收-3
18	勘察文件质量检查报告	渝市政验收-4
19	设计文件及设计变更质量检查报告	渝市政验收-5
20	工程竣工验收通知书	渝市政验收-6
21	市政工程竣工验收意见书(一)	渝市政验收-7-1
22	市政工程竣工验收意见书(二)	渝市政验收-7-2
23	单位(子单位)工程质量竣工验收记录	渝市政验收-8
24	单位(子单位)工程质量控制资料核查记录	渝市政验收-9
25	单位(子单位)工程安全和功能检验资料核查及主要功能抽查记录	渝市政验收-10
26	单位(子单位)工程观感质量核查表	渝市政验收-11
27	分部(子分部)工程质量验收记录	渝市政验收-12
28	分项工程质量验收记录	渝市政验收-13
29	检验批质量验收记录	渝市政验收-14
30	总监理工程师任命书	渝市政监理-1
31	工程开工令	渝市政监理-2
32	监理通知单	渝市政监理-3
33	监理报告	渝市政监理-4
34	工程暂停令	渝市政监理-5

续表

序号	技术文件名称	表格编号
35	旁站记录	渝市政监理-6
36	工程复工令	渝市政监理-7
37	工程款支付证书	渝市政监理-8
38	施工组织设计/(专项)施工方案报审表	渝市政监理-9
39	工程开工报审表	渝市政监理-10
40	工程复工报审表	渝市政监理-11
41	分包单位资格报审表	渝市政监理-12
42	施工测量成果报验表	渝市政监理-13
43	工程材料、构配件、设备报审表	渝市政监理-14
44	——报审、报验表	渝市政监理-15
45	分部工程报验表	渝市政监理-16
46	监理通知回复单	渝市政监理-17
47	单位工程竣工验收报审表	渝市政监理-18
48	工程款支付报审表	渝市政监理-19
49	施工进度计划报审表	渝市政监理-20
50	费用索赔报审表	渝市政监理-21
51	工程临时延期审批表	渝市政监理-22
52	工程最终延期报审表	渝市政监理-23
53	工作联系单	渝市政监理-24
54	工程变更单	渝市政监理-25
55	索赔意向通知书	渝市政监理-26
56	市政工程竣工技术文件材料目录	渝市政竣-1
57	单位(子单位)工程开工报告	渝市政竣-2
58	单位(子单位)工程竣工报告(竣工申请书)	渝市政竣-3
59	图纸会审和设计交底纪要	渝市政竣-4
60	施工组织设计(或方案)审批表	渝市政竣-5
61	工程设计变更(技术核定单)汇总表	渝市政竣-6
62	工程洽商及技术核定签证表	渝市政竣-7
63	工程质量事故报告表	渝市政竣-8
64	《工程质量监督整改通知书》汇总表	渝市政竣-9
65	工程遗留项目一览表	渝市政竣-10
66	质量问题(事故)整改专项验收表	渝市政竣-11
67	施工技术交底记录	渝市政竣-12
68	工程质量检查报验单	渝市政竣-13
69	施工测量报验单	渝市政竣-14

续表

序号	技术文件名称	表格编号
70	测量控制桩移交与复核记录	渝市政竣-15
71	工程定位(放线)测量检查记录	渝市政竣-16
72	高程测量检查记录	渝市政竣-17
73	工程轴线测量记录	渝市政竣-18
74	工程竣工测量及复核记录	渝市政竣-19
75	沉降(变形)观测记录	渝市政竣-20
76	基础坑槽隐蔽工程检查验收记录	渝市政竣-21
77	隐蔽工程检查记录	渝市政竣-22
78	钢筋机械连接施工质量检查记录	渝市政竣-23
79	设备、构配件进场开箱检查记录	渝市政竣-24
80	钢筋及预埋件隐蔽工程检查验收记录	渝市政竣-25
81	饰面砖(板)施工检查记录	渝市政竣-26
82	沥青路面粘层(透层、封层)检查记录	渝市政竣-27
83	沥青混凝土路面施工检查记录	渝市政竣-28
84	混凝土路面面层施工检查记录	渝市政竣-29
85	混凝土浇筑许可证	渝市政竣-30
86	混凝土浇筑记录	渝市政竣-31
87	砌体施工检查记录	渝市政竣-32
88	高边坡开挖及治理施工检查记录	渝市政竣-33
89	锚孔施工成型检查记录	渝市政竣-34
90	锚杆(索)、锚钉施工检查记录	渝市政竣-35
91	抗滑桩施工检查记录	渝市政竣-36
92	钢结构隐蔽工程检查验收记录	渝市政竣-37
93	钢结构焊接质量检查记录	渝市政竣-38
94	钢结构焊缝外观质量检查记录	渝市政竣-39
95	钢结构构件涂装工程检查记录	渝市政竣-40
96	钢结构防腐涂料涂层厚度检查记录	渝市政竣-41
97	大六角头高强度螺栓施工检查记录	渝市政竣-42
98	扭剪型高强螺栓施工检查记录	渝市政竣-43
99	软土路基及基底处治施工检查记录	渝市政竣-44
100	路基填筑施工检查记录	渝市政竣-45
101	道路基层施工检查记录	渝市政竣-46
102	地下综合管道安装施工隐蔽检查记录	渝市政竣-47
103	沟槽回填施工检查记录	渝市政竣-48
104	铺砌式面层施工检查记录	渝市政竣-49

续表

序号	技术文件名称	表格编号
105	道路附属设施施工检查记录	渝市政竣-50
106	填(土)石路堤填筑试验段施工记录表	渝市政竣-51
107	挖方路堑施工检查记录	渝市政竣-52
108	钻孔灌注桩隐蔽检查记录	渝市政竣-53
109	挖孔桩成孔质量检查记录	渝市政竣-54
110	水下混凝土灌注施工检查记录	渝市政竣-55
111	承台结构施工检查记录	渝市政竣-56
112	沉井施工检查记录	渝市政竣-57
113	桥梁墩、柱垂直度检查记录	渝市政竣-58
114	支座安装成型检测记录	渝市政竣-59
115	构件吊装就位及安装成型施工检查记录	渝市政竣-60
116	大体积混凝土浇筑施工现场测温记录	渝市政竣-61
117	冷却水管安装检查记录	渝市政竣-62
118	预应力筋及张拉设备检查记录	渝市政竣-63
119	预应力管道安装隐蔽检查记录	渝市政竣-64
120	预应力张拉施工记录(一)	渝市政竣-65
121	预应力张拉施工记录(二)	渝市政竣-66
122	预应力压浆施工检查记录	渝市政竣-67
123	封端施工检查记录	渝市政竣-68
124	钢管拱肋制作质量检查记录	渝市政竣-69
125	悬浇混凝土施工标高控制记录	渝市政竣-70
126	斜拉索安装检查记录	渝市政竣-71
127	吊(索)杆安装检查记录	渝市政竣-72
128	伸缩缝安装检查记录	渝市政竣-73
129	落水管安装检查记录	渝市政竣-74
130	地通道防水施工检查记录	渝市政竣-75
131	栏杆安装检查记录	渝市政竣-76
132	桥梁防雷装置施工检查记录	渝市政竣-77
133	桥梁总体成型检查记录	渝市政竣-78
134	隧道开挖断面检查记录	渝市政竣-79
135	隧道明洞及洞口施工检查记录	渝市政竣-80
136	锚喷支护施工检查记录	渝市政竣-81
137	隧道防水结构施工检查记录	渝市政竣-82
138	隧道超前锚杆施工记录	渝市政竣-83
139	隧道超前管棚/小导管检查记录	渝市政竣-84

续表

序号	技术文件名称	表格编号
140	隧道钢拱架/格栅钢架检查记录	渝市政竣-85
141	隧道(地通道)止水带施工检查记录	渝市政竣-86
142	隧道衬砌施工检查记录	渝市政竣-87
143	隧道排(渗)水管及盲沟(管)施工检查记录	渝市政竣-88
144	隧道排水沟施工检查记录	渝市政竣-89
145	隧道电缆沟施工检查记录	渝市政竣-90
146	隧道预注浆及后注浆施工检查记录	渝市政竣-91
147	隧道仰拱填充混凝土施工检查记录	渝市政竣-92
148	隧道周边收敛量测检查记录	渝市政竣-93
149	隧道地表/拱顶下沉量检查记录	渝市政竣-94
150	隧道总体质量检查记录	渝市政竣-95
151	管道/设备焊接检查记录	渝市政竣-96
152	阀门试验检查记录	渝市政竣-97
153	检查井施工检查记录	渝市政竣-98
154	地下排水管道施工隐蔽检查记录	渝市政竣-99
155	排水管道闭水试验记录	渝市政竣-100
156	池体防水结构施工检查记录	渝市政竣-101
157	水池满水试验记录	渝市政竣-102
158	箱涵闭水试验记录	渝市政竣-103
159	污泥消化池气密性试验记录	渝市政竣-104
160	——压力试验记录	渝市政竣-105
161	饮用水系统消毒冲洗记录	渝市政竣-106
162	安全阀、减压阀调试检查记录	渝市政竣-107
163	单机试车条件检查记录(通用表)	渝市政竣-108
164	电动机试运转检查记录	渝市政竣-109
165	接地电阻测试记录	渝市政竣-110
166	管道补偿器安装检查记录	渝市政竣-111
167	管道防腐施工检查记录	渝市政竣-112
168	设备安装、清洗、调整、精校记录(通用表)	渝市政竣-113
169	设备单机试运转记录(通用表)	渝市政竣-114
170	电气配管隐蔽检查记录	渝市政竣-115
171	电气配线隐蔽检查记录	渝市政竣-116
172	电缆敷设施工检查记录	渝市政竣-117
173	桥架安装检查记录	渝市政竣-118
174	成套开关柜(盘)安装检查记录	渝市政竣-119

续表

序号	技术文件名称	表格编号
175	变压器安装检查记录	渝市政竣-120
176	(　　)安装试验检查记录(通用表)	渝市政竣-121
177	照明系统通电试验记录	渝市政竣-122
178	系统调试、试运转检查记录	渝市政竣-123
179	电气管线安装测试检查记录	渝市政竣-124
180	照度测试记录	渝市政竣-125
181	建筑材料报验单	渝市政竣-126
182	水泥出厂质量证明和进场取样试验报告单汇总表	渝市政竣-127
183	钢材出厂质量证明和进场试验报告单汇总表	渝市政竣-128
184	钢材焊接接头力学试验报告单汇总表	渝市政竣-129
185	钢筋机械连接接头取样试验报告单汇总表	渝市政竣-130
186	商品混凝土出厂合格证汇总表	渝市政竣-131
187	主要原材料、构配件出厂合格证明及试验单汇总表	渝市政竣-132
188	水泥混凝土抗压强度汇总及统计评定表	渝市政竣-133
189	混凝土抗渗性能试验报告单汇总表	渝市政竣-134
190	混凝土抗弯拉强度汇总及统计评定表	渝市政竣-135
191	道路压实度汇总及统计评定表	渝市政竣-136
192	道路弯沉值汇总及统计评定表	渝市政竣-137
193	砂浆抗压强度汇总及统计评定表	渝市政竣-138
194	沥青混凝土压实度汇总表	渝市政竣-139
195	沥青(水泥)混凝土路面厚度汇总表	渝市政竣-140
196	地基承载力(触探)、岩芯单轴抗压强度报告汇总表	渝市政竣-141
197	桩基成型检测(动测或声测)报告汇总表	渝市政竣-142

重庆市市政基础设施工程文件归档内容一览表

序号	归档文件	表格编号	保存单位		
			建设单位	城建档案馆(室)	施工单位
	工程准备阶段及竣工验收文件(建设单位负责收集、整理、归档)				
一	立项文件				
1	项目建议书	无表	★	★	
2	项目建议书审批意见及前期工作通知书	无表	★	★	
3	可行性研究报告及附件	无表	★	★	
4	可行性研究报告审批意见	无表	★	★	
5	关于立项有关的会议纪要、领导讲话	无表	★	★	
6	专家建议文件	无表	★	★	
7	调查资料及项目评估研究材料	无表	★	★	
8	其他应当归档的文件	无表	★	★	
二	建设用地、征地、拆迁文件				
1	选址申请及选址规划意见通知书	无表	★	★	
2	用地申请报告及县级以上人民政府城乡建设用地批准书	无表	★	★	
3	拆迁安置意见、协议、方案等	无表	★	★	
4	建设用地规划许可证及其附件	无表	★	★	
5	建设用地文件	无表	★	★	
6	国有土地使用证	无表	★	★	
7	其他应当归档的文件	无表	★	★	
三	勘察、测绘、设计文件				
1	工程地质勘察报告	无表	★	★	
2	水文地质勘察报告、自然条件、地震调查	无表	★	★	
3	建设用地钉桩通知单(书)	无表	★	★	
4	地形测量和用地测量成果报告	无表	★	★	
5	申报的规划设计条件和规划设计条件通知书	无表	★	★	
6	初步设计图纸和说明	无表	★		

续表

序号	归档文件	表格编号	保存单位		
			建设单位	城建档案馆(室)	施工单位
工程准备阶段及竣工验收文件(建设单位负责收集、整理、归档)					
7	技术设计图纸和说明	无表	★		
8	审定设计方案通知书及审查意见	无表	★	★	
9	有关行政主管部门(建设、人防、环保、消防、交通、园林、市政等单位)批准文件或取得的有关协议	无表	★	★	
10	施工图及其说明	无表	★		
11	设计计算书	无表	★		
12	有关部门对施工图设计文件的审批意见	无表	★	★	
13	其他应当归档的文件	无表	★	★	
四	招投标文件				
1	勘察、设计招投标文件	无表	★		
2	勘察、设计承包合同	无表	★	★	
3	施工招投标文件	无表	★		
4	施工承包合同	无表	★	★	
5	工程监理招投标文件	无表	★		
6	监理委托合同	无表	★	★	
7	主要材料及设备采购招投标文件	无表	★		
8	主要材料及设备采购合同	无表	★		
9	其他应当归档的文件	无表	★	★	
五	开工审批文件				
1	建设项目列入年度计划的申报文件	无表	★	★	
2	建设项目列入年度计划的批复文件或年度计划项目表	无表	★	★	
3	规划审批申报表及报送的文件和图纸	无表	★		
4	建设工程规划许可证及其附件	无表	★	★	
5	建设工程开工申查表	无表	★	★	
6	建设工程施工许可证	无表	★	★	

续表

序号	归档文件	表格编号	保存单位		
			建设单位	城建档案馆(室)	施工单位
工程准备阶段及竣工验收文件(建设单位负责收集、整理、归档)					
7	投资许可证、审计证明、缴纳城市建设配套费等证明	无表	★	★	
8	工程质量监督手续	无表	★	★	
9	其他应当归档的文件	无表	★	★	
六	财务文件				
1	工程投资估算材料	无表	★		
2	工程设计概算材料	无表	★		
3	施工图预算材料	无表	★		
4	施工预算	无表	★		
5	工程结算材料	无表	★	★	★
6	其他应当归档的文件	无表	★	★	
七	建设、施工、监理机构及负责人				
1	单位工程参建单位有关责任人员名单	质量责任-1	★	★	
2	建设单位工程项目负责人质量责任书	质量责任-2	★	★	
3	建设单位工程项目技术负责人质量责任书	质量责任-3	★	★	
4	监理单位总监理工程师质量责任书	质量责任-4	★	★	
5	监理单位总监理工程师代表质量责任书	质量责任-5	★	★	
6	监理单位( )专业监理工程师质量责任书	质量责任-6	★	★	
7	施工单位项目经理质量责任书	质量责任-7	★	★	★
8	施工单位项目技术负责人质量责任书	质量责任-8	★	★	★
9	施工单位项目施工管理负责人质量责任书	质量责任-9	★	★	★
10	设计单位项目负责人质量责任书	质量责任-10	★	★	
11	设计单位项目( )专业负责人质量责任书	质量责任-11	★	★	
12	勘察单位项目负责人质量责任书	质量责任-12	★	★	
13	工程有关人员质量责任书(通用)	质量责任-13	★	★	

续表

序号	归档文件	表格编号	保存单位		
			建设单位	城建档案馆（室）	施工单位
工程准备阶段及竣工验收文件（建设单位负责收集、整理、归档）					
14	专业分包单位负责人质量责任书	质量责任–14	★	★	
八	竣工验收文件				
1	建设工程竣工验收文件	无表	★	★	★
	附件1:工程竣工验收通知书	渝市政验收–6	★	★	★
	附件2:市政工程竣工验收意见书	渝市政验收–7–1、7–2	★	★	★
	附件3:勘察文件质量检查报告	渝市政验收–4	★	★	
	附件4:设计文件及设计变更质量检查报告	渝市政验收–5	★	★	
	附件5:单位(子单位)工程施工质量竣工检查报告	渝市政验收–2	★	★	★
	附件6:单位(子单位)工程质量竣工评估报告	渝市政验收–3	★	★	★
	附件7:单位(子单位)工程质量竣工验收记录	渝市政验收–8	★	★	★
	附件8:施工现场质量管理检查记录	渝市政验收–1	★	★	★
	附件9:单位(子单位)工程质量控制资料核查记录	渝市政验收–9	★	★	★
	附件10:单位(子单位)工程安全和功能检验资料核查及主要功能抽查记录	渝市政验收–10	★	★	★
	附件11:单位(子单位)工程观感质量核查表	渝市政验收–11	★	★	★
	附件12:分部(子分部)工程质量验收记录	渝市政验收–12	★	★	★
	附件13:施工单位提供的建设单位已按合同约定支付工程款的有关证明	无表	★	★	★
	附件14:工程质量保修书	无表	★	★	★
2	规划部门出具的认可文件或准许使用文件	无表	★	★	
3	公安消防部门出具的认可文件或准许使用文件	无表	★	★	★
4	环保部门出具的认可文件或准许使用文件	无表	★	★	
5	建设工程档案验收意见书	无表	★	★	★

续表

序号	归档文件	表格编号	保存单位		
			建设单位	城建档案馆（室）	施工单位
工程准备阶段及竣工验收文件（建设单位负责收集、整理、归档）					
6	法律、规章等规定必须提供的其他文件（防雷、高切坡、航道、港监等）	无表	★	★	★
7	其他应当归档的文件	无表	★	★	
监理文件（监理单位负责收集、整理、归档）					
一	监理规划				
1	监理规划（实施细则）审批表	渝市政监理-2	★	★	
2	监理规划	无表	★	★	
3	监理规划（实施细则）审批表	渝市政监理-2			
4	监理实施细则	无表	★	★	
5	监理部总控制计划等	无表	★		
二	监理月报中的有关质量问题	无表	★	★	
三	监理会议纪要中的有关质量问题	无表	★	★	
四	进度控制				
1	工程开工/复工报审表	渝市政监理-1	★	★	
2	工程暂停通知单	渝市政监理-18	★	★	
3	监理工程师通知回复单	渝市政监理-7	★		★
4	工程竣工验收报验单	渝市政监理-8	★		★
五	质量控制				
1	不合格项目通知	渝市政监理-6	★	★	
2	质量事故报告及处理意见	无表	★	★	
3	（ ）报验申请表	渝市政监理-4	★		★
4	工程材料/构配件/设备报审表	渝市政监理-5	★		★
六	造价控制				
1	预付款报审与支付	渝市政监理-9	★		

序号	归档文件	表格编号	保存单位		
			建设单位	城建档案馆（室）	施工单位
	监理文件（监理单位负责收集、整理、归档）				
2	月付款报审与支付	渝市政监理-9	★		
3	设计变更、洽商费用报审与签认	渝市政监理-11	★		
4	工程竣工决算审核意见书	渝市政监理-12	★	★	
七	分包资质				
1	分包单位资质材料	渝市政监理-3	★		
2	供货单位资质材料	渝市政监理-3	★		
3	试验等单位资质材料	渝市政监理-3	★		
八	监理通知				
1	有关进度控制的监理通知	渝市政监理-6	★		
2	有关质量控制的监理通知	渝市政监理-6	★		
3	有关造价控制的监理通知	渝市政监理-6	★		
九	合同与其他事项管理				
1	工程延期报告及审批	渝市政监理-10、13、14	★	★	
2	费用索赔报告及审批	渝市政监理-11、15	★		
3	合同争议、违约报告及处理意见	渝市政监理-5	★	★	
4	合同变更材料	渝市政监理-6	★	★	
5	监理工作联系单	渝市政监理-17	★		
十	监理工作总结				
1	专题总结	无表	★		
2	月报总结	无表	★		
3	工程竣工总结	无表	★	★	
4	质量评价意见报告	无表	★	★	

续表

序号	归档文件	表格编号	保存单位		
			建设单位	城建档案馆（室）	施工单位
市政工程竣工技术文件（施工单位负责收集、整理、归档）					
一	综合文件				
1	市政工程竣工技术文件材料目录	渝市政竣-1	★	★	★
2	单位（子单位）工程开工报告	渝市政竣-2	★	★	★
3	单位（子单位）工程竣工报告（竣工申请书）	渝市政竣-3	★	★	★
4	图纸会审和设计交底纪要	渝市政竣-4	★	★	★
5	工程设计变更（技术核定单）汇总表	渝市政竣-6	★	★	★
6	工程设计变更	无统表	★	★	★
7	工程设计变更（技术核定单）汇总表	渝市政竣-6	★	★	★
8	工程洽商及技术核定签证表	渝市政竣-7	★	★	★
9	施工组织设计（或方案）审批表	渝市政竣-5	★	★	★
10	施工组织设计、施工方案	无统表	★	★	★
11	工程质量事故报告表	渝市政竣-8	★	★	★
12	《工程质量监督整改通知书》汇总表	渝市政竣-9	★	★	★
13	质量问题（事故）整改专项验收表	渝市政竣-11	★	★	★
14	工程遗留项目一览表	渝市政竣-10	★	★	★
15	施工技术总结	无表	★	★	★
16	档案工作总结	无表	★	★	★
二	材质证明及试验检验报告				
1	建筑材料报验单	渝市政竣-126	★	★	
2	水泥出厂质量证明和进场取样试验报告单汇总表	渝市政竣-127	★	★	★
3	水泥出厂质量证明和进场取样试验报告单	无统表	★	★	
4	钢材出厂质量证明和进场试验报告单汇总表	渝市政竣-128	★	★	★
5	钢材出厂质量证明和进场取样试验报告单	无统表	★	★	
6	钢材焊接接头力学试验报告单汇总表	渝市政竣-129	★	★	★

续表

序号	归档文件	表格编号	保存单位		
			建设单位	城建档案馆（室）	施工单位
市政工程竣工技术文件（施工单位负责收集、整理、归档）					
7	钢材、焊接接头力学试验报告	无统表	★	★	
8	钢筋机械连接取样试验报告单汇总表	渝市政竣-130	★	★	★
9	钢筋机械连接接头取样试验报告单	无统表	★	★	
10	商品混凝土出厂合格证汇总表	渝市政竣-131	★	★	★
11	商品砼合格证明及附件	无表	★	★	
12	主要原材料、构配件出厂合格证明及试验单汇总表	渝市政竣-132	★	★	★
13	主要原材料、构配件出厂合格证明及试验单	无统表	★	★	
14	砖、砌块、砌墙砖出厂质量证明	无表	★	★	
15	砖、砌块、砌墙砖力学试验报告	无表	★	★	
16	防水材料出厂质量证明	无表	★	★	
17	沥青试验报告	无表	★	★	
18	石灰、砂砾试验报告	无表	★	★	
19	粉煤灰试验报告	无表	★	★	
20	卵石、碎石、砼用砂试验报告	无表	★	★	
21	焊接材料试验报告	无表	★	★	
22	电气材料质量证明	无表	★	★	
23	管道材料质量证明	无表	★	★	
24	保温材料质量证明	无表	★	★	
25	仪器、仪表材料质量证明	无表	★	★	
26	其他材料质量证明	无表	★	★	
27	地基承载力（触探）、岩芯单轴抗压强度报告汇总表	渝市政竣-141	★	★	★
28	击实试验报告	无统表	★	★	
29	岩石抗压、土工试验报告	无统表	★	★	
30	地基承载力试验报告	无统表	★	★	

续表

序号	归档文件	表格编号	保存单位		
			建设单位	城建档案馆(室)	施工单位
	市政工程竣工技术文件(施工单位负责收集、整理、归档)				
31	锚杆抗拔试验报告	无统表	★	★	
32	桩基成型检测(动测或声测)报告汇总表	渝市政竣-142	★	★	★
33	基桩承载力试验报告	无统表	★	★	
34	动测或声测试验报告	无统表	★	★	
35	静载试验报告	无统表	★	★	
36	超声波探伤报告	无统表	★	★	
37	道路压实度汇总及统计评定表	渝市政竣-136	★	★	★
38	道路弯沉值汇总及统计评定表	渝市政竣-137	★	★	★
39	道路(　　)弯沉值检验报告	无统表	★	★	
40	沥青混凝土压实度汇总表	渝市政竣-139	★	★	★
41	沥青混凝土压实度检验报告	无统表	★	★	
42	沥青(水泥)混凝土路面厚度汇总表	渝市政竣-140	★	★	★
43	沥青混凝土厚度检验报告	无统表	★	★	
44	水泥混凝土抗压强度汇总及统计评定表	渝市政竣-133	★	★	★
45	水泥混凝土抗压强度试验报告	无统表	★	★	
46	混凝土抗渗性能试验报告单汇总表	渝市政竣-134	★	★	★
47	混凝土抗渗性能试验报告单	无统表	★	★	
48	混凝土抗弯拉强度汇总及统计评定表	渝市政竣-135	★	★	★
49	混凝土抗弯拉强度试验报告	无统表	★	★	
50	砂浆抗压强度汇总及统计评定表	渝市政竣-138	★	★	★
51	砂浆抗压强度试验报告	无统表	★	★	
52	其他应当归档的文件	无表	★	★	
三	测量、施工、隐蔽检查记录				
1	施工技术交底记录	渝市政竣-12	★	★	★

续表

序号	归档文件	表格编号	保存单位		
			建设单位	城建档案馆（室）	施工单位
	市政工程竣工技术文件（施工单位负责收集、整理、归档）				
2	工程质量检查报验单	渝市政竣-13	★	★	★
3	施工测量报验单	渝市政竣-14	★	★	★
4	测量控制桩移交与复核记录	渝市政竣-15	★	★	★
5	工程构筑物定位（放线）测量检查记录	渝市政竣-16	★	★	★
6	高程测量检查记录	渝市政竣-17	★	★	★
7	工程轴线测量记录	渝市政竣-18	★	★	★
8	工程竣工测量及复核记录	渝市政竣-19	★	★	★
9	沉降（变形）观测记录	渝市政竣-20	★	★	★
10	基础坑槽隐蔽工程检查验收记录	渝市政竣-21	★	★	★
11	隐蔽工程检查记录	渝市政竣-22	★	★	★
12	钢筋机械连接施工质量检查记录	渝市政竣-23	★	★	★
13	设备、构配件进场开箱检查记录	渝市政竣-24	★	★	★
14	钢筋及预埋件隐蔽工程检查验收记录	渝市政竣-25	★	★	★
15	饰面砖（板）施工检查记录	渝市政竣-26	★	★	★
16	沥青路面粘层（透层、封层）检查记录	渝市政竣-27	★	★	★
17	沥青混凝土路面施工检查记录	渝市政竣-28	★	★	★
18	混凝土路面面层施工检查记录	渝市政竣-29	★	★	★
19	混凝土浇筑许可证	渝市政竣-30	★	★	★
20	混凝土浇筑记录	渝市政竣-31	★	★	★
21	砌体施工检查记录	渝市政竣-32	★	★	★
22	高边坡开挖及治理施工检查记录	渝市政竣-33	★	★	★
23	锚孔施工成型检查记录	渝市政竣-34	★	★	★
24	锚杆（索）、锚钉施工检查记录	渝市政竣-35	★	★	★
25	抗滑桩施工检查记录	渝市政竣-36	★	★	★

续表

序号	归 档 文 件	表格编号	保存单位		
			建设单位	城建档案馆（室）	施工单位
市政工程竣工技术文件（施工单位负责收集、整理、归档）					
26	钢结构隐蔽工程检查验收记录	渝市政竣-37	★	★	★
27	钢构件焊接质量检查记录	渝市政竣-38	★	★	★
28	钢结构焊缝外观质量检查记录	渝市政竣-39	★	★	★
29	钢结构构件涂装工程检查记录	渝市政竣-40	★	★	★
30	钢结构防腐涂料涂层厚度检查记录	渝市政竣-41	★	★	★
31	大六角头高强度螺栓施工检查记录	渝市政竣-42	★	★	★
32	扭剪型高强螺栓施工检查记录	渝市政竣-43	★	★	★
33	软土路基及基底处治施工检查记录	渝市政竣-44	★	★	★
34	路基填筑施工检查记录	渝市政竣-45	★	★	★
35	道路基层施工检查记录	渝市政竣-46	★	★	★
36	地下综合管道安装施工隐蔽检查记录	渝市政竣-47	★	★	★
37	沟槽回填施工检查记录	渝市政竣-48	★	★	★
38	铺砌式面层施工检查记录	渝市政竣-49	★	★	★
39	道路附属设施施工检查记录	渝市政竣-50	★	★	★
40	填（土）石路堤填筑试验段施工记录表	渝市政竣-51	★	★	★
41	挖方路堑施工检查记录	渝市政竣-52	★	★	★
42	钻孔灌注桩隐蔽检查记录	渝市政竣-53	★	★	★
43	挖孔桩成孔质量检查记录	渝市政竣-54	★	★	★
44	水下混凝土灌注施工检查记录	渝市政竣-55	★	★	★
45	承台结构施工检查记录	渝市政竣-56	★	★	★
46	沉井施工检查记录	渝市政竣-57	★	★	★
47	桥梁墩、柱垂直度检查记录	渝市政竣-58	★	★	★
48	支座安装成型检查记录	渝市政竣-59	★	★	★
49	构件吊装就位及安装成型施工检查记录	渝市政竣-60	★	★	★

续表

序号	归档文件	表格编号	保存单位		
			建设单位	城建档案馆(室)	施工单位
市政工程竣工技术文件(施工单位负责收集、整理、归档)					
50	大体积混凝土浇筑施工现场测温记录	渝市政竣-61	★	★	★
51	冷却水管安装检查记录	渝市政竣-62	★	★	★
52	预应力筋及张拉设备检查记录	渝市政竣-63	★	★	★
53	预应力管道安装隐蔽检查记录	渝市政竣-64	★	★	★
54	预应力张拉施工记录(一)	渝市政竣-65	★	★	★
55	预应力张拉施工记录(二)	渝市政竣-66	★	★	★
56	预应力压浆施工检查记录	渝市政竣-67	★	★	★
57	封端施工检查记录	渝市政竣-68	★	★	★
58	钢管拱肋制作质量检查记录	渝市政竣-69	★	★	★
59	悬浇混凝土施工标高控制记录	渝市政竣-70	★	★	★
60	斜拉索安装检查记录	渝市政竣-71	★	★	★
61	吊(索)杆安装检查记录	渝市政竣-72	★	★	★
62	伸缩缝安装检查记录	渝市政竣-73	★	★	★
63	落水管安装检查记录	渝市政竣-74	★	★	★
64	地通道防水施工检查记录	渝市政竣-75	★	★	★
65	栏杆安装检查记录	渝市政竣-76	★	★	★
66	桥梁防雷装置施工检查记录	渝市政竣-77	★	★	★
67	桥梁总体成型检查记录	渝市政竣-78	★	★	★
68	隧道开挖断面检查记录	渝市政竣-79	★	★	★
69	隧道明洞及洞口施工检查记录	渝市政竣-80	★	★	★
70	锚喷支护施工检查记录	渝市政竣-81	★	★	★
71	隧道防水结构施工检查记录	渝市政竣-82	★	★	★
72	隧道超前锚杆施工记录	渝市政竣-83	★	★	★
73	隧道超前管棚/小导管检查记录	渝市政竣-84	★	★	★

续表

序号	归档文件	表格编号	保存单位		
			建设单位	城建档案馆（室）	施工单位
	市政工程竣工技术文件（施工单位负责收集、整理、归档）				
74	隧道钢拱架/格栅钢架检查记录	渝市政竣-85	★	★	★
75	隧道（地通道）止水带施工检查记录	渝市政竣-86	★	★	★
76	隧道衬砌施工检查记录	渝市政竣-87	★	★	★
77	隧道排（渗）水管及盲沟（管）施工检查记录	渝市政竣-88	★	★	★
78	隧道排水沟施工检查记录	渝市政竣-89	★	★	★
79	隧道电缆沟施工检查记录	渝市政竣-90	★	★	★
80	隧道预注浆及后注浆施工检查记录	渝市政竣-91	★	★	★
81	隧道仰拱填充混凝土施工检查记录	渝市政竣-92	★	★	★
82	隧道周边收敛量测检查记录	渝市政竣-93	★	★	★
83	隧道地表/拱顶下沉量检查记录	渝市政竣-94	★	★	★
84	隧道总体质量检查记录	渝市政竣-95	★	★	★
85	管道/设备焊接检查记录	渝市政竣-96	★	★	★
86	阀门试验检查记录	渝市政竣-97	★	★	★
87	检查井施工检查记录	渝市政竣-98	★	★	★
88	地下排水管道施工隐蔽检查记录	渝市政竣-99	★	★	★
89	排水管道闭水试验记录	渝市政竣-100	★	★	★
90	池体防水结构施工检查记录	渝市政竣-101	★	★	★
91	水池满水试验记录	渝市政竣-102	★	★	★
92	箱涵闭水试验记录	渝市政竣-103	★	★	★
93	污泥消化池气密性试验记录	渝市政竣-104	★	★	★
94	——压力试验记录	渝市政竣-105	★	★	★
95	饮用水系统消毒冲洗记录	渝市政竣-106	★	★	★
96	安全阀、减压阀调试检查记录	渝市政竣-107	★	★	★
97	单机试车条件检查记录（通用表）	渝市政竣-108	★	★	★

续表

序号	归 档 文 件	表格编号	保存单位		
			建设单位	城建档案馆（室）	施工单位
市政工程竣工技术文件（施工单位负责收集、整理、归档）					
98	电动机试运转检查记录	渝市政竣-109	★	★	★
99	接地电阻测试记录	渝市政竣-110	★	★	★
100	管道补偿器安装检查记录	渝市政竣-111	★	★	★
101	管道防腐施工检查记录	渝市政竣-112	★	★	★
102	设备安装、清洗、调整、精校记录（通用表）	渝市政竣-113	★	★	★
103	设备单机试运转记录（通用表）	渝市政竣-114	★	★	★
104	电气配管隐蔽检查记录	渝市政竣-115	★	★	★
105	电气配线隐蔽检查记录	渝市政竣-116	★	★	★
106	电缆敷设施工检查记录	渝市政竣-117	★	★	★
107	桥架安装检查记录	渝市政竣-118	★	★	★
108	成套开关柜（盘）安装检查记录	渝市政竣-119	★	★	★
109	变压器安装检查记录	渝市政竣-120	★	★	★
110	（　　）安装试验检查记录（通用表）	渝市政竣-121	★	★	★
111	照明系统通电试验记录	渝市政竣-122	★	★	★
112	系统调试、试运转验收记录	渝市政竣-123	★	★	★
113	电气管线安装测试检查记录	渝市政竣-124	★	★	★
114	照度测试记录	渝市政竣-125	★	★	★
115	分项工程质量验收记录	渝市政验收-13	★	★	★
116	检验批质量验收记录表	渝市政验收-14	★	★	★
117	其他应当归档施工、隐蔽、检查记录	无统表	★	★	★
118	其他应当归档的文件	无表	★	★	
四	工程竣工图				
1	总平面竣工图	无表	★	★	★
2	综合地下管网竣工图	无表	★	★	★

续表

序号	归档文件	表格编号	保存单位		
			建设单位	城建档案馆(室)	施工单位
市政工程竣工技术文件(施工单位负责收集、整理、归档)					
3	各专业地下管网竣工图	无表	★	★	★
4	道路工程竣工图	无表	★	★	★
5	桥梁工程竣工图	无表	★	★	★
6	隧道工程竣工图	无表	★	★	★
7	给排水工程竣工图	无表	★	★	★
8	电照工程竣工图	无表	★	★	★
9	其他工程竣工图	无表	★	★	★
五	工程建设声像、电子文件材料				
1	工程照片(底片或照片光盘)	无表	★	★	★
2	工程录音、录像	无表	★	★	★
3	电子档案(数字化扫描光盘)	无表	★	★	★

重庆市《建设工程技术用表》(市政工程)填表统一说明

新编制的重庆市《建设工程技术用表》(市政工程)(简称"渝市政竣"),是建设工程技术档案文件的重要组成部分。它作为工程施工过程中的重要记录,是对建设工程质量进行监督、验收的重要依据;它也是保证工程在使用过程中进行正常的管理和维护的重要依据;它同时还是对工程进行改造和加固的重要依据。做好《建设工程技术用表》的填表管理工作意义重大。

填写《建设工程技术用表》应随工程进度进行,做到及时收集,及时整理,按专业、分部分项进行归类,字迹工整,书写认真,图形清楚,内容完整、准确,真实地记录和反映施工过程和竣工验收的全部内容和过程;原始记录和实物应相符;技术数据应真实可靠;签字手续应完善齐全;项目填写齐全,无未了事项。

为了配合重庆市《建设工程技术用表》的贯彻执行,统一《建设工程技术用表》的填写,使《建设工程技术用表》的填写更加规范、标准、有序,同时符合归档要求,特编制此填表统一说明,供参照使用。各专用表填表说明列入本书第四部分表后。各专用表在填写过程中,除应满足统一说明的要求外,尚应满足各专用表的专用说明要求。

1.《建设工程技术用表》的表格应采用所规定的统一表式,由重庆市城建档案馆和重庆市建设工程质量监督站统一监制。因特殊要求需增加的表格或文书要经过有关程序认可和归档。

2.《建设工程技术用表》市政工程共分为"质量责任"(13种)、"验收表"(14种)、"监理表"(26种)、"渝市政竣"(142种)四大部分,总计195种表格,"质量责任"由相关单位填写。"验收表"的填表应执行《建筑工程施工质量验收规范用表及填表说明》的具体要求。"渝市政竣"除"设计变更通知"表由设计单位填写外,其余的表格内容均应由施工单位项目部负责组织相应的人员填写。"监理表"由监理单位项目监理部负责组织相应的人员填写。

3. 建设单位应将工程档案收集、整理、归档工作纳入工程有关合同(包括勘察、设计、施工、监理和材料设备采购合同)。纳入有关人员的岗位责任,项目负责人(建设)、项目经理(施工)、总监理工程师(监理)分别负责本单位责任范围内工程档案的收集、整理、归档工作。各单位(包括建设单位、监理单位、施工单位)都应配备专兼职人员,城建档案人员必须持证上岗。

4. 建设工程实行总承包的,各分包单位负责收集、整理分包合同范围内的建设工程技术文件材料,交总承包单位汇总、整理,竣工时由总承包单位向建设单位提交完整、准确的建设工程技术文件材料。建设单位分别向几个单位发包的,各承包单位负责收集、整理所承包合同范围内的建设工程技术文件材料,交建设单位汇总、整理,或由建设单位委托一个承包单位汇总、整理。

5. 建设工程技术文件中的专业监理工程师是指受监理公司委派的、具有监理工程师资格的承担某一专业的监理工作管理人员。监理员、旁站员不具有监理工程师资格,不能代替专业监理工程师签署意见。项目施工技术负责人是指合同标段项目经理部主管技术的副经理或技术负责人。

6. 建设工程技术文件的填写按归档要求用不易褪色的碳素墨水等材料书写档案,禁止用纯蓝墨水、红墨水、圆珠笔等易褪色的书写材料书写档案,禁止使用涂改液。各种程序责任者的签字手续必须齐全。需亲笔签字的不得用名章代替签字,必须签全名。同时签字必须用档案规定用笔。签(公)章栏所签公章也应与合同签章上的单位名称一致。

7. 建设工程技术文件中各种图表的绘制应用合适的绘图工具,不得随手绘制。

8. 建设工程技术文件的归档文件除材料(设备)合格证明可使用复印件(抄件)外,其他文书及表格必须为原件。当使用复印件(抄件)时,复印件一定要清晰,复印件(抄件)上应加盖复印或转抄单位的鲜章,并注明所使用项目名称、复印件来源、原件存放地和进场数量,经办人应签字。不得使用鉴定书、说明书、商标、试验报告、产品生产过程资料等来代替质保书或合格证。进口材料可用商检报告代替质保书。

9. 检测机构出具的报告单必须是经资审和计量认证合格的有证试验室出具,仲裁检验报告单必须带CMA标记。

10.《建设工程技术用表》的表格签字栏为"监理(建设)单位"时,括号中为建设单位,如建设单位已委托监理公司实施施工质量全过程管理的项目,按双方合同约定,建设单位可不在该栏签字。

勘察、设计单位参与隐蔽检查和验收,应在勘察、设计签字栏完善签字手续,需签章的应盖单位法人公章,未参与可不签字。

11.《建设工程技术用表》表格的表头部分"工程名称"栏应填写工程名称的全称,与合同或招投标文件中的名称一致。施工单位、分包单位、监理单位、建设单位及勘察设计单位其名称栏也应写全称,与合同签章上的单位名称一致。

12.《建设工程技术用表》"渝市政竣"的施工(隐蔽)检查记录是对施工过程的重要工序及重要程序的具体记载,与按验收标准规定的进行抽样检查的"验收表"不同,其检查的点应为所检查部位的全数或规范要求的抽查点数(部位)的全数。应按每一次实际(隐蔽)检查的批量来形成表格的数量。

13.《建设工程技术用表》"渝市政竣"表格中检查内容栏的填写应具体、明确。有定量和定性的要求,应根据检查的要求明确,对定量项目直接填写数据;对定性项目,原则上采用问答式填写,一一对应,只有在问答式填写确有困难时,才允许填"符合要求"等较笼统的言语文字。当检查情况的内容叙述困难或填写文字较长时,也可用简图结合文字说明的方式表示。

14. 建设工程技术文件书写应规范、工整,不得随意更改,由于特殊原因的更改,在更改部位应盖校核章,并加盖项目部公章。

15. 建设工程技术文件时间填写格式为"×年×月×日"。有关表格内容完善后应及时签字,签字栏日期为实际签字的日期。

16.《建设工程技术用表》表格中不需要填写内容的栏应在该部位空白处画斜线占位。

17.《建设工程技术用表》的填写除执行本编制统一说明的规定外,尚须符合各表格的具体填表说明要求。

18. 严禁对归档的建设工程技术文件进行涂改、伪造、随意抽撤和损毁、丢失等,违反规定予与处罚,情节严重的,应依法追究法律责任。

第一章 重庆市市政基础设施工程质量责任用表填写示例

单位工程参建单位有关责任人员名单

质量责任-1

工程名称	重庆××区××路道路工程				责任单位	重庆××市政工程公司
工程地址	重庆××区××路		开工日期	2015年×月×日	竣工日期	2016年×月×日
序号	责任人姓名	职务	技术职称	岗位证书及编号	责任范围	开始/终止工作时间
1	王××	项目经理	高工	A3960××××	工程质量、进度、安全等全面工作	开工至竣工
2	李××	副项目经理	高工	A3960××××	工程质量、进度、安全	开工至竣工
3	赵××	总工	高工	A3960××××	工程质量、进度、安全	开工至竣工
4	胡××	质量员	工程师	A3960W××××	质量责任人	开工至竣工
5	张××	安全员	工程师	A3960W××××	安全责任人	开工至竣工
6	吕××	材料员	工程师	A3960W××××	材料采购、验收、整理	开工至竣工
7	李××	资料员	技术员	渝××	工程资料填写、整理	开工至竣工
8	吴××	施工员	技术员	渝××	施工技术、工人管理	开工至竣工
单位负责人:谢×× 项目负责人:王×× 填表人:李×× (公章) 2015年×月×日						

重庆市城市建设档案馆
重庆市建设工程质量监督总站 监制

说明:本表用于单位(子单位)工程的各责任单位(建设单位、设计单位、勘察单位、监理单位和施工单位,包括分包单位)将自己单位参加本工程建设的主要责任人员,在建设周期内承担职责、任职和免职时间汇总记录,不应有误。

1.“责任单位”应为全称;

2.“开工日期”、“竣工日期”应与竣工验收意见书内容一致;

3.“岗位证书及编号”应填写执业资格的证书名称和编号,若从事的岗位责任不需要执业资格,则填写技术职称的编号;

4.“责任范围”指责任人负责的分部(子分部)分项工程或部位,如总监理工程师应填写承担全部责任;

5.责任人的“开始/终止工作时间”应按“×年×月×日”的格式填写;

6.“单位负责人”应为法定代表人签字;项目负责人应签字;

7.本表应盖工程项目签约的法人公章。

建设单位工程项目负责人质量责任书

质量责任-2

姓名	苏××	开始承担责任时间	2015年×月×日	工作范围	项目质量
工程名称	重庆××区××路道路工程			是否承担技术文件签证	是
具体职责	1. 质量控制预防为主,做好事前预防控制。 2. 检查承包单位和质量预控措施。 3. 检查分包单位和试验室资质。 4. 协调分包单位间工序穿插作业。 5. 检查进场的主要施工材料及设备。 6. 做好施工过程中质量控制,及时检核巡视。 7. 抓好现场监理与施工协调。 8. 抓好隐蔽工作及工程预检。 9. 组织分部分项工程及施工验收。				
单位法定代表人:刘×× (公章) 2015年×月×日			负责人:苏×× 2015年×月×日		

重庆市城市建设档案馆
重庆市建设工程质量监督总站　监制

说明:本表为个人质量责任书。

1. “工作范围”应按单位授权规定填写;
2. “是否承担技术文件签证”可填写是或否;
3. “具体职责”按单位规定的职务职责进行填写;
4. “单位法定代表人”应签字或盖章,加盖工程项目签约的法人公章;
5. “负责人”应本人签字。

建设单位工程项目技术负责人质量责任书

质量责任-3

<table>
<tr><td>姓　名</td><td>吴××</td><td>职称</td><td>高级工程师</td><td>开始承担
责任时间</td><td>×月×日</td></tr>
<tr><td>工程名称</td><td>重庆××区××路道路工程</td><td>工作范围</td><td>现场总监</td><td>是否承担技术
文件签证</td><td>是</td></tr>
<tr><td>具
体
职
责</td><td colspan="5">1. 过程控制，杜绝质量隐患。
2. 原材料构配件、设备进场检查。
3. 参加进行检验批质量验收。
4. 参加分项工程验收。
5. 参加分部工程质量验收。</td></tr>
<tr><td colspan="3">单位法定代表人：刘××

（公章）
2015年×月×日</td><td colspan="3">负责人：吴××

2015年×月×日</td></tr>
</table>

重庆市城市建设档案馆
重庆市建设工程质量监督总站 监制

说明：本表为个人质量责任书。

1.“职称”应填写技术职称的名称和编号；

2.“工作范围”应按单位授权规定填写；

3.“是否承担技术文件签证”可填写是或否；

4.“具体职责”按单位规定的职务职责进行填写；

5.“单位法定代表人”应签字或盖章，加盖工程项目签约的法人公章；

6.“负责人”应本人签字。

监理单位总监理工程师质量责任书

质量责任-4

姓 名	赵××	岗位证书名称及编号	高级工程师 A3960××××	开始承担责任时间	×月×日
工程名称	重庆××区××路道路工程	工作范围	现场总监	是否承担技术文件签证	是
具体职责	1. 对建设工程委托监理合同的实施责任。 2. 负责管理项目监理部的日常工作，并定期向监理单位报告工作。 3. 确定项目监理部人员的分工。 4. 检查和监督监理人员的工作，根据工程项目的进展情况可进行人员的调节，对不称职的人员进行调换。 5. 主持编写工程项目监理规划和审批监理实施细则。 6. 主持编写并签发监理月报、监理工作阶段报告、监理工作阶段报告、专题报告和项目监理工作总结，主持编写工程质量评估报告。 7. 组织整理工程项目的监理资料。 8. 主持监理工作会议，签发项目监理部主要文件和指令。 9. 审核签认分部工程和单位工程的质量验收记录。 10. 审查承包单位竣工申请，组织监理人员进行竣工验收，参与工程项目的竣工验收，签署《竣工移交证书》。 11. 主持审查和处理工程变更。 12. 审批承包单位的重要申请和签署工程费用支付证书。 13. 参与工程质量事故的调查。 14. 调解建设单位与承包单位的合同争议，处理索赔，审批工程延期。 15. 指定一名监理工程师负责记录工程项目监理日志。					
单位法定代表人：刘×× （公章） 2015年×月×日			负责人：赵×× 2015年×月×日		

重庆市城市建设档案馆
重庆市建设工程质量监督总站 监制

说明：本表为个人质量责任书。

1. “岗位证书名称及编号”应填写执业资格的证书名称和编号；
2. “工作范围”应按单位授权规定填写；
3. “是否承担技术文件签证”可填写是或否；
4. “具体职责”按单位规定的职务职责进行填写；
5. “单位法定代表人”应签字或盖章，加盖工程项目签约的法人公章；
6. “负责人”应本人签字。

监理单位总监理工程师代表质量责任书

质量责任-5

姓 名	赵××	岗位证书名称及编号	高级工程师 A3960××××	开始承担责任时间	×月×日	
工程名称	重庆××区××路道路工程	工作范围	现场	是否承担技术文件签证	是	
具体职责	1. 按总监理工程师的授权，行使总监理工程师的部分职责和权力。 2. 负责编制监理规划中本专业部分及本专业监理实施细则。 3. 按专业分并与其他专业相配合对工程进行巡视、旁站、平行检验或见证取样，负责本专业检验批、分项工程验收及隐蔽工程验收，并对本专业的分部工程验收提出验收意见。 4. 负责审核施工组织设计施工方案中的本专业部分。 5. 负责审核承包单位提交的涉及本专业的计划、方案、申请、变更，并向总监理工程师提出报告。 6. 负责核查本专业进场材料、设备、构配件的原始凭证、检测报告等质量证明文件及其实物的质量情况。根据实际情况认为有必要时对进场材料、设备、构配件进行检验。 7. 负责本专业监理工作的实施并做监理日记。 8. 负责本专业工程计量工作，审核工程计量的数据和原始数据。 9. 负责本专业监理资料的收集、汇总及整理，参与编写监理月报。 10. 组织、指导、检查和监督本专业监理员的工作，当人员需要调整时，向总监理工程师提出建议。						
单位法定代表人：刘×× （公章） 2015年×月×日			负责人：赵×× 2015年×月×日			

重庆市城市建设档案馆
重庆市建设工程质量监督总站 监制

说明：本表为个人质量责任书。

1. “岗位证书名称及编号”应填写执业资格的证书名称和编号；
2. “工作范围”应按单位授权规定填写；
3. “是否承担技术文件签证”可填写是或否；
4. “具体职责”按单位规定的职务职责进行填写；
5. “单位法定代表人”应签字或盖章，加盖工程项目签约的法人公章；
6. “负责人”应本人签字。

监理单位(　　)专业监理工程师质量责任书

质量责任-6

<table>
<tr><td>姓名</td><td>李××</td><td>岗位证书
名称及编号</td><td>工程师
A5120××××</td><td>开始承担
责任时间</td><td>×月×日</td></tr>
<tr><td>工程名称</td><td>重庆××区××路道路工程</td><td>工作范围</td><td>项目现场</td><td>是否承担技术
文件签证</td><td>是</td></tr>
<tr><td>具体职责</td><td colspan="5">1. 在监理工程师的指导下开展现场监理工作。
2. 检查承包单位投入工程项目的人力、材料、主要设备及其使用、运行情况、并做好检查记录。
3. 复核或从施工现场直接获取工程计量的有关数据并签署原始凭证。
4. 按施工图纸及有关标准,对承包单位的工艺过程或施工工序进行检查和记录,对加工制作及工序施工质量检查结果进行记录。
5. 担任旁站工作,发现问题及时指出并向本专业工程监理工程师报告。
6. 做好监理日记和有关的监理记录。</td></tr>
<tr><td colspan="3">单位法定代表人:刘××

(公章)
2015年×月×日</td><td colspan="3">负责人:李××

2015年×月×日</td></tr>
</table>

重庆市城市建设档案馆
重庆市建设工程质量监督总站　监制

说明:本表为个人质量责任书。

1. “岗位证书名称及编号”应填写执业资格的证书名称和编号;
2. “工作范围”应按单位授权规定填写;
3. “是否承担技术文件签证”可填写是或否;
4. “具体职责”按单位规定的职务职责进行填写;
5. “单位法定代表人”应签字或盖章,加盖工程项目签约的法人公章;
6. “负责人”应本人签字。

施工单位项目经理质量责任书

质量责任-7

姓 名	岳××	岗位证书名称及编号	工程师 A5138××××	开始承担责任时间	×月×日
工程名称	重庆××区××路道路工程	工作范围	项目过程	是否承担技术文件签证	是
具体职责	1. 代表企业实施施工项目管理。贯彻执行国家法律、法规、方针、政策和强制性标准，执行企业的管理制，维护企业的合法权益。 2. 履行"项目管理目标责任书"规定的任务。 3. 组织编制项目管理实施规划。 4. 对进入现场的生产要素进行优化配置和动态管理。 5. 建立质量管理体系和安全管理体系并组织实施。 6. 在授权范围内负责与企业管理层、劳务作业层、协作单位、发包人、分包人和监理工程师等的协调，解决项目中出现的问题。 7. 按"项目管理目标责任书"处理项目经理部与国家、企业分包单位以及职工之间的利益分配。 8. 进行现场文明施工管理，发现和处理突发事件。 9. 参与工程竣工验收，准备结算资料和分析总结，接受审查。 10. 协助企业进行项目的检查、鉴定和评奖申报。				
单位法定代表人：高×× （公章） 2015年×月×日			负责人：岳×× 2015年×月×日		

重庆市城市建设档案馆
重庆市建设工程质量监督总站　监制

说明：本表为个人质量责任书。

1. "岗位证书名称及编号"应填写执业资格的证书名称和编号；
2. "工作范围"应按单位授权规定填写；
3. "是否承担技术文件签证"可填写是或否；
4. "具体职责"按单位规定的职务职责进行填写；
5. "单位法定代表人"应签字或盖章，加盖工程项目签约的法人公章；
6. "负责人"应本人签字。

施工单位项目技术负责人质量责任书

质量责任-8

姓 名	文××	职称专业名称及编号	高级工程师 A5124××××	开始承担责任时间	×月×日
工程名称	重庆××区××路道路工程	工作范围	工程技术	是否承担技术文件签证	是

具体职责

总工程师(技术负责人)质量安全责任

1. 对本企业的工程质量、劳动保护和安全生产的技术工作总负责。
2. 在组织编制施工组织设计及审批施工组织设计和采用新技术、新工艺、新设备时,负责制定相应的质量安全技术措施。
3. 负责提出改善企业劳动条件的项目和措施。
4. 组织业务部门编制及审查企业劳动保护和质量安全生产技术措施计划。
5. 编制、审查企业的安全操作技术规程,及时解决生产中的质量安全技术问题。
6. 审定对职工的质量安全技术教育计划和教材。
7. 施工过程中贯彻落实施工质量安全的强制性规范和强制性条文。
8. 负责对分包单位的施工质量安全技术的监管和指导。
9. 参加重大质量及伤亡事故的调查分析,提出技术鉴定意见和技术改进措施。

单位法定代表人:高××	负责人:文××
(公章) 2015年×月×日	2015年×月×日

重庆市城市建设档案馆
重庆市建设工程质量监督总站　监制

说明:本表为个人质量责任书。

1. “职称专业名称及编号”应填写执业资格的证书名称和编号;
2. “工作范围”应按单位授权规定填写;
3. “是否承担技术文件签证”可填写是或否;
4. “具体职责”按单位规定的职务职责进行填写;
5. “单位法定代表人”应签字或盖章,加盖工程项目签约的法人公章;
6. “负责人”应本人签字。

施工单位项目施工管理负责人质量责任书

质量责任-9

姓名	王××	岗位证书名称及编号	工程师 A5100××××	开始承担责任时间	×月×日
工程名称	重庆××区××路道路工程	工作范围	文明安全	是否承担技术文件签证	是

具体职责

1. 制订技术管理制度，负责技术管理范畴的技术要素和技术活动，将管理职能分到人，明确工作内容和责任，明确横向配合关系，按计划时间、按质量标准完成。明确过程中的检查、协调，记录完成情况并进行考核。
2. 制订施工图纸、勘测、设计文件的管理制度。
3. 制订图纸会制度。
4. 制订技术洽商、设计变更管理制度。
5. 制订施工项目实施规划和季节性施工方案的过程控制制度。
6. 制订计量、测量工作管理制度。
7. 制订翻样、加工订货管理制度。
8. 制订原材料、成品、并成品检验和试验制度。
9. 制订工艺管理和技术交底制度。
10. 制订隐、预检管理制度。
11. 制订技术信息和技术资料管理制度。

单位法定代表人：高××	负责人：王××
（公章） 2015年×月×日	2015年×月×日

重庆市城市建设档案馆
重庆市建设工程质量监督总站　监制

说明：本表为个人质量责任书。

1. “岗位证书名称及编号”应填写执业资格的证书名称和编号；
2. “工作范围”应按单位授权规定填写；
3. “是否承担技术文件签证”可填写是或否；
4. “具体职责”按单位规定的职务职责进行填写；
5. “单位法定代表人”应签字或盖章，加盖工程项目签约的法人公章；
6. “负责人”应本人签字。

设计单位项目负责人质量责任书

质量责任-10

<table>
<tr><td>姓 名</td><td>姜××</td><td>岗位证书
名称及编号</td><td>工程师
A2105××××</td><td>开始承担
责任时间</td><td>×月×日</td></tr>
<tr><td>工程名称</td><td>重庆××区××路道路工程</td><td>工作范围</td><td>施工设计</td><td>是否承担技术
文件签证</td><td>是</td></tr>
<tr><td>具
体
职
责</td><td colspan="5">1. 按甲乙双方要求进行工程设计指导工作。
2. 对设计文件进行复核,使其符合相关规范要求。
3. 对相关技术变更文件签证。</td></tr>
<tr><td colspan="3">单位法定代表人:李××

(公章)
2015年×月×日</td><td colspan="3">负责人: 姜××

2015年×月×日</td></tr>
</table>

重 庆 市 城 市 建 设 档 案 馆
重庆市建设工程质量监督总站 监制

说明:本表为个人质量责任书。

1. “岗位证书名称及编号”应填写执业资格的证书名称和编号;

2. “工作范围”应按单位授权规定填写;

3. “是否承担技术文件签证”可填写是或否;

4. “具体职责”按单位规定的职务职责进行填写;

5. “单位法定代表人”应签字或盖章,加盖工程项目签约的法人公章;

6. “负责人”应本人签字。

设计单位项目(　　)专业负责人质量责任书

质量责任-11

姓 名	赵××	岗位证书 名称及编号	工程师 A5241××××	开始承担 责任时间	×月×日
工程名称	重庆××区××路道路工程	工作范围	市政设计	是否承担技术 文件签证	是
具体职责	1. 按甲方要求进行市政专业设计工作。 2. 与各专业设计协调、完善。 3. 对设计文件进行签字确认，使其符合相关规范要求。 4. 对相关技术变更文件签证。				
单位法定代表人：魏×× （公章） 2015年×月×日			负责人：赵×× 2015年×月×日		

重庆市城市建设档案馆
重庆市建设工程质量监督总站 监制

说明：本表为个人质量责任书。

1. “岗位证书名称及编号”应填写执业资格的证书名称和编号；
2. “工作范围”应按单位授权规定填写；
3. “是否承担技术文件签证”可填写是或否；
4. “具体职责”按单位规定的职务职责进行填写；
5. “单位法定代表人”应签字或盖章，加盖工程项目签约的法人公章；
6. “负责人”应本人签字。

勘察单位项目负责人质量责任书

质量责任-12

姓　名	张××	岗位证书名称及编号	工程师 KC054××××	开始承担责任时间	×月×日
工程名称	重庆××区××路道路工程	工作范围	工程勘察	是否承担技术文件签证	是
具体职责	1. 按甲方要求进行工程勘察工作。 2. 对勘察文件进行复核,使其符合相关规范要求。 3. 对相关技术变更文件签认。 4. 验槽时须对勘察文件进行仔细核对,发现异样时需及时作出处理意见。				
单位法定代表人:李×× (公章) 2015年×月×日			负责人:张×× 2015年×月×日		

重庆市城市建设档案馆
重庆市建设工程质量监督总站　监制

说明:本表为个人质量责任书。

1. “岗位证书名称及编号”应填写执业资格的证书名称和编号;
2. “工作范围”应按单位授权规定填写;
3. “是否承担技术文件签证”可填写是或否;
4. “具体职责”按单位规定的职务职责进行填写;
5. “单位法定代表人”应签字或盖章,加盖工程项目签约的法人公章;
6. “负责人”应本人签字。

工程有关人员质量责任书（通用）

质量责任-13

<table>
<tr><td>姓名</td><td>张××</td><td>岗位证书
名称及编号</td><td>KC05××××</td><td>技术职称</td><td>工程师</td><td>工作范围</td><td>市政施工员</td></tr>
<tr><td>工程名称</td><td colspan="2">重庆××区××路道路工程</td><td>开始承担
责任时间</td><td colspan="2">2015年×月×日</td><td>是否承担技术
文件签证</td><td>是</td></tr>
<tr><td>具体职责</td><td colspan="7">1. 对工程质量、劳动保护和安全生产的技术工作负责。
2. 在编制施工组织设计、采用新技术、新工艺、新设备时，负责制定本专业相应的质量安全技术措施。
3. 负责提出改善作业条件和相应的保护措施。
4. 编制本专业劳动保护和质量安全生产技术措施计划。
5. 编制本专业的安全操作技术规程，及时解决生产中的质量安全技术问题。
6. 编制对职工的质量安全技术教育计划和教材。
7. 施工过程中贯彻并落实施工质量安全的强制性规范和强制性条文。</td></tr>
<tr><td colspan="4">单位法定代表人：高××

（公章）
2015年×月×日</td><td colspan="4">负责人：张××

2015年×月×日</td></tr>
</table>

重庆市城市建设档案馆
重庆市建设工程质量监督总站 监制

说明：本表为个人质量责任书通用表，适用范围为专用表格之外的各责任人员。

1. “岗位证书名称及编号”应填写执业资格的证书名称和编号；
2. “技术职称”应填写技术职称的名称和编号；
3. “工作范围”应按单位授权规定填写；
4. “是否承担技术文件签证”可填写是或否；
5. “具体职责”按单位规定的职务职责进行填写；
6. “单位法定代表人”应签字或盖章，加盖工程项目签约的法人公章；
7. “负责人”应本人签字。

专业分包单位负责人质量责任书

质量责任-14

<table>
<tr><td>姓 名</td><td>霍××</td><td>岗位证书
名称及编号</td><td>AC548××××</td><td>开始承担
责任时间</td><td>×月×日</td></tr>
<tr><td>工程名称</td><td>重庆××区××路道路工程</td><td>工作范围</td><td>现场管理</td><td>是否承担技术
文件签证</td><td>是</td></tr>
<tr><td>具体职责</td><td colspan="5">1. 对本单位工程质量及安全生产的技术工作负全面责任。
2. 认真执行安全生产的各项法规、标准、制度及安全操作规程。
3. 严格履行各项劳务用工手续，做到证件齐全，特种作业持证上岗。做好本队人员的岗位安全培训、教育工作，经常组织学习安全操作规程，监督本队人员遵守劳动、安全纪律。做到不违章指挥，制止违章作业。
4. 必须保持本队人员的相对稳定，人员变更须事先向用工单位有关部门申报、批准，新进场人员必须按规定办理各种手续，并经入场和上岗安全教育后方准上岗。
5. 组织本队人员开展各项安全生产活动，根据上级的交底向本队各施工班组进行详细的书面安全交底，针对当天施工任务、作业环境等情况，做好班前安全教育，施工中发现安全问题，及时解决。
6. 定期和不定期组织检查本队施工的作业现场安全生产状况，发现不安全因素，及时整改，发现重大事故隐患应立即停止施工，并上报有关领导，严禁冒险蛮干。
7. 发生因工伤亡事故，组织保护好事故现场，做好伤者抢救工作和防范措施，并立即上报。</td></tr>
<tr><td colspan="3">单位法定代表人：高××

（公章）
2015年×月×日</td><td colspan="3">责任人：霍××

2015年×月×日</td></tr>
</table>

重庆市城市建设档案馆
重庆市建设工程质量监督总站 监制

说明：本表为个人质量责任书。

1. “岗位证书名称及编号”应填写执业资格的证书名称和编号；
2. “工作范围”应按单位授权规定填写；
3. “是否承担技术文件签证”可填写是或否；
4. “具体职责”按单位规定的职务职责进行填写；
5. “单位法定代表人”应签字或盖章，加盖工程项目签约的法人公章；
6. “责任人”应本人签字。

第二章 重庆市市政基础设施工程检验用表填写示例

施工现场质量管理检查记录

开工日期: 渝市政验收-1

工程名称	重庆市××区××路立交桥工程	施工许可证(开工证)	KA第201400××××号		
建设单位	重庆市××开发集团有限公司	项目负责人	王××		
设计单位	重庆××市政设计院有限公司	设计负责人	刘××		
监理单位	重庆××建设监理有限公司	总监理工程师	王××		
施工单位	重庆××市政工程有限公司	项目经理	岳水池	技术负责人	柳克

序号	项目	内容
1	现场质量管理制度及管理体系	质量例会制度;三检及交接检制度;月评比及奖罚制度;质量综合评审及奖惩制度。
2	质量责任制	岗位责任制;设计交底制;技术交底制;挂牌制度。
3	主要专业工种操作上岗证书	测量工、钢筋工、电焊工、架子工、木工、混凝土工等主要专业工种操作上岗证齐全,符合要求。
4	分包方资质与对分包单位的管理制度	在合同允许范围内组织分包,并且严格审查分包资质;总包单位建立合同管理分包单位制度。
5	施工图审查情况	施工图经设计交底,施工单位已确认。
6	地质勘察资料	地质勘察报告齐全。
7	施工组织设计、施工方案及审批	施工组织设计、施工方案编制及审批手续齐全。
8	施工技术标准	路基、路面、基层、挡土墙、模板、钢筋等30多种。
9	工程质量检验制度	原材料进场检验制度;抽样检验制度;检验批、分部分项工程检验制度等。
10	仪器设备计量标定	计量设备精度控制制度;搅拌站管理制度等。
11	现场材料、设备存放与管理	材料抽样检测及进场、出入场管理制度等。
12	其他施工准备资料	岗位职责、现场管理、安全管理等。

检查结论:

通过上述项目的检查,项目部施工现场管理制度明确到位,质量责任制措施得力,主要专业工种操作上岗证书齐全,施工组织设计、主要施工方案逐级审批,现场工程质量检验制度齐全,现场材料、设备管理制度有效,施工平面布置、施工进度计划可行。现场管理、安全文明施工有效。

总监理工程师:安×× 2014年12月25日

重庆市城市建设档案馆
重庆市建设工程质量监督总站 监制

说明:本表用于工程开工前总监理工程师或建设单位项目负责人对施工单位现场质量管理情况进行检查。

1. 建设单位的"项目负责人":应填与质量责任书一致的工程的项目负责人;

2. 设计单位的"项目负责人":应填与质量责任书一致的工程的项目负责人;

3. 监理单位的"总监理工程师":应填与质量责任书一致的工程的项目总监理工程师;

4. 施工单位的"项目经理"、"技术负责人":应填与质量责任书一致的工程的项目经理、项目技术负责人;

5. "现场质量管理制度及管理体系":主要是图纸会审、设计交底、技术交底、施工组织设计编制批程序、工序交接、质量检查评定制度,质量好的奖励及达不到质量要求的处罚办法,以及质量例会制度及质量问题处理制度等;

6. "质量责任制":各质量负责人的分工,各项质量责任的落实规定,定期检查及有关人员奖罚制度等;

7. "主要专业工种操作上岗证书":起重、塔吊等垂直运输司机,测量工、钢筋、混凝土机械、焊工、瓦工、架子工、电工、管道工、防水工等工种;

8. "分包方资质与对分包单位的管理制度":有分包时,总承包单位应有管理分包单位制度,主要是质量、技术的管理制度等;

9. "施工图审查情况":是施工图审查机构出具的审查报告及审查报告中问题的落实情况,如果图纸是分批交出的话,施工图审查可分段进行;

10. "地质勘察资料":有勘察资质的单位出具的经勘察审查机构审查合格的正式地质勘察报告,可供地下部分施工方案制定和施工组织总平面图编制时参考;

11. "施工组织设计、施工方案及审批":检查编制程序、内容、有针对性的具体措施,应有编制单位、审核单位、批准单位,有贯彻执行的措施;

12. "施工技术标准":是操作的依据和保证工程质量的基础,承建企业应有不低于国家质量验收规范的操作规程等企业标准。施工现场应使用的施工技术标准应齐备;

13. "工程质量检验制度":包括三个方面的检验,一是原材料、设备进场检验制度;二是施工过程的试验报告;三是竣工后的抽查检测,应专门制订抽测项目、抽测时间、抽测单位等计划,使监理、建设单位等应知道;

14. "仪器设备计量标定":主要是检查设置在工地搅拌站的计量设施的精确度、管理制度等内容。预拌混凝土或安装专业可不填;

15. "现场材料、设备存放与管理":是为保持材料、设备质量必须有的措施。根据材料设备性能制订管理制度,建立相应的库房;

16. 本表通常一个单位工程或一个工程的一个标段只查一次,如分段施工、人员更换或管理工作不到位时,可再次检查;

17. 如总监理工程师或建设单位项目负责人检查验收不合格,施工单位必须限期改正否则不许开工。

18. 本表由施工单位进行填写。

单位(子单位)工程施工质量竣工检查报告

渝市政验收-2

工程名称	重庆市××区××立交桥工程	建设规模(万元)	4625.26万元
单位(子单位)工程名称	××立交桥工程K0+200~K0+225段桥梁工程	最大跨度(m)	25
工程范围及履约情况简述	已完成工程设计图纸、工程洽商所要求的以及合同中约定的全部内容。		
执行法律法规和强制性标准情况	能够完全按照国家相关法律、法规和相应的强制性标准认真执行。		
技术资料情况	各种技术资料整理齐全,所有内容合理、有效。		
质量检查意见及结论	工程各分部分项工程质量符合设计要求及国家相关质量验收规范的规定。		
延迟或提前竣工原因	由于夏季遇到多年罕见的大雨天气以及建设单位在主体结构时未按合同约定及时支付工程款等原因,使工程总工期最终延迟竣工15天。		
施工单位:重庆××市政工程有限公司 项目经理:王×× 单位负责人:罗×× (公章) 2015年×月×日			

重庆市城市建设档案馆
重庆市建设工程质量监督总站 监制

说明:

1. "执行法律法规和强制性标准情况":应填写施工单位因违反法律法规和强制性标准而受到处罚的情况;
2. "技术资料情况":应填写检查技术资料是否完整和工程档案验收情况;
3. "质量检查意见及结论":应填写施工单位对单位工程项目的质量验收意见及质量等级结论。

单位(子单位)工程质量竣工评估报告

渝市政验收-3

工程名称	重庆××区××立交桥工程	单位(子单位)工程名称	××立交桥桥梁工程
建设规模(万元)	2368.42	设计合理使用年限	50年
地基持力层	粉质黏土	基础型式	独立基础
监理过程及履约情况简述	监理单位对施工全过程进行监理,重点做到三控四管一协调,施工中对重点工序、分部分项工程实施质量预控措施,对关键部位实施旁站监理。 履约情况:已完成设计文件和合同约定的全部。		
工程隐蔽验收和检测情况及结论	对工程各项隐蔽工程都进行了隐蔽检查,确认合格后,才允许施工单位对该工程部位予以隐蔽。		
监理资料情况	各项监理资料齐全有效。		
质量评价意见及结论	符合设计要求及国家相关质量验收规范的规定。		
总监理工程师:李×× 监理单位负责人:何×× (公章) 2015年×月×日			

重庆市城市建设档案馆
重庆市建设工程质量监督总站　监制

说明:本表由监理单位进行填写。

1.“工程隐蔽验收和检测情况及结论”:应填写监理单位是否全过程参与工程隐蔽验收和现场检测、见证试验,并对其过程中形成的资料结论予以确认;

2.“监理资料情况”:应填写监理过程中形成的监理细则、监理月报、监理指令及记录、报验报审单、监理日记、会议纪要是否完整、内容是否翔实准确;

3.“质量评价意见及结论”:应填写根据监理单位人员对各分部分项检验批的验收情况,以及竣工验收前监理单位对工程的质量检查,监理单位作出工程的质量评价意见和质量等级结论。

勘察文件质量检查报告

渝市政验收-4

工程名称	重庆××区××桥梁工程	工程地址	重庆××区××路
建议持力层及基础型式	粉质黏土　独立基础	实际持力层及基础型式	粉质黏土　独立基础
勘察合同履约情况	已完成合同中约定的全部内容。		
对勘察报告审查意见的处理情况	勘察报告审查合格。		
勘察文件的质量检查结论	执行强制性标准情况	符合强制性标准，各项内容满足规范规定。	
	现场与勘察文件不一致时处理情况	基础开挖时，在5号–6号钻7L间发现有一淤泥质土层，确认该土层范围及深度后，对其进行超挖清除，改超挖部位用3:7灰土进行回填并夯实。	
	检查结论	符合设计要求及国家相关质量验收规范的规定。	
项目负责人：何×× 勘察单位负责人：吴×× （公章） 2015年×月×日			

重庆市城市建设档案馆
重庆市建设工程质量监督总站　监制

说明：本表由勘察单位进行填写。

1.“对勘察报告审查意见的处理情况”：应填写审查意见的落实情况，以及补充说明、补充勘察情况；

2.“执行强制性标准情况”：是否有违反强制性标准而被处罚的情况；

3.“现场与勘察文件不一致时处理情况”：应填写勘察单位对现场实际地基、边坡与勘察文件不一致时的处理意见和结果；

4.“检查结论”：应填写对基础和边坡处理的地质安全意见和需要观测使用的部位及建议要求。

设计文件及设计变更质量检查报告

渝市政验收-5

<table>
<tr><td>工程名称</td><td colspan="4">重庆××区××桥梁工程</td><td>结构类型</td><td>框架</td></tr>
<tr><td>设计范围</td><td colspan="4">桥梁工程、构件装配工程</td><td>设防烈度</td><td>6</td></tr>
<tr><td>地基持力层</td><td>粉质黏土</td><td>基础型式</td><td colspan="2">独立基础</td><td>设计合理
使用年限</td><td>50年</td></tr>
<tr><td colspan="2">设计合同
履约情况</td><td colspan="5">通过对该工程的技术交底、图纸会审、验槽、基础隐蔽、主体隐蔽、竣工验收等工作，对工程出现的问题进行了分析，并提出了相应的技术处理措施，完成了合同中约定的全部内容。</td></tr>
<tr><td colspan="2">对施工图审查报告中的处理情况</td><td colspan="5">审查合格。</td></tr>
<tr><td rowspan="2">设计文件的质量检查结论</td><td>设计文件变更情况</td><td colspan="5">设计文件变更与洽商已按规定由设计人员与相关单位进行签字确认。</td></tr>
<tr><td>执行强制性标准情况</td><td colspan="5">符合国家相关法律、法规和相应的强制性标准。</td></tr>
<tr><td colspan="2">设计文件的安全和功能是否符合相关规定的要求</td><td colspan="5">设计文件的安全和功能符合国家相关规范要求。</td></tr>
<tr><td colspan="7">项目负责人：何××

设计单位负责人：刘××

（公章）
2015年×月×日</td></tr>
</table>

重庆市城市建设档案馆
重庆市建设工程质量监督总站　监制

说明：本表用于设计文件及设计变更质量检查报告，由设计单位填写。

1."设计范围"：应填写不属于本单位设计范围的工程内容；

2."对施工图审查报告中的处理情况"：应说明所提供的施工图和设计变更是否按施工图审查机构的审查意见进行修改情况；补充设计的施工图（护栏、外架等）是否进行了补充审查，并按补充审查意见进行修改；

3."设计文件变更情况"：应说明设计变更是否按有关程序进行；重大设计变更是否按规定经过施工图审查机构重新审查；

4."执行强制性标准情况"：应填写因违反法律法规和强制性标准而受到处罚的情况；

5."设计文件的安全和功能是否符合相关规定的要求"：应填写设计单位对施工图质量检查的结论。

工程竣工验收通知书

渝市政验收-6

<table>
<tr><td colspan="3">受通知单位</td><td colspan="3">重庆××城建集团公司</td></tr>
<tr><td colspan="3">验收工程名称</td><td>重庆××区××立交桥工程</td><td>工程地址</td><td>重庆××区××路</td></tr>
<tr><td colspan="3">验收时间</td><td>2015年×月×日</td><td>验收地点</td><td>重庆××区××路施工工地</td></tr>
<tr><td rowspan="12">验收组人员名单</td><td colspan="3">单位名称</td><td>姓名</td><td>职务、职称</td></tr>
<tr><td>组长</td><td>建设单位</td><td>重庆××城建集团公司</td><td>龙××</td><td>总经理、工程师</td></tr>
<tr><td rowspan="4">副组长</td><td>监理单位</td><td>重庆××监理公司</td><td>奎××</td><td>总监、高工</td></tr>
<tr><td>设计单位</td><td>重庆××市政设计事务所</td><td>萧××</td><td>项目负责人、注册建筑师</td></tr>
<tr><td>勘察单位</td><td>重庆市××勘察设计公司</td><td>刘××</td><td>项目负责人、高工</td></tr>
<tr><td>施工单位</td><td>重庆××市政工程有限公司</td><td>王××</td><td>项目经理、高工</td></tr>
<tr><td rowspan="6">成员</td><td colspan="4">谢××，重庆××城建集团公司，路桥专业，工程师</td></tr>
<tr><td colspan="4">周××，重庆××监理公司，市政专业，监理工程师</td></tr>
<tr><td colspan="4">刘××，重庆××市政设计事务所，结构专业负责人，建筑师</td></tr>
<tr><td colspan="4">罗××，重庆市××勘察设计公司，地质专业，工程师</td></tr>
<tr><td colspan="4">金××，重庆××市政工程有限公司，市政专业，注册建造师</td></tr>
<tr><td colspan="4">注：请在人名后注明所属单位及在项目中的职务或负责的专业</td></tr>
<tr><td>验收方案简述</td><td colspan="5">1. 建设、勘察、设计、施工、监理等单位分别汇报工程合同履约情况和在工程建设各个环节执行法律、法规及强制标准的情况。
2. 验收组成员审阅建设、勘察、设计、施工、监理等单位的工程档案资料。
3. 实地查验工程质量。
4. 对工程勘察、设计、施工、监理等单位各管理环节和工程实物质量等方面作出全面评价，形成经验收人员签署的工程竣工验收意见。
整个验收过程由监督备案部门全程监督执行。</td></tr>
<tr><td>验收组织单位
（建设单位）</td><td colspan="5">单位负责人：王××
（公章）
2015年×月×日</td></tr>
</table>

注：本通知应在竣工验收7个工作日前通知本工程质量监督机构及有关单位。

重庆市城市建设档案馆
重庆市建设工程质量监督总站 监制

说明：本表由建设单位进行填写。

建设单位在收到施工单位提交的“单位（子单位）工程竣工报告（竣工申请书）”后，应检查工程是否符合竣工验收条件，拟定验收方案，确认符合验收要求的前提下，联系各验收组成员单位及验收参加人，确定验收时间并通知相关单位。

市政工程竣工验收意见书(一)

渝市政验收–7 –1

<table>
<tr><td colspan="2">工程名称</td><td colspan="2">重庆××区××立交桥工程</td><td>工程地址</td><td colspan="3">重庆××区××路</td></tr>
<tr><td colspan="2">工程范围</td><td colspan="2">市政道路工程、桥梁工程</td><td>建设规模(万元)</td><td colspan="3">8615.43</td></tr>
<tr><td colspan="2">结构类型</td><td>框架</td><td>设防烈度</td><td>6</td><td colspan="2">最大跨度(m)</td><td>18</td></tr>
<tr><td colspan="2">地基持力层</td><td>粉质黏土</td><td>基础型式</td><td>独立基础</td><td colspan="2">设计合理使用年限</td><td>50年</td></tr>
<tr><td colspan="2">规划许可证号</td><td colspan="2">渝规字2014第×号</td><td>施工许可证号</td><td colspan="3">渝建字2014第×号</td></tr>
<tr><td colspan="2">实际开工日期</td><td>2014年×月×日</td><td>实际竣工日期</td><td>2015年×月×日</td><td colspan="2">验收日期</td><td>×月×日</td></tr>
<tr><td rowspan="9">参建单位</td><td colspan="3">单位名称</td><td>资质等级</td><td>证书号</td><td>法定代表人</td><td>项目负责人</td></tr>
<tr><td>建设单位</td><td colspan="2">重庆××城建集团公司</td><td>甲级</td><td>×××</td><td>龙××</td><td>何××</td></tr>
<tr><td>勘察单位</td><td colspan="2">重庆××勘察设计公司</td><td>甲级</td><td>×××</td><td>刘××</td><td>罗××</td></tr>
<tr><td>设计单位</td><td colspan="2">重庆××市政设计事务所</td><td>甲级</td><td>×××</td><td>何××</td><td>吴××</td></tr>
<tr><td>监理单位</td><td colspan="2">重庆××监理公司</td><td>甲级</td><td>×××</td><td>张××</td><td>奎××</td></tr>
<tr><td rowspan="4">施工单位(含专业分包单位)</td><td colspan="2">重庆××市政工程有限公司</td><td>一级</td><td>×××</td><td>熊××</td><td>王××</td></tr>
<tr><td colspan="2"></td><td></td><td></td><td></td><td></td></tr>
<tr><td colspan="2"></td><td></td><td></td><td></td><td></td></tr>
<tr><td colspan="2"></td><td></td><td></td><td></td><td></td></tr>
<tr><td colspan="2">隐蔽验收情况</td><td colspan="6">符合设计要求和规范规定。</td></tr>
<tr><td colspan="2">安全、功能检验(检测)情况</td><td colspan="6">共检查××项,符合要求××项。</td></tr>
<tr><td colspan="2">工程竣工技术资料核查情况</td><td colspan="6">工程技术资料真实、有效、完整齐全、检查合格。</td></tr>
<tr><td colspan="2">工程监理资料情况</td><td colspan="6">工程监理资料真实、有效、完整齐全、检查合格。</td></tr>
</table>

重庆市城市建设档案馆
重庆市建设工程质量监督总站　监制

市政工程竣工验收意见书(二)

渝市政验收-7-2

工程名称	重庆市××区×××立交桥工程				
主要使用功能检查结果	对本工程的主要功能进行抽样检查,检查结果合格,满足使用功能。				
监督机构责令整改问题整改情况	已整改完毕,检查结果符合要求。				
完成工程设计与合同约定内容情况	已完成工程图纸设计和合同约定的全部内容。				
保修书签署情况	已签署。				
档案验收情况	检查结果符合设计要求和规范规定,合格。				
工程款按合同支付情况	已按合同约定支付。				
验收意见	1. 本工程竣工技术资料真实、完整、符合要求; 2. 工程质量符合设计要求及施工质量验收规定; 3. 主要功能项目的抽查结果符合相关专业质量验收规定,使其功能满足设计要求; 4. 工程观感质量评价为好。 本工程验收合格。				
备注					
验收组成员	建设单位 (公章) 负责人:龙×× 2015年×月×日	设计单位 (公章) 负责人:何×× 2015年×月×日	勘察单位 (公章) 负责人:罗×× 2015年×月×日	监理单位 (公章) 负责人:李×× 2015年×月×日	施工单位 (公章) 负责人:王×× 2015年×月×日

重庆市城市建设档案馆
重庆市建设工程质量监督总站 监制

单位（子单位）工程质量竣工验收记录

渝市政验收-8

工程名称	重庆××区××立交桥工程	单位（子单位）工程名称	立交桥桥体工程	结构类型	框架结构
施工单位	重庆××市政建设公司	项目经理	王××	开工日期	2014年×月×日
技术负责人	罗××	质检工程师	林××	竣工日期	2015年×月×日

序号	项目	验收记录	验收结论
1	分部工程	共16分部，经查16分部，符合标准及设计要求16分部。	经各专业分部工程验收，工程质量符合验收标准，同意验收。
2	质量控制资料核查	共35项，经审查符合要求35项，经核定符合规范要求35项。	质量控制资料经核查共35项，均符合设计及规范要求，同意验收。
3	安全和主要使用功能核查及抽查结果	共核查28项，符合要求28项，共抽查5项，符合要求5项，经返工处理符合要求1项。	符合相关规定要求，合格。
4	观感质量验收	共抽查8项，符合要求8项，不符合要求0项。	观感质量验收合格。
5	综合验收结论		

建设单位	勘察单位	设计单位	监理单位	施工单位
负责人：龙×× （公章） 2015年×月×日	负责人：何×× （公章） 2015年×月×日	负责人：吕×× （公章） 2015年×月×日	负责人：李×× （公章） 2015年×月×日	负责人：王×× （公章） 2015年×月×日

重庆市城市建设档案馆
重庆市建设工程质量监督总站 监制

说明:本表用于单位(子单位)工程质量竣工验收。

1."分部工程":由施工单位的项目经理组织有关人员逐个分部(子分部)进行检查评定。注明共验收几个分部,经验收符合标准及设计要求的几个分部。审查验收的分部工程全部符合要求,由监理单位在验收结论栏内写上"同意验收"的结论。

2."质量控制资料核查":先由施工单位检查合格,再提交监理单位验收。将各子分部工程审查的资料逐项进行统计,填入验收记录栏内。由总监理工程师或建设单位项目负责人组织审查符合要求后,在验收记录栏内填写项数。在验收结论栏内写上"同意验收"的意见。同时在单位(子单位)工程质量竣工验收记录表中的序号2栏内的验收结论栏内填"同意验收"。

3."安全和主要使用功能核查及抽查结果":一是在分部(子分部)进行了安全和功能检测的项目,要核查其检测报告结论是否符合设计要求。二是在单位工程进行的安全和功能抽测报告的结论是否达到设计要求及规范规定,由施工单位检查评定合格,再提交验收,由总监理工程师或建设单位项目负责人组织审查,按项目逐个进行核查验收。然后统计核查的项数和抽查的项数,填入验收记录栏,并分别统计符合要求的项数,分别填入验收记录栏相应的空档内。由总监理工程师或建设单位项目负责人在验收结论栏内填写"同意验收"的结论。如果返工处理后仍达不到设计要求,就要按不合格处理程序进行处理。

4."观感质量验收":按核查的项目数及符合要求的项目数填写在验收记录栏内,如果没有影响结构安全和使用功能的项目,由总监理工程师或建设单位项目负责人为主导意见,评价好、一般、差,则不论评价为好、一般、差的项目,都可作为符合要求的项目。由总监理工程师或建设单位项目负责人在验收结论栏内填写"同意验收"的结论。如果有不符合要求的项目,就要按不合格处理程序进行处理。

5."综合验收结论":由项目经理组织有关人员对验收内容逐项进行查对,并将表格中应填写内容进行填写,自检评定符合要求后,在验收记录栏内填写各有关项数,交建设单位组织验收。验收时,在建设单位组织下,由建设单位相关专业人员及监理单位专业监理工程师和设计单位、施工单位相关人员分别核查验收有关项目,并由监理工程师组织进行现场观感质量检查。经各项目审查符合要求时,由监理单位或建设单位在"验收结论"栏内填写"同意验收"的意见。各栏均同意验收且经各参加检验方共同同意商定后,由建设单位填写"质量验收结论",可填写为"通过验收"。

6."参加验收单位"签名:设计单位、施工单位、监理单位、建设单位都同意验收时,其各单位的单位项目负责人要亲自签字,以示对工程质量的负责,并加盖单位公章,注明签字验收的年月日。

单位(子单位)工程质量控制资料核查记录

渝市政验收–9

工程名称		重庆××区××立交桥工程	施工单位	重庆××市政工程公司
序号	项目	资料名称	份数	核查意见
1	结构部分	图纸会审、设计变更、洽商记录	20	符合要求
2		工程定位测量、放线记录,竣工复测记录,竣工验收前沉降观测资料	8	符合要求
3		原材料、半成品、构配件、重要设备出厂合格证书及进场检(试)验报告	106	齐全有效
4		施工试验报告及见证检测报告、功能性检测试验报告	80	齐全有效
5		隐蔽工程验收记录	120	合格
6		施工记录、施工组织设计、施工方案	97	齐全有效
7		预制构件、预拌混凝土合格证	25	符合要求
8		路基及勘测、路桥结构检验及抽样检测资料、监控量测记录、竣工图	10	符合要求
9		分项、分部工程质量验收记录	67	符合要求
10		工程质量事故及事故调查处理资料	7	合格
11		新材料、新工艺施工记录	6	符合要求
1	给排水部分	图纸会审、设计变更、洽商记录	2	合格
2		材料、配件出厂合格证书及进场检(试)验报告	20	齐全有效
3		管道、设备强度试验、严密性试验记录	28	符合要求
4		隐蔽工程验收记录	20	合格
5		设备调试记录	16	符合要求
6		分项、分部工程质量验收记录,竣工测量,竣工图	30	齐全有效
7		施工记录、施工组织设计、施工方案	18	齐全有效
1	电照及设备部分	图纸会审、设计变更、洽商记录	12	符合要求
2		材料、设备出厂合格证书及进场检(试)验报告	50	齐全有效
3		设备调试记录	46	合格
4		接地、绝缘电阻测试记录,系统运行记录	56	合格
5		隐蔽工程(包括防雷)验收记录	42	符合要求
6		分项、分部工程质量验收记录	66	符合要求
7		施工记录	82	符合要求
检查结论	各项目资料齐全,试验、检验记录符合要求,同意竣工验收!			

建设单位	现场负责人:龙×× 2015年×月×日	监理单位	监理工程师:谢×× 总监理工程师:李×× 2015年×月×日	施工单位	技术负责人:罗×× 项目经理:王×× 2015年×月×日

重庆市城市建设档案馆
重庆市建设工程质量监督总站 监制

说明:本表用于单位(子单位)工程质量控制资料核查。

1. 总承包单位应将各分部、子分部工程应有的质量控制资料进行核查,图纸会审及变更记录,定位测量放线记录、施工操作依据,原材料、构配件等质量证书、按规定进行检验的检测报告、隐蔽工程验收记录、施工中有关施工试验、测试、检验等,以及抽样检测项目的检测报告等。其目的是强调工程结构、设备性能、使用功能方面主要技术性能的检验。

2. 质量控制资料主要是判定其是否能够反映保证结构安全和主要使用功能是否达到设计要求,所以规定质量控制资料应完整。

3. "检查结论":由总监理工程师或建设单位项目负责人填写。

单位（子单位）工程安全和功能检验资料核查及主要功能抽查记录

渝市政验收-10

工程名称		重庆××区××立交桥工程	施工单位		重庆××市政公司
序号	项目	安全和功能检查项目	份数	检查意见	抽查结果
1	桥梁工程	地基土承载力及基桩无损检测试验记录	2	符合要求	
2		钻芯取样检测记录	5	符合要求	
3		同条件养护试件试验记录	4	齐全有效	合格
4		预应力锚（夹）具组合试验报告	3	齐全有效	
5		拉（吊）索张拉力、振动频率试验记录	5	符合要求	
6		索力调整检测记录	8	符合要求	
7		钢结构焊接质量检测报告	6	齐全有效	
8		桥梁动静载试验记录	7	符合要求	合格
9		桥梁工程竣工测量资料	4	符合要求	
10		防雷接地检测报告	8	齐全有效	
1	给排水工程	给水管道通水试验记录	5	符合要求	
2		满水试验、气密性试验记录	6	符合要求	
3		压力管（渠）水压试验、无压管（渠）严密性试验记录	4	齐全有效	
4		钢管焊接无损检测报告	5	齐全有效	合格
5		防腐绝缘检测及抽查检验	9	符合要求	
6		结构（管道）位置、高程及变形测量记录	2	符合要求	
1	隧道工程	隧道开挖（掘进）施工记录	10	齐全有效	
2		监控检测记录	6	符合要求	合格
3		锚喷施工记录	9	符合要求	
4		锚杆拉拔试验记录	10	符合要求	
5		防水材料施工记录	8	齐全有效	
1	道路工程	路基压实度报告	6	齐全有效	
2		弯沉值检测报告	4	齐全有效	
3		沥青路面实验报告	5	齐全有效	
4		地通道防水施工记录	12	符合要求	合格
1	电照设备工程	设备调试报告	8	齐全有效	合格
2		路灯电阻值及照度检测报告	9	齐全有效	
检查结论	对本工程安全、功能资料进行核查，基本符合要求。对其部分项目进行抽样检查，起检查结果合格，满足使用功能，同意竣工验收。				

建设单位	监理单位	施工单位
现场负责人：龙××	监理工程师：何×× 总监理工程师：李××	技术负责人：罗×× 项目经理：王××
2015年×月×日	2015年×月×日	2015年×月×日

重庆市城市建设档案馆
重庆市建设工程质量监督总站 监制

说明:本表适用于工程安全和功能检验资料核查及主要功能抽查。

1. 主要功能项目的抽查结果应符合相关专业质量验收规范的规定。目的主要是综合检验工程质量能否保证工程的功能,满足使用要求。这项抽查检测是复查性和验证性的。

2. 通常主要功能抽测项目,应为有关项目最终的综合性的使用功能,如环境检测、路基路面现场测试、照明全负荷试验检测、智能系统运行等。

3. "检查结论":由总监理工程师或建设单位项目负责人进行填写。

单位(子单位)工程观感质量核查表

渝市政验收-11

工程名称	重庆××区××桥梁工程	施工单位	重庆××市政工程公司		
序号	检查项目	抽查质量情况	好	中	差
1	现浇混凝土基础承台	表面无孔洞及露筋现象。	√		
2	现浇混凝土桩基	桩表面无孔洞、露筋及受力裂缝。	√		
3	钢管桩制作	接桩焊缝外观符合规范。	√		
4	混凝土沉井壁	壁表面无孔洞、露筋、蜂窝、麻面。		√	
5	混凝土承台	无蜂窝及收缩裂缝、缺棱掉角。	√		
6	现浇混凝土盖梁	无出现受力裂缝。	√		
7	混凝土梁板	结构表面无受力裂缝出现。		√	
8	悬臂拼装预制梁	表面无孔洞、露筋、蜂窝、麻面。	√		
9	现浇混凝土拱圈	拱圈外形圆顺,表面平整。	√		
10	钢管混凝土拱肋	拱肋线形圆顺,无折弯。		√	
11	现浇混凝土索塔	表面平整、直顺。	√		
12	混凝土斜拉桥墩顶梁段	表面无蜂窝、麻面和收缩裂缝。	√		
13	悬臂浇筑混凝土主梁	梁体线形平顺、梁段接缝无错台。	√		
14	悬索桥钢箱梁段制作	焊缝平整、顺齐、光滑,防护涂层完好。	√		
15					
观感质量综合评价	该工程观感质量综合评价为“好”,同意验收。				

建设单位	监理单位	施工单位
现场负责人:刘×× 2015年×月×日	监理工程师:何×× 总监理工程师:李×× 2015年×月×日	技术负责人:罗×× 项目经理:王×× 2015年×月×日

重庆市城市建设档案馆
重庆市建设工程质量监督总站 监制

说明:本表用于单位(子单位)工程观感质量检查。

1. 观感质量检查不是单纯的外观检查,而是实地对工程的一个全面检查,核实质量控制资料,核查分项、分部工程验收的正确性,对在分项工程中不能检查的项目进行检查等。

2. 观感质量的验收方法和内容与分部、子分部工程的观感质量评价一样,评价时,要在现场由参加检查验收的监理工程师共同确定,并由总监理工程师签认,总监理工程师的意见应有主导性。

3. “观感质量综合评价”:由总监理工程师或建设单位项目负责人填写。

分部(子分部)工程质量验收记录

渝市政验收-12

工程名称	重庆××区××立交桥工程	分部(子分部)工程名称	××立交桥道路工程	结构部位	框架
施工单位	重庆××市政工程公司	项目经理	王××	技术负责人	谢××
专业分包单位	/	专业分包单位负责人	/		

序号	分项工程名称	检验批数	施工单位检查结果	验收意见
1	路基处理工程	5	符合要求	各分项工程符合设计及规范要求，同意验收。
2	道路基层施工工程	7	验收合格	
3	道路面层施工工程	3	合格	
4	人行道工程	9	符合相关要求	
5	排水工程	6	验收合格	
6	护栏工程	8	符合规范要求	
7	××工程	×	××××	

质量控制资料	工程质量控制资料符合相关要求,同意验收。
安全和功能检验(检测)报告	工程安全和功能检验符合要求,同意验收。
观感质量验收	观感质量符合要求,同意验收。
综合验收结论	

建设单位	监理单位	勘察单位	设计单位	施工单位	专业分包单位
项目负责人: 龙××	总监理工程师: 李××	项目负责人: 何××	项目负责人: 刘××	项目经理: 王××	分包负责人: /
(公章) 2015年×月×日	(公章) 2015年×月×日	(公章) 2015年×月×日	(公章) 2015年×月×日	(公章) 2015年×月×日	(公章) 2015年×月×日

重庆市城市建设档案馆
重庆市建设工程质量监督总站 监制

说明:本表用于分部(子分部)工程质量验收。

1. “分项工程名称”:按分项工程第一个检验批施工先后的顺序,将分项工程名称填写上,在第二格栏内分别填写各分项工程实际的检验批数量,并将各分项工程评定表按顺序附在表后。

2. “施工单位检查结果”:填写施工单位自行检查评定的结果。自检符合要求的打“√”标注,否则打“×”标注。监理单位或建设单位由总监理工程师或建设单位项目专业技术负责人组织审查,符合要求后,在验收意见栏内签注“同意验收”意见。

3. “质量控制资料”:验收的分部(子分部)工程的质量控制资料项目,按资料核查的要求,逐项进行核查。全部项目都通过,即可在施工单位检查评定栏内打“√”标注检查合格。监理单位总监理工程师组织审查,在符合要求后,在验收意见栏内签注“同意验收”意见。

4. “安全和功能检验(检测)报告”:检测内容按单位(子单位)工程安全和功能检验资料核查及主要功能抽查记录中相关内容确定摸查和抽查项目。每个检测项目都通过审查,即可在施工单位检查评定栏内打“√”标注检查合格。由项目经理送监理单位或建设单位验收,监理单位总监理工程师或建设单位项目专业负责人组织审查,符合要求在验收意见栏内签注“同意验收”意见。

5. “观感质量验收”:由施工单位项目经理组织进行现场检查,经检查合格将施工单位填写的内容填写好后,由项目经理签字交监理单位或建设单位验收。监理单位由总监理工程师或建设单位项目专业负责人组织验收,质量评价为好、一般、差。验收评价结论填写在分部(子分部)工程观感质量验收意见栏。

6. 验收单位签字认可。参与工程建设单位的有关人员应亲自签名,以示负责,以便追查质量责任。

勘察单位可只签认地基基础分部(子分部)工程,由项目负责人亲自签认;

设计单位可只签基础、路桥主体结构及重要安装分部(子分部)工程,由项目负责人亲自签认;

施工单位总承包单位必须签认,由项目经理亲自签认,有分包单位的分包单位也必须签认其分包的分部(子分部)工程,由分包项目经理亲自签认;

监理单位作为验收方,由总监理工程师亲自签认验收。如果按规定不委托监理单位的工程,可由建设单位项目专业负责人亲自签认验收。

道路路基、基层、道路排水、绿化、照明等重要的分部(子分部)工程,验收合格后,验收单位应在签字栏加盖公章。

分项工程质量验收记录

渝市政验收-13

<table>
<tr><td>工程名称</td><td colspan="2">重庆××区××桥梁工程</td><td>分部(子分部)
工程名称</td><td colspan="3">重庆××区××桥梁混凝土工程</td></tr>
<tr><td>分项工程名称</td><td colspan="2">现浇混凝土桩基承台</td><td>检验批数</td><td colspan="3">20</td></tr>
<tr><td>施工单位</td><td colspan="2">重庆××市政工程公司</td><td>项目经理</td><td>王××</td><td>技术负责人</td><td>于××</td></tr>
<tr><td>专业分包单位</td><td colspan="2">/</td><td>专业分包单位
负责人</td><td colspan="3">/</td></tr>
<tr><td>序号</td><td colspan="2">检验批部位、区段</td><td colspan="2">施工单位检验结果</td><td colspan="2">监理(建设)单位验收结果</td></tr>
<tr><td>1</td><td colspan="2">K120+000段1#桩</td><td colspan="2">符合设计及规范要求</td><td colspan="2">验收合格</td></tr>
<tr><td>2</td><td colspan="2">K120+050段2#桩</td><td colspan="2">符合相关规定</td><td colspan="2">符合要求</td></tr>
<tr><td>3</td><td colspan="2">K120+100段3#桩</td><td colspan="2">达到设计及规范要求</td><td colspan="2">符合规范要求</td></tr>
<tr><td>4</td><td colspan="2">K250+000段4#桩</td><td colspan="2">符合要求</td><td colspan="2">验收合格</td></tr>
<tr><td>5</td><td colspan="2">K250+050段5#桩</td><td colspan="2">符合设计及规范要求</td><td colspan="2">符合要求</td></tr>
<tr><td>6</td><td colspan="2">K250+110段6#桩</td><td colspan="2">符合设计及规范要求</td><td colspan="2">验收合格</td></tr>
<tr><td>7</td><td colspan="2">××段×桩</td><td colspan="2">××××</td><td colspan="2">××××</td></tr>
<tr><td>8</td><td colspan="2"></td><td colspan="2"></td><td colspan="2"></td></tr>
<tr><td>9</td><td colspan="2"></td><td colspan="2"></td><td colspan="2"></td></tr>
<tr><td>10</td><td colspan="2"></td><td colspan="2"></td><td colspan="2"></td></tr>
<tr><td>监理单位
检查结果</td><td colspan="3">经检查,该分项工程各检验批均符合设计及相关规范要求,该分项工程合格。</td><td colspan="3">专业技术负责人:吕××
质检工程师:谢××
技术负责人:刘××

2015年×月×日</td></tr>
<tr><td>监理单位
审查结论</td><td colspan="3">经审查,该分项工程符合相关要求,合格!</td><td colspan="3">监理工程师:周××
总监理工程师:李××

2015年×月×日</td></tr>
<tr><td>建设单位
验收结论</td><td colspan="3">该分项工程合格,同意验收。</td><td colspan="3">现场负责人:龙××

2015年×月×日</td></tr>
</table>

重庆市城市建设档案馆
重庆市建设工程质量监督总站 监制

说明:本表用于分项工程质量验收。

分项工程是在检验批验收合格的基础上进行,是一个统计表,没有实质性验收内容。一是检查检验批是否将整个工程覆盖了,有没有漏掉的部位;二是检查有混凝土、砂浆强度要求的检验批,到龄期后能否达到规范规定;三是将检验批的资料统一,依次进行登记整理。

监理单位的专业监理工程师(或建设单位的专业负责人)应逐项审查,同意项填写"合格或符合要求",不同意项暂不填写,待处理后再验收,但应做标记。

检验批质量验收记录

渝市政验收-14

<table>
<tr><td colspan="2">工程名称</td><td colspan="2">重庆××道路工程</td><td colspan="4">分项工程名称</td><td colspan="3">路基工程</td><td colspan="2">验收部位</td><td>K120+360段路基</td></tr>
<tr><td colspan="2">施工单位</td><td colspan="6">重庆××市政工程有限公司</td><td colspan="3">项目经理</td><td colspan="2">王××</td><td>技术负责人 谢××</td></tr>
<tr><td colspan="2">施工执行标准名称及编号</td><td colspan="12">重庆市《城市道路工程施工质量验收规范》(DBJ 50-078—2008)</td></tr>
<tr><td></td><td colspan="2">质量验收规范的规定</td><td colspan="10">施工单位检查记录</td><td>监理（建设）单位验收记录</td></tr>
<tr><td rowspan="8">主控项目</td><td>1</td><td>路基压实度</td><td colspan="10">路床顶面以下深度45cm，路基填料最小强度5%。</td><td rowspan="4">经验收，主控项目符合规范要求，验收合格。</td></tr>
<tr><td>2</td><td>石方路基</td><td colspan="10">上边坡无松石、险石出现。</td></tr>
<tr><td>3</td><td>袋装砂井</td><td colspan="10">砂的规格质量符合要求，砂袋下沉无扭结断裂。</td></tr>
<tr><td>4</td><td>砂桩处理软土路基</td><td colspan="10">材料符合要求，符合地基承载力不小于设计值。</td></tr>
<tr><td>5</td><td>砂垫层压实度(%)</td><td>95</td><td>92</td><td>98</td><td>96</td><td></td><td></td><td></td><td></td><td></td><td></td><td rowspan="4">经检查，主控项目均符合规范要求，验收合格。</td></tr>
<tr><td>6</td><td>反压护道压实度(%)</td><td>92</td><td>96</td><td>94</td><td>98</td><td>99</td><td>97</td><td></td><td></td><td></td><td></td></tr>
<tr><td>7</td><td>塑料排水板板深(cm)</td><td>51</td><td>53</td><td>51</td><td>52</td><td>51</td><td>53</td><td></td><td></td><td></td><td></td></tr>
<tr><td>8</td><td></td><td></td><td></td><td></td><td></td><td></td><td></td><td></td><td></td><td></td><td></td></tr>
<tr><td rowspan="4">一般项目</td><td>1</td><td>砂垫层厚度、宽度</td><td colspan="10">砂垫层厚度、宽度均符合规范要求。</td><td rowspan="4">符合规范要求，验收合格。</td></tr>
<tr><td>2</td><td>土工材料软土路基</td><td colspan="10">路基下承层面无突刺、尖角。</td></tr>
<tr><td>3</td><td>袋装砂井间距(mm)</td><td>110</td><td>130</td><td>125</td><td>102</td><td></td><td></td><td></td><td></td><td></td><td></td></tr>
<tr><td>4</td><td>碎石桩处理桩距(mm)</td><td>89</td><td>112</td><td>105</td><td>100</td><td></td><td></td><td></td><td></td><td></td><td></td></tr>
<tr><td>施工单位检查结果</td><td colspan="12">经自检，主控项目、一般项目均符合设计要求和《城市道路工程施工质量验收规范》(DBJ 50-078—2008)规范要求，评定合格。</td><td>专业技术负责人：吴××
质检工程师：谢××
技术负责人：李××
2015年×月×日</td></tr>
<tr><td>监理单位审查结论</td><td colspan="12">同意施工单位评定结果，验收合格，同意进行下道工序施工。</td><td>专业监理工程师：刘××
2015年×月×日</td></tr>
<tr><td>建设单位验收结论</td><td colspan="12">符合设计及规范要求，合格。</td><td>现场负责人：熊××
2015年×月×日</td></tr>
</table>

重庆市城市建设档案馆
重庆市建设工程质量监督总站 监制

说明:本表用于检验批质量验收。

1."验收部位":是验收的那个检验批的抽样范围,要标注清楚,如一标段K120+000段1号桩;K120+200~K120+360等;

2."施工执行标准名称及编号":施工操作工艺若是企业标准,企业标准应有编制人、批准人、批准时间、执行时间、标准名称及编号,填写表时只要将标准名称及编号填写上;

3."主控项目"、"一般项目"、"施工单位检查记录":对定量项目直接填写检查的数据;对定性项目原则上采用问答式填写,一一对应;

4."监理(建设)单位验收记录":对主控项目、一般项目应逐项进行验收。对符合验收规范规定的项目,填写"合格"或"符合要求",对不符合验收规范规定的项目,暂不填写,待处理后再验收,但应做标记;

5."主控项目"、"一般项目"、"施工单位检查记录"等可参照重庆市地方标准:DBJ 50-078—2008《重庆市城市道路工程施工质量验收规范》、DBJ 50-086—2008《重庆市城市桥梁工程施工质量验收规范》、DBJ 50-107—2010《重庆市城市隧道工程施工质量验收规范》、DBJ 50-128—2011《重庆市城镇道路附属附属设施工程施工质量验收规范》、DBJ 50-126—2011《重庆市市政工程边坡及挡护结构施工质量验收规范》、DBJ 50-108—2011《重庆市城镇给水排水构筑物及管道工程施工质量验收规范》等等一系列施工验收标准规范;

6."施工单位检查结果":施工单位自行检查评定合格后,应注明"主控项目全部合格,一般项目满足规范规定要求"。专业质量检查员代表企业逐项检查评定合格,填写并清楚写明结果,签字后交监理工程师或建设单位项目专业技术负责人验收;

7."监理(建设)单位验收结论":主控项目、一般项目验收合格,混凝土、砂浆试件强度待试验报告出来后判定,其余项目已全部验收合格,注明"同意验收"。专业监理工程师(建设单位的专业技术负责人)签字。

第三章　重庆市市政基础设施工程监理用表填写范例

总监理工程师任命书

工程名称：××区城市道路K1+000～K20+000合同段　　　　渝市政监理-1

致：重庆××城建开发集团有限公司（建设单位） 兹任命　张××　（注册监理工程师注册号：300088）为我单位××区城市道路K1+000～K20+000合同段项目总监理工程师。负责履行建设工程监理合同、主持项目监理机构工作。 工程监理单位（盖章） 法定代表人（签字） 2014年12月1日

注：本表一式三份，项目监理机构、建设单位、施工单位各一份。

说明：

1. 工程监理单位在《建设工程监理合同》签订后，任命有相关工程经验的注册监理工程师担任项目总监理工程师，并及时将项目监理结构的组织形式、人员构成及对总监理工程师的任命书面通知建设单位。

2. 本表一式三份，项目监理机构、建设单位、施工单位各一份。

工程开工令

工程名称：××区城市道路K1+000 ~ K20+000合同段　　　　渝市政监理-2

致：山东××集团第二市政分公司（施工单位） 经审查，本工程已具备施工合同约定的开工条件，现同意你方开始施工，开工日期为：2014年12月1日。 附件：工程开工报审表 项目监理机构（盖章） 总监理工程师（签字、加盖执业印章） 2014年12月2日

注：本表一式三份，项目监理机构、建设单位、施工单位各一份。

说明：

1.《建设工程监理规范》(GB 50319—2013)规定：总监理工程师应组织专业监理工程师审查施工单位报送的工程开工报审表和相关资料；同时具备下列条件时，应由总监理工程师签署审核意见，并应报建设单位批准后，总监理工程师签发工程开工令：

(1)设计交底和图纸会审已完成；

(2)施工组织设计已由总监理工程师签认；

(3)施工单位现场质量、安全生产管理体系已建立，管理及施工人员已到位，施工机械具备使用条件，主要工程材料已落实；

(4)进场道路及水、电、通信已满足开工要求。

2. 建设单位对开工报审表签署同意意见后，总监理工程师可签发工程开工令。工程开工令中的开工日期为施工单位计算工期的开始日期。

3. 本表一式三份，项目监理机构、建设单位、施工单位各一份。

监理通知单

工程名称:××区城市道路K1+000～K20+000合同段 渝市政监理-3

致: 山东××集团第二市政分公司项目经理部 (施工项目经理部)

事由: 用于拌制混凝土和砂浆的水泥未按规定执行有关见证取样制度。

内容:依照有关文件和现行工程施工质量验收规范及标准的要求,用于拌制混凝土和砂浆的水泥必须严格执行有见证取样制度。见证组数应为总数的30%,10组以下不少于2组,同时注意取样的连续性和均匀性,避免集中。

为此,特通知贵单位项目经理部,要求针对此项目问题进行认真检查,并将检查结果报项目监理部。

项目监理机构(盖章)

总/专监理工程师(签字)

2014年12月20日

注:本表一式三份,项目监理机构、建设单位、施工单位各一份。

说明:

1.《建设工程监理规范》(GB 50319—2013)规定:施工项目监理部发现施工存在问题的,或施工单位采用不适当的施工工艺,或施工不当,造成工程质量不合格的,应及时签发监理通知单,要求施工整改。整改完毕后,项目监理机构应根据施工单位报送的监理通知回复单对整改情况进行复查,提出复查意见。

2. 项目监理机构应检查施工进度计划的实施情况,发现实际进度严重滞后于计划进度且影响合同工期时,应签发监理通知单,要求施工单位采取调整措施加快施工进度。总监理工程师应向建设单位报告工期延误风险。

3. 项目监理机构应巡视检查危险性较大的分部分项工程专项施工方案实施情况。发现未按专项施工方案实施时,应签发监理通知单,要求施工单位按专项方案实施。

4. 项目监理机构在实施监理过程中,发现工程存在安全事故隐患时,应签发监理通告单,要求施工单位整改;情况严重时,应签发工程暂停令,并应及时报告建设单位。施工单位拒不整改或不停止施工时,项目监理机构应及时向有关主管部门报送监理报告。

5. 本表一式三份,项目监理机构、建设单位、施工单位各一份。

监理报告

工程名称:××区城市道路K1+000～K20+000合同段　　　　渝市政监理-4

致: ××区质量安全监督站 (主管部门)

由 山东××集团第二市政分公司 (施工单位)施工的区城市道路K1+000～K20+000合同段南端管网(工程部分),存在安全事故隐患。我方已于2014年12月20日发出编号为T001的《监理通知单》/《工程暂停令》,但施工单位未整改/停工。

特此报告。

附件: ☑监理通知单

☑工程暂停令

☑其他

项目监理机构(盖章)

总监理工程师(签字)

2014年12月21日

注:本表一式四份,主管部门、建设单位、工程监理单位、项目监理机构各一份。

说明:

1.《建设工程监理规范》(GB 50319—2013)规定:项目监理机构在实施监理过程中,发现工程存在安全事故隐患时,应签发监理通知单,要求施工单位整改;情况严重时,应签发工程暂停令,并及时报告建设单位。施工单位拒不整改或不停止施工时,项目监理机构应及时向有关主管部门报送监理报告。

2. 本表填报时应说明工程名称、施工单位、工程部位,并附监理处理过程文件(监理通知单、工程暂停令等,应注明时间和编号,以及其他检测资料、会议纪要等。

3. 紧急情况下,项目监理机构通过电话、传真或电子邮件方式向政府有关主管部门报告的,事后应以书面形式的监理报告送达政府有关主管部门,同时抄报建设单位和工程监理单位。

4. 本表一式四份,主管部门、建设单位、工程监理单位、项目监理机构各一份。

工程暂停令

工程名称:××区城市道路K1+000～K20+000合同段　　　　　　　　　　　　　　　　渝市政监理-5

致: 山东××集团第二市政分公司项目经理部 (施工项目经理部)

由于 贵单位施工的区城市道路K1+000～K20+000合同段南端管网施工中,开挖导致基坑南侧管线竖向位移从2014年12月18日起连续3天超过设计报警值,现通知你方于 2014 年 12 月 20 日 15 时起,暂停管线开挖部位(工序)施工,并按下述要求做好后续工作。

要求:

1. 收到监理通知单后立即停止管线开挖施工。

2. 立即采取有效措施,控制管线位移,管线附近地表范围扩大,应及时监控,采取有效措施,消除安全隐患。

3. 工程质量安全事故处理情况及时上报项目监理部。

项目监理机构(盖章)

总监理工程师(签字、加盖执业印章)

2014年12月20日

注:本表一式三份,项目监理机构、建设单位、施工单位各一份。

说明:

1. 项目监理机构在实施监理过程中,发现工程存在安全事故隐患时,应签发监理通告单,要求施工单位整改;情况严重时,应签发工程暂停令,并应及时报告建设单位。施工单位拒不整改或不停止施工时,项目监理机构应及时向有关主管部门报送监理报告。

2. 总监理工程师在签发工程暂停令时,可根据停工原因的影响范围和影响程度,确定停工范围,并按施工合同和建设工程监理合同的约定签发工程暂停令。

3. 项目监理机构发现下列情况之一时,总监理工程师应及时签发工程暂停令:

(1)建设单位要求暂停施工且工程需要暂停施工的;

(2)施工单位未经批准擅自施工或拒绝项目监理机构管理的;

(3)施工单位未按审查通过的工程设计文件施工的;

(4)施工单位违反工程建设强制性标准的;

(5)施工存在重大质量、安全事故隐患或发生质量、安全事故的。

4. 总监理工程师签发工程暂停令应事先征得建设单位同意,在紧急情况下未能事先报告时,应在事后及时向建设单位作出书面报告。

5. 本表内应注明工程暂停的原因、部位和范围、停工期间应进行的工作等。

6. 本表一式三份,项目监理机构、建设单位、施工单位各一份。

旁站记录

工程名称:××区长江一路×××桥工程　　　　　　　　　　　　　　　渝市政监理-6

旁站的关键部位、关键工序	2#桥墩混凝土浇筑	施工单位	山东××一分公司
旁站开始时间	2014年10月2日8时	旁站结束时间	2014年10月2日10时
旁站的关键部位、关键工序施工情况: 1. 采用商品混凝土,混凝土强度等级为C60,配合比编号为022,现场采用汽车泵1台进行混凝土的浇筑施工。 2. 监理检查混凝土坍落度4次,实测坍落度150mm,符合混凝土配合比的要求。制用混凝土试块2组(编号:11,12,其中编号为12的试块为见证试块),混凝土浇筑过程符合施工验收规范的要求。			
发现的问题及处理情况: 未发现任何质量问题。 旁站监理人员(签字) 2014年10月2日			

注:本表一式三份,项目监理机构、建设单位、施工单位各一份。

说明:

1.《建设工程监理规范》(GB 50319—2013)规定:项目监理机构应根据工程特点和施工单位报送的施工组织设计,确定旁站的关键部位、关键工序,安排监理人员进行旁站,并应及时记录旁站情况。

2. 施工情况包括施工单位质检人员到岗情况、特殊工种人员的持证情况以及施工机械、材料准备及关键部位、关键工序的施工是否按(专项)施工方案及工程建设强制性标准执行情况。

3. 本表适用于监理人员对关键部位、关键工序的施工质量,实施全过程现场跟踪监督活动的实时记录。本表为项目监理机构记录旁站工作情况的通用方式。项目监理机构可根据需要增加附表。

4. 本表一式三份,项目监理机构、建设单位、施工单位各一份。

工程复工令

工程名称:××区城市道路K1+000 ~ K20+000合同段　　　　渝市政监理-7

致: 山东××集团第二市政分公司项目经理部 (施工项目经理部)

我方发出的编号为 T002《工程暂停令》,要求暂停施工的 管线开挖 部位(工序),经查已具备复工条件。经建设单位同意,现通知你方于 2014 年 12 月 25 日 10 时起恢复施工。

附件:工程复工报审表

项目监理机构(盖章)

总监理工程师(签字、加盖执业印章)

2014年12月21日

注:本表一式三份,项目监理机构、建设单位、施工单位各一份。

说明:

1.《建设工程监理规范》(GB 50319—2013)规定:当暂停施工原因消失、具备复工条件时,施工单位提出复工申请的,项目监理机构应审查施工单位报送的工程复工报审表及有关资料,符合要求后,总监理工程师应及时签署审查意见,并应报建设单位批准后签发工程复工令;施工单位未提出复工申请的,总监理工程师应根据工程实际情况指令施工单位恢复施工。

2. 因建设单位原因或非施工单位原因引起工程暂停的,在具备复工条件时,应及时签发工程复工令,指令施工单位复工。

3. 因施工单位原因引起工程暂停的,施工单位在复工前应使用工程复工报审表申请复工;项目监理机构应对施工单位的整改过程进行检查、验收,符合要求的,对施工单位的工程复工报审表予以审核,并报建设单位;建设单位审批同意后,总监理工程师应及时签发工程复工令,施工单位接到工程复工令后组织复工。

4. 本表内容必须注明复工的部位和范围、复工日期等,并附工程复工报审表等其他说明文件。

5. 本表一式三份,项目监理机构、建设单位、施工单位各一份。

工程款支付证书

工程名称：××区城市道路K1+000～K20+000合同段　　　　　　　　　　　　　　　　　渝市政监理-8

致：山东××集团第二市政分公司（施工单位）

根据施工合同约定，经审核编号为ZF002工程款支付报审表，扣除有关款项后，同意支付工程款共计（大写）人民币壹仟玖佰贰拾万贰仟捌佰零贰元整（小写：19202802.00）。

其中：

1. 施工单位申报款为：19937257.00元
2. 经审核施工单位应得款为：19611038.00元
3. 本期应扣款为：408236.00元
4. 本期应付款为：19202802.00元

附件：工程款支付报审表（ZF002）及附件

项目监理机构（盖章）

总监理工程师（签字、加盖执业印章）

2014年12月25日

注：本表一式三份，项目监理机构、建设单位、施工单位各一份。

说明：

1.《建设工程监理规范》（GB 50319—2013）规定，项目监理机构应按以下程序进行工程计量和付款签证：

（1）专业监理工程师对施工单位在工程款支付报审表中提交的工程量和支付金额进行复核，确定实际完成工程量，提出到期应支付给施工单位的金额，并提出相应的支付性材料；

（2）总监理工程师对专业监理工程师的审查意见进行审核，签认后报建设单位审批；

（3）总监理工程师根据建设单位的审批意见，向施工单位签发工程款支付证书。

2. 工程款支付报审表应按渝市政监理-19要求填写，工程款支付证书应按渝市政监理-8要求填写。

3. 工程竣工结算支付报审表应按渝市政监理-19要求填写，竣工结算款支付证书应按渝市政监理-8要求填写。

4. 本表应附工程款支付报审表及附件，项目监理机构将工程款支付证书签发给施工单位时，应同时抄报建设单位。

5. 本表一式三份，项目监理机构、建设单位、施工单位各一份。

施工组织设计/（专项）施工方案报审表

工程名称：××区城市道路K1+000～K20+000合同段　　　　　　　　　　　　渝市政监理-9

致：××监理有限公司××区城市道路环线监理项目部（项目监理机构） 我方已完成××区城市道路环线工程施工组织设计/（专项）施工方案的编制和审批，请予以审查。 附件：☑施工组织设计 ☑专项施工方案 ☑施工方案 施工项目经理部（盖章） 项目经理（签字） 2014年12月20日
审查意见： 1. 编审程序符合相关规定； 2. 本施工组织设计编制内容能够满足本工程施工质量目标、进度目标、安全生产和文明施工目标均满足施工合同要求； 3. 施工平面布置满足工程质量进度要求； 4. 施工进度、施工方案及工程质量保证措施可行； 5. 资金、劳动力、材料、设备等资源供应计划与进度计划基本衔接； 6. 安全生产保证体系及采用新技术措施基本符合相关标准要求。 专业监理工程师（签字） 2014年12月21日
审核意见： 同意专业监理工程师的意见，请严格按照施工组织设计组织施工。 项目监理机构（盖章） 总监理工程师（签字、加盖执业印章） 2014年12月21日
审批意见（仅对超过一定规模额危险性较大的分部分项工程专项施工方案）： 建设单位（盖章） 建设单位代表（签字） 2014年12月21日

注：本表一式三份，项目监理机构、建设单位、施工单位各一份。

说明：

1.《建设工程监理规范》(GB 50319—2013)规定：项目监理机构应审查施工单位报审的施工组织设计，符合要求时，应由总监理工程师签认后报建设单位。项目监理机构应要求施工单位按已批准的施工组织设计组织施工。施工组织设计需要调整时，项目监理机构应按程序重新审查。施工组织设计审查应包括以下基本内容：

(1)编审程序应符合相关规定；

(2)施工进度、施工方案及工程质量保证措施应符合施工合同要求；

(3)资金、劳动力、材料、设备等资源供应计划应满足工程施工需要；

(4)安全技术措施应符合工程建设强制性标准；

(5)施工总平面布置科学合理。

2. 总监理工程师应组织专业监理工程师审查施工单位报审的施工方案，符合要求后应予以签认。施工方案审查应包括下列基本内容：

(1)编审程序应符合有关规定；

(2)工程质量保证措施应符合有关标准。

3. 项目监理机构应审查施工单位报审的专项施工方案，符合要求的，应由总监理工程师签认后报建设单位。超过一定规模的危险性较大的分部分项工程的专项施工方案，应检查施工单位组织专家进行论证、审查的情况，以及是否附有安全验算结果。项目监理机构应要求施工单位按已批准的专项施工方案施工。专项施工方案需要调整时，施工单位应按程序重新提交项目监理机构审查。专项施工方案审查应符合下列基本内容：

(1)编审程序应符合相关规定；

(2)安全技术措施应符合工程建设强制性标准。

4. 对分包单位编制的施工组织设计或(专项)施工方案均应由施工单位按相关规定完成相关审批手续后，报项目监理机构审核。施工单位编制的施工组织设计经施工单位技术负责人审批同意并加盖施工单位公章后，与施工组织设计报审表一并报送项目监理机构。

5. 对危及结构安全或使用功能的分项工程整改方案的报审，在证明文件中应有建设单位、设计单位、监理单位各方面共同认可的书面意见。

工程开工报审表

工程名称:××区城市道路K1+000 ~ K20+000合同段　　　　渝市政监理-10

<table>
<tr><td>致:重庆××城建开发集团有限公司(建设单位)
××监理有限公司(项目监理机构)
我方已承担的××区城市道路K1+000 ~ K20+000合同段工程,已完成相关准备工作,具备开工条件,申请于2014年12月8日开工,请予以审批。
附件:证明文件资料
施工现场质量管理检查记录表

施工单位(盖章)
项目经理(签字)
2014年12月1日</td></tr>
<tr><td>审核意见:
1. 本项目已进行设计交底及图纸会审,图纸会审中的相关意见已经落实;
2. 施工组织设计中已经项目监理机构审核同意;
3. 施工单位已建立相应的现场质量、安全生产管理体系;
4. 相关管理人员及特种施工人资质已审查并已到位,主要施工机械已进场并验收完成,主要工程材料已落实;
5. 现场施工道路及水、电、通信及临时设施等已按施工组织设计落实;
经审查,本工程现场准备工作已满足开工条件,请建设单位审批。

项目监理机构(盖章)
总监理工程师(签字、加盖执业印章)
2014年12月6日</td></tr>
<tr><td>审批意见:
本工程已取得施工许可证,相关资金已经落实并按合同约定拨付施工单位,同意开工。

建设单位(盖章)
建设单位代表(签字)
2014年12月7日</td></tr>
</table>

注:本表一式三份,项目监理机构、建设单位、施工单位各一份。

说明:

1.《建设工程监理规范》(GB 50319—2013)规定:总监理工程师应组织专业监理工程师审查施工单位报送的工程《开工报审表》和相关资料;同时具备下列条件时,应由总监理工程师签署审核意见,并应报建设单位批准后,总监理工程师签发工程开工令：

(1)设计交底和图纸会审已完成。

(2)施工组织设计已由总监理工程师签认。

(3)施工单位现场质量、安全生产管理体系已建立，管理及施工人员已到位，施工机械具备使用条件，主要工程材料已落实。

(4)进场道路及水、电、通信已满足开工要求。

2. 施工合同中有多个单位工程且开工时间不一致时，同时开工的单位工程就填报一次。总监理工程师审核开工条件并经建设单位同意后签发工程开工令。

3. 表中证明文件是指证明已具备开工条件的相关资料(施工组织设计的审批、施工现场质量管理检查记录表的内容审核情况、主要材料、设备的准备情况、现场临时设施等的准备情况说明)。

4. 本表必须由项目经理签字并加盖施工单位公章。

工程复工报审表

工程名称:××区城市道路K1+000~K20+000合同段　　　　渝市政监理-11

<table>
<tr><td>致:××监理有限公司××区城市道路环线监理项目部(项目监理机构)
编号为: <u>ZT002</u> 《工程暂停令》所停工的<u>基坑开挖</u>部位(工序)已满足复工条件,申请于<u>2014</u>年<u>12</u>月<u>20</u>日复工,请予以审批。
附件:证明文件资料
基坑监测报告

施工项目经理部(盖章)
项目经理(签字)
2014年12月15日</td></tr>
<tr><td>审核意见:
施工单位采取了有效措施控制了基坑变形,通过基坑监测数据分析,基坑南侧市政管线竖向位移已经得到有效控制,具备复工条件,同意复工要求。

项目监理机构(盖章)
总监理工程师(签字)
2014年12月15日</td></tr>
<tr><td>审批意见:
经核查,条件已具备,同意复工要求。

建设单位(盖章)
建设单位代表(签字)
2014年12月15日</td></tr>
</table>

注:本表一式三份,项目监理机构、建设单位、施工单位各一份。

说明：

1.《建设工程监理规范》(GB 50319—2013)规定：当暂停施工原因消失、具备复工条件时，施工单位提出复工申请的，项目监理机构应审查施工单位报送的工程复工报审表及有关资料，符合要求后，总监理工程师应及时签署审查意见，并应报建设单位批准后签发工程复工令；施工单位未提出复工申请的，总监理工程师应根据工程实际情况指令施工单位恢复施工。

2. 本表用于因各种原因工程暂停后，施工单位准备恢复施工，向监理单位提出复工申请。

3. 表中证明文件可以为相关检查记录、制订的针对性整改措施的落实情况、会议纪要、影像资料等。当导致暂停的原因是危及结构安全或使用功能时，整改完成后，应有建设单位、设计单位、监理机构各方共同认可的整改完成文件，其中涉及建设工程鉴定的文件必须由有资质的检测单位出具。

4. 收到施工单位报送的工程复工报审表后，经专业监理工程师按照停工指示或监理部发出的工程暂停令指出的停工原因进行调查、审核和评估，并对施工单位提出的复工条件证明资料进行审核后提出意见，由总监理工程师做出是否同意申请的批复。

分包单位资格报审表

工程名称：××区城市道路K1+000～K20+000合同段　　　　渝市政监理-12

致：××监理有限公司××区城市道路环线监理项目部（项目监理机构）

经考察，我方认为拟选择的山东××集团第二市政分公司（分包单位）具有承担下列工程的施工或安装资质和能力，可以保证本工程按施工合同专用合同条款第3.5条款的约定进行施工或安装。请予以审查。

分包工程名称（部位）	分包工程量	分包工程合同额
重庆市××区海尔大道	第一合同段，路基、路面	2500.00万
合计		2500.00万

附件：1. 分包单位资质材料：营业执照、资质证书、安全生产许可证等证书复印件。

2. 分包单位业绩材料：近三年类似工程施工业绩。

3. 分包单位专职管理人员和特种作业人员的资格证书：各类人员资格证书复印件12份。

4. 施工单位对分包单位的管理制度。

施工项目经理部（盖章）

项目经理（签字）

2014年11月5日

审查意见：

经审查，分包单位资质、业绩材料齐全、真实、有效，未超资质承担业务；已取得国家安全生产许可证，且在有效期内；各类人员资格符合要求，人员配备满足施工要求；具有同类施工资历，且无不良记录，具有承担分包工程的施工资质和施工能力。

专业监理工程师（签字）

2014年11月8日

审核意见：

同意山东××集团第二市政分公司进场施工。

项目监理机构（盖章）

总监理工程师（签字）

2014年11月8日

注：本表一式三份，项目监理机构、建设单位、施工单位各一份。

说明：

1. 分包工程开工前，项目监理机构应审核施工单位报送的分包单位资格报审表，专业监理工程师提出审查意见后，应由总监理工程师审核签认。分包单位资格审查应包括如下基本内容：

(1)营业执照、企业资质等级证书；

(2)安全生产许可文件；

(3)类似工程业绩；

(4)专职管理人员和特种作业人员的资格。

2. 分包单位资格报审表应按渝市政监理-12要求填写。

3. 本表适用于各类分包单位的资格报审，包括劳务分包和专业分包。在施工合同中已约定由建设单位(或与施工单位联合)招标确定的分包单位，施工单位可不再报审。

4. 分包单位资质材料还应包括：特殊行业施工许可证、国外(境外)企业在国内施工工程许可证、拟分包工程的内容和范围等证明资料。分包单位的资质材料应注意资质年审合格情况，防止越级分包。

5. 分包单位业绩材料是指分包单位近三年完成的与分包工程内容类似的工程及质量情况。

6. 本表一式三份，项目监理机构、建设单位、施工单位各一份。

施工测量成果报验表

工程名称:××区城市道路K1+000～K20+000合同段　　　　渝市政监理-13

致:　××监理有限公司××区城市道路环线监理项目部　(项目监理机构)

我方已完成　××区城市道路环线K1合同段定位放线　的施工控制测量,经自检合格,请予以查验。

附件:1. 施工控制测量依据资料:规划红线、基准或基准点、引进水准点标高文件资料;总平面布置图。

2. 施工控制测量成果表:施工测量放线成果表。

3. 测量人员资格证书及测量设备检定证书。

施工项目经理部(盖章)

项目技术负责人(签字)

2014年10月2日

审查意见:

经复核,控制网复核方位角在两个方向传递均匀,水平角观测误差均在原来的度盘上两次复测无误;距离测量复核符合要求。

应对工程基准点、基准线,主轴线控制点实施有效保护。

项目监理机构(盖章)

专业监理工程师(签字)

2014年10月10日

注:本表一式三份,项目监理机构、建设单位、施工单位各一份。

说明：

1. 专业监理工程师应检查、复核施工单位报送的施工控制测量成果及保护措施，签署意见。专业监理工程师应对施工单位在施工过程中报送的施工测量放线成果进行查验。施工控制测量成果及保护措施的检查、复核，应包括以下内容：

(1)施工单位测量人员的资格证书及测量设备检定证书；

(2)施工平面控制网、高程控制网和临时水准点的测量成果及控制桩的保护措施。

2. 测量放线的专业测量人员资格(测量人员资格证书)及测量设备资料(施工测量放线使用测量仪器的名称、型号、编号、检验资料等)应经项目监理机构确认。

3. 测量放线依据资料及测量成果包括以下内容：

(1)平面、高程控制测量：需报送控制测量依据资料、控制测量成果表(包含平差计算表)及附图；

(2)定位放样：报送放样依据、放线成果表及附图。

4. 收到施工单位报送的施工控制测量成果报验表后，报专业监理工程师批复。

5. 按标准规范有关要求，进行控制网布设、测点保护、仪器精度、观测规范、记录清晰等方面的检查、审核，意见栏应填写是否符合技术规范、设计等的具体要求，重点应进行必要的行业复核；符合规定时，由专业监理工程师签认。

工程材料、构配件、设备报审表

工程名称：××区城市道路K1+000～K20+000合同段　　　　渝市政监理-14

致：××监理有限公司××区城市道路环线监理项目部（项目监理机构）

于 2014 年 12 月 31 日进场的拟用于工程 K1+000+1号 桩部位的HRBΦ32钢筋，经我方检验合格，现将相关资料报上，请予以审查。

附件：1. 工程材料、构配件或设备清单：本次钢筋进场清单。

2. 质量证明文件：

（1）质量证明书；

（2）钢筋见证取样复试报告。

3. 自检结果：外观、尺寸符合要求。

施工项目经理部（盖章）

项目经理（签字）

2015年1月1日

审查意见：

经复查上述工程材料，符合设计文件和规范的要求，同意进场并使用于拟定部位。

项目监理机构（盖章）

专业监理工程师（签字）

2015年1月1日

注：本表一式三份，项目监理机构、建设单位、施工单位各一份。

说明：

1.《建设工程监理规范》(GB 50319—2013)规定：项目监理机构应审查施工单位报送的用于工程的材料、构配件、设备的质量证明文件，并应按有关规定、建设工程监理合同约定，对用于工程的材料进行见证取样、平行检验。项目监理机构对已进场经检验不合格的工程材料、构配件、设备，应要求施工单位限期将其撤出施工现场。

2. 本表用于施工单位对工程材料、构配件、设备在施工单位自检合格后，向项目监理机构作报审。

3. 自检结果指：施工单位对所购材料、构配件、设备清单、质量证明资料核对后，对工程材料、构配件、设备实物及外部观感质量进行验收核实的自检结果。由建设单位采购的主要设备则由建设单位、施工单位、代货单位、项目监理机构及其他有关单位进行开箱检查，并由三方在开箱检查记录表上签字。

4. 质量证明文件是指：生产单位提供的合格证、质量证明书、性能检测报告等证明资料。进口材料、构配件、设备应有的商检证明文件；新产品、新材料、新设备应有相应资质机构的签定文件。如无证明文件原件，需提供复印件，但应在复印件上加盖证明文件提供单位的公章。进口材料、构配件和设备应按照合同约定，由建设单位、施工单位、代货单位、项目监理机构及其他有关单位进行联合检查，检查情况及结果应形成记录，并由各方代表签字认可。

5. 填写本表时应写明工程材料、构配件或设备的名称、进场时间、拟使用的工程部位。一式三份，项目监理机构、建设单位、施工单位各一份。

——报审、报验表

工程名称:××区城市道路K1+000~K20+000合同段　　　　渝市政监理-15

<table>
<tr><td>致:××监理有限公司××区城市道路环线监理项目部(项目监理机构)
我方已经完成 K1+000~K1+500钢筋加工及安装工作,经自检合格,请予以审查或验收。
附件:☑隐蔽工程质量检验资料
☑检验批质量验收资料:城镇给水排水构筑物及管道工程钢筋加工及安装检验批检查记录
☑分项工程质量检验资料
☑施工试验室证明资料
☑其他

施工项目经理部(盖章)
项目经理或项目技术负责人(签字)
2015年3月1日</td></tr>
<tr><td>审查或验收意见:
经现场验收检查,钢筋加工及安装质量符合设计和规范要求,同意进行下一道工序。

项目监理机构(盖章)
专业监理工程师(签字)
2015年3月1日</td></tr>
</table>

注:本表一式三份,项目监理机构、建设单位、施工单位各一份。

说明：

1.《建设工程监理规范》(GB 50319—2013)规定：专业监理工程师应检查施工单位为工程提供服务的试验室。试验室的检查应包括以下内容：

(1)试验室的资质等级及试验范围；

(2)法定计量部门对试验设备出具的计量检定证明；

(3)试验室管理制度；

(4)试验人员的资格证书。

2. 本表为报审、报验的通用表式，主要用于隐蔽工程、检验批、分项工程报验，也可用于施工单位试验室的报审。有分包单位的，分包单位的报验资料需经施工单位验收合格后向项目监理机构报验。隐蔽工程、检验批、分项工程需经施工单位自检合格后并附有相应工序和部位的工程质量检查记录，报送项目监理机构验收。表中施工单位签名必须由施工单位相应人员签署。

3. 项目监理机构应对施工单位报验的隐蔽工程、检验批、分项工程和分部工程进行验收，对验收合格的应给予签认；对验收不合格的拒绝签认，同时应要求施工单位在指定的时间内整改并重新报验。对已同意覆盖的工程隐蔽部位质量有疑问的，或发现施工单位私自覆盖部位的，项目监理机构应要求施工单位对该隐蔽部位进行钻探探测、剥离或其他方法进行重新检验。

4. 本表也适用于关键部位或关键工序施工前的施工工艺质量控制措施和施工单位的试验室、用于试验测试单位、重要材料/构配件/设备供应单位、试验报告、运行调试等其他内容的报审。

5. 用于试验报告、运行调试的报审时，由施工单位完成自检合格，填报本表并附上相应工程试验、运行调试记录等资料及规范对应条文的用表，报送项目监理机构；用于试验检测单位、重要工程材料设备分供单位及施工单位人员资质报审时，由试验检测单位、施工单位提供资质证书、营业执照、岗位证书等证明文件(提供复印件的应由本单位在复印件上加盖红章)按时向项目监理机构报验。

分部工程报验表

工程名称:××区城市道路K1+000~K20+000合同段　　　　渝市政监理-16

致:　××监理有限公司××区城市道路环线监理项目部　(项目监理机构)

我方已完成 路基K1+000~K1+100(分部工程),经自检合格,请予以审批。

附件:分部工程质量资料:

1. 路基分部(子分部)工程质量验收记录;
2. 单位(子单位)工程质量控制资料核查记录(路基K1+000~K1+100);
3. 单位(子单位)工程安全和功能检验资料核查及主要功能抽查记录(路基K1+000~K1+100);
4. 单位(子单位)工程观感质量检查记录(路基K1+000~K1+100);
5. 路基、路面压实度评定记录;
6. 混凝土强度验收记录;
7. 路基工程质量验收证明书。

施工项目经理部(盖章)

项目技术负责人(签字)

2015年3月1日

验收意见:

1. (路基K1+000~K1+100)施工已完成;
2. 各分项工程所含的检验批质量符合设计和规范要求;
3. 各分项工程所含的检验批质量验收记录完整;
4. 单位(子单位)工程安全和功能检验资料核查及主要功能抽查符合设计和规范要求;
5. 混凝土外观质量符合设计和规范要求,未发现混凝土质量通病;
6. 检测结果合格。

专业监理工程师(签字)

2015年3月1日

验收意见:

同意验收。

项目监理机构(盖章)

总监理工程师(签字)

2015年3月1日

注:本表一式三份,项目监理机构、建设单位、施工单位各一份。

说明：

1.《建设工程监理规范》(GB 50319—2013)规定：项目监理机构应对施工单位报验的隐蔽工程、检验批、分项工程和分部工程进行验收，对验收合格的应给予签认；对验收不合格的拒绝签认，同时应要求施工单位在指定的时间内整改并重新报验。对已同意覆盖的工程隐蔽部位质量有疑问的，或发现施工单位私自覆盖部位的，项目监理机构应要求施工单位对该隐蔽部位进行钻探探测、剥离或其他方法进行重新检验。

2. 本表用于项目监理机构对分部工程的验收。分部工程所包含的分项工程全部自检合格后，施工单位报送项目监理机构。

3. 分部工程的质量控制资料包括：分部(子分部)工程质量验收记录表及工程质量验收规范要求的质量控制资料、安全及功能检验(检测)报告等。

4. 在分部工程完成后，应根据专业监理工程师签认的分项工程质量评定结果进行分部工程的质量等级汇总评定，填写本表报项目监理机构。总监理工程师组织对分部工程进行验收，并提出验收意见。基础分部、主体分部和单位工程报验时应注意企业自评、设计认可、监理核定、建设单位验收、政府授权的质监站监督的程序。

监理通知回复单

工程名称：××区城市道路K1+000～K20+000合同段　　　　渝市政监理-17

致：××监理有限公司××区城市道路环线监理项目部（项目监理机构）

我方接到编号为TJ003的监理通知单后，已按要求完成相关工作，请予以复查。

附件：需要说明的情况

根据项目监理机构提出的要求，我公司接到通知后，立即对通知单中所提的“对硬质阻燃塑料管（PVC）暗敷工程质量问题的整改”问题，项目部组织有关人员对已完成的硬质阻燃塑料管（PVC）暗敷工程进行了全面的质量复查，共发现此类问题11处。并立即进行了整改处理：

（1）对于稳埋盒、箱先用后坠找正，位置正确后再进行固定稳埋；

（2）暗装的盒口与箱口与墙面平齐，不出现凸出墙面或凹陷的现象。

经自检达到了电气工程质量规范的要求。同时对电气工程施工人员进行了质量意识教育，并保证在今后的施工过程中严格控制施工质量，确保工程质量上档的实现。

施工项目经理部（盖章）

项目经理（签字）

2015年3月15日

复查意见：

经复查对（TJ003）号监理通知提出的问题，项目部进行了全面的整改处理，达到了施工要求。

项目监理机构（盖章）

总监理工程师/专业监理工程师（签字）

2015年3月15日

注：本表一式三份，项目监理机构、建设单位、施工单位各一份。

说明：

1.《建设工程监理规范》（GB 50319—2013）规定：施工项目监理部发现施工存在问题的，或施工单位采用不适当的施工工艺，或施工不当造成工程质量不合格的，应及时签发监理通知单，要求施工整改。整改完毕后，项目监理机构应根据施工单位报送的监理通知回复单对整改情况进行复查，提出复查意见。

2. 本表用于施工单位在收到监理通知单后，根据通知要求进行整改、自查合格后，向项目监理机构报送回复意见。回复意见应根据监理通知单要求，简要说明落实整改的过程、结果及自检情况，必要时应附整改相关证明资料，包括检查记录、对应部位的影像资料等。

3. 收到施工单位报的监理通知回复单后，一般可由原发出通知单的专业监理工程师对现场整改情况和附件资料进行核查，认可整改结果后，由专业监理工程师签认。

4. 本表一式三份，项目监理机构、建设单位、施工单位各一份。

单位工程竣工验收报审表

工程名称：××区城市道路K1+000～K20+000合同段　　　　渝市政监理-18

<table>
<tr><td>致：××监理有限公司××区城市道路环线监理项目部（项目监理机构）
我方已按施工合同要求完成 ××区环城路K1+000～K20+000 工程，经自检合格，现将有关资料报上，请予以验收。
附件：1. 工程质量验收报告：工程质量竣工验收记录
2. 工程功能检验资料
(1)单位(子单位)工程质量竣工验收记录；
(2)单位(子单位)工程质量资料核查记录；
(3)单位(子单位)工程安全和功能检验资料核查及主要功能抽查记录；
(4)单位(子单位)工程观感质量检查记录。
施工单位(盖章)
项目经理(签字)
2015年10月1日</td></tr>
<tr><td>预验收意见：
经预验收，该工程合格，可以组织正式验收。
项目监理机构(盖章)
总监理工程师(签字、加盖执业印章)
2015年10月1日</td></tr>
</table>

说明：

1.《建设工程监理规范》(GB 50319—2013)规定：项目监理机构应审查施工单位提交的单位工程竣工验收报审表及竣工资料，组织工程竣工验收。存在问题的，应要求施工单位及时整改；合格的，总监理工程师应签认单位工程竣工验收报审表。

2. 本表用于单位(子单位)工程完成后，施工单位自检符合竣工验收条件后，向建设单位及项目监理机构申请竣工验收。每个单位工程应单独填报。质量验收资料：指能够证明工程按合同约定完成并符合竣工验收要求的全部资料，包括单位工程质量控制资料，有关安全和使用功能的检测资料，主要使用功能项目的抽查结果等。对需要进行功能试验的工程(包括单车试车、无负荷试车和联动调试)，应包括试验报告。

3. 施工单位已按工程施工合同约定完成设计文件所要求的施工内容，并对工程质量进行了全面自检，在确认工程质量符合法律、法规和工程建设强制性标准规定、符合设计文件及合同要求后，向项目监理机构填报此表，项目监理机构在收到此表后，应及时组织工程竣工预验收。

工程款支付报审表

工程名称:××区城市道路K1+000～K20+000合同段　　　　　　　　　　　　渝市政监理-19

致:　××监理有限公司××区城市道路环线监理项目部　(项目监理机构)

根据施工合同约定,我方已完成××区环城路K1+000～K20+000合同段工程工作,建设单位应在2016年3月1日前支付工程款共计(大写)　人民币壹仟玖佰玖拾叁万柒仟贰佰伍拾柒元整(小写:　19937257.00　),请予以审核。

附件:☑已完成工程量报表:见附件

☑工程竣工结算证明材料

☑相应支持性证明文件:见附件

施工项目经理部(盖章)

项目经理(签字)

2016年1月1日

审查意见:

1. 施工单位应得款为:19611038.00元

2. 本期应扣款为:408236.00元

3. 本期应付款为:19202802.00元

附件:相应支持性材料

专业监理工程师(签字)

2016年1月1日

审核意见:

经审核,专业监理工程师审查结果正确,请建设单位审批。

项目监理机构(盖章)

总监理工程师(签字、加盖执业印章)

2016年1月1日

审批意见:

同意监理意见,支付本工程款共计人民币壹仟玖佰贰拾万贰仟捌佰零贰元整。

建设单位(盖章)

建设单位代表(签字)

2016年1月1日

注:本表一式三份,项目监理机构、建设单位、施工单位各一份。

说明：

1.《建设工程监理规范》(GB 50319—2013)规定：项目监理机构应按以下程序进行工程计量和付款签证：

(1)专业监理工程师对施工单位在工程款支付报审表中提交的工程量和支付金额进行复核，确定实际完成工程量，提出到期应支付给施工单位的金额，并提出相应的支付性材料；

(2)总监理工程师对专业监理工程师的审查意见进行审核，签认后报建设单位审批；

(3)总监理工程师根据建设单位的审批意见，向施工单位签发工程款支付证书。

2. 工程款支付报审表应按渝市政监理-19要求填写，工程款支付证书应按渝市政监理-8要求填写。

3. 工程竣工结算支付报审表应按渝市政监理-19要求填写，竣工结算款支付证书应按渝市政监理-8要求填写。

4. 项目监理机构应编制月完成工程量统计表，对实际完成量与计划量进行比较分析，发现偏差的，应提出调整建议，并应在监理月报中向建设单位报告。

5. 本表应附工程款支付报审表及附件，项目监理机构将工程款支付证书签发给施工单位时，应同时抄报建设单位。

6. 本表一式三份，项目监理机构、建设单位、施工单位各一份；工程竣工结算报审时本表一式四份，项目监理机构、建设单位各一份，施工单位二份。

施工进度计划报审表

工程名称:××区城市道路K1+000~K20+000合同段　　　　　　　　渝市政监理-20

致:　××监理有限公司××区城市道路环线监理项目部　(项目监理机构)

根据施工合同约定,我方已完成　××区环城路K1+000~K20+000合同段　工程施工进度计划的编制和批准,请予以审查。

附件:☑施工总进度计划:工程总进度计划

☑阶段性进度计划

施工项目经理部(盖章)

项目经理(签字)

2014年12月10日

审查意见:

经审查,本工程总进度计划施工内容完整,总工期满足合同要求,符合国家相关工期管理规定,同意按此计划组织施工。

专业监理工程师(签字)

2014年12月10日

审核意见:

同意按此计划组织施工。

项目监理机构(盖章)

总监理工程师(签字)

2014年12月10日

注:本表一式三份,项目监理机构、建设单位、施工单位各一份。

说明：

1. 项目监理机构应审查施工单位报审的施工总进度计划和阶段性施工进度计划，提出审查意见，并应由总监理工程师审核后报建设单位。施工进度计划审查应包括以下基本内容：

(1)施工进度计划应符合施工合同中工期的约定；

(2)施工进度计划中主要工程项目无遗漏，应满足分批投入试运、分批动用的需要，阶段性施工进度计划应满足总进度控制目标的要求；

(3)施工顺序的安排应符合施工工艺要求；

(4)施工人员、工程材料、施工机械等资源供应计划应满足施工进度计划的需要；

(5)施工进度计划应符合建设单位提供的资金、施工图纸、施工场地、物资等施工条件。

2. 工程进度计划有总进度计划，年、季、月、周进度计划及关键工程进度计划等。施工单位应按施工合同约定的日期，将总体进度计划提交监理工程师，监理工程师按合同约定的时间予以确认或提出修改意见。

3. 群体工程中单位工程分期进行施工的，施工单位应按照建设单位提供图纸及有关资料的时间，分别编制各单位工程的进度计划，并向项目监理机构报审。施工单位报审的总体进度计划必须经其企业负责人审批，且编制、审核、批准人员签字及单位公章齐全。

费用索赔报审表

工程名称：××区城市道路K1+000～K20+000合同段　　　　　　　　　　　　　　　　渝市政监理-21

致：　××监理有限公司××区城市道路环线监理项目部　（项目监理机构）

根据施工合同　专用合同条款第16.1.2第(4)、(5)　条款，由于　甲供材料未及时进场，致使工程工期延误，且造成我公司现场施工人员停工　的原因，我方申请索赔金额（大写）　叁万伍仟元整　，请予批准。

索赔理由：因甲供水泥，未及时进场，造成我公司现场施工人员窝工，及其他后续工序无法进行。

附件：☑索赔金额计算

☑证明材料

施工项目经理部（盖章）

项目经理（签字）

2014年12月31日

审核意见：

□不同意此项索赔。

☑同意此项索赔，索赔金额为（大写）　壹万叁仟伍佰元整　。

同意/不同意索赔的理由：　由于停工10天中有3天为施工单位应承担的责任，另外有2天虽为开发商应承担的责任，但不影响机械使用及人员另作安排的工种工作，此2天只须赔付人工降效费，只有5天须赔付机械租赁费及人工窝工费。

5×(1000+15×100)+2×10×50=13500元

注：根据协议机械租赁费每天按1000元、人工窝工费每天按100元、人工降效费每天按50元计算。

附件：□索赔审查报告

项目监理机构（盖章）

总监理工程师（签字、加盖执业印章）

2015年1月1日

审批意见：

同意监理意见。

建设单位（盖章）

建设单位代表（签字）

2015年1月1日

注：本表一式三份，项目监理机构、建设单位、施工单位各一份。

说明：

1. 项目监理机构处理可按下列程序处理施工单位提出的费用索赔：

(1)受理施工单位在施工合同约定的期限内提交的费用索赔意向通知书；

(2)收集与索赔有关的资料；

(3)受理施工单位在施工合同约定的期限内提交的费用索赔报审表；

(4)审查费用索赔报审表。需要施工单位进一步提交详细资料时，应在施工合同约定的期限内发出通知；

(5)与建设单位和施工单位协商一致后，在施工合同约定的期限内签发费用索赔报审表，并报建设单位。

2. 索赔报审表按渝市政监理-21要求填写，费用索赔意向通知书按渝市政监理-26要求填写。

3. 依据合同规定，非施工单位原因造成的费用增加，导致施工单位要求费用补偿时方可申请。施工单位的证明材料包括：索赔意向书、索赔事项的相关证明材料。

4. 施工单位在费用索赔事件结束后的规定时间内，填报费用索赔报审表，向项目监理机构提出费用索赔。表中应详细说明索赔事件的经过、索赔理由、索赔金额的计算，并附上证明材料。

5. 收到施工单位报送的费用索赔报审表后，总监理工程师应组织专业监理工程师按标准规范及合同文件有关章节进行审核与评估，并与建设单位、施工单位协商一致后进行签认，报建设单位审批，不同意部分应说明理由。

工程临时延期报审表

工程名称:××区城市道路K1+000～K20+000合同段　　　　　　　　　　　　渝市政监理-22

致: ××监理有限公司××区城市道路环线监理项目部 (项目监理机构)

根据施工合同 第2.4条、第7.5条 (条款),由于非我方原因停水、停电原因,我方申请工程临时/最终延期 2 (日历天),请予批准。

附件:1.工程延期依据及工期计算:16小时/8小时=2(天)

2.证明材料:

(1)停水通知/公告;

(2)停电通知/公告。

施工项目经理部(盖章)

项目经理(签字)

2015年2月20日

审核意见:

☑同意工程临时/最终延期 2(日历天)。工程竣工日期从施工合同约定的2015年2月26日延迟到 2015 年 2 月 28 日。

□不同意延期,请按约定竣工日期组织施工。

项目监理机构(盖章)

总监理工程师(签字、加盖执业印章)

2015年2月21日

审批意见:

同意临时延长工程工期2天。

建设单位(盖章)

建设单位代表(签字)

2015年2月21日

注:本表一式三份,项目监理机构、建设单位、施工单位各一份。

说明：

1.《建设工程监理规范》(GB 50319—2013)规定：当影响工期事件具有持续性时，项目监理机构应对施工单位提交的阶段性工程临时延期报审表进行审查，并应签署工程临时延期审核意见后报建设单位。当影响工期事件结束后，项目监理机构应对施工单位提交的工程最终延期报审表进行审查，并应签署工程最终延期审核意见后报建设单位。

2. 施工单位在工程延期的情况发生后，应在合同规定的时限内填报工程临时延期报审表，向项目监理机构申请工程临时延期。施工单位应详细说明工程延期依据、工期计算、申请延长竣工日期，并附上证明材料。

3. 收到施工单位报送的工程临时延期报审表后，经专业监理工程师按标准规范及合同文件章节要求，对本表及其证明材料进行核查并提出意见，签认工程临时或最终延期审批表，并由总监理工程师审核后报建设单位审批。工程延期事件结束，施工单位向工程项目监理机构最终申请确定工程延期的日历天数及延后的竣工日期；项目监理机构在按程序审核评估后，由总监理工程师签认工程临时或最终延期审批表，不同意延期的应说明理由。

工程最终延期报审表

工程名称:××区城市道路K1+000~K20+000合同段 渝市政监理-23

致:__××监理有限公司××区城市道路环线监理项目部__(项目监理机构)

根据施工合同__第2.4条、第7.5条__(条款),由于__非我方原因停水、停电__原因,我方申请工程临时/最终延期__4__(日历天),请予批准。

附件:1. 工程延期依据及工期计算:32小时/8小时=4(天)

2. 证明材料:

(1)停水通知/公告;

(2)停电通知/公告。

施工项目经理部(盖章)

项目经理(签字)

2015年2月15日

审核意见:

☑同意工程临时/最终延期__2__(日历天)。工程竣工日期从施工合同约定的__2015__年__2__月__18__日延迟到__2015__年__2__月__22__日。

☐不同意延期,请按约定竣工日期组织施工。

在停水停电期间现场工程施工节点对工程总进度计划的关键线路的影响,可通过对之后的关键施工工序进行调整,补回2日工期,故同意最终延长工程工期2天。

项目监理机构(盖章)

总监理工程师(签字、加盖执业印章)

2015年2月20日

审批意见:

同意最终延长工程工期2天。

建设单位(盖章)

建设单位代表(签字)

2015年2月20日

注:本表一式三份,项目监理机构、建设单位、施工单位各一份。

说明：

1.《建设工程监理规范》(GB 50319—2013)规定：当影响工期事件具有持续性时，项目监理机构应对施工单位提交的阶段性工程临时延期报审表进行审查，并应签署工程临时延期审核意见后报建设单位。当影响工期事件结束后，项目监理机构应对施工单位提交的工程最终延期报审表进行审查，并应签署工程最终延期审核意见后报建设单位。

2. 施工单位在工程延期的情况发生后，应在合同规定的时限内填报工程临时延期报审表，向项目监理机构申请工程临时延期。施工单位应详细说明工程延期依据、工期计算、申请延长竣工日期，并附上证明材料。

3. 收到施工单位报送的工程临时延期报审表后，经专业监理工程师按标准规范及合同文件章节要求，对本表及其证明材料进行核查并提出意见，签认工程临时或最终延期审批表，并由总监理工程师审核后报建设单位审批。工程延期事件结束，施工单位向工程项目监理机构最终申请确定工程延期的日历天数及延后的竣工日期；项目监理机构在按程序审核评估后，由总监理工程师签认工程临时或最终延期审批表，不同意延期的应说明理由。

工作联系单

工程名称:××区城市道路K1+000~K20+000合同段　　　　渝市政监理-24

致:　××监理有限公司××区城市道路环线监理项目部

事由:0+750~0+915段现浇钢筋混凝土梁C60混凝土试配。

内容:C60混凝土配合比申请单、通知单(编号:066)已由××五局试验室签发(附混凝土配合比申请、通知单)。

请予以审查和批准使用。

单位:

负责人(签字)

2014年12月25日

注:本表一式三份,项目监理机构、建设单位、施工单位各一份。

说明:

1. 项目监理机构应协调工程建设相关方的关系。项目监理机构与工程建设相关方之间的工作联系,除另有规定外宜采用工作联系单形式进行。

2. 工程建设有关方相互之间的日常书面工作联系,包括:告知、督促、建议等事项。

3. 工作联系单的内容包括:施工过程中,与监理有关的某一方需向另一方或几方告知某一事项或督促某项工作,提出某项建议等。

4. 发出单位有权签发的负责人应为:建设单位的现场代表、施工单位的项目经理、监理单位的项目总监理工程师、设计单位的本工程设计负责人及项目其他参建单位的相关负责人等。

工程变更单

工程名称：××区城市道路K1+000～K20+000合同段　　　　渝市政监理-25

<table>
<tr><td colspan="2">致：重庆××开发集团有限公司、××建筑设计研究院、××监理有限公司××区城市道路环线监理项目部
由于 K1+500～K1+800段地质灾害处理，致使工程量发生变化 原因，兹提出 K1+500～K1+800 工程所用钢筋水泥等材料增加 工程变更，请予以审批。
附件：☑变更内容
☑变更设计图
☑相关会议纪要
☑其他

变更提出单位：
负责人：
2015年3月2日</td></tr>
<tr><td>工程量增/减</td><td></td></tr>
<tr><td>费用增/减</td><td></td></tr>
<tr><td>工期变化</td><td></td></tr>
<tr><td>施工项目经理部(盖章)
项目经理(签字)</td><td>设计单位(盖章)
设计负责人(签字)</td></tr>
<tr><td>项目监理机构(盖章)
总监理工程师(签字)</td><td>建设单位(盖章)
负责人(签字)</td></tr>
</table>

注：本表一式四份，建设单位、项目监理机构、设计单位、施工单位各一份。

说明：

1. 本表仅适用于依据合同和实际情况对工程进行变更时，在变更单位提出变更要求后，由建设单位、设计单位、监理单位和施工单位共同签认意见。

2. 项目监理机构可按以下程序处理施工单位提出的工程变更：

（1）总监理工程师组织专业监理工程师审查施工单位提出的工程变更申请，提出审查意见。对涉及工程设计文件修改的工程变更，应由建设单位转交原设计单位修改工程设计文件。必要时，项目监理机构应建议建设单位组织设计、施工单位召开论证工程设计文件的修改方案的专题会议；

（2）总监理工程师组织专业监理工程师对工程变更费用及工期影响作出评估；

（3）总监理工程师组织建设单位、施工单位等共同协商确定工程变更费用及工期变化，会签工程变更单；

（4）项目监理机构根据批准的工程变更文件监督施工单位实施工程变更。

3. 项目监理机构可在工程变更前与建设单位、施工单位等协商工程变更的计价原则、计价方法或价款。

4. 建设单位与施工单位未能就工程变更费用达成协议时，项目监理机构可提出一个暂定价格并经建设单位同意，作为临时支付工程款的依据。工程变更款项最终结算时，应以建设单位与施工单位达成的协议为依据。

5. 本表应由提出方填写，写明工程变更原因、工程变更内容，并附必要的条件，包括：工程变更的依据、详细内容、图纸；对工程造价、工期的影响程度分析，及对功能、安全影响的分析报告。

6. 对涉及工程设计文件修改的工程变更，应由建设单位转交原设计单位修改工程设计文件。

索赔意向通知书

工程名称:××区城市道路K1+000~K20+000合同段　　　　渝市政监理-26

致:　××监理有限公司××区城市道路环线监理项目部 根据施工合同　专用条款16.1.2第(4)、(5)　(条款)约定,由于发生了　甲供材料未及时进场,致使工程工期延误,且造成我公司现场施工人员窝工　事件,且该事件的发生非我方原因所致。为此,我方向　重庆××开发集团有限公司　(单位)提出索赔要求。 附件:索赔事件资料 提出单位(盖章) 负责人(签字) 2016年5月1日

注:本表一式三份,项目监理机构、建设单位、施工单位各一份。

说明:

1. 本表用于工程中发生可能引起索赔事件后,受影响的单位依据法律法规和合同要求,向相关单位声明/告知拟进行相关索赔的意向。本表应发送给拟进行相关索赔的对象,并同时抄送给项目监理机构。

2. 项目监理机构应及时收集、整理有关工程费用的原始资料,为处理费用索赔提供证据。

3. 项目监理机构可按下列程序处理施工单位提出的费用索赔:

(1)受理施工单位在施工合同约定的期限内提交的费用索赔意向通知书;

(2)收集与索赔有关的资料;

(3)受理施工单位在施工合同约定的期限内提交的费用索赔报审表;

(4)审查费用索赔报审表。需要施工单位进一步提交详细资料时,应在施工合同约定的期限内发出通知;

(5)与建设单位和施工单位协商一致后,在施工合同约定的期限内签发费用索赔报审表,并报建设单位。

4. 索赔意向书宜明确以下内容:

(1)事件发生的时间和情况的简单描述;

(2)合同依据的条款和理由;

(3)有关后续资料的提供,包括及时记录和提供事件发展的动态;

(4)对工程成本和工期产生的不利影响及其严重程度的初步评估;

(5)声明/告知拟进行相关索赔的意向。

第四章　重庆市市政基础设施工程竣工验收用表填写示例

市政工程竣工技术文件材料目录

渝市政竣-1

共3页,第1页

工程名称	重庆××电子工业园河道整治工程			
序号	文件名称	份数	页数	备 注
1	单位工程技术人员表及责任书	1	12	
2	监理技术人员表及责任书	1	28	
3	工程开工报告	1	1	
4	工程竣工报告	1	1	
5	设计交底记录	1	12	
6	工程设计变更(技术核定单)汇总表	1	3	
7	工程设计变更	1	4	
8	施工组织设计审批表	1	2	
9	施工方案审批表	2	3	
10	施工方案	2	15	
11	单位工程质量评定表	1	5	
12	建设工程档案验收评定表	1	3	
13	建设档案竣工验收意见书	1	3	
14	施工技术总结	1	11	
15	档案工作总结	1	10	
16	建筑材料报验单	6	56	

建设单位	监理单位	施工单位
接收人:××× 负责人:××× 2015年×月×日	项目总监理工程师:××× 2015年×月×日	移交人:××× 负责人:××× 2015年×月×日

重庆市城市建设档案馆
重庆市建设工程质量监督总站　监制

市政工程竣工技术文件材料目录

渝市政竣-1

共3页,第2页

工程名称	重庆××电子工业园河道整治工程			
序号	文件名称	份数	页数	备 注
17	水泥质量合格证明资料汇总表	1	21	
18	水泥质量合格资料	3	30	
19	水泥质量复检报告	3	28	
20	主要原材料、构配件出厂合格证明及试验单汇总表	1	25	
21	砂复检报告	3	56	
22	石材复检报告	3	22	
23	砂浆抗压强度汇总及统计验收评定表	2	45	
24	砂浆抗压强度检测报告	2	35	
25	砂浆配合比	1	12	
26	施工技术交底记录	4	52	
27	现场工程质量检查报验单	5	12	
28	施工测量报验单	4	24	
29	测量控制桩移交与复核记录	1	36	
30	工程施工定位放线记录	4	21	
31	高程测量记录	4	14	
32	工程竣工测量及复核记录	4	15	

建设单位	监理单位	施工单位
接收人:××× 负责人:××× 2015年×月×日	项目总监理工程师: ××× 2015年×月×日	移交人: ××× 负责人:××× 2015年×月×日

重庆市城市建设档案馆
重庆市建设工程质量监督总站 监制

市政工程竣工技术文件材料目录

渝市政竣-1

共3页,第3页

工程名称	重庆××电子工业园河道整治工程			
序号	文件名称	份数	页数	备 注
33	基础坑槽隐蔽工程检查验收记录	1	85	
34	工程隐蔽检查记录(通用表)	2	54	
35	单位工程质量评定表	1	6	
36	分部工程质量评定表	2	16	
37	基槽开挖工序工程质量评定表	2	5	
38	边坡、边沟工序工程质量评定表	1	12	
39	浆砌挡土墙、护坡工序工程质量评定表	2	16	
40	护坡绿化工序工程质量评定表	1	10	
41	竣工图	1	12	

建设单位	监理单位	施工单位
接收人:××× 负责人:××× 2015年×月×日	项目总监理工程师:××× 2015年×月×日	移交人:××× 负责人:××× 2015年×月×日

重 庆 市 城 市 建 设 档 案 馆
重庆市建设工程质量监督总站 监制

说明:本表为单位工程竣工技术文件总目录,每项文件逐一整理,编号登录。

1. “工程名称”应为全称;

2. 建设单位、监理单位和施工单位应盖工程项目签约的法人公章,各单位项目责任人应签字。

单位(子单位)工程开工报告

渝市政竣-2

<table>
<tr><td>工程名称</td><td colspan="2">重庆××区××立交桥工程</td><td>工程地址</td><td colspan="2">重庆××区××路</td></tr>
<tr><td>建设单位</td><td colspan="2">重庆××城建集团</td><td>施工单位</td><td colspan="2">重庆××市政工程有限公司</td></tr>
<tr><td>监理单位</td><td colspan="2">重庆××监理公司</td><td>结构类型</td><td colspan="2">框剪结构</td></tr>
<tr><td>建设规模(万元)</td><td>3256万元</td><td>申请开工日期</td><td>2015年×月×日</td><td>合同工期</td><td>300天</td></tr>
<tr><td colspan="2">资料与文件</td><td colspan="4">准备(落实)情况</td></tr>
<tr><td colspan="2">批准的建设立项文件</td><td colspan="4">建设文件已立项,年度计划已制定。</td></tr>
<tr><td colspan="2">征用土地的批准文件及红线图</td><td colspan="4">已备齐。</td></tr>
<tr><td colspan="2">规划许可证</td><td colspan="4">已批准,许可证号:×××。</td></tr>
<tr><td colspan="2">设计文件及施工图审查报告</td><td colspan="4">设计文件、施工图已经相关审查机关审查合格,见审批意见。</td></tr>
<tr><td colspan="2">投标、中标文件</td><td colspan="4">中标通知编号:×××。</td></tr>
<tr><td colspan="2">施工合同及监理合同</td><td colspan="4">已签定,合同编号:×××。</td></tr>
<tr><td colspan="2">施工许可证</td><td colspan="4">已获得,许可证号:×××。</td></tr>
<tr><td colspan="2">资金落实情况的文件材料</td><td colspan="4">资金情况已落实,文件材料齐全。</td></tr>
<tr><td colspan="2">三通一平的文件资料</td><td colspan="4">三通一平文件资料齐全。</td></tr>
<tr><td colspan="2">施工组织设计审查情况</td><td colspan="4">已编制并已审查。</td></tr>
<tr><td colspan="2">主要材料、设备情况</td><td colspan="4">正在落实。</td></tr>
<tr><td colspan="6">申请开工意见:
上述准备工作已就绪,请监理、建设单位于2015年×月×日前进行审批,特此报告。
施工单位(公章) 重庆××市政工程公司
项目经理:王××
2015年×月×日</td></tr>
<tr><td colspan="6">监理单位审查意见:
经查验,所报资料齐全、真实、有效,符合开工条件,同意施工。
监理单位(公章) 重庆××监理公司
总监理工程师:李××
2015年×月×日</td></tr>
<tr><td colspan="6">建设单位审批意见:
同意开工。
建设单位(公章) 重庆××城建集团
项目负责人:何××
2015年×月×日</td></tr>
</table>

重庆市城市建设档案馆
重庆市建设工程质量监督总站 监制

说明:本表用于工程开工批准,由施工单位填写,监理单位和建设单位进行审批。

1. 需填写的资料和批准文件应注明文件的名称和编号;

2. “设计文件及施工图审查报告”应填写准备施工的图纸是否经施工图审查机构审查合格的情况;

单位（子单位）工程竣工报告（竣工申请书）

渝市政竣-3

<table>
<tr><td>工程名称</td><td>重庆××区××立交桥工程</td><td>工程地址</td><td>重庆××区×路</td></tr>
<tr><td>合同开工日期</td><td>2014年×月×日</td><td>合同竣工日期</td><td>2015年×月×日</td></tr>
<tr><td>实际开工日期</td><td>2014年×月×日</td><td>实际完工日期</td><td>2015年×月×日</td></tr>
<tr><td>工程范围及内容</td><td colspan="3">工程设计文件及合同要求的所有工程内容。
竣工条件具备情况：
1. 该工程已按工程设计和合同约定内容完成，经自检质量合格，符合竣工验收条件；
2. 工程技术档案和施工资料已整理就绪，经监理审查符合要求；
3. 工程所用材料、构配件、商品混凝土和设备的进场试验报告齐全，符合相关规定；
4. 涉及工程结构安全的试块、试件及有关材料的试（检）验报告齐全，真实有效；
5. 主要分部分项工程质量验收报告签证齐全；
6. 建设行政主管部门、质量监督机构和公司责令整改问题，已全部整改完毕，达到规范要求，详见整改报告×××～×××；
7. 单位工程所含分部工程质量验收均合格，质量控制资料完整，分部工程有关安全和功能检验资料完整，主要功能项目抽查结果符合相关规范规定，观感质量综合评价为好；
8. 已签署工程质量保修书；
9. 工程款已支付80%，正在进行工程决算。</td></tr>
<tr><td>提前延期说明</td><td colspan="3">由于××材料厂家延期交货，导致总工期延误10天。</td></tr>
<tr><td>报告要求</td><td colspan="3">本工程合同所含工程范围的项目已于2015年×月×日施工完毕，经自查工程质量达到有关规定要求，现向建设单位申请于2015年×月×日组织竣工验收。</td></tr>
</table>

<table>
<tr><td>监理单位</td><td>施工单位</td></tr>
<tr><td>总监理工程师：王××

（公章）
2015年×月×日</td><td>项目经理：李××
单位负责人：谢××

（公章）
2015年×月×日</td></tr>
</table>

重庆市城市建设档案馆
重庆市建设工程质量监督总站　监制

说明：本表由施工单位进行填写，监理单位确认内容后提交建设单位。

“工程范围及内容”应填写竣工验收的范围，未包含在内的项目应说明。

图纸会审和设计交底纪要

渝市政竣-4

工程名称	重庆××区××路立交桥工程	工程地点	重庆××区××路
会审交底图号	结施-5、结施-9、建施-6	交底会审日期	2015年×月×日
会审主持单位	重庆××建设公司	会审主持人	×××

会审及交底内容简述：

1. 图纸××中DL2、DL5梁截面200×400改为200×500;
2. 图纸××中KL-12梁高700改为900;
3. 图纸××,××位桩间距1300改为1900。

注:具体内容记录和处理意见见附件。

参会会审交底人员：

建设单位:郭××
设计单位:罗××,金××
施工单位:谢××,何××
监理单位:李××
勘察单位:吴××

建设单位	设计单位	施工单位
项目负责人: ××× (公章) 2015年×月×日	项目负责人:××× (公章) 2015年×月×日	项目经理:××× (公章) 2015年×月×日
监理单位	**勘察单位**	**(　　　)单位**
总监理工程师:××× (公章) 2015年×月×日	项目负责人: ××× (公章) 2015年×月×日	项目负责人: ××× (公章) 年　月　日

重庆市城市建设档案馆
重庆市建设工程质量监督总站　监制

说明:本表用于记录图纸会审和设计交底会议情况,具体内容记录和处理意见作附件。

“会审交底图号”:应填写交底涉及的图纸的编号范围。

交底及会审内容附件

1. 重庆××区××路立交桥桩基工程定位控制点用××市测绘院2014年×月工程测量成果资料2014－0102，桩基平面图按建总平面图(建总1)定位；桩基工程+/-0.000相当于绝对标高8.300。

2. 试、锚桩施工结束后，可连续进行工程桩施工。

3. 小应变瞬态无损动测先抽查总桩数的50%，视动测结果，确定是否扩大动测比例。

4. 利用二根锚桩做试成孔，分0,9h,18h三次测孔。

5. 浮桩长度≥2m。

6. 锚桩主筋不做调整。

7. 试、锚桩桩顶标高按静载测试单位要求确定。

8. 同意施工单位提出用9m定尺钢筋，锚桩主筋Φ22与Φ25、Φ25与Φ28的接点，按施工提出的翻样图断料。

9. 施工图中有关尺寸不明确的桩位确定尺寸如下：

(1)⑰轴与Ⓓ～Ⓖ轴之间东西两排6根桩，距⑰轴均为1100；

(2)⑳轴与Ⓔ～Ⓖ轴之间东西两排4根桩，距⑳轴均为1100；

(3)㉓～㉕轴与Ⓔ～Ⓖ轴之间的1根桩，距Ⓔ轴为1300，距㉓轴为1925；

(4)㉘～㉚轴与Ⓔ～Ⓖ轴之间的1根桩，距Ⓔ轴为1300，距㉚轴为1925；

(5)㉖轴与Ⓔ～Ⓖ轴之间地根桩之间距离为2125，南面1根桩距⑧轴为775；

(6)㉜轴与Ⓔ～Ⓖ轴之间东西两排4根桩，东面2根桩距㉜轴为1050，西面2根桩距㉜轴为1075。

施工组织设计(或方案)审批表

渝市政竣-5

单位工程名称	重庆××区××路道路工程(K32+404.21～K37+000)
施工组织设计(或方案)名称	重庆××区××路道路工程施工方案
施工组织设计(或方案)主要内容: (1)开工后,先突击进行纵向便道施工和地层路基填筑,使全线便道贯通,易打开工作面,为大面积路基填挖、桥涵施工创造条件。 (2)统筹安排,加强与桥梁、涵洞、通道的施工配合,保证整个工程协调、顺利施工。 (3)投入足够数量的先进大型机械设备和运输车辆,以满足工程施工需要。 (4)施工进度安排,计划工期10个月。 (详细请见附录) 附:施工组织设计(或施工方案)说明图表 2 份 4 页/份。 施工单位(公章)重庆××市政工程公司 技术负责人:吴×× 项目经理:王×× 2015年×月×日	
监理单位审查意见: 经审查,该施工组织设计对施工中的重点、难点分析透彻,主要施工方案和施工方法编制详细,有针对性、可能性、合理性和先进性,进度、质量、安全、环境目标能够实现,符合有关规范、标准和图纸及合同要求。 监理单位(公章)重庆××监理公司 总监理工程师:李×× 2015年×月×日	
建设单位审核意见: 同意按此施工组织设计指导本工程施工! 建设单位(公章)重庆××城建集团 项目负责人:何×× 2015年×月×日	

重庆市城市建设档案馆
重庆市建设工程质量监督总站 监制

说明:

1. 根据有关要求,须项目监理机构审批的施工组织设计(方案)在实施前报项目监理机构审核、签认。

2. 承包单位按施工合同规定时间向项目监理机构报送自审手续完备的施工组织设计(方案),总监理工程师在合同规定时间内完成审核工作。

3. 施工组织设计(方案)审核应在项目实施前完成,施工组织设计(方案)未经项目监理机构审核、签认,该项目不得施工。总监理工程师对施工组织设计(方案)的审查、签认,不解除承包单位的责任。

4. 施工组织设计(方案)应填写相应的建设项目、单位工程、分部工程、分项工程或关键工序名称。

5. 附件:指需要审核的施工组织总设计方案,单位工程施工组织设计或施工方案。

6. 专业监理工程师审查意见:专业监理工程师对施工组织设计方案应审核其完整性、符合性、适用性、合理性、可操作性及实现目标的保证措施。

7. 根据审核情况,如符合要求,专业监理工程师审查意见应签署"施工组织设计(方案)合理、可行,且审批手续齐全,拟同意承包单位按施工组织设计(方案)组织施工,请总监理工程师审核"。如不符合要求,专业监理工程师审查意见应简要指出不符合要求之处,并提出修改补充意见后签署"暂不同意(部分或全部应指明)承包单位按该施工组织设计(方案)组织施工,待修改完善后再报,请总监理工程师审核"。

8. 总监理工程师审核意见:总监理工程师对专业监理工程师的结果进行审核,如同意专业监理工程师的审查意见,应签署"同意专业监理工程师审查意见,同意承包单位按该施工组织设计(方案)组织施工";如不同意专业监理工程师的审查意见,应简要指明与专业监理工程师审查意见中的不同之处,签署修改意见,并签认最终结论"不同意承包单位按该施工组织设计(方案)组织施工(修改后再报)"。

工程设计变更(技术核定单)汇总表

渝市政竣-6

工程名称		重庆××区××路排水工程	设计单位	××市××市政设计院		
序号	变更部位	设计变更主要事宜	编号及 审批日期	提出变更单位及负责人	审批单位及负责人	签章 情况
1	水管道	甲方要求	C2-6-001	重庆××有限公司,吴××	××公司,×××	已签
2	水管道	甲方要求	C2-6-001	重庆××有限公司,吴××	××公司,×××	已签
3	阀门	施工工艺特殊要求	C2-6-001	重庆××市政工程公司,文××	××公司,×××	已签
4	阀门井	建设单位意见	C2-6-001	重庆××市政工程公司,张××	××公司,×××	已签
5	阀门	建设单位意见	C2-6-001	重庆××市政工程公司,周××	××公司,×××	已签
6	护坡及滤水层	材料变更	S04D-02	重庆××有限公司,张××	××公司,×××	已签

设计单位	项目负责人:××× 2014年×月×日	监理单位	总监理工程师:李×× 2014年×月×日	施工单位	项目负责人:何×× 技术负责人:张×× 2014年×月×日

重庆市城市建设档案馆
重庆市建设工程质量监督总站 监制

说明:本表由施工单位在竣工前将设计变更通知进行汇总。

汇总时应按专业分类。

工程洽商及技术核定签证表

渝市政竣-7

工程名称	重庆××区××市政工程	施工单位	重庆××市政工程公司
单位(子单位)工程名称	重庆××区××市政工程排水工程		

洽商问题:

应甲方要求,××一号路中水管道管材由球墨铸铁变为UPVC管材,管件、阀门与之配套作相应调整。

因中水管道路上"24"阀门并为施工终点,管道在此无分支到两侧小区内,经与设计、甲方等单位协商决定由"24"阀门并向一号路两侧各增加阀门井1座,管径为DN100,所增加的阀门井距离道路红外线2m。

核定内容:

经××单位检查,上述问题情况属实,同意变更。

建设单位	设计单位	监理单位	施工单位	其他单位
项目负责人:×××	设计负责人:×××	总监理工程师:×××	项目经理:×××	项目负责人:×××
(公章)	(公章)	(公章)	(公章)	(公章)
2015年×月×日	2015年×月×日	2015年×月×日	2015年×月×日	2015年×月×日

重庆市城市建设档案馆
重庆市建设工程质量监督总站 监制

说明:工程设计变更与洽商记录是施工图的补充和修改,应在施工前办理。

1. 设计变更通知单,必须由原设计单位负责人签字并加盖设计单位印章方为有效。
2. 洽商记录必须由参建单位各方共同签认方为有效。
3. 洽商记录与设计变更通知单位原件存档。如用复印件存档时,应注明原件存放处。
4. 分包工程的设计变更、洽商,由工程总包单位统一办理。

工程质量事故报告表

渝市政竣-8

<table>
<tr><td>工程名称</td><td colspan="2">重庆市××路道路工程</td><td>单位工程名称</td><td>路基工程</td></tr>
<tr><td>建设单位</td><td colspan="2">重庆××城建集团公司</td><td>设计单位</td><td>重庆××市政设计院</td></tr>
<tr><td>监理单位</td><td colspan="2">重庆××监理公司</td><td>施工单位</td><td>重庆××市政工程公司</td></tr>
<tr><td>事故部位</td><td colspan="2">××段现浇板</td><td>事故发生时间</td><td>2015年×月×日14时</td></tr>
<tr><td colspan="5">事故对工程影响情况：（可另加附页）
由于××段处的现浇板底角有蜂窝，且面积为320mm×120mm，深度为12mm，事故对工程质量造成了重大影响，致使工程不能继续进行。</td></tr>
<tr><td colspan="5">事故经过及其原因分析：（可另加附页）
过程控制不到位，板支设前未将表面清理干净，隔离板涂刷不均匀，合模前未将施工缝凿下来的杂物清除干净，模板接缝不严密，且未严格按规范要求控制拆模时间。</td></tr>
<tr><td rowspan="4">预计损失费用</td><td>材料费</td><td colspan="3">622. 32元（大写：陆佰贰拾贰圆叁角贰分）</td></tr>
<tr><td>人工费</td><td colspan="3">126.00元（大写：壹佰贰拾陆圆整）</td></tr>
<tr><td>其他费</td><td colspan="3">862.00元（大写：捌佰陆拾贰圆整）</td></tr>
<tr><td>总计余额</td><td colspan="3">1610. 32元（大写：壹仟陆佰壹拾圆叁角贰分）</td></tr>
<tr><td colspan="2">预计耽误工作日</td><td colspan="3">壹个工作日</td></tr>
<tr><td colspan="5">报告单位（盖章）

××单位

报告人：张××
技术负责人：谢××
项目负责人：周××
2015年×月×日</td></tr>
</table>

重庆市城市建设档案馆
重庆市建设工程质量监督总站 监制

说明：

凡工程发生重大质量事故，施工单位应在规定时限内向监理、建设及上级主管部门报告。施工单位应严肃认真对待发生的质量事故并及时处理，相关人员要签字并加盖单位公章报建设单位、监理单位。

表中“预计损失费用”是指因质量事故进行返工、加固等实际的损失金额，包括人工费、材料费、机械费和一定数额的管理费；“事故经过及其原因分析”是指事故情况、损失情况、事故原因以及处理意见等详细情况。

《工程质量监督整改通知书》汇总表

渝市政竣-9

工程名称	重庆××区××公路工程	施工单位	重庆××市政工程有限公司
序号	整改通知内容	通知书编号	整改回复情况
1	路基基底换填处理	C-001	同意
2	调整涵洞位置	C-002	同意
3	非机动车道的沥青混凝土由AC-161改为AC-131	C-003	同意
4			
5			
6			
7			
8			
9			
10			

建设单位	监理单位	施工单位
现场负责人:罗×× 项目负责人: 2014年×月×日	总监理工程师:李×× 2014年×月×日	技术负责人:吴×× 项目负责人:何×× 2014年×月×日

重庆市城市建设档案馆
重庆市建设工程质量监督总站 监制

说明：

本表用于承包单位接到项目监理部的“监理工程师通知单”，并已完成了监理工程师通知单的所涉及的质量安全等相关问题后，报请项目监理部进行核查。承包单位对监理工程师通知单中所提问题产生的原因，整改并采取相应措施，在完成整改并报监理备案后的汇总表。如此表不够填写可加附页或附整改方案，监理工程师应对本表所述完成的工作进行核查、签署意见，批复给承包单位，本表一般由专业监理工程师签认，重大问题由总监理工程师签认。

工程遗留项目一览表

渝市政竣-10

工程名称		重庆市××区××路道路工程	
序号	遗留项目名称	遗留内容	遗留原因及审批情况
1	××涵洞工程	调整涵洞位置	工程设计变更,审批中。
2	××路基工程	路基基底换填处理	工程设计变更,已审批。
3	××路基防护工程	承重式挡土墙施工	不规范施工,致使挡土墙坍塌审批中。
4	××道路工程	排水沟位置调整	工程设计变更,审批中。

建设单位	设计单位	监理单位	施工单位
项目负责人:赵×× (公章) 2015年×月×日	项目负责人:周×× (公章) 2015年×月×日	总监理工程师:李×× (公章) 2015年×月×日	项目经理:张×× (公章) 2015年×月×日

重庆市城市建设档案馆
重庆市建设工程质量监督总站 监制

说明:

1. 项目监理机构应依据建设工程监理合同约定进行施工合同管理,处理工程暂停及复工、工程变更、索赔及施工合同争议、解除等事宜。

2. 施工合同终止时,项目监理机构应协助建设单位按施工合同约定处理施工合同终止的相关事宜。

3. 在施工进行到合同终止的过程中,因工程暂停、工程变更、工程延期或延误、合同争议、合同解除、费用索赔等需要对合同履行中遗留项目确认。

4. 总监理工程师牵头,建设单位、设计单位共同确认并签章。

质量问题(事故)整改专项验收表

渝市政竣-11

单位工程名称	重庆××区××道路工程		
分部工程名称	重庆××区××道路工程路基工程	引用规范、标准	DBJ 50-078—2008
整改内容 及施工单位 自评意见	K3+000～K3+200段路基工程,其地基承载力不能满足设计要求,根据现场实际情况,该路段路基基础必须进行换填处理,换填深度30cm,换填材料为沙砾石。		
监理单位 认定意见	整改内容符合实际情况和设计要求,路基已做换填处理,同意整改!		
质量问题整改 检查验收结论	经检查,整改内容符合设计和现场实际的情况,符合要求。		

建设单位	勘察单位	设计单位
现场负责人:赵×× 项目负责人:吴×× (公章) 2015年×月×日	项目负责人:周×× (公章) 2015年×月×日	项目负责人:王×× 张×× (公章) 2015年×月×日
监理单位	**施工单位**	**其他单位**
专业监理工程师:吕×× 总监理工程师:周×× (公章) 2015年×月×日	技术负责人:叶×× 项目经理:黄×× (公章) 2015年×月×日	项目负责人:万×× (公章) 2015年×月×日

重庆市城市建设档案馆
重庆市建设工程质量监督总站 监制

说明:

1. 对需要返工处理或加固补强的质量缺陷,项目监理机构应要求施工单位报送经设计等相关单位认可的处理方案,并应对质量缺陷的处理过程进行跟踪检查,同时对处理结果进行验收;

2. 对需要返工处理或加固补强的质量缺陷,项目监理机构应要求施工单位报送质量事故调查报告和经设计等相关单位认可的处理方案,并应对质量缺陷的处理过程进行跟踪检查,同时对处理结果进行验收;

3. 项目监理机构应及时向建设单位提交质量事故书面报告,并应将完整的事故处理记录整理归档;

4. 此表为监理单位对承包单位质量问题或事故整改后进行的验收表。

施工技术交底记录

渝市政竣-12

工程名称	重庆××区××道路工程	工程地点	重庆市××区××路
交底部位	石灰层稳定土	交底日期	2015年×月×日
主持单位	重庆××市政工程有限公司	主持人	吴××

交底内容简述:

1. 消解石灰应在灰前3~5d消解完毕,未消解透的不准装车铺用,加水应适当控制水量,水管深插至灰堆底部,一般含水量应在35%~40%之间,雨季消解石灰含水量偏大,以免遇雨淋落。

2. 铺外进土方时,应根据石灰土层的宽度、厚度、压实系数计算需要的土方量,并根据所用车辆的吨位,计算每车的卸放距离。用机械摊铺事先通过实验确定压实和整平厚度,必须时应调整每车的卸放距离。

3. 铺灰:根据石灰的厚度计算每平方米的石灰用量,并根据石灰的容量计算每车石灰的摊铺面积和摊铺厚度。铺灰路段用灰线打出方格,除应保证装车数量外,还需掌握铺灰厚度符合要求,均匀一致,铺灰要掌握边线准确,拌合前以路面边线外指示桩校核。铺灰厚度应细部核查,在施工过程中不少于40m核查一个断面,灰底处容易铺厚,距灰底较远处容易铺薄,应注意加强核查。

4. 拌合、找平、碾压:仔细检查铺灰是否均匀,然后上路拌机拌合两遍;使用推土机或12~15T压路机稳压,用平地机按灰点找平,留有虚高,再用振动压路机碾压4遍,最后用三轮压路机碾压3遍,排平轮迹,检测压实度,合格后,进行洒水养护,养护期不少于5d。

技术交底人: 张××

参加交底人员:

技术人员:张××、王××

施工工长:周××、谢××

班组长:侯××、刘××

监理单位	施工单位
监理工程师:谢×× 总监理工程师:李×× 2015年×月×日	专业技术负责人:罗×× 技术负责人:张×× 项目经理:王×× 2015年×月×日

重庆市城市建设档案馆
重庆市建设工程质量监督总站 监制

说明:

施工技术交底包括施工组织设计交底、新技术、新材料、新设备及主要工序施工。各项交底应有文字记录,交底双方应履行签字认可手续。此表由施工单位组织编写,报总监理工程师。

工程质量检查报验单

渝市政竣-13

工程名称	重庆市××区××路立交桥工程	单位(子单位)工程名称	立交桥K0+350 ~ K0+450段
报验部位		施工单位	
致监理工程师:______本单位______按合同和规范要求,已完成 ××立交桥K0+350 ~ K0+450段______工程内容,并经自检,报请查验。			
自检意见: 经自检,该段工程质量验收符合设计及相关规范要求。 项目经理:王×× 2015年×月×日			
检查结论: 经验收,该工程: 1. 符合我国现行法律、法规要求及工程建设标准; 2. 符合设计文件要求; 3. 符合施工合同要求; 综上所述,该工程验收合格。 专业监理工程师:谢×× 总监理工程师:李×× 2015年×月×日			

重庆市城市建设档案馆
重庆市建设工程质量监督总站 监制

说明:

工程施工质量应按下列要求进行验收:

1. 工程施工质量应符合本规范和相关专业验收规范的规定。
2. 工程施工应符合工程勘察、设计文件的要求。
3. 参加工程施工质量验收的各方人员应具备规定的资格。
4. 参加工程施工质量的验收均应在施工单位自行检查评定合格的基础上进行。
5. 隐蔽工程在隐蔽前,应由施工单位通知监理工程师和相关人员进行隐蔽验收,确认合格,并形成隐蔽验收文件。
6. 监理工程师应按规定对涉及结构安全的试块、试件和现场检测项目,进行平行检测、见证取样检测并确认合格。
7. 检验批的质量应按主控项目和一般项目进行验收。
8. 对涉及结构安全和使用功能的分部工程应进行抽样检测。
9. 承担复验或检测的单位应为具有相应资质的独立第三方。
10. 工程的外观质量应由验收人员通过现场检查共同确认。

单位工程验收应符合下列要求:

1. 施工单位应在自检合格基础上将竣工资料与自检结果报监理工程师申请验收。
2. 监理工程师应约请相关人员审核竣工资料进行预检,并据结果写出评估报告,报建设单位。
3. 建设单位项目负责人应根据监理工程师的评估报告组织建设单位项目技术负责人、相关专业设计人员、总监理工程师和专业监理工程师、施工单位项目负责人参加工程验收。该工程的设施运行管理单位应派员参加工程验收。

施工测量报验单

渝市政竣-14

工程名称	重庆市××区××道路工程	施工单位	重庆××市政工程有限公司

致(监理工程师):

根据合同要求,我们已完成＿＿对重庆市××区××路道路工程＿＿的施工测量工作,清单如下,请予查验。

附件:测量资料×份

测量负责人: 牛×× 2015年×月×日

分(项)部工程名称	测量内容	备 注
××道路路床工程	路床顶面高程	50m钢尺、DS3级水准仪
××道路路床工程	路床中心线、偏线等	DS3级水准仪
××道路路基工程	路基纵断高程	水准仪
××道路路基工程	路基中线偏移	经纬仪
××道路路基工程	横坡	水准仪

复核结果:

顶面高程:实测,×××,在允许偏差值内。

中心线、偏线:实测,×××、×××,在允许偏差值内。

纵断高程:实测,×××、×××,允许偏差:+5,-15,在允许偏差值内。

中线偏移:实测,×××、×××,允许偏差:+30,在允许偏差值内。

横坡:实测,×××、×××,允许偏差:±0.3,在允许偏差值内。

专业技术负责人:张×× 技术负责人: 刘×× 2015年×月×日

查验结论:

经检查,符合工程施工图的设计要求,达到相关测量规范精度要求。

测量监理工程师:霍×× 总监理工程师:李×× 2015年×月×日

重庆市城市建设档案馆
重庆市建设工程质量监督总站 监制

说明：

此表由施工单位组织编写，承包单位施工测量放线完毕，自检合格后报项目监理机构复核，项目专业监理工程师根据对测量放线资料的审查和现场实际情况签署确认意见。

1. 测量放线的专职测量人员资格及测量设备应是经过项目监理机构确认的；

2. 测量内容：测量放线工作内容的名称，如轴线测量、标高测量等，备注要注明施工测量放线所用的仪器名称、型号和编号；

3. 施工测量承担对施工图提供控制的复核任务，复核的依据等级和精度由建设单位确定，建设单位应提供相应的依据成果资料。施工测量承担对复核数据的统计责任，并将复测的数据统计后形成测量复测报告；

4. 施工控制网、线、点的各控制点应予栓桩，且应加强维护、校测，校测应据现场条件，不定时经常校测，以实现满足道路质量标准的要求；

5. 道路工程施工控制点可分为三级，施工图交桩点（施工首级控制）、施工控制点，放样测量点。国家有关技术标准规定的各种精度的三角点、导线点以及相应精度的GPS点，是市政道路工程施工图测设的控制依据，经过复测并被批准使用的施工图控制点，可作为施工控制布桩、放线测量和平面线形控制的依据；经过监理工程师批准的施工控制布桩施工线测量控制点，应作为施工高程的作业测量和验收测量的控制依据。

交桩时，施工单位应了解建设单位提供施工图测量控制点的精度等级。

测量控制桩移交与复核记录

渝市政竣-15

<table>
<tr><td>工程名称</td><td colspan="3">重庆市××区××桥梁工程</td><td>工程地址</td><td>重庆市××区××路</td></tr>
<tr><td>移交依据</td><td colspan="3">XQ236212</td><td>移交单位</td><td>重庆××工程有限公司</td></tr>
<tr><td>接收单位</td><td colspan="3">重庆××市政工程有限公司</td><td>移交时间</td><td>2015年×月×日</td></tr>
<tr><td rowspan="6">移交内容</td><td rowspan="2">控制点名称</td><td colspan="2">坐标</td><td rowspan="2">高程H(m)</td><td rowspan="2">备　注</td></tr>
<tr><td>X(m)</td><td>Y(m)</td></tr>
<tr><td>钻孔桩3-1号</td><td>30</td><td>26</td><td>7.023</td><td></td></tr>
<tr><td>钻孔桩3-7号</td><td>30</td><td>12</td><td>6.792</td><td></td></tr>
<tr><td></td><td></td><td></td><td></td><td></td></tr>
<tr><td></td><td></td><td></td><td></td><td></td></tr>
<tr><td>附图</td><td colspan="5">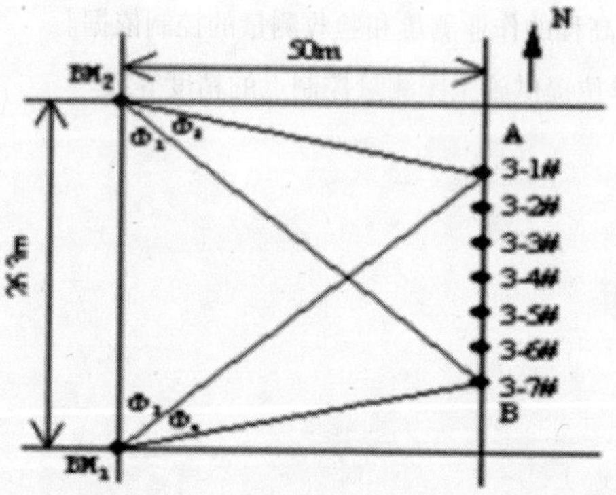
Φ1=63°48 ′10 ″
Φ2=88°58 ′08 ″
Φ3=63°04 ′10 ″
Φ4=88°03 ′10 ″</td></tr>
<tr><td>移交意见</td><td colspan="5">根据××测绘部门提供的对3-1号和3-7号控制点的测量数据，其偏差30 ″在允许偏差内，同意移交。</td></tr>
</table>

建设单位	监理单位	施工单位
交桩人：刘×× 现场负责人：谢×× 2015年×月×日	监理工程师：林×× 总监理工程师：李×× 2015年×月×日	接桩人：何×× 技术负责人：王×× 2015年×月×日

重庆市城市建设档案馆
重庆市建设工程质量监督总站　监制

说明：本表与附件由承包单位填写与编制，一式三份，经建设单位审批后，建设单位、监理单位、承包单位各保存一份。

1. 施工测量承担对施工图提供控制的复核任务，复核的依据等级和精度由建设单位确定，建设单位应提供相应的依据成果资料。施工测量承担对复核数据的统计责任，并将复测的数据统计后形成测量复测报告；

2. 施工控制网、线、点的各控制点应予栓桩，且应加强维护、校测，校测应据现场条件，不定时经常校测，以实现满足道路质量标准的要求；

3. 道路工程施工控制点可分为三级，施工图交桩点（施工首级控制）、施工控制点、放样测量点。国家有关技术标准规定的各种精度的三角点、导线点以及相应精度的GPS点，是市政道路工程施工图测设的控制依据，经过复测并被批准使用的施工图控制点，可作为施工控制布桩、放线测量和平面线形控制的依据；经过监理工程师批准的施工控制布桩施工线测量控制点，应作为施工高程的作业测量和验收测量的控制依据。

交桩时，施工单位应了解建设单位提供施工图测量控制点的精度等级。

工程构筑物定位(放线)测量检查记录

渝市政竣-16

<table>
<tr><td>工程名称</td><td colspan="3">重庆市××区××桥梁工程</td><td colspan="2">单位(子单位)
工程名称</td><td colspan="2">桥台施工</td></tr>
<tr><td>测量部位</td><td colspan="3">1-B桥台基坑</td><td colspan="2">施工单位</td><td colspan="2">重庆××市政工程公司</td></tr>
<tr><td rowspan="2">使用仪器型号</td><td>全站仪(BTs-3082c)</td><td rowspan="2" colspan="2">水准点高程(m)</td><td rowspan="2">38.026</td><td rowspan="2">坐标点
(m)</td><td colspan="2">X:××</td></tr>
<tr><td>水准仪(Dzs3-1)</td><td colspan="2">Y:××</td></tr>
<tr><td>使用仪器标校
日期</td><td>2015年×月×日</td><td colspan="2">标校资料及结论</td><td colspan="4">资料编号:×××,仪器校核合格。</td></tr>
<tr><td colspan="8">定位(放线)记录示意图:
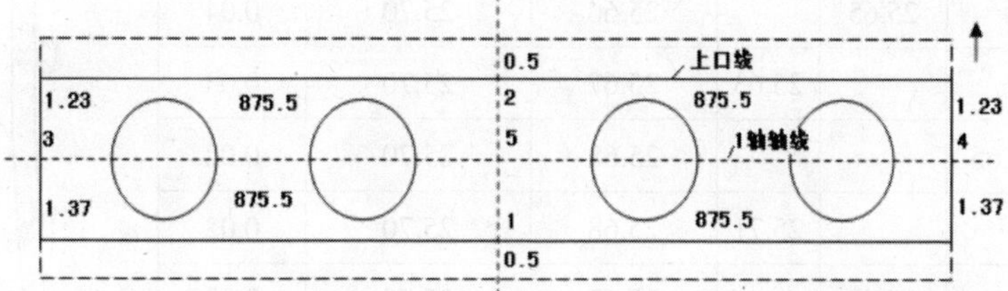

测量负责人:唐××× 2015年×月×日</td></tr>
<tr><td>检查结论</td><td colspan="7">经检查,该测量放线符合设计及相关测量规范要求,合格。</td></tr>
<tr><td>建设单位</td><td colspan="4">监理单位</td><td colspan="3">施工单位</td></tr>
<tr><td>现场负责人:刘××

2015年×月×日</td><td colspan="4">监理工程师:谢××
总监理工程师:李××

2015年×月×日</td><td colspan="3">技术负责人:何××
项目经理:王××

2015年×月×日</td></tr>
</table>

重庆市城市建设档案馆
重庆市建设工程质量监督总站 监制

说明:本表适用于工程构筑物进行施工定位放线的记录进行检查。

1. 测量依据为放线管理部门(一般为规划管理部门)所移交的定位点(线),在“示意图”中,表示出定位点(线)所在的位置;

2. “定位(放线)记录示意图”应有具体放线过程记录及说明,并附示意图,有周边建筑作为放线参照物的可画出周边建筑物的相邻关系;在示意图中应标明所放线的建筑物方位(一般可用箭头指明朝北的方向);

3. “检查结论”应明确是否符合规范要求,超出规范值的应有明确的处理意见;

4. 监理工程师签字栏可由监理公司的专业测量工程师签署;

5. 经复查无误后,建设单位技术代表应签字。

高程测量检查记录

渝市政竣-17

工程名称	重庆市××区××立交桥工程				单位(子单位)工程名称		立交桥桥梁工程
测量部位	K1+500~K1+620				施工单位		重庆××市政工程公司
分项工程名称	××桥梁测量工程				测量时间		2015年×月×日
部位、线路、桩号	后视	中视	前视	实际高程(m)	设计高程(m)	偏差(mm)	附图及说明
①K1+500中		25.60		25.66	25.70	0.04	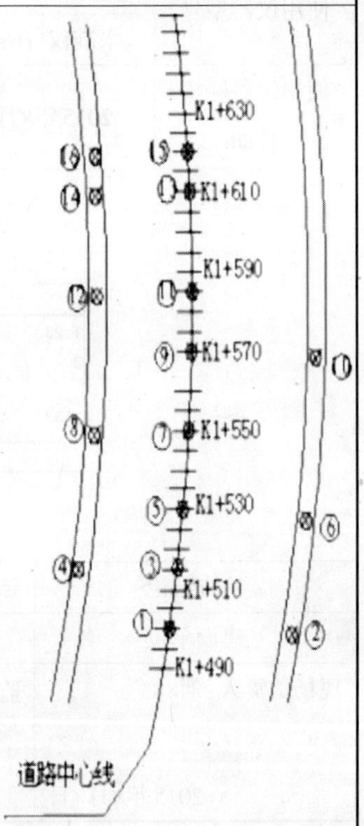 测量示意图　图中单位为m 说明：该图为K1+490~K1+620段路基全幅填方第八层
②K1+500右幅			25.62	25.65	25.70	0.05	
③K1+515中	25.59			25.66	25.70	0.04	
④K1+515右幅	25.70			25.67	25.70	0.03	
⑤K1+530中		25.65		25.66	25.70	0.04	
⑥K1+530右幅			25.63	25.67	25.70	0.03	
⑦K1+550中	25.65			25.68	25.70	0.02	
⑧K1+550右幅			25.71	25.68	25.70	0.02	
⑨K1+570中		25.60		25.67	25.70	0.03	
⑩K1+570右幅		25.62		25.68	25.70	0.02	
⑪K1+585中			25.61	25.65	25.70	0.05	
⑫K1+585右幅	25.62			25.66	25.70	0.04	
⑬K1+610中		25.70		25.66	25.70	0.04	
⑭K1+610右幅			25.66	25.68	25.70	0.02	
⑮K1+620中		25.67		25.67	25.70	0.03	
⑯K1+620右幅	25.72			25.67	25.70	0.03	
检查结论	经检查，实测误差在设计允许偏差内，符合要求。						

建设单位	监理单位	施工单位
现场负责人：××× 2015年×月×日	测量监理工程师：××× 总监理工程师：××× 2015年×月×日	测量负责人：××× 技术负责人：××× 项目经理：××× 2015年×月×日

重庆市城市建设档案馆
重庆市建设工程质量监督总站　监制

说明：本表适用于标高的检查记录，与验收表格中抽查点不同，应有主要的轴线和主要受力构件的标高偏差测量值。

1. 高程控制测量应采用直接水准测量；城镇道路工程应按二、三级水准测量方法建立首级工程控制；高程控制测量应起始于设计施工图给定的城镇原水准点；

2. 按每次实际检查情况来形成表格的数量；

3. "测量部位"指所检查部位的设计标高和轴线段；

4. 抄测依据为施工测量设定的定位点(线)部位；测点位置指所测量的轴线点，也可用编号表示；

5. "检查结论"应明确是否符合规范要求，超出规范值的应有明确的处理意见。

工程轴线测量记录

渝市政竣-18

工程名称	重庆市××区××道路工程			施工合同编号		渝建合×××				中心垂直度（%）		顶面施工高程（m）
单位（子单位）工程名称	土方路基			施工单位		重庆××市政工程建设公司						
位　置	K7+000~K7+200			测量日期		2015年×月×日						
工程编号	中心里程	放线中心坐标（m）		放线中心至边缘距离（mm）				施工中心，相对放线点位中心偏距（mm）		纵向	横向	
		X	Y	左	右	前	后	左	前			
1	K7+000	300123.665	400321.462	12	12			10	7	3	2	89.512
2	K7+050	300173.665	400321.462	12	12			9	8	3	2	89.495
3	K7+100	300223.665	400321.462	12	12			8	12	4	2	89.258
4	K7+150	300273.665	400321.462	12	12			8	6	4	2	89.330
5	K7+200	300323.665	400321.462	12	12			11	7	3	2	88.467

附：测量示意图

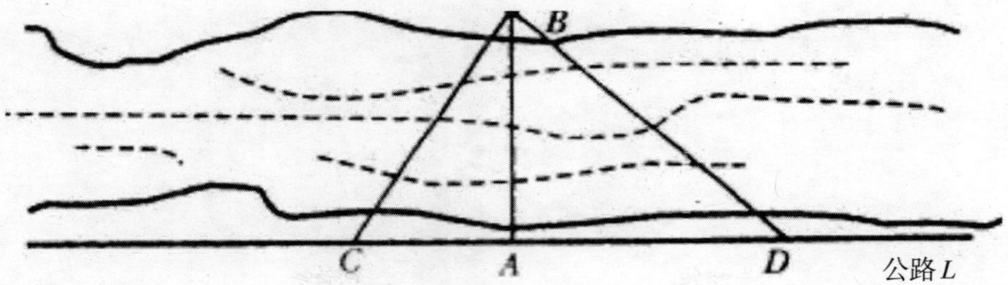

测量：×××　　复核：×××　　技术负责人：×××　　监理工程师：×××　　2015年×月×日

重庆市城市建设档案馆
重庆市建设工程质量监督总站　监制

说明:本表适用道路工程轴线测量记录。

1. 测量依据为放线管理部门(一般为规划管理部门)所移交的定位点(线),在“测量示意图”中,表示出定位点(线)所在的位置;有周边建筑作为放线参照物的可画出周边建筑物的相邻关系;在示意图中应标明所放线的建筑物方位(一般可用箭头指明朝北的方向);

2. 监理工程师签字栏可由监理公司的专业测量工程师签署。

工程竣工测量及复核记录

渝市政竣-19

<table>
<tr><td>工程名称</td><td colspan="2">重庆市××路××道路工程</td><td>施工单位</td><td colspan="3">重庆××市政工程有限公司</td></tr>
<tr><td>施工合同编号</td><td colspan="2">渝建合×××</td><td>测量日期</td><td colspan="3">2015年×月×日</td></tr>
<tr><td rowspan="2">使用仪器</td><td rowspan="2">DS3水准仪</td><td rowspan="2">水准点高程(m)</td><td rowspan="2">×××</td><td rowspan="2" colspan="2">坐标点(m)</td><td>X:300536.642</td></tr>
<tr><td>Y:507054.634</td></tr>
<tr><td>使用仪器标校日期及资料名称</td><td colspan="2">2015年×月×日
资料:×××</td><td>天气</td><td>晴</td><td>气温(℃)</td><td>8~12</td></tr>
<tr><td colspan="7">竣工测量记录、示意图:
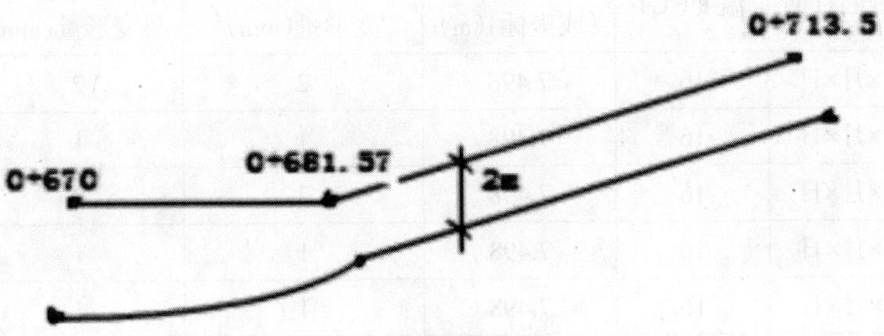

测量负责人:田××
2015年×月×日</td></tr>
<tr><td colspan="7">复测情况:
满足设计及规范的相关限差要求。
复测单位:重庆市××勘测中心
项目负责人:刘××
2015年×月×日</td></tr>
<tr><td colspan="2">建设单位</td><td colspan="2">监理单位</td><td colspan="3">施工单位</td></tr>
<tr><td colspan="2">现场负责人:何××
项目负责人:龙××
2015年×月×日</td><td colspan="2">测量监理工程师:陆××
总监理工程师:李××
2015年×月×日</td><td colspan="3">技术负责人:罗××
项目经理:王××
2015年×月×日</td></tr>
</table>

重庆市城市建设档案馆
重庆市建设工程质量监督总站 监制

说明:

1. 施工单位开工前应对施工图规定的基准点、基准线和高程测量控制资料进行内业及外业复核,复核过程中,当发现不符或与相邻施工路段或桥梁的衔接有问题时,应向建设单位提出,进行查询,并取得准确结果;

2. 开工前施工单位应在合同规定的期限内向建设单位提交测量复核报告,经监理工程师签认批准后,方可作为施工控制桩放线测量、建立施工控制网、线、点的依据;

3. 测量及复核记录指对施工测量放线的复测,包含:

(1)构筑物(桥梁、道路、各种管道、水池等)位置线;

(2)基础尺寸线,包括基础轴线、断面尺寸、标高(槽底标高、垫层标高等);

(3)主要结构的模板,包括几何尺寸、轴线、标高、预埋件位置等;

(4)桥梁下部结构的轴线及高程,中部结构安装前的支座位置及高程等。

沉降（变形）观测记录

渝市政竣-20

工程名称	重庆××区××立交桥工程		施工单位	重庆××市政工程有限公司
观测单位	重庆××勘测中心		观测部位	×××
变形观测日期	自2015年×月11日起至2015年×月12日止		测量仪器情况	WRLDN3，仪器良好
水准点	编号	SQl	坐标点 编号	XQ003
	位置	×××基础上	X(m)	300536.642
	高程（m）	8.545	Y(m)	507050.033

观测点	观测日期	温度（℃）	实际高程（或坐标）（m）	本期沉降量或变形量（mm）	总沉降量或总变形量（mm）	说明
A14-1	×月×日	16	7.498	2	2	
A14-2	×月×日	16	7.498	1	1	
A13-1	×月×日	16	7.498	2	2	
A13-2	×月×日	16	7.498	1	1	
A12-1	×月×日	16	7.498	1	1	
A12-2	×月×日	16	7.498	1	1	
A11-1	×月×日	16	7.498	1	1	
A11-2	×月×日	16	7.498	0	0	
A10-1	×月×日	16	7.498	0	0	
A10-2	×月×日	16	7.498	1	1	

简图：

（略）

测量负责人：萧××

2015年×月×日

建设单位	监理单位	施工单位	其他单位
现场负责人：何×× 项目负责人：龙×× 2015年×月×日	测量监理工程师：刘×× 总监理工程师：李×× 2015年×月×日	技术负责人：罗×× 项目经理：王×× 2015年×月×日	项目负责人：××× 2015年×月×日

重庆市城市建设档案馆
重庆市建设工程质量监督总站 监制

说明：

1. 城镇道路工程完工后进行竣工测量。竣工测量包括：中心线位置、高程、横断面图式、附属结构和地下管线的实际位置和高程。测量成果应在竣工图中标明。

2. 按规范和设计要求设置沉降观测点，定期连续进行观测并作记录、绘制观测点布置图，沉降观测单位应提供真实有效的观测记录。竣工后该表移交建设单位。

3. 各类沉降观测的级别和精度要求，应视工程的规模、性质及沉降量的大小及速度确定。

基础坑槽隐蔽工程检查验收记录

渝市政竣-21

工程名称	重庆××区××河道整治工程	单位(子单位)工程名称	整治工程护坡脚基础	
工程部位	K0+420~K0+460(左侧)	施工单位	重庆××城建集团工程公司	
于2015年×月×日对　护坡　基坑(槽)检查结果如下:				
1. 基底设计标高:275.797~275.767　实际:275.847~274.797				
2. 基坑(槽)设计尺寸:1m×0.5m　实际:1m×0.5m				
3. 基底地质为:砂岩　有无异常情况:无				
地质分层情况:上层含有少量砖渣,灰渣,持力层含卵石				
设计嵌岩深度:≥50cm　实际嵌岩深度:50cm				
4. 地下水情况:地下承载水31m,滞水层26.1~32m,设防水位33m,地下水对基础结构无腐蚀				
5. 地基承载力,设计要求:0.23MPa,实际:0.23MPa,报告单编号:×××				
6. 沟道流水断面设计:深8m,宽23m,底标高-7m　实际:深8m,宽23m,底标高-7m				
7. 沟道纵坡设计:深6m,宽20m,底标高-5m　实际:深6m,宽20m,底标高-5m				
8. 轴线偏差:　无　地基加固措施:　/				
隐蔽部位断面示意图	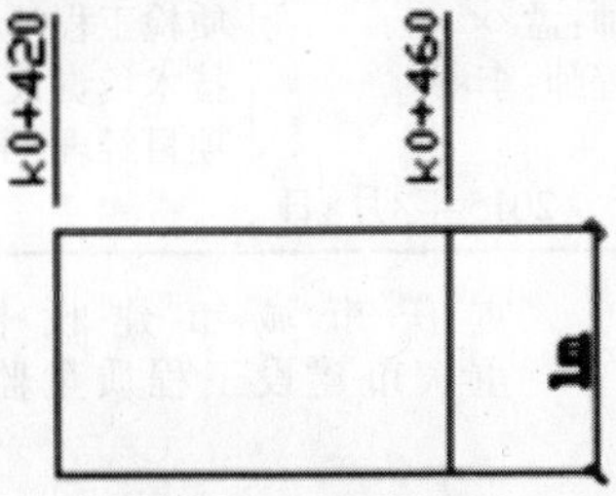 护坡脚基础平面图	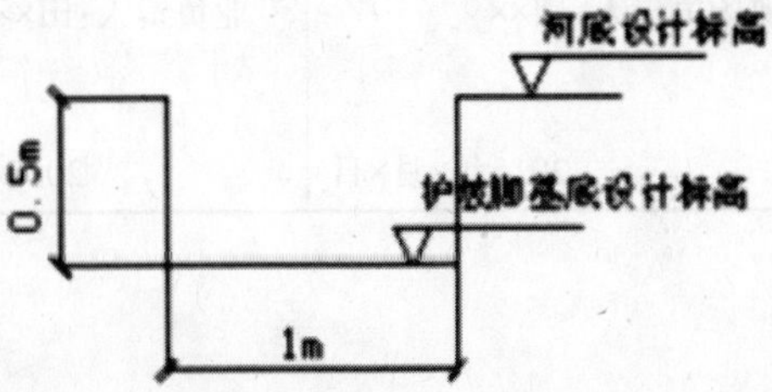 护坡脚基础平面图		
检验结论	经检查,基底土质及地下水与勘测报告(编号:××)相符,基坑位置、断面尺寸、持力层、基底标高等均符合设计和规范要求。			
建设单位	设计单位	地勘单位	监理单位	施工单位
现场负责人:龙×× 2015年×月×日	专业负责人:刘×× 2015年×月×日	项目责任人:何×× 2015年×月×日	专业工程师:罗×× 总监理工程师:李×× 2015年×月×日	质检工程师:卫×× 技术负责人:熊×× 项目经理:王×× 2015年×月×日

重庆市城市建设档案馆
重庆市建设工程质量监督总站　监制

说明:本表适用于城镇道路及附属工程施工过程隐蔽检查记录。

1. 本表应按地基基础不同部位的分项划分分别填写;

2. "地基实际承载力"指该部位地基按设计或规范规定的试验方法所取得的地基现场试验或试验室试验的成果;

3. "(值)"应填写设计或实际承载力的具体概念,如"岩石单轴抗压强度标准值"或"特征值"等;

4. 对未直接进行试验的部位的"地基实际承载力",在填写时应标明所参考比较的地基部位及试验单,并注明"由目测确定,大于(或等于)设计值"等内容;

5. "检查结论"中还应填写实际地质情况与地勘资料是否基本符合的内容等。如果出现实际与地勘资料提供的情况差异太大时,应说明,并填写采取措施的内容。

隐蔽工程检查记录

渝市政竣-22

<table>
<tr><td>工程名称</td><td>重庆××区××道路工程</td><td>单位(子单位)工程名称</td><td colspan="2">路基路面工程</td></tr>
<tr><td>检查部位</td><td>右侧非机动车道</td><td>施工单位</td><td colspan="2">重庆××市政工程公司</td></tr>
<tr><td colspan="5">隐蔽内容(含图示):
压实度、中线高程、平整度、宽度、横断高程。
中线高程:允许偏差±20mm,设计5.150m,实测5.165m。
平整度:允许偏差20mm,实测12.11mm。
宽度:设计13.85m,实测13.99m,允许偏差+200mm。
横坡:设计1.5%,实测1.3%、1.4%。</td></tr>
<tr><td colspan="5">检查情况:
压实度在标准规定范围内,中线高程允许偏差符合设计要求,平整度允许偏差在设计内,宽度、横坡符合设计要求。</td></tr>
<tr><td>检验结论</td><td colspan="4">经检查,符合设计及规范要求,同意进行下一工序施工。</td></tr>
<tr><td>建设单位</td><td>设计单位</td><td>监理单位</td><td colspan="2">施工单位</td></tr>
<tr><td>现场负责人:周××
2015年×月×日</td><td>专业负责人:田××
2015年×月×日</td><td>监理工程师:孟××
总监理工程师:李××
2015年×月×日</td><td colspan="2">质检工程师:王××
技术负责人:罗××
项目经理:王××
2015年×月×日</td></tr>
</table>

重庆市城市建设档案馆
重庆市建设工程质量监督总站 监制

说明:

本表用于城镇道路工程施工过程中需要进行隐蔽检查而在渝市政竣表中无专用的隐蔽检查记录表时使用。项目内容根据隐蔽检查要求进行设置,有试验报告的应记录相应的检测数据、结论、编号。

需要附图说明的应绘制简图。

钢筋机械连接施工质量检查记录

渝市政竣-23

工程名称	重庆市××区××立交桥工程	单位(子单位)工程名称	桥梁桥墩工程
使用部位	立柱	施工单位	重庆××市政工程有限公司
检查项目及检查结果			
1. 连接套产品合格证名称及编号		合格证名称:×××,编号:×××。	
2. 操作人员姓名、上岗证及编号(附复印件)		资料具备齐全且有效,合格。	
3.《结构试件形式检验试验报告》及编号		具备,共1份,编号:×××。	
4.《钢筋母材与街头拉伸试验报告》及编号		具备,共2份,编号:×××,×××。	
5. 接头钢筋的编号及品种、规格		编号:×××,品种:×××,规格:×××。	
6. 接头的种类、型式及性能等级		种类:×××,型式:×××,性能等级:×××。	
7. 接头螺纹外径及螺纹外观质量		螺纹外径:×××,外观观感、质量良好。	
8. 钢筋接头螺纹加工长度		长度:×××。	
9. 钢筋接头外露丝扣		丝扣:×××。	
10. 钢筋接头同轴度		同轴度:×××。	
11. 接头位置及同一连接区段接头百分率		同一连接区段接头:×%。	
12. 连接区段箍筋设置及接头钢筋安装成型的外观质量		外观质量良好,无不良缺陷出现。	
检验结论	经检查,符合设计及相关规范要求,合格!		
监理单位		施工单位	
监理工程师:李××		质检工程师:罗××	
		技术负责人:萧××	
2015年×月×日		2015年×月×日	

重庆市城市建设档案馆
重庆市建设工程质量监督总站 监制

说明:本表适用于钢筋机械连接接头加工完毕,进行连接前对接头加工质量进行检查而形成的记录。

1. 一般情况下,同一时间段加工的同品种、同规格数量不大于300个的接头抽查一组,填写一张记录表格;

2. 检查内容按国家和地方有关标准要求执行。对定量项目直接填写数据;对定性项目,原则上采用问答式填写,一一对应。如"钢筋接头螺纹加工长度"可填写为"40~42m","钢筋接头同轴度"可填写为"均小于2";

3. "接头的型式检验":按规定进行,应由国家、省部级部门认可的检测机构进行,并应按钢筋机械连接技术规程(JGJ 107—2010)附录B的形式出具检验报告和评定结论。

设备、构配件进场开箱检查记录

渝市政竣-24

工程名称	重庆××区××道路工程	检查时间	2015年×月×日
设备、构配件名称	水泵	出厂日期	2014年2月16日
型号规格、编号	规格:JL50-Y69,编号:F2548-559	制造厂名(供货单位)	重庆××水泵厂
设备检查情况	包装情况	包装完好,标识清楚明确。	
	设备、构配件外观	外观良好、无磕碰、锈蚀痕迹等。	
	设备、构配件零部件	设备零部件齐全。	
	缺损情况	无缺损。	
	测试情况	经测试,该设备运转良好,无不良现象。	
技术文件检查情况	装箱单	装箱单一份,资料齐全。	
	合格证	合格证具备,资料齐全,有效。	
	出厂检验报告	出厂检验报告单一份。	
	说明书	说明书一份,资料齐全。	
	设备图	设备图具备。	
	入境证明	/	
	其他	保修卡一份。	
检查结论	经检查,设备所有资料齐全、真实、有效,符合相关规范要求,合格!		

建设单位	监理单位	施工单位
现场负责人:龙××	监理工程师:何×× 总监理工程师:李××	质检工程师:刘×× 技术负责人:张×× 项目经理:王××
2015年×月×日	2015年×月×日	2015年×月×日

重庆市城市建设档案馆
重庆市建设工程质量监督总站 监制

说明:本表用于设备进场开箱检查。

1. "型号规格、编号"填写随设备到货的装箱单的规格、编号;

2. "设备检查情况"中"包装情况"应说明其包装是否完好无损,如有破损应加以注明;"设备、构配件外观"系指开箱后,设备外观有无破损;"设备、构配件零部件"应对照装箱清单及设备图检查零部件有无短缺;"缺损情况"系指除上述情况外的缺陷或不足;

3. "技术文件检查情况":应认真核查清点装箱单、合格证、说明书及图纸的份数及张数,如有短缺应加以注明;可在"其他"栏中填写国家规定应进行强制认证的产品的认证情况和进口材料的商检证明情况;

4. "检查结论":填写对设备破损、零部件短缺、技术文件差漏等情况的检查结果。此栏由监理工程师填写。

钢筋及预埋件隐蔽工程检查验收记录

渝市政竣-25

<table>
<tr><td>工程名称</td><td>重庆市××区××桥梁工程</td><td colspan="2">单位(子单位)工程名称</td><td colspan="2">K0+250~K+400桥墩工程</td></tr>
<tr><td>工程部位</td><td>③、④号桥墩</td><td colspan="2">施工单位</td><td colspan="2">重庆××市政工程公司</td></tr>
<tr><td colspan="6">检查项目及检查结果</td></tr>
<tr><td colspan="2">1. 钢筋编号、数量、品种、规格及长度</td><td colspan="4">钢筋编号:⑪、⑫、⑬、⑭、⑮;数量:24;品种:5种;规格:HRB400、HRB335;长度:12m。</td></tr>
<tr><td colspan="2">2. 焊接材料品种</td><td colspan="4">不锈钢焊条、钨针
规格:1.6×150、2.4×175、3.2×175。</td></tr>
<tr><td colspan="2">3. 主要钢筋编号、接头类型、帮条规格及接头尺寸</td><td colspan="4">钢筋编号:⑬、⑭,接头类型:钢筋电渣压力焊帮条:Z116 EZV、Z100 EZF-2,接头尺寸:20~30mm。</td></tr>
<tr><td colspan="2">4. 钢筋焊接接头外观质量</td><td colspan="4">焊包均匀、无气孔、无烧边、无焊包下流现象,焊渣清理干净。</td></tr>
<tr><td colspan="2">5. 主要钢筋的接头位置</td><td colspan="4">跨边1/3处。</td></tr>
<tr><td colspan="2">6. 主要钢筋的安装位置、间距</td><td colspan="4">Ⓐ~Ⓓ/③~⑦轴,@100/200</td></tr>
<tr><td colspan="2">7. 材料代用情况</td><td colspan="4">无代用材料情况出现。</td></tr>
<tr><td colspan="2">8. 钢筋锈蚀程度</td><td colspan="4">钢筋表面清洁,无锈蚀出现。</td></tr>
<tr><td colspan="2">9. 保护层厚度及垫块材料</td><td colspan="4">保护层厚度符合规范要求,垫块材料:××。</td></tr>
<tr><td colspan="2">10. 预埋件数量及位置</td><td colspan="4">数量:××,位置:××。</td></tr>
<tr><td>检查结论</td><td colspan="5">经检查,各检查项目均符合规范及设计要求,合格。</td></tr>
<tr><td colspan="2">建设单位</td><td colspan="2">监理单位</td><td colspan="2">施工单位</td></tr>
<tr><td colspan="2">现场负责人:龙××

2015年×月×日</td><td colspan="2">监理工程师:罗××
总监理工程师:李××
2015年×月×日</td><td colspan="2">质检工程师:刘××
技术负责人:萧××
2015年×月×日</td></tr>
</table>

重庆市城市建设档案馆
重庆市建设工程质量监督总站 监制

说明:本表用于城镇道路及附属工程的钢筋及预埋件的隐蔽检查记录。

1. 一般情况下,水平、竖向构件应分别办理隐蔽;每次混凝土浇筑都应对钢筋形成隐蔽检查记录;

2. "钢筋品种、规格、数量、形状、位置、间距"可以填"同设计"。本栏不画图,但本表应附相应的钢筋配料表配合使用,同时在"钢筋配料表编号"(钢筋配料表附后)中注明配料表的编号,通过钢筋配料表来详细反映出钢筋品种、规格、数量、形状;

3. "钢筋接头":钢筋接头已通过钢筋接头检查记录反映,该栏可填"已按规定进行检查合格(详见×年×月×日的钢筋连接接头检查记录)";

4. "保护层厚度"可按例填写,例如"基层为20~30mm,板为15~25mm";

5. "钢筋锈蚀程度"可按例填写,例如"有少量水锈,经人工除锈后符合要求";

6. "预埋件数量及位置"可按例填写,例如"管沟的预埋铁板材料品种、规格、尺寸、位置、间距均符合设计要求";

7. "检查结论"明确是否符合设计及施工质量验收规范、标准要求,是否同意隐蔽;

8. 参与了隐蔽检查的监理单位代表应签字。

饰面砖(板)施工检查记录

渝市政竣-26

工程名称	重庆××区××立交桥工程	单位(子单位)工程名称	桥梁外墙涂饰工程
检查部位及图号	东外墙,建施××	施工单位(专业分包单位)	重庆××工程公司
检查项目及检查结果			
1. 基体表面处理情况		混凝土;墙面无疏松层,清除浮土和污垢,根据设计图纸和实际需要弹出安装石材的位置线和分块线。	
2. 饰面砖(板)的品种、规格、外观质量及复检情况		磨光花岗石饰面板,规格为600mm×600mm×20mm;合格证:××;检测报告:××;复检报告:××;外观质量符合要求,合格。	
3. 饰面砖(板)样板施工检查验收评价		符合相关规范要求。	
4. 饰面砖(板)粘贴(安装)办法		采用快干性石膏固定,分层灌浆的湿作业施工。	
5. 粘结材料及配合比		水泥砂浆:1:2.5。	
6. 饰面砖(板)与基体链接、固定方式		在墙面刮腻子并刷胶,粘贴。	
7. 饰面砖(板)粘贴(安装)质量观感评价		外观整齐,无突出墙面及漏贴现象,合格。	
检查结论	经检查,符合相关规范要求,评定合格。		

建设单位	监理单位	施工单位(专业分包单位)
现场负责人:龙××	监理工程师:罗×× 总监理工程师:李××	质检工程师:刘×× 技术负责人:吴×× 项目经理:王××
2015年×月×日	2015年×月×日	2015年×月×日

重庆市城市建设档案馆
重庆市建设工程质量监督总站 监制

说明:本表适用于饰面板(砖)子分部工程的施工记录,原则上以设计图纸及相应规范填写。

1. 饰面砖(板)使用材料的品种、规格和质量必须符合设计和有关标准的要求,检验数量为一个采购批,有产品合格证、力学性能试验报告等;

2. 饰面砖镶安必须牢固。其镶安饰面板的预埋件、连接件的品种、规格、质量、数量、安装位置、连接方法和防腐处理必须符合设计和有关标准的要求。数量检查为:每100m^2抽查一处,每处不小于10 m^2。检查产品合格证、力学性能试验报告和现场抗拔强度报告;

3. 饰面砖镶安必须牢固。其基层的质量、面砖的浸泡时间应符合相关验收规范规定,镶贴施工环境温度不低于5℃。检验:每300 m^2抽查1组(3个试样),不足300 m^2也按300 m^2计,检查施工记录、粘结强度试验报告;

4. 镶安饰面板应表面平整、洁净、色泽协调,表面不得有起碱、污痕,无显著的光泽受损,无裂痕和缺损;嵌缝平直、密实,宽度和深度应符合设计要求,嵌填材料应色泽一致;

5. 贴饰面砖应表面平整、洁净、色泽协调,色泽一致,镶贴无歪斜、翘曲、空鼓、掉角和裂纹等现象。嵌缝应平直、连续、密实,宽度和深度一致;

6. 允许偏差不超范围。

沥青路面粘层(透层、封层)检查记录

渝市政竣-27

<table>
<tr><td>工程名称</td><td>重庆××区××立交桥工程</td><td>单位(子单位)工程名称</td><td>沥青路面粘层</td></tr>
<tr><td>检查部位及图号</td><td>K0+360路面粘层</td><td>施工单位(专业分包单位)</td><td>重庆××市政工程公司</td></tr>
<tr><td colspan="4">检查项目及检查结果</td></tr>
<tr><td colspan="2">1. 基体验收及表面处理结果</td><td colspan="2">基体各层喷洒粘层油,表面处理符合规范要求。</td></tr>
<tr><td colspan="2">2. 粘结材料名称、质量、检测报告情况</td><td colspan="2">PC-3,质量符合要求,检测报告:××。</td></tr>
<tr><td colspan="2">3. 粘结样板施工检查验收评价</td><td colspan="2">样板各检查项目经检查符合规范要求,合格。</td></tr>
<tr><td colspan="2">4. 粘贴(透层、封层)施工方法</td><td colspan="2">在混合料面层之间喷洒粘层油,部分路面、基层、面层上加铺混合料层时,在其既有结构和路缘石、检查井等构筑物与沥青混合料层连接面喷洒粘油层。</td></tr>
<tr><td colspan="2">5. 粘接材料及配合比</td><td colspan="2">AL(R)-3:配合比:××。</td></tr>
<tr><td colspan="2">6. 粘贴(透层、封层)质量观感评价</td><td colspan="2">质量观感良好。</td></tr>
<tr><td>检查结论</td><td colspan="3">经检查,符合设计规范要求,合格。</td></tr>
<tr><td>建设单位</td><td>监理单位</td><td colspan="2">施工单位
(专业分包单位)</td></tr>
<tr><td>现场负责人:龙××

2015年×月×日</td><td>监理工程师:罗××
总监理工程师:李××

2015年×月×日</td><td colspan="2">质检工程师:刘××
技术负责人:何××
项目经理:王××
2015年×月×日</td></tr>
</table>

重庆市城市建设档案馆
重庆市建设工程质量监督总站 监制

说明:

1. 沥青路面各类基层都必须喷洒透层油。透层油应具有良好的渗透性。根据基层类型选择渗透性好的液体沥青或乳化沥青。材料的规格和用量应符合设计要求及表1、表2、表3的规定。

表1 沥青路面半刚性基层透层油要求

液体沥青		乳化沥青	
规格	用量(L/m²)	规格	用量(L/m²)
AL(M)-1或2 AL(S)-1或2	0.6~1.5	PC-2 PA-2	0.7~1.5

注:表中用量是指包括稀释剂和水分等在内的液体沥青、乳化沥青的总量。乳化沥青中的残留物含量以50%为基准。

表2 道路用液体石油沥青技术要求

试验项目		单位	快凝		中凝						慢凝		试验方法
			AL(R)-1	AL(R)-2	AL(M)-1	AL(M)-2	AL(M)-3	AL(M)-4	AL(M)-5	AL(M)-6	AL(S)-1	AL(S)-2	
黏度	$C_{25.5}$	S	<20		<20						<20		按国家现行规范、规程执行
	$C_{60.5}$			5~15		5~15	16~25	26~40	41~100	101~200		5~15	
蒸馏体积	225℃前	%	>20	>15	<10	<7	<3	<2	0	0			
	315℃前	%	>35	>30	<35	<25	<17	<14	<8	<5			
	360℃前	%	>45	>35	<50	<35	<30	<25	<20	<15	<40	<35	
蒸馏后残留物	针入度(25℃)	dmm	60~200	60~200	100~300	100~300	100~300	100~300	100~300	100~300			
	延度(25℃)	cm	>60	>60	>60	>60	>60	>60	>60	>60			
	浮漂度(5℃)	S									<20	<20	
闪点(TOC法)		℃	>30	>30	>65	>65	>65	>65	>65	>65	>70	>70	
含水量不大于		%	0.2	0.2	0.2	0.2	0.2	0.2	0.2	0.2	2.0	2.0	

表3 道路用乳化沥青技术要求

试验项目		单位	品种及代号				试验方法
			阳离子		阴离子		
			喷洒用		喷洒用		
			PC-2	PC-3	PA-2	PA-3	
破乳速度			慢裂	快裂或中裂	慢裂	快裂或中裂	
粒子电荷			阳离子(+)		阴离子(-)		按国家现行规范、规程执行
筛上残留物(1.18mm筛)不大于		%	0.1		0.1		
黏度	恩格拉黏度计E_{25}		1~6	1~6	1~6	1~6	
	道路标准黏度计$C_{25.3}$	S	8~20	8~20	8~20	8~20	
蒸发残留物	残留分含量,不小于	%	50	50	50	50	
	溶解度,不小于	%	97.5		97.5		
	针入度(25℃)	dmm	50~300	45~150	50~300	45~150	
	延度(15℃),不小于	cm	40		40		
与粗集料的黏附性,裹附面积不小于			2/3		2/3		
与粗、细粒式集料拌和试验			—		—		
水泥拌和试验的筛上剩余,不大于		%	—		—		
常温贮存稳定性: 1d,不大于 5d,不大于		%	1 5		1 5		

注:(1)P为喷洒型,C、A分别表示阳离子、阴离子乳化沥青;

(2)黏度可选用恩格拉黏度计或沥青标准黏度计之一测定;

(3)表中的破乳速度与集料的黏附性的要求,与石料品种有关,质量检验时应采用工程上实际的石料进行试验,仅进行乳化沥青产品质量评定时可不要求此三项指标;

(4)贮存稳定性根据施工实际情况选用试验时间,通常采用5d,乳液生产后能在当天使用时也可1d的稳定性;

(5)当乳化沥青需要在低温冷冻条件下贮存或使用时,尚需进行-5℃低温贮存稳定性试验,要求没有粗颗粒,不结块;

(6)如果乳化沥青是将高浓度产品运到现场经稀释后使用时,表中的蒸发残留物等各项指标指稀释前乳化沥青的要求。检验数量:全部。检验方法:产品合格证、检验报告,沥青用量施工记录。

2. 沥青路面各沥青层之间,沥青面层与沥青稳定碎石基层,旧路面之间以及沥青面层与路缘石、检查井等构造物接触面处,必须喷洒粘层油。粘层油根据设计要求可采用乳化沥青、改性乳化沥青或液体沥青。粘层材料的规格与用量应符合设计要求及表4规定。

表4 沥青路面粘层材料的规格和用量

下卧层类型	液体沥青		乳化沥青	
	规格	用量(L/m²)	规格	用量(L/m²)
新建沥青层或旧沥青路面	AL(R)-3~AL(R)-6 AL(M)-3~AL(M)-6	0.3~0.5	PC-3 PA-3	0.3~0.6
水泥混凝土	AL(M)-3~AL(M)-6 AL(S)-3~AL(S)-6	0.2~0.4	PC-3 PA-3	0.3~0.5

注:表中用量是指包括稀释剂和水分等在内的液体沥青、乳化沥青的总量。乳化沥青中的残留物含量以50%为基准。检验数量:全部。检验方法:查验产品合格证,检验报告,沥青用量施工记录。

3. 稀浆封层一般用于新建城市道路快速路、主干道及其他道路的下封层,也可用于道路的临时性养护。

4. 稀浆封层应选择坚硬、粗糙、耐磨、洁净的集料。各项性能应符合表5的要求。稀浆封层用通过4.75mm筛的合成矿料的砂当量不得低于60%。

表5 稀浆封层的矿料级配

筛孔尺寸(mm)	稀浆封层		
	ES-1型	ES-2型	ES-3型
9.5		100	100
4.75	100	95~100	70~90
2.36	90~100	65~90	45~70
1.18	60~90	45~70	28~50
0.6	40~65	30~50	19~34
0.3	25~42	18~30	12~25
0.15	15~30	10~21	7~18
0.075	10~20	5~15	5~15
一层的适宜厚度(mm)	2.5~3	4~7	8~10

5. 稀浆封层混合料中乳化沥青及改性乳化沥青的用量应通过配合比设计确定。混合料的质量应符合下表的技术要求,改性乳化沥青需满足表6、表7的技术要求。

表6 稀浆封层混合料技术要求

项目	单位	稀浆封层	试验方法
可拌和时间	s	>120	手工拌和
稠度	cm	2~3	
粘聚力试验 30min(初凝时间) 60min(开放交通时间)	 N·m N·m	(仅适用于快开放交通的稀浆封层) ≥1.2 ≥2.0	按国家现行规范、规程执行
负荷轮碾压试验(LWT) 黏附砂量 轮迹宽度变化率	 g/m^2 %	(仅适用于重交通道路表层时) <450 —	
湿轮磨耗试验的磨耗值(WTAT) 浸水1h 浸水6d	 g/m^2 g/m^2	 <800 —	

注:负荷轮碾压试验(LWT)的宽度变化率适用于需要修补车辙的情况。

表7 改性乳化沥青技术要求

试验项目		单位	品种及代号		试验方法
			PCR	BCR	
破乳速度		—	快裂或中裂	慢裂	按国家现行规范、规程执行
粒子电荷		—	阳离子(+)	阳离子(+)	
筛上剩余量(1.18mm),不大于		%	0.1	0.1	
黏度	恩格拉黏度E_{25}	—	1~10	3~30	
	沥青标准黏度$C_{25,3}$	S	8~25	12~60	
蒸发残留物	含量,不小于	%	50	60	
	针入度(100g,25℃,5S)	0.1mm	40~120	40~100	
	软化点,不小于	℃	50	53	
	延度(5℃),不小于	cm	20	20	
	溶解度(三氯乙烯),不小于	%	97.5	97.5	
与矿料的黏附性,裹覆面积不小于		—	2/3	—	
贮存稳定性	1d,不小于	%	1	1	
	5d,不大于	%	5	5	

注:(1)破乳速度与集料黏附性、拌和试验、所使用的石料品种有关。工程上施工质量检验时采用实际的石料试验,仅进行产品质量评定时可不对这些指标提出要求;

(2)当用于填补车辙时,BCR蒸发残留物的软化点宜提高至不低于55℃;

(3)贮存稳定性根据施工实际情况选择试验天数,通常采用5d,乳液生产后能在第二天使用完时也可选用1d。个别情况下改性乳化沥青5d的贮存稳定性难以满足要求,如果经搅拌后能达到均匀一致并不影响正常使用,此时要求改性乳化沥青运至工地后存放在附有搅拌装置的贮存罐内,并不断搅拌,否则不准使用;

(4)当改性乳化沥青或特种改性乳化沥青需要在低温冰冻条件下贮存或使用时,尚需进行-5℃低温贮存稳定性试验,要求没有粗颗粒、不结块。

表8　稀浆封层施工过程中质量的控制标准

项目		检查频度及单点检验评价方法	质量要求或允许偏差	试验方法
外观		随时	表面平整，均匀一致，无拖痕，无显著离析，接缝顺畅	按国家现行规范、规程执行
油石比		每日1次总量评定	±0.3%	
厚度		每公里5个断面	±10%	
矿料级配	0.075mm	每日1次取2个试样筛分的平均值	±2%	
	0.15mm		±3%	
	0.3mm		±4%	
	0.6、1.18、2.36、4.75、9.2（mm）		±5%	
湿轮磨耗试验		每周1次	符合设计要求	

6. 用于半刚性基层的透层油宜紧接在碾压成型后、表面稍变干燥，但尚未硬化时，即予喷洒。喷洒透层油前应清扫基层表面，透入深度不宜少于5mm。检验数量：全部。检验方法：观察。

7. 粘层油喷洒前，应清扫路表。路面潮湿时不得喷洒粘层油，用水洗刷后需待表面干燥后喷洒。喷洒粘层油后应确保粘层不受污染。检验数量：全部。检验方法：观测。

8. 稀浆封层必须使用专用的摊铺机进行摊铺。稀浆封层可采用普通乳化沥青或改性乳化沥青，其品种和质量应符合要求。

9. 稀浆封层施工前，应彻底清除原路面的泥土、杂物，修补坑槽、凹陷，较宽的裂缝宜清理灌缝。在水泥混凝土路面上铺筑微表处时宜洒布粘层油，过于光滑的表面需拉毛处理。

10. 稀浆封层最低施工温度不得低于10℃，严禁在雨天施工。

11. 稀浆封层两幅纵缝搭接的宽度不宜超过80mm，横向接缝宜做成对接缝。分两层摊铺时，第一层摊铺后至少应开放交通24h后方可进行第二层摊铺。

12. 稀浆封层铺筑后的表面不得有超粒径料拖拉的严重划痕，横向接缝和纵向接缝处不得出现余料堆积或缺料现象，用3m直尺测量接缝处的不平整度不得大于6mm。

13. 外观质量要求：

(1)透层、粘层油喷洒均匀，表面不起油皮，不得有花白、漏洒、堆积或成条状，相邻构造物未被沥青污染；

(2)稀浆封层铺筑机工作时应匀速前进，铺筑厚度应均匀、表面平整。检验数量：全部。检验方法：观察。

沥青混凝土路面施工检查记录

渝市政竣-28

工程名称	重庆××区××道路工程		单位(子单位)工程名称	混凝土路面施工	
施工单位	重庆××市政工程公司		施工单位(专业分包单位)	重庆××路面工程公司	
检查部位	K0+250~K0+360		气候情况	多云见晴	
检查项目及检查结果					
1. 原材料试验检验报告单及编号			材料试验检验报告单具备且合格,编号:××。		
2. 道路所用沥青品种、标号			Pc-2,PA-2:标号:××。		
3. 沥青混合料配合比设计报告单及编号			具备;编号:××。		
4. 下承层弯沉检测及验收情况			下承层弯沉值符合规范要求。		
5. 透层、粘层与封层洒布质量情况			透层、粘层与封层洒布经质量检测,合格。		
6. 铺筑层次及厚度			总共3个层次:1层15cm;2层20cm;3层20cm。		
7. 压实的方式和方法			碾压机压实。		
8. 摊铺宽度			30m。		
9. 松铺系数			1.10~1.35。		
10. 出厂温度			135~155℃。		
11. 摊铺及碾压温度记录			摊铺:125℃;碾压:120℃。		
12. 外观质量检查结果			外观质量检查合格。		
检查结论	经检查,符合规范要求,合格。				
建设单位		监理单位		施工单位(专业分包单位)	
现场负责人:龙×× 2015年×月×日		监理工程师:罗×× 总监理工程师:李×× 2015年×月×日		质检工程师:刘×× 技术负责人:何×× 项目经理:王×× 2015年×月×日	

重庆市城市建设档案馆
重庆市建设工程质量监督总站 监制

说明:

1. 面层的主要类型:

(1)刚性路面:水泥混凝土面层;

(2)柔性路面:沥青混凝土路面;

(3)半刚半柔路面:半刚性基层沥青面层。

2. 热拌沥青混合料和沥青混凝土面层(沥青混合料用材料工序的施工原始资料编制形式和方法与原材料试验资料完全相同)。

3. 沥青及聚合物改性沥青的技术要求应符合设计规定,按同一生产厂家、同一品种、同一标号、同一批号连续进场的沥青(石油沥青每100T为一批,改性沥青每50T为一批)每批次抽验不少于一次。

4. 热拌沥青混凝土所选用细集料和粗集料的质量要求应符合规范规定。按同一产地、同一规格400T为一批,不足400T亦按一批计,每批检验不少于一次。

5. 沥青用量应符合混合料级配设计要求,矿料级配应符合规定,每台班检查不少于1次,有检验报告及配合比设计资料。

6. 沥青混凝土面层压实度符合规定,每1000 m^2测一点。

7. 沥青混凝土面层厚度符合规定,每1000 m^2测一点。

8. 沥青混凝土面层平整度符合规定,用平整度仪,每车道100m连续检测计算。

外观质量要求:表面应平整、密实,无泛油、松散、裂缝和明显离析等现象;施工接缝应紧密、平顺,烫缝不枯焦;面层与路缘石、平石及其他的构筑物衔接平顺,无积水等现象。

混凝土路面面层施工检查记录

渝市政竣-29

工程名称	重庆××区××道路工程	施工单位	重庆××市政工程公司
检查部位	K0+350	气候情况	晴
检查项目及检查结果			
1. 原材料试验检验报告单及编号		材料试验检验报告单具备且合格，编号：××。	
2. 配合比设计报告单及编号		配合比设计报告单编号：××。	
3. 下承层弯沉检测及验收准备情况		下承层弯沉值符合要求。	
4. 钢筋、预埋胀缝板、传力杆等安装情况		钢筋、预埋胀缝板、传力杆安装位置正确且符合相关规范要求规定。	
5. 铺筑方式及分块情况		滑模摊铺机铺筑，曲线段分块。	
6. 实测坍落度		20~30（mm）。	
7. 铺筑厚度		200mm。	
8. 铺筑面积		2540m^2。	
9. 抗滑构造深度		符合设计标准。	
10. 与构筑物相接情况		与构筑物相接处严密，无漏缝。	
11. 切缝时间、深度、宽度		2015年×月×日；深：80mm，宽：3750mm。	
12. 填缝材料名称、配合比及施工质量		BUS柔性水泥嵌缝料；施工质量良好。	
13. 养护方法及效果		良好，符合相关要求。	
检查结论	经检查，符合设计规范要求，合格。		

建设单位	监理单位	施工单位
现场负责人：龙×× 2015年×月×日	监理工程师：罗×× 总监理工程师：李×× 2015年×月×日	质检工程师：刘×× 技术负责人：何×× 项目经理：王×× 2015年×月×日

重庆市城市建设档案馆
重庆市建设工程质量监督总站 监制

说明：

1. 水泥进场时应对其品种、级别、包装或散装仓、出厂日期等进行检查，并应对其强度、安全性及其他必要的性能指标进行复验，其质量应符合国家现行规范的规定。检查产品合格证、检验报告，按同一生产厂家、同一品种、同一标号、同一批号连续进场的水泥（袋装不超过200T为一批，散装不超过400T为一批）每批次抽样不少于一次。

2. 混凝土中掺和外加剂，其材料质量应符合规定，按进场批次检验，每批检验不少于1次，并查产品合格证和检验报告。

3. 钢筋品种、级别、规格、数量符合规范要求，不超过60T为一批，每批检验不少于1次，并查产品合格证和检验报告。

4. 粗细集料质量应符合设计要求，粗集料最大公称粒径不大于31.5mm，钢纤维混凝土粗集料最大公径不大于19mm，集料级配应符合设计要求。不超过400T为一批，每批检验不少于一次。

5. 水泥混凝土及钢纤混凝土板厚，应符合规范要求，每车道100m测1点。

6. 水泥混凝土及钢纤混凝土平整度，应符合规范要求，每车道每100m连续检测计算。

7. 普通水泥混凝土路面摊铺坍落度根据采用的摊铺设备而定，轨道摊铺机20~40mm，三辊轴机组10~30mm，小型机具0~20mm。钢纤混凝土较普通混凝土小20mm左右。每台班检验数量不少于3次。

8. 外观质量要求：水泥混凝土板面平整，边角整齐，无裂缝，没有脱皮、积水、蜂窝、麻面等；伸缩缝必须垂直、贯通，线直弯顺，灌缝饱满、密实，缝内无杂物；横坡顺直，无凹坑、积水，拉毛或刻痕符合设计要求。

混凝土浇筑许可证

渝市政竣-30

<table>
<tr><td>工程名称</td><td colspan="2">重庆××路路基工程</td><td>施工单位</td><td colspan="2">重庆××市政工程有限公司</td></tr>
<tr><td>设计强度</td><td>040</td><td>浇筑部位</td><td>路基</td><td>浇筑时间</td><td>2015年×月×日14时</td></tr>
<tr><td>混凝土标号</td><td colspan="2">2015-0028</td><td>浇筑数量</td><td colspan="2">392m³</td></tr>
<tr><td>水泥名称、标号</td><td colspan="2">P. 0 42.5</td><td>配制坍落度</td><td colspan="2">12.2cm</td></tr>
<tr><td>后仓负责人</td><td colspan="2">杨××</td><td>前仓负责人</td><td colspan="2">牛××</td></tr>
<tr><td>设计配合比</td><td colspan="5">水泥:砂:碎石:水=1:1.7:4.11:0.48</td></tr>
<tr><td>自拌混凝土</td><td colspan="2">后仓浇筑前准备情况
（砂、石、水、电、磅称、机械）</td><td colspan="3">准备工作已做好，等待浇注。</td></tr>
<tr><td rowspan="3">预拌混凝土</td><td colspan="2">生产单位</td><td colspan="3">重庆××水泥集团公司。</td></tr>
<tr><td colspan="2">设计配合比</td><td colspan="3">水泥:砂:碎石:水=1:1.5:4.08:0.45。</td></tr>
<tr><td colspan="2">出厂合格证编号</td><td colspan="3">11101528。</td></tr>
<tr><td colspan="3">钢筋品种、规格、焊接、绑扎情况及钢筋工程、预应力管道安装隐蔽验收完成情况</td><td colspan="3">钢筋品种、规格、焊接、绑扎情况符合设计规范，钢筋工程、预应力管道安装隐蔽验收合格。</td></tr>
<tr><td>模板支撑情况</td><td colspan="2">支撑完好</td><td colspan="2">混凝土浇筑方式</td><td>泵送</td></tr>
<tr><td colspan="2">建设单位</td><td colspan="2">监理单位</td><td colspan="2">施工单位</td></tr>
<tr><td colspan="2">现场负责人：龙××

2015年×月×日</td><td colspan="2">专业监理工程师：刘××
总监理工程师：李××

2015年×月×日</td><td colspan="2">质检工程师：罗××
技术负责人：李××
项目经理：王××
2015年×月×日</td></tr>
</table>

重庆市城市建设档案馆
重庆市建设工程质量监督总站 监制

说明：本表适用于混凝土浇灌前，应经施工单位有关管理人员和监理单位监理工程师批准许可开盘的记录。

1.“浇筑部位”：指拟浇筑混凝土的部位；

2.“浇筑数量”：指拟浇灌混凝土的数量；

3.“浇筑时间”：指申请混凝土浇筑日期；

4.“混凝土设计配合比报告单、水泥出厂日期、抽样试验、混凝土配合比、每盘用量”：当使用预拌混凝土时可不填；

5.“混凝土设计配合比报告单编号”：可填施工单位或试验室对混凝土强度试配单的编号；

6.“混凝土配合比”：指混凝土浇筑的施工配合比；

7. 监理单位应有明确的意见是否同意砼浇筑。

混凝土浇筑记录

渝市政竣-31

<table>
<tr><td colspan="3">工程名称</td><td colspan="2">重庆××区××路立交桥工程</td><td>施工单位</td><td colspan="2">重庆××市政工程有限公司</td></tr>
<tr><td colspan="3">浇筑日期</td><td colspan="2">2015年×月×日</td><td>浇筑部位</td><td colspan="2">⑫-㉒/Ⓑ-Ⓖ轴</td></tr>
<tr><td colspan="3">设计强度</td><td>C42</td><td>天气情况</td><td>晴</td><td>室外气温</td><td>25℃</td></tr>
<tr><td colspan="3">配合比通知单号</td><td colspan="5">××-1122</td></tr>
<tr><td rowspan="8">混凝土来源</td><td rowspan="2">预拌</td><td colspan="2">供料厂名</td><td colspan="4">重庆××水泥制品有限公司</td></tr>
<tr><td colspan="2">供料强度等级</td><td colspan="4">C42</td></tr>
<tr><td rowspan="6">自拌</td><td rowspan="6">混凝土配合比</td><td>材料名称</td><td>规格产地</td><td>每立方米用量</td><td>每盘用量</td><td>材料含水量</td><td>实际每盘用量</td></tr>
<tr><td>水泥</td><td>重庆</td><td>343</td><td>110</td><td>1%</td><td>126</td></tr>
<tr><td>砂子</td><td>重庆</td><td>784</td><td>196</td><td>12%</td><td>203</td></tr>
<tr><td>石子</td><td>重庆</td><td>1153</td><td>432</td><td>8%</td><td>452</td></tr>
<tr><td>水</td><td>重庆</td><td>190</td><td>63</td><td>100%</td><td>61</td></tr>
<tr><td>外掺剂</td><td>重庆</td><td>89</td><td>29</td><td>2%</td><td>27</td></tr>
<tr><td colspan="3">实测坍落度</td><td colspan="2">16.6cm</td><td>入模温度</td><td colspan="2">25℃</td></tr>
<tr><td colspan="3">混凝土完成数量</td><td>130m²</td><td>开始时间</td><td>15:00</td><td>完成时间</td><td>17:00</td></tr>
<tr><td colspan="3">试件留置种类、数量、编号</td><td colspan="5">种类:×××,数量:62,编号:×××-0215</td></tr>
<tr><td colspan="3">混凝土浇筑中出现的问题及处理情况</td><td colspan="5">未发生问题,一切正常</td></tr>
<tr><td colspan="3">备　注</td><td colspan="5">本记录每浇筑一次混凝土记录一张</td></tr>
<tr><td colspan="5">监理单位</td><td colspan="3">施工单位</td></tr>
<tr><td colspan="5">专业监理工程师:张××

2015年×月×日</td><td colspan="3">质检工程师:何××
技术负责人:王××

2015年×月×日</td></tr>
</table>

重庆市城市建设档案馆
重庆市建设工程质量监督总站　监制

说明:本表适用于砼搅拌、浇筑、养护、拆模、试件留置等施工情况的检查记录。

1.“设计强度”:指设计的混凝土强度等级;

2.“浇筑日期”:填写为月、日、时、分;

3.“塌落度实测情况”:将按规定进行实际检测的值填入;

4.“试件留置种类、用量及编号”:指试件取样时,混凝土浇筑的部位;并填入留置组数及现场自编号,自编号应连续,不得有间断;

5. 混凝土浇筑中出现问题要查明原因,并注明处理情况;

6. 本表一式两份,报现场监理工程师一份。

砌体施工检查记录

渝市政竣-32

工程名称	重庆××区××立交桥工程	检查部位	××墩身砌体
材料强度(MPa)	42.9	试验报告编号	×××-0132
砂浆强度(kPa)	40.7	试验报告编号	×××-0175
检查项目及检查结果			
1. 砌体材质、几何尺寸、外观质量应符合设计和规范要求		砌体材质、尺寸、外观质量均符合设计规范要求。	
2. 砌筑砂浆强度、配合比、拌制方式、拌和机具检查		砂浆强度:×××,配合比:×××,拌制方式:×××,拌和机具:×××。	
3. 现场砌筑方法、铺浆方式、砂浆饱满度检查		砌筑方法:×××,铺浆方式:×××。 砂浆饱满度:×××。	
4. 检查施工放线记录和基底地质情况		放线记录:×××。 基底地质:×××。	
5. 对照设计检查沉降缝、泄水孔、反滤层的设置和后背回填质量情况		沉降缝、泄水孔、反滤层的设置和后背回填均符合设计规范要求。	
检查结论	经检查,上述内容均符合设计要求和相关规范规定,同意隐蔽。		

建设单位	监理单位	施工单位
现场负责人:龙×× 2015年×月×日	监理工程师:罗×× 总监理工程师:李×× 2015年×月×日	质检工程师:何×× 技术负责人:刘×× 项目经理:王×× 2015年×月×日

重庆市城市建设档案馆
重庆市建设工程质量监督总站 监制

说明:

1. 一般规定

(1)石料质量、规格及砂浆所用材料的质量应符合设计要求,按规定的配合比施工;

(2)砌块应错缝砌筑、相互咬紧;浆砌时砌块应坐浆挤紧,嵌缝后砂浆饱满,无空洞现象;干砌时不松动、无叠砌和浮塞;

(3)沉降缝必须顺直贯通,缝宽、填塞材料应符合设计要求;

(4)泄水孔、反滤层、防排水设施应符合设计规范要求。

2. 实测项目

见表1及表2。

表1 浆砌砌体实测项目

项目	序号	检查项目		允许偏差或允许值	检查方法或频率
主控项目	1	砂浆强度(MPa)		在合格标准内	按附录"水泥砂浆强度评定"检查
	2	断面尺寸(mm)	料石	±20	尺量:每20m检查2处
			块石	±30	
			片石	±50	

续表

项目	序号	检查项目		允许偏差或允许值	检查方法或频率
一般项目	1	顶面高程(mm)	料、块石	±15	水准仪:每20m检查3点
			片石	±20	
	2	竖直度或坡度	料、块石	0.3%	吊垂线:每20m检查3点
			片石	0.5%	
	3	表面平整度(mm)	料石	10	2m直尺:每20m检查5处×3尺
			块石	20	
			片石	30	

表2 干砌块片石实测项目

项目	序号	检查项目	允许偏差或允许值	检查方法或频率
主控项目	1	断面尺寸(mm)	不小于设计值	尺量:每20m检查3处
一般项目	1	顶面高程(mm)	±30	水准仪:每20m测3点
	2	竖直度或坡度	0.5%	吊垂线:每20m检查3点
	3	表面平整度(mm)	30	2m直尺:每20m检查5处×3尺

3. 外观鉴定

(1)砌体边缘直顺,外露表面平整;

(2)勾缝平顺,缝宽均匀,无脱落现象。

高边坡开挖及治理施工检查记录

渝市政竣-33

<table>
<tr><td>工程名称</td><td colspan="2">重庆××工业园区××河道治理工程</td><td>施工单位</td><td colspan="2">重庆××市政工程有限公司</td></tr>
<tr><td>设计单位</td><td colspan="2">重庆××市政设计院</td><td>图纸编号</td><td colspan="2">施图-12</td></tr>
<tr><td>高边坡类型</td><td>土质边坡</td><td>最大高度(m)</td><td>28</td><td>支护结构种类</td><td>锚喷支护</td></tr>
<tr><td colspan="6">检查项目及检查结果</td></tr>
<tr><td colspan="3">1. 高边坡开挖及治理工程施工前期报建程序和手续文件名称记录;专项设计方案名称</td><td colspan="3">报建程序和手续文件、专项设计方案名称均具备,见附件××。</td></tr>
<tr><td colspan="3">2. 施工单位经过审批的施工组织设计或施工专项方案名称</td><td colspan="3">××高边坡开挖施工专项方案。</td></tr>
<tr><td colspan="3">3. 检测单位名称及具备的专业资质等级</td><td colspan="3">重庆××地质勘测院,专业资质:一级。</td></tr>
<tr><td colspan="3">4. 检测单位编写的检测方案针对性和可行性会审评价意见</td><td colspan="3">符合相关规范要求。</td></tr>
<tr><td colspan="3">5. 边坡工程质量检测报告和边坡工程检测报告结果是否符合相关规范和设计要求,责任人签字及报批手续完善情况</td><td colspan="3">边坡工程质量检测报告符合相关规范要求和设计要求,责任人签字及相关手续完善。</td></tr>
<tr><td colspan="3">6. 过程监控资料、观测记录资料名称</td><td colspan="3">××施工过程监控资料,××观测记录资料。</td></tr>
<tr><td>检查结论</td><td colspan="5">符合相关设计要求及验收标准,合格。</td></tr>
<tr><td colspan="2">建设单位</td><td colspan="2">监理单位</td><td colspan="2">施工单位</td></tr>
<tr><td colspan="2">现场负责人:×××
项目负责人:×××

2015年×月×日</td><td colspan="2">监理工程师:×××
总监理工程师:×××

2015年×月×日</td><td colspan="2">质检工程师:×××
技术负责人:×××
项目经理:×××
2015年×月×日</td></tr>
</table>

重庆市城市建设档案馆
重庆市建设工程质量监督总站　监制

说明:

1. 边坡开挖时,应做好坡顶、坡面防排水。土质边坡应尽量避免雨季施工,防止地质灾害发生;必须在雨季施工时,应采取雨季施工措施。

2. 对土石方开挖后不稳定或欠稳定的边坡,应根据边坡的地质特征和可能发生的破坏情况,采取自上而下、分层分段开挖,减少对边坡的扰动;土质边坡分层层高不宜超1m,并按设计及时支护,宜采取逆作法或部分逆作法施工,严禁坡顶堆截。

3. 边坡开挖施工应进行监测,发现异常时,应立即停止施工,消除隐患,经批准后方可继续施工。监测、监控方法按有关规范执行。

4. 承担边坡检测工作的单位应具备相应专业资质。

5. 下列市政工程边坡及挡护结构施工应进行专门论证:

(1)当边坡最大高度,岩质边坡≥15m,土质坡≥8m时,高填方最大高度≥8m时,应编制专项施工方案,并按规定进行专家论证;

(2)地质和环境条件很复杂,稳定性极差的边坡工程;

(3)边坡相邻有重要构筑物、地质条件复杂、破坏后果很严重的边坡工程;

(4)已发生过严重事故的边坡工程;

(5)采用新结构、新技术的边坡工程。

锚孔施工成型检查记录

渝市政竣-34

工程名称	重庆××区××道路工程			单位(子单位)工程名称		道路边坡工程		
成孔方法	机械钻孔			施工单位(专业分包单位)		重庆××市政工程公司		
清孔方式	掏渣、空压机冲气		清孔后残渣情况		符合相关要求		操作人	程××
锚孔编号	成孔日期	设计孔深(m)	实际孔深(m)	设计孔径(m)	实际孔径(m)	设计倾角(度)	实际倾角(度)	备注
1#	×月3日	12	12.50	0.65	0.63	25	26	
2#	×月6日	12	13.00	0.65	0.68	25	25	
3#	×月8日	12	12.50	0.65	0.65	25	25	
4#	×月12日	12	13.12	0.65	0.65	25	24	
5#	×月18日	12	12.75	0.65	0.65	25	25	
6#	×月20日	12	13.00	0.65	0.65	25	24	
检查结论	经检查，符合规范要求，合格。							
建设单位			监理单位			施工单位(专业分包单位)		
现场负责人：龙×× 2015年×月×日			监理工程师：罗×× 2015年×月×日			质检工程师：刘×× 技术负责人：王×× 2015年×月×日		

重庆市城市建设档案馆
重庆市建设工程质量监督总站 监制

说明：本表适用于市政公用工程的边坡锚固钻孔成孔施工记录。

1. 测量孔位与孔径以设计的轴线为基准线进行检测。

2. 一般规定：

(1)锚杆和钢筋的强度、数量、质量和规格必须符合设计和有关规范的要求；

(2)混凝土及砂浆所用的水泥、砂、石、水和外掺剂必须符合有关规范的要求，按规定的配合比施工；

(3)边坡坡度、坡面应符合设计要求；岩面应无风化、无浮石，喷射前应保证表面干净；

(4)钢筋应清除污锈，钢筋网与锚杆或其他锚固装置连接牢固，喷射时钢筋不得晃动；

(5)锚杆插入锚孔深度不得小于设计长度的95%，孔内砂浆应密实、饱满；

(6)喷射前应做好排水设施，对漏水的空洞、缝隙应采用堵水等措施，确保支护质量；

(7)钢筋或锚杆不得外露,混凝土不得开裂脱落。

3. 实测项目见下表。

锚喷防护实测项目表

项目	序号	检查项目	允许偏差或允许值	检查方法或频率
主控项目	1	混凝土强度(MPa)	在合格标准内	按DBJ 50-078—2008附录检查
	2	砂浆强度(MPa)	在合格标准内	按附录"水泥砂浆强度评定"检查
	3	锚杆拔力(kN)	拔力平均值≥设计值,最小拔力≥0.9·设计值	拔力试验:锚杆数1%,且不少于3根
	4	锚索张拉应力(MPa)	符合设计要求	油压表:每索由读数反算
一般项目	1	锚孔深度(mm)	不小于设计	尺量:抽查10%
	2	锚杆(索)间距(mm)	±100	尺量:抽查10%
	3	喷层厚度(mm)	平均厚≥设计厚;60%检查点的厚度≥设计厚;最小厚度≥0.5设计厚,且不小于设计规定	尺量(凿孔)或雷达断面仪:每10m检查1个断面,每3m检查1点

4. 外观鉴定:混凝土表面密实,不得有突变;与原表面结合紧密,不应起鼓。

5. 本表一式三份,施工单位、监理单位、建设单位分别签字。

锚杆（索）、锚钉施工检查记录

渝市政竣-35

工程名称	重庆××区××道路工程			单位（子单位）工程名称		边坡锚杆支护	
锚杆（索）、锚钉编号	×××			施工单位（专业分包单位）		重庆××市政工程公司	
品种规格	100mm	根数	3	长度（m）	10.5	定位撑铁	××
对接方式	直螺纹连接	接头数量	3	锚固段长度（m）	0.6	锚固段形式	内部锚固
锚头形式	拉杆锚头	自由段长度（m）	2.9	自由端防腐情况	防腐措施正常		
灌浆材料	水泥浆	灌浆方式	边注浆边拔管	灌浆压力（MPa）	0.5	灌浆机型	DMAR2
配合比	水灰比0.43	灌浆量（m³）	0.018	灌浆时间	×月×日 15:25	自由段封闭	/

剖面示意图

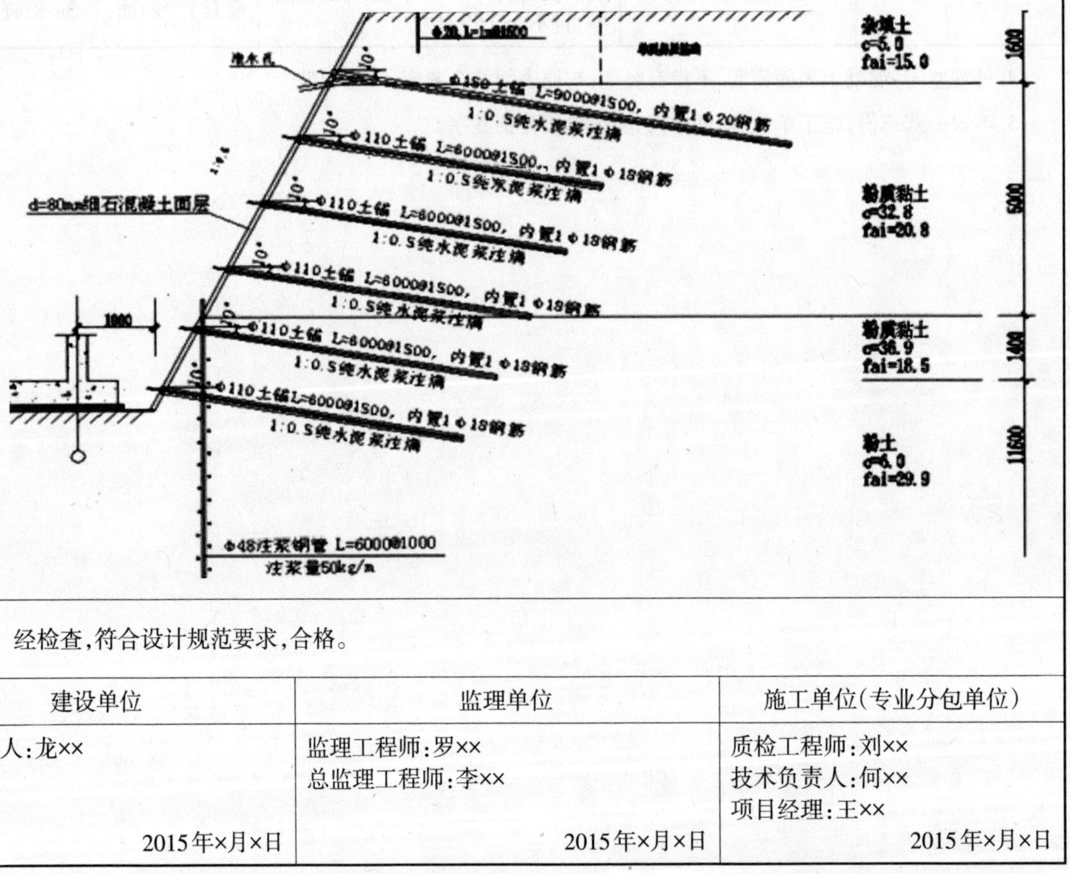

检查结论	经检查，符合设计规范要求，合格。	
建设单位	监理单位	施工单位（专业分包单位）
现场负责人：龙×× 2015年×月×日	监理工程师：罗×× 总监理工程师：李×× 2015年×月×日	质检工程师：刘×× 技术负责人：何×× 项目经理：王×× 2015年×月×日

重庆市城市建设档案馆
重庆市建设工程质量监督总站 监制

说明：本表适用于环境边坡工程、基础工程等的锚杆（索）、锚钉的钻孔、钢筋隐蔽及灌浆的施工检查记录；本表已明确反映了钢筋隐蔽情况和灌浆情况时，可不再另行办理钢筋隐检，不再填灌浆记录表。

1. 此表的形成按一根锚杆（索）一表。

2. 钻孔、钢筋安装及灌浆在不同时间段内完成，可在灌浆完毕后完善签字手续；但施工单位必须在钻孔、钢筋安装完成后应按工序报验，经监理同意后方可进入下一阶段施工作业。

3. 钢筋为预应力筋时，预应力筋的张拉应填入专门的表格内。

4.“锚杆(索)、锚钉编号”:指锚杆(索)、锚钉的设计编号,如设计未有编号,可自编号并附平面示意图。

5.“锚头形式”:主要适用于预应力筋;“锚固段形式”:主要适用于普通钢筋。

6.“剖面示意图”:应明确锚杆的水平倾角、总长度、锚入岩层的深度、锚入岩层的岩质状况、锚固端头节点大样等。

7.“检查结论”:应明确是否符合设计图和有关施工验收规范的要求,当不符合时应有处理意见。

8.当锚杆施工由专业施工单位完成时,分包单位的有关人员应分别签字。

抗滑桩施工检查记录

渝市政竣-36

<table>
<tr><td>工程名称</td><td colspan="2">重庆××区××立交桥工程</td><td>施工单位</td><td>重庆××市政工程公司</td></tr>
<tr><td>桩身位置</td><td colspan="2">K0+650处中轴</td><td>结构型式</td><td>钢筋混凝土框架结构</td></tr>
<tr><td colspan="5">检查项目及检查结果</td></tr>
<tr><td colspan="3">1. 抗滑桩所用钢材质量、规格、型号、数量,混凝土强度是否符合设计要求</td><td colspan="2">所用钢材质量:××,规格:××,型号:××,数量:××,混凝土强度符合设计要求。</td></tr>
<tr><td colspan="3">2. 抗滑桩埋置深度、嵌岩深度、襟边宽度是否符合设计要求</td><td colspan="2">埋置深度:××,嵌岩深度:××,襟边宽度:××,均符合设计规范要求。</td></tr>
<tr><td colspan="3">3. 抗滑桩实际位置所在滑动面与设计有无出入,有无处理措施</td><td colspan="2">抗滑桩实际位置所在滑动面与设计相符有相关处理措施。</td></tr>
<tr><td colspan="3">4. 抗滑桩桩区地面截水、排水及防渗处理情况</td><td colspan="2">截水、排水及防渗情况均符合要求。</td></tr>
<tr><td colspan="3">5. 抗滑桩几何尺寸应满足设计要求</td><td colspan="2">几何尺寸满足设计要求。</td></tr>
<tr><td colspan="3">6. 抗滑桩的水平承载力检测应满足设计要求</td><td colspan="2">水平承载力检测满足设计要求。</td></tr>
<tr><td>检查结论</td><td colspan="4">经检查,符合相关设计规范要求,合格。</td></tr>
<tr><td colspan="2">建设单位</td><td colspan="2">监理单位</td><td>施工单位</td></tr>
<tr><td colspan="2">现场负责人:龙××

2015年×月×日</td><td colspan="2">监理工程师:罗××
总监理工程师:李××

2015年×月×日</td><td>质检工程师:何××
技术负责人:刘××
项目经理:王××
2015年×月×日</td></tr>
</table>

重庆市城市建设档案馆
重庆市建设工程质量监督总站 监制

说明:

1. 施工中应核对滑动面的位置,如图纸与实际位置有出入,应变更抗滑桩的深度;做好桩区地面截排水及防渗,孔口地面上应加筑适当高度的围埂;混凝土所用的水泥、砂、石、水和外掺剂的质量和规格必须符合设计和有关规范的要求,按配合比施工。

2. 实测项目:混凝土强度在合格标准内;断面尺寸不小于设计值;桩长不小于设计值;桩位允许不超偏差值(最大100mm内)竖直度达标;钢筋骨架底面高程符合要求。见下表。

表　抗滑桩实测项目

<table>
<tr><td>项目</td><td>序号</td><td colspan="2">检查项目</td><td>规定值或允许偏差</td><td>检查方法和频率</td></tr>
<tr><td rowspan="2">主控项目</td><td>1</td><td colspan="2">混凝土强度(MPa)</td><td>在合格标准内</td><td>按附录“水泥混凝土抗压强度评定”检查</td></tr>
<tr><td>2</td><td colspan="2">断面尺寸(mm)</td><td>不小于设计</td><td>探孔器:每桩测量</td></tr>
<tr><td rowspan="5">一般项目</td><td>1</td><td colspan="2">桩长(m)</td><td>不小于设计</td><td>测绳量:每桩测量</td></tr>
<tr><td>2</td><td colspan="2">桩位(mm)</td><td>100</td><td>经纬仪:每桩测量</td></tr>
<tr><td rowspan="2">3</td><td rowspan="2">竖直度(mm)</td><td>钻孔桩</td><td>1%桩长,且不大于500</td><td>测壁仪或吊垂线:每桩检查</td></tr>
<tr><td>挖孔桩</td><td>0.5%桩长,且不大于200</td><td>吊垂线:每桩检查</td></tr>
<tr><td>4</td><td colspan="2">钢筋骨架底面高程(mm)</td><td>±50</td><td>水准仪:测每桩骨架顶面高程后反算</td></tr>
</table>

3. 外观鉴定:无破损检测桩的质量如有缺陷,则必须经设计确认后方可使用。

钢结构隐蔽工程检查验收记录

渝市政竣-37

<table>
<tr><td>工程名称</td><td>重庆××市政道路工程</td><td>单位(子单位)工程名称</td><td>××护坡工程</td></tr>
<tr><td>工程部位</td><td>护坡××挡墙</td><td>施工单位(专业分包单位)</td><td>重庆××市政工程公司</td></tr>
<tr><td colspan="4">检查项目及检查内容</td></tr>
<tr><td colspan="2">1. 劲性骨架组成(单元数及联系杆)</td><td colspan="2">组成:××,××。</td></tr>
<tr><td colspan="2">2. 每个单元、联系杆钢材编号、数量、品种及规格</td><td colspan="2">钢材编号:NX001,NX002,NX003,NX004;数量:23,12,32,16;品种:热轧等边角钢(90,45,125)热轧工字钢(12,20a,27b,30c)。</td></tr>
<tr><td colspan="2">3. 各单元几何尺寸及组装情况</td><td colspan="2">各单元几何尺寸和组装的几何尺寸符合设计和规范规定。</td></tr>
<tr><td colspan="2">4. 钢材接头类型及接头尺寸、焊缝质量</td><td colspan="2">接头类型:钢筋电渣压力焊接头;接头尺寸:15~30mm,焊缝质量符合规范要求。</td></tr>
<tr><td colspan="2">5. 钢材接头位置</td><td colspan="2">符合设计要求,大部分位于跨边1/3处。</td></tr>
<tr><td colspan="2">6. 钢材安装位置</td><td colspan="2">桥墩桩基2~7。</td></tr>
<tr><td colspan="2">7. 材料代换情况</td><td colspan="2">按设计要求使用材料,无更换现象。</td></tr>
<tr><td colspan="2">8. 钢筋锈蚀程度</td><td colspan="2">钢筋表面清洁,无明显锈蚀。</td></tr>
<tr><td colspan="2">9. 其他</td><td colspan="2">无。</td></tr>
<tr><td>检查结论</td><td colspan="3">经检查,钢结构各隐蔽工程项目符合设计和规范要求。</td></tr>
<tr><td>建设单位</td><td colspan="2">监理单位</td><td>施工单位(专业分包单位)</td></tr>
<tr><td>现场负责人:龙××

2015年×月×日</td><td colspan="2">监理工程师:罗××
总监理工程师:李××

2015年×月×日</td><td>质检工程师:刘××
技术负责人:何××
项目经理:王××
2015年×月×日</td></tr>
</table>

重庆市城市建设档案馆
重庆市建设工程质量监督总站 监制

说明:本表适用于钢结构隐蔽工程检查的记录。

1. 按规范要求须做隐检的部位及重要部位的各工序间均应做隐蔽检查。

2. 检查内容需要附图的应绘制简图并说明,明确构造、连接、尺寸、所用材料、质量要求等。

钢结构焊接质量检查记录

渝市政竣-38

工程名称	重庆××区××桥梁工程			单位(子单位)工程名称		桥梁钢结构安装工程
工程部位	K11+360~K11+400			施工单位(专业分包单位)		重庆××城建集团公司
焊接材料质量	焊接材料质量良好。					
焊接工艺评定	施工操作工艺按有关施工工艺标准执行,经检查,合格。					
焊接外观质量	无不良缺陷。					
项目			允许值		检查结果	检查方法和频率
手工电弧焊及气体保护焊	对接焊缝余高		平焊	4mm	3.0	用拉线和钢尺检查
			其他	2mm	1.0	用拉线和钢尺检查
	对接焊缝错边		2mm		1.5	焊缝量规抽查
	角焊缝焊接尺寸	主要角焊缝	2.5mm		1.8	焊缝量规抽查
		其他角焊缝	2mm		1.5	焊缝量规抽查
探伤方式及等级			超声波探伤,I级,检验等级B级。			
其他			无。			
自检结论	经自检,此构件焊接作业各检查项目符合设计及规范要求,合格。					
建设单位			监理单位		施工单位(专业分包单位)	
现场负责人:龙×× 2015年×月×日			监理工程师:罗×× 总监理工程师:李×× 2015年×月×日		质检工程师:刘×× 技术负责人:何×× 项目负责人:王×× 2015年×月×日	

重庆市城市建设档案馆
重庆市建设工程质量监督总站 监制

说明:本表适用于钢结构焊缝质量及尺寸检查的记录。

1. 进场材料品种、级别、规格、数量符合规范要求,不超过60T为一批,每批检验不少于1次,并查产品合格证和检验报告。

2. 焊接工艺指经现场监理认可的施工操作工艺标准。

3. “自检结论”:应明确是否合格。

钢结构焊缝外观质量检查记录

渝市政竣-39

工程名称	重庆××区××桥梁工程	单位(子单位)工程名称	桥梁钢结构安装工程
工程部位	K5+050钢梁	施工单位(专业分包单位)	重庆××城建工程集团公司
检查项目及检查结果			
1. 裂纹、未溶合、夹渣、未填满弧坑焊瘤		无任何裂纹出现。	
2. 气孔	横向对接焊缝	三类焊缝,符合要求。	
	纵向对接焊缝、主要角焊缝	二类焊缝,表面无气孔。	
	其他焊缝	符合相关要求。	
3. 咬边	受拉杆件横向对接焊缝及竖加劲肋角焊缝(腹板侧受拉区)	咬边深度:0.3~0.5,连续长度,最大60mm,累计长度:9%全长焊缝,均符合规范要求。	
	受压杆件横向对接焊缝及竖加劲肋角焊缝(腹板侧受拉区)	咬边深度:0.2~0.4,连续长度,最大60mm,累计长度:9%全长焊缝,符合规范要求。	
	纵向对接焊缝、主要角焊缝	三类焊缝,符合相关规范要求。	
	其他焊缝	无。	
4. 焊脚尺寸	主角焊接	二类焊缝,符合要求。	
	其他角焊接	无。	
5. 焊波	角焊缝	二类焊缝,符合要求。	
6. 余高	对接焊缝	ΔP1=2.0~2.5。	
7. 余高铲磨后表面	横向对接焊缝	三类焊缝,符合要求。	
检查结论	经检查,焊缝外观符合设计规范要求,合格。		

建设单位	监理单位	施工单位(专业分包单位)
现场负责人:龙×× 2015年×月×日	监理工程师:罗×× 总监理工程师:李×× 2015年×月×日	质检工程师:刘×× 技术负责人:何×× 项目经理:王×× 2015年×月×日

重庆市城市建设档案馆
重庆市建设工程质量监督总站 监制

说明:本表适用于钢结构焊缝外观检查的记录。

1.“裂纹”:在焊按接头上出现细小的纹状缝隙。

2.“焊瘤”:指正常焊缝之外多余的焊着金属,应填写“有”或“无”。

3.“气孔”:液态金属在凝固过程中、未来得及脱出的气体残留在焊缝中形成的孔穴。

4.“夹渣”:液态金属中的渣物(如焊条药皮、工件表皮的氧化物等)未能及时排出而残留于焊缝中的非金属夹渣物。

5.“咬边”:焊缝两侧与金属工件交界处所形成的凹槽。

6.“检查结论”:应明确说明焊缝外观质量达到的等级。

钢结构构件涂装工程检查记录

渝市政竣-40

<table>
<tr><td>工程名称</td><td>重庆××区××立交桥工程</td><td>单位(子单位)工程名称</td><td colspan="2">桥梁钢结构安装工程</td></tr>
<tr><td>工程部位</td><td>K11+360钢梁</td><td>施工单位
(专业分包单位)</td><td colspan="2">重庆××市政工程公司</td></tr>
<tr><td colspan="5">检查项目及检查结果</td></tr>
<tr><td colspan="2">1. 涂料、稀释剂和固化剂的品种型号和质量状况</td><td colspan="3">涂料:先行,xt-305质量符合设计要求。
稀释剂:伸勇T-200质量符合设计要求。
固化剂:无水T31质量符合设计要求。</td></tr>
<tr><td colspan="2">2. 除锈方法和涂装前表面处理质量状况</td><td colspan="3">机械抛丸除锈,质量状况良好。</td></tr>
<tr><td colspan="2">3. 涂装方法和涂层遍数、涂膜厚度应符合设计要求</td><td colspan="3">高压无气喷涂,质量完好。</td></tr>
<tr><td colspan="2">4. 构件补刷漆的质量和外观状况</td><td colspan="3">补刷漆质量、外观均符合设计要求。</td></tr>
<tr><td colspan="2">5. 构件制造的干漆膜厚度</td><td colspan="3">干漆膜厚度偏差值符合设计要求。</td></tr>
<tr><td colspan="2">6. 干漆膜总厚度</td><td colspan="3">干漆膜总厚度偏差值符合设计要求。</td></tr>
<tr><td>检查结论</td><td colspan="4">经检查,符合设计要求及相关规范规定,合格。</td></tr>
<tr><td colspan="2">建设单位</td><td colspan="2">监理单位</td><td>施工单位</td></tr>
<tr><td colspan="2">现场负责人:龙××

2015年×月×日</td><td colspan="2">监理工程师:罗××
总监理工程师:李××

2015年×月×日</td><td>质检工程师:刘××
技术负责人:何××
项目经理:王××
2015年×月×日</td></tr>
</table>

重庆市城市建设档案馆
重庆市建设工程质量监督总站 监制

说明:

1. 钢结构防腐涂料、稀释料和固化剂的品种、规格、性能符合产品标准和设计要求。全数检查。检查产品合格文件、中文标志和检验报告。

2. 涂装前钢材表面除锈应符合设计要求和有关标准的规定。处理后的钢材表面不应有焊渣、焊疤、灰尘、油污、水和毛刺等。当设计无要求时,钢材表面除锈等级应符合规范规定。按构件数抽查10%,且同类构件不应少于3件。用铲刀检查和用GB 8923《涂装前钢材表面锈蚀等级和除锈等级》规定的图片对照观察检查。

3. 涂料、涂装遍数、涂层厚度均应符合设计要求。当设计对涂层厚度无要求时,涂层干漆膜总厚度:室外应为150μm,室内应为125μm,其允许偏差为-25μm。每遍涂层干漆膜厚度的允许偏差为-5μm。按构件数抽查10%,且同类构件不应少于3件。用干漆膜测厚仪检查。每个构件检测5处,每处的数值为3个相距50mm测点涂层干漆膜厚度的平均值。

4. 防腐涂料的型号、名称、颜色及有效期与其质量证明文件相符。开启后,不应存在结皮、结块、凝胶等现象。按桶数抽查5%,且不应少于3桶。

5. 构件表面不应误涂、漏涂,涂层不应脱皮和返锈等。涂层应均匀、无明显皱皮、流坠、针眼和气泡等。

6. 当钢结构处在有腐蚀介质环境或外露且设计有要求时,应进行涂层附着力测试,在检测处范围内,当涂层完整程度达到70%以上时,涂层附着力达到合格质量标准的要求。按构件数抽查1%,且不应少于3件,每件测3处。GB 1720《漆膜附着力测定法》或GB 9286《色漆和清漆、漆膜的规格试验》进行检查。

7. 涂装完成后,构件的标志、标记和编号应清晰完整。

钢结构防腐涂料涂层厚度检查记录

渝市政竣-41

工程名称	重庆××区××立交桥工程					施工单位	重庆××钢结构工程公司				干漆膜厚度(μm)												125
序号	构件名称	构件编号	干漆膜厚度检测值(第一个构件测5处,每处测三个相距50mm测点的平均值)(μm)																				备注
			第一测处				第二测处				第三测处				第四测处				第五测处				
			每测点值			平均值	每测点值			平均值	每测点值			平均值	每测点值			平均值	每测点值			平均值	
1	钢梁	1	110	115	115	113	120	115	120	118	110	110	115	112	115	120	120	118	110	105	110	108	
2	钢梁	2	110	120	115	115	115	115	120	117	120	120	110	117	105	105	110	107	120	115	120	118	
3	钢梁	3	112	119	114	118	115	115	110	113	120	110	110	113	115	115	110	113	110	115	110	112	
4	钢梁	4	111	120	116	117	114	115	115	115	118	120	119	118	110	113	112	112	118	119	120	119	
5	钢梁	5	112	118	115	117	116	115	114	115	110	110	115	112	115	120	120	118	110	105	110	108	
检查结论	经检查,该网结构防腐涂料涂层厚度符合设计规定要求,合格。																						
建设单位								监理单位				施工单位											
现场负责人:龙×× 2015年×月×日								监理工程师:罗×× 总监理工程师:李×× 2015年×月×日				质检工程师:刘×× 技术负责人:何×× 项目经理:王×× 2015年×月×日											

重庆市城市建设档案馆
重庆市建设工程质量监督总站　监制

说明:

1. 钢结构防腐涂料、稀释料和固化剂的品种、规格、性能符合产品标准和设计要求。全数检查。检查产品合格文件、中文标志和检验报告。

2. 涂料、涂装遍数、涂层厚度均应符合设计要求。当设计对涂层厚度无要求时,涂层干漆膜总厚度:室外应为150μm,室内应为125μm,其允许偏差为-25μm。每遍涂层干漆膜厚度的允许偏差为-5μm。按构件数抽查10%,且同类构件不应少于3件。用干漆膜测厚仪检查。每个构件检测5处,每处的数值为3个相距50mm测点涂层干漆膜厚度的平均值。

3. 涂装完成后,构件的标志、标记和编号应清晰完整。

大六角头高强度螺栓施工检查记录

渝市政竣-42

工程名称	重庆××区××立交桥工程						连接构件名称			钢梁				施工单位				重庆××钢结构工程公司			
抽查节点					连接摩擦面质量	螺栓穿孔质量	链接接头外观质量			施拧扭矩值(N·m)				大六角头终拧质量				扭矩扳手质量		初、终拧标记	
部位	数量	螺栓					穿入方向	螺栓露长	垫圈方向	扭矩系数复试平均值K	初拧	复拧	终拧	小锤逐只敲击质量检查	松扣、回扣检查			定期标定记录	班前班后检查记录	初拧	终拧
		等级	规格	数量											检查扭矩值	偏差值（%）	检查结果				
GL1	3	109s	M22×75	8套	符合要求	符合要求	正确	4mm	正确	0.131	0.29	0.46	0.58	合格	合格	0.7	合格	齐全	齐全	正确	正确
GL2	3	109s	M22×75	8套	符合要求	符合要求	正确	4mm	正确	0.126	0.28	0.45	0.56	合格	合格	0.6	合格	齐全	齐全	正确	正确
GL3	3	109s	M22×75	8套	符合要求	符合要求	正确	4mm	正确	0.140	0.30	0.48	0.60	合格	合格	0.8	合格	齐全	齐全	正确	正确
检查结论	经检查，符合相关规范要求，评定合格。																				
建设单位							监理单位							施工单位							
现场负责人：龙×× 2015年×月×日							监理工程师：罗×× 总监理工程师：李×× 2015年×月×日							质检工程师：刘×× 技术负责人：何×× 项目经理：王×× 2015年×月×日							

重庆市城市建设档案馆
重庆市建设工程质量监督总站 监制

说明:本表适用于大六角头高强度螺栓施工检查的记录。

1."连接构件名称":指节点所连接的构件名称。

2."连接摩擦面质量":按实际检查结果填写。

3."螺栓穿孔质量":指是否自由穿入螺栓,当需扩孔时,应注明扩孔的方法。

4."穿入方向":按是否一致填写。

5."螺栓露长":按螺栓丝扣实际外露扣数填写。

6."扭矩系数复试平均值K":按检验报告的检验结果填写。

7."施拧扭矩值":按实际施拧扭矩值填写。

8."小锤逐只敲击质量检查":按"合格"或"欠拧或漏拧"或"超拧"三种结果填写。

9."初、终拧标记":指涂在螺母上的颜色标记。

10."松扣、回扣检查":按实际检查数值填写,"合格"或"不合格"。

11."检查结论":按"合格"或"不合格"填写,但不合格的应说明不合格的项目。

扭剪型高强螺栓施工检查记录

渝市政竣-43

工程名称	重庆××区××立交桥工程						连接构件名称		钢梁				施工单位		重庆××钢结构工程公司			
抽查节点					连接摩擦面质量	螺栓穿孔质量	连接接头外观质量			初拧扭矩值(N·m)	螺栓梅花头未在终拧中拧掉数及处理结果(6.3.3条)							
部位	数量	螺栓					螺栓穿入方向	螺栓露长	垫圈方向		未拧断梅花头螺栓数量(只)	扭矩扳手施拧扭矩值(N·m)		终拧质量检查		初、终拧标记		扳手标定记录
		等级	规格	数量								初拧	复拧	小锤逐只敲检	松扣、回扣检查	初拧	终拧	
GL4	3	109s	M24×75	8套	符合要求	符合要求	正确	4mm	正确	0.29		0.29	0.58	合格	合格	正确	正确	符合要求
GL5	3	109s	M24×75	8套	符合要求	符合要求	正确	4mm	正确	0.28		0.28	0.57	合格	合格	正确	正确	符合要求
GL6	3	109s	M24×75	8套	符合要求	符合要求	正确	4mm	正确	0.29		0.29	0.58	合格	合格	正确	正确	符合要求
检查结论	经检查,符合相关规范规定要求,合格。																	
建设单位							监理单位						施工单位					
现场负责人:龙×× 2015年×月×日							监理工程师:罗×× 总监理工程师:李×× 2015年×月×日						质检工程师:刘×× 技术负责人:何×× 项目经理:王×× 2015年×月×日					

重庆市城市建设档案馆
重庆市建设工程质量监督总站 监制

说明:本表适用于扭剪型高强螺栓施工检查的记录。

1."连接构件名称":指节点所连接的构件名称。

2."连接摩擦面质量":按实际检查结果填写。

3."螺栓穿孔质量":指是否自由穿入螺栓,当需扩孔时,应注明扩孔的方法。

4."螺栓穿入方向":按是否一致填写。

5."初拧扭矩值":按扭剪型高强螺栓连接副初拧扭矩计算公式所得的实际施拧扭矩值填写。

6."扭矩扳手施拧扭矩值(初拧、终拧)":按扭矩法施工所实施的实际扭矩值填写。

7."小锤逐只敲检":按"合格"或"欠拧或漏拧"或"超拧"三种结果填写。

8."初、终拧标记":指涂在螺母上的颜色标记。

9."松扣、回扣检查":按实际检查数值填写,"合格"或"不合格"。

软土路基及基底处治施工检查记录

渝市政竣-44

<table>
<tr><td>工程名称</td><td>重庆××区××道路工程</td><td>单位(子单位)工程名称</td><td>××道路路基处理工程</td></tr>
<tr><td>检查部位</td><td>K0+150~K0+250段</td><td>施工单位</td><td>重庆××市政工程有限公司</td></tr>
<tr><td>处理依据及方法</td><td colspan="3">根据现场勘察及设计院进一步研究,本工程采用袋装沙井法进行软基处理。</td></tr>
<tr><td>处理后的质量情况</td><td colspan="3">提高了软土路基的质量,增加承载力和稳定性,质量检验符合设计及相关规范要求。</td></tr>
<tr><td>处理示意图</td><td colspan="3">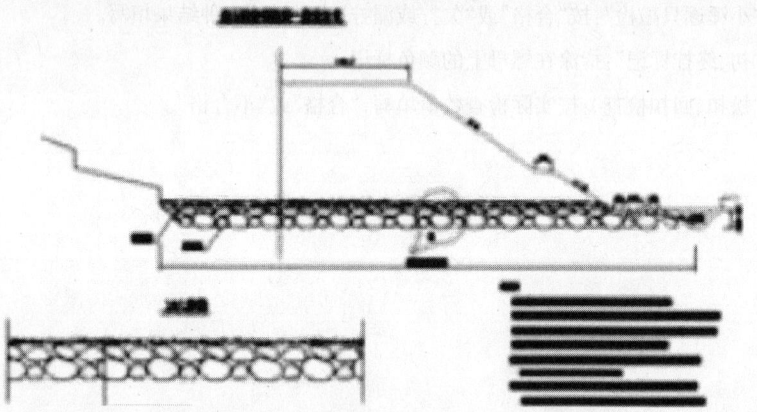</td></tr>
<tr><td>检查结论</td><td colspan="3">经检验,符合设计要求及相关规范规定,合格。</td></tr>
</table>

建设单位	监理单位	施工单位
现场负责人:××× 2015年×月×日	监理工程师:××× 总监理工程师:××× 2015年×月×日	质检工程师:××× 技术负责人:××× 项目经理:××× 2015年×月×日

重庆市城市建设档案馆
重庆市建设工程质量监督总站 监制

说明:

1. 软土路基施工应列入地基固结期。应按设计要求进行预压,预压期内除补填加固沉降引起的补填土方外,严禁其他作业。

2. 施工前应修筑路基处理试验路段,以获取各种施工参数。

3. 置换土施工应符合要求:

(1)填筑前,应排除地表水,清除腐殖土、淤泥;

(2)填料宜采用透水性土。处于水位以下部分填土,不得使用非透水性土壤;

(3)填土应由路中心向两侧按要求分层填筑并压实,厚度宜为15cm;

(4)分段填筑时,接茬应按分层作成台阶形状,台阶宽不宜小于2m。

4. 当软土层厚度小于3m,且位于水下或为含水量极高的淤泥时,可使用抛石挤淤,并应符合要求:

(1)应使用不宜风化石料,石料中尺寸小于30cm粒径的含量不得超过20%;

(2)抛填方向应根据道路横断面下卧软土地层坡度而定。坡度平坦时自地基中部渐次向两侧扩展,并在低侧边部多抛投,使低侧边部约有2m宽的平台项面;

(3)抛石露出水面或软土面后,应用较小石块填平、辗压密实,再铺设反滤层填土压实。

5. 采用砂垫层置换时,砂垫层应宽出路基边脚0.5~1.0m,两侧以片石护筑。

6. 采用反压护道时,护道宜与路基同时填筑。当分别填筑时,必须在路基达到临界高度前将反压护道施工完成。

压实度应符合设计规定，且不应低于最大密实度的90%。

7. 采用土工材料处理软土路基应符合下列要求：

(1)土工材料应由耐高温、耐腐蚀、抗老化、不易断裂聚合材料制成。其抗拉强度、顶破强度、负荷延伸率等均应符合设计及有关产品质量标准的要求。

(2)土工材料铺设前，应对基面压实整平。宜在原地基上铺设一层30~50cm厚的砂垫层。铺设土工材料后，运、铺料等施工机具不得在其上直接行走。

(3)每压实层的压实度、平整度经检验合格后，方可于其上铺设土工材料。土工材料应完好，发生破损应及时修补或更换。

(4)铺设土工材料，应将其沿垂直于路轴线展开，并视填土层厚度选用符合要求的锚固钉固定、拉直，不得出现扭曲、折皱等现象。土工材料纵向搭接宽度不应小于30cm，采用锚接时其搭接宽度不得小于15cm；采用胶结时胶接宽度不得小于5cm，其胶结强度不得低于土工材料的抗拉强度。相邻土工材料横向搭接宽度不应小于30cm。

(5)路基边坡留置的回卷土工材料，其长度不应小于2m。

(6)土工材料铺设完后，应立即铺筑上层填料，其间隔时间不应超过48h。

(7)双层土工材料上、下层接缝应错开，错缝距离不应小于50cm。

8. 采用袋装砂井排水应符合以下要求：

(1)宜采用含泥量小于3%的粗砂或中砂做填料。砂袋的渗透系数应大于所用砂渗透系数。

(2)砂袋存放使用中不应长期暴晒。

(3)砂袋安装应垂直入井，不应扭曲、缩颈、断割或磨损，砂袋在孔口外的长度应能顺直伸入砂垫层不小于30cm。

(4)袋装砂井的井距、井深、井径等应符合设计要求。

9. 采用塑料排水板应符合下列要求：

(1)塑料排水板应具有耐腐性、柔韧性，其强度与排水性能应符合设计要求。

(2)塑料排水贮存与使用中不得长期暴晒，并应采取保护滤膜措施。

(3)塑料排水板敷设直顺，深度符合设计规定，超过孔口长度应伸入砂垫层不小于50cm。

10. 采用砂桩处理软土地基应符合以下要求：

(1)砂宜采用含泥量小于3%的粗砂或中砂。

(2)应根据成桩方法选定填砂的含水量。

(3)砂桩应砂体连续、密实。

(4)桩长、桩距、桩径、填砂量应符合设计规定。

11. 采用碎石桩处理软土地基应符合下列要求：

(1)宜采用含泥砂量小于10%、粒径为19~63mm的碎石或砾石作桩料。

(2)应进行成桩试验，确定控制水压、电流和振动器的振留时间等参数。

(3)应分层加入碎石(砾石)料，观察振实挤密效果，防止断桩、缩颈。

(4)桩距、桩长、灌石量等符合设计规定。

12. 采用粉喷桩加固土桩处理软土地基应符合以下要求：

(1)石灰应采用磨细Ⅰ级钙质石灰(最大粒径小于2.36mm，氧化钙含量大于80%)，宜选用SiO_2和Al_2O_3含水量大于70%，烧失量小于10%的粉煤灰、普通或矿渣硅酸盐水泥。

(2)工艺性成桩试验桩数不宜少于5根，以获取钻进速度、提升速度、搅拌、喷气压力与单位时间喷入量等参数。

(3)桩长、桩距、桩径、承载力等应符合设计规定。

13. 施工中，施工单位应按设计与施工方案要求记录各项控制观测数据，并与设计单位、监理单位及时沟通反馈有关工程信息以指导施工。路堤完成后，应观测沉降值与位移符合设计规定并稳定后，方可进行后续施工。

路基填筑施工检查记录

渝市政竣-45

工程名称	重庆××区××路道路工程	单位(子单位)工程名称	××道路路基填筑工程
检查部位	K0+150~K0+250段	施工单位	重庆××市政工程有限公司
检查项目及检查结果			
1. 填筑前地基处理情况		地基处理完善，地基质量符合施工要求。	
2. 路基施工排水设施准备情况		排水设施准备到位。	
3. 填料土质类别／最大粒径		三类土最大粒径：10mm。	
4. 最大干密度／实测干密度		最大干密度：1.8，实测：1.75。	
5. 最佳含水量／实测含水量		最佳含水量：22%；实测含水量：24%。	
6. 填筑层宽度／填筑层标高／分层填筑厚度及层数		3750mm／−1100mm/1580mm。	
7. 设计压实度／实测压实度		设计压实度：98%；实测压实度：97.5%。	
8. 压路机型号／碾压速度／碾压遍数		YZJ10双钢轮铰接式振动压路机／0~9km／h／3遍。	
9. 桥涵及其他构造物填筑情况		均符合设计要求。	
10. 雨季施工措施		雨季防、排水措施准备完善。	
11. 其他		无。	
检查结论	符合设计要求及相关规范规定，合格。		

建设单位	监理单位	施工单位
现场负责人：××× 2015年×月×日	监理工程师：××× 总监理工程师：××× 2015年×月×日	质检工程师：××× 技术负责人：××× 项目经理：××× 2015年×月×日

重庆市城市建设档案馆
重庆市建设工程质量监督总站 监制

说明：

1. 路基基底处理：在路基用地范围内，应清除地表植被、杂物、积水、淤泥和表土。含草皮、生活垃圾、树根的腐质土和淤泥、高岭土等严禁作为路基填料。施工时，粒径超过100mm的土块应打碎。挖方路基若遇到地下水或其他不良土质，均应按相关规范要求合理治理，换填材料应具有良好的透水性和稳定性。

2. 采用袋装砂井排水应符合以下要求：

(1)宜采用含泥量小于3%的粗砂或中砂做填料。砂袋的渗透系数应大于所用砂渗透系数。

(2)砂袋存放使用中不应长期暴晒。

(3)砂袋安装应垂直入井，不应扭曲、缩颈、断割或磨损，砂袋在孔口外的长度应能顺直伸入砂垫层不小于30cm。

(4)袋装砂井的井距、井深、井径等应符合设计要求。

3. 采用塑料排水板应符合下列要求：

(1)塑料排水板应具有耐腐性、柔韧性，其强度与排水性能应符合设计要求。

(2)塑料排水贮存与使用中不得长期暴晒，并应采取保护滤膜措施。

(3)塑料排水板敷设直顺，深度符合设计规定，超过孔口长度应伸入砂垫层不小于50cm。

4. 宜采用含泥砂量小于10%、粒径19~63mm碎石或砾石作填料；土工材料铺设前，应对基面压实整平。宜在原地基上铺设一层30~50cm厚的砂垫层。铺设土工材料后，运、铺料等施工机具不得在其上直接行走；每压实层的压实度、平整度经检验合格后，方可于其上铺设土工材料。土工材料应完好，发生破损应及时修补或更换。

5. 路基压实度应符合设计要求，每压实层 200m 测四点，填筑层标高、填筑层宽度及分层填筑厚度应符合设计要求。

6. 路基施工应避开雨期施工，雨季施工应加强排水设施，防止路面积水，并在机具装备、施工技术管理等方面采取有效措施，做到及时摊铺、及时碾压、及时养护。施工中遇雨时，应立即使用防雨设施完成对已铺筑混凝土的振实成型，不应再开新作业段，并应采用覆盖等措施保护尚未硬化的混凝土面层。

7. 桥涵或其他构筑物填筑应参考相关规范进行施工。

道路基层施工检查记录

渝市政竣-46

工程名称	重庆××区××路道路工程	单位(子单位)工程名称	××道路路基基层施工工程
检查部位	K0+150~K0+250段	施工单位	重庆××市政工程有限公司
检查项目及检查结果			
1. 原材料试验检验报告单及编号		材料试验检验报告单编号：××。	
2. 配合比设计报告单及编号		编号：××。	
3. 基层类型及结合料用量		稳定土基层，结合料用量：31%。	
4. 路床下承层验收准备情况		准备工作均已完善，待验。	
5. 拌和方式		人工拌和。	
6. 铺筑方式		分格铺筑方法铺筑。	
7. 压实方式和方法		碾压机压实。	
8. 分层铺筑厚度		20mm／18mm／20mm。	
9. 松铺系数		1.10~1.35。	
10. 铺筑面积		580m²。	
11. 含水量情况		含水量：22%。	
12. 养护情况		良好。	
检查结论	符合设计要求及规范规定，合格。		

建设单位	监理单位	施工单位
现场负责人：××× 2015年×月×日	监理工程师：××× 总监理工程师：××× 2015年×月×日	质检工程师：××× 技术负责人：××× 项目经理：××× 2015年×月×日

重庆市城市建设档案馆
重庆市建设工程质量监督总站 监制

说明：

1. 水泥稳定碎石(砂砾)、石灰粉煤灰稳定碎石及沥青稳定碎石等混合料，应采用集中机械拌合方法，以保证混合料的拌和质量。半刚性基层、粒料类基层及沥青类基层施工期间的日最低气温应在5℃以上，低于5℃时施工，应采取相应的技术措施，确保工程质量；雨季施工应加强排水设施，防止路面积水，并在机具装备、施工技术管理等方面采取有效措施，做到及时摊铺、及时碾压、及时养护。

2. 基层施工应在垫层施工质量检验合格后方可进行。

3. 水泥进场时应对其品种、级别、包装或散装仓、出厂日期等进行检查，并应对其强度、安全性及其他必要的性能指标进行复验，其质量应符合国家现行规范的规定。检查产品合格证、检验报告，按同一生产厂家、同一品种、同一标号、同一批号连续进场的水泥袋装不超过200T为一批，散装不超过400T为一批，每批次抽样不少于一次。

4. 混凝土中掺和外加剂，其材料质量应符合规定，按进场批次检验，每批检验不少于1次，并查产品合格证和检验报告。

5. 钢筋品种、级别、规格、数量符合规范要求，不超过60T为一批，每批检验不少于1次，并查产品合格证和检验报告。

6. 粗细集料质量应符合设计要求，粗集料最大公称粒径不大于31.5mm，钢纤维混凝土粗集料最大公径不大于19mm，集料级配应符合设计要求。不超过400T为一批，每批检验不少于一次。

7. 基层、底基层的压实度：城市快速路、主干路基层大于或等于97%，底基层大于95%。检验数量为：每1000m²，每压实层抽检1点。现场取样试验：每2000m²抽检1组(6块)。厚度应符合设计要求，每50m或1000m²检验不少于一次，有检验报告。弯沉值应符合设计要求，每车道，每20m测1点，有检验报告。检验方法依据《公路路基路面现场测试规程》。

地下综合管道安装施工隐蔽检查记录

渝市政竣-47

工程名称	重庆××区××路立交桥工程	单位（子单位）工程名称	××立交桥地下管道安装工程
检查部位	K0+150~K0+250段	施工单位	重庆××市政工程有限公司
检查项目及检查结果			
1. 管道类别及质量证明文件		PVC波纹管，质量证明文件编号：××。	
2. 管道种类、规格及外观质量		聚乙烯管；DN300；外观质量完好。	
3. 防腐处理		涂刷防腐漆防腐处理。	
4. 接口类型、方式		接口采用软管套接方式。	
5. 防雷接地		无。	
6. 力学性功能性检测结论		符合规范要求。	
示意图及简要说明	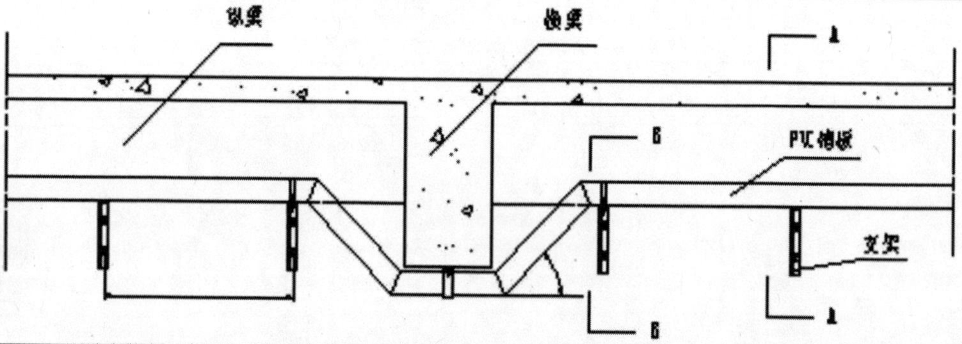		
检查结论	经检验，本工程符合要求及规范规定。		

建设单位	监理单位	施工单位
现场负责人：××× 2015年×月×日	监理工程师：××× 总监理工程师：××× 2015年×月×日	质检工程师：××× 技术负责人：××× 项目经理：××× 2015年×月×日

重庆市城市建设档案馆
重庆市建设工程质量监督总站　监制

说明：

1. 地下综合管线的验收应有以下资料：

（1）地质资料，发生变动的重要部位的地质补充资料；

（2）开挖后经监理、地质、设计、质监等相关部门基础验收资料；

（3）设计变更资料；

（4）工程中采用的管材、管道附件、构配件和主要原材料等每批产品的订购合同、质量保证书、性能检测报告、使用说明书、进口产品的商检报告。

2. 给排水管道工程所用原材料、半成品、成品等产品的品种、规格、性能必须符合国家有关标准的规定和设计要求；接触用水的产品必须符合有关卫生要求。严禁使用国家、地方明令淘汰、禁用的产品。

3. 管道埋设深度、轴线位置应符合设计要求，重力流管道严禁倒坡；刚性管道无结构贯通裂隙和明显缺损情况；管道铺设安装必须稳固，管道安装后应线形平直。

4. 管道与井室洞口之间无渗水；闸阀安装应牢固、严密，启动灵活，与管线轴线垂直；管道内外防腐层完整，无破损现象。

5. 防雷接地设施符合相关规范要求。

沟槽回填施工检查记录

渝市政竣-48

<table>
<tr><td>工程名称</td><td colspan="3">重庆××区××路道路工程</td><td colspan="2">单位(子单位)工程名称</td><td colspan="2">××路道路土方回填</td></tr>
<tr><td>检查部位</td><td colspan="3">K0+200~K0+350段</td><td colspan="2">施工单位</td><td colspan="2">重庆××市政工程有限公司</td></tr>
<tr><td rowspan="4">填筑情况</td><td colspan="2">沟槽回填前情况</td><td colspan="5">良好</td></tr>
<tr><td colspan="2">填料设计要求</td><td colspan="2">2∶8灰土夯实</td><td colspan="2">填料实际情况</td><td>2∶8灰土夯实</td></tr>
<tr><td colspan="2">分层回填厚度</td><td colspan="2">250mm</td><td colspan="2">回填夯实机具</td><td>压路机</td></tr>
<tr><td colspan="2">回填夯实方法</td><td colspan="2">平碾</td><td colspan="2"></td><td></td></tr>
<tr><td rowspan="4">现场试验情况</td><td colspan="7">沟槽回填断面示意图：
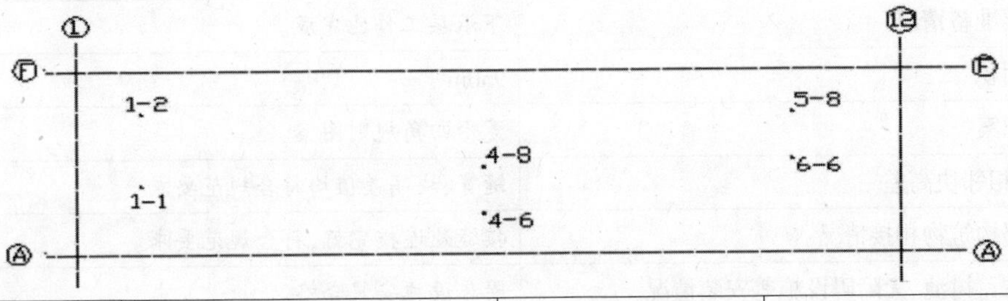</td></tr>
<tr><td>检验点数</td><td colspan="2">6</td><td colspan="2">试验点编号</td><td colspan="2">11、12、46、48、58</td></tr>
<tr><td>最大干密度</td><td>1.68g／cm³</td><td>最佳含水量</td><td>35%</td><td>含水量实测值</td><td colspan="2">34%</td></tr>
<tr><td>压实系数（设计值）</td><td>0.95</td><td>试验结果</td><td>合格</td><td>试验单编号</td><td colspan="2">×××</td></tr>
<tr><td>检查结论</td><td colspan="7">符合设计要求和规范规定。</td></tr>
<tr><td colspan="2">建设单位</td><td colspan="3">监理单位</td><td colspan="3">施工单位</td></tr>
<tr><td colspan="2">现场负责人：×××

2015年×月×日</td><td colspan="3">监理工程师：×××
总监理工程师：×××

2015年×月×日</td><td colspan="3">质检工程师：×××
技术负责人：×××
项目经理：×××

2015年×月×日</td></tr>
</table>

重庆市城市建设档案馆
重庆市建设工程质量监督总站 监制

说明：

1. 沟槽回填范围内，应清除地表植被、杂物、积水、淤泥和表土。含草皮、生活垃圾、树根的腐质土和淤泥、高岭土等严禁作为填料。施工时，粒径超过100mm的土块应打碎。若遇到地下水或其他不良土质，均应按相关规范要求合理治理，换填材料应具有良好的透水性和稳定性。

2. 填方中使用渣土、工业废渣等需经过试验，确认可靠并经建设单位、设计单位同意后方可使用。

3. 路基填方高度应按设计标高增加预沉量值。预沉量应根据工程性质、填方高度、填料种类、压实系数和地基情况与建设单位、监理工程师、设计单位共同商定确认。

4. 不同性质的土应分类、分层填筑，不得混填，填土中大于100mm的土块应打碎。

5. 填土应分层进行。下层填土验收合格后，方可进行上层填筑。路基填土宽度每侧应比设计规定宽50cm。

6.回填压实时压路机最快速度不宜超守4km/h，先轻后重、先慢后快、均匀一致。填土的压实遍数，应按压实度要求，经现场试验确定。压实过程中应采取措施保护地下管线、构筑物安全。

铺砌式面层施工检查记录

渝市政竣-49

工程名称	重庆××区××路道路工程	单位(子单位)工程名称	××道路工程面层施工
检查部位	K0+200~K0+350段	施工单位	重庆××市政工程有限公司
检查项目及检查结果			
1. 铺砌材料的品种、规格、强度		预制混凝土砌块面层,800×800×15mm、C35。	
2. 铺砌材料加工尺寸偏差		铺砌材料加工尺寸偏差值在规范允许范围值内。	
3. 铺砌材料外观质量		外观观感良好,无明显缺口。	
4. 铺砌砂浆配合比设计报告单及编号		砂浆配合比设计报告单具备,编号:×××。	
5. 下承层准备情况		下承层工作已完成。	
6. 铺筑面积		950m²。	
7. 铺装图案		菱形四角规则图案。	
8. 缝宽、相邻块高差		缝宽、块高差值均符合规范要求。	
9. 与相邻构筑物相接情况		接缝处连接完好,符合规范要求。	
10. 路缘石、树池、无障碍设施等安装情况		附属设施安装合格。	
11. 外观鉴定		外观观感评定合格。	
12. 养护情况		良好。	
检查结论	经检验,该工程符合设计要求及规范相关规定,合格。		

建设单位	监理单位	施工单位
现场负责人:××× 2015年×月×日	监理工程师:××× 总监理工程师:××× 2015年×月×日	质检工程师:××× 技术负责人:××× 项目经理:×××× 2015年×月×日

重庆市城市建设档案馆
重庆市建设工程质量监督总站 监制

说明:

1. 铺砌式面层施工应在路面基层施工验收合格完成后进行。

2. 干拌水泥浆、水泥砂浆整平层的水泥强度等级及掺加量应符合设计要求,每批水泥检验一次,查验产品合格证及检验报告;水泥砂浆强度应符合设计要求,同一配合比1000m²取1组,查检验报告。

3. 石材强度符合设计要求,查出厂检验报告及合格证。

4. 预制块应表面平整、粗糙、纹路清晰、棱角整齐,不得有蜂窝、露石、脱皮等现象;彩色预制块表层应质地致密,色彩均匀,无掉色、起皮、分层、裂缝等缺陷,表面花纹图案深度不得超过彩面层厚度。

5. 预制块加工尺寸与外观质量及允许偏差符合规定。

6. 整平层厚度需符合设计要求:每1000m²检验一点,不足1000m²时,仍检验1点。混凝土预制块铺面平整度满足设计及规范要求,每20m查1点,方法:3m直尺和塞尺连续量测两尺,取较大值。

7. 铺砌应稳固、无翘动,表面平整、缝线直顺、缝宽均匀、灌缝饱满,无翘边翘角、反坡、积水现象。

道路附属设施施工检查记录

渝市政竣-50

工程名称	重庆××区××路道路工程	单位(子单位)工程名称	××路道路附属工程
检查部位	K0+200~K0+350段	施工单位	重庆××市政工程有限公司
检查项目及检查结果			
道路路缘石安装	符合规范要求。		
雨水支管与雨水口施工	符合设计要求及相关规范规定。		
排水沟工程	符合要求。		
护坡工程	符合规范要求。		
护栏安装工程	安装验收合格。		
隔离栅工程	符合设计及规范要求。		
倒虹管工程	符合要求。		
防眩板工程	符合规范规定。		
检查结论	经检验,各附属工程符合设计要求及相关规范规定,评定合格。		

建设单位	监理单位	施工单位
现场负责人:××× 2015年×月×日	监理工程师:××× 总监理工程师:××× 2015年×月×日	质检工程师:××× 技术负责人:××× 项目经理:××× 2015年×月×日

重庆市城市建设档案馆
重庆市建设工程质量监督总站 监制

说明:

1. 城镇道路附属设施工程施工的原材料、半成品或成品的质量检验,应按国家相关材料标准执行。

2. 附属设施主要包括防撞护栏、隔离墩、防护设施、公交停靠站、防眩屏、防声屏等附属物。

3. 防撞护栏、断面尺寸必须满足设计要求,结构必须稳定和安全可靠,并具有足够抵抗外力撞击和抗倾覆的能力。常用的混凝土防撞护栏包括钢筋混凝土防撞护栏、波形钢护栏和缆索护栏三种。

4. 道路防护设施常根据人、车分隔的需要设置在路缘石内侧或者设置在高填方路基及外侧高挡墙顶面危险路段的边缘处。防护设施主要有混凝土护拦、金属护栏,也有料石护柱、人行料石护栏等形式。

5. 道路附属设施的设置位置、结构形式、施工工艺及材料,半成品的质量、规格必须满足设计要求和满足车辆、行人交通安全及环保等使用功能的需要。

6. 附属设施中的所有钢构件都应进行防腐处理。

7. 分部分项验收参见DBJ 50-128—2011《重庆市城镇道路附属设施工程施工质量验收规范》。

填(土)石路堤填筑试验段施工记录表

渝市政竣-51

工程名称	重庆××区××路道路工程			单位(子单位)工程名称		××道路填土石路堤填筑工程		
检查部位	K0+200~K0+350段			施工单位		重庆××市政工程有限公司		
天气状况	气候	晴	填筑种类	机械填筑	填筑石料组合			
	温度	30℃			硬质	中硬	软质	
试验路段长度(m)		150	试验路段宽度(m)		4.5	试验路段面积(m²)		675
路床顶面以下深度	起始标高(m)	-0.5	松铺厚度(cm)	35	碾压速度(km/h)	压路机1	0~9	
						压路机2	0~10	
	压实后标高(m)	0.4	压实厚度(cm)	25	压实遍数(遍/次)	压路机1	4	
						压路机2	5	
硬质石料孔隙率(%)		17.5	中硬石料孔隙率(%)		11.2	软质石料孔隙率(%)		3.7
最后两次碾压沉降差观测值(纵向20米1点;横向10米1点,不少于8个观测点)								
序号	标高2 标高1 (mm)	沉降差(mm)	序号	标高2 标高1 (mm)	沉降差(mm)	序号	标高2 标高1 (mm)	沉降差(mm)
测点1	101	1	测点5	99	1	测点9		
测点2	100	0	测点6	101	1	测点10		
测点3	98	2	测点7	102	2	测点11		
测点4	99	1	测点8	99	1	平均沉降差	1	
成型外观质量检查	1. 路堤表面有( )/无(√)明显孔洞;							
	2. 大粒径石料有( )/无(√)松动现象;							
	3. 压实层表面有( )/无(√)明显标高差异;							
	4. 边坡码砌是(√)/否( )紧贴密实;							
	5. 坡面是(√)/否( )平顺密实。							
检查结论	经检验,符合设计要求,评定合格。							

建设单位	监理单位	施工单位
现场负责人:××× 2015年×月×日	监理工程师:××× 总监理工程师:××× 2015年×月×日	质检工程师:××× 技术负责人:××× 项目经理:××× 2015年×月×日

重庆市城市建设档案馆
重庆市建设工程质量监督总站 监制

说明:本表为城镇道路工程试验段施工记录,包括路基基层、连接层等结构层,必须严格控制每层结构的压实度、平整度、高程、厚度。在施工中按下列项目进行试验并记录:道路基层混合料抗压强度试验报告、压实度试验记录(灌砂法)、沥青混合料压实度试验报告(蜡封法)、回弹弯沉值记录、沥青混凝土路面厚度检验记录、路面平整度检查记录、路面粗糙度检查记录、路面弯沉值记录等。

挖方路堑施工检查记录

渝市政竣-52

工程名称	重庆××区××路道路工程	单位(子单位)工程名称	道路土方工程
检查部位	K0+200~K0+350段	施工单位	重庆××市政工程有限公司
检查项目及检查结果			
1. 开挖前场地清理情况		开挖前场地清理工作已完成。	
2. 路基施工排水实施情况		路基排水工程情况良好。	
3. 保护性开挖措施		已实施开挖保护性措施。	
4. 土方路堑／石方路堑坡度控制机危岩孤石清理情况		清理工作已完成。	
5. 土方路堑开挖方式及边坡稳定状况		开挖方式采用人公开挖，边坡稳定状况良好。	
6. 石方路堑开挖方式		机器开挖。	
7. 边坡施工情况		边坡施工情况良好。	
8. 其他		无。	
检查结论	经检验，符合设计要求及规范规定，合格。		

建设单位	监理单位	施工单位
现场负责人：××× 2015年×月×日	监理工程师：××× 总监理工程师：××× 2015年×月×日	质检工程师：××× 技术负责人：××× 项目经理：××× 2015年×月×日

重庆市城市建设档案馆
重庆市建设工程质量监督总站 监制

说明：

1. 土石开挖边坡应自上而下进行，应保证边坡稳定，满足设计要求。

2. 含草皮、生活垃圾、树根的腐质土和淤泥、高岭土等严禁作为填料。施工时，粒径超过100mm的土块应打碎。填方中使用渣土、工业废渣等需经过试验，确认可靠并经建设单位、设计单位同意后方可使用。

3. 填方施工中要检查排水措施，防止路面积水渗透，若遇地下水或其他不良土质，均应按相关规范得到合理治理，换填材料应具有透水性和稳定性。

4. 保证临近建(构)筑物安全，应采取相应的保护性施工措施，危岩、陡坡、孤石等危险性较大项目施工应有专项施工方案。

钻孔灌注桩隐蔽检查记录

渝市政竣-53

工程名称	重庆市××区××桥梁工程	施工单位	重庆××市政工程建设公司
桩号及部位	2#墩桩基础	检验时间	2015年×月×日
护筒顶高程(m)	29	护筒长度(m)	1.5
设计直径(mm)	1500	终孔直径(mm)	1500
变截面标高(m)	/	入岩标高(m)	15.76
桩倾斜度(%)	0.2	嵌岩深度(m)	2.6
孔位偏差(mm)		设计孔底高程(m)	13
清孔后孔底高程(m)	12.65	终孔孔底高程(m)	13.16
灌注前孔底高程(m)	12.75	灌注前泥浆比重(g/m³)	1.02
沉渣厚度(cm)	0.1	含砂率(%)	1.0

示意图

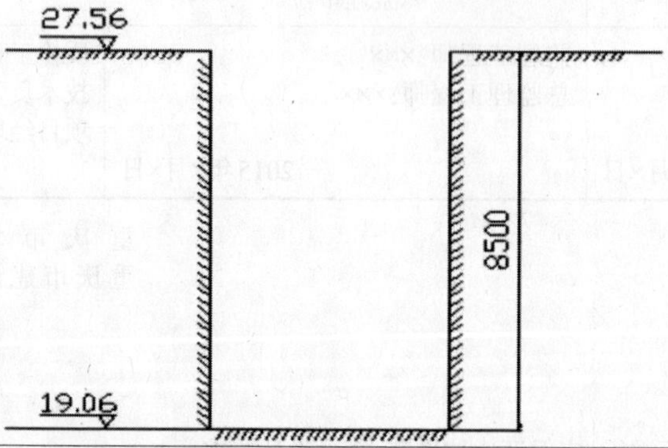

检验结论：经检查，符合设计要求及相关规范规定，同意隐蔽。

建设单位	设计单位	地勘单位	监理单位	施工单位
现场负责人:×××	专业负责人:×××	项目负责人:×××	监理工程师:××× 总监理工程师:×××	质检工程师:××× 技术负责人:××× 项目经理:×××
2015年×月×日	2015年×月×日	2015年×月×日	2015年×月×日	2015年×月×日

重庆市城市建设档案馆
重庆市建设工程质量监督总站　监制

说明:钻孔灌注桩施工应具备下列资料。

1. 建筑物场地工程地质资料和必要的水文地质资料;
2. 桩基工程施工图(包括同一单位工程中所有的桩基础)及图纸会审纪要;
3. 施工场地和临近区域内的地下管线(管道、电缆)、地下构筑物等调查材料;
4. 主要施工机械及配备设备的技术性能资料;
5. 桩基工程的施工组织设计或施工方案;
6. 水泥、砂、石、钢筋等原材料及其制品的质量测试报告;
7. 有关荷载、施工工艺的试验参考资料。

挖孔桩成孔质量检查记录

渝市政竣-54

<table>
<tr><td colspan="2">工程名称</td><td>重庆市××区××桥梁工程</td><td>施工单位</td><td>重庆××市政工程建设公司</td></tr>
<tr><td colspan="2">单位(子单位)工程名称</td><td>××桥梁工程2#墩施工</td><td>分部(子分部)工程名称</td><td>2#墩桩基础</td></tr>
<tr><td colspan="2">桩位里程</td><td>K0+250~K0+260段</td><td>桩型</td><td>挖孔桩</td></tr>
<tr><td rowspan="4">桩设计情况</td><td>桩号</td><td>2#</td><td colspan="2" rowspan="14">平面位置示意图及柱状图：
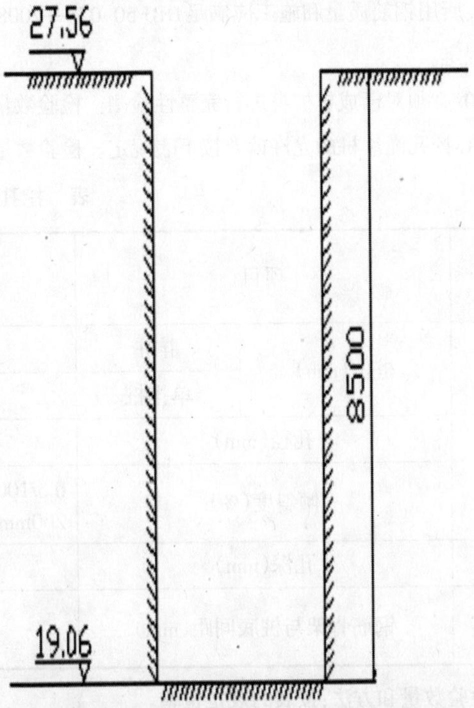
</td></tr>
<tr><td>桩径</td><td>1500mm</td></tr>
<tr><td>护壁厚度及材质</td><td>80~100mm</td></tr>
<tr><td>嵌岩及地质要求</td><td>/</td></tr>
<tr><td rowspan="10">检查内容及结果</td><td>嵌岩深度</td><td>/</td></tr>
<tr><td>轴线偏差</td><td>0.2</td></tr>
<tr><td>桩底内径</td><td>1500mm</td></tr>
<tr><td>基底标高</td><td>19.06m</td></tr>
<tr><td>护壁材质</td><td>混凝土</td></tr>
<tr><td>护壁实际厚度</td><td>90mm</td></tr>
<tr><td>地下水位情况</td><td>无</td></tr>
<tr><td>孔底、孔壁有无异常地质情况</td><td>无</td></tr>
<tr><td>地勘单位岩芯实验报告编号</td><td>432</td></tr>
</table>

孔底岩芯取样试验报告编号及强度	432.70MPa
检查结论	符合设计要求。

建设单位	监理单位	施工单位
现场负责人：××× 2015年×月×日	监理工程师：××× 总监理工程师：××× 项目负责人：××× 2015年×月×日	质检工程师：××× 技术负责人：××× 项目经理：××× 2015年×月×日

重庆市城市建设档案馆
重庆市建设工程质量监督总站 监制

说明：

1. 本表由施工单位填写，一式三份，审核后建设单位、监理单位和施工单位各留一份。

2. 当为嵌岩桩时，挖孔桩在挖孔过程中应对入岩标高进行确认，使入岩情况满足设计要求。检验数量：全部。检验方法：观察和检查基岩单轴抗压强度。

3. 挖孔桩达到设计深度后，应及时进行孔底处理，必须做到无松渣、淤泥等扰动软土层，使孔底情况满足设计要求。检验数量：全部。检验方法：观察和检查基岩单轴抗压强度。

4. 桩身混凝土所用的水泥、砂、石、水、外掺剂及混合材料的质量和规格必须符合设计和有关规范要求，按规定的配合比施工。

5. 嵌入承台内的锚固钢筋长度不得低于设计规范规定的最小锚固长度要求。检验数量:全部。检验方法:观察和用尺量。

6. 应选择有代表性的桩用无破损法进行检测,重要工程或重要部位的桩宜逐根进行检测。检验数量:按设计或有关标准要求。检验方法:检测无损检测报告。

7. 凿除桩头预留混凝土后,桩顶应无残余的松散混凝土。检验数量:全部。检验方法:观察。

8. 桩的混凝土强度应符合 DBJ 50-078—2008《重庆市城市道路工程施工质量验收规范》中关于混凝土抗压强度取样规定和混凝土抗压强度评定的规范要求。检验数量:按本规范附录执行。检验方法:按本规范附录执行。

9. 所用钢筋质量和施工应满足 DBJ 50-078—2008《重庆市城市道路工程施工质量验收规范》钢筋施工与质量验收相关规定。

10. 必须对已成桩桩身进行完整性检测。检验数量:全部。检验方法:应采用声波透射法或钻芯检验法。

11. 挖孔灌注桩的允许偏差按下表规定。检验数量和方法:按下表的规定检验。

表　挖孔灌注桩的允许偏差

序号	项目		允许偏差	检验频率		检验方法
				范围	点数	
1	桩位(mm)	群桩	100	每根桩	2	用尺检测纵、横方向
		单排桩	50			
2	孔径(mm)		不小于设计		1	用探孔器检查
3	倾斜度(%)		0.5/100 桩长,且不大于 200mm		1	吊锤法
4	孔深(mm)		不小于设计		1	用测绳测量
5	钢筋骨架与桩底间距(mm)		±50		1	用水准仪测骨架前、后顶面高程

检验数量和方法:按表的规定检验。

12. 桩顶面应平整,桩与其他部位连接处应无严重缺陷。检验数量:全部。检验方法:按《重庆市城市道路施工质量验收规范》执行。

水下混凝土灌注施工检查记录

渝市政竣-55

<table>
<tr><td>工程名称</td><td colspan="2">重庆市××区××桥梁工程</td><td colspan="2">施工合同编号</td><td>××</td><td>施工单位</td><td colspan="3">重庆××市政工程建设公司</td><td>天气</td><td>晴</td><td>温度</td><td>30℃</td></tr>
<tr><td>单位(子单位)工程名称</td><td colspan="2">××桥梁工程2#墩施工</td><td colspan="2">子部(分子部)工程名称</td><td>2#墩桩基础</td><td>里程</td><td>K0+250</td><td>桩号</td><td>3#</td><td>桩设计直径</td><td>1500mm</td><td>桩底标高</td><td>19.06m</td></tr>
<tr><td>灌注前孔底标高</td><td>19.56m</td><td>灌注后砼面标高</td><td>27.8m</td><td>护筒顶标高</td><td>29m</td><td colspan="2">钢筋骨架顶标高</td><td colspan="2">28m</td><td colspan="2">骨架长度</td><td colspan="2">27.6m</td></tr>
<tr><td rowspan="2">计算混凝土方量</td><td rowspan="2">32.8m³</td><td rowspan="2">掺用外加剂</td><td rowspan="2">高效减水剂</td><td rowspan="2">混凝土等级</td><td rowspan="2">C32.5</td><td>水泥品种标号</td><td>P. 0. 42. 5</td><td rowspan="2">坍落度</td><td rowspan="2">60mm</td><td colspan="2" rowspan="2">每盘方数</td><td colspan="2" rowspan="2">/</td></tr>
<tr><td>配合比</td><td>1:0.52:2.30</td></tr>
<tr><td rowspan="2">时间</td><td rowspan="2">混凝土深度(m)</td><td rowspan="2">导管深度(m)</td><td colspan="2">导管拆除数量</td><td colspan="3">实灌混凝土数量</td><td colspan="6" rowspan="2">钢筋位置情况、孔内情况、停灌原因、停灌时间、事故原因和处理情况等重要记录。</td></tr>
<tr><td>节数</td><td>长度(m)</td><td>盘数</td><td>数量(m³)</td><td>累积数量级(m³)</td></tr>
<tr><td>9.05</td><td>2</td><td>0.5</td><td>2</td><td>1.5</td><td></td><td>8.2</td><td>8.2</td><td colspan="6">无</td></tr>
<tr><td>9.15</td><td>4</td><td>1</td><td>2</td><td>1.5</td><td></td><td>8.3</td><td>16.5</td><td colspan="6">无</td></tr>
<tr><td>9.30</td><td>6</td><td>1</td><td>2</td><td>1.5</td><td></td><td>8.2</td><td>24.7</td><td colspan="6">无</td></tr>
<tr><td>9.50</td><td>8.24</td><td>0.5</td><td>2</td><td>1.5</td><td></td><td>8.5</td><td>33</td><td colspan="6">无</td></tr>
<tr><td></td><td></td><td></td><td></td><td></td><td></td><td></td><td></td><td colspan="6"></td></tr>
<tr><td></td><td></td><td></td><td></td><td></td><td></td><td></td><td></td><td colspan="6"></td></tr>
<tr><td></td><td></td><td></td><td></td><td></td><td></td><td></td><td></td><td colspan="6"></td></tr>
<tr><td></td><td></td><td></td><td></td><td></td><td></td><td></td><td></td><td colspan="6"></td></tr>
<tr><td colspan="2">检查结论</td><td colspan="12">经检查,符合规范、设计要求。</td></tr>
<tr><td colspan="4">建设单位</td><td colspan="5">监理单位</td><td colspan="5">施工单位</td></tr>
<tr><td colspan="4">现场负责人:×××
2015年×月×日</td><td colspan="5">监理工程师:×××
总监理工程师:×××
2015年×月×日</td><td colspan="5">质检工程师:×××
技术负责人:×××
项目经理:×××
2015年×月×日</td></tr>
</table>

重庆市城市建设档案馆
重庆市建设工程质量监督总站 监制

说明：

1. 水下混凝土灌注桩施工应具备下列资料：

(1)建筑物场地工程地质资料和必要的水文地质资料；

(2)桩基工程施工图(包括同一单位工程中所有的桩基础)及图纸会审纪要；

(3)施工场地和临近区域内的地下管线(管道、电缆)、地下构筑物等调查材料；

(4)主要施工机械及配备设备的技术性能资料；

(5)桩基工程的施工组织设计或施工方案；

(6)水泥、砂、石、钢筋等原材料及其制品的质量测试报告；

(7)混凝土外剂主要性能及质量检测试验报告；

(8)有关荷载、施工工艺的试验参考资料。

2. 当为嵌岩桩时，在钻(冲)孔过程中应对入岩标高进行确认，使嵌岩情况满足设计要求。检验数量：全部。检验方法：观察渣样和检查地勘报告。

3. 钻(冲)孔桩成孔后必须清孔，测量孔位、孔深、孔径、倾斜度和沉淀层厚度，确认符合设计或施工技术规范的要求后，方可浇筑水下混凝土。检验数量：全部。检验方法：观察、查验成孔记录和测量。

4. 桩身混凝土所用的水泥、砂、石、水、外掺剂及混合材料的质量和规格必须符合设计和有关规范要求，按规定的配合比施工。检验数量和方法：按《重庆市城市道路施工质量验收规范》相关内容执行。

5. 水下混凝土应连续灌注，应在初凝时间内浇筑完成，严禁有夹层和断桩。检验数量：全部。检验方法：检查混凝土配合比报告、超声波检测报告。

6. 嵌入承台内的锚固钢筋长度不得低于设计或规范规定的最小锚固长度要求。检验数量：全部。检验方法：观察和用尺量。

7. 应选择有代表性的桩用无破损法进行检测，重要工程或重要部位的桩宜逐根进行检测。设计有规定的或对桩的质量有怀疑时，应采取钻取芯样法对桩进行检测。检验数量：按设计或有关标准要求。检验方法：检测无损检测报告。

8. 凿除桩头预留混凝土后，桩顶应无残余的松散混凝土。检验数量：全部。检验方法：观察。

9. 桩的混凝土强度应符合规范要求。检验数量与方法：按《重庆市城市道路施工质量验收规范》相关内容执行。

10. 所用钢筋质量和施工应满足本规范要求规定。

11. 必须对已成桩桩身完整性检测。检验数量：全部。检验方法：当桩径小于等于0.8m时，采用声波透射法；当桩径大于0.8m时，应对部分受检桩采用应变法、声波透射法或钻芯检验法，抽检数量不应少于总桩数的20%。

12. 钻(冲)孔灌注桩的允许偏差符合下表规定。检验数量和方法：按下表的规定检验。

表　钻(冲)孔灌注桩的允许偏差

序号	项目		允许偏差	检验频率		检验方法
				范围	点数	
1	桩位(mm)	群桩	100	每根桩	2	用尺检测纵横方向
		单排桩	50			
2	孔径(mm)		不小于设计		1	用探孔器检查
3	倾斜度(%)		1/100桩长，且不大于500mm		1	吊锤法
4	孔深(mm)		不小于设计		1	用测绳测量
5	沉淀层厚度(mm)	摩擦桩	符合设计要求，未规定时按施工规范执行		1	用测绳测量
		支承桩	符合设计要求			

续表

序号	项目	允许偏差	检验频率		检验方法
			范围	点数	
6	钢筋骨架与桩底间距(mm)	±50		1	用水准仪测骨架前后顶面高程

13. 桩顶面应平整,桩与其他部位连接处应无严重缺陷。检验数量:全部。检验方法:按《重庆市城市桥梁施工质量验收规范》中混凝土外观质量严重程度识别内容要求。

承台结构施工检查记录

渝市政竣-56

工程名称	重庆××区××路道路工程	单位(子单位)工程名称	道路承台施工
检查部位	K0+200~K0+350段	施工单位	重庆××市政工程有限公司
检查项目及检查结果			
1. 桩身砼质量和规格及验收结果		桩身混凝土质量符合相关规定,规格:C35;验收合格。	
2. 控制大体积砼的技术措施是什么?是否有温度裂缝产生		措施:(1)降低水泥水化热; (2)降低混凝土入模温度; (3)加强施工中的温度控制; (4)改善约束条件,削减温度应力; (5)提高混凝土的抗拉强度;无温度裂缝出现。	
3. 基坑内浇筑钢筋砼承台应有良好的排水措施,基坑不得积水		基坑内有良好排水措施,无积水现象出现。	
4. 承台砼分层浇筑的接壤是否按施工缝处理		是。	
5. 承台砼浇筑前对桩顶深入承台的钢筋整形、清洁工作及承台钢筋骨架制作是否检查到位		承台砼浇筑前对桩顶深入承台的钢筋整形、清洁工作及承台钢筋骨架制作均检查到位。	
检查结论	经检验,符合设计要求及相关规范规定,合格。		
建设单位	监理单位		施工单位
现场负责人:××× 2015年×月×日	监理工程师:××× 总监理工程师:××× 2015年×月×日		质检工程师:××× 技术负责人:××× 项目经理:××× 2015年×月×日

重庆市城市建设档案馆
重庆市建设工程质量监督总站 监制

说明:

1. 基桩验收合格后方可施工承台;承台钢筋绑扎前必须将灌注桩桩头浮浆部分或锤击破坏部分(预制桩)去除,并应确保桩体埋入承台长度和钢筋锚固长度符合设计要求;承台浇筑前应对上部结构柱子插筋及预埋件等进行核对,正确无误后方可浇筑施工。

2. 承台混凝土应一次浇筑完成,混凝土入槽宜用平铺法。

3. 承台受力钢筋的混凝土保护层厚度:下部钢筋,桩径$D<800$mm时,取50mm,$D\geq800$mm时,取100mm;上部钢筋40mm,承台中受力钢筋的保护层厚度为25mm。

4. 承台受力钢筋锚固长度为$35d$(d为钢筋直径,钢筋锚固长度从换算方桩内侧算起,并且伸至承台端;当水平段小于钢筋锚固长度时应将纵向钢筋向上弯折,此时水平段钢筋的长度不应小于$25d$。圆形桩换算为方桩时其边长$bp=0.8d$。

5. 桩顶嵌入承台内的长度,当桩径$D<800$mm时,取50mm,$D\geq800$mm时,取100mm;桩主筋伸入承台内的锚固长度不宜小于钢筋直径的35倍。

6. 承台施工应满足《混凝土结构工程施工质量验收规范》、《建筑地基基础工程施工质量验收规范》、《建筑桩基技术规范》的要求。

7. 桩身混凝土所用的水泥、砂、石、水、外加剂及混合材料的质量和规格必须符合设计和有关规范要求,并按规定的配合比施工。

8. 采取措施控制水化热引起的混凝土内最高温度及内外温度差应在允许范围内,防止出现温度裂缝。

9. 所用钢筋质量和施工应满足规范要求,承台的混凝土强度符合《重庆市城市桥梁施工质量验收规范》混凝土抗压强度评定要求。

10. 混凝土外观质量应无严重缺陷,当发生严重缺陷时,则必须进行处理。

沉井施工检查记录

渝市政竣-57

工程名称	重庆××区××路道路工程	单位(子单位)工程名称	道路下沉井工程
检查部位	K0+200~K0+350段	施工单位	重庆××市政工程有限公司
检查项目及检查结果			
1. 制作沉井处的地面防水措施及承载力情况		沉井处地面防水措施及承载力情况良好。	
2. 筑捣制作沉井的标高,平面尺寸		标高:-2500mm;尺寸:1200×1500mm。	
3. 沉井分节制作高度的确定依据及专项施工方案审批情况		确定依据及专项施工方案已审批通过。	
4. 沉井下沉情况是否符合现行规范规定		符合现行规范规定。	
5. 纠正沉井倾斜和位移的措施是什么,标高有无违规现象		(1)加强测量控制和检测;(2)及时纠正倾斜,避免在倾斜情况下继续下沉,造成位移或扭位;(3)控制沉井不再向偏移方向倾斜。标高无违规现象。	
6. 水下封底砼施工和浮式沉井施工有无质量问题发生,有无专项解决方案		无质量问题,有专项解决方案。	
检查结论	经检验,符合设计及验收规范要求,合格。		

建设单位	监理单位	施工单位
现场负责人:××× 2015年×月×日	监理工程师:××× 总监理工程师:××× 2015年×月×日	质检工程师:××× 技术负责人:××× 项目经理:××× 2015年×月×日

重庆市城市建设档案馆
重庆市建设工程质量监督总站 监制

说明:

1. 施工要求:

(1)沉井施工前,应根据图纸和地质资料决定是否增加补充施工钻探,为编制施工技术方案提供准确依据。

(2)沉井下沉前,应对附近的堤防、建筑物和施工设备采取有效的防护措施,并在下沉过程中,经常进行沉降观测,观察基线、基点的设置情况。

(3)沉井施工前,应对洪汛、河床冲刷、泥石流、通航及漂流物等情况做好调查研究,在施工中应制定相应的安全措施。

(4)沉井施工前,应根据地质钻探资料、环境条件等计算沉井全过程下沉系数,必要时应采取预防措施,防止沉井无法下沉或突沉。

(5)沉井下沉过程中,应随时注意正位,发现偏位及倾斜时须及时纠正。沉井接高时,各节的竖向中轴线应与第一节竖向中轴线相重合。接高前应纠正沉井的倾斜。

(6)注意沉井终沉控制,确保沉井基底承载力,避免超沉。沉井下沉到设计高程时,应检查基底,确认符合设计要求后方可封底。

(7)围堰高度应高出施工期间可能出现的最高水位(包括浪高)0.5~0.7m。围堰外形应考虑河流断面被压缩后,流速增大引起水流对围堰、河床的集中冲刷及影响通航、导流等因素,并应满足堰身强度和稳定的要求。堰内平面尺寸应满足基础施工的要求。围堰要求防水严密,减少渗漏。

(8)沉井基础施工应分阶段进行质量检验并填写检查记录。

2. 陆上沉井基础:

(1)沉井所用的钢材、水泥、砂、石、水、外掺剂及混合材料的质量和规格必须符合有关规范的要求,按规定的配合比施工。检验数量:按抽样检测方案确定。检验方法:检查质检报告。

(2)井壁混凝土强度应符合《重庆市桥梁工程质量验收规范》中"混凝土抗压强度取样规定"。

(3)沉井制作的允许偏差应符合表1的规定。

表1 沉井制作允许偏差

序号	项目		规定值或允许偏差	检查频率		检查方法
				范围	点数	
1	平面尺寸(mm)	长、宽	±0.5%(当长、宽大于24m时为±120)	每节段	6	尺量
		半径	±0.5%(当半径大于12m时为±60)			
		两对角线的差异	对角线长度的±1%,最大±180			
2	井壁厚度(mm)	混凝土、片石混凝土	+40,-30		6	
		钢筋混凝土	±15			
3	沉井(刃脚)高程(mm)		符合设计要求		测4~8处顶面高程	水准仪
4	中心偏位(纵、横方向)(mm)		1/50井高		测沉井两轴线交点	全站仪或经纬仪
5	最大倾斜度(纵、横方向)(mm)		1/50井高		检查两轴线1~2处	吊垂线
6	平面扭转角(°)		1		检查沉井两轴线	全站仪或经纬仪
7	节间错台(mm)		2		6	尺量
8	焊缝质量		符合设计要求		抽检水平、垂直焊缝各50%	超声

(4)沉井封底混凝土必须按操作规程一次浇筑完成,在井壁处不得出现空洞,不得漏水。沉井封底混凝土允许偏差应符合表2的规定。

表2 沉井封底混凝土允许偏差

序号	项目	规定值或允许偏差	检查频率	检查方法
1	基底高程(mm)	+0,-200	6~9处	测绳和水准仪
2	顶面高程(mm)	±30	6处	水准仪

注:①沉井接高时施工缝应清除浮浆和凿毛;

②封底混凝土顶面应保持平整。

3. 水上沉井基础:

(1)沉井所用的钢筋、水泥、砂、石、水、外掺剂及混合材料的质量和规格必须符合有关规范的要求,按规定的配合比施工。浮式沉井在下水、浮运前,应进行水密性试验。检验数量:按抽样检测方案确定。检验方法:检查质检报告。

(2)井壁混凝土强度应符合规范《重庆市桥梁工程质量验收规范》中"混凝土抗压强度取样规定"和"混凝土抗压强度评定"要求。

(3)沉井制作的允许偏差应符合表3的规定。

表3 沉井制作允许偏差

序号	项目		规定值或允许偏差	检验频率		检验方法
				范围	点数	
1	平面尺寸（mm）	长、宽	±0.5%（当长、宽大于24m时为±120）	每节段	6	用尺量
		半径	±0.5%（当半径大于12m时为±60）			
		两对角线的差异	对角线长度的±1%，最大±180			
2	井壁厚度（mm）	混凝土、片石混凝土	+40，-30	沿每节段周边	6	用尺量
		钢筋混凝土	±15			
3	沉井（刃脚）高程（mm）		符合设计要求	每节段	4~8	水准仪
4	中心偏位（纵、横方向）（mm）	一般	1/50井高	每节段沉井两轴线交点		全站仪或经纬仪
		浮式	1/50井高，+250			
5	最大倾斜度（纵、横方向）（mm）		1/50井高	每节段两轴线	1~2	吊垂线
6	平面扭转角（°）	一般	1	每节段沉井两轴线		全站仪或经纬仪
		浮式	2			
7	节间错台（mm）		2	每节段	6	用尺量

(4)沉井下沉应在井壁混凝土达到规定强度后进行，沉井须灌水下沉，各节沉井均应进行水密性检查，底节还应根据其工作压力，进行水压试验，合格后方可下水。

(5)沉井封底混凝土必须按水下混凝土的操作规程一次浇筑完成，在井壁处不得出现空洞，不得漏水。沉井封底混凝土允许偏差应符合规定。其中，①沉井接高时施工缝应清除浮浆和凿毛；②封底混凝土顶面应保持平整。

桥梁墩、柱垂直度检查记录

渝市政竣-58

工程名称	重庆××区××路立交桥工程	单位(子单位)工程名称	××立交桥桥墩、柱垂直检测工程
检查部位	K0+200~K0+350段3#墩台	施工单位	重庆××市政工程有限公司
检查项目及检查结果			
1. 现浇混凝土墩、柱模板与支架安装精度量测和安全稳定性验收情况		经验收，符合相关验收规范规定。	
2. 是否具有经过监理审批的浇筑方案（现场下料和浇筑、振捣方式）		具有经过监理审批的浇筑方案。	
3. 墩、柱混凝土浇筑过程中，模板与支架的强度、刚度、稳定性有无异常情况发生		无异常情况发生。	
4. 采用的连接浇筑还是分次浇筑方式，施工缝的处理是否正确，对模板与支架是否进行了二次校正		采用连接浇筑，施工缝处理正确，对模板与支架进行二次校正。	
5. 现浇混凝土脱模后是否对墩、柱重新进行过竖直度测量，仪器和方式是什么，检查测量记录，最大偏差是多少		经纬仪，检查测量记录；偏差值在规范规定范围值内。	
6. 检查预制墩、柱构件进场检验记录，安装完成后的墩、柱竖直度或倾斜测量记录		已检查进场检验记录及各项测量记录。	
检查结论	经检验，符合规范要求，合格。		
建设单位	监理单位	施工单位	
现场负责人：××× 2015年×月×日	监理工程师：××× 总监理工程师：××× 2015年×月×日	质检工程师：××× 技术负责人：××× 项目经理：××× 2015年×月×日	

重庆市城市建设档案馆
重庆市建设工程质量监督总站 监制

说明：

1. 墩、台身、柱混凝土所用的水泥、砂、石、水、外掺剂及混合材料的质量和规格必须符合设计和有关规范要求，按规定的配合比施工。

2. 墩、台身、柱的混凝土强度应符合规范要求。钢筋混凝土墩所用钢筋质量和施工应符合规范规定。

3. 混凝土墩、台身允许偏差见表1和表2（H为墩、台身高度）。

表1 混凝土墩(台)身允许偏差

序号	项目	允许偏差(mm)	检验频率		检验方法
			范围	点数	
1	断面尺寸	±20	每墩(台)	3个断面	尺量：检查
2	相邻间距	±20		3	尺或全站仪测量：检查顶、中、底
3	竖直度或斜度	0.3%H且不大于20		2	吊垂线或经纬仪
4	顶面高程	±10		3	水准仪测量
5	轴线偏位	10		2	全站仪或经纬仪纵、横
6	节段间错台	3		4	用尺量
7	大面积平整度	5		每20m²测1处	2m直尺检查竖直、水平两个方向
8	预埋件位置	符合设计规定，设计未规定时取10		每件	用尺量

表2　混凝土柱或双壁墩允许偏差

序号	项　目	允许偏差(mm)	检验频率		检验方法
			范围	点数	
1	断面尺寸	±15	每柱	3个断面	尺量:检查
2	相邻间距	±20		3	尺或全站仪测量:检查顶、中、底
3	竖直度	0.3%*H*且不大于20		2	吊垂线或经纬仪
4	顶面高程	±10		3	水准仪测量
5	轴线偏位	10		2	全站仪或经纬仪纵、横
6	节段间错台	3		4	用尺量
7	预埋件位置	符合设计规定,设计未规定时取10		每件	用尺量

注:*H*为柱或双壁墩高度。检验数量和方法:按表的规定检验。

4. 混凝土外观质量应无严重缺陷,当发生严重缺陷时,则必须进行处理。检验数量:全部。检验方法:用尺量,用刻度放大镜量。

支座安装成型检测记录

渝市政竣-59

工程名称	重庆市××区××桥梁工程	施工单位	重庆××市政工程建设公司
工程部位	K0+250~K0+350段2#墩	支座编号	3#1-2
检 查 项 目 及 检 查 结 果			
1. 生产厂家、品种及规格		球冠橡胶支座,TCYB聚四氟乙烯球冠圆板式。	
2. 支座轴线偏位及高程误差		无偏差。	
3. 支座与梁体的锚固情况		锚固良好。	
4. 示意图			

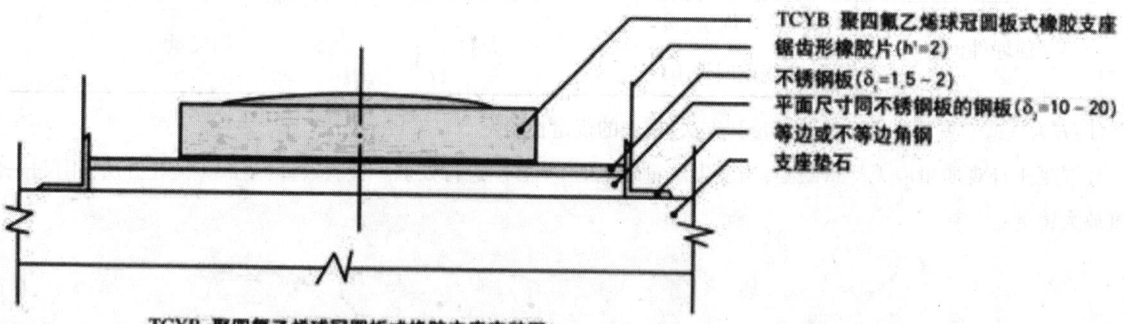

TCYB 聚四氟乙烯球冠圆板式橡胶支座安装图

检查结论	符合规范,设计等相关要求。

监理单位	施工单位
监理工程师:××× 总监理工程师:××× 2015年×月×日	质检工程师:××× 技术负责人:××× 项目经理:××× 2015年×月×日

重庆市城市建设档案馆
重庆市建设工程质量监督总站 监制

说明:

1. 支座品种、规格、材料、性能、结构及涂装质量必须符合设计要求和相关产品标准的规定。检验数量:全部。检验方法:检查产品合格证、观察。

2. 支座安装前,应检查桥梁跨距、支座位置及预留锚栓孔位置、尺寸和支座垫石顶面高程、平整度等均应符合设计要求。检验数量:全部。检验方法:用经纬仪、水准仪测量和尺量。

3. 支座接触必须密贴无空隙,垫层材料质量及强度应符合设计要求。检验数量:全部。检验方法:观察或用塞尺检查。

4. 固定支座及活动支座安装位置及方向必须符合设计要求。检验数量:全部。检验方法:观察。

5. 支座锚栓规格及埋置深度和螺栓外露长度等应符合设计要求,支座锚栓固结应在支座及锚栓位置调整准确后进行施工,预留锚栓孔固结料必须填满捣实。梁体就位后或预应力张拉前应解除上下支座垫板间的临时联结。检验数量:全部。检验方法:观察和用尺量。

6. 活动支座应按设计要求注油润滑。检验数量:全部。检验方法:检查润滑材料的产品合格证书和观察。

7. 支座安装允许偏差应符合下表的规定。

表 支座安装允许偏差

<table>
<tr><th rowspan="2">序号</th><th rowspan="2" colspan="2">项目</th><th rowspan="2">允许偏差</th><th colspan="2">检查频率</th><th rowspan="2">检验方法</th></tr>
<tr><th>范围</th><th>点数</th></tr>
<tr><td>1</td><td colspan="2">支座中心线与主梁中心线偏差(mm)</td><td>±2</td><td rowspan="9">每个支座</td><td>4</td><td>用经纬仪测量,纵、横各计2点</td></tr>
<tr><td>2</td><td colspan="2">支座顶面高程(mm)</td><td>±5</td><td>1</td><td rowspan="3">用水准仪测量</td></tr>
<tr><td rowspan="2">3</td><td rowspan="2">支座板四角高差(mm)</td><td>承压力≤5000kN</td><td><1</td><td rowspan="2">4</td></tr>
<tr><td>承压力>5000kN</td><td><2</td></tr>
<tr><td>4</td><td colspan="2">上下座板中心十字线扭转(mm)</td><td>2</td><td>1</td><td>用直角尺和尺量</td></tr>
<tr><td>5</td><td colspan="2">一孔梁体四个支座中,一个支座不平整限值(mm)</td><td>3</td><td rowspan="2">4</td><td>用水准仪测量</td></tr>
<tr><td>6</td><td colspan="2">固定支座的上下座板及中线的纵横错动量(mm)</td><td>4</td><td>用尺量,纵、横各计1点</td></tr>
<tr><td>7</td><td rowspan="2">活动支座</td><td>支座上下挡块偏差交叉角</td><td><5°</td><td>1</td><td rowspan="2">用尺量</td></tr>
<tr><td>8</td><td>活动支座的纵向错动量(按设计温度定位后)(mm)</td><td>3</td><td>2</td></tr>
</table>

检验数量和检验方法:按表的规定检验。

构件吊装就位及安装成型施工检查记录

渝市政竣-60

工程名称	重庆××区××路立交桥工程				吊装部位	2号~4号北侧	
构件名称	中板、边板				施工单位	重庆××市政工程有限公司	
构件编号名称	构件质量情况	安装位置			固定方法	纵向接缝处理情况	横向接缝处理情况
		轴线偏差	标高	接头高差			
1-12	质量完好	无	+3.052	无	球冠橡胶支座	碎石混凝土	纵向<3,横向<4
1-23	质量完好	无	+3.086	无	球冠橡胶支座	碎石混凝土	纵向<3,横向<4
1-34	质量完好	无	+3.075	无	球冠橡胶支座	碎石混凝土	纵向<3,横向<4
吊装部位示意图	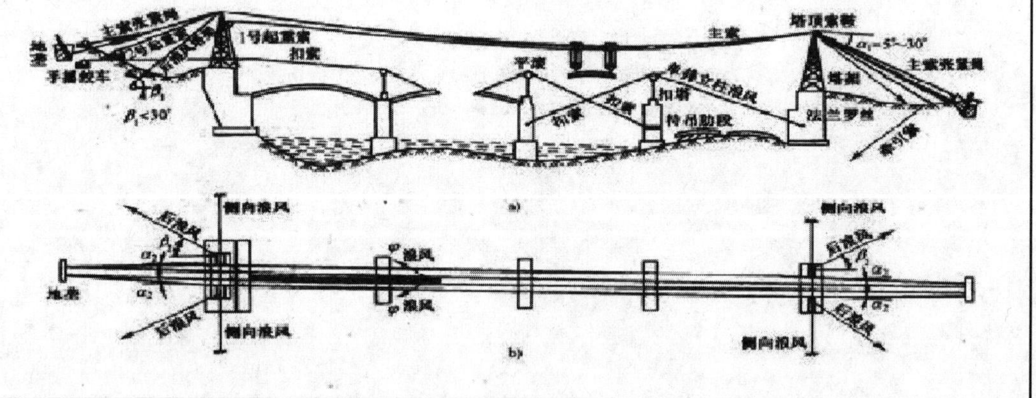						
检查结论	经检验,符合规范要求,合格。						

建设单位	监理单位	施工单位
现场负责人:××× 2015年×月×日	监理工程师:××× 总监理工程师:××× 2015年×月×日	质检工程师:××× 技术负责人:××× 项目经理:××× 2015年×月×日

重庆市城市建设档案馆
重庆市建设工程质量监督总站 监制

说明:

1. 整孔(段)钢梁及其所用的剪力(联结)器、高强度螺栓连接附、零部件的规格、型号必须符合设计要求和规范规定。检验数量:全部。检验方法:检查工厂按批提供的产品质量保证书、观察和尺量。

2. 钢梁工地焊接时,焊缝质量必须符合设计要求和规范规定。检验数量:全部。检验方法:按设计要求探伤。

3. 钢桁架、钢板梁、钢箱梁节段工地以高强度螺栓栓接时,节点摩擦面的抗滑移系数,高强度螺栓连接附的规格、质量、扭矩系数必须符合设计要求和规范有关规定。检验数量:全部连接附。摩擦面抗滑移系数按钢梁生产厂提供的批号；每批不少于3套；扭矩系数按钢梁生产厂提供的批号，每批不少于8套。检验方法：观察、用尺量和检查工厂按批提供的产品质量保证书。现场扭矩系数试验和摩擦面抗滑移系数试验。

4. 在支架上拼装钢桁梁或钢箱梁时，冲钉和高强度螺栓总数量不得少于孔眼总数的1/3，其中冲钉应占2/3，孔眼较少部位冲钉和高强度螺栓数量不得少于6个。检验数量：全部。检验方法：观察。

5. 采用悬臂法或半悬臂法拼装钢桁梁或钢箱梁时，联结处冲钉数量应按所承受的荷载计算决定，但不得少于孔眼总数的一半，其余孔眼布置高强度螺栓。冲钉和高强度螺栓应均匀地安装。检验数量：全部。检验方法：观察和检查计算资料。

6. 杆件或节段拼装时栓接板面及栓孔必须洁净、干燥、平整。当拼装出现摩擦面间隙时，板面处理必须符合相关标准的规定。检验数量：全部。检验方法：观察和尺量。

7. 扭矩法终拧检查扭矩，欠拧和超拧值均不得大于规定值的10%，每个栓群或节点检查的螺栓合格率不得小于80%，并应对欠拧者补拧至规定扭矩，超拧者更换连接附后重新拧紧。扭角法终拧检查转角，不足读数应补拧至规定转角，超拧度数大于5°者应更换连接附后重新拧紧。检验数量：全部。检验方法：用经过标定的扭矩扳手或量角器量测。

8. 工地焊接焊钉柔性联结器的焊接质量，必须符合设计规定，当设计无规定时应符合下列规定：

(1)焊钉周边焊缝长度、宽度、高度、饱满度及焊钉与钢板的垂直度和结合程度，应符合焊接工艺；

(2)焊钉沿轴线方向焊缝平均高度应不小于0.2倍焊钉直径；

(3)焊钉沿轴线方向焊缝最小高度应不小于0.15倍焊钉直径；

(4)焊钉周边焊缝平均直径应不小于1.25倍焊钉直径；

(5)焊钉沿轴弯曲30°后，焊缝和热影响区不应有肉眼可见的裂缝。

检验数量：抽检5%，但每工作班不少于2个。检验方法：进行30°弯曲试验、观察和尺量。

9. 钢桁梁杆件允许偏差应符合表1规定。

表1　钢桁梁杆件允许偏差

序号	项目		允许偏差(mm)	检验频率		检验方法
				范围	点数	
1	联结杆件系统	高度	±1.5	每根杆件	2	用尺量，两端腹板各计1点
		盖板宽度	±2.0		1	用尺量，每2m测一次
		长度	±5			用尺量，量全长
2	纵横梁	纵梁高度	±1.0		2	用尺量，两端腹板各计1点
		横梁高度	±1.5			
		盖板宽度	±2.0		1	每2m测一次
		纵梁长度	+0.5 −1.5		2	用尺量，两端联结角钢背至背之间的距离各计1点
		横梁长度	±1.5			
3	纵横梁	旁弯	3		1	用尺量，在腹板一侧距离主焊缝100mm处拉线量
		上拱度	+3 0			用尺量，在下盖外侧拉线量
		腹板平面度	h/500，且≤5		3	用平尺量
		盖板对腹板的垂直度	0.5(有孔部位) 1.5(其他部位)			用直角尺量

续表

序号	项目		允许偏差(mm)	检验频率		检验方法
				范围	点数	
4	主桁杆件	高度	±1.0		2	用尺量，两端腹板各计1点
		盖板宽度	±2.0①		1	用尺量，每2m测一次
		长度	±5			用尺量全长
		工形杆件的盖板对腹板的垂直度	0.5(有孔部位) 1.5(其他部位)			用直角尺量
		弯曲	2.0($L \leq 4000$) 3.0($4000 < L \leq 16000$) 5.0($L > 16000$)			用直角尺量
		扭曲	3			杆件置于平台上，四角中有三角接触平台，悬空一角与平台间隙

注：表中 h 为高度，①箱形杆件有拼接要求时为±1.0；L 为长度。

检验数量和检验方法：按表的规定检验。

10. 钢板梁允许偏差应符合表2规定。

表2　钢板梁允许偏差

序号	项目		允许偏差(mm)	检验频率		检验方法
				范围	点数	
1	梁高	≤2m	±2	每件	4	用钢尺测量两端腹板处高度
		>2m	±4			
2	跨度		±8		2	测量两支座中心距
3	全长		±15			测量全桥长度
4	纵梁长度		+0.5，-1.5			测量两端连接角钢背至背之间距离
5	横梁长度		±1.5			
6	纵梁高度		±1.0		4	测量两端腹板处高度
7	横梁高度		±1.5			
8	纵、横梁旁弯		3		2	梁立置时在腹板一侧主焊缝100mm处拉线测量
9	主梁拱度	不设拱度	+3，0			梁卧置时在下盖板外侧拉线测量
		设拱度	+10，-3			
10	两片主梁拱度差		4			
11	主梁腹板平面度		$h/350$ 且≤8			用平尺测量
12	纵、横梁腹板平面度		$h/500$ 且≤5			
13	主梁、纵、横梁盖板对腹板的垂直度	有孔部位	0.5			用直尺测量
		其余部位	1.5			

注：表中 h 为梁高。

检验数量和检验方法：按表的规定检验。

11. 钢箱梁允许偏差应符合表3的规定。

表3　钢箱梁允许偏差

序号	项目		允许偏差(mm)	检验频率		检验方法
				范围	点数	
1	梁高	≤2m	±2	每件	2	量两端腹板处高度
		>2m	±4			
2	跨度		±(5+0.15L)			量两支座中心距
3	全长		±15			测距仪或用尺量
4	腹板中心距		±3			量两端腹板中心距
5	盖板宽度		±4			用尺量
6	横断面对角线差		4			
7	旁弯		3，±0.1L			沿全长拉线量取最大值
8	拱度		+10，-5			用水准仪测量
9	支点高低差		5			
10	腹板平面度		h/250且≤8			用平尺量
11	扭曲		每m≤1且每段≤10			拉线量

注：表中L为跨度，以m计；h为盖板与加劲肋或加劲肋与加劲肋之间的距离。

检验数量和检验方法：按表的规定检验。

12. 人行桥的钢梯道梁允许偏差应符合表4的规定。

表4　钢梯道梁允许偏差

序号	项　目	允许偏差(mm)	检验频率		检验方法
			范围	点数	
1	梁高	±2	每件	2	用尺量
2	梁宽	±3			
3	梁长	±5			
4	梯道梁安装孔位置	±3			
5	梯道梁纵向挠曲矢高	≤L/1000			沿全长拉线量取最大值
6	对角线差	4			用尺量
7	梯道梁踏步间距	±5			
8	踏步板不平直度	≤1/100			

注：表中L为梁长。

检验数量和检验方法：按表的规定检验。

13. 钢墩柱允许偏差应符合表5的规定。

表5　钢墩柱允许偏差

序号	项目	允许偏差(mm)	检验频率		检验方法
			范围	点数	
1	柱底面到柱顶支承面的距离	±5	每件	2	用尺量
2	柱身截面	±3			
3	柱身轴线与柱顶支承面垂直度	±5			挂垂线量取
4	柱顶支承面几何尺寸	±3			

续表

序号	项目	允许偏差(mm)	检验频率		检验方法
			范围	点数	
5	柱身挠曲	L/1000且≯10			用尺量
6	柱身接口错茬	≤3			

注:表中L为梁长。

检验数量和检验方法:按表的规定检验。

14. 钢联结系杆件允许偏差应符合表6规定。

表6 钢联结系杆件允许偏差

序号	项目	允许偏差(mm)	检验频率		检验方法
			范围	点数	
1	杆件两端最外侧安装孔	±3	每件	2	用尺量
2	杆件两组安装孔距离	±3			
3	杆件弯曲矢高	L/1000且≤10			沿全长拉线量取最大值

注:表中L为梁长。

检验数量和检验方法:按表的规定检验。

15. 钢梁安装后允许偏差应符合表7规定。

表7 钢梁安装后允许偏差

序号	项目			允许偏差(mm)	检验频率		检验方法
					范围	点数	
1	轴线偏位	钢梁中线(mm)		10		2	用经纬仪测量
		两孔相邻横梁中线相对偏差(m)		5			
2	梁底高程(mm)	墩台处梁底		±10		4	用水准仪测量
		两孔相邻横梁相对高差		5			
3	支座偏位(mm)	支座横桥向偏位		1		2	用经纬仪测量
		固定支座顺桥向偏差	连续梁或60m以上简支	20			
			60m以下简支梁	10	每件		
		活动支座按设计气温定位前偏差		3			
4	支座底板四角相对高差(mm)			2		4	用水准仪测量
5	连接	对接焊缝的对接尺寸、气孔率		见《钢结构工程施工质量验收规范》(GB50205—2001)		见《钢结构工程施工质量验收规范》(GB 50205—2001)	
		高强度螺栓扭矩		±10%		见《钢结构工程施工质量验收规范》(GB 50205—2001)	
6	涂膜厚度(mm)			不小于设计要求		3	用测厚仪量

检验数量和检验方法:按表的规定检验。

16. 钢柱安装允许偏差应符合表8规定。

表8 钢柱安装允许偏差

序号	项目		允许偏差(mm)	检验频率		检验方法
				范围	点数	
1	钢柱轴线对行、列定位轴线的偏移		≤5	每件	2	用经纬仪测量
2	柱基高程		+10,-5			用水准仪测量
3	挠曲矢高		H/1000且≤10			沿全长拉线量取最大值
4	钢柱轴线的垂直度	H≤10m	≤10			用经纬仪或垂直线测量
		H>10m	≤H/1000且≤25			

注:表中H为柱高。

检验数量和检验方法:按表的规定检验。

17. 钢梯道和梯道平面安装允许偏差应符合表9规定。

表9 钢梯道安装允许偏差

序号	项目	允许偏差(mm)	检验频率		检验方法
			范围	点数	
1	梯道平面高度	±15	每件	2	用水准仪测量
2	梯道平台水平度	≤15①			
3	梯道侧向弯曲	≤10			沿全长拉线量取最大值
4	梯道轴线对定位轴线的偏移	≤5			用经纬仪测量
5	梯道栏杆高度和立杆间距	3			用尺量
6	无障碍C型坡道和螺旋梯道高程	±15			用水准仪测量

注:①应保证梯道平台不积水,雨水可由上向下流出梯道。

检验数量和检验方法:按表的规定检验。

大体积混凝土浇筑施工现场测温记录

渝市政竣–61

工程名称	重庆××区××路立交桥工程	单位(子单位)工程名称	××路立交桥K0+250~K0+400段2#墩混凝土浇灌工程	浇筑日期	2015年×月×日
结构部位	K0+250~K0+400段2#墩	结构几何尺寸	×××	养护起止时间	2015年×月14日 2015年×月15日
强度等级	C40	浇筑体积(m^3)	350	养护方法	保鲜膜

测温时间（日时分）	外界气温	冷却水管测温孔编号					混凝土表面及内部测温孔编号															
		进水	NO. 1	NO. 2	NO. 3	最大温差	NO.1			NO.2			NO.3			NO.			NO.			最大温差
			出水	出水	出水		表面	中心	底部	表面	中心	底部	表面	中心	底部	表面	中心	底部	表面	中心	底部	
13日10:10	20℃	18℃	48℃	50℃	48℃	32℃	36℃	60℃	48℃	57℃	70℃	51℃	32℃	58℃	47℃							
13日11:15	21℃	17℃	50℃	48℃	49℃	33℃	35℃	58℃	47℃	56℃	69℃	52℃	32℃	57℃	42℃							
13日12:12	20℃	17℃	49℃	48℃	49℃	32℃	35℃	59℃	47℃	55℃	69℃	51℃	34℃	59℃	42℃							
13日14:12	20℃	16℃	50℃	50℃	48℃	34℃	36℃	58℃	47℃	56℃	68℃	51℃	32℃	58℃	44℃							
13日15:35	20℃	18℃	48℃	49℃	50℃	32℃	37℃	60℃	46℃	57℃	68℃	52℃	31℃	56℃	42℃							

测温点布置示意图：

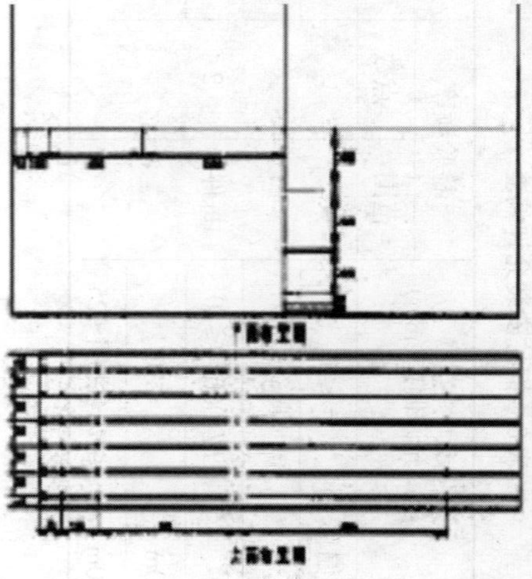

图 测温点布置图（单位:cm）

监理单位	监理工程师:××× 2015年×月×日	施工单位	质检工程师:××× 项目技术负责人:××× 2015年×月×日

重庆市城市建设档案馆
重庆市建设工程质量监督总站 监制

说明:本表适用于大体积混凝土的施工现场测温记录,按有关规定和工程的具体情况来界定大体积砼;来确定是否需要进行混凝土现场温度测量。

1.“结构几何尺寸”:指结构的长、宽、高等。

2.“浇筑体积”:指实施测温监控部位砼的体积。

3.“测温时间”:指按规定的时间间隔进行测量,精确至日时分。

4.应对每个测温孔的表面、中心、底部的温度测量。

5.“最大温差”:指每个测温点的表面、中心、底部之间的最大温差以及混凝土表面与外界气温的温差相比较取大值。

6.“测温点布置示意图”:应画出混凝土的平面形状,并标明测温孔设置的位置。

冷却水管安装检查记录

渝市政竣-62

工程名称	重庆××区××路道路工程	单位(子单位)工程名称	道路地下冷却水管安装工程
工程部位	K0+250~K0+400段	施工单位	重庆××市政工程有限公司
检查项目及检查结果			
1. 冷却水管编号、品种、规格及数量		编号:×;品种:×;规格:×;数量:×。	
2. 接头情况		接头良好,无不良缺陷。	
3. 安装位置		安装位置正确。	
4. 固定情况		牢固,无松动。	
5. 通水试验情况		通水试验符合规范要求。	
6. 其他		无。	

7. 示意图:

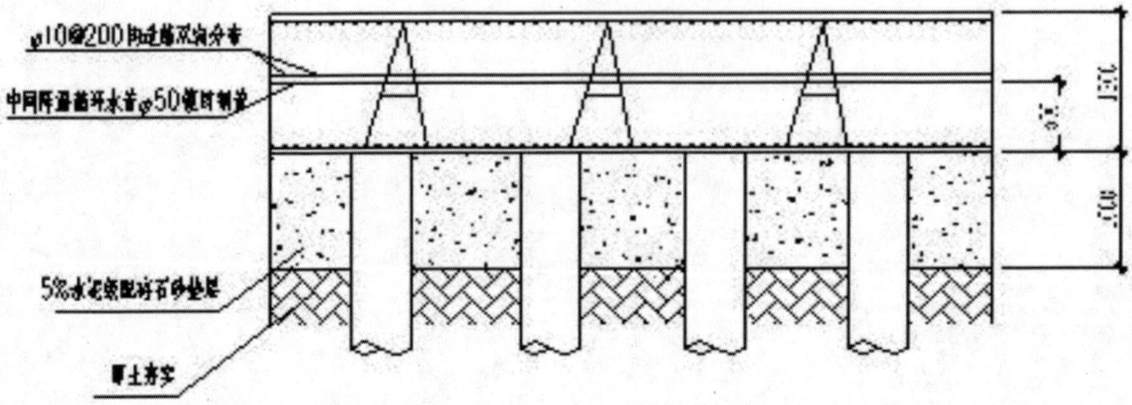

检查结论	经检验,符合设计要求及相关验收规范规定,合格。	
建设单位	监理单位	施工单位
现场负责人:××× 2015年×月×日	监理工程师:××× 总监理工程师:××× 2015年×月×日	质检工程师:××× 技术负责人:××× 项目经理:××× 2015年×月×日

重庆市城市建设档案馆
重庆市建设工程质量监督总站 监制

说明：

1. 管道数量、规格、长度符合设计规范及国家标准。

2. 排水管道坡度符合设计要求，严禁无坡或倒坡。

3. 管道埋设前做灌水试验和通水试验，排水应畅通，无堵塞，管接口无渗漏。

(1)排水铸铁管采用水泥捻口时，油麻填塞密实，接口水泥应密实饱满，接口面凹入承口边缘且深度不大于2mm。

(2)排水铸铁管外壁在安装前应除锈并涂两遍石油沥青漆。

(3)管道和管件的承口应与水流方向相反。

(4)混凝土管或钢筋混凝土管采用抹带接口时，抹带前管口外壁应凿毛扫净，管径≤500mm，抹带可一次完成，管径＞500mm时，分两次抹成，并不得有裂纹；钢丝网应放入管道下方，抹压牢固，不得外露；抹带厚度不小于管壁厚度，宽度宜为80~100mm。

预应力筋及张拉设备检查记录

渝市政竣-63

<table>
<tr><td>工程名称</td><td>重庆市××区××桥梁工程</td><td>单位(子单位)
工程名称</td><td colspan="2">××桥梁工程3#箱梁</td></tr>
<tr><td>检查部位</td><td>/</td><td>施工单位</td><td colspan="2">重庆××市政工程建设公司</td></tr>
<tr><td colspan="5">检查项目及检查结果</td></tr>
<tr><td colspan="2">1. 纵向预应力筋编号、数量、品种及规格</td><td colspan="3">编号N-1,数量4束,规格φ10。</td></tr>
<tr><td colspan="2">2. 横向预应力筋编号、数量、品种及规格</td><td colspan="3">/</td></tr>
<tr><td colspan="2">3. 竖向预应力筋编号、数量、品种及规格</td><td colspan="3">/</td></tr>
<tr><td colspan="2">4. 梳理及绑扎方法</td><td colspan="3">梳理直顺不扭转,绑扎牢固。</td></tr>
<tr><td colspan="2">5. 锚具名称及锚头接头情况</td><td colspan="3">XM锚具,接头完好。</td></tr>
<tr><td colspan="2">6. 千斤顶型号及编号</td><td colspan="3">YDC千斤顶,022/023。</td></tr>
<tr><td colspan="2">7. 压力表型号及编号</td><td colspan="3">Y-100,122。</td></tr>
<tr><td colspan="2">8. 油泵型号及编号</td><td colspan="3">/</td></tr>
<tr><td colspan="2">9. 张拉设备配套校验报告号</td><td colspan="3">/</td></tr>
<tr><td>检查结论</td><td colspan="4">设备合格,可以使用。</td></tr>
<tr><td colspan="2">建设单位</td><td colspan="2">监理单位</td><td>施工单位</td></tr>
<tr><td colspan="2">现场负责人:×××

2015年×月×日</td><td colspan="2">监理工程师:×××
总监理工程师:×××

2015年×月×日</td><td>质检工程师:×××
技术负责人:×××
项目经理:×××
2015年×月×日</td></tr>
</table>

重庆市城市建设档案馆
重庆市建设工程质量监督总站 监制

说明:

1. 预应力筋的性能。预应力筋进场时,应按GB/T 5224《预应力混凝土用钢绞线》等的规定抽取试件作力学性能检验,其质量必须符合有关标准的规定。检查产品合格证、出厂检验报告和进场复验报告。外观检查,其质量符合下列要求:

(1)有粘结预应力筋展开后平顺,不得有弯折,表面不应有裂纹、小刺、机械损伤、氧化铁皮和油污等;

(2)无粘结预应力筋护套应光滑、无裂缝,无明显褶皱。

2. 预应力筋用锚具、夹具和连接器应按设计要求采用,其性能应符合GB/T 14370《预应力筋用锚具、夹具和连接器》等的规定。检查产品合格证、出厂检验报告和进场复验报告。预应力筋用锚具、夹具的连接器使用前应进行外观检查,其表面应无污物、锈蚀、结构损伤和裂纹。观察检查。

3. 预应力混凝土用金属螺旋管的尺寸和性能应符合JG/T 3013《预应力混凝土用金属螺旋管》的规定。检查产品合格证、出厂检验报告和进场检验报告。预应力混凝土用金属螺旋管在使用前应进行外观检查,其内外表面应清洁,无锈蚀,不应有油污、孔洞和不规则的褶皱,咬口不应有开裂或脱扣。观察检查。

4. 无粘结预应力筋的涂包质量应符合无粘结预应力钢绞线标准的规定。观察和检查产品合格证及进场检验报告。

5. 千斤顶、压力表、油泵及其他配套设备应有合格证和质量检验证明。

预应力管道安装隐蔽检查记录

渝市政竣-64

工程名称	重庆市××区××排水工程	单位(子单位)工程名称	××排水工程管道安装
工程部位	K5+50~K6+350段	施工单位	重庆××市政工程建设公司
检查项目及检查结果			
1. 锚固管道编号、数量、规格及长度		G11A、G11B/根/D1800×180×2400。	
2. 非锚固管道编号、数量及规格		G05A、G05B/15根/DN1200×200×2200。	
3. 管道接头型式		螺纹连接(丝口连接)。	
4. 管道固定情况(坐标情况附表)		管道构建安装稳固,固定。	
5. 管道与锚垫板的垂直情况		管道与锚固板安装完成,垂直情况符合规定。	
6. 锚垫板数量、品种及规格		锚垫板4个,规格500mm×500mm×40mm。	
7. 加强钢筋编号、数量、品种及规格		A0-Ⅱ级钢直径16mm,上下各2根。	
8. 其他		/	
检查结论	符合相关要求,合格。		
建设单位	监理单位		施工单位
现场负责人:××× 2015年×月×日	监理工程师:××× 总监理工程师:××× 2015年×月×日		质检工程师:××× 技术负责人:××× 项目经理:××× 2015年×月×日

重庆市城市建设档案馆
重庆市建设工程质量监督总站 监制

说明:

1. 锚固与非锚固管道数量、规格、长度符合设计规范及国家标准,钢筋、锚垫、垫板等符合国家规范要求。

2. 为保证安装质量,应事先按设计图纸中预应力筋的曲线坐标在相应的结构钢筋上定出曲线位置及线形并用钢筋托架固定。

3. 波纹管接长布置在直线段是为了连接方便,为使连接可靠,其旋入长度应大于100mm,并对其实施相应防护。

4. 后张预应力管道安装位置直接影响预应力筋的束界、摩阻等,管道位置不正确,就会使预应力位置偏移,其等效合力超出设计预定束界,产生附加弯矩,影响构件质量。因此必须严格控制。

5. 检查点数以段控制为当:直线段不少于3点;曲线段、折线段不少于5点。曲线段划分以曲率半径变化为一段,折线段的折点变化为一段。

6. "检查结论"验收是否合格,是否同意隐蔽。

预应力张拉施工记录(一)

渝市政竣-65

工程名称	重庆市××区××桥梁工程	工程部位	××桥梁工程3#箱梁	施工单位	重庆××市政工程建设公司	千斤顶校验报告编号	0012
千斤顶型号及编号	YDC-2500	压力表编号	022	锚具型号	121	预应力束规格	40
初始拉力	117.2kN	张拉控制力	19.08kN	超张拉力	\ kN	张拉时砼龄期及强度	28d,47MPa

预应力束编号	预应力束长度(m)		张拉过程																		超张拉压力表读数(MPa)	持荷时间(min)	张拉伸长量(mm)		夹片回缩量	断丝数、滑丝量
			初始力			中间力1			中间力2				中间力3				控制力									
	设计锚固长度	张拉工作长度	压力表读数(MPa)	缸外露量(mm)	伸长量(mm)	张拉后缸外露量(mm)	伸长量(mm)	压力表读数(MPa)	前拉后缸外露量(mm)	张拉后缸外露量(mm)	伸长量(mm)	压力表读数(MPa)	前拉后缸外露量(mm)	张拉后缸外露量(mm)	伸长量(mm)	压力表读数(MPa)	前拉后缸外露量(mm)	压力表读数(MPa)	张拉后缸外露量(mm)	伸长量(mm)			工作长度伸长量	计锚固定长度伸长量		
N1	20	17	3.47	0.19	14.2	14.4	16	36.8	1.1	1.6	3	42.8					1.1	43	1.6	0	38.6	/	20	12	0	/
N2	20	17	3.08	0.17	15.0	15.2	15	36.6	1.4	1.8	2	41.9					1.4	1.8	1.8	0	38.3	/	20	12	0	/
张拉部位、顺序及钢束分布图																										

建设单位	监理单位	施工单位
现场负责人:×××	监理工程师:××× 总监理工程师:×××	记录人:××× 质检工程师(复核): 技术负责人:×××
2015年×月×日	2015年×月×日	2015年×月×日

重庆市城市建设档案馆
重庆市建设工程质量监督总站 监制

预应力张拉施工记录（二）

渝市政竣-66

工程名称	重庆市××区××桥梁工程	工程部位	××桥梁工程3#箱梁	施工单位	重庆××市政工程建设公司	千斤顶压力表标定报告编号	0012

张拉日期	钢束编号	钢束规格	钢束长度(m)	锚具型号 张拉端	锚具型号 被拉端	张拉时砼强度(MPa)	千斤顶型号	千斤顶编号	压力表编号	设计 控制力(kN)	设计 伸长量(cm)	控制力 拉力(kN)	控制力 压力表读数(MPa)	控制力 伸长量(cm)	超张力 压力表读数(MPa)	持荷时间(min)	单端张拉伸长值(cm)	两端张拉总伸长值(cm)	钢具回缩变形值(mm)	滑丝量(cm)	断丝量(根)	备注
1	2	3	4	5	6	7	8	9	10	11	12	13	14	15	16	17	18	19	20	21	22	23
×	N-1	Φ10	9	XMl	ZP9	47	YDC2500	022	702	1.8	7.3	187	39.2	6.2	/	15	3.1	7.1		2	/	
×	N-1	Φ10	9	XM2	ZP8	47	YDC2	023	703	1.8	7.5	187	39.2	6.6	/	16	3.3	7.5		0	/	
×	N-1	Φ10	9	XM3	ZP7	47	YDC2500	022	702	1.8	7.2	187	39.2	6.3	/	15	3.1	7.2		0	/	
×	N-1	Φ10	9	XM4	ZP6	47	YDC2	023	703	1.8	7.6	187	39.2	6.1	/	16	3.1	7.0		0	/	

建设单位	监理单位	施工单位
现场负责人:××× 2015年×月×日	监理工程师:××× 总监理工程师:××× 2015年×月×日	记录人:××× 质检工程师(复核): 技术负责人:××× 2015年×月×日

重庆市城市建设档案馆
重庆市建设工程质量监督总站 监制

说明：

一般规定

1. 预应力筋应按不同品种、牌号、规格和检验状态分别标识存放。在运输、加工和储存过程中应防止锈蚀、污染和变形。

2. 预应力张拉机具设备及仪表,应由专人使用和管理,并进行维护。千斤顶与压力表应配套校验,并配套使用,校验应符合以下规定:

(1)校验应在质量技术监督部门授权或考核合格的法定技术机构进行;

(2)千斤顶活塞的运行方向应与实际张拉工作状态一致;

(3)应采用耐震型、精度不低于1.5级(分度值不大于1MPa)的压力表;

(4)当千斤顶校验超过6个月或使用超过200次或在使用过程中出现不正常现象或检修以后应重新校验。

原材料

1. 预应力筋进场时,除了应具有出厂质量证明书外,还应按批抽取试件作力学性能试验,其质量必须符合《预应力混凝土用钢丝》(GB/T 5223)、《预应力混凝土用钢绞线》(GB/T 5224)和《预应力混凝土用热处理钢筋》(GB 4463)等现行国家标准的规定和设计要求。当需要复核计算伸长量时,可按批抽取试件作横截面面积和弹性模量试验。检验数量:按同牌号、同炉号、同规格、同生产、同工艺、同交货状态的预应力钢筋,每60T为一批,不足60T也按一批计。每批抽检一次。检验方法:检查产品合格证、出厂检验报告和进场复验报告。

2. 预应力用锚具、夹具和连接器进场时,除了应具有出厂质量证明书外,还应抽取试件做硬度和静载锚固性能试验,其质量符合《预应力筋用锚具、夹具和连接器》(GB/T 14370)的规定和设计要求。

检验数量:按同一种类、同种材料和同一生产工艺且连续进场的预应力用锚具、夹具和连接器,每1000套为一批,不足1000套也按一批计。硬度试验每批抽检5%,且不少于5套。静载锚固性能试验是对大桥和特大桥工程,或当质量证明书不齐全、不正确或质量有疑点时,经对锚具、夹具和连接器试验合格后,应从同批中抽取6套锚具组成3个预应力筋锚具组装件,进行静载锚固性能试验。检验方法:检查产品合格证、出厂检验报告和进场复验报告。

3. 孔道压浆应采用普通硅酸盐水泥,其质量和检验必须符合本规范以下规定:

(1)水泥进场时应对其品种、级别、包装或散装仓号、出厂合格证等进行检查,并应对其强度、安定性及其他必要的性能指标进行复验,其质量必须符合《通用硅酸盐水泥》(GB 175)等的规定和设计要求。

(2)当在使用中对水泥质量有怀疑或水泥出厂超过3个月(快硬硅酸盐水泥超过1个月)时,应进行复验,并按复验结果使用。检验数量:按同一生产厂家、同一等级、同一品种、同一批号且连续进场的水泥,袋装不超过2000kN为一批,散装不超过5000kN为一批,每批抽检一次。检验方法:检查产品合格证、出厂检验报告和进场复验报告。

4. 水泥浆用的外加剂的质量和检验必须符合本规范以下规定:

(1)混凝土中掺用外加剂的质量及应用技术应符合《混凝土外加剂》(GB 8076)、《混凝土外加剂应用技术规范》(GB 50119)等和有关环境保护的规定。

(2)预应力混凝土结构中,严禁使用含氯化物的外加剂。钢筋混凝土结构中,当使用含氯化物的外加剂时,混凝土中氯化物的总含量应符合规范中混凝土配合比设计的规定。检验数量:按同一生产厂家、同品种、同批号且连续进场的外加剂,每50T为一批,不足50T时,也按一批计。每批抽检一次。检验方法:检查产品合格证、出厂检验报告和进场复验报告。

5. 预应力混凝土用波纹管的尺寸和性能指标应符合《预应力混凝土用金属螺旋管》(JG/T 3013)、《预应力混凝土桥梁用塑料波纹管》(JT/T 529)的规定和设计要求。检验数量:金属螺旋管按同厂家、同一批钢带、同规格,每50000m为一批,不足50000m也按一批计。每批抽检一次。塑料波纹管按同厂家、同规格,每10000m为一批,不足10000m也按一批计。每批抽检一次。检验方法:检查产品合格证、出厂检验报告和进场复验报告。

6. 预应力筋使用前应进行外观检查,其质量应符合下列要求:

(1)有粘结预应力筋展开后应平顺,不得有弯折,表面不应有裂纹、小刺、机械损伤、氧化铁皮和油污等;

(2)无粘结预应力筋护套应光滑、无裂缝,无明显褶皱。检验数量:全部。检验方法:观察。

7. 预应力用锚具、夹具和连接器使用前应进行外观检查,其表面应无污物、锈蚀、机械损伤和裂纹。检验数量:全部。检验方法:观察。

8. 预应力混凝土用波纹管使用前应进行外观检查,其内外表面应清洁,无锈蚀,不应有油污、孔洞和不规则的褶皱、咬口,不应有开裂或脱扣。检验数量:全部。检验方法:观察。

制作与安装

1. 预应力筋安装时,其品种、级别、规格、数量、位置必须符合设计要求。检验数量:全部。检验方法:观察,尺量。

2. 预应力锚具和连接器安装时,其品种、规格、数量、位置必须符合设计要求。检验数量:全部。检验方法:观察,尺量。

3. 预应力筋下料质量应符合下列要求:

(1)预应力筋应采用砂轮锯或切断机切断,不得采用电弧切割;

(2)下料后的预应力筋在成束时,应用梳板进行梳理,并进行束号、规格、长度、下料等标识。检验数量:全部。检验方法:观察,尺量。

4. 预应力筋端部锚具的制作质量应符合下列要求:

(1)挤压锚具制作时,挤压后预应力筋外端应露出挤压套筒1~5mm,挤压后单根锚具抗拔锚固力不得低于预应力筋标准抗拉强度的95%;

(2)钢绞线压花锚成型时,表面应清洁、无油污,梨形头尺寸和直线段长度应符合设计要求;

(3)钢丝镦头强度不得低于钢丝标准抗拉强度的98%。检验数量:对挤压锚,每工作班抽查5%,且不少于5件;对压花锚,每工作班抽查3件;对钢丝镦头强度,每批抽查6个试件。检验方法:观察,尺量,检查试验报告。

5. 有粘结预应力筋预留孔道用的材料、规格、数量、位置和形状除应符合设计要求外,尚应符合下列规定:

(1)预留孔道的定位应牢固,浇筑混凝土时不应出现移位和变形;

(2)孔道应平顺,端部的预埋锚垫板应垂直于孔道中心线;

(3)成孔用管道应密封良好,接头应严密且不得漏浆;

(4)灌浆孔的间距:对波纹管不宜大于30m;对抽芯成形孔道不宜大于12m;

(5)在曲线孔道的曲线波峰部位应设置排气兼泌水管,必要时可在最低点设置排水孔;

(6)灌浆孔及泌水管的孔径应能保证浆液畅通。检验数量:全部。检验方法:观察,尺量。

6. 无粘结预应力筋的铺设应符合下列要求:

(1)定位应牢固,浇筑混凝土时不应出现移位和变形;

(2)端部的预埋锚垫板应垂直于预应力筋;

(3)内埋式固定端垫板不应重叠,锚具与垫板应贴紧;

(4)无粘结预应力筋成束布置时应能保证混凝土密实并能裹住预应力筋;

(5)无粘结预应力筋的护套应完整,局部破损处应采用防水胶带绕紧密。检验数量:全部。检验方法:观察。

7. 在浇筑混凝土前穿入孔道的后张法有粘结预应力筋,宜采取防止锈蚀的措施。检验数量:全部。检验方法:观察。

8. 先张预应力筋的制作和安装允许偏差应符合下表1的规定。

表1　先张预应力筋制作和安装允许偏差

序号	项　目		允许偏差(mm)	检验频率		检验方法
				范围	点数	
1	镦头钢丝同束长度相对差	L>20m	L/5000,且≤5	每批	2	尺量
		L=6~20m	L/3000			
		L<6m	2			
2	冷拉钢筋接头在同一平面的轴线偏位		2,且≤1/10直径		抽查30%	拉线尺量
3	预应力筋张拉后的位置与设计位置之间偏位		4%短边及5		全部	尺量

注:L为预应力束长。

检验数量及检验方法:按表的规定检验。

9. 后张预应力筋的安装允许偏差应符合表2的规定。

表2　后张预应力筋安装允许偏差

序号	项　目		允许偏差(mm)	检验频率		检验方法
				范围	点数	
1	管道坐标	梁长方向	±30	抽查30%	10	尺量
		梁高方向	±10			
2	管道间距	同排	10		5	尺量
		上下层	10			

检验数量及检验方法:按表的规定检验。

体内预应力施工

1. 预应力筋张拉或放张,应结合工程的实际情况,根据有关技术规范和设计要求,编制控制预应力筋张拉或放张施工质量的施工技术方案,确保预应力筋张拉或放张质量。当需要修改施工技术方案时,则应进行再审批。检验数量:同一施工技术方案检查一次。检验方法:查施工技术方案及监理单位审批意见。

2. 预应力筋张拉或放张时,混凝土的强度及龄期必须符合设计要求;当设计无要求时,则混凝土强度不得低于设计强度的80%及龄期不应少于7d。检验数量:全部。检验方法:检查同条件养护试件的试验报告及施工记录。

3. 预应力筋的张拉或放张顺序和张拉工艺应符合设计及施工技术方案的要求。检验数量:全部。检验方法:观察。

4. 先张预应力筋张拉允许偏差应符合表3的规定。

表3　先张预应力筋张拉允许偏差

序号	项　目		允许偏差	检验频率		检验方法
				范围	点数	
1	张拉力值(MPa)		符合设计规定	每束(根)	1	查压力表读数
2	张拉伸长率(%)		符合设计规定,设计未规定时为±6%		1	尺量
3	断丝数(根)	钢丝、钢绞线	同一构件内断丝数不得超过总数的1%		1	观察
		钢筋	不允许			

检验数量及检验方法:按表的规定检验。

5. 后张预应力筋张拉允许偏差应符合表4的规定。

表4 后张预应力筋张拉允许偏差

序号	项目		允许偏差	检验频率		检验方法
				范围	点数	
1	张拉力值(MPa)		符合设计规定	每束(根)	1	查压力表读数
2	张拉伸长率(%)		符合设计规定,设计未规定时为±6%		1	尺量
3	断丝、滑丝数(根)	钢束	每束1根,且每断面不得超过总数的1%			观察
		钢筋	不允许			

检验数量及检验方法:按表的规定检验。

6. 锚固阶段张拉端预应力筋的内缩量应符合设计要求。当设计无要求时,张拉端预应力筋的内缩量允许偏差应不大于表5的规定。

表5 张拉端预应力筋内缩量允许偏差

序号	项目		允许偏差(mm)	检验频率		检验方法
				范围	点数	
1	支承式锚具(镦头锚具)	螺帽缝隙	1	每个锚具	1点	尺量
		每块后加垫板的缝隙				
2	锥塞式锚具		4			
3	夹片式锚具	有顶压	4			
		无顶压	6			

检验数量及检验方法:按表的规定检验。

预应力压浆施工检查记录

渝市政竣-67

工程名称			重庆××区××桥梁工程				工程部位		××桥梁工程3#箱梁			施工单位		重庆××市政工程建设公司				压浆配合比			1:0.52:2.30:3.17
水泥品种及等级			P. 0. 42. 5				外加剂名称		/			压浆设备		GS2700型高速搅拌车				压浆方法			/
顺序号	钢束编号	管道冲洗情况	第一次压浆									第二次压浆									备注
			压浆方向	开始时间	停止时间	结束时间	稳压时间(min)	真空度(MPa)	压力(MPa)	通过情况	冒浆情况	压浆方向	开始时间	停止时间	结束时间	稳压时间(min)	真空度(MPa)	压力(MPa)	通过情况	冒浆情况	
1	N11		西	9:30	/	10:00	80	/	0.6	良好	/	正常	10:00	/	10:30	84	/	0.6	良好	无	
2	N12		西	10:30	/	11:00	82	/	0.6	良好	/	正常	11:00	/	11:30	86	/	0.6	良好	无	
3	N21		西	14:00	/	14:30	85	/	0.6	良好	/	正常	14:30	/	15:00	85	/	0.6	良好	无	
4	N22		西	15:00	/	15:30	84	/	0.6	良好	/	正常	15:30	/	16:00	88	/	0.6	良好	无	
检查结论			符合设计要求。																		

建设单位	监理单位	施工单位
现场负责人:×××	监理工程师:××× 总监理工程师:×××	记录人:××× 质检工程师(复核):××× 技术负责人:×××
2015年×月×日	2015年×月×日	2015年×月×日

重庆市城市建设档案馆
重庆市建设工程质量监督总站 监制

说明：本表适用于预应力结构的孔道灌浆的施工情况；锚(索)杆等环境工程灌浆时，其施工记录已填写明确了灌浆的施工情况，可不再填此表。

1. 同一灌浆批可形成一表；

2. “压浆开始时间”、“压浆结束时间”：应精确至小时、分钟；

3. “压浆配合比”：指施工配合比：

4. “压力”、“真空度”：指灌浆设计压力、灌浆设计强度；

5. 水泥浆的水灰比不大于0.40，稠度宜控制在14~18s之间，泌水率最大不得超过3%，拌合后3h，泌水率宜控制在2%，泌水应在24h内全部被水泥吸收，自由膨胀率应小于10%。

6. 预应力筋张拉后应在3d内进行孔道压浆，水泥浆自拌制致该孔道稳压结束时间，不得超过水泥浆的初凝时间。压浆时排气孔、排水孔应有水泥原浆溢出后方可封闭，并稳定5min后再补压，孔道内水泥浆应饱满、密实。检查孔道压浆与张拉施工记录。

7. 水泥浆的抗压强度必须符合设计要求，当设计无要求时，水泥浆的抗压强度应不低于M30。移动混凝土构件时水泥浆的抗压强度必须符合设计要求；无设计要求时，水泥浆的抗压强度不应低于设计强度的80%。检查水泥浆配合比报告、抗压强度报告。

8. 预应力管道，特别是30m以上长大管道压浆宜采用真空辅助压浆工艺；张拉端锚头压浆前进行封塞，应对孔道进行清洁、湿润、清除有害物质、吹出孔道内积水。

9. 压浆过程中及压浆后48h内，环境温度应控制在5~35℃之间，并应对构件采取保温措施。当气温高于35℃时，压浆宜在夜间进行。

10. 张拉槽封锚混凝土按设计要求进行，必须振捣密实，不得露筋和其他缺陷，应清洁干净。封锚的外端长度不得超过梁体长度。封锚混凝土的强度应符合设计要求，不宜低于构件混凝土等级值的80%。

11. 当该项目为专业分包时，分包单位的项目技术负责人应签字。

封端施工检查记录

渝市政竣-68

工程名称	重庆市××区××桥梁工程	单位(子单位)工程名称	××桥梁工程2#墩施工
工程部位	K0+250~K0+350段2#墩	施工单位	重庆××市政工程建设公司
检查项目及检查结果			
1. 封端面清理情况		无杂物,已清洗。	
2. 封端钢筋网片固定情况		固定牢固,无晃动及不良缝隙。	
3. 封端模型安装密封情况		密封完好。	
4. 封端梁长		10m。	
5. 封端配合比		1:0.2:2.30:3.17。	
6. 封端砼浇筑起止时间		2015年×月×日14:10—2015年×月×日16:29。	
检查结论	经检验,该封端施工符合设计要求及相关规范规定。		
建设单位	监理单位		施工单位
现场负责人:××× 2015年×月×日	监理工程师:××× 总监理工程师:××× 2015年×月×日		质检工程师:××× 技术负责人:××× 项目经理:××× 2015年×月×日

重庆市城市建设档案馆
重庆市建设工程质量监督总站 监制

说明:

1. 预应力孔道压浆应结合工程的实际情况,根据有关技术规范和设计要求,编制控制孔道压浆质量的施工技术方案,确保预应力压浆质量。当需要修改施工技术方案时,则应进行再审批。检验数量:同一施工技术方案检查一次。检验方法:查施工技术方案及监理单位审批意见。

2. 预应力筋张拉后应在7d内进行孔道压浆,当孔道内堵塞需要处理时,最长不得超过14d。孔道内水泥浆应饱满、密实。检验数量:全部。检验方法:观察,检查压浆记录。

3. 水泥浆的抗压强度必须符合设计要求,当设计无要求时,水泥浆的抗压强度应不低于30MPa。移动混凝土构件时水泥浆的抗压强度必须符合设计要求;当设计无要求时,水泥浆的抗压强度不应低于设计强度的80%。检验数量:每工作班制取3组边长为70.7mm的立方体标准养护试件。检验方法:检查水泥浆抗压强度报告。

4. 预应力筋锚固后的外露部分宜采用机械方法切割,其外露长度不应小于预应力筋直径的1.5倍,且不应小于30mm。检验数量:检查预应力筋总数的3%,且不少于5束。检验方法:观察和尺量。

5. 锚具及预应力筋封闭防护必须符合设计要求;当设计无要求时,应符合下列规定:

(1)凸出式锚固锚具的保护层厚度不小于50mm;

(2)外露预应力筋的保护层厚度不小于30mm;

(3)封锚混凝土的强度,满足设计要求且不低于混凝土强度等级值的80%。

检验数量:全部。检验方法:观察。

6. 压浆用水泥浆的水灰比不应大于0.40,搅拌后3h泌水率不宜大于2%。泌水应能在24h内全部重新被水泥浆吸收,水泥浆稠度宜控制在14~18s之间。检验数量:同一配合比检查一次;检验方法:检查水泥浆性能试验报告。

钢管拱肋制作质量检查记录

渝市政竣-69

工程名称	重庆市××区××桥梁工程	单位(子单位)工程名称	××桥梁工程钢管拱肋施工
工程部位	K0+250~K0+350段2#墩	施工单位	重庆××市政工程建设公司
检查项目及检查结果			
1. 钢管拱肋使用的钢材和焊接材料应符合设计和规范的要求		所用钢材和焊接材料符合设计和规范要求。	
2. 钢管拱肋的焊接应按规范有关规定进行焊接工艺评定		合格。	
3. 施焊人员必须具有相应的焊接资格证和上岗证		所用焊接人员具有焊接资格证和上岗证。	
4. 焊缝探伤检测是否符合设计要求		符合。	
5. 钢管拱肋组焊前，单元件是否检验合格		合格。	
6. 钢管拱肋各构件堆存是否符合设计和规范要求		符合设计和规范要求。	
7. 外观质量情况		观感良好。	
8. 其他		无。	
检查结论	合格。		
监理单位		施工单位	
监理工程师:××× 总监理工程师:××× 2015年×月×日		质检工程师:××× 技术负责人:××× 项目经理:××× 2015年×月×日	

重庆市城市建设档案馆　监制
重庆市建设工程质量监督总站

说明:

1. 桥梁结构用钢及型钢质量应满足设计要求以及GB/T 714《桥梁用结构钢》的规定。钢铸件的品种、规格、性能等应符合现行国家产品和设计要求。进口钢材产品的质量应符合设计和合同规定标准的要求。

2. 焊工必须有焊工合格证和上岗证书，持证焊工必须在其考试合格项目及其认可范围内施焊。设计要求焊透的一、二级焊缝，焊接球接点网架焊缝、螺栓球接点网架焊缝等应进行焊缝超声波检测，形成检测记录。

3. 拱肋的各部分构件应符合设计规定和规范要求，各段联接牢固，并符合设计要求。

4. 拱肋的拱脚处必须与拱座接触严密，稳固，拱波的支点处必须用砂浆嵌填饱满密实。

5."检查结论"为是否合格，是否进行下一步工序。

悬浇混凝土施工标高控制记录

渝市政竣-70

工程名称		重庆市××桥梁工程				工程部位		混凝土梁				施工单位		×××市政有限公司		
施工工况		各节段标高（m）												观测日期及时间	天气情况	气温（℃）
		节段			节段			节段			节段					
		下游肋	桥轴线	上游肋	下游肋	桥轴线	上游肋	下游肋	桥轴线	上游肋	下游肋	桥轴线	上游肋			
模板安装后（浇筑砼前）	设计	263	263	263										2015年×月×日×时	晴	32
	实际	265	263	264												
	误差	2	0	1												
浇筑砼后（m^3）	设计	250	250	250										2015年×月×日×时	晴	29
	实际	251	249	248												
	误差	1	1	2												
预应力张拉后	设计	240	240	240										2015年×月×日×时	晴	30
	实际	242	239	241												
	误差	2	1	1												
挂篮移至下节段	设计	235	235	235										2015年×月×日×时	晴	31
	实际	233	232	233												
	误差	2	3	2												

建设单位	监理单位	施工单位
现场负责人:××× 2015年×月×日	监理工程师:××× 总监理工程师:××× 2015年×月×日	质检工程师:××× 技术负责人:××× 项目经理:邹××× 2015年×月×日

重庆市城市建设档案馆
重庆市建设工程质量监督总站 监制

说明：

1. 模板安装必须稳固牢靠、接缝严密，不得漏浆。模板与混凝土的接触面必须清理干净并涂刷隔离剂，模内的积水或杂物应清理干净。检验数量：全部。检验方法：观察。

2. 预制构件模板和整体式模板安装允许偏差应符合表1、表2的规定。

表1　预制构件模板安装允许偏差

序号	项目			允许偏差(mm)	检验频率		检验方法
					范围	点数	
1	相邻两板表面高低差			2	每个构件	4	用尺量
2	表面平整度						用2m直尺检验
3	模内尺寸	宽	柱、桩	±5		1	用尺量
			梁、板	−10			
		高	柱、桩	−5			
			梁、板				
		长	柱、桩				
			梁、板				
4	侧向弯曲		板	L/1500			沿构件全长拉线量取最大值
			柱、桩	L/1000，且≤10			
			梁	L/2000，且≤10			
5	轴线位移	横隔梁		±5	每根梁	2	用经纬仪或样板测量
6	预留孔洞位	预应力筋孔道(梁端)		5	每个孔洞	1	用尺量
		其他		5			

注：表中L为构件长度。

检验数量和检验方法：按表的规定检验。

表2　整体式模板安装允许偏差

序号	项目		允许偏差(mm)	检验频率		检验方法
				范围	点数	
1	相邻两板表面高低差		2	每个构筑物	4	用尺量
2	表面平整度					用2m直尺检验
3	高程	支承面	+2，−5	每个支承面	1	用水准仪测量
		基础	±20	每个构筑物	4	
		其他	±10			
4	悬浇各梁段底面高程		+10，0	每梁段	1	

续表

序号	项目			允许偏差(mm)	检验频率		检验方法
					范围	点数	
5	垂直度	墙、柱		0.1%H,且≤6	每个构筑物	1	用经纬仪测量或用垂线检验
		墩、台		0.2%H,且≤20			
6	轴线位移	基础		15		2	用经纬仪测量纵横面各计1点
		墩、台、墙		10			
		梁、柱		8			
		悬浇各梁段		8			
7	模内尺寸	基础		+10,-20		3	用尺量,长、宽、高各计1点
		墩、台		+5,-10			
		梁、柱、墙、柱		+3,-8			
8	支架和拱架	纵轴的平面位置		L/1000或30		1	用经纬仪测量
		曲线形拱架的高程(含建筑拱度)		+20,-10			用水准仪测量
9	预埋件	钢板连接板等	位置	10	每个预埋件		用尺量
			平面高差	2			用水准仪测量
		螺栓、锚筋等	位置	3			用尺量
			外露尺寸	±10			
10	预留孔	预留力筋孔道	位置(梁顶)	5	每个预留孔洞		用尺量
		其他	位置	15			用水准仪测量
			高程	±10			

注:表中H为构筑物高度;L为构筑物跨度。

检验数量和检验方法:按表的规定检验。

3. 拆除承重模板时混凝土强度应符合设计要求,当设计无要求时,除相关分项工程有特殊规定外,混凝土强度应符合表3规定。

表3 拆除承重模板时混凝土强度确定要求

序号	结构类型	结构跨度(m)	达到混凝土设计强度标准值的百分率(%)
1	梁、拱、板	≤8	≥80
		>8	100
2	悬臂梁(板)	≤2	≥80
		>2	100

检验数量:全部。

检验方法:混凝土强度试验。

4. 拆除承重模板时,混凝土应保证其表面及棱角不受损伤。检验数量:全部。检验方法:观察。

5. 混凝土结构外观应表面平整,光泽均匀,拼缝整齐,棱角分明,线条顺直,轮廓清晰。模板接缝处无显著高差,局部蜂窝麻面、缺角掉边、跑模等已经修整平整。混凝土表面无木材、棉纱、塑料等杂物镶嵌,无铁丝、螺栓及钢筋外露。除设计要求外,混凝土表面应无粉刷、涂饰。检验数量:全部。检验方法:按照《重庆市桥梁工程施工质量验收规范》附录H进行检查与缺陷识别。

6. 桥墩、桥台外观质量合格除应符合规范要求外,还应符合下列要求:

(1)沉降标志按规定设置并保持完整;

(2)桥台及挡土墙泄水孔排水畅通,沉降缝垂直且按规定填充嵌缝材料。检验数量:全部。检验方法:观察。

斜拉索安装检查记录

渝市政竣-71

工程名称	重庆市××桥梁工程	单位(子单位)工程名称	斜拉桥的主梁与拉索工程
工程部位	索塔	施工单位	××市政工程公司

检查项目及检查结果				
1. 斜拉索编号、数量、品种、规格	编号:×××,数量:7,品种:平行钢筋索,规格:×××。			
2. 锚头品种、规格	品种:冷铸镦头锚,夹片群锚,规格:×××。			
3. 斜拉索防护情况	拉索护套内无明显压痕,损伤,采用黑色高密聚乙烯符合《桥梁缆索用高密度聚乙烯护套料》和产品技术要求。			
4. 锚头防护情况	锚头无损伤,防腐完好。			
5. 减振器安装情况	减振器的减振环与拉索外圈和锚管的内圈紧密结合,符合设计和技术要求。			
6. 斜拉索编号及锁力(kN)	B1,1317.0	B2,1536.5	B3,1341.4	B4,1043.5
	Z1,1102.2	Z2,1285.3	Z3,1294.4	Z4,1341.5
检查意见	符合设计和技术要求,验收合格。			

建设单位	监理单位	施工单位
现场负责人:××× 2015年×月×日	监理工程师:××× 总监理工程师:××× 2015年×月×日	质检工程师:××× 技术负责人:××× 项目经理:××× 2015年×月×日

重庆市城市建设档案馆
重庆市建设工程质量监督总站 监制

说明:

1. 斜拉索、锚具和减振装置的规格、品种和防腐等级必须符合设计要求。检验数量:全部。检验方法:检查产品合格证、检验报告、观察和尺量。

2. 斜拉索搬运和安装时,应用有足够直径和刚度的专用索盘,严禁弯折、错压。不得撞伤锚头和损伤保护层。保护层不得进水。检验数量:全部。检验方法:检查施工记录和观察。

3. 锚环必须与锚垫板密贴并居中。检验数量:全部。检验方法:观察和尺量。

4. 斜拉索护管的长度和索道管内的填充必须符合设计要求。索道管内不得积水和其他杂物。检验数量:全部。检验方法:观察和尺量。

5. 斜拉索张拉力及索力调整必须符合设计要求。检验数量:全部。检验方法:用索力测试仪测试。

6. 斜拉索表面色泽基本一致、无污染,防护层无明显压痕、损伤。锚环及其外丝允许有击伤,但不影响使用。检验数量:全部。检验方法:观察。

7. 斜拉索允许偏差应符合下表的规定。

表　拉索允许偏差

<table>
<tr><th rowspan="2">序号</th><th rowspan="2" colspan="2">项　目</th><th rowspan="2">允许偏差</th><th colspan="2">检验频率</th><th rowspan="2">检验方法</th></tr>
<tr><th>范围</th><th>点数</th></tr>
<tr><td>1</td><td colspan="2">1.5倍设计索力预拉后冷铸锚的锚板内缩值(mm)</td><td>≤7</td><td rowspan="4">每根索</td><td rowspan="4">1</td><td rowspan="3">用尺量</td></tr>
<tr><td rowspan="2">2</td><td rowspan="2">长度(mm)</td><td>L≤100m</td><td>≤20</td></tr>
<tr><td>L>100m</td><td>0.02%L</td></tr>
<tr><td>3</td><td colspan="2">索力(终值)</td><td>设计规定</td><td>索力测试仪测试</td></tr>
</table>

注:表中L为斜拉索长度。

检验数量和检验方法:按表的规定检验。

吊(索)杆安装检查记录

渝市政竣-72

工程名称	重庆市××大道××标段		单位(子单位)工程名称	××桥梁工程
工程部位	塔柱		施工单位	重庆××桥梁工程公司
检查项目及检查结果				
1. 吊(索)杆编号、数量、品种、规格			编号:×××;数量:×××;品种:钢绞线索;规格:××。	
2. 锚头品种、规格			品种:夹片群锚,冷铸镦头;规格:OVMl5-12,OVMPl5-12。	
3. 吊(索)杆防护情况			拉索护套内采用黑色高密聚乙烯符合《桥梁缆索用高密度聚乙烯护套料》和产品技术要求。	
4. 锚头防护情况			锚头采用镀锌处理,镀锌量为300g/m²,表面无腐蚀现象,润色一致。	
5. 吊(索)杆编号及索力(kN)	Sa2,2165	Sa3,2165	Sa4,2706	Sa5,2706
检查意见	经检查,符合设计和技术要求,合格。			
建设单位	监理单位		施工单位	
现场负责人:××× 2015年×月×日	监理工程师:××× 总监理工程师:××× 2015年×月×日		质检工程师:××× 技术负责人:××× 项目经理:××× 2015年×月×日	

重庆市城市建设档案馆
重庆市建设工程质量监督总站 监制

说明:

1. 柔性系杆、吊杆(索)钢材、锚具应符合设计要求。系杆、吊杆(索)经验收合格后才可安装。检验数量:全部。检验方法:观察。

2. 柔性系杆、吊杆(索)安装顺直,无扭曲现象;系杆、吊杆(索)的保护层完整,无破损现象。系杆拉力应与主拱推力匹配。吊杆(索)拉力均匀。检验数量:全部。检验方法:观察、测试。

3. 索夹材料、类型、壁厚/内径及内壁摩擦系数必须满足设计要求。检验数量:全部。检验方法:观察、测试。

4. 吊杆(索)允许偏差应符合见下表的规定。

表 吊杆(索)允许偏差

序号	检查项目		规定值或允许偏差	检查方法和频率
1	索夹偏位(mm)	纵向	10	全站仪和钢尺:每个
		横向	3	全站仪:每个
2	上、下游吊点高差(mm)		20	水准仪:每个
3	螺杆紧固力(kN)		符合设计要求	压力表读数:每个

检验数量和检验方法:按表的规定检验。

伸缩缝安装检查记录

渝市政竣-73

工程名称	重庆市××桥梁工程	单位(子单位)工程名称	××桥面铺设工程
工程部位	桥面	施工单位	××桥梁工程公司
检查项目及检查结果			
1. 伸缩缝生产厂家、品种及规格		厂家:×××有限公司;品种:MLIRER型;规格1000×400×40,250×250×400×40。	
2. 伸缩缝与梁体的锚固情况		伸缩缝与梁体连接可靠,紧密,符合设计。	
3. 安装时间、温度、安装总宽度、最小缝(橡胶条或橡胶板)宽度		安装时间:×××,温度:×××,总宽度:×××,最小缝宽:×××。	
4. 两端梁体之间的最小缝隙宽度		4mm,在设计允许偏差范围内。	
5. 伸缩缝与桥面高差		2mm,在设计规定值和允许偏差范围内。	
6. 安装坡度		符合设计要求。	
7. 横向平整度		横向平整度在允许偏差范围内。	
8. 缝隙内杂物清除及排水情况		缝隙内无杂物,排水流畅。	
检查结论	伸缩装置无阻塞,变形开裂现象,材料质量符合规范要求和设计规定,合格。		
建设单位	监理单位	施工单位	
现场负责人:××× 2015年×月×日	监理工程师:××× 总监理工程师:××× 2015年×月×日	质检工程师:××× 技术负责人:××× 项目经理:××× 2015年×月×日	

重庆市城市建设档案馆
重庆市建设工程质量监督总站　监制

说明:

1. 伸缩装置的型式和规格必须符合设计要求。检验数量:全部。检验方法:观察和尺量。

2. 缝宽应按设计规定和安装时的气温进行调整。伸缩装置缝面应平整,伸缩性能必须有效,伸缩装置必须锚固牢靠。不得有堵塞、渗漏、变形和开裂等现象。伸缩装置处,结构物的缝隙应符合设计要求,上下贯通。不得有任何破损。检验数量:全部。检验方法:观察。

3. 伸缩装置两侧保护带,其水泥混凝土强度应符合设计要求,无收缩渗水;伸缩装置与保护带、保护带与桥面衔接应平整、无缝隙。检验数量:全部。检验方法:观察和检查试验报告。

4. 伸缩装置安装允许偏差应符合下表规定。

表　伸缩装置安装允许偏差

序号	项　目	允许偏差(mm)	检查频率		检验方法
			范围	点数	
1	顺桥平整度	符合道路标准	每条缝	每车道1点	用平尺和塞尺量
2	缝宽	符合设计要求			用尺任意选点量测
3	与桥面高差	2			用平尺和塞尺量
4	顺直度	5			用1m直尺量,垂直于接缝,量取最大值

检验数量和检验方法:按表的规定检验。

落水管安装检查记录

渝市政竣-74

工程名称	重庆市×××桥梁工程	单位(子单位)工程名称	×××桥面防水工程
工程部位	桥面	施工单位	×××桥梁工程公司
检查项目及检查结果			
1. 泄水管的材质、规格、数量		材质:聚氯乙烯,规格:×××,数量:×××。	
2. 集水管材质、规格、数量		\	
3. 与主体结构的锚固形式		泄水管与梁体接缝处使用107胶拌和的细石混凝土进行封堵。	
4. 集水管的连接		\	
5. 泄水管的间距		35m。	
6. 泄入地面的位置		桥上排水管采用中200塑料排水管与市政排水系统相连接。	
7. 防锈、防腐情况		防腐性良好。	
检查结论	连接泄水管与主题结构严密,材质耐久性良好,符合设计和技术要求。		

建设单位	监理单位	施工单位
现场负责人:××× 2015年×月×日	监理工程师:××× 总监理工程师:××× 2015年×月×日	质检工程师:××× 技术负责人:××× 项目经理:××× 2015年×月×日

重庆市城市建设档案馆
重庆市建设工程质量监督总站 监制

说明:

管道铺设

1. 管道基础应符合下列规定:

(1)原状基础的承载力符合设计要求。检验方法:观察,检查地基处理强度或承载力检验报告、复合地基承载力检验报告。

(2)砂石基础压实度应符合设计要求或本规程的规定。检验方法:检查砂石材料的质量保证资料、压实度试验报告。

(3)原状地基,砂石基础与管道外壁间接触均匀,无空隙。检验方法:观察,检查施工记录。

(4)管道基础施工允许偏差应符合表1的规定。

表1 管道基础施工允许偏差

序号	检查项目			允许偏差(mm)	检验数量		检查方法
					范围	点数	
1	垫层	中线每侧宽度		不小于设计要求	每个验收批	每10m测1点,且不小于3点	挂中心线钢尺检查,每侧一点
		高程	压力管道	±20			水准尺量测
			无压管道	0,-15			
		厚度		不小于设计要求			钢尺量测

续表

序号	检查项目			允许偏差(mm)	检验数量		检查方法
					范围	点数	
2	混凝土基础管座	平基	中线每侧宽度	+10,0			挂中心线钢尺检查,每侧一点
			高程	0,-15			水准仪量测
			厚度	不小于设计要求			钢尺量测
		管座	肩宽	+10,-5			挂中心线钢尺检查,每侧一点
			肩高	±20			
3	土(砂及砂砾)基础	高程	压力管道	±30			水准仪量测
			无压管道	0,-15			
		平基基础		不小于设计要求			钢尺量测
		土弧基础腋角高度		不小于设计要求			钢尺量测

2. 管道铺设应符合下列规定:

(1)管道埋设深度、轴线位置应符合设计要求,重力流管道严禁倒坡。检验方法:检查施工记录、测量资料。

(2)刚性管道无结构贯通裂隙和明显缺损情况。检验方法:观察,检查技术资料。检验方法:观察,检查施工记录、测量资料。

(3)管道铺设安装必须稳固,管道安装后应线形平直。检验方法:观察,检查测量记录。

(4)管道内光洁平整,无杂物、油污;管道无明显的渗水和水珠现象。检验方法:观察,渗漏水程度检查。

(5)管道与井室洞口之间无渗水。检验方法:逐井检查,检查施工记录。

(6)管道内外防腐层完整,无破损现象。检验方法:观察,检查施工记录。

(7)钢管管道开孔不得开方孔,不得在短节或管件上及钢管的纵、环向焊缝处开孔;按设计要求加固补强。检验方法:逐个观察,检查施工记录。

(8)钢骨架复合管开孔不得在热融接头上开孔,现场开孔接口应由专业施工队伍实施或由专业施工人员指导下开孔。检验方法:观察,检查施工开孔方案。

(9)闸阀安装应牢固、严密,启闭灵活,与管线轴线垂直。检验方法:观察,检查施工记录。

(10)管道铺设的允许偏差应符合表2的规定。

表2 管道敷设的允许偏差

序号	检查项目			允许偏差(mm)	检验数量		检查方法
					范围	点数	
1	水平轴线		无压管道	15	每节管	1点	经纬仪量测或挂中线用钢尺量测
			有压管道	30			
2	管底高程	D_i	无压管道	±10			水准仪测量
			有压管道	±30			
		D_i	无压管道	±15			
			有压管道	±30			

注:D即内径(mm)。

管道连接

钢管连接施工应符合有关规定:

1. 钢管的剖口焊应符合设计要求。

2. 焊口错边对口时应使内壁齐平,错口的允许偏差应为壁厚的20%,且不大于2mm。检验方法:逐口检查,用长300mm的直尺在接口内壁周围顺序贴靠量测错边量。

3. 焊口焊接质量应符合设计要求,管道对接时,环向焊缝的检验还应符合下列规定:检查前应清楚焊缝的渣皮、飞溅物。

4. 法兰接口的法兰应与管道同心,螺栓自由穿入,高强度螺栓的终拧扭矩应符合设计要求和有关的规定。检验方法:逐口检查,用扭矩扳手等检查;检查螺栓拧紧记录。

5. 管节组对前、坡口及内外侧焊接影响范围内表面应无油、漆、垢、锈、毛刺等污物。检验方法:观察,检查管道组对检查记录。

6. 不同壁厚的管节对口时管壁厚度相差不宜大于3mm。不同管径的管节相连时,两管径相差大小管管径的15%时,可用渐缩管连接。渐缩管的长度不应小于两管径差值的2倍,且不应小于200mm。检验方法:逐口检查,用焊缝量规、钢尺量测;检查管道组对检查记录。

7. 法兰中轴线与管道中轴线的允许偏差应符合:D_i小于或等于300mm时,允许偏差小于或等于1mm;D_i大于300mm时,允许偏差小于或等于2mm。

8. 连接的法兰之间应保持平行,其允许偏差不大于法兰外径的1.5%,且不大于2mm,螺孔中心允许偏差应为孔径的5%。检验方法:逐口检查,用钢尺、塞尺等量测。

接口连接

球墨铸铁管接口连接应符合下列规定:

1. 承插口连接时,两管节中轴线应保持同心,承口、插口部位无破损、变形、开裂;插口推入深度应符合要求。检验方法:逐个检查,检查施工记录。

2. 法兰接口连接时,插口与承口法兰压盖的纵向轴线一致,连接螺栓终拧应符合设计或产品使用说明要求;接口连接后,连接部位及连接件应无变形、破损。检验方法:逐个接口检查,用扭矩扳手检查;检查螺栓拧紧记录。

3. 橡胶圈安装位置准确,不得扭曲、外露;沿圆周各点应与承口端面等距,其允许偏差应为±3mm。检验方法:观察,用探尺检查,检查施工记录。连接后管节间平顺,接口无突起、突弯、轴线位移现象。检验方法:观察,检查施工记录。

4. 接口的环向间隙应均匀,承插口间的纵向间距不应小于3mm。检验方法:观察,用塞尺、钢尺检查。

5. 法兰接口的压兰、螺栓和螺母等连接件应规格型号一致,采用钢制螺栓和螺母时,防腐处理应符合设计要求。检验方法:逐个接口检查,检查螺栓和螺母质量合格证明书、性能检验报告。

6. 管道沿曲线安装时,接口转角应符合表3规定。

表3　接口转角规定值

序号	管径D_i(mm)	允许转角(°)
1	75~600	3
2	700~800	2
3	≥900	1

检验方法:用直尺量测曲线段接口。

地通道防水施工检查记录

渝市政竣-75

工程名称	重庆市××桥梁工程	单位(子单位)工程名称	××桥面防水工程
工程部位	桥面	施工单位	××桥梁工程公司
检查项目及检查结果			
1. 防水材料的品种、规格、数量		品种:×××,规格:×××,数量:×××。	
2. 防水层的敷设形式		防水层各层之间粘结紧密,粘贴最后一层后表面刷有一层厚为1.5mm的热沥青胶结材料。	
3. 防水层的敷设位置		符合设计要求。	
4. 防水材料的接缝形式		合成树脂与混凝土层密实结合,待干燥结膜后,涂刷下一层。	
5. 防水材料的接缝质量		防水材料粘结紧密,接缝严密、无损伤气泡、脱层和滑移现象。	
检查结论	防水材料质量符合设计要求,防水层满足技术要求,合格。		
建设单位	监理单位	施工单位	
现场负责人:××× 2015年×月×日	监理工程师:××× 总监理工程师:××× 2015年×月×日	质检工程师:××× 技术负责人:××× 项目经理:××× 2015年×月×日	

重庆市城市建设档案馆
重庆市建设工程质量监督总站 监制

说明:

1. 地通道施工缝、变形缝所用遇水膨胀止水条、止水带等材料的品种、规格、性能等应符合设计要求。检验数量:品种、规格全部检查,性能按批取样试验。检验方法:检查产品合格证、出厂检验报告并进行有关性能试验。

2. 施工缝、变形缝的防水构造必须符合设计要求,不得有渗漏。检验数量:检查全部的施工缝和变形缝。检验方法:观察和检查隐蔽工程验收记录。

3. 止水带与衬砌端头模板应正交,发现破损应及时修补。检验数量:全部。检验方法:观察。

4. 遇水膨胀止水条安装前应检查是否受潮膨胀,施工时应与接缝表面密贴,并采取缓膨胀措施。检验数量:全部。检验方法:观察。

5. 在施工缝与变形缝处安装止水条(带)时,应采取有效措施确保位置准确、固定牢靠。中埋式止水带其中间空心圆环应与变形缝的中心线重合,不得穿孔或用铁钉固定;转弯处应做成弧形或安装成盆状,并用专用钢筋套箍固定。检验数量:全部检查。检验方法:观察。

6. 止水条(带)接头连接应符合设计要求,应采用热压焊接,接缝平整、牢固,不得有裂口和脱胶现象;接头处不得留断点,搭接长度不应小于50mm;混凝土浇筑前应校正止水带位置,保持其位置准确、平直。检验数量:全部检查。检验方法:观察。

7. 施工缝与变形缝处理止水条(带)施工允许偏差应符合表1的规定。

表1　止水条(带)允许偏差

序号	检查项目	规定值或允许偏差值(mm)	检验方法和数量
1	纵向偏位	±50	尺量:每环检查至少5处
2	偏离衬砌中心线	≤30	尺量:每环检查至少5处

8. 防水板、土工复合材料的材质、性能、规格必须符合设计要求。检验数量:按进场批次检验。

9. 防水板必须按设计要求进行搭接，搭接应牢固，其允许偏差应符合表2的规定。

表2　防水板搭接宽度及缝宽允许偏差

序号	检查项目	允许偏差值(mm)	检查方法和数量
1	搭接宽度	≥100	尺量：检查全部搭接，每环检查不少于6处
2	缝宽	≥25	尺量：检查全部搭接，每环检查不少于6处

10. 防水板搭接缝应采用热熔双焊缝，且焊缝连续，无漏焊、假焊、焊焦、焊穿等现象。检验数量：抽查焊缝数量的20%，并不得少于3条焊缝。检验方法：查验隐蔽工程验收记录、观察，现场用双焊缝间充气检查。

11. 防水板铺设前应对喷射混凝土基面进行认真检查，不得有钢筋、凸出的管件等尖锐突出物；割除尖锐突出物后，割除部分应用砂浆抹平，保证基面平整。检验数量：全部。检验方法：查验隐蔽工程验收记录、观察。

12. 防水板铺设范围及铺挂方式应符合设计要求。铺设时防水板应留有一定的余量，挂吊点设置的数量应合理，固定点间距：拱部宜为0.8~1.0m；直边墙宜为1.2~1.5m；曲边墙宜为1.0~1.2m，局部凹凸较大时，在凹处应进行加密。检验数量：全部。检验方法：查隐蔽工程验收记录、观察。

13. 防水板的铺设应与基层固定牢固，不得有绷紧和破损现象。检验数量：全部。检验方法：核查隐蔽工程验收记录、观察。

14. 防水板施工质量检验标准及允许偏差应符合表3的规定。

表3　防水板质量检验标准及允许偏差

序号	检查项目	规定偏差值(mm)	检验方法和数量
1	固定点间距	满足设计要求；设计无要求时执行规范规定	尺量：不小于20%
2	接缝与施工缝错开距离	≥500	尺量：每个接缝检查不少于5处

栏杆安装检查记录

渝市政竣-76

工程名称	重庆××桥梁工程	单位(子单位)工程名称	××桥面防护工程
工程部位	栏杆	施工单位	××工程公司
检查项目及检查结果			
1. 材料的材质、规格、数量		材质：金属栏杆，规格：×××，数量：×××。	
2. 预埋件规格、位置		符合设计要求。	
3. 与主体结构的锚固形式		与预埋筋焊接牢固，打磨平整，然后用M207水泥砂浆浇注，抹平。	
4. 杆件的连接及竖直度抽查情况		杆件无扭曲断裂，连接牢固，接缝处饱满平整。	
5. 栏杆高度、竖(横)杆净值		栏杆高1.5m，竖杆净值：1.2m。	
6. 防锈、防腐情况		栏杆表面涂有防腐蚀涂层。	
检查结论	栏杆安装牢固，杆件无弯曲和断裂现象，连接处填缝料饱满平整，强度满足设计要求，合格。		

建设单位	监理单位	施工单位
现场负责人：××× 2015年×月×日	监理工程师：××× 总监理工程师：××× 2015年×月×日	质检工程师：××× 技术负责人：××× 项目经理：××× 2015年×月×日

重庆市城市建设档案馆
重庆市建设工程质量监督总站 监制

说明：

1.“工程部位”：指栏杆、护栏所处工程的具体位置，如桩号、标高、轴线等。

2.“材料的材质、规格、数量”：应填写是否符合规范及设计要求。

3.“预埋件规格、位置”：应填写其规格尺寸是否符合设计、位置是否正确。

4.“与主体结构的锚固形式”：应说明护栏各主要杆件与主体结构的锚固情况(连接件的规格、尺寸、螺栓的大小及数量、锚固深度、连接方式等)。

5.“杆件的连接”：应注明杆件间的连接方式及连接情况，采用焊接的主要杆件间应说明是否满焊。

6.“除锈、防腐情况”：应说明除锈的情况、防腐所采用的材料及涂装遍数是否符合规范及设计要求。

桥梁防雷装置施工检查记录

渝市政竣-77

工程名称	重庆××桥梁工程	单位(子单位)工程名称	××桥梁附属工程
工程部位	桥面	施工单位	××电气安装工程公司

检查项目及检查结果	
1. 防雷主筋品种及规格	Φ25镀锌圆钢。
2. 接地主筋与防雷主筋连接	接地筋与防雷主筋连接长度符合规范要求。
3. 接地主筋间连接	焊接牢固。
4. 防雷接地桩桩号	×××。
5. 接闪器的品种、规格	镀锌圆钢。
6. 接闪器的安装高度	符合设计。
7. 接地电阻测试情况	5Ω,符合设计要求。

示意图：

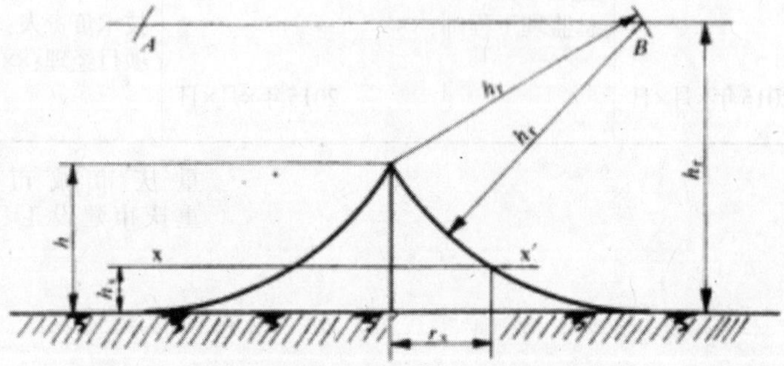

检查结论	防雷装置安装牢固,防腐良好,接地装置接地电阻符合设计要求。

建设单位	监理单位	施工单位
现场负责人:×××	监理工程师:××× 总监理工程师:×××	质检工程师:××× 技术负责人:××× 项目经理:×××
2015年×月×日	2015年×月×日	2015年×月×日

重庆市城市建设档案馆
重庆市建设工程质量监督总站 监制

说明：

1. 避雷装置的结构及接地装置的接地电阻值必须符合设计要求。检验数量:全部。检验方法:实测或检查接地电阻测试记录。

2. 避雷装置安装应固定牢靠,防腐良好,单针式避雷装置针体应垂直,避雷网规格尺寸和弯曲半径正确;避雷针及支持件的制作质量应符合设计要求。检验数量:全部。检验方法:观察检查和实测或检查安装记录。

3. 接地线焊接搭接长度规定应符合下表规定。

表　接地线焊接搭接长度规定

<table>
<tr><th rowspan="2">序号</th><th rowspan="2">项　目</th><th rowspan="2">允许偏差(mm)</th><th colspan="2">检查频率</th><th rowspan="2">检验方法</th></tr>
<tr><th>范围</th><th>点数</th></tr>
<tr><td rowspan="2">1</td><td>圆钢</td><td>≥6d</td><td rowspan="3">每接地装置</td><td rowspan="2">5</td><td rowspan="3">用尺量</td></tr>
<tr><td>扁钢</td><td>≥2b</td></tr>
<tr><td>2</td><td>扁钢搭接焊的棱边数3</td><td>—</td><td>4</td></tr>
</table>

注:表中 b 为扁钢宽度;d 为圆钢直径。

检验数量和检验方法:按表的规定检验。

桥梁总体成型检查记录

渝市政竣-78

工程名称	重庆市××桥梁工程	单位(子单位)工程名称	××桥面工程
工程部位	桥面	施工单位	××桥梁工程公司
检查项目及检查结果			
1. 桥梁长度、宽度		桥梁长度:513.58m;宽度:8.3m。	
2. 实测桥下净空		18.3m,符合设计。	
3. 桥梁纵、横坡		桥梁坡度在标准允许范围内。	
4. 路缘及栏杆高度		路缘高0.2m,栏杆高1.6m。	
5. 伸缩缝、泄水孔施工情况		伸缩缝、泄水孔符合设计要求。	
6. 电缆设施及电照测试情况		电缆穿管敷设,置于人行道下,灯杆灯具洁净,配件齐全无损伤,符合设计和规范要求。	
7. 防雷设施完善情况		防雷装置安装符合设计要求。	
8. 人行设施		人行道板安装平整稳定符合设计和产品标准。	
9. 防撞及景观设施		防撞护栏的水泥混凝土强度符合设计规定,钢构件焊接牢固,焊缝满足设计。	
10. 功能性检测情况		满足设计要求。	
检查结论	桥梁总体性能符合设计要求。		

建设单位	监理单位	施工单位
现场负责人:××× 2015年×月×日	监理工程师:××× 总监理工程师:××× 2015年×月×日	质检工程师:××× 技术负责人:××× 项目经理:××× 2015年×月×日

重庆市城市建设档案馆
重庆市建设工程质量监督总站 监制

说明:

1. 施工现场质量管理应有健全的质量管理体系、施工质量控制和质量检验制度,施工现场质量管理应按DBJ 50-086—2008《重庆市城市桥梁工程施工质量验收规范》要求进行检查记录。

2. 施工单位应对建设单位提供的施工范围内的地下管线等建(构)筑物及水文地质情况进行核实。

3. 施工单位应依据拟建桥梁工程特点编制施工组织设计。一般桥梁施工组织设计应经施工单位技术部门审批,特大桥、较大规模立交桥等大型技术复杂桥梁由施工单位总工程师审批。按相应审批程序履行报批手续。

4. 城市桥梁工程应按下列规定进行施工质量控制:

(1)工程采用的主要材料、半成品、成品、构配件、器具和设备应进行现场验收,并按有关专业质量验收规范和标准规定进行复检。监理工程师应按规定进行平行检测和见证取样检测;

(2)施工用器具和设备进入现场使用前应按有关规定进行检测、校正或标定;

(3)各工序应进行质量控制,每道工序完成后应进行检查,并形成记录;

(4)工序之间应进行交接检验,未经监理工程师检查认可,不得进行下道工序施工。

5. 施工单位应按设计文件进行施工。发生设计变更及工程洽商应按有关规定程序办理设计变更与技术核定、工程洽商手续。

6. 城市桥梁工程应进行桥梁荷载试验。具体要求按《重庆城市桥梁荷载试验管理暂行办法》(渝建发〔2007〕112

号)执行。

7. 城市桥梁工程施工质量验收应符合下列要求：

(1)工程施工应符合工程勘察、设计文件的要求；

(2)工程施工质量应符合《重庆市城市桥梁工程施工质量验收规范》和相关专业验收规范和标准的规定；

(3)参加工程施工质量验收的各方人员应具备规定的资格；

(4)工程质量的验收均应在施工单位自行检查评定合格、监理工程师复查认证的基础上进行；

(5)检验批的质量应按主控项目和一般项目验收；

(6)承担复检或检测的单位应具有相应资质；

(7)工程的外观质量应由验收人员通过现场检查评分共同确认。

8. 城市桥梁工程质量验收单元应划分为单位(子单位)工程、分部(子分部)工程、分项工程和检验批。

9. 单位工程的划分应按下列原则确定：

(1)具有独立使用功能的桥梁应为一个单位工程；

(2)城市互通式立交桥应为一个单位工程；

(3)上述两款中的特大型、大型桥梁工程可按施工总承包合同划分单位工程；

(4)城市高架桥梁应按施工总承包合同划分单位工程；

(5)一个施工承包合同中的若干座中、小桥宜合为一个单位工程，每座桥梁可作为一个子单位工程；

(6)规模较大的单位工程，可根据其独立使用功能或结构形式和施工工艺，按桥跨、匝道等划分为若干子单位工程；

(7)规模较大的立交工程中的道路、排水、照明、景观、绿化及其他结构工程可根据其功能划分为若干子单位工程，并执行相应的质量验收规范和标准。

10. 分部工程可以是地基与基础、下部结构、上部结构、桥面系和附属工程。当分部工程较大或较复杂时，可按材料种类、施工特点、施工程序、专业系统及类别等划分为若干子分部工程。

11. 分项工程应按主要施工方法、材料、工序等划分。

12. 分项工程可由一个或若干个检验批组成。检验批可根据施工条件、质量控制和专业验收及施工需要按桩、墩、跨、浇注段等划分。

13. 城市桥梁工程的分部、子分部、分项工程划分应符合下表的规定。

表　城市桥梁工程分部(子分部)工程、分项工程划分表

序号	分部工程	子分部工程	分项工程
1	地基与基础	基坑	无支护基坑，有支护基坑，围堰，基坑回填
		基础	钢筋，混凝土
		钻孔灌注桩	成孔，钢筋笼制作，钢筋笼安装，水下混凝土
		挖孔灌注桩	成孔，钢筋笼制作，钢筋笼安装，混凝土
		承台	钢筋，混凝土
2	下部结构	桥墩	墩身(柱)(包括模板与支架、钢筋、预应力、混凝土)，系梁(盖梁)(包括模板与支架、钢筋、预应力、混凝土)，支座垫石
		桥台	U形台身(包括混凝土、砌体)，轻型台身(包括钢筋、混凝土、模板)
		拱座	拱座(包括模板、钢筋、混凝土)
		索塔、桥塔	索塔、桥塔柱(包括模板与支架、钢筋、预应力、混凝土)，横梁(包括模板与支架、钢筋、预应力、混凝土)

续表

序号	分部工程		子分部工程	分项工程
3	上部结构	拱式桥	圬工拱	砌筑拱圈(支架、砌筑)、浇注拱圈(支架、浇筑)
			钢筋混凝土箱板拱、箱肋拱	支架现浇拱圈(包括模板与支架、钢筋、混凝土) 箱肋预制(包括模板与支架、钢筋、混凝土),吊装
			桁架拱、钢架拱	支架现浇拱片(包括模板与支架、钢筋、混凝土) 构件预制(包括模板与支架、钢筋、混凝土),吊装
			钢管混凝土拱圈	钢管拱制作、安装、钢管混凝土浇筑
			钢箱拱	钢拱肋制作、安装、涂装
			钢桁拱	钢桁杆件制作、安装、涂装
			拱上结构	拱上侧墙砌筑(浇筑) 拱上横墙及腹拱砌筑(浇筑)、腹拱制作(安装) 拱上立柱(帽梁)(钢筋、混凝土),桥道梁(板)制作(包括钢筋、预应力、混凝土)与安装
			悬吊系统	吊杆、横梁制作、安装,系杆制作、安装、张拉,桥道梁(板)制作(包括钢筋、预应力、混凝土)、安装
		梁式桥	现浇混凝土梁、板	现浇混凝土梁、板(包括模板与支架、钢筋、预应力、混凝土)
			预制拼装混凝土梁、板	预制梁、板(包括模板、钢筋、预应力、混凝土)安装
			悬臂施工混凝土梁	现浇0#块(包括模板、钢筋、预应力、混凝土) 悬臂施工节段(包括模板、钢筋、预应力、混凝土) 合拢段(包括模板、钢筋、预应力、混凝土)
			钢梁	钢梁制作、安装、涂装
		斜拉桥	主梁	现浇混凝土主梁(包括模板与支架、钢筋、预应力、混凝土) 预制拼装混凝土主梁、钢主梁
			斜拉索	拉索安装、拉索张拉
		悬索桥	锚碇	锚洞(坑)、混凝土、钢筋、预应力
			主缆	主缆制作、架设
			加劲梁	钢梁制作、吊装、涂装
				结合梁钢部分制作、安装,混凝土部分(包括模板、钢筋、混凝土)
				混凝土梁浇筑,节段预制与拼装
4	桥面系与附属工程			桥面防水层、桥面铺装(包括钢筋、混凝土、沥青混凝土面层)、伸缩装置、桥面排水、栏杆与防撞墙(包括模板、钢筋、混凝土)、隔离设施和人行道、台后搭板(包括模板与支架、钢筋、混凝土)、声屏和防眩装置、排水管道等

隧道开挖断面检查记录

渝市政竣-79

工程名称	重庆市××隧道工程	施工合同编号	CA2010362
工程部位	隧道口	施工单位	××公路工程公司
使用仪器	隧道断面检测仪	标校日期	2015年×月×日

检查记录及示意图：

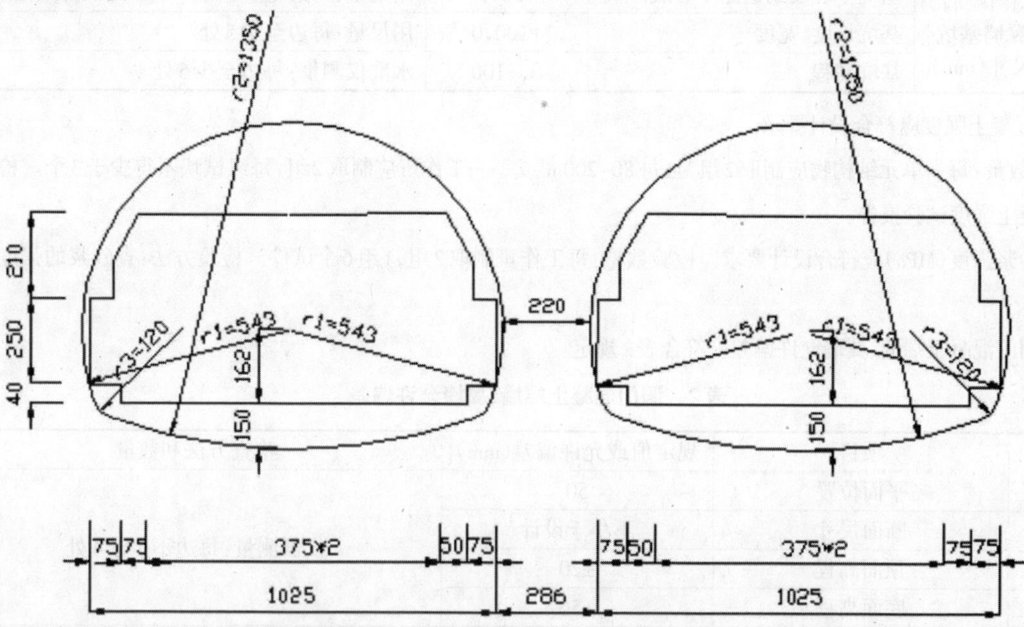

检查结论	经测量检查，隧道开挖偏差在允许偏差范围内，符合设计要求。	
建设单位	监理单位	施工单位
现场负责人：××× 2015年×月×日	监理工程师：××× 总监理工程师：××× 2015年×月×日	质检工程师：××× 技术负责人：××× 项目经理：××× 2015年×月×日

重庆市城市建设档案馆
重庆市建设工程质量监督总站 监制

说明：

1. 洞口位置符合设计要求。
2. 洞口边坡、仰坡的坡率符合设计要求；坡顶无危石，坡面平顺。
3. 洞门排水与道路排水组成系统，排水顺畅。
4. 洞门及明洞的混凝土浇筑均匀密实，无蜂窝麻面。
5. 砌体符合设计要求，砌筑砂浆饱满密实，砌体材料、砌筑方法满足设计和规范规定，砌体表面平整。
6. 变形缝位置及填缝材料符合设计要求。
7. 洞口、明洞基底高程、平面尺寸及边仰坡坡率应符合设计和施工工艺要求。
8. 边坡坡面平顺稳定，无危石、悬石。
9. 洞口、明洞基底表面平整，密实，边线顺直。检验数量：全部。检验方法：观察和测量。
10. 洞口、明洞开挖允许偏差应符合表1的规定。

表1　洞口、明洞开挖允许偏差

项次	检查项目		允许偏差	检查方法和数量
1	高程(mm)		+10,-20	水准仪:每20m测一断面
2	轴线偏位(mm)		50	经纬仪:每20m测一点,弯道加测曲线特征点
3	平整度(mm)		≤20	3m直尺:每200m测4处
4	边仰坡坡率		不陡于设计值	坡度板,检查10处
5	洞门端墙、翼墙基坑尺寸(mm)	基坑中心线到道路中心线距离	+50,0	用尺量:每边至少5处
		基坑长度、宽度	+100,0	用尺量:每边至少5处
		基坑高程	0,-100	水准仪测量:每边至少5处

11. 混凝土强度应符合设计要求。

检验数量:每一单元结构物应制取2组,且每80~200m³或每一工作班应制取2组,每组试块不得少于3个。检验方法:查混凝土强度试验报告。

12. 砂浆强度(MPa)应符合设计要求。检验数量:每工作班制取2组,1组6个试件。检验方法:查砂浆的强度试验报告。

13. 洞门混凝土端墙、翼墙允许偏差应符合表2规定。

表2　洞门混凝土端墙、翼墙允许偏差

序号	项目	规定值或允许偏差(mm)	检查方法和数量
1	平面位置	50	仪器测量:每边不少于4处
2	断面尺寸	不小于设计	
3	顶面高程	±20	
4	底面高程	±50	
5	表面平整度	5	2m靠尺测量:拱部不少于2处,墙身不少于4处
6	竖直度或坡度(%)	0.5	吊垂线:每边不少于4处

14. 洞门砌体端墙、翼墙允许偏差应符合表3的规定。

表3　洞门砌体端墙、翼墙允许偏差

序号	项目		规定值或允许偏差(mm)	检查方法和数量
1	平面位置		50	仪器测量:每边不少于4处2m靠尺测量:拱部不少于2处,墙身不少于4处
2	断面尺寸		不小于设计	
3	顶面高程		±20	
4	底面高程		±50	
5	表面平整度	块石	20	2m靠尺测量:拱部不少于2处,墙身不少于4处
		料石	30	
		混凝土块料石	10	
6	竖直度或坡度(%)		0.5	吊垂线:每边不少于4处

隧道明洞及洞口施工检查记录

渝市政竣-80

工程名称	××隧道工程	单位(子单位)工程名称	××隧道洞口开挖
工程部位	隧道口	施工单位	××道路工程公司
检查项目及检查结果			
1. 洞口边坡、仰坡的开挖应减少对岩体的扰动、严禁采用大爆破		洞口开挖时没有采用大规模爆破,岩体无明显扰动。	
2. 对边坡和仰坡以上可能滑塌的表土,灌木及山坡危石等的处理措施是否已经确定		边坡采取有防护措施,无滚石现象。	
3. 临时挡护应视地质条件、施工季节和施工方法等,及时采取喷锚等措施		临时挡护措施有锚喷措施。	
4. 洞口爆破施工检测机制是否落实		洞口爆破时已经做好检测。	
5. 洞口段开挖后应及时按设计要求支护,洞口段模筑混凝土衬砌应及时施工		洞口开挖后按设计做有混凝土衬砌。	
6. 明洞地段土石方的开挖方式,边坡和仰坡坡度以及支护施工应符合设计规范		洞口土石方开挖方式符合设计规范要求。	
7. 明洞地段地形、地址条件是否稳定,有无预防措施		明洞地段地形稳定,有预防措施。	
8. 明洞地段开挖边坡支护的检测和检查是否落实		明洞地段开挖边坡支护已做好检测。	
9. 明洞边墙基础、回填、防水层应符合规定要求		明洞边墙、防水层符合规范规定。	
10. 明洞衬砌与暗洞衬砌是否符合设计要求		明洞衬砌符合设计规定。	
11. 各类棚洞的钢筋混凝土盖板梁预制构件采用的架设方法是什么			
检查结论	经检查符合设计和规范规定。		

建设单位	监理单位	施工单位
现场负责人:××× 2015年×月×日	监理工程师:××× 总监理工程师:××× 2015年×月×日	质检工程师:××× 技术负责人:××× 项目经理:××× 2015年×月×日

重庆市城市建设档案馆
重庆市建设工程质量监督总站 监制

说明:

1. 洞口位置符合设计要求。
2. 洞口边坡、仰坡的坡率符合设计要求;坡顶无危石,坡面平顺。
3. 洞门排水与道路排水组成系统,排水顺畅。
4. 洞门及明洞的混凝土浇筑均匀密实,无蜂窝麻面。
5. 砌体符合设计要求,砌筑砂浆饱满密实,砌体材料、砌筑方法满足设计和规范规定,砌体表面平整。
6. 变形缝位置及填缝材料符合设计要求。
7. 洞口、明洞基底高程、平面尺寸及边坡坡率应符合设计和施工工艺要求。
8. 边坡坡面平顺稳定,无危石、悬石。
9. 洞口、明洞基底表面平整,密实,边线顺直。检验数量:全部。检验方法:观察和测量。
10. 洞口、明洞开挖允许偏差应符合表1的规定。

表1　洞口、明洞开挖允许偏差

项次	检查项目		允许偏差	检查方法和数量
1	高程(mm)		+10,-20	水准仪:每20m测一断面
2	轴线偏位(mm)		50	经纬仪:每20m测一点,弯道加测曲线特征点
3	平整度(mm)		≤20	3m直尺:每200m测4处
4	边仰坡坡率		不陡于设计值	坡度板,检查10处
5	洞门端墙、翼墙基坑尺寸(mm)	基坑中心线到道路中心线距离	+50,0	用尺量:每边至少5处
		基坑长度、宽度	+100,0	用尺量:每边至少5处
		基坑高程	0,-100	水准仪测量:每边至少5处

11. 混凝土强度应符合设计要求。

检验数量:每一单元结构物应制取2组,且每80~200m³或每一工作班应制取2组,每组试块不得少于3个。检验方法:查混凝土强度试验报告。

12. 砂浆强度(MPa)应符合设计要求。检验数量:每工作班制取2组,1组6个试件。检验方法:查砂浆的强度试验报告。

13. 洞门混凝土端墙、翼墙允许偏差应符合表2规定。

表2　洞门混凝土端墙、翼墙允许偏差

序号	项目	规定值或允许偏差(mm)	检查方法和数量
1	平面位置	50	仪器测量:每边不少于4处
2	断面尺寸	不小于设计	
3	顶面高程	±20	
4	底面高程	±50	
5	表面平整度	5	2m靠尺测量:拱部不少于2处,墙身不少于4处
6	竖直度或坡度(%)	0.5	吊垂线:每边不少于4处

14. 洞门砌体端墙、翼墙允许偏差应符合表3的规定。

表3　洞门砌体端墙、翼墙允许偏差

序号	项目		规定值或允许偏差(mm)	检查方法和数量
1	平面位置		50	仪器测量:每边不少于4处 2m靠尺测量:拱部不少于2处,墙身不少于4处
2	断面尺寸		不小于设计	
3	顶面高程		±20	
4	底面高程		±50	
5	表面平整度	块石	20	2m靠尺测量:拱部不少于2处,墙身不少于4处
		料石	30	
		混凝土块料石	10	
6	竖直度或坡度(%)		0.5	吊垂线:每边不少于4处

锚喷支护施工检查记录

渝市政竣-81

<table>
<tr><td>工程名称</td><td>×××隧道工程</td><td>单位(子单位)工程名称</td><td>×××支护工程</td></tr>
<tr><td>工程部位</td><td>隧洞口</td><td>施工单位</td><td>×××工程公司</td></tr>
<tr><td colspan="4">1. 原材料、配合比:水泥:砂:石:水=1:2.5:3.4:0.55。</td></tr>
<tr><td>材料名称</td><td>型号、产地</td><td>材料名称</td><td>型号、产地</td></tr>
<tr><td>砂</td><td>成都,中砂</td><td>速凝剂</td><td>8880-A</td></tr>
<tr><td>石</td><td>成都,豆石</td><td>锚杆</td><td>3m*Φ32锚杆,泰安</td></tr>
<tr><td>水</td><td>河水</td><td>钢筋(网)</td><td></td></tr>
<tr><td>水泥</td><td>32.5</td><td>锚杆药包</td><td>无机水泥锚杆用药包CN88</td></tr>
<tr><td colspan="4">喷射砼配合比(水泥:砂:石):1:2:2,水灰比:1:3,
速凝剂掺量:13.11,锚杆注浆配合比(水泥:砂):1:2。</td></tr>
<tr><td colspan="4">2. 施工时间:锚喷部应开挖(放炮)×月×日×时,喷射砼作业×月×日×时起至×月×日×时止,锚杆施工时间×月×日×时至×月×日×时。</td></tr>
<tr><td colspan="4">3. 喷层平面及厚度图
喷射面积:241m²;使用水泥:26包;使用速凝剂:8包。</td></tr>
<tr><td colspan="4">4. 锚杆布置图
锚杆数量:8根;规格:×××。</td></tr>
<tr><td>检查结论</td><td colspan="3">符合设计要求,合格。</td></tr>
<tr><td>建设单位</td><td colspan="2">监理单位</td><td>施工单位</td></tr>
<tr><td>现场负责人:×××

2015年×月×日</td><td colspan="2">监理工程师:×××
总监理工程师:×××

2015年×月×日</td><td>质检工程师:×××
技术负责人:×××
项目经理:×××
2015年×月×日</td></tr>
</table>

重庆市城市建设档案馆
重庆市建设工程质量监督总站　监制

说明:

1. 采用设计为复合式衬砌、钻爆法施工的隧道,必须按照设计和施工规范要求的数量和量测项目进行监控量测,用量测信息指导掘进、初期支护等施工,并提供系统、完整、真实的量测数据和图表。

2. 初期支护应能维护围岩的基本稳定、确保后续工序施工的安全。

3. 初期支护应紧跟掘进掌子面,其距离应符合设计和规范要求。

4. 锚杆的材质、类型、质量、规格、数量和性能必须符合设计和规范要求。检验数量:全部。检验方法:检查产品的合格证、试验报告、尺量。

5. 锚杆孔径及布置形式应符合设计要求,孔内积水和岩粉(屑)应吹洗干净。检验数量:全部。检验方法:尺量、观察。

6. 锚杆插入孔内的长度不得短于设计长度的95%,锚杆长度不小于设计值。检验数量:检查锚杆数的10%。检验方法:尺量。

7. 砂浆锚杆和注浆锚杆的灌浆强度应不小于设计和规范要求,锚杆孔内灌浆密实饱满,浆液的配合比和掺加剂应符合设计和规范要求。检验数量:每工作班2组。检验方法:试验。

8. 锚杆28d抗拔力平均值不小于设计值,最小抗拔力不小于设计值的95%。检验数量:按锚杆数1%且不少于3根。检验方法:抗拔力试验。

9. 系统锚杆应垂直于开挖轮廓线布置。对沉积岩地层,系统锚杆应尽量垂直于岩层面。检验数量:全部。检验方法:观察。

10. 超前锚杆与钢架配合使用时,尾端应与钢架焊接牢固。检验数量:全部。检验方法:观察。

11. 锚杆垫板应满足设计要求,垫板应紧贴围岩。检验数量:全部。检验方法:观察。

12. 孔位和钻孔深度允许偏差值应符合下表的规定。

表　锚杆孔位和钻孔深度允许偏差

序号	检查项目	允许偏差	检查方法和数量
1	孔位(mm)	±15	尺量:检查锚杆数的10%
2	钻孔深度(mm)	±50	尺量:检查锚杆数的10%

隧道防水结构施工检查记录

渝市政竣-82

工程名称	×××隧道工程	单位(子单位)工程名称	×××隧道防水工程
工程部位	隧道护壁	施工单位	×××城建集团
检查项目及检查结果			
1. 防水材质、规格、性能应符合设计要求		防水材料的规格,性能符合设计要求。	
2. 防水混凝土抗渗等级,施工配合比应符合设计要求		防水混凝土抗渗等级,配合比符合设计要求。	
3. 铺设防水板的基面应坚实、平整、圆顺、无漏水现象		防水板基面坚实、平整、圆顺。	
4. 防水板焊接焊缝应全部进行充气检查		焊缝严密,无虚焊现象。	
5. 遇水膨胀止水条、止水带应符合规定要求		止水带符合规范要求。	
6. 施工缝、变形缝、嵌缝应符合规定要求		施工缝、变形缝符合设计和规范要求。	
检查结论	符合设计和规范规定,验收合格。		

建设单位	监理单位	施工单位
现场负责人:××× 2015年×月×日	监理工程师:××× 总监理工程师:××× 2015年×月×日	质检工程师:××× 技术负责人:××× 项目经理:××× 2015年×月×日

重庆市城市建设档案馆
重庆市建设工程质量监督总站 监制

说明:

1. 城市隧道的防排水应坚持“防、截、排、堵相结合,因地制宜、综合治理”的原则进行;但对由地表水而引起的隧道渗水、漏水和涌水应以堵为主,以保证隧道施工影响区域生态环境的稳定。

2. 隧道防水应充分利用混凝土衬砌结构的自防水能力,混凝土衬砌抗渗等级设计无要求时,不得低于S6。

3. 防水材料应有产品合格证书和性能检测报告,材料的品种、规格、性能等应符合现行国家产品标准和设计要求。不合格的产品不得在工程中使用,严禁使用国家明令禁止使用及淘汰的材料。

4. 衬砌背后设置排水盲管(沟)以及隧道底设置中心排水盲沟时,应与衬砌一次施工,施工中应防止混凝土或压浆浆液浸入盲沟内堵塞水路。盲沟、盲管以及钻设的排水孔(槽)和洞内排水沟应组成完整的排水系统并符合设计要求。

5. 洞顶天沟、截水沟、明洞、隧道洞身以及辅助导坑的排水应按要求与洞外的排水管网合理连接,确保排水顺畅。

6. 城市隧道衬砌防水应做到衬砌表面不渗水;路面不冒水、不积水;对安装智能系统和特种设备的隧道其防水要求应符合其相关规定。

7. 隧道防、排水施工采用的新工艺、新材料、新方法,应按照有关规定进行评审及鉴定,并制定专门的施工方案;尤其是防、堵水施工中的预注浆防水工程,必须经过反复论证,确保切实可行有效。

8. 防水板施工:

(1)在防水板铺设前初期支护基面不得有线流漏水或大面积渗水,如有应在铺设前进行引排。

(2)防水板应采用无钉铺设,严禁用铁钉固定。

(3)采用无纺布作滤层时,防水板与无纺布应密切叠合,整体铺挂。

(4)初期支护施工和衬砌作业不得损坏防水层,当发现层面有损坏时应及时修补。初期支护施工与防水板铺设的施工距离不应小于30m,与二次衬砌的施工距离不应小于10m。

(5)在隧道断面变化或阴阳角隅处应用砂浆将壁面抹成自然顺适的弧形。

9. 预注浆防水施工:

(1)预注浆防水适用于工程开挖前预计涌水量较大的地段或软弱地层。

(2)预注浆浆液的混合料应符合下列规定:具有良好的可注性;具有固结后收缩小以及良好的粘结性、抗渗性、耐久性和化学稳定性;无毒,对环境污染小;采用的注浆工艺应施工操作方便,安全可靠;浆液配合比应经现场试验后确定。

10. 二次衬砌混凝土浇筑前,应对防水板、止水条(带)、盲沟(管)等防排水设施的安装质量进行专项检查验收,合格后方可浇筑二次衬砌混凝土。

11. 隧道施工完成后,若出现渗、漏水,承包人应制定专项的整治方案,报相关单位审批后实施;在未达到设计和规范的要求前,不得组织竣工验收。

12. 施工缝、变形缝所用遇水膨胀止水条、止水带等材料的品种、规格、性能等应符合设计要求。检验数量:品种、规格全部检查,性能按批取样试验。检验方法:检查产品合格证、出厂检验报告并进行有关性能试验。

13. 施工缝、变形缝的防水构造必须符合设计要求,不得有渗漏。检验数量:检查全部的施工缝和变形缝。检验方法:观察和检查隐蔽工程验收记录。

14. 止水带与衬砌端头模板应正交,发现破损应及时修补。检验数量:全部。检验方法:观察。

15. 遇水膨胀止水条安装前应检查是否受潮膨胀,施工时应与接缝表面密贴,并采取缓膨胀措施。检验数量:全部。检验方法:观察。

16. 在施工缝与变形缝处安装止水条(带)时,应采取有效措施确保位置准确、固定牢靠。中埋式止水带其中间空心圆环应与变形缝的中心线重合,不得穿孔或用铁钉固定;转弯处应做成弧形或安装成盆状,并用专用钢筋套箍固定。检验数量:全部检查。检验方法:观察。

17. 防水板、土工复合材料的材质、性能、规格必须符合设计要求。检验数量:按进场批次检验。检验方法:检查产品合格证、出厂检验报告、材质性能试验报告等。

18. 防水板必须按设计要求进行搭接,搭接应牢固,其允许偏差应符合表1规定。

表1 防水板搭接宽度及缝宽允许偏差

序号	检查项目	允许偏差值(mm)	检查方法和数量
1	搭接宽度	≥100	尺量:检查全部搭接,每环检查不少于6处
2	缝宽	≥25	尺量:检查全部搭接,每环检查不少于6处

19. 防水板搭接缝应采用热熔双焊缝,且焊缝连续,无漏焊、假焊、焊焦、焊穿等现象。检验数量:抽查焊缝数量的20%,并不得少于3条焊缝。检验方法:查验隐蔽工程验收记录、观察,现场用双焊缝间充气检查。

20. 防水板铺设范围及铺挂方式应符合设计要求。铺设时防水板应留有一定的余量,挂吊点设置的数量应合理,固定点间距:拱部宜为0.8~1.0m;直边墙宜为1.2~1.5m;曲边墙宜为1.0~1.2m,局部凹凸较大时,在凹处应进行加密。检验数量:全部。检验方法:查隐蔽工程验收记录、观察。

21. 防水板施工质量检验标准及允许偏差应符合表2的规定。

表2 防水板质量检验标准及允许偏差

序号	检查项目	规定偏差值(mm)	检验方法和数量
1	固定点间距	满足设计要求;设计无要求时执行20条的规定	尺量:不小于20%
2	接缝与施工缝错开距离	≥500	尺量:每个接缝检查不少于5处

隧道超前锚杆施工记录

渝市政竣-83

<table>
<tr><td>工程名称</td><td>×××隧道工程</td><td>单位(子单位)工程名称</td><td colspan="2">×××隧道支护工程</td></tr>
<tr><td>工程部位</td><td>隧道洞口</td><td>施工单位</td><td colspan="2">×××工程有限公司</td></tr>
<tr><td colspan="5">检查项目及检查结果</td></tr>
<tr><td colspan="3">1. 锚杆材质、规格应满足设计与规范要求</td><td colspan="2">锚杆材质和规格符合设计和规范要求。</td></tr>
<tr><td colspan="3">2. 超前锚杆与岩层孔壁间的胶结物的强度应满足设计规定</td><td colspan="2">锚杆与岩层间胶结牢固,强度满足设计要求。</td></tr>
<tr><td colspan="3">3. 超前锚杆与钢架支撑配合使用的设置方法是否正确</td><td colspan="2">锚杆与钢架的设置符合规范规定。</td></tr>
<tr><td colspan="3">4. 锚杆孔位、孔径、孔深应满足设计要求</td><td colspan="2">锚杆孔位、孔径、孔深符合设计要求。</td></tr>
<tr><td colspan="3">5. 锚杆插入孔内的长度不得短于设计长的95%,充填砂浆强度等级应符合设计要求,搭接长度应不小于1.0m</td><td colspan="2">锚杆深入孔内深度为设计长的110%,砂浆强度等级满足设计要求,搭接长度1.2m。</td></tr>
<tr><td>检查结论</td><td colspan="4">超前锚杆的材质、规格符合规范和设计要求,各项施工满足设计,合格。</td></tr>
<tr><td colspan="2">建设单位</td><td colspan="2">监理单位</td><td>施工单位</td></tr>
<tr><td colspan="2">现场负责人:×××

2015年×月×日</td><td colspan="2">监理工程师:×××
总监理工程师:×××

2015年×月×日</td><td>质检工程师:×××
技术负责人:×××
项目经理:×××
2015年×月×日</td></tr>
</table>

重庆市城市建设档案馆
重庆市建设工程质量监督总站 监制

说明:

1. 锚杆的材质、类型、质量、规格、数量和性能必须符合设计和规范要求。检验数量:全部。检验方法:检查产品的合格证、试验报告、尺量。

2. 锚杆孔径及布置形式应符合设计要求,孔内积水和岩粉(屑)应吹洗干净。检验数量:全部。检验方法:尺量、观察。

3. 锚杆插入孔内的长度不得短于设计长度的95%,锚杆长度不小于设计值。检验数量:检查锚杆数的10%。检验方法:尺量。

4. 砂浆锚杆和注浆锚杆的灌浆强度应不小于设计和规范要求,锚杆孔内灌浆密实饱满,浆液的配合比和掺加剂应符合设计和规范要求。检验数量:每工作班2组。检验方法:试验。

5. 锚杆28d抗拔力平均值不小于设计值,最小抗拔力不小于设计值的95%。检验数量:按锚杆数1%且不少于3根。检验方法:抗拔力试验。

6. 系统锚杆应垂直于开挖轮廓线布置。对沉积岩地层,系统锚杆应尽量垂直于岩层面。检验数量:全部。检验方法:观察。

7. 超前锚杆与钢架配合使用时,尾端应与钢架焊接牢固。检验数量:全部。检验方法:观察。

8. 锚杆垫板应满足设计要求,垫板应紧贴围岩。检验数量:全部。检验方法:观察。

9. 孔位和钻孔深度允许偏差值应符合下表的规定。

表 锚杆孔位和钻孔深度允许偏差

序号	检查项目	允许偏差	检查方法和数量
1	孔位(mm)	±15	尺量:检查锚杆数的10%
2	钻孔深度(mm)	±50	尺量:检查锚杆数的10%

隧道超前管棚/小导管检查记录

渝市政竣-84

工程名称	×××隧道工程	单位(子单位)工程名称	×××隧道支护工程
工程部位	隧道口	施工单位	×××隧道工程公司
检查项目及检查结果			
1. 管棚的形状和导管的布置应满足设计要求	管棚和导管的布置符合设计要求。		
2. 导管材质应满足设计要求	导管材质符合设计。		
3. 导管上的注浆孔孔径和间距应满足设计要求	导管上注浆孔径及间距符合设计要求。		
4. 在护拱上沿隧道开挖轮廓线纵向钻设的管棚孔不得侵入隧道开挖轮廓线	满足设计和规范要求。		
5. 小导管前部注浆孔径和间距应满足设计要求	小导管前部注浆孔径和间距满足设计要求。		
6. 小导管环向设置间距、两组小导管间纵向水平搭接长度应满足设计要求	小导管的设置符合设计要求。		
7. 小导管应与格栅钢架组成支护系统	符合规定。		
检查结论	管棚的形状和导管布置符合设计和规范规定,合格。		
建设单位	监理单位	施工单位	
现场负责人:××× 2015年×月×日	监理工程师:××× 总监理工程师:××× 2015年×月×日	质检工程师:××× 技术负责人:××× 项目经理:××× 2015年×月×日	

重庆市城市建设档案馆
重庆市建设工程质量监督总站 监制

说明:

1. 钢管的型号、质量、规格和加工等应符合设计和规范要求。检验数量:全部。检验方法:检查产品的合格证、试验报告、尺量。

2. 管棚(超前小导管)插入孔内的长度不得短于设计长度的95%。管棚长度不小于设计值。检验数量:10%。检验方法:尺量。

3. 管棚(超前小导管)与钢架配合使用时,尾端应与钢架焊接。检验数量:全部。检验方法:观察。

4. 钻孔孔径应比钢管直径大30~40mm,且符合设计要求。检验数量:10%。检验方法:尺量。

5. 钻孔合格后应及时安装钢管,其接长时连接必须牢固。检验数量:全部。检验方法:观察。

6. 注浆浆液必须充满钢管及周围的空隙并密实,其注浆材料、配合比及压力应满足设计和规范要求。检验数量:每工作班2组。检验方法:试验。

7. 钻孔孔位和深度允许偏差应符合下表的规定:

表 管棚允许偏差

序号	检查项目	允许偏差	检查方法和数量
1	孔位(mm)	50	尺量:检查10%
2	钻孔深度(mm)	±50	尺量:检查10%
3	钻孔角度	5%	尺量:检查10%

隧道钢拱架/格栅钢架检查记录

渝市政竣-85

<table>
<tr><td>工程名称</td><td colspan="2">×××隧道工程</td><td>单位(子单位)工程名称</td><td colspan="2">×××隧道支护工程</td></tr>
<tr><td>工程部位</td><td colspan="2">洞口</td><td>施工单位</td><td colspan="2">中隧×××公司</td></tr>
<tr><td colspan="6">检查项目及检查结果</td></tr>
<tr><td colspan="4">1. 钢拱架/格栅钢架的材料应符合规定要求</td><td colspan="2">钢拱架的材料符合设计要求。</td></tr>
<tr><td colspan="4">2. 钢架应分节段制作、每节段长度应根据设计尺寸及开挖方法确定,应符合规定要求,每节段应编号,应注明安装位置</td><td colspan="2">钢架接段编号×××,每段尺寸符合规定要求。</td></tr>
<tr><td colspan="4">3. 格栅钢架应利用胎模控制尺寸,所有钢筋结点应采用焊接,焊接长度应符合规定要求</td><td colspan="2">钢筋节点焊接牢固,焊接长度符合规定要求。</td></tr>
<tr><td colspan="4">4. 钢架长度不够需要接长时,接长段应满足设计几何形状,应采用钢板连接,钢板应符合规定要求</td><td colspan="2">钢架接长用钢板连接,钢板符合规定要求。</td></tr>
<tr><td>检查结论</td><td colspan="5">钢拱架的制作和安装符合设计及规定要求,合格。</td></tr>
<tr><td colspan="2">建设单位</td><td colspan="2">监理单位</td><td colspan="2">施工单位</td></tr>
<tr><td colspan="2">现场负责人:×××

2015年×月×日</td><td colspan="2">监理工程师:×××
总监理工程师:×××

2015年×月×日</td><td colspan="2">质检工程师:×××
技术负责人:×××
项目经理:×××
2015年×月×日</td></tr>
</table>

重庆市城市建设档案馆
重庆市建设工程质量监督总站 监制

说明:

1. 钢架的材料、规格、尺寸、制作及安装符合设计和规范要求。检验数量:全部。检验方法:检查产品合格证、尺量。

2. 钢架之间必须用纵向钢筋连接,钢架必须放在稳固的基础上,必要时应对基础进行预加固或增加锁脚锚杆。检验数量:全部。检验方法:观察。

3. 钢架安装间距和保护层厚度允许偏差应符合表1的规定:

表1 钢架安装间距和保护层允许偏差

序号	检查项目	允许偏差(mm)	检查方法和数量
1	安装间距	±50	尺量:每榀检查
2	保护层厚度	≥20	凿孔检查:每榀自拱顶每3m检查一点

4. 拱脚标高不足时,不得用块石、碎石砌垫,而应设置钢板进行调整,或用混凝土浇筑,混凝土强度不低于C20。检验数量:全部。检验方法:观察、试验。

5. 钢架与壁面应楔紧,其与围岩的间隙,不得用片石回填,而应用喷射混凝土等填实。检验数量:全部。检验方法:观察。

6. 每榀钢架节点及相邻钢架纵向必须分别连接牢固。

7. 钢架安装允许偏差应符合表2的规定:

表2 钢架安装允许偏差

序号	检查项目		允许偏差	检查方法和数量
1	倾斜度(°)		±2	测量仪器检查每榀倾斜度
2	安装偏差(mm)	横向	±50	尺量:每榀检查
		竖向	不低于设计标高	
3	拼装偏差(mm)		3	尺量:每榀检查

隧道(地通道)止水带施工检查记录

渝市政竣-86

工程名称	×××隧道工程	单位(子单位)工程名称	×××隧道防水工程
工程部位	止水带	施工单位	中隧×××公司
检查项目及检查结果			
1. 止水带埋设位置应正确,如有扭结不展现象应进行调正			止水带埋设位置正确,无扭结现象。
2. 止水带先施工一侧混凝土时,其端头模板应支撑牢固,严防漏浆			满足施工规范要求。
3. 止水带的接头应连接牢固,应设在距铺底面部小于300mm的边墙上			止水带接头连接牢固,止水带位置符合要求。
4. 止水带在转弯处应做成圆弧形,且转角半径应随止水带的宽度增大而相应加大			符合要求。
5. 不得在止水带上穿孔打洞固定止水带,如有割伤、破裂现象应及时修补			满足要求,止水带无割伤、破裂现象。
6. 应加强混凝土振捣控制,注意防止振捣造成止水带偏位或破损			符合相关要求。
7. 应根据施工需要事先向生产厂家定制止水带,使其尽量避免接头,如确需接头,接头处应符合规范要求			接头处符合规范要求。
检查结论	止水带各项符合设计及规范要求,验收合格。		

建设单位	监理单位	施工单位
现场负责人:××× 2015年×月×日	监理工程师:××× 总监理工程师:××× 2015年×月×日	质检工程师:××× 技术负责人:××× 项目经理:××× 2015年×月×日

重庆市城市建设档案馆
重庆市建设工程质量监督总站 监制

说明:

1. 施工缝、变形缝所用遇水膨胀止水条、止水带等材料的品种、规格、性能等应符合设计要求。检验数量:品种、规格全部检查,性能按批取样试验。检验方法:检查产品合格证、出厂检验报告并进行有关性能试验。

2. 施工缝、变形缝的防水构造必须符合设计要求,不得有渗漏。检验数量:检查全部的施工缝和变形缝。检验方法:观察和检查隐蔽工程验收记录。

3. 止水带与衬砌端头模板应正交,发现破损应及时修补。检验数量:全部。检验方法:观察。

4. 遇水膨胀止水条安装前应检查是否受潮膨胀,施工时应与接缝表面密贴,并采取缓膨胀措施。检验数量:全部。检验方法:观察。

5. 在施工缝与变形缝处安装止水条(带)时,应采取有效措施确保位置准确、固定牢靠。中埋式止水带其中间空心圆环应与变形缝的中心线重合,不得穿孔或用铁钉固定;转弯处应做成弧形或安装成盆状,并用专用钢筋套箍固定。检验数量:全部检查。检验方法:观察。

6. 止水条(带)接头连接应符合设计要求,止水带应采用热压焊接,接缝平整、牢固,不得有裂口和脱胶现象;接头处不得留断点,搭接长度不应小于50mm;混凝土浇筑前应校正止水带位置,保持其位置准确、平直。检验数量:全部检查。检验方法:观察。

7. 施工缝与变形缝处理止水条(带)施工允许偏差应符合下表的规定。

表　止水条(带)允许偏差

序号	检查项目	规定值或允许偏差值(mm)	检验方法
1	纵向偏位	±50	尺量:每环检查至少5处
2	偏离衬砌中心线	≤30	尺量:每环检查至少5处

隧道衬砌施工检查记录

渝市政竣-87

<table>
<tr><td>工程名称</td><td>×××隧道工程</td><td>单位(子单位)工程名称</td><td>洞身衬砌工程</td></tr>
<tr><td>工程部位</td><td>洞身</td><td>施工单位</td><td>×××隧道工程公司</td></tr>
<tr><td colspan="4">检查项目及检查结果</td></tr>
<tr><td colspan="2">1. 进行衬砌时轴线、高程及隧道内轮廓满足设计要求</td><td colspan="2">衬砌时轴线、高程满足设计要求。</td></tr>
<tr><td colspan="2">2. 原材料及衬砌模板、支架的强度和刚度应符合要求</td><td colspan="2">衬砌模板、支架的强度和刚度符合设计要求。</td></tr>
<tr><td colspan="2">3. 应检查开挖断面轮廓和初期支护之后的轮廓断面,检查超欠挖,处理之后应补喷混凝土,并满足喷混凝土厚度要求</td><td colspan="2">开挖断面超挖处已等强度的混凝土做填补。</td></tr>
<tr><td colspan="2">4. 模板出现不正常裂隙和孔洞时应予以修补,堵塞或撤换,模板接缝应紧密,不得漏浆</td><td colspan="2">模板接缝紧密,无漏浆现象。</td></tr>
<tr><td colspan="2">5. 检查防水板有无假焊、漏焊,排水盲管定位正确,预埋件固定牢固,不得修补</td><td colspan="2">防水管无假焊、漏焊,排水盲管定位正确,预埋件固定牢固,无修补现象。</td></tr>
<tr><td colspan="2">6. 挡头板与岩壁间隙应嵌堵紧密,防止侧向漏浆</td><td colspan="2">挡头板与岩壁间隙嵌填紧密,无漏浆现象。</td></tr>
<tr><td colspan="2">7. 沉降缝的设置必须满足设计要求</td><td colspan="2">沉降缝设计满足设计要求。</td></tr>
<tr><td colspan="2">8. 衬砌砼强度及外观质量应满足设计及规范要求</td><td colspan="2">衬砌混凝土强度及外观质量满足设计及规范要求</td></tr>
<tr><td>检查结论</td><td colspan="3">各检查项目符合设计和规范要求,验收合格。</td></tr>
</table>

建设单位	监理单位	施工单位
现场负责人:××× 2015年×月×日	监理工程师:××× 总监理工程师:××× 2015年×月×日	质检工程师:××× 技术负责人:××× 项目经理:××× 2015年×月×日

重庆市城市建设档案馆
重庆市建设工程质量监督总站 监制

说明:

1. 衬砌施工前应进行中线、高程、断面尺寸的测量。

2. 模板放样时,允许将设计衬砌轮廓线扩大,确保衬砌不侵入隧道建筑限界。隧道竣工后,应进行竣工测量,净空满足设计要求且应符合现行国家有关标准的规定。

3. 一般情况下隧道衬砌应在围岩和初期支护变形基本稳定后进行;特殊条件下(围岩变形较大、成流变特性时)隧道衬砌应在初期支护完成后及早施作。

4. 二次衬砌宜采用全断面的方法一次浇注完成,环向施工缝应与设计的沉降缝、伸缩缝结合布置;在软硬围岩分界处、地质突变处,应设置沉降缝;所有施工缝、沉降缝、伸缩缝均应做防水处理。

5. 隧道衬砌应由下向上依次浇注,当采取先拱后墙的浇注顺序时,应采取防止拱脚下沉措施;当隧道有仰拱时,宜先浇注仰拱。

6. 衬砌混凝土应采用预拌混凝土或集中拌合,所用材料采用自动计量装置按重量投料。

7. 当环境昼夜平均气温连续5d低于5℃或最低气温低于−3℃时,应采取冬期施工措施。混凝土冬季施工应符合国家现行标准JGJ 104《建筑工程冬期施工规程》和施工技术方案的规定。当环境昼夜平均气温高于30℃时,应采取高温期施工措施。

8. 对于原料的新选产地、同产地更换矿山或连续使用的产地超过两年时,粗、细集料应做原材料检验试验。

9. 在混凝土中,氯离子含量(按水泥重量的百分比计)应符合以下规定:

(1)素混凝土结构中,不得大于1.8‰。

(2)钢筋混凝土结构中,不得大于0.3‰。

(3)预应力混凝土结构中,不得大于0.6‰。

10. 混凝土中,水泥含碱量(Na_2O)不应大于0.6%,并应满足设计要求。

11. 混凝土用的原材料应按品种、规格和检验状态分别存放标识。当使用的原材料发生变化时,应重新进行配合比设计。

12. 混凝土在运输、浇筑及间歇的总时间不应超过混凝土的初凝时间,混凝土初凝前应将上层混凝土浇筑完毕;若底层混凝土已经初凝,应按照施工缝进行处理。

13. 衬砌混凝土强度应按现行国家标准的规定进行检验评定,其结果必须满足设计要求。

14. 初期支护与二次衬砌应密贴,二次衬砌后应进行回填注浆,并在浇筑二次衬砌时预留注浆孔,注浆孔的设置应符合设计要求。

隧道排(渗)水管及盲沟(管)施工检查记录

渝市政竣-88

<table>
<tr><td>工程名称</td><td>×××隧道工程</td><td>单位(子单位)工程名称</td><td colspan="2">×××隧道排水工程</td></tr>
<tr><td>工程部位</td><td>隧道排水管</td><td>施工单位</td><td colspan="2">×××工程公司</td></tr>
<tr><td colspan="5">检查项目及检查结果</td></tr>
<tr><td colspan="3">1. 渗排水盲沟(管)铺设材质、直径、透水孔的规格、间距应符合设计及有关标准规范、规定</td><td colspan="2">排水管铺设材质、直径、透水孔的规格、间距符合设计和标准规定。</td></tr>
<tr><td colspan="3">2. 排水盲沟(管)布置应圆顺、不得起伏不平</td><td colspan="2">排水管布置圆顺，无起伏现象。</td></tr>
<tr><td colspan="3">3. 排水管系统应按设计连通形成完整的排水系统</td><td colspan="2">排水系统完整，符合设计要求。</td></tr>
<tr><td colspan="3">4. 管路连接应采用变径三通方式，连接应牢固、畅通，安装坡度应符合设计要求</td><td colspan="2">管路连接牢固、畅通，安装坡度符合设计要求。</td></tr>
<tr><td>检查结论</td><td colspan="4">排水管安装符合设计和规范规定，合格。</td></tr>
<tr><td colspan="2">建设单位</td><td colspan="2">监理单位</td><td>施工单位</td></tr>
<tr><td colspan="2">现场负责人:×××

2015年×月×日</td><td colspan="2">监理工程师:×××
总监理工程师:×××

2015年×月×日</td><td>质检工程师:×××
技术负责人:×××
项目经理:×××
2015年×月×日</td></tr>
</table>

重庆市城市建设档案馆
重庆市建设工程质量监督总站　监制

说明:

洞内排水系统

1. 洞内排水沟(槽)所用原材料的质量必须符合现行技术规范的要求。检验数量:全部检查。检验方法:检查原材料的质保书，合格证，进场检验报告。

2. 预制盖板构件内的钢筋数量、规格型号应符合设计要求。检验数量:全部检查。检验方法:观察及核查钢筋的隐蔽检查记录。

3. 洞内水沟布置、结构形式、沟底高程、纵向坡度应符合设计要求。检验数量:全部检查。检验方法:观察、仪器量测、尺量。

4. 进水孔、泄水孔的位置和间距符合设计要求。检验数量:全部检查。检验方法:观察、尺量。

5. 排水沟槽外墙距线路中心线的距离应符合设计要求。检验数量:全部检查。检验方法:仪器量测。

6. 排水沟盖板的规格、尺寸应符合设计要求;其允许偏差应符合表1的规定;同时不得有空洞及露筋现象。

表1　排水沟盖板要求及允许偏差

序号	检查项目	允许偏差(mm)	检验方法数量
1	盖板尺寸	+10,0	尺量;抽查30%

7. 混凝土工程必须按批准的配合比施工，盖板预制必须进行机械振捣，混凝土强度满足设计要求。检验数量:全部检查。检验方法:检查混凝土强度试验报告。

8. 盲管(沟)、暗沟及配置的排水孔(槽)和水沟组成的排水系统排水效果良好。洞内排水顺畅，无淤积阻塞，进水孔、泄水槽、泄水孔畅通。检验数量:全部检查。检验方法:观察。

9. 排水沟盖板应铺设齐全、平稳、顺直、密贴，无严重缺棱掉角，盖板就位后不得出现颠簸现象，相临板间高差不得大于5mm。检验数量:每30m检查一处。检验方法:尺量。

10. 水沟断面尺寸符合设计要求。检验数量:每30m检查一处。检验方法:观察。

11. 洞内排水沟(槽)允许偏差表2的规定。

表2　洞内排水沟(槽)允许偏差

序号	检查项目	规定值或允许偏差值(mm)	检验方法和数量
1	进水孔、汇水孔位置	符合设计	尺量:全部
2	轴线偏位	20	尺量:每30m测一处
3	流水面高程	0,-20	水准仪:每30m测一处,中间拉线
4	水沟断面尺寸	±10	尺量:每30m检查一处
5	相临板间高差	≤5	尺量:每30m检查一处

洞外排水和明洞防水

1. 洞外截水沟、边仰坡排水沟的结构形式和位置应符合设计要求,与洞外排水系统衔接顺畅。

检验数量:全部检查。检验方法:观察、尺量。

2. 隧道覆盖层较薄和地层渗透性强的洞顶地表水处理,应符合下列规定:

(1)洞口附近和浅埋地段洞顶不积水;

(2)地表沟(谷)、坑洼、钻孔、探坑等应用不透水土壤回填,并分层夯实;

(3)洞顶的排水沟(槽)应排水良好,水流畅通;

(4)洞顶设有高压水池时应远离隧道轴线,并作好防渗措施,对水池的溢水应有疏导措施;

(5)洞顶有井、泉、池沼、水田等时,应妥善处理,不宜将水源截断、堵死。

检验数量:全部检查。检验方法:观察。

3. 浆砌水沟砌缝砂浆应饱满。检验数量:全部检查。检验方法:观察。

4. 截、排水沟砌体和构件所用原材料的质量必须符合现行技术规范的要求。检验数量:全部检查。检验方法:检查原材料的质保书、合格证、进场检验报告。

5. 截、排水沟砌体和构件砂浆、混凝土强度应符合设计要求。检验数量:全部检查。检验方法:检查砂浆、混凝土强度试验报告。

6. 明洞防水层材料的质量和规格等应符合设计和规范要求。检验数量:全部检查。检验方法:检查产品合格文件及检验报告。

7. 截水沟和排水沟沟底无阻水、积水现象,具备铺砌要求;临时排水设施与现有排水系统连通。检验数量:全部检查。检验方法:检查隐蔽验收报告及现场观察。

8. 截、排水沟砌体砌缝砂浆应饱满,勾缝密实,混凝土结构无蜂窝麻面现象。检验数量:全部检查。检验方法:观察。

9. 砌体内侧及沟底应平顺、整齐,无裂缝、空鼓现象。检验数量:全部检查。检验方法:观察。

10. 土工布的铺设应拉直平顺,接缝和搭接符合设计要求。检验数量:全部检查。检验方法:观察。

11. 反滤层设置应层次分明,材料应符合设计要求或选用筛选过的中砂、粗砂、砾石等渗水性材料,并分层填筑。检验数量:全部检查。检验方法:查隐蔽检查验收记录。

12. 明洞防水系统施工前,混凝土外部位平整,不得有钢筋等尖锐物露出。检验数量:全部检查。检验方法:查隐蔽检查验收记录。

13. 洞外排水和明洞防水工程施工允许偏差应符合表3的规定。

表3　洞外排水和明洞防水工程允许偏差

序号	检查项目	规定值或允许偏差值(mm)	检验方法和数量
1	水沟断面尺寸	±10	尺量:每30m检查一处
2	水沟轴线偏位	20	尺量:每30m测一处
3	水沟流水面高程	0,-20	水准仪:每30m测一处
4	铺砌厚度	不小于设计值	尺量:每30m测一处

隧道排水沟施工检查记录

渝市政竣-89

工程名称	×××隧道工程	单位(子单位)工程名称	×××排水工程
工程部位	排水沟	施工单位	中隧×××公司

检查项目及检查结果	
1. 排水沟坡度应符合设计要求	排水沟坡度符合设计要求。
2. 排水沟为暗沟时应设沉降池、滤水蓖	排水沟设有沉降池。
3. 洞顶排水沟疏导引流、勾补、铺砌、填平等应符合设计和规范要求	符合设计和规范要求。
4. 洞内顺坡排水沟应满足排除隧道中渗漏水的需求	洞内排水沟符合要求。
5. 应经常清理排水辅助设施,防止带水施工	排水辅助设施已做清理,无积水现象。
6. 在膨胀岩、土质底层、围岩松软地段施工时,应根据需要对排水沟进行铺砌或用管槽代替	符合设计要求。
检查结论	排水沟各检查项目符合设计和规范要求,合格。

建设单位	监理单位	施工单位
现场负责人:××× 2015年×月×日	监理工程师:××× 总监理工程师:××× 2015年×月×日	质检工程师:××× 技术负责人:××× 项目经理:××× 2015年×月×日

重庆市城市建设档案馆
重庆市建设工程质量监督总站 监制

说明:

洞内排水系统

1. 洞内排水沟(槽)所用原材料的质量必须符合现行技术规范的要求。检验数量:全部检查。检验方法:检查原材料的质保书、合格证、进场检验报告。

2. 预制盖板构件内的钢筋数量、规格型号应符合设计要求。检验数量:全部检查。检验方法:观察及核查钢筋的隐蔽检查记录。

3. 洞内水沟布置、结构形式、沟底高程、纵向坡度应符合设计要求。检验数量:全部检查。检验方法:观察、仪器量测、尺量。

4. 进水孔、泄水孔的位置和间距符合设计要求。检验数量:全部检查。检验方法:观察、尺量。

5. 排水沟槽外墙距线路中心线的距离应符合设计要求。检验数量:全部检查。检验方法:仪器量测。

6. 排水沟盖板的规格、尺寸应符合设计要求;其允许偏差应符合下表的规定;同时不得有空洞及露筋现象。

表1 排水沟盖板要求及允许偏差

序号	检查项目	允许偏差(mm)	检验方法数量
1	盖板尺寸	+10,0	尺量;抽查30%

7. 混凝土工程必须按批准的配合比施工,盖板预制必须进行机械振捣,混凝土强度满足设计要求。

检验数量:全部检查。检验方法:检查混凝土强度试验报告。

8. 盲管(沟)、暗沟及配置的排水孔(槽)和水沟组成的排水系统排水效果良好。洞内排水顺畅,无淤积阻塞,进水孔、泄水槽、泄水孔畅通。检验数量:全部检查。检验方法:观察。

9. 排水沟盖板应铺设齐全、平稳、顺直、密贴,无严重缺棱掉角,盖板就位后不得出现颠簸现象,相临板间高差不得大于5mm。检验数量:每30m检查一处。检验方法:尺量。

10. 排水沟断面尺寸符合设计要求。检验数量:每30m检查一处。检验方法:观察。

11. 洞内排水沟(槽)允许偏差表2的规定。

表2 洞内排水沟(槽)允许偏差

序号	检查项目	规定值或允许偏差值(mm)	检验方法和数量
1	进水孔、汇水孔位置	符合设计	尺量:全部
2	轴线偏位	20	尺量:每30m测一处
3	流水面高程	0,-20	水准仪:每30m测一处,中间拉线
4	水沟断面尺寸	±10	尺量:每30m检查一处
5	相邻板间高差	≤5	尺量:每30m检查一处

洞外排水和明洞防水

1. 洞外截水沟、边仰坡排水沟的结构形式和位置应符合设计要求,与洞外排水系统衔接顺畅。

检验数量:全部检查。检验方法:观察、尺量。

2. 隧道覆盖层较薄和地层渗透性强的洞顶地表水处理,应符合下列规定:

(1)洞口附近和浅埋地段洞顶不积水;

(2)地表沟(谷)、坑洼、钻孔、探坑等应用不透水土壤回填,并分层夯实;

(3)洞顶的排水沟(槽)应排水良好,水流畅通;

(4)洞顶设有高压水池时应远离隧道轴线,并作好防渗措施,对水池的溢水应有疏导措施;

(5)洞顶有井、泉、池沼、水田等时,应妥善处理,不宜将水源截断、堵死。

检验数量:全部检查。检验方法:观察。

3. 浆砌水沟砌缝砂浆应饱满。检验数量:全部检查。检验方法:观察。

4. 截、排水沟砌体和构件所用原材料的质量必须符合现行技术规范的要求。检验数量:全部检查。检验方法:检查原材料的质保书,合格证,进场检验报告。

5. 截、排水沟砌体和构件砂浆、混凝土强度应符合设计要求。检验数量:全部检查。检验方法:检查砂浆、混凝土强度试验报告。

6. 明洞防水层材料的质量和规格等应符合设计和规范要求。检验数量:全部检查。检验方法:检查产品合格文件及检验报告。

7. 截水沟和排水沟沟底无阻水、积水现象,具备铺砌要求;临时排水设施与现有排水系统连通。检验数量:全部检查。检验方法:检查隐蔽验收报告及现场观察。

8. 截、排水沟砌体砌缝砂浆应饱满,勾缝密实,混凝土结构无蜂窝麻面现象。检验数量:全部检查。检验方法:观察。

9. 砌体内侧及沟底应平顺、整齐,无裂缝、空鼓现象。检验数量:全部检查。检验方法:观察。

10. 土工布的铺设应拉直平顺,接缝和搭接符合设计要求。检验数量:全部检查。检验方法:观察。

11. 反滤层设置应层次分明,材料应符合设计要求或选用筛选过的中砂、粗砂、砾石等渗水性材料,并分层填筑。检验数量:全部检查。检验方法:查隐蔽检查验收记录。

12. 明洞防水系统施工前,混凝土外部位平整,不得有钢筋等尖锐物露出。检验数量:全部检查。检验方法:查隐蔽检查验收记录。

13. 洞外排水和明洞防水工程施工允许偏差应符合表3的规定。

表3　洞外排水和明洞防水工程允许偏差

序号	检查项目	规定值或允许偏差值(mm)	检验方法和数量
1	水沟断面尺寸	±10	尺量:每30m检查一处
2	水沟轴线偏位	20	尺量:每30m测一处
3	水沟流水面高程	0,-20	水准仪:每30m测一处
4	铺砌厚度	不小于设计值	尺量:每30m测一处

隧道电缆沟施工检查记录

渝市政竣-90

工程名称	×××隧道	单位(子单位)工程名称	×××隧道明洞工程
工程部位	电缆沟	施工单位	中铁×××公司
检查项目及检查结果			
1. 电缆沟开挖应与边墙基础开挖同时进行,不得在边墙浇筑后再爆破开挖		电缆沟开挖符合规定。	
2. 电缆沟砼强度必须满足设计要求		电缆沟混凝土强度符合设计要求。	
3. 电缆沟几何尺寸、坡度必须满足设计要求		电缆沟几何尺寸、坡度符合设计要求。	
4. 电缆沟壁与边墙应连接牢固,必要时可加设短钢筋		电缆沟壁与边墙连接牢固,加设有钢筋。	
5. 预埋件位置应满足设计和规范要求		预埋件位置满足设计要求。	
6. 电缆沟盖板强度和外观质量应符合要求,安装应平顺、整齐、无翘曲		电缆沟盖板强度和外观质量符合要求,安装平顺,无翘曲。	
检查结论	电缆沟施工符合设计和规范要求,检查合格。		

建设单位	监理单位	施工单位
现场负责人:××× 2015年×月×日	监理工程师:××× 总监理工程师:××× 2015年×月×日	质检工程师:××× 技术负责人:××× 项目经理:××× 2015年×月×日

重庆市城市建设档案馆
重庆市建设工程质量监督总站 监制

说明:

1. 现浇混凝土、混凝土预制板的质量和规格应符合设计要求。
2. 电缆槽及排水沟缩缝应与隧道墙身缩缝(沉降缝)对齐。
3. 钢筋混凝土盖板强度、厚度、配筋应符合设计要求。
4. 槽沟内侧及槽沟底应平顺。
5. 槽沟底不得有杂物。
6. 盖板安装必须平稳,密贴、无严重缺棱掉角,相邻板间高差不大于5mm。
7. 与电缆槽相结合的路缘石应确保墙面的直顺度。
8. 实测项目:电缆槽施工允许偏差应符合下表规定。

表 电缆槽施工允许偏差

序号	检查项目	允许偏差	检查方法和数量
1	混凝土强度	符合设计要求	
2	轴线偏位(mm)	50	经纬仪或尺量:每200m测5处
3	槽,沟底高程(mm)	±15	水准仪:每200m测5点
4	墙面直顺度(mm)	±5	20m拉线:每200m测2处
5	断面尺寸(mm)	±10	尺量:每200m测2处
6	基础厚度(mm)	不小于设计	尺量:每200m测2处

9. 消防设施、监控设施、交通设施等专业工程项目的质量检验评定见相关专业的验收规范。

隧道预注浆及后注浆施工检查记录

渝市政竣-91

工程名称	×××隧道工程	单位(子单位)工程名称	×××隧道防水工程
工程部位	洞口	施工单位	中铁隧道×××公司
检查项目及检查结果			
1. 注浆段的长度,注浆管的选用,注浆作业应满足设计要求			注浆段长×××,注浆管×××,满足设计要求。
2. 注浆压力应根据岩性、施工条件等因素在现场试验确定			注浆压力×××,符合现场岩性和施工条件。
3. 注浆方式可选用前进式、后退式或全孔式,可根据涌水量大小及注浆孔的深度选用			前进式注浆。
4. 注浆顺序宜为先内圈孔,后外圈孔,先无水孔,后有水孔,从拱顶顺序向下进行			注浆顺序符合规范规定。
5. 浆体原材料质量及配合比是否满足设计要求			注浆混凝土质量及配合比符合设计。
6. 注浆后必须对注浆效果进行检查,如未达到要求,应进行补孔注浆			符合设计和规范要求。
检查结论	经检查,符合设计和规范要求。		
建设单位	监理单位	施工单位	
现场负责人:××× 2015年×月×日	监理工程师:××× 总监理工程师:××× 2015年×月×日	质检工程师:××× 技术负责人:××× 项目经理:××× 2015年×月×日	

重庆市城市建设档案馆
重庆市建设工程质量监督总站 监制

说明:

预注浆

1. 锚杆的材质、类型、质量、规格、数量和性能必须符合设计和规范要求。查产品合格证、试验报告。

2. 锚杆孔径及布置形式应符合设计要求,孔内积水和岩粉(屑)应吹洗干净。

3. 锚杆插入孔内的长度不得短于设计长度的95%,锚杆长度不小于设计值。抽查范围为锚杆数的10%。

4. 砂浆锚杆和注浆锚杆的灌浆强度不小于设计和规范要求,锚杆孔内灌浆密实饱满,浆液的配合比和掺加剂应符合设计和规范要求。查砂浆试块强度试验报告。

5. 锚杆28d抗拔力平均值不小于设计值,最小抗拔力不小于设计值的95%。抗拔力试验,按锚杆数的1%且不少于3根。

后注浆

1. 后注浆选用材料的注浆材料应符合设计要求,每批检验一次,查注浆材料性能试验报告。

2. 浆液配合比应符合设计要求和国家相关标准规定,查配合比试验报告,每100m³检查一次。

3. 衬砌后背注浆应回填密实。可采用无损检测等方法验证注浆回填密实情况,每个断面应从拱顶沿两侧不少于3点,每500 m²检验一次。

4. 注浆回填应在衬砌混凝土强度达到设计强度的100%后进行。全部检查,查强度试验报告。

注浆范围符合实际情况及设计要求;注浆孔的数量、间距、孔深符合设计要求;注浆压力、注浆数量符合设计要求。

隧道仰拱填充混凝土施工检查记录

渝市政竣-92

<table>
<tr><td>工程名称</td><td>×××隧道工程</td><td>单位(子单位)工程名称</td><td colspan="2">衬砌工程</td></tr>
<tr><td>工程部位</td><td>仰拱</td><td>施工单位</td><td colspan="2">×××工程有限公司</td></tr>
<tr><td colspan="5">检查项目及检查结果</td></tr>
<tr><td colspan="3">1. 仰拱填充材料质量及配合比应符合设计要求</td><td colspan="2">仰拱混凝土符合设计要求。</td></tr>
<tr><td colspan="3">2. 仰拱厚度应达到设计要求</td><td colspan="2">经雷达探测仪检查,仰拱厚度为×××,符合设计要求。</td></tr>
<tr><td colspan="3">3. 仰拱浇筑前是否清除积水、杂物、虚渣等</td><td colspan="2">仰拱浇筑时已清除积水、杂物和虚渣。</td></tr>
<tr><td colspan="3">4. 仰拱施工缝和变形缝应按设计要求进行防水处理</td><td colspan="2">仰拱施工缝和变形缝已按设计做好防水处理。</td></tr>
<tr><td colspan="3">5. 仰拱施工前,超挖在允许范围内时,应采用与衬砌相同强度等级的混凝土进行浇筑;超挖大于规定时,应按设计要求回填</td><td colspan="2">已按设计在超挖处用与衬砌相同强度等级的混凝土进行浇筑。</td></tr>
<tr><td colspan="3">6. 仰拱以上的混凝土或片石混凝土应在仰拱混凝土达到设计程度的70%后施工</td><td colspan="2">符合规范规定。</td></tr>
<tr><td>检查结论</td><td colspan="4">仰拱混凝土的施工质量符合设计和规范,验收合格。</td></tr>
<tr><td colspan="2">建设单位</td><td colspan="2">监理单位</td><td>施工单位</td></tr>
<tr><td colspan="2">现场负责人:×××

2015年×月×日</td><td colspan="2">监理工程师:×××
总监理工程师:×××

2015年×月×日</td><td>质检工程师:×××
技术负责人:×××
项目经理:×××
2015年×月×日</td></tr>
</table>

重庆市城市建设档案馆
重庆市建设工程质量监督总站 监制

说明:

1. 仰拱填充混凝土所采用的水泥、外加剂应符合《重庆市城市隧道工程施工质量验收规范》的规定。

(1)水泥进场时,应按批对其品种、级别、包装或散装仓号、出厂日期等进行验收,并对其强度、安定性、凝结时间等指标进行试验,其质量必须符合现行国家标准的规定。对水泥质量有怀疑或水泥出厂日期超过3个月(快硬硅酸盐水泥超过一个月)时,应进行复验,并按复验结果使用。检验数量:同一生产厂家、同一等级、同一品种、同一批号且连续进场的水泥,袋装水泥不超过200T为一批,散装水泥不超过500T为一批,每批抽样不少于一次。检验方法:检查产品合格证、检验报告。

(2)混凝土中掺加外加剂时,其材料质量、施工工艺和要求应符合现行规范和有关环境保护中的规定。检验数量:按进场批次检验,每50T为一批,每批抽检不少于一次。检验方法:检查产品合格证、检验报告。

2. 仰拱填充混凝土所采用矿物掺和料、粗细集料、配合比设计应符合以下规定:

(1)混凝土掺用的矿物掺和料,其质量应符合现行国家标准的规定。检验数量:连续进场的矿物掺和料,不超过200T为一批,每批抽检不少于一次。检验方法:检查产品合格证、检验报告。

(2)所用的粗、细集料,质量应符合设计及表1和表2的要求,且应符合现行国家、地方标准的规定。防水混凝土宜采用中砂,粗集料宜采用连续级配,且最大公称粒径不应大于40mm。

检验数量:不超过400m³或600T为一批,每批抽检不少于一次。检验方法:检查试验报告。

表1 细集料的技术要求

序号	项 目	单位	技术要求	备注
1	含泥量	%	≤2	冲洗法
2	硫化物和硫酸含量	%	≤1	折算为SO_3

续表

3	有机物质含量		颜色不深于标准溶液的颜色	比色法
4	其他杂物		不得有石灰、煤渣、草梗等杂物	

表2 粗集料的技术要求

序号	项目	单位	技术要求		检验方法
			普通混凝土	防水混凝土	
1	压碎指标	%	<20	<15	按国家现行规范、规程执行
2	坚固性	%	<10	<8	
3	针片状颗粒含量	%	<20	<15	
4	含泥量	%	<1.5	<1.0	
5	泥块含量	%	<0.5	<0.2	
6	有机物含量		合格		比色法
7	硫化物和硫酸盐	%	<1.0	<1.0	按SO_3质量计
8	空隙率	%	<47		按国家现行规范、规程执行
9	碱集料反应		经碱集料反应试验，无裂缝、酥胶体外移等现象，龄期内膨胀率小于0.1%		

(3)混凝土配合比应根据原材料性能、混凝土的技术条件和设计要求，按照国家现行标准有关规定，通过试配调整后确定。对有抗渗要求的混凝土，其抗渗压力应比设计要求提高0.2MPa进行试配。检验数量：对同强度等级、同性能混凝土进行一次混凝土配合比设计。检验方法：配合比试配报告。

3. 仰拱填充混凝土灌注前应清除仰拱表面的杂物和积水。表面处理应满足设计要求。检验数量：全部检查。检验方法：现场观察。

4. 仰拱填充混凝土抗压强度试件取样、留置及强度等级必须符合本标准以下规定：

混凝土强度等级必须满足设计要求，试件应在混凝土的浇筑地点随机抽样制作。

试件的取样与留置应符合下列规定：

(1)每拌制100盘且不超过100m^3的同配合比的混凝土，取样不得少于1次；

(2)每工作班拌制的同一配合比的混凝土不足100盘时，取样不得少于1次；

(3)每次取样应至少留置1组。检测数量：全部检查。检验方法：混凝土抗压强度试验报告。

防水混凝土、耐腐蚀混凝土除应按规定留置强度检查试件外，应留置抗渗检查试件并进行试验评定。检验数量：不超过500m^3混凝土应制作抗渗检查试件一组(6个)；不足500m^3时，亦应制作抗渗检查试件一次。当使用的材料、配合比或施工工艺变化时，均应另行制作抗渗检查试件一次。检验方法：强度试验和抗渗试验报告。

5. 仰拱填充混凝土表面高程符合设计要求。

检验数量：每浇筑一段检查一次。检验方法：水准测量。

6. 仰拱填充混凝土养护应符合以下规定：混凝土浇筑完毕后，应按施工技术方案及时采取有效的养护措施，并应符合下列规定：(1)应在浇筑完毕后的12h以内对混凝土加以覆盖并保湿养护。(2)混凝土浇水养护的时间：对采用硅酸盐水泥拌制的混凝土，不得少于7d；对掺用外加剂或有抗渗等要求的混凝土，不得少于14d。(3)混凝土强度达到1.2MPa前，不得在其上踩踏或安装模板及支架。(4)当日平均气温低于5℃时，不得浇水养护。检验数量：全部检查。检验方法：现场观察。

7. 仰拱填充混凝土拌合物的塌落度应符合设计配合比要求。检验数量：每工作班不少于一次。检验方法：坍落度试验。

8. 仰拱填充混凝土施工配合比应符合以下规定：混凝土拌制前，应测定砂、石含水率，并根据测试结果和理论配合

渗漏水情况;锚杆布设位置、方向、杆体及垫块的松动情况,有无陷入危岩及局部破坏等。

5. 工程监控量测预控措施:当发现下列情况之一时,监理工程师必须要求施工单位立即停工,并及时采取措施进行处理:

(1)周边及开挖面塌方、滑坡及破裂;

(2)量测数据有不断增大的趋势;

(3)支护结构变形过大或出现明显的受力裂缝且不断发展;

(4)时态曲线上时间没有变缓的趋势;

(5)在结构施工时,要求施工单位按设计要求预留运营期间的监控量测点,并加强保护。

6. 复合式衬砌隧道现场施工监控量测项目及要求见下表。

表 复合式衬砌隧道现场施工监控量测项目及要求

序号	项目名称	方法及工具	布置	测试精度	量测间隔时间			
					1~15天	16天~1个月	1~3个月	大于3个月
1	施工地质和支护状况观察	岩性、岩体结构、地下水、支护结构开裂状况观察与描述,洞内外现场观察、地质罗盘等	开挖及初期支护后进行	—	每次开挖爆破后进行			
2	周边位移	各种类型收敛计	每5~50m一个断面,每断面2~3对测点	0.1mm	1~2次/天	1次/2天	1~2次/周	1~3次/月
3	拱顶下沉	精密水准仪、水准尺、钢尺或测杆	每5~50m一个断面	0.1mm	1~2次/天	1次/2天	1~2次/周	1~3次/月
4	地表下沉	精密水准仪、水准尺	洞口段、浅埋段每5~20m一个断面,每断面至少7个测点,每隧道至少2个断面,中线每5~20m一个测点	0.5mm	开挖面距量测断面前后<2B时,1~2次/天; 开挖面距量测断面前后<5B时,1次/2天; 开挖面距量测断面前后>5B时,1次/3~7天。 (其中B为隧道开挖宽度)			
5	围岩爆破地面质点振动速度和噪声测试	测振仪及声波仪等	质点振速根据临近建(构)筑物的结构要求设点,施工噪声可根据相关规定的测距设置	—	随隧道开挖爆破及时进行			
6	围岩体内位移(洞内设点)	洞内钻孔中安设单点、多点杆式或钢丝式位移计	每个代表性地段1~2个断面,每断面3~7个钻孔	0.1mm	1~2次/天	1次/2天	1~2次/周	1~3次/月
7	围岩体内位移(地表设点)	地面钻孔中安设各种位移计	每个代表性地段1~2个断面,每断面3~5个钻孔	0.1mm	同地表下沉要求			

续表

序号	项目名称	方法及工具	布置	测试精度	量测间隔时间			
					1~15天	16天~1个月	1~3个月	大于3个月
8	围岩压力及两层支护间压力	各种类型压力盒	每代表地段1~2断面，每断面宜设3~7个测点	0.01MPa	1~2次/天	1次/2天	1~2次/周	1~3次/月
9	锚杆轴力	钢筋计、锚杆测力计	每代表地段1~2断面，每断面宜设3~7根锚杆(索)，每根锚杆2~4个测点	0.01MPa	1~2次/天	1次/2天	1~2次/周	1~3次/月
10	钢支撑内力及外力	支柱压力计或其他压力计	每代表地段1~2断面，每断面钢支撑内力设3~7个测点，或外力1对测力计	0.1MPa	1~2次/天	1次/2天	1~2次/周	1~3次/月
11	支护、衬砌内应力	各类混凝土内应变计及表面应力解除法	每代表性地段1~2断面，每断面3~7个测点	0.01MPa	1~2次/天	1次/2天	1~2次/周	1~3次/月
12	渗水压力、地下水流量	渗压计、流量计	—	0.01MPa(渗水压力)	—			
13	围岩弹性波测试	各种声波仪及配套探头	在有代表性地段设置	—	—	—	—	—

注：该表中的1~5项为必测项目，6~13项为选测项目。

隧道地表/拱顶下沉量检查记录

渝市政竣-94

<table>
<tr><td>工程名称</td><td>×××隧道工程</td><td>单位(子单位)工程名称</td><td colspan="2">隧道施工测量</td></tr>
<tr><td>工程部位</td><td>洞身</td><td>施工单位</td><td colspan="2">×××隧道工程公司</td></tr>
<tr><td colspan="5">检查项目及检查结果</td></tr>
<tr><td colspan="2">1. 初期支护的周边位移量测、拱顶下沉量测</td><td colspan="3">支护结构周边位移偏差4mm,在设计允许范围内。</td></tr>
<tr><td colspan="2">2. 洞口段、浅埋段或地表建(构)筑物沉降量测</td><td colspan="3">已用水平仪对洞口段、浅埋段沉降量进行测量。</td></tr>
<tr><td colspan="2">3. 地表下沉量测应与洞内拱顶下沉和周边应移量测频率是否相同</td><td colspan="3">地表下沉量测与洞内拱顶下沉和周边位移量测频率相同。</td></tr>
<tr><td colspan="2">4. 地表下沉量测的测点是否与拱部下沉量测的测点布置在同一横断面上</td><td colspan="3">地表下沉量测点与拱部下沉量测点在同一横断面上。</td></tr>
<tr><td colspan="2">5. 拱顶下沉量测数据是否满足设计要求</td><td colspan="3">拱顶下沉量测数据符合设计要求。</td></tr>
<tr><td>检查结论</td><td colspan="4">隧道地表下沉量符合设计,合格。</td></tr>
<tr><td colspan="2">建设单位</td><td colspan="2">监理单位</td><td>施工单位</td></tr>
<tr><td colspan="2">现场负责人:×××

2015年×月×日</td><td colspan="2">监理工程师:×××
总监理工程师:×××

2015年×月×日</td><td>质检工程师:×××
技术负责人:×××
项目经理:×××
2015年×月×日</td></tr>
</table>

重庆市城市建设档案馆
重庆市建设工程质量监督总站 监制

说明:

1. 隧道施工质量安全监控,应根据隧道地质条件、施工方法、施工环境条件、设计要求等制定合理的监控量测方案,对突发的施工异常情况必须实施相应的应急监测预案;隧道施工中必须设专人按规定要求负责日常监控量测工作。

2. 监测系统一般由地面及地下监测系统组成,地面系统为地表沉降监测系统组成,地下系统为初期支护的拱顶下沉、净空收敛、拱腰下沉及其底隆起监测等。

3. 当地质条件复杂,拱顶下沉量大或偏压明显时,除量测拱顶下沉外,尚应量测拱腰下沉及基底隆起量,监测布点及频率同拱顶下沉。

4. 在暗挖段,土体开挖时每一开挖环要求施工单位都要目测观察洞内外的掌子面围岩状态、支护状态及地表状态,并作详细记录。围岩状态:地层分布、走向、倾斜;土层固结程度、自稳性、含水量、透水性;涌水量、涌水位置及涌水走向。支护状态:喷混凝土围岩的密贴情况,喷混凝土表面是否出现裂缝(位置、走向、宽度、长度、发展情况等)、变形、渗漏水情况;锚杆布设位置、方向、杆体及垫块的松动情况,有无陷入危岩及局部破坏等。

5. 工程监控量测预控措施:当发现下列情况之一时,监理工程师必须要求施工单位立即停工,并及时采取措施进行处理:

(1)周边及开挖面塌方、滑坡及破裂;

(2)量测数据有不断增大的趋势;

(3)支护结构变形过大或出现明显的受力裂缝且不断发展;

(4)时态曲线上时间没有变缓的趋势;

(5)在结构施工时,要求施工单位按设计要求预留运营期间的监控量测点,并加强保护。

6. 复合式衬砌隧道现场施工监控量测项目及要求见下表。

表 复合式衬砌隧道现场施工监控量测项目及要求

序号	项目名称	方法及工具	布置	测试精度	量测间隔时间			
					1~15天	16天~1个月	1~3个月	大于3个月
1	施工地质和支护状况观察	岩性、岩体结构、地下水、支护结构开裂状况观察与描述,洞内外现场观察、地质罗盘等	开挖及初期支护后进行	—	每次开挖爆破后进行			
2	周边位移	各种类型收敛计	每5~50m一个断面,每断面2~3对测点	0.1mm	1~2次/天	1次/2天	1~2次/周	1~3次/月
3	拱顶下沉	精密水准仪、水准尺、钢尺或测杆	每5~50m一个断面	0.1mm	1~2次/天	1次/2天	1~2次/周	1~3次/月
4	地表下沉	精密水准仪、水准尺	洞口段、浅埋段每5~20m一个断面,每断面至少7个测点,每隧道至少2个断面,中线每5~20m一个测点	0.5mm	开挖面距量测断面前后<2*B*时,1~2次/天; 开挖面距量测断面前后<5*B*时,1次/2天; 开挖面距量测断面前后>5*B*时,1次/3-7天。 (其中*B*为隧道开挖宽度)			
5	围岩爆破地面质点振动速度和噪声测试	测振仪及声波仪等	质点振速根据临近建(构)筑物的结构要求设点,施工噪声可根据相关规定的测距设置	—	随隧道开挖爆破及时进行			
6	围岩体内位移(洞内设点)	洞内钻孔中安设单点、多点杆式或钢丝式位移计	每个代表性地段1~2个断面,每断面3~7个钻孔	0.1mm	1~2次/天	1次/2天	1~2次/周	1~3次/月
7	围岩体内位移(地表设点)	地面钻孔中安设各种位移计	每个代表性地段1~2个断面,每断面3~5个钻孔	0.1mm	同地表下沉要求			
8	围岩压力及两层支护间压力	各种类型压力盒	每代表地段1~2断面,每断面宜设3~7个测点	0.01MPa	1~2次/天	1次/2天	1~2次/周	1~3次/月
9	锚杆轴力	钢筋计、锚杆测力计	每代表地段1~2断面,每断面宜设3~7根锚杆(索),每根锚杆2~4个测点	0.01MPa	1~2次/天	1次/2天	1~2次/周	1~3次/月

续表

序号	项目名称	方法及工具	布置	测试精度	量测间隔时间			
					1~15天	16天~1个月	1~3个月	大于3个月
10	钢支撑内力及外力	支柱压力计或其他压力计	每代表地段1~2断面，每断面钢支撑内力设3~7个测点，或外力1对测力计	0.1MPa	1~2次/天	1次/2天	1~2次/周	1~3次/月
11	支护、衬砌内应力	各类混凝土内应变计及表面应力解除法	每代表性地段1~2断面，每断面3~7个测点	0.01MPa	1~2次/天	1次/2天	1~2次/周	1~3次/月
12	渗水压力、地下水流量	渗压计、流量计	—	0.01MPa（渗水压力）	—			
13	围岩弹性波测试	各种声波仪及配套探头	在有代表性地段设置	—	—	—	—	—

注：该表中的1~5项为必测项目，6~13项为选测项目。

隧道总体质量检查记录

渝市政竣-95

工程名称	×××隧道工程		
单位(子单位)工程名称	×××装饰工程	施工单位	×××隧道工程公司
检查项目及检查结果			
1. 隧道轴线偏应应满足规范要求		隧道轴线偏移9mm,在规范允许偏差范围内。	
2. 隧道宽度满足设计和规范要求		隧道宽度4.6m符合设计和规范要求。	
3. 隧道净高满足设计要求		隧道内净高6.3m,符合设计要求。	
4. 洞口及附属设施的施工应满足设计要求		设置有消音设施,隧道内各类设施的悬挂及安装满足设计承重和耐久性要求。	
5. 洞内外排水系统应连通,排水应通畅,道路连接段线形应美观、顺畅		隧道洞内排水通畅,与道路连接段线形美观,顺畅。	
6. 隧道应做到拱部、边墙不滴水、不渗水;路面应不冒水,不积水、排水设施不渗水		隧道拱部、边墙防水满足设计,无渗水漏水现象,路面无冒水、积水现象。	
7. 对复台式衬砌,初期支护完成以后,应再次检查内空尺寸,保证二次衬砌的厚度		二次衬砌满足设计及规范要求。	
检查结论	隧道总体质量符合设计,合格。		
建设单位	监理单位	施工单位	
现场负责人:××× 2015年×月×日	监理工程师:××× 总监理工程师:××× 2015年×月×日	质检工程师:××× 技术负责人:××× 项目经理:××× 2015年×月×日	

重庆市城市建设档案馆
重庆市建设工程质量监督总站 监制

说明:

1. 洞口设置应满足设计要求,边、仰坡应整洁、美观。
2. 洞口及边仰坡新种植的乔木、灌木、攀缘植物的成活率应达到95%以上,珍贵树种和孤植树应保证成活。
3. 洞口草坪应无杂草、无枯草,种植覆盖率应达到95%。
4. 洞内外的排水系统应满足设计要求,不淤积、不堵塞。
5. 结构表面应无裂缝、无缺棱掉角。
6. 隧道内壁和洞口端墙无渗漏水。
7. 隧道总体主控项目实测值应符合下表的规定。

表 隧道总体允许偏差

序号	检查项目	允许偏差	检查方法和数量
1	隧道线路中线位置	20mm	全站仪或其他测量仪器;曲线每20m、直线每50m检查1处
2	隧道线路中线高程	±20mm	全站仪或其他测量仪器;曲线每20m、直线每50m检查1处
3	车行道宽度	±10mm	尺量:曲线每20m、直线每50m检查1处
4	净总宽	不小于设计	尺量:曲线每20m、直线每50m检查1处
5	净高	不小于设计	水准仪:曲线每20m、直线每50m测1个断面,每断面测拱顶和两拱腰3点

管道／设备焊接检查记录

渝市政竣-96

<table>
<tr><td>工程名称</td><td colspan="6">×××市政管道工程</td><td colspan="4">分部(工序)工程名称</td><td colspan="5">×××附属构筑物工程</td></tr>
<tr><td>施工单位</td><td colspan="6">×××设备安装</td><td colspan="4">管道(设备)种类、名称</td><td colspan="5">燃气输送管道</td></tr>
<tr><td rowspan="3">管道设备编号</td><td rowspan="3">管道编号</td><td rowspan="3">焊工证号</td><td rowspan="3">焊件厚度(mm)</td><td rowspan="3">焊件材质</td><td rowspan="3">焊件等级</td><td colspan="2">焊接材料</td><td rowspan="3">预热温度(℃)</td><td colspan="3">热处理</td><td colspan="3">焊接后检查</td><td rowspan="3">焊缝最终评定</td></tr>
<tr><td rowspan="2">基层</td><td rowspan="2">复层</td><td rowspan="2">方法</td><td rowspan="2">记录号</td><td rowspan="2">硬度值(HB)</td><td rowspan="2">外观等级</td><td colspan="2">无损检查</td></tr>
<tr><td>方法</td><td>报告号</td></tr>
<tr><td>CN203</td><td>H361</td><td>CQ36529</td><td>10</td><td>钢管</td><td>一级</td><td>H08A</td><td></td><td>120</td><td>E</td><td>X-204</td><td></td><td>I</td><td>VT</td><td>Q-2631</td><td>合格</td></tr>
<tr><td>CN204</td><td>H362</td><td>CQ36531</td><td>10</td><td>钢管</td><td>一级</td><td>H08A</td><td></td><td>120</td><td>E</td><td>X-205</td><td></td><td>I</td><td>VT</td><td>Q-2632</td><td>合格</td></tr>
<tr><td>CN205</td><td>H363</td><td>CQ36533</td><td>10</td><td>钢管</td><td>一级</td><td>H08A</td><td></td><td>120</td><td>E</td><td>X-206</td><td></td><td>I</td><td>VT</td><td>Q-2635</td><td>合格</td></tr>
<tr><td>CN206</td><td>H364</td><td>CQ36535</td><td>10</td><td>钢管</td><td>一级</td><td>H08A</td><td></td><td>120</td><td>E</td><td>X-208</td><td></td><td>I</td><td>VT</td><td>Q-2637</td><td>合格</td></tr>
<tr><td></td><td></td><td></td><td></td><td></td><td></td><td></td><td></td><td></td><td></td><td></td><td></td><td></td><td></td><td></td><td></td></tr>
<tr><td></td><td></td><td></td><td></td><td></td><td></td><td></td><td></td><td></td><td></td><td></td><td></td><td></td><td></td><td></td><td></td></tr>
<tr><td></td><td></td><td></td><td></td><td></td><td></td><td></td><td></td><td></td><td></td><td></td><td></td><td></td><td></td><td></td><td></td></tr>
<tr><td></td><td></td><td></td><td></td><td></td><td></td><td></td><td></td><td></td><td></td><td></td><td></td><td></td><td></td><td></td><td></td></tr>
<tr><td>备注</td><td colspan="15">RT——射线控伤，VT——超声波探伤，MT——磁粉探伤，TP——着色探伤，B——火焰加热，E——电加热，以上代号按实填入“热处理”和“无损检查”的“方法”栏内。</td></tr>
<tr><td colspan="5">建设单位</td><td colspan="6">监理单位(建设单位)</td><td colspan="5">施工单位</td></tr>
<tr><td colspan="5">现场负责人:×××
2015年×月×日</td><td colspan="6">监理工程师:×××
总监理工程师:×××
2015年×月×日</td><td colspan="5">质检工程师:×××
技术负责人:×××
项目经理:×××
2015年×月×日</td></tr>
</table>

重庆市城市建设档案馆
重庆市建设工程质量监督总站 监制

说明:

1. 管道/设备及焊接材料的品种、规格、性能等应符合现行国家产品标准和设计要求。

2. 重要钢结构采用的焊接材料应进行复验,复验结果应符合现行国家产品标准和设计要求。

3. 焊条、焊丝、焊剂、电渣焊熔嘴等焊接材料与母材的匹配应符合国家产品设计要求和现行国家产品标准 JGJ 81《建筑钢结构焊接规范》的规定。

4. 焊条、焊丝、焊剂、电渣焊熔嘴等焊接材料在使用前,应按其说明书及焊接工艺文件的规定进行烘焙和存放。

5. 焊工必须有合格证和上岗证。持证焊工必须在其考试合格项目及其认可范围内施工焊。

6. 施工单位对其首次采用的管道用钢材、焊接材料、焊后热处理等,应进行焊接工艺评定,并应根据评定报告确定焊接工艺。

阀门试验检查记录

渝市政竣-97

工程名称	重庆市×××水厂工程				单位(子单位)工程名称		×××设备安装工程			
施工单位	×××安装工程公司				设备名称		调节阀			
序号	阀门名称	型号规格	数量	公称压力(MPa)	强度试验			严密性试验		试验结果
					介质	压力(MPa)	时间(s)	介质	压力(MPa)	时间(s)
1	直通双座阀	D220,C1200	2	5.6	水	5.2	180	水	5	120	性能良好
2	三通阀	D220,C1000	2	5.0	水	5.0	180	水	4.5	120	性能良好
3	蝶阀	D120	2	4.8	水	4.5	180	水	3.5	120	性能良好
检查结论	经检查,阀门气密性良好,符合设计要求。										

建设单位	监理单位	施工单位
现场负责人:×××	监理工程师:××× 总监理工程师:×××	质检工程师:××× 技术负责人:××× 项目经理:×××
2015年×月×日	2015年×月×日	2015年×月×日

重庆市城市建设档案馆
重庆市建设工程质量监督总站 监制

说明：本表用于填写各种阀门的强度和严密性试验以及闭式喷头密封性能试验的检查记录。

1.“阀门名称”：填写闸阀（Z）、截止阀（J）、球阀（Q）、旋塞阀（X）、节流阀（L）、止回阀（H）、安全阀（A）、减压阀（Y）、疏水器（S）、蝶阀（D）、隔膜阀（G）等阀门名称；

2. 填写阀门型号和规格；

3.“检验数量说明”：填写本表记录的试验阀门的数量占单位工程中所使用同样阀门的比例。一般阀门抽查10%，不少于1个；主干管起切断作用的闭路阀门全检；

4. 强度试验：试验压力为1.5倍公称压力，时间15~180s；

5. 严密性试验：试验压力为1.1倍公称压力，时间15~60s；

6. 闭式喷头密封性能试验：抽查1%，不少于5个，试验压力3MPa，时间3min，2只及以上不合格时，不能用该批阀门，1只不合格，加倍抽检，仍有不合格，不能用该批阀门；

7.“检查结论”：填写是否符合规范要求。

检查井施工检查记录

渝市政竣-98

<table>
<tr><td>工程名称</td><td>重庆市×××道路工程</td><td>单位(子单位)工程名称</td><td colspan="3">×××道路附属构筑物工程</td></tr>
<tr><td>工程部位</td><td>×××号井室</td><td>施工单位</td><td colspan="3">×××市政工程公司</td></tr>
<tr><td colspan="6">检查项目及检查结果</td></tr>
<tr><td colspan="6">1. 检查井井身材料品种、规格：井墙混凝土为C30；钢筋Φ－HPB335级钢、Φ－HRB335级钢，钢筋锚固长度33d、搭接长度为40d；坐浆、抹三角灰均用1∶2防水水泥沙浆。</td></tr>
<tr><td colspan="6">2. 检查井座标：×××。</td></tr>
<tr><td colspan="6">3. 井身尺寸：D=1500mm，轴线偏应：6mm。</td></tr>
<tr><td colspan="6">4. 结构厚度：200mm。</td></tr>
<tr><td colspan="6">5. 井底高程：D+100，井顶高程：D+1800。</td></tr>
<tr><td colspan="6">6. 预留孔洞尺寸：800mm。</td></tr>
<tr><td colspan="6">7. 排水管与检查井孔洞的连接：排水管与检查井连接采用中介层做法，管件与井壁相接部位外表先用聚氯乙烯胶粘剂、粗砂中介层，然后用水泥砂浆砌入检查井的井壁内。</td></tr>
<tr><td colspan="6">8. 预埋件品种、规格、数量及应置。钢筋Φ－HPB335级钢、Φ－HPB335级钢，钢筋放下层，水平筋放最下面。</td></tr>
<tr><td colspan="6">9. 井框材料及安装质量：符合设计和规范要求。</td></tr>
<tr><td colspan="6">10. 井盖材料及安装质量：混凝土C35；钢筋Φ－HPB335级钢、Φ－HPB335级钢，井盖与路面高程差为3mm，在规定允许范围内。</td></tr>
<tr><td colspan="6">11. 井盖与相邻路面高差：2mm，在规范允许范围内。</td></tr>
<tr><td>检查结论</td><td colspan="5">经检查，检查井的各部位材料的品种、规格及偏差符合设计和标准，合格。</td></tr>
<tr><td colspan="2">建设单位</td><td colspan="2">监理单位</td><td colspan="2">施工单位</td></tr>
<tr><td colspan="2">现场负责人：×××

2015年×月×日</td><td colspan="2">监理工程师：×××
总监理工程师：×××

2015年×月×日</td><td colspan="2">质检工程师：×××
技术负责人：×××
项目经理：×××
2015年×月×日</td></tr>
</table>

重庆市城市建设档案馆
重庆市建设工程质量监督总站　监制

说明：

1. 采用塑料检查井的材质应符合国家有关标准的规定，成型井的图集应按经过主管部门批准，产品经重庆市建委认定，功能符合建设规定和要求；不得采用材料中掺加废旧物及不符合要求的代替物。检验方法：检查产品质量合格证明，各项性能检验报告、观察，进场检验记录。

2. 污水检查井井盖上的开启孔应兼作透气孔，应留双孔，孔直径不应小于50mm。检验方法：检查产品对此要求合格记录，观察。

3. 现浇混凝土强度、砌筑混凝土水泥砂浆符合设计要求。砌筑砂浆饱满，缝平直，混凝土结构无严重缺陷；井室无渗水、水珠现象。检验方法：检查水泥砂浆强度、混凝土抗压试验报告。

4. 井迎水面砌筑密实平整；混凝土无明显一般质量缺陷，井室无明显湿渍现象。检验方法：逐个检查。

5. 井内部构造符合设计和水力工艺要求，流槽应平顺、圆滑、光洁。检验方法：逐个检查，直尺量测。

6. 井室内爬梯位置正确，牢固，爬梯材料应考虑防盗安全性；井盖及井座符合设计要求，安装稳固，塑料检查井在车行道上井盖及井座强度和安装方法符合设计要求。检验方法：逐个检查，用钢尺量测。

7. 井室施工允许偏差应符合下表的规定。

表 井室施工允许偏差

<table>
<tr><th rowspan="2">序号</th><th rowspan="2" colspan="3">检查项目</th><th rowspan="2">允许偏差(mm)</th><th colspan="2">数量检查</th><th rowspan="2">检查方法</th></tr>
<tr><th>范围</th><th>点数</th></tr>
<tr><td>1</td><td colspan="3">平面轴线位置(轴向,垂直轴向)</td><td>15</td><td rowspan="13">每座</td><td>2</td><td>用钢尺量测,经纬仪测量</td></tr>
<tr><td>2</td><td colspan="3">结构断面尺寸</td><td>+10,0</td><td>2</td><td>用钢尺量测</td></tr>
<tr><td rowspan="2">3</td><td rowspan="2">井室(附井)尺寸</td><td colspan="2">长、宽</td><td rowspan="2">±20</td><td rowspan="2">2</td><td rowspan="2">用钢尺量测</td></tr>
<tr><td colspan="2">直径</td></tr>
<tr><td>4</td><td>井室洞口</td><td colspan="2">长、宽</td><td>±20</td><td>2</td><td>用钢尺量测</td></tr>
<tr><td rowspan="2">5</td><td rowspan="2">井口高程</td><td colspan="2">农田或绿地</td><td>+20</td><td rowspan="2">1</td><td rowspan="6">用经纬仪测量</td></tr>
<tr><td colspan="2">路面</td><td>与道路规定一致</td></tr>
<tr><td rowspan="4">6</td><td rowspan="4">井底高程</td><td rowspan="2">开槽法管道铺设</td><td>$D_i \leq 1000$</td><td>±10</td><td rowspan="4">2</td></tr>
<tr><td>$D_i > 1000$</td><td>±15</td></tr>
<tr><td rowspan="2">不开槽法管道铺设</td><td>$D_i < 1500$</td><td>+10,-20</td></tr>
<tr><td>$D_i \geq 1000$</td><td>+20,-40</td></tr>
<tr><td>7</td><td>踏步安装</td><td colspan="2">水平及垂直距离,外露长度</td><td>±10</td><td rowspan="3">1</td><td rowspan="3">用直尺侧偏差最大值</td></tr>
<tr><td>8</td><td>脚窝</td><td colspan="2">高、宽、深</td><td>±10</td></tr>
<tr><td>9</td><td colspan="3">流槽高度</td><td>+10</td></tr>
</table>

注:D_i——内径(mm)。

8. 柔性管道与检查井接口中介层安装按设计及厂家管道接口说明书,管道接口平整、圆滑,不得有渗水。检验方法:逐个观察,检查产品说明。

9. 带有沉砂功能的井沉砂坑应符合设计要求。检验方法:观察,用钢尺量测。

地下排水管道施工隐蔽检查记录

渝市政竣-99

工程名称	重庆市×××道路工程	单位(子单位)工程名称	×××道路排水工程
工程部位	排水边沟	施工单位	×××市政工程公司
检查项目及检查结果			
1. 管道编号、品种、规格及数量	编号:×××,钢筋混凝土管,DN=500mm,数量26。		
2. 管道、垫层施工质量情况	管道内外光滑洁净,管道埋深0.8m,垫层采用带棱角的中砂铺设12mm。		
3. 管道接口形式及安装质量	钢丝网水泥砂浆抹带接口,接口平整,间隙均匀,接口整齐、密实、饱满,抹带无裂缝和空鼓。		
4. 排水管与检查井孔洞的连接	排水管与检查井连接采用中介层做法。		
5. 回填材料及压实标准	符合设计要求。		
6. 其他			
7. 示意图:			

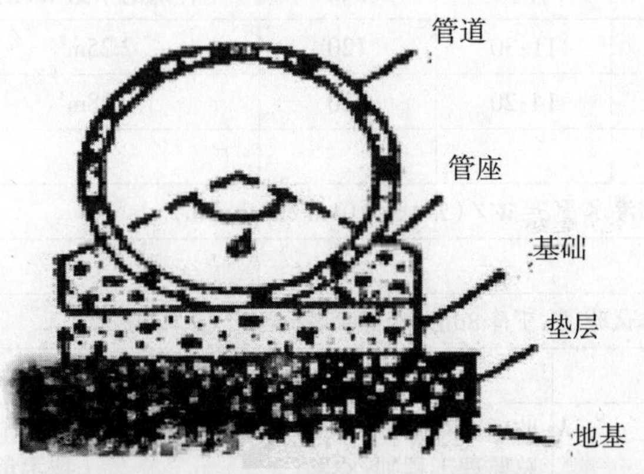

检查结论	经检查,排水管的材料规格及安装质量等符合设计和规范要求,合格。	
建设单位	监理单位	施工单位
现场负责人:××× 2015年×月×日	监理工程师:××× 总监理工程师:××× 2015年×月×日	质检工程师:××× 技术负责人:××× 项目经理:××× 2015年×月×日

重庆市城市建设档案馆
重庆市建设工程质量监督总站 监制

说明:本表用于城镇道路及附属工程的地下排水管道施工隐蔽检查记录。

1. 地下排水工程所使用的主要材料、成品、半成品、配件、器具和设备必须具有合格证明文件,规格、型号及性能检测报告应符合国家技术标准或设计要求。进场时要做好检查,并经监理工程师核查确认。

2. 排水管道的坡度必须符合设计要求,严禁无坡或倒坡。

3. 管道埋设前必须灌水试验和通水试验,排水应畅通,无堵塞,管道接口无渗漏。按排水检查井分段试验,试验水头应以试验段上游管顶加1m,时间不少于30min,逐段观察。

4. 排水铸铁管采用水泥捻口时,油麻堵塞应密实,接口水泥应密实饱满,其接口面凹入承口边缘且深度不得大于2mm;混凝土管或钢筋混凝土管采用抹带接口时,抹带前应将管口的外壁凿毛,扫净,当管径小于或等于500mm时,抹带可一次完成;当管径大于500mm时,抹带可二次完成,抹带不得有裂纹。

5. "检查结论":明确是否符合设计及施工质量验收规范、标准要求,是否同意隐蔽。

6. 参与隐蔽检查的监理单位代表应签字。

排水管道闭水试验记录

渝市政竣-100

<table>
<tr><td>工程名称</td><td colspan="3">重庆××水厂</td><td colspan="2">单位(子单位)工程名称</td><td>×××排水工程</td></tr>
<tr><td>试验部位</td><td colspan="3">×××排水管</td><td colspan="2">施工单位</td><td>重庆市×××工程有限公司</td></tr>
<tr><td>试验起止井号</td><td colspan="6">从 P50# 号井段至 P52# 号井段,包括 P50# 号井</td></tr>
<tr><td>管道材质及管径</td><td colspan="3">钢筋混凝土管,DN300</td><td colspan="2">试验段长度l(m)</td><td>13</td></tr>
<tr><td>接口种类</td><td colspan="3">钢筋网水泥抹带</td><td colspan="2">试验水头(m)</td><td>高于上游管顶1.8m</td></tr>
<tr><td>试验段上游设计水头(m)</td><td colspan="3">/</td><td colspan="2">试验日期</td><td>2015年×月×日</td></tr>
<tr><td colspan="2">允许渗水量[m³/(24h·km)]</td><td colspan="5">17.08</td></tr>
<tr><td rowspan="5">渗水量测定记录</td><td>次数</td><td>观测起始时间T_1</td><td>观测结束时间T_2</td><td>恒压时间(min)</td><td>恒压时间前补入的水量W(L)</td><td>实测渗水量q[L/(min·m)]</td></tr>
<tr><td>1</td><td>09:30</td><td>11:30</td><td>120</td><td>2.25m³</td><td>0.00145</td></tr>
<tr><td>2</td><td>12:20</td><td>14:20</td><td>120</td><td>2.28m³</td><td>0.00145</td></tr>
<tr><td>3</td><td></td><td></td><td></td><td></td><td></td></tr>
<tr><td colspan="6">折合平均实测渗水量$q=W/(T·1)$=7.01m³/(24h·km)。</td></tr>
<tr><td>外观记录</td><td colspan="6">无明显痕迹。</td></tr>
<tr><td>试验结论</td><td colspan="6">通过带井闭水试验,2h下降8mm,合格同意进行下道工序施工。</td></tr>
<tr><td colspan="2">监理单位</td><td colspan="3">施工单位</td><td colspan="2">建设单位</td></tr>
<tr><td colspan="2">现场负责人:×××

2015年×月×日</td><td colspan="3">监理工程师:×××
总监理工程师:×××

2015年×月×日</td><td colspan="2">质检工程师:×××
技术负责人:×××
项目经理:×××
2015年×月×日</td></tr>
</table>

重庆市城市建设档案馆
重庆市建设工程质量监督总站 监制

说明:

1. 闭水试验法应按设计要求和试验方案进行。

2. 试验管段应按井距分隔,抽样选取,带井试验。

3. 排水管道闭水试验时,试验管段应符合下列规定:

(1)管道及检查井外观质量已验收合格;

(2)管道未回填土且沟槽内无积水;

(3)全部预留孔应封堵,不得渗水;

(4)管道两端堵板承载力经核算应大于水压力的合力;除预留进出水管外,应封堵坚固,不得渗水;

(5)顶管施工,其注浆孔封堵且管口按设计要求处理完毕,地下水位于管底以下。

4. 管道闭水试验应符合下列规定:

(1)试验段上游设计水头不超过管顶内壁时,试验水头应以试验段上游管顶内壁加2m计;

(2)试验段上游设计水头超过管顶内壁时,试验水头应以试验段上游设计水头加2m计;

(3)计算出的试验水头小于10m,但已超过上游检查井井口时,试验水头应以上游检查井井口高度为准;

(4)管道闭水试验应按GB 50268《给水排水管道工程施工及验收规范》附录D(闭水法试验)进行。

5. 管道闭水试验时，应进行外观检查，不得有漏水现象，且符合下列规定时，管道闭水试验为合格：

(1)实测渗水量小于或等于下表规定的允许渗水量；

(2)管道内径大于表规定时，实测渗水量应小于或等于按下式计算的允许渗水量；

$$q=1.25\sqrt{D_i}$$

(3)异型截面管道的允许渗水量可按周长折算为圆形管道计；

(4)化学建材管道的实测渗水量应小于或等于按下式计算的允许渗水量。

$$q=0.0045D_i$$

式中：q——允许渗水量[$m^3/(24h\cdot km)$]；

D_i——管道内径(mm)。

表　排水管道闭水试验允许渗水量

管材	管道内径 D_i(mm)	允许渗水量[$m^3/(24h\cdot km)$]
钢筋混凝土管	200	17.60
	300	21.62
	400	25.00
	500	27.95
	600	30.60
	700	33.00
	800	35.35
	900	37.50
	1000	39.52
	1100	41.45
	1200	43.30
	1300	45.00
	1400	46.70
	1500	48.40
	1600	50.00
	1700	51.50
	1800	53.00
	1900	54.48
	2000	55.90

6. 管道内径大于700mm时，可按管道井段数量抽样选取1/3进行试验；试验不合格时，抽样井段数量应在原抽样基础上加倍进行试验。

7. 不开槽施工的内径大于或等于1500mm钢筋混凝土管道，设计无要求且地下水位高于管道顶部时，可采用内渗法测渗水量；渗漏水量测方法按GB 50268《给水排水管道工程施工及验收规范》的规定进行，符合下列规定时，则管道抗渗性能满足要求，不必再进行闭水试验：

(1)管壁不得有线流、滴漏现象；

(2)对有水珠、渗水部位应进行抗渗处理；

(3)管道内渗水量允许值$q\leqslant 2[L/(m^2\cdot d)]$。

池体防水结构施工检查记录

渝市政竣-101

<table>
<tr><td>工程名称</td><td>重庆市×××水厂</td><td>单位(子单位)工程名称</td><td>×××水池工程</td></tr>
<tr><td>工程部位</td><td>×××水池</td><td>施工单位</td><td>重庆市×××工程公司</td></tr>
<tr><td colspan="4">检查项目及检查结果</td></tr>
<tr><td colspan="2">1. 防水材料的品种、规格、数量</td><td colspan="2">防水材料的品种、规格和数量符合规范要求。</td></tr>
<tr><td colspan="2">2. 防水层的敷设形式</td><td colspan="2">40厚C30UEA补偿收缩混凝土防水层，表面压光，混凝土内配4钢筋双向中距150。点粘一层350号石油沥青油毡。</td></tr>
<tr><td colspan="2">3. 防水层的敷设位置</td><td colspan="2">混凝土层上面。</td></tr>
<tr><td colspan="2">4. 防水材料的接缝形</td><td colspan="2">底涂料应选用与密封材料化学结构及极性相近的材料。</td></tr>
<tr><td colspan="2">5. 防水材料的接缝质量</td><td colspan="2">接缝的宽度和深度符合设计要求，界面干燥、无浮浆、无尘土。</td></tr>
<tr><td>检查结论</td><td colspan="3">符合规范和设计要求，合格。</td></tr>
<tr><td colspan="2">建设单位</td><td>监理单位</td><td>施工单位</td></tr>
<tr><td colspan="2">现场负责人:×××

2015年×月×日</td><td>监理工程师:×××
总监理工程师:×××

2015年×月×日</td><td>质检工程师:×××
技术负责人:×××
项目经理:×××
2015年×月×日</td></tr>
</table>

重庆市城市建设档案馆
重庆市建设工程质量监督总站 监制

说明:本表用于水池池体结构防水施工检查记录。

1. 防水材料质量保证资料齐全，每批的出厂质量合格证明书及各项检验报告应符合国家有关标准规定和设计要求。查产品合格证和出厂检验报告及进场复验报告。砂浆或混凝土强度及混凝土抗渗、抗冻性能应符合设计要求，检查砂浆抗压强度试验报告;混凝土抗压、抗渗、抗冻试块试验报告。

2. 水池基坑开挖前对水池尺寸、标高等测量放线，开挖到位后组织验槽，满足设计要求持力层后应及时封底。基层软硬不均匀须进行地基处理，防止不均匀沉降变形。

3. 水池外回填前应按设计要求做好池体周围的盲沟。回填应均匀进行，靠池体填料需严格控制料径，并采用人工或小型机具夯实，严禁使用大石块及采用大型机具压实。防止水池结构体不均匀沉降、位移及损坏。池顶回填应严格控制回填厚度，做好顶面防水，采用人工回填，防止堆载过于集中造成顶板破裂。

4. 水池的导流、消能、排气放空等设施应按计算要求施工，过水断面应满足设计要求。

5. 防水材料铺装前，基底必须坚实、平整，表面应干燥，无积水、浮浆、空鼓、严重开裂等现象;卷材防水层各层之间及基层之间应粘贴紧密、结合牢固，防水层表面平整;涂料防水层的厚度应符合设计要求，不得有漏涂处，最小厚度不应小于设计厚度80%。

6. 坑、池、储水库宜采用防水混凝土整体浇筑，内部应设防水层。受振动作用时应设柔性防水层;底板以下的坑、池，其局部底板应相应降低，并应使防水层保持连续。

7. 水池、顶板上部表面的防水、防渗等措施应符合设计要求。

8. 地下式水池满水试验合格后，方可进行防水层施工，并及时进行池壁外和池顶的土方回填施工。

水池满水试验记录

渝市政竣-102

工程名称	重庆市×××水厂		单位（子单位）工程名称		×××给水工程
池体编号	5#		施工单位		重庆市×××工程有限公司
结构类型 及平面尺寸	砖石结构 8.0×1.2	水池设计 水深（m）	4.2	试验日期	2015×年×月×日
允许渗水量 [L/(m²·24h)]	3.0	水面面积 A(m²)	128.0	湿润面积 A_2(m²)	128+48×4.2=329.6

测读记录	初 读	末 读	两次读数差
测读时间	2015年3月20日 16时20分	2015年3月21日 16时20分	24h
水池水位E(mm)	0	–5.80	5.8
蒸发水箱水位e(mm)	0	–2.50	2.5
大气温度(℃)	26	24	2
水温(℃)	17	16	1
实际渗水量	L / (m²·24h)		占允许量的百分比(%)
	$A_1[(E_1-E_2)(e_2-e_1)]$ / A_2–1.248		41.6
试验结论	满水试验合格。		

建设单位	监理单位	施工单位
现场负责人：××× 2015年×月×日	监理工程师：××× 总监理工程师：××× 2015年×月×日	质检工程师：××× 技术负责人：××× 项目经理：××× 2015年×月×日

重 庆 市 城 市 建 设 档 案 馆
重庆市建设工程质量监督总站 监制

说明：

1. 满水试验的准备应符合下列规定：

（1）选定洁净、充足的水源；注水和放水系统设施及安全措施准备完毕；

（2）有盖池体顶部的通气孔、人孔盖已安装完毕，必要的防护设施和照明等标志已配备齐全；

（3）安装水位观测标尺，标定水位测针；

（4）现场测定蒸发量的设备应选用不透水材料制成，试验时固定在水池中；

（5）对池体有观测沉降要求时，应选定观测点，并测量记录池体各观测点初始高程。

2. 池内注水应符合下列规定：

（1）向池内注水应分三次进行，每次注水为设计水深的1/3；对大、中型池体，可先注水至池壁底部施工缝以上，检查底板抗渗质量，无明显渗漏时，再继续注水至第一次注水深度；

（2）注水时水位上升速度不宜超过2m/d；相邻两次注水的间隔时间不应小于24h；

（3）每次注水应读24h的水位下降值，计算渗水量，在注水过程中和注水以后，应对池体作外观和沉降量检测；发现渗水量或沉降量过大时，应停止注水，待作出妥善处理后方可继续注水；

（4）设计有特殊要求时，应按设计要求执行。

3. 水位观测应符合下列规定：

（1）利用水位标尺测针观测、记录注水时的水位值；

(2)注水至设计水深进行渗水量测定时,应采用水位测针测定水位,水位测针的读数精确度应达0.1mm;

(3)注水至设计水深24h后,开始测读水位测针的初读数;

(4)测读水位的初读数与末读数之间的间隔时间应不少于24h;

(5)测定时间必须连续。测定的渗水量符合标准时,须连续测定两次以上;测定的渗水量超过允许标准,而以后的渗水量逐渐减少时,可继续延长观测;延长观测的时间应在渗水量符合标准时止。

4. 蒸发量测定应符合下列规定:

(1)池体有盖时蒸发量忽略不计;

(2)池体无盖时,必须进行蒸发量测定;

(3)每次测定水池中水位时,同时测定水箱中的水位。

5. 渗水量计算应符合下列规定:

水池渗水量按下式计算:

$$q=A_1/A_2[(E_1-E_2)-(e_1-e_2)]$$

式中:q——渗水量[L/(m²·d)];

A_1——水池的水面面积(m²);

A_2——水池的浸湿总面积(m²);

E_1——水池中水位测针的初读数(mm);

E_2——测读E_1后24h水池中水位测针的末读数(mm);

e_1——测读E_1时水箱中水位测针的读数(mm);

e_2——测读E_2时水箱中水位测针的读数(mm)。

6. 满水试验合格标准应符合下列规定:

(1)水池渗水量计算应按池壁(不含内隔墙)和池底的浸湿面积计算;

(2)钢筋混凝土结构水池渗水量不得超过2L/(m²·d);砌体结构水池渗水量不得超过3L/(m²·d)。

箱涵闭水试验记录

渝市政竣-103

工程名称	重庆市×××桥梁工程	单位(子单位)工程名称	箱涵顶进工程
试验部位	箱体	施工单位	广东×××桥梁工程公司
结构类型 断面尺寸	钢筋混凝土结构,断面尺寸:1.5×2.3	试验日期	2015年×月×日
测试井号	5#	测试长度l(m)	2.5
试验水头 (m)	1.3	浸湿周长l(mm)	26
湿周换算直径D(mm)	l / 3.14=8.28	允许渗水量 [L/(h·m)]	0.0095

渗水量测定记录	次数	观测起始时间T_1	观测结束时间T_9	恒压时间(min)	恒压时间前补入的水量W(L)	实测渗水量q [L / (min·m)]
	1	8:25	10:25	120	2.3L	0.00145
	2	13:50	15:50	120	2.3L	0.00145
	3					
	折合平均实测渗水量$q=W$ / (T·1)=0.0087L/(h·m)。					

测试示意图:	
试验结论	符合规范规定,评定合格。

建设单位	监理单位	施工单位
现场负责人:××× 2015年×月×日	监理工程师:××× 总监理工程师:××× 2015年×月×日	质检工程师:××× 技术负责人:××× 项目经理:××× 2015年×月×日

重庆市城市建设档案馆
重庆市建设工程质量监督总站 监制

说明:

1. 闭水试验的准备应符合下列规定:

(1)选定洁净、充足的水源;注水和放水系统设施及安全措施准备完毕;

(2)有盖池体顶部的通气孔、人孔盖已安装完毕,必要的防护设施和照明等标志已配备齐全;

(3)安装水位观测标尺,标定水位测针;

(4)对池体有观测沉降要求时,应选定观测点,并测量记录池体各观测点初始高程。

2. 箱池内注水应符合下列规定:

(1)向池内注水应分三次进行,每次注水为设计水深的1/3;对大、中型池体,可先注水至池壁底部施工缝以上,检查底板抗渗质量,无明显渗漏时,再继续注水至第一次注水深度;

(2)注水时水位上升速度不宜超过2m/d;相邻两次注水的间隔时间不应小于24h;

(3)每次注水应读24h的水位下降值,计算渗水量,在注水过程中和注水以后,应对池体做外观和沉降量检测;发现渗水量或沉降量过大时,应停止注水,待做出妥善处理后方可继续注水;

(4)设计有特殊要求时,应按设计要求执行。

3. 水位观测应符合下列规定:

(1)利用水位标尺测针观测、记录注水时的水位值;

（2）注水至设计水深进行渗水量测定时，应采用水位测针测定水位，水位测针的读数精确度应达0.1mm；

（3）注水至设计水深24h后，开始测读水位测针的初读数；

（4）测读水位的初读数与末读数之间的间隔时间应不少于24h；

（5）测定时间必须连续。测定的渗水量符合标准时，须连续测定两次以上；测定的渗水量超过允许标准，而以后的渗水量逐渐减少时，可继续延长观测；延长观测的时间应在渗水量符合标准时止。

污泥消化池气密性试验记录

渝市政竣-104

工程名称	重庆市×××水厂	单位(子单位)工程名称	×××工程
池体编号	5#	施工单位	重庆市×××工程公司
气室顶面直径(m)	8×16	试验日期	2015年×月×日14时
气室底面直径(m)	8×16	顶/底面面积(m^2)	128
充气高度(m)	4	气室体积(m^3)	512
测读时记录	初读数	末读数	两次读数差
测读时间	2015年×月×日14时	2015年×月×日14时	24h
池内气压P_d(Pa)	0	−5.8	5.8
大气压力P_a(Pa)	O	−2.5	2.5
池内气温t(℃)	17	16	1
池内水位E(mm)	0	−5.8	5.8
压力降ΔP(Pa)	$(P_{d1}+P_{a1})-(P_{d2}+P_{a2})\cdot(273+t_1)/(273+t_2)=8.33$		
压力降占试验压力百分比(%)	44.1%		
试验结论	符合规范要求,同意验收。		

建设单位	监理单位	施工单位
现场负责人:××× 2015年×月×日	监理工程师:××× 总监理工程师:××× 2015年×月×日	质检员:××× 技术负责人:××× 项目经理:××× 2015年×月×日

重庆市城市建设档案馆 重庆市建设工程质量监督总站 监制

说明:

1. 气密性试验应符合下列要求:

(1)需进行满水试验和气密性试验的池体,应在满水试验合格后,再进行气密性试验;

(2)工艺测温孔的加堵封闭、池顶盖板的封闭、安装测温仪、测压仪及充气截门等均已完成;

(3)所需的空气压缩机等设备已准备就绪。

2. 试验精确度应符合下列规定:

(1)测气压的U形管刻度精确至毫米水柱;

(2)测气温的温度计刻度精确至1℃;

(3)测量池外大气压力的大气压力计刻度精确至10Pa。

3. 测读气压应符合下列规定:

(1)测读池内气压值的初读数与末读数之间的间隔时间应不少于24h;

(2)每次测读池内气压的同时,测读池内气温和池外大气压力,并换算成同于池内气压的单位。

4. 池内气压降应按下式计算:

$$\Delta P=(P_{d1}+P_{a1})-(P_{d2}+P_{a2})\times(273+t_1)/(273+t_2)$$

式中:ΔP——池内气压降(Pa);

P_{d1}——池内气压初读数(Pa);

P_{d2}——池内气压末读数(Pa);

P_{a1}——测量 P_{d1} 时的相应大气压力(Pa)；

P_{a2}——测量 P_{d2} 时的相应大气压力(Pa)；

t_1——测量 P_{d1} 时的相应池内气温(℃)；

t_2——测量 P_{d2} 时的相应池内气温(℃)。

5. 气密性试验达到下列要求时，应判定为合格：

(1)试验压力宜为池体工作压力的1.5倍；

(2)24h的气压降不超过试验压力的20%。

——压力试验记录

渝市政竣-105

<table>
<tr><td>工程名称</td><td colspan="3">重庆市×××道路工程</td><td colspan="3">单位(子单位)工程名称</td><td colspan="3">管道及配件安装</td></tr>
<tr><td>试验部位</td><td colspan="4"></td><td colspan="2">施工单位</td><td colspan="3">重庆市×××安装工程公司</td></tr>
<tr><td>工作压力(MPa)</td><td colspan="3">0.5</td><td colspan="2">工作温度</td><td>31℃</td><td>试验日期</td><td colspan="2">2015年×月×日</td></tr>
<tr><td colspan="10">试验要求：
1. 强度试验：0.8 MPa；　2. 严密性试验：0.5 MPa；　3. ______试验：______MPa。</td></tr>
<tr><td colspan="10">试验记录：</td></tr>
<tr><td rowspan="2">管线或设备</td><td rowspan="2">试验名称</td><td rowspan="2">介质</td><td rowspan="2">试验压力(MPa)</td><td rowspan="2">试验起止时间</td><td rowspan="2">检查方法</td><td rowspan="2">试压情况</td><td rowspan="2">起止地点</td><td colspan="2">起止温度</td></tr>
<tr><td>环境温度</td><td>介质温度</td></tr>
<tr><td>钢制散热器6B</td><td>强度试验</td><td>水</td><td>0.9</td><td>9:30~9:35</td><td>观察压力检测表是否有下降</td><td>压力无下降</td><td></td><td></td><td></td></tr>
<tr><td>钢制散热器7B</td><td>强度试验</td><td>水</td><td>0.9</td><td>9:38~9:42</td><td>观察压力检测表是否有下降</td><td>压力无下降</td><td></td><td></td><td></td></tr>
<tr><td>钢制散热器8B</td><td>强度试验</td><td>水</td><td>0.9</td><td>9:45~9:50</td><td>观察压力检测表是否有下降</td><td>压力无下降</td><td></td><td></td><td></td></tr>
<tr><td></td><td></td><td></td><td></td><td></td><td></td><td></td><td></td><td></td><td></td></tr>
<tr><td>试验结论</td><td colspan="9">散热器符合设计和规范要求，合格。</td></tr>
<tr><td colspan="4">建设单位</td><td colspan="3">监理单位</td><td colspan="3">施工单位</td></tr>
<tr><td colspan="4">现场负责人:×××

2015年×月×日</td><td colspan="3">监理工程师:×××
总监理工程师:×××
2015年×月×日</td><td colspan="3">质检工程师:×××
技术负责人:×××
项目经理:×××
2015年×月×日</td></tr>
</table>

重庆市城市建设档案馆
重庆市建设工程质量监督总站　监制

说明：本表用于管道系统、密闭式水箱、锅炉及其附属设备等的水压试验(强度和严密性试验)。

1. "试验名称"：填写强度试验或严密性试验，如这两次试验是连续进行，可一行填写强度试验情况，下一行填写严密性试验情况；

2. "试验压力"：根据管道或系统类型不同及规范或设计要求，填写试验压力；

3. "试验起止时间"：填写具体试验时间，如几时几分至几时几分；

4. "检查方法"：填写观察压力表、外观检查等；

5. "试压情况"：填写无压降、压降未超出规范要求的实测值或无泄漏等。

饮用水系统消毒冲洗记录

渝市政竣-106

工程名称	重庆市×××道路工程		单位(子单位)工程名称		×××道路管道工程
系统名称	底区给水系统		施工单位		重庆市×××城建集团
工作介质	自来水		工作温度		20℃
管段	冲洗消毒情况				备注
	消毒介质	滞留时间(h)	冲洗介质	检查情况	
SL-1	按20~30mg/L含氯量加漂白粉配置的溶液	3	水	入口、出口水质无味,水色透明。	
SL-2	按20~30mg/L含氯量加漂白粉配置的溶液	3	水	入口、出口水质无味,水色透明。	
SL-3	按20~30mg/L含氯量加漂白粉配置的溶液	3	水	入口、出口水质无味,水色透明。	
SL-4	按20~30mg/L含氯量加漂白粉配置的溶液	3	水	入口、出口水质无味,水色透明。	
检查结论	低区给水系统消毒冲洗试验符合设计要求和验收规范的规定。水质经过水质部门检查合格。				

建设单位	监理单位	施工单位
现场负责人:×××	监理工程师:××× 总监理工程师:×××	质检工程师:××× 技术负责人:××× 项目经理:××
2015年×月×日	2015年×月×日	2015年×月×日

重庆市城市建设档案馆
重庆市建设工程质量监督总站 监制

说明:本表用于记录生活给水管道交用前进行消毒冲洗检查情况的水质检测结果。

1. 饮用水系统消毒一般是采用浓度为20~30mg/L的游离氯滞留系统24h,然后用饮用水冲洗。生活给水系统交付使用前应经有关部门取样检验,符合国家标准。

2. "检查结论"填写各项试验指标是否符合相关规范要求。

安全阀、减压阀高度检查记录

渝市政竣-107

工程名称	重庆市×××道路工程						单位(子单位)工程名称		×××道路管道工程			
检查部位	×××水阀						施工单位		重庆市×××市政工程公司			
管线号	阀门型号规格	设计要求					试验情况					
		介质	调整倍数	压力(MPa)			介质	启跳次数	压力(MPa)			
				阀前	阀后	启开			启跳	回座	阀前	阀后
GSL-1	Y110DN42	水	1/2	0.84	0.42		水				0.84	0.42
JL-1	QX20DN21	水	1/2	0.66	0.33		水				0.66	0.33
JL-2	QX20DN23	水	1/2	0.66	0.33		水				0.66	0.33
GSL-2	Y110DN36	水				0.84	水		0.84	0.82		
XL-1	ZYl1DN36	水				0.85	水		0.85	0.82		
检查结论	经减压阀后支管所有配水点出口压力稳定、符合设计要求和相关规范规定,合格。											
建设单位				监理单位					施工单位			
现场负责人:××× 2015年×月×日				监理工程师:××× 总监理工程师:×× 2015年×月×日					质检工程师:××× 技术负责人:××× 项目经理:××× 2015年×月×日			

重庆市城市建设档案馆
重庆市建设工程质量监督总站 监制

说明:本表用于填写各种安全阀和减压阀的调试检查记录。

1.“管线号”:填写阀门安装位置的管路编号,可按设计图说上的编号填写;

2.“设计要求”:安全阀的调试主要填写启开压力,减压阀的调试主要填写调整倍数、阀前、阀后压力;

3.“试验情况”:安全阀的调试主要填写启跳、回座压力,减压阀的调试主要填写阀前、阀后压力;

4.“检查结论”:对比设计要求和试验情况,如安全阀的回座压差、减压阀的阀前、阀后压力等情况,填写是否符合要求。

单机试车条件检查记录(通用表)

渝市政竣-108

<table>
<tr><td>工程名称</td><td colspan="3">重庆市×××道路工程</td><td colspan="2">单位(子单位)工程名称</td><td colspan="2">×××路基工程</td></tr>
<tr><td>设备名称</td><td colspan="3">水泵</td><td colspan="2">施工单位</td><td colspan="2">重庆市×××市政工程公司</td></tr>
<tr><td>设备型号规格</td><td colspan="3">XBD1.7 / 10-W65</td><td colspan="2">设备转速</td><td colspan="2">2900r / min</td></tr>
<tr><td>驱动机名称</td><td colspan="3">Y-132S</td><td colspan="2">驱动机型号规格</td><td colspan="2">Y90S-2</td></tr>
<tr><td>驱动机功率</td><td colspan="3">11kW</td><td colspan="2">驱动机转速</td><td colspan="2">2900r/min</td></tr>
<tr><td>额定电流</td><td colspan="3">4A</td><td colspan="2">电(汽)压</td><td colspan="2">380V</td></tr>
<tr><td rowspan="14">试车条件检查</td><td colspan="2">驱动机</td><td colspan="5">运转良好,符合说明书规定。</td></tr>
<tr><td colspan="2">设备本体</td><td colspan="5">设备本身良好,无损伤现象。</td></tr>
<tr><td colspan="2">动力系统</td><td colspan="5">动力系统运转良好,无异常现象。</td></tr>
<tr><td colspan="2">冷却系统</td><td colspan="5">设备完好,符合合格证规定。</td></tr>
<tr><td colspan="2">系统油冲洗或油压试验</td><td colspan="5">系统油冲洗和油压符合设计规定。</td></tr>
<tr><td colspan="2"></td><td colspan="5"></td></tr>
<tr><td rowspan="8">注入润滑油和循环油</td><td>部位</td><td>名称标号</td><td colspan="2">合格证号</td><td>注入数量(kg)</td><td>注入日期</td></tr>
<tr><td>轴承</td><td>D2</td><td colspan="2">DX201001</td><td>0.6</td><td>2015年×月×日</td></tr>
<tr><td>油室</td><td>X12</td><td colspan="2">FH250131</td><td>10</td><td>2015年×月×日</td></tr>
<tr><td></td><td></td><td colspan="2"></td><td></td><td></td></tr>
<tr><td></td><td></td><td colspan="2"></td><td></td><td></td></tr>
<tr><td></td><td></td><td colspan="2"></td><td></td><td></td></tr>
<tr><td></td><td></td><td colspan="2"></td><td></td><td></td></tr>
<tr><td></td><td></td><td colspan="2"></td><td></td><td></td></tr>
<tr><td>检查结论</td><td colspan="7">符合规范要求及评定标准规定。</td></tr>
<tr><td colspan="2">建设单位</td><td colspan="3">监理单位</td><td colspan="3">施工单位</td></tr>
<tr><td colspan="2">现场负责人:×××

2015年×月×日</td><td colspan="3">监理工程师:×××
总监理工程师:×××

2015年×月×日</td><td colspan="3">质检工程师:×××
技术负责人:×××
项目经理:×××
2015年×月×日</td></tr>
</table>

重庆市城市建设档案馆
重庆市建设工程质量监督总站 监制

说明:本表用于建筑设备单机试运转前的条件检查。

1.“驱动机”:填写驱动机是否已经按技术文件和规范要求单机运转合格。

2.“设备本体”:填写设备本体是否已经按技术文件和规范要求检查、调整达到运转条件。

3.“动力系统”:填写供应驱动力机动力源(电源、汽、气源)系统能否保证正常供应动力源。

4.“冷却系统”:填写供应设备运转时的冷却源(水、气)系统能否保证正常供应冷却源。

5.“系统油冲洗或油压试验”:填写设备油路系统是否已按规范要求冲洗并已作油压试验。

6.“注入润滑油和循环油”:填写按技术文件要求对需要注油的部位注入技术文件指定品质和数量的油。

7.“检查结论”:填写是否符合相关规范和设计要求,验收是否合格等。

电动机试运转检查记录

渝市政竣-109

工程名称	重庆市×××道路工程					单位(子单位)工程名称					×××土石方工程			
检查部位	电动机					施工单位					重庆市×××工程公司			
序号	电机编号检查项目		201001			201002			201003					
1	机械名称		三相异步电动机			三相异步电动机			三相异步电动机					
2	铭牌	型号	YLGW72 / 1			YLGW82 / 3			YLGW76 / 2					
		额定容量(kW)	10			12			15					
		额定电压(V)	380			380			380					
		额定电流(A)	19.8			23.2			24.5					
		额定转速(r/min)	1440			2000			2400					
3	定子绕组绝缘电阻(MΩ)													
4	转子绕组绝缘电阻(MΩ)													
5	主回路绝缘电阻(MΩ)													
6	供电电压(V)		380			380			380					
7	空载电流(A)		A	B	C	A	B	C	A	B	C	A	B	C
			20	19	18	15	13	16	13	11	12			
8	负载电流(A)													
9	保护装置整定值(A)		25			40			22					
10	电机温度(℃)		25			26			28					
11	室内温度(℃)		20			20			20					
12	开机试运时间(h)		1			1			1					
13	机体接地线规格													
14	试运转情况		良好			良好			良好					
检查结论	符合设计要求和规范规定,验收合格。													

建设单位	监理单位	施工单位
现场负责人:×××	监理工程师:××× 总监理工程师:×××	质检工程师:××× 技术负责人:××× 项目经理:×××
2015年×月×日	2015年×月×日	2015年×月×日

重庆市城市建设档案馆
重庆市建设工程质量监督总站 监制

说明:本表用于市政公用工程及附属设施范围内的电动机试运转检查记录。

1."电机编号":填写试运转电机的铭牌编号。

2."机械名称":填写该电机所配套的机械的名称。

3."铭牌":填写试运转电机的铭牌上的参数。

4."定子绕组绝缘电阻"、"转子绕组绝缘电阻":填写试运转电机的电阻。

5."主回路绝缘电阻":填写配电柜(盘)至试运转电机的回路绝缘电阻。

6."空载电流":填写试运转电机带负荷运转时的各相电流。

7.“负载电流”:填写试运转电机带负荷运转时的各相电流。

8.“电机温度”:填写试运转电机试运转时的机身及轴承温度。

9.“室内温度”:填写试运转电机试运转时所在的室内温度。

10.“开机试运时间”:填写试运转电机的实际试运转时间。

11.“机体接地线规格”:填写连接机体与接地干线导体的截面大小。

12.“试运转情况”:填写合格与否。

13.“检查结论”:电动机相关性能指标是否符合设计要求和相关规范规定。

接地电阻测试记录

渝市政竣-110

工程名称	重庆市×××电源厂电气工程		施工合同编号	CQ-201507	
单位(子单位)工程名称	×××电气安装工程		施工单位	重庆市×××安装集团有限公司	
分部(子分部)工程名称	×××防雷接地安装	仪表型号	RGD310-8	引线型式	三线制
接地种类及材质	规定阻值(Ω)	实测阻值(Ω)	实测日期	测定前三天内气象情况	测试结果(Ω)
人工接地,扁钢	不大于10	8	2015年×月×日	晴	8
人工接地,扁钢	不大于10	10	2015年×月×日	晴	8

测点位置图:

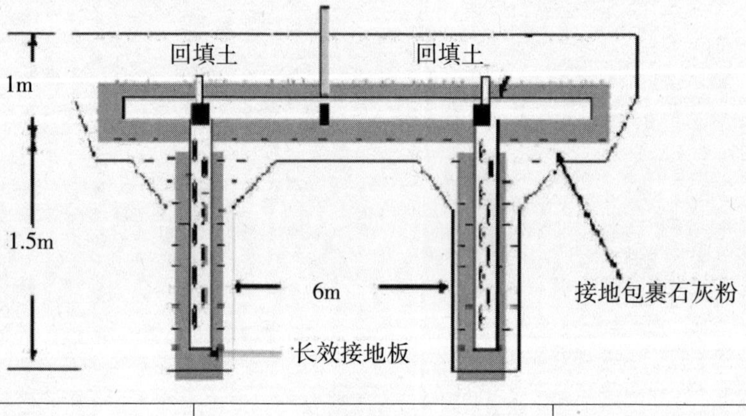

建设单位	监理单位	施工单位
建设单位代表:××× 2015年×月×日	监理工程师:××× 总监理工程师:××× 2015年×月×日	质检工程师:××× 技术负责人:××× 项目经理:××× 2015年×月×日

重庆市城市建设档案馆
重庆市建设工程质量监督总站 监制

说明:本表用于防雷系统及其他系统的接地装置的安装隐蔽记录和接地电阻测试记录。

1."接地种类及材质":填写基础接地桩中用作防雷主筋选用的材质及种类。

2."引线型式":填写防雷接闪器(避雷针、避雷带、避雷网、避雷线)与防雷引下线的连接方式。

3."规定阻值":指接地电阻的设计值,"实测阻值":指接地电阻实际测量值。

4."测点位置":画出示意图,可以对测试点、引下线在此图上进行编号和说明。

管道补偿器安装检查记录

渝市政竣-111

工程名称	重庆市×××燃气工程			单位(子单位)工程名称		×××管道埋设工程	
检查部位	×××号管道			施工单位		重庆市×××燃气工程公司	
管线号	MSC01-03	管道材质	PVC	管内介质		工作温度(℃)	12

编号	管道补偿器名称	型号、规格	设计固定支架位置	设计压力(MPa)	安装时环境温度(℃)	安装预拉、压量	
						设计值	实测值
1	波形补偿器	16SGCMP200	阀门支座旁	0.6	12	3.8mm	4.6mm
2	波形补偿器	16SGCMP200-F	×××	0.6	12	4.2mm	4.8mm

检查结论	补偿器安装符合设计要求，合格。

建设单位	监理单位	施工单位
现场负责人:××× 2015年×月×日	监理工程师:××× 总监理工程师:××× 2015年×月×日	质检工程师:××× 技术负责人:××× 项目经理:××× 2015年×月×日

重庆市城市建设档案馆
重庆市建设工程质量监督总站 监制

说明:本表用于填写各种管道补偿器安装检查记录。

1."管道补偿器名称":一般有自然补偿器(L形、Z形)、方形和Ω形补偿器、波形和波纹管补偿器、套筒形补偿器、球形补偿器、鼓形补偿器等;

2."型号、规格":填写所选择补偿器的型号及其规格;

3."设计固定支架位置":填写固定支架设置位置与补偿器的距离及方向(进水或出水方向);

4."安装预拉、压量":设计值和实测值的预拉量数值填写为正值,预压量数值填写为负值;

5."检查结论":填写是否符合相关规范和设计要求,验收是否合格等。

管道防腐施工检查记录

渝市政竣-112

工程名称		重庆市×××路燃气工程				单位(子单位)工程名称	×××路燃气管道埋设工程			
检查部位		×××号燃气管道				施工单位	重庆市×××建筑工程公司			
管线号	规格	数量(m)	防腐要求	设计厚度(mm)	实测厚度(mm)	电火花耐压试验(V)	底层		面层	
							材料名称	层数	材料名称	层数
ZLG-1	DNl00	260	加强防腐层	6	6.5	经电火花检漏仪2kV电压，无打火花现象	冷底子油，卷材防水	5	牛皮纸	2
GSL-1	DN80	300	加强防腐层	6	6.2	经电火花检漏仪2kV电压，无打火花现象	冷底子油，卷材防水	5	牛皮纸	2
检查结论	联轴器同心度轴向倾斜联轴器同心度径向位移。									
建设单位				监理单位			施工单位			
现场负责人:××× 2015年×月×日				监理工程师:××× 总监理工程师:××× 2015年×月×日			质检工程师:××× 技术负责人:××× 项目经理:××× 2015年×月×日			

重庆市城市建设档案馆
重庆市建设工程质量监督总站 监制

说明:本表用于填写金属管道的防腐检查和测试记录。

1."数量":填写所检查管道的实际长度;

2.其他栏按照设计要求与实际施工情况填写。防腐外观检查:涂层均匀平整,玻璃纤维布无褶皱,不露网,没气泡,内外涂层饱满;厚度检查,探针测量;

3."电火花耐压试验":填写试验电压以及结果。用直流电火花检漏仪,以2.5kV电压检测防腐层的完整、均匀性,以不发生火花为合格,对特殊防腐层应用5kV电压检查,若发现针孔现象应及时补涂。

设备安装、清洗、调整、精校记录（通用表）

渝市政竣-113

<table>
<tr><td>工程名称</td><td colspan="2">重庆市×××市政道路工程</td><td colspan="2">单位（子单位）工程名称</td><td colspan="2">×××道路排水工程</td></tr>
<tr><td>设备名称及编号</td><td colspan="2">水泵，设备-5</td><td colspan="2">施工单位</td><td colspan="2">重庆×××建筑工程有限公司</td></tr>
<tr><td>序号</td><td colspan="2">检查项目</td><td colspan="2">技术标准</td><td colspan="2">检查情况</td></tr>
<tr><td>1</td><td colspan="2">水泵基础</td><td colspan="2">混凝土强度、标高、标高、尺寸和螺栓孔位置符合设计要求</td><td colspan="2">符合技术标准</td></tr>
<tr><td>2</td><td colspan="2">水泵试运行轴承升温</td><td colspan="2">符合设备说明书规定</td><td colspan="2">符合设备规定</td></tr>
<tr><td>3</td><td colspan="2">立式水泵减振装置</td><td colspan="2">不采用弹簧减振器</td><td colspan="2">符合装置要求</td></tr>
<tr><td>4</td><td colspan="2">立式水泵垂直度（每m）</td><td colspan="2">≤0.1mm</td><td colspan="2">0.08mm</td></tr>
<tr><td>5</td><td colspan="2">联轴器同心度轴向倾斜</td><td colspan="2">≤0.1mm</td><td colspan="2">0.05mm</td></tr>
<tr><td>6</td><td colspan="2">倾斜联轴器同心度径向位移</td><td colspan="2">≤0.1mm</td><td colspan="2">0.06mm</td></tr>
<tr><td>7</td><td colspan="2"></td><td colspan="2"></td><td colspan="2"></td></tr>
<tr><td>8</td><td colspan="2"></td><td colspan="2"></td><td colspan="2"></td></tr>
<tr><td>9</td><td colspan="2"></td><td colspan="2"></td><td colspan="2"></td></tr>
<tr><td>10</td><td colspan="2"></td><td colspan="2"></td><td colspan="2"></td></tr>
<tr><td>简图及说明</td><td colspan="6">1. 图中尺寸根据设计选定产品确定。 2. 水泵底脚螺栓焊埋于钢筋混凝土中。
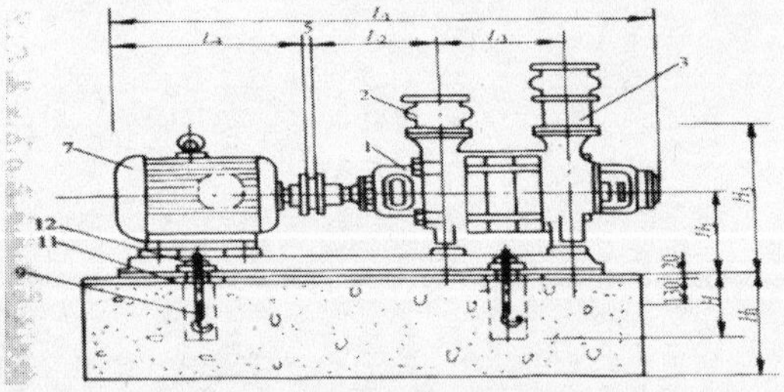</td></tr>
<tr><td>检查结论</td><td colspan="6">符合设计要求和《建筑给排水及采暖工程施工质量验收规范》的规定。</td></tr>
<tr><td colspan="2">建设单位</td><td colspan="3">监理单位</td><td colspan="2">施工单位</td></tr>
<tr><td colspan="2">现场负责人：×××

2015年×月×日</td><td colspan="3">监理工程师：×××
总监理工程师：×××

2015年×月×日</td><td colspan="2">质检工程师：×××
技术负责人：×××
项目经理：×××
2015年×月×日</td></tr>
</table>

重庆市城市建设档案馆
重庆市建设工程质量监督总站 监制

说明：本表用于建筑设备安装、清洗、调整、精校质量检查记录。

1.“检查项目”：填写根据设计文件及规范要求确定的项目及其技术标准和检查情况。

2.“简图及说明”：可绘制安装设备、精校部位的平、立面示意图及必要的说明。

3.“检查结论”：填写是否符合相关规范和设计要求。

设备单机试运转记录(通用表)

渝市政竣-114

工程名称	×××市政道路工程	单位(子单位)工程名称	×××工程
设备名称及编号	水泵-5	施工单位	重庆市×××工程有限公司

序号	检查项目	起停时间	检测记录
1	电气部分	9:00—21:00	实测电压值385A;实测电流值:20.8A,20.2A,20.8A,电动机绝缘电阻值经实测符合要求。
2	传动装置	9:00—21:00	符合设备技术文件规定。
3	调节控制系统	9:00—21:00	调节灵敏,符合要求。
4	润滑系统	9:00—21:00	符合设备技术文件规定。
5	冷却系统	9:00—21:00	冷却系统符合要求。
6	油压系统	9:00—21:00	油压符合要求。
7	减振系统	9:00—21:00	减振装置工作正常,无异常振动。
8	温度记录	9:00—21:00	符合规范要求。
9	噪声测试	9:00—21:00	72dB(A)。
10	安全防护措施	9:00—21:00	符合设备技术文件规定。
备注	水泵试运转先做电机单机试运转,核实电机的旋转方向,转向正确后再进行联结。联结轴器实测间隙、轴向倾斜、径向位移要求。阀门启闭灵活,工作正常。		
试车结论	对水泵进行连续12小时单机运转,结果运转正常、稳定,各项指标均符合设计及规范规定。		

建设单位	监理单位	施工单位
现场负责人:××× 2015年×月×日	监理工程师:××× 总监理工程师:××× 2015年×月×日	质检工程师:××× 技术负责人:××× 项目经理:××× 2015年×月×日

重庆市城市建设档案馆
重庆市建设工程质量监督总站 监制

说明:本表用于设备单机试运转。

1."电气部分":填写向试运转设备供电的电气系统在设备试运转过程中是否正常,有无报警跳闸等异常情况,并测试三相电流及电压。

2."传动装置":填写设备的传动装置在设备试运转过程中是否正常,有无异常情况。

3."调节控制系统":填写与试运转设备相配套的调节控制系统。在设备试运转过程中是否正常,有无异常情况。

4."润滑系统":填写试运转设备本身的润滑系统,在设备试运转过程中是否正常,有无异常情况。

5."冷却系统":填写试运转设备本身的冷却系统,在设备试运转过程中是否正常,有无异常情况。

6."油压系统":填写试运转设备的油路系统的油压在设备试运转过程中是否正常,有无异常。

7."减振系统":填写试运转设备配套的减振系统,在设备试运转过程中是否正常,有无异常情况。

8."温度记录":填写设备试运转过程中,按技术文件或规范要求,需要对某些特定部分进行温度检测时所作的温度(包括设备试运转当日的室内外温度)记录。

9."噪声测试":填写设备试运转过程中,按技术文件或规范要求,对噪声的测试。

10."安全防护措施":填写与设备试运转有关的安全防护措施是否完善,是否保证设备试运转正常进行。

11."试车结论":填写在设备试运转完成后,对照技术文件及规范要求的指标,对试运转情况下一个符合要求与否的结论。如试运转达不到技术文件及规范要求,应整改后进行两次试运转。

电气配管隐蔽检查记录

渝市政竣-115

工程名称	重庆××道路路灯安装工程	单位(子单位)工程名称	×××线缆埋设工程
检查部位	×××管线	施工单位	重庆市×××安装工程有限公司

回路层段编号	导管材质	导管型号及规格	长度(m)	导管敷设情况			
				弯曲半径(mm)	接头处理	跨接及接地处理	保护层厚度及防腐
二层Ⅰ段DP-1	镀锌钢管	SC25	65	150	焊接	Φ6钢筋焊接	15mm,镀锌
二层Ⅰ段DP-2	镀锌钢管	SC25	65	150	焊接	Φ6钢筋焊接	15mm,镀锌
二层Ⅱ段DP-1	塑料管	PC20	70	120	粘接		15mm,刷漆
二层Ⅱ段DP-2	塑料管	PC20	70	120	粘接		15mm,刷漆

说明及简图

线导管随土建支模绑扎钢筋,预埋于混凝土板内,线管在土建地扳筋的上层埋于混凝土板内,塑料管为粘结连接,镀锌钢导管为丝接,钢管已按规范要求用铜线做卡接跨接地线,接地可靠,走向全部按图施工。

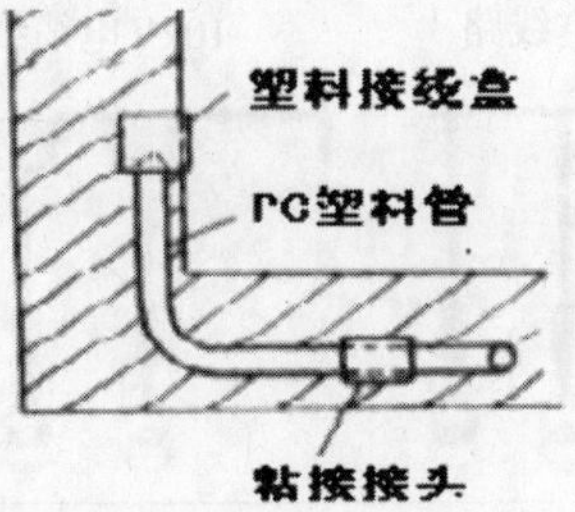

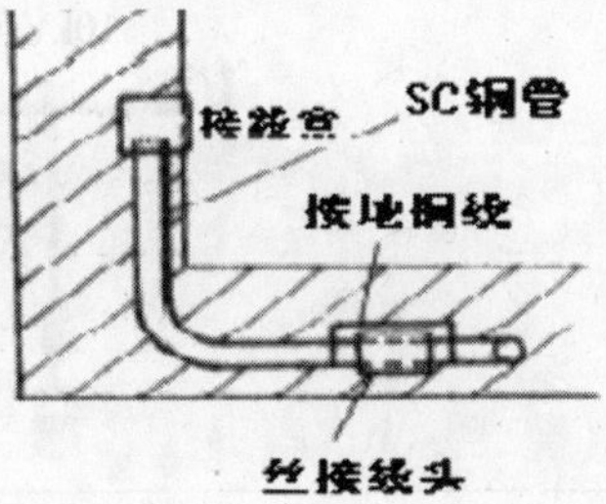

检查结论	符合规范和设计要求,验收合格。

建设单位	监理单位	施工单位
现场负责人:××× 2015年×月×日	监理工程师:××× 总监理工程师:××× 2015年×月×日	质检工程师:××× 技术负责人:××× 项目经理:××× 2015年×月×日

重庆市城市建设档案馆
重庆市建设工程质量监督总站　监制

说明:本表用于市政公用工程预埋电气管线隐蔽检查记录。

1.“弯曲半径”:填写管道弯曲半径;

2.“接头处理”:填写管道接头的形式,如承插粘接、螺纹缝接、扣压连接、套管焊接等;

3.“跨接及接地处理”:填写金属管道的跨接处理情况;

4.“保护层厚度及防腐”:填写暗埋管道与外表面的距离,需要防腐处理的填写防腐处理情况;

5.“说明及简图”:可画出管线敷设平面位置示意图,并对不能图示的部分加以说明;

6.“检查结论”:填写是否符合相关规范和设计要求,验收是否合格等。

电气配线隐蔽检查记录

渝市政竣-116

工程名称	重庆××道路路灯安装工程	单位(子单位)工程名称	×××路灯工程	
检查部位	×××路灯线缆	施工单位	重庆××机电安装工程有限公司	
回路层段编号	配线型号规格及导管规格	长度(m)	配线敷设情况	
			接头处理	相序及绝缘层颜色
二层DP-1	ZRBV6mm² PC25	4	绑扎并涮锡	相序正确,颜色合格
二层DP-2	ZRBV6mm² PC25	4	绑扎并涮锡	相序正确,颜色合格
三层DP-1	ZRBV4mm² PC20	4	绑扎并涮锡	绝缘层颜色符合要求
三层DP-2	ZRBV4mm² PC20	4	绑扎并涮锡	绝缘层颜色符合要求
说明及简图	供电可靠性稍低于双回路放射式,投资较省,一般用于二、三级负荷。当供电可靠时,也可用于一级负荷。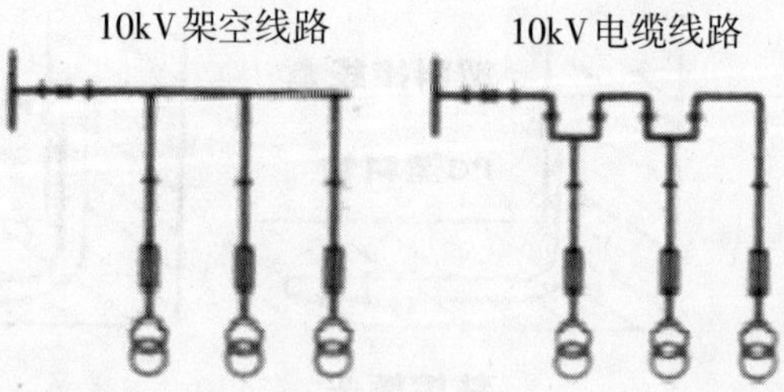			
检查结论	符合规范和设计要求,验收合格。			

建设单位	监理单位	施工单位
现场负责人:×××	监理工程师:××× 总监理工程师:×××	质检工程师:××× 技术负责人:××× 项目经理:×××
2015年×月×日	2015年×月×日	2015年×月×日

重庆市城市建设档案馆
重庆市建设工程质量监督总站　监制

说明:本表用于城镇道路工程暗埋电气管道穿线隐蔽检查记录。

1.“接头处理”:填写导线接头的形式,如压线帽压接、绕接后涮锡、端子板连接等;

2.“相序及绝缘层颜色”:填写导线按相分色检查情况或对相序和导线颜色对应情况进行说明;

3.“说明及简图”:可画出管线敷设平面位置示意图,并对不能图示的部分加以说明;

4.“检查结论”:填写是否符合相关规范和设计要求,验收是否合格等。

电缆敷设施工检查记录

渝市政竣-117

工程名称	重庆××区××立交桥工程		单位(子单位)工程名称	×××立交桥线缆敷设工程	
检查部位	×××号路灯		施工单位	重庆××城建集团×分公司	
电缆编号	电缆型号及规格	全长(m)	敷设方法	中间接头个数	起点—终点
DL-1	聚氯乙烯绝缘电力电缆 VV22-3×185+2×95	25	直埋	3	×××
DL-2	聚氯乙烯绝缘电力电缆 VV22-3×185+2×95	30	预埋	4	×××
DL-3	聚氯乙烯绝缘电力电缆 VV22-3×185+2×95	25	直埋	2	×××

序号	检查项目	检查情况			
1	电缆外观检查	电缆外观完好无损，铠装无锈蚀，无机械损伤，无明显褶皱扭曲现象。			
2	敷设标高(m)	-0.85			
3	电缆备用长度(m)	20			
4	并列敷设根数及间距	根数	5	间距	200mm
5	砂土层厚度	沟底	100mm	上盖	200mm
6	防护盖板	混凝土盖板，符合要求。			
7	支架安装	/			
8	支架防腐	/			
9	标桩形式	标桩采用C15钢筋混凝土制作，并且标有“下有电缆”字样，标桩露地面15cm。			
10	其他	直埋电缆敷设的弯曲半径符合规范要求及电缆本身要求。			
检查结论	符合规范和设计要求，验收合格。				

建设单位	监理单位	施工单位
现场负责人：××× 2015年×月×日	监理工程师：××× 总监理工程师：××× 2015年×月×日	质检工程师：××× 技术负责人：××× 项目经理：××× 2015年×月×日

重庆市城市建设档案馆
重庆市建设工程质量监督总站 监制

说明：本表用于电缆在井道内、电缆沟内或直埋敷设时的施工检查记录。

1. 井道内敷设时，检查项目可填写1,3,4,7,8,10项的内容；电缆沟内敷设时，检查项目可填写1~4、6~8、10项的内容；直埋敷设时，检查项目可填写1~10项的内容。

2. “检查结论”：填写是否符合相关规范和设计要求，验收是否合格等。

桥架安装检查记录

渝市政竣-118

<table>
<tr><td>工程名称</td><td>重庆××区××立交桥工程</td><td>单位(子单位)工程名称</td><td>×××桥梁工程</td></tr>
<tr><td>检查部位</td><td>地下电缆桥架</td><td>施工单位</td><td>重庆市×××市政有限公司</td></tr>
<tr><td colspan="2">桥架及其支架的接地、接零情况</td><td colspan="2">镀锌制品的桥架搭接处用螺母、平垫、弹簧垫紧固后可下作跨接地线。</td></tr>
<tr><td colspan="2">跨建筑物变形缝及变向处安装情况</td><td colspan="2">桥架在建筑变形缝处要做跨接地线,跨接地线要留有余量,跨接地线截面。</td></tr>
<tr><td>示意图及简要说明</td><td colspan="3">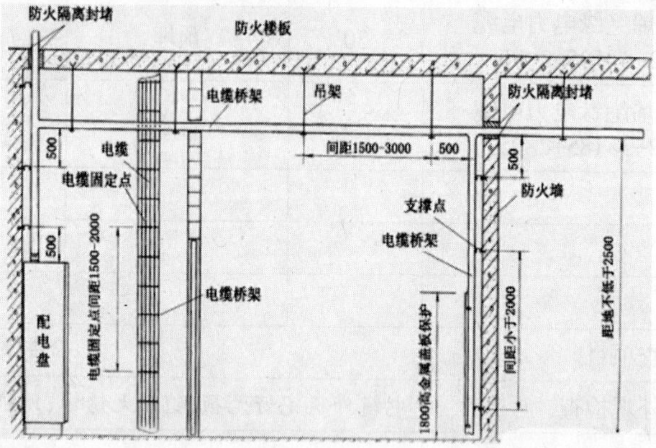
</td></tr>
<tr><td>检查结论</td><td colspan="3">桥架安装的各检查点符合设计及验收规范,合格。</td></tr>
</table>

建设单位	监理单位	施工单位
现场负责人:××× 2015年×月×日	监理工程师:××× 总监理工程师:××× 2015年×月×日	质检工程师:××× 技术负责人:×××× 项目经理:××× 2015年×月×日

重庆市城市建设档案馆
重庆市建设工程质量监督总站 监制

说明:

1. 电缆桥架水平敷设时距地面的高度一般不低于2.5m,垂直敷设时距地1.8m以下部分应加金属盖板保护,但敷设在电气专用房间内除外。电缆桥架水平敷设在设备夹层或上人马道上低于2.5m,应采取保护接地措施。

2. 电缆桥架安装时应做到安装牢固,横平竖直,沿电缆桥架水平走向的支吊架左右偏差应不大于10mm,其高低偏差不大于5mm。

3. 当钢制电缆桥架直线长度超过30m,铝合金电缆桥架超过15m时,或当电缆桥架经过建筑伸缩(沉降)缝时应留有20~30mm补偿余量,其连接宜采用伸缩连接板。

成套开关柜(盘)安装检查记录

渝市政竣-119

工程名称	重庆××街道道路工程			单位(子单位)工程名称		重庆××城建集团××机电工程安装有限公司	
柜(盘)名称	开关柜			制造厂		重庆××电力设备厂	
序号	型号	编号	数量	序号	型号	编号	数量
1	APK-5	002612A	8	3	GGlA-(F)	002614A	6
2	ALK-12	002613A	4	4	XGN-12	002615A	2
外观检查	有铭牌,外观无损伤及变形,油漆完整,色泽一致。						
基础型钢安装	型钢尺寸按设计要求,预先调直、除锈、刷防锈漆。按施工图纸所标位置将型钢焊牢在基础预埋铁上,用水准仪纠偏、校正。基础型钢与接地母线连接。						
成列柜(盘)顶部水平度	允许偏差(mm)	实测偏差(mm)		成列盘面不平度	允许偏差(mm)	实测偏差(mm)	
	≤5	共测x点,最小值2,最大值3。			≤3	共测x点,最小值1,最大值3。	
垂直度	允许偏差(mm)	实测偏差(mm)		盘间接缝	允许偏差(mm)	实测偏差(mm)	
	≤4	共测x点,最小值1,最大值3。			≤6	共测x点,最小值2,最大值4。	
手车情况	灵活	符合要求。	闭锁	准确可靠。	照明	符合要求。	
柜座接地	每台柜单独与接地母线连接。柜主体有可靠、明显的接地装置,装有电器的可开启柜门用裸铜软导线与接地金属构件作可靠连接。						
排列简图	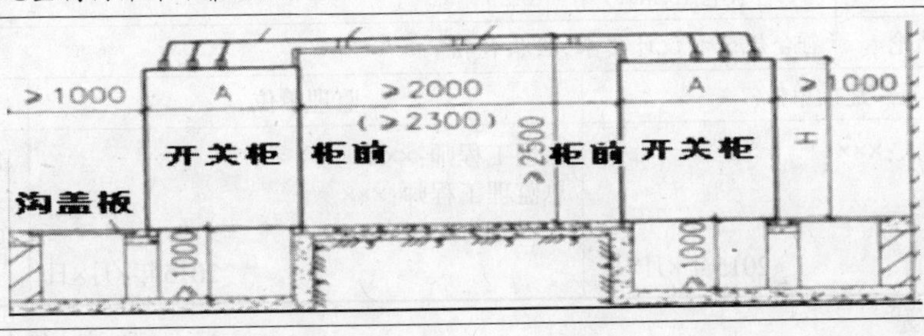						
检查结论	符合设计要求和验收规范规定,评定合格。						
建设单位		监理单位			施工单位		
现场负责人:××× 2015年×月×日		监理工程师:××× 总监理工程师:××× 2015年×月×日			质检工程师:××× 技术负责人:××× 项目经理:××× 2015年×月×日		

重庆市城市建设档案馆
重庆市建设工程质量监督总站 监制

说明:本表用于市政公用工程及附属设施范围内的成套开关柜(盘)安装检查质量记录。

1."序号":填写排列序号,也可为设计位号。

2."型号"、"编号":填写其铭牌标定的型号、编号。

3."基础型钢安装":填写型钢安装的垂直度、水平度、不平行度是否超过允许偏差。

4."成列柜(盘)顶部水平度"、"成列盘面不平度"、"垂直度"、"盘间接缝":填写规范值及实测值。

5."手车情况":填写其推拉是否灵活:闭锁装置动作是否准确、可靠;信号照明显示是否准确。

6."柜座接地":填写柜(盘)与基础型钢接地连接必须牢靠。

7."排列简图":绘制排列平面图,并注明位号。

变压器安装检查记录

渝市政竣-120

工程名称	重庆××区××路道路工程		单位(子单位)工程名称		重庆市政×公司××分公司
设备型号	SCB-630110	额定容量	630 kVA	相数	三相
额定电压	1000V	额定电流	36.4A	频率	50Hz
序号	检查项目		安装检查情况		
1	外观检查	合格证件	合格证齐全。		
		技术文件	技术文件齐全有效。		
		核对部件	各部件符号设计要求。		
2	变压器组装	本体就位	符合设计规范要求。		
		散热器安装	散热器安装完成且合格。		
		储油柜安装	储油柜安装完成且合格。		
		密封垫材质	材质符合规范要求。		
		绝缘套管	符合规范要求。		
		气体继电器	气体继电器符合要求。		
		温度计	温度计合格。		
		风扇电动机	风扇电动机符合规范要求。		
		箱体接地	符合规范要求。		
		绝缘电阻(MΩ)	0.25。		
检查结论	符合规范和设计要求,验收合格。				
建设单位		监理单位		施工单位	
现场负责人:××× 2015年×月×日		监理工程师:××× 总监理工程师:××× 2015年×月×日		质检工程师:××× 技术负责人:××× 项目经理:××× 2015年×月×日	

重庆市城市建设档案馆
重庆市建设工程质量监督总站 监制

说明:本表用于市政工程及附属设施范围内的变压器安装质量检查记录。

1."外观检查":"合格证件"指变压器的合格证;"技术文件"指其随带技术文件、出厂试验记录;"核对部件"指对照技术文件检查其某些部件铭牌标定值是否相符。

2."变压器组装":"本体就位"指变压器本体落位是否符合要求,需固定等是否已固定等;"散热器安装"、"储油柜安装"指其安装集团、标高、固定等是否符合设计及规范要求;"密封垫材质"指油路系统连接接头处的密封垫材质;"绝缘套管"指其外观是否完好无损;"气体继电器"主要检查变压器顶盖是否沿气体继电器的气流方向有1.0%~1.5%的升高坡度;"温度计"系指其是否准确;"风扇电动机"主要检查其旋转方向是否正确;"箱体接地"主要检查接地是否连接可靠,紧固件及防松零件应齐全;"绝缘电阻"应符合设计或规范要求。

3."检查结论":填写合格与否、是否同意验收等。

——安装试验检查记录(通用表)

渝市政竣-121

<table>
<tr><td>工程名称</td><td>重庆市××区道路给排水工程</td><td colspan="2">单位(子单位)工程名称</td><td colspan="2">重庆××城建公司</td></tr>
<tr><td>系统名称</td><td>市政给排水系统</td><td colspan="2">试验内容</td><td colspan="2">强度严密性实验</td></tr>
<tr><td colspan="6">国家规范和技术标准(或设计要求):
当设计未注明试验压力时,采用管道工作压力的1.5倍,作为试验压力,但不得低于0.6MPa,在试验压力下,观察10min压降数值不大于0.02MPa,然后降至工作压力进行外观检查,不渗漏为合格。</td></tr>
<tr><td>试验情况</td><td colspan="5">本工程供水系统工作压力为1.0MPa,试验压力采用1.5MPa。将试验压力系统设置在地下室的水泵房内,分别对水-1给水系统进行升压到1.5MPa处理,然后关闭供水阀,观察压力表压力值下降情况,结果观察10min之内压降数值不大于0.02MPa,然后将压力降至1.0MPa,进行外观检查,未发现有渗漏现象。</td></tr>
<tr><td>存在问题和处理意见</td><td colspan="5">没有问题。</td></tr>
<tr><td>检查结论</td><td colspan="5">实验结果符合设计要求及规范相关规定,结论为合格。</td></tr>
<tr><td colspan="2">建设单位</td><td colspan="2">监理单位</td><td colspan="2">施工单位</td></tr>
<tr><td colspan="2">现场负责人:×××

2015年×月×日</td><td colspan="2">监理工程师:×××
总监理工程师:×××

2015年×月×日</td><td colspan="2">质检工程师:×××
技术负责人:×××
项目经理:×××
2015年×月×日</td></tr>
</table>

重庆市城市建设档案馆
重庆市建设工程质量监督总站 监制

说明:本表用于记录其他试验记录不能包括的内容。如点燃试验、采暖系统高度、锅炉、48h试运行、报警装置联动系统测试等。

照明系统通电试验记录

渝市政竣-122

工程名称	重庆市××水源厂电气工程	单位(子单位)工程名称	×××机房灯具安装

系统设计简述:
1. 每个独立的空间应有其独立的开关。
2. 开放式区域,按空间的属性分成若干区域,以使各区域能独立控制灯具。
3. 大型空间外围与核心区需独立控制。

测试部位	测试时间(h)	电压(V)	电流(A)	备注
N1	8	220,220,220	72,73,75	53
N2	8	220,220,220	73,74,72	52
N3	8	220,230,220	75,72,73	54
N4	8	230,220,220	77,72,74	53
N5	8	230,230,220	76,73,75	52

试验结论	照明系统各元件运行参数在规范允许范围内,运转正常,符合设计要求及规范规定,合格。

建设单位	监理单位	施工单位
现场负责人:××× 2015年×月×日	监理工程师:××× 总监理工程师:××× 2015年×月×日	质检工程师:××× 技术负责人:××× 项目经理:××× 2015年×月×日

重庆市城市建设档案馆
重庆市建设工程质量监督总站 监制

说明:

1."系统设计简述":填写照明系统管线材质、敷设方式、灯具和光源型号、安装方式、控制方式、每一回路控制灯具数量等。

2."测试部位":填写测试的照明配电箱或控制箱、回路编号、照明区域等。

3."测试时间":根据公共建筑试验时间为24h,民用建筑试验时间为8h,每2h测试一次的要求,填写测试的具体时间,如民用建筑的一个回路依次填写4次测试时间。

4."电压":填写测试的电压值。

5."电流":填写测试的电流值,可以填写回路单相电流值,也可填写测试部位三相电流值。

6."备注":填写对灯具、光源、开关是否正常等检查的情况,可填写对线路主要接点温度测试的情况,对照度要求严格的系统可填写照度测试的数据。

7."结论":照明系统各元件通电试验是否运转正常,是否符合设计及规范要求。

系统调试、试运转检查记录

渝市政竣-123

<table>
<tr><td>工程名称</td><td colspan="2">重庆市×××水源厂设备安装</td><td>系统名称</td><td colspan="2">除尘系统</td></tr>
<tr><td>试验内容</td><td colspan="2">锅炉的热状态定压检验</td><td>施工单位</td><td colspan="2">×××设备安装公司</td></tr>
<tr><td colspan="6">国家规范和技术标准(或设计要求):
《工业锅炉安装工程施工及验收规范》(GB 50273)</td></tr>
<tr><td>试运转情况记录</td><td colspan="5">锅炉烘炉、煮炉和严密性试验合格后,按《工业锅炉安装工程施工及验收规范》(GB 50273)分别进行安全阀调试,即热状态定压检验与调整。安全阀调整后,锅炉带负荷连续试运行48h,运行过程未出现异常。</td></tr>
<tr><td>存在问题的处理意见</td><td colspan="5">无。</td></tr>
<tr><td>结论</td><td colspan="5">符合规范规定,验收合格。</td></tr>
<tr><td colspan="2">建设单位</td><td>设计单位</td><td colspan="2">监理单位</td><td>施工单位</td></tr>
<tr><td colspan="2">现场负责人:×××
2015年×月×日</td><td>专业负责人:×××
2015年×月×日</td><td colspan="2">监理工程师:×××
总监理工程师:×××
2015年×月×日</td><td>质检工程师:×××
技术负责人:×××
项目经理:×××
2015年×月×日</td></tr>
</table>

重庆市城市建设档案馆
重庆市建设工程质量监督总站　监制

说明:本表用于设备单机试运转系统调试。

1.“试验内容”:填写试运转设备系统或子系统。

2.“试运转情况记录”:填写设备在试运转过程中,各项性能指标是否正常,有无异常情况。详细分系统包含:

(1)传动装置在设备试运转过程中是否正常,有无异常情况。

(2)与试运转设备相配套的调节控制系统。在设备试运转过程中是否正常,有无异常情况。

(3)试运转设备本身的润滑系统,在设备试运转过程中是否正常,有无异常情况。

(4)试运转设备本身的冷却系统,在设备试运转过程中是否正常,有无异常情况。

(5)试运转设备的油路系统的油压在设备试运转过程中是否正常,有无异常。

(6)试运转设备配套的减振系统,在设备试运转过程中是否正常,有无异常情况。

(7)设备试运转过程中,按技术文件或规范要求,需要对某些特定部分进行温度检测时所作的温度(包括设备试运转当日的室内外温度)测定是否符合要求。

(8)设备试运转过程中,按技术文件或规范要求,对噪声的测试。

(9)设备试运转有关的安全防护措施是否完善,能否保证设备试运转正常进行。

3.“结论”:填写在设备试运转完成后,对照技术文件及规范要求的指标,对试运转情况下一个符合要求与否的结论。如试运转达不到技术文件及规范要求,应整改后进行两次试运转。

电气管线安装测试检查记录

渝市政竣-124

工程名称	重庆市×××小区内部市政工程	单位(子单位)工程名称	×××电气工程

序号	检查项目	检查情况
1	检查部位	第二层管线。
2	电缆或配线敷设方式	管内穿线安装。
3	进线绝缘电阻(MΩ)	>0.5。
4	外观检查	符合要求。
5	电缆或配线接头处理	配线接头处理符合规范要求。
6	金属导管或线槽及其支架接地、接零情况	接地可靠符合设计要求。
7	导管或线槽的保护及防腐	不进入盒箱的垂直管子上口穿线后密封处理良好,导线连接牢固,包扎严密,绝缘良好,无伤线芯现象。
8	各支线回路绝缘电阻测试(兆欧表型号及编号:×××)	

序号	测试部位	回路名称及编号	配线型号及规格	长度(m)	回路电压(V)	绝缘电阻测试(MΩ)			
						线向		对地	
1	二层Ⅰ段	N1	BV 6.0mm²	50	500	400	500	400	500
2	二层Ⅱ段	N2	ZRBV 6mm²	60	500	400	400	400	500
3	二层Ⅲ段	N3	ZRBV 4.0mm²	80	500	300	300	300	400
4	二层Ⅳ段	N4	ZRBV 2.5mm²	100	500	300	300	300	300

检查结论	符合设计要求和《建筑电气工程施工质量验收规范》(GB 50303—2002)的规定。

建设单位	监理单位	施工单位
现场负责人:××× 2015年×月×日	监理工程师:××× 总监理工程师:××× 2015年×月×日	质检工程师:××× 技术负责人:××× 项目经理:××× 2015年×月×日

重庆市城市建设档案馆
重庆市建设工程质量监督总站 监制

说明:本表用于城市道路施工敷设或敷设电气管线的测试检查记录。

1."检查部位":填写所检查部位、线路系统或区域。

2."电缆或配线敷设方式":填写线路敷设方式,如桥架内敷设、穿管敷设、线槽内敷设等。

3."进线绝缘电阻":填写所检查部分进线处的绝缘电阻测试数值。

4."外观检查":填写对所检查部分的外观检查情况,如管线敷设是否横平竖直,有否变形、有否破坏外表面油染层。

5."电缆或配线接头处理":填写接头处理形式。

6."金属导管或线槽及其支架接地、接零情况":填写金属导管或线槽及其支架跨接处理、等电位处理和接地干线连接等情况。

7."导管或线槽的保护及防腐":填写易受破坏处的塑料管道的保护措施,金属管道防腐处理和防火处理的情况。

8."各支线回路绝缘电阻测试":要求填写测试仪表的型号和编号;测试部分表格的填写说明详见绝缘电阻测试记录。

照度测试记录

渝市政竣-125

<table>
<tr><td colspan="2">工程名称</td><td colspan="2">重庆市×××区×××道路工程</td><td>单位(子单位)工程名称</td><td>×××道路照明工程</td></tr>
<tr><td rowspan="4">道路情况</td><td>道路名称</td><td>×××路</td><td rowspan="4">光源情况</td><td>灯具生产厂家</td><td>×××太阳能灯具厂</td></tr>
<tr><td>道路等级</td><td>Ⅱ</td><td>灯具型号</td><td>YG-LDT-120</td></tr>
<tr><td>测试路段</td><td>ZK6+800~ZK8+000</td><td>功率(W)</td><td>120</td></tr>
<tr><td>路面材料</td><td>HSA 混凝土路面</td><td>已使用天数(d)</td><td>15</td></tr>
<tr><td>道路断面图</td><td colspan="5">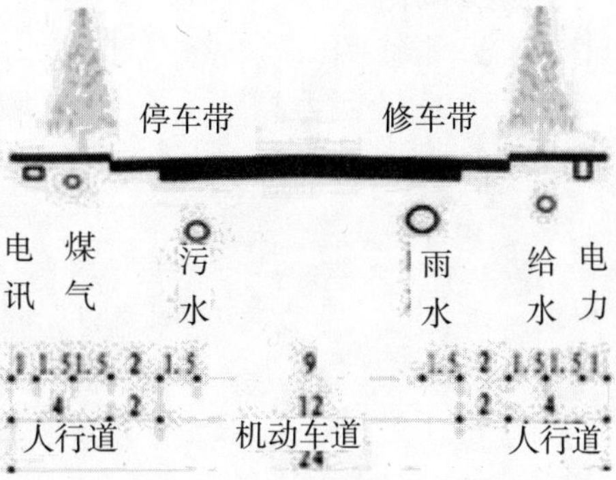
</td></tr>
<tr><td colspan="2">测试时间</td><td colspan="2">2015年×月×日</td><td>设计照度</td><td>55lx</td></tr>
<tr><td colspan="6">实测照度</td></tr>
<tr><td colspan="2">最大值</td><td>最小值</td><td colspan="2">平均值</td><td>均匀度</td></tr>
<tr><td colspan="2">78lx</td><td>46lx</td><td colspan="2">62lx</td><td>91</td></tr>
<tr><td>照度测点及数值</td><td colspan="5">①68,②53,③63,④51,⑤67,⑥54,⑦46,⑧65,⑨78,⑩55。</td></tr>
<tr><td>试验结论</td><td colspan="5">符合规范规定和设计要求,合格。</td></tr>
<tr><td colspan="2">建设单位</td><td colspan="2">监理单位</td><td colspan="2">施工单位</td></tr>
<tr><td colspan="2">现场负责人:×××

2015年×月×日</td><td colspan="2">监理工程师:×××
总监理工程师:×××
2015年×月×日</td><td colspan="2">质检工程师:×××
技术负责人:×××
项目经理:×××
2015年×月×日</td></tr>
</table>

重庆市城市建设档案馆
重庆市建设工程质量监督总站 监制

说明:

1. 照明灯具及附件应作下列检查:

(1)查验合格证。新型气体放电灯具应有随带技术文件。

(2)灯具涂层完整,无损伤,附件齐全。

(3)对成套灯具的绝缘电阻、内部接线等性能进行现场抽样检测。灯具的绝缘电阻值不小于2Ω,内部接线为铜芯绝缘导线。随机抽查10%,但不少于5套。

2. 气体放电灯的灯座导线,应使用额定电压不低于500V的铜芯绝缘导线。功率小于400W的最小允许线芯截面应为1.5mm^2,功率在400~1000W的最小允许线芯截面应为2.5mm^2。

3. 气体放电灯应在镇流器进电侧安装熔断器,熔丝的选择应符合下列规定:

250W 高压汞灯、150W 及以下高压钠灯采用 4A 熔丝；400W 高压汞灯和 250W 高压钠灯采用 6A 熔丝；400W 高压钠灯采用 10A 熔丝；1000W 高压汞灯和高压钠灯采用 15A 熔丝。

4. 竣工时的平均照度初始值应高于设计平均照度维持值的 40%，均匀度达到设计要求。用照度计实测，检验数量为一个挡距。

建筑材料报验单

渝市政竣-126

<table>
<tr><td colspan="2">工程名称</td><td colspan="3">重庆×××室外环境工程</td><td>施工单位</td><td colspan="2">重庆×××工程有限公司</td></tr>
<tr><td colspan="8">致监理工程师：
下列建筑材料经自检试验符合技术规范要求，报请验证并准予进场。
附件：1. 材料出厂质量保证书（合格证）
2. 材料自检试验报告
施工技术负责人：×××　　2015年×月×日</td></tr>
<tr><td colspan="2">材料名称</td><td>埋地PVC-U双壁波纹管</td><td>埋地PVC-U双壁波纹管</td><td>埋地PVC-U双壁波纹管</td><td>埋地PVC-U双壁波纹管</td><td></td><td></td></tr>
<tr><td colspan="2">材料来源、产地</td><td>成都××实业有限公司</td><td>成都××实业有限公司</td><td>成都××实业有限公司</td><td>成都××实业有限公司</td><td></td><td></td></tr>
<tr><td colspan="2">材料规格</td><td>Φ300</td><td>Φ500</td><td>Φ500</td><td>Φ600</td><td></td><td></td></tr>
<tr><td colspan="2">使用部位</td><td>景观及排水</td><td>景观及排水</td><td>景观及排水</td><td>景观及排水、生化池</td><td></td><td></td></tr>
<tr><td colspan="2">本批材料数量</td><td>500m</td><td>390m</td><td>280m</td><td>420m</td><td></td><td></td></tr>
<tr><td rowspan="3">检测试验情况</td><td>试样来源</td><td>成都××实业有限公司</td><td>成都××实业有限公司</td><td>成都××实业有限公司</td><td>成都××实业有限公司</td><td></td><td></td></tr>
<tr><td>取样日期、地点</td><td></td><td></td><td></td><td></td><td></td><td></td></tr>
<tr><td>试验结果</td><td>符合规范及设计要求</td><td>符合规范及设计要求</td><td>符合规范及设计要求</td><td>符合规范及设计要求</td><td></td><td></td></tr>
<tr><td colspan="8">致施工单位：
我监理部证明上述材料的取样、试验等是符合/不符合规程要求的，经抽检复查试验的结果证明，这些材料，符合合同、技术规范要求，可以进场在指定工程部位上使用。
监理工程师：×××　　2015年×月×日</td></tr>
</table>

重庆市城市建设档案馆
重庆市建设工程质量监督总站　监制

说明：本表格适用于城市道路桥梁工程的材料验收记录。

1. 施工单位对进场材料进行取样试验，按相关技术规范要求进行验收。

2. 同一厂家、同一规格品种的材料在不同时间和不同批次进场时，应分栏逐次填入；材料出厂证明及合格证等文件可作为附件列入。

3. "检测试验情况"：指经抽检产品质量是否合格或符合有关产品质量标准，按规定须现场复检的材料方填有关"检测试验情况"栏的内容。

4. "使用部位"：指所使用的部位、轴线段或系统编号。

5. 当该分部为分包工程时，有关分包单位的代表应签字确认。

水泥出厂质量证明和进场取样试验报告单汇总表

渝市政竣-127

工程名称			重庆市×××道路工程				施工合同编号	CQ-2015			
单位(子单位)工程名称			×××路路基工程				施工单位	中冶建工			
序号	证单编号	厂名、品种、标号	出厂日期	批量	进场日期	复试日期	试验单位	试验单编号	结论	使用部位	见证人
1	SW20060501	盾石水泥厂 P. S325	2015年×月×日	100T	2015年×月×日	2010年×月×日	运通检测中心	SN62354	合格	路基面层	×××
2	SW20110503	盾石水泥厂 P. S325	2015年×月×日	100T	2015年×月×日	2010年×月×日	运通检测中心	SN62358	合格	路基面层	×××
3	SW20160505	盾石水泥厂 P. S325	2015年×月×日	100T	2015年×月×日	2010年×月×日	运通检测中心	SN62362	合格	路基垫层	×××
建设单位				监理单位				施工单位			
现场负责人:××× 2015年×月×日				监理工程师:××× 总监理工程师:××× 2015年×月×日				质检工程师:××× 技术负责人:××× 2015年×月×日			

重庆市城市建设档案馆
重庆市建设工程质量监督总站 监制

说明：本表适用于水泥出厂合格质量证明和复检报告的汇总记录。

1. 按进场的时间顺序和批次填入。

2. “证单编号”：指由生产厂家提供的出厂合格证明编号。

3. “批量”：指该批水泥进场的数量。

4. “复试日期”：可填实验室进行安定性检测的日期。“结论”：28d强度报告到期后填写。

5. “试验单编号”：指试验室对报告单的编号。

6. “使用部位”：指所使用的部位、轴线段。

7. “见证人”：由本人签字。

钢材出厂质量证明和进场试验报告单汇总表

渝市政竣-128

工程名称		重庆市×××桥梁工程					施工合同编号	CQ201502					
单位(子单位)工程名称		×××桥桥墩工程					施工单位	×××桥梁工程公司					
序号	证单编号	生产单位	品种规格	批号	进场数量（T）	进场日期	试验单位	试验单编号	报告日期	屈服强度（MPa）	抗拉强度（MPa）	结论	使用部位	见证人
1	C0201536	武钢	热扎带HRB335 6mm	GC205D	60	×××	运通检测中心	2015024	×××			合格	桥墩	×××
2	C0201538	武钢	热扎带HRB335 8mm	GC225D	80	×××	运通检测中心	2015025	×××			合格	桥墩	×××
3	C0201537	武钢	热扎带HRB335 10mm	GC208D	80	×××	运通检测中心	2015026	×××			合格	桥墩	×××

建设单位	监理单位	施工单位
现场负责人:××× 2015年×月×日	监理工程师:××× 总监理工程师:××× 2015年×月×日	质检工程师:××× 技术负责人:××× 2015年×月×日

重庆市城市建设档案馆
重庆市建设工程质量监督总站 监制

说明:本表适用于钢材出厂合格证明和复检报告的汇总记录。

1. 按进场的时间顺序和批次填入。

2. "证单编号":指由生产厂家提供的出厂合格证明编号。

3. "批号":指由生产厂家提供的生产批次编号,把出厂合格证明中有关内容填入。

4. "试验单编号":指试验室对报告单的编号。

5. "屈服强度"、"抗拉强度"和"结论":将试验单有关内容填入。

6. "使用部位":指所使用的桩位、轴线段。

7. "见证人":由本人签字。

钢材焊接接头力学试验报告单汇总表

渝市政竣-129

工程名称	重庆×××河道整治工程						施工单位	重庆市×××工程公司						
序号	试验单位	试验报告单编号	试验日期	品种及规格	屈服点（MPa）	抗拉强度（MPa）	接头形式	断后伸长		焊件点位置（mm）	冷弯		结论	使用部位	材料数量（T）	备注
								标距（mm）	伸长率（%）		弯心及弯心角	结角				
1	重庆××质检所	2015024	×××	Φ12	360 / 375	505 / 515	搭接	17	27 / 29	7	7	无裂缝	合格	穿河道处天然气包封	3.0	
2	重庆××质检所	2015026	×××	Φ12	360 / 375	505 / 520	搭接	20	28 / 30	7	7	无裂缝	合格	穿河道处天然气包封	3.0	
3	重庆××质检所	2015028	×××	Φ15	415 / 420	606 / 610	搭接	18	24 / 26	7	7	无裂缝	合格	穿河道处天然气包封	3.0	

建设单位	监理单位	施工单位
现场负责人：××× 2015年×月×日	监理工程师：××× 总监理工程师：××× 2015年×月×日	质检工程师：××× 技术负责人：××× 2015年×月×日

重庆市城市建设档案馆
重庆市建设工程质量监督总站 监制

说明:本表适用于钢筋焊接接头试验报告单的汇总记录。

1. 按送样检验的日期顺序来汇总形成表格。

2. “试验报告单编号”:指试验单位的报告单编号。

3. “接头形式”:指钢筋焊接的具体方式。

4. “材料数量”:指抽样代表的接头总数量,按钢筋连接规范规定的要求取样。

5. “结论”:将试验报告单中内容填入。

6. “使用部位”:指该试验取样所代表连接接头批的桩位和轴线段。

7. “屈服强度”、“抗拉强度”:将试验单有关内容填入。

8. 验收标准详见《钢筋焊接及验收规范》。

钢筋机械连接接头取样试验报告单汇总表

渝市政竣-130

工程名称		重庆市×××桥梁工程						施工合同编号	CQ201502		
单位(子单位)工程名称		×××桥梁护栏						施工单位	×××桥梁工程公司		
序号	试验报告单编号	品种规格	连接形式	检验批接头数量(个)	试验单位	送样日期	报告日期	断点位置	结论	使用部位	见证人
1	SY2005-502	热扎带肋钢筋HRB335	单面搭接焊	200	运通检测中心	×年×月×日	×年×月×日	焊缝外	合格	护栏	×××
2	SY2005-503	热扎带肋钢筋HRB335	单面搭接焊	100	运通检测中心	×年×月×日	×年×月×日	焊缝外	合格	护栏	×××
3	SY2005-504	热扎带肋钢筋HRB335	单面搭接焊	230	运通检测中心	×年×月×日	×年×月×日	焊缝外	合格	护栏	×××

建设单位	监理单位	施工单位
现场负责人:××× 2015年×月×日	监理工程师:××× 总监理工程师:××× 2015年×月×日	质检工程师:××× 技术负责人:××× 2015年×月×日

重庆市城市建设档案馆
重庆市建设工程质量监督总站 监制

说明:本表适用于钢筋的焊接、机械连接等连接试验报告单的汇总记录。

1. 按送样检验的日期顺序来汇总形成表格。

2.“试验报告单编号”:指试验室的报告单编号。

3.“连接形式”:指钢筋焊接或机械连接的具体方式。

4.“检验批接头数量”:指抽样代表的接头总数量,按钢筋连接规范规定的要求取样。

5.“断点部位”、“结论”:将试验报告单中内容填入。

6.“使用部位”:指该试验取样所代表连接接头批的楼层和轴线段。

7.“见证人”:由本人签字。

商品混凝土出厂合格证汇总表

渝市政竣-131

工程名称		重庆市×××桥梁工程		施工合同编号	CQ-26531	
单位(子单位)工程名称		×××桥梁桥墩工程		施工单位	×××建工集团	
商砼供应商		××混凝土公司		合同编号	CQ-26534	
序号	供应日期	浇灌部位	供应数量(m^3)	设计强度等级及抗渗等级	浇灌点塌落度	出厂合格证编号
1	×年×月×日	×××墩台身水上部分	30	C30	150	×××
2	×年×月×日	×××墩台身水下部分	60	C45	120	×××
3	×年×月×日	墩台身路面接触部分	50	C30	130	×××

建设单位	监理单位	施工单位
现场负责人:××× 2015年×月×日	监理工程师:××× 总监理工程师:××× 2015年×月×日	质检工程师:××× 技术负责人:××× 2015年×月×日

重庆市城市建设档案馆
重庆市建设工程质量监督总站 监制

说明:本表适用于商品混凝土生产厂提供商品混凝土合格证明的汇总。

1. 同一供货厂家的产品汇入同一表格。
2. “供应日期”:指供货厂家送现场的具体日期。
3. “浇灌部位”:指浇灌的桩位、轴线段。
4. “浇灌点塌落度”:指交货时生产厂家提供的坍落度值。
5. “出厂合格证编号”:指预拌混凝土生产厂提供的产品合格证单的编号。
6. 预拌混凝土生产厂的有关人员应在供货完毕后签字确认。

主要原材料、构配件出厂合格证明及试验单汇总表

渝市政竣-132

工程名称		重庆×××河道整治工程				部位名称	护坡	
施工单位		重庆市×××工程公司						
材料(设备)名称	品种	型号(规格)	代表数量	单位	使用部位	出厂合格证或试验单编号	出厂或试验日期	备注
特细沙		细度模数0.7	600	T	护坡脚	砂检060601	×××	复检
特细沙		细度模数0.7	600	T	护坡脚	砂检060602	×××	复检
特细沙		细度模数0.7	600	T	护坡,护坡脚	砂检060603	×××	复检
特细沙		细度模数0.7	600	T	护坡,护坡脚	砂检060604	×××	复检
特细沙		细度模数0.7	600	T	护坡,护坡脚	砂检060605	×××	复检
特细沙		细度模数0.7	600	T	护坡,护坡脚	砂检060606	×××	复检
石材	片石	150×150×150	200	T	护坡脚	石材060712	×××	复检
石材	片石	150×150×150	200	T	护坡脚	石材060713	×××	复检
石材	片石	150×150×150	200	T	护坡,护坡脚	石材060714	×××	复检
石材	片石	150×150×150	200	T	护坡,护坡脚	石材060715	×××	复检
石材	片石	150×150×150	200	T	护坡,护坡脚	石材060716	×××	复检

建设单位	监理单位	施工单位
现场负责人:××× 2015年×月×日	监理工程师:××× 总监理工程师:××× 2015年×月×日	质检工程师:××× 技术负责人:××× 2015年×月×日

重庆市城市建设档案馆
重庆市建设工程质量监督总站 监制

说明:本表适用于主要原材料、成品进场检查的记录汇总(其中包括主要材料、零部件、成品件、标准件等产品)。

1.“名称”、“品种规格”、“型号”:按合格证、试验报告单上名称、品种规格、型号的实际填写。

2.“数量”:按该进场批材料的实际数量填写,且应有计量单位。

3.“生产厂家”:按原合格证上的生产厂家名称填写。

4.“合格证明文件编号”:按合格证上的合格证编号填写。

5.“复验项目”:指按规范必须复验的项目,照实际复试项目填写。

6.“复验结果”:指进场材料复验报告的结论,应填写“合格”或“不合格”。

7.“复验报告编号”:按复验报告单编号填写。

8.“尺寸、外观检查情况”:应填写是否符合要求。

9.“日期”:填写检查验收的日期。

水泥混凝土抗压强度汇总及统计评定表

渝市政竣-133

工程名称	重庆×××河道整治工程	施工单位	重庆城建控股(集团)有限责任公司	施工合同编号	CQ201502
单位(子单位)工程名称	天然气管道包封	使用部位	管道包封	砼方量	30

试块组数	抗压强度(MPa)				合格判定系数		配合比	水泥:砂:石子:水:外加剂:掺和剂=1.00:1393.39:0.53			
	设计强度	平均值	标准差	最小值			计算数据(MPa)				
n	$f_{cu.k}$	mf_{cu}	Sf_{cu}	$f_{cu\cdot min}$	λ_1	λ_2	$0.9f_{cu.k}$	$0.95f_{cu.k}$	$1.15f_{cu.k}$	$mf_{cu}-\lambda_1\cdot Sf_{cu}$	$\lambda_2\cdot f_{cu.k}$
12	30	35.6	1.83	30.5	1.7	0.9	28	28.5	30.5	1.6	27

每组强度值(MPa)

1	2	3	4	5	6	7	8	9	10	11	12	13	14	15	16	17	18	19	20
36.2	32.5	30.5	33.6	33.1	32.6	35.7	31.8	35.9	34.7	33.8	31.5								

按相关规范确定的公式计算评定：	n	10~14	15~24	≥25	评定结论	合格。
1. 统计方法：$n\geq10$组时，$mf_{cu}-\lambda_1\cdot Sf_{cu}\geq0.9f_{cu.k}$；$f_{cu\cdot min}\geq\lambda_2\cdot f_{cu.k}$	λ_1	1.70	1.65	1.60		
2. 非统计方法：$mf_{cu}\geq1.15f_{cu.k}$；$f_{cu\cdot min}\geq0.95f_{cu.k}$	λ_2	0.90		0.85		

建设单位	监理单位	施工单位
现场负责人：××× 2015年×月×日	监理工程师：××× 总监理工程师：××× 2015年×月×日	汇总计算人：××× 质检工程师：××× 技术负责人：××× 2015年×月×日

重庆市城市建设档案馆
重庆市建设工程质量监督总站 监制

说明：本表为水泥混凝土抗压强度评定表。

1. 评定水泥混凝土的抗压强度，应以标准养护28d龄期的试件为准。试件为边长150mm的立方体。试件3件为1组，制取组数应符合下列规定：

（1）不同强度等级及不同配合比的混凝土应在浇筑地点或拌和地点分别随机制取试件。

（2）浇筑一般体积的结构物（如基础、墩台等）时，每一单元结构物应制取2组。

（3）连续浇筑大体积结构时，每80~200m³或每一工作班应制取2组。

（4）上部结构，主要构件长16m以下应制取1组，16~30m制取2组，31~50m制取3组，50m以上者不少于5组。小型构件每批或每工作班至少应制取2组。

（5）每根钻孔桩至少应制取2组；桩长20m以上者不少于3组；桩径大、浇筑时间很长时，不少于4组。如换工作班时，每工作班应制取2组。

（6）挡土墙每座、每处或每工作班制取不少于2组。当原材料和配合比相同、并由同一拌和站拌制时，可几座或几处合并制取2组。

（7）应根据施工需要，另制取几组与结构物同条件养护的试件，作为拆模、吊装、张拉预应力、承受荷载等施工阶段的强度依据。

2. 水泥混凝土抗压强度的合格标准：

（1）试件≥10组时，应以数理统计方法按下述条件评定：

$$R_n - K_1 S_n \geq 0.9R$$

$$R_{min} \geq K_2 R$$

$$S_n = \sqrt{\frac{SR_i^2 - nR_n^2}{n-1}}$$

式中：n——同批混凝土试件组数；

R_n——同批n组试件强度的平均值（MPa）；

S_n——同批n组试件强度的标准差（MPa），当$S_n<0.06R$时，取$S_n=0.06R$；

R——混凝土设计强度等级（MPa）；

R_{min}——n组试件中强度最低一组的值（MPa）；

K_1、K_2——合格判定系数，见下表。

表　K_1、K_2的值

n	10~14	15~24	≥25
K_1	1.70	1.65	1.60
K_2	0.9	0.85	

（2）试件<10组时，可用非统计方法按下述条件进行评定：

$$R_n \geq 1.15R$$

$$R_{min} \geq 0.95R$$

3. 实测项目中，水泥混凝土抗压强度评为不合格时相应分项工程为不合格。

4. 喷射混凝土抗压强度是指在喷射混凝土板件上，切割制取边长为100mm的立方体试件，在标准养护条件下养护至28d，用标准试验方法测得的极限抗压强度，乘以0.95的系数。

5. 每喷射50~100m³混合料或小于50m³混合料的独立工程，不得少于1组。

材料或配合比变更时需重新制取试件。

6. 喷射混凝土强度的合格标准：

（1）同批试件组数n≥10时，

试件抗压强度平均值不低于设计值；

任一组试件抗压强度不低于0.85设计值。

(2)同批试件组数$n<10$时，

试件抗压强度平均值不低于1.05设计值；

任一组试件抗压强度不低于0.9设计值。

7. 实测项目中，喷射混凝土抗压强度评为不合格时相应分项工程为不合格。

混凝土抗渗性能试验报告单汇总表

渝市政竣-134

工程名称	×××桥梁工程	施工合同编号	CQ20150708
单位(子单位)工程名称	×××桥梁路面工程	施工单位	×××桥梁工程有限公司

序号	浇注部位	设计抗渗等级	浇注日期	检测单位	报告编号	检测结果	备注
1	路面	P8	2015年×月×日	××检测中心	20150113	符合要求	
2	路面	P8	2015年×月×日	××检测中心	20150114	符合要求	
3	基层	P6	2015年×月×日	××检测中心	20150115	验收合格	
4	基层	P6	2015年×月×日	××检测中心	20150116	验收合格	
5	垫层	P6	2015年×月×日	××检测中心	20150117	验收合格	
6	垫层	P6	2015年×月×日	××检测中心	20150118	符合设计	

建设单位	监理单位	施工单位
现场负责人:××× 2015年×月×日	监理工程师:××× 总监理工程师:××× 2015年×月×日	质检工程师:××× 技术负责人:××× 2015年×月×日

重庆市城市建设档案馆
重庆市建设工程质量监督总站 监制

说明:本表是由施工单位在竣工验收前将混凝土抗渗试验报告的汇总。

1. 本表一式二份,监理工程师与现场负责人共同签认。

2. 渗水试验测试方法详见《公路路基路面现场测试规程》。

3. 报告单位有原件备查,若为复印件则需注明原件存放处。

混凝土抗弯拉强度汇总及统计评定表

渝市政竣-135

工程名称	重庆市×××河道整治工程	施工合同编号	CQ201502
单位(子单位)工程名称	×××河道护坡工程	施工单位	×××建工集团
		配合比	水泥:砂:石子:水:外加剂:掺和剂

试块组数	抗弯拉强度(MPa)			合格判定系数K	计算数据(MPa)			
	设计强度	标准差	最小值					
n	f_r	σ	$f_r \cdot min$		$f_r+k\sigma$	$0.80f_r$	$0.85f_r$	$1.10f_r$
12	24.9	3.0	21.165	0.75	27.15	19.92	21.165	27.39

每组强度值(MPa)

1	2	3	4	5	6	7	8	9	10	11	12	13	14	15	16	17	18	19	20
25.1	24.8	26.1	25.6	25.0	24.9	25.6	25.4	24.8	25.3	24.9	26.0								

注:按重庆市《城市道路工程施工质量验收规范》(DBJ 500782008)附录J确定的公式进行评定。

n	11~14	15~19	≥20
λ	0.75	0.70	0.65
评定结论	符合设计和规范要求,试验合格。		

建设单位	监理单位	施工单位
现场负责人:××× 2015年×月×日	监理工程师:××× 总监理工程师:××× 2015年×月×日	汇总计算人:××× 质检工程师:××× 技术负责人:××× 2015年×月×日

重庆市城市建设档案馆
重庆市建设工程质量监督总站 监制

说明：

1. 水泥混凝土弯拉强度的试验应采用150mm×150mm×550mm标准小梁，标准养护龄期为28d。每组3个试件的平均值作为一个统计数据。

2. 水泥混凝土弯拉强度的合格标准。

(1)试件数大于10组时，平均弯拉强度应为：

$$f_{cs} \geq f_r + K\sigma$$

式中 f_{cs}——混凝土合格判定平均弯拉强度(MPa)；

f_r——设计弯拉强度标准值(MPa)；

K——合格判定系数，见下表；

σ——强度标准差。

表　合格判定系数

试件组数 n	11~14	15~19	≥20
合格判定系数K	0.75	0.70	0.65

当试件组数为11~19组时，允许有一组最小弯拉强度小于$0.85f_r$，但不得小于$0.80f_r$。当试件组数大于20组时，允许有一组最小弯拉强度小于$0.85f_r$，但不得小于$0.75f_r$；城市快速路和主干道均不得小于$0.85f_r$。

(2)试件组数等于或少于10组时，试件平均弯拉强度不得小于$1.10f_r$，任一组强度均不得小于$0.85f_r$。

道路压实度汇总及统计评定表

渝市政竣-136

工程名称			重庆市×××道路工程					单位(子单位)工程名称				路面工程			
检查部位及里程桩号			K+326~K+336					施工单位				重庆×××市政工程公司			
实测压实度值(%)检测结果															
96	97	95	93	94	98	95	94	97	96	97	95	94	92	94	93
95	93	94	94	96	94	97	96	92	97	93	96	92	97	93	94

主要参数及评定标准	结构部位	K(%)	*n*	S	代表值标准	最小值标准低于K_0	评定结论
			k	t_α/nl/2	$K \geq K_0$	2个百分点	
JTGF 80/1—2004	路面	96	32	1.29	92		合格
				0.206			

1. 本表适用于路基、基层和柔性路面面层填筑施工。检查项目按CJJ1—2008。
2. 结构部位应写明里程区间。作为土基且应注明挖填方及其自路床标高起算的深度。
3. 压实度代表值K=*k*-tas/n1/2≥*k*,压实度评定详见JTGF80/1—2004附录B:t_α:保证率,见附录B表2,K:评定段各测点压实度的平均值,S:均方差,η:测点数,K_0:压实度标准值。

建设单位	监理单位	施工单位
现场负责人:××× 2015年×月×日	监理工程师:××× 总监理工程师:××× 2015年×月×日	质检工程师:××× 技术负责人:××× 项目经理:××× 2015年×月×日

重庆市城市建设档案馆
重庆市建设工程质量监督总站 监制

说明:本表是由施工单位在竣工验收前将道路压实度试验检测的汇总。

1. 路基和路面基层、底基层的压实度以重型击实为准。沥青压实度以《公路沥青路面施工技术规范》的规定为准。

2. 标准密度应作平行试验,求其平均值作为现场检验的标准值。对于均匀性差的路基土质和路面结构层材料,应根据实际情况增补密度试验,求得相应的平均值,以控制和检验施工质量。

3. 道路压实度评定详见《重庆市城市道路工程施工质量验收规范》相关规定。

路基、路面压实度评定

1. 路基和路面基层、底基层的压实度以重型击实为准。沥青层压实度以《公路沥青路面施工技术规范》(JTGF 40—2004)的规定为准。

2. 标准密度应作平行试验,求其平均值作为现场检验的标准值。对于均匀性差的路基土质和路面结构层材料,应根据实际情况增补标准密度试验,求得相应的标准值,以控制和检验施工质量。

3. 路基、路面压实度以1~3km长的路段为检验评定单元,按各有关章节要求的检测频率进行现场压实度抽样检查,求算每一测点的压实度。细粒土现场压实度检查可以采用灌砂法或环刀法;粗粒土及路面结构层压实度检查可以采用灌砂法、水袋法或钻孔取样蜡封法。应用核子密度仪时,须经对比试验检验,确认其可靠性。

检验评定段的压实度代表值K(算术平均值的下置信界限)为:

$$K=\overline{k}-t_{\alpha}S/\sqrt{n}\geqslant K_{0}$$

式中:$\overline{k}$——检验评定段内各测点压实度的平均值;

t_α——t分布表中随测点数和保证率(或置信度)而变的系数;

采用的保证率:

快速路、主干道:基层、底基层为99%;路基、路面面层为95%;

其他道路:基层、底基层为95%;路基、路面面层为90%;

S 检测值的标准差;

n——检测点数;

K_0——压实度标准值。

路基、基层和底基层:

当$K\geqslant K_0$,且单点压实度K_i全部大于等于规定值减2个百分点时,评定路段的压实度合格率为100%;

当$K\geqslant K_0$,且单点压实度全部大于等于规定极值时,按测定值不低于规定值减2个百分点的测点数计算合格率;

当$K<K_0$或某一单点压实度K_i小于规定极值时,该评定路段压实度为不合格,相应分项工程评为不合格。

路基施工段较短时,分层压实度应符合要求,且样本数不小于6个。

沥青面层:

当$K\geqslant K_0$且全部测点大于等于规定值减1个百分点时,评定路段的压实度合格率为100%;

当$K\geqslant K_0$时,按测定值不低于规定值减1个百分点的测点数计算合格率;

当$K<K_0$时,评定路段的压实度为不合格,相应分项工程评为不合格。

表 $t_\alpha/\sqrt{n}$ 值

n \ 保证率	99%	95%	90%	n \ 保证率	99%	95%	90%
2	22.501	4.465	2.176	10	0.892	0.580	0.437
3	4.021	1.686	1.089	11	0.833	0.546	0.414
4	2.270	1.177	0.819	12	0.785	0.518	0.393
5	1.676	0.953	0.686	13	0.744	0.494	0.376
6	1.374	0.823	0.603	14	0.708	0.473	0.361
7	1.188	0.734	0.544	15	0.678	0.455	0.347
8	1.060	0.670	0.500	16	0.651	0.438	0.335
9	0.966	0.620	0.466	17	0.626	0.423	0.324

续表

n \ 保证率	99%	95%	90%	n \ 保证率	99%	95%	90%
18	0.605	0.410	0.314	29	0.458	0.316	0.244
19	0.586	0.398	0.305	30	0.449	0.310	0.239
20	0.568	0.387	0.297	40	0.383	0.266	0.206
21	0.552	0.376	0.289	50	0.340	0.237	0.184
22	0.537	0.367	0.282	60	0.308	0.216	0.167
23	0.523	0.358	0.275	70	0.285	0.199	0.155
24	0.510	0.350	0.269	80	0.266	0.186	0.145
25	0.498	0.342	0.264	90	0.249	0.175	0.136
26	0.487	0.335	0.258	100	0.236	0.166	0.129
27	0.477	0.328	0.253	>100	$\frac{2.3265}{\sqrt{n}}$	$\frac{1.6449}{\sqrt{n}}$	$\frac{1.2815}{\sqrt{n}}$
28	0.467	0.322	0.248				

道路弯沉值汇总及统计评定表

渝市政竣-137

工程名称	重庆市×××道路工程			单位(子单位)工程名称			×××道路路面工程			
检查部位及里程桩号	200km			施工单位			×××市政工程公司			
实弯沉值(L)检测结果										
序号	1	2	3	4	5	6	7	8	9	10
一	30	29	32	28	27	28	34	32	30	
二	28	31	29	32	28	30	32	29	31	
三										
四										
五										
六										
七										
八										
九										
十										
十一										
十二										
十三										
十四										
十五										
主要参数及评定标准	弯沉值代表L_r		平均弯沉值L		保证率有关的系数Z_α		标准差S	弯沉代表值计算 $L_r=L+Z_\alpha S$		计算结果
	33.5		30.0		1.645		2.29	33.8		合格

注:
1. 弯沉值检查适用于中面、基层及土基,应在标题括号内加以注明。
2. 弯沉值单位mm,亦可略定为0.01mm,但全表需统一。

建设单位	监理单位	施工单位
现场负责人:×××	监理工程师:××× 总监理工程师:×××	质检工程师:××× 技术负责人:××× 项目经理:×××
2015年×月×日	2015年×月×日	2015年×月×日

重庆市城市建设档案馆
重庆市建设工程质量监督总站 监制

说明:

1. 本表由施工单位在竣工验收前将道路施工弯沉值试验检测的汇总。
2. 本表一式三份,监理工程师与现场负责人共同签认。
3. 试验测量测试方法详见《公路路基路面现场测试规程》中弯沉测试方法。
4. 每一车道评定路段(不超过1km)检查80~100点,多车道道路必须按车道数与双车道之比,相应增加测点。
5. 弯沉值大于设计要求的弯沉值相应分项工程为不合格。

6. 路基、柔性基层、沥青路面弯沉值评定详见以下：

（1）弯沉值用贝克曼梁或自动弯沉仪测量。每一双车道评定路段（不超过1km）检查80~100个点，多车道公路必须按车道数与双车道之比，相应增加测点。

（2）弯沉代表值为弯沉测量值的上波动界限，用下式计算：

$$L_r=\bar{l}+Z_\alpha S$$

式中：L_r——弯沉代表值（0.01mm）；

$\bar{l}$——实测弯沉的平均值（0.01mm）；

S——标准差；

Z_α——与要求保证率有关的系数，见下表。

表　Z_α值

层位	Z_α	
	快速路、主干道	次干道、支路
沥青面层	1.645	1.5
路基、柔性基层	2.0	1.645

（3）当路基和柔性基层、底基层的弯沉代表值不符合要求时，可将超出±（2−3）S的弯沉特异值舍弃，重新计算平均值和标准差。对舍弃的弯沉值大于＋（2−3）S的点，应找出其周围界限，进行局部处理。

用两台弯沉仪同时进行左右轮弯沉值测定时，应按两个独立测点计，不能采用左右两点的平均值。

（4）弯沉代表值大于设计要求的弯沉值时相应分项工程为不合格。

（5）测定时的路表温度对沥青面层的弯沉值有明显影响，应进行温度修正。当沥青层厚度小于或等于50mm时，或路表温度在20℃±2℃范围内，可不进行温度修正。

若在非不利季节测定时，应考虑季节影响系数。

砂浆抗压强度汇总及统计评定表

渝市政竣-138

工程名称	重庆松×××室外环境工程			施工单位	重庆市×××建设工程公司
原材料	水泥	细骨料	水	外加剂	外加剂
	375	1155	390		
砼配合比	1:3.08:1.04				

序号	部位	报告编号	R28（MPa）	序号	部位	报告编号	E28（MPa）	序号	部位	报告编号	R28（MPa）
1	Y4-W1P-J01Y3	2015003	8.9	14	4#挡墙砌筑	2015016	10.9				
2	Y16-Y30W	2015004	15.3	15	4#挡墙砌筑	2015017	14.7				
3	Y17-Y30W	2015005	15.2	16	5#挡墙砌筑	2015018	15.0				
4	Y18-Y30W	2015006	15.5	17	5#挡墙砌筑	2015019	10.0				
5	1#挡墙砌筑	2015007	8.5	18	生化池检筑	2015020	9.6				
6	1#挡墙砌筑	2015008	9.4	19	生化池池内砌筑	2015021	16.7				
7	1#挡墙砌筑	2015009	9.5	20	生化池池内砌筑	2015022	28.8				
8	1#挡墙砌筑	2015010	9.8	21	W20检查井砌筑	2015023	7.8				
9	2#挡墙砌筑	2015011	10.1	22	电缆沟砌筑	2015024	16.5				
10	2#挡墙砌筑	2015012	14.1	23	截水沟砌筑	2015025	8.7				
11	2#挡墙砌筑	2015013	9.2	24	围墙墙柱砌筑	2015026	11.9				
12	3#挡墙砌筑	2015014	14.3								
13	3#挡墙砌筑	2015015	13.1								

经计算得：n=24组，设计值R_n=7.5MPa，平均值R_n=12.6MPa，
最小值R_{min}=78MPa。
根据DBJ 50078—2008之规定计算：
由于R_n>1.15R，
又由于R_{min}>0.75R，
所以该验收批砂浆强度评定为：合格。

审查意见：	自检意见：
符合规范规定，合格。	合格。
	质检工程师：×××
监理工程师：×××	技术负责人：×××
总监理工程师：×××	项目经理：×××
2015年×月×日	2015年×月×日

重庆市城市建设档案馆
重庆市建设工程质量监督总站 监制

说明：本表适用于砂浆试块的见证取样、制作、试验的记录汇总记录，目的是加强对试件见证取样、制作、养护、送样的管理。

1. 混凝土与砂浆试件应分别填入不同的表格；按试件取样制作日期顺序逐次填写。
2. 当试块制作完成后，应及时填写此表。
3. "部位"：指所代表主体砼强度的部位。
4. "报告编号"：指施工现场制作混凝土试件的自编号或试验室试验单的编号。
5. "试验结果"：应填入具体的试验结果代表值。

6. 当取样组数超过标准的要求规定时，可将实际送样检验的试件有关资料内容填入，未做检验试件的有关资料内容不填，但应填写试件取样的有关资料情况。

7. 附水泥砂浆强度评定：

（1）评定水泥砂浆的强度，应以标准养护28d的试件为准。试件为边长70.7mm的立方体。试件6件为1组，制取组数应符合下列规定：①不同强度等级及不同配合比的水泥混凝土应分别制取试件，试件应随机制取，不得挑选。②重要及主体砌筑物，每工作班制取2组。③一般及次要砌筑物，每工作班可制取1组。

（2）水泥砂浆强度的合格标准：①同强度等级试件的平均强度不低于设计强度等级。②任意一组试件的强度最低值不低于设计强度等级的75%。

（3）实测项目中，水泥砂浆强度评为不合格时相应分项工程为不合格。

沥青混凝土压实度汇总表

渝市政竣-139

工程名称		重庆市×××道路工程		施工合同编号	CQ-201536	
施工单位		×××道路工程公司		专业分包单位	×××工程公司	
序号	检测桩号	检测日期	取样应置(左中右)	实测干容量(g／m³)	标准密度(g／m³)	压实度(%)
1	0+254	2015年×月×日	路中	2.420	2.345	96.90
2	0+256	2015年×月×日	路左	2.338	2.316	99.02
3	0+258	2015年×月×日	路右	2.410	2.335	96.89
4	0+260	2015年×月×日	路中	2.413	2.340	96.97
5	0+262	2015年×月×日	路左	2.398	2.357	96.99
6	0+264	2015年×月×日	路右	2.391	2.376	99.08
7	0+266	2015年×月×日	路中	2.384	2.365	99.12
8	0+268	2015年×月×日	路右	2.368	2.362	98.91
9	0+270	2015年×月×日	路左	2.367	2.316	97.85

建设单位	监理单位	施工单位
现场负责人:×××	监理工程师:××× 总监理工程师:×××	质检工程师:××× 技术负责人:×××
2015年×月×日	2015年×月×日	2015年×月×日

重庆市城市建设档案馆
重庆市建设工程质量监督总站 监制

说明:

1. 本表是由施工单位在竣工验收前将沥青混凝土压实度试验检测的汇总。

2. 试验测量测试方法详见《公路路基路面现场测试规程》中T0911-0925压实度测试方法。

3. 路基、路面压实度评定标准:

(1)路基和路面基层、底基层的压实度以重型击实为准。沥青层压实度以《公路沥青路面施工技术规范》(JTGF 40—2004)的规定为准。

(2)标准密度应作平行试验,求其平均值作为现场检验的标准值。对于均匀性差的路基土质和路面结构层材料,应根据实际情况增补标准密度试验,求得相应的标准值,以控制和检验施工质量。

(3)路基、路面压实度以1~3km长的路段为检验评定单元,按各有关章节要求的检测频率进行现场压实度抽样检查,求算每一测点的压实度。细粒土现场压实度检查可以采用灌砂法或环刀法;粗粒土及路面结构层压实度检查可以采用灌砂法、水袋法或钻孔取样蜡封法。应用核子密度仪时,须经对比试验检验,确认其可靠性。

检验评定段的压实度代表值K(算术平均值的下置信界限)为:

$$K=\overline{k}-t_{\alpha}S/\sqrt{n}\geq K_0$$

式中:$\overline{k}$——检验评定段内各测点压实度的平均值;

t_{α}——t分布表中随测点数和保证率(或置信度)而变的系数。

采用的保证率:

快速路、主干道:基层、底基层为99%;路基、路面面层为95%。

其他道路:基层、底基层为95%;路基、路面面层为90%。

S——检测值的标准差;

n——检测点数;

K_0——压实度标准值。

路基、基层和底基层:

当$K\geq K_0$,且单点压实度K_i全部大于等于规定值减2个百分点时,评定路段的压实度合格率为100%;

当$K\geq K_0$,且单点压实度全部大于等于规定极值时,按测定值不低于规定值减2个百分点的测点数计算合格率;

当$K<K_0$或某一单点压实度K_i小于规定极值时,该评定路段压实度为不合格,相应分项工程评为不合格。

路基施工段较短时,分层压实度应符合要求,且样本数不小于6个。

沥青面层:

当$K\geq K_0$且全部测点大于等于规定值减1个百分点时,评定路段的压实度合格率为100%;

当$K\geq K_0$时,按测定值不低于规定值减1个百分点的测点数计算合格率;

当$K<K_0$时,评定路段的压实度为不合格,相应分项工程评为不合格。

表 $Ft_{\alpha}/\sqrt{n}$ 值

保证率 / n	99%	95%	90%	保证率 / n	99%	95%	90%
2	22.501	4.465	2.176	15	0.678	0.455	0.347
3	4.021	1.686	1.089	16	0.651	0.438	0.335
4	2.270	1.177	0.819	17	0.626	0.423	0.324
5	1.676	0.953	0.686	18	0.605	0.410	0.314
6	1.374	0.823	0.603	19	0.586	0.398	0.305
7	1.188	0.734	0.544	20	0.568	0.387	0.297
8	1.060	0.670	0.500	21	0.552	0.376	0.289
9	0.966	0.620	0.466	22	0.537	0.367	0.282
10	0.892	0.580	0.437	23	0.523	0.358	0.275
11	0.833	0.546	0.414	24	0.510	0.350	0.269
12	0.785	0.518	0.393	25	0.498	0.342	0.264
13	0.744	0.494	0.376	26	0.487	0.335	0.258
14	0.708	0.473	0.361	27	0.477	0.328	0.253

续表

保证率 / n	99%	95%	90%	保证率 / n	99%	95%	90%
28	0.467	0.322	0.248	70	0.285	0.199	0.155
29	0.458	0.316	0.244	80	0.266	0.186	0.145
30	0.449	0.310	0.239	90	0.249	0.175	0.136
40	0.383	0.266	0.206	100	0.236	0.166	0.129
50	0.340	0.237	0.184	>100	$\frac{2.3265}{\sqrt{n}}$	$\frac{1.6449}{\sqrt{n}}$	$\frac{1.2815}{\sqrt{n}}$
60	0.308	0.216	0.167				

沥青(水泥)混凝土路面厚度汇总表

渝市政竣-140

工程名称		重庆市×××道路工程		施工合同编号	CQ-236541	
单位(子单位)工程名称		×××路路面工程		施工单位	重庆市×××工程公司	
分部(子分部)工程名称		×××路路面工程		专业分包单位	\	
报告编号	检测日期	检测桩号	取样位置(左中右)	设计厚度(cm)	实测厚度(cm)	结论
1	2015年×月×日	0+0856	路中	3.5	3.6	在允许偏差内
2	2015年×月×日	0+0857	路左	3.2	3.3	在允许偏差内
3	2015年×月×日	0+0858	路右	3.2	3.2	在允许偏差内
4	2015年×月×日	0+0859	路中	3.5	3.5	在允许偏差内
5	2015年×月×日	0+0860	路左	3.2	3.2	在允许偏差内
6	2015年×月×日	0+0869	路右	3.2	3.1	在允许偏差内
7	2015年×月×日	0+0870	路左	3.2	3.3	在允许偏差内
8	2015年×月×日	0+0871	路右	3.2	3.4	在允许偏差内
9	2015年×月×日	0+0872	路中	3.5	3.6	在允许偏差内

建设单位	监理单位	施工单位
现场负责人:××× 2015年×月×日	监理工程师:××× 总监理工程师:××× 2015年×月×日	质检工程师:××× 技术负责人:××× 项目经理:××× 2015年×月×日

重庆市城市建设档案馆
重庆市建设工程质量监督总站　监制

说明:

1. 本表是由施工单位在竣工验收前将沥青(水泥)水泥混凝土路面厚度检测的汇总。

2. 测量测试方法详见《公路路基路面现场测试规程式》中T0911—2008路基路面尺寸测试方法。

地基承载力(触探)、岩芯单轴抗压强度报告汇总表

渝市政竣-141

工程名称		重庆市×××道路工程			施工合同编号		CQ20150816		
序号	部位	桩号	结构物基础类型	基底岩层或岩性	试验日期	报告编号	设计要求(MPa)	试验结果(MPa)	结论
1	基础	A1-1	钻孔灌注桩	硬质岩	年×月×日	2015361	38.0	41.7	合格
2	基础	A1-2	钻孔灌注桩	硬质岩	年×月×日	2015362	38.0	39.2	合格
3	基础	A1-3	钻孔灌注桩	硬质岩	年×月×日	2015363	38.0	38.9	合格
4	基础	A1-4	钻孔灌注桩	硬质岩	年×月×日	2015364	38.0	41.3	合格
5	基础	A1-5	钻孔灌注桩	硬质岩	年×月×日	2015365	38.0	39.0	合格
6	基础	A1-6	钻孔灌注桩	硬质岩	年×月×日	2015366	38.0	42.3	合格

建设单位	监理单位	施工单位
现场负责人:××× 2015年×月×日	监理工程师:××× 总监理工程师:××× 2015年×月×日	质检工程师:××× 技术负责人:××× 2015年×月×日

重庆市城市建设档案馆
重庆市建设工程质量监督总站 监制

说明:

1. 地基检测内容包括地基承载力、变形参数检测和天然地基岩土性状或人工地基施工质量评价。检测方法可采用平板载荷试验、岩基载荷试验、钻芯法、圆锥动力触探试验、标准贯人试验、土工试验、多道瞬态面波法、地质雷达及探井法等。

2. 试验检测方法详见《公路路基路面现场测试规程》及《重庆市建筑地基基础检测技术规范》。

桩基成型检测(动测或声测)报告汇总表

渝市政竣-142

工程名称		重庆市×××桥梁工程			施工合同编号		CQ-2015362	
施工单位		×××市政工程有限公司			专业分包单位		×××工程有限公司	
序号	部位	桩基桩号	桩基类型	试验日期	检测项目	报告编号	基桩类别（Ⅰ类～Ⅲ类）	结论
1	桩顶	A-11	灌注桩	年×月×日	桩身完整性	2015036	Ⅰ	合格
2	桩身	A-12	灌注桩	年×月×日	桩身完整性	2015037	Ⅰ	合格
3	桩底	A-13	灌注桩	年×月×日	桩身完整性	2015038	Ⅰ	合格
4	桩身	A-14	灌注桩	年×月×日	桩身完整性	2015039	Ⅰ	合格
5	桩底	A-15	灌注桩	年×月×日	桩身完整性	2015040	Ⅰ	合格
6	桩顶	A-16	灌注桩	年×月×日	桩身完整性	2015041	Ⅰ	合格

建设单位	监理单位	施工单位
现场负责人:××× 2015年×月×日	监理工程师:××× 总监理工程师:××× 2015年×月×日	质检工程师:××× 技术负责人:××× 2015年×月×日

重庆市城市建设档案馆
重庆市建设工程质量监督总站 监制

说明：

1. 城市道路与桥梁工程基桩检测包括：混凝土灌注桩和预制桩、钢桩及其他类型的刚性材料桩的检测。

2. 工程桩应进行单桩承载力和桩身完整性检验。桩身完整检测宜采用两种或多种合适的检测方法进行。

3. 单柱的大直径嵌岩桩，当建筑场地存在空洞、破碎带和软弱夹层等不良地质条件时，应对桩底下3倍桩径或5m深度范围内的岩性进行检验。检测方法采用超前地质钻探或可靠的物控方法。

4. 对竖向抗拔承载力、水平承载力有特殊要求的桩基，应进行单桩竖向抗拔承载力、水平承载力检测。抽检数量不应少于总桩数的1%，且不少于3根。

5. 城市道路桥梁基桩动测应符合国家及行业标准相关规定。

6. 详细参考规范《公路工程基桩动测技术规程》、《建筑桩基检测技术规范》和《重庆市建筑地基基础检测技术规范》。

第三部分
重庆市市政工程检验批表格填写示例

重庆市城市道路工程施工质量验收基本规定与程序

1 一般规定

1.1 施工现场质量管理应有健全的质量保证体系、施工质量控制和施工质量检验制度，以及本规范和其他相应的技术标准。

1.2 城市道路工程应按下列规定进行施工质量控制：

1)城市道路工程采用的主要材料、半成品、成品、仪器和设备等应进行现场验收，并按各专业工程质量验收规范规定进行复验。凡涉及工程安全和使用功能的有关材料和产品，应经监理工程师检查认可，并按有关规定进行平行检测；

2)施工仪器和设备进入现场应按规定定期进行校准和检定，并经过监理工程师审核。

1.3 城市道路工程施工质量应按下列要求进行验收：

1)施工质量应符合本规范和相关专业验收规范的规定；

2)施工应符合工程勘察、设计文件的要求；

3)参加工程施工质量验收的各方人员应具有规定的资格；

4)工程质量的验收均应在施工单位自行检查评定合格的基础上进行；

5)主体结构技术质量试验(包括道路各层压实度试验、弯沉试验、混凝土弯拉强度、抗压强度检测等项检测的自检、复检、抽检报告)以及主要材料复试，应按规定进行见证取样及监理平行检测；

6)分项工程的质量应按主控项目和一般项目验收；

7)承担见证取样和检测的单位应具有相应资质，见证取样人员应具有相应资格；

8)工程的外观质量应由验收人员通过现场检查，并应共同确认。

2 工程质量验收单元划分

2.1 城市道路工程质量验收单元应划分为单位工程、分部工程、分项工程和检验批。

2.2 单位工程应按下列原则进行划分：

1)具有独立施工条件及使用功能的为一个单位工程；

2)路面工程可以为一个或多个单位工程。

2.3 分部工程应按路段长度(一般500m为一个分部)及施工特点或施工任务划分为若干个分部工程。

2.4 分项工程应按不同的施工工序、工艺等进行划分。

分部、分项工程划分应符合表2.4的规定。

表2.4 分部、分项工程划分表

序号	分部工程	分项工程内容
1	路基	填方路基、挖方路基、半挖半填路基、土质路基、石质路基、土石路基
2	垫层	砂砾垫层、级配碎石垫层
3	基层	石灰粉煤灰基层、级配碎石基层、水泥稳定级配碎石(砂砾)基层、石灰粉煤灰稳定碎石基层、沥青稳定碎石基层
4	面层	水泥混凝土面层、钢纤维水泥混凝土面层、沥青混凝土面层、沥青玛蹄脂碎石混合料(SMA)面层
5	挡墙、护坡	重力式挡墙、衡重式挡墙、悬臂式挡墙、扶壁式挡墙、桩板式挡墙、锚杆(索)挡墙、加筋土挡墙、抗滑桩、锚喷防护、护坡
6	道路排水	排水沟、涵洞(盖板涵、箱涵、拱涵、管涵)、雨(污)水管道(渠)、检查井、雨水口、连接支管
7	绿化工程	分隔带绿化、路侧绿化、行道树、边坡绿化、互通立交区绿化
8	照明工程	灯杆、灯具、线路敷设、变配电安装、控制系统、安全保护
9	人行道	土基、基层(石灰粉煤灰稳定碎石基层、水泥稳定碎石基层)、素(彩)色人行道板预制及安装、无障碍设施、路缘石、树池
10	附属工程	防撞结构、隔离结构、防护结构、公交停车港、防眩屏、防声屏等

2.5 检验批可根据施工段(试验段)、质量控制和专业工程特点等进行划分。

3 工程质量验收

3.1 检验批质量验收合格应符合下列规定:

1)主控项目的质量检验应全部合格;

2)一般项目的平均检查合格率应大于80%,但任何一项的检查合格率不低于70%;

3)具有完整的施工操作依据和质量检查记录。

3.2 分项工程质量验收合格应符合下列规定:

1)分项工程所含检验批均应达到合格质量的规定;

2)分项工程所含检验批的质量验收记录应完整。

3.3 分部工程质量验收合格应符合下列规定:

1)分部工程所含分项工程的质量均应验收合格;

2)相关质量保证资料应完整;

3)涉及结构安全和使用功能的关键工序质量应按规定验收合格;

4)外观质量验收应符合要求。

3.4 单位工程质量验收合格应符合下列规定:

1)所含分部工程的质量均应验收合格;

2)施工质量保证资料应完整;

3)所含分部工程中关键工序验收资料应完整;

4)对实体量测的抽查结果应符合本规范规定要求;

5)外观质量验收应符合要求。

3.5　城市道路工程质量验收记录应符合下列规定：

1)检验批质量验收可按本规范附表2进行；

2)分项工程质量验收应按本规范附表3进行；

3)分部工程及关键工序质量验收应按本规范附表4进行；

4)单位工程质量验收：施工质量保证资料核查，实体量测的抽查，外观质量检查等应按本标准附表5进行。

3.6　城市道路工程质量竣工验收应符合下列规定：

1)所有单位工程质量均应验收合格；

2)单位工程质量验收中提出的整改项目已整改完毕；

3)竣工备案资料及归档资料应按规定整理齐全；

4)主要性能指标经抽查符合本规范的规定；

5)验收组对道路工程质量等级提出质量验收意见。

3.7　检验批施工质量不符合要求时，应按下列规定进行处理：

1)经返工重做的应重新进行验收；

2)经有资质的检测单位检测、鉴定达到设计要求的部分，应予以验收；

3)经有资质的检测单位检测、鉴定达不到设计要求，但经原设计单位核算认可能够满足结构安全和使用功能的部分，可予以验收。

3.8　经返修或加固处理的分项、分部工程，虽然改变外形尺寸但仍能满足安全使用要求，可按技术处理方案和协商文件进行验收。

3.9　通过返修或加固处理仍不能满足安全使用要求的分部工程、单位工程，严禁验收。

4　工程质量验收程序和组织

4.1　检验批及分项工程应由监理工程师组织施工单位项目技术负责人和专业质量负责人等进行验收。

4.2　分部工程和涉及结构安全及使用功能的关键工序工程，应由总监理工程师组织专业监理工程师、施工单位项目经理、技术负责人、有关专业设计负责人和建设单位代表等进行验收。

4.3　单位工程验收应由建设单位组织监理单位项目负责人、设计单位项目负责人、地质勘察单位项目负责人和施工单位项目经理等进行单位工程验收。

4.4　工程项目竣工验收应由建设单位组成验收组进行。验收组人员可由建设、设计、监理、施工、勘察等单位的有关负责人组成，亦可邀请相关专家参加。验收组组长应由建设单位有关负责人担任。

4.5　质量监督机构对工程竣工验收进行监督。重点对工程竣工验收的组织形式、验收程序、执行验收规范等情况实行监督，发现有违反建设工程质量监督管理规定行为的，责令改正。

4.6　当参加验收各方对工程质量验收意见不一致时，应由政府行政主管部门或工程质量监督机构协调，待意见一致后，重新组织工程竣工验收。

4.7　工程竣工验收合格后，建设单位应在规定时间内将工程竣工资料和有关文件，报建设行政管理部门备案。

附表1 施工现场质量管理检查记录表

开工日期: 编号:01

<table>
<tr><td colspan="2">工程名称</td><td>重庆市××区上海路立交桥工程</td><td>施工许可证(开工证)</td><td colspan="3">KA第2014002616号</td></tr>
<tr><td colspan="2">建设单位</td><td>重庆市××开发集团有限公司</td><td>项目负责人</td><td colspan="3">王××</td></tr>
<tr><td colspan="2">设计单位</td><td>重庆××市政设计院有限公司</td><td>设计负责人</td><td colspan="3">刘××</td></tr>
<tr><td colspan="2">监理单位</td><td>重庆××建设监理有限公司</td><td>总监理工程师</td><td colspan="3">王××</td></tr>
<tr><td colspan="2">施工单位</td><td>重庆××市政工程有限公司</td><td>项目经理</td><td>岳××</td><td>技术负责人</td><td>柳××</td></tr>
<tr><td>序号</td><td colspan="2">项 目</td><td colspan="4">内 容</td></tr>
<tr><td>1</td><td colspan="2">现场质量管理制度及管理体系</td><td colspan="4">质量例会制度;三检及交接检制度;月评比及奖罚制度;质量综合评审及奖惩制度。</td></tr>
<tr><td>2</td><td colspan="2">质量责任制</td><td colspan="4">岗位责任制;设计交底制;技术交底制;挂牌制度。</td></tr>
<tr><td>3</td><td colspan="2">主要专业工种操作上岗证书</td><td colspan="4">测量工、钢筋工、电焊工、架子工、木工、混凝土工等主要专业工种操作上岗证齐全,符合要求。</td></tr>
<tr><td>4</td><td colspan="2">分包方资质与对分包单位的管理制度</td><td colspan="4">在合同允许范围内组织分包,并且严格审查分包资质;总包单位建立合同管理分包单位制度。</td></tr>
<tr><td>5</td><td colspan="2">施工图审查情况</td><td colspan="4">施工图经设计交底,施工单位已确认。</td></tr>
<tr><td>6</td><td colspan="2">地质勘察资料</td><td colspan="4">地质勘察报告齐全。</td></tr>
<tr><td>7</td><td colspan="2">施工组织设计、施工方案及审批</td><td colspan="4">施工组织设计、施工方案编制及审批手续齐全。</td></tr>
<tr><td>8</td><td colspan="2">施工技术标准</td><td colspan="4">路基、路面、基层、挡土墙、模板、钢筋等30多种。</td></tr>
<tr><td>9</td><td colspan="2">工程质量检验制度</td><td colspan="4">原材料进场检验制度;抽样检验制度;检验批、分部分项工程检验制度等。</td></tr>
<tr><td>10</td><td colspan="2">仪器设备计量标定</td><td colspan="4">计量设备精度控制制度;搅拌站管理制度等。</td></tr>
<tr><td>11</td><td colspan="2">现场材料、设备存放与管理</td><td colspan="4">材料抽样检测及进场、出入场管理制度等。</td></tr>
<tr><td>12</td><td colspan="2">其他施工准备资料</td><td colspan="4">岗位职责、现场管理、安全管理等。</td></tr>
<tr><td colspan="7">检查结论:
通过上述项目的检查,项目部施工现场管理制度明确到位,质量责任制措施得力,主要专业工种操作上岗证书齐全,施工组织设计、主要施工方案逐级审批,现场工程质量检验制度齐全,现场材料、设备管理制度有效,施工平面布置、施工进度计划可行。现场管理、安全文明施工有效。
总监理工程师:安×× 2014年12月25日</td></tr>
</table>

说明：本表用于工程开工前总监理工程师或建设单位项目负责人对施工单位现场质量管理情况进行检查。

1.建设单位的“项目负责人”：应填与质量责任书一致的工程的项目负责人。

2.设计单位的“设计负责人”：应填与质量责任书一致的工程的项目负责人。

3.监理单位的“总监理工程师”：应填与质量责任书一致的工程的项目总监理工程师。

4.施工单位的“项目经理”、“技术负责人”：应填与质量责任书一致的工程的项目经理、项目技术负责人。

5.“现场质量管理制度及管理体系”：主要是图纸会审、设计交底、技术交底、施工组织设计编制批程序、工序交接、质量检查评定制度，质量好的奖励及达不到质量要求的处罚办法，以及质量例会制度及质量问题处理制度等。

6.“质量责任制”：各质量负责人的分工，各项质量责任的落实规定，定期检查及有关人员奖罚制度等。

7.“主要专业工种操作上岗证书”：起重、塔吊等垂直运输司机，测量工、钢筋、混凝土机械、焊工、瓦工、架子工、电工、管道工、防水工等工种。

8.“分包方资质与对分包单位的管理制度”：有分包时，总承包单位应有管理分包单位制度，主要是质量、技术的管理制度等。

9.“施工图审查情况”：是施工图审查机构出具的审查报告及审查报告中问题的落实情况，如果图纸是分批交出的话，施工图审查可分段进行。

10.“地质勘察资料”：有勘察资质的单位出具的经勘察审查机构审查合格的正式地质勘察报告，可供地下部分施工方案制定和施工组织总平面图编制时参考。

11.“施工组织设计、施工方案及审批”：检查编制程序、内容、有针对性的具体措施，应有编制单位、审核单位、批准单位，有贯彻执行的措施。

12.“施工技术标准”：是操作的依据和保证工程质量的基础，承建企业应有不低于国家质量验收规范的操作规程等企业标准。施工现场应使用的施工技术标准应齐备。

13.“工程质量检验制度”：包括三个方面的检验，一是原材料、设备进场检验制度；二是施工过程的试验报告；三是竣工后的抽查检测，应专门制订抽测项目、抽测时间、抽测单位等计划，应使监理、建设单位等知道。

14.“仪器设备计量标定”：主要是检查设置在工地搅拌站的计量设施的精确度、管理制度等内容。预拌混凝土或安装专业可不填。

15.“现场材料、设备存放与管理”：是为保持材料、设备质量必须有的措施。根据材料设备性能制订管理制度，建立相应的库房。

16.本表通常一个单位工程或一个工程的一个标段只查一次，如分段施工、人员更换或管理工作不到位时，可再次检查。

17.如总监理工程师或建设单位项目负责人检查验收不合格，施工单位必须限期改正否则不许开工。

附表2　城市道路工程检验批质量验收记录表

编号:02

<table>
<tr><td>单位工程名称</td><td colspan="5">重庆市××区上海路立交桥工程</td></tr>
<tr><td>分部工程名称</td><td colspan="5">重庆市××区上海路立交桥工程K1+000～K1+500路面工程</td></tr>
<tr><td>分项工程名称</td><td colspan="2">现浇混凝土桩基承台</td><td>验收部位</td><td colspan="2">K1+000～K1+500</td></tr>
<tr><td>施工单位</td><td colspan="2">重庆××市政工程有限公司</td><td>项目经理</td><td colspan="2">赵××</td></tr>
<tr><td>分包单位</td><td colspan="2">山东××城建开发公司一分公司</td><td>分包项目经理</td><td colspan="2">李××</td></tr>
<tr><td colspan="2">施工执行标准名称及编号</td><td colspan="4">重庆市《城市道路工程施工质量验收规范》DBJ 50-078—2008</td></tr>
<tr><td colspan="3">施工质量验收规范的规定</td><td colspan="2">施工单位检查评定记录</td><td>监理(建设)单位验收记录</td></tr>
<tr><td rowspan="8">主控项目</td><td>1</td><td></td><td colspan="2"></td><td></td></tr>
<tr><td>2</td><td></td><td colspan="2"></td><td></td></tr>
<tr><td>3</td><td></td><td colspan="2"></td><td></td></tr>
<tr><td>4</td><td></td><td colspan="2"></td><td></td></tr>
<tr><td>5</td><td></td><td colspan="2"></td><td></td></tr>
<tr><td>6</td><td></td><td colspan="2"></td><td></td></tr>
<tr><td>7</td><td></td><td colspan="2"></td><td></td></tr>
<tr><td>8</td><td></td><td colspan="2"></td><td></td></tr>
<tr><td rowspan="4">一般项目</td><td>1</td><td></td><td colspan="2"></td><td></td></tr>
<tr><td>2</td><td></td><td colspan="2"></td><td></td></tr>
<tr><td>3</td><td></td><td colspan="2"></td><td></td></tr>
<tr><td>4</td><td></td><td colspan="2"></td><td></td></tr>
<tr><td rowspan="2">施工单位检查评定结果</td><td>施工员</td><td></td><td>施工班组长</td><td colspan="2"></td></tr>
<tr><td colspan="5">检查情况:
经自检,主控项目、一般项目均符合设计要求和重庆市《城市道路工程施工质量验收规范》(DBJ 50-078—2008)要求,评定合格。
项目专职质量员:赵××
2015年2月26日</td></tr>
<tr><td>监理(建设)单位验收结论</td><td colspan="5">验收意见:
同意施工单位评定结果,验收合格,同意进行下道工序施工。
专业监理工程师:王××
2015年3月1日</td></tr>
</table>

说明:本表用于检验批质量验收。

1."验收部位":是验收的那个检验批的抽样范围,要标注清楚,如一标段K120+000段1号桩;K120+200~K120+360等。

2."施工执行标准名称及编号":施工操作工艺若是企业标准,企业标准应有编制人、批准人、批准时间、执行时间、标准名称及编号,填写表时只要将标准名称及编号填写上。

3."主控项目"、"一般项目"、"施工单位检查评定记录":对定量项目直接填写检查的数据;对定性项目原则上采用问答式填写,一一对应。

4."监理(建设)单位验收记录":对主控项目、一般项目应逐项进行验收。对符合验收规范规定的项目,填写"合格"或"符合要求",对不符合验收规范规定的项目,暂不填写,待处理后再验收,但应做标记。

5."主控项目"、"一般项目"、"施工单位检查评定记录"等可参照重庆市地方标准:《重庆市城市道路工程施工质量验收规范》(DBJ 50-078—2008)、《重庆市城市桥梁工程施工质量验收规范》(DBJ 50-086—2008)、《重庆市城市隧道工程施工质量验收规范》(DBJ 50-107—2010)、《重庆市城镇道路附属设施工程施工质量验收规范》(DBJ 50-128—2011)、《重庆市市政工程边坡及挡护结构施工质量验收规范》(DBJ 50-126—2011)、《重庆市城镇给水排水构筑物及管道工程施工质量验收规范》(DBJ 50 108—2010)等一系列施工验收标准规范。

6."施工单位检查评定结果":施工单位自行检查评定合格后,应注明"主控项目全部合格,一般项目满足规范规定要求"。专业质量检查员代表企业逐项检查评定合格,填写并清楚写明结果,签字后交监理工程师或建设单位项目专业技术负责人验收。

7."监理(建设)单位验收结论":主控项目、一般项目验收合格,混凝土、砂浆试件强度待试验报告出来后判定,其余项目已全部验收合格,注明"同意验收"。专业监理工程师(建设单位的专业技术负责人)签字。

附表3.1　道路工程分项工程质量验收记录表

编号:03

<table>
<tr><td>工程名称</td><td>××区道路工程</td><td>分部工程</td><td>混凝土工程</td><td>工序数</td><td>20</td></tr>
<tr><td>施工单位</td><td>××城建</td><td>项目经理</td><td>王××</td><td>技术负责人</td><td>李××</td></tr>
<tr><td>分包单位</td><td>××城建一公司</td><td>分包单位负责人</td><td>李××</td><td>分包项目经理</td><td>张××</td></tr>
<tr><td>序号</td><td>检验批名称</td><td colspan="2">施工单位检查评定结果</td><td colspan="2">监理单位验收意见</td></tr>
<tr><td>1</td><td>钢筋工程</td><td colspan="2">符合设计及规范要求。</td><td colspan="2" rowspan="11">符合设计及相关规范要求。</td></tr>
<tr><td>2</td><td>填方路基工程</td><td colspan="2">符合相关规定。</td></tr>
<tr><td>3</td><td>边坡挡护工程</td><td colspan="2">达到设计和规范要求。</td></tr>
<tr><td>4</td><td>砂石基层</td><td colspan="2">符合要求。</td></tr>
<tr><td>5</td><td>挖空桩施工</td><td colspan="2">符合设计要求和规范规定。</td></tr>
<tr><td>6</td><td>路面排水沟渠</td><td colspan="2">符合设计规范要求。</td></tr>
<tr><td>7</td><td>道路照明工程</td><td colspan="2">符合设计要求和施工规范。</td></tr>
<tr><td>8</td><td>×××</td><td colspan="2">×××。</td></tr>
<tr><td>9</td><td></td><td colspan="2"></td></tr>
<tr><td>10</td><td></td><td colspan="2"></td></tr>
<tr><td>11</td><td></td><td colspan="2"></td></tr>
<tr><td>检查结论</td><td colspan="2">经检查,该分项工程各检验批均符合设计及相关规范要求,该分项工程合格。

项目专业技术负责人:李××

2015年5月1日</td><td>验收结论</td><td colspan="2">经审查,该分项工程符合相关要求,合格。

专业监理工程师:黄××

2015年5月1日</td></tr>
</table>

说明:本表用于分项工程质量验收。

分项工程是在检验批验收合格的基础上进行,是一个统计表,没有实质性验收内容。一是检查检验批是否将整个工程覆盖了有没有漏掉的部位;二是检查有混凝土、砂浆强度要求的检验批,到龄期后能否达到规范规定;三是将检验批的资料统一,依次进行登记整理。

监理单位的专业监理工程师(或建设单位的专业负责人)应逐项审查,同意项填写"合格或符合要求",不同意项暂不填写,待处理后再验收,但应做标记。

附表3.2 道路工程分部工程质量验收记录表

编号:04

<table>
<tr><td>工程名称</td><td>××区道路工程</td><td>结构类型</td><td>道路</td><td>部位名称</td><td>K1+000～K1+500</td></tr>
<tr><td>施工单位</td><td>××城建一公司</td><td>项目经理</td><td>王××</td><td>质量部门负责人</td><td>叶××</td></tr>
<tr><td>序号</td><td>分项工程名称</td><td>检验批数</td><td colspan="2">施工单位检查评定结果</td><td>验收意见</td></tr>
<tr><td>1</td><td>路基处理工程</td><td>6</td><td colspan="2">符合要求。</td><td rowspan="6">各分项工程符合设计及规范要求,同意验收。</td></tr>
<tr><td>2</td><td>道路基层水泥混凝土工程</td><td>8</td><td colspan="2">验收合格。</td></tr>
<tr><td>3</td><td>道路路面混凝土工程</td><td>10</td><td colspan="2">合格。</td></tr>
<tr><td>4</td><td>道路绿化工程</td><td>5</td><td colspan="2">符合相关要求。</td></tr>
<tr><td>5</td><td>给水排水工程</td><td>4</td><td colspan="2">验收合格。</td></tr>
<tr><td>6</td><td>附属设施工程</td><td>4</td><td colspan="2">符合规范要求。</td></tr>
<tr><td colspan="2">质量保证资料</td><td colspan="3">工程质量保证资料符合相关要求,同意验收。</td><td>同意验收。</td></tr>
<tr><td colspan="2">关键工序验收</td><td colspan="3">工程安全和主要功能检验符合要求,同意验收。</td><td>同意验收。</td></tr>
<tr><td colspan="2">外观质量验收</td><td colspan="3">观感质量符合要求,同意验收。</td><td>同意验收。</td></tr>
<tr><td colspan="2">施工单位</td><td colspan="4">项目经理:经检查,各分项工程符合设计和施工规范要求。 2015年5月20日</td></tr>
<tr><td colspan="2">监理单位</td><td colspan="4">总监理工程师:符合规范和相关要求,同意验收。 2015年5月25日</td></tr>
</table>

说明:本表用于分部(子分部)工程质量验收。

1."分项工程名称":按分项工程第一个检验批施工先后的顺序,将分项工程名称填写上,在第二格栏内分别填写各分项工程实际的检验批数量,并将各分项工程评定表按顺序附在表后。

2."施工单位检查评定结果":填写施工单位自行检查评定的结果。自检符合要求的打"√"标注。否则打"×"标注。监理单位或建设单位由总监理工程师或建设单位项目专业技术负责人组织审查,符合要求后,在验收意见栏内签注"同意验收"意见。

3."质量保证资料":验收的分部(子分部)工程的质量控制资料项目,按资料核查的要求,逐项进行核查。全部项目都通过,即可在施工单位检查评定栏内打"√"标注检查合格。监理单位总监理工程师组织审查,在符合要求后,在验收意见栏内签注"同意验收"意见。

4."关键工序验收":检测内容按单位(子单位)工程安全和功能检验资料核查及主要功能抽查记录中相关内容确定摸查和抽查项目。每个检测项目都通过审查,即可在施工单位检查评定栏内打"√"标注检查合格。由项目经理送监理单位或建设单位验收,监理单位总监理工程师或建设单位项目专业负责人组织审查,符合要求在验收意见栏内签注"同意验收"意见。

5."外观质量验收":由施工单位项目经理组织进行现场检查,经检查合格将施工单位填写的内容填写好后,由项目经理签字交监理单位或建设单位验收。监理单位由总监理工程师或建设单位项目专业负责人组织验收,质量评价为好、一般、差。验收评价结论填写在分部(子分部)工程观感质量验收意见栏。

6.验收单位签字认可。参与工程建设单位的有关人员应亲自签名,以示负责,以便追查质量责任。

勘察单位可只签认地基基础分部(子分部)工程,由项目负责人亲自签认;

设计单位可只签路基、道路排水等重要分部(子分部)工程,由项目负责人亲自签认;

施工单位总承包单位必须签认,由项目经理亲自签认,有分包单位的也必须签认其分包的分部(子分部)工程,由分包项目经理亲自签认;

监理单位作为验收方,由总监理工程师亲自签认验收。如果按规定不委托监理单位的工程,可由建设单位项目专业负责人亲自签认验收。

路基、基层、道路排水等重要的分部(子分部)工程,验收合格后,验收单位应在签字栏加盖公章。

附表4.1　道路工程关键工序质量验收记录表

编号:05

<table>
<tr><td colspan="2">工程(标段)名称</td><td colspan="2">××区城市道路K1+000～K20+000合同段</td></tr>
<tr><td colspan="2">单位工程名称</td><td colspan="2">重庆市××区环城路城市道路K1+000～K20+000合同段</td></tr>
<tr><td colspan="2">部位(工序)名称</td><td colspan="2">××区城市道路K1+000～K20+000合同段</td></tr>
<tr><td colspan="2">验收范围(桩号)</td><td colspan="2">K1+000～K20+000:Z1-Z120</td></tr>
<tr><td colspan="2">验收日期</td><td colspan="2">2015年6月20日</td></tr>
<tr><td>序号</td><td>关键工序名称</td><td>检查项目名称</td><td>检查情况</td></tr>
<tr><td rowspan="2">1</td><td rowspan="2">水泥混凝土路面</td><td>路基填筑、道路基层</td><td>符合规范要求。</td></tr>
<tr><td>混凝土路面、面层</td><td>验收合格。</td></tr>
<tr><td rowspan="2">2</td><td rowspan="2">道路边坡挡护工程</td><td>重力式挡土墙</td><td>符合相关要求。</td></tr>
<tr><td>锚喷防护</td><td>验收合格。</td></tr>
<tr><td rowspan="2">3</td><td rowspan="2">道路排水</td><td>排水检查井</td><td>符合规范规定。</td></tr>
<tr><td>道路边沟</td><td>验收合格。</td></tr>
<tr><td rowspan="2">质量验收意见</td><td colspan="2">施工单位自检意见:
经检查,以上所列关键工序内容符合设计和相关规范要求,自检合格。
项目技术负责人:王××
项目经理:史××
2015年6月2日</td><td>监理单位意见:
经审查,所列关键工序符合相关要求,合格。
总监理工程师:×××
2015年6月2日</td></tr>
<tr><td colspan="2">设计单位意见:
符合设计要求和相关规范规定。
设计负责人:李××
2015年6月2日</td><td>建设单位意见:
同意验收合格。
项目负责人:×××
2015年6月2日</td></tr>
</table>

说明：

1.关键工序质量验收应由总监理工程师组织施工项目技术负责人及建设单位,设计单位有关专业设计负责人等进行验收,并按本表记录。关键工序质量验收汇总由总监理工程师负责。

2.单位工程质量验收合格应符合下列规定：

(1)所含分部工程的质量均应验收合格；

(2)施工质量保证资料应完整；

(3)所含分部工程中关键工序验收资料应完整；

(4)对实体量测的抽查结果应符合本规范规定要求；

(5)外观质量验收应符合要求。

附表4.2　道路工程关键工序质量验收汇总记录表

编号:06

<table>
<tr><td colspan="2">单位工程名称</td><td colspan="5">重庆市××区环城路城市道路K1+000～K20+000合同段</td></tr>
<tr><td colspan="2">验收基本情况</td><td colspan="5">关键工序6项，组织验收2次，有验收记录12 份</td></tr>
<tr><td rowspan="2">序号</td><td rowspan="2">关键工序名称</td><td rowspan="2">验收日期</td><td colspan="4">验收评定意见</td></tr>
<tr><td>施工单位</td><td>监理单位</td><td>设计单位</td><td>建设单位</td></tr>
<tr><td>1</td><td>石质路基施工</td><td>2015年5月20日</td><td>合格</td><td>合格</td><td>合格</td><td>合格</td></tr>
<tr><td>2</td><td>水泥混凝土面层</td><td>2015年5月20日</td><td>合格</td><td>合格</td><td>合格</td><td>合格</td></tr>
<tr><td>3</td><td>重力挡土墙施工</td><td>2015年5月20日</td><td>合格</td><td>合格</td><td>合格</td><td>合格</td></tr>
<tr><td>4</td><td>道路排水检查井</td><td>2015年5月21日</td><td>合格</td><td>合格</td><td>合格</td><td>合格</td></tr>
<tr><td>5</td><td>道路边坡绿化</td><td>2015年5月21日</td><td>合格</td><td>合格</td><td>合格</td><td>合格</td></tr>
<tr><td>6</td><td>照明路灯安装</td><td>2015年5月21日</td><td>合格</td><td>合格</td><td>合格</td><td>合格</td></tr>
<tr><td>7</td><td></td><td></td><td></td><td></td><td></td><td></td></tr>
<tr><td>8</td><td></td><td></td><td></td><td></td><td></td><td></td></tr>
<tr><td>9</td><td></td><td></td><td></td><td></td><td></td><td></td></tr>
<tr><td>10</td><td></td><td></td><td></td><td></td><td></td><td></td></tr>
<tr><td></td><td colspan="6">经核查关键工序记录，以上关键工序均合格，同意验收合格。

总监理工程师：张××

（盖章）　　　　2015年5月21日</td></tr>
</table>

1.关键工序质量验收应由总监理工程师组织施工项目技术负责人及建设单位，设计单位有关专业设计负责人等进行验收，并按道路工程关键工序质量验收汇总记录表记录。关键工序质量验收汇总由总监理工程师负责。

2.单位工程质量验收合格应符合下列规定：

(1)所含分部工程的质量均应验收合格；

(2)施工质量保证资料应完整；

(3)所含分部工程中关键工序验收资料应完整；

(4)对实体量测的抽查结果应符合本规范规定要求；

(5)外观质量验收应符合要求。

附表5.1 单位工程竣工质量验收汇总记录表

编号:07

<table>
<tr><td colspan="2">工程名称</td><td colspan="2">重庆市××区环城路城市道路工程</td><td>工程造价</td><td colspan="2">12006万</td></tr>
<tr><td colspan="2">施工单位</td><td colspan="2">济南××集团一分公司</td><td>单位责任人</td><td colspan="2">王××</td></tr>
<tr><td colspan="2">项目经理</td><td colspan="2">张××</td><td>竣工日期</td><td colspan="2">2015年6月1日</td></tr>
<tr><td>序号</td><td>项目</td><td colspan="2">验收记录</td><td colspan="3">验收结论</td></tr>
<tr><td>1</td><td>分部工程</td><td colspan="2">共16分部,检查16分部,符合标准和设计要求16分部。</td><td colspan="3">经各专业分部工程验收,工程质量符合验收标准,同意验收。</td></tr>
<tr><td>2</td><td>质量保证资料</td><td colspan="2">共35项,经审查符合要求35项,经核定符合规范要求35项。</td><td colspan="3">质量控制资料经核查共35项,均符合设计和相关规范要求,同意验收。</td></tr>
<tr><td>3</td><td>关键部分(工序)核查及抽查结果</td><td colspan="2">共12项,检查12项,符合标准和相关规范12项。</td><td colspan="3">符合相关规范要求,合格。</td></tr>
<tr><td>4</td><td>外观质量验收</td><td colspan="2">共检查8项,符合要求8项,不合格项为0项。</td><td colspan="3">观感质量验收合格。</td></tr>
<tr><td>5</td><td>综合验收结论</td><td colspan="2">符合验收规范和设计要求。</td><td colspan="3">各项质量验收符合要求,合格。</td></tr>
<tr><td rowspan="2">参加验收单位</td><td>建设单位</td><td>监理单位</td><td>施工单位</td><td colspan="2">设计单位</td><td>地勘单位</td></tr>
<tr><td>(公章)
单位(项目)负责人
2015年5月1日</td><td>(公章)
总监理工程师
2015年5月1日</td><td>(公章)
单位负责人
2015年5月1日</td><td colspan="2">(公章)
项目负责人
2015年5月1日</td><td>(公章)
项目负责人
2015年5月1日</td></tr>
</table>

说明:本表用于单位(子单位)工程质量竣工验收。

1.“分部工程”:由施工单位的项目经理组织有关人员逐个分部(子分部)进行检查评定。注明共验收几个分部,经验收符合标准及设计要求的几个分部。审查验收的分部工程全部符合要求,由监理单位在验收结论栏内写上“同意验收”的结论。

2.“质量保证资料”:先由施工单位检查合格,再提交监理单位验收。将各子分部工程审查的资料逐项进行统计,填入验收记录栏内。由总监理工程师或建设单位项目负责人组织审查符合要求后,在验收记录栏内填写项数。在验收结论栏内写上“同意验收”的意见。同时在单位(子单位)工程质量竣工验收记录表中的序号2栏内的验收结论栏内填“同意验收”。

3.“关键部分(工序)核查及抽查结果”:一是在分部(子分部)进行了安全和功能检测的项目,要核查其检测报告结论是否符合设计要求。二是在单位工程进行的安全和功能抽测报告的结论是否达到设计要求及规范规定,由施工单位检查评定合格,再提交验收,由总监理工程师或建设单位项目负责人组织审查,按项目逐个进行核查验收。然后统计核查的项数和抽查的项数,填入验收记录栏,并分别统计符合要求的项数,分别填入验收记录栏相应的空档内。由总监理工程师或建设单位项目负责人在验收结论栏内填写“同意验收”的结论。如果返工处理后仍达不到设计要求,就要按不合格处理程序进行处理。

4.“外观质量验收”:按核查的项目数及符合要求的项目数填写在验收记录栏内,如果没有影响结构安全和使用功能的项目,由总监理工程师或建设单位项目负责人为主导意见,评价好、一般、差,则不论评价为好、一般、差的项目,都可作为符合要求的项目。由总监理工程师或建设单位项目负责人在验收结论栏内填写“同意验收”的结论。如果有不符合要求的项目,就要按不合格处理程序进行处理。

5.“综合验收结论”:由项目经理组织有关人员对验收内容逐项进行查对,并将表格中应填写内容进行填写,自检评定符合要求后,在验收记录栏内填写各有关项数,交建设单位组织验收。验收时,在建设单位组织下,由建设单位相关专业人员及监理单位专业监理工程师和设计单位、施工单位相关人员分别核查验收有关项目,并由监理工程师组织进行现场观感质量检查。经各项目审查符合要求时,由监理单位或建设单位在“验收结论”栏内填写“同意验收”的意见。各栏均同意验收且经各参加检验方共同同意商定后,由建设单位填写“质量验收结论”,可填写为“通过验收”。

6.“参加验收单位”签名:设计单位、施工单位、监理单位、建设单位都同意验收时,其各单位的单位项目负责人要亲自签字,以示对工程质量的负责,并加盖单位公章,注明签字验收的年月日。

附表5.2　单位工程质量保证资料检查记录表

编号:08

工程名称	重庆市××区环城路城市道路K1+000～K20+000合同段					
施工单位	山东××集团第一分公司					
序号	检查项目	检查内容	检查情况	评价意见		
				好	中	差
1	主体结构技术质量试验资料	1.路基压实度;2.路面各层压实度(密度);3.水泥混凝土强度;4.沥青混合料中的沥青含量;5.抗拔力试验资料。	技术质量试验资料齐全,符合要求。	√		
2	原材料试验,各种预制件质量资料合格证明	1.水泥、钢材、砂、石、砖等原材料、半成品合格证书及试验资料;2.各种预制件合格证书及试验资料;3.预应力张拉设备定期检验资料。	符合规定和相关要求,齐全有效。	√		
3	工程总体质量综合试验资料	道路弯沉试验。	资料齐全有效。	√		
4	关键工序验收记录	记录资料齐全、真实,抽查内容征求,参建各方签字手续齐备。	符合要求,有效。	√		
5	工程质量验收记录	检验批、分项、分部、单位工程质量记录资料齐全,填写正确、真实、手续齐备。	资料齐全,有效。	√		
6	质量事故处理	报告、处理结案及时,有质监部门认可。	及时有效。	√		
7	施工组织设计技术交底	有质量目标、措施、落实情况、环保,文明施工安全,节约及专项方案设计,审批完备,设计交底,施工技术交底齐备等。	资料完备,符合相关规范要求和规定。	√		
8	洽商记录及竣工图	洽商、记录、变更齐全,有编号,手续及时完备;竣工图清晰完整,与实际相符。	符合规范要求。	√		
9	测量复核记录	控制点、基准线、水准点的放复记录,有放必复。	准确,有效,记录全。	√		
检查人员	张××		检查日期	2015年5月20日		
检查结论:各项目资料齐全,试验、检验记录符合要求,各项记录反映过程控制实际情况,符合相关规范要求规定。同意竣工验收。 总监理工程师(或建设项目负责人):邱××　　2015年5月25日						

说明:本表用于单位工程质量保证资料核查。

1.总承包单位应将各分部、子分部工程应有的质量保证资料进行核查,包括图纸会审及变更记录、定位测量放线记录、施工操作依据,原材料、构配件等质量证书、按规定进行检验的检测报告、隐蔽工程验收记录,施工中有关施工试验、测试、检验等,以及抽样检测项目的检测报告等。其目的是强调工程结构、设备性能、使用功能方面主要技术性能的检验。

2.质量保证资料主要是判定其是否能够反映保证结构安全和主要使用功能是否达到设计要求,所以规定质量保证资料应完整。

3.验收检查(抽查)记录由检查人员填写,“检查结论”由总监理工程师或建设单位项目负责人填写。

4.单位工程应按下列原则进行划分:

(1)具有独立施工条件及使用功能的为一个单位工程;

(2)路面工程可以为一个或多个单位工程。

5.单位工程质量验收合格应符合下列规定:

(1)所含分部工程的质量均应验收合格;

(2)施工质量保证资料应完整;

(3)所含分部工程中关键工序验收资料应完整;

(4)对实体量测的抽查结果应符合本规范规定要求;

(5)外观质量验收应符合要求。

附表6.1　单位工程实体量测抽查记录(水泥混凝土道路)

编号:09

工程名称		重庆市××区环城路城市道路K1+000～K20+000合同段												
施工单位		山东××集团第一分公司												
抽查范围		K1+000～K20+000						长度				200km		
主控项目	抽查项目	规定值及允许偏差	实测频率		各实测点偏差(mm)							应检点数	合格点数	合格率(%)
			范围	点数	1	2	3	4	5	6	7			
	板厚度	−5mm	每工程	3	−5	−8	−2	−3				4	4	100
	平整度	σ=1.8或2.5(H=5)mm	每车道	1	6	2	1	9	9	8		6	6	100
一般项目	宽度	0,+20mm	40m	1	√	√	√	√	√			5	5	100
	中线高程	±10mm或±15mm	20m	1	7	2	5	−2	3	6		6	6	100
	横坡	±0.15%或±2.5%且≤10mm	每车道20m	1	+0.1	+0.2						2	2	100
	纵缝顺直度	10m	100m缝长	1	8	7	9	1	2			5	5	100
	横缝顺直度	5mm	40m	1	3	2	1	2	2			5	5	100
	井框与路面差	3mm	座	1	2	1	2	2	2			5	5	100
	侧石直顺度	≤5mm	100m	1	4	2	3	4	2			5	5	100
	人行道平整度	≤3mm	20m	1										
	人行道横坡	±0.3%	20m	1	+0.1	+0.2						2	2	100
	人行道井框与路面差	≤3mm	座	1	2	1	1	2	2			5	5	100

检查结论:实体测量抽查项目符合验收规范规定及要求。　　　　2015年5月20日

说明：

1.验收检查(抽查)记录由检查人员填写,检查结论由总监理工程师填写。

2.单位工程应按下列原则进行划分：

(1)具有独立施工条件及使用功能的为一个单位工程；

(2)路面工程可以为一个或多个单位工程。

3.单位工程质量验收合格应符合下列规定：

(1)所含分部工程的质量均应验收合格；

(2)施工质量保证资料应完整；

(3)所含分部工程中关键工序验收资料应完整；

(4)对实体量测的抽查结果应符合规范规定要求；

(5)外观质量验收应符合要求。

4.城市道路工程质量验收记录应符合下列规定：

(1)检验批质量验收可按规范进行；

(2)分项工程质量验收应按规范进行；

(3)分部工程及关键工序质量验收应按规范进行；

(4)单位工程质量验收：施工质量保证资料核查,实体量测的抽查,外观质量检查等按标准进行。

附表6.2 单位工程实体量测抽查记录(沥青混凝土道路)

编号:10

工程名称		重庆市××区环城路城市道路K1+000～K20+000合同段												
施工单位		山东××集团第一分公司												
抽查范围		K1+000～K20+000					长度				200km			
	抽查项目	规定值及允许偏差	实测频率		各实测点偏差(mm)							应检点数	合格点数	合格率(%)
			范围	点数	1	2	3	4	5	6	7			
主控项目	压实度	≥96%或≥95%(SMA≥98%)	每工程	≥3	98	99	99	98	99			5	5	100
	厚度	−10%或−5% −5mm	每工程	≥3	−5	−8	−2	−3				4	4	100
	平整度	σ=1.8或2.0mm *H*=3.5mm	20m	每车道1	6	2	1	9	9	8		6	6	100
	弯沉度	符合设计	20m	每车道1	√	√	√	√	√	√		6	6	100
一般项目	宽度	0，20或+30mm	40m	1	√	√	√	√	√			5	5	100
	中线高程	±15mm或±20mm	20m	1	7	2	5	−2	3	6		6	6	100
	横坡	±0.3%或±5%且≤10mm	20m	每车道1	+0.1	+0.2						2	2	100
	井框与路面差	≤4mm或≤5mm	每座	1	2	3	1	4				4	4	100
	侧石直顺度	≤5mm	100m	1	3	3	2	2	4	3		6	6	100
	人行道平整度	≤3mm	20m	1	2	2	1	2	2	1		6	6	100
	人行道横坡	±0.3%	20m	1	+0.2	+0.1						2	2	100
	人行道井框与路面差	≤3mm	座	1	2	1	2	1	2	1		6	6	100
检查结论:实体测量抽查项目符合验收规范规定及要求。											2015年5月20日			

说明：

1.验收检查(抽查)记录由检查人员填写,检查结论由总监理工程师填写。

2.单位工程应按下列原则进行划分：

(1)具有独立施工条件及使用功能的为一个单位工程；

(2)路面工程可以为一个或多个单位工程。

3.单位工程质量验收合格应符合下列规定：

(1)所含分部工程的质量均应验收合格；

(2)施工质量保证资料应完整；

(3)所含分部工程中关键工序验收资料应完整；

(4)对实体量测的抽查结果应符合本规范规定要求；

(5)外观质量验收应符合要求。

4.城市道路工程质量验收记录应符合下列规定：

(1)检验批质量验收可按规范进行；

(2)分项工程质量验收应按规范进行；

(3)分部工程及关键工序质量验收应按规范进行；

(4)单位工程质量验收：施工质量保证资料核查,实体量测的抽查,外观质量检查等按标准进行。

附表6.3 单位工程外观质量检查记录(水泥混凝土道路)

编号:11

工程名称	重庆市××区环城路城市道路K1+000~K20+000合同段				
施工单位	山东××集团第一分公司				
检查项目	检查内容	检查情况	评价意见		
			好	中	差
水泥混凝土面层	1.板面平整、边角整齐,无裂缝,不得有脱皮、积水、蜂窝、麻面等现象	板面平整,边角整齐。	√		
	2.伸缩缝必须垂直,贯通,线直弯顺,灌缝饱满、密实,缝内无杂物	线直平顺,符合要求。	√		
	3.横坡顺直,无凹坑,积水,拉毛或刻痕符合设计要求	横坡顺直,符合要求。	√		
侧平石	1.侧平石必须稳固,线直弯顺,顶面平整、无错牙、侧石钩缝饱满、密实、光洁。缘石不得阻水	稳固,平整。符合规范要求。	√		
	2.侧石背后填土必须密实	填土密实	√		
人行道	1.铺设必须平整、稳定,灌缝饱满,无翘动、断块现象	平整,稳固,符合规范要求。	√		
	2.横坡顺平,无积水、反坡现象,与其他构筑物衔接和顺	横坡顺平,符合规范要求。	√		
检查井与收水井	1.路面与井接顺,无跳车现象	接顺平直,符合要求。	√		
	2.收水井内壁抹面平整,不得起壳、裂缝	抹面平整。	√		
	3.井内无垃圾杂物,井圈及支管回填满足路面要求	符合规范要求。	√		
	4.框盖完整无损,安装平整、位置正确	符合规范要求。	√		
检查人员	李××	检查日期	2015年5月20日		

检查意见:

该工程外观质量检查符合相关规范要求,观感质量综合评价为"好",同意验收。

总监理工程师(或建设项目负责人): 2015年5月25日

说明：

1.验收检查(抽查)记录由检查人员填写，检查结论由总监理工程师填写。

2.单位工程应按下列原则进行划分：

(1)具有独立施工条件及使用功能的为一个单位工程；

(2)路面工程可以为一个或多个单位工程。

3.单位工程质量验收合格应符合下列规定：(1)所含分部工程的质量均应验收合格；

(2)施工质量保证资料应完整；

(3)所含分部工程中关键工序验收资料应完整；

(4)对实体量测的抽查结果应符合本规范规定要求；

(5)外观质量验收应符合要求。

4.城市道路工程质量验收记录应符合下列规定：

(1)检验批质量验收可按本章附表2进行；

(2)分项工程质量验收应按规范进行；

(3)分部工程及关键工序质量验收应按规范进行；

(4)单位工程质量验收：施工质量保证资料核查，实体量测的抽查，外观质量检查等按标准进行。

5.观感质量检查不是单纯的外观检查、而是实地对工程的一个全面检查，核实质量控制资料，核查分项、分部工程验收的正确性，对在分项工程中不能检查的项目进行检查等。观感质量的验收方法和内容与分部、子分部工程的观感质量评价一样，评价时，要在现场由参加检查验收的监理工程师共同确定，并由总监理工程师签认，总监理工程师的意见应有主导性。"检查意见"由总监理工程师或建设单位项目负责人填写。

附表6.4　单位工程外观质量检查记录(沥青混凝土道路)

编号:12

工程名称	重庆市××区环城路城市道路K1+000～K20+000合同段				
施工单位	山东××集团第一分公司				
检查项目	检查内容	检查情况	评价意见		
			好	中	差
沥青混凝土面层	1.面层平整、密实、无泛油、推挤、松散、裂缝及粗料明显离析等现象	板面平整,边角整齐。	√		
	2.接茬应紧密、平顺,烫缝不焦枯	线直平顺,符合要求。	√		
	3.面层与路缘及其他构筑物应接顺,不得有积水现象	横坡顺直,符合要求。	√		
侧平石	1.侧平石必须稳固,线直弯顺,顶面平整、无错牙、侧石钩缝饱满、密实、光洁。缘石不得阻水	稳固,平整。符合规范要求。	√		
	2.侧石背后填土必须密实	填土密实	√		
人行道	1.铺设必须平整、稳定,灌缝饱满,无翘动、断块现象	平整,稳固,符合规范要求。	√		
	2.横坡顺平,无积水、反坡现象,与其他构筑物衔接和顺	横坡顺平,符合规范要求。	√		
检查井与收水井	1.路面与井接顺,无跳车现象	接顺平直,符合要求。	√		
	2.收水井内壁抹面平整,不得起壳、裂缝	抹面平整。	√		
	3.井内无垃圾杂物,井圈及支管回填满足路面要求	横坡顺直,符合要求。	√		
	4.框盖完整无损,安装平整、位置正确	符合规范要求。	√		
检查人员	李××	检查日期	2015年5月20日		

检查意见:

该工程外观质量检查符合相关规范要求,观感质量综合评价为"好",同意验收。

总监理工程师(或建设项目负责人):王××　　　　2015年5月25日

说明：

1.验收检查(抽查)记录由检查人员填写，检查结论由总监理工程师填写。

2.单位工程应按下列原则进行划分：

(1)具有独立施工条件及使用功能的为一个单位工程；

(2)路面工程可以为一个或多个单位工程。

3.单位工程质量验收合格应符合下列规定：

(1)所含分部工程的质量均应验收合格；

(2)施工质量保证资料应完整；

(3)所含分部工程中关键工序验收资料应完整；

(4)对实体量测的抽查结果应符合本规范规定要求；

(5)外观质量验收应符合要求。

4.城市道路工程质量验收记录应符合下列规定：

(1)检验批质量验收按规范进行；

(2)分项工程质量验收应按规范进行；

(3)分部工程及关键工序质量验收应按规范进行；

(4)单位工程质量验收：施工质量保证资料核查，实体量测的抽查，外观质量检查等按标准进行。

5.观感质量检查不是单纯的外观检查、而是实地对工程的一个全面检查，核实质量控制资料，核查分项、分部工程验收的正确性，对在分项工程中不能检查的项目进行检查等。观感质量的验收方法和内容与分部、子分部工程的观感质量评价一样，评价时，要在现场由参加检查验收的监理工程师共同确定，并由总监理工程师签认，总监理工程师的意见应有主导性。“检查意见”由总监理工程师或建设单位项目负责人填写。

附7　重庆市《城市道路工程施工质量验收规范》DBJ 50-078—2008附录K 水泥混凝土抗压强度评定

K.0.1　评定水泥混凝土的抗压强度，应以标准养生28d龄期的试件为准。试件为边长150mm的立方体。试件3件为1组，制取组数应符合下列规定：

1　不同强度等级及不同配合比的混凝土应在浇筑地点或拌和地点分别随机制取试件。

2　浇筑一般体积的结构物(如基础、墩台等)时，每一单元结构物应制取2组。

3　连续浇筑大体积结构时，每80～200m³或每一工作班应制取2组。

4　上部结构，主要构件长16m以下应制取1组，16～30m制取2组，31～50m制取3组，50m以上者不少于5组。小型构件每批或每工作班至少应制取2组。

5　每根钻孔桩至少应制取2组；桩长20m以上者不少于3组；桩径大、浇筑时间很长时，不少于4组。如换工作班时，每工作班应制取2组。

6　挡土墙每座、每处或每工作班制取不少于2组。当原材料和配合比相同、并由同一拌和站拌制时，可几座或几处合并制取2组。

7　应根据施工需要，另制取几组与结构物同条件养生的试件，作为拆模、吊装、张拉预应力、承受荷载等施工阶段的强度依据。

K.0.2　水泥混凝土抗压强度的合格标准

1　试件≥10组时，应以数理统计方法按下述条件评定：

$$R_n - K_1 S_n \geq 0.9R$$

$$R_{min} \geq K_2 R$$

$$S_n = \sqrt{\frac{\sum R_i^2 - nR_n^2}{n-1}}$$

式中：n——同批混凝土试件组数；

R_n——同批n组试件强度的平均值(MPa)；

S_n——同批n组试件强度的标准差(MPa)，当$S_n < 0.06R$时，取$S_n = 0.06R$；

R——混凝土设计强度等级(MPa)；

R_{min}——n组试件中强度最低一组的值(MPa)；

K_1、K_2——合格判定系数，见附表K。

附表K　K1、K2的值

n	10～14	15～24	≥25
K_1	1.70	1.65	1.60
K_2	0.9	0.85	

2　试件＜10组时，可用非统计方法按下述条件进行评定：

$$R_n \geq 1.15R$$

$$R_{min} \geq 0.95R$$

K.0.3　实测项目中，水泥混凝土抗压强度评为不合格时相应分项工程为不合格。

K.0.4　喷射混凝土抗压强度是指在喷射混凝土板件上，切割制取边长为100mm的立方体试件，在标准养护条件下养生至28d，用标准试验方法测得的极限抗压强度，乘以0.95的系数。

K.0.5　每喷射50~100m^3混合料或小于50m^3混合料的独立工程，不得少于1组。材料或配合比变更时需重新制取试件。

K.0.6　喷射混凝土强度的合格标准

1　同批试件组数 $n \geq 10$ 时

试件抗压强度平均值不低于设计值；

任一组试件抗压强度不低于0.85设计值。

2　同批试件组数 $n < 10$ 时

试件抗压强度平均值不低于1.05设计值；

任一组试件抗压强度不低于0.9设计值。

K.0.7　实测项目中，喷射混凝土抗压强度评为不合格时相应分项工程为不合格。

附8 重庆市《城市道路工程施工质量验收规范》DBJ 50-078—2008附录L 水泥砂浆强度评定

L.0.1 评定水泥砂浆的强度,应以标准养生28d的试件为准。试件为边长70.7mm的立方体。试件6件为1组,制取组数应符合下列规定:

1 不同强度等级及不同配合比的水泥混凝土应分别制取试件,试件应随机制取,不得挑选。

2 重要及主体砌筑物,每工作班制取2组。

3 一般及次要砌筑物,每工作班可制取1组。

L.0.2 水泥砂浆强度的合格标准

1 同强度等级试件的平均强度不低于设计强度等级。

2 任意一组试件的强度最低值不低于设计强度等级的75%。

L.0.3 实测项目中,水泥砂浆强度评为不合格时相应分项工程为不合格。

附9 重庆市《城市道路工程施工质量验收规范》DBJ 50-078—2008附录J 水泥混凝土弯拉强度评定

J.0.1 水泥混凝土弯拉强度的试验应采用150mm×150mm×550mm标准小梁，标准养生龄期为28d。每组3个试件的平均值作为一个统计数据。

J.0.2 水泥混凝土弯拉强度的合格标准

1 试件数大于10组时，平均弯拉强度应为：

$$f_{cs} \geqslant fr + K\sigma$$

式中：f_{cs}——混凝土合格判定平均弯拉强度（MPa）；

f_r——设计弯拉强度标准值（MPa）

K——合格判定系数（见附表J）；

σ——强度标准差。

附表J 合格判定系数

试件组数 n	11～14	15～19	≥20
合格判定系数K	0.75	0.70	0.65

当试件组数为11～19组时，允许有一组最小弯拉强度小于0.85 f_r，但不得小于0.80 [fr]。当试件组数大于20组时，允许有一组最小弯拉强度小于0.85 f_r，但不得小于0.75 f_r；城市快速路和主干道均不得小于0.85 f_r。

2 试件组数等于或少于10组时，试件平均温度不得小于1.10 f_r，任一组强度均不得小于0.85 f_r。

附10 重庆市《城市道路工程施工质量验收规范》DBJ 50-078—2008附录F 路基、路面压实度评定

F.0.1 路基和路面基层、底基层的压实度以重型击实为准。沥青层压实度以《公路沥青路面施工技术规范》(JTG F40—2004)的规定为准。

F.0.2 标准密度应作平行试验,求其平均值作为现场检验的标准值。对于均匀性差的路基土质和路面结构层材料,应根据实际情况增补标准密度试验,求得相应的标准值,以控制和检验施工质量。

F.0.3 路基、路面压实度以1~3km长的路段为检验评定单元,按各有关章节要求的检测频率进行现场压实度抽样检查,求算每一测点的压实度。细粒土现场压实度检查可以采用灌砂法或环刀法;粗粒土及路面结构层压实度检查可以采用灌砂法、水袋法或钻孔取样蜡封法。应用核子密度仪时,须经对比试验检验,确认其可靠性。

检验评定段的压实度代表值K(算术平均值的下置信界限)为:

$$K=\overline{k}-t\alpha\ S/\sqrt{n}\geqslant K\ 0$$

式中:$\overline{k}$——检验评定段内各测点压实度的平均值;

t_α——t分布表中随测点数和保证率(或置信度)而变的系数。

采用的保证率:

快速路、主干道:基层、底基层为99%;路基、路面面层为95%。

其他道路:基层、底基层为95%;路基、路面面层为90%。

S ——检测值的标准差;

n ——检测点数;

K_0 ——压实度标准值。

路基、基层和底基层:

当K≥K_0,且单点压实度K;全部大于等于规定值减2个百分点时,评定路段的压实度合格率为100%;

当K≥K_0,且单点压实度全部大于等于规定极值时,按测定值不低于规定值减2个百分点的测点数计算合格率;

当K<K_0或某一单点压实度K;小于规定极值时,该评定路段压实度为不合格,相应分项工程评为不合格。

路基施工段较短时,分层压实度应符合要求,且样本数不小于6个。

沥青面层:

当K≥K_0且全部测点大于等于规定值减1个百分点时,评定路段的压实度合格率为100%;

当K≥K_0时,按测定值不低于规定值减1个百分点的测点数计算合格率;

当K<K_0时,评定路段的压实度为不合格,相应分项工程评为不合格。

附表F $t_{\alpha}/\sqrt{n}$值

保证率 / n	99%	95%	90%	保证率 / n	99%	95%	90%
2	22.501	4.465	2.176	21	0.552	0.376	0.289
3	4.021	1.686	1.089	22	0.537	0.367	0.282
4	2.270	1.177	0.819	23	0.523	0.358	0.275
5	1.676	0.953	0.686	24	0.510	0.350	0.269
6	1.374	0.823	0.603	25	0.498	0.342	0.264
7	1.188	0.734	0.544	26	0.487	0.335	0.258
8	1.060	0.670	0.500	27	0.477	0.328	0.253
9	0.966	0.620	0.466	28	0.467	0.322	0.248
10	0.892	0.580	0.437	29	0.458	0.316	0.244
11	0.833	0.546	0.414	30	0.449	0.310	0.239
12	0.785	0.518	0.393	40	0.383	0.266	0.206
13	0.744	0.494	0.376	50	0.340	0.237	0.184
14	0.708	0.473	0.361	60	0.308	0.216	0.167
15	0.678	0.455	0.347	70	0.285	0.199	0.155
16	0.651	0.438	0.335	80	0.266	0.186	0.145
17	0.626	0.423	0.324	90	0.249	0.175	0.136
18	0.605	0.410	0.314	100	0.236	0.166	0.129
19	0.586	0.398	0.305	>100	$\frac{2.3265}{\sqrt{n}}$	$\frac{1.6449}{\sqrt{n}}$	$\frac{1.2815}{\sqrt{n}}$
20	0.568	0.387	0.297				

附11 重庆市《城市道路工程施工质量验收规范》DBJ 50-078—2008 附录G 路基、柔性基层、沥青路面弯沉值评定

G.0.1 弯沉值用贝克曼梁或自动弯沉仪测量。每一双车道评定路段(不超过1km)检查80～100个点,多车道公路必须按车道数与双车道之比,相应增加测点。

G.0.2 弯沉代表值为弯沉测量值的上波动界限,用下式计算:

$$L_r = \bar{l} + Z_\alpha S$$

式中:L_r——弯沉代表值(0.01mm);

$\bar{l}$——实测弯沉的平均值(0.01mm);

S——标准差;

Z_α——与要求保证率有关的系数,见附表G。

附表G Z_α值

层位	Z_α	
	快速路、主干道	次干道、支路
沥青面层	1.645	1.5
路基、柔性基层	2.0	1.645

G.0.3 当路基和柔性基层、底基层的弯沉代表值不符合要求时,可将超出±(2~3)S的弯沉特异值舍弃,重新计算平均值和标准差。对舍弃的弯沉值大于+(2~3)S的点,应找出其周围界限,进行局部处理。

用两台弯沉仪同时进行左右轮弯沉值测定时,应按两个独立测点计,不能采用左右两点的平均值。

G.0.4 弯沉代表值大于设计要求的弯沉值时相应分项工程为不合格。

G.0.5 测定时的路表温度对沥青面层的弯沉值有明显影响,应进行温度修正。当沥青层厚度小于或等于50mm时,或路表温度在20℃±2℃范围内,可不进行温度修正。

若在非不利季节测定时,应考虑季节影响系数。

附12 重庆市《城市道路工程施工质量验收规范》DBJ 50-078—2008附录H 沥青混合料矿料级配

H.0.1 沥青混合料矿料级配应符合附表H.0.1-1和H.0.1-2规定。

附表H.0.1-1 密级配沥青混凝土混合料矿料级配范围

级配类型		通过下列筛孔(mm)的质量百分率(%)												
		31.5	26.5	19	16	13.2	9.5	4.75	2.36	1.18	0.6	0.3	0.15	0.075
粗粒式	AC-25	100	90~100	75~90	65~83	57~76	45~65	24~52	16~42	12~33	8~24	5~17	4~13	3~7
中粒式	AC-20		100	90~100	78~92	62~80	50~72	26~26	16~44	12~33	8~24	5~17	4~13	3~7
	AC-16			100	90~100	76~92	60~80	34~62	20~48	13~36	9~26	7~18	5~14	4~8
细粒式	AC-13				100	90~100	68~85	38~68	24~50	15~38	10~28	7~20	5~15	4~8
	AC-10					100	90–100	45~75	30~58	20~44	13~32	9~23	6~16	4~8
砂粒式	AC-5						100	90~100	55~75	35~55	20~40	12~28	7~18	5~10

附表H.0.1-2 沥青玛蹄脂碎石混合料(SMA)矿料级配范围

级配类型		通过下列筛孔(mm)的质量百分率(%)											
		26.5	19	16	13.2	9.5	4.75	2.36	1.18	0.6	0.3	0.15	0.075
细粒式	SMA-13			100	90~100	50~75	20~34	15~26	14~24	12~20	10~16	9~15	8~-12
	SMA-10				100	90~100	28~60	20~32	14~26	12~22	10~18	9~16	8~13

注:此表只列入了部分混合料矿料级配范围,其他指标请查看重庆市相关的规范。

第一章　重庆市城市道路工程检验批表格填写示例

城市道路土质路基检验批质量检验记录

渝市政验收1-1-1

单位工程名称	重庆市××区环城路城市道路K1+000～K20+000合同段			
分部工程名称	K1+000～K1+500段路基工程			
分项工程名称	土质路基	验收部位	路基	
施工单位	××区城建开发公司	项目经理	王××	
分包单位	××城建一分公司	分包项目经理	岳××	
施工执行标准名称及编号	重庆市《城市道路工程施工质量验收规范》DBJ 50-078—2008			

项目	序号	检查项目	单位	规定值及允许偏差：快速路和主干道	规定值及允许偏差：次干道	规定值及允许偏差：支路	施工单位检查评定记录										监理单位验收记录
主控项目	1	压实度	%	符合土路基压实标准			97	98	99	99	98	97	96	96	98	95	压实度符合规范。
	2	弯沉值	mm	符合设计要求			√	√	√	√	√	√	√	√	√	√	符合设计要求。
	3	路基填料	符合相关规范和设计规定				查检验报告，填料符合规范和设计规定。										符合规范和设计规定。
	4	换填材料	挖方路基换填材料符合相关规范要求				查施工和原始记录，具有良好的透水性和水稳性。										符合规范要求。
一般项目	1	纵断高程	mm	+10,-15	+10,-15		-5	5	-3	6	5	-2	3				符合要求。
	2	中线偏位	mm	≤50			45	47	48	36	25	24	30				符合要求。
	3	宽度	mm	符合设计要求			√	√	√	√	√	√	√	√			符合设计要求。
	4	平整度	mm	≤50	≤50		6	9	8	2	7	5					符合规定。
	5	横坡	%	±0.3	±0.3		+0.2	+0.2	-0.3								符合要求。
			mm	±20	±20		12	13	15	11	18						符合要求。

施工单位检查评定结果	施工员	李××	施工班组长	王××
	检查情况： 经检查，主控项目和一般项目均符合设计要求和重庆市《城市道路工程施工质量验收规范》(DBJ 50-078—2008)规定，评定合格。 项目专职质量员：王×× 2015年5月20日			

<table>
<tr><td>监理单位
验收结论</td><td>验收意见：
同意施工单位评定结果，验收合格，同意进行下道工序施工。
专业监理工程师：黎××
2015年5月20日</td></tr>
</table>

说明：

一般规定

1.路基工程按建筑成型方式可分为：填方路基、挖方路基、半填半挖路基。按建筑使用材料可分为：土质路基、石质路基、土石路基。石质路基是指用粒径大于37.5mm且含量超过总质量70%的石料填筑的路基。土石路基是指石料含量占总质量30%～70%的土石料混合材料修筑的路堤。

2.路基工程检验评定应在主控项目和外观检查合格后，才能进行允许偏差项目的检验。

3.土质路基和石质路基的压实度按快速路和主干道、次干道、支路三档设定。路基压实标准均为重型击实。

4.路基压实度应分层检测，并符合规范规定。路基的其他检查项目均在路基顶面进行检查测定。

5.质量检验标准及允许误差的检查频率是按双车道延长米计的，每检查段内的最低检查频率，多车道必须按多车道数和双车道之比，增加检查数量。

主控项目

1.土质路基填料应符合下列要求：

（1）含草皮、生活垃圾、树根的腐质土和淤泥、高岭土等严禁作为路基填料。

（2）路基填料应符合规范和设计规定，经认真调查、试验后合理选用。施工时，粒径超过100mm的土块应打碎。检验数量：每一土源均应检验。检验方法：查检验报告。

2.挖方路基若遇到地下水或其他不良土质，均应按相关规范要求得到合理治理。换填材料除应符合第1条规定外，还应具有良好的透水性和水稳性。检验数量：全部挖方路基。检验方法：查施工和监理原始记录。

3.路基压实度应符合设计要求符合表1规定。

表1 土路基压实标准

<table>
<tr><th colspan="3" rowspan="2">路床顶面以下深度(m)</th><th colspan="3">压实度</th><th rowspan="2">检查方法和频率</th></tr>
<tr><th>快速路和主干道</th><th>次干道</th><th>支路</th></tr>
<tr><td rowspan="4">路堤</td><td>上路床</td><td>0～0.30</td><td>≥96</td><td>≥95</td><td>≥94</td><td>按规范检查双车道每压实层200m取4点</td></tr>
<tr><td>下路床</td><td>0.30～0.80</td><td>≥96</td><td>≥95</td><td>≥94</td><td rowspan="3">查资料</td></tr>
<tr><td>上路堤</td><td>0.80～1.50</td><td>≥94</td><td>≥94</td><td>≥93</td></tr>
<tr><td>下路堤</td><td>＞1.50</td><td>≥93</td><td>≥92</td><td>≥90</td></tr>
<tr><td colspan="2" rowspan="2">零填及挖方</td><td>0～0.30</td><td>≥96</td><td>≥95</td><td>≥94</td><td>按规范检查双车道每压实层200m取4点</td></tr>
<tr><td>0.30～0.80</td><td>≥96</td><td>≥95</td><td></td><td>查资料</td></tr>
</table>

（1）表列压实度以重型击实试验法为准，评定路段内的压实度平均值下限不得小于规定标准（采用附录F所列公式）。单个测定值不得小于极值（表列规定值减5个百分点）。按不小于表列规定值减2个百分点的测点数量占总检查点数的百分率计算合格率。

（2）支路采用沥青混凝土或水泥混凝土路面时，其压实度采用次干道标准。检验数量：每压实层每200m测4点。检验方法：查检验报告。

4.路基代表弯沉值应符合设计要求，检查和评定DBJ 50-078—2008《重庆市城市道路工程施工质量验收规范》中规定进行。检验数量：每km80～120点。检验方法：查检验报告。

一般项目

1.基底处理：在路基用地范围内，应清除地表植被、杂物、积水、淤泥和表土，处理坑塘，并按规范和设计要求对基底进行压实。检验数量：全部。检验方法：观察和查检验报告。

2.外观质量要求：

(1)路基表面平整、密实、无湿软，"弹簧"及12～15T压路机碾压后无明显碾压轮迹，路拱平顺，排水良好；边线直顺，曲线圆滑。

(2)路基边坡必须稳定，坡面应平顺、曲线圆滑，不得有亏坡和贴坡等现象。

(3)取土坑，弃土堆，护坡道，碎落台的位置适当，外形整齐、美观，防止水土流失。检验数量：全部。检验方法：观察。

土质路基质量检验标准及允许偏差应符合表2的规定。

表2 土质路基质量检验标准及允许偏差

项目	项次	检查项目	单位	规定值及允许偏差			检查方法和频率
				快速路和主干道	次干道	支路	
主控项目	1	压实度	%	符合表4.2-1规定			
	2	弯沉	mm	符合设计要求			按规范检查
一般项目	3	纵断高程	mm	+10,−15	+10,−15		水准仪：每20m测1点
	4	中线偏位	mm	≤50			经纬仪：每200m测4点，弯道加HY、YH两点
	5	宽度	mm	符合设计要求			米尺：每200m测4处
	6	平整度	mm	≤15	≤15		3m直尺：每200m测2处×10尺
	7	横坡	%	±0.3	±0.3		水准仪：每200m测4个断面
			mm	±20	±20		

注：横坡20mm为绝对高差。

城市道路石质路基检验批质量检验记录

渝市政验收 1-1-2

单位工程名称	重庆市××区环城路城市道路 K1+000～K20+000 合同段		
分部工程名称	K1+000～K1+500 段路基工程		
分项工程名称	石质路基	验收部位	路基
施工单位	××区城建开发公司	项目经理	王××
分包单位	××城建一分公司	分包项目经理	岳××
施工执行标准名称及编号	重庆市《城市道路工程施工质量验收规范》DBJ 50-078—2008		

项目	序号	检查项目	单位	规定值及允许偏差：快速路和主干道	规定值及允许偏差：次干道和支路	施工单位检查评定记录							监理单位验收记录
主控项目	1	压实度	mm	沉降差≤试验路确定的沉降差		查检测报告，符合施工验收规范要求。							符合规范要求。
主控项目	1	压实度	mm	符合试验路确定的施工工艺		查检测报告，压实度98.6～108.7之间，符合施工验收规范要求。							符合规范要求。
主控项目	2	弯沉值	mm	不大于设计要求值		查检验报告，变化范围在0.064～0.205之间，在设计要求值范围内。							符合规范。
主控项目	3	纵断高程	mm	+10，-20	+10，-20	5	5	7	6	8	9	-9	符合要求。
主控项目	4	路基宽度：路堑挖深≤3m	mm	+100，0									符合设计规范要求。
主控项目	5	路基宽度：路堑挖深≤3m	mm	+200，-50		√	√	√	√	√	√	√	
主控项目	6	路基宽度：填土	mm	不小于设计规定值		符合设计规定要求。							
主控项目	7	路堑开挖边坡坡面		满足设计要求		满足设计要求。							满足设计要求。
主控项目	8	路堤填料		符合规范设计要求		符合规范。							
一般项目	1	中线偏位	mm	50	50	45	48	35	37	36	23	25	符合要求。
一般项目	2	平整度	mm	20	20	√	√	√	√	√	√	√	符合要求。
一般项目	3	横坡	%	±0.3	±0.3	0.2	0.1	0.2	0.1	0.2	0.1	0.2	符合要求。
一般项目	4												
一般项目	5												

	施工员	李××	施工班组长	王××
施工单位检查评定结果	检查情况： 经检查，主控项目和一般项目均符合设计要求和重庆市《城市道路工程施工质量验收规范》(DBJ50-078-2008)规定，评定合格。 项目专职质量员：王×× 2015年5月20日			
监理单位验收结论	验收意见： 同意施工单位评定结果，验收合格，同意进行下道工序施工。 专业监理工程师：黎×× 2015年5月20日			

说明:

一般规定

1.路基工程按建筑成型方式可分为:填方路基、挖方路基、半填半挖路基。按建筑使用材料可分为:土质路基、石质路基、土石路基。石质路基是指用粒径大于37.5mm且含量超过总质量70%的石料填筑的路基。土石路基是指石料含量占总质量30%~70%的土石料混合材料修筑的路堤。

2.路基工程检验评定应在主控项目和外观检查合格后,才能进行允许偏差项目的检验。

3.土质路基和石质路基的压实度按快速路和主干道、次干道、支路三档设定。路基压实标准均为重型击实。

4.路基压实度应分层检测,并符合规范规定。路基的其他检查项目均在路基顶面进行检查测定。

5.质量检验标准及允许误差的检查频率是按双车道延长米计的,每检查段内的最低检查频率,多车道必须按多车道数和双车道之比,增加检查数量。

主控项目

1.石质路堑开挖边坡坡面应基本满足设计要求并确保边坡稳定、无松石、险石。检验数量:全部石质边坡。检验方法:观察和测量。

2.石质路堤填料应符合下列要求:

(1)膨胀岩石、易溶性岩石、强风化石料、崩解性岩石和盐化岩石均不得直接用于路堤填筑。

(2)岩性相差较大的石料应分层或分段填筑。严禁将软质填料与硬质石料混合使用。检验数量:每一石料源均应检验。检验方法:观察。

3.填石路基的压实质量标准见表1。

表1　填石路基上、下路堤压实质量标准

分区	路床顶面以下深度(m)	硬质石料孔隙率(%)	中硬石料孔隙率(%)	软质石料孔隙率(%)
上路堤	0.8~1.50	≤23	≤22	≤20
下路堤	>1.50	≤25	≤24	≤22

由于在压实工艺流程和工艺参数(压实功率、碾压速度、压实遍数、铺筑层厚)确定的前提下,压实沉降差与孔隙率之间有很好的相关性,为便于检测,施工中是通过试验路测定达到上表所列孔隙率时的压实工艺流程和压实沉降差来检测填石路堤的压实质量。检验数量:每40m测1个断面,每个断面检测5~9点。检验方法:查检测报告。

4.填石路基代表弯沉值应符合设计要求,检测和评定应按附录G进行。检验数量:每km80~120点。检验方法:查检验报告。

一般项目

1.填石路基填料粒径应不大于500mm,并不超过层厚的2/3。不均匀系数宜为15~20。路床底面以下400mm范围内,填料粒径应小于150mm。路床范围内粒径应小于100mm。检验数量:全部填料。检验方法:尺量。

2.外观质量要求:

(1)上边坡必须稳定,无松石、孤石、险石。坡面线基本直顺、圆滑。

(2)填石路基顶面稳定,自重15T以上振动压路机碾压两遍无明显高差。

(3)路基表面平整,边线直顺,曲线圆滑。检验数量:全部。检验方法:观察。

石质路基检验标准及允许偏差应符合表2规定。

表2　石质路基质量检验标准及允许偏差值

<table>
<tr><th rowspan="2">项次</th><th rowspan="2">序号</th><th rowspan="2" colspan="2">检查项目</th><th rowspan="2">单位</th><th colspan="2">规定值或允许偏差值</th><th rowspan="2">检查方法和频率</th></tr>
<tr><th>快速路和主干道</th><th>次干道和支路</th></tr>
<tr><td rowspan="3">主控项目</td><td rowspan="2">1</td><td rowspan="2" colspan="2">压实度</td><td rowspan="2">mm</td><td colspan="2">沉降差≤试验路确定的沉降差</td><td rowspan="2">水准仪：每40m检测1个断面，每断面测5~9点，查验资料</td></tr>
<tr><td colspan="2">符合试验路确定的施工工艺</td></tr>
<tr><td>2</td><td colspan="2">弯沉</td><td>mm</td><td colspan="2">不大于设计要求值</td><td>按附录G检查</td></tr>
<tr><td rowspan="7">一般项目</td><td>3</td><td colspan="2">纵断高程</td><td>mm</td><td>+10,-20</td><td>+10,-20</td><td>经纬仪：每20m测1点</td></tr>
<tr><td rowspan="3">4</td><td rowspan="3">路基宽度</td><td>路堑挖深≤3m</td><td>mm</td><td colspan="2">+100,0</td><td rowspan="3">钢尺：50m测1处</td></tr>
<tr><td>路堑挖深>3m</td><td>mm</td><td colspan="2">+200,-50</td></tr>
<tr><td>填方</td><td>mm</td><td colspan="2">不小于设计规定值</td></tr>
<tr><td>5</td><td colspan="2">中线偏位</td><td>mm</td><td>50</td><td>50</td><td>经纬仪：每200m测4点，弯道加HY、YH两点</td></tr>
<tr><td>6</td><td colspan="2">平整度</td><td>mm</td><td>20</td><td>20</td><td>3m直尺：每200m测2处×10尺</td></tr>
<tr><td>7</td><td colspan="2">横坡</td><td>%</td><td>±0.3</td><td>±0.3</td><td>水准仪：每200m测4个断面</td></tr>
</table>

城市道路土石路基检验批质量检验记录

渝市政验收1-1-3

单位工程名称	重庆市××区环城路城市道路K1+000～K20+000合同段		
分部工程名称	K1+000～K1+500段路基工程		
分项工程名称	土石路基	验收部位	路基
施工单位	××区城建开发公司	项目经理	王××
分包单位	××城建一分公司	分包项目经理	岳××
施工执行标准名称及编号	重庆市《城市道路工程施工质量验收规范》DBJ 50-078—2008		

项目	施工质量验收规范的规定					施工单位检查评定记录							监理单位验收记录
	序号	检查项目	单位	规定值及允许偏差：快速路和主干道	规定值及允许偏差：次干道和支路								
主控项目	1	压实度	%	符合土路基压实标准		查检测报告，压实度98.6～108.7之间，符合施工验收规范要求。							符合要求。
	2	弯沉值	mm	符合设计要求		查检验报告，变化范围在0.064～0.205之间，在设计要求值范围内。							符合要求。
	3	路基填料		符合相关规范和设计规定		查检验报告，符合规范规定。							符合要求。
	4												
	5												
	6												
	7												
	8												
一般项目	1	纵断高程	mm	+10，-15	+10，-15	7	8	9	5	-2	-4	-6	符合规范要求。
	2	中线偏位	mm	≤50		在规定范围内。							符合规范要求。
	3	宽度	mm	符合设计要求		符合设计要求。							符合设计要求。
	4	平整度	mm	≤50	≤50	23	23	24	25	23	25	43	符合规范要求。
	5	横坡	%	±0.3	±0.3								
			mm	±20	±20	12	12	13	-9	-11	13	-19	符合规范要求。

	施工员	李××	施工班组长	朱××
施工单位检查评定结果	检查情况： 经检查，主控项目和一般项目均符合设计要求和重庆市《城市道路工程施工质量验收规范》(DBJ50-078-2008)规定，评定合格。 项目专职质量员：王×× 2015年5月20日			
监理单位验收结论	验收意见： 同意施工单位评定结果，验收合格，同意进行下道工序施工。 专业监理工程师：黎×× 2015年5月20日			

说明：

一般规定

1.路基工程按建筑成型方式可分为：填方路基、挖方路基、半填半挖路基。按建筑使用材料可分为：土质路基、石质路基、土石路基。石质路基是指用粒径大于37.5mm且含量超过总质量70%的石料填筑的路基。土石路基是指石料含量占总质量30%～70%的土石料混合材料修筑的路堤。

2.路基工程检验评定应在主控项目和外观检查合格后，才能进行允许偏差项目的检验。

3.土质路基和石质路基的压实度按快速路和主干道、次干道、支路三档设定。路基压实标准均为重型击实。

4.路基压实度应分层检测，并符合规范规定。路基的其他检查项目均在路基顶面进行检查测定。

5.质量检验标准及允许误差的检查频率是按双车道延长米计的，每检查段内的最低检查频率，多车道必须按多车道数和双车道之比，增加检查数量。

主控项目

1.填料应符合以下规定：

(1)膨胀岩石、易溶性岩石、崩解性岩石和盐化岩石等均不得直接用于路基填筑。

(2)石料为强风化石料或软质石料时，其CBR值应符合设计和现行规范的要求。

(3)土石混填料中的土质应满足规定要求。检验数量：每一料源均应检验。检验方法：观察和查检验报告。

2.压实度：土石路基的压实质量，通过试验路确定施工工艺和参数，找出获得最大干密度时的压实沉降差。用确定的施工工艺和测沉降差检验土石路堤的压实质量。检验数量：每40m测1个断面，每个断面检测5～9点。检验方法：查检测报告。

3.填石路基代表弯沉值应符合设计要求。验测和评定按规范要求进行。检验数量：每km80～120点。检验方法：查检验报告。

一般项目

1.基底处理：在路基用地范围内，应清除地表植被、杂物、积水、淤泥和表土，处理坑塘，并按规范和设计要求对基底进行压实；在陡、斜坡地段，土石路基靠山一侧应按设计要求做好排水、防渗处理和设置台阶。检验数量：全部。检验方法：观察和查阅施工、监理记录。

2.土石路基应分层填筑压实。天然土石混合填料中，中硬、硬质石料的最大粒径不得大于压实层厚的2/3。最后一层的压实厚度应小于300mm，该层填料最大粒径宜小于150mm。检验数量：每一料源场地。检验方法：尺量，查检测报告。

3.外观质量要求：土石路基路基表面无明显孔洞；大粒径填石无松动，铁锹挖动困难；中硬、硬质石料土石路基边坡码砌紧贴、密实，无明显孔洞、松动，砌块间承接面应向内倾斜，坡面平顺。检验数量：全部。检验方法：观察。

4.土石路基检验标准及允许偏差应符合表1的规定。

表1　石质路基质量检验标准及允许偏差值

项次	序号	检查项目	单位	规定值或允许偏差值		检查方法和频率
				快速路和主干道	次干道和支路	
主控项目	1	压实度	mm	沉降差≤试验路确定的沉降差		水准仪：每40m检测1个断面，每断面测5～9点，查验资料。
				符合试验路确定的施工工艺		
	2	弯沉	mm	不大于设计要求值		按附录G检查

续表

项次	序号	检查项目		单位	规定值或允许偏差值		检查方法和频率
					快速路和主干道	次干道和支路	
一般项目	3	纵断高程		mm	+10,-20	+10,-20	经纬仪:每20m测1点
	4	路基宽度	路堑挖深≤3m	mm	+100,0		钢尺:50m测1处
			路堑挖深>3m	mm	+200,-50		
			填方	mm	不小于设计规定值		
	5	中线偏位		mm	50	50	经纬仪:每200m测4点,弯道加HY、YH两点
	6	平整度		mm	20	20	3m直尺:每200m测2处×10尺
	7	横坡		(%)	±0.3	±0.3	水准仪:每200m测4个断面

5.软质石料填筑的土石路基或石料比例小于30%的土石路基。检验标准及允许偏差应符合表2规定。

表2　土质路基质量检验标准及允许偏差

项目	项次	检查项目	单位	规定值及允许偏差			检查方法和频率
				快速路和主干道	次干道	支路	
主控项目	1	压实度	%	符合表4.2-1规定			
	2	弯沉	mm	符合设计要求			按附录G检查
一般项目	3	纵断高程	mm	+10,-15	+10,-15		水准仪:每20m测1点
	4	中线偏位	mm	≤50			经纬仪:每200m测4点,弯道加HY、YH两点
	5	宽度	mm	符合设计要求			米尺:每200m测4处
	6	平整度	mm	≤15	≤15		3m直尺:每200m测2处×10尺
	7	横坡	%	±0.3	±0.3		水准仪:每200m测4个断面
			mm	±20	±20		

注:横坡20mm为绝对高差。

城市道路半挖半填路基检验批质量检验记录

渝市政验收1-1-4

单位工程名称	重庆市××区环城路城市道路K1+000～K20+000合同段		
分部工程名称	K1+000～K1+500段路基工程		
分项工程名称	半填半挖路基	验收部位	路基
施工单位	××区城建开发公司	项目经理	王××
分包单位	××城建一分公司	分包项目经理	岳××
施工执行标准名称及编号	重庆市《城市道路工程施工质量验收规范》DBJ 50-078—2008		

项目	序号	检查项目	单位	规定值及允许偏差 快速路和主干道	规定值及允许偏差 次干道和支路	施工单位检查评定记录	监理单位验收记录
主控项目	1	压实度	%	符合土路基压实标准		查检测报告，压实度98.6～108.7之间，符合施工验收规范要求。	符合规范要求。
	2	弯沉值	mm	符合设计要求		查检验报告，变化范围在0.064～0.205之间，在设计要求值范围内。	符合设计要求。
	3	路基填料	符合相关规范和设计规定			符合相关规范和设计规定。	查检验报告，符合规范规定。
	4	石质开挖边坡		满足设计要求		观察、测量，边坡稳定，无松石、险石。	符合规范要求。
	5	土质开挖边坡		满足设计要求		边坡稳定，满足设计要求。	符合规范要求。
	6						
	7						
	8						
一般项目	1	纵断高程	mm	+10，-15	+10，-15	6 5 9 8 -3 -9 6	符合规范要求。
	2	中线偏位	mm	≤50		23 24 32 25 43 27 39	符合规范要求。
	3	宽度	mm	符合设计要求		达到设计要求。	达到设计要求。
	4	平整度	mm	≤50	≤50	23 43 36 34 22 35 41	符合规范要求。
	5	横坡	%	±0.3	±0.3		
			mm	±20	±20	-9 12 13 16 -8 4 15 16 17	符合规范要求。

施工员	李××	施工班组长	赵××
施工单位检查评定结果	检查情况： 经检查，主控项目和一般项目均符合设计要求和重庆市《城市道路工程施工质量验收规范》(DBJ 50-078—2008)规定，评定合格。 项目专职质量员：王×× 2015年5月20日		
监理单位验收结论	验收意见： 同意施工单位评定结果，验收合格，同意进行下道工序施工。 专业监理工程师：黎×× 2015年5月20日		

说明:

一般规定

1.路基工程按建筑成型方式可分为:填方路基、挖方路基、半填半挖路基。按建筑使用材料可分为:土质路基、石质路基、土石路基。石质路基是指用粒径大于37.5mm且含量超过总质量70%的石料填筑的路基。土石路基是指石料含量占总质量30%~70%的土石料混合材料修筑的路堤。

2.路基工程检验评定应在主控项目和外观检查合格后,才能进行允许偏差项目的检验。质量检验标准及允许误差的检查频率是按双车道延长米计的,每检查段内的最低检查频率,多车道必须按多车道数和双车道之比,增加检查数量。

3.土质路基和石质路基的压实度按快速路和主干道、次干道、支路三档设定。路基压实标准均为重型击实。路基压实度应分层检测,并符合规范规定。路基的其他检查项目均在路基顶面进行检查测定。

主控项目

1.石质路堑开挖边坡坡面应基本满足设计要求并确保边坡稳定,无松石、险石。检验数量:全部石质边坡。检验方法:观察和测量。

2.土质开挖边坡应自上而下进行,应保证边坡稳定,满足设计要求。检验数量:全部。检验方法:观察、测量。

3.填筑材料质量要求:

(1)土质填料应符合下列要求:①含草皮、生活垃圾、树根的腐质土和淤泥、高岭土等严禁作为路基填料。②路基填料应符合规范和设计规定,经认真调查、试验后合理选用。施工时,粒径超过100mm的土块应打碎。检验数量:每一土源均应检验。检验方法:查检验报告。

(2)石质路堤填料应符合下列要求:①膨胀岩石、易溶性岩石、强风化石料、崩解性岩石和盐化岩石均不得直接用于路堤填筑。②岩性相差较大的石料应分层或分段填筑。严禁将软质填料与硬质石料混合使用。检验数量:每一石料源均应检验。检验方法:观察。

(3)土石混填料应符合以下要求:①土石混填料中的土质应满足规范规定。检验数量:每一料源均应检验。检验方法:观察和查检验报告。②膨胀岩石、易溶性岩石、崩解性岩石和盐化岩石等均不得直接用于路基填筑。③石料为强风化石料或软质石料时,其CBR值应符合设计和现行规范的要求。

4.压实度:半挖半填路基压实质量的检验要求。

(1)土质路基压实度应比对应的道路等级提高一级或不低于96%。

(2)填石路基的压实质量标准见表1。

表1 填石路基上、下路堤压实质量标准

分区	路床顶面以下深度(m)	硬质石料孔隙率(%)	中硬石料孔隙率(%)	软质石料孔隙率(%)
上路堤	0.8~1.50	≤23	≤22	≤20
下路堤	>1.50	≤25	≤24	≤22

由于在压实工艺流程和工艺参数(压实功率、碾压速度、压实遍数、铺筑层厚)确定的前提下,压实沉降差与孔隙率之间有很好的相关性,为便于检测,施工中是通过试验路测定达到上表所列孔隙率时的压实工艺流程和压实沉降差来检测填石路堤的压实质量。检验数量:每40m测1个断面,每个断面检测5~9点。检验方法:查检测报告。

(3)土石混填路基压实度:土石路基的压实质量,通过试验路确定施工工艺和参数,找出获得最大干密度时的压实沉降差。用确定的施工工艺和测沉降差检验土石路堤的压实质量。检验数量:每40m测1个断面,每个断面检测5~9点。检验方法:查检测报告。

5.弯沉:半挖半填路基代表弯沉值应符合设计要求。检测和评定按规范规定进行。检验数量:每公里80~120点。检验方法:查检验报告。

一般项目

1.半挖半填路基基底处理:在路基用地范围内,应清除地表植被、杂物、积水、淤泥和表土,处理坑塘,并按规范和设计要求对基底进行压实。检验数量:全部。检验方法:观察和查检验报告。施工要求:

(1)应从填方坡脚起向上设置向内倾斜的台阶,台阶宽度不小于2m。在挖方一侧,台阶应与每个行车道宽度一致,位置重合。

(2)石质山坡,应清除原地面松散风化层。孤石、石笋,按设计开凿台阶。

(3)纵向填挖结合段,应合理设置台阶。

(4)有地下水或地面水汇流的路段,应采用合理措施导排水流。检验数量:全部。检验方法:查阅施工、监理记录。

2.外观质量要求

(1)土质路基外观质量要求:①路基表面平整、密实、无湿软,“弹簧”及12～15T压路机碾压后无明显碾压轮迹,路拱平顺,排水良好;边线直顺,曲线圆滑。②路基边坡必须稳定,坡面应平顺、曲线圆滑,不得有亏坡和贴坡等现象。③取土坑,弃土堆,护坡道,碎落台的位置适当,外形整齐、美观,防止水土流失。检验数量:全部。检验方法:观察。

(2)石质路基检验标准及允许偏差应按表2的规定。

表2 石质路基质量检验标准及允许偏差值

项目	序号	检查项目		单位	规定值或允许偏差值		检查方法和频率
					快速路和主干道	次干道和支路	
主控项目	1	压实度		mm	沉降差≤试验路确定的沉降差		水准仪:每40m检测1个断面,每断面测5～9点,查验资料
					符合试验路确定的施工工艺		
	2	弯沉		mm	不大于设计要求值		按规范检查
一般项目	3	纵断高程		mm	+10,-20	+10,-20	经纬仪:每20m测1点
	4	路基宽度	路堑挖深≤3m	mm	+100,0		钢尺:50m测1处
			路堑挖深＞3m	mm	+200,-50		
			填方	mm	不小于设计规定值		
	5	中线偏位		mm	50	50	经纬仪:每200m测4点,弯道加HY、YH两点
	6	平整度		mm	20	20	3m直尺:每200m测2处×10尺
	7	横坡		(%)	±0.3	±0.3	水准仪:每200m测4个断面

(3)土石混填路基外观质量要求:土石路基路基表面无明显孔洞;大粒径填石无松动,铁锹挖动困难;中硬、硬质石料土石路基边坡码砌紧贴、密实,无明显孔洞、松动,砌块间承接面应向内倾斜,坡面平顺。检验数量:全部。检验方法:观察。

3.半挖半填路基检验标准及允许偏差采用下列规定。

(1)半挖半填土质路基应符合表3的规定。

表3 土质路基质量检验标准及允许偏差

项目	项次	检查项目	单位	规定值及允许偏差			检查方法和频率
				快速路和主干道	次干道	支路	
主控项目	1	压实度	%	符合规范规定			
	2	弯沉	mm	符合设计要求			按规范检查

续表

项目	项次	检查项目	单位	规定值及允许偏差			检查方法和频率
				快速路和主干道	次干道	支路	
一般项目	3	纵断高程	mm	+10,-15	+10,-15		水准仪:每20m测1点
	4	中线偏位	mm	≤50			经纬仪:每200m测4点,弯道加HY、YH两点
	5	宽度	mm	符合设计要求			米尺:每200m测4处
	6	平整度	mm	≤15	≤15		3m直尺:每200m测2处×10尺
	7	横坡	%	±0.3	±0.3		水准仪:每200m测4个断面
			mm	±20	±20		

注:横坡20mm为绝对高差。

(2)半挖半填石质路基和土石混填路基应符合表2的规定。

城市道路半挖半填石质路基(土石混填路基)检验批质量检验记录

渝市政验收1-1-5

单位工程名称	重庆市××区环城路城市道路K1+000～K20+000合同段							
分部工程名称	K1+000～K1+500段路基工程							
分项工程名称	土石混填路基				验收部位		路基	
施工单位	××区城建开发公司				项目经理		王××	
分包单位	××城建一分公司				分包项目经理		岳××	
施工执行标准名称及编号	重庆市《城市道路工程施工质量验收规范》DBJ 50-078—2008							
项目	施工质量验收规范的规定						施工单位检查评定记录	监理单位验收记录
	序号	检查项目		单位	规定值及允许偏差			
					快速路和主干道	次干道和支路		
主控项目	1	压实度		mm	沉降差≤试验路确定的沉降差		查检测报告,压实度符合设计及规范要求。	
					符合试验路确定的施工工艺		施工工艺符合规范要求。	符合规范要求。
	2	弯沉值		mm	不大于设计要求值		查检测报告,不大于设计要求值。	符合规范要求。
	3	纵断高程		mm	+10,-20	+10,-20	-9 -7 11 13 14 17 15	符合规范要求。
	4	路基宽度	路堑挖深≤3m	mm	+100,0			
	5		路堑挖深≤3m	mm	+200,-50			
	6		填土	mm	不小于设计规定值		填料应符合要求,不小于设计规定值。	符合规范要求。
	7	路堑开挖边坡坡面			满足设计要求		满足设计要求。	符合规范要求。
	8	路堤填料			符合规范设计要求		符合规范设计要求。	符合规范要求。
一般项目	1	中线偏位		mm	50	50	25 30 25 42 35 28 26	符合规范要求。
	2	平整度		mm	20	20	12 11 10 15 17 18 18	符合规范要求。
	3	横坡		%	±0.3	±0.3	0.2 0.1 0.2 -0.1 -0.2 0.1 0.2	符合规范要求。
	4							
	5							
	施工员	李××			施工班组长		赵××	
施工单位检查评定结果	检查情况: 经检查,主控项目和一般项目均符合设计要求和重庆市《城市道路工程施工质量验收规范》(DBJ 50-078—2008)规定,评定合格。 项目专职质量员:王×× 2015年5月20日							
监理单位验收结论	验收意见: 同意施工单位评定结果,验收合格,同意进行下道工序施工。 专业监理工程师:黎×× 2015年5月20日							

说明:

一般规定

1.路基工程按建筑成型方式可分为:填方路基、挖方路基、半填半挖路基。按建筑使用材料可分为:土质路基、石质路基、土石路基。石质路基是指用粒径大于37.5mm且含量超过总质量70%的石料填筑的路基。土石路基是指石料含量占总质量30%~70%的土石料混合材料修筑的路堤。

2.路基工程检验评定应在主控项目和外观检查合格后,才能进行允许偏差项目的检验。质量检验标准及允许误差的检查频率是按双车道延长米计的,每检查段内的最低检查频率,多车道必须按多车道数和双车道之比,增加检查数量。

3.土质路基和石质路基的压实度按快速路和主干道、次干道、支路三档设定。路基压实标准均为重型击实。路基压实度应分层检测,并符合规范规定。路基的其他检查项目均在路基顶面进行检查测定。

主控项目

1.石质路堑开挖边坡坡面应基本满足设计要求并确保边坡稳定,无松石、险石。检验数量:全部石质边坡。检验方法:观察和测量。

2.土质开挖边坡应自上而下进行,应保证边坡稳定,满足设计要求。检验数量:全部。检验方法:观察、测量。

3.填筑材料质量要求:

(1)土质填料应符合下列要求:①含草皮、生活垃圾、树根的腐质土和淤泥、高岭土等严禁作为路基填料。②路基填料应符合规范和设计规定,经认真调查、试验后合理选用。施工时,粒径超过100mm的土块应打碎。检验数量:每一土源均应检验。检验方法:查检验报告。

(2)石质路堤填料应符合下列要求:①膨胀岩石、易溶性岩石、强风化石料、崩解性岩石和盐化岩石均不得直接用于路堤填筑。②岩性相差较大的石料应分层或分段填筑。严禁将软质填料与硬质石料混合使用。检验数量:每一石料源均应检验。检验方法:观察。

(3)土石混填料应符合以下要求:①土石混填料中的土质应满足规范规定。检验数量:每一料源均应检验。检验方法:观察和查检验报告。②膨胀岩石、易溶性岩石、崩解性岩石和盐化岩石等均不得直接用于路基填筑。③石料为强风化石料或软质石料时,其CBR值应符合设计和现行规范的要求。

4.压实度:半挖半填路基压实质量的检验要求。

(1)土质路基压实度应比对应的道路等级提高一级或不低于96%。

(2)填石路基的压实质量标准见表1。

表1 填石路基上、下路堤压实质量标准

分区	路床顶面以下深度(m)	硬质石料孔隙率(%)	中硬石料孔隙率(%)	软质石料孔隙率(%)
上路堤	0.8~1.50	≤23	≤22	≤20
下路堤	>1.50	≤25	≤24	≤22

由于在压实工艺流程和工艺参数(压实功率、碾压速度、压实遍数、铺筑层厚)确定的前提下,压实沉降差与孔隙率之间有很好的相关性,为便于检测,施工中是通过试验路测定达到上表所列孔隙率时的压实工艺流程和压实沉降差来检测填石路堤的压实质量。检验数量:每40m测1个断面,每个断面检测5~9点。检验方法:查检测报告。

(3)土石混填路基压实度:土石路基的压实质量,通过试验路确定施工工艺和参数,找出获得最大干密度时的压实沉降差。用确定的施工工艺和测沉降差检验土石路堤的压实质量。检验数量:每40m测1个断面,每个断面检测5~9点。检验方法:查检测报告。

5.弯沉:半挖半填路基代表弯沉值应符合设计要求。检测和评定按规范规定进行。检验数量:每km80~120点。检验方法:查检验报告。

一般项目

1.半挖半填路基基底处理：在路基用地范围内，应清除地表植被、杂物、积水、淤泥和表土，处理坑塘，并按规范和设计要求对基底进行压实。检验数量：全部。检验方法：观察和查检验报告。施工要求：

（1）应从填方坡脚起向上设置向内倾斜的台阶，台阶宽度不小于2m。在挖方一侧，台阶应与每个行车道宽度一致，位置重合。

（2）石质山坡，应清除原地面松散风化层。孤石、石笋，按设计开凿台阶。

（3）纵向填挖结合段，应合理设置台阶。

（4）有地下水或地面水汇流的路段，应采用合理措施导排水流。检验数量：全部。检验方法：查阅施工、监理记录。

2.外观质量要求

（1）土质路基外观质量要求：①路基表面平整、密实、无湿软，“弹簧”及12～15T压路机碾压后无明显碾压轮迹，路拱平顺，排水良好；边线直顺，曲线圆滑。②路基边坡必须稳定，坡面应平顺、曲线圆滑，不得有亏坡和贴坡等现象。③取土坑，弃土堆，护坡道，碎落台的位置适当，外形整齐，美观，防止水土流失。检验数量：全部。检验方法：观察。

（2）石质路基检验标准及允许偏差应按表2的规定。

表2 石质路基质量检验标准及允许偏差值

项次	序号	检查项目		单位	规定值或允许偏差值		检查方法和频率
					快速路和主干道	次干道和支路	
主控项目	1	压实度		mm	沉降差≤试验路确定的沉降差		水准仪：每40m检测1个断面，每断面测5～9点，查验资料
					符合试验路确定的施工工艺		
	2	弯沉		mm	不大于设计要求值		按规范检查
一般项目	3	纵断高程		mm	+10，-20	+10，-20	经纬仪：每20m测1点
	4	路基宽度	路堑挖深≤3m	mm	+100，0		钢尺：50m测1处
			路堑挖深＞3m	mm	+200，-50		
			填方	mm	不小于设计规定值		
	5	中线偏位		mm	50	50	经纬仪：每200m测4点，弯道加HY、YH两点
	6	平整度		mm	20	20	3m直尺：每200m测2处×10尺
	7	横坡		%	±0.3	±0.3	水准仪：每200m测4个断面

（3）土石混填路基外观质量要求：土石路基表面无明显孔洞；大粒径填石无松动，铁锹挖动困难；中硬、硬质石料土石路基边坡码砌紧贴、密实，无明显孔洞、松动，砌块间承接面应向内倾斜，坡面平顺。检验数量：全部。检验方法：观察。

3.半挖半填路基检验标准及允许偏差采用下列规定。

（1）半挖半填土质路基应符合表3的规定。

表3 土质路基质量检验标准及允许偏差

项目	项次	检查项目	单位	规定值及允许偏差			检查方法和频率
				快速路和主干道	次干道	支路	
主控项目	1	压实度	%	符合规范规定			
	2	弯沉	mm	符合设计要求			按规范检查

续表

项目	项次	检查项目	单位	规定值及允许偏差			检查方法和频率
				快速路和主干道	次干道	支路	
一般项目	3	纵断高程	mm	+10,-15	+10,-15		水准仪:每20m测1点
	4	中线偏位	mm	≤50			经纬仪:每200m测4点,弯道加HY、YH两点
	5	宽度	mm	符合设计要求			米尺:每200m测4处
	6	平整度	mm	≤15	≤15		3m直尺:每200m测2处×10尺
	7	横坡	%	±0.3	±0.3		水准仪:每200m测4个断面
			mm	±20	±20		

注:横坡20mm为绝对高差。

(2)半挖半填石质路基和土石混填路基应符合表2的规定。

城市道路与构筑物连接段路基检验批质量检验记录

渝市政验收1-1-6

单位工程名称	重庆市××区环城路城市道路K1+000～K20+000合同段		
分部工程名称	K1+000～K1+500段路基工程		
分项工程名称	道路与构筑物连接段路基	验收部位	路基
施工单位	××区城建开发公司	项目经理	王××
分包单位	××城建一分公司	分包项目经理	岳××
施工执行标准名称及编号	重庆市《城市道路工程施工质量验收规范》DBJ 50-078—2008		

项目	施工质量验收规范的规定					施工单位检查评定记录							监理单位验收记录
	序号	检查项目	单位	规定值及允许偏差									
				快速路和主干道	次干道和支路								
主控项目	1	压实度	%	符合土路基压实标准		查检测报告,压实度符合设计及规范要求。							符合规范要求。
	2	弯沉值	mm	符合设计要求		查检测报告,符合设计要求。							符合规范要求。
	3	路基填料	符合相关规范和设计规定			符合相关规范和设计规定。							符合规范要求。
	4												
	5												
	6												
	7												
	8												
一般项目	1	纵断高程	mm	+10,-15	+10,-15	1	3	9	-5	-9	4	7	符合规范要求。
	2	中线偏位	mm	≤50		23	34	32	42	20	23	25	符合规范要求。
	3	宽度	mm	符合设计要求		√	√	√	√	√	√	√	符合规范要求。
	4	平整度	mm	≤50	≤50	23	24	26	32	21	42	27	符合规范要求。
	5	横坡	%	±0.3	±0.3	√	√	√	√	√	√	√	
			mm	±20	±20	12	-9	-10	12	11	15	14	符合规范要求。

	施工员	李××	施工班组长	赵××
施工单位检查评定结果	检查情况: 经检查,主控项目和一般项目均符合设计要求和重庆市《城市道路工程施工质量验收规范》(DBJ 50-078—2008)规定,评定合格。 项目专职质量员:王×× 2015年5月20日			
监理单位验收结论	验收意见: 同意施工单位评定结果,验收合格,同意进行下道工序施工。 专业监理工程师:黎×× 2015年5月20日			

说明:

主控项目

1.填料宜采用透水性和有良好水稳性的材料。非透水材料不得直接用于回填。检验数量:每一料源场应检验。检验方法:观察、查阅试验报告。

2.压实度:连接段路基压实度不小于96%,若用小型机具压实,压实厚度不大于150mm。检验数量:每层3点。检验方法:查检验报告。

3.弯沉:连接段路基代表弯沉符合设计要求,检验和评定按规范规定进行。检验数量:每10m测一点,并不小于3点。检验方法:查检验报告。

一般项目

1.连接段路基基底处理和外观质量要求与其所处路基要求相同。检验数量:全部。检验方法:查施工、监理记录。

2.连接段路基检验标准及允许偏差应符合下表规定。

表　路基质量检验标准及允许偏差

项目	项次	检查项目	单位	规定值及允许偏差			检查方法和频率
				快速路和主干道	次干道	支路	
主控项目	1	压实度	%	符合规范规定			
	2	弯沉	mm	符合设计要求			按规范检查
一般项目	3	纵断高程	mm	+10,-15	+10,-15		水准仪:每20m测1点
	4	中线偏位	mm	≤50			经纬仪:每200m测4点,弯道加HY、YH两点
	5	宽度	mm	符合设计要求			米尺:每200m测4处
	6	平整度	mm	≤15	≤15		3m直尺:每200m测2处×10尺
	7	横坡	% mm	±0.3 ±20	±0.3 ±20		水准仪:每200m测4个断面

注:横坡20mm为绝对高差。

城市道路砂砾(碎石)垫层检验批质量检验记录

渝市政验收1-2-1

单位工程名称	重庆市××区环城路城市道路K1+000～K20+000合同段		
分部工程名称	K1+000～K1+500段垫层		
分项工程名称	砂砾碎石垫层	验收部位	垫层
施工单位	××区城建开发公司	项目经理	王××
分包单位	××城建一分公司	分包项目经理	岳××
施工执行标准名称及编号	重庆市《城市道路工程施工质量验收规范》DBJ 50-078—2008		

项目	序号	检查项目		单位	规定值及允许偏差：快速路主干道	规定值及允许偏差：其他道路	施工单位检查评定记录							监理单位验收记录
一般项目	1	干密度	砂砾	T/m³	≥2.30		3	4	3	3	4	3	3	符合规范。
			级配碎石		≥2.10									
	3	厚度		mm	-15	-20	2	3	12	-9	-10	8	6	符合规范。
	4	平整度		mm	≤15	≤20	11	13	12	15	16	18	12	符合规范。
	5	宽度		mm	不小于设计值		√	√	√	√	√	√	√	符合规范。
	6	中线高程		mm	+5,-15	+5,-20	2	3	4	-8	4	-7	3	符合规范。
	7	横坡		%	±0.3		0.1	0.2	-0.1	-0.2	0.2	0.1	0.2	符合规范。
	8													
	9													
	10													

施工员	李××	施工班组长	赵××

施工单位检查评定结果

检查情况：

经检查，主控项目和一般项目均符合设计要求和重庆市《城市道路工程施工质量验收规范》(DBJ 50-078—2008)规定，评定合格。

项目专职质量员：王××

2015年5月20日

监理单位验收结论

验收意见：

同意施工单位评定结果，验收合格，同意进行下道工序施工。

专业监理工程师：黎××

2015年5月20日

说明：

一般规定

1.砂砾垫层和级配碎石垫层的集料级配应符合要求，颗粒质地坚硬，混合料均匀。

2.垫层施工应在路基施工质量检验合格后方可进行。

3.垫层在施工过程中，应加强对路基排水设施的保护。

4.垫层铺筑后应严格限制车辆通行，保护垫层不受破坏。

一般项目

1.砂砾垫层的最大粒径应小于75mm，颗粒组成符合表1要求；级配碎石垫层的最大粒径应小于53mm，颗粒级配符合表2要求。砂砾垫层和级配碎石垫层中0.5mm颗粒以下细料的塑性指数应符合表3要求。检验数量：同产地、同品种、同规格连续进场每400T为一批，不足400T仍以一批计，每批检验不少于1次。检验方法：查检验报告。《公路工程集料试验规程》粗集料筛分试验，粗集料含泥量试验，《公路土工试验规程》界限含水量试验。

表1　砂砾颗粒组成要求

筛孔尺寸(mm)	75	63	4.75	0.075
通过质量百分率(%)	100	80~100	30~50	

表2　级配碎石颗粒组成要求

项次	筛孔尺寸(方孔mm)	通过下列筛孔的质量百分率(%)
1	53	100
2	37.5	85~100
3	31.5	69~88
4	19	40~65
5	9.5	19~43
6	4.75	10~30
7	2.36	8~25
8	0.6	6~18
9	0.075	0~10

表3　塑性指数要求

液限(%)	<28
塑性指数	<6

2.垫层材料压碎值符合表4要求，针片状颗粒含量不大于20%，不应含有风化石、山皮、泥土块、有机物等有害物质。

表4　压碎值要求

道路等级	压碎值
快速路、主干道	≤35%
其他道路	≤40%

检验数量：同产地、同品种、同规格连续进场每400T为一批，不足400T仍以一批计，每批检验不少于1次。检验方法：查检验报告。《公路工程集料试验规程》粗集料压碎值试验，粗集料针片状颗粒含量试验。

3.垫层的压实厚度符合设计要求。检验数量：每1000m²检查1个点。检验方法：水准仪或钢尺量测。

4.垫层的干密度符合设计要求，如无要求时，宜符合表5规定。检验数量：每1000m²检查1个点。检验方法：查检验报告。《公路路基路面现场测试规程》挖坑灌砂法测定压实度试验方法。

5.外观质量要求：

(1)表面坚实平整，无明显粗细集料离析；

(2)10T以上压路机碾压后，无明显轮迹及推移等现象。检验数量：全部。检验方法：观察。

6.垫层质量检验标准及允许偏差应符合表5规定。

表5　垫层质量检验标准及允许偏差

	项次	检查项目		单位	规定值及允许偏差		检查频率			检验方法
					快速路主干道	其他道路	范围	点/次		
一般项目	1	干密度	砂砾	T/m^3	≥2.30		$1000m^2$	1		灌砂法（T0921）
一般项目	1	干密度	级配碎石	T/m^3	≥2.10		$1000m^2$	1		灌砂法（T0921）
一般项目	2	厚度		mm	−15	−20	$1000m^2$	1		钢尺量
一般项目	3	平整度		mm	≤15	≤20	20m	1/车道		3m直尺
一般项目	4	宽度		mm	不小于设计值		40m	1		钢尺量
一般项目	5	中线高程		mm	+5，−15	+5，−20	20m	1		水准仪
一般项目	6	横坡度		%	±0.3		20m	路面宽（m）	<9	2	水准仪
一般项目	6	横坡度		%	±0.3		20m	路面宽（m）	9~16	4	水准仪
一般项目	6	横坡度		%	±0.3		20m	路面宽（m）	>16	6	水准仪

城市道路石灰粉煤灰基层检验批质量验收记录表

渝市政验收 1-2-2

单位工程名称		重庆市××区环城路城市道路K1+000～K20+000合同段										
分部工程名称		K1+000～K1+500段路基基层										
分项工程名称		道路石灰粉煤灰基层				验收部位				路基基层		
施工单位		××区城建开发公司				项目经理				王××		
分包单位		××城建一分公司				分包项目经理				岳××		
施工执行标准名称及编号			重庆市《城市道路工程施工质量验收规范》DBJ 50-078—2008									
项目	施工质量验收规范的规定					施工单位检查评定记录						监理单位验收记录
	序号	检查项目	单位	规定值及允许偏差 快速路主干道	规定值及允许偏差 其他道路							
主控项目	1	压实度	%	≥95	≥93	96	97	98	99	96	97	98	符合规范要求。
	2	厚度	mm	-15	-20	√	√	√	√	√	√	√	符合规范要求。
	3	弯沉值	0.01mm	符合设计要求		查检测报告，符合设计要求。							符合规范要求。
	4	强度	MPa	符合设计要求		30MPa，大于设计要求。							符合规范要求。
	5												
	6												
	7												
	8												
一般项目	1	平整度	mm	≤12	≤15	3	6	7	8	9	3	10	符合规范要求。
	2	宽度	mm	不小于设计值		√	√	√	√	√	√	√	符合规范要求。
	3	中线高程	mm	+5，-15	+5，-20	-9	-8	-7	3	4	2	4	符合规范要求。
	4	横坡	百分点	±0.3	±0.5	0.1	0.2	0.2	-0.1	0.1	0.2	0.2	符合规范要求。
	5	SiO_2与Al_2O_3总含量	%	>70 950℃时，<20		符合规范要求。							符合规范要求。
	6	土有机质含量	%	<10		符合规范要求。							符合规范要求。
	施工员		李××			施工班组长			王××				
施工单位检查评定结果	检查情况： 经检查，主控项目和一般项目均符合设计要求和重庆市《城市道路工程施工质量验收规范》(DBJ 50-078—2008)规定，评定合格。 项目专职质量员：王×× 2015年5月20日												
监理单位验收结论	验收意见： 同意施工单位评定结果，验收合格，同意进行下道工序施工。 专业监理工程师：黎×× 2015年5月20日												

说明：

主控项目

1.石灰应采用Ⅲ级以上，消石灰有效氧化钙加氧化镁含量应大于55%，生石灰应大于70%。磨细生石灰最大粒径应小于0.2mm。对次干道及以下道路，当采用等外石灰或电石渣而混合料强度达到设计要求时，可予使用。检验数量：同厂家、同产地以连续进场数量100T为一批，不足100T也按一批记，每批均应检验，堆放时间超过一个月应复验。检验方法：查检验报告及观察。《公路工程集料试验规程》细集料筛分试验。

2.石灰粉煤灰基层7d无侧限抗压强度符合表1规定或设计要求。检验数量：每2000m²，抽检1次。检验方法：查检验报告。

表1　石灰粉煤灰基层7d无侧限抗压强度标准

道路等级	7d抗压强度（MPa）
快速路、主干道	≥0.80（0.6）
其他道路	≥0.60（0.56）

注：括弧内数字为对石灰粉煤灰土的要求。

3.层厚应符合设计要求。检验数量：每50m或1000m²检验不少于1次。检验方法：查检验报告。《公路路基路面现场测试规程》路面厚度测试方法。

4.压实度应符合表2要求。检验数量：每1000m²，每压实层抽验一次。检验方法：查检验报告。《公路路基路面现场测试规程》挖坑灌砂法测定压实度试验方法。

5.代表弯沉值应符合设计要求。检验数量：每车道，每20m测1点。检验方法：查检验报告。《公路路基路面现场测试规程》贝克曼梁或自动弯沉仪。

一般项目

6.粉煤灰的SiO_2与Al_2O_3的总含量应大于70%，950℃时的烧失量应小于20%。检验数量：每种粉煤灰货源检验不少于1次。检验方法：查检验报告。烧失量试验。

7.土的塑性指数（100g平衡锥）为10~20，有机质含量应小于10%。检验数量：每一土源检验不少于1次。检验方法：查检验报告。《公路土工试验规程》液限塑限联合测定，有机质含量试验。

8.外观质量要求：

（1）混合料拌和均匀，色泽一致；

（2）表面坚实、平整，无脱皮、推移、裂缝、松散等现象。检验数量：全部。检验方法：观察。

9.石灰粉煤灰基层质量检验标准及允许偏差应符合表2的规定。

表2　石灰粉煤灰基层质量检验标准及允许偏差

<table>
<tr><th rowspan="2"></th><th rowspan="2">项次</th><th rowspan="2">检查项目</th><th rowspan="2">单位</th><th colspan="2">规定值及允许偏差</th><th colspan="4">检查频率</th><th rowspan="2">检验方法</th></tr>
<tr><th>快速路主干道</th><th>其他道路</th><th>范围</th><th colspan="3">点/次</th></tr>
<tr><td rowspan="10">一般项目</td><td>1</td><td>压实度</td><td>%</td><td>≥95</td><td>≥93</td><td>1000m²</td><td colspan="3">1</td><td>T0107</td></tr>
<tr><td>2</td><td>厚度</td><td>mm</td><td>-15</td><td>-20</td><td>50m或1000m²</td><td colspan="3">1</td><td>T0912</td></tr>
<tr><td>3</td><td>弯沉值</td><td>0.01mm</td><td colspan="2">符合设计要求</td><td>20m</td><td colspan="3">1</td><td>T0951</td></tr>
<tr><td>4</td><td>强度</td><td>MPa</td><td colspan="2">符合设计要求</td><td>2000m²</td><td colspan="3">1</td><td>T0805</td></tr>
<tr><td>5</td><td>平整度</td><td>mm</td><td>≤12</td><td>≤15</td><td>20m</td><td colspan="3">1/车道</td><td>3m直尺</td></tr>
<tr><td>6</td><td>中线高程</td><td>mm</td><td>+5，-15</td><td>+5，-20</td><td>20m</td><td colspan="3">1</td><td>水准仪</td></tr>
<tr><td>7</td><td>宽度</td><td>mm</td><td colspan="2">不小于设计值</td><td>40m</td><td colspan="3">1</td><td>尺量</td></tr>
<tr><td rowspan="3">8</td><td rowspan="3">横坡</td><td rowspan="3">%</td><td rowspan="3">±0.3</td><td rowspan="3">±0.5</td><td rowspan="3">20m</td><td rowspan="3">路面宽（m）</td><td><9</td><td>2</td><td rowspan="3">水准仪</td></tr>
<tr><td>9~16</td><td>4</td></tr>
<tr><td>>16</td><td>6</td></tr>
</table>

城市道路级配碎石(砂砾)基层和底基层检验批质量检验记录

渝市政验收1-2-3

单位工程名称	重庆市××区环城路城市道路K1+000～K20+000合同段		
分部工程名称	K1+000～K1+500段路基基层		
分项工程名称	级配碎石(砂砾)基层和底基层	验收部位	路基基层和底基层
施工单位	××区城建开发公司	项目经理	王××
分包单位	××城建一分公司	分包项目经理	岳××
施工执行标准名称及编号	重庆市《城市道路工程施工质量验收规范》DBJ 50-078—2008		

项目	施工质量验收规范的规定							施工单位检查评定记录	监理单位验收记录
	序号	检查项目	单位	规定值及允许偏差					
				基层		底基层			
				快速路主干道	其他道路	快速路主干道	其他道路		
主控项目	1	压实度	%	≥98	≥97	≥97	≥96	经检测,符合要求。	符合要求。
	2	厚度	mm	−15	−20	−15	−20	符合规范要求。	符合要求。
	3	弯沉值	0.01mm	符合设计要求		符合设计要求		符合规范要求。	符合要求。
	4	压碎值	%	≤26	≤30	≤30	≤40	符合规范要求。	符合要求。
	5	颗粒组成	mm	符合设计要求		符合设计要求		符合规范要求。	符合要求。
	6								
	7								
	8								
一般项目	1	平整度	mm	≤10	≤12	≤12	≤15	符合规范要求。	符合要求。
	2	宽度	mm	不小于设计值		不小于设计值		大于设计值。	符合要求。
	3	中线高程	mm	+5,−10	+5,−15	+5,−15	+5,−20	符合规范要求。	符合要求。
	4	横坡	%	±0.3	±0.5	±0.3	±0.5	符合规范要求。	符合要求。
	5								

	施工员	赵××	施工班组长	李××
施工单位检查评定结果	检查情况: 经检查,主控项目和一般项目均符合设计要求和重庆市《城市道路工程施工质量验收规范》(DBJ 50-078—2008)规定,评定合格。 项目专职质量员:王×× 2015年5月20日			
监理单位验收结论	验收意见: 同意施工单位评定结果,验收合格,同意进行下道工序施工。 专业监理工程师:黎×× 2015年5月20日			

说明：

主控项目

1.砂砾底基层的最大粒径应小于53mm，颗粒组成符合表1要求，液限小于28%，塑性指数小于9。

表1　砂砾底基层的集料级配范围

筛孔尺寸(mm)	53	37.5	9.5	4.75	0.6	0.075
通过质量百分率(%)	100	80~100	40~100	25~85	8~45	0~5

2.碎石应采用质地坚硬、多棱角碎石，其压碎值应符合表2规定，针片状含量应小于20%，软弱颗粒含量应小于5%。

表2　级配碎石石料压碎值要求

道路等级	基层	底基层
快速路、主干道	≤26%	≤30%
其他道路	≤30%	≤40%

检验数量：同产地、同品种、同规格连续进场400T为一批，不足400T也按一批计，每批检验1次。检验方法：查检产品合格证，检验报告。《公路工程集料试验规程》。

3.级配碎石颗粒组成应符合表C规定。检验数量：每400T或1000m²为一批，不足1000m²也按一批计，每批检验不少于1次。检验方法：查检验报告。《公路工程集料试验规程》。

4.级配碎石层厚度应符合设计要求。检验数量：每50m或1000m²抽检不少于1次。检验方法：查检验报告。《公路工程集料试验规程》。

5.级配碎石层压实度应符合表3要求。检验数量：每1000m²抽检不少于1次。检验方法：查检验报告。《公路工程集料试验规程》。

表3　级配碎石颗粒组成范围

序号	筛孔尺寸(mm)	基层		底基层	
		快速路、主干道、中间层	其他道路	快速路、主干道	其他道路
1	53				100
2	37.5		100	100	85~100
3	31.5	100	90~100	83~100	69~88
4	19	85~100	73~88	54~84	40~65
5	9.5	52~74	49~69	29~59	19~43
6	4.75	29~4	29~54	17~45	10~30
7	2.36	17~37	17~27	11~35	8~25
8	0.6	8 ~ 32	8~20	6~21	6~28
9	0.075	0~7	0~7	0~10	0~10
液限(%)		<28	<28	<28	<28
塑性指数		<6	<6	<6	<6

注：中间层系数指设置在沥青面层与基层之间的层次。

6.级配碎石层顶面代表弯沉值应符合设计要求。检验数量：每车道，每20m测1点。检验方法：查检验报告。《公路工程集料试验规程》。

7.外观质量要求：

(1)12~15T压路机碾压，无明显轮迹及推移现象；

(2)级配碎石混合料无明显离析；

(3)表面应坚实、平整，无松散、浮石等现象。

检验数量：全部。检验方法：观察检查。

8.级配碎石(砂砾)基层和底基层质量检验标准及允许偏差应符合表4规定。

表4　级配碎石(砂砾)基层和底基层质量检验标准及允许偏差

<table>
<tr><th rowspan="3">项目</th><th rowspan="3">项次</th><th rowspan="3">检查项目</th><th rowspan="3">单位</th><th colspan="4">规定值及允许偏差</th><th colspan="4" rowspan="2">检查频率</th><th rowspan="3">检验方法</th></tr>
<tr><th colspan="2">基层</th><th colspan="2">底基层</th></tr>
<tr><th>快速路主干道</th><th>其他道路</th><th>快速路主干道</th><th>其他道路</th><th>范围</th><th colspan="3">点/次数</th></tr>
<tr><td rowspan="3">主控项目</td><td>1</td><td>压实度</td><td>%</td><td>≥98</td><td>≥97</td><td>≥97</td><td>≥96</td><td>1000m²</td><td colspan="3">1</td><td>T0107</td></tr>
<tr><td>2</td><td>厚度</td><td>mm</td><td>−15</td><td>−20</td><td>−15</td><td>−20</td><td>50m或1000m²</td><td colspan="3">1</td><td>T0912</td></tr>
<tr><td>3</td><td>弯沉值</td><td>0.01mm</td><td colspan="2">符合设计要求</td><td colspan="2">符合设计要求</td><td>20m</td><td colspan="3">1/车道</td><td>T0951</td></tr>
<tr><td rowspan="6">一般项目</td><td>4</td><td>平整度</td><td>mm</td><td>≤10</td><td>≤12</td><td>≤12</td><td>≤15</td><td>20m</td><td colspan="3">1/车道</td><td>3m直尺</td></tr>
<tr><td>5</td><td>中线高程</td><td>mm</td><td>+5，−10</td><td>+5，−15</td><td>+5，−15</td><td>+5，−20</td><td>20m</td><td colspan="3">1</td><td>水准仪</td></tr>
<tr><td>6</td><td>宽度</td><td>mm</td><td colspan="2">不小于设计值</td><td colspan="2">不小于设计值</td><td>40m</td><td colspan="3">1</td><td>尺量</td></tr>
<tr><td rowspan="3">7</td><td rowspan="3">横坡</td><td rowspan="3">%</td><td rowspan="3">±0.3</td><td rowspan="3">±0.5</td><td rowspan="3">±0.3</td><td rowspan="3">±0.5</td><td rowspan="3">20m</td><td rowspan="3">路面宽(m)</td><td><9</td><td>2</td><td rowspan="3">水准仪</td></tr>
<tr><td>9~16</td><td>4</td></tr>
<tr><td>>16</td><td>6</td></tr>
</table>

城市道路水泥稳定碎石(砂砾)基层和底基层检验批质量检验记录

渝市政验收1-2-4

单位工程名称		重庆市××区环城路城市道路K1+000～K20+000合同段							
分部工程名称		K1+000～K1+500段路基路面基层							
分项工程名称		水泥稳定碎石(砂砾)基层和底基层				验收部位		路基基层和底基层	
施工单位		××区城建开发公司				项目经理		王××	
分包单位		××城建一分公司				分包项目经理		岳××	
施工执行标准名称及编号			重庆市《城市道路工程施工质量验收规范》DBJ 50-078—2008						
施工质量验收规范的规定								施工单位检查评定记录	监理单位验收记录
项目	序号	检查项目	单位	规定值及允许偏差					
				基层		底基层			
				快速路主干道	其他道路	快速路主干道	其他道路		
主控项目	1	压实度	%	≥98	≥97	≥97	≥96	经检测,符合要求。	符合要求。
	2	厚度	mm	-15	-20	-15	-20	符合规范要求。	符合要求。
	3	弯沉值	0.01mm	符合设计要求		符合设计要求		检测,符合要求。	符合要求。
	4	强度	MPa	符合设计要求		符合设计要求		符合规范要求。	符合要求。
	5	压碎值	%	≤30	≤35	≤35	≤40	符合规范要求。	符合要求。
	6	集料颗粒组成	mm	符合设计要求		符合设计要求		符合规范要求。	符合要求。
	7	水泥质量		符合现行国家标准		符合现行国家标准		符合规范要求。	符合要求。
	8								
一般项目	1	平整度	mm	≤10	≤12	≤12	≤15	检测,符合要求。	符合要求。
	2	宽度	mm	不小于设计值		不小于设计值		符合规范要求。	符合要求。
	3	中线高程	mm	+5,-10	+5,-15	+5,-15	+5,-20	检测,符合要求。	符合要求。
	4	横坡	%	±0.3	±0.5	±0.3	±0.5	符合规范要求。	符合要求。
	5								
施工单位检查评定结果		施工员		霍××			施工班组长		韩××
		检查情况: 经检查,主控项目和一般项目均符合设计要求和重庆市《城市道路工程施工质量验收规范》(DBJ 50-078—2008)规定,评定合格。 项目专职质量员:王×× 2015年5月20日							
监理单位验收结论		验收意见: 同意施工单位评定结果,验收合格,同意进行下道工序施工。 专业监理工程师:黎×× 2015年5月20日							

说明：

主控项目

1.水泥应采用普通硅酸盐水泥、矿渣硅酸盐水泥、粉煤灰水泥、复合水泥，初凝时间应在3h以上，终凝时间6h以上，水泥质量必须符合现行国家标准，对其强度、安定性及其他必要性指标进行检验。检验数量：同厂家、同规格以连续进场数量400T为一批，不足400T也按一批计，每批检验不少于1次。检验方法：查检产品合格证及检验报告。

2.碎石压碎值应符合表1要求。

表1 水泥稳定碎石压碎值要求

道路等级	基层	底基层
快速路、主干道	≤30%	≤35%
其他道路	≤35%	≤40%

检验数量：同产地、同品种、同规格连续进场400 T为一批，不足400 T也按一批计，每批检验不少于1次。检验方法：查检产品合格证，检验报告。《公路工程集料试验规程》。粗集料压碎值试验。

3.适宜用水泥稳定的集料的颗粒组成范围应符合表2要求。检验数量：同产地、同品种、同规格连续进场400 T为一批，不足400 T也按一批计，每批检验不少于1次。检验方法：查检产品合格证，检验报告。《公路工程集料试验规程》粗集料筛分试验，细集料筛分试验。

表2 适宜用水泥稳定的集料颗粒组成范围

序号	筛孔尺寸(mm)	基层	底基层
1	37.5		100
2	31.5	100	90~100
3	26.5	90~100	
4	19	72~89	67~90
5	9.5	47~67	45~68
6	4.75	29~49	29~50
7	2.36	17~35	18~38
8	0.6	8~22	8~22
9	0.075	0~7*	0~7*
液限(%)			<28
塑性指数			<9

注：集料中0.5mm以下细粒土有塑性指数时，小于0.075mm颗粒含量不应大于5%，细粒土无塑性指数时，小于0.075颗粒含量不应超过7%。

4.水泥稳定类混合料7d浸水抗压强度应符合表3规定及设计要求。检验数量：每400 T检验不少于1次。检验方法：查检产品合格证，查检验报告。

表3 水泥稳定类混合料7d抗压强度要求(MPa)

道路等级	基层	底基层
快速路、主干道	3~5	1.5~2.5
其他道路	2.5~3	1.5~2.0

5.水泥稳定类基层、底基层的压实度值应符合表4规定。检验数量：每1000m²抽检不少于1次。检验方法：查检验报告。《公路路基路面现场测试规程》灌砂法测定压实度试验。

6.水泥稳定类层厚应符合设计要求。检验数量:每1000m²检验不少于1次。检验方法:查检验报告。《公路路基路面现场测试规程》路面测试方法。

7.水泥稳定类基层和底基层顶面代表弯沉值应符合设计要求。检验数量:每车道每20m测1点。检验方法:查检验报告。《公路路基路面现场测试规程》贝克曼梁或自运变沉仪。

8.外观质量要求:

(1)混合料拌和均匀,色泽一致,无明显离析;

(2)表面平整、密实,无坑洼,施工接茬平整。

9.水泥稳定类混合料质量检验标准及允许偏差符合下表规定。检验数量:同厂家、同产地以连续进场数量100 T为一批,不足100 T的按一批记,每批检验不少于1次。堆放时间超过一个月应复验。检验方法:查检验报告。

表4 水泥稳定碎石(砂砾)基层和底基层质量检验标准及允许偏差

<table>
<tr><th rowspan="3">项目</th><th rowspan="3">项次</th><th rowspan="3">检查项目</th><th rowspan="3">单位</th><th colspan="4">规定值及允许偏差</th><th colspan="4" rowspan="2">检验频率</th><th rowspan="3">检验方法</th></tr>
<tr><th colspan="2">基层</th><th colspan="2">底基层</th></tr>
<tr><th>快速路主干道</th><th>其他道路</th><th>快速路主干道</th><th>其他道路</th><th>范围</th><th colspan="3">点/次</th></tr>
<tr><td rowspan="4">主控项目</td><td>1</td><td>压实度</td><td>%</td><td>≥98</td><td>≥97</td><td>≥97</td><td>≥96</td><td>1000m²</td><td colspan="3">1</td><td>T0921</td></tr>
<tr><td>2</td><td>厚度</td><td>mm</td><td>−10</td><td>−15</td><td>−15</td><td>−20</td><td>50m或1000m²</td><td colspan="3">1</td><td>T0912</td></tr>
<tr><td>3</td><td>弯沉值</td><td>0.01mm</td><td colspan="2">符合设计要求</td><td colspan="2">符合设计要求</td><td>20m</td><td colspan="3">1/车道</td><td>T0951</td></tr>
<tr><td>4</td><td>强度</td><td>MPa</td><td colspan="2">符合设计要求</td><td colspan="2">符合设计要求</td><td>每400 T</td><td colspan="3">1</td><td>T0805</td></tr>
<tr><td rowspan="6">一般项目</td><td>5</td><td>平整度</td><td>mm</td><td>≤10</td><td>≤12</td><td>≤12</td><td>≤15</td><td>20m</td><td colspan="3">1/车道</td><td>3m直尺</td></tr>
<tr><td>6</td><td>中线高程</td><td>mm</td><td>+5,−10</td><td>+5,−15</td><td>+5,−15</td><td>+5,−20</td><td>20m</td><td colspan="3">1</td><td>水准仪</td></tr>
<tr><td>7</td><td>宽度</td><td>mm</td><td colspan="2">不小于设计值</td><td colspan="2">不小于设计值</td><td>40m</td><td colspan="3">1</td><td>尺量</td></tr>
<tr><td rowspan="3">8</td><td rowspan="3">横坡</td><td rowspan="3">%</td><td rowspan="3">±0.3</td><td rowspan="3">±0.5</td><td rowspan="3">±0.3</td><td rowspan="3">±0.5</td><td rowspan="3">20m</td><td rowspan="3">路面宽(m)</td><td><9</td><td>2</td><td rowspan="3">水准仪</td></tr>
<tr><td>9~16</td><td>4</td></tr>
<tr><td><16</td><td>6</td></tr>
</table>

城市道路石灰粉煤灰稳定碎石(砂砾)基层和底基层检验批质量检验记录

渝市政验收1-2-5

单位工程名称	重庆市××区环城路城市道路K1+000~K20+000合同段		
分部工程名称	K1+000~K1+500段路基基层工程		
分项工程名称	石灰粉煤灰稳定碎石基层和底基层	验收部位	路基基层与底基层
施工单位	××区城建开发公司	项目经理	王××
分包单位	××城建一分公司	分包项目经理	岳××
施工执行标准名称及编号	重庆市《城市道路工程施工质量验收规范》DBJ 50-078—2008		

项目	序号	检查项目	单位	施工质量验收规范的规定 规定值及允许偏差 基层 快速路主干道	基层 其他道路	底基层 快速路主干道	底基层 其他道路	施工单位检查评定记录							监理单位验收记录
主控项目	1	压实度	%	≥98	≥97	≥97	≥96	98	98	98	99	99	98	98	符合要求。
	2	厚度	mm	−10	−15	−15	−20	−8	−7	−6	5	−9	−6	−5	符合要求。
	3	弯沉值	0.01mm	符合设计要求		符合设计要求		经检测,符合设计及规范要求。							符合要求。
	4	强度	MPa	符合设计要求		符合设计要求		经检测,符合设计及规范要求。							符合要求。
	5	压碎值	%	≤30	≤35	≤35	≤40	22	23	22	21	28	27	28	符合要求。
	6	混合料配合比	%	符合设计要求		符合设计要求		水泥:水:砂:石=1:0.46:1.53:3.05							符合要求。
	7														
	8														
一般项目	1	平整度	mm	≤10	≤12	≤12	≤15	6	8	9	10	4	5	6	符合要求。
	2	宽度	mm	不小于设计值		不小于设计值		√	√	√	√	√	√	√	符合要求。
	3	中线高程	mm	+5,−10	+5,−15	+5,−15	+5,−20	2	3	1	4	−4	−6	−8	符合要求。
	4	横坡	%	±0.3	±0.5	±0.3	±0.5	0.1	0.2	−0.2	−0.3	0.1	0.2	0.2	符合要求。
	5	SiO_2与Al_2O_3总含量	%	>70 烧失量<20											

施工单位检查评定结果	施工员	李××	施工班组长	赵××
	检查情况: 经检查,主控项目和一般项目均符合设计要求和重庆市《城市道路工程施工质量验收规范》(DBJ 50-078—2008)规定,评定合格。 项目专职质量员:王×× 2015年5月20日			
监理单位验收结论	验收意见: 同意施工单位评定结果,验收合格,同意进行下道工序施工。 专业监理工程师:黎×× 2015年5月20日			

说明：

主控项目

1.石灰应采用Ⅲ级以上，消石灰的有效氧化钙加氧化镁的含量应不小于55%，粒径应不大于10mm；生石灰应大于70%。磨细生石灰最大粒径应小于0.2mm。对次干道及以下道路，当采用等外石灰或电石渣而混合料强度达到设计要求时，可予使用。

2.碎石压碎值应符合表1规定，含泥量应小于3%，针片状颗粒应小于15%。

表1　石灰粉煤灰稳定碎石石料压碎值要求

道路等级	基层	底基层
快速路、主干道	≤30%	≤35%
其他道路	≤35%	≤40%

检验数量：同产地、同品种、同规格连续进场400T为一批，不足400T也按一批计，每批检验不少于1次。检验方法：查检产品合格证，检验报告。《公路工程集料试验规程》粗集料压碎值试，粗集料含泥量试验，精集料针片状颗粒含量试验。检验数量：每台班不少于1次。检验方法：查检产品合格证，检验报告。

3.石灰粉煤灰稳定碎石混合料配合比应符合表2的规定。检验数量：每台班不少于1次。检验方法：查检产品合格证，检验报告。

表2　石灰粉煤灰石混合料配合比

混合料种类	消石灰（%）	粉煤灰（%）	碎石（%）	碎石粒径（mm）
粗粒径	10	25	65	31.5~63
细粒径	6~8	14~19	73~80	0~31.5

4.石灰粉煤灰稳定碎石混合料抗压强度应符合表3、表4的要求。粗粒径石灰粉煤灰碎石混合料抗压强度，是以石灰、粉煤灰混合料在65℃、24h快速养护、饱水抗压强度为准。每台班不少于1次。检验方法：查检产品合格证，检验报告。

表3　细粒径石灰粉煤灰稳定碎石混合料7d抗压强度要求

道路等级	基层（MPa）	底基层（MPa）
快速路、主干道	≥0.8	≥0.6
其他道路	≥0.6	≥0.5

表4　粗粒径石灰粉煤灰稳定碎石混合料快速成饱水抗压强度要求

道路等级	饱满水抗压强度	养护条件
快速路、主干道	≥1.5	消石灰：粉煤灰(质量比)=25∶75，65℃湿治养护、24h后，测无侧限抗压强度
其他道路	≥1.2	

5.石灰粉煤灰稳定碎石基层压实度应符合表5规定。检验数量：每1000m²，每压实层抽检一次。检验方法：查检验报告。《公路路基路面现场测试规程》灌砂法测定压实度试验。

6.石灰粉煤灰稳定碎石基层厚度应符合设计要求，检验数量：每1000m²检验不少于1次。检验方法：查检验报告。《公路路基路面现场测试规程》路面厚度测试方法。

7.石灰粉煤灰稳定碎石基层顶面代表弯沉值应符合设计要求。检验数量：每车道，每20m测1点。检验方法：查检验报告。《公路路基路面现场测试规程》贝克曼梁或自动弯沉仪。

一般项目

1.粉煤灰的SiO_2与Al_2O_2的含量应大于70%，烧失量应小于20%。检验数量：每种货源的粉煤灰，检验不少于一次。检验方法:查检验报告。

2.外观质量要求:

(1)表面平整、密实、无坑洼、松散等现象;

(2)石灰、粉煤灰碎石混合料拌和均匀,色泽一致,无明显粗细颗粒析现象。检验数量:全部。检验方法:观察。

3.石灰粉煤灰稳定碎石基层和底基层质量检验标准及允许偏差应符合表5规定。

表5 石灰粉煤灰稳定碎石基层和底基层质量检验标准及允许偏差

<table>
<tr><th rowspan="3">项目</th><th rowspan="3">项次</th><th rowspan="3">检查项目</th><th rowspan="3">单位</th><th colspan="4">规定值及允许偏差</th><th colspan="3" rowspan="2">检查频率</th><th rowspan="3">检验方法</th></tr>
<tr><th colspan="2">基层</th><th colspan="2">底基层</th></tr>
<tr><th>快速路主干道</th><th>其他道路</th><th>快速路主干道</th><th>其他道路</th><th>范围</th><th colspan="2">点/次</th></tr>
<tr><td rowspan="4">主控项目</td><td>1</td><td>压实度</td><td>%</td><td>≥98</td><td>>97</td><td>>97</td><td>≥96</td><td>1000m²</td><td colspan="2">1</td><td>T0921</td></tr>
<tr><td>2</td><td>厚度</td><td>mm</td><td>−10</td><td>−15</td><td>−15</td><td>−20</td><td>50m或1000m²</td><td colspan="2">1</td><td>T0912</td></tr>
<tr><td>3</td><td>弯沉值</td><td>0.01mm</td><td colspan="2">符合设计要求</td><td colspan="2">符合设计要求</td><td>20m</td><td colspan="2">1/车道</td><td>T0951</td></tr>
<tr><td>4</td><td>强度</td><td>MPa</td><td colspan="2">符合设计要求</td><td colspan="2">符合设计要求</td><td>每400 T</td><td colspan="2">1</td><td>T0805</td></tr>
<tr><td rowspan="6">一般项目</td><td>5</td><td>平整度</td><td>mm</td><td>≤10</td><td>≤12</td><td>≤12</td><td>≤15</td><td>20m</td><td colspan="2">1/车道</td><td>3m直尺</td></tr>
<tr><td>6</td><td>中线高程</td><td>mm</td><td>+5,−10</td><td>+5,−15</td><td>+5,−15</td><td>+5,−20</td><td>20m</td><td colspan="2">1</td><td>水准仪</td></tr>
<tr><td>7</td><td>宽度</td><td>mm</td><td colspan="2">不小于设计值</td><td colspan="2">不小于设计值</td><td>40m</td><td colspan="2">1</td><td>尺量</td></tr>
<tr><td rowspan="3">8</td><td rowspan="3">横坡</td><td rowspan="3">%</td><td rowspan="3">±0.3</td><td rowspan="3">±0.5</td><td rowspan="3">±0.3</td><td rowspan="3">±0.5</td><td rowspan="3">20m</td><td>路面宽(m) <9</td><td>2</td><td rowspan="3">水准仪</td></tr>
<tr><td>9~16</td><td>4</td></tr>
<tr><td>>16</td><td>6</td></tr>
</table>

城市道路沥青稳定碎石(ATB)基层检验批质量检验记录

渝市政验收1-2-6

单位工程名称	重庆市××区环城路城市道路K1+000～K20+000合同段		
分部工程名称	K1+000～K1+500段路基路面		
分项工程名称	沥青稳定碎石(ATB)基层	验收部位	路基基层
施工单位	××区城建开发公司	项目经理	王××
分包单位	××城建一分公司	分包项目经理	岳××
施工执行标准名称及编号	重庆市《城市道路工程施工质量验收规范》DBJ 50-078—2008		

项目	施工质量验收规范的规定					施工单位检查评定记录							监理单位验收记录
	序号	检查项目	单位	规定值及允许偏差									
				快速路主干道	其他道路								
主控项目	1	压实度	%	≥96	≥96	97	99	98	98	99	97	98	符合规范要求。
	2	厚度	mm	−10	−15	−9	−3	−2	−7	−5	−4	−2	符合规范要求。
	3	弯沉值	0.01mm	符合设计要求		经检测,符合设计及规范要求。							符合规范要求。
	4	强度	MPa	符合设计要求		经检测,符合设计及规范要求。							符合规范要求。
	5	压碎值	%	≤30	≤35	符合规范要求。							符合规范要求。
	6	沥青品种、标号及质量	100t	符合设计要求		查检产品合格证及检验报告,品种、标号及质量符合设计要求。							符合规范要求。
	7	矿料质量		符合设计要求		查检产品合格证,检验报告,符合设计要求。							符合规范要求。
	8	沥青用量		符合设计要求		符合设计要求。							符合规范要求。
一般项目	1	平整度	mm	≤10	≤12	1	3	7	5	8	10	9	符合规范要求。
	2	宽度	mm	不小于设计值		√	√	√	√	√	√	√	符合规范要求。
	3	中线高程	mm	+5,−10	+5,−15	4	2	3	−5	−9	2	1	符合规范要求。
	4	横坡	%	±0.3	±0.5	0.1	0.2	0.2	0.1	0.2	0.1	0.2	符合规范要求。
	5	SiO_2与Al_2O_3总含量	%	＞70 烧失量＜20									

施工单位检查评定结果	施工员	李××	施工班组长	赵××
	检查情况: 经检查,主控项目和一般项目均符合设计要求和重庆市《城市道路工程施工质量验收规范》(DBJ 50-078—2008)规定,评定合格。 项目专职质量员:王×× 2015年5月20日			
监理单位验收结论	验收意见: 同意施工单位评定结果,验收合格,同意进行下道工序施工。 专业监理工程师:黎×× 2015年5月20日			

说明：

主控项目

1.沥青的品种、标号及质量应符合设计要求及表1的规定。

表1 道路石油沥青技术要求

指 标	单位	等级	沥青标号 70号	沥青标号 90号	试验方法
针入度(25℃,5s,100g)	0.1mm		60～80	80～100	按国家现行规范、规程执行
适用的气候分区			1-4	1-3	
针入度指数PI		A	-1.5～+1.0		
		B	-1.8～+1.0		
软化点(R&B),不小于	℃	A	46	45	
		B	44	43	
60℃动力黏度,不小于	Pas	A	180	160	
10℃延度,不小于	cm	A	15	20	
		B	10	15	
15℃延度,不小于	cm	A、B	100	100	
蜡含量(蒸馏法),不大于	%	A	2.2		
		B	3.0		
闪点,不小于	℃		260	245	
溶解度,不小于	%		99.5		
密度(15℃)	g/cm^3		实测记录		
TFOT(或RTFOT)后					
质量变化,不大于	%		±0.8		
残留针入度比,不小于	%	A	61	57	
		B	58	54	
残留延度,(10℃)不小于	cm	A	6	8	
		B	4	6	

注：①试验方法按照国家现行规范规定的方法执行。用于仲裁试验求取PI时的5个温度的针入度关系的相关系数不得小于0.997；②经建设单位同意，表中PI值、60℃动力黏度、10℃延度可作为选择性指标，也可不作为施工质量检验指标；③70号沥青可根据需要要求供应商提供针入度范围为60～70或70～80的沥青；90号沥青可要求提供针入度范围为80～90或90～100的沥青。④本市沥青路面施工气候分区属于夏炎热冬温暖区。

检验数量：按同生产厂家、同一规格、同一批号连续进场的沥青100T为一批，不足100T仍按一批计，每批检验不少于1次。检验方法：查检产品合格证及检验报告。

2.矿料质量应符合设计要求及表2、表3的规定。

表2　沥青混合料用细集料质量要求

项　目	单位	快速路、主干道	其他道路	试验方法
表观相对密度,不小于	T/m^3	2.50	2.45	按国家现行规范、规程执行
坚固性(>0.3mm部分),不小于	%	12	—	
含泥量(小于0.075mm的含量),不大于	%	3	5	
砂当量,不小于	%	60	50	
亚甲蓝值,不大于	g/kg	25	—	
棱角性(流动时间),不小于	S	30	—	

表3　沥青混合料用粗集料质量要求

指　标	单位	快速路、主干道		其他道路	试验方法
		表面层	其他层次		
石料压碎值,不大于	%	26	28	30	按国家现行规范、规程执行
洛杉矶磨耗损失,不大于	%	28	30	35	
表观相对密度,不小于	T/m^3	2.60	2.50	2.45	
吸水率,不大于	%	2.0	3.0	3.0	
坚固性,不大于	%	12	12	—	
针片状颗粒含量(混合料),不大于 其中粒径大于9.5mm,不大于 其中粒径小于9.5mm,不大于	% % %	15 12 18	18 15 20	20 — —	
水洗法<0.075mm颗粒含量,不大于	%	1	1	1	
软石含量,不大于	%	3	5	5	
磨光值PSV,不小于	%	42			
粗集料与沥青的黏附性		5	4	4	

注:①坚固性试验可根据需要进行;②用于快速路及主干道时,多孔玄武岩的视密度可放宽至2.45T/m^3,吸水率可放宽至3%,但必须得到建设单位的批准,且不得用于SMA路面;③对3~5规格的粗集料,针片状颗粒含量可不予要求,<0.075mm含量可放宽到3%;④除SMA路面外,允许在硬质粗集料掺加部分较小粒径的磨光值达不到要求的粗集料。磨光值仅指快速路。检验数量:按同一产地、同一规格400T为一批,不足400T亦按一批计。每批检验不少于1次。检验方法:查检产品合格证,检验报告。

3.沥青用量应符合沥青稳定碎石混合料配合比要求,矿料级配应符合《公路工程沥青路面施工技术规范》要求。检验数量:每台班检验不少于1次。检验方法:查验报告及配合比设计资料。

4.沥青稳定碎石混合料的技术性能应符合表4规定及设计要求。

表4　沥青稳定碎石混合的技术性能

试验指标	单位	技术要求	
公称最大粒径	mm	26.5	≥31.5
马歇尔试件尺寸	mm	Φ101.6×63.5	Φ152.4×95.3
击实次数(双面)	次	75	112
空隙率VV	%	3~6	3~6
稳定度,不小于	kN	7.5	15
流值	mm	1.5~4	实测

检验数量:每台班检验不少于1次。检验方法:查检产品合格证,检验报告。

城市道路水泥混凝土路面检验批质量检验记录

渝市政验收1-2-7

单位工程名称	重庆市××区环城路城市道路K1+000～K20+000合同段		
分部工程名称	K1+000～K1+500段道路面层		
分项工程名称	水泥混凝土面层	验收部位	道路面层
施工单位	××区城建开发公司	项目经理	王××
分包单位	××城建一分公司	分包项目经理	岳××
施工执行标准名称及编号	重庆市《城市道路工程施工质量验收规范》DBJ 50-078—2008		

项目	序号	检查项目		单位	规定值及允许偏差：快速路、主干道	规定值及允许偏差：其他道路	施工单位检查评定记录							监理单位验收记录
主控项目	1	抗压强度		Mpa	符合设计要求		经检测，符合设计及规范要求。							符合规范要求。
主控项目	2	弯拉强度		Mpa	符合设计要求		经检测，符合设计及规范要求。							符合规范要求。
主控项目	3	板厚度		mm	−5	−5	−1	−3	2	3	4	−4	−2	符合规范要求。
主控项目	4	平整度	σ	mm	1.8	2.5	符合设计要求。							符合规范要求。
主控项目	4	平整度	*IRI*	m/km	3.0	4.2	符合设计要求。							符合规范要求。
主控项目	4	平整度	*H*	mm	—	5	符合设计要求。							符合规范要求。
主控项目	5	抗滑构造深度		mm	≥0.6	≥0.5	0.8	0.8	0.9	0.8	0.9			符合规范要求。
主控项目	6	井框与路面高差		mm	3		2	1	2	1	2	2	1	符合规范要求。
主控项目	7													
主控项目	8													
一般项目	1	宽度		mm	0，+20		√	√	√	√	√	√	√	符合规范要求。
一般项目	2	中线高程		mm	±10	±15	4	6	−4	−8	7	5	6	符合规范要求。
一般项目	3	中线平面偏差		mm	20		√	√	√	√	√	√	√	符合规范要求。
一般项目	4	相邻板厚度		mm mm	2	3	√	√	√	√	√	√	√	符合规范要求。
一般项目	5	横坡		%	±0.15	±0.25	√	√	√	√	√	√	√	
一般项目	5	横坡		mm	±10	±10	3	4	6	−8	−6	5	8	符合规范要求。
一般项目	5	顺直度	纵缝	mm	10		5	3	7	5	5	7	4	符合规范要求。
一般项目	5	顺直度	横缝	mm	10		4	6	1	4	6	8	6	符合规范要求。

施工员	李××	施工班组长	赵××

施工单位检查评定结果

检查情况：

经检查，主控项目和一般项目均符合设计要求和重庆市《城市道路工程施工质量验收规范》(DBJ 50-078—2008)规定，评定合格。

项目专职质量员：王××

2015年5月20日

监理单位验收结论

验收意见：

同意施工单位评定结果，验收合格，同意进行下道工序施工。

专业监理工程师：黎××

2015年5月20日

说明:

一般规定

1.面层包括水泥混凝土、钢纤维混凝土、热拌沥青混凝土、沥青玛蹄脂碎石(SMA)及稀浆封层、透层、粘层等。其他路面结构,也应遵循有关标准及规范执行。

2.面层施工检验标准及允许偏差分三档设定,即快速路和主干道、次干道、支路。

3.主城区水泥混凝土面层,宜采用商品混凝土,其原材料及混合料的质量要求、生产及运输应符合本市现行规范的规定。

4.沥青混合料须采用集中机械拌和,宜使用机械化摊铺工艺。

5.面层施工应在基层施工质量检验合格后方可进行。

6.水泥混凝土面层施工期间日平均气温低于5℃或现场气温高于30℃时,应按低温或高温季节施工要求采取措施,以保证工程质量;沥青路面施工气温不得低于10℃,否则应在拌和、运输、摊铺、碾压等工序中采取相应措施,以保证充分压实及上下层粘结;雨天和路面潮湿情况下不得施工。

7.质量检验频率中每一检测点或检测次需要测定的平行试验点(次)数,应按相应的试验规程规定执行,对尚无标准试验法或未注明检验要求的项目每一检测点(次)只做一个试验。

主控项目

1.水泥进场时应对其品种、级别、包装或散装仓号、出厂日期等进行检查,并应对其强度、安定性及其他必要的性能指标进行复验,其质量必须符合国家现行规范的规定。对水泥质量有怀疑或水泥出厂超过三个月(快硬硅酸盐水泥超过一个月)时,应进行复验,并按复验结果合格后方可使用。检验数量:同一生产厂家、同一等级、同一品种、同一批号且连续进场的水泥,袋装不超过200T为一批,散装不超过400T为一批,每批抽样不少于一次。检验方法:检查产品合格证、检验报告。

2.混凝土中掺加外加剂,其材料质量、施工工艺和要求应符合国家现行规范有关规定。检验数量:按进场批次检验,每批检验不少于1次。检验方法:查检产品合格证、检验报告。

3.钢筋品种、级别、规格、数量必须符合国家现行标准及设计要求。检验数量:不超过60T为一批,每批检验不少于1次。检验方法:查检产品合格证、检验报告。

4.钢纤维:钢纤维除应满足国家现行规范的规定,还应符合下列技术要求:

(1)单丝钢纤维抗拉强度不宜小于600MPa。

(2)钢纤维最短长度宜大于粗集料最大公称粒径的1/3;最大长度不宜大于集料最大公称粒径的2倍。钢纤维长度与标称值的偏差不应超过±10%。检验数量:不超过60T为一批,每批检验不少于1次。检验方法:查检产品合格证、检验报告。

5.粗、细集料质量应符合设计及表1和表2的要求。粗集料最大公称粒径应不大于31.5mm;钢纤维混凝土粗集料最大公称粒径不大于19.0mm,集料级配应符合设计要求。

表1 细集料的技术要求

项目	单位	技术要求	备注
含泥量	%	≤3	冲洗法
硫化物和硫酸含量	%	≤1	折算为SO_3
有机物质含量	颜色不应深于标准溶液的颜色		比色法
其他杂物	不得混有石灰、煤渣、草根等其他杂物		

表2 粗集料的技术要求

项目	单位	技术要求		检验方法
		快速路、主干道	其他道路	
碎石压碎指标	%	<15	<20	按国家现行规范、规程执行
坚固性	%	<8	<10	
针片状颗粒含量	%	<15	<20	
含泥量	%	<1.0	<1.5	
泥块含量	%	<0.2	<0.5	
有机物含量(比色法)		合格	合格	
硫化物及硫酸盐	%	<1.0	<1.0	按SO_3质量计
空隙率	%	<47		按国家现行规范、规程执行

检验数量:不超过400T为一批,每批检验不少于一次。检验方法:查检验报告。

6.钢纤维混凝土中钢纤维掺量应符合设计要求。检验数量:每台班不少于1次。检验方法:查施工记录及计量检验。

7.水泥混凝土、钢纤维混凝土弯拉强度应符合设计要求。检验数量:每台班取样不得少于1组。日进度大于500m,取样不得少于2组。检验方法:检查施工记录及检验报告。

8.水泥混凝土及钢纤维混凝土板厚,应符合表3的规定。检验数量:每车道100m测1点。检验方法:查检验报告。

9.水泥混凝土及钢纤维混凝土平整度,应符合表3的规定。检验数量:平整度仪,每车道连续检测;3m直尺,每车道20m测一点。检验方法:查检验报告。

10.普通水泥混凝土路面摊铺坍落度根据采用的摊铺设备而定,轨道摊铺机20~40mm,三辊轴机组10~30mm,小型机具0~20mm。钢纤维混凝土较普通混凝土小20 mm左右。检验数量:每台班不少于3次。检验方法:查检验报告。

11.外观质量要求:

(1)水泥混凝土板面平整,边角整齐,无裂缝,不得有脱皮、积水、蜂窝、麻面等现象。

(2)伸缩缝必须垂直、贯通,线直弯顺,灌缝饱满、密实,缝内无杂物。

(3)横坡顺直,无凹坑,积水,拉毛或刻痕符合设计要求。检验数量:全部。检验方法:观察、尺量。

12.水泥混凝土面层质量检验标准及允许偏差,应符合表3规定。

表3　水泥混凝土面层质量检验标准及允许偏差

项目	项次	检查项目		单位	规定值及允许偏差：快速路、主干道	规定值及允许偏差：其他道路	检验频率：范围	检验频率：点/次		检验方法
主控项目	1	抗压强度		MPa	符合设计要求		每台班或每1000m^3	1		
	2	弯拉强度		MPa	符合设计要求		每台班或每1000m^3	1		按国家现行规范、规程执行
	3	板厚度		mm	−5	−5	100m	1/车道		尺量或钻孔
	4	平整度	σ	mm	1.8	2.5	每车道	连续检测		平整度仪，每20m计算σ、*IRI*
			IRI	m/km	2.0	3.2				
			H	mm	5	5				
一般项目	5	抗滑构造深度		mm	≥0.6	≥0.5	200m	1		铺砂法
	6	宽度		mm	0，+20		40m	1		尺量
	7	中线高程		mm	±10	±15	20m	1		水准仪
	8	中线平面偏差		mm	20		50m	1		全站仪
	9	相邻板厚度		mm mm	2	3	100m	2点/1条纵缝 2点/1条横缝		尺量
	10	横坡		%	±0.15	±0.25	20m	路宽（m） <9	2	水准仪
				mm	±10	±10		9～16	4	
								>16	6	
	11	顺直度	纵缝	mm	10		100m缝长	1		拉20m小线量最大值
			横缝	mm	10		40m	1		沿路宽拉小线量最大值

城市道路热拌沥青混合料(HMA)面层检验批质量检验记录

渝市政验收 1-2-8

单位工程名称	重庆市××区环城路城市道路 K1+000 ~ K20+000 合同段		
分部工程名称	K1+000 ~ K1+500 段道路面层		
分项工程名称	热拌沥青混合料(HMA)面层	验收部位	道路面层
施工单位	××区城建开发公司	项目经理	王××
分包单位	××城建一分公司	分包项目经理	岳××
施工执行标准名称及编号	重庆市《城市道路工程施工质量验收规范》DBJ 50-078—2008		

项目	施工质量验收规范的规定						施工单位检查评定记录							监理单位验收记录
	序号	检查项目		单位	规定值及允许偏差 快速路、主干道	其他道路								
主控项目	1	压实度		%	≥96 (SMA≥98%)	≥95	√	√	√	√	√	√	√	符合规范要求。
	2	厚度	上面层	mm	-5	-5	符合设计要求							符合规范要求。
			面层总厚		-5%(或-5)	-10%(或-5)								
	3	平整度	σ	mm	1.8	2.0	√	√	√	√	√	√	√	符合规范要求。
			IR	m/km	3.0	3.3								
			H	mm	—	3.5								
	4	弯沉值		0.01mm	符合设计要求	符合设计要求	符合设计要求							符合规范要求。
	5	抗滑	摩擦系数		符合设计要求	—	符合设计要求							符合规范要求。
			构造深度											
	6	井框与路面高差		mm	≤4	≤5	2	1	3	2	1	3	4	符合规范要求。
	7													
	8													
一般项目	1	渗水系数		mL/min	≤300 (SMA≤200)	—	符合设计要求							符合规范要求。
	2	宽度		mm	0,+20	0,+30	7	6	8	9	8	5	7	符合规范要求。
	3	中线高程		mm	±15	±20	3	4	5	8	8	5	4	符合规范要求。
	4	中线平面偏差		mm	20		√	√	√	√	√	√	√	符合规范要求。
	5	横坡		%	±0.3	±0.5	√	√	√	√	√	√	√	符合规范要求。
				mm	±10	±10	2	3	5	6	8	7	2	符合规范要求。

施工员	李××	施工班组长	赵××
施工单位检查评定结果	检查情况： 经检查，主控项目和一般项目均符合设计要求和重庆市《城市道路工程施工质量验收规范》(DBJ 50-078—2008)规定，评定合格。 项目专职质量员：王××　　2015年5月20日		
监理单位验收结论	验收意见： 同意施工单位评定结果，验收合格，同意进行下道工序施工。 专业监理工程师：黎××　　2015年5月20日		

说明：

主控项目

1.沥青及聚合物改性沥青的技术要求应符合表1、表2规定及设计要求。

表1　道路石油沥青技术要求

指标	单位	等级	沥青标号		试验方法
			70号	90号	
针入度(25℃，5s，100g)	0.1mm		60～80	80～100	
适用的气候分区			1-4	1-3	
针入度指数PI		A	-1.5～+1.0		
		B	-1.8～+1.0		
软化点(R&B)，不小于	℃	A	46	45	
		B	44	43	
60℃动力黏度，不小于	Pas	A	180	160	
10℃延度，不小于	cm	A	15	20	
		B	10	15	
15℃延度，不小于	cm	A、B	100	100	按国家现行规范、规程执行
蜡含量(蒸馏法)，不大于	%	A	2.2		
		B	3.0		
闪点，不小于	℃		260	245	
溶解度，不小于	%		99.5		
密度(15℃)	g/cm^3		实测记录		
TFOT (或RTFOT)后					
质量变化，不大于	%		±0.8		
残留针入度比，不小于	%	A	61	57	
		B	58	54	
残留延度，(10℃)不小于	cm	A	6	8	
		B	4	6	

注：①试验方法按照国家现行规范规定的方法执行。用于仲裁试验求取PI时的5个温度的针入度关系的相关系数不得小于0.997；②经建设单位同意，表中PI值、60℃动力黏度、10℃延度可作为选择性指标，也可不作为施工质量检验指标；③70号沥青可根据需要要求供应商提供针入度范围为60～70或70～80的沥青；90号沥青可要求提供针入度

范围为80～90或90～100的沥青。④本市沥青路面施工气候分区属于夏炎热冬温暖区。

表2　聚合物改性沥青技术要求

指标	单位	SBS类(Ⅰ类)		SBR类(Ⅱ类)	EVA、PE类(Ⅲ类)		试验方法
		Ⅰ-C	Ⅰ-D	Ⅱ-C	Ⅲ-C	Ⅲ-D	
针入度(25℃,100g,5s)	0.1mm	60～80	30～60	60～80	40～60	30～40	
针入度指数PI,不小于		-0.4	0	-0.6	-0.6	-0.4	
延度5℃,5cm/min,不小于	cm	30	20	40	—		
软化点TR&B,不小于	℃	55	60	50	56	60	
运动黏度[1]135℃,不大于	Pas	3					
闪点,不小于	℃	230		230	230		按国家现行规范、规程执行
溶解度,不小于	%	99		99	—		
弹性恢复25℃,不小于	%	65	75	—	—		
黏韧性,不小于	N·m	—		-5	—		
韧性,不小于	N·m	—		2.5	—		
贮存稳定性							
离析,48h软化点差,不大于	℃	2.5		—	无改性剂明显析出、凝聚		
TFOT(或RTFOT)后残留物							
质量变化,不大于	%	±1.0					
针入度比25℃,不小于	%	60	65	60	58	60	
延度5℃,不小于	cm	20	15	10	—		

注:①表中135℃运动黏度采用国家现行规范规定进行测定。若不在改变改性沥青物理力学性质并符合安全条件的温度下易于泵送和拌和,或经证明适当提高泵送和拌和温度时能保证改性沥青的质量,容易施工,可不要求测定。②贮存稳定性指标适用于工厂生产的成品改性沥青。现场制作的改性沥青对贮存稳定性指标可不作要求,但必须在制作后,保持不间断的搅拌或泵送循环,保证使用前没有明显的离析。检验数量:按同一生产厂家、同一品种、同一标号、同一批号连续进场的沥青(石油沥青每100T为一批,改性沥青每50T为1批)每批次抽检不少于1次。检验方法:查检产品合格证、检验报告。

2.热拌沥青混凝土所选用细集料和粗集料的质量要求应符合表3、表4的规定。

表3　沥青混合料用细集料质量要求

项目	单位	快速路、主干道	其他道路	试验方法
表观相对密度,不小于	T/m^3	2.50	2.45	按国家现行规范、规程执行
坚固性(>0.3mm部分),不小于	%	12	—	
含泥量(小于0.075mm的含量),不大于	%	3	5	
砂当量,不小于	%	60	50	
亚甲蓝值,不大于	g/kg	25	—	
棱角性(流动时间),不小于	S	30	—	

表4　沥青混合料用粗集料质量要求

指标	单位	快速路、主干道		其他道路	试验方法
		表面层	其他层次		
石料压碎值，不大于	%	26	28	30	
洛杉矶磨耗损失，不大于	%	28	30	35	
表观相对密度，不小于	T/m³	2.60	2.50	2.45	
吸水率，不大于	%	2.0	3.0	3.0	
坚固性，不大于	%	12	12	—	
针片状颗粒含量（混合料），不大于	%	15	18	20	按国家现行规范、规程执行
其中粒径大于9.5mm，不大于	%	12	15	—	
其中粒径小于9.5mm，不大于	%	18	20	—	
水洗法<0.075mm颗粒含量，不大于	%	1	1	1	
软石含量，不大于	%	3	5	5	
磨光值PSV，不小于	%	42			
粗集料与沥青的黏附性		5	4	4	

注：①坚固性试验可根据需要进行；②用于快速路及主干道时，多孔玄武岩的视密度可放宽至2.45T/m³，吸水率可放宽至3%，但必须得到建设单位的批准，且不得用于SMA路面；③对3～5规格的粗集料，针片状颗粒含量可不予要求，<0.075mm含量可放宽到3%；④除SMA路面外，允许在硬质粗集料掺加部分较小粒径的磨光值达不到要求的粗集料。磨光值仅指快速路。检验数量：按同一产地、同一规格400T为一批，不足400T亦按一批计，每批检验不少于1次。检验方法：查检产品合格证，检验报告。

3.热拌沥青混凝土料的矿粉应洁净、干燥，其质量应符合表5的规定及设计要求。

表5　沥青混合料用矿粉质量要求

项目	单位	快速路、主干道	其他道路	试验方法
表观相对密度，不小于	T/m³	2.50	2.45	
含水量，不大于	%	1	1	
粒度范围，<0.6mm	%	100	100	
<0.15mm	%	90～100	90～100	按国家现行规范、规程执行
<0.075mm	%	75～100	70～100	
外观		无团粒结块		
亲水系数		<1		
塑性指数		<4		
加热安定性		实测记录		

检验数量：按进场批次检验，每批检验不少于1次。检验方法：查产品合格证，检验报告。

4.沥青用量应符合混合料级配设计要求，矿料级配应符合规范规定。检验数量：每台班检查不少于1次。检验方法：查检验报告及配合比设计资料。

5.沥青混合料的技术性能应符合表6规定。

表6　热拌密级配沥青混凝土混合料马歇尔试验技术要求

（表适用于公称最大粒径≤26.5mm的密级配沥青混凝土混合料）

序号	试验指标	单位	快速路、主干道		其他道路
			中轻交通	重载交通	
1	击实次数（双面）	次	75		50
2	空隙率VV	%	3～5	4～6	3～6
3	稳定度MS不小于	kN	8		5
4	流值FL	mm	2～4	1.5～4	2～4.5
5	动稳定度	次/mm		1000/2800	
6	浸水马歇尔残留稳定度，不小于	%		80/85	

注：①对空隙率大于5%的夏炎热区重载交通路段，施工时应至少提高压实度1%。②当设计的空隙率不是整数时，由内插确定要求的VMA最小值。③对改性沥青混合料，马歇尔试验的流值可适当放宽。检验数量：每台班对序号2、3、4试验指标检查不少于1次，序号5、6在确定生产配合比时检验。检验方法：查检验报告。

6.热拌沥青混凝土施工温度应符合表7、表8的规定。

表7　热拌沥青混合料的施工温度

施工工序		石油沥青的标号	
		70号	90号
沥青加热温度（℃）		155～165	150～160
矿料加热温度	间隙式拌和机	集料加热温度比沥青温度高10～30	
	连续式拌和机	矿料加热温度比沥青温度高5～10	
沥青混合料出料温度（℃）		145～165	140～160
混合料贮料仓贮存温度（℃）		贮料过程中温度降低不超过10	
混合料废弃温度，高于（℃）		195	190
运输到现场温度，不低于（℃）		145	140
混合料摊铺温度不低于（℃）	正常施工	135	130
	低温施工	150	140
开始碾压的混合料内部温度，不低于（℃）	正常施工	130	125
	低温施工	145	135
碾压终了的表面温度，不低于（℃）	钢轮压路机	70	65
	轮胎压路机	80	75
	振动压路机	70	60
开放交通的路表温度，不高于（℃）		50	50

注：①沥青混合料的施工温度采用具有金属探测针的插入式数显温度计测量。表面温度可采用表面接触式温度计测定。当采用红外线温度计测量表面温度时，应进行标定。②表中未列入的各种型号沥青的施工温度，参照有关标准和规范或试验确定。

表8　聚合物改性沥青混合料的施工温度

工序	聚合物改性沥青品种		
	SBS类	SBR胶乳类	EVA、PE类
沥青加热温度(℃)	160～165		
改性沥青现场制作温度(℃)	165～170	—	165～170
成品改性沥青加热温度,不大于(℃)	175	—	175
集料加热温度(℃)	190～220	200～210	185～195
改性沥青SMA混合料出厂温度(℃)	170～185	160～180	165～180
混合料最高温度(废弃温度)(℃)	195		
混合料贮存温度(℃)	拌和出料后降低不超过10		
摊铺温度,不低于(℃)	160		
初压开始温度,不低于(℃)	150		
碾压终了的表面温度,不低于(℃)	90		
开放交通时的路表温度,不高于(℃)	50		

注:当采用表以外的聚合物或天然沥青改性沥青时,施工温度由试验确定。

检验数量:全部。检验方法:查检验报告,沥青混合料生产现场与施工现场测试。

7.沥青混凝土面层压实度应符合表9的规定。检查数量:每1000m²测1点。检验方法:查检验报告。

8.沥青混凝土面层的厚度应符合表9的规定。检查数量:每1000m²检查1点。检验方法:查检验报告。

9.沥青混凝土面层平整度应符合表9的规定。检查数量:平整度仪,每车道连续检测;3m直尺,每车道20m测一点。检验方法:查检验报告。

10.外观质量要求:

(1)表面应平整、密实,无泛油、松散、裂缝和明显离析等现象;

(2)施工接缝应紧密、平顺,烫缝不枯焦;

(3)面层与路缘石、平石及其他构筑物衔接平顺,无积水等现象。检查数量:全部。检验方法:观察。

11.道路热拌沥青混合料路面交工检查与验收质量标准见表9。

表9 热拌沥青混合料面层质量检验标准及允许偏差

项目	项次	检查项目		单位	规定值及允许偏差		检验频率		检验方法
					快速路、主干道	其他道路	范围	点数	
主控项目	1	压实度		%	≥96 (SMA≥98%)	≥95	1000m²	1	按国家现行规范、规程执行
	2	厚度	上面层	% 或 mm	-5	-5	1000m²	1	
			面层总厚		-5% (或-5)	-10% (或-5)			
	3	平整度	σ	mm	1.8	2.0	每车道	全线连续	平整度仪；每100m计算 σ、*IRI*
			IRI	m/km	2.0	3.3			
			h	mm	3.5	5	20m	1/车道	3m直尺
	4	弯沉值		0.01mm	符合设计要求	符合设计要求	20m	1/车道	按国家现行规范、规程执行
	5	抗滑	摩擦系数		符合设计要求	—	200m	1或全线连续	摆式仪或摩擦系数测定车
			构造深度					1	按国家现行规范、规程执行
	6	井框与路面的高差		mm	≤4	≤5	每座	1	用尺量取最大值
一般项目	7	渗水系数		mL/min	≤300	—	200m	1	按国家现行规范、规程执行
	8	宽度		mm	0,+20	0,+30	40m	1	尺量
	9	中线高程		mm	±15	±20	20m	1	水准仪测
	10	中线平面偏位		mm	20		50m	1	经纬仪
	11	横坡		%	±0.3	±0.5	20m	1	水准仪
				mm	±10	±10			

注：横坡±10绝对高差值。

城市道路沥青玛蹄脂碎石混合料(SMA)面层检验批质量检验记录

渝市政验收1-2-9

单位工程名称	重庆市××区环城路城市道路K1+000～K20+000合同段		
分部工程名称	K1+000～K1+500段道路面层		
分项工程名称	沥青玛蹄脂碎石混合料(SMA)面层	验收部位	道路面层
施工单位	××区城建开发公司	项目经理	王××
分包单位	××城建一分公司	分包项目经理	岳××
施工执行标准名称及编号	重庆市《城市道路工程施工质量验收规范》DBJ 50-078—2008		

项目	序号	检查项目		单位	规定值及允许偏差 快速路、主干道	规定值及允许偏差 其他道路	施工单位检查评定记录							监理单位验收记录
主控项目	1	压实度		%	≥96 (SMA≥98%)	≥95	查检测报告，符合设计要求。							符合规范要求。
	2	厚度	上面层	mm	-5	-5	√	√	√	√	√	√	√	符合规范要求。
			面层总厚	mm	-5%(或-5)	-10%(或-5)	√	√	√	√	√	√	√	符合规范要求。
	3	平整度	σ	mm	1.8	2.0								
			IRI	m/km	3.0	3.3								
			H	mm	—	3.5	符合设计要求。							符合规范要求。
	4	弯沉值		0.01mm	符合设计要求	符合设计要求	符合设计要求。							符合规范要求。
	5	抗滑	摩擦系数		符合设计要求	—								
			构造深度											
	6	井框与路面高差		mm	≤4	≤5	2	1	3	2	1	3	4	符合规范要求。
	7													
	8													
一般项目	1	渗水系数		mL/min	≤300 (SMA≤200)	—	符合设计要求。							
	2	宽度		mm	0,+20	0,+30	7	6	8	9	8	5	7	符合规范要求。
	3	中线高程		mm	±15	±20	3	4	5	8	8	5	4	符合规范要求。
	4	中线平面偏差		mm	20		9	8	9	7	6	5	4	符合设计要求。
	5	横坡		%	±0.3	±0.5	√	√	√	√	√	√	√	符合规范要求。
				mm	±10	±10	2	9	6	8	6	5	2	符合规范要求。

	施工员	李××	施工班组长	赵××
施工单位检查评定结果	检查情况： 经检查，主控项目和一般项目均符合设计要求和重庆市《城市道路工程施工质量验收规范》(DBJ 50-078—2008)规定，评定合格。 项目专职质量员：王×× 2015年5月20日			
监理单位验收结论	验收意见： 同意施工单位评定结果，验收合格，同意进行下道工序施工。 专业监理工程师：黎×× 2015年5月20日			

说明：

主控项目

1.沥青结合料应具有较高的黏度，并与集料有良好的黏附性，应采用A级沥青或改性沥青，沥青的技术要求应符合表1、表2的规定。

表1　道路石油沥青技术要求

指标	单位	等级	沥青标号		试验方法
			70号	90号	
针入度（25℃，5s，100g）	0.1mm		60 ~ 80	80 ~ 100	按国家现行规范、规程执行
适用的气候分区			1-4	1-3	
针入度指数PI		A	−1.5 ~ +1.0		
		B	−1.8 ~ +1.0		
软化点（R&B），不小于	℃	A	46	45	
		B	44	43	
60℃动力黏度，不小于	Pas	A	180	160	
10℃延度，不小于	cm	A	15	20	
		B	10	15	
15℃延度，不小于	cm	A、B	100	100	
蜡含量（蒸馏法），不大于	%	A	2.2		
		B	3.0		
闪点，不小于	℃		260	245	
溶解度，不小于	%		99.5		
密度（15℃）	g/cm^3		实测记录		
TFOT（或RTFOT）后					
质量变化，不大于	%		±0.8		
残留针入度比，不小于	%	A	61	57	
		B	58	54	
残留延度，（10℃）不小于	cm	A	6	8	
		B	4	6	

注：①试验方法按照国家现行规范规定的方法执行。用于仲裁试验求取PI时的5个温度的针入度关系的相关系数不得小于0.997；②经建设单位同意，表中PI值、60℃动力黏度、10℃延度可作为选择性指标，也可不作为施工质量检验指标；③70号沥青可根据需要要求供应商提供针入度范围为60 ~ 70或70 ~ 80的沥青；90号沥青可要求提供针入度范围为80 ~ 90或90 ~ 100的沥青。④本市沥青路面施工气候分区属于夏炎热冬温暖区。

表2　聚合物改性沥青技术要求

指标	单位	SBS类(Ⅰ类)		SBR类(Ⅱ类)	EVA、PE类(Ⅲ类)		试验方法
		Ⅰ-C	Ⅰ-D	Ⅱ-C	Ⅲ-C	Ⅲ-D	
针入度(25℃,100g,5s)	0.1mm	60~80	30~60	60~80	40~60	30~40	按国家现行规范、规程执行
针入度指数PI,不小于		-0.4	0	-0.6	-0.6	-0.4	
延度5℃,5cm/min,不小于	cm	30	20	40	—		
软化点TR&B,不小于	℃	55	60	50	56	60	
运动黏度[1]135℃,不大于	Pas	3					
闪点,不小于	℃	230		230	230		
溶解度,不小于	%	99		99	—		
弹性恢复25℃,不小于	%	65	75	—			
黏韧性,不小于	N·m	—		-5	—		
韧性,不小于	N·m	—		2.5	—		
贮存稳定性							
离析,48h软化点差,不大于	℃	2.5		—	无改性剂明显析出、凝聚		
TFOT(或RTFOT)后残留物							
质量变化,不大于	%	±1.0					
针入度比25℃,不小于	%	60	65	60	58	60	
延度5℃,不小于	cm	20	15	10	—		

注:①表中135℃运动黏度采用国家现行规范规定进行测定。若不在改变改性沥青物理力学性质并符合安全条件的温度下易于泵送和拌和,或经证明适当提高泵送和拌和温度时能保证改性沥青的质量,容易施工,可不要求测定。②贮存稳定性指标适用于工厂生产的成品改性沥青。现场制作的改性沥青对贮存稳定性指标可不做要求,但必须在制作后,保持不间断的搅拌或泵送循环,保证使用前没有明显的离析。检验数量:按同一生产厂家、同一品种、同一标号、同一批号连续进场的沥青(石油沥青每100T为一批,改性沥青每50T为1批)每批次抽检不少于1次。检验方法:查检产品合格证、检验报告。

2.沥青玛蹄脂碎石混合料中掺加的纤维稳定剂,应采用木质纤维或矿物纤维。纤维应能承受250℃以上环境温度不变质、不变脆,并在拌和过程中充分分散。木质纤维质量技术要求及质量标准应符合表3规定。

表3　木质素纤维质量技术要求

项目	单位	指标	试验方法
纤维长度,不大于	mm	6	水溶液用显微镜观测
灰粉含量	%	18±5	高温590~600℃燃烧后测定残留物
PH值		7.5±1.0	水溶液用PH试纸或PH计测定
吸油率,不小于		纤维质量的5倍	用煤油浸泡后放在筛上经振敲后称量
含水率(以质量计),不大于	%	5	105℃烘箱烘2h后冷却称量

检验数量:按批次检验,每批次不少于1次。检验方法:查检产品合格证、检验报告。

3.沥青玛蹄脂碎石混合料的细集料、粗集料、矿料,应符合表4、表5及表6规定。

表4　沥青混合料用细集料质量要求

项目	单位	快速路、主干道	其他道路	试验方法
表观相对密度，不小于	T/m³	2.50	2.45	按国家现行规范、规程执行
坚固性(>0.3mm部分)，不小于	%	12	—	
含泥量(小于0.075mm的含量)，不大于	%	3	5	
砂当量，不小于	%	60	50	
亚甲蓝值，不大于	g/kg	25	—	
棱角性(流动时间)，不小于	S	30	—	

表5　沥青混合料用粗集料质量要求

指标	单位	快速路、主干道		其他道路	试验方法
		表面层	其他层次		
石料压碎值，不大于	%	26	28	30	按国家现行规范、规程执行
洛杉矶磨耗损失，不大于	%	28	30	35	
表观相对密度，不小于	T/m³	2.60	2.50	2.45	
吸水率，不大于	%	2.0	3.0	3.0	
坚固性，不大于	%	12	12	—	
针片状颗粒含量(混合料)，不大于 其中粒径大于9.5mm，不大于 其中粒径小于9.5mm，不大于	% % %	15 12 18	18 15 20	20 — —	
水洗法<0.075mm颗粒含量，不大于	%	1	1	1	
软石含量，不大于	%	3	5	5	
磨光值PSV，不小于	%	42			
粗集料与沥青的黏附性		5	4	4	

注：①坚固性试验可根据需要进行；②用于快速路及主干道时，多孔玄武岩的视密度可放宽至2.45T/m³，吸水率可放宽至3%，但必须得到建设单位的批准，且不得用于SMA路面；③对3～5规格的粗集料，针片状颗粒含量可不予要求，<0.075mm含量可放宽到3%；④除SMA路面外，允许在硬质粗集料掺加部分较小粒径的磨光值达不到要求的粗集料。磨光值仅指快速路。

表6　沥青混合料用矿粉质量要求

项目	单位	快速路、主干道	其他道路	试验方法
表观相对密度，不小于	T/m³	2.50	2.45	按国家现行规范、规程执行
含水量，不大于	%	1	1	
粒度范围，<0.6mm <0.15mm <0.075mm	% % %	100 90～100 75～100	100 90～100 70～100	
外观		无团粒结块		
亲水系数		<1		
塑性指数		<4		
加热安定性		实测记录		

检验数量:按同一产地、同一规格400T为一批,不足400T亦按一批计,每批检验不少于1次。检验方法:查产品合格证、检验报告。

4.沥青玛蹄脂碎石沥青用量应符合混合料级配设计要求,矿料级配应符合附录H的规定。检验数量:每台班检查不少于1次。检验方法:查检验报告及配合比设计资料。

5.沥青玛蹄脂碎石混合料的技术性能应符合表7规定。

表7　沥青玛蹄脂碎石混合料技术要求

检验项目	单位	技术要求		试验方法
		不使用改性沥青	使用改性沥青	
马歇尔试件尺寸	mm	Φ101.6mm×63.5mm		按国家现行规范、规程执行
马歇尔试件击实数①	—	两面击实50次		
空隙率VV②	%	3~4		
矿料间隙率VMA②,不小于	%	17.0		
粗集料骨架间隙率VCA③min,不大于	—	VCADRC		
沥表饱和度VFA	%	75~85		
稳定度④,不小于	kN	5.5	6.0	
流值	mm	2~5	—	
谢伦堡沥青析漏试验的结合料损失	%	不大于0.2	不大于0.1	
肯塔堡飞散试验的混合料损失或浸水飞散试验	%	不大于20	不大于15	

注:①对集料坚硬不易击碎,通过重载交通的路段,也可将击实次数增加为双面75次。②对高温稳定性要求较高的重要交通路段或炎热地区,设计空隙率允许放宽到4.5%,VMA允许放宽到16.5%(SMA-16)或16%(SMA-19),VFA允许放宽到70%。③试验粗集料骨架间隙率VCA的关键性筛孔,对SMA-19,SMA-16是指4.75mm,对SMA-13、SMA-10是指2.36mm。④稳定度难以达到要求时,非改性沥青的稳定度可放宽到5.0kN,改性沥青可放宽到5.5kN,但动稳定度检验必须合格。⑤浸水马歇尔残留稳定度在必要时进行检验。检验数量:每台班检验不少于1次。检验方法:查检验报告。

6.沥青玛蹄脂碎石混合料施工温度应在表1、表2基础上并按纤维品种和数量、矿粉用量的基础上适当提高,通过试验决定。检验数量:全部。检验方法:查检验报告,沥青混合料生产现场与施工现场测试。

7.沥青玛蹄脂碎石压实度应达到马歇尔标准密度的98%。检验数量:每1000m²测1点。检验方法:查检验报告。

8.沥青玛蹄脂碎石混合料面层厚度应符合设计要求及表8规定。检验数量:每1000m²测1点。检验方法:查检验报告。

9.沥青玛蹄脂碎石混合料面层平整度,应符合表8规定。检验数量:平整度仪,每车道连续检测;3m直尺,每车道20m测一点。检验方法:查检验报告。

10.外观质量:

(1)表面应平整、密实,无泛油、松散、裂缝和明显离析等现象;

(2)施工接缝应紧密、平顺、烫缝不枯焦;

(3)面层与路沿石、平石及其他构筑物衔接平顺,无积水等现象。检查数量:全部。检验方法:观察。

11.沥青玛蹄脂碎石混合料面层质量检验标准及允许偏差,同表8规定,但压实度应不小于马歇尔密度的98%,渗水试验不大于200mL/min。

表8 热拌沥青混合料面层质量检验标准及允许偏差

项目	项次	检查项目		单位	规定指及允许偏差		检验频率		检验方法
					快速路、主干道	其他道路	范围	点数	
主控项目	1	压实度		%	≥96 (SMA≥98%)	≥95	1000m²	1	按国家现行规范、规程执行
	2	厚度	上面层	%或mm	-5	-5	1000m²	1	
			面层总厚		-5% (或-5)	-10% (或-5)			
	3	平整度	σ	mm	1.8	2.0	每车道	全线连续	平整度仪;每100m计算σ、*IRI*
			IRI	m/km	2.0	3.3			
			h	mm	3.5	5	20m	1/车道	3m直尺
	4	弯沉值		0.01mm	符合设计要求	符合设计要求	20m	1/车道	按国家现行规范、规程执行
	5	抗滑	摩擦系数		符合设计要求	—	200m	1或全线连续	摆式仪或摩擦系数测定车
			构造深度					1	按国家现行规范、规程执行
	6	井框与路面的高差		mm	≤4	≤5	每座	1	用尺量取最大值
一般项目	7	渗水系数		mL/min	≤300	—	200m	1	按国家现行规范、规程执行
	8	宽度		mm	0,+20	0,+30	40m	1	尺量
	9	中线高程		mm	±15	±20	20m	1	水准仪测
	10	中线平面偏位		mm	20		50m	1	经纬仪
	11	横坡		%	±0.3	±0.5	20m	1	水准仪
				mm	±10	±10			

注:横坡±10绝对高差值。

城市道路透层、粘层、稀浆封层检验批质量检验记录

渝市政验收1-2-10

单位工程名称			重庆市××区环城路城市道路K1+000～K20+000合同段			
分部工程名称			K1+000～K1+500段道路面层			
分项工程名称			道路透层、粘层、稀浆封层	验收部位	道路面层	
施工单位			××区城建开发公司	项目经理	王××	
分包单位			××城建一分公司	分包项目经理	岳××	
施工执行标准名称及编号			重庆市《城市道路工程施工质量验收规范》DBJ 50-078—2008			
项目	施工质量验收规范的规定				施工单位检查评定记录	监理单位验收记录
	序号	检查项目		规定值及允许偏差		
主控项目	1	透层材料		规格与用量符合设计要求	查产品合格证，检验报告，沥青用量施工记录，渗透性良好，符合设计要求。	符合规范要求。
	2	粘层材料		规格与用量符合设计要求	符合设计要求。	符合规范要求。
	3	稀浆封层集料		各项性能符合规范要求	稀浆封层混合料中乳化沥青及改性乳化沥青的用量通过配合比设计确定。混合料的质量应符合技术要求。	符合规范要求。
	4	稀浆封层混合料用量		通过配合比设计，质量符合规范要求	符合规范要求。	符合规范要求。
	5					
	6					
	7					
	8					
一般项目	1	透层油喷洒		透入深度≥5mm，施工符合规范要求	施工符合规范要求。	符合规范要求。
	2	粘层油喷洒		施工符合规范要求	施工符合规范要求。	符合规范要求。
	3	稀浆封层	摊铺	施工符合规范要求	施工符合规范要求。	符合规范要求。
			施工温度	≥10℃	施工符合规范要求。	符合规范要求。
			纵缝搭接宽度	≤8mm	1 3 4 2 6 6 7	符合规范要求。
			平整度	≤6mm	4 3 5 1 2 4 5	符合规范要求。
施工单位检查评定结果	施工员		李××	施工班组长	赵××	
	检查情况： 经检查，主控项目和一般项目均符合设计要求和重庆市《城市道路工程施工质量验收规范》(DBJ 50-078—2008)规定，评定合格。 项目专职质量员：王×× 2015年5月20日					
监理单位验收结论	验收意见： 同意施工单位评定结果，验收合格，同意进行下道工序施工。 专业监理工程师：黎×× 2015年5月20日					

说明：

主控项目

1.沥青路面各类基层都必须喷洒透层油。透层油应具有良好的渗透性。根据基层类型选择渗透性好的液体沥青或乳化沥青。材料的规格和用量应符合设计要求及表1、表2、表3的规定。

表1　沥青路面半刚性基层透层油要求

液体沥青		乳化沥青	
规格	用量(L/m²)	规格	用量(L/m²)
AL(M)-1或2 AL(S)-1或2	0.6～1.5	PC-2 PA-2	0.7～1.5

注:表中用量是指包括稀释剂和水分等在内的液体沥青、乳化沥青的总量。乳化沥青中的残留物含量以50%为基准。

表2　道路用液体石油沥青技术要求

试验项目		单位	快凝		中凝						慢凝		试验方法
			AL(R)-1	AL(R)-2	AL(M)-1	AL(M)-2	AL(M)-3	AL(M)-4	AL(M)-5	AL(M)-6	AL(S)-1	AL(S)-2	
黏度	$C_{25.5}$	S	<20		<20						<20		按国家现行规范、规程执行
	$C_{60.5}$			5～15		5～15	16～25	26～40	41 100	101 200		5～15	
蒸馏体积	225℃前	%	>20	>15	<10	<7	<3	<2	0	0			
	315℃前	%	>35	>30	<35	<25	<17	<14	<8	<5			
	360℃前	%	>45	>35	<50	<35	<30	<25	<20	<15	<40	<35	
蒸馏后残留物	针入度(25℃)	dmm	60～200	60～200	100～300	100～300	100～300	100～300	100～300	100～300			
	延度(25℃)	cm	>60	>60	>60	>60	>60	>60	>60	>60			
	浮漂度(5℃)	S									<20	<20	
闪点(TOC法)		℃	>30	>30	>65	>65	>65	>65	>65	>65	>70	>70	
含水量 不大于		%	0.2	0.2	0.2	0.2	0.2	0.2	0.2	0.2	2.0	2.0	

表3　道路用乳化沥青技术要求

试验项目		单位	品种及代号				试验方法
			阳离子		阴离子		
			喷洒用		喷洒用		
			PC-2	PC-3	PA-2	PA-3	
破乳速度			慢裂	快裂或中裂	慢裂	快裂或中裂	按国家现行规范、规程执行
粒子电荷			阳离子(+)		阴离子(-)		
筛上残留物(1.18mm筛)不大于		%	0.1		0.1		
粘度	恩格拉粘度计E_{25}		1～6	1～6	1～6	1～6	
	道路标准黏度计$C_{25.3}$	S	8～20	8～20	8～20	8～20	
蒸发残留物	残留分含量,不小于	%	50	50	50	50	
	溶解度,不小于	%	97.5		97.5		
	针入度(25℃)	dmm	50～300	45～150	50～300	45～150	
	延度(15℃),不小于	cm	40		40		
与粗集料的黏附性,裹附面积,不小于			2/3		2/3		
与粗、细粒式集料拌和试验			–		–		
水泥拌和试验的筛上剩余,不大于		%	–		–		
常温贮存稳定性: 1d,不大于 5d,不大于		%	1 5		1 5		

注:①P为喷洒型,C、A分别表示阳离子、阴离子乳化沥青;②黏度可选用恩格拉黏度计或沥青标准黏度计之一测定;③表中的破乳速度与集料的黏附性的要求,与石料品种有关,质量检验时应采用工程上实际的石料进行试验,仅进行乳化沥青产品质量评定时可不要求此三项指标;④贮存稳定性根据施工实际情况选用试验时间,通常采用5d,乳液生产后能在当天使用时也可1d的稳定性;⑤当乳化沥青需要在低温冷冻条件下贮存或使用时,尚需按T0656进行-5℃低温贮存稳定性试验,要求没有粗颗粒,不结块;⑥如果乳化沥青是将高浓度产品运到现场经稀释后使用时,表中的蒸发残留物等各项指标指稀释前乳化沥青的要求。检验数量:全部。检验方法:产品合格证、检验报告,沥青用量施工记录。

2.沥青路面各沥青层之间,沥青面层与沥青稳定碎石基层,旧路面之间以及沥青面层与路沿石、检查井等构造物接触面处,必须喷洒粘层油。粘层油根据设计要求可采用乳化沥青、改性乳化沥青或液体沥青。粘层材料的规格与用量应符合设计要求及表4、表2、表3规定。

表4　沥青路面粘层材料的规格和用量

下卧层类型	液体沥青		乳化沥青	
	规格	用量(L/m²)	规格	用量(L/m²)
新建沥青层或旧沥青路面	AL(R)-3~AL(R)-6 AL(M)-3~AL(M)-6	0.3~0.5	PC-3 PA-3	0.3~0.6
水泥混凝土	AL(M)-3~AL(M)-6 AL(S)-3~AL(S)-6	0.2~0.4	PC-3 PA-3	0.3~0.5

注:表中用量是指包括稀释剂和水分等在内的液体沥青、乳化沥青的总量。乳化沥青中的残留物含量以50%为基准。检验数量:全部。检验方法:查验产品合格证,检验报告,沥青用量施工记录。

3.稀浆封层一般用于新建城市道路快速路、主干道及其他道路的下封层,也可用于道路的临时性养护。

4.稀浆封层应选择坚硬、粗糙、耐磨、洁净的集料。各项性能应符合表5的要求。稀浆封层用通过4.75mm筛的合成矿料的砂当量不得低于60%。

表5　稀浆封层的矿料级配

筛孔尺寸(mm)	稀浆封层		
	ES-1型	ES-2型	ES-3型
9.5		100	100
4.75	100	95~100	70~90
2.36	90~100	65~90	45~70
1.18	60~90	45~70	28~50
0.6	40~65	30~50	19~34
0.3	25~42	18~30	12~25
0.15	15~30	10~21	7~18
0.075	10~20	5~15	5~15
一层的适宜厚度(mm)	2.5~3	4~7	8~10

5.稀浆封层混合料中乳化沥青及改性乳化沥青的用量应通过配合比设计确定。混合料的质量应符合表6的技术要求,改性乳化沥青需满足表7的技术要求。

表6　稀浆封层混合料技术要求

项　目	单位	稀浆封层	试验方法
可拌和时间	s	>120	手工拌和
稠度	cm	2~3	按国家现行规范、规程执行
黏聚力试验 30min(初凝时间) 60min(开放交通时间)	 N·m N·m	(仅适用于快开放交通的稀浆封层) ≥1.2 ≥2.0	
负荷轮碾压试验(LWT) 黏附砂量 轮迹宽度变化率	 g/m² %	(仅适用于重交通道路表层时) <450 —	
湿轮磨耗试验的磨耗值(WTAT) 浸水1h 浸水6d	 g/m² g/m²	 <800 —	

注:负荷轮碾压试验(LWT)的宽度变化率适用于需要修补车辙的情况。

表7 改性乳化沥青技术要求

试验项目		单位	品种及代号		试验方法
			PCR	BCR	
破乳速度		—	快裂或中裂	慢裂	按国家现行规范、规程执行
粒子电荷		—	阳离子(+)	阳离子(+)	
筛上剩余量(1.18mm),不大于		%	0.1	0.1	
黏度	恩格接黏度E_{25}	—	1~10	3~30	
	沥青标准黏度$C_{25,3}$	S	8~25	12~60	
蒸发残留物	含量,不小于	%	50	60	
	针入度(100g,25℃,5S)	0.1mm	40~120	40~100	
	软化点,不小于	℃	50	53	
	延度(5℃),不小于	cm	20	20	
	溶解度(三氯乙烯),不小于	%	97.5	97.5	
与矿料的黏附性,裹覆面积,不小于		—	2/3	—	
贮存稳定性	1d,不小于	%	1	1	
	5d,不大于	%	5	5	

注:①破乳速度与集料黏附性、拌和试验、所使用的石料品种有关。工程上施工质量检验时个采用实际的石料试验,仅进行产品质量评定时可不对这些指标提出要求。②当用于填补车辙时,BCR蒸发残留物的软化点宜提高至不低于55 ℃。③贮存稳定性根据施工实际情况选择试验天数,通常采用5d,乳液生产后能在第二天使用完时也可选用1d。个别情况下改性乳化沥青5d的贮存稳定性难以满足要求,如果经搅拌后能达到均匀一致并不影响正常使用,此时要求改性乳化沥青运至工地后存放在附有搅拌装置的贮存罐内,并不断搅拌,否则不准使用。④当改性乳化沥青或特种改性乳化沥青需要在低温冰冻条件下贮存或使用时,尚需按T0656进行-5℃低温贮存稳定性试验,要求没有粗颗粒、不结块。

表8 稀浆封层施工过程中质量的控制标准

项目		检查频度及单点检验评价方法	质量要求或允许偏差	试验方法
外观		随时	表面平整,均匀一致,无拖痕,无显著离析,接缝顺畅	按国家现行规范、规程执行
油石比		每日1次总量评定	±0.3%	
厚度		每km5个断面	±10%	
矿料级配	0.075mm	每日1次取2个试样筛分的平均值	±2%	
	0.15mm		±3%	
	0.3mm		±4%	
	0.6、1.18、2.36、4.75、9.2(mm)		±5%	
湿轮磨耗试验		每周1次	符合设计要求	

一般项目

1.用于半刚性基层的透层油宜紧接在碾压成型后、表面稍变干燥，但尚未硬化时，即予喷洒。喷洒透层油前应清扫基层表面，透入深度不宜少于5mm。检验数量：全部。检验方法：观察。

2.粘层油喷洒前，应清扫路表。路面潮湿时不得喷洒粘层油，用水洗刷后需待表面干燥后喷洒。喷洒粘层油后应确保粘层不受污染。检验数量：全部。检验方法：观测。

3.稀浆封层必须使用专用的摊铺机进行摊铺。稀浆封层可采用普通乳化沥青或改性乳化沥青，其品种和质量应符合要求。

4.稀浆封层施工前，应彻底清除原路面的泥土、杂物，修补坑槽、凹陷，较宽的裂缝宜清理灌缝。在水泥混凝土路面上铺筑微表处时宜洒布粘层油，过于光滑的表面需拉毛处理。

5.稀浆封层最低施工温度不得低于10℃，严禁在雨天施工。

6.稀浆封层两幅纵缝搭接的宽度不宜超过80mm，横向接缝宜做成对接缝。分两层摊铺时，第一层摊铺后至少应开放交通24h后方可进行第二层摊铺。

7.稀浆封层铺筑后的表面不得有超粒径料拖拉的严重划痕，横向接缝和纵向接缝处不得出现余料堆积或缺料现象，用3m直尺测量接缝处的不平整度不得大于6mm。

8.外观质量要求：

(1)透层、粘层油喷洒均匀，表面不起油皮，不得有花白、漏洒、堆积或成条状。相邻构造物未被沥青污染。

(2)稀浆封层铺筑机工作时应匀速前进，铺筑厚度应均匀、表面平整。检验数量：全部。检验方法：观察。

城市道路挡护结构钢筋加工及安装检验批质量检验记录

渝市政验收 1-3-1

单位工程名称	重庆市××区环城路城市道路K1+000～K20+000合同段		
分部工程名称	K1+000～K1+500段道路挡护工程		
分项工程名称	钢筋加工及安装	验收部位	原材料使用
施工单位	××区城建开发公司	项目经理	王××
分包单位	××城建一分公司	分包项目经理	岳××
施工执行标准名称及编号	重庆市《城市道路工程施工质量验收规范》DBJ 50-078—2008		

项目	序号	施工质量验收规范的规定：检查项目			规定值及允许偏差	施工单位检查评定记录							监理单位验收记录
主控项目	1	受力钢筋间距（mm）	两排以上排距		±5	−2	4	3	2	3	1	−4	符合要求。
			同排	梁、板、肋	±10	−9	3	4	−7	8	8	7	符合要求。
				基础	±20	11	2	9	−9	4	7	12	符合要求。
				灌注桩	±20	5	6	7	8	−9	−7	−6	符合要求。
	2	保护层厚度（mm）	桩、梁、肋		±5	2	2	3	−3	−4	1	2	符合要求。
			基础		±10	3	4	5	3	−4	−3	−3	符合要求。
			板		±3	1	1	2	−1	−1	−2	2	符合要求。
	3												
	4												
	5												
一般项目	1	箍筋、横向水平筋、螺旋筋间距（mm）			±10	−9	3	4	−7	8	8	7	符合要求。
	2	钢筋骨架尺寸（mm）	长		±10	−9	3	4	−7	8	8	7	符合要求。
			宽、高或直径		±5	−2	4	3	2	3	1	−4	符合要求。
	3	弯起钢筋位置（mm）			±20	5	6	7	8	−9	−7	−6	符合要求。
	4	钢筋网	网的长、宽（mm）		±10	−9	3	4	−7	8	8	7	符合要求。
			网眼尺寸（mm）		±10	−9	3	4	−7	8	8	7	符合要求。
			对角线差（mm）		15	11	8	5	6	8	12	9	符合要求。

施工员	李××	施工班组长	赵××

施工单位检查评定结果

检查情况：

经检查，主控项目和一般项目均符合设计要求和重庆市《城市道路工程施工质量验收规范》（DBJ 50-078—2008）规定，评定合格。

项目专职质量员：王××

2015年5月20日

监理单位验收结论

验收意见：

同意施工单位评定结果，验收合格，同意进行下道工序施工。

专业监理工程师：黎××

2015年5月20日

说明：

一般规定

1.对重力式或衡重式挡土墙，当平均墙高小于6m或墙身面积小于1200m²时，每处可作为分项工程进行评定；当平均墙高达到或超过6m且墙身面积不小于1200m²时，为大型挡土墙，每处应作为分部工程进行验收。

2.悬臂式和扶壁式挡土墙、桩板式、抗滑桩、锚杆(索)挡土墙、加筋土挡土墙和锚喷防护应作为子分部工程进行验收。

3.护岸工程可参照挡土墙的标准进行验收。

4.钢筋、机械连接器、焊条等的品种、规格和技术性能应符合国家现行标准规定和设计要求。

5.冷拉钢筋的机械性能必须符合规范要求，钢筋平直，表面不应有裂皮和油污。

6.受力钢筋同一截面的接头数量、搭接长度、焊接和机械接头质量应符合施工技术规范要求。

7.钢筋安装时，必须保证设计要求的钢筋根数。

实测项目

见表1和表2。

表1 钢筋安装实测项目

项目	序号	检查项目			规定值或允许偏差	检查方法和频率
主控项目	1	受力钢筋间距(mm)	两排以上排距		±5	尺量：每构件检查2个断面
			同排	梁、板、肋	±10	
				基础	±20	
				灌注桩	±20	
	2	保护层厚度(mm)	桩、梁、肋		±5	尺量：每构件沿模板周边检查8处
			基础		±10	
			板		±3	
一般项目	1	箍筋、横向水平钢筋、螺旋筋间距(mm)			±10	尺量：每构件检查5~10个间距
	2	钢筋骨架尺寸(mm)	长		±10	尺量：按骨架总数30%抽查
			宽、高或直径		±5	
	3	弯起钢筋位置(mm)			±20	尺量：每骨架抽查30%

注：①小型构件的钢筋安装按总数抽查30%。②在腐蚀环境中，保护层厚度不应出现负值。

表2 钢筋网实测项目

项目	序号	检查项目	规定值或允许偏差	检查方法和频率
一般项目	1	网的长、宽(mm)	±10	尺量：全部
	2	网眼尺寸(mm)	±10	尺量：抽查3个网眼
	3	对角线差(mm)	15	尺量：抽查3个网眼对角线

外观鉴定

1.钢筋表面无铁锈及焊渣。

2.多层钢筋网要有足够的钢筋支撑，保证骨架的施工刚度。

城市道路挡护结构预应力筋的加工和张拉检验批质量检验记录

渝市政验收1-3-2

单位工程名称	重庆市××区环城路城市道路K1+000～K20+000合同段		
分部工程名称	K1+000～K1+500段道路挡护工程		
分项工程名称	预应力筋加工与张拉	验收部位	预应力筋加工与张拉
施工单位	××区城建开发公司	项目经理	王××
分包单位	××城建一分公司	分包项目经理	岳××
施工执行标准名称及编号	重庆市《城市道路工程施工质量验收规范》DBJ 50-078—2008		

项目	序号	施工质量验收规范的规定：检查项目		规定值及允许偏差	施工单位检查评定记录							监理单位验收记录
主控项目	1	张拉应力值		符合设计要求	符合设计要求。							符合要求。
	2	张拉伸长率		符合设计规定，无设计规定时±6%	符合设计要求。							符合要求。
	3											
	4											
	5											
	6											
	7											
	8											
一般项目	1	管道坐标(mm)	索长方向	±30	12	11	14	15	21	20	23	符合要求。
			直径方向	±10	3	4	5	7	9	8	4	符合要求。
	2	管道间距(mm)	同排	10	3	4	5	6	2	7	9	符合要求。
			上下层	10	3	4	5	6	2	7	9	符合要求。
	3	断丝滑丝数	钢束	每束1根，且每断面不超过钢丝总数的1%	符合设计要求。							符合要求。
			钢筋	不允许								
	施工员			李××	施工班组长			赵××				

施工单位检查评定结果	检查情况： 经检查，主控项目和一般项目均符合设计要求和重庆市《城市道路工程施工质量验收规范》(DB J50-078—2008)规定，评定合格。 项目专职质量员：王×× 2015年5月20日
监理单位验收结论	验收意见： 同意施工单位评定结果，验收合格，同意进行下道工序施工。 专业监理工程师：黎×× 2015年5月20日

说明：

一般规定

1.钢筋、机械连接器、焊条等的品种、规格和技术性能应符合国家现行标准规定和设计要求。

2.冷拉钢筋的机械性能必须符合规范要求，钢筋平直，表面不应有裂皮和油污。

3.受力钢筋同一截面的接头数量、搭接长度、焊接和机械接头质量应符合施工技术规范要求。

4.钢筋安装时，必须保证设计要求的钢筋根数。

实测项目

见表1和表2。

表1　钢筋安装实测项目

项目	序号	检查项目			规定值或允许偏差	检查方法和频率
主控项目	1	受力钢筋间距（mm）	两排以上排距		±5	尺量：每构件检查2个断面
			同排	梁、板、肋	±10	
				基础	±20	
				灌注桩	±20	
	2	保护层厚度（mm）	桩、梁、肋		±5	尺量：每构件沿模板周边检查8处
			基础		±10	
			板		±3	
一般项目	1	箍筋、横向水平钢筋、螺旋筋间距（mm）			±10	尺量：每构件检查5~10个间距
	2	钢筋骨架尺寸（mm）	长		±10	尺量：按骨架总数30%抽查
			宽、高或直径		±5	
	3	弯起钢筋位置（mm）			±20	尺量：每骨架抽查30%

注：①小型构件的钢筋安装按总数抽查30%。②在腐蚀环境中，保护层厚度不应出现负值。

表2　钢筋网实测项目

项目	序号	检查项目	规定值或允许偏差	检查方法和频率
一般项目	1	网的长、宽（mm）	±10	尺量：全部
	2	网眼尺寸（mm）	±10	尺量：抽查3个网眼
	3	对角线差（mm）	15	尺量：抽查3个网眼对角线

外观鉴定

1.钢筋表面无铁锈及焊渣。

2.多层钢筋网要有足够的钢筋支撑，保证骨架的施工刚度。

城市道路挡护结构重力式和衡重式挡土墙检验批质量检验记录

渝市政验收1-3-3

单位工程名称	重庆市××区环城路城市道路K1+000～K20+000合同段		
分部工程名称	K1+000～K1+500段道路挡护工程		
分项工程名称	重力式和衡重式挡土墙	验收部位	挡土墙
施工单位	××区城建开发公司	项目经理	王××
分包单位	××城建一分公司	分包项目经理	岳××
施工执行标准名称及编号	重庆市《城市道路工程施工质量验收规范》DBJ 50-078—2008		

项目	序号	检查项目	规定值及允许偏差	施工单位检查评定记录							监理单位验收记录
主控项目	1	砂浆或混凝土强度(MPa)	在合格标准内	高于30MPa，符合规范要求。							符合要求。
主控项目	2	断面尺寸(mm)	不小于设计	尺量：符合设计与规范要求。							符合要求。
主控项目	3										
主控项目	4										
主控项目	5										
主控项目	6										
一般项目	1	顶面高程(mm)	±10	2	3	5	9	7	8	6	符合要求。
一般项目	2	竖直度或坡度(%)	0.3	0.1	0.2	0.2	0.1	0.1	0.2	0.1	符合要求。
一般项目	3	平面位置(mm)	30	12	13	15	15	16	18	18	符合要求。
一般项目	4	底面高程(mm)	±30	12	13	-12	16	-17	18	19	符合要求。
一般项目	5	表面平整度(mm) 料石、块石、片石	10	2	3	2	1	3	4	6	符合要求。
一般项目	5	表面平整度(mm) 混凝土	5	1	2	4	3	2	1	4	符合要求。
一般项目	6	地基承载力	满足设计要求	满足设计要求							符合要求。
一般项目	7	基础埋深	满足施工规范和设计要求	基础埋置深度满足施工规范和设计要求。							符合要求。
一般项目	8	混凝土内外温差	允许范围内	允许范围内。							符合要求。
一般项目	9	沉降缝、泄水孔、反滤层设置	位置、质量和数量符合设计要求	设置位置、质量和数量符合设计要求。							符合要求。

施工单位检查评定结果	施工员	赵××	施工班组长	符××
	检查情况： 经检查，主控项目和一般项目均符合设计要求和重庆市《城市道路工程施工质量验收规范》(DBJ 50-078—2008)规定，评定合格。 项目专职质量员：王×× 2015年5月20日			
监理单位验收结论	验收意见： 同意施工单位评定结果，验收合格，同意进行下道工序施工。 专业监理工程师：黎×× 2015年5月20日			

说明：

一般规定

1.对重力式或衡重式挡土墙，当平均墙高小于6m或墙身面积小于1200m²时，每处可作为分项工程进行评定；当平均墙高达到或超过6m且墙身面积不小于1200m²时，为大型挡土墙，每处应作为分部工程进行验收。

2.护岸工程可参照挡土墙的标准进行验收。

3.石料或混凝土的强度、规格和质量应符合有关规范和设计要求。

4.砂浆或混凝土所用的水泥、砂、石、水的质量应符合有关规范的要求，按规定的配合比施工。

5.地基承载力必须满足设计要求，基础埋置深度应满足施工规范和设计要求。

6.砌筑应分层错缝。浆砌时坐浆挤紧，嵌填饱满密实，不得有空洞。

7.必须采取措施控制水化热引起的混凝土内最高温度及内外温差在允许范围内，防止出现温度裂缝。

8.沉降缝、泄水孔、反滤层的设置位置、质量和数量应符合设计要求。

实测项目

见下表。

表 重力式和衡重式挡土墙实测项目

项目	序号	检查项目		规定值或允许偏差	检查方法和频率
主控项目	1	砂浆或混凝土强度(MPa)		在合格标准内	按附“水泥混凝土抗压强度评定”、“水泥砂浆强度评定”检查
	2	断面尺寸(mm)		不小于设计	尺量：每20m量2个断面
一般项目	1	顶面高程(mm)		±10	水准仪：每20m检查1点
	2	竖直度或坡度(%)		0.3	吊垂线：每20m检查2点
	3	平面位置(mm)		30	经纬仪：每20m检查墙顶外边线3点
	4	底面高程(mm)		±30	水准仪：每20m检查1点
	5	表面平整度(mm)	料石、块石、片石	10	2m直尺：每20m检查3处×3尺
			混凝土	5	

外观鉴定

1.砌体表面平整，砌缝完好、无开裂现象，勾缝平顺、无脱落现象。

2.混凝土表面平整，棱角平直，无明显施工接缝。

3.蜂窝麻面面积不得超过该面总面积的0.5%，不符合要求时必须进行处理。

4.混凝土表面出现非受力裂缝时必须进行处理。

5.泄水孔坡度向外，无堵塞现象，不符合要求时必须进行处理。

6.沉降缝整齐垂直，上下贯通，不符合要求时必须进行处理。

城市道路挡护结构悬臂式和扶臂式挡土墙检验批质量检验记录

渝市政验收1-3-4

单位工程名称	重庆市××区环城路城市道路K1+000～K20+000合同段		
分部工程名称	K1+000～K1+500段道路挡护工程		
分项工程名称	悬臂式和扶臂式挡土墙	验收部位	挡土墙
施工单位	××区城建开发公司	项目经理	王××
分包单位	××城建一分公司	分包项目经理	岳××
施工执行标准名称及编号	重庆市《城市道路工程施工质量验收规范》DBJ 50-078—2008		

项目	施工质量验收规范的规定 序号	检查项目	规定值及允许偏差	施工单位检查评定记录							监理单位验收记录
主控项目	1	混凝土强度(MPa)	在合格标准内	高于30 MPa,符合规范要求。							符合规范要求。
	2	断面尺寸(mm)	不小于设计	尺量:符合设计与规范要求。							符合规范要求。
	3	材料规格和质量	符合有关规范要求	混凝土及砂浆所用的水泥、砂、石子、水和外掺剂符合有关规范的要求,按规定的配合比施工。							符合规范要求。
	4	地基承载力	满足设计要求	满足设计要求。							符合规范要求。
	5	沉降缝、泄水孔的设置位置、质量和数量	符合设计要求	符合设计要求和施工规范。							符合规范要求。
	6										
	7										
	8										
一般项目	1	顶面高程(mm)	±5	2	3	1	4	2	4	3	符合规范要求。
	2	竖直度或坡度(%)	0.3	0.1	0.2	0.1	0.2	0.1	0.2	0.1	符合规范要求。
	3	平面位置(mm)	30	12	12	16	15	17	18	19	符合规范要求。
	4	底面高程(mm)	±30	-9	-8	3	5	7	9	20	符合规范要求。
	5	表面平整度(mm)	5	3	2	1	3	4	2	1	符合规范要求。

施工单位检查评定结果	施工员	李××	施工班组长	张××
	检查情况: 经检查,主控项目和一般项目均符合设计要求和重庆市《城市道路工程施工质量验收规范》(DB J50-078—2008)规定,评定合格。 项目专职质量员:王×× 2015年5月20日			
监理单位验收结论	验收意见: 同意施工单位评定结果,验收合格,同意进行下道工序施工。 专业监理工程师:黎×× 2015年5月20日			

说明：

一般规定

1.悬臂式和扶壁式挡土墙、桩板式、抗滑桩、锚杆(索)挡土墙、加筋土挡土墙和锚喷防护应作为子分部工程进行验收。

2.护岸工程可参照挡土墙的标准进行验收。

3.混凝土所用的水泥、石、砂、水和外掺剂的规格和质量应符合有关规范的要求，按规定的配合比施工。

4.地基强度必须满足设计要求。

5.不得有露筋和空洞现象。

6.沉降缝、泄水孔的设置位置、质量和数量应符合设计要求。

实测项目

见下表。

表　悬臂式和扶壁式挡土墙实测项目

项目	序号	检查项目	规定值或允许偏差	检查方法和频率
主控项目	1	混凝土强度(MPa)	在合格标准内	按附“水泥混凝土抗压强度评定”检查
	2	断面尺寸(mm)	不小于设计	尺量：每20m检查2个断面，抽查扶壁2个
一般项目	1	顶面高程(mm)	±5	水准仪：每20m检查1点
	2	竖直度或坡度(%)	0.3	吊垂线：每20m检查2点
	3	平面位置(mm)	30	经纬仪：每20m检查3点
	4	底面高程(mm)	±30	水准仪：每20m检查1点
	5	表面平整度(mm)	5	2m直尺：每20m检查2处×3尺

外观鉴定

1.混凝土施工缝平顺。

2.蜂窝、麻面面积不得超过该面面积的0.5%，不符合要求时必须处理。

3.混凝土表面出现非受力裂缝，必须进行处理。

4.泄水孔坡度向外，无堵塞现象。不符合要求时必须进行处理。

5.沉降缝整齐垂直，上下贯通。不符合要求时应进行处理。

城市道路挡护结构加筋挡土墙检验批质量检验记录

渝市政验收1-3-5

单位工程名称	重庆市××区环城路城市道路K1+000～K20+000合同段		
分部工程名称	K1+000～K1+500段道路挡护工程		
分项工程名称	加筋挡土墙	验收部位	挡土墙
施工单位	××区城建开发公司	项目经理	王××
分包单位	××城建一分公司	分包项目经理	岳××
施工执行标准名称及编号	重庆市《城市道路工程施工质量验收规范》DBJ 50-078—2008		

项目	施工质量验收规范的规定				施工单位检查评定记录							监理单位验收记录
	序号	检查项目		规定值及允许偏差								
主控项目	1	混凝土强度(MPa)		在合格标准内	高于30 MPa,符合规范要求。							符合规范要求。
	2	基础底面高程(mm)	土质	±30								
			石质	±50	25	35	28	−8	36	−9	32	符合规范要求。
	3	面板预制厚度(mm)		+5,−3	2	3	4	−2	−3	−1	2	符合规范要求。
一般项目	1	筋带	筋材长度	不小于设计	尺量,符合设计与规范要求。							符合规范要求。
			筋材与面板连接	符合设计要求	符合设计要求。							符合规范要求。
			筋材与筋材连接	符合设计要求	符合设计要求。							符合规范要求。
			筋材铺设	符合设计要求	符合设计要求。							符合规范要求。
	2	面板预制	两对角线差(mm)	10或0.7%最大对角线长	√	√	√	√	√	√	√	符合规范要求。
			边长(mm)	±5或0.5%边长	√	√	√	√	√	√	√	符合规范要求。
			表面平整度(mm)	4或0.3%边长	√	√	√	√	√	√	√	符合规范要求。
			预埋件位置(mm)	5	3	2	4	2	3	1	2	符合规范要求。
	3	面板安装	每层面板顶高程(mm)	±10	9	−5	8	−4	6	3	4	符合规范要求。
			轴线偏位(mm)	10	9	8	6	5	4	1	3	符合规范要求。
			面板竖直度或坡度	+0,−0.3%	√	√	√	√	√	√	√	符合规范要求。
			相邻面板错台(mm)	5	3	2	4	2	3	1	2	符合规范要求。
	4	扩大基础	平面尺寸(mm)	±50	24	35	−9	25	36	40	−8	符合规范要求。
			基础顶面高程(mm)	±30	−8	−9	22	25	21	16	14	符合规范要求。
			轴线偏位(mm)	25	12	22	20	13	15	16	18	符合规范要求。
	5	总体	墙顶平面位置(mm) 路堤式	±50	24	35	−9	25	36	40	−8	符合规范要求。
			墙顶平面位置(mm) 路肩式	±30	15	−8	−9	22	25	21	16	符合规范要求。
			墙顶高程(mm) 路堤式	±30	12	15	−8	−9	22	25	21	符合规范要求。
			墙顶高程(mm) 路肩式	±10	9	−5	8	−4	6	3	4	符合规范要求。
			墙面倾斜度(mm)	+0.3% *H* 且不大于+30,−0.5% *H* 且不小于−50	√	√	√	√	√	√	√	符合规范要求。
			面板缝宽(mm)	10	2	9	8	6	5	4	1	符合规范要求。
			墙面平整度(mm)	10	9	8	6	5	4	1	3	符合规范要求。

续表

<table>
<tr><td rowspan="2">施工单位检查评定结果</td><td>施工员</td><td>李××</td><td>施工班组长</td><td>张××</td></tr>
<tr><td colspan="4">检查情况：
经检查，主控项目和一般项目均符合设计要求和重庆市《城市道路工程施工质量验收规范》(DBJ50-078-2008)规定，评定合格。
项目专职质量员：王××
2015年5月20日</td></tr>
<tr><td>监理单位验收结论</td><td colspan="4">验收意见：
同意施工单位评定结果，验收合格，同意进行下道工序施工。
专业监理工程师：黎××
2015年5月20日</td></tr>
</table>

说明：

一般规定

1.悬臂式和扶壁式挡土墙、桩板式、抗滑桩、锚杆(索)挡土墙、加筋土挡土墙和锚喷防护应作为子分部工程进行验收。

2.护岸工程可参照挡土墙的标准进行验收。

3.混凝土所用的水泥、石、砂、水和外掺剂的规格和质量必须符合有关规范的要求，按规定的配合比施工。

4.地基强度必须满足设计要求。

5.筋带的强度、质量和规格，必须满足设计和有关规范的要求，根数不少于设计数量。

6.筋带须理顺，放平拉直，筋带与面板、筋带与筋带连接牢固。

7.混凝土面板不得出现露筋和空洞现象。

8.填料及压实度必须满足有关规范和设计要求。

实测项目

见表1至表5。

表1 筋带实测项目

项目	序号	检查项目	规定值或允许偏差	检查方法和频率
一般项目	1	筋材长度	不小于设计	尺量：每20m检查5根(束)
	2	筋带与面板连接	符合设计要求	目测：每20m检查5处
	3	筋带与筋带连接	符合设计要求	目测：每20m检查5处
	4	筋带铺设	符合设计要求	目测：每20m检查5处

表2 面板预制实测项目

项目	序号	检查项目	规定值或允许偏差	检查方法和频率
主控项目	1	混凝土强度(MPa)	在合格标准内	按附录“水泥混凝土抗压强度评定”检查
	2	厚度(mm)	+5，-3	尺量：检查2处，每批抽查10%
一般项目	1	两对角线差(mm)	10或0.7%最大对角线长	尺量：每批抽查10%
	2	边长(mm)	±5或0.5%边长	尺量：长宽各量1次，每批抽查10%
	3	表面平整度(mm)	4或0.3%边长	2m直尺：长、宽方向各测1次，每批抽查10%
	4	预埋件位置(mm)	5	尺量：检查每件，每批抽查10%

表3　面板安装实测项目

<table>
<tr><th>项目</th><th>序号</th><th>检查项目</th><th>规定值或允许偏差</th><th>检查方法和频率</th></tr>
<tr><td rowspan="4">一般项目</td><td>1</td><td>每层面板顶高程(mm)</td><td>±10</td><td>水准仪:每20m抽查3组板</td></tr>
<tr><td>2</td><td>轴线偏位(mm)</td><td>10</td><td>挂线、尺量:每20m量3处</td></tr>
<tr><td>3</td><td>面板竖直度或坡度</td><td>0,-0.3%</td><td>吊垂线或坡度板:每20m检查3处</td></tr>
<tr><td>4</td><td>相邻面板错台(mm)</td><td>5</td><td>尺量:每20m检面板交界处查</td></tr>
</table>

注:面板安装以同层相邻两板为一组。

表4　扩大基础实测项目

<table>
<tr><th>项目</th><th>序号</th><th colspan="2">检查项目</th><th>规定值或允许偏差</th><th>检查方法和频率</th></tr>
<tr><td rowspan="3">主控项目</td><td>1</td><td colspan="2">混凝土强度(MPa)</td><td>在合格标准内</td><td>按附录“水泥混凝土抗压强度评定”检查</td></tr>
<tr><td rowspan="2">2</td><td rowspan="2">基础底面高程(mm)</td><td>土质</td><td>±30</td><td rowspan="2">水准仪:测量5~8点</td></tr>
<tr><td>石质</td><td>±50</td></tr>
<tr><td rowspan="3">一般项目</td><td>1</td><td colspan="2">平面尺寸(mm)</td><td>±50</td><td>尺量:长宽各检查3处</td></tr>
<tr><td>2</td><td colspan="2">基础顶面高程(mm)</td><td>±30</td><td>水准仪:测量5~8点</td></tr>
<tr><td>3</td><td colspan="2">轴线偏位(mm)</td><td>25</td><td>全站仪或经纬仪:纵、横各检查2点</td></tr>
</table>

表5　加筋土挡土墙总体实测项目

<table>
<tr><th>项目</th><th>序号</th><th colspan="2">检查项目</th><th>规定值或允许偏差</th><th>检查方法和频率</th></tr>
<tr><td rowspan="7">一般项目</td><td rowspan="2">1</td><td rowspan="2">墙顶平面位置(mm)</td><td>路堤式</td><td>±50</td><td rowspan="2">经纬仪:每20m检查3处</td></tr>
<tr><td>路肩式</td><td>±30</td></tr>
<tr><td rowspan="2">2</td><td rowspan="2">墙顶高程(mm)</td><td>路堤式</td><td>±30</td><td rowspan="2">水准仪:每20m测3点</td></tr>
<tr><td>路肩式</td><td>±10</td></tr>
<tr><td>3</td><td colspan="2">墙面倾斜度(mm)</td><td>+0.3% H 且不大于+30,
-0.5% H 且不小于-50</td><td>吊垂线或坡度板:每20m测2处</td></tr>
<tr><td>4</td><td colspan="2">面板缝宽(mm)</td><td>10</td><td>尺量:每20m至少检查5条</td></tr>
<tr><td>5</td><td colspan="2">墙面平整度(mm)</td><td>10</td><td>2m直尺:每20m测3处×3尺</td></tr>
</table>

注:①平面位置和倾斜度“+”指向外,“-”指向内。②H为墙高。

外观鉴定

1.面板表面平整光洁,线条顺直美观,不得有破损翘曲、掉角啃边等现象。

2.蜂窝、麻面面积不得超过该面面积的0.5%,不符合要求时必须处理。

3.混凝土表面出现非受力裂缝时必须处理。

4.墙面直顺,线形顺适,板缝均匀,伸缩缝贯通垂直。

城市道路挡护结构桩板式挡土墙检验批质量检验记录

渝市政验收1-3-6

单位工程名称	重庆市××区环城路城市道路K1+000～K20+000合同段		
分部工程名称	K1+000～K1+500段道路挡护工程		
分项工程名称	桩板式挡土墙(钻孔灌注桩)	验收部位	挡土墙
施工单位	××区城建开发公司	项目经理	王××
分包单位	××城建一分公司	分包项目经理	岳××
施工执行标准名称及编号	重庆市《城市道路工程施工质量验收规范》DBJ 50-078—2008		

项目	序号	检查项目（施工质量验收规范的规定）	规定值及允许偏差	施工单位检查评定记录	监理单位验收记录
主控项目	1	混凝土强度(MPa)	在合格标准内	高于30MPa,符合规范要求。	符合规范要求。
	2	孔深(mm)	不小于设计值	测绳量:每桩测量,符合规范要求。	符合规范要求。
	3	孔径(mm)	不小于设计值	钢尺:每桩测量,符合设计和规范要求。	符合规范要求。
	4	沉淀厚度(mm) 摩擦桩	设计规定,设计未规定时按施工规范要求	沉淀盒或标准测锤:每桩检查,符合规范要求。	符合规范要求。
		沉淀厚度(mm) 支承桩	不大于设计规定	符合规范要求。	符合规范要求。
	5	桩位(mm) 群桩	100		
		桩位(mm) 排桩 允许	50	32 41 45 47 49 46 49	符合规范要求。
		桩位(mm) 排桩 极值	100		
	6				
	7				
	8				
一般项目	1	桩垂直度(mm)	1%桩长,且不大于500	用钻杆垂线法:每桩检查,符合设计规范要求。	符合规范要求。
	2	钢筋骨架底面高程(mm)	±50	32 41 45 47 -9 -8 49	符合规范要求。
	3	材料质量和规格	符合规范要求	混凝土及砂浆所用的水泥、砂、石子、水和外掺剂符合有关规范的要求,按规定的配合比施工。	符合规范要求。
	4	孔底处理	达到规范或设计要求	无松渣、淤泥等松动体,孔底情况满足设计要求。	符合规范要求。
	5	锚固钢筋长度	符合设计规范要求	符合设计规范要求。	符合规范要求。

施工单位检查评定结果	施工员：李×× 施工班组长：王×× 检查情况: 经检查,主控项目和一般项目均符合设计要求和重庆市《城市道路工程施工质量验收规范》(DBJ 50-078—2008)规定,评定合格。 项目专职质量员:王×× 2015年5月20日
监理单位验收结论	验收意见: 同意施工单位评定结果,验收合格,同意进行下道工序施工。 专业监理工程师:黎×× 2015年5月20日

说明:

一般规定

1.桩板式、抗滑桩、锚杆(索)挡土墙、加筋土挡土墙和锚喷防护应作为子分部工程进行验收。

2.护岸工程可参照挡土墙的标准进行验收。

3.桩身混凝土所用的水泥、砂、石、水、外掺剂及混合材料的质量和规格必须符合有关规范的要求,按规定的配合比施工。

4.成孔后必须清孔,测量孔径、孔深、孔位和沉淀层厚度,确认满足设计或施工技术规范要求后,方可灌注混凝土,若孔底排水达不到规范或设计要求,必须按水下混凝土要求进行灌注。

5.混凝土应连续灌注,严禁有夹层和断桩。

6.嵌入承台的锚固钢筋长度不得低于设计规范规定的最小锚固长度要求。

7.应选择有代表性的桩用无破损法进行检测,重要工程或重要部位的桩应逐根进行检测。设计有规定或对桩的质量有怀疑时,应采取钻取芯样法对桩进行检测。

8.凿除桩头预留混凝土后,桩顶应无残余的松散混凝土。

实测项目

见下表。

表　钻孔灌注桩实测项目

项目	序号	检查项目			规定值或允许偏差	检查方法和频率
主控项目	1	混凝土强度(MPa)			在合格标准内	按附录“水泥混凝土抗压强度评定”检查
	2	孔深(m)			不小于设计	测绳量:每桩测量
	3	孔径(mm)			不小于设计	探孔器:每桩测量
	4	沉淀厚度(mm)	摩擦桩		设计规定,设计未规定时按施工规范要求	沉淀盒或标准测锤:每桩检查
			支承桩		不大于设计规定	
	5	桩位(mm)	群桩		100	全站仪或经纬仪:每桩检查
			排桩	允许	50	
				极值	100	
一般项目	1	桩垂直度(mm)			1%桩长,且不大于500	用测壁(斜)仪或钻杆垂线法:每桩检查
	2	钢筋骨架底面高程(mm)			±50	水准仪:测每桩骨架顶面高程后反算

外观鉴定

1.桩的质量有缺陷,但经设计单位确认仍可用时,应对外露部分表面进行处理。

2.桩顶面应平整,桩与梁或承台连接处应平顺且无局部修补,不符合要求时应进行处理。

城市道路挡护结构挖孔桩检验批质量检验记录

渝市政验收1-3-7

单位工程名称	重庆市××区环城路城市道路K1+000～K20+000合同段		
分部工程名称	K1+000～K1+500段道路挡护工程		
分项工程名称	桩板式挡土墙（挖孔桩）	验收部位	挡土墙
施工单位	××区城建开发公司	项目经理	王××
分包单位	××城建一分公司	分包项目经理	岳××
施工执行标准名称及编号	重庆市《城市道路工程施工质量验收规范》DBJ 50-078—2008		

项目	施工质量验收规范的规定				施工单位检查评定记录							监理单位验收记录
	序号	检查项目		规定值及允许偏差								
主控项目	1	混凝土强度（MPa）		在合格标准内	高于30MPa，符合规范要求。							符合要求。
	2	孔深（mm）		不小于设计值	测绳量：每桩测量，符合规范要求。							符合要求。
	3	孔面尺寸（mm）		不小于设计值	钢尺：每桩测量，符合设计和规范要求。							符合要求。
	4	桩位（mm）	群桩	100								
			排桩 允许	50	32	41	45	47	49	46	49	符合要求。
			排桩 极值	100								
	5	面板预制厚度（mm）		+5，-3	-1	-2	2	3	2	1	4	符合要求。
一般项目	1	孔的倾斜（mm）		0.5%桩长，且不大于200	5	4	2	3	4	4	5	符合要求。
	2	钢筋骨架底面高程（mm）		±50	-9	-8	3	12	23	32	32	符合要求。
	3	材料质量和规格		符合规范要求	混凝土及砂浆所用的水泥、砂、石子、水和外掺剂符合有关规范的要求，按规定的配合比施工。							符合要求。
	4	孔底处理		达到规范或设计要求	无松渣、淤泥等松动体，孔底情况满足设计要求。							符合要求。
	5	面板预制	两对角线差（mm）	10或0.7%最大对角线长	尺量，符合规范要求。							符合要求。
			边长（mm）	±5或0.5%边长	尺量，符合规范要求。							符合要求。
			表面平整度（mm）	4或0.3%边长	尺量，符合规范要求。							符合要求。
			预埋件位置（mm）	5	尺量，符合规范要求。							符合要求。
		面板安装	每层面板顶高程（mm）	±10	-9	-4	-7	3	5	7	9	符合要求。
			轴线偏位（mm）	10	2	3	5	4	1	6	5	符合要求。
			面板竖直度或坡度	0，-0.3%	符合规范要求。							符合要求。
			相邻面板错台（mm）	5	1	4	3	2	3	2	1	符合要求。
		总体	墙顶平面位置（mm） 路堤式	±50	32	41	45	47	49	46	49	符合要求。
			墙顶平面位置（mm） 路肩式	±30	28	25	22	-9	-7	-6	23	符合要求。
			墙顶高程（mm） 路堤式	±30	27	25	12	-9	-7	-8	23	符合要求。
			墙顶高程（mm） 路肩式	±10	-9	-4	-7	3	5	7	9	符合要求。
			墙面倾斜度（mm）	+0.3% *H* 且不大于+30，-0.5% *H* 且不小于-50	符合规范要求。							符合要求。
			面板缝宽（mm）	10	2	3	5	4	1	6	5	符合要求。
			墙面平整度（mm）	10	2	3	5	4	1	6	5	符合要求。

续表

<table>
<tr><td rowspan="2">施工单位检查评定结果</td><td>施工员</td><td>王××</td><td>施工班组长</td><td>林××</td></tr>
<tr><td colspan="4">检查情况：
经检查，主控项目和一般项目均符合设计要求和重庆市《城市道路工程施工质量验收规范》(DBJ50-078-2008)规定，评定合格。
项目专职质量员：王××
2015年5月20日</td></tr>
<tr><td>监理单位验收结论</td><td colspan="4">验收意见：
同意施工单位评定结果，验收合格，同意进行下道工序施工。
专业监理工程师：黎××
2015年5月20日</td></tr>
</table>

说明：

一般规定

1.桩板式、抗滑桩、锚杆(索)挡土墙、加筋土挡土墙和锚喷防护应作为子分部工程进行验收。

2.护岸工程可参照挡土墙的标准进行验收。

3.桩身混凝土所用的水泥、砂、石、水、外掺剂及混合材料的质量和规格必须符合有关规范的要求，按规定的配合比施工。

4.挖孔达到设计深度后，应及时进行孔底处理，必须做到无松渣、淤泥等松动体，孔底情况必须满足设计要求。

实测项目

见表1。

表1 挖孔桩实测项目

<table>
<tr><th>项目</th><th>序号</th><th colspan="3">检查项目</th><th>规定值或允许偏差</th><th>检查方法和频率</th></tr>
<tr><td rowspan="6">主控项目</td><td>1</td><td colspan="3">混凝土强度(MPa)</td><td>在合格标准内</td><td>按附录“水泥混凝土抗压强度评定”检查</td></tr>
<tr><td>2</td><td colspan="3">孔深(m)</td><td>不小于设计值</td><td>测绳量：每桩测量</td></tr>
<tr><td>3</td><td colspan="3">孔断面尺寸(mm)</td><td>不小于设计值</td><td>钢尺：每桩测量</td></tr>
<tr><td rowspan="3">4</td><td rowspan="3">桩位(mm)</td><td colspan="2">群桩</td><td>100</td><td rowspan="3">全站仪或经纬仪：每桩检查</td></tr>
<tr><td rowspan="2">排桩</td><td>允许</td><td>50</td></tr>
<tr><td>极值</td><td>100</td></tr>
<tr><td rowspan="2">一般项目</td><td>1</td><td colspan="3">孔的倾斜度(mm)</td><td>0.5%桩长，且不大于200</td><td>垂线法：每桩检查</td></tr>
<tr><td>2</td><td colspan="3">钢筋骨架底面高程(mm)</td><td>±50</td><td>水准仪测骨架顶面高程后反算：每桩检查</td></tr>
</table>

5.面板预制、安装及总体实测项目按表2至表6规定验收。

表2 筋带实测项目

<table>
<tr><th>项目</th><th>序号</th><th>检查项目</th><th>规定值或允许偏差</th><th>检查方法和频率</th></tr>
<tr><td rowspan="4">一般项目</td><td>1</td><td>筋带长度</td><td>不小于设计</td><td>尺量：每20m检查5根(束)</td></tr>
<tr><td>2</td><td>筋带与面板连接</td><td>符合设计要求</td><td>目测：每20m检查5处</td></tr>
<tr><td>3</td><td>筋带与筋带连接</td><td>符合设计要求</td><td>目测：每20m检查5处</td></tr>
<tr><td>4</td><td>筋带铺设</td><td>符合设计要求</td><td>目测：每20m检查5处</td></tr>
</table>

表3 面板预制实测项目

项目	序号	检查项目	规定值或允许偏差	检查方法和频率
主控项目	1	混凝土强度(MPa)	在合格标准内	按附录"水泥混凝土抗压强度评定"检查
	2	厚度(mm)	+5,-3	尺量:检查2处,每批抽查10%
一般项目	1	两对角线差(mm)	10或0.7%最大对角线长	尺量:每批抽查10%
	2	边长(mm)	±5或0.5%边长	尺量:长宽各量1次,每批抽查10%
	3	表面平整度(mm)	4或0.3%边长	2m直尺:长、宽方向各测1次,每批抽10%
	4	预埋件位置(mm)	5	尺量:检查每件,每批抽查10%

表4 面板安装实测项目

项目	序号	检查项目	规定值或允许偏差	检查方法和频率
一般项目	1	每层面板顶高程(mm)	±10	水准仪:每20m抽查3组板
	2	轴线偏位(mm)	10	挂线、尺量:每20m量3处
	3	面板竖直度或坡度	+0,-0.3%	吊垂线或坡度板:每20m检查3处
	4	相邻面板错台(mm)	5	尺量:每20m检面板交界处查

注:面板安装以同层相邻两板为一组。

表5 扩大基础实测项目

项目	序号	检查项目		规定值或允许偏差	检查方法和频率
主控项目	1	混凝土强度(MPa)		在合格标准内	按附录"水泥混凝土抗压强度评定"检查
	2	基础底面高程(mm)	土质	±30	水准仪:测量5~8点
			石质	±50	
一般项目	1	平面尺寸(mm)		±50	尺量:长宽各检查3处
	2	基础顶面高程(mm)		±30	水准仪:测量5~8点
	3	轴线偏位(mm)		25	全站仪或经纬仪:纵、横各检查2点

表6 加筋土挡土墙总体实测项目

项目	序号	检查项目		规定值或允许偏差	检查方法和频率
一般项目	1	墙顶平面位置(mm)	路堤式	±50	经纬仪:每20m检查3处
			路肩式	±30	
	2	墙顶高程(mm)	路堤式	±30	水准仪:每20m测3点
			路肩式	±10	
	3	墙面倾斜度(mm)		+0.3% H 且不大于+30, -0.5% H 且不小于-50	吊垂线或坡度板:每20m测2处
	4	面板缝宽(mm)		10	尺量:每20m至少检查5条
	5	墙面平整度(mm)		10	2m直尺:每20m测3处×3尺

注:①平面位置和倾斜度"+"指向外,"-"指向内。② H 为墙高。

外观鉴定

1.无破损检测桩的质量有缺陷,但经设计单位确认仍可用时,对外观进行处理。

2.桩顶面应平整,桩梁连接处应平顺且无局部修补,不符合要求时应进行处理。

城市道路挡护结构锚杆(索)挡土墙检验批质量检验记录

渝市政验收1-3-8

单位工程名称	重庆市××区环城路城市道路K1+000～K20+000合同段		
分部工程名称	K1+000～K1+500段道路挡护工程		
分项工程名称	锚杆(索)挡土墙	验收部位	挡土墙
施工单位	××区城建开发公司	项目经理	王××
分包单位	××城建一分公司	分包项目经理	岳××
施工执行标准名称及编号	重庆市《城市道路工程施工质量验收规范》DBJ 50-078—2008		

项目	序号	施工质量验收规范的规定：检查项目	规定值及允许偏差	施工单位检查评定记录							监理单位验收记录
主控项目	1	锚杆(索) 杆体长度(mm)	+100,-30	34	42	45	56	56	55	47	符合要求。
		锚杆(索) 抗拔力(kN)	不少于设计要求	不少于设计要求。							符合要求。
		锚杆(索) 张拉力(MPa)	符合设计要求	符合设计要求。							符合要求。
	2	面板或肋(梁) 混凝土强度(MPa)	在合格标准内	高于30 MPa,符合规范要求。							符合要求。
		面板或肋(梁) 厚度或断面尺寸	+5,-3	-1	-2	2	3	4	-2	3	符合要求。
	3										
一般项目	1	锚杆(索) 锚杆位置(mm)	±20	12	11	14	-9	-8	7	9	符合要求。
		锚杆(索) 钻孔倾斜度(°)	±1	0	1	1	-1	-1	1	1	符合要求。
		锚杆(索) 孔径和浆体强度	符合设计要求	符合设计要求。							符合要求。
		锚杆(索) 注浆量	大于理论计算浆量	检查计量数据,大于理论计算浆量。							符合要求。
		锚杆(索) 杆体插入长度 全长粘结型锚杆	不小于设计长度的95%	符合设计要求。							符合要求。
		锚杆(索) 杆体插入长度 预应力锚杆(索)	不小于设计长度的98%	大于理论计算浆量。							符合要求。
	2	面板或肋(梁) 长度(mm)	±5或0.5%长度								
		面板或肋(梁) 表面平整度(mm)	4	1	2	3	2	3	2	1	符合要求。
		面板或肋(梁) 预埋件位置(mm)	5	3	2	4	3	2	2	1	符合要求。
	3	材料规格和质量	符合规范要求	混凝土及砂浆所用的水泥、砂、石子、水和外掺剂符合有关规范的要求,按规定的配合比施工。							符合要求。
	4	锚杆(索)的材质、类型、质量、规格、数量和性能	满足设计和规范要求	查材料性能试验检验报告,符合规范要求。							符合要求。
	5	锚杆(索)与面板(肋或梁)连接	牢固	符合规范要求。							符合要求。
	6										

施工单位检查评定结果	施工员	李××	施工班组长	王××
	检查情况： 经检查,主控项目和一般项目均符合设计要求和重庆市《城市道路工程施工质量验收规范》(DBJ 50-078—2008)规定,评定合格。 项目专职质量员：王××　　2015年5月20日			
监理单位验收结论	验收意见： 同意施工单位评定结果,验收合格,同意进行下道工序施工。 专业监理工程师：黎×× 2015年5月20日			

说明：

一般规定

1.混凝土所用的水泥、砂、石、水和外掺剂的规格和质量必须符合有关规范的要求，按规定的配合比施工。

2.锚杆（索）的材质、类型、质量、规格、数量和性能，必须满足设计和有关规范的要求。

3.锚杆（索）与面板（肋或梁）连接牢固。

4.混凝土不得出现露筋和空洞现象。

5.锚孔内灌浆应密实饱满。

实测项目

见表1和表2。

表1　锚杆（索）实测项目

项目	序号	检查项目		允许偏差或允许值	检查方法
主控项目	1	锚杆杆体长度（mm）		+100 −30	用钢尺量
	2	锚杆抗拔力（kN）		不少于设计要求	现场抗拔试验
	3	锚索张拉应力（MPa）		符合设计要求	油压表：每索由读数反算
一般项目	1	锚杆位置（mm）		±20	用钢尺量
	2	钻孔倾斜度（°）		±1	测斜仪等
	3	孔径和浆体强度		符合设计要求	用钢尺量、试样送检
	4	注浆量		大于理论计算浆量	检查计量数据
	5	杆体插入长度	全长粘结型锚杆	不小于设计长度的95%	用钢尺量
			预应力锚杆（索）	不小于设计长度的98%	

表2　面板或肋（梁）实测项目

项目	序号	检查项目	允许偏差或允许值	检查方法
主控项目	1	混凝土强度（MPa）	在合格标准内	按附录“水泥混凝土抗压强度评定”检查
	2	厚度或断面尺寸（mm）	+5，−3	尺量：检查
一般项目	1	长度（mm）	±5或0.5%长度	尺量：每20m检查1处
	2	表面平整度（mm）	4	2m直尺：抽查10%的面积
	3	预埋件位置（mm）	5	尺量：检查每件，抽查10%

外观鉴定

按本规范相关规定验收。

城市道路挡护结构抗滑桩检验批质量检验记录

渝市政验收1-3-9

单位工程名称	重庆市××区环城路城市道路K1+000～K20+000合同段				
分部工程名称	K1+000～K1+500段道路挡护工程				
分项工程名称	道路抗滑桩		验收部位	护坡	
施工单位	××区城建开发公司		项目经理	王××	
分包单位	××城建一分公司		分包项目经理	岳××	
施工执行标准名称及编号	重庆市《城市道路工程施工质量验收规范》DBJ 50-078—2008				
项目	施工质量验收规范的规定			施工单位检查评定记录	监理单位验收记录
	序号	检查项目	规定值及允许偏差		
主控项目	1	混凝土强度(MPa)	在合格标准内	高于30MPa，符合规范要求。	符合规范要求。
	2	断面尺寸(mm)	不小于设计值	尺量，符合规范要求。	符合规范要求。
	3				
	4				
	5				
	6				
	7				
	8				
一般项目	1	桩长(m)		5 6 6 7 5 5 6	符合规范要求。
	2	桩位(mm)		经纬仪：每桩测量，符合设计及规范要求。	符合规范要求。
	3	竖直度(mm) 钻孔桩	1%桩长，且不大于500	测壁仪或吊垂线：每桩检查，符合规范要求。	符合规范要求。
		竖直度(mm) 挖孔桩	0.5%桩长，且不大于200	符合规范要求。	符合规范要求。
	4	钢筋骨架底面高程(mm)	±50	23 24 43 33 45 46 32	符合规范要求。
	5	材料质量和规格	符合设计和有关规范要求	混凝土及砂浆所用的水泥、砂、石子、水和外掺剂符合有关规范的要求，按规定的配合比施工。	符合规范要求。
	施工员	李××		施工班组长	张××
施工单位检查评定结果	检查情况： 经检查，主控项目和一般项目均符合设计要求和重庆市《城市道路工程施工质量验收规范》(DBJ 50-078—2008)规定，评定合格。 项目专职质量员：王×× 2015年5月20日				
监理单位验收结论	验收意见： 同意施工单位评定结果，验收合格，同意进行下道工序施工。 专业监理工程师：黎×× 2015年5月20日				

说明：

一般规定

1.混凝土所用的水泥、砂、石、水和外掺剂的质量和规格必须符合设计和有关规范的要求，按规定的配合比施工。

2.施工中应核对滑动面位置，如图纸与实际位置有出入，应变更抗滑桩的深度。

3.做好桩区地面截、排水及防渗，孔口地面上应加筑适当高度的围埂。

实测项目

见下表。

表 抗滑桩实测项目

项目	序号	检查项目		规定值或允许偏差	检查方法和频率
主控项目	1	混凝土强度(MPa)		在合格标准内	按附录“水泥混凝土抗压强度评定”检查
	2	断面尺寸(mm)		不小于设计	探孔器：每桩测量
一般项目	1	桩长(m)		不小于设计	测绳量：每桩测量
	2	桩位(mm)		100	经纬仪：每桩测量
	3	竖直度(mm)	钻孔桩	1%桩长，且不大于500	测壁仪或吊垂线：每桩检查
			挖孔桩	0.5%桩长，且不大于200	吊垂线：每桩检查
	4	钢筋骨架底面高程(mm)		±50	水准仪：测每桩骨架顶面高程后反算

外观鉴定

无破损检测桩的质量有缺陷，但必须经设计确认后方可使用。

城市道路挡护结构锚喷防护检验批质量检验记录

渝市政验收1-3-10

单位工程名称	重庆市××区环城路城市道路K1+000～K20+000合同段		
分部工程名称	K1+000～K1+500段道路挡护工程		
分项工程名称	道路锚喷防护	验收部位	护坡挡墙
施工单位	××区城建开发公司	项目经理	王××
分包单位	××城建一分公司	分包项目经理	岳××
施工执行标准名称及编号	重庆市《城市道路工程施工质量验收规范》DBJ 50-078—2008		

项目	序号	检查项目（施工质量验收规范的规定）	规定值及允许偏差（施工质量验收规范的规定）	施工单位检查评定记录						监理单位验收记录
主控项目	1	混凝土强度（MPa）	在合格标准内	高于30 MPa，符合规范要求。						符合设计和规范要求。
	2	砂浆强度（MPa）	在合格标准内	符合规范要求。						符合设计和规范要求。
	3	锚杆拔力（kN）	拔力平均值≥设计值，最小拔力≥0.9设计值	符合设计和规范要求。						符合设计和规范要求。
	4	锚索张拉应力（MPa）	符合设计要求	符合设计和规范要求。						符合设计和规范要求。
	5									
	6									
	7									
	8									
一般项目	1	锚孔深度（mm）	不小于设计值	110	120	134	150	165	165	符合设计和规范要求。
	2	锚杆（索）间距（mm）	±100	80	88	90	-88	-90	85	符合设计和规范要求。
	3	喷层厚度（mm）	平均厚≥设计厚；60%检查点的厚度≥设计厚，最小厚度≥0.5设计厚，且不小于设计规定	尺量，符合设计和规范要求。						符合设计和规范要求。
	4	锚杆和钢筋的强度、数量、质量和规格	符合设计和规范要求	符合设计和规范要求。						符合设计和规范要求。
	5	材料	符合规范要求，按配合比施工	混凝土及砂浆所用的水泥、砂、石子、水和外掺剂符合有关规范的要求，按规定的配合比施工。						符合设计和规范要求。
	6	边坡坡面、坡度	符合设计要求	符合设计和规范要求。						符合设计和规范要求。

施工单位检查评定结果	施工员	李××	施工班组长	张××
	检查情况： 经检查，主控项目和一般项目均符合设计要求和重庆市《城市道路工程施工质量验收规范》（DBJ 50-078—2008）规定，评定合格。 项目专职质量员：王×× 2015年5月20日			
监理单位验收结论	验收意见： 同意施工单位评定结果，验收合格，同意进行下道工序施工。 专业监理工程师：黎×× 2015年5月20日			

说明：

一般规定

1.锚杆和钢筋的强度、数量、质量和规格必须符合设计和有关规范的要求。

2.混凝土及砂浆所用的水泥、砂、石、水和外掺剂必须符合有关规范的要求，按规定的配合比施工。

3.边坡坡度、坡面应符合设计要求。岩面应无风化、无浮石，喷射前应保证表面干净。

4.钢筋应清除污锈，钢筋网与锚杆或其他锚固装置连接牢固，喷射时钢筋不得晃动。

5.锚杆插入锚孔深度不得小于设计长度的95%，孔内砂浆应密实、饱满。

6.喷射前应做好排水设施，对漏水的空洞、缝隙应采用堵水等措施，确保支护质量。

7.钢筋或锚杆不得外露，混凝土不得开裂脱落。

实测项目

见下表。

表　锚喷防护实测项目

项目	序号	检查项目	允许偏差或允许值	检查方法或频率
主控项目	1	混凝土强度(MPa)	在合格标准内	按附录“混凝土强度评定”检查
	2	砂浆强度(MPa)	在合格标准内	按附录“水泥砂浆强度评定”检查
	3	锚杆拔力(kN)	拔力平均值≥设计值，最小拔力≥0.9设计值	拔力试验：锚杆数1%，且不少于3根
	4	锚索张拉应力(MPa)	符合设计要求	油压表：每索由读数反算
一般项目	1	锚孔深度(mm)	不小于设计	尺量：抽查10%
	2	锚杆(索)间距(mm)	±100	尺量：抽查10%
	3	喷层厚度(mm)	平均厚≥设计厚；60%检查点的厚度≥设计厚；最小厚度≥0.5设计厚，且不小于设计规定	尺量(凿孔)或雷达断面仪：每10m检查1个断面，每3m检查1点

外观鉴定

混凝土表面密实，不得有突变；与原表面结合紧密，不应起鼓。

城市道路挡护结构护坡检验批质量检验记录

渝市政验收1-3-11

单位工程名称	重庆市××区环城路城市道路K1+000～K20+000合同段		
分部工程名称	K1+000～K1+500段道路挡护工程		
分项工程名称	道路护坡挡墙	验收部位	护坡挡墙
施工单位	××区城建开发公司	项目经理	王××
分包单位	××城建一分公司	分包项目经理	岳××
施工执行标准名称及编号	重庆市《城市道路工程施工质量验收规范》DBJ 50-078—2008		

项目	施工质量验收规范的规定			施工单位检查评定记录	监理单位验收记录
	序号	检查项目	规定值及允许偏差		
主控项目	1	混凝土强度(MPa)	在合格标准内	高于30 MPa，符合规范要求。	符合规范要求。
	2	砂浆强度(MPa)	在合格标准内	符合规范要求。	符合规范要求。
	3	厚度或断面尺寸(mm)	不小于设计值	尺量，符合设计要求。	符合规范要求。
	4				
	5				
	6				
	7				
	8				
一般项目	1	顶面高程(mm)	±50	45　38　36　−38　39　−35　32	符合规范要求。
	2	表面平整度(mm)	30	25　23　22　26　19　15　28	符合规范要求。
	3	坡度	不陡于设计	坡度尺量，符合规范要求。	符合规范要求。
	4	底面高程(mm)	±50	−25　35　45　−36　25　42　44	符合规范要求。
	5	石料、材料质量和规格	符合规范规定，按配合比施工	核查试验报告，质保资料，材料进场验收记录，所用石料、水泥、石子、水、外加剂、掺合料的质量和规格均符合现行国家规范的要求。	符合规范要求。
	6	护坡基础埋置深度及地基承载力	符合设计要求	基础埋置深度及地基承载力符合设计要求。	符合规范要求。
	7	护坡填土质量	满足设计要求	符合规范要求。	符合规范要求。

	施工员	李××	施工班组长	张××
施工单位检查评定结果	检查情况： 经检查，主控项目和一般项目均符合设计要求和重庆市《城市道路工程施工质量验收规范》(DBJ 50-078—2008)规定，评定合格。 项目专职质量员：王×× 2015年5月20日			
监理单位验收结论	验收意见： 同意施工单位评定结果，验收合格，同意进行下道工序施工。 专业监理工程师：黎×× 2015年5月20日			

说明：

一般规定

1.石料质量、规格应符合有关规定。混凝土或砂浆所用的水泥、砂、石、水和外掺剂的质量和规格应符合有关规范的要求，按规定的配合比施工。

2.护坡基础埋置深度及地基承载力应符合设计要求。

3.砌体应咬扣紧密，嵌缝饱满密实。

4.护坡填土质量应满足设计要求，对坡面刷坡整平后方可铺砌。

实测项目

见下表。

表 护坡实测项目

项目	序号	检查项目	允许偏差或允许值	检查方法或频率
主控项目	1	混凝土强度(MPa)	在合格标准内	按附录“水泥混凝土抗压强度评定”检查
	2	砂浆强度(MPa)	在合格标准内	按附录“水泥砂浆强度评定”检查
	3	厚度或断面尺寸(mm)	不小于设计	尺量：每100m检查3处
一般项目	1	顶面高程(mm)	±50	水准仪：每50m检查3点，不足50m时至少2点
	2	表面平整度(mm)	30	2m直尺：护坡每50m检查3处
	3	坡度	不陡于设计	坡度尺量：每100m检查3处
	4	底面高程(mm)	±50	水准仪：每50m检查3点

外观鉴定

1.表面平整，无垂直通缝。

2.勾缝平顺，无脱落现象。

城市道路挡护结构砌石工程检验批质量检验记录

渝市政验收1-3-12

单位工程名称	重庆市××区环城路城市道路K1+000～K20+000合同段		
分部工程名称	K1+000～K1+500段道路挡护工程		
分项工程名称	道路砌石挡墙	验收部位	砌石挡墙
施工单位	××区城建开发公司	项目经理	王××
分包单位	××城建一分公司	分包项目经理	岳××
施工执行标准名称及编号	重庆市《城市道路工程施工质量验收规范》DBJ 50-078—2008		

项目	施工质量验收规范的规定					施工单位检查评定记录							监理单位验收记录
	序号	检查项目			规定值及允许偏差								
主控项目	1	浆砌砌体	砂浆强度(MPa)		在合格标准内	高于30MPa,符合规范要求。							符合规范要求。
			断面尺寸(mm)	料石	±20								
				块石	±30								
				片石	±50	23	35	36	34	−25	−36	46	符合规范要求。
	2	干砌块片石断面尺寸(mm)			不小于设计值	不小于设计值。							符合规范要求。
	3												
	4												
	5												
一般项目	1	浆砌砌体	顶面高程(mm)	料、块石	±15								
				片石	±20	−18	19	16	15	14	13	−15	符合规范要求。
			竖直度或坡度	料、块石	0.3%								
				片石	0.5%	√	√	√	√	√	√	√	符合规范要求。
			表面平整度(mm)	料石	10								
				块石	20								
				片石	30	25	20	22	24	26	20	21	符合规范要求。
	2	干砌块片石	顶面高程(mm)		±30	−25	−26	25	23	25	14	18	符合规范要求。
			竖直度或坡度(mm)		0.5%	√	√	√	√	√	√	√	符合规范要求。
			表面平整度(mm)		30	20	25	26	27	18	15	13	符合规范要求。

	施工员	李××	施工班组长	张××
施工单位检查评定结果	检查情况： 经检查,主控项目和一般项目均符合设计要求和重庆市《城市道路工程施工质量验收规范》(DBJ 50-078—2008)规定,评定合格。 项目专职质量员：王×× 2015年5月20日			
监理单位验收结论	验收意见： 同意施工单位评定结果,验收合格,同意进行下道工序施工。 专业监理工程师：黎×× 2015年5月20日			

说明：

一般规定

1.石料质量、规格及砂浆所用材料的质量应符合设计要求，按规定的配合比施工。

2.砌块应错缝砌筑、相互咬紧；浆砌时砌块应坐浆挤紧，嵌缝后砂浆饱满，无空洞现象；干砌时不松动、无叠砌和浮塞。

3.沉降缝必须顺直贯通，缝宽、填塞材料应符合设计要求。

4.泄水孔、反滤层、防排水设施应符合设计规范要求。

实测项目

见表1及表2。

表1　浆砌砌体实测项目

项目	序号	检查项目		允许偏差或允许值	检查方法或频率
主控项目	1	砂浆强度(MPa)		在合格标准内	按附录“水泥砂浆强度评定”检查
	2	断面尺寸(mm)	料石	±20	尺量：每20m检查2处
			块石	±30	
			片石	±50	
一般项目	1	顶面高程(mm)	料、块石	±15	水准仪：每20m检查3点
			片石	±20	
	2	竖直度或坡度	料、块石	0.3%	吊垂线：每20m检查3点
			片石	0.5%	
	3	表面平整度(mm)	料石	10	2m直尺：每20m检查5处×3尺
			块石	20	
			片石	30	

表2　干砌块片石实测项目

项目	序号	检查项目	允许偏差或允许值	检查方法或频率
主控项目	1	断面尺寸(mm)	不小于设计值	尺量：每20m检查3处
一般项目	1	顶面高程(mm)	±30	水准仪：每20m测3点
	2	竖直度或坡度	0.5%	吊垂线：每20m检查3点
	3	表面平整度(mm)	30	2m直尺：每20m检查5处×3尺

外观鉴定

1.砌体边缘直顺，外露表面平整。

2.勾缝平顺，缝宽均匀，无脱落现象。

城市道路挡护结构墙背填土检验批质量检验记录

渝市政验收 1-3-13

单位工程名称	重庆市××区环城路城市道路K1+000～K20+000合同段		
分部工程名称	K1+000～K1+500段道路挡护工程		
分项工程名称	道路土挡墙	验收部位	土挡墙
施工单位	××区城建开发公司	项目经理	王××
分包单位	××城建一分公司	分包项目经理	岳××
施工执行标准名称及编号	重庆市《城市道路工程施工质量验收规范》DBJ 50-078—2008		

项目	序号	检查项目	规定值及允许偏差	施工单位检查评定记录							监理单位验收记录
主控项目	1	距面板1m范围以内压实度(%)	90	98	97	99	98	98	99	98	符合规范要求。
	2										
	3										
	4										
	5										
	6										
	7										
	8										
一般项目	1	填土材料	符合规范及设计要求	采用透水性材料或设计规定的填料,符合规范要求。							符合规范要求。
	2	填土搭接	符合规范要求	有效搭接,纵向接缝有台阶。							符合规范要求。
	3	分层填筑	符合规范要求	分层填筑压实,每层表面平整,路拱合适。							符合规范要求。
	4	墙身强度	＞设计强度75%	80	85	90	85	80	86	88	符合规范要求。
	5	压实度	符合规范要求	98	97	99	98	98	99	98	符合规范要求。

施工单位检查评定结果	施工员	李××	施工班组长	张××
	检查情况: 经检查,主控项目和一般项目均符合设计要求和重庆市《城市道路工程施工质量验收规范》(DBJ 50-078—2008)规定,评定合格。 项目专职质量员:王×× 2015年5月20日			
监理单位验收结论	验收意见: 同意施工单位评定结果,验收合格,同意进行下道工序施工。 专业监理工程师:黎×× 2015年5月20日			

说明：

一般规定

1.墙背填土应采用透水性材料或设计规定的填料，严禁采用膨胀土、冻土、高液限黏土、腐植土、淤泥等不良填料。填料中不应含有机物、草皮、树根等杂物或生活垃圾。

2.墙背填土必须和挖方路基、填方路基有效搭接，纵向接缝必须设台阶。

3.必须分层填筑压实，每层表面平整，路拱合适。

4.墙身强度达到设计强度75%以上时方可开始填土。

实测项目

除距面板1m范围以内压实度实测项目见下表外，其他部分填土和其他类型挡土墙填土的压实度要求均与路基部分相同。

表　锚杆(索)和加筋土挡土墙墙背填土实测项目

项目	序号	检查项目	允许偏差或允许值	检查方法或频率
主控项目	1	距面板1m范围以内压实度(%)	90	按路基压实度评定方法进行检查，每100m每压实层测1处，并不得少于1处

外观鉴定

1.填土表面应平整，边线直顺。

2.边坡坡面平顺稳定，不得亏坡，曲线圆滑。

城市道路排水边沟检验批质量检验记录

渝市政验收1-4-1

单位工程名称	重庆市××区环城路城市道路K1+000～K20+000合同段		
分部工程名称	K1+000～K1+500段道路排水系统		
分项工程名称	道路排水土边沟	验收部位	排水沟
施工单位	××区城建开发公司	项目经理	王××
分包单位	××城建一分公司	分包项目经理	岳××
施工执行标准名称及编号	重庆市《城市道路工程施工质量验收规范》DBJ 50-078—2008		

项目	施工质量验收规范的规定				施工单位检查评定记录							监理单位验收记录
	序号	检查项目	单位	规定值及允许偏差								
主控项目	1	沟底纵坡	%	符合设计要求	0.1	0.2	0.2	0.1	0.1	0.2	0.2	符合规范要求。
	2	沟底高程	mm	+0,-20	-9	-10	-15	-18	-12	-8	-5	符合规范要求。
	3	断面尺寸	mm	不小于设计值	√	√	√	√	√	√	√	符合规范要求。
	4											
	5											
	6											
	7											
	8											
一般项目	1	边坡坡度		不陡于设计值	√	√	√	√	√	√	√	符合规范要求。
	2	边棱直顺度	mm	50	25	32	25	28	36	44	35	符合规范要求。
	3											
	4											
	5											

施工单位检查评定结果	施工员	李××	施工班组长	张××
	检查情况： 经检查，主控项目和一般项目均符合设计要求和重庆市《城市道路工程施工质量验收规范》(DBJ 50-078—2008)规定，评定合格。 项目专职质量员：王×× 2015年5月20日			
监理单位验收结论	验收意见： 同意施工单位评定结果，验收合格，同意进行下道工序施工。 专业监理工程师：黎×× 2015年5月20日			

说明：

一般规定

1.道路排水包括城市道路的边沟、涵洞，雨水、污水管道（渠）、检查井、雨水口、连接支管等设施。

2.排水边沟可分为土边沟、砌石边沟、混凝土边沟。

3.城市道路排水工程应按设计和技术规范要求施工。工程完工后地表水和污水都应引排到城市雨水、污水主干管或沟渠等排水系统中。

4.涵洞工程包括：盖板涵、现浇混凝土箱涵、拱涵、管涵（倒虹管）。

5.涵洞地基承载力及基础埋置深度必须满足设计图纸要求。涵洞桩基础工程和涵洞工程的钢筋制作均应符合现行施工规范要求。

6.各类涵洞结构的沉降缝位置应正确，沉降缝上下应垂直、宽窄一致。顶板、底板和墙身应贯通，上下不得交错，缝宽满足设计要求。填缝材料应具有弹性和不透水性，填塞应紧密饱满，填塞深度应≥15㎝，防水施工应符合设计要求，应无漏水现象。

7.当涵洞砌体砂浆或混凝土强度达到设计强度的75%时方可回填。回填和压实应满足设计和现行道路施工技术规范的要求。

8.涵洞内壁应平整无错台。洞内应无垃圾、杂物、水流，坡度应符合设计要求，进出水口的沟床整理顺直、不淤塞，保证洞内水流畅通。

9.涵洞进出口的一字墙和八字墙跌水、急流槽、水簸箕等结构的浆砌片块石施工质量验收标准可按砌石工程进行。现浇混凝土一字墙和八字墙按混凝土结构工程验收。

10.用于道路排水的钢筋混凝土管材，玻璃纤维增强塑料夹砂管、硬聚氯乙烯双壁波纹管等新型管材的质量要求、技术指标、力学性能、规格、型号均应符合国家现行规范标准规定。

主控项目

1.土边沟沟底排水坡度必须正确，沟底边坡应平整、坚实、稳定，严禁贴坡，断面尺寸应满足设计和排水功能要求。沟内不得有碎石块、散土、杂物，排水应畅通。检验数量：全部。检验方法：观察、量测。

2.所用水泥、砂、石子、水等原材料和砼试件强度等级应符合现行规范和设计要求；浆砌排水沟砌体砂浆配合比应准确。浆砌片块石的石材和砼预制块件的强度、质量和规格应满足设计要求。检验数量：全部。检验方法：观察、核查检测报告。

一般项目

1.土质边沟，浆砌排水沟的上口线应整齐、直顺。沟底无明显凹凸不平，不得有阻水现象。设有刚性基础的排水沟基础的伸缩缝应与沟墙的伸缩缝对齐。检验数量：全部。检验方法：观察。

2.外观质量要求砌体内侧抹面应平整、压光、直顺，不得有开裂，空鼓现象，砼表面不得有蜂窝、空洞、沉陷、断裂现象。检验数量：抽检30%。检验方法：观察。

3.土边沟质量检验标准及允许误差见下表。

表　土边沟质量检验标准及允许误差

	项次	检查项目	单位	规定值及允许偏差	范围和频率	检验方法
主控项目	1	沟底纵坡	%	符合设计要求	每200m测8处	水准仪
	2	沟底高程	mm	+0,-20	每200m测8处	水准仪
	3	断面尺寸	mm	不小于设计	每200m测2处	尺量
一般项目	4	边坡坡度		不陡于设计	每200m测2处	尺量
	5	边棱直顺度	mm	50	20m拉线，每200m测2处	尺量

城市道路浆砌（混凝土）排水沟检验批质量验收记录表

渝市政验收1-4-2

单位工程名称	重庆市××区环城路城市道路K1+000～K20+000合同段		
分部工程名称	K1+000～K1+500段道路排水系统		
分项工程名称	道路排水浆砌排水沟	验收部位	排水沟
施工单位	××区城建开发公司	项目经理	王××
分包单位	××城建一分公司	分包项目经理	岳××
施工执行标准名称及编号	重庆市《城市道路工程施工质量验收规范》DBJ 50-078—2008		

项目	施工质量验收规范的规定				施工单位检查评定记录							监理单位验收记录
	序号	检查项目	单位	规定值及允许偏差								
主控项目	1	砂浆（混凝土）强度	MPa	在合格标准内	高于30MPa，符合规范要求。							符合规范要求。
	2	断面尺寸	mm	±30	20	−20	25	−18	23	−21	22	符合规范要求。
	3	沟底高程	mm	±15	−8	5	12	11	−10	14	13	符合规范要求。
	4	结构厚度	mm	不小于设计值	−15	−12	−9	−11	−8	−16	−18	符合规范要求。
	5											
	6											
	7											
	8											
一般项目	1	轴线偏位	mm	40	√	√	√	√	√	√	√	符合规范要求。
	2	墙面直顺度或坡度	mm	20或符合设计要求	观察、量测，沟底边坡平整、坚实、稳定，严禁贴坡，断面尺寸满足设计和排水功能要求。							符合规范要求。
	3	基础垫层宽、厚	mm	不小于设计值	不小于设计值。							符合规范要求。
	4											
	5											

施工单位检查评定结果	施工员	李××	施工班组长	张××
	检查情况： 经检查，主控项目和一般项目均符合设计要求和重庆市《城市道路工程施工质量验收规范》(DBJ 50-078—2008)规定，评定合格。 项目专职质量员：王×× 2015年5月20日			
监理单位验收结论	验收意见： 同意施工单位评定结果，验收合格，同意进行下道工序施工。 专业监理工程师：黎×× 2015年5月20日			

说明：

一般规定

1.道路排水包括城市道路的边沟、涵洞，雨水、污水管道(渠)、检查井、雨水口、连接支管等设施。

2.排水边沟可分为土边沟、砌石边沟、混凝土边沟。

3.城市道路排水工程应按设计和技术规范要求施工。工程完工后地表水和污水都应引排到城市雨水、污水主干管或沟渠等排水系统中。

4.涵洞工程包括：盖板涵、现浇混凝土箱涵、拱涵、管涵(倒虹管)。

5.涵洞地基承载力及基础埋置深度必须满足设计图纸要求。涵洞桩基础工程和涵洞工程的钢筋制作均应符合现行施工规范要求。

6.各类涵洞结构的沉降缝位置应正确，沉降缝上下应垂直、宽窄一致。顶板、底板和墙身应贯通，上下不得交错，缝宽满足设计要求。填缝材料应具有弹性和不透水性，填塞应紧密饱满，填塞深度应≥15㎝，防水施工应符合设计要求，应无漏水现象。

7.当涵洞砌体砂浆或混凝土强度达到设计强度的75%时方可回填。回填和压实应满足设计和现行道路施工技术规范的要求。

8.涵洞内壁应平整无错台。洞内应无垃圾、杂物、水流，坡度应符合设计要求，进出水口的沟床整理顺直、不淤塞，保证洞内水流畅通。

9.涵洞进出口的一字墙和八字墙跌水、急流槽、水簸箕等结构的浆砌片块石施工质量验收标准可按砌石工程进行。现浇混凝土一字墙和八字墙按混凝土结构工程验收。

10.用于道路排水的钢筋混凝土管材，玻璃纤维增强塑料夹砂管、硬聚氯乙烯双壁波纹管等新型管材的质量要求、技术指标、力学性能、规格、型号均应符合国家现行规范标准规定。

主控项目

1.沟底排水坡度必须正确，沟底边坡应平整、坚实、稳定，严禁贴坡，断面尺寸应满足设计和排水功能要求。沟内不得有碎石块、散土、杂物，排水应畅通。检验数量：全部。检验方法：观察、量测。

2.混凝土排水沟所用水泥、砂、石子、水等原材料和砼试件强度等级应符合现行规范和设计要求；浆砌排水沟砌体砂浆配合比应准确。浆砌片块石的石材和砼预制块件的强度、质量和规格应满足设计要求。检验数量：全部。检验方法：观察、核查检测报告。

一般项目

1.浆砌排水沟的上口线应整齐、直顺。沟底无明显凹凸不平，不得有阻水现象。设有刚性基础的排水沟基础的伸缩缝应与沟墙的伸缩缝对齐。检验数量：全部。检验方法：观察。

2.外观质量要求砌体内侧抹面应平整、压光、直顺，不得有开裂，空鼓现象，砼表面不得有蜂窝、空洞、沉陷、断裂现象。检验数量：抽检30%。检验方法：观察。

3.浆砌(混凝土)排水沟施工质量检验标准及允许偏差见下表。

表　浆砌(混凝土)排水沟施工质量检验标准及允许偏差

	项次	检查项目	单位	规定值及允许偏差	范围和频率	检验方法
主控项目	1	砂浆(混凝土)强度	MPa	在合格标准内	50m³一组	按CJJ3确定的方法
	2	断面尺寸	mm	±30	200m测2处	尺量
	3	沟底高程	mm	±15	200m测5点	水准仪测量
	4	结构厚度	mm	不小于设计	200m测2处	尺量
一般项目	5	轴线偏位	mm	40	200m测5处	经纬仪或尺量
	6	墙面直顺度或坡度	mm	20或符合设计要求	200m测2处	20拉线、坡度尺量
	7	基础垫层宽、厚	mm	不小于设计	200m测2处	尺量

城市道路排水盖板涵检验批质量检验记录

渝市政验收1-4-3

单位工程名称		重庆市××区环城路城市道路K1+000～K20+000合同段									
分部工程名称		K1+000～K1+500段道路排水系统									
分项工程名称		道路排水盖板涵			验收部位					排水盖板涵	
施工单位		××区城建开发公司			项目经理					王××	
分包单位		××城建一分公司			分包项目经理					岳××	
施工执行标准名称及编号		重庆市《城市道路工程施工质量验收规范》DBJ 50-078—2008									
项目	施工质量验收规范的规定			施工单位检查评定记录							监理单位验收记录
	序号	检查项目	规定值及允许偏差(mm)								
主控项目	1	涵底流水高程	0,-20	-10	-12	-15	-9	+14	+17	+16	符合规范要求。
	2	泄水断面尺寸	+20,-20	18	-13	15	16	-17	18	-10	符合规范要求。
	3	墙体和基础厚度	+40,-40	25	-26	32	36	-36	28	29	符合规范要求。
	4	盖板厚度	+10,0	2	3	5	4	9	8	6	符合规范要求。
	5										
	6										
	7										
	8										
一般项目	1	涵管长度	+100,-50	√	√	√	√	√	√	√	符合规范要求。
	2	轴线偏位 明涵	20	15	12	15	16	18	13	12	符合规范要求。
		轴线偏位 暗涵	50								
	3										
	4										
	5										
施工单位检查评定结果	施工员		李××	施工班组长				张××			
	检查情况： 经检查，主控项目和一般项目均符合设计要求和重庆市《城市道路工程施工质量验收规范》(DBJ 50-078—2008)规定，评定合格。 项目专职质量员：王×× 2015年5月20日										
监理单位验收结论	验收意见： 同意施工单位评定结果，验收合格，同意进行下道工序施工。 专业监理工程师：黎×× 2015年5月20日										

说明：

主控项目

1.混凝土盖板制作所用水泥、砂、石子、水、外加剂及掺和料的质量和规格必须符合现行技术规范要求，混凝土拌制应按规定的配合比施工，混凝土盖板预制必须采用振捣成形方式，混凝土强度必须满足设计和评定标准要求。检验数量：全部。检验方法：检查水泥质保书，合格证，进场抽检报告。混凝土试件强度报告。

2.预制构件成品混凝土强度达到设计强度的75%时方可搬运安装。盖板安装前，盖板预制构件混凝土强度和几何尺寸、涵洞基础、墙身及支承面检验必须达到合格。检验数量：盖板预制构件几何尺寸抽检30%。检验方法：检查记录，现场观察。

3.盖板预制构件内的钢筋数量、规格型号应符合设计要求，构件混凝土表面应密实，不得出现空洞和露筋现象。检验数量：全部。检验方法：观察，核查钢筋隐检记录。

一般项目

1.外观质量要求

(1)现浇混凝土表面应平整密实，线形顺直，无严重缺棱掉角。蜂窝面积不得超过该面面积的0.5%，混凝土表面不得出现非受力裂缝。裂缝宽度超过设计规定或超过0.15mm时应加以处理。

(2)预制板安装时两端与支撑面的搭接长度不得小于设计图要求，就位后不得出现颠簸现象，坐浆厚度应大于20mm，板缝填料应平整密实，不得有空缝。检验数量：全部。检验方法：观察。

2.盖板涵质量检验标准及允许偏差见下表。

表　盖板涵质量检验标准及允许偏差

<table>
<tr><th>项目</th><th>序号</th><th colspan="2">检查项目</th><th>规定值或允许偏差（mm）</th><th>检验频率（每座涵洞、每道涵管）</th><th>检验方法</th></tr>
<tr><td rowspan="4">主控项目</td><td>1</td><td colspan="2">涵底流水高程</td><td>0，±20</td><td>进出洞口2处，中间拉线</td><td>水准仪、尺量</td></tr>
<tr><td>2</td><td colspan="2">泄水断面尺寸</td><td>±20、±20</td><td>检查6点</td><td>尺量</td></tr>
<tr><td>3</td><td colspan="2">墙体和基础厚度</td><td>±40、±10</td><td>检查3~5处</td><td>尺量</td></tr>
<tr><td>4</td><td colspan="2">盖板厚度</td><td>±10、0</td><td>检查3~5处</td><td>尺量</td></tr>
<tr><td rowspan="3">一般项目</td><td>5</td><td colspan="2">涵管长度</td><td>±100、±50</td><td>检查中心线</td><td>尺量</td></tr>
<tr><td rowspan="2">6</td><td rowspan="2">轴线偏位</td><td>明涵</td><td>20</td><td rowspan="2">检查2处</td><td rowspan="2">经纬仪</td></tr>
<tr><td>暗涵</td><td>50</td></tr>
</table>

城市道路排水现浇混凝土箱涵检验批质量检验记录

渝市政验收1-4-4

单位工程名称	重庆市××区环城路城市道路K1+000～K20+000合同段		
分部工程名称	K1+000～K1+500段道路排水系统		
分项工程名称	道路排水箱涵	验收部位	排水箱涵
施工单位	××区城建开发公司	项目经理	王××
分包单位	××城建一分公司	分包项目经理	岳××
施工执行标准名称及编号	重庆市《城市道路工程施工质量验收规范》DBJ 50-078—2008		

项目	序号	检查项目	规定值及允许偏差(mm)	施工单位检查评定记录							监理单位验收记录
主控项目	1	涵底流水高程	0,-20	-18	-15	-16	-10	-18	-12	-19	符合规范要求。
	2	混凝土强度(MPa)	在合格标准内	高于30MPa,符合规范要求。							符合规范要求。
	3	顶板厚(mm) 明涵	0,+10								
		顶板厚(mm) 暗涵	不小于设计值	尺量,符合规范要求。							符合规范要求。
	4	侧墙和底板厚(mm)	不小于设计值	尺量,符合规范要求。							符合规范要求。
	5	材料质量和规格	符合规范要求	核查试验报告,质保资料,材料进场验收记录,所用水泥、石子、水、外加剂、掺和料的质量和规格,玻璃纤维夹砂管,双壁波纹管等新型管材的规格、质量均符合现行国家规范的要求。							符合规范要求。
	6										
	7										
	8										
一般项目	1	涵管长度	+100,-50	85	65	80	70	-50	-65	-58	符合规范要求。
	2	轴线偏位	50	24	35	36	42	45	26	20	符合规范要求。
	3	平整度	≤5	1	4	3	2	1	2	4	符合规范要求。
	4	泄水断面尺寸	±10	-8	-9	5	8	6	7	-7	符合规范要求。
	5	涵洞两侧和顶部填土顺序、质量、压实度	符合现行规范和设计相关要求	观察,检查资料,检测报告,符合现行规范和设计相关要求。							符合规范要求。
	6	沉降缝	符合设计规定和规范要求	设置符合要求,周边宽窄一致,填缝材料和填塞深度符合规范规定,沉降缝处无渗漏。							符合规范要求。

	施工员	李××	施工班组长	张××
施工单位检查评定结果	检查情况: 经检查,主控项目和一般项目均符合设计要求和重庆市《城市道路工程施工质量验收规范》(DBJ 50-078—2008)规定,评定合格。 项目专职质量员:王×× 2015年5月20日			
监理单位验收结论	验收意见: 同意施工单位评定结果,验收合格,同意进行下道工序施工。 专业监理工程师:黎×× 2015年5月20日			

说明：

主控项目

1.混凝土所用水泥、砂、石、水、外加剂、掺和料的质量和规格，必须符合有关技术规范的要求，砼拌制应按规定的配合比施工。检验数量：按现行规范规定检验。检验方法：检查检测报告。

2.箱涵顶板、侧墙、底板等主体结构的厚度应不小于设计值。

一般项目

1.涵洞两侧和涵洞顶部填土顺序及填土质量、压实度标准应符合现行规范和设计相关要求。检验数量：全部。检验方法：观察，检查资料，检测报告。

2.外观质量要求如下。

（1）沉降缝设置应符合设计规定和规范要求，周边宽窄一致，填缝材料和填塞深度应符合规范规定，做到沉降缝处无渗漏。

（2）混凝土表面应平整密实，棱角线形顺直，无严重缺棱掉角。无空洞、无露筋。蜂窝、麻面面积不得超过该面面积的0.5%，蜂窝深度超过10mm者必须进行处理。

（3）混凝土表面不得出现受力裂缝，非受力裂缝宽度超过设计规定或无规定但超过0.15mm时必须进行处理。检验数量：全部。检验方法：观察、量测。

3.箱涵浇筑施工质量检验标准及允许偏差见下表。

表　箱涵浇筑施工质量检验标准及允许偏差

<table>
<tr><th>项目</th><th>序号</th><th colspan="2">检查项目</th><th>规定值或允许偏差（mm）</th><th>检验频率（每座涵洞、每道涵管）</th><th>检验方法</th></tr>
<tr><td rowspan="5">主控项目</td><td>1</td><td colspan="2">涵底流水高程</td><td>0，±20</td><td>进出洞口2处，中间拉线</td><td>水准仪、尺量</td></tr>
<tr><td>2</td><td colspan="2">混凝土强度（MPa）</td><td>在合格标准内</td><td>根据现行技术规范抽检</td><td>根据现行技术标准评定</td></tr>
<tr><td rowspan="2">3</td><td rowspan="2">顶板厚（mm）</td><td>明涵</td><td>0，+10</td><td rowspan="2">检查3~5处</td><td rowspan="2">尺量</td></tr>
<tr><td>暗涵</td><td>不小于设计值</td></tr>
<tr><td>4</td><td colspan="2">侧墙和底板厚（mm）</td><td>不小于设计值</td><td>检查3~5处</td><td>尺量</td></tr>
<tr><td rowspan="4">一般项目</td><td>5</td><td colspan="2">涵管长度</td><td>±100、±50</td><td>检查中心线</td><td>尺量</td></tr>
<tr><td>6</td><td colspan="2">轴线偏位</td><td>50</td><td>检查2处</td><td>经纬仪</td></tr>
<tr><td>7</td><td colspan="2">平整度</td><td>≤5</td><td>每10m检查2处</td><td>2m直尺</td></tr>
<tr><td>8</td><td colspan="2">泄水断面尺寸</td><td>±10</td><td>检查6点</td><td>尺量</td></tr>
</table>

城市道路排水拱涵检验批质量检验记录

渝市政验收1-4-5

单位工程名称	重庆市××区环城路城市道路K1+000～K20+000合同段		
分部工程名称	K1+000～K1+500段道路排水系统		
分项工程名称	道路排水拱涵	验收部位	排水拱涵
施工单位	××区城建开发公司	项目经理	王××
分包单位	××城建一分公司	分包项目经理	岳××
施工执行标准名称及编号	重庆市《城市道路工程施工质量验收规范》DBJ 50-078—2008		

项目	施工质量验收规范的规定				施工单位检查评定记录							监理单位验收记录
	序号	检查项目		规定值及允许偏差（mm）								
主控项目	1	混凝土或砂浆强度		在合格标准内	高于30MPa，符合规范要求。							符合规范要求。
	2	涵底流水高程		0，-20	-18	-15	-16	-10	-18	-12	-19	符合规范要求。
	3	涵台尺寸		+20，-20	18	-13	15	16	-17	18	-10	符合规范要求。
	4	拱圈厚度	混凝土	±15	-13	-12	11	10	-10	12	14	符合规范要求。
			石料	±20	18	-13	15	16	-17	18	-10	符合规范要求。
	5	材料质量和规格		满足设计和技术规范规定	核查试验报告，质保资料，材料进场验收记录，所用水泥、石子、水、外加剂、掺和料的质量和规格，玻璃纤维夹砂管，双壁波纹管等新型管材的规格、质量均符合现行国家规范的要求。							符合规范要求。
	6	拱架安装拆卸		有专项施工方案	有专项施工方案。							符合规范要求。
	7	拱架拆除时间及顺序		符合相关规范要求	核查检测试验报告，施工方案，符合相关规范要求。							符合规范要求。
	8	拱顶填土时间		符合相关规范要求	核查检测报告、施工方案，量测，符合相关规范要求。							符合规范要求。
一般项目	1	长度		±20	18	-13	15	16	-17	18	-10	符合规范要求。
	2	跨径		±20	18	-13	15	16	-17	18	-10	符合规范要求。
	3	轴线偏位		30	15	26	20	13	25	15	16	符合规范要求。
	4	内弧线偏离设计弧线		±20	18	-13	15	16	-17	18	-10	符合规范要求。
	5	涵台砌体平整度		20	10	12	15	19	14	13	12	符合规范要求。
	6	外观质量		符合规范要求	符合规范要求。							

	施工员	李××	施工班组长	张××
施工单位检查评定结果	检查情况： 经检查，主控项目和一般项目均符合设计要求和重庆市《城市道路工程施工质量验收规范》（DBJ 50-078—2008）规定，评定合格。 项目专职质量员：王×× 2015年5月20日			
监理单位验收结论	验收意见： 同意施工单位评定结果，验收合格，同意进行下道工序施工。 专业监理工程师：黎×× 2015年5月20日			

说明：

主控项目

1.地基应稳定，受力均匀，无沉降变形现象。检验数量：全检。检验方法：查看检测报告，测量记录，观察。

2.现浇混凝土和砌石拱涵所用水泥、砂、石子、水、外加剂、外掺剂及料石的质量和规格必须满足设计和技术规范规定。检验数量：全部。检验方法：核查试验报告。

3.拱涵现浇（砌筑）施工，拱架安装拆卸，必须有专项施工方案，拱架拆除和拱顶填土的时间及拱架拆卸顺序均应符合相关规范要求。检验数量：全部。检验方法：核查检测试验报告，施工方案，观察。

4.混凝土、砂浆强度等级，每块拱圈石的强度、规格；拱圈厚度及拱轴线位置都必须满足设计及规范要求。现浇混凝土或片石混凝土施工工艺应符合技术规范要求。砂浆拌制应采用机械拌和。拱圈石砌筑顺序、方法应符合设计和技术规范规定。检验数量：全部。检验方法：核查检测报告、施工方案。测量、观察。

一般项目

1.外观质量要求如下。

（1）涵洞线形圆顺、混凝土表面平整密实，流水面畅通。洞内不得有垃圾、杂物。

（2）混凝土表面无错台、无空洞、无露筋现象。蜂窝、麻面面积不得超过该面面积的0.5%，深度不得超过10mm。裂缝宽度超过0.15mm时应进行修补处理。

（3）砌体灰缝应饱满密实、宽窄一致、横平竖直、勾缝平顺，无沉降变形，无开裂脱落现象。

（4）沉降缝宽度符合设计要求，上下贯通。填塞材料符合规范要求，无渗漏。

检验数量：全部。检验方法：观察。

2.拱涵现浇（砌筑）施工质量检验标准及允许偏差见下表。

表　拱涵现浇（砌筑）施工质量检验标准及允许偏差

项目	序号	检查项目		规定值或允许偏差（mm）	检验频率（每座涵洞、每道涵管）	检验方法
主控项目	1	混凝土或砂浆强度		在合格标准内	根据现行技术规范抽检	根据现行技术标准评定
	2	涵底流水高程		0，±20	进出洞口2处，中间拉线	水准仪、尺量
	3	涵台尺寸		±20，±20	检查6点	尺量
	4	拱圈厚度	混凝土	±15	检查3~5处	尺量
			石料	±20		
一般项目	5	长度		±20	检查中心线	尺量
	6	跨径		±20	检查2处	尺量
	7	轴线偏位		30	检查2处	经纬仪
	8	内弧线偏离设计弧线（mm）		±20	检查拱顶、1/4跨3处	样板
	9	涵台砌体平整度		20	2m直尺	每面2处

城市道路排水管涵（倒虹管）检验批质量检验记录

渝市政验收1-4-6

单位工程名称	重庆市××区环城路城市道路K1+000～K20+000合同段		
分部工程名称	K1+000～K1+500段道路排水系统		
分项工程名称	道路排水管涵	验收部位	排水管涵
施工单位	××区城建开发公司	项目经理	王××
分包单位	××城建一分公司	分包项目经理	岳××
施工执行标准名称及编号	重庆市《城市道路工程施工质量验收规范》DBJ 50-078—2008		

项目	施工质量验收规范的规定			施工单位检查评定记录							监理单位验收记录
	序号	检查项目	规定值及允许偏差（mm）								
主控项目	1	管座或垫层混凝土强度（MPa）	在合格标准内	高于30MPa，符合规范要求。							符合规范要求。
	2	涵底流水高程	0,-5	1	3	2	1	4	4	2	符合规范要求。
	3	相邻管节面错口	3（管径≤1.0m）	√	√	√	√	√	√	√	符合规范要求。
			5（管径＞1.0mm）								
	4	闭水试验（倒虹管、污水管）	满足规范要求	核查闭水试验记录，符合规范要求。							符合规范要求。
	5	材料质量和规格	符合规范要求	核查试验报告，质保资料，材料进场验收记录，所用水泥、石子、水、外加剂、掺和料的质量和规格，玻璃纤维夹砂管，双壁波纹管等新型管材的规格、质量均符合现行国家规范的要求。							符合规范要求。
	6	地基承载力、基坑断面、管座基层断面	满足设计要求，无不均匀沉降产生	量测，查隐蔽验收记录，无不均匀沉降产生，符合规范要求。							符合规范要求。
	7	管道接缝安装	符合设计和规范要求	查施工隐蔽验收记录，观察，测量，钢丝网抹带正确，接缝连接紧密牢固，不渗漏，不脱落，管底高程正确，无倒流。							符合规范要求。
	8										
一般项目	1	管座宽度、厚度	不小于设计值	符合规范要求。							符合规范要求。
	2	涵管长度	+100,-50	-45	-40	50	65	70	80	55	符合规范要求。
	3	轴线偏位	50	41	42	36	38	40	35	28	符合规范要求。
	4	垫层宽度、厚度	≥设计值	√	√	√	√	√	√	√	符合规范要求。
	5	外观质量	符合规范要求	壁顺直圆滑，接缝平顺、牢固，无脱节、无错位。							符合规范要求。
	6										

施工单位检查评定结果	施工员	李××	施工班组长	张××
	检查情况： 经检查，主控项目和一般项目均符合设计要求和重庆市《城市道路工程施工质量验收规范》（DBJ 50-078—2008）规定，评定合格。 项目专职质量员：王×× 2015年5月20日			
监理单位验收结论	验收意见： 同意施工单位评定结果，验收合格，同意进行下道工序施工。 专业监理工程师：黎×× 2015年5月20日			

说明：

主控项目

1.钢筋混凝土管道预制生产所用水泥、石子、水、外加剂、掺和料的质量和规格，玻璃纤维夹砂管，双壁波纹管等新型管材的规格、质量均应符合现行国家规范的要求。检验数量：全部。

检验方法：核查试验报告，质保资料，材料进场验收记录。

2.各种类型外购涵管必须具备"三证"（生产许可证、质保证书、产品合格证），经进场按规范抽检验收合格后方可安装。检验数量：全部。检验方法：核查检测报告、合格证、质保资料。

3.地基承载力，基坑断面，管座基础断面应满足设计要求，不得有不均匀沉降产生。检验数量：全部。检验方法：量测，查隐蔽验收记录。

4.管道接缝安装施工应符合设计和现行技术规范要求。钢丝网抹带正确，接缝连接紧密牢固，不渗漏，不脱落，管底高程必须正确，不得出现倒流水。检验数量：抽检30%。检验方法：查施工隐蔽验收记录，观察，测量。

一般项目

1.要求防渗漏的涵管和污水管道必须进行闭水试验检查。检验数量：按现行规范和设计要求。检验方法：核查闭水试验记录，观察。

2.外观质量要求如下。

(1)管道：壁顺直圆滑，接缝平顺，牢固，无脱节，无错位现象产生。

(2)管壁蜂窝面积不得大于30mm×30mm，其深度不得超过10mm。

检验数量：全部。检验方法：观察。

3.管座及涵管安装质量检验标准及允许偏差见下表。

表　管座及涵管安装质量检验标准及允许偏差

项目	序号	检查项目	规定值或允许偏差(mm)	检验频率(每座涵洞、每道涵管)	检验方法
主控项目	1	涵底流水高程	0，±5	进出洞口2处，中间拉线	水准仪、尺量
	2	管座或垫层混凝土强度(MPa)	在合格标准内	根据现行技术规范抽检	根据现行技术标准评定
	3	相邻管节面错口	3(管径≤1.0m) 5(管径＞1.0m)	检查2点	尺量
	4	闭水试验(倒虹管、污水管)	满足规范要求	按现行规范、标准执行	根据现行技术规范的方法试验一
一般项目	5	管座宽度、厚度	不小于设计值	检查3~5处	尺量
	6	涵管长度	±100、±50	检查中心线	尺量
	7	轴线偏位	50	检查2处	经纬仪
	8	垫层宽度、厚度	≥设计值	抽查3~5个断面	尺量

城市道路排水检查井检验批质量检验记录

渝市政验收1-4-7

单位工程名称	重庆市××区环城路城市道路K1+000～K20+000合同段		
分部工程名称	K1+000～K1+500段道路排水系统		
分项工程名称	道路排水检查井	验收部位	排水系统检查井
施工单位	××区城建开发公司	项目经理	王××
分包单位	××城建一分公司	分包项目经理	岳××
施工执行标准名称及编号	重庆市《城市道路工程施工质量验收规范》DBJ 50-078—2008		

项目	序号	施工质量验收规范的规定：检查项目		单位	规定值及允许偏差	施工单位检查评定记录							监理单位验收记录
主控项目	1	石材与混凝土强度		MPa	在合格标准内	高于30MPa，符合规范要求。							符合规范要求。
	2	井底高程	≤1000	mm	±10	9	−8	7	5	6	−4	8	符合规范要求。
			$D>1000$	mm	±15	12	−12	11	13	14	−10	12	符合规范要求。
	3	井底基底承载力			满足设计要求	查检测报告，满足设计要求。							符合规范要求。
	4	材料质量和规格			符合规范要求	核查配合比报告，质保资料，施工记录，符合规范要求。							符合规范要求。
	5												
	6												
	7												
	8												
一般项目	1	圆井深直径		mm	±15	12	−12	11	13	14	−10	12	符合规范要求。
	2	非路面井盖高程		mm	±20	15	−13	16	−14	18	19	17	符合规范要求。
	3	井盖与相邻路面高差	雨水井	mm	0，−4	−1	−3	−2	−1	−2	−1	−3	符合规范要求。
			检查井	mm	+4，0	1	2	1	1	3	2	1	符合规范要求。
	4	井壁砌筑及井内滑水槽断面			满足设计要求	检查技术资料，满足设计要求。							符合规范要求。
	5	外观质量			符合规范要求	安装平稳，位置正确。井口周围不得有积水，符合规范要求。							符合规范要求。

	施工员	李××	施工班组长	张××
施工单位检查评定结果	检查情况： 经检查，主控项目和一般项目均符合设计要求和重庆市《城市道路工程施工质量验收规范》(DBJ 50-078—2008)规定，评定合格。 项目专职质量员：王×× 2015年5月20日			
监理单位验收结论	验收意见： 同意施工单位评定结果，验收合格，同意进行下道工序施工。 专业监理工程师：黎×× 2015年5月20日			

说明：

主控项目

1.砌筑检查井所用的石材强度等级不得小于30MPa,所用混凝土构件强度等级不得小于C_{30}。检验数量:全部。检验方法:检查强度检测报告。

2.井基基底承载力应满足设计要求,井基砼强度达到5MPa以上时,方可砌筑井身。检验数量:全部。检验方法:观察,查检测报告。

3.砌筑砂浆所用水泥、砂、水应符合现行规范要求。砌筑砂浆配合比正确,砂浆拌制应采用机械拌和。检验数量:全部。检验方法:核查配合比报告,质保资料,施工记录。

4.井底高程必须满足设计要求,滑水槽设置正确。井壁必须互相垂直,不得有通缝,井壁砂浆饱满,灰缝平顺。圆形检查井内壁应圆顺,抹面应密实光洁。井内爬梯(踏步)构件强度、承载力应满足检查人员上下安全功能需要。爬梯应安装牢固,步距适宜。车行道上的井框、井盖必须满足行车荷载要求。检验数量:检查井数总量的30%。检验方法:观察,检查技术资料。

一般项目

1.井壁砌筑必须保证灰缝饱满、平整、抹面压光,不得有空鼓、裂缝等现象。井内滑水槽断面应满足设计图纸要求。井内不得有建筑垃圾。检验数量:抽查检查井总座数的30%。检验方法:观察。

2.外观质量要求如下。

(1)井框、井盖,必须完整无损,安装平稳,位置正确。井口周围不得有积水。

(2)井内砂浆抹面厚度均匀,无裂痕,条石砌筑勾缝平顺光滑,收分均匀。检验数量:全部。检验方法:观察。

3.检查井质量检验标准及允许偏差见下表。

表　检查井施工质量检验标准及允许偏差

项目	项次	检查项目		单位	规定值及允许偏差	检查频率		检验方法
						范围	点数	
主控项目	1	砂浆强度		MPa	在合格标准内	$50mm^3$	1组	按CJJ3规定
	2	井底高程	≤1000mm	mm	±10	每座	1组	用水准仪测量
			$D>1000mm$	mm	±15	每座	1组	用水准仪测量
一般项目	3	圆井身直径		mm	±15	每座	1组	用水准仪测量
	4	非路面井盖高程		mm	±20	每座	1组	用水准仪测量
	5	井盖与相邻路面的高差	雨水井	mm	0,-4	每座	1组	用水准仪测量
			检查井	mm	+4,0	每座	1组	用水准仪测量

城市道路排水雨水口连接支管检验批质量检验记录

渝市政验收1-4-8

<table>
<tr><td colspan="3">单位工程名称</td><td colspan="13">重庆市××区环城路城市道路K1+000～K20+000合同段</td></tr>
<tr><td colspan="3">分部工程名称</td><td colspan="13">K1+000～K1+500段道路排水系统</td></tr>
<tr><td colspan="3">分项工程名称</td><td colspan="3">道路雨水口及连接支管</td><td colspan="5">验收部位</td><td colspan="5">排水系统雨水口</td></tr>
<tr><td colspan="3">施工单位</td><td colspan="3">××区城建开发公司</td><td colspan="5">项目经理</td><td colspan="5">王××</td></tr>
<tr><td colspan="3">分包单位</td><td colspan="3">××城建一分公司</td><td colspan="5">分包项目经理</td><td colspan="5">岳××</td></tr>
<tr><td colspan="4">施工执行标准名称及编号</td><td colspan="12">重庆市《城市道路工程施工质量验收规范》DBJ 50-078—2008</td></tr>
<tr><td rowspan="2">项目</td><td colspan="4">施工质量验收规范的规定</td><td colspan="10" rowspan="2">施工单位检查评定记录</td><td rowspan="2">监理单位验收记录</td></tr>
<tr><td>序号</td><td>检查项目</td><td>单位</td><td>规定值及允许偏差</td></tr>
<tr><td rowspan="8">主控项目</td><td>1</td><td>水篦与路缘石吻合</td><td>mm</td><td>≤5</td><td>1</td><td>2</td><td>3</td><td>4</td><td>5</td><td>1</td><td>2</td><td>4</td><td>3</td><td>1</td><td>符合规范要求。</td></tr>
<tr><td>2</td><td>边框与路面高差</td><td>mm</td><td>≤3</td><td>1</td><td>2</td><td>1</td><td>1</td><td>2</td><td>1</td><td>1</td><td>2</td><td>3</td><td>1</td><td>符合规范要求。</td></tr>
<tr><td>3</td><td></td><td></td><td></td><td colspan="10"></td><td></td></tr>
<tr><td>4</td><td></td><td></td><td></td><td colspan="10"></td><td></td></tr>
<tr><td>5</td><td></td><td></td><td></td><td colspan="10"></td><td></td></tr>
<tr><td>6</td><td></td><td></td><td></td><td colspan="10"></td><td></td></tr>
<tr><td>7</td><td></td><td></td><td></td><td colspan="10"></td><td></td></tr>
<tr><td>8</td><td></td><td></td><td></td><td colspan="10"></td><td></td></tr>
<tr><td rowspan="5">一般项目</td><td>1</td><td>支管线形直顺</td><td>mm</td><td>≤10</td><td>8</td><td>7</td><td>5</td><td>4</td><td>5</td><td>6</td><td>9</td><td></td><td></td><td></td><td>符合规范要求。</td></tr>
<tr><td>2</td><td>井内尺寸</td><td>mm</td><td>0,+20</td><td>12</td><td>19</td><td>15</td><td>14</td><td>13</td><td>16</td><td>18</td><td></td><td></td><td></td><td>符合规范要求。</td></tr>
<tr><td>3</td><td>水篦与边缘吻合</td><td>mm</td><td>≤5</td><td>2</td><td>2</td><td>2</td><td>3</td><td>4</td><td>1</td><td>2</td><td></td><td></td><td></td><td>符合规范要求。</td></tr>
<tr><td>4</td><td>外观质量</td><td></td><td>符合规范要求</td><td colspan="10">管直坡顺，无错口，管头应和井壁齐平，雨水口内壁抹面平整。</td><td>符合规范要求。</td></tr>
<tr><td>5</td><td></td><td></td><td></td><td colspan="10"></td><td></td></tr>
<tr><td colspan="3">施工员</td><td colspan="2">李××</td><td colspan="6">施工班组长</td><td colspan="5">张××</td></tr>
<tr><td colspan="2">施工单位检查评定结果</td><td colspan="14">检查情况：
经检查，主控项目和一般项目均符合设计要求和重庆市《城市道路工程施工质量验收规范》(DBJ 50-078—2008)规定，评定合格。
项目专职质量员：王××
2015年5月20日</td></tr>
<tr><td colspan="2">监理单位验收结论</td><td colspan="14">验收意见：
同意施工单位评定结果，验收合格，同意进行下道工序施工。
专业监理工程师：黎××
2015年5月20日</td></tr>
</table>

说明：

主控项目

雨水口应按照道路设计图要求布点安装就位。雨水口连接支管及水蓖强度和规格应满足设计及使用功能要求，支管及水篦应完整无损，安装平稳，支管安装底面标高必须符合设计要求。检验数量：抽查总座数的30%。检验方法：对照设计图察看。

一般项目

1.砖砌井身必须错缝砌筑，砖缝灰浆饱满。水篦下的漏斗石表面应平整光洁，水篦与井身应上下对正。检验数量：抽查总座数的30%。检验方法：观察。

2.外观质量要求

(1)支管安装必须管直坡顺，不得有错口，管头应和井壁齐平。

(2)雨水口内壁抹面必须平整，不得起壳，有裂缝。水蓖下面严禁有垃圾和杂物。

(3)水蓖表面高程应低于雨水口周边路表面2.0cm，雨水口周边应和路面纵、横坡接顺，满足收水功能，水蓖靠路缘石一侧应支撑牢固，紧靠缘石。

检验数量：抽查总数的30%。检验方法：察看。

3.雨水口支管施工质量检验标准及允许偏差见下表。

表　雨水口支管施工质量验收标准及允许偏差

项目	项次	检查项目	单位	规定值及允许偏差	检验频率		检验方法
					范围	点数	
主控项目	1	水篦与路缘石吻合	mm	≤5	座	1	用尺量
	2	边框与路面高差	mm	≤3	座	1	直尺量测
一般项目	3	支管线形直顺	mm	≤10	座	1	钢尺量
	4	井内尺寸	mm	0,+20	座	1	钢尺量
	5	水篦与边框吻合	mm	≤5	座	1	钢尺量

城市道路中央分隔绿化带检验批质量检验记录

渝市政验收1-5-1

单位工程名称	重庆市××区环城路城市道路K1+000～K20+000合同段		
分部工程名称	K1+000～K1+500段道路道路中央分隔绿化带		
分项工程名称	道路中央分隔绿化带	验收部位	中央分隔带
施工单位	××区城建开发公司	项目经理	王××
分包单位	××城建一分公司	分包项目经理	岳××
施工执行标准名称及编号	重庆市《城市道路工程施工质量验收规范》DBJ50-078-2008		

项目	施工质量验收规范的规定			施工单位检查评定记录							监理单位验收记录
项目	序号	基本要求及外观检查项目									
	1	中央分隔带的苗木修剪后的高度应为1.4～1.6m,栽植的株、行距合理应满足防眩功能的要求,不得影响交通安全		高度不超标、行距合理,满足防眩功能的要求,不影响交通安全。							符合规范要求。
	序号	实测项目	允许偏差值(或规定值)								
主控项目	1	苗木成活率(%)	≥95	95	96	97	99	98	96	97	符合规范要求。
主控项目	2	回填土土层厚度(mm)	≥600	750	800	850	650	800	750	680	符合规范要求。
主控项目	3	视距要求	符合规范要求	查检验报告,分流段、合流段及平曲线段的绿化符合设计和规范要求。							符合规范要求。
主控项目	4										
主控项目	5										
主控项目	6										
一般项目	1	苗木规格与数量	符合设计要求	查检验报告,符合设计要求。							符合规范要求。
一般项目	2	种植穴规格	符合规定	查检验报告,符合规范要求。							符合规范要求。
一般项目	3	苗木间距(%)	±5	2	3	-4	-3	4	3	2	符合规范要求。
一般项目	4	草坪覆盖率(%)	符合设计要求	95	96	97	99	98	96	97	符合规范要求。
一般项目	5										
施工单位检查评定结果	施工员	李××	施工班组长	张××							
施工单位检查评定结果	检查情况: 经检查,主控项目和一般项目均符合设计要求和重庆市《城市道路工程施工质量验收规范》(DBJ50-078-2008)规定,评定合格。 项目专职质量员:×× 2015年5月20日										
监理单位验收结论	验收意见: 同意施工单位评定结果,验收合格,同意进行下道工序施工。 专业监理工程师:黎×× 2015年5月20日										

说明：

一般规定

1.道路绿化包括中央分隔带绿化、导流岛绿化、路侧绿化、行道树、边坡绿化、互通立交区绿化。

2.种植材料、种植土和肥料等，均应在种植前由施工人员按其规格、质量分批进行验收。

3.工程中间验收的工序应符合下列规定：

(1)种植植物的定点、放线应在挖穴、槽前进行；

(2)种植的穴、槽应在未换种植土和施基肥前进行；

(3)更换种植土和施肥，应在挖穴、槽后进行；

(4)草坪和花卉的整地，应在播种或花苗(含球根)种植前进行；

(5)工程中间验收，应分别填写验收记录并签字。

4.工程竣工验收前，施工单位应于一周前向绿化质检部门提供下列有关文件：

(1)土壤及水质化验报告；

(2)工程中间验收记录；

(3)设计变更文件；

(4)竣工图和工程决算；

(5)外地购进苗木检验报告；

(6)附属设施用材合格证或实验报告；

(7)施工总结报告。

5.竣工验收时间应符合下列规定：

(1)新种植的乔木、灌木、攀缘植物，应在一个年生长周期满后方可验收；

(2)地被植物应在当年成活后，郁闭度达到80%以上进行验收；

(3)花坛种植的一、二年生花卉及观叶植物，应在种植15d后进行验收；

(4)春季种植的宿根花卉，球根花卉，应在当年发芽出土后进行验收。秋季种植的应在第二年春季发芽出土后验收。

6.绿化工程质量验收应符合下列规定：

(1)乔、灌木的成活率应达到95%以上。珍贵树种和孤植树应保证成活；

(2)强酸性土、强碱性土及干旱地区，各类树木成活率不应低于85%；

(3)花卉种植地应无杂草、无枯草，各种花卉生长茂盛，种植成活率应达到95%；

(4)草坪无杂草、无枯草，种植覆盖率应达到95%；

(5)绿地整洁，表面平整；

(6)种植的植物材料的整形修剪应符合设计要求；

(7)绿地附属设施工程的质量验收应符合《重庆市城镇道路附属附属设施工程施工质量验收规范》(DBJ 50-128—2011)的有关规定。

7.竣工验收后，填报绿化工程质量评定表，质量评定表应符合规定。

主控项目

1.苗木成活率不得小于95%。检测数量：全部。检测方法：查检验报告。

2.绿化回填土厚度应大于600mm。检测数量：单向每50m测一点。检测方法：查检验报告。

3.绿化满足道路视距要求，不得影响交通及行人安全。检测数量：交叉口范围及人行横道线前后20m的中央分隔绿化带 。检测方法：查检验报告及观察。

一般项目

1.苗木规格与数量。苗木修剪后的高度应为1.2~1.4m。检测数量：全部。检测方法：查检验报告。

2.种植槽（穴）规格：种植穴、槽的大小，应根据苗木根系、土球直径和土壤情况而定。穴、槽必须垂直下挖，上口下底相等，规格应符合表1～表4的规定。

表1　花灌木类种植穴规格

冠径（cm）	种植穴深度（cm）	种植穴直径（cm）
200	70~90	90~110
100	60~70	70~90

表2　竹类种植穴规格

种植穴深度（cm）	种植穴直径（cm）
盘根或土球深20~40	比盘根或土球大40~60

表3　绿篱类种植槽规格

种植方式 / 苗高，深×宽（cm×cm）	单　行	双　行
120~160	60×60	60×80

检测数量：单向每50m测一点。检测方法：查检验报告。

3.苗木间距±5%。检测数量：抽检5%。检测方法：查检验报告。

4.草坪覆盖率：满足设计。检测数量：全部。检测方法：查检验报告。

表4　中央分隔带绿化工程验收

单位工程名称：　　　　分部工程名称：　　　　施工单位：　　　　引用标准：JTGF 80/1—2004

序号	基本要求及外观检查项目			检查情况	
1	中央分隔带的苗木修剪后的高度应为1.4~1.6m，栽植的株、行距合理、应满足防眩功能的要求，不得影响交通安全				
序号	实测项目	允许偏差值（或规定值）	检查点数	合格率	检查方法
1	苗木成活率（%）	≥95	全部		查检验报告
2	回填土土层厚度	≥600mm	单向每50m测一点		查检验报告
3	视距要求	符合规范	交叉口及人行横道线前后20m的中央分隔绿化带		查检验报告及观察
4	苗木规格与数量	符合设计	全部		查检验报告
5	种植穴规格	符合规定	抽检5%		查检验报告
6	苗木间距（%）	±5	抽检5%		查检验报告
7	草坪覆盖率（%）	符合设计	全部		查检验报告
交方人员		接方人员	监理审查意见	监理工程师：	平均合格率（%） 自评等级

城市道路路侧绿化检验批质量检验记录

渝市政验收1-5-2

单位工程名称		重庆市××区环城路城市道路K1+000～K20+000合同段									
分部工程名称		K1+000～K1+500段道路路侧绿化									
分项工程名称		道路绿化		验收部位				道路路侧			
施工单位		××区城建开发公司		项目经理				王××			
分包单位		××城建一分公司		分包项目经理				岳××			
施工执行标准名称及编号		重庆市《城市道路工程施工质量验收规范》DBJ 50-078—2008									
项目	施工质量验收规范的规定			施工单位检查评定记录							监理单位验收记录
	序号	基本要求及外观检查项目									
	1	路侧绿化的种植材料应符合设计要求，不能及时种植的苗木应进行假植。		严格施工过程质量控制，符合设计规定。							符合规范要求。
主控项目	序号	实测项目	允许偏差值（或规定值）								
	1	草坪覆盖率（%）	符合设计要求	98	97	96	95	96	95	98	符合规范要求。
	2	视距要求	符合规范要求	查检验报告，分流段、合流段及平曲线段的绿化符合设计和规范要求。							符合规范要求。
	3										
	4										
	5										
	6										
一般项目	1	苗木规格与数量	符合设计要求	√	√	√	√	√	√	√	符合规范要求。
	2	种植穴规格	符合规定	√	√	√	√	√	√	√	符合规范要求。
	3	苗木成活率（%）	≥95	98	97	96	95	96	95	98	符合规范要求。
	4	苗木间距（%）	±5	4	-2	-3	4	3	2	4	符合规范要求。
	5	其他地被植物发芽率	≥85	90	96	95	90	92	92	93	符合规范要求。
施工单位检查评定结果	施工员		李××	施工班组长				张××			
	检查情况： 经检查，主控项目和一般项目均符合设计要求和重庆市《城市道路工程施工质量验收规范》(DBJ50-078-2008)规定，评定合格。 项目专职质量员：王×× 2015年5月20日										
监理单位验收结论	验收意见： 同意施工单位评定结果，验收合格，同意进行下道工序施工。 专业监理工程师：黎×× 2015年5月20日										

说明：

主控项目

1.草坪覆盖率不得小于95%。检测数量:全部。检测方法:查检验报告。

2.绿化满足道路视距要求,不得影响交通安全。检测数量:交叉口范围、人行横道线前后20m及平曲线上的路侧绿化带。检测方法:查检验报告及观察。

一般项目

1.苗木规格与数量:满足设计要求。检测数量:全部。检测方法:查检验报告。

2.种植穴规格:详见表1、表2、表3。

表1 花灌木类种植穴规格

冠径(cm)	种植穴深度(cm)	种植穴直径(cm)
200	70~90	90~110
100	60~70	70~90

表2 竹类种植穴规格

种植穴深度(cm)	种植穴直径(cm)
盘根或土球深20~40	比盘根或土球大40~60

表3 绿篱类种植槽规格

种植方式 苗高,深×宽(cm×cm)	单 行	双 行
120~160	60×60	60×80

检测数量:单向每50m测一点。检测方法:查检验报告。

3.苗木成活率:不得小于95%。检测数量:全部。检测方法:查检验报告。

4.其他地被植物发芽率不小于85%。检测数量:全部。检测方法:查检验报告。

表4 路侧绿化工程验收

单位工程名称：　　分部工程名称：　　施工单位：　　引用标准:JTGF 80/1—2004

序号	基本要求及外观检查项目				检查情况
1	路侧绿化的种植材料应符合设计要求,不能及时种植的苗木应进行假植				
序号	实测项目	允许偏差值(或规定值)	检查点数	合格率	检查方法
1	草坪覆盖率(%)	符合设计	全部		查检验报告
2	视距要求	符合规范	交叉口、人行横道线前后20m及及平曲线上的路侧绿化带		查检验报告及观察
3	苗木规格与数量	符合设计	全部		查检验报告
4	种植穴规格	符合规定	抽检5%		查检验报告
5	苗木成活率(%)	≥95	全部		查检验报告
6	苗木间距(%)	±5	抽检5%		查检验报告
7	其他地被植物发芽率(%)	≥85	全部		查检验报告
交方人员	接方人员		监理审查意见	监理工程师:	平均合格率(%) 自评等级

城市道路绿化行道树检验批质量检验记录

渝市政验收1-5-3

<table>
<tr><td colspan="3">单位工程名称</td><td colspan="10">重庆市××区环城路城市道路K1+000～K20+000合同段</td></tr>
<tr><td colspan="3">分部工程名称</td><td colspan="10">K1+000～K1+500段道路道绿化行道树</td></tr>
<tr><td colspan="3">分项工程名称</td><td colspan="2">道路绿化</td><td colspan="6">验收部位</td><td colspan="2">道路绿化行道树</td></tr>
<tr><td colspan="3">施工单位</td><td colspan="2">××区城建开发公司</td><td colspan="6">项目经理</td><td colspan="2">王××</td></tr>
<tr><td colspan="3">分包单位</td><td colspan="2">××城建一分公司</td><td colspan="6">分包项目经理</td><td colspan="2">岳××</td></tr>
<tr><td colspan="3">施工执行标准名称及编号</td><td colspan="10">重庆市《城市道路工程施工质量验收规范》DBJ 50-078—2008</td></tr>
<tr><td rowspan="2">项目</td><td colspan="3">施工质量验收规范的规定</td><td colspan="7" rowspan="2">施工单位检查评定记录</td><td colspan="2" rowspan="2">监理单位验收记录</td></tr>
<tr><td>序号</td><td>实测项目</td><td>允许偏差值（或规定值）</td></tr>
<tr><td rowspan="8">主控项目</td><td>1</td><td>苗木成活率(%)</td><td>≥95</td><td>98</td><td>97</td><td>96</td><td>95</td><td>96</td><td>95</td><td>98</td><td colspan="2">符合规范要求。</td></tr>
<tr><td>2</td><td>苗木规格与数量</td><td>符合设计要求</td><td>√</td><td>√</td><td>√</td><td>√</td><td>√</td><td>√</td><td>√</td><td colspan="2">符合规范要求。</td></tr>
<tr><td>3</td><td>视距要求</td><td>符合规范要求</td><td colspan="7">查检验报告，分流段、合流段及平曲线段的绿化符合设计和规范要求。</td><td colspan="2">符合规范要求。</td></tr>
<tr><td>4</td><td></td><td></td><td colspan="7"></td><td colspan="2"></td></tr>
<tr><td>5</td><td></td><td></td><td colspan="7"></td><td colspan="2"></td></tr>
<tr><td>6</td><td></td><td></td><td colspan="7"></td><td colspan="2"></td></tr>
<tr><td>7</td><td></td><td></td><td colspan="7"></td><td colspan="2"></td></tr>
<tr><td>8</td><td></td><td></td><td colspan="7"></td><td colspan="2"></td></tr>
<tr><td rowspan="5">一般项目</td><td>1</td><td>种植穴规格</td><td>符合规定</td><td>√</td><td>√</td><td>√</td><td>√</td><td>√</td><td>√</td><td>√</td><td colspan="2">符合规范要求。</td></tr>
<tr><td>2</td><td>苗木间距(%)</td><td>±5</td><td>2</td><td>-3</td><td>4</td><td>-2</td><td>3</td><td>4</td><td>3</td><td colspan="2">符合规范要求。</td></tr>
<tr><td>3</td><td></td><td></td><td colspan="7"></td><td colspan="2"></td></tr>
<tr><td>4</td><td></td><td></td><td colspan="7"></td><td colspan="2"></td></tr>
<tr><td>5</td><td></td><td></td><td colspan="7"></td><td colspan="2"></td></tr>
<tr><td colspan="3">施工员</td><td colspan="2">李××</td><td colspan="6">施工班组长</td><td colspan="2">张××</td></tr>
<tr><td colspan="2">施工单位检查评定结果</td><td colspan="11">检查情况：
经检查，主控项目和一般项目均符合设计要求和重庆市《城市道路工程施工质量验收规范》(DBJ50-078-2008)规定，评定合格。
项目专职质量员：王××
2015年5月20日</td></tr>
<tr><td colspan="2">监理单位验收结论</td><td colspan="11">验收意见：
同意施工单位评定结果，验收合格，同意进行下道工序施工。
专业监理工程师：黎××
2015年5月20日</td></tr>
</table>

说明;

主控项目

1.苗木成活率100%。检测数量:全部。检测方法:查检验报告及观察。

2.苗木规格与数量: 满足设计。检测数量:全部。检测方法:查检验报告。

3.绿化满足道路视距要求,不得影响交通及行人安全。检测数量:全部。检测方法:查检验报告。

一般项目

1.种植穴规格见表1、表2。

表1　常绿乔木种植穴规格

树高(cm)	土球直径(cm)	种植穴深度(cm)	种植穴直径(cm)
150	40~50	50~60	80~90
150~250	70~80	80~90	100~110
250~400	80~100	90~110	120~130
400以上	140以上	120以上	180以上

表2　落叶乔木类种植穴规格

胸径(cm)	种植穴深度(cm)	种植穴直径(cm)	胸径(cm)	种植穴深度(cm)	种植穴直径(cm)
5~6	60~70	80~90	10~12	90~100	110~120
6~8	70~80	90~100	12~14	100~110	120~130
8~10	80~90	100~110	14~16	110~120	130~140

检测数量:抽检5% 。检测方法:查检验报告。

2.苗木间距 ±5%。检测数量:抽检5%。检测方法:查检验报告。

表3　行道树绿化工程验收

单位工程名称:　　　分部工程名称:　　　施工单位:　　　引用标准:JTGF 80/1—2004

序号	实测项目	允许偏差值(或规定值)	检查点数	合格率	检查方法
1	苗木成活率(%)	≥95	全部		查检验报告及观察
2	苗木规格与数量	符合设计	全部		查检验报告
3	视距要求	符合规范	交叉口、人行横道线前后20m及平曲线上的路侧绿化带		查检验报告及观察
4	种植穴规格	符合规定	抽检5%		查检验报告
5	苗木间距(%)	±5	抽检5%		查检验报告
交方人员		接方人员	监理审查意见	监理工程师:	平均合格率(%) 自评等级

城市道路边坡绿化检验批质量检验记录

渝市政验收1-5-4

单位工程名称		重庆市××区环城路城市道路K1+000～K20+000合同段									
分部工程名称		K1+000～K1+500段道路道路边坡绿化									
分项工程名称		道路边坡绿化		验收部位				道路边坡			
施工单位		××区城建开发公司		项目经理				王××			
分包单位		××城建一分公司		分包项目经理				岳××			
施工执行标准名称及编号			重庆市《城市道路工程施工质量验收规范》DBJ 50-078—2008								
项目	施工质量验收规范的规定			施工单位检查评定记录							监理单位验收记录
	序号	基本要求及外观检查项目									
	1	边坡绿化施工应按照设计文件所规定的施工方法与工艺进行，严格施工过程质量控制。		严格施工过程质量控制，符合设计规定。							符合规范要求。
	序号	实测项目	允许偏差值（或规定值）								
主控项目	1	苗木成活率（%）	≥95	98	97	96	95	96	95	98	符合规范要求。
	2	回填土土层厚度	≥400mm	500	600	450	500	620	550	630	符合规范要求。
	3										
	4										
	5										
	6										
一般项目	1	苗木规格与数量	符合设计要求	√	√	√	√	√	√	√	符合规范要求。
	2	种植穴规格	符合规定	√	√	√	√	√	√	√	符合规范要求。
	3	苗木间距（%）	±5	2	-3	4	-2	3	4	3	符合规范要求。
	4	其他地被植物发芽率（%）	≥85	88	90	92	88	86	85	88	符合规范要求。
	5										
	施工员		李××	施工班组长				张××			
施工单位检查评定结果	检查情况： 经检查，主控项目和一般项目均符合设计要求和重庆市《城市道路工程施工质量验收规范》（DBJ 50-078—2008）规定，评定合格。 项目专职质量员：王×× 2015年5月20日										
监理单位验收结论	验收意见： 同意施工单位评定结果，验收合格，同意进行下道工序施工。 专业监理工程师：黎×× 2015年5月20日										

说明：

主控项目

1.苗木成活率不得小于95%。检测数量:全部。检测方法:查检验报告。

2.绿化回填土厚度应大于400mm。检测数量:每1000m²检查2个点。检测方法:查检验报告。

一般项目

1.苗木规格与数量:满足设计。检测数量:全部。检测方法:观察和查检验报告。

2.种植穴规格:详见表1～表5。

表1　花灌木类种植穴规格

冠径(cm)	种植穴深度(cm)	种植穴直径(cm)
200	70~90	90~110
100	60~70	70~90

表2　竹类种植穴规格

种植穴深度(cm)	种植穴直径(cm)
盘根或土球深20~40	比盘根或土球大40~60

表3　绿篱类种植槽规格

种植方式 苗高,深×宽(cm×cm)	单　行	双　行
120~160	60×60	60×80

表4　常绿乔木种植穴规格

树高(cm)	土球直径(cm)	种植穴深度(cm)	种植穴直径(cm)
150	40~50	50~60	80~90
150~250	70~80	80~90	100~110
250~400	80~100	90~110	120~130
400以上	140以上	120以上	180以上

表5　落叶乔木类种植穴规格

胸径(cm)	种植穴深度(cm)	种植穴直径(cm)	胸径(cm)	种植穴深度(cm)	种植穴直径(cm)
5~6	60~70	80~90	10~12	90~100	110~120
6~8	70~80	90~100	12~14	100~110	120~130
8~10	80~90	100~110	14~16	110~120	130~140

检测数量:抽检5%。检测方法:查检验报告。

3.苗木间距:±5%。检测数量:抽检5%。检测方法:查检验报告。

4.其他地被植物发芽率不小于85%。检测数量:全部。检测方法:观察和查检验报告。

表6　边坡绿化工程验收

单位工程名称：　　　　　　分部工程名称：　　　　　　施工单位：　　　　　　引用标准：JTGF 80/1—2004

序号	基本要求及外观检查项目				检查情况
1	边坡绿化施工应按照设计文件所规定的施工方法与工艺进行，严格施工过程质量控制				
序号	实测项目	允许偏差值（或规定值）	检查点数	合格率	检查方法
1	苗木成活率(%)	≥95	全部		查检验报告
2	回填土土层厚度（mm）	≥400	每1000m²检查2个点		查检验报告
3	苗木规格与数量	符合设计	全部		查检验报告
4	种植穴规格	符合规定	抽检5%		查检验报告
5					
6	苗木间距(%)	±5	抽检5%		查检验报告
7	其他地被植物发芽率(%)	≥85	全部		查检验报告和观察
交方人员		接方人员	监理审查意见	监理工程师：	平均合格率（%）
					自评等级

城市道路互通立交区绿化检验批质量检验记录

渝市政验收1-5-5

单位工程名称	重庆市××区环城路城市道路K1+000～K20+000合同段		
分部工程名称	K1+000～K1+500段道路道路互通立交区绿化		
分项工程名称	互通立交区绿化	验收部位	互通立交区
施工单位	××区城建开发公司	项目经理	王××
分包单位	××城建一分公司	分包项目经理	岳××
施工执行标准名称及编号	重庆市《城市道路工程施工质量验收规范》DBJ 50-078—2008		

项目	施工质量验收规范的规定			施工单位检查评定记录							监理单位验收记录
	序号	基本要求及外观检查项目									
项目	1	边坡绿化施工应按照设计文件所规定的施工方法与工艺进行，严格施工过程质量控制		严格施工过程质量控制，符合设计规定。							符合规范要求。
	2	孤植树、珍贵树种以及乔木树种应保证成活		成活率符合要求。							符合规范要求
	3	树木种植不影响行车安全视距		不影响安全行车视距。							符合规范要求。
	4	喷灌设施施工应按施工规范进行，其质量按《建筑工程质量验收统一标准》(GB 50300)验收		喷灌设施施工按施工规范进行。							符合规范要求。
主控项目	序号	实测项目	允许偏差值(或规定值)								
	1	苗木成活率(%)	≥95	98	97	96	95	96	95	98	符合规范要求。
	2	回填土土层厚度(mm)	≥400	500	600	450	500	620	550	630	符合规范要求。
	3	视距要求	符合规范要求	查检验报告，分流段、合流段及平曲线段的绿化符合设计和规范要求。							符合规范要求。
	4										
一般项目	1	苗木规格与数量	符合设计要求	√	√	√	√	√	√	√	符合规范要求。
	2	种植穴规格	符合规定	√	√	√	√	√	√	√	符合规范要求。
	3	苗木间距(%)	±5	1	4	2	3	4	-2	-3	符合规范要求。
	4	地形标高	±30mm	20	-25	26	-18	26	-15	29	符合规范要求。
	5	草坪覆盖率(%)	≥95	98	97	96	95	96	95	98	符合规范要求。

	施工员	李××	施工班组长	张××
施工单位检查评定结果	检查情况： 经检查，主控项目和一般项目均符合设计要求和重庆市《城市道路工程施工质量验收规范》(DBJ 50-078—2008)规定，评定合格。 项目专职质量员：王×× 2015年5月20日			
监理单位验收结论	验收意见： 同意施工单位评定结果，验收合格，同意进行下道工序施工。 专业监理工程师：黎×× 2015年5月20日			

说明:

主控项目

1.苗木成活率不得小于95%。检测数量:全部。检测方法:查检验报告。

2.绿化回填土厚度应大于600mm。检测数量:每1000m²测2点。检测方法:查检验报告。

3.绿化满足道路视距要求,不得影响交通安全。检测数量:分流段、合流段及平曲线段的绿化。检测方法:查检验报告。

一般项目

1.苗木规格与数量:满足设计。检测数量:全部。检测方法:观察和查检验报告。

2.种植穴规格:详见表1~表5。

表1 花灌木类种植穴规格

冠径(cm)	种植穴深度(cm)	种植穴直径(cm)
200	70~90	90~110
100	60~70	70~90

表2 竹类种植穴规格

种植穴深度(cm)	种植穴直径(cm)
盘根或土球深20~40	比盘根或土球大40~60

表3 绿篱类种植槽规格

种植方式 / 苗高,深×宽(cm×cm)	单 行	双 行
120~160	60×60	60×80

表4 常绿乔木种植穴规格

树高(cm)	土球直径(cm)	种植穴深度(cm)	种植穴直径(cm)
150	40~50	50~60	80~90
150~250	70~80	80~90	100~110
250~400	80~100	90~110	120~130
400以上	140以上	120以上	180以上

表5 落叶乔木类种植穴规格

胸径(cm)	种植穴深度(cm)	种植穴直径(cm)	胸径(cm)	种植穴深度(cm)	种植穴直径(cm)
5~6	60~70	80~90	10~12	90~100	110~120
6~8	70~80	90~100	12~14	100~110	120~130
8~10	80~90	100~110	14~16	110~120	130~140

检测数量:抽检5% 。检测方法:查检验报告。

3.苗木间距:±5%。检测数量:抽检5%。检测方法:查检验报告。

4.地形标高:±30mm。检测数量:每1000m²检查2个点。检测方法:观察和查检验报告。

5.草坪覆盖率不得小于95%。检测数量:全部。检测方法:观察和查检验报告。

表6　互通立交区绿化工程验收

单位工程名称：　　　　　　分部工程名称：　　　　　　施工单位：　　　　　　引用标准：JTGF 80/1—2004

序号	基本要求及外观检查项目	检查情况
1	互通立交区绿地整理、排水应符合设计要求；播种前应清除绿地内的施工废弃物；整体图案应符合设计要求	
2	孤植树、珍贵树种以及乔木树种应保证成活	
3	树木种植不应影响行车安全视距	
4	喷灌设施施工应按施工规范进行，其质量按《建筑工程施工质量验收统一标准》（GB 50300）验收	

序号	实测项目	允许偏差值（或规定值）	检查点数	合格率	检查方法
1	苗木成活率（%）	≥95	全部		查检验报告
2	回填土土层厚度（mm）	≥400	每1000㎡检查2个点		查检验报告
3	视距要求	符合规范	分流段、合流段及平曲线段的绿化		查检验报告及观察
4	苗木规格与数量	符合设计	全部		查检验报告
5	种植穴规格	符合规定	抽检5%		查检验报告
6	苗木间距（%）	±5	抽检5%		查检验报告
7	地形标高	±30mm	每1000m^2检查2个点		查检验报告
8	草坪覆盖率（%）	≥95	全部		查检验报告及观察

交方人员		接方人员		监理审查意见	监理工程师：	平均合格率（%）	
						自评等级	

城市道路照明灯杆、灯具安装检验批质量验收记录表(一)

渝市政验收 1-6-1

单位工程名称	重庆市××区环城路城市道路 K1+000 ~ K20+000 合同段		
分部工程名称	K1+000 ~ K1+500 段道路照明灯杆、灯具安装		
分项工程名称	道路照明灯杆、灯具安装	验收部位	道路照明灯杆、灯具
施工单位	××区城建开发公司	项目经理	王××
分包单位	××城建一分公司	分包项目经理	岳××
施工执行标准名称及编号	重庆市《城市道路工程施工质量验收规范》DBJ 50-078—2008		

项目	施工质量验收规范的规定				施工单位检查评定记录							监理单位验收记录
	序号	检查项目		规定值或允许偏差								
主控项目	1	灯具导电部分对地绝缘电阻		＞2MΩ	用1000伏兆欧表量测,符合规范要求。							符合规范要求。
	2	灯杆	金属灯杆接地或接零	符合规范要求	单独与接地或接零干线连接,无串联连接。							符合规范要求。
			基础混凝土强度	＞C20	混凝土强度为C30,符合规范要求。							符合规范要求。
			垂直度	＜40mm	20	30	25	35	32	32	24	符合规范要求。
			横向位置	＜100mm	80	70	60	60	65	70	80	符合规范要求。
	3	气体放电灯	通信绝缘导线电压	≥500V	√	√	√	√	√	√	√	符合规范要求。
			线芯截面	功率＜400W,线芯横截面≥1.5mm²;功率400W ~ 1000W线芯截面≥2.5mm²	符合规范要求。							符合规范要求。
			熔丝	符合规范要求	符合规范要求。							符合规范要求。
	4	穿线		符合规范要求	符合规范要求。							符合规范要求。
	5	平均照度初始值		＞设计平均照度维持值40%	50	55	60	70	50	55	45	符合规范要求。
	6											
	7											

施工员	李××	施工班组长	张××
施工单位检查评定结果	检查情况: 经检查,主控项目和一般项目均符合设计要求和重庆市《城市道路工程施工质量验收规范》(DBJ 50-078-2008)规定,评定合格。 项目专职质量员:王×× 2015年5月20日		
监理单位验收结论	验收意见: 同意施工单位评定结果,验收合格,同意进行下道工序施工。 专业监理工程师:黎×× 2015年5月20日		

说明：

一般规定

1.安装电工、起重吊装工和电气调试人员等，按有关要求持证上岗。

2.安装和调试用各类计量器具，应检定合格，使用时在有效期内。

3.漏电保护装置应做模拟动作试验。

4.接地（PE）或接零（PEN）支线必须单独与接地（PE）或接零（PEN）干线相连接，不得串联连接。

5.同一道路（在相同标准的路段）的路灯安装高度（从光源到地面）、仰角、方向宜保持一致。

6.灯杆位置应合理选择，灯杆不得设置在易被车辆碰撞地点，且与供电线路等空中障碍物的空中距离应符合供电有关规定。

7.灯座的相线应接在中心触点端子上，零线应接在螺纹口端子上。

主要设备、材料进场验收

1.主要设备、材料应有进场验收记录，确认符合设计和规定，才能在施工中应用。

2.变压器、箱式变电所应查验合格证和随带技术文件，以及出厂试验记录，并检查：铭牌、附件齐全，绝缘件无缺损、裂纹，充油部分不渗漏，充气高压设备气压指示正常，涂层完整。

3.高低压成套配电柜、不间断电源柜、控制柜（屏、台）配电箱应查验合格证和随带技术文件。不间断电源柜应有出厂试验记录。实行生产许可证和安全认证制度的产品，应有许可证编号和安全认证标志，并检查：铭牌，柜内元器件无损坏丢失、接线无脱落，涂层完整，无明显碰撞凹陷。

4.照明灯具及附件应作下列检查：

（1）查验合格证。新型气体放电灯具应有随带技术文件。

（2）灯具涂层完整，无损伤，附件齐全。

（3）对成套灯具的绝缘电阻、内部接线等性能进行现场抽样检测。灯具的绝缘电阻值不小于2MΩ，内部接线为铜芯绝缘导线。

5.电线、电缆应作下列检查：

（1）按批查验合格证，合格证人生产许可证编号。

（2）包装完好，电线、电缆绝缘层护套层完整无损，厚度均匀。电缆无压扁、扭曲，铠装不松卷，外层有明显标识和生产厂标。

6.电缆桥架、线槽应作下列检查：

（1）查验合格证。

（2）部件齐全，表面光滑、不变形。钢制桥架涂层完整，无锈蚀。玻璃钢制桥架色泽均匀，无破损碎裂。铝合金桥架涂层完整，无扭曲变形，无压扁，表面无划伤。

7.金属灯杆（柱）应作下列检查：

（1）按批查验合格证。

（2）涂层完整，根部检查门、接线盒及附件齐全。地脚螺孔位置按提供的附图尺寸，允许偏差±2mm。

8.钢筋混凝土电杆应作下列检查：

（1）按批查验合格证。

（2）表面平整、光滑，无缺角露筋，无纵向、横向裂缝，杆身平直，弯曲不大于杆长的1/1000。

主控项目

1.每套灯具的导电部分对地绝缘电阻大于2MΩ。检验数量：随机抽查10%，但不少5套。检验方法：用1000伏兆欧表。

2.每根金属灯杆必须接地或接零。检验数量：全部。检验方法：观察和资料。

3.灯杆基础混凝土强度等级不应低于C_{20}，基础地脚螺栓在与灯杆连接时，应采用双螺母和加垫圈，在有振动的部位还应加弹簧垫圈。检验数量：全部。检验方法：观察和资料。

4.气体放电灯的灯座导线，应使用额定电压不低于500V的铜芯绝缘导线。功率小于400W的最小允许线芯截面应为$1.5mm^2$，功率在400～1000W的最小允许线芯截面应为$2.5mm^2$。检验方法：观察。

5.气体放电灯应在镇流器的进电侧安装熔断器。熔丝的选择应符合下列规定：

(1)250W及以下高压汞灯、150W及以下高压纳灯采用4A熔丝；

(2)400W高压汞灯和250W高压纳灯采用6A熔丝；

(3)400W高压纳灯采用10A熔丝；

(4)1000W高压纳灯和高压汞灯采用15A熔丝。

检验方法：观察。

6.在灯臂、灯盘、灯杆内穿线不得有接头，穿线孔或管口应光滑、无毛刺。检验方法：观察。

7.灯杆垂直偏差应小于40mm，横向位置偏移应小于100mm。检验数量：随机抽查10%，但不少5根。检验方法：经纬仪。

8.竣工时的平均照度初始值应高于设计平均照度维持值的40%，均匀度达到设计要求。

检验数量：一个档距。检验方法：用照度计实测。

一般项目

1.灯杆、灯具外观整洁。

2.金属灯杆在杆高9m及以上时，壁厚应等于或大于4mm。检验数量：随机抽查10%，但不少于5根。检验方法：用数字测厚仪测量电杆根部。

3.灯杆基础坑的深度和直径（边长）应符合设计规定。深度的允许偏差应为±100mm、±50mm，直径（边长）的允许偏差应为±100mm、±10mm，超出正偏差允许限值以外时，偏差部分应用混凝土灌浆处理。检验数量：全部。检验方法：卷尺。

4.灯基础地脚螺栓埋入混凝土的长度应大于其直径的20倍，并应与主筋焊接牢固。螺纹部分在安装前后均应加以保护。检验数量：全部。检验方法：观察。

5.灯杆根部接线孔的朝向应一致，宜朝向人行道或慢车道侧。检验数量：全部。检验方法：观察。

6.灯臂应固定牢靠，与道路纵向垂直偏差不应大于3°。检验方法：经纬仪。

7.灯杆安装完毕后，根部应做混凝土或人行道砖块封面。地脚螺栓不应露出地面，封面与地面平齐，误差应在±5mm、-0mm以内。检验数量：全部。检验方法：观察和卷尺。

8.灯具安装纵向中心线和灯臂纵向中心线应一致，灯具横向水平线应与地面平行，紧固后目测应无歪斜。检验数量：全部。检验方法：观察。

9.灯具配件应齐全，无机械损伤、变形、油漆剥落、灯罩破裂等现象。灯具的效率不应低于70%，防护等级、密封性能必须在IP55以上。检验数量：全部。检验方法：观察和资料。

10.气体放电灯应安装功率因数补偿电容。检验数量：全部。检验方法：观察。

11.各种螺母紧固，应加平垫圈或弹簧垫圈。紧固后螺丝露出螺母不得少于两个螺距。检验方法：观察。

12.混凝土杆上路灯灯臂的抱箍应紧固，灯臂方向与道路纵向应成90°，误差不得大于3°。引下线应使用铜芯绝缘导线，且松紧一致。

13.架空引下线应穿管保护，搭接处离电杆中心宜为300～400mm，引下线不得有接头。

14.中杆灯和高杆灯的灯杆、灯盘、配线、升降机构等应符合现行行业标准《高杆照明设施技术条件》(CJ/T 3076—1998)的规定。

15.验收应提交下列资料和文件：

(1)项目竣工文字和图纸资料；

(2)设计变更文件；

(3)灯杆、灯具、光源、镇流器等生产厂提供的产品说明书、试验记录、合格证件以及安装图纸等技术文件；

(4)安装检测记录。

城市道路照明灯杆、灯具安装检验批质量验收记录表（二）

渝市政验收1-6-2

单位工程名称	重庆市××区环城路城市道路K1+000～K20+000合同段		
分部工程名称	K1+000～K1+500段道路照明灯杆、灯具安装		
分项工程名称	道路照明灯杆、灯具安装	验收部位	道路照明灯杆、灯具
施工单位	××区城建开发公司	项目经理	王××
分包单位	××城建一分公司	分包项目经理	岳××
施工执行标准名称及编号	重庆市《城市道路工程施工质量验收规范》DBJ 50-07—2008		

项目	序号	施工质量验收规范的规定 检查项目			规定值或允许偏差	施工单位检查评定记录							监理单位验收记录
一般项目	1	灯杆、灯具	外观		符合规范要求	查验合格证。灯杆、灯具外观整洁，完整，无损伤。							符合规范要求。
	2	灯杆、灯具	基础坑	深度	+100mm，-50mm	80	70	−40	−30	−20	50	60	符合规范要求。
			基础坑	直径	+100mm，-10mm	−9	50	60	70	90	−8	80	符合规范要求。
			地脚螺栓	埋入长度	＞地脚螺栓20倍	25	20	26	25	28	29	26	符合规范要求。
			地脚螺栓	封面与地面	+5mm，-0mm	1	3	2	4	3	2	1	符合规范要求。
			接线孔		符合规范要求	符合规范要求。							符合规范要求。
			灯具安装		符合规范要求	纵向中心线和灯臂纵向中心线应一致，灯具横向水平线应与地面平行，紧固后目测无歪斜。							符合规范要求。
			灯具配件		符合规范要求	灯具配件齐全，无机械损伤、变形、油漆剥落、灯罩破裂等现象。							符合规范要求。
	3	灯臂	与道路纵向垂直度		≤3°	1	2	1	2	2	3	1	符合规范要求。
			与道路纵向成角度		90°	√	√	√	√	√	√	√	符合规范要求。
	4	螺母紧固			符合规范要求	紧固。							符合规范要求。
	5												
	6												
	7												
	8												
	9												
	10												

施工单位检查评定结果	施工员	李××	施工班组长	张××
	检查情况： 经检查，主控项目和一般项目均符合设计要求和重庆市《城市道路工程施工质量验收规范》(DBJ 50-07—2008)规定，评定合格。 项目专职质量员：王××　　2015年5月20日			
监理单位验收结论	验收意见： 同意施工单位评定结果，验收合格，同意进行下道工序施工。 专业监理工程师：黎××　　2015年5月20日			

说明:

一般规定

1.安装电工、起重吊装工和电气调试人员等,按有关要求持证上岗。

2.安装和调试用各类计量器具,应检定合格,使用时在有效期内。

3.漏电保护装置应做模拟动作试验。

4.接地(PE)或接零(PEN)支线必须单独与接地(PE)或接零(PEN)干线相连接,不得串联连接。

5.同一道路(在相同标准的路段)的路灯安装高度(从光源到地面)、仰角、方向宜保持一致。

6.灯杆位置应合理选择,灯杆不得设置在易被车辆碰撞地点,且与供电线路等空中障碍物的空中距离应符合供电有关规定。

7.灯座的相线应接在中心触点端子上,零线应接在螺纹口端子上。

主要设备、材料进场验收

1.主要设备、材料应有进场验收记录,确认符合设计和规定,才能在施工中应用。

2.变压器、箱式变电所应查验合格证和随带技术文件,以及出厂试验记录,并检查:铭牌、附件齐全,绝缘件无缺损、裂纹,充油部分不渗漏,充气高压设备气压指示正常,涂层完整。

3.高低压成套配电柜、不间断电源柜、控制柜(屏、台)配电箱应查验合格证和随带技术文件。不间断电源柜应有出厂试验记录。实行生产许可证和安全认证制度的产品,应有许可证编号和安全认证标志。并检查:铭牌,柜内元器件无损坏丢失、接线无脱落,涂层完整,无明显碰撞凹陷。

4.照明灯具及附件应作下列检查:

(1)查验合格证。新型气体放电灯具应有随带技术文件。

(2)灯具涂层完整,无损伤,附件齐全。

(3)对成套灯具的绝缘电阻、内部接线等性能进行现场抽样检测。灯具的绝缘电阻值不小于2MΩ,内部接线为铜芯绝缘导线。

5.电线、电缆应作下列检查:

(1)按批查验合格证,合格证人生产许可证编号。

(2)包装完好,电线、电缆绝缘层护套层完整无损,厚度均匀。电缆无压扁、扭曲,铠装不松卷,外层有明显标识和生产厂标。

6.电缆桥架、线槽应作下列检查:

(1)查验合格证。

(2)部件齐全,表面光滑、不变形。钢制桥架涂层完整,无锈蚀。玻璃钢制桥架色泽均匀,无破损碎裂。铝合金桥架涂层完整,无扭曲变形,无压扁,表面无划伤。

7.金属灯杆(柱)应作下列检查:

(1)按批查验合格证。

(2)涂层完整,根部检查门、接线盒及附件齐全。地脚螺孔位置按提供的附图尺寸,允许偏差±2mm。

8.钢筋混凝土电杆应作下列检查:

(1)按批查验合格证。

(2)表面平整、光滑,无缺角露筋,无纵向、横向裂缝,杆身平直,弯曲不大于杆长的1/1000。

主控项目

1.每套灯具的导电部分对地绝缘电阻大于2MΩ。检验数量:随机抽查10%,但不少5套。检验方法:用1000伏兆欧表。

2.每根金属灯杆必须接地或接零。检验数量:全部。检验方法:观察和资料。

3.灯杆基础混凝土强度等级不应低于C_{20},基础地脚螺栓在与灯杆连接时,应采用双螺母和加垫圈,在有震动的部位还应加弹簧垫圈。检验数量:全部。检验方法:观察和资料。

4.气体放电灯的灯座导线,应使用额定电压不低于500V的铜芯绝缘导线。功率小于400W的最小允许线芯截面应为15mm²,功率在400~1000W的最小允许线芯截面应为2.5mm²。检验方法:观察。

5.气体放电灯应在镇流器的进电侧安装熔断器。熔丝的选择应符合下列规定:

(1)250W及以下高压汞灯、150W及以下高压纳灯采用4A熔丝;

(2)400W高压汞灯和250W高压纳灯采用6A熔丝;

(3)400W高压纳灯采用10A熔丝;

(4)1000W高压纳灯和高压汞灯采用15A熔丝。

检验方法:观察。

6.在灯臂、灯盘、灯杆内穿线不得有接头,穿线孔或管口应光滑、无毛刺。检验方法:观察。

7.灯杆垂直偏差应小于40mm,横向位置偏移应小于100mm。检验数量:随机抽查10%,但不少5根。检验方法:经纬仪。

8.竣工时的平均照度初始值应高于设计平均照度维持值的40%,均匀度达到设计要求。

检验数量:一个档距。检验方法:用照度计实测。

一般项目

1.灯杆、灯具外观整洁。

2.金属灯杆在杆高9m及以上时,壁厚应等于或大于4mm。检验数量:随机抽查10%,但不少于5根。检验方法:用数字测厚仪测量电杆根部。

3.灯杆基础坑的深度和直径(边长)应符合设计规定。深度的允许偏差应为+100mm、-50mm,直径(边长)的允许偏差应为+100mm、-10mm,超出正偏差允许限值以外时,偏差部分应用混凝土灌浆处理。检验数量:全部。检验方法:卷尺。

4.灯基础地脚螺栓埋入混凝土的长度应大于其直径的20倍,并应与主筋焊接牢固。螺纹部分在安装前后均应加以保护。检验数量:全部。检验方法:观察。

5.灯杆根部接线孔的朝向应一致,宜朝向人行道或慢车道侧。检验数量:全部。检验方法:观察。

6.灯臂应固定牢靠,与道路纵向垂直偏差不应大于3°。检验方法:经纬仪。

7.灯杆安装完毕后,根部应做混凝土或人行道砖块封面。地脚螺栓不应露出地面,封面与地面平齐,误差应在±5mm、-0mm以内。检验数量:全部。检验方法:观察和卷尺。

8.灯具安装纵向中心线和灯臂纵向中心线应一致,灯具横向水平线应与地面平行,紧固后目测应无歪斜。检验数量:全部。检验方法:观察。

9.灯具配件应齐全,无机械损伤、变形、油漆剥落、灯罩破裂等现象。灯具的效率不应低于70%,防护等级、密封性能必须在IP55以上。检验数量:全部。检验方法:观察和资料。

10.气体放电灯应安装功率因数补偿电容。检验数量:全部。检验方法:观察。

11.各种螺母紧固,应加平垫圈或弹簧垫圈。紧固后螺丝露出螺母不得少于两个螺距。检验方法:观察。

12.混凝土杆上路灯灯臂的抱箍应紧固,灯臂方向与道路纵向应成90°,误差不得大于3°。引下线应使用铜芯绝缘导线,且松紧一致。

13.架空引下线应穿管保护,搭接处离电杆中心宜为300~400mm,引下线不得有接头。

14.中杆灯和高杆灯的灯杆、灯盘、配线、升降机构等应符合现行行业标准《高杆照明设施技术条件》(CJ/T 3076—1998)的规定。

15.验收应提交下列资料和文件:

(1)项目竣工文字和图纸资料;

(2)设计变更文件;

(3)灯杆、灯具、光源、镇流器等生产厂提供的产品说明书、试验记录、合格证件以及安装图纸等技术文件;

(4)安装检测记录。

城市道路照明线路敷设检验批质量验收记录表(一)

渝市政验收 1-6-3

单位工程名称	重庆市××区环城路城市道路K1+000~K20+000合同段		
分部工程名称	K1+000~K1+500段道路照明线路敷设		
分项工程名称	道路照明线路敷设	验收部位	道路照明线路
施工单位	××区城建开发公司	项目经理	王××
分包单位	××城建一分公司	分包项目经理	岳水××
施工执行标准名称及编号	重庆市《城市道路工程施工质量验收规范》DBJ 50-078—2008		

项目	序号	检查项目		规定值及允许偏差	施工单位检查评定记录	监理单位验收记录
主控项目	1	金属电缆桥架、支架、导管		符合规范要求	金属电缆桥架、支架、导管接地或接零可靠,全长应不少于2处与接地或接零干线连接,符合规范要求。	符合规范要求。
	2	电缆敷设		符合规范要求	符合规范要求。	符合规范要求。
	3	电缆穿管		符合规范要求	穿管敷设符合规范要求。	符合规范要求。
	4	低压电线、电缆的绝缘电阻值	线间	>100MΩ	符合规范要求。	符合规范要求。
			线对地间	>100MΩ	符合规范要求。	符合规范要求。
	5	电缆埋深	绿地、车行道	≥0.7m或按设计要求敷设	1 2 2 2 2 2 1	符合规范要求。
			人行道	≥0.5m或按设计要求敷设	符合设计和规范要求。	符合规范要求。
	6	拉线绝缘子		自然悬垂距地面≥2.5m	3 4 5 4 3 3 3	符合规范要求。
	7					
	8					
	9					
	10					

施工单位检查评定结果	施工员	李××	施工班组长	张××
	检查情况: 经检查,主控项目和一般项目均符合设计要求和重庆市《城市道路工程施工质量验收规范》(DBJ 50-078—2008)规定,评定合格。 项目专职质量员:王×× 2015年5月20日			
监理单位验收结论	验收意见: 同意施工单位评定结果,验收合格,同意进行下道工序施工。 专业监理工程师:黎×× 2015年5月20日			

说明：

主控项目

1.金属电缆桥架、支架、导管必须接地或接零可靠，全长应不少于2处与接地或接零干线连接。非镀锌电缆桥架间连接板的两端跨接铜芯接地线，接地线的最小允许线芯截面不小于4mm²；镀锌电缆桥架间连接板的两端不跨接接地线，但连接板的两端不少于两个有防松螺母或防松垫圈的连接固定螺栓。检验数量：全部。检验方法：观察和资料。

2.电缆敷设严禁有绞拧、压扁、护层断裂和表面严重划伤、机械损伤等缺陷。检验方法：观察。

3.三相或单相的交流单芯电缆，不得单独穿于金属导管内。检验方法：观察。

4.不同回路、不同电压等级和交流与直流的电缆、电线，不应穿于同一导管内，同一交流回路的导线应穿于同一导管内，且管内导线不得有接头。检验方法：观察和资料。

5.低压电线、电缆的线间和线对地间的绝缘电阻值必须大于10MΩ。检验方法：用1000伏兆欧表。

6.直埋敷设的电缆穿越铁路、道路、道口等机动车通行的地段时应穿管敷设。检验方法：观察和资料。

7.电缆直埋或穿管中均不得有接头，电缆的接头必须置于检查井中，并采用热缩护套包扎处理。检验方法：观察和资料。

8.三相四线制应采用四芯等截面电缆。检验方法：观察和资料。

9.电缆埋设深度应符合下列规定：绿地、车行道下不应小于0.7m；人行道下不应小于0.5m。在不能满足上述要求时，应按设计要求敷设。检验方法：卷尺和资料。

10.拉线穿越带电线路时，应在拉线上下加装绝缘子，拉线绝缘子自然悬垂时距地面不应小于2.5m。检验方法：观察。

11.架空线路在同一档内，同一根导线上的接头不应超过一个。导线接头的位置与导线固定处的距离应大于0.5m。检验方法：观察。

一般项目

1.电缆直埋敷设时，沿电缆全长上下应铺厚度不小于100mm的细土或砂层，沿电缆全长应覆盖宽度不小于电缆两侧各50mm的保护板。检验方法：观察和卷尺测量。

2.电缆穿管时，电缆的总截面积不应超过导管截面积的40%。检验方法：观察和资料。

3.电缆导管连接时，管孔应对准，接缝应严密，不得有地下水和泥浆渗入。检验方法：观察。

4.电缆导管的弯曲半径不应小于电缆最小允许弯曲半径。

5.桥梁上敷设电缆应采取防振措施，伸缩缝处电缆应留有适量的余缆。检验方法：观察和资料。

6.电缆的首端、末端和分支处应设标志牌。检验方法：观察和资料。

7.采用单芯电缆敷设时，中性线和保护线应按规定用不同的颜色进行区别。检验方法：观察。

8.桥架与支架间的螺栓、桥架间连接板螺栓固定紧固无遗漏，螺母应位于桥架外侧。检验方法：观察。

9.电缆在任何敷设方式及全部路径条件的上、下、左、右改变部位，其弯曲半径应符合下列规定：

（1）聚氯乙烯绝缘电缆为电缆外径的10倍；

（2）聚氯乙烯铠装绝缘电缆为电缆外径的20倍；

（3）交联聚乙烯多芯绝缘电缆为电缆外径的15倍；

（4）交联聚乙烯单芯绝缘电缆为电缆外径的20倍。

10.架空线路的横担安装，直线杆应装于受电侧；分支杆、转角杆、终端杆应装于拉线侧。横担的安装应平正，安装偏差应符合下列规定：

（1）横担端部上下偏差不应大于20mm；

（2）横担端部左右偏差不应大于20mm；

（3）最上层横担距杆顶不应小于200mm。

检验方法：观察和卷尺测量。

11.线路的末端电压不得低于额定电压的92%。

12.工作井应符合下列规定：

井内应有渗水孔，并且井壁用水泥沙浆抹面；井内无垃圾。直线段的工作井两侧管口中心应在一直线上，偏差不应超过20mm。井盖与井框的平整误差不应超过2mm，并且井盖与井框不应有裂纹。检验方法：观察和卷尺测量。

13.验收应提交下列资料和文件：

(1)项目竣工文字和图纸资料；

(2)设计变更文件；

(3)各种试验和检查记录等。

城市道路照明线路敷设检验批质量验收记录表(二)

渝市政验收1-6-4

单位工程名称	重庆市××区环城路城市道路K1+000～K20+000合同段		
分部工程名称	K1+000～K1+500段道路照明线路敷设		
分项工程名称	道路照明线路敷设	验收部位	道路照明线路
施工单位	××区城建开发公司	项目经理	王××
分包单位	××城建一分公司	分包项目经理	岳××
施工执行标准名称及编号	重庆市《城市道路工程施工质量验收规范》DBJ 50-078—2008		

项目	序号	检查项目		规定值及允许偏差	施工单位检查评定记录							监理单位验收记录
一般项目	1	电缆直埋	细土或砂浆厚度	≥100mm	120	130	150	160	180	150	120	
			保护板	≥电缆两侧各50mm	穿管敷设							符合规范要求。
	2	电缆导管	连接	符合规范要求	有防松螺母或防松垫圈的连接固定							符合规范要求。
			弯曲半径	≥电缆最新允许弯曲半径	符合规范要求							符合规范要求。
	3	桥架敷设电缆		符合规范要求	符合规范要求							符合规范要求。
	4	设置标志牌		符合规范要求	有标志,清晰							符合规范要求。
	5	单芯电缆敷设		符合规范要求	符合规范要求							符合规范要求。
	6	电缆弯曲半径与外径倍数	聚氯乙烯绝缘电缆	10	√	√	√	√	√	√	√	符合规范规定。
			聚氯乙烯铠装绝缘电缆	20	√	√	√	√	√	√	√	符合规范规定。
			交联聚乙烯多芯绝缘电缆	15	√	√	√	√	√	√	√	符合规范规定。
			交联聚乙烯单芯绝缘电缆	20	√	√	√	√	√	√	√	符合规范规定。
	7	横担安装	端部 上下偏差	≤20mm	15	18	12	10	15	10	12	符合规范规定。
			端部 左右偏差	≤20mm	15	18	12	10	15	10	12	符合规范规定。
			最上层横担距杆顶	≥200mm	150	120	130	140	160	170	190	符合规范规定。
	8	线路末端电压		≥额定电压92%	√	√	√	√	√	√	√	符合规范规定。
	9	工作井		符合规范规定	设置符合设计要求和规范规定。							

	施工员	李××	施工班组长	张××
施工单位检查评定结果	检查情况： 经检查,主控项目和一般项目均符合设计要求和重庆市《城市道路工程施工质量验收规范》(DBJ 50-078—2008)规定,评定合格。 项目专职质量员:王×× 2015年5月20日			
监理单位验收结论	验收意见： 同意施工单位评定结果,验收合格,同意进行下道工序施工。 专业监理工程师:黎×× 2015年5月20日			

说明：

主控项目

1.金属电缆桥架、支架、导管必须接地或接零可靠，全长应不少于2处与接地或接零干线连接。非镀锌电缆桥架间连接板的两端跨接铜芯接地线，接地线的最小允许线芯截面不小于$4mm^2$；镀锌电缆桥架间连接板的两端不跨接接地线，但连接板的两端不少于两个有防松螺母或防松垫圈的连接固定螺栓。检验数量：全部。检验方法：观察和资料。

2.电缆敷设严禁有绞拧、压扁、护层断裂和表面严重划伤、机械损伤等缺陷。检验方法：观察。

3.三相或单相的交流单芯电缆，不得单独穿于金属导管内。检验方法：观察。

4.不同回路、不同电压等级和交流与直流的电缆、电线，不应穿于同一导管内，同一交流回路的导线应穿于同一导管内，且管内导线不得有接头。检验方法：观察和资料。

5.低压电线、电缆的线间和线对地间的绝缘电阻值必须大于10MΩ。检验方法：用1000伏兆欧表。

6.直埋敷设的电缆穿越铁路、道路、道口等机动车通行的地段时应穿管敷设。检验方法：观察和资料。

7.电缆直埋或穿管中均不得有接头，电缆的接头必须置于检查井中，并采用热缩护套包扎处理。检验方法：观察和资料。

8.三相四线制应采用四芯等截面电缆。检验方法：观察和资料。

9.电缆埋设深度应符合下列规定：绿地、车行道下不应小于0.7m；人行道下不应小于0.5m。在不能满足上述要求时，应按设计要求敷设。检验方法：卷尺和资料。

10.拉线穿越带电线路时，应在拉线上下加装绝缘子，拉线绝缘子自然悬垂时距地面不应小于2.5m。检验方法：观察。

11.架空线路在同一档内，同一根导线上的接头不应超过一个。导线接头的位置与导线固定处的距离应大于0.5m。检验方法：观察。

一般项目

1.电缆直埋敷设时，沿电缆全长上下应铺厚度不小于100mm的细土或砂层，沿电缆全长应覆盖宽度不小于电缆两侧各50mm的保护板。检验方法：观察和卷尺测量。

2.电缆穿管时，电缆的总截面积不应超过导管截面积的40%。检验方法：观察和资料。

3.电缆导管连接时，管孔应对准，接缝应严密，不得有地下水和泥浆渗入。检验方法：观察。

4.电缆导管的弯曲半径不应小于电缆最小允许弯曲半径。

5.桥梁上敷设电缆应采取防振措施，伸缩缝处电缆应留有适量的余缆。检验方法：观察和资料。

6.电缆的首端、末端和分支处应设标志牌。检验方法：观察和资料。

7.采用单芯电缆敷设时，中性线和保护线应按规定用不同的颜色进行区别。检验方法：观察。

8.桥架与支架间的螺栓、桥架间连接板螺栓固定紧固无遗漏，螺母应位于桥架外侧。检验方法：观察。

9.电缆在任何敷设方式及全部路径条件的上、下、左、右改变部位，其弯曲半径应符合下列规定：

(1)聚氯乙烯绝缘电缆为电缆外径的10倍；

(2)聚氯乙烯铠装绝缘电缆为电缆外径的20倍；

(3)交联聚乙烯多芯绝缘电缆为电缆外径的15倍；

(4)交联聚乙烯单芯绝缘电缆为电缆外径的20倍。

10.架空线路的横担安装，直线杆应装于受电侧；分支杆、转角杆、终端杆应装于拉线侧。横担的安装应平正，安装偏差应符合下列规定：

(1)横担端部上下偏差不应大于20mm；

(2)横担端部左右偏差不应大于20mm；

(3)最上层横担距杆顶不应小于200mm。

检验方法：观察和卷尺测量。

11.线路的末端电压不得低于额定电压的92%。

12.工作井应符合下列规定：

井内应有渗水孔，并且井壁用水泥沙浆抹面；井内无垃圾。直线段的工作井两侧管口中心应在一直线上，偏差不应超过20mm。井盖与井框的平整误差不应超过2mm，并且井盖与井框不应有裂纹。检验方法：观察和卷尺测量。

13.验收应提交下列资料和文件：

(1)项目竣工文字和图纸资料；

(2)设计变更文件；

(3)各种试验和检查记录等。

城市道路照明变配电安装检验批质量验收记录表(一)

渝市政验收1-6-5

<table>
<tr><td colspan="4">单位工程名称</td><td colspan="4">重庆市××区环城路城市道路K1+000～K20+000合同段</td></tr>
<tr><td colspan="4">分部工程名称</td><td colspan="4">K1+000～K1+500段道路照明变配电系统</td></tr>
<tr><td colspan="4">分项工程名称</td><td colspan="2">道路照明变配电安装</td><td>验收部位</td><td>道路照明变配电</td></tr>
<tr><td colspan="4">施工单位</td><td colspan="2">××区城建开发公司</td><td>项目经理</td><td>王××</td></tr>
<tr><td colspan="4">分包单位</td><td colspan="2">××城建一分公司</td><td>分包项目经理</td><td>岳××</td></tr>
<tr><td colspan="5">施工执行标准名称及编号</td><td colspan="3">重庆市《城市道路工程施工质量验收规范》DBJ 50-078—2008</td></tr>
<tr><td rowspan="2">项目</td><td colspan="5">施工质量验收规范的规定</td><td rowspan="2">施工单位检查评定记录</td><td rowspan="2">监理单位验收记录</td></tr>
<tr><td>序号</td><td colspan="3">检查项目</td><td>规定值及允许偏差</td></tr>
<tr><td rowspan="13">主控项目</td><td>1</td><td colspan="3">设备检查</td><td>符合规范规定</td><td>无机械损伤，附件齐全，各组合部件无松动和脱落，符合规范规定。</td><td>符合规范规定。</td></tr>
<tr><td>2</td><td colspan="3">与变压器、箱式变电站安装有关的建筑物、构筑物工程质量</td><td>符合规范规定及要求</td><td>符合国家现行的建筑工程施工及验收规范中电气运行相关规定。</td><td>符合规范规定。</td></tr>
<tr><td>3</td><td colspan="3">接地干线</td><td>符合规范要求</td><td>符合规范规定。</td><td>符合规范规定。</td></tr>
<tr><td>4</td><td colspan="3">基础</td><td>符合规范要求</td><td>基础应高于箱外地坪，周围排水通畅。</td><td>符合规范规定。</td></tr>
<tr><td rowspan="6">5</td><td rowspan="6">柜、屏、台、箱、盘</td><td colspan="2">金属框架及基础型钢</td><td>符合规范要求</td><td>符合规范规定。</td><td>符合规范规定。</td></tr>
<tr><td rowspan="2">线路线间和线对地间绝缘电阻</td><td>馈电线路</td><td>>0.5MΩ</td><td rowspan="2">符合规范规定。</td><td rowspan="2">符合规范规定。</td></tr>
<tr><td>二次回路</td><td>>1MΩ</td></tr>
<tr><td rowspan="2">漏电保护装置</td><td>动作电流</td><td>≤30mA</td><td>符合规范规定。</td><td>符合规范规定。</td></tr>
<tr><td>动作时间</td><td>≤0.1s</td><td>符合规范规定。</td><td>符合规范规定。</td></tr>
<tr><td colspan="5"></td></tr>
<tr><td>6</td><td colspan="3"></td><td></td><td></td><td></td></tr>
<tr><td>7</td><td colspan="3"></td><td></td><td></td><td></td></tr>
<tr><td>8</td><td colspan="3"></td><td></td><td></td><td></td></tr>
<tr><td rowspan="2" colspan="2">施工单位检查评定结果</td><td colspan="2">施工员</td><td>李××</td><td>施工班组长</td><td colspan="2">张××</td></tr>
<tr><td colspan="6">检查情况：
经检查，主控项目和一般项目均符合设计要求和重庆市《城市道路工程施工质量验收规范》(DBJ 50-078—2008)规定，评定合格。
项目专职质量员：王××
2015年5月20日</td></tr>
<tr><td colspan="2">监理单位验收结论</td><td colspan="6">验收意见：
同意施工单位评定结果，验收合格，同意进行下道工序施工。
专业监理工程师：黎××
2015年5月20日</td></tr>
</table>

说明：

主控项目

1.设备的检查应符合下列规定：不得有机械损伤，附件齐全，各组合部件无松动和脱落。箱式变电站内部电器部件及连接无损坏；油浸式变压器密封处应良好，无渗漏油现象；所有螺栓应紧固，并有防松措施，绝缘螺栓应无损坏，防松绑扎完好；铁芯应无变形，无多点接地；绕组绝缘层应完整，无缺损、变位现象；引出线绝缘包扎牢固，无破损、拧弯现象，引出线绝缘距离合格，引出线与套管的连接应牢靠，接线正确。检验方法：观察和资料。

2.与变压器、箱式变电站安装有关的建筑物、构筑物的工程质量，应符合国家现行的建筑工程施工及验收规范中的有关规定，并应符合下列要求：

(1)建筑物、构筑物应具备进场安装条件。基础、构架、预埋件、预留孔应符合设计要求，达到设备安装的强度要求。

(2)设备安装完毕，投入运行前，建筑工程应符合下列要求：门窗安装完毕；坪抹光工作结束，室外场地平整；保护性门、栏杆等安全设施齐全；油浸式变压器蓄油坑清理干净，排油水管通畅，卵石铺设完毕；通风及消防装置安装完毕；受电后无法进行的装饰工作以及影响运行安全的工作施工完毕。检验方法：观察。

3.接地装置引出的接地干线与变压器的低压侧中性点直接连接，接地干线与箱式变电站的N母线和PE母线直接连接。变压器箱体、干式变压器的支架或外壳应接地。所有连接应可靠，紧固件及防松零件齐全。检验方法：观察。

4.箱式变电站和落地式配电箱的基础应高于箱外地坪，周围排水通畅。用地脚螺栓固定的螺帽齐全，拧紧牢固。自由安放的应垫平放正。金属箱式变电站和落地式配电箱的箱体应接地或接零可靠，且有标识。检验方法：观察。

5.柜、屏、台、箱、盘的金属框架及基础型钢必须接地或接零可靠。装有电器的可开启门，门和框架的接地端子间应用裸编织铜带连接，且有标识。箱门开启应无障碍阻挡。检验方法：观察。

6.柜、屏、台、箱、盘间线路的线间和线对地间的绝缘电阻值，馈电线路必须大于0.5MΩ，二次回路必须大于1MΩ。检验方法：用1000伏兆欧表。

7.配电箱、盘、柜、屏应分别设置零线和保护线汇流排，零线和保护线经汇流排配出。带有漏电保护的回路，漏电保护装置动作电流不大于30mA，动作时间不大于0.1s。检验方法：现场模拟试验。

一般项目

1.室外柱上式变压器安装应符合下列要求：

(1)柱上台架所用钢铁构件应热浸锌防腐处理；

(2)变压器在台架平稳就位后，应固定牢靠；

(3)变压器应在明显位置悬挂警告牌；

(4)变压器台架距离地面不得小于2.5m；

(5)跌落式熔断器的安装位置距离地面不得小于5m，相间距离不应小于0.7m，不应安装在有机动车行驶的道路侧；

(6)熔丝的规格应符合设计要求，无弯曲、压扁或损伤，熔体与尾线应压接牢固；

(7)变压器高压引下线、母线应采用多股绝缘线，之间的距离不应小于300mm，中间不得有接头。其导线截面应按变压器额定电流选择，但铜线不应小于16mm^2，铝线不应小于25mm^2。检验方法：观察和卷尺测量。

2.室内变压器安装距离墙壁不应小于800mm，距门不应小于1000mm，中心应在屋顶吊环垂线位置。裸露带电部分应有相应的安全防范措施。检验方法：观察和卷尺测量。

3.变压器本体就位应符合下列规定：

(1)变压器基础的轨道应水平，轮距与轨距应适合；

(2)当使用封闭母线连接时，应使其套管中心线与封闭母线安装中心线相符；

(3)装有滚轮的变压器就位后，应将滚轮用能拆卸的制动装置加以固定；

(4)柱上变压器应将滚轮拆卸掉。检验方法：观察和卷尺测量。

4.变压器附件安装应符合下列规定：

(1)油枕放气孔和导油孔应畅通，油标玻璃管应完好。

(2)油枕与支架、油箱应固定牢靠；

(3)干燥器中的干燥剂应未失效。干燥器与油枕间管路的连接应密封，管道应畅通；

(4)温度计信号接点应动作正确，导通良好。温度计座应密封良好，无渗漏现象和不得进水；

(5)变压器绝缘油质量必须合格。检验方法：观察和资料。

5.箱式变电站的基础应符合设计要求，电缆室应有通风口，并有防止小动物进入箱内和良好的排水措施。检验方法：观察。

6.箱式变电站安装完毕后，应符合下列规定：

(1)箱内及各元件表面应清洁、干燥、无异物；

(2)操作机构、开关等可动元器件应灵活、可靠、准确。对装有温度显示、温度控制、风机、凝露控制等装置的设备，应根据电气性能要求和安装使用说明书进行检查；

(3)所有主回路、接地回路及辅助回路接点应牢固，并应符合电气原理图的要求；

(4)变压器、高(低)压开关柜及所有的电器元件设备安装螺栓应紧固；

(5)辅助回路的电器整定值应准确，仪表与互感器的变化及接线极性应正确，所有电器元件应无异常；

(6)变压器绝缘电阻：干燥环境条件下，高压对低压及对地绝缘电阻不应小于300MΩ，低压对地绝缘电阻不应小于100MΩ。潮湿环境条件下，绝缘电阻不应小于20MΩ；

(7)低压开关设备的绝缘电阻值不应小于0.5MΩ，并在运行前的通电试验中无异常。检验方法：观察和资料。

7.柜、屏、台、箱、盘内配线整齐，导线不应有接头，无绞接现象。导线连接紧密，不伤芯线，不断股。垫圈下螺丝两侧压的导线截面积相同，同一端子上导线连接不得多于2根，防松垫圈等零件齐全。二次回路连线应成束绑扎，不同电压等级、交流、直流线路以及计算机控制线路应分别绑扎，且有标识。检验方法：观察。

8.柜、屏、台、箱、盘内的配线电流回路应采用铜芯绝缘导线，其电压不应低于500V，其截面不应小于2.5mm²，其他回路截面不应小于1.5mm²；当电子元件回路、弱电回路采取锡焊连接时，在满足载流量和电压降及有足够机械强度的情况下，可采用不小于0.5mm²截面的绝缘导线。检验方法：观察。

9.各类柜、屏、台、箱、盘的正面以及背面各电器、端子排、电缆芯线和所配导线的端部、标识器件等应标明编号、名称、用途、操作位置，其标明的字迹应清晰、准确、工整、不易脱色。文字、图纸技术资料完整。检验方法：观察。

10.柜、屏、台、箱、盘相互间或与基础型钢应用镀锌螺栓连接，且防松零件齐全。检验方法：观察。

11.在每一处电源的柜或屏、箱内应留有计度、远程控制仪器仪表的空间位置。检验方法：观察。检验数量：全部。

12.柜、屏、台、箱、盘单独或成列安装的允许偏差应符合表1规定。

表1 安装的允许偏差

项目		允许偏差(mm)
垂直度		<1.5
水平偏差	相邻两盘顶部	<2
	成列盘顶部	<5
盘面偏差	相邻两盘边	<1
	成列盘面	<5
盘间接缝		<2

检验方法：卷尺测量。

13.柜、屏、台、箱、盘内两导体间、导电体与裸露的不带电的导体间允许最小电气间隙及爬电距离应符合表2的规定。屏顶上小母线不同相或不同极的裸露截流部分之间、裸露截流部分与未经绝缘的金属体之间电气间隙不得小于

12mm,爬电距离不得小于20mm。

表2　允许最小电气间隙和爬电距离

额定电压 U(V)	带电间隙(mm)		爬电距离(mm)	
	额定工作电流		额定工作电流	
	≤63A	>63A	≤63A	>63A
U≤60	3.0	5.0	3.0	5.0
60<U≤300	5.0	6.0	6.0	8.0
300<U≤500	8.0	10.0	10.0	12.0

检验方法:卷尺测量。

14.变压器投入运行后,连续运行24h无异常即可视为合格。

15.验收应提交下列资料和文件:

(1)项目竣工资料;

(2)变更设计的文件;

(3)制造厂提供的产品说明书、试验记录、合格证件以及安装图纸等技术文件;

(4)安装技术记录、检查记录等;

(5)试验报告;

(6)备品备件移交清单。

城市道路照明变配电安装检验批质量验收记录表(二)

渝市政验收1-6-6

单位工程名称	重庆市××区环城路城市道路K1+000～K20+000合同段		
分部工程名称	K1+000～K1+500段道路照明变配电系统		
分项工程名称	道路照明变配电安装	验收部位	道路照明变配电
施工单位	××区城建开发公司	项目经理	王××
分包单位	××城建一分公司	分包项目经理	岳××
施工执行标准名称及编号	重庆市《城市道路工程施工质量验收规范》DBJ 50-078—2008		

项目	序号	施工质量验收规范的规定				施工单位检查评定记录							监理单位验收记录
		检查项目			规定值及允许偏差								
一般项目	1	室外柱上式变压器	钢铁构件、台架、警告牌		符合规范要求	台架稳固,有明显警告标识。							符合规范要求。
			台架与地距离		≥2.5mm	3	3	3	4	4	3	4	符合规范要求。
			跌落式熔断器安装位置	距地面	≥5m	6	7	6	6	6	6	6	符合规范要求。
				相间距	≥0.7m	2	2	2	2	3	2	2	符合规范要求。
			熔丝规格		符合设计要求	符合规范要求。							符合规范要求。
			变压器引线、母线	多股绝缘线	符合规范要求	符合规范要求。							符合规范要求。
				线间距离	≥300mm	√	√	√	√	√	√	√	符合规范要求。
				导线截面 铜线	$\geq 16mm^2$	√	√	√	√	√	√	√	符合规范要求。
				导线截面 铝线	$\geq 25mm^2$								符合规范要求。
	2	室内变压器安装	距离墙壁		≥800mm	√	√	√	√	√	√	√	符合规范要求。
			距门		≥1000mm	√	√	√	√	√	√	√	符合规范要求。
	3	变压器本体就位、附件安装			符合规范规定	符合规范要求。							符合规范要求。
	4	箱式变电站基础与安装			符合设计要求	符合规范要求。							符合规范要求。
	5	柜、屏、台、箱、盘	配线、导线		符合规范要求	符合规范要求。							符合规范要求。
			配线电流回路	电压	500V	符合规范要求。							符合规范要求。
				截面	$\geq 2.5mm^2$	符合规范要求。							符合规范要求。
			其他回路截面		$\geq 1.5mm^2$	符合规范要求。							符合规范要求。
			相互间或与基础型钢连接		符合规范要求	符合规范要求。							符合规范要求。
			单独或成列安装	垂直度	<1.5mm	符合规范要求。							符合规范要求。
				水平偏差 相邻两盘顶部									
				水平偏差 成列盘顶部									
				盘面偏差 相邻两盘边									
				盘面偏差 成列盘面									

	施工员	李××	施工班组长	张××
施工单位检查评定结果	检查情况: 经检查,主控项目和一般项目均符合设计要求和重庆市《城市道路工程施工质量验收规范》(DBJ 50-078—2008)规定,评定合格。 项目专职质量员:王×× 2015年5月20日			
监理单位验收结论	验收意见: 同意施工单位评定结果,验收合格,同意进行下道工序施工。 专业监理工程师:黎×× 2015年5月20日			

说明：

主控项目

1.设备的检查应符合下列规定：不得有机械损伤，附件齐全，各组合部件无松动和脱落。箱式变电站内部电器部件及连接无损坏；油浸式变压器密封处应良好，无渗漏油现象；所有螺栓应紧固，并有防松措施，绝缘螺栓应无损坏，防松绑扎完好；铁芯应无变形，无多点接地；绕组绝缘层应完整，无缺损、变位现象；引出线绝缘包扎牢固，无破损、拧弯现象，引出线绝缘距离合格，引出线与套管的连接应牢靠，接线正确。检验方法：观察和资料。

2.与变压器、箱式变电站安装有关的建筑物、构筑物的工程质量，应符合国家现行的建筑工程施工及验收规范中的有关规定，并应符合下列要求：

(1)建筑物、构筑物应具备进场安装条件。基础、构架、预埋件、预留孔应符合设计要求，达到设备安装的强度要求。

(2)设备安装完毕，投入运行前，建筑工程应符合下列要求：门窗安装完毕；坪抹光工作结束，室外场地平整；保护性门、栏杆等安全设施齐全；油浸式变压器蓄油坑清理干净，排油水管通畅，卵石铺设完毕；通风及消防装置安装完毕；受电后无法进行的装饰工作以及影响运行安全的工作施工完毕。检验方法：观察。

3.接地装置引出的接地干线与变压器的低压侧中性点直接连接，接地干线与箱式变电站的N母线和PE母线直接连接。变压器箱体、干式变压器的支架或外壳应接地。所有连接应可靠，紧固件及防松零件齐全。检验方法：观察。

4.箱式变电站和落地式配电箱的基础应高于箱外地坪，周围排水通畅。用地脚螺栓固定的螺帽齐全，拧紧牢固。自由安放的应垫平放正。金属箱式变电站和落地式配电箱的箱体应接地或接零可靠，且有标识。检验方法：观察。

5.柜、屏、台、箱、盘的金属框架及基础型钢必须接地或接零可靠。装有电器的可开启门，门和框架的接地端子间应用裸编织铜带连接，且有标识。箱门开启应无障碍阻挡。检验方法：观察。

6.柜、屏、台、箱、盘间线路的线间和线对地间的绝缘电阻值，馈电线路必须大于0.5MΩ，二次回路必须大于1MΩ。检验方法：用1000伏兆欧表。

7.配电箱、盘、柜、屏应分别设置零线和保护线汇流排，零线和保护线经汇流排配出。带有漏电保护的回路，漏电保护装置动作电流不大于30mA，动作时间不大于0.1s。检验方法：现场模拟试验。

一般项目

1.室外柱上式变压器安装应符合下列要求：

(1)柱上台架所用钢铁构件应热浸锌防腐处理；

(2)变压器在台架平稳就位后，应固定牢靠；

(3)变压器应在明显位置悬挂警告牌；

(4)变压器台架距离地面不得小于2.5m；

(5)跌落式熔断器的安装位置距离地面不得小于5m，相间距离不应小于0.7m。不应安装在有机动车行驶的道路侧；

(6)熔丝的规格应符合设计要求，无弯曲、压扁或损伤，熔体与尾线应压接牢固；

(7)变压器高压引下线、母线应采用多股绝缘线，之间的距离不应小于300mm，中间不得有接头。其导线截面应按变压器额定电流选择，但铜线不应小于$16mm^2$，铝线不应小于$25mm^2$。检验方法：观察和卷尺测量。

2.室内变压器安装距离墙壁不应小于800mm，距门不应小于1000mm，中心应在屋顶吊环垂线位置。裸露带电部分应有相应的安全防范措施。检验方法：观察和卷尺测量。

3.变压器本体就位应符合下列规定：

(1)变压器基础的轨道应水平，轮距与轨距应适合；

(2)当使用封闭母线连接时，应使其套管中心线与封闭母线安装中心线相符；

(3)装有滚轮的变压器就位后，应将滚轮用能拆卸的制动装置加以固定；

(4)柱上变压器应将滚轮拆卸掉。检验方法：观察和卷尺测量。

4.变压器附件安装应符合下列规定：

(1)油枕放气孔和导油孔应畅通，油标玻璃管应完好；

(2)油枕与支架、油箱应固定牢靠；

(3)干燥器中的干燥剂应未失效。干燥器与油枕间管路的连接应密封，管道应畅通；

(4)温度计信号接点应动作正确，导通良好。温度计座应密封良好，无渗漏现象和不得进水；

(5)变压器绝缘油质量必须合格。检验方法：观察和资料。

5.箱式变电站的基础应符合设计要求，电缆室应有通风口，并有防止小动物进入箱内和良好的排水措施。检验方法：观察。

6.箱式变电站安装完毕后，应符合下列规定：

(1)箱内及各元件表面应清洁、干燥、无异物；

(2)操作机构、开关等可动元器件应灵活、可靠、准确。对装有温度显示、温度控制、风机、凝露控制等装置的设备，应根据电气性能要求和安装使用说明书进行检查；

(3)所有主回路、接地回路及辅助回路接点应牢固，并应符合电气原理图的要求；

(4)变压器、高(低)压开关柜及所有的电器元件设备安装螺栓应紧固；

(5)辅助回路的电器整定值应准确，仪表与互感器的变化及接线极性应正确，所有电器元件应无异常；

(6)变压器绝缘电阻：干燥环境条件下，高压对低压及对地绝缘电阻不应小于300MΩ，低压对地绝缘电阻不应小于100MΩ。潮湿环境条件下，绝缘电阻不应小于20MΩ；

(7)低压开关设备的绝缘电阻值不应小于0.5MΩ，并在运行前的通电试验中无异常。检验方法：观察和资料。

7.柜、屏、台、箱、盘内配线整齐，导线不应有接头，无绞接现象。导线连接紧密，不伤芯线，不断股。垫圈下螺丝两侧压的导线截面积相同，同一端子上导线连接不得多于2根，防松垫圈等零件齐全。二次回路连线应成束绑扎，不同电压等级、交流、直流线路以及计算机控制线路应分别绑扎，且有标识。检验方法：观察。

8.柜、屏、台、箱、盘内的配线电流回路应采用铜芯绝缘导线，其电压不应低于500V，其截面不应小于2.5mm²，其他回路截面不应小于1.5mm²；当电子元件回路、弱电回路采取锡焊连接时，在满足载流量和电压降及有足够机械强度的情况下，可采用不小于0.5mm²截面的绝缘导线。检验方法：观察。

9.各类柜、屏、台、箱、盘的正面以及背面各电器、端子排、电缆芯线和所配导线的端部、标识器件等应标明编号、名称、用途、操作位置，其标明的字迹应清晰、准确、工整、不易脱色。文字、图纸技术资料完整。检验方法：观察。

10.柜、屏、台、箱、盘相互间或与基础型钢应用镀锌螺栓连接，且防松零件齐全。检验方法：观察。

11.在每一处电源的柜或屏、箱内应留有计度、远程控制仪器仪表的空间位置。检验方法：观察。检验数量：全部。

12.柜、屏、台、箱、盘单独或成列安装的允许偏差应符合表1规定。

表1 安装的允许偏差

项目		允许偏差(mm)
垂直度		<1.5
水平偏差	相邻两盘顶部	<2
	成列盘顶部	<5
盘面偏差	相邻两盘边	<1
	成列盘面	<5
盘间接缝		<2

检验方法：卷尺测量。

13.柜、屏、台、箱、盘内两导体间、导电体与裸露的不带电的导体间允许最小电气间隙及爬电距离应符合下表的规定。屏顶上小母线不同相或不同极的裸露截流部分之间、裸露截流部分与未经绝缘的金属体之间电气间隙不得小于

12mm，爬电距离不得小于20mm。

表2　允许最小电气间隙爬电距离

额定电压U（V）	带电间隙(mm)		爬电距离(mm)	
	额定工作电流		额定工作电流	
	≤63A	>63A	≤63A	>63A
U≤60	3.0	5.0	3.0	5.0
60<U≤300	5.0	6.0	6.0	8.0
300<U≤500	8.0	10.0	10.0	12.0

检验方法：卷尺测量。

14.变压器投入运行后，连续运行24h无异常即可视为合格。

15.验收应提交下列资料和文件：

(1)项目竣工资料；

(2)变更设计的文件；

(3)制造厂提供的产品说明书、试验记录、合格证件以及安装图纸等技术文件；

(4)安装技术记录、检查记录等；

(5)试验报告；

(6)备品备件移交清单。

城市道路照明控制系统检验批质量检验记录

渝市政验收1-6-7

单位工程名称	重庆市××区环城路城市道路K1+000～K20+000合同段		
分部工程名称	K1+000～K1+500段道路照明控制系统		
分项工程名称	道路照明	验收部位	道路照明控制
施工单位	××区城建开发公司	项目经理	王××
分包单位	××城建一分公司	分包项目经理	岳××
施工执行标准名称及编号	重庆市《城市道路工程施工质量验收规范》DBJ 50-078—2008		

项目	序号	施工质量验收规范的规定：检查项目		施工质量验收规范的规定：规定值及允许偏差	施工单位检查评定记录	监理单位验收记录
主控项目	1	开关控制器	照度调试范围	0～50lx	符合规范要求。	符合规范要求。
			性能	符合规范规定	符合规范要求。	符合规范要求。
			时间精度	±1s/d	符合规范要求。	符合规范要求。
			适用环境温度	-15～55℃	符合规范要求。	符合规范要求。
	2	自动和手动开关控制		符合规范要求	具有在通信中断的情况下自动和手动开关的控制功能。	符合规范要求。
	3	节能控制措施		符合规范要求	具有节能的控制措施。	
	4	遥控信号发射塔		符合规范要求	遥控信号发射塔安装有防雷、避雷设施。	
	5					
一般项目	1	光电接收器		符合规范要求	光电接收器安装在无光干扰的位置。	
	2	单板(片)机和微机等控制设备		符合规范要求	设有屏蔽装置。	符合规范要求。
	3	装有电子控制设备的柜(箱、盘)		符合规范要求	防尘、防潮、防水，加装有通风装置。	
	4	计算机集中控制室		符合规范要求	防尘、防潮、控温设施，并布局合理、整洁。	
	5	控制系统元器件		符合规范要求	可靠并保证精确度。	
	6	遥控系统	通讯方式	符合规范要求	有线连接。	
			应用模块	符合规范要求	齐全。	
	7	保护装置		符合规范要求	控制电器前安装有保护装置。	
	8	控制线		符合规范要求	控制线有明显标识。	

	施工员	李××	施工班组长	张××
施工单位检查评定结果	检查情况： 经检查，主控项目和一般项目均符合设计要求和重庆市《城市道路工程施工质量验收规范》(DBJ 50-078—2008)规定，评定合格。 项目专职质量员：王×× 2015年5月20日			
监理单位验收结论	验收意见： 同意施工单位评定结果，验收合格，同意进行下道工序施工。 专业监理工程师：黎×× 2015年5月20日			

说明:

主控项目

1.开关控制电器应符合下列规定:

(1)照度调试范围应为0~50lx;

(2)产品出厂调试照度与环境照度应一致;

(3)时间精度应小于±1s/d,定时时间误差不应累计;

(4)应具有多种定时开、关方式;

(5)性能可靠、操作简单,具有较强的抗干扰能力,存储数据不丢失;

(6)适用环境温度范围应在-15~55℃。检验方法:观察和资料。

2.采用集中控制系统时,远动终端应具有在通信中断的情况下自动和手动开关的控制功能。检验方法:观察和资料。

3.具有节能的控制措施。检验方法:观察和资料。

4.遥控信号发射塔必须安装防雷、避雷设施。检验方法:观察和资料。

一般项目

1.光控开关的光电接收器应安装在避免有光干扰的位置。检验方法:观察。

2.单板(片)机和微机等控制设备应与其他电器隔离安装,并应设有屏蔽装置。检验方法:观察。

3.装有电子控制设备的柜(箱、盘)应有防尘、防潮、防水等措施,避免太阳照射,必要时加设通风装置。检验方法:观察。

4.计算机集中控制室应有防尘、防潮、控温设施,并布局合理、整洁。检验方法:观察和资料。

5.控制系统的元器件应保证其可靠性和精确度。遥控系统采集到的电参数应满足系统对电流、电压、功率、电量、亮灯率、终端箱内温度、门状等参数的需要。检验方法:观察和资料。

6.遥控系统采取的通信方式应具备经济性、可靠性和范围覆盖能力,能快速传送准确的数据。检验方法:观察和资料。

7.遥控系统的应用模块应功能齐全、实用,具备权限认证、远程控制、设备故障报警、设备和地理信息查询、维护、数据统计、归档和打印功能。并能进行数据处理,通过分析判断,将运行故障显示或报警。检验方法:观察和资料。

8.控制电器前应安装保护装置。检验方法:观察。

9.有线控制系统中的控制线应有明显标识,并不得搭接其他电器。检验方法:观察。

城市道路照明安全保护系统检验批质量检验记录

渝市政验收1-6-8

单位工程名称	重庆市××区环城路城市道路K1+000～K20+000合同段		
分部工程名称	K1+000～K1+500段道路照明安全保护系统		
分项工程名称	道路照明	验收部位	道路照明安全保护
施工单位	××区城建开发公司	项目经理	王××
分包单位	××城建一分公司	分包项目经理	岳××
施工执行标准名称及编号	重庆市《城市道路工程施工质量验收规范》DBJ 50-078—2008		

项目	序号	检查项目		规定值及允许偏差				施工单位检查评定记录	监理单位验收记录
主控项目	1	接地电阻		符合设计要求				用接地电阻测量仪测量，符合设计要求。	符合设计要求。
	2	接零保护		符合规范要求				有接零保护装置，符合规范要求。	符合规范要求。
	3	接地装置的导体截面	种类规格及单位	地上√ 室内√	地上√ 室外	地下 交流电回路	地下 直流电回路		
			圆钢直径(mm)	6	8	10	12	符合规范要求。	符合规范要求。
			截面(mm)	60	100	100	100	√ √ √ √ √ √ √	符合规范要求。
			厚度(mm)	3	4	4	6	√ √ √ √ √ √ √	符合规范要求。
			角钢厚度(mm)	2	2.5	4	6	√ √ √ √ √ √ √	符合规范要求。
			钢管管壁厚(mm)	2.5	2.5	3.5	4.5	符合规范要求。	符合规范要求。
			金属部分	符合规范要求				金属部分，均接零或接地。	符合规范要求。
			接地线	符合规范要求				符合规范要求。	符合规范要求。
一般项目	1	接地保护	接地电阻	≤4Ω				√ √ √ √ √ √ √	符合规范要求。
	2	接地保护	地体埋深	≥600mm				√ √ √ √ √ √ √	符合规范要求。
	3	接地保护 接地体	垂直间距	≥接地体长度2倍				符合规范要求。	符合规范要求。
	4	接地保护 接地体	水平间距	≥5000mm				符合规范要求。	符合规范要求。
	5	接地体连接		符合规范要求				符合规范要求。	符合规范要求。
	6	明敷接地线 支架距离	水平	500～1500mm				符合规范要求。	符合规范要求。
		明敷接地线 支架距离	垂直	1500～3000mm				符合规范要求。	符合规范要求。
		明敷接地线 水平敷设	距地面	250～300mm				符合规范要求。	符合规范要求。
		明敷接地线 水平敷设	与墙壁	100～150mm				符合规范要求。	符合规范要求。

施工员	李××	施工班组长	张××
施工单位检查评定结果	检查情况： 经检查，主控项目和一般项目均符合设计要求和重庆市《城市道路工程施工质量验收规范》(DBJ50-078-2008)规定，评定合格。 项目专职质量员：王×× 2015年5月20日		
监理单位验收结论	验收意见： 同意施工单位评定结果，验收合格，同意进行下道工序施工。 专业监理工程师：黎×× 2015年5月20日		

说明：

主控项目

1.测试接地装置的接地电阻值必须符合设计要求。检验方法：用接地电阻测量仪。

2.采用接零保护时，保护零线上严禁装设熔断器或开关。检验方法：观察和资料。

3.保护零线和相线的材质应相同。当相线的截面在35mm²及以下时，保护零线的最小截面应为16mm²；当相线的截面在35mm²以上时，保护零线的最小截面不得小于相线截面的50%。检验方法：观察和资料。

4.接地装置的导体截面应符合热稳定和机械强度要求。材料采用钢材时，应热浸锌防腐处理。最小允许规格、尺寸应符合下表的规定。

表 最小允许规格、尺寸

种类、规格及单位		敷设位置及使用类别			
		地上		地下	
		室内	室外	交流电流回路	直流电流回路
圆钢直径(mm)		6	8	10	12
扁钢	截面(mm)	60	100	100	100
	厚度(mm)	3	4	4	6
角钢厚度(mm)		2	2.5	4	6
钢管管壁厚度(mm)		2.5	2.5	3.5	4.5

检验方法：卷尺测量。

5.电气装置的下列金属部分，均应接零或接地：

(1)变压器、配电屏(柜、箱、盘)等的金属底座或外壳；

(2)室内外配电装置的金属构架及靠近带电部位的金属遮拦和金属门；

(3)电力电缆的金属护套、接线盒和保护管；

(4)配电和路灯的金属杆塔；

(5)其他因绝缘破坏可能使其带电的外露导体。检验方法：观察。

6.不得利用蛇皮管、裸铝导线以及电缆的金属护套层做接地线。接地线不得兼做他用。检验方法：观察。

一般项目

1.灯杆、配电箱等金属设备采用接地保护时，其接地电阻不应大于4Ω。检验方法：用接地电阻测量仪。

2.地体埋深不应小于600mm，垂直接地体的间距不应小于其长度的2倍，水平接地体的间距不应小于5000mm。检验方法：卷尺测量和资料。

3.电气设备的带电部分应有防直接触摸保护装置。检验方法：观察。

4.接地体的连接应采用焊接。焊接应牢固并应进行防腐处理，接至电气设备上的接地线应采用镀锌螺栓连接。对有色金属接地线不能采用焊接时，可用镀锌螺栓连接。

5.明敷接地线应符合下列规定：

(1)敷设位置不应妨碍设备的拆卸和检修；

(2)接地线应水平或垂直敷设，在直线段上不应起伏或弯曲；

(3)支架的距离：水平直线段应为500～1500mm，垂直直线段应为1500～3000mm，转弯部分应为300～500mm；

(4)水平敷设时，距地面应为250～300mm，与墙壁间的距离应为100～150mm；

(5)跨越建筑物伸缩缝、沉降缝时，应将接地线弯成弧状。检验方法：卷尺测量和资料。

6.接地体的连接应采用搭接焊，焊缝饱满。其搭接长度应符合下列规定：

(1)扁钢为其宽度的2倍，并焊接两长边和一短边；

(2)圆钢为其直径的6倍；

(3)圆钢与扁钢连接时,其长度为圆钢直径的6倍；

(4)扁钢与角钢连接时,应在其接触部位两侧边和一短边进行焊接。检验方法:卷尺测量和资料。

城市道路人行道土基施工检验批质量检验记录

渝市政验收1-7-1

单位工程名称	重庆市××区环城路城市道路K1+000～K20+000合同段		
分部工程名称	K1+000～K1+500段道路人行道		
分项工程名称	道路人行道土基	验收部位	道路人行道
施工单位	××区城建开发公司	项目经理	王××
分包单位	××城建一分公司	分包项目经理	岳××
施工执行标准名称及编号	重庆市《城市道路工程施工质量验收规范》DBJ 50-078—2008		

项目	施工质量验收规范的规定				施工单位检查评定记录							监理单位验收记录
	序号	检查项目	单位	规定值及允许偏差								
主控项目	1	碾压		符合规范要求	压实度符合要求。							符合规范要求。
	2											
	3											
	4											
	5											
	6											
	7											
	8											
一般项目	1	填筑		符合规范要求	取样检验,符合规范要求。							符合规范要求。
	2	压实度(轻型)	%	≥90	92	93	95	96	94	93	92	符合规范要求。
	3	平整度	mm	20	√	√	√	√	√	√	√	符合规范要求。
	4	宽度	mm	不小于设计值	√	√	√	√	√	√	√	符合规范要求。
	5	横坡	%	±0.3	0.2	0.1	0.2	0.2	0.1	0.1	0.2	符合规范要求。

施工单位检查评定结果	施工员	李××	施工班组长	张××
	检查情况: 经检查,主控项目和一般项目均符合设计要求和重庆市《城市道路工程施工质量验收规范》(DBJ 50-078—2008)规定,评定合格。 项目专职质量员:王×× 2015年5月20日			
监理单位验收结论	验收意见: 同意施工单位评定结果,验收合格,同意进行下道工序施工。 专业监理工程师:黎×× 2015年5月20日			

说明：

一般规定

1.人行道由土基、基层、整平层和铺面等层次构成，应根据使用要求，铺面材料类型及荷载情况进行结构组合。

2.人行道施工应与街坊道口、无障碍缘石坡道、盲道、铺面排水，人行护栏，挡土墙等工程统筹施工；按照先地下后地上的原则与各类公益、公共服务设施，道路绿化工程等协调进行，质量评定及验收要求应符合本规范和相应专业规范规定。

3.人行道范围内各种市政公用管线沟盖板顶面应控制在人行道铺面以下，确保沟盖板顶面满足人行道铺装的结构要求。

4.人行道范围内地面盖框高应事先按人行道标高和横坡予以调整；方形盖框的四边应分别垂直和平行于缘石。

主控项目

人行道土基宜采用适当的压实机具与方式，因地制宜地进行碾压并达到下表规定的压实度要求。检验数量：单向每100m测1点。检验方法：查检验收告。《公路路基路面现场测试规程》环刀法测定压实度。

一般项目

1.人行道土基宜采用低液限黏质土、低液限粉质土或粗粒土填筑，不得使用淤泥及有机质土等填料。检验数量：全部。

检验方法：观察，必要时取样检验。《公路土工试验规程》。

2.人行道土基质量检验标准及允许偏差应符合下表规定。

表　人行道土基质量检验标准及允许偏差

项目	项次	检查项目	单位	规定值及允许偏差	检验频率		检验方法
一般项目	1	压实度(轻型)	%	≥90	100m	1	灌砂法
	2	平整度	mm	20	30m	1	3m直尺
	3	宽度	mm	不小于设计值	40m	1	钢尺量
	4	横坡	%	±0.3	30m	1	水准仪

城市道路人行道基层施工检验批质量检验记录

渝市政验收1-7-2

单位工程名称	重庆市××区环城路城市道路K1+000～K20+000合同段		
分部工程名称	K1+000～K1+500段道路人行道		
分项工程名称	道路人行道基层	验收部位	道路人行道
施工单位	××区城建开发公司	项目经理	王××
分包单位	××城建一分公司	分包项目经理	岳××
施工执行标准名称及编号	重庆市《城市道路工程施工质量验收规范》DBJ 50-078—2008		

项目	施工质量验收规范的规定					施工单位检查评定记录							监理单位验收记录
	序号	检查项目		单位	规定值及允许偏差								
主控项目	1	干密度	级配碎石	T/m³	≥1.90								
			砾石砂		≥2.00								
			半刚性		≥1.90	2.1	2.2	3	2.3	2.4	2.2	2.1	符合规范要求。
	2	厚度	柔性	mm	±15								
			半刚性		±15	12	12	14	13	8	9	11	符合规范要求。
			刚性		±10								
	3	原材料			符合规范要求	符合原材料及混合料质量控制及检验要求。							符合规范要求。
	4	外观质量			符合规范要求	基层表面平整、密实，无蜂窝、麻面、裂缝、积水及覆盖其他设施等缺陷。							符合规范要求。
	5												
	6												
	7												
	8												
一般项目	1	平整度	柔性	mm	≤15								
	2		半刚性	mm	≤15	12	12	14	13	8	9	11	符合规范要求。
	3		刚性	mm	≤12	8	2	9	10	11	8	11	符合规范要求。
	4		宽度	mm	不小于设计值	√	√	√	√	√	√	√	符合规范要求。
	5		横坡	%	±0.3且不反坡	√	√	√	√	√	√	√	符合规范要求。

	施工员	李××	施工班组长	张××
施工单位检查评定结果	检查情况： 经检查，主控项目和一般项目均符合设计要求和重庆市《城市道路工程施工质量验收规范》（DBJ 50-078—2008）规定，评定合格。 项目专职质量员：王×× 2015年5月20日			
监理单位验收结论	验收意见： 同意施工单位评定结果，验收合格，同意进行下道工序施工。 专业监理工程师：黎×× 2015年5月20日			

说明：

主控项目

1.基层原材料及混合料质量控制及检验要求，按规范相应章节条文执行。其中半刚性基层混合料7d强度要求应符合表1规定。

表1 半刚性基层混合料7d强度要求

混合料类型		强度（MPa）	备 注
石灰粉煤灰稳定碎石	粗粒径	≥1.2	25%石灰+75%粉煤灰，65℃，24h快速抗压强度
	细粒径	≥0.5	7d混合料抗压强度
水泥稳定碎石		≥1.5	

检验数量：同相关条文。检验方法：同相关条文。

2.基层应采用小型压实机具，因地制宜地进行碾压并达到表2规定的干密度要求；水泥混凝土基层应进行振实。检验数量：单向每100m测1点。检验方法：查检验报告。《公路路基路面现场测试规程》挖坑灌砂法侧定压实度试验方法。

3.基层厚度应符合设计要求及表1规定。检验数量：单向每100m检验1点。检验方法：检验报告。《公路路基路面现场测试规程》路面厚度测试方法。

4.外观质量要求：

（1）参照规范"5.5级配碎石基层和底基层"、"5.6水泥稳定碎石基层和底基层"、"5.7石灰粉煤灰稳定碎石基层和底基层"相应条文执行；

（2）水泥混凝土基层表面应平整、密实，无蜂窝、麻面、裂缝、积水及覆盖其他设施等缺陷。

检验数量：全部。检验方法：观察。

5.人行道基层质量检验标准及允许偏差应符合表2规定。

表2 人行道基层质量检验标准及允许偏差

项目	项次	检查项目		单位	规定值及允许偏差	检验频率		检验方法
						范围	点/次	
主控项目	1	干密度	级配碎石	T/m^3	≥1.90	100m	1	灌砂法
			砾石砂		≥2.00			
			半刚性		≥1.90			
	2	厚度	柔性	mm	±15	100m	1	水准仪或钢尺
			半刚性					
			刚性	mm	±10			钻孔尺量
一般项目	3	平整度	柔性	mm	≤15	30m	1	3m直尺
			半刚性					
			刚性	mm	≤12			
	4		宽度	mm	不小于设计值	40m	1	钢尺
	5		横坡	%	±0.3	30m	1	水准仪

城市道路人行道整平层施工检验批质量检验记录

渝市政验收1-7-3

单位工程名称	重庆市××区环城路城市道路K1+000～K20+000合同段		
分部工程名称	K1+000～K1+500段道路人行道		
分项工程名称	道路人行道整平层	验收部位	道路人行道
施工单位	××区城建开发公司	项目经理	王××
分包单位	××城建一分公司	分包项目经理	岳××
施工执行标准名称及编号	重庆市《城市道路工程施工质量验收规范》DBJ 50-078—2008		

项目	施工质量验收规范的规定			施工单位检查评定记录							监理单位验收记录
	序号	检查项目	规定值及允许偏差								
主控项目	1	中、粗砂(细度模数)	2.3～3.2	2.5	2.6	2.4	3	3.1	2.6	2.5	符合规范要求。
	2	石屑(mm)	3～6	4	4.2	4.2	5	4.3	5.2	5	符合规范要求。
	3	含泥量(%)	5	1	2	3	4	2	3	1	符合规范要求。
	4	水泥标号及掺加量	符合设计要求	查验产品合格证及检验报告，水泥标号及掺加量符合设计要求。							符合规范要求。
	5	水泥砂浆标号	符合设计要求	查验产品合格证及检验报告，水泥砂浆标号及掺加量符合设计要求。							符合规范要求。
	6	整平层厚度	符合设计要求	尺量，整平层厚度符合设计要求。							符合规范要求。
	7										
	8										
	9										
	10										

	施工员	李××	施工班组长	张××
施工单位检查评定结果	检查情况： 经检查，主控项目和一般项目均符合设计要求和重庆市《城市道路工程施工质量验收规范》(DBJ 50-078—2008)规定，评定合格。 项目专职质量员：王×× 2015年5月20日			
监理单位验收结论	验收意见： 同意施工单位评定结果，验收合格，同意进行下道工序施工。 专业监理工程师：黎×× 2015年5月20日			

说明：

1.采用砂、干拌水泥砂、水泥砂浆或石屑作为整平层时，砂宜采用中、粗砂，细度模数为2.3～3.2；石屑宜采用3～6mm。整平层含泥量宜小于5%。

2.干拌水泥砂、水泥砂浆整平层中的水泥标号及掺加量需符合设计要求。检验数量：每批水泥检验一次。检验方法：查验产品合格证及检验报告。

3.水泥砂浆的标号需符合设计要求；检验数量：每台班检验一次。检验方法：查检验报告。

4.整平层厚度需符合设计要求。检验数量：单向每100m检验1点。检验方法：尺量。

城市道路素色人行道预制板铺面施工检验批质量检验记录

渝市政验收1-7-4

单位工程名称	重庆市××区环城路城市道路K1+000～K20+000合同段		
分部工程名称	K1+000～K1+500段道路人行道预制板铺面		
分项工程名称	道路素色人行道预制板铺面	验收部位	道路人行道
施工单位	××区城建开发公司	项目经理	王××
分包单位	××城建一分公司	分包项目经理	岳××
施工执行标准名称及编号	重庆市《城市道路工程施工质量验收规范》DBJ 50-078—2008		

项目	施工质量验收规范的规定					施工单位检查评定记录							监理单位验收记录
	序号	检查项目		单位	规定值及允许偏差								
主控项目	1	平整度		mm	≤5	1	3	2	4	3	2	1	符合规范要求。
主控项目	2	预制板强度		MPa	符合设计或规范要求	查检产品合格证，检验报告，抗压强度高于30MPa，符合规范要求。							符合规范要求。
主控项目	3	成品外形质量	边长	mm	±3	−1	−2	1	2	−1	1	2	符合规范要求。
主控项目	3	成品外形质量	对角线长度差	mm	≤5	1	3	2	4	3	2	1	符合规范要求。
主控项目	3	成品外形质量	厚度	mm	±3	−1	−2	1	2	−1	1	2	符合规范要求。
主控项目	3	成品外形质量	厚度差	mm	≤3	1	2	1.2	2.1	1	2	1.5	符合规范要求。
主控项目	3	成品外形质量	平整度	mm	≤2	1	1.2	1.5	1.6	1.8	1.9	1.7	符合规范要求。
主控项目	3	成品外形质量	缺棱掉角长度	mm	投影尺寸≤10	钢尺量，符合规范要求。							符合规范要求。
主控项目	4	外观质量			符合规范要求	拼装正确，铺面平整、稳固。							符合规范要求。
一般项目	1	相邻块高差		mm	≤2	1	1.2	1.5	1.6	1.8	1.9	1.7	符合规范要求。
一般项目	2	与缘石顶面高差		mm	≤5	1	3	2	4	3	2	1	符合规范要求。
一般项目	3	横坡		%	±0.3	√	√	√	√	√	√	√	符合规范要求。
一般项目	4	纵缝直顺		mm	≤10	8.5	9	8.6	8.8	6	5.5	4.9	符合规范要求。
一般项目	5	横缝直顺		mm	≤10	8.5	9	8.6	8.8	6	5.5	4.9	符合规范要求。
一般项目	6	接缝宽度		mm	±2	0	1	1.2	1.5	−1	−1	1.9	符合规范要求。
一般项目	7	井框与铺面高差		mm	≤5	1	3	2	4	3	2	1	符合规范要求。

	施工员		施工班组长	
施工单位检查评定结果	检查情况： 经检查，主控项目和一般项目均符合设计要求和重庆市《城市道路工程施工质量验收规范》(DBJ 50-078—2008)规定，评定合格。 项目专职质量员：王×× 2015年5月20日			
监理单位验收结论	验收意见： 同意施工单位评定结果，验收合格，同意进行下道工序施工。 专业监理工程师：黎×× 2015年5月20日			

说明：

主控项目

1.素色人行道预制板的强度应符合设计要求，无特别要求时，抗压强度应不低于30MPa，抗弯折强度不低于4.0MPa。检验数量：同厂、同规格连续进场每500m²为一批，不足者亦以一批计，每批检验不少于1次。检验方法：查验产品合格证及检验报告。

2.素色人行道预制板制成品外形质量要求应符合表1规定。检验数量：每批抽检预制板总数3%。检验方法：尺量、观察。

表1　素色人行道预制板制成品外形质量要求

项次	检查项目	单位	规定值及允许偏差	检验方法
1	边长	mm	±3	钢尺量
2	对角线长度差	mm	≤5	钢尺量
3	厚度	mm	±3	钢尺量
4	厚度差	mm	≤3	钢尺量
5	平整度	mm	≤2	直尺、塞尺量
6	缺棱掉角长度	mm	投影尺寸≤10	钢尺量

3.素色人行道板铺面的平整度应符合表1规定。检验数量：每20m测1点。检验方法：检验报告，3m直尺。

4.外观质量要求：

(1)铺面平整、稳固，无空鼓、翘动、断块等缺陷；直线段与曲线段衔接和顺；

(2)铺面边角整齐，纵横顺直，缝宽均匀，灌缝饱满且砂浆无外溢；

(3)铺面横坡平顺，无积水、反坡缺陷，板块与盖框及构筑物衔接和顺；

(4)铺面边角补缺部分的现浇水泥混凝土应分格整齐、纹眼清晰、表面平整。

检验数量：全部。检验方法：观察。

5.素色人行道预制板铺面质量检验标准及允许偏差应符合表2的规定。

表2　素色人行道预制板铺面质量检验标准及允许偏差

项目	项次	检查项目	单位	规定值及允许偏差	检验频率		检验方法
					范围	点/次	
主控项目	1	平整度	mm	≤5	20m	1	3m直尺
一般项目	2	相邻块高差	mm	≤2	20m	1	直尺靠量
	3	与缘石顶面高差	mm	≤5	20m	1	直尺靠量
	4	横坡	%	±0.3	20m	1	水准仪
	5	纵缝直顺	mm	≤10	40m	1	20m水线量取最大值
	6	横缝直顺	mm	≤10	20m	1	沿人行道宽拉小线量取最大值
	7	接缝宽度	mm	±2	20m	1	钢尺量
	8	井框与铺面高差	mm	≤5	每座	1	直尺靠量

注：独立人行道，应增加高程指标，允许偏差为±10mm。

城市道路彩色人行道预制板铺面施工检验批质量检验记录

渝市政验收1-7-5

单位工程名称	重庆市××区环城路城市道路K1+000～K20+000合同段		
分部工程名称	K1+000～K1+500段道路人行道预制板铺面		
分项工程名称	道路彩色人行道预制板铺面	验收部位	道路人行道
施工单位	××区城建开发公司	项目经理	王××
分包单位	××城建一分公司	分包项目经理	岳××
施工执行标准名称及编号	重庆市《城市道路工程施工质量验收规范》DBJ 50-078—2008		

项目	序号	检查项目		单位	规定值及允许偏差	施工单位检查评定记录							监理单位验收记录
主控项目	1	平整度		mm	≤4	在允许范围内							符合规范要求。
主控项目	2	预制板强度		MPa	符合设计或规范要求	查检产品合格证，检验报告，抗压强度高于30MPa，符合规范要求。							符合规范要求。
主控项目	3	成品外形质量	长度、宽度	mm	±2.0	1.2	1.3	1.3	−1	−1	1.7	1.8	符合规范要求。
			厚度	mm	±3.0	2.2	2.9	2.5	−1	−2	1.9	2	符合规范要求。
			厚度差	mm	≤3.0	1	1.4	2.9	2.7	2	2.9	1.6	符合规范要求。
			平整度	mm	≤2.0	1.2	1.3	1.9	1.8	1	1.3	1.2	符合规范要求。
			垂直度	mm	≤2.0	1.2	1.3	1	1.4	1	1.3	1.2	符合规范要求。
			正面粘皮及缺损最多投影尺寸	mm	≤5	√	√	√	√	√	√	√	符合规范要求。
			缺棱掉角的最大投影尺寸	mm	≤10且不多于一处	钢尺量，符合规范要求。							符合规范要求。
			非贯穿裂纹最大投影尺寸	mm	≤10	钢尺量，符合规范要求。							符合规范要求。
主控项目	4	外观质量			符合规范要求	彩色图案拼装正确，铺面平整、稳固。							符合规范要求。
一般项目	1	相邻块高差		mm	≤2	1.2	1.3	1	1.4	1	1.3	1.2	符合规范要求。
一般项目	2	与缘石顶面高差		mm	≤5	2	3	2	1	3	4	1	符合规范要求。
一般项目	3	横坡		%	±0.3	0.1	0.2	0.1	0.2	0.1	0.2	0.1	符合规范要求。
一般项目	4	纵缝直顺		mm	≤5	2	3	2	1	3	4	1	符合规范要求。
一般项目	5	横缝直顺		mm	≤5	2	3	2	1	3	4	1	符合规范要求。
一般项目	6	接缝宽度		mm	±2	1.2	1.3	1.3	−1	−1	1.7	1.8	符合规范要求。
一般项目	7	井框与铺面高差		mm	≤5	2	3	2	1	3	4	1	符合规范要求。

施工员	李××	施工班组长	林××

施工单位检查评定结果

检查情况：

经检查，主控项目和一般项目均符合设计要求和重庆市《城市道路工程施工质量验收规范》(DBJ 50-078—2008)规定，评定合格。

项目专职质量员：王×× 2015年5月20日

监理单位验收结论

验收意见：

同意施工单位评定结果，验收合格，同意进行下道工序施工。

专业监理工程师：黎××

2015年5月20日

说明：

主控项目

1.彩色人行道预制板的强度应符合设计要求，无特别要求时，抗压强度不低于30MPa，耐磨度大于1.5，其制成品外形质量应符合表1规定。检验数量：同一等级、同一规格、同一类别每500m²为一批，不足者亦以一批计，每批检验不少于1次。检验方法：查检产品合格证，检验报告。

表1　彩色人行道预制板制成品外形质量要求

项次	检查项目	单位	规定值及允许偏差	检验方法
1	长度、宽度	mm	±2.0	钢尺量
2	厚度	mm	±3.0	钢尺量
3	厚度差	mm	≤3.0	钢尺量
4	平整度	mm	≤2.0	直尺
5	垂直度	mm	≤2.0	角尺、钢尺
6	正面粘皮及缺损最大投影尺寸	mm	≤5	钢尺量
7	缺棱掉角的最大投影尺寸	mm	≤10且不多于一处	钢尺量
8	非贯穿裂纹最大投影尺寸	mm	≤10	钢尺量

2.彩色人行道预制板表层应质地致密，色泽均匀，无掉色、起皮、分层、裂缝等缺陷，表面花纹图案深度不得超过彩面层厚度。检验数量：全数。检验方法：观察。

3.彩色人行道预制板铺面的平整度应符合表2要求。检验数量：每20m测1点。检验方法：查检验报告，3m直尺。

4.外观质量要求：

(1)彩色图案拼装正确，铺面无明显色差；

(2)铺面平整、稳固，无空鼓、翘动、断块等缺陷；

(3) 铺面边角整齐，纵横顺直，缝宽均匀，灌缝饱满且砂浆无外溢；

(4)铺面横坡平顺，无积水、反坡缺陷。预制板与盖框、盲道，构筑物衔接和顺；

(5)铺面边角补缺部分的彩色人行道预制板彩色图案应与整体一致并利用机械划线切割。

检验数量：全部。检验方法：观察。

5.彩色人行道预制板铺面质量检验标准及允许偏差应符合表2规定。

表2　彩色人行道预制板铺面质量检验标准及允许偏差

项目	项次	检查项目	单位	规定值及允许偏差	检验频率		检验方法
					范围	点/次	
主控项目	1	平整度	mm	≤4	20m	1	3m直尺
一般项目	2	相邻块高差	mm	≤2	20m	1	直尺靠量
	3	与缘石顶面高差	mm	≤5	20m	1	直尺靠量
	4	横坡	%	±0.3	20m	1	水准仪
	5	纵缝直顺	mm	≤5	40m	1	20m小线量取量大值
	6	横缝直顺	mm	≤5	20m	1	沿人行道宽拉小线量取最大值
	7	接缝宽度	mm	±2	20m	1	钢尺
	8	井框与铺面高差	mm	≤5	每座	1	直尺靠量

注：独立人行道应增加高程指标，允许偏差为±10mm。

城市道路人行道街坊道口施工检验批质量检验记录

渝市政验收1-7-6

单位工程名称	重庆市××区环城路城市道路K1+000～K20+000合同段		
分部工程名称	K1+000～K1+500段道路人行道街坊道口		
分项工程名称	道路人行道街坊道口	验收部位	道路人行道街坊道口
施工单位	××区城建开发公司	项目经理	王××
分包单位	××城建一分公司	分包项目经理	岳××
施工执行标准名称及编号	重庆市《城市道路工程施工质量验收规范》DBJ 50-078—2008		

项目	施工质量验收规范的规定			施工单位检查评定记录							监理单位验收记录
	序号	检查项目	规定值及允许偏差								
主控项目	1	铺面材料	符合规范要求	现浇水泥混凝土或热拌沥青混合料，符合质量控制和检验要求。							符合规范要求。
	2	结构层厚度	符合设计或规范要求	现浇水泥混凝土铺面厚度30cm，符合规范要求。							符合规范要求。
	3	外观质量	符合规范要求	道口与车行道、人行道、街坊道路衔接平顺，无积水现象。							符合规范要求。
	4										
	5										
	6										
	7										
	8										
一般项目	1	铺面厚度(mm)	±5	2.3	3.2	−2.1	−1.3	3.5	4.2	3.6	符合规范要求。
	2	平整度(mm)	5	2	1.2	3.2	1.3	4.1	3.6	4.2	符合规范要求。
	3										
	4										
	5										

施工单位检查评定结果	施工员	吴××	施工班组长	杨××
	检查情况： 经检查，主控项目和一般项目均符合设计要求和重庆市《城市道路工程施工质量验收规范》(DBJ 50-078—2008)规定，评定合格。 项目专职质量员：王×× 2015年5月20日			
监理单位验收结论	验收意见： 同意施工单位评定结果，验收合格，同意进行下道工序施工。 专业监理工程师：黎×× 2015年5月20日			

说明：

1.街坊道口铺面材料通常采用现浇水泥混凝土或热拌沥青混合料，其质量控制和检验要求参照“水泥混凝土面层”和“热拌沥青混合料面层”相应条文规定。

2.街坊道口结构层厚度，需符合设计要求。无要求时，现浇水泥混凝土铺面厚度不宜小于20cm，热拌沥青混合料铺面厚度不宜小于10cm。检验数量：单向每100m测1点。检验方法：查检验报告和现场检查。

3.外观质量要求：

（1）道口与车行道、人行道、街坊道路衔接平顺，无积水现象；

（2）其余外观要求同相应人行道铺面的外观要求。

4.道口铺面质量检验标准及允许偏差应符合下表规定。

表　道口铺面质量检验标准及允许偏差

项目	项次	检查项目	单位	规定值及允许偏差	检验频率		检验方法
					范围	点/次	
一般项目	1	厚度	mm	±5	每处	1	钢尺量
	2	平整度	mm	5	每处	1	3m直尺

城市道路无障碍设施检验批质量验收记录表

渝市政验收1-7-7

单位工程名称	重庆市××区环城路城市道路K1+000～K20+000合同段		
分部工程名称	K1+000～K1+500段道路道路无障碍设施		
分项工程名称	道路无障碍设施	验收部位	道路无障碍设施
施工单位	××区城建开发公司	项目经理	王××
分包单位	××城建一分公司	分包项目经理	岳××
施工执行标准名称及编号	重庆市《城市道路工程施工质量验收规范》DBJ 50-078—2008		

项目	序号	检查项目			规定值及允许偏差	施工单位检查评定记录							监理单位验收记录
主控项目	1	盲道平整度(mm)	彩色		≤4								
			素色		≤5	1	2	4	3	2	1	3	符合规范要求。
	2	材料、半成品和成品规格及质量			符合规范要求	查检产品合格证，检验报告，设施采用的材料、半成品和成品的规格及质量符合规范要求。							符合规范要求。
	3	路缘石坡道	平面位置、铺设形式、色彩		符合设计要求	核对设计图纸，平面位置、铺设形式、色彩符合设计要求。							符合规范要求。
		行进盲道											
		提示盲道											
	4	铺面质量			符合规范要求	符合规范要求。							符合规范要求。
	5												
	6												
	7												
	8												
一般项目	1	盲道线形直顺(mm)			≤5	1	2	4	3	2	1	3	符合规范要求。
	2	厚度(mm)			±5	1	−1	−2	3	−1	3	4	符合规范要求。
	3	路缘石坡度(%)			不大于设计值	√	√	√	√	√	√	√	符合规范要求。
	4	坡道正面侧石高出平石(mm)			≤1.0	√	√	√	√	√	√	√	符合规范要求。
	5												

施工单位检查评定结果	施工员	吴××	施工班组长	杨××
	检查情况： 经检查，主控项目和一般项目均符合设计要求和重庆市《城市道路工程施工质量验收规范》(DBJ 50-078—2008)规定，评定合格。 项目专职质量员：王×× 2015年5月20日			
监理单位验收结论	验收意见： 同意施工单位评定结果，验收合格，同意进行下道工序施工。 专业监理工程师：黎×× 2015年5月20日			

说明：

主控项目

1.无障碍设施采用的材料、半成品和成品的规格及质量应符合“素色人行道预制板铺面”和“彩色人行道预制板铺面”相应条文的规定。

检验数量:每批进料检验不少于1次。检验方法:查检产品合格证,检验报告。

2.无障碍路缘石坡道、行进盲道和提示盲道的平面位置、铺设形式、色彩应符合设计要求。

检验数量:全部。检验方法:核对设计图纸。

3.触感盲道、路缘石坡道铺面的质量检验要求应分别符合相关规范规定。

检验数量:全部。检验方法:参考相关规范。

一般项目

1.无障碍路缘石坡道的形状、坡度应符合设计规定；路缘石坡道正面的侧石应高出平石并不大于1.0cm。

检验数量:全部。检验方法:观察、尺量。

2.外观质量要求：

(1)触感盲道铺面平顺,与相邻铺面衔接平整、紧密,无接边高差等缺陷；

(2)路缘石坡道铺面与周边人行道铺面连接和顺,无缺漏破损等缺陷。

3.盲道和路缘石坡道铺面质量检验标准及允许偏差应符合下表规定。

表　盲道和路缘石坡道铺面质量检验标准及允许偏差

项目	项次	检查项目	单位	规定值及允许偏差	检验频率		检验方法
					范围	点/次	
主控项目	1	盲道平整度	mm	同相应类型人行道铺面	40m	1	3m直尺
一般项目	2	盲道线形直顺	mm	≤5	40m	1	20m小线量取最大值
	3	厚度	mm	±5	每处	1	钢尺量
	4	路缘石坡道坡度	%	不大于设计值	每处	1	水平尺、钢尺量

城市道路人行道路缘石施工检验批质量检验记录

渝市政验收1-7-8

单位工程名称	重庆市××区环城路城市道路K1+000～K20+000合同段		
分部工程名称	K1+000～K1+500段道路路缘石		
分项工程名称	道路路缘石	验收部位	道路路缘石
施工单位	××区城建开发公司	项目经理	王××
分包单位	××城建一分公司	分包项目经理	岳××
施工执行标准名称及编号	重庆市《城市道路工程施工质量验收规范》DBJ 50-078—2008		

项目	序号	检查项目		单位	规定值及允许偏差	施工单位检查评定记录							监理单位验收记录
主控项目	1	直顺度		mm	≤5	1.2	1.4	2	3.2	3	4	3.2	符合规范要求。
	2	预制路缘石强度			符合设计要求	查验产品合格证及检验报告，符合设计要求。							符合规范要求。
	3	预制路缘石和制成品	长度	mm	±5	−2	−1	4	2	3	2	1	符合规范要求。
			宽度与厚度	mm	±2	1	1.2	1	1.3	−1	1.5	−1	符合规范要求。
			缺角掉边	mm	≤20，外露面、边、棱角完整								符合规范要求。
			其他		颜色一致，无蜂窝、露石脱皮、裂缝等								
	4	外观质量			符合规范要求	无缺陷，符合规范要求。							符合规范要求。
	5												
	6												
	7												
	8												
一般项目	1	相邻块高差		mm	≤5	1	4	3	2	3	3	2	符合规范要求。
	2	缝宽		mm	±2	1	−1	−1	1.2	1	1.4	1.5	符合规范要求。
	3	与人行道坡顶面高差		mm	≤5	1	4	3	2	3	3	2	符合规范要求。
	4												
	5												

	施工员	杨××	施工班组长	赵××
施工单位检查评定结果	检查情况： 经检查，主控项目和一般项目均符合设计要求和重庆市《城市道路工程施工质量验收规范》(DBJ 50-078—2008)规定，评定合格。 项目专职质量员：王×× 2015年5月20日			
监理单位验收结论	验收意见： 同意施工单位评定结果，验收合格，同意进行下道工序施工。 专业监理工程师：黎×× 2015年5月20日			

说明：

1.水泥混凝土预制路缘石的强度应符合设计要求，无特别要求时，抗压强度不低于30MPa。检验数量：同厂、同规格连续进场每500m为1批，不足者以一批计，每批检验不少于1次。检验方法：查验产品合格证及检验报告。

2.水泥混凝土预制路缘石和制成品外形质量要求应符合表1规定。检验数量：每批抽检预制件总数3%。检验方法：尺量，观察。

表1　水泥混凝土预制路缘石和树池石制成品外形质量要求

项次	检查项目	单位	规定值及允许偏差	检验方法
1	长度	mm	±5	钢尺量
2	宽度与厚度	mm	±2	钢尺量
3	缺角掉边	mm	≤20，外露面、边、棱角完整	钢尺量、观察
4	其他		颜色一致，无蜂窝、露石脱皮、裂缝等	观察

3.水泥混凝土路缘石的直顺度应符合表2的规定。检验数量：每20m测1点。检验方法：查检测报告，20m小线测量。

4.外观质量要求：

（1）安装平整，稳固，色泽一致，无缺角、掉边，断块等缺陷，直线段与曲线段衔接和顺；

（2）顶面纵横坡平顺，无积水、返坡缺陷，顶面与人行道板衔接和顺；

（3）灌缝饱满，填缝密实，勾抹光洁。

5.水泥混凝土预制路缘石安装质量检验标准及允许偏差应符合表2的规定。

表2　水泥混凝土预制路缘石安装质量检验标准及允许偏差

项目	项次	检查项目	单位	规定值及允许偏差	检验频率		检验方法
					范围	点/次	
主控项目	1	直顺度	mm	≤5	20m	1	20m小线量取最大值
一般项目	2	相邻块高差	mm	≤5	20m	1	钢尺
	3	缝宽	mm	±2	20m	1	钢尺
	4	与人行道块顶面高差	mm	≤5	20m	1	钢尺

城市道路人行道树池施工检验批质量检验记录

渝市政验收 1-7-9

单位工程名称	重庆市××区环城路城市道路K1+000～K20+000合同段		
分部工程名称	K1+000～K1+500段道路人行道		
分项工程名称	道路人行道树池	验收部位	道路人行道树池
施工单位	××区城建开发公司	项目经理	王××
分包单位	××城建一分公司	分包项目经理	岳××
施工执行标准名称及编号	重庆市《城市道路工程施工质量验收规范》DBJ 50-078—2008		

项目	施工质量验收规范的规定					施工单位检查评定记录							监理单位验收记录
	序号	检查项目		单位	规定值及允许偏差								
主控项目	1	直顺度		mm	≤5	1.2	1.4	2	3.2	3	4	3.2	符合规范要求。
	2	预制树池石强度			符合设计要求	查验产品合格证及检验报告，符合设计要求。							符合规范要求。
	3	树池制成品	长度	mm	−2	−1	4	2	3	2	1		符合规范要求。
			宽度与厚度	mm	1	1.2	1	1.3	−1	1.5	−1		符合规范要求。
			缺角掉边	mm	≤20，外露面、边、棱角完整								
			其他		颜色一致，无蜂窝、露石脱皮、裂缝等								
	4	外观质量			符合规范要求	无质量缺陷。							
	5												
	6												
	7												
	8												
一般项目	1	相邻块高差		mm	≤5	1	4	3	2	3	3	2	符合规范要求。
	2	缝宽		mm	±2	1	−1	−1	1.2	1	1.4	1.5	符合规范要求。
	3	与人行道坡顶面高差		mm	≤5	1	4	3	2	3	3	2	符合规范要求。
	4												
	5												

	施工员	李××	施工班组长	丰××
施工单位检查评定结果	检查情况： 经检查，主控项目和一般项目均符合设计要求和重庆市《城市道路工程施工质量验收规范》(DBJ 50-078—2008)规定，评定合格。 项目专职质量员：王×× 2015年5月20日			
监理单位验收结论	验收意见： 同意施工单位评定结果，验收合格，同意进行下道工序施工。 专业监理工程师：黎×× 2015年5月20日			

说明：

主控项目

1.水泥混凝土预制树池石的强度应符合设计要求,无特别要求时,抗压强度不低于30MPa。

检验数量:同厂、同规格连续进场500T为一批,不足者以一批计,每批检验不少于1次。

检验方法:查验产品合格证及检验报告。

2.水泥混凝土预制树池石外形质量要求应符合表1规定。

表1 水泥混凝土预制路缘石和树池石制成品外形质量要求

项次	检查项目	单位	规定值及允许偏差	检验方法
1	长度	mm	±5	钢尺量
2	宽度与厚度	mm	±2	钢尺量
3	缺角掉边	mm	≤20,外露面、边、棱角完整	钢尺量、观察
4	其他		颜色一致,无蜂窝、露石脱皮、裂缝等	观察

检验数量:每批抽检预制件总数3%。检验方法:尺量,观察。

3.外观质量要求:

(1)安装平整、稳固,色泽一致,无缺角、掉边、断块等缺陷;

(2)缝宽均匀,坐浆饱满且砂浆不外溢;

(3)顶面纵、横坡与人行道板铺面保持一致,与人行道板衔接和顺;

(4)安装水泥混凝土预制树池石时,其四条边应分别垂直和平行于路缘石。

4.水泥凝土预制树池石安装质量检验标准及允许误差应符合表2相应的规定。

表2 水泥混凝土预制路缘石安装质量检验标准及允许偏差

项目	项次	检查项目	单位	规定值及允许偏差	检验频率		检验方法
					范围	点/次	
主控项目	1	直顺度	mm	≤5	20m	1	20m小线量取最大值
一般项目	2	相邻块高差	mm	≤5	20m	1	钢尺
	3	缝宽	mm	±2	20m	1	钢尺
	4	与人行道块顶面高差	mm	≤5	20m	1	钢尺

城市道路附属设施混凝土防撞护栏施工检验批质量检验记录

渝市政验收 1-8-1

单位工程名称		重庆市××区环城路城市道路K1+000～K20+000合同段										
分部工程名称		K1+000～K1+500段道路附属设施工程										
分项工程名称		混凝土防撞护栏			验收部位				混凝土防撞护栏			
施工单位		××区城建开发公司			项目经理				王××			
分包单位		××城建一分公司			分包项目经理				岳××			
施工执行标准名称及编号		重庆市《城市道路工程施工质量验收规范》DBJ 50-078—2008										
项目	施工质量验收规范的规定				施工单位检查评定记录							监理单位验收记录
	序号	检查项目	单位	规定值及允许偏差								
主控项目	1	混凝土强度	MPa	在合格标准内	检查检测报告，试验记录，混凝土试件强度应满足设计和国家现行有关评定标准的要求。							符合规范要求。
主控项目	2	防撞护栏施工		符合设计要求	施工工艺，钢筋安装成型，预埋钢筋的留置，伸缩缝设置等符合设计要求。							符合规范要求。
主控项目	3	构件质量		符合设计与现行规范要求	核查检测报告，报验资料，金属座及金属扶手，挂扳等构件质量，金属构件焊缝质量，防锈涂装质量等符合设计与现行规范要求。							符合规范要求。
主控项目	4											
主控项目	5											
主控项目	6											
主控项目	7											
主控项目	8											
一般项目	1	平整偏位	mm	4	1	2	3	2	1	3	2	符合规范要求。
一般项目	2	断面尺寸	mm	±5	−1	−3	3	1	2	−4	−3	符合规范要求。
一般项目	3	竖直度	mm	4	1	2	1	3	2	1	2	符合规范要求。
一般项目	4	护栏接缝两侧高差	mm	3	1	2	1	2	1	1	2	符合规范要求。
一般项目	5	缺陷面积		≤该面面积0.5%	√	√	√	√	√	√	√	符合规范要求。
一般项目	5	缺陷深度	mm	≤10	2	5	6	4	5	5	6	符合规范要求。
一般项目	6	构件错位	mm	≤3	1	2	1.5	2.6	2	1	2	符合规范要求。
施工单位检查评定结果	施工员		李××		施工班组长				丰××			
	检查情况： 经检查，主控项目和一般项目均符合设计要求和重庆市《城市道路工程施工质量验收规范》(DBJ 50-078—2008)规定，评定合格。 项目专职质量员：王×× 2015年5月20日											
监理单位验收结论	验收意见： 同意施工单位评定结果，验收合格，同意进行下道工序施工。 专业监理工程师：黎×× 2015年5月20日											

说明：

一般规定

1.附属设施主要包括防撞护栏、隔离墩、防护设施、公交停靠站、防眩屏、防声屏等附属物。

2.防撞护栏、断面尺寸必须满足设计要求,结构必须稳定和安全可靠,并具有足够抵抗外力撞击和抗倾覆的能力。常用的混凝土防撞护栏包括钢筋混凝土防撞护栏、波形钢护栏和缆索护栏三种。

3.道路防护设施常根据人、车分隔的需要设置在路缘石内侧或者设置在高填方路基及外侧高挡墙顶面危险路段的边缘处。防护设施主要有混凝土护栏、金属护栏,也有料石护柱、人行料石护栏等形式。

4.道路附属设施的设置位置、结构形式、施工工艺及材料,半成品的质量、规格必须满足设计要求和满足车辆、行人交通安全及环保等使用功能的需要。

5.附属设施中的所有钢构件都应进行防腐处理。

主控项目

1.配制混凝土所用的水泥、砂、石子、水、外掺剂及钢筋的质量和规格、型号应符合现行规范和设计的要求。严格按照试验机构确定的配合比进行施工。混凝土试件强度应满足设计和国家现行有关评定标准的要求。

检验数量：全部。检验方法：检查检测报告,试验记录。

2.混凝土防撞护拦预制构件的强度等级应符合设计要求,混凝土预制构件经外观质量检查合格后方可进行安装就位。构件与基础之间,构件相互之间的连接应牢固稳定、安全可靠。

检验数量:抽查构件总量的30%。检验方法:核查强度检测报告,施工报验资料,观察。

3.现浇混凝土防撞护栏施工工艺,钢筋安装成型,预埋钢筋的留置,伸缩缝设置等应符合设计要求。

检验数量：全部。检验方法:对照施工设计图检查,检查钢筋隐检记录,观察。

4.复合型防撞护栏的金属座及金属扶手,挂扳等构件质量,金属构件焊缝质量,防锈涂装质量等应符合设计与现行规范要求。

检验数量:全部。检验方法:核查检测报告,报验资料。

一般项目

1.外观质量要求：

(1)混凝土防撞护栏表面应平整光洁,不得有空洞、露筋、开裂、错台现象。混凝土表观色泽应均匀一致。蜂窝、麻面、脱皮、起层等缺陷面积不得超过该面面积的0.5%,深度不得超过10mm。

(2)混凝土构件安装连接应牢固稳定,相互之间错位应不大于3mm。挂板与护拦的预埋连接钢筋必须满足设计要求。挂板下缘和梁体翼缘应连接密贴不留空隙。

(3)防撞护栏金属构件应焊接(或螺栓连接)牢固稳定,涂装厚度、层数应满足设计要求,色泽均匀一致。

(4)防撞护栏伸缩缝在路基结构沉降缝处(或梁体伸缩缝处)应断开,混凝土护栏伸缩缝应与水平面垂直,宽度应符合设计要求,伸缩缝内不得有杂物。金属护栏扶手纵向伸缩缝应满足功能要求。

(5)防撞护栏不得有断裂弯曲和凹凸不平现象,线形应直顺,节段间应平滑顺接。

检验数量:全部。检验方法:观察、核查资料。

2.混凝土防撞护栏施工质量检验标准及允许偏差见下表规定。

表 混凝土防撞护栏施工质量检验标准及允许偏差

项目	项次	检查项目	单位	规定值及允许偏差	检验频率		检验方法
					范围	点/次	
主控项目	1	混凝土强度	MPa	在合格标准内			按现行评定标准判定
一般项目	2	平面偏位	mm	4	查每个构件或构筑物（抽10%）	2	直尺卷尺
	3	断面尺寸	mm	±5		1	钢卷尺
	4	竖直度	mm	4		1	钢卷尺
	5	护栏接缝两侧高差	mm	3		1	直尺、垂线

城市道路附属设施波形钢护栏施工检验批质量检验记录

渝市政验收1-8-2

单位工程名称	重庆市××区环城路城市道路K1+000～K20+000合同段		
分部工程名称	K1+000～K1+500段道路附属设施工程		
分项工程名称	波形钢护栏	验收部位	波形钢护栏
施工单位	××区城建开发公司	项目经理	王××
分包单位	××城建一分公司	分包项目经理	岳××
施工执行标准名称及编号	重庆市《城市道路工程施工质量验收规范》DBJ 50-078—2008		

项目	序号	检查项目	单位	规定值及允许偏差	施工单位检查评定记录							监理单位验收记录
主控项目	1	波形梁板基底金属厚度	mm	±0.16	√	√	√	√	√	√	√	符合规范要求。
	2	立柱壁厚	mm	4.5±0.25	√	√	√	√	√	√	√	符合规范要求。
	3	镀(涂)层质量	μm	符合设计规定	镀锌表面应无漏镀、露铁、均匀完整、颜色一致。							符合规范要求。
	4	立柱竖直度	mm/m	±10	2	−3	5	−4	6	7	3	符合规范要求。
	5	立柱埋入深度	mm	符合设计规定	核查隐检记录，检测报告，符合设计和规范要求。							符合规范要求。
	6	横梁中心高度	mm	±20	−11	13	17	−12	16	19	−16	符合规范要求。
	7	护栏顺直度	mm/m	±5	1	2	3	2	−2	−3	1	符合规范要求。
	8											
一般项目	1	拼接螺栓抗拉强度	MPa	≥600	查材料检测报告，符合规范要求。							符合规范要求。
	2	立柱外边缘距路肩边线距离	mm	±20	12	13	−15	17	−19	18	−16	符合规范要求。
	3	立柱中距	mm	±50	20	−34	35	−32	−20	25	43	符合规范要求。
	4	外观质量		符合规范要求	无质量缺陷。							符合规范要求。
	5											
	6											

施工单位检查评定结果	施工员	杨××	施工班组长	李××
	检查情况： 经检查，主控项目和一般项目均符合设计要求和重庆市《城市道路工程施工质量验收规范》(DBJ 50-078—2008)规定，评定合格。 项目专职质量员：王×× 2015年5月20日			
监理单位验收结论	验收意见： 同意施工单位评定结果，验收合格，同意进行下道工序施工。 专业监理工程师：黎×× 2015年5月20日			

说明：

主控项目

1.波形钢护栏技术要求，设置路段，设置高度，护栏立柱壁厚、波形梁板的厚度、防阻块及托架的安装施工应符合设计与现行相关标准、规范要求。检验数量：全部。检验方法：对照施工设计图检查产品质保书、合格证，施工记录。

2.钢护栏立柱的埋深及基础的处理、立柱中距、垂直度、横梁高度应符合设计要求。检验数量：抽查总量的30%。检验方法：核查隐检记录，检测报告。

一般项目

1.波形钢护栏的端头处理、钢管焊缝质量和涂层效果应符合设计与规范要求。检验数量：抽查总量的30%。检验方法：观察。检查检测报告。

2.外观质量要求：

(1)焊接钢管的焊缝应平整，无焊渣、突起。构件镀锌层表面应均匀完整、颜色一致，表面光滑，不得有流挂或多余结块。镀锌表面应无漏镀、露铁、擦痕等缺陷。构件镀铝层表面应连续，不得有明显影响外观质量的熔渣、色泽暗淡及假浸、漏浸等缺陷。构件涂层应均匀光滑，无空隙、裂缝、脱皮等现象。

(2)波形钢护栏直线段不得有明显的凹凸、起伏现象，曲线段应圆滑直顺。波形梁板搭接方向正确，搭接平顺，垫圈齐备、螺栓紧固。

(3)防阻块、托架、端头的安装应与设计图相一致，不得有明显变形、扭转、倾斜。波形梁板和立柱在现场焊割与钻孔。立柱及柱帽应安装牢固，顶部应无塌边、变形、开裂等缺陷。

检验数量：全部。检验方法：观察。

3.波形梁钢护栏施工质量检验标准及允许偏差见下表。

表　波形梁钢护栏检验标准及允许偏差

项目	项次	检查项目	单位	规定值及允许偏差	检查频率	检查方法
主控项目	1	波形梁板基底金属厚度	mm	±0.16	5%	板厚千分尺
	2	立柱壁厚	mm	4.5±0.25	5%	测厚仪、千分尺
	3	镀(涂)层厚度	μm	符合设计	10%	测厚仪
	4	立柱竖直度	mm/m	±10	10%	垂线、直尺
	5	横梁中心高度	mm	±20	10%	直尺
	6	护栏顺直度	mm/m	±5	10%	拉线、直尺
	7	拼接螺栓(45号钢)抗拉强度	Mpa	≥600	每批3组	抽样做拉力试验
一般项目	8	立柱埋入深度	mm	符合设计规定	10%	过程检查，直尺
	9	立柱外边缘距路肩边线距离	mm	±20	10%	直尺
	10	立柱中距	mm	±50	10%	钢卷尺

城市道路附属设施缆索护栏施工检验批质量检验记录

渝市政验收 1-8-3

单位工程名称	重庆市××区环城路城市道路K1+000～K20+000合同段		
分部工程名称	K1+000～K1+500段道路附属设施工程		
分项工程名称	缆索护栏	验收部位	缆索护栏
施工单位	××区城建开发公司	项目经理	王××
分包单位	××城建一分公司	分包项目经理	岳××
施工执行标准名称及编号	重庆市《城市道路工程施工质量验收规范》DBJ 50-078—2008		

项目	序号	检查项目		单位	规定值及允许偏差	施工单位检查评定记录							监理单位验收记录
主控项目	1	初张力		kN	±5%	√	√	√	√	√	√	√	符合规范要求。
	2	立柱壁厚		mm	±0.10	√	√	√	√	√	√	√	符合规范要求。
	3	立柱竖直度		mm/m	±10	√	√	√	√	√	√	√	符合规范要求。
	4	镀锌层厚度	立柱	μm	≥85	90	95	90	88	89	92	93	符合规范要求。
			索端锚具		≥50	56	70	80	70	90	67	70	符合规范要求。
			紧固件		≥50	55	60	70	90	60	70	55	符合规范要求。
			镀锌钢丝		≥33	40	45	50	55	60	55	50	符合规范要求。
	5	混凝土强度		MPa	在合格标准内	C_{25},符合规范要求。							符合规范要求。
	6												
	7												
	8												
一般项目	1	直径	缆索	mm	18±0.5	√	√	√	√	√	√	√	符合规范要求。
			单丝	mm	2.86+0.10,-0.02								
	2	最下一根缆索的高度		mm	±20	12	14	15	-9	-8	15	18	符合规范要求。
	3	立柱埋入深度		mm	符合设计要求	采用挖埋法施工,符合规范要求。							符合规范要求。
	4	立柱中距		mm	±50	-9	-8	20	34	23	35	45	符合规范要求。
	5	混凝土基础尺寸		mm	符合设计要求	基础混凝土的几何尺寸、强度等符合设计要求。							符合规范要求。
	6	外观质量			符合规范要求	固定牢固,位置正确,无质量缺陷。							符合规范要求。
施工单位检查评定结果	施工员	王××		施工班组长	张××								
	检查情况: 经检查,主控项目和一般项目均符合设计要求和重庆市《城市道路工程施工质量验收规范》(DBJ 50-078—2008)规定,评定合格。 项目专职质量员:王×× 2015年5月20日												
监理单位验收结论	验收意见: 同意施工单位评定结果,验收合格,同意进行下道工序施工。 专业监理工程师:黎×× 2015年5月20日												

说明：

1.缆索采用的钢丝绳性能和构造、缆索直径、单丝直径、构造锚具及其镀锌质量应符合设计要求。缆索抗拉强度、镀锌质量经抽检试验合格后方可使用。

2.缆索用钢丝绳螺栓、螺母、垫圈等应符合现行规范的要求。端部立柱、中间端部立柱、中间立柱、间隔保持一致。

3.立柱埋深不得小于设计深度。采用挖埋法施工，立柱埋入土中时，回填土应分层（每层厚度不超过100mm）夯实；立柱埋入混凝土中时，基础混凝土的几何尺寸、强度等应符合设计要求。

4.立柱壁厚、外径、长度和立柱中距、垂直度、缆索高度应满足设计要求。采用打入法施工时，立柱顶部不应出现明显变形、倾斜、扭曲或卷边等现象。

一般项目

1.外观质量要求：

（1）金属构件表面不得有气泡、剥落、漏镀及划痕等表面缺陷。

（2）直线段护栏没有明显的凹凸现象，曲线段护栏圆滑顺适。

（3）索端的锚具、托架、索夹螺栓应安装到位、固定牢固；托架编号和组合应与缆索护栏的类别相适应；上、下托架位置正确。

2.缆索护栏施工质量检验标准及允许偏差见下表。

表　缆索护栏施工质量检验标准及允许偏差

项目	项次	检查项目	单位	规定值及允许偏差	检验频率		检验方法
					范围	点	
主控项目	1	初张力	kN	±5%	抽检10%		过程检查张拉记录
	2	立柱壁厚	mm	±0.10	抽检10%		千分尺
	3	立柱竖直度	mm/m	±10	抽检10%		垂线、直尺
	4	镀锌层厚度		立柱 ≥85 索端锚具 ≥50 紧固件 ≥50 镀锌钢丝 ≥33	抽检10%		测壁厚
	5	混凝土强度		在合格标准内	抽检100%		按现行评定标准判定
一般项目	6	缆索直径	mm	18±0.5	抽检10%		卡尺
		单丝直径	mm	2.86＋0.10，－0.02			
	7	最下一根缆索的高度	mm	±20	抽检10%		直尺
	8	立柱埋入深度	mm	符合设计要求	抽检10%		过程检查
	9	立柱中距	mm	±50	抽检10%		直尺
	10	混凝土基础尺寸	mm	符合设计规定	抽检100%		过程检查

城市道路混凝土隔离墩施工检验批质量检验记录

渝市政验收 1-8-4

单位工程名称	重庆市××区环城路城市道路K1+000～K20+000合同段		
分部工程名称	K1+000～K1+500段道路附属设施工程		
分项工程名称	混凝土隔离墩	验收部位	隔离墩
施工单位	××区城建开发公司	项目经理	王××
分包单位	××城建一分公司	分包项目经理	岳××
施工执行标准名称及编号	重庆市《城市道路工程施工质量验收规范》DBJ 50-078—2008		

项目	施工质量验收规范的规定				施工单位检查评定记录							监理单位验收记录
	序号	检查项目	单位	规定值及允许偏差								
主控项目	1	混凝土强度	MPa	在合格范围内	检查检测报告，试验记录，核对施工设计图，混凝土所用原材料和混凝土试件强度质量符合规范要求。							符合规范要求。
	2	构件断面尺寸	mm	±10	-9	-6	2	5	4	3	8	符合规范要求。
	3											
	4											
	5											
	6											
	7											
	8											
一般项目	1	安设位置准确	mm	±10	2	3	4	6	5.6	4.5	-3	符合规范要求。
	2	顺直度	mm	≤10	2	3	6.3	3.2	4.3	5	7	符合规范要求。
	3	相邻错位	mm	≤5	2	3.2	2.1	2.6	4	1.3	3.6	符合规范要求。
	4	相邻块高差	mm	±3	2.1	1.2	-2.	-1	2	2	1	符合规范要求。
	5	外观质量		符合规范要求	表面应平整光洁，无蜂窝、无空洞、无露筋现象。							符合规范要求。
	6											

施工单位检查评定结果	施工员	杨××	施工班组长	张××
	检查情况： 经检查，主控项目和一般项目均符合设计要求和重庆市《城市道路工程施工质量验收规范》(DBJ50-078-2008)规定，评定合格。 项目专职质量员：王×× 2015年5月20日			
监理单位验收结论	验收意见： 同意施工单位评定结果，验收合格，同意进行下道工序施工。 专业监理工程师：黎×× 2015年5月20日			

说明：

主控项目

1.混凝土所用原材料和混凝土试件强度质量控制要求：配制混凝土所用的水泥、砂、石子、水、外掺剂及钢筋的质量和规格、型号应符合现行规范和设计的要求。严格按照试验机构确定的配合比进行施工。混凝土试件强度应满足设计和国家现行有关评定标准的要求。

检验数量：全部。检验方法：检查检测报告，试验记录，核对施工设计图。

2.混凝土隔离墩预制构件质量控制要求：混凝土防撞护拦预制构件的强度等级应符合设计要求，混凝土预制构件经外观质量检查合格后方可进行安装就位。构件与基础之间，构件相互之间的连接应牢固稳定、安全可靠。

检验数量：抽查构件总量的30%。检验方法：检验方法：核查构件合格证、检测报告。

一般项目

1.外观质量要求：

(1)隔离墩混凝土表面应平整光洁，无蜂窝、无空洞、无露筋现象。

(2)隔离墩预制构件表面应平整密实，无蜂窝、空洞、露筋、缺棱掉角等质量缺陷。

(3)隔离墩安装应牢固稳定，线形直顺，无歪斜和扭曲现象。

检验数量：全部。检验方法：观察。

2.混凝土防撞隔离墩施工质量检验标准及允许偏差见下表。

表　混凝土隔离墩施工质量检验标准及允许偏差

项目	项次	检验项目	单位	规定值及允许偏差	检验频率		检验方法
					范围	点	
主控项目	1	混凝土强度	MPa	在合格标准内			按GB5 0107—2010评定标准判定
	2	构件断面尺寸	mm	±10	每块	1	钢尺量
一般项目	3	安设位置准确	mm	±10	50m	1	20m小线量取最大值
	4	顺直度	mm	≤10	20m	1	钢尺量
	5	相邻错位	mm	≤5	逐块	1	钢尺量
	6	相邻块高差	mm	±3	每块	1	钢尺量

城市道路混凝土(金属)防护栏杆施工检验批质量检验记录

渝市政验收1-8-5

单位工程名称	重庆市××区环城路城市道路K1+000～K20+000合同段		
分部工程名称	K1+000～K1+500段道路附属设施工程		
分项工程名称	混凝土(金属)防护护栏	验收部位	防护护栏
施工单位	××区城建开发公司	项目经理	王××
分包单位	××城建一分公司	分包项目经理	岳××
施工执行标准名称及编号	重庆市《城市道路工程施工质量验收规范》DBJ 50-078—2008		

项目	施工质量验收规范的规定				施工单位检查评定记录							监理单位验收记录
	序号	检查项目	单位	规定值及允许偏差								
主控项目	1	栏杆平面偏差	mm	4	1.2	1.5	2.1	2.2	3	2.1	1.8	符合规范要求。
	2	扶手高度	mm	±10	5	−6	6	−8	−3	5	7	符合规范要求。
	3	柱顶高差	mm	4	1.2	1.3	1.5	2.3	3.2	3.1	1.9	符合规范要求。
	4	接缝两侧扶手高差	mm	3	2.1	2.2	1.6	1.8	2.3	2.6	2.5	符合规范要求。
	5	竖杆或纵横向竖直度	mm	4	2.2	2.3	3.2	3.1	3.1	3.1	2.6	符合规范要求。
	6	混凝土强度		符合设计要求	符合规范要求。							符合规范要求。
	7	金属材料及半成品规格型号		符合设计和现行规范要求	核查质保资料、合格证，检测报告，金属材料及半成品的规格型号均符合设计和现行规范要求。							符合规范要求。
	8	护栏型式工艺及装饰		满足设计和使用功能需求	对照施工设计图检查、观察，防护栏杆的型式工艺及装饰均满足设计和使用功能需求。							符合规范要求。
一般项目	1	外观质量		符合规范要求	牢固、圆顺。							符合规范要求。
	2											
	3											
	4											
	5											

	施工员	赵××	施工班组长	杨××
施工单位检查评定结果	检查情况： 经检查，主控项目和一般项目均符合设计要求和重庆市《城市道路工程施工质量验收规范》(DBJ50-078-2008)规定，评定合格。 项目专职质量员：王×× 2015年5月20日			
监理单位验收结论	验收意见： 同意施工单位评定结果，验收合格，同意进行下道工序施工。 专业监理工程师：黎×× 2015年5月20日			

说明：

主控项目

1.混凝土防护栏杆所用水泥、砂、石子、水的质量必须符合现行规范要求。混凝土强度等级应符合设计要求。检验数量：全部。检验方法：核查检测报告。

2.金属护栏所用金属材料及半成品的规格型号应符合设计和现行规范要求。检验数量：全部。检验方法：核查质保资料、合格证，检测报告。

3.混凝土（金属）防护栏杆的型式工艺及装饰均应满足设计和使用功能需求。检验数量：全部。检验方法：对照施工设计图检查，观察。

4.栏杆竖向和水平方向间距应符合设计规定、满足安全功能需要。焊缝质量必须符合钢结构施工质量验收规范要求。检验数量：抽查总量的30%。检验方法：核查检测报告、用钢卷尺量测。

一般项目

1.外观质量要求：

（1）防护栏杆安装必须牢固，混凝土栏杆连接处的填缝料和填缝砂浆必须饱满、平整、抹光。栏杆构件伸缩缝和地伏，基础伸缩缝必须断开。

（2）防护栏杆应线条直顺，不得有歪钭、扭曲。金属护栏转角处和端头应圆顺。

检验数量：全部。检验方法：观察。

2.混凝土（金属）防护栏杆安装质量检验标准及允许偏差见下表。

表　混凝土（金属）防护栏杆安装质量检验标准及允许偏差

项次	检查项目	单位	规定值及允许偏差	检查频率	检验方法
1	栏杆平面偏位	mm	4	每10M长或每节段测2点	用尺量
2	扶手高度	mm	±10		用尺量
3	柱顶高差	mm	4		用尺量
4	接缝两侧扶手高差	mm	3		用尺量
5	竖杆或柱纵横向竖直度	mm	4		用垂线检验

城市道路料石防护柱、防护墩、防护栏杆施工检验批质量检验记录

渝市政验收1-8-6

<table>
<tr><td colspan="3">单位工程名称</td><td colspan="12">重庆市××区环城路城市道路K1+000～K20+000合同段</td></tr>
<tr><td colspan="3">分部工程名称</td><td colspan="12">K1+000～K1+500段道路附属设施工程</td></tr>
<tr><td colspan="3">分项工程名称</td><td colspan="3">料石防护柱、防护墩、防护栏杆</td><td colspan="4">验收部位</td><td colspan="5">道路栏杆</td></tr>
<tr><td colspan="3">施工单位</td><td colspan="3">××区城建开发公司</td><td colspan="4">项目经理</td><td colspan="5">王××</td></tr>
<tr><td colspan="3">分包单位</td><td colspan="3">××城建一分公司</td><td colspan="4">分包项目经理</td><td colspan="5">岳××</td></tr>
<tr><td colspan="4">施工执行标准名称及编号</td><td colspan="11">重庆市《城市道路工程施工质量验收规范》DBJ 50-078—2008</td></tr>
<tr><td rowspan="2">项目</td><td colspan="4">施工质量验收规范的规定</td><td rowspan="2" colspan="7">施工单位检查评定记录</td><td rowspan="2" colspan="3">监理单位验收记录</td></tr>
<tr><td>序号</td><td>检查项目</td><td>单位</td><td>规定值及允许偏差</td></tr>
<tr><td rowspan="8">主控项目</td><td>1</td><td>设置位置、结构形式、料石强度</td><td></td><td>符合设计要求</td><td colspan="7">对照施工设计图检查，设置位置、结构形式、料石强度，均应符合设计要求。</td><td colspan="3">符合规范要求。</td></tr>
<tr><td>2</td><td>基底承载力、埋设深度、所用砂浆标号</td><td></td><td>符合设计要求</td><td colspan="7">对照施工设计图检查，查检测报告，隐检记录，基底承载力，埋置深度，所用砂浆标号均符合设计要求。</td><td colspan="3">符合规范要求。</td></tr>
<tr><td>3</td><td></td><td></td><td></td><td colspan="7"></td><td colspan="3"></td></tr>
<tr><td>4</td><td></td><td></td><td></td><td colspan="7"></td><td colspan="3"></td></tr>
<tr><td>5</td><td></td><td></td><td></td><td colspan="7"></td><td colspan="3"></td></tr>
<tr><td>6</td><td></td><td></td><td></td><td colspan="7"></td><td colspan="3"></td></tr>
<tr><td>7</td><td></td><td></td><td></td><td colspan="7"></td><td colspan="3"></td></tr>
<tr><td>8</td><td></td><td></td><td></td><td colspan="7"></td><td colspan="3"></td></tr>
<tr><td rowspan="5">一般项目</td><td>1</td><td>相邻料石高差</td><td>mm</td><td>≤2</td><td>1.2</td><td>1.3</td><td>1.4</td><td>1.5</td><td>1.8</td><td>1.6</td><td>1.2</td><td colspan="3">符合规范要求。</td></tr>
<tr><td>2</td><td></td><td></td><td></td><td colspan="7"></td><td colspan="3"></td></tr>
<tr><td>3</td><td></td><td></td><td></td><td colspan="7"></td><td colspan="3"></td></tr>
<tr><td>4</td><td></td><td></td><td></td><td colspan="7"></td><td colspan="3"></td></tr>
<tr><td>5</td><td></td><td></td><td></td><td colspan="7"></td><td colspan="3"></td></tr>
<tr><td rowspan="2" colspan="2">施工单位检查评定结果</td><td>施工员</td><td colspan="3">赵××</td><td colspan="5">施工班组长</td><td colspan="4">杨××</td></tr>
<tr><td colspan="13">检查情况：
经检查，主控项目和一般项目均符合设计要求和重庆市《城市道路工程施工质量验收规范》(DBJ 50-078—2008)规定，评定合格。
项目专职质量员：王××
2015年5月20日</td></tr>
<tr><td colspan="2">监理单位验收结论</td><td colspan="13">验收意见：
同意施工单位评定结果，验收合格，同意进行下道工序施工。
专业监理工程师：黎××
2015年5月20日</td></tr>
</table>

说明：

主控项目

1.料石防护柱、防护墩、防护栏杆的设置位置、结构形式、料石强度，均应符合设计要求。检验数量：全部。检验方法：对照施工设计图检查。

2.料石防护结构的基底承载力、埋置深度、所用砂浆标号应符合设计要求。检验数量：全部。检验方法：对照施工设计图检查，查检测报告，隐检记录。

一般项目

1.防护栏杆石料加工制作可按细料石标准控制。料石座浆应饱满，灰缝应均匀，石料外露面雕打修饰应均匀、精致美观，相邻料石高差≤2mm，整体外观质量良好。

2.料石防护结构质量检验标准及允许偏差可参照《市政桥梁工程质量检验评定标准》(CJJ2)中浆砌料石砌体的相关要求。

城市道路附属工程公交汽车停车港施工检验批质量检验记录

渝市政验收1-8-7

单位工程名称	重庆市××区环城路城市道路K1+000～K20+000合同段		
分部工程名称	K1+000～K1+500段道路附属设施工程		
分项工程名称	K1+000～K1+50公交汽车停车港	验收部位	公交汽车停车港
施工单位	××区城建开发公司	项目经理	王××
分包单位	××城建一分公司	分包项目经理	岳××
施工执行标准名称及编号	重庆市《城市道路工程施工质量验收规范》DBJ 50-078—2008		

项目	施工质量验收规范的规定				施工单位检查评定记录	监理单位验收记录
	序号	检查项目	单位	规定值及允许偏差		
主控项目	1	设置点位置和停靠站范围		符合设计要求	对照施工设计图检查，符合设计要求和施工规范。	符合规范要求。
	2	首末停车港环形回车道转弯半径、路段停车港进出口路缘石半径		符合设计要求	检查测量放线资料，符合施工规范。	符合规范要求。
	3					
	4					
	5					
	6					
	7					
	8					
一般项目	1	站台高度与排水		满足设计要求	站台高度满足设计要求，路面平整度良好。停靠站内应排水畅通。	符合规范要求。
	2	道路各构层压实度	%	≥98	98 99 98 98 99 98 99	符合规范要求。
	3	外观质量		符合规范要求	路缘石圆顺，水泥混凝土路面无裂缝。	符合规范要求。
	4					
	5					

	施工员	赵××	施工班组长	杨××
施工单位检查评定结果	检查情况： 经检查，主控项目和一般项目均符合设计要求和重庆市《城市道路工程施工质量验收规范》(DBJ 50-078—2008)规定，评定合格。 项目专职质量员：王×× 2015年5月20日			
监理单位验收结论	验收意见： 同意施工单位评定结果，验收合格，同意进行下道工序施工。 专业监理工程师：黎×× 2015年5月20日			

说明：

主控项目

1.公交汽车停车港设点位置和停靠站范围必须符合设计要求。检验数量:全部。检验方法:对照施工设计图检查。

2.公交汽车首末停车港环形回车道转弯半径、路段停车港进出口路缘石半径应符合设计要求。检验数量:全部。检验方法:检查测量放线资料。

一般项目

1.站台高度应满足设计要求,路面平整度良好。停靠站内应排水畅通,路面不得积水,雨水口、水篦排水功能正常。检验数量:全部。检验方法:观察。

2.停车港范围内的路基、基层、路面施工质量,除满足设计和相关的城市道路工程施工质量验收标准外,特别要求道路各结构层的压实度检测值必须不小于98%。弯沉值检测必须全部满足设计值规定。面层结构应有良好的耐磨性。检验数量:每个公交停车港。检验方法:检查施工记录,报验资料和检测报告。

3.外观质量要求:

(1)停车港进出口转弯处路缘石应圆顺。

(2)停车港内沥青砼路面应平整密实,无拥包,无波浪,无车辙。水泥混凝土路面无裂缝,无坑涵,无破损现象。检验数量:全部。检验方法:察看。

4.公交汽车停车港施工质量验收标准及允许偏差除满足设计文件的特殊规定外还应与城市道路相关要求一致。

城市道路附属工程防眩屏(板)施工检验批质量检验记录

渝市政验收1-8-8

单位工程名称	重庆市××区环城路城市道路K1+000～K20+000合同段		
分部工程名称	K1+000～K1+500段道路附属设施工程		
分项工程名称	K1+000～K1+50道路防眩屏(板)	验收部位	道路防眩屏(板)
施工单位	××区城建开发公司	项目经理	王××
分包单位	××城建一分公司	分包项目经理	岳××
施工执行标准名称及编号	重庆市《城市道路工程施工质量验收规范》DBJ 50-078—2008		

项目	序号	检查项目	单位	规定值及允许偏差	施工单位检查评定记录							监理单位验收记录
主控项目	1	防眩屏设置位置、构造形式、结构尺寸、角度间距、预埋件设置		符合设计要求	对照施工设计图检查,观察,符合规范要求。							符合规范要求。
	2	材料规格质量		符合设计和现行相关规范要求	查原材料、半成品质保资料、合格证,所用金属材料,合成材料规格质量及耐腐蚀性和耐候性等符合设计和现行相关规范要求。							符合规范要求。
	3	防眩高度、遮光角及支撑防眩屏的结构物强度和承载力基础埋深		满足设计要求	抽查检测报告或施工记录,观察,防眩板或防眩网应安装牢固,防眩高度、遮光角及支撑防眩屏的结构物强度和承载力基础埋深满足设计要求。							符合规范要求。
	4											
	5											
	6											
一般项目	1	顺直度	mm	≤8	2	3	1.2	4	5	6.1	5.3	符合规范要求。
	2	垂直度	mm	≤8	2	3	5.2	4	6.3	6.1	5.3	符合规范要求。
	3	安装高度	mm	±5	−2	−2	−3	2	4	3	1	符合规范要求。
	4	板条设置间距	mm	±5	−2	−3	−3	3	3	4	2	符合规范要求。
	5	钢结构防腐处理		符合设计要求	防腐处理应符合设计要求。							符合规范要求。
	6	外观质量		符合规范要求	无质量缺陷。							符合规范要求。

	施工员	赵××	施工班组长	杨××
施工单位检查评定结果	检查情况: 经检查,主控项目和一般项目均符合设计要求和重庆市《城市道路工程施工质量验收规范》(DBJ 50-078—2008)规定,评定合格。 项目专职质量员:王×× 2015年5月20日			
监理单位验收结论	验收意见: 同意施工单位评定结果,验收合格,同意进行下道工序施工。 专业监理工程师:黎×× 2015年5月20日			

说明：

主控项目

1.防眩屏的设置位置、构造形式、结构尺寸、角度间距、预埋件的设置必须符合设计要求。检验数量：抽检防眩屏总数的30%。检验方法：对照施工设计图检查，观察。

2.防眩屏所用金属材料，合成材料规格质量及耐腐蚀性和耐候性等必须符合设计和现行相关规定要求。检验数量：抽检防眩屏总量的30%。检验方法：查原材料、半成品质保资料、合格证。

3.防眩高度、遮光角及支撑防眩屏的结构物强度和承载力基础埋深必须满足设计要求。防眩板或防眩网应安装牢固。检验数量：抽检防眩屏总量的30%。检验方法：抽查检测报告或施工记录，观察。

一般项目

1.钢结构防腐处理应符合设计要求，防眩屏与底板应连接牢固、安装位置正确。检验数量：全部抽检总量的30%。检验方法：观察。

2.外观质量要求：

(1)安装应符合设计要求，减少或避免漏光现象发生。

(2)防眩屏整体结构形式应与道路线形协调一致，无明显凹凸不平或扭曲现象。

(3)防眩板或防眩网外观不应有划痕，颜色不均等缺陷，防腐层不得有气泡、裂纹、疤痕、端面分层、毛刺等缺陷。检验数量：全部。检验方法：观察。

3.施工质量检验标准及允许偏差见下表规定。

表　防眩屏施工质量检验标准及允许偏差

项目	项次	检查项目	单位	规定值及允许偏差	检验频率		检验方法
					范围	点数	
一般项目	1	顺直度	mm	≤8	20m	1	20m小线量取最大值
	2	垂直度	mm	≤8	20m	1	垂线、钢尺量
	3	安装高度	mm	±5	20m	1	钢尺量
	4	板条设置间距	mm	±5	20m	1	钢尺量

城市道路附属工程金属防声屏施工检验批质量检验记录

渝市政验收1-8-9

单位工程名称	重庆市××区环城路城市道路K1+000～K20+000合同段				
分部工程名称	K1+000～K1+500段道路附属设施工程				
分项工程名称	K1+000～K1+50道路防眩屏（板）	验收部位		道路防眩屏（板）	
施工单位	××区城建开发公司	项目经理		王××	
分包单位	××城建一分公司	分包项目经理		岳××	
施工执行标准名称及编号	重庆市《城市道路工程施工质量验收规范》DBJ 50-078—2008				

项目	施工质量验收规范的规定				施工单位检查评定记录										监理单位验收记录
	序号	检查项目	单位	规定值及允许偏差											
主控项目	1	降噪效果		符合设计要求	符合设计要求。										符合设计要求。
	2	顶面高程	mm	±20	15	16	18	15	−14	13	12	−11	11	10	
	3	金属立柱竖直度	mm/m	3	垂线、尺量，符合规范要求。										符合规范要求。
	4														
	5														
	6														
	7														
	8														
一般项目	1	与路肩边线位置偏移	mm	±20	18	17	19	6	15	14	−14	18	18	−11	符合规范要求。
	2	金属立柱中距	mm	10	8	9	5	−5	6	7	8	−6	8	9	符合规范要求。
	3	镀（涂）层厚度	μm	不小于规定值	符合规范要求。										符合规范要求。
	4	屏体厚度	mm	±2	−2	−1	1	2	1	−1	2	1	−1	−2	符合规范要求。
	5	屏体宽度、高度	mm	±10	2	6	9	8	7	−1	−2	−5	−9	−8	符合规范要求。
	6														

施工单位检查评定结果	施工员	赵××	施工班组长	杨××
	检查情况： 经检查，主控项目和一般项目均符合设计要求和规范规定，评定合格。 项目专职质量员：王×× 2015年5月20日			
监理单位验收结论	验收意见： 同意施工单位评定结果，验收合格，同意进行下道工序施工。 专业监理工程师：黎×× 2015年5月20日			

说明：

主控项目

防声屏的设置位置、结构型式、材料质量、规格型号及立柱基础埋置深度等，均应符合设计及有关规定要求。检验数量：抽检防声屏安装总量的30%。检验方法：核对施工设计图。

一般项目

1.外观质量要求：

(1)固定螺栓应紧固，位置正确，封头砼应平整，无蜂窝、麻面；

(2)屏体与基础的连接缝应密实，符合设计要求；

(3)立柱镀(涂)层均匀完好，屏体颜色均匀一致，外形美观与道路协调一致。

2.金属防声屏安装质量检验标准及允许偏差见下表规定。

表　金属防声屏安装质量检验标准及允许偏差

项目	项次	检查项目	单位	规定值及允许偏差	检验频率	检验方法
主控项目	1	降噪效果	符合设计要求		按环保相关规定的频率和复查方法检验	
	2	顶面高程	mm	±20	抽查30%	用水准仪测量
	3	金属立柱竖直度	mm/m	3	抽查30%	垂线、尺量
一般项目	4	与路肩边线位置偏移	mm	±20	抽查30%	尺量
	5	金属立柱中距	mm	10	抽查30%	尺量
	6	镀(涂)层厚度	μm	不小于规定值	抽查30%	测厚仪
	7	屏体厚度	mm	±2	抽查15%	游标卡尺
	8	屏体宽度、高度	mm	±10	抽查15%	尺量

第二章　重庆市城镇道路附属设施工程质量验收表格填写示例

附表1　道路附属设施工程施工现场质量管理检查记录表

开工日期：

工程名称	重庆市××区上海路立交桥工程		施工许可证(开工证)	KA第201400××××号		
建设单位	重庆市××开发集团有限公司		项目负责人	王××		
设计单位	重庆××市政设计院有限公司		设计负责人	刘××		
监理单位	重庆××建设监理有限公司		总监理工程师	王××		
施工单位	重庆××市政工程有限公司		项目经理	岳××	技术负责人	柳××
序号	项目		内容			
1	现场质量管理制度及管理体系		质量例会制度；三检及交接检制度；月评比及奖罚制度；质量综合评审及奖惩制度。			
2	质量责任制		岗位责任制；设计交底制；技术交底制；挂牌制度。			
3	主要专业工种操作上岗证书		测量工、钢筋工、电焊工、架子工、木工、混凝土工等主要专业工种操作上岗证齐全，符合要求。			
4	分包方资质与对分包单位的管理制度		在合同允许范围内组织分包，并且严格审查分包资质；总包单位建立合同管理分包单位制度。			
5	施工图审查情况		施工图经设计交底，施工单位已确认。			
6	地质勘察资料		地质勘察报告齐全。			
7	施工组织设计、施工方案及审批		施工组织设计、施工方案编制及审批手续齐全。			
8	施工技术标准		路基、路面、基层、挡土墙、模板、钢筋等30多种。			
9	工程质量检验制度		原材料进场检验制度；抽样检验制度；检验批、分部分项工程检验制度等。			
10	仪器设备计量标定		计量设备精度控制制度；搅拌站管理制度等。			
11	现场材料、设备存放与管理		材料抽样检测及进场、出入场管理制度等。			
12	其他施工准备资料		岗位职责、现场管理、安全管理等。			

检查结论：

通过上述项目的检查，项目部施工现场管理制度明确到位，质量责任制措施得力，主要专业工种操作上岗证书齐全，施工组织设计、主要施工方案逐级审批，现场工程质量检验制度齐全，现场材料、设备管理制度有效，施工平面布置、施工进度计划可行。现场管理、安全文明施工有效。

总监理工程师：安××　　2014年12月25日

说明:本表用于工程开工前总监理工程师或建设单位项目负责人对施工单位现场质量管理情况进行检查。

1. 建设单位的“项目负责人”:应填与质量责任书一致的工程的项目负责人;

2. 设计单位的“项目负责人”:应填与质量责任书一致的工程的项目负责人;

3. 监理单位的“总监理工程师”:应填与质量责任书一致的工程的项目总监理工程师;

4. 施工单位的“项目经理”、“项目技术负责人”:应填与质量责任书一致的工程的项目经理、项目技术负责人;

5. “现场质量管理制度”:主要是图纸会审、设计交底、技术交底、施工组织设计编制批程序、工序交接、质量检查评定制度,质量好的奖励及达不到质量要求的处罚办法,以及质量例会制度及质量问题处理制度等;

6. “质量责任制”:各质量负责人的分工,各项质量责任的落实规定,定期检查及有关人员奖罚制度等;

7. “主要专业工种操作上岗证书”:起重、塔吊等垂直运输司机,测量工、钢筋、混凝土机械、焊工、瓦工、架子工、电工、管道工、防水工等工种;

8. “分包方资质与对分包单位的管理制度”:有分包时,总承包单位应有管理分包单位制度,主要是质量、技术的管理制度等;

9. “施工图审查情况”:是施工图审查机构出具的审查报告及审查报告中问题的落实情况,如果图纸是分批交出的话,施工图审查可分段进行;

10. “地质勘察资料”:有勘察资质的单位出具的经勘察审查机构审查合格的正式地质勘察报告,可供地下部分施工方案制定和施工组织总平面图编制时参考;

11. “施工组织设计、施工方案及审批”:检查编制程序、内容、有针对性的具体措施,应有编制单位、审核单位、批准单位,有贯彻执行的措施;

12. “施工技术标准”:是操作的依据和保证工程质量的基础,承建企业应有不低于国家质量验收规范的操作规程等企业标准。施工现场应使用的施工技术标准应齐备;

13. “工程质量检验制度”:包括三个方面的检验,一是原材料、设备进场检验制度;二是施工过程的试验报告;三是竣工后的抽查检测,应专门制订抽测项目、抽测时间、抽测单位等计划,使监理、建设单位等应知道;

14. “搅拌站及计量设置”:主要是检查设置在工地搅拌站的计量设施的精确度、管理制度等内容。预拌混凝土或安装专业可不填;

15. “现场材料、设备存放与管理”:是为保持材料、设备质量必须有的措施。根据材料设备性能制订管理制度,建立相应的库房;

16. 本表通常一个单位工程或一个工程的一个标段只查一次,如分段施工、人员更换或管理工作不到位时,可再次检查;

17. 如总监理工程师或建设单位项目负责人检查验收不合格,施工单位必须限期改正,否则不许开工。

附表2 道路附属设施工程分项工程质量验收记录表

编号:

<table>
<tr><td>工程名称</td><td>××区道路工程</td><td>分部工程</td><td>混凝土工程</td><td>工序数</td><td>20</td></tr>
<tr><td>施工单位</td><td>××城建</td><td>项目经理</td><td>王××</td><td>技术负责人</td><td>李××</td></tr>
<tr><td>分包单位</td><td>××城建一公司</td><td>分包单位负责人</td><td>李××</td><td>分包项目经理</td><td>张××</td></tr>
<tr><td>序号</td><td>检验批名称</td><td colspan="3">施工单位检查评定结果</td><td>监理单位验收意见</td></tr>
<tr><td>1</td><td>人行道料石面层</td><td colspan="3">施工单位检查评定结果。</td><td rowspan="11">符合设计及相关规范要求</td></tr>
<tr><td>2</td><td>人行道无障碍设施</td><td colspan="3">符合设计及规范要求。</td></tr>
<tr><td>3</td><td>排水检查井</td><td colspan="3">符合相关规定。</td></tr>
<tr><td>4</td><td>路面排水雨水口</td><td colspan="3">达到设计和规范要求。</td></tr>
<tr><td>5</td><td>交通标志</td><td colspan="3">符合要求。</td></tr>
<tr><td>6</td><td>交通路面标线</td><td colspan="3">符合设计要求和规范规定。</td></tr>
<tr><td>7</td><td>混凝土防撞护栏</td><td colspan="3">符合设计规范要求。</td></tr>
<tr><td>8</td><td>隔离栅与防落网</td><td colspan="3">符合设计要求和施工规范。</td></tr>
<tr><td>9</td><td>×××</td><td colspan="3">×××</td></tr>
<tr><td>10</td><td></td><td colspan="3"></td></tr>
<tr><td>11</td><td></td><td colspan="3"></td></tr>
<tr><td>检查结论</td><td colspan="2">经检查,该分项工程各检验批均符合设计及相关规范要求,该分项工程合格。
项目专业技术负责人:李××
2015年5月1日</td><td>验收结论</td><td colspan="2">经审查,该分项工程符合相关要求,合格。
专业监理工程师:黄××
2015年5月1日</td></tr>
</table>

说明:本表用于分项工程质量验收。

分项工程是在检验批验收合格的基础上进行,是一个统计表,没有实质性验收内容。一是检查检验批是否将整个工程覆盖了有没有漏掉的部位;二是检查有混凝土、砂浆强度要求的检验批,到龄期后能否达到规范规定;三是将检验批的资料统一,依次进行登记整理。

监理单位的专业监理工程师(或建设单位的专业负责人)应逐项审查,同意项填写“合格或符合要求”,不同意项暂不填写,待处理后再验收,但应做标记。

附表3 道路附属设施工程分部工程质量验收记录表

编号:

工程名称	××区道路工程	结构类型	道路	部位名称	K1+00 ~ K1+500
施工单位	××城建一公司	项目经理	王××	质量部门负责人	叶××
序号	分项工程名称	检验批数	施工单位检查评定结果	验收意见	
1	路缘石	5	符合要求。	各分项工程符合设计及规范要求,同意验收。	
2	人行道铺装	6	验收合格。		
3	检查井与雨水口	5	合格。		
4	交通标志与标线	5	符合相关要求。		
5	安全防护设施	4	验收合格。		
6	×××	4	×××		
质量保证资料	工程质量保证资料符合相关要求,同意验收。			同意验收。	
关键工序验收	工程安全和主要功能检验符合要求,同意验收。			同意验收。	
外观质量验收	观感质量符合要求,同意验收。			同意验收。	
施工单位	项目经理:经检查,各分项工程符合设计和施工规范要求。 2015年5月20日				
监理单位	总监理工程师:符合规范和相关要求,同意验收。 2015年5月25日				

说明:本表用于分部(子分部)工程质量验收。

1.“分项工程名称”:按分项工程第一个检验批施工先后的顺序,将分项工程名称填写上,在第二格栏内分别填写各分项工程实际的检验批数量,并将各分项工程评定表按顺序附在表后。

2.“施工单位检查评定”:填写施工单位自行检查评定的结果。自检符合要求的打“√”标注。否则打“×”标注。监理单位或建设单位由总监理工程师或建设单位项目专业技术负责人组织审查,符合要求后,在验收意见栏内签注“同意验收”意见。

3.“质量保证资料”:验收的分部(子分部)工程的质量控制资料项目,按资料核查的要求,逐项进行核查。全部项目都通过,即可在施工单位检查评定栏内打“√”标注检查合格。监理单位总监理工程师组织审查,在符合要求后,在验收意见栏内签注“同意验收”意见。

4.“关键部分(工序)核查及抽查结果”:检测内容按单位(子单位)工程安全和功能检验资料核查及主要功能抽查记录中相关内容确定摸查和抽查项目。每个检测项目都通过审查,即可在施工单位检查评定栏内打“√”标注检查合格。由项目经理送监理单位或建设单位验收,监理单位总监理工程师或建设单位项目专业负责人组织审查,符合要求在验收意见栏内签注“同意验收”意见。

5.“外观质量验收”:由施工单位项目经于是组织进行现场检查,经检查合格将施工单位填写的内容填写好后,由项目经理签字交监理单位或建设单位验收。监理单位由总监理工程师或建设单位项目专业负责人组织验收,质量评价为好、一般、差。验收评价结论填写在分部(子分部)工程观感质量验收意见栏。

6.验收单位签字认可。参与工程建设单位的有关人员应亲自签名,以示负责,以便追查质量责任。

勘察单位可只签认地基基础分部(子分部)工程,由项目负责人亲自签认;

设计单位可只签地基基础、主体结构及重要安装分部(子分部)工程,由项目负责人亲自签认;

施工单位总承包单位必须签认,由项目经理亲自签认,有分包单位的分包单位也必须签认其分包的分部(子分部)工程,由分包项目经理亲自签认;

监理单位作为验收方,由总监理工程师亲自签认验收。如果按规定不委托监理单位的工程,可由建设单位项目专业负责人亲自签认验收。

地基基础、主体、幕墙等重要的分部(子分部)工程,验收合格后,验收单位应在签字栏加盖公章。

附表4　单位工程竣工质量验收汇总记录表

编号：

工程名称		环城路K1+000～K3+000合同段		工程造价	1925万元
施工单位		××城建一公司		单位责任人	杨××
项目经理		张××		竣工日期	2015年5月20日
序号	项目	验收记录		验收结论	
1	分部工程	验收资料25份，符合规范要求。		符合规范要求。	
2	质量保证资料	齐全，有效，符合规范要求。		齐全，有效，符合规范要求。	
3	关键部分（工序）核查及抽查结果	关键工序共22项，核查抽查12项，均符合规范要求。		符合规范要求。	
4	外观质量验收	符合规范要求。		符合规范要求。	
5	综合验收结论	符合规范要求，合格。		符合规范要求，合格。	
参加验收单位	建设单位	监理单位	施工单位	设计单位	地勘单位
	（公章） 单位（项目）负责人 2015年5月20日	（公章） 总监理工程师 2015年5月20日	（公章） 单位负责人 2015年5月20日	（公章） 项目负责人 2015年5月20日	（公章） 项目负责人 2015年5月20日

说明：本表用于单位（子单位）工程质量竣工验收。

1.“分部工程”：由施工单位的项目经理组织有关人员逐个分部（子分部）进行检查评定。注明共验收几个分部，经验收符合标准及设计要求的几个分部。审查验收的分部工程全部符合要求，由监理单位在验收结论栏内写上“同意验收”的结论。

2.“主体技术质量试验资料”：先由施工单位检查合格，再提交监理单位验收。将各子分部工程审查的资料逐项进行统计，填入验收记录栏内。由总监理工程师或建设单位项目负责人组织审查符合要求后，在验收记录栏格内填写项数。在验收结论栏内写上“同意验收”的意见。同时在单位（子单位）工程质量竣工验收记录表中的序号2栏内的验收结论栏内填“同意验收”。

3.“关键工序验收记录”：一是在分部（子分部）进行了安全和功能检测的项目，要核查其检测报告结论是否符合设计要求。二是在单位工程进行的安全和功能抽测报告的结论是否达到设计要求及规范规定，由施工单位检查评定合格，再提交验收，由总监理工程师或建设单位项目负责人组织审查，按项目逐个进行核查验收。然后统计核查的项数和抽查的项数，填入验收记录栏，并分别统计符合要求的项数，分别填入验收记录栏相应的空档内。由总监理工程师或建设单位项目负责人在验收结论栏内填写“同意验收”的结论。如果返工处理后仍达不到设计要求，就要按不合格处理程序进行处理。

4.“工程质量验收记录”：按核查的项目数及符合要求的项目数填写在验收记录栏内，如果没有影响结构安全和使用功能的项目，由总监理工程师或建设单位项目负责人为主导意见，评价好、一般、差，则不论评价为好、一般、差的项目，都可作为符合要求的项目。由总监理工程师或建设单位项目负责人在验收结论栏内填写“同意验收”的结论。如果有不符合要求的项目，就要按不合格处理程序进行处理。

5.“质量验收结论”：由项目经理组织有关人员对验收内容逐项进行查对，并将表格中应填写内容进行填写，自检评定符合要求后，在验收记录栏内填写各有关项数，交建设单位组织验收。验收时，在建设单位组织下，由建设单位相关专业人员及监理单位专业监理工程师和设计单位、施工单位相关人员分别核查验收有关项目，并由监理工程师组织进行现场观感质量检查。经各项目审查符合要求时，由监理单位或建设单位在“验收结论”栏内填写“同意验收”的意见。各栏均同意验收且经各参加检验方共同同意商定后，由建设单位填写“质量验收结论”，可填写为“通过验收”。

6.“参加验收单位”签名：设计单位、施工单位、监理单位、建设单位都同意验收时，其各单位的单位项目负责人要亲自签字，以示对工程质量的负责，并加盖单位公章，注明签字验收的年月日。

附表5 单位工程质量保证资料检查记录表

编号：

工程名称	重庆市××区环城路城市道路K1+000～K2+000合同段					
施工单位	山东××集团第一分公司					
序号	检查项目	检查内容	检查情况	评价意见		
				好	中	差
1	主体技术质量试验资料	1. 路基压实度；2. 路面各层压实度（密度）；3. 水泥混凝土强度；4. 沥青混合料中的沥青含量；5. 抗拔力试验资料。	技术质量试验资料齐全，符合要求。	√		
2	原材料试验，各种预制件质量资料合格证明	1. 水泥、钢材、砂、石、砖等原材料、半成品合格证书及试验资料；2. 各种预制件合格证书及试验资料；3. 预应力张拉设备定期检验资料。	符合规定和相关要求，齐全有效。	√		
3	工程总体质量综合试验资料	道路弯沉试验。	资料齐全有效。	√		
4	关键工序验收记录	记录资料齐全、真实，抽查内容正确，参建各方签字手续齐备。	符合要求，有效。	√		
5	工程质量验收记录	检验批、分项、分部、单位工程质量记录资料齐全填写正确、真实、手续齐备。	资料齐全，有效。	√		
6	质量事故处理	报告、处理结案及时，有质监部门认可。	及时有效。	√		
7	施工组织设计技术交底	有质量目标、措施、落实情况、环保，文明施工安全，节约及专项方案设计，审批完备，设计交底，施工技术交底齐备等。	资料完备，符合相关规范要求和规定。	√		
8	洽商记录及竣工图	洽商、记录、变更齐全，有编号，手续及时完备；竣工图清晰完整，与实际相符。	符合规范要求	√		
9	测量复核记录	控制点、基准线、水准点的放复记录，有放必复。	准确，有效，记录全。	√		
检查人员	张××		检查日期	2015年5月25日		

检查结论：

各项目资料齐全，试验、检验记录符合要求，各项记录反映过程控制实际情况，符合相关规范要求规定。同意竣工验收。

总监理工程师（或建设项目负责人）：邱×× 2015年5月20日

说明：本表用于单位工程质量保证资料核查。

1. 总承包单位应将各分部、子分部工程应有的质量保证资料进行核查，图纸会审及变更记录，定位测量放线记录、施工操作依据，原材料、构配件等质量证书、按规定进行检验的检测报告、隐蔽工程验收记录、施工中有关施工试验、测试、检验等，以及抽样检测项目的检测报告等。其目的是强调工程结构、设备性能、使用功能方面主要技术性能的检验。

2. 质量保证资料主要是判定其是否能够反映保证结构安全和主要使用功能是否达到设计要求，所以规定质量保证资料应完整。

3. 验收检查（抽查）记录由检查人员填写，“结论”由总监理工程师或建设单位项目负责人填写。

4. 单位工程应按下列原则进行划分：

(1)具有独立施工条件及使用功能的为一个单位工程；

(2)路面工程可以为一个或多个单位工程。

5. 单位工程质量验收合格应符合下列规定：

(1)所含分部工程的质量均应验收合格；

(2)施工质量保证资料应完整；

(3)所含分部工程中关键工序验收资料应完整；

(4)对实体量测的抽查结果应符合规范规定要求；

(5)外观质量验收应符合要求。

附表6 单位工程外观质量检查记录(预制砌块)

编号:

工程名称	重庆市××区环城路城市道路K1+000～K2+000合同段				
施工单位	山东××集团第一分公司				
检查项目	检查内容	检查情况	评价意见		
			好	中	差
预制砌块面层	1. 板面平整、边角整齐,无裂缝,不得有脱皮、积水、蜂窝、麻面等现象。	板面平整、边角整齐。	√		
	2. 伸缩缝必须垂直,贯通,线直弯顺,灌缝饱满、密实,缝内无杂物。	伸缩缝垂直,无杂物。	√		
	3. 横坡顺直,无凹坑、积水、拉毛或刻痕,符合设计要求。	横坡顺直,无积水。	√		
侧平石	1. 侧平石必须稳固,线直弯顺,顶面平整,无错牙,侧石钩缝饱满、密实、光洁。缘石不得阻水。	侧平石稳固,顶面平整。	√		
	2. 侧石背后填土必须密实。	背后填土密实。	√		
人行道	1. 铺设必须平整、稳定,灌缝饱满,无翘动、断块现象。	铺设平整、稳定,灌缝饱满。	√		
	2. 横坡顺平,无积水、反坡现象,与其他构筑物衔接和顺。	横坡顺平,无积水。	√		
检查井与收水井	1. 路面与井接顺,无跳车现象。	路面与井接顺。	√		
	2. 收水井内壁抹面平整,不得起壳、裂缝。	路面与井接顺。	√		
	3. 井内无垃圾杂物,井圈及支管回填满足路面要求。	井内无垃圾杂物,回填满足路面要求。	√		
	4. 框盖完整无损,安装平整、位置正确。	框盖完整,安装平整。	√		
检查人员	李××	检查日期	2015年5月20日		

检查意见:

该工程外观质量检查符合相关规范要求,观感质量综合评价为"好",同意验收。

总监理工程师(或建设项目负责人): 2015 年5月25日

说明:

1. 验收检查(抽查)记录由检查人员填写,检查结论由总监理工程师填写。

2. 单位工程应按下列原则进行划分:

(1)具有独立施工条件及使用功能的为一个单位工程;

(2)路面工程可以为一个或多个单位工程。

3. 单位工程质量验收合格应符合下列规定:

(1)所含分部工程的质量均应验收合格;

(2)施工质量保证资料应完整;

(3)所含分部工程中关键工序验收资料应完整;

(4)对实体量测的抽查结果应符合相关规范规定要求;

(5)外观质量验收应符合要求。

4. 城市道路工程质量验收记录应符合下列规定:

(1)检验批质量验收可按规范进行;

(2)分项工程质量验收应按规范进行;

(3)分部工程及关键工序质量验收应按规范进行;

(4)单位工程质量验收:施工质量保证资料核查,实体量测的抽查,外观质量检查等按标准进行。

5. 观感质量检查不是单纯的外观检查,而是实地对工程的一个全面检查,核实质量控制资料,核查分项、分部工程验收的正确性,对在分项工程中不能检查的项目进行检查等。观感质量的验收方法和内容与分部、子分部工程的观感质量评价一样,评价时,要在现场由参加检查验收的监理工程师共同确定,并由总监理工程师签认,总监理工程师的意见应有主导性。"检查意见"由总监理工程师或建设单位项目负责人填写。

附表7 单位工程外观质量检查记录(沥青混合料)

编号:

工程名称	重庆市××区环城路城市道路K1+000～K2+000合同段				
施工单位	山东××集团第一分公司				
检查项目	检查内容	检查情况	评价意见		
			好	中	差
沥青混合料面层	1. 面层平整、密实,无泛油、推挤、松散、裂缝及粗料明显离析等现象。	板面平整,边角整齐。	√		
	2. 接茬应紧密、平顺,烫缝不焦枯。		√		
	3. 面层与路缘及其他构筑物应接顺,不得有积水现象。	横坡顺直,符合要求。	√		
侧平石	1. 侧平石必须稳固,线直弯顺,顶面平整,无错牙,侧石钩缝饱满、密实、光洁。缘石不得阻水。	稳固、平整。符合规范要求。	√		
	2. 侧石背后填土必须密实。	填土密实。	√		
人行道	1. 铺设必须平整、稳定,灌缝饱满,无翘动、断块现象。	铺设平整,稳定。	√		
	2. 横坡顺平,无积水、反坡现象,与其他构筑物衔接和顺。	横坡顺平,衔接和顺。	√		
检查井与收水井	1. 路面与井接顺,无跳车现象。	路面与井接顺。	√		
	2. 收水井内壁抹面平整,不得起壳、裂缝。	抹面平整。	√		
	3. 井内无垃圾杂物,井圈及支管回填满足路面要求。	回填满足路面要求。	√		
	4. 框盖完整无损,安装平整、位置正确。		√		
检查人员	李××	检查日期	2015年5月20日		

检查意见:

该工程外观质量检查符合相关规范要求,观感质量综合评价为“好”,同意验收。

总监理工程师(或建设项目负责人): 2015 年5月25日

说明:

1. 验收检查(抽查)记录由检查人员填写,检查结论由总监理工程师填写。

2. 单位工程质量验收合格应符合下列规定:

(1)所含分部工程的质量均应验收合格;

(2)施工质量保证资料应完整;

(3)所含分部工程中关键工序验收资料应完整;

(4)对实体量测的抽查结果应符合相关规范规定要求;

(5)外观质量验收应符合要求。

3. 城市道路工程质量验收记录应符合下列规定:

(1)检验批质量验收可按规范进行;

(2)分项工程质量验收应按规范进行;

(3)分部工程及关键工序质量验收应按规范进行;

(4)单位工程质量验收:施工质量保证资料核查,实体量测的抽查,外观质量检查等按标准进行。

4. 观感质量检查不是单纯的外观检查,而是实地对工程的一个全面检查,核实质量控制资料,核查分项、分部工程验收的正确性,对在分项工程中不能检查的项目进行检查等。观感质量的验收方法和内容与分部、子分部工程的观感质量评价一样,评价时,要在现场由参加检查验收的监理工程师共同确定,并由总监理工程师签认,总监理工程师的意见应有主导性。"检查意见"由总监理工程师或建设单位项目负责人填写。

城镇道路路缘石施工检验批质量检验记录

渝市政验收2-1-1

单位工程名称	重庆市××区环城路城市道路K1+000～K10+000合同段		
分部工程名称	K1+000～K1+500段路面工程		
分项工程名称	路缘石铺设	验收部位	路面
施工单位	××区城建开发公司	项目经理	王××
分包单位	××城建一分公司	分包项目经理	岳××
施工执行标准名称及编号	重庆市《城镇道路附属设施工程施工质量验收规范》DBJ 50-128—2011		

项目	序号	检查项目			单位	规定值及允许偏差	施工单位检查评定记录							监理单位验收记录
主控项目	1	石质路缘石强度			MPa	符合设计要求	30	32	33	35	36	33	31	符合规范要求。
	2	预制路缘石强度			MPa	符合设计要求	√	√	√	√	√	√	√	符合规范要求。
	3	预制混凝土吸水率			%	≤8	2	5	6	7	3	5	4	符合规范要求。
	4	砂浆材料质量				满足规范和设计要求	满足规范和设计要求。							符合规范要求。
一般项目	1	路缘石石材制成品	外形尺寸	长	mm	±4	1	−1	−3	4	2	3	1	符合规范要求。
				宽	mm	±1	−0.5	0.8	0.6	0.5	0.4			符合规范要求。
				厚（高）	mm	±2	1	−1	1	−1	1	−1	1	符合规范要求。
			对角线长度差		mm	±4	1	−1	−3	4	2	3	1	符合规范要求。
			外露面平整度		mm	2	1.2	0.5	1.3	1.6	1.8			符合规范要求。
	2	预制混凝土路缘石	长度、宽度、厚度		mm	+5，−3	2	3	1	2	−1	−2	4	符合规范要求。
			外露面平整度		mm	3	1	2	1	2	1	2	1	符合规范要求。
			外露面缺角掉边		mm	15	10	12	12	10	11	8	9	符合规范要求。
			外露面粘皮、脱皮、缺损		mm^2	30	20	25	21	22	25	20	20	符合规范要求。
	3	路缘石安砌	直顺度		mm	5	1	4	3	2	1	2	3	符合规范要求。
			相邻块高差		mm	3	1	2	1	2	1	2	1	符合规范要求。
			与人行道块顶面高差		mm	5	1	4	3	2	1	2	3	符合规范要求。
			缝宽		mm	±2	1	−1	1	−1	1	−1	1	符合规范要求。
			顶面高程		mm	±10	−1	−6	−8	2	5	7	−5	符合规范要求。
			垂直度		mm	≤3	1	3	2	2	3	1	1	符合规范要求。
	5	外观质量			好	符合规范要求	符合规范要求。							符合规范要求。

施工员	秦××	施工班组长	何××
施工单位检查评定结果	检查情况： 经检查，主控项目和一般项目均符合设计要求和重庆市《城镇道路附属设施工程施工质量验收规范》(DBJ 50-128—2011)规定，评定合格。 项目专职质量员：王×× 2015年5月20日		
监理单位验收结论	验收意见： 同意施工单位评定结果，验收合格，同意进行下道工序施工。 专业监理工程师：黎×× 2015年5月20日		

说明:

一般规定

1. 路缘石宜采用石材或预制的混凝土标准块,并应提供产品强度、规格尺寸等技术资料及产品合格证,还应有进场验收记录。

2. 路缘石宜以干硬性砂浆铺砌,砂浆应饱满,厚度均匀,直线段顺直、曲线段圆顺、缝隙均匀。

主控项目

1. 石质路缘石应采用质地坚硬的石料加工,强度应符合设计要求,选用的石材应具有耐风化和抗侵蚀性的,软化系数应不低于0.8。设计未规定石材强度时,应小于MU30。

检验数量:同石、同规格连续进场每500m为一批,不足者以一批计,每批检验1组。检验方法:查产品出石合格证、检验报告。

2. 预制混凝土路缘石的强度应符合设计要求。设计未规定强度时,路缘石的弯拉强度与抗压强度应符合表1的规定。

表1 路缘石弯拉强度与抗压强度

直线路缘石			直线路缘石(含圆形、L形)		
弯拉强度(MPa)			抗压强度(MPa)		
强度等级C1	平均值	单块最小值	强度等级	平均值	单块最小值
Cf3.0	≥3.00	2.40	C30	≥30	24.0

注:非直线形路缘石可不做弯拉试验。

检验数量:同厂、同规格连续进场每500m为一批,不足者以一批计,每批检验1组。检验方法:查产品出厂合格证、出厂检验报告、现场检验报告。

3. 预制混凝土吸水率不得大于8%。有抗冻要求的路缘石经50次冻融试验后,质量损失率应小于3%,有抗盐冻要求的路缘石经ND25次试验后,质量损失应小于$0.5kg/m^2$。

检验数量:同厂、同规格为一批。检验方法:查产品出厂合格证、检验报告。

4. 路缘石砌筑砂浆的用水泥、砂、水的质量必须满足规范要求,砌筑浆强度符合设计要求。

检验数量:每安砌500m路缘石的一配比砂浆作一组,不足者以一批计。检验方法:查检验报告。

一般项目

1. 路缘石石材制成品外形质量检验标准及允许偏差应符合表2的规定。

表2 路缘石石材制成品外形质量检验标准及允许偏差

检查项目		允许偏差	检验方法
外形尺寸(mm)	长	±4	钢尺量
	宽	±1	钢尺量
	厚(高)	±2	钢尺量
对角线长度差(mm)		±4	钢尺量
外露平整度(mm)		2	钢尺量(直尺)

检验数量:材料进场时每批抽检3%。检验方法:查检验记录。

2. 预制混凝土路缘石外形质量检验标准及允许偏差应符合表3的规定。

表3 预制混凝土路缘石外形质量检验标准及允许偏差

检查项目	允许偏差	检验方法
长度、宽度、厚度(mm)	±5.3	钢尺量
外露面平整度(mm)	3	钢尺量
外露面缺角掉边(mm)	15	钢尺量
外露面粘皮、脱皮、缺损(mm^2)	30	钢尺量

检验数量：材料进场时每批抽检3%。检验方法：查检验记录。

3. 路缘石安砌质量检验标准及允许偏差应符合表4的规定。

表4 路缘石石材制成品外形质量检验标准及允许偏差

检查项目		允许偏差	检验方法		检验方法
			范围	点/次	小线量取最大值
外形尺寸	长(mm)	±4	20m	1	钢板尺和塞尺量
	宽(mm)	±1	20m	1	钢尺量
	厚(高)(mm)	±2	20m	1	钢尺量
对角线长度差(mm)		±4	20m	1	用水准仪测量
外露平整度(mm)		2	20m	1	垂线测量

检验数量：每20m随机量3点取最大值。检验方法：查检验记录。

4. 外观质量应符合下列要求：

(1)路缘石外露面平整、清洁，无贯穿裂纹，分层、色差、杂色不明显。

(2)路缘石顶面平顺，棱线直顺，顶面与人行道板衔接和顺；直线段与曲线段衔接顺畅；平缘石表面应平顺不阻水。

(3)安装稳固，缝宽均匀一致，灌缝饱满，填缝密实，勾抹光洁，缝色与路缘石无明显不协调色差。检验数量：全数检查。检验方法：观察。

城镇道路人行道路基施工检验批质量检验记录

渝市政验收2-2-1

<table>
<tr><td colspan="3">单位工程名称</td><td colspan="10">重庆市××区环城路城市道路K1+000～K10+000合同段</td></tr>
<tr><td colspan="3">分部工程名称</td><td colspan="10">K1+000～K1+500段人行道路基工程</td></tr>
<tr><td colspan="3">分项工程名称</td><td colspan="2">人行道路基</td><td colspan="4">验收部位</td><td colspan="4">人行道路基</td></tr>
<tr><td colspan="3">施工单位</td><td colspan="2">××区城建开发公司</td><td colspan="4">项目经理</td><td colspan="4">王××</td></tr>
<tr><td colspan="3">分包单位</td><td colspan="2">××城建一分公司</td><td colspan="4">分包项目经理</td><td colspan="4">岳××</td></tr>
<tr><td colspan="3">施工执行标准名称及编号</td><td colspan="10">重庆市《城市道路附属设施工程施工质量验收规范》DBJ 50-128—2011</td></tr>
<tr><td rowspan="2">项目</td><td colspan="4">施工质量验收规范的规定</td><td colspan="7" rowspan="2">施工单位检查评定记录</td><td rowspan="2">监理单位验收记录</td></tr>
<tr><td>序号</td><td>检查项目</td><td>单位</td><td>规定值及允许偏差</td></tr>
<tr><td rowspan="8">主控项目</td><td>1</td><td>碾压</td><td></td><td>符合规范要求</td><td colspan="7">强度与次数均符合要求。</td><td>符合规范要求。</td></tr>
<tr><td>2</td><td></td><td></td><td></td><td colspan="7"></td><td></td></tr>
<tr><td>3</td><td></td><td></td><td></td><td colspan="7"></td><td></td></tr>
<tr><td>4</td><td></td><td></td><td></td><td colspan="7"></td><td></td></tr>
<tr><td>5</td><td></td><td></td><td></td><td colspan="7"></td><td></td></tr>
<tr><td>6</td><td></td><td></td><td></td><td colspan="7"></td><td></td></tr>
<tr><td>7</td><td></td><td></td><td></td><td colspan="7"></td><td></td></tr>
<tr><td>8</td><td></td><td></td><td></td><td colspan="7"></td><td></td></tr>
<tr><td rowspan="5">一般项目</td><td>1</td><td>填筑</td><td></td><td>符合规范要求</td><td colspan="7">符合规范要求。</td><td>符合规范要求。</td></tr>
<tr><td>2</td><td>平整度</td><td>mm</td><td>20</td><td>18</td><td>15</td><td>12</td><td>16</td><td>14</td><td>13</td><td>11</td><td>符合规范要求。</td></tr>
<tr><td>3</td><td>宽度</td><td>mm</td><td>不小于设计值</td><td>√</td><td>√</td><td>√</td><td>√</td><td>√</td><td>√</td><td>√</td><td>符合规范要求。</td></tr>
<tr><td>4</td><td>横坡</td><td>%</td><td>±0.3</td><td>0.1</td><td>0.2</td><td>0.2</td><td>−0.1</td><td>−0.2</td><td>0.1</td><td>0.2</td><td>符合规范要求。</td></tr>
<tr><td>5</td><td>压实度（轻型）</td><td>%</td><td>≥90</td><td>92</td><td>93</td><td>94</td><td>91</td><td>92</td><td>98</td><td>96</td><td>符合规范要求。</td></tr>
<tr><td colspan="2" rowspan="2">施工单位检查评定结果</td><td>施工员</td><td colspan="2">秦××</td><td colspan="3">施工班组长</td><td colspan="5">何××</td></tr>
<tr><td colspan="11">检查情况：
经检查，主控项目和一般项目均符合设计要求和重庆市《城镇道路附属设施工程施工质量验收规范》（DBJ 50-128—2011）规定，评定合格。
项目专职质量员：王××
2015年5月20日</td></tr>
<tr><td colspan="2">监理单位验收结论</td><td colspan="11">验收意见：
同意施工单位评定结果，验收合格，同意进行下道工序施工。
专业监理工程师：黎××
2015年5月20日</td></tr>
</table>

说明：

一般规定

1. 人行道由路基、基层、整平层和铺面等层次构成，应逐层分次验收。

2. 人行道范围内各种公用管线（沟）盖板顶面应控制在人行道铺面以下，确保沟盖板顶面满足人行道铺装的结构要求。

3. 有特殊要求的人行道，应按设计要求及现场条件制定铺装方案及验收标准。

主控项目

人行道路基宜采用适当的压实机具与方式进行碾压，并达到设计压实度要求。检验数量：每1000m²测3点，不足1000m²时仍测3点。检验方法：查检验报告。

一般项目

1. 人行道路基宜采用低液限黏质土、低液限粉质土或粗粒土填筑，不得使用淤泥及有机质土等填料。检验数量：每种土类测1组。检验方法：查检验报告。

2. 人行道路基质量检验标准及允许偏差应符合下表的规定。

表　人行道路基质量检验标准及允许偏差

检查项目	允许偏差	检验频率	检验方法
平整度（mm）	20	每20m检查1点	用3m直尺和塞尺连续测两尺，取较大值
宽度（mm）	不小于设计值	每40m检查1点	钢尺量
横坡（%）	±0.3且不反坡	每20m检查2点	水准仪测量

城镇道路人行道基层施工检验批质量检验记录

渝市政验收2-2-2

单位工程名称	重庆市××区环城路城市道路K1+000～K10+000合同段		
分部工程名称	K1+000～K1+500段人行道基层工程		
分项工程名称	人行道基层	验收部位	人行道
施工单位	××区城建开发公司	项目经理	王××
分包单位	××城建一分公司	分包项目经理	岳××
施工执行标准名称及编号	重庆市《城市道路附属设施工程施工质量验收规范》DBJ 50-128—2011		

项目	施工质量验收规范的规定					施工单位检查评定记录							监理单位验收记录
	序号	检查项目		单位	规定值及允许偏差								
主控项目	1	干密度	级配碎石	T/m^3	≥1.90	2	2.1	2.2	3	2.5	2.6	2.8	符合规范要求。
			砾石砂		≥2.00	2.3	2.1	2.4	3	2.5	2.7	2.8	符合规范要求。
			半刚性		≥1.90	2	2.1	2.2	3	2.5	2.6	2.8	符合规范要求。
	2	厚度	柔性	mm	±15	-10	-9	12	13	14	-11	14	符合规范要求。
			半刚性		±15	-8	-9	11	13	12	-11	14	符合规范要求。
			刚性		±10	2	5	3	-2	-9	6	-7	符合规范要求。
	3	原材料			符合规范要求	原材料进厂、试验检验符合规范要求。							符合规范要求。
	4	外观质量			符合规范要求	符合规范要求。							符合规范要求。
	5												
	6												
	7												
	8												
一般项目	1	平整度	柔性	mm	≤15	12	10	14	11	13	8	14	符合规范要求。
	2		半刚性	mm	≤15	11	13	8	9	12	14	3	符合规范要求。
	3		刚性	mm	≤12	10	5	3	9	8	11	10	符合规范要求。
	4	宽度		mm	不小于设计值	√	√	√	√	√	√	√	符合规范要求。
	5	横坡		%	±0.3且不反坡	-0.1	-0.2	0.1	0.2	-0.2	0.2	-0.2	符合规范要求。
		厚度		mm	±10	-9	8	6	-7	5	3	4	符合规范要求。

	施工员	秦××	施工班组长	何××
施工单位检查评定结果	检查情况： 经检查，主控项目和一般项目均符合设计要求和重庆市《城镇道路附属设施工程施工质量验收规范》（DBJ 50-128—2011）规定，评定合格。 项目专职质量员：王×× 2015年5月20日			
监理单位验收结论	验收意见： 同意施工单位评定结果，验收合格，同意进行下道工序施工。 专业监理工程师：黎×× 2015年5月20日			

说明：

一般规定

1. 人行道由路基、基层、整平层和铺面等层次构成，应逐层分次验收。

2. 人行道范围内各种公用管线(沟)盖板顶面应控制在人行道铺面以下，确保沟盖板顶面满足人行道铺装的结构要求。

3. 有特殊要求的人行道，应按设计要求及现场条件制定铺装方案及验收标准。

主控项目

1. 基层原材料及混合材料质量控制及检验要求，应满足设计要求并按《城市道路工程施工质量验收规范》DBJ 50-078相应章节条文执行。检验数量：每2000m²抽查1组。检验方法：查检验报告。

2. 半刚性基层的压实度和7d无侧限抗压强度应满足设计规定要求；若压实度无设计要求时，其压实度不小于95%。检验数量：压实度每1000m²测1点，7d无侧限抗压强度2000m²抽检1组(6块)。检验方法：查检验报告。

3. 水泥混凝土基层的抗压强度等级应满足设计要求。检验数量：

(1)每拌制100盘且不超过100m²的同配合比的混凝土，取样不得少于1组；

(2)每工作台班拌制的同一配合比的混凝土不足100盘时，也应至少取样1组；

(3)当一次连续浇筑超过1000m³时，同一配合比的混凝土每200m³取样不得少于1次；

(4)同一配合比的混凝土，取样不得少于1次。

检验方法：查检验报告。

一般项目

1. 基层表面应平整、密实，无裂缝、积水及覆盖其他设施等缺陷。检验数量：全部。检验方法：观察。

2. 人行道基层质量检验标准及允许偏差应符合下表的规定。

表　人行道基层质量检验标准及允许偏差

检查项目		允许偏差	检验频率	检验方法
平整度(mm)	半刚性	≤15	每20m检查1点	用3m直尺和塞尺连续测两尺，取较大值
	刚性	≤12		
宽度(mm)		不小于设计值	每40m检查1点	钢尺量
横坡(%)		±0.3且不反坡	每20m检查1点	水准仪测量
厚度(mm)		±10	每1000m检查1点	用钢尺量

城镇道路人行道料石面层施工检验批质量检验记录

渝市政验收2-2-3

单位工程名称	重庆市××区环城路城市道路K1+000～K10+000合同段		
分部工程名称	K1+000～K1+500段人行道面层工程		
分项工程名称	人行道料石面层	验收部位	人行道面层
施工单位	××区城建开发公司	项目经理	王××
分包单位	××城建一分公司	分包项目经理	岳××
施工执行标准名称及编号	重庆市《城市道路附属设施工程施工质量验收规范》DBJ 50-128—2011		

项目	序号	检查项目		单位	规定值及允许偏差	施工单位检查评定记录							监理单位验收记录
主控项目	1	水泥强度及掺加量		MPa	符合设计要求	已查检验报告，符合规范要求。							符合规范要求。
	2	水泥砂浆强度		MPa	符合设计要求	已查检验报告，符合规范要求。							符合规范要求。
	3	石材强度		MPa	符合设计要求	已查检验报告，符合规范要求。							符合规范要求。
	4												
	5												
	6												
一般项目	1	石材物理性能和外观质量			符合设计和规范要求	符合设计和规范要求。							符合规范要求。
	2	料石加工尺寸			符合规范要求	符合规范要求。							符合规范要求。
	3	料石铺设	横坡	%	±0.3%且不反坡	−0.1	−0.2	0.1	0.2	−0.2	0.2	−0.2	符合规范要求。
			井框与面层高差	mm	≤3	1.2	1.3	1.8	2.1	2.2	2.3	2.8	符合规范要求。
			相邻块高差	mm	≤2	1.2	1.3	1.8	1.2	1.5	1.6	1.7	符合规范要求。
			纵缝直顺	mm	≤10	1	2	5	7	3	9	8	符合规范要求。
			横缝直顺	mm	≤10	2	5	5	6	7	8	3	符合规范要求。
			缝宽	mm	+3，−2	−1	1	2	−1	1	2	1	符合规范要求。
	4	整平层厚度			符合设计要求	符合设计要求。							符合规范要求。
	5	面层平整度			满足设计及规范要求	满足设计及规范要求。							符合规范要求。

	施工员	秦××	施工班组长	何××
施工单位检查评定结果	检查情况： 经检查，主控项目和一般项目均符合设计要求和重庆市《城镇道路附属设施工程施工质量验收规范》（DBJ 50-128—2011）规定，评定合格。 项目专职质量员：王×× 2015年5月20日			
监理单位验收结论	验收意见： 同意施工单位评定结果，验收合格，同意进行下道工序施工。 专业监理工程师：黎×× 2015年5月20日			

说明：

一般规定

1. 人行道由路基、基层、整平层和铺面等层次构成，应逐层分次验收。

2. 人行道范围内各种公用管线（沟）盖板顶面应控制在人行道铺面以下，确保沟盖板顶面满足人行道铺装的结构要求。

3. 有特殊要求的人行道，应按设计要求及现场条件制定铺装方案及验收标准。

主控项目

1. 干拌水泥沙、水泥砂浆整平层中的水泥强度等级及掺加量应符合设计要求。检验数量：每批水泥检查一次。检验方法：查验产品合格证及检验报告。

2. 水泥砂浆强度应符合设计要求。检验数量：同一配合比，每1000m²取1组，不足1000m²取1组。检验方法：查检查报告。

3. 石材强度应符合设计要求。检验数量：每检验批抽样检验。检验方法：查出厂检验报告及检验报告。

一般项目

1. 料石应表面平整，粗糙、色泽、规格、尺寸应符合设计要求，其饱和和抗压强度不宜小于80MPa。石材物理性能和外观质量检验标准及允许偏差应符合表1的规定。

表1　石材物理性能和外观质量检验标准及允许偏差

检查项目		允许值偏差	备注
物理性能	体积密度（g/cm³）	≥2.5	
	磨耗率（狄法尔法）（%）	<4	
	吸水率（个）	<1	
外观质量	缺棱（个）	1	每块板材面积不超过5mm×10mm
	缺角（个）	1	
	色斑（个）		
外观质量	裂纹（条）		
	坑窝		

注：表面纹理垂直于板边沿，不得有纹理、乱纹现象，边沿直顺、四角整齐，不得有凹凸不平现象。

2. 料石加工尺寸质量检验标准及允许偏差应符合表2的规定。

表2　料石加工尺寸质量检验标准及允许偏差

检查项目	允许偏差		检验方法
	粗面材	细面材	
长、宽（mm）	0，-2	0，-1.5	钢尺量
厚（高）（mm）	+1.3	±1	钢尺量
对角线（mm）	±2	±1	钢尺量
平面度（mm）	±1	±0.7	直尺量

3. 整平层厚度需符合设计要求。检验数量：每1000 m²检验1点，不足1000 m²时仍检验1点。检验方法：尺量。

4. 铺砌应稳固、无翘动，表面平整、缝线直顺、缝宽均匀、灌缝饱满，无翘边、翘角、反坡、积水现象。

5. 料石铺砌人行道面层平整度满足设计及规范要求。检验数量：每20m检验1点。检验方法：查检验报告（3m直尺和塞尺连续量测两次，取较大值）。

6. 料石铺砌质量检验标准及允许偏差应符合表3的规定。

表3 料石铺砌质量检验标准及允许偏差

检查项目	允许偏差	检验频率	检验方法
井框与面层高差(mm)	±0.3%且不反坡	每20m检查1点	用水准仪测量
井框与面层高差(mm)	≤3	每座检查1点	十字法,用直尺和塞尺量,取最大值
相邻块高差(mm)	≤2	每20m检查1点	用钢尺量,测3点取最大值
纵缝直顺(mm)	≤10	每40m检查1点	用20m线和钢尺量
横缝直顺(mm)	≤10	每20m检查1点	沿路宽用线和钢尺量
缝宽(mm)	+3,-2	每20m检查1点	用钢尺量,测3点取最大值

城镇道路人行道预制砌块面层施工检验批质量检验记录

渝市政验收2-2-4

单位工程名称	重庆市××区环城路城市道路K1+000～K10+000合同段		
分部工程名称	K1+000～K1+500段人行道面层工程		
分项工程名称	人行道预制砌块面层	验收部位	人行道面层
施工单位	××区城建开发公司	项目经理	王××
分包单位	××城建一分公司	分包项目经理	岳××
施工执行标准名称及编号	重庆市《城市道路附属设施工程施工质量验收规范》DBJ50-128—2011		

项目	序号	检查项目	单位	规定值及允许偏差	施工单位检查评定记录							监理单位验收记录
主控项目	1	水泥强度等级及掺加量	MPa	符合设计要求	已查检验报告，符合规范要求。							符合规范要求。
	2	水泥砂浆强度	MPa	符合设计要求	已查检验报告，符合规范要求。							符合规范要求。
	3	混凝土预制块强度		符合设计规定	已查检验报告，符合规范要求。							符合规范要求。
	4											
	5											
	6											
一般项目	1	预制块加工尺寸		符合规范要求	尺量，符合规范要求。							符合规范要求。
	2	预制块铺设 横坡	%	±0.3%且不反坡	−0.1	−0.2	0.1	0.2	−0.2	0.2	−0.2	符合规范要求。
		预制块铺设 井框与面层高差	mm	≤3	2.2	2.5	2.5	2.8	2.2	2.3	2.8	符合规范要求。
		预制块铺设 相邻块高差	mm	≤3	2.2	2.2	2.5	2.3	1.5	1.6	1.7	符合规范要求。
		预制块铺设 纵缝直顺	mm	≤10	1	2	5	7	3	9	8	符合规范要求。
		预制块铺设 横缝直顺	mm	≤10	2	5	5	6	7	8	3	符合规范要求。
		预制块铺设 缝宽	mm	+3，-2	−1	1	2	−1	1	2	1	符合规范要求。
	3	整平层厚度		符合设计要求	尺量，整平层厚度，符合设计要求。							符合规范要求。
	4	铺面平整度		满足设计及规范要求	表面平整，粗糙、纹路清晰，棱角整齐，满足设计及规范要求。							符合规范要求。

施工单位检查评定结果	施工员	秦××	施工班组长	何××
	检查情况： 经检查，主控项目和一般项目均符合设计要求和重庆市《城镇道路附属设施工程施工质量验收规范》(DBJ 50-128—2011)规定，评定合格。 项目专职质量员：王×× 2015年5月20日			
监理单位验收结论	验收意见： 同意施工单位评定结果，验收合格，同意进行下道工序施工。 专业监理工程师：黎×× 2015年5月20日			

说明:

主控项目

1. 干拌水泥砂、水泥砂浆整平层中的水泥强度等级及掺加量应符合设计要求。检验数量:每批水泥检验一次。检验方法:查验产品合格证及检验报告。

2. 水泥砂浆强度应符合设计要求。检验数量:同一配合比,每1000 m²1组,不足1000 m²取1组。检验方法:查检验报告。

3. 混凝土预制块强度应符合设计规定。检验数量:同一品种、规格、每检验批1组。检验方法:查验产品合格证和抗压强度试验报告。

一般项目

1. 预制块应表面平整、粗糙、纹路清晰、棱角整齐,不得有蜂窝、露石、脱皮等现象;彩色预制块表层应质地致密,色彩均匀,无掉色、起皮、分层、裂缝等缺陷,表面花纹图深度不得超过彩面层厚度。预制块加尺寸与外观质量检验标准及允许偏差应符表1的规定。

表1 预制块加工尺寸与外面质量检验标准及允许偏差

检查项目	允许偏差	检验方法
长度、宽度(mm)	±2	钢尺量
厚度(mm)	±3	钢尺量
厚度差(mm)	≤3	钢尺量
平整度(mm)	≤2	钢尺量
正面粘皮及缺损的最大投影尺寸(mm)	≤5	钢尺量
缺棱掉角的最大投影尺寸(mm)	≤10	钢尺量
非贯穿裂纹长度最大投影尺寸(mm)	≤10	钢尺量
贯穿裂纹(mm)	不允许	观察
磨耗		
吸水率	≤8	查检验报告
色差、杂色	不明显	观察

2. 整平层厚度需符合设计要求。检验数量:每1000m² 检验1点,不足1000 m²时,仍检验1点。检验方法:尺量。

3. 混凝土预制块铺面平整度满足设计及规范要求。检验数量:每20m查1点。

4. 铺砌应稳固、无翘动,表面平整、锋线直顺、缝宽均匀、灌缝饱满,无翘边、翘角、反坡、积水现象。

5. 预制块铺砌量检验标准及允许偏差应符合表2的规定。

表2 预制块铺砌质量检验标准及允许偏差

检查项目	允许偏差	检验频率	检验方法
横坡(%)	±0.3%且不反坡	每20m检查1点	用水准仪测量
井框与面层高差(mm)	≤3	每座检查1点	十字法,用直尺和塞尺量,取最大值
相邻块高差(mm)	≤3	每20m检查1点	用钢尺量,测3点取最大值
纵缝直顺(mm)	≤10	每40m检查1点	用20m线和钢尺量
横缝直顺(mm)	≤10	每20m检查1点	路宽用线和钢尺量
缝宽(mm)	+3,-2	每20m检查1点	用钢尺量,测3点取最大值

城镇道路沥青混合料铺设人行道面层施工检验批质量检验记录表

渝市政验收2-2-5

单位工程名称	重庆市××区环城路城市道路K1+000～K10+000合同段		
分部工程名称	K1+000～K1+500段人行道面层工程		
分项工程名称	沥青混合料铺设人行道面层	验收部位	人行道面层
施工单位	××区城建开发公司	项目经理	王××
分包单位	××城建一分公司	分包项目经理	岳××
施工执行标准名称及编号	重庆市《城市道路附属设施工程施工质量验收规范》DBJ 50-128—2011		

项目	施工质量验收规范的规定				施工单位检查评定记录							监理单位验收记录
	序号	检查项目	单位	规定值及允许偏差								
主控项目	1	压实度	%	≥95	96	98	96	97	96	96	95	符合规范要求。
	2	沥青混合料品质		符合马歇尔试验配合比技术要求	现场取样试验报告，符合马歇尔试验配合比技术要求。							符合规范要求。
	3	铺装层厚度		满足设计要求	查现场取样试验报告，偏差值为±5mm，满足设计要求和施工规范。							符合规范要求。
	4											
	5											
	6											
一般项目	1	平整度	mm	≤5	1	4	3	2	4	5	3	符合规范要求。
	2	横坡	%	±0.3%且不反坡	-0.1	-0.2	0.1	0.2	-0.2	0.2	-0.2	符合规范要求。
	3	井框与面层高差		≤3	2.2	2.2	2.5	2.3	1.5	1.6	1.7	符合规范要求。
	4	与其他构筑物有无污染		无污染	无污染。							
	5											

施工单位检查评定结果	施工员	秦××	施工班组长	何××
	检查情况： 经检查，主控项目和一般项目均符合设计要求和重庆市《城镇道路附属设施工程施工质量验收规范》(DBJ 50-128—2011)规定，评定合格。 项目专职质量员：王×× 2015年5月20日			
监理单位验收结论	验收意见： 同意施工单位评定结果，验收合格，同意进行下道工序施工。 专业监理工程师：黎×× 2015年5月20日			

说明：

主控项目

1. 压实度不得小于95%，表面应平整，无明显轮迹。检验数量：每100m查2点。检验方法：查检验报告(马歇尔击实试件密度，实验室标准密度)。

2. 沥青混合料品质应符合马歇尔试验配合比技术要求。检验数量：每日、每品种检查1次。检验方法：现场取样试验报告。

3 沥青混凝土铺装层厚度应满足设计要求。检验数量：每20m检查1点。检验方法：现场取样试验报告，偏差值为±5mm。

一般项目

1. 表面应平整、密实，无裂缝、烂边、掉渣、推挤现象，接茬应平顺，烫边无枯焦现象，与构筑物衔接平顺，无反坡积水，对周围环境无污染。检验数量：全数检查。检验方法：观察。

2. 沥青混合料铺筑人行道面层质量检验标准及允许偏差应符合下表的规定。

表　沥青混合料铺筑人行道面层质量检验标准及允许偏差

项目	允许偏差	检验频率	检验方法
平整度(mm)	≤5	每20m检查1点	用3m直尺和塞尺量
横坡	±0.3%且不反坡	每20m检查1点	连续测两点，取较大值
井框与面层高差(mm)	≤3	每座检查1点	用水准仪测量
与其他构筑物无污染	无污染	逐一检查	观察

城镇道路人行道无障碍设施施工检验批质量检验记录

渝市政验收2-2-6

单位工程名称	重庆市××区环城路城市道路K1+000～K10+000合同段		
分部工程名称	K1+000～K1+500段人行道无障碍设施工程施工		
分项工程名称	人行道无障碍设施施工	验收部位	人行道
施工单位	××区城建开发公司	项目经理	王××
分包单位	××城建一分公司	分包项目经理	岳××
施工执行标准名称及编号	重庆市《城市道路附属设施工程施工质量验收规范》DBJ 50-128—2011		

项目	施工质量验收规范的规定				施工单位检查评定记录							监理单位验收记录
	序号	检查项目		规定值及允许偏差								
主控项目	1	盲道平整度（mm）	彩色	≤4								
			素色	≤5	1.2	2.3	4.2	3.5	5	3.2	2.2	符合规范要求。
	2	材料、半成品和成品规格及质量		符合规范要求	查验产品合格证，检验报告，符合规范要求。							符合规范要求。
	3	路缘石坡道	平面位置、铺设形式、色彩	符合设计要求	核对设计图纸，平面位置、铺设形式、色彩符合设计要求。							符合规范要求。
		行进盲道										
		提示盲道										
	4	铺面质量		符合规范要求	符合规范要求。							符合规范要求。
	5											
	6											
	7											
	8											
一般项目	1	盲道线形直顺（mm）		≤5	1.2	2.3	4.2	3.5	5	3.2	2.2	符合规范要求。
	2	厚度（mm）		±5	−1	−1	3	−4	2	3	1	符合规范要求。
	3	路缘石坡度（%）		不大于设计值	√	√	√	√	√	√	√	符合规范要求。
	4	坡道正面侧石高出平石（mm）		≤1.0	0.2	0.5	0.8	0.6	0.9	0.7	0.4	符合规范要求。
	5											

施工单位检查评定结果	施工员	秦××	施工班组长	何××
	检查情况： 经检查，主控项目和一般项目均符合设计要求和重庆市《城镇道路附属设施工程施工质量验收规范》(DBJ 50-128—2011)规定，评定合格。 项目专职质量员：王×× 2015年5月20日			
监理单位验收结论	验收意见： 同意施工单位评定结果，验收合格，同意进行下道工序施工。 专业监理工程师：黎×× 2015年5月20日			

说明：

主控项目

1. 无障碍设施采用的材料、半成品和成品的规格及质量应符合相关规范相应条文的规定。检验数量：每批进料检验不少于1次。检验方法：查验产品合格证，检验报告。

2. 无障碍路缘石坡道、行进盲道和提示盲道的平面位置、铺设形式、色彩应符合设计要求。检验数量：全部。检验方法：核对设计图纸。

3. 触感盲道、路缘石坡道铺面的质量检验要求应分别符合相关规范相关规定。检验数量：全部。

一般项目

1. 无障碍路缘石坡道的形状、坡度应符合设计要求；路缘石坡道正面的侧石应高出平石并不大于10mm。检验数量：全部。检验方法：观察、尺量。

2. 外观质量应符合下列要求：

(1)触感盲道铺面平顺，与相邻铺面衔接平整、紧密，无接边高差等缺陷；

(2)路缘石坡道铺面与周边人行道铺面连接和顺，无缺漏破损等缺陷。

检验数量：全部。检验方法：观察。

3. 盲道和路缘石坡道铺面质量检验标准及允许偏差应符合下表的规定。

表　盲道和路缘石坡道铺面质量检验标准及允许偏差

项目	允许偏差	检验频率	检验方法
盲道线形直顺(mm)	≤5	每40m检查1点	20m小线量
最度(mm)	±5	每处检查1点	钢尺量
路缘石坡度(%)	不大于设计值	每处检查1点	水平尺、钢尺量

城镇道路人行道树池施工检验批质量检验记录

渝市政验收2-2-7

单位工程名称	重庆市××区环城路城市道路K1+000～K10+000合同段		
分部工程名称	K1+000～K1+500段人行道树池施工		
分项工程名称	人行道树池施工	验收部位	人行道
施工单位	××区城建开发公司	项目经理	王××
分包单位	××城建一分公司	分包项目经理	岳××
施工执行标准名称及编号	重庆市《城市道路附属设施工程施工质量验收规范》DBJ 50-128—2011		

项目	施工质量验收规范的规定					施工单位检查评定记录							监理单位验收记录
	序号	检查项目		单位	规定值及允许偏差								
主控项目	1	直顺度		mm	≤5	1	2	4	3	2	1	2	符合规范要求。
	2	预制树池石强度			符合设计要求	√	√	√	√	√	√	√	符合规范要求。
	3	树池制成品	长度	mm	±5	−1	−2	−3	4	2	1	3	符合规范要求。
			宽度与厚度	mm	±2	1	0.2	−1	1.5	1.8	−1	1.9	符合规范要求。
			缺角掉边	mm	≤20外露面、边、棱角完整	√	√	√	√	√	√	√	符合规范要求。
			其他		颜色一致，无蜂窝、露石脱皮、裂缝等	颜色一致，无蜂窝、露石脱皮、裂缝，符合规范要求。							符合规范要求。
	4	外观质量			符合规范要求	安装平整、稳固，符合规范要求。							符合规范要求。
	5												
	6												
	7												
	8												
一般项目	1	相邻块高差		mm	≤5	2	1	2	3	4	5	2	符合规范要求。
	2	缝宽		mm	±2	−1	1	1.2	1.8	−1.2	1.9	−1.7	符合规范要求。
	3	与人行道坡顶面高差		mm	≤5	2	1	2	3	4	5	2	符合规范要求。
	4												
	5												

施工单位检查评定结果	施工员	秦××	施工班组长	何××
	检查情况： 经检查，主控项目和一般项目均符合设计要求和重庆市《城镇道路附属设施工程施工质量验收规范》（DBJ 50-128—2011）规定，评定合格。 项目专职质量员：王×× 2015年5月20日			
监理单位验收结论	验收意见： 同意施工单位评定结果，验收合格，同意进行下道工序施工。 专业监理工程师：黎×× 2015年5月20日			

说明:

主控项目

水泥混凝土预制树池石或料石树池石的强度应符合设计要求;无设计要求时,其抗压强度不低于30MPa。检验数量:同厂、同规格连续进场500m为一批,不足者以一批计,每批检验不少于1次。检验方法:查验产品合格证及检验报告。

一般项目

1. 外观质量应符合下列要求:

(1)安装平整、稳固、色泽一致,无缺角、掉边、断边等缺陷;

(2)缝宽均匀,坐浆饱满且砂浆不外溢;

(3)顶面纵、横坡与人行道板铺面保持一致,与人行道板顺接;

(4)安装水泥混凝土预制树池石时,其四边应分别垂直或平行于路缘石。

检验数量:全部。检验方法:观察。

2. 砌筑树池制成品外形质量检验标准及允许偏差应符合下表的规定。

表　砌筑树池制成品外形质量检验标准及允许偏差

检查项目	允许偏差	检验方法
长度(mm)	±5	钢尺量
宽度与厚度(mm)	±2	钢尺量
缺角掉边(mm)	≤20,外露面,边、棱角完整	钢尺量、观察
其他	颜色一致,无蜂窝、露石脱皮、裂缝等	观察

城镇道路检查井施工检验批质量检验记录

渝市政验收2-3-1

单位工程名称	重庆市××区环城路城市道路K1+000～K10+000合同段		
分部工程名称	K1+000～K1+500段人行道树池施工		
分项工程名称	人行道树池施工	验收部位	人行道
施工单位	××区城建开发公司	项目经理	王××
分包单位	××城建一分公司	分包项目经理	岳××
施工执行标准名称及编号	重庆市《城市道路附属设施工程施工质量验收规范》DBJ50-128—2011		

项目	序号	检查项目			单位	规定值及允许偏差	施工单位检查评定记录							监理单位验收记录
主控项目	1	原材料、预制构件质量				符合设计要求和有关标准规定	检查产品质量合格证书或出厂检验报告、复检报告、进场验收记录，符合设计要求和有关标准规定。							符合规范要求。
主控项目	2	井基底承载力				满足设计要求	检查检测报告，井基底承载力满足设计要求，符合规范要求。							符合规范要求。
主控项目	3	砌筑水泥砂浆强度、结构混凝土强度				符合设计要求	检查试验报告，符合设计要求。							符合规范要求。
主控项目	4	外观质量				符合规范要求	无质量缺陷。							符合规范要求。
主控项目	5													
一般项目	1	平面轴线位置(轴向、垂直轴向)			mm	15	12	11	10	8	9	13	12	符合规范要求。
一般项目	2	结构断面尺寸			mm	+10,0	2	5	8	9	7	3	2	符合规范要求。
一般项目	3	井室尺寸	长、宽		mm	±20	12	15	8	9	7	6	5	符合规范要求。
一般项目	3	井室尺寸	直径											
一般项目	4	井口高程	农田或绿地		mm	±20	符合规范要求。							符合规范要求。
一般项目	4	井口高程	路面		mm	与道路规定一致								
一般项目	5	井底高程	开槽法管道铺设	$D_i \leq 1000$	mm	±10								
一般项目	5	井底高程	开槽法管道铺设	$D_i > 1000$	mm	±15	-12	13	14	10	-9	8	7	符合规范要求。
一般项目	5	井底高程	不开槽法管道铺设	$D_i < 1500$	mm	+10,-20								
一般项目	5	井底高程	不开槽法管道铺设	$D_i \geq 1500$	mm	+20,-40	15	19	-30	16	-32	16	17	符合规范要求。
一般项目	6	踏步安装	水平及垂直间距、外露长度		mm	±10	4	5	-3	8	9	-6	5	符合规范要求。
一般项目	7	脚窝	高、宽、深		mm	±10	4	5	-3	8	9	-6	5	符合规范要求。
一般项目	8	溜槽宽度				+10	11	12	13	14	15	11	12	符合规范要求。
	施工员					秦××	施工班组长				何××			

施工单位检查评定结果	检查情况： 经检查，主控项目和一般项目均符合设计要求和重庆市《城镇道路附属设施工程施工质量验收规范》(DBJ 50-128—2011)规定，评定合格。 项目专职质量员：王×× 2015年5月20日
监理单位验收结论	验收意见： 同意施工单位评定结果，验收合格，同意进行下道工序施工。 专业监理工程师：黎×× 2015年5月20日

说明;

一般规定

1. 井框、井盖选用的型号、材质应符合设计要求，设计未要求时，宜采用球墨铸铁材料的井盖，行业标识明显，并与井身型式匹配；车行道上必须使用重型井盖并装配稳固；井框、井盖安装时不得用石块等支垫找平。

2. 砌体所用石料、预制块的质量必须符合设计或相关规范要求；砌筑检查井所用的石材等级不得小于30MPa，所用混凝土强度等级不得小于C30，车行道上严禁使用砖砌井室。砂浆所用水泥、砂、水的质量必须满足规范要求，按规定配合比施工，应采用机械拌和。

3. 雨水口、井周回填土应符合设计及相关规范要求。

4. 雨水口的施工应与路缘石同期进行，严禁在路面施工完成后开挖面层，建造雨水口。

5. 污水井的防渗、防漏检验按相关规范执行。

主控项目

1. 所用的原材料、预制构件的质量应符合设计要求和有关标准的规定。检验数量：每种、每批测1组。检验方法：检查产品质量合格证书或出厂检验报告、复检报告、进场验收记录。

2. 井基底承载力应满足设计要求。检验数量：全部。检验方法：检查检测报告。

3. 砌筑水泥砂浆强度、结构混凝土强度符合设计要求。检验数量：每50 m^3砌体或混凝土每浇筑1个台班测1组。检验方法：检查试验报告。

4. 砌筑结构应灰浆饱满、灰缝平直，不得有通缝、瞎缝；预制装配式结构应坐浆、灌浆饱满密实，无裂缝；混凝土结构无质量缺陷；井室无渗水、无水珠现象。检验数量：全数检查。检验方法：观察。

一般项目

1. 井壁应平整，不得有空鼓、裂缝等现象；石砌井壁应勾缝平顺，收分均匀，表面平整光滑；混凝上无质量缺陷；井室无明显湿渍现象；井内部构造符合设计和水力工艺要求，且部位位置及尺寸正确，无建筑垃圾等杂物；检查井流槽应平顺、圆滑、光洁。检验数量：全数检查。检验方法：观察。

2. 井室内踏步品种、规格、型号符合设计要求，强度、承载力满足设计要求；安装牢固、位置正确。检验数量：全数检查。检验方法：观察、用钢尺量测。

3. 井框、井盖品种、规格、型号符合设计要求，选型应与井身型式匹配，安装稳固，井口周围平整无积水。检验数量：全数检查。检验方法：观察、用直尺靠量。

4. 检查井质量检验标准及允许偏差应符合下表的规定。

表　检查井质量检验标准及允许偏差

<table>
<tr><th colspan="3" rowspan="2">检查项目</th><th rowspan="2">允许偏差(mm)</th><th colspan="2">检验频率</th><th rowspan="2">检验方法</th></tr>
<tr><th>范围</th><th>点数</th></tr>
<tr><td colspan="3">平面轴线位置(轴向、垂直轴向)</td><td>15</td><td rowspan="13">每座</td><td>2</td><td>用钢尺、经纬仪测量</td></tr>
<tr><td colspan="3">结构断面尺寸</td><td>+10,0</td><td>2</td><td>用钢尺测量</td></tr>
<tr><td rowspan="2">井室尺寸</td><td colspan="2">长、宽</td><td rowspan="2">±20</td><td rowspan="2">2</td><td>用钢尺测量</td></tr>
<tr><td colspan="2">直径</td><td>用钢尺测量</td></tr>
<tr><td rowspan="2">井口高程</td><td colspan="2">农田或绿地</td><td>+20</td><td rowspan="2">1</td><td rowspan="2">用直尺测量</td></tr>
<tr><td colspan="2">路面</td><td>与道路规定一致</td></tr>
<tr><td rowspan="4">井底高程</td><td rowspan="2">开槽法管道铺设</td><td>D_i≤1000</td><td>±10</td><td rowspan="4">2</td><td rowspan="4">用钢尺测量</td></tr>
<tr><td>D_i>1000</td><td>±15</td></tr>
<tr><td rowspan="2">不开槽法管道铺设</td><td>D_i<1000</td><td>+10,-20</td></tr>
<tr><td>D_i≥1000</td><td>+20,-40</td></tr>
<tr><td>踏步安装</td><td colspan="2">水平及垂直间距、外露长度</td><td>±10</td><td rowspan="3">1</td><td rowspan="3">用钢尺测量较大值</td></tr>
<tr><td>脚窝</td><td colspan="2">高、宽、深</td><td>±10</td></tr>
<tr><td colspan="3">流槽宽度</td><td>+10</td></tr>
</table>

城镇道路雨水口施工检验批质量检验记录

渝市政验收2-3-2

单位工程名称	重庆市××区环城路城市道路K1+000～K10+000合同段		
分部工程名称	K1+000～K1+500段道路检查井与雨水口		
分项工程名称	道路雨水口	验收部位	检查井与雨水口
施工单位	××区城建开发公司	项目经理	王××
分包单位	××城建一分公司	分包项目经理	岳××
施工执行标准名称及编号	重庆市《城市道路附属设施工程施工质量验收规范》DBJ 50-128—2011		

项目	施工质量验收规范的规定				施工单位检查评定记录							监理单位验收记录
	序号	检查项目	单位	规定值及允许偏差								
主控项目	1	雨水口与路面高差	mm	-3,0	-2	1	2	-2	-1	1	2	符合规范要求。
	2	雨水口位置与道路边线平行	mm	≤10	2	4	5	4	7	8	9	符合规范要求。
	3	原材料、预制构件质量		符合国家相关标准和设计要求	检查产品质量合格证书或出厂检验报告、复检报告、进场验收记录，符合设计要求和有关标准规定。							符合规范要求。
	4	雨水口深度、位置		符合设计要求	位置正确，深度符合设计要求。							符合规范要求。
	5											
	6											
	7											
	8											
一般项目	1	雨水口、箟吻合	mm	≤5	1	4	3	2	1	5	4	符合规范要求。
	2	雨水口内尺寸 长、宽	mm	+10,0	2	3	5	5	7	8	6	符合规范要求。
		雨水口内尺寸 深	mm	0,-20	-10	-9	-7	-13	-15	-18	-15	符合规范要求。
	3	雨水口内支、连管管口底高度	mm	0,-20	-12	-14	-13	-14	-19	-18	-11	符合规范要求。
	4											
	5											

施工单位检查评定结果	施工员	秦××	施工班组长	何××
	检查情况： 经检查，主控项目和一般项目均符合设计要求和重庆市《城镇道路附属设施工程施工质量验收规范》(DBJ 50-128—2011)规定，评定合格。 项目专职质量员：王×× 2015年5月20日			
监理单位验收结论	验收意见： 同意施工单位评定结果，验收合格，同意进行下道工序施工。 专业监理工程师：黎×× 2015年5月20日			

说明：

一般规定

1. 井框、井盖选用的型号、材质应符合设计要求，设计未要求时，宜采用球墨铸铁材料的井盖，行业标识明显，并与井身型式匹配；车行道上必须使用重型井盖并装配稳固；井框、井盖安装时不得用石块等支垫找平。

2. 砌体所用石料、预制块的质量必须符合设计或相关规范要求；砌筑检查井所用的石材等级不得小于30MPa，所用混凝土强度等级不得小于C30，车行道上严禁使用砖砌井室。砂浆所用水泥、砂、水的质量必须满足规范要求，按规定配合比施工，应采用机械拌和。

3. 雨水口、井周回填土应符合设计及相关规范要求。

4. 雨水口的施工应与路缘石同期进行，严禁在路面施工完成后开挖面层，建造雨水口。

5. 污水井的防渗、防漏检验按相关规范执行。

主控项目

1. 所用的原材料、预制构件的质量应符合国家相关标准和设计要求。检验数量：每种、每批一组。检验方法：检查产品质量合格证书或出厂检验报告、复检报告、进场验收记录。

2. 雨水口位置正确，深度符合设计要求。雨水口位置质量检验标准及允许偏差应符合下表的规定。

表　雨水口位置质量检验标准及允许偏差

检查项目	允许偏差(mm)	检验频率		检验方法
		范围	点数	
雨水口与路面高差	-3,0	每座	1	用钢尺量测较大值（高度、深度亦可用水准仪测量）
雨水口位置与道路边线平行	≤10			

城镇道路交通标志施工检验批质量检验记录

渝市政验收2-4-1

单位工程名称	重庆市××区环城路城市道路K1+000～K10+000合同段		
分部工程名称	K1+000～K1+500段道路交通标志与标线		
分项工程名称	交通标志	验收部位	道路K1+000～K1+500段
施工单位	××区城建开发公司	项目经理	王××
分包单位	××城建一分公司	分包项目经理	岳××
施工执行标准名称及编号	重庆市《城市道路附属设施工程施工质量验收规范》DBJ 50-128—2011		

项目	序号	检查项目		单位	规定值及允许偏差	施工单位检查评定记录							监理单位验收记录
	施工质量验收规范的规定	施工质量验收规范的规定	施工质量验收规范的规定	施工质量验收规范的规定	施工质量验收规范的规定								
主控项目	1	标志板外形尺寸	边长	mm	±5	1	−2	−4	3	2	1	−3	符合规范要求。
			夹角	°	±2	1	−1	1	1	1	1	−1	符合规范要求。
			底板厚度	mm	不小于设计值	25	25	25	25	25	25	25	符合规范要求。
	2	标志中字符的尺寸		mm	基本字高不小于设计值	符合设计要求。							符合规范要求。
	3	立柱垂直度		mm	0.3h%,20	符合规范要求。							符合规范要求。
	4	标志板立面安装位置	下缘距路面净高		+100	150	150	150	150	150	150	150	符合规范要求。
			内缘距路边缘距离		+100	160	160	160	160	160	160	160	符合规范要求。
	5	基层混凝土强度		MPa	不低于设计值	符合规范要求。							符合规范要求。
	6												
一般项目	1	标志面反光膜	反光膜等级										符合规范要求。
			逆反射系数	cd·lx⁻¹·m⁻²	符合规范规定	符合规范规定。							符合规范要求。
	2	金属构件镀层厚度	标志柱、横梁	μm	≥78	√	√	√	√	√	√	√	符合规范要求。
			紧固件	μm	≥50	√	√	√	√	√	√	√	符合规范要求。
	3	交通标志基础尺寸	长	mm	−20,+100	√	√	√	√	√	√	√	符合规范要求。
			宽	mm		√	√	√	√	√	√	√	符合规范要求。
			高	mm		√	√	√	√	√	√	√	符合规范要求。

	施工员	秦××	施工班组长	何××
施工单位检查评定结果	检查情况： 经检查，主控项目和一般项目均符合设计要求和重庆市《城镇道路附属设施工程施工质量验收规范》(DBJ 50-128—2011)规定，评定合格。 项目专职质量员：王×× 2015年5月20日			
监理单位验收结论	验收意见： 同意施工单位评定结果，验收合格，同意进行下道工序施工。 专业监理工程师：黎×× 2015年5月20日			

说明:

一般规定

1. 交通标志产品和交通标线涂料需经由具有一定资质的检测机构检测取得合格证,并经工地检验确认满足设计要求后方可使用。

2. 道路交通标线颜色的色度性能应符合GB/T 16311《道路交通标线质量要求和检测方法》的规定。设置于路面的道路交通标线应用抗滑材料,标线表面的抗滑性能一般应不低于所在路段路面的抗滑性能。

3. 金属交通标志,必须进行防腐处理,且防腐处理应满足设计要求。

4. 交通标志用材料的规格与质量应符合设计要求:

(1)交通标志的制作应符合GB 5768《道路交通标志和标线》和JT/T 279《公路交通标志板》的规定。检验数量:交通标志中字符的尺寸抽查10%,其余全检。检验方法:仪器测定、尺量。

(2)大型交通标志立柱基础的地基承载力与混凝土强度应符合设计要求。检验数量:全部。 检验方法:查检验报告。

(3)交通标志的位置、数量及安装角度应符合设计要求。检验数量:全部。检验方法:经纬仪测量、尺量与现场目测。

一般项目

1. 大型交通标志立柱基础的几何尺寸应满足设计要求。检验数量:全部。检验方法:尺量。

2. 交通标志在运输、安装过程中不应损伤标志面及金属构件的镀层。检验数量:全部。检验方法:观察。

3. 交通标志面应平整完好,无起皱、开裂、缺损或凹凸变形,交通标志面任一处面积为500mm×500mm表面上,存在的气泡总面积不得大于10mm²。检验数量:全部。检验方法:观察与尺量。

4. 反光膜应尽可能减少拼接,任何交通标志的字符不允许拼接,当标志板的长度或宽度、圆形标志的直径小于反光膜产品的最大宽度时,反光膜不应有拼缝。当粘贴反光膜不可避免出现接缝时,应按反光膜产品的最大宽度进行拼接。检验数量:全部。检验方法:观察。

5. 交通标志板安装后应平整,夜间在车灯照射下,标志板底色和字符应清晰明亮,颜色均匀,不应出现明暗不均的现象,不能影响交通标志的认读。检验数量:全部。检验方法:夜间在车灯照射下观察。

6. 交通标志金属构件防腐镀层应均匀、颜色一致,不允许有流挂、滴瘤或多余结块,镀件表面应无漏镀、露铁等缺陷。交通标志质量检验标准及允许误差应符合下表的规定。检验数量:全部。检验方法:观察。

表 交通标志质量检验标准及允许误差

<table>
<tr><th colspan="2" rowspan="2">检查项目</th><th rowspan="2">规定值或允许偏差</th><th colspan="2">检验频率</th><th rowspan="2">检验方法</th></tr>
<tr><th>范围</th><th>点数</th></tr>
<tr><td rowspan="3">标志板外形尺寸</td><td>边长(mm)</td><td>±5</td><td>每块每边</td><td>1</td><td>钢卷尺</td></tr>
<tr><td>夹角(°)</td><td>±2</td><td>每块每角</td><td>1</td><td>万能角尺</td></tr>
<tr><td>底板厚度(mm)</td><td>不小于设计</td><td rowspan="6">每块板</td><td>3</td><td>卡尺</td></tr>
<tr><td colspan="2">标志中字符的尺寸(mm)</td><td>基本字高
不小于设计</td><td>2</td><td>钢卷尺</td></tr>
<tr><td rowspan="2">标志面反光模</td><td>反光膜等级</td><td>符合设计</td><td>1</td><td>便携式逆反射系数测定仪</td></tr>
<tr><td>逆反射系数
($cd\cdot lx^{-1}\cdot m^{-2}$)</td><td>不低于《公路交通标志板》JT/T 279规定</td><td>2</td><td>直尺、水平尺或经纬仪</td></tr>
<tr><td rowspan="2">标志板立面安装位置</td><td>下缘距路面净高</td><td>+100</td><td>2</td><td>垂线、直尺</td></tr>
<tr><td>内缘距路边缘距离</td><td>+100</td><td>2</td><td>直尺、水平尺或经纬仪</td></tr>
</table>

续表

检查项目		规定值或允许偏差	检验频率		检验方法
			范围	点数	
立柱垂直度(mm)		0.3h%,20	每柱	1	垂线、直线
金属构件镀层厚度(μm)	标志柱、横梁	≥78	每构件	1	厚度仪
	紧固件	≥50		1	
交通标志基础尺寸(mm)	长	-20+100	每个基础	2	钢尺、直尺
	宽			2	
	高			2	
基础混凝土强度(MPa)		不低于设计	每个基础一组试件		试件抗压强度

城镇道路路面标线施工检验批质量检验记录

渝市政验收2-4-2

单位工程名称	重庆市××区环城路城市道路K1+000～K10+000合同段		
分部工程名称	K1+000～K1+500段道路交通标志与标线		
分项工程名称	路面标线	验收部位	路面
施工单位	××区城建开发公司	项目经理	王××
分包单位	××城建一分公司	分包项目经理	岳××
施工执行标准名称及编号	重庆市《城市道路附属设施工程施工质量验收规范》DBJ 50-128—2011		

项目	施工质量验收规范的规定					施工单位检查评定记录							监理单位验收记录
	序号	检查项目		单位	规定值及允许偏差								
主控项目	1	标线线段长度	6000	mm	±50	20	25	15	20	40	30	35	符合规范要求。
			4000	mm	±40								
			3000	mm	±30								
			1000～2000	mm	±20								
	2	标线宽度	400～500	mm	+15,0	11	13	10	8	11	9	5	符合规范要求。
			150～200	mm	+8,0								
			100	mm	+5,0								
	3	标线厚度	常温型0.12～0.2	mm	-0.03,+0.10	√	√	√	√	√	√	√	符合规范要求。
			加热型0.2～0.4	mm	-0.05,+0.15								
			热熔型1.0～4.5	mm	-0.1,+0.5								
	4	标线横向偏位		mm	±30	15	-9	16	25	-8	25	24	符合规范要求。
	5	标线纵向间距	9000	mm	±45								
			6000	mm	±30								
			4000	mm	±20	15	12	13	14	16	18	19	符合规范要求。
			3000	mm	±15								
	6	标线剥落面积		%	检查总面积的0～3%	符合规范要求。							符合规范要求。
	7	反光标线逆反射系数	白色标线	$cd\cdot lx^{-1}\cdot m^{-2}$									
			黄色标线	$cd\cdot lx^{-1}\cdot m^{-2}$									
一般项目	1	路面清洁			符合规范规定	路面清洁。							符合规范要求。
	2	标线线形			符合规范规定	标线清晰。							符合规范要求。
	3	反光标线玻璃珠			符合规范规定	撒布均匀,附着牢固,反光均匀。							符合规范要求。
	4	标线表面			符合规范规定	无断裂裂缝、起泡现象。							符合规范要求。

	施工员	秦××	施工班组长	何××
施工单位检查评定结果	检查情况: 经检查,主控项目和一般项目均符合设计要求和重庆市《城镇道路附属设施工程施工质量验收规范》(DBJ 50-128—2011)规定,评定合格。 项目专职质量员:王×× 2015年5月20日			
监理单位验收结论	验收意见: 同意施工单位评定结果,验收合格,同意进行下道工序施工。 专业监理工程师:黎×× 2015年5月20日			

说明：

主控项目

1. 路面标线涂料应符合《路面标线涂料》JT/T 280的规定。路面标线质量检验标准及允许偏差应符合下表的规定。检验数量：每批次进场检验，每批不超过100。检验方法：查材料复检检验报告。

表　路面标线质量检验标准及允许偏差

检查项目		规定或允许偏差	检验频率		检验方法
			范围	点数	
标线线段长度(mm)	6000	±50	10条	1	钢卷尺
	4000	±40		1	
	3000	±30		1	
	1000～2000	±20		1	
标线宽度(mm)	400～450	±15，0	100m	1	钢尺
	150～200	±8，0		1	
	100	±5，0		1	
标线厚度(mm)	常温型 0.1～0.2	−0.03，+0.10	100m	1	湿膜厚度计，干膜用水平尺、塞尺或卡尺
	加热型 0.2～0.4	−0.05，+0.15		1	
	热熔型 1.0～4.5	±0.1，0.5		1	
标线横向偏位(mm)		±30	100m	1	钢卷尺
标线纵向间距(mm)	9000	±45	10处	1	钢卷尺
	6000	±30		1	
	4000	±20		1	
	3000	±15		1	
标线剥落面积(%)		检查总面积的0～3%	抽查1%		4倍放大镜
反光标线逆反射系数($cd \cdot lx^{-1} \cdot m^{-2}$)	白色标线	≥150	抽检10%		反光标线逆反射系数测量仪
	黄色标线	≥100			

2. 路面标线的颜色、形状和设置位置应满足设计要求和符合《道路交通标志和标线》GB 5768的规定。检验数量：全部。检验方法：观察与尺量。

一般项目

1. 路面标线喷涂前应仔细清洁路面，表面干燥，无起灰现象。检验数量：全部。检验方法：观察。

2. 路面标线施工污染路面应及时清理。每处污染面积不超过1000mm²。检验数量：全部。检验方法：观察与尺量。

3. 路面标线线形应圆滑顺畅，不允许出现折线。检验数量：全部。检验方法：观察与尺量。

4. 路面反光标线玻璃珠应散布均匀，附着牢固，反光均匀。检验数量：全部。检验方法：观察。

5. 路面标线表面不应出现网状裂缝、断裂裂缝、起泡现象。检验数量：全部。检验方法：观察。

城镇道路突起路标施工检验批质量检验记录

渝市政验收2-4-3

单位工程名称		重庆市××区环城路城市道路K1+000～K10+000合同段									
分部工程名称		K1+000～K1+500段道路交通标志与标线									
分项工程名称		路面突起路标			验收部位			路面			
施工单位		××区城建开发公司			项目经理			王××			
分包单位		××城建一分公司			分包项目经理			岳××			
施工执行标准名称及编号			重庆市《城市道路附属设施工程施工质量验收规范》DBJ 50-128—2011								
项目	施工质量验收规范的规定				施工单位检查评定记录						监理单位验收记录
	序号	检查项目	单位	规定值及允许偏差							
主控项目	1	安装角度	°	±5	-1	2	4	-1	-3	2	-4	符合规范要求。
	2	纵向间距	mm	±50	-40	-45	38	40	42	-15	26	符合规范要求。
	3	损坏或脱落个数		<0.5%	不超范围，符合规范。							符合规范要求。
	4	横向偏位	mm	±50	-25	-45	38	40	42	-15	26	符合规范要求。
	5	承受压力	kN	>160	178	180	190	180	185	186	170	符合规范要求。
	6	光度性能		在规定范围内	符合规范要求。							符合规范要求。
	7											
	8											
一般项目	1	路标外观		符合规范要求	符合规范要求。							符合规范要求。
	2	纵向安装		符合规范要求	稳固，符合规范要求。							符合规范要求。
	3	路标粘结		符合规范要求	牢固，符合规范要求。							符合规范要求。
	4											
	5											
施工单位检查评定结果	施工员		秦××		施工班组长			何××			
	检查情况： 经检查，主控项目和一般项目均符合设计要求和重庆市《城镇道路附属设施工程施工质量验收规范》(DBJ 50-128—2011)规定，评定合格。 项目专职质量员：王×× 2015年5月20日										
监理单位验收结论	验收意见： 同意施工单位评定结果，验收合格，同意进行下道工序施工。 专业监理工程师：黎×× 2015年5月20日										

说明：

主控项目

1. 突起路标产品应符合《突起路标》JT/T 390的规定。检验数量：每批次进场检验，每批不超过3000个。检验方法：查产品合格证及复检检验报告。

2. 突起路标的布设及其颜色应满足设计要求或符合《道路交通标志和标线》GB 5768的规定。检验数量：全部。检验方法：观察。

3. 突起路标与路面的粘结应牢固、耐久，能经受汽车轮胎的冲击而不会脱落。检验数量：每条抽查10%。检验方法：用汽车按80km/h速度碾压10遍后观察。

一般项目

1. 突起路标应在路面干燥、清洁，并经测量定位后施工。检验数量：全部。检验方法：观察。

2. 突起路标外观应美观，尺寸符合有关规范要求，表面应平整光滑，不得有尖角、毛刺存在，无明显的划痕、裂纹。检验数量：每批抽查10%。检验方法：观察。

3. 突起路标纵向安装应线形圆滑顺畅，不得出现折线。检验数量：全部。检验方法：观察。

4. 突起路标粘结剂不得造成路面污染。突起路标质量检验标准及允许偏差应符合下表的规定。检验数量：全部。检验方法：观察。

表　突起路标质量检验标准及允许偏差

检查项目	规定值或允许偏差	检验频率		检验方法
安装角度(°)	±5	范围	点数	角尺
纵向间距(mm)	±50	10个	1	钢卷尺
损坏或脱落个数	<0.5%	10个	1	现场清数
横向偏位(mm)	±50	10个	3	钢卷尺
承受压力(kN)	>160	10个	1	查检测记录
光度性能	在规定范围内	3000个	1	查检测报告

城镇道路轮廓标安装检验批质量检验记录

渝市政验收2-4-4

单位工程名称	重庆市××区环城路城市道路K1+000～K10+000合同段		
分部工程名称	K1+000～K1+500段道路交通标志与标线		
分项工程名称	轮廓标志	验收部位	路面
施工单位	××区城建开发公司	项目经理	王××
分包单位	××城建一分公司	分包项目经理	岳××
施工执行标准名称及编号	重庆市《城市道路附属设施工程施工质量验收规范》DBJ 50-128—2011		

项目	序号	检查项目		单位	规定值及允许偏差	施工单位检查评定记录							监理单位验收记录
主控项目	1	柱式轮廓标尺寸	三角形断面底边	mm	±5	-1	-4	2	3	-2	1	2	符合规范要求。
			三角形高	mm	±5	-4	2	3	-2	1	2	-1	符合规范要求。
			总长	mm	±10	-9	8	-6	5	3	6	-1	符合规范要求。
	2	柱式轮廓标垂直度		mm	0.8h%，≤20	√	√	√	√	√	√	√	符合规范要求。
	3	安装角度		°	0，5	√	√	√	√	√	√	√	符合规范要求。
	4	反射器中心高度		mm	±20	-12	2	12	14	-6	18	15	符合规范要求。
	5	反射器外形尺寸		mm	±5	3	-2	1	2	-1	4	3	符合规范要求。
	6	光度性能			在合格范围内	在合格标准内，符合规范要求。							符合规范要求。
	7												
	8												
一般项目	1	外观			符合规范要求	安装牢固，纵向安装应线形圆滑顺畅。							符合规范要求。
	2	布设			符合设计及施工规范要求	安装牢固，符合规范要求。							符合规范要求。
	3												
	4												
	5												

	施工员	秦××	施工班组长	何××
施工单位检查评定结果	检查情况： 经检查，主控项目和一般项目均符合设计要求和重庆市《城镇道路附属设施工程施工质量验收规范》(DBJ 50-128—2011)规定，评定合格。 项目专职质量员：王×× 2015年5月20日			
监理单位验收结论	验收意见： 同意施工单位评定结果，验收合格，同意进行下道工序施工。 专业监理工程师：黎×× 2015年5月20日			

说明：

主控项目

1. 轮廓标产品应符合《轮廓标》JT/T 388的规定。检验数量：每批次进场检验，每批不超过3000个。检验方法：查产品合格证及检验报告。

2. 柱式轮廓标的基础混凝土强度应符合设计要求。检验数量：全部。检验方法：查检验报告。

3. 柱式轮廓标安装牢固，逆反射材料表面与行车方向垂直，色度性能和光度性能应与设计相符。检验数量：全部。检验方法：安装方向用尺量，性能指标查检测报告。

一般项目

1. 轮廓标不应有明显的划伤、裂纹、损边、掉角等缺陷。表面应平整光滑，无明显凹痕或变形。检验数量：每批抽查10%。检验方法：观察。

2. 轮廓标的布设应符合设计及施工规范的要求。检验数量：全数检验。检验方法：按规范要求。

3. 轮廓标安装牢固，纵向安装应线形圆滑顺畅，不得出现折线。柱式轮廓标质量检验标准及允许偏差应符合下表的规定。检验数量：全数检验。检验方法：观察。

4. 柱式轮廓标的下基础尺寸应满足相关规范要求。柱式轮廓标质量检验标准及允许偏差应符合下表规定。检验数量：全部。检验方法：尺量。

表　柱式轮廓标质量检验标准及允许偏差

检查项目		规定值或允许偏差	检验频率		检验方法
柱式轮廓标尺寸（mm）	三角形断面底边	±5	10个	1	钢尺
	三角形高	±5		1	
	总长	±10		1	
柱式轮廓标垂直度（mm）		0.8h%,≤20	每柱	1	垂线、直尺
安装角度（°）	0,5	10个	10个	1	花杆、十字架、卷尺、万能角尺
反射器中心高度（mm）	±20			1	直尺
反射器外形尺寸（mm）	±5			1	卡尺、直尺
光度性能	在合格标准内	3000个	3000个	1	查检测报告

城镇道路混凝土防撞护栏施工检验批质量检验记录

渝市政验收2-5-1

单位工程名称		重庆市××区环城路城市道路K1+000～K10+000合同段										
分部工程名称		K1+000～K1+500段道路交通安全防护设施										
分项工程名称		混凝土防撞护栏			验收部位				K1+000～K1+500段区间			
施工单位		××区城建开发公司			项目经理				王××			
分包单位		××城建一分公司			分包项目经理				岳××			
施工执行标准名称及编号		重庆市《城市道路附属设施工程施工质量验收规范》DBJ 50-128—2011										
项目	施工质量验收规范的规定				施工单位检查评定记录							监理单位验收记录
	序号	检查项目	单位	规定值及允许偏差								
主控项目	1	混凝土强度	MPa	在合格标准内	检查检测报告、试验记录，符合标准要求。							符合规范要求。
	2	预制构件强度等级		符合设计要求	检查强度检测报告、施工报验资料，符合设计要求。							符合规范要求。
	3	断面尺寸	mm	±5	3	2	-4	1	-2	2	1	符合规范要求。
	4	水泥、砂、石子、水、外掺料及钢筋质量和规格型号		符合设计及有关规范要求	检查检测报告及试验记录，符合设计及规范要求。							符合规范要求。
一般项目	1	平整偏位	mm	4	√	√	√	√	√	√	√	符合规范要求。
	2	竖直度	mm	4	√	√	√	√	√	√	√	符合规范要求。
	3	护栏接缝两侧高差	mm	3	2	1	2	1	2	1	1	符合规范要求。
	4	缺陷面积		≤该面面积0.5%	√	√	√	√	√	√	√	符合规范要求。
	5	缺陷深度	mm	≤10	5	4	6	2	7	5	2	符合规范要求。
		构件错位	mm	≤3	1	2	1	1	1	2	1	符合规范要求。
	6	现浇混凝土防撞护栏施工工艺，钢筋安装成型，预埋钢筋的留置，伸缩缝设置		符合设计要求	对照施工设计图检查，检查钢筋隐检记录，符合设计要求。							符合规范要求。
	7	复合型防撞护栏金属座及金属扶手、挂板等构件质量，金属构件焊缝质量，防锈涂装质量等		符合设计和规范要求	检查检测报告和报验资料，符合设计和规范要求。							符合规范要求。
	8	外观质量		符合规范要求	表面平整光洁，无空洞、露筋、开裂、错台现象，混凝土构件连接牢固稳定，金属构件焊接牢固稳定，涂装色泽均匀一致，线形直顺，无断裂弯曲和凸凹不平现象，节段间平滑顺接，符合规范要求。							符合规范要求。
	施工员	王××			施工班组长				王××			
施工单位检查评定结果	检查情况： 经检查，主控项目和一般项目均符合设计要求和重庆市《城镇道路附属设施工程施工质量验收规范》(DBJ 50-128—2011)规定，评定合格。 项目专职质量员：王×× 2015年5月20日											
监理单位验收结论	验收意见： 同意施工单位评定结果，验收合格，同意进行下道工序施工。 专业监理工程师：黎××　　2015年5月20日											

说明：

一般规定

1. 防撞护栏断面尺寸必须满足设计要求，结构必须稳定和安全可靠，具有足够抵抗外力撞击和抗倾覆的能力。常用的防撞护栏包括钢筋混凝土防撞护栏、波形钢护栏和缆索护栏三种。

2. 防护栏杆宜根据人、车分隔的需要设置在路缘石内侧或者设置在高填方路基及外侧高挡墙顶面危险路段的边缘处。防护栏杆主要有混凝土护栏、金属护栏、隔离墩、料石护柱、人行料石护栏等形式。

3. 安全防护设施的设置位置、结构形式、施工工艺及材料，半成品的质量、规格必须满足设计要求和满足车辆、行人交通安全及环保等使用功能的需要。

4. 安全防护设施中的所有钢构件应满足设计要求。

主控项目

1. 配置混凝土所用的水泥、砂、石子、水、外掺料及钢筋的质量和规格型号应符合设计和相关规范要求。混凝土试件强度应满足设计和相关评定标准的要求。检验数量：全部。检验方法：核查检测报告，试验记录。

2. 混凝土防撞护栏预制构件的强度等级应符合设计要求。检验数量：抽查构件总量的30%。检验方法：核查强度检测报告，施工报验资料，观察。

一般项目

1. 现浇混凝土防撞护栏施工工艺，钢筋安装成型，预埋钢筋的留置，伸缩缝设置等应符合设计要求。检验数量：全部。检验方法：对照施工设计图检查，检查钢筋隐检记录，观察。

2. 复合型防撞护栏的金属座及金属扶手、挂板等构件质量、金属构件焊缝质量、防锈涂装质量等应符合设计和相关规范要求。检验数量：全部。检验方法：核查检测报告，报验资料。

3. 外观质量应符合下列要求：

(1)混凝土防撞护栏表面应平整光洁，不得有空洞、露筋、开裂、错台现象。混凝土表观色泽应均匀一致。蜂窝、麻面、脱皮、起层等缺陷面积不得超过该面面积的0.5%，深度不得超过10mm。

(2)混凝土构件安装连接应牢固稳定，相互之间错位不应大于3mm。挂板与护栏的预埋连接钢筋必须满足设计要求。挂板下缘和梁体翼缘应连接密贴不留空隙。

(3)防撞护栏金属构件应焊接(或螺栓连接)牢固稳定，涂装厚度、层数应满足设计要求，色泽均匀一致。

(4)防撞护栏伸缩缝在路基结构沉降缝处(或梁体伸缩缝处)应断开，混凝土护栏伸缩缝应与水平面垂直，宽度应符合设计要求，伸缩缝内不得有杂物。金属护栏扶手纵向伸缩缝应满足功能要求。

(5)防撞护栏不得有断裂弯曲和凹凸不平现象，线性应直顺，节段间应平滑顺接。

检验数量：全部。检验方法：观察、核查资料。

3. 混凝土防撞护栏施工质量检验标准及允许偏差见下表规定。

表　混凝土防撞护栏施工质量检验标准及允许偏差

检查项目	规定值或允许偏差	检验频率		检验方法
混凝土强度★(MPa)	在合格标准内	范围	点数	
平面偏位(mm)	4	查每个构件或构筑物(抽10%)	2	直尺卷尺
断面尺寸★(mm)	±5		1	钢卷尺
竖直度(mm)	4		1	钢卷尺
护栏连接缝两侧高差(mm)	3		1	直尺、垂线

注：带★为主控项目。

城镇道路波形钢护栏施工检验批质量检验记录

渝市政验收2-5-2

单位工程名称		重庆市××区环城路城市道路K1+000～K10+000合同段										
分部工程名称		K1+000～K1+500段道路交通安全防护设施										
分项工程名称		波形钢护栏				验收部位				K1+000～K1+500段区间		
施工单位		××区城建开发公司				项目经理				王××		
分包单位		××城建一分公司				分包项目经理				岳××		
施工执行标准名称及编号		重庆市《城市道路附属设施工程施工质量验收规范》DBJ 50-128—2011										
项目	施工质量验收规范的规定				施工单位检查评定记录							监理单位验收记录
	序号	检查项目	单位	规定值及允许偏差								
主控项目	1	波形梁板基底金属厚度	mm	±0.16	√	√	√	√	√	√	√	符合规范要求。
	2	立柱壁厚	mm	4.5±0.25	√	√	√	√	√	√	√	符合规范要求。
	3	镀(涂)层厚度	μm	符合设计规定	符合规范要求。							
	4	立柱竖直度	mm/m	±10	8	−2	8	−5	6	8	7	符合规范要求。
	5	立柱埋入深度	mm	符合设计规定	√	√	√	√	√	√	√	符合规范要求。
	6	横梁中心高度	mm	±20	15	12	13	14	−12	−10	19	符合规范要求。
	7											
	8											
一般项目	1	拼接螺栓抗拉强度	MPa	≥600	700	800	650	680	660	610	740	符合规范要求。
	2	立柱外边缘距路肩边线距离	mm	±20	15	−12	2	12	14	−6	18	符合规范要求。
	3	立柱中距	mm	±50	45	−40	35	38	−23	32	48	符合规范要求。
	4	护栏顺直度	mm/m	±5	−4	2	3	−2	1	2	−1	符合规范要求。
	5	外观质量		符合规范要求	符合规范要求。							符合规范要求。
	6											
施工单位检查评定结果	施工员		秦××			施工班组长				何××		
	检查情况： 经检查，主控项目和一般项目均符合设计要求和重庆市《城镇道路附属设施工程施工质量验收规范》(DBJ50-128—2011)规定，评定合格。 项目专职质量员：王×× 2015年5月20日											
监理单位验收结论	验收意见： 同意施工单位评定结果，验收合格，同意进行下道工序施工。 专业监理工程师：黎×× 2015年5月20日											

说明：

一般规定

1. 防撞护栏断面尺寸必须满足设计要求，结构必须稳定和安全可靠，具有足够抵抗外力撞击和抗倾覆的能力。常用的防撞护栏包括钢筋混凝土防撞护栏、波形钢护栏和缆索护栏三种。

2. 防护栏杆宜根据人、车分隔的需要设置在路缘石内侧或者设置在高填方路基及外侧高挡墙顶面危险路段的边缘处。防护栏杆主要有混凝土护栏、金属护栏、隔离墩、料石护柱、人行料石护栏等形式。

3. 安全防护设施的设置位置、结构形式、施工工艺及材料，半成品的质量、规格必须满足设计要求和满足车辆、行人交通安全及环保等使用功能的需要。

4. 安全防护设施中的所有钢构件应满足设计要求。

主控项目

1. 波形钢护栏技术要求，设置路段，设计高度，护栏立柱壁厚、波形梁板的厚度、防阻块及托架的安装施工应符合设计和相关标准规范要求。

2. 钢护栏立柱的埋深及基础的处理、立柱中距、垂直度、横梁高度应符合设计要求。

一般项目

1. 波形钢护栏的端头处理、桥梁护栏过渡段的处理及钢管焊缝质量和涂层效果应符合设计和规范要求。检验数量：抽查总量的30%。检验方法：观察，检查检测报告。

2. 外观质量应符合下列要求：

(1)焊接钢管的焊缝应平整，无焊渣、突起。构件镀锌层表面应均匀完整、颜色一致，表面光滑，不得有流挂或多余结块。镀锌表面应无漏镀、露铁、擦痕等缺陷。构件镀铝层表面应连续，不得有明显影响外观质量的熔渣、色泽暗淡及假浸、漏浸等缺陷。构件涂层应均匀光滑，无空隙、裂缝、脱皮等现象。

(2)波形钢护栏直线段不得有明显的凹凸、起伏现象，曲线段应圆滑直顺。波形梁板搭接方向正确，搭接平顺、垫圈齐全、螺栓紧固。

(3)防阻块、托架端头的安装应与设计图一致，不得有明显变形、扭转、倾斜。波形梁板和立柱不得在现场焊割与钻孔。立柱及柱帽应安装牢固，顶部应无塌边、变形、开裂等缺陷。

检验数量：全部。检验方法：观察。

3. 波形钢护栏施工质量检验标准及允许偏差应符合下表的规定。

表　波形钢护栏施工质量检验标准及允许偏差

检查项目	规定值或允许偏差	检验频率	检验方法
波形梁板基底金属厚度*(mm)	±0.16	5%	板厚千分尺
立柱壁厚*(mm)	4.5±0.25	10%	测厚仪、千分尺
镀(涂)层厚度*(um)	符合设计	10%	测厚仪
立柱竖直度*(mm /m)	±10	10%	垂线、直尺
立柱埋入深度*(mm)	符合设计	10%	过程检查，直尺
检查项目	规定值或允许偏差	检验频率	检验方法
横梁中心高度*(mm)	±20	10%	直尺
护栏顺直度(mm/m)	±5	10%	拉线、直尺
拼接螺栓抗拉强度(MPa)	≥600	每批3组	抽样做拉力试验
立柱外边缘距路肩边线距ZK(mm)	±20	10%	直尺
立柱中距*(mm)	±50	10%	钢卷尺

注：带★为主控项目。

城镇道路缆索护栏施工检验批质量检验记录

渝市政验收2-5-3

单位工程名称	重庆市××区环城路城市道路K1+000～K10+000合同段		
分部工程名称	K1+000～K1+500段道路交通安全防护设施		
分项工程名称	缆索护栏	验收部位	K1+000～K1+500段区间
施工单位	××区城建开发公司	项目经理	王××
分包单位	××城建一分公司	分包项目经理	岳××
施工执行标准名称及编号	重庆市《城市道路附属设施工程施工质量验收规范》DBJ 50-128—2011		

项目	施工质量验收规范的规定					施工单位检查评定记录							监理单位验收记录
	序号	检查项目		单位	规定值及允许偏差								
主控项目	1	初张力		kN	±5%	√	√	√	√	√	√	√	符合规范要求。
	2	立柱壁厚		mm	±0.10	√	√	√	√	√	√	√	符合规范要求。
	3	混凝土强度		MPa	在合格标准内	√	√	√	√	√	√	√	符合规范要求。
	4	直径	缆索	mm	18±0.5	√	√	√	√	√	√	√	符合规范要求。
			单丝	mm	2.86+0.10,-0.02	√	√	√	√	√	√	√	符合规范要求。
	5	立柱埋入深度		mm	符合设计要求	120	120	130	130	120	130	120	符合规范要求。
	6	混凝土基础尺寸		mm	符合设计要求	√	√	√	√	√	√	√	符合规范要求。
	7												
	8												
一般项目	1	立柱竖直度		mm/m	±10	5	-5	8	-3	7	6	4	符合规范要求。
	2	最下一根缆索的高度		mm	±20	15	12	13	14	-12	-10	19	符合规范要求。
	3	镀锌层厚度	立柱	μm	≥85	88	86	95	90	92	94	96	符合规范要求。
			索端锚具		≥50	55	60	65	55	58	62	63	符合规范要求。
			紧固件		≥50	60	65	55	58	62	63	55	符合规范要求。
			镀锌钢丝		≥33	35	45	40	42	48	50	52	符合规范要求。
	4	立柱中距		mm	±50	-20	10	35	40	-23	25	20	符合规范要求。
	5	外观质量			符合规范要求	符合规范要求。							符合规范要求。
	6												
		施工员		秦××		施工班组长			何××				
施工单位检查评定结果	检查情况： 经检查，主控项目和一般项目均符合设计要求和重庆市《城镇道路附属设施工程施工质量验收规范》(DBJ 50-128—2011)规定，评定合格。 项目专职质量员：王×× 2015年5月20日												
监理单位验收结论	验收意见： 同意施工单位评定结果，验收合格，同意进行下道工序施工。 专业监理工程师：黎×× 2015年5月20日												

说明：

一般规定

1. 防撞护栏断面尺寸必须满足设计要求，结构必须稳定和安全可靠，具有足够抵抗外力撞击和抗倾覆的能力。常用的防撞护栏包括钢筋混凝土防撞护栏、波形钢护栏和缆索护栏三种。

2. 防护栏杆宜根据人、车分隔的需要设置在路缘石内侧或者设置在高填方路基及外侧高挡墙顶面危险路段的边缘处。防护栏杆主要有混凝土护栏、金属护栏、隔离墩、料石护柱、人行料石护栏等形式。

3. 安全防护设施的设置位置、结构形式、施工工艺及材料，半成品的质量、规格必须满足设计要求和满足车辆、行人交通安全及环保等使用功能的需要。

4. 安全防护设施中的所有钢构件应满足设计要求。

主控项目

1. 缆索采用的钢丝绳性能和构造、缆索直径、单丝直径、锚具及其镀锌质量应符合设计要求。缆索抗拉强度、镀锌质量经抽检试验合格后方可使用。

2. 缆索用钢丝绳螺栓、螺母、垫圈等应符合现行规范的要求。端部立柱、中间端部立柱、中间立柱、间隔保持一致。

3. 立柱埋深不得小于设计深度。采用挖埋法施工，立柱埋入土中时，回填土应分层（每层厚度不超过100mm）夯实；立柱埋入混凝土中时，基础混凝土的几何尺寸、强度等应符合设计要求。

4. 立柱壁厚、外径、长度和立柱中距、垂直度、缆索高度应满足设计要求。采用打入法施工时，立柱顶部不应出现明显变形、倾斜、扭曲或卷边等现象。

一般项目

1. 外观质量应符合下列要求：

（1）金属构件表面不得有气泡、剥落、漏镀及划痕等表面缺陷。

（2）直线段护栏没有明显的凹凸现象，曲线段护栏圆滑顺适。

（3）索端的锚具、托架、索夹螺栓应安装到位、周定牢固；托架编号和组合应与缆索护栏的类别相适应；上、下托架位置正确，中央分隔带缆索护栏的托架应两边对称。

2. 缆索护栏施工质量检验标准及允许偏差应符合下表的规定。

表　缆索护栏施工质量检验标准及允许偏差

检查项目		规定值或允许偏差	检验频率		检验方法
			范围	点数	
初张力*(kN)		±5%	抽检10%	1	过程检查张拉记录
立柱壁厚*(mm)		±0.10	抽检10%	1	千分尺
立柱竖直度(mm/m)		±0.10	抽检10%	1	垂线、直尺
镀锌层厚度(um)	立柱	≥85	抽检10%	1	测壁厚
	索端锚具	≥50			
	紧固件	≥50			
	镀锌钢丝	≥33			
混凝土强度*(MPa)		在合格标准内	抽检100%	1	按现行评定标准判定
直径*(mm)	缆索	1 8±0.5	抽检100%	1	卡尺
	单丝	2.86+0.1，-0.02	抽检10%	1	
最下一根缆索的高度(mm)		±20	抽检10%	1	直尺
立柱埋入深度*(mm)		符合设计要求	抽检10%	1	过程检查

续表

检查项目	规定值或允许偏差	检验频率		检验方法
		范围	点数	
立柱中距(mm)	±50	抽检10%	1	直尺
混凝土基础尺寸★(mm)	符合设计要求	抽检10%	1	过程检查

注:带★为主控项目。

城镇道路人行道防护栏杆施工检验批质量检验记录

渝市政验收2-5-4

<table>
<tr><td colspan="3">单位工程名称</td><td colspan="10">重庆市××区环城路城市道路K1+000～K10+000合同段</td></tr>
<tr><td colspan="3">分部工程名称</td><td colspan="10">K1+000～K1+500段道路交通安全防护设施</td></tr>
<tr><td colspan="3">分项工程名称</td><td colspan="2">人行道护栏</td><td colspan="4">验收部位</td><td colspan="4">区间人行道</td></tr>
<tr><td colspan="3">施工单位</td><td colspan="2">××区城建开发公司</td><td colspan="4">项目经理</td><td colspan="4">王××</td></tr>
<tr><td colspan="3">分包单位</td><td colspan="2">××城建一分公司</td><td colspan="4">分包项目经理</td><td colspan="4">岳××</td></tr>
<tr><td colspan="4">施工执行标准名称及编号</td><td colspan="9">重庆市《城市道路附属设施工程施工质量验收规范》DBJ 50-128—2011</td></tr>
<tr><td rowspan="2">项目</td><td colspan="4">施工质量验收规范的规定</td><td colspan="7" rowspan="2">施工单位检查评定记录</td><td rowspan="2">监理单位验收记录</td></tr>
<tr><td>序号</td><td>检查项目</td><td>单位</td><td>规定值及允许偏差</td></tr>
<tr><td rowspan="8">主控项目</td><td>1</td><td>扶手高度</td><td>mm</td><td>±10</td><td>-1</td><td>-8</td><td>2</td><td>5</td><td>7</td><td>6</td><td>-9</td><td>符合规范要求。</td></tr>
<tr><td>2</td><td>混凝土强度</td><td>MPa</td><td>符合设计要求</td><td colspan="7">核查检测报告,符合规范要求。</td><td>符合规范要求。</td></tr>
<tr><td>3</td><td>金属材料及半成品规格型号</td><td></td><td>符合设计和相关规范要求</td><td colspan="7">核查资料、合格证检测报告,符合规范要求。</td><td>符合规范要求。</td></tr>
<tr><td>4</td><td>栏杆工艺及装饰</td><td></td><td>满足设计和使用功能要求</td><td colspan="7">满足设计和使用功能要求。</td><td>符合规范要求。</td></tr>
<tr><td>5</td><td></td><td></td><td></td><td colspan="7"></td><td></td></tr>
<tr><td>6</td><td></td><td></td><td></td><td colspan="7"></td><td></td></tr>
<tr><td>7</td><td></td><td></td><td></td><td colspan="7"></td><td></td></tr>
<tr><td>8</td><td></td><td></td><td></td><td colspan="7"></td><td></td></tr>
<tr><td rowspan="6">一般项目</td><td>1</td><td>栏杆平面偏位</td><td>mm</td><td>4</td><td colspan="7">符合规范要求。</td><td>符合规范要求。</td></tr>
<tr><td>2</td><td>柱顶高差</td><td>mm</td><td>4</td><td colspan="7">符合规范要求。</td><td>符合规范要求。</td></tr>
<tr><td>3</td><td>接缝两侧扶手高差</td><td>mm</td><td>3</td><td colspan="7">符合规范要求。</td><td>符合规范要求。</td></tr>
<tr><td>4</td><td>竖杆或纵横向竖直度</td><td>mm</td><td>4</td><td colspan="7">栏杆竖向和水平方向间距符合设计规定、满足安全功能需要。</td><td>符合规范要求。</td></tr>
<tr><td>5</td><td>外观质量</td><td></td><td>符合规范要求</td><td colspan="7">安装牢固,无质量缺陷。</td><td>符合规范要求。</td></tr>
<tr><td>6</td><td></td><td></td><td></td><td colspan="7"></td><td></td></tr>
<tr><td rowspan="2">施工单位检查评定结果</td><td colspan="2">施工员</td><td colspan="2">秦××</td><td colspan="4">施工班组长</td><td colspan="4">何××</td></tr>
<tr><td colspan="12">检查情况:
经检查,主控项目和一般项目均符合设计要求和重庆市《城镇道路附属设施工程施工质量验收规范》(DBJ 50-128—2011)规定,评定合格。
项目专职质量员:王××
2015年5月20日</td></tr>
<tr><td>监理单位验收结论</td><td colspan="12">验收意见:
同意施工单位评定结果,验收合格,同意进行下道工序施工。
专业监理工程师:黎××
2015年5月20日</td></tr>
</table>

说明:

一般规定

1. 防撞护栏断面尺寸必须满足设计要求,结构必须稳定和安全可靠,具有足够抵抗外力撞击和抗倾覆的能力。常用的防撞护栏包括钢筋混凝土防撞护栏、波形钢护栏和缆索护栏三种。

2. 防护栏杆宜根据人、车分隔的需要设置在路缘石内侧或者设置在高填方路基及外侧高挡墙顶面危险路段的边缘处。防护栏杆主要有混凝土护栏、金属护栏、隔离墩、料石护柱、人行料石护栏等形式。

3. 安全防护设施的设置位置、结构形式、施工工艺及材料,半成品的质量、规格必须满足设计要求和满足车辆、行人交通安全及环保等使用功能的需要。

4. 安全防护设施中的所有钢构件应满足设计要求。

主控项目

1. 混凝土防护栏杆所用的水泥、砂、石子、水的质量必须符合相关规范要求。混凝土强度等级应符合设计要求。检验数量:全部。检验方法:核查检测报告。

2. 金属护栏所用金属材料及半成品的规格型号应符合设计和相关规范要求。检验数量:全部。检验方法:核查资料、合格证检测报告。

3. 混凝土(金属)防护栏杆的型式工艺及装饰均应满足设计和使用功能要求。检验数量:全部。检验方法:对照施工设计检查,观察。

4. 栏杆竖向和水平方向间距应符合设计规定、满足安全功能需要。焊缝质量必须符合钢结构施工质量验收规范要求。检验数量:抽查构件总量的30%。检验方法:核查检测报告、用钢卷尺量测。

一般项目

1. 外观质量应符合下列要求:

(1)防护栏杆安装必须牢固,混凝土栏杆连接处的缝料和填缝砂浆必须饱满、平整、抹光。

(2)栏杆构件伸缩缝和地伏,基础伸缩缝必须断开。

检验数量:全部。检验方法:观察。

2. 人行道防护栏杆施工质量检验标准及允许偏差应符合下表的规定。

表　人行道防护栏杆施工质量检验标准及允许偏差

检查项目	规定值或允许偏差	检验频率	检验方法
栏杆平面偏位(mm)	4	每10m长或每节段测2点	用尺量
扶手高度★(mm)	±10		用尺量
柱顶高差(mm)	4		用尺量
接缝两侧扶手高差(mm)	3		用尺量
栏杆平面偏位(mm)	4		用垂线检验

注:带★为主控项目。

城镇道路混凝土隔离墩施工检验批质量检验记录表

渝市政验收2-5-5

单位工程名称		重庆市××区环城路城市道路K1+000～K10+000合同段										
分部工程名称		K1+000～K1+500段道路交通安全防护设施										
分项工程名称		混凝土隔离墩			验收部位			道路隔离区				
施工单位		××区城建开发公司			项目经理			王××				
分包单位		××城建一分公司			分包项目经理			岳××				
施工执行标准名称及编号			重庆市《城市道路附属设施工程施工质量验收规范》DBJ 50-128—2011									
项目	施工质量验收规范的规定				施工单位检查评定记录							监理单位验收记录
	序号	检查项目	单位	规定值及允许偏差								
主控项目	1	混凝土强度	MPa	在合格范围内	符合规范要求。							符合规范要求。
	2	构件断面尺寸	mm	±10	-1	-8	2	5	7	6	-9	符合规范要求。
	3											
	4											
	5											
	6											
	7											
	8											
一般项目	1	安设位置准确	mm	±10	-1	-8	2	5	7	6	-9	符合规范要求。
	2	顺直度	mm	≤10	2	9	3	6	5	8	4	符合规范要求。
	3	相邻错位	mm	≤5	1	2	1	3	4	3	1	符合规范要求。
	4	相邻块高差	mm	±3	-1	-2	2	1	1	-1	-2	符合规范要求。
	5	外观质量		符合规范要求	符合规范要求。							符合规范要求。
	6											
	施工员			秦××	施工班组长				何××			
施工单位检查评定结果	检查情况： 经检查，主控项目和一般项目均符合设计要求和重庆市《城镇道路附属设施工程施工质量验收规范》(DBJ 50-128—2011)规定，评定合格。 项目专职质量员：王×× 2015年5月20日											
监理单位验收结论	验收意见： 同意施工单位评定结果，验收合格，同意进行下道工序施工。 专业监理工程师：黎×× 2015年5月20日											

说明:

主控项目

1. 配置混凝土所用的水泥、砂、石子、水、外掺剂及钢筋的质量和规格、型号应符合设计和相关的规范要求。混凝土强度应满和相关评定标准的要求。检验数量:全部。检验方法:检查检测试验报告。

2. 混凝土预制构件的强度等级应符合设计要求。检验数量:抽查构件总量的30%。检验方法:核查构件合格证、检测报告。

一般项目

1. 外观质量应符合下列要求:

(1)隔离墩混凝土表面应平整光洁,无蜂窝、空洞、露筋现象;

(2)隔离墩预制构件表面应平整密实,无蜂窝、空洞、露筋、缺棱掉角等质量缺陷;

(3)隔离墩安装应牢固稳定、安全可靠,线性直顺、无歪斜和无扭曲现象。

检验数量:全部。检验方法:观察。

2. 混凝土隔离墩施工质量检验标准及允许偏差应符合下表的规定。

表　混凝土隔离墩施工质量检验标准及允许偏差

检查项目	规定值或允许偏差	检验频率		检验方法
		范围	点数	
混凝土强度★(MPa)	在合格标准内			
构件断面尺寸★(mm)	±10	每块	1	钢尺量
安装位置准确(mm)	±10	50m	1	20m小线量取最大值
顺直度(mm)	≤10	20m	1	钢尺量
相邻错位(mm)	≤5	逐块	1	钢尺量
相邻块高差(mm)	±3	每块	1	钢尺量

注:带★为主控项目。

城镇道路料石防护柱、防护墩、防护栏杆施工检验批质量检验记录

渝市政验收2-5-6

单位工程名称	重庆市××区环城路城市道路K1+000～K10+000合同段		
分部工程名称	K1+000～K1+500段道路交通安全防护设施		
分项工程名称	料石护柱、防护墩、防护栏杆	验收部位	道路区间
施工单位	××区城建开发公司	项目经理	王××
分包单位	××城建一分公司	分包项目经理	岳××
施工执行标准名称及编号	重庆市《城市道路附属设施工程施工质量验收规范》DBJ 50-128—2011		

项目	序号	施工质量验收规范的规定：检查项目	单位	规定值及允许偏差	施工单位检查评定记录							监理单位验收记录
主控项目	1	设置位置、结构料石强度		符合设计要求	符合规范要求。							符合规范要求。
	2	基底承载力、埋设深度、所用砂浆强度等级		符合设计要求	符合规范要求。							符合规范要求。
	3											
	4											
	5											
	6											
	7											
	8											
一般项目	1	相邻料石高差	mm	≤2	1	1.2	1.8	0.8	1.5	1.9	1.7	符合规范要求。
	2											
	3											
	4											
	5											

施工单位检查评定结果	施工员	秦××	施工班组长	何××
	检查情况： 经检查，主控项目和一般项目均符合设计要求和重庆市《城镇道路附属设施工程施工质量验收规范》(DBJ 50-128—2011)规定，评定合格。 项目专职质量员：王×× 2015年5月20日			
监理单位验收结论	验收意见： 同意施工单位评定结果，验收合格，同意进行下道工序施工。 专业监理工程师：黎×× 2015年5月20日			

说明：

主控项目

1. 料石防护柱、防护墩、防护栏杆的设置位置、结构料石强度，均应符合设计要求。检验数量：全部。检验方法：对照施工设计图检查。

2. 料石防护结构的基地承载力，埋置深度，所用砂浆强度等级应符合设计要求。检验数量：全部。检验方法：对照施工设计图检查，查检测报告，隐检记录。

一般项目

1. 防护栏杆石料加工制作可按细料石标准控制。料石坐浆应饱满，灰缝应均匀，石料外露面雕打修饰应均匀、精致美观，相邻料石高差不大于2mm，整体外观质量良好。

2. 料石防护结构质量检验标准或允许偏差可参照《市政桥梁工程质量检验评定标准》CJJ2中浆砌料石砌体的相关要求。

城镇道路防眩屏(板)施工检验批质量检验记录

渝市政验收2-5-7

单位工程名称	重庆市××区环城路城市道路K1+000～K10+000合同段		
分部工程名称	K1+000～K1+500段道路交通安全防护设施		
分项工程名称	防眩屏(板)施工	验收部位	道路区间
施工单位	××区城建开发公司	项目经理	王××
分包单位	××城建一分公司	分包项目经理	岳××
施工执行标准名称及编号	重庆市《城市道路附属设施工程施工质量验收规范》DBJ 50-128—2011		

项目	施工质量验收规范的规定				施工单位检查评定记录							监理单位验收记录
	序号	检查项目	单位	规定值及允许偏差								
主控项目	1	防眩屏设置位置、构造形式、结构尺寸、角度间距、预埋件设置		符合设计要求	符合规范要求。							符合规范要求。
	2	材料规格质量		符合设计和现行相关规范要求	符合规范要求。							符合规范要求。
	3	防眩高度、遮光角及支撑防眩屏的结构物强度和承载力基础埋深		满足设计要求	符合规范要求。							符合规范要求。
	4											
	5											
	6											
一般项目	1	顺直度	mm	≤8	2	4	5	7	6	3	2	符合规范要求。
	2	垂直度	mm	≤8	5	2	3	1	8	7	6	符合规范要求。
	3	安装高度	mm	±5	1	2	3	1	−3	−4	4	符合规范要求。
	4	板条设置间距	mm	±5	−2	3	2	3	1	−3	−4	符合规范要求。
	5	钢结构防腐处理		符合设计要求	符合规范要求。							符合规范要求。
	6	外观质量		符合规范要求	符合规范要求。							符合规范要求。

	施工员	秦××	施工班组长	何××
施工单位检查评定结果	检查情况: 经检查,主控项目和一般项目均符合设计要求和重庆市《城镇道路附属设施工程施工质量验收规范》(DBJ 50-128—2011)规定,评定合格。 项目专职质量员:王×× 2015年5月20日			
监理单位验收结论	验收意见: 同意施工单位评定结果,验收合格,同意进行下道工序施工。 专业监理工程师:黎×× 2015年5月20日			

说明:

主控项目

1. 防眩屏(板)的设置位置、构造形式、结构尺寸、角度间距、预埋件的设置必须符合设计要求。检验数量:抽检防眩屏(板)总数的30%。检验方法:对照施工设计图检查,观察。

2. 防眩屏(板)所用金属材料,合成材料规格质量及耐腐蚀性和耐候性等必须符合设计和相关规范要求。检验数量:抽检防眩屏(板)总数的30%。检验方法:查看材料、半成品质保资料、合格证。

3. 防眩高度、遮光角及支撑防眩屏的结构物强度和承载力基础埋深应满足设计要求。检验数量:抽检防眩屏总数的30%。检验方法:抽查检测报告和施工记录,观察。

一般项目

1. 钢结构防腐处理应符合设计要求,防眩屏或底板应连接牢固,安装位置正确。

检验数量:抽检防眩屏(板)总数的30%。检验方法:观察。

2. 外观质量应符合下列要求:

(1)安装应符合设计要求,减少或避免漏光现象发生。

(2)防眩屏(板)整体结构形式应与道路线性协调一致,无明显凹凸不平或扭曲现象。

(3)防眩板或防眩网外观不应有划痕,颜色不均等缺陷,防腐层不得有气泡、裂纹、疤痕、端面分层、毛刺等缺陷。

检验数量:全部。检验方法:观察。

3. 防眩屏(板)施工质量检验标准及允许偏差应符合下表的规定。

表　防眩屏(板)施工质量检验标准及允许偏差

检查项目	规定值或允许偏差	检验频率		检验方法
		范围	点/次	
顺直度(mm)	≤8	20m	1	20m小线量取最大值
垂直度(mm)	≤8	20m	1	垂线、钢尺量
安装高度(mm)	±5	20m	1	钢尺量
板条设置间距(mm)	±5	20m	1	钢尺量

城镇道路隔离栅和防落网施工检验批质量检验记录表

渝市政验收2-5-8

<table>
<tr><td colspan="2">单位工程名称</td><td colspan="12">重庆市××区环城路城市道路K1+000～K10+000合同段</td></tr>
<tr><td colspan="2">分部工程名称</td><td colspan="12">K1+000～K1+500段道路交通安全防护设施</td></tr>
<tr><td colspan="2">分项工程名称</td><td colspan="3">隔离栅和防落网施工</td><td colspan="5">验收部位</td><td colspan="4">道路区间</td></tr>
<tr><td colspan="2">施工单位</td><td colspan="3">××区城建开发公司</td><td colspan="5">项目经理</td><td colspan="4">王××</td></tr>
<tr><td colspan="2">分包单位</td><td colspan="3">××城建一分公司</td><td colspan="5">分包项目经理</td><td colspan="4">岳××</td></tr>
<tr><td colspan="2">施工执行标准名称及编号</td><td colspan="12">重庆市《城市道路附属设施工程施工质量验收规范》DBJ 50-128—2011</td></tr>
<tr><td rowspan="2">项目</td><td colspan="4">施工质量验收规范的规定</td><td colspan="7" rowspan="2">施工单位检查评定记录</td><td rowspan="2">监理单位验收记录</td></tr>
<tr><td>序号</td><td>检查项目</td><td>单位</td><td>规定值及允许偏差</td></tr>
<tr><td rowspan="6">主控项目</td><td>1</td><td>设置位置、构造形式、结构尺寸、预埋件设置</td><td></td><td>符合设计要求</td><td colspan="7">符合规范要求。</td><td>符合规范要求。</td></tr>
<tr><td>2</td><td>材料规格质量</td><td></td><td>符合设计和相关规范要求</td><td colspan="7">符合规范要求。</td><td>符合规范要求。</td></tr>
<tr><td>3</td><td>结构高度计支撑结构物强度和承载力</td><td></td><td>满足设计要求</td><td colspan="7">符合规范要求。</td><td>符合规范要求。</td></tr>
<tr><td>4</td><td></td><td></td><td></td><td colspan="7"></td><td></td></tr>
<tr><td>5</td><td></td><td></td><td></td><td colspan="7"></td><td></td></tr>
<tr><td>6</td><td></td><td></td><td></td><td colspan="7"></td><td></td></tr>
<tr><td rowspan="6">一般项目</td><td>1</td><td>顺直度</td><td>mm</td><td>≤8</td><td>2</td><td>4</td><td>5</td><td>7</td><td>6</td><td>3</td><td>2</td><td>符合规范要求。</td></tr>
<tr><td>2</td><td>垂直度</td><td>mm</td><td>≤8</td><td>5</td><td>2</td><td>3</td><td>1</td><td>8</td><td>7</td><td>6</td><td>符合规范要求。</td></tr>
<tr><td>3</td><td>安装高度</td><td>mm</td><td>±5</td><td>1</td><td>2</td><td>3</td><td>1</td><td>-3</td><td>-4</td><td>4</td><td>符合规范要求。</td></tr>
<tr><td>4</td><td>板条设置间距</td><td>mm</td><td>±5</td><td>-2</td><td>3</td><td>2</td><td>3</td><td>1</td><td>-3</td><td>-4</td><td>符合规范要求。</td></tr>
<tr><td>5</td><td>钢结构防腐处理</td><td></td><td>符合设计要求</td><td colspan="7">符合规范要求。</td><td>符合规范要求。</td></tr>
<tr><td>6</td><td>外观质量</td><td></td><td>符合规范要求</td><td colspan="7">符合规范要求。</td><td>符合规范要求。</td></tr>
<tr><td rowspan="2">施工单位检查评定结果</td><td colspan="2">施工员</td><td colspan="2">秦××</td><td colspan="4">施工班组长</td><td colspan="5">何××</td></tr>
<tr><td colspan="13">检查情况：
经检查，主控项目和一般项目均符合设计要求和重庆市《城镇道路附属设施工程施工质量验收规范》(DBJ 50-128—2011)规定，评定合格。
项目专职质量员：王××
2015年5月20日</td></tr>
<tr><td>监理单位验收结论</td><td colspan="13">验收意见：
同意施工单位评定结果，验收合格，同意进行下道工序施工。
专业监理工程师：黎××
2015年5月20日</td></tr>
</table>

说明:

主控项目

1. 隔离栅和防落网的设置位置、构造形式、结构尺寸、预埋件的设置必须符合设计要求。

检验数量:抽检隔离栅和防落网总数的30%。检验方法:对照施工设计图检查,观察。

2. 隔离栅和防落网所用金属材料,合成材料规格质量及耐腐蚀性和耐候性等必须符合设计和相关规范要求。检验数量:抽检隔离栅和防落网总数的30%。检验方法:查看材料、半成品质保资料、合格证。

3. 隔离栅和防落网结构高度及支撑结构物强度和承载力应满足设计要求。检验数量:抽检隔离栅和防落网总数的30%。检验方法:抽查检测报告和施工记录,观察。

一般项目

1. 钢结构防腐处理应符合设计要求,隔离栅和防落网与底板应连接牢固,安装位置正确。检验数量:抽检隔离栅和防落网总数的30%。检验方法:观察。

2. 外观质量应符合下列要求:

(1)安装应符合设计要求,避免防落死角。

(2)隔离栅和防落网整体结构形式应与道路线性协调一致。

(3)隔离栅和防落网外观不应有变形,颜色不均等缺陷,防腐层不得有气泡、裂纹、疤痕、端面分层、毛刺等缺陷。

检验数量:全部。检验方法:观察。

3. 隔离栅和防落网施工质量检验标准及允许偏差应符合下表的规定。

表　隔离栅和防落网施工质量检验标准及允许偏差

检查项目	规定值或允许偏差	检验频率		检验方法
		范围	点/次	
顺直度(mm)	≤8	20m	1	20m小线量取最大值
垂直度(mm)	≤8	20m	1	垂线钢尺量
安装高度(mm)	±5	20m	1	钢尺量
板条设置间距(mm)	±5	20m	1	钢尺量

城镇道路防声屏施工检验批质量检验记录

渝市政验收2-5-9

单位工程名称	重庆市××区环城路城市道路K1+000 ~ K10+000合同段											
分部工程名称	K1+000 ~ K1+500段道路交通安全防护设施											
分项工程名称	防声屏施工				验收部位				道路区间			
施工单位	××区城建开发公司				项目经理				王××			
分包单位	××城建一分公司				分包项目经理				岳××			
施工执行标准名称及编号	重庆市《城市道路附属设施工程施工质量验收规范》DBJ50-128—2011											
项目	施工质量验收规范的规定				施工单位检查评定记录							监理单位验收记录
	序号	检查项目	单位	规定值及允许偏差								
主控项目	1	降噪效果		符合设计要求	符合规范要求。							符合规范要求。
	2	顶面高程	mm	±20	−15	18	19	−18	19	12	13	符合规范要求。
	3	金属立柱竖直度	mm/m	3	√	√	√	√	√	√	√	符合规范要求。
	4											
	5											
	6											
	7											
	8											
一般项目	1	与路肩边线位置偏移	mm	±20	−15	18	19	−18	19	12	13	符合规范要求。
	2	金属立柱中距	mm	10	1	8	6	5	3	5	2	符合规范要求。
	3	镀(涂)层厚度	μm	不小于规定值	√	√	√	√	√	√	√	符合规范要求。
	4	屏体厚度	mm	±2	−1	1.2	1.3	1.5	1.8	1.8	1.9	符合规范要求。
	5	屏体宽度、高度	mm	±10	−9	2	3	−5	6	7	4	符合规范要求。
	6											
施工单位检查评定结果	施工员		秦××		施工班组长				何××			
	检查情况： 经检查，主控项目和一般项目均符合设计要求和重庆市《城镇道路附属设施工程施工质量验收规范》(DBJ 50-128—2011)规定，评定合格。 项目专职质量员：王×× 2015年5月20日											
监理单位验收结论	验收意见： 同意施工单位评定结果，验收合格，同意进行下道工序施工。 专业监理工程师：黎×× 2015年5月20日											

说明：

主控项目

1. 防声屏的设置位置、结构型式、材料质量、规格型号及立柱基础埋置深度等，均应符合设计及相关规范要求。检验数量：抽检防声屏安装总量的30%。检验方法：核对施工设计图。

一般项目

1. 外观质量应符合下列要求：

(1)固定螺栓应紧固，位置正确，封头混凝土应平整，无蜂窝、麻面；

(2)屏体与基础的连接缝应密实，符合设计要求；

(3)立柱镀(涂)层均匀完好，屏体颜色均匀一致，外形美观与道路协调一致。

2. 金属防声屏安装质量检验标准及允许偏差应符合下表的规定。

表　金属防声屏安装质量检验标准及允许偏差

检查项目	规定值或允许偏差	检验频率	检验方法
降噪效果★(mm)	符合设计要求	按环保相关规定的频率和复查方法检验	
顶面高程★(mm)	±20	抽查30%	用水准仪测量
金属立柱竖直度★(mm/m)	3	抽查30%	垂线、尺量
与路肩边线位置偏移(mm)	±20	抽查30%	尺量
金属立柱中距(mm)	10	抽查30%	尺量
镀(涂)层厚度(um)	不小于规定值	抽查30%	测厚仪
屏体厚度(mm)	±2	抽查15%	游标卡尺
屏体宽度、高度(mm)	±10	抽查15%	尺量

注：带★为主控项目。

第三章 重庆市市政工程边坡及挡护结构施工质量验收表格填写示例

重庆市市政工程边坡及挡护结构施工监控量测项目及要求

监控量测的一般规定

1. 边坡监控量测包括施工安全监测、处治效果监测和动态长期监测。一般应以施工安全监测和处治效果监测为主。

2. 边坡工程应由设计单位提出监测要求，由业主委托有资质的监测单位编制监测方案，经设计、监理和业主等共同认可后实施。方案应包括监测项目、监测目的、监测方法、测点布置、监测项目报警值、信息反馈制度和现场原始状态资料记录等内容。

3. 设计单位根据施工开挖反馈的更翔实的地质资料、边坡变形量、应力监测值等对原设计做校核和补充、完善设计，确保工程安全，设计合理。监测单位应严格按照监测方案进行监测，保证监测数据的准确。当边坡工程设计或施工有重大变更时，监测单位应与建设方及相关单位研究并及时调整监测方案。

4. 监测设计需提供边坡险情预警标准，并在施工中加以完善。监测方须半月或1月一次定期向建设单位、监理方、设计方、施工方提交监测报告，必要时，应提交实时监测数据。

5. 边坡及其加固工程的监测资料应分类按国家现行标准《工程测量规范》(GB 50026—2007)和《建筑变形测量规程》(JGJ 8—2007)等进行整理、统计及分析，其方法及精度应符合国家现行有关标准的规定。

6. 监测报告的形式和边坡处治工程监测除应符合本市相关规范要求外，尚应符合国家现行有关标准的规定。

施工安全监测

1. 为了确保施工期的施工质量和施工安全，在一级、二级边坡工程中应进行施工安全监测，对于三级边坡工程可以根据实际情况进行选测。监测的部位包括开挖结构面和开口线上部岩体，通过人工巡视检查和对观测数据进行整理、分析，包括对边坡的位移、应力、地下水等进行监测，掌握边坡岩体内部作用力和外部变形情况，评估和判断高边坡的稳定状况。

2. 边坡加固工程行为对邻近被保护对象可能引发较大变形或危害时，应对邻近被保护对象采取保护措施，并应在施工过程中对邻近被保护对象进行监测。对与边坡工程相邻的独立建筑物的变形监测应符合《建筑变形测量规程》JGJ/T 8的相关规定。

3. 当采用爆破振动施工时，在既有建筑上设置3～4个控制点，进行爆破振动监测及声波测试。既有建筑物爆破振动安全允许标准应满足《爆破安全规程》(GB 6722—2003)。

4. 边坡工程监测方式和方法除应符合《建筑边坡支护技术规范》(DB 50/5018—2001)的规定还应符合表1的要求。

表1　边坡工程监测内容一览表

序号	监测内容	监测方式
1	施工期巡视检查	定期进行边坡的巡视检查工作,检查内容包括边坡是否出现裂缝,以及裂缝的变化情况(裂缝的深度及宽度),是否出现掉渣或掉块现象,坡表有无隆起或下陷,排、截水沟是否通畅,渗水量及水质是否正常等,并做好巡视记录。
2	边坡外部变形监测	在边坡重点部位,布置变形观测墩,施工期的变形观测应结合永久观测进行。通过大地测量法监测边坡变形情况,包括平面测量和高程变形测量。有条件的宜采用较为先进的全球定位(GPS)变形测量系统。 1. 监测总断面数量不宜少于3个,且在边坡长度40m范围内至少应有一个监测断面; 2. 每个监测断面点数不宜少于3点; 3. 坡顶水平位移监测总点数不应少于3点; 4. 预估边坡变形最大的部位应有变形监测点。
3	表面裂缝监测	主要监测断层、裂缝和层面的变化情况,通过在边坡裂缝表面安装埋设监测仪器,来反映边坡裂缝的开合情况。 1. 选择2条以上的典型地裂缝观测裂缝长度、宽度、深度和发展方向的变化情况; 2. 选择3条以上测线,每条测线不应少于3个控制点,监测地表位移变化规律。
4	深层变形监测	通过在边坡内部深层安装埋设监测仪器,来反映边坡内部变形情况,主要采用测斜仪、多点位移计、声波仪等。
5	爆破振动及声波测试	在边坡开挖过程中,由于爆破振动影响,有可能造成边坡失稳,通过爆破振动监测及声波测试以控制爆破规模。采用设备宜为爆破振动测试记录仪、声波仪等。
6	边坡渗流监测	通过对地下水位和渗流量的变化情况来判断边坡的稳定状态。采用的设备为渗压计及测压管等。

5. 边坡监测方法的选用可参考表2。

表2　边坡监测方法一览表

内容	主要监测方法	主要检测仪器	适用性评价
地表变形	大地测量法(三角交会法、几何水准法、小角法、测距法、视准线法)	经纬仪、水准仪、测距仪	适用不同变形阶段的位移监测;受地形通视和气候条件影响,不能连续观测。
		全站式测速仪、电子经纬仪等	适用于不同变形阶段的位移监测;受地形通视条件的限制适用于变形速率较大的滑坡水平位移及危岩徒壁裂缝变化监测;受气候条件影响较大。
	近景摄影法	陆摄经纬仪等	适用于变形速率较大的边坡水平位移及危岩土壁裂缝变化监测;受气候条件影响较大。
	GPS法	GPS接收机	适用于边坡体不同变形阶段地表三维位移监测。
	测缝发(人工测缝法、自动缝法)	钢卷尺、游标卡尺、裂缝量测仪、伸缩自记仪、测风仪、位移计等	人工、自记测缝法应适用于裂缝量测岩土体张合、闭合、错位、升降变化的监测。
地下变形	测斜法(钻孔测斜法、竖井)	钻孔倾斜仪、多点倒锤仪、倾斜计等	主要适用于边坡体变形初期,在钻孔、竖井内测定边坡体内不同深度的变形特征及滑带位置。
	测缝法(竖井)	多点位移计、井壁移计、位错计等	一般用于监测竖井内多层堆积物之间的相对位移。目前多因仪器性能、量程所限。只适用于初期变化阶段,即小变形、低速率、观测时间相对短的监测。
	重锤法	重锤、极坐标盘、坐标仪、水平错位计等	适用于上部危岩相对下部稳定岩体的下沉变化及软层或裂缝垂直向收敛变化的监测。
	沉降法	下沉仪、收敛仪、静力水准仪、水管倾斜仪等	适用于危岩裂缝的三向位移(X、Y、Z三方向)监测和危岩界面裂缝沿纵轴方向位移的监测。
	测缝法(硐室)	单向、双向、三向测缝仪,位移计,伸长仪等	

内容	主要监测方法	主要检测仪器	适用性评价
地声	地音量测法	声发声仪地探测仪	适用于岩质边坡变形的监测及危岩加固跟跟踪安全监测，为预报岩石的破坏提供依据。
应变	应变量测法	管式应变计、多点位移计、滑动测微计	主要适宜测定边坡体不同深度的位移量和滑面(带)位置。
水文	观测地下水位	水位自动记录仪	适用于坡体不同变形阶段的监测，其成果可作基础资料使用。
	观测孔隙水压	孔隙水压计、钻孔渗压计	
	测泉流量	三角堰、量杯等	
	测河水位	水位标尺等	
环境因素	测降雨量	雨量计、雨量报警器	适应于不同类型边坡及其不同变形阶段的监测，为边坡工程的稳定性分析评价提供基础资料。
	测地温	温度记录仪等	
	地震监测	地震检测仪	

6. 监测点布置的质量标准应符合《建筑变形测量规程》(JGJ 8—2007)和《建筑基坑工程监测技术规范》(GB 50497—2009)的有关规定。

7. 各级边坡的岩件特征可参考《建筑边坡支护技术规范》(DB 50/5018—2001)相应划分规定。

8. 边坡工程应按其损坏后造成破坏后的严重性、边坡类型及坡高等因素，其安全等级可参考《建筑边坡支护技术规范》(DB 50/5018—2001)相应划分规定。

9. 当出现下列情况之一时，边坡及其加固工程变形监测应按一级边坡工程监测要求执行：

(1)已经破坏或可能出现严重后果的；

(2)边坡加固施工难度大，施工过程中易引发事故或灾害的；

(3)切坡高度分别大于30m和15m的岩质边坡和土质边坡；

(4)滑坡地段的边坡工程；

(5)《建筑边坡支护技术规范》(DB 50/5018)附录A划定的重庆慎建区的边坡工程。

(6)其他可能产生严重后果的情况。

处治效果监测

1. 边坡处治效果监测是检验边坡处治设计和施工效果、判断边坡处治后的稳定性的重要手段。通常结合施工安全和长期监测进行，在一级边坡工程中应进行处治效果监测，对于二、三级边坡工程可以根据实际情况进行选测，以了解工程实施后，边坡体的变化特征。为工程的竣工验收提供科学依据。边坡处治效果监测时间长度一般要求不少于一年，数据采集时间间隔一般为7~10天，在外界扰动较大时，如暴雨期间，可加密观测次数。

2. 边坡工程竣工后的监测要求应符合国家现行标准《建筑边坡工程技术规范》(GB 50330—2002)的有关规定。

3. 边坡处治效果监测对象应包括边坡和边坡加固工程两部分，对边坡的监测执行表1、表2的相关规定，边坡加固工程可按表3选择监测项目。

表3　边坡工程监测项目表

测试项目	测点布置位置	边坡工程安全等级		
		一级	二级	三级
坡顶水平位移和垂直位移	支护结构顶部	应测	应测	应测
地表裂缝	墙顶背后1.0H(岩质)~1.5H(土质)范围内	应测	应测	选测
坡顶建筑物、地下管线变形	建筑物基础、墙面,管线顶面	应测	应测	选测
锚(索)杆拉力	外锚头或锚杆主筋	应测	应测	可不测
支护结构变形	主要受力杆件	应测	选测	可不测
支护结构应力	应力最大处	应测	应测	可不测
地下水、渗水与降雨关系	出水点	应测	选测	可不测
深层变形监测	边坡内部深层	应测	选测	可不测
边坡渗流监测	地下水位线	应测	选测	可不测

注:H为挡墙高度。

4. 对支护效应监测主要是对锚杆、锚索应力进行监测,通过在典型部位锚杆、锚索上安装监测仪器,对锚杆、锚索的应力进行监测,反馈锚杆及锚索的支护情况及支护效果。主要采用锚杆应力计及锚索测力计进行监测。应满足以下要求:

(1)根据边坡施工进程的安排,应对抽样测定锚杆应力和预应力损失,及时反映后续锚杆施工对已有锚杆拉力和预应力损失的影响;

(2)非预应力锚杆的应力监测根数不宜少于锚杆总数的3%,预应力锚索应力监测数量不宜少于锚索总数的5%,且不应少于3根(索);

(3)当加固锚索对原有支护结构构件的工作状态有影响时,宜对原有支护结构构件应力变化情况进行监测。

动态长期监测

1. 边坡长期监测将在市政边坡防治工程竣工后,对边坡体进行动态跟踪,了解边坡体稳定性变化特征。长期监测主要对一级边坡防治工程进行。边坡长期监测一般沿边坡主剖面进行,监测点的布置少于施工安全监测和防治效果监测;监测内容包括滑带深部位移监测、地下水位监测和地面变形监测。

2. 数据采集时间间隔一般为10~15天,如遇外界扰动较大时,如暴雨、地震等外界环境变化很大时,应加密观测频率。

3. 长期监测过程中形成的监测报告应及时向主管部门提交。提交周期由主管部门决定,如遇边坡处于危险状况或外界扰动大时,提交报告周期应缩短,必要时需随时报告。

4. 一级边坡一般应做长期监测,在竣工后的监测时间不应少于3年。

5. 动态长期监测周期结束后,主管部门应组织专家对监测结果进行分析并对边坡的稳定性进行评估。

6. 根据监测设计提供边坡险情预警标准,如遇超过边坡险情预警标准情况时,应及时向有关部门进行预警报告,并采取应急监测措施。

重庆市政工程边坡及挡护结构工程施工质量验收规定与程序

单位工程按工程设计图纸、设计文件及施工合同要求完工后,施工单位提出工程质量竣工验收申请,项目业主单位负责组织勘查、设计、施工、监理、监测等单位和其他有关方面的专家组成验收组,按验收方案进行验收。

1 一般规定

1.1 施工现场质量管理应有健全的质量管理体系。施工现场质量管理检查记录应由施工单位在施工前按章表1的规定记录。

1.2 施工单位应掌握施工范围内可靠地地下管线等建(构)筑物及水文地质等相关资料。

1.3 施工单位应依据工程特点编制施工组织设计或专项方案,经施工单位审批后,按相应审批程序履行报批手续。

1.4 工程所用的主要原材料、半成品、构(配)件、设备等产品,进入施工现场时必须进行进场验收。

1.5 施工单位应按设计文件进行施工。发生设计变更及工程洽商时,应按有关规定程序办理相关手续。

1.6 市政工程边坡及挡护结构应按照设计要求进行检测。监控量测方法可按本章监控量测的规定执行。

1.7 市政工程边坡及挡护结构施工质量验收应符合下列要求:

(1)工程是施工应符合工程勘察、设计文件的要求;

(2)工程施工质量应符合相关规范和相关专业验收规范和标准的规定;

(3)参加工程施工质量验收的各方人员应具备规定的资格;

(4)质量验收应在施工单位自行检查评定合格、监理工程师复查认可的基础上进行;

(5)检验批的质量应按主控项目和一般项目验收;

(6)承担复检或检测的单位应具有相关资质;

(7)工程的外观质量应由验收人员通过现场检查共同确认评定。

1.8 下列市政工程边坡及挡护结构的施工应进行专家论证:

(1)挡边坡最大高度,岩质边坡≥15m,土质边坡≥8m时,高填方最大高度≥8m时,应编制专项施工方案,并按规定进行专家论证;

(2)地质和环境条件很复杂、稳定性极差的边坡工程;

(3)边坡邻近有重要建(构)筑物、地质条件复杂、破坏后果很严重的边坡工程;

(4)已发生过严重事故的边坡工程;

(5)采用新结构、新技术的边坡工程。

2 工程质量验收单元的划分

2.1 市政边坡及防护结构工程质量验收单元应划分为单位(子单位)工程、分部(子分部)工程、分项工程和检验批。

2.2 单位工程的划分应按下列原则确定:

(1)具有独立使用功能的市政工程边坡及挡护结构应为一个单位工程;

(2)市政工程边坡及挡护结构可按施工总承包合同划分单位工程;

(3)一个施工承包合同中的若干市政工程边坡及挡护结构宜合为一个单位工程,每项市政工程边坡及挡护结构的单体工程可作为一个子单位工程;

(4)规模较大的单位工程,可根据其独立使用工程或结构形式和施工工艺,按市政工程边坡及挡护结构等划分为若干子单位工程;

(5)规模较大的市政工程边坡及挡护结构中的排水、景观、绿化及其他结构工程可根据其功能划分为若干子单位工程,并执行相应的质量验收规范和标准。

2.3　分部工程可以是地基与基础、墙体和附属工程。当分部工程较大或复杂时,可按材料种类、施工特点、施工程序、专业系统级类别等划分为若干子分部工程。

2.4　分项工程应按主要施工方法、材料、工序等划分。

2.5　分项工程可由一个若干检验批组成。检验批可根据施工条件、质量控制和专业验收及施工需要按明挖基础、桩基础、墙体和附属工程等划分。

2.6　市政工程边坡及挡护结构的分部工程、分项工程划分和检验批检验项目应符合本章附表2.6的相关规定。

附表2.6　市政边坡及挡护结构工程的分部工程、分项工程划分和检验批检验

分部工程	分项工程	检验批	检验项目条文号(规范条文)	
			主控项目	一般项目
重力式挡土墙	边坡开挖	土质边坡	4.2.1,4.2.2	4.2.3
		岩质边坡	4.3.1,4.3.2	4.3.3~4.3.6
	明挖基坑、基槽	伸缩缝件长度	7.2.1,7.2.2	7.2.3
	钢筋工程	两变形缝件长度各部位	5.2.1~5.2.3	5.2.4~5.2.8
	模板工程	两变形缝件长度各部位	5.3.1,5.3.2	5.3.3~5.3.4
	扩大基础	两变形缝间长度	7.3.1~7.3.4	7.3.5,7.3.6
	桩基础	每批桩	7.4.1	7.4.2
	重力式挡土墙砌体墙身	两变形缝间长度	7.5.1~7.5.4	7.5.5~7.5.7
	重力式挡土墙混凝土墙身	两变形缝间长度	7.6.1~7.6.4	7.6.5~7.6.8
	墙背填筑	两变形缝间长度	7.7.1~7.7.5	7.7.6
	截(排)水沟	两变形缝间长度	12.2.1~12.2.5	12.2.6~12.2.8
	盲沟	两变形缝间长度	12.3.4,12.3.5	12.3.4,12.3.5

续表

<table>
<tr><th rowspan="2">分部工程</th><th rowspan="2">分项工程</th><th rowspan="2">检验批</th><th colspan="2">检验项目条文号(规范条文)</th></tr>
<tr><th>主控项目</th><th>一般项目</th></tr>
<tr><td rowspan="14">重力式挡土墙</td><td rowspan="2">边坡开挖</td><td>土质边坡</td><td>4.2.1,4.2.2</td><td>4.2.3</td></tr>
<tr><td>岩质边坡</td><td>4.3.1,4.3.2</td><td>4.3.3~4.3.6</td></tr>
<tr><td>钢筋工程</td><td>两变形缝间长度各部位</td><td>5.2.1~5.2.3</td><td>5.2.4~5.2.8</td></tr>
<tr><td>模板工程</td><td>两变形缝间长度各部位</td><td>5.3.1,5.3.2</td><td>5.3.3~5.3.4</td></tr>
<tr><td>柱(肋)桩基础</td><td>每批桩</td><td>8.2.1~8.2.4</td><td>8.2.5,8.2.6</td></tr>
<tr><td>装配式墙面板</td><td>两变形缝间长度</td><td>8.3.1~8.3.5</td><td>8.3.6~8.3.9</td></tr>
<tr><td>现浇墙面板</td><td>两变形缝间长度</td><td>8.4.1~8.4.5</td><td>8.4.6~8.4.9</td></tr>
<tr><td>桩柱(肋)</td><td>每根柱(肋)</td><td>8.5.1,8.5.2</td><td>8.5.3~8.3.5</td></tr>
<tr><td>锚杆(索)的制作、安装与锚固</td><td>两变形缝间长度</td><td>8.6.1</td><td>8.6.2</td></tr>
<tr><td>锚杆(索)的张拉、注浆与封锚</td><td>两变形缝间长度</td><td>8.7.1</td><td>8.7.2</td></tr>
<tr><td>墙背填筑</td><td>两变形缝间长度</td><td>12.2.1~12.2.5</td><td>12.2.6~12.2.8</td></tr>
<tr><td>截(排)水沟</td><td>两变形缝间长度</td><td>12.2.1~12.2.5</td><td>12.2.6~12.2.8</td></tr>
<tr><td>盲沟</td><td>两变形缝间长度</td><td>12.3.4,12.3.5</td><td>12.3.4,12.3.5</td></tr>
<tr><td rowspan="14">悬臂式及扶壁式挡墙</td><td rowspan="2">边坡开挖</td><td>土质边坡</td><td>4.2.1,4.2.2</td><td>4.2.3</td></tr>
<tr><td>岩质边坡</td><td>4.3.1,4.3.2</td><td>4.3.3~4.3.6</td></tr>
<tr><td>明挖基坑、基槽</td><td>伸缩缝间长度</td><td>9.2.1</td><td>9.2.2</td></tr>
<tr><td>钢筋工程</td><td>两变形缝间长度各部位</td><td>5.2.1~5.2.3</td><td>5.2.4~5.2.8</td></tr>
<tr><td>模板工程</td><td>两变形缝间长度各部位</td><td>5.3.1,5.3.2</td><td>5.3.3~5.3.4</td></tr>
<tr><td>扩大基础</td><td>两变形缝间长度</td><td>9.3.1</td><td>9.3.2</td></tr>
<tr><td>桩基础</td><td>每批桩</td><td>9.4.1</td><td>9.4.2</td></tr>
<tr><td>悬臂式及扶壁式挡墙墙身</td><td>两变形缝间长度</td><td>9.5.1~9.5.4</td><td>9.5.5~9.5.8</td></tr>
<tr><td>锚杆(索)的制作、安装与锚固</td><td>两变形缝间长度</td><td>9.6.1</td><td>9.6.2</td></tr>
<tr><td>锚杆(索)的张拉、注浆与封锚</td><td>两变形缝间长度</td><td>9.7.1</td><td>9.7.2</td></tr>
<tr><td>墙背填筑</td><td>两变形缝间长度</td><td>9.8.1</td><td>9.8.2</td></tr>
<tr><td>截(排)水沟</td><td>两变形缝间长度</td><td>12.2.1~12.2.5</td><td>12.2.6~12.2.8</td></tr>
<tr><td>盲沟</td><td>两变形缝间长度</td><td>12.3.4,12.3.5</td><td>12.3.4,12.3.5</td></tr>
<tr><td rowspan="4">抗滑桩</td><td>桩孔</td><td>每批桩孔</td><td>10.2.1,10.2.2</td><td>10.2.3</td></tr>
<tr><td>钢筋工程</td><td>每批桩</td><td>5.2.1~2.3</td><td>5.2.4~5.2.8</td></tr>
<tr><td>锚杆(索)的制作、安装与锚固</td><td>每批桩</td><td>10.4.1</td><td>10.4.2</td></tr>
<tr><td>锚杆(索)的张拉、注浆与封锚</td><td>每批桩</td><td>10.5.1</td><td>10.5.2</td></tr>
</table>

续表

分部工程	分项工程	检验批	检验项目条文号(规范条文)	
			主控项目	一般项目
边坡防护	锚杆(索)的制作、安装与锚固	两变形缝间长度	11.2.1	11.2.2
	锚杆(索)的张拉、注浆与封锚	两变形缝间长度	11.3.1	11.3.2
	边坡喷护	两变形缝间长度	11.4.1~11.4.1	11.4.5~11.4.10
	钢筋混凝土格构护坡	两变形缝间长度	11.5.1~11.5.5	11.5.6~11.5.9
	砌块格构护坡	两变形缝间长度	11.6.1~11.6.8	11.6.9~11.6.11
	砌筑格构护坡	两变形缝间长度	11.7.1~11.7.7	11.7.8~11.7.12
	绿化护坡	两变形缝间长度	11.8.1~11.8.4	11.8.5,11.8.6
	防护网护坡	两变形缝间长度	11.9.1~11.9.4	11.9.5,11.9.6
附属设施	栏杆	两变形缝间长度	12.4.1,12.4.2	12.4.3~12.4.5
	装饰	两变形缝间长度	12.5.1~12.5.3	12.5.4~12.5.6

3 工程质量验收

3.1 检验批质量验收合格应满足下列要求:

(1)主控项目的质量经抽样检验全部合格;

(2)一般项目项目的质量经抽验检验合格,当采用计数检验时,除有专门要求外,一般项目的合格率应达到80%以上,且超差点的最大偏差值在允许偏差值的1.5倍范围内;

(3)具有完整的施工操作依据和质量检验记录。

3.2 分项工程质量验收合格应满足下列要求:

(1)分项工程所含检验批均应符合合格质量的规定;

(2)分项工程所含检验批的质量验收记录完整。

3.3 分部(子分部)工程质量验收合格应满足下列要求:

(1)所含分项工程质量均应验收合格;

(2)施工质量保证资料完整;

(3)涉及结构安全和使用功能的关键工序质量应按规定验收合格;

(4)外观质量验收应符合要求。

3.4 子单位工程质量验收合格应满足下列要求:

(1)所含分部(子分部)工程的质量均验收合格;

(2)施工质量保证资料完整;

(3)所含分部工程验收资料完整;

(4)实体量测的抽查结果符合相关规范的规定;

(5)外观质量验收符合要求。

3.5 单位工程质量验收合格应满足下列要求:

(1)所含子单位工程的质量均验收合格;

(2)市政工程边坡及挡护结构有关检测已完成,其结果满足设计和规范要求;

(3)施工质量保证资料完整;

(4)所含子单位工程验收资料完整;

(5)整体外观质量验收符合要求。

3.6 工程质量验收资料应符合下列规定:

(1)检验批质量验收按本章表3进行;

(2)分项工程质量验收按本章表3相关内容进行;

(3)分部(子分部)工程及关键工序质量验收应按本章表4相关表格进行;

(4)单位(子单位)工程质量验收、质量保证资料核查、实体量测抽查、外观质量检查按本章表4相关表格进行。

3.7 工程竣工验收合格应符合下列规定:

(1)完成所有的单位工程质量验收;

(2)单位工程质量验收中提出的整改项目已整改完成;

(3)主要性能指标抽查符合相关专业规范的规定。

3.8 检验批施工质量部符合要求时的处理规定。

(1)返工重做,并重新进行验收;

(2)经检测单位鉴定能够达到设计要求的,应予以验收;

(3)经检测单位检测鉴定达不到设计要求,但经原设计单位核算认可能够满足结构安全和使用功能的,可予以验收。

3.9 经返修或加固处理的分项、分部工程。虽然改变外形尺寸但仍能满足安全使用要求,可按处理方案和协商文件进行验收。

3.10 通过返修或加固处理仍不能满足安全使用要求的分部工程,不予以验收。

4 工程质量验收程序和组织

4.1 检验批及分项工程应由专业监理工程师组织施工单位项目质量负责人等进行验收。

4.2 关键工序和首次检验批应由总监理工程师组织施工单位(项目负责人和技术、质量负责人)及建设、勘察、设计等相关人员进行验收。

4.3 分部工程应由总监理工程师组织施工单位(项目负责人和技术、质量负责人)及建设、勘察、设计等相关人员进行验收。

4.4 单位(子单位)工程应由总监理工程师组织建设单位项目负责人、设计单位项目负责人、勘察单位项目负责人、施工单位项目经理等进行验收。

4.5 工程竣工验收由建设单位组织验收组进行验收;验收组由建设、勘察、设计、施工、监理等单位的有关负责人组成,验收组组长应由建设单位授权的有关负责人担任。

4.6 当参加验收各方对工程质量验收意见不一致时,应终止验收,由建设行政主管部门或其委托的工程质量监督机构与相关单位协调解决。

4.7 工程竣工验收合格后,建设单位应按规定将工程竣工验收文件报建设行政主管部门备案。

附表1　市政工程边坡及挡护结构施工现场质量管理检查记录表

开工日期：

工程名称	重庆市××区上海路立交桥工程			施工许可证（开工证）	KA第201400××××号
建设单位	重庆市××开发集团有限公司			项目负责人	王××
设计单位	重庆××市政设计院有限公司			设计负责人	刘××
监理单位	重庆××建设监理有限公司			总监理工程师	王××
施工单位	重庆××市政工程有限公司	项目经理	岳××	技术负责人	柳××

序号	项　　目	内　容
1	项目经理部文件及主要负责人资质	项目经理资质文件齐全，主要负责人任职资格资质具备。
2	现场质量管理制度及管理体系	质量例会制度；三检及交接检制度；月评比及奖罚制度；质量综合评审及奖惩制度。
3	质量责任制	岗位责任制；设计交底制；技术交底制；挂牌制度。
4	主要专业工种操作上岗证书	测量工、钢筋工、电焊工、架子工、木工、混凝土工等主要专业工种操作上岗证齐全，符合要求。
5	分包方资质与对分包单位的管理制度	在合同允许范围内组织分包，并且严格审查分包资质；总包单位建立合同管理分包单位制度。
6	施工图审查情况	施工图经设计交底，施工单位已确认。
7	地质勘察资料	地质勘察报告齐全。
8	施工组织设计、施工方案及审批	施工组织设计、施工方案编制及审批手续齐全。
9	施工技术标准	路基、路面、基层、挡土墙、模板、钢筋等30多种。
10	工程质量检验制度	原材料进场检验制度；抽样检验制度；检验批、分部分项工程检验制度等。
11	施工设备及计量器具设置	计量设备精度控制制度；搅拌站管理制度等。
12	现场材料、设备存放与管理	材料抽样检测及进场、出入场管理制度等。

检查结论：

通过上述项目的检查，项目部施工现场管理制度明确到位，质量责任制措施得力，主要专业工种操作上岗证书齐全，施工组织设计、主要施工方案逐级审批，现场工程质量检验制度齐全，现场材料、设备管理制度有效，施工平面布置、施工进度计划可行。现场管理、安全文明施工有效。

总监理工程师：安××　　2015年5月25日

说明：本表用于工程开工前总监理工程师或建设单位项目负责人对施工单位现场质量管理情况进行检查。

1. 建设单位的“项目负责人”：应填与质量责任书一致的工程的项目负责人；

2. 设计单位的“设计负责人”：应填与质量责任书一致的工程的项目负责人；

3. 监理单位的“总监理工程师”：应填与质量责任书一致的工程的项目总监理工程师；

4. 施工单位的“项目经理”、“项目技术负责人”：应填与质量责任书一致的工程的项目经理、项目技术负责人；

5. “现场质量管理制度及管理体系”：主要是图纸会审、设计交底、技术交底、施工组织设计编制批程序、工序交接、质量检查评定制度，质量好的奖励及达不到质量要求的处罚办法，以及质量例会制度及质量问题处理制度等；

6.“质量责任制”：各质量负责人的分工，各项质量责任的落实规定，定期检查及有关人员奖罚制度等；

7.“主要专业工种操作上岗证书”：起重、塔吊等垂直运输司机，测量工、钢筋、混凝土机械、焊工、瓦工、架子工、电工、管道工、防水工等工种；

8.“分包方资质与对分包单位的管理制度”：有分包时，总承包单位应有管理分包单位制度，主要是质量、技术的管理制度等；

9.“施工图审查情况”：是施工图审查机构出具的审查报告及审查报告中问题的落实情况，如果图纸是分批交出的话，施工图审查可分段进行；

10.“地质勘察资料”：有勘察资质的单位出具的经勘察审查机构审查合格的正式地质勘察报告，可供地下部分施工方案制定和施工组织总平面图编制时参考；

11.“施工组织设计、施工方案及审批”：检查编制程序、内容、有针对性的具体措施，应有编制单位、审核单位、批准单位，有贯彻执行的措施；

12.“施工技术标准”：是操作的依据和保证工程质量的基础，承建企业应有不低于国家质量验收规范的操作规程等企业标准。施工现场应使用的施工技术标准应齐备；

13.“工程质量检验制度”：包括三个方面的检验，一是原材料、设备进场检验制度；二是施工过程的试验报告；三是竣工后的抽查检测，应专门制订抽测项目、抽测时间、抽测单位等计划，使监理、建设单位等应知道；

14.“施工设备及计量器具设置”：主要是检查设置在工地搅拌站的计量设施的精确度、管理制度等内容。预拌混凝土或安装专业可不填；

15.“现场材料、设备存放与管理”：是为保持材料、设备质量必须有的措施。根据材料设备性能制订管理制度，建立相应的库房；

16.本表通常一个单位工程或一个工程的一个标段只查一次，如分段施工、人员更换或管理工作不到位时，可再次检查；

17.如总监理工程师或建设单位项目负责人检查验收不合格，施工单位必须限期改正否则不许开工。

附表2　市政工程边坡及挡护结构单位(子单位)工程实体量测记录

<table>
<tr><td colspan="2">工程名称</td><td colspan="3">重庆市××区上海路立交桥工程</td><td>施工单位</td><td>重庆××城市建设公司</td></tr>
<tr><td colspan="2">抽查范围</td><td colspan="3">重庆市××开发集团有限公司</td><td>长度(m)</td><td>1000</td></tr>
<tr><td rowspan="2">序号</td><td rowspan="2">量测项目</td><td rowspan="2">允许偏差</td><td colspan="2">抽查频率</td><td rowspan="2">点数</td><td rowspan="2">合格率(%)</td></tr>
<tr><td>范围</td><td>点数</td></tr>
<tr><td>1</td><td>墙身(压顶)断面尺寸(mm)</td><td>不小于设计值</td><td>挡土墙墙身</td><td>12</td><td>12</td><td>95</td></tr>
<tr><td>2</td><td>扶壁间距(mm)</td><td>±50</td><td>悬扶壁墙身</td><td>4</td><td>4</td><td>98</td></tr>
<tr><td>3</td><td>顶面(压顶顶面)高程(mm)</td><td>±10</td><td>整个区间</td><td>12</td><td>12</td><td>99</td></tr>
<tr><td>4</td><td>轴线偏位(mm)</td><td>30</td><td>全部</td><td>3</td><td>3</td><td>98</td></tr>
<tr><td>5</td><td>墙面垂直度</td><td>0.3%H且≤20mm</td><td>全部</td><td>12</td><td>12</td><td>96</td></tr>
<tr><td>6</td><td>坡度(%)</td><td>±0.5</td><td>区间全部</td><td>15</td><td>15</td><td>93</td></tr>
<tr><td>7</td><td>墙表面平整度(mm)</td><td>10</td><td>坡面</td><td>20</td><td>20</td><td>95</td></tr>
<tr><td>8</td><td>泄水孔尺寸(mm)</td><td>不小于设计值</td><td>区间</td><td>14</td><td>14</td><td>95</td></tr>
<tr><td>9</td><td>伸缩缝、沉降缝位置(mm)</td><td>±50</td><td>区间全部</td><td>12</td><td>12</td><td>95</td></tr>
<tr><td>10</td><td></td><td></td><td></td><td></td><td></td><td></td></tr>
<tr><td>11</td><td></td><td></td><td></td><td></td><td></td><td></td></tr>
<tr><td>12</td><td></td><td></td><td></td><td></td><td></td><td></td></tr>
<tr><td colspan="3">量测点数:104</td><td colspan="3">合格点数:99</td><td>平均合格率:96%</td></tr>
<tr><td colspan="5">检查人:张××</td><td colspan="2">2015年5月20日</td></tr>
<tr><td>检查
结论</td><td colspan="6">实体测量抽查项目符合验收规范规定及要求。
总监理工程师:××　　　　2015年5月22日</td></tr>
</table>

说明:

1. 验收检查(抽查)记录由检查人员填写,检查结论由总监理工程师填写。

2. 单位工程应按下列原则进行划分:

(1)具有独立施工条件及使用功能的为一个单位工程;

(2)路面工程可以为一个或多个单位工程。

3. 单位工程质量验收合格应符合下列规定:

(1)所含分部工程的质量均应验收合格;

(2)施工质量保证资料应完整;

(3)所含分部工程中关键工序验收资料应完整;

(4)对实体量测的抽查结果应符合相关规范规定要求;

(5)外观质量验收应符合要求。

4. 城市道路工程质量验收记录应符合下列规定:

(1)检验批质量验收可按规范进行;

(2)分项工程质量验收应按规范进行;

(3)分部工程及关键工序质量验收应按规范进行;

(4)单位工程质量验收:施工质量保证资料核查,实体量测的抽查,外观质量检查等按标准进行。

附表3 市政工程边坡及挡护结构施工检验批质量验收记录表

编号：

单位(子单位)工程名称		重庆市××区上海路立交桥工程		
分部(子分部)工程名称		重庆市××区上海路立交桥工程K1+100～K1+500边坡工程		
分项工程名称		扶壁式挡土墙边坡开挖	验收部位	2#挡土墙
施工单位		重庆市××市政工程有限公司	项目经理	李××
分包单位		××城建公司一分公司	负责人	庞××
施工执行标准名称及编号		重庆市《市政工程边坡及挡护结构施工质量验收规范》DBJ 50-126—2011		
施工质量验收规范的规定			施工单位检查评定记录	监理建设单位验收记录
主控项目	1			
	2			
	3			
	4			
	5			
	6			
	7			
	8			
一般项目	1			
	2			
	3			
	4			
		施工员	×××	施工班组长 ×××
施工单位检查评定结果		检查情况： 经检查，主控项目和一般项目均符合设计要求和重庆市《市政工程边坡及挡护结构施工质量验收规范》(DBJ 50-126—2011)规定，评定合格。 项目专职质检员：××× 201×年×月×日		
监理(建设)单位验收结论		验收意见： 同意施工单位评定结果，验收合格，同意进行下道工序施工。 专业监理工程师：黎×× 2015年5月20日		

说明:本表用于检验批质量验收。

1."验收部位":是验收的那个检验批的抽样范围,要标注清楚,如一标段K120+000段1号桩;K120+200~K120+360等;

2."施工执行标准名称及编号":施工操作工艺若是企业标准,企业标准应有编制人、批准人、批准时间、执行时间、标准名称及编号,填写表时只要将标准名称及编号填写上;

3."主控项目"、"一般项目"、"施工单位检查评定记录":对定量项目直接填写检查的数据;对定性项目原则上采用问答式填写,一一对应;

4."监理(建设)单位验收记录":对主控项目、一般项目应逐项进行验收。对符合验收规范规定的项目,填写"合格"或"符合要求",对不符合验收规范规定的项目,暂不填写,待处理后再验收,但应做标记;

5."主控项目"、"一般项目"、"施工单位检查评定记录"等可参照重庆市地方标准:DBJ 50-078—2008《重庆市城市道路工程施工质量验收规范》,DBJ 50-086—2008《重庆市城市桥梁工程施工质量验收规范》,DBJ 50-107—2010《重庆市城市隧道工程施工质量验收规范》,DBJ 50-128—2011《重庆市城镇道路附属附属设施工程施工质量验收规范》,DBJ 50-126—2011《重庆市市政工程边坡及挡护结构施工质量验收规范》,DBJ 50-108—2011《重庆市城镇给水排水构筑物及管道工程施工质量验收规范》等等一系列施工验收标准规范。

6."施工单位检查评定结果":施工单位自行检查评定合格后,应注明"主控项目全部合格,一般项目满足规范规定要求"。专业质量检查员代表企业逐项检查评定合格,填写并清楚写明结果,签字后交监理工程师或建设单位项目专业技术负责人验收;

7."监理(建设)单位验收结论":主控项目、一般项目验收合格,混凝土、砂浆试件强度待试验报告出来后判定,其余项目已全部验收合格,注明"同意验收"。专业监理监理工程师(建设单位的专业技术负责人)签字。

附表3.1 市政工程边坡及挡护结构分项工程质量验收记录表

编号：

<table>
<tr><td colspan="3">单位(子单位)工程名称</td><td colspan="3">重庆市××区上海路立交桥工程</td></tr>
<tr><td colspan="3">分部(子分部)工程名称</td><td colspan="3">上海路立交桥工程K1+100～K1+500边坡工程</td></tr>
<tr><td colspan="2">施工单位</td><td>重庆市××市政工程有限公司</td><td colspan="2">项目经理</td><td>李××</td></tr>
<tr><td colspan="2">分包单位</td><td>××城建公司一分公司</td><td colspan="2">负责人</td><td>庞××</td></tr>
<tr><td>序号</td><td colspan="2">检验批部位名称</td><td colspan="2">施工单位检验结果</td><td>监理单位验收意见</td></tr>
<tr><td>1</td><td colspan="2">重力式挡土墙边坡开挖工程</td><td colspan="2">符合规范要求，合格。</td><td>符合规范要求。</td></tr>
<tr><td>2</td><td colspan="2">重力式挡土墙截(排)沟工程</td><td colspan="2">符合规范要求。</td><td>符合规范要求。</td></tr>
<tr><td>3</td><td colspan="2">柱板式挡土墙墙背填筑工程</td><td colspan="2">合格。</td><td>符合规范要求。</td></tr>
<tr><td>4</td><td colspan="2">悬壁式及扶壁式挡土墙明挖基坑、基槽工程</td><td colspan="2">符合规范要求。</td><td>符合规范要求。</td></tr>
<tr><td>5</td><td colspan="2">抗滑桩钢筋工程</td><td colspan="2">合格。</td><td>符合规范要求。</td></tr>
<tr><td>6</td><td colspan="2">边坡防护钢筋混凝土格构护坡</td><td colspan="2">符合规范要求。</td><td>符合规范要求。</td></tr>
<tr><td>7</td><td colspan="2">附属设施部分：栏杆工程</td><td colspan="2">合格。</td><td>符合规范要求。</td></tr>
<tr><td>8</td><td colspan="2"></td><td colspan="2"></td><td></td></tr>
<tr><td>9</td><td colspan="2"></td><td colspan="2"></td><td></td></tr>
<tr><td>检查结论</td><td colspan="2">经检查，主控项目和一般项目均符合设计要求和重庆市《市政工程边坡及挡护结构施工质量验收规范》(DBJ 50-126—2011)规定，评定合格。

项目专业技术负责人：×××
201×年×月×日</td><td>验收结论</td><td colspan="2">同意评定标准，验收合格。

项目专业技术负责人：×××
201×年×月×日</td></tr>
</table>

说明：本表用于分项工程质量验收。

分项工程是在检验批验收合格的基础上进行，是一个统计表，没有实质性验收内容。一是检查检验批是否将整个工程覆盖了有没有漏掉的部位；二是检查有混凝土、砂浆强度要求的检验批，到龄期后能否达到规范规定；三是将检验批的资料统一，依次进行登记整理。

监理单位的专业监理工程师(或建设单位的专业负责人)应逐项审查，同意项填写“合格或符合要求”，不同意项暂不填写，待处理后再验收，但应做标记。

附表3.2　市政工程边坡及挡护结构分部(子分部)工程质量验收记录表

编号:

<table>
<tr><td colspan="3">单位(子单位)工程名称</td><td colspan="4">重庆市××区上海路立交桥工程</td></tr>
<tr><td colspan="2">施工单位</td><td colspan="5">重庆××市政工程有限公司</td></tr>
<tr><td colspan="2">项目经理</td><td>王××</td><td>技术负责人</td><td>张××</td><td>质量负责人</td><td>李××</td></tr>
<tr><td rowspan="11">分项工程</td><td>序号</td><td>名称</td><td>检验批数</td><td>检验结果</td><td colspan="2">监理单位验收意见</td></tr>
<tr><td>1</td><td>重力式挡土墙边坡开挖工程</td><td>10</td><td>合格</td><td colspan="2" rowspan="10">经各分项工程验收,工程质量及相关保证资料符合验收标准,同意验收。</td></tr>
<tr><td>2</td><td>重力式挡土墙截(排)沟工程</td><td>8</td><td>合格</td></tr>
<tr><td>3</td><td>柱板式挡土墙墙背填筑工程</td><td>6</td><td>合格</td></tr>
<tr><td>4</td><td>悬壁式及扶壁式挡土墙
明挖基坑、基槽工程</td><td>4</td><td>合格</td></tr>
<tr><td>5</td><td>抗滑桩钢筋工程</td><td>12</td><td>合格</td></tr>
<tr><td>6</td><td>边坡防护钢筋混凝土
格构护坡</td><td>8</td><td>合格</td></tr>
<tr><td>7</td><td>附属设施部分:栏杆工程</td><td>3</td><td>合格</td></tr>
<tr><td>8</td><td></td><td></td><td></td></tr>
<tr><td>9</td><td></td><td></td><td></td></tr>
<tr><td>10</td><td></td><td></td><td></td></tr>
<tr><td colspan="3">质量保证资料检查</td><td colspan="2">共35项,经审查符合要求35项,经核定符合规范要求35项。</td><td colspan="2">质量控制资料经核查共35项,均符合设计和相关规范要求,同意验收。</td></tr>
<tr><td colspan="3">关键工序验收</td><td colspan="2">共12项,检查12项,符合标准和相关规范12项。</td><td colspan="2">符合相关规范要求,合格。</td></tr>
<tr><td colspan="3">外观质量验收</td><td colspan="2">共检查8项,符合要求8项,不合格项为0项。</td><td colspan="2">观感质量验收合格。</td></tr>
<tr><td rowspan="5">验收单位</td><td colspan="2">施工单位</td><td colspan="4">技术(质量)负责人:李××
项目经理:张××　　2015年5月20日</td></tr>
<tr><td colspan="2">监理单位</td><td colspan="4">专业监理工程师:张××
总监理工程师:廖××　　2015年5月20日</td></tr>
<tr><td colspan="2">勘察单位</td><td colspan="4">项目负责人:张××　　2015年5月20日</td></tr>
<tr><td colspan="2">设计单位</td><td colspan="4">项目负责人:张××　　2015年5月20日</td></tr>
<tr><td colspan="2">建设单位</td><td colspan="4">项目负责人:李××　　2015年5月21日</td></tr>
</table>

说明:本表用于分部(子分部)工程质量验收。

1.“分项工程名称”:按分项工程第一个检验批施工先后的顺序,将分项工程名称填写上,在第二格栏内分别填写各分项工程实际的检验批数量,并将各分项工程评定表按顺序附在表后。

2.“施工单位检查评定”:填写施工单位自行检查评定的结果。自检符合要求的打“√”标注。否则打“×”标注。监理单位或建设单位由总监理工程师或建设单位项目专业技术负责人组织审查,符合要求后,在验收意见栏内签注“同意验收”意见。

3.“质量保证资料检查”:验收的分部(子分部)工程的质量控制资料项目,按资料核查的要求,逐项进行核查。全部项目都通过,即可在施工单位检查评定栏内打“√”标注检查合格。监理单位总监理工程师组织审查,在符合要求后,在验收意见栏内签注“同意验收”意见。

4.“关键工序验收”:检测内容按单位(子单位)工程安全和功能检验资料核查及主要功能抽查记录中相关内容确定摸查和抽查项目。每个检测项目都通过审查,即可在施工单位检查评定栏内打“√”标注检查合格。由项目经理送监理单位或建设单位验收,监理单位总监理工程师或建设单位项目专业负责人组织审查,符合要求在验收意见栏内签注“同意验收”意见。

5.“外观质量验收”:由施工单位项目经理组织进行现场检查,经检查合格将施工单位填写的内容填写好后,由项目经理签字交监理单位或建设单位验收。监理单位由总监理工程师或建设单位项目专业负责人组织验收,质量评价为好、一般、差。验收评价结论填写在分部(子分部)工程观感质量验收意见栏。

6.验收单位签字认可。参与工程建设单位的有关人员应亲自签名,以示负责,以便追查质量责任。

勘察单位可只签认地基基础分部(子分部)工程,由项目负责人亲自签认;

设计单位可只签基础、路桥主体结构及重要安装分部(子分部)工程,由项目负责人亲自签认;

施工单位总承包单位必须签认,由项目经理亲自签认,有分包单位的分包单位也必须签认其分包的分部(子分部)工程,由分包项目经理亲自签认;

监理单位作为验收方,由总监理工程师亲自签认验收。如果按规定不委托监理单位的工程,可由建设单位项目专业负责人亲自签认验收。

道路路基、基层、道路排水、绿化、照明等重要的分部(子分部)工程,验收合格后,验收单位应在签字栏加盖公章。

附表4.1　市政工程边坡及挡护结构施工关键工序质量验收记录表

编号：

工程(标段)名称		上海路立交桥工程K1+100～K1+500合同段	
单位工程名称		重庆市××区上海路立交桥工程	
部位(工序)名称		上海路立交桥工程K1+100～K1+500边坡工程	
验收范围(桩号)		ZH01#–5#	
验收日期		2015年5月22日	
序号	关键工序名称	检查项目名称	检查情况
1	重力式挡土墙基础	桩基础	符合规范要求。
		钢筋工程	合格。
2	边坡防护	钢筋混凝土格构护坡	符合规范要求。
		锚杆(索)张拉与封锚	合格。
3	抗滑桩	抗滑桩桩身施工	符合规范要求。
		钢筋工程	合格。
质量验收意见	施工单位自检意见： 检查关键工序15项，合格15项。 项目技术负责人：刘×× 项目经理：张×× 2015年5月25日		监理单位意见： 合格。 李×× 总监理工程师：周×× 2015年5月25日
	设计单位意见： 符合设计要求。 设计负责人：李×× 2015年5月31日		建设单位意见： 合格。 项目负责人：张×× 2015年5月31日

说明：

1. 关键工序质量验收应由总监理工程师组织施工项目技术负责人及建设单位，设计单位有关专业设计负责人等进行验收，并按本表记录。关键工序质量验收汇总由总监理工程师负责。

2. 单位工程质量验收合格应符合下列规定：

(1)所含分部工程的质量均应验收合格；

(2)施工质量保证资料应完整；

(3)所含分部工程中关键工序验收资料应完整；

(4)对实体量测的抽查结果应符合相关规范规定要求；

(5)外观质量验收应符合要求。

附表4.2 市政工程边坡及挡护结构施工关键工序质量验收汇总记录表

编号：

单位(子单位工程名称)			上海路立交桥工程K1+100～K1+500合同段					
验收基本情况			关键工序共12项，组织验收2次，有验收记录24份。					
序号	分部工程	关键工序	验收日期	验收意见				
				施工	监理	设计	建设	其他
1	重力式挡土墙基础	桩基础	2015年5月25日	合格	合格	合格	合格	
2	重力式挡土墙基础	钢筋工程	2015年5月25日	合格	合格	合格	合格	
3	边坡防护	钢筋混凝土格构护坡	2015年5月25日	合格	合格	合格	合格	
4	边坡防护	锚杆(索)张拉与封锚	2015年5月25日	合格	合格	合格	合格	
5	抗滑桩	抗滑桩桩身施工	2015年5月25日	合格	合格	合格	合格	
6	抗滑桩	钢筋工程	2015年5月25日	合格	合格	合格	合格	
监理检查意见	经核查关键工序记录，以上关键工序均合格，同意验收合格。 总监理工程师：李×× 2015年5月25日							

说明：

1. 关键工序质量验收应由总监理工程师组织施工项目技术负责人及建设单位，设计单位有关专业设计负责人等进行验收，并按表中道路工程关键工序质量验收汇总记录表。关键工序质量验收汇总由总监理工程师负责。

2. 单位工程质量验收合格应符合下列规定：

(1)所含分部工程的质量均应验收合格；

(2)施工质量保证资料应完整；

(3)所含分部工程中关键工序验收资料应完整；

(4)对实体量测的抽查结果应符合相关规范规定要求；

(5)外观质量验收应符合要求。

附表4.3　市政工程边坡及挡护结构施工单位(子单位)工程质量验收记录表

编号：

工程名称	上海路立交桥工程K1+100~K1+500边坡工程		合同造价	212万元	
施工单位	重庆××市政公司	项目经理	李××	技术责任人	张××
开工日期	2015年2月1日		验收日期	2015年3月1日	
序号	项目	验收记录		验收结论	
1	分部工程	共有16个分部,经查符合标准及设计要求16个分部。		经各专业分部工程验收,工程质量符合验收标准,同意验收。	
2	质量保证资料核查	共21项,经审查符合要求21项。		质量控制资料经核查共35项,均符合设计和相关规范要求,同意验收。	
3	关键工序验收	共12项,经验收符合要求12项,验收文件24份。		符合相关规范要求,合格。	
4	外观质量验收	符合外观质量要求。		符合验收规范要求。	
5	监测点	24(见隧道监控量测要求设)。		符合复合式衬砌隧道现场施工监控量测项目及要求。	
6	存在的质量缺陷和问题	共0项,整改完成时间限　年　月　日前。		符合规范要求。	
7	综合验收结论	符合规范要求。		合格。	
参加验收单位	建设单位	设计单位	勘察单位	监理单位	施工单位
	(公章) 单位(项目)负责人 2015年3月8日	(公章) 项目负责人 2015年3月8日	(公章) 项目负责人 2015年3月8日	(公章) 总监理工程师 2015年3月8日	(公章) 单位(项目)负责人 2015年3月8日

说明:本表用于单位(子单位)工程质量竣工验收。

1. “分部工程”:由施工单位的项目经理组织有关人员逐个分部(子分部)进行检查评定。注明共验收几个分部,经验收符合标准及设计要求的几个分部。审查验收的分部工程全部符合要求,由监理单位在验收结论栏内写上“同意验收”的结论。

2. “质量保证资料核查”:先由施工单位检查合格,再提交监理单位验收。将各子分部工程审查的资料逐项进行统计,填入验收记录栏内。由总监理工程师或建设单位项目负责人组织审查符合要求后,在验收记录栏格内填写项数。在验收结论栏内写上“同意验收”的意见。同时在单位(子单位)工程质量竣工验收记录表中的序号2栏内的验收结论栏内填“同意验收”。

3. “关键工序验收”:一是在分部(子分部)进行了安全和功能检测的项目,要核查其检测报告结论是否符合设计要求。二是在单位工程进行的安全和功能抽测报告的结论是否达到设计要求及规范规定,由施工单位检查评定合格,再提交验收,由总监理工程师或建设单位项目负责人组织审查,按项目逐个进行核查验收。然后统计核查的项数和抽查的项数,填入验收记录栏,并分别统计符合要求的项数,分别填入验收记录栏相应的空档内。由总监理工程师或建设单位项目负责人在验收结论栏内填写“同意验收”的结论。如果返工处理后仍达不到设计要求,就要按不合格处理程序进行处理。

4. “外观质量验收”:按核查的项目数及符合要求的项目数填写在验收记录栏内,如果没有影响结构安全和使用功能的项目，由总监理工程师或建设单位项目负责人为主导意见，评价好、一般、差，则不论评价为好、一般、差的项目，都可作为符合要求的项目。由总监理工程师或建设单位项目负责人在验收结论栏内填写“同意验收”的结论。如果有不符合要求的项目，就要按不合格处理程序进行处理。

5.“综合验收结论”：由项目经理组织有关人员对验收内容逐项进行查对，并将表格中应填写内容进行填写，自检评定符合要求后，在验收记录栏内填写各有关项数，交建设单位组织验收。验收时，在建设单位组织下，由建设单位相关专业人员及监理单位专业监理工程师和设计单位、施工单位相关人员分别核查验收有关项目，并由监理工程师组织进行现场观感质量检查。经各项目审查符合要求时，由监理单位或建设单位在“验收结论”栏内填写“同意验收”的意见。各栏均同意验收且经各参加检验方共同同意商定后，由建设单位填写“质量验收结论”，可填写为“通过验收”。

6.“参加验收单位”签名：设计单位、施工单位、监理单位、建设单位都同意验收时，其各单位的单位项目负责人要亲自签字，以示对工程质量的负责，并加盖单位公章，注明签字验收的年月日。

附表4.4 市政工程边坡及挡护结构施工单位(子单位)工程质量保证资料检查记录表

编号：

工程名称	上海路立交桥工程K1+100～K1+500边坡工程	施工单位	××城建公司	
			检查意见	
序号	资料名称	检查情况	合格	不合格
1	图纸会审、设计交底记录	图纸会审记录、变更齐全,有编号,手续及时完备;竣工图清晰完整,与实际相符。	合格	
2	基准点、控制点交桩及复核记录	基准点,控制点交桩记录齐全。	合格	
3	施工组织设计、施工方案及审批记录	施工组织设计方案可行,过程控制有效。	合格	
4	原材料、产品、半成品出厂合格证书及进场检验报告	1. 水泥、钢材、砂、石、砖等原材料、半成品合格证书及试验资料;2. 各种预制件合格证书及试验资料;3. 预应力张拉设备定期检验资料。	合格	
5	施工检测及见证检测报告	符合规范要求。	合格	
6	工程定位放样、复核记录	控制点、基准线、水准点的放复记录,有放必复。	合格	
7	施工技术交底记录	检查施工技术交底记录,符合规范要求。	合格	
8	施工记录	施工记录过程控制资料齐全。	合格	
9	关键工序验收记录	记录资料齐全、真实,抽查内容征求,参建各方签字手续齐备。	合格	
10	设计变更、工程洽商记录	洽商、记录、变更齐全,有编号,手续及时完备;竣工图清晰完整,与实际相符。	合格	
11	质量问题整改销项记录	报告、处理结案及时,有质监部门认可。	合格	
12	质量事故调查处理资料	完备,有效。	合格	
13	试验资料	完备,有合格证书与试验报告。	合格	
14	新材料、新工艺施工方案及记录	有质量目标、措施、落实情况、环保,文明施工安全,节约及专项方案设计,审批完备,设计交底,施工技术交底齐备等。	合格	
15	检验批、分项、分部质量验收记录	符合规范要求。	合格	
16	质量保证资料综合评价	好。	合格	

检查人:王×× 201×年×月×日

检查结论

核查以上质量保证资料,以上质量保证资料均合格,同意验收合格。

专业监理工程师:张××

2015年5月19日

总监理工程师:李××

2015年5月20日

说明:本表用于单位(子单位)工程质量保证资料核查。

总承包单位应将各分部、子分部工程应有的质量保证资料进行核查,图纸会审及变更记录,定位测量放线记录、施工操作依据,原材料、构配件等质量证书、按规定进行检验的检测报告、隐蔽工程验收记录、施工中有关施工试验、测试、检验等,以及抽样检测项目的检测报告等。其目的是强调工程结构、设备性能、使用功能方面主要技术性能的检验。

质量保证资料主要是判定其是否能够反映保证结构安全和主要使用功能是否达到设计要求,所以规定质量保证资料应完整。

“检查结论”由总监理工程师或建设单位项目负责人填写。

附表5 市政工程边坡及挡护结构施工单位(子单位)工程实体量测记录表

编号:

<table>
<tr><td colspan="2">工程名称</td><td colspan="3">上海路立交桥工程K1+100～K1+500</td><td>施工单位</td><td>山水城建</td></tr>
<tr><td colspan="2">抽查范围</td><td colspan="3">1#挡土墙(悬壁式扶壁式)</td><td>长度(m)</td><td>497</td></tr>
<tr><td rowspan="2">序号</td><td rowspan="2">量测项序号目</td><td rowspan="2">允许偏差</td><td colspan="2">抽查频率</td><td rowspan="2">点数</td><td rowspan="2">合格率(%)</td></tr>
<tr><td>范围</td><td>点数</td></tr>
<tr><td>1</td><td>墙身(压顶)断面尺寸(mm)</td><td colspan="3">不小于设计值,挡土墙墙身,12点。</td><td>12</td><td>100</td></tr>
<tr><td>2</td><td>扶壁间距(mm)</td><td colspan="3">±50,悬扶壁墙身,4点。</td><td>4</td><td>100</td></tr>
<tr><td>3</td><td>顶面(压顶顶面)高程(mm)</td><td colspan="3">±10,整个区间,12点。</td><td>12</td><td>100</td></tr>
<tr><td>4</td><td>轴线偏位(mm)</td><td colspan="3">30,全部,3点。</td><td>3</td><td>100</td></tr>
<tr><td>5</td><td>墙面垂直度</td><td colspan="3">0.3%H且≤20mm,区间全部,12点。</td><td>12</td><td>100</td></tr>
<tr><td>6</td><td>坡度(%)</td><td colspan="3">±0.5,区间全部,15点。</td><td>15</td><td>100</td></tr>
<tr><td>7</td><td>墙表面平整度(mm)</td><td colspan="3">10,坡面,全部,20点。</td><td>20</td><td>100</td></tr>
<tr><td>8</td><td>泄水孔尺寸(mm)</td><td colspan="3">不小于设计值,区间全部,14点。</td><td>14</td><td>100</td></tr>
<tr><td>9</td><td>伸缩缝、沉降缝位置(mm)</td><td colspan="3">±50,区间全部,所有伸缩缝、沉降缝12点。</td><td>12</td><td>100</td></tr>
<tr><td>10</td><td></td><td colspan="3"></td><td></td><td></td></tr>
<tr><td>11</td><td></td><td colspan="3"></td><td></td><td></td></tr>
<tr><td>12</td><td></td><td colspan="3"></td><td></td><td></td></tr>
<tr><td></td><td></td><td colspan="3"></td><td></td><td></td></tr>
<tr><td colspan="3">量测点数104</td><td colspan="3">合格点数104</td><td>平均合格率
100</td></tr>
<tr><td colspan="4">检查人:李××</td><td colspan="3">2015年4月20日</td></tr>
<tr><td>检查结论</td><td colspan="6">实体测量抽查项目符合验收规范规定及要求。
专业监理工程师:王×× 2015年5月2日
总监理工程师:张×× 2015年5月2日</td></tr>
</table>

说明:

1. 验收检查(抽查)记录由检查人员填写,检查结论由总监理工程师填写。

2. 单位工程应按下列原则进行划分:

(1)具有独立施工条件及使用功能的为一个单位工程;

(2)路面工程可以为一个或多个单位工程。

3. 单位工程质量验收合格应符合下列规定:

(1)所含分部工程的质量均应验收合格;

(2)施工质量保证资料应完整;

(3)所含分部工程中关键工序验收资料应完整;

(4)对实体量测的抽查结果应符合相关规范规定要求;

(5)外观质量验收应符合要求。

4. 城市道路边坡及挡护结构工程质量验收记录应符合下列规定：

(1)检验批质量验收可按规范进行；

(2)分项工程质量验收应按规范进行；

(3)分部工程及关键工序质量验收应按规范进行；

(4)单位工程质量验收：施工质量保证资料核查，实体量测的抽查，外观质量检查等按标准进行。

附表6　市政工程边坡及挡护结构施工单位(子单位)外观质量检查记录表

编号：

<table>
<tr><td colspan="2">工程名称</td><td></td><td>施工单位</td><td colspan="3"></td></tr>
<tr><td rowspan="2">序号</td><td rowspan="2">项目</td><td colspan="2" rowspan="2">抽查质量状况</td><td colspan="3">质量评价</td></tr>
<tr><td>好</td><td>一般</td><td>差</td></tr>
<tr><td>1</td><td>边坡总体</td><td colspan="2">边坡总体施工规范，监测措施到位。</td><td>好</td><td></td><td></td></tr>
<tr><td>2</td><td>总体防水</td><td colspan="2">防水措施符合规范要求。</td><td>好</td><td></td><td></td></tr>
<tr><td>3</td><td>边坡防护护坡网</td><td colspan="2">符合设计和施工规范要求。</td><td>好</td><td></td><td></td></tr>
<tr><td>4</td><td></td><td colspan="2"></td><td></td><td></td><td></td></tr>
<tr><td colspan="7">检查人：王××　　2015年5月21日</td></tr>
<tr><td>检查结论</td><td colspan="6">检查意见：
该工程外观质量检查符合相关规范要求，观感质量综合评价为“好”，同意验收。
总监理工程师(或建设项目负责人)：王××　　2015 年5月25日</td></tr>
</table>

说明：

1. 验收检查(抽查)记录由检查人员填写，检查结论由总监理工程师填写。

2. 单位工程质量验收合格应符合下列规定：

(1)所含分部工程的质量均应验收合格；

(2)施工质量保证资料应完整；

(3)所含分部工程中关键工序验收资料应完整；

(4)对实体量测的抽查结果应符合相关规范规定要求；

(5)外观质量验收应符合要求。

3. 城市道路边坡及挡护结构工程质量验收记录应符合下列规定：

(1)检验批质量验收可按规范相关规定进行；

(2)分项工程质量验收应按规范进行；

(3)分部工程及关键工序质量验收应按规范进行；

(4)单位工程质量验收：施工质量保证资料核查，实体量测的抽查，外观质量检查等按标准进行。

4. 观感质量检查不是单纯的外观检查，而是实地对工程的一个全面检查，核实质量控制资料，核查分项、分部工程验收的正确性，对在分项工程中不能检查的项目进行检查等。观感质量的验收方法和内容与分部、子分部工程的观感质量评价一样，评价时，要在现场由参加检查验收的监理工程师共同确定，并由总监理工程师签认，总监理工程师的意见应有主导性。“检查意见”由总监理工程师或建设单位项目负责人填写。

市政工程边坡工程土质边坡施工检验批检查记录

渝市政验收3-1-1

单位(子单位)工程名称	重庆市××坝区大学城环道K1+00～K1+500标段		
分部(子分部)工程名称	K1+00～K1+500标段道路重力式挡土墙		
分项工程名称	重力式挡土墙边坡开挖(土质)	验收部位	挡土墙
施工单位	重庆市××市政工程有限公司	项目经理	岳××
分包单位	××城建集团一分公司	负责人	赵××
施工执行标准名称及编号	重庆市《市政工程边坡及挡护结构施工质量验收规范》DBJ 50-126—2011		

	序号	施工质量验收规范的规定：检查项目	施工质量验收规范的规定：规定值或允许偏差	施工单位检查评定记录							监理单位验收记录
主控项目	1	坡面、坡线	符合设计要求	坡面稳定、平顺，边线顺直，表面无松土，符合规范要求。							符合规范要求。
	2	坡率	不陡于设计值	经纬仪测量，不陡于设计值，符合规范要求。							符合规范要求。
	3										
	4										
	5										
	6										
	7										
	8										
一般项目	1	坡脚线偏位(mm)	50	35	40	20	15	25	28	41	符合规范要求。
	2	平整度(mm)	100	45	55	35	70	65	50	40	符合规范要求。
	3										
	4										

施工员	张××	施工班组长	李××

施工单位检查评定结果	检查情况： 经检查，主控项目和一般项目均符合设计要求和重庆市《市政工程边坡及挡护结构施工质量验收规范》(DBJ 50-126—2011)规定，评定合格。 项目专职质量员：王×× 2015年5月20日
监理单位验收结论	验收意见： 同意施工单位评定结果，验收合格，同意进行下道工序施工。 专业监理工程师：黎×× 2015年5月20日

说明:

一般规定

1. 边坡开挖施工前应结合工程勘察设计文件、邻近建筑物和地下设施类型、分部及结构质量情况、工程设计图纸等,编制施工技术方案、环境保护措施。边坡首次开挖完成后,应经勘察、设计、建设、监理等单位验收合格后方可进行下一道工序。

2. 边坡开挖时,应做好坡顶、坡面防排水。土质边坡应尽量避免雨季施工,防止地质灾害发生;当必须在雨季施工时,应采取雨季施工措施。

3. 对土石方开挖后不稳定或欠稳定的边坡,应根据边坡的地质特征和可能发生的破坏等情况,采取自上而下、分层分段开挖,减少对边坡的扰动;土质边坡分层层高不宜超过1m,并按设计及时支护,宜采取逆作法或部分逆作法施工;严禁坡顶堆载。

4. 边坡开挖施工应进行检测,发现异常时,应立即停止施工,消除隐患,经批准后方可继续施工。检测、监控方法按本章监控量测规定表A、B执行。

5. 采用爆破法开挖施工前,施工单位应编制爆破施工技术方案,并报主管部门批准。施工时,应严格按照技术方案和《爆破安全规程》(GB 6722)的规定执行,不能影响邻近地上、地下建(构)筑物及设施的安全,并按相关产权单位的意见或规定实施爆破作业。爆破施工宜采用浅孔爆破法,边坡爆破开挖宜采用预裂爆破或光面爆破。

主控项目

1. 土质边坡坡面稳定、平顺,边线顺直,表面无松土,严禁出现反陂。检验数量:全数检查。检验方法:观察和测量。

2. 土质边坡陂率应不陡于设计值。检验数量:每20m抽查1处。检验方法:经纬仪测量。

一般项目

土质边坡基底高程、平面尺寸符合设计要求;土质边坡开挖允许偏差应符合下表的规定。

表　土质边坡开挖允许偏差

序号	检查项目	规定值或允许偏差	检查方法和频率
1	坡脚线偏位(mm)	50	经纬仪测:每20m测2点
2	平整度(mm)	100	直尺、塞尺量:每20m测1处

市政工程边坡工程岩质边坡施工检验批检查记录

渝市政验收 3-1-2

单位(子单位)工程名称		重庆市××区大学城环道K1+00～K1+500标段									
分部(子分部)工程名称		K1+00～K1+500标段道路重力式挡土墙									
分项工程名称		重力式挡土墙边坡开挖(岩质)			验收部位			挡土墙			
施工单位		重庆市××市政工程有限公司			项目经理			岳××			
分包单位		××城建集团一分公司			负责人			赵××			
施工执行标准名称及编号		重庆市《市政工程边坡及挡护结构施工质量验收规范》DBJ 50-126—2011									
	序号	施工质量验收规范的规定		施工单位检查评定记录							监理单位验收记录
		检查项目	规定值或允许偏差(mm)								
主控项目	1	坡面	符合设计要求	坡面稳定、平顺，边线顺直，表面无松土，符合规范要求。							符合规范要求。
	2	坡率	不陡于设计值	经纬仪测量，不陡于设计值，符合规范要求。							符合规范要求。
	3										
	4										
	5										
	6										
	7										
	8										
一般项目	1	基底高程、平面尺寸	符合设计要求	经纬仪、直尺、塞尺测量，符合规范要求。							符合规范要求。
	2	坡脚线偏位	50	35	40	20	15	25	28	41	符合规范要求。
	3	平整度	150	45	55	35	70	65	50	40	符合规范要求。
	4	炮孔痕迹保存率	≥50%	不小于50%，符合规范要求。							符合规范要求。
	5	振动效应监测，质点振动速度	符合设计要求	符合设计要求。							符合规范要求。
	施工员		张××	施工班组长				李××			
施工单位检查评定结果	检查情况： 经检查，主控项目和一般项目均符合设计要求和重庆市《市政工程边坡及挡护结构施工质量验收规范》(DBJ 50-126—2011)规定，评定合格。 项目专职质量员：王×× 2015年5月20日										
监理单位验收结论	验收意见： 同意施工单位评定结果，验收合格，同意进行下道工序施工。 专业监理工程师：黎×× 2015年5月20日										

说明:

一般规定

1. 边坡开挖施工前应结合工程勘察设计文件、邻近建筑物和地下设施类型、分部及结构质量情况、工程设计图纸等,编制施工技术方案、环境保护措施。边坡首次开挖完成后,应经勘察、设计、建设、监理等单位验收合格后方可进行下一道工序。

2. 边坡开挖时,应做好坡顶、坡面防排水。土质边坡应尽量避免雨季施工,防止地质灾害发生;当必须在雨季施工时,应采取雨季施工措施。

3. 对土石方开挖后不稳定或欠稳定的边坡,应根据边坡的地质特征和可能发生的破坏等情况,采取自上而下、分层分段开挖,减少对边坡的扰动;土质边坡分层层高不宜超过1m,并按设计及时支护,宜采取逆作法或部分逆作法施工;严禁坡顶堆载。

4. 边坡开挖施工应进行检测,发现异常时,应立即停止施工,消除隐患,经批准后方可继续施工。检测、监控方法按本章监控量测规定表A、B执行。

5. 采用爆破法开挖施工前,施工单位应编制爆破施工技术方案,并报主管部门批准。施工时,应严格按照技术方案和《爆破安全规程》(GB 6722)的规定执行,不能影响邻近地上、地下建(构)筑物及设施的安全,并按相关产权单位的意见或规定实施爆破作业。爆破施工宜采用浅孔爆破法,边坡爆破开挖宜采用预裂爆破或光面爆破。

主控项目

1. 岩质边坡坡面应满足设计要求,并确保边坡稳定,无松石、险石。坡面平顺,线型顺直,严禁出现反陂。检验数量:全数检查。检验方法:观察和测量。

2. 岩质边坡坡率应不陡于设计值。检验数量:每20m抽查1处。检验方法:经纬仪测量。

一般项目

1. 岩质边坡基底高程、平面尺寸应符合设计要求;岩质边坡开挖允许偏差应符合表1的规定。

表1　岩质边坡开挖允许偏差

序号	检查项目	规定值或允许偏差	检查方法和频率
1	坡脚线偏位(mm)	50	经纬仪测:每20m测2点
2	平整度(mm)	100	直尺、塞尺量:每20m测1处

2. 预裂爆破或光面爆破边坡坡面上宜保留炮孔痕迹。残留炮孔痕迹保存率应不得小于50%。检验数量:采用浅孔时每开挖层每30m检查2组炮孔,每组随机选10个连续炮孔,不足30m的检查1组炮孔;采用深孔时每开挖层每60m检查2组炮孔,每组随机选10个连续炮孔,不足60m的检查1组炮孔。检验方法:观察、尺量。

3. 岩质边坡开挖采用浅孔梯段爆破时,应采取防振动、防飞石、防空气冲击波(或噪声)措施。

(1)邻近设计标高时,孔底宜设置在同一高程,其误差小于±300mm。检验频率:每20m测量1个断面,不足20m测量1个断面。检验方法:观察、尺量、水准仪测量。

(2)无爆破飞石,空气冲击波(或噪音)小,必要时应监测爆破振动效应。检验频率:与爆破同时进行。检验方法:观察、振动监测。

4. 距离建筑物、构筑物较近时,宜对爆破引起的振动效应采取监测措施,质点振动速度应符合设计要求,当设计无要求时应符合表2的规定。检验数量:全部炮次。检验方法:振动检测仪测量。

表2 质点安全振速表

序号	检查项目	规定值或允许偏差(cm/s)	检查方法和频率
1	土窑洞、土胚房、毛石房屋	0.5~1.5	采用爆破振动检测仪进行检测,检测工作于爆破同步进行。
2	一般砖房、非抗震的大型砌块建筑物	2.0~3.0	
3	钢筋混凝土结构房屋	3.0~5.0	
4	石油、天然气管道	2.5	
5	一般古建筑物与古迹	0.1~0.5	
6	边坡面	10	
7	交通隧道	10~20	
8	排水洞基础或壁面	10	
9	输水洞竖井基础或壁面	10	
10	已灌浆部位	1.2~1.5	
11	已锚固部位	1.2~1.5	
12	新浇大体积混凝土 龄期:初凝~3d	2.0~3.0	
	新浇大体积混凝土 龄期:3~7d	3.0~7.0	
	新浇大体积混凝土 龄期:7~28d	7.0~12.0	
*省级以上(含省级)重点保护古建筑与古迹的安全允许振速,应经专家论证选取,报相应文物管理部门批准。			

市政工程边坡及挡护结构重力式挡土墙明挖基坑、基槽施工检验批质量验收记录表

渝市政验收3-1-3

<table>
<tr><td colspan="4">单位（子单位）工程名称</td><td colspan="10">重庆市××区大学城环道K1+00～K1+500标段</td></tr>
<tr><td colspan="4">分部（子分部）工程名称</td><td colspan="10">K1+00～K1+500标段道路重力式挡土墙</td></tr>
<tr><td colspan="4">分项工程名称</td><td colspan="3">重力式挡土墙明挖基坑、基槽</td><td colspan="5">验收部位</td><td colspan="2">挡土墙</td></tr>
<tr><td colspan="3">施工单位</td><td colspan="4">重庆市××市政工程有限公司</td><td colspan="5">项目经理</td><td colspan="2">岳××</td></tr>
<tr><td colspan="3">分包单位</td><td colspan="4">××城建集团一分公司</td><td colspan="5">负责人</td><td colspan="2">赵××</td></tr>
<tr><td colspan="5">施工执行标准名称及编号</td><td colspan="9">重庆市《市政工程边坡及挡护结构施工质量验收规范》DBJ 50-126—2011</td></tr>
<tr><td rowspan="2"></td><td rowspan="2">序号</td><td colspan="2">施工质量验收规范的规定</td><td colspan="7" rowspan="2">施工单位检查评定记录</td><td rowspan="2">监理单位验收记录</td></tr>
<tr><td>检查项目</td><td>规定值或允许偏差（mm）</td></tr>
<tr><td rowspan="8">主控项目</td><td>1</td><td>地基承载力、埋置深度</td><td>符合设计要求</td><td colspan="7">基槽隐蔽验收记录，符合规范要求。</td><td>符合规范要求。</td></tr>
<tr><td>2</td><td>台阶形坑底、台面与阶壁</td><td>符合规范规定</td><td colspan="7">台阶形坑底完整无损伤，台面与阶壁平顺。</td><td>符合规范要求。</td></tr>
<tr><td>3</td><td></td><td></td><td colspan="7"></td><td></td></tr>
<tr><td>4</td><td></td><td></td><td colspan="7"></td><td></td></tr>
<tr><td>5</td><td></td><td></td><td colspan="7"></td><td></td></tr>
<tr><td>6</td><td></td><td></td><td colspan="7"></td><td></td></tr>
<tr><td>7</td><td></td><td></td><td colspan="7"></td><td></td></tr>
<tr><td>8</td><td></td><td></td><td colspan="7"></td><td></td></tr>
<tr><td rowspan="5">一般项目</td><td>1</td><td>基底高程</td><td>0，-50</td><td>-15</td><td>-20</td><td>-12</td><td>-32</td><td>-25</td><td>-18</td><td>-20</td><td>符合规范要求。</td></tr>
<tr><td>2</td><td>长度、宽度</td><td>不小于设计值</td><td>√</td><td>√</td><td>√</td><td>√</td><td>√</td><td>√</td><td>√</td><td>符合规范要求。</td></tr>
<tr><td>3</td><td>轴线偏位</td><td>50</td><td>20</td><td>45</td><td>32</td><td>25</td><td>20</td><td>32</td><td>40</td><td>符合规范要求。</td></tr>
<tr><td>4</td><td>斜面基底坡率（%）</td><td>±1</td><td>0.1</td><td>0.6</td><td>0.7</td><td>-0.5</td><td>0.8</td><td>0.9</td><td>-0.5</td><td>符合规范要求。</td></tr>
<tr><td>5</td><td>台阶尺寸</td><td>±100</td><td>50</td><td>60</td><td>-40</td><td>70</td><td>60</td><td>-55</td><td>40</td><td>符合规范要求。</td></tr>
<tr><td colspan="2" rowspan="2">施工单位检查评定结果</td><td>施工员</td><td>张××</td><td colspan="4">施工班组长</td><td colspan="4">李××</td></tr>
<tr><td colspan="10">检查情况：
经检查，主控项目和一般项目均符合设计要求和重庆市《市政工程边坡及挡护结构施工质量验收规范》（DBJ 50-126—2011）规定，评定合格。
项目专职质量员：王××
2015年5月20日</td></tr>
<tr><td colspan="2">监理单位验收结论</td><td colspan="10">验收意见：
同意施工单位评定结果，验收合格，同意进行下道工序施工。
专业监理工程师：黎××
2015年5月20日</td></tr>
</table>

说明:

主控项目

1. 地基承载力、埋置深度应符合设计要求。检验数量:全数检查。每一变形缝段检查1组,当每一变形缝段内地质条件发生变化时,检验数量应至少增加1组。检测数量:按照现行国家、行业地基检测标准执行。检验方法:检查检验报告,基坑、基槽隐蔽验收记录。

2. 台阶形坑底应完整无损伤,台面与阶壁应平顺. 斜面地基应平整、无贴补。检验数量:全数检查。检验方法:观察,检查基坑、基槽隐蔽验收记录。

一般项目

基坑、基槽各部尺寸验收标准,应符合下表的规定。

表　基槽开挖允许偏差表

序号	检查项目	规定值或允许偏差	检查方法和频率
1	基底高程(mm)	0,-50	水准仪:每一变形缝段测3点
2	长度、宽度(mm)	不小于设计	用钢尺量:基坑长、宽各2点
3	轴线偏位(mm)	50	经纬仪:纵横各测量2点
4	斜面基底坡率(%)	±1	水准仪:每一变形缝段测3点
5	台阶尺寸(mm)	±100	尺量:每台阶测3点

市政工程边坡及挡护结构重力式挡土墙钢筋工程检验批质量验收记录表

渝市政验收3-1-4

单位（子单位）工程名称	重庆市××区大学城环道K1+00～K1+500标段		
分部（子分部）工程名称	K1+00～K1+500标段道路重力式挡土墙		
分项工程名称	重力式挡土墙钢筋工程	验收部位	材料
施工单位	重庆市××市政工程有限公司	项目经理	岳××
分包单位	××城建集团一分公司	负责人	赵××
施工执行标准名称及编号	重庆市《市政工程边坡及挡护结构施工质量验收规范》DBJ 50-126—2011		

	序号	施工质量验收规范的规定：检查项目	规定值或允许偏差（mm）	施工单位检查评定记录							监理单位验收记录
主控项目	1	钢筋、继续连接器、焊条等品种、规格和技术性能	符合设计及国家、行业标准规定	检查产品合格证、出厂检验报告、进场复验力学性能试验报告，品种规格性能符合规范要求。							符合规范要求。
	2	受力钢筋连接方式、钢筋接头位置、同一截面的接头数量、搭接长度	符合设计及国家、行业标准规定	查接头力学性能试验报告及隐蔽验收记录，符合规范要求。							符合规范要求。
	3	钢筋品种、级别、规格、数量、形状及锚固	符合设计及国家、行业标准规定	查隐蔽验收记录，材料试验报告，符合规范要求。							符合规范要求。
	1	钢筋加工：受力钢筋顺长度方向加工后的全长	±10	−5	−9	2	8	3	6	4	符合规范要求。
	2	钢筋加工：弯起钢筋各部分尺寸	±20	12	15	−18	−20	16	18	−8	符合规范要求。
	3	钢筋加工：箍筋、螺旋筋各部分尺寸	±5	1	−2	−4	3	2	−4	−3	符合规范要求。
	4	钢筋计钢筋网安装成型：受力钢筋间距：两排以上排距	±5	2	−2	−4	3	2	−4	−3	符合规范要求。
		受力钢筋间距：同排：梁、板	±10	−5	−9	−3	8	3	6	4	
		受力钢筋间距：同排：基础、柱、墙身	±20	12	15	−18	−20	16	18	8	
		受力钢筋间距：灌注桩	±20	−9	15	−18	−20	16	18	8	
	5	箍筋、横向水平钢筋、螺旋筋间距	±10	−5	8	2	−6	3	6	4	符合规范要求。
	6	钢筋骨架尺寸：长	±10	−5	5	2	8	−3	6	4	符合规范要求。
		钢筋骨架尺寸：宽、高或直径	±5	3	−2	2	3	2	−4	−3	
	7	弯起钢筋位置	±20	12	15	−18	−20	16	18	8	符合规范要求。
	8	保护层厚度：肋板、面板	±3	1	−2	2	1	−2	1	−1	符合规范要求。
		保护层厚度：柱、梁、墙身	±5	3	−2	2	3	2	1	−3	
		保护层厚度：基础	±10	5	−9	2	8	3	6	4	
	9	钢筋网：网的长、宽	±10	−5	8	2	−8	3	6	4	符合规范要求。
		钢筋网：网眼尺寸	±10	6	−9	2	8	−3	6	4	
		钢筋网：对角线差	15	12	5	8	3	9	6	4	

施工员	李××	施工班组长	张××
施工单位 检查评定结果	检查情况： 经检查，主控项目和一般项目均符合设计要求和重庆市《市政工程边坡及挡护结构施工质量验收规范》(DBJ 50-126-2011)规定，评定合格。 项目专职质量员：王×× 2015年5月20日		
监理单位 验收结论	验收意见： 同意施工单位评定结果，验收合格，同意进行下道工序施工。 专业监理工程师：黎×× 2015年5月20日		

说明：

主控项目

1. 钢筋、机械连接器、焊条等品种、规格和技术性能应符合设计及现行国家、行业标准的规定。检验数量：按表1执行。

表1 原材料检验取样规定

序号	样品名称	取样规定
1	钢筋	每批应由同一牌号、同一炉罐号、同一尺寸的钢筋、质量不大于60T组成，每批取1组
2	型钢	每批应由同一强度代号(牌号)、同一炉罐号、同一尺寸的钢筋、质量不大于60T组成，每批取1组
3	钢绞线	每批由同强度代号(牌号)、同一规格、同一生产工艺、质量不大于60T组成，每批取1组
4	钢材接头	(1)焊接接头抽样批的组成：接头的现场检验按抽样批进行。在同一台班内，由同一焊工完成的300个同级别、同直径钢筋焊接接头作为一抽样批。当同一台班内焊接的接头数量较少，可在一周内累计计算，累计仍不足300个接头，应按一抽样批计算，每批取1组； (2)钢筋剥肋滚轧连接接头抽样批的组成：按同等级、同型号、同规格的接头，以300个为一批，不足300个也作为一抽样批，每批取1组； (3)机械连接接头抽样批的组成：接头的现场检验按抽样批进行。同一施工条件下的同一批材料的同等级、同规格、同型式接头，以500个为一个抽样批进行检验和验收，不足500个也作为一个抽样批，每批取1组。
5	锚具	每批应由同种材料、同规格、同一生产工艺条件下，锚夹具应以不超过1000套组成，连接器以不超过500套组组成；锚每批取5%且不少于5套；夹片每批取5%，多孔式锚具夹片每套至少5片。
6	水泥	每批应由同一生产厂、同品种、同强度等级、同批号且连续进厂的，袋装不超过200T安装不超过200m³组成，每批取1组。
7	砂、石	每批应按同产地、同规格分批验收，机械生产的按不超过400m³或600T组成；人工生产的按不超过200m³或300T组成，每批取1组。
8	粉煤灰	每批应由相同等级、相同种类、出厂编号、连续供应的不超过200T组成，每批取1组。
9	外加剂	当掺量大于或等于1%时，应有同品种的外加剂不超过100T组成；当掺量小于1%时，应由同种的外加剂不超过50T组成，每批取1组。

检验方法：检查产品合格证、出厂检验报告、进场复验力学性能试验报告。

2. 受力钢筋的链接方式、钢筋接头位置、同一截面的接头数量、搭接长度应符合设计及现行国家、行业标准的规定。检验数量：全数检查。检验方法：观察，检查接头力学性能试验报告、隐蔽验收记录。

3. 钢筋安装时，其品种、级别、规格、数量、形状及锚固等应符合设计及现行国家、行业标准的规定。检验数量：全数检查。检验方法：观察，检查隐蔽验收记录。

一般项目

1. 箍筋、螺旋钢筋、钢筋网等安装尺寸、位置应符合设计要求。检验数量:详见表3。检验方法:观察、尺量。

2. 钢筋应平直、无损伤,表面不得有裂纹、油污、颗粒状或片状老锈。检验数量:进场时和使用前全数检查。检验方法:观察。

3. 钢筋加工的形状、尺寸应符合设计要求,其偏差应符合表2的规定。检验数量:按每工作班同一类型钢筋、同一加工设备抽查不应少于3件。检验方法:钢尺检查。

表2　钢筋加工的允许偏差

序号	检查项目	规定值或允许偏差	检查方法和频率
1	受力钢筋顺长度向加工后的全长(mm)	±10	钢尺检查,按每工作日同一类型钢筋、同一加工设备抽查3件
2	弯起钢筋各部分尺寸(mm)	±20	
3	箍筋、螺旋筋各部分尺寸(mm)	±5	

4. 在施工现场,应对钢筋机械连接接头、焊接接头、绑扎接头的外观进行检查,其质量应符合设计及现行国家、行业标准的规定。检验数量:全数检查。检验方法:观察。

5. 预制钢筋骨架必须具有足够的刚度和稳定性,钢筋网焊接应符合设计规定及规范要求。钢筋安装位置的偏差应符合表3的规定。检验数量:在同一检验批内,对挡护结构,应按有代表性的自然间抽查10%,且不少于3件。

表3　钢筋及钢筋网安装成型允许偏差和检验方法

序号	检查项目			规定值或允许偏差	检查方法和频率
1	受力钢筋间距	两排以上排距		±5	尺量:每构件检查2个断面
		同排	梁、板(mm)	±10	
			基础、柱子、墙身(mm)	±20	
			灌注桩(mm)	±20	
2	箍筋、横向水平钢筋、螺旋筋间距(mm)			±10	钢尺量:每构件检查5~10个间距
3	钢筋骨架尺寸	长(mm)		±10	尺量:按骨架总数的30%抽查
		宽、高或直径(mm)		±5	
4	弯起钢筋位置(mm)			±20	尺量:每构件沿模板周边检查8处
5	保护层厚度	肋板、面板(mm)		±3	尺量:每构件沿模板周边检查8处
		柱、梁、墙身(mm)		±5	
		基础(mm)		±10	
6	钢筋网	网的长、宽(mm)		±10	尺量:全部
		网眼尺寸(mm)		±10	尺量:每50m²检查3个网眼
		对角线差(mm)		15	尺量:每50m²检查3个网眼对角线

市政工程边坡及挡护结构重力式挡土墙模板工程检验批质量验收记录表

渝市政验收3-1-5

单位(子单位)工程名称	重庆市××区大学城环道K1+00～K1+500标段		
分部(子分部)工程名称	K1+00～K1+500标段道路重力式挡土墙		
分项工程名称	重力式挡土墙模板工程	验收部位	模板材料
施工单位	重庆市××市政工程有限公司	项目经理	岳××
分包单位	××城建集团一分公司	负责人	赵××
施工执行标准名称及编号	重庆市《市政工程边坡及挡护结构施工质量验收规范》DBJ 50-126—2011		

	序号	施工质量验收规范的规定：检查项目		施工质量验收规范的规定：规定值或允许偏差(mm)	施工单位检查评定记录							监理单位验收记录
主控项目	1	模板、支架的材质、品种、规格		符合施工方案的规定	符合施工方案要求。							符合规范要求。
	2	模板、支架制作及安装		符合施工技术方案规定	稳固牢靠，接缝严密，浇筑混凝土前，已对模板工程进行验收。							符合规范要求。
	3											
	4											
	5											
	6											
	7											
	8											
一般项目	1	模板安装	平面位置	±5	-1	-2	2	3	-2	4	1	符合规范要求。
	2		标高	±5	-2	2	3	-2	4	1	3	符合规范要求。
	3		表面平整度	±5	-2	2	4	-2	4	1	2	符合规范要求。
	4	预埋件、预留孔和预留洞		符合设计要求	预埋件、预留孔和预留洞均无遗漏，预埋位置符合设计要求。							符合规范要求。

施工单位检查评定结果	施工员	李××	施工班组长	张××
	检查情况： 经检查，主控项目和一般项目均符合设计要求和重庆市《市政工程边坡及挡护结构施工质量验收规范》(DBJ 50-126—2011)规定，评定合格。 项目专职质量员：王×× 2015年5月20日			
监理单位验收结论	验收意见： 同意施工单位评定结果，验收合格，同意进行下道工序施工。 专业监理工程师：黎×× 2015年5月20日			

说明:

主控项目

1. 模板、支架的材质、品种、规格应符合施工方案设计的规定。检验数量:按施工方案检查。检验方法:观察、尺量。

2. 模板、支架的制作及安装应符合施工技术方案的规定,且稳固牢靠,接缝严密,浇筑混凝土之前,应对模板工程进行验收。检验数量:全数检查。检验方法:观察、尺量,检查验收记录。

一般项目

模板安装的偏差应符合下表的规定。检验数量:全数检查。检验方法:观察、尺量。

表　模板安装的允许偏差及检验方法

序号	项目	允许偏差	检查方法
1	平面位置(mm)	±5	钢尺检查
2	标高(mm)	±5	水准仪或拉线、钢尺检查
3	表面平整度(mm)	±5	2m靠尺和塞尺检查

固定在模板上的预埋件、预留孔和预留洞均无遗漏,且预埋位置应符合设计要求、安装牢固。检验数量:全数检查。检验方法:观察、尺量。

市政工程边坡及挡护结构重力式挡土墙扩大基础施工检验批质量验收记录表

渝市政验收3-1-6

单位(子单位)工程名称	重庆市××区大学城环道K1+00～K1+500标段		
分部(子分部)工程名称	K1+00～K1+500标段道路重力式挡土墙		
分项工程名称	重力式挡土墙扩大基础	验收部位	基础
施工单位	重庆市××市政工程有限公司	项目经理	岳××
分包单位	××城建集团一分公司	负责人	赵××
施工执行标准名称及编号	重庆市《市政工程边坡及挡护结构施工质量验收规范》DBJ 50-126—2011		

	序号	施工质量验收规范的规定 检查项目	规定值或允许偏差(mm)	施工单位检查评定记录							监理单位验收记录
主控项目	1	混凝土、砂浆材料质量	符合设计及标准规定	检查产品合格证、出厂检验报告和进场复验报告，材料质量符合要求。							符合规范要求。
	2	混凝土、砂浆配合比	满足设计及标准规定	查施工记录、试件检测报告及评定报告，符合标准要求。							符合规范要求。
	3	原材料计量		计量符合国家标准。							符合规范要求。
	4	基础砌筑所用料石	符合设计要求	检查产品合格证、出厂检验报告和进场复验报告，石料符合设计要求。							符合规范要求。
	5	沉降缝(伸缩缝)的缝宽及塞缝材料	符合设计要求	缝宽及塞缝材料符合设计要求和规范规定。							符合规范要求。
	6										
	7										
	8										
一般项目	1	砌石勾缝	符合规范规定	坚固、无脱落，交接处平顺，宽度、深度应均匀。							符合规范要求。
	2	顶面高程	±20	15	-12	18	10	-15	16	9	符合规范要求。
	3	长度、宽度	±50	32	40	-20	22	26	-12	15	符合规范要求。
	4	轴线偏位	30	20	15	12	18	20	15	16	符合规范要求。
	5	伸缩缝、沉降缝位置	±50	-18	32	40	-20	22	26	-12	符合规范要求。

	施工员	张××	施工班组长	乔××
施工单位检查评定结果	检查情况： 经检查，主控项目和一般项目均符合设计要求和重庆市《市政工程边坡及挡护结构施工质量验收规范》(DBJ 50-126—2011)规定，评定合格。 项目专职质量员：王×× 2015年5月20日			
监理单位验收结论	验收意见： 同意施工单位评定结果，验收合格，同意进行下道工序施工。 专业监理工程师：黎×× 2015年5月20日			

说明:

主控项目

1. 基础砌筑砂浆所用材料的质量、配合比、计量、强度评定分别按相关规范规定执行:

(1)锚杆(索)锚固段注浆(砂浆)所用的水泥、细骨料、矿物、外加剂等主要材料的质量,必须符合设计及现行国家、行业标准的规定。检验数量:按相关规定执行。检验方法:检查产品合格证、出厂检验报告和进场复验报告。

(2)锚杆(索)锚固段注浆(砂浆)配合比必须满足设计及现行国家、行业标准的规定。检验数量:全数检查。检验方法:检查配合比设计资料。

(3)锚杆(索)锚固段注浆(砂浆)原材料应计量准确,注浆的拌制、灌注应符合施工技术方案的要求。检验数量:全数检查。检验方法:观察,检查施工记录。

(4)锚杆(索)锚固段注浆(砂浆)强度应符合设计要求,其取样数量及强度评定方法按相关规范规定执行。检验数量:按规范执行。检验方法:检查施工记录、试件检测报告及评定报告。

2. 基础砌筑所用石料应符合设计要求及现行国家、行业标准的规定。检验数量:不超过400m³检验1组。检验方法:检查产品合格证、出厂检验报告和进场复验报告。

3. 基础混凝土材料的质量、配合比、计量、强度评定分别按相关规范规定执行。

4. 沉降缝(伸缩缝)的缝宽及塞缝材料应符合设计要求。检验数量:全数检查。检验方法:观察、尺量。

一般项目

1. 砌石勾缝应坚固、无脱落,交接处应平顺,宽度、深度应均匀。检验数量:全数检查。检验方法:观察。

2. 扩大基础各部尺寸验收标准,应符合下表的规定。

表　扩大基础允许偏差

序号	检查项目	规定值或允许偏差	检查方法和频率
1	顶面高程(mm)	±20	水准仪:每一缝段测3点
2	长度、宽度(mm)	±50	用钢尺量:基坑长、宽各2点, 基槽每变形缝段宽3点
3	轴线偏位(mm)	30	经纬仪:纵、横各测量2点
4	伸缩缝、沉降缝位置(mm)	±50	尺量:每一段缝测量3点

市政工程边坡及挡护结构重力式挡土墙桩基础施工检验批质量验收记录表

渝市政验收3-1-7

单位(子单位)工程名称			重庆市××区大学城环道K1+00—K1+500标段							
分部(子分部)工程名称			K1+00—K1+500标段道路重力式挡土墙							
分项工程名称			重力式挡土墙桩基础		验收部位			基础		
施工单位		重庆市××市政工程有限公司			项目经理			岳××		
分包单位		××城建集团一分公司			负责人			赵××		
施工执行标准名称及编号			重庆市《市政工程边坡及挡护结构施工质量验收规范》DBJ 50-126—2011							
	序号	施工质量验收规范的规定		施工单位检查评定记录						监理单位验收记录
		检查项目	规定值或允许偏差(mm)							
主控项目	1	桩基孔位、孔径、孔深、嵌岩深度和沉淀层	符合设计要求	观察、尺量,查隐蔽验收记录确认满足设计及现行国家、行业标准的规定后,浇注混凝土。						符合规范要求。
主控项目	2	挖孔桩底持力层岩体的单轴抗压强度	符合设计要求	检查施工记录、检查检验报告。						符合规范要求。
主控项目	3	钻孔桩桩底持力层承载力	符合设计要求	桩底地基承载力,符合规范要求。						符合规范要求。
主控项目	4	混凝土材料质量、配合比、计量、强度	符合设计要求及标准规定	检查施工记录、试件检测报告及评定报告,符合规范要求。						符合规范要求。
主控项目	5	混凝土灌注	符合规范规定	灌注完整,无夹层和断桩。						符合规范要求。
主控项目	6									
一般项目	1	外观质量	符合规范规定	无质量缺陷。						符合规范要求。
一般项目	2	桩位	50	25	32	25	23	45	20	22	符合规范要求。
一般项目	3	孔深	不小于设计值	√	√	√	√	√	√	√	符合规范要求。
一般项目	4	孔径	不小于设计值	√	√	√	√	√	√	√	符合规范要求。
一般项目	5	孔倾斜度	1	0.2	0.6	0.5	0.8	0.8	0.9	0.5	符合规范要求。
一般项目	6	钻孔桩沉淀厚度	50	32	25	23	45	20	22	18	符合规范要求。
一般项目	7	钢筋骨架底面高程	±50	25	-23	45	-20	22	-18	28	符合规范要求。
	施工员		张××		施工班组长			杨××		
施工单位检查评定结果	检查情况: 经检查,主控项目和一般项目均符合设计要求和重庆市《市政工程边坡及挡护结构施工质量验收规范》(DBJ 50-126—2011)规定,评定合格。 项目专职质量员:王×× 2015年5月20日									
监理单位验收结论	验收意见: 同意施工单位评定结果,验收合格,同意进行下道工序施工。 专业监理工程师:黎×× 2015年5月20日									

说明:

主控项目

1. 桩基成孔后应及时清孔,测量孔位、孔径、孔深、嵌岩深度和沉淀层厚度,确认满足设计及现行国家、行业标准的规定后,方可浇注混凝土。检验数量:全数检查。检验方法:观察、尺量,查隐蔽验收记录。

2. 桩底地基承载力应符合设计要求。检验数量:全数检查。挖孔桩每一桩检查1组,钻孔桩每一桩检查1次。检测数量按照现行国家、行业地基检测标准执行。检验方法:检查施工记录、检查检验报告。

3. 桩基混凝土材料的质量、配合比、计量、强度评定:

(1)混凝土所使用的水泥、粗细骨料、外加(掺)剂等主要材料的质量,必须符合设计及现行国家、行业标准的规定。检验数量:按重庆市《市政工程边坡及挡护结构施工质量验收规范》附录H执行。检验方法:检查产品合格证、出厂检验报告和进场复验报告。

(2)混凝土配合比必须满足设计及现行国家、行业标准的规定。检验数量:全数检查。检验方法:检查配合比设计资料。

(3)混凝土原材料应计量准确,混凝土的拌制、运输、浇筑(喷射)及间歇的全部时间应符合施工技术方案的要求。检验数量:全数检查。检验方法:观察,检查施工记录。

(4)结构构件的混凝土强度应符合设计要求,其取样数量及强度评定方法按规范规定执行。检验数量:按重庆市《市政工程边坡及挡护结构施工质量验收规范》附录I执行。检验方法:检查施工记录、试件检测报告及评定报告。

4. 桩基混凝土应在初凝时间内连续灌注完成,并保证灌注的完整性,严禁有夹层和断桩。检验数量:全数检查。检验方法:低应变动力检测或声波透射法。

一般项目

1. 桩头预留的混凝土应凿除松散至密实部位。检验数量:全数检查。检验方法:观察。

2. 桩基露出地面部分的混凝土结构外观质量:混凝土结构的外观质量不应有严重缺陷、不宜有一般缺陷,对已经出现的缺陷,应由施工单位提出技术处理方案,并经设计单位确认后进行处理。对经处理的部位,应重新检查验收。检验数量:全数检查。检验方法:观察,检查技术处理方案。

3. 桩基础各部尺寸验收标准,应符合下表的规定。

表 桩基础允许偏差

序号	检查项目	规定值或允许偏差	检查方法和频率
1	桩位(mm)	50	全站仪或经纬仪:每桩检查2点
2	孔深(mm)	不小于设计	测绳量:每桩测量3点
3	孔径(mm)	不小于设计	钻孔桩采用探孔器挖孔桩采用尺量: 每桩测量3个断面,每个断面2点
4	孔倾斜度(%)	1	垂线法:每桩检查3点
5	钻孔桩沉淀厚度(mm)	50	沉淀盒或标准测锤:每桩检查2点
6	钢筋骨架地面高程(mm)	±50	水准仪测骨架顶面高程后反算:每桩检查1点

市政工程边坡及挡护结构重力式挡土墙砌体墙身施工检验批质量验收记录表

渝市政验收3-1-8

单位(子单位)工程名称	重庆市××区大学城环道K1+00～K1+500标段		
分部(子分部)工程名称	K1+00～K1+500标段道路重力式挡土墙		
分项工程名称	重力式挡土墙砌体墙身	验收部位	重力式挡土墙墙身
施工单位	重庆市××市政工程有限公司	项目经理	岳水池
分包单位	××城建集团一分公司	负责人	赵伟
施工执行标准名称及编号	重庆市《市政工程边坡及挡护结构施工质量验收规范》DBJ 50-126—2011		

	序号	施工质量验收规范的规定：检查项目	规定值或允许偏差(mm)：料石、预制块√	规定值或允许偏差(mm)：块石、片石、毛石	施工单位检查评定记录							监理单位验收记录
主控项目	1	砌体材料质量、配合比、计量、强度	符合设计要求及标准规定		查材料进场试验检测报告、混凝土试样，配合比、强度符合规范要求。							符合规范要求。
主控项目	2	砌筑所用石料	符合设计要求		检查产品合格证、出厂检验报告和进场复验报告，符合规范要求。							符合规范要求。
主控项目	3	砌块错缝(搭接)长度	≥150		160	200	180	220	210	200	180	符合规范要求。
主控项目	4											
主控项目	5											
一般项目	1	墙身、压顶断面尺寸	0,+20	不小于设计值	10	12	14	12	10	13	18	符合规范要求。
一般项目	2	压顶顶面高程	±10	±20	-5	-8	5	6	8	6	9	符合规范要求。
一般项目	3	轴线偏位	30	30	8	10	12	17	8	9	18	符合规范要求。
一般项目	4	墙面垂直度	0.3%H且≤20	0.5%H且≤30	√	√	√	√	√	√	√	符合规范要求。
一般项目	5	坡度(%)	±0.5		0.2	0.3	0.1	0.4	0.5	0.3	0.2	符合规范要求。
一般项目	6	墙表面平整度	10	30	4	8	9	7	6	5	4	符合规范要求。
一般项目	7	泄水孔尺寸	不小于设计值		√	√	√	√	√	√	√	符合规范要求。
一般项目	8	伸缩缝、沉降缝宽度	+20 0		15	15	15	15	15	15	15	符合规范要求。

施工员	张××	施工班组长	陈××
施工单位检查评定结果	检查情况： 经检查，主控项目和一般项目均符合设计要求和重庆市《市政工程边坡及挡护结构施工质量验收规范》(DBJ 50-126—2011)规定，评定合格。 项目专职质量员：王×× 2015年5月20日		
监理单位验收结论	验收意见： 同意施工单位评定结果，验收合格，同意进行下道工序施工。 专业监理工程师：黎×× 2015年5月20日		

说明：

主控项目

1. 墙身砌筑砂浆所用材料的质量、配合比、计量、强度评定分别按相关规范规定执行。

2. 墙身砌筑所用石料应符合设计要求及现行国家、行业标准的规定。检验数量：不超过400m^3检验1组。检验方法：检查产品合格证、出厂检验报告和进场复验报告。

3. 反滤层材料级配、粒径应符合设计要求，透水性良好。检验数量：全数检查。检验方法：观察。

4. 墙身砌筑施工中，排水系统、泄水孔、反滤层伸缩缝、沉降缝的设置位置、数量和尺寸应符合设计要求。检验数量：全数检查。检验方法：观察、尺量、隐蔽验收记录。

5. 砌筑砂浆应饱满。检验数量：全数检查。检验方法：观察。

一般项目

1. 砌体墙面应平整、整齐，外形美观，两端面与基础连接处应密贴。砌缝均匀，无开裂现象，勾缝密实均匀、平顺美观。检验数量：全数检查。检验方法：观察。

2. 沉降缝、伸缩缝整齐平直、上下贯通，缝宽不小于设计值。检验数量：全数检查。检验方法：观察、尺量。

3. 反滤层材料级配符合设计要求、透水性良好。泄水孔的位置应符合设计要求，孔坡向外，无堵塞现象。检验数量：全数检查。检验方法：观察。

4. 砌体墙身各部尺寸验收标准，应符合下表的规定。

表　砌体墙身允许偏差

序号	项目	规定值或允许偏差		检查方法和频率
1	墙身、压顶断面尺寸(mm)	0，+20	小于设计值	尺量：每一缝段测3个断面，每断面各2点
2	压顶顶面高程(mm)	±10	±20	水准仪测量：每一缝段测量3点
3	轴线偏位(mm)	30	30	经纬仪测量：每一缝段纵横各测量2点
4	墙面垂直度	0.3%H且≤20mm	0.5%H且≤30mm	垂线测量：每一缝段测量3点
5	坡度(%)	±0.5		垂线测量：每一缝段测量3点
6	墙表面平整度(mm)	10	30	直尺、塞尺：每一封端测量3点
7	泄水孔尺寸(mm)	不小于设计值		尺量：每一缝段测量3点
8	伸缩缝、沉降缝宽度(mm)	+20 0		尺量：每一缝段测量3点

市政工程边坡及挡护结构重力式挡土墙混凝土墙身施工检验批质量验收记录表

渝市政验收3-1-9

单位(子单位)工程名称			重庆市××区大学城环道K1+00～K1+500标段								
分部(子分部)工程名称			K1+00～K1+500标段道路重力式挡土墙								
分项工程名称			重力式挡土墙混凝土墙身		验收部位			1#重力式挡土墙墙身			
施工单位			重庆市××市政工程有限公司		项目经理			岳××			
分包单位			××城建集团一分公司		负责人			赵××			
施工执行标准名称及编号			重庆市《市政工程边坡及挡护结构施工质量验收规范》DBJ 50-126—2011								
	序号	施工质量验收规范的规定 检查项目	规定值或允许偏差(mm)	施工单位检查评定记录							监理单位验收记录
主控项目	1	砌体材料质量、配合比、计量、强度	符合设计要求及标准规定	材料进场试验检测报告、混凝土试样，配合比、强度符合规范要求。							符合规范要求。
	2	片石掺量、质量	符合设计要求，设计无要求时≤墙身混凝土体积的25%	掺量在要求范围内。							符合规范要求。
	3	排水系统、泄水孔、反滤层、伸缩缝、沉降缝	符合规范规定	位置、数量和尺寸应符合设计要求。							符合规范要求。
	4										
一般项目	1	混凝土工作性能、养护剂外观质量	符合规范要求	检查开盘验证资料和试件强度试验报告，质量无缺陷。							符合规范要求。
	2	墙身、压顶断面尺寸	不小于设计值	√	√	√	√	√	√	√	符合规范要求。
	3	压顶顶面高程	±10	-9	-8	5	8	9	7	6	符合规范要求。
	4	轴线偏位	30	12	25	28	20	16	14	17	符合规范要求。
	5	墙面垂直度	0.3%H且≤20	√	√	√	√	√	√	√	符合规范要求。
	6	坡度(%)	±0.5	0.4	0.3	0.2	0.4	0.3	0.2	0.1	符合规范要求。
	7	墙表面平整度	10	2	8	3	8	6	7	5	符合规范要求。
	8	泄水孔尺寸	不小于设计值	√	√	√	√	√	√	√	符合规范要求。
	9	伸缩缝、沉降缝宽度	+20,0	12	15	18	9	16	14	17	符合规范要求。
施工员			×××		施工班组长			×××			
施工单位检查评定结果		检查情况： 经检查，主控项目和一般项目均符合设计要求和重庆市《市政工程边坡及挡护结构施工质量验收规范》(DBJ 50-126—2011)规定，评定合格。 项目专职质量员：王×× 2015年5月20日									
监理单位验收结论		验收意见： 同意施工单位评定结果，验收合格，同意进行下道工序施工。 专业监理工程师：黎×× 2015年5月20日									

说明：

1. 墙身混凝土材料的质量、配合比、计量、强度评定分别按相关规范规定执行。

2. 反滤层材料级配、粒径应符合设计要求，透水性良好。检验数量：全数检查。检验方法：观察。

3. 墙身混凝土施工中，排水系统、泄水孔、反滤层、伸缩缝、沉降缝的设置位置、数量和尺寸应符合设计要求。检验数量：全数检查。检验方法：观察、尺量，检查隐蔽验收记录。

4. 当墙身为片石混凝土时，片石掺量、质量应符合设计要求；当设计无要求时，掺量不得大于墙身混凝土体积的25%。检验数量：全数检查。检验方法：观察、尺量，检查隐蔽验收记录。

一般项目

1. 混凝土的工作性能、养护及外观质量应按相关规范规定执行：

(1)同配合比混凝土首次使用时，应进行坍落度、扩展度等工作性能的验证，应满足设计配合比及施工技术方案的要求，同时应至少留置2组标准养护试件，作为混凝土强度验证的依据。检验数量：全数检查。检验方法：检查开盘验证资料和试件强度试验报告。

(2)混凝土浇筑完毕后，养护应根据结构部位、季节、材料、混凝土性能等要求，按施工技术方案的要求执行。检验数量：全数检查。检验方法：观察，检查施工记录。

(3)混凝土结构的外观质量不应有严重缺陷、不宜有一般缺陷，外观质量的识别按相关规范执行。对已经出现的缺陷，应由施工单位提出技术处理方案，并经设计单位确认后进行处理。对经处理的部位，应重新检查验收。检验数量：全数检查。检验方法：观察，检查技术处理方案。

2. 混凝土墙面应平整，外形美观。检验数量：全数检查。检验方法：观察。

3. 沉降缝、伸缩缝整齐平直、上下贯通，缝宽不小于设计值。

4. 混凝土墙身各部尺寸验收标准，应符合下表的规定。

表　混凝土墙身允许偏差

序号	项目	规定值或允许偏差	检查方法和频率
1	墙身、压顶断面尺寸(mm)	小于设计值	尺量：每一缝段测3个断面，每断面各2点
2	压顶顶面高程(mm)	±10	水准仪测量：每一缝段测量3点
3	轴线偏位(mm)	30	经纬仪测量：每一缝段纵横各测量2点
4	墙面垂直度	0.3%H且≤20mm	垂线测量：每一缝段测量3点
5	坡度(%)	±0.5	垂线测量：每一缝段测量3点
6	墙表面平整度(mm)	10	直尺、塞尺：每一封端测量3点
7	泄水孔尺寸(mm)	不小于设计值	尺量：每一缝段测量3点
8	伸缩缝、沉降缝宽度(mm)	+20，0	尺量：每一缝段测量3点

检验数量：全数检查。检验方法：观察、尺量。

市政工程边坡及挡护结构重力式挡土墙墙背填筑施工检验批质量验收记录表

渝市政验收 3-1-10

<table>
<tr><td colspan="3">单位(子单位)工程名称</td><td colspan="4">重庆市××区大学城环道K1+00～K1+500标段</td></tr>
<tr><td colspan="3">分部(子分部)工程名称</td><td colspan="4">K1+00～K1+500标段道路重力式挡土墙</td></tr>
<tr><td colspan="3">分项工程名称</td><td colspan="2">重力式挡土墙墙背填筑</td><td>验收部位</td><td>重力式挡土墙墙身</td></tr>
<tr><td colspan="3">施工单位</td><td colspan="2">重庆市××市政工程有限公司</td><td>项目经理</td><td>岳××</td></tr>
<tr><td colspan="3">分包单位</td><td colspan="2">××城建集团一分公司</td><td>负责人</td><td>赵××</td></tr>
<tr><td colspan="4">施工执行标准名称及编号</td><td colspan="3">重庆市《市政工程边坡及挡护结构施工质量验收规范》DBJ 50-126—2011</td></tr>
<tr><td rowspan="2"></td><td rowspan="2">序号</td><td colspan="2">施工质量验收规范的规定</td><td rowspan="2">施工单位检查评定记录</td><td colspan="2" rowspan="2">监理单位验收记录</td></tr>
<tr><td>检查项目</td><td>规定值或允许偏差(mm)</td></tr>
<tr><td rowspan="8">主控项目</td><td>1</td><td>填料</td><td>符合设计要求</td><td>观察，土工试验报告，填料符合设计要求。</td><td colspan="2">符合规范要求。</td></tr>
<tr><td>2</td><td>反滤层材料级配、粒径</td><td>符合设计要求</td><td>级配料、粒径符合设计要求，透水性良好。</td><td colspan="2">符合规范要求。</td></tr>
<tr><td>3</td><td>墙体强度</td><td>符合设计要求</td><td>墙体强度符合设计要求。</td><td colspan="2">符合规范要求。</td></tr>
<tr><td>4</td><td>反滤层的设置位置、数量、尺寸</td><td>符合设计要求</td><td>观察、尺量、隐蔽验收记录，设置位置、数量、尺寸符合要求。</td><td colspan="2">符合规范要求。</td></tr>
<tr><td>5</td><td>分层厚度、压实系数</td><td>符合设计要求</td><td>检查检验报告，符合设计要求。</td><td colspan="2">符合规范要求。</td></tr>
<tr><td>6</td><td></td><td></td><td></td><td colspan="2"></td></tr>
<tr><td>7</td><td></td><td></td><td></td><td colspan="2"></td></tr>
<tr><td>8</td><td></td><td></td><td></td><td colspan="2"></td></tr>
<tr><td rowspan="5">一般项目</td><td>1</td><td>墙背填筑与反滤层施工</td><td>符合规范规定</td><td>检查施工记录、直观签别或检查试验报告，墙背填筑，与反滤层施工同步进行，符合规范要求。</td><td colspan="2">符合规范要求。</td></tr>
<tr><td>2</td><td></td><td></td><td></td><td colspan="2"></td></tr>
<tr><td>3</td><td></td><td></td><td></td><td colspan="2"></td></tr>
<tr><td>4</td><td></td><td></td><td></td><td colspan="2"></td></tr>
<tr><td>5</td><td></td><td></td><td></td><td colspan="2"></td></tr>
<tr><td colspan="2" rowspan="2">施工单位
检查评定结果</td><td>施工员</td><td>张××</td><td>施工班组长</td><td colspan="2">潘××</td></tr>
<tr><td colspan="5">检查情况：
经检查，主控项目和一般项目均符合设计要求和重庆市《市政工程边坡及挡护结构施工质量验收规范》(DBJ 50-126-2011)规定，评定合格。
项目专职质量员：王×× 2015年5月20日</td></tr>
<tr><td colspan="2">监理单位
验收结论</td><td colspan="5">验收意见：
同意施工单位评定结果，验收合格，同意进行下道工序施工。
专业监理工程师：黎×× 2015年5月20日</td></tr>
</table>

说明:

主控项目

1. 墙背填筑所用的填料应符合设计要求。当设计无要求时,不得采用膨胀土、高液限黏土、耕植土、淤泥质土、草皮、树根、生活垃圾等不良填料。检验数量:全数检查。检验方法:观察,土工试验报告。

2. 反滤层材料级配料、粒径应符合设计要求,透水性良好。检验数量:全数检查。检验方法:观察。

3. 墙背填筑时,墙体强度应符合设计要求。当设计无要求时,不得低于设计强度的80%。检验数量:混凝土、砂浆均不少于1组。检验方法:检查检验报告。

4. 墙身施工中,反滤层的设置、数量和尺寸应符合设计要求。检验数量:全数检查。检验方法:观察、尺量、隐蔽验收记录。

5. 墙背填筑,应分层填筑压实,分层厚度、压实系数应符合设计要求。检验数量:每层每1000m³抽测3点。检验方法:检查检验报告。

一般项目

墙背填筑,应与反滤层施工同步进行。检验数量:全数检查。检验方法:检查施工记录、直观签别或检查试验报告。

市政工程边坡及挡护结构重力式挡土墙截(排)水沟施工检验批质量验收记录表

渝市政验收3-1-11

单位(子单位)工程名称	重庆市××区大学城环道K1+00～K1+500标段		
分部(子分部)工程名称	K1+00～K1+500标段道路重力式挡土墙		
分项工程名称	重力式挡土墙截(排)水沟	验收部位	1#重力式挡土墙排水沟
施工单位	重庆市××市政工程有限公司	项目经理	岳××
分包单位	××城建集团一分公司	负责人	赵××
施工执行标准名称及编号	重庆市《市政工程边坡及挡护结构施工质量验收规范》DBJ 50-126—2011		

	序号	施工质量验收规范的规定			施工单位检查评定记录							监理单位验收记录
		检查项目	规定值或允许偏差(mm)									
			料石、混凝土现浇√	块石、片石、毛石								
主控项目	1	截(排)水沟位置、尺寸、坡度	符合设计要求		沟槽坡面、底部应平整密实。跌水沟、槽的位置、尺寸符合设计要求。							符合规范要求。
	2	混凝土、砂浆材料质量、配合比、计量、强度	符合设计要求及标准规定		查材料进场试验检测报告、混凝土试样，配合比、强度符合规范要求。							符合规范要求。
	3	砌筑石料	符合设计要求		检查产品合格证，出厂检验报告和进场复验报告，石料质量符合国家标准。							符合规范要求。
	4	混凝土砌块	符合设计要求		查出厂合格证、混凝土试验报告，品种、规格、质量符合设计要求的规定。							符合规范要求。
	5											
一般项目	1	断面尺寸	不小于设计值		√	√	√	√	√	√	√	符合规范要求。
	2	结构层厚度	不小于设计值		√	√	√	√	√	√	√	符合规范要求。
	3	沟底高程	±10	±20	-9	-5	6	8	3	2	-2	符合规范要求。
	4	沟槽位置	30		15	25	20	23	28	22	19	符合规范要求。
	5	跌水沟、槽位置	30		25	20	23	28	22	19	21	符合规范要求。
	6	沟底坡度(%)	±0.5		0.2	-0.1	0.3	0.4	0.2	-0.1	0.3	符合规范要求。
	7	伸缩缝位置	50		22	30	22	42	32	24	26	符合规范要求。
	8											

	施工员	张××	施工班组长	潘××
施工单位检查评定结果	检查情况： 经检查，主控项目和一般项目均符合设计要求和重庆市《市政工程边坡及挡护结构施工质量验收规范》(DBJ 50-126—2011)规定，评定合格。 项目专职质量员：王×× 2015年5月20日			
监理单位验收结论	验收意见： 同意施工单位评定结果，验收合格，同意进行下道工序施工。 专业监理工程师：黎×× 2015年5月20日			

说明:

一般规定

1. 适用于规范所有挡护结构的截(排)水沟、盲沟的质量检查验收。

2. 截(排)水沟的基槽底面的土质不符合要求时,应进行换填处理。

主控项目

1. 截(排)水沟的位置、尺寸、坡度等应符合设计要求。沟槽坡面、底部应平整密实。跌水沟、槽的位置、尺寸应符合设计要求。检验数量:全数检查。检验方法:观察、尺量。

2. 浆砌截(排)水沟砂浆所用材料的质量、配合比、计量、强度评定分别按相关规范规定执行。

3. 浆砌截(排)水沟砌筑所用石料的质量应符合设计要求及现行国家、行业标准的规定。检验数量:不超过400m^3检验1组。检验方法:检查产品合格证、出厂检验报告和进场复验报告。

4. 浆砌截(排)水沟砌筑所用混凝土砌块的质量按相关规范规定执行。当预制混凝土砌块采用工厂生产的预制件时,其品种、规格、质量应符合设计要求的规定。检验数量:全数检查。检验方法:观察,检查出厂合格证、混凝土试验报告、进场验收记录,当对预制件质量有怀疑时,应实行抽芯检测或破坏性试验检测。

5. 混凝土截(排)水沟所用的材料的质量、配合比、计量、强度评定分别按相关规范规定执行。

一般项目

1. 截(排)水沟表面应平整、沿走向宽窄一致,外形美观。砌体勾缝密实、平顺美观。检验数量:全数检查。检验方法:观察。

2. 伸缩缝整齐平直、上下贯通,缝宽不小于设计值。检验数量:全数检查。检验方法:观察、尺量。

3. 截(排)水沟各部尺寸验收标准,应符合下表的规定。

表　截(排)水沟允许偏差

序号	项目	规定值或允许偏差		检查方法和频率
		料石、混凝土现浇	块石、片石、毛石	
1	断面尺寸(mm)	不小于设计值		尺量:每20m检查1个断面,每断面各2点
2	结构层厚度(mm)	不小于设计值		尺量:每20m检查1个断面,每断面各2点
3	沟底高程(mm)	±10	±20	水准仪测量:每20m检查1处
4	沟槽位置(mm)	30		经纬仪测量:每20m检查1处
5	跌水沟、槽位置(mm)	30		经纬仪测量:全数检查
6	沟底坡度(%)	±0.5		垂线测量:每20m检查1处
7	伸缩缝位置(mm)	50		尺量:每一缝段测量1点

市政工程边坡及挡护结构重力式挡土墙盲沟施工检验批质量验收记录表

渝市政验收 3-1-12

单位(子单位)工程名称			重庆市××区大学城环道K1+00～K1+500标段								
分部(子分部)工程名称			K1+00～K1+500标段道路重力式挡土墙								
分项工程名称			重力式挡土墙盲沟		验收部位			1#重力式挡土墙盲沟			
施工单位			重庆市××市政工程有限公司		项目经理			岳××			
分包单位			××城建集团一分公司		负责人			赵××			
施工执行标准名称及编号			重庆市《市政工程边坡及挡护结构施工质量验收规范》DBJ 50-126—2011								
	序号	施工质量验收规范的规定		施工单位检查评定记录							监理单位验收记录
		检查项目	规定值或允许偏差(mm)								
主控项目	1	盲沟位置、尺寸、坡度	符合设计要求	位置、尺寸、坡度等符合设计要求。							符合规范要求。
主控项目	2	盲沟周变衬层所用材料品种、规格、质量、数量	符合设计要求及规范规定	材料的品种、规格、质量、数量符合设计要求及相关规范相关规定。							符合规范要求。
主控项目	3	填料所用材料品种、规格、质量、数量	符合设计要求及标准规定	填料所用的材料的品种、规格、质量、数量符合设计要求及现行国家、行业标准的规定。							符合规范要求。
主控项目	4										
主控项目	5										
一般项目	1	断面尺寸	不小于设计值	√	√	√	√	√	√	√	符合规范要求。
一般项目	2	衬层厚度	不小于设计值	√	√	√	√	√	√	√	符合规范要求。
一般项目	3	沟底高程	±50	−25	30	−20	−9	15	−12	−15	符合规范要求。
一般项目	4	沟槽位置	30	25	20	23	28	22	19	21	符合规范要求。
一般项目	5	沟底坡度(%)	±0.5	0.2	−0.1	0.3	0.4	0.2	−0.1	0.3	符合规范要求。
一般项目	6	伸缩缝位置	50	22	30	22	42	32	24	26	符合规范要求。
一般项目	7										
一般项目	8										
施工单位检查评定结果	施工员		张××		施工班组长			潘××			
施工单位检查评定结果	检查情况： 经检查，主控项目和一般项目均符合设计要求和重庆市《市政工程边坡及挡护结构施工质量验收规范》(DBJ 50-126—2011)规定，评定合格。 项目专职质量员：王×× 2015年5月20日										
监理单位验收结论	验收意见： 同意施工单位评定结果，验收合格，同意进行下道工序施工。 专业监理工程师：黎×× 2015年5月20日										

说明:

主控项目

1. 盲沟的位置、尺寸、坡度等应符合设计要求。沟槽坡面、底部应平整密实。跌水沟、槽的位置、尺寸应符合设计要求。检验数量:全数检查。检验方法:观察、尺量。

2. 盲沟周边衬层所用的材料的品种、规格、质量、数量应符合设计要求及相关规范相关规定。

3. 盲沟填料所用的材料的品种、规格、质量、数量应符合设计要求及现行国家、行业标准的规定。

一般项目

1. 盲沟沿走向宽窄基本一致。伸缩缝整齐平直、上下贯通,缝宽不小于设计值。检验数量:全数检查。检验方法:观察。

2. 盲沟沟各部尺寸验收标准,应符合下表的规定。

表　盲沟允许偏差

序号	项目	规定值或允许偏差	检查方法和频率
1	断面尺寸(mm)	不小于设计值	尺量:每20m检查1个断面
2	衬层厚度(mm)	不小于设计值	尺量:每20m检查1个断面
3	沟底高程(mm)	±50	水准仪测量:每20 m检查1个断面,每断面1点
4	沟槽位置(mm)	30	经纬仪测量:每20m检查1处
5	沟底坡度(%)	±0.5	垂线测量:每20m检查1处
6	伸缩缝位置(mm)	50	尺量:每一缝段测量1点

市政工程边坡及挡护结构桩板式挡土墙边坡开挖(土质边坡)检验批质量验收记录表

渝市政验收3-2-1

单位(子单位)工程名称			重庆市××区大学城环道K1+00 ~ K1+500标段								
分部(子分部)工程名称			K1+00 ~ K1+500标段道路桩板式挡土墙								
分项工程名称			重力式挡土墙边坡开挖		验收部位						1#重力式挡土边坡
施工单位			重庆市××市政工程有限公司		项目经理						岳××
分包单位			××城建集团一分公司		负责人						赵××
施工执行标准名称及编号			重庆市《市政工程边坡及挡护结构施工质量验收规范》DBJ 50-126—2011								
	序号	施工质量验收规范的规定：检查项目	施工质量验收规范的规定：规定值或允许偏差	施工单位检查评定记录							监理单位验收记录
主控项目	1	坡面、坡线	符合设计要求	坡面稳定、平顺，边线顺直，表面无松土，无反陂。							符合规范要求。
	2	坡率	不陡于设计值	经纬仪测量，不陡于设计值。							
	3										
	4										
	5										
	6										
	7										
	8										
一般项目	1	坡脚线偏位(mm)	50	25	20	8	15	24	32	43	符合规范要求。
	2	平整度(mm)	100	85	70	35	50	35	50	60	符合规范要求。
	3										
	4										
施工员			张××		施工班组长						潘××
施工单位检查评定结果	检查情况： 经检查，主控项目和一般项目均符合设计要求和重庆市《市政工程边坡及挡护结构施工质量验收规范》(DBJ 50-126—2011)规定，评定合格。 项目专职质量员：王×× 2015年5月20日										
监理单位验收结论	验收意见： 同意施工单位评定结果，验收合格，同意进行下道工序施工。 专业监理工程师：黎×× 2015年5月20日										

说明：

一般规定

1. 边坡开挖施工前应结合工程勘察设计文件、邻近建筑物和地下设施类型、分部及结构质量情况、工程设计图纸等,编制施工技术方案、环境保护措施。边坡首次开挖完成后,应经勘察、设计、建设、监理等单位验收合格后方可进行下一道工序。

2. 边坡开挖时,应做好坡顶、坡面防排水。土质边坡应尽量避免雨季施工,防止地质灾害发生;当必须在雨季施工时,应采取雨季施工措施。

3. 对土石方开挖后不稳定或欠稳定的边坡,应根据边坡的地质特征和可能发生的破坏等情况,采取自上而下、分层分段开挖,减少对边坡的扰动;土质边坡分层层高不宜超过1m,并按设计及时支护,宜采取逆作法或部分逆作法施工;严禁坡顶堆载。

4. 边坡开挖施工应进行检测,发现异常时,应立即停止施工,消除隐患,经批准后方可继续施工。检测、监控方法按本章监控量测表A、B规定执行。

5. 采用爆破法开挖施工前,施工单位应编制爆破施工技术方案,并报主管部门批准。施工时,应严格按照技术方案和《爆破安全规程》(GB 6722)的规定执行,不能影响邻近地上、地下建(构)筑物及设施的安全,并按相关产权单位的意见或规定实施爆破作业。爆破施工宜采用浅孔爆破法,边坡爆破开挖宜采用预裂爆破或光面爆破。

主控项目

1. 土质边坡坡面稳定、平顺,边线顺直,表面无松土,严禁出现反陂。检验数量:全数检查。检验方法:观察和测量。

2. 土质边坡坡率应不陡于设计值。检验数量:每20m抽查1处。检验方法:经纬仪测量。

一般项目

土质边坡基底高程、平面尺寸符合设计要求;土质边坡开挖允许偏差应符合下表的规定。

表　土质边坡开挖允许偏差

序号	检查项目	规定值或允许偏差	检查方法和频率
1	坡脚线偏位(mm)	50	经纬仪测:每20m测2点
2	平整度(mm)	100	直尺、塞尺量:每20m测1处

市政工程边坡及挡护结构桩板式挡土墙边坡开挖(岩质边坡)检验批质量验收记录表

渝市政验收3-2-2

单位(子单位)工程名称	重庆市××区大学城环道K1+00～K1+500标段		
分部(子分部)工程名称	K1+00～K1+500标段道路桩板式挡土墙		
分项工程名称	重力式挡土墙边坡开挖	验收部位	1#重力式挡岩质边坡
施工单位	重庆市××市政工程有限公司	项目经理	岳××
分包单位	××城建集团一分公司	负责人	赵××
施工执行标准名称及编号	重庆市《市政工程边坡及挡护结构施工质量验收规范》DBJ 50-126—2011		

	序号	施工质量验收规范的规定		施工单位检查评定记录							监理单位验收记录
		检查项目	规定值或允许偏差(mm)								
主控项目	1	坡面	符合设计要求	坡面稳定、平顺,边线顺直,表面无松土,无反陂。							符合规范要求。
	2	坡率	不陡于设计值	经纬仪测量,不陡于设计值。							
	3										
	4										
	5										
	6										
	7										
	8										
一般项目	1	基底高程、平面尺寸	符合设计要求	√	√	√	√	√	√	√	符合规范要求。
	2	坡脚线偏位	50	32	40	20	25	28	29	32	符合规范要求。
	3	平整度	150	100	110	80	60	130	120	90	符合规范要求。
	4	炮孔痕迹保存率	≥50%	√	√	√	√	√	√	√	符合规范要求。
	5	质点振动速度	符合设计要求	√	√	√	√	√	√	√	符合规范要求。

施工员	张××	施工班组长	潘××
施工单位检查评定结果	检查情况: 经检查,主控项目和一般项目均符合设计要求和重庆市《市政工程边坡及挡护结构施工质量验收规范》(DBJ 50-126—2011)规定,评定合格。 项目专职质量员:王×× 2015年5月20日		
监理单位验收结论	验收意见: 同意施工单位评定结果,验收合格,同意进行下道工序施工。 专业监理工程师:黎×× 2015年5月20日		

说明:

一般规定

1. 边坡开挖施工前应结合工程勘察设计文件、邻近建筑物和地下设施类型、分部及结构质量情况、工程设计图纸等,编制施工技术方案、环境保护措施。边坡首次开挖完成后,应经勘察、设计、建设、监理等单位验收合格后方可进行下一道工序。

2. 边坡开挖时,应做好坡顶、坡面防排水。土质边坡应尽量避免雨季施工,防止地质灾害发生;当必须在雨季施工时,应采取雨季施工措施。

3. 对土石方开挖后不稳定或欠稳定的边坡,应根据边坡的地质特征和可能发生的破坏等情况,采取自上而下、分层分段开挖,减少对边坡的扰动;土质边坡分层层高不宜超过1m,并按设计及时支护,宜采取逆作法或部分逆作法施工;严禁坡顶堆载。

4. 边坡开挖施工应进行检测,发现异常时,应立即停止施工,消除隐患,经批准后方可继续施工。检测、监控方法按本章监控量测表1、2规定执行。

5. 采用爆破法开挖施工前,施工单位应编制爆破施工技术方案,并报主管部门批准。施工时,应严格按照技术方案和《爆破安全规程》(GB 6722)的规定执行,不能影响邻近地上、地下建(构)筑物及设施的安全,并按相关产权单位的意见或规定实施爆破作业。爆破施工宜采用浅孔爆破法,边坡爆破开挖宜采用预裂爆破或光面爆破。

主控项目

1. 岩质边坡坡面应满足设计要求,并确保边坡稳定、无松石、险石。坡面平顺,线型顺直,严禁出现反陂。检验数量:全数检查。检验方法:观察和测量。

2. 岩质边坡坡率应不陡于设计值。检验数量:每20m抽查1处。检验方法:经纬仪测量。

一般项目

1. 岩质边坡基底高程、平面尺寸应符合设计要求;岩质边坡开挖允许偏差应符合表1的规定。

表1 岩质边坡开挖允许偏差

序号	检查项目	规定值或允许偏差	检查方法和频率
1	坡脚线偏位(mm)	50	经纬仪测:每20m测2点
2	平整度(mm)	100	直尺、塞尺量:每20m测1处

2. 预裂爆破或光面爆破边坡坡面上宜保留炮孔痕迹。残留炮孔痕迹保存率应不得小于50%。检验数量:采用浅孔时每开挖层每30m检查2组炮孔,每组随机选10个连续炮孔,不足30m的检查1组炮孔;采用深孔时每开挖层每60m检查2组炮孔,每组随机选10个连续炮孔,不足60m的检查1组炮孔。检验方法:观察、尺量。

3. 岩质边坡开挖采用浅孔梯段爆破时,应采取防振动、防飞石、防空气冲击波(或噪声)措施。

(1)临近设计标高时,孔底宜设置在同一高程,其误差小于±300mm。检验频率:每20m测量1个断面,不足20m测量1个断面。检验方法:观察、尺量、水准仪测量。

(2)无爆破飞石,空气冲击波(或噪音)小,必要时应监测爆破振动效应。检验频率:与爆破同时进行。检验方法:观察、振动监测。

4. 距离建筑物、构筑物较近时,宜对爆破引起的振动效应采取监测措施,质点振动速度应符合设计要求,当设计无要求时应符合表2的规定。检验数量:全部炮次。检验方法:振动检测仪测量。

表2 质点安全振速表

序号	检查项目		规定值或允许偏差(cm/s)	检查方法和频率
1	土窑洞、土胚房、毛石房屋		0.5~1.5	采用爆破振动检测仪进行检测,检测工作于爆破同步进行
2	一般砖房、非抗震的大型切块建筑物		2.0~3.0	
3	钢筋混凝土结构房屋		3.0~5.0	
4	石油、天然气管道		2.5	
5	一般古建筑物与古迹		0.1~0.5	
6	边坡面		10	
7	交通隧道		10~20	
8	排水洞基础或壁面		10	
9	输水洞竖井基础或壁面		10	
10	已灌浆部位		1.2~1.5	
11	已锚固部位		1.2~1.5	
12	新浇大体积混凝土	龄期:初凝~3d	2.0~3.0	
		龄期:3~7d	3.0~7.0	
		龄期:7~28d	7.0~12.0	
*省级以上(含省级)重点保护古建筑与古迹的安全允许振速,应经专家论证选取,报相应文物管理部门批准。				

市政工程边坡及挡护结构桩板式挡土墙钢筋工程检验批质量验收记录表

渝市政验收3-2-3

单位(子单位)工程名称	重庆市××区大学城环道K1+00～K1+500标段		
分部(子分部)工程名称	K1+00～K1+500标段道路柱板式挡土墙		
分项工程名称	桩板式挡土墙钢筋	验收部位	钢筋原材料
施工单位	重庆市××市政工程有限公司	项目经理	岳××
分包单位	××城建集团一分公司	负责人	赵××
施工执行标准名称及编号	重庆市《市政工程边坡及挡护结构施工质量验收规范》DBJ 50-126—2011		

	序号	施工质量验收规范的规定：检查项目	规定值或允许偏差(mm)	施工单位检查评定记录							监理单位验收记录
主控项目	1	钢筋、继续连接器、焊条等品种、规格和技术性能	符合设计及国家、行业标准规定	检查产品合格证、出厂检验报告、进场复验力学性能试验报告,符合规范要求。							符合规范要求。
主控项目	2	受力钢筋连接方式、钢筋接头位置,同一截面的接头数量、搭接长度	符合设计及国家、行业标准规定	查接头力学性能试验报告、隐蔽验收记录,符合规范要求。							符合规范要求。
主控项目	3	钢筋品种、级别、规格、数量、形状及锚固	符合设计及国家、行业标准规定	查隐蔽验收记录,品种、级别、规格、数量、形状及锚固等应符合规范要求。							符合规范要求。
一般项目	1	钢筋加工：受力钢筋顺长度方向加工后的全长	±10	-9	8	7	-2	6	8	5	符合规范要求。
一般项目	2	钢筋加工：弯起钢筋各部分尺寸	±20	19	-9	12	11	-8	6	7	符合规范要求。
一般项目	3	钢筋加工：箍筋、螺旋筋各部分尺寸	±5	-2	-3	4	2	3	1	-1	符合规范要求。
一般项目	4	钢筋计钢筋网安装成型：受力钢筋间距：两排以上排距	±5	-3	4	2	3	1	-1	2	符合规范要求。
一般项目	4	受力钢筋间距：同排：梁、板	±10	8	7	-2	6	8	5	-7	
一般项目	4	受力钢筋间距：同排：基础、柱、墙身	±20	-9	12	11	-8	6	7	15	
一般项目	4	受力钢筋间距：灌注桩	±20	12	11	-8	6	7	15	-5	
一般项目	5	箍筋、横向水平钢筋、螺旋筋间距	±10	7	-2	6	8	5	-7	8	符合规范要求。
一般项目	6	钢筋骨架尺寸：长	±10	-2	6	8	5	-7	8	7	符合规范要求。
一般项目	6	钢筋骨架尺寸：宽、高或直径	±5	4	2	3	1	-1	2	-3	
一般项目	7	弯起钢筋位置	±20	-9	12	11	-8	6	7	15	符合规范要求。
一般项目	8	保护层厚度：肋板、面板	±3	1	-1	-2	2	1	-2	1	符合规范要求。
一般项目	8	保护层厚度：柱、梁、墙身	±5	4	2	3	1	-1	2	-3	
一般项目	8	保护层厚度：基础	±10	8	7	-2	6	8	5	-7	
一般项目	9	钢筋网：网的长、宽	±10	-2	6	8	5	-7	8	7	符合规范要求。
一般项目	9	钢筋网：网眼尺寸	±10	2	-2	6	8	5	-7	8	
一般项目	9	钢筋网：对角线差	15	9	14	5	7	8	6	3	

	施工员	张××	施工班组长	潘××
施工单位检查评定结果	检查情况： 经检查,主控项目和一般项目均符合设计要求和重庆市《市政工程边坡及挡护结构施工质量验收规范》(DBJ 50-126—2011)规定,评定合格。 项目专职质量员：王×× 2015年5月20日			
监理单位验收结论	验收意见： 同意施工单位评定结果,验收合格,同意进行下道工序施工。 专业监理工程师：黎×× 2015年5月20日			

说明：

主控项目

1. 钢筋、机械连接器、焊条等品种、规格和技术性能应符合设计及现行国家、行业标准的规定。检验数量：按表1执行。

表1　原材料检验取样规定

序号	样品名称	取样规定
1	钢筋	每批应由同一牌号、同一炉罐号、同一尺寸的钢筋、质量不大于60T组成，每批取1组。
2	型钢	每批应由同一强度代号（牌号）、同一炉罐号、同一尺寸的钢筋、质量不大于60T组成，每批取1组。
3	钢绞线	每批由同强度代号（牌号）、同一规格、同一生产工艺、质量不大于60T组成，每批取1组。
4	钢材接头	①焊接接头抽样批的组成：接头的现场检验按抽样批进行。在同一台班内，由同一焊工完成的300个同级别、同直径钢筋焊接接头作为一抽样批。当同一台班内焊接的接头数量较少，可在一周内累计计算，累计仍不足300个接头，应按一抽样批计算，每批取1组； ②钢筋剥肋滚轧连接接头抽样批的组成：按同等级、同型号、同规格的接头，以300个为一批，不足300个也作为一抽样批，每批取1组； ③机械连接接头抽样批的组成：接头的现场检验按抽样批进行。同一施工条件下的同一批材料的同等级、同规格、同型式接头，以500个为一个抽样批进行检验和验收，不足500个也作为一个抽样批，每批取1组。
5	锚具	每批应由同种材料、同规格、同一生产工艺条件下，锚夹具应以不超过1000套组成，连接器以不超过500套组组成；锚每批取5%且不少于5套；夹片每批取5%，多孔式锚具夹片每套至少5片。
6	水泥	每批应由同一生产厂、同品种、同强度等级、同批号、且连续进厂的，袋装不超过200T安装不超过200m³组成，每批取1组。
7	砂、石	每批应按同产地、同规格分批验收，机械生产的按不超过400m³或600T组成；人工生产的按不超过200m³或300T组成，每批取1组。
8	粉煤灰	每批应由相同等级、相同种类、出厂编号、连续供应的不超过200T组成，每批取1组。
9	外加剂	当掺量大于或等于1%时，应有同品种的外加剂不超过100T组成；当掺量小于1%时，应由同种的外加剂不超过50T组成，每批取1组。

检验方法：检查产品合格证、出厂检验报告、进场复验力学性能试验报告。

2. 受力钢筋的连接方式、钢筋接头位置、同一截面的接头数量、搭接长度应符合设计及现行国家、行业标准的规定。检验数量：全数检查。检验方法：观察，检查接头力学性能试验报告、隐蔽验收记录。

3. 钢筋安装时，其品种、级别、规格、数量、形状及锚固等应符合设计及现行国家、行业标准的规定。检验数量：全数检查。检验方法：观察，检查隐蔽验收记录。

一般项目

1. 箍筋、螺旋钢筋、钢筋网等安装尺寸、位置应符合设计要求。检验数量：详见表3。检验方法：观察、尺量。

2. 钢筋应平直、无损伤，表面不得有裂纹、油污、颗粒状或片状老锈。检验数量：进场时和使用前全数检查。检验方法：观察。

3. 钢筋加工的形状、尺寸应符合设计要求，其偏差应符合表2的规定。检验数量：按每工作班同一类型钢筋、同一加工设备抽查不应少于3件。检验方法：钢尺检查。

表2　钢筋加工的允许偏差

序号	检查项目	规定值或允许偏差	检查方法和频率
1	受力钢筋顺长度向加工后的全长(mm)	±10	钢尺检查,按每工作日同一类型钢筋、同一加工设备抽查3件
2	弯起钢筋各部分尺寸(mm)	±20	
3	箍筋、螺旋筋各部分尺寸(mm)	±5	

4. 在施工现场,应对钢筋机械连接接头、焊接接头、绑扎接头的外观进行检查,其质量应符合设计及现行国家、行业标准的规定。检验数量:全数检查。检验方法:观察。

5. 预制钢筋骨架必须具有足够的刚度和稳定性,钢筋网焊接应符合设计规定及规范要求。钢筋安装位置的偏差应符合表3的规定。检验数量:在同一检验批内,对挡护结构,应按有代表性的自然间抽查10%,且不少于3件。

表3　钢筋及钢筋网安装成型允许偏差和检验方法

序号	检查项目			规定值或允许偏差	检查方法和频率
1	受力钢筋间距	两排以上排距(mm)		±5	尺量:每构件检查2个断面
		同排	梁、板(mm)	±10	
			基础、柱子、墙身(mm)	±20	
		灌注桩(mm)		±20	
2	箍筋、横向水平钢筋、螺旋筋间距(mm)			±10	钢尺量:每构件检查5~10个间距
3	钢筋骨架尺寸	长(mm)		±10	尺量:按骨架总数的30%抽查
		宽、高或直径(mm)		±5	
4	弯起钢筋位置(mm)			±20	尺量:每构件沿模板周边检查8处
5	保护层厚度	肋板、面板(mm)		±3	尺量:每构件沿模板周边检查8处
		柱、梁、墙身(mm)		±5	
		基础(mm)		±10	
6	钢筋网	网的长、宽(mm)		±10	尺量:全部
		网眼尺寸(mm)		±10	尺量:每50m²检查3个网眼
		对角线差(mm)		15	尺量:每50m²检查3个网眼对角线

市政工程边坡及挡护结构桩板式挡土墙模板工程检验批质量验收记录表

渝市政验收3-2-4

单位(子单位)工程名称	重庆市××区大学城环道K1+00～K1+500标段		
分部(子分部)工程名称	K1+00～K1+500标段道路桩板式挡土墙		
分项工程名称	桩板式挡土墙模板	验收部位	模板原材料
施工单位	重庆市××市政工程有限公司	项目经理	岳××
分包单位	××城建集团一分公司	负责人	赵××
施工执行标准名称及编号	重庆市《市政工程边坡及挡护结构施工质量验收规范》DBJ 50-126—2011		

	序号	施工质量验收规范的规定：检查项目		规定值或允许偏差(mm)	施工单位检查评定记录							监理单位验收记录
主控项目	1	模板、支架的材质、品种、规格		符合施工方案的规定	按施工方案检查，尺量，符合要求。							符合规范要求。
	2	模板、支架制作及安装		符合施工技术方案规定	稳固牢靠，接缝严密，符合要求。							符合规范要求。
	3											
	4											
	5											
	6											
	7											
	8											
一般项目	1	模板安装	平面位置	±5	4	2	3	1	−1	2	−3	符合规范要求。
	2		标高	±5	2	3	1	−1	2	−3	4	符合规范要求。
	3		表面平整度	±5	3	2	3	1	−1	2	−3	符合规范要求。
	4	预埋件、预留孔和预留洞		符合设计要求	√	√	√	√	√	√	√	符合规范要求。

	施工员	张××	施工班组长	潘××
施工单位检查评定结果	检查情况： 经检查，主控项目和一般项目均符合设计要求和重庆市《市政工程边坡及挡护结构施工质量验收规范》(DBJ 50-126—2011)规定，评定合格。 项目专职质量员：王×× 2015年5月20日			
监理单位验收结论	验收意见： 同意施工单位评定结果，验收合格，同意进行下道工序施工。 专业监理工程师：黎×× 2015年5月20日			

说明:

主控项目

1. 模板、支架的材质、品种、规格应符合施工方案设计的规定。检验数量:按施工方案检查。检验方法:观察、尺量。

2. 模板、支架的制作及安装应符合施工技术方案的规定,且稳固牢靠、接缝严密,浇筑混凝土之前,应对模板工程进行验收。检验数量:全数检查。检验方法:观察、尺量,检查验收记录。

一般项目

1. 模板安装的偏差应符合下表的规定。检验数量:全数检查。检验方法:观察、尺量。

表　模板安装的允许偏差及检验方法

序号	项目	允许偏差	检查方法
1	平面位置(mm)	±5	钢尺检查
2	标高(mm)	±5	水准仪或拉线、钢尺检查
3	表面平整度(mm)	±5	2m靠尺和塞尺检查

2. 固定在模板上的预埋件、预留孔和预留洞均不得遗漏,且预埋位置应符合设计要求、安装牢固。检验数量:全数检查。检验方法:观察、尺量。

市政工程边坡及挡护结构桩板式挡土墙柱(肋)桩基础施工检验批质量验收记录表

渝市政验收3-2-5

单位(子单位)工程名称	重庆市××区大学城环道K1+00～K1+500标段		
分部(子分部)工程名称	K1+00～K1+500标段道路桩板式挡土墙		
分项工程名称	桩板式挡土墙柱(肋)桩基础	验收部位	1#桩板式挡土墙基础
施工单位	重庆市××市政工程有限公司	项目经理	岳××
分包单位	××城建集团一分公司	负责人	赵××
施工执行标准名称及编号	重庆市《市政工程边坡及挡护结构施工质量验收规范》DBJ 50-126—2011		

	序号	施工质量验收规范的规定：检查项目	施工质量验收规范的规定：规定值或允许偏差(mm)	施工单位检查评定记录							监理单位验收记录
主控项目	1	桩基孔位、孔径、孔深、嵌岩深度和沉淀层	符合设计要求	观察、尺量,查隐蔽验收记录确认满足设计及现行国家、行业标准的规定后,浇注混凝土。							符合规范要求。
	2	挖孔桩底持力层岩体的单轴抗压强度	符合设计要求	检查施工记录、检查检验报告。							符合规范要求。
	3	钻孔桩桩底持力层承载力	符合设计要求	桩底地基承载力,符合规范要求。							符合规范要求。
	4	混凝土材料质量、配合比、计量、强度	符合设计要求及标准规定	检查施工记录、试件检测报告及评定报告,符合规范要求。							符合规范要求。
	5	混凝土灌注	符合规范规定	灌注完整,无夹层和断桩。							符合规范要求。
	6										
一般项目	1	外观质量	符合规范规定	无质量缺陷。							符合规范要求。
	2	桩位	50	25	32	25	23	45	20	22	符合规范要求。
	3	孔深	不小于设计值	√	√	√	√	√	√	√	符合规范要求。
	4	孔径	不小于设计值	√	√	√	√	√	√	√	符合规范要求。
	5	孔倾斜度(%)	1	0.2	0.6	0.5	0.8	0.8	0.9	0.5	符合规范要求。
	6	钻孔桩沉淀厚度	50	32	25	23	45	20	22	18	符合规范要求。
	7	钢筋骨架底面高程	±50	25	-23	45	-20	22	-18	28	

施工单位检查评定结果	施工员	张××	施工班组长	潘××
	检查情况: 经检查,主控项目和一般项目均符合设计要求和重庆市《市政工程边坡及挡护结构施工质量验收规范》(DBJ 50-126-2011)规定,评定合格。 项目专职质量员:王××　　2015年5月20日			
监理单位验收结论	验收意见: 同意施工单位评定结果,验收合格,同意进行下道工序施工。 专业监理工程师:黎××　　2015年5月20日			

说明:

主控项目

1. 桩基成孔后应及时清孔,测量孔位、孔径、孔深、嵌岩深度和沉淀层厚度,确认满足设计及现行国家、行业标准的规定后,方可浇注混凝土。检验数量:全数检查。检验方法:观察、尺量,查隐蔽验收记录。

2. 桩底地基承载力应符合设计要求。检验数量:全数检查。挖孔桩每一桩检查1组,钻孔桩每一桩检查1次。检测数量按照现行国家、行业地基检测标准执行。检验方法:检查施工记录、检查检验报告。

3. 桩基混凝土材料的质量、配合比、计量、强度评定分别按相关规范规定执行。

4. 桩基混凝土应在初凝时间内连续灌注完成,并保证灌注的完整性,严禁有夹层和断桩。检验数量:全数检查。检验方法:低应变动力检测或声波透射法。

一般项目

1. 桩头预留的混凝土应凿除松散至密实部位。检验数量:全数检查。检验方法:观察。

2. 桩基露出地面部分的混凝土结构外观质量:混凝土结构的外观质量不应有严重缺陷、不宜有一般缺陷,外观质量的识别按相关标准执行。对已经出现的缺陷,应由施工单位提出技术处理方案,并经设计单位确认后进行处理。对经处理的部位,应重新检查验收。检验数量:全数检查。检验方法:观察,检查技术处理方案。

3. 桩基础各部尺寸验收标准,应符合下表的规定。

表　桩基础允许偏差

序号	检查项目	规定值或允许偏差	检查方法和频率
1	桩位(mm)	50	全站仪或经纬仪:每桩检查2点
2	孔深(mm)	不小于设计	测绳量:每桩测量3点
3	孔径(mm)	不小于设计	钻孔桩采用探孔器挖孔桩采用尺量:每桩测量3个断面,每个断面2点
4	孔倾斜度(%)	1	垂线法:每桩检查3点
5	钻孔桩沉淀厚度(mm)	50	沉淀盒或标准测锤:每桩检查2点
6	钢筋骨架地面高程(mm)	±50	水准仪测骨架顶面高程后反算:每桩检查1点

市政工程边坡及挡护结构桩板式挡土墙装配式墙面板施工检验批质量验收记录表

渝市政验收3-2-6

单位(子单位)工程名称			重庆市××区大学城环道K1+00～K1+500标段								
分部(子分部)工程名称			K1+00～K1+500标段道路桩板式挡土墙								
分项工程名称			桩板式挡土墙装配式面板			验收部位			1#桩板式挡土墙面板		
施工单位		重庆市××市政工程有限公司				项目经理			岳××		
分包单位		××城建集团一分公司				负责人			赵××		
施工执行标准名称及编号				重庆市《市政工程边坡及挡护结构施工质量验收规范》DBJ 50-126—2011							
	序号	施工质量验收规范的规定		施工单位检查评定记录							监理单位验收记录
		检查项目	规定值或允许偏差(mm)								
主控项目	1	混凝土材料质量、配合比、计量、强度	符合设计要求及标准规定	检查施工记录、试件检测报告及评定报告,符合规范要求。							符合规范要求。
	2	混凝土浇筑	符合规范规定	查施工记录,符合规范要求。							符合规范要求。
	3	预制件品种、规格、质量	符合设计要求	出厂合格证、混凝土试验报告、钢筋力学试验报告,进场验收记录,符合规范要求。							符合规范要求。
	4	桩柱混凝土强度	符合设计要求,当设计无要求时>设计强度80%	符合设计要求和规范规定。							符合规范要求。
	5	泄水孔位置	符合设计要求	位置合理。							符合规范要求。
	6										
一般项目	1	断面尺寸	±5	4	2	3	1	-1	2	-3	符合规范要求。
	2	对角线差	10	5	9	8	7	8	6	4	符合规范要求。
	3	预制件平整度	5	2	3	2.5	4	3	2	1	符合规范要求。
	4	预埋件位置	5	3	2	1.2	3	4	2	1	符合规范要求。
	5	顶面高程	±10	9	8	-8	7	6	5	4	符合规范要求。
	6	墙面垂直度	0.5%H且≤15	√	√	√	√	√	√	√	符合规范要求。
	7	板间错台	5	2	3	2.5	4	3	2	1	符合规范要求。
	8	泄水孔尺寸	不小于设计值	√	√	√	√	√	√	√	符合规范要求。
	9	混凝土工作性能、养护剂外观质量	符合规范要求	无质量缺陷。							
	施工员		王××		施工班组长			肖××			
施工单位检查评定结果	检查情况: 经检查,主控项目和一般项目均符合设计要求和重庆市《市政工程边坡及挡护结构施工质量验收规范》(DBJ 50-126—2011)规定,评定合格。 项目专职质量员:王×× 2015年5月20日										
监理单位验收结论	验收意见: 同意施工单位评定结果,验收合格,同意进行下道工序施工。 专业监理工程师:黎×× 2015年5月20日										

说明:

主控项目

1. 现场预制墙面板的混凝土材料的质量、配合比、计量、强度评定分别按相关规范规定执行。

2. 墙面板混凝土应在初凝时间以内浇筑完成。检验数量:全数检查。检验方法:观察,查施工记录。

3. 当预制墙面板采用工厂生产的预制件时,其品种、规格、质量应符合设计要求。检验数量:全数检查。检验方法:观察,检查出厂合格证、混凝土试验报告、钢筋力学试验报告、进场验收记录。当对预制件质量有怀疑时,应进行抽芯检测或破坏性试验检测。

4. 反滤层材料级配、粒径应符合设计要求,透水性良好。检验数量:全数检查。检验方法:观察。

5. 安装墙面板时,桩柱混凝土强度应符合设计要求。当设计无要求时,桩柱混凝土强度应达到设计强度的80%以上。检验数量:不少于1组。检验方法:检查混凝土试验报告。

6. 泄水孔的位置应符合设计要求,孔坡向外,无堵塞现象。检验数量:全数检查。检验方法:观察。

7. 装配式墙面板与锚杆(索)应连接牢固。检验数量:全数检查。检验方法:观察。

一般项目

1. 墙面板的混凝土工作性能、养护及外观质量要求:

(1)同配合比混凝土首次使用时,应进行坍落度、扩展度等工作性能的验证,应满足设计配合比及施工技术方案的要求,同时应至少留置2组标准养护试件,作为混凝土强度验证的依据。检验数量:全数检查。检验方法:检查开盘验证资料和试件强度试验报告。

(2)混凝土浇筑完毕后,养护应根据结构部位、季节、材料、混凝土性能等要求,按施工技术方案的要求执行。检验数量:全数检查。检验方法:观察,检查施工记录。

(3)混凝土结构的外观质量不应有严重缺陷、不宜有一般缺陷,外观质量的识别按重庆市《市政工程边坡及挡护结构施工质量验收规范》(DBJ 50-126—2011)附录J执行。对已经出现的缺陷,应由施工单位提出技术处理方案,并经设计单位确认后进行处理。对经处理的部位,应重新检查验收。检验数量:全数检查。检验方法:观察,检查技术处理方案。

2. 墙面板表面应平整,外形美观。检验数量:全数检查。检验方法:观察。

市政工程边坡及挡护结构桩板式挡土墙现浇墙面板施工检验批质量验收记录表

渝市政验收3-2-7

单位(子单位)工程名称	重庆市××区大学城环道K1+00～K1+500标段		
分部(子分部)工程名称	K1+00～K1+500标段道路桩板式挡土墙		
分项工程名称	桩板式挡土墙现浇墙面板	验收部位	1#桩板式挡土墙现浇墙面板
施工单位	重庆市××市政工程有限公司	项目经理	岳××
分包单位	××城建集团一分公司	负责人	赵××
施工执行标准名称及编号	重庆市《市政工程边坡及挡护结构施工质量验收规范》DBJ 50-126—2011		

	序号	施工质量验收规范的规定：检查项目	施工质量验收规范的规定：规定值或允许偏差(mm)	施工单位检查评定记录							监理单位验收记录
主控项目	1	混凝土材料质量、配合比、计量、强度	符合设计要求及标准规定	检查施工记录、试件检测报告及评定报告，符合规范要求。							符合规范要求。
主控项目	2	混凝土浇筑	符合规范规定	查施工记录，符合规范要求。							符合规范要求。
主控项目	3	混凝土强度	符合设计规定	出厂合格证、混凝土试验报告、钢筋力学试验报告，进场验收记录，符合规范要求。							符合规范要求。
主控项目	4	片石掺量、质量	符合设计要求	符合设计要求和规范规定。							符合规范要求。
主控项目	5	泄水孔位置	符合设计要求	位置合理。							符合规范要求。
主控项目	6										符合规范要求。
一般项目	1	厚度	+10，-5	-2	9	8	7	-4	5	6	符合规范要求。
一般项目	2	平整度	10	3	9	7	6	5	3	6	符合规范要求。
一般项目	3	预埋件位置	10	9	7	6	5	3	6	4	符合规范要求。
一般项目	4	顶面高程	±10	-4	7	-2	5	3	6	4	符合规范要求。
一般项目	5	墙面垂直度	0.5%H且≤15	√	√	√	√	√	√	√	符合规范要求。
一般项目	6	泄水孔尺寸	不小于设计值	√	√	√	√	√	√	√	符合规范要求。
一般项目	7	伸缩缝、沉降缝宽度	+20，0	12	15	3	16	14	8	9	符合规范要求。
一般项目	8										

施工单位检查评定结果	施工员	王××	施工班组长	肖××
	检查情况： 经检查，主控项目和一般项目均符合设计要求和重庆市《市政工程边坡及挡护结构施工质量验收规范》(DBJ 50-126—2011)规定，评定合格。 项目专职质量员：王×× 2015年5月20日			
监理单位验收结论	验收意见： 同意施工单位评定结果，验收合格，同意进行下道工序施工。 专业监理工程师：黎×× 2015年5月20日			

说明:

主控项目

1. 现浇墙面板的混凝土材料的质量、配合比、计量、强度评定分别按相关规范规定执行。

2. 现浇墙面板分层浇筑、搭接时间应控制在混凝土初凝时间以内,混凝土的工作性能、养护及外观质量应按相关规范规定执行。

3. 反滤层材料级配、粒径应符合设计要求,透水性良好。检验数量:全数检查。检验方法:观察。

4. 现浇墙面板时,桩柱混凝土强度应符合设计规定。当设计无规定时,桩柱混凝土强度应达到设计强度的80%以上。检验数量:不少于1组。检验方法:检查混凝土试验报告。

5. 墙身混凝土施工中,排水系统、泄洪系统和伸缩缝、沉降缝的设置、数量和尺寸应符合设计要求。检验数量;全数检查。检验方法:观察、尺量、查隐蔽验收记录。

6. 泄水孔的位置应符合设计要求,泄水孔孔坡向外,无堵塞现象。检验数量:全数检查。检验方法:观察。

7. 现浇墙面板与锚杆(索)应连接牢固。检验数量:全数检查。检验方法:观察。

一般项目

1. 现浇墙面板的混凝土工作性能、养护及外观质量要求:

(1)同配合比混凝土首次使用时,应进行坍落度、扩展度等工作性能的验证,应满足设计配合比及施工技术方案的要求,同时应至少留置2组标准养护试件,作为混凝土强度验证的依据。检验数量:全数检查。检验方法:检查开盘验证资料和试件强度试验报告。

(2)混凝土浇筑完毕后,养护应根据结构部位、季节、材料、混凝土性能等要求,按施工技术方案的要求执行。检验数量:全数检查。检验方法:观察,检查施工记录。

(3)混凝土结构的外观质量不应有严重缺陷、不宜有一般缺陷,外观质量的识别按重庆市《市政工程边坡及挡护结构施工质量验收规范》附录J执行。对已经出现的缺陷,应由施工单位提出技术处理方案,并经设计单位确认后进行处理。对经处理的部位,应重新检查验收。检验数量:全数检查。检验方法:观察,检查技术处理方案。

2. 混凝土墙面应平整,外形美观。检验数量:全数检查。检验方法:观察。

3. 沉降缝、伸缩缝整齐平直、上下贯通,缝宽不小于设计值。检验数量:全数检查。检验方法:观察、尺量。

4. 现浇墙面板的允许偏差应符合下表的规定。

表 现浇墙面板允许偏差

序号	项目	规定值或允许偏差	检查方法和频率
1	厚度(mm)	+10 −5	尺量:每段测量1点
2	平整度(mm)	10	直尺、塞尺量:每段测量1点
3	预埋件位置(mm)	10	尺量:每段测量1点
4	顶面高程(mm)	±10	水准仪测量:每1~2段测量1点
5	墙面垂直度	0.5H%且≤15mm	垂线测量:每段测量1点
6	泄水孔尺寸(mm)	不小于设计值	尺量:每段测量1点
7	伸缩缝、沉降缝宽度(mm)	+20 0	尺量:每缝测量3点

市政工程边坡及挡护结构桩板式挡土墙桩柱(肋)施工检验批质量验收记录表

渝市政验收3-2-8

单位(子单位)工程名称			重庆市××区大学城环道K1+00～K1+500标段								
分部(子分部)工程名称			K1+00～K1+500标段道路桩板式挡土墙								
分项工程名称			桩板式挡土墙桩柱		验收部位			1#桩板式挡土墙2#桩			
施工单位		重庆市××市政工程有限公司			项目经理			岳水××			
分包单位		××城建集团一分公司			负责人			赵××			
施工执行标准名称及编号			重庆市《市政工程边坡及挡护结构施工质量验收规范》DBJ 50-126—2011								
	序号	施工质量验收规范的规定		施工单位检查评定记录							监理单位验收记录
		检查项目	规定值或允许偏差(mm)								
主控项目	1	混凝土材料质量、配合比、计量、强度	符合设计要求及标准规定	检查施工记录、试件检测报告及评定报告,符合规范要求。							符合规范要求。
	2	混凝土浇筑	符合规范要求	查施工记录,符合规范要求。							符合规范要求。
	3										
	4										
	5										
	6										
一般项目	1	断面尺寸	±20	-9	12	14	-8	15	14	13	符合规范要求。
	2	顶面高程	±10	9	-5	-6	8	7	3	2	符合规范要求。
	3	轴线偏位	10	9	5	6	8	7	3	2	符合规范要求。
	4	垂直度	0.3%*H*且≤20	√	√	√	√	√	√	√	符合规范要求。
	5	平整度	5	2	3	1.5	3	4	2	1	符合规范要求。
	6	预埋件位置	10	5	6	8	7	3	2	6	符合规范要求。
	7										
	8										
施工单位检查评定结果	施工员		王××		施工班组长			肖××			
	检查情况: 经检查,主控项目和一般项目均符合设计要求和重庆市《市政工程边坡及挡护结构施工质量验收规范》(DBJ 50-126—2011)规定,评定合格。 项目专职质量员:王×× 2015年5月20日										
监理单位验收结论	验收意见: 同意施工单位评定结果,验收合格,同意进行下道工序施工。 专业监理工程师:黎×× 2015年5月20日										

说明:

主控项目

1. 桩柱(肋)混凝土材料的质量、配合比、计量、强度评定分别按相关规范规定执行。

2. 桩柱(肋)混凝土应分层浇筑施工,每层搭接时间应控制在混凝土初凝时间以内。检验数量:全数检查。检验方法:观察,查施工记录。

3. 混凝土的工作性能、养护及外观质量要求:

(1)同配合比混凝土首次使用时,应进行坍落度、扩展度等工作性能的验证,应满足设计配合比及施工技术方案的要求,同时应至少留置2组标准养护试件,作为混凝土强度验证的依据。检验数量:全数检查。检验方法:检查开盘验证资料和试件强度试验报告。

(2)混凝土浇筑完毕后,养护应根据结构部位、季节、材料、混凝土性能等要求,按施工技术方案的要求执行。检验数量:全数检查。检验方法:观察,检查施工记录。

(3)混凝土结构的外观质量不应有严重缺陷、不宜有一般缺陷,外观质量的识别按重庆市《市政工程边坡及挡护结构施工质量验收规范》附录J执行。对已经出现的缺陷,应由施工单位提出技术处理方案,并经设计单位确认后进行处理。对经处理的部位,应重新检查验收。检验数量:全数检查。检验方法:观察,检查技术处理方案。

4. 混凝土墙面应平整,外形美观。检验数量:全数检查。检验方法:观察。

5. 混凝土桩柱(肋)各部尺寸验收标准,应符合下表的规定。

表　桩柱(肋)允许偏差

序号	项目	规定值或允许偏差	检查方法和频率
1	断面尺寸(mm)	±20	尺量:每一桩桩测量3个断面,每断面长宽各2点;压顶梁每桩桩间检查1个断面
2	顶面高程(mm)	±10	水准仪测量:每一桩桩测量1点
3	轴线偏位(mm)	10	经纬仪测量:每一桩桩从横各测量2点
4	垂直度	0.3%H且≤20mm	垂线测量:每一桩桩测量3点
5	平整度(mm)	5	直尺、塞尺量:每一桩桩测量3点;压顶梁每桩桩间测量3点
6	预埋件位置(mm)	10	尺量:每件

市政工程边坡及挡护结构桩板式挡土墙锚杆(索)的制作、安装与锚固检验批质量验收记录表

渝市政验收3-2-9

单位(子单位)工程名称	重庆市××区大学城环道K1+00～K1+500标段		
分部(子分部)工程名称	K1+00～K1+500标段道路桩板式挡土墙		
分项工程名称	桩板式挡土墙锚杆(索)	验收部位	1#桩板式挡土墙锚杆(索)
施工单位	重庆市××市政工程有限公司	项目经理	岳水××
分包单位	××城建集团一分公司	负责人	赵××
施工执行标准名称及编号	重庆市《市政工程边坡及挡护结构施工质量验收规范》DBJ 50-126—2011		

	序号	施工质量验收规范的规定：检查项目	施工质量验收规范的规定：规定值或允许偏差(mm)	施工单位检查评定记录							监理单位验收记录
主控项目	1	品种、规格和技术性能	符合设计及国家、行业标准规定	检查产品合格证、出厂检验报告、进场复验力学性能试验报告，符合规范要求。							符合规范要求。
	2	防腐体系及工艺	符合设计和有关技术规范规定	符合设计和有关技术规范的规定。							符合规范要求。
	3	位置、孔径、倾角、深度、锚固段岩体完整性	符合设计和施工技术要求	岩体完整性符合设计要求。							符合规范要求。
	4	锚固接头面积	≤锚杆总面积的25%	接头力学性能试验报告、隐蔽验收记录，符合规范要求。							符合规范要求。
	5	注浆所用主要材料	符合设计及国家、行业标准规定	注浆(砂浆)所用的水泥、细骨料、矿物、外加剂等主要材料的质量，符合设计及现行国家、行业标准的规定。							符合规范要求。
	6	砂浆配合比	满足设计及现行国家、行业标准规定	检查施工记录、试件。检测报告及评定报告，符合规范要求							符合规范要求。
	7	注浆的拌制、灌注	符合施工技术方案要求	孔底注浆法，注浆密实。							符合规范要求。
	8	注浆强度	符合设计要求	C30，符合要求。							符合规范要求。
	9	锚固段长度	符合设计要求	120 mm以上，符合要求。							符合规范要求。
一般项目	1	外观质量	符合规范规定	无质量缺陷。							符合规范要求。
	2	锚孔位置	20	9	12	14	8	15	14	13	符合规范要求。
	3	锚孔孔径	+10,0	2	8	4	7	6	5	4	符合规范要求。
	4	锚孔倾角	1	0.2	0.1	0.8	0.8	0.6	0.7	0.5	符合规范要求。
	5	锚孔深度	+100,0	45	65	70	82	65	55	50	符合规范要求。
	6	锚杆(索)长度	±50	-10	35	42	36	42	-9	38	符合规范要求。
	7	锚杆(索)锚固段长度	±50	-25	35	42	-8	42	36	38	符合规范要求。
		施工员	王××	施工班组长	肖××						

施工单位检查评定结果	检查情况： 经检查，主控项目和一般项目均符合设计要求和重庆市《市政工程边坡及挡护结构施工质量验收规范》(DBJ 50-126—2011)规定，评定合格。 项目专职质量员：王×× 2015年5月20日
监理单位验收结论	验收意见： 同意施工单位评定结果，验收合格，同意进行下道工序施工。 专业监理工程师：黎×× 2015年5月20日

说明:

主控项目

1. 锚杆(索)、锚具、夹具和连接器的品种、规格和技术性能应符合设计及现行国家、行业标准的规定。检验数量:按规范要求执行。检验方法:检查产品合格证、出厂检验报告、进场复验力学性能试验报告。

2. 锚杆(索)表面不应有损伤、裂纹、油污、颗粒状或片状老锈,锚索使用的钢丝或钢绞线应梳理顺直,不得有缠绞、扭麻花现象。检验数量:进场时和使用前全数检查。检验方法:观察。

3. 锚杆(索)杆体的防腐体系及工艺应符合设计和有关技术规范的规定。检验数量:全数检查。检验方法:观察。

4. 锚杆(索)孔的位置、孔径、倾角、深度、锚固段岩体完整性应符合设计要求。钻孔完毕后,应及时将孔冲洗干净。检验数量:全数检查。检验方法:观察、尺量。

5. 同一截面的锚杆的接头面积不超过锚杆总面积的25%,接头的质量应符合设计及现行国家、行业标准的规定。检验数量:全数检查。检验方法:观察,接头力学性能试验报告、隐蔽验收记录。

6. 锚杆(索)安装时,锚具及锚杆(索)的品种、级别、规格、数量等应符合设计及现行国家、行业标准的规定。检验数量:全数检查。检验方法:观察、隐蔽验收记录。

7. 锚杆(索)锚固段注浆(砂浆)所用的水泥、细骨料、矿物、外加剂等主要材料的质量,必须符合设计及现行国家、行业标准的规定。检验数量:按规范要求执行。检验方法:检查产品合格证、出厂检验报告和进场复验报告。

8. 锚杆(索)锚固段注浆(砂浆)配合比必须满足设计及现行国家、行业标准的规定。检验数量:全数检查。检验方法:检查配合比设计资料。

9. 锚杆(索)锚固段注浆(砂浆)原材料应计量准确,注浆的拌制、灌注应符合施工技术方案的要求。检验数量:全数检查。检验方法:观察,检查施工记录。

10. 锚杆(索)锚固段注浆(砂浆)强度应符合设计要求,其取样数量及强度评定方法按相关规范规定执行。检验数量:按规范要求执行。检验方法:检查施工记录、试件检测报告及评定报告。

11. 锚固段注浆应采用孔底注浆法,确保注浆密实。锚杆(索)孔的锚固段长度应符合设计要求。检验数量:全数检查。检验方法:观察。

12. 锚杆(索)在下列情况应进行基本试验,试验方法按《建筑边坡工程技术规范》(GB 50330)的规定执行。

(1)当设计有要求时;

(2)采用新工艺、新材料或新技术的锚杆(索);

(3)无锚固工程经验的岩土层一级边坡工程的锚杆(索)。

检验数量:不少于3根。检验方法:锚杆(索)基本试验报告。

一般项目

1. 锚杆(索)的验收试验应按设计要求及《建筑边坡工程技术规范》(GB 50330)的规定执行。检验数量:为锚杆(索)总数的5%,且不得少于5根。检验方法:锚杆(索)抗拔力试验报告,抗拔力平均值不小于设计值,最小抗拔力不小于90%设计值。

2. 锚杆(索)的制作与安装各部尺寸验收标准,应符合下表的规定。

表　锚杆(索)允许偏差

序号	检查项目	规定值或允许偏差	检查方法和频率
1	锚孔位置(mm)	20	尺量:每孔测1点
2	锚孔孔径(mm)	+10 0	尺量:每孔测1点
3	锚孔倾角(%)	1	导杆法量:每孔测1点
4	锚孔深度(mm)	+100 0	尺量:每孔测1点
5	锚杆(索)长度(mm)	±50	尺量:每孔测1点
6	锚杆(索)长度(mm)	±50	尺量(差值法):每孔测1点

市政工程边坡及挡护结构桩板式挡土墙锚杆(索)的张拉、注浆与封锚检验批质量验收记录表

渝市政验收3-2-10

<table>
<tr><td colspan="3">单位(子单位)工程名称</td><td colspan="4">重庆市××区大学城环道K1+00～K1+500标段</td></tr>
<tr><td colspan="3">分部(子分部)工程名称</td><td colspan="4">K1+00～K1+500标段道路桩板式挡土墙</td></tr>
<tr><td colspan="3">分项工程名称</td><td>桩板式挡土墙锚杆(索)</td><td>验收部位</td><td colspan="2">1#桩板式挡土墙锚杆(索)</td></tr>
<tr><td colspan="3">施工单位</td><td>重庆市××市政工程有限公司</td><td>项目经理</td><td colspan="2">岳××</td></tr>
<tr><td colspan="3">分包单位</td><td>××城建集团一分公司</td><td>负责人</td><td colspan="2">赵××</td></tr>
<tr><td colspan="3">施工执行标准名称及编号</td><td colspan="4">重庆市《市政工程边坡及挡护结构施工质量验收规范》DBJ 50-126—2011</td></tr>
<tr><td rowspan="3"></td><td rowspan="2">序号</td><td colspan="2">施工质量验收规范的规定</td><td rowspan="2">施工单位检查评定记录</td><td rowspan="2" colspan="2">监理单位验收记录</td></tr>
<tr><td>检查项目</td><td>规定值或允许偏差(mm)</td></tr>
<tr><td>1</td><td>锚固段注浆体强度</td><td>符合设计要求</td><td>C30,符合要求。</td><td colspan="2">符合规范要求。</td></tr>
<tr><td rowspan="8">主控项目</td><td>2</td><td>注浆所用主要材料</td><td>符合设计及国家、行业标准规定</td><td>注浆(砂浆)所用的水泥、细骨料、矿物、外加剂等主要材料的质量,符合设计及现行国家、行业标准的规定。</td><td colspan="2">符合规范要求。</td></tr>
<tr><td>3</td><td>砂浆配合比</td><td>满足设计及现行国家、行业标准规定</td><td>M10,符合规范要求。</td><td colspan="2">符合规范要求。</td></tr>
<tr><td>4</td><td>注浆的拌制、灌注</td><td>符合施工技术方案要求</td><td>符合规范要求。</td><td colspan="2">符合规范要求。</td></tr>
<tr><td>5</td><td>注浆强度</td><td>符合设计要求</td><td>C30,符合要求。</td><td colspan="2">符合规范要求。</td></tr>
<tr><td>6</td><td>封锚混凝土强度</td><td>符合设计要求</td><td>符合规范要求。</td><td colspan="2">符合规范要求。</td></tr>
<tr><td>7</td><td>锚垫板平面与锚孔轴线</td><td>符合规范规定</td><td>锚垫板平面应与锚孔轴线垂直。</td><td colspan="2">符合规范要求。</td></tr>
<tr><td>8</td><td></td><td></td><td></td><td colspan="2"></td></tr>
<tr><td>9</td><td></td><td></td><td></td><td colspan="2"></td></tr>
<tr><td rowspan="7">一般项目</td><td>1</td><td>预应力锚杆(索)张拉力</td><td>满足设计要求</td><td>预应力锚杆(索)张拉伸长量与设计值的误差不超值。</td><td colspan="2">符合规范要求。</td></tr>
<tr><td>2</td><td>锚固后外露长度</td><td>≥30</td><td>符合规范要求。</td><td colspan="2">符合规范要求。</td></tr>
<tr><td>3</td><td>钢束断丝滑丝数</td><td>每束1根,且每断面不超过钢丝总数的1%</td><td>符合规范要求。</td><td colspan="2">符合规范要求。</td></tr>
<tr><td>4</td><td>钢筋断丝数</td><td>不允许</td><td>无钢筋断丝。</td><td colspan="2">符合规范要求。</td></tr>
<tr><td>5</td><td></td><td></td><td></td><td colspan="2"></td></tr>
<tr><td>6</td><td></td><td></td><td></td><td colspan="2"></td></tr>
<tr><td>7</td><td></td><td></td><td></td><td colspan="2"></td></tr>
<tr><td rowspan="2" colspan="2">施工单位检查评定结果</td><td>施工员</td><td>张××</td><td>施工班组长</td><td colspan="2">王××</td></tr>
<tr><td colspan="5">检查情况:
经检查,主控项目和一般项目均符合设计要求和重庆市《市政工程边坡及挡护结构施工质量验收规范》(DBJ 50-126—2011)规定,评定合格。
项目专职质量员:王××
2015年5月20日</td></tr>
<tr><td colspan="2">监理单位验收结论</td><td colspan="5">验收意见:
同意施工单位评定结果,验收合格,同意进行下道工序施工。
专业监理工程师:黎××
2015年5月20日</td></tr>
</table>

说明:

主控项目

1. 锚喷护坡锚杆(索)的张拉、注浆与封锚施工质量及验收应按相关规范规定执行。

2. 锚垫板平面应与锚孔轴线应垂直。检验数量:全部检查。检验方法:观察、尺量。

3. 预应力锚杆(索)张拉时,锚固段注浆体强度应符合设计要求,当无设计要求时应达到设计强度的90%方可张拉。检验数量:每30孔检查1组试件,不足30孔时也应检查1组试件。检验方法:检查浆体试验报告。

4. 千斤顶与压力表应进行配套检定,按检定周期送计量测试部门检定。检验数量:全数检查。检验方法:检查报告。

5. 预应力锚杆(索)的张拉力应满足设计要求。预应力锚杆(索)张拉伸长量与设计值的误差不应超过±6%。检验数量:全数检查。检验方法:检查预应力张拉施工记录。

6. 张拉段注浆(砂浆)所用材料的质量、配合比、计量、强度评定分别按相关规范规定执行,且应在张拉后7d内实施注浆。

一般项目

1. 预应力锚杆(索)的张拉力应满足设计要求。预应力锚杆(索)张拉伸长量与设计值的误差不应超过±6%。

2. 预应力锚杆(索)锚固后的外露长度不宜小于30mm,多余长度的部分应采用机械切割,严禁采用电弧切割。检验数量:全数检查。检验方法:观察。

3. 锚杆(索)张拉断丝、滑丝的验收标准,应符合下表的规定。

表　锚杆(索)张拉断丝、滑丝的允许偏差

序号	检查项目	规定值或允许偏差	检查方法和频率
1	钢束断丝滑丝数	每束1根,且每断面不超过钢丝总数的1%	目测、尺量:每根(束)
2	钢筋断丝数	不允许	目测:每根(束)

市政工程边坡及挡护结构桩板式挡土墙墙背填筑施工检验批质量验收记录表

渝市政验收3-2-11

单位(子单位)工程名称		重庆市××区大学城环道K1+00～K1+500标段			
分部(子分部)工程名称		K1+00～K1+500标段道路桩板式挡土墙			
分项工程名称		桩板式挡土墙墙背填筑		验收部位	1#桩板式挡土墙墙背
施工单位		重庆市××市政工程有限公司		项目经理	岳××
分包单位		××城建集团一分公司		负责人	赵××
施工执行标准名称及编号			重庆市《市政工程边坡及挡护结构施工质量验收规范》DBJ 50-126—2011		
	序号	施工质量验收规范的规定		施工单位检查评定记录	监理单位验收记录
		检查项目	规定值或允许偏差(mm)		
主控项目	1	填料	符合设计要求	查土工试验报告，符合规范要求。	符合规范要求。
	2	反滤层材料级配、粒径	符合设计要求	级配料、粒径符合设计要求，透水性良好。	符合规范要求。
	3	墙体强度	符合设计要求	检查检验报告，墙体强度符合设计要求。	符合规范要求。
	4	反滤层的设置位置、数量、尺寸	符合设计要求	位置、数量、尺寸，符合设计要求。	符合规范要求。
	5	分层厚度、压实系数	符合设计要求	分层填筑压实，分层厚度、压实系数符合设计要求。	符合规范要求。
	6				
	7				
	8				
一般项目	1	墙背填筑与反滤层施工	符合规范规定	墙背填筑，与反滤层施工同步进行。检查施工记录、检查试验报告，符合规范要求。	符合规范要求。
	2				
	3				
	4				
	5				
施工单位检查评定结果	施工员	张××	施工班组长	王××	
	检查情况： 经检查，主控项目和一般项目均符合设计要求和重庆市《市政工程边坡及挡护结构施工质量验收规范》(DBJ 50-126—2011)规定，评定合格。 项目专职质量员：王×× 2015年5月20日				
监理单位验收结论	验收意见： 同意施工单位评定结果，验收合格，同意进行下道工序施工。 专业监理工程师：黎×× 2015年5月20日				

说明:

主控项目

1. 墙背填筑所用的填料应符合设计要求。当设计无要求时,不得采用膨胀土、高液限黏土、耕植土、淤泥质土、草皮、树根、生活垃圾等不良填料。检验数量:全数检查。检验方法:观察,检查土工试验报告。

2. 反滤层材料级配料、粒径应符合设计要求,透水性良好。检验数量:全数检查。检验方法:观察。

3. 墙背填筑时,墙体强度应符合设计要求。当设计无要求时,不得低于设计强度的80%。检验数量:混凝土、砂浆均不少于1组。检验方法:检查检验报告。

4. 墙身施工中,反滤层的设置、数量和尺寸应符合设计要求。检验数量:全数检查。检验方法:观察、尺量、查隐蔽验收记录。

5. 墙背填筑,应分层填筑压实,分层厚度、压实系数应符合设计要求。检验数量:每层每1000m^{3}抽测3点。检验方法:检查检验报告。

一般项目

墙背填筑,应与反滤层施工同步进行。检验数量:全数检查。检验方法:检查施工记录、直观签别或检查试验报告。

市政工程边坡及挡护结构桩板式挡土墙截(排)水沟施工检验批质量验收记录表

渝市政验收3-2-12

单位(子单位)工程名称	重庆市××区大学城环道K1+00~K1+500标段		
分部(子分部)工程名称	K1+00~K1+500标段道路桩板式挡土墙		
分项工程名称	桩板式挡土墙截(排)水沟	验收部位	1#桩板式挡土墙截(排)水沟
施工单位	重庆市××市政工程有限公司	项目经理	岳××
分包单位	××城建集团一分公司	负责人	赵××
施工执行标准名称及编号	重庆市《市政工程边坡及挡护结构施工质量验收规范》DBJ 50-126—2011		

	序号	检查项目	规定值或允许偏差(mm) 料石、混凝土现浇	块石、片石、毛石	施工单位检查评定记录							监理单位验收记录
主控项目	1	截(排)水沟位置、尺寸、坡度	符合设计要求		沟槽坡面、底部应平整密实。跌水沟、槽的位置、尺寸符合设计要求。							符合规范要求。
主控项目	2	混凝土、砂浆材料质量、配合比、计量、强度	符合设计要求及标准规定		查材料进场试验检测报告、混凝土试样，配合比、强度符合规范要求。							符合规范要求。
主控项目	3	砌筑石料	符合设计要求		检查产品合格证、出厂检验报告和进场复验报告,石料质量符合国家标准。							符合规范要求。
主控项目	4	混凝土砌块	符合设计要求		查出厂合格证、混凝土试验报告,品种、规格、质量应符合设计要求的规定。							符合规范要求。
主控项目	5											
一般项目	1	断面尺寸	不小于设计值		√	√	√	√	√	√	√	符合规范要求。
一般项目	2	结构层厚度	不小于设计值		√	√	√	√	√	√	√	符合规范要求。
一般项目	3	沟底高程	±10	-9	-5	6	8	3	2	-2		符合规范要求。
一般项目	4	沟槽位置	30		15	25	20	23	28	22	19	符合规范要求。
一般项目	5	跌水沟、槽位置	30		25	20	23	28	22	19	21	符合规范要求。
一般项目	6	沟底坡度(%)	±0.5		0.2	-0.1	0.3	0.4	0.2	-0.1	0.3	符合规范要求。
一般项目	7	伸缩缝位置	50		22	30	22	42	32	24	26	符合规范要求。
一般项目	8											

施工单位检查评定结果	施工员	张××	施工班组长	王××
	检查情况： 经检查,主控项目和一般项目均符合设计要求和重庆市《市政工程边坡及挡护结构施工质量验收规范》(DBJ 50-126—2011)规定,评定合格。 项目专职质量员：王×× 2015年5月20日			
监理单位验收结论	验收意见： 同意施工单位评定结果,验收合格,同意进行下道工序施工。 专业监理工程师：黎×× 2015年5月20日			

说明：

一般规定

1. 适用于规范所有挡护结构的截(排)水沟、盲沟的质量检查验收。

2. 截(排)水沟的基槽底面的土质不符合要求时,应进行换填处理。

主控项目

1. 截(排)水沟的位置、尺寸、坡度等应符合设计要求。沟槽坡面、底部应平整密实。跌水沟、槽的位置、尺寸应符合设计要求。检验数量:全数检查。检验方法:观察、尺量。

2. 浆砌截(排)水沟砂浆所用材料的质量、配合比、计量、强度评定分别按相关规范规定执行。

3. 浆砌截(排)水沟砌筑所用石料的质量应符合设计要求及现行国家、行业标准的规定。检验数量:不超过$400m^3$检验1组。检验方法:检查产品合格证、出厂检验报告和进场复验报告。

4. 浆砌截(排)水沟砌筑所用混凝土砌块的质量按相关规范规定执行。当预制混凝土砌块采用工厂生产的预制件时,其品种、规格、质量应符合设计要求的规定。检验数量:全数检查。检验方法:观察,检查出厂合格证、混凝土试验报告、进场验收记录,当对预制件质量有怀疑时,应实行抽芯检测或破坏性试验检测。

5. 混凝土截(排)水沟所用的材料的质量、配合比、计量、强度评定分别按相关规范规定执行。

一般项目

1. 截(排)水沟表面应平整、沿走向宽窄一致,外形美观。砌体勾缝密实、平顺美观。检验数量:全数检查。检验方法:观察。

2. 伸缩缝整齐平直、上下贯通,缝宽不小于设计值。检验数量:全数检查。检验方法:观察、尺量。

3. 截(排)水沟各部尺寸验收标准,应符合下表的规定。

表　截(排)水沟允许偏差

序号	项目	规定值或允许偏差		检查方法和频率
		料石、混凝土现浇	块石、片石、毛石	
1	断面尺寸(mm)	不小于设计值		尺量:每20m检查1个断面,每断面各2点
2	结构层厚度(mm)	不小于设计值		尺量:每20m检查1个断面,每断面各2点
3	沟底高程(mm)	±10	±20	水准仪测量:每20m检查1处
4	沟槽位置(mm)	30		经纬仪测量:每20m检查1处
5	跌水沟、槽位置(mm)	30		经纬仪测量:全数检查
6	沟底坡度(%)	±0.5		垂线测量:每20m检查1处
7	伸缩缝位置(mm)	50		尺量:每一缝段测量1点

市政工程边坡及挡护结构桩板式挡土墙盲沟施工检验批质量验收记录表

渝市政验收3-2-13

单位(子单位)工程名称			重庆市××区大学城环道K1+00～K1+500标段								
分部(子分部)工程名称			K1+00～K1+500标段道路桩板式挡土墙								
分项工程名称			桩板式挡土墙盲沟		验收部位				1#桩板式挡土墙盲沟		
施工单位			重庆市××市政工程有限公司		项目经理				岳××		
分包单位			××城建集团一分公司		负责人				赵××		
施工执行标准名称及编号			重庆市《市政工程边坡及挡护结构施工质量验收规范》DBJ 50-126—2011								
	序号	施工质量验收规范的规定		施工单位检查评定记录							监理单位验收记录
		检查项目	规定值或允许偏差(mm)								
主控项目	1	盲沟位置、尺寸、坡度	符合设计要求	位置、尺寸、坡度等符合设计要求。							符合规范要求。
主控项目	2	盲沟周变衬层所用材料品种、规格、质量、数量	符合设计要求及规范规定	材料的品种、规格、质量、数量符合设计要求及相关规范相关规定。							符合规范要求。
主控项目	3	填料所用材料品种、规格、质量、数量	符合设计要求及标准规定	填料所用的材料的品种、规格、质量、数量符合设计要求及现行国家、行业标准的规定。							符合规范要求。
主控项目	4										
主控项目	5										
一般项目	1	断面尺寸	不小于设计值	√	√	√	√	√	√	√	符合规范要求。
一般项目	2	衬层厚度	不小于设计值	√	√	√	√	√	√	√	符合规范要求。
一般项目	3	沟底高程	±50	−25	30	−20	−9	15	−12	−15	符合规范要求。
一般项目	4	沟槽位置	30	25	20	23	28	22	19	21	符合规范要求。
一般项目	5	沟底坡度(%)	±0.5	0.2	−0.1	0.3	0.4	0.2	−0.1	0.3	符合规范要求。
一般项目	6	伸缩缝位置	50	22	30	22	42	32	24	26	符合规范要求。
一般项目	7										
一般项目	8										
施工单位检查评定结果	施工员	张××		施工班组长			王××				
施工单位检查评定结果	检查情况： 经检查，主控项目和一般项目均符合设计要求和重庆市《市政工程边坡及挡护结构施工质量验收规范》(DBJ 50-126—2011)规定，评定合格。 项目专职质量员：王×× 2015年5月20日										
监理单位验收结论	验收意见： 同意施工单位评定结果，验收合格，同意进行下道工序施工。 专业监理工程师：黎×× 2015年5月20日										

说明:

主控项目

1. 盲沟的位置、尺寸、坡度等应符合设计要求。沟槽坡面、底部应平整密实。跌水沟、槽的位置、尺寸应符合设计要求。检验数量:全数检查。检验方法:观察、尺量。

2. 盲沟周边衬层所用的材料的品种、规格、质量、数量应符合设计要求及相关规范相关规定。

3. 盲沟填料所用的材料的品种、规格、质量、数量应符合设计要求及现行国家、行业标准的规定。

一般项目

1. 盲沟沿走向宽窄基本一致。伸缩缝整齐平直、上下贯通,缝宽不小于设计值。检验数量:全数检查。检验方法:观察。

2. 盲沟沟各部尺寸验收标准,应符合下表的规定。

表　盲沟允许偏差

序号	项目	规定值或允许偏差	检查方法和频率
1	断面尺寸(mm)	不小于设计值	尺量:每20m检查1个断面
2	衬层厚度(mm)	不小于设计值	尺量:每20m检查1个断面
3	沟底高程(mm)	±50	水准仪测量:每20 m检查1个断面,每断面1点
4	沟槽位置(mm)	30	经纬仪测量:每20m检查1处
5	沟底坡度(%)	±0.5	垂线测量:每20m检查1处
6	伸缩缝位置(mm)	50	尺量:每一缝段测量1点

市政工程边坡及挡护结构悬臂式及扶壁式挡墙边坡开挖(土质边坡)检验批质量验收记录表

渝市政验收3-3-1

单位(子单位)工程名称	重庆市××区大学城环道K1+00～K1+500标段		
分部(子分部)工程名称	K1+00～K1+500标段道路悬臂式及扶壁式挡土墙		
分项工程名称	悬臂式及扶壁式挡土墙边坡开挖	验收部位	1#悬臂式及扶壁式挡土墙
施工单位	重庆市××市政工程有限公司	项目经理	岳××
分包单位	××城建集团一分公司	负责人	赵××
施工执行标准名称及编号	重庆市《市政工程边坡及挡护结构施工质量验收规范》DBJ 50-126—2011		

	序号	施工质量验收规范的规定 检查项目	规定值或允许偏差	施工单位检查评定记录							监理单位验收记录
主控项目	1	坡面、坡线	符合设计要求	坡面稳定、平顺，边线顺直，表面无松土，无反陂。							符合规范要求。
	2	坡率	不陡于设计值	经纬仪测量，不陡于设计值。							
	3										
	4										
	5										
	6										
	7										
	8										
一般项目	1	坡脚线偏位(mm)	50	25	20	8	15	24	32	43	符合规范要求。
	2	平整度(mm)	100	85	70	35	50	35	50	60	符合规范要求。
	3										
	4										

施工员	张××	施工班组长	王××
施工单位检查评定结果	检查情况： 经检查，主控项目和一般项目均符合设计要求和重庆市《市政工程边坡及挡护结构施工质量验收规范》(DBJ 50-126—2011)规定，评定合格。 项目专职质量员：王×× 2015年5月20日		
监理单位验收结论	验收意见： 同意施工单位评定结果，验收合格，同意进行下道工序施工。 专业监理工程师：黎×× 2015年5月20日		

说明:

一般规定

1. 边坡开挖施工前应结合工程勘察设计文件、临近建筑物和地下设施类型、分部及结构质量情况、工程设计图纸等,编制施工技术方案、环境保护措施。边坡首次开挖完成后,应经勘察、设计、建设、监理等单位验收合格后方可进行下一道工序。

2. 边坡开挖时,应做好坡顶、坡面防排水。土质边坡应尽量避免雨季施工,防止地质灾害发生;当必须在雨季施工时,应采取雨季施工措施。

3. 对土石方开挖后不稳定或欠稳定的边坡,应根据边坡的地质特征和可能发生的破坏等情况,采取自上而下、分层分段开挖,减少对边坡的扰动;土质边坡分层层高不宜超过1m,并按设计及时支护,宜采取逆作法或部分逆作法施工;严禁坡顶堆载。

4. 边坡开挖施工应进行检测,发现异常时,应立即停止施工,消除隐患,经批准后方可继续施工。检测、监控方法按本章监控量测表A、B执行。

5. 采用爆破法开挖施工前,施工单位应编制爆破施工技术方案,并报主管部门批准。施工时,应严格按照技术方案和《爆破安全规程》(GB 6722)的规定执行,不能影响邻近地上、地下建(构)筑物及设施的安全,并按相关产权单位的意见或规定实施爆破作业。爆破施工宜采用浅孔爆破法,边坡爆破开挖宜采用预裂爆破或光面爆破。

主控项目

1. 土质边坡坡面稳定、平顺,边线顺直,表面无松土,严禁出现反陂。检验数量:全数检查。检验方法:观察和测量。

2. 土质边坡坡率应不陡于设计值。检验数量:每20m抽查1处。检验方法:经纬仪测量。

一般项目

土质边坡基底高程、平面尺寸符合设计要求;土质边坡开挖允许偏差应符合下表的规定。

表 土质边坡开挖允许偏差

序号	检查项目	规定值或允许偏差	检查方法和频率
1	坡脚线偏位(mm)	50	经纬仪测:每20m测2点
2	平整度(mm)	100	直尺、塞尺量:每20m测1处

市政工程边坡及挡护结构悬臂式及扶壁式挡墙边坡开挖(岩质边坡)检验批质量验收记录表

渝市政验收3-3-2

单位(子单位)工程名称			重庆市××区大学城环道K1+00～K1+500标段								
分部(子分部)工程名称			K1+00～K1+500标段道路悬臂式及扶壁式挡土墙								
分项工程名称			悬臂式及扶壁式挡土墙边坡开挖		验收部位			1#悬臂式及扶壁式挡土墙			
施工单位		重庆市××市政工程有限公司			项目经理			岳××			
分包单位		××城建集团一分公司			负责人			赵××			
施工执行标准名称及编号				重庆市《市政工程边坡及挡护结构施工质量验收规范》DBJ 50-126—2011							
	序号	施工质量验收规范的规定 检查项目	规定值或允许偏差(mm)	施工单位检查评定记录							监理单位验收记录
主控项目	1	坡面	符合设计要求	坡面稳定、平顺，边线顺直，表面无松土，无反陂。							符合规范要求。
	2	坡率	不陡于设计值	经纬仪测量，不陡于设计值。							符合规范要求。
	3										
	4										
	5										
	6										
	7										
	8										
一般项目	1	基底高程、平面尺寸	符合设计要求	√	√	√	√	√	√	√	符合规范要求。
	2	坡脚线偏位	50	32	40	20	25	28	29	32	符合规范要求。
	3	平整度	150	100	110	80	60	130	120	90	符合规范要求。
	4	炮孔痕迹保存率	≥50%	√	√	√	√	√	√	√	符合规范要求。
	5	质点振动速度	符合设计要求	√	√	√	√	√	√	√	符合规范要求。
	施工员		张××	施工班组长				王××			
施工单位检查评定结果	检查情况： 经检查，主控项目和一般项目均符合设计要求和重庆市《市政工程边坡及挡护结构施工质量验收规范》(DBJ 50-126—2011)规定，评定合格。 项目专职质量员：王×× 2015年5月20日										
监理单位验收结论	验收意见： 同意施工单位评定结果，验收合格，同意进行下道工序施工。 专业监理工程师：黎×× 2015年5月20日										

说明:

一般规定

1. 边坡开挖施工前应结合工程勘察设计文件、邻近建筑物和地下设施类型、分部及结构质量情况、工程设计图纸等,编制施工技术方案、环境保护措施。边坡首次开挖完成后,应经勘察、设计、建设、监理等单位验收合格后方可进行下一道工序。

2. 边坡开挖时,应做好坡顶、坡面防排水。土质边坡应尽量避免雨季施工,防止地质灾害发生;当必须在雨季施工时,应采取雨季施工措施。

3. 对土石方开挖后不稳定或欠稳定的边坡,应根据边坡的地质特征和可能发生的破坏等情况,采取自上而下、分层分段开挖,减少对边坡的扰动;土质边坡分层层高不宜超过1m,并按设计及时支护,宜采取逆作法或部分逆作法施工;严禁坡顶堆载。

4. 边坡开挖施工应进行检测,发现异常时,应立即停止施工,消除隐患,经批准后方可继续施工。检测、监控方法按本章监控量测表1、2规定执行。

5. 采用爆破法开挖施工前,施工单位应编制爆破施工技术方案,并报主管部门批准。施工时,应严格按照技术方案和《爆破安全规程》(GB 6722)的规定执行,不能影响邻近地上、地下建(构)筑物及设施的安全,并按相关产权单位的意见或规定实施爆破作业。爆破施工宜采用浅孔爆破法,边坡爆破开挖宜采用预裂爆破或光面爆破。

主控项目

1. 岩质边坡坡面应满足设计要求,并确保边坡稳定,无松石、险石。坡面平顺,线型顺直,严禁出现反陂。检验数量:全数检查。检验方法:观察和测量。

2. 岩质边坡坡率应不陡于设计值。检验数量:每20m抽查1处。检验方法:经纬仪测量。

一般项目

1. 岩质边坡基底高程、平面尺寸应符合设计要求;岩质边坡开挖允许偏差应符合表1的规定。

表1 岩质边坡开挖允许偏差

序号	检查项目	规定值或允许偏差	检查方法和频率
1	坡脚线偏位(mm)	50	经纬仪测:每20m测2点
2	平整度(mm)	100	直尺、塞尺量:每20m测1处

2. 预裂爆破或光面爆破边坡坡面上宜保留炮孔痕迹。残留炮孔痕迹保存率应不得小于50%。检验数量:采用浅孔时每开挖层每30m检查2组炮孔,每组随机选10个连续炮孔,不足30m的检查1组炮孔;采用深孔时每开挖层每60m检查2组炮孔,每组随机选10个连续炮孔,不足60m的检查1组炮孔。检验方法:观察、尺量。

3. 岩质边坡开挖采用浅孔梯段爆破时,应采取防振动、防飞石、防空气冲击波(或噪声)措施。

(1)邻近设计标高时,孔底宜设置在同一高程,其误差小于±300mm。检验频率:每20m测量1个断面,不足20m测量1个断面。检验方法:观察、尺量、水准仪测量。

(2)无爆破飞石,空气冲击波(或噪声)小,必要时应监测爆破振动效应。检验频率:与爆破同时进行。检验方法:观察、振动监测。

4. 距离建筑物、构筑物较近时,宜对爆破引起的振动效应采取监测措施,质点振动速度应符合设计要求,当设计无要求时应符合表2的规定。

检验数量:全部炮次。检验方法:振动检测仪测量。

表2　质点安全振速

序号		检查项目	规定值或允许偏差(cm/s)	检查方法和频率
1		土窑洞、土胚房、毛石房屋	0.5~1.5	采用爆破振动检测仪进行检测，检测工作于爆破同步进行。
2		一般砖房、非抗震的大型切块建筑物	2.0~3.0	
3		钢筋混凝土结构房屋	3.0~5.0	
4		石油、天然气管道	2.5	
5		一般古建筑物与古迹	0.1~0.5	
6		边坡面	10	
7		交通隧道	10~20	
8		排水洞基础或壁面	10	
9		输水洞竖井基础或壁面	10	
10		已灌浆部位	1.2~1.5	
11		已锚固部位	1.2~1.5	
12	新浇大体积混凝土	龄期：初凝~3d	2.0~3.0	
		龄期：3~7d	3.0~7.0	
		龄期：7~28d	7.0~12.0	

*省级以上(含省级)重点保护古建筑与古迹的安全允许振速，应经专家论证选取，报相应文物管理部门批准。

市政工程边坡及挡护结构悬臂式及扶壁式挡墙明挖基坑、基槽施工检验批质量验收记录表

渝市政验收3-3-3

单位(子单位)工程名称			重庆市××区大学城环道K1+00～K1+500标段								
分部(子分部)工程名称			K1+00～K1+500标段道路悬臂式及扶壁式挡土墙								
分项工程名称			悬臂式及扶壁式挡土墙基坑槽开挖					验收部位		1#悬臂式及扶壁式挡土墙	
施工单位		重庆市××市政工程有限公司						项目经理		岳××	
分包单位		××城建集团一分公司						负责人		赵××	
施工执行标准名称及编号			重庆市《市政工程边坡及挡护结构施工质量验收规范》DBJ 50-126—2011								
	序号	施工质量验收规范的规定：检查项目	施工质量验收规范的规定：规定值或允许偏差（mm）	施工单位检查评定记录							监理单位验收记录
主控项目	1	地基承载力、埋置深度	符合设计要求	基槽隐蔽验收记录，符合规范要求。							符合规范规定。
	2	台阶形坑底、台面与阶壁	符合规范规定	台阶形坑底完整无损伤，台面与阶壁平顺。							符合规范规定。
	3										
	4										
	5										
	6										
	7										
	8										
一般项目	1	基底高程	0，-50	-15	-20	-12	-32	-25	-18	-20	符合规范规定。
	2	长度、宽度	不小于设计值	√	√	√	√	√	√	√	符合规范规定。
	3	轴线偏位	50	20	45	32	25	20	32	40	符合规范规定。
	4	斜面基底坡率(%)	±1	0.1	0.6	0.7	-0.5	0.8	0.9	-0.5	符合规范规定。
	5	台阶尺寸	±100	50	60	-40	70	60	-55	40	符合规范规定。
施工单位检查评定结果	施工员	张××		施工班组长				王××			
	检查情况： 经检查，主控项目和一般项目均符合设计要求和重庆市《市政工程边坡及挡护结构施工质量验收规范》(DBJ 50-126—2011)规定，评定合格。 项目专职质量员：王×× 2015年5月20日										
监理单位验收结论	验收意见： 同意施工单位评定结果，验收合格，同意进行下道工序施工。 专业监理工程师：黎×× 2015年5月20日										

说明：

主控项目

1. 地基承载力、埋置深度应符合设计要求。检验数量：全数检查。每一变形缝段检查1组，当每一变形缝段内地质条件发生变化时，检验数量应至少增加1组。检测数量按照现行国家、行业地基检测标准执行。检验方法：检查检验报告，检查基坑、基槽隐蔽验收记录。

2. 台阶形坑底应完整无损伤，台面与阶壁应平顺，斜面地基应平整、无贴补。检验数量：全数检查。检验方法：观察，检查基坑、基槽隐蔽验收记录。

一般项目

基坑、基槽各部尺寸验收标准，应符合下表的规定。

表　基槽开挖允许偏差

序号	检查项目	规定值或允许偏差	检查方法和频率
1	基底高程(mm)	0，-50	水准仪：每一变形缝段测3点
2	长度、宽度(mm)	不小于设计	用钢尺量：基坑长、宽各2点
3	轴线偏位(mm)	50	经纬仪：纵横各测量2点
4	斜面基底坡率(%)	±1	水准仪：每一变形缝段测3点
5	台阶尺寸(mm)	±100	尺量：每台阶测3点

市政工程边坡及挡护结构悬臂式及扶壁式挡墙钢筋工程检验批质量验收记录表

渝市政验收 3-3-4

单位(子单位)工程名称	重庆市××区大学城环道 K1+00 ~ K1+500 标段		
分部(子分部)工程名称	K1+00 ~ K1+500 标段道路悬臂式及扶壁式挡土墙		
分项工程名称	悬臂式及扶壁式挡土墙钢筋工程	验收部位	1#悬臂式及扶壁式式挡土墙
施工单位	重庆市××市政工程有限公司	项目经理	岳××
分包单位	××城建集团一分公司	负责人	赵××
施工执行标准名称及编号	重庆市《市政工程边坡及挡护结构施工质量验收规范》DBJ 50-126—2011		

	序号	施工质量验收规范的规定：检查项目	规定值或允许偏差(mm)	施工单位检查评定记录							监理单位验收记录
主控项目	1	钢筋、继续连接器、焊条等品种、规格和技术性能	符合设计及国家、行业标准规定	检查产品合格证、出厂检验报告、进场复验力学性能试验报告，品种、规格、性能符合规范要求。							符合规范要求。
主控项目	2	受力钢筋连接方式、钢筋接头位置、同一截面的接头数量、搭接长度	符合设计及国家、行业标准规定	查接头力学性能试验报告及隐蔽验收记录，符合规范要求。							符合规范要求。
主控项目	3	钢筋品种、级别、规格、数量、形状及锚固	符合设计及国家、行业标准规定	查隐蔽验收记录、材料试验报告，符合规范要求。							符合规范要求。
一般项目	1	钢筋加工 受力钢筋顺长度方向加工后的全长	±10	−5	−9	2	8	3	6	4	符合规范要求。
一般项目	2	钢筋加工 弯起钢筋各部分尺寸	±20	12	15	−18	−20	16	18	−8	符合规范要求。
一般项目	3	钢筋加工 箍筋、螺旋筋各部分尺寸	±5	1	−2	−4	3	2	−4	−3	符合规范要求。
一般项目	4	钢筋计钢筋网安装成型 受力钢筋间距 两排以上排距	±5	−2	−4	3	2	−4	−3	2	符合规范要求。
		受力钢筋间距 同排 梁、板	±10	−3	8	3	6	4	−5	−9	
		受力钢筋间距 同排 基础、柱、墙身	±20	−18	−20	16	18	8	12	15	
		受力钢筋间距 灌注桩	±20	15	−18	−20	16	18	8	−9	
一般项目	5	箍筋、横向水平钢筋、螺旋筋间距	±10	−5	8	2	−6	3	6	4	符合规范要求。
一般项目	6	钢筋骨架尺寸 长	−5	5	2	8	−3	6	4		符合规范要求。
		钢筋骨架尺寸 宽、高或直径	3	−2	2	3	2	−4	−3		
一般项目	7	弯起钢筋位置	±20	12	15	−18	−20	16	18	8	符合规范要求。
一般项目	8	保护层厚度 肋板、面板	1	−2	2	1	−2	1	−1		符合规范要求。
		保护层厚度 柱、梁、墙身	3	−2	2	3	2	1	−3		
		保护层厚度 基础	5	−9	2	8	3	6	4		
一般项目	9	钢筋网 网的长、宽	−5	8	2	−8	3	6	4		符合规范要求。
		钢筋网 网眼尺寸	6	−9	2	8	−3	6	4		
		钢筋网 对角线差	12	5	8	3	9	6	4		

施工单位检查评定结果	施工员	张××	施工班组长	王××
	检查情况： 经检查，主控项目和一般项目均符合设计要求和重庆市《市政工程边坡及挡护结构施工质量验收规范》(DBJ 50-126—2011)规定，评定合格。 项目专职质量员：王×× 2015年5月20日			
监理单位验收结论	验收意见： 同意施工单位评定结果，验收合格，同意进行下道工序施工。 专业监理工程师：黎×× 2015年5月20日			

说明:

主控项目

1. 钢筋、机械连接器、焊条等品种、规格和技术性能应符合设计及现行国家、行业标准的规定。检验数量:按表1执行。

表1　原材料检验取样规定

序号	样品名称	取样规定
1	钢筋	每批应由同一牌号、同一炉罐号、同一尺寸的钢筋、质量不大于60T组成,每批取1组。
2	型钢	每批应由同一强度代号(牌号)、同一炉罐号、同一尺寸的钢筋、质量不大雨60T组成,每批取1组。
3	钢绞线	每批由同强度代号(牌号)、同一规格、同一生产工艺、质量不大于60T组成,每批取1组。
4	钢材接头	(1)焊接接头抽样批的组成:接头的现场检验按抽样批进行。在同一台班内,由同一焊工完成的300个同级别、同直径钢筋焊接接头作为一抽样批。当同一台班内焊接的接头数量较少,可在一周内累计计算,累计仍不足300个接头,应按一抽样批计算,每批取1组; (2)钢筋剥肋滚轧连接接头抽样批的组成:按同等级、同型号、同规格的接头,以300个为一批,不足300个也作为一抽样批,每批取1组; (3)机械连接接头抽样批的组成:接头的现场检验按抽样批进行。同一施工条件下的同一批材料的同等级、同规格、同型式接头,以500个为一个抽样批进行检验和验收,不足500个也作为一个抽样批,每批取1组。
5	锚具	每批应由同种材料、同规格、同一生产工艺条件下,锚夹具应以不超过1000套组成,连接器以不超过500套组组成;锚每批取5%且不少于5套;夹片每批取5%,多孔式锚具夹片每套至少5片。
6	水泥	每批应由同一生产厂、同品种、同强度等级,同批号、且连续进厂的,袋装不超过200T安装不超过200m³组成,每批取1组。
7	砂、石	每批应按同产地、同规格分批验收,机械生产的按不超过400m³或600T组成;人工生产的按不超过200m³或300T组成,每批取1组。
8	粉煤灰	每批应由相同等级、相同种类、出厂编号、连续供应的不超过200T组成,每批取1组。
9	外加剂	当掺量大于或等于1%时,应有同品种的外加剂不超过100T组成;当掺量小于1%时,应由同种的外加剂不超过50T组成,每批取1组。

检验方法:检查产品合格证、出厂检验报告、进场复验力学性能试验报告。

2. 受力钢筋的链接方式、钢筋接头位置、同一截面的接头数量、搭接长度应符合设计及现行国家、行业标准的规定。检验数量:全数检查。检验方法:观察,检查接头力学性能试验报告、隐蔽验收记录。

3. 钢筋安装时,其品种、级别、规格、数量、形状及锚固等应符合设计及现行国家、行业标准的规定。检验数量:全数检查。检验方法:观察,检查隐蔽验收记录。

一般项目

1. 箍筋、螺旋钢筋、钢筋网等安装尺寸、位置应符合设计要求。检验数量:详见表3。检验方法:观察、尺量。

2. 钢筋应平直、无损伤,表面不得有裂纹、油污、颗粒状或片状老锈。检验数量:进场时和使用前全数检查。检验方法:观察。

3. 钢筋加工的形状、尺寸应符合设计要求,其偏差应符合表2的规定。检验数量:按每工作班同一类型钢筋、同一加工设备抽查不应少于3件。检验方法:钢尺检查。

表2　钢筋加工的允许偏差

序号	检查项目	规定值或允许偏差	检查方法和频率
1	受力钢筋顺长度向加工后的全长(mm)	±10	钢尺检查,按每工作日同一类型钢筋、同一加工设备抽查3件
2	弯起钢筋各部分尺寸(mm)	±20	
3	箍筋、螺旋筋各部分尺寸(mm)	±5	

4. 在施工现场,应对钢筋机械连接接头、焊接接头、绑扎接头的外观进行检查,其质量应符合设计及现行国家、行业标准的规定。检验数量:全数检查。检验方法:观察。

5. 预制钢筋骨架必须具有足够的刚度和稳定性,钢筋网焊接应符合设计规定及规范要求。钢筋安装位置的偏差应符合表3的规定。检验数量:在同一检验批内,对挡护结构,应按有代表性的自然间抽查10%,且不少于3件。

表3 钢筋及钢筋网安装成型允许偏差和检验方法

序号	检查项目			规定值或允许偏差	检查方法和频率
1	受力钢筋间距	两排以上排距(mm)		±5	尺量:每构件检查2个断面
		同排	梁、板(mm)	±10	
			基础、柱子、墙身(mm)	±20	
		灌注桩(mm)		±20	
2	箍筋、横向水平钢筋、螺旋筋间距(mm)			±10	钢尺量:每构件检查5~10个间距
3	钢筋骨架尺寸	长(mm)		±10	尺量:按骨架总数的30%抽查
		宽、高或直径(mm)		±5	
4	弯起钢筋位置(mm)			±20	尺量:每构件沿模板周边检查8处
5	保护层厚度	肋板、面板(mm)		±3	尺量:每构件沿模板周边检查8处
		柱、梁、墙身(mm)		±5	
		基础(mm)		±10	
6	钢筋网	网的长、宽(mm)		±10	尺量:全部
		网眼尺寸(mm)		±10	尺量:每50m²检查3个网眼
		对角线差(mm)		15	尺量:每50m²检查3个网眼对角线

市政工程边坡及挡护结构悬臂式及扶壁式挡墙模板工程检验批质量验收记录表

渝市政验收3-3-5

<table>
<tr><td colspan="3">单位(子单位)工程名称</td><td colspan="10">重庆市××区大学城环道K1+00～K1+500标段</td></tr>
<tr><td colspan="3">分部(子分部)工程名称</td><td colspan="10">K1+00～K1+500标段道路悬臂式及扶壁式挡土墙</td></tr>
<tr><td colspan="3">分项工程名称</td><td colspan="3">悬臂式及扶壁式挡土墙模板工程</td><td colspan="5">验收部位</td><td colspan="2">1#悬臂式及扶壁式挡土墙</td></tr>
<tr><td colspan="2">施工单位</td><td colspan="4">重庆市××市政工程有限公司</td><td colspan="5">项目经理</td><td colspan="2">岳××</td></tr>
<tr><td colspan="2">分包单位</td><td colspan="4">××城建集团一分公司</td><td colspan="5">负责人</td><td colspan="2">赵××</td></tr>
<tr><td colspan="3">施工执行标准名称及编号</td><td colspan="10">重庆市《市政工程边坡及挡护结构施工质量验收规范》DBJ 50-126—2011</td></tr>
<tr><td rowspan="2"></td><td rowspan="2">序号</td><td colspan="3">施工质量验收规范的规定</td><td rowspan="2" colspan="7">施工单位检查评定记录</td><td rowspan="2">监理单位验收记录</td></tr>
<tr><td colspan="2">检查项目</td><td>规定值或允许偏差(mm)</td></tr>
<tr><td rowspan="8">主控项目</td><td>1</td><td colspan="2">模板、支架的材质、品种、规格</td><td>符合施工方案的规定</td><td colspan="7">按施工方案检查，材质、品种、规格符合施工方案设计的规定。</td><td>符合规范要求。</td></tr>
<tr><td>2</td><td colspan="2">模板、支架制作及安装</td><td>符合施工技术方案规定</td><td colspan="7">稳固牢靠，接缝严密，浇筑混凝土前，已对模板工程进行验收。</td><td>符合规范要求。</td></tr>
<tr><td>3</td><td colspan="2"></td><td></td><td colspan="7"></td><td></td></tr>
<tr><td>4</td><td colspan="2"></td><td></td><td colspan="7"></td><td></td></tr>
<tr><td>5</td><td colspan="2"></td><td></td><td colspan="7"></td><td></td></tr>
<tr><td>6</td><td colspan="2"></td><td></td><td colspan="7"></td><td></td></tr>
<tr><td>7</td><td colspan="2"></td><td></td><td colspan="7"></td><td></td></tr>
<tr><td>8</td><td colspan="2"></td><td></td><td colspan="7"></td><td></td></tr>
<tr><td rowspan="4">一般项目</td><td>1</td><td rowspan="3">模板安装</td><td>平面位置</td><td>±5</td><td>-1</td><td>-2</td><td>2</td><td>3</td><td>-2</td><td>4</td><td>1</td><td>符合规范要求。</td></tr>
<tr><td>2</td><td>标高</td><td>±5</td><td>-2</td><td>2</td><td>3</td><td>-2</td><td>4</td><td>1</td><td>3</td><td>符合规范要求。</td></tr>
<tr><td>3</td><td>表面平整度</td><td>±5</td><td>-2</td><td>2</td><td>4</td><td>-2</td><td>4</td><td>1</td><td>2</td><td>符合规范要求。</td></tr>
<tr><td>4</td><td colspan="2">预埋件、预留孔和预留洞</td><td>符合设计要求</td><td colspan="7">预埋件、预留孔和预留洞均无遗漏，预埋位置符合设计要求。</td><td>符合规范要求。</td></tr>
<tr><td rowspan="2" colspan="2">施工单位检查评定结果</td><td colspan="2">施工员</td><td>张××</td><td colspan="4">施工班组长</td><td colspan="4">王××</td></tr>
<tr><td colspan="11">检查情况：
经检查，主控项目和一般项目均符合设计要求和重庆市《市政工程边坡及挡护结构施工质量验收规范》(DBJ 50-126—2011)规定，评定合格。
项目专职质量员：王××
2015年5月20日</td></tr>
<tr><td colspan="2">监理单位验收结论</td><td colspan="11">验收意见：
同意施工单位评定结果，验收合格，同意进行下道工序施工。
专业监理工程师：黎××
2015年5月20日</td></tr>
</table>

说明:

主控项目

1. 模板、支架的材质、品种、规格应符合施工方案设计的规定。检验数量:按施工方案检查。检验方法:观察、尺量。

2. 模板、支架的制作及安装应符合施工技术方案的规定,且稳固牢靠,接缝严密,浇筑混凝土之前,应对模板工程进行验收。检验数量:全数检查。检验方法:观察、尺量,检查验收记录。

一般项目

1. 模板安装的偏差应符合下表的规定。检验数量:全数检查。检验方法:观察、尺量。

表 模板安装的允许偏差及检验方法

序号	项目	允许偏差	检查方法
1	平面位置(mm)	±5	钢尺检查
2	标高(mm)	±5	水准仪或拉线、钢尺检查
3	表面平整度(mm)	±5	2m 靠尺和塞尺检查

2. 固定在模板上的预埋件、预留孔和预留洞均不得遗漏,且预埋位置应符合设计要求、安装牢固。检验数量:全数检查。检验方法:观察、尺量。

市政工程边坡及挡护结构悬臂式及扶壁式挡墙扩大基础施工检验批质量验收记录表

渝市政验收3-3-6

单位(子单位)工程名称	重庆市××区大学城环道K1+00～K1+500标段		
分部(子分部)工程名称	K1+00～K1+500标段道路悬臂式及扶壁式挡土墙		
分项工程名称	悬臂式及扶壁式挡土墙扩大基础	验收部位	1#挡土墙基础
施工单位	重庆市××市政工程有限公司	项目经理	岳××
分包单位	××城建集团一分公司	负责人	赵××
施工执行标准名称及编号	重庆市《市政工程边坡及挡护结构施工质量验收规范》DBJ 50-126—2011		

	序号	施工质量验收规范的规定：检查项目	规定值或允许偏差(mm)	施工单位检查评定记录							监理单位验收记录
主控项目	1	混凝土、砂浆材料质量	符合设计及标准规定	检查产品合格证、出厂检验报告和进场复验报告,材料质量符合要求。							符合规范要求。
	2	混凝土、砂浆配合比	满足设计及标准规定	查施工记录、试件检测报告及评定报告,符合标准要求。							符合规范要求。
	3	原材料计量		计量符合国家标准。							符合规范要求。
	4	基础砌筑所用料石	符合设计要求	检查产品合格证、出厂检验报告和进场复验报告,石料符合设计要求。							符合规范要求。
	5	沉降缝(伸缩缝)的缝宽及塞缝材料	符合设计要求	缝宽及塞缝材料符合设计要求和规范规定。							符合规范要求。
	6										
	7										
	8										
一般项目	1	砌石勾缝	符合规范规定	坚固、无脱落,交接处平顺,宽度、深度应均匀。							符合规范要求。
	2	顶面高程	±20	15	−12	18	10	−15	16	9	符合规范要求。
	3	长度、宽度	±50	32	40	−20	22	26	−12	15	符合规范要求。
	4	轴线偏位	30	20	15	12	18	20	15	16	符合规范要求。
	5	伸缩缝、沉降缝位置	±50	−18	32	40	−20	22	26	−12	符合规范要求。

	施工员	张××	施工班组长	王××
施工单位检查评定结果	检查情况: 经检查,主控项目和一般项目均符合设计要求和重庆市《市政工程边坡及挡护结构施工质量验收规范》(DBJ 50-126—2011)规定,评定合格。 项目专职质量员:王×× 2015年5月20日			
监理单位验收结论	验收意见: 同意施工单位评定结果,验收合格,同意进行下道工序施工。 专业监理工程师:黎×× 2015年5月20日			

说明:

主控项目

1. 基础砌筑砂浆所用材料的质量、配合比、计量、强度评定分别按相关规范规定执行:

(1)锚杆(索)锚固段注浆(砂浆)所用的水泥、细骨料、矿物、外加剂等主要材料的质量,必须符合设计及现行国家、行业标准的规定。检验数量:按相关规定执行。检验方法:检查产品合格证、出厂检验报告和进场复验报告。

(2)锚杆(索)锚固段注浆(砂浆)配合比必须满足设计及现行国家、行业标准的规定。检验数量:全数检查。检验方法:检查配合比设计资料。

(3)锚杆(索)锚固段注浆(砂浆)原材料应计量准确,注浆的拌制、灌注应符合施工技术方案的要求。检验数量:全数检查。检验方法:观察,检查施工记录。

(4)锚杆(索)锚固段注浆(砂浆)强度应符合设计要求,其取样数量及强度评定方法按相关规范规定执行。检验数量:按规范执行。检验方法:检查施工记录、试件检测报告及评定报告。

2. 基础砌筑所用石料应符合设计要求及现行国家、行业标准的规定。检验数量:不超过400m³检验1组。检验方法:检查产品合格证、出厂检验报告和进场复验报告。

3. 基础混凝土材料的质量、配合比、计量、强度评定分别按相关规范规定执行。

4. 沉降缝(伸缩缝)的缝宽及塞缝材料应符合设计要求。检验数量:全数检查。检验方法:观察、尺量。

一般项目

1. 砌石勾缝应坚固、无脱落,交接处应平顺,宽度、深度应均匀。检验数量:全数检查。检验方法:观察。

2. 扩大基础各部尺寸验收标准,应符合下表的规定。

表　扩大基础允许偏差表

序号	检查项目	规定值或允许偏差	检查方法和频率
1	顶面高程(mm)	±20	水准仪:每一缝段测3点
2	长度、宽度(mm)	±50	用钢尺量:基坑长、宽各2点, 基槽每变形缝段,宽:3点
3	轴线偏位(mm)	30	经纬仪:纵、横各测量2点
4	伸缩缝、沉降缝位置(mm)	±50	尺量:每一段缝测量3点

重庆市市政工程施工技术资料编写示例

CHONGQINGSHI SHIZHENG GONGCHENG SHIGONG JISHU ZILIAO BIANXIE SHILI

下 册

廖奇云 ▲主编

重慶出版集团 重慶出版社

市政工程边坡及挡护结构悬臂式及扶壁式挡墙桩基础施工检验批质量验收记录表

渝市政验收 3-3-7

单位(子单位)工程名称	重庆市××区大学城环道K1+00~K1+500标段		
分部(子分部)工程名称	K1+00~K1+500标段道路悬臂式及扶壁式挡土墙		
分项工程名称	悬臂式及扶壁式挡土墙桩基础	验收部位	1#挡土墙基础
施工单位	重庆市××市政工程有限公司	项目经理	岳××
分包单位	××城建集团一分公司	负责人	赵××
施工执行标准名称及编号	重庆市《市政工程边坡及挡护结构施工质量验收规范》DBJ 50-126—2011		

	序号	施工质量验收规范的规定:检查项目	施工质量验收规范的规定:规定值或允许偏差(mm)	施工单位检查评定记录							监理单位验收记录
主控项目	1	桩基孔位、孔径、孔深、嵌岩深度和沉淀层	符合设计要求	观察、尺量,查隐蔽验收记录确认满足设计及现行国家、行业标准的规定后,浇注混凝土。							符合规范要求。
	2	挖孔桩底持力层岩体的单轴抗压强度	符合设计要求	检查施工记录、检查检验报告。							符合规范要求。
	3	钻孔桩桩底持力层承载力	符合设计要求	桩底地基承载力,符合规范要求。							符合规范要求。
	4	混凝土材料质量、配合比、计量、强度	符合设计要求及标准规定	检查施工记录、试件检测报告及评定报告,符合规范要求。							符合规范要求。
	5	混凝土灌注	符合规范规定	灌注完整,无夹层和断桩。							符合规范要求。
	6										
一般项目	1	外观质量	符合规范规定	无质量缺陷。							符合规范要求
	2	桩位	50	25	32	25	23	45	20	22	符合规范要求。
	3	孔深	不小于设计值	√	√	√	√	√	√	√	符合规范要求。
	4	孔径	不小于设计值	√	√	√	√	√	√	√	符合规范要求。
	5	孔倾斜度	1	0.2	0.6	0.5	0.8	0.8	0.9	0.5	符合规范要求。
	6	钻孔桩沉淀厚度	50	32	25	23	45	20	22	18	符合规范要求。
	7	钢筋骨架底面高程	±50	25	−23	45	−20	22	−18	28	符合规范要求。

施工单位检查评定结果	施工员	张××	施工班组长	王××
	检查情况: 经检查,主控项目和一般项目均符合设计要求和重庆市《市政工程边坡及挡护结构施工质量验收规范》(DBJ 50-126—2011)规定,评定合格。 项目专职质量员:王×× 2015年5月20日			
监理单位验收结论	验收意见: 同意施工单位评定结果,验收合格,同意进行下道工序施工。 专业监理工程师:黎×× 2015年5月20日			

说明:

主控项目

1. 桩柱(肋)混凝土材料的质量、配合比、计量、强度评定分别按相关规范规定执行。

2. 桩柱(肋)混凝土应分层浇筑施工,每层搭接时间应控制在混凝土初凝时间以内。检验数量:全数检查。检验方法:观察,查施工记录。

3. 混凝土的工作性能、养护及外观质量要求:

(1)同配合比混凝土首次使用时,应进行坍落度、扩展度等工作性能的验证,应满足设计配合比及施工技术方案的要求,同时应至少留置2组标准养护试件,作为混凝土强度验证的依据。检验数量:全数检查。检验方法:检查开盘验证资料和试件强度试验报告。

(2)混凝土浇筑完毕后,养护应根据结构部位、季节、材料、混凝土性能等要求,按施工技术方案的要求执行。检验数量:全数检查。检验方法:观察,检查施工记录。

(3)混凝土结构的外观质量不应有严重缺陷、不宜有一般缺陷,外观质量的识别按重庆市《市政工程边坡及挡护结构施工质量验收规范》附录J执行。对已经出现的缺陷,应由施工单位提出技术处理方案,并经设计单位确认后进行处理。对经处理的部位,应重新检查验收。检验数量:全数检查。检验方法:观察,检查技术处理方案。

4. 混凝土墙面应平整,外形美观。检验数量:全数检查。检验方法:观察。

5. 混凝土桩柱(肋)各部尺寸验收标准,应符合下表的规定。

表 桩柱(肋)允许偏差

序号	项目	规定值或允许偏差	检查方法和频率
1	断面尺寸(mm)	±20	尺量:每一桩柱测量3个断面,每断面长宽各2点;压顶梁每桩柱间检查1个断面
2	顶面高程(mm)	±10	水准仪测量:每一桩柱测量1点
3	轴线偏位(mm)	10	经纬仪测量:每一桩柱从横各测量2点
4	垂直度	0.3%H且≤20mm	垂线测量:每一桩柱测量3点
5	平整度(mm)	5	直尺、塞尺量:每一桩柱测量3点;压顶梁每桩柱间测量3点
6	预埋件位置(mm)	10	尺量:每件

市政工程边坡及挡护结构悬臂式及扶壁式挡墙砌体墙身施工检验批质量验收记录表

渝市政验收3-3-8

单位(子单位)工程名称	重庆市××区大学城环道K1+00～K1+500标段		
分部(子分部)工程名称	K1+00～K1+500标段道路悬臂式及扶壁式挡土墙		
分项工程名称	悬臂式及扶壁式挡土墙墙身	验收部位	1#挡土墙墙身
施工单位	重庆市××市政工程有限公司	项目经理	岳××
分包单位	××城建集团一分公司	负责人	赵××
施工执行标准名称及编号	重庆市《市政工程边坡及挡护结构施工质量验收规范》DBJ 50-126—2011		

	序号	施工质量验收规范的规定		施工单位检查评定记录							监理单位验收记录
		检查项目	规定值或允许偏差(mm)								
主控项目	1	混凝土材料的质量、配合比、计量、强度	符合规范规定	材料进场试验检测报告、混凝土试样,配合比、强度符合规范要求。							符合规范要求。
主控项目	2	反滤层材料级配、粒径	符合设计要求	符合规范规定。							符合规范要求。
主控项目	3	排水系统、泄水孔和伸缩缝、沉降缝	符合设计要求	排水系统、泄水孔、反滤层、伸缩缝、沉降缝的设置位置、数量和尺寸符合设计要求。							符合规范要求。
主控项目	4	浇筑施工	符合规范规定	符合规范规定。							符合规范要求。
一般项目	1	混凝土工作性能、养护剂及外观质量	符合规范规定	检查开盘验证资料和试件强度试验报告,质量无缺陷。							符合规范要求。
一般项目	2	墙身(压顶)断面尺寸	不小于设计值	√	√	√	√	√	√	√	符合规范要求。
一般项目	3	扶壁间距	±50	12	25	-28	20	-16	14	17	符合规范要求。
一般项目	4	顶面(压顶顶面)高程	±10	-9	-8	5	8	9	7	6	符合规范要求。
一般项目	5	轴线偏位	30	12	25	28	20	16	14	17	符合规范要求。
一般项目	6	墙面垂直度	0.3%H且≤20	√	√	√	√	√	√	√	符合规范要求。
一般项目	7	坡度(%)	±0.5	0.4	0.3	0.2	0.4	0.3	0.2	0.1	符合规范要求。
一般项目	8	墙表面平整度	10	8	9	5	3	6	4	2	符合规范要求。
一般项目	9	泄水孔尺寸	不小于设计值	√	√	√	√	√	√	√	符合规范要求。
一般项目	10	伸缩缝、沉降缝位置	±50	25	-28	20	-16	14	17	-9	符合规范要求。
一般项目	11										
一般项目	12										

	施工员	张××	施工班组长	王××
施工单位检查评定结果	检查情况: 经检查,主控项目和一般项目均符合设计要求和重庆市《市政工程边坡及挡护结构施工质量验收规范》(DBJ 50-126—2011)规定,评定合格。 项目专职质量员:王×× 2015年5月20日			
监理单位验收结论	验收意见: 同意施工单位评定结果,验收合格,同意进行下道工序施工。 专业监理工程师:黎×× 2015年5月20日			

说明:

主控项目

1. 悬臂式及扶壁式挡墙墙身混凝土材料的质量、配合比、计量、强度评定分别按相关相关规范规定执行。

2. 反滤层材料级配、粒径应符合设计要求,透水性良好。检验数量:全数检查。检验方法:观察。

3. 悬臂式及扶壁式挡墙墙身排水系统、泄水孔、反滤层、伸缩缝、沉降缝的质量检查验收要求:墙身混凝土施工中,排水系统、泄水孔、反滤层、伸缩缝、沉降缝的设置位置、数量和尺寸应符合设计要求。检验数量:全数检查。检验方法:观察、尺量,查隐蔽验收记录。

4. 悬臂式及扶壁式挡墙墙身分层浇筑施工,每层搭接时间应控制在混凝土初凝时间以内。检验数量:全数检查。检验方法:观察。

5. 泄水孔的位置应符合设计要求,孔坡向外,无堵塞现象。检验数量:全数检查。检验方法:观察。

6. 悬臂式及扶壁式挡墙墙身与锚杆(索)应连接牢固。检验数量:全数检查。检验方法:观察。

一般项目

1. 混凝土的工作性能、养护及外观质量应按相关规范规定执行:

(1)同配合比混凝土首次使用时,应进行坍落度、扩展度等工作性能的验证,应满足设计配合比及施工技术方案的要求,同时应至少留置2组标准养护试件,作为混凝土强度验证的依据。检验数量:全数检查。检验方法:检查开盘验证资料和试件强度试验报告。

(2)混凝土浇筑完毕后,养护应根据结构部位、季节、材料、混凝土性能等要求,按施工技术方案的要求执行。检验数量:全数检查。检验方法:观察,检查施工记录。

(3)混凝土结构的外观质量不应有严重缺陷、不宜有一般缺陷,外观质量的识别按相关规范执行。对已经出现的缺陷,应由施工单位提出技术处理方案,并经设计单位确认后进行处理。对经处理的部位,应重新检查验收。检验数量:全数检查。检验方法:观察,检查技术处理方案。

2. 混凝土墙面应平整,外形美观。检验数量:全数检查。检验方法:观察。

3. 沉降缝、伸缩缝整齐平直、上下贯通,缝宽不小于设计值。

检验数量:全数检查。检验方法:观察、尺量。

4. 悬臂式及扶壁式挡墙墙身允许偏差应符合下表的规定。

表　悬臂式及扶壁式挡墙墙身允许偏差

序号	项目	规定值或允许偏差	检查方法和频率
1	墙身(压顶)断面尺寸(mm)	不小于设计值	尺量:每一沉降缝段测3个断面,每断面各2点
2	扶壁间距(mm)	±50	尺量:每一扶壁段测3点
3	顶面(压顶顶面)高程(mm)	±10	水准仪测量:每一缝段测量3点
4	轴线偏位(mm)	30	经纬仪测量:每一沉淀缝段纵横各测量2点
5	墙面垂直度	0.3%H且≤20mm	垂线测量:每一缝段测量3点
6	坡度(%)	±0.5	垂线测量:每一缝段测量3点
7	墙表面平整度(mm)	10	直尺、塞尺量:每一缝段测量3点
8	泄水孔尺寸(mm)	不小于设计值	尺量:每一缝段测量3点
9	伸缩缝、沉降缝位置(mm)	±50	尺量:每一缝段测量3点

市政工程边坡及挡护结构悬臂式及扶壁式挡墙锚杆(索)的制作、安装与锚固检验批质量验收记录表

渝市政验收 3-3-9

<table>
<tr><td colspan="3">单位(子单位)工程名称</td><td colspan="9">重庆市××区大学城环道 K1+00～K1+500 标段</td></tr>
<tr><td colspan="3">分部(子分部)工程名称</td><td colspan="9">K1+00～K1+500 标段道路悬臂式及扶壁式挡土墙</td></tr>
<tr><td colspan="3">分项工程名称</td><td>悬臂式及扶壁式挡土墙锚杆(索)</td><td colspan="4">验收部位</td><td colspan="4">1#挡土墙</td></tr>
<tr><td colspan="3">施工单位</td><td>重庆市××市政工程有限公司</td><td colspan="4">项目经理</td><td colspan="4">岳××</td></tr>
<tr><td colspan="3">分包单位</td><td>××城建集团一分公司</td><td colspan="4">负责人</td><td colspan="4">赵××</td></tr>
<tr><td colspan="3">施工执行标准名称及编号</td><td colspan="9">重庆市《市政工程边坡及挡护结构施工质量验收规范》DBJ 50-126—2011</td></tr>
<tr><td rowspan="2"></td><td rowspan="2">序号</td><td colspan="2">施工质量验收规范的规定</td><td colspan="7" rowspan="2">施工单位检查评定记录</td><td rowspan="2">监理单位验收记录</td></tr>
<tr><td>检查项目</td><td>规定值或允许偏差(mm)</td></tr>
<tr><td rowspan="9">主控项目</td><td>1</td><td>品种、规格和技术性能</td><td>符合设计及国家、行业标准规定</td><td colspan="7">检查产品合格证、出厂检验报告、进场复验力学性能试验报告,符合规范要求。</td><td>符合规范要求。</td></tr>
<tr><td>2</td><td>防腐体系及工艺</td><td>符合设计和有关技术规范规定</td><td colspan="7">符合设计和有关技术规范的规定。</td><td>符合规范要求。</td></tr>
<tr><td>3</td><td>位置、孔径、倾角、深度、锚固段岩体完整性</td><td>符合设计和施工技术要求</td><td colspan="7">岩体完整性符合设计要求。</td><td>符合规范要求。</td></tr>
<tr><td>4</td><td>锚固接头面积</td><td>≤锚杆总面积的25%</td><td colspan="7">检查接头力学性能试验报告、隐蔽验收记录,符合规范要求。</td><td>符合规范要求。</td></tr>
<tr><td>5</td><td>注浆所用主要材料</td><td>符合设计及国家、行业标准规定</td><td colspan="7">注浆(砂浆)所用的水泥、细骨料、矿物、外加剂等主要材料的质量,符合设计及现行国家、行业标准的规定。</td><td>符合规范要求。</td></tr>
<tr><td>6</td><td>砂浆配合比</td><td>满足设计及现行国家、行业标准规定</td><td colspan="7">检查施工记录、试件检测报告及评定报告,符合规范要求。</td><td>符合规范要求。</td></tr>
<tr><td>7</td><td>注浆的拌制、灌注</td><td>符合施工技术方案要求</td><td colspan="7">孔底注浆法,注浆密实。</td><td>符合规范要求。</td></tr>
<tr><td>8</td><td>注浆强度</td><td>符合设计要求</td><td colspan="7">C30,符合要求。</td><td>符合规范要求。</td></tr>
<tr><td>9</td><td>锚固段长度</td><td>符合设计要求</td><td colspan="7">120 mm 以上,符合要求。</td><td>符合规范要求。</td></tr>
<tr><td rowspan="7">一般项目</td><td>1</td><td>外观质量</td><td>符合规范规定</td><td colspan="7">无质量缺陷。</td><td>符合规范要求。</td></tr>
<tr><td>2</td><td>锚孔位置</td><td>20</td><td>9</td><td>12</td><td>14</td><td>8</td><td>15</td><td>14</td><td>13</td><td>符合规范要求。</td></tr>
<tr><td>3</td><td>锚孔孔径</td><td>+10,0</td><td>2</td><td>8</td><td>4</td><td>7</td><td>6</td><td>5</td><td>4</td><td>符合规范要求。</td></tr>
<tr><td>4</td><td>锚孔倾角</td><td>1</td><td>0.2</td><td>0.1</td><td>0.8</td><td>0.8</td><td>0.6</td><td>0.7</td><td>0.5</td><td>符合规范要求。</td></tr>
<tr><td>5</td><td>锚孔深度</td><td>+100,0</td><td>45</td><td>65</td><td>70</td><td>82</td><td>65</td><td>55</td><td>50</td><td>符合规范要求。</td></tr>
<tr><td>6</td><td>锚杆(索)长度</td><td>±50</td><td>-10</td><td>35</td><td>42</td><td>36</td><td>42</td><td>-9</td><td>38</td><td>符合规范要求。</td></tr>
<tr><td>7</td><td>锚杆(索)锚固段长度</td><td>±50</td><td>-25</td><td>35</td><td>42</td><td>-8</td><td>42</td><td>36</td><td>38</td><td>符合规范要求。</td></tr>
<tr><td colspan="2"></td><td>施工员</td><td>张××</td><td colspan="3">施工班组长</td><td colspan="5">王××</td></tr>
<tr><td colspan="2">施工单位检查评定结果</td><td colspan="10">检查情况:
经检查,主控项目和一般项目均符合设计要求和重庆市《市政工程边坡及挡护结构施工质量验收规范》(DBJ 50-126—2011)规定,评定合格。
项目专职质量员:王××
2015年5月20日</td></tr>
<tr><td colspan="2">监理单位验收结论</td><td colspan="10">验收意见:
同意施工单位评定结果,验收合格,同意进行下道工序施工。
专业监理工程师:黎××
2015年5月20日</td></tr>
</table>

说明:

主控项目

1. 锚杆(索)、锚具、夹具和连接器的品种、规格和技术性能应符合设计及现行国家、行业标准的规定。检验数量:按规范要求执行。检验方法:检查产品合格证、出厂检验报告、进场复验力学性能试验报告。

2. 锚杆(索)表面不应有损伤、裂纹、油污、颗粒状或片状老锈,锚索使用的钢丝或钢绞线应梳理顺直,不得有缠绞、扭麻花现象。检验数量:进场时和使用前全数检查。检验方法:观察。

3. 锚杆(索)杆体的防腐体系及工艺应符合设计和有关技术规范的规定。检验数量:全数检查。检验方法:观察。

4. 锚杆(索)孔的位置、孔径、倾角、深度、锚固段岩体完整性应符合设计要求。钻孔完毕后,应及时将孔冲洗干净。检验数量:全数检查。检验方法:观察、尺量。

5. 同一截面的锚杆的接头面积不超过锚杆总面积的25%,接头的质量应符合设计及现行国家、行业标准的规定。检验数量:全数检查。检验方法:观察,检查接头力学性能试验报告、隐蔽验收记录。

6. 锚杆(索)安装时,锚具及锚杆(索)的品种、级别、规格、数量等应符合设计及现行国家、行业标准的规定。检验数量:全数检查。检验方法:观察,检查隐蔽验收记录。

7. 锚杆(索)锚固段注浆(砂浆)所用的水泥、细骨料、矿物、外加剂等主要材料的质量,必须符合设计及现行国家、行业标准的规定。检验数量:按规范要求执行。检验方法:检查产品合格证、出厂检验报告和进场复验报告。

8. 锚杆(索)锚固段注浆(砂浆)配合比必须满足设计及现行国家、行业标准的规定。检验数量:全数检查。检验方法:检查配合比设计资料。

9. 锚杆(索)锚固段注浆(砂浆)原材料应计量准确,注浆的拌制、灌注应符合施工技术方案的要求。检验数量:全数检查。检验方法:观察,检查施工记录。

10. 锚杆(索)锚固段注浆(砂浆)强度应符合设计要求,其取样数量及强度评定方法按相关规范规定执行。检验数量:按规范要求执行。检验方法:检查施工记录、试件检测报告及评定报告。

11. 锚固段注浆应采用孔底注浆法,确保注浆密实。锚杆(索)孔的锚固段长度应符合设计要求。检验数量:全数检查。检验方法:观察。

12. 锚杆(索)在下列情况应进行基本试验,试验方法按《建筑边坡工程技术规范》(GB 50330)的规定执行。

(1)当设计有要求时;

(2)采用新工艺、新材料或新技术的锚杆(索);

(3)无锚固工程经验的岩土层一级边坡工程的锚杆(索)。检验数量:不少于3根。检验方法:检查锚杆(索)基本试验报告。

一般项目

1. 锚杆(索)的验收试验应按设计要求及《建筑边坡工程技术规范》(GB 50330)的规定执行。检验数量:为锚杆(索)总数的5%,且不得少于5根。检验方法:检查锚杆(索)抗拔力试验报告,抗拔力平均值不小于设计值,最小抗拔力不小于90%设计值。

2. 锚杆(索)的制作与安装各部尺寸验收标准,应符合下表的规定。

表　锚杆(索)允许偏差

序号	检查项目	规定值或允许偏差	检查方法和频率
1	锚孔位置(mm)	20	尺量:每孔测1点
2	锚孔孔径(mm)	+10 0	尺量:每孔测1点
3	锚孔倾角(%)	1	导杆法量:每孔测1点
4	锚孔深度(mm)	+100 0	尺量:每孔测1点
5	锚杆(索)长度(mm)	±50	尺量:每孔测1点
6	锚杆(索)长度(mm)	±50	尺量(差值法):每孔测1点

市政工程边坡及挡护结构悬臂式及扶壁式挡墙锚杆(索)的张拉、注浆与封锚检验批质量验收记录表

渝市政验收3-3-10

<table>
<tr><td colspan="3">单位(子单位)工程名称</td><td colspan="4">重庆市××区大学城环道K1+00 ~ K1+500标段</td></tr>
<tr><td colspan="3">分部(子分部)工程名称</td><td colspan="4">K1+00 ~ K1+500标段道路悬臂式及扶壁式挡土墙</td></tr>
<tr><td colspan="3">分项工程名称</td><td colspan="2">悬臂式及扶壁式挡土墙锚杆(索)</td><td>验收部位</td><td>1#挡土墙</td></tr>
<tr><td colspan="2">施工单位</td><td colspan="3">重庆市××市政工程有限公司</td><td>项目经理</td><td>岳××</td></tr>
<tr><td colspan="2">分包单位</td><td colspan="3">××城建集团一分公司</td><td>负责人</td><td>赵××</td></tr>
<tr><td colspan="4">施工执行标准名称及编号</td><td colspan="3">重庆市《市政工程边坡及挡护结构施工质量验收规范》DBJ 50-126—2011</td></tr>
<tr><td rowspan="2"></td><td rowspan="2">序号</td><td colspan="2">施工质量验收规范的规定</td><td colspan="2" rowspan="2">施工单位检查评定记录</td><td rowspan="2">监理单位验收记录</td></tr>
<tr><td>检查项目</td><td>规定值或允许偏差(mm)</td></tr>
<tr><td rowspan="9">主控项目</td><td>1</td><td>锚固段注浆体强度</td><td>符合设计要求</td><td colspan="2">C30,符合要求。</td><td>符合规范要求。</td></tr>
<tr><td>2</td><td>注浆所用主要材料</td><td>符合设计及国家、行业标准规定</td><td colspan="2">注浆(砂浆)所用的水泥、细骨料、矿物、外加剂等主要材料的质量符合设计及现行国家、行业标准的规定。</td><td>符合规范要求。</td></tr>
<tr><td>3</td><td>砂浆配合比</td><td>满足设计及现行国家、行业标准规定</td><td colspan="2">M10,符合规范要求。</td><td>符合规范要求。</td></tr>
<tr><td>4</td><td>注浆的拌制、灌注</td><td>符合施工技术方案要求</td><td colspan="2">符合规范要求。</td><td>符合规范要求。</td></tr>
<tr><td>5</td><td>注浆强度</td><td>符合设计要求</td><td colspan="2">C30,符合要求。</td><td>符合规范要求。</td></tr>
<tr><td>6</td><td>封锚混凝土强度</td><td>符合设计要求</td><td colspan="2">符合规范要求。</td><td>符合规范要求。</td></tr>
<tr><td>7</td><td>锚垫板平面与锚孔轴线</td><td>符合规范规定</td><td colspan="2">锚垫板平面应与锚孔轴线垂直。</td><td>符合规范要求。</td></tr>
<tr><td>8</td><td></td><td></td><td colspan="2"></td><td></td></tr>
<tr><td>9</td><td></td><td></td><td colspan="2"></td><td></td></tr>
<tr><td rowspan="7">一般项目</td><td>1</td><td>预应力锚杆(索)张拉力</td><td>满足设计要求</td><td colspan="2">预应力锚杆(索)张拉伸长量与设计值的误差不超值。</td><td>符合规范要求。</td></tr>
<tr><td>2</td><td>锚固后外露长度</td><td>≥30</td><td colspan="2">符合规范要求。</td><td>符合规范要求。</td></tr>
<tr><td>3</td><td>钢束断丝滑丝数</td><td>每束1根,且每断面不超过钢丝总数的1%</td><td colspan="2">符合规范要求。</td><td>符合规范要求。</td></tr>
<tr><td>4</td><td>钢筋断丝数</td><td>不允许</td><td colspan="2">无钢筋断丝。</td><td>符合规范要求。</td></tr>
<tr><td>5</td><td></td><td></td><td colspan="2"></td><td></td></tr>
<tr><td>6</td><td></td><td></td><td colspan="2"></td><td></td></tr>
<tr><td>7</td><td></td><td></td><td colspan="2"></td><td></td></tr>
<tr><td colspan="2" rowspan="2">施工单位检查评定结果</td><td>施工员</td><td>张××</td><td>施工班组长</td><td colspan="2">王××</td></tr>
<tr><td colspan="5">检查情况:
经检查,主控项目和一般项目均符合设计要求和重庆市《市政工程边坡及挡护结构施工质量验收规范》(DBJ 50-126—2011)规定,评定合格。
项目专职质量员:王××
2015年5月20日</td></tr>
<tr><td colspan="2">监理单位验收结论</td><td colspan="5">验收意见:
同意施工单位评定结果,验收合格,同意进行下道工序施工。
专业监理工程师:黎××
2015年5月20日</td></tr>
</table>

说明:

主控项目

1. 锚喷护坡锚杆(索)的张拉、注浆与封锚施工质量及验收应按相关规范规定执行。

2. 锚垫板平面应与锚孔轴线应垂直。检验数量:全部检查。检验方法:观察、尺量。

3. 预应力锚杆(索)张拉时,锚固段注浆体强度应符合设计要求,当无设计要求时应达到设计强度的90%方可张拉。检验数量:每30孔检查1组试件,不足30孔时也应检查1组试件。检验方法:检查浆体试验报告。

4. 千斤顶与压力表应进行配套检定,按检定周期送计量测试部门检定。检验数量:全数检查。检验方法:检查报告。

5. 预应力锚杆(索)的张拉力应满足设计要求。预应力锚杆(索)张拉伸长量与设计值的误差不应超过±6%。检验数量:全数检查。检验方法:检查预应力张拉施工记录。

6. 张拉段注浆(砂浆)所用材料的质量、配合比、计量、强度评定分别按相关规范规定执行,且应在张拉后7d内实施注浆。

一般项目

1. 预应力锚杆(索)的张拉力应满足设计要求。预应力锚杆(索)张拉伸长量与设计值的误差不应超过±6%。

2. 预应力锚杆(索)锚固后的外露长度不宜小于30mm,多余长度的部分应采用机械切割,严禁采用电弧切割。检验数量:全数检查。检验方法:观察。

3. 锚杆(索)张拉断丝、滑丝的验收标准,应符合下表的规定。

表　锚杆(索)张拉断丝、滑丝的允许偏差

序号	检查项目	规定值或允许偏差	检查方法和频率
1	钢束断丝滑丝数	每束1根,且每断面不超过钢丝总数的1%	目测、尺量:每根(束)
2	钢筋断丝数	不允许	目测:每根(束)

市政工程边坡及挡护结构悬臂式及扶壁式挡墙墙背填筑施工检验批质量验收记录表

渝市政验收3-3-11

单位(子单位)工程名称	重庆市××区大学城环道K1+00~K1+500标段				
分部(子分部)工程名称	K1+00~K1+500标段道路悬臂式及扶壁式挡土墙				
分项工程名称	悬臂式及扶壁式挡土墙墙背填筑		验收部位	1#挡土墙	
施工单位	重庆市××市政工程有限公司		项目经理	岳××	
分包单位	××城建集团一分公司		负责人	赵××	
施工执行标准名称及编号	重庆市《市政工程边坡及挡护结构施工质量验收规范》DBJ 50-126—2011				
	序号	施工质量验收规范的规定		施工单位检查评定记录	监理单位验收记录
		检查项目	规定值或允许偏差(mm)		
主控项目	1	填料	符合设计要求	查土工试验报告,符合规范要求。	符合规范要求。
	2	反滤层材料级配、粒径	符合设计要求	级配料、粒径符合设计要求,透水性良好。	符合规范要求。
	3	墙体强度	符合设计要求	检查检验报告,墙体强度符合设计要求。	符合规范要求。
	4	反滤层的设置位置、数量、尺寸	符合设计要求	位置、数量、尺寸符合设计要求。	符合规范要求。
	5	分层厚度、压实系数	符合设计要求	分层填筑压实,分层厚度、压实系数符合设计要求。	符合规范要求。
	6				
	7				
	8				
一般项目	1	墙背填筑与反滤层施工	符合规范规定	墙背填筑,与反滤层施工同步进行。检查施工记录、检查试验报告,符合规范要求。	符合规范要求。
	2				
	3				
	4				
	5				
施工单位检查评定结果	施工员	张××	施工班组长	王××	
	检查情况: 经检查,主控项目和一般项目均符合设计要求和重庆市《市政工程边坡及挡护结构施工质量验收规范》(DBJ 50-126—2011)规定,评定合格。 项目专职质量员:王×× 2015年5月20日				
监理单位验收结论	验收意见: 同意施工单位评定结果,验收合格,同意进行下道工序施工。 专业监理工程师:黎×× 2015年5月20日				

说明:

主控项目

1. 墙背填筑所用的填料应符合设计要求。当设计无要求时,不得采用膨胀土、高液限黏土、耕植土、淤泥质土、草皮、树根、生活垃圾等不良填料。检验数量:全数检查。检验方法:观察,检查土工试验报告。

2. 反滤层材料级配料、粒径应符合设计要求,透水性良好。检验数量:全数检查。检验方法:观察。

3. 墙背填筑时,墙体强度应符合设计要求。当设计无要求时,不得低于设计强度的80%。检验数量:混凝土、砂浆均不少于1组。检验方法:检查检验报告。

4. 墙身施工中,反滤层的设置、数量和尺寸应符合设计要求。检验数量:全数检查。检验方法:观察、尺量,检查隐蔽验收记录。

5. 墙背填筑,应分层填筑压实,分层厚度、压实系数应符合设计要求。检验数量:每层每1000m³抽测3点。检验方法:检查检验报告。

一般项目

墙背填筑,应与反滤层施工同步进行。检验数量:全数检查。检验方法:检查施工记录、直观鉴别或检查试验报告。

市政工程边坡及挡护结构悬臂式及扶壁式挡墙截(排)水沟施工检验批质量验收记录表

渝市政验收3-3-12

单位(子单位)工程名称	重庆市××区大学城环道K1+00～K1+500标段		
分部(子分部)工程名称	K1+00～K1+500标段道路悬臂式及扶壁式挡土墙		
分项工程名称	挡土墙截(排)水沟施工	验收部位	1#挡土墙
施工单位	重庆市××市政工程有限公司	项目经理	岳××
分包单位	××城建集团一分公司	负责人	赵××
施工执行标准名称及编号	重庆市《市政工程边坡及挡护结构施工质量验收规范》DBJ 50-126—2011		

	序号	施工质量验收规范的规定			施工单位检查评定记录							监理单位验收记录
		检查项目	规定值或允许偏差(mm)									
			料石、混凝土现浇	块石、片石、毛石								
主控项目	1	截(排)水沟位置、尺寸、坡度	符合设计要求		沟槽坡面、底部应平整密实。跌水沟、槽的位置、尺寸符合设计要求。							符合规范要求。
	2	混凝土、砂浆材料质量、配合比、计量、强度	符合设计要求及标准规定		查材料进场试验检测报告、混凝土试样,配合比、强度符合规范要求。							符合规范要求。
	3	砌筑石料	符合设计要求		检查产品合格证、出厂检验报告和进场复验报告,石料质量符合国家标准。							符合规范要求。
	4	混凝土砌块	符合设计要求		查出厂合格证、混凝土试验报告,品种、规格、质量符合设计要求的规定。							符合规范要求。
	5											
一般项目	1	断面尺寸	不小于设计值		√	√	√	√	√	√	√	符合规范要求。
	2	结构层厚度	不小于设计值		√	√	√	√	√	√	√	符合规范要求。
	3	沟底高程	±10	-9	-5	6	8	3	2	-2		符合规范要求。
	4	沟槽位置	30		15	25	20	23	28	22	19	符合规范要求。
	5	跌水沟、槽位置	30		25	20	23	28	22	19	21	符合规范要求。
	6	沟底坡度(%)	±0.5		0.2	-0.1	0.3	0.4	0.2	-0.1	0.3	符合规范要求。
	7	伸缩缝位置	50		22	30	22	42	32	24	26	符合规范要求。
	8											

	施工员	张××	施工班组长	王××
施工单位检查评定结果	检查情况: 经检查,主控项目和一般项目均符合设计要求和重庆市《市政工程边坡及挡护结构施工质量验收规范》(DBJ 50-126—2011)规定,评定合格。 项目专职质量员:王×× 2015年5月20日			
监理单位验收结论	验收意见: 同意施工单位评定结果,验收合格,同意进行下道工序施工。 专业监理工程师:黎×× 2015年5月20日			

说明:

截(排)水沟的基槽底面的土质不符合要求时,应进行换填处理。

主控项目

1. 截(排)水沟的位置、尺寸、坡度等应符合设计要求。沟槽坡面、底部应平整密实。跌水沟、槽的位置、尺寸应符合设计要求。检验数量:全数检查。检验方法:观察、尺量。

2. 浆砌截(排)水沟砂浆所用材料的质量、配合比、计量、强度评定分别按相关规范规定执行。

3. 浆砌截(排)水沟砌筑所用石料的质量应符合设计要求及现行国家、行业标准的规定。检验数量:不超过400m^3检验1组。检验方法:检查产品合格证、出厂检验报告和进场复验报告。

4. 浆砌截(排)水沟砌筑所用混凝土砌块的质量按相关规范规定执行。当预制混凝土砌块采用工厂生产的预制件时,其品种、规格、质量应符合设计要求的规定。检验数量:倒数检查。检验方法:观察,检查出厂合格证、混凝土试验报告、进场验收记录,当对预制件质量有怀疑时,应实行抽芯检测或破坏性试验检测。

5. 混凝土截(排)水沟所用的材料的质量、配合比、计量、强度评定分别按相关规范规定执行。

一般项目

1. 截(排)水沟表面应平整、沿走向宽窄一致,外形美观。砌体勾缝密实、平顺美观。检验数量:全数检查。检验方法:观察。

2. 伸缩缝整齐平直、上下贯通,缝宽不小于设计值。检验数量:全数检查。检验方法:观察、尺量。

3. 截(排)水沟各部尺寸验收标准,应符合下表的规定。

表　截(排)水沟允许偏差

序号	项目	规定值或允许偏差		检查方法和频率
		料石、混凝土现浇	块石、片石、毛石	
1	断面尺寸(mm)	不小于设计值		尺量:每20m检查1个断面,每断面各2点
2	结构层厚度(mm)	不小于设计值		尺量:每20m检查1个断面,每断面各2点
3	沟底高程(mm)	±10	±20	水准仪测量:每20m检查1处
4	沟槽位置(mm)	30		经纬仪测量:每20m检查1处
5	跌水沟、槽位置(mm)	30		经纬仪测量:全数检查
6	沟底坡度(%)	±0.5		垂线测量:每20m检查1处
7	伸缩缝位置(mm)	50		尺量:每一缝段测量1点

市政工程边坡及挡护结构悬臂式及扶壁式挡墙盲沟施工检验批质量验收记录表

渝市政验收 3-3-13

单位(子单位)工程名称	重庆市××区大学城环道 K1+00 ~ K1+500 标段		
分部(子分部)工程名称	K1+00 ~ K1+500 标段道路悬臂式及扶壁式挡土墙		
分项工程名称	挡土墙盲沟施工	验收部位	1#挡土墙
施工单位	重庆市××市政工程有限公司	项目经理	岳××
分包单位	××城建集团一分公司	负责人	赵××
施工执行标准名称及编号	重庆市《市政工程边坡及挡护结构施工质量验收规范》DBJ 50-126—2011		

	序号	施工质量验收规范的规定		施工单位检查评定记录							监理单位验收记录
		检查项目	规定值或允许偏差(mm)								
主控项目	1	盲沟位置、尺寸、坡度	符合设计要求	位置、尺寸、坡度等符合设计要求。							符合规范要求。
	2	盲沟周边衬层所用材料品种、规格、质量、数量	符合设计要求及规范规定	材料的品种、规格、质量、数量符合设计要求及相关规范相关规定。							符合规范要求。
	3	填料所用材料品种、规格、质量、数量	符合设计要求及标准规定	填料所用的材料的品种、规格、质量、数量符合设计要求及现行国家、行业标准的规定。							符合规范要求。
	4										
	5										
一般项目	1	断面尺寸	不小于设计值	√	√	√	√	√	√	√	符合规范要求。
	2	衬层厚度	不小于设计值	√	√	√	√	√	√	√	符合规范要求。
	3	沟底高程	±50	−25	30	−20	−9	15	−12	−15	符合规范要求。
	4	沟槽位置	30	25	20	23	28	22	19	21	符合规范要求。
	5	沟底坡度(%)	±0.5	0．2	−0.1	0.3	0.4	0.2	−0.1	0.3	符合规范要求。
	6	伸缩缝位置	50	22	30	22	42	32	24	26	符合规范要求。
	7										
	8										

施工单位检查评定结果	施工员	张××	施工班组长	王××
	检查情况： 经检查，主控项目和一般项目均符合设计要求和重庆市《市政工程边坡及挡护结构施工质量验收规范》(DBJ 50-126—2011)规定，评定合格。 项目专职质量员：王×× 2015 年 5 月 20 日			
监理单位验收结论	验收意见： 同意施工单位评定结果，验收合格，同意进行下道工序施工。 专业监理工程师：黎×× 2015 年 5 月 20 日			

说明:

主控项目

1. 盲沟的位置、尺寸、坡度等应符合设计要求。沟槽坡面、底部应平整密实。跌水沟、槽的位置、尺寸应符合设计要求。检验数量:全数检查。检验方法:观察、尺量。

2. 盲沟周边衬层所用的材料的品种、规格、质量、数量应符合设计要求及相关规范相关规定。

3. 盲沟填料所用的材料的品种、规格、质量、数量应符合设计要求及现行国家、行业标准的规定。

一般项目

1. 盲沟沿走向宽窄基本一致。伸缩缝整齐平直、上下贯通,缝宽不小于设计值。检验数量:全数检查。检验方法:观察。

2. 盲沟各部尺寸验收标准,应符合下表的规定。

表 盲沟允许偏差

序号	项目	规定值或允许偏差	检查方法和频率
1	断面尺寸(mm)	不小于设计值	尺量:每20m检查1个断面
2	衬层厚度(mm)	不小于设计值	尺量:每20m检查1个断面
3	沟底高程(mm)	±50	水准仪测量:每20 m检查1个断面,每断面1点
4	沟槽位置(mm)	30	经纬仪测量:每20m检查1处
5	沟底坡度(%)	±0.5	垂线测量:每20m检查1处
6	伸缩缝位置(mm)	50	尺量:每一缝段测量1点

市政工程边坡及挡护结构抗滑桩桩孔施工检验批质量验收记录表

渝市政验收3-4-1

单位(子单位)工程名称			重庆市××区大学城环道K1+00～K1+500标段								
分部(子分部)工程名称			K1+00～K1+500标段道路边坡抗滑桩施工								
分项工程名称			抗滑桩桩孔施工			验收部位			1#挡土墙边坡		
施工单位			重庆市××市政工程有限公司			项目经理			岳××		
分包单位			××城建集团一分公司			负责人			赵××		
施工执行标准名称及编号			重庆市《市政工程边坡及挡护结构施工质量验收规范》DBJ 50-126—2011								
	序号	施工质量验收规范的规定：检查项目	规定值或允许偏差(mm)	施工单位检查评定记录							监理单位验收记录
主控项目	1	孔位、孔截面尺寸、孔深、滑动面以下尺寸、嵌岩深度	符合设计要求	观察、尺量，查隐蔽验收记录确认满足设计及现行国家、行业标准的规定后，浇注混凝土。							符合规范要求。
主控项目	2	桩底持力层地基承载力	符合设计要求	检查施工记录、检验报告，桩底地基承载力符合规范要求。							符合规范要求。
主控项目	3										
主控项目	4										
主控项目	5										
一般项目	1	桩顶高程	+20	15	18	16	−8	−10	13	17	符合规范要求。
一般项目	2	桩位	50	32	25	23	45	20	22	18	符合规范要求。
一般项目	3	孔深	不小于设计值	√	√	√	√	√	√	√	符合规范要求。
一般项目	4	孔截面尺寸	不小于设计值	√	√	√	√	√	√	√	符合规范要求。
一般项目	5	孔倾斜度	1	0.2	0.6	0.5	0.8	0.8	0.9	0.5	符合规范要求。
一般项目	6	钢筋骨架底面高程	±50	25	−23	45	−20	22	−18	28	符合规范要求。
一般项目	7										
一般项目	8										
施工单位检查评定结果	施工员		张××	施工班组长				王××			
施工单位检查评定结果	检查情况： 经检查，主控项目和一般项目均符合设计要求和重庆市《市政工程边坡及挡护结构施工质量验收规范》(DBJ 50-126—2011)规定，评定合格。 项目专职质量员：王×× 2015年5月20日										
监理单位验收结论	验收意见： 同意施工单位评定结果，验收合格，同意进行下道工序施工。 专业监理工程师：黎×× 2015年5月20日										

说明:

主控项目

1. 抗滑桩成孔后应及时清孔,测量孔位、孔截面尺寸、孔深、滑动面以下尺寸、嵌岩深度,确认满足设计及现行国家、行业标准的规定后,方可浇注混凝土。检验数量:全数检查。检验方法:观察、尺量,查隐蔽验收记录。

2. 桩底持力层地基承载力应符合设计要求。检验数量:全数检查。挖孔桩每一桩检查1组,钻孔桩每一桩检查1次。检测数量按照现行国家、行业地基检测标准执行。检验方法:检查施工记录和检验报告。

一般项目

抗滑桩各部尺寸验收标准,应符合下表的规定。

表　抗滑桩允许偏差

序号	检查项目	规定值或允许偏差	检查方法和频率
1	桩定高程(mm)	+20	水准仪测量:每桩检查1点
2	桩位(mm)	50	全站或经纬仪:每桩检查2点
3	孔深(mm)	不小于设计	测绳量:每桩测量3点
4	孔截面尺寸(mm)	不小于设计	钻孔桩采用探孔器挖孔桩采用尺量:每桩测量3个断面,每个断面2点
5	孔倾斜度(%)	1	垂线法:每桩检查1点
6	钢筋骨架地面高程(mm)	±50	水准仪测骨架顶面高程后反算:每桩检查1点

市政工程边坡及挡护结构抗滑桩钢筋工程检验批质量验收记录表

渝市政验收3-4-2

单位(子单位)工程名称	重庆市××区大学城环道K1+00～K1+500标段		
分部(子分部)工程名称	K1+00～K1+500标段道路边坡抗滑桩施工		
分项工程名称	抗滑桩钢筋工程	验收部位	1#挡土墙边坡2#桩
施工单位	重庆市××市政工程有限公司	项目经理	岳××
分包单位	××城建集团一分公司	负责人	赵××
施工执行标准名称及编号	重庆市《市政工程边坡及挡护结构施工质量验收规范》DBJ 50-126—2011		

项目	序号	施工质量验收规范的规定：检查项目	规定值或允许偏差(mm)	施工单位检查评定记录							监理单位验收记录
主控项目	1	钢筋、继续连接器、焊条等品种、规格和技术性能	符合设计及国家、行业标准规定	检查产品合格证、出厂检验报告、进场复验力学性能试验报告，品种、规格、性能符合规范要求。							符合规范要求。
主控项目	2	受力钢筋连接方式、钢筋接头位置、同一截面的接头数量、搭接长度	符合设计及国家、行业标准规定	查接头力学性能试验报告及隐蔽验收记录，符合规范要求。							符合规范要求。
主控项目	3	钢筋品种、级别、规格、数量、形状及锚固	符合设计及国家、行业标准规定	查隐蔽验收记录，材料试验报告，符合规范要求。							符合规范要求。
一般项目	1	钢筋加工：受力钢筋顺长度方向加工后的全长	±10	−5	−9	2	8	3	6	4	符合规范要求。
一般项目	2	钢筋加工：弯起钢筋各部分尺寸	±20	12	15	−18	−20	16	18	−8	符合规范要求。
一般项目	3	钢筋加工：箍筋、螺旋筋各部分尺寸	±5	1	−2	−4	3	2	−4	−3	符合规范要求。
一般项目	4	钢筋计钢筋网安装成型：受力钢筋间距：两排以上排距	±5	−2	−4	3	2	−4	−3	2	符合规范要求。
		受力钢筋间距：同排：梁、板	±10	−3	8	3	6	4	−5	−9	
		受力钢筋间距：同排：基础、柱、墙身	±20	−18	−20	16	18	8	12	15	
		受力钢筋间距：灌注桩	±20	15	−18	−20	16	18	8	−9	
一般项目	5	箍筋、横向水平钢筋、螺旋筋间距	±10	−5	8	2	−6	3	6	4	符合规范要求。
一般项目	6	钢筋骨架尺寸：长	−5	5	2	8	−3	6	4		符合规范要求。
		钢筋骨架尺寸：宽、高或直径	3	−2	2	3	2	−4	−3		
一般项目	7	弯起钢筋位置	±20	12	15	−18	−20	16	18	8	符合规范要求。
一般项目	8	保护层厚度：肋板、面板	1	−2	2	1	−2	1	−1		符合规范要求。
		保护层厚度：柱、梁、墙身	3	−2	2	3	2	1	−3		
		保护层厚度：基础	5	−9	2	8	3	6	4		
一般项目	9	钢筋网：网的长、宽	−5	8	2	−8	3	6	4		符合规范要求。
		钢筋网：网眼尺寸	6	−9	2	8	−3	6	4		
		钢筋网：对角线差	12	5	8	3	9	6	4		

	施工员	张××	施工班组长	王××
施工单位检查评定结果	检查情况： 经检查，主控项目和一般项目均符合设计要求和重庆市《市政工程边坡及挡护结构施工质量验收规范》(DBJ 50-126—2011)规定，评定合格。 项目专职质量员：王×× 2015年5月20日			
监理单位验收结论	验收意见： 同意施工单位评定结果，验收合格，同意进行下道工序施工。 专业监理工程师：黎×× 2015年5月20日			

说明：

主控项目

1. 钢筋、机械连接器、焊条等品种、规格和技术性能应符合设计及现行国家、行业标准的规定。检验数量：按表1执行。

表1　原材料检验取样规定

序号	样品名称	取样规定
1	钢筋	每批应由同一牌号、同一炉罐号、同一尺寸的钢筋、质量不大于60T组成，每批取1组。
2	型钢	每批应由同一强度代号(牌号)、同一炉罐号、同一尺寸的钢筋、质量不大于60T组成，每批取1组。
3	钢绞线	每批由同强度代号(牌号)、同一规格、同一生产工艺、质量不大于60T组成，每批取1组。
4	钢材接头	(1)焊接接头抽样批的组成：接头的现场检验按抽样批进行。在同一台班内，由同一焊工完成的300个同级别、同直径钢筋焊接接头作为一抽样批。当同一台班内焊接的接头数量较少，可在一周内累计计算，累计仍不足300个接头，应按一抽样批计算，每批取1组； (2)钢筋剥肋滚轧连接接头抽样批的组成：按同等级、同型号、同规格的接头，以300个为一批，不足300个也作为一抽样批，每批取1组； (3)机械连接接头抽样批的组成：接头的现场检验按抽样批进行。同一施工条件下的同一批材料的同等级、同规格、同型式接头，以500个为一个抽样批进行检验和验收，不足500个也作为一个抽样批，每批取1组。
5	锚具	每批应由同种材料、同规格、同一生产工艺条件下，锚夹具应以不超过1000套组成，连接器以不超过500套组组成；锚每批取5%且不少于5套；夹片每批取5%，多孔式锚具夹片每套至少5片。
6	水泥	每批应由同一生产厂、同品种、同强度等级，同批号、且连续进厂的，袋装不超过200T安装不超过200m^3组成，每批取1组。
7	砂、石	每批应按同产地、同规格分批验收，机械生产的按不超过400m^3或600T组成；人工生产的按不超过200m^3或300T组成，每批取1组。
8	粉煤灰	每批应由相同等级、相同种类、出厂编号、连续供应的不超过200T组成，每批取1组。
9	外加剂	当掺量大于或等于1%时，应有同品种的外加剂不超过100T组成；当掺量小于1%时，应由同种的外加剂不超过50T组成，每批取1组。

检验方法：检查产品合格证、出厂检验报告、进场复验力学性能试验报告。

2. 受力钢筋的链接方式、钢筋接头位置、同一截面的接头数量、搭接长度应符合设计及现行国家、行业标准的规定。检验数量：全数检查。检验方法：观察，检查接头力学性能试验报告、隐蔽验收记录。

3. 钢筋安装时，其品种、级别、规格、数量、形状及锚固等应符合设计及现行国家、行业标准的规定。检验数量：全数检查。检验方法：观察，检查隐蔽验收记录。

一般项目

1. 箍筋、螺旋钢筋、钢筋网等安装尺寸、位置应符合设计要求。检验数量：详见表3。检验方法：观察、尺量。

2. 钢筋应平直、无损伤，表面不得有裂纹、油污、颗粒状或片状老锈。检验数量：进场时和使用前全数检查。检验方法：观察。

3. 钢筋加工的形状、尺寸应符合设计要求，其偏差应符合表2的规定。检验数量：按每工作班同一类型钢筋、同一加工设备抽查不应少于3件。检验方法：钢尺检查。

表2 钢筋加工的允许偏差

序号	检查项目	规定值或允许偏差	检查方法和频率
1	受力钢筋顺长度向加工后的全长(mm)	±10	钢尺检查,按每工作日同一类型钢筋、同一加工设备抽查3件
2	弯起钢筋各部分尺寸(mm)	±20	
3	箍筋、螺旋筋各部分尺寸(mm)	±5	

4. 在施工现场,应对钢筋机械连接接头、焊接接头、绑扎接头的外观进行检查,其质量应符合设计及现行国家、行业标准的规定。检验数量:全数检查。检验方法:观察。

5. 预制钢筋骨架必须具有足够的刚度和稳定性,钢筋网焊接应符合设计规定及规范要求。钢筋安装位置的偏差应符合表3的规定。检验数量:在同一检验批内,对挡护结构,应按有代表性的自然间抽查10%,且不少于3件。

表3 钢筋及钢筋网安装成型允许偏差和检验方法

序号	检查项目			规定值或允许偏差	检查方法和频率
1	受力钢筋间距	两排以上排距		±5	尺量:每构件检查2个断面
		同排	梁、板(mm)	±10	
			基础、柱子、墙身(mm)	±20	
		灌注桩(mm)		±20	
2	箍筋、横向水平钢筋、螺旋筋间距			±10	钢尺量:每构件检查5~10个间距
3	钢筋骨架尺寸	长(mm)		±10	尺量:按骨架总数的30%抽查
		宽、高或直径(mm)		±5	
4	弯起钢筋位置(mm)			±20	尺量:每构件沿模板周边检查8处
5	保护层厚度	肋板、面板(mm)		±3	尺量:每构件沿模板周边检查8处
		柱、梁、墙身(mm)		±5	
		基础(mm)		±10	
6	钢筋网	网的长、宽(mm)		±10	尺量:全部
		网眼尺寸(mm)		±10	尺量:每50m²检查3个网眼
		对角线差(mm)		15	尺量:每50m²检查3个网眼对角线

市政工程边坡及挡护结构抗滑桩桩身施工检验批质量验收记录表

渝市政验收3-4-3

单位(子单位)工程名称	重庆市××区大学城环道K1+00～K1+500标段		
分部(子分部)工程名称	K1+00～K1+500标段道路边坡抗滑桩施工		
分项工程名称	抗滑桩桩身工程	验收部位	1#挡土墙边坡2#桩
施工单位	重庆市××市政工程有限公司	项目经理	岳××
分包单位	××城建集团一分公司	负责人	赵××
施工执行标准名称及编号	重庆市《市政工程边坡及挡护结构施工质量验收规范》DBJ 50-126—2011		

	序号	施工质量验收规范的规定：检查项目	规定值或允许偏差(mm)	施工单位检查评定记录	监理单位验收记录
主控项目	1	混凝土材料质量、配合比、计量、强度	符合规范规定	检查材料进场试验检测报告、混凝土试样，配合比、强度符合规范要求。	符合规范要求。
	2	混凝土灌注	符合设计及规范要求	查材料检验报告。	符合规范要求。
	3	桩顶封闭所用材料品种、规格、质量	符合设计要求	检查产品合格证、出厂检验报告和进场复验报告，桩顶封闭所用材料的品种、规格、质量符合设计要求。	符合规范要求。
	4	混凝土外观质量	符合规范规定	无质量缺陷。	符合规范要求。
	5				
一般项目	1	封闭层厚度、坡度	符合设计要求	封闭层厚度、封闭面坡度满足设计要求，按要求做好抗滑桩周边的地面排水。	符合规范要求。
	2				
	3				
	4				
	5				
	6				
	7				
	8				

	施工员	张××	施工班组长	王××
施工单位检查评定结果	检查情况： 经检查，主控项目和一般项目均符合设计要求和重庆市《市政工程边坡及挡护结构施工质量验收规范》(DBJ 50-126—2011)规定，评定合格。 项目专职质量员：王×× 2015年5月20日			
监理单位验收结论	验收意见： 同意施工单位评定结果，验收合格，同意进行下道工序施工。 专业监理工程师：黎×× 2015年5月20日			

说明：

主控项目

1. 抗滑桩桩身混凝土材料的质量、配合比、计量、强度评定分别按相关规范规定执行。

2. 抗滑桩桩身混凝土应在初凝时间内连续灌注完成，并保证灌注的完整性。检验数量：按设计要求。检验方法：检查检测报告。

3. 抗滑桩桩顶封闭所用材料的品种、规格、质量应符合设计要求。检验数量：按规范要求。检验方法：检查产品合格证、出厂检验报告和进场复验报告。

4. 抗滑桩桩身露出地面部分的混凝土结构外观质量不应有严重缺陷、不宜有一般缺陷，外观质量的识别按规范要求执行。对已经出现的缺陷，应由施工单位提出技术处理方案，并经设计单位确认后进行处理。对经处理的部位，应重新检查验收。检验数量：全数检查。检验方法：观察，检查技术处理方案。

一般项目

抗滑桩顶面及其周围应按设计要求封闭，封闭层厚度、封闭面坡度应满足设计要求，避免积水，应按设计要求做好抗滑桩周边的地面排水。检验数量：全数检查。检验方法：观察、尺量、水准仪测量。

市政工程边坡及挡护结构抗滑桩锚杆（索）的制作、安装与锚固检验批质量验收记录表

渝市政验收3-4-4

单位（子单位）工程名称				重庆市××区大学城环道K1+00～K1+500标段							
分部（子分部）工程名称				K1+00～K1+500标段道路边坡抗滑桩施工							
分项工程名称			抗滑桩锚杆（索）				验收部位				1#挡土墙边坡2#桩
施工单位			重庆市××市政工程有限公司				项目经理				岳××
分包单位			××城建集团一分公司				负责人				赵××
施工执行标准名称及编号				重庆市《市政工程边坡及挡护结构施工质量验收规范》DBJ 50-126—2011							
	序号	施工质量验收规范的规定		施工单位检查评定记录							监理单位验收记录
		检查项目	规定值或允许偏差（mm）								
主控项目	1	品种、规格和技术性能	符合设计及国家、行业标准规定	检查产品合格证、出厂检验报告、进场复验力学性能试验报告，符合规范要求。							符合规范要求。
	2	防腐体系及工艺	符合设计和有关技术规范规定	符合设计和有关技术规范的规定。							符合规范要求。
	3	位置、孔径、倾角、深度、锚固段岩体完整性	符合设计和施工技术要求	岩体完整性符合设计要求。							符合规范要求。
	4	锚固接头面积	≤锚杆总面积的25%	检查接头力学性能试验报告、隐蔽验收记录，符合规范要求。							符合规范要求。
	5	注浆所用主要材料	符合设计及国家、行业标准规定	注浆（砂浆）所用的水泥、细骨料、矿物、外加剂等主要材料的质量，符合设计及现行国家、行业标准的规定。							符合规范要求。
	6	砂浆配合比	满足设计及现行国家、行业标准规定	检查施工记录、试件检测报告及评定报告，符合规范要求。							符合规范要求。
	7	注浆的拌制、灌注	符合施工技术方案要求	孔底注浆法，注浆密实。							符合规范要求。
	8	注浆强度	符合设计要求	C30，符合要求。							符合规范要求。
	9	锚固段长度	符合设计要求	120 mm以上，符合要求。							符合规范要求。
一般项目	1	外观质量	符合规范规定	无质量缺陷。							符合规范要求。
	2	锚孔位置	20	9	12	14	8	15	14	13	符合规范要求。
	3	锚孔孔径	+10，0	2	8	4	7	6	5	4	符合规范要求。
	4	锚孔倾角	1	0.2	0.1	0.8	0.8	0.6	0.7	0.5	符合规范要求。
	5	锚孔深度	+100，0	45	65	70	82	65	55	50	符合规范要求。
	6	锚杆（索）长度	±50	−10	35	42	36	42	−9	38	符合规范要求。
	7	锚杆（索）锚固段长度	±50	−25	35	42	−8	42	36	38	符合规范要求。
施工单位检查评定结果	施工员		×××	施工班组长				×××			
	检查情况： 经检查，主控项目和一般项目均符合设计要求和重庆市《市政工程边坡及挡护结构施工质量验收规范》（DBJ 50-126—2011）规定，评定合格。 项目专职质量员：王×× 2015年5月20日										
监理单位验收结论	验收意见： 同意施工单位评定结果，验收合格，同意进行下道工序施工。 专业监理工程师：黎×× 2015年5月20日										

说明：

主控项目

1. 锚杆(索)、锚具、夹具和连接器的品种、规格和技术性能应符合设计及现行国家、行业标准的规定。检验数量:按规范要求执行。检验方法:检查产品合格证、出厂检验报告、进场复验力学性能试验报告。

2. 锚杆(索)表面不应有损伤、裂纹、油污、颗粒状或片状老锈,锚索使用的钢丝或钢绞线应梳理顺直,不得有缠绞、扭麻花现象。检验数量:进场时和使用前全数检查。检验方法:观察。

3. 锚杆(索)杆体的防腐体系及工艺应符合设计和有关技术规范的规定。检验数量:全数检查。检验方法:观察。

4. 锚杆(索)孔的位置、孔径、倾角、深度、锚固段岩体完整性应符合设计要求。钻孔完毕后,应及时将孔冲洗干净。检验数量:全数检查。检验方法:观察、尺量。

5. 同一截面的锚杆的接头面积不超过锚杆总面积的25%,接头的质量应符合设计及现行国家、行业标准的规定。检验数量:全数检查。检验方法:观察,检查接头力学性能试验报告、隐蔽验收记录。

6. 锚杆(索)安装时,锚具及锚杆(索)的品种、级别、规格、数量等应符合设计及现行国家、行业标准的规定。检验数量:全数检查。检验方法:观察,检查隐蔽验收记录。

7. 锚杆(索)锚固段注浆(砂浆)所用的水泥、细骨料、矿物、外加剂等主要材料的质量,必须符合设计及现行国家、行业标准的规定。检验数量:按规范要求执行。检验方法:检查产品合格证、出厂检验报告和进场复验报告。

8. 锚杆(索)锚固段注浆(砂浆)配合比必须满足设计及现行国家、行业标准的规定。检验数量:全数检查。检验方法:检查配合比设计资料。

9. 锚杆(索)锚固段注浆(砂浆)原材料应计量准确,注浆的拌制、灌注应符合施工技术方案的要求。检验数量:全数检查。检验方法:观察,检查施工记录。

10. 锚杆(索)锚固段注浆(砂浆)强度应符合设计要求,其取样数量及强度评定方法按相关规范规定执行。检验数量:按规范要求执行。检验方法:检查施工记录、试件检测报告及评定报告。

11. 锚固段注浆应采用孔底注浆法,确保注浆密实。锚杆(索)孔的锚固段长度应符合设计要求。检验数量:全数检查。检验方法;观察。

12. 锚杆(索)在下列情况应进行基本试验,试验方法按《建筑边坡工程技术规范》(GB 50330)的规定执行。

(1)当设计有要求时;

(2)采用新工艺、新材料或新技术的锚杆(索);

(3)无锚固工程经验的岩土层一级边坡工程的锚杆(索)。

检验数量:不少于3根。检验方法:检查锚杆(索)基本试验报告。

一般项目

1. 锚杆(索)的验收试验应按设计要求及《建筑边坡工程技术规范》(GB 50330)的规定执行。检验数量:为锚杆(索)总数的5%,且不得少于5根。检验方法:检查锚杆(索)抗拔力试验报告,抗拔力平均值不小于设计值,最小抗拔力不小于90%设计值。

2. 锚杆(索)的制作与安装各部尺寸验收标准,应符合下表的规定。

表 锚杆(索)允许偏差

序号	检查项目	规定值或允许偏差	检查方法和频率
1	锚孔位置(mm)	20	尺量:每孔测1点
2	锚孔孔径(mm)	+10 0	尺量:每孔测1点
3	锚孔倾角(%)	1	导杆法量:每孔测1点
4	锚孔深度(mm)	+100 0	尺量:每孔测1点
5	锚杆(索)长度(mm)	±50	尺量:每孔测1点
6	锚杆(索)长度(mm)	±50	尺量(差值法):每孔测1点

市政工程边坡及挡护结构抗滑桩锚杆(索)的张拉、注浆与封锚检验批质量验收记录表

渝市政验收3-4-5

单位(子单位)工程名称		重庆市××区大学城环道K1+00～K1+500标段			
分部(子分部)工程名称		K1+00～K1+500标段道路边坡抗滑桩施工			
分项工程名称		抗滑桩锚杆(索)		验收部位	1#挡土墙边坡2#桩
施工单位		重庆市××市政工程有限公司		项目经理	岳××
分包单位		××城建集团一分公司		负责人	赵××
施工执行标准名称及编号			重庆市《市政工程边坡及挡护结构施工质量验收规范》DBJ 50-126—2011		
	序号	施工质量验收规范的规定		施工单位检查评定记录	监理单位验收记录
		检查项目	规定值或允许偏差(mm)		
主控项目	1	锚固段注浆体强度	符合设计要求	C30,符合要求。	符合规范要求。
主控项目	2	注浆所用主要材料	符合设计及国家、行业标准规定	注浆(砂浆)所用的水泥、细骨料、矿物、外加剂等主要材料的质量符合设计及现行国家、行业标准的规定。	符合规范要求。
主控项目	3	砂浆配合比	满足设计及现行国家、行业标准规定	M10,符合规范要求。	符合规范要求。
主控项目	4	注浆的拌制、灌注	符合施工技术方案要求	符合规范要求。	符合规范要求
主控项目	5	注浆强度	符合设计要求	C30,符合要求。	符合规范要求。
主控项目	6	封锚混凝土强度	符合设计要求	符合规范要求。	符合规范要求。
主控项目	7	锚垫板平面与锚孔轴线	符合规范规定	锚垫板平面与锚孔轴线垂直。	符合规范要求。
主控项目	8				
主控项目	9				
一般项目	1	预应力锚杆(索)张拉力	满足设计要求	预应力锚杆(索)张拉伸长量与设计值的误差不超值。	符合规范要求。
一般项目	2	锚固后外露长度	≥30	符合规范要求。	符合规范要求。
一般项目	3	钢束断丝滑丝数	每束1根,且每断面不超过钢丝总数的1%	符合规范要求。	符合规范要求。
一般项目	4	钢筋断丝数	不允许	无断丝。	符合规范要求。
一般项目	5				
一般项目	6				
一般项目	7				
施工单位检查评定结果	施工员	×××	施工班组长	×××	
	检查情况: 经检查,主控项目和一般项目均符合设计要求和重庆市《市政工程边坡及挡护结构施工质量验收规范》(DBJ 50-126—2011)规定,评定合格。 项目专职质量员:王×× 2015年5月20日				
监理单位验收结论	验收意见: 同意施工单位评定结果,验收合格,同意进行下道工序施工。 专业监理工程师:黎×× 2015年5月20日				

说明：

主控项目

1. 锚喷护坡锚杆(索)的张拉、注浆与封锚施工质量及验收应按相关规范规定执行。

2. 锚垫板平面应与锚孔轴线应垂直。检验数量:全部检查。检验方法:观察、尺量。

3. 预应力锚杆(索)张拉时,锚固段注浆体强度应符合设计要求,当无设计要求时应达到设计强度的90%方可张拉。检验数量:每30孔检查1组试件,不足30孔时也应检查1组试件。检验方法:检查浆体试验报告。

4. 千斤顶与压力表应进行配套检定,按检定周期送计量测试部门检定。检验数量:全数检查。检验方法:检查报告。

5. 预应力锚杆(索)的张拉力应满足设计要求。预应力锚杆(索)张拉伸长量与设计值的误差不应超过±6%。检验数量:全数检查。检验方法:检查预应力张拉施工记录。

6. 张拉段注浆(砂浆)所用材料的质量、配合比、计量、强度评定分别按相关规范规定执行,且应在张拉后7d内实施注浆。

一般项目

1. 预应力锚杆(索)的张拉力应满足设计要求。预应力锚杆(索)张拉伸长量与设计值的误差不应超过±6%。

2. 预应力锚杆(索)锚固后的外露长度不宜小于30mm,多余长度的部分应采用机械切割,严禁采用电弧切割。检验数量:全数检查。检验方法:观察。

3. 锚杆(索)张拉断丝、滑丝的验收标准,应符合下表的规定。

表　锚杆(索)张拉断丝、滑丝的允许偏差

序号	检查项目	规定值或允许偏差	检查方法和频率
1	钢束断丝滑丝数	每束1根,且每断面不超过钢丝总数的1%	目测、尺量:每根(束)
2	钢筋断丝数	不允许	目测:每根(束)

市政工程边坡防护结构锚杆(索)的制作、安装与锚固检验批质量验收记录表

渝市政验收3-5-1

单位(子单位)工程名称			重庆市××区大学城环道K1+00～K1+500标段								
分部(子分部)工程名称			K1+00～K1+500标段道路边坡抗滑桩施工								
分项工程名称			抗滑桩锚杆(索)				验收部位				1#挡土墙边坡2#桩
施工单位			重庆市××市政工程有限公司				项目经理				岳××
分包单位			××城建集团一分公司				负责人				赵××
施工执行标准名称及编号			重庆市《市政工程边坡及挡护结构施工质量验收规范》DBJ 50-126—2011								
	序号	施工质量验收规范的规定		施工单位检查评定记录							监理单位验收记录
		检查项目	规定值或允许偏差(mm)								
主控项目	1	品种、规格和技术性能	符合设计及国家、行业标准规定	检查产品合格证、出厂检验报告、进场复验力学性能试验报告，符合规范要求。							符合规范要求。
	2	防腐体系及工艺	符合设计和有关技术规范规定	符合设计和有关技术规范的规定。							符合规范要求。
	3	位置、孔径、倾角、深度、锚固段岩体完整性	符合设计和施工技术要求	岩体完整性符合设计要求。							符合规范要求。
	4	锚固接头面积	≤锚杆总面积的25%	检查接头力学性能试验报告、隐蔽验收记录，符合规范要求。							符合规范要求。
	5	注浆所用主要材料	符合设计及国家、行业标准规定	注浆(砂浆)所用的水泥、细骨料、矿物、外加剂等主要材料的质量符合设计及现行国家、行业标准的规定。							符合规范要求。
	6	砂浆配合比	满足设计及现行国家、行业标准规定	检查施工记录、试件检测报告及评定报告，符合规范要求。							符合规范要求。
	7	注浆的拌制、灌注	符合施工技术方案要求	孔底注浆法，注浆密实。							符合规范要求。
	8	注浆强度	符合设计要求	C30，符合要求。							符合规范要求。
	9	锚固段长度	符合设计要求	120 mm以上，符合要求。							符合规范要求。
一般项目	1	外观质量	符合规范规定	无质量缺陷。							符合规范要求。
	2	锚孔位置	20	9	12	14	8	15	14	13	符合规范要求。
	3	锚孔孔径	+10,0	2	8	4	7	6	5	4	符合规范要求。
	4	锚孔倾角	1	0.2	0.1	0.8	0.8	0.6	0.7	0.5	符合规范要求。
	5	锚孔深度	+100,0	45	65	70	82	65	55	50	符合规范要求。
	6	锚杆(索)长度	±50	-10	35	42	36	42	-9	38	符合规范要求。
	7	锚杆(索)锚固段长度	±50	-25	35	42	-8	42	36	38	符合规范要求。
施工单位检查评定结果	施工员		×××				施工班组长				×××
	检查情况： 经检查，主控项目和一般项目均符合设计要求和重庆市《市政工程边坡及挡护结构施工质量验收规范》(DBJ 50-126—2011)规定，评定合格。 项目专职质量员：王×× 2015年5月20日										
监理单位验收结论	验收意见： 同意施工单位评定结果，验收合格，同意进行下道工序施工。 专业监理工程师：黎×× 2015年5月20日										

说明：

主控项目

1. 锚杆(索)、锚具、夹具和连接器的品种、规格和技术性能应符合设计及现行国家、行业标准的规定。检验数量：按规范要求执行。检验方法：检查产品合格证、出厂检验报告、进场复验力学性能试验报告。

2. 锚杆(索)表面不应有损伤、裂纹、油污、颗粒状或片状老锈，锚索使用的钢丝或钢绞线应梳理顺直，不得有缠绞、扭麻花现象。检验数量：进场时和使用前全数检查。检验方法：观察。

3. 锚杆(索)杆体的防腐体系及工艺应符合设计和有关技术规范的规定。检验数量：全数检查。检验方法：观察。

4. 锚杆(索)孔的位置、孔径、倾角、深度、锚固段岩体完整性应符合设计要求。钻孔完毕后，应及时将孔冲洗干净。检验数量：全数检查。检验方法：观察、尺量。

5. 同一截面的锚杆的接头面积不超过锚杆总面积的25%，接头的质量应符合设计及现行国家、行业标准的规定。检验数量：全数检查。检验方法：观察，接头力学性能试验报告、查隐蔽验收记录。

6. 锚杆(索)安装时，锚具及锚杆(索)的品种、级别、规格、数量等应符合设计及现行国家、行业标准的规定。检验数量：全数检查。检验方法：观察、查隐蔽验收记录。

7. 锚杆(索)锚固段注浆(砂浆)所用的水泥、细骨料、矿物、外加剂等主要材料的质量，必须符合设计及现行国家、行业标准的规定。检验数量：按规范要求执行。检验方法：检查产品合格证、出厂检验报告和进场复验报告。

8. 锚杆(索)锚固段注浆(砂浆)配合比必须满足设计及现行国家、行业标准的规定。检验数量：全数检查。检验方法：检查配合比设计资料。

9. 锚杆(索)锚固段注浆(砂浆)原材料应计量准确，注浆的拌制、灌注应符合施工技术方案的要求。检验数量：全数检查。检验方法：观察，检查施工记录。

10. 锚杆(索)锚固段注浆(砂浆)强度应符合设计要求，其取样数量及强度评定方法按相关规范规定执行。检验数量：按规范要求执行。检验方法：检查施工记录、试件检测报告及评定报告。

11. 锚固段注浆应采用孔底注浆法，确保注浆密实。锚杆(索)孔的锚固段长度应符合设计要求。检验数量：全数检查。检验方法：观察。

12. 锚杆(索)在下列情况应进行基本试验，试验方法按《建筑边坡工程技术规范》(GB 50330)的规定执行。

(1)当设计有要求时；

(2)采用新工艺、新材料或新技术的锚杆(索)；

(3)无锚固工程经验的岩土层一级边坡工程的锚杆(索)。检验数量：不少于3根。

检验方法：锚杆(索)基本试验报告。

一般项目

1. 锚杆(索)的验收试验应按设计要求及《建筑边坡工程技术规范》(GB 50330)的规定执行。检验数量：为锚杆(索)总数的5%，且不得少于5根。检验方法：锚杆(索)抗拔力试验报告，抗拔力平均值不小于设计值，最小抗拔力不小于90%设计值。

2. 锚杆(索)的制作与安装各部尺寸验收标准，应符合下表的规定。

表　锚杆(索)允许偏差

序号	检查项目	规定值或允许偏差	检查方法和频率
1	锚孔位置(mm)	20	尺量：每孔测1点
2	锚孔孔径(mm)	+10 0	尺量：每孔测1点
3	锚孔倾角(%)	1	导杆法量：每孔测1点
4	锚孔深度(mm)	+100 0	尺量：每孔测1点
5	锚杆(索)长度(mm)	±50	尺量：每孔测1点
6	锚杆(索)长度(mm)	±50	尺量(差值法)：每孔测1点

市政工程边坡防护结构锚杆(索)的张拉、注浆与封锚检验批质量验收记录表

渝市政验收3-5-2

<table>
<tr><td colspan="3">单位(子单位)工程名称</td><td colspan="4">重庆市××区大学城环道K1+00～K1+500标段</td></tr>
<tr><td colspan="3">分部(子分部)工程名称</td><td colspan="4">K1+00～K1+500标段道路边坡防护施工</td></tr>
<tr><td colspan="3">分项工程名称</td><td colspan="2">边坡防护锚杆(索)</td><td>验收部位</td><td>1#挡土墙2#边坡</td></tr>
<tr><td colspan="3">施工单位</td><td colspan="2">重庆市××市政工程有限公司</td><td>项目经理</td><td>岳××</td></tr>
<tr><td colspan="3">分包单位</td><td colspan="2">××城建集团一分公司</td><td>负责人</td><td>赵××</td></tr>
<tr><td colspan="4">施工执行标准名称及编号</td><td colspan="3">重庆市《市政工程边坡及挡护结构施工质量验收规范》DBJ 50-126—2011</td></tr>
<tr><td rowspan="2"></td><td rowspan="2">序号</td><td colspan="2">施工质量验收规范的规定</td><td rowspan="2" colspan="2">施工单位检查评定记录</td><td rowspan="2">监理单位验收记录</td></tr>
<tr><td>检查项目</td><td>规定值或允许偏差(mm)</td></tr>
<tr><td rowspan="9">主控项目</td><td>1</td><td>锚固段注浆体强度</td><td>符合设计要求</td><td colspan="2">C30,符合要求。</td><td>符合规范要求</td></tr>
<tr><td>2</td><td>注浆所用主要材料</td><td>符合设计及国家、行业标准规定</td><td colspan="2">注浆(砂浆)所用的水泥、细骨料、矿物、外加剂等主要材料的质量符合设计及现行国家、行业标准的规定。</td><td>符合规范要求。</td></tr>
<tr><td>3</td><td>砂浆配合比</td><td>满足设计及现行国家、行业标准规定</td><td colspan="2">M10,符合规范要求。</td><td>符合规范要求。</td></tr>
<tr><td>4</td><td>注浆的拌制、灌注</td><td>符合施工技术方案要求</td><td colspan="2">符合规范要求。</td><td>符合规范要求。</td></tr>
<tr><td>5</td><td>注浆强度</td><td>符合设计要求</td><td colspan="2">C30,符合要求。</td><td>符合规范要求。</td></tr>
<tr><td>6</td><td>封锚混凝土强度</td><td>符合设计要求</td><td colspan="2">符合规范要求。</td><td>符合规范要求。</td></tr>
<tr><td>7</td><td>锚垫板平面与锚孔轴线</td><td>符合规范规定</td><td colspan="2">锚垫板平面与锚孔轴线垂直。</td><td>符合规范要求。</td></tr>
<tr><td>8</td><td></td><td></td><td colspan="2"></td><td></td></tr>
<tr><td>9</td><td></td><td></td><td colspan="2"></td><td></td></tr>
<tr><td rowspan="7">一般项目</td><td>1</td><td>预应力锚杆(索)张拉力</td><td>满足设计要求</td><td colspan="2">预应力锚杆(索)张拉伸长量与设计值的误差不超值。</td><td>符合规范要求。</td></tr>
<tr><td>2</td><td>锚固后外露长度</td><td>≥30</td><td colspan="2">符合规范要求。</td><td>符合规范要求。</td></tr>
<tr><td>3</td><td>钢束断丝滑丝数</td><td>每束1根,且每断面不超过钢丝总数的1%</td><td colspan="2">符合规范要求。</td><td>符合规范要求。</td></tr>
<tr><td>4</td><td>钢筋断丝数</td><td>不允许</td><td colspan="2">无断丝。</td><td>符合规范要求。</td></tr>
<tr><td>5</td><td></td><td></td><td colspan="2"></td><td></td></tr>
<tr><td>6</td><td></td><td></td><td colspan="2"></td><td></td></tr>
<tr><td>7</td><td></td><td></td><td colspan="2"></td><td></td></tr>
<tr><td rowspan="2" colspan="2">施工单位检查评定结果</td><td>施工员</td><td>×××</td><td>施工班组长</td><td colspan="2">×××</td></tr>
<tr><td colspan="5">检查情况:
经检查,主控项目和一般项目均符合设计要求和重庆市《市政工程边坡及挡护结构施工质量验收规范》(DBJ 50-126—2011)规定,评定合格。
项目专职质量员:王××
2015年5月20日</td></tr>
<tr><td colspan="2">监理单位验收结论</td><td colspan="5">验收意见:
同意施工单位评定结果,验收合格,同意进行下道工序施工。
专业监理工程师:黎××
2015年5月20日</td></tr>
</table>

说明：

主控项目

1. 锚喷护坡锚杆(索)的张拉、注浆与封锚施工质量及验收应按相关规范规定执行。

2. 锚垫板平面应与锚孔轴线应垂直。检验数量:全部检查。检验方法:观察、尺量。

3. 预应力锚杆(索)张拉时,锚固段注浆体强度应符合设计要求,当无设计要求时应达到设计强度的90%方可张拉。检验数量:每30孔检查1组试件,不足30孔时也应检查1组试件。检验方法:检查浆体试验报告。

4. 千斤顶与压力表应进行配套检定,按检定周期送计量测试部门检定。检验数量:全数检查。检验方法:检定报告。

5. 预应力锚杆(索)的张拉力应满足设计要求。预应力锚杆(索)张拉伸长量与设计值的误差不应超过±6%。检验数量:全数检查。检验方法:检查预应力张拉施工记录。

6. 张拉段注浆(砂浆)所用材料的质量、配合比、计量、强度评定分别按相关规范规定执行,且应在张拉后7d内实施注浆。

一般项目

1. 预应力锚杆(索)的张拉力应满足设计要求。预应力锚杆(索)张拉伸长量与设计值的误差不应超过±6%。

2. 预应力锚杆(索)锚固后的外露长度不宜小于30mm,多余长度的部分应采用机械切割,严禁采用电弧切割。检验数量:全数检查。检验方法:观察。

3. 锚杆(索)张拉断丝、滑丝的验收标准,应符合下表的规定。

表　锚杆(索)张拉断丝、滑丝的允许偏差

序号	检查项目	规定值或允许偏差	检查方法和频率
1	钢束断丝滑丝数	每束1根,且每断面不超过钢丝总数的1%	目测、尺量:每根(束)
2	钢筋断丝数	不允许	目测:每根(束)

市政工程边坡防护结构边坡喷护施工检验批质量验收记录表

渝市政验收 3-5-3

单位(子单位)工程名称		重庆市××区大学城环道K1+00～K1+500标段			
分部(子分部)工程名称		K1+00～K1+500标段道路边坡防护施工			
分项工程名称		边坡喷护施工		验收部位	1#挡土墙2#边坡
施工单位		重庆市××市政工程有限公司		项目经理	岳××
分包单位		××城建集团一分公司		负责人	赵××
施工执行标准名称及编号		重庆市《市政工程边坡及挡护结构施工质量验收规范》DBJ 50-126—2011			
	序号	施工质量验收规范的规定		施工单位检查评定记录	监理单位验收记录
		检查项目	规定值或允许偏差(mm)		
主控项目	1	喷射混凝土材料质量、配合比、计量	符合规范规定	查材料进场试验检测报告、混凝土试样,配合比、强度符合规范要求。	符合规范要求。
	2	纤维的品种、规格	符合设计规定	纤维的品种、规格符合设计规定,且无油渍及明显的锈蚀。	符合规范要求。
	3	喷射混凝土强度	符合设计要求	检查施工记录、试件检测报告及评定报告,取样数量和强度评定方法按国家GB 50107—2010《混凝土强度检验评定标准》。	符合规范要求。
	4	喷射层厚度	符合设计规定	凿孔、尺量,平均厚度不小于设计厚度。	符合规范要求。
	5				
	6				
	7				
	8				
	9				
一般项目	1	边坡坡面	符合规范规定	坡面密实、稳固、平顺。	符合规范要求。
	2	混凝土工作性能、养护	符合规范规定	检查开盘验证资料和试件强度试验报告,符合规范要求。	符合规范要求。
	3	喷射混凝土	符合规范规定	符合规范规定。	符合规范要求。
	4	喷射层外观质量	符合规范规定	无质量缺陷。	符合规范要求。
	5	排水系统、泄水孔和伸缩缝的设置位置、数量和尺寸	符合设计要求	设置位置、数量和尺寸符合规范要求。	符合规范要求。
	6				
	7				
施工单位检查评定结果	施工员	×××		施工班组长	×××
	检查情况: 经检查,主控项目和一般项目均符合设计要求和重庆市《市政工程边坡及挡护结构施工质量验收规范》(DBJ 50-126—2011)规定,评定合格。 项目专职质量员:王×× 2015年5月20日				
监理单位验收结论	验收意见: 同意施工单位评定结果,验收合格,同意进行下道工序施工。 专业监理工程师:黎×× 2015年5月20日				

说明：

主控项目

1. 喷射混凝土材料的质量、配合比、计量分别按相关规范规定执行。

2. 当喷射混凝土添加钢纤维、丙稀纤维等外加材料时，纤维的品种、规格应符合设计规定，且不得有油渍及明显的锈蚀。检验数量：全数检查。检查方法：检查产品合格证书、观察。

3. 喷射混凝土强度应符合设计要求，其取样数量和强度评定方法按国标GB 50107—2010《混凝土强度检验评定标准》规定执行。检验数量：按标准执行。检查方法：检查施工记录、试件检测报告及评定报告。

4. 喷护边坡施工中，排水系统、泄水孔和伸缩缝的设置位置、数量和尺寸应符合设计要求。检验数量：全数检查。检验方法：观察、尺量，检查隐蔽验收记录。

5. 喷射层厚度应符合设计规定。检验数量：纵向每10m检查1个断面，每个断面不少于3点。检验方法：凿孔、尺量，平均厚度不小于设计厚度；检查点的60%不小于设计厚度；最小厚度不小于设计厚度的0.5倍，且不小于50mm。

一般项目

1. 喷护前应平整边坡，边坡坡面应密实、稳固、平顺。做好排水措施，对渗漏水孔洞、缝隙应采取引排、堵水措施，保证喷射混凝土质量。检验数量：全部。检验方法：观察。

2. 混凝土的工作性能、养护：

(1)同配合比混凝土首次使用时，应进行坍落度、扩展度等工作性能的验证，应满足设计配合比及施工技术方案的要求，同时应至少留置2组标准养护试件，作为混凝土强度验证的依据。检验数量：全数检查。检验方法：检查开盘验证资料和试件强度试验报告；

(2)混凝土浇筑完毕后，养护应根据结构部位、季节、材料、混凝土性能等要求，按施工技术方案的要求执行。检验数量：全数检查。检验方法：观察，检查施工记录。

3. 喷射混凝土应分层作业，后层应在前层终凝后进行；回弹物不得重新用作喷射混凝土材料，混合料应随拌随用。检验数量：全部。检验方法：观察。

4. 喷射层与边坡基面牢固结合，不得漏喷、脱层，无空洞、无杂物；周边与基层面之间无空隙。检验数量：纵向每10m检查1个断面，每个断面不少于3点。检查方法：用锤敲击或凿孔。

5. 喷射层表面应均匀、平顺，不得有突变。检验数量：全数检查。检验方法：观察。

市政工程边坡防护结构钢筋混凝土格构护坡施工检验批质量验收记录表

渝市政验收3-5-4

单位(子单位)工程名称	重庆市××区大学城环道K1+00 ~ K1+500标段		
分部(子分部)工程名称	K1+00 ~ K1+500标段道路边坡防护施工		
分项工程名称	钢筋混凝土格构护坡	验收部位	1#挡土墙2#边坡
施工单位	重庆市××市政工程有限公司	项目经理	岳××
分包单位	××城建集团一分公司	负责人	赵××
施工执行标准名称及编号	重庆市《市政工程边坡及挡护结构施工质量验收规范》DBJ 50-126—2011		

	序号	施工质量验收规范的规定：检查项目	规定值或允许偏差(mm)	施工单位检查评定记录							监理单位验收记录
主控项目	1	混凝土材料质量、配合比、计量、强度	符合规范规定	查材料进场试验检测报告、混凝土试样，配合比、强度符合规范要求。							符合规范要求。
	2	格构件品种、规格、质量	符合设计要求	查出厂合格证、混凝土试验报告、钢筋力学试验报告，进场验收记录，符合规范要求。							符合规范要求。
	3	混凝土强度	符合设计要求	检查出厂合格证、混凝土试验报告，符合设计要求。							符合规范要求。
	4	格构布置形式、沟槽开挖位置、尺寸	符合设计要求	尺量，符合设计要求。							符合规范要求。
	5	格构护坡排水系统、伸缩缝	符合规范规定	尺量，检查隐蔽验收记录，符合设计要求。							符合规范要求。
	6										
	7										
	8										
	9										
一般项目	1	格构、压顶断面尺寸	不小于设计值	符合设计要求。							符合规范要求。
	2	格构梁柱间距	±50	20	45	-15	35	40	28	-15	符合规范要求。
	3	压顶顶面高程	±30	18	25	19	-25	26	-22	18	符合规范要求。
	4	路基压顶偏位	30	15	18	25	19	25	26	22	符合规范要求。
	5	表面平整度	30	17	18	25	19	25	23	22	符合规范要求。
	6	伸缩缝位置	50	20	45	15	35	40	28	15	符合规范要求。
	7	混凝土外观质量	符合规范要求	表面平整，外形美观，无缺陷。							

施工员	刘××	施工班组长	张××

施工单位检查评定结果

检查情况：

经检查，主控项目和一般项目均符合设计要求和重庆市《市政工程边坡及挡护结构施工质量验收规范》(DBJ 50-126—2011)规定，评定合格。

项目专职质量员：王××

2015年5月20日

监理单位验收结论

验收意见：

同意施工单位评定结果，验收合格，同意进行下道工序施工。

专业监理工程师：黎××

2015年5月20日

说明：

主控项目

1. 混凝土格构现场预制（节点湿接头）、现浇（混凝土压顶）所用混凝土材料的质量、配合比、计量、强度评定分别按相关规范规定执行。

2. 当预制格构件采用工厂生产的预制件时，其品种、规格、质量应符合设计要求的规定。检验数量：全数检查。检验方法：观察，检查出厂合格证、混凝土试验报告、钢筋力学试验报告和进场验收记录。当对预制件质量有怀疑时，应进行抽芯检测或破坏性试验检测。

3. 安装预制格构件时，混凝土强度应符合设计要求。当设计无要求时，混凝土强度应达到设计强度的80%以上。检验数量：不少于1组。检验方法：出厂合格证、混凝土试验报告。

4. 格构的布置形式、沟槽开挖位置、尺寸等应符合设计要求。检验数量：全数检查。检验方法：尺量。

5. 混凝土格构护坡施工中，排水系统、泄水孔、反滤层和伸缩缝、沉降缝的设置位置、数量和尺寸应符合设计要求。检验数量：全数检查。检验方法：观察、尺量、查隐蔽验收记录。

6. 钢筋混凝土格构与锚杆（索）应连接牢固。检验数量：全数检查。检验方法：观察。

一般项目

1. 混凝土的工作性能、养护：同配合比混凝土首次使用时，应进行坍落度、扩展度等工作性能的验证，应满足设计配合比及施工技术方案的要求，同时应至少留置2组标准养护试件，作为混凝土强度验证的依据。检验数量：全数检查。检验方法：检查开盘验证资料和试件强度试验报告。

2. 混凝土浇筑完毕后，养护应根据结构部位、季节、材料、混凝土性能等要求，按施工技术方案的要求执行。检验数量：全数检查。检验方法：观察，检查施工记录。

3. 混凝土结构的外观质量不应有严重缺陷、不宜有一般缺陷，外观质量的识别按相关规范执行。对已经出现的缺陷，应由施工单位提出技术处理方案，并经设计单位确认后进行处理。对经处理的部位，应重新检查验收。检验数量：全数检查。检验方法：观察，检查技术处理方案。

4. 混凝土表面应平整，外形美观。检验数量：全数检查。检验方法：观察。

5. 伸缩缝整齐平直、上下贯通，缝宽不小于设计值。检验数量：全数检查。检验方法：观察、尺量。

市政工程边坡防护结构砌块格构护坡施工检验批质量验收记录表

渝市政验收3-5-5

单位(子单位)工程名称	重庆市××区大学城环道K1+00～K1+500标段		
分部(子分部)工程名称	K1+00～K1+500标段道路边坡防护施工		
分项工程名称	砌块格构护坡	验收部位	1#挡土墙2#边坡
施工单位	重庆市××市政工程有限公司	项目经理	岳××
分包单位	××城建集团一分公司	负责人	赵××
施工执行标准名称及编号	重庆市《市政工程边坡及挡护结构施工质量验收规范》DBJ 50-126—2011		

	序号	施工质量验收规范的规定		施工单位检查评定记录							监理单位验收记录
		检查项目	规定值或允许偏差(mm)								
主控项目	1	混凝土材料质量、配合比、计量、强度	符合规范规定	查材料进场试验检测报告、混凝土试样,配合比、强度符合规范要求。							符合规范要求。
	2	格构件品种、规格、质量	符合设计要求	查出厂合格证、混凝土试验报告、钢筋力学试验报告和进场验收记录,符合规范要求。							符合规范要求。
	3	砌筑砂浆材料的质量、配合比、计量、强度	符合规范规定	检查出厂合格证、混凝土试验报告,符合设计要求。							符合规范要求。
	4	压顶石料	符合设计要求	符合规范要求。							符合规范要求。
	5	排水系统、伸缩缝	符合规范规定	尺量,符合设计要求。							符合规范要求。
	6	格构的布置形式、沟槽开挖位置、尺寸	符合设计要求	尺量,检查隐蔽验收记录,符合设计要求。							符合规范要求。
	7	混凝强度	符合设计要求	C30,符合规范要求。							符合规范要求。
	8										
	9										
一般项目	1	格构、压顶断面尺寸	不小于设计值	符合设计要求。							符合规范要求。
	2	格构梁柱间距	±50	20	45	-15	35	40	28	-15	符合规范要求。
	3	压顶顶面高程	±30	18	25	19	-25	26	-22	18	符合规范要求。
	4	路基压顶偏位	30	15	18	25	19	25	26	22	符合规范要求。
	5	表面平整度	30	17	18	25	19	25	23	22	符合规范要求。
	6	伸缩缝位置	50	20	45	15	35	40	28	15	符合规范要求。
	7										

施工单位检查评定结果	施工员	刘××	施工班组长	张××
	检查情况: 经检查,主控项目和一般项目均符合设计要求和重庆市《市政工程边坡及挡护结构施工质量验收规范》(DBJ 50-126—2011)规定,评定合格。 项目专职质量员:王×× 2015年5月20日			
监理单位验收结论	验收意见: 同意施工单位评定结果,验收合格,同意进行下道工序施工。 专业监理工程师:黎×× 2015年5月20日			

说明：

主控项目

1. 混凝土砌块现场预制(混凝土压顶)所用混凝土材料的质量、配合比、计量、强度评定分别规范相关规定执行。

2. 当预制混凝土砌块采用工厂生产的预制件时，其品种、规格、质量应符合设计要求的规定。检验数量：倒数检查。检验方法：观察，检查出厂合格证、混凝土试验报告和进场验收记录，当对预制件质量有怀疑时，应实行抽芯检测或破坏性试验检测。

3. 砌筑砂浆所用材料的质量、配合比、计量、强度评定分别按相关规范规定执行。

4. 砌筑所用压顶石料应符合设计要求及现行国家、行业标准的规定。检验数量：不超过400m³检验1组。检验方法：检查产品合格证、出厂检验报告和进场复验报告。

5. 格构砌筑施工中排水系统、排水系统、泄水孔、反滤层、伸缩缝、沉降缝的设置位置、数量和尺寸应符合设计要求。检验数量：全数检查。检验方法：观察、尺量，检查隐蔽验收记录。

6. 砌筑砂浆应饱满。检验数量：全数检查。检验方法：观察。

7. 格构的布置形式、沟槽开挖位置、尺寸等应符合设计规定。检验数量：全数检查。检验方法：尺量。

8. 安装预制混凝土块件时，混凝土强度应符合设计规定。当设计无规定时，混凝土强度应达到设计强度的80%以上。检验数量：不少于1组。检验方法：检查出厂合格证、混凝土试验报告。

一般项目

1. 格构砌体表面应平整，外形美观。检验数量：全数检查。检验方法：观察。

2. 伸缩缝整齐平直、上下贯通，缝宽不小于设计值。检验数量：全数检查。检验方法：观察、尺量。

3. 砌体格构各部尺寸验收标准，应符合下表的规定。

表　混凝土格构允许偏差

序号	项目	规定值或允许偏差	检查方法和频率
1	格构、压顶断面尺寸(mm)	不小于设计值	尺量：纵向每10m检查1个断面，每个断面宽、高不少于3处
2	格构梁柱间距(mm)	±50	尺量：纵向每10m检查1个断面，每个断面不少于3处
3	压顶顶面高程(mm)	30	水准仪：纵向每10m检查1个断面，每个断面不少于1处
4	路基压顶偏位(mm)	30	经纬仪、尺量：纵向每10m检查1个断面，每个断面不少于3处
5	表面平整度(mm)	30	直尺、塞尺量：纵向每10m检查2个断面，每个断面不少于3处
6	伸缩缝位置(mm)	50	尺量：每一缝段测量2点

市政工程边坡防护结构砌筑护坡施工检验批质量验收记录表

渝市政验收3-5-6

单位(子单位)工程名称	重庆市××区大学城环道K1+00～K1+500标段		
分部(子分部)工程名称	K1+00～K1+500标段道路边坡防护施工		
分项工程名称	砌筑护坡施工	验收部位	1#挡土墙2#边坡
施工单位	重庆市××市政工程有限公司	项目经理	岳××
分包单位	××城建集团一分公司	负责人	赵××
施工执行标准名称及编号	重庆市《市政工程边坡及挡护结构施工质量验收规范》DBJ 50-126—2011		

	序号	施工质量验收规范的规定 检查项目	规定值或允许偏差(mm) 料石、预制块√	规定值或允许偏差(mm) 块石、片石、毛石	施工单位检查评定记录							监理单位验收记录
主控项目	1	混凝土材料质量、配合比、计量、强度	符合规范规定		查材料进场试验检测报告、混凝土试样,配合比、强度符合规范要求。							符合规范要求。
	2	预制件件品种、规格、质量	符合设计要求		查出厂合格证、混凝土试验报告、钢筋力学试验报告和进场验收记录,符合规范要求。							符合规范要求。
	3	砌筑砂浆材料的质量、配合比、计量、强度	符合规范规定		检查出厂合格证、混凝土试验报告,符合设计要求。							符合规范要求。
	4	砌筑石料	符合设计要求		检查产品合格证、出厂检验报告和进场复验报告,石料符合国家标准规定。							符合规范要求。
	5	排水系统、伸缩缝	符合规范规定		尺量,符合设计要求。							符合规范要求。
	6	混凝强度	符合设计要求		C30,符合规范要求。							符合规范要求。
一般项目	1	护坡、压顶断面尺寸	0,+20	不小于设计值	15	12	18	11	13	14	16	符合规范要求。
	2	压顶顶面高程	±10	±20	-2	9	6	-3	5	8	7	符合规范要求。
	3	轴线偏位	30	30	12	15	13	12	15	13	14	符合规范要求。
	4	墙面垂直度	0.3H且≤20	0.3H且≤30	√	√	√	√	√	√	√	符合规范要求。
	5	边坡(%)	±0.5		0.2	0.3	0.1	0.7	0.6	0.5	0.4	符合规范要求。
	6	墙表面平整度	10	30	2	8	6	5	4	3	7	符合规范要求。
	7	泄水孔尺寸	不小于设计值		√	√	√	√	√	√	√	符合规范要求。
	8	伸缩缝位置	±50		25	-20	23	30	-18	25	30	符合规范要求。

施工单位检查评定结果	施工员	刘××	施工班组长	张××
	检查情况: 经检查,主控项目和一般项目均符合设计要求和重庆市《市政工程边坡及挡护结构施工质量验收规范》(DBJ 50-126—2011)规定,评定合格。 项目专职质量员:王×× 2015年5月20日			
监理单位验收结论	验收意见: 同意施工单位评定结果,验收合格,同意进行下道工序施工。 专业监理工程师:黎×× 2015年5月20日			

说明:

主控项目

1. 护坡砌筑砂浆所用材料的质量、配合比、计量、强度评定分别按相关规范规定执行。

2. 混凝土砌块现场预制(混凝土压顶)所用混凝土材料的质量、配合比、计量、强度评定分别规范相关规定执行。

3. 当预制混凝土砌块采用工厂生产的预制件时,其品种、规格、质量应符合设计要求的规定。检验数量:全数检查。检验方法:观察,检查出厂合格证、混凝土试验报告和进场验收记录,当对预制件质量有怀疑时,应实行抽芯检测或破坏性试验检测。

4. 砌筑所用石料应符合设计要求及现行国家、行业标准的规定。检验数量:不超过400m³检验1组。检验方法:检查产品合格证、出厂检验报告和进场复验报告。

5. 护坡砌筑施工中排水系统、泄水孔、反滤层、伸缩缝、沉降缝的设置位置、数量和尺寸应符合设计要求。检验数量:全数检查。检验方法:观察、尺量,检查隐蔽验收记录。

6. 安装预制混凝土块件时,混凝土强度应符合设计要求。当设计无要求时,混凝土强度应达到设计强度的80%以上。检验数量:不少于1组。检验方法:检查出厂合格证、混凝土试验报告。

7. 砌筑砂浆应饱满。检验数量:全数检查。检验方法:观察。

一般项目

1. 砌筑前应平整边坡,边坡坡面应密实、稳固、平顺。做好排水措施,对渗漏水孔洞、缝隙应采取引排、堵水措施,保证砌筑质量。检验数量:全部。检验方法:观察。

2. 砌体表面应平整、整齐,外形美观,周边与基层面之间无空隙。砌缝均匀,无开裂现象,勾缝密实均匀、平顺美观。检验数量:全数检查。检验方法:观察。

3. 伸缩缝整齐平直、上下贯通,缝宽不小于设计值。检验数量:全数检查。检验方法:观察、尺量。

4. 泄水孔的位置应符合设计要求,孔坡向外,无堵塞现象。检验数量:全数检查。检验方法:观察。

5. 砌体护坡各部尺寸验收标准,应符合下表的规定。

表 砌石护坡允许偏差

序号	项目	规定值或允许偏差		检查方法和频率
		料石、预制块	块石、片石、毛石	
1	护坡、压顶断面	0,+20	不小于设计值	尺量:每一沉降缝段测3个断面,每段面各2点
2	压顶顶面高程(mm)	±10	±20	水准仪测量:每一缝断测量3点
3	轴线偏位(mm)	30	30	经纬仪测量:每一沉降缝段纵横各测量2点
4	墙面垂直度	0.3%H且≤20mm	0.3%H且≤30mm	垂线测量:每一缝段测量3点
5	坡度(%)	±0.5		垂线测量:每一缝段测量3点
6	墙表面平整度(mm)	10	30	直尺、塞尺量:每一缝段测量3点
7	泄水孔尺寸(mm)	不小于设计值		尺量:每一缝段测量3点
8	伸缩缝位置(mm)	±50		尺量:每一缝段测量3点

市政工程边坡防护结构绿化护坡施工检验批质量验收记录表

渝市政验收 3-5-7

单位(子单位)工程名称	重庆市××区大学城环道K1+00～K1+500标段		
分部(子分部)工程名称	K1+00～K1+500标段道路边坡防护施工		
分项工程名称	绿化护坡施工	验收部位	1#挡土墙2#边坡
施工单位	重庆市××市政工程有限公司	项目经理	岳××
分包单位	××城建集团一分公司	负责人	赵××
施工执行标准名称及编号	重庆市《市政工程边坡及挡护结构施工质量验收规范》DBJ 50-126—2011		

	序号	施工质量验收规范的规定		施工单位检查评定记录							监理单位验收记录
		检查项目	规定值或允许偏差(mm)								
主控项目	1	绿化边坡的土质、厚度	符合设计要求	土质、厚度符合设计要求。							符合规范要求。
	2	边坡平整	符合规范要求	边坡平整,边坡坡面密实、稳固、平顺。							符合规范要求。
	3	绿化所用苗木品种、规格、数量	符合设计要求	所用苗木的品种、规格、数量符合设计要求。							符合规范要求。
	4	种植穴规格、浇水	符合规范及设计要求	植穴规格、浇水符合设计与规范要求。							符合规范要求。
	5										
	6										
一般项目	1	排水系统	满足设计要求	排水系统设置满足设计要求。							符合规范要求。
	2	回填土土层厚度	≥300	320	330	310	340	350	320	302	符合规范要求。
	3	苗木间距	±50	-25	42	45	-23	30	26	38	符合规范要求。
	4	苗木密度	不小于设计值	√	√	√	√	√	√	√	符合规范要求。
	5	苗木成活率(%)	≥95	98	97	96	97	98	99	98	符合规范要求。
	6	其他地被植物发芽率(%)	≥85	88	86	90	95	92	86	88	符合规范要求。
	7										
	8										

施工单位检查评定结果	施工员	刘××	施工班组长	张××
	检查情况: 经检查,主控项目和一般项目均符合设计要求和重庆市《市政工程边坡及挡护结构施工质量验收规范》(DBJ 50-126—2011)规定,评定合格。 项目专职质量员:王×× 2015年5月20日			
监理单位验收结论	验收意见: 同意施工单位评定结果,验收合格,同意进行下道工序施工。 专业监理工程师:黎×× 2015年5月20日			

说明：

主控项目

1. 绿化边坡的土质、厚度应符合设计要求。检验数量：全数检查。检验方法：观察、尺量。

2. 绿化前应平整边坡，边坡坡面应密实、稳固、平顺。做好排水措施，对渗漏水孔洞、缝隙应采取引排、堵水措施，保证绿化质量。检验数量：全数检查。检验方法：观察。

3. 绿化所用苗木的品种、规格、数量应符合设计要求。检验数量：全数检查。检验方法：观察。

4. 苗木栽培的种植穴规格、浇水应符合《城市绿化工程施工及验收规范》(CJJ/T 82)的设计要求。

一般项目

1. 绿化外形美观，与周边环境协调，排水系统设置应满足设计要求。检验数量：全数检查。检验方法：观察。

2. 绿化护坡验收标准，应符合下表的规定。

表　绿化护坡施工质量验收标准及允许偏差

序号	检查项目	规定值或允许偏差	检查方法或频率
1	回填土土层厚度(mm)	≥300mm	挖坑、尺量：每1000m²检查2个点
2	苗木间距(mm)	±50	挖坑、尺量：每1000m²检查2个点
3	苗木密度(mm)	不小于设计值	观察：全部
4	苗木成活率(%)	≥95	观察：全部
5	其他地被植物发芽率(%)	≥85	观察：全部

市政工程边坡防护结构防护网护坡施工检验批质量验收记录表

渝市政验收3-5-8

<table>
<tr><td colspan="3">单位(子单位)工程名称</td><td colspan="9">重庆市××区大学城环道K1+00～K1+500标段</td></tr>
<tr><td colspan="3">分部(子分部)工程名称</td><td colspan="9">K1+00～K1+500标段道路边坡防护施工</td></tr>
<tr><td colspan="3">分项工程名称</td><td colspan="3">防护网护坡施工</td><td colspan="4">验收部位</td><td colspan="2">1#挡土墙2#边坡</td></tr>
<tr><td colspan="3">施工单位</td><td colspan="3">重庆市××市政工程有限公司</td><td colspan="4">项目经理</td><td colspan="2">岳××</td></tr>
<tr><td colspan="3">分包单位</td><td colspan="3">××城建集团一分公司</td><td colspan="4">负责人</td><td colspan="2">赵××</td></tr>
<tr><td colspan="4">施工执行标准名称及编号</td><td colspan="8">重庆市《市政工程边坡及挡护结构施工质量验收规范》DBJ 50-126—2011</td></tr>
<tr><td rowspan="2"></td><td rowspan="2">序号</td><td colspan="2">施工质量验收规范的规定</td><td colspan="7" rowspan="2">施工单位检查评定记录</td><td rowspan="2">监理单位验收记录</td></tr>
<tr><td>检查项目</td><td>规定值或允许偏差(mm)</td></tr>
<tr><td rowspan="6">主控项目</td><td>1</td><td>防护材料品种、规格、质量</td><td>符合设计要求</td><td colspan="7">尺量,检查产品合格证、力学性能试验报告,符合设计和标准要求。</td><td>符合规范要求。</td></tr>
<tr><td>2</td><td>边坡平整</td><td>符合规范要求</td><td colspan="7">边坡平整,边坡坡面密实、稳固、平顺。</td><td>符合规范要求。</td></tr>
<tr><td>3</td><td>防护网布置</td><td>符合设计规定</td><td colspan="7">防护网的布置符合设计规定,与实际地形协调。</td><td>符合规范要求。</td></tr>
<tr><td>4</td><td></td><td></td><td colspan="7"></td><td></td></tr>
<tr><td>5</td><td></td><td></td><td colspan="7"></td><td></td></tr>
<tr><td>6</td><td></td><td></td><td colspan="7"></td><td></td></tr>
<tr><td rowspan="8">一般项目</td><td>1</td><td>排水系统</td><td>满足设计要求</td><td colspan="7">排水系统设置满足设计要求。</td><td>符合规范要求。</td></tr>
<tr><td>2</td><td>防护网的位置</td><td>100</td><td>25</td><td>65</td><td>50</td><td>42</td><td>40</td><td>35</td><td>28</td><td>符合规范要求。</td></tr>
<tr><td>3</td><td>搭接长度</td><td>+50,0</td><td>25</td><td>45</td><td>40</td><td>42</td><td>40</td><td>35</td><td>28</td><td>符合规范要求。</td></tr>
<tr><td>4</td><td>竖向间距</td><td>±5</td><td>2</td><td>−3</td><td>1</td><td>4</td><td>−2</td><td>3</td><td>1</td><td>符合规范要求。</td></tr>
<tr><td>5</td><td>回折长度</td><td>±5</td><td>−3</td><td>1</td><td>4</td><td>−2</td><td>3</td><td>1</td><td>4</td><td>符合规范要求。</td></tr>
<tr><td>6</td><td>上下层接缝错开距离</td><td>±5</td><td>2</td><td>1</td><td>4</td><td>−2</td><td>3</td><td>−1</td><td>2</td><td>符合规范要求。</td></tr>
<tr><td>7</td><td></td><td></td><td colspan="7"></td><td></td></tr>
<tr><td>8</td><td></td><td></td><td colspan="7"></td><td></td></tr>
<tr><td colspan="2" rowspan="2">施工单位检查评定结果</td><td>施工员</td><td>刘××</td><td colspan="3">施工班组长</td><td colspan="5">张××</td></tr>
<tr><td colspan="10">检查情况:
经检查,主控项目和一般项目均符合设计要求和重庆市《市政工程边坡及挡护结构施工质量验收规范》(DBJ 50-126—2011)规定,评定合格。
项目专职质量员:王××
2015年5月20日</td></tr>
<tr><td colspan="2">监理单位验收结论</td><td colspan="10">验收意见:
同意施工单位评定结果,验收合格,同意进行下道工序施工。
专业监理工程师:黎××
2015年5月20日</td></tr>
</table>

说明：

主控项目

1. 防护材料的品种、规格、质量应符合设计要求，其进场检验应符合设计及现行国家、行业标准的规定。检验数量：按进场的批次和现行国家、行业标准的规定确定。检验方法：检查产品合格证、出厂检验报告、进场复验力学性能试验报告。

2. 挂网前应平整边坡，边坡坡面应密实、稳固、平顺。做好排水措施，对渗漏水孔洞、缝隙应采取引排、堵水措施，保证挂网质量。检验数量：全数检查。检验方法：观察。

3. 防护网的布置应符合设计规定，并与实际地形协调。防护网安装时，其品种、级别、规格、数量、形状、尺寸等应符合设计及现行国家、行业标准的规定。检验数量：全数检查。检验方法：观察，检查验收记录。

4. 防护网与锚杆（索）应连接牢固。检验数量：全数检查。检验方法：观察。

一般项目

1. 防护网外形美观，与周边环境协调，排水系统设置应满足设计要求。检验数量：全数检查。检验方法：观察。

2. 防护网护坡验收标准，应符合下表的规定。

表　防护网护坡施工质量验收标准及允许偏差

序号	检查项目	规定值或允许偏差	检查方法或频率
1	防护网的位置（mm）	100	挖坑、尺量：每100m²检查2个点
2	搭接长度（mm）	+50 0	每100m等间距检查3点
3	竖向键间距（mm）	±5	每100m等间距检查3点
4	回折长度（mm）	±5	每100m等间距检查3点
5	上下层接缝错开距离（mm）	±5	每100m等间距检查3点

市政工程边坡及挡护结构附属(结构)设施栏杆施工检验批质量验收记录表

渝市政验收3-6-1

<table>
<tr><td colspan="3">单位(子单位)工程名称</td><td colspan="9">重庆市××区大学城环道K1+00～K1+500标段</td></tr>
<tr><td colspan="3">分部(子分部)工程名称</td><td colspan="9">K1+00～K1+500标段道路附属设施施工</td></tr>
<tr><td colspan="3">分项工程名称</td><td colspan="2">栏杆施工</td><td colspan="4">验收部位</td><td colspan="3">标段区间</td></tr>
<tr><td colspan="3">施工单位</td><td colspan="2">重庆市××市政工程有限公司</td><td colspan="4">项目经理</td><td colspan="3">岳××</td></tr>
<tr><td colspan="3">分包单位</td><td colspan="2">××城建集团一分公司</td><td colspan="4">负责人</td><td colspan="3">赵××</td></tr>
<tr><td colspan="3">施工执行标准名称及编号</td><td colspan="9">重庆市《市政工程边坡及挡护结构施工质量验收规范》DBJ 50-126—2011</td></tr>
<tr><td rowspan="2"></td><td rowspan="2">序号</td><td colspan="2">施工质量验收规范的规定</td><td colspan="7" rowspan="2">施工单位检查评定记录</td><td rowspan="2">监理单位验收记录</td></tr>
<tr><td>检查项目</td><td>规定值或允许偏差(mm)</td></tr>
<tr><td rowspan="6">主控项目</td><td>1</td><td>材料品种、规格和质量</td><td>符合设计和标准要求</td><td colspan="7">尺量、检查产品合格证、力学性能试验报告，符合设计和标准要求。</td><td>符合规范要求。</td></tr>
<tr><td>2</td><td>连接方式、材料、强度</td><td>符合设计和标准要求</td><td colspan="7">牢固，其连接的方式、材料、强度等符合设计和有关标准的要求。</td><td>符合规范要求。</td></tr>
<tr><td>3</td><td></td><td></td><td colspan="7"></td><td></td></tr>
<tr><td>4</td><td></td><td></td><td colspan="7"></td><td></td></tr>
<tr><td>5</td><td></td><td></td><td colspan="7"></td><td></td></tr>
<tr><td>6</td><td></td><td></td><td colspan="7"></td><td></td></tr>
<tr><td rowspan="8">一般项目</td><td>1</td><td>线型</td><td>符合设计要求</td><td colspan="7">符合设计要求的线型，直顺美观。</td><td>符合规范要求。</td></tr>
<tr><td>2</td><td>外观喷涂品种、质量、次数</td><td>符合设计和标准要求</td><td colspan="7">栏杆应无开裂现象，外观喷涂的品种、质量、次数符合设计和有关标准的要求。</td><td>符合规范要求。</td></tr>
<tr><td>3</td><td>平面偏位</td><td>4</td><td>1.5</td><td>2.3</td><td>3</td><td>3.2</td><td>2.6</td><td>3.2</td><td>2</td><td>符合规范要求。</td></tr>
<tr><td>4</td><td>扶手高度</td><td>±10</td><td>8</td><td>3</td><td>−3</td><td>2.6</td><td>5</td><td>−1</td><td>2</td><td>符合规范要求。</td></tr>
<tr><td>5</td><td>接缝两侧扶手高差</td><td>3</td><td>1.5</td><td>2.3</td><td>2.2</td><td>1.8</td><td>2.6</td><td>2.1</td><td>2</td><td>符合规范要求。</td></tr>
<tr><td>6</td><td>栏杆立柱垂直度</td><td>4</td><td>2.3</td><td>3</td><td>3.2</td><td>2.6</td><td>3.2</td><td>1</td><td>2</td><td>符合规范要求。</td></tr>
<tr><td>7</td><td></td><td></td><td colspan="7"></td><td></td></tr>
<tr><td>8</td><td></td><td></td><td colspan="7"></td><td></td></tr>
<tr><td colspan="2" rowspan="2">施工单位
检查评定结果</td><td>施工员</td><td>刘××</td><td colspan="3">施工班组长</td><td colspan="5">张××</td></tr>
<tr><td colspan="10">检查情况：
经检查，主控项目和一般项目均符合设计要求和重庆市《市政工程边坡及挡护结构施工质量验收规范》(DBJ 50-126—2011)规定，评定合格。
项目专职质量员：王××
2015年5月20日</td></tr>
<tr><td colspan="2">监理单位
验收结论</td><td colspan="10">验收意见：
同意施工单位评定结果，验收合格，同意进行下道工序施工。
专业监理工程师：黎××
2015年5月20日</td></tr>
</table>

说明：

主控项目

1. 栏杆使用材料的品种、规格和质量必须符合设计和有关标准的要求。检验数量：一个采购批。检验方法：观察、尺量，检查产品合格证、力学性能试验报告。

2. 栏杆安装必须牢固，其连接的方式、材料、强度等必须符合设计和有关标准的要求。检验数量：抽查10%，且不少于3处。检验方法：观察，检查试验报告。

一般项目

1. 栏杆安装应直顺美观，当设计为有线型时，应符合设计要求的线型。检验数量：全部。检验方法：观察。

2. 栏杆应无开裂现象，外观喷涂的品种、质量、次数应符合设计和有关标准的要求。检验数量：全部。检验方法：观察，检查产品合格证、施工记录。

3. 栏杆的安装后的允许偏差应符合下表的规定。

表　栏杆安装允许偏差

序号	检查项目	规定值或允许偏差	检查方法和频率
1	平面偏位(mm)	4	拉线，钢直尺水平测量：每变形缝间检查1处
2	扶手高度(mm)	±10	拉线，钢直尺竖向测量，抽查立柱处20%
3	接缝两侧扶手高差(mm)	3	尺量：抽查接缝处20%
4	栏杆立柱垂直度(mm)	4	吊锤线：抽查立柱20%

市政工程边坡及挡护结构附属(结构)设施装饰施工检验批质量验收记录表

渝市政验收3-6-2

单位(子单位)工程名称	重庆市××区大学城环道K1+00～K1+500标段		
分部(子分部)工程名称	K1+00～K1+500标段道路附属设施施工		
分项工程名称	装饰施工	验收部位	标段区间
施工单位	重庆市××市政工程有限公司	项目经理	岳××
分包单位	××城建集团一分公司	负责人	赵××
施工执行标准名称及编号	重庆市《市政工程边坡及挡护结构施工质量验收规范》DBJ 50-126—2011		

	序号	施工质量验收规范的规定			施工单位检查评定记录							监理单位验收记录
		检查项目	规定值或允许偏差(mm)									
			饰面板√	饰面砖								
主控项目	1	饰面板、砖使用材料品种、规格和质量	符合设计和标准要求		尺量，检查产品合格证、力学性能试验报告，符合规范要求。							符合规范要求。
	2	镶安饰面板预埋件、连接件的品种、规格、质量、数量、安装位置、连接方法和防腐处理	符合设计和标准要求		尺量，检查产品合格证、力学性能试验报告和现场抗拔强度报告，镶安饰面板的预埋件、连接件的品种、规格、质量、数量、安装位置、连接方法和防腐处理符合设计和有关标准的要求。							符合规范要求。
	3	饰面砖镶贴	符合规范规定		检查施工记录、粘结强度试验报告，饰面砖镶贴牢固、结实。							符合规范要求。
	4											
	5											
	6											
一般项目	1	平整度	4	2	1.2	1.5	2.3	3	3.2	2.6	3.2	符合规范要求。
	2	垂直度	4	2	1.5	2.3	3	3.2	2.6	3.2	2	符合规范要求。
	3	接缝平直度	4	3	2.3	3	3.2	2.6	3.2	1	2	符合规范要求。
	4	相邻板高差	3	1	1.5	2.3	2.2	1.8	2.6	2.1	2	符合规范要求。
	5	接缝宽度	1	/	0.5	0.8	0.9	0.6	0.7	0.5	0.4	符合规范要求。
	6											
	7											
	8											

施工单位检查评定结果	施工员	刘××	施工班组长	田××
	检查情况： 经检查，主控项目和一般项目均符合设计要求和重庆市《市政工程边坡及挡护结构施工质量验收规范》(DBJ 50-126—2011)规定，评定合格。 项目专职质量员：王×× 2015年5月20日			
监理单位验收结论	验收意见： 同意施工单位评定结果，验收合格，同意进行下道工序施工。 专业监理工程师：黎×× 2015年5月20日			

说明：

主控项目

1. 饰面板、砖使用材料的品种、规格和质量必须符合设计和有关标准的要求。检验数量：一个采购批。检验方法：观察、尺量，检查产品合格证、力学性能试验报告。

2. 饰面板镶安必须牢固。其镶安饰面板的预埋件、连接件的品种、规格、质量、数量、安装位置、连接方法和防腐处理必须符合设计和有关标准的要求。检验数量：每 100 m²抽查1处，每处不小于10m²。检验方法：观察、尺量，检查产品合格证、力学性能试验报告和现场抗拔强度报告。

3. 饰面砖镶贴必须牢固。其基层的质量、面砖的浸泡时间应符合相关验收规范的规定，镶贴施工环境温度不宜低于5℃。检验数量：每300 m²抽查1组(3个试样)，不足300 m²，也按300 m²计。检验方法：检查施工记录、粘结强度试验报告。

一般项目

1. 镶安饰面板应表面平整、洁净、色泽协调，表面不得有起碱、污痕，无显著的光泽受损，无裂痕和缺损；嵌缝应平直、密实，宽度和深度应符合设计要求，嵌填材料应色泽一致。检验数量：全部。检验方法：观察、尺量。

2. 贴饰面砖应表面平整、洁净、色泽一致，镶贴无歪斜、翘曲、空鼓、掉角和裂纹等现象。嵌缝应平直、连续、密实，宽度和深度一致。检验数量：全部。检验方法：观察、用小锤轻击。

3. 栏杆的安装后的允许偏差应符合下表的规定。

表 装饰允许偏差

序号	检查项目	规定值或允许偏差		检查方法和频率
		饰面板	饰面砖	
1	平整度(mm)	4	2	直尺、塞尺量：每100m²检查1处
2	垂直度(mm)	4	2	吊锤线，用钢直尺测量：每100m²检查1处
3	接缝平直度(mm)	4	3	拉5m线，用钢直尺量：每100m²检查1处
4	相邻板高差(mm)	3	1	用钢直尺配合塞尺量：每100m²检查1处
5	接缝宽度	1		用钢尺量：每100m²检查1处

第四章　重庆市城镇给水排水构筑物及管道工程施工质量验收表格填写示例

重庆市城镇给水排水构筑物及管道工程质量验收基本规定与程序

1　一般规定

1.1　施工现场质量管理应有健全的质量管理体系、施工质量控制和质量检验制度,施工技术资料按《重庆市市政基础设施工程施工技术用表》的要求执行。

1.2　施工单位应依据拟建城镇给水排水构筑物及管道工程特点编制施工组织设计。城镇给水排水构筑物及管道工程施工组织设计应经施工单位技术部门审批,并按相应审批程序履行报批手续。

1.3　工程所用的主要原材料、半成品、构(配)件、设备等产品,须符合以下要求:

(1)进入施工现场时必须进行进场验收。

(2)进场验收时应检查每批产品的订购合同、质量合格证书、性能检验报告、使用说明书、进口产品的商检及证件等,并按国家有关标准规定进行复验,验收合格后方可使用。

(3)混凝土、砂浆、防水涂料等现场配制的材料应经检测合格后使用。

1.4　施工单位应按设计文件进行施工。发生设计变更及工程洽商应按有关规定程序办理设计变更与技术核定、工程洽商手续。

1.5　城镇给水排水构筑物工程应按国家有关标准和设计文件规定进行功能性试验。

1.6　城镇给水排水构筑物及管道工程施工质量验收应符合下列要求:

(1)工程施工应符合工程勘察、设计文件的要求和规范的规定;

(2)工程施工质量应符合本规定和相关专业验收规范和标准的规定;

(3)参加工程施工质量验收的各方人员应具备规定的资格;

(4)工程质量的验收均应在施工单位自行检查评定合格、监理工程师复查认可的基础上进行;

(5)检验批的质量应按主控项目和一般项目验收;

(6)承担复检或检测的单位应具有相应资质;

(7)工程的外观质量应由验收人员通过现场检查共同确认。

2　工程质量验收单元的划分

2.1　城镇给水排水构筑物及管道工程质量验收单元应划分为单位(子单位)工程、分部(子分部)工程、分项工程和检验批。

2.2　单位工程的划分应按下列原则确定:

(1)具有独立使用功能的城镇给水排水构筑物及管道工程应为一个单位工程;

(2)城镇给水排水构筑物及管道工程可按施工总承包合同划分单位工程;

(3)一个施工承包合同中的若干城镇给水排水构筑物及管道工程宜合为一个单位工程,每项城镇给水排水构筑物及管道工程的单体工程可作为一个子单位工程;

(4)规模较大的单位工程,可根据其独立使用功能或结构形式和施工工艺,按城镇给水排水构筑物及管道工程等划分为若干子单位工程;

(5)规模较大的城镇给水排水构筑物及管道工程中的道路、照明、景观、绿化及其他结构工程可根据其功能划分为若干子单位工程,并执行相应的质量验收规范和标准。

2.3　分部工程可以是地基与基础、池体结构、管道结构和附属工程。当分部工程较大或较复杂时,可按材料种类、施工特点、施工程序、专业系统及类别等划分为若干子分部工程。

2.4　分项工程应按主要施工方法、材料、工序等划分。

2.5　分项工程可由一个或若干个检验批组成。检验批可根据施工条件、质量控制和专业验收及施工需要按明挖基础、桩基础、池体结构、管道结构等划分。

2.6　城镇给水排水构筑物及管道工程的分部、子分部、分项工程划分应符合附表2.6的规定。

附表2.6　城镇给水排水构筑物及管道工程单位工程(子单位工程)、分部工程(子分部工程)、分项工程、验收批划分表

<table>
<tr><td>单位工程
分项工程
检验批
分部工程</td><td colspan="3">构筑物工程或按独立合同承建的水处理构筑物、管渠、调蓄构筑物、取水构筑物、排放构筑物,开(挖)槽施工的管道工程、大型顶管工程、盾构管道工程、浅埋暗挖管道工程、大型沉管工程、大型桥管工程</td></tr>
<tr><td>分部工程
(子分部工程)</td><td colspan="2">分项工程</td><td>验收批</td></tr>
<tr><td>土木工程</td><td colspan="2">围堰、基坑支护结构(各类围护)、基坑开挖(无支护基坑开挖、有支护基坑开挖)、基坑回填,沟槽土方(沟槽开挖、沟槽支撑、沟槽回填)</td><td>(与下列验收批对应)</td></tr>
<tr><td>现浇混凝土结构</td><td colspan="2">底板(钢筋、模板、混凝土)、墙体及内部结构(钢筋、模板、混凝土)、顶板(钢筋、模板、混凝土)、预应力混凝土(后张法预应力混凝土)、变形缝、表面层(防腐层、防水层、保温层等的基面处理、涂衬)、各类单体构筑物</td><td rowspan="4">1. 按不同单体构筑物分别设置分项工程(不设验收批时)
2. 单体构筑物分项工程视需要可设验收批</td></tr>
<tr><td>装配式混凝土结构</td><td colspan="2">预制构件现场制作(钢筋、模板、混凝土)、预制构件安装、圆形构筑物张拉预应力混凝土、变形缝、表面层(防腐层、防水层、保温层等的基面处理、涂衬)、各类单体构筑物</td></tr>
<tr><td>砌体结构</td><td colspan="2">砌体(砖、石、预制砌体)、变形缝、表面层(防腐层、防水层、保温层等的基面处理、涂衬)、护坡、各类单体构筑物</td></tr>
<tr><td>钢结构</td><td colspan="2">钢结构现场制作、钢结构预拼装、钢结构安装(焊接、栓接等)、防腐层(基面处理、涂衬)、各类单体构筑物</td></tr>
<tr><td>预制管开槽施工主体结构</td><td>金属类管、混凝土类管、预应力钢筋混凝土管、化学建材管</td><td>管道基础、管道接口连接、管道铺设、管道防腐层(管道内防腐层、钢管外防腐层)、钢管阴极保护</td><td>可选择下列方式划分:
1. 按流水施工长度
2. 排水管道按井段
3. 给水管道按一定长度连续施工段或自然划分段(路段)
4. 其他便于过程质量控制方法</td></tr>
<tr><td>管渠</td><td>现浇钢筋混凝土管渠、装配式混凝土管渠、砌筑管渠</td><td>管道基础、现浇钢筋混凝土管渠(钢筋、模板、混凝土、变形缝)、装配式混凝土管渠(预制构件安装、变形缝)、砌筑管渠(砖石砌筑、变形缝)、管道内防腐层、管道安装</td><td>每节管渠或每个流水施工段管渠</td></tr>
<tr><td rowspan="2">不开槽
施工主体结构</td><td>工作井</td><td>工作井维护结构、工作井</td><td>每座井</td></tr>
<tr><td>顶管</td><td>管道接口连接、顶管管道(钢筋混凝土管、钢管)、管道防腐层(管道内防腐层、钢管外防腐层)、钢管阴极保护、垂直顶升</td><td>顶管顶进:每100m;
垂直顶升:每个顶升管</td></tr>
</table>

续表

不开槽施工主体结构	盾构	管片制作、掘进及管片拼装、二次内衬(钢筋、混凝土)、管道防腐层、垂直顶升	盾构掘进:每100环;二次内衬:每施工作业断面;垂直顶升:每个顶升管
	浅埋暗挖	土层开挖、初期衬砌、防水层、二次内衬、管道防腐层、垂直顶升	暗挖:每施工作业断面;垂直顶升:每个顶升管
	定向钻	管道接口连接、定向钻管道、钢管防腐层(内防腐层、外防腐层)、钢管阴极保护	每100m
	夯管	管道接口连接、夯管管道、钢管防腐层(内防腐层、外防腐层)、钢管阴极保护	每100m
沉管	组对拼装沉管	基槽浚挖及管基处理、管道接口、连接、管道防腐层、管道沉放、稳管及回填	每100m(分段拼装,按每段,且不大于100m
	预制钢筋混凝土沉管	基槽浚挖及管基处理、预制钢筋混凝土管节制作(钢筋、模板、混凝土)、管节接口预制加工、管道沉放、稳管及回填	每节预制钢筋混凝土管
桥管		管道接口连接、管道防腐层(内防腐层、外防腐层)、桥管管道	每跨或每100m;分段拼装按每跨或每段,且不大于100m
附属构筑物工程		井室(现浇混凝土结构、砖砌结构、预制拼装结构)、雨水口及支连管、支墩	同一结构类型的附属构筑物不大于10个

3 工程质量验收

3.1 检验批质量验收合格应满足下列要求:

(1)主控项目的质量经抽样检验全部合格;

(2)一般项目的质量经抽样检验合格,当采用计数检验时,除有专门要求外,一般项目的合格率应达到80%及以上,且超差点的最大偏差值在允许偏差值的1.5倍范围内;

(3)具有完整的施工操作依据和质量检查记录。

3.2 分项工程质量验收合格应满足下列要求:

(1)分项工程所含检验批均应符合合格质量的规定;

(2)分项工程所含检验批的质量验收记录完整。

3.3 分部(子分部)工程质量验收合格应满足下列要求:

(1)所含分项工程的质量均应验收合格;

(2)施工质量保证资料完整;

(3)关键工序质量应按规定验收合格;

(4)外观质量验收应符合要求。

3.4 子单位工程质量验收合格应满足下列要求:

(1)所含分部(子分部)工程的质量均验收合格;

(2)施工质量保证资料完整;

(3)所含分部工程验收资料完整;

(4)实体量测的抽查结果符合相关规范的规定;

(5)外观质量验收符合要求。

3.5 单位工程质量验收合格应满足下列要求:

(1)所含子单位工程的质量均验收合格；

(2)城镇给水排水构筑物及管道工程试验已完成，其结果满足设计和规范要求；

(3)施工质量保证资料完整；

(4)子单位工程验收资料完整；

(5)整体外观质量验收符合要求。

3.6 工程质量验收资料应符合下列规定：

检验批质量验收；分项工程质量验收；分部(子分部)工程及关键工序质量验收；单位(子单位)工程质量验收、质量保证资料核查、实体量测抽查、外观质量检查按《重庆市市政基础设施工程施工技术用表》执行。

3.7 工程竣工验收合格应符合下列规定：

(1)完成所有的单位工程质量验收；

(2)单位工程质量验收中提出的整改项目已整改完成；

(3)主要性能指标抽查符合相关专业规范的规定。

3.8 检验批施工质量不符合要求时的处理规定：

(1)返工重做，并重新进行验收；

(2)经检测单位检测鉴定能够达到设计要求的，应予以验收；

(3)经检测单位检测鉴定达不到设计要求，但经原设计单位核算认可能够满足结构安全和使用功能的，可予以验收。

3.9 经返修或加固处理的分项、分部工程，虽然改变外形尺寸但仍能满足安全使用要求，可按处理方案和协商文件进行验收。

3.10 通过返修或加固处理仍不能满足安全使用要求的分部工程，不予以验收。

4 工程质量验收程序和组织

4.1 检验批及分项工程应由专业监理工程师组织施工单位项目专业质量(技术)负责人等进行验收。

4.2 关键工序和首次检验批应由总监理工程师组织施工单位(项目负责人和技术、质量负责人)及建设。勘察、设计等相关人员进行验收。

4.3 分部工程应由总监理工程师组织施工单位(项目负责人和技术、质量负责人)及建设、勘察、设计等相关人员进行验收。

4.4 单位(子单位)工程应由总监理工程师组织建设单位项目负责人、设计单位项目负责人、勘察单位项目负责人、施工单位项目经理等进行验收。

4.5 工程竣工验收由建设单位组织验收组进行验收；验收组由建设、勘察、设计、施工、监理等单位的有关负责人组成，必要时应邀请有关方面专家参加；验收组组长应由建设单位授权的有关负责人担任。

4.6 当参加验收各方对工程质量验收意见不一致时，应终止验收；由建设行政主管部门或其委托的工程质量监督机构与相关单位协调解决。

4.7 工程竣工验收合格后，建设单位应按规定将工程竣工验收文件报建设行政主管部门备案。

附表1　城镇给水排水构筑物及管道工程检验批质量验收记录表

工程名称	重庆市××路××管道工程K3+××～K3+××段	分项工程名称	场地平整	验收部位	K3+××～K3+××段
施工单位	重庆市××市政工程有限公司	项目经理	刘××	技术负责人	党××
施工执行标准名称及编号	重庆市《城镇给水排水构筑物及管道工程施工质量验收规范》DBJ 50-108—2010				

质量验收规范的规定			施工单位检查记录	监理(建设)单位验收记录
主控项目	1			
	2			
	3			
	4			
	5			
	6			
	7			
	8			
一般项目	1			
	2			
	3			
	4			

施工单位检查结果	经检查,主控项目和一般项目均符合设计要求和重庆市《城镇给水排水构筑物及管道工程施工质量验收规范》(DBJ 50-108—2010)规定,评定合格。 专业技术负责人:张××　质检工程师:于××　技术负责人:江×× 2015年5月25日
监理单位审查结论	同意施工单位验收结果,评定合格。 专业监理工程师:程×× 2015年5月25日
建设单位验收结论	同意施工单位评定结果,验收合格,同意进行下道工序施工。 现场负责人:赵×× 2015年5月25日

说明:本表用于检验批质量验收。

1.“验收部位”:是验收的那个检验批的抽样范围,要标注清楚,如一标段K120-000段1号桩;K120+200～K120+360等。

2.“施工执行标准名称及编号”:施工操作工艺若是企业标准,企业标准应有编制人、批准人、批准时间、执行时间、标准名称及编号,填写表时只要将标准名称及编号填写上;

3.“主控项目”、“一般项目”、“施工单位检查结果”:对定量项目直接填写检查的数据;对定性项目原则上采用问答式填写,一一对应;

4.“监理(建设)单位验收记录”:对主控项目、一般项目应逐项进行验收。对符合验收规范规定的项目,填写“合格”或“符合要求”,对不符合验收规范规定的项目,暂不填写,待处理后再验收,但应做标记;

5.“主控项目”、“一般项目”、“施工单位检查评定记录”等可参照重庆市地方标准:DBJ 50-078—2008《重庆市城市道路工程施工质量验收规范》、DBJ 50-086—2008《重庆市城市桥梁工程施工质量验收规范》、DBJ 50-107—2010《重庆市城市隧道工程施工质量验收规范》、DBJ 50-128—2011《重庆市城镇道路附属附属设施工程施工质量验收规范》、DBJ 50-126—2011《重庆市市政工程边坡及挡护结构施工质量验收规范》、DBJ 50-108—2010《重庆市城镇给水排水构筑物及管道工程施工质量验收规范》等等一系列施工验收标准规范。

6.“施工单位检查评定结果”:施工单位自行检查评定合格后,应注明“主控项目全部合格,一般项目满足规范规定要求”。专业质量检查员代表企业逐项检查评定合格,填写并清楚写明结果,签字后交监理工程师或建设单位项目专业技术负责人验收;

7.“监理(建设)单位验收结论”:主控项目、一般项目验收合格,混凝土、砂浆试件强度待试验报告出来后判定,其余项目已全部验收合格,注明“同意验收”。专业监理监理工程师(建设单位的专业技术负责人)签字。

附表2 城镇给水排水构筑物及管道工程分项工程质量验收记录表

<table>
<tr><td>工程名称</td><td colspan="2">重庆市××路××管道工程</td><td>分部(子分部)工程名称</td><td colspan="3">K3+××～K3+××段</td></tr>
<tr><td>分项工程名称</td><td colspan="2">K3+××～K3+××段基坑</td><td>检验批数</td><td colspan="3">20</td></tr>
<tr><td>施工单位</td><td colspan="2">重庆市××市政工程有限公司</td><td>项目经理</td><td>刘××</td><td>技术负责人</td><td>党××</td></tr>
<tr><td>专业分包单位</td><td colspan="2">重庆市××管道工程有限公司</td><td>专业分包单位负责人</td><td colspan="3">吴××</td></tr>
<tr><td>序号</td><td colspan="2">检验批部位、区段</td><td colspan="2">施工单位检验结果</td><td colspan="2">监理(建设)单位验收结果</td></tr>
<tr><td>1</td><td colspan="2">基坑开挖</td><td colspan="2">边坡稳定,结构安全可靠,无变形、沉降、位移,符合设计要求。</td><td colspan="2">符合规范要求。</td></tr>
<tr><td>2</td><td colspan="2">锚杆支护</td><td colspan="2">锚杆抗拔力、压浆及喷浆料配合比、强度,喷射混凝土强度厚度、外观尺寸,均符合设计要求。</td><td colspan="2">符合规范要求。</td></tr>
<tr><td>3</td><td colspan="2">基坑回填</td><td colspan="2">回填无损伤、沉降、位移,表面平整、无松散、漆皮、裂纹,符合设计要求。</td><td colspan="2">符合规范要求。</td></tr>
<tr><td>4</td><td colspan="2"></td><td colspan="2"></td><td colspan="2"></td></tr>
<tr><td>5</td><td colspan="2"></td><td colspan="2"></td><td colspan="2"></td></tr>
<tr><td>6</td><td colspan="2"></td><td colspan="2"></td><td colspan="2"></td></tr>
<tr><td>7</td><td colspan="2"></td><td colspan="2"></td><td colspan="2"></td></tr>
<tr><td>8</td><td colspan="2"></td><td colspan="2"></td><td colspan="2"></td></tr>
<tr><td>9</td><td colspan="2"></td><td colspan="2"></td><td colspan="2"></td></tr>
<tr><td>10</td><td colspan="2"></td><td colspan="2"></td><td colspan="2"></td></tr>
<tr><td>施工单位检查结果</td><td colspan="6">经检查,主控项目和一般项目均符合设计要求和重庆市《城镇给水排水构筑物及管道工程施工质量验收规范》(DBJ 50-108—2010)规定,评定合格。
专业技术负责人:张×× 质检工程师:于×× 技术负责人:江××
2015年5月25日</td></tr>
<tr><td>监理单位审查结论</td><td colspan="6">同意施工单位验收结果,评定合格。
专业监理工程师:程××
2015年5月25日</td></tr>
<tr><td>建设单位验收结论</td><td colspan="6">同意施工单位评定结果,验收合格,同意进行下道工序施工。
现场负责人:赵××
2015年5月25日</td></tr>
</table>

说明:本表用于分项工程质量验收。

分项工程是在检验批验收合格的基础上进行,是一个统计表,没有实质性验收内容。一是检查检验批是否将整个工程覆盖了有没有漏掉的部位;二是检查有混凝土、砂浆强度要求的检验批,到龄期后能否达到规范规定;三是将检验批的资料统一,依次进行登记整理。

监理单位的专业监理工程师(或建设单位的专业负责人)应逐项审查,同意项填写“合格或符合要求”,不同意项暂不填写,待处理后再验收,但应做标记。

附表3　城镇给水排水构筑物及管道工程分部(子分部)工程质量验收记录表

<table>
<tr><td>工程名称</td><td>重庆市××路××管道工程</td><td>分部(子分部)工程名称</td><td>K3+××～K3+××段</td><td>结构部位</td><td>K3+××～K3+××段管道</td></tr>
<tr><td>施工单位</td><td>重庆市××市政工程有限公司</td><td>项目经理</td><td>刘××</td><td>技术负责人</td><td>党××</td></tr>
<tr><td>专业分包单位</td><td>重庆市××管道工程有限公司</td><td>专业分包单位负责人</td><td colspan="3">吴××</td></tr>
<tr><td>序号</td><td>分项工程名称</td><td>检验批数</td><td colspan="2">施工单位检验结果</td><td>验收意见</td></tr>
<tr><td>1</td><td>原材料、成品及半成品</td><td>8</td><td colspan="2">查材料检测报告,符合规范要求。</td><td rowspan="10">各分项工程符合设计及规范要求,同意验收。</td></tr>
<tr><td>2</td><td>管道基础</td><td>9</td><td colspan="2">符合规范要求。</td></tr>
<tr><td>3</td><td>管道铺设</td><td>10</td><td colspan="2">符合规范要求。</td></tr>
<tr><td>4</td><td>管道连接</td><td>8</td><td colspan="2">符合规范要求。</td></tr>
<tr><td>5</td><td>管道防腐</td><td>6</td><td colspan="2">符合规范要求。</td></tr>
<tr><td>6</td><td>顶管</td><td>5</td><td colspan="2">符合规范要求。</td></tr>
<tr><td></td><td>沟涵</td><td>5</td><td colspan="2">符合规范要求。</td></tr>
<tr><td></td><td></td><td></td><td colspan="2"></td></tr>
<tr><td></td><td></td><td></td><td colspan="2"></td></tr>
<tr><td></td><td></td><td></td><td colspan="2"></td></tr>
<tr><td colspan="2">质量控制资料</td><td colspan="3">质量保证资料5份,齐全有效。</td><td>符合规范相关规定。</td></tr>
<tr><td colspan="2">安全和功能检验(检测)报告</td><td colspan="3">关键工序有施工专项方案,有效。</td><td>符合规范相关规定。</td></tr>
<tr><td colspan="2">观感质量验收</td><td colspan="3">外观质量符合要求</td><td>符合规范相关规定。</td></tr>
<tr><td>综合验收结论</td><td colspan="5">符合设计及规范要求,同意验收。</td></tr>
<tr><td>建设单位</td><td>监理单位</td><td>勘察单位</td><td>设计单位</td><td>施工单位</td><td>专业分包单位</td></tr>
<tr><td>项目负责人:
(公章)
2015年×月×日</td><td>总监理工程师:
(公章)
2015年×月×日</td><td>项目负责人:
(公章)
2015年×月×日</td><td>项目负责人:
(公章)
2015年×月×日</td><td>项目经理:
(公章)
2015年×月×日</td><td>分包负责人:
(公章)
2015年×月×日</td></tr>
</table>

说明:本表用于分部(子分部)工程质量验收。

1.“分项工程名称”:按分项工程第一个检验批施工先后的顺序,将分项工程名称填写上,在第二格栏内分别填写各分项工程实际的检验批数量,并将各分项工程评定表按顺序附在表后。

2.“施工单位检查评定”:填写施工单位自行检查评定的结果。自检符合要求的打“√”标注。否则打“×”标注。监理单位或建设单位由总监理工程师或建设单位项目专业技术负责人组织审查,符合要求后,在验收意见栏内签注“同意验收”意见。

3.“质量控制资料”:验收的分部(子分部)工程的质量控制资料项目,按资料核查的要求,逐项进行核查。全部项目都通过,即可在施工单位检查评定栏内打“√”标注检查合格。监理单位总监理工程师组织审查,在符合要求后,在验收意见栏内签注“同意验收”意见。

4.“安全和功能检验(检测)报告”:检测内容按单位(子单位)工程安全和功能检验资料核查及主

要功能抽查记录中相关内容确定摸查和抽查项目。每个检测项目都通过审查,即可在施工单位检查评定栏内打“√”标注检查合格。由项目经理送监理单位或建设单位验收,监理单位总监理工程师或建设单位项目专业负责人组织审查,符合要求在验收意见栏内签注“同意验收”意见。

5.“观感质量验收”:由施工单位项目经于是组织进行现场检查,经检查合格将施工单位填写的内容填写好后,由项目经理签字交监理单位或建设单位验收。监理单位由总监理工程师或建设单位项目专业负责人组织验收,质量评价为好、一般、差。验收评价结论填写在分部(子分部)工程观感质量验收意见栏。

6. 验收单位签字认可。参与工程建设单位的有关人员应亲自签名,以示负责,以便追查质量责任。

勘察单位可只签认地基基础分部(子分部)工程,由项目负责人亲自签认;

设计单位可只签基础、路桥主体结构及重要安装分部(子分部)工程,由项目负责人亲自签认;

施工单位总承包单位必须签认,由项目经理亲自签认,有分包单位的分包单位也必须签认其分包的分部(子分部)工程,由分包项目经理亲自签认;

监理单位作为验收方,由总监理工程师亲自签认验收。如果按规定不委托监理单位的工程,可由建设单位项目专业负责人亲自签认验收。

道路路基、基层、道路排水、绿化、照明等重要的分部(子分部)工程,验收合格后,验收单位应在签字栏加盖公章。

附表4 城镇给水排水构筑物及管道工程单位(子单位)工程质量竣工验收记录

工程名称	重庆市××路××管道工程	单位(子单位)工程名称	K3+××～K3+××段	结构类型	K3+××～K3+××段管道
施工单位	重庆市××市政工程有限公司	项目经理	刘××	开工日期	党××
技术负责人	娄××	质检工程师	段××	竣工日期	2015年×月×日

序号	项目	验收记录	验收结论
1	分部工程	共16分部,经查16分部,符合标准及设计要求16分部。	经各专业分部工程验收,工程质量符合标准,同意验收。
2	质量控制资料核查	共35项,经审查符合要求35项,经核定符合规范要求35项。	质量控制资料经检查共35项,均符合设计要求和规范规定,同意验收。
3	安全和主要使用功能核查及抽查结果	共核查30项,符合要求30项,共抽查10项,符合要求10项,经返工处理符合要求0项。	经检查共30项,均符合设计要求和规范规定,同意验收。
4	观感质量验收	共抽查35项,符合要求35项,不符合要求0项。	符合规范要求。
5	综合验收结论	符合规范要求,同意验收。	

建设单位	监理单位	勘察单位	设计单位	施工单位
负责人: 王×× (公章) 2015年×月×日	负责人: 刘×× (公章) 2015年×月×日	负责人: 梅×× (公章) 2015年×月×日	负责人: 刘×× (公章) 2015年×月×日	负责人: 马×× (公章) 2015年×月×日

说明:本表用于单位(子单位)工程质量竣工验收。

1.“分部工程”:由施工单位的项目经理组织有关人员逐个分部(子分部)进行检查评定。注明共验收几个分部,经验收符合标准及设计要求的几个分部。审查验收的分部工程全部符合要求,由监理单位在验收结论栏内写上“同意验收”的结论。

2.“质量控制资料核查”:先由施工单位检查合格,再提交监理单位验收。将各子分部工程审查的资料逐项进行统计,填入验收记录栏内。由总监理工程师或建设单位项目负责人组织审查符合要求后,在验收记录栏内填写项数。在验收结论栏内写上“同意验收”的意见。同时在单位(子单位)工程质量竣工验收记录表中的序号2栏内的验收结论栏内填“同意验收”。

3.“安全和主要使用功能核查及抽查结果”:一是在分部(子分部)进行了安全和功能检测的项目,要核查其检测报告结论是否符合设计要求。二是在单位工程进行的安全和功能抽测报告的结论是否达到设计要求及规范规定,由施工单位检查评定合格,再提交验收,由总监理工程师或建设单位项目负责人组织审查,按项目逐个进行核查验收。然后统计核查的项数和抽查的项数,填入验收记录栏,并分别统计符合要求的项数,分别填入验收记录栏相应的空档内。由总监理工程师或建设单位项目负责人在验收结论栏内填写“同意验收”的结论。如果返工处理后仍达不到设计要求,就要按不合格处理程序进行处理。

4. “观感质量验收”：按核查的项目数及符合要求的项目数填写在验收记录栏内，如果没有影响结构安全和使用功能的项目，由总监理工程师或建设单位项目负责人为主导意见，评价好、一般、差，则不论评价为好、一般、差的项目，都可作为符合要求的项目。由总监理工程师或建设单位项目负责人在验收结论栏内填写“同意验收”的结论。如果有不符合要求的项目，就要按不合格处理程序进行处理。

5. “综合验收结论”：由项目经理组织有关人员对验收内容逐项进行查对，并将表格中应填写内容进行填写，自检评定符合要求后，在验收记录栏内填写各有关项数，交建设单位组织验收。验收时，在建设单位组织下，由建设单位相关专业人员及监理单位专业监理工程师和设计单位、施工单位相关人员分别核查验收有关项目，并由监理工程师组织进行现场观感质量检查。经各项目审查符合要求时，由监理单位或建设单位在“验收结论”栏内填写“同意验收”的意见。各栏均同意验收且经各参加检验方共同同意商定后，由建设单位填写“质量验收结论”，可填写为“通过验收”。

6. “参加验收单位”签名：设计单位、施工单位、监理单位、建设单位都同意验收时，其各单位的单位项目负责人要亲自签字，以示对工程质量的负责，并加盖单位公章，注明签字验收的年月日。

附表5　城镇给水排水构筑物及管道工程单位(子单位)工程质量控制资料核查记录表

工程名称		重庆市××路××管道工程	施工单位	重庆市××市政工程有限公司
序号	项目	资料名称	份数	核查意见
1	结构部分	图纸会审、设计变更、洽商记录	12	√
2		工程定位测量、放线记录，竣工复测记录，竣工验收前沉降观测资料	18	√
3		原材料、半成品、构配件、重要设备出厂合格证书及进场检(试)验报告	20	√
4		施工试验报告及见证检测报告、功能性检测试验报告	20	√
5		隐蔽工程验收记录	20	√
6		施工记录、施工组织设计、施工方案	16	√
7		预制构件、预拌混凝土合格证	25	√
8		地基基础、主体结构检验及抽样检测资料、监控记录、竣工图	21	√
9		分项、分部工程质量验收记录	9	√
10		工程质量事故及事故调查处理资料	2	√
11		新材料、新工艺施工记录	6	√
1	给排水部分	图纸会审、设计变更、洽商记录	20	√
2		材料、配件出厂合格证书及进场核(试)验报告	28	√
3		管道、设备强度试验、严密性试验记录	20	√
4		隐蔽工程验收记录	26	√
5		设备调试记录	18	√
6		分项、分部工程质量验收记录，竣工测量，竣工图	45	√
7		施工记录、施工组织设计、施工方案	50	√
1	电照及设备部分	图纸会审、设计变更、洽商记录	12	√
2		材料、设备出厂合格证书及进场核(试)验报告	14	√
3		设备调试记录	17	√
4		接地、绝缘电阻测试记录，系统运行记录	14	√
5		隐蔽工程(包括防雷)验收记录	16	√
6		分项、分部工程质量验收记录	10	√
7		施工记录	26	√
检查结论	各项目资料齐全，试验、检验记录符合要求，各项记录反映过程控制实际情况，符合相关规范要求规定。同意竣工验收。			

建设单位	现场负责人：吉×× 2015年×月×日	监理单位	监理工程师：郭×× 总监理工程师：王×× 2015年×月×日	施工单位	技术负责人：党×× 项目经理：刘×× 2015年×月×日

说明:本表用于单位(子单位)工程质量控制资料核查。

总承包单位应将各分部、子分部工程应有的质量控制资料进行核查,图纸会审及变更记录,定位测量放线记录、施工操作依据,原材料、构配件等质量证书、按规定进行检验的检测报告、隐蔽工程验收记录、施工中有关施工试验、测试、检验等,以及抽样检测项目的检测报告等。其目的是强调工程结构、设备性能、使用功能方面主要技术性能的检验。

质量控制资料主要是判定其是否能够反映保证结构安全和主要使用功能是否达到设计要求,所以规定质量控制资料应完整。

“结论”由总监理工程师或建设单位项目负责人填写。

附表6 城镇给水排水构筑物及管道工程单位(子单位)工程观感质量核查表1

工程名称		重庆市××路××管道工程	施工单位	重庆市××市政工程有限公司		
序号	检查项目		抽查质量情况	好	中	差
1	主体构筑物	现浇混凝土结构	按相关要求验收,观感质量符合要求,合格	√		
2		装配式混凝土结构	按相关要求验收,观感质量符合要求,合格	√		
3		钢结构	按相关要求验收,观感质量符合要求,合格	√		
4		砌体结构	按相关要求验收,观感质量符合要求,合格	√		
5	附属构筑物	管渠、涵渠、管道	按相关要求验收,观感质量符合要求,合格	√		
6		细部结构	按相关要求验收,观感质量符合要求,合格	√		
7		工艺辅助结构	按相关要求验收,观感质量符合要求,合格	√		
8	变形缝		按相关要求验收,观感质量符合要求,合格	√		
9	设备基础		按相关要求验收,观感质量符合要求,合格	√		
10	防水、防腐、保温层		按相关要求验收,观感质量符合要求,合格	√		
11	预埋件、预留(孔)洞		按相关要求验收,观感质量符合要求,合格	√		
12	回填土		按相关要求验收,观感质量符合要求,合格	√		
13	装饰		按相关要求验收,观感质量符合要求,合格	√		
14	地面建筑		按相关要求验收,观感质量符合要求,合格	√		
15	总体布置		按相关要求验收,观感质量符合要求,合格	√		
观感质量综合评价			该工程外观质量检查符合相关规范要求,观感质量综合评价为“好”,同意验收。			

建设单位	监理单位	施工单位
现场负责人:吉××	监理工程师:郭××	技术负责人:党××
	总监理工程师:王××	项目负责人:刘××
2015年×月×日	2015年×月×日	2015年×月×日

说明:本表用于单位(子单位)工程观感质量检查。

观感质量检查不是单纯的外观检查,而是实地对工程的一个全面检查,核实质量控制资料,核查分项、分部工程验收的正确性,对在分项工程中不能检查的项目进行检查等。

观感质量的验收方法和内容与分部、子分部工程的观感质量评价一样,评价时,要在现场由参加检查验收的监理工程师共同确定,并由总监理工程师签认,总监理工程师的意见应有主导性。

“观感质量综合评价”和“检查结论”由总监理工程师或建设单位项目负责人填写。

附表7 城镇给水排水管道工程单位(子单位)工程观感质量核查表2

工程名称		重庆市××路××管道工程 K3+××～K3+××段	施工单位	重庆市××市政工程有限公司		
序号		检查项目	抽查质量情况	好	中	差
1	管道工程	管道、管道附件位、附属构筑物位置	按相关要求验收,观感质量符合要求,合格	√		
2		管道设备	按相关要求验收,观感质量符合要求,合格	√		
3		附属构筑物	按相关要求验收,观感质量符合要求,合格	√		
4		大口径管道(渠、廊):管道内部、管廊内管道安装	按相关要求验收,观感质量符合要求,合格	√		
5		地上管道(桥管、架空管、虹吸管)及承重结构	按相关要求验收,观感质量符合要求,合格	√		
6		回填土	按相关要求验收,观感质量符合要求,合格	√		
7	顶管、盾构、浅埋暗挖、定向钻、夯管	管道结构	按相关要求验收,观感质量符合要求,合格	√		
8		防水、防腐	按相关要求验收,观感质量符合要求,合格	√		
9		管缝(变形缝)	按相关要求验收,观感质量符合要求,合格	√		
10		进、出洞口	按相关要求验收,观感质量符合要求,合格	√		
11		工作坑(井)	按相关要求验收,观感质量符合要求,合格	√		
12		管道线形	按相关要求验收,观感质量符合要求,合格	√		
13	抽升泵站	附属构筑物	按相关要求验收,观感质量符合要求,合格	√		
14		下部结构	按相关要求验收,观感质量符合要求,合格	√		
15		地面建筑	按相关要求验收,观感质量符合要求,合格	√		
16		水泵机电设备、管道安装及基础支架	按相关要求验收,观感质量符合要求,合格	√		
17		防水、防腐	按相关要求验收,观感质量符合要求,合格	√		
18		附属设施、工艺	按相关要求验收,观感质量符合要求,合格	√		
观感质量综合评价						
结论: 施工项目经理:刘×× 2015年×月×日			结论: 总监理工程师:段×× 2015年×月×日			

说明:本表用于单位(子单位)工程观感质量检查。

观感质量检查不是单纯的外观检查,而是实地对工程的一个全面检查,核实质量控制资料,核查分项、分部工程验收的正确性,对在分项工程中不能检查的项目进行检查等。

观感质量的验收方法和内容与分部、子分部工程的观感质量评价一样,评价时,要在现场由参加检查验收的监理工程师共同确定,并由总监理工程师签认,总监理工程师的意见应有主导性。

"观感质量综合评价"和"检查结论"由总监理工程师或建设单位项目负责人填写。

附表8 城镇给水排水构筑物及管道工程单位(子单位)工程安全和功能检验资料核查及主要功能抽查记录表

工程名称		重庆市××路××管道工程	施工单位	重庆市××市政工程有限公司	
序号	项目	安全和功能检查项目	份数	检查意见	抽查结果
1	桥梁工程	地基土承载力及基桩无损检测试验记录			
2		钻芯取样检测记录			
3		同条件养活试件试验记录			
4		预应力锚(夹)具组合试验报告			
5		拉(吊)索张力、振动频率试验记录			
6		索力调整检测记录			
7		钢结构焊接质量检测报告			
8		桥梁动静载试验记录			
9		桥梁工程竣工测量资料			
10		防雷接地检测报告			
1	给水排水工程	给水管道通水试验记录	16	√	√
2		满水试验、气密性试验记录	18	√	√
3		压力管(渠)水压试验、无压管(渠)严密性试验记录	12	√	√
4		钢管焊接无损检测报告	18	√	√
5		防腐绝缘检测及抽查检验	16	√	√
6		结构(管道)位置、高程及变形测量记录	20	√	√
1	隧道工程	隧道开挖(掘进)施工记录			
2		监控检测记录			
3		锚喷施工记录			
4		锚杆拉拔试验记录			
5		防水材料施工记录			
1	道路工程	路基压实度报告			
2		弯沉值检测报告			
3		沥青路面试验报告			
4		地通道防水施工记录			
1	电照设备工程	设备调试报告			
2		路灯电阻值及照度检测报告			
检查结论	各项目资料齐全,试验、检验记录符合要求,各项记录反映过程控制实际情况,符合相关规范要求规定。同意竣工验收。				

建设单位	监理单位	施工单位
现场负责人:吉×× 2015年×月×日	监理工程师:郭×× 总监理工程师:王×× 2015年×月×日	技术负责人:党×× 项目经理:刘×× 2015年×月×日

说明:本表适用于工程安全和功能检验资料核查及主要功能抽查。

主要功能项目的抽查结果应符合相关专业质量验收规范的规定。目的主要是综合检验工程质量能否保证工程的功能,满足使用要求。这项抽查检测是复查性和验证性的。

通常主要功能抽测项目,应为有关项目最终的综合性的使用功能,如环境检测、路基路面现场测试、照明全负荷试验检测、智能系统运行等。

“结论”由总监理工程师或建设单位项目负责人进行填写。

城镇给水排水构筑物及管道工程施工场地放线测量检验批检查记录

渝市政验收4-1-1

工程名称	重庆市××路××管道工程 K3+××～K3+××段	分项工程名称	场地施工测量放线	验收部位	K3+××～K3+××段
施工单位	重庆市××市政工程有限公司	项目经理	刘××	技术负责人	党××
施工执行标准名称及编号	重庆市《城镇给水排水构筑物及管道工程施工质量验收规范》DBJ 50-108—2010				

项目	序号	质量验收规范的规定：检查项目	质量验收规范的规定：规定或允许值	施工单位检查记录	监理(建设)单位验收记录
主控项目	1	施工放样前资料	符合规范要求	检查总平面图、设计与说明、基础平面图、开挖图、管网图、施工区域控制点坐标、高程及点位分布图，均符合规范要求。	符合规范要求。
	2	平面控制网和高程控制点检核	符合规范要求	点位无位移，符合施工放线条件。	符合规范要求。
	3				
	4				
	5				
	6				
	7				
	8				
一般项目	1	控制点	符合规范要求	通视良好、土质坚实、可长期保存，便于施工放样。	符合规范要求。
	2	中心线端点	符合规范要求	埋设固定标桩，符合规范要求。	符合规范要求。
	3	高程控制	符合规范要求	采用水准测量，符合路线闭合差二等水准，符合规范要求。	符合规范要求。
	4				

施工单位检查结果	经检查，主控项目和一般项目均符合设计要求和重庆市《城镇给水排水构筑物及管道工程施工质量验收规范》(DBJ50-108—2010)规定，评定合格。 专业技术负责人：张××　质检工程师：于××　技术负责人：江×× 2015年5月25日
监理单位审查结论	同意施工单位验收结果，评定合格。 专业监理工程师：程×× 2015年5月25日
建设单位验收结论	同意施工单位评定结果，验收合格，同意进行下道工序施工。 现场负责人：赵×× 2015年5月25日

说明:

1. 检查相关文件:

(1)地质水文勘探资料;

(2)原始地形地貌资料;场地周边环境、水文、地下管线资料;

(3)施工图、设计说明、图纸会审记录及重大问题设计变更处理意见及其他设计文件;

(4)控制桩交桩记录和施工测量放线资料;

(5)场地平整与地基处理施工测量检验记录与监理检验复测记录;

(6)使用各种材料材质检验报告(包括预制构件);

(7)施工质量技术措施文件等;

(8)场地平整与地基处理检测报告。

2. 施工测量应实行施工单位复核、监理单位复测制。

3. 施工前应由建设单位组织有关单位进行现场控制桩交桩,现场控制桩应经规划勘测单位(或规划局放线办等相关职能单位)书面确认。施工单位应对所交桩复核测量并进行必要的保护,防止施工过程中破坏。原测桩如有遗失或变位时,应补钉桩校正,并应经相应的技术质量管理部门和人员认定。

4. 施工测量应满足国家现行标准的规定。有特定静电要求的构筑物施工测量还应遵守其特殊规定。

城镇给水排水构筑物及管道工程施工场地平整检验批检查记录

渝市政验收 4-1-2

工程名称	重庆市××路××管道工程 K3+××～K3+××段	分项工程名称	机械场地平整	验收部位	K3+××～K3+××段
施工单位	重庆市××市政工程有限公司	项目经理	刘××	技术负责人	党××
施工执行标准名称及编号	重庆市《城镇给水排水构筑物及管道工程施工质量验收规范》DBJ 50-108—2010				

项目	序号	质量验收规范的规定：检查项目	允许偏差(mm)：人工	允许偏差(mm)：机械√	施工单位检查记录							监理(建设)单位验收记录
主控项目	1	基底土性	符合设计要求		土样分析，符合设计要求。							符合规范要求。
	2	回填土料	符合设计要求		取样检查，符合设计要求。							符合规范要求。
	3	边坡	符合设计要求		密实无松散，坡度稳定，符合设计要求。							符合规范要求。
	4	标高	±30	±50	−38	36	−39	−42	41	43	37	符合规范要求。
	5	场地几何尺寸(由设计中心线向两边量的长度、宽度)	+300 −100	+500 −150	√	√	√	√	√	√	√	符合规范要求。
	6	含水量(与设计要求的最佳含水量比较)	±2%		√	√	√	√	√	√	√	符合规范要求。
	7	分层厚度(与设计要求比较)		±50	42	36	−28	41	−48	38	−34	符合规范要求。
	8	分层压实系数	符合设计要求		符合设计要求。							符合规范要求。
一般项目	1	表面平整度	20	50	√	√	√	√	√	√	√	符合规范要求。
	2	坡度	符合设计要求		不偏陡，符合设计要求。							符合规范要求。
	3											
	4											

施工单位检查结果	经检查，主控项目和一般项目均符合设计要求和重庆市《城镇给水排水构筑物及管道工程施工质量验收规范》(DBJ 50-108—2010)规定，评定合格。 专业技术负责人：张×× 质检工程师：于×× 技术负责人：江×× 2015年5月25日
监理单位审查结论	同意施工单位验收结果，评定合格。 专业监理工程师：程×× 2015年5月25日
建设单位验收结论	同意施工单位评定结果，验收合格，同意进行下道工序施工。 现场负责人：赵×× 2015年5月25日

说明：

1. 场地平整检查相关文件：

(1)地质水文勘探资料；

(2)原始地形地貌资料；场地周边环境、水文、地下管线资料；

(3)施工图、设计说明、图纸会审记录及重大问题设计变更处理意见及其他设计文件;

(4)控制桩交桩记录和施工测量放线资料;

(5)场地平整与地基处理施工测量检验记录与监理检验复测记录;

(6)使用各种材料材质检验报告(包括预制构件);

(7)施工质量技术措施文件等;

(8)场地平整与地基处理检测报告。

2. 场地平整施工前建设单位应提供施工影响范围内的地下管线、建(构)筑物及其他公共设施资料,施工单位应采取措施加以保护。

3. 应制定有效的降排水方案,对场地及周边汇水进行有组织引排。

4. 场地平整过程中必须对边坡进行处理,保证边坡安全稳定。场地平整区域的坐标、高程和平整度应符合设计要求。

5. 高回填区域要严格按设计要求进行压实处理,并考虑后期残余变形对拟建构筑物的影响。

6. 场地平整应符合下列规定:

主控项目

1. 场地平整区域的坐标、高程和平整度应符合设计要求;检验方法:检查施工测量记录、监理复测检查记录。

2. 场地平整的挖填方区域的中线位置、断面尺寸和标高应符合设计要求;检验方法:检查施工测量记录、监理复测检查记录。

3. 边坡应表面密实无松散,坡度稳定。边坡当设计有要求时,应按设计要求进行修整或支护;当设计无要求时,应根据土(岩)质情况及边坡性状选择稳定坡角;检验方法:观测;检查施工测量记录、监理复测检查记录。

4. 水沟和排水设施的中线位置、断面尺寸、流水坡度和标高应满足设计要求;检验方法:观察,检查施工测量记录、监理复测检查记录。

5. 填方压实情况和压实系数应符合设计要求,压实后的干容重应有90%以上符合设计要求,其余10%的最低值与设计值的差不得大于0.08g/cm³且应分散不得集中;检验方法:观察,检查施工记录、监理复测检查记录和隐蔽工程记录。

一般项目

1. 土方工程的挖、填方和场地平整水平标高满足设计要求,平整度应在允许偏差范围内;场地平整由设计中心线向两边量的长度、宽度应满足设计要求,几何尺寸偏差在规范允许范围内。

2. 边坡坡度符合设计要求,坡度不应偏陡。

3. 场地平整的质量检验标准:场地平整完成后,应按下表所示标准进行检验。

表　场地平整施工允许偏差

序号	检查项目	允许偏差(mm)		检查方法
		人工	机械	
1	标高	±30	±50	水准仪
2	场地几何尺寸 (由设计中心线向两边量的长度、宽度)	+300 −100	+500 −150	用经纬仪,用钢尺量
3	边坡	符合设计要求		现场实测
4	分层压实系数	符合设计要求		按规定方法
5	表面平整度	20	50	用2m靠尺和塞尺检查
6	基底土性	符合设计要求		土样分析或观察
7	回填土料	符合设计要求		取样检查或直观鉴别
8	含水量(与设计要求的最佳含水量比较)	±2%		烘干法
9	分层厚度(与设计要求比较)	±50		水准法

城镇给水排水构筑物及管道工程施工地基处理检验批检查记录

渝市政验收4-1-3

工程名称	重庆市××路××管道工程K3+××～K3+××段	分项工程名称	地基处理	验收部位	K3+××
施工单位	重庆市××市政工程有限公司	项目经理	刘××	技术负责人	党××
施工执行标准名称及编号	重庆市《城镇给水排水构筑物及管道工程施工质量验收规范》DBJ 50-108—2010				

项目	序号	质量验收规范的规定：检查项目	质量验收规范的规定：允许偏差(mm)	施工单位检查记录							监理(建设)单位验收记录
主控项目	1	地基承载力	满足设计要求	试验报告20150214，符合设计要求。							符合规范要求。
	2	地基强度	满足设计要求	试验报告20150326，符合设计要求。							符合规范要求。
	3										
	4										
	5										
	6										
	7										
	8										
一般项目	1	基底标高、土质	符合设计要求	基底清洁干净，表层土压实合格，符合设计要求。							符合规范要求。
	2	夯击遍数及顺序	符合设计要求	测量检查，符合设计要求。							符合规范要求。
	3	夯击范围(超出基础范围距离)	符合设计要求	查验施工记录，符合设计要求。							符合规范要求。
	4	夯锤落距(mm)	±300	278	-213	243	-272	243	-210	253	符合规范要求。
	5	锤重(kg)	±100	-92	85	87	86	-83	85	89	符合规范要求。
	6	夯点间距(mm)	±500	456	435	-472	482	-491	482	439	符合规范要求。

施工单位检查结果	经检查，主控项目和一般项目均符合设计要求和重庆市《城镇给水排水构筑物及管道工程施工质量验收规范》(DBJ 50-108—2010)规定，评定合格。 专业技术负责人：张××　质检工程师：于××　技术负责人：江×× 2015年5月25日
监理单位审查结论	同意施工单位验收结果，评定合格。 专业监理工程师：程×× 2015年5月25日
建设单位验收结论	同意施工单位评定结果，验收合格，同意进行下道工序施工。 现场负责人：赵×× 2015年5月25日

说明：

1. 地基处理检查相关文件：

(1)地质水文勘探资料；

(2)原始地形地貌资料；场地周边环境、水文、地下管线资料；

(3)施工图、设计说明、图纸会审记录及重大问题设计变更处理意见及其他设计文件；

(4)控制桩交桩记录和施工测量放线资料;

(5)场地平整与地基处理施工测量检验记录与监理检验复测记录;

(6)使用各种材料材质检验报告(包括预制构件);

(7)施工质量技术措施文件等;

(8)场地平整与地基处理检测报告。

2. 地基处理施工至设计高程后,监理应及时组织设计、地勘、施工、建设等单位共同检查验收,合格后方可进入下道工序;发现岩、土质与勘察报告不符或有其他异常情况时,应会同上述单位研究确定地基处理措施,进行地基处理。

3. 给水排水构筑物地基处理应及时,基层不应超挖和扰动、受水浸泡等,开挖至设计要求的持力层后,应及时封底,减少基层裸露时间。机械施工时应留有300mm以上人工清底。管道基槽分段开挖长度应合理:尽量减少基层受扰动和水浸泡的影响。

4. 对沉降要求敏感的建筑物、构筑物,应保证地基满足均匀性和减少变形要求。软硬结合区域,应进行换填处理;硬岩基层上应增设滑动层或褥垫层。

5. 强夯地基应符合下列规定:

主控项目

地基强度及地基承载力应满足设计要求;检验方法:查验试验报告。

一般项目

1. 基底标高、土质应符合设计要求,基底草皮、淤泥、暗塘、洞穴、积水等应清理干净,表层松土压实并经检查合格,才开始回填填料。检验方法:观察检查,测量。

2. 回填填料、分层夯填厚度,夯击遍数及顺序、夯点间距、夯击范围、前后两遍间歇时间应满足设计要求并经现场试验确定。检验方法:现场观测;试夯;测量检查,钢尺量测,查验施工记录。

3. 强夯前应复核检查现场测量标桩、测量控制点不受强夯施工影响,测量放线、强夯边线、夯点定位应满足精度要求。检验方法:检查施工记录、测量记录,现场观察。

4. 夯锤落距、夯锤重量应满足设计夯击能要求。检验方法:称量检查。

5. 施工过程中应控制好填料内块石含量、粒径及填料含水率,并将场内积水及时排除,地下水位降低到夯层面以下2.0m。

6. 夯实后的场地高程应满足设计要求,表面平整度在允许偏差范围内。

7. 强夯地基施工完成后应按下表所列标准进行质量检验。

表　强夯地基施工允许偏差

序号	检查项目	允许偏差	检查方法
1	地基承载力	设计要求	按规定方法
2	地基强度	设计要求	按规定方法
3	夯锤落距(mm)	±300	钢索设标志
4	锤重(kg)	±100	称重量
5	夯击遍数及顺序	设计要求	计数法
6	夯点间距(mm)	±500	用钢尺量
7	夯击范围(超出基础范围距离)	设计要求	用钢尺量

城镇给水排水构筑物及管道工程施工基坑开挖与维护检验批检查记录

渝市政验收4-2-1

工程名称	重庆市××路××管道工程K3+××～K3+××段	分项工程名称	管沟基坑开挖	验收部位	K3+××
施工单位	重庆市××市政工程有限公司	项目经理	刘××	技术负责人	党××
施工执行标准名称及编号	重庆市《城镇给水排水构筑物及管道工程施工质量验收规范》DBJ 50-108—2010				

项目	序号	检查项目	质量验收规范的规定：允许偏差或允许值(mm) 柱(条)基基坑(槽)	管沟√	地(路)面基层	挖方场地平整 人工	挖方场地平整 机械	施工单位检查记录	监理(建设)单位验收记录
主控项目	1	边坡	满足设计要求					稳定，围挡可靠，无变形、沉降、位移，无线流现象；基底无隆起、沉陷、用水现象；符合设计要求。	符合规范要求。
	2	地基承载力	符合设计要求					符合设计要求，检查报告：20150623。	符合规范要求。
	3								
	4								
	5								
	6								
	7								
	8								
一般项目	1	基底岩(土)性状	符合设计要求					取样比对，符合设计要求。	符合规范要求。
	2	标高	-50	-50	-50	±30	±50	√ √ √ √ √ √ √	符合规范要求。
	3	平面位置的长度、宽度(由设计中心线向两边量	+200 -50	+ 100		+300 -100	+500 -150	√ √ √ √ √ √ √	符合规范要求。
	4	基底表面平整度	20	20	20	20	50	√ √ √ √ √ √ √	符合规范要求。

施工单位检查结果	经检查，主控项目和一般项目均符合设计要求和重庆市《城镇给水排水构筑物及管道工程施工质量验收规范》(DBJ 50-108—2010)规定，评定合格。 专业技术负责人：张××　质检工程师：于××　技术负责人：江×× 2015年5月25日
监理单位审查结论	同意施工单位验收结果，评定合格。 专业监理工程师：程×× 2015年5月25日
建设单位验收结论	同意施工单位评定结果，验收合格，同意进行下道工序施工。 现场负责人：赵×× 2015年5月25日

说明：

一般规定

1. 在基坑(槽)或管沟等开挖前，必须对周边建(构)筑物、地下管线、古树名木等进行详尽了解。当可能对其产生危害时，应进行支护后再开挖。

2. 基坑(槽)或管沟等开挖前应根据挖深、水文地质条件、周围环境条件、工期、气候和地面荷载等选定施工方法及支护结构形式，并由此制定施工方案、环境保护措施、监测方案，经审批后方可施工。

3. 基坑(槽)或管沟等的开挖应分层进行。在施工过程中基坑(槽)或管沟边堆置土方应不超过设计荷载，并应距坑边有1.0m以上的安全距离。挖土过程中不应碰撞或损伤支护结构、降水设施。

4. 基坑(槽)或管沟土方施工中应对支护结构、周围环境进行观察和监测，如出现异常情况应及时处理，待恢复正常后方可继续施工。

5. 基坑(槽)或管沟开挖至设计标高后，应对坑底进行保护，经验槽合格后，方可进行垫层施工。对特大型基坑，宜分区分块挖至设计标高，分区分块及时浇筑垫层。必要时，可加强垫层。

6. 基坑(槽)或管沟土方工程验收必须确保支护结构安全和周围环境安全为前提。当设计有指标时，以设计指定为依据，如设计无指定要求，则按表1所列规定执行。

表1　基坑变形的监控值

基坑类别	围护结构墙顶位移监控值(cm)	围护结构墙体最大位移监控值(cm)	地面最大沉降监控值(cm)
一级基坑	3	5	3
二级基坑	6	8	6
三级基坑	8	10	10

注：①符合下列情况之一，为一级基坑：重要工程或支护结构作为主体结构的一部分；开挖深度大于10m；与邻近建筑物、重要设施的距离在开挖深度以内的基坑；基坑范围内有历史文物、近代优秀建筑、重要管线等需严加保护的基坑；②三级基坑为开挖深度小于7m，且周围环境无特别要求的基坑；③除一级和三级外的基坑属二级基坑；④当周围已有的设施有特殊要求时，尚应符合这些要求。

基坑开挖与维护

1. 基坑开挖前应对构筑物、建筑物的轴线、角点坐标、几何尺寸，场地标高进行测量核实。

2. 基坑开挖断面和基底标高应符合设计要求；坑底原状基层不得扰动，机械或爆破开挖时坑底预留200～500mm基层人工开挖至设计高程，整平。

3. 基坑支护结构应具有足够的强度、刚度和稳定性；支护部件的型号、尺寸、支撑点的布设位置，各类桩的入土深度及锚杆选用等应经计算确定。支护应安全可靠，安装、拆除方便，并不得防碍基坑开挖及构筑物的施工。

4. 基坑开挖应符合下列规定：

主控项目

1. 基底不应受水浸泡或受冻；天然地基不应扰动、超挖。检验方法：观察检查；检查地基处理资料、施工记录。

2. 地基承载力应符合设计要求；当达不到设计要求时应及时按确定的地基处理方案进行处理。检验方法：检查验基(槽)记录；检查地基处理或承载力检验报告、复合地基检验报告。

3. 基坑边坡应稳定，围护结构安全可靠，无变形、沉降、位移，无线流现象；基底无隆起、沉陷、涌水(砂)等现象。检验方法：观察，检查监测记录、施工记录。

一般项目

1. 基坑开挖施工允许偏差应符合表2的规定。

表2　基坑开挖施工允许偏差

序号	检查项目	允许偏差或允许值(mm)					检验方法
		柱(条)基	管沟	地(路)面基层	挖方场地平整		
					人工	机器	
1	标高	−50	−50	−50	±30	±50	水准仪
2		+200 −50	+100		+300 −100	+500 −150	经纬仪、用钢尺量
3	边坡	满足设计要求					观察或测量检查
4	基底表面平整度	20	20	20	20	50	用2m靠尺和塞尺检查
5	基底岩(土)性状	设计要求					观察、取样、比对

2. 基坑围护结构与支撑系统的质量验收应符合现行国家标准《建筑地基基础工程施工质量验收规范》(GB 50202)的相关规定及相关规范第5.2.4条的规定。

城镇给水排水构筑物及管道工程施工基坑开挖与维护(锚杆(挂网喷浆)支护)检验批检查记录

渝市政验收4-2-2

工程名称	重庆市××路××管道工程 K3+××~K3+××段	分项工程名称	锚杆支护	验收部位	K3+××
施工单位	重庆市××市政工程有限公司	项目经理	刘××	技术负责人	党××
施工执行标准名称及编号	重庆市《城镇给水排水构筑物及管道工程施工质量验收规范》DBJ 50-108—2010				

质量验收规范的规定				施工单位检查记录							监理(建设)单位验收记录
项目	序号	检查项目	允许偏差(mm)								
主控项目	1	锚杆钢杆件(钢筋、钢绞线等)、钢筋网以及焊接材料、锚头、压浆及喷浆材料等的材质、规格、型号	符合设计要求	符合设计要求,出厂合格证明:2015003,性能检验报告:20120121,进场复查报告:20140231。							符合规范要求。
	2	锚杆的尺寸、数量、锚入深度	符合设计要求	钢尺量测,检查施工记录,符合设计要求。							符合规范要求。
	3	喷射混凝土强度、厚度、外观尺寸	符合设计要求	钢尺量测,检查试验报告,符合设计要求。							符合规范要求。
一般项目	1	锚杆长度	±30	20	-28	19	21	-23	24	20	符合规范要求。
	2	锚杆位置	±100	86	98	-91	89	88	-79	92	符合规范要求。
	3	锚杆锁定力	符合设计要求	符合设计要求。							符合规范要求。
	4	钻孔倾斜角度	±1°	√	√	√	√	√	√	√	符合规范要求。
	5	浆体、墙体强度	符合设计要求	符合设计要求。							符合规范要求。
	6	注浆量	大于理论计算浆量	√	√	√	√	√	√	√	符合规范要求。
	7	喷浆墙面厚度	±10	√	√	√	√	√	√	√	符合规范要求。
	8										

施工单位检查结果	经检查,主控项目和一般项目均符合设计要求和重庆市《城镇给水排水构筑物及管道工程施工质量验收规范》(DBJ 50-108—2010)规定,评定合格。 专业技术负责人:张×× 质检工程师:于×× 技术负责人:江×× 2015年5月25日
监理单位审查结论	同意施工单位验收结果,评定合格。 专业监理工程师:程×× 2015年5月25日
建设单位验收结论	同意施工单位评定结果,验收合格,同意进行下道工序施工。 现场负责人:赵×× 2015年5月25日

说明:

一般规定

1. 在基坑(槽)或管沟等开挖前,必须对周边建(构)筑物、地下管线、古树名木等进行详尽了解。当可能对其产生危害时,应进行支护后再开挖。

2. 基坑(槽)或管沟等开挖前应根据挖深、水文地质条件、周围环境条件、工期、气候和地面荷载等选定施工方法及支护结构形式，并由此制定施工方案、环境保护措施、监测方案，经审批后方可施工。

3. 基坑(槽)或管沟等的开挖应分层进行。在施工过程中基坑(槽)或管沟边堆置土方应不超过设计荷载，并应距坑边有1.0m以上的安全距离。挖土过程中不应碰撞或损伤支护结构、降水设施。

4. 基坑(槽)或管沟土方施工中应对支护结构、周围环境进行观察和监测，如出现异常情况应及时处理，待恢复正常后方可继续施工。

5. 基坑(槽)或管沟开挖至设计标高后，应对坑底进行保护，经验槽合格后，方可进行垫层施工。对特大型基坑，宜分区分块挖至设计标高，分区分块及时浇筑垫层。必要时，可加强垫层。

6. 基坑(槽)或管沟土方工程验收必须确保支护结构安全和周围环境安全为前提。当设计有指标时，以设计指定为依据，如设计无指定要求，则按表1所列规定执行。

表1 基坑变形的监控值

基坑类别	围护结构墙顶位移监控值(cm)	围护结构墙体最大位移监控值(cm)	地面最大沉降监控值(cm)
一级基坑	3	5	3
二级基坑	6	8	6
三级基坑	8	10	10

注：①符合下列情况之一，为一级基坑：重要工程或支护结构作为主体结构的一部分；开挖深度大于10m；与邻近建筑物、重要设施的距离在开挖深度以内的基坑；基坑范围内有历史文物、近代优秀建筑、重要管线等需严加保护的基坑；②三级基坑为开挖深度小于7m，且周围环境无特别要求的基坑；③除一级和三级外的基坑属二级基坑；④当周围已有的设施有特殊要求时，尚应符合这些要求。

主控项目

1. 锚杆钢杆件(钢筋、钢绞线等)、钢筋网以及焊接材料、锚头、压浆及喷浆材料等的材质、规格、型号应符合设计要求。检验方法：观察，检查出厂合格证明、性能检验报告和进场复检报告。

2. 锚杆的尺寸、数量、锚入深度等应符合设计要求。检验方法：观察、钢尺量测、检查施工记录。

3. 锚杆抗拔力、压浆及喷浆料配合比、强度等应符合设计要求。检验方法：检查施工记录和试验报告。

4. 喷射混凝土强度、厚度、外观尺寸应符合设计要求。检验方法：钢尺量测检查，查验试验报告。

一般项目

1. 锚杆(锚喷)支护施工允许偏差应符合表2规定。

表2 锚杆(挂网喷浆)支护施工允许偏差

序号	检查项目	允许偏差	检查数量		检查方法
			范围	点数	
1	锚杆长度(mm)	±30	1根	1	钢尺量测
2	锚杆位置(mm)	±100	1根	1	钢尺量测
3	锚杆锁定力(mm)	设计要求	1根	1	现场试拔实测
4	钻孔倾斜角度(°)	±1	10根	1	量测钻机倾角
5	浆体、墙体强度	设计要求			试样送检
6	注浆量	大于理论计算浆量			检查计量数据
7	喷浆墙面厚度(mm)	±10	间距10~20m为一个检查断面	5	钢尺量测

2. 设计要求进行围岩、边坡变形监控量测的工程，应有检测记录资料。

城镇给水排水构筑物及管道工程施工基坑回填检验批检查记录

渝市政验收4-2-3

工程名称	重庆市××路××管道工程 K3+××～K3+××段	分项工程名称	管沟基坑回填	验收部位	K3+××
施工单位	重庆市××市政工程有限公司	项目经理	刘××	技术负责人	党××
施工执行标准名称及编号	重庆市《城镇给水排水构筑物及管道工程施工质量验收规范》DBJ 50-108—2010				

质量验收规范的规定								施工单位检查记录							监理(建设)单位验收记录
项目	序号	检查项目	允许偏差或允许值(mm)												
			柱(条)基基坑(槽)	管沟√	地(路)面基层	挖方场地平整									
						人工	机械								
主控项目	1	分层压实	符合设计要求					平整,无松散、起皮、裂纹,符合设计要求。							符合规范要求。
	2	回填土料	符合设计要求					不含淤泥、腐质土、有机物、木块、不符合粒径要求的砖、石等杂物,符合设计要求。							符合规范要求。
	3	标高	-50	-50	-50	±30	±50	-42	-38	-29	-41	-36	-42	-37	符合规范要求。
	4														
	5														
	6														
	7														
	8														
一般项目	1	分层厚度及含水量	符合设计要求					水准仪检测,符合设计要求。							符合规范要求。
	2	表面平整度	20	20	20	20	30	12	15	17	10	11	15	18	符合规范要求。
	3														
	4														

施工单位检查结果	经检查,主控项目和一般项目均符合设计要求和重庆市《城镇给水排水构筑物及管道工程施工质量验收规范》(DBJ50-108-2010)规定,评定合格。 专业技术负责人:张×× 质检工程师:于×× 技术负责人:江×× 2015年5月25日
监理单位审查结论	同意施工单位验收结果,评定合格。 专业监理工程师:程×× 2015年5月25日
建设单位验收结论	同意施工单位评定结果,验收合格,同意进行下道工序施工。 现场负责人:赵×× 2015年5月25日

说明:

一般规定

1. 基坑回填前基础及与基础连接的管线等地下部分应施工完成并验收合格;基础结构体达到设计的强度;相关的功能性试验如水池的满水试验等已合格;有外防水(防腐)要求的地下构筑物,外防水(防腐)已按设计要求施工完毕并经过隐蔽验收;有防腐要求的构筑物其周边盲沟已施工完成。基坑回填应在构筑物的地下部分各项隐蔽检查验收合格后及时进行。

2. 回填过程中应做好构筑物的成品保护，靠构筑物1m范围应严格控制填料粒径，尽量采用人工回填、小型机具碾压，不得采用大型机具振动压实；应均匀回填、分层压实，压实度应符合相关规范的规定和设计要求。

3. 钢、木板桩支撑的基坑回填，支撑的撤除应自下而上逐层进行。基坑填土压实高度达到支撑或土锚杆的高度时，方可拆除该层支撑。拆除后的孔洞及拔出板桩后的孔洞宜用砂填实。

4. 雨期应经常检验回填土的含水量，应随填、随压，防止松土淋雨；填土时基坑四周被破坏的土堤及截排水沟应及时修复；雨天不宜填土。填料含水量不满足回填要求时，须采取措施进行处理后才能用于回填。

主控项目

1. 基坑回填前基础及与基础连接的管线等地下部分应施工完成并验收合格，基础结构体达到一定的强度，相关的功能性试验如水池的满水试验等已合格。检验方法：检查施工记录、功能性试验记录。

2. 回填区域基底不适合作填料的垃圾、树根、草皮等杂物已清除，基底的积水、淤泥等已抽排，松散基土已进行压实处理。检验方法：观察，检查施工记录。

3. 回填材料应符合设计要求；回填土中不应含有淤泥、腐质土、有机物、木块、不符合粒径要求的砖、石等杂物。检验方法：观察，检查施工记录。

4. 回填高程符合设计要求；基坑应分层回填夯实。检验方法：观察，用水准仪检查，检查施工记录。

5. 回填时有可靠的排水措施，不能带水回填或坑内有水的积聚；回填应对称进行；回填过程中应保证构筑物无损伤、沉降位移。检验方法：观察，检查回填方式，检查沉降观测记录。

一般项目

1. 回填料粒径、含水率、回填顺序、分层回填厚度、回填及压实方式及所使用机械的选择应符合设计要求并不损伤结构物等。检验方法：观察，取样检查，水准仪测量，检查施工记录。

2. 回填土压实度应符合设计要求，设计无要求时，应符合表1规定。检验方法：检查密实度试验记录。

表1　回填土压实度

序号	检查项目	压实度（%）	检查频率		检查方法
			范围	组数	
1	一般情况下地面有散水等	≥90	构筑物四周回填按50延米／层；大面积回填按500m²／层	1(3点)	环刀法、灌沙法
2	地面有散水等	≥95		1(3点)	环刀法、灌沙法
3	当年回填土上修路铺设管道	≥93 ≥95		1(3点)	环刀法、灌沙法

注：表中压实度除标注者外均为轻型击实标准。

3. 压实后表面应平整，无松散、起皮、裂纹；其表面平整度应满足以下标准：20mm平整；人工20mm，机械30mm；其余基坑、基槽、管沟等为20mm。表面应粗细颗粒分配均匀，不得有沙窝及梅花现象。检验方式：观察，检查施工记录，水准仪测量，靠尺或塞尺测量。

4. 基坑回填施工允许偏差应符合表2的规定。

表2　基坑回填施工允许偏差

序号	检查项目	允许偏差(mm)					检查方法
	标高	桩基基坑基槽	管沟	地(路)面基层	场地平整		
	分层压实系数				人工	机械	
1	回填土料	-50	-50	-50	±30	±50	水准仪
2	分层厚度及含水量	设计要求					按规定方法
3	表面平整度	设计要求					取样检查或直观鉴别
4	分层厚度及含水量	设计要求					水准仪及抽验检查
5	表面平整度	20	20	20	20	30	用靠尺或水准仪

城镇给水排水构筑物及管道工程钻孔灌注桩基础施工检验批检查记录

渝市政验收4-3-1

工程名称	重庆市××路××管道工程 K3+××～K3+××段	分项工程名称	钻孔灌注桩施工	验收部位	K3+××桩
施工单位	重庆市××市政工程有限公司	项目经理	刘××	技术负责人	党××
施工执行标准名称及编号	重庆市《城镇给水排水构筑物及管道工程施工质量验收规范》DBJ 50-108—2010				

质量验收规范的规定				施工单位检查记录							监理（建设）单位验收记录
项目	序号	检查项目	允许偏差（mm）								
主控项目	1	混凝土强度（MPa）	在合格标准内	大于30 MPa符合设计要求，试件报告：20150201。							符合规范要求。
	2	孔深（m）	不小于设计值	符合设计要求，检验报告：20120231。							符合规范要求。
	3	孔径（m）	不小于设计值	符合设计要求，检验报告：20150231。							符合规范要求。
	4	沉淀厚度（mm） 摩擦桩	符合设计规定，设计未规定时按施工规范要求	符合设计要求，检验报告：20130321。							符合规范要求。
	5	沉淀厚度（mm） 支承桩	不大于设计规定								
	6	桩位 群桩	100	80	76	85	91	64	73	89	符合规范要求。
	7	桩位 排架桩 允许	50								
	8	桩位 排架桩 极值	100								
一般项目	1	钻孔倾斜度（mm）	1%桩长，且不大于500	√	√	√	√	√	√	√	符合规范要求。
	2	钢筋骨架底面高程（mm）	±50	42	−38	26	−27	40	32	−29	符合规范要求。
	3										
	4										
	5										

施工单位检查结果	经检查，主控项目和一般项目均符合设计要求和重庆市《城镇给水排水构筑物及管道工程施工质量验收规范》（DBJ 50-108—2010）规定，评定合格。 专业技术负责人：张××　质检工程师：于××　技术负责人：江×× 2015年5月25日
监理单位审查结论	同意施工单位验收结果，评定合格。 专业监理工程师：程×× 2015年5月25日
建设单位验收结论	同意施工单位评定结果，验收合格，同意进行下道工序施工。 现场负责人：赵×× 2015年5月25日

说明：

一般规定

1. 挖孔灌注桩适用于无地下水或少量地下水，且较密实的土层或风化岩层。

2. 挖孔灌注桩之间施工净距须符合设计及规范要求，防止透桩造成的危害。

3. 挖孔灌注桩、钻孔灌注桩及承台施工应具备工程地质和水文地质资料，水泥、砂、石、水、钢筋、外加剂等原材料的质量检验报告。

4. 挖孔灌注桩、钻孔灌注桩施工时，应按有关规定编制专项安全施工方案、环境保护措施。

5. 挖孔达到设计深度后，应及时进行孔底处理，必须做到无松渣、淤泥等松动体，孔底地质情况必须符合设计和地勘要求。

6. 钻孔成孔后必须清孔，测量孔径、孔深、孔位和沉淀层厚度，确定满足设计或施工技术规范要求后，方可灌注水下混凝土。

7. 嵌入承台的混凝土桩头及锚固钢筋长度不得低于设计规范规定的最小锚固长度要求。

8. 应按设计要求对桩进行无破损法检测，重要工程或重要部位的桩宜逐根进行检测。设计有规定或对桩的质量有怀疑时，应采用钻取芯样法对桩进行检测。

主控项目

1. 桩位允许偏差应符合下表规定。检验数量：全站仪或经纬仪每桩检查。检验方法：查检验报告。

表　钻孔灌注桩施工允许偏差

序号	检查项目			允许偏差(mm)	检查方法和频率
1	混凝土强度(MPa)			在合格标准内	试件报告
2	桩位	群桩		100	全站仪或经纬仪：每桩检查
3		排架桩	允许	50	
4			极值	100	
5	孔深(m)			不小于设计	测绳量：每桩测量
6	孔径(m)			不小于设计	检孔器：每桩测量
7	沉淀厚度(mm)	摩擦桩		符合设计规定，设计未规定时按施工规范要求	沉淀盒或标准测锤每桩检查
8		支承桩		不大于设计规定	
9	钻孔倾斜度(mm)			1%桩长，且不大于500	用测壁(斜)仪或钻杆垂线法：每桩检查
10	钢筋骨架底面高程(mm)			±50	水准仪：每桩测骨架顶面高程后反算

2. 孔深不小于设计值。检验数量：测绳量每桩测量。检验方法：查检验报告。

3. 孔径不小于设计桩径。检验数量：探孔器每桩测量。检验方法：查检验报告。

4. 沉淀厚度：摩擦桩符合设计要求，设计未规定时按施工规范要求；支承桩不大于设计规定。检验数量：沉淀盒或标准测锤每桩检查。检验方法：查检验报告。

5. 混凝土强度及原材料的检验按相关规范混凝土章节进行，其质量必须符合国家现行规范的规定。混凝土抗压强度每浇筑50 m^3必须有1组试件，小于50 m^3的桩，每根桩必须有1组试件。设计有抗渗要求的桩基还须作抗渗试验，取样检测频率满足国家现行规范要求。

一般项目

1. 钻孔倾斜度为1%桩长，且不大于500mm。检验数量：用测壁(斜)仪或钻杆垂线法每桩检查。检验方法：查检验报告。

2. 钢筋骨架底面高程应符合上表的规定。检验数量：水准仪测骨架顶面高程后反算每桩检查。检验方法：查检验报告。

城镇给水排水构筑物及管道工程挖孔灌注桩基础施工检验批检查记录

渝市政验收4-3-2

工程名称	重庆市××路××管道工程K3+××～K3+××段	分项工程名称	挖孔灌注桩基础	验收部位	K3+××桩
施工单位	重庆市××市政工程有限公司	项目经理	刘××	技术负责人	党××
施工执行标准名称及编号	重庆市《城镇给水排水构筑物及管道工程施工质量验收规范》DBJ 50-108—2010				

质量验收规范的规定				施工单位检查记录							监理（建设）单位验收记录
项目	序号	检查项目	允许偏差（mm）								
主控项目	1	混凝土强度（MPa）	在合格标准内	大于30 MPa符合设计要求，试件报告：20150201。							符合规范要求。
	2	孔深（m）	不小于设计值	符合设计要求，检验报告：20120231。							符合规范要求。
	3	孔径（m）	不小于设计值	符合设计要求，检验报告：20150231。							符合规范要求。
	4	桩位 群桩	100	83	76	85	91	67	73	89	符合规范要求。
	5	桩位 排架桩 允许	50	√	√	√	√	√	√	√	
	6	桩位 排架桩 极值	100	√	√	√	√	√	√	√	
	7										
	8										
一般项目	1	钻孔倾斜度（mm）	0.5%桩长，且不大于200	√	√	√	√	√	√	√	符合规范要求。
	2	钢筋骨架底面高程（mm）	±50	41	−36	26	−27	40	37	−29	符合规范要求。
	3										
	4										
	5										

施工单位检查结果	经检查，主控项目和一般项目均符合设计要求和重庆市《城镇给水排水构筑物及管道工程施工质量验收规范》（DBJ 50-108—2010）规定，评定合格。 专业技术负责人：张××　质检工程师：于××　技术负责人：江×× 2015年5月25日
监理单位审查结论	同意施工单位验收结果，评定合格。 专业监理工程师：程×× 2015年5月25日
建设单位验收结论	同意施工单位评定结果，验收合格，同意进行下道工序施工。 现场负责人：赵×× 2015年5月25日

说明：

一般规定

1. 挖孔灌注桩适用于无地下水或少量地下水，且较密实的土层或风化岩层。

2. 挖孔灌注桩之间施工净距须符合设计及规范要求，防止透桩造成的危害。

3. 挖孔灌注桩、钻孔灌注桩及承台施工应具备工程地质和水文地质资料，水泥、砂、石、水、钢筋、外加剂等原材料的质量检验报告。

4. 挖孔灌注桩、钻孔灌注桩施工时，应按有关规定编制专项安全施工方案、环境保护措施。

5. 挖孔达到设计深度后，应及时进行孔底处理，必须做到无松渣、淤泥等松动体，孔底地质情况必须符合设计和地勘要求。

6. 钻孔成孔后必须清孔，测量孔径、孔深、孔位和沉淀层厚度，确定满足设计或施工技术规范要求后，方可灌注水下混凝土。

7. 嵌入承台的混凝土桩头及锚固钢筋长度不得低于设计规范规定的最小锚固长度要求。

8. 应按设计要求对桩进行无破损法检测，重要工程或重要部位的桩宜逐根进行检测。设计有规定或对桩的质量有怀疑时，应采用钻取芯样法对桩进行检测。

主控项目

1. 桩位允许偏差应符合下表的规定。检验数量：全站仪或经纬仪每桩检查。检验方法：查检验报告。

表　挖孔桩施工允许偏差

<table>
<tr><th>序号</th><th colspan="3">检查项目</th><th>允许偏差(mm)</th><th>检查方法和频率</th></tr>
<tr><td>1</td><td colspan="3">混凝土强度</td><td>在合格标准内</td><td>事件报告</td></tr>
<tr><td>2</td><td rowspan="3">桩位</td><td colspan="2">群桩</td><td>100</td><td rowspan="3">全站仪或经纬仪：每桩检查</td></tr>
<tr><td>3</td><td rowspan="2">排架桩</td><td>允许</td><td>50</td></tr>
<tr><td>4</td><td>极值</td><td>100</td></tr>
<tr><td>5</td><td colspan="3">孔深</td><td>比小于设计值</td><td>测绳量：每桩测量</td></tr>
<tr><td>6</td><td colspan="3">孔径</td><td>比小于设计值</td><td>检孔器：每桩测量</td></tr>
<tr><td>7</td><td colspan="3">孔的倾斜度(mm)</td><td>0.5%桩长，且不大于200</td><td>垂线法：每桩检查</td></tr>
<tr><td>8</td><td colspan="3">钢筋骨架底面高程(mm)</td><td>±50</td><td>水准仪测骨架顶面高程后反算：每桩检查</td></tr>
</table>

2. 孔深不小于设计值。检验数量：测绳量每桩测量。检验方法：查检验报告。

3. 孔径不小于设计桩径。检验数量：探孔器每桩测量。检验方法：查检验报告。

4. 混凝土强度及原材料的检验按相关规范混凝土章节进行，其质量必须符合国家现行规范的规定。混凝土抗压强度每浇注50 m^3必须有1组试件，小于50 m^3的桩，每根桩必须有1组试件。

一般项目

1. 孔的倾斜度规定值或允许偏差应符合上表的规定。检验数量：垂线法每桩检查。检验方法：查检验报告。

2. 钢筋骨架底面高程规定值或允许偏差应符合上表的规定。检验数量：水准仪测骨架顶面高程后反算每桩检查。检验方法：查检验报告。

城镇给水排水构筑物及管道工程承台施工检验批检查记录

渝市政验收4-3-3

工程名称	重庆市××路××管道工程 K3+××～K3+××段	分项工程名称	承台	验收部位	K3+××承台
施工单位	重庆市××市政工程有限公司	项目经理	刘××	技术负责人	党××
施工执行标准名称及编号	重庆市《城镇给水排水构筑物及管道工程施工质量验收规范》DBJ 50-108—2010				

质量验收规范的规定				施工单位检查记录							监理(建设)单位验收记录
项目	序号	检查项目	允许偏差								
主控项目	1	混凝土强度	在合格标准内	大于30 MPa符合设计要求，试件报告：20150201。							符合规范要求。
	2										
	3										
	4										
	5										
	6										
	7										
	8										
一般项目	1	断面尺寸(mm)	±20	12	15	14	16	13	17	11	符合规范要求。
	2	顶面高程(mm)	±10	8	−7	9	−2	5	−6	4	符合规范要求。
	3	轴线偏位(mm)	15	8	7	6	3	8	10	12	符合规范要求。
	4	平整度(mm)	8	2	1	3	4	6	5	2	符合规范要求。
	5	外观质量	符合规范要求	混凝土表面平整，棱角平直。							符合规范要求。

施工单位检查结果	经检查，主控项目和一般项目均符合设计要求和重庆市《城镇给水排水构筑物及管道工程施工质量验收规范》(DBJ 50-108—2010)规定，评定合格。 专业技术负责人：张××　质检工程师：于××　技术负责人：江×× 2015年5月25日
监理单位审查结论	同意施工单位验收结果，评定合格。 专业监理工程师：程×× 2015年5月25日
建设单位验收结论	同意施工单位评定结果，验收合格，同意进行下道工序施工。 现场负责人：赵×× 2015年5月25日

说明：

主控项目

混凝土强度应符合下表的要求。检验数量：一般体积承台每个应留置2组抗压试件；大体积承台每80～100m³或每一工作班应留置2组抗压试件。检验方法：查检验报告。

表　承台施工允许偏差

序号	检查项目	允许偏差	检查方法和数量
1	混凝土强度	在合格标准内	试件报告
2	断面尺寸(mm)	±20	尺量：长、宽、高检查各2点
3	顶面高程(mm)	±10	水准仪：检查5处
4	轴线偏位(mm)	15	全站仪或经纬仪：纵、横各测量2点
5	平整度(mm)	8	2m直尺：检查竖直、水平方向，每个测3处

一般项目

1. 尺寸应满足上表要求。检验数量：尺量长、宽、高各检查2点。检验方法：查检验报告。

2. 顶面高程应符合上表要求。检验数量：水准仪检查5处。检验方法：查检验报告。

3. 轴线偏位应符合上表要求。检验数量：全站仪或经纬仪纵、横各测量2点。检验方法：查检验报告。

4. 平整度应满足上表要求。检验数量：2m直尺检查两个垂直方向，每1个测3处。检验方法：查检验报告。

5. 外观质量应符合下列要求：

(1)混凝土表面平整，棱角平直，无明显施工接缝；

(2)不得出现露筋和空洞现象；

(3)混凝土表面非受力裂缝需进行处理。

城镇给水排水构筑物及管道工程支架安装施工检验批检查记录

渝市政验收4-4-1

<table>
<tr><td>工程名称</td><td colspan="3">重庆市××路××管道工程
K3+××～K3+××段</td><td colspan="3">分项工程名称</td><td colspan="3">管道支架安装</td><td colspan="2">验收部位</td><td colspan="2">K3+××管道支架</td></tr>
<tr><td>施工单位</td><td colspan="4">重庆市××市政工程有限公司</td><td colspan="2">项目经理</td><td colspan="4">刘××</td><td>技术负责人</td><td>党××</td></tr>
<tr><td>施工执行标准
名称及编号</td><td colspan="12">重庆市《城镇给水排水构筑物及管道工程施工质量验收规范》DBJ 50-108—2010</td></tr>
<tr><td colspan="5">质量验收规范的规定</td><td colspan="7" rowspan="2">施工单位检查记录</td><td rowspan="2">监理（建设）单位验收记录</td></tr>
<tr><td>项目</td><td>序号</td><td colspan="2">检查项目</td><td>允许偏差（mm）</td></tr>
<tr><td rowspan="8">主控项目</td><td>1</td><td rowspan="4">轴线偏位</td><td>基础</td><td>15</td><td>11</td><td>9</td><td>8</td><td>6</td><td>12</td><td>14</td><td>7</td><td>符合规范要求。</td></tr>
<tr><td>2</td><td>柱或墙</td><td>8</td><td>5</td><td>6</td><td>2</td><td>7</td><td>3</td><td>4</td><td>2</td><td>符合规范要求。</td></tr>
<tr><td>3</td><td>梁</td><td>10</td><td>9</td><td>5</td><td>6</td><td>7</td><td>8</td><td>2</td><td>4</td><td>符合规范要求。</td></tr>
<tr><td>4</td><td>墩台</td><td>10</td><td>5</td><td>8</td><td>7</td><td>4</td><td>3</td><td>5</td><td>8</td><td>符合规范要求。</td></tr>
<tr><td>5</td><td colspan="2"></td><td></td><td colspan="7"></td><td></td></tr>
<tr><td>6</td><td colspan="2"></td><td></td><td colspan="7"></td><td></td></tr>
<tr><td>7</td><td colspan="2"></td><td></td><td colspan="7"></td><td></td></tr>
<tr><td>8</td><td colspan="2"></td><td></td><td colspan="7"></td><td></td></tr>
<tr><td rowspan="5">一般项目</td><td>1</td><td colspan="2">装配式构件支承面的标高</td><td>+2，-5</td><td>√</td><td>√</td><td>√</td><td>√</td><td>√</td><td>√</td><td>√</td><td>符合规范要求。</td></tr>
<tr><td>2</td><td colspan="2">纵轴的平面位置</td><td>跨度L的1/1000或30</td><td>√</td><td>√</td><td>√</td><td>√</td><td>√</td><td>√</td><td>√</td><td>符合规范要求。</td></tr>
<tr><td>3</td><td colspan="2"></td><td></td><td colspan="7"></td><td></td></tr>
<tr><td>4</td><td colspan="2"></td><td></td><td colspan="7"></td><td></td></tr>
<tr><td>5</td><td colspan="2"></td><td></td><td colspan="7"></td><td></td></tr>
<tr><td>施工单位
检查结果</td><td colspan="12">经检查，主控项目和一般项目均符合设计要求和重庆市《城镇给水排水构筑物及管道工程施工质量验收规范》（DBJ 50-108—2010）规定，评定合格。
专业技术负责人：张××　质检工程师：于××　技术负责人：江××
2015年5月25日</td></tr>
<tr><td>监理单位
审查结论</td><td colspan="12">同意施工单位验收结果，评定合格。
专业监理工程师：程××
2015年5月25日</td></tr>
<tr><td>建设单位
验收结论</td><td colspan="12">同意施工单位评定结果，验收合格，同意进行下道工序施工。
现场负责人：赵××
2015年5月25日</td></tr>
</table>

说明：

一般规定

1. 模板及其支架应根据工程结构形式、荷载大小、地基土类别、施工设备和材料供应等条件及有关标准进行施工设计。模板及支架应具备足够的承载能力、刚度和稳定性，能可靠地承受浇筑混凝土的重量、侧压力以及施工荷载。

2. 模板、支架的加工、安装、拆除应编制专项施工技术方案和安全措施方案，并按建设部要求对危险性较大的专项安全措施方案进行专家论证。

3. 在浇筑混凝土之前，应对模板、支架工程进行验收。

4. 模板安装和浇筑混凝土时，应对模板及其支架进行观察和维护。发生异常情况时，应按施工技术方案及时进行处理。

主控项目

1. 任何支架均应进行支架施工设计，并验算其强度和稳定性。检验数量：全数检查。检验方法：查支架施工图设计和施工技术方案。

2. 支架立柱必须安装在有足够承载力的地基上，立柱低端应设垫木来分布和传递压力，并保证浇筑混凝土后不发生超过允许的沉降量。检验数量：全数检查。检验方法：查资料，观察。

一般项目

1. 承重支架应进行预压，确定沉降量和施工预拱度。检验数量：按施工技术方案检查。检验方法：查资料。

2. 支架安装完毕后，应对其平面位置、顶部标高、节点联接及纵、横向稳定性进行全面检查，符合要求后，才能进行下一工序。检验数量：全数检查。检验方法：观察。

3. 支架安装的允许偏差，在设计无要求时，应符合下表的规定。

表　支架安装的允许偏差

序号	检查项目		允许偏差(mm)
1	轴线偏位	基础	15
2		柱或端	8
3		梁	10
4		墩台	10
5	装配式构件支承面的标高		+2，-5
6	纵轴的平面位置		跨度L的1/1000或30

注：L——跨度(mm)。

城镇给水排水构筑物及管道工程支架拆除施工检验批检查记录

渝市政验收4-4-2

工程名称	重庆市××路××管道工程K3+××～K3+××段	分项工程名称	管道支架拆除	验收部位	K3+××管道支架	
施工单位	重庆市××市政工程有限公司	项目经理	刘××	技术负责人	党××	
施工执行标准名称及编号	重庆市《城镇给水排水构筑物及管道工程施工质量验收规范》DBJ50-108—2010					
质量验收规范的规定				施工单位检查记录	监理(建设)单位验收记录	
项目	序号	检查项目	规范要求或允许偏差(mm)			
主控项目	1	混凝土强度	符合设计要求，当设计无具体要求时应符合规范规定	大于30 MPa符合设计要求，试件报告:20150201。	符合规范要求。	
	2	承重支架	按施工技术方案执行，无具体要求时，应符合规范规定	按施工技术方案执行，符合要求。	符合规范要求。	
	3					
	4					
	5					
	6					
	7					
	8					
一般项目	1	拆除	符合规范规定	无损伤，符合规范要求。	符合规范要求。	
	2					
	3					
	4					
	5					
施工单位检查结果	经检查，主控项目和一般项目均符合设计要求和重庆市《城镇给水排水构筑物及管道工程施工质量验收规范》(DBJ 50-108—2010)规定，评定合格。 专业技术负责人:张×× 质检工程师:于×× 技术负责人:江×× 2015年5月25日					
监理单位审查结论	同意施工单位验收结果，评定合格。 专业监理工程师:程×× 2015年5月25日					
建设单位验收结论	同意施工单位评定结果，验收合格，同意进行下道工序施工。 现场负责人:赵×× 2015年5月25日					

说明:

一般规定

1. 模板及其支架应根据工程结构形式、荷载大小、地基土类别、施工设备和材料供应等条件及有关标准进行施工设计。模板及支架应具备足够的承载能力、刚度和稳定性,能可靠地承受浇筑混凝土的重量、侧压力以及施工荷载。

2. 模板、支架的加工、安装、拆除应编制专项施工技术方案和安全措施方案,并按建设部要求对危险性较大的专项安全措施方案进行专家论证。

3. 在浇筑混凝土之前,应对模板、支架工程进行验收。

4. 模板安装和浇筑混凝土时,应对模板及其支架进行观察和维护。发生异常情况时,应按施工技术方案及时进行处理。

主控项目

1. 承重支架拆除时的混凝土强度应符合设计要求;当设计无具体要求时,混凝土强度应符合下表的规定。检验数量:全数检查。检验方法:检查同条件养护试件强度试验报告。

表　承重支架拆除时的混凝土强度要求

序号	构件类型	构件跨度(mm)	达到设计的混凝土立方体抗压强度标准值的百分率(%)
1	板	≤2	≥50
2		>2,≤8	≥75
3		>8	≥100
4	梁	≤8	≥75
5		>8	≥100
6	悬臂构建	—	≥100

2. 对后张法预应力混凝土结构构件,侧模宜在预应力张拉前拆除;底模的拆除应按施工技术方案执行,当无具体要求时,不应在结构构件建立预应力前拆除。检验数量:全数检查。 检查方法:观察。

一般项目

非承重侧模拆除时的混凝土强度应能保证基表及棱角不受损伤,混凝土强度宜为2.5 MPa以上。检验数量:全数检查。 检查方法:观察。

城镇给水排水构筑物及管道工程模板加工(木模板)检验批质量验收记录表

渝市政验收 4-4-3

工程名称	重庆市××路××管道工程 K3+××～K3+××段	分项工程名称	木模板制作及安装	验收部位	K3+××
施工单位	重庆市××市政工程有限公司	项目经理	刘××	技术负责人	党××
施工执行标准名称及编号	重庆市《城镇给水排水构筑物及管道工程施工质量验收规范》DBJ50-108—2010				

项目	序号	质量验收规范的规定：检查项目			允许偏差(mm)	施工单位检查记录							监理(建设)单位验收记录
主控项目	1	模板承载能力				符合设计文件和施工技术方案。							符合规范要求。
主控项目	2	模板隔离剂涂刷				钢筋和混凝土接槎处无沾污。							符合规范要求。
一般项目	1	木模板制作	模板的长度和宽度		±5	2	3	-4	2	-1	-3	2	符合规范要求。
	2	木模板制作	不刨光模板相邻两板表面高低差		3	2	1	2	1	2	2	1	符合规范要求。
	3	木模板制作	刨光模板相邻两板表面高低差		1								
	4	木模板制作	平板模板表面最大的局部不平	刨光模板	3								
		木模板制作	平板模板表面最大的局部不平	不刨光模板	5	√	√	√	√	√	√	√	符合规范要求。
	5	木模板制作	拼合板中木板间的缝隙宽度		2	1	1	1	0	1	1	0	符合规范要求。
	6	木模板制作	榫槽嵌接紧密度		2	1	0	0	1	1	1	0	符合规范要求。
	7	木模板制作	外形尺寸	长和高	2	1	1	0	0	0	1	1	符合规范要求。
	8	木模板制作	外形尺寸	肋高	±5	2	3	-4	-1	2	1	3	符合规范要求。
	9	模板安装			符合规范要求	接缝不漏浆，模内无积水、干净，符合规范要求。							符合规范要求。
	10	预埋件和预留孔洞	预埋钢板中心线位置		3	2	1	1	2	1	2	1	符合规范要求。
	11	预埋件和预留孔洞	预埋管、预留孔中心线位置		3	1	1	2	2	1	2	1	符合规范要求。
	12	预埋件和预留孔洞	插筋	中心线位置	5	2	3	4	4	1	2	3	符合规范要求。
	13	预埋件和预留孔洞	插筋	外露长度	+10,0	5	6	7	4	1	2	5	符合规范要求。
	14	预埋件和预留孔洞	预埋螺栓	中心线位置	2	1	1	1	0	1	0	1	符合规范要求。
	15	预埋件和预留孔洞	预埋螺栓	外露长度	+10	8	5	6	7	4	5	6	符合规范要求。
	16	预埋件和预留孔洞	预留洞	中心线位置	5	3	4	5	1	2	3	4	符合规范要求。
	17	预埋件和预留孔洞	预留洞	尺寸	+5	2	3	4	1	1	2	3	符合规范要求。
	18	预埋件和预留孔洞	止水带	中心位移	5	√	√	√	√	√	√	√	符合规范要求。
	19	预埋件和预留孔洞	止水带	垂直度	5	√	√	√	√	√	√	√	符合规范要求。

施工单位检查结果	经检查，主控项目和一般项目均符合设计要求和重庆市《城镇给水排水构筑物及管道工程施工质量验收规范》(DBJ 50-108—2010)规定，评定合格。 专业技术负责人：张×× 质检工程师：于×× 技术负责人：江×× 2015年5月25日
监理单位审查结论	同意施工单位验收结果，评定合格。 专业监理工程师：程×× 2015年5月25日
建设单位验收结论	同意施工单位评定结果，验收合格，同意进行下道工序施工。 现场负责人：赵×× 2015年5月25日

说明：

主控项目

1. 现浇结构的承重模板支架、基础应具有承受上层结构荷载和施工荷载的承载能力；其他模板应能承受浇筑混凝土的侧压力。检验数量：全数检查。检验方法：对照模板设计文件和施工技术方案观察。

2. 在涂刷模板隔离剂时，不得沾污钢筋和混凝土接槎处。检验数量：全数检查。检验方法：观察。

一般项目

模板制作应根据设计要求确定模板的型式及精度要求，在设计无规定时，可按下表执行。

表 模板制作时的允许偏差

<table>
<tr><th>序号</th><th colspan="3">检查项目</th><th>允许偏差(mm)</th></tr>
<tr><td>1</td><td rowspan="6">木模板制作</td><td colspan="2">模板的长度和宽度</td><td>±5</td></tr>
<tr><td>2</td><td colspan="2">不刨光模板相邻两板表面高低差</td><td>3</td></tr>
<tr><td>3</td><td colspan="2">刨光模板相邻两板表面高低差</td><td>1</td></tr>
<tr><td rowspan="2">4</td><td rowspan="2">平板模板表面最大的局部不平</td><td>刨光模板</td><td>3</td></tr>
<tr><td>不刨光模板</td><td>5</td></tr>
<tr><td>5</td><td colspan="2">拼合板中木板间的缝隙宽度</td><td>2</td></tr>
<tr><td>6</td><td></td><td colspan="2">榫槽嵌接紧密度</td><td>2</td></tr>
<tr><td>7</td><td rowspan="8">钢模板制作</td><td rowspan="2">外形尺寸</td><td>长和高</td><td>0,-1</td></tr>
<tr><td>8</td><td>肋高</td><td>±5</td></tr>
<tr><td>9</td><td colspan="2">面板端偏斜</td><td>≤0.5</td></tr>
<tr><td>10</td><td rowspan="3">连接配件(螺栓、卡子等)的孔眼位置</td><td>孔中心与板面的间距</td><td>±0.3</td></tr>
<tr><td>11</td><td>板端中心与板端的间距</td><td>0,-0.5</td></tr>
<tr><td>12</td><td>沿板长、宽方向的孔</td><td>±0.6</td></tr>
<tr><td>13</td><td colspan="2">板面局部不平</td><td>1.0</td></tr>
<tr><td>14</td><td colspan="2">板面和板侧挠度</td><td>±1.0</td></tr>
</table>

城镇给水排水构筑物及管道工程模板(钢模板)加工检验批质量验收记录表

渝市政验收4-4-4

工程名称	重庆市××路××管道工程 K3+××～K3+××段	分项工程名称	钢模板制作及安装	验收部位	K3+××
施工单位	重庆市××市政工程有限公司	项目经理	刘××	技术负责人	党××
施工执行标准名称及编号	重庆市《城镇给水排水构筑物及管道工程施工质量验收规范》DBJ 50-108—2010				

项目	序号	检查项目（质量验收规范的规定）	允许偏差(mm)	施工单位检查记录							监理(建设)单位验收记录
主控项目	1	模板承载能力		符合设计文件和施工技术方案。							符合规范要求。
主控项目	2	模板隔离剂涂刷		钢筋和混凝土接槎处无沾污。							符合规范要求。
一般项目	1	钢模板制作：面板端偏斜	≤0.5	0.1	0.2	0.1	0.3	0.1	0.2	0.1	符合规范要求。
一般项目	2	钢模板制作：连接配件(螺栓、卡子等)的孔眼位置：孔中心与板面的间距	±0.3	0.1	0.2	0.1	0.1	0.2	0.2	0.1	符合规范要求。
一般项目	3	钢模板制作：连接配件(螺栓、卡子等)的孔眼位置：板端中心与板端的间距	0,-0.5	-0.1	-0.2	-0.1	-0.4	-0.3	-0.1	-0.2	符合规范要求。
一般项目	4	钢模板制作：连接配件(螺栓、卡子等)的孔眼位置：沿板长、宽方向的孔	±0.6	0.4	0.2	-0.3	-0.1	0.4	0.2	0.5	符合规范要求。
一般项目	5	钢模板制作：板面局部不平	1.0	0.5	0.2	0.3	0.4	0.1	0.5	0.4	符合规范要求。
一般项目	6	钢模板制作：板面和板侧挠度	±1.0	0.4	0.5	0.2	0.3	0.4	0.1	0.5	符合规范要求。
一般项目	7	模板安装	符合规范要求	接缝不漏浆、干净，符合规范要求。							符合规范要求。
一般项目	8	预埋件和预留孔洞：预埋钢板中心线位置	3	2	1	2	1	1	2	1	符合规范要求。
一般项目	9	预埋件和预留孔洞：预埋管、预留孔中心线位置	3	1	2	1	1	2	1	2	符合规范要求。
一般项目	10	预埋件和预留孔洞：插筋：中心线位置	5	2	3	4	4	1	2	3	符合规范要求。
一般项目	11	预埋件和预留孔洞：插筋：外露长度	+10,0	5	6	7	4	1	2	7	符合规范要求。
一般项目	12	预埋件和预留孔洞：预埋螺栓：中心线位置	2	1	1	0	1	1	0	1	符合规范要求。
一般项目	13	预埋件和预留孔洞：预埋螺栓：外露长度	+10	5	6	7	4	1	2	7	符合规范要求。
一般项目	14	预埋件和预留孔洞：预留洞：中心线位置	5	4	2	3	4	2	1	2	符合规范要求。
一般项目	15	预埋件和预留孔洞：预留洞：尺寸	+5	2	3	4	2	1	2	1	符合规范要求。
一般项目	16	预埋件和预留孔洞：止水带：中心位移	5	3	4	2	3	4	2	1	符合规范要求。
一般项目	17	预埋件和预留孔洞：止水带：垂直度	5	4	2	3	4	2	1	3	符合规范要求。

施工单位检查结果	经检查，主控项目和一般项目均符合设计要求和重庆市《城镇给水排水构筑物及管道工程施工质量验收规范》(DBJ 50-108—2010)规定，评定合格。 专业技术负责人：张×× 质检工程师：于×× 技术负责人：江×× 2015年5月25日
监理单位审查结论	同意施工单位验收结果，评定合格。 专业监理工程师：程×× 2015年5月25日
建设单位验收结论	同意施工单位评定结果，验收合格，同意进行下道工序施工。 现场负责人：赵×× 2015年5月25日

说明：

主控项目

1. 现浇结构的承重模板支架、基础应具有承受上层结构荷载和施工荷载的承载能力；其他模板应能承受浇筑混凝土的侧压力。检验数量：全数检查。检验方法：对照模板设计文件和施工技术方案观察。

2. 在涂刷模板隔离剂时，不得沾污钢筋和混凝土接槎处。检验数量：全数检查。检验方法：观察。

一般项目

模板制作应根据设计要求确定模板的型式及精度要求，在设计无规定时，可按下表执行。

表　模板制作时的允许偏差

序号	检查项目			允许偏差(mm)
1	木模板制作	模板的长度和宽度		±5
2		不刨光模板相邻两板表面高低差		3
3		刨光模板相邻两板表面高低差		1
4		平板模板表面最大的局部不平	刨光模板	3
			不刨光模板	5
5		拼合板中木板间的缝隙宽度		2
6		榫槽嵌接紧密度		2
7	钢模板制作	外形尺寸	长和高	0,-1
8			肋高	±5
9		面板端偏斜		≤0.5
10		连接配件(螺栓、卡子等)的孔眼位置	孔中心与板面的间距	±0.3
11			板端中心与板端的间距	0,-0.5
12			沿板长、宽方向的孔	±0.6
13		板面局部不平		1.0
14		板面和板侧挠度		±1.0

城镇给水排水构筑物及管道工程现浇结构模板安装检验批质量验收记录表

渝市政验收4-4-5

工程名称	重庆市××路××管道工程 K3+××~K3+××段	分项工程名称	现浇结构模板安装	验收部位	K3+××
施工单位	重庆市××市政工程有限公司	项目经理	×××	技术负责人	×××
施工执行标准名称及编号	重庆市《城镇给水排水构筑物及管道工程施工质量验收规范》DBJ 50-108—2010				

项目	序号	质量验收规范的规定：检查项目			允许偏差（mm）	施工单位检查记录							监理(建设)单位验收记录
主控项目	1	模板承载能力				符合设计文件和施工技术方案。							符合规范要求。
主控项目	2	模板隔离剂涂刷				钢筋和混凝土接槎处无沾污。							符合规范要求。
一般项目	1	轴线位置			5	4	2	3	4	2	1	3	符合规范要求。
	2	高程			±5	2	3	1	4	2	3	2	符合规范要求。
	3	平面尺寸	L≤20m		±10	8	−3	6	−5	4	−7	8	符合规范要求。
	4		20m≤L≤50m		±L/2000	√	√	√	√	√	√	√	
	5		L≥50m		±23	√	√	√	√	√	√	√	
	6	截面内部尺寸	池壁、顶板		±3	2	−2	−1	1	−1	1	2	符合规范要求。
	7		基础		±10	8	−3	6	−5	4	−7	8	符合规范要求。
	8		柱、墙、梁		+4,−5	2	3	2	−4	3	−4	2	符合规范要求。
	9	垂直度	池壁、柱	H≤5m	6	4	2	3	5	4	2	1	符合规范要求。
	10			5m≤H≤15m	8	√	√	√	√	√	√	√	
	11	相邻两板表面高低差			2	√	√	√	√	√	√	√	符合规范要求。
	12	表面平整度			5	√	√	√	√	√	√	√	符合规范要求。

施工单位检查结果	经检查，主控项目和一般项目均符合设计要求和重庆市《城镇给水排水构筑物及管道工程施工质量验收规范》(DBJ 50-108—2010)规定，评定合格。 专业技术负责人：张××　质检工程师：于××　技术负责人：江×× 2015年5月25日
监理单位审查结论	同意施工单位验收结果，评定合格。 专业监理工程师：程×× 2015年5月25日
建设单位验收结论	同意施工单位评定结果，验收合格，同意进行下道工序施工。 现场负责人：赵×× 2015年5月25日

说明：

主控项目

1. 现浇结构的承重模板支架、基础应具有承受上层结构荷载和施工荷载的承载能力；其他模板应能承受浇筑混凝土的侧压力。检验数量：全数检查。检验方法：对照模板设计文件和施工技术方案观察。

2. 在涂刷模板隔离剂时，不得沾污钢筋和混凝土接槎处。检验数量：全数检查。检验方法：观察。

一般项目

1. 模板制作应根据设计要求确定模板的型式及精度要求，在设计无规定时，可按表1执行。

表1　模板制作时的允许偏差

序号	检查项目			允许偏差(mm)
1	木模板制作	模板的长度和宽度		±5
2	木模板制作	不刨光模板相邻两板表面高低差		3
3	木模板制作	刨光模板相邻两板表面高低差		1
4	木模板制作	平板模板表面最大的局部不平	刨光模板	3
	木模板制作	平板模板表面最大的局部不平	不刨光模板	5
5	木模板制作	拼合板中木板间的缝隙宽度		2
6	木模板制作	榫槽嵌接紧密度		2
7	钢模板制作	外形尺寸	长和高	0，-1
8	钢模板制作	外形尺寸	肋高	±5
9	钢模板制作	面板端偏斜		≤0.5
10	钢模板制作	连接配件(螺栓、卡子等)的孔眼位置	孔中心与板面的间距	±0.3
11	钢模板制作	连接配件(螺栓、卡子等)的孔眼位置	板端中心与板端的间距	0，-0.5
12	钢模板制作	连接配件(螺栓、卡子等)的孔眼位置	沿板长、宽方向的孔	±0.6
13	钢模板制作	板面局部不平		1.0
14	钢模板制作	板面和板侧挠度		±1.0

2. 模板安装应满足下列要求：

(1)模板的接缝不应漏浆；在浇筑混凝土前，木模板应浇水湿润，但模板内不应有积水；

(2)模板与混凝土的接触面应清理干净并涂刷隔离剂，但不得采用影响结构性能或妨碍装饰工程施工的隔离剂；

(3)浇筑混凝土前，模板内的杂物应清理干净；

(4)对清水混凝土工程及装饰混凝土工程，应使用能达到设计效果的模板。检验数量：全数检查。检验方法：观察。

3. 用作模板的地坪、胎模等应平整光洁，不得产生影响构件质量的下沉、裂缝、起砂或起鼓。检验数量：全数检查。检验方法：观察。

4. 固定在模板上的预埋件、预留孔和预留洞均不得遗漏，且应安装牢固，其偏差应符合表2规定。

表2　预埋件和预留孔洞的允许偏差

序号	检查项目	允许偏差(mm)	检查数量		检验方法
			范围	点数	
1	预埋钢板中心线位置	3	每件	1	钢尺量
2	预埋管、预留孔中心线位置	3	每孔	1	钢尺量

续表

序号	检查项目		允许偏差(mm)	检查数量		检验方法
				范围	点数	
3	插筋	中心线位置	3	每根	1	钢尺量
4	插筋	外露长度	+10,0	每根	1	钢尺量
5	预埋螺栓	中心线位置	0	每个	1	钢尺量
6	预埋螺栓	外露长度	+10	每个	1	钢尺量
7	预留洞	中心线位置	5	每洞	1	钢尺量
8	预留洞	尺寸	+5	每洞	1	钢尺量
9	止水带	中心位移	5m	5m	1	钢尺量
10	止水带	垂直度	5m	5m	1	垂线配合钢尺量

注:检查中心线位置时,应沿纵、横两个方向量测,并取其中的较大值。

检验数量:全数检查。检验方法:钢尺检查。

5. 现浇结构模板安装的偏差应符合表3的规定。

表3 现浇结构模板安装的允许偏差

序号	检查项目			允许偏差(mm)	检查范围		检验方法
					范围	点水	
1	轴线位移			5	10m	1	用经纬仪测量
2	高度			±5	10m	1	水准仪或拉线、钢尺检查
3	平面尺寸	L≤20m		±10	每池	4	钢尺检查
4	平面尺寸	20m≤L≤20m		±L/2000	每池	12	钢尺检查
5	平面尺寸	L≥50m		±25	每池	8	钢尺检查
6	截面内部尺寸	池壁、顶板		±3	每池	4	钢尺检查
7	截面内部尺寸	基础		±10	10m	1	钢尺检查
8	截面内部尺寸	柱、墙、梁		+4,-5	每梁柱墙	1	钢尺检查
9	垂直度	池壁、柱	H≤5m	6	10m(每柱)	1	经纬仪或吊线、钢尺检查
10	垂直度	池壁、柱	5m≤H≤15m	8	10m(每柱)	2	经纬仪或吊线、钢尺检查
11	相邻两板表面高低差			2	20m	1	钢尺检查
12	表面平整度			5	20m	1	2m靠尺和塞尺检查

城镇给水排水构筑物及管道工程模板拆除施工检验批检查记录

渝市政验收4-4-6

工程名称	重庆市××路××管道工程 K3+××～K3+××段	分项工程名称	模板拆除	验收部位	K3+××
施工单位	重庆市××市政工程有限公司	项目经理	刘××	技术负责人	党××
施工执行标准名称及编号	重庆市《城镇给水排水构筑物及管道工程施工质量验收规范》DBJ 50-108—2010				

质量验收规范的规定				施工单位检查记录	监理(建设)单位验收记录
项目	序号	检查项目	规范要求或允许偏差(mm)		
主控项目	1	混凝土强度	符合设计要求，当设计无具体要求时应符合规范规定	大于30 MPa，符合设计要求，养护试件报告：20150211。	符合规范要求。
	2	底模拆除	按施工技术方案执行，无具体要求时，应符合规范规定	按施工技术方案执行。	符合规范要求。
	3	侧模拆除	在预应力张拉前拆除	符合规范规定。	符合规范要求。
	4				
	5				
	6				
	7				
	8				
一般项目	1	拆除	符合规范规定	无损伤，符合规范规定。	符合规范要求。
	2				
	3				
	4				
	5				

施工单位检查结果	经检查，主控项目和一般项目均符合设计要求和重庆市《城镇给水排水构筑物及管道工程施工质量验收规范》(DBJ 50-108—2010)规定，评定合格。 专业技术负责人：张×× 质检工程师：于×× 技术负责人：江×× 2015年5月25日
监理单位审查结论	同意施工单位验收结果，评定合格。 专业监理工程师：程×× 2015年5月25日
建设单位验收结论	同意施工单位评定结果，验收合格，同意进行下道工序施工。 现场负责人：赵×× 2015年5月25日

说明:

主控项目

1. 承重模板拆除时的混凝土强度应符合设计要求;当设计无具体要求时,混凝土强度应符合下表的规定。检验数量:全数检查。检验方法:检查同条件养护试件强度试验报告。

表　承重模板拆除时的混凝土强度要求

序号	构件类型	构件跨度(mm)	达到设计的混凝土立方体抗压强度标准值的百分率(%)
1	板	≤2	≥50
2		>2,≤8	≥75
3		>8	≥100
4	梁	≤8	≥75
5		>8	≥100
6	悬臂构件	—	≥100

2. 对后张法预应力混凝土结构构件,侧模宜在预应力张拉前拆除;底模的拆除应按施工技术方案执行,当无具体要求时,不应在结构构件建立预应力前拆除。检验数量:全数检查。检验方法:观察。

一般项目

非承重侧模拆除时的混凝土强度应能保证其表面及棱角不受损伤,混凝土强度宜为2.5MPa以上。检验数量:全数检查。检验方法:观察。

城镇给水排水构筑物及管道工程钢筋原材料试验检验批检查记录

渝市政验收4-5-1

工程名称	重庆市××路××管道工程 K3+××～K3+××段	分项工程名称	钢筋原材料试验	验收部位	K3+××
施工单位	重庆市××市政工程有限公司	项目经理	刘××	技术负责人	党××
施工执行标准名称及编号	重庆市《城镇给水排水构筑物及管道工程施工质量验收规范》DBJ 50-108—2010				
质量验收规范的规定				施工单位检查记录	监理(建设)单位验收记录
项目	序号	检查项目	规范要求或允许偏差(mm)		
主控项目	1	钢筋、预应力筋	符合国家有关标准规定和设计要求	符合规范和设计要求，出厂质量合格证明：20150213，性能检验报告：20140214，复验报告：20150231。	符合规范要求。
	2	受力钢筋品种、级别、规格、数量	符合设计要求	符合设计要求，出厂质量合格证明：20120201，性能检验报告：2015012，复验报告：2015015。	符合规范要求。
	3	力学性能、化学成分	符合相关规范规定	符合规范要求，专项检验报告：20150212。	符合规范要求。
	4				
	5				
	6				
	7				
	8				
一般项目	1	外观质量	符合规范要求	平直、无损伤，符合规范要求。	符合规范要求。
	2				
	3				
	4				
	5				
施工单位检查结果	经检查，主控项目和一般项目均符合设计要求和重庆市《城镇给水排水构筑物及管道工程施工质量验收规范》(DBJ 50-108—2010)规定，评定合格。 专业技术负责人：张××　质检工程师：于××　技术负责人：江×× 2015年5月25日				
监理单位审查结论	同意施工单位验收结果，评定合格。 专业监理工程师：程×× 2015年5月25日				
建设单位验收结论	同意施工单位评定结果，验收合格，同意进行下道工序施工。 现场负责人：赵×× 2015年5月25日				

说明：

一般规定

1. 钢筋的品种、级别或规格应满足设计和规范要求。

2. 在浇筑混凝土之前，应进行钢筋隐蔽工程验收，其内容包括：

(1)纵向受力钢筋的品种、规格、数量、位置等；

(2)钢筋的连接方式、接头位置、接头数量、接头面积百分率等；

(3)箍筋、横向钢筋的品种、规格、数量、间距等；

(4)预埋件的规格、数量、位置等。

3. 后张法预应力工程的施工应由具有相应资质等级的预应力专业施工单位承担。

4. 在浇筑混凝土之前，应进行预应力隐蔽工程验收，其内容包括：

(1)预应力筋的品种、规格、数量、位置等；

(2)预应力筋锚具和连接器的品种、规格、数量、位置等；

(3)预留孔道的规格、数量、位置、形状及灌浆孔、排气兼泌水管等；

(4)锚固区局部加强构造等。

主控项目

1. 进场钢筋、预应力筋质量应保证资料齐全，每批出厂的合格证书、各项性能检验报告均应符合国家有关标准的规定和设计要求；受力钢筋的品种、级别、规格、数量必须符合设计要求，钢筋的力学性能检验、化学成分的检验等应符合现行国家标准《混凝土结构工程施工质量验收规范》(GB 50204)的相关规定。检验方法：观察，检查每批产品的出厂质量合格证明、性能检验报告及有关复验报告。

2. 当发现钢筋脆断、焊接性能不良或力学性能出现显著不正常等现象时，应对该批钢筋进行化学成分检验或其他专项检验。检验方法：检查化学成分等专项检验报告。

一般项目

钢筋应平直、无损伤，表面不得有裂纹、油污、颗粒状或片状老锈。检验数量：进场时和使用前全数检查。检验方法：观察。

城镇给水排水构筑物及管道工程钢筋加工及安装检验批检查记录

渝市政验收4-5-2

工程名称	重庆市××路××管道工程 K3+××～K3+××段	分项工程名称	钢筋加工及安装	验收部位	K3+××
施工单位	重庆市××市政工程有限公司	项目经理	刘××	技术负责人	党××
施工执行标准名称及编号	重庆市《城镇给水排水构筑物及管道工程施工质量验收规范》DBJ 50-108—2010				

项目	序号	检查项目			允许偏差(mm)	施工单位检查记录							监理(建设)单位验收记录
主控项目	1	钢筋加工	受力钢筋顺长度方向全长的净尺寸		±10	8	−7	5	−6	4	−8	6	符合规范要求。
	2		弯起钢筋的弯折位置		±20	15	−12	−14	17	13	−14	12	符合规范要求。
	3		箍筋内净尺寸		±5	3	−4	2	−1	3	2	−4	符合规范要求。
	4	钢筋安装	受力钢筋的间距		±10	5	−6	4	−8	9	7	5	符合规范要求。
	5		受力钢筋的排距		±5	−4	2	−1	3	2	4	3	符合规范要求。
	6		钢筋弯起点位置		20	16	14	17	12	11	18	15	符合规范要求。
	7		箍筋、横向钢筋间距	绑扎骨架	±20	14	18	15	−12	−14	17	13	符合规范要求。
	8			焊接骨架	±10	−6	4	−8	9	7	5	5	符合规范要求。
	9		焊接预埋件	中心线位置	3	2	1	2	1	2	1	1	符合规范要求。
	10			水平高差	±3	1	2	−1	−2	1	2	2	符合规范要求。
	11		受力钢筋的保护层	基础	0～+10	√	√	√	√	√	√	√	符合规范要求。
	12			柱、梁	0～+5	√	√	√	√	√	√	√	符合规范要求。
	13			板、墙	0～+3	√	√	√	√	√	√	√	符合规范要求。

施工单位检查结果	经检查，主控项目和一般项目均符合设计要求和重庆市《城镇给水排水构筑物及管道工程施工质量验收规范》(DBJ 50-108—2010)规定，评定合格。 专业技术负责人：张××　质检工程师：于××　技术负责人：江×× 2015年5月25日
监理单位审查结论	同意施工单位验收结果，评定合格。 专业监理工程师：程×× 2015年5月25日
建设单位验收结论	同意施工单位评定结果，验收合格，同意进行下道工序施工。 现场负责人：赵×× 2015年5月25日

说明：

一般规定

1. 钢筋的品种、级别或规格应满足设计和规范要求。

2. 在浇筑混凝土之前，应进行钢筋隐蔽工程验收，其内容包括：

(1)纵向受力钢筋的品种、规格、数量、位置等；

(2)钢筋的连接方式、接头位置、接头数量、接头面积百分率等；

(3)箍筋、横向钢筋的品种、规格、数量、间距等;

(4)预埋件的规格、数量、位置等。

3. 后张法预应力工程的施工应由具有相应资质等级的预应力专业施工单位承担。

4. 在浇筑混凝土之前,应进行预应力隐蔽工程验收,其内容包括:

(1)预应力筋的品种、规格、数量、位置等;

(2)预应力筋锚具和连接器的品种、规格、数量、位置等;

(3)预留孔道的规格、数量、位置、形状及灌浆孔、排气兼泌水管等;

(4)锚固区局部加强构造等。

主控项目

1. 钢筋加工时,受力钢筋的弯钩和弯折及箍筋的末端弯钩应符合现行国家标准《混凝土结构工程施工质量验收规范》(GB 50204)的相关规定和设计要求。检验方法:观察,检查施工记录,用钢尺量测。

2. 在施工现场,应按国家现行标准《钢筋机械连接通用技术规程》(JGJ 107)、《钢筋焊接及验收规程》(JGJ 18)的规定对钢筋机械连接接头、焊接接头的外观进行检查,其质量应符合有关规程的规定。检验数量:全数检查。检验方法:检查产品合格证、接头力学性能试验报告。

一般项目

1. 成型的网片或骨架应稳定牢固,不得有滑动、折断、位移、伸出的情况;绑扎接头应扎紧并向内折。检验方法:观察。

2. 钢筋加工的形状、尺寸应符合设计要求,其偏差应符合表1的规定。检验数量:按每工作班同一类型钢筋、同一加工设备抽查不应少于3件。检验方法:钢尺检查。

表1　钢筋加工的允许偏差

序号	项目	允许偏差(mm)
1	受力钢筋顺长度方向全长的净尺寸	±10
2	弯起钢筋的弯折位置	±20
3	箍筋内净尺寸	±5

3. 钢筋安装位置的偏差应符合表2规定。

表2　钢筋安装的允许偏差

序号	项目		允许偏差(mm)	检查频率		检验方法
				范围	点数	
1	受力钢筋的间距		±10	5m	1	用钢尺量
2	受力钢筋的排距		±5	5m	1	
3	钢筋弯起点位置		20	5m	1	
4	箍筋、横向钢筋间距	绑扎骨架	±20	5m	1	
		焊接骨架	±10	5m	1	
5	焊接预埋件	中心线位置	3	每件	1	
		水平高差	±3	每件	1	
6	受力钢筋的保护层	基础	0 ~ +10	5m	4	
		柱、梁	0 ~ +5	每柱、梁	4	
		板、墙	0 ~ +3	5m	1	

城镇给水排水构筑物及管道工程预应力筋制作及安装检验批检查记录

渝市政验收4-5-3

工程名称	重庆市××路××管道工程 K3+××～K3+××段	分项工程名称	预应力筋制作及安装	验收部位	K3+××
施工单位	重庆市××市政工程有限公司	项目经理	刘××	技术负责人	党××
施工执行标准名称及编号	重庆市《城镇给水排水构筑物及管道工程施工质量验收规范》DBJ 50-108—2010				

质量验收规范的规定				施工单位检查记录							监理（建设）单位验收记录
项目	序号	检查项目	允许偏差(mm)								
主控项目	1	品种、级别、规格、数量	符合设计要求	查材料进场检验报告，符合设计要求。							符合规范要求。
	2	避免电火花不损伤预应力筋，受损伤筋应予以更换	符合设计要求	无损伤，符合设计要求。							符合规范要求。
	3										
	4										
	5										
	6										
一般项目	1	束形控制点 $h≤300$	±5	−4	2	−1	3	2	4	3	符合规范要求。
	2	束形控制点 $300<h≤1500$	±10								
	3	束形控制点 $h>1500$	±15								
	4	墩头锚固时，同一束中各根钢丝长度极差	≤钢丝长度的1/5000且不应大于5mm	√	√	√	√	√	√	√	符合规范要求。
	5	组成张拉长度不大于10m的钢丝时，同组钢丝长度极差	≤2	√	√	√	√	√	√	√	符合规范要求。
	6										

施工单位检查结果	经检查，主控项目和一般项目均符合设计要求和重庆市《城镇给水排水构筑物及管道工程施工质量验收规范》（DBJ 50-108—2010）规定，评定合格。 专业技术负责人：张××　质检工程师：于××　技术负责人：江×× 2015年5月25日
监理单位审查结论	同意施工单位验收结果，评定合格。 专业监理工程师：程×× 2015年5月25日
建设单位验收结论	同意施工单位评定结果，验收合格，同意进行下道工序施工。 现场负责人：赵×× 2015年5月25日

说明:

主控项目

1. 预应力筋安装时,其品种、级别、规格、数量必须符合设计要求。检验数量:全数检查。检验方法:观察,钢尺检查。

2. 施工过程中应避免电火花损伤预应力筋;受损伤的预应力筋应予以更换。检验数量:全数检查。检验方法:观察。

一般项目

1. 预应力筋下料应符合下列要求:

(1)预应力筋应采用砂轮锯或切断机切断,不得采用电弧切割;

(2)当钢丝束两端采用镦头锚具时,同一束中各根钢丝长度的极差不应大于钢丝长度的1/5000,且不应大于5mm。当成组张拉长度不大于10m的钢丝时,同组钢丝长度的极差不得大于2mm。检验数量:每工作班抽查预应力筋总数的3%,且不少于3束。检验方法:观察,钢尺检查。

2. 预应力筋束形控制点的竖向位置允许偏差应符合下表的规定。

表　束形控制点的竖向位置允许偏差

序号	截面高(厚)度(mm)	允许偏差(mm)
1	$h \leq 300$	±5
2	$300 < h \leq 1500$	±10
3	$h > 1500$	±15

注:束形控制点的竖向位置偏差合格率应达到90%以上,且不得有超过表中数值1.5倍的尺寸偏差。

检验数量:在同一检验批内,抽查各类型构件中预应力筋总数的5%,且对各类型构件均不少于5束,每束不应少于5处。检验方法:钢尺检查。

3. 浇筑混凝土前穿入孔道的后张法有粘结预应力筋,宜采取防止锈蚀的措施。检验数量:全数检查。检验方法:观察。

城镇给水排水构筑物及管道工程预应力筋张拉和放张检验批检查记录

渝市政验收4-5-4

工程名称		重庆市××路××管道工程 K3+××～K3+××段		分项工程名称		预应力筋张拉和放张			验收部位		K3+××	
施工单位		重庆市××市政工程有限公司			项目经理		刘××		技术负责人		党××	
施工执行标准名称及编号		重庆市《城镇给水排水构筑物及管道工程施工质量验收规范》DBJ 50-108—2010										
质量验收规范的规定					施工单位检查记录							监理(建设)单位验收记录
项目	序号	检查项目		允许偏差(mm)								
主控项目	1	混凝土强度		符合设计要求	大于30 MPa符合设计要求,试件报告:20150211。							符合规范要求。
	2	张拉力、张拉或放张顺序及张拉工艺		符合设计及施工技术方案要求,并符合规范规定	符合设计要求及规范规定,张拉记录:20150213。							符合规范要求。
	3	实际预应力值与工程设计检验值		±5%	√	√	√	√	√	√	√	符合规范要求。
	4	断裂或滑脱		符合规范规定	无断裂和滑脱,符合规范规定。							符合规范要求。
	5	缠丝张拉及电热张拉钢筋		符合规范规定	符合规范规定,张拉记录:20150263。							符合规范要求。
	6											
一般项目	1	支承式锚具(镦头锚具等)	螺帽缝隙	1	√	√	√	√	√	√	√	符合规范要求。
	2		每块后加垫板的缝隙	1	√	√	√	√	√	√	√	符合规范要求。
	3	锥塞式锚具		5		√	√	√	√	√	√	√
	4	夹片式锚具	有顶压	5	√	√	√	√	√	√	√	符合规范要求。
	5		无顶压	6～8								
	6											
施工单位检查结果		经检查,主控项目和一般项目均符合设计要求和重庆市《城镇给水排水构筑物及管道工程施工质量验收规范》(DBJ 50-108—2010)规定,评定合格。 专业技术负责人:张××　质检工程师:于××　技术负责人:江×× 2015年5月25日										
监理单位审查结论		同意施工单位验收结果,评定合格。 专业监理工程师:程×× 2015年5月25日										
建设单位验收结论		同意施工单位评定结果,验收合格,同意进行下道工序施工。 现场负责人:赵×× 2015年5月25日										

说明:

主控项目

1. 预应力筋张拉或放张时,混凝土强度应符合设计要求;当设计无具体要求时,不应低于设计的混凝土立方体抗压强度标准值的75%。检验数量:全数检查。检验方法:检查同条件养护试件试验报告。

2. 预应力筋的张拉力、张拉或放张顺序及张拉工艺应符合设计及施工技术方案的要求,并应符合国家标准《混凝土结构工程施工质量验收规范》(GB 50204)的相关规定。检验数量:全数检查。检验方法:检查张拉记录。

3. 预应力筋张拉锚固后实际建立的预应力值与工程设计规定检验值的相对允许偏差为±5%。检验数量:对先张法施工,每工作班抽查预应力筋总数的1%,且不少于3根;对后张法施工,在同一检验批内,抽查预应力筋总数的3%,且不少于5束。检验方法:对先张法施工,检查预应力筋应力检测记录;对后张法施工,检查见证张拉记录。

4. 张拉过程中应避免预应力筋断裂或滑脱;当发生断裂或滑脱时,必须符合下列规定:

(1)对后张法预应力结构构件,断裂或滑脱的数量严禁超过同一截面预应力筋总根数的3%,且每束钢丝不得超过一根;对多跨双向连续板,其同一截面应按每跨计算;

(2)对先张法预应力构件,在浇筑混凝土前发生断裂或滑脱的预应力筋必须予以更换。检验数量:全数检查。检验方法:观察,检查张拉记录。

5圆形构筑物缠丝张拉及圆形构筑物电热张拉钢筋应执行《给水排水构筑物工程施工及验收规范》(GB 50141)的相关规定。检验方法:观察,检查张拉记录。

一般项目

锚固阶段张拉端预应力筋的内缩量应符合设计要求;当设计无具体要求时,应符合下表的规定。检验数量:每工作班抽查预应力筋总数的3%,且不少于3束。检验方法:钢尺检查。

表　张拉端预应力筋的内缩量限值

锚具类别		内缩量限值(mm)
支承式锚具(镦头锚具等)	螺帽缝隙	1
	每块后加垫板的缝隙	1
锥塞式锚具		5
夹片式锚具	有顶压	5
	无顶压	6~8

城镇给水排水构筑物及管道工程混凝土及砌体施工混凝土原材料试验检验批记录

渝市政验收4-6-1

<table>
<tr><td colspan="2">工程名称</td><td colspan="2">重庆市××路××管道工程K3+××～K3+××段</td><td>分项工程名称</td><td>混凝土原材料试验</td><td>验收部位</td><td>K3+××</td></tr>
<tr><td colspan="2">施工单位</td><td colspan="2">重庆市××市政工程有限公司</td><td>项目经理</td><td>刘××</td><td>技术负责人</td><td>党××</td></tr>
<tr><td colspan="2">施工执行标准名称及编号</td><td colspan="6">重庆市《城镇给水排水构筑物及管道工程施工质量验收规范》DBJ 50-108—2010</td></tr>
<tr><td rowspan="2">项目</td><td rowspan="2">序号</td><td colspan="3">质量验收规范的规定</td><td rowspan="2" colspan="2">施工单位检查记录</td><td rowspan="2">监理(建设)单位验收记录</td></tr>
<tr><td colspan="2">检查项目</td><td>规范要求</td></tr>
<tr><td rowspan="6">主控项目</td><td>1</td><td colspan="2">混凝土原材料</td><td>满足规范要求</td><td colspan="2">检查产品合格证、出厂检验报告和进场复验报告，产品合格证书：20140211，出厂检验报告：2013012，进场复验报告：121。</td><td>符合规范要求。</td></tr>
<tr><td>2</td><td colspan="2">掺用外加剂</td><td>符合规范及有关环境保护规定</td><td colspan="2">符合规范及有关环境保护规定，产品合格证书：2014012，出厂检验报告：2014021，进场复验报告：201501。</td><td>符合规范要求。</td></tr>
<tr><td>3</td><td colspan="2"></td><td></td><td colspan="2"></td><td></td></tr>
<tr><td>4</td><td colspan="2"></td><td></td><td colspan="2"></td><td></td></tr>
<tr><td>5</td><td colspan="2"></td><td></td><td colspan="2"></td><td></td></tr>
<tr><td>6</td><td colspan="2"></td><td></td><td colspan="2"></td><td></td></tr>
<tr><td rowspan="4">一般项目</td><td>1</td><td colspan="2">矿物掺和料</td><td>符合规范规定</td><td colspan="2">符合规范规定，出厂合格证：2015021，进场复验报告：2014021。</td><td>符合规范要求。</td></tr>
<tr><td>2</td><td colspan="2">水质</td><td>符合规范规定</td><td colspan="2">符合规范规定，水质试验报告：20150123。</td><td>符合规范要求。</td></tr>
<tr><td>3</td><td colspan="2"></td><td></td><td colspan="2"></td><td></td></tr>
<tr><td>4</td><td colspan="2"></td><td></td><td colspan="2"></td><td></td></tr>
<tr><td colspan="2">施工单位检查结果</td><td colspan="6">经检查，主控项目和一般项目均符合设计要求和重庆市《城镇给水排水构筑物及管道工程施工质量验收规范》(DBJ 50-108—2010)规定，评定合格。
专业技术负责人：张××　质检工程师：于××　技术负责人：江××
2015年5月25日</td></tr>
<tr><td colspan="2">监理单位审查结论</td><td colspan="6">同意施工单位验收结果，评定合格。
专业监理工程师：程××
2015年5月25日</td></tr>
<tr><td colspan="2">建设单位验收结论</td><td colspan="6">同意施工单位评定结果，验收合格，同意进行下道工序施工。
现场负责人：赵××
2015年5月25日</td></tr>
</table>

说明:

一般规定

1. 混凝土结构强度应满足设计要求,并按现行国家标准《混凝土强度检验评定标准》(GBJ 107)的规定分批检验评定。

2. 检验评定混凝土强度用的混凝土试件的尺寸及强度应符合现行国家标准《混凝土结构工程施工质量验收规范》(GB 50204)的相关规定。

3. 结构构件拆模、吊装、张拉、放张及施工期间临时负荷时的混凝土强度,应根据同条件养护的标准尺寸试件的混凝土强度确定。

4. 当混凝土试件强度评定不合格时,可采用非破损的检测方法,按国家现行有关标准的规定对结构构件中的混凝土强度进行推定,并作为处理的依据。

5. 混凝土的冬期施工应符合国家现行标准《建筑工程冬期施工规程》(JGJ 104)和施工技术方案的规定。

主控项目

1. 混凝土原材料应满足《混凝土结构工程施工质量验收规范》(GB 50204)的相关规定。检验方法:观察,检查产品合格证、出厂检验报告和进场复验报告。

2. 混凝土中掺用外加剂的质量及应用技术应符合现行国家标准《混凝土外加剂》(GB 8076)、《混凝土外加剂应用技术规范》(GB 50119)等和有关环境保护的规定。

预应力混凝土结构中,严禁使用含氯化物的外加剂。钢筋混凝土结构中,当使用含氯化物的外加剂时,混凝土中氯化物的总含量应符合现行国家标准《混凝土质量控制标准》(GB 50164)的规定。检验数量:按进场的批次和产品的抽样检验方案确定。检验方法:检查产品合格证、出厂检验报告和进场复验报告。

一般项目

1. 混凝土中掺用矿物掺和料的质量应符合现行国家标准《用于水泥和混凝土中的粉煤灰》(GB 1596)等的规定。矿物掺和料的掺量应通过试验确定。检验数量:按进场的批次和产品的抽样检验方案确定。检验方法:检查出厂合格证和进场复验报告。

2. 拌制混凝土宜采用饮用水;当采用其他水源时,水质应符合国家现行标准《混凝土拌合用水标准》(JGJ 63)的规定。检验数量:同一水源检查不应少于一次。检验方法:检查水质试验报告。

城镇给水排水构筑物及管道工程混凝土及砌体施工混凝土配合比设计检验批检查记录

渝市政验收4-6-2

<table>
<tr><td>工程名称</td><td colspan="2">重庆市××路××管道工程
K3+××～K3+××段</td><td>分项工程名称</td><td>混凝土配合比</td><td>验收部位</td><td>K3+××</td></tr>
<tr><td>施工单位</td><td colspan="2">重庆市××市政工程有限公司</td><td>项目经理</td><td>刘××</td><td>技术负责人</td><td>党××</td></tr>
<tr><td>施工执行标准名称及编号</td><td colspan="6">重庆市《城镇给水排水构筑物及管道工程施工质量验收规范》DBJ50-108—2010</td></tr>
<tr><td colspan="4">质量验收规范的规定</td><td rowspan="2">施工单位检查记录</td><td rowspan="2" colspan="2">监理(建设)单位验收记录</td></tr>
<tr><td>项目</td><td>序号</td><td>检查项目</td><td>规范要求</td></tr>
<tr><td rowspan="6">主控项目</td><td>1</td><td>配合比设计</td><td>符合规范规定</td><td>检查配合比设计资料，符合规范要求，配合比设计资料：2014021。</td><td colspan="2">符合规范要求。</td></tr>
<tr><td>2</td><td>混凝土配合比</td><td>满足施工和设计要求</td><td>满足施工和设计要求，试验报告：2015021。</td><td colspan="2">符合规范要求。</td></tr>
<tr><td>3</td><td></td><td></td><td></td><td colspan="2"></td></tr>
<tr><td>4</td><td></td><td></td><td></td><td colspan="2"></td></tr>
<tr><td>5</td><td></td><td></td><td></td><td colspan="2"></td></tr>
<tr><td>6</td><td></td><td></td><td></td><td colspan="2"></td></tr>
<tr><td rowspan="6">一般项目</td><td>1</td><td>砂、石含水率测试</td><td>符合规范规定</td><td>符合规范规定，含水量测试：2015021，施工配合比通知单：2014012。</td><td colspan="2">符合规范要求。</td></tr>
<tr><td>2</td><td></td><td></td><td></td><td colspan="2"></td></tr>
<tr><td>3</td><td></td><td></td><td></td><td colspan="2"></td></tr>
<tr><td>4</td><td></td><td></td><td></td><td colspan="2"></td></tr>
<tr><td>5</td><td></td><td></td><td></td><td colspan="2"></td></tr>
<tr><td>6</td><td></td><td></td><td></td><td colspan="2"></td></tr>
<tr><td>施工单位检查结果</td><td colspan="6">经检查，主控项目和一般项目均符合设计要求和重庆市《城镇给水排水构筑物及管道工程施工质量验收规范》(DBJ 50-108—2010)规定，评定合格。
专业技术负责人：张××　质检工程师：于××　技术负责人：江××
2015年5月25日</td></tr>
<tr><td>监理单位审查结论</td><td colspan="6">同意施工单位验收结果，评定合格。
专业监理工程师：程××
2015年5月25日</td></tr>
<tr><td>建设单位验收结论</td><td colspan="6">同意施工单位评定结果，验收合格，同意进行下道工序施工。
现场负责人：赵××
2015年5月25日</td></tr>
</table>

说明:

一般规定

1. 混凝土结构强度应满足设计要求,并按现行国家标准《混凝土强度检验评定标准》(GBJ 107)的规定分批检验评定。

2. 检验评定混凝土强度用的混凝土试件的尺寸及强度应符合现行国家标准《混凝土结构工程施工质量验收规范》(GB 50204)的相关规定。

3. 结构构件拆模、吊装、张拉、放张及施工期间临时负荷时的混凝土强度,应根据同条件养护的标准尺寸试件的混凝土强度确定。

4. 当混凝土试件强度评定不合格时,可采用非破损的检测方法,按国家现行有关标准的规定对结构构件中的混凝土强度进行推定,并作为处理的依据。

5. 混凝土的冬期施工应符合国家现行标准《建筑工程冬期施工规程》(JGJ 104)和施工技术方案的规定。

主控项目

1. 混凝土应按国家现行标准《普通混凝土配合比设计规程》(JGJ 55)的有关规定,根据混凝土强度等级、耐久性和工作性等要求进行配合比设计。对有特殊要求的混凝土,其配合比设计尚应符合国家现行有关标准的规定。检验方法:检查配合比设计资料。

2. 混凝土配合比应满足施工和设计要求。检验方法:观察,检查配合比设计资料;检查试配混凝土的强度、抗渗、抗冻等实验报告。

一般项目

混凝土拌制前,应测定砂、石含水率并根据测试结果调整材料用量,确定施工配合比。检验数量:每工作班检查一次。检验方法:检查含水率测试结果和施工配合比通知单。

城镇给水排水构筑物及管道工程混凝土施工（现浇结构）检验批检查记录

渝市政验收4-6-3

工程名称	重庆市××路××管道工程K3+××～K3+××段	分项工程名称	现浇混凝土施工	验收部位	K3+××
施工单位	重庆市××市政工程有限公司	项目经理	刘××	技术负责人	党××
施工执行标准名称及编号	重庆市《城镇给水排水构筑物及管道工程施工质量验收规范》DBJ 50-108—2010				

项目	序号	质量验收规范的规定 检查项目		允许偏差或允许值（mm）	施工单位检查记录							监理（建设）单位验收记录
主控项目	1	轴线位移	池壁、柱、梁	8	5	4	6	7	5	2	5	符合规范要求。
	2	高程	池壁顶	±10	8	−7	5	−6	4	−8	6	符合规范要求。
			底板顶		5	−6	4	−8	9	7	5	符合规范要求。
			顶板		−6	4	−8	9	7	5	5	符合规范要求。
			柱、梁		−6	4	−8	9	5	−6	4	符合规范要求。
	3	平面尺寸（池体的长、宽或直径）	L≤20m	±20	14	18	15	−12	−14	17	13	符合规范要求。
			20m<L≤50m	±L/1000								
			L>50m	±50								
	4	截面尺寸	池壁	±10，−5	7	5	6	−4	8	6	−3	符合规范要求。
			底板		6	4	8	9	7	5	−2	符合规范要求。
			顶板		4	8	9	7	5	5	4	符合规范要求。
			柱、梁		−4	8	9	5	6	−4	3	符合规范要求。
			孔、洞、槽内净空	±10	−6	4	−8	9	5	−6	4	符合规范要求。
	5	表面平整度	一般平面	8	6	5	7	5	4	6	4	符合规范要求。
			轮轨面	5								
	6	墙面垂直度	H≤5m	8								
			5m<H≤20m	1.5H/1000	√	√	√	√	√	√	√	符合规范要求。
	7	中心线位置偏移	预埋件、预埋管	5	2	4	3	4	2	3	4	符合规范要求。
			预留洞	10	7	9	8	7	8	7	6	符合规范要求。
			水槽	±5	−4	2	−1	3	2	4	3	符合规范要求。
	8	坡度		0.15%	√	√	√	√	√	√	√	符合规范要求。
一般项目	1	施工缝位置		符合设计要求和施工技术方案	检查施工记录，符合设计要求和施工技术方案。							符合规范要求。
	2	后浇带预留位置		符合设计要求和施工技术方案	检查施工记录，符合设计要求和施工技术方案。							符合规范要求。
	3	养护		施工技术方案	养护措施得当，符合施工技术方案							符合规范要求。
	4	预埋件、预埋螺栓及插筋等埋入部分		≤混凝土结构厚度的3/4	检查量测，符合设计要求。							符合规范要求。

施工单位检查结果	经检查，主控项目和一般项目均符合设计要求和重庆市《城镇给水排水构筑物及管道工程施工质量验收规范》（DBJ 50-108—2010）规定，评定合格。 专业技术负责人：张××　质检工程师：于××　技术负责人：江×× 2015年5月25日
监理单位审查结论	同意施工单位验收结果，评定合格。 专业监理工程师：程×× 2015年5月25日
建设单位验收结论	同意施工单位评定结果，验收合格，同意进行下道工序施工。 现场负责人：赵×× 2015年5月25日

说明：

主控项目

1. 结构混凝土的强度等级必须符合设计要求。用于检查结构构件混凝土强度的试件，应在混凝土的浇筑地点随机抽取。取样与试件留置应符合下列规定：

（1）每拌制重100盘且不超过100m^3的同配合比的混凝土，取样不得少于一次；

（2）每工作班拌制的同一配合比的混凝土不足100盘时，取样不得少于一次；

（3）当一次连续浇筑超过1000m^3时，同一配合比的混凝土每200m^3取样不得少于一次；

（4）每次取样应至少留置一组标准养护试件，同条件养护试件的留置组数应根据实际需要确定。检验方法：检查施工记录及试件强度试验报告。

2. 对有抗渗要求的混凝土结构，其混凝土试件应在浇筑地点随机取样。同一工程、同一配合比的混凝土，取样不应少于一次，留置组数可根据实际需要确定。检验方法：检查试件抗渗试验报告。

3. 混凝土原材料每盘称量的偏差应符合表1的规定。

表1　原材料每盘称量的允许偏差

序号	材料名称	允许偏差
1	水泥、掺合料	±2%
2	粗、细骨料	±3%
3	水、外加剂	±2%

注：①各种衡器应定期校验，每次使用前应进行零点校核，保持计量准确；②当遇雨天或含水率有显著变化时，应增加含水率检测次数，并及时调整水和骨料的用量。检验数量：每工作班抽查不应少于一次。检验方法：复称。

4. 混凝土浇筑间歇时间不应超过混凝土的初凝时间。同一施工段的混凝土应连续浇筑，并应在底层混凝土初凝之前将上一层混凝土浇筑完毕。当底层混凝土初凝后浇筑上一层混凝土时，应按施工技术方案中对施工缝的要求进行处理。检验数量：全数检查。检验方法：观察，检查施工记录。

5. 现浇结构和混凝土设备基础拆模后的尺寸偏差应符合表2、表3的规定。

表2　现浇结构施工允许偏差

序号	项目		允许偏差（mm）	检验范围		检验方法
				范围	点数	
1	轴线位移	池壁、柱、梁	8	每池壁、柱、梁	2	用经纬仪测量纵横轴线各计1点
2	高程	池壁顶	±10	10m	1	水准仪量测
		底板顶		25m^2	1	
		顶板		25m^2	1	
		柱、梁		每柱、梁	1	
3	平面尺寸（池体的长、宽或直径）	$L≤20m$	±20	长、宽各2，直径各4		钢尺量测
		$20m<L≤50m$	$±L/1000$			
		$L>50m$	±50			
4	截面尺寸	池壁	±10，-5	10m	1	钢尺量测
		底板		10m	1	
		顶板		10m	1	
		柱、梁		每柱、梁	1	钢尺量测
		孔、洞、槽内净空	±10	每孔、洞、槽	1	

续表

序号	项目		允许偏差（mm）	检验范围		检验方法
				范围	点数	
5	表面平整度	一般平面	8	25㎡	1	用2m直尺配合塞尺检查
		轮轨面	5	10m	1	水准仪量测
6	墙面垂直度	$H \le 5$m	8	10m	1	垂线检查
		5m<$H \le 20$m	1.5H/1000	10m	1	
7	中心线位置偏移	预埋件、预埋管	5	每件	1	钢尺量测
		预留洞	10	每洞	1	
		水槽	±5	每10m	2	用经纬仪测量纵横轴线各计1点
8	坡度		0.15%	10m	1	

注：①H为池壁全高，L为池体的长、宽或直径；②检查轴线、中心线位置时，应沿纵、横两个方向测量，并取其中的较大值；③当水处理构筑物所安装的设备有严于本条规定的特殊要求时，应按特殊要求执行，但在水处理构筑物施工前，设计单位必须给予明确。

表3　混凝土设备基础及闸槽施工允许偏差

序号	项目		允许偏差（mm）	检查频率		检验方法
				范围	点数	
1	坐标位置		20	每个基础	1	经纬仪量测
2	设备基础标高		0，-20	每个基础	1	水准仪量测
3	平面外形尺寸		±20	每个基础	1	钢尺量测
4	凸台上平面外形尺寸		0，-20	每凸台		钢尺量测
5	凹穴尺寸		+20,0	每凹穴	1	钢尺量测
6	平面水平度	全长	10	每个基础	1	水平尺量测
7	垂直度	全高	10	每个基础	1	吊线、钢尺检查
8	预埋地脚螺栓	标高(顶部)	+20,0	根	1	水准仪量测
		中心距	±2	每根	1	钢尺量测
9	预埋地脚螺栓孔	中心线位置	5	每孔	1	经纬仪量测
		深度	+20，0	每孔	1	钢尺量测
		孔垂直度	10	每孔	1	吊线、钢尺检查
10	预埋活动地脚螺栓锚板	标高	20，0	每块	1	水准仪量测
		中心线位置	5	每块	1	钢尺量测
		带槽锚板平整度	5	每块	1	钢尺、塞尺检查
		带螺纹孔锚板平整度	2	每块	1	钢尺、塞尺检查
11	闸槽	底槛高程	±10	每座	1点	水准仪量测用垂线配合
		垂直度	H/1000，且≤2	每座	两槽各1点	用垂线配合钢尺量
		两闸槽间净距	±5	每座	2点	钢尺量测

一般项目

1. 施工缝的位置应在混凝土浇筑前按设计要求和施工技术方案确定。施工缝的处理应按施工技术方案执行。检验数量：全数检查。检验方法：观察，检查施工记录。

2. 后浇带的留置位置应按设计要求和施工技术方案确定。后浇带混凝土浇筑应按施工技术方案进行。检验数量：全数检查。检验方法：观察，检查施工记录。

3. 混凝土浇筑完毕后，应按施工技术方案及时采取有效的养护措施。

4. 预埋件、预埋螺栓及插筋等，其埋入部分不得超过混凝土结构厚度的3/4。检验方法：观察，量测。

城镇给水排水构筑物及管道工程混凝土施工(混凝土设备基础及闸槽)检验批检查记录

渝市政验收4-6-4

工程名称	重庆市××路××管道工程 K3+××～K3+××段	分项工程名称	混凝土设备基础及闸槽施工	验收部位	K3+××
施工单位	重庆市××市政工程有限公司	项目经理	刘××	技术负责人	党××
施工执行标准名称及编号	重庆市《城镇给水排水构筑物及管道工程施工质量验收规范》DBJ 50-108—2010				

质量验收规范的规定						施工单位检查记录							监理(建设)单位验收记录
项目	序号	检查项目			允许偏差或允许值(mm)								
主控项目	1	混凝土强度等级			符合设计要求	检查施工记录及试件强度试验报告,符合设计要求。							符合规范要求。
	2	称量偏差			符合规范规定	复称,符合规范规定。							符合规范要求。
	3	浇筑间歇时间			符合规范规定	检查施工记录,符合规范规定。							符合规范要求。
	4	混凝土设备基础及闸槽	坐标位置		20								符合规范要求。
	5		设备基础标高		0,-20	√	√	√	√	√	√	√	符合规范要求。
	6		平面外形尺寸		±20	14	18	15	-12	-14	17	13	符合规范要求。
	7		凸台上平面外形尺寸		0,-20	√	√	√	√	√	√	√	符合规范要求。
	8		凹穴尺寸		+20,0	√	√	√	√	√	√	√	符合规范要求。
	9		平面水平度	全长	10	8	7	5	6	8	7	5	符合规范要求。
	10		垂直度	全高	10	8	7	5	6	4	8	6	符合规范要求。
	11		预埋地脚螺栓	标高(顶部)	+20,0	√	√	√	√	√	√	√	符合规范要求。
				中心距	±2	√	√	√	√	√	√	√	符合规范要求。
	12		预埋地脚螺栓孔	中心线位置	5	4	2	3	4	1	2	3	符合规范要求。
				深度	+20,0	√	√	√	√	√	√	√	符合规范要求。
				孔垂直度	10	√	√	√	√	√	√	√	符合规范要求。
	13		预埋活动地脚螺栓锚板	标高	20,0	√	√	√	√	√	√	√	符合规范要求。
				中心线位置	5	2	3	4	1	2	3	2	符合规范要求。
				带槽锚板平整度	5	3	2	3	4	1	2	3	符合规范要求。
				带螺纹孔锚板平整度	2	√	√	√	√	√	√	√	符合规范要求。
	14		闸槽	底槛高程	±10	√	√	√	√	√	√	√	符合规范要求。
				垂直度	$H/1000$,且≤2	√	√	√	√	√	√	√	符合规范要求。
				两闸槽间净距	±5								符合规范要求。
一般项目	1	施工缝位置			符合设计要求	检查施工记录,符合设计要求和施工技术方案。							符合规范要求。
	2	后浇带预留位置			符合设计要求	检查施工记录,符合设计要求和施工技术方案。							符合规范要求。
	3	养护			施工技术方案	养护措施得当,符合施工技术方案。							符合规范要求。
	4	预埋件、预埋螺栓及插筋等埋入部分			≤混凝土结构厚度的3/4	检查量测,符合设计要求。							符合规范要求。

续表

施工单位检查结果	经检查,主控项目和一般项目均符合设计要求和重庆市《城镇给水排水构筑物及管道工程施工质量验收规范》(DBJ 50-108—2010)规定,评定合格。 专业技术负责人:张×× 质检工程师:于×× 技术负责人:江×× 2015年5月25日
监理单位审查结论	同意施工单位验收结果,评定合格。 专业监理工程师:程家明 2015年5月25日
建设单位验收结论	同意施工单位评定结果,验收合格,同意进行下道工序施工。 现场负责人:赵林术 2015年5月25日

说明:

主控项目

1. 结构混凝土的强度等级必须符合设计要求。用于检查结构构件混凝土强度的试件,应在混凝土的浇筑地点随机抽取。取样与试件留置应符合下列规定:

(1)每拌制重100盘且不超过100m³的同配合比的混凝土,取样不得少于一次;

(2)每工作班拌制的同一配合比的混凝土不足100盘时,取样不得少于一次;

(3)当一次连续浇筑超过1000m³时,同一配合比的混凝土每200m³取样不得少于一次;

(4)每次取样应至少留置一组标准养护试件,同条件养护试件的留置组数应根据实际需要确定。检验方法:检查施工记录及试件强度试验报告。

2. 对有抗渗要求的混凝土结构,其混凝土试件应在浇筑地点随机取样。同一工程、同一配合比的混凝土,取样不应少于一次,留置组数可根据实际需要确定。检验方法:检查试件抗渗试验报告。

3. 混凝土原材料每盘称量的偏差应符合表1的规定。

表1 原材料每盘称量的允许偏差

序号	材料名称	允许偏差
1	水泥、掺合料	±2%
2	粗、细骨料	±3%
3	水、外加剂	±2%

注:①各种衡器应定期校验,每次使用前应进行零点校核,保持计量准确;②当遇雨天或含水率有显著变化时,应增加含水率检测次数,并及时调整水和骨料的用量。检验数量:每工作班抽查不应少于一次。检验方法:复称。

4. 混凝土浇筑间歇时间不应超过混凝土的初凝时间。同一施工段的混凝土应连续浇筑,并应在底层混凝土初凝之前将上一层混凝土浇筑完毕。当底层混凝土初凝后浇筑上一层混凝土时,应按施工技术方案中对施工缝的要求进行处理。检验数量:全数检查。检验方法:观察,检查施工记录。

5. 现浇结构和混凝土设备基础拆模后的尺寸偏差应符合表2、表3的规定。

表2 现浇结构施工允许偏差

序号	项目		允许偏差(mm)	检验范围		检验方法
				范围	点数	
1	轴线位移	池壁、柱、梁	8	每池壁、柱、梁	2	用经纬仪测量纵横轴线各计1点

续表

序号	项目		允许偏差(mm)	检验范围		检验方法
				范围	点数	
2	高程	池壁顶	±10	10m	1	水准仪量测
		底板顶		25m²	1	
		顶板		25m²	1	
		柱、梁		每柱、梁	1	
3	平面尺寸(池体的长、宽或直径)	L≤20m	±20	长、宽各2,直径各4		钢尺量测
		20m<L≤50m	±L/1000			
		L>50m	±50			
4	截面尺寸	池壁	±10,-5	10m	1	钢尺量测
		底板		10m	1	
		顶板		10m	1	
		柱、梁		每柱、梁	1	钢尺量测
		孔、洞、槽内净空	±10	每孔、洞、槽	1	
5	表面平整度	一般平面	8	25m²	1	用2m直尺配合塞尺检查
		轮轨面	5	10m	1	水准仪量测
6	墙面垂直度	H≤5m	8	10m	1	垂线检查
		5m<H≤20m	1.5H/1000	10m	1	
7	中心线位置偏移	预埋件、预埋管	5	每件	1	钢尺量测
		预留洞	10	每洞	1	
		水槽	±5	每10m	2	用经纬仪测量纵横轴线各计1点
8	坡度		0.15%	10m	1	

注:①H为池壁全高,L为池体的长、宽或直径;②检查轴线、中心线位置时,应沿纵、横两个方向测量,并取其中的较大值;③当水处理构筑物所安装的设备有严于本条规定的特殊要求时,应按特殊要求执行,但在水处理构筑物施工前,设计单位必须给予明确。

表3 混凝土设备基础及闸槽施工允许偏差

序号	项目		允许偏差(mm)	检查频率		检验方法
				范围	点数	
1	坐标位置		20	每个基础	1	经纬仪量测
2	设备基础标高		0,-20	每个基础	1	水准仪量测
3	平面外形尺寸		±20	每个基础	1	钢尺量测
4	凸台上平面外形尺寸		0,-20	每凸台		钢尺量测
5	凹穴尺寸		+20,0	每凹穴	1	钢尺量测
6	平面水平度	全长	10	每个基础	1	水平尺量测
7	垂直度	全高	10	每个基础	1	吊线、钢尺检查
8	预埋地脚螺栓	标高(顶部)	+20,0	根	1	水准仪量测
		中心距	±2	每根	1	钢尺量测

续表

序号	项目		允许偏差（mm）	检查频率		检验方法
				范围	点数	
9	预埋地脚螺栓孔	中心线位置	5	每孔	1	经纬仪量测
		深度	+20,0	每孔	1	钢尺量测
		孔垂直度	10	每孔	1	吊线、钢尺检查
10	预埋活动地脚螺栓锚板	标高	20,0	每块	1	水准仪量测
		中心线位置	5	每块	1	钢尺量测
		带槽锚板平整度	5	每块	1	钢尺、塞尺检查
		带螺纹孔锚板平整度	2	每块	1	钢尺、塞尺检查
11	闸槽	底槛高程	±10	每座	1点	水准仪量测用垂线配合
		垂直度	$H/1000$，且≤2	每座	两槽各1点	用垂线配合钢尺量
		两闸槽间净距	±5	每座	2点	钢尺量测

一般项目

1. 施工缝的位置应在混凝土浇筑前按设计要求和施工技术方案确定。施工缝的处理应按施工技术方案执行。检验数量：全数检查。检验方法：观察，检查施工记录。

2. 后浇带的留置位置应按设计要求和施工技术方案确定。后浇带混凝土浇筑应按施工技术方案进行。检验数量：全数检查。检验方法：观察，检查施工记录。

3. 混凝土浇筑完毕后，应按施工技术方案及时采取有效的养护措施。

4. 预埋件、预埋螺栓及插筋等，其埋入部分不得超过混凝土结构厚度的3/4。检验方法：观察，量测。

城镇给水排水构筑物及管道工程预应力混凝土施工检验批检查记录

渝市政验收4-6-5

工程名称	重庆市××路××管道工程 K3+××～K3+××段	分项工程名称	预应力混凝土施工	验收部位	K3+××
施工单位	重庆市××市政工程有限公司	项目经理	刘××	技术负责人	党××
施工执行标准名称及编号	重庆市《城镇给水排水构筑物及管道工程施工质量验收规范》DBJ 50-108—2010				

项目	序号	质量验收规范的规定：检查项目		允许偏差或允许值（mm）	施工单位检查记录							监理（建设）单位验收记录
主控项目	1	锚具的封闭保护		符合设计要求，当设计无要求时应符合规范规定	有防腐蚀措施，符合设计要求。							符合规范要求。
	2	外露预应力筋保护层厚度	正常环境	≥20mm	√	√	√	√	√	√	√	符合规范要求。
	3		腐蚀环境	≥50mm								
	4											
	5											
	6											
	7											
	8											
一般项目	1	外露长度		不宜小于预应力直径1.5倍，且不宜小于30mm	√	√	√	√	√	√	√	符合规范要求。
	2	水泥浆	水灰比	≤0.45	√	√	√	√	√	√	√	符合规范要求。
	3		抗压强度	≥30N/mm²	√	√	√	√	√	√	√	符合规范要求。
	4	外观质量		符合规范要求	无漏筋、蜂窝、空洞、夹渣等缺陷，符合规范要求。							符合规范要求。
	5											

施工单位检查结果	经检查，主控项目和一般项目均符合设计要求和重庆市《城镇给水排水构筑物及管道工程施工质量验收规范》（DBJ 50-108—2010）规定，评定合格。 专业技术负责人：张×× 质检工程师：于×× 技术负责人：江×× 2015年5月25日
监理单位审查结论	同意施工单位验收结果，评定合格。 专业监理工程师：程×× 2015年5月25日
建设单位验收结论	同意施工单位评定结果，验收合格，同意进行下道工序施工。 现场负责人：赵×× 2015年5月25日

说明:

主控项目

1. 后张法有粘结预应力筋张拉后应尽早进行孔道灌浆,孔道内水泥浆应饱满、密实。检验数量:全数检查。检验方法:观察,检查灌浆记录。

2. 锚具的封闭保护应符合设计要求,当设计无具体要求时,应符合下列规定:

(1)应采取防止锚具腐蚀和遭受机械损伤的有效措施;

(2)凸出式锚固端锚具的保护层厚度不应小于50mm;

(3)外露预应力筋的保护层厚度:处于正常环境时,不应小于20mm;处于易受腐蚀的环境时,不应小于50mm。检验数量:在同一检验批内,抽查预应力筋总数的5%,且不少于5处。检验方法:观察,钢尺检查。

一般项目

1. 后张法预应力筋锚固后的外露部分宜采用机械方法切割,其外露长度不宜小于预应力筋直径的1.5倍,且不宜小于$30N/mm^2$。检验数量:在同一检验批内,抽查预应力筋总数的3%,且不少于5束。检验方法:观察,钢尺检查。

2. 灌浆用水泥浆的水灰比不应大于0.45,搅拌后3h泌水率不宜大于2%,且不应大于3%。泌水应能在24h内全部重新被水泥浆吸收。检验数量:同一配合比检查一次。检验方法:检查水泥浆性能试验报告。

3. 灌浆用水泥浆的抗压强度不应小于$30m^2$。检验数量:每工作班留置一组边长为70.7mm的立方体试件。检验方法:检查水泥浆试件强度试验报告。

注:①一组试件由6个试件组成,试件应标准养护28d;②抗压强度为一组试件的平均值,当一组试件中抗压强度最大值或最小值与平均值相差超过20%时,应取中间4个试件强度的平均值。

外观质量

现浇结构的外观质量不应有严重缺陷(详见下表),对已经出现的严重缺陷,应由施工单位提出技术处理方案,并经监理(建设)单位认可后进行处理。对经处理的部位,应重新检查验收。检验数量:全数检查。检验方法:量测,检查技术处理方案。

表　现浇结构外观质量缺陷

名称	现象	严重缺陷	一般缺陷
露筋	构件内钢筋未被混凝土包裹而外露	纵向受力钢筋有露筋	其他钢筋有少量露筋
蜂窝	混凝土表面缺少水泥砂浆而形成石子外露	构件主要受力部位有蜂窝	其他部位有少量蜂窝
孔洞	混凝土中孔穴深度和长度均超过保护层厚度	构件主要受力部位有孔洞	其他部位有少量孔洞
夹渣	混凝土中夹有杂物且深度超过保护层厚度	构件主要受力部位有夹渣	其他部位有少量夹渣
疏松	混凝土中局部不密实	构件主要受力部位有疏松	其他部位有少量疏松
裂缝	缝隙从混凝土表面延伸至混凝土内部	构件主要受力部位有影响结构性能或使用功能的裂缝	其他部位有少量不影响结构性能或使用功能的裂缝
连接部位缺陷	构件连接处混凝土缺陷及连接钢筋、连接件松动	连接部位有影响结构传力性能的缺陷	连接部位有基本不影响结构传力性能的缺陷
外形缺陷	缺棱掉角,棱角不直、翘	清水混凝土构件有影响使用功能或装饰效果的外形缺陷	其他混凝土构件有不影响使用功能的外形缺陷
外表缺陷	构件表面麻面、掉皮、起砂、沾污等	具有重要装饰效果的清水混凝土构件有外表缺陷	其他混凝土构件有不影响使用功能的外表缺陷

城镇给水排水构筑物及管道工程装配式混凝土施工检验批检查记录

渝市政验收4-6-6

工程名称	重庆市××路××管道工程 K3+××～K3+××段	分项工程名称	装配式混凝土施工	验收部位	K3+××
施工单位	重庆市××市政工程有限公司	项目经理	刘××	技术负责人	党××
施工执行标准名称及编号	重庆市《城镇给水排水构筑物及管道工程施工质量验收规范》DBJ 50-108—2010				
质量验收规范的规定				施工单位检查记录	监理(建设)单位验收记录
项目	序号	检查项目	允许偏差或允许值(mm)		
主控项目	1	外观质量、尺寸偏差及结构性能	符合标准图或设计要求	无裂缝、疏松等缺陷，符合设计要求。	符合规范要求。
主控项目	2	预制构件与结构之间连接	符合设计要求	连接牢固，符合设计要求。	符合规范要求。
主控项目	3	混凝土强度	符合设计要求，当设计无要求时应在混凝土强度不小于10N/mm²或具有足够支承时方可吊装上一层结构构件	符合设计要求，试件检验报告：20150213。	符合规范要求。
主控项目	4				
主控项目	5				
主控项目	6				
主控项目	7				
主控项目	8				
一般项目	1	支撑位置和方法	符合标准图或设计要求	符合设计要求。	符合规范要求。
一般项目	2	标志	符合规范要求	钢尺检查，符合规范要求。	符合规范要求。
一般项目	3	预制构件吊装	符合标准图或设计要求	起吊绳索与构件水平面夹角不小于45°，符合设计要求。	符合规范要求。
一般项目	4	接头和拼缝	符合设计要求	强度等级C30，振捣密实，符合设计要求。	符合规范要求。
一般项目	5				
施工单位检查结果	经检查，主控项目和一般项目均符合设计要求和重庆市《城镇给水排水构筑物及管道工程施工质量验收规范》(DBJ 50-108—2010)规定，评定合格。 专业技术负责人：张×× 质检工程师：于×× 技术负责人：江×× 2015年5月25日				
监理单位审查结论	同意施工单位验收结果，评定合格。 专业监理工程师：程×× 2015年5月25日				
建设单位验收结论	同意施工单位评定结果，验收合格，同意进行下道工序施工。 现场负责人：赵×× 2015年5月25日				

说明：

装配式混凝土施工参照国家标准《混凝土结构工程施工质量验收规范》(GB 50204)的相关规定执行。

城镇给水排水构筑物及管道工程砌体结构施工检验批检查记录

渝市政验收4-6-7

工程名称	重庆市××路××管道工程 K3+××～K3+××段	分项工程名称	砌体结构施工	验收部位	K3+××
施工单位	重庆市××市政工程有限公司	项目经理	刘××	技术负责人	党××
施工执行标准名称及编号	重庆市《城镇给水排水构筑物及管道工程施工质量验收规范》DBJ 50-108—2010				

项目	序号	检查项目		允许偏差(mm)	施工单位检查记录							监理(建设)单位验收记录
主控项目	1	砂浆配合比		满足设计施工和规范规定	符合设计和规范要求，强度试验报告：20150213，砂浆配合记录：20150211。							符合规范要求。
	2	砌筑顺序和方法		符合规范规定	符合规范要求。							符合规范要求。
	3	轴线位置(池壁、隔墙、柱)		10	8	7	5	6	4	8	6	符合规范要求。
	4	高程(池壁、隔墙、柱的顶面)		±15	10	9	−12	−11	13	14	−10	符合规范要求。
	5	平面尺寸(池体的长宽或直径)	L≤20m	±20	14	18	15	−12	−14	17	13	符合规范要求。
			20m＜L≤50m	±10								
	6	砌体厚度		+10,−5	8	7	6	−4	8	7	−3	符合规范要求。
	7	垂直度(池壁、隔墙、柱)	H≤5m	±10	5	−6	4	−8	9	7	5	符合规范要求。
			H＞5m	±15								
	8	中心位置	预埋件	10	7	8	7	5	6	4	6	符合规范要求。
			预留管 预留洞	5	5	3	4	3	2	3	2	符合规范要求。
一般项目	1	表面平整度		10	5	6	7	8	4	6	7	符合规范要求。
	2											
	3											
	4											
	5											
施工单位检查结果	经检查，主控项目和一般项目均符合设计要求和重庆市《城镇给水排水构筑物及管道工程施工质量验收规范》(DBJ 50-108—2010)规定，评定合格。 专业技术负责人：张×× 质检工程师：于×× 技术负责人：江×× 2015年5月25日											
监理单位审查结论	同意施工单位验收结果，评定合格。 专业监理工程师：程×× 2015年5月25日											
建设单位验收结论	同意施工单位评定结果，验收合格，同意进行下道工序施工。 现场负责人：赵×× 2015年5月25日											

说明：

一般规定

1. 砌体所用的材料，应符合下列规定：

(1)机制烧结砖的强度等级不应低于MU10,其外观质量应符合现行国家标准《烧结普通砖》(GB/T 501)一等品的要求;

(2)石材强度等极不应低于MU30,且质地坚实,无分化剥层和裂纹;

(3)混凝土砌块的强度等级应符合设计要求;

(4)砌筑砂浆应采用水泥砂浆,其强度等级应满足设计要求:且不应低于MU10;

(5)砌筑砂浆应通过试配确定配合比,当砌筑砂浆的组成材料有变更时,其配合必应重新确定。

2. 砌筑砂浆试块留置及验收批:每座砌体构筑物的同一类型、强度等级砂浆,每$100m^3$砌体的砂浆作为一个验收批,强度值应至少检查一次,每次应留置试块一组;砂浆等组成材料有变化时,应增加试块留置数量。

3. 砌体结构的砌体施工除满足本市相关规定外,还应符合国家现行规范《砌体工程施工质量验收规范》(GB 50203)的相关规定和设计要求。

主控项目

1. 砌筑抹面砂浆的配合比应满足设计施工的相关规定。检验方法:观察,检查砌筑砂浆配合比记录,砂浆试块强度实验报告。

2. 砌体结构各部位的构造形式以及预埋件、预留空洞、变形缝的位置、构造等应符合设计要求。检验方法:观察,检查施工记录、测量放样记录,必要时核对图纸。

3. 砌筑应垂直稳固、位置正确;灰缝必须饱满、密实、完整;无透缝、通缝、开裂等现象;砌体抹面时,砂浆与基层应粘结紧密牢固,不得有空鼓及裂纹现象。检验方法:观察,检查施工记录、检查技术处理资料。

4. 切体砌筑顺序和方法应满足国家现行规范《砌体工程施工质量验收规范》(GB 50203)的相关规定。检验方法:观察。

一般项目

1. 砌筑前,砌体表面应洁净,并充分湿润。检验方法:观察。

2. 砌筑砂浆灰缝应均匀一致、横平竖直,灰缝宽度的允许偏差为±2mm。检验方法:观察,用钢尺测量。

3. 抹面时,抹面接茬应平整,阴阳角清晰顺直。检验方法:观察。

4. 勾缝应密实,线性平整、深度一致。检验方法:观察。

5. 砌体构筑物施工允许偏差应符合下表的规定。

表 砌体构筑物施工允许偏差

序号	项目		允许偏差	检验频率		检验方法
				范围	点数	
1	轴线位置(池壁、隔墙、柱)		10	每10m	1	用经纬仪测量
2	高程(池壁、隔墙、柱的顶面)		±15	每5m	1	用水准仪测量
3	平面尺寸(池体的长宽或直径)	L≤20m	±20	每5m	1	用钢尺量测
		20m<L≤50m	±10	每5m	1	用钢尺量测
4	砌体厚度		+10,-5	每5m	2	用钢尺量测
5	垂直度(池壁、隔墙、柱)	H≤5m	±10	每5m	2	用水准仪测量或吊线配合直尺量测
		H>5m	±15	每5m	1	用水准仪测量
6	中心位置	预埋件	10	每处		用钢尺量测
		预留管预留洞	5		1	用钢尺量测
7	表面平整度		10	每5m	1	用2m直尺配合塞尺量测

注:L——构件物的长度、宽度或直径;H——构筑物的壁、墙、柱的高度。

城镇给水排水构筑物及管道工程钢结构施工原材料试验检验批检查记录

渝市政验收4-7-1

工程名称	重庆市××路××管道工程 K3+××~K3+××段	分项工程名称	钢结构原材料试验	验收部位	K3+××
施工单位	重庆市××市政工程有限公司	项目经理	刘××	技术负责人	党××
施工执行标准名称及编号	重庆市《城镇给水排水构筑物及管道工程施工质量验收规范》DBJ 50-108—2010				
质量验收规范的规定				施工单位检查记录	监理(建设)单位验收记录
项目	序号	检查项目	规范要求		
主控项目	1	钢材、钢铸件	符合国家标准和设计要求	符合国家标准和设计要求,合格证明文件:20110123,检验报告:20150213。	符合规范要求。
	2	抽检产品	符合国家标准和设计要求	符合国家标准和设计要求,复验报告:20150213。	符合规范要求。
	3	焊接材料	符合国家标准和设计要求	符合国家标准和设计要求合格,证明文件:2012011,检验报告:20150213。	符合规范要求。
	4	紧固标准件及标准配件	符合国家标准和设计要求	符合国家标准和设计要求合格,证明文件:2011012,检验报告:20150213。	符合规范要求。
	5	防腐涂料、稀释剂、固化剂	符合国家标准和设计要求	符合国家标准和设计要求合格,证明文件:2012011,检验报告:20150213。	符合规范要求。
	6				
一般项目	1	钢板厚度	符合标准要求	游标卡尺量测,符合标准要求。	符合规范要求。
	2	型钢	符合标准要求	游标卡尺量测,符合标准要求。	符合规范要求。
	3	钢材外观质量	符合标准及规范要求	无锈蚀、麻点或划痕等缺陷,端边或断口处无分层、夹渣等缺陷,符合标准及规范要求。	符合规范要求。
	4	焊条外观	符合规范要求	无药皮脱落、焊芯生锈等缺陷,焊剂不受潮结块,符合规范要求。	符合规范要求。
	5				
施工单位检查结果	经检查,主控项目和一般项目均符合设计要求和重庆市《城镇给水排水构筑物及管道工程施工质量验收规范》(DBJ 50-108—2010)规定,评定合格。 专业技术负责人:张×× 质检工程师:于×× 技术负责人:江×× 2015年5月25日				
监理单位审查结论	同意施工单位验收结果,评定合格。 专业监理工程师:程×× 2015年5月25日				
建设单位验收结论	同意施工单位评定结果,验收合格,同意进行下道工序施工。 现场负责人:赵×× 2015年5月25日				

说明：

一般规定

1. 钢结构工程应按下列规定进行施工质量控制：

(1)采用的原材料及成品应进行进场验收。凡涉及安全、功能的原材料及成品应按相关规范规定进行复验，并应经监理工程师(建设单位技术负责人)见证取样、送样；

(2)各工序应按施工技术标准进行质量控制，每道工序完成后，应进行检查；

(3)相关各专业工种之间，应进行交接检验，并经监理工程师(建设单位技术负责人)检查认可。

2. 钢结构工程施工质量的验收，必须采用经计量检定、校准合格的计量器具。

3. 进场验收的检验批原则上应与各分项检验批一致，也可以根据工程规模及进料实际情况划分检验批。

主控项目

1. 钢材、钢铸件的品种、规格、性能等应符合现行国家产品标准和设计要求。进口钢材产品的质量应符合设计和合同规定标准的要求。检验数量：全数检查。检验方法：检查质量合格证明文件、中文标志及检验报告等。

2. 对属于下列情况之一的钢材，应进行抽样复验，其复验结果应符合现行国家产品标准和设计要求：

(1)国外进口钢材；

(2)钢材混批；

(3)板厚等于或大于40mm，且设计有Z向性能要求的厚板；

(4)建筑结构安全等级为一级，大跨度钢结构中主要受力构件所采用的钢材；

(5)设计有复验要求的钢材；

(6)对质量有疑的钢材。

检验数量：全数检查。检验方法：检查复验报告。

3. 焊接材料的品种、规格、性能等应符合现行国家产品标准和设计要求。检验数量：全数检查。检验方法：检查焊接材料的质量合格证明文件、中文标志及检验报告等。

4. 钢结构连接用高强度大六角头螺栓连接副、扭剪型高强度螺栓连接副、钢网架用高强度螺栓、普通螺栓、铆钉、自攻钉、拉铆钉、射钉、锚栓(机械型和化学试剂型)、地脚锚栓等紧固标准件及螺母、垫圈等标准配件，其品种、规格、性能等应符合现行国家产品标准和设计要求。高强度大六角头螺栓连接副和扭剪型高强度螺栓连接副出厂时应分别随箱带有扭矩系数和紧固轴力(预拉力)的检验报告。检验数量：全数检查。检验方法：检查产品的质量合格证明文件、中文标志及检验报告等。

5. 钢结构防腐涂料、稀释剂和固化剂等材料的品种、规格性能等应符合现行国家产品标准和设计要求。检验数量：全数检查。检验方法：检查产品的质量合格证明文件、中文标志及检报告等。

一般项目

1. 钢板厚度及允许偏差应符合其产品标准的要求。检验数量：每一品种、规格的钢板抽查5处。检验方法：用游标卡尺量测。

2. 型钢的规格尺寸及允许偏差符合其产品标准的要求。检验数量：每一品种、规格的钢板抽查5处。检验方法：用钢尺和游标卡尺量测。

3. 钢材的表面外观质量除应符合国家现行有关标准的规定外，尚应符合下列规定：

(1)当钢材的表面有锈蚀、麻点或划痕等缺陷时，其深度不得大于该钢材厚度负允许偏差值的1/2；

(2)钢材表面的锈蚀等级应符合现行国家标准《涂装前钢材表面锈蚀等级和除锈蚀等级》(GB 8923)规定的C级及C级以上；

(3)钢材端边或断口处不应有分层、夹渣等缺陷。

检验数量：全数检查。检验方法：观察检查。

4. 焊条外观不应有药皮脱落、焊芯生锈等缺陷；焊剂不应受潮结块。检验数量：按量抽查1%，且不应少于10包。

检验方法:观察检查。

5. 对建筑结构安全等级为一级,跨度40m及以上的螺栓球节点钢网架结构,其连接高强度螺栓应进行表面硬度试验,对8.8级的高强度螺栓其硬度应为HRC21~29;10.9级高强度螺栓其硬度应为HRC32~36,且不得有裂纹或损伤。检验数量:按规格抽查8只。检验方法:硬度计、10倍放大镜或磁粉探伤。

城镇给水排水构筑物及管道工程钢结构加工检验批检查记录(一)

渝市政验收4-7-2

<table>
<tr><td colspan="2">工程名称</td><td colspan="2">重庆市××路××管道工程
K3+××～K3+××段</td><td>分项工程名称</td><td colspan="3">钢结构加工</td><td colspan="3">验收部位</td><td colspan="2">K3+××</td></tr>
<tr><td colspan="2">施工单位</td><td colspan="3">重庆市××市政工程有限公司</td><td colspan="2">项目经理</td><td colspan="2">刘××</td><td colspan="2">技术负责人</td><td colspan="2">党××</td></tr>
<tr><td colspan="3">施工执行标准名称及编号</td><td colspan="10">重庆市《城镇给水排水构筑物及管道工程施工质量验收规范》DBJ 50-108—2010</td></tr>
<tr><td colspan="5">质量验收规范的规定</td><td colspan="7" rowspan="2">施工单位检查记录</td><td rowspan="2">监理(建设)单位验收记录</td></tr>
<tr><td>项目</td><td>序号</td><td colspan="2">检查项目</td><td>允许偏差(mm)</td></tr>
<tr><td rowspan="13">主控项目</td><td>1</td><td colspan="2">钢材切割面或剪切面缺棱</td><td>≤1</td><td>√</td><td>√</td><td>√</td><td>√</td><td>√</td><td>√</td><td>√</td><td>符合设计要求。</td></tr>
<tr><td>2</td><td colspan="2">加热温度</td><td>900～1000℃</td><td>√</td><td>√</td><td>√</td><td>√</td><td>√</td><td>√</td><td>√</td><td>符合设计要求。</td></tr>
<tr><td>3</td><td colspan="2">边缘加工刨削量</td><td>≥2.0</td><td>√</td><td>√</td><td>√</td><td>√</td><td>√</td><td>√</td><td>√</td><td>符合设计要求。</td></tr>
<tr><td rowspan="3">4</td><td rowspan="3">A、B级螺栓孔径</td><td>10～18(mm)</td><td>√</td><td>√</td><td>√</td><td>√</td><td>√</td><td>√</td><td>√</td><td></td><td>符合设计要求。</td></tr>
<tr><td>18～30(mm)</td><td>+0.21,0.00</td><td></td><td></td><td></td><td></td><td></td><td></td><td></td><td></td></tr>
<tr><td>30～50(mm)</td><td>+0.25,0.00</td><td></td><td></td><td></td><td></td><td></td><td></td><td></td><td></td></tr>
<tr><td rowspan="3">5</td><td rowspan="3">C级螺栓孔径</td><td>直径</td><td>+1.0,0.0</td><td>√</td><td>√</td><td>√</td><td>√</td><td>√</td><td>√</td><td>√</td><td>符合设计要求。</td></tr>
<tr><td>圆度</td><td>2.0</td><td>√</td><td>√</td><td>√</td><td>√</td><td>√</td><td>√</td><td>√</td><td>符合设计要求。</td></tr>
<tr><td>垂直度</td><td>0.03t,且不应大于2.0</td><td>√</td><td>√</td><td>√</td><td>√</td><td>√</td><td>√</td><td>√</td><td>符合设计要求。</td></tr>
<tr><td>6</td><td colspan="2"></td><td></td><td colspan="7"></td><td></td></tr>
<tr><td>7</td><td colspan="2"></td><td></td><td colspan="7"></td><td></td></tr>
<tr><td>8</td><td colspan="2"></td><td></td><td colspan="7"></td><td></td></tr>
<tr><td>9</td><td colspan="2"></td><td></td><td colspan="7"></td><td></td></tr>
<tr><td colspan="2">施工单位检查结果</td><td colspan="11">经检查,主控项目和一般项目均符合设计要求和重庆市《城镇给水排水构筑物及管道工程施工质量验收规范》(DBJ 50-108—2010)规定,评定合格。
专业技术负责人:张×× 质检工程师:于×× 技术负责人:江××
2015年5月25日</td></tr>
<tr><td colspan="2">监理单位审查结论</td><td colspan="11">同意施工单位验收结果,评定合格。
专业监理工程师:程××
2015年5月25日</td></tr>
<tr><td colspan="2">建设单位验收结论</td><td colspan="11">同意施工单位评定结果,验收合格,同意进行下道工序施工。
现场负责人:赵××
2015年5月25日</td></tr>
</table>

说明:

主控项目

1. 钢材切割面或剪切面应无裂纹、夹渣、分层和大于1mm的缺棱。检验数量:全数检查。检验方法:观察或用放大镜及百分尺检查,有疑议时作渗透、磁粉或超声波探伤检查。

2. 当零件采用热加工成型时,加热温度应控制在900～1000℃;碳素结构钢和低合金结构钢在温度分别下降到700℃和800℃之前,应结束加工;低合金结构钢应自然冷却。检验数量:全数检查。检验方法:检查制作工艺报告和施工记录。

3. 气割或机械剪切的零件,需要进行边缘加工时,其刨量不应小于2.0mm。检验数量:全数检查。检验方法:检查工艺报告和施工记录。

4. A、B级螺栓孔(Ⅰ类孔)应具有H12的精度,孔壁表面粗糙度Ra,不应大于25μm。其孔径的允许偏差应符合表1的规定。

表1　A、B级螺栓孔径的允许偏差

序号	螺栓公称直径、螺栓孔直径(mm)	螺栓公称直径(mm)	螺栓孔直径允许偏差(mm)
1	10～18	0.00～0.21	+0.18～0. 00
2	18～30	0.00～0.21	+0.21～0. 00
3	30～50	0.00～0.25	+0.25～0. 00

C级螺栓孔(Ⅱ类孔),孔壁表西粗糙度Ra不应大于25μm,其应符合表2的规定。检验数量:按钢构件数量抽查10%,且不应少于3件。检验方法:用游标卡尺或孔径量规检查。

表2　C级螺栓孔的允许偏差

序号	检查项目	允许偏差(mm)
1	直径	+1.0,0.0
2	圆度	2.0
3	垂直度	0. 03t,且不应大于2.0

注:t——厚度(mm)。

一般项目

1. 气割的允许偏差应符合表3的规定。检验数量:按切割面数抽查10%,且不应少于3个。检验方法:观察检查或用钢尺、塞尺检查。

表3　气割的允许偏差

序号	检查项目	允许偏差(mm)
1	零件宽度、长度	±3.0
2	切割面平面度	0. 05t,且不应大于2.0
3	割纹深度	0.3
4	局部缺口深度	1.0

注:t——切割面厚度(mm)。

2. 机械剪切的允许偏差应符合表4的规定。检验数量:按切割面数抽查10%,且不应少于3个。检验方法:观察检查或用钢尺、塞尺检查。

表4　机械剪切的允许偏差

序号	检查项目	允许偏差(mm)
1	零件宽度、长度	±3.0
2	边缘缺棱	1.0
3	型钢端部垂直度	2.0

3. 螺栓孔孔距的允许偏差应符合表5的规定。检验数量:按钢构件数量抽查10%,且不应少于3件。检验方法:用钢尺检查。

表5　螺栓孔孔距的允许偏差

序号	检查项目	允许偏差(mm)			
1	螺栓孔孔距范围	≤500	501～1200	1201～3000	>3000
2	同一组内任意两孔间距离(mm)	±1.0	±1.5	—	—
3	相邻两组的端孔间距离(mm)	±1.5	±2.0	±2.5	±3.0

注:①在节点中连接板与一根杆件相连的所有螺栓孔为一组;②对接接头在拼接板一侧的螺栓孔为一组;③在两相邻节点或接头间的螺栓孔为一组,但不包括上述两款所规定的螺栓孔;④受弯构件翼缘上的连接螺栓孔,每米长度范围内的螺栓孔为一组。

城镇给水排水构筑物及管道工程钢结构加工检验批检查记录(二)

渝市政验收4-7-3

工程名称	重庆市××路××管道工程 K3+××～K3+××段	分项工程名称	钢结构气割	验收部位	K3+××
施工单位	重庆市××市政工程有限公司	项目经理	刘××	技术负责人	党××
施工执行标准名称及编号	重庆市《城镇给水排水构筑物及管道工程施工质量验收规范》DBJ 50-108—2010				

项目	序号	检查项目（质量验收规范的规定）			允许偏差(mm)	施工单位检查记录							监理(建设)单位验收记录
一般项目	1	气割	零件宽度、长度		±3.0	√	√	√	√	√	√	√	符合规范要求。
			切割面平面度		0.05t,且不应大于2.0	√	√	√	√	√	√	√	符合规范要求。
			割纹深度		0.3								
			局部缺口深度		1.0								
	2	机械剪切	零件宽度、长度		±3.0								
			边缘缺棱		1.0								
			型钢端部垂直度		2.0								
	3	螺栓孔孔径	同一组内任意两孔间距离(mm)	≤500	±1	√	√	√	√	√	√	√	符合规范要求。
				501～1200	±1.5								
			相邻两组的端孔间距离(mm)	≤500	±1.5	√	√	√	√	√	√	√	符合规范要求。
				501～1200	±2.0								
				1201～3000	±2.5								
				>3000	±3.0								

施工单位检查结果	经检查，主控项目和一般项目均符合设计要求和重庆市《城镇给水排水构筑物及管道工程施工质量验收规范》(DBJ 50-108—2010)规定，评定合格。 专业技术负责人：张×× 质检工程师：于×× 技术负责人：江×× 2015年5月25日
监理单位审查结论	同意施工单位验收结果，评定合格。 专业监理工程师：程×× 2015年5月25日
建设单位验收结论	同意施工单位评定结果，验收合格，同意进行下道工序施工。 现场负责人：赵×× 2015年5月25日

说明：

主控项目

1. 钢材切割面或剪切面应无裂纹、夹渣、分层和大于1mm的缺棱。检验数量：全数检查。检验方法：观察或用放大镜及百分尺检查，有疑义时作渗透、磁粉或超声波探伤检查。

2. 当零件采用热加工成型时，加热温度应控制在900～1000℃；碳素结构钢和低合金结构钢在温度分别下降到700℃和800℃之前，应结束加工；低合金结构钢应自然冷却。检验数量：全数检查。检验方法：检查制作工艺报告和施工记录。

3. 气割或机械剪切的零件，需要进行边缘加工时，其刨量不应小于2.0mm。检验数量：全数检查。检验方法：检查工艺报告和施工记录。

4. A、B级螺栓孔（工类孔）应具有H12的精度，孔壁表面粗糙度Ra，不应大于25pm。其孔径的允许偏差应符合表1的规定。

表1　A、B级螺栓孔径的允许偏差

序号	螺栓公称直径、螺栓孔直径（mm）	螺栓公称直径（mm）	螺栓孔直径允许偏差（mm）
1	10～18	0.00～0.21	+0. 18～0.00
2	18～30	0.00～0.21	+0. 21～0.00
3	30～50	0.00～0.25	+0. 25～0.00

C级螺栓孔（Ⅱ类孔），孔壁表面粗糙度Ra不应大于25μm，其应符合表2的规定。检验数量：按钢构件数量抽查10%，且不应少于3件。检验方法：用游标卡尺或孔径量规检查。

表2　C级螺栓孔的允许偏差

序号	检查项目	允许偏差（mm）
1	直径	+1.0，0.0
2	圆度	2.0
3	垂直度	0. 03t，且不应大于2.0

注：t——厚度（mm）。

一般项目

1. 气割的允许偏差应符合表3的规定。检验数量：按切割面数抽查10%，且不应少于3个。检验方法：观察检查或用钢尺、塞尺检查。

表3　气割的允许偏差

序号	检查项目	允许偏差（mm）
1	零件宽度、长度	±3.0
2	切割面平面度	0. 05t，且不应大于2.0
3	割纹深度	0.3
4	局部缺口深度	1.0

注：t——切割面厚度（mm）。

2. 机械剪切的允许偏差应符合表4的规定。检验数量：按切割面数抽查10%，且不应少于3个。检验方法：观察检查或用钢尺、塞尺检查。

表4　机械剪切的允许偏差

序号	检查项目	允许偏差(mm)
1	零件宽度、长度	±3.0
2	边缘缺棱	1.0
3	型钢端部垂直度	2.0

3. 螺栓孔孔距的允许偏差应符合表5的规定。检验数量：按钢构件数量抽查10%，且不应少于3件。检验方法：用钢尺检查。

表5　螺栓孔孔距的允许偏差

序号	检查项目	允许偏差(mm)			
1	螺栓孔孔距范围	≤500	501～1200	1201～3000	>3000
2	同一组内任意两孔间距离(mm)	±1.0	±1.5	—	—
3	相邻两组的端孔间距离(mm)	±1.5	±2.0	±2.5	±3.0

注：①在节点中连接板与一根杆件相连的所有螺栓孔为一组；②对接接头在拼接板一侧的螺栓孔为一组；③在两相邻节点或接头间的螺栓孔为一组，但不包括上述两款所规定的螺栓孔；④受弯构件翼缘上的连接螺栓孔，每米长度范围内的螺栓孔为一组。

城镇给水排水构筑物及管道工程钢结构焊接及拼装检验批质量验收记录表

渝市政验收4-7-4

工程名称	重庆市××路××管道工程 K3+××～K3+××段	分项工程名称	钢结构焊接及拼装	验收部位	K3+××
施工单位	重庆市××市政工程有限公司	项目经理	刘××	技术负责人	党××
施工执行标准名称及编号	重庆市《城镇给水排水构筑物及管道工程施工质量验收规范》DBJ 50-108—2010				

质量验收规范的规定				施工单位检查记录	监理(建设)单位验收记录
项目	序号	检查项目	规范要求		
主控项目	1	钢材、焊接材料、焊接方法或焊接工艺	符合设计要求	检查质量证明书和烘焙记录，符合设计要求。	符合规范要求。
	2	管节材料、规格、压力等级	符合设计要求	无疤痕、裂纹、腐蚀等缺陷，符合设计要求。	符合规范要求。
	3	管节组对焊接	符合设计要求	修口、清根，管端断面坡口角度、钝边、间隙符合设计要求。	符合规范要求。
	4				
	5				
	6				
	7				
	8				
一般项目	1	管节对接	符合设计要求	无损探伤法检测，符合设计要求。	符合规范要求。
	2	焊缝	符合规范要求	无裂纹、气孔、弧坑等缺陷，表面光滑、均匀，符合规范要求。	符合规范要求。
	3	法兰连接	符合规范规定	法兰与管道同心，两法兰平行，有防腐措施，符合规范规定。	符合规范要求。
	4				
	5				

施工单位检查结果	经检查，主控项目和一般项目均符合设计要求和重庆市《城镇给水排水构筑物及管道工程施工质量验收规范》(DBJ 50-108—2010)规定，评定合格。 专业技术负责人：张×× 质检工程师：于×× 技术负责人：江×× 2015年5月25日
监理单位审查结论	同意施工单位验收结果，评定合格。 专业监理工程师：程×× 2015年5月25日
建设单位验收结论	同意施工单位评定结果，验收合格，同意进行下道工序施工。 现场负责人：赵×× 2015年5月25日

说明：

钢结构焊接及拼装质量控制参照《给水排水管道工程施工及验收规范》(GB 50268)及《钢结构工程施工质量验收规范》(GB 50205)执行。

城镇给水排水构筑物及管道工程钢结构防腐施工检验批检查记录

渝市政验收4-7-5

工程名称	重庆市××路××管道工程K3+××～K3+××段	分项工程名称	钢结构防腐	验收部位	K3+××
施工单位	重庆市××市政工程有限公司	项目经理	刘××	技术负责人	党××
施工执行标准名称及编号	重庆市《城镇给水排水构筑物及管道工程施工质量验收规范》DBJ 50-108—2010				

项目	序号	检查项目（质量验收规范的规定）	允许值或允许偏差（质量验收规范的规定）	施工单位检查记录	监理(建设)单位验收记录
主控项目	1	钢材表面除锈	符合设计要求和标准规定	无焊渣、焊疤、灰尘、油污、水和毛刺等,符合设计要求和标准规定。	符合规范要求。
	2	涂料、涂装遍数	符合设计要求	符合设计要求。	符合规范要求。
	3	涂层厚度			
	4	涂层厚度 干漆膜总厚度 室外	150μm	√ √ √ √ √ √ √	符合规范要求。
		涂层厚度 干漆膜总厚度 室内	125μm		
		涂层厚度 允许偏差	−25μm	√ √ √ √ √ √ √	符合规范要求。
		涂层厚度 每遍涂层干漆膜厚度允许偏差	−5μm	√ √ √ √ √ √ √	符合规范要求。
	5				
一般项目	1	构件外观质量	符合规范要求	涂层均匀,无明显皱皮、流坠、针眼、气泡等,符合规范要求。	符合规范要求。
	2	涂层附着力	符合规范要求	符合规范要求。	符合规范要求。
	3				
	4				
	5				

施工单位检查结果	经检查,主控项目和一般项目均符合设计要求和重庆市《城镇给水排水构筑物及管道工程施工质量验收规范》(DBJ 50-108—2010)规定,评定合格。 专业技术负责人:张×× 质检工程师:于×× 技术负责人:江×× 2015年5月25日
监理单位审查结论	同意施工单位验收结果,评定合格。 专业监理工程师:程×× 2015年5月25日
建设单位验收结论	同意施工单位评定结果,验收合格,同意进行下道工序施工。 现场负责人:赵×× 2015年5月25日

说明:

主控项目

1. 涂装前钢材表面除锈应符合设计要求和国家现行有关标准的规定。处理后的钢材表面不应有焊渣、焊疤、灰尘、油污、水和毛刺等。当设计无要求时,钢材表面除锈等级应符合下表的规定。检验数量:按构件教抽查10%,且同类构件不应少于3件。检验方法:用铲刀检查和现行国家标准《涂装前钢材表面锈蚀等级和除锈等级》(GB 8923)规定的图片对照观察检查。

表　各种底漆或防锈漆要求最低的除锈等级

序号	涂料品种	除锈等级
1	油性酚醛、醇酸等底漆或防锈漆	St2
2	高氯化聚乙烯、氯化橡胶、氯磺化聚乙烯、环氧树脂、聚氨酯等底漆或防锈漆	St2
3	无机富锌、有机硅、过氯乙烯等底漆	Sa2 $\frac{1}{2}$

2. 涂料、涂装遍数、涂层厚度均应符合设计要求。当设计对涂层厚度无要求时，涂层干漆膜总厚度：室外应为150μm，室内应为125μm，其允许偏差为-25μm。每遍涂层干漆膜厚度的允许偏差为-5μm。检验数量：按构件数抽查10%，且同类构件不应少于3件。检验方法：用干漆膜测厚仪检查。每个构件检测5处，每处的数值为3个相距50mm测点涂层干漆厚度的平均值。

一般项目

1. 构件表面不应误涂、漏涂，涂层不应脱皮和返锈等。涂层应均匀，无明显皱皮、流坠、针眼和气泡等。检验数量：全数检查。检验方法：观察检查。

2. 当钢结构处在有腐蚀介质环境或外露且设计有要求时，应进行涂层附着力测试，在检测处范围内，当涂层完整程度达到70%以上时，涂层附着力达到合格质量标准的要求。检验数量：按构件数抽查1%，且不应少于3件，每件测3处。检验方法：按照现行国家标准《漆膜附着力测定法》(GB 1720)或《色漆和清漆、漆膜的划格试验》(GB 9286)执行。

城镇给水排水构筑物工程取水及排放构筑物预制取水头部制作(混凝土取水头部)

检验批检查记录

渝市政验收4-8-1

工程名称	重庆市××路××取水及排放构筑物工程	分项工程名称	混凝土取水头部制作	验收部位	混凝土取水头部
施工单位	重庆市××市政工程有限公司	项目经理	刘××	技术负责人	党××
施工执行标准名称及编号	重庆市《城镇给水排水构筑物及管道工程施工质量验收规范》DBJ 50-108—2010				

质量验收规范的规定					施工单位检查记录							监理(建设)单位验收记录
项目	序号	检查项目		允许偏差(mm)								
主控项目	1	工程原材料		符合国家标准和设计要求	符合标准和设计要求，产品质量合格证：2015012，出厂检验报告：2015011，进场复验报告：2015012。							符合规范要求
		混凝土强度		符合设计要求	符合设计要求，抗压试验报告：2015211。							符合规范要求。
	2	长、宽(直径)、高度		±20	√	√	√	√	√	√	√	符合规范要求。
	3	变形	方形的两对角线差值	对角线长0.5%	√	√	√	√	√	√	√	符合规范要求。
			圆形的椭圆度	D_0/200，且≤20								
	4	厚度		+10,5	√	√	√	√	√	√	√	符合规范要求。
	5	中心位置	预埋件、预埋管	5	4	2	3	2	4	2	3	符合规范要求。
			预留洞	8	6	5	4	2	3	7	4	符合规范要求。
	6											
一般项目	1	表面平整度		10	9	7	5	4	8	7	6	符合规范要求。
	2	端面垂直度		8	6	7	4	5	3	4	4	符合规范要求。
	3											
	4											
	5											

施工单位检查结果	经检查，主控项目和一般项目均符合设计要求和重庆市《城镇给水排水构筑物及管道工程施工质量验收规范》(DBJ 50-108—2010)规定，评定合格。 专业技术负责人：张×× 质检工程师：于×× 技术负责人：江×× 2015年5月25日
监理单位审查结论	同意施工单位验收结果，评定合格。 专业监理工程师：程×× 2015年5月25日
建设单位验收结论	同意施工单位评定结果，验收合格，同意进行下道工序施工。 现场负责人：赵×× 2015年5月25日

说明：

主控项目

1. 工程原材料质量保证资料应齐全，每批的出厂质量合格证明书及各项性能检验报告应符合国家有关标准规定和设计要求。检验方法：检查产品质量合格证、出厂检验报告和进场复验报告。

2. 混凝土结构的强度应符合设计要求；外观无严重质量缺陷；钢制结构的拼接、防腐性能应符合设计要求；结构无变形现象。检验方法：观察，检查混凝土结构的抗压试验报告、钢制结构的焊接（栓接）质量检验报告、防腐层检测记录；检查技术处理资料。

3. 预制构件试拼装经检验合格，进水孔、预留孔及预埋件位置正确。检验方法：观察，检查试拼装记录、施工记录、隐蔽验收记录。

一般项目

1. 混凝土结构表面应光洁平整，洁净，边角整齐。检验方法：观察，检查技术处理资料。

2. 钢制结构防腐层完整，涂装均匀。检验方法：观察。

3. 拼装、沉放的吊环、定位件、测量标记等满足安装要求。检验方法：观察，检查施工记录。

4. 取水头部制作允许偏差应分别符合表1和表2的规定。

表1　预制箱式和筒式钢筋混凝土取水头部的允许偏差

序号	检查项目			允许偏差(mm)	检查数量		检验方法
					范围	点数	
1	长、宽(直径)、高度			±20	每构件	各4	用钢尺量测各边
2	变形	方形的两对角线差值		对角线长0.5%		2	用钢尺量上下两端面
		圆形的椭圆度		$D_0/200$，且≤20		2	用钢尺量测
3	厚度			+10，-5		8	用2m直尺、塞尺量测
4	表面平整度			10		4	用钢尺量测
5	端面垂直度			8		4	
6	中心位置		预埋件	5	每处	1	
			预留洞	10	每洞	1	

表2　预制箱式和筒式钢筋混凝土取水头部制作的允许偏差

序号	检查项目		允许偏差(mm)		检查数量		检验方法
					范围	点数	
1	椭圆形		$D_0/200$且≤20	$D_0/200$且≤10	每构件	1	用钢尺量测
2	周长	方形的两对角线差值	±8	±8		1	用钢尺量测
		圆形的椭圆度	±12	±12		1	用钢尺量测
3	(多边形边长)、直径、高度各1		1/200，且≤20	$D_0/200$		长、宽(多边形边长)、直径、高度各1	用钢尺量测
4	端面垂直度		4	5		1	用钢尺量测
5	中心位置	进水管	10	10	每处	1	用钢尺量测
		进水孔	20	20	每洞	1	用钢尺量测

城镇给水排水构筑物工程取水及排放构筑物预制取水头部制作(箱式钢结构取水头部)检验批质量验收记录表

渝市政验收4-8-2

工程名称	重庆市××路××取水及排放构筑物工程	分项工程名称	箱式钢结构取水头部制作	验收部位	箱式钢结构取水头部
施工单位	重庆市××市政工程有限公司	项目经理	刘××	技术负责人	党××
施工执行标准名称及编号	重庆市《城镇给水排水构筑物及管道工程施工质量验收规范》DBJ 50-108—2010				

质量验收规范的规定					施工单位检查记录							监理(建设)单位验收记录
项目	序号	检查项目		允许偏差(mm)								
主控项目	1	工程原材料		符合国家标准和设计要求	符合标准和设计要求，产品质量合格证：2015011，出厂检验报告：20150123，进场复验报告：201512。							符合规范要求。
	2	混凝土强度		符合设计要求	符合设计要求，抗压试验报告：2015011。							符合规范要求。
	3	椭圆度		$D_0/200$，且≤20	√	√	√	√	√	√	√	符合规范要求。
	4	周长	$D_0≤1600$	±8	7	5	6	-4	7	-5	2	符合规范要求。
			$D_0>1600$	±12								
	5	长、宽(多边形边长)、直径、高度		1/200且≤20	√	√	√	√	√	√	√	符合规范要求。
	6	中心位置	进水管	10	8	7	5	6	7	4	3	符合规范要求。
			进水孔	20	11	17	15	11	14	13	14	符合规范要求。
	7											
一般项目	1	端面垂直度		4	2	3	2	2	3	1	2	符合规范要求。
	2	吊环、定位件、测量标记										
	3											
	4											
	5											

施工单位检查结果	经检查，主控项目和一般项目均符合设计要求和重庆市《城镇给水排水构筑物及管道工程施工质量验收规范》(DBJ 50-108—2010)规定，评定合格。 专业技术负责人：张×× 质检工程师：于×× 技术负责人：江×× 2015年5月25日
监理单位审查结论	同意施工单位验收结果，评定合格。 专业监理工程师：程×× 2015年5月25日
建设单位验收结论	同意施工单位评定结果，验收合格，同意进行下道工序施工。 现场负责人：赵×× 2015年5月25日

说明：

一般规定

1. 施工前应编制专项施工方案，涉及水上作业时还应征求相关河道、航道和堤防管理部门的意见。

2. 施工场地布置、土石方堆弃、排泥、排废弃物等，不得影响水源环境、水体水质、航运航道，也不得影响堤岸及附近建(构)筑物的正常使用。施工中产生的废料、废液等应妥善处理。

3. 施工应满足下列规定：

(1) 施工前应建立施工测量控制系统，对施工范围内的河道地形进行校测，并可根据需要设置地面、水上及水下控制桩点；

(2)施工船舶、设备的停靠、锚泊及预制件驳运、浮运和施工作业时，应符合河道、航道等管理部门的有关规定，并有专人指挥；

(3)水下井开挖基坑或沟槽应根据河道的水文、地质、航运等条件，确定水下挖掘、出泥及水下爆破、出渣等施工方案，必要时可进行试挖或试爆；

(4)完工后应及时拆除全部施工设施，清理现场，修复原有护堤、护岸等；

(5)应按国家航运部门有关规定和设计要求，设置水下构筑物及管道警示标志、水中及水面构筑物的防冲撞设施；

(6)宜利用枯水季节进行施工。

4. 应根据工程环境、施工特点，做好构筑物结构和周围环境监控量测。

主控项目

1. 工程原材料质量保证资料应齐全，每批的出厂质量合格证明书及各项性能检验报告应符合国家有关标准规定和设计要求。检验方法：检查产品质量合格证、出厂检验报告和进场复验报告。

2. 混凝土结构的强度应符合设计要求；外观无严重质量缺陷；钢制结构的拼接、防腐性能应符合设计要求；结构无变形现象。检验方法：观察，检查混凝土结构的抗压试验报告、钢制结构的焊接(栓接)质量检验报告、防腐层检测记录；检查技术处理资料。

3. 预制构件试拼装经检验合格，进水孔、预留孔及预埋件位置正确。检验方法：观察，检查试拼装记录、施工记录、隐蔽验收记录。

一般项目

1. 混凝土结构表面应光洁平整，洁净，边角整齐。检验方法：观察，检查技术处理资料。

2. 钢制结构防腐层完整，涂装均匀。检验方法：观察。

3. 拼装、沉放的吊环、定位件、测量标记等满足安装要求。检验方法：观察，检查施工记录。

4. 取水头部制作允许偏差应分别符合表1和表2的规定。

表1　预制箱式和筒式钢筋混凝土取水头部的允许偏差

序号	检查项目			允许偏差(mm)	检查数量		检验方法
					范围	点数	
1	长、宽(直径)、高度			±20	每构件	各4	用钢尺量测各边
2	变形	方形的两对角线差值		对角线长0.5%		2	用钢尺量上下两端面
		圆形的椭圆度		$D_0/200$，且≤20		2	用钢尺量测
3	厚度			+10，-5		8	用2m直尺、塞尺量测
4	表面平整度			10		4	用钢尺量测
5	端面垂直度			8		4	
6	中心位置		预埋件	5	每处	1	
			预留洞	10	每洞	1	

表2　预制箱式和筒式钢结构取水头部制作的允许偏差

<table>
<tr><th rowspan="2">序号</th><th rowspan="2" colspan="2">检查项目</th><th rowspan="2" colspan="2">允许偏差(mm)</th><th colspan="2">检查数量</th><th rowspan="2">检验方法</th></tr>
<tr><th>范围</th><th>点数</th></tr>
<tr><td>1</td><td colspan="2">椭圆形</td><td>D_0/ 200且≤20</td><td>D_0 / 200且≤10</td><td rowspan="5">每构件</td><td>1</td><td>用钢尺量测</td></tr>
<tr><td rowspan="2">2</td><td rowspan="2">周长</td><td>方形的两对角线差值</td><td>±8</td><td>±8</td><td>1</td><td>用钢尺量测</td></tr>
<tr><td>圆形的椭圆度</td><td>±12</td><td>±12</td><td>1</td><td>用钢尺量测</td></tr>
<tr><td>3</td><td colspan="2">(多边形边长)、直径、高度各1</td><td>1/200,且≤20</td><td>D_0 / 200</td><td>长、宽(多边形边长)、直径、高度各1</td><td>用钢尺量测</td></tr>
<tr><td>4</td><td colspan="2">端面垂直度</td><td>4</td><td>5</td><td>1</td><td>用钢尺量测</td></tr>
<tr><td rowspan="2">5</td><td rowspan="2">中心位置</td><td>进水管</td><td>10</td><td>10</td><td>每处</td><td>1</td><td>用钢尺量测</td></tr>
<tr><td>进水孔</td><td>20</td><td>20</td><td>每洞</td><td>1</td><td>用钢尺量测</td></tr>
</table>

城镇给水排水构筑物工程取水及排放构筑物预制取水头部制作（筒式钢结构取水头部）检验批质量验收记录表

渝市政验收4-8-3

工程名称	重庆市××路××取水及排放构筑物工程	分项工程名称	筒式钢结构取水头部制作	验收部位	筒式钢结构取水头部
施工单位	重庆市××市政工程有限公司	项目经理	刘××	技术负责人	党××
施工执行标准名称及编号	重庆市《城镇给水排水构筑物及管道工程施工质量验收规范》DBJ 50-108—2010				

项目	序号	质量验收规范的规定 检查项目		允许偏差(mm)	施工单位检查记录							监理(建设)单位验收记录
主控项目	1	椭圆度		$D_0/200$，且≤10	√	√	√	√	√	√	√	符合规范要求。
	2	周长	D_0≤1600	±8	6	−5	7	−4	2	−5	−6	符合规范要求。
			D_0>1600	±12								
	3	长、宽(多边形边长)、直径、高度		$D_0/200$	√	√	√	√	√	√	√	符合规范要求。
	4	中心位置	进水管	10	5	7	6	8	4	5	7	符合规范要求。
			进水孔	20	15	18	12	14	13	17	16	符合规范要求。
	5											
一般项目	1	端面垂直度		8	√	√	√	√	√	√	√	符合规范要求。
	2											
	3											
	4											
	5											

施工单位检查结果	经检查，主控项目和一般项目均符合设计要求和重庆市《城镇给水排水构筑物及管道工程施工质量验收规范》(DBJ 50-108—2010)规定，评定合格。 专业技术负责人：张××　质检工程师：于××　技术负责人：江×× 2015年5月25日
监理单位审查结论	同意施工单位验收结果，评定合格。 专业监理工程师：程×× 2015年5月25日
建设单位验收结论	同意施工单位评定结果，验收合格，同意进行下道工序施工。 现场负责人：赵×× 2015年5月25日

说明：

主控项目

1. 工程原材料质量保证资料应齐全，每批的出厂质量合格证明书及各项性能检验报告应符合国家有关标准规定和设计要求。检验方法：检查产品质量合格证、出厂检验报告和进场复验报告。

2. 混凝土结构的强度应符合设计要求；外观无严重质量缺陷；钢制结构的拼接、防腐性能应符合设计要求；结构无变形现象。检验方法：观察，检查混凝土结构的抗压试验报告，钢制结构的焊接（栓接）质量检验报告、防腐层检测记录；检查技术处理资料。

3. 预制构件试拼装经检验合格，进水孔、预留孔及预埋件位置正确。检验方法：观察，检查试拼装记录、施工记录、隐蔽验收记录。

一般项目

1. 混凝土结构表面应光洁平整，洁净，边角整齐。检验方法：观察，检查技术处理资料。

2. 钢制结构防腐层完整，涂装均匀。检验方法：观察。

3. 拼装、沉放的吊环、定位件、测量标记等满足安装要求。检验方法：观察，检查施工记录。

4. 取水头部制作允许偏差应分别符合表1和表2的规定。

表1　预制箱式和筒式钢筋混凝土取水头部的允许偏差

序号	检查项目		允许偏差(mm)	检查数量		检验方法
				范围	点数	
1	长、宽(直径)、高度		±20	每构件	各4	用钢尺量测各边
2	变形	方形的两对角线差值	对角线长0.5%		2	用钢尺量上下两端面
		圆形的椭圆度	$D_0/200$，且≤20		2	用钢尺量测
3	厚度		+10，-5		8	用2m直尺、塞尺量测
4	表面平整度		10		4	用钢尺量测
5	端面垂直度		8		4	
6	中心位置	预埋件	5	每处	1	
		预留洞	10	每洞	1	

表2　预制箱式和筒式钢筋混凝土取水头部制作的允许偏差

序号	检查项目		允许偏差(mm)		检查数量		检验方法
					范围	点数	
1	椭圆形		$D_0/200$且≤20	$D_0/200$且≤10	每构件	1	用钢尺量测
2	周长	方形的两对角线差值	±8	±8		1	用钢尺量测
		圆形的椭圆度	±12	±12		1	用钢尺量测
3	(多边形边长)、直径、高度各1		1/200，且≤20	$D_0/200$		长、宽(多边形边长)、直径、高度各1	用钢尺量测
4	端面垂直度		4	5		1	用钢尺量测
5	中心位置	进水管	10	10	每处	1	用钢尺量测
		进水孔	20	20	每洞	1	用钢尺量测

城镇给水排水构筑物工程取水及排放构筑物预制取水头部的沉放检验批质量验收记录表

渝市政验收4-8-4

工程名称	重庆市××路××取水及排放构筑物工程	分项工程名称	预制取水头部沉放	验收部位	预制取水头部
施工单位	重庆市××市政工程有限公司	项目经理	刘××	技术负责人	党××
施工执行标准名称及编号	重庆市《城镇给水排水构筑物及管道工程施工质量验收规范》DBJ 50-108—2010				

质量验收规范的规定				施工单位检查记录							监理（建设）单位验收记录
	序号	检查项目	允许偏差(mm)								
主控项目	1	原材料、配件	符合国家标准及设计要求	检查产品出厂质量合格证、出厂检验报告和进场复验报告，符合标准及设计要求。							符合规范要求。
	2	轴线位置	150	143	138	140	147	135	142	139	符合规范要求。
	3	顶面高程	±100	90	87	−79	93	98	−92	81	符合规范要求。
	4	水平扭度	1°	√	√	√	√	√	√	√	符合规范要求。
	5	垂直度	1.5‰H，且≤30mm	√	√	√	√	√	√	√	符合规范要求。
	6	进水孔、进水管口中心位置	符合设计要求	结构无变形、裂纹、歪斜，符合设计要求。							符合规范要求。
	7										
	8										
一般项目	1	混凝土强度	符合设计要求	检查封底混凝土强度报告、施工记录，符合设计要求。							符合规范要求。
	2	基坑回填、抛石范围、高程	符合设计要求	检查施工记录，符合设计要求。							符合规范要求。
	3	进水工艺布置、装置安装	符合设计要求	钢制结构防腐层无损伤，符合设计要求。							符合规范要求。
	4	标志及安保设施	符合规范要求	设施设置齐全，符合规范要求。							符合规范要求。
	5										

施工单位检查结果	经检查，主控项目和一般项目均符合设计要求和重庆市《城镇给水排水构筑物及管道工程施工质量验收规范》(DBJ 50-108—2010)规定，评定合格。 专业技术负责人：张×× 质检工程师：于×× 技术负责人：江×× 2015年5月25日
监理单位审查结论	同意施工单位验收结果，评定合格。 专业监理工程师：程×× 2015年5月25日
建设单位验收结论	同意施工单位评定结果，验收合格，同意进行下道工序施工。 现场负责人：赵×× 2015年5月25日

说明:

主控项目

1. 沉放安装中所用的原材料、配件等的等级、规格、性能应符合国家有关标准规定和设计要求。检验方法:检查产品的出厂质量合格证、出厂检验报告和进场复验报告。

2. 取水头部的沉放位置、高程以及预制构件之间的连接方式等符合设计要求,拼装位置准确、连接稳固。检验方法:观察,检查施工记录、测量记录,检查拼接连接的施工检验记录、试验报告;用钢尺、水准仪、经纬仪测量拼接位置。

3. 进水孔、进水管口的中心位置符合设计要求;结构无变形、裂缝、歪斜。检验方法:观察,检查施工记录、测量记录。

一般项目

1. 底板结构层厚度混凝土强度应符合设计要求。检验方法:观察,检查封底混凝土强度报告、施工记录。

2. 基坑回填、抛石的范围、高程应符合设计要求。检验方法:观察,潜水员水下检查,检查施工记录。

3. 进水工艺布置、装置安装符合设计要求;钢制结构防腐层无损伤。检验方法:观察,检查施工记录。

4. 警告、警示标志及安全保护设施设置齐全。检验方法:观察,检查施工记录。

5. 取水头部安装的允许偏差应符合下表的规定。

表　取水头部安装的允许偏差

序号	检查项目	允许偏差	检查数量		检验方法
			范围	点数	
1	轴线位置	150mm	每座	2	用经纬仪测量
2	顶面高程	±100mm	每座	4	用经纬仪测量
3	水平扭转	1°	每座	1	用经纬仪测量
4	每座	1.5‰H,且<30mm	每座	1	用经纬仪、垂球测量

注:H——底板至顶面的总高度(mm)。

城镇给水排水缆车、浮船式取水构筑物工程接管车斜坡道现浇混凝土和砌体结构施工检验批质量验收记录表

渝市政验收4-8-5

工程名称	重庆市××路××取水构筑物工程	分项工程名称	接管车斜坡道现浇混凝土和砌体结构施工	验收部位	接管车斜坡道
施工单位	重庆市××市政工程有限公司	项目经理	刘××	技术负责人	党××
施工执行标准名称及编号	重庆市《城镇给水排水构筑物及管道工程施工质量验收规范》DBJ 50-108—2010				

项目	序号	质量验收规范的规定：检查项目		允许偏差(mm)	施工单位检查记录							监理(建设)单位验收记录
主控项目	1	混凝土、砌筑砂浆强度		符合设计要求	检查混凝土结构抗压、抗冻试块报告和砌筑砂浆抗压强度试块报告，符合设计要求。							符合规范要求。
	2											
	3											
	4											
	5											
	6											
	7											
	8											
一般项目	1	轴线位置		20	11	15	17	16	13	14	16	符合规范要求。
	2	长度		±L/200	√	√	√	√	√	√	√	符合规范要求。
	3	宽度		±20	15	14	12	11	-14	-18	-13	符合规范要求。
	4	厚度		±10	8	7	5	-6	8	-7	4	符合规范要求。
	5	高程	设计枯水位以上	±10	7	5	-6	8	8	7	5	符合规范要求。
	6	高程	设计枯水位以下	±30								
	7	中心位置	预埋件	5	2	3	4	2	3	4	2	符合规范要求。
	8	中心位置	预留孔	10	5	6	4	8	7	-	8	符合规范要求。
	9	表面平整度		10	6	4	8	7	7	5	4	符合规范要求。

施工单位检查结果	经检查，主控项目和一般项目均符合设计要求和重庆市《城镇给水排水构筑物及管道工程施工质量验收规范》(DBJ 50-108—2010)规定，评定合格。 专业技术负责人：张×× 质检工程师：于×× 技术负责人：江×× 2015年5月25日
监理单位审查结论	同意施工单位验收结果，评定合格。 专业监理工程师：程×× 2015年5月25日
建设单位验收结论	同意施工单位评定结果，验收合格，同意进行下道工序施工。 现场负责人：赵×× 2015年5月25日

说明：

主控项目

1. 混凝土强度、砌筑砂浆强度应符合设计要求。检验方法：检查混凝土结构的抗压、抗冻试块报告，检查砌筑砂浆的抗压强度试块报告。

2. 水下基床抛石、反滤层和垫层的铺设范围、厚度应符合设计要求；构筑物结构类型、斜坡道上预制框架装配连接形式、摇臂管支墩数量与布置方式等应符合设计要求；结构稳定、位置正确，无沉降、位移、变形等现象。检验方法：观察(水下部分潜水员检查)，检查施工记录、测量记录、监测记录。

一般项目

1. 缆车、浮船接管车斜坡道现浇混凝土及砌体结构施工的允许偏差应符合表1的规定。

表1　缆车、浮船接管车斜坡道的现浇混凝土和砌体结构施工允许偏差

序号	检查项目		允许偏差(mm)	检查数量		检查方法
				范围	数量	
1	轴线位置		20	每10m	2	用经纬仪测量
2	长度		±L/200		2	用钢尺量测
3	宽度		±20		1	用钢尺量测
4	厚度		±10		2	用钢尺量测
5	高程	设计枯水位以上	±10		2	用水准仪测量
6		设计枯水位以上	±30		2	用水准仪测量
7	中心位置	预埋件	5	每处	1	用钢尺量测
8		预留件	10		1	用钢尺量测
9	表面平整度		10	每10m	1	用2m直尺、塞尺量测

注：L——斜坡道总长(mm)。

2. 缆车、浮船接管车斜坡道上现浇钢筋混凝土框架施工的允许偏差应符合表2的规定。

表2　缆车、浮船接管车斜坡道上现浇钢筋混凝土框架施工允许偏差

序号	检查项目		允许偏差(mm)	检查数量		检验方法
				范围	数量	
1	轴线位置		20	每座	2	用经纬仪测量
2	长、宽		±10	每座	各3	用钢尺量长、宽
3	高程		±10	每座	4	用水准仪测量
4	垂直度		H/200,且≤15	每座	4	铅垂配合钢尺量测
5	水平度		L/200,且≤15	每座	4	用钢尺量测
6	表面平整度		10	每座	4	用2m直尺、塞尺检查
7	中心位置	预埋件	5	每件	1	用钢尺量测
8		预留孔	10	每洞	1	用钢尺量测

注：H——柱的高度(mm)；L——单梁或板的长度(mm)。

3. 缆车、浮船接管车斜坡道上预制钢筋混凝土框架施工的允许偏差应符合表3的规定。

表3 缆车、浮船接管车斜坡道上预制钢筋混凝土框架施工允许偏差

序号	检查项目		允许偏差(mm)			检查项目		检查方法
			板	梁	柱	范围	数量	
1	长度		+10,-5	+10,-5	+10,-5	每件	1	用钢尺量测
2	宽度、高度或厚度		±5	±5	±5	每件	各1	用钢尺量宽度、高度
3	直顺度		L/1000,且≤20	L/750,且≤20	L/750,且≤20	每件	1	用2m直尺、塞尺量测
4	表面平整度		5	5	5	每件	1	用钢尺量测
5	中心位置	预留件	5	5	5	每件	1	用钢尺量测
		预留孔	10	10	10	每洞	1	用钢尺量测

注:L——构件长度(mm)。

4. 缆车、浮船接管车斜坡道上预制框架安装的允许偏差应符合表4的规定。

表4 缆车、浮船接管车斜坡道上预制框架安装允许偏差

序号	检查项目	允许偏差(mm)	检查范围		检查方法
			范围	数量	
1	轴线位置	20	每座	2	用经纬仪测量
2	长、宽、高	±10	每座	各2	用钢尺量长、宽
3	高程(柱基)	±10	每座	2	用水准仪测量
4	垂直度	H/200,且≤10	每座	2	垂球配合钢尺检查
5	水平度	L/200,且≤10	每座	2	用钢尺量测

注:H——柱的高度(mm);L——单梁或板的长度(mm)。

5. 缆车、浮船接管车斜坡道上钢筋混凝土轨枕、梁及轨道安装应符合表5的规定。

表5 缆车、浮船接管车斜坡道上轨枕、梁及轨道安装尺寸要求

序号	检查项目		允许偏差(mm)	检查数量		检查方法
				范围	数量	
1	钢筋混凝土轨枕、轨梁	轴线位置	10	每10m	2	用经纬仪量测
2		高程	+2,-5		2	用水准仪量测
3		中心线间距	±5		1	用钢尺量测
4		接头高差	5	每处	1	用靠尺量测
5		轨梁柱跨间对角线差	15	每跨	2	用钢尺量测
6	轨道	轴线位置	5	每根轨	2	用经纬仪量测
7		高程	±2		2	用水准仪量测
8		同一横截面上两轨高差	2		2	用水准仪量测
9		两轨内距	±2		2	用钢尺量测
10		钢轨接头左、右、上三面错位	1		3	用靠尺、钢尺量

6. 摇臂管钢筋混凝土支墩施工的允许偏差应符合表6的规定。

表6 摇臂管钢筋混凝土支墩施工允许偏差

序号	检查项目		允许偏差(mm)	检查数量		检验方法
				范围	点数	
1	轴线位置		20	每墩	1	用经纬仪测量
2	长、宽或直径		±20	每墩	1	用钢尺量测
3	曲线部分的半径		±10	每墩	1	用钢尺量测
4	顶面高程		±10	每墩	1	用水准仪测量
5	顶面平整度		10	每墩	1	用水准仪测量
6	中心位置	预留件	5	每件	1	用钢尺量测
7		预留孔	10	每洞	1	用钢尺量测

城镇给水排水缆车、浮船式取水构筑物工程接管车斜坡道上现浇混凝土框架施工检验批质量验收记录表

渝市政验收4-8-6

<table>
<tr><td>工程名称</td><td colspan="3">重庆市××路取水构筑物工程</td><td colspan="2">分项工程名称</td><td colspan="4">接管车斜坡道上现浇混凝土框架施工</td><td colspan="3">验收部位</td><td>接管车斜坡道</td></tr>
<tr><td>施工单位</td><td colspan="4">重庆市××市政工程有限公司</td><td>项目经理</td><td colspan="4">刘××</td><td colspan="3">技术负责人</td><td>党××</td></tr>
<tr><td colspan="2">施工执行标准名称及编号</td><td colspan="12">重庆市《城镇给水排水构筑物及管道工程施工质量验收规范》DBJ 50-108—2010</td></tr>
<tr><td colspan="6">质量验收规范的规定</td><td colspan="7" rowspan="2">施工单位检查记录</td><td rowspan="2">监理(建设)单位验收记录</td></tr>
<tr><td>项目</td><td>序号</td><td colspan="3">检查项目</td><td>允许偏差(mm)</td></tr>
<tr><td rowspan="8">主控项目</td><td>1</td><td colspan="3">混凝土、砌筑砂浆强度</td><td>符合设计要求</td><td colspan="7">检查混凝土结构抗压、抗冻试块报告和砌筑砂浆抗压强度试块报告，符合设计要求。</td><td>符合规范要求。</td></tr>
<tr><td>2</td><td colspan="3"></td><td></td><td colspan="7"></td><td></td></tr>
<tr><td>3</td><td colspan="3"></td><td></td><td colspan="7"></td><td></td></tr>
<tr><td>4</td><td colspan="3"></td><td></td><td colspan="7"></td><td></td></tr>
<tr><td>5</td><td colspan="3"></td><td></td><td colspan="7"></td><td></td></tr>
<tr><td>6</td><td colspan="3"></td><td></td><td colspan="7"></td><td></td></tr>
<tr><td>7</td><td colspan="3"></td><td></td><td colspan="7"></td><td></td></tr>
<tr><td>8</td><td colspan="3"></td><td></td><td colspan="7"></td><td></td></tr>
<tr><td rowspan="9">一般项目</td><td>1</td><td colspan="3">轴线位置</td><td>20</td><td>15</td><td>14</td><td>12</td><td>11</td><td>14</td><td>18</td><td>13</td><td>符合规范要求。</td></tr>
<tr><td>2</td><td colspan="3">长、宽</td><td>±10</td><td>8</td><td>7</td><td>5</td><td>-6</td><td>8</td><td>-7</td><td>4</td><td>符合规范要求。</td></tr>
<tr><td>3</td><td colspan="3">高程</td><td>±10</td><td>7</td><td>5</td><td>-6</td><td>8</td><td>8</td><td>7</td><td>5</td><td>符合规范要求。</td></tr>
<tr><td>4</td><td colspan="3">垂直度</td><td>H/200，且≤15</td><td>√</td><td>√</td><td>√</td><td>√</td><td>√</td><td>√</td><td>√</td><td>符合规范要求。</td></tr>
<tr><td>5</td><td colspan="3">水平度</td><td>L/200，且≤15</td><td>√</td><td>√</td><td>√</td><td>√</td><td>√</td><td>√</td><td>√</td><td>符合规范要求。</td></tr>
<tr><td>6</td><td colspan="3">表面平整度</td><td>10</td><td>8</td><td>7</td><td>6</td><td>5</td><td>4</td><td>8</td><td>6</td><td>符合规范要求。</td></tr>
<tr><td>7</td><td rowspan="2">中心位置</td><td colspan="2">预埋件</td><td>5</td><td>2</td><td>3</td><td>4</td><td>3</td><td>2</td><td>2</td><td>4</td><td>符合规范要求。</td></tr>
<tr><td>8</td><td colspan="2">预留孔</td><td>10</td><td>8</td><td>7</td><td>5</td><td>4</td><td>6</td><td>8</td><td>7</td><td>符合规范要求。</td></tr>
<tr><td>9</td><td colspan="3"></td><td></td><td></td><td></td><td></td><td></td><td></td><td></td><td></td><td></td></tr>
<tr><td>施工单位检查结果</td><td colspan="13">经检查，主控项目和一般项目均符合设计要求和重庆市《城镇给水排水构筑物及管道工程施工质量验收规范》(DBJ 50-108—2010)规定，评定合格。
专业技术负责人：张×× 质检工程师：于×× 技术负责人：江××
2015年5月25日</td></tr>
<tr><td>监理单位审查结论</td><td colspan="13">同意施工单位验收结果，评定合格。
专业监理工程师：程××
2015年5月25日</td></tr>
<tr><td>建设单位验收结论</td><td colspan="13">同意施工单位评定结果，验收合格，同意进行下道工序施工。
现场负责人：赵××
2015年5月25日</td></tr>
</table>

说明:

主控项目

1. 混凝土强度、砌筑砂浆强度应符合设计要求。检验方法:检查混凝土结构的抗压、抗冻试块报告,检查砌筑砂浆的抗压强度试块报告。

2. 水下基床抛石、反滤层和垫层的铺设范围、厚度应符合设计要求;构筑物结构类型、斜坡道上预制框架装配连接形式、摇臂管支墩数量与布置方式等应符合设计要求;结构稳定、位置正确,无沉降、位移、变形等现象。检验方法:观察(水下部分潜水员检查),检查施工记录、测量记录、监测记录。

一般项目

1. 缆车、浮船接管车斜坡道现浇混凝土及砌体结构施工的允许偏差应符合表1的规定。

表1　缆车、浮船接管车斜坡道的现浇混凝土和砌体结构施工允许偏差

序号	检查项目		允许偏差(mm)	检查数量		检查方法
				范围	数量	
1	轴线位置		20	每10m	2	用经纬仪测量
2	长度		±L/200		2	用钢尺量测
3	宽度		±20		1	用钢尺量测
4	厚度		±10		2	用钢尺量测
5	高程	设计枯水位以上	±10		2	用水准仪测量
6		设计枯水位以上	±30		2	用水准仪测量
7	中心位置	预埋件	5	每处	1	用钢尺量测
8		预留件	10		1	用钢尺量测
9	表面平整度		10	每10m	1	用2m直尺、塞尺量测

注:L——斜坡道总长(mm)。

2. 缆车、浮船接管车斜坡道上现浇钢筋混凝土框架施工的允许偏差应符合表2的规定。

表2　缆车、浮船接管车斜坡道上现浇钢筋混凝土框架施工允许偏差

序号	检查项目		允许偏差(mm)	检查数量		检验方法
				范围	数量	
1	轴线位置		20	每座	2	用经纬仪测量
2	长、宽		±10	每座	各3	用钢尺量长、宽
3	高程		±10	每座	4	用水准仪测量
4	垂直度		H/200,且≤15	每座	4	铅垂配合钢尺量测
5	水平度		L/200,且≤15	每座	4	用钢尺量测
6	表面平整度		10	每座	4	用2m直尺、塞尺检查
7	中心位置	预埋件	5	每件	1	用钢尺量测
8		预留孔	10	每洞	1	用钢尺量测

注:H——柱的高度(mm);L——单梁或板的长度(mm)。

3. 缆车、浮船接管车斜坡道上预制钢筋混凝土框架施工的允许偏差应符合表3的规定。

表3　缆车、浮船接管车斜坡道上预制钢筋混凝土框架施工允许偏差

序号	检查项目		允许偏差(mm)			检查项目		检查方法
			板	梁	柱	范围	数量	
1	长度		+10,-5	+10,-5	+10,-5	每件	1	用钢尺量测
2	宽度、高度或厚度		±5	±5	±5	每件	各1	用钢尺量宽度、高度
3	直顺度		L/1000,且≤20	L/750,且≤20	L/750,且≤20	每件	1	用2m直尺、塞尺量测
4	表面平整度		5	5	5	每件	1	用钢尺量测
5	中心位置	预留件	5	5	5	每件	1	用钢尺量测
		预留孔	10	10	10	每洞	1	用钢尺量测

注：L——构件长度(mm)。

4. 缆车、浮船接管车斜坡道上预制框架安装的允许偏差应符合表4的规定。

表4　缆车、浮船接管车斜坡道上预制框架安装允许偏差

序号	检查项目	允许偏差(mm)	检查范围		检查方法
			范围	数量	
1	轴线位置	20	每座	2	用经纬仪测量
2	长、宽、高	±10	每座	各2	用钢尺量长、宽
3	高程(柱基)	±10	每座	2	用水准仪测量
4	垂直度	H/200,且≤10	每座	2	垂球配合钢尺检查
5	水平度	L/200,且≤10	每座	2	用钢尺量测

注：H——柱的高度(mm)；L——单梁或板的长度(mm)。

5. 缆车、浮船接管车斜坡道上钢筋混凝土轨枕、梁及轨道安装应符合表5的规定。

表5　缆车、浮船接管车斜坡道上轨枕、梁及轨道安装尺寸要求

序号	检查项目		允许偏差(mm)	检查数量		检查方法
				范围	数量	
1	钢筋混凝土轨枕、轨梁	轴线位置	10	每10m	2	用经纬仪量测
2		高程	+2,-5		2	用水准仪量测
3		中心线间距	±5		1	用钢尺量测
4		接头高差	5	每处	1	用靠尺量测
5		轨梁柱跨间对角线差	15	每跨	2	用钢尺量测
6	轨道	轴线位置	5	每根轨	2	用经纬仪量测
7		高程	±2		2	用水准仪量测
8		同一横截面上两轨高差	2		2	用水准仪量测
9		两轨内距	±2		2	用钢尺量测
10		钢轨接头左、右、上三面错位	1		3	用靠尺、钢尺量

6. 摇臂管钢筋混凝土支墩施工的允许偏差应符合表6的规定。

表6 摇臂管钢筋混凝土支墩施工允许偏差

序号	检查项目		允许偏差(mm)	检查数量		检验方法
				范围	点数	
1	轴线位置		20	每墩	1	用经纬仪测量
2	长、宽或直径		±20	每墩	1	用钢尺量测
3	曲线部分的半径		±10	每墩	1	用钢尺量测
4	顶面高程		±10	每墩	1	用水准仪测量
5	顶面平整度		10	每墩	1	用水准仪测量
6	中心位置	预留件	5	每件	1	用钢尺量测
7	中心位置	预留孔	10	每洞	1	用钢尺量测

城镇给水排水缆车、浮船式取水构筑物工程接管车斜坡道上预制钢筋混凝土框架施工检验批质量验收记录表

渝市政验收4-8-7

工程名称	重庆市××路××取水构筑物工程	分项工程名称	接管车斜坡道上预制钢筋混凝土框架施工	验收部位	接管车斜坡道
施工单位	重庆市××市政工程有限公司	项目经理	刘××	技术负责人	党××
施工执行标准名称及编号	重庆市《城镇给水排水构筑物及管道工程施工质量验收规范》DBJ 50-108—2010				

项目	序号	检查项目			允许偏差(mm)	施工单位检查记录							监理(建设)单位验收记录
主控项目	1	混凝土、砌筑砂浆强度			符合设计要求	检查混凝土结构抗压、抗冻试块报告和砌筑砂浆抗压强度试块报告，符合设计要求。							符合规范要求。
	2												
	3												
	4												
	5												
	6												
	7												
	8												
一般项目	1	板、梁、柱	长度		+10,-5	8	5	6	7	-4	-3	7	符合规范要求。
	2		宽度、高度或厚度		±5	4	2	-3	4	-1	-2	2	符合规范要求。
	3		直顺度	板	$L/1000$，且≤20	√	√	√	√	√	√	√	符合规范要求。
				梁	$L/750$，且≤20	√	√	√	√	√	√	√	
				柱	$L/750$，且≤20	√	√	√	√	√	√	√	
	4	表面平整度			5	2	3	4	2	3	4	2	符合规范要求。
	5	中心位置		预埋件	5	2	2	3	4	2	3	1	符合规范要求。
				预留孔	10	8	7	6	5	4	8	6	符合规范要求。

施工单位检查结果	经检查，主控项目和一般项目均符合设计要求和重庆市《城镇给水排水构筑物及管道工程施工质量验收规范》(DBJ 50-108—2010)规定，评定合格。 专业技术负责人：张×× 质检工程师：于×× 技术负责人：江×× 2015年5月25日
监理单位审查结论	同意施工单位验收结果，评定合格。 专业监理工程师：程×× 2015年5月25日
建设单位验收结论	同意施工单位评定结果，验收合格，同意进行下道工序施工。 现场负责人：赵×× 2015年5月25日

说明：

主控项目

1. 混凝土强度、砌筑砂浆强度应符合设计要求。检验方法：检查混凝土结构的抗压、抗冻试块报告，检查砌筑砂浆的抗压强度试块报告。

2. 水下基床抛石、反滤层和垫层的铺设范围、厚度应符合设计要求；构筑物结构类型、斜坡道上预制框架装配连接形式、摇臂管支墩数量与布置方式等应符合设计要求；结构稳定、位置正确，无沉降、位移、变形等现象。检验方法：观察（水下部分潜水员检查），检查施工记录、测量记录、监测记录。

一般项目

1. 缆车、浮船接管车斜坡道现浇混凝土及砌体结构施工的允许偏差应符合表1的规定。

表1　缆车、浮船接管车斜坡道的现浇混凝土和砌体结构施工允许偏差

序号	检查项目		允许偏差（mm）	检查数量		检查方法
				范围	数量	
1	轴线位置		20	每10m	2	用经纬仪测量
2	长度		±L/200		2	用钢尺量测
3	宽度		±20		1	用钢尺量测
4	厚度		±10		2	用钢尺量测
5	高程	设计枯水位以上	±10		2	用水准仪测量
6		设计枯水位以上	±30		2	用水准仪测量
7	中心位置	预埋件	5	每处	1	用钢尺量测
8		预留件	10		1	用钢尺量测
9	表面平整度		10	每10m	1	用2m直尺、塞尺量测

注：L——斜坡道总长（mm）。

2. 缆车、浮船接管车斜坡道上现浇钢筋混凝土框架施工的允许偏差应符合表2的规定。

表2　缆车、浮船接管车斜坡道上现浇钢筋混凝土框架施工允许偏差

序号	检查项目		允许偏差（mm）	检查数量		检验方法
				范围	数量	
1	轴线位置		20	每座	2	用经纬仪测量
2	长、宽		±10	每座	各3	用钢尺量长、宽
3	高程		±10	每座	4	用水准仪测量
4	垂直度		H/200，且≤15	每座	4	铅垂配合钢尺量测
5	水平度		L/200，且≤15	每座	4	用钢尺量测
6	表面平整度		10	每座	4	用2m直尺、塞尺检查
7	中心位置	预埋件	5	每件	1	用钢尺量测
8		预留孔	10	每洞	1	用钢尺量测

注：H——柱的高度（mm）；L——单梁或板的长度（mm）。

3. 缆车、浮船接管车斜坡道上预制钢筋混凝土框架施工的允许偏差应符合表3的规定。

序号	检查项目		允许偏差(mm)			检查项目		检查方法
			板	梁	柱	范围	数量	
1	长度		+10,-5	+10,-5	+10,-5	每件	1	用钢尺量测
2	宽度、高度或厚度		±5	±5	±5	每件	各1	用钢尺量宽度、高度
3	直顺度		L/1000，且≤20	L/750，且≤20	L/750，且≤20	每件	1	用2m直尺、塞尺量测
4	表面平整度		5	5	5	每件	1	用钢尺量测
5	中心位置	预留件	5	5	5	每件	1	用钢尺量测
		预留孔	10	10	10	每洞	1	用钢尺量测

表3　缆车、浮船接管车斜坡道上预制钢筋混凝土框架施工允许偏差

注：L——构件长度(mm)。

4. 缆车、浮船接管车斜坡道上预制框架安装的允许偏差应符合表4的规定。

表4　缆车、浮船接管车斜坡道上预制框架安装允许偏差

序号	检查项目	允许偏差(mm)	检查范围		检查方法
			范围	数量	
1	轴线位置	20	每座	2	用经纬仪测量
2	长、宽、高	±10	每座	各2	用钢尺量长、宽
3	高程(柱基)	±10	每座	2	用水准仪测量
4	垂直度	H/200，且≤10	每座	2	垂球配合钢尺检查
5	水平度	L/200，且≤10	每座	2	用钢尺量测

注：H——柱的高度(mm)；L——单梁或板的长度(mm)。

5. 缆车、浮船接管车斜坡道上钢筋混凝土轨枕、梁及轨道安装应符合表5的规定。

表5　缆车、浮船接管车斜坡道上轨枕、梁及轨道安装尺寸要求

序号	检查项目		允许偏差(mm)	检查数量		检查方法
				范围	数量	
1	钢筋混凝土轨枕、轨梁	轴线位置	10	每10m	2	用经纬仪量测
2		高程	+2,-5		2	用水准仪量测
3		中心线间距	±5		1	用钢尺量测
4		接头高差	5	每处	1	用靠尺量测
5		轨梁柱跨间对角线差	15	每跨	2	用钢尺量测
6	轨道	轴线位置	5	每根轨	2	用经纬仪量测
7		高程	±2		2	用水准仪量测
8		同一横截面上两轨高差	2		2	用水准仪量测
9		两轨内距	±2		2	用钢尺量测
10		钢轨接头左、右、上三面错位	1		3	用靠尺、钢尺量

6. 摇臂管钢筋混凝土支墩施工的允许偏差应符合表6的规定。

表6 摇臂管钢筋混凝土支墩施工允许偏差

序号	检查项目		允许偏差(mm)	检查数量		检验方法
				范围	点数	
1	轴线位置		20	每墩	1	用经纬仪测量
2	长、宽或直径		±20	每墩	1	用钢尺量测
3	曲线部分的半径		±10	每墩	1	用钢尺量测
4	顶面高程		±10	每墩	1	用水准仪测量
5	顶面平整度		10	每墩	1	用水准仪测量
6	中心位置	预留件	5	每件	1	用钢尺量测
7		预留孔	10	每洞	1	用钢尺量测

城镇给水排水缆车、浮船式取水构筑物工程接管车斜坡道上预制框架施工检验批质量验收记录表

渝市政验收4-8-8

工程名称	重庆市××路××取水构筑物工程	分项工程名称	接管车斜坡道上预制框架施工	验收部位	接管车斜坡道
施工单位	重庆市××市政工程有限公司	项目经理	刘××	技术负责人	党××
施工执行标准名称及编号	重庆市《城镇给水排水构筑物及管道工程施工质量验收规范》DBJ 50-108—2010				

项目	序号	质量验收规范的规定：检查项目			允许偏差(mm)	施工单位检查记录							监理(建设)单位验收记录
主控项目	1	混凝土、砌筑砂浆强度			符合设计要求	检查混凝土结构抗压、抗冻试块报告和砌筑砂浆抗压强度试块报告，符合设计要求。							符合规范要求。
	2												
	3												
	4												
	5												
	6												
	7												
	8												
一般项目	1	板、梁、柱	长度		+10，-5	8	5	6	7	-4	-3	7	符合规范要求。
	2		宽度、高度或厚度		±5	4	2	-3	4	-1	-2	2	符合规范要求。
	3		直顺度	板	L/1000，且≤20	√	√	√	√	√	√	√	符合规范要求。
				梁	L/750，且≤20	√	√	√	√	√	√	√	
				柱	L/750，且≤20	√	√	√	√	√	√	√	
	4		表面平整度		5	3	4	3	2	2	3	4	符合规范要求。
	5		中心位置	预埋件	5	2	3	4	3	2	2	4	符合规范要求。
				预留孔	10	8	7	5	4	6	8	7	符合规范要求。

施工单位检查结果	经检查，主控项目和一般项目均符合设计要求和重庆市《城镇给水排水构筑物及管道工程施工质量验收规范》(DBJ 50-108—2010)规定，评定合格。 专业技术负责人：张×× 质检工程师：于×× 技术负责人：江×× 2015年5月25日
监理单位审查结论	同意施工单位验收结果，评定合格。 专业监理工程师：程×× 2015年5月25日
建设单位验收结论	同意施工单位评定结果，验收合格，同意进行下道工序施工。 现场负责人：赵×× 2015年5月25日

说明：

主控项目

1. 混凝土强度、砌筑砂浆强度应符合设计要求。检验方法：检查混凝土结构的抗压、抗冻试块报告，检查砌筑砂浆的抗压强度试块报告。

2. 水下基床抛石、反滤层和垫层的铺设范围、厚度应符合设计要求；构筑物结构类型、斜坡道上预制框架装配连接形式、摇臂管支墩数量与布置方式等应符合设计要求；结构稳定、位置正确，无沉降、位移、变形等现象。检验方法：观察(水下部分潜水员检查)，检查施工记录、测量记录、监测记录。

一般项目

1. 缆车、浮船接管车斜坡道现浇混凝土及砌体结构施工的允许偏差应符合表1的规定。

表1 缆车、浮船接管车斜坡道的现浇混凝土和砌体结构施工允许偏差

序号	检查项目		允许偏差(mm)	检查数量		检查方法
				范围	数量	
1	轴线位置		20	每10m	2	用经纬仪测量
2	长度		±L/200		2	用钢尺量测
3	宽度		±20		1	用钢尺量测
4	厚度		±10		2	用钢尺量测
5	高程	设计枯水位以上	±10		2	用水准仪测量
6		设计枯水位以上	±30		2	用水准仪测量
7	中心位置	预埋件	5	每处	1	用钢尺量测
8		预留件	10		1	用钢尺量测
9	表面平整度		10	每10m	1	用2m直尺、塞尺量测

注：L——斜坡道总长(mm)。

2. 缆车、浮船接管车斜坡道上现浇钢筋混凝土框架施工的允许偏差应符合表2的规定。

表2 缆车、浮船接管车斜坡道上现浇钢筋混凝土框架施工允许偏差

序号	检查项目		允许偏差(mm)	检查数量		检验方法
				范围	数量	
1	轴线位置		20	每座	2	用经纬仪测量
2	长、宽		±10	每座	各3	用钢尺量长、宽
3	高程		±10	每座	4	用水准仪测量
4	垂直度		H/200，且≤15	每座	4	铅垂配合钢尺量测
5	水平度		L/200，且≤15	每座	4	用钢尺量测
6	表面平整度		10	每座	4	用2m直尺、塞尺检查
7	中心位置	预埋件	5	每件	1	用钢尺量测
8		预留孔	10	每洞	1	用钢尺量测

注：H——柱的高度(mm)；L——单梁或板的长度(mm)。

3. 缆车、浮船接管车斜坡道上预制钢筋混凝土框架施工的允许偏差应符合表3的规定。

表3 缆车、浮船接管车斜坡道上预制钢筋混凝土框架施工允许偏差

序号	检查项目		允许偏差(mm)			检查项目		检查方法
			板	梁	柱	范围	数量	
1	长度		+10，-5	+10，-5	+10，-5	每件	1	用钢尺量测
2	宽度、高度或厚度		±5	±5	±5	每件	各1	用钢尺量宽度、高度
3	直顺度		L/1000，且≤20	L/750，且≤20	L/750，且≤20	每件	1	用2m直尺、塞尺量测
4	表面平整度		5	5	5	每件	1	用钢尺量测
5	中心位置	预留件	5	5	5	每件	1	用钢尺量测
		预留孔	10	10	10	每洞	1	用钢尺量测

注：L——构件长度(mm)。

4. 缆车、浮船接管车斜坡道上预制框架安装的允许偏差应符合表4的规定。

表4　缆车、浮船接管车斜坡道上预制框架安装允许偏差

序号	检查项目	允许偏差(mm)	检查范围		检查方法
			范围	数量	
1	轴线位置	20	每座	2	用经纬仪测量
2	长、宽、高	±10	每座	各2	用钢尺量长、宽
3	高程(柱基)	±10	每座	2	用水准仪测量
4	垂直度	*H*/200,且≤10	每座	2	垂球配合钢尺检查
5	水平度	*L*/200,且≤10	每座	2	用钢尺量测

注:*H*——柱的高度(mm);*L*——单梁或板的长度(mm)。

5. 缆车、浮船接管车斜坡道上钢筋混凝土轨枕、梁及轨道安装应符合表5的规定。

表5　缆车、浮船接管车斜坡道上轨枕、梁及轨道安装尺寸要求

序号	检查项目		允许偏差(mm)	检查数量		检查方法
				范围	数量	
1	钢筋混凝土轨枕、轨梁	轴线位置	10	每10m	2	用经纬仪量测
2		高程	+2,-5		2	用水准仪量测
3		中心线间距	±5		1	用钢尺量测
4		接头高差	5	每处	1	用靠尺量测
5		轨梁柱跨间对角线差	15	每跨	2	用钢尺量测
6	轨道	轴线位置	5	每根轨	2	用经纬仪量测
7		高程	±2		2	用水准仪量测
8		同一横截面上两轨高差	2		2	用水准仪量测
9		两轨内距	±2		2	用钢尺量测
10		钢轨接头左、右、上三面错位	1		3	用靠尺、钢尺量

6. 摇臂管钢筋混凝土支墩施工的允许偏差应符合表6的规定。

表6　摇臂管钢筋混凝土支墩施工允许偏差

序号	检查项目		允许偏差(mm)	检查数量		检验方法
				范围	点数	
1	轴线位置		20	每墩	1	用经纬仪测量
2	长、宽或直径		±20	每墩	1	用钢尺量测
3	曲线部分的半径		±10	每墩	1	用钢尺量测
4	顶面高程		±10	每墩	1	用水准仪测量
5	顶面平整度		10	每墩	1	用水准仪测量
6	中心位置	预留件	5	每件	1	用钢尺量测
7		预留孔	10	每洞	1	用钢尺量测

城镇给水排水缆车、浮船式取水构筑物工程接管车斜坡道上预制框架安装检验批质量验收记录表

渝市政验收4-8-9

工程名称	重庆市××路××取水构筑物工程	分项工程名称	接管车斜坡道上预制框架安装	验收部位	接管车斜坡道
施工单位	重庆市××市政工程有限公司	项目经理	刘××	技术负责人	党××
施工执行标准名称及编号	重庆市《城镇给水排水构筑物及管道工程施工质量验收规范》DBJ 50-108—2010				

项目	序号	质量验收规范的规定：检查项目	质量验收规范的规定：允许偏差(mm)	施工单位检查记录							监理(建设)单位验收记录
主控项目	1	混凝土、砌筑砂浆强度	符合设计要求	检查混凝土结构抗压、抗冻试块报告和砌筑砂浆抗压强度试块报告，符合设计要求。							符合规范要求。
	2										
	3										
	4										
	5										
	6										
	7										
	8										
一般项目	1	轴线位置	20	15	14	12	11	14	18	13	符合规范要求。
	2	长、宽、高	±10	8	7	5	-6	8	-7	4	符合规范要求。
	3	高程(柱基、柱顶)	±10	7	5	-6	8	8	7	5	符合规范要求。
	4	垂直度	H/200，且≤10	√	√	√	√	√	√	√	符合规范要求。
	5	水平度	L/200，且≤10	√	√	√	√	√	√	√	符合规范要求。

施工单位检查结果	经检查，主控项目和一般项目均符合设计要求和重庆市《城镇给水排水构筑物及管道工程施工质量验收规范》(DBJ 50-108—2010)规定，评定合格。 专业技术负责人：张×× 质检工程师：于×× 技术负责人：江×× 2015年5月25日
监理单位审查结论	同意施工单位验收结果，评定合格。 专业监理工程师：程×× 2015年5月25日
建设单位验收结论	同意施工单位评定结果，验收合格，同意进行下道工序施工。 现场负责人：赵×× 2015年5月25日

说明：

主控项目

1. 混凝土强度、砌筑砂浆强度应符合设计要求。检验方法：检查混凝土结构的抗压、抗冻试块报告，检查砌筑砂浆的抗压强度试块报告。

2. 水下基床抛石、反滤层和垫层的铺设范围、厚度应符合设计要求；构筑物结构类型、斜坡道上预制框架装配连接形式、摇臂管支墩数量与布置方式等应符合设计要求；结构稳定、位置正确，无沉降、位移、变形等现象。检验方法：观察（水下部分潜水员检查），检查施工记录、测量记录、监测记录。

一般项目

1. 缆车、浮船接管车斜坡道现浇混凝土及砌体结构施工的允许偏差应符合表1的规定。

表1　缆车、浮船接管车斜坡道的现浇混凝土和砌体结构施工允许偏差

序号	检查项目		允许偏差(mm)	检查数量		检查方法
				范围	数量	
1	轴线位置		20		2	用经纬仪测量
2	长度		±L/200	每10m	2	用钢尺量测
3	宽度		±20		1	用钢尺量测
4	厚度		±10		2	用钢尺量测
5	高程	设计枯水位以上	±10		2	用水准仪测量
6		设计枯水位以上	±30		2	用水准仪测量
7	中心位置	预埋件	5	每处	1	用钢尺量测
8		预留件	10		1	用钢尺量测
9	表面平整度		10	每10m	2	用2m直尺、塞尺量测

注：*L*——斜坡道总长(mm)。

2. 缆车、浮船接管车斜坡道上现浇钢筋混凝土框架施工的允许偏差应符合表2的规定。

表2　缆车、浮船接管车斜坡道上现浇钢筋混凝土框架施工允许偏差

序号	检查项目		允许偏差(mm)	检查数量		检验方法
				范围	数量	
1	轴线位置		20	每座	2	用经纬仪测量
2	长、宽		±10	每座	各3	用钢尺量长、宽
3	高程		±10	每座	4	用水准仪测量
4	垂直度		*H*/200，且≤15	每座	4	铅垂配合钢尺量测
5	水平度		*L*/200，且≤15	每座	4	用钢尺量测
6	表面平整度		10	每座	4	用2m直尺、塞尺检查
7	中心位置	预埋件	5	每件	1	用钢尺量测
8		预留孔	10	每洞	1	用钢尺量测

注：*H*——柱的高度(mm)；*L*——单梁或板的长度(mm)。

3. 缆车、浮船接管车斜坡道上预制钢筋混凝土框架施工的允许偏差应符合表3的规定。

表3　缆车、浮船接管车斜坡道上预制钢筋混凝土框架施工允许偏差

序号	检查项目		允许偏差(mm)			检查项目		检查方法
			板	梁	柱	范围	数量	
1	长度		+10,-5	+10,-5	+10,-5	每件	1	用钢尺量测
2	宽度、高度或厚度		±5	±5	±5	每件	各1	用钢尺量宽度、高度
3	直顺度		L/1000,且≤20	L/750,且≤20	L/750,且≤20	每件	1	用2m直尺、塞尺量测
4	表面平整度		5	5	5	每件	1	用钢尺量测
5	中心位置	预留件	5	5	5	每件	1	用钢尺量测
		预留孔	10	10	10	每洞	1	用钢尺量测

注:L——构件长度(mm)。

4. 缆车、浮船接管车斜坡道上预制框架安装的允许偏差应符合表4的规定。

表4　缆车、浮船接管车斜坡道上预制框架安装允许偏差

序号	检查项目	允许偏差(mm)	检查范围		检查方法
			范围	数量	
1	轴线位置	20	每座	2	用经纬仪测量
2	长、宽、高	±10	每座	各2	用钢尺量长、宽
3	高程(柱基)	±10	每座	2	用水准仪测量
4	垂直度	H/200,且≤10	每座	2	垂球配合钢尺检查
5	水平度	L/200,且≤10	每座	2	用钢尺量测

注:H——柱的高度(mm);L——单梁或板的长度(mm)。

5. 缆车、浮船接管车斜坡道上钢筋混凝土轨枕、梁及轨道安装应符合表5的规定。

表5　缆车、浮船接管车斜坡道上轨枕、梁及轨道安装尺寸要求

序号	检查项目		允许偏差(mm)	检查数量		检查方法
				范围	数量	
1	钢筋混凝土轨枕、轨梁	轴线位置	10	每10m	2	用经纬仪量测
2		高程	+2,-5		2	用水准仪量测
3		中心线间距	±5		1	用钢尺量测
4		接头高差	5	每处	1	用靠尺量测
5		轨梁柱跨间对角线差	15	每跨	2	用钢尺量测
6	轨道	轴线位置	5	每根轨	2	用经纬仪量测
7		高程	±2		2	用水准仪量测
8		同一横截面上两轨高差	2		2	用水准仪量测
9		两轨内距	±2		2	用钢尺量测
10		钢轨接头左、右、上三面错位	1		3	用靠尺、钢尺量

6. 摇臂管钢筋混凝土支墩施工的允许偏差应符合表6的规定。

表6 摇臂管钢筋混凝土支墩施工允许偏差

序号	检查项目		允许偏差(mm)	检查数量		检验方法
				范围	点数	
1	轴线位置		20	每墩	1	用经纬仪测量
2	长、宽或直径		±20	每墩	1	用钢尺量测
3	曲线部分的半径		±10	每墩	1	用钢尺量测
4	顶面高程		±10	每墩	1	用水准仪测量
5	顶面平整度		10	每墩	1	用水准仪测量
6	中心位置	预留件	5	每件	1	用钢尺量测
7		预留孔	10	每洞	1	用钢尺量测

城镇给水排水缆车、浮船式取水构筑物工程接管车斜坡道上轻枕、梁及轨道安装检验批质量验收记录表

渝市政验收4-8-10

工程名称	重庆市××路××取水构筑物工程	分项工程名称	接管车斜坡道上预制框架安装	验收部位	接管车斜坡道
施工单位	重庆市××市政工程有限公司	项目经理	刘××	技术负责人	党××
施工执行标准名称及编号	重庆市《城镇给水排水构筑物及管道工程施工质量验收规范》DBJ 50-108—2010				

项目	序号	质量验收规范的规定：检查项目		允许偏差(mm)	施工单位检查记录								监理(建设)单位验收记录
主控项目	1	混凝土、砌筑砂浆强度		符合设计要求	检查混凝土结构抗压、抗冻试块报告和砌筑砂浆抗压强度试块报告，符合设计要求。								符合规范要求。
	2												
	3												
	4												
一般项目	1	钢筋混凝土轻枕、轨梁	轴线位置	10	8	7	5	4	6	8	7	9	符合规范要求。
	2		高程	+2，-5	1	-2	-1	-3	1	1	-2	-3	符合规范要求。
	3		中心线间距	±5	4	3	2	-2	4	-	2	3	符合规范要求。
	4		接头高差	5	3	3	4	3	2	2	4	2	符合规范要求。
	5		轨梁柱跨间对角线差	15	11	9	8	10	12	14	8	13	符合规范要求。
	6	轨道	轴线位置	5	2	3	4	3	2	2	4	2	符合规范要求。
	7		高程	±2	1	1	1	-1	-1	1	1	-1	符合规范要求。
	8		同一横截面上两轨高差	2	1	1	1	0	1	0	1	0	符合规范要求。
	9		两轨内距	±2	1	-1	-1	1	1	1	0	1	符合规范要求。
	10		钢轨接头左、右、上三面错位	1	1	1	1	0	0	0	1	1	符合规范要求。
施工单位检查结果	经检查，主控项目和一般项目均符合设计要求和重庆市《城镇给水排水构筑物及管道工程施工质量验收规范》(DBJ 50-108—2010)规定，评定合格。 专业技术负责人：张×× 质检工程师：于×× 技术负责人：江×× 2015年5月25日												
监理单位审查结论	同意施工单位验收结果，评定合格。 专业监理工程师：程×× 2015年5月25日												
建设单位验收结论	同意施工单位评定结果，验收合格，同意进行下道工序施工。 现场负责人：赵×× 2015年5月25日												

说明：

主控项目

1. 混凝土强度、砌筑砂浆强度应符合设计要求。检验方法：检查混凝土结构的抗压、抗冻试块报告，检查砌筑砂浆的抗压强度试块报告。

2. 水下基床抛石、反滤层和垫层的铺设范围、厚度应符合设计要求；构筑物结构类型、斜坡道上预制框架装配连接形式、摇臂管支墩数量与布置方式等应符合设计要求；结构稳定、位置正确，无沉降、位移、变形等现象。检验方法：观察(水下部分潜水员检查)，检查施工记录、测量记录、监测记录。

一般项目

1. 缆车、浮船接管车斜坡道现浇混凝土及砌体结构施工的允许偏差应符合表1的规定。

表1　缆车、浮船接管车斜坡道的现浇混凝土和砌体结构施工允许偏差

序号	检查项目		允许偏差(mm)	检查数量		检查方法
				范围	数量	
1	轴线位置		20	每10m	2	用经纬仪测量
2	长度		±*L*/200		2	用钢尺量测
3	宽度		±20		1	用钢尺量测
4	厚度		±10		2	用钢尺量测
5	高程	设计枯水位以上	±10		2	用水准仪测量
6		设计枯水位以上	±30		2	用水准仪测量
7	中心位置	预埋件	5	每处	1	用钢尺量测
8		预留件	10		1	用钢尺量测
9	表面平整度		10	每10m	1	用2m直尺、塞尺量测

注：*L*—斜坡道总长(mm)。

2. 缆车、浮船接管车斜坡道上现浇钢筋混凝土框架施工的允许偏差应符合表2的规定。

表2　缆车、浮船接管车斜坡道上现浇钢筋混凝土框架施工允许偏差

序号	检查项目		允许偏差(mm)	检查数量		检验方法
				范围	数量	
1	轴线位置		20	每座	2	用经纬仪测量
2	长、宽		±10	每座	各3	用钢尺量长、宽
3	高程		±10	每座	4	用水准仪测量
4	垂直度		*H*/200，且≤15	每座	4	铅垂配合钢尺量测
5	水平度		*L*/200，且≤15	每座	4	用钢尺量测
6	表面平整度		10	每座	4	用2m直尺、塞尺检查
7	中心位置	预埋件	5	每件	1	用钢尺量测
8		预留孔	10	每洞	1	用钢尺量测

注：*H*——柱的高度(mm)；*L*——单梁或板的长度(mm)。

3. 缆车、浮船接管车斜坡道上预制钢筋混凝土框架施工的允许偏差应符合表3的规定。

表3 缆车、浮船接管车斜坡道上预制钢筋混凝土框架施工允许偏差

序号	检查项目		允许偏差(mm)			检查项目		检查方法
			板	梁	柱	范围	数量	
1	长度		+10,-5	+10,-5	+10,-5	每件	1	用钢尺量测
2	宽度、高度或厚度		±5	±5	±5	每件	各1	用钢尺量宽度、高度
3	直顺度		L/1000,且≤20	L/750,且≤20	L/750,且≤20	每件	1	用2m直尺、塞尺量测
4	表面平整度		5	5	5	每件	1	用钢尺量测
5	中心位置	预留件	5	5	5	每件	1	用钢尺量测
		预留孔	10	10	10	每洞	1	用钢尺量测

注:L——构件长度(mm)。

4. 缆车、浮船接管车斜坡道上预制框架安装的允许偏差应符合表4的规定。

表4 缆车、浮船接管车斜坡道上预制框架安装允许偏差

序号	检查项目	允许偏差(mm)	检查范围		检查方法
			范围	数量	
1	轴线位置	20	每座	2	用经纬仪测量
2	长、宽、高	±10	每座	各2	用钢尺量长、宽
3	高程(柱基)	±10	每座	2	用水准仪测量
4	垂直度	H/200,且≤10	每座	2	垂球配合钢尺检查
5	水平度	L/200,且≤10	每座	2	用钢尺量测

注:H——柱的高度(mm);L——单梁或板的长度(mm)。

5. 缆车、浮船接管车斜坡道上钢筋混凝土轨枕、梁及轨道安装应符合表5的规定。

表5 缆车、浮船接管车斜坡道上轨枕、梁及轨道安装尺寸要求

序号	检查项目		允许偏差(mm)	检查数量		检查方法
				范围	数量	
1	钢筋混凝土轨枕、轨梁	轴线位置	10	每10m	2	用经纬仪量测
2		高程	+2,-5		2	用水准仪量测
3		中心线间距	±5		1	用钢尺量测
4		接头高差	5	每处	1	用靠尺量测
5		轨梁柱跨间对角线差	15	每跨	2	用钢尺量测
6	轨道	轴线位置	5	每根轨	2	用经纬仪量测
7		高程	±2		2	用水准仪量测
8		同一横截面上两轨高差	2		2	用水准仪量测
9		两轨内距	±2		2	用钢尺量测
10		钢轨接头左、右、上三面错位	1		3	用靠尺、钢尺量

6. 摇臂管钢筋混凝土支墩施工的允许偏差应符合表6的规定。

表6　摇臂管钢筋混凝土支墩施工允许偏差

<table>
<tr><th rowspan="2">序号</th><th colspan="2" rowspan="2">检查项目</th><th rowspan="2">允许偏差(mm)</th><th colspan="2">检查数量</th><th rowspan="2">检验方法</th></tr>
<tr><th>范围</th><th>点数</th></tr>
<tr><td>1</td><td colspan="2">轴线位置</td><td>20</td><td>每墩</td><td>1</td><td>用经纬仪测量</td></tr>
<tr><td>2</td><td colspan="2">长、宽或直径</td><td>±20</td><td>每墩</td><td>1</td><td>用钢尺量测</td></tr>
<tr><td>3</td><td colspan="2">曲线部分的半径</td><td>±10</td><td>每墩</td><td>1</td><td>用钢尺量测</td></tr>
<tr><td>4</td><td colspan="2">顶面高程</td><td>±10</td><td>每墩</td><td>1</td><td>用水准仪测量</td></tr>
<tr><td>5</td><td colspan="2">顶面平整度</td><td>10</td><td>每墩</td><td>1</td><td>用水准仪测量</td></tr>
<tr><td>6</td><td rowspan="2">中心位置</td><td>预留件</td><td>5</td><td>每件</td><td>1</td><td>用钢尺量测</td></tr>
<tr><td>7</td><td>预留孔</td><td>10</td><td>每洞</td><td>1</td><td>用钢尺量测</td></tr>
</table>

城镇给水排水缆车、浮船式取水构筑物工程摇臂管钢筋混凝土支墩施工检验批质量验收记录表

渝市政验收4-8-11

工程名称	重庆市××路××取水构筑物工程	分项工程名称	摇臂管钢筋混凝土支墩施工	验收部位	摇臂管钢筋混凝土支墩
施工单位	重庆市××市政工程有限公司	项目经理	刘××	技术负责人	党××
施工执行标准名称及编号	重庆市《城镇给水排水构筑物及管道工程施工质量验收规范》DBJ 50-108—2010				

项目	序号	质量验收规范的规定 检查项目	允许偏差(mm)	施工单位检查记录							监理(建设)单位验收记录
主控项目	1	混凝土、砌筑砂浆强度	符合设计要求	检查混凝土结构抗压、抗冻试块报告和砌筑砂浆抗压强度试块报告,符合设计要求。							符合规范要求。
	2										
	3										
	4										
	5										
	6										
	7										
	8										
一般项目	1	轴线位置	20	15	14	12	11	14	18	13	符合规范要求。
	2	长、宽或直径	±20	8	7	5	−6	8	−7	4	符合规范要求。
	3	曲线部分的半径	±10	7	5	−6	8	8	7	5	符合规范要求。
	4	顶部高程	±10	6	5	7	5	−6	8	4	符合规范要求。
	5	顶面平整度	10	8	7	6	5	4	8	6	符合规范要求。
	6	中心位置 预埋件	5	2	3	4	3	2	2	4	符合规范要求。
	7	中心位置 预留孔	10	8	7	5	4	6	8	7	符合规范要求。
	8										

施工单位检查结果	经检查,主控项目和一般项目均符合设计要求和重庆市《城镇给水排水构筑物及管道工程施工质量验收规范》(DBJ 50-108—2010)规定,评定合格。 专业技术负责人:张×× 质检工程师:于×× 技术负责人:江×× 2015年5月25日
监理单位审查结论	同意施工单位验收结果,评定合格。 专业监理工程师:程×× 2015年5月25日
建设单位验收结论	同意施工单位评定结果,验收合格,同意进行下道工序施工。 现场负责人:赵×× 2015年5月25日

说明：

主控项目

1. 混凝土强度、砌筑砂浆强度应符合设计要求。检验方法：检查混凝土结构的抗压、抗冻试块报告，检查砌筑砂浆的抗压强度试块报告。

2. 水下基床抛石、反滤层和垫层的铺设范围、厚度应符合设计要求；构筑物结构类型、斜坡道上预制框架装配连接形式、摇臂管支墩数量与布置方式等应符合设计要求；结构稳定、位置正确，无沉降、位移、变形等现象。检验方法：观察（水下部分潜水员检查），检查施工记录、测量记录、监测记录。

一般项目

1. 缆车、浮船接管车斜坡道现浇混凝土及砌体结构施工的允许偏差应符合表1的规定。

表1　缆车、浮船接管车斜坡道的现浇混凝土和砌体结构施工允许偏差

序号	检查项目		允许偏差(mm)	检查数量		检查方法
				范围	数量	
1	轴线位置		20	每10m	2	用经纬仪测量
2	长度		±*L*/200		2	用钢尺量测
3	宽度		±20		1	用钢尺量测
4	厚度		±10		2	用钢尺量测
5	高程	设计枯水位以上	±10		2	用水准仪测量
6		设计枯水位以上	±30		2	用水准仪测量
7	中心位置	预埋件	5	每处	1	用钢尺量测
8		预留件	10		1	用钢尺量测
9	表面平整度		10	每10m	1	用2m直尺、塞尺量测

注：*L*——斜坡道总长（mm）。

2. 缆车、浮船接管车斜坡道上现浇钢筋混凝土框架施工的允许偏差应符合表2的规定。

表2　缆车、浮船接管车斜坡道上现浇钢筋混凝土框架施工允许偏差

序号	检查项目		允许偏差(mm)	检查数量		检验方法
				范围	数量	
1	轴线位置		20	每座	2	用经纬仪测量
2	长、宽		±10	每座	各3	用钢尺量长、宽
3	高程		±10	每座	4	用水准仪测量
4	垂直度		*H*/200，且≤15	每座	4	铅垂配合钢尺量测
5	水平度		*L*/200，且≤15	每座	4	用钢尺量测
6	表面平整度		10	每座	4	用2m直尺、塞尺检查
7	中心位置	预埋件	5	每件	1	用钢尺量测
8		预留孔	10	每洞	1	用钢尺量测

注：*H*——柱的高度（mm）；*L*——单梁或板的长度（mm）。

3. 缆车、浮船接管车斜坡道上预制钢筋混凝土框架施工的允许偏差应符合表3的规定。

表3　缆车、浮船接管车斜坡道上预制钢筋混凝土框架施工允许偏差

序号	检查项目		允许偏差（mm）			检查项目		检查方法
			板	梁	柱	范围	数量	
1	长度		+10，-5	+10，-5	+10，-5	每件	1	用钢尺量测
2	宽度、高度或厚度		±5	±5	±5	每件	各1	用钢尺量宽度、高度
3	直顺度		$L/1000$，且≤20	$L/750$，且≤20	$L/750$，且≤20	每件	1	用2m直尺、塞尺量测
4	表面平整度		5	5	5	每件	1	用钢尺量测
5	中心位置	预留件	5	5	5	每件	1	用钢尺量测
		预留孔	10	10	10	每洞	1	用钢尺量测

注：L——构件长度（mm）。

4. 缆车、浮船接管车斜坡道上预制框架安装的允许偏差应符合表4的规定。

表4　缆车、浮船接管车斜坡道上预制框架安装允许偏差

序号	检查项目	允许偏差（mm）	检查范围		检查方法
			范围	数量	
1	轴线位置	20	每座	2	用经纬仪测量
2	长、宽、高	±10	每座	各2	用钢尺量长、宽
3	高程（柱基）	±10	每座	2	用水准仪测量
4	垂直度	$H/200$，且≤10	每座	2	垂球配合钢尺检查
5	水平度	$L/200$，且≤10	每座	2	用钢尺量测

注：H——柱的高度（mm）；L——单梁或板的长度（mm）。

5. 缆车、浮船接管车斜坡道上钢筋混凝土轨枕、梁及轨道安装应符合表5的规定。

表5　缆车、浮船接管车斜坡道上轨枕、梁及轨道安装尺寸要求

序号	检查项目		允许偏差（mm）	检查数量		检查方法
				范围	数量	
1	钢筋混凝土轨枕、轨梁	轴线位置	10	每10m	2	用经纬仪量测
2		高程	+2，-5		2	用水准仪量测
3		中心线间距	±5		1	用钢尺量测
4		接头高差	5	每处	1	用靠尺量测
5		轨梁柱跨间对角线差	15	每跨	2	用钢尺量测
6	轨道	轴线位置	5	每根轨	2	用经纬仪量测
7		高程	±2		2	用水准仪量测
8		同一横截面上两轨高差	2		2	用水准仪量测
9		两轨内距	±2		2	用钢尺量测
10		钢轨接头左、右、上三面错位	1		3	用靠尺、钢尺量

6. 摇臂管钢筋混凝土支墩施工的允许偏差应符合表6的规定。

表6　摇臂管钢筋混凝土支墩施工允许偏差

序号	检查项目		允许偏差(mm)	检查数量		检验方法
				范围	点数	
1	轴线位置		20	每墩	1	用经纬仪测量
2	长、宽或直径		±20	每墩	1	用钢尺量测
3	曲线部分的半径		±10	每墩	1	用钢尺量测
4	顶面高程		±10	每墩	1	用水准仪测量
5	顶面平整度		10	每墩	1	用水准仪测量
6	中心位置	预留件	5	每件	1	用钢尺量测
7		预留孔	10	每洞	1	用钢尺量测

城镇给水排水构筑物及管道工程岸边排放构筑物出水口施工检验批检查记录

渝市政验收4-8-12

工程名称	重庆市××路××排放构筑物工程	分项工程名称	岸边排放构筑物出水口施工	验收部位	岸边排放构筑物出水口
施工单位	重庆市××市政工程有限公司	项目经理	刘××	技术负责人	党××
施工执行标准名称及编号	重庆市《城镇给水排水构筑物及管道工程施工质量验收规范》DBJ 50-108—2010				

质量验收规范的规定						施工单位检查记录							监理(建设)单位验收记录
项目	序号	检查项目			允许偏差(mm)								
主控项目	1	原材料、石料、防渗材料			符合国家标准规定和设计要求	检查产品出厂质量合格证明、性能检验报告及复查报告,符合规定和设计要求。							符合规范要求。
	2	混凝土、砌筑砂浆强度			符合设计要求	检查混凝土结构抗压、抗冻试块报告和砌筑砂浆抗压强度试块报告,符合设计要求。							符合规范要求。
一般项目	1	轴线位置	混凝土结构		±10	5	4	−7	3	−6	8	7	符合规范要求。
			砌石结构	料石	±10								
				块石、卵石	±15								
	2	翼墙	顶面高程	混凝土结构	±10	4	7	−3	6	8	−4	7	符合规范要求。
				砌石结构	±15								
			断面尺寸、厚度	混凝土结构	+10,−5	4	7	−3	6	8	−4	7	符合规范要求。
				砌石结构 料石	±15								
				砌石结构 块石、卵石	+30,−20								
			墙面垂直度	混凝土结构	1.5‰H	√	√	√	√	√	√	√	符合规范要求。
				砌石结构	0.5‰H								
	3	护坡、护坦	坡面、坡底顶面高程	砌石结构 料石	±20								
				砌石结构 块石、卵石	±15								
				混凝土结构	±10	7	−3	6	8	−4	7	5	符合规范要求。
			净空尺寸	砌石结构 料石	±20								
				砌石结构 块石、卵石	±10								
				混凝土结构	±10	−3	6	8	−4	7	4	5	符合规范要求。
			护坡坡度		不大于设计要求	√	√	√	√	√	√	√	符合规范要求。
			结构厚度		不大于设计要求	√	√	√	√	√	√	√	符合规范要求。
			坡面、坡底平整度	砌石结构 料石	20								
				砌石结构 块石、卵石	15								
				混凝土结构	12	5	7	6	8	9	5	7	符合规范要求。
	4	预埋件中心位置			5	2	4	3	4	4	2	3	符合规范要求。
	5	预留孔洞中心位置			10	8	6	5	7	7	5	4	符合规范要求。

施工单位检查结果	经检查,主控项目和一般项目均符合设计要求和重庆市《城镇给水排水构筑物及管道工程施工质量验收规范》(DBJ 50-108—2010)规定,评定合格。 专业技术负责人:张×× 质检工程师:于×× 技术负责人:江×× 2015年5月25日
监理单位审查结论	同意施工单位验收结果,评定合格。 专业监理工程师:程×× 2015年5月25日
建设单位验收结论	同意施工单位评定结果,验收合格,同意进行下道工序施工。 现场负责人:赵×× 2015年5月25日

说明：

主控项目

1. 所用原材料、石料、防渗材料符合国家有关标准的规定和设计要求。检验方法：观察，检查每批的产品出厂质量合格证明、性能检验报告及有关的复验报告。

2. 混凝土强度、砌筑砂浆（细石混凝土）强度应符合设计要求；其试块的留置及质量评定应符合相关规范规定。检验方法：检查混凝土结构的抗压、抗渗、抗冻试块试验报告，检查灌浆砂浆（或细石混凝土）的抗压强度试块试验报告。

3. 构筑物结构稳定、位置正确，出水口无倒坡现象；翼墙、护坡等混凝土或砌筑结构的沉降量、位移量应符合设计要求。检验方法：观察，检查施工记录、测量记录、监测记录。

一般项目

1. 翼墙反滤层铺筑断面不得小于设计要求，其后背的回填土的压实度不应小于95%。检验方法：观察，检查回填土的压实度试验报告，检查施工记录。

2. 变形缝位置应准确，安设顺直，上下贯通；变形缝的宽度允许偏差为0～5mm。检验方法：观察，用钢尺随机量测。

3. 所有预埋件、预留孔洞、排水孔位置正确。检验法方：观察。

4. 岸边排放构筑物的出水口施工允许偏差应符合下表的规定。

表　岸边排放构筑物的出水口施工允许偏差

序号	检查项目				允许偏差（mm）	检查数量：范围	检查数量：系数	检查方法
1	轴线位置		混凝土结构		±10	每段或每10m长	1点	用经纬仪测量
			砌石结构	料石	±10			
				块石、卵石	±15			
2	翼墙	顶面高层	混凝土结构		±10			用水准仪测量
			砌石结构		±15			
		断面尺寸、厚度	混凝土结构		+10，-5		2点	用钢尺量测
			砌石结构	料石	±15			
				块石	+30，-20			
		墙面垂直度	混凝土结构		1.5%H			用垂线量测
			砌石结构		0.5%H			
3	护坡护坦	坡面、坡地顶面高程	砌石结构	块石、卵石	±20		1点	用水准仪测量
				料石	±15			
			混凝土结构		±10			
		净空尺寸	砌石结构	块石、卵石	±20		2点	用钢尺测量
				料石	±10			
			混凝土结构		±10			
		护坡坡度			不大于设计要求		1点	用水准仪测量
		结构厚度			不大于设计要求		2点	用钢尺测量
		坡面、坡底平整度	砌石结构	块石、卵石	20		2点	用水准仪测量
				料石	15			用钢尺测量
			混凝土结构					用2m直尺、塞尺量测
4	预埋件中心位置				5	每处	1	用钢尺测量
5	预留孔洞中心位置				10	每处	1	用钢尺测量

城镇给水排水构筑物及管道工程水中排放构筑物出水口施工检验批检查记录

渝市政验收4-8-13

工程名称	重庆市××路××排放构筑物工程	分项工程名称	水中排放构筑物出水口施工	验收部位	水中排放构筑物出水口
施工单位	重庆市××市政工程有限公司	项目经理	刘××	技术负责人	党××
施工执行标准名称及编号	重庆市《城镇给水排水构筑物及管道工程施工质量验收规范》DBJ 50-108—2010				

质量验收规范的规定					施工单位检查记录							监理（建设）单位验收记录
项目	序号	检查项目		允许偏差（mm）								
主控项目	1	出水口顶面高程		±20	15	-14	12	-11	-14	18	13	符合规范要求。
	2	出水口垂直度		0.5%H	√	√	√	√	√	√	√	符合规范要求。
	3	出水口中心轴线	沿水平出水管纵向	30	21	23	25	20	24	26	27	符合规范要求。
	4		沿水平出水管横向	20	12	11	14	18	14	15	12	符合规范要求。
	5	相邻出水口间距		40	30	35	38	35	32	34	33	符合规范要求。
	6											
	7											
	8											
一般项目	1	垂直顶升立管		符合设计要求	检查施工记录，符合设计要求。							符合规范要求。
	2	警示、警告标志及安全保护措施		符合设计要求	设置齐全，符合设计要求。							符合规范要求。
	3	钢制构件防腐		符合设计要求	检查施工记录、防腐检查记录，符合设计要求。							符合规范要求。
	4											
	5											

施工单位检查结果	经检查，主控项目和一般项目均符合设计要求和重庆市《城镇给水排水构筑物及管道工程施工质量验收规范》（DBJ 50-108—2010）规定，评定合格。 专业技术负责人：张×× 质检工程师：于×× 技术负责人：江×× 2015年5月25日
监理单位审查结论	同意施工单位验收结果，评定合格。 专业监理工程师：程×× 2015年5月25日
建设单位验收结论	同意施工单位评定结果，验收合格，同意进行下道工序施工。 现场负责人：赵×× 2015年5月25日

说明：

主控项目

1. 出水口的位置、相邻间距及顶面高程应符合设计要求。检验方法：检查施工记录、测量记录。

2. 出水口顶部的出水装置安装牢固、位置正确、出水通畅。检验方法：观察（潜水员检查），检查施工记录。

一般项目

1. 垂直顶升立管周围采用抛石等稳管保护措施的范围、高度符合设计要求。检验方法：观察（潜水员检查），检查施工记录。

2. 警告、警示标志及安全保护措施符合设计要求，设置齐全。检验方法：观察，检查施工记录。

3. 钢制构件的防腐符合设计要求。检验方法：观察，检查施工记录、防腐检验记录。

4 .水中排放构筑物的出水口施工允许偏差应符合下表的规定。

表　水中排放构筑物出水口施工允许偏差

<table>
<tr><th>序号</th><th colspan="2">检查项目</th><th>允许偏差(mm)</th><th colspan="2">检查数量</th><th>检查方法</th></tr>
<tr><td>1</td><td colspan="2">出水口顶面高程</td><td>±20</td><td rowspan="5">每座</td><td rowspan="5">1点</td><td>用水准仪测量</td></tr>
<tr><td>2</td><td colspan="2">出口垂直度</td><td>0.5%H</td><td>用垂线、钢尺量测</td></tr>
<tr><td rowspan="2">3</td><td rowspan="2">出水口中心轴线</td><td>沿水平出水管纵向</td><td>30</td><td rowspan="2">用经纬仪、钢尺测量</td></tr>
<tr><td>沿水平出水管横向</td><td>20</td></tr>
<tr><td>4</td><td colspan="2">相邻出水口间距</td><td>40</td><td>用测距仪测量</td></tr>
</table>

城镇给水排水水处理构筑物滤池检验批检查记录

渝市政验收4-9-1

工程名称	重庆市××路××水处理构筑物工程	分项工程名称	滤池施工	验收部位	滤池
施工单位	重庆市××市政工程有限公司	项目经理	刘××	技术负责人	党××
施工执行标准名称及编号	重庆市《城镇给水排水构筑物及管道工程施工质量验收规范》DBJ 50-108—2010				

项目	序号	质量验收规范的规定 检查项目		允许偏差(mm)	施工单位检查记录							监理(建设)单位验收记录
主控项目	1	平面尺寸		±20	15	14	−12	11	−14	−18	13	符合规范要求。
	2	预留管中心高程		±5	3	−4	2	−2	4	3	4	符合规范要求。
	3	预留孔洞中心高程		±10	7	5	−6	8	8	7	5	符合规范要求。
	4	预制滤板	平面尺寸	±3	2	−1	2	−1	−2	1	1	符合规范要求。
			厚度	2～4	2	3	2	3	3	4	2	符合规范要求。
	5											
	6											
	7											
	8											
一般项目	1	滤板支撑柱(梁)及锚栓	梁柱轴线	±8	5	8	−7	8	−5	−6	7	符合规范要求。
	2		锚栓位置	±5	2	3	−4	3	−2	2	4	符合规范要求。
	3	滤板	高程	±5	4	−3	2	−2	4	3	2	符合规范要求。
			平整度	≤1‰	√	√	√	√	√	√	√	符合规范要求。
			错台	±2	1	1	1	−1	−1	−1	1	符合规范要求。
			承托层	符合规范要求	分层安装,耐腐蚀,无有害成分,符合规范要求。							符合规范要求。
			滤料铺装	符合规范要求	查验原材料质量检验报告,符合规范要求。							符合规范要求。
	4	池壁与滤砂层接触		按设计要求处理,当设计无规定时,应采取加糙措施	已采取加糙措施,符合设计要求。							符合规范要求。

施工单位检查结果	经检查,主控项目和一般项目均符合设计要求和重庆市《城镇给水排水构筑物及管道工程施工质量验收规范》(DBJ 50-108—2010)规定,评定合格。 专业技术负责人:张×× 质检工程师:于×× 技术负责人:江×× 2015年5月25日
监理单位审查结论	同意施工单位验收结果,评定合格。 专业监理工程师:程×× 2015年5月25日
建设单位验收结论	同意施工单位评定结果,验收合格,同意进行下道工序施工。 现场负责人:赵×× 2015年5月25日

说明:

主控项目

构筑物平面尺寸、断面厚(宽)度、垂直度、平整度、同心度应满足设备安装的要求。检验数量:全数检查。检验方法:对照相关规范要求。

一般项目

1. 滤池结构施工允许偏差应符合表1的规定。

表1 滤池施工允许偏差

<table>
<tr><th>序号</th><th colspan="2">检查项目</th><th>允许偏差(mm)</th><th>检查数量</th><th>检查方法</th></tr>
<tr><td>1</td><td colspan="2">平面尺寸</td><td>±20</td><td>全部</td><td>钢尺</td></tr>
<tr><td>2</td><td colspan="2">预留管中心高程</td><td>±5</td><td>全部</td><td>水准仪</td></tr>
<tr><td>3</td><td colspan="2">预留孔洞中心高程</td><td>±10</td><td>全部</td><td>水准仪</td></tr>
<tr><td rowspan="2">4</td><td rowspan="2">预制滤板</td><td>平面尺寸</td><td>±3</td><td>全部</td><td rowspan="2">尺</td></tr>
<tr><td>厚度</td><td>2~4</td><td>全部</td></tr>
</table>

2. 滤板下的支撑柱(梁)及滤板锚栓施工允许偏差应符合表2的规定。

表2 滤板支撑柱(梁)及锚栓施工允许偏差

序号	检查项目	允许偏差(mm)	检查数量	检查方法
1	梁柱轴线	±8	全部	经纬仪测量
2	锚栓位置	±5	全部	经纬仪测量

3. 滤池的滤板安装应符合下列要求：

(1)滤板安装前，上部结构施工及装修应全部完成，并将滤池作彻底的清扫、清洗；

(2)滤板板缝应填塞密实，所用材料应符合设计要求；板间锚栓、垫板材料应符合防腐要求；

(3)滤板安装的允许偏差应符合表3的规定。

表3 滤板安装允许偏差

序号	检查项目	允许偏差(mm)	检查数量	检查方法
1	高程	±5	全部	水准仪测量
2	平整度	≤1‰	全部	水准仪测量
3	错台	±2	全部	钢尺测量

4. 滤池的承托层安装应符合下列要求：

(1)所用砾石粒径与铺装厚度应符合设计要求，按粒径要求分层安装，分层检查验收；

(2) 天然河卵石作为砾石材料时，应具有足够的机械强度和抗腐蚀性能，不得含有害成分，各项指标应不低于混凝土粗骨料的质量技术要求。检验数量：全数检查。检验方法：观察，查验原材料的质量检验报告。

5. 滤池的滤料铺装应符合下列要求：

(1) 滤料的粒径、不均匀系数、强度以及化学稳定性等指标符合设计要求；

(2)滤料在使用前，应对滤料进行筛分试验和物理、化学特性试验；

(3)滤料应按粒径分层铺装，铺装后的顶面高度应高于设计高度的20 ~ 30 mm；

(4)在反冲洗对滤料分级后，应刮出表面不合格的细颗粒，反冲洗表面刮砂应进行多次，直到合格为止。检验数量：全数检查。检验方法：观察，查验原材料的质量检验报告。

6. 滤池池壁与滤砂层接触的部位，应按设计要求处理，当设计无规定时，应采取加糙措施。检验数量：全数检查。检验方法：观察。

7. 滤料的铺设应在滤池土建施工和设备安装完毕，并经验收合格后及时进行。当不能及时进行时，应采取防止杂物落入滤池和堵塞滤板的防护措施。检验数量：全数检查。检验方法：观察。

城镇给水排水水处理构筑物沉淀池、沉砂池检验批检查记录

渝市政验收4-9-2

工程名称		重庆市××路××水处理构筑物工程	分项工程名称	沉淀池施工			验收部位		沉淀池		
施工单位		重庆市××市政工程有限公司		项目经理		刘××			技术负责人		党××
施工执行标准名称及编号		重庆市《城镇给水排水构筑物及管道工程施工质量验收规范》DBJ 50-108—2010									
质量验收规范的规定				施工单位检查记录							监理(建设)单位验收记录
项目	序号	检查项目	允许偏差(mm)								
主控项目	1	平面尺寸、细部断面厚(宽)度、垂直度、平整度、同心度	满足设备安装要求	经检查,符合设备安装要求。							符合规范要求。
	2										
	3										
	4										
	5										
	6										
	7										
	8										
一般项目	1	对角线(矩形)	±2	1	1	−1	−1	1	1	1	符合规范要求。
	2	中心位置(圆形)	±8	3	−5	4	−6	−7	5	4	符合规范要求。
	3	边长或半径	±10	8	7	5	−6	8	−7	4	符合规范要求。
	4	垫层及底板混凝土各点高差	±10	7	5	−6	8	8	7	5	符合规范要求。
	5	表面平整度	4‰~5‰	√	√	√	√	√	√	√	符合规范要求。
	6	底板厚度	5~10	√	√	√	√	√	√	√	符合规范要求。
	7	预埋件位置	±5	2	3	−4	3	−2	−2	4	符合规范要求。
	8	直壁墙板厚度	2~5	√	√	√	√	√	√	√	符合规范要求。
	9	弧壁墙板厚度	5~8	√	√	√	√	√	√	√	符合规范要求。
	10	预制导流板、伞形板与集水槽安装	符合规范要求	水准仪检查,符合规范要求。							符合规范要求。
施工单位检查结果	经检查,主控项目和一般项目均符合设计要求和重庆市《城镇给水排水构筑物及管道工程施工质量验收规范》(DBJ 50-108—2010)规定,评定合格。 专业技术负责人:张×× 质检工程师:于×× 技术负责人:江×× 2015年5月25日										
监理单位审查结论	同意施工单位验收结果,评定合格。 专业监理工程师:程×× 2015年5月25日										
建设单位验收结论	同意施工单位评定结果,验收合格,同意进行下道工序施工。 现场负责人:赵×× 2015年5月25日										

说明：

主控项目

1. 构筑物各部平面尺寸、细部断面厚(宽)度，垂直度、平整度、同心度应满足设备安装的要求。检验数量：全数检查。检验方法：对照规范规程及设计要求。

一般项目

1. 沉淀池、沉砂池结构施工允许偏差应符合下表的规定。

表　沉淀池、沉砂池施工允许偏差

序号	检查项目	允许偏差(mm)	检查数量	检查方法
1	对角线(矩形)	±2	全部	钢尺测量
2	中心位置(圆形)	±8	全部	钢尺测量
3	边长或半径	±10	全部	钢尺测量
4	垫层及底板混凝土各点高差	±10	全部	水准仪测量
5	表面平整度	4‰ ~ 5‰	全部	水平尺测量
6	底板厚度	5 ~ 10	全部	钢尺测量
7	预埋件位置	±5	全部	钢尺测量
8	直壁墙板厚度	2 ~ 5	全部	钢尺测量
9	弧壁墙板厚度	5 ~ 8	全部	钢尺测量

2. 沉淀池、沉砂池预制导流板、伞形板与集水槽安装应符合下列规定：

(1) 预制导流板、伞形板与结构混凝土预埋件的连接节点的焊接长度和焊缝高度应符合《钢筋机械连接通用技术规程》(JGJ 107)、《钢筋焊接及验收规程》(JGJ 18)的规定，同时应严格按设计要求进行防腐处理，设计无规定时，可将外露铁件用水泥砂浆分层抹实、抹严、抹光且保证正常养护；

(2)利用临时调整螺栓来确保集水槽溢流孔口(三角堰底)的高程偏差不得超过2mm；预制导流板、伞形板与结构混凝土预埋铁件连接处应做防锈蚀处理；

(3)三角堰集水槽安装堰底与标准线的误差不超过1.5mm，堰口宽不超过2mm。堰口的加工精度应符合设计要求。

检验数量：全数检查。检验方法：观察、水准仪或拉线、钢尺、水平尺检查。

城镇给水排水水处理构筑物生物反应池检验批检查记录

渝市政验收4-9-3

工程名称	重庆市××路××排放构筑物工程	分项工程名称	生物反应池施工	验收部位	生物反应池
施工单位	重庆市××市政工程有限公司	项目经理	刘××	技术负责人	党××
施工执行标准名称及编号	重庆市《城镇给水排水构筑物及管道工程施工质量验收规范》DBJ 50-108—2010				

质量验收规范的规定				施工单位检查记录	监理（建设）单位验收记录
项目	序号	检查项目	规范要求或允许偏差（mm）		
主控项目	1	平面尺寸、细部断面厚（宽）度、垂直度、平整度、同心度	满足设备安装要求	经检查，满足设备安装要求。	符合规范要求。
	2				
	3				
	4				
	5				
	6				
	7				
	8				
一般项目	1	槽、洞、孔、管标高和位置，管件、支撑件	符合规范要求	标高和位置偏差应在允许范围内，防腐，符合规范要求。	符合规范要求。
	2	抗浮、防浮措施	符合设计规定	措施合理，符合设计规定。	符合规范要求。
	3				
	4				
	5				
	6				
施工单位检查结果	经检查，主控项目和一般项目均符合设计要求和重庆市《城镇给水排水构筑物及管道工程施工质量验收规范》（DBJ 50-108—2010）规定，评定合格。 专业技术负责人：张×× 质检工程师：于×× 技术负责人：江×× 2015年5月25日				
监理单位审查结论	同意施工单位验收结果，评定合格。 专业监理工程师：程×× 2015年5月25日				
建设单位验收结论	同意施工单位评定结果，验收合格，同意进行下道工序施工。 现场负责人：赵×× 2015年5月25日				

说明：

主控项目

构筑物各部平面尺寸、细部断面厚(宽)度、垂直度、平整度、同心度应满足设备安装的要求。检验数量:全数检查。检验方法:对照规范相关要求。

一般项目

1. 构筑物上的槽、洞、孔、管标高和位置偏差应在允许范围内;外露埋件、管件、支撑件应符合设计规定的防腐能力。检验数量:全数检查。检验方法:对照规范相关要求。

2. 当地下水位标高高于构筑物基础地面标高时,必须采用可靠的抗浮、防浮措施避免出现构筑物破坏。宜采用降低(排出)地下水位、增加构筑物自重、锚桩或锚杆拉固法等措施。检验数量:全数检查。检验方法:对照规范相关要求。

城镇给水排水水处理构筑物储泥池、浓缩池检验批检查记录

渝市政验收4-9-4

工程名称		重庆市××路××水处理构筑物工程	分项工程名称	储泥池施工			验收部位			储泥池	
施工单位		重庆市××市政工程有限公司		项目经理		刘××			技术负责人		党××
施工执行标准名称及编号		重庆市《城镇给水排水构筑物及管道工程施工质量验收规范》DBJ 50-108—2010									
质量验收规范的规定				施工单位检查记录							监理（建设）单位验收记录
项目	序号	检查项目	允许偏差(mm)								
主控项目	1	平面尺寸、细部断面厚（宽）度、垂直度、平整度、同心度	满足设备安装要求	经检查，符合设备安装要求。							符合规范要求。
	2										
	3										
	4										
	5										
	6										
	7										
	8										
一般项目	1	池壁、柱轴线	±8	5	-4	7	-6	5	-4	6	符合规范要求。
	2	底板高程	±10	-6	8	8	7	5	-6	8	符合规范要求。
	3	表面平整度	10‰	√	√	√	√	√	√	√	符合规范要求。
	4	钢筋保护层厚度	±10	8	7	5	-6	8	-7	4	符合规范要求。
	5	底板钢筋保护层厚度	±10	7	5	-6	8	8	7	5	符合规范要求。
	6	池壁预留插筋位置	±3	2	1	2	1	-2	-2	2	符合规范要求。
	7	柱的预留插位置	±5	2	-3	-4	3	-2	2	4	符合规范要求。
	8	混凝土抗压、抗渗强度(MPa)	在合格标准内	检查试块试验报告，符合标准要求。							符合规范要求。
施工单位检查结果		经检查，主控项目和一般项目均符合设计要求和重庆市《城镇给水排水构筑物及管道工程施工质量验收规范》(DBJ 50-108—2010)规定，评定合格。 专业技术负责人：张×× 质检工程师：于×× 技术负责人：江×× 2015年5月25日									
监理单位审查结论		同意施工单位验收结果，评定合格。 专业监理工程师：程×× 2015年5月25日									
建设单位验收结论		同意施工单位评定结果，验收合格，同意进行下道工序施工。 现场负责人：赵×× 2015年5月25日									

说明:

主控项目

构筑物各部平面尺寸、细部断面厚(宽)度、垂直度、平整度、同心度应满足设备安装的要求。检验数量:全数检查。检验方法:对照相关规范要求。

一般项目

底板钢筋混凝土施工允许偏差应符合下表的规定。

表　底板钢筋混凝土施工允许偏差

序号	检查项目	允许偏差(mm)	检查数量	检查方法
1	池壁、柱轴线	±8	全部	钢尺测量
2	底板高程	±10	全部	水准仪测量
3	表面平整度	10%	全部	水平尺测量
4	钢筋保护层厚度	±10	全部	钢尺测量
5	底板钢筋保护层厚度	±10	全部	钢尺测量
6	池壁预留插筋位置	±3	全部	钢尺测量
7	柱的预留插位置	±5	全部	钢尺测量
8	混凝土抗压、抗渗强度(MPa)	在合格标准内	全部	查试验报告

城镇给水排水水处理构筑物消化池检验批检查记录

渝市政验收4-9-5

工程名称	重庆市××路××水处理构筑物工程	分项工程名称	消化池施工	验收部位	消化池
施工单位	重庆市××市政工程有限公司	项目经理	刘××	技术负责人	党××
施工执行标准名称及编号	重庆市《城镇给水排水构筑物及管道工程施工质量验收规范》DBJ 50-108—2010				

项目	序号	质量验收规范的规定：检查项目		允许偏差(mm)	施工单位检查记录	监理(建设)单位验收记录
主控项目	1	结构施工		符合规范要求	经检查，符合规范要求。	符合规范要求。
	2	平面尺寸、细部断面厚(宽)度、垂直度、平整度、同心度		满足设备安装要求	经检查，满足设备安装要求。	符合规范要求。
	3					
	4					
	5					
	6					
	7					
	8					
一般项目	1	混凝土拌合物浇筑	自由下落高度	≤2m	√ √ √ √ √ √ √	符合规范要求。
			浇筑厚度	150～200mm	√ √ √ √ √ √ √	符合规范要求。
	2	变形缝施工		符合规范要求	浇筑无位移，用绑扎方式保护橡胶止水带，符合规范要求。	符合规范要求。
	3	阻水材料填塞		符合规范要求	基层干净，施工面整齐美观，检查施工记录，符合规范要求。	符合规范要求。
	4	穿墙套管		符合规范要求	有止水环，浇筑无蜂窝现象，纤维水泥填塞密实，符合规范要求。	符合规范要求。
	5	施工缝施工		符合规范要求	界面干净，采用止水钢板，无漏浆，符合规范要求。	符合规范要求。
	6					

施工单位检查结果	经检查，主控项目和一般项目均符合设计要求和重庆市《城镇给水排水构筑物及管道工程施工质量验收规范》(DBJ 50-108—2010)规定，评定合格。 专业技术负责人：张×× 质检工程师：于×× 技术负责人：江×× 2015年5月25日
监理单位审查结论	同意施工单位验收结果，评定合格。 专业监理工程师：程×× 2015年5月25日
建设单位验收结论	同意施工单位评定结果，验收合格，同意进行下道工序施工。 现场负责人：赵×× 2015年5月25日

说明：

主控项目

1. 结构施工应符合规范规程其他相关技术要求。检验数量：全数检查。检验方法：对照相关规范。

2. 构筑物各部平面尺寸、细部断面厚(宽)度、垂直度、平整度、同心度应满足设备安装的要求。检验数量：全数检查。检验方法：对照相关规范要求。

一般项目

1. 为避免施工缝出现渗漏，在施工缝施工时应符合：

(1)止水材料应首选止水钢板、遇水膨胀止水条、橡胶止水条等材料，雨季施工不宜采用遇水膨胀止水条；

(2)界面凿毛处理应在前次混凝土的抗压强度不小于2.5MPa时进行，保证界面干净；

(3)在下次支模前，应在水平施工缝下部或竖向施工缝的外部30mm处用胶粘剂粘贴海绵条或厚度不大于3mm的聚苯乙烯半条，防止浇筑混凝土时出现漏浆现象；

(4)在浇筑下次混凝土前1～2h，施工缝界面应采用清水润湿，且不留积水；在浇筑下次混凝土时，应在界面上均匀摊铺15～30mm厚与欲浇混凝土成分相同的水泥砂浆；

(5)混凝土拌合物浇注的自由下落高度不宜大于2m，且浇注厚度宜为150～200mm，以防止混凝土拌合物离析，便于振捣施工。检验数量：全数检查。检验方法：观察。

2. 为避免变形缝出现渗漏，在变形缝施工时应符合：

(1)支模板时，变形缝混凝土与水接触面埋置30mm×25mm硬橡胶条，待混凝土浇筑完毕后取出硬橡胶条，形成规则的凹槽以便填塞阻水材料；

(2)止水带应规范要求安装。在安装止水带时严禁在止水带任何部位钉钉子或穿铁丝；

(3)混凝土浇筑时，应防止损坏止水带、保证止水带不得有位移现象发生；

(4)应采用绑扎、包裹、专用盒子等方式保护未镶入混凝土的橡胶止水带。检验数量：全数检查。检验方法：观察。

3. 变形缝阻水材料填塞施工时应符合下述规定：

(1)变形缝阻水材料应柔性膏状材料，如聚硫密封膏、聚氨酯密封膏等。按产品的使用要求配置和使用，防止局部固化不全而达不到密封防水效果；

(2)将变形缝阻水材料填塞面的残留垃圾杂物清除干净后，保证基层表面清洁、干燥、无尘、无油污、无潮湿方可施胶；

(3)可在变形缝两侧粘贴牛皮纸、玻璃胶带等隔离材料，保护施工界面整齐美观，防止污染周边；

(4)用油灰刀、施胶挤出枪等工具将密封膏嵌入变形缝中，操作时应防止夹带进气泡。完成嵌入施工后，应对变形缝进行全面检查，及时修补孔洞，揭出界面隔离材料；

(5)阻水材料在固化前应防止水或其他原因引起损坏，固化7d后才能进行构筑物的试水工作。检验数量：全数检查。检验方法：观察，查原材料质检报告书。

4. 为避免构筑物穿墙管四周渗漏，施工时应符合下述规定：

(1)穿墙套管外周壁四周必须加上止水环，按标准图要求加工穿墙套管；

(2)浇注混凝土拌合物的起点和结束点要躲开穿墙套管位置，防止拌合物直接砸在套管上造成离析，出现蜂窝现象；

(3)穿墙套管与穿墙管之间应采用纤维水泥填塞，使之密实并包裹养护，或采用橡胶圈填塞。检验数量：全数检查。检验方法：观察。

城镇给水排水水处理工程砌体构筑物施工检验批检查记录

渝市政验收4-9-6

工程名称	重庆市××路××水处理构筑物工程	分项工程名称	砌体构筑物施工	验收部位	砌体构筑物
施工单位	重庆市××市政工程有限公司	项目经理	刘××	技术负责人	党××
施工执行标准名称及编号	重庆市《城镇给水排水构筑物及管道工程施工质量验收规范》DBJ 50-108—2010				

项目	序号	检查项目（质量验收规范的规定）			允许偏差(mm)（质量验收规范的规定）	施工单位检查记录							监理(建设)单位验收记录
主控项目	1	结构施工			符合规范要求	砌筑垂直稳固，灰缝饱满、密实，符合规范要求。							符合规范要求。
	2	预埋管			符合设计要求或规范规定	检查检验报告，符合设计要求。							符合规范要求。
	3	砖砌池壁	水平灰缝		10	8	7	5	6	8	7	4	符合规范要求。
			竖向灰缝		10	7	5	6	8	8	7	5	符合规范要求。
			里口灰缝		≥5	√	√	√	√	√	√	√	
	4	砌筑料石池壁	水平灰缝		10	√	√	√	√	√	√	√	符合规范要求。
			竖向灰缝	细料石、半细料石	≤10	√	√	√	√	√	√	√	符合规范要求。
				粗料石	≤20								
	5												
	6												
	7												
	8												
一般项目	1	勾缝缝深度			30~40	√	√	√	√	√	√	√	符合规范要求。
	2	预埋件			符合设计要求	准确砌入，无留孔洞，符合设计要求。							符合规范要求。
	3												
	4												
	5												

施工单位检查结果	经检查，主控项目和一般项目均符合设计要求和重庆市《城镇给水排水构筑物及管道工程施工质量验收规范》(DBJ 50-108—2010)规定，评定合格。 专业技术负责人：张×× 质检工程师：于×× 技术负责人：江×× 2015年5月25日
监理单位审查结论	同意施工单位验收结果，评定合格。 专业监理工程师：程×× 2015年5月25日
建设单位验收结论	同意施工单位评定结果，验收合格，同意进行下道工序施工。 现场负责人：赵×× 2015年5月25日

说明：

主控项目

1. 砖石砌体的施工验收应符合相关规范有关要求。

2. 砖石砌体中的预埋管应有防渗措施。当设计无规定时，可以加焊止水环后满包混凝土将管固定而后接砌。满包混凝土宜呈方形，其抗压强度不小于C25，管外浇筑厚度不应小于100mm。检验数量：每处。检验方法：观察，直尺检查，检查检验报告。

3. 砖砌池壁时，砌体各砖层间应上下错缝，内外搭砌，灰缝饱满、均匀一致。水平灰缝厚度和竖向灰缝宽度宜为10mm，但不应小于8mm，并不应大于12mm。圆形池壁，里口灰缝宽度不应小于5mm。检验数量：每座构筑物。检验方法：观察，直尺检查。

4. 砌筑料石池壁时，应分层卧砌，上下错缝，丁、顺搭砌；水平缝宜采用坐灰法，竖向缝宜采用灌浆法。水平灰缝厚度宜为10mm。竖向灰缝厚度：细料石、半细料石不宜大于10mm；粗料石不宜大于20mm。检验数量：每座构筑物。检验方法：观察，直尺检查。

一般项目

1. 料石砌体的勾缝应符合下列规定：

(1)在勾缝前，应将砌体表面上粘结的灰浆、泥污等清扫干净并洒水湿润；

(2)勾缝灰浆宜采用细砂拌制的1:1.5水泥砂浆，缝深度宜为30～40mm，分2～3层填入，分层抹压密实。检验数量：每座构筑物。检验方法：观察，查检测报告。

2. 应按设计要求将预埋件准确砌入砌体内，尽量不预留孔洞和凿洞补装。检验数量：每座构筑物。检验方法：观察。

城镇给水排水水处理工程附属构筑物施工检验批检查记录

渝市政验收4-9-7

工程名称	重庆市××路××水处理构筑物工程	分项工程名称	附属构筑物施工	验收部位	附属构筑物
施工单位	重庆市××市政工程有限公司	项目经理	刘××	技术负责人	党××
施工执行标准名称及编号	重庆市《城镇给水排水构筑物及管道工程施工质量验收规范》DBJ 50-108—2010				

质量验收规范的规定						施工单位检查记录							监理(建设)单位验收记录
项目	序号	检查项目			允许偏差(mm)								
主控项目	1	浇筑			符合规范要求	检查施工记录,符合规范要求。							符合规范要求。
	2												
	3												
	4												
	5												
	6												
	7												
	8												
一般项目	1	闸门井	井底距管道承口活法兰盘下缘距离		≥100	√	√	√	√	√	√	√	符合规范要求。
	2		井壁与管道承口或法兰盘的外缘距离	$D<500$	≥250	√	√	√	√	√	√	√	符合规范要求。
				$D\geq500$	≥350								
	3	踏步位置			±5	2	−3	4	−3	−2	2	4	符合规范要求。
	4	井接入或预留管道			符合规范要求	油麻-水泥砂浆填塞捣实,符合规范要求。							符合规范要求。
	5												

施工单位检查结果	经检查,主控项目和一般项目均符合设计要求和重庆市《城镇给水排水构筑物及管道工程施工质量验收规范》(DBJ 50-108—2010)规定,评定合格。 专业技术负责人:张×× 质检工程师:于×× 技术负责人:江×× 2015年5月25日
监理单位审查结论	同意施工单位验收结果,评定合格。 专业监理工程师:程×× 2015年5月25日
建设单位验收结论	同意施工单位评定结果,验收合格,同意进行下道工序施工。 现场负责人:赵×× 2015年5月25日

说明：

主控项目

阀门井、配水井、沉砂井、吸泥井、泄空井、浮渣井等附属井室的井底基础应与管道基础同时浇筑。现浇或砌筑井室应符合设计及相关规范规定。 检验数量：每座构筑物。 检验方法：观察，按相关章节要求。

一般项目

1. 闸门井井底距管道承口或法兰盘的下缘不得小于100mm。井壁与管道承口或法兰盘的外缘的距离，当管径小于500mm时，不应小于250mm；当管径不小于500mm时，不应小于350mm。检验数量：每座构筑物。 检验方法：观察，直尺检查。

2. 砌筑井内的踏步应随砌随安。混凝土井壁的踏步在预制或现浇时安装。在砌筑砂浆或混凝土未达到规定抗压强度前不得踩踏。踏步位置应符合设计要求，其偏差应在±5mm范围内。检验数量：每座构筑物。

城镇给水排水构筑物及管道工程泵房结构(现浇钢筋混凝土)施工检验批质量验收记录表

渝市政验收4-10-1

工程名称	重庆市××路××泵房工程	分项工程名称	现浇钢筋混凝土泵房施工	验收部位	现浇钢筋混凝土泵房
施工单位	重庆市××市政工程有限公司	项目经理	刘××	技术负责人	党××
施工执行标准名称及编号	重庆市《城镇给水排水构筑物及管道工程施工质量验收规范》DBJ 50-108—2010				

项目	序号	质量验收规范的规定：检查项目		质量验收规范的规定：允许偏差(mm)	施工单位检查记录							监理(建设)单位验收记录
主控项目	1	轴线位置	底板、墙基	15								符合规范要求。
			墙、柱、梁	8								符合规范要求。
	2	高程	垫层、底板、墙、柱、梁	±10	8	7	5	−6	8	−7	4	符合规范要求。
			吊装的支承面	−5	−1	−3	−4	−2	−3	−1	−2	符合规范要求。
	3	截面尺寸	墙、柱、梁、顶板	+10,-5	7	5	4	8	6	−3	−2	符合规范要求。
			洞、槽、沟净空	±10	7	5	−6	8	8	7	5	符合规范要求。
	4	中心位置	预埋件、预埋管	5	2	3	4	3	2	2	4	符合规范要求。
			预留洞	10	8	7	5	4	6	8	7	符合规范要求。
	5	平面尺寸(长、宽或直径)	$L≤20m$	±20	15	14	12	11	14	18	13	符合规范要求。
			$20m<L≤50m$	$±L/1000$								
			$50m<L≤250m$	±50								
	6	垂直度	$H≤5m$	8	5	7	6	4	5	7	5	符合规范要求。
			$5m<H≤20m$	$1.5H/1000$								
			$H>20m$	30								
一般项目	1	表面平整度	垫层、底、板、顶板	10	8	7	6	5	4	8	6	符合规范要求。
			墙、柱、梁	8	5	4	7	5	6	4	5	符合规范要求。
	2											

施工单位检查结果	经检查,主控项目和一般项目均符合设计要求和重庆市《城镇给水排水构筑物及管道工程施工质量验收规范》(DBJ 50-108—2010)规定,评定合格。 专业技术负责人:张×× 质检工程师:于×× 技术负责人:江×× 2015年5月25日
监理单位审查结论	同意施工单位验收结果,评定合格。 专业监理工程师:程×× 2015年5月25日
建设单位验收结论	同意施工单位评定结果,验收合格,同意进行下道工序施工。 现场负责人:赵×× 2015年5月25日

说明：

一般规定

1. 结构施工前应会同设备安装单位，对相关的设备锚栓或锚板的预埋位置、预留孔洞、预埋件等进行检查核对。

2. 底板混凝土施工应符合下列规定：

(1)施工前，地基基础验收合格；

(2)混凝土应连续浇筑，不宜分层浇筑或浇筑面较大时，可采用多层阶梯推进法浇筑，其上下两层前后距离不宜小于1.5m，同层的接头部位应充分振捣，不得漏振；

(3) 在斜面基底上浇筑混凝土时，应从低处开始，逐层升高，并采取措施保持水平分层，防止混凝土向低处流动；

(4)混凝土表面应抹平、压实，防止出现浮层和干缩裂缝。

3. 模板安装中不得遗漏相关的预埋件和预留孔洞，且应安装牢固、位置准确。

4. 与水接触的混凝土结构施工应符合下列规定：

(1)应采取技术措施，提高混凝土质量，避免混凝土缺陷的产生；

(2)混凝土原材料、配合比、混凝土浇筑及养护等应符合规范相关规定；

(3)应按设计要求设置施工缝，并宜少设施工缝；

(4)混凝土浇筑应从低处开始，按顺序逐层进行，入模混凝土上升高度应一致平衡；

(5)混凝土浇筑完毕应及时养护。

5. 钢筋混凝土进、出水流道施工还应符合下列规定：

(1) 流道模板安装前宜进行预拼装检验；流道的模板、钢筋安装与绑扎应作统一安排，互相协调；

(2) 曲面、倾斜面层模板底部混凝土应振捣充分，模板面积较大时，应在适当位置开设便于进料和振捣的窗口；

(3) 变径流道的线形、断面尺寸应按设计要求施工。

6. 平台、楼层、梁、柱、墙等混凝土结构施工缝的设置应符合下列规定：

(1)墙、柱底端的施工缝宜设在底板或基础已有混凝土顶面，其上端施工缝宜设在楼板或大梁的下面；与其嵌固连接的楼层板、梁或附墙楼梯等需要分期浇筑时，其施工缝的位置及插筋、嵌槽应会同设计单位商定；

(2) 与板连成整体的大断面梁，宜整体浇筑；如需分期浇筑，其施工缝宜设在板底面以下20～30mm处，板下有梁托时，应设在梁托下面；

(3) 有主、次梁的楼板，施工缝应设在次梁跨中1/3范围内；

(4)结构复杂的施工缝位置，应按设计要求留置。

7. 平板闸的闸槽安装位置应准确。闸槽定位及埋件固定检查合格后，应及时浇筑混凝土。

8. 采用转动螺旋泵成型螺旋泵槽时，应将槽面压实抹光。槽面与螺旋叶片外缘间的空隙应均匀一致，并不得小于5mm。

9. 泵房进、出水管道穿过墙体时，穿墙管部位应设置防水套管。套管与管道的间隙，应待泵房沉降稳定后再按设计要求进行填封。

10. 在施工的不同阶段，应经常对泵房以及泵站内其他各单体构筑物进行沉降、位移监测。

主控项目

1. 泵房结构类型、结构尺寸、工艺布置平面尺寸及高程等应符合设计要求。检查方法：观察，检查施工记录、测量记录、隐蔽验收记录。

2. 混凝土、砌筑砂浆抗压强度符合设计要求；混凝土抗渗、抗冻性能应符合设计要求；混凝土试块的留置及质量验收应符合相关规范规定，砌筑砂浆试块的留置及质量验收应符合规范相关规定。检验方法：检查配合比报告，检查混凝土试块抗压、抗渗、抗冻试验报告，检查砌筑砂浆试块抗压试验报告。

3. 混凝土结构外观无严重质量缺陷；砌体结构砌筑完整、灌浆密实，无裂缝、通缝等现象。检验方法：观察，检查施工技术处理资料。

4. 井壁、隔墙及底板均不得渗水；电缆沟内不得有湿渍现象。检查方法：观察。

5. 变径流道应线形和顺、表面光洁，断面尺寸不得小于设计要求。检验方法：观察。

一般项目

1. 混凝土结构外观不宜有一般的质量缺陷；砌体结构砌筑齐整，勾缝平整，缝宽一致。检验方法：观察。

2. 结构无明显湿渍现象。检验方法：观察。

3. 导流墙、板、槽、坎及挡水墙、板、墩等表面应光洁和顺、线形流畅。检验方法：观察。

4. 现浇钢筋混凝土及砌体泵房施工允许偏差应符合下表相关规定。

表　现浇钢筋混凝土及砌体泵房施工允许偏差

<table>
<tr><th rowspan="3">序号</th><th colspan="2" rowspan="3">检查项目</th><th colspan="4">允许偏差(mm)</th><th colspan="2">检查数量</th><th rowspan="3">检查方法</th></tr>
<tr><th rowspan="2">混凝土</th><th rowspan="2">砖砌体</th><th colspan="2">石砌体</th><th rowspan="2">范围</th><th rowspan="2">点数</th></tr>
<tr><th>毛料石</th><th>粗、细料石</th></tr>
<tr><td rowspan="2">1</td><td rowspan="2">轴线位置</td><td>底板、墙基</td><td>15</td><td>10</td><td>20</td><td>15</td><td rowspan="6">每部位</td><td rowspan="2">横、纵向各1点</td><td rowspan="2">用钢尺、经纬仪测量</td></tr>
<tr><td>墙、柱、梁</td><td>8</td><td>10</td><td>15</td><td>10</td></tr>
<tr><td rowspan="2">2</td><td rowspan="2">高程</td><td>垫层、底板、墙、柱、梁</td><td>±10</td><td colspan="3">±15</td><td rowspan="2">不少于1点</td><td rowspan="2">用水准仪测量</td></tr>
<tr><td>吊装的支承面</td><td>−5</td><td>—</td><td>—</td><td>—</td></tr>
<tr><td rowspan="2">3</td><td rowspan="2">截面尺寸</td><td>墙、柱、梁、顶板</td><td>+10，−5</td><td>—</td><td>+20，−10</td><td>+10，−5</td><td rowspan="2">横、纵向各1点</td><td rowspan="2">用钢尺测量</td></tr>
<tr><td>洞、槽、沟净空</td><td>±10</td><td colspan="3">±20</td></tr>
<tr><td rowspan="2">4</td><td rowspan="2">中心位置</td><td>预埋件、预埋管</td><td colspan="4">5</td><td rowspan="2">每处</td><td rowspan="2">横、纵向各1点</td><td rowspan="2">用钢尺、经纬仪测量</td></tr>
<tr><td>预留洞</td><td colspan="4">10</td></tr>
<tr><td rowspan="3">5</td><td rowspan="3">平面尺寸（长、宽或直径）</td><td>$L \leqslant 20$m</td><td colspan="4">±20</td><td rowspan="8">每部位</td><td rowspan="3">±10</td><td rowspan="3">±10</td></tr>
<tr><td>20m<$L \leqslant 50$m</td><td colspan="4">±L/1000</td></tr>
<tr><td>50m<$L \leqslant 250$m</td><td colspan="4">±50</td></tr>
<tr><td rowspan="3">6</td><td rowspan="3">垂直度</td><td>$H \leqslant 5$m</td><td>8</td><td colspan="3">10</td><td rowspan="3">1点</td><td rowspan="3">用垂球、钢尺测量</td></tr>
<tr><td>5m<$H \leqslant 20$m</td><td>1.5H/1000</td><td colspan="3">2H/1000</td></tr>
<tr><td>H>20m</td><td>30</td><td colspan="3">—</td></tr>
<tr><td rowspan="2">7</td><td rowspan="2">表面平整度</td><td>垫层、底板</td><td>10</td><td colspan="3"></td><td rowspan="2">1点</td><td rowspan="2">用2m直尺、塞尺量测</td></tr>
<tr><td>墙、柱、梁</td><td>8</td><td>清水5
混水8</td><td>20</td><td>清水10
混水15</td></tr>
</table>

注：L——泵房的长、宽或直径；H——墙、柱等的高度。

城镇给水排水构筑物及管道工程泵房结构（砖砌体）施工检验批质量验收记录表

渝市政验收4-10-2

工程名称	重庆市××路××泵房工程	分项工程名称	砖砌体泵房施工	验收部位	砖砌体泵房
施工单位	重庆市××市政工程有限公司	项目经理	刘××	技术负责人	党××
施工执行标准名称及编号	重庆市《城镇给水排水构筑物及管道工程施工质量验收规范》DBJ50-108—2010				

质量验收规范的规定					施工单位检查记录							监理（建设）单位验收记录
项目	序号	检查项目		允许偏差（mm）								
主控项目	1	轴线位置	底板、墙基	10	8	7	6	5	4	8	6	符合规范要求。
			墙、柱、梁	10	8	7	5	4	6	8	7	符合规范要求。
	2	高程	垫层、底板、墙、柱、梁	±15	11	−13	14	−12	−10	12	14	符合规范要求。
	3	截面尺寸	洞、槽、沟净空	±20	−15	14	12	−11	14	18	13	符合规范要求。
	4	中心位置	预埋件、预埋管	5	2	3	4	3	2	2	4	符合规范要求。
			预留洞	10	8	7	5	4	6	8	7	符合规范要求。
	5	平面尺寸（长、宽或直径）	$L \leq 20m$	±20	14	12	−11	14	−18	13	16	符合规范要求。
			$20m < L \leq 50m$	$\pm L/1000$								
			$50m < L \leq 250m$	±50								
	6	垂直度	$H \leq 5m$	10	8	7	6	5	4	8	6	符合规范要求。
			$5m < H \leq 20m$	$2H/1000$								
一般项目	1	表面平整度（墙、柱、梁）	清水	5	2	3	4	3	2	2	4	符合规范要求。
			混水	8								
	2											

施工单位检查结果	经检查，主控项目和一般项目均符合设计要求和重庆市《城镇给水排水构筑物及管道工程施工质量验收规范》（DBJ 50-108—2010）规定，评定合格。 专业技术负责人：张×× 质检工程师：于×× 技术负责人：江×× 2015年5月25日
监理单位审查结论	同意施工单位验收结果，评定合格。 专业监理工程师：程×× 2015年5月25日
建设单位验收结论	同意施工单位评定结果，验收合格，同意进行下道工序施工。 现场负责人：赵×× 2015年5月25日

说明:

主控项目

1. 砖石砌体的施工验收应符合相关规范有关要求。

2. 砖石砌体中的预埋管应有防渗措施。当设计无规定时,可以加焊止水环后满包混凝土将管固定而后接砌。满包混凝土宜呈方形,其抗压强度不小于C25,管外浇筑厚度不应小于100mm。检验数量:每处。检验方法:观察,直尺检查,检查检验报告。

3. 砖砌池壁时,砌体各砖层间应上下错缝,内外搭砌,灰缝饱满、均匀一致。水平灰缝厚度和竖向灰缝宽度宜为10mm,但不应小于8mm,并不应大于12mm。圆形池壁,里口灰缝宽度不应小于5mm。检验数量:每座构筑物。检验方法:观察,直尺检查。

4. 砌筑料石池壁时,应分层卧砌,上下错缝,丁、顺搭砌;水平缝宜采用坐灰法,竖向缝宜采用灌浆法。水平灰缝厚度宜为10mm。竖向灰缝厚度:细料石、半细料石不宜大于10mm;粗料石不宜大于20mm。检验数量:每座构筑物。检验方法:观察,直尺检查。

一般项目

1. 料石砌体的勾缝应符合下列规定:

(1)在勾缝前,应将砌体表面上粘结的灰浆、泥污等清扫干净并洒水湿润;

(2)勾缝灰浆宜采用细砂拌制的1:1.5水泥砂浆,缝深度宜为30~40mm,分2~3层填入,分层抹压密实。检验数量:每座构筑物。检验方法:观察,查检测报告。

2. 应按设计要求将预埋件准确砌入砌体内,尽量不预留孔洞和凿洞补装。检验数量:每座构筑物。检验方法:观察。

城镇给水排水构筑物及管道工程泵房结构(毛料石砌体)施工检验批质量验收记录表

渝市政验收4-10-3

工程名称	重庆市××路××泵房工程	分项工程名称	泵房结构施工	验收部位	毛料石砌体泵房
施工单位	重庆市××市政工程有限公司	项目经理	刘××	技术负责人	党××
施工执行标准名称及编号	重庆市《城镇给水排水构筑物及管道工程施工质量验收规范》DBJ 50-108—2010				

项目	序号	质量验收规范的规定：检查项目		允许偏差(mm)	施工单位检查记录							监理(建设)单位验收记录
主控项目	1	轴线位置	底板、墙基	20	15	14	12	11	14	18	13	符合规范要求。
			墙、柱、梁	15	12	14	13	11	14	10	12	符合规范要求。
	2	高程	垫层、底板、墙、柱、梁	±15	14	13	-11	10	-12	-14	13	符合规范要求。
	3	截面尺寸	墙、柱、梁、顶板	+20,-10	18	12	14	17	16	10	-8	符合规范要求。
			洞、槽、沟净空	±20	12	11	-14	-18	13	-17	13	符合规范要求。
	4	中心位置	预埋件、预埋管	5	2	3	4	3	2	2	4	符合规范要求。
			预留洞	10	8	7	5	4	6	8	7	符合规范要求。
	5	平面尺寸(长、宽或直径)	L≤20m	±20	12	11	-14	18	-13	15	17	符合规范要求。
			20m<L≤50m	±L/1000								
			50m<L≤250m	±50								
	6	垂直度	H≤5m	10	8	7	6	5	4	8	6	符合规范要求。
			5m<H≤20m	2H/1000								
一般项目	1	表面平整度(墙、柱、梁)		20	13	15	14	12	11	14	17	符合规范要求。
	2											
	3											
	4											
施工单位检查结果	经检查,主控项目和一般项目均符合设计要求和重庆市《城镇给水排水构筑物及管道工程施工质量验收规范》(DBJ 50-108—2010)规定,评定合格。 专业技术负责人:张×× 质检工程师:于×× 技术负责人:江×× 2015年5月25日											
监理单位审查结论	同意施工单位验收结果,评定合格。 专业监理工程师:程×× 2015年5月25日											
建设单位验收结论	同意施工单位评定结果,验收合格,同意进行下道工序施工。 现场负责人:赵×× 2015年5月25日											

说明:

主控项目

1. 泵房结构类型、结构尺寸、工艺布置平面尺寸及高程等应符合设计要求。检查方法:观察,检查施工记录、测量记录、隐蔽验收记录。

2. 混凝土、砌筑砂浆抗压强度符合设计要求;混凝土抗渗、抗冻性能应符合设计要求;混凝土试块的留置及质量验收应符合相关规范规定,砌筑砂浆试块的留置及质量验收应符合规范相关规定。检验方法:检查配合比报告,检查混凝土试块抗压、抗渗、抗冻试验报告，检查砌筑砂浆试块抗压试验报告。

3. 混凝土结构外观无严重质量缺陷；砌体结构砌筑完整、灌浆密实，无裂缝、通缝等现象。检验方法：观察，检查施工技术处理资料。

4. 井壁、隔墙及底板均不得渗水；电缆沟内不得有湿渍现象。检查方法：观察。

5. 变径流道应线形和顺、表面光洁，断面尺寸不得小于设计要求。检验方法：观察。

一般项目

1. 混凝土结构外观不宜有一般的质量缺陷；砌体结构砌筑齐整，勾缝平整，缝宽一致。检验方法：观察。

2. 结构无明显湿渍现象。检验方法：观察。

3. 导流墙、板、槽、坎及挡水墙、板、墩等表面应光洁和顺、线形流畅。检验方法：观察。

4. 现浇钢筋混凝土及砌体泵房施工允许偏差应符合下表相关规定。

表　现浇钢筋混凝土及砌体泵房施工允许偏差

序号	检查项目		允许偏差(mm)				检查数量		检查方法
			混凝土	砖砌体	石砌体		范围	点数	
					毛料石	粗、细料石			
1	轴线位置	底板、墙基	15	10	20	15	每部位	横、纵向各1点	用钢尺、经纬仪测量
		墙、柱、梁	8	10	15	10			
2	高程	垫层、底板、墙、柱、梁	±10	±15				不少于1点	用水准仪测量
		吊装的支承面	-5	—	—	—			
3	截面尺寸	墙、柱、梁、顶板	+10,-5	—	+20,-10	+10,-5		横、纵向各1点	用钢尺测量
		洞、槽、沟净空	±10	±20					
4	中心位置	预埋件、预埋管	5				每处	横、纵向各1点	用钢尺、经纬仪测量
		预留洞	10						
5	平面尺寸(长宽或直径)	$L\leqslant20m$	±20						
		$20m<L\leqslant50m$	$\pm L/1000$					±10	±10
		$50m<L\leqslant250m$	±50						
6	垂直度	$H\leqslant5m$	8	10			每部位	1点	用垂球、钢尺测量
		$5m<H\leqslant20m$	$1.5H/1000$	$2H/1000$					
		$H>20m$	30	—					
7	表面平整度	垫层、底板	10	—				1点	用2m直尺、塞尺量测
		墙、柱、梁	8	清水5 混水8	20	清水10 混水15			

注：L——泵房的长、宽或直径；H——墙、柱等的高度。

城镇给水排水构筑物及管道工程泵房结构(粗、细料石砌体)施工检验批质量验收记录表

渝市政验收4-10-4

工程名称	重庆市××路××泵房工程	分项工程名称	粗、细料石砌体泵房施工	验收部位	粗、细料石砌体泵房
施工单位	重庆市××市政工程有限公司	项目经理	刘××	技术负责人	党××
施工执行标准名称及编号	重庆市《城镇给水排水构筑物及管道工程施工质量验收规范》DBJ 50-108—2010				

项目	序号	质量验收规范的规定 检查项目		允许偏差(mm)	施工单位检查记录							监理(建设)单位验收记录
主控项目	1	轴线位置	底板、墙基	15	12	14	13	11	14	10	12	符合规范要求。
			墙、柱、梁	10	7	5	4	6	8	7	3	符合规范要求。
	2	高程	垫层、底板、墙、柱、梁	±15	14	13	−11	10	−12	−14	13	符合规范要求。
	3	截面尺寸	墙、柱、梁、顶板	+10,−5	18	12	14	17	16	10	−8	符合规范要求。
			洞、槽、沟净空	±20	14	−12	11	−14	17	15	16	符合规范要求。
	4	中心位置	预埋件、预埋管	5	2	3	4	3	2	2	4	符合规范要求。
			预留洞	10	8	7	5	4	6	8	7	符合规范要求。
	5	平面尺寸(长、宽或直径)	$L\leq 20m$	±20	15	14	−12	11	−14	17	16	符合规范要求。
			$20m<L\leq 50m$	$\pm L/1000$								
			$50m<L\leq 250m$	±50								
	6	垂直度	$H\leq 5m$	10	8	7	6	5	4	8	6	符合规范要求。
			$5m<H\leq 20m$	$2H/1000$								
一般项目	1	表面平整度(墙、柱、梁)	清水	10	8	7	5	4	6	4	8	符合规范要求。
			混水	15								
	2											
	3											
	4											

施工单位检查结果	经检查,主控项目和一般项目均符合设计要求和重庆市《城镇给水排水构筑物及管道工程施工质量验收规范》(DBJ 50-108—2010)规定,评定合格。 专业技术负责人:张×× 质检工程师:于×× 技术负责人:江×× 2015年5月25日
监理单位审查结论	同意施工单位验收结果,评定合格。 专业监理工程师:程×× 2015年5月25日
建设单位验收结论	同意施工单位评定结果,验收合格,同意进行下道工序施工。 现场负责人:赵×× 2015年5月25日

说明：

主控项目

1. 泵房结构类型、结构尺寸、工艺布置平面尺寸及高程等应符合设计要求。检查方法：观察，检查施工记录、测量记录、隐蔽验收记录。

2. 混凝土、砌筑砂浆抗压强度符合设计要求；混凝土抗渗、抗冻性能应符合设计要求；混凝土试块的留置及质量验收应符合相关规范规定，砌筑砂浆试块的留置及质量验收应符合规范相关规定。检验方法：检查配合比报告，检查混凝土试块抗压、抗渗、抗冻试验报告，检查砌筑砂浆试块抗压试验报告。

3. 混凝土结构外观无严重质量缺陷；砌体结构砌筑完整、灌浆密实，无裂缝、通缝等现象。检验方法：观察，检查施工技术处理资料。

4. 井壁、隔墙及底板均不得渗水；电缆沟内不得有湿渍现象。检查方法：观察。

5. 变径流道应线形和顺、表面光洁，断面尺寸不得小于设计要求。检验方法：观察。

一般项目

1. 混凝土结构外观不宜有一般的质量缺陷；砌体结构砌筑齐整，勾缝平整，缝宽一致。检验方法：观察。

2. 结构无明显湿渍现象。检验方法：观察。

3. 导流墙、板、槽、坎及挡水墙、板、墩等表面应光洁和顺、线形流畅。检验方法：观察。

4. 现浇钢筋混凝土及砌体泵房施工允许偏差应符合下表相关规定。

表　现浇钢筋混凝土及砌体泵房施工允许偏差

序号	检查项目		允许偏差(mm)				检查数量		检查方法
			混凝土	砖砌体	石砌体		范围	点数	
					毛料石	粗、细料石			
1	轴线位置	底板、墙基	15	10	20	15	每部位	横、纵向各1点	用钢尺、经纬仪测量
		墙、柱、梁	8	10	15	10			
2	高程	垫层、底板、墙、柱、梁	±10	±15				不少于1点	用水准仪测量
		吊装的支承面	-5	—	—	—			
3	截面尺寸	墙、柱、梁、顶板	+10，-5	—	+20，-10	+10，-5		横、纵向各1点	用钢尺测量
		洞、槽、沟净空	±10	±20					
4	中心位置	预埋件、预埋管	5				每处	横、纵向各1点	用钢尺、经纬仪测量
		预留洞	10						
5	平面尺寸(长宽或直径)	$L\leqslant 20m$	±20					±10	±10
		$20m<L\leqslant 50m$	$\pm LL/1000$						
		$50m<L\leqslant 250m$	±50						
6	垂直度	$H\leqslant 5m$	8	10			每部位	1点	用垂球、钢尺测量
		$5m<H\leqslant 20m$	$1.5H/1000$	$2H/1000$					
		$H>20m$	30	—					
7	表面平整度	垫层、底板、	10	—				1点	用2m直尺、塞尺量测
		墙、柱、梁	8	清水5 混水8	20	清水10 混水15			

注：L——泵房的长、宽或直径；H——墙、柱等的高度。

城镇给水排水构筑物及管道工程泵房设备基础施工检验批质量验收记录表

渝市政验收4-10-5

工程名称	重庆市××路××泵房工程	分项工程名称	泵房设备基础施工	验收部位	泵房设备基础
施工单位	重庆市××市政工程有限公司	项目经理	刘××	技术负责人	党××
施工执行标准名称及编号	重庆市《城镇给水排水构筑物及管道工程施工质量验收规范》DBJ 50-108—2010				

质量验收规范的规定					施工单位检查记录							监理(建设)单位验收记录
项目	序号	检查项目		允许偏差(mm)								
主控项目	1	轴线位置	水泵与电动机	8	7	5	4	6	7	4	5	符合规范要求。
			闸槽	5	2	3	4	3	2	2	4	符合规范要求。
	2	高程	设备基础	−20	−9	−10	−15	−12	−12	−11	−8	符合规范要求。
			闸槽底槛	±10	7	5	−6	8	8	7	5	符合规范要求。
	3	闸槽	垂直度	H/1000,且≤20	√	√	√	√	√	√	√	符合规范要求。
			两闸槽间距	±5	2	3	4	3	2	2	4	符合规范要求。
			闸槽扭曲(自身及两槽相对)	2	√	√	√	√	√	√	√	符合规范要求。
	4	预埋地脚螺栓	顶端高程	±20	15	−14	−12	11	−14	18	13	符合规范要求。
			中心距	±2	1	−1	−1	1	1	−1	1	符合规范要求。
	5	预埋活动地脚螺栓锚板	中心位置	5	2	3	4	3	2	2	4	符合规范要求。
			高程	+ 20	√	√	√	√	√	√	√	符合规范要求。
			水平度(带槽的锚板)	5	4	2	4	3	1	2	3	符合规范要求。
			水平度(带螺纹的锚板)	2	1	1	0	0	1	1	1	符合规范要求。
	6	地脚螺栓预留孔	中心位置	8	5	7	4	6	5	7	4	符合规范要求。
			深度	+20	√	√	√	√	√	√	√	符合规范要求。
			孔壁垂直度	10	8	7	5	4	6	8	7	符合规范要求。
一般项目	1	基础外形	平面尺寸	±10	8	7	5	−6	8	−7	4	符合规范要求。
			水平度	L/200,且≤10	√	√	√	√	√	√	√	符合规范要求。
			垂直度	L/200,且≤10	√	√	√	√	√	√	√	符合规范要求。
	2	闸槽底槛	水平度	3	2	2	1	1	1	2	1	符合规范要求。
			平整度	2	1	1	0	0	1	1	1	符合规范要求。

施工单位检查结果	经检查,主控项目和一般项目均符合设计要求和重庆市《城镇给水排水构筑物及管道工程施工质量验收规范》(DBJ 50-108—2010)规定,评定合格。 专业技术负责人:张×× 质检工程师:于×× 技术负责人:江×× 2015年5月25日
监理单位审查结论	同意施工单位验收结果,评定合格。 专业监理工程师:程×× 2015年5月25日
建设单位验收结论	同意施工单位评定结果,验收合格,同意进行下道工序施工。 现场负责人:赵×× 2015年5月25日

说明：

1. 水泵与电机等设备基础施工应符合下列规定：

(1)钢筋混凝土基础工程应符合规范相关规定和设计要求；

(2)水泵和电动机的基础与底板混凝土不同时浇筑时，其接触面除应按施工缝处理外，底板应按设计要求预埋钢筋；

(3)当设备基础尺寸符合大体积混凝土规定时，按大体积混凝土的要求执行。

2. 水泵与电机安装进行基座二次混凝土及地脚螺栓预留孔灌浆时，应遵守下列规定：

(1)浇筑二次混凝土前，应对一次混凝土表面凿毛清理，刷洗干净；

(2)地脚螺栓埋入混凝土部分的油污应清除干净；灌浆前应清除灌浆部位全部杂物。

3. 地脚螺栓的弯钩底端不应接触孔底，外缘距离孔壁不应小于15mm；振捣密实，不得撞击地脚螺栓。

4. 混凝土或砂浆配比应通过试验确定；浇筑厚度大于或等于40mm时，宜采用细石混凝土灌注；小于40mm时，宜采用水泥砂浆灌注；其强度等级均应比基座混凝土设计强度等级提高一级。

5. 混凝土或砂浆达到设计强度的75%以后，方可将螺栓对称拧紧。

6. 地脚螺栓预埋采用植筋时，应通过试验确定。

主控项目

1. 所用工程材料的等级、规格、性能应符合国家有关标准的规定和设计要求。检验方法：检查产品的出厂质量合格证、出厂检验报告和进场复验报告。

2. 基础、闸槽以及预埋件、预留孔的位置、尺寸应符合设计要求。检验方法：观察，检查施工记录、测量记录。

3. 二次混凝土或灌浆材料的强度符合设计要求；采用植筋方式时，其抗拔试验应符合设计要求。检验方法：检查二次根凝土或灌浆材料的试块强度报告，检查试件试验报告。

4. 混凝土外观无严重质量缺陷。检验方法：观察，检查技术处理资料。

一般项目

1. 混凝土外观不宜有一般质量缺陷；表面平整，外光内实。检验方法：观察，检查技术处理资料。

2. 设备基础及闸槽施工允许偏差应符合下表的相关规定。

表　设备基础及闸槽施工允许偏差

序号	检查项目		允许偏差(mm)	检查数量		检查方法
				范围	数量	
1	轴线位置	水泵与电动机	8	每座	横、纵向各测1点	用经纬仪测量
		闸槽	5			
2	高程	设备基础	−20	每座	1点	用水准仪测量
		闸槽底槛	±10			
3	闸槽	垂直度	$H/1000$，且≤20	每座	两槽各1点	用垂线、钢尺测量
		两闸槽间距	±5	每座	2点	用钢尺测量
		闸槽扭曲(自身及两槽相对)	2	每座	2点	用垂线、钢尺测量
4	预埋地脚螺栓	顶端高程	±20	每处	1点	用水准仪测量
		中心距	±2	每处	根部、顶部各1点	用钢尺测量

续表

序号	检查方法		允许偏差（mm）	检查数量		检查方法
				范围	数量	
5	预留活动地脚螺栓锚板	中心位置	5	每处	横、纵向各1点	用经纬仪测量
		高程	+20	每处	1点	用钢尺量测
		水平度（带槽的锚板）	5	每处	1点	用水平尺量测
		水平度（带螺纹的锚板）	2			
6	基础外形	平面尺寸	±10	每座	横、纵向各1点	用钢尺量测
		水平度	*L*/200，且≤10	每处	1点	用水平尺量测
		垂直度	*L*/200，且≤10	每处	1点	用垂线、钢尺量测
7	地脚螺栓预留孔	中心位置	8	每处	横、纵向各1点	用经纬仪测量
		深度	+20	每处	1点	用探尺测量
		孔壁垂直度	10	每处	1点	用垂线、钢尺量测
8	闸槽底槛	水平度	3	每处	1点	用水平尺量测
9	闸槽底槛	平整度	2	每处	1点	用经纬仪测量

城镇给水排水水调蓄构筑物水塔(钢筋混凝土圆筒塔身)施工检验批质量验收记录表

渝市政验收4-11-1

工程名称		重庆市××路××水调蓄构筑物工程	分项工程名称	钢筋混凝土圆筒塔身施工			验收部位		钢筋混凝土圆筒塔身		
施工单位		重庆市××市政工程有限公司		项目经理		刘××			技术负责人		党××
施工执行标准名称及编号		重庆市《城镇给水排水构筑物及管道工程施工质量验收规范》DBJ 50-108—2010									
质量验收规范的规定				施工单位检查记录							监理(建设)单位验收记录
项目	序号	检查项目	允许偏差(mm)								
主控项目	1	中心垂直度	1.5*H*/1000,且≤30	√	√	√	√	√	√	√	符合规范要求。
	2	壁厚	-3,+10	-1	6	7	5	6	2	3	符合规范要求。
	3	圆筒塔身直径	±20	15	14	-12	11	-14	-18	13	符合规范要求。
	4	内外表面平整度	5	2	3	4	3	2	2	4	符合规范要求。
	5	预埋管、预埋件中心位置	5	3	4	3	2	2	1	2	符合规范要求。
	6	预留孔洞中心位置	5	4	2	3	4	3	2	2	符合规范要求。
	7										
	8										
一般项目	1	构件连接	符合设计要求	检查施工记录、放进接头检验报告,符合设计要求。							符合规范要求。
	2										
	3										
	4										
	5										
施工单位检查结果	经检查,主控项目和一般项目均符合设计要求和重庆市《城镇给水排水构筑物及管道工程施工质量验收规范》(DBJ 50-108—2010)规定,评定合格。 专业技术负责人:张×× 质检工程师:于×× 技术负责人:江×× 2015年5月25日										
监理单位审查结论	同意施工单位验收结果,评定合格。 专业监理工程师:程×× 2015年5月25日										
建设单位验收结论	同意施工单位评定结果,验收合格,同意进行下道工序施工。 现场负责人:赵×× 2015年5月25日										

说明:

1. 水塔的基础施工应遵守下列规定:

(1)地基处理、工程基础桩应按相关规范相关规定和设计要求,进行承载力检测和桩身质量检验;

(2)水塔基础下的土基应避免扰动;

(3)基础的预埋螺栓及滑模支承杆位置应准确,并必须采取防止混凝土浇筑时发生位移的固定措施。

2. 水塔所有预埋件、预留孔洞位置、规格型号、数量应符合设计要求,设置牢固。

3. 整体现浇钢筋混凝土塔身可采用滑模或整体拼装模板,塔身垂直度、结构几何尺寸、强度等应满足设计要求。

4. 预制钢筋混凝土塔身上、下节预埋扁钢环对接时,其圆度应一致,上下口调平后找正位置钢筋方可连接,上下圆筒两端对接时接缝应抹压平整。

5. 钢筋混凝土框架塔身，框架预埋竖向钢筋的规格型号及基面轴线和高程应符合设计要求，框架的垂直度和倾斜度应控制在设计和相关规范允许范围内。

6. 钢筋混凝土倒锥壳现浇水柜的施工缝宜留在中环梁内；正锥壳顶盖模板的支撑点应与倒锥壳模板的支撑点相对应。现浇钢筋混凝土水柜应控制水柜轴线与塔身的偏差在设计允许范围内，结构尺寸满足设计要求，钢筋及混凝土符合国家规范。

主控项目

1. 水塔塔身的结构类型、结构尺寸及预埋件、预留孔洞等规格、位置应符合设计要求。检验方法：观察，检查施工记录、测量记录、隐蔽验收记录。

2. 混凝土的强度、抗冻性能必须符合设计要求；其试块的留置及质量评定应符合相关规范规定。检验方法：检查配合比报告；检查混凝土抗压、抗冻试块的试验报告。

3. 塔身混凝土混凝土表面应平整密实，边角整齐，外观质量无严重缺陷。检验方法：观察，检查撤模记录、资料。

一般项目

1. 装配式塔身的预制构件间的连接应符合设计要求，钢筋连接质量符合国家相关标准的规定。检验方法：检查施工记录、钢筋接头检验报告。

2. 钢筋混凝土圆筒或框架塔身施工应符合下表的规定。

表　钢筋混凝土圆筒或框架塔身施工允许偏差

序号	检查项目	允许偏差(mm)		检查数量		检查方法
		圆筒塔身	框架塔身	范围	点数	
1	中心垂直度	1.5H/1000，且≤30	1.5H/1000，且≤30	每分格（或每座）	4	钢尺配合垂球量测
2	壁厚	−3，+10	−3，+10	每3m高度	4	钢尺量测
3	框架塔身柱间距和对角线差	—	L/500	每柱	4	用经纬仪测量分角重复4次
4	圆筒塔身直径或框架节点距塔身中心距离	±20	±5	圆柱塔身4；框架塔身每节点1		钢尺量测
5	内外表面平整度	5	10	每3m高度	4	用弧长为2m的弧形尺量钢尺量测
6	框架塔身每节柱顶水平高差	—	5	每柱	2	水准仪测量
7	预埋管、预埋件中心位置	5	5	每件	1	钢尺量测
8	预留孔洞中心位置	5	5	每孔	1	钢尺量测

注：H——塔身高度(mm)。

城镇给水排水水调蓄构筑物水塔(钢筋混凝土框架塔身)施工检验批质量验收记录表

渝市政验收4-11-2

工程名称	重庆市××路××水调蓄构筑物工程	分项工程名称	钢筋混凝土框架塔身施工	验收部位	钢筋混凝土框架塔身
施工单位	重庆市××市政工程有限公司	项目经理	刘××	技术负责人	党××
施工执行标准名称及编号	重庆市《城镇给水排水构筑物及管道工程施工质量验收规范》DBJ 50-108—2010				

质量验收规范的规定				施工单位检查记录							监理(建设)单位验收记录
项目	序号	检查项目	允许偏差(mm)								
主控项目	1	中心垂直度	1.5H/1000,且≤30	√	√	√	√	√	√	√	符合规范要求。
	2	壁厚	−3,+10	6	8	−1	7	−2	6	8	符合规范要求。
	3	框架塔身柱间距和对角线差	L/500	√	√	√	√	√	√	√	符合规范要求。
	4	框架节点距塔身中心距离	±20	15	−14	12	11	14	−18	13	符合规范要求。
	5	内外表面平整度	5	2	3	4	3	3	4	2	符合规范要求。
	6	框架塔身每节柱顶水平高差	5	3	1	3	4	3	4	1	符合规范要求。
	7	预埋管、预埋件中心位置	5	4	2	3	3	4	3	2	符合规范要求。
	8	预留孔洞中心位置	5	2	3	4	3	2	2	4	符合规范要求。
一般项目	1	构件连接	符合设计要求	检查施工记录、放进接头检验报告,符合设计要求。							符合规范要求。
	2										
	3										
	4										
	5										

施工单位检查结果	经检查,主控项目和一般项目均符合设计要求和重庆市《城镇给水排水构筑物及管道工程施工质量验收规范》(DBJ 50-108—2010)规定,评定合格。 专业技术负责人:张×× 质检工程师:于×× 技术负责人:江×× 2015年5月25日
监理单位审查结论	同意施工单位验收结果,评定合格。 专业监理工程师:程×× 2015年5月25日
建设单位验收结论	同意施工单位评定结果,验收合格,同意进行下道工序施工。 现场负责人:赵×× 2015年5月25日

说明:

一般规定

1. 水塔的基础施工应遵守下列规定:

(1)地基处理、工程基础桩应按相关规范相关规定和设计要求,进行承载力检测和桩身质量检验;

(2)水塔基础下的土基应避免扰动;

(3)基础的预埋螺栓及滑模支承杆位置应准确,并必须采取防止混凝土浇筑时发生位移的固定措施。

2. 水塔所有预埋件、预留孔洞位置、规格型号、数量应符合设计要求,设置牢固。

3. 整体现浇钢筋混凝土塔身可采用滑模或整体拼装模板，塔身垂直度、结构几何尺寸、强度等应满足设计要求。

4. 预制钢筋混凝土塔身上、下节预埋扁钢环对接时，其圆度应一致，上下口调平后找正位置钢筋方可连接，上下圆筒两端对接时接缝应抹压平整。

5. 钢筋混凝土框架塔身，框架预埋竖向钢筋的规格型号及基面轴线和高程应符合设计要求，框架的垂直度和倾斜度应控制在设计和相关规范允许范围内。

6. 钢筋混凝土倒锥壳现浇水柜的施工缝宜留在中环梁内；正锥壳顶盖模板的支撑点应与倒锥壳模板的支撑点相对应。现浇钢筋混凝土水柜应控制水柜轴线与塔身的偏差在设计允许范围内，结构尺寸满足设计要求，钢筋及混凝土符合国家规范。

钢筋混凝土圆筒、框架结构水塔塔身施工应符合下列规定：

主控项目

1. 水塔塔身的结构类型、结构尺寸及预埋件、预留孔洞等规格、位置应符合设计要求。检验方法：观察，检查施工记录、测量记录、隐蔽验收记录。

2. 混凝土的强度、抗冻性能必须符合设计要求；其试块的留置及质量评定应符合相关规范规定。检验方法：检查配合比报告；检查混凝土抗压、抗冻试块的试验报告。

3. 塔身混凝土混凝土表面应平整密实，边角整齐，外观质量无严重缺陷。检验方法：观察，检查撤模记录、资料。

一般项目

1. 装配式塔身的预制构件间的连接应符合设计要求，钢筋连接质量符合国家相关标准的规定；检验方法：检查施工记录、钢筋接头检验报告。

2. 钢筋混凝土圆筒或框架塔身施工应符合下表的规定。

表　钢筋混凝土圆筒或框架塔身施工允许偏差

序号	检查项目	允许偏差(mm)		检查数量		检查方法
		圆筒塔身	框架塔身	范围	点数	
1	中心垂直度	1.5H/1000，且≤30	1.5H/1000，且≤30	每分格（或每座）	4	钢尺配合垂球量测
2	壁厚	−3，+10	−3，+10	每3m高度	4	钢尺量测
3	框架塔身柱间距和对角线差	—	L/500	每柱	4	用经纬仪测量分角重复4次
4	圆筒塔身直径或框架节点距塔身中心距离	±20	±5	圆柱塔身4；框架塔身每节点1		钢尺量测
5	内外表面平整度	5	10	每3m高度	4	用弧长为2m的弧形尺量钢尺量测
6	框架塔身每节柱顶水平高差	—	5	每柱	2	水准仪测量
7	预埋管、预埋件中心位置	5	5	每件	1	钢尺量测
8	预留孔洞中心位置	5	5	每孔	1	钢尺量测

注：H——塔身高度(mm)。

城镇给水排水水调蓄构筑物水塔（钢圆筒塔身）施工检验批质量验收记录表

渝市政验收4-11-3

工程名称	重庆市××路××水调蓄构筑物工程	分项工程名称	钢圆筒塔身施工	验收部位	钢圆筒塔身
施工单位	重庆市××市政工程有限公司	项目经理	刘××	技术负责人	党××
施工执行标准名称及编号	重庆市《城镇给水排水构筑物及管道工程施工质量验收规范》DBJ 50-108—2010				

质量验收规范的规定				施工单位检查记录							监理（建设）单位验收记录
项目	序号	检查项目	允许偏差（mm）								
主控项目	1	中心垂直度	1.5H/1000，且≤30	√	√	√	√	√	√	√	符合规范要求。
	2	柱间距和对角线差	L/1000	√	√	√	√	√	√	√	符合规范要求。
	3	钢架节点距塔身中心距离	5	2	3	4	3	3	4	2	符合规范要求。
	4	预埋管、预埋件、预留孔洞中心位置	5	3	1	3	4	3	4	1	符合规范要求。
	5										
	6										
	7										
	8										
一般项目	1	构件连接	符合规范要求	检查施工记录、放进接头检验报告，符合设计要求。							符合规范要求。
	2	除锈	符合规范要求	涂层外观均匀，无起泡、空鼓、透底等现象，与钢结构表面附着紧密，符合规范要求。							符合规范要求。
	3										
	4										
	5										

施工单位检查结果	经检查，主控项目和一般项目均符合设计要求和重庆市《城镇给水排水构筑物及管道工程施工质量验收规范》(DBJ 50-108—2010)规定，评定合格。 专业技术负责人：张×× 质检工程师：于×× 技术负责人：江×× 2015年5月25日
监理单位审查结论	同意施工单位验收结果，评定合格。 专业监理工程师：程×× 2015年5月25日
建设单位验收结论	同意施工单位评定结果，验收合格，同意进行下道工序施工。 现场负责人：赵×× 2015年5月25日

说明：

一般规定

1. 水塔的基础施工应遵守下列规定：

(1)地基处理、工程基础桩应按相关规范相关规定和设计要求，进行承载力检测和桩身质量检验；

(2)水塔基础下的土基应避免扰动；

(3)基础的预埋螺栓及滑模支承杆位置应准确,并必须采取防止混凝土浇筑时发生位移的固定措施。

2. 水塔所有预埋件、预留孔洞位置、规格型号、数量应符合设计要求,设置牢固。

3. 整体现浇钢筋混凝土塔身可采用滑模或整体拼装模板,塔身垂直度、结构几何尺寸、强度等应满足设计要求。

4. 预制钢筋混凝土塔身上、下节预埋扁钢环对接时,其圆度应一致,上下口调平后找正位置钢筋方可连接,上下圆筒两端对接时接缝应抹压平整。

5. 钢筋混凝土框架塔身,框架预埋竖向钢筋的规格型号及基面轴线和高程应符合设计要求,框架的垂直度和倾斜度应控制在设计和相关规范允许范围内。

6. 钢筋混凝土倒锥壳现浇水柜的施工缝宜留在中环梁内;正锥壳顶盖模板的支撑点应与倒锥壳模板的支撑点相对应。现浇钢筋混凝土水柜应控制水柜轴线与塔身的偏差在设计允许范围内,结构尺寸满足设计要求,钢筋及混凝土符合国家规范。

主控项目

1. 水塔塔身的结构类型、结构尺寸及预埋件、预留孔洞等规格、位置应符合设计要求。检验方法:观察,检查施工记录、测量记录、隐蔽验收记录。

2. 混凝土的强度、抗冻性能必须符合设计要求;其试块的留置及质量评定应符合相关规范规定。检验方法:检查配合比报告;检查混凝土抗压、抗冻试块的试验报告。

3. 塔身混凝土混凝土表面应平整密实,边角整齐,外观质量无严重缺陷。检验方法:观察,检查撤模记录、资料。

一般项目

1. 装配式塔身的预制构件间的连接应符合设计要求,钢筋连接质量符合国家相关标准的规定。检验方法:检查施工记录、钢筋接头检验报告。

2. 钢筋混凝土圆筒或框架塔身施工应符合下表的规定。

表　钢筋混凝土圆筒或框架塔身施工允许偏差

序号	检查项目	允许偏差(mm)		检查数量		检查方法
		圆筒塔身	框架塔身	范围	点数	
1	中心垂直度	1.5H/1000,且≤30	1.5H/1000,且≤30	每分格(或每座)	4	钢尺配合垂球量测
2	壁厚	-3,+10	-3,+10	每3m高度	4	钢尺量测
3	框架塔身柱间距和对角线差	—	L/500	每柱	4	用经纬仪测量分角重复4次
4	圆筒塔身直径或框架节点距塔身中心距离	±20	±5	圆柱塔身4;框架塔身每节点1		钢尺量测
5	内外表面平整度	5	10	每3m高度	4	用弧长为2m的弧形尺量钢尺量测
6	框架塔身每节柱顶水平高差	—	5	每柱	2	水准仪测量
7	预埋管、预埋件中心位置	5	5	每件	1	钢尺量测
8	预留孔洞中心位置	5	5	每孔	1	钢尺量测

注:H——塔身高度(mm)。

城镇给水排水水调蓄构筑物水塔（钢架塔身）施工检验批质量验收记录表

渝市政验收4-11-4

工程名称	重庆市××路××水调蓄构筑物工程	分项工程名称	钢架塔身施工	验收部位	钢架塔身
施工单位	重庆市××市政工程有限公司	项目经理	刘××	技术负责人	党××
施工执行标准名称及编号	重庆市《城镇给水排水构筑物及管道工程施工质量验收规范》DBJ 50-108—2010				

质量验收规范的规定					施工单位检查记录							监理（建设）单位验收记录
项目	序号	检查项目		允许偏差（mm）								
主控项目	1	中心垂直度		1.5H/1000，且≤30	√	√	√	√	√	√	√	符合规范要求。
	2	塔身直径	D≤2m	+D/200	√	√	√	√	√	√	√	符合规范要求。
			D>m	+10								
	3	内外表面平整度		10	8	7	5	4	6	8	7	符合规范要求。
	4	预埋管、预埋件、预留孔洞中心位置		5	2	3	4	3	2	2	4	符合规范要求。
	5											
	6											
	7											
	8											
一般项目	1	构件连接		符合规范要求	检查施工记录、放进接头检验报告，符合设计要求。							符合规范要求。
	2	除锈		符合规范要求	涂层外观均匀，无起泡、空鼓、透底等现象，与钢结构表面附着紧密，符合规范要求。							符合规范要求。
	3											
	4											
	5											

施工单位检查结果	经检查，主控项目和一般项目均符合设计要求和重庆市《城镇给水排水构筑物及管道工程施工质量验收规范》（DBJ 50-108—2010）规定，评定合格。 专业技术负责人：张×× 质检工程师：于×× 技术负责人：江×× 2015年5月25日
监理单位审查结论	同意施工单位验收结果，评定合格。 专业监理工程师：程×× 2015年5月25日
建设单位验收结论	同意施工单位评定结果，验收合格，同意进行下道工序施工。 现场负责人：赵×× 2015年5月25日

说明：

1. 水塔的基础施工应遵守下列规定：

(1)地基处理、工程基础桩应按相关规范相关规定和设计要求，进行承载力检测和桩身质量检验；

(2)水塔基础下的土基应避免扰动；

(3)基础的预埋螺栓及滑模支承杆位置应准确,并必须采取防止混凝土浇筑时发生位移的固定措施。

2. 水塔所有预埋件、预留孔洞位置、规格型号、数量应符合设计要求,设置牢固。

3. 整体现浇钢筋混凝土塔身可采用滑模或整体拼装模板,塔身垂直度、结构几何尺寸、强度等应满足设计要求。

4. 预制钢筋混凝土塔身上、下节预埋扁钢环对接时,其圆度应一致,上下口调平后找正位置钢筋方可连接,上下圆筒两端对接时接缝应抹压平整。

5. 钢筋混凝土框架塔身,框架预埋竖向钢筋的规格型号及基面轴线和高程应符合设计要求,框架的垂直度和倾斜度应控制在设计和相关规范允许范围内。

6. 钢筋混凝土倒锥壳现浇水柜的施工缝宜留在中环梁内;正锥壳顶盖模板的支撑点应与倒锥壳模板的支撑点相对应。现浇钢筋混凝土水柜应控制水柜轴线与塔身的偏差在设计允许范围内,结构尺寸满足设计要求,钢筋及混凝土符合国家规范。

主控项目

1. 钢材、连接材料、钢构件、防腐材料等的产品质量保证资料应齐全,每批次的出厂质量合格证明书及各项性能检验报告应符合国家有关标准规定和设计要求。检验方法:检查产品质量合格证、出厂检验报告和进场复验报告。

2. 钢构件的预拼装质量经检验合格。检验方法:观察,检查预拼装及检验记录。

3. 钢构件之间的连接方式、连接检验等符合设计要求,组装应紧密牢固无变形。检验方法:观察,检查施工记录,检查螺栓连接的力学性能检验记录或焊接质量检验报告。

4. 塔身各部位的结构形式及预埋件、预留孔洞位置、构造等应符合设计要求,其尺寸偏差不得影响结构性能和相关构件、设备的安装。检验方法:观察,检查施工记录、测量放样记录。

一般项目

1. 采用螺栓连接构件时,螺栓头平面与构件间不得有间隙;螺栓应全部穿入,其穿入的方向符合规范要求。检验方法:观察,检查施工记录。

2. 采用焊接连接构件时,焊缝表面质量符合设计要求。检验方法:观察,检查焊缝外观质量检验记录。

3. 钢结构表面除锈满足规范要求,防腐涂膜厚度、附着力及涂装质量满足设计要求;涂层外观应均匀,无褶皱、起泡、空鼓、凝块、流淌、透底等现象,与钢结构表面附着紧密。检验方法:观察,检查厚度及附着力检测记录。

4. 钢架及钢圆桶塔身施工应符合下表的规定。

表 钢架及钢圆桶塔身施工允许偏差

<table>
<tr><th rowspan="2">序号</th><th rowspan="2" colspan="2">检查项目</th><th colspan="2">允许偏差(mm)</th><th colspan="2">检查数量</th><th rowspan="2">检查方法</th></tr>
<tr><th>圆筒塔身</th><th>框架塔身</th><th>范围</th><th>点数</th></tr>
<tr><td>1</td><td colspan="2">中心垂直度</td><td>1.5H/1000,且≤30</td><td>1.5H/1000,且≤30</td><td>每座</td><td>4</td><td>钢尺配合垂球量测</td></tr>
<tr><td>2</td><td colspan="2">柱间距和对角线差</td><td>L/1000</td><td>—</td><td>每座</td><td>4</td><td>用经纬仪测量分角重复4次</td></tr>
<tr><td>3</td><td colspan="2">钢架节点距塔身中心距离</td><td>5</td><td>—</td><td>每座</td><td>4</td><td>钢尺量测</td></tr>
<tr><td rowspan="2">4</td><td rowspan="2">塔身直径</td><td>D≤2m</td><td rowspan="2">—</td><td>+D/200</td><td rowspan="2">每座</td><td rowspan="2"></td><td rowspan="2">钢尺量测</td></tr>
<tr><td>D>2m</td><td>+10</td></tr>
<tr><td>5</td><td colspan="2">内外表面平整度</td><td></td><td>10</td><td>每座</td><td>4</td><td>用弧长为2m的弧形尺量钢尺量测</td></tr>
<tr><td>6</td><td colspan="2">预埋管、预埋件、预留孔洞中心位置</td><td>5</td><td>5</td><td>每件/孔</td><td>1</td><td>钢尺量测</td></tr>
</table>

注:H——塔身高度(mm);L——柱间距对角线长(mm);D——圆筒塔身直径(mm)。

城镇给水排水水调蓄构筑物水塔(水柜制作)施工检验批质量验收记录表

渝市政验收4-11-5

工程名称	重庆市××路××水调蓄构筑物工程	分项工程名称	水柜制作	验收部位	水柜
施工单位	重庆市××市政工程有限公司	项目经理	刘××	技术负责人	党××
施工执行标准名称及编号	重庆市《城镇给水排水构筑物及管道工程施工质量验收规范》DBJ 50-108—2010				

项目	序号	检查项目	允许偏差(mm)	施工单位检查记录							监理(建设)单位验收记录
主控项目	1	轴线位置(对塔身轴线)	10	8	7	5	4	6	8	7	符合规范要求。
	2	结构厚度	+10,-3	6	8	-1	7	-2	6	8	符合规范要求。
	3	净高度	±10	8	-7	6	-5	-4	8	6	符合规范要求。
	4	平面净尺寸	±20	-15	14	12	-11	-14	18	1	符合规范要求。
	5	表面平整度	5	3	4	3	2	2	2	3	符合规范要求。
	6	预埋管、预埋件中心位置	5	2	3	4	3	2	2	4	符合规范要求。
	7	预留孔洞中心位置	10	8	7	5	4	6	8	7	符合规范要求。
	8	砂浆或混凝土强度	符合规范要求	符合规范要求。							符合规范要求。
一般项目	1	钢丝网或钢筋安装规格型号及数量、位置间距	符合设计要求	符合设计要求。							符合规范要求。
	2										
	3										
	4										
	5										
施工单位检查结果	经检查,主控项目和一般项目均符合设计要求和重庆市《城镇给水排水构筑物及管道工程施工质量验收规范》(DBJ 50-108—2010)规定,评定合格。 专业技术负责人:张×× 质检工程师:于×× 技术负责人:江×× 2015年5月25日										
监理单位审查结论	同意施工单位验收结果,评定合格。 专业监理工程师:程×× 2015年5月25日										
建设单位验收结论	同意施工单位评定结果,验收合格,同意进行下道工序施工。 现场负责人:赵×× 2015年5月25日										

说明:

主控项目

1. 原材料的产品质量保证资料应齐全,每批的出厂质量合格证明书及各项性能检验报告应符合国家有关标准规定和设计要求。检验方法:检查产品质量合格证、出厂检验报告和进场复验报告。

2. 钢丝网或钢筋的规格数量、各部位结构尺寸和净尺寸及预埋件、预留孔洞位置、构造等应符合设计要求;其尺寸偏差不得影响结构性能和相关构件、设备的安装。检验方法:观察,检查施工记录、测量放样记录。

3. 砂浆或混凝土强度及混凝土抗渗、抗冻性能应符合设计要求;砂浆试块或混凝土试件的留置应符合相关规范要求。检验方法:检查砂浆抗压强度试块的试验报告;混凝土抗压、抗渗、抗冻试块试验报告。

4. 水柜外观质量无严重缺陷。检验方法:观察,检查拆模记录;检查加固补强技术资料。

一般项目

1. 钢丝网或钢筋安装规格型号及数量正确、位置间距满足设计要求,固定牢固,表面无污物。检验方法:现场检查;量测检查。

2. 混凝土水柜外观不宜有一般缺陷,钢丝网水柜壳体砂浆不得有空鼓和缺棱掉角,表面不得有露丝、露网、印网和气泡。检验方法:观察。

3. 水柜制作允许偏差应符合下表规定。

表 水柜制作允许偏差

序号	检查项目	允许偏差(mm)	检查数量		检查方法
			范围	点数	
1	轴线位置(对塔身轴线)	10	每座	2	钢尺配合垂球量测
2	结构厚度	+10,-3	每座	4	钢尺量测
3	净高度	±10	每座	2	钢尺量测
4	平面净尺寸	±20	每座	4	钢尺量测
5	表面平整度	5	每座	2	用弧长为2m的弧形尺量钢尺量测
6	预埋管、预埋件中心位置	5	每处	1	钢尺量测
7	预留孔洞中心位置	10	每孔	1	钢尺量测

城镇给水排水水调蓄构筑物水塔(水柜吊装)施工检验批质量验收记录表

渝市政验收4-11-6

工程名称	重庆市××路××水调蓄构筑物工程	分项工程名称	水柜吊装	验收部位	水柜
施工单位	重庆市××市政工程有限公司	项目经理	刘××	技术负责人	党××
施工执行标准名称及编号	重庆市《城镇给水排水构筑物及管道工程施工质量验收规范》DBJ 50-108—2010				

项目	序号	质量验收规范的规定：检查项目	质量验收规范的规定：允许偏差(mm)	施工单位检查记录							监理(建设)单位验收记录
主控项目	1	轴线位置(对塔身轴线)	10	8	7	6	5	4	8	6	符合规范要求。
	2	底部高程	±10	8	7	5	−6	8	−7	4	符合规范要求。
	3	装配式水柜净尺寸	±20	15	−14	12	−11	14	−18	13	符合规范要求。
	4	装配式水柜表面平整度	10	8	7	5	4	6	8	7	符合规范要求。
	5	预埋管、预埋件中心位置	5	2	3	4	3	2	2	4	符合规范要求。
	6	预留孔洞中心位置	5	3	4	3	2	2	3	4	符合规范要求。
	7	构件、材料	符合规范和设计要求	产品质量保证资料应齐全,检查每批原材料的出厂合格证明、性能检验报告及复验报告,符合规范和设计要求。							符合规范要求。
	8	水柜与塔身、预制构件间拼接方式	符合设计要求	构件安装位置准确,垂直、稳固;相邻构件钢筋接头连接可靠,湿接缝混凝土应密实,符合设计要求。							符合规范要求。
	9	满水试验	合格	检查预制水柜满水试验记录及水柜预制构件试拼装检验记录,合格。							合格。
一般项目	1	界面处理	满足安装要求	连接面清理干净,界面处理满足安装要求。							符合规范要求。
	2	防水、防腐、保温层	符合设计要求	表面完整,无破损现象,符合设计要求。							符合规范要求。
	3										
	4										
	5										

施工单位检查结果	经检查,主控项目和一般项目均符合设计要求和重庆市《城镇给水排水构筑物及管道工程施工质量验收规范》(DBJ 50-108—2010)规定,评定合格。 专业技术负责人:张×× 质检工程师:于×× 技术负责人:江×× 2015年5月25日
监理单位审查结论	同意施工单位验收结果,评定合格。 专业监理工程师:程×× 2015年5月25日
建设单位验收结论	同意施工单位评定结果,验收合格,同意进行下道工序施工。 现场负责人:赵×× 2015年5月25日

说明：

主控项目

1. 预制水柜、水柜预制构件等的成品质量经检验、验收符合设计要求；拼装连接所用材料的产品质量保证资料应齐全，每批的出厂质量合格证明书及各项性能检验报告应符合国家有关标准规定和设计要求。检验方法：观察，尺量检查，检查预制件成品制作的质量保证资料和相关施工检验资料；检查每批原材料的出厂合格证明、性能检验报告及有关的复验报告。

2. 预制水柜经满水试验合格；水柜预制构件经试拼装检验合格。检验方法：观察，检查预制水柜满水试验记录，检查水柜预制构件经试拼装检验记录。

3. 钢筋、预埋件、预留孔洞的规格型号、位置和数量应符合设计要求。检验方法：观察检查，现场量测检查。

4. 水柜与塔身、预制构件之间的拼接方式符合设计要求；构件安装应位置准确，垂直、稳固；相邻构件的钢筋接头连接可靠，湿接缝的混凝土应密实。检验方法：观察，检查施工记录，检查预留钢筋机械或焊接接头连接的力学性能检验报告，检查混凝土强度试块的试验报告。

5. 安装后的水柜(箱)位置、高程等应满足设计要求。检验方法：观察，检查安装记录，用钢尺、水准仪等测量检查。

一般项目

1. 构件安装时，应将连接面清理干净，界面处理满足安装要求。检验方法：观察。

2. 吊装完成后，水柜无变形、裂缝，表面应平整、洁净，边角整齐。检验方法：观察，检查加固补强技术资料。

3. 各拼接部位严密、平顺，无损伤、明显错台等现象。检验方法：观察。

4. 防水、防腐、保温层应符合设计要求；表面应完整，无破损等现象。检验方法：观察，检查施工记录，检查相关的施工检验资料。

5. 水柜的吊装施工应符合下表的规定。

表 水柜吊装施工允许偏差

序号	检查项目	允许偏差(mm)	检查数量		检查方法
			范围	点数	
1	轴线位置(对塔身轴线)	10	每座	1	钢尺配合垂球量测
2	底部高程		每座	1	水准仪测量
3	装配式水柜净尺寸		每座	4	钢尺量测
4	装配式水柜表面平整度	10	每2m高度	2	用弧长为2m的弧形尺量，钢尺量测
5	预埋管、预埋件中心位置	5	每处	1	钢尺量测
6	预留孔洞中心位置	5	每孔	1	钢尺量测

城镇给水排水水调蓄构筑物调蓄水池、水箱施工检验批质量验收记录表

渝市政验收4-11-7

<table>
<tr><td colspan="2">工程名称</td><td>重庆市××路××水调蓄构筑物工程</td><td>分项工程名称</td><td>调蓄水池施工</td><td>验收部位</td><td>调蓄水池</td></tr>
<tr><td colspan="2">施工单位</td><td>重庆市××市政工程有限公司</td><td>项目经理</td><td>刘××</td><td>技术负责人</td><td>党××</td></tr>
<tr><td colspan="2">施工执行标准名称及编号</td><td colspan="5">重庆市《城镇给水排水构筑物及管道工程施工质量验收规范》DBJ 50-108—2010</td></tr>
<tr><td colspan="4">质量验收规范的规定</td><td rowspan="2">施工单位检查记录</td><td colspan="2" rowspan="2">监理(建设)单位验收记录</td></tr>
<tr><td>项目</td><td>序号</td><td>检查项目</td><td>规范要求</td></tr>
<tr><td rowspan="9">主控项目</td><td>1</td><td>基坑开挖</td><td>满足设计要求</td><td>检查地基处理资料、施工记录,符合设计要求。</td><td colspan="2">符合规范要求。</td></tr>
<tr><td>2</td><td>施工工序</td><td>符合设计要求</td><td>施工顺序先深后浅,符合设计要求。</td><td colspan="2">符合规范要求。</td></tr>
<tr><td>3</td><td>构筑物的导流、消能、排气、排水放空等设施</td><td>符合设计要求</td><td>设施均按要求施工,符合设计要求。</td><td colspan="2">符合规范要求。</td></tr>
<tr><td>4</td><td>水池、顶板上部表面的防水、防渗、保温等措施</td><td>符合设计要求</td><td>措施合理,符合设计要求。</td><td colspan="2">符合规范要求。</td></tr>
<tr><td>5</td><td>满水试验</td><td>合格</td><td>进入防水层施工前,试验合格,符合规范要求。</td><td colspan="2">合格。</td></tr>
<tr><td>6</td><td>盲沟</td><td>符合设计要求</td><td>回填均匀,无不均匀沉降、位移计损坏,符合设计要求。</td><td colspan="2">符合规范要求。</td></tr>
<tr><td>7</td><td>焊接工艺</td><td>满足规范要求</td><td>焊缝均匀饱满,无麻面等缺陷,符合规范要求。</td><td colspan="2">符合规范要求。</td></tr>
<tr><td>8</td><td></td><td></td><td></td><td colspan="2"></td></tr>
<tr><td>9</td><td></td><td></td><td></td><td colspan="2"></td></tr>
<tr><td rowspan="5">一般项目</td><td>1</td><td></td><td></td><td></td><td colspan="2"></td></tr>
<tr><td>2</td><td></td><td></td><td></td><td colspan="2"></td></tr>
<tr><td>3</td><td></td><td></td><td></td><td colspan="2"></td></tr>
<tr><td>4</td><td></td><td></td><td></td><td colspan="2"></td></tr>
<tr><td>5</td><td></td><td></td><td></td><td colspan="2"></td></tr>
<tr><td colspan="2">施工单位检查结果</td><td colspan="5">经检查,主控项目和一般项目均符合设计要求和重庆市《城镇给水排水构筑物及管道工程施工质量验收规范》(DBJ 50-108—2010)规定,评定合格。
专业技术负责人:张×× 质检工程师:于×× 技术负责人:江××
2015年5月25日</td></tr>
<tr><td colspan="2">监理单位审查结论</td><td colspan="5">同意施工单位验收结果,评定合格。
专业监理工程师:程××
2015年5月25日</td></tr>
<tr><td colspan="2">建设单位验收结论</td><td colspan="5">同意施工单位评定结果,验收合格,同意进行下道工序施工。
现场负责人:赵××
2015年5月25日</td></tr>
</table>

说明：

1. 水池地基基础开挖与施工按设计规范要求，过水断面应满足设计要求。

2. 水池、顶板上部表面的防水、防渗、保温等措施应符合设计要求。

3. 地下式水池满水试验合格后，方可进行防水层施工，并及时进行池壁外和池顶的土方回填施工。

4. 水池外回填前应按设计要求做好池体周边的盲沟。回填应均匀进行，靠池体填料需严格控制粒径，并采用人工或小型机具夯实，严禁使用大块石及采用大型机具压实。防止水池结构体不均匀沉降、位移及损坏。池顶回填应严格控制回填厚度，做好顶面排水，采用人工回填，防止堆载过于集中造成顶板开裂。

5. 钢水箱、不锈钢水箱，其制作材料、防腐材料等应合格，焊接工艺满足相关规范要求。制作完成后应进行满水试验，水箱及配管穿越部分应不得渗漏。提升就位前应对起吊点进行验算，并在箱体内设十字支撑防止吊装过程中变形。安装就位后应与支座可靠固定。

6. 清水、调蓄（调节）水池混凝土结构的质量验收应符合相关规范的相关规定。

城镇给水排水管道工程原材料、成品及半成品检验批检查记录

渝市政验收4-12-1

工程名称	重庆市××路××管道工程K3+××～K3+××段	分项工程名称	原材料、成品及半成品检验	验收部位	K3+××
施工单位	重庆市××市政工程有限公司	项目经理	刘××	技术负责人	党××
施工执行标准名称及编号	重庆市《城镇给水排水构筑物及管道工程施工质量验收规范》DBJ 50-108—2010				
质量验收规范的规定				施工单位检查记录	监理（建设）单位验收记录
项目	序号	检查项目	允许偏差（mm）		
主控项目	1	钢管管节及管件、焊接材料、规格、压力等级	符合设计要求	管节表面应无斑疤、裂纹、严重锈蚀等缺陷；符合设计要求。	符合规范要求。
	2	直焊缝卷管	符合规范要求	检查产品质量保证资料，成品管进场验收记录，现场制作管的加工记录，符合规范要求。	符合规范要求。
	3	球墨铸铁管管节及管件、焊接材料、规格、压力等级	符合国家标准及设计要求	管节及管件表面无裂纹，承口内工作面和插口外工作面光滑、轮廓清晰，符合国家标准及设计要求。	符合规范要求。
	4	钢筋混凝土管管节	符合规范要求	符合规范要求。	符合规范要求。
	5	玻璃钢管内外径偏差、承口深度、有效长度、管壁厚度、管端面垂直度	符合标准规定	内、外表面光滑平整、无划痕、分层、针孔、杂质、破碎现象；管端面平齐、无毛刺等缺陷；橡胶圈外观光滑平整，无气孔、裂隙、卷褶、破损皱皮等缺陷，符合标准规定。	符合规范要求。
	6	硬聚氯乙烯管、聚乙烯管及其复合管材管件	符合规范要求	内、外表面光滑平整、无划痕、分层、针孔、杂质、破碎现象；管端面平齐、无毛刺等缺陷；橡胶圈外观光滑平整，无气孔、裂隙、卷褶、破损皱皮等缺陷，符合标准要求。	符合规范要求。
一般项目	1	原材料、半成品、成品等产品品种、规格、性能	符合国家标准规定和设计要求	无锈蚀、变质、超期、老化产品，符合国家标准规定和设计要求。	符合规范要求。
	2				
施工单位检查结果	经检查，主控项目和一般项目均符合设计要求和重庆市《城镇给水排水构筑物及管道工程施工质量验收规范》（DBJ 50-108—2010）规定，评定合格。 专业技术负责人：张×× 质检工程师：于×× 技术负责人：江×× 2015年5月25日				
监理单位审查结论	同意施工单位验收结果，评定合格。 专业监理工程师：程×× 2015年5月25日				
建设单位验收结论	同意施工单位评定结果，验收合格，同意进行下道工序施工。 现场负责人：赵×× 2015年5月25日				

说明：

给排水管道工程所用的原材料、半成品、成品等产品的品种、规格、性能必须符合国家有关标准的规定和设计要求；接触应用水的产品必须复核有关卫生要求。严禁使用国家、地方明令淘汰、禁用的产品。检验方法：检查产品质量保证资料、设计要求，检查相关的国家、地方关于禁止、限制使用的落后淘汰产品通告。

主控项目

1. 钢管的管节及管件、焊接材料、规格、压力等级应符合设计要求，管节宜工厂预制，现场加工应符合下列要求：

（1）管节表面应无斑疤、裂纹、严重锈蚀等缺陷；

（2）焊缝外观质量符合表1规定，焊缝无损害检验合格。

表1　焊缝的外观要求

序号	项目	技术要求
1	外观	不得有融化金属到焊缝外未融化的母材上，焊缝和热影响区表面不得有裂隙、气孔、弧坑和灰渣等缺陷，表面光顺，均匀、焊道与母材应平缓过渡
2	宽度	应焊出坡口边缘2～3mm
3	表面余高	应小于或等于1+0.2倍坡口边缘宽度，且不大于4mm
4	咬边	深度应小于或等于0.5mm，焊缝两侧咬边总长不得超过焊缝长度的10%，且连续长不应大于100mm
5	错边	应小于等于0.2t，且不大于2mm
6	未焊满	不允许

注：t——壁厚(mm)。

直焊缝卷管管节几何尺寸允许偏差应符合表2要求。

表2　直焊缝卷管管节几何尺寸的允许偏差

序号	项目		允许偏差(mm)
1	周长	$D_i \leq 600$	±2.0
		$D_i > 600$	±0.0035 D_i
2	圆度		管端0.005 D_i，其他部位0.01 D_i
3	端面垂直度		0.001 D_i，且不大于1.5
4	弧度		用弧长$\pi D_i/6$的弧形板量测内壁或外壁纵缝处形成的间隙，其间隙为0.1t+2，且不大于4，距管端200mm纵缝处的间隙不大于2

注：D_i——内径；t——壁厚。

法兰接口的法兰应与管道同心，螺栓自由穿入。

检验方法：检查产品质量保证资料，检查成品管进场验收记录，检查现场制作管的加工记录。

2. 球墨铸铁管的管节及管件规格、尺寸公差、性能应符合国家有关标准和设计要求，压力等级应符合设计要求，进场外观质量应符合下列要求：

（1）管节及管件表面不得有裂纹，不得有影响接口密封性的缺陷；

（2）采用橡胶密封圈柔性接口的球墨铸铁管，承口的内工作面和插口的外工作面应光滑、轮廓清晰，不得有影响接口密封性的缺陷。检验方法：检查产品质量保证资料；检查成品管进场验收记录。

3. 钢筋混凝土管的管节表面平整光洁，不应有露石、浮渣、严重浮浆及蜂窝麻面；管节企口凹凸口均不应有残缺和损伤；柔性接口橡胶圈材质符合相关规范规定，外观光滑平整，不得有气孔、裂隙、卷褶、破损重皮等缺陷。检验方法：检查产品质量保证资料，检查成品管进场验收记录。

4. 玻璃钢管的管节内外径偏差、承口深度(安装标记环)、有效长度、管壁厚度、管端面垂直度等应符合产品标准规定；内、外表面应光滑平整，无划痕、分层、针孔、杂质、破碎现象；管端面应平齐、无毛刺等缺陷；橡胶圈材质符合相关规范规定，外观光滑平整，不得有气孔、裂隙、卷褶、破损皱皮等缺陷。

5. 硬聚氯乙烯管、聚乙烯管及其复合管材的管节不得有异向弯曲，端口应平整；不得有影响结构安全、使用功能及接口连接的质量缺陷；内、外壁光滑、平整，无气泡、无裂纹、无脱皮和严重的冷斑及明显的痕纹、凹陷；橡胶圈材质符合相关规范规定，外观光滑平整，不得有气孔、裂隙、卷褶、破损皱皮等缺陷。

一般项目

1. 所用的管节、半成品、构(配)件不能有锈蚀、变质、超期、老化等对使用有影响的产品。检验方法：观察，检查产品的保证资料。

2. 对于化学管材材质应采用新原料制作，不得掺入废旧材料。检验方法：观察，检查产品的保证资料，检查成品管进场验收记录，抽查管材的材质指标。

城镇给水排水管道工程管道铺设(管道基础施工)检验批质量验收记录表

渝市政验收4-12-2

工程名称	重庆市××路××管道工程K3+××～K3+××段	分项工程名称	管道基础施工	验收部位	K3+××～K3+××段
施工单位	重庆市××市政工程有限公司	项目经理	刘××	技术负责人	党××
施工执行标准名称及编号	重庆市《城镇给水排水构筑物及管道工程施工质量验收规范》DBJ 50-108—2010				

质量验收规范的规定						施工单位检查记录							监理(建设)单位验收记录
项目	序号	检查项目			允许偏差(mm)								
主控项目	1	原状基础承载力			符合设计要求	符合设计要求。							符合规范要求。
	2	砂石基础压实度			符合设计要求或规范规定	符合设计要求或规范规定。							符合规范要求。
	3												
	4												
一般项目	1	垫层	中线每侧宽度		不小于设计要求	√	√	√	√	√	√	√	符合规范要求。
			高程	压力管道	±20	15	14	-12	11	-14	18	-13	符合规范要求。
				无压管道	0,-15								
			厚度		不小于设计要求	√	√	√	√	√	√	√	符合规范要求。
	2	混凝土基础、管座	平基	中线每侧宽度	+10,0	√	√	√	√	√	√	√	符合规范要求。
				高程	0,-15	√	√	√	√	√	√	√	符合规范要求。
				厚度	不小于设计要求	√	√	√	√	√	√	√	符合规范要求。
			管座	肩宽	+10,5	√	√	√	√	√	√	√	符合规范要求。
				肩高	±20	14	-12	11	-14	18	15	14	符合规范要求。
	3	土(砂及砂砾)基础	高程	压力管道	±30	24	-21	25	19	-28	26	20	符合规范要求。
				无压管道	0,-15								
			平基基础		不小于设计要求	√	√	√	√	√	√	√	符合规范要求。
			土弧基础腋角高度		不小于设计要求	√	√	√	√	√	√	√	符合规范要求。

施工单位检查结果	经检查,主控项目和一般项目均符合设计要求和重庆市《城镇给水排水构筑物及管道工程施工质量验收规范》(DBJ 50-108—2010)规定,评定合格。 专业技术负责人:张×× 质检工程师:于×× 技术负责人:江×× 2015年5月25日
监理单位审查结论	同意施工单位验收结果,评定合格。 专业监理工程师:程×× 2015年5月25日
建设单位验收结论	同意施工单位评定结果,验收合格,同意进行下道工序施工。 现场负责人:赵×× 2015年5月25日

说明：

管道工程验收应具备下列文件资料：

(1)应有的地质资料,发生变动重要部位的地质补充资料；

(2)开挖后经监理、地勘、设计、质检等相关部门基础验收资料；

(3)设计变更资料；

(4)工程中采用的管材、管道附件、构(配)件和主要原材料等每批产品的订购合同,质量保证书、性能检测报告、使用说明书、进口产品的商检报告。

主控项目

1. 原状基础的承载力符合设计要求。检验方法：观察,检查地基处理强度或承载力检验报告、复合地基承载力检验报告。

2. 砂石基础压实度应符合设计要求或本规程的规定。检验方法：检查砂石材料的质量保证资料、压实度试验报告。

一般项目

1. 原状地基,砂石基础与管道外壁间接触均匀,无空隙。检验方法：观察,检查施工记录。

2. 管道基础施工允许偏差应符合下表规定。

表　管道基础施工允许偏差

<table>
<tr><th rowspan="2">序号</th><th rowspan="2" colspan="3">检查项目</th><th rowspan="2">允许偏差(mm)</th><th colspan="2">检查数量</th><th rowspan="2">检查方法</th></tr>
<tr><th>范围</th><th>点数</th></tr>
<tr><td rowspan="4">1</td><td rowspan="4">垫层</td><td colspan="2">中线每侧宽度</td><td>不小于设计要求</td><td rowspan="13">每个验收批</td><td rowspan="13">每10m测1点,且不小于3点</td><td>挂中心线钢尺检查,每侧一点</td></tr>
<tr><td rowspan="2">高程</td><td>压力管道</td><td>±20</td><td rowspan="2">水准尺量测</td></tr>
<tr><td>无压管道</td><td>0,-15</td></tr>
<tr><td colspan="2">厚度</td><td>不小于设计要求</td><td>钢尺量测</td></tr>
<tr><td rowspan="5">2</td><td rowspan="5">混凝土基础管座</td><td rowspan="3">平基</td><td>中线每侧宽度</td><td>+10,0</td><td>挂中心线钢尺检查,每侧一点</td></tr>
<tr><td>高度</td><td>0,-15</td><td>水准仪量测</td></tr>
<tr><td>厚度</td><td>不小于设计要求</td><td>钢尺量测</td></tr>
<tr><td rowspan="2">管座</td><td>肩宽</td><td>+10,-5</td><td rowspan="2">挂中心线钢尺检查,每侧一点</td></tr>
<tr><td>肩高</td><td>±20</td></tr>
<tr><td rowspan="4">3</td><td rowspan="4">土(砂及砂砾)基础</td><td rowspan="2">高程</td><td>压力管道</td><td>±30</td><td rowspan="2">水准仪量测</td></tr>
<tr><td>无压管道</td><td>0,-15</td></tr>
<tr><td colspan="2">平基基础</td><td>不小于设计要求</td><td>钢尺量测</td></tr>
<tr><td colspan="2">土弧基础腋角高度</td><td>不小于设计要求</td><td>钢尺量测</td></tr>
</table>

城镇给水排水管道工程管道铺设检验批质量验收记录表

渝市政验收4-12-3

工程名称	重庆市××路××管道工程K3+××～K3+××段	分项工程名称	管道铺设	验收部位	K3+××～K3+××段
施工单位	重庆市××市政工程有限公司	项目经理	刘××	技术负责人	党××
施工执行标准名称及编号	重庆市《城镇给水排水构筑物及管道工程施工质量验收规范》DBJ 50-108—2010				

项目	序号	质量验收规范的规定：检查项目			允许偏差（mm）	施工单位检查记录							监理(建设)单位验收记录
主控项目	1	水平轴线	无压管道		15	12	14	13	10	14	12	11	符合规范要求。
			有压管道		30	20	24	21	28	27	25	24	
	2	管底高程	D_i	无压管道	±10	7	5	-6	8	8	7	5	符合规范要求。
				有压管道	±30	24	-21	25	19	-28	26	20	
			D_i	无压管道	±15	11	10	9	13	14	11	10	符合规范要求。
				有压管道	±30	-21	25	19	-28	26	24	-21	
	3	管道埋设深度，轴线位置			符合设计要求	检查施工记录、测量资料，符合设计要求。							符合规范要求。
	4	管道铺设			符合设计要求	安装稳固，线形平直，符合设计要求。							符合规范要求。
	5												
	6												
	7												
	8												
一般项目	1	开孔			符合规范要求	检查施工开孔方案，符合规范要求。							符合规范要求。
	2												
	3												
	4												
	5												

施工单位检查结果	经检查，主控项目和一般项目均符合设计要求和重庆市《城镇给水排水构筑物及管道工程施工质量验收规范》(DBJ 50-108—2010)规定，评定合格。 专业技术负责人：张×× 质检工程师：于×× 技术负责人：江×× 2015年5月25日
监理单位审查结论	同意施工单位验收结果，评定合格。 专业监理工程师：程×× 2015年5月25日
建设单位验收结论	同意施工单位评定结果，验收合格，同意进行下道工序施工。 现场负责人：赵×× 2015年5月25日

说明:

管道工程验收应具备下列文件资料:

(1)应有的地质资料,发生变动重要部位的地质补充资料;

(2)开挖后经监理、地勘、设计、质检等相关部门基础验收资料;

(3)设计变更资料;

(4)工程中采用的管材、管道附件、构(配)件和主要原材料等每批产品的订购合同,质量保证书、性能检测报告、使用说明书、进口产品的商检报告。

主控项目

1. 原状基础的承载力符合设计要求。检验方法:观察,检查地基处理强度或承载力检验报告、复合地基承载力检验报告。

2. 砂石基础压实度应符合设计要求或本规程的规定。检验方法:检查砂石材料的质量保证资料、压实度试验报告。

一般项目

1. 原状地基,砂石基础与管道外壁间接触均匀,无空隙。检验方法:观察,检查施工记录。

2. 管道基础施工允许偏差应符合表1规定。

表1　管道基础施工允许偏差

序号	检查项目			允许偏差(mm)	检查数量		检查方法
					范围	点数	
1	垫层	中线每侧宽度		不小于设计要求	每个验收批	每10m测1点,且不小于3点	挂中心线钢尺检查,每侧一点
		高程	压力管道	±20			水准尺量测
			无压管道	0,-15			
		厚度		不小于设计要求			钢尺量测
2	混凝土基础管座	平基	中线每侧宽度	+10,0			挂中心线钢尺检查,每侧一点
			高度	0,-15			水准仪量测
			厚度	不小于设计要求			钢尺量测
		管座	肩宽	+10,-5			挂中心线钢尺检查,每侧一点
			肩高	±20			
3	土(砂及砂砾)基础	高程	压力管道	±30			水准仪量测
			无压管道	0,-15			
		平基基础		不小于设计要求			钢尺量测
		土弧基础腋角高度		不小于设计要求			钢尺量测

管道铺设应符合下列规定:

主控项目

1. 管道埋设深度、轴线位置应符合设计要求,重力流管道严禁倒坡。检验方法:检查施工记录、测量资料。

2. 刚性管道无结构贯通裂隙和明显缺损情况。检验方法:观察,检查技术资料,检查施工记录、测量资料。

3. 管道铺设安装必须稳固,管道安装后应线形平直。检验方法:观察,检查测量记录。

一般项目

1. 管道内光洁平整,无杂物、油污;管道无明显的渗水和水珠现象。检验方法:观察,渗漏水程度检查。

2. 管道与井室洞口之间无渗水。检验方法：逐井检查，检查施工记录。

3. 管道内外防腐层完整，无破损现象。检验方法：观察，检查施工记录。

4. 钢管管道开孔不得开方孔，不得在短节或管件上及干管的纵、环向焊缝处开孔；按设计要求加固补强。检验方法：逐个观察，检查施工记录。

5. 钢骨架复合管开孔不得在热融接头上开孔，现场开孔接口应由专业施工队伍实施或由专业施工人员指导下开孔。检验方法：观察，检查施工开孔方案。

6. 闸阀安装应牢固、严密，启闭灵活，与管线轴线垂直。检验方法：观察，检查施工记录。

7. 管道铺设的允许偏差应符合表2的规定。

表2　管道铺设的允许偏差

序号	检查项目			允许偏差(mm)	检查数量		检查方法
					范围	点数	
1	水平轴线		无压管道	15	每节管	1点	经纬仪量测或挂中线用钢尺量测
			有压管道	30			
1	管底高程	D_i	无压管道	±10			水准仪测量
			有压管道	±30			
		D_i	无压管道	±15			
			有压管道	±30			

注：D_i——内径(mm)。

城镇给水排水管道工程管道铺设(管道连接)检验批质量验收记录表

渝市政验收4-12-4

工程名称	重庆市××路××管道工程K3+××～K3+××段	分项工程名称	管道连接	验收部位	K3+××～K3+××段
施工单位	重庆市××市政工程有限公司	项目经理	刘××	技术负责人	党××
施工执行标准名称及编号	重庆市《城镇给水排水构筑物及管道工程施工质量验收规范》DBJ 50-108—2010				

质量验收规范的规定						施工单位检查记录							监理(建设)单位验收记录
项目	序号	检查项目			允许偏差(mm)								
主控项目	1	水平轴线	无压管道		15	12	14	13	10	14	12	11	符合规范要求。
			有压管道		30	20	24	21	28	27	25	24	
	2	管底高程	D_i	无压管道	±10	7	5	-6	8	8	7	5	符合规范要求。
				有压管道	±30								
			D_i	无压管道	±15	11	10	-9	-13	-14	11	10	符合规范要求。
				有压管道	±30								
	3												
	4												
	5												
	6												
	7												
	8												
一般项目	1	开孔			符合规范要求	检查施工开孔方案，符合规范要求。							符合规范要求。
	2												
	3												
	4												
	5												

施工单位检查结果	经检查，主控项目和一般项目均符合设计要求和重庆市《城镇给水排水构筑物及管道工程施工质量验收规范》(DBJ 50-108—2010)规定，评定合格。 专业技术负责人：张×× 质检工程师：于×× 技术负责人：江×× 2015年5月25日
监理单位审查结论	同意施工单位验收结果，评定合格。 专业监理工程师：程×× 2015年5月25日
建设单位验收结论	同意施工单位评定结果，验收合格，同意进行下道工序施工。 现场负责人：赵×× 2015年5月25日

说明：

管道工程验收应具备下列文件资料：

(1)应有的地质资料，发生变动重要部位的地质补充资料；

(2)开挖后经监理、地勘、设计、质检等相关部门基础验收资料；

(3)设计变更资料；

(4)工程中采用的管材、管道附件、构(配)件和主要原材料等每批产品的订购合同，质量保证书、性能检测报告、使用说明书、进口产品的商检报告。

钢构件与质量控制：

钢结构焊接及拼装质量控制参照《给水排水管道工程施工及验收规范》(GB 50268)及《钢结构工程施工质量验收规范》(GB 50205)执行。

主控项目

1. 涂装前钢材表面除锈应符合设计要求和国家现行有关标准的规定。处理后的钢材表面不应有焊渣、焊疤、灰尘、油污、水和毛刺等。当设计无要求时，钢材表面除锈等级应符合下表的规定。检验数量：按构件教抽查10%，且同类构件不应少于3件。检验方法：用铲刀检查和现行国家标准《涂装前钢材表面锈蚀等级和除锈等级》(GB 8923)规定的图片对照观察检查。

表　各种底漆或防锈漆要求最低的除锈等级

序号	涂料品种	除锈等级
1	油性酚醛、醇酸等底漆或防锈漆	St2
2	高氯化聚乙烯、氯化橡胶、氯磺化聚乙烯、环氧树脂、聚氨酯等底漆或防锈漆	St2
3	无机富锌、有机硅、过氯乙烯等底漆	Sa2 1/2

2. 涂料、涂装遍数、涂层厚度均应符合设计要求。当设计对涂层厚度无要求时，涂层干漆膜总厚度：室外应为150μm，室内应为125μm，其允许偏差为-25μm。每遍涂层干漆膜厚度的允许偏差为-5μm。检验数量：按构件数抽查10%，且同类构件不应少于3件。检验方法：用干漆膜测厚仪检查。每个构件检测5处，每处的数值为3个相距50mm测点涂层干漆厚度的平均值。

一般项目

1. 构件表面不应误涂、漏涂，涂层不应脱皮和返锈等。涂层应均匀，无明显皱皮、流坠、针眼和气泡等。检验数量：全数检查。检验方法：观察检查。

2. 当钢结构处在有腐蚀介质环境或外露且设计有要求时，应进行涂层附着力测试，在检测处范围内，当涂层完整程度达到70%以上时，涂层附着力达到合格质量标准的要求。 检验数量：按构件数抽查1%，且不应少于3件，每件测3处。检验方法：按照现行国家标准《漆膜附着力测定法》(GB 1720)或《色漆和清漆、漆膜的划格试验》(GB 9286)执行。

管道连接：

主控项目

1. 钢管的剖口焊应符合设计要求。

2. 焊口错边对口时应使内壁齐平，错口的允许偏差应为壁厚的20%，且不大于2mm。检验方法：逐口检查，用长300mm的直尺在接口内壁周围顺序贴靠量测错边量。

3. 焊口焊接质量应符合设计要求，管道对接时，环向焊缝的检验还应符合下列规定：检查前应清楚焊缝的渣皮、飞溅物。

4. 法兰接口的法兰应与管道同心，螺栓自由穿入，高强度螺栓的终拧扭矩应符合设计要求和有关的规定。检验方法：逐口检查，用扭矩扳手等检查；检查螺栓拧紧记录。

一般项目

1. 管节组对前、坡口及内外侧焊接影响范围内表面应无油、漆、垢、锈、毛刺等污物。检验方法:观察,检查管道组对检查记录。

2. 不同壁厚的管节对口时管壁厚度相差不宜大于3mm。不同管径的管节相连时,两管径相差大小管管径的15%时,可用渐缩管连接。渐缩管的长度不应小于两管径差值的2倍,且不应小于200mm。检验方法:逐口检查,用焊缝量规、钢尺量测;检查管道组对检查记录。

3. 法兰中轴线与管道中轴线的允许偏差应符合:D_i小于或等于300mm时,允许偏差小于或等于1mm;D_i大于300mm时,允许偏差小于或等于2mm。

4. 连接的法兰之间应保持平行,其允许偏差不大于法兰外径的1%~5%,且不大于2mm,螺孔中心允许偏差应为孔径的5%。检验方法:逐口检查,用钢尺、塞尺等量测。

城镇给水排水管道工程管道连接(球墨铸铁管接口)检验批质量验收记录表

渝市政验收4-12-5

工程名称	重庆市××路××管道工程K3+××～K3+××段	分项工程名称	球墨铸铁管接口施工	验收部位	K3+××～K3+××段
施工单位	重庆市××市政工程有限公司	项目经理	刘××	技术负责人	党××
施工执行标准名称及编号	重庆市《城镇给水排水构筑物及管道工程施工质量验收规范》DBJ 50-108—2010				

质量验收规范的规定					施工单位检查记录	监理(建设)单位验收记录
项目	序号	检查项目		允许偏差(mm)		
主控项目	1	剖口焊		符合设计要求	符合设计要求	符合规范要求。
	2	焊口	错口	壁厚的20%,且≤2	√ √ √ √ √ √ √	符合规范要求。
	3		焊接	符合设计要求	焊缝均匀饱满,符合设计要求。	符合规范要求。
	4	螺钉终拧扭矩		符合设计要求和规定	检查施工记录,符合设计要求。	符合规范要求。
	5	承插口连接		符合规范要求	承口、插口部位无破损、变形、开裂,连接部位及连接件无变形、破损,符合规范要求。	符合规范要求。
	6	橡胶圈安装位置		符合规范要求	安装位置准确,无扭曲、外露,符合规范要求。	符合规范要求。
	7					
	8					
一般项目	1	管节对口时管壁厚度差		≤3	√ √ √ √ √ √ √	符合规范要求。
	2	法兰中轴线与管道中轴线	D_i≤300mm	≤1	√ √ √ √ √ √	符合规范要求。
			D_i>300mm	≤2		
	3	承插口间纵向间距		≥3	√ √ √ √ √ √ √	符合规范要求。
	4	防腐处理		符合设计要求	检查接口、螺栓和螺母质量合格,证明书及性能检验报告,符合设计要求。	符合规范要求。
	5	接口转角		符合规范要求	直尺量测曲线段接口,符合规范要求。	符合规范要求。

施工单位检查结果	经检查,主控项目和一般项目均符合设计要求和重庆市《城镇给水排水构筑物及管道工程施工质量验收规范》(DBJ 50-108—2010)规定,评定合格。 专业技术负责人:张×× 质检工程师:于×× 技术负责人:江×× 2015年5月25日
监理单位审查结论	同意施工单位验收结果,评定合格。 专业监理工程师:程×× 2015年5月25日
建设单位验收结论	同意施工单位评定结果,验收合格,同意进行下道工序施工。 现场负责人:赵×× 2015年5月25日

说明:

主控项目

1. 承插口连接时,两管节中轴线应保持同心,承口、插口部位无破损、变形、开裂;插口推入深度应符合要求。检验方法:逐个检查,检查施工记录。

2. 法兰接口连接时,插口与承口法兰压盖的纵向轴线一致,连接螺栓终拧应符合设计或产品使用说明要求;接口连接后,连接部位及连接件应无变形、破损。检验方法:逐介接口检查,用扭矩扳手检查;检查螺栓拧紧记录。

3. 橡胶圈安装位置准确,不得扭曲、外露;沿圆周各点应与承口端面等距,其允许偏差应为±3mm。检验方法:观察,用探尺检查,检查施工记录。

一般项目

1. 连接后管节间平顺,接口无突起、突弯、轴线位移现象。检验方法:观察,检查施工记录。

2. 接口的环向间隙应均匀,承插口间的纵向间距不应小于3mm。检验方法:观察,用塞尺、钢尺检查。

3. 法兰接口的压兰、螺栓和螺母等连接件应规格型号一致,采用钢制螺栓和螺母时,防腐处理应符合设计要求。检验方法:逐个接口检查,检查螺栓和螺母质量合格证明书、性能检验报告。

4. 管道沿曲线安装时,接口转角应符合下表规定。

表　管道沿曲线安装时接口转角质量检验标准

序号	管径 D_i(mm)	允许转角3°
1	75~600	3°
2	700~800	2°
3	≥900	1°

检验方法:用直尺量测曲线段接口。

城镇给水排水管道工程管道连接(混凝土管接口)检验批质量验收记录表

渝市政验收4-12-6

<table>
<tr><td>工程名称</td><td colspan="2">重庆市××路××管道工程K3+××～K3+××段</td><td colspan="2">分项工程名称</td><td colspan="3">混凝土管接口施工</td><td colspan="3">验收部位</td><td colspan="3">K3+××～K3+××段</td></tr>
<tr><td>施工单位</td><td colspan="4">重庆市××市政工程有限公司</td><td colspan="3">项目经理</td><td colspan="3">刘××</td><td colspan="2">技术负责人</td><td>党××</td></tr>
<tr><td>施工执行标准名称及编号</td><td colspan="13">重庆市《城镇给水排水构筑物及管道工程施工质量验收规范》DBJ 50-108—2010</td></tr>
<tr><td colspan="5">质量验收规范的规定</td><td colspan="7" rowspan="2">施工单位检查记录</td><td colspan="2" rowspan="2">监理(建设)单位验收记录</td></tr>
<tr><td>项目</td><td>序号</td><td colspan="2">检查项目</td><td>允许偏差(mm)</td></tr>
<tr><td rowspan="8">主控项目</td><td>1</td><td colspan="2">剖口焊</td><td>符合设计要求</td><td colspan="7">符合设计要求</td><td colspan="2">符合规范要求。</td></tr>
<tr><td>2</td><td rowspan="2">焊口</td><td>错口</td><td>壁厚的20 %,且≤2</td><td>√</td><td>√</td><td>√</td><td>√</td><td>√</td><td>√</td><td>√</td><td colspan="2">符合规范要求。</td></tr>
<tr><td>3</td><td>焊接</td><td>符合设计要求</td><td colspan="7">焊缝均匀饱满,符合设计要求。</td><td colspan="2">符合规范要求。</td></tr>
<tr><td>4</td><td colspan="2">螺钉终拧扭矩</td><td>符合设计要求和规定</td><td colspan="7">检查施工记录,符合设计要求。</td><td colspan="2">符合规范要求。</td></tr>
<tr><td>5</td><td colspan="2">橡胶圈安装位置</td><td>符合规范要求</td><td colspan="7">安装位置准确,无扭曲、外露,符合规范要求。</td><td colspan="2">符合规范要求。</td></tr>
<tr><td>6</td><td colspan="2"></td><td></td><td colspan="7"></td><td colspan="2"></td></tr>
<tr><td>7</td><td colspan="2"></td><td></td><td colspan="7"></td><td colspan="2"></td></tr>
<tr><td>8</td><td colspan="2"></td><td></td><td colspan="7"></td><td colspan="2"></td></tr>
<tr><td rowspan="6">一般项目</td><td>1</td><td colspan="2">管节对口时管壁厚度差</td><td>≤3</td><td>√</td><td>√</td><td>√</td><td>√</td><td>√</td><td>√</td><td>√</td><td colspan="2">符合规范要求。</td></tr>
<tr><td rowspan="2">2</td><td rowspan="2">法兰中轴线与管道中轴线</td><td>D_i≤300mm</td><td>≤1</td><td>√</td><td>√</td><td>√</td><td>√</td><td>√</td><td>√</td><td>√</td><td colspan="2">符合规范要求。</td></tr>
<tr><td>D_i>300mm</td><td>≤2</td><td></td><td></td><td></td><td></td><td></td><td></td><td></td><td colspan="2"></td></tr>
<tr><td>3</td><td colspan="2">接口安装</td><td>符合设计要求及规定</td><td colspan="7">钢尺、塞尺量测,检查施工记录,符合设计要求。</td><td colspan="2">符合规范要求。</td></tr>
<tr><td>4</td><td colspan="2">接口填缝</td><td>符合设计要求</td><td colspan="7">填缝密实、光洁、平整,符合设计要求。</td><td colspan="2">符合规范要求。</td></tr>
<tr><td>5</td><td colspan="2"></td><td></td><td colspan="7"></td><td colspan="2"></td></tr>
<tr><td>施工单位检查结果</td><td colspan="13">经检查,主控项目和一般项目均符合设计要求和重庆市《城镇给水排水构筑物及管道工程施工质量验收规范》(DBJ 50-108—2010)规定,评定合格。
专业技术负责人:张×× 质检工程师:于×× 技术负责人:江××
2015年5月25日</td></tr>
<tr><td>监理单位审查结论</td><td colspan="13">同意施工单位验收结果,评定合格。
专业监理工程师:程××
2015年5月25日</td></tr>
<tr><td>建设单位验收结论</td><td colspan="13">同意施工单位评定结果,验收合格,同意进行下道工序施工。
现场负责人:赵××
2015年5月25日</td></tr>
</table>

说明:

主控项目

1. 承插式柔性接口的橡胶圈位置正确,无扭曲、外露现象;承口、插口无破损、开裂;双道橡胶圈的单口水压试验合格。检验方法:观察,用探尺检查,检查单口水压力试验记录。

2. 刚性企口接口的强度符合设计要求,凹凸口上不得有开裂、空鼓、脱落现象。检验方法:观察,检查水泥砂浆、混凝土试块的抗压强度试验。

3. 刚性企口接口钢丝网水泥抹带接口,其钢丝网无锈蚀,网插入混凝土管道基础下,网平整。检验方法:逐个检查,用直尺量测,检查施工记录。

4. 柔性套环接口与管节直径配套,环与位于两接口中间、与管节的间距上下一致,填塞沥青麻丝密实。检验方法:逐个检查,用直尺量测,检查填塞施工记录。

一般项目

1. 柔性接口的安装位置正确,其纵向间隙应符合设计及产品要求,无明确要求时应符合表1规定:

表1　钢筋混凝土管管口间的纵向间隙

管材种类	接口类型	管内径 D_i(mm)	纵向间隙(mm)
钢筋混凝土管	平口、企口	500～600	1.0～5.0
		≥700	7.0～15
	承插式乙型口	600～3000	5.0～1.5

预应力混凝土管沿曲线安装时,管口的纵向间隙最小处不得小于5mm,接口转角应符合表2的规定。

表2　预应力混凝土管沿曲线安装接口的允许转角

管材种类	管内径 D_i(mm)	允许转角
预应力混凝土管	500～700	1.5°
	500～1400	1.0°
	1600～3000	0.5°
自应力混凝土管	500～800	1.5°

检验方法:逐个检查,用钢尺测;检查施工记录。

2. 刚性接口的宽度、厚度符合设计要求;其相邻管接口错口允许偏差:D_i小于700mm时,应在施工中自检;D_i大于700mm时,小于等于1000mm时,应不大于3mm;D_i大于1000mm时,应不大于5mm。检验方法:两井之间取3点,用钢尺、塞尺量测;检查施工记录。

3. 管道接口的填缝应符合设计要求,密实、光洁、平整。检验方法:观察,检查填缝材料质量保证资料、配合比记录。

城镇给水排水管道工程管道连接（化学管材接口）检验批质量验收记录表

渝市政验收4-12-7

工程名称	重庆市××路××管道工程K3+××～K3+××段	分项工程名称	化学管材接口连接	验收部位	K3+××～K3+××段
施工单位	重庆市××市政工程有限公司	项目经理	刘××	技术负责人	党××
施工执行标准名称及编号	重庆市《城镇给水排水构筑物及管道工程施工质量验收规范》DBJ 50-108—2010				

<table>
<tr><th colspan="5">质量验收规范的规定</th><th colspan="7" rowspan="2">施工单位检查记录</th><th rowspan="2">监理（建设）单位验收记录</th></tr>
<tr><th>项目</th><th>序号</th><th colspan="2">检查项目</th><th>允许偏差（mm）</th></tr>
<tr><td rowspan="8">主控项目</td><td>1</td><td colspan="2">剖口焊</td><td>符合设计要求</td><td colspan="7">符合设计要求</td><td>符合规范要求。</td></tr>
<tr><td>2</td><td rowspan="2">焊口</td><td>错口</td><td>壁厚的20％，且≤2</td><td>√</td><td>√</td><td>√</td><td>√</td><td>√</td><td>√</td><td>√</td><td>符合规范要求。</td></tr>
<tr><td>3</td><td>焊接</td><td>符合设计要求</td><td colspan="7">焊缝均匀饱满，符合设计要求。</td><td>符合规范要求。</td></tr>
<tr><td>4</td><td colspan="2">螺钉终拧扭矩</td><td>符合设计要求和规定</td><td colspan="7">检查施工记录，符合设计要求。</td><td>符合规范要求。</td></tr>
<tr><td>5</td><td colspan="2">管节及管件、橡胶圈</td><td>符合规范要求</td><td colspan="7">承口、插口部位无破损、变形、开裂，连接部位及连接件无变形、破损，橡胶圈安装位置准确，无扭曲、外露，符合规范要求。</td><td>符合规范要求。</td></tr>
<tr><td>6</td><td colspan="2">接口连接</td><td>符合规范要求</td><td colspan="7">热熔对接凸缘性质大小均匀一致，无气孔、鼓泡、裂缝，符合规范要求。</td><td>符合规范要求。</td></tr>
<tr><td>7</td><td colspan="2"></td><td></td><td colspan="7"></td><td></td></tr>
<tr><td>8</td><td colspan="2"></td><td></td><td colspan="7"></td><td></td></tr>
<tr><td rowspan="6">一般项目</td><td>1</td><td colspan="2">管节对口时管壁厚度差</td><td>≤3</td><td>√</td><td>√</td><td>√</td><td>√</td><td>√</td><td>√</td><td>√</td><td>符合规范要求。</td></tr>
<tr><td rowspan="2">2</td><td rowspan="2">法兰中轴线与管道中轴线</td><td>D_i≤300mm</td><td>≤1</td><td>√</td><td>√</td><td>√</td><td>√</td><td>√</td><td>√</td><td></td><td>符合规范要求。</td></tr>
<tr><td>D_i＞300mm</td><td>≤2</td><td></td><td></td><td></td><td></td><td></td><td></td><td></td><td></td></tr>
<tr><td>3</td><td colspan="2">接口插入深度</td><td>符合要求</td><td colspan="7">钢尺量测，检查施工记录，环向间隙均匀一致，符合设计要求。</td><td>符合规范要求。</td></tr>
<tr><td>4</td><td colspan="2">接口转角</td><td>符合规范要求</td><td colspan="7">直尺量测曲线段接口，符合规范要求。</td><td>符合规范要求。</td></tr>
<tr><td>5</td><td colspan="2">防腐</td><td>符合设计要求</td><td colspan="7">检查接口、螺栓和螺母质量合格证明书及性能检验报告，符合设计要求。</td><td>符合规范要求。</td></tr>
</table>

施工单位检查结果	经检查，主控项目和一般项目均符合设计要求和重庆市《城镇给水排水构筑物及管道工程施工质量验收规范》（DBJ 50-108—2010）规定，评定合格。 专业技术负责人：张×× 质检工程师：于×× 技术负责人：江×× 2015年5月25日
监理单位审查结论	同意施工单位验收结果，评定合格。 专业监理工程师：程×× 2015年5月25日
建设单位验收结论	同意施工单位评定结果，验收合格，同意进行下道工序施工。 现场负责人：赵×× 2015年5月25日

说明：

给排水管道工程所用的原材料、半成品、成品等产品的品种、规格、性能必须符合国家有关标准的规定和设计要求；接触应用水的产品必须复核有关卫生要求。严禁使用国家、地方明令淘汰、禁用的产品。检验方法：检查产品质量保证资料、设计要求，检查相关的国家、地方关于禁止、限制使用的落后淘汰产品通告。

化学管材管接口连接应符合下列规定：

主控项目

1. 管节及管件、橡胶圈等的产品质量应符合规范要求。检验方法：检查产品质量保证资料，检查成品管进场验收记录。

2. 承插、套筒式连接时，承口、插口部位及套筒连接紧密，无破损、变形、开裂等现象；插入后胶圈应位置正确，无扭曲等现象。双道橡胶圈的单口水压试验合格。检验方法：逐个接口检查，检查施工方案及施工记录，单口水压试验记录，用钢尺、探尺量测。

3. 聚乙烯管、聚丙烯管接口连接应符合下列规定：

(1)焊缝应完整，无缺损和变形现象；焊缝连接应紧密，无气孔、鼓泡和裂缝；电熔连接的电阻丝不裸露；

(2)熔焊焊缝焊接力学性能不低于母材；

(3)热熔对接连接后应形成凸缘，凸缘形状大小均匀一致，无气孔、鼓泡和裂缝；接口处有沿管节圆周平滑对称的外翻边，外翻边最低处的深度不低于管节外表面；管壁内翻边应铲平；对接错边量不大于管材壁厚的10%，且不大于3mm。检验方法：观察，检查熔焊连接工艺试验报告和焊接作业指导书，检查熔焊连接施工记录、熔焊外观质量验收记录、焊接力学性能检测报告。检验数量：外观质量全数检查；焊接焊缝焊接力学性能试验每200个接头不少于1组；现场进行破坏性检验或翻边切除检验（可任选一种）时，现场破坏性检验每50个接头不少于1个，现场内翻边切除检验每50个接头不少于3个；单位工程中接头数量不足50个时，仅做熔焊焊接力学性能试验，可不做现场检验；

(4)卡箍连接、法兰连接钢塑过渡接头连接时，应连接件齐全、位置正确、安装牢固，连接部位无扭曲、变形。检验方法：逐个检查。

一般项目

1. 承插、套筒式接口的插入深度应符合要求，相邻管口的纵向间隙应不小于10mm；环向间隙应均匀一致。检验方法：逐口检查，用钢尺量测，检查施工记录。

2. 承插式管到沿曲线安装时的接口转角，玻璃钢管不应大于下表的规定；聚乙烯管、聚丙烯管的接口转角不应大于1.50（管材自身可弯曲转角以切线转角计算）；硬聚氯乙烯管的接口转角不应大于1.00°。检验方法：用直尺量测曲线段接口，检查施工记录。

表　玻璃钢管沿曲线安装接口允许转角

管道内经 D_i(mm)	允许转角(°)	
	承插式接口	套筒式接口
400～500	1.5	3.0
500<D_i≤1000	1.0	2.0
1000<D_i≤1800	1.0	1.0
D_i>1800	0.5	0.5

注：D_i——管内径。

3. 熔焊连接设备的控制参数满足焊接工艺要求；设备与待连接管的接触面无污物，设备及组合件组装正确、牢固、吻合；焊后冷却期间接口未受外力影响。检验方法：观察，检查专用熔焊设备质量合格证书、校验报告，检查熔焊记录。

4. 卡箍连接、法兰连接、钢塑过渡连接件的钢制部分以及钢制螺栓、螺母、垫圈的防腐要求应符合设计要求。检验方法：逐个检查，检查产品质量合格书、检查报告。

城镇给水排水管道工程管道防腐(钢管内防腐)检验批质量验收记录表

渝市政验收4-12-8

工程名称	重庆市××路××管道工程K3+××~K3+××段	分项工程名称	钢管内防腐	验收部位	K3+××~K3+××段
施工单位	重庆市××市政工程有限公司	项目经理	刘××	技术负责人	党××
施工执行标准名称及编号	重庆市《城镇给水排水构筑物及管道工程施工质量验收规范》DBJ 50-108—2010				

质量验收规范的规定				施工单位检查记录							监理(建设)单位验收记录
项目	序号	检查项目	允许偏差(mm)								
主控项目	1	材料	符合规范和设计要求	钢材表面无焊渣、焊疤、灰尘、油污、水和毛刺,符合规范和设计要求。							符合规范要求。
一般项目	1	水泥砂浆防腐层 裂缝宽度	≤0.8	√	√	√	√	√	√	√	符合规范要求。
	2	水泥砂浆防腐层 缝沿管道纵向长度	≤管道的周长,且≤2.0mm	√	√	√	√	√	√	√	符合规范要求。
	3	水泥砂浆防腐层 平整度	<2	√	√	√	√	√	√	√	符合规范要求。
	4	水泥砂浆防腐层 防腐层厚度 D_i≤1000	±2	1	1	1	-1	-1	1	1	符合规范要求。
		1000<D_i≤1800	±3								
		D_i>1800	+4,-3								
	5	水泥砂浆防腐层 麻点、空窝等表面缺陷的深度 D_i≤1000	2	1	1	0	1	1	0	1	符合规范要求。
		1000<D_i≤1800	3								
		D_i>1800	4								
	6	水泥砂浆防腐层 缺陷面积	≤500mm²	√	√	√	√	√	√	√	符合规范要求。
	7	水泥砂浆防腐层 空鼓面积	不得超过2处,且每处≤10000m²	√	√	√	√	√	√	√	符合规范要求。
	8	干膜厚度(μm) 普通级	≥200	√	√	√	√	√	√		符合规范要求。
		加强级	≥250								
		特加强级	≥300								
	9	电火花试验漏 普通级	3	2	1	1	1	2	1	1	符合规范要求。
		加强级	1								
		特加强级	0								

施工单位检查结果

经检查,主控项目和一般项目均符合设计要求和重庆市《城镇给水排水构筑物及管道工程施工质量验收规范》(DBJ 50-108—2010)规定,评定合格。

专业技术负责人:张×× 质检工程师:于×× 技术负责人:江××

2015年5月25日

监理单位审查结论

同意施工单位验收结果,评定合格。

专业监理工程师:程××

2015年5月25日

建设单位验收结论

同意施工单位评定结果,验收合格,同意进行下道工序施工。

现场负责人:赵××

2015年5月25日

说明：

钢结构焊接及拼装质量控制参照《给水排水管道工程施工及验收规范》(GB 50268)及《钢结构工程施工质量验收规范》(GB 50205)执行。

主控项目

1. 涂装前钢材表面除锈应符合设计要求和国家现行有关标准的规定。处理后的钢材表面不应有焊渣、焊疤、灰尘、油污、水和毛刺等。当设计无要求时，钢材表面除锈等级应符合表1的规定。检验数量：按构件教抽查10%，且同类构件不应少于3件。检验方法：用铲刀检查和现行国家标准《涂装前钢材表面锈蚀等级和除锈等级》(GB 8923)规定的图片对照观察检查。

表1　各种底漆或防锈漆要求最低的除锈等级

序号	涂料品种	除锈等级
1	油性酚醛、醇酸等底漆或防锈漆	St2
2	高氯化聚乙烯、氯化橡胶、氯磺化聚乙烯、环氧树脂、聚氨酯等底漆或防锈漆	St2
3	无机富锌、有机硅、过氯乙烯等底漆	Sa2 1/2

2. 涂料、涂装遍数、涂层厚度均应符合设计要求。当设计对涂层厚度无要求时，涂层干漆膜总厚度：室外应为150μm，室内应为125μm，其允许偏差为-25μm。每遍涂层干漆膜厚度的允许偏差为-5μm。检验数量：按构件数抽查10%，且同类构件不应少于3件。检验方法：用干漆膜测厚仪检查。每个构件检测5处，每处的数值为3个相距50mm测点涂层干漆厚度的平均值。

一般项目

1. 构件表面不应误涂、漏涂，涂层不应脱皮和返锈等。涂层应均匀，无明显皱皮、流坠、针眼和气泡等。检验数量：全数检查。检验方法：观察检查。

2. 当钢结构处在有腐蚀介质环境或外露且设计有要求时，应进行涂层附着力测试，在检测处范围内，当涂层完整程度达到70%以上时，涂层附着力达到合格质量标准的要求。 检验数量：按构件数抽查1%，且不应少于3件，每件测3处。检验方法：按照现行国家标准《漆膜附着力测定法》(GB 1720)或《色漆和清漆、漆膜的划格试验》(GB 9286)执行。

钢管内防腐需符合以上规定外，尚应符合下列要求：

1. 内防腐层材料应符合国家相关标准的规定和设计要求；给水管道内防腐材料的卫生性能应符合国家相关标准的规定。检验方法：对照产品标准和设计文件，检查产品质量保证资料；检查成品管进场验收记录。

2. 水泥砂浆抗压强度符合设计要求，且不低于30MPa。检验方法：检查砂浆配合比、抗压强度试块报告。

3. 液体环氧涂料内防腐层表面应平滑、光洁，无气泡、无划痕等，湿膜应无流淌现象。检验方法：观察，检查施工记录。

4. 内喷塑防腐层表面应光洁平整，无气泡、无划痕，喷塑材料与钢管的粘接力不应小于1MPa。检验方法：观察，检查产品质量保证资料，检查成品管进场验收记录。

一般项目

5. 水泥砂浆防腐层的厚度及表面缺陷的允许偏差应符合表2的规定。

表2 水泥砂浆防腐层允许偏差

序号	检查项目		允许偏差（mm）	检查项目		检查方法
				范围	点数	
1	裂缝宽度		≤0.8	管节	每处	用裂缝观测仪测量
2	缝沿管道纵向长度		≤管道的周长，且≤2. 0mm			钢尺量测
3	平整度		<2			用300mm长的直尺量测
4	防腐层厚度	D_i≤1000	±2		取两个截面,每个截面测2点,取偏差值最大的1点	用测厚仪测量
		1000< D_i≤1800	±3			
		D_i>1800	+4,-3			
5	麻点、空窝等表面缺陷的深度	D_i≤1000	2			用直钢丝或探尺量测
		1000< D_i ≤1800	3			
		D_i>1800	4			
6	缺陷面积		≤500 mm²		每处	用钢尺量测
7	空鼓面积		不得超过2处，且每处≤10000mm²		每平方米	用小锤轻击砂浆表面,用钢尺量测

注:①表中单位除注明外，均为mm;②工厂涂覆管节，每批抽查20%;施工现场抽查管节，逐根检查。

6. 液体环氧涂料内防腐层的厚度、电火花试验应符合表3的规定。

表3 液体环氧涂料内防腐层厚度及电火花试验允许偏差

序号	检查项目		允许偏差(mm)	检查数量		检查方法
				范围	点数	
1	干膜厚度（pm）平整度	普通级	≥200	每根(节)管	两个断面,各4个点	用测厚仪测量
		加强级	≥250			
		特加强级	≥300			
2	电火花试验漏电点数	普通级	3	个/m²	连续检测	用电火花检漏仪测量,捡漏电火花值根据涂层厚度按5V/μm计算,检漏仪探头移动速度不大于0.3m/s
		加强级	1			
		特加强级	0			

注:①焊缝处的防腐层厚度不得低于管节防腐层规定厚度的80%;②凡漏点检测不合格的防腐层都应补涂，直至合格。

城镇给水排水管道工程管道防腐（钢管外防腐）检验批质量验收记录表

渝市政验收 4-12-9

工程名称	重庆市××路××管道工程K3+××～K3+××段	分项工程名称	钢管外防腐	验收部位	K3+××～K3+××段
施工单位	重庆市××市政工程有限公司	项目经理	刘××	技术负责人	党××
施工执行标准名称及编号	重庆市《城镇给水排水构筑物及管道工程施工质量验收规范》DBJ 50-108—2010				

项目	序号	质量验收规范的规定 检查项目		允许偏差(mm)	施工单位检查记录							监理（建设）单位验收记录
主控项目	1	材料、结构		符合标准规定和要求	符合标准规定和要求。							符合规范要求。
	2	石油沥青涂料	普通级 三油二布	≥4.0	√	√	√	√	√	√	√	符合规范要求。
			加强级 四油三布	≥5.5								
			特加强级 五油四布	≥7.0								
	3	环氧煤沥青涂料	普通级 三油	≥0.3	√	√	√	√	√	√	√	符合规范要求。
			加强级 四油一布	≥0.4								
			特加强级 五油四布	≥0.6								
	4	环氧树脂玻璃钢 加强级		≥3	√	√	√	√	√	√	√	符合规范要求。
	5	电火花试验		符合规范规定	用电火花检漏仪逐根测量，符合规范要求。							符合规范要求。
	6											
	7											
	8											
一般项目	1	除锈质量等级		符合设计要求	检查防腐层、管生产厂提供的除锈等级报告，对照典型样板照片检查每个补口处的除锈质量，检查补口处除锈施工方案，符合设计要求。							符合规范要求。
	2	外观质量		符合规范规定	检查施工记录，观察外观，符合规范要求。							符合规范要求。
	3											
	4											

施工单位检查结果	经检查，主控项目和一般项目均符合设计要求和重庆市《城镇给水排水构筑物及管道工程施工质量验收规范》（DBJ 50-108—2010）规定，评定合格。 专业技术负责人：张×× 质检工程师：于×× 技术负责人：江×× 2015年5月25日
监理单位审查结论	同意施工单位验收结果，评定合格。 专业监理工程师：程×× 2015年5月25日
建设单位验收结论	同意施工单位评定结果，验收合格，同意进行下道工序施工。 现场负责人：赵×× 2015年5月25日

说明：

主控项目

1 外防腐层材料(包括补口、修补材料)、结构等应符合国家相关标准的规定和要求。检验方法:对照产品标准和设计文件,检查产品质量保证资料;检查成品管进场验收记录。

2. 外防腐层的厚度、电火花检漏、黏结力允许偏差应符合下表的规定。

表 外绝缘防腐层厚度、电火花检漏、黏结力允许偏差

序号	检查项目	允许偏差	检查数量			检查方法
			防腐成品管	补口	补伤	
1	厚度	符合表15.5.2-2规定	每20根1组(不足20根按1组),每组抽查1根。测管两端和中间共3个截面,每截面测互相垂直的4点	逐个检测,每个随机抽查1个截面,每个截面测互相垂直的4点	逐个检测,每处随机测1点	用测厚仪测量
2	电火花检漏		全数检查	全数检查	全数检查	用电火花检漏仪逐根测量
3	黏结力		每20根1组(不足20根按1组),每组抽1根,每根1处	每20个补口抽一处	—	符合本表附表16.6.3(一)规定,用小刀切割观察

一般项目

1. 钢管表面除锈质量等级应符合设计要求。检验方法:观察,检查防腐层、管生产厂提供的除锈等级报告,对照典型样板照片检查每个补口处的除锈质量,检查补口处除锈施工方案。

2. 管道外防腐层(包括补口、补伤)的外观质量应符合相关规定。检验方法:观察,检查施工记录。

城镇给水排水管道工程顶管施工(工作井)检验批质量验收记录表

渝市政验收4-12-10

工程名称	重庆市××路××管道工程K3+××～K3+××段	分项工程名称	工作井施工	验收部位	K3+××～K3+××段
施工单位	重庆市××市政工程有限公司	项目经理	刘××	技术负责人	党××
施工执行标准名称及编号	重庆市《城镇给水排水构筑物及管道工程施工质量验收规范》DBJ 50-108—2010				

项目	序号	检查项目			允许偏差(mm)	施工单位检查记录							监理(建设)单位验收记录
主控项目	1	结构强度、刚度和尺寸及抗渗			满足设计要求	结构无滴漏和线流现象,符合设计要求。							符合规范要求。
主控项目	2												
一般项目	1	井内导轨安装	顶面高程	顶管、夯管	+3.0	2.1	2.0	1.9	1.8	2.4	1.7	2.5	符合规范要求。
				盾构	+5.0								
			中心水平位置	顶管、夯管	3	2	2	1	2	2	2	1	符合规范要求。
				盾构	5								
			顶管、夯管	顶管、夯管	±3	2	2	-1	-2	2	1	2	符合规范要求。
				盾构	±5								
	2	盾构后座管片		高程	±10								
				水平轴线	±10								
	3	井尺寸	矩形	每侧长、宽	不小于设计要求	√	√	√	√	√	√	√	符合规范要求。
			圆形	半径		√	√	√	√	√	√	√	
	4	进出口预留洞口		中心位置	20	15	14	12	11	14	18	13	符合规范要求。
				内径尺寸	±20	14	12	11	-14	18	-13	17	符合规范要求。
	5	井地板高程			±30	-21	25	19	-28	26	24	-21	符合规范要求。
	6	顶管、盾构工作井被端		垂直度	0.1%H	√	√	√	√	√	√	√	符合规范要求。
				水平扭转度	0.1L	√	√	√	√	√	√	√	符合规范要求。

施工单位检查结果	经检查,主控项目和一般项目均符合设计要求和重庆市《城镇给水排水构筑物及管道工程施工质量验收规范》(DBJ 50-108—2010)规定,评定合格。 专业技术负责人:张×× 质检工程师:于×× 技术负责人:江×× 2015年5月25日
监理单位审查结论	同意施工单位验收结果,评定合格。 专业监理工程师:程×× 2015年5月25日
建设单位验收结论	同意施工单位评定结果,验收合格,同意进行下道工序施工。 现场负责人:赵×× 2015年5月25日

说明：

工作井的围护结构，井内结构施工质量验收标准应按现行国家标准《建筑地基基础工程施工质量验收标准》(GB 50202)和相关规范相关章节执行。

主控项目

工作井的结构强度、刚度和尺寸及抗渗应满足设计要求，结构无滴漏和线流现象。检验方法：观察，按表1中的规定逐座进行检查，检查施工记录，检查抗渗试验报告。

表1　渗漏水程度描述使用的术语、定义和标识符号

序号	术语	定义	标识
1	湿渍	混凝土管道内壁，呈现阴显色泽的潮湿斑；在通风条件下潮湿斑可消失，即蒸发量大于渗入量的状态。	#
2	渗水	水从混凝土管道内壁渗出，在内壁上可观察到明显的流挂水膜范围；在通风条件下水膜也不会消失，即渗入量大于蒸发量的状态。	O
3	水珠	悬挂在混凝土管内壁顶部的水珠、管道内侧壁渗漏水用细短流棒引流并悬挂在其底部的水珠，其滴落间隔时间超过1min，渗漏水用干棉纱能够拭干，但短时间内可观察到擦拭部位从湿润至水渗出的变化。	◇
4	滴漏	悬挂在混凝土管内壁顶部的水珠、管道内侧壁渗漏水用细短流棒引流并悬挂在其底部的水珠，其滴落速度每min至少1滴；渗漏水用干棉纱不宜拭干，且短时间内可明显观察到擦拭部位有水渗出和集聚的变化。	△
5	线流	指渗漏水呈线流、流淌或喷水状态。	↓

一般项目

1. 井内无明显渗水和水珠现象。检验方法：按表1的规定逐座观察。
2. 两导轨应顺直、平行、等高，导轨与基座连接应稳固。检验方法：逐个观察、量测。
3. 工作井施工的允许偏差应符合表2的规定。

表2　工作井施工允许偏差

序号	检查项目			允许偏差(mm)	检查点数		检查方法
					范围	点数	
1	井内导轨安装	顶面高程	顶管、夯管	+3.0	每座	每根导轨2点	用水准仪测量、水平尺测量
			盾构	+5.0			
		中心水平位置	顶管、夯管	3		每根导轨2点	用经纬仪测量
			盾构	5			
		顶管，夯管	顶管、夯管	±3		2个断面	用钢尺量测
			盾构	±5			
2	盾构后座管片	高程		+10	每环底部	1点	用水准仪测量
		水平轴线		+10		1点	
3	井尺寸	矩形	每侧长、宽	不小于设计要求	每座	2点	挂中线用尺量测
		圆形	半径				
4	进出口预留洞口	中心位置		20	每个	竖、水平各1点	用经纬仪测量
		内径尺寸		±20		垂直向各1点	用钢尺量测
5	井底板高程			±30	每座	4点	用水准仪测量
6	顶管、盾构工作井背墙	垂直度		0.1%H	每座	1点	用垂线角尺量测
		水平扭转度		0.1~6L			

注：H——后墙背的高度(mm)；L——后墙背的长度(mm)。

城镇给水排水管道工程顶管施工（顶管管道）检验批质量验收记录表

渝市政验收4-12-11

工程名称	重庆市××路××管道工程K3+××～K3+××段	分项工程名称	顶管管道施工	验收部位	K3+××～K3+××段
施工单位	重庆市××市政工程有限公司	项目经理	刘××	技术负责人	党××
施工执行标准名称及编号	重庆市《城镇给水排水构筑物及管道工程施工质量验收规范》DBJ 50-108—2010				

项目	序号	检查项目			允许偏差(mm)	施工单位检查记录							监理（建设）单位验收记录
主控项目	1	直线顶管水平轴线	顶进长度＜300m		50	41	45	47	40	41	39	38	符合规范要求。
			300≤顶进长度＜1000m		100								
			顶进长度≥1000m		*L*/10								
	2	直线顶管内底高程	＜1500m		+30，-40	√	√	√	√	√	√	√	符合规范要求。
			≥1500m		+40，-50								
			300≤顶进长度＜1000m		+60，-80								
			顶进长度≥1000m		+80，-100								
一般项目	1	曲线顶管水平轴线	*R*≤150	水平曲线	150	√	√	√	√	√	√	√	符合设计要求。
				竖曲线	150	√	√	√	√	√	√	√	符合规范要求。
				复合曲线	200	√	√	√	√	√	√	√	符合规范要求。
			R＞150	水平曲线	150								
				竖曲线	150								
				复合曲线	150								
	2	曲线顶管内底高程	*R*≤150	水平曲线	+100，-150	√	√	√	√	√	√	√	符合规范要求。
				竖曲线	+150，-200	√	√	√	√	√	√	√	符合规范要求。
				复合曲线	±200	√	√	√	√	√	√	√	符合规范要求。
			R＞150	水平曲线	+100，-150								
				竖曲线	+100，-150								
				复合曲线	±200								
	3	相邻管件接口	钢管、玻璃钢管		≤2%	√	√	√	√	√	√	√	符合规范要求。
			钢筋混凝土管		15%壁厚，且≤20	√	√	√	√	√	√	√	符合规范要求。
	4	钢筋混凝土管曲线顶管相邻管间接口的最大间隙与最小间隙差			≤Δ*S*	√	√	√	√	√	√	√	符合规范要求。
	5	钢管、玻璃钢管道竖向变形			≤0.03D_i	√	√	√	√	√	√	√	符合规范要求。
	6	对顶时两端接口			50	47	42	45	47	40	41	46	符合规范要求。

施工单位检查结果	经检查，主控项目和一般项目均符合设计要求和重庆市《城镇给水排水构筑物及管道工程施工质量验收规范》（DBJ 50-108—2010）规定，评定合格。 专业技术负责人：张×× 质检工程师：于×× 技术负责人：江×× 2015年5月25日
监理单位审查结论	同意施工单位验收结果，评定合格。 专业监理工程师：程×× 2015年5月25日
建设单位验收结论	同意施工单位评定结果，验收合格，同意进行下道工序施工。 现场负责人：赵×× 2015年5月25日

说明：

主控项目

1. 接口橡胶圈安装位置正确，无位移、脱落现象；钢管接口焊接质量应符合本章相关说明规定，焊接无损探伤检验符合设计要求。检验方法：逐个接口观察，检查钢管接口焊接报告。

2. 无压管道的管底坡度无反坡现象；曲线顶管的实际曲率半径符合设计要求。

3. 管道接口端部应无破损、顶裂现象，接口出无滴漏。检验方法：逐节观察，其中渗漏水程度检查按表1执行。

表1　渗漏水程度描述使用的术语、定义和标识符号

序号	术语	定义	标识
1	湿渍	混凝土管道内壁，呈现阴显色泽的潮湿斑；在通风条件下潮湿斑可消失，即蒸发量大于渗入量的状态。	#
2	渗水	水从混凝土管道内壁渗出，在内壁上可观察到明显的流挂水膜范围；在通风条件下水膜也不会消失，即渗入量大于蒸发量的状态。	O
3	水珠	悬挂在混凝土管内壁顶部的水珠、管道内侧壁渗漏水用细短流棒引流并悬挂在其底部的水珠，其滴落间隔时间超过1min，渗漏水用干棉纱能够拭干，但短时间内可观察到擦拭部位从湿润至水渗出的变化。	◇
4	滴漏	悬挂在混凝土管内壁顶部的水珠、管道内侧壁渗漏水用细短流棒引流并悬挂在其底部的水珠，其滴落速度每min至少1滴；渗漏水用干棉纱不宜拭干，且短时间内可明显观察到擦拭部位有水渗出和集聚的变化。	△
5	线流	指渗漏水呈线流、流淌或喷水状态。	↓

4. 挖掘后顶进方式施工，贯通后仍应符合表2的规定，当有超挖、管外超挖部分顶管后应压浆填实。检验方法：观察，检查施工记录、灌压浆记录。

一般项目

1. 管道线性顺直，管内观察平顺、无变形现象；一般缺陷部位应修补密实；管道无明显渗水和水珠。检验方法：按本章节表1中规定逐节检查。

2. 管道与工作井、进洞口的间隙连接牢固，施工中洞口无明显渗水，施工完无渗水。检验方法：分阶段观察每个洞口。

3. 钢管防腐层及焊接的内外防腐层质量需符合规范规定。检验方法：观察，按城镇给水排水管道工程管道防腐相关规定进行检查。

4. 有内防腐层的钢筋混凝土管道，防腐层应完整、附着紧密。检验方法：观察。

5. 管道内应清洁，无杂物、油污。检验方法：观察。

6. 顶管施工允许偏差应符合表2的规定。检验方法：观察，检查顶进施工记录、测量记录。

表2　顶管施工允许偏差

检查项目				允许偏差（mm）	检查点数 范围	检查点数 点数	检查方法
1	直线顶管水平轴线	顶进长度>300m		50	每管节	1点	用经纬仪测量或挂中线用尺量测
		300m≤顶进长度<1000m		100			
		顶进长度≥1000m		L/10			
2	直线顶管内底高程		<1500m	+30，-40			用水准仪或用水平仪测量
			≥1500m	+40，-50			
		300m≤顶进长度<1000m		+60，-80			用水平仪测量
		顶进长度≥1000m		+80，-100			
3	曲线顶管水平轴线	R≤150	水平曲线	150			用经纬仪测量
			竖曲线	150			
			复合曲线	200			
		R>150	水平曲线	150			
			竖曲线	150			
			复合曲线	150			
4	曲线顶管内底高程	R≤150	水平曲线	+100，-150			用水准仪测量
			竖曲线	+150，-200			
			复合曲线	±200			
		R>150	水平曲线	+100，-150			
			竖曲线	+100，-150			
			复合曲线	±200			
5	相邻管间接口	钢管、玻璃钢管		≤2%			用钢尺量测
		钢筋混凝土管		15%壁厚，且≤20			
6	钢筋混凝土管曲线顶管相邻管间接口的最大间隙与最小间隙之差			≤ΔS			
7	钢管、玻璃钢管道竖向变形			≤$0.03D_i$			
8	对顶时两端接口			50			

注：D_i——管道内经；L——顶进长度；ΔS——曲线顶管相邻管节接口允许的最大间隙与最小间隙之差（mm）；R——曲线顶管的设计曲率。

城镇给水排水管道工程沟涵施工(沟涵基础)检验批质量验收记录表

渝市政验收4-12-12

工程名称	重庆市××路××管道工程K3+××～K3+××段	分项工程名称	沟涵基础施工	验收部位	K3+××～K3+××段
施工单位	重庆市××市政工程有限公司	项目经理	刘××	技术负责人	党××
施工执行标准名称及编号	重庆市《城镇给水排水构筑物及管道工程施工质量验收规范》DBJ 50-108—2010				

项目	序号	质量验收规范的规定：检查项目		允许偏差(mm)	施工单位检查记录							监理(建设)单位验收记录
主控项目	1	基础	高回填基础处理	符合设计要求	地基表面无散土,平整、坚实,符合设计要求。							符合规范要求。
	2		有地下水处理	符合设计要求								符合规范要求。
	3	地基承载力		符合设计要求	检查地基试验资料,符合设计要求。							符合规范要求
	4	轴线		±30	-21	25	19	-28	26	24	-21	符合规范要求。
	5	流水面高程		±20	15	14	-12	11	14	18	13	符合规范要求。
	6	跨径		±20	14	12	11	-14	18	-13	17	符合规范要求。
	7	净高		±20	17	14	12	11	-14	18	16	符合规范要求。
	8	拱圈厚度	混凝土	±15	11	10	9	13	14	11	10	符合规范要求。
			石砌	±20								
	9	涵台尺寸		±20	14	10	-15	14	-12	11	14	符合规范要求。
	10	长度		+100,-50	√	√	√	√	√	√	√	符合规范要求。
	11	表面平整度	混凝土现浇	15	12	14	13	10	14	12	11	符合规范要求。
			石砌	20								
一般项目	1	一字墙和八字墙	平面位置	50	41	45	47	40	41	39	38	符合规范要求。
	2		顶面高程	±20	14	10	-15	14	-12	11	14	符合规范要求。
	3		底面高程	±50	45	47	40	41	40	41	39	符合规范要求。
	4		竖直度或坡度	0.5	√	√	√	√	√	√	√	符合规范要求。
	5		断面尺寸	±30	-21	25	19	-28	26	24	-21	符合规范要求。
	6		表面平整度	5	2	3	4	3	2	2	4	符合规范要求。
	7	填塞材料和方法		符合设计要求	沥青灌缝,符合设计要求。							符合规范要求。
施工单位检查结果	经检查,主控项目和一般项目均符合设计要求和重庆市《城镇给水排水构筑物及管道工程施工质量验收规范》(DBJ 50-108—2010)规定,评定合格。 专业技术负责人:张×× 质检工程师:于×× 技术负责人:江×× 2015年5月25日											
监理单位审查结论	同意施工单位验收结果,评定合格。 专业监理工程师:程×× 2015年5月25日											
建设单位验收结论	同意施工单位评定结果,验收合格,同意进行下道工序施工。 现场负责人:赵×× 2015年5月25日											

说明：

主控项目

1. 高回填基础处理符合设计要求，密实度试验按相关规范，强夯基础还应满足《建筑地基处理技术规范》(JGJ 79)要求，地基表面无散土，平整、坚实。检验方法：观察，检查分层碾压基础及夯实基础的密实度试验资料。

2. 有地下水处，设置降水井，长期有地下水处，按设计要求处理。检验方法：观察，检查现场设置，检查施工方案。

3. 沟涵开挖及回填控制与管涵开挖基本一致。检验方法：观察，查施工记录。

一般项目

1. 沟涵基础与地质资料基本吻合，地基承载力符合设计要求。检验方法：观察，检查地基试验资料。

2. 沟涵的开挖及回填要求参见本章相关说明。检验方法：观察。

城镇给水排水管道工程沟涵施工(拱涵)检验批质量验收记录表

渝市政验收4-12-13

工程名称	重庆市××路××管道工程K3+××～K3+××段	分项工程名称	拱涵施工	验收部位	K3+××～K3+××段
施工单位	重庆市××市政工程有限公司	项目经理	刘××	技术负责人	党××
施工执行标准名称及编号	重庆市《城镇给水排水构筑物及管道工程施工质量验收规范》DBJ 50-108—2010				

质量验收规范的规定					施工单位检查记录							监理(建设)单位验收记录
项目	序号	检查项目		允许偏差(mm)								
主控项目	1	基础	高回填基础处理	符合设计要求	地基表面无散土,平整、坚实,符合设计要求。							符合规范要求。
	2		有地下水处理	符合设计要求								
	3	地基承载力		符合设计要求	检查地基试验资料,符合设计要求。							符合规范要求。
	4	轴线		±30	-21	25	19	-28	26	24	-21	符合规范要求。
	5	流水面高程		±20	15	14	-12	11	14	18	13	符合规范要求。
	6	跨径		±20	14	12	11	-14	18	-13	17	符合规范要求。
	7	净高		±20	17	14	12	11	-14	18	16	符合规范要求。
	8	拱圈厚度	混凝土	±15	11	-10	9	13	-14	11	10	符合规范要求。
			石砌	±20								
	9	涵台尺寸		±20	13	14	12	11	-14	18	15	符合规范要求。
	10	长度		+100,-50	√	√	√	√	√	√	√	符合规范要求。
	11	表面平整度	混凝土现浇	15	11	12	14	13	10	14	12	符合规范要求。
			石砌	20								
一般项目	1	一字墙和八字墙	平面位置	50	41	45	47	40	41	39	38	符合规范要求。
	2		顶面高程	±20	14	10	-15	14	-12	11	14	符合规范要求。
	3		底面高程	±50	45	47	40	-41	-40	41	39	符合规范要求。
	4		竖直度或坡度	0.5	√	√	√	√	√	√	√	符合规范要求。
	5		断面尺寸	±30	-21	25	19	-28	26	24	-21	符合规范要求。
	6		表面平整度	5	2	3	4	3	2	2	4	符合规范要求。
	7	填塞材料和方法		符合设计要求	沥青灌缝,符合设计要求。							符合规范要求。

施工单位检查结果	经检查,主控项目和一般项目均符合设计要求和重庆市《城镇给水排水构筑物及管道工程施工质量验收规范》(DBJ 50-108—2010)规定,评定合格。 专业技术负责人:张×× 质检工程师:于×× 技术负责人:江×× 2015年5月25日
监理单位审查结论	同意施工单位验收结果,评定合格。 专业监理工程师:程×× 2015年5月25日
建设单位验收结论	同意施工单位评定结果,验收合格,同意进行下道工序施工。 现场负责人:赵×× 2015年5月25日

说明：

主控项目

拱涵施工应符合表1要求：

表1　拱涵施工允许偏差

序号	检查项目		允许偏差(mm)	数量检查		检查方法
				范围	点数	
1	轴线		±30	每段	2	观察，经纬仪、水准仪测量，直尺、钢尺量测
2	流水面高程		±20	每段	1	
3	跨径		±20		1	
4	净高		±20			
5	拱圈厚度	混凝土	±15	每段	2	
		石砌	±20	每段	2	
6	涵台尺寸		±20		4	
7	长度		+100，-50	每段	2	
8	表面平整度	混凝土现浇	15	每段	5	
		石砌	20	每段	5	

检验方法：观察，量测，检查施工记录。

一般项目

1. 一字墙和八字墙采用浆砌时砌块应分层错缝砌筑，嵌填饱满，不得有空洞，抹面应压光，无空鼓现象，并符合表2要求：

表2　一字墙八字墙施工允许偏差

序号	检查项目	允许偏差(mm)	数量检查		检查方法
			范围	点数	
1	平面位置	50	每段	1	观察，经纬仪、水准仪测量，直尺、钢尺量测
2	顶面高程	±20	每段	1	
3	底面高程	±50	每段	1	
4	竖直度或坡度	0.5	每段	1	
5	断面尺寸	±30	每段	1	
6	表面平整度	5	每段	1	

检验方法：观察，量测，检查施工记录。

2. 混凝土(钢筋混凝土)盖板涵盖板与墙缝填塞材料和方法符合设计要求，当无明确要求时，缝间采用沥青灌缝。检验方法：全线观察，检查施工记录。

城镇给水排水管道工程沟涵施工(盖板涵)检验批质量验收记录表

渝市政验收4-12-14

工程名称	重庆市××路××管道工程K3+××～K3+××段	分项工程名称	盖板涵施工	验收部位	K3+××～K3+××段
施工单位	重庆市××市政工程有限公司	项目经理	刘××	技术负责人	党××
施工执行标准名称及编号	重庆市《城镇给水排水构筑物及管道工程施工质量验收规范》DBJ 50-108—2010				

项目	序号	检查项目		允许偏差(mm)	施工单位检查记录							监理(建设)单位验收记录
主控项目	1	基础	高回填基础处理	符合设计要求	地基表面无散土，平整、坚实，符合设计要求。							符合规范要求。
	2		有地下水处理	符合设计要求								
	3	地基承载力		符合设计要求	检查地基试验资料，符合设计要求。							符合规范要求。
	4	轴线		30	20	24	21	28	27	25	24	符合规范要求。
	5	结构尺寸		±20	14	12	11	-14	18	-13	17	符合规范要求。
	6	流水面高程		±20	17	14	12	11	-14	18	16	符合规范要求。
	7	长度		+100，-50	√	√	√	√	√	√	√	符合规范要求。
	8	内空尺寸(宽、高)		±20	15	14	-12	11	14	18	13	符合规范要求。
	9	顶面高程		±20	14	12	11	-14	18	-13	17	符合规范要求。
	10											
	11											
	12											
一般项目	1	一字墙和八字墙	平面位置	50	41	45	47	40	41	39	38	符合规范要求。
	2		顶面高程	±20	14	10	-15	14	-12	11	14	符合规范要求。
	3		底面高程	±50	45	47	40	41	40	41	39	符合规范要求。
	4		竖直度或坡度	0.5	√	√	√	√	√	√	√	符合规范要求。
	5		断面尺寸	±30	-21	25	19	-28	26	24	-21	符合规范要求。
	6		表面平整度	5	2	3	4	3	2	2	4	符合规范要求。
	7	填塞材料和方法		符合设计要求	沥青灌缝，符合设计要求。							符合规范要求。

施工单位检查结果	经检查，主控项目和一般项目均符合设计要求和重庆市《城镇给水排水构筑物及管道工程施工质量验收规范》(DBJ 50-108—2010)规定，评定合格。 专业技术负责人：张×× 质检工程师：于×× 技术负责人：江×× 2015年5月25日
监理单位审查结论	同意施工单位验收结果，评定合格。 专业监理工程师：程×× 2015年5月25日
建设单位验收结论	同意施工单位评定结果，验收合格，同意进行下道工序施工。 现场负责人：赵×× 2015年5月25日

说明：

主控项目

1. 高回填基础处理符合设计要求，密实度试验按相关规范，强夯基础还应满足《建筑地基处理技术规范》(JGJ 79)要求，地基表面无散土，平整、坚实。检验方法：观察，检查分层碾压基础及夯实基础的密实度试验资料。

2. 有地下水处，设置降水井，长期有地下水处，按设计要求处理。检验方法：观察，检查现场设置，检查施工方案。

3. 沟涵开挖及回填控制与管涵开挖基本一致。检验方法：观察，检查施工记录。

一般项目

1. 沟涵基础与地质资料基本吻合，地基承载力符合设计要求。检验方法：观察，检查地基试验资料。

2. 沟涵的开挖及回填要求参见本章相关说明。检验方法：观察。

3. 盖板涵施工应符合下表要求。

表　盖板涵施工允许偏差

序号	检查项目	允许偏差(mm)	数量检查		检查方法
			范围	点数	
1	轴线	30	每段	2	观察，经纬仪、水准仪测量，直尺、钢尺量测
2	结构尺寸	±20	每段	1	
3	流水面高程	±20	每段	1	
4	长度	+100,-50	每段	1	
5	内空尺寸(宽、高)	±20	每段	2	
5	顶面高程	±20	每段	2	

检验方法：观察，量测，检查施工记录。

4. 混凝土(钢筋混凝土)盖板涵盖板与墙缝填塞材料和方法符合设计要求，当无明确时，缝间采用沥青灌缝。检验方法：全线观察，检查施工记录。

城镇给水排水管道工程沟涵施工(钢筋混凝土箱涵)检验批质量验收记录表

渝市政验收4-12-15

工程名称	重庆市××路××管道工程K3+××～K3+××段		分项工程名称	钢筋混凝土箱涵施工		验收部位		K3+××～K3+××段			
施工单位	重庆市××市政工程有限公司			项目经理		刘××		技术负责人		党××	
施工执行标准名称及编号	重庆市《城镇给水排水构筑物及管道工程施工质量验收规范》DBJ 50-108—2010										
质量验收规范的规定				施工单位检查记录							监理(建设)单位验收记录
项目	序号	检查项目	允许偏差(mm)								
主控项目	1	基础 高回填基础处理	符合设计要求	地基表面无散土,平整、坚实,符合设计要求。							符合规范要求。
	2	基础 有地下水处理	符合设计要求								符合规范要求。
	3	地基承载力	符合设计要求	检查地基试验资料,符合设计要求。							符合规范要求。
	4	轴线	30	20	24	−24	−20	25	23	20	符合规范要求。
	5	结构尺寸	±20	15	14	−12	11	14	18	13	符合规范要求。
	6	流水面高程	±20	14	12	11	−14	18	−13	17	符合规范要求。
	7	长度	±20	17	14	12	11	−14	18	16	符合规范要求。
	8	高度	+5,−10	√	√	√	√	√	√	√	符合规范要求。
	9	宽度	±30	−21	25	19	−28	26	24	–	符合规范要求。
	10	表面平整度	5	2	3	4	3	2	2	4	符合规范要求。
	11										
	12										
一般项目	1	一字墙和八字墙 平面位置	50	41	45	47	40	41	39	38	符合规范要求。
	2	一字墙和八字墙 顶面高程	±20	17	14	12	11	−14	18	16	符合规范要求。
	3	一字墙和八字墙 底面高程	±50	45	−47	40	−41	39	−38	41	符合规范要求。
	4	一字墙和八字墙 竖直度或坡度	0.5	√	√	√	√	√	√	√	符合规范要求。
	5	一字墙和八字墙 断面尺寸	±30	24	−21	25	19	−28	26	20	符合规范要求。
	6	一字墙和八字墙 表面平整度	5	2	3	4	3	2	2	4	符合规范要求。
	7	填塞材料和方法	符合设计要求	沥青灌缝,符合设计要求。							符合规范要求。
施工单位检查结果	经检查,主控项目和一般项目均符合设计要求和重庆市《城镇给水排水构筑物及管道工程施工质量验收规范》(DBJ 50-108—2010)规定,评定合格。 专业技术负责人:张×× 质检工程师:于×× 技术负责人:江×× 2015年5月25日										
监理单位审查结论	同意施工单位验收结果,评定合格。 专业监理工程师:程×× 2015年5月25日										
建设单位验收结论	同意施工单位评定结果,验收合格,同意进行下道工序施工。 现场负责人:赵×× 2015年5月25日										

说明：

主控项目

1. 高回填基础处理符合设计要求，密实度试验按相关规范，强夯基础还应满足《建筑地基处理技术规范》(JGJ 79)要求，地基表面无散土，平整、坚实。检验方法：观察，检查分层碾压基础及夯实基础的密实度试验资料。

2. 有地下水处，设置降水井，长期有地下水处，按设计要求处理。检验方法：观察，检查现场设置，检查施工方案。

3. 沟涵开挖及回填控制与管涵开挖基本一致。检验方法：观察，检查施工记录。

4. 沟涵基础与地质资料基本吻合，地基承载力符合设计要求。检验方法：观察，检查地基试验资料。

5. 沟涵的开挖及回填要求参见相关条款。检验方法：观察。

6. 钢筋混凝土箱涵钢筋、模板、混凝土要求参见本相关说明，主体施工应符合表1要求。

表1　钢筋混凝土箱涵施工允许偏差

序号	检查项目	允许偏差(mm)	数量检查		检查方法
			范围	点数	
1	轴线	30	每段	2	观察，经纬仪、水准仪测量，直尺、钢尺量测
2	结构尺寸	±20	每段	3～5	
3	流水面高程	±20	每段	1	
4	长度	±20	每段	2	
5	高度	+5，-10	每段	4	
6	宽度	±30	每段		
7	表面平整度	5	每10m	1	

检验方法：观察，量测，检查施工记录。

一般项目

1. 一字墙和八字墙采用浆砌时砌块应分层错缝砌筑，嵌填饱满，不得有空洞，抹面应压光，无空鼓现象，并符合表2要求。

表2　一字墙八字墙施工允许偏差

序号	检查项目	允许偏差(mm)	数量检查		检查方法
			范围	点数	
1	平面位置	50	每段	1	观察，经纬仪、水准仪测量，直尺、钢尺量测
2	顶面高程	±20	每段	1	
3	底面高程	±50	每段	1	
4	竖直度或坡度	0.5	每段	1	
5	断面尺寸	±30	每段	1	
6	表面平整度	5	每段	1	

检验方法：观察，量测，检查施工记录。

2. 混凝土(钢筋混凝土)盖板涵盖板与墙缝填塞材料和方法符合设计要求，当无明确时，缝间采用沥青灌缝。检验方法：全线观察，检查施工记录。

城镇给水排水管道工程沟涵施工(变形缝)检验批质量验收记录表

渝市政验收4-12-16

工程名称	重庆市××路××管道工程K3+××～K3+××段	分项工程名称	沟涵变形缝施工	验收部位	K3+××～K3+××段
施工单位	重庆市××市政工程有限公司	项目经理	刘××	技术负责人	党××
施工执行标准名称及编号	重庆市《城镇给水排水构筑物及管道工程施工质量验收规范》DBJ 50-108—2010				

质量验收规范的规定				施工单位检查记录							监理(建设)单位验收记录
项目	序号	检查项目	允许偏差(mm)								
主控项目	1	位置及长度	符合设计要求	检查施工记录,符合设计要求。							符合规范要求。
	2	止水带稳固	符合设计要求	止水带稳固,符合设计要求。							符合规范要求。
	3										
	4										
	5										
	6										
	7										
	8										
一般项目	1	做法	符合设计要求	缝全周断开、顺直,涵各面缝不错位,缝填料密实,符合设计要求。							符合规范要求。
	2	沟涵底填料	符合设计要求	检查施工记录,符合设计要求。							符合规范要求。
	3	止水材料	符合设计要求	检查施工记录,符合设计要求。							符合规范要求。
	4	变形缝宽度	±3	2	2	1	2	2	−2	1	符合规范要求。
	5	填塞密封膏	±5	−3	4	3	2	−2	2	−3	符合规范要求。
	6	止水带位置	±10	7	5	−6	8	8	7	5	符合规范要求。
	7	止水条位置	±5	3	1	−3	4	3	2	−2	符合规范要求。
	8	变形缝直线	±10	7	5	−6	8	8	7	5	符合规范要求。

施工单位检查结果	经检查,主控项目和一般项目均符合设计要求和重庆市《城镇给水排水构筑物及管道工程施工质量验收规范》(DBJ 50-108—2010)规定,评定合格。 专业技术负责人:张×× 质检工程师:于×× 技术负责人:江×× 2015年5月25日
监理单位审查结论	同意施工单位验收结果,评定合格。 专业监理工程师:程×× 2015年5月25日
建设单位验收结论	同意施工单位评定结果,验收合格,同意进行下道工序施工。 现场负责人:赵×× 2015年5月25日

说明:

主控项目

1. 变形缝设置位置及长度符合设计要求。检验方法:观察,检查施工记录。

2. 含止水带的变形缝其止水带稳固应符合设计要求,设计未说明时,止水带不宜在沟涵底墙处粘接,接口设置在上端或顶部,浇筑混凝土时不能有卷曲。检验方法:观察,检查施工记录。

一般项目

1. 变形缝做法符合设计要求,缝全周断开、顺直,涵各面缝不错位,缝填料密实。检验方法:观察,用工具探测缝设置情况。

2. 沟涵底填料符合设计要求。检验方法:观察,检查施工记录。

3. 施工缝采止水材料符合设计要求,若无钢板止水板及企口,现浇面采用混凝土打毛处理。检验方法:观察,检查施工记录。

4. 变形缝施工允许偏差应符合下表规定。

表　变形缝施工允许偏差

序号	检查项目	允许偏差(mm)	数量检查		检查方法
			范围	点数	
1	变形缝宽度	±3	每道缝	4	用卡尺量测
2	填塞密封膏	±5	每道缝	3	用直尺量测
3	止水带位置	±10	每道缝	6	用钢尺量测
4	止水条位置	±5	每道缝	6	用钢尺量测
5	变形缝直线	±10	每道缝	8	用垂尺、钢尺量测

检验方法:观察,查施工记录,用尺量测。

城镇给水排水管道工程管桥(吊装式管桥)施工检验批质量验收记录表

渝市政验收4-12-17

工程名称	重庆市××路××管道工程K3+××～K3+××段	分项工程名称	吊装式管桥施工	验收部位	K3+××～K3+××段
施工单位	重庆市××市政工程有限公司	项目经理	刘××	技术负责人	党××
施工执行标准名称及编号	重庆市《城镇给水排水构筑物及管道工程施工质量验收规范》DBJ 50-108—2010				

项目	序号	质量验收规范的规定：检查项目		允许偏差(mm)	施工单位检查记录							监理(建设)单位验收记录
主控项目	1	支承管道的桥梁		符合设计要求	桩基稳固，符合设计要求。							符合规范要求。
	2	吊装式管桥上部梁制作及安装	长度	±5	−3	4	3	2	−2	2	−3	符合规范要求。
	3		宽度	±5	3	1	−3	4	3	2	−2	符合规范要求。
	4		梁高	±3	−2	1	2	2	1	2	2	符合规范要求。
	5		吊装水平	±5	−3	4	3	2	−2	2	−3	符合规范要求。
	6		吊装中心位置	±3	2	2	1	2	2	−2	1	符合规范要求。
	7		吊装后绕度	±L/50	√	√	√	√	√	√	√	符合规范要求。
	8	连接方式		符合设计要求	钢尺量测，查施工检测记录及伸缩器型号，符合设计要求。							符合规范要求。
一般项目	1	管道敷设连接		符合规范要求	混凝土包封，符合规范要求。							符合规范要求。
	2											
	3											
	4											
	5											

施工单位检查结果	经检查，主控项目和一般项目均符合设计要求和重庆市《城镇给水排水构筑物及管道工程施工质量验收规范》(DBJ 50-108—2010)规定，评定合格。 专业技术负责人：张×× 质检工程师：于×× 技术负责人：江×× 2015年5月25日
监理单位审查结论	同意施工单位验收结果，评定合格。 专业监理工程师：程×× 2015年5月25日
建设单位验收结论	同意施工单位评定结果，验收合格，同意进行下道工序施工。 现场负责人：赵×× 2015年5月25日

说明：

主控项目

1. 支承管道的桥梁符合设计要求，桥柱桩基及隐蔽工序检验符合本章相关说明内容，桩基稳固，不宜设置在地质不良处。检验方法：观察，检查地质资料、施工记录、检测报告，按本章相关说明内容检查。

2. 支承管道的桥上部结构平整，顶面宽度符合设计要求，简支梁吊装式上部结构施工应符合表1规定。

表1　吊装式管桥上部梁制作及安装允许偏差

序号	检查项目	允许偏差(mm)	数量检查		检查方法
			范围	点数	
1	长度	±5	每片梁	2	用钢尺量测
2	高度	±5	每片梁	3	用钢尺量测
3	宽度	±3	每片梁	3	用钢尺量测
4	吊装水平	±5	每片梁	3	用水准仪量测
5	吊装中心位置	±3	梁两端	2	用经纬仪全站仪量测
6	吊装后绕度	±L/50	跨中	1	设计要求绕度

注：L——梁长。

检验方法：观察，施工记录，检测报告。

3. 连续梁形式的管桥上部结构当采用吊装连接时，连接方式符合设计要求，吊装按表1要求检验；当采用现浇结构时，应符合表2要求，钢筋，模板、按本章相关说明内容检验，首尾伸缩缝符合设计要求。

表2　现浇式管桥上部梁制作及安装允许偏差

序号	检查项目	允许偏差(mm)	数量检查		检查方法
			范围	点数	
1	长度	±5	总长	2	用钢尺或测量仪量测
2	高度	±10	每10m	2	用钢尺或测量仪量测
3	宽度	±10	每10m	3	用钢尺或测量仪量测
4	现浇前中心位置	±3	桥轴线	2	用经纬仪全站仪量测
5	现浇后绕度	±L/100	跨中	1	设计要求绕度
6	盖梁水平高	±3	中、边	3	测量仪量测
7	盖梁轴线	±5	每20m	3	测量仪量测

注：L——梁长；允许绕度是设计梁结构本来绕度的增量值。

检验方法：观察，检查定位测量、水平检测记录、施工记录、检测报告，必要时可复测。

4. 简支梁伸缩缝宽度符合设计要求。检验方法：观察，检查施工检测记录，钢尺量测，检查伸缩器型号。

一般项目

1. 管桥上端管为钢筋混凝土管时，管道基础、管道轴线、水平标高、管与检查井接口，与本章管道敷设、连接检验标准一致。检验方法：观察，其他检验与本章相应节检验标准一致。

2. 管桥上端管为化学管材时，为避免老化采用的混凝土包封符合设计要求，其管道轴线，水平标高，管与检查井接口或伸缩接口，与本章管道敷设、连接检验标准一致。检验方法：观察，其他检验与本章相应节检验标准一致。

城镇给水排水管道工程管桥(现浇管桥)施工检验批质量验收记录表

渝市政验收 4-12-18

工程名称	重庆市××路××管道工程K3+××～K3+××段	分项工程名称	现浇管桥施工	验收部位	K3+××～K3+××段
施工单位	重庆市××市政工程有限公司	项目经理	刘××	技术负责人	党××
施工执行标准名称及编号	重庆市《城镇给水排水构筑物及管道工程施工质量验收规范》DBJ 50-108—2010				

项目	序号	质量验收规范的规定：检查项目		允许偏差(mm)	施工单位检查记录							监理(建设)单位验收记录
主控项目	1	支承管道的桥梁		符合设计要求	桩基稳固,符合设计要求。							符合规范要求。
	2	现浇管桥上部梁制作及安装	长度	±5	3	1	−3	4	3	2	−2	符合规范要求。
	3		宽度	±10	7	5	−6	8	8	7	5	符合规范要求。
	4		梁高	±10	7	5	−6	8	8	7	5	符合规范要求。
	5		现浇前中心位置	±3	−2	1	2	2	1	2	2	符合规范要求。
	6		现浇后绕度	±*L*/100	√	√	√	√	√	√	√	符合规范要求。
	7		盖梁水平高	±3	2	2	1	2	2	−2	1	符合规范要求。
	8		盖梁轴线	±5	−3	4	3	2	−2	2	−3	符合规范要求。
	9	简支梁伸缩缝宽度		符合设计要求	钢尺量测,查施工检测记录及伸缩器型号,符合设计要求。							符合规范要求。
一般项目	1	管道敷设连接		符合规范要求	混凝土包封,符合规范要求。							符合规范要求。
	2											
	3											
	4											
	5											

施工单位检查结果	经检查,主控项目和一般项目均符合设计要求和重庆市《城镇给水排水构筑物及管道工程施工质量验收规范》(DBJ 50-108—2010)规定,评定合格。 专业技术负责人:张×× 质检工程师:于×× 技术负责人:江×× 2015年5月25日
监理单位审查结论	同意施工单位验收结果,评定合格。 专业监理工程师:程×× 2015年5月25日
建设单位验收结论	同意施工单位评定结果,验收合格,同意进行下道工序施工。 现场负责人:赵×× 2015年5月25日

说明：

主控项目

1. 支承管道的桥梁符合设计要求，桥柱桩基及隐蔽工序检验符合本章相关说明内容内容，桩基稳固，不宜设置在地质不良处。检验方法：观察，检查地质资料、施工记录、检测报告，按本章相关说明内容检查。

2. 支承管道的桥上部结构平整，顶面宽度符合设计要求，简支梁吊装式上部结构施工应符合表1规定。

表1 吊装式管桥上部梁制作及安装允许偏差

序号	检查项目	允许偏差(mm)	数量检查		检查方法
			范围	点数	
1	长度	±5	每片梁	2	用钢尺量测
2	高度	±5	每片梁	3	用钢尺量测
3	宽度	±3	每片梁	3	用钢尺量测
4	吊装水平	±5	每片梁	3	用水准仪量测
5	吊装中心位置	±3	梁两端	2	用经纬仪全站仪量测
6	吊装后绕度	±L/50	跨中	1	设计要求绕度

注：L——梁长。

检验方法：观察，施工记录，检测报告。

3. 连续梁形式的管桥上部结构当采用吊装连接时，连接方式符合设计要求，吊装按表1要求检验；当采用现浇结构时，应符合表2要求，钢筋、模板、按本章相关说明内容检验，首尾伸缩缝符合设计要求。

表2 现浇式管桥上部梁制作及安装允许偏差

序号	检查项目	允许偏差(mm)	数量检查		检查方法
			范围	点数	
1	长度	±5	总长	2	用钢尺或测量仪量测
2	高度	±10	每10m	2	用钢尺或测量仪量测
3	宽度	±10	每10m	3	用钢尺或测量仪量测
4	现浇前中心位置	±3	桥轴线	2	用经纬仪全站仪量测
5	现浇后绕度	±L/100	跨中	1	设计要求绕度
6	盖梁水平高	±3	中、边	3	测量仪量测
7	盖梁轴线	±5	每20m	3	测量仪量测

注：L——梁长；允许绕度是设计梁结构本来绕度的增量值。

检验方法：观察，检查定位测量、水平检测记录、施工记录、检测报告，必要时可复测。

4. 简支梁伸缩缝宽度符合设计要求。检验方法：观察，检查施工检测记录，钢尺量测，检查伸缩器型号。

一般项目

1. 管桥上端管为钢筋混凝土管时，管道基础、管道轴线、水平标高、管与检查井接口，与本章管道敷设、连接检验标准一致。检验方法：观察，其他检验与本章相关说明内容一致。

2. 管桥上端管为化学管材时，为避免老化采用的混凝土包封符合设计要求，其管道轴线，水平标高，管与检查井接口或伸缩接口，与本章管道敷设、连接检验标准一致。检验方法：观察，其他检验与本章相关说明内容一致。

城镇给水排水管道工程架空箱涵施工检验批质量验收记录表

渝市政验收4-12-19

工程名称	重庆市××路××管道工程K3+××～K3+××段	分项工程名称	架空箱涵施工	验收部位	K3+××～K3+××段
施工单位	重庆市××市政工程有限公司	项目经理	刘××	技术负责人	党××
施工执行标准名称及编号	重庆市《城镇给水排水构筑物及管道工程施工质量验收规范》DBJ 50-108—2010				

质量验收规范的规定				施工单位检查记录							监理（建设）单位验收记录
项目	序号	检查项目	允许偏差（mm）								
主控项目	1	内宽度	±5	2	3	−3	4	3	2	−2	符合规范要求。
	2	外宽度	±5	−3	4	3	2	−2	3	2	符合规范要求。
	3	每段宽度	±3	2	1	2	−2	−2	1	2	符合规范要求。
	4	轴线偏差	±10	7	5	−6	8	8	7	5	符合规范要求。
	5	绕度偏差	±L/100	√	√	√	√	√	√	√	符合规范要求。
	6	箱涵平整度	±3	2	1	2	−2	−2	−1	2	符合规范要求。
	7	箱涵高程	±3	1	−2	2	1	2	2	−1	符合规范要求。
	8	盖梁水平高	±3	2	2	1	2	2	−2	1	符合规范要求。
	9	盖梁轴线	±5	−3	4	3	2	−2	2	−3	符合规范要求。
	10	简支梁伸缩缝宽度	符合设计要求	检查施工检测记录，钢尺量测，符合设计要求。							符合规范要求。
	11	简支梁结构接口	符合设计要求	钢尺量测，符合设计要求。							符合规范要求。
	12										
一般项目	1	橡胶支座位置	±5	2	−3	4	3	2	−2	−4	符合规范要求。
	2	抗渗	符合设计要求	检查施工记录及抗渗混凝土检验报告。							符合规范要求。
	3										
	4										
	5										

施工单位检查结果	经检查，主控项目和一般项目均符合设计要求和重庆市《城镇给水排水构筑物及管道工程施工质量验收规范》（DBJ 50-108—2010）规定，评定合格。 专业技术负责人：张×× 质检工程师：于×× 技术负责人：江×× 2015年5月25日
监理单位审查结论	同意施工单位验收结果，评定合格。 专业监理工程师：程×× 2015年5月25日
建设单位验收结论	同意施工单位评定结果，验收合格，同意进行下道工序施工。 现场负责人：赵×× 2015年5月25日

说明：

主控项目

1. 架空箱涵钢筋、模板、外观、混凝土强度等检验标准参见本章相关说明内容，架空箱涵施工允许偏差应符合下表的规定。

表　架空箱涵施工允许偏差

序号	检查项目	允许偏差(mm)	数量检查		检查方法
			范围	点数	
1	每段长度	±3	每段长	2	用钢尺量测
2	内宽度	±5	每段长	3	用钢尺量测
3	外宽度	±5	每段长	3	用经纬仪全站仪量测
4	轴线偏差	±10	每段长	2	用钢尺量测
5	绕度偏差	±L/100	跨中	1	设计要求绕度
6	箱涵平整度	±3	每10m	3	水准仪量测
7	箱涵高程	±3	每段长	2	水准仪量测
8	盖梁水平高	±3	中、边	3	水准仪量测
9	盖梁轴线	±5	每20m	3	测量仪量测
10	橡胶支座位置	±5	每段箱涵	4	测量仪量测

注：L——梁长；允许绕度是设计梁结构本来绕度的增量值。

检验方法：观察，检查量测记录和测量记录，混凝土检验报告。

2. 简支梁伸缩缝宽度符合设计要求。检验方法：观察，检查施工检测记录，钢尺量测。

3. 由管为内模的矩形输水自承式架空涵，简支梁结构接口符合设计要求。检验方法：观察，检查量测记录，钢尺量测。

一般项目

1. 橡胶支座安装位置正确，允许偏差见上表，在坡度大于2%，四氟板支座置于下端盖梁上，箱涵根据设计荷载采用的盆式支座或板式支座须满足行业规范要求。检验方法：观察，测量仪量测，检查支座质量保证及技术资料。

2. 架空箱涵抗渗符合设计要求。检验方法：观察，检查施工记录，检查抗渗混凝土检验报告。

城镇给水排水管道工程倒虹吸管施工检验批质量验收记录表

渝市政验收4-12-20

工程名称	重庆市××路××管道工程K3+××~K3+××段	分项工程名称	倒虹吸管施工	验收部位	K3+××~K3+××段
施工单位	重庆市××市政工程有限公司	项目经理	刘××	技术负责人	党××
施工执行标准名称及编号	重庆市《城镇给水排水构筑物及管道工程施工质量验收规范》DBJ50-108—2010				

项目	序号	检查项目			允许偏差(mm)	施工单位检查记录							监理(建设)单位验收记录
主控项目	1	开挖、换填	基础底部高程	土	0,-200	√	√	√	√	√	√	√	符合规范要求。
				石	0,-300								
	2	开挖、换填	平整后基础顶高		0,-150	√	√	√	√	√	√	√	符合规范要求。
	3	开挖、换填	基础底部宽度		不小于规定	√	√	√	√	√	√	√	符合规范要求。
	4	开挖、换填	基础水平轴线		100	√	√	√	√	√	√	√	符合规范要求。
	5	开挖、换填	换填底部宽度		0,500	√	√	√	√	√	√	√	符合规范要求。
	6	开挖、换填	换填底部深度		0,-500	√	√	√	√	√	√	√	符合规范要求。
	7	开挖、换填	换填底坡阶梯		符合设计要求	检查施工记录及检验报告,符合设计要求。							符合规范要求。
	8	管道敷设	水平轴线	钢管	±20	17	14	12	11	-14	18	16	符合规范要求。
	9	管道敷设	水平轴线	化学管材	±30								
	10	管道敷设	管底高程 D_i≤1000	钢管	±15	11	10	9	13	14	11	10	符合规范要求。
	11	管道敷设	管底高程 D_i≤1000	化学管材	±20								
	12	管道敷设	管底高程 D_i>1000	钢管	±20	15	14	-12	11	14	18	13	符合规范要求。
	13	管道敷设	管底高程 D_i>1000	化学管材	±30								
	14	竖井浇筑	平面轴线位置		±30	24	-21	25	19	-28	26	20	符合规范要求。
	15	竖井浇筑	井壁井底厚		+20,±15	√	√	√	√	√	√	√	符合规范要求。
	16	竖井浇筑	井室尺寸(长宽高)		+20	15	14	12	11	14	18	13	符合规范要求。
	17	竖井浇筑	直径		±20	15	14	-12	11	14	18	13	符合规范要求。
	18	竖井浇筑	井口		±20	14	12	11	-14	18	-13	17	符合规范要求。
	19	竖井浇筑	预埋螺栓		±5	2	-3	4	3	-2	-2	4	符合规范要求。
	20	竖井浇筑	阀门安装		±10	8	7	-5	-4	6	8	-7	符合规范要求。
	21	竖井浇筑	轴线位置		±20	15	14	-12	11	14	18	13	符合规范要求。
	22	竖井浇筑	管道失圆度		3%	√	√	√	√	√	√	√	符合规范要求。
一般项目	1	回填密实度			符合设计要求	钢尺量测,检查施工记录及检验报告,符合设计要求。							符合规范要求。
	2	镇墩			符合设计要求	设置合理,符合设计要求。							符合规范要求。
	3	沉泥阀门井回填			符合规范要求	分层对称回填,符合规范要求。							符合规范要求。

施工单位检查结果	经检查,主控项目和一般项目均符合设计要求和重庆市《城镇给水排水构筑物及管道工程施工质量验收规范》DBJ 50-108—2010)规定,评定合格。 专业技术负责人:张×× 质检工程师:于×× 技术负责人:江×× 2015年5月25日
监理单位审查结论	同意施工单位验收结果,评定合格。 专业监理工程师:程×× 2015年5月25日
建设单位验收结论	同意施工单位评定结果,验收合格,同意进行下道工序施工。 现场负责人:赵×× 2015年5月25日

说明：

倒虹吸管施工围堰符合设计要求，并符合《给排水构筑物工程施工及验收规范》(GB 50141)、《给水排水管道工程施工及验收规范》(GB 50268)相关要求。

主控项目

1. 管道置于符合设计地基承载能力的基础上，基础底无淤泥基础不满足要求按设计要求换填，允许偏差应符合表1要求。

表1　倒虹吸管开挖、换填施工允许偏差

<table>
<tr><th rowspan="2">序号</th><th rowspan="2" colspan="2">检查项目</th><th rowspan="2">允许偏差(mm)</th><th colspan="2">数量检查</th><th rowspan="2">检查方法</th></tr>
<tr><th>范围</th><th>点数</th></tr>
<tr><td rowspan="2">1</td><td rowspan="2">基础底部高程</td><td>土</td><td>0,-200</td><td rowspan="8">每5~10m
取一个断面</td><td rowspan="3">2~3点</td><td rowspan="3">钢尺、测量仪量测</td></tr>
<tr><td>石</td><td>0,-300</td></tr>
<tr><td>2</td><td colspan="2">平整后基础顶高</td><td>0,-150</td></tr>
<tr><td>3</td><td colspan="2">基础底部宽度</td><td>不小于规定</td><td rowspan="2">2点</td><td rowspan="2">钢尺、测量仪量测</td></tr>
<tr><td>4</td><td colspan="2">基础水平轴线</td><td>1000</td></tr>
<tr><td>5</td><td colspan="2">换填底部宽度</td><td>0,500</td><td rowspan="2">2点</td><td rowspan="2">钢尺测量</td></tr>
<tr><td>6</td><td colspan="2">换填底部深度</td><td>0,-500</td></tr>
<tr><td>7</td><td colspan="2">换填底坡阶梯</td><td>符合设计要求</td><td>1点</td><td>钢尺测量</td></tr>
</table>

检验方法：观察，检查量测记录，钢尺、测量仪量测。

2. 管道敷设允许偏差应符合表2要求。

表2　管道敷设允许偏差

<table>
<tr><th rowspan="2">序号</th><th rowspan="2" colspan="3">检查项目</th><th rowspan="2">允许偏差
(mm)</th><th colspan="2">数量检查</th><th rowspan="2">检查方法</th></tr>
<tr><th>范围</th><th>点数</th></tr>
<tr><td rowspan="2">1</td><td rowspan="2">水平
轴线</td><td>钢管</td><td>钢管</td><td>±20</td><td rowspan="6">每节管</td><td rowspan="6">1点</td><td rowspan="2">经纬仪量测或挂中线用钢尺量测</td></tr>
<tr><td>化学管材</td><td>化学管材</td><td>±30</td></tr>
<tr><td rowspan="4">2</td><td rowspan="4">管底
高程</td><td rowspan="2">D_i≤1000</td><td>钢管</td><td>±15</td><td rowspan="4">水准仪测量</td></tr>
<tr><td>化学管材</td><td>±20</td></tr>
<tr><td rowspan="2">D_i>1000</td><td>钢管</td><td>±20</td></tr>
<tr><td>化学管材</td><td>±30</td></tr>
</table>

检验方法：观察，检查量测记录，钢尺、测量仪量测。

3. 倒虹吸管竖井混凝土强度不低于C20，当有地下水，应有抗浮施工措施；井浇筑安装应符合表3要求。

表3　竖井浇筑安装允许偏差

<table>
<tr><th rowspan="2">序号</th><th rowspan="2">检查项目</th><th rowspan="2">允许偏差(mm)</th><th colspan="2">数量检查</th><th rowspan="2">检查方法</th></tr>
<tr><th>范围</th><th>点数</th></tr>
<tr><td>1</td><td>平面轴线位置</td><td>±30</td><td rowspan="5">每座</td><td>2</td><td rowspan="5">水准仪测量，钢尺量测</td></tr>
<tr><td>2</td><td>井壁井底厚</td><td>+20,±15</td><td>2</td></tr>
<tr><td>3</td><td>井室尺寸(长宽高)</td><td>±20</td><td>3</td></tr>
<tr><td>4</td><td>直径</td><td>±20</td><td>1</td></tr>
<tr><td>5</td><td>井口</td><td>±20</td><td>2</td></tr>
</table>

续表

序号	检查项目	允许偏差(mm)	数量检查		检查方法
			范围	点数	
6	预埋螺栓	±5	每点	1	水准仪测量,钢尺量测
7	阀门安装	±10	每个		
8	轴线位置	±20	每管	2	
9	管道失圆度	3%		1	钢尺量测

检验方法:观察,检查量测记录,钢尺、测量仪量测。

一般项目

1. 管道敷设完毕后按要求进行闭水试验。检验方法:按《给水排水管道工程施工及验收规范》(GB 50268)中相关章节执行。

2. 倒虹吸管按设计要求密实度回填。检验方法:观察,用钢尺量测,检查施工记录,检查检验报告。

3. 倒虹吸管镇墩按设计要求应设置在无沉降地基或经基础处理的地基上。检验方法:用钢尺量测,观察,检查施工记录,检查检验报告。

4. 倒虹吸管沉泥阀门井应分层对称回填。检验方法:观察,检查施工记录,检查检验报告。

城镇给水排水管道工程输水隧道施工检验批质量验收记录表

渝市政验收4-12-21

工程名称	重庆市××路××管道工程K3+××～K3+××段	分项工程名称	输水隧道施工	验收部位	K3+××～K3+××段
施工单位	重庆市××市政工程有限公司	项目经理	刘××	技术负责人	党××
施工执行标准名称及编号	重庆市《城镇给水排水构筑物及管道工程施工质量验收规范》DBJ 50-108—2010				

质量验收规范的规定						施工单位检查记录							监理(建设)单位验收记录
项目	序号	检查项目			允许偏差(mm)								
主控项目	1	洞身开挖	拱部超挖	破碎岩土(Ⅰ、Ⅱ类围岩)	平均100,最大150	√	√	√	√	√	√	√	符合规范要求。
				中硬岩、软岩(Ⅲ、Ⅳ、Ⅴ类围岩)	平均150,最大200								
				硬岩(Ⅵ类围岩)	平均100,最大200								
	2		边墙宽度	每侧	+100,-0	√	√	√	√	√	√	√	符合规范要求。
				全宽	+200,-0	√	√	√	√	√	√	√	符合规范要求。
	3		边墙、仰拱、隧底超挖		平均100	√	√	√	√	√	√	√	符合规范要求。
	6	隧洞衬砌	轴线偏差		±50	42	-40	41	-47	46	-42	41	符合规范要求。
	7		结构尺寸		±20	15	14	-12	11	14	18	13	符合规范要求。
	8		流水面高程		±20	14	12	11	-14	18	-13	17	符合规范要求。
	9		长度		+100,-50	√	√	√	√	√	√	√	符合规范要求。
	10		内空尺寸(内宽、墙高)		±20	17	14	12	11	-14	18	16	符合规范要求。
	11		拱顶高程		±50	-40	41	-47	46	42	-40	41	符合规范要求。
	12	锚杆		孔位	50	39	41	40	45	47	42	37	符合规范要求。
				角度	50	41	40	45	47	42	47	42	符合规范要求。
				长度	50	41	40	45	47	42	39	41	符合规范要求。
				孔径	+15,-0	√	√	√	√	√	√	√	符合规范要求。
	14	超前小导管		孔位	50	40	45	39	41	40	45	41	符合规范要求。
				角度	50	40	45	47	42	39	41	40	符合规范要求。
				长度	不小于设计值	√	√	√	√	√	√	√	符合规范要求。
				孔径	大于钢管直径+20	√	√	√	√	√	√	√	符合规范要求。

施工单位检查结果	经检查,主控项目和一般项目均符合设计要求和重庆市《城镇给水排水构筑物及管道工程施工质量验收规范》(DBJ 50-108—2010)规定,评定合格。 专业技术负责人:张×× 质检工程师:于×× 技术负责人:江×× 2015年5月25日
监理单位审查结论	同意施工单位验收结果,评定合格。 专业监理工程师:程×× 2015年5月25日
建设单位验收结论	同意施工单位评定结果,验收合格,同意进行下道工序施工。 现场负责人:赵×× 2015年5月25日

说明:

主控项目

1. 开挖断面在5m×5m以内,应符合表1的要求。

表1 洞身开挖施工允许偏差

序号	检查项目		允许偏差(mm)	数量检查		检查方法
				范围	点数	
1	拱部超挖	破碎岩土(Ⅰ、Ⅱ类围岩)	平均100最大200	每20m	3	观察,水准仪钢尺量测
		中硬岩、软岩(Ⅲ、Ⅳ、Ⅴ类围岩)	平均150最大200			
		硬岩(Ⅵ类围岩)	平均100最大200			
2	边墙宽度	每侧	+100,-0	每20m	2	
		全宽	+200,-0			
3	边墙、仰拱、隧底超挖		平均100	每20m	1	

注:开挖超过5m×5m,按隧道要求开挖,按照JTG F80/1及JTJ 041检验。

检验方法:观察,量测,检查施工记录。

2. 衬砌断面在5m×5m以内,应符合表2的要求。

表2 隧洞衬砌施工允许偏差

序号	检查项目	允许偏差(mm)	数量检查		检查方法
			范围	点数	
1	轴线偏差	50	每段	2	观察,经纬仪、水准仪测量,直尺、钢尺量测
2	结构尺寸	±20	每段	2	
3	流水面高程	±20	每段	1	
4	长度	+100,-50	每段	2	
5	内空尺寸(内宽、墙高)	±20	每段	2	
6	拱顶高程	±50	每段	1	

注:初砌断面超过5m× 5m,按隧道要求施工,按照JTG F80/1及JTJ 041检验。

检验方法:观察,量测,检查施工记录。

3. 不良地质段初期衬砌采用的超前小导管、支护锚杆施工要求应符合表3要求。

表3 超前小导管、支护锚杆施工允许偏差

序号	检查项目		允许偏差(mm)	数量检查	检查方法
1	锚杆	孔位	±50	10%	钢尺测量
		角度	50		角度测量
		长度	±50		直尺测量
		孔径	+15,-0		直尺量测
2	超前小导管	孔位	±50		直尺量测
		角度	50		角度尺量测
		长度	不小于设计		直尺量测
		孔径	大于钢管直径+20		直尺量测

注:锚杆的抗拔试验按1%,并不少于3根抽检。

检验方法:观察,按表3检查方法,检查施工记录。

一般项目

1. 初期衬砌采用的型钢无锈蚀,焊接符合相关规定要求,制作尺寸按设计要求,其允许偏差应符合表4的规定。

表4　初衬施工允许偏差

序号	检查项目	允许偏差(mm)	数量检查		检查方法
			范围	点数	
1	格栅间距	50	全部	—	钢尺量测
2	拱圈高度	±20	全部	—	钢尺量测
3	墙高	±30	每20m	2	钢尺量测
4	钢筋挂网网格	±10	每20m	3	钢尺量测
5	钢筋保护层	≤10	每20m	3	钢尺量测

2. 喷射混凝土前清理喷射面,平均厚度应大于设计厚度,最小点厚度不小于设计厚度的50%,喷射无空洞,无杂物,喷射混凝土强度符合设计要求。检验方法:观察,凿孔法或雷达法检测,查施工记录。

城镇给水排水管道工程输水隧道施工检验批质量验收记录表(防水)

渝市政验收4-12-22

工程名称	重庆市××路××管道工程K3+××~K3+××段	分项工程名称	输水隧道防水施工	验收部位	K3+××~K3+××段
施工单位	重庆市××市政工程有限公司	项目经理	刘××	技术负责人	党××
施工执行标准名称及编号	重庆市《城镇给水排水构筑物及管道工程施工质量验收规范》DBJ 50-108—2010				

质量验收规范的规定					施工单位检查记录							监理(建设)单位验收记录
项目	序号	检查项目		允许偏差(mm)								
主控项目	1	抗渗		符合设计要求	检查施工记及抗渗混凝土检验报告,符合设计要求。							符合规范要求。
一般项目	1	变形缝长度		符合设计要求	查施工记录,用尺量测,符合设计要求。							符合规范要求。
	2	止水带		符合设计要求	直尺量测,符合设计要求。							符合规范要求。
	3	轴线		±30	−21	25	19	−28	26	24	−21	符合规范要求。
	4	流水面高程		±20	15	14	−12	11	14	18	13	符合规范要求。
	5	跨径		±20	14	12	11	−14	18	−13	17	符合规范要求。
	6	净高		±20	−12	11	14	18	12	11	−14	符合规范要求。
	7	拱圈厚度	混凝土	±15	11	10	9	13	14	11	10	符合规范要求。
			石砌	±20								
	8	涵台尺寸		±20	11	14	18	12	11	17	14	符合规范要求。
	9	长度		+100,-50	√	√	√	√	√	√	√	符合规范要求。
	10	表面平整度	混凝土现浇	15	12	14	13	10	14	12	11	符合规范要求。
			石砌	20								
	11	外观质量		符合规范要求	表面无蜂窝、麻面,符合规范要求。							
	12											

施工单位检查结果	经检查,主控项目和一般项目均符合设计要求和重庆市《城镇给水排水构筑物及管道工程施工质量验收规范》(DBJ 50-108—2010)规定,评定合格。 专业技术负责人:张×× 质检工程师:于×× 技术负责人:江×× 2015年5月25日
监理单位审查结论	同意施工单位验收结果,评定合格。 专业监理工程师:程×× 2015年5月25日
建设单位验收结论	同意施工单位评定结果,验收合格,同意进行下道工序施工。 现场负责人:赵×× 2015年5月25日

说明:

主控项目

输水隧道抗渗符合设计要求。检验方法:观察,检查施工记录,检查抗渗混凝土检验报告。

一般项目

1. 输水隧道的变形缝长度按设计要求设置,在围岩类别变化处须设。检验方法:观察,查看施工记录,用尺量测。
2. 变形缝中止水带按设计要求设置。检验方法:观察,用直尺量测。
3. 输水隧道表面无明显蜂窝、麻面,主体允许偏差可按下表执行。

表　拱涵施工允许偏差

序号	检查项目		允许偏差(mm)	数量检查		检查方法
				范围	点数	
1	轴线		±30	每段	2	观察,经纬仪、水准仪测量,直尺、钢尺量测
2	流水面高程		±20	每段	1	
3	跨径		±20		1	
4	净高		±20			
5	拱圈厚度	混凝土	±15	每段	2	
		石砌	±20	每段	2	
6	涵台尺寸		±20		4	
7	长度		+100,-50	每段	2	
8	表面平整度	混凝土现浇	15	每段	5	
		石砌	20	每段	5	

检验方法:观察,量测,检查施工记录。

城镇给水排水管道附属构筑物(雨水口)施工检验批质量验收记录表

渝市政验收4-12-23

工程名称	重庆市××路××管道工程K3+××~K3+××段	分项工程名称	雨水口施工	验收部位	K3+××~K3+××段
施工单位	重庆市××市政工程有限公司	项目经理	刘××	技术负责人	党××
施工执行标准名称及编号	重庆市《城镇给水排水构筑物及管道工程施工质量验收规范》DBJ 50-108—2010				

质量验收规范的规定					施工单位检查记录							监理(建设)单位验收记录
项目	序号	检查项目		允许偏差(mm)								
主控项目	1	雨水篦成品件质量		符合标准规定及设计要求	检查雨水箅质量合格证明书、各项性能检验报告、进场验收记录,符合标准规定及设计要求。							符合规范要求。
	2	雨水口安装		符合规范要求	位置正确,无积水,安装不歪扭,符合规范要求。							符合规范要求。
	3											
	4											
	5											
	6											
	7											
	8											
	9											
	10											
一般项目	1	管道坡度		符合设计要求	检查产品试验报告,水准仪量测,符合设计要求。							符合规范要求。
	2	截水篦强度		符合设计要求	牢固、不翻转、无沉陷,符合设计要求。							符合规范要求。
	3	雨水口、支管	井框、井篦吻合	≤10	√	√	√	√	√	√	√	符合规范要求。
	4		路口与路面高差	-5,0	-2	-3	-4	-3	-2	-2	-4	符合规范要求。
	5		雨水口位置与道路边线平行	≤10	√	√	√	√	√	√	√	符合规范要求。
	6		井内尺寸	长、宽:+20,0	√	√	√	√	√	√	√	符合规范要求。
				深:0,-20	√	√	√	√	√	√	√	
	7		井内支、连管口底高度	0,-20	√	√	√	√	√	√	√	符合规范要求。

施工单位检查结果	经检查,主控项目和一般项目均符合设计要求和重庆市《城镇给水排水构筑物及管道工程施工质量验收规范》(DBJ 50-108—2010)规定,评定合格。 专业技术负责人:张×× 质检工程师:于×× 技术负责人:江×× 2015年5月25日
监理单位审查结论	同意施工单位验收结果,评定合格。 专业监理工程师:程×× 2015年5月25日
建设单位验收结论	同意施工单位评定结果,验收合格,同意进行下道工序施工。 现场负责人:赵×× 2015年5月25日

说明:

主控项目

1. 雨水篦成品件质量应符合国家及地方有关标准的规定和设计要求。检验方法:检查雨水篦质量合格证明书、各项性能检验报告、进场验收记录。

2. 雨水口位置正确,道路局部最低洼处不漏设,安装不得歪扭。检验方法:逐个检查,观察,周边不积水,用水准仪、钢尺量测。

3. 井框、井篦应完整、平稳,雨水口流水面应扁光或采定型材料;支管应直顺、无破损现象。检验方法:全数观察,检查产品质量检验数。

一般项目

1. 接入检查井的管道坡度按设计要求。检验方法:观察,水准仪量测,产品试验报告。

2. 横在路面上的截水沟其截水篦强度必须满足相应道路荷载等级车辆的反复振动碾压,篦安装固定牢固,不得在纵坡较大时翻转;截水沟强度满足承压要求,不应有沉陷。检验方法:对照施工图要求,截水篦产品检验,截水沟基础资料,施工记录。

3. 雨水口、支管施工允许偏差应符合下表的规定。

表　雨水口、支管施工允许偏差

序号	检查项目	允许偏差(mm)	数量检查		检查方法
			范围	点数	
1	井框、井箅吻合	≤10	每座	1	用钢尺量测最大值(高度、深度亦可用水准仪测量)
2	路口与路面高差	-5,0			
3	雨水口位置与道路边线平行	≤10			
4	井内尺寸	长、宽:+20,0			
		深:0,-20			
5	井内支、连管口底高度	0,-20			

城镇给水排水管道附属构筑物（检查井）施工检验批质量验收记录表

渝市政验收4-12-24

工程名称	重庆市××路××管道工程K3+××～K3+××段	分项工程名称	检查井施工	验收部位	K3+××～K3+××段
施工单位	重庆市××市政工程有限公司	项目经理	刘××	技术负责人	党××
施工执行标准名称及编号	重庆市《城镇给水排水构筑物及管道工程施工质量验收规范》DBJ 50-108—2010				

项目	序号	检查项目（质量验收规范的规定）			允许偏差(mm)（质量验收规范的规定）	施工单位检查记录							监理（建设）单位验收记录
主控项目	1	材质			符合标准规定及设计要求	检查产品质量合格证明，各项性能检验报告，进场检验记录，符合标准规定及设计要求。							符合规范要求。
主控项目	2	开启孔			≥D50	留双孔，符合标准规定要求。							符合规范要求。
主控项目	3	砂浆、混凝土强度			符合设计要求	检查水泥砂浆强度、混凝土抗压试验报告，符合设计要求。							符合规范要求。
一般项目	1	平面轴线位置（轴向、垂直轴向）			15								符合规范要求。
一般项目	2	结构断面尺寸			+10，0								符合规范要求。
一般项目	3	井室（附井）尺寸	长、宽		±20	15	14	12	-11	-14	18	13	符合规范要求。
一般项目	3	井室（附井）尺寸	直径		±20	-14	18	13	15	14	12	-11	符合规范要求。
一般项目	4	井室洞口	长、宽		±20	12	-14	18	13	15	14	12	符合规范要求。
一般项目	5	井口高程	农田或绿地		+20	15	14	12	11	14	18	13	符合规范要求。
一般项目	5	井口高程	路面		与道路规定一致	符合规范要求。							符合规范要求。
一般项目	6	井底高程	开槽法管道铺设	D_i≤1000	±10	7	5	-6	8	8	7	5	符合规范要求。
一般项目	6	井底高程	开槽法管道铺设	D_i＞1000	±15								
一般项目	6	井底高程	不开槽法管道铺设	D_i≤1500	+10，-20								
一般项目	6	井底高程	不开槽法管道铺设	D_i＞1000	+20，-40								
一般项目	7	踏步安装	水平及垂直距离，外露长度		±10	7	5	-6	8	8	7	5	符合规范要求。
一般项目	8	脚窝	高、宽、深		±10	√	√	√	√	√	√	√	符合规范要求。
一般项目	9	流槽高度			+10	7	5	6	8	8	7	5	符合规范要求。

施工单位检查结果	经检查，主控项目和一般项目均符合设计要求和重庆市《城镇给水排水构筑物及管道工程施工质量验收规范》(DBJ 50-108—2010)规定，评定合格。 专业技术负责人：张×× 质检工程师：于×× 技术负责人：江×× 2015年5月25日
监理单位审查结论	同意施工单位验收结果，评定合格。 专业监理工程师：程×× 2015年5月25日
建设单位验收结论	同意施工单位评定结果，验收合格，同意进行下道工序施工。 现场负责人：赵×× 2015年5月25日

说明:

按照重庆市建委关于禁止淘汰落后产品的公告,在市政道路和小区内不得使用砖砌检查井,应使用塑料检查井、混凝土现浇检查井、钢筋混凝土检查井、混凝土砌块检查井等。

主控项目

1. 采用塑料检查井的材质应符合国家有关标准的规定,成型井的图集应按经过主管部门批准,产品经重庆市建委认定,功能符合设规定和要求;不得采用材料中掺加废旧物及不符合要求代替物。检验方法:检查产品质量合格证明,各项性能检验报告、观察,进场检验记录。

2. 污水检查井井盖上的开启孔应兼作透气孔,应留双孔,孔面积不应小于D50(mm)直径。检验方法:检查产品对此要求合格记录,观察。

3. 现浇混凝土强度、砌筑混凝土水泥砂浆符合设计要求。砌筑砂浆饱满,缝平直,混凝土结构无严重缺陷;井室无渗水、水珠现象。检验方法:检查水泥砂浆强度、混凝土抗压试验报告。

一般项目

1. 井迎水面砌筑密实平整;混凝土无明显一般质量缺陷,井室无明显湿渍现象。检验方法:逐个检查。

2. 井内部构造符合设计和水力工艺要求,流槽应平顺、圆滑、光洁。检验方法:逐个检查,直尺量测。

3. 井室内爬梯位置正确,牢固,爬梯材料应考虑防盗安全性;井盖及井座符合设计要求,安装稳固,塑料检查井在车行道上井盖及井座强度和安装方法符合设计要求。检验方法:逐个检查,用钢尺量测。

4. 井室施工允许偏差应符合下表的规定。

表　井室施工允许偏差

序号	检查项目			允许偏差(mm)	数量检查		检查方法
					范围	点数	
1	平面轴线位置(轴向、垂直轴向)			15	每座	2	用钢尺量测,经纬仪测量
2	结构断面尺寸			+10,0		2	用钢尺量测
3	井室(附井)尺寸	长、宽		±20		2	用钢尺量测
		直径					
4	井室洞口	长、宽		±20		2	用钢尺量测
5	井口高程	农田或绿地		+20		1	用经纬仪测量
		路面		与道路规定一致			
6	井底高程	开槽法管道铺设	D_i≤1000	±10		2	
			D_i>1000	±15			
		不开槽法管道铺设	D_i<1500	+10,-20			
			D_i≥1000	+20,-40			
7	踏步安装	水平及垂直距离,外露长度		±10		1	用直尺测偏差最大值
8	脚窝	高、宽、深		±10			
9	流槽高度			+10			

注:D_i——内径(mm)。

5. 柔性管道与检查井接口中介层安装按设计及厂家管道接口说明书,管接口平整、圆滑,不得有渗水。检验方法:逐个观察,检查产品说明。

6. 带有沉砂功能的井沉砂坑符合设计要求。检验方法:观察,用钢尺量测。

城镇给水排水管道附属构筑物(通气井)施工检验批质量验收记录表

渝市政验收4-12-25

工程名称	重庆市××路××管道工程K3+××～K3+××段	分项工程名称	通气井施工	验收部位	K3+××～K3+××段
施工单位	重庆市××市政工程有限公司	项目经理	×××	技术负责	×××
施工执行标准名称及编号	重庆市《城镇给水排水构筑物及管道工程施工质量验收规范》DBJ 50-108—2010				

项目	序号	质量验收规范的规定 检查项目			允许偏差(mm)	施工单位检查记录							监理(建设)单位验收记录
主控项目	1	设置长度			符合标设计要求	按设计图、经纬仪检查,符合设计要求。							符合规范要求。
	2	管材			符合规范要求	耐腐蚀,管内能承受土压及车载,管出地面外观与外部建筑景观协调,符合规范要求。							符合规范要求。
	3												
	4												
一般项目	1	结构断面尺寸			+10,0	8	7	5	4	6	8	7	符合规范要求。
	2	井室(附井)尺寸	长、宽		±20	15	14	12	−11	−14	18	13	符合规范要求。
			直径			−14	18	13	15	14	12	−11	
	3	井室洞口	长、宽		±20	12	−14	18	13	15	14	12	符合规范要求。
	4	井口高程	农田或绿地		+20	15	14	12	11	14	18	13	符合规范要求。
			路面		符合规范要求								
	5	井底高程	开槽法管道铺设	D_i≤1000	±10	7	5	−6	8	8	7	5	符合规范要求。
				D_i>1000	±15								
			不开槽法管道铺设	D_i≤1500	+10,−20								
				D_i>1500	+20,−40								
	6	栅格安装中心轴位置			±20	17	−12	15	14	−12	11	14	符合规范要求。

施工单位检查结果	经检查,主控项目和一般项目均符合设计要求和重庆市《城镇给水排水构筑物及管道工程施工质量验收规范》(DBJ 50-108—2010)规定,评定合格。 专业技术负责人:张×× 质检工程师:于×× 技术负责人:江×× 2015年5月25日
监理单位审查结论	同意施工单位验收结果,评定合格。 专业监理工程师:程×× 2015年5月25日
建设单位验收结论	同意施工单位评定结果,验收合格,同意进行下道工序施工。 现场负责人:赵×× 2015年5月25日

说明：

主控项目

1. 通气井在检查井上增设通气孔方式，其要求同下附表；通气井宜在污水管上设置，每座通气井设置长度按设计要求。检验方法：按设计图检查，经纬仪检查，检查设计洽商单。

2. 通气孔管材应符合耐腐蚀的要求，管土内能承受土压及车载，管出地面外观应与外部建筑景观协调。检验方法：通气管材材质按设计要求，检查产品合格证明书，检查安装记录，其安装偏差可参见本章相关内容。

一般项目

1. 通气管井内的安装位置在井壁上管孔的高度、水平距离，偏差±50mm。检验方法：观察，钢尺量测。

2. 通气井为特殊通气井时，井室井口允许偏差与下表中井室、井口高程、井底高程，结构等要求相同，通气出口有栅格时，栅格的安装中心轴位置允许偏差为±20mm。检验方法：观察，钢尺量测，经纬仪测量。

表　井室施工允许偏差

序号	检查项目			允许偏差(mm)	数量检查 范围	数量检查 点数	检查方法
1	平面轴线位置(轴向、垂直轴向)			15	每座	2	用钢尺量测，经纬仪测量
2	结构断面尺寸			+10，0		2	用钢尺量测
3	井室(附井)尺寸	长、宽		±20		2	用钢尺量测
		直径					
4	井室洞口	长、宽		±20		2	用钢尺量测
5	井口高程	农田或绿地		+20		1	用经纬仪测量
		路面		与道路规定一致			
6	井底高程	开槽法管道铺设	D_i≤1000	±10		2	
			D_i>1000	±15			
		不开槽法管道铺设	D_i<1500	+10，-20			
			D_i≥1000	+20，-40			
7	踏步安装	水平及垂直距离，外露长度		±10		1	用直尺测偏差最大值
8	脚窝	高、宽、深		±10			
9	流槽高度			+10			

注：D_i——内径(mm)。

第五章　重庆市城市隧道工程施工质量验收表格填写示例

重庆市城市隧道工程施工质量验收基本规定与程序

1　一般规定

1.1　施工现场质量管理应有健全的质量管理体系、施工质量控制和质量检验制度；施工技术资料按照《重庆市市政基础设施工程施工技术用表》执行。

1.2　施工单位应对建设单位提供的施工范围内的地下管线、建(构)筑物及地质情况等进行核实。

1.3　施工单位应依据拟建隧道工程的结构、地质及环境特点编制施工组织设计。施工组织设计应经施工单位技术部门审批，特殊地质和环境条件下的施工组织设计或专项方案应组织专家进行咨询、论证。按相应审批程序履行报批手续。

1.4　城市隧道工程应按下列规定进行施工质量控制：

(1)工程采用的主要材料、半成品、成品、构配件、器具和设备应进行现场验收，并按各有关专业质量验收规范和标准规定进行复检。监理工程师应按规定进行平行检测和见证取样检测；

(2)施工用器具和设备进入现场使用前应按有关规定进行检测、校正或标定；

(3)各工序应进行质量控制，每道工序完成后应进行检查，并形成记录；

(4)工序之间应进行交接检验，未经监理工程师检查认可，不得进行下道工序施工。

1.5　施工单位应按设计文件进行施工。发生设计变更及工程洽商应按有关规定程序办理设计变更与技术核定、工程洽商手续。

1.6　城市隧道工程施工质量验收应符合下列要求：

(1)工程施工应符合工程勘察、设计文件的要求；

(2)工程施工质量应符合相关规范和相关专业验收规范、标准的规定；

(3)参加工程施工质量验收的各方人员应具备规定的资格；

(4)工程质量的验收均应在施工单位自行检查评定合格、监理工程师复查认证的基础上进行；

(5)检验批的质量应按主控项目和一般项目验收；

(6)承担复检或检测以及监控量测的单位应具有相应资质，人员应具有资格；

(7)工程的外观质量应由验收人员通过现场检查评分共同确认。

2　工程质量验收单元的划分

2.1　城市隧道工程质量验收单元应划分为单位(子单位)工程、分部(子分部)工程、分项工程和检验批。

2.2　单位工程的划分应按下列原则确定：

(1)具有独立使用功能的隧道可为一个单位工程；

(2)一个施工承包合同中的若干座隧道宜合为一个单位工程，每座隧道作为一个子单位工程；

2.3　分部工程可以是洞口及明洞工程、隧道掘进及初支工程、隧道防排水及二衬工程和附属工程。当分部工程较大或较复杂时，可按材料种类、施工特点、施工程序、专业系统及类别等划分为若干子分部工程。

2.4　分项工程应按主要施工方法、材料、工序等划分。

2.5　分项工程可由一个或若干个检验批组成。检验批可根据施工条件、质量控制和专业验收及施工需要划分。

2.6　城市隧道工程的分部、子分部、分项工程划分应符合表2.6的规定。

表2.6　城市隧道工程分部（子分部）工程、分项工程划分表

序号	分部工程	分项工程
1	洞口及明洞工程	开挖、边仰坡支护、端墙钢筋、端墙砼、明洞钢筋、明洞砼、明洞防水、边沟、明洞回填
2	隧道掘进及初支工程	洞身开挖、管棚、锚杆、钢筋网、钢架、喷射砼
3	隧道防排水及二衬工程	洞内排水沟(槽)、止水条(带)、防水板、衬砌模板、钢筋、混凝土、隧道总体
4	隧道总体及附属工程	隧道总体测量、隧道装饰、路面基层、路面面层、电缆沟及人行道、通风设施、照明设施、消防设施、监控设施

3　工程质量验收

3.1　检验批质量验收合格应满足下列要求：

(1)主控项目的质量检验应全部合格；

(2)一般项目的质量经抽样检验合格；当采用计数检验时，除有专门要求外，一般项目的合格点率应达到80%及以上，且超差点的最大偏差值应在允许偏差值的1.5倍范围内；

(3)具有完整的施工操作依据和质量检查记录。

3.2　分项工程质量验收合格应满足下列要求：

(1)分项工程所含检验批均应符合合格质量的规定；

(2)分项工程所含检验批的质量验收记录完整。

3.3　分部(子分部)工程质量验收合格应满足下列要求：

(1)所含分项工程的质量均应验收合格；

(2)相关质量保证资料应完整；

(3)关键工序质量应按规定验收合格；

(4)观感质量验收应符合要求。

3.4　子单位工程质量验收合格应满足下列要求：

(1)所含分部(子分部)工程的质量均验收合格；

(2)相关质量保证资料应完整；

(3)所含分部工程验收资料应完整；

(4)实体量测的抽查结果符合相关规范的规定要求；

(5)观感质量验收应符合要求 。

3.5　单位工程质量验收合格应满足下列要求：

(1)所含子单位工程的质量均验收合格；

(3)相关质量保证资料应完整；

(4)子单位工程验收资料应完整；

(5)整体观感质量验收应符合要求。

3.6 工程竣工验收合格应符合下列规定：

(1)完成所有的单位工程质量验收；

(2)单位工程质量验收中提出的整改项目已整改完成；

(3)主要性能指标抽查符合相关专业规范的规定。

3.7 检验批施工质量不符合要求的处理规定：

(1)返工重做，并重新进行验收；

(2)经检测单位检测鉴定能够达到设计要求的，应予以验收；

(3)经检测单位检测鉴定达不到设计要求，但经原设计单位核算认可能够满足结构安全和使用功能的，可予以验收；

(4)经返修或加固处理的分项、分部工程，虽然改变外形尺寸但仍能满足安全使用要求，可按处理方案和协商文件进行验收。

3.8 通过返修或加固处理仍不能满足安全使用要求的分部工程，不予验收。

4 工程质量验收程序和组织

4.1 检验批及分项工程应由专业监理工程师组织施工单位项目专业质量(技术)负责人等进行验收。

4.2 关键工序和首次检验批应由总监理工程师组织施工单位(项目负责人和技术、质量负责人)及建设、勘察、设计等相关人员进行验收。

4.3 分部工程应由总监理工程师组织施工单位(项目负责人和技术、质量负责人)及建设、勘察、设计等相关人员进行验收。

4.4 单位(子单位)工程应由总监理工程师组织建设单位项目负责人、设计单位项目负责人、勘察单位项目负责人、施工单位项目经理等进行验收。

4.5 工程竣工验收由建设单位组织验收组进行验收。验收组由建设、勘察、设计、施工、监理等单位的有关负责人组成，必要时应邀请有关方面专家参加。验收组组长应由建设单位项目负责人担任。

4.6 当参加验收各方对工程质量验收意见不一致时，应终止验收。由政府行政主管部门或工程质量监督机构协调解决。

4.7 工程竣工验收合格后，建设单位应按规定将工程竣工验收文件报政府行政主管部门备案。

复合式衬砌隧道现场施工监控量测项目及要求

1 一般规定

1.1 应根据隧道地质条件、施工方法、施工环境条件、设计要求等制定合理的监控量测方案,对突发的施工异常情况必须实施相应的应急监测方案;隧道施工中必须设专人按规定要求负责日常监控量测工作。

1.2 隧道施工监控量测仪器和设备应满足量测精度、抗干扰性、可靠性等要求。应按各类仪器的埋设规定、监控量测方案的要求来埋设变形测点、传感器;各类埋设测点应牢固可靠,易于识别并妥善保护,不得任意撤换和遭到破坏。

1.3 隧道监控量测工作必须与业主、施工、监理、设计单位紧密配合,监测取得的数据资料应采用随时空变化曲线表示,用回归分析方法进行处理,并及时综合分析和反馈各项动态监控量测信息,正确指导施工。

2 监控量测要求

2.1 施工监控量测项目应同步采集地上、地下观测数据,以便全面了解、分析变形动态。复合式衬砌隧道可以按照表2.1来选定监控量测项目,测点测线布置、量测方法和量测间隔时间等都应符合规定要求。

2.2 隧道监控量测工作的验收须提供下列资料:

(1)隧道施工现场监控量测方案;

(2)实际测点布置图与说明;

(3)日常监测记录数据,监控量测周报、月报以及应急监测等阶段性分析报告,围岩和支护的变形位移时态与典型回归分析曲线图、受力时态曲线图等;

(4)隧道施工监控量测工作总结报告。

表2.1 复合式衬砌隧道现场施工监控量测项目及要求

<table>
<tr><th rowspan="2">序号</th><th rowspan="2">项目名称</th><th rowspan="2">方法及工具</th><th rowspan="2">布置</th><th rowspan="2">测试精度</th><th colspan="4">量测间隔时间</th></tr>
<tr><th>1~15天</th><th>16天~1个月</th><th>1~3个月</th><th>大于3个月</th></tr>
<tr><td>1</td><td>施工地质和支护状况观察</td><td>岩性、岩体结构、地下水、支护结构开裂状况观察与描述,洞内外观场观察、地质罗盘等</td><td>开挖及初期支护后进行</td><td>—</td><td colspan="4">每次开挖爆破后进行</td></tr>
<tr><td>2</td><td>周边位移</td><td>各种类型收敛计</td><td>每5~50m一个断面,每断面2~3对测点</td><td>0.1mm</td><td>1~2次/天</td><td>1次/2天</td><td>1~2次/周</td><td>1~3次/月</td></tr>
<tr><td>3</td><td>拱顶下沉</td><td>精密水准仪、水准尺、钢尺或测杆</td><td>每5~50m一个断面</td><td>0.1mm</td><td>1~2次/天</td><td>1次/2天</td><td>1~2次/周</td><td>1~3次/月</td></tr>
<tr><td>4</td><td>地表下沉</td><td>精密水准仪、水准尺</td><td>洞口段、浅埋段每5~20m一个断面,每断面至少7个测点,每隧道至少2个断面,中线每5~20m一个测点</td><td>0.5mm</td><td colspan="4">开挖面距量测断面前后<2B时,1~2次/天;开挖面距量测断面前后<5B时,1次/2天;开挖面距量测断面前后≥5B时,3~7天/1次(其中B为隧道开挖宽度)</td></tr>
</table>

续表

序号	项目名称	方法及工具	布置	测试精度	量测间隔时间			
					1～15天	16天～1个月	1～3个月	大于3个月
5	围岩爆破地面质点振动速度和噪声测试	测振仪及声波仪等	质点振速根据临近建(构)筑物的结构要求设点，施工噪声可根据相关规定的测距设置	—	随隧道开挖爆破及时进行			
6	围岩体内位移(洞内设点)	洞内钻孔中安设单点、多点杆式或钢丝式位移计	每个代表性地段1～2个断面,每断面3～7个钻孔	0.1mm	1～2次/天	1次/2天	1～2次/周	1～3次/月
7	围岩体内位移(地表设点)	地面钻孔中安设各种位移计	每个代表性地段1～2个断面,每断面3～5个钻孔	0.1mm	同地表下沉要求			
8	围岩压力及两层支护间压力	各种类型压力盒	每代表地段1～2个断面,每断面宜设3～7个测点	0.01MPa	1～2次/天	1次/2天	1～2次/周	1～3次/月
9	锚杆轴力	钢筋计、锚杆测力计	每代表地段1～2断面,每断面宜设3～7根锚杆(索),每根锚杆2～4个测点	0.01MPa	1～2次/天	1次/2天	1～2次/周	1～3次/月
10	钢支撑内力及外力	支柱压力计或其他压力针	每代表地段1～2断面,每断面钢支撑内力设3～7个测点,或外力1对测力计	0.01 MPa	1～2次/天	1次/2天	1～2次/周	1～3次/月
11	支护、衬砌内应力	各类混凝土内应变计及表面应力解除法	每代表性地段1～2断面,每断面3～7个测点	0.01 MPa	1～2次/天	1次/2天	1～2次/周	1～3次/月
12	渗水压力、地下水流量	渗压计、流量计	—	0.01 MPa(渗水压力)	—	13	围岩弹性波测试	各种声波仪及配套探头
13	在有代表性地段设置	—	9	锚杆轴力	钢筋计、锚杆测力计	每代表地段1～2断面,每断面宜设3～7根锚杆(索),每根锚杆2～4个测点	0.01MPa	1～2次/天

注:该表中的1～5项为必测项目,6～13项为选测项目。

重庆市城市隧道工程检验批表格填写范例及说明（DBJ 50-107—2010）

附表1　城市隧道总体质量检验批质量验收记录表

渝市政验收—

<table>
<tr><td colspan="2">工程名称</td><td>重庆市×××区大学城2号隧道</td><td colspan="3">分项工程名称</td><td colspan="2">隧道总体</td><td colspan="2">验收部位</td><td>1#隧道</td></tr>
<tr><td colspan="2">施工单位</td><td>××城市建设集团市政路桥公司</td><td colspan="3">项目经理</td><td colspan="2">江××</td><td colspan="2">技术负责人</td><td>李××</td></tr>
<tr><td colspan="2">施工执行标准名称及编号</td><td colspan="9">重庆市《城市隧道工程施工质量验收规范》DBJ 50-107—2010</td></tr>
<tr><td rowspan="9">主控项目</td><td colspan="2">质量验收规范的规定</td><td colspan="7">施工单位检查记录</td><td>监理（建设）单位验收记录</td></tr>
<tr><td>1</td><td>净总宽不小于设计</td><td>√</td><td>√</td><td>√</td><td>√</td><td>√</td><td>√</td><td>√</td><td>符合规范要求。</td></tr>
<tr><td>2</td><td>净高不小于设计</td><td>√</td><td>√</td><td>√</td><td>√</td><td>√</td><td>√</td><td>√</td><td>符合规范要求。</td></tr>
<tr><td>3</td><td>隧道线路中线位置</td><td>√</td><td>√</td><td>√</td><td>√</td><td>√</td><td>√</td><td>√</td><td>符合规范要求。</td></tr>
<tr><td>4</td><td>隧道线中线高程</td><td>√</td><td>√</td><td>√</td><td>√</td><td>√</td><td>√</td><td>√</td><td>符合规范要求。</td></tr>
<tr><td>5</td><td>车行道宽度</td><td>√</td><td>√</td><td>√</td><td>√</td><td>√</td><td>√</td><td>√</td><td>符合规范要求。</td></tr>
<tr><td>6</td><td></td><td></td><td></td><td></td><td></td><td></td><td></td><td></td><td></td></tr>
<tr><td>7</td><td></td><td></td><td></td><td></td><td></td><td></td><td></td><td></td><td></td></tr>
<tr><td>8</td><td></td><td></td><td></td><td></td><td></td><td></td><td></td><td></td><td></td></tr>
<tr><td rowspan="4">一般项目</td><td>1</td><td>洞口及周边绿化</td><td colspan="7">绿化整洁、美观。</td><td>符合规范要求。</td></tr>
<tr><td>2</td><td>洞内外防排水系统</td><td colspan="7">防排水满足设计要求。</td><td>符合规范要求。</td></tr>
<tr><td>3</td><td>洞内外结构表面</td><td colspan="7">无裂缝，无缺棱掉角。</td><td>符合规范要求。</td></tr>
<tr><td>4</td><td>隧道内壁及端墙结构安全与防水</td><td colspan="7">结构安全无渗漏。</td><td>符合规范要求。</td></tr>
<tr><td colspan="2">施工单位检查结果</td><td colspan="9">经检查，主控项目和一般项目均符合设计要求和重庆市《城市隧道工程施工质量验收规范》（DBJ 50-107—2010）规定，评定合格。
专业技术负责人：××
质检工程师：李××
技术负责人：江××
2015年5月28日</td></tr>
<tr><td colspan="2">监理单位审查结论</td><td colspan="9">符合规范要求，合格。
监理工程师：张××
2015年5月11日</td></tr>
<tr><td colspan="2">建设单位验收结论</td><td colspan="9">同意施工单位验收意见。
现场负责人：王××
2015年5月12日</td></tr>
</table>

说明：

一般规定

1. 洞口设置应满足设计要求，边、仰坡应整洁、美观。

2. 洞口及边仰坡新种值的乔木、灌木、攀缘植物的成活率应达到95%以上，珍贵树种和孤植树应保证成活。

3. 洞口草坪应无杂草、无枯草，种植覆盖率应达到95%。

4. 洞内外的排水系统应满足设计要求，不淤积、不堵塞。

5. 结构表面应无裂缝、无缺棱掉角。

6. 隧道内壁和洞口端墙无渗漏水。

主控项目

隧道总体主控项目实测值应符合下表的规定。

表　隧道总体允许偏差

序号	检查项目	允许偏差	检查方法和数量
1	隧道线路中线位置	20mm	全站仪或其他测量仪器；曲线每20m、直线每50m检查1处。
2	隧道线路中线高程	±20mm	全站仪或其他测量仪器；曲线每20m、直线每50m检查1处。
3	车行道宽度	±10mm	尺量：曲线每20m、直线每50m检查1处。
4	净总宽	不小于设计	尺量：曲线每20m、直线每50m检查1处。
5	净高	不小于设计	水准仪：曲线每20m、直线每50m测1个断面，每断面测拱顶和两拱腰3点。

附表2　分项工程质量验收表

<table>
<tr><td colspan="2">工程名称</td><td colspan="2">重庆市×××区大学城2号隧道</td><td>分部(子分部)工程名称</td><td colspan="3">2#隧道掘进及初支工程</td></tr>
<tr><td colspan="2">分项工程名称</td><td colspan="2">2#隧道掘进及初支工程洞身开挖</td><td>检验批数</td><td colspan="3">12</td></tr>
<tr><td colspan="2">施工单位</td><td colspan="2">××区城市建设集团市政路桥公司</td><td>项目经理</td><td>刘××</td><td>技术负责人</td><td>景××</td></tr>
<tr><td colspan="2">专业分包单位</td><td colspan="2">济南城建集团第一分公司</td><td colspan="2">专业分包单位负责人</td><td colspan="2">张××</td></tr>
<tr><td>序号</td><td colspan="2">检验批部位、区段</td><td colspan="2">施工单位检验结果</td><td colspan="3">监理(建设)单位验收结果</td></tr>
<tr><td>1</td><td colspan="2">洞口及明洞工程开挖</td><td colspan="2">符合规范要求。</td><td colspan="3">符合规范要求。</td></tr>
<tr><td>2</td><td colspan="2">洞身开挖</td><td colspan="2">合格。</td><td colspan="3">符合规范要求。</td></tr>
<tr><td>3</td><td colspan="2">洞内排水沟</td><td colspan="2">符合规范要求。</td><td colspan="3">符合规范要求。</td></tr>
<tr><td>4</td><td colspan="2">明洞防水工程</td><td colspan="2">合格。</td><td colspan="3">符合规范要求。</td></tr>
<tr><td>5</td><td colspan="2">隧道路面基层</td><td colspan="2">符合规范要求。</td><td colspan="3">符合规范要求。</td></tr>
<tr><td>6</td><td colspan="2">隧道总体测理</td><td colspan="2">合格。</td><td colspan="3"></td></tr>
<tr><td>7</td><td colspan="2"></td><td colspan="2"></td><td colspan="3"></td></tr>
<tr><td>8</td><td colspan="2"></td><td colspan="2"></td><td colspan="3"></td></tr>
<tr><td>9</td><td colspan="2"></td><td colspan="2"></td><td colspan="3"></td></tr>
<tr><td>10</td><td colspan="2"></td><td colspan="2"></td><td colspan="3"></td></tr>
<tr><td colspan="2">施工单位检查结果</td><td colspan="6">经检查,主控项目和一般项目均符合设计要求和重庆市《城市隧道工程施工质量验收规范》(DBJ 50-107—2010)规定,评定合格。
专业技术负责人:张××
质检工程师:李××
技术负责人:江××
2015年5月10日</td></tr>
<tr><td colspan="2">监理单位审查结果</td><td colspan="6">符合规范要求,合格。
监理工程师:张××
总监理工程师:胡××
2015年5月11日</td></tr>
<tr><td colspan="2">建设单位验收结论</td><td colspan="6">同意施工单位验收意见。
现场负责人:朱××
2015年5月12日</td></tr>
</table>

说明:本表用于分项工程质量验收。

分项工程是在检验批验收合格的基础上进行,是一个统计表,没有实质性验收内容。一是检查检验批是否将整个工程覆盖了,有没有漏掉的部位;二是检查有混凝土、砂浆强度要求的检验批,到龄期后能否达到规范规定;三是将检验批的资料统一,依次进行登记整理。

监理单位的专业监理工程师(或建设单位的专业负责人)应逐项审查,同意项填写“合格或符合要求”,不同意项暂不填写,待处理后再验收,但应做标记。

附表3 分部(子分部)工程质量验收记录

工程名称	重庆市×××区大学城2号隧道	分部(子分部)工程名称	隧道掘进及初支	结构部位	景××
施工单位	××区城市建设集团市政路桥公司	项目经理	刘××	技术负责人	张××
专业分包单位	济南城建集团第一分公司	专业分包单位负责人	张××		

序号	分项工程名称	检验批数	施工单位检查结果		验收意见
1	洞身开挖	12	合格12	100%	经各分部工程验收,工程质量及相关保证资料符合验收标准,同意验收。
2	管棚	10	合格9	90%	
3	锚杆锚索混凝土	15	合格15	100%	
4	钢筋网	6	合格6	100%	
5	钢架施工	4	合格4	100%	
6	锚杆喷射混凝土	6	合格6	100%	

质量控制资料	质量控制资料经核查共35项,均符合设计和相关规范要求,同意验收。
安全和功能检验(检测)报告	共12项,检查12项,符合标准和相关规范12项。符合相关规范要求,合格。
观感质量验收	共检查8项,符合要求8项,不合格项为0项。观感质量验收合格。
综合验收结论	经各分部工程验收,工程质量及相关保证资料符合验收标准,同意验收。

建设单位	监理单位	勘察单位	设计单位	施工单位	专业分包单位
项目负责人: (公章) 2015年5月5日	总监理工程师: (公章) 2015年5月5日	项目负责人: (公章) 2015年5月5日	项目负责人: (公章) 2015年5月5日	项目经理: (公章) 2015年5月5日	分包负责人: (公章) 2015年5月5日

说明:本表用于分部(子分部)工程质量验收。

1."分项工程名称":按分项工程第一个检验批施工先后的顺序,将分项工程名称填写上,在第二格栏内分别填写各分项工程实际的检验批数量,并将各分项工程评定表按顺序附在表后。

2."施工单位检查结果":填写施工单位自行检查评定的结果。自检符合要求的打"√"标注。否则打"×"标注。监理单位或建设单位由总监理工程师或建设单位项目专业技术负责人组织审查,符合要求后,在验收意见栏内签注"同意验收"意见。

3."质量控制资料":验收的分部(子分部)工程的质量控制资料项目,按资料核查的要求,逐项进行核查。全部项目都通过,即可在施工单位检查评定栏内打"√"标注检查合格。监理单位总监理工程师组织审查,在符合要求后,在验收意见栏内签注"同意验收"意见。

4.“安全和功能检验（检测）报告”：检测内容按单位（子单位）工程安全和功能检验资料核查及主要功能抽查记录中相关内容确定摸查和抽查项目。每个检测项目都通过审查，即可在施工单位检查评定栏内打“√”标注检查合格。由项目经理送监理单位或建设单位验收，监理单位总监理工程师或建设单位项目专业负责人组织审查，符合要求在验收意见栏内签注“同意验收”意见。

5.“观感质量验收”：由施工单位项目经于是组织进行现场检查，经检查合格将施工单位填写的内容填写好后，由项目经理签字交监理单位或建设单位验收。监理单位由总监理工程师或建设单位项目专业负责人组织验收，质量评价为好、一般、差。验收评价结论填写在分部（子分部）工程观感质量验收意见栏。

6.验收单位签字认可。参与工程建设单位的有关人员应亲自签名，以示负责，以便追查质量责任。

勘察单位可只签认地基基础分部（子分部）工程，由项目负责人亲自签认；

设计单位可只签基础、路桥主体结构及重要安装分部（子分部）工程，由项目负责人亲自签认；

施工单位总承包单位必须签认，由项目经理亲自签认，有分包单位的分包单位也必须签认其分包的分部（子分部）工程，由分包项目经理亲自签认；

监理单位作为验收方，由总监理工程师亲自签认验收。如果按规定不委托监理单位的工程，可由建设单位项目专业负责人亲自签认验收；

道路路基、基层、道路排水、绿化、照明等重要的分部（子分部）工程，验收合格后，验收单位应在签字栏加盖公章。

附表4　单位(子单位)工程质量竣工验收记录

<table>
<tr><td>工程名称</td><td>重庆市×××区大学城2号隧道</td><td>单位(子单位)工程名称</td><td>隧道边坡</td><td>结构类型</td><td>钢筋混凝土</td></tr>
<tr><td>施工单位</td><td>××城市建设集团市政路桥公司</td><td>项目经理</td><td>胡××</td><td>开工日期</td><td>2015年3月2日</td></tr>
<tr><td>技术负责人</td><td>刘××</td><td>质检工程师</td><td>李××</td><td>竣工日期</td><td>2015年3月28日</td></tr>
<tr><td>序号</td><td colspan="2">项目</td><td colspan="2">验收记录</td><td>验收结论</td></tr>
<tr><td>1</td><td colspan="2">分部工程</td><td colspan="2">共23分部,经查23分部
符合标准及设计要求23分部。</td><td>各分部质量合格。</td></tr>
<tr><td>2</td><td colspan="2">质量控制资料核查</td><td colspan="2">共35项,经审查符合要求35项,
经核定符合规范要求35项。</td><td>质量控制资料经核查共35项,均符合设计和相关规范要求,同意验收。</td></tr>
<tr><td>3</td><td colspan="2">安全和主要使用功能核查及抽查结果</td><td colspan="2">共核查12项,符合要求12项,
共抽查6项,符合要求6项,
经返工处理符合要求　　项。</td><td>安全和主要使用功能核查及抽查结果合格。</td></tr>
<tr><td>4</td><td colspan="2">观感质量验收</td><td colspan="2">共抽查8项,符合要求8项,
不符合要求0项。</td><td>观感质量验收合格。</td></tr>
<tr><td>5</td><td colspan="2">综合验收结论</td><td colspan="3">经各分部工程验收,工程质量及相关保证资料符合验收标准,该单位工程合格,同意验收。</td></tr>
<tr><td>建设单位</td><td>勘察单位</td><td colspan="2">设计单位</td><td>监理单位</td><td>施工单位</td></tr>
<tr><td>负责人:

(公章)

2015年5月20日</td><td>负责人:

(公章)

2015年5月20日</td><td colspan="2">负责人:

(公章)

2015年5月20日</td><td>负责人:

(公章)

2015年5月20日</td><td>负责人:

(公章)

2015年5月20日</td></tr>
</table>

说明:本表用于单位(子单位)工程质量竣工验收。

1."分部工程":由施工单位的项目经理组织有关人员逐个分部(子分部)进行检查评定。注明共验收几个分部,经验收符合标准及设计要求的几个分部。审查验收的分部工程全部符合要求,由监理单位在验收结论栏内写上"同意验收"的结论。

2."质量控制资料核查":先由施工单位检查合格,再提交监理单位验收。将各子分部工程审查的资料逐项进行统计,填入验收记录栏内。由总监理工程师或建设单位项目负责人组织审查符合要求后,在验收记录栏格内填写项数。在验收结论栏内写上"同意验收"的意见。同时在单位(子单位)工程质量竣工验收记录表中的序号2栏内的验收结论栏内填"同意验收"。

3."安全和主要使用功能核查及抽查结果":一是在分部(子分部)进行了安全和功能检测的项目,要核查其检测报告结论是否符合设计要求。二是在单位工程进行的安全和功能抽测报告的结论是否达到设计要求及规范规定,由施工单位检查评定合格,再提交验收,由总监理工程师或建设单位项目负责人组织审查,按项目逐个进行核查验收。然后统计核查的项数和抽查的项数,填入验收记录栏,并分别统计符合要求的项数,分别填入验收记录栏相应的空档内。由总监理工程师或建设单位项目负责人在验收结论栏内填写"同意验收"的结论。如果返工处理后仍达不到设计要求,就要按不合格处理程序进行处理。

4."观感质量验收":按核查的项目数及符合要求的项目数填写在验收记录栏内,如果没有影响结构安全和使用功能的项目,由总监理工程师或建设单位项目负责人为主导意见,评价好、一般、差,则不论评价为好、一般、差的项目,都可作为符合要求的项目。由总监理工程师或建设单位项目负责人在验收结论栏内填写"同意验收"的结论。如果有不符合要求的项目,就要按不合格处理程序进行处理。

5."质量验收结论":由项目经理组织有关人员对验收内容逐项进行查对,并将表格中应填写内容进行填写,自检评定符合要求后,在验收记录栏内填写各有关项数,交建设单位组织验收。验收时,在建设单位组织下,由建设单位相关专业人员及监理单位专业监理工程师和设计单位、施工单位相关人员分别核查验收有关项目,并由监理工程师组织进行现场观感质量检查。经各项目审查符合要求时,由监理单位或建设单位在"验收结论"栏内填写"同意验收"的意见。各栏均同意验收且经各参加检验方共同同意商定后,由建设单位填写"质量验收结论",可填写为"通过验收"。

6."参加验收单位"签名:设计单位、施工单位、监理单位、建设单位都同意验收时,其各单位的单位项目负责人要亲自签字,以示对工程质量的负责,并加盖单位公章,注明签字验收的年月日。

附表5　单位(子单位)工程质量控制资料核查记录

工程名称			施工单位	
序号	项目	资料名称	份数	核查意见
1	隧道主体	图纸会审、设计变更、洽商记录	12	合格。
2		工程定位测量、放线记录,竣工复测记录,竣工验收前沉降观测资料	7	合格。
3		原材料、半成品、构配件、重要设备出厂合格证书及进场检(试)验报告	23	合格。
4		施工试验报告及见证检测报告、功能性检测试验报告	12	合格。
5		隐蔽工程验收记录	14	合格。
6		施工记录、施工组织设计、施工方案	23	合格。
7		预制构件、预拌混凝土合格证	17	合格。
8		地基基础、主体结构检验及抽样检测资料、监控记录、竣工图	12	合格。
9		分项、分部工程质量验收记录	27	合格。
10		工程质量事故及事故调查处理资料	2	合格。
11		新材料、新工艺施工记录	4	合格。
1	给排水部分	图纸会审、设计变更、洽商记录	2	合格。
2		材料、配件出厂合格证书及进场检(试)验报告	4	合格。
3		管道、设备强度试验、严密性试验记录	2	合格。
4		隐蔽工程验收记录	2	合格。
5		设备调试记录	2	合格。
6		分项、分部工程质量验收记录,竣工测量,竣工图	2	合格。
7		施工记录、施工组织设计、施工方案	3	合格。
1	电照及设备部分	图纸会审、设计变更、洽商记录	3	合格。
2		材料、设备出厂合格率证书及进场检(试)验报告	5	合格。
3		设备调试记录	2	合格。
4		接地、绝缘电阻测试记录,系统运行记录	3	合格。
5		隐蔽工程(包括防雷)验收记录	4	合格。
6		分项、分部工程质量验收记录	3	合格。
7		施工记录	6	合格。
检查结论	单位(子单位)工程质量控制资料核查记录齐全有效,符合规范要求,合格。			

建设单位	现场负责人:李×× 2015年5月30日	监理单位	监理工程师:张×× 总监理工程师:邓×× 2015年5月30日	施工单位	技术负责人:王×× 项目经理:张×× 2015年5月30日

说明:本表用于单位(子单位)工程质量控制资料核查。

总承包单位应将各分部、子分部工程应有的质量控制资料进行核查,包括图纸会审及变更记录,定位测量放线记录、施工操作依据,原材料、构配件等质量证书,按规定进行检验的检测报告,隐蔽工程验收记录,施工中有关施工试验、测试、检验等,以及抽样检测项目的检测报告等。其目的是强调工程结构、设备性能、使用功能方面主要技术性能的检验。

质量控制资料主要是判定其是否能够反映保证结构安全和主要使用功能是否达到设计要求,所以规定质量控制资料应完整。

结论由总监理工程师或建设单位项目负责人填写。

附表6 单位(子单位)工程观感质量核查表

<table>
<tr><td>工程名称</td><td colspan="2"></td><td>施工单位</td><td colspan="3"></td></tr>
<tr><td>序号</td><td>检查项目</td><td colspan="2">抽查质量情况</td><td>好</td><td>中</td><td>差</td></tr>
<tr><td>1</td><td>洞口及周边绿化,绿化整洁、美观</td><td colspan="2">绿化整洁、美观。</td><td>好</td><td></td><td></td></tr>
<tr><td>2</td><td>洞内外防排水系统</td><td colspan="2">防排水满足设计要求。</td><td>好</td><td></td><td></td></tr>
<tr><td>3</td><td>洞内外结构表面</td><td colspan="2">无裂缝,无缺棱掉角。</td><td>好</td><td></td><td></td></tr>
<tr><td>4</td><td>隧道内壁及端墙结构安全与防水</td><td colspan="2">结构安全无渗漏。</td><td>好</td><td></td><td></td></tr>
<tr><td>5</td><td>净总宽不小于设计</td><td colspan="2">单向2车道12m,符合设计要求。</td><td>好</td><td></td><td></td></tr>
<tr><td>6</td><td>净高不小于设计</td><td colspan="2">净高6.2m,符合设计要求。</td><td>好</td><td></td><td></td></tr>
<tr><td>7</td><td>隧道线路中线位置</td><td colspan="2">符合设计和规范要求。</td><td>好</td><td></td><td></td></tr>
<tr><td>8</td><td>隧道线中线高程</td><td colspan="2">符合设计和规范要求。</td><td>好</td><td></td><td></td></tr>
<tr><td>9</td><td>车行道宽度</td><td colspan="2">4m,符合要求。</td><td>好</td><td></td><td></td></tr>
<tr><td>10</td><td></td><td colspan="2"></td><td></td><td></td><td></td></tr>
<tr><td>11</td><td></td><td colspan="2"></td><td></td><td></td><td></td></tr>
<tr><td>12</td><td></td><td colspan="2"></td><td></td><td></td><td></td></tr>
<tr><td>13</td><td></td><td colspan="2"></td><td></td><td></td><td></td></tr>
<tr><td>14</td><td></td><td colspan="2"></td><td></td><td></td><td></td></tr>
<tr><td>15</td><td></td><td colspan="2"></td><td></td><td></td><td></td></tr>
<tr><td colspan="2">观感质量综合评价</td><td colspan="5">观感质量符合设计要求和规范规定,质量检查情况评为“好”。</td></tr>
<tr><td colspan="2">建设单位</td><td colspan="2">监理单位</td><td colspan="3">施工单位</td></tr>
<tr><td colspan="2">现场负责人:李××

2015年5月21日</td><td colspan="2">监理工程师:李××
总监理工程师:张××

2015年5月21日</td><td colspan="3">技术负责人:张××
项目经理:岳××

2015年5月22日</td></tr>
</table>

说明:本表用于单位(子单位)工程观感质量检查。

观感质量检查不是单纯的外观检查,而是实地对工程的一个全面检查,核实质量控制资料,核查分项、分部工程验收的正确性,对在分项工程中不能检查的项目进行检查等。

观感质量的验收方法和内容与分部、子分部工程的观感质量评价一样,评价时,要在现场由参加检查验收的监理工程师共同确定,并由总监理工程师签认,总监理工程师的意见应有主导性。

“观感质量综合评价”和“检查结论”由总监理工程师或建设单位项目负责人填写。

附表7　单位(子单位)工程安全和功能检验资料核查及主要功能抽查记录

工程名称			施工单位	
序号	项目	资料名称	份数	核查意见
1	桥梁工程	地基土承载力及基桩无损检测试验记录		
2		钻芯取样检测记录		
3		同条件养护试件试验记录		
4		预应力锚(夹)具组合式样报告		
5		拉(吊)索张拉力、振动频率试验记录		
6		索力调整检测记录		
7		钢结构焊接质量检测报告		
8		桥梁动静载试验记录		
9		桥梁工程竣工测量资料		
10		防雷接地检测报告		
1	给排水工程	给水管道通水试验记录		
2		满水试验、气密性试验记录		
3		压力管(渠)水压试验、无压管(渠)严密性试验记录	2	合格。
4		钢管焊接无损检测报告		
5		防腐绝缘检测及抽查检验		
6		结构(管道)位置、高程及变形测量记录		
1	隧道工程	隧道开挖(掘进)施工记录	12	合格。
2		检测检测记录	11	合格。
3		锚喷施工记录	10	合格。
4		锚杆拉拔试验记录	7	合格。
5		防水材料施工记录	12	合格。
1	道路工程	路基压实度报告	7	合格。
2		弯沉值检测报告	8	合格。
		沥青路面试验报告	5	合格。
3		地通道防水施工记录	1	合格。
检查结论	单位(子单位)工程安全和功能检验资料核查及主要功能抽查记录符合设计和相关规范要求。			

建设单位	监理单位	施工单位
现场负责人:李××	监理工程师:×× 总监理工程师:王××	技术负责人:邹×× 项目经理:雷××
2015年5月24日	2015年5月24日	2015年5月24日

说明:本表适用于工程安全和功能检验资料核查及主要功能抽查。

主要功能项目的抽查结果应符合相关专业质量验收规范的规定。目的主要是综合检验工程质量能否保证工程的功能,满足使用要求。这项抽查检测是复查性和验证性的。

通常主要功能抽测项目,应为有关项目最终的综合性的使用功能,如环境检测、路基路面现场测试、照明全负荷试验检测、智能系统运行等。

"检查结论"由总监理工程师或建设单位项目负责人进行填写。

附表8 城市隧道总体质量检验批质量验收记录表

渝市政验收

工程名称	大竹林一号	分项工程名称	隧道总体	验收部位	隧道总体
施工单位	重庆××市政工程有限公司	项目经理	王××	技术负责人	庞××
施工执行标准名称及编号	重庆市《城市隧道工程施工质量验收规范》DBJ 50-107—2010				

	序号	质量验收规范的规定		施工单位检查记录							监理(建设)单位验收记录
		检查项目	允许偏差(mm)								
主控项目	1	隧道线路中线位置	20	12	13	18	11	3	7	9	符合规范要求。
	2	隧道线路中线高程	±20	-9	-2	6	8	-11	12	15	符合规范要求。
	3	车行道宽度	±10	-8	3	9	3	5	4	-4	符合规范要求。
	4	净总宽	不小于设计值	√	√	√	√	√	√	√	符合规范要求。
	5	净高	不小于设计值	√	√	√	√	√	√	√	符合规范要求。
	6										
	7										
	8										
一般项目	1	附属设施	设计规范要求	符合规范要求。							符合规范要求。
	2	给排水系统	设计规范要求	符合规范要求。							符合规范要求。
	3	电气照明系统	设计规范要求	符合规范要求。							符合规范要求。
	4	消防系统	防火设计规范	符合规范要求。							符合规范要求。

施工单位检查结果	经检查,主控项目和一般项目均符合设计要求和重庆市《城市隧道工程施工质量验收规范》(DBJ 50-107—2010)规定,评定合格。 专业技术负责人:张×× 质检工程师:李×× 技术负责人:江×× 2015年5月10日
监理单位审查结论	符合规范要求,合格。 监理工程师:张×× 总监理工程师:胡×× 2015年5月11日
建设单位验收结论	同意施工单位验收意见。 现场负责人:朱×× 2015年5月12日

说明：

一般规定

1. 洞口设置应满足设计要求，边、仰坡应整洁、美观。

2. 洞口及边仰坡新种值的乔木、灌木、攀缘植物的成活率应达到95%以上，珍贵树种和孤植树应保证成活。

3. 洞口草坪应无杂草、无枯草，种植覆盖率应达到95%。

4. 洞内外的排水系统应满足设计要求，不淤积、不堵塞。

5. 结构表面应无裂缝、无缺棱掉角。

6. 隧道内壁和洞口端墙无渗漏水。

主控项目

隧道总体主控项目实测值应符合下表的规定。

表　隧道总体允许偏差

序号	检查项目	允许偏差	检查方法和数量
1	隧道线路中线位置	20mm	全站仪或其他测量仪器；曲线每20m、直线每50m检查1处。
2	隧道线路中线高程	±20mm	全站仪或其他测量仪器；曲线每20m、直线每50m检查1处。
3	车行道宽度	±10mm	尺量：曲线每20m、直线每50m检查1处。
4	净总宽	不小于设计	尺量：曲线每20m、直线每50m检查1处。
5	净高	不小于设计	水准仪：曲线每20m、直线每50m测1个断面，每断面测拱顶和两拱腰3点。

城市隧道洞口、明洞开挖检验批质量验收记录表

渝市政验收 5-1-1

工程名称	2#隧道	分项工程名称	洞口、明洞开挖	验收部位	K1+000 ~ K1+500
施工单位	重庆××市政工程有限公司	项目经理	李××	技术负责人	齐××
施工执行标准名称及编号	重庆市《城市隧道工程施工质量验收规范》DBJ 50-107—2010				

	序号	质量验收规范的规定 检查项目		允许偏差（mm）	施工单位检查记录							监理（建设）单位验收记录
主控项目	1	高程		+10,-20	-9	-10	6	8	5	9	4	符合规范要求。
	2	轴线偏位		50	12	13	32	21	13	15	18	符合规范要求。
	3	平整度		≤20	12	3	13	6	16	8	4	符合规范要求。
	4	边仰坡坡率		不陡于设计值	√	√	√	√	√	√	√	符合规范要求。
	5	洞门端墙、翼墙基坑尺寸	基坑中心线到道路中心线距离	+50,0	25	25	25	25	25	24	25	符合规范要求。
			基坑长度、宽度	+100,0	√	√	√	√	√	√	√	符合规范要求。
			基坑高程	0,-100	√	√	√	√	√	√	√	符合规范要求。
	6											
一般项目	1											
	2											
	3											
	4											

施工单位检查结果	经检查，主控项目和一般项目均符合设计要求和重庆市《城市隧道工程施工质量验收规范》(DBJ 50-107—2010)规定，评定合格。 专业技术负责人：张×× 质检工程师：于×× 技术负责人：江×× 2015年5月25日
监理单位审查结论	同意施工单位验收结果，评定合格。 专业监理工程师：程×× 2015年5月25日
建设单位验收结论	同意施工单位评定结果，验收合格，同意进行下道工序施工。 现场负责人：赵×× 2015年5月25日

说明：

一般规定

1. 洞口位置符合设计要求。
2. 洞口边坡、仰坡的坡率符合设计要求；坡顶无危石，坡面平顺。
3. 洞门排水与道路排水组成系统，排水顺畅。
4. 洞门及明洞的混凝土浇筑均匀密实，无蜂窝、麻面。
5. 砌体符合设计要求，砌筑砂浆饱满密实，砌体材料，砌筑方法满足设计和规范规定，砌体表面平整。
6. 变形缝位置及填缝材料符合设计要求。

主控项目

1. 洞口、明洞基底高程、平面尺寸及边坡坡率应符合设计和施工工艺要求。
2. 边坡坡面平顺稳定，无危石、悬石。
3. 洞口、明洞基底表面平整，密实，边线顺直。检验数量：全部。检验方法：观察和测量。
4. 洞口、明洞开挖允许偏差应符合下表规定。

表　洞口、明洞开挖允许偏差

<table>
<tr><th>项次</th><th colspan="2">检查项目</th><th>允许偏差</th><th>检查方法和数量</th></tr>
<tr><td>1</td><td colspan="2">高程(mm)</td><td>+10,-20</td><td>水准仪：每20m测一断面</td></tr>
<tr><td>2</td><td colspan="2">轴线偏位(mm)</td><td>50</td><td>经纬仪：每20m测一点，弯道加测曲线特征点</td></tr>
<tr><td>3</td><td colspan="2">平整度(mm)</td><td>≤20</td><td>3m直尺：每200m测4处</td></tr>
<tr><td>4</td><td colspan="2">边仰坡坡率</td><td>不陡于设计值</td><td>坡度板，检查10处</td></tr>
<tr><td rowspan="3">5</td><td rowspan="3">洞门端墙、翼墙基坑尺寸(mm)</td><td>基坑中心线到道路中心线距离</td><td>+50,0</td><td>用尺量：每边至少5处</td></tr>
<tr><td>基坑长度、宽度</td><td>+100,0</td><td>用尺量：每边至少5处</td></tr>
<tr><td>基坑高程</td><td>0,-100</td><td>水准仪测量：每边至少5处</td></tr>
</table>

城市隧道截、排水与防水（洞内排水系统）施工检验批质量验收记录表

渝市政验收 5-1-2

工程名称	1#隧道	分项工程名称	洞内排水系统	验收部位	K1+000~K1+500
施工单位	重庆××市政工程有限公司	项目经理	李××	技术负责人	齐××
施工执行标准名称及编号	重庆市《城市隧道工程施工质量验收规范》DBJ 50-107—2010				

	序号	质量验收规范的规定：检查项目	质量验收规范的规定：允许偏差(mm)	施工单位检查记录							监理（建设）单位验收记录
主控项目	1	原材料质量	符合规范要求	查材料试验报告，符合设计规范。							符合规范要求。
主控项目	2	钢筋数量、规格型号	符合设计要求	符合规范要求。							符合规范要求。
主控项目	3	洞内水沟布置、结构形式、沟底高程、纵向坡度	符合设计要求	仪器测量，符合设计要求。							符合规范要求。
主控项目	4	进水孔、泄水孔位置和间距	符合设计要求	进水孔、泄水孔位置和间距符合设计要求。							符合规范要求。
主控项目	5	排水沟槽外墙距线路中心线距离	符合设计要求	符合设计要求。							符合规范要求。
主控项目	6	盖板尺寸	+10，0	抽查30%，符合要求。							符合规范要求。
主控项目	7	混凝土强度	符合设计要求	C30，符合设计要求。							符合规范要求。
主控项目	8										
一般项目	1	排水沟盖板相邻板间高差	≤5	3	4	2	1	2	3	4	符合规范要求。
一般项目	2	排水沟断面尺寸	符合设计要求	符合设计要求。							符合规范要求。
一般项目	3	进水孔、泄水孔位置	符合设计要求	符合设计要求。							符合规范要求。
一般项目	4	轴线偏位	20	12	19	13	5	13	14	17	符合规范要求。
一般项目	5	流水面高程	0，-20	-12	-19	-6	-5	-10	-9	-11	符合规范要求。
一般项目	6	水沟断面尺寸	±10	-2	2	-9	7	4	-3	5	符合规范要求。
一般项目	7	相邻板间高差	≤5	3	4	2	1	2	3	4	符合规范要求。
一般项目	8										

施工单位检查结果	经检查，主控项目和一般项目均符合设计要求和重庆市《城市隧道工程施工质量验收规范》(DBJ 50-107—2010)规定，评定合格。 专业技术负责人：张×× 质检工程师：于×× 技术负责人：江×× 2015年5月25日
监理单位审查结论	同意施工单位验收结果，评定合格。 专业监理工程师：程×× 2015年5月25日
建设单位验收结论	同意施工单位评定结果，验收合格，同意进行下道工序施工。 现场负责人：赵×× 2015年5月25日

说明：

主控项目

1. 洞内排水沟(槽)所用原材料的质量必须符合现行技术规范的要求。检验数量:全部检查。检验方法:检查原材料的质保书,合格证,进场检验报告。

2. 盖板预制构件内的钢筋数量、规格型号应符合设计要求。检验数量:全部检查。检验方法:观察及核查钢筋的隐蔽检查记录。

3. 洞内水沟布置、结构形式、沟底高程、纵向坡度应符合设计要求。检验数量:全部检查。检验方法:观察、仪器量测、尺量。

4. 进水孔、泄水孔的位置和间距符合设计要求。检验数量:全部检查。检验方法:观察、尺量。

5. 水沟外墙距线路中心线的距离应符合设计要求。检验数量:全部检查。检验方法:仪器量测。

6. 水沟盖板的规格、尺寸应符合设计要求;其允许偏差应符合表1的规定;同时不得有空洞及露筋现象。

表1 水沟盖板允许偏差

序号	检查项目	允许偏差(mm)	检验方法数量
1	盖板尺寸	+10,0	尺量;抽查30%

7. 混凝土工程必须按批准的配合比施工,盖板预制必须进行机械振捣,混凝土强度满足设计要求。检验数量:全部检查。检验方法:检查混凝土强度试验报告。

8. 盲管(沟)、暗沟及配置的排水孔(槽)和水沟组成的排水系统排水效果良好。洞内排水顺畅,无淤积阻塞,进水孔、泄水槽、泄水孔畅通。检验数量:全部检查。检验方法:观察。

一般项目

1. 排水沟盖板应铺设齐全、平稳、顺直、密贴,无严重缺棱掉角,盖板就位后不得出现颠簸现象,相临板间高差不得大于5mm。检验数量:每30m检查一处。检验方法:尺量。

2. 水沟断面尺寸符合设计要求。检验数量:每30m检查一处。检验方法:观察。

3. 洞内排水沟(槽)允许偏差表2的规定。

表2 洞内排水沟(槽)允许偏差

序号	检查项目	规定值或允许偏差值(mm)	检验方法和数量
1	进水孔、汇水孔位置	符合设计	尺量:全部
2	轴线偏位	20	尺量:每30m测一处
3	流水面高程	0,-20	水准仪:每30m测一处,中间拉线
4	水沟断面尺寸	±10	尺量:每30m检查一处
5	相邻板间高差	≤5	尺量:每30m检查一处

城市隧道截、排水与防水（施工缝和变形缝处理）施工检验批质量验收记录表

渝市政验收5-1-3

工程名称	1#隧道	分项工程名称	排水防水系统	验收部位	K1+000～K1+500
施工单位	重庆××市政工程有限公司	项目经理	李××	技术负责人	齐××
施工执行标准名称及编号	重庆市《城市隧道工程施工质量验收规范》DBJ 50-107—2010				

	序号	质量验收规范的规定：检查项目	质量验收规范的规定：允许偏差（mm）	施工单位检查记录	监理（建设）单位验收记录
主控项目	1	遇水膨胀止水条、止水带等材料的品种、规格、性能	符合设计要求	材料按批取样试验，品种规格数量符合设计要求。	符合规范要求。
	2	防水构造	符合设计要求	检查隐蔽工程验收记录，构造无渗漏。	符合规范要求。
	3	止水带与衬砌端头模板	符合规范规定	对应正交，无破损。	符合规范要求。
	4	遇水膨胀止水带安装前检查	符合规范要求	采取缓膨胀措施，表面密贴。	符合规范要求。
	5				
	6				
	7				
	8				
一般项目	1	止水带安装	符合规范要求	位置准确，固定牢固。	符合规范要求。
	2	止水条（带）接头连接	符合设计要求	热压焊接，接缝平整。	符合规范要求。
	3	止水条（带）施工：纵向偏位	±50	20　-25　30　23　43　12　-20	符合规范要求。
	4	止水条（带）施工：偏离衬砌中心线	≤30	12　10　4　9　16　25　24	符合规范要求。
	5				
	6				
	7				
	8				

施工单位检查结果	经检查，主控项目和一般项目均符合设计要求和重庆市《城市隧道工程施工质量验收规范》（DBJ 50-107—2010）规定，评定合格。 专业技术负责人：张××　质检工程师：于××　技术负责人：江×× 2015年5月25日
监理单位审查结论	同意施工单位验收结果，评定合格。 专业监理工程师：程×× 2015年5月25日
建设单位验收结论	同意施工单位评定结果，验收合格，同意进行下道工序施工。 现场负责人：赵×× 2015年5月25日

说明：

主控项目

1. 施工缝、变形缝所用遇水膨胀止水条、止水带等材料的品种、规格、性能等应符合设计要求。检验数量：品种、规格全部检查，性能按批取样试验。检验方法：检查产品合格证、出厂检验报告并进行有关性能试验。

2. 施工缝、变形缝的防水构造必须符合设计要求，不得有渗漏。检验数量：检查全部的施工缝和变形缝。检验方法：观察和检查隐蔽工程验收记录。

3. 止水带与衬砌端头模板应正交，发现破损应及时修补。检验数量：全部。检验方法：观察。

4. 遇水膨胀止水条安装前应检查是否受潮膨胀，施工时应与接缝表面密贴，并采取缓膨胀措施。检验数量：全部。检验方法：观察。

一般项目

1. 在施工缝与变形缝处安装止水条（带）时，应采取有效措施确保位置准确、固定牢靠。中埋式止水带其中间空心圆环应与变形缝的中心线重合，不得穿孔或用铁钉固定；转弯处应做成弧形或安装成盆状，并用专用钢筋套箍固定。检验数量：全部检查。检验方法：观察。

2. 止水条（带）接头连接应符合设计要求，止水带应采用热压焊接，接缝平整、牢固，不得有裂口和脱胶现象；接头处不得留断点，搭接长度不应小于50mm；混凝土浇筑前应校正止水带位置，保持其位置准确、平直。检验数量：全部检查。检验方法：观察。

3. 施工缝与变形缝处理止水条（带）施工允许偏差应符合下表的规定。

表　止水条（带）允许偏差

序号	检查项目	规定值或允许偏差值(mm)	检验方法
1	纵向偏位	±50	尺量：每环检查至少5处
2	偏离衬砌中心线	≤30	尺量：每环检查至少5处

城市隧道截、排水与防水（防水板防水）施工检验批质量验收记录表

渝市政验收5-1-4

工程名称	1#隧道	分项工程名称	排水防水系统	验收部位	K1+000～K1+500
施工单位	重庆××市政工程有限公司	项目经理	李××	技术负责人	齐××
施工执行标准名称及编号	重庆市《城市隧道工程施工质量验收规范》DBJ 50-107—2010				

	序号	质量验收规范的规定 检查项目	允许偏差（mm）	施工单位检查记录	监理（建设）单位验收记录
主控项目	1	防水板、土工复合材料的材质、性能、规格	符合设计要求	检查产品合格证和性能试验报告，材质性能符合设计要求。	符合规范要求。
	2	防水板搭接	符合设计要求	搭接牢固。	符合规范要求。
	3	搭接宽度	≥100	120 120 130 120 125 130 134	符合规范要求。
	4	缝宽	≥25	34 30 40 35 34 32 31	符合规范要求。
	5	防水板搭接缝	符合规范要求	焊接连续平顺。	符合规范要求。
	6	喷射混凝土基面处理	符合规范要求	基面平整，符合规范要求。	符合规范要求。
	7				
	8				
一般项目	1	防水板铺设范围及铺挂方式	符合设计要求	铺设挂吊点合理，外部平整，查隐蔽工程验收记录，符合规范要求。	符合规范要求。
	2	防水板铺设	符合规范要求	基层牢固。	符合规范要求。
	3	防水板固定点间距	满足设计要求；设计无要求时，固定点间距：拱部0.8～1.0m，直边墙宜为1.2～1.5m，曲边墙宜为1.0～1.2m	满足设计要求，稳固。	符合规范要求。
	4	接缝与施工缝错开距离	≥500	接缝检查，符合规范要求。	符合规范要求。
	5				
	6				
施工单位检查结果	经检查，主控项目和一般项目均符合设计要求和重庆市《城市隧道工程施工质量验收规范》（DBJ 50-107—2010）规定，评定合格。 专业技术负责人：张×× 质检工程师：于×× 技术负责人：江×× 2015年5月25日				
监理单位审查结论	同意施工单位验收结果，评定合格。 专业监理工程师：程×× 2015年5月25日				
建设单位验收结论	同意施工单位评定结果，验收合格，同意进行下道工序施工。 现场负责人：赵×× 2015年5月25日				

说明：

主控项目

1. 防水板、土工复合材料的材质、性能、规格必须符合设计要求。检验数量：按进场批次检验。检验方法：检查产品合格证、出厂检验报告、材质性能试验报告等。

2. 防水板必须按设计要求进行搭接，搭接应牢固，其允许偏差应符合表1的规定。

表1 防水板搭接宽度及缝宽允许偏差

序号	检查项目	允许偏差值(mm)	检查方法和数量
1	搭接宽度	≥100	尺量：检查全部搭接，每环检查不少于6处
2	缝宽	≥25	尺量：检查全部搭接，每环检查不少于6处

3. 防水板搭接缝应采用热熔双焊缝，且焊缝连续，无漏焊、假焊、焊焦、焊穿等现象。检验数量：抽查焊缝数量的20%，并不得少于3条焊缝。检验方法：查验隐蔽工程验收记录、观察，现场用双焊缝间充气检查。

4. 防水板铺设前应对喷射混凝土基面进行认真检查，不得有钢筋、凸出的管件等尖锐突出物；割除尖锐突出物后，割除部分应用砂浆抹平，保证基面平整。检验数量：全部。检验方法：查验隐蔽工程验收记录，观察。

一般项目

1. 防水板铺设范围及铺挂方式应符合设计要求。铺设时防水板应留有一定的余量，挂吊点设置的数量应合理，固定点间距：拱部宜为0.8～1.0m；直边墙宜为1.2～1.5m；曲边墙宜为1.0～1.2m，局部凹凸较大时，在凹处应进行加密。检验数量：全部。检验方法：查隐蔽工程验收记录、观察。

2. 防水板的铺设应与基层固定牢固，不得有绷紧和破损现象。检验数量：全部。检验方法：核查隐蔽工程验收记录，观察。

3. 防水板施工质量检验标准及允许偏差应符合表2的规定。

表2 防水板质量检验标准及允许偏差

序号	检查项目	允许偏差值(mm)	检验方法和数量
1	固定点间距	满足设计要求；设计无要求时执行一般项目第1条的规定	尺量：不小于20%
2	接缝与施工缝错开距离	≥500	尺量：每个接缝检查不少于5处

城市隧道截、排水与防水(预注浆堵水)施工检验批质量验收记录表

渝市政验收 5-1-5

<table>
<tr><td colspan="2">工程名称</td><td>1#隧道</td><td>分项工程名称</td><td colspan="3">排水防水系统</td><td colspan="3">验收部位</td><td colspan="3">K1+000 ~ K1+500</td></tr>
<tr><td colspan="2">施工单位</td><td colspan="2">重庆××市政工程有限公司</td><td colspan="3">项目经理</td><td colspan="3">李××</td><td>技术负责人</td><td colspan="2">齐××</td></tr>
<tr><td colspan="2">施工执行标准名称及编号</td><td colspan="11">重庆市《城市隧道工程施工质量验收规范》DBJ 50-107—2010</td></tr>
<tr><td rowspan="2"></td><td rowspan="2">序号</td><td colspan="2">质量验收规范的规定</td><td colspan="7" rowspan="2">施工单位检查记录</td><td colspan="2" rowspan="2">监理(建设)单位验收记录</td></tr>
<tr><td>检查项目</td><td>允许偏差(mm)</td></tr>
<tr><td rowspan="8">主控项目</td><td>1</td><td>浆液材料</td><td>符合设计要求</td><td colspan="7">查质量检验报告,材料进场抽验,符合设计要求。</td><td colspan="2">符合规范要求。</td></tr>
<tr><td>2</td><td>浆液配合比</td><td>符合设计要求</td><td colspan="7">每次注浆前检查,计量同步。</td><td colspan="2">符合规范要求。</td></tr>
<tr><td>3</td><td>预注浆效果</td><td>符合设计要求</td><td colspan="7">钻孔取芯检查效果,符合设计要求。</td><td colspan="2">符合规范要求。</td></tr>
<tr><td>4</td><td></td><td></td><td colspan="7"></td><td colspan="2"></td></tr>
<tr><td>5</td><td></td><td></td><td colspan="7"></td><td colspan="2"></td></tr>
<tr><td>6</td><td></td><td></td><td colspan="7"></td><td colspan="2"></td></tr>
<tr><td>7</td><td></td><td></td><td colspan="7"></td><td colspan="2"></td></tr>
<tr><td>8</td><td></td><td></td><td colspan="7"></td><td colspan="2"></td></tr>
<tr><td rowspan="6">一般项目</td><td>1</td><td>注浆范围</td><td>符合设计要求</td><td colspan="7">注浆不溢出。</td><td colspan="2">符合规范要求。</td></tr>
<tr><td>2</td><td>注浆各阶段的控制压力及注浆量</td><td>符合设计要求</td><td colspan="7">符合隐蔽条件,查隐蔽工程验收记录单号:20150432。</td><td colspan="2">符合规范要求。</td></tr>
<tr><td>3</td><td>注浆孔的数量</td><td>不少于设计值</td><td colspan="7">不少于设计值。</td><td colspan="2">符合规范要求。</td></tr>
<tr><td>4</td><td>注浆孔布置间距</td><td>±25</td><td>-10</td><td>15</td><td>20</td><td>-20</td><td>18</td><td>23</td><td>25</td><td colspan="2">符合规范要求。</td></tr>
<tr><td>5</td><td>钻孔深度</td><td>±50</td><td>45</td><td>43</td><td>-34</td><td>-35</td><td>42</td><td>25</td><td>20</td><td colspan="2">符合规范要求。</td></tr>
<tr><td>6</td><td>注浆孔角度</td><td>≤0.5°</td><td>√</td><td>√</td><td>√</td><td>√</td><td>√</td><td>√</td><td>√</td><td colspan="2">符合规范要求。</td></tr>
<tr><td colspan="2">施工单位检查结果</td><td colspan="11">经检查,主控项目和一般项目均符合设计要求和重庆市《城市隧道工程施工质量验收规范》(DBJ 50-107—2010)规定,评定合格。
专业技术负责人:张×× 质检工程师:于×× 技术负责人:江××
2015年5月25日</td></tr>
<tr><td colspan="2">监理单位审查结论</td><td colspan="11">同意施工单位验收结果,评定合格。
专业监理工程师:程××
2015年5月25日</td></tr>
<tr><td colspan="2">建设单位验收结论</td><td colspan="11">同意施工单位评定结果,验收合格,同意进行下道工序施工。
现场负责人:赵××
2015年5月25日</td></tr>
</table>

说明：

主控项目

1. 浆液的材料必须符合设计要求。检验数量：按进场批次检验。检验方法：检查出厂合格证、质量检验报告及材料进场检验报告。

2. 浆液的配合比应符合设计要求。检验数量：每次注浆施工前检查。检验方法：检查现场的计量措施。

3. 预注浆的效果必须符合设计要求。检验数量：全部。检验方法：目测；必要时采用钻孔取芯、压水（或空气）等方法检查。

一般项目

1. 预注浆时浆液不得溢出地面和超出设计的有效注浆范围。检验数量：全部。检验方法：观察，检查。

2. 注浆各阶段的控制压力及注浆量应符合设计要求。检验数量：全部。检验方法：检查隐蔽工程验收记录。

3. 预注浆施工允许偏差应符合下表的规定。

表　预注浆施工允许偏差

序号	检查项目	规定值或允许偏差值(mm)	检验方法和数量
1	注浆孔的数量	不少于设计	计数：全部
2	注浆孔布置间距	±25	尺量：全部
3	钻孔深度	±50	尺量：全部
4	注浆孔角度	≤0.5°	角度尺检查：全部

城市隧道截、排水与防水(洞外排水和明洞防水)施工检验批质量验收记录表

渝市政验收5-1-6

工程名称	1#隧道	分项工程名称	排水防水系统	验收部位	K1+000 ~ K1+500
施工单位	重庆××市政工程有限公司	项目经理	李××	技术负责人	齐××
施工执行标准名称及编号	重庆市《城市隧道工程施工质量验收规范》DBJ 50-107—2010				

	序号	质量验收规范的规定		施工单位检查记录							监理(建设)单位验收记录
		检查项目	允许偏差(mm)								
主控项目	1	洞外截水沟、边仰坡排水沟的结构形式和位置	符合设计要求	洞外截水沟、边仰坡排水沟的结构符合设计要求。							符合规范要求。
	2	地表水处理	符合规范要求	排水流畅,不影响洞内防排水。							符合规范要求。
	3	砌缝砂浆	符合规范要求	砌缝砂浆符合规范要求。							符合规范要求。
	4	截、排水沟砌体和构件所用原材料质量	符合规范要求	原材料进场验收记录与复验报告:20150423,材料抽检合格。							符合规范要求。
	5	截、排水沟砌体和构件砂浆、混凝土强度	符合设计要求	砂浆M10,混凝土强度C30。							符合规范要求。
	6	明洞防水层材料质量和规格	符合设计和规范要求	防水材料与涂料合格证查验,进场复验报告单号:20150435。							符合规范要求。
	7										
	8										
一般项目	1	接缝和搭接	符合设计要求	接缝和搭接紧密平顺。							符合规范要求。
	2	反滤层材料	符合设计要求	层次分明,材料分层填筑。							符合规范要求。
	3	水沟断面尺寸	±10	-2	2	-9	7	4	-3	5	符合规范要求。
	4	水沟轴线偏位	20	12	19	13	5	13	14	17	符合规范要求。
	5	水沟流水面高程	0,-20	-9	-9	-12	-10	-13	-10	-5	符合规范要求。
	6	铺砌厚度	不小于设计值	符合规范要求。							符合规范要求。
	7	外观质量	符合规范要求	符合规范要求。							符合规范要求。

施工单位检查结果	经检查,主控项目和一般项目均符合设计要求和重庆市《城市隧道工程施工质量验收规范》(DBJ 50-107—2010)规定,评定合格。 专业技术负责人:张×× 质检工程师:于×× 技术负责人:江×× 2015年5月25日
监理单位审查结论	同意施工单位验收结果,评定合格。 专业监理工程师:程×× 2015年5月25日
建设单位验收结论	同意施工单位评定结果,验收合格,同意进行下道工序施工。 现场负责人:赵×× 2015年5月25日

说明：

主控项目

1. 洞外截水沟、边仰坡排水沟的结构形式和位置应符合设计要求，与洞外排水系统衔接顺畅。检验数量：全部检查。检验方法：观察、尺量。

2. 隧道覆盖层较薄和地层渗透性强的洞顶地表水处理，应符合下列规定：

(1)洞口附近和浅埋地段洞顶不积水；

(2)地表沟(谷)、坑洼、钻孔、探坑等应用不透水土壤回填，并分层夯实；

(3)洞顶的排水沟(槽)应排水良好，水流畅通；

(4)洞顶设有高压水池时应远离隧道轴线，并作好防渗措施，对水池的溢水应有疏导措施；

(5)洞顶有井、泉、池沼、水田等时，应妥善处理，不宜将水源截断、堵死。

检验数量：全部检查。检验方法：观察。

3. 浆砌水沟砌缝砂浆应饱满。检验数量：全部检查。检验方法：观察。

4. 截、排水沟砌体和构件所用原材料的质量必须符合现行技术规范的要求。检验数量：全部检查。检验方法：检查原材料的质保书、合格证、进场检验报告。

5. 截、排水沟砌体和构件砂浆、混凝土强度应符合设计要求。检验数量：全部检查。检验方法：检查砂浆、混凝土强度试验报告。

6. 明洞防水层材料的质量和规格等应符合设计和规范要求。检验数量：全部检查。检验方法：检查产品合格文件及检验报告。

一般项目

1. 截水沟和排水沟沟底无阻水、积水现象，具备铺砌要求；临时排水设施与现有排水沟渠连通。检验数量：全部检查。检验方法：检查隐蔽验收报告及现场观察。

2. 截、排水沟砌体砌缝砂浆应饱满，勾缝密实，混凝土结构无蜂窝、麻面现象。检验数量：全部检查。检验方法：观察。

3. 砌体内侧及沟底应平顺、整齐，无裂缝、空鼓现象。检验数量：全部检查。检验方法：观察。

4. 土工布的铺设应拉直平顺，接缝搭接要求符合设计要求。检验数量：全部检查。检验方法：观察。

5. 反滤层设置应层次分明，材料应符合设计要求或选用筛选过的中砂、粗砂、砾石等渗水性材料，并分层填筑。检验数量：全部检查。检验方法：查隐蔽检查验收记录。

6. 明洞防水系统施工前，混凝土外部应平整，不得有钢筋等尖锐物露出。检验数量：全部检查。检验方法：查隐蔽检查验收记录。

7. 洞外排水和明洞防水工程施工允许偏差应符合下表的规定。

表 洞外排水和明洞防水工程允许偏差

序号	检查项目	规定值或允许偏差值(mm)	检验方法和数量
1	水沟断面尺寸	±10	尺量：每30m检查一处
2	水沟轴线偏位	20	尺量：每30m测一处
3	水沟流水面高程	0，-20	水准仪：每30m测一处
4	铺砌厚度(mm)	不小于设计值	尺量：每30m测一处

城市隧道洞门混凝土端墙、翼墙施工检验批质量验收记录表

渝市政验收5-1-7

<table>
<tr><td>工程名称</td><td>1#隧道</td><td>分项工程名称</td><td colspan="3">洞门端墙翼墙</td><td colspan="3">验收部位</td><td colspan="2">K1+000～K1+500</td></tr>
<tr><td>施工单位</td><td colspan="2">重庆××市政工程有限公司</td><td colspan="2">项目经理</td><td colspan="3">李××</td><td colspan="2">技术负责人</td><td>齐××</td></tr>
<tr><td>施工执行标准名称及编号</td><td colspan="10">重庆市《城市隧道工程施工质量验收规范》DBJ 50-107—2010</td></tr>
<tr><td rowspan="2"></td><td rowspan="2">序号</td><td colspan="2">质量验收规范的规定</td><td colspan="7" rowspan="2">施工单位检查记录</td><td rowspan="2">监理(建设)单位验收记录</td></tr>
<tr><td>检查项目</td><td>允许偏差(mm)</td></tr>
<tr><td rowspan="8">主控项目</td><td>1</td><td>混凝土强度</td><td>符合设计要求</td><td colspan="7">查混凝土强度试验报告,符合设计要求。</td><td>符合规范要求。</td></tr>
<tr><td>2</td><td></td><td></td><td colspan="7"></td><td></td></tr>
<tr><td>3</td><td></td><td></td><td colspan="7"></td><td></td></tr>
<tr><td>4</td><td></td><td></td><td colspan="7"></td><td></td></tr>
<tr><td>5</td><td></td><td></td><td colspan="7"></td><td></td></tr>
<tr><td>6</td><td></td><td></td><td colspan="7"></td><td></td></tr>
<tr><td>7</td><td></td><td></td><td colspan="7"></td><td></td></tr>
<tr><td>8</td><td></td><td></td><td colspan="7"></td><td></td></tr>
<tr><td rowspan="6">一般项目</td><td>1</td><td>平面位置</td><td>50</td><td>23</td><td>25</td><td>24</td><td>25</td><td>24</td><td>25</td><td>26</td><td>符合规范要求。</td></tr>
<tr><td>2</td><td>断面尺寸</td><td>不小于设计值</td><td>√</td><td>√</td><td>√</td><td>√</td><td>√</td><td>√</td><td>√</td><td>符合规范要求。</td></tr>
<tr><td>3</td><td>顶面高程</td><td>±20</td><td>-9</td><td>12</td><td>11</td><td>-8</td><td>13</td><td>10</td><td>-12</td><td>符合规范要求。</td></tr>
<tr><td>4</td><td>底面高程</td><td>±50</td><td>23</td><td>24</td><td>40</td><td>-34</td><td>-35</td><td>45</td><td>-38</td><td>符合规范要求。</td></tr>
<tr><td>5</td><td>表面平整度</td><td>5</td><td>1</td><td>2</td><td>4</td><td>3</td><td>2</td><td>1</td><td>2</td><td>符合规范要求。</td></tr>
<tr><td>6</td><td>竖直度或坡度(%)</td><td>0.5</td><td>√</td><td>√</td><td>√</td><td>√</td><td>√</td><td>√</td><td>√</td><td>符合规范要求。</td></tr>
<tr><td>施工单位检查结果</td><td colspan="11">经检查,主控项目和一般项目均符合设计要求和重庆市《城市隧道工程施工质量验收规范》(DBJ 50-107—2010)规定,评定合格。
专业技术负责人:张×× 质检工程师:于×× 技术负责人:江××
2015年5月25日</td></tr>
<tr><td>监理单位审查结论</td><td colspan="11">同意施工单位验收结果,评定合格。
专业监理工程师:程××
2015年5月25日</td></tr>
<tr><td>建设单位验收结论</td><td colspan="11">同意施工单位评定结果,验收合格,同意进行下道工序施工。
现场负责人:赵××
2015年5月25日</td></tr>
</table>

说明：

1. 混凝土强度应符合设计要求。检验数量：每一单元结构物应制取2组，且每80～200m³或每一工作班应制取2组，每组试块不得少于3个。检验方法：混凝土强度试验报告。

2. 砂浆强度应符合设计要求。检验数量：每工作班应制取2组，1组6个试件。检验方法：查砂浆的强度试验报告。

一般项目

1. 洞门混凝土端墙、翼墙允许偏差应符合表1的规定。

表1 洞门混凝土端墙、翼墙允许偏差

序号	项目	规定值或允许偏差(mm)	检查方法和数量
1	平面位置	50	仪器测量：每边不少于4处
2	断面尺寸	不小于设计	
3	顶面高程	±20	
4	底面高程	±50	
5	表面平整度	5	2m靠尺测量：拱部不少于2处，墙身不少于4处
6	竖直度或坡度(%)	0.5	吊垂线：每边不少于4处

2. 洞门砌体端墙、翼墙允许偏差应符合表2的规定。

表2 洞门砌体端墙、翼墙允许偏差

序号	项目		规定值或允许偏差(mm)	检查方法和数量
1	平面位置		50	仪器测量：每边不少于4处 2m靠尺测量：拱部不少于2处，墙身不少于4处
2	断面尺寸		不小于设计	
3	顶面高程		±20	
4	底面高程		±50	
5	表面平整度	块石	20	2m靠尺测量：拱部不少于2处，墙身不少于4处
		料石	30	
		混凝土块料石	10	
6	竖直度或坡度(%)		0.5	吊垂线：每边不少于4处

城市隧道洞门砌体端墙、翼墙施工检验批质量验收记录表

渝市政验收5-1-8

工程名称	1#隧道	分项工程名称			洞门端墙翼墙			验收部位		K1+000～K1+500		
施工单位	重庆××市政工程有限公司				项目经理		李××			技术负责人		齐××
施工执行标准名称及编号	重庆市《城市隧道工程施工质量验收规范》DBJ 50-107—2010											
	序号	质量验收规范的规定			施工单位检查记录							监理（建设）单位验收记录
		检查项目		允许偏差（mm）								
主控项目	1	砂浆强度		符合设计要求	M10，符合设计要求。							符合规范要求。
	2											
	3											
	4											
	5											
	6											
	7											
	8											
一般项目	1	平面位置		50	43	25	24	25	44	25	26	符合规范要求。
	2	断面尺寸		不小于设计值	√	√	√	√	√	√	√	符合规范要求。
	3	顶面高程		±20	−9	12	11	−8	13	10	−12	符合规范要求。
	4	底面高程		±50	23	24	40	−34	−35	45	−38	符合规范要求。
	5	表面平整度	块石	20	13	15	14	16	14	17	18	符合规范要求。
			料石	30	23	25	24	25	24	25	26	符合规范要求。
			混凝土块料石	10	9	2	4	3	6	5	4	符合规范要求。
	6	竖直度或坡度（%）		0.5	√	√	√	√	√	√	√	符合规范要求。
施工单位检查结果	经检查，主控项目和一般项目均符合设计要求和重庆市《城市隧道工程施工质量验收规范》（DBJ 50-107—2010）规定，评定合格。 专业技术负责人：张×× 质检工程师：于×× 技术负责人：江×× 2015年5月25日											
监理单位审查结论	同意施工单位验收结果，评定合格。 专业监理工程师：程×× 2015年5月25日											
建设单位验收结论	同意施工单位评定结果，验收合格，同意进行下道工序施工。 现场负责人：赵×× 2015年5月25日											

说明：

1. 混凝土强度应符合设计要求。检验数量：每一单元结构物应制取2组，且每80～200m³或每一工作班应制取2组，每组试块不得少于3个。检验方法：混凝土强度试验报告。

2. 砂浆强度应符合设计要求。检验数量：每工作班应制取2组，1组6个试件。检验方法：查砂浆的强度试验报告。

一般项目

1. 洞门混凝土端墙、翼墙允许偏差应符合表1的规定。

表1　洞门混凝土端墙、翼墙允许偏差

序号	项目	规定值或允许偏差（mm）	检查方法和数量
1	平面位置	50	
2	断面尺寸	不小于设计	仪器测量：每边不少于4处
3	顶面高程	±20	
4	底面高程	±50	
5	表面平整度	5	2m靠尺测量：拱部不少于2处，墙身不少于4处
6	竖直度或坡度（%）	0.5	吊垂线：每边不少于4处

2. 洞门砌体端墙、翼墙允许偏差应符合表2的规定。

表2　洞门砌体端墙、翼墙允许偏差

序号	项目		规定值或允许偏差（mm）	检查方法和数量
1	平面位置		50	仪器测量：每边不少于4处 2m靠尺测量：拱部不少于2处，墙身不少于4处
2	断面尺寸		不小于设计	
3	顶面高程		±20	
4	底面高程		±50	
5	表面平整度	块石	20	2m靠尺测量：拱部不少于2处，墙身不少于4处
		料石	30	
		混凝土块料石	10	
6	竖直度或坡度（%）		0.5	吊垂线：每边不少于4处

城市隧道洞口、明洞边仰坡支护(锚杆喷射混凝土)施工检验批质量验收记录表

渝市政验收5-1-9

<table>
<tr><td>工程名称</td><td>1#隧道</td><td>分项工程名称</td><td>仰坡支护</td><td>验收部位</td><td colspan="2">K1+000 ~ K1+500</td></tr>
<tr><td>施工单位</td><td>重庆××市政工程有限公司</td><td>项目经理</td><td colspan="2">李××</td><td>技术负责人</td><td>齐××</td></tr>
<tr><td>施工执行标准名称及编号</td><td colspan="6">重庆市《城市隧道工程施工质量验收规范》DBJ 50-107—2010</td></tr>
</table>

<table>
<tr><td rowspan="2"></td><td rowspan="2">序号</td><td colspan="2">质量验收规范的规定</td><td rowspan="2" colspan="7">施工单位检查记录</td><td rowspan="2">监理(建设)单位验收记录</td></tr>
<tr><td>检查项目</td><td>允许偏差(mm)</td></tr>
<tr><td rowspan="8">主控项目</td><td>1</td><td>混凝土强度</td><td>符合设计要求</td><td colspan="7">查喷射混凝土强度试验报告,符合规范要求。</td><td>符合规范要求。</td></tr>
<tr><td>2</td><td>锚杆材质、类型、质量、规格数量和性能</td><td>符合设计和规范要求</td><td colspan="7">查锚杆产品合格证,试验报告,尺量,符合规范要求。</td><td>符合规范要求。</td></tr>
<tr><td>3</td><td>锚杆孔径及布置形式</td><td>符合设计要求</td><td colspan="7">孔径及布置形式符合设计规范要求。</td><td>符合规范要求。</td></tr>
<tr><td>4</td><td>锚杆插入孔内长度</td><td>不小于设计长度的95%,锚杆长度不小于设计值</td><td colspan="7">抽查10%,不小于设计值。</td><td>符合规范要求。</td></tr>
<tr><td>5</td><td>灌浆强度</td><td>不小于设计和规范要求</td><td colspan="7">灌浆饱满,浆液配合比和掺加剂符合设计要求,砂浆试块强度试验报告:20140345。</td><td>符合规范要求。</td></tr>
<tr><td>6</td><td>28d抗拔力平均值</td><td>不小于设计值,最小抗拔力不小于设计值的95%</td><td colspan="7">抗拔力试验,抗拔力大于设计值。</td><td>符合规范要求。</td></tr>
<tr><td>7</td><td></td><td></td><td colspan="7"></td><td></td></tr>
<tr><td>8</td><td></td><td></td><td colspan="7"></td><td></td></tr>
<tr><td rowspan="5">一般项目</td><td>1</td><td>喷层厚度</td><td>平均厚度≥设计厚度;检查点的60%≥设计厚度;最小厚度≥0.5设计厚度,且≥60</td><td colspan="7">厚度达到设计标准。</td><td>符合规范要求。</td></tr>
<tr><td>2</td><td>钢筋网眼尺寸</td><td>±20</td><td>−9</td><td>10</td><td>13</td><td>15</td><td>−12</td><td>18</td><td>−6</td><td>符合规范要求。</td></tr>
<tr><td>3</td><td>坡面平整度</td><td>30</td><td>12</td><td>19</td><td>−15</td><td>22</td><td>19</td><td>−14</td><td>16</td><td>符合规范要求。</td></tr>
<tr><td>4</td><td>伸缩缝</td><td>符合规范要求</td><td colspan="7">符合规范要求。</td><td>符合规范要求。</td></tr>
<tr><td>5</td><td>泄水孔坡度</td><td>符合设计及规范要求</td><td>√</td><td>√</td><td>√</td><td>√</td><td>√</td><td>√</td><td>√</td><td>符合规范要求。</td></tr>
<tr><td colspan="2">施工单位检查结果</td><td colspan="10">经检查,主控项目和一般项目均符合设计要求和重庆市《城市隧道工程施工质量验收规范》(DBJ 50-107—2010)规定,评定合格。
专业技术负责人:张×× 质检工程师:于×× 技术负责人:江××
2015年5月25日</td></tr>
<tr><td colspan="2">监理单位审查结论</td><td colspan="10">同意施工单位验收结果,评定合格。
专业监理工程师:程××
2015年5月25日</td></tr>
<tr><td colspan="2">建设单位验收结论</td><td colspan="10">同意施工单位评定结果,验收合格,同意进行下道工序施工。
现场负责人:赵××
2015年5月25日</td></tr>
</table>

说明：

主控项目

1. 混凝土强度应符合设计要求。检验数量：每喷射50～100m^3混合料或混合料小于50m^3的独立工程，不得少于一组，每组试块不得少于3个。材料或配合比变更时需重新制取试件。

检验方法：检查喷射混凝土抗压强度试验报告。

2. 边、仰坡锚杆的质量检验应符合以下相关规定：

(1) 锚杆的材质、类型、质量、规格、数量和性能必须符合设计和规范要求。检验数量：全部。检验方法：检查产品的合格证、试验报告，尺量。

(2) 锚杆孔径及布置形式应符合设计要求，孔内积水和岩粉（屑）应吹洗干净。检验数量：全部。检验方法：尺量、观察。

(3)锚杆插入孔内的长度不得短于设计长度的95%，锚杆长度不小于设计值。检验数量：检查锚杆数的10%。检验方法：尺量。

(4)砂浆锚杆和注浆锚杆的灌浆强度应不小于设计和规范要求，锚杆孔内灌浆密实饱满，浆液的配合比和掺加剂应符合设计和规范要求。检验数量：每工作班2组。检验方法：试验。

(5)锚杆28d抗拔力平均值不小于设计值，最小抗拔力不小于设计值的95%。检验数量：按锚杆数1%且不少于3根。检验方法：抗拔力试验。

一般项目

1. 表面平整、密实，无钢筋、铁丝外露和混凝土脱落现象。

2. 使用喷锚支护时，锚杆杆体露出岩面的长度不应大于喷射混凝土厚度。

3. 设置的伸缩缝整齐垂直，上下贯通。

4. 泄水孔坡度向外，无堵塞现象。检验数量：全部。检验方法：观察。

5. 喷射混凝土支护允许偏差应符合下表的规定。

表　喷射混凝土支护允许偏差

项次	检查项目	允许偏差	检查方法和数量
1	喷层厚度(mm)	平均厚≥设计厚度；检查点的60%≥设计厚度；最小厚度≥0.5设计厚度，且≥60	每10m检查一个断面，每3m检查一个点，用凿孔或激光断面仪确定厚度
2	钢筋网眼尺寸(mm)	±20	尺量：每10m抽查5个网眼
3	坡面平整度(mm)	30	用2m直尺，每20m检查3处

注：表中的“每10m或20m”是指沿线方向的长度。

城市隧道洞口、明洞边仰坡支护(预制混凝土格构护坡及各式砌体护坡)施工检验批质量验收记录表

渝市政验收5-1-10

<table>
<tr><td>工程名称</td><td>1#隧道</td><td colspan="3">分项工程名称</td><td colspan="3">仰坡支护</td><td colspan="2">验收部位</td><td>K1+000 ~ K1+500</td></tr>
<tr><td>施工单位</td><td colspan="3">重庆××市政工程有限公司</td><td colspan="2">项目经理</td><td colspan="2">李××</td><td colspan="2">技术负责人</td><td>齐××</td></tr>
<tr><td>施工执行标准名称及编号</td><td colspan="10">重庆市《城市隧道工程施工质量验收规范》DBJ 50-107—2010</td></tr>
<tr><td rowspan="2"></td><td rowspan="2">序号</td><td colspan="2">质量验收规范的规定</td><td colspan="7" rowspan="2">施工单位检查记录</td><td rowspan="2">监理(建设)单位验收记录</td></tr>
<tr><td>检查项目</td><td>允许偏差(mm)</td></tr>
<tr><td rowspan="8">一般项目</td><td>1</td><td>砂浆强度</td><td>符合设计要求</td><td colspan="7">查砂浆强度报告,M10,符合设计要求。</td><td>符合规范要求。</td></tr>
<tr><td>2</td><td>断面尺寸及坡面</td><td>符合设计要求</td><td colspan="7">护坡断面尺寸坡面符合设计要求。</td><td>符合规范要求。</td></tr>
<tr><td>3</td><td>材料质量</td><td>符合规范规定</td><td colspan="7">查材料试验报告,符合规范要求。</td><td>符合规范要求。</td></tr>
<tr><td>4</td><td>网眼尺寸</td><td>±100</td><td>-90</td><td>80</td><td>-80</td><td>75</td><td>85</td><td>84</td><td>82</td><td>符合规范要求。</td></tr>
<tr><td>5</td><td>表面平整度</td><td>±30</td><td>23</td><td>-20</td><td>22</td><td>-9</td><td>18</td><td>16</td><td>-13</td><td>符合规范要求。</td></tr>
<tr><td>6</td><td>坡度</td><td>不陡于设计值</td><td>√</td><td>√</td><td>√</td><td>√</td><td>√</td><td>√</td><td>√</td><td>符合规范要求。</td></tr>
<tr><td>7</td><td>边棱直顺</td><td>±50</td><td>34</td><td>-35</td><td>45</td><td>25</td><td>30</td><td>-18</td><td>10</td><td>符合规范要求。</td></tr>
<tr><td>8</td><td>嵌入度</td><td>±50</td><td>-35</td><td>45</td><td>25</td><td>30</td><td>-18</td><td>10</td><td>36</td><td>符合规范要求。</td></tr>
<tr><td>施工单位检查结果</td><td colspan="10">经检查,主控项目和一般项目均符合设计要求和重庆市《城市隧道工程施工质量验收规范》(DBJ 50-107—2010)规定,评定合格。
专业技术负责人:张×× 质检工程师:于×× 技术负责人:江××
2015年5月25日</td></tr>
<tr><td>监理单位审查结论</td><td colspan="10">同意施工单位验收结果,评定合格。
专业监理工程师:程××
2015年5月25日</td></tr>
<tr><td>建设单位验收结论</td><td colspan="10">同意施工单位评定结果,验收合格,同意进行下道工序施工。
现场负责人:赵××
2015年5月25日</td></tr>
</table>

说明:

一般项目

1. 砂浆强度应符合设计要求。检验数量:每工作班应制取1组,1组6个试件。检验方法:查砂浆的强度试验报告。
2. 各式骨架植草护坡的混凝土格构或砌体的断面尺寸及坡面要求应符合设计规定。
3. 混凝土格构或砌体材料质量应符合规定,埋置深度和格内填土应符合设计要求。
4. 混凝土格构或砌体表面平顺,线条清晰。检验数量:全部 。检验方法:观察和测量。
5. 预制混凝土格构护坡及各式砌体护坡支护允许偏差应符合下表的规定。

表　预制混凝土格构护坡及各式砌体护坡支护允许偏差

序号	检查项目	允许偏差	检查方法和数量
1	网眼尺寸(mm)	±100	用尺量:每50m检查3点,不足50m至少3点
2	表面平整度(mm)	±30	用2m直尺检查,每50m量3处
3	坡度	不陡于设计	每50m用坡度尺抽量3处
4	边棱直顺(mm)	±50	用网眼边长直尺检查,每50m抽量3处
5	嵌入度(mm)	±50	用尺量外露部分,每50m量3处

城市隧道洞口、明洞施工钢筋制安检验批质量验收记录表

渝市政验收5-1-11

<table>
<tr><td colspan="2">工程名称</td><td colspan="3">1#隧道</td><td colspan="2">分项工程名称</td><td colspan="2">钢筋制作安装</td><td colspan="3">验收部位</td><td colspan="2">K1+000～K1+500</td></tr>
<tr><td colspan="2">施工单位</td><td colspan="5">重庆××市政工程有限公司</td><td colspan="2">项目经理</td><td colspan="3">李××</td><td>技术负责人</td><td>齐××</td></tr>
<tr><td colspan="2">施工执行标准名称及编号</td><td colspan="12">重庆市《城市隧道工程施工质量验收规范》DBJ 50-107—2010</td></tr>
<tr><td rowspan="2"></td><td rowspan="2">序号</td><td colspan="4">质量验收规范的规定</td><td colspan="7" rowspan="2">施工单位检查记录</td><td rowspan="2">监理(建设)单位验收记录</td></tr>
<tr><td colspan="3">检查项目</td><td>允许偏差(mm)</td></tr>
<tr><td rowspan="4">主控项目</td><td>1</td><td colspan="3">钢筋品种、规格、性能</td><td>符合设计要求</td><td colspan="7">检查质量证明文件和试验报告，品种性能符合规范要求。</td><td>符合规范要求。</td></tr>
<tr><td>2</td><td colspan="3">钢筋品种、级别、规格和数量及预埋件规格、数量</td><td>符合设计要求</td><td colspan="7">数量规格符合规范要求。</td><td>符合规范要求。</td></tr>
<tr><td>3</td><td colspan="3">钢筋连(焊)接接头的方式</td><td>符合设计要求和规范规定</td><td colspan="7">查试件力学性能检验单(单号：20150343)，符合要求和规范规定。</td><td>符合规范要求。</td></tr>
<tr><td>4</td><td colspan="3"></td><td></td><td colspan="7"></td><td></td></tr>
<tr><td rowspan="12">一般项目</td><td>1</td><td rowspan="3">钢筋加工</td><td colspan="2">主筋和构造钢筋长度</td><td>−10，+5</td><td>3</td><td>−6</td><td>1</td><td>4</td><td>−2</td><td>−7</td><td>3</td><td>符合规范要求。</td></tr>
<tr><td>2</td><td colspan="2">主筋折弯点位置</td><td>±10</td><td>9</td><td>4</td><td>−6</td><td>7</td><td>4</td><td>5</td><td>−4</td><td>符合规范要求。</td></tr>
<tr><td>3</td><td colspan="2">箍筋内净尺寸</td><td>±5</td><td>1</td><td>2</td><td>−4</td><td>−3</td><td>2</td><td>4</td><td>−1</td><td>符合规范要求。</td></tr>
<tr><td>4</td><td colspan="3">同一截面内受力钢筋接头数量</td><td>符合设计要求和规范规定</td><td colspan="7">符合规范要求。</td><td></td></tr>
<tr><td>5</td><td colspan="3">双层钢筋上下层排距</td><td>±5</td><td>1</td><td>2</td><td>−4</td><td>−3</td><td>2</td><td>4</td><td>−1</td><td>符合规范要求。</td></tr>
<tr><td>6</td><td colspan="3">受力主筋间距</td><td>±10</td><td>9</td><td>4</td><td>−6</td><td>7</td><td>4</td><td>5</td><td>−4</td><td>符合规范要求。</td></tr>
<tr><td rowspan="4">7</td><td rowspan="4">绑扎搭接长度</td><td rowspan="2">受拉</td><td>HPB级钢</td><td>30d</td><td></td><td></td><td></td><td></td><td></td><td></td><td></td><td></td></tr>
<tr><td>HRB级钢</td><td>35d</td><td>√</td><td>√</td><td>√</td><td>√</td><td>√</td><td>√</td><td>√</td><td>符合规范要求。</td></tr>
<tr><td rowspan="2">受压</td><td>HPB级钢</td><td>20d</td><td>√</td><td>√</td><td>√</td><td>√</td><td>√</td><td>√</td><td>√</td><td>符合规范要求。</td></tr>
<tr><td>HRB级钢</td><td>25d</td><td></td><td></td><td></td><td></td><td></td><td></td><td></td><td></td></tr>
<tr><td>8</td><td colspan="3">拉接筋、箍筋间距</td><td>±20</td><td>19</td><td>12</td><td>−12</td><td>15</td><td>−9</td><td>16</td><td>18</td><td>符合规范要求。</td></tr>
<tr><td>9</td><td colspan="3">保护层厚度</td><td>+10，−5</td><td>−4</td><td>3</td><td>9</td><td>8</td><td>−3</td><td>4</td><td>6</td><td>符合规范要求。</td></tr>
<tr><td colspan="2">施工单位检查结果</td><td colspan="12">经检查，主控项目和一般项目均符合设计要求和重庆市《城市隧道工程施工质量验收规范》(DBJ 50-107—2010)规定，评定合格。
专业技术负责人：张×× 质检工程师：于×× 技术负责人：江××
2015年5月25日</td></tr>
<tr><td colspan="2">监理单位审查结论</td><td colspan="12">同意施工单位验收结果，评定合格。
专业监理工程师：程××
2015年5月25日</td></tr>
<tr><td colspan="2">建设单位验收结论</td><td colspan="12">同意施工单位评定结果，验收合格，同意进行下道工序施工。
现场负责人：赵××
2015年5月25日</td></tr>
</table>

说明:

主控项目

1. 所用钢筋品种、规格、性能必须符合设计要求,并按批抽取试件做力学性能和工艺性能试验,其质量必须符合现行国家标准的规定。检验数量:同级别、同批号、同规格的钢筋,每60T为一批,每批至少抽检一次。检验方法:检查质量证明文件、尺量、试验报告。

2. 钢筋的品种、级别、规格和数量以及预埋件的规格、数量必须符合设计要求。当钢筋的品种、级别、规格需做变更时,应办理设计变更。检验数量:全部检查。检验方法:观察,钢尺检查。

3. 钢筋的连(焊)接接头的方式应符合设计要求和相关规定,钢筋连(焊)接接头,应按批抽取试件做力学性能检验,其质量必须符合现行国家标准的规定。检验数量:每300个接头为一批,不足300个也按一批计。每批抽检不少于一次。检验方法:接头外观质量检验,观察和尺量;进行焊接接头、机械连接接头力学性能检验,检查力学性能试验报告。

一般项目

1. 钢筋加工允许偏差应符合表1的规定。

表1 钢筋加工允许偏差

序号	名 称	允许偏差(mm)	检验方法
1	主筋和构造钢筋长度	-10,+5	钢尺量:按钢筋编号抽检10%,且不少于5根
2	主筋折弯点位置	±10	
3	箍筋内净尺寸	±5	

2. 钢筋接头应尽量设置在应力较小处,并应分散布置。在"同一截面"内受力钢筋接头数量,应符合设计要求。当设计无要求时,应符合下列规定:

(1)焊(连)接接头在受弯构件的受拉区不得大于50%,轴心受拉构件不得大于25%;

(2) 绑扎接头在构件的受拉区,不得大于25%,在受压区不得大于50%;

(3) 钢筋接头应避开钢筋弯曲处,距弯曲点的距离不得小于钢筋直径的10倍,并且不得小于200mm;

(4)同一受力钢筋的两个搭接距离不应小于1500mm。检验数量:全部检查。检验方法:观察和尺量。

3. 钢筋的安装及保护层厚度允许偏差应符合表2的规定及设计要求。

表2 钢筋的安装及保护层厚度允许偏差

序号	名 称			允许偏差(mm)	检验方法和数量
1	双层钢筋上下层排距			±5	尺量:两端、中间各1处
2	受力主筋间距			±10	尺量:连续3处以上
3	绑扎搭接长度	受拉	HPB级钢	30d	尺量:每20m检查3个接头
			HRB级钢	35d	
		受压	HPB级钢	20d	
			HRB级钢	25d	
4	拉接筋、箍筋间距			±20	尺量:连续3处以上
5	保护层厚度			+10,-5	尺量:两端、中间各1处

注:d——钢筋直径。

4. 钢筋应平直、无损伤,表面无裂纹、油污、颗粒状或片状老锈。检验数量:全部检查。检验方法:观察。

城市隧道洞口、明洞施工混凝土浇筑检验批质量验收记录表

渝市政验收5-1-12

工程名称	1#隧道	分项工程名称	混凝土浇筑	验收部位	K1+000～K1+500
施工单位	重庆××市政工程有限公司	项目经理	李××	技术负责人	齐××
施工执行标准名称及编号	重庆市《城市隧道工程施工质量验收规范》DBJ 50-107—2010				

	序号	质量验收规范的规定：检查项目		允许偏差(mm)	施工单位检查记录							监理(建设)单位验收记录
主控项目	1	水泥质量		符合国家标准规定	查产品合格证、检验报告，符合国家标准。							符合规范要求。
主控项目	2	混凝土外加剂		符合国家标准规定	查产品合格证、检验报告，符合国家标准。							符合规范要求。
主控项目	3	矿物掺和料		符合国家标准规定	查产品合格证、检验报告，符合国家标准。							符合规范要求。
主控项目	4	粗、细集料		符合设计及标准规定	粗细集料符合国家标准。							符合规范要求。
主控项目	5	水质		符合国家标准规定	查水质分析试验报告，符合规范要求。							符合规范要求。
主控项目	6	混凝土配合比		满足设计要求	查配合比报告，符合设计要求。							符合规范要求。
主控项目	7	混凝土强度		满足设计要求	混凝土抗渗抗压强度符合要求。							符合规范要求。
主控项目	8	衬砌厚度		符合设计要求	断面检查无损检测符合规范要求。							符合规范要求。
主控项目	9	隧道超挖回填		符合设计要求	超挖回填符合要求。							符合规范要求。
主控项目	10	施工缝、变形缝位置和处理		符合设计和施工技术方案要求	符合施工技术方案要求。							符合规范要求。
主控项目	11	混凝土养护		符合规范规定	按养护措施实施。							符合规范要求。
一般项目	1	混凝土拌合物坍落度		符合设计配合比要求	查坍落度试验报告，符合要求。							符合规范要求。
一般项目	2	预留泄水孔位置、数量		符合设计要求	位置合理，数量符合要求。							符合规范要求。
一般项目	3	边墙	平面位置	±10	9	4	-6	7	4	5	-4	符合规范要求。
一般项目	3	边墙	直墙垂直度(‰)	2	1	1.2	1.3	1.9	1.8	1.6	1.5	符合规范要求。
一般项目	3	边墙	表面平整度	10	4	9	6	7	8	4	5	符合规范要求。
一般项目	4	拱部	拱顶高程	+30,0	23	20	22	19	18	16	7	符合规范要求。
一般项目	4	拱部	表面平整度	10	3	4	9	6	7	8	4	符合规范要求。

施工单位检查结果	经检查，主控项目和一般项目均符合设计要求和重庆市《城市隧道工程施工质量验收规范》(DBJ 50-107—2010)规定，评定合格。 专业技术负责人：张×× 质检工程师：于×× 技术负责人：江×× 2015年5月25日
监理单位审查结论	同意施工单位验收结果，评定合格。 专业监理工程师：程×× 2015年5月25日
建设单位验收结论	同意施工单位评定结果，验收合格，同意进行下道工序施工。 现场负责人：赵×× 2015年5月25日

说明：

主控项目

1. 水泥进场时，应按批对其品种、级别、包装或散装仓号、出厂日期等进行验收，并对其强度、安定性、凝结时间等指标进行试验，其质量必须符合现行国家标准的规定。

对水泥质量有怀疑或水泥出厂日期超过3个月（快硬硅酸盐水泥超过一个月）时，应进行复验，并按复验结果使用。

检验数量：同一生产厂家、同一等级、同一品种、同一批号且连续进场的水泥，袋装水泥不超过200T为一批，散装水泥不超过500T为一批，每批抽样不少于一次。检验方法：检查产品合格证、检验报告。

2. 混凝土中掺加外加剂时，其材料质量、施工工艺和要求应符合现行规范和有关环境保护中的规定。检验方法：按进场批次检验，每50T为一批，每批抽检不少于一次。检验方法：检查产品合格证、检验报告。

3. 混凝土掺用的矿物掺和料，其质量应符合现行国家标准的规定。检验数量：连续进场的矿物掺和料，不超过200T为一批，每批抽检不少于一次。检验方法：检查产品合格证、检验报告。

4. 所用的粗、细集料，质量应符合设计及表1和表2的要求，且应符合现行国家、地方标准的规定。

防水混凝土宜采用中砂，粗集料宜采用连续级配，且最大公称粒径不应大于40mm。

表1　细集料的技术要求

序号	项目	单位	技术要求	备注
1	含泥量	%	≤2	冲洗法
2	硫化物和硫酸含量	%	≤1	折算为SO_3
3	有机物质含量		颜色不深于标准溶液的颜色	比色法
4	其他杂物		不得有石灰、煤渣、草梗等杂物	

表2　粗集料的技术要求

序号	项目	单位	技术要求		检验方法
			普通混凝土	防水混凝土	
1	压碎指标	%	<20	<15	国家现行规范、规程执行
2	坚固性	%	<10	<8	
3	针片状颗粒含量	%	<20	<15	
4	含泥量	%	<1.5	<1.0	
5	泥块含量	%	<0.5	<0.2	
6	有机物含量		合格		比色法
7	硫化物和硫酸盐	%	<1.0	<1.0	按SO_3质量计
8	空隙率	%	<47		国家现行规范、规程执行
9	碱集料反应		经碱集料反应试验，无裂缝、酥胶体外移等现象，龄期内膨胀率小于0.1%		

检验数量：不超过400 m³或600T为一批，每批抽检不少于一次。检验方法：检查试验报告。

5. 混凝土宜采用饮用水，当采用其他水源时，水质必须符合现行国家规范标准《混凝土拌合用水标准》（JGJ63）的规定，对混凝土有耐腐蚀性要求时，应对环境水进行检测。

检验数量：同水源检测试验不少于一次，耐腐蚀混凝土在开工前和施工中以及环境水源性质有明显变化时各检查一次。检验方法：检查水质分析试验报告。

6. 混凝土配合比应根据原材料性能、混凝土的技术条件和设计要求，按照国家现行标准有关规定，通过试配调整后确定。对有抗渗要求的混凝土，其抗渗压力应比设计要求提高0.2MPa进行试配。

检验数量：对同强度等级、同性能混凝土进行一次混凝土配合比设计检查。检验方法：配合比试配报告。

7. 混凝土强度等级必须满足设计要求，试件应在混凝土的浇筑地点随机抽样制作。试件的取样与留置应符合下列规定：

（1）每拌制100盘且不超过100 m^3的同配合比的混凝土，取样不得少于1次；

（2）每工作班拌制的同一配合比的混凝土不足100盘时，取样不得少于1次；

（3）每次取样应至少留置1组。

检测数量：全部检查。检验方法：混凝土抗压强度试验报告。

8. 防水混凝土、耐腐蚀混凝土除应按规定留置强度检查试件外，应留置抗渗检查试件并进行试验评定。

检验数量：不超过500 m^3混凝土应制作抗渗检查试件一组（6个）；不足500 m^3时，亦应制作抗渗检查试件一次。当使用的材料、配合比或施工工艺变化时，均应另行制作抗渗检查试件一次。检验方法：检查强度试验和抗渗试验报告。

9. 衬砌的厚度必须符合设计要求。检验数量：每浇筑一段检查一个断面，采用无损检测时，测线布置应符合设计及相关标准的规定。检验方法：测量净空断面并与开挖轮廓比较，必要时可采用无损检测或钻孔抽样方法检查衬砌厚度，每个断面应从拱顶沿两侧不少于3点。

10. 隧道超挖回填必须符合设计要求。拱、墙脚以上1m范围内超挖部分应采用同级混凝土进行回填。边墙基底应无虚渣杂物及淤泥，边墙基础的扩大部分及仰拱的拱座应结合边墙同时浇筑。检验数量：全部检查。检验方法：现场观察检查。

11. 施工缝、变形缝的位置和处理应符合设计和施工技术方案的要求。检验数量：全部检查。检验方法：观察和尺量。

12. 混凝土浇筑完毕后，应按施工技术方案及时采取有效的养护措施，并应符合下列规定：

（1）应在浇筑完毕后的12h以内对混凝土加以覆盖并保湿养护。

（2）混凝土浇水养护的时间：对采用硅酸盐水泥拌制的混凝土，不得少于7d；对掺用外加剂或有抗渗等要求的混凝土，不得少于14d。

（3）混凝土强度达到1.2MPa前，不得在其上踩踏或安装模板及支架。

（4）当日平均气温低于5℃时，不得浇水养护。

检验数量：全部检查。检验方法：现场观察。

一般项目

1. 混凝土拌合物的坍落度应符合设计配合比要求。检验数量：每工作班不少于一次。检验方法：坍落度试验。

2. 混凝土拌制前，应测定砂、石含水率，并根据测试结果和理论配合比调整材料用量，提出施工配合比。检验数量：每工作班不应少于一次。检验方法：砂、石含水率测试。

3. 混凝土原材料每盘称量的偏差应符合表3的规定。

表3　混凝土原材料每盘称量的允许偏差

序号	名称	允许偏差	
		商品混凝土站	工地搅拌场
1	水泥、外加剂	±1%	±2%
2	粗、细集料	±2%	±3%
3	水	±1%	±2%

检验数量：每工作班抽查不少于1次。检验方法：复称。

4. 预留泄水孔槽位置、数量应符合设计要求。检验数量：全部检查。检验方法：观察、尺量和计数检查。

5. 混凝土结构外形尺寸允许偏差和检验方法应符合表4规定。

表4 混凝土结构外形尺寸允许偏差

序号	项目	边 墙(mm)	拱 部(mm)	检验方法
1	平面位置	±10	—	尺量
2	直墙垂直度(‰)	2	—	尺量
3	拱顶高程	—	+30 0	水准测量
4	表面平整度	10	10	2m直尺和塞尺

检验数量:每浇筑一段检查一个断面。

6. 混凝土结构表面应密实平整、颜色均匀,不得有疏松、露筋、孔洞、蜂窝、麻面和缺棱掉角等缺陷。检验数量:全部检查。检验方法:观察。

城市隧道洞口、明洞施工明洞回填检验批质量验收记录表

渝市政验收5-1-13

工程名称	1#隧道	分项工程名称	明洞回填	验收部位	K1+000 ~ K1+500
施工单位	重庆××市政工程有限公司	项目经理	李××	技术负责人	齐××
施工执行标准名称及编号	重庆市《城市隧道工程施工质量验收规范》DBJ 50-107—2010				

	序号	质量验收规范的规定		施工单位检查记录							监理（建设）单位验收记录
		检查项目	允许偏差(mm)								
一般项目	1	回填厚度	≤300	280	250	270	260	290	250	070	符合规范要求。
	2	两侧回填高度差	≤500	490	450	470	480	460	490	470	符合规范要求。
	3	坡度	不陡于设计值	0.75	0.6	0.8	0.7	0.75	0.8	0.78	符合规范要求。
	4	回填压实质量	符合设计要求	√	√	√	√	√	√	√	符合规范要求。
	5										
	6										
	7										
	8										

施工单位检查结果	经检查，主控项目和一般项目均符合设计要求和重庆市《城市隧道工程施工质量验收规范》(DBJ 50-107—2010)规定，评定合格。 专业技术负责人：张×× 质检工程师：于×× 技术负责人：江×× 2015年5月25日
监理单位审查结论	同意施工单位验收结果，评定合格。 专业监理工程师：程×× 2015年5月25日
建设单位验收结论	同意施工单位评定结果，验收合格，同意进行下道工序施工。 现场负责人：赵×× 2015年5月25日

说明：

一般项目

1. 墙背回填应两侧同时进行。

2. 人工回填时，拱圈混凝土的强度应达到设计强度的75%。机械回填时，加强对隔水层的保护，拱圈混凝土的强度应达到设计强度且拱圈顶人工夯填厚度不小于1.0m。

3. 明洞黏土隔水层应与边、仰坡搭接良好。

4. 坡面平顺、密实，排水畅通。检验数量：全部。检验方法：观察。

5. 明洞回填实测项目允许偏差应符合下表的规定。

表 明洞回填允许偏差

序号	检查项目	允许偏差	检查方法和数量
1	回填厚度(mm)	≤300	尺量：回填一层检查一次，每次每侧检查5点
2	两侧回填高度差(mm)	≤500	水准仪：每侧测3次
3	坡度	不陡于设计	尺量：检查3处
4	回填压实质量	符合设计要求	查施工记录

城市隧道洞身开挖施工检验批质量验收记录表

渝市政验收5-2-1

工程名称	1#隧道	分项工程名称	洞身回填	验收部位	K1+000～K1+500
施工单位	重庆××市政工程有限公司	项目经理	李××	技术负责人	齐××
施工执行标准名称及编号	重庆市《城市隧道工程施工质量验收规范》DBJ 50-107—2010				

	序号	质量验收规范的规定 检查项目		允许偏差(mm)	施工单位检查记录							监理（建设）单位验收记录
主控项目	1	施工测量控制		符合规范规定	检查测量复核记录，符合规范要求。							符合规范要求。
主控项目	2	开挖断面尺寸		符合设计要求	检查施工断面测量记录及监控量测记录，符合规范要求。							符合规范要求。
主控项目	3	观感质量		符合规范要求	无松石、悬岩危石。							符合规范要求。
主控项目	4											
主控项目	5											
主控项目	6											
主控项目	7											
主控项目	8											
一般项目	1	拱部超挖	破碎岩、土等（Ⅴ、Ⅵ级围岩）	平均100，最大150	146	148	133	120	122	107	110	合格100%，符合规范要求。
一般项目	1	拱部超挖	中硬岩、软岩（Ⅱ、Ⅲ、Ⅳ级围岩）	平均150，最大250	150	152	140	160	170	165	155	合格100%，符合规范要求。
一般项目	1	拱部超挖	硬岩（Ⅰ级围岩）	平均100，最大200	130	120	110	120	105	100	121	合格100%，符合规范要求。
一般项目	2	边墙超挖	每侧	+100，0	35	42	85	76	55	22	34	合格100%，符合规范要求。
一般项目	2	边墙超挖	全宽	+200，0	113	87	24	69	36	45	52	合格100%，符合规范要求。
一般项目	3	仰拱、隧底超挖		平均100，最大250	74	84	82	75	64	35	46	合格100%，符合规范要求。
一般项目	4											
一般项目	5											

施工单位检查结果	经检查，主控项目和一般项目均符合设计要求和重庆市《城市隧道工程施工质量验收规范》（DBJ 50-107—2010）规定，评定合格。 专业技术负责人：张×× 质检工程师：于×× 技术负责人：江×× 2015年5月25日
监理单位审查结论	同意施工单位验收结果，评定合格。 专业监理工程师：程×× 2015年5月25日
建设单位验收结论	同意施工单位评定结果，验收合格，同意进行下道工序施工。 现场负责人：赵×× 2015年5月25日

说明：

一般规定

1. 不良地质洞段开挖前应做好预加固、预支护。

2. 当施工前方地质出现异常变化迹象或接近围岩重要分界线时，应采用TSP、地质雷达、超前小导坑、超前探孔等方法探明隧道的工程地质和水文地质情况后，方可进行开挖施工。

3. 开挖轮廓应按照设计要求预留围岩变形量，并利用监控量测反馈信息来及时进行调整。

4. 隧道开挖时必须选择适宜的开挖方案。应采用控制爆破技术，按现行爆破安全规程有关规定严格控制爆破振动，防止对邻近建(构)筑物等产生不良影响，确保施工安全。

5. 洞身开挖在清除浮石后应及时进行初期支护。

6. 超挖部分必须按要求回填密实。

主控项目

1. 严格实行施工测量控制，进洞后应按照规程要求进行测量复核工作。检验数量：全数检查。检验方法：检查测量复核记录。

2. 开挖断面尺寸必须符合设计要求，开挖轮廓线力求圆顺，严格控制局部超挖现象。检验数量：全数检查。检验方法：检查施工断面测量记录及监控量测记录。

3. 开挖断面应严格控制欠挖，防止出现净空不够的情况，拱脚、墙脚以上1m范围内严禁欠挖。检验数量：全数检查。检验方法：检查施工断面测量记录。

4. 观感质量检查：无松石、悬(危)石。检验数量：全数检查。检验方法：观察。

一般项目

必须先复核隧道施工的实际工程地质与水文地质情况，才可以继续进行开挖。检验数量：全数检查。检验方法：检查施工地质记录、地勘报告，必要时可运用地质雷达等来作校核。

表 钻爆法施工隧道洞身开挖允许偏差

序号	检查项目		允许偏差	检查方法和数量
1	拱部超挖(mm)	破碎岩、土等(Ⅴ、Ⅵ级围岩)	平均100，最大150	精密水准仪或断面仪：每20m抽一个断面
		中硬岩、软岩(Ⅱ、Ⅲ、Ⅳ级围岩)	平均150，最大250	
		硬岩(Ⅰ级围岩)	平均100，最大200	
2	边墙超挖(mm)	每侧	+100，-0	尺量：每20m检查1处
		全宽	+200，-0	
3	仰拱、隧底超挖(mm)		平均100，最大250	精密水准仪：每20m检查3处

注：①最大超挖值指最大超挖处至设计开挖轮廓切线的垂直距离；②表列数值不包括测量贯通误差。

城市隧道初期锚杆（超前锚杆）支护施工检验批质量验收记录表

渝市政验收5-3-1

<table>
<tr><td colspan="2">工程名称</td><td>1#隧道</td><td>分项工程名称</td><td colspan="3">锚杆支护</td><td colspan="2">验收部位</td><td colspan="3">K1+000～K1+500</td></tr>
<tr><td colspan="2">施工单位</td><td colspan="2">重庆××市政工程有限公司</td><td colspan="3">项目经理</td><td colspan="2">李××</td><td colspan="2">技术负责人</td><td>齐××</td></tr>
<tr><td colspan="2">施工执行标准名称及编号</td><td colspan="10">重庆市《城市隧道工程施工质量验收规范》DBJ 50-107—2010</td></tr>
<tr><td rowspan="2"></td><td rowspan="2">序号</td><td colspan="2">质量验收规范的规定</td><td colspan="7" rowspan="2">施工单位检查记录</td><td rowspan="2">监理（建设）单位验收记录</td></tr>
<tr><td>检查项目</td><td>允许偏差(mm)</td></tr>
<tr><td rowspan="8">主控项目</td><td>1</td><td>锚杆的材质、类型、质量、规格、数量和性能</td><td>符合设计和规范要求</td><td colspan="7">检查产品合格证、试验报告、尺量，质量性能规格符合规范要求。</td><td>符合规范要求。</td></tr>
<tr><td>2</td><td>锚杆孔径及布置形式</td><td>符合设计要求</td><td colspan="7">孔径及布置形式符合设计要求。</td><td>符合规范要求。</td></tr>
<tr><td>3</td><td>锚杆插入孔内长度</td><td>不得短于设计长度的95%，锚杆长度不小于设计值</td><td colspan="7">长度符合要求。</td><td>符合规范要求。</td></tr>
<tr><td>4</td><td>灌浆强度</td><td>不小于设计和规范要求</td><td colspan="7">灌浆密实饱满，浆液的配合比和掺加剂符合设计和规范要求。</td><td>符合规范要求。</td></tr>
<tr><td>5</td><td>28d抗拔力</td><td>平均值不小于设计值，最小抗拔力不小于设计值的95%</td><td>√</td><td>√</td><td>√</td><td>√</td><td>√</td><td>√</td><td>√</td><td>符合规范要求。</td></tr>
<tr><td>6</td><td></td><td></td><td colspan="7"></td><td></td></tr>
<tr><td>7</td><td></td><td></td><td colspan="7"></td><td></td></tr>
<tr><td>8</td><td></td><td></td><td colspan="7"></td><td></td></tr>
<tr><td rowspan="5">一般项目</td><td>1</td><td>锚杆垫板</td><td>满足设计要求</td><td colspan="7">符合规范要求。</td><td>符合规范要求。</td></tr>
<tr><td>2</td><td>孔位</td><td>150</td><td>25</td><td>20</td><td>23</td><td>25</td><td>35</td><td>12</td><td>24</td><td>符合规范要求。</td></tr>
<tr><td>3</td><td>钻孔深度</td><td>±50</td><td>29</td><td>30</td><td>25</td><td>23</td><td>22</td><td>26</td><td>24</td><td>符合规范要求。</td></tr>
<tr><td>4</td><td></td><td></td><td></td><td></td><td></td><td></td><td></td><td></td><td></td><td></td></tr>
<tr><td>5</td><td></td><td></td><td></td><td></td><td></td><td></td><td></td><td></td><td></td><td></td></tr>
<tr><td colspan="2">施工单位检查结果</td><td colspan="10">经检查，主控项目和一般项目均符合设计要求和重庆市《城市隧道工程施工质量验收规范》（DBJ 50-107—2010）规定，评定合格。
专业技术负责人：张×× 质检工程师：于×× 技术负责人：江××
2015年5月25日</td></tr>
<tr><td colspan="2">监理单位审查结论</td><td colspan="10">同意施工单位验收结果，评定合格。
专业监理工程师：程××
2015年5月25日</td></tr>
<tr><td colspan="2">建设单位验收结论</td><td colspan="10">同意施工单位评定结果，验收合格，同意进行下道工序施工。
现场负责人：赵××
2015年5月25日</td></tr>
</table>

说明：

一般规定

1. 采用设计为复合式衬砌、钻爆法施工的隧道，必须按照设计和施工规范要求的数量和量测项目进行监控量测，用量测信息指导掘进、初期支护等施工，并提供系统、完整、真实的量测数据和图表。

2. 初期支护应能维护围岩的基本稳定、确保后续工序施工的安全。

3. 初期支护应紧跟掘进掌子面，其距离应符合设计和规范要求。

主控项目

1. 锚杆的材质、类型、质量、规格、数量和性能必须符合设计和规范要求。检验数量：全部。检验方法：检查产品的合格证、试验报告、尺量。

2. 锚杆孔径及布置形式应符合设计要求，孔内积水和岩粉（屑）应吹洗干净。检验数量：全部。检验方法：尺量、观察。

3. 锚杆插入孔内的长度不得短于设计长度的95%，锚杆长度不小于设计值。检验数量：检查锚杆数的10%。检验方法：尺量。

4. 砂浆锚杆和注浆锚杆的灌浆强度应不小于设计和规范要求，锚杆孔内灌浆密实饱满，浆液的配合比和掺加剂应符合设计和规范要求。检验数量：每工作班2组。检验方法：试验。

5. 锚杆28d抗拔力平均值不小于设计值，最小抗拔力不小于设计值的95%。检验数量：按锚杆数1%且不少于3根。检验方法：抗拔力试验。

一般项目

1. 系统锚杆应垂直于开挖轮廓线布置。对沉积岩地层，系统锚杆应尽量垂直于岩层面。检验数量：全部。检验方法：观察。

2. 超前锚杆与钢架配合使用时，尾端应与钢架焊接牢固。检验数量：全部。检验方法：观察。

3. 锚杆垫板应满足设计要求，垫板应紧贴围岩。检验数量：全部。检验方法：观察。

4. 孔位和钻孔深度允许偏差值应符合下表的规定。

表　锚杆孔位和钻孔深度允许偏差

序号	检查项目	允许偏差	检查方法和数量
1	孔位（mm）	±15	尺量：检查锚杆数的10%
2	钻孔深度（mm）	±50	尺量：检查锚杆数的10%

城市隧道初期支护钢筋网施工检验批质量验收记录表

渝市政验收 5-3-2

工程名称	1#隧道	分项工程名称	初期支护钢筋网	验收部位	K1+000 ~ K1+500
施工单位	重庆××市政工程有限公司	项目经理	李××	技术负责人	齐××
施工执行标准名称及编号	重庆市《城市隧道工程施工质量验收规范》DBJ 50-107—2010				

	序号	质量验收规范的规定：检查项目	质量验收规范的规定：允许偏差（mm）	施工单位检查记录							监理（建设）单位验收记录
主控项目	1	钢筋质量和规格	符合设计和规范要求	查质量证明文件、试验报告，质量规格符合规范要求。							符合规范要求。
	2	钢筋网格尺寸	±10	−2	2	4	3	−2	5	8	符合规范要求。
	3										
	4										
	5										
	6										
	7										
	8										
一般项目	1	钢筋网铺设	符合设计及规范要求	底层满足要求后铺设上层。							符合规范要求。
	2	钢筋保护层厚	≥10	12	15	16	25	13	25	20	符合规范要求。
	3	与受喷岩面的间隙	≤30	15	16	18	24	14	24	18	符合规范要求。
	4	网的长、宽	±10	√	√	√	√	√	√	√	符合规范要求。
	5										

施工单位检查结果	经检查，主控项目和一般项目均符合设计要求和重庆市《城市隧道工程施工质量验收规范》（DBJ 50-107—2010）规定，评定合格。 专业技术负责人：张×× 质检工程师：于×× 技术负责人：江×× 2015年5月25日
监理单位审查结论	同意施工单位验收结果，评定合格。 专业监理工程师：程×× 2015年5月25日
建设单位验收结论	同意施工单位评定结果，验收合格，同意进行下道工序施工。 现场负责人：赵×× 2015年5月25日

说明：

主控项目

1. 钢筋的质量和规格应符合设计和规范的要求，钢筋使用前应清除污锈。检验数量：全部。

检验方法：检查质量证明文件、试验报告，尺量、观察。

2. 网格尺寸应符合表1的规定。

表1　钢筋网格尺寸允许偏差

序号	检查项目	允许偏差(mm)	检查方法和数量
1	网格尺寸	±10	尺量：每50㎡检查2个网眼

一般项目

1. 采用双层钢筋网时，第二层钢筋网应在第一层钢筋网被混凝土覆盖并满足设计要求后铺设。

2. 钢筋网与锚杆的连接应牢固。检验数量：全部。检验方法：观察。

3. 钢筋网一般实测项目允许偏差应符合表2的规定。

表2　钢筋网一般实测项目允许偏差

序号	检查项目	允许偏差(mm)	检查方法和数量
1	钢筋保护层厚	≥10	凿孔检查：每20m检查5点
2	与受喷岩面的间隙	≤30	尺量：每20m检查10点
3	网的长、宽	±10	尺量：全部

城市隧道初期支护喷射混凝土施工检验批质量验收记录表

渝市政验收5-3-3

工程名称	1#隧道	分项工程名称	喷射混凝土	验收部位	K1+000～K1+500
施工单位	重庆××市政工程有限公司	项目经理	李××	技术负责人	齐××
施工执行标准名称及编号	重庆市《城市隧道工程施工质量验收规范》DBJ 50-107—2010				

	序号	质量验收规范的规定		施工单位检查记录	监理（建设）单位验收记录
		检查项目	允许偏差（mm）		
主控项目	1	水泥、外掺剂	满足规范和设计要求	水泥:砂子:石子:减水剂:速凝剂=1:2.04:1.89:0.004:0.019，查材料度报告。	符合规范要求。
	2	喷射混凝土强度	满足设计要求	满足设计要求。	符合规范要求。
	3	纤维抗拉强度、规格	符合设计和规范要求	查产品合格证、试验报告符合规范要求。	符合规范要求。
	4	喷层厚度	平均厚度≥设计厚度；检查点的80%≥设计厚度；最小厚度≥0.7设计厚度，且≥50	凿孔法或雷达检测仪：每10m检查一个断面，符合规范要求。	符合规范要求。
	5	空洞检测	无空洞、杂物	无空洞、杂物。	符合规范要求。
	6				
	7				
	8				
一般项目	1	开挖断面质量	符合规范要求	无欠挖，不超挖。	符合规范要求。
	2	岩面	符合规范要求	岩面清洁。	符合规范要求。
	3	喷层	符合规范要求	喷层厚度符合要求。	符合规范要求。
	4	排水措施	符合规范要求	防水措施有效，保证喷射混凝土质量。	符合规范要求。
	5				

施工单位检查结果	经检查，主控项目和一般项目均符合设计要求和重庆市《城市隧道工程施工质量验收规范》（DBJ 50-107—2010）规定，评定合格。 专业技术负责人：张×× 质检工程师：于×× 技术负责人：江×× 2015年5月25日
监理单位审查结论	同意施工单位验收结果，评定合格。 专业监理工程师：程×× 2015年5月25日
建设单位验收结论	同意施工单位评定结果，验收合格，同意进行下道工序施工。 现场负责人：赵×× 2015年5月25日

说明：

主控项目

1. 混凝土、外掺剂等材料必须满足规范和设计要求。检验数量：全部。检查方法：检查产品合格证、试验报告。

2. 喷射混凝土强度必须满足设计要求。检验数量：每喷射50～100 m^3混合料或小于50 m^3混合料的独立工程，不得少于1组，材料或配合比变更时需重新制取试件。检查方法：试验。

3. 采用钢纤维、聚丙稀纤维等喷射混凝土时，纤维的抗拉强度、规格等技术指标应符合设计和规范的要求，不得有油渍及明显的锈蚀。检验数量：全部。检查方法：检查产品合格证书、试验报告，观察。

4. 喷射混凝土支护允许偏差值应符合下表的规定。

表　喷射混凝土支护允许偏差

序号	检查项目	允许偏差	检查方法和数量
1	喷层厚度（mm）	平均厚度≥设计厚度；检查点的80%≥设计厚度；最小厚度≥0.7设计厚度，且≥50	凿孔法或雷达检测仪：每10m检查一个断面，每个断面从拱顶中线起每3m检查1点
2	空洞检测	无空洞、杂物	同上

一般项目

1. 喷射前要检查开挖断面的质量，用不低于喷射混凝土标号的混凝土处理好超挖，不允许欠挖。检验数量：全部。检验方法：观察。

2. 喷射前，岩面必须清洁。检验数量：全部。检验方法：观察。

3. 喷射混凝土支护应与围岩紧密粘接，结合牢固，喷层厚度应符合要求，不能有空洞，喷层内不容许添加片石和木板等杂物，必要时应进行粘结力测试。喷射混凝土严禁挂模喷射，受喷面必须是原岩面。检验数量：全部。检验方法：观察。

4. 支护前应做好排水措施，对渗漏水孔洞、缝隙应采取引排、堵水措施，保证喷射混凝土质量。检验数量：全部。检查方法：观察。

城市隧道初期支护钢架(格栅钢架、型钢钢架)施工检验批质量验收记录表

渝市政验收 5-3-4

工程名称	1#隧道	分项工程名称	初期支护钢架	验收部位	K1+000 ~ K1+500
施工单位	重庆××市政工程有限公司	项目经理	李××	技术负责人	齐××
施工执行标准名称及编号	重庆市《城市隧道工程施工质量验收规范》DBJ 50-107—2010				

	序号	质量验收规范的规定：检查项目		质量验收规范的规定：允许偏差(mm)	施工单位检查记录							监理(建设)单位验收记录
主控项目	1	钢架的材料、规格、尺寸、制作及安装		符合设计和规范要求	查产品合格证,进场试验报告,材料规格尺寸符合要求。							符合规范要求。
	2	纵向钢筋连接		符合规范要求	采用Φ22带肋钢筋焊接,符合设计与规范要求。							符合规范要求。
	3	安装间距		±50	42	32	33	28	25	36	24	符合规范要求。
	4	保护层厚度		≥20	23	25	26	24	28	23	22	符合规范要求。
	5											
	6											
	7											
	8											
一般项目	1	浇筑混凝土强度		不低于C20	查试验报告,C25符合规范要求。							符合规范要求。
	2	回填		符合规范要求	钢架与壁面楔紧,喷射混凝土等填实,符合规范要求。							符合规范要求。
	3	倾斜度(°)		±2	1.2	0.8	0.9	1.3	1.5	0.4	0.6	符合规范要求。
	4	安装偏差	横向	±50	25	-23	35	42	32	-23	26	符合规范要求。
			竖向	不低于设计标高	√	√	√	√	√	√	√	符合规范要求。
	5	拼装偏差		3	0.5	1.2	2.8	0.8	0.6	1.2	1.1	符合规范要求。

施工单位检查结果	经检查,主控项目和一般项目均符合设计要求和重庆市《城市隧道工程施工质量验收规范》(DBJ 50-107—2010)规定,评定合格。 专业技术负责人:张×× 质检工程师:于×× 技术负责人:江×× 2015年5月25日
监理单位审查结论	同意施工单位验收结果,评定合格。 专业监理工程师:程×× 2015年5月25日
建设单位验收结论	同意施工单位评定结果,验收合格,同意进行下道工序施工。 现场负责人:赵×× 2015年5月25日

说明:

主控项目

1. 钢架的材料、规格、尺寸、制作及安装符合设计和规范要求。检验数量:全部。检验方法:检查产品合格证、尺量。

2. 钢架之间必须用纵向钢筋连接,钢架必须放在稳固的基础上,必要时应对基础进行预加固或增加锁脚锚杆。检验数量:全部。检验方法:观察。

3. 钢架安装间距和保护层厚度允许偏差应符合表1的规定。

表1 钢架安装间距和保护层允许偏差

序号	检查项目	允许偏差(mm)	检查方法和数量
1	安装间距	±50	尺量:每榀检查
2	保护层厚度	≥20	凿孔检查:每榀自拱顶每3m检查一点

一般项目

1. 拱脚标高不足时,不得用块石、碎石砌垫,而应设置钢板进行调整,或用混凝土浇筑,混凝土强度不低于C20。检验数量:全部。检验方法:观察、试验。

2. 钢架与壁面应楔紧,其与围岩的间隙,不得用片石回填,而应用喷射混凝土等填实。检验数量:全部。检验方法:观察。

3. 每榀钢架节点及相邻钢架纵向必须分别连接牢固。

4. 钢架安装允许偏差应符合表2的规定:

表2 钢架安装允许偏差

序号	检查项目		允许偏差	检查方法和数量
1	倾斜度(°)		±2	测量仪器检查每榀倾斜度
2	安装偏差(mm)	横向	±50	尺量:每榀检查
		竖向	不低于设计标高	
3	拼装偏差(mm)		3	尺量:每榀检查

城市隧道初期支护管棚（含超前小导管）施工检验批质量验收记录表

渝市政验收5-3-5

工程名称	1#隧道	分项工程名称	初期支护管棚	验收部位	K1+000～K1+500
施工单位	重庆××市政工程有限公司	项目经理	李××	技术负责人	齐××
施工执行标准名称及编号	重庆市《城市隧道工程施工质量验收规范》DBJ 50-107—2010				

	序号	质量验收规范的规定		施工单位检查记录							监理（建设）单位验收记录
		检查项目	允许偏差（mm）								
主控项目	1	钢管型号、质量、规格和加工	符合设计和规范要求	查产品合格证，进场试验报告，材料规格、加工尺寸符合要求。							符合规范要求。
	2	管棚（含超前小导管）插入孔内长度	不得短于设计长度的95%，管棚长度不小于设计值	检查长度大于设计值。							符合规范要求。
	3										
	4										
	5										
	6										
	7										
	8										
一般项目	1	钻孔孔径	符合设计要求	钻孔孔径大于设计值。							符合规范要求。
	2	注浆材料、配合比及压力	满足设计和规范要求	查材料度报告，水泥：砂子：石子：减水剂：速凝剂=1:2.04:1.89:0.004:0.019，满足设计要求。							符合规范要求。
	3	孔位	50	25	22	35	36	24	28	29	符合规范要求。
	4	钻孔深度	±50	23	42	-10	25	36	38	42	符合规范要求。
	5	钻孔角度	5‰	2	1.2	3.2	2.3	4	2	1	符合规范要求。
	6										

施工单位检查结果	经检查，主控项目和一般项目均符合设计要求和重庆市《城市隧道工程施工质量验收规范》（DBJ 50-107—2010）规定，评定合格。 专业技术负责人：张×× 质检工程师：于×× 技术负责人：江×× 2015年5月25日
监理单位审查结论	同意施工单位验收结果，评定合格。 专业监理工程师：程×× 2015年5月25日
建设单位验收结论	同意施工单位评定结果，验收合格，同意进行下道工序施工。 现场负责人：赵×× 2015年5月25日

说明：

主控项目

1. 钢管的型号、质量、规格和加工等应符合设计和规范要求。检验数量：全部。检验方法：检查产品的合格证、试验报告，尺量。

2. 管棚（超前小导管）插入孔内的长度不得短于设计长度的95%。管棚长度不小于设计值。检验数量：10%。检验方法：尺量。

一般项目

1. 管棚（超前小导管）与钢架配合使用时，尾端应与钢架焊接。检验数量：全部 。检验方法：观察。

2. 钻孔孔径应比钢管直径大30～40mm，且符合设计要求。检验数量：10%。检验方法：尺量。

3. 钻孔合格后应及时安装钢管，其接长时连接必须牢固。检验数量：全部。检验方法：观察。

4. 注浆浆液必须充满钢管及周围的空隙并密实，其注浆材料、配合比及压力应满足设计和规范要求。检验数量：每工作班2组 。检验方法：试验。

5. 钻孔孔位和深度允许偏差应符合下表的规定。

表　管棚允许偏差

序号	检查项目	允许偏差	检查方法和数量
1	孔位（mm）	50	尺量：检查10%
2	钻孔深度（mm）	±50	尺量：检查10%
3	钻孔角度	5%	尺量：检查10%

城市隧道初衬模板施工检验批质量验收记录表

渝市政验收 5-4-1

工程名称	1#隧道	分项工程名称	初衬模板	验收部位	K1+000 ~ K1+500
施工单位	重庆××市政工程有限公司	项目经理	李××	技术负责人	齐××
施工执行标准名称及编号	重庆市《城市隧道工程施工质量验收规范》DBJ 50-107—2010				

	序号	质量验收规范的规定：检查项目		允许偏差(mm)	施工单位检查记录							监理（建设）单位验收记录
主控项目	1	衬砌模板台车、移动模架		符合规范规定	查产品合格证明，现场验收合格。							符合规范要求。
	2	模板安装		符合规范要求	稳固牢靠，端头摸板支立应垂直，接缝严密，不渗漏。							符合规范要求。
	3	混凝土强度		符合设计要求	C30，符合设计要求。							符合规范要求。
	4											
	5											
	6											
	7											
	8											
一般项目	1	拆除非承载模板时，混凝土强度		≥5MPa	符合规范要求。							符合规范要求。
	2	模板安装	边墙平面位置	±15	12	9	3	5	7	14	7	符合规范要求。
	3	模板安装	拱部高程	+10,0	2	9	6	5	4	3	2	符合规范要求。
	4	模板安装	相邻模板高差	5	2	2.6	3.2	1.5	3.8	4.7	4.6	符合规范要求。
	5	模板安装	模板表面平整度	3	1.2	1.8	2.8	0.8	1.5	1.2	1.4	符合规范要求。
	6	模板安装	相邻段表面错台	±10	2	9	8	−3	7	6	8	符合规范要求。
	7	预留孔洞	中心线位置	5	2	2.6	3.2	1.5	3.8	4.7	4.6	符合规范要求。
		预留孔洞	尺寸	+10,0	2	9	6	5	4	3	2	符合规范要求。
	8	预埋件	中心线位置	10	9	6	5	4	3	2	8	符合规范要求。
		预埋件	水平及高程	±5	−2	−3	4	3	2	1	4	符合规范要求。

施工单位检查结果	经检查，主控项目和一般项目均符合设计要求和重庆市《城市隧道工程施工质量验收规范》(DBJ 50-107—2010)规定，评定合格。 专业技术负责人：张×× 质检工程师：于×× 技术负责人：江×× 2015年5月25日
监理单位审查结论	同意施工单位验收结果，评定合格。 专业监理工程师：程×× 2015年5月25日
建设单位验收结论	同意施工单位评定结果，验收合格，同意进行下道工序施工。 现场负责人：赵×× 2015年5月25日

说明：

一般规定

1. 衬砌施工前应进行中线、高程、断面尺寸的测量。

2. 模板放样时，允许将设计衬砌轮廓线扩大，确保衬砌不侵入隧道建筑限界。隧道竣工后，应进行竣工测量，净空满足设计要求且应符合现行国家有关标准的规定。

3. 一般情况下隧道衬砌应在围岩和初期支护变形基本稳定后进行；特殊条件下（围岩变形较大、成流变特性时）隧道衬砌应在初期支护完成后及早施作。

4. 二次衬砌宜采用全断面的方法一次浇注完成，环向施工缝应与设计的沉降缝、伸缩缝结合布置；在软硬围岩分界处、地质突变处，应设置沉降缝；所有施工缝、沉降缝、伸缩缝均应做防水处理。

5. 隧道衬砌应由下向上依次浇注，当采取先拱后墙的浇注顺序时，应采取防止拱脚下沉措施；当隧道有仰拱时，宜先浇注仰拱。

6. 衬砌混凝土应采用预拌混凝土或集中拌合，所用材料宜采用自动计量装置按重量投料。

7. 当环境昼夜平均气温连续5d低于5℃或最低气温低于-3℃时，应采取冬期施工措施。混凝土冬季施工应符合国家现行标准《建筑工程冬期施工规程》（JGJ 104）和施工技术方案的规定。当环境昼夜平均气温高于30℃时，应采取高温期施工措施。

8. 对于原料的新选产地、同产地更换矿山或连续使用的产地超过两年时，粗、细集料应做原材料检验试验。

9. 在混凝土中，氯离子含量（按水泥重量的%计）应符合以下规定：

（1）素混凝土结构中，不得大于1.8%。

（2）钢筋混凝土结构中，不得大于0.3%。

（3）预应力混凝土结构中，不得大于0.6‰。

10. 混凝土中，水泥含碱量（Na_2O）不应大于0.6%，并应满足设计要求。

11. 混凝土用的原材料应按品种、规格和检验状态分别存放标识。当使用的原材料发生变化时，应重新进行配合比设计。

12. 混凝土在运输、浇筑及间歇的总时间不应超过混凝土的初凝时间，混凝土初凝前应将上层混凝土浇筑完毕；若底层混凝土已经初凝，应按照施工缝进行处理。

13. 衬砌混凝土强度应按现行国家标准的规定进行检验评定，其结果必须满足设计要求。

14. 初期支护与二次衬砌应密贴，二次衬砌后背应进行回填注浆，并在浇筑二次衬砌时预留注浆孔，中间隔离层的设置应符合设计要求。

主控项目

1. 衬砌模板台车、移动模架允许将设计衬砌轮廓线扩大50mm进行设计和制造，台车要具有足够的强度、刚度和稳定性，能承受混凝土的重力、侧压力及施工荷载。边墙和拱部应预留混凝土进料口和振捣口，衬砌模板台车、移动模架必须经验收合格后方可投入使用。检验数量：检查每台模板台车、移动模架。检验方法：查设计资料、产品验收合格证明、现场验收记录。

2. 模板安装必须稳固牢靠，端头模板支立应垂直，接缝严密，不得漏浆，模板表面应清理干净并涂刷隔离剂。浇筑混凝土前，模板内的积水和杂物应清理干净。检验数量：每浇筑一段检查一次。检验方法：观察。

3. 在围岩压力较大段落的拱墙模板拆除时，最后完成的混凝土的强度应达到设计强度100%；围岩压力较小段落的拱墙模板拆除时，最后完成的混凝土的强度应达到设计强度70%以上。检验数量：每浇筑一段拆模时检查一次。检验方法：拆模前进行一组同条件养护试件强度试验。

一般项目

1. 拆除不承受外荷载的整体式衬砌拱墙、二次衬砌、仰拱、底板等非承重模板时，混凝土强度不得低于5MPa，并应保证其表面及棱角不受损伤。检验数量：全部检查。检验方法：观察和检查强度试验报告。

2. 模板安装允许偏差和检验方法应符合表1的规定。

表1　模板安装允许偏差

序号	项目	允许偏差(mm)	检查方法和频率
1	边墙平面位置	±15	尺量:全部
2	拱部高程	+10,0	水准测量:全部
3	相邻模板高差	5	尺量:每条缝测3点
4	模板表面平整度	3	2m靠尺和塞尺:每3m测5点
5	相邻段表面错台	±10	尺量:全部

3. 预埋件和预留孔洞的留置应符合设计要求。允许偏差和检验方法应符合表2的规定。

表2　预埋件和预留孔洞的允许偏差和检验方法

<table>
<tr><th>序号</th><th colspan="2">项目</th><th>允许偏差(mm)</th><th>检查方法和数量</th></tr>
<tr><td rowspan="2">1</td><td rowspan="2">预留孔洞</td><td>中心线位置</td><td>5</td><td rowspan="2">尺量:全部</td></tr>
<tr><td>尺寸</td><td>+10
0</td></tr>
<tr><td rowspan="2">2</td><td rowspan="2">预埋件</td><td>中心线位置</td><td>10</td><td>尺量:全部</td></tr>
<tr><td>水平及高程</td><td>±5</td><td>水准测量:全部</td></tr>
</table>

城市隧道初衬钢筋施工检验批质量验收记录表

渝市政验收5-4-2

工程名称	1#隧道	分项工程名称	初期钢筋	验收部位	K1+000～K1+500		
施工单位	重庆××市政工程有限公司		项目经理	李××		技术负责人	齐××
施工执行标准名称及编号	重庆市《城市隧道工程施工质量验收规范》DBJ 50-107—2010						

项目	序号	质量验收规范的规定：检查项目			允许偏差(mm)	施工单位检查记录							监理(建设)单位验收记录
主控项目	1	钢筋品种、规格、性能			符合设计要求	检查质量证明文件和试验报告，品种性能符合规范要求。							符合规范要求。
主控项目	2	钢筋品种、级别、规格和数量及预埋件规格、数量			符合设计要求	数量规格符合规范要求。							符合规范要求。
主控项目	3	钢筋连(焊)接接头的方式			符合设计要求和规范规定	查试件力学性能检验单(单号：20150343)，符合要求和规范规定。							符合规范要求。
主控项目	4												
一般项目	1	钢筋加工	主筋和构造钢筋长度		-10，+5	3	-6	1	4	-2	-7	3	符合规范要求。
一般项目	2	钢筋加工	主筋折弯点位置		±10	9	4	-6	7	4	5	-4	符合规范要求。
一般项目	3	钢筋加工	箍筋内净尺寸		±5	1	2	-4	-3	2	4	-1	符合规范要求。
一般项目	4	同一截面内受力钢筋接头数量			符合设计要求和规范规定	符合设计要求和规范规定。							符合规范要求。
一般项目	5	双层钢筋上下层排距			±5	1	2	-4	-3	2	4	-1	符合规范要求。
一般项目	6	受力主筋间距			±10	9	4	-6	7	4	5	-4	符合规范要求。
一般项目	7	绑扎搭接长度	受拉	HPB级钢	30d								
一般项目	7	绑扎搭接长度	受拉	HRB级钢	35d	√	√	√	√	√	√	√	符合规范要求。
一般项目	7	绑扎搭接长度	受压	HPB级钢	20d	√	√	√	√	√	√	√	符合规范要求。
一般项目	7	绑扎搭接长度	受压	HRB级钢	25d								
一般项目	8	拉接筋、箍筋间距			±20	19	12	-12	15	-9	16	18	符合规范要求。
一般项目	9	保护层厚度			+10，-5	-4	3	9	8	-3	4	6	符合规范要求。
施工单位检查结果	经检查，主控项目和一般项目均符合设计要求和重庆市《城市隧道工程施工质量验收规范》(DBJ 50-107—2010)规定，评定合格。 专业技术负责人：张×× 质检工程师：于×× 技术负责人：江×× 2015年5月25日												
监理单位审查结论	同意施工单位验收结果，评定合格。 专业监理工程师：程×× 2015年5月25日												
建设单位验收结论	同意施工单位评定结果，验收合格，同意进行下道工序施工。 现场负责人：赵×× 2015年5月25日												

说明:

主控项目

1. 所用钢筋品种、规格、性能必须符合设计要求,并按批抽取试件做力学性能和工艺性能试验,其质量必须符合现行国家标准的规定。检验数量:同级别、同批号、同规格的钢筋,每60T为一批,每批至少抽检一次。检验方法:检查质量证明文件、试验报告,尺量。

2. 钢筋的品种、级别、规格和数量以及预埋件的规格、数量必须符合设计要求。当钢筋的品种、级别、规格需作变更时,应办理设计变更。检验数量:全部检查。检验方法:观察,钢尺检查。

3. 钢筋的连(焊)接接头的方式应符合设计要求和相关规定,钢筋连(焊)接接头,应按批抽取试件做力学性能检验,其质量必须符合现行国家标准的规定。检验数量:每300个接头为一批,不足300个也按一批计。每批抽检不少于一次。检验方法:接头外观质量检验,观察和尺量;进行焊接接头、机械连接接头力学性能检验,检查力学性能试验报告。

一般项目

1. 钢筋加工允许偏差应符合表1的规定。

表1 钢筋加工允许偏差

序号	项目	允许偏差(mm)	检验方法
1	主筋和构造钢筋长度	-10,+5	钢尺量:按钢筋编号抽检10%,且不少于5根
2	主筋折弯点位置	±10	
3	箍筋内净尺寸	±5	

2. 钢筋接头应尽量设置在应力较小处,并应分散布置。在"同一截面"内受力钢筋接头数量,应符合设计要求。当设计无要求时,应符合下列规定:

(1)焊(连)接接头在受弯构件的受拉区不得大于50%,轴心受拉构件不得大于25%;

(2)绑扎接头在构件的受拉区,不得大于25%,在受压区不得大于50%;

(3)钢筋接头应避开钢筋弯曲处,距弯曲点的距离不得小于钢筋直径的10倍,并且不得小于200mm;

(4)同一受力钢筋的两个搭接距离不应小于1500mm。

检验数量:全部检查。检验方法:观察和尺量。

3. 钢筋的安装及保护层厚度允许偏差应符合表2的规定及设计要求。

表2 钢筋的安装及保护层厚度允许偏差

序号	项目			允许偏差(mm)	检验方法和数量
1	双层钢筋上下层排距			±5	尺量:两端、中间各1处
2	受力主筋间距			±10	尺量:连续3处以上
3	绑扎搭接长度	受拉	HPB级钢	$30d$	尺量:每20m检查3个接头
			HRB级钢	$35d$	
		受压	HPB级钢	$20d$	
			HRB级钢	$25d$	
4	拉接筋、箍筋间距			±20	尺量:连续3处以上
5	保护层厚度			+10,-5	尺量:两端、中间各1处

注:d——钢筋直径。

4. 钢筋应平直、无损伤,表面无裂纹、油污、颗粒状或片状老锈。检验数量:全部检查。检验方法:观察。

城市隧道初衬混凝土施工检验批质量验收记录表

渝市政验收5-4-3

工程名称	1#隧道	分项工程名称	衬砌混凝土施工	验收部位	K1+000～K1+500
施工单位	重庆××市政工程有限公司	项目经理	李××	技术负责人	齐××
施工执行标准名称及编号	重庆市《城市隧道工程施工质量验收规范》DBJ 50-107—2010				

	序号	质量验收规范的规定 检查项目		允许偏差(mm)	施工单位检查记录							监理(建设)单位验收记录
主控项目	1	水泥质量		符合国家标准规定	查材料进场检验报告。							符合规范要求。
主控项目	2	混凝土外加剂		符合国家标准规定	符合规范要求。							符合规范要求。
主控项目	3	矿物掺和料		符合国家标准规定	符合规范要求。							符合规范要求。
主控项目	4	粗、细集料		符合设计及标准规定	符合规范要求。							符合规范要求。
主控项目	5	水质		符合国家标准规定	符合国家标准。							符合规范要求。
主控项目	6	混凝土配合比		满足设计要求	水泥:砂子:石子:减水剂:速凝剂=1:2.04:1.89:0.004:0.019。							符合规范要求。
主控项目	7	混凝土强度		满足设计要求	C25。							符合规范要求。
主控项目	8	衬砌厚度		符合设计要求	符合设计要求。							符合规范要求。
主控项目	9	隧道超挖回填		符合设计要求	混凝土填实。							符合规范要求。
主控项目	10	施工缝、变形缝位置和处理		符合设计和施工技术方案要求	合理，无渗漏。							符合规范要求。
主控项目	11	混凝土养护		符合规范规定	按规范进行。							符合规范要求。
一般项目	1	混凝土拌合物坍落度		符合设计配合比要求	130～150。							符合规范要求。
一般项目	2	预留泄水孔位置、数量		符合设计要求	符合设计要求，数量满足。							符合规范要求。
一般项目	3	边墙	平面位置	±10	2	9	8	−3	7	6	8	符合规范要求。
一般项目	3	边墙	直墙垂直度(‰)	2	0.2	0.6	1.2	1.5	0.8	0.7	0.6	符合规范要求。
一般项目	3	边墙	表面平整度	10	2	9	6	5	4	3	2	符合规范要求。
一般项目	4	拱部	拱顶高程	+30,0	21	12	20	15	18	26	24	符合规范要求。
一般项目	4	拱部	表面平整度	10	9	6	5	4	3	2	5	符合规范要求。

施工单位检查结果	经检查，主控项目和一般项目均符合设计要求和重庆市《城市隧道工程施工质量验收规范》(DBJ 50-107—2010)规定，评定合格。 专业技术负责人：张×× 质检工程师：于×× 技术负责人：江×× 2015年5月25日
监理单位审查结论	同意施工单位验收结果，评定合格。 专业监理工程师：程×× 2015年5月25日
建设单位验收结论	同意施工单位评定结果，验收合格，同意进行下道工序施工。 现场负责人：赵×× 2015年5月25日

说明：

主控项目

1. 水泥进场时，应按批对其品种、级别、包装或散装仓号、出厂日期等进行验收，并对其强度、安定性、凝结时间等指标进行试验，其质量必须符合现行国家标准的规定。

对水泥质量有怀疑或水泥出厂日期超过3个月（快硬硅酸盐水泥超过一个月）时，应进行复验，并按复验结果使用。检验数量：同一生产厂家、同一等级、同一品种、同一批号且连续进场的水泥，袋装水泥不超过200T为一批，散装水泥不超过500T为一批，每批抽样不少于一次。检验方法：检查产品合格证、检验报告。

2. 混凝土中掺加外加剂时，其材料质量、施工工艺和要求应符合现行规范和有关环境保护中的规定。检验数量：按进场批次检验，每50T为一批，每批抽检不少于一次。检验方法：检查产品合格证、检验报告。

3. 混凝土掺用的矿物掺和料，其质量应符合现行国家标准的规定。检验数量：连续进场的矿物掺和料，不超过200T为一批，每批抽检不少于一次。检验方法：检查产品合格证、检验报告。

4. 所用的粗、细集料，质量应符合设计及表1和表2的要求。且应符合现行国家、地方标准的规定。

防水混凝土宜采用中砂，粗集料宜采用连续级配，且最大公称粒径不应大于40mm。

表1　细集料的技术要求

序号	项目	单位	技术要求	备注
1	含泥量	%	≤2	冲洗法
2	硫化物和硫酸含量	%	≤1	折算为SO_3
3	有机物质含量		颜色不深于标准溶液的颜色	比色法
4	其他杂物		不得有石灰、煤渣、草梗等杂物	

表2　粗集料的技术要求

序号	项目	单位	技术要求		检验方法
			普通混凝土	防水混凝土	
1	压碎指标	%	＜20	＜15	国家现行规范、规程执行
2	坚固性	%	＜10	＜8	
3	针片状颗粒含量	%	＜20	＜15	
4	含泥量	%	＜1.5	＜1.0	
5	泥块含量	%	＜0.5	＜0.2	
6	有机物含量		合格		比色法
7	硫化物和硫酸盐	%	＜1.0	＜1.0	按SO_3质量计
8	空隙率	%	＜47		国家现行规范、规程执行
9	碱集料反应		经碱集料反应试验，无裂缝、酥胶体外移等现象，龄期内膨胀率小于0.1%		

检验数量：不超过400 m^3或600T为一批，每批抽检不少于一次。检验方法：检查试验报告。

5. 混凝土宜采用饮用水，当采用其他水源时，水质必须符合现行国家规范标准《混凝土拌合用水标准》（JGJ 63）的规定，对混凝土有耐腐蚀性要求时，应对环境水进行检测。检验数量：同水源检测试验不少于一次，耐腐蚀混凝土在开工前和施工中以及环境水源性质有明显变化时各检查一次。检验方法：检查水质分析试验报告。

6. 混凝土配合比应根据原材料性能、混凝土的技术条件和设计要求，按照国家现行标准有关规定，通过试配调整后确定。对有抗渗要求的混凝土，其抗渗压力应比设计要求提高0.2MPa进行试配。检验数量：对同强度等级、同性能混凝土进行一次混凝土配合比设计。检验方法：检查配合比试配报告。

7. 混凝土强度等级必须满足设计要求，试件应在混凝土的浇筑地点随机抽样制作。试件的取样与留置应符合下列规定：

（1）每拌制100盘且不超过100m^3的同配合比的混凝土，取样不得少于1次；

（2）每工作班拌制的同一配合比的混凝土不足100盘时，取样不得少于1次；

(3) 每次取样应至少留置1组。

检测数量:全部检查。检验方法:检查混凝土抗压强度试验报告。

8. 防水混凝土、耐腐蚀混凝土除应按规定留置强度检查试件外,应留置抗渗检查试件并进行试验评定。检验数量:不超过500 m³混凝土应制作抗渗检查试件一组(6个);不足500 m³时,亦应制作抗渗检查试件一次。当使用的材料、配合比或施工工艺变化时,均应另行制作抗渗检查试件一次。检验方法:检查强度试验和抗渗试验报告。

9. 衬砌的厚度必须符合设计要求。检验数量:每浇筑一段检查一个断面,采用无损检测时,测线布置应符合设计及相关标准的规定。检验方法:测量净空断面并与开挖轮廓比较,必要时可采用无损检测或钻孔抽样方法检查衬砌厚度,每个断面应从拱顶沿两侧不少于3点。

10. 隧道超挖回填必须符合设计要求。拱、墙脚以上1m范围内超挖部分应采用同级混凝土进行回填。边墙基底应无虚渣杂物及淤泥,边墙基础的扩大部分及仰拱的拱座应结合边墙同时浇筑。检验数量:全部检查。检验方法:现场观察检查。

11. 施工缝、变形缝的位置和处理应符合设计和施工技术方案的要求。检验数量:全部检查。检验方法:观察和尺量。

12. 混凝土浇筑完毕后,应按施工技术方案及时采取有效的养护措施,并应符合下列规定:

(1)应在浇筑完毕后的12h以内对混凝土加以覆盖并保湿养护;

(2)混凝土浇水养护的时间:对采用硅酸盐水泥拌制的混凝土,不得少于7d;对掺用外加剂或有抗渗等要求的混凝土,不得少于14d;

(3)混凝土强度达到1.2MPa前,不得在其上踩踏或安装模板及支架;

(4)当日平均气温低于5℃时,不得浇水养护。

检验数量:全部检查。检验方法:现场观察。

一般项目

1. 混凝土拌合物的坍落度应符合设计配合比要求。检验数量:每工作班不少于一次。检验方法:坍落度试验。

2. 混凝土拌制前,应测定砂、石含水率,并根据测试结果和理论配合比调整材料用量,提出施工配合比。检验数量:每工作班不应少于一次。检验方法:砂、石含水率测试。

3. 混凝土原材料每盘称量的偏差应符合表3的规定。

表3　混凝土原材料每盘称量的允许偏差

序号	名称	允许偏差	
		商品混凝土站	工地搅拌场
1	水泥、外加剂	±1%	±2%
2	粗、细集料	±2%	±3%
3	水	±1%	±2%

检验数量:每工作班抽查不少于1次。检验方法:复称。

4. 预留泄水孔槽位置、数量应符合设计要求。检验数量:全部检查。检验方法:观察、尺量和计数检查。

5. 混凝土结构外形尺寸允许偏差和检验方法应符合表4规定。

表4　混凝土结构外形尺寸允许偏差

序号	项目	边 墙(mm)	拱 部(mm)	检验方法
1	平面位置	±10	—	尺量
2	直墙垂直度(‰)	2	—	尺量
3	拱顶高程	—	+30,0	水准测量
4	表面平整度	10	10	2m直尺和塞尺

检验数量:每浇筑一段检查一个断面。

6. 混凝土结构表面应密实平整、颜色均匀,不得有疏松、露筋、孔洞、蜂窝、麻面和缺棱掉角等缺陷。检验数量:全部检查。检验方法:观察。

城市隧道初衬仰拱充填施工检验批质量验收记录表

渝市政验收5-4-4

工程名称	1#隧道	分项工程名称	仰拱充填	验收部位	K1+000～K1+500
施工单位	重庆××市政工程有限公司	项目经理	李××	技术负责人	齐××
施工执行标准名称及编号	重庆市《城市隧道工程施工质量验收规范》DBJ 50-107—2010				

	序号	质量验收规范的规定：检查项目	质量验收规范的规定：允许偏差(mm)	施工单位检查记录	监理(建设)单位验收记录
主控项目	1	填充混凝土所用水泥、外加剂	符合规范规定	查产品合格证、检验报告、进场抽验报告(单号:20150321)符合规范要求。	符合规范要求。
	2	矿物掺和料、粗细集料、配合比设计	符合规范规定	查产品合格证、检验报告,符合国家标准。	符合规范要求。
	3	仰拱表面处理	满足设计要求	表面清洁、无积水、杂物。	符合规范要求。
	4	混凝土抗压强度试件取样、留置及强度等级	符合规范规定	混凝土试样6组,实测坍落度:140,142,135,142,150,155,符合规范要求。	符合规范要求。
	5	混凝土表面高程	符合设计要求	表面高程符合设计要求。	符合规范要求。
	6	混凝土养护	符合规范规定	按规定养护。	符合规范要求。
	7				
	8				
一般项目	1	混凝土拌合物坍落度	符合规范规定	符合规范规定。	符合规范要求。
	2	混凝土施工配合比	符合规范规定	水泥:砂子:石子:减水剂:速凝剂=1:2.04:1.89:0.004:0.019。	符合规范要求。
	3	混凝土原材料称量偏差	符合规范规定	在范围内。	符合规范要求。
	4	预留泄水孔位置、数量	符合设计要求	位置合理,数量超设计数。	符合规范要求。
	5	表面平整度	符合设计要求	表面平顺,水流畅通。	符合规范要求。
	6				
	7				
	8				

施工单位检查结果	经检查,主控项目和一般项目均符合设计要求和重庆市《城市隧道工程施工质量验收规范》(DBJ 50-107—2010)规定,评定合格。 专业技术负责人:张×× 质检工程师:于×× 技术负责人:江×× 2015年5月25日
监理单位审查结论	同意施工单位验收结果,评定合格。 专业监理工程师:程×× 2015年5月25日
建设单位验收结论	同意施工单位评定结果,验收合格,同意进行下道工序施工。 现场负责人:赵×× 2015年5月25日

说明：

主控项目

1. 仰拱填充混凝土所采用的水泥、外加剂应符合以下标准的规定：

(1)水泥进场时，应按批对其品种、级别、包装或散装仓号、出厂日期等进行验收，并对其强度、安定性、凝结时间等指标进行试验，其质量必须符合现行国家标准的规定。对水泥质量有怀疑或水泥出厂日期超过3个月(快硬硅酸盐水泥超过一个月)时，应进行复验，并按复验结果使用。检验数量：同一生产厂家、同一等级、同一品种、同一批号且连续进场的水泥，袋装水泥不超过200T为一批，散装水泥不超过500T为一批，每批抽样不少于一次。检验方法：检查产品合格证、检验报告。

(2)混凝土中掺加外加剂时，其材料质量、施工工艺和要求应符合现行规范和有关环境保护中的规定。检验数量：按进场批次检验，每50T为一批，每批抽检不少于一次。检验方法：检查产品合格证、检验报告。

2. 仰拱填充混凝土所采用矿物掺和料、粗细集料、配合比设计应符合以下标准的规定：

(1)混凝土掺用的矿物掺和料，其质量应符合现行国家标准的规定。检验数量：连续进场的矿物掺和料，不超过200T为一批，每批抽检不少于一次。检验方法：检查产品合格证、检验报告。

(2)所用的粗、细集料，质量应符合设计及表1和表2的要求。且应符合现行国家、地方标准的规定。防水混凝土宜采用中砂，粗集料宜采用连续级配，且最大公称粒径不应大于40mm。

表1　细集料的技术要求

序号	项目	单位	技术要求	备注
1	含泥量	%	≤2	冲洗法
2	硫化物和硫酸含量	%	≤1	折算为SO_3
3	有机物质含量		颜色不深于标准溶液的颜色	比色法
4	其他杂物		不得有石灰、煤渣、草梗等杂物	

表2　粗集料的技术要求

序号	项目	单位	技术要求		检验方法
			普通混凝土	防水混凝土	
1	压碎指标	%	<20	<15	国家现行规范、规程执行
2	坚固性	%	<10	<8	
3	针片状颗粒含量	%	<20	<15	
4	含泥量	%	<1.5	<1.0	
5	泥块含量	%	<0.5	<0.2	
6	有机物含量		合格		比色法
7	硫化物和硫酸盐	%	<1.0	<1.0	按SO_3质量计
8	空隙率	%	<47		国家现行规范、规程执行
9	碱集料反应		经碱集料反应试验，无裂缝、酥胶体外移等现象，龄期内膨胀率小于0.1%		

检验数量：不超过400 m^3或600T为一批，每批抽检不少于一次。检验方法：检查试验报告。

(3)混凝土宜采用饮用水，当采用其他水源时，水质必须符合现行国家规范标准《混凝土拌合用水标准》(JGJ 63)的规定，对混凝土有耐腐蚀性要求时，应对环境水进行检测。检验数量：同水源检测试验不少于一次，耐腐蚀混凝土在开工前和施工中以及环境水源性质有明显变化时各检查一次。检验方法：检查水质分析试验报告。

(4) 混凝土配合比应根据原材料性能、混凝土的技术条件和设计要求，按照国家现行标准有关规定，通过试配调整后确定。对有抗渗要求的混凝土，其抗渗压力应比设计要求提高0.2MPa进行试配。

检验数量:对同强度等级、同性能混凝土进行一次混凝土配合比设计。检验方法:配合比试配报告。

3. 仰拱填充混凝土灌注前应清除仰拱表面的杂物和积水。表面处理应满足设计要求。检验数量:全部检查。检验方法:现场观察。

4. 仰拱填充混凝土抗压强度试件取样、留置及强度等级必须符合以下标准的规定:

(1)混凝土强度等级必须满足设计要求,试件应在混凝土的浇筑地点随机抽样制作。试件的取样与留置应符合下列规定:每拌制100盘且不超过100m^3的同配合比的混凝土,取样不得少于1次;每工作班拌制的同一配合比的混凝土不足100盘时,取样不得少于1次;每次取样应至少留置1组。检测数量:全部检查。检验方法:检查混凝土抗压强度试验报告。

(2)防水混凝土、耐腐蚀混凝土除应按规定留置强度检查试件外,应留置抗渗检查试件并进行试验评定。检验数量:不超过500m^3混凝土应制作抗渗检查试件一组(6个);不足500m^3时,亦应制作抗渗检查试件一次。当使用的材料、配合比或施工工艺变化时,均应另行制作抗渗检查试件一次。检验方法:检查强度试验和抗渗试验报告。

5. 仰拱填充混凝土表面高程符合设计要求。检验数量:每浇筑一段检查一次。检验方法:水准测量。

6. 仰拱填充混凝土养护:混凝土浇筑完毕后,应按施工技术方案及时采取有效的养护措施,并应符合下列规定:

(1)应在浇筑完毕后的12h以内对混凝土加以覆盖并保湿养护。

(2)混凝土浇水养护的时间:对采用硅酸盐水泥拌制的混凝土,不得少于7d;对掺用外加剂或有抗渗等要求的混凝土,不得少于14d。

(3)混凝土强度达到1.2MPa前,不得在其上踩踏或安装模板及支架。

(4)当日平均气温低于5℃时,不得浇水养护。

检验数量:全部检查。检验方法:现场观察。

一般项目

1. 仰拱填充混凝土拌合物的塌落度应符合设计配合比要求。

检验数量:每工作班不少于一次。检验方法:坍落度试验。

2. 仰拱填充混凝土施工要求:混凝土拌制前,应测定砂、石含水率,并根据测试结果和理论配合比调整材料用量,提出施工配合比。检验数量:每工作班不应少于一次。检验方法:砂、石含水率测试。

3. 仰拱填充混凝土原材料每盘称量的偏差应符合表3的规定。

表3 混凝土原材料每盘称量的允许偏差

序号	名称	允许偏差	
		商品混凝土站	工地搅拌场
1	水泥、外加剂	±1%	±2%
2	粗、细集料	±2%	±3%
3	水	±1%	±2%

检验数量:每工作班抽查不少于1次。检验方法:复称。

4. 预留泄水孔位置、数量应符合设计要求。检验数量:全部检查。检验方法:观察、尺量和计数检查。

5. 仰拱填充表面平整度应符合设计要求,表面应平顺,确保水流畅通。检验数量:全部检查。检验方法:观察。

城市隧道初衬注浆填充(壁后注浆)施工检验批质量验收记录表

渝市政验收5-4-5

工程名称	1#隧道	分项工程名称	注浆填充	验收部位	K1+000～K1+500
施工单位	重庆××市政工程有限公司	项目经理	李××	技术负责人	齐××
施工执行标准名称及编号	重庆市《城市隧道工程施工质量验收规范》DBJ 50-107—2010				

	序号	质量验收规范的规定		施工单位检查记录	监理(建设)单位验收记录
		检查项目	允许偏差(mm)		
主控项目	1	注浆材料质量	符合设计要求	查材料性能试验报告,符合设计要求。	符合规范要求。
	2	浆液配合比	符合设计要求及标准规定	查配合比试验报告,符合设计要求和规范。	符合规范要求。
	3	回填	符合规范规定	衬砌回填密实。	符合规范要求。
	4				
	5				
	6				
	7				
	8				
一般项目	1	注浆回填时混凝土强度	符合设计要求	达到设计强度要求。	符合规范要求。
	2	注浆范围	符合实际情况及设计要求	符合设计要求。	符合规范要求。
	3	注浆孔数量、间距、孔深	符合设计要求	√ √ √ √ √ √ √	符合规范要求。
	4	注浆压力、注浆数量	符合设计要求	√ √ √ √ √ √ √	符合规范要求。
	5				
	6				
	7				
	8				

施工单位检查结果	经检查,主控项目和一般项目均符合设计要求和重庆市《城市隧道工程施工质量验收规范》(DBJ 50-107—2010)规定,评定合格。 专业技术负责人:张×× 质检工程师:于×× 技术负责人:江×× 2015年5月25日
监理单位审查结论	同意施工单位验收结果,评定合格。 专业监理工程师:程×× 2015年5月25日
建设单位验收结论	同意施工单位评定结果,验收合格,同意进行下道工序施工。 现场负责人:赵×× 2015年5月25日

说明:

主控项目

1. 衬砌后背注浆选用的注浆材料质量应符合设计要求。检验数量:每批检验一次。检验方法:查注浆材料性能试验报告。

2. 浆液配合比应符合设计要求和国家相关标准的规定。检验数量:每100m³检查一次。检验方法:检查配合比试验报告。

3. 衬砌后背注浆应回填密实。检验数量:每500m²检验一次。检验方法:可采用无损检测等检测方法验证注浆回填密实情况,每个断面应从拱顶沿两侧不少于3点。

一般项目

1. 回填注浆应在衬砌混凝土强度达到设计强度的100%后进行。检验数量:全部检查。检验方法:检查强度试验报告。

2. 注浆范围符合实际情况及设计要求。检验数量:全部检查。检验方法:观察。

3. 注浆孔的数量、间距、孔深应符合设计要求。检验数量:全部检查。检验方法:现场观察、统计、尺量。

4. 注浆压力、注浆数量应符合设计要求。检验数量:全部检查。检验方法:现场观察统计。

城市隧道洞内排水系统施工检验批质量验收记录表

渝市政验收5-5-1

工程名称	1#隧道	分项工程名称	洞内排水	验收部位	K1+000～K1+500
施工单位	重庆××市政工程有限公司	项目经理	李××	技术负责人	齐××
施工执行标准名称及编号	重庆市《城市隧道工程施工质量验收规范》DBJ 50-107—2010				

	序号	质量验收规范的规定		施工单位检查记录							监理(建设)单位验收记录
		检查项目	允许偏差(mm)								
主控项目	1	原材料质量	符合规范要求	查材料质保书、进场检验报告，质量符合规范要求。							符合规范要求。
	2	钢筋数量、规格、型号	符合设计要求	查钢筋隐蔽检查记录，规格、型号符合规范要求。							符合规范要求。
	3	洞内水沟布置、结构形式、沟底高程、纵向坡度	符合设计要求	仪器量测，结构、形式、坡度符合规范要求。							符合规范要求。
	4	进水孔、泄水孔位置和间距	符合设计要求	位置、间距符合规范要求。							符合规范要求。
	5	排水沟槽外墙距线路中心线距离	符合设计要求	符合设计要求。							符合规范要求。
	6	盖板尺寸	+10,0	2	3	3	4	9	3	5	符合规范要求。
	7	混凝土强度	符合设计要求	强度C30，符合规范要求。							符合规范要求。
	8										
一般项目	1	排水沟盖板相邻板间高差	≤5	3	4	2	1	2	3	4	符合规范要求。
	2	排水沟断面尺寸	符合设计要求	符合设计要求。							符合规范要求。
	3	进水孔、泄水孔位置	符合设计要求	符合设计要求。							符合规范要求。
	4	轴线偏位	20	12	19	13	5	13	14	17	符合规范要求。
	5	流水面高程	0,-20	-12	-19	-6	-5	-10	-9	-11	符合规范要求。
	6	水沟断面尺寸	±10	-2	2	-9	7	4	-3	5	符合规范要求。
	7	相邻板间高差	≤5	3	4	2	1	2	3	4	符合规范要求。
	8										

施工单位检查结果	经检查，主控项目和一般项目均符合设计要求和重庆市《城市隧道工程施工质量验收规范》(DBJ 50-107—2010)规定，评定合格。 专业技术负责人：张×× 质检工程师：于×× 技术负责人：江×× 2015年5月25日
监理单位审查结论	同意施工单位验收结果，评定合格。 专业监理工程师：程×× 2015年5月25日
建设单位验收结论	同意施工单位评定结果，验收合格，同意进行下道工序施工。 现场负责人：赵×× 2015年5月25日

说明:

主控项目

1. 洞内排水沟(槽)所用原材料的质量必须符合现行技术规范的要求。检验数量:全部检查。检验方法:检查原材料的质保书、合格证、进场检验报告。

2. 盖板预制构件内的钢筋数量、规格型号应符合设计要求。检验数量:全部检查。检验方法:观察及核查钢筋的隐蔽检查记录。

3. 洞内水沟布置、结构形式、沟底高程、纵向坡度应符合设计要求。检验数量:全部检查。检验方法:观察、仪器量测、尺量。

4. 进水孔、泄水孔的位置和间距符合设计要求。检验数量:全部检查。检验方法:观察、尺量。

5. 水沟外墙距线路中心线的距离应符合设计要求。检验数量:全部检查。检验方法:仪器量测。

6. 水沟盖板的规格、尺寸应符合设计要求;其允许偏差应符合表1的规定;同时不得有空洞及露筋现象。

表1　水沟盖板允许偏差

序号	检查项目	允许偏差(mm)	检验方法数量
1	盖板尺寸	+10,0	尺量;抽查30%

7. 混凝土工程必须按批准的配合比施工,盖板预制必须进行机械振捣,混凝土强度满足设计要求。检验数量:全部检查。检验方法:检查混凝土强度试验报告。

8. 盲管(沟)、暗沟及配置的排水孔(槽)和水沟组成的排水系统排水效果良好。洞内排水顺畅,无淤积阻塞,进水孔、泄水槽、泄水孔畅通。检验数量:全部检查。检验方法:观察。

一般项目

1. 排水沟盖板应铺设齐全、平稳、顺直、密贴,无严重缺棱掉角,盖板就位后不得出现颠簸现象,相邻板间高差不得大于5mm。检验数量:每30m检查一处。检验方法:尺量。

2. 水沟断面尺寸符合设计要求。检验数量:每30m检查一处。检验方法:观察。

3. 洞内排水沟(槽)允许偏差应符合表2的规定。

表2　洞内排水沟(槽)允许偏差

序号	检查项目	规定值或允许偏差值(mm)	检验方法和数量
1	进水孔、汇水孔位置	符合设计	尺量:全部
2	轴线偏位	20	尺量:每30m测一处
3	流水面高程	0,-20	水准仪:每30m测一处,中间拉线
4	水沟断面尺寸	±10	尺量:每30m检查一处
5	相邻板间高差	≤5	尺量:每30m检查一处

城市隧道防水排水系统施工缝和变形缝处理检验批质量验收记录表

渝市政验收 5-5-2

<table>
<tr><td colspan="2">工程名称</td><td colspan="2">1#隧道</td><td>分项工程名称</td><td colspan="3">施工缝与变形缝</td><td colspan="2">验收部位</td><td colspan="4">K1+000 ~ K1+500</td></tr>
<tr><td colspan="2">施工单位</td><td colspan="3">重庆××市政工程有限公司</td><td colspan="3">项目经理</td><td colspan="2">李××</td><td colspan="2">技术负责人</td><td>齐××</td></tr>
<tr><td colspan="3">施工执行标准名称及编号</td><td colspan="11">重庆市《城市隧道工程施工质量验收规范》DBJ 50-107—2010</td></tr>
<tr><td rowspan="2"></td><td rowspan="2">序号</td><td colspan="3">质量验收规范的规定</td><td colspan="7" rowspan="2">施工单位检查记录</td><td colspan="2" rowspan="2">监理(建设)单位验收记录</td></tr>
<tr><td colspan="2">检查项目</td><td>允许偏差(mm)</td></tr>
<tr><td rowspan="8">主控项目</td><td>1</td><td colspan="2">遇水膨胀止水条、止水带等材料的品种、规格、性能</td><td>符合设计要求</td><td colspan="7">材料按批取样试验,品种、规格、数量符合设计要求。</td><td colspan="2">符合规范要求。</td></tr>
<tr><td>2</td><td colspan="2">防水构造</td><td>符合设计要求</td><td colspan="7">检查隐蔽工程验收记录,构造无渗漏。</td><td colspan="2">符合规范要求。</td></tr>
<tr><td>3</td><td colspan="2">止水带与衬砌端头模板</td><td>符合规范规定</td><td colspan="7">对应正交,无破损。</td><td colspan="2">符合规范要求。</td></tr>
<tr><td>4</td><td colspan="2">遇水膨胀止水带安装前检查</td><td>符合规范要求</td><td colspan="7">采取缓膨胀措施,表面密贴。</td><td colspan="2">符合规范要求。</td></tr>
<tr><td>5</td><td colspan="2"></td><td></td><td colspan="7"></td><td colspan="2"></td></tr>
<tr><td>6</td><td colspan="2"></td><td></td><td colspan="7"></td><td colspan="2"></td></tr>
<tr><td>7</td><td colspan="2"></td><td></td><td colspan="7"></td><td colspan="2"></td></tr>
<tr><td>8</td><td colspan="2"></td><td></td><td colspan="7"></td><td colspan="2"></td></tr>
<tr><td rowspan="8">一般项目</td><td>1</td><td colspan="2">止水带安装</td><td>符合规范要求</td><td colspan="7">位置准确,固定牢固。</td><td colspan="2">符合规范要求。</td></tr>
<tr><td>2</td><td colspan="2">止水条(带)接头连接</td><td>符合设计要求</td><td colspan="7">热压焊接,接缝平整。</td><td colspan="2">符合规范要求。</td></tr>
<tr><td>3</td><td rowspan="2">止水条(带)施工</td><td>纵向偏位</td><td>±50</td><td>20</td><td>-25</td><td>30</td><td>23</td><td>43</td><td>12</td><td>-20</td><td colspan="2">符合规范要求。</td></tr>
<tr><td>4</td><td>偏离衬砌中心线</td><td>≤30</td><td>12</td><td>10</td><td>4</td><td>9</td><td>16</td><td>25</td><td>24</td><td colspan="2">符合规范要求。</td></tr>
<tr><td>5</td><td colspan="2"></td><td></td><td colspan="7"></td><td colspan="2"></td></tr>
<tr><td>6</td><td colspan="2"></td><td></td><td colspan="7"></td><td colspan="2"></td></tr>
<tr><td>7</td><td colspan="2"></td><td></td><td colspan="7"></td><td colspan="2"></td></tr>
<tr><td>8</td><td colspan="2"></td><td></td><td colspan="7"></td><td colspan="2"></td></tr>
<tr><td colspan="2">施工单位检查结果</td><td colspan="12">经检查,主控项目和一般项目均符合设计要求和重庆市《城市隧道工程施工质量验收规范》(DBJ 50-107—2010)规定,评定合格。
专业技术负责人:张×× 质检工程师:于×× 技术负责人:江××
2015年5月25日</td></tr>
<tr><td colspan="2">监理单位审查结论</td><td colspan="12">同意施工单位验收结果,评定合格。
专业监理工程师:程××
2015年5月25日</td></tr>
<tr><td colspan="2">建设单位验收结论</td><td colspan="12">同意施工单位评定结果,验收合格,同意进行下道工序施工。
现场负责人:赵××
2015年5月25日</td></tr>
</table>

说明：

主控项目

1. 施工缝、变形缝所用遇水膨胀止水条、止水带等材料的品种、规格、性能等应符合设计要求。检验数量：品种、规格全部检查，性能按批取样试验。检验方法：检查产品合格证、出厂检验报告并进行有关性能试验。

2. 施工缝、变形缝的防水构造必须符合设计要求，不得有渗漏。检验数量：检查全部的施工缝和变形缝。检验方法：观察和检查隐蔽工程验收记录。

3. 止水带与衬砌端头模板应正交，发现破损应及时修补。检验数量：全部。检验方法：观察。

4. 遇水膨胀止水条安装前应检查是否受潮膨胀，施工时应与接缝表面密贴，并采取缓膨胀措施。检验数量：全部。检验方法：观察。

一般项目

1. 在施工缝与变形缝处安装止水条（带）时，应采取有效措施确保位置准确、固定牢靠。中埋式止水带其中间空心圆环应与变形缝的中心线重合，不得穿孔或用铁钉固定；转弯处应做成弧形或安装成盆状，并用专用钢筋套箍固定。检验数量：全部检查。检验方法：观察。

2. 止水条（带）接头连接应符合设计要求，止水带应采用热压焊接，接缝平整、牢固，不得有裂口和脱胶现象；接头处不得留断点，搭接长度不应小于50mm；混凝土浇筑前应校正止水带位置，保持其位置准确、平直。检验数量：全部检查。检验方法：观察。

3. 施工缝与变形缝处理止水条（带）施工允许偏差应符合下表的规定。

表　止水条（带）允许偏差

序号	检查项目	规定值或允许偏差值(mm)	检验方法
1	纵向偏位	±50	尺量：每环检查至少5处
2	偏离衬砌中心线	≤30	尺量：每环检查至少5处

城市隧道防水排水系统防水板防水施工检验批质量验收记录表

渝市政验收5-5-3

工程名称	1#隧道	分项工程名称	防水板防水	验收部位	K1+000 ~ K1+500
施工单位	重庆××市政工程有限公司	项目经理	李××	技术负责人	齐××
施工执行标准名称及编号	重庆市《城市隧道工程施工质量验收规范》DBJ 50-107—2010				

	序号	质量验收规范的规定：检查项目	质量验收规范的规定：允许偏差(mm)	施工单位检查记录							监理(建设)单位验收记录
主控项目	1	防水板、土工复合材料的材质、性能、规格	符合设计要求	检查产品合格证和性能试验报告，材质性能符合设计要求。							符合规范要求。
	2	防水板搭接	符合设计要求	搭接牢固。							符合规范要求。
	3	搭接宽度	≥100	120	120	130	120	125	130	134	符合规范要求。
	4	缝宽	≥25	34	30	40	35	34	32	31	符合规范要求。
	5	防水板搭接缝	符合规范要求	焊接连续平顺。							符合规范要求。
	6	喷射混凝土基面处理	符合规范要求	基面平整，符合规范要求。							符合规范要求。
	7										
	8										
一般项目	1	防水板铺设范围及铺挂方式	符合设计要求	铺设挂吊点合理，外部平整，查隐蔽工程验收记录，符合规范要求。							符合规范要求。
	2	防水板铺设	符合规范要求	基层牢固。							符合规范要求。
	3	防水板固定点间距	满足设计要求；设计无要求时，固定点间距：拱部0.8 ~ 1.0m，直边墙宜为1.2 ~ 1.5m，曲边墙宜为1.0 ~ 1.2m	满足设计要求，稳固。							符合规范要求。
	4	接缝与施工缝错开距离	≥500	接缝检查，符合规范要求。							符合规范要求。
	5										
	6										

施工单位检查结果	经检查，主控项目和一般项目均符合设计要求和重庆市《城市隧道工程施工质量验收规范》(DBJ 50-107—2010)规定，评定合格。 专业技术负责人：张×× 质检工程师：于×× 技术负责人：江×× 2015年5月25日
监理单位审查结论	同意施工单位验收结果，评定合格。 专业监理工程师：程×× 2015年5月25日
建设单位验收结论	同意施工单位评定结果，验收合格，同意进行下道工序施工。 现场负责人：赵×× 2015年5月25日

说明:

主控项目

1. 防水板、土工复合材料的材质、性能、规格必须符合设计要求。检验数量:按进场批次检验。检验方法:检查产品合格证、出厂检验报告、材质性能试验报告等。

2. 防水板必须按设计要求进行搭接,搭接应牢固,其允许偏差应符合表1的规定。

表1　防水板搭接宽度及缝宽允许偏差

序号	检查项目	允许偏差值(mm)	检查方法和数量
1	搭接宽度	≥100	尺量:检查全部搭接,每环检查不少于6处
2	缝宽	≥25	尺量:检查全部搭接,每环检查不少于6处

3. 防水板搭接缝应采用热熔双焊缝,且焊缝连续,无漏焊、假焊、焊焦、焊穿等现象。

检验数量:抽查焊缝数量的20%,并不得少于3条焊缝。检验方法:查验隐蔽工程验收记录,观察,现场用双焊缝间充气检查。

4. 防水板铺设前应对喷射混凝土基面进行认真检查,不得有钢筋、凸出的管件等尖锐突出物;割除尖锐突出物后,割除部分应用砂浆抹平,保证基面平整。检验数量:全部。检验方法:查验隐蔽工程验收记录,观察。

一般项目

1. 防水板铺设范围及铺挂方式应符合设计要求。铺设时防水板应留有一定的余量,挂吊点设置的数量应合理,固定点间距:拱部宜为0.8~1.0m;直边墙宜为1.2~1.5m;曲边墙宜为1.0~1.2m,局部凹凸较大时,在凹处应进行加密。检验数量:全部。检验方法:查隐蔽工程验收记录,观察。

2. 防水板的铺设应与基层固定牢固,不得有绷紧和破损现象。检验数量:全部。检验方法:核查隐蔽工程验收记录、观察。

3. 防水板施工质量检验标准及允许偏差应符合表2的规定。

表2　防水板质量检验标准及允许偏差

序号	检查项目	规定偏差值(mm)	检验方法和数量
1	固定点间距	满足设计要求; 设计无要求时执行10.4.5的规定	尺量:不小于20%
2	接缝与施工缝错开距离	≥500	尺量:每个接缝检查不少于5处

城市隧道防水排水系统预注浆堵水施工检验批质量验收记录表

渝市政验收 5-5-4

工程名称	1#隧道	分项工程名称	预注浆堵水	验收部位	K1+000 ~ K1+500
施工单位	重庆××市政工程有限公司	项目经理	李××	技术负责人	齐××
施工执行标准名称及编号	重庆市《城市隧道工程施工质量验收规范》DBJ 50-107—2010				

	序号	质量验收规范的规定		施工单位检查记录							监理(建设)单位验收记录
		检查项目	允许偏差(mm)								
主控项目	1	浆液材料	符合设计要求	查质量检验报告,材料进场抽验,符合设计要求。							符合规范要求。
	2	浆液配合比	符合设计要求	每次注浆前检查,计量同步。							符合规范要求。
	3	预注浆效果	符合设计要求	钻孔取芯检查效果,符合设计要求。							符合规范要求。
	4										
	5										
	6										
	7										
	8										
一般项目	1	注浆范围	符合设计要求	注浆不溢出。							符合规范要求。
	2	注浆各阶段的控制压力及注浆量	符合设计要求	符合隐蔽条件,查隐蔽工程验收记录单号:20150432。							符合规范要求。
	3	注浆孔的数量	不少于设计值	不少于设计数。							符合规范要求。
	4	注浆孔布置间距	±25	-10	15	20	-20	18	23	25	符合规范要求。
	5	钻孔深度	±50	45	43	-34	-35	42	25	20	符合规范要求。
	6	注浆孔角度	≤0.5°	√	√	√	√	√	√	√	符合规范要求。

施工单位检查结果	经检查,主控项目和一般项目均符合设计要求和重庆市《城市隧道工程施工质量验收规范》(DBJ 50-107—2010)规定,评定合格。 专业技术负责人:张×× 质检工程师:于×× 技术负责人:江×× 2015年5月25日
监理单位审查结论	同意施工单位验收结果,评定合格。 专业监理工程师:程×× 2015年5月25日
建设单位验收结论	同意施工单位评定结果,验收合格,同意进行下道工序施工。 现场负责人:赵×× 2015年5月25日

说明：

主控项目

1. 浆液的材料必须符合设计要求。检验数量:按进场批次检验。检验方法:检查出厂合格证、质量检验报告及材料进场检验报告。

2. 浆液的配合比应符合设计要求。检验数量:每次注浆施工前检查。检验方法:检查现场的计量措施。

3. 预注浆的效果必须符合设计要求。检验数量:全部。检验方法:目测;必要时采用钻孔取芯、压水(或空气)等方法检查。

一般项目

1. 预注浆时浆液不得溢出地面和超出设计的有效注浆范围。检验数量:全部。检验方法:观察检查。

2. 注浆各阶段的控制压力及注浆量应符合设计要求。检验数量:全部。检验方法:检查隐蔽工程验收记录。

3. 预注浆施工允许偏差应符合下表的规定。

表　预注浆施工允许偏差

序号	检查项目	规定值或允许偏差值(mm)	检验方法和数量
1	注浆孔的数量	不少于设计	计数:全部
2	注浆孔布置间距	±25	尺量:全部
3	钻孔深度	±50	尺量:全部
4	注浆孔角度	≤0.5°	角度尺检查:全部

城市隧道防水排水系统洞外排水和明洞防水施工检验批质量验收记录表

渝市政验收5-5-5

工程名称	1#隧道	分项工程名称	洞外排水与防水	验收部位	K1+000 ~ K1+500		
施工单位	重庆××市政工程有限公司		项目经理	李××	技术负责人	齐××	
施工执行标准名称及编号	重庆市《城市隧道工程施工质量验收规范》DBJ 50-107—2010						

	序号	质量验收规范的规定		施工单位检查记录							监理(建设)单位验收记录
		检查项目	允许偏差(mm)								
主控项目	1	洞外截水沟、边仰坡排水沟的结构形式和位置	符合设计要求	洞外截水沟、边仰坡排水沟的结构符合设计要求。							符合规范要求。
	2	地表水处理	符合规范要求	排水流畅，不影响洞内防排水。							符合规范要求。
	3	砌缝砂浆	符合规范要求	砌缝砂浆符合规范要求。							符合规范要求。
	4	截、排水沟砌体和构件所用原材料质量	符合规范要求	原材料进场验收记录与复验报告：20150423，材料抽检合格。							符合规范要求。
	5	截、排水沟砌体和构件砂浆、混凝土强度	符合设计要求	砂浆M10，混凝土强度C30。							符合规范要求。
	6	明洞防水层材料质量和规格	符合设计和规范要求	防水材料与涂料合格证查验，进场复验报告单号：20150435。							符合规范要求。
	7										
	8										
一般项目	1	接缝和搭接	符合设计要求	接缝和搭接紧密平顺。							符合规范要求。
	2	反滤层材料	符合设计要求	层次分明，材料分层填筑。							符合规范要求。
	3	水沟断面尺寸	±10	-2	2	-9	7	4	-3	5	符合规范要求。
	4	水沟轴线偏位	20	12	19	13	5	13	14	17	符合规范要求。
	5	水沟流水面高程	0,-20	-9	-9	-12	-10	-13	-10	-5	符合规范要求。
	6	铺砌厚度	不小于设计值	符合规范要求。							符合规范要求。
	7	外观质量	符合规范要求	符合规范要求。							

施工单位检查结果	经检查，主控项目和一般项目均符合设计要求和重庆市《城市隧道工程施工质量验收规范》(DBJ 50-107—2010)规定，评定合格。 专业技术负责人：张×× 质检工程师：于×× 技术负责人：江×× 2015年5月25日
监理单位审查结论	同意施工单位验收结果，评定合格。 专业监理工程师：程×× 2015年5月25日
建设单位验收结论	同意施工单位评定结果，验收合格，同意进行下道工序施工。 现场负责人：赵×× 2015年5月25日

说明:

主控项目

1. 洞外截水沟、边仰坡排水沟的结构形式和位置应符合设计要求,与洞外排水系统衔接顺畅。检验数量:全部检查。检验方法:观察、尺量。

2. 隧道覆盖层较薄和地层渗透性强的洞顶地表水处理,应符合下列规定:

(1)洞口附近和浅埋地段洞顶不积水;

(2)地表沟(谷)、坑洼、钻孔、探坑等应用不透水土壤回填,并分层夯实;

(3)洞顶的排水沟(槽)应排水良好,水流畅通;

(4)洞顶设有高压水池时应远离隧道轴线,并做好防渗措施,对水池的溢水应有疏导措施;

(5)洞顶有井、泉、池沼、水田等时,应妥善处理,不宜将水源截断、堵死。

检验数量:全部检查。检验方法:观察。

3. 浆砌水沟砌缝砂浆应饱满。检验数量:全部检查。检验方法:观察。

4. 截、排水沟砌体和构件所用原材料的质量必须符合现行技术规范的要求。检验数量:全部检查。检验方法:检查原材料的质保书、合格证、进场检验报告。

5. 截、排水沟砌体和构件砂浆、混凝土强度应符合设计要求。检验数量:全部检查。检验方法:检查砂浆、混凝土强度试验报告。

6. 明洞防水层材料的质量和规格等应符合设计和规范要求。检验数量:全部检查。检验方法:检查产品合格文件及检验报告。

一般项目

1. 截水沟和排水沟沟底无阻水、积水现象,具备铺砌要求;临时排水设施与现有排水沟渠连通。检验数量:全部检查。检验方法:检查隐蔽验收报告及现场观察。

2. 截、排水沟砌体砌缝砂浆应饱满,勾缝密实,混凝土结构无蜂窝、麻面现象。检验数量:全部检查。检验方法:观察。

3. 砌体内侧及沟底应平顺、整齐,无裂缝、空鼓现象。检验数量:全部检查。检验方法:观察。

4. 土工布的铺设应拉直平顺,接缝搭接要求符合设计要求。检验数量:全部检查。检验方法:观察。

5. 反滤层设置应层次分明,材料应符合设计要求或选用筛选过的中砂、粗砂、砾石等渗水性材料,并分层填筑。检验数量:全部检查。检验方法:查隐蔽检查验收记录。

6. 明洞防水系统施工前,混凝土外部应平整,不得有钢筋等尖锐物露出。检验数量:全部检查。检验方法:查隐蔽检查验收记录。

7. 洞外排水和明洞防水工程施工允许偏差应符合下表的规定。

表 洞外排水和明洞防水工程允许偏差

序号	检查项目	规定值或允许偏差值(mm)	检验方法和数量
1	水沟断面尺寸	±10	尺量:每30m检查一处
2	水沟轴线偏位	20	尺量:每30m测一处
3	水沟流水面高程	0,-20	水准仪:每30m测一处
4	铺砌厚度(mm)	不小于设计值	尺量:每30m测一处

城市隧道装饰抹灰工程施工检验批质量验收记录表

渝市政验收5-6-1

工程名称	1#隧道	分项工程名	抹灰工程	验收部位	K1+000～K1+500
施工单位	重庆××市政工程有限公司	项目经理	李××	技术负责人	齐××
施工执行标准名称及编号	重庆市《城市隧道工程施工质量验收规范》DBJ 50-107—2010				

	序号	质量验收规范的规定			施工单位检查记录							监理(建设)单位验收记录
		检查项目	允许偏差(mm)									
			普通抹灰√	高级抹灰								
主控项目	1	基层表面处理	符合规范要求		表面防火防渗水泥混凝土。							符合规范要求。
主控项目	2	抹灰材料品种和性能	符合设计要求		符合防火防渗要求。							符合规范要求。
主控项目	3	分层抹灰	符合规范要求		符合规范要求。							符合规范要求。
主控项目	4	抹灰层与基层及各抹灰层之间黏结	符合规范要求		均匀。							符合规范要求。
主控项目	5											
主控项目	6											
主控项目	7											
主控项目	8											
一般项目	1	表面质量	符合规范要求		平整光滑。							符合规范要求。
一般项目	2	抹灰层总厚度	符合设计要求		符合规范要求。							符合规范要求。
一般项目	3	抹灰分格缝	符合设计要求		分格缝合理。							符合规范要求。
一般项目	4	立面垂直度	4	3	1	1.3	3.2	2	1.5	2.5	2.3	符合规范要求。
一般项目	5	表面平整度	4	3	1.3	3.2	2	1.5	2.5	2.3	1.5	符合规范要求。
一般项目	6	阴阳角方正	4	3	2.3	1.3	3.2	2	1.5	2.5	2.3	符合规范要求。
一般项目	7	分格条(缝)直线度	4	3	1.3	3.2	2	1.5	2.5	2.3	1	符合规范要求。

施工单位检查结果	经检查,主控项目和一般项目均符合设计要求和重庆市《城市隧道工程施工质量验收规范》(DBJ 50-107—2010)规定,评定合格。 专业技术负责人:张×× 质检工程师:于×× 技术负责人:江×× 2015年5月25日
监理单位审查结论	同意施工单位验收结果,评定合格。 专业监理工程师:程×× 2015年5月25日
建设单位验收结论	同意施工单位评定结果,验收合格,同意进行下道工序施工。 现场负责人:赵×× 2015年5月25日

说明:

一般规定

1.抹灰工程分普通抹灰和高级抹灰,设计无要求时,按普通抹灰验收。

2.抹灰工程验收时应检查下列文件和记录:

(1)抹灰工程的施工图、设计说明及其他设计文件。

(2)材料的产品合格证书、性能检测报告、进场验收记录和复验报告。

(3)隐蔽工程验收记录。

(4)施工记录。

3.抹灰工程应对水泥的凝结时间和安定性进行复验。

4.抹灰工程应对下列隐蔽工程项目进行验收:

(1)抹灰总厚度大于或等于35mm时的加强措施。

(2)不同材料基体交接处的加强措施。

5.各分项工程的检验批划分及检验数量应符合下列规定:

(1)相同材料、工艺和施工条件的抹灰按隧道长度每25~50m应划分为一个检验批,不足25m长度也应划分为一个检验批。每5m应检查一处,并不得少于3处。

(2)相同材料、工艺和施工条件的抹灰按抹灰面积每500~1000m^2应划分为一个检验批,不足500m^2也应划分为一个检验批,每100m^2应检查一处,并不得少于3处。

6.抹灰工程施工前应预留隧道电气、通风、消防等设施的各种孔洞并安装相关设施。

7.抹灰用的石灰膏的熟化期不应少于15d;罩面用的磨细石灰粉的熟化期不应少于3d。

8.抹灰用各种塑化剂应质量合格,掺量应符合规定。

9.各种砂浆抹灰层,在凝结前应防止快干、水冲、撞击和振动,在凝结后应采取措施防止污染和损坏。水泥砂浆抹灰层应在湿润条件下养护。

10.抹灰层与基层之间及各抹灰层之间必须黏结牢固。

主控项目

1.抹灰前基层表面的尘土、污垢、油渍等应清除干净,并应洒水润湿。验方法:检查施工记录。

2.抹灰所用材料的品种和性能应符合设计要求。水泥的凝结时间和安定性复验后应合格,砂浆的配合比应符合设计要求。检验方法:检查产品合格证书,进场验收记录,复验报告和施工记录。

3.抹灰工程应分层进行。当抹灰总厚度大于或等于35mm时,应采取加强措施。不同材料基体交接处表面的抹灰,应采取防止开裂的加强措施,当采用加强网时,加强网与各基体的搭接宽度不应小于100mm。检验方法:检查隐蔽工程验收记录和施工记录。

4.抹灰层与基层之间及各抹灰层之间必须黏结牢固,抹灰层应无脱层、空鼓,面层应无爆灰和裂缝。检验方法:观察;用小锤轻击检查;检查施工记录。

一般项目

1 抹灰工程的表面质量应符合下列规定:

(1)普通抹灰表面应光滑、洁净、接搓平整、分格缝清晰。

(2)高级抹灰表面应光滑、洁净、颜色均匀、无抹纹,分格缝和灰线应清晰美观。

检验方法:观察;手摸检查。

2.边角、孔洞周围的抹灰表面应整齐、光滑。检验方法:观察。

3.抹灰层的总厚度应符合设计要求,水泥砂浆不得抹在石灰砂浆层上,罩面石膏灰不得抹在水泥砂浆层上。检验方法:检查施工记录。

4.抹灰分格缝的设置应符合设计要求,宽度和深度应均匀,表面应光滑、棱角应整齐。检验方法:观察;尺量检查。

5. 抹灰工程施工允许偏差应符合下表的规定。

表　抹灰工程的允许偏差

序号	检查项目	允许偏差(mm)		检查方法和数量
		普通抹灰	高级抹灰	
1	立面垂直度	4	3	检查方法:用2m垂直检测尺检查。检查数量:见说明
2	表面平整度	4	3	检查方法:用2m靠尺和塞尺检查。检查数量:见说明
3	阴阳角方正	4	3	检查方法:用直角检测尺检查。检查数量:见说明
4	分格条(缝)直线度	4	3	检查方法:拉5m线,不足5m拉通线,用钢直尺检查。检查数量:见说明

注:各分项工程的检验批划分及检验数量应符合下列规定:①相同材料、工艺和施工条件的抹灰按隧道长度每25~50m应划分为一个检验批,不足25m长度也应划分为一个检验批。每5m应检查一处并不得少于3处。②相同材料、工艺和施工条件的抹灰按抹灰面积每500~1000m²应划分为一个检验批,不足500m²也应划分为一个检验批,每100m²应检查一处,并不得少于3处。

城市隧道装饰工程水性涂料涂饰(薄涂料)施工检验批质量验收记录表

渝市政验收5-6-2

<table>
<tr><td colspan="2">工程名称</td><td colspan="2">1#隧道</td><td>分项工程名称</td><td>装饰涂饰</td><td>验收部位</td><td colspan="2">K1+000 ~ K1+500</td></tr>
<tr><td colspan="2">施工单位</td><td colspan="3">重庆××市政工程有限公司</td><td>项目经理</td><td>李××</td><td>技术负责人</td><td>齐××</td></tr>
<tr><td colspan="2">施工执行标准名称及编号</td><td colspan="7">重庆市《城市隧道工程施工质量验收规范》DBJ 50-107—2010</td></tr>
<tr><td rowspan="3"></td><td colspan="4">质量验收规范的规定</td><td rowspan="3" colspan="2">施工单位检查记录</td><td rowspan="3" colspan="2">监理(建设)单位验收记录</td></tr>
<tr><td rowspan="2">序号</td><td rowspan="2">检查项目</td><td colspan="2">允许偏差(mm)</td></tr>
<tr><td>普通涂饰</td><td>高级涂饰</td></tr>
<tr><td rowspan="8">主控项目</td><td>1</td><td>涂料品种、型号和性能</td><td colspan="2">符合设计要求</td><td colspan="2">涂料品种、型号和性能符合设计要求和规范。</td><td colspan="2">符合规范要求。</td></tr>
<tr><td>2</td><td>颜色、图案</td><td colspan="2">符合设计要求</td><td colspan="2">与设计要求一致。</td><td colspan="2">符合规范要求。</td></tr>
<tr><td>3</td><td>基层处理</td><td colspan="2">符合规范要求</td><td colspan="2">已作防腐防火处理。</td><td colspan="2">符合规范要求。</td></tr>
<tr><td>4</td><td></td><td colspan="2"></td><td colspan="2"></td><td colspan="2"></td></tr>
<tr><td>5</td><td></td><td colspan="2"></td><td colspan="2"></td><td colspan="2"></td></tr>
<tr><td>6</td><td></td><td colspan="2"></td><td colspan="2"></td><td colspan="2"></td></tr>
<tr><td>7</td><td></td><td colspan="2"></td><td colspan="2"></td><td colspan="2"></td></tr>
<tr><td>8</td><td></td><td colspan="2"></td><td colspan="2"></td><td colspan="2"></td></tr>
<tr><td rowspan="7">一般项目</td><td>1</td><td>颜色</td><td colspan="2">均匀一致</td><td colspan="2">均匀一致。</td><td colspan="2">符合规范要求。</td></tr>
<tr><td>2</td><td>泛碱、咬色</td><td>允许少量轻微</td><td>不允许</td><td colspan="2">无泛碱、咬色。</td><td colspan="2">符合规范要求。</td></tr>
<tr><td>3</td><td>流坠、疙瘩</td><td>允许少量轻微</td><td>不允许</td><td colspan="2">无流坠、疙瘩。</td><td colspan="2">符合规范要求。</td></tr>
<tr><td>4</td><td>砂眼、刷纹</td><td>允许少量轻微,砂眼、刷纹通畅</td><td>无砂眼,无刷纹</td><td colspan="2">无砂眼、刷纹。</td><td colspan="2">符合规范要求。</td></tr>
<tr><td>5</td><td>装饰线、分色线直线度</td><td>2</td><td>1</td><td colspan="2">线条均匀,符合要求。</td><td colspan="2">符合规范要求。</td></tr>
<tr><td>6</td><td></td><td></td><td></td><td colspan="2"></td><td colspan="2"></td></tr>
<tr><td>7</td><td></td><td></td><td></td><td colspan="2"></td><td colspan="2"></td></tr>
<tr><td colspan="2">施工单位检查结果</td><td colspan="7">经检查,主控项目和一般项目均符合设计要求和重庆市《城市隧道工程施工质量验收规范》(DBJ 50-107—2010)规定,评定合格。
专业技术负责人:张×× 质检工程师:于×× 技术负责人:江××
2015年5月25日</td></tr>
<tr><td colspan="2">监理单位审查结论</td><td colspan="7">同意施工单位验收结果,评定合格。
专业监理工程师:程××
2015年5月25日</td></tr>
<tr><td colspan="2">建设单位验收结论</td><td colspan="7">同意施工单位评定结果,验收合格,同意进行下道工序施工。
现场负责人:赵××
2015年5月25日</td></tr>
</table>

说明:适用于乳液型涂料、无机涂料、水溶性涂料等水性涂料涂饰工程的质量验收。

主控项目

1. 水性涂料涂饰工程所用涂料的品种、型号和性能应符合设计要求。检验方法:检查产品合格证书、性能检测报告和进场验收记录。

2. 水性涂料涂饰工程的颜色、图案应符合设计要求。检验方法:观察。

3. 水性涂料涂饰工程应涂饰均匀、黏结牢固，不得漏涂、透底、起皮和掉粉。检验方法：观察；手摸检查。

4. 水性涂料涂饰工程的基层处理应符合下列要求：

(1)新建隧道的混凝土或抹灰层在涂饰涂料前应涂刷抗碱封闭底漆。

(2)旧隧道表面在涂饰涂料前应清除疏松表层，修补凹坑并涂刷界面剂。

(3)混凝土或抹灰层表面不得有明水；涂刷溶剂型涂料时，含水率不得大于8%；涂刷乳液型涂料时，含水率不得大于10%。

(4)基层腻子应平整、坚实、牢固，无粉化、起皮和裂缝。

(5)隧道用腻子应使用耐水腻子。

检验方法：观察；手摸检查；检查施工记录。

一般项目

1. 薄涂料的涂饰质量应符合表1的规定。

表1 薄涂料的涂饰施工允许偏差

序号	检查项目	允许偏差		检查方法和数量
		普通涂饰	高级涂饰	
1	颜色	均匀一致	均匀一致	检查方法：观察 检查数量：见注①②
2	泛碱、咬色	允许少量轻微	不允许	
3	流坠、疙瘩	允许少量轻微	不允许	
4	砂眼、刷纹	允许少量轻微砂眼、刷纹通顺	无砂眼，无刷纹	
5	装饰线、分色线直线度允许偏差(mm)	2	1	检查方法：拉5m线，不足5m拉通线，用钢直尺检查 检查数量：见注①②

注：①相同材料、工艺和施工条件的涂饰工程按隧道长度每25～50m应划分为一个检验批，不足25m长度也应划分为一个检验批。每5m应检查一处，并不得少于3处。②相同材料、工艺和施工条件的涂饰工程按涂饰面积每500～1000m²应划分为一个检验批，不足500m²也应划分为一个检验批。每100m²应检查一处，并不得少于3处。

2. 厚涂料的涂饰质量应符合表2的规定。

表2 厚涂料的涂饰施工允许偏差

序号	检查项目	允许偏差		检查方法和数量
		普通涂饰	高级涂饰	
1	颜色	均匀一致	均匀一致	检查方法：观察 检查数量：见注
2	泛碱、咬色	允许少量轻微	不允许	
3	点状分布	—	疏密均匀	

注：①相同材料、工艺和施工条件的涂饰工程按隧道长度每25～50m应划分为一个检验批，不足25m长度也应划分为一个检验批。每5m应检查一处，并不得少于3处。②相同材料、工艺和施工条件的涂饰工程按涂饰面积每500～1000m²应划分为一个检验批，不足500m²也应划分为一个检验批。每100m²应检查一处，并不得少于3处。

3. 复层涂料的涂饰质量应符合表3的规定。

表3 复层涂料的涂饰施工允许偏差

项次	项 目	质量要求	检验方法
1	颜色	均匀一致	观察
2	泛碱、咬色	不允许	
3	喷点疏密程度	均匀，不允许连片	

4. 涂层与其他装修材料和设备衔接处应吻合，界面应清晰。检验方法：观察。

城市隧道装饰工程水性涂料涂饰（厚涂料）施工检验批质量验收记录表

渝市政验收5-6-3

工程名称	1#隧道	分项工程名称	装饰涂饰	验收部位	K1+000 ~ K1+500
施工单位	重庆××市政工程有限公司	项目经理	李××	技术负责人	齐××
施工执行标准名称及编号	重庆市《城市隧道工程施工质量验收规范》DBJ 50-107—2010				

	序号	质量验收规范的规定			施工单位检查记录	监理（建设）单位验收记录
		检查项目	允许偏差（mm）			
			普通涂饰	高级涂饰		
主控项目	1	涂料品种、型号和性能	符合设计要求		涂料品种、型号和性能符合设计要求和规范。	符合规范要求。
	2	颜色、图案	符合设计要求		与设计要求一致。	符合规范要求。
	3	基层处理	符合规范要求		已做防腐防火处理。	符合规范要求。
	4					
	5					
	6					
	7					
	8					
一般项目	1	颜色	均匀一致		均匀一致。	符合规范要求。
	2	泛碱、咬色	允许少量轻微	不允许	无泛碱、咬色。	符合规范要求。
	3	点状分布	—	疏密均匀	装饰均匀。	符合规范要求。
	4					
	5					
	6					
	7					

施工单位检查结果	经检查，主控项目和一般项目均符合设计要求和重庆市《城市隧道工程施工质量验收规范》（DBJ 50-107—2010）规定，评定合格。 专业技术负责人：张×× 质检工程师：于×× 技术负责人：江×× 2015年5月25日
监理单位审查结论	同意施工单位验收结果，评定合格。 专业监理工程师：程×× 2015年5月25日
建设单位验收结论	同意施工单位评定结果，验收合格，同意进行下道工序施工。 现场负责人：赵×× 2015年5月25日

说明：适用于乳液型涂料、无机涂料、水溶性涂料等水性涂料涂饰工程的质量验收。

主控项目

1. 水性涂料涂饰工程所用涂料的品种、型号和性能应符合设计要求。检验方法：检查产品合格证书、性能检测报告和进场验收记录。

2. 水性涂料涂饰工程的颜色、图案应符合设计要求。检验方法：观察。

3. 水性涂料涂饰工程应涂饰均匀、黏结牢固，不得漏涂、透底、起皮和掉粉。检验方法：观察；手摸检查。

4. 水性涂料涂饰工程的基层处理应下列要求：

(1)新建隧道的混凝土或抹灰层在涂饰涂料前应涂刷抗碱封闭底漆。

(2)旧隧道表面在涂饰涂料前应清除疏松表层，修补凹坑并涂刷界面剂。

(3)混凝土或抹灰层表面不得有明水；涂刷溶剂型涂料时，含水率不得大于8%；涂刷乳液型涂料时，含水率不得大于10%。

(4)基层腻子应平整、坚实、牢固，无粉化、起皮和裂缝。

(5)隧道用腻子应使用耐水腻子。

检验方法：观察；手摸检查；检查施工记录。

一般项目

1. 薄涂料的涂饰质量应符合表1的规定。

表1　薄涂料的涂饰施工允许偏差

序号	检查项目	允许偏差		检查方法和数量
		普通涂饰	高级涂饰	
1	颜色	均匀一致	均匀一致	检查方法：观察 检查数量：见说明
2	泛碱、咬色	允许少量轻微	不允许	
3	流坠、疙瘩	允许少量轻微	不允许	
4	砂眼、刷纹	允许少量轻微砂眼、刷纹通顺	无砂眼，无刷纹	
5	装饰线、分色线直线度允许偏差(mm)	2	1	检查方法：拉5m线，不足5m拉通线，用钢直尺检查 检查数量：见注

注：①相同材料、工艺和施工条件的涂饰工程按隧道长度每25～50m应划分为一个检验批，不足25m长度也应划分为一个检验批。每5m应检查一处，并不得少于3处。②相同材料、工艺和施工条件的涂饰工程按涂饰面积每500～1000m^2应划分为一个检验批，不足500m^2也应划分为一个检验批。每100m^2应检查一处，并不得少于3处。

2. 厚涂料的涂饰质量应符合表2的规定。

表2　厚涂料的涂饰施工允许偏差

序号	检查项目	允许偏差		检查方法和数量
		普通涂饰	高级涂饰	
1	颜色	均匀一致	均匀一致	检查方法：观察 检查数量：见注
2	泛碱、咬色	允许少量轻微	不允许	
3	点状分布	—	疏密均匀	

注：①相同材料、工艺和施工条件的涂饰工程按隧道长度每25～50m应划分为一个检验批，不足25m长度也应划分为一个检验批。每5m应检查一处，并不得少于3处。②相同材料、工艺和施工条件的涂饰工程按涂饰面积每500～1000m^2应划分为一个检验批，不足500m^2也应划分为一个检验批。每100m^2应检查一处，并不得少于3处。

3. 复层涂料的涂饰质量应符合表3的规定。

表3　复层涂料的涂饰施工允许偏差

项次	项　目	质量要求	检验方法
1	颜色	均匀一致	观　察
2	泛碱、咬色	不允许	
3	喷点疏密程度	均匀，不允许连片	

4. 涂层与其他装修材料和设备衔接处应吻合，界面应清晰。检验方法：观察。

城市隧道装饰工程水性涂料涂饰(复层涂料)施工检验批质量验收记录表

渝市政验收5-6-4

工程名称	1#隧道	分项工程名称	装饰涂饰	验收部位	K1+000～K1+500	
施工单位	重庆××市政工程有限公司	项目经理	李××	技术负责人	齐××	
施工执行标准名称及编号	重庆市《城市隧道工程施工质量验收规范》DBJ 50-107—2010					
	序号	质量验收规范的规定		施工单位检查记录	监理(建设)单位验收记录	
		检查项目	允许偏差(mm)			
主控项目	1	涂料品种、型号和性能		涂料品种、型号和性能符合设计要求和规范。	符合规范求。	
	2	颜色、图案		与设计要求一致。	符合规范求。	
	3	基层处理		已做防腐防火处理。	符合规范求。	
	4					
	5					
	6					
	7					
	8					
一般项目	1	颜色	均匀一致	均匀一致。	符合规范求。	
	2	泛碱、咬色	不允许	无质量问题。	符合规范求。	
	3	喷点疏密程度	均匀,不允许连片	喷点疏密均匀。	符合规范求。	
	4					
	5					
	6					
	7					
施工单位检查结果	经检查,主控项目和一般项目均符合设计要求和重庆市《城市隧道工程施工质量验收规范》(DBJ 50-107—2010)规定,评定合格。 专业技术负责人:张×× 质检工程师:于×× 技术负责人:江×× 2015年5月25日					
监理单位审查结论	同意施工单位验收结果,评定合格。 专业监理工程师:程×× 2015年5月25日					
建设单位验收结论	同意施工单位评定结果,验收合格,同意进行下道工序施工。 现场负责人:赵×× 2015年5月25日					

说明:适用于乳液型涂料、无机涂料、水溶性涂料等水性涂料涂饰工程的质量验收。

主控项目

1. 水性涂料涂饰工程所用涂料的品种、型号和性能应符合设计要求。检验方法:检查产品合格证书、性能检测报告和进场验收记录。

2. 水性涂料涂饰工程的颜色、图案应符合设计要求。检验方法:观察。

3. 水性涂料涂饰工程应涂饰均匀、黏结牢固,不得漏涂、透底、起皮和掉粉。检验方法:观察;手摸检查。

4. 水性涂料涂饰工程的基层处理应符合下列要求:

(1)新建隧道的混凝土或抹灰层在涂饰涂料前应涂刷抗碱封闭底漆。

(2)旧隧道表面在涂饰涂料前应清除疏松表层,修补凹坑并涂刷界面剂。

(3)混凝土或抹灰层表面不得有明水;涂刷溶剂型涂料时,含水率不得大于8%;涂刷乳液型涂料时,含水率不得大于10%。

(4)基层腻子应平整、坚实、牢固,无粉化、起皮和裂缝。

(5)隧道用腻子应使用耐水腻子。

检验方法:观察;手摸检查;检查施工记录。

一般项目

1. 薄涂料的涂饰质量应符合表1的规定。

表1 薄涂料的涂饰施工允许偏差

序号	检查项目	允许偏差		检查方法和数量
		普通涂饰	高级涂饰	
1	颜色	均匀一致	均匀一致	检查方法:观察 检查数量:见注①②
2	泛碱、咬色	允许少量轻微	不允许	
3	流坠、疙瘩	允许少量轻微	不允许	
4	砂眼、刷纹	允许少量轻微砂眼、刷纹通顺	无砂眼,无刷纹	
5	装饰线、分色线直线度允许偏差(mm)	2	1	检查方法:拉5m线,不足5m拉通线,用钢直尺检查 检查数量:见注①②

注:①相同材料、工艺和施工条件的涂饰工程按隧道长度每25~50m应划分为一个检验批,不足25m长度也应划分为一个检验批。每5m应检查一处,并不得少于3处。②相同材料、工艺和施工条件的涂饰工程按涂饰面积每500~1000m²应划分为一个检验批,不足500m²也应划分为一个检验批。每100m²应检查一处,并不得少于3处。

2. 厚涂料的涂饰质量应符合表2的规定。

表2 厚涂料的涂饰施工允许偏差

序号	检查项目	允许偏差		检查方法和数量
		普通涂饰	高级涂饰	
1	颜色	均匀一致	均匀一致	检查方法:观察 检查数量:见注①②
2	泛碱、咬色	允许少量轻微	不允许	
3	点状分布	—	疏密均匀	

注:①相同材料、工艺和施工条件的涂饰工程按隧道长度每25~50m应划分为一个检验批,不足25m长度也应划分为一个检验批。每5m应检查一处,并不得少于3处。②相同材料、工艺和施工条件的涂饰工程按涂饰面积每500~1000m²应划分为一个检验批,不足500m²也应划分为一个检验批。每100m²应检查一处,并不得少于3处。

3. 复层涂料的涂饰质量应符合表3的规定。

表3 复层涂料的涂饰施工允许偏差

项次	项目	质量要求	检验方法
1	颜色	均匀一致	观察
2	泛碱、咬色	不允许	
3	喷点疏密程度	均匀,不允许连片	

4. 涂层与其他装修材料和设备衔接处应吻合,界面应清晰。检验方法:观察。

城市隧道装饰工程溶剂型涂料涂饰（色漆）施工检验批质量验收记录表

渝市政验收5-6-5

工程名称	1#隧道	分项工程名称	装饰色漆涂饰	验收部位	K1+000~K1+500	
施工单位	重庆××市政工程有限公司		项目经理	李××	技术负责人	齐××
施工执行标准名称及编号	重庆市《城市隧道工程施工质量验收规范》DBJ 50-107—2010					
	序号	质量验收规范的规定			施工单位检查记录	监理（建设）单位验收记录
		检查项目	允许偏差（mm）			
			普通涂饰	高级涂饰		
主控项目	1	涂料品种、型号和性能	符合设计要求		涂料品种、型号和性能符合设计要求和规范。	符合规范要求。
	2	颜色、光泽、图案	符合设计要求		与设计要求一致。	符合规范要求。
	3	基层处理	符合规范要求		已做防腐防火处理。	符合规范要求。
	4					
	5					
	6					
	7					
	8					
一般项目	1	颜色	均匀一致		均匀一致。	符合规范要求。
	2	光泽、光滑	光泽基本均匀，光滑无挡手感	光泽均匀一致，光滑	与设计方案一致。	符合规范要求。
	3	刷纹	刷纹通畅	无刷纹	与设计方案一致。	符合规范要求。
	4	裹棱、流坠、皱皮	明显处不允许	不允许		
	5	装饰线、分色线直线度	2	1	符合规范要求。	符合规范要求。
	6					
	7					
施工单位检查结果	经检查，主控项目和一般项目均符合设计要求和重庆市《城市隧道工程施工质量验收规范》（DBJ 50-107—2010）规定，评定合格。 专业技术负责人：张×× 质检工程师：于×× 技术负责人：江×× 2015年5月25日					
监理单位审查结论	同意施工单位验收结果，评定合格。 专业监理工程师：程×× 2015年5月25日					
建设单位验收结论	同意施工单位评定结果，验收合格，同意进行下道工序施工。 现场负责人：赵×× 2015年5月25日					

说明：适用于乳液型涂料、无机涂料、水溶性涂料等水性涂料涂饰工程的质量验收。

主控项目

1. 水性涂料涂饰工程所用涂料的品种、型号和性能应符合设计要求。检验方法：检查产品合格证书、性能检测报告和进场验收记录。

2. 水性涂料涂饰工程的颜色、图案应符合设计要求。检验方法：观察。

3. 水性涂料涂饰工程应涂饰均匀、黏结牢固,不得漏涂、透底、起皮和掉粉。检验方法:观察;手摸检查。

4. 水性涂料涂饰工程的基层处理应符合下列要求:

(1)新建隧道的混凝土或抹灰层在涂饰涂料前应涂刷抗碱封闭底漆。

(2)旧隧道表面在涂饰涂料前应清除疏松表层,修补凹坑并涂刷界面剂。

(3)混凝土或抹灰层表面不得有明水;涂刷溶剂型涂料时,含水率不得大于8%;涂刷乳液型涂料时,含水率不得大于10%。

(4)基层腻子应平整、坚实、牢固,无粉化、起皮和裂缝。

(5)隧道用腻子应使用耐水腻子。

检验方法:观察;手摸检查;检查施工记录。

一般项目

1. 薄涂料的涂饰质量应符合表1的规定。

表1 薄涂料的涂饰施工允许偏差

序号	检查项目	允许偏差		检查方法和数量
		普通涂饰	高级涂饰	
1	颜色	均匀一致	均匀一致	检查方法:观察 检查数量:见注①②
2	泛碱、咬色	允许少量轻微	不允许	
3	流坠、疙瘩	允许少量轻微	不允许	
4	砂眼、刷纹	允许少量轻微砂眼、刷纹通顺	无砂眼,无刷纹	
5	装饰线、分色线直线度允许偏差(mm)	2	1	检查方法:拉5m线,不足5m拉通线,用钢直尺检查 检查数量:见注①②

注:①相同材料、工艺和施工条件的涂饰工程按隧道长度每25～50m应划分为一个检验批,不足25m长度也应划分为一个检验批。每5m应检查一处,并不得少于3处。②相同材料、工艺和施工条件的涂饰工程按涂饰面积每500～1000m²应划分为一个检验批,不足500m²也应划分为一个检验批。每100m²应检查一处,并不得少于3处。

2. 厚涂料的涂饰质量应符合表2的规定。

表2 厚涂料的涂饰施工允许偏差

序号	检查项目	允许偏差		检查方法和数量
		普通涂饰	高级涂饰	
1	颜色	均匀一致	均匀一致	检查方法:观察 检查数量:见①②
2	泛碱、咬色	允许少量轻微	不允许	
3	点状分布	—	疏密均匀	

注:①相同材料、工艺和施工条件的涂饰工程按隧道长度每25～50m应划分为一个检验批,不足25m长度也应划分为一个检验批。每5m应检查一处,并不得少于3处。②相同材料、工艺和施工条件的涂饰工程按涂饰面积每500～1000m²应划分为一个检验批,不足500m²也应划分为一个检验批。每100m²应检查一处,并不得少于3处。

3. 复层涂料的涂饰质量应符合表3的规定。

表3 复层涂料的涂饰施工允许偏差

项次	项目	质量要求	检验方法
1	颜色	均匀一致	观察
2	泛碱、咬色	不允许	
3	喷点疏密程度	均匀,不允许连片	

4. 涂层与其他装修材料和设备衔接处应吻合,界面应清晰。检验方法:观察。

城市隧道装饰工程溶剂型涂料涂饰(清漆)施工检验批质量验收记录表

渝市政验收5-6-6

工程名称	1#隧道	分项工程名称	装饰清漆涂饰	验收部位	K1+000~K1+500
施工单位	重庆××市政工程有限公司	项目经理	李××	技术负责人	齐××
施工执行标准名称及编号	重庆市《城市隧道工程施工质量验收规范》DBJ 50-107—2010				

	序号	质量验收规范的规定			施工单位检查记录	监理(建设)单位验收记录
		检查项目	允许偏差(mm)			
			普通涂饰	高级涂饰		
主控项目	1	涂料品种、型号和性能	符合设计要求		涂料品种、型号和性能符合设计要求和规范。	符合规范要求。
	2	颜色、光泽、图案	符合设计要求		与设计要求一致。	符合规范要求。
	3	基层处理	符合规范要求		已做防腐防火处理。	符合规范要求。
	4					
	5					
	6					
	7					
	8					
一般项目	1	颜色	基本一致	均匀一致	与设计方案一致。	符合规范要求。
	2	木纹	棕眼刮平、木纹清楚		与设计方案一致。	符合规范要求。
	3	光泽、光滑	光泽基本均匀,光滑无挡手感	光泽均匀一致,光滑	与设计方案一致。	符合规范要求。
	4	刷纹	刷纹通畅	无刷纹	通畅。	符合规范要求。
	5	裹棱、流坠、皱皮	明显处不允许	不允许	符合规范要求。	符合规范要求。
	6					
	7					
施工单位检查结果	经检查,主控项目和一般项目均符合设计要求和重庆市《城市隧道工程施工质量验收规范》(DBJ 50-107—2010)规定,评定合格。 专业技术负责人:张×× 质检工程师:于×× 技术负责人:江×× 2015年5月25日					
监理单位审查结论	同意施工单位验收结果,评定合格。 专业监理工程师:程×× 2015年5月25日					
建设单位验收结论	同意施工单位评定结果,验收合格,同意进行下道工序施工。 现场负责人:赵×× 2015年5月25日					

说明:适用于丙烯酸酯涂料、聚氨酯丙烯酸涂料、有机硅丙烯酸涂料等溶剂型涂料涂饰工程的质量验收。

主控项目

1. 溶剂型涂料涂饰工程所选用涂料的品种、型号和性能应符合设计要求。检验方法:检查产品合格证书、性能检测报告和进场验收记录。

2. 溶剂型涂料涂饰工程的颜色、光泽、图案应符合设计要求。检验方法:观察。

3. 溶剂型涂料涂饰工程应涂饰均匀、黏结牢固,不得漏涂、透底、起皮和反锈。检验方法:观察;手摸检查。

4. 溶剂型涂料涂饰工程的基层处理应符合下列要求:

(1)新建隧道的混凝土或抹灰层在涂饰涂料前应涂刷抗碱封闭底漆。

(2)旧隧道表面在涂饰涂料前应清除疏松表层,修补凹坑并涂刷界面剂。

(3)混凝土或抹灰层表面不得有明水;涂刷溶剂型涂料时,含水率不得大于8%;涂刷乳液型涂料时,含水率不得大于10%。

(4)基层腻子应平整、坚实、牢固,无粉化、起皮和裂缝。

(5)隧道用腻子应使用耐水腻子。

检验方法:观察;手摸检查;检查施工记录。

一般项目

1. 色漆的涂饰质量和检验方法应符合表1的规定。

表1　色漆的涂饰施工允许偏差

序号	检查项目	允许偏差		检查方法和数量
		普通涂饰	高级涂饰	
1	颜色	均匀一致	均匀一致	检查方法:观察。检查数量:见注
2	光泽、光滑	光泽基本均匀 光滑无挡手感	光泽均匀一致 光滑	检查方法:观察、手摸检查。检查数量:见注
3	刷纹	刷纹通顺	无刷纹	检查方法:观察。检查数量:见注
4	裹棱、流坠、皱皮	明显处不允许	不允许	检查方法:观察。检查数量:见注
5	装饰线、分色线直线度允许偏差(mm)	2	1	检查方法:拉5m线,不足5m拉通线,用钢直尺检查。检查数量:见注

注:无光色漆不检查光泽。①相同材料、工艺和施工条件的涂饰工程按隧道长度每25~50m应划分为一个检验批,不足25m长度也应划分为一个检验批。每5m应检查一处,并不得少于3处。②相同材料、工艺和施工条件的涂饰工程按涂饰面积每500~1000m²应划分为一个检验批,不足500m²也应划分为一个检验批。每100m²应检查一处,并不得少于3处。

2. 清漆的涂饰质量应符合表2的规定。

表2　清漆的涂饰施工允许偏差

序号	检查项目	允许偏差		检查方法和数量
		普通涂饰	高级涂饰	
1	颜色	基本一致	均匀一致	检查方法:观察。检查数量:见注
2	木纹	棕眼刮平、木纹清楚	棕眼刮平、木纹清楚	检查方法:观察。检查数量:见注
3	光泽、光滑	光泽基本均匀 光滑无挡手感	光泽均匀一致 光滑	检查方法:观察、手摸检查。检查数量:见注
4	刷纹	无刷纹	无刷纹	检查方法:观察检查。数量:见注
5	裹棱、流坠、皱皮	明显处不允许	不允许	检查方法:观察检查。数量:见注

注:①相同材料、工艺和施工条件的涂饰工程按隧道长度每25~50m应划分为一个检验批,不足25m长度也应划分为一个检验批。每5m应检查一处,并不得少于3处。②相同材料、工艺和施工条件的涂饰工程按涂饰面积每500~1000m²应划分为一个检验批,不足500m²也应划分为一个检验批。每100m²应检查一处,并不得少于3处。

3. 涂层与其他装修材料和设备衔接处应吻合,界面应清晰。检验方法:观察。

城市隧道装饰工程饰面板装饰安装检验批质量验收记录表

渝市政验收 5-6-7

工程名称	1#隧道	分项工程名称	装饰石材面板	验收部位	K1+000 ~ K1+500
施工单位	重庆××市政工程有限公司	项目经理	李××	技术负责人	齐××
施工执行标准名称及编号	重庆市《城市隧道工程施工质量验收规范》DBJ 50-107—2010				

	序号	质量验收规范的规定 检查项目	允许偏差(mm) 石材√	搪瓷板	塑料板	金属板	施工单位检查记录							监理(建设)单位验收记录
主控项目	1	饰面板品种、规格、颜色和性能,龙骨燃烧性能	符合设计要求				查产品合格证,进场材料相关试验记录,材料阻燃性符合要求。							符合规范要求。
	2	饰面板孔、槽的数量、位置和尺寸	符合设计要求				饰面板孔、槽的数量、位置和尺寸符合设计要求。							符合规范要求。
	3	预埋件(或后置预埋件)、连接件的数量、规格、位置、连接方法和防腐处理	符合设计要求				已做防腐处理。							符合规范要求。
	4													
一般项目	1	外观	表面平整、洁净、色泽一致,无裂痕和缺损;石材表面无泛碱				外观正常。							符合规范要求。
	2	嵌缝宽度和深度	符合设计要求				宽度、深度符合设计要求。							符合规范要求。
	3	立面垂直度	3	2	2	2	1	1.3	1.5	2.4	2.1	2.8	1.6	符合规范要求。
	4	表面平整度	3	1.5	3	3	1.3	1.5	2.4	2.1	2.8	1. 6	1	符合规范要求。
	5	阴阳角方正	4	2	3	3	1.2	2.6	3.2	2.1	2.5	3.1	3	符合规范要求。
	6	接缝直线度	4	2	1	1	2.6	3.2	2.1	2.5	3.1	3.8	2	符合规范要求。
	7	接缝高低差	3	0.5	1	1	1.5	1.3	1.5	2.4	2.1	2.8	1.6	符合规范要求。
	8	接缝宽度	2	1	1	1	1.2	1.9	1. 4	1	1.7	1.2	1.1	符合规范要求。

施工单位检查结果	经检查,主控项目和一般项目均符合设计要求和重庆市《城市隧道工程施工质量验收规范》(DBJ 50-107—2010)规定,评定合格。 专业技术负责人:张×× 质检工程师:于×× 技术负责人:江×× 2015年5月25日
监理单位审查结论	同意施工单位验收结果,评定合格。 专业监理工程师:程×× 2015年5月25日
建设单位验收结论	同意施工单位评定结果,验收合格,同意进行下道工序施工。 现场负责人:赵×× 2015年5月25日

说明:

一般规定

1. 适用于隧道采用搪瓷板、金属板、塑料板及洞口采用石材等饰面板装饰工程的质量验收。

2. 饰面板工程验收时应检查下列文件和记录：

(1)饰面板工程的施工图、设计说明及其他设计文件。

(2)材料的产品合格证书、性能检测报告、进场验收记录和复验报告。

(3)后置埋件的现场拉拔检测报告。

(4)隐蔽工程验收记录。

(5)施工记录。

3. 饰面板工程应对下列隐蔽工程项目进行检查验收：

(1)预埋件(或后置埋件)。

(2)连接节点。

4. 饰面板工程观感质量应符合下列规定：

(1)饰面板外露框架应横平竖直，造型符合设计要求。

(2)饰面板胶缝应横平竖直，表面应光滑无污染。

(3)搪瓷板、金属板、塑料板等应表面无破损，颜色应均匀，应无明显色差。

(4)石材应颜色均匀，色泽应同样板相符，花纹图案应符合设计要求。

(5)变形缝处理应保持外观效果一致并符合设计要求。

(6)搪瓷板、金属板、塑料板等板材表面应平滑，站在距板面3m处肉眼观察时不应有可觉察的变形、波纹或局部压砸等缺陷。

(7)石材表面不得有凹坑、缺角、裂缝、斑痕。

5. 各分项工程的检验批划分及检验数量应符合下列规定：

(1)相同材料、工艺和施工条件的饰板装饰工程按隧道长度每25~50m应划分为一个检验批，不足25m长度也应划分为一个检验批。每5m应检查一处，并不得少于3处。

(2)相同材料、工艺和施工条件的饰板装饰工程按装饰面积每500~1000m²应划分为一个检验批，不足500m²也应划分为一个检验批。每100m²应检查一处，并不得少于3处。

6. 饰面板工程的伸缩缝等部位的处理应保证缝的使用功能和饰面的完整性。

主控项目

1. 饰面板的品种、规格、颜色和性能应符合设计要求，龙骨的燃烧性能等级应符合设计要求。检验方法：观察；检查产品合格证书、进场验收记录和性能检测报告。

2. 饰面板孔、槽的数量、位置和尺寸应符合设计要求。检验方法：检查进场验收记录和施工记录。

3. 饰面板安装工程的预埋件(或后置埋件)、连接件的数量、规格、位置、连接方法和防腐处理必须符合设计要求。后置埋件的现场拉拔强度必须符合设计要求。饰面板安装必须牢固。

检验方法：手扳检查；检查进场验收记录、现场拉拔检测报告、隐蔽工程验收记录和施工记录。

一般项目

1. 饰面板表面应平整、洁净、色泽一致，无裂痕和缺损。石材表面应无泛碱等污染。检验方法：观察。

2. 饰面板嵌缝应密实、平直，宽度和深度应符合设计要求，嵌填材料色泽应一致。检验方法：观察；尺量检查。

3. 采用湿作业法施工的饰面板工程，石材应进行防碱背涂处理。饰面板与基体之间的灌注材料应饱满、密实。检验方法：用小锤轻击检查；检查施工记录。

4. 饰面板上的孔洞就套割吻合，边缘应整齐。检验方法：观察。

5. 饰面板安装的允许偏差和检验方法应符合下表的规定。

表　饰面板安装的允许偏差和检验方法

序号	检查项目	允许偏差(mm)				检查方法和数量
		石材	塘瓷板	塑料板	金属板	
1	立面垂直度	3	2	2	2	检查方法:用2m垂直检测尺检查。检查数量:全部
2	表面平整度	3	1.5	3	3	检查方法:用2m靠尺和塞尺检查。检查数量:见注
3	阴阳角方正	4	2	3	3	检查方法:用直角检查尺检查。检查数量:见注
4	接缝直线度	4	2	1	1	检查方法:接5m线,不足5m拉通线,用钢直尺检查。检查数量:见注
5	接缝高低差	3	0.5	1	1	检查方法:用钢直尺和塞尺检查。检查数量:见注
6	接缝宽度	2	1	1	1	检查方法:用钢直尺检查。检查数量:见注

注:各分项工程的检验批划分及检验数量应符合下列规定:①相同材料、工艺和施工条件的饰板装饰工程按隧道长度每25～50m应划分为一个检验批,不足25m长度也应划分为一个检验批。每5m应检查一处,并不得少于3处。②相同材料、工艺和施工条件的饰板装饰工程按装饰面积每500～1000m²应划分为一个检验批,不足500m²也应划分为一个检验批。每100m²应检查一处,并不得少于3处。

城市隧道路面水泥混凝土基层施工检验批质量验收记录表

渝市政验收 5-7-1

工程名称	1#隧道	分项工程名称	水泥混凝土面层	验收部位	K1+000 ~ K1+500
施工单位	重庆××市政工程有限公司	项目经理	李××	技术负责人	齐××
施工执行标准名称及编号	重庆市《城市隧道工程施工质量验收规范》DBJ 50-107—2010				

	序号	质量验收规范的规定		施工单位检查记录							监理(建设)单位验收记录
		检查项目	允许偏差(mm)								
主控项目	1	厚度	-5	2	-1	4	2	-3	-4	1	符合规范要求。
	2	弯拉强度	符合设计要求	符合设计要求。							符合规范要求。
	3										
	4										
	5										
	6										
	7										
	8										
一般项目	1	平整度	5	2	3	1	3	2	1	4	符合规范要求。
	2	纵断高程	+5,-10	-9	3	4	-8	4	2	-5	符合规范要求。
	3	宽度	符合设计要求	√	√	√	√	√	√	√	符合规范要求。
	4	横坡(%)	±0.25	√	√	√	√	√	√	√	符合规范要求。
	5	基层板断裂块数	不超过评定路段总块数0.2%,且应采取适当措施予以处理	控制基层板断裂块数,有相应技术措施。							符合规范要求。
	6	基层板表面脱皮、印痕、裂纹和缺边掉角等病害面积	不得大于受检面积的0.2%,且应采取适当措施处理	有质量通病预控措施。							符合规范要求。
施工单位检查结果	经检查,主控项目和一般项目均符合设计要求和重庆市《城市隧道工程施工质量验收规范》(DBJ 50-107—2010)规定,评定合格。 专业技术负责人:张×× 质检工程师:于×× 技术负责人:江×× 2015年5月25日										
监理单位审查结论	同意施工单位验收结果,评定合格。 专业监理工程师:程×× 2015年5月25日										
建设单位验收结论	同意施工单位评定结果,验收合格,同意进行下道工序施工。 现场负责人:赵×× 2015年5月25日										

说明：

一般规定

1. 水泥强度、物理性能和化学成分应符合国家标准及有关规定。

2. 粗细集料，水、外掺剂及接缝应符合设计和施工规范要求。

3. 施工配合比应根据实验选择采用最佳配合比。

4. 接缝位置、规格、尺寸及传力杆、拉力杆的设置应符合设计要求。

5. 与其他构造物相接应平顺，应按施工规范要求进行养护。

主控项目

水泥混凝土基层施工允许偏差应符合表1的规定。

表1　水泥混凝土基层施工允许偏差

序号	检查项目	允许偏差	检查方法和数量
1	厚度（mm）	−5	检查方法：钻取芯样测定检查数量：每200m每车道2处
2	强度（MPa）	符合设计要求	检查方法：查弯拉强度试验报告 检查数量：每工作班制作1~3组；日进度≥7000m²，取三组，日进度≥3500 m²，取1组

一般项目

1. 水泥混凝土基层施工允许偏差应符合表2的规定。

表2　水泥混凝土基层施工允许偏差

项次	检查项目	允许偏差	检查方法和数量
1	平整度（mm）	5	3m直尺：每200m测2处×10尺
2	纵断高层（mm）	+5，−10	水准仪：每200m测4个断面
3	宽度（mm）	符合设计要求	尺量：每200m测4处
4	横坡（%）	±0.25	水准仪：每200m测4个断面

2. 水泥混凝土基层板的断裂块数不得超过评定路段总块数的0.2%，且应采取适合措施予以处理。

3. 水泥混凝土基层板表面的脱皮、印痕、裂纹和缺边掉角等病害的面积不得大于受检面积的0.2%，应采取适当措施处理。

城市隧道路面水泥混凝土面层施工检验批质量验收记录表

渝市政验收5-7-2

工程名称	1#隧道	分项工程名称	水泥混凝土面层	验收部位	K1+000～K1+500
施工单位	重庆××市政工程有限公司	项目经理	李××	技术负责人	齐××
施工执行标准名称及编号	重庆市《城市隧道工程施工质量验收规范》DBJ 50-107—2010				

	序号	质量验收规范的规定			施工单位检查记录							监理(建设)单位验收记录
		检查项目		允许偏差(mm)								
主控项目	1	弯拉强度		在合格标准之内	在合格标准之内。							符合规范要求。
	2	板厚度		−5	符合规范要求。							符合规范要求。
	3											
	4											
	5											
	6											
	7											
	8											
一般项目	1	平整度	σ	1.2								
			IRI(m/km)	2.0	√	√	√	√	√	√	√	符合规范要求。
			最大间隙*h*	5	√	√	√	√	√	√	√	符合规范要求。
	2	抗滑构造深度		一般路段不小于0.7且不大于1.1;特殊路段不小于0.8且不大于1.2	符合规范要求。							符合规范要求。
	3	相邻板高差		2	0.2	1.3	1.5	1	0.6	0.8	1	符合规范要求。
	4	纵横缝顺直度		10	3	9	3	4	6	7	6	符合规范要求。
	5	中线平面偏位		20	3	15	3	16	9	7	14	符合规范要求。
	6	路面宽度		±20	−12	−19	12	13	18	10	−17	符合规范要求。
	7	纵段高程		±10	−9	7	4	5	−6	3	8	符合规范要求。
	8	横坡(%)		±0.15	√	√	√	√	√	√	√	符合规范要求。

施工单位检查结果	经检查,主控项目和一般项目均符合设计要求和重庆市《城市隧道工程施工质量验收规范》(DBJ 50-107—2010)规定,评定合格。 专业技术负责人:张×× 质检工程师:于×× 技术负责人:江×× 2015年5月25日
监理单位审查结论	同意施工单位验收结果,评定合格。 专业监理工程师:程×× 2015年5月25日
建设单位验收结论	同意施工单位评定结果,验收合格,同意进行下道工序施工。 现场负责人:赵×× 2015年5月25日

说明:

一般规定

1. 基层质量必须符合规定要求;

2. 水泥强度、物理性能和化学成分应符合国家标准及有关规范的规定；

3. 粗细集料、水、外掺剂及接缝填缝料应符合设计和施工规范要求；

4. 施工配合比应根据试验选择采用最佳配合比；

5. 接缝的位置、规格、尺寸及传力杆、拉力杆的设置应符合设计要求；

6. 路面拉毛或机具压槽等抗滑措施，其构造深度应符合施工规范要求；

7. 面层与其他构造物相接应平顺，检查井盖顶面高程应高于周边路面1～3mm；

8. 水泥混凝土路面铺筑后按施工规范要求养护；

9. 水泥混凝土路面板的断裂块数不得超过评定路段混凝土板总块数的0.2%，对于断裂板应采取适当措施予以处理；

10. 水泥混凝土面板表面的脱皮、印痕、裂纹和缺边掉角等病害现象，有上述缺陷的面积不得超过受检面积的0.2%；

11. 路面侧石直顺、曲线圆滑，越位20mm以上者，必须进行处理；

12. 接缝填筑饱满密实，不污染路面；

13. 胀缝无明显缺陷。

主控项目

水泥混凝土面层施工允许偏差应符合表1的规定。

表1　水泥凝土面层施工允许偏差

序号	检查项目	允许偏差	检查方法和数量
1	弯拉强度(MPa)	在合格标准之内	检查方法：查弯拉强度试验报告。检查数量：每工作班制作2~4组；日进度≥7000m²，取4组；日进度≥3500m²，取3组；日进度＜3500m²，取2组
2	板厚度(mm)	−5	检查方法：钻取芯样测定。检查数量：每200m每车道2处

一般项目

水泥混凝土面层施工允许偏差尚应符合表2的规定。

表2　水泥混凝土面层施工允许偏差

序号	检查项目		允许偏差	检查方法和数量
1	平整度	σ(mm)	1.2	平整度仪：全线每车道连续检测，每100m计算6、IRI
		IRI(m/km)	2.0	
		最大间隙 *h*(mm)	5	3m直尺：半幅车道板带每200m测2处×10尺
2	抗滑构造深度(mm)		一般路段不小于0.7且不大于1.1；特殊路段不小于0.8且不大于1.2	铺砂法：每200m测一处
3	相邻板高差(mm)		2	抽量：每条胀缝2点；每200m抽纵、横缝各2条、每条2点
4	纵、横缝顺直度(mm)		10	纵缝20m拉线，每200m测4处；横缝沿板宽拉线，每200m测4条
5	中线平面偏位(mm)		20	经纬仪：每200 m测4点
6	路面宽度(mm)		±20	抽量：每200m测4处
7	纵断高程(mm)		±10	水准仪：每200m测4断面
8	横坡(%)		±0.15	水准仪：每200m测4断面

注：表中σ为平整度仪测定的标准差；*IRI*为国际平整度指数；*h*为3m直尺与面层的最大间隙。

城市隧道路面沥青混凝土面层施工检验批质量验收记录表

渝市政验收5-7-3

工程名称	1#隧道	分项工程名称	混凝土面层	验收部位	K1+000～K1+500
施工单位	重庆××市政工程有限公司	项目经理	李××	技术负责人	齐××
施工执行标准名称及编号	重庆市《城市隧道工程施工质量验收规范》DBJ 50-107—2010				

	序号	质量验收规范的规定：检查项目		质量验收规范的规定：允许偏差(mm)	施工单位检查记录							监理(建设)单位验收记录
主控项目	1	压实度(%)		实验室标准密度的96%(*98%) 最大理论密度的92%(*94%) 实验段密度的98%(*99%)	检查压实度试验报告:201502002,符合规范要求。							符合规范要求。
主控项目	2	厚度		总厚度:-5%H 上面层:-10%h	厚度符合设计要求,抽查22点,全数合格。							符合规范要求。
主控项目	3	弯沉值(0.01mm)		符合设计要求	检查弯沉值试验报告:201502016,符合规范要求。							符合规范要求。
主控项目	4											
一般项目	1	平整度	σ	1.2								
一般项目	1	平整度	IRI(m/km)	2.0	符合规范要求。							符合规范要求。
一般项目	1	平整度	最大间隙h	5	符合规范要求。							符合规范要求。
一般项目	2	渗水系数		200mL/min	符合规范要求。							符合规范要求。
一般项目	3	抗滑	摩擦系数 构造深度	符合设计要求	符合规范要求。							符合规范要求。
一般项目	4	中线平面偏位		20	2	8	12	12	15	15	13	符合规范要求。
一般项目	5	纵段高程		±15	-9	12	11	5	-6	9	8	符合规范要求。
一般项目	6	宽度		±10	-9	7	4	5	-6	3	8	符合规范要求。
一般项目	7	横坡(%)		±0.3	√	√	√	√	√	√	√	符合规范要求。
一般项目	8											
施工单位检查结果	经检查,主控项目和一般项目均符合设计要求和重庆市《城市隧道工程施工质量验收规范》(DBJ 50-107—2010)规定,评定合格。 专业技术负责人:张×× 质检工程师:于×× 技术负责人:江×× 2015年5月25日											
监理单位审查结论	同意施工单位验收结果,评定合格。 专业监理工程师:程×× 2015年5月25日											
建设单位验收结论	同意施工单位评定结果,验收合格,同意进行下道工序施工。 现场负责人:赵林术 2015年5月25日											

说明:

一般规定

1. 沥青混合料的矿料质量及矿料级配应符合设计要求和施工规范的规定。
2. 严格控制各种矿料和沥青用量及各种材料和沥青混合料的加热温度,沥青材料及混合料的各项指标应符合设计和施工规范要求。沥青混合料的生产，每日应做抽提实验、马歇尔稳定度实验。矿料级配、沥青含量、马歇尔稳定度等结果的合格率应不小于90%。

3. 沥青混凝土的阻燃性能应符合设计和消防验收要求。

4. 拌和后的沥青混合料应均匀一致，无花白，无粗细料分离和结团成块现象。

5. 基层表面干燥、清洁、无浮土，其平整度和路拱度应符合设计要求。

6. 摊铺时应严格控制摊铺厚度和平整度，避免离析，注意控制摊铺和碾压温度，碾压至要求的密实度。

7. 表面应平整密实，不应有泛油、松散、裂缝和明显离析等现象。有上述缺陷的面积(凡属单条的裂缝，则按其实际长度乘以0.2m宽度，折算成面积)之和不得超过受检面积的0.03%。半刚性基层的反射裂缝可不计作施工缺陷，但应及时进行灌缝处理。

8. 搭接处应紧密、平顺，烫缝不应枯焦。

9. 面层与路缘石及其他构筑物应密贴接顺，不得有积水或漏水现象。

主控项目

沥青混凝土面层应符合表1的规定。

表1　沥青混凝土面层施工允许偏差

项次	检查项目	规定值或允许偏差	检查方法和数量
1	压实度(%)	实验室标准密度的96%(*98%)； 最大理论密度的92%(*94%)； 实验段密度的98%(*99%)	检查方法：查压实度试验报告。 检查数量：每200m测1处
2	厚度(mm)	总厚度：-5%*H* 上面层：-10%*h*	检查方法：钻取芯样测定。检查数量：每1500m³测一处
3	弯沉值(0.01mm)	符合设计要求	检查方法：贝克曼梁或自动弯沉仪。检查数量：每一双车道评定路段(不超过1000m)检查80~100个点。多车道必须按车道与双车道之比，相应增加测点

注：①表内压实度可选用其中的1个或2个标准评定，选用两个标准时，以合格率低的作为评定结果。带*号者是指SMA路面，其他为普通沥青路面。②表列厚度仅规定负允许偏差。*H*为沥青层设计总厚度(mm)，*h*为沥青上面层设计厚度(mm)。

一般项目

沥青混凝土面层施工允许偏差应符合表2的规定。

表2　沥青混凝土面层施工允许偏差

序号	检查项目		允许偏差	检查方法和数量
1	平整度	σ(mm)	1.2	平整度仪：全线每车道连续按每100m计算IRI或σ
		IRI(m/km)	2.0	
		最大间隙*h*(mm)	5	3m直尺：每200m测2处×10尺
2	渗水系数		SMA路面200mL/min； 其他沥青混凝土路面200mL/min	渗水实验仪：每200m测1处
3	抗滑	摩擦系数	符合设计要求	摆式仪：每200m测1处； 横向力系数测定车：全线连续
		构造深度		铺砂法：每200m测1处
4	中线平面偏位(mm)		20	经纬仪：每200m测4点
5	纵断高程(mm)		±15	水准仪：每200m测4断面
6	宽度(mm)		±10	尺量：每200m测4断面
7	横坡(%)		±0.3	水准仪：每200m测4处

城市隧道附属工程通风设施施工检验批质量验收记录表

渝市政验收5-8-1

工程名称	1#隧道	分项工程名称	照明设施	验收部位	K1+000 ~ K1+500
施工单位	重庆××市政工程有限公司	项目经理	李××	技术负责人	齐××
施工执行标准名称及编号	重庆市《城市隧道工程施工质量验收规范》DBJ 50-107—2010				

	序号	质量验收规范的规定：检查项目	质量验收规范的规定：允许偏差(mm)	施工单位检查记录	监理(建设)单位验收记录
主控项目	1	净空高度	符合设计要求	量尺测量，符合设计要求。	符合规范要求。
主控项目	2	绝缘电阻	强电端子对机壳≥50MΩ	500V兆欧表测量，符合设计要求。	符合规范要求。
主控项目	3	控制柜安全保护接地电阻	≤4Ω	接地电阻测量器测量，符合设计要求。	符合规范要求。
主控项目	4	防雷接地电阻	≤10Ω	接地电阻测量器测量，符合设计要求。	符合规范要求。
主控项目	5	风机运转时隧道断面平均风速	符合设计要求	风速仪实测，符合设计要求。	符合规范要求。
一般项目	1	安装误差	符合设计要求	经纬仪量测，符合设计要求。	符合规范要求。
一般项目	2	风速全速运转时隧道噪声	符合设计要求	声级计实测，符合设计要求。	符合规范要求。
一般项目	3	响应时间	发送控制命令后至风机启动带动叶轮转动时的时间≤5s，或符合设计要求	实际操作，符合设计要求。	符合规范要求。
一般项目	4	方向可控性	接收手动、自动控制信号改变通风方向	实际操作，符合设计要求。	符合规范要求。
一般项目		风速可控性	接收手动、自动控制信号调节通风量	实际操作，符合设计要求。	符合规范要求。
一般项目		运行方式	风机具有手动、自动两种运行方式以控制风机的启动、停止、方向和风量	实际操作，符合设计要求。	符合规范要求。
一般项目		本地控制模式	自动运行方式下，可以接收多路检测器的控制，控制风机启动、停止与方向和风量	实际操作，符合设计要求。	符合规范要求。
一般项目		远程控制模式	自动运行方式下，通过标准串口，接收本地控制器或计算机控制系统的控制，控制风机启动、停止与方向、风量	实际操作，符合设计要求。	符合规范要求。

施工单位检查结果	经检查，主控项目和一般项目均符合设计要求和重庆市《城市隧道工程施工质量验收规范》(DBJ 50-107—2010)规定，评定合格。 专业技术负责人：张×× 质检工程师：于×× 技术负责人：江×× 2015年5月25日
监理单位审查结论	同意施工单位验收结果，评定合格。 专业监理工程师：程×× 2015年5月25日
建设单位验收结论	同意施工单位评定结果，验收合格，同意进行下道工序施工。 现场负责人：赵×× 2015年5月25日

说明：

一般规定

1. 通风设备及缆线的数量、型号、规格、程式符合设计要求，部件及配件完整。

2. 通风设备安装支架的结构尺寸、预埋件、安装方位、安装间距等符合设计要求，并附抗拔力的检验报告。

3. 设备安装牢固、方位正确，通风机安装符合国家的现行标准和规范的相关规定。

4. 连接通风设备的保护线、信号线、电力线，排列规整、无交叉拧绞，经过通电测试，工作状态正常。

5. 通风设备的电力线、信号线、接地线端头制作规范；按设计要求采取线缆保护措施、布线排列整齐美观、安装固定、标识清楚。

6. 设备表面光泽一致，无划伤、刻痕、剥落、锈蚀。

7. 控制柜内布线整齐、美观、绑扎牢固，接线端头焊(压)结牢固、平滑；编号标识清楚，预留长度适当；柜门开关灵活、出现孔密封措施得当，机箱内无积水、无霉变、无明显尘土，表面无锈蚀。

8. 隐蔽工程验收记录、分项工程自检和设备调试记录、安装和非安装设备及附(备)件清单、有效的设备检验合格报告或证书等资料齐全。

主控项目

通风设施施工允许偏差应符合表1的规定。

表1 通风设施施工允许偏差

序号	检查项目	允许偏差	检查方法
1	净空高度	符合设计要求	用经纬仪或量尺测量
2	绝缘电阻	强电端子对机壳≥50MΩ	500V兆欧表测量
3	控制柜安全保护接地电阻	≤4Ω	接地电阻测量仪
4	防雷接地电阻	≤10Ω	接地电阻测量仪
5	风机运转时隧道断面平均风速	符合设计要求	风速仪实测

一般项目

通风设施施工允许偏差应符合表2的规定。

表2 通风设施施工允许偏差

序号	检查项目	允许偏差	检查方法
1	安装误差	符合设计要求	用经纬仪或量尺测量
2	风速全速运转时隧道噪声	符合设计要求	距路面1m声级计实测不得超过85dB
3	响应时间	发送控制命令后至风机启动带动叶轮转动时的时间≤5s，或符合设计要求	实际操作
4	方向可控性	接收手动、自动控制信号改变通风方向	实际操作
5	风速可控性	接收手动、自动控制信号调节通风量	实际操作
6	运行方式	风机具有手动、自动两种运行方式以控制风机的启动、停止、方向和风量	实际操作
7	本地控制模式	自动运行方式下，可以接收多路检测器的控制，控制风机启动、停止与方向和风量	实际操作
8	远程控制模式	自动运行方式下，通过标准串口，接收本地控制器或计算机控制系统的控制，控制风机启动、停止与方向、风量	实际操作

城市隧道附属工程照明设施施工检验批质量验收记录表

渝市政验收5-8-2

工程名称	1#隧道	分项工程名称	照明设施	验收部位	K1+000 ~ K1+500
施工单位	重庆××市政工程有限公司	项目经理	李××	技术负责人	齐××
施工执行标准名称及编号	重庆市《城市隧道工程施工质量验收规范》DBJ 50-107—2010				

	序号	质量验收规范的规定 检查项目	质量验收规范的规定 允许偏差(mm)	施工单位检查记录	监理(建设)单位验收记录
主控项目	1	绝缘电阻	强电端子对机壳≥50mΩ	符合规范要求。	符合规范要求。
	2	控制柜安全保护接地电阻	≤4Ω	有接地防护。	符合规范要求。
	3	防雷接地电阻	≤19Ω	防雷接地电阻在允许值内。	符合规范要求。
	4	启动、停止方式	可自动、手动两种方式控制全部或部分照明器的启动、停止	启动、停止方式符合规范要求。	符合规范要求。
	5	照度(入口段、过渡段、中间段)	符合设计要求	符合规范要求。	符合规范要求。
	6				
一般项目	1	灯具的安装偏差	符合设计要求。无要求时:纵向≤300mm,横向≤20mm,高度≤10mm	符合设计要求。	符合规范要求。
	2	灯具启动时间的可调性	照明回路组的启动时间间隔可调、可控	启动时间间隔可调、可控。	符合规范要求。
	3	照度总均匀度、纵向均匀度	符合设计要求	符合规范要求。	符合规范要求。
	4	紧急照明	双路供电照明系统,主供电路停电时,应自动切换到备用供电线路上	双路供电照明系统,主供电路停电时,自动切换到备用供电线路上。	符合规范要求。
施工单位检查结果	经检查,主控项目和一般项目均符合设计要求和重庆市《城市隧道工程施工质量验收规范》(DBJ 50-107—2010)规定,评定合格。 专业技术负责人:张×× 质检工程师:于×× 技术负责人:江×× 2015年5月25日				
监理单位审查结论	同意施工单位验收结果,评定合格。 专业监理工程师:程×× 2015年5月25日				
建设单位验收结论	同意施工单位评定结果,验收合格,同意进行下道工序施工。 现场负责人:赵×× 2015年5月25日				

说明:

一般规定

1. 照明设备及缆线的数量、型号、规格、程式符合设计要求,部件及配件完整。

2. 照明灯具安装支架的结构尺寸、预埋件、安装方位、安装间距等符合设计要求。

3. 照明设备及控制柜安装牢固、方位正确。

4. 按规范要求连接照明设备的保护线、信号线、电力线、排列规整、无交叉拧绞,经过通电测试,工作状态正常。

5. 照明灯具安装稳固、位置准确,灯具轮廓线形与隧道协调、美观。

6. 照明设备的电力线、信号线、接地线端头制作规范;按设计要求采取线缆保护措施、布线排列整齐美观、安装固定符合要求、标识清楚。

7. 设备表面光泽一致、无划伤、无刻痕、无剥落、无锈蚀。

8. 控制柜内布线整齐、美观。绑扎牢固,接线端头焊(压)结牢固、平滑;编号标识清楚,预留长度适当;柜门开关灵活、出现孔密封措施得当,机箱内无积水、无霉变、无明显尘土,表面无锈蚀。

9. 照明灯具应发光均匀、无刺眼的眩光。

10. 隐蔽工程验收记录、分项工程自检和设备调试记录、安装和非安装设备及附(备)件清单、有效的设备检验合格报告或证书等资料齐全。

主控项目

照明设施施工允许偏差应符合表1的规定。

表1　照明设施施工允许偏差

序号	检查项目	允许偏差	检查方法
1	绝缘电阻	强电端子对机壳≥50mΩ	500V兆欧表测量
2	控制柜安全保护接地电阻	≤4Ω	接地电阻测量仪
3	防雷接地电阻	≤10Ω	接地电阻测量仪
4	启动、停止方式	可自动、手动两种方式控制全部或部分照明器的启动、停止	实际操作
5	照度(入口段、过渡段、中间段)	符合设计要求	照度计

一般项目

照明设施一般项目实测值应符合表2的规定。

表2　照明设施允许偏差

序号	检查项目	允许偏差	检查方法
1	灯具的安装偏差	符合设计要求。无要求时:纵向≤30mm,横向≤20mm,高度≤10mm	用经纬仪或量尺测量
2	灯具启动时间的可调性	照明回路组的启动时间间隔可调、可控	实际操作
3	照度总均匀度、纵向均匀度	符合设计要求	照度计
4	紧急照明	双路供电照明系统,主供电路停电时,应自动切换到备用供电线路上	模拟操作

城市隧道附属工程电缆槽施工检验批质量验收记录表

渝市政验收5-8-3

工程名称		1#隧道	分项工程名称	照明设施			验收部位		K1+000~K1+500		
施工单位		重庆××市政工程有限公司		项目经理		李××		技术负责人		齐××	
施工执行标准名称及编号		重庆市《城市隧道工程施工质量验收规范》DBJ 50-107—2010									
		质量验收规范的规定		施工单位检查记录							监理（建设）单位验收记录
		检查项目	允许偏差（mm）								
主控项目	1	混凝土强度	符合设计要求	符合规范要求。							符合规范要求。
	2	轴线偏位	50	25	25	25	25	25	25	24	符合规范要求。
	3	槽、沟底高程	±15	−12	−9	12	13	15	10	−7	符合规范要求。
	4	墙面直顺度	±5	−1	2	−3	−4	3	4	2	符合规范要求。
	5	断面尺寸	±10	−5	−9	8	4	5	8	−7	符合规范要求。
	6	基础厚度	不小于设计值	大于设计值。							符合规范要求。
一般项目	1										
	2										
施工单位检查结果		经检查，主控项目和一般项目均符合设计要求和重庆市《城市隧道工程施工质量验收规范》（DBJ 50-107—2010）规定，评定合格。 专业技术负责人：张×× 质检工程师：于×× 技术负责人：江×× 2015年5月25日									
监理单位审查结论		同意施工单位验收结果，评定合格。 专业监理工程师：程×× 2015年5月25日									
建设单位验收结论		同意施工单位评定结果，验收合格，同意进行下道工序施工。 现场负责人：赵×× 2015年5月25日									

说明：

一般项目

1.现浇混凝土、混凝土预制板的质量和规格应符合设计要求。

2.电缆槽及排水沟缩缝应与隧道墙身缩缝（沉降缝）对齐。

3.钢筋混凝土盖板强度、厚度、配筋应符合设计要求。

4.槽沟内侧及槽沟底应平顺。

5.槽沟底不得有杂物。

6.盖板安装必须平稳，密贴、无严重缺棱掉角，相临板间高差不大于5mm。

7.与电缆槽相结合的路沿石应确保墙面的直顺度。

实测项目

1. 电缆槽施工允许偏差应符合下表的规定。

表 电缆槽施工允许偏差

序号	检查项目	允许偏差	检查方法和数量
1	混凝土强度	符合设计要求	
2	轴线偏位（mm）	50	经纬仪或尺量；每200m测5处
3	槽、沟底高程	±15	水准仪；每200m测5处
4	墙面直顺度（mm）	±5	20m拉线；每200m测2处
5	断面尺寸	±10	尺量；每200m测2处
6	基础厚度（mm）	不小于设计	尺量；每200m测2处

2.消防设施，监控设施，交通设施等专业工程项目的质量检验评定见相关专业的验收规范。

第六章　重庆市桥梁工程施工质量验收表格填写示例

重庆市城市桥梁工程施工质量验收基本规定与程序

1　一般规定

1.1　施工现场质量管理应有健全的质量管理体系、施工质量控制和质量检验制度,施工现场质量管理应按附表1的要求进行检查记录。

1.2　施工单位应对建设单位提供的施工范围内的地下管线等建(构)筑物及水文地质情况进行核实。

1.3　施工单位应依据拟建桥梁工程特点编制施工组织设计。一般桥梁施工组织设计应经施工单位技术部门审批,特大桥、较大规模立交桥等大型技术复杂桥梁由施工单位总工程师审批。按相应审批程序履行报批手续。

1.4　城市桥梁工程应按下列规定进行施工质量控制:

(1)工程采用的主要材料、半成品、成品、构配件、器具和设备应进行现场验收,并按有关专业质量验收规范和标准规定进行复检。监理工程师应按规定进行平行检测和见证取样检测;

(2)施工用器具和设备进入现场使用前应按有关规定进行检测、校正或标定;

(3)各工序应进行质量控制,每道工序完成后应进行检查,并形成记录;

(4)工序之间应进行交接检验,未经监理工程师检查认可,不得进行下道工序施工。

1.5　施工单位应按设计文件进行施工。发生设计变更及工程洽商应按有关规定程序办理设计变更与技术核定、工程洽商手续。

1.6　城市桥梁工程应进行桥梁荷载试验。具体要求按《重庆城市桥梁荷载试验管理暂行办法》(渝建发〔2007〕112号)执行。

1.7　城市桥梁工程施工质量验收应符合下列要求:

(1)工程施工应符合工程勘察、设计文件的要求;

(2)工程施工质量应符合相关规范和相关专业验收规范和标准的规定;

(3)参加工程施工质量验收的各方人员应具备规定的资格;

(4)工程质量的验收均应在施工单位自行检查评定合格、监理工程师复查认证的基础上进行;

(5)检验批的质量应按主控项目和一般项目验收;

(6)承担复检或检测的单位应具有相应资质;

(7)工程的外观质量应由验收人员通过现场检查评分共同确认。

2　工程质量验收单元的划分

2.1　城市桥梁工程质量验收单元应划分为单位(子单位)工程、分部(子分部)工程、分项工程和检验批。

2.2 单位工程的划分应按下列原则确定：

(1)具有独立使用功能的桥梁应为一个单位工程；

(2)城市互通式立交桥应为一个单位工程；

(3)上述两款中的特大型、大型桥梁工程可按施工总承包合同划分单位工程；

(4)城市高架桥梁应按施工总承包合同划分单位工程；

(5)一个施工承包合同中的若干座中、小桥宜合为一个单位工程，每座桥梁可作为一个子单位工程；

(6)规模较大的单位工程，可根据其独立使用功能或结构形式和施工工艺，按桥跨、匝道等划分为若干子单位工程；

(7)规模较大的立交工程中的道路、排水、照明、景观、绿化及其他结构工程可根据其功能划分为若干子单位工程，并执行相应的质量验收规范和标准。

2.3 分部工程可以是地基与基础、下部结构、上部结构、桥面系和附属工程。当分部工程较大或较复杂时，可按材料种类、施工特点、施工程序、专业系统及类别等划分为若干子分部工程。

2.4 分项工程应按主要施工方法、材料、工序等划分。

2.5 分项工程可由一个或若干个检验批组成。检验批可根据施工条件、质量控制和专业验收及施工需要按桩、墩、跨、浇注段等划分。

2.6 城市桥梁工程的分部、子分部、分项工程划分应符合表2.6的规定。

表2.6 城市桥梁工程分部(子分部)工程、分项工程划分表

序号	分部工程	子分部工程	分 项 工 程
1	地基与基础	基坑	无支护基坑，有支护基坑，围堰，基坑回填
		基础	钢筋，混凝土
		钻孔灌注桩	成孔，钢筋笼制作，钢筋笼安装，水下混凝土
		挖孔灌注桩	成孔，钢筋笼制作，钢筋笼安装，混凝土
		承台	钢筋，混凝土
2	下部结构	桥墩	墩身(柱)(包括模板与支架、钢筋、预应力、混凝土)，系梁(盖梁)(包括模板与支架、钢筋、预应力、混凝土)，支座垫石
		桥台	U形台身(包括混凝土、砌体)，轻型台身(包括钢筋、混凝土、模板)
		拱座	拱座(包括模板、钢筋、混凝土)
		索塔、桥塔	索塔、桥塔柱(包括模板与支架、钢筋、预应力、混凝土)，横梁(包括模板与支架、钢筋、预应力、混凝土)
3	上部结构 拱式桥	圬工拱	砌筑拱圈(支架、砌筑)、浇注拱圈(支架、浇筑)
		钢筋混凝土箱板拱、箱肋拱	支架现浇拱圈(包括模板与支架、钢筋、混凝土) 箱肋预制(包括模板与支架、钢筋、混凝土)，吊装
		桁架拱、刚架拱	支架现浇拱片(包括模板与支架、钢筋、混凝土) 构件预制(包括模板与支架、钢筋、混凝土)，吊装
		钢管混凝土拱圈	钢管拱制作、安装、钢管混凝土浇筑
		钢箱拱	钢拱肋制作、安装、涂装
		钢桁拱	钢桁杆件制作、安装、涂装
		拱上结构	拱上侧墙砌筑(浇筑) 拱上横墙及腹拱砌筑(浇筑)、腹拱制作(安装) 拱上立柱(帽梁)(钢筋、混凝土)，桥道梁(板)制作(包括钢筋、预应力、混凝土)与安装

续表

序号	分部工程		子分部工程	分项工程
3	上部结构	拱式桥	悬吊系统	吊杆、横梁制作、安装，系杆制作、安装、张拉，桥道梁（板）制作（包括钢筋、预应力、混凝土）、安装
		梁式桥	现浇混凝土梁、板	现浇混凝土梁、板（包括模板与支架、钢筋、预应力、混凝土）
			预制拼装混凝土梁、板	预制梁、板（包括模板、钢筋、预应力、混凝土）安装
			悬臂施工混凝土梁	现浇0#块（包括模板、钢筋、预应力、混凝土） 悬臂施工节段（包括模板、钢筋、预应力、混凝土） 合拢段（包括模板、钢筋、预应力、混凝土）
			钢梁	钢梁制作，安装、涂装
		斜拉桥	主梁	现浇混凝土主梁（包括模板与支架、钢筋、预应力、混凝土） 预制拼装混凝土主梁、钢主梁
			斜拉索	拉索安装、拉索张拉
		悬索桥	锚碇	锚洞（坑）、混凝土、钢筋、预应力
			主缆	主缆制作、架设
			加劲梁	钢梁制作、吊装、涂装
				结合梁钢部分制作、安装，混凝土部分（包括模板、钢筋、混凝土）
				混凝土梁浇筑，节段预制与拼装
4	桥面系与附属工程			桥面防水层、桥面铺装（包括钢筋、混凝土、沥青混凝土面层）、伸缩装置、桥面排水、栏杆与防撞墙（包括模板、钢筋、混凝土、）隔离设施和人行道、台后搭板（包括模板与支架、钢筋、混凝土）、声屏和防眩装置、排水管道等

3 工程质量验收

3.1 检验批质量验收合格应满足下列要求：

（1）主控项目的质量经抽样检验全部合格；

（2）一般项目的质量经抽样检验合格；当采用计数检验时，除有专门要求外，一般项目的合格率应达到80%及以上；

（3）具有完整的施工操作依据和质量检查记录。

3.2 分项工程质量验收合格应满足下列要求：

（1）分项工程所含检验批均应符合合格质量的规定；

（2）分项工程所含检验批的质量验收记录完整。

3.3 分部（子分部）工程质量验收合格应满足下列要求：

（1）所含分项工程的质量均应验收合格；

（2）施工质量保证资料完整；

（3）关键工序质量应按规定验收合格；

（4）外观质量验收应符合要求。

3.4 子单位工程质量验收合格应满足下列要求：

（1）所含分部（子分部）工程的质量均验收合格；

（2）施工质量保证资料完整；

(3)所含分部工程验收资料完整；

(4)实体量测的抽查结果符合相关规范的规定；

(5)外观质量验收符合要求。

3.5　单位工程质量验收合格应满足下列要求：

(1)所含子单位工程的质量均验收合格；

(2)桥梁静、动荷载试验已完成，其结果满足设计和规范要求；

(3)施工质量保证资料完整；

(4)子单位工程验收资料完整；

(5)整体外观质量验收符合要求。

3.6　工程质量验收资料应符合下列规定：

(1)检验批质量验收按附表2进行；

(2)分项工程质量验收按附表3进行；

(3)分部(子分部)工程及关键工序质量验收应按附表4进行；

(4)单位(子单位)工程质量验收、质量保证资料核查、实体量测抽查、外观质量检查按附表5、附表6、附表7、附表8、附表9、附表10进行。

3.7　工程竣工验收合格应符合下列规定：

(1)完成所有的单位工程质量验收；

(2)单位工程质量验收中提出的整改项目已整改完成；

(3)主要性能指标抽查符合相关专业规范的规定。

3.8　检验批施工质量不符合要求时的处理规定：

(1)返工重做，并重新进行验收；

(2)经检测单位检测鉴定能够达到设计要求的，应予以验收；

(3)经检测单位检测鉴定达不到设计要求，但经原设计单位核算认可能够满足结构安全和使用功能的，可予以验收。

3.9　经返修或加固处理的分项、分部工程，虽然改变外形尺寸但仍能满足安全使用要求，可按处理方案和协商文件进行验收。

3.10　通过返修或加固处理仍不能满足安全使用要求的分部工程，不予以验收。

4　工程质量验收程序和组织

4.1　检验批及分项工程应由专业监理工程师组织施工单位项目专业质量(技术)负责人等进行验收。

4.2　关键工序和首次检验批应由总监理工程师组织施工单位(项目负责人和技术、质量负责人)及建设、勘察、设计等相关人员进行验收。

4.3　分部工程应由总监理工程师组织施工单位(项目负责人和技术、质量负责人)及建设、勘察、设计等相关人员进行验收。

4.4　单位(子单位)工程应由总监理工程师组织建设单位项目负责人、设计单位项目负责人、勘察单位项目负责人、施工单位项目经理等进行验收。

4.5 工程竣工验收由建设单位组织验收组进行验收;验收组由建设、勘察、设计、施工、监理等单位的有关负责人组成,必要时应邀请有关方面专家参加;验收组组长应由建设单位授权的有关负责人担任。

4.6 当参加验收各方对工程质量验收意见不一致时,应终止验收;由政府行政主管部门或其委托的工程质量监督机构与相关单位协调解决。

4.7 工程竣工验收合格后,建设单位应按规定将工程竣工验收文件报政府行政主管部门备案。

附表1 桥梁工程施工现场质量管理检查记录表

编号：

工程名称	重庆市××区上海路立交桥工程			施工许可证(开工证)	KA第2014002616号
建设单位	重庆市××开发集团有限公司			项目负责人	王××
设计单位	重庆××市政设计院有限公司			设计负责人	刘××
监理单位	重庆××建设监理有限公司			总监理工程师	王××
施工单位	重庆××市政工程有限公司	项目经理	岳××	技术负责人	柳××

序号	项目	内容
1	项目经理部文件及主要负责人资质	质量例会制度；三检及交接检制度；月评比及奖罚制度；质量综合评审及奖惩制度。
2	现场质量管理制度	岗位责任制；设计交底制；技术交底制；挂牌制度。
3	质量责任制	测量工、钢筋工、电焊工、架子工、木工、混凝土工等主要专业工种操作上岗证齐全，符合要求。
4	主要专业工种操作上岗证书	在合同允许范围内组织分包，并且严格审查分包资质；总包单位建立合同管理分包单位制度。
5	分包方资质与对分包单位的管理制度	施工图经设计交底，施工单位已确认。
6	施工图审查情况	地质勘察报告齐全。
7	地质勘察资料	施工组织设计、施工方案编制及审批手续齐全。
8	施工组织设计、施工方案及审批	桥梁、桩基、附属工程、模板、钢筋等30多种。
9	施工技术标准	原材料进场检验制度；抽样检验制度；检验批、分部分项工程检验制度等。
10	工程质量检验制度	计量设备精度控制制度；搅拌站管理制度等。
11	搅拌站及计量设置	材料抽样检测及进场、出入场管理制度等。
12	现场材料、设备存放与管理	岗位职责、现场管理、安全管理等。
13		

检查结论：

通过上述项目的检查，项目部施工现场管理制度明确到位，质量责任制措施得力，主要专业工种操作上岗证书齐全，施工组织设计、主要施工方案逐级审批，现场工程质量检验制度齐全，现场材料、设备管理制度有效，施工平面布置、施工进度计划可行。现场管理、安全文明施工有效。

总监理工程师：安××

（建设单位项目负责人）：张××

2015年5月20日

说明:本表用于工程开工前总监理工程师或建设单位项目负责人对施工单位现场质量管理情况进行检查。

1. 建设单位的"项目负责人":应填与质量责任书一致的工程的项目负责人。

2. 设计单位的"设计负责人":应填与质量责任书一致的工程的项目负责人。

3. 监理单位的"总监理工程师":应填与质量责任书一致的工程的项目总监理工程师。

4. 施工单位的"项目经理"、"技术负责人":应填与质量责任书一致的工程的项目经理、项目技术负责人。

5. "现场质量管理制度":主要是图纸会审、设计交底、技术交底、施工组织设计编制批程序、工序交接、质量检查评定制度,质量好的奖励及达不到质量要求的处罚办法,以及质量例会制度及质量问题处理制度等。

6. "质量责任制":各质量负责人的分工,各项质量责任的落实规定,定期检查及有关人员奖罚制度等。

7. "主要专业工种操作上岗证书":起重、塔吊等垂直运输司机,测量工、钢筋、混凝土机械、焊工、瓦工、架子工、电工、管道工、防水工等工种。

8. "分包方资质与对分包单位的管理制度":有分包时,总承包单位应有管理分包单位制度,主要是质量、技术的管理制度等。

9. "施工图审查情况":是施工图审查机构出具的审查报告及审查报告中问题的落实情况,如果图纸是分批交出的话,施工图审查可分段进行。

10. "地质勘察资料":有勘察资质的单位出具的经勘察审查机构审查合格的正式地质勘察报告,可供地下部分施工方案制定和施工组织总平面图编制时参考。

11. "施工组织设计、施工方案及审批":检查编制程序、内容、有针对性的具体措施,应有编制单位、审核单位、批准单位,有贯彻执行的措施。

12. "施工技术标准":是操作的依据和保证工程质量的基础,承建企业应有不低于国家质量验收规范的操作规程等企业标准。施工现场应使用的施工技术标准应齐备。

13. "工程质量检验制度":包括三个方面的检验,一是原材料、设备进场检验制度;二是施工过程的试验报告;三是竣工后的抽查检测,应专门制订抽测项目、抽测时间、抽测单位等计划,使监理、建设单位等应知道。

14. "搅拌站及计量设置":主要是检查设置在工地搅拌站的计量设施的精确度、管理制度等内容。预拌混凝土或安装专业可不填。

15. "现场材料、设备存放与管理":是为保持材料、设备质量必须有的措施。根据材料设备性能制订管理制度,建立相应的库房。

16. 本表通常一个单位工程或一个工程的一个标段只查一次,如分段施工、人员更换或管理工作不到位时,可再次检查。

17. 如总监理工程师或建设单位项目负责人检查验收不合格,施工单位必须限期改正否则不许开工。

附表2 桥梁工程检验批质量验收记录表

编号:

单位(子单位)工程名称	重庆市××区上海路立交桥工程		
分部(子分部)工程名称	重庆市××区上海路立交桥工程2号桥工程		
分项工程名称	现浇混凝土桩基承台	验收部位	K1+000 ~ K1+500
施工单位	重庆××市政工程有限公司	项目经理	赵××
分包单位	山东××城建开发公司一分公司	分包项目经理	李××
施工执行标准名称及编号	重庆市《城市桥梁工程施工质量验收规范》DBJ 50-086—2008		
施工质量验收规范规定值	施工单位检验记录		监理(建设)单位检验记录
主控项目 1			
主控项目 2			
主控项目 3			
主控项目 4			
主控项目 5			
主控项目 6			
主控项目 7			
主控项目 8			
一般项目 1			
一般项目 2			
一般项目 3			
一般项目 4			
	施工员	施工班组长	
施工单位检查评定结果	检查情况: 经自检,主控项目、一般项目均符合设计要求和重庆市《城市桥梁工程施工质量验收规范》(DBJ 50-086—2008)规范要求,评定合格。 项目专职质量员:赵×× 2015年2月26日		
监理(建设)单位验收结论	验收意见: 同意施工单位评定结果,验收合格,同意时行下道工序施工。 专业监理工程师:王×× 2015年3月1日		

说明:本表用于检验批质量验收。

1.“验收部位”:是验收的那个检验批的抽样范围,要标注清楚,如一标段K120-000段1号桩;K120+200~K120+360等。

2.“施工执行标准名称及编号”:施工操作工艺若是企业标准,企业标准应有编制人、批准人、批准时间、执行时间、标准名称及编号,填写表时只要将标准名称及编号填写上;

3.“主控项目”、“一般项目”、“施工单位检验记录”:对定量项目直接填写检查的数据;对定性项目原则上采用问答式填写,一一对应;

4.“监理(建设)单位检验记录”:对主控项目、一般项目应逐项进行验收。对符合验收规范规定的项目,填写“合格”或“符合要求”,对不符合验收规范规定的项目,暂不填写,待处理后再验收,但应做标记;

5.“主控项目”、“一般项目”、“施工单位检查评定结果”等可参照重庆市地方标准:DBJ 50-078—2008《重庆市城市道路工程施工质量验收规范》、DBJ 50-086—2008《重庆市城市桥梁工程施工质量验收规范》、DBJ 50-107—2010《重庆市城市隧道工程施工质量验收规范》、DBJ 50-128—2011《重庆市城镇道路附属附属设施工程施工质量验收规范》、DBJ 50-126—2011《重庆市市政工程边坡及挡护结构施工质量验收规范》、DBJ 50-108—2010《重庆市城镇给水排水构筑物及管道工程施工质量验收规范》等一系列施工验收标准规范。

6.“施工单位检查评定结果”:施工单位自行检查评定合格后,应注明“主控项目全部合格,一般项目满足规范规定要求”。专业质量检查员代表企业逐项检查评定合格,填写并清楚写明结果,签字后交监理工程师或建设单位项目专业技术负责人验收;

7.“监理(建设)单位验收结论”:主控项目、一般项目验收合格,混凝土、砂浆试件强度待试验报告出来后判定,其余项目已全部验收合格,注明“同意验收”。专业监理监理工程师(建设单位的专业技术负责人)签字。

附表3 桥梁工程分项工程质量验收记录表

编号：

<table>
<tr><td colspan="3">单位(子单位)工程名称</td><td colspan="3">重庆市××区上海路立交桥工程</td></tr>
<tr><td colspan="3">分部(子分部)工程名称</td><td colspan="3">重庆市××区上海路立交桥工程1号桥</td></tr>
<tr><td colspan="2">施工单位</td><td colspan="2">重庆××市政工程有限公司</td><td>项目经理</td><td>岳××</td></tr>
<tr><td colspan="2">分包单位</td><td colspan="2">山东××城建开发公司一分公司</td><td>项目经理</td><td>张××</td></tr>
<tr><td>序号</td><td>检验批部位名称</td><td colspan="2">施工单位检验结果</td><td colspan="2">监理单位验收意见</td></tr>
<tr><td>1</td><td>桥梁有支护基坑</td><td colspan="2">符合设计及规范要求。</td><td colspan="2" rowspan="9">符合设计要求和规范规定。</td></tr>
<tr><td>2</td><td>桥梁桥墩墩身柱</td><td colspan="2">符合相关规定。</td></tr>
<tr><td>3</td><td>桥梁钢拱肋制作、安装、涂装</td><td colspan="2">达到设计和规范要求。</td></tr>
<tr><td>4</td><td>桥梁上部拱式桥拱上结构</td><td colspan="2">符合要求。</td></tr>
<tr><td>5</td><td>桥梁上部结构拱式桥悬臂施工混凝土梁</td><td colspan="2">符合设计要求和规范规定。</td></tr>
<tr><td>6</td><td>桥面防水层施工</td><td colspan="2">符合设计规范要求。</td></tr>
<tr><td>7</td><td>桥梁上部悬索桥加劲梁施工</td><td colspan="2">符合设计要求和施工规范。</td></tr>
<tr><td>8</td><td></td><td colspan="2"></td></tr>
<tr><td>9</td><td></td><td colspan="2"></td></tr>
<tr><td>检查结论</td><td colspan="2">经检查，该分项工程各检验批均符合设计及相关规范要求，该分项工程合格。
项目专业技术负责人：李××
2015年5月1日</td><td>验收结论</td><td colspan="2">经审查，该分项工程符合相关要求，合格。
专业监理工程师：黄××
2015年5月1日</td></tr>
</table>

说明：本表用于分项工程质量验收。

分项工程是在检验批验收合格的基础上进行，是一个统计表，没有实质性验收内容。一是检查检验批是否将整个工程覆盖了，有没有漏掉的部位；二是检查有混凝土、砂浆强度要求的检验批，到龄期后能否达到规范规定；三是将检验批的资料统一，依次进行登记整理。

监理单位的专业监理工程师(或建设单位的专业负责人)应逐项审查，同意项填写“合格或符合要求”，不同意项暂不填写，待处理后再验收，但应做标记。

附表4　桥梁工程分部(子分部)工程质量验收记录表

编号：

<table>
<tr><td colspan="3">单位(子单位)工程名称</td><td colspan="4">重庆市××区上海路立交桥工程</td></tr>
<tr><td colspan="2">施工单位</td><td colspan="5">重庆市××区上海路立交桥工程1号桥</td></tr>
<tr><td colspan="2">项目经理</td><td>王××</td><td>技术负责人</td><td>张××</td><td>质量负责人</td><td>文××</td></tr>
<tr><td rowspan="11">分项工程</td><td>序号</td><td>名称</td><td>检验批数</td><td>检查结果</td><td colspan="2">监理验收意见</td></tr>
<tr><td>1</td><td>基坑支护</td><td>6</td><td>符合要求。</td><td colspan="2" rowspan="10">各分项工程符合设计及规范要求，同意验收。</td></tr>
<tr><td>2</td><td>墩身施工</td><td>8</td><td>验收合格。</td></tr>
<tr><td>3</td><td>支架现浇混凝土施工</td><td>10</td><td>合格。</td></tr>
<tr><td>4</td><td>预应力横梁施工</td><td>5</td><td>符合相关要求。</td></tr>
<tr><td>5</td><td>现浇混凝土主梁施工</td><td>4</td><td>验收合格。</td></tr>
<tr><td>6</td><td>桥面防水层施工</td><td>4</td><td>符合规范要求。</td></tr>
<tr><td>7</td><td></td><td></td><td></td></tr>
<tr><td>8</td><td></td><td></td><td></td></tr>
<tr><td>9</td><td></td><td></td><td></td></tr>
<tr><td>10</td><td></td><td></td><td></td></tr>
<tr><td colspan="3">质量保证资料检查</td><td colspan="2">质量保证资料5份，齐全有效。</td><td colspan="2">符合规范相关规定。</td></tr>
<tr><td colspan="3">关键工序验收</td><td colspan="2">关键工序有施工专项方案，有效。</td><td colspan="2">符合规范相关规定。</td></tr>
<tr><td colspan="3">外观质量验收</td><td colspan="2">外观质量符合要求。</td><td colspan="2">符合规范相关规定。</td></tr>
<tr><td rowspan="5">验收单位</td><td>施工单位</td><td colspan="5">主控项目、一般项目均符合设计要求和重庆市《城市桥梁工程施工质量验收规范》(DBJ 50-086—2008)规范要求，评定合格。
技术(质量)负责人：张××
项目经理：卫××
2015年5月18日</td></tr>
<tr><td>监理单位</td><td colspan="5">符合设计和施工规范要求，合格。
专业监理工程师：李××
总监理工程师：张××
2015年5月18日</td></tr>
<tr><td>勘察单位</td><td colspan="5">符合设计和相关勘察规范要求。
项目负责人：赵××
2015年5月18日</td></tr>
<tr><td>设计单位</td><td colspan="5">符合设计和相关规范要求。
项目负责人：廖××
2015年5月18日</td></tr>
<tr><td>建设单位</td><td colspan="5">同意施工单位验收意见。
项目负责人：周××
2015年5月18日</td></tr>
</table>

说明:本表用于分部(子分部)工程质量验收。

1."分项工程名称":按分项工程第一个检验批施工先后的顺序,将分项工程名称填写上,在第二格栏内分别填写各分项工程实际的检验批数量,并将各分项工程评定表按顺序附在表后。

2."施工单位检查评定":填写施工单位自行检查评定的结果。自检符合要求的打"√"标注。否则打"×"标注。监理单位或建设单位由总监理工程师或建设单位项目专业技术负责人组织审查,符合要求后,在验收意见栏内签注"同意验收"意见。

3."质量保证资料资料":验收的分部(子分部)工程的质量控制资料项目,按资料核查的要求,逐项进行核查。全部项目都通过,即可在施工单位检查评定栏内打"√"标注检查合格。监理单位总监理工程师组织审查,在符合要求后,在验收意见栏内签注"同意验收"意见。

4."关键工序验收":检测内容按单位(子单位)工程安全和功能检验资料核查及主要功能抽查记录中相关内容确定摸查和抽查项目。每个检测项目都通过审查,即可在施工单位检查评定栏内打"√"标注检查合格。由项目经理送监理单位或建设单位验收,监理单位总监理工程师或建设单位项目专业负责人组织审查,符合要求在验收意见栏内签注"同意验收"意见。

5."外观质量验收":由施工单位项目经于是组织进行现场检查,经检查合格将施工单位填写的内容填写好后,由项目经理签字交监理单位或建设单位验收。监理单位由总监理工程师或建设单位项目专业负责人组织验收,质量评价为好、一般、差。验收评价结论填写在分部(子分部)工程观感质量验收意见栏。

6.验收单位签字认可。参与工程建设单位的有关人员应亲自签名,以示负责,以便追查质量责任。

勘察单位可只签认地基基础分部(子分部)工程,由项目负责人亲自签认;

设计单位可只签地基基础、主体结构及重要安装分部(子分部)工程,由项目负责人亲自签认;

施工单位总承包单位必须签认,由项目经理亲自签认,有分包单位的分包单位也必须签认其分包的分部(子分部)工程,由分包项目经理亲自签认;

监理单位作为验收方,由总监理工程师亲自签认验收。如果按规定不委托监理单位的工程,可由建设单位项目专业负责人亲自签认验收;

地基基础、主体、幕墙等重要的分部(子分部)工程,验收合格后,验收单位应在签字栏加盖公章。

附表5 桥梁工程关键工序质量验收记录表

编号:

<table>
<tr><td colspan="2">单位(子单位)工程名称</td><td colspan="3">重庆市××区上海路立交桥工程</td></tr>
<tr><td colspan="2">分部(子分部)工程名称</td><td colspan="3">重庆市××区上海路立交桥工程1号桥</td></tr>
<tr><td colspan="2">关键工序名称</td><td>现浇桥面梁</td><td>检查项目</td><td>上部结构,梁式桥现浇混凝土主梁</td></tr>
<tr><td colspan="2">验收日期</td><td>2015年5月28日</td><td>验收范围</td><td>1号桥上部结构,梁桥</td></tr>
<tr><td rowspan="5">验收意见</td><td>施工单位</td><td colspan="3">经检查,主控项目和一般项目均符合设计要求和重庆市《城市桥梁工程施工质量验收规范》(DBJ 50-086—2008)规定,合格。
项目技术负责人:王××
项目经理:郑××
2015年5月29日</td></tr>
<tr><td>监理单位</td><td colspan="3">符合设计和施工规范要求,评定合格。
总监理工程师:刘××
2015年5月29日</td></tr>
<tr><td>勘察单位</td><td colspan="3">符合设计要求和施工规范要求。
项目负责人:吴××
2015年5月29日</td></tr>
<tr><td>设计单位</td><td colspan="3">符合设计规范要求。
项目负责人:李××
2015年5月29日</td></tr>
<tr><td>建设单位</td><td colspan="3">同意施工单位评定。
项目负责人:周××
2015年5月29日</td></tr>
</table>

说明:

1. 关键工序质量验收应由总监理工程师组织施工项目技术负责人及建设单位,设计单位有关专业设计负责人等进行验收,并按本表记录。关键工序质量验收汇总由总监理工程师负责。

2. 单位工程质量验收合格应符合下列规定:

(1)所含分部工程的质量均应验收合格;

(2)施工质量保证资料应完整;

(3)所含分部工程中关键工序验收资料应完整;

(4)对实体量测的抽查结果应符合相关规范规定要求;

(5)外观质量验收应符合要求。

附表6　桥梁工程关键工序质量验收汇总记录表

编号：

单位(子单位)工程名称		重庆市××区上海路立交桥工程						
验收基本情况		关键工序共6项，组织验收2次，有验收记录6份。						
序号	分部工程	关键工序	验收日期	验收意见				
				施工	监理	设计	建设	其他
1	地基与基础	钻孔灌注桩	2015年5月20日	合格	合格	合格	合格	
2	下部结构	桥墩墩身预应力施工	2015年5月20日	合格	合格	合格	合格	
3	上部结构	钢筋混凝土浇筑	2015年5月20日	合格	合格	合格	合格	
4	上部结构	加劲梁混凝土浇筑	2015年5月20日	合格	合格	合格	合格	
5								
6								
监理检查意见	经核查关键工序记录，以上关键工序均合格，同意验收合格。 总监理工程师：李×× 2015年5月30日 （监理项目部章）							

说明：

1. 关键工序质量验收应由总监理工程师组织施工项目技术负责人及建设单位，设计单位有关专业设计负责人等进行验收，并按表道路工程关键工序质量验收汇总记录表记录。关键工序质量验收汇总由总监理工程师负责。

2. 单位工程质量验收合格应符合下列规定：

(1)所含分部工程的质量均应验收合格；

(2)施工质量保证资料应完整；

(3)所含分部工程中关键工序验收资料应完整；

(4)对实体量测的抽查结果应符合相关规范规定要求；

(5)外观质量验收应符合要求。

附表7　桥梁工程单位(子单位)工程质量验收记录表

编号：

<table>
<tr><td>工程名称</td><td colspan="3">重庆市××区上海路立交桥工程</td><td>工程造价</td><td colspan="2">16205万元</td></tr>
<tr><td>施工单位</td><td colspan="2">济南城建一分公司</td><td>项目经理</td><td>岳××</td><td>技术负责人</td><td>张××</td></tr>
<tr><td>开工日期</td><td colspan="3">2014年3月2日</td><td>验收日期</td><td colspan="2">2015年2月10日</td></tr>
<tr><td>序号</td><td>项目</td><td colspan="2">验收记录</td><td colspan="3">验收结论</td></tr>
<tr><td>1</td><td>分部工程</td><td colspan="2">共有16个分部，经查符合标准及设计要求16个分部。</td><td colspan="3">经各专业分部工程验收，工程质量符合标准，同意验收。</td></tr>
<tr><td>2</td><td>质量保证资料核查</td><td colspan="2">共35项，经审查符合要求35项。</td><td colspan="3">质量控制资料经检查共35项，均符合设计要求和规范规定，同意验收。</td></tr>
<tr><td>3</td><td>关键工序验收</td><td colspan="2">共6项，经验收符合要求6项，验收文件10份。</td><td colspan="3">关键工序文件齐全，有效，符合规范要求。同意验收。</td></tr>
<tr><td>4</td><td>荷载试验结果</td><td colspan="2">符合规范规定。</td><td colspan="3">符合规范规定。</td></tr>
<tr><td>5</td><td>外观质量验收</td><td colspan="2">8份。</td><td colspan="3">符合规范要求。</td></tr>
<tr><td>6</td><td>存在的质量缺陷和问题</td><td colspan="2">共　　项，整改完成时间限　　年　　月　　日前。</td><td colspan="3"></td></tr>
<tr><td>7</td><td>验收结论</td><td colspan="2">符合规范要求。</td><td colspan="3">符合规范要求，同意验收。</td></tr>
<tr><td rowspan="2">参加验收单位</td><td>建设单位</td><td>设计单位</td><td>勘察单位</td><td>监理单位</td><td colspan="2">施工单位</td></tr>
<tr><td>(公章)
单位(项目)负责人：
2015年5月8日</td><td>(公章)
项目负责人：
2015年5月8日</td><td>(公章)
项目负责人：
2015年5月8日</td><td>(公章)
总监理工程师：
2015年5月8日</td><td colspan="2">(公章)
单位(项目)负责人：
2015年5月8日</td></tr>
</table>

说明：本表用于单位(子单位)工程质量竣工验收。

1."分部工程"：由施工单位的项目经理组织有关人员逐个分部(子分部)进行检查评定。注明共验收几个分部，经验收符合标准及设计要求的几个分部。审查验收的分部工程全部符合要求，由监理单位在验收结论栏内写上"同意验收"的结论。

2."质量保证资料核查"：先由施工单位检查合格，再提交监理单位验收。将各子分部工程审查的资料逐项进行统计，填入验收记录栏内。由总监理工程师或建设单位项目负责人组织审查符合要求后，在验收记录栏格内填写项数。在验收结论栏内写上"同意验收"的意见。同时在单位(子单位)工程质量竣工验收记录表中的序号2栏内的验收结论栏内填"同意验收"。

3."关键工序验收"：一是在分部(子分部)进行了安全和功能检测的项目，要核查其检测报告结论是否符合设计要求。二是在单位工程进行的安全和功能抽测报告的结论是否达到设计要求及规范规定，由施工单位检查评定合格，再提交验收，由总监理工程师或建设单位项目负责人组织审查，按项目逐个进行核查验收。然后统计核查的项数和抽查的项数，填入验收记录栏，并分别统计符合要求的项数，分别填入验收记录栏相应的空档内。由总监理工程师或建设单位项目负责人在验收结论栏内填写"同意验收"的结论。如果返工处理后仍达不到设计要求，就要按不合格处理程序进行处理。

4."外观质量验收"：按核查的项目数及符合要求的项目数填写在验收记录栏内，如果没有影响结构安全和使用功能的项目，由总监理工程师或建设单位项目负责人为主导意见，评价好、一般、差，则不论评价为好、一般、差的项目,都可作为符合要求的项目。由总监理工程师或建设单位项目负责人在验收结论栏内填写“同意验收”的结论。如果有不符合要求的项目,就要按不合格处理程序进行处理。

5.“验收结论”:由项目经理组织有关人员对验收内容逐项进行查对,并将表格中应填写内容进行填写,自检评定符合要求后,在验收记录栏内填写各有关项数,交建设单位组织验收。验收时,在建设单位组织下,由建设单位相关专业人员及监理单位专业监理工程师和设计单位、施工单位相关人员分别核查验收有关项目,并由监理工程师组织进行现场观感质量检查。经各项目审查符合要求时,由监理单位或建设单位在“验收结论”栏内填写“同意验收”的意见。各栏均同意验收且经各参加检验方共同同意商定后,由建设单位填写“质量验收结论”,可填写为“通过验收”。

6.“参加验收单位”签名:设计单位、施工单位、监理单位、建设单位都同意验收时,其各单位的单位项目负责人要亲自签字,以示对工程质量的负责,并加盖单位公章,注明签字验收的年月日。

附表8 桥梁工程单位(子单位)工程质量保证资料检查记录表

编号:

工程名称	重庆市××区上海路立交桥工程		施工单位	济南城建路桥公司	
序号	资料名称	检查情况	检查意见		
			好	一般	差
1	图纸会审、设计交底记录	图纸会审记录、变更齐全,有编号,手续及时完备;竣工图清晰完整,与实际相符。	好		
2	基准点、控制点交桩及复核记录	基准点,控制点交桩记录齐全。	好		
3	施工组织设计、施工方案及审批记录	施工组织设计方案可行,过程控制有效。	好		
4	原材料、产品、半产品出厂合格证书及进场检验报告	1. 水泥、钢材、砂、石、砖等原材料、半成品合格证书及试验资料;2. 各种预制件合格证书及试验资料;3. 预应力张拉设备定期检验资料。	好		
5	施工检测及见证检测报告	符合规范要求。	好		
6	工程定位放样、复核记录	控制点、基准线、水准点的放复记录,有放必复。	好		
7	施工技术交底记录	检查施工技术交底记录,符合规范要求。	好		
8	施工记录	施工记录过程控制资料齐全。	好		
9	关键工序验收记录	记录资料齐全、真实,抽查内容征求,参建各方签字手续齐备。	好		
10	设计变更、工程洽商记录	洽商、记录、变更齐全,有编号,手续及时完备;竣工图清晰完整,与实际相符。	好		
11	质量问题整改消项记录	报告、处理结案及时,有质监部门认可。	好		
12	质量事故调查处理资料	完备,有效。	好		
13	荷载试验资料	符合规范要求。	好		
14	新材料、新工艺施工方案及记录	有质量目标、措施、落实情况、环保,文明施工安全,节约及专项方案设计,审批完备,设计交底,施工技术交底齐备等。	好		
15	检验批、分项、分部质量验收记录	符合规范要求。	好		
16	质量保证资料综合评价	好。	好		
检查人:王××		2015年5月10日			
检查结论	检查结论:各项目资料齐全,试验、检验记录符合要求,各项记录反映过程控制实际情况,符合相关规范要求规定。同意竣工验收。 总监理工程师(或建设项目负责人):邱×× 2015年5月20日				

说明:本表用于单位工程质量保证资料核查。

1. 总承包单位应将各分部、子分部工程应有的质量保证资料进行核查,图纸会审及变更记录,定位测量放线记录、施工操作依据,原材料、构配件等质量证书、按规定进行检验的检测报告、隐蔽工程验收记录、施工中有关施工试验、测试、检验等,以及抽样检测项目的检测报告等。其目的是强调工程结构、设备性能、使用功能方面主要技术性能的检验。

2. 质量保证资料主要是判定其是否能够反映保证结构安全和主要使用功能是否达到设计要求,所以规定质量保证资料应完整。

3. 验收检查(抽查)记录由检查人员填写,“结论”由总监理工程师或建设单位项目负责人填写。

4. 单位工程的划分应按下列原则确定:

(1)具有独立使用功能的桥梁应为一个单位工程;

(2)城市互通式立交桥应为一个单位工程;

(3)上述两款中的特大型、大型桥梁工程可按施工总承包合同划分单位工程;

(4)城市高架桥梁应按施工总承包合同划分单位工程;

(5)一个施工承包合同中的若干座中、小桥宜合为一个单位工程,每座桥梁可作为一个子单位工程;

(6)规模较大的单位工程,可根据其独立使用功能或结构形式和施工工艺,按桥跨、匝道等划分为若干子单位工程;

(7)规模较大的立交工程中的道路、排水、照明、景观、绿化及其他结构工程可根据其功能划分为若干子单位工程,并执行相应的质量验收规范和标准。

5. 单位工程质量验收合格应满足下列要求:

(1)所含子单位工程的质量均验收合格;

(2)桥梁静、动荷载试验已完成,其结果满足设计和规范要求;

(3)施工质量保证资料完整;

(4)子单位工程验收资料完整;

(5)整体外观质量验收符合要求。

附表9 桥梁工程单位(子单位)工程实体量测记录表

编号:

编号:

工程名称		重庆市××区上海路立交桥工程			施工单位				××城建一分公司路桥公司						
抽查范围		1#桥			长度(m)				2000						
序号	量测项目	允许偏差	抽查频率		点数										合格率(%)
			范围	点数											
1	车行道宽	±10mm	每20m	10	8	−6	5	4	8	9	−5	7	−6	4	100
2	人行道宽	±10mm	每20m	10	−6	5	4	8	9	−5	7	−6	4	8	100
3	桥面铺装平整度	按道路标准	每车道每20m	10	√	√	√	√	√	√	√	√	√	√	100
4	防撞护栏直顺度	4mm	每20m	10	√	√	√	√	√	√	√	√	√	√	100
5	桥面横坡	±0.3%	每20m												
6	桥面铺装厚度	+10,-5	≤300m >300m	10	√	√	√	√	√	√	√	√	√	√	100
7	沥青面层压实度	≥96%	≤300m >300m	10	98	99	99	98	99	98	99	89	99	95	90
8	墩台尺寸	±10mm	每墩	9	8	−2	−7	6	4	−7	−3	9	8		100
9	立柱间距	±10mm	每墩	10	9	−4	−6	6	5	−7	8	9	−8	6	100
10	墩台垂直度	0.25%H且≤25mm	每墩	10	√	√	√	√	√	√	√	√	√	√	100
11	混凝土平整度	5mm	每墩	8	1	2	4	3	2	1	2	3			100
12	通道孔桥下净空	≥设计要求	每孔	7	√	√	√	√	√	√	√				100
量测点数:104			合格点数104							平均合格率99.9%					

检查人:张×× 2015年5月18日

检查结论	实体测量抽查项目符合验收规范规定及要求。 总监理工程师: 2015年5月20日

说明:

1. 验收检查(抽查)记录由检查人员填写,检查结论由总监理工程师填写。

2. 单位工程的划分应按下列原则确定:

(1)具有独立使用功能的桥梁应为一个单位工程;

(2)城市互通式立交桥应为一个单位工程;

(3)上述两款中的特大型、大型桥梁工程可按施工总承包合同划分单位工程;

(4)城市高架桥梁应按施工总承包合同划分单位工程;

(5)一个施工承包合同中的若干座中、小桥宜合为一个单位工程,每座桥梁可作为一个子单位工程;

(6)规模较大的单位工程,可根据其独立使用功能或结构形式和施工工艺,按桥跨、匝道等划分为若干子单位工程;

(7)规模较大的立交工程中的道路、排水、照明、景观、绿化及其他结构工程可根据其功能划分为若干子单位工程,并执行相应的质量验收规范和标准。

3. 单位工程质量验收合格应满足下列要求:

(1)所含子单位工程的质量均验收合格;

(2) 桥梁静、动荷载试验已完成,其结果满足设计和规范要求;

(3)施工质量保证资料完整;

(4)子单位工程验收资料完整;

(5)整体外观质量验收符合要求。

4. 城市桥梁工程质量验收记录应符合下列规定:

(1)检验批质量验收可按规范进行;

(2)分项工程质量验收应按规范进行;

(3)分部工程及关键工序质量验收应按规范进行;

(4)单位工程质量验收:施工质量保证资料核查,实体量测的抽查,外观质量检查等按标准进行。

附表10 桥梁工程单位(子单位)工程外观质量检查记录表

编号：

工程名称		重庆市××区上海路立交桥工程	施工单位	××城建一分公司	
序号	项目	抽查质量状况	质量评价		
			好	一般	差
1	混凝土结构	按《混凝土结构工程施工验收规范》相关要求验收，观感质量符合要求，合格。	√		
2	钢结构	按《钢结构工程施工验收规范》相关要求验收，观感质量符合要求，合格。	√		
3	桥面	按《道路桥梁工程施工验收规范》相关要求验收，观感质量符合要求，合格。	√		
4	装饰	按《建筑装饰工程施工验收规范》相关要求验收，观感质量符合要求，合格。	√		
外观质量综合评价		符合相关规范要求，合格。			
检查人：叶×× 2015年5月20日					
检查结论	该工程外观质量检查符合相关规范要求，观感质量综合评价为“好”，同意验收。 总监理工程师（或建设项目负责人）：张×× 2015年5月25日				

说明：

1. 验收检查(抽查)记录由检查人员填写，检查结论由总监理工程师填写。

2. 单位工程的划分应按下列原则确定：

(1)具有独立使用功能的桥梁应为一个单位工程；

(2)城市互通式立交桥应为一个单位工程；

(3)上述两款中的特大型、大型桥梁工程可按施工总承包合同划分单位工程；

(4)城市高架桥梁应按施工总承包合同划分单位工程；

(5)一个施工承包合同中的若干座中、小桥宜合为一个单位工程，每座桥梁可作为一个子单位工程；

(6)规模较大的单位工程，可根据其独立使用功能或结构形式和施工工艺，按桥跨、匝道等划分为若干子单位工程；

(7)规模较大的立交工程中的道路、排水、照明、景观、绿化及其他结构工程可根据其功能划分为若干子单位工程，并执行相应的质量验收规范和标准。

3. 单位工程质量验收合格应符合下列规定：

(1)所含分部工程的质量均应验收合格；

(2)施工质量保证资料应完整；

(3)所含分部工程中关键工序验收资料应完整；

(4)对实体量测的抽查结果应符合相关规范规定要求；

(5)外观质量验收应符合要求。

4. 城市桥梁工程质量验收记录应符合下列规定：

(1)检验批质量验收可按相关规范附录进行；

(2)分项工程质量验收应按规范进行；

(3)分部工程及关键工序质量验收应按规范进行；

(4)单位工程质量验收：施工质量保证资料核查，实体量测的抽查，外观质量检查等按标准进行。

5. 观感质量检查不是单纯的外观检查，而是实地对工程的一个全面检查，核实质量控制资料，核查分项、分部工程验收的正确性，对在分项工程中不能检查的项目进行检查等。观感质量的验收方法和内容与分部、子分部工程的观感质量评价一样，评价时，要在现场由参加检查验收的监理工程师共同确定，并由总监理工程师签认，总监理工程师的意见应有主导性。"检查意见"由总监理工程师或建设单位项目负责人填写。

附11　混凝土抗压强度取样规定

（重庆市《城市桥梁工程施工质量验收规范》DBJ 50-086—2008附录F）

11.1　用于混凝土结构的抗压强度评定用试件，应以标准养护28d龄期的试件为准，试件的制取应符合下列规定：

（1）不同强度等级及不同配合比的混凝土应在浇筑地点或拌和地点或接收地点分别随机制取，每组试件应在同一盘或同一车中取样制作。

（2）浇筑一般体积的结构物（如基础、墩台等）时，每单元结构物应制取2组。

（3）连续浇筑大体积结构时，每80~200m³或每工作班应制取2组。

（4）上部结构，主要构件长16m以下应制取1组；16~30m制取2组；31~50m制取3组；50m以上不少于5组。小型构件每批或每工作班至少应制取2组。

（5）每根钻孔桩至少应制取2组；桩长20m以上者不少于3组；桩径大、浇筑时间很长时，不少于4组。如换工作班时，每工作班应制取2组。

（6）构筑物（小桥涵、挡土墙）每座、每处或每工作班应制取不少于2组。

11.2　对结构实体强度检验，应进行同条件养护等效龄期试验，试件的制取、试验应符合下列规定：

（1）同条件养护等效龄期试件在主体结构部位制取，应由监理、施工等各方共同选定。

（2）同一强度等级的同条件养护试件，其留置数量应根据混凝土工程量和重要性确定，一般宜按标准养护龄期试件数量的1/20~1/15制取，且不应少于3组。

（3）同条件养护试件折模后，应放在靠近相应结构构件或结构部位的适当位置，并应采取相同的养护方法。

（4）试件的试验按《混凝土结构工程施工质量验收规范》（GB 50204）执行。

11.3　对混凝土结构因施工需要，每次应制取几组同条件养护的试件，作为拆模、出池、出厂、吊装、张拉、放张及施工期间临时负荷等施工阶段的强度依据。

附12 混凝土抗压强度评定

（重庆市《城市桥梁工程施工质量验收规范》DBJ 50-086—2008附录G）

12.1 混凝土抗压强度评定应按《混凝土强度检验评定标准》(GBJ 107)进行检验评定，但混凝土验收批应符合以下条件：

(1)应以强度等级相同、龄期相同以及生产工艺条件和配合比基本相同的混凝土组成同一验收批，同一验收批的混凝土强度应以同批内全部强度测定值为代表值。

(2)对中小跨径桥的桩、盖梁，可以数孔作为一验收批；梁可以每孔或每二、三孔作为一验收批。

(3)对大跨径桥的桩、承台、墩身、索塔、悬臂可以每墩、台作为一验收批。

(4)每一验收批的混凝土试件组数一般不超过80~100组。

(5)每一验收批的时间范围以不超过一个季度，且日平均气温差小于15℃为宜。

12.2 同一验收批试件大于或等于10组时，应以数理统计方法按下述条件评定：

$$mf_{cu}-\lambda_1 sf_{cu}\geqslant 0.9f_{cu,k} \quad (12.2\text{-}1)$$

$$f_{cu,\min}\geqslant \lambda_2 f_{cu,k} \quad (12.2\text{-}2)$$

式中：sf_{cu}——同一验收批混凝土立方体抗压强度的标准差(MPa)。当sf_{cu}的计算值小于0.06 $f_{cu,k}$时，取sf_{cu}=0.06 $f_{cu,k}$；

λ_1,λ_2 ——合格判定系数，按表12.1.2取用。

表12.1.2 混凝土强度合格判定系数

试件组数	10~14	15~24	≥25
λ_1	1.70	1.65	1.60
λ_2	0.90	0.85	

12.3 同一验收批混凝土试件少于10组时，可用非统计方法按述条件评定：

$$mf_{cu}\geqslant 1.15\, f_{cu,k} \quad (12.3\text{-}1)$$

$$f_{cu,\min}\geqslant 0.95\, f_{cu,k} \quad (12.3\text{-}2)$$

附13　混凝土外观质量严重程度识别（重庆市《城市桥梁工程施工质量验收规范》DB J50-086—2008附录H）

13　混凝土外观质量严重程度识别可按照表13进行。

表13　混凝土外观质量严重程度识别

序号	名称	现　象	严重缺陷	一般缺陷
1	露筋	构件内的钢筋未被混凝土包裹而外露的缺陷	纵向受力钢筋有露筋	其他钢筋有少量露筋
2	蜂窝	构件的混凝土表面因缺浆而形成的石子外露疏松等缺陷	酥松形成的深度大于10mm	酥松形成的深度小于或等于10mm
3	孔洞	混凝土中超过钢筋保护层厚度的孔穴	构件主要受力部位有孔洞	其他部位有少量孔洞
4	夹渣	混凝土中夹有杂物且深度超过保护层厚度的缺陷	构件主要受力部位有夹渣	其他部位有少量夹渣
5	疏松	混凝土中局部不密实的缺陷	构件主要受力部位有疏松	其他部位有少量疏松
6	裂缝	从建筑结构构件表面伸入构件内的缝隙	宽度大于0.15mm的非受力裂缝	宽度小于或等于0.15mm的非受力裂缝
7	麻面	混凝土表面因缺浆而呈现麻点、凹坑和气泡等缺陷	大于该侧面面积的0.5%	小于或等于该侧面面积的0.5%
8	施工缝缺陷	同一构件留设的施工缝缺陷	有明显施工缝或不在施工缝处存在明显的接缝	无明显施工缝或不在施工缝处存在无明显的接缝
9	错台	同一构件连接处混凝土表面不平整	构件连接处混凝土表面错台大于3mm	构件连接处混凝土表面错台小于或等于3mm
10	外形缺陷	缺棱掉角、棱角不直、曲不平、飞边凸肋等	清水混凝土构件有影响使用功能或装饰效果的外形缺陷	其他混凝土构件有不影响使用功能的外形缺陷
11	连接部位缺陷	不同构件连接处混凝土缺陷	连接部位有影响结构传力性能的缺陷	连接部位有基本不影响结构传力性能的缺陷

城市桥梁工程无支护基坑施工检验批质量检验记录

渝市政验收6-1-1

单位(子单位)工程名称	重庆市渝中区××桥梁工程K1+100～K3+300合同段		
分部(子分部)工程名称	K1+000～K2+000合同段基坑		
分项工程名称	无支护基坑	验收部位	1#台基坑
施工单位	重庆市××市政工程(集团)有限公司	项目经理	刘××
分包单位	重庆市××桥梁工程有限公司	负责人	王××
施工执行标准名称及编号	重庆市《城市桥梁工程施工质量验收规范》DBJ 50-086—2008		

项目	序号	施工质量验收规范规定：检查项目		规定值及允许偏差(mm)	施工单位检验记录							监理单位检验记录
主控项目	1	开挖方式		符合施工组织设计中的工艺要求	符合施工组织设计中的工艺要求。							符合规范要求。
	2	坑底高程	土方	±30	10	5	6	−2	15	−12	10	符合规范要求。
			石方	±100								
	3	轴线位移		50	10	20	12	30	22	5	9	符合规范要求。
	4	基坑尺寸		不小于设计要求	√	√	√	√	√	√	√	符合规范要求。
	5											
	6											
	7											
	8											
一般项目	1											
	2											
	3											
	4											

施工单位检查评定结果	施工员	伍××	施工班组长	李××
	检查情况： 经检查，主控项目和一般项目均符合设计要求和重庆市《城市桥梁工程施工质量验收规范》(DB J50-086—2008)规定，评定合格。 项目专职质量员：李×× 2015年5月20日			
监理单位验收结论	验收意见： 同意施工单位评定结果，验收合格，同意进行下道工序施工。 专业监理工程师：张×× 2015年5月20日			

说明:

主控项目

1. 基坑开挖方式必须符合施工组织设计中的工艺要求,基坑坑壁坡度应按表1确定。

表1 基坑坑壁坡度

序号	坑壁土类	坑 壁 坡 度		
		坡顶无荷载	坡顶有静荷载	坡顶有动荷载
1	砂类土	1:1	1:1.25	1:1.5
2	卵石、砾类土	1:0.75	1:1	1:1.25
3	粉质土、黏质土	1:0.33	1:0.5	1:0.75
4	极软岩	1:0.25	1:0.33	1:0.67
5	软质岩	1:0	1:0.1	1:0.25
6	硬质岩	1:0	1:0	1:0

注:①坑壁有不同土层时,基坑坑壁坡度可分层选用,并酌设平台;②坑壁土类按照现行《公路土工试验规程》(JTGE 40—2007)划分;③岩石单轴极限强度<5.5、5.5~30、>30(MPa)时,分别定为极软、软质、硬质岩;④当基坑深度大于5m时,基坑坑壁坡度可适当放缓或加设平台。

检验数量:全部。检验方法:观察和测量。

2. 基坑开挖允许偏差应符合表2的规定。

表2 基坑开挖允许偏差

序号	项目		允许偏差(mm)	检验频率		检验方法
				范围	点数	
1	坑底高程	土方	±30	每座	5	用水准仪测量
		石方	±100		5	
2	轴线位移		50		2	用经纬仪测量,纵横向各计1点
3	基坑尺寸		不小于设计要求		4	用尺量,每边各计1点

检验数量和方法:按表的规定检验。

城市桥梁工程锚杆喷射混凝土支护基坑施工检验批质量验收记录表

渝市政验收6-1-2

单位(子单位)工程名称	重庆市渝中区××桥梁工程K1+000～K2+000合同段		
分部(子分部)工程名称	K1+000～K2+000合同段基坑		
分项工程名称	锚杆喷射混凝土支护基坑	验收部位	1#台基坑
施工单位	重庆市××市政工程(集团)有限公司	项目经理	刘××
分包单位	重庆市××桥梁工程有限公司	负责人	王××
施工执行标准名称及编号	重庆市《城市桥梁工程施工质量验收规范》DBJ 50-086—2008		

项目	序号	施工质量验收规范规定：检查项目	施工质量验收规范规定：规定值及允许偏差	施工单位检验记录	监理单位检验记录
主控项目	1	抗压强度	符合设计要求	抗压强度试验合格，符合设计要求。	符合规范要求。
	2	厚度	符合设计要求	凿孔法检查断面，符合设计要求。	符合规范要求。
	3	锚杆抗拔力	不小于设计值	√ √ √ √ √ √ √	符合规范要求。
	4				
	5				
	6				
	7				
	8				
一般项目	1	锚杆孔深、孔径、孔距、钢筋的直径或钢绞线束数	符合设计要求	经观察和测量，结果符合设计要求。	符合规范要求。
	2				
	3				
	4				
		施工员	伍××	施工班组长	李××
施工单位检查评定结果		检查情况： 经检查，主控项目和一般项目均符合设计要求和重庆市《城市桥梁工程施工质量验收规范》(DBJ 50-086—2008)规定，评定合格。 项目专职质量员：李×× 2015年5月20日			
监理单位验收结论		验收意见： 同意施工单位评定结果，验收合格，同意进行下道工序施工。 专业监理工程师：张×× 2015年5月20日			

说明：

主控项目

1. 喷射混凝土的抗压强度应符合设计要求。检验数量：每50～100m^{3}混凝土不少于1组，每个基坑至少1组。检验方法：混凝土抗压强度试验。

2. 喷射混凝土的厚度应符合设计要求。检验数量：每10～20m检查一个断面。检验方法：凿孔法。

3. 锚杆质量的验收应满足：抗拔力不应小于设计值。检验数量：锚杆总数的5%，且不得少于3根。检验方法：锚杆抗拔试验。

一般项目

锚杆的孔深、孔径、孔距、钢筋的直径或钢绞线的束数，应符合设计要求。检验数量：全部。检验方法：观察和测量。

城市桥梁工程悬臂式排桩结构支护基坑施工检验批质量验收记录表

渝市政验收6-1-3

单位(子单位)工程名称			重庆市渝中区××桥梁工程K1+000～K2+000合同段								
分部(子分部)工程名称			K1+000～K2+000合同段基坑								
分项工程名称			悬臂式排桩结构支护基坑					验收部位		1#台基坑	
施工单位		重庆市××市政工程(集团)有限公司						项目经理		刘××	
分包单位		重庆市××桥梁工程有限公司						负责人		王××	
施工执行标准名称及编号			重庆市《城市桥梁工程施工质量验收规范》DBJ 50-086—2008								
项目	序号	施工质量验收规范规定：检查项目	施工质量验收规范规定：规定值及允许偏差(mm)	施工单位检验记录							监理单位检验记录
主控项目	1	锚杆抗拔力	不小于设计值	√	√	√	√	√	√	√	符合规范要求。
	2	混凝土强度	符合设计要求	经抗压强度试验，符合设计要求。							符合规范要求。
	3										
	4										
	5										
	6										
	7										
	8										
一般项目	1	锚杆孔深、孔径、孔距、钢筋的直径或钢绞线束数	符合设计要求	经观察和测量，结果符合设计要求。							符合规范要求。
	2	桩位	50	30	25	26	18	20	10	14	符合规范要求。
	3	孔径	不小于设计值	√	√	√	√	√	√	√	符合规范要求。
	4	孔深	不小于设计值	√	√	√	√	√	√	√	符合规范要求。
		施工员		伍××				施工班组长			李××
施工单位检查评定结果	检查情况： 经检查，主控项目和一般项目均符合设计要求和重庆市《城市桥梁工程施工质量验收规范》(DBJ 50-086—2008)规定，评定合格。 项目专职质量员：李×× 2015年5月20日										
监理单位验收结论	验收意见： 同意施工单位评定结果，验收合格，同意进行下道工序施工。 专业监理工程师：张×× 2015年5月20日										

说明：

主控项目

1. 喷射混凝土的抗压强度应符合设计要求。检验数量：每50～100m³混凝土不少于1组，每个基坑至少1组。检验方法：混凝土抗压强度试验。

2. 喷射混凝土的厚度应符合设计要求。检验数量：每10m～20m检查一个断面。检验方法：凿孔法。

3. 锚杆质量的验收应满足：抗拔力不应小于设计值。检验数量：锚杆总数的5%，且不得少于3根。检验方法：锚杆抗拔试验。

一般项目

灌注桩的质量验收应符合相关规范规定。

表　灌注桩的允许偏差

<table>
<tr><th rowspan="2">序号</th><th rowspan="2" colspan="2">项目</th><th rowspan="2">允许偏差</th><th colspan="2">检验频率</th><th rowspan="2">检验方法</th></tr>
<tr><th>范围</th><th>点数</th></tr>
<tr><td rowspan="2">1</td><td rowspan="2">桩位(mm)</td><td>群桩</td><td>100</td><td rowspan="6">每根桩</td><td rowspan="2">2</td><td rowspan="2">用尺检测纵、横方向</td></tr>
<tr><td>单排桩</td><td>50</td></tr>
<tr><td>2</td><td colspan="2">孔径(mm)</td><td>不小于设计</td><td>1</td><td>用探孔器检查</td></tr>
<tr><td>3</td><td colspan="2">倾斜度(%)</td><td>0.5/100桩长，且不大于200mm</td><td>1</td><td>吊锤法</td></tr>
<tr><td>4</td><td colspan="2">孔深(mm)</td><td>不小于设计</td><td>1</td><td>用测绳测量</td></tr>
<tr><td>5</td><td colspan="2">钢筋骨架与桩底间距(mm)</td><td>±50</td><td>1</td><td>用水准仪测骨架前、后顶面高程</td></tr>
</table>

检验数量和方法：按表的规定检验。

城市桥梁工程基坑扩大基础施工检验批质量检验记录

渝市政验收6-1-4

单位(子单位)工程名称	重庆市渝中区××桥梁工程K1+000~K2+000合同段		
分部(子分部)工程名称	K1+000~K2+000合同段基坑		
分项工程名称	基坑扩大基础	验收部位	1#台基坑
施工单位	重庆市××市政工程(集团)有限公司	项目经理	刘××
分包单位	重庆市××桥梁工程有限公司	负责人	王××
施工执行标准名称及编号	重庆市《城市桥梁工程施工质量验收规范》DBJ 50-086—2008		

项目	序号	施工质量验收规范规定			施工单位检验记录							监理单位检验记录
		检查项目	规定值及允许偏差(mm)									
			土质√	石质								
主控项目	1	基底地质及承载力	满足设计要求		经浅平层板载荷试验,符合设计要求。							符合规范要求。
	2											
	3											
	4											
	5											
	6											
	7											
	8											
一般项目	1	基底处理和排水情况	符合规范规定		经观察,符合规范规定。							符合规范要求。
	2	平面周线位置	不小于设计要求		√	√	√	√	√	√	√	符合规范要求。
	3	基底标高	±50	+50,-200	30	26	-40	16	32	-10	8	符合规范要求。
	4											

	施工员	伍××	施工班组长	李××
施工单位检查评定结果	检查情况: 经检查,主控项目和一般项目均符合设计要求和重庆市《城市桥梁工程施工质量验收规范》(DBJ 50-086—2008)规定,评定合格。 项目专职质量员:李×× 2015年5月20日			
监理单位验收结论	验收意见: 同意施工单位评定结果,验收合格,同意进行下道工序施工。 专业监理工程师:张×× 2015年5月20日			

说明：

土质地基的持力层检验，应符合下列规定：

主控项目

检查基底地质情况和承载力是否满足设计要求。检验数量：每一扩大基础下至少一点。检验方法：观察、触探，必要时可按设计要求进行浅层平板载荷试验。

一般项目

1. 检查基底处理和排水情况。检验数量：全部。检验方法：观察。

2. 检查基底平面位置和标高允许偏差：

(1)平面周线位置不小于设计要求。

(2)基底标高允许偏差为±50mm。检验数量：全部。检验方法：测量。

岩质地基的持力层检验，应符合下列规定：

主控项目

检查基底地质情况和承载力是否满足设计要求。检验数量：每一扩大基础下至少取1组岩样。检验方法：观察、岩石单轴抗压强度试验，必要时可按设计要求进行岩基载荷试验。

一般项目

1. 检查基底处理和排水情况。检验数量：全部。检验方法：观察。

2. 检查基底平面位置和标高允许偏差：

(1)平面周线位置不小于设计要求。

(2)基底标高允许偏差为+50mm，-200mm。

城市桥梁工程基坑回填施工检验批质量检验记录

渝市政验收6-1-5

单位(子单位)工程名称		重庆市渝中区××桥梁工程K1+000～K2+000合同段			
分部(子分部)工程名称		K1+000～K2+000合同段基坑			
分项工程名称		基坑回填		验收部位	1#台基坑
施工单位	重庆市××市政工程(集团)有限公司			项目经理	刘××
分包单位	重庆市××桥梁工程有限公司			负责人	王××
施工执行标准名称及编号		重庆市《城市桥梁工程施工质量验收规范》DBJ 50-086—2008			
项目	序号	施工质量验收规范规定		施工单位检验记录	监理单位检验记录
		检查项目	规定值及允许偏差		
主控项目	1				
	2				
	3				
	4				
	5				
	6				
	7				
	8				
一般项目	1	压实度(%)	≥90	√ √ √ √ √ √ √	符合规范要求。
	2				
	3				
	4				
	施工员		伍××	施工班组长	李××
施工单位检查评定结果	检查情况： 经检查，主控项目和一般项目均符合设计要求和重庆市《城市桥梁工程施工质量验收规范》(DBJ 50-086—2008)规定，评定合格。 项目专职质量员：李×× 2015年5月20日				
监理单位验收结论	验收意见： 同意施工单位评定结果，验收合格，同意进行下道工序施工。 专业监理工程师：张×× 2015年5月20日				

说明：

一般项目

基坑填土的压实度标准应符合下表的规定。

表　填土的压实度标准

序号	项目	压实度(%)	检验频率		检验方法
			范围	点数	
1	压实度	≥90	每座墩、台	每层1组(3点)	灌砂法

检验数量和方法：按表的规定检验。

城市桥梁工程钻(冲)孔灌注桩施工检验批质量检验记录

渝市政验收6-2-1

单位(子单位)工程名称	重庆市渝中区××桥梁工程K1+000～K2+000合同段		
分部(子分部)工程名称	K1+000～K2+000合同段钻孔灌注桩		
分项工程名称	钻孔灌注桩	验收部位	3#桩
施工单位	重庆市××市政工程(集团)有限公司	项目经理	刘××
分包单位	重庆市××桥梁工程有限公司	负责人	王××
施工执行标准名称及编号	重庆市《城市桥梁工程施工质量验收规范》DBJ 50-086—2008		

项目	序号	施工质量验收规范规定：检查项目		规定值及允许偏差(mm)	施工单位检验记录							监理单位检验记录
主控项目	1	入岩标高		满足设计要求	检查地勘报告,符合设计要求。							符合规范要求。
	2	清孔		符合设计或施工技术规范要求	查验成孔记录和测量,符合设计要求。							符合规范要求。
	3	材料质量和规格		符合设计和有关规范要求	检查产品合格证、出厂检验报告、进场复验报告,符合设计和规范要求。							符合规范要求。
	4	水下混凝土灌注		符合规范要求	检查配合比报告和超声波检测报告,符合规范要求。							符合规范要求。
	5	嵌入承台内锚固钢筋长度		不低于设计或规范规定的最小锚固长度要求	经观察和尺量,符合设计要求和相关规范规定。							符合规范要求。
	6	无破损法检测桩质量		符合设计及规范要求	钻芯取样法检测,符合设计和规范要求。							符合规范要求。
	7	桩顶		满足规范规定	无残余松散混凝土,符合规范要求。							符合规范要求。
	8	混凝土强度		符合规范要求	符合规范要求,见试验报告,编号:201501203。							符合规范要求。
	9	钢筋质量和施工		满足规范规定	检查产品合格证、出厂检验报告、进场复验报告,符合规范要求。							符合规范要求。
	10	桩身完整性检测		满足规范规定	声波透射法检验,符合规范要求。							符合规范要求。
一般项目	1	桩位	群桩	100	50	36	38	42	26	20	21	符合规范要求。
			单排桩	50								
	2	孔径		不小于设计值	√	√	√	√	√	√	√	符合规范要求。
	3	倾斜度(%)		1/100桩长,且不大于500mm	√	√	√	√	√	√	√	符合规范要求。
	4	孔深		不小于设计值	√	√	√	√	√	√	√	符合规范要求。
	5	沉淀层厚度	摩擦桩	符合设计要求,未规定时按施工规范执行	符合设计要求。							符合规范要求。
			支撑桩	符合设计要求								
	6	钢筋骨架与桩底间距		±50	12	21	-14	32	25	-21	18	符合规范要求。
	施工员			伍××	施工班组长							李××

施工单位检查评定结果	检查情况: 经检查,主控项目和一般项目均符合设计要求和重庆市《城市桥梁工程施工质量验收规范》(DBJ 50-086—2008)规定,评定合格。 项目专职质量员:李×× 2015年5月20日
监理单位验收结论	验收意见: 同意施工单位评定结果,验收合格,同意进行下道工序施工。 专业监理工程师:张×× 2015年5月20日

说明：

主控项目

1. 当为嵌岩桩时，在钻（冲）孔过程中应对入岩标高进行确认，使嵌岩情况满足设计要求。检验数量：全部。检验方法：观察渣样和检查地勘报告。

2. 钻（冲）孔桩成孔后必须清孔，测量孔位、孔深、孔径、倾斜度和沉淀层厚度，确认符合设计或施工技术规范的要求后，方可浇筑水下混凝土。检验数量：全部。检验方法：观察、查验成孔记录和测量。

3. 桩身混凝土所用的水泥、砂、石、水、外掺剂及混合材料的质量和规格必须符合设计和有关规范要求，按规定的配合比施工。检验数量和方法：按规范有关规定执行。

4. 水下混凝土应连续灌注，应在初凝时间内浇筑完成，严禁有夹层和断桩。检验数量：全部。检验方法：检查混凝土配合比报告、超声波检测报告。

5. 嵌入承台内的锚固钢筋长度不得低于设计或规范规定的最小锚固长度要求。检验数量：全部。检验方法：观察和用尺量。

6. 应选择有代表性的桩用无破损法进行检测，重要工程或重要部位的桩宜逐根进行检测。设计有规定的或对桩的质量有怀疑时，应采取钻取芯样法对桩进行检测。检验数量：按设计或有关标准要求。检验方法：检测无损检测报告。

7. 凿除桩头预留混凝土后，桩顶应无残余的松散混凝土。检验数量：全部。检验方法：观察。

8. 桩的混凝土强度应符合重庆市《城市桥梁工程施工质量验收规范》（DBJ 50-086—2008）附录G的要求。检验数量和方法分别按重庆市《城市桥梁工程施工质量验收规范》附录F、G执行。

9. 所用钢筋质量和施工应满足规范规定。

10. 必须对已成桩桩身完整性检测。检验数量：全部。检验方法：当桩径小于等于0.8m时，采用反射波法；当桩径大于0.8m时，应对部分受检桩采用钻芯检验法，抽检数量不应少于总桩数的20%。

一般项目

1. 钻（冲）孔灌注桩的允许偏差按下表的规定。检验数量和方法：按表的规定检验。

表　钻（冲）孔灌注桩的允许偏差

序号	项　目		允许偏差	检验频率		检验方法
				范围	点数	
1	桩位（mm）	群桩	100	每根桩	2	用尺检测纵、横方向
		单排桩	50			
2	孔径（mm）		不小于设计		1	用探孔器检查
3	倾斜度（%）		l/100桩长，且不大于500mm		1	吊锤法
4	孔深（mm）		不小于设计		1	用测绳测量
5	沉淀层厚度（mm）	摩擦桩	符合设计要求，未规定时按施工规范执行		1	用测绳测量
		支承桩	符合设计要求			
6	钢筋骨架与桩底间距（mm）		±50		1	用水准仪测骨架前后顶面高程

2. 桩顶面应平整，桩与其他部位连接处应无严重缺陷。检验数量：全部。检验方法：按《城市桥梁工程施工质量验收规范》附录H执行。

城市桥梁工程挖孔灌注桩施工检验批质量检验记录

渝市政验收6-2-2

单位(子单位)工程名称	重庆市渝中区××桥梁工程K1+000～K2+000合同段		
分部(子分部)工程名称	K1+000～K2+000合同段挖孔灌注桩		
分项工程名称	挖孔灌注桩	验收部位	3#桩
施工单位	重庆市××市政工程(集团)有限公司	项目经理	刘××
分包单位	重庆市××桥梁工程有限公司	负责人	王××
施工执行标准名称及编号	重庆市《城市桥梁工程施工质量验收规范》DBJ 50-086—2008		

项目	序号	施工质量验收规范规定 检查项目		规定值及允许偏差(mm)	施工单位检验记录							监理单位检验记录
主控项目	1	入岩标高		满足设计要求	检查基岩轴抗压强度,符合设计要求。							符合规范要求。
	2	清孔		符合设计或施工技术规范要求	无松渣、淤泥,符合设计要求。							符合规范要求。
	3	材料质量和规格		符合设计和有关规范要求	检查产品合格证、出厂检验报告、进场复验报告,符合设计和规范要求。							符合规范要求。
	4	嵌入承台内锚固钢筋长度		不低于设计或规范规定最小锚固长度要求	经观察和尺量,符合设计要求和相关规范规定。							符合规范要求。
	5	桩顶		满足规范规定	无残余松散混凝土,符合规范要求。							符合规范要求。
	6	混凝土强度		符合规范要求	符合规范要求,见试验报告,编号:×××。							符合规范要求。
	7	钢筋质量和施工		满足规范规定	检查产品合格证、出厂检验报告、进场复验报告,符合规范要求。							符合规范要求。
	8	桩身完整性检测		满足规范规定	声波透射法检验,符合规范要求。							符合规范要求。
一般项目	1	桩位	群桩	100	56	60	42	80	75	65	72	符合规范要求。
			单排桩	50								
	2	孔径		不小于设计值	√	√	√	√	√	√	√	符合规范要求。
	3	倾斜度(%)		0.5/100桩长,且不大于200mm	√	√	√	√	√	√	√	符合规范要求。
	4	孔深		不小于设计值	√	√	√	√	√	√	√	符合规范要求。
	5	钢筋骨架与桩底间距		±50	31	42	12	-35	32	25	-21	符合规范要求。
		施工员		伍××	施工班组长				李××			
施工单位检查评定结果	检查情况: 经检查,主控项目和一般项目均符合设计要求和重庆市《城市桥梁工程施工质量验收规范》(DBJ 50-086—2008)规定,评定合格。 项目专职质量员:李×× 2015年5月20日											
监理单位验收结论	验收意见: 同意施工单位评定结果,验收合格,同意进行下道工序施工。 专业监理工程师:张×× 2015年5月20日											

说明:

主控项目

1. 当为嵌岩桩时,挖孔桩在挖孔过程中应对入岩标高进行确认,使入岩情况满足设计要求。

检验数量:全部。检验方法:观察和检查基岩单轴抗压强度。

2. 挖孔桩达到设计深度后,应及时进行孔底处理,必须做到无松渣、淤泥等扰动软土层,使孔底情况满足设计要求。检验数量:全部。检验方法:观察和检查基岩单轴抗压强度。

3. 桩身混凝土所用的水泥、砂、石、水、外掺剂及混合材料的质量和规格必须符合设计和有关规范要求,按规定的配合比施工。检验数量和方法:按相关规范相关规定执行。

4. 嵌入承台内的锚固钢筋长度不得低于设计规范规定的最小锚固长度要求。

检验数量:全部。检验方法:观察和用尺量。

5. 应选择有代表性的桩用无破损法进行检测,重要工程或重要部位的桩宜逐根进行检测。

检验数量:按设计或有关标准要求。检验方法:检测无损检测报告。

6. 凿除桩头预留混凝土后,桩顶应无残余的松散混凝土。检验数量:全部。检验方法:观察。

7. 桩的混凝土强度应符合本章附"混凝土抗压强度评定"的要求。检验数量与方法:按本章附"混凝土抗压强度取样规定"执行。

8. 所用钢筋质量和施工应满足相关规范相关规定。

9. 必须对已成桩桩身进行完整性检测。检验数量:全部。检验方法:应采用声波透射法或钻芯检验法。

一般项目

1. 挖孔灌注桩的允许偏差按下表的规定。

表 挖孔灌注桩的允许偏差

序号	项目		允许偏差	检验频率		检验方法
				范围	点数	
1	桩位(mm)	群桩	100	每根桩	2	用尺检测纵、横方向
		单排桩	50			
2	孔径(mm)		不小于设计		1	用探孔器检查
3	倾斜度(%)		0.5/100桩长,且不大于200mm		1	吊锤法
4	孔深(mm)		不小于设计		1	用测绳测量
5	钢筋骨架与桩底间距(mm)		±50		1	用水准仪测骨架前、后顶面高程

检验数量和方法:按表的规定检验。

2. 桩顶面应平整,桩与其他部位连接处应无严重缺陷。检验数量:全部。检验方法:按本节附13执行。

城市桥梁桩基础承台施工检验批质量检验记录

渝市政验收6-2-3

单位(子单位)工程名称	重庆市渝中区××桥梁工程K1+000～K2+000合同段		
分部(子分部)工程名称	K1+000～K2+000合同段承台		
分项工程名称	桩基础承台	验收部位	3#桩
施工单位	重庆市××市政工程(集团)有限公司	项目经理	刘××
分包单位	重庆市××桥梁工程有限公司	负责人	王××
施工执行标准名称及编号	重庆市《城市桥梁工程施工质量验收规范》DBJ50-086—2008		

项目	序号	施工质量验收规范规定：检查项目	施工质量验收规范规定：规定值及允许偏差	施工单位检验记录							监理单位检验记录
主控项目	1	材料质量和规格	符合设计和规范要求	检查产品合格证、出厂检验报告、进场复验报告,符合设计和规范要求。							符合规范要求。
	2	水化热控制	在允许范围内	检查施工记录,符合规范要求。							符合规范要求。
	3	混凝土强度	符合规范要求	符合规范要求,见试验报告,编号:×××。							符合规范要求。
	4	钢筋质量和施工	满足规范规定	检查产品合格证、出厂检验报告、进场复验报告,符合规范要求。							符合规范要求。
	5										
	6										
	7										
	8										
一般项目	1	尺寸	±30	12	-20	13	18	-19	21	24	符合规范要求。
	2	轴线偏位	15	8	10	5	9	7	11	8	符合规范要求。
	3	顶面高程	±20	11	-14	18	-13	15	10	9	符合规范要求。
	4	外观质量	符合规范要求	无缺陷,符合规范要求。							符合规范要求。

施工单位检查评定结果	施工员	伍××	施工班组长	李××
	检查情况： 经检查,主控项目和一般项目均符合设计要求和重庆市《城市桥梁工程施工质量验收规范》(DBJ 50-086—2008)规定,评定合格。 项目专职质量员:李×× 2015年5月20日			
监理单位验收结论	验收意见： 同意施工单位评定结果,验收合格,同意进行下道工序施工。 专业监理工程师:张×× 2015年5月20日			

说明:

主控项目

1. 桩身混凝土所用的水泥、砂、石、水、外掺剂及混合材料的质量和规格必须符合设计和有关规范要求,按规定的配合比施工。检验数量和方法:按规范有关规定执行。

2. 采取措施控制水化热引起的混凝土内最高温度及内外温度差在允许范围内,防止出现温度裂缝。检验数量:按设计要求或施工规范。检验方法:检查施工记录。

3. 承台的混凝土强度应符合重庆市《城市桥梁工程施工质量验收规范》附录G的要求。检验数量与方法:按重庆市《城市桥梁工程施工质量验收规范》附录F、G执行。

4. 所用钢筋质量和施工应满足相关规范规定。

一般项目

1. 承台的允许偏差按下表的规定。检验数量和方法:按表的规定检验。

表　承台的允许偏差

序号	项目	允许偏差	检验频率		检验方法
			范围	点数	
1	尺寸(mm)	±30	每承台	6	用尺测量:长、宽、高各2点
2	轴线偏位(mm)	15		2	用经纬仪、尺测量:纵、横向
3	顶面高程(mm)	±20		5	用水准仪测量

2. 混凝土外观质量无严重缺陷,当发生时,则必须进行处理。检验数量:全部。检验方法:用尺量,用刻度放大镜量,按重庆市《城市桥梁工程施工质量验收规范》附录H执行。

城市桥梁施工陆上沉井基础检验批质量检验记录

渝市政验收6-3-1

单位(子单位)工程名称	重庆市渝中区××桥梁工程K1+000～K2+000合同段		
分部(子分部)工程名称	K1+000～K2+000合同段陆上沉井		
分项工程名称	陆上沉井基础施工	验收部位	4#沉井
施工单位	重庆市××市政工程(集团)有限公司	项目经理	刘××
分包单位	重庆××桥梁工程有限公司	负责人	王××
施工执行标准名称及编号	重庆市《城市桥梁工程施工质量验收规范》DBJ 50-086—2008		

项目	序号	施工质量验收规范规定 检查项目			规定值及允许偏差(mm)	施工单位检验记录							监理单位检验记录
主控项目	1	材料质量和规格			符合设计和规范要求	检查质检报告,符合设计和规范要求。							符合规范要求。
	2	混凝土强度			符合规范要求	符合规范要求,见试验报告,编号:×××。							符合规范要求。
	3												
	4												
一般项目	1	沉井制作	平面尺寸	长、宽	±0.5%(当长、宽大于24m时为±120)	√	√	√	√	√	√	√	符合规范要求。
				半径	±0.5%(当长、宽大于12m时为±60)	√	√	√	√	√	√	√	符合规范要求。
				两对角线的差异	对角线长度的±1%,最大±180	√	√	√	√	√	√	√	符合规范要求。
	2		井壁厚度	混凝土、片石混凝土	+40,-30								
				钢筋混凝土	±15	12	9	8	6	10	-9	-5	符合规范要求。
	3		沉井(刃脚)高程		符合设计要求	符合设计要求。							符合规范要求。
	4		中心偏位(纵、横方向)		1/50井高	√	√	√	√	√	√	√	符合规范要求。
	5		最大倾斜度(纵、横方向)		1/50井高	√	√	√	√	√	√	√	符合规范要求。
	6		平面扭转角(°)		1	1	0	0	1	0	0	1	符合规范要求。
	7		节间错台		2	1	0	1	1	1	0	1	符合规范要求。
	8		焊缝质量		符合设计要求	无缺陷,符合设计要求。							符合规范要求。
	9	沉井封底混凝土	基底高程		+50,-200	42	36	-8	-58	-62	20	8	符合规范要求。
	10		顶面高程		±30	10	12	19	-10	11	9	-8	符合规范要求。

	施工员	伍××	施工班组长	李××
施工单位检查评定结果	检查情况: 经检查,主控项目和一般项目均符合设计要求和重庆市《城市桥梁工程施工质量验收规范》(DBJ 50-086—2008)规定,评定合格。 项目专职质量员:李×× 2015年5月20日			
监理单位验收结论	验收意见: 同意施工单位评定结果,验收合格,同意进行下道工序施工。 专业监理工程师:张×× 2015年5月20日			

说明:

主控项目

1. 沉井所用的钢材、水泥、砂、石、水、外掺剂及混合材料的质量和规格必须符合有关规范的要求,按规定的配合比施工。检验数量:按抽样检测方案确定。检验方法:检查质检报告。

2. 井壁混凝土强度应符合重庆市《城市桥梁工程施工质量验收规范》附录G的要求。检验数量:按重庆市《城市桥梁工程施工质量验收规范》附录F执行。检验方法:按重庆市《城市桥梁工程施工质量验收规范》附录G执行。

一般项目

1. 沉井制作的允许偏差应符合表1的规定。

表1 沉井制作允许偏差

序号	项目		规定值或允许偏差	检查频率		检查方法
				范围	点数	
1	平面尺寸(mm)	长、宽	±0.5%(当长、宽大于24m时为±120)	每节段	6	尺量
		半径	±0.5%(当半径大于12m时为±60)			
		两对角线的差异	对角线长度的±1%,最大±180			
2	井壁厚度(mm)	混凝土、片石混凝土	+40,-30		6	
		钢筋混凝土	±15			
3	沉井(刃脚)高程(mm)		符合设计要求		测4~8处顶面高程	水准仪
4	中心偏位(纵、横方向)(mm)		1/50井高		测沉井两轴线交点	全站仪或经纬仪
5	最大倾斜度(纵、横方向)(mm)		1/50井高		检查两轴线1~2处	吊垂线
6	平面扭转角(°)		1		检查沉井两轴线	全站仪或经纬仪
7	节间错台(mm)		2		6	尺量
8	焊缝质量		符合设计要求		抽检水平、垂直焊缝各50%	超声

2. 沉井封底混凝土必须按操作规程一次浇筑完成,在井壁处不得出现空洞,不得漏水。沉井封底混凝土允许偏差应符合表2的规定。

表2 沉井封底混凝土允许偏差

序号	项目	规定值或允许偏差	检查频率	检查方法
1	基底高程(mm)	+0,-200	6~9处	测绳和水准仪
2	顶面高程(mm)	±30	6处	水准仪

注:①沉井接高时施工缝应清除浮浆和凿毛;②封底混凝土顶面应保持平整。

城市桥梁施工水上沉井基础检验批质量检验记录

渝市政验收6-3-2

单位(子单位)工程名称	重庆市渝中区××桥梁工程K1+000～K2+000合同段		
分部(子分部)工程名称	K1+000～K2+000合同段水上沉井		
分项工程名称	2#水上沉井基础施工	验收部位	2#沉井
施工单位	重庆市××市政工程(集团)有限公司	项目经理	刘××
分包单位	重庆××桥梁工程有限公司	负责人	王××
施工执行标准名称及编号	重庆市《城市桥梁工程施工质量验收规范》DBJ 50-086—2008		

项目	序号	施工质量验收规范规定：检查项目			规定值及允许偏差(mm)	施工单位检验记录							监理单位检验记录
主控	1	材料质量和规格			符合设计和规范要求	检查质检报告,符合设计和规范要求。							符合规范要求。
主控	2	混凝土强度			符合规范要求	符合规范要求,见试验报告,编号:×××。							符合规范要求。
一般项目	1	沉井制作	平面尺寸	长、宽	±0.5%(当长、宽大于24m时为±120)	√	√	√	√	√	√	√	符合规范要求。
一般项目	1	沉井制作	平面尺寸	半径	±0.5%(当长、宽大于12m时为±60)	√	√	√	√	√	√	√	符合规范要求。
一般项目	1	沉井制作	平面尺寸	两对角线的差异	对角线长度的±1%,最大±180	√	√	√	√	√	√	√	符合规范要求。
一般项目	2	沉井制作	井壁厚度	混凝土、片石混凝土	+40,-30								
一般项目	2	沉井制作	井壁厚度	钢筋混凝土	±15	6	5	-4	-9	10	-2	9	符合规范要求。
一般项目	3	沉井制作	沉井(刃脚)高程		符合设计要求	符合设计要求。							符合规范要求。
一般项目	4	沉井制作	中心偏位(纵、横方向)	一般	1/50井高	√	√	√	√	√	√	√	符合规范要求。
一般项目	4	沉井制作	中心偏位(纵、横方向)	浮式	1/50井高,+250								
一般项目	5	沉井制作	最大倾斜度(纵、横方向)		1/50井高	√	√	√	√	√	√	√	符合规范要求。
一般项目	6	沉井制作	平面扭转角(°)	一般	1	√	√	√	√	√	√	√	符合规范要求。
一般项目	6	沉井制作	平面扭转角(°)	浮式	2								
一般项目	7	沉井制作	节间错台		2	1	0	1	1	1	0	1	符合规范要求。
一般项目	8	沉井制作	水密性和水压试验		合格	水密性和水压试验均合格。							符合规范要求。
一般项目	9	沉井封底混凝土	基底高程		+50,-200	20	21	16	16	18	-10	30	符合规范要求。
一般项目	10	沉井封底混凝土	顶面高程		±30	12	14	6	23	20	-18	26	符合规范要求。

	施工员	伍××	施工班组长	李××
施工单位检查评定结果	检查情况： 经检查,主控项目和一般项目均符合设计要求和重庆市《城市桥梁工程施工质量验收规范》(DBJ 50-086—2008)规定,评定合格。 项目专职质量员：李×× 2015年5月20日			
监理单位验收结论	验收意见： 同意施工单位评定结果,验收合格,同意进行下道工序施工。 专业监理工程师：张×× 2015年5月20日			

说明:

主控项目

1. 沉井所用的钢筋、水泥、砂、石、水、外掺剂及混合材料的质量和规格必须符合有关规范的要求,按规定的配合比施工。浮式沉井在下水、浮运前,应进行水密性试验。检验数量:按抽样检测方案确定。检验方法:检查质检报告。

2. 井壁混凝土强度应符合重庆市《城市桥梁工程施工质量验收规范》附录G的要求。检验数量:按重庆市《城市桥梁工程施工质量验收规范》附录F执行。检验方法:按重庆市《城市桥梁工程施工质量验收规范》附录G执行。

一般项目

1. 沉井制作的允许偏差应符合表1的规定。

表1 沉井制作允许偏差

序号	项目		规定值或允许偏差	检验频率		检验方法
				范围	点数	
1	平面尺寸(mm)	长、宽	±0.5%(当长、宽大于24m时为±120)	每节段	6	用尺量
		半径	±0.5%(当半径大于12m时为±60)			
		两对角线的差异	对角线长度的±1%,最大±180			
2	井壁厚度(mm)	混凝土、片石混凝土	+40,-30	沿每节段周边	6	用尺量
		钢筋混凝土	±15			
3	沉井(刃脚)高程(mm)		符合设计要求	每节段	4~8	水准仪
4	中心偏位(纵、横方向)(mm)	一般	1/50井高	每节段沉井两轴线交点		全站仪或经纬仪
		浮式	1/50井高,+250			
5	最大倾斜度(纵、横方向)(mm)		1/50井高	每节段两轴线	1~2	吊垂线
6	平面扭转角(°)	一般	1	每节段沉井两轴线		全站仪或经纬仪
		浮式	2			
7	节间错台(mm)		2	每节段	6	用尺量

2. 沉井下沉应在井壁混凝土达到规定强度后进行,沉井须灌水下沉,各节沉井均应进行水密性检查,底节还应根据其工作压力,进行水压试验,合格后方可下水。

3. 沉井封底混凝土必须按水下混凝土的操作规程一次浇筑完成,在井壁处不得出现空洞,不得漏水。沉井封底混凝土允许偏差应符合表2的规定。

表2 沉井封底混凝土允许偏差

序号	项目	规定值或允许偏差	检查频率	检查方法
1	基底高程(mm)	+0,-200	6~9处	测绳和水准仪
2	顶面高程(mm)	±30	6处	水准仪

注:①沉井接高时施工缝应清除浮浆和凿毛;②封底混凝土顶面应保持平整。

城市桥梁沉井基础钢套箱施工检验批质量检验记录

渝市政验收6-3-3

单位(子单位)工程名称	重庆市渝中区××桥梁工程K1+000～K2+000合同段		
分部(子分部)工程名称	K1+000～K2+000合同段沉井		
分项工程名称	沉井基础钢套箱	验收部位	2#沉井
施工单位	重庆市××市政工程(集团)有限公司	项目经理	刘××
分包单位	重庆××桥梁工程有限公司	负责人	王××
施工执行标准名称及编号	重庆市《城市桥梁工程施工质量验收规范》DBJ 50-086—2008		

项目	序号	施工质量验收规范规定：检查项目		规定值及允许偏差(mm)	施工单位检验记录							监理单位检验记录
主控项目	1	材料品种规格、化学成分及力学性能		符合设计和有关技术规范要求	检查产品合格证、出厂检验报告、进场复验报告，符合设计要求。							符合规范要求。
	2	加工尺寸和预拼精度		符合设计和有关技术规范要求	符合设计和规范要求。							符合规范要求。
	3											
	4											
	5											
	6											
	7											
	8											
一般项目	1	顶面中心偏位	顺桥方向	18	9	8	6	7	10	4	12	符合规范要求。
			横桥方向	18	7	10	4	12	8	6	7	符合规范要求。
	2	平面尺寸		直径/500及25，互相垂直的直径差＜20	√	√	√	√	√	√	√	符合规范要求。
	3	高度		±10	9	8	−2	3	−5	6	7	符合规范要求。
	4	节间错台		2	1	1	1	0	0	1	1	符合规范要求。
	5	焊缝质量		符合设计要求	无裂纹、夹渣、焊瘤等缺陷，外形均匀，形成良好符合设计要求。							符合规范要求。
	6	水密试验		不允许渗水	无渗水现象。							符合规范要求。
施工单位检查评定结果	施工员		伍××		施工班组长				李××			
	检查情况： 经检查，主控项目和一般项目均符合设计要求和重庆市《城市桥梁工程施工质量验收规范》(DBJ 50-086—2008)规定，评定合格。 项目专职质量员：李×× 2015年5月20日											
监理单位验收结论	验收意见： 同意施工单位评定结果，验收合格，同意进行下道工序施工。 专业监理工程师：张×× 2015年5月20日											

说明：

主控项目

1. 钢套箱采用的钢材和焊接材料的品种规格、化学成分及力学性能必须符合设计和有关技术规范的要求，具有完整的出厂质量合格证。

2. 钢套箱加工尺寸和预拼精度应符合设计和有关技术规范的要求。

一般项目

钢套箱制作的允许偏差应符合下表的规定。

表　钢套箱制作允许偏差

<table>
<tr><th rowspan="2">序号</th><th rowspan="2" colspan="2">项目</th><th rowspan="2">规定值或允许偏差</th><th colspan="2">检查频率</th><th rowspan="2">检查方法</th></tr>
<tr><th>范围</th><th>点数</th></tr>
<tr><td rowspan="2">1</td><td rowspan="2">顶面中心偏位（mm）</td><td>顺桥向</td><td>18</td><td rowspan="7">每节段</td><td rowspan="2"></td><td rowspan="2">全站仪或经纬仪</td></tr>
<tr><td>横桥向</td><td>18</td></tr>
<tr><td>2</td><td colspan="2">平面尺寸（mm）</td><td>直径/500及25，互相垂直的直径差<20</td><td>6</td><td rowspan="3">尺量</td></tr>
<tr><td>3</td><td colspan="2">高度（mm）</td><td>±10</td><td>4</td></tr>
<tr><td>4</td><td colspan="2">节间错台（mm）</td><td>2</td><td>6</td></tr>
<tr><td>5</td><td colspan="2">焊缝质量</td><td>符合设计要求</td><td>抽检水平、垂直焊缝各50%</td><td>超声</td></tr>
<tr><td>6</td><td colspan="2">水密试验</td><td>不允许渗水</td><td></td><td>加水检查</td></tr>
</table>

注：焊缝均不得有裂纹、未溶合、夹渣、未填满弧坑和焊瘤等缺陷，且焊缝外形均匀，形成良好，焊渣和飞溅物清除干净。

城市桥梁沉井基础钢围堰施工检验批质量检验记录

渝市政验收6-3-4

单位(子单位)工程名称	重庆市渝中区××桥梁工程K1+000～K2+000合同段		
分部(子分部)工程名称	K1+000～K2+000合同段沉井		
分项工程名称	沉井基础钢围堰	验收部位	2#沉井
施工单位	重庆市××市政工程(集团)有限公司	项目经理	刘××
分包单位	重庆××桥梁工程有限公司	负责人	王××
施工执行标准名称及编号	重庆市《城市桥梁工程施工质量验收规范》DBJ 50-086—2008		

项目	序号	施工质量验收规范规定：检查项目		规定值及允许偏差(mm)	施工单位检验记录							监理单位检验记录
主控项目	1	材料品种规格、化学成分及力学性能		符合设计和有关技术规范要求	检查产品合格证、出厂检验报告、进场复验报告,符合设计要求。							符合规范要求。
	2	混凝土所用材料质量和规格		符合有关规范要求	检查产品合格证、出厂检验报告、进场复验报告,符合规范要求。							符合规范要求。
	3	混凝土强度		符合规范要求	符合规范要求,见试验报告,编号:20150206。							符合规范要求。
	4											
	5											
	6											
	7											
	8											
一般项目	1	顶面中心偏位	顺桥方向	18	10	12	5	9	8	7	10	符合规范要求。
			横桥方向	18	5 9	8 10	12 5	13 √	√ √	√ √	√ √	符合规范要求。
	2	平面尺寸		直径/500及30,互相垂直的直径差<20								符合规范要求。
	3	高度		±10								符合规范要求。
	4	节间错台		2								符合规范要求。
	5	焊缝质量		符合设计要求	无裂纹、夹渣、焊瘤等缺陷,外形均匀,符合设计要求。							符合规范要求。
	6	水密试验		不允许渗水	无渗水。							符合规范要求。
	7	钢围堰封底混凝土	基底高程	0,-200	-150	-30	-80	-70	-50	-60	-70	符合规范要求。
	8		顶面高程	±30	12	20	22	9	-8	-15	18	符合规范要求。

施工单位检查评定结果	施工员	伍××	施工班组长	李××
	检查情况: 经检查,主控项目和一般项目均符合设计要求和重庆市《城市桥梁工程施工质量验收规范》(DBJ 50-086—2008)规定,评定合格。 项目专职质量员:李×× 2015年5月20日			
监理单位验收结论	验收意见: 同意施工单位评定结果,验收合格,同意进行下道工序施工。 专业监理工程师:张×× 2015年5月20日			

说明：

主控项目

1. 钢围堰段采用的钢材和焊接材料的品种规格、化学成分及力学性能必须符合设计和有关技术规范的要求，具有完整的出厂质量合格证。

2. 混凝土所用的水泥、砂、石、水、外掺剂及混合材料的质量和规格必须符合有关规范的要求，按规定的配合比施工。

3. 钢围堰封底混凝土强度应符合重庆市《城市桥梁工程施工质量验收规范》附录G的要求。检验数量：按重庆市《城市桥梁工程施工质量验收规范》附录F执行。检验方法：按重庆市《城市桥梁工程施工质量验收规范》附录G执行。

一般项目

1. 钢围堰制作拼装的允许偏差应符合表1的规定。

表1　钢围堰制作拼装允许偏差

<table>
<tr><th rowspan="2">序号</th><th rowspan="2" colspan="2">项目</th><th rowspan="2">规定值或允许偏差</th><th colspan="2">检查频率</th><th rowspan="2">检查方法</th></tr>
<tr><th>范围</th><th>点数</th></tr>
<tr><td rowspan="2">1</td><td rowspan="2">顶面中心偏位（mm）</td><td>顺桥方向</td><td>20</td><td rowspan="7">每节</td><td rowspan="2"></td><td rowspan="2">全站仪或经纬仪</td></tr>
<tr><td>横桥方向</td><td>20</td></tr>
<tr><td>2</td><td colspan="2">围堰平面尺寸（mm）</td><td>直径/500及30，互相垂直的直径差<20</td><td>6</td><td rowspan="3">尺量</td></tr>
<tr><td>3</td><td colspan="2">高度（mm）</td><td>±10</td><td>4</td></tr>
<tr><td>4</td><td colspan="2">节间错台（mm）</td><td>2</td><td>6</td></tr>
<tr><td>5</td><td colspan="2">焊缝质量</td><td>符合设计要求</td><td rowspan="2">抽检水平、垂直焊缝各50%</td><td>超声</td></tr>
<tr><td>6</td><td colspan="2">水密试验</td><td>不允许渗水</td><td>加水检查</td></tr>
</table>

2. 钢围堰封底混凝土允许偏差应符合表2的规定。

表2　钢围堰封底混凝土允许偏差

序号	项目	规定值或允许偏差	检查频率	检查方法
1	基底高程（mm）	+0，-200	6～9处	测绳和水准仪
2	顶面高程（mm）	±30	6处	水准仪

3. 钢围堰加工尺寸和预拼装精度应符合设计和有关技术规范的要求。钢围堰拼焊后应进行水密试验，符合设计要求后方可下沉。钢围堰内各舱浇筑混凝土的顺序，应严格按设计规定进行。

城市桥梁工程模板安装（预制构件模板）检验批质量验收记录表

渝市政验收6-4-1

单位（子单位）工程名称	重庆市渝中区××桥梁工程K1+000～K2+000合同段		
分部（子分部）工程名称	K1+000～K2+000合同段桥墩		
分项工程名称	预制构件模板	验收部位	8#桥墩
施工单位	重庆市××市政工程（集团）有限公司	项目经理	王××
分包单位	重庆××桥梁工程有限公司	负责人	李××
施工执行标准名称及编号	重庆市《城市桥梁工程施工质量验收规范》DBJ 50-086—2008		

项目	序号	施工质量验收规范规定				施工单位检验记录							监理单位检验记录
		检查项目			规定值及允许偏差（mm）								
主控项目	1	模板与混凝土接触面、模内			符合规范要求	干净，已涂刷隔离剂，无积水、杂物，符合规范要求。							符合规范要求。
	2												
一般项目	1	相邻两板表面高低差			2	1	1	1	1	0	1	0	符合规范要求。
	2	表面平整度				1	0	1	0	1	0	1	符合规范要求。
	3	模内尺寸	宽	柱、桩	±5	2	3	1	−1	−2	−1	3	符合规范要求。
				梁、板	−10								
			高	柱、桩		−1	−2	−3	−4	−3	−4	−2	符合规范要求。
				梁、板	−5								
			长	柱、桩		−2	−3	−3	−4	−1	−2	−1	符合规范要求。
				梁、板									
	4	侧向弯曲		板	L/1500								
				柱、桩	L/1000，且≤10	√	√	√	√	√	√	√	符合规范要求。
				梁	L/2000，且≤10								
	5	轴线位移		横隔梁	±5								
	6	预留孔洞位		预应力筋孔道（梁端）	5	2	3	1	2	3	2	1	符合规范要求。
				其他	5	√	√	√	√	√	√	√	符合规范要求。

	施工员	伍××	施工班组长	李××
施工单位检查评定结果	检查情况： 经检查，主控项目和一般项目均符合设计要求和重庆市《城市桥梁工程施工质量验收规范》（DBJ 50-086—2008）规定，评定合格。 项目专职质量员：李×× 2015年5月20日			
监理单位验收结论	验收意见： 同意施工单位评定结果，验收合格，同意进行下道工序施工。 专业监理工程师：张×× 2015年5月20日			

说明：

主控项目

模板安装必须稳固牢靠、接缝严密，不得漏浆。模板与混凝土的接触面必须清理干净并涂刷隔离剂，模内的积水或杂物应清理干净。检验数量：全部。检验方法：观察。

一般项目

预制构件模板和整体式模板安装允许偏差应符合表1、表2的规定。

表1　预制构件模板安装允许偏差

<table>
<tr><th rowspan="2">序号</th><th rowspan="2" colspan="3">项　目</th><th rowspan="2">允许偏差(mm)</th><th colspan="2">检验频率</th><th rowspan="2">检验方法</th></tr>
<tr><th>范围</th><th>点数</th></tr>
<tr><td>1</td><td colspan="3">相邻两板表面高低差</td><td rowspan="2">2</td><td rowspan="11">每个
构件</td><td rowspan="2">4</td><td>用尺量</td></tr>
<tr><td>2</td><td colspan="3">表面平整度</td><td>用2m直尺检验</td></tr>
<tr><td rowspan="6">3</td><td rowspan="6">模内尺寸</td><td rowspan="2">宽</td><td>柱、桩</td><td>±5</td><td rowspan="9">1</td><td rowspan="6">用尺量</td></tr>
<tr><td>梁、板</td><td>−10</td></tr>
<tr><td rowspan="2">高</td><td>柱、桩</td><td rowspan="4">−5</td></tr>
<tr><td>梁、板</td></tr>
<tr><td rowspan="2">长</td><td>柱、桩</td></tr>
<tr><td>梁、板</td></tr>
<tr><td rowspan="3">4</td><td rowspan="3" colspan="2">侧向弯曲</td><td>板</td><td>L/1500</td><td rowspan="3">沿构件全长拉线量取最大值</td></tr>
<tr><td>柱、桩</td><td>L/1000，且≤10</td></tr>
<tr><td>梁</td><td>L/2000，且≤10</td></tr>
<tr><td>5</td><td colspan="2">轴线位移</td><td>横隔梁</td><td>±5</td><td>每根梁</td><td>2</td><td>用经纬仪或样板
测量</td></tr>
<tr><td rowspan="2">6</td><td rowspan="2" colspan="2">预留孔洞位</td><td>预应力筋
孔道(梁端)</td><td>5</td><td rowspan="2">每个
孔洞</td><td rowspan="2">1</td><td rowspan="2">用尺量</td></tr>
<tr><td>其他</td><td>5</td></tr>
</table>

注：表中L为构件长度。

表2 整体式模板安装允许偏差

序号	项目			允许偏差(mm)	检验频率		检验方法
					范围	点数	
1	相邻两板表面高低差			2	每个构筑物	4	用尺量
2	表面平整度			2	每个构筑物	4	用2m直尺检验
3	高程	支承面		+2,-5	每个支承面	1	用水准仪测量
		基础		±20	每个构筑物	4	
		其他		±10			
4	悬浇各梁段底面高程			+10,0	每梁段	1	
5	垂直度	墙、柱		0.1%H,且≤6	每个构筑物	1	用经纬仪测量或用垂线检验
		墩、台		0.2%H,且≤20			
6	轴线位移	基础		15		2	用经纬仪测量纵横面各计1点
		墩、台、墙		10			
		梁、柱		8			
		悬浇各梁段		8			
7	模内尺寸	基础		+10,-20		3	用尺量,长、宽、高各计1点
		墩、台		+5,-10			
		梁、柱、墙、柱		+3,-8			
8	支架和拱架	纵轴的平面位置		L/1000或30			用经纬仪测量
		曲线形拱架的高程(含建筑拱度)		+20,-10			用水准仪测量
9	预埋件	钢板连接板等	位置	10	每个预埋件	1	用尺量
			平面高差	2			用水准仪测量
		螺栓、锚筋等	位置	3			用尺量
			外露尺寸	±10			
10	预留孔	预留力筋孔道	位置(梁顶)	5	每个预留孔洞		用尺量
		其他	位置	15			用水准仪测量
			高程	±10			

注:表中H为构筑物高度;L为构筑物跨度。

城市桥梁工程模板安装(整体式模板)检验批质量验收记录表

渝市政验收6-4-2

单位(子单位)工程名称	重庆市渝中区××桥梁工程K1+000～K2+000合同段		
分部(子分部)工程名称	K1+000～K2+000合同段桥墩		
分项工程名称	整体式模板	验收部位	2#桥墩
施工单位	重庆市××市政工程(集团)有限公司	项目经理	王××
分包单位	重庆××桥梁工程有限公司	负责人	李××
施工执行标准名称及编号	重庆市《城市桥梁工程施工质量验收规范》DBJ 50-086—2008		

	序号	检查项目			规定值及允许偏差(mm)	施工单位检验记录							监理单位检验记录
主控项目	1	与混凝土接触面、模内清洁			符合规范要求	干净并涂刷隔离剂，无积水、杂物，符合规范要求。							符合规范要求。
一般项目	1	相邻两板表面高低差			2	1	1	0	1	1	1	1	符合规范要求。
	2	表面平整度				1	0	0	0	1	1	1	符合规范要求。
	3	高程	支承面		+2,-5	1	0	-1	-2	-1	-3	-4	符合规范要求。
			基础		±20								
			其他		±10								
	4	悬浇各梁端底面高程			+10,0	6	5	8	2	3	4	7	符合规范要求。
	5	垂直度	墙、柱		0.1%H,且≤6								
			墩、台		0.2%H,且≤20	√	√	√	√	√	√	√	符合规范要求。
	6	轴线位移	基础		15								
			墩、台、墙		10	9	8	5	6	4	5	5	符合规范要求。
			梁、柱		8								
			悬浇各梁段		8								
	7	模内尺寸	基础		+10,-20								
			墩、台		+5,-10	2	3	4	-5	-6	-8	2	符合规范要求。
			梁、柱、墙		+3,-8								
	8	支架和拱架	纵轴的平面位置		L/1000或30	√	√	√	√	√	√	√	符合规范要求。
			曲线形拱架的高程(含建筑拱度)		+20,-10	12	2	10	-9	-5	-8	7	符合规范要求。
	9	预埋件	钢板连接板等	位置	10	5	8	4	6	3	5	8	符合规范要求。
				平面高差	2	1	1	1	1	1	1	1	符合规范要求。
			螺栓、锚筋等	位置	3	2	1	2	2	1	2	1	符合规范要求。
				外露尺寸	±10	9	8	5	6	2	5	4	符合规范要求。
	10	预留洞	预留力筋孔道	位置(梁顶)	5	2	3	2	2	2	3	1	符合规范要求。
			其他	位置	15	10	5	8	9	6	7	5	符合规范要求。
				高程	±10	5	6	7	2	6	-8	-4	符合规范要求。

	施工员	伍××	施工班组长	李××
施工单位检查评定结果	检查情况： 经检查，主控项目和一般项目均符合设计要求和重庆市《城市桥梁工程施工质量验收规范》(DBJ 50-086—2008)规定，评定合格。 项目专职质量员：李×× 2015年5月20日			
监理单位验收结论	验收意见： 同意施工单位评定结果，验收合格，同意进行下道工序施工。 专业监理工程师：张×× 2015年5月20日			

说明：

主控项目

模板安装必须稳固牢靠、接缝严密，不得漏浆。模板与混凝土的接触面必须清理干净并涂刷隔离剂，模内的积水或杂物应清理干净。检验数量：全部。检验方法：观察。

一般项目

预制构件模板和整体式模板安装允许偏差应符合表1、表2的规定。

表1 预制构件模板安装允许偏差

序号	项目			允许偏差(mm)	检验频率		检验方法
					范围	点数	
1	相邻两板表面高低差			2	每个构件	4	用尺量
2	表面平整度						用2m直尺检验
3	模内尺寸	宽	柱、桩	±5		1	用尺量
			梁、板	−10			
		高	柱、桩	−5			
			梁、板				
		长	柱、桩				
			梁、板				
4	侧向弯曲		板	$L/1500$			沿构件全长拉线量取最大值
			柱、桩	$L/1000$，且≤10			
			梁	$L/2000$，且≤10			
5	轴线位移	横隔梁		±5	每根梁	2	用经纬仪或样板测量
6	预留孔洞位	预应力筋孔道(梁端)		5	每个孔洞	1	用尺量
		其他		5			

注：表中L为构件长度。

表2　整体式模板安装允许偏差

序号	项目			允许偏差(mm)	检验频率 范围	检验频率 点数	检验方法
1	相邻两板表面高低差			2	每个构筑物	4	用尺量
2	表面平整度			2	每个构筑物	4	用2m直尺检验
3	高程	支承面		+2,-5	每个支承面	1	用水准仪测量
3	高程	基础		±20	每个构筑物	4	用水准仪测量
3	高程	其他		±10	每个构筑物	4	用水准仪测量
4	悬浇各梁段底面高程			+10,0	每梁段	1	用水准仪测量
5	垂直度	墙、柱		0.1%H,且≤6	每个构筑物	1	用经纬仪测量或用垂线检验
5	垂直度	墩、台		0.2%H,且≤20	每个构筑物	2	用经纬仪测量或用垂线检验
6	轴线位移	基础		15	每个构筑物	2	用经纬仪测量纵横面各计1点
6	轴线位移	墩、台、墙		10	每个构筑物	2	用经纬仪测量纵横面各计1点
6	轴线位移	梁、柱		8	每个构筑物	2	用经纬仪测量纵横面各计1点
6	轴线位移	悬浇各梁段		8	每个构筑物	2	用经纬仪测量纵横面各计1点
7	模内尺寸	基础		+10,-20	每个构筑物	3	用尺量,长、宽、高各计1点
7	模内尺寸	墩、台		+5,-10	每个构筑物	3	用尺量,长、宽、高各计1点
7	模内尺寸	梁、柱、墙、柱		+3,-8	每个构筑物	3	用尺量,长、宽、高各计1点
8	支架和拱架	纵轴的平面位置		L/1000或30	每个构筑物	3	用经纬仪测量
8	支架和拱架	曲线形拱架的高程(含建筑拱度)		+20,-10	每个构筑物	3	用水准仪测量
9	预埋件	钢板连接板等	位置	10	每个预埋件	1	用尺量
9	预埋件	钢板连接板等	平面高差	2	每个预埋件	1	用水准仪测量
9	预埋件	螺栓、锚筋等	位置	3	每个预埋件	1	用尺量
9	预埋件	螺栓、锚筋等	外露尺寸	±10	每个预埋件	1	用尺量
10	预留孔	预留力筋孔道	位置(梁顶)	5	每个预留孔洞	1	用尺量
10	预留孔	其他	位置	15	每个预留孔洞	1	用水准仪测量
10	预留孔	其他	高程	±10	每个预留孔洞	1	用水准仪测量

注:表中H为构筑物高度;L为构筑物跨度。

城市桥梁工程模板拆除检验批质量验收记录表

渝市政验收6-4-3

单位(子单位)工程名称		重庆市渝中区××桥梁工程K1+000～K2+000合同段			
分部(子分部)工程名称		K1+000～K2+000合同段桥墩			
分项工程名称		模板拆除		验收部位	2#桥墩
施工单位		重庆市××市政工程(集团)有限公司		项目经理	王××
分包单位		重庆××桥梁工程有限公司		负责人	李××
施工执行标准名称及编号		重庆市《城市桥梁工程施工质量验收规范》DBJ 50-086—2008			
项目	序号	施工质量验收规范规定		施工单位检验记录	监理单位检验记录
		检查项目	规定值及允许偏差		
主控项目	1	混凝土强度	符合设计要求,设计无要求时,除有关特殊规定外应符合规范规定	符合设计要求,混凝土强度试验报告:201504201。	符合规范要求。
	2				
	3				
	4				
	5				
	6				
	7				
一般项目	1	承重模板表面及棱角	无损伤	表面及棱角无受损伤,符合规范要求。	符合规范要求。
	2				
	3				
	4				
施工单位检查评定结果	施工员		伍××	施工班组长	李××
	检查情况: 经检查,主控项目和一般项目均符合设计要求和重庆市《城市桥梁工程施工质量验收规范》(DBJ 50-086—2008)规定,评定合格。 项目专职质量员:李×× 2015年5月20日				
监理单位验收结论	验收意见: 同意施工单位评定结果,验收合格,同意进行下道工序施工。 专业监理工程师:张×× 2015年5月20日				

说明:

主控项目

拆除承重模板时混凝土强度应符合设计要求,当设计无要求时,除相关分项工程有特殊规定外,混凝土强度应符合下表规定。

表 拆除承重模板时混凝土强度确定要求

序号	结构类型	结构跨度(m)	达到混凝土设计强度标准值的百分率(%)
1	梁、拱、板	≤8	≥80
		>8	100
2	悬臂梁(板)	≤2	≥80
		>2	100

检验数量:全部。检验方法:混凝土强度试验。

一般项目

拆除承重模板时,混凝土应保证其表面及棱角不受损伤。

检验数量:全部。检验方法:观察。

城市桥梁工程支(拱)架安装检验批质量验收记录表

渝市政验收6-4-4

单位(子单位)工程名称			重庆市渝中区××桥梁工程K1+000~K2+000合同段							
分部(子分部)工程名称			K1+000~K2+000合同段桥墩							
分项工程名称			支架安装				验收部位			2#桥墩
施工单位	重庆市××市政工程(集团)有限公司						项目经理			王××
分包单位	重庆××桥梁工程有限公司						负责人			李××
施工执行标准名称及编号			重庆市《城市桥梁工程施工质量验收规范》DBJ 50-086—2008							
项目	序号	施工质量验收规范规定 检查项目	规定值及允许偏差(mm)	施工单位检验记录						监理单位检验记录
主控项目	1	基础	符合规范要求	稳固牢靠,符合规范要求。						符合规范要求。
	2									
	3									
	4									
	5									
	6									
一般项目	1	纵轴的平面位置	L/1000或30	√	√	√	√	√	√	√	符合规范要求。
	2	高程	+20,-10	12	8	9	10	-7	5	9	符合规范要求。
	3									
	4									
		施工员		伍××			施工班组长			李××
施工单位检查评定结果	检查情况: 经检查,主控项目和一般项目均符合设计要求和重庆市《城市桥梁工程施工质量验收规范》(DBJ 50-086—2008)规定,评定合格。 项目专职质量员:李×× 2015年5月20日									
监理单位验收结论	验收意见: 同意施工单位评定结果,验收合格,同意进行下道工序施工。 专业监理工程师:张×× 2015年5月20日									

说明:

主控项目

安装支架和拱架时基础必须稳固牢靠,支架和拱架应保证足够强度、刚度和稳定性。

检验数量:全部。检验方法:观察。

一般项目

安装承重支架和拱架时安装允许偏差除应符合相关规范相关规定外,还应满足下表要求。

表　支(拱)架安装允许偏差

序号	项　目	允许偏差(mm)	检验频率 范围	检验频率 点数	检验方法
1	纵轴的平面位置	L/1000或30	每片支(拱)架	3	用经纬仪测量
2	高程	+20,-10			用水准仪测量

注:L为构筑物跨度。

检验数量和检验方法:按表的规定检验。

城市桥梁工程支(拱)架拆除检验批质量验收记录表

渝市政验收6-4-5

<table>
<tr><td colspan="3">单位(子单位)工程名称</td><td colspan="4">重庆市渝中区××桥梁工程K1+000～K2+000合同段</td></tr>
<tr><td colspan="3">分部(子分部)工程名称</td><td colspan="4">K1+000～K2+000合同段桥墩</td></tr>
<tr><td colspan="3">分项工程名称</td><td colspan="2">支架拆除</td><td>验收部位</td><td>2#桥墩</td></tr>
<tr><td colspan="2">施工单位</td><td colspan="3">重庆市××市政工程(集团)有限公司</td><td>项目经理</td><td>张××</td></tr>
<tr><td colspan="2">分包单位</td><td colspan="3">重庆××桥梁工程有限公司</td><td>负责人</td><td>王××</td></tr>
<tr><td colspan="3">施工执行标准名称及编号</td><td colspan="4">重庆市《城市桥梁工程施工质量验收规范》DBJ 50-086—2008</td></tr>
<tr><td rowspan="2">项目</td><td rowspan="2">序号</td><td colspan="2">施工质量验收规范规定</td><td rowspan="2" colspan="2">施工单位检验记录</td><td rowspan="2">监理单位检验记录</td></tr>
<tr><td>检查项目</td><td>规定值及允许偏差</td></tr>
<tr><td rowspan="3">主控项目</td><td>1</td><td>混凝土强度及拆架次序</td><td>符合设计要求,设计无要求时,除有关特殊规定外应符合规范规定</td><td colspan="2">符合设计要求,混凝土强度实验报告:20140526。</td><td>符合规范要求。</td></tr>
<tr><td>2</td><td></td><td></td><td colspan="2"></td><td></td></tr>
<tr><td>3</td><td></td><td></td><td colspan="2"></td><td></td></tr>
<tr><td rowspan="4">一般项目</td><td>1</td><td>承重支(拱)架表面及棱角</td><td>无损伤</td><td colspan="2">表面及棱角无损伤,符合规范要求。</td><td>符合规范要求。</td></tr>
<tr><td>2</td><td>拆除方法与顺序</td><td>符合设计及规范要求</td><td colspan="2">符合设计及规范要求。</td><td>符合规范要求。</td></tr>
<tr><td>3</td><td></td><td></td><td colspan="2"></td><td></td></tr>
<tr><td>4</td><td></td><td></td><td colspan="2"></td><td></td></tr>
<tr><td colspan="2" rowspan="2">施工单位
检查评定结果</td><td colspan="2">施工员</td><td>伍××</td><td>施工班组长</td><td>李××</td></tr>
<tr><td colspan="5">检查情况:
经检查,主控项目和一般项目均符合设计要求和重庆市《城市桥梁工程施工质量验收规范》(DBJ50-086—2008)规定,评定合格。
项目专职质量员:李××
2015年5月20日</td></tr>
<tr><td colspan="2">监理单位
验收结论</td><td colspan="5">验收意见:
同意施工单位评定结果,验收合格,同意进行下道工序施工。
专业监理工程师:张××
2015年5月20日</td></tr>
</table>

说明:

主控项目

拆除承重支架和拱架时的混凝土强度和拆架次序应符合设计要求,当设计混凝土强度无要求时,除相关分项工程有特殊规定外,混凝土强度应符合下表规定。

表　拆除承重支(拱)时混凝土强度确定要求

序号	结构类型	结构跨度(m)	达到混凝土设计强度标准值的百分率(%)
1	梁、拱、板	≤8	≥80
		>8	100
2	悬臂梁(板)	≤2	≥80
		>2	100

检验数量:全部。检验方法:混凝土强度试验。

一般项目

1. 拆除承重支(拱)架时,混凝土应保证其表面及棱角不受损伤。 检验数量:全部。检验方法:观察。
2. 支(拱)架拆除方法与顺序应符合设计以及有关规范要求。

城市桥梁工程挂篮检验批质量验收记录表

渝市政验收6-4-6

单位（子单位）工程名称	重庆市渝中区××桥梁工程K1+000～K2+000合同段		
分部（子分部）工程名称	K1+000～K2+000合同段节段梁体悬臂施工混凝土梁		
分项工程名称	挂篮	验收部位	1#节段梁体
施工单位	重庆市××市政工程（集团）有限公司	项目经理	张××
分包单位	重庆××桥梁工程有限公司	负责人	王××
施工执行标准名称及编号	重庆市《城市桥梁工程施工质量验收规范》DBJ 50-086—2008		

项目	序号	施工质量验收规范规定：检查项目	施工质量验收规范规定：规定值及允许偏差（mm）	施工单位检验记录							监理单位检验记录
主控项目	1	材料	满足结构设计文件规定	查看试验、检验报告，符合设计要求。							符合规范要求。
	2	挂篮前端弹性变形（包括吊带变形的总和）	不超过20mm	弹性形变13mm，安全系数均不小于2.0，符合规范要求。							符合规范要求。
	3	荷载试验	达到额定荷载1.2倍	查看试验报告，符合试验要求。							符合规范要求。
	4										
	5										
	6										
	7										
	8										
一般项目	1	轴线偏位（相对于桥轴线）	±5	3	2	−3	4	−2	1	3	符合规范要求。
	2	两前支点标高	±10	9	8	2	5	−5	6	4	符合规范要求。
	3	底模标高	+10	5	−1	2	5	4	−3	5	符合规范要求。
	4										
		施工员		伍××			施工班组长				李××
施工单位检查评定结果		检查情况： 经检查，主控项目和一般项目均符合设计要求和重庆市《城市桥梁工程施工质量验收规范》（DBJ 50-086—2008）规定，评定合格。 项目专职质量员：李×× 2015年5月20日									
监理单位验收结论		验收意见： 同意施工单位评定结果，验收合格，同意进行下道工序施工。 专业监理工程师：张×× 2015年5月20日									

说明：

主控项目

1. 挂篮所使用的材料必须满足结构设计、安全需要；挂篮运至工地时，应在试拼台上试拼；挂篮试拼后，必须进行荷载试验。挂篮的重量应和设计用作施工阶段验算的重量相符。检验数量：全部。检验方法：查看检验、试验报告。

2. 挂篮前端弹性变形(包括吊带变形的总和)不宜超过20mm；工作及行走时的抗颠覆安全系数、自锚固系统安全系数、斜拉水平限位系统安全系数、上水平限位安全系数均不得小于2.0。

3. 挂篮投入使用前必须进行荷载试验，试验荷载应达到额定荷载的1.2倍。检验数量：全部。检验方法：查看试验报告。

一般项目

挂篮安装允许偏差除应符合规范相关规定外，还应满足下表的要求。

表　挂篮安装允许偏差

序号	项　目	允许偏差(mm)	检验频率		检验方法
			范围	点数	
1	轴线偏位(相对于桥轴线)	±5	每节段	2(前后各1点)	用经纬仪测量
2	两前支点标高	±10		1	用水准仪测量
3	底模标高	+10		4	用水准仪测量

城市桥梁工程移动模架检验批质量验收记录表

渝市政验收6-4-7

单位(子单位)工程名称	重庆市渝中区××桥梁工程K1+000～K2+000合同段		
分部(子分部)工程名称	K1+000～K2+000合同段悬臂施工混凝土梁		
分项工程名称	移动模架	验收部位	1#节段梁体
施工单位	重庆市××市政工程(集团)有限公司	项目经理	张××
分包单位	重庆××桥梁工程有限公司	负责人	王××
施工执行标准名称及编号	重庆市《城市桥梁工程施工质量验收规范》DBJ 50-086—2008		

项目	序号	施工质量验收规范规定		施工单位检验记录							监理单位检验记录
		检查项目	规定值及允许偏差(mm)								
主控项目	1	材料	满足结构设计、安全需要	查看检验、试验报告,符合设计要求。							符合规范要求。
	2	抗倾覆稳定系数	不小于1.5	查看计算报告,符合规范要求。							符合规范要求。
	3	荷载试验	达到额定荷载1.2倍	查看试验报告,符合要求。							符合规范要求。
	4										
	5										
	6										
	7										
	8										
一般项目	1	轴线偏位	10	2	5	6	8	3	7	6	符合规范要求。
	2	顶面高程	±10	5	6	4	4	-3	-6	7	符合规范要求。
	3	总长	+5,-10	3	-6	4	2	-1	-8	2	符合规范要求。
	4										
		施工员		伍××			施工班组长				李××

施工单位检查评定结果

检查情况:

经检查,主控项目和一般项目均符合设计要求和重庆市《城市桥梁工程施工质量验收规范》(DBJ 50-086—2008)规定,评定合格。

项目专职质量员:李××

2015年5月20日

监理单位验收结论

验收意见:

同意施工单位评定结果,验收合格,同意进行下道工序施工。

专业监理工程师:张××

2015年5月20日

说明；

主控项目

1. 移动模架所使用的材料必须满足结构设计、安全需要。移动模架应进行荷载试验。检验数量:全部。 检验方法: 查看检验、试验报告。

2. 移动模架抗倾覆稳定系数不得小于1.5。墩旁托架及落地支架上设置的下滑道应具有足够的强度、刚度、长度和宽度。检验数量:全部。检验方法:查看计算报告。

3. 移动模架投入使用前必须进行荷载试验,试验荷载应达到额定荷载的1.2倍。检验数量:全部。检验方法:查看试验报告。

一般项目

移动模架安装允许偏差除应符合规范相关规定外,还应满足下表的要求。

表　移动模架安装允许偏差

序号	检查项目	规定值或允许偏差	检查方法
1	轴线偏位(mm)	10	用全站仪或经纬仪,每孔测量3~5处
2	顶面高程(mm)	±10	用水准仪测5处
3	总长(mm)	+5,-10	用尺量

城市桥梁工程短线预制模板检验批质量验收记录表

渝市政验收6-4-8

单位(子单位)工程名称	重庆市渝中区××桥梁工程K1+000～K2+000合同段		
分部(子分部)工程名称	K1+000～K2+000合同段预制箱梁		
分项工程名称	短线预制模板	验收部位	2#节段梁体
施工单位	重庆市××市政工程(集团)有限公司	项目经理	陈××
分包单位	重庆××桥梁工程有限公司	负责人	张××
施工执行标准名称及编号	重庆市《城市桥梁工程施工质量验收规范》DBJ 50-086—2008		

项目	序号	施工质量验收规范规定：检查项目	规定值及允许偏差(mm)	施工单位检验记录							监理单位检验记录
主控项目	1										
	2										
	3										
	4										
一般项目	1	相邻两板表面高低差	2	1	0	1	1	0	1	1	符合规范要求。
	2	表面平整度		1	1	1	0	0	1	0	符合规范要求。
	3	垂直度	0.15%h,且≤3	√	√	√	√	√	√	√	符合规范要求。
	4	模内尺寸 长度	0,-3	-1	-2	-2	-1	-1	-2	-1	符合规范要求。
		模内尺寸 宽度	5,-2	2	3	2	1	1	2	-2	符合规范要求。
		模内尺寸 高度	0,-2	-1	-1	-1	-1	-1	-1	-1	符合规范要求。
	5	轴线位移	2	1	0	1	0	1	1	0	符合规范要求。
	6	预埋件 支座板、锚垫板等预埋钢板位置 位置	4	2	3	2	1	1	2	1	符合规范要求。
		预埋件 支座板、锚垫板等预埋钢板位置 平面高差	2	1	0	1	1	1	0	0	符合规范要求。
		预埋件 螺栓、锚筋等 位置	10	5	8	7	6	2	4	8	符合规范要求。
		预埋件 螺栓、锚筋等 外露尺寸	±10	6	5	2	8	-7	1	2	符合规范要求。
	7	预留孔洞 吊孔 位置	5	2	3	1	1	2	4	3	符合规范要求。
		预留孔洞 预应力筋孔道位置 位置		1	3	4	1	2	1	4	符合规范要求。

施工单位检查评定结果	施工员	伍××	施工班组长	李××
	检查情况： 经检查，主控项目和一般项目均符合设计要求和重庆市《城市桥梁工程施工质量验收规范》(DBJ 50-086—2008)规定，评定合格。 项目专职质量员：李×× 2015年5月20日			
监理单位验收结论	验收意见： 同意施工单位评定结果，验收合格，同意进行下道工序施工。 专业监理工程师：张×× 2015年5月20日			

说明:

一般项目

短线预制模板允许偏差应符合下表规定。

表　短线预制模板允许偏差表

序号	项目			允许偏差(mm)	检验频率		检验方法
					范围	点数	
1	相邻两板表面高低差			2	每个节段	4	用尺量
2	表面平整度					6	用2m直尺检验
3	垂直度			0.15%h,且≤3		2	用垂线检验
4	模内尺寸	长度		0,-3		3	用尺量
		宽度		5,-2		2	
		高度		0,-2		4	
5	轴线位移			2		2	用经纬仪测量,纵横各计一点
6	预埋件	支座板、锚垫板等预埋钢板位置	位置	4	每个预埋件	1	用尺量
			平面高差	2			用水准仪测量
		螺栓、锚筋等	位置	10			用尺量
			外露尺寸	±10			
7	预留孔洞	吊孔	位置	5	每个预留孔洞		
		预应力筋孔道位置	位置				

注:表中h为节段梁的高度。

检验数量和检验方法:按表的规定检验。

城市桥梁基础砌体施工检验批质量检验记录

渝市政验收6-5-1

单位（子单位）工程名称	重庆市渝中区××桥梁工程K1+000～K2+000合同段		
分部（子分部）工程名称	K1+000～K2+000合同段桥墩		
分项工程名称	砌体施工	验收部位	1#桥墩
施工单位	重庆市××市政工程（集团）有限公司	项目经理	陈××
分包单位	重庆××桥梁工程有限公司	负责人	张××
施工执行标准名称及编号	重庆市《城市桥梁工程施工质量验收规范》DBJ 50-086—2008		

项目	序号	施工质量验收规范规定 检查项目	规定值及允许偏差（mm）	施工单位检验记录							监理单位检验记录
主控项目	1	水泥、砂浆和水的质量	符合规范要求	检查试件试验报告，符合规范要求。							符合规范要求。
	2	石料质量及强度、砂浆强度	符合设计和规范要求	检查试件试验报告，符合设计和规范要求。							符合规范要求。
	3	砌筑方式	符合设计要求	砌体内部砂浆饱满，符合设计要求。							符合规范要求。
	4										
	5										
	6										
	7										
	8										
一般项目	1	轴线偏位	25	12	14	10	13	19	17	12	符合规范要求。
	2	平面尺寸	±50	23	26	−23	20	−36	34	32	符合规范要求。
	3	顶面高程	±30	12	14	18	20	18	19	10	符合规范要求。
	4	基底高程 土质	±50	−23	20	−36	26	−23	20	18	符合规范要求。
		基底高程 石质	+50，−200								

	施工员	伍××	施工班组长	李××
施工单位检查评定结果	检查情况： 经检查，主控项目和一般项目均符合设计要求和重庆市《城市桥梁工程施工质量验收规范》（DBJ 50-086—2008）规定，评定合格。 项目专职质量员：李×× 2015年5月20日			
监理单位验收结论	验收意见： 同意施工单位评定结果，验收合格，同意进行下道工序施工。 专业监理工程师：张×× 2015年5月20日			

说明：

一般规定

1. 砌体所用石料或预制块的质量必须符合有关设计、规范要求。

2. 砂浆所用水泥、砂和水的质量必须满足规范要求，按规定配合比施工。

3. 砌体施工必须严格按照设计文件要求及相关施工规范规定进行。砌块应错缝、坐浆挤紧，嵌缝料和砂浆饱满，无空洞、宽缝、大堆砂浆填隙和假缝。

主控项目

1. 基础砌体砂浆所用的水泥、砂和水的质量必须符合有关规范的要求，按规定的配合比施工。石料质量、强度、砂浆强度必须符合设计与规范要求。检验数量：按抽样检测方案确定。检验方法：检查试件试验报告。

2. 砌筑方式必须符合设计要求，砌体内部砂浆要饱满。检验数量：按抽样检测方案确定。检验方法：对砌筑过程同步目测，并做好详细记录。

一般项目

基础砌体允许偏差应符合下表规定。

表 基础砌体允许偏差

序号	检查项目		规定值或允许偏差	检查方法和频率
1	轴线偏位(mm)		25	经纬仪：纵、横各测量2点
2	平面尺寸(mm)		±50	尺量：长宽各3处
3	顶面高程(mm)		±30	水准仪：测5~8点
4	基底高程(mm)	土质	±50	水准仪：测5~8点
		石质	+50,-200	

城市桥梁墩台身砌体施工检验批质量检验记录

渝市政验收6-5-2

单位(子单位)工程名称	重庆市渝中区××桥梁工程K1+000~K2+000合同段		
分部(子分部)工程名称	K1+000~K2+000合同段墩台		
分项工程名称	墩台身砌体施工	验收部位	1#台
施工单位	重庆市××市政工程(集团)有限公司	项目经理	陈××
分包单位	重庆××桥梁工程有限公司	负责人	张××
施工执行标准名称及编号	重庆市《城市桥梁工程施工质量验收规范》DBJ 50-086—2008		

项目	序号	施工质量验收规范规定 检查项目		规定值及允许偏差(mm)	施工单位检验记录							监理单位检验记录
主控项目	1	水泥、砂浆和水的质量		符合规范要求	检查试件试验报告，符合规范要求。							符合规范要求。
	2	石料质量及强度、砂浆强度		符合设计和规范要求	检查试件试验报告，符合设计和规范要求。							符合规范要求。
	3	砌筑方式		符合设计要求	砌体内部砂浆饱满，符合设计要求。							符合规范要求。
	4											
	5											
	6											
	7											
	8											
一般项目	1	轴线偏位		20	15	12	13	10	12	17	8	符合规范要求。
	2	墩台长、宽	料石	+20,-10	12	15	10	8	9	7	-5	符合规范要求。
			块石	+30,-10								
			片石	+40,-10								
	3	竖直度或坡度(%)	料石、块石	0.3	√	√	√	√	√	√	√	符合规范要求。
			片石	0.5								
	4	墩台顶面高程		±10	5	-6	8	-4	2	-3	5	符合规范要求。
	5	大面积平整度	料石	10	5	3	8	4	8	7	5	符合规范要求。
			块石	20								
			片石	30								

施工单位检查评定结果	施工员	伍××	施工班组长	李××
	检查情况： 经检查，主控项目和一般项目均符合设计要求和重庆市《城市桥梁工程施工质量验收规范》(DBJ50-086-2008)规定，评定合格。 项目专职质量员：李×× 2015年5月20日			
监理单位验收结论	验收意见： 同意施工单位评定结果，验收合格，同意进行下道工序施工。 专业监理工程师：张×× 2015年5月20日			

说明：

一般规定

1. 砌体所用石料或预制块的质量必须符合有关设计、规范要求。

2. 砂浆所用水泥、砂和水的质量必须满足规范要求，按规定配合比施工。

3. 砌体施工必须严格按照设计文件要求及相关施工规范规定进行。砌块应错缝、坐浆挤紧，嵌缝料和砂浆饱满，无空洞、宽缝、大堆砂浆填隙和假缝。

主控项目

1. 墩台身砌体砂浆所用的水泥、砂和水的质量必须符合有关规范的要求，按规定的配合比施工。石料质量、强度、砂浆强度必须符合设计与规范要求。检验数量：按抽样检测方案确定。检验方法：检查试件试验报告。

2. 砌筑方式必须符合设计要求，砌体内部砂浆要饱满。检验数量：按抽样检测方案确定。检验方法：对砌筑过程同步目测，并做好详细记录。

一般项目

墩台身砌体允许偏差应符合下表规定。

表　墩台身砌体允许偏差

序号	检查项目		规定值或允许偏差	检查频率	检查方法
1	轴线偏位(mm)		20	纵、横各测量2点	全站仪或经纬仪
2	墩台长、宽(mm)	料石	+20,-10	检查3个断面	尺量
		块石	+30,-10		
		片石	+40,-10		
3	竖直度或坡度(%)	料石、块石	0.3	纵、横各测量2处	垂线或经纬度
		片石	0.5		
4	墩、台顶面高程(mm)		±10	测量3点	水准仪
5	大面积平整度(mm)	料石	10	检查竖直，水平两个方向，每$20m^2$测1处	2m直尺
		块石	20		
		片石	30		

城市桥梁拱圈砌体施工检验批质量检验记录

渝市政验收6-5-3

单位(子单位)工程名称				重庆市渝中区××桥梁工程K1+000～K2+000合同段								
分部(子分部)工程名称				K1+000～K2+000合同段圬工拱								
分项工程名称				拱圈砌体施工					验收部位			1#拱
施工单位			重庆市××市政工程(集团)有限公司						项目经理			陈××
分包单位			重庆××桥梁工程有限公司						负责人			张××
施工执行标准名称及编号				重庆市《城市桥梁工程施工质量验收规范》DBJ 50-086—2008								
项目	序号	施工质量验收规范规定			施工单位检验记录							监理单位检验记录
		检查项目		规定值及允许偏差(mm)								
主控项目	1	水泥、砂浆和水的质量		符合规范要求	检查试件试验报告,符合规范要求。							符合规范要求。
	2	石料质量及强度、砂浆强度		符合设计和规范要求	检查试件试验报告,符合设计和规范要求。							符合规范要求。
	3	砌筑		符合设计要求	砌缝互相错开,砌体内部砂浆饱满,符合设计要求。							符合规范要求。
	4											
	5											
	6											
	7											
	8											
一般项目	1	砌体外侧平面偏位	无镶面	+30,-10								
			有镶面	+20,-10	15	10	12	6	9	-8	-4	符合规范要求。
	2	拱圈厚度		+30,-10	12	6	9	-8	23	-9	-5	符合规范要求。
	3	相邻镶面石砌块表层错位	料石、混凝土预制块	3	2	1	2	1	2	2	1	符合规范要求。
			块石	5								
	4	内弧线偏离设计弧线	跨径≤30m	±20	15	16	14	12	10	-15	-17	符合规范要求。
			跨径＞30m	±1/1500跨径								
			极值	拱腹四分点:允许偏差的2倍且反向	√	√	√	√	√	√	√	符合规范要求。
施工单位检查评定结果			施工员		伍××				施工班组长			李××
			检查情况: 经检查,主控项目和一般项目均符合设计要求和重庆市《城市桥梁工程施工质量验收规范》(DBJ 50-086—2008)规定,评定合格。 项目专职质量员:李×× 2015年5月20日									
监理单位验收结论			验收意见: 同意施工单位评定结果,验收合格,同意进行下道工序施工。 专业监理工程师:张×× 2015年5月20日									

说明：

一般规定

1. 砌体所用石料或预制块的质量必须符合有关设计、规范要求。

2. 砂浆所用水泥、砂和水的质量必须满足规范要求，按规定配合比施工。

3. 砌体施工必须严格按照设计文件要求及相关施工规范规定进行。砌块应错缝、坐浆挤紧，嵌缝料和砂浆饱满，无空洞、宽缝、大堆砂浆填隙和假缝。

主控项目

1. 拱圈砌体砂浆所用的水泥、砂和水的质量必须符合有关规范的要求，按规定的配合比施工。石料质量、强度、砂浆强度必须符合设计与规范要求。检验数量：按抽样检测方案确定。检验方法：检查试件试验报告。

2. 拱圈砌筑方式必须符合设计要求，拱圈的辐射缝必须垂直于拱轴线，辐射缝两侧相邻拱石的砌缝应互相错开，错开距离不得小于100mm。

3. 拱圈砌体内部砂浆必须饱满。检验数量：按抽样检测方案确定。检验方法：对砌筑过程同步目测，并做好详细记录。

一般项目

拱圈砌体允许偏差应符合下表规定。

表 拱圈砌体允许偏差

序号	检查项目		规定值或允许偏差	检验频率		检验方法
				范围	点数	
1	砌体外侧平面偏位(mm)	无镶面	+30,-10	拱脚、拱顶、1/4跨	5	经纬仪测量
		有镶面	+20,-10			
2	拱圈厚度(mm)		+30,-0	拱脚、拱顶、1/4跨	5	用尺量
3	相邻镶面石砌块表层错位(mm)	料石、混凝土预制块	3	每侧面	3~5	拉线用尺量
		块石	5			
4	内弧线偏离设计弧线(mm)	跨径≤30m	±20	拱脚、拱顶、1/4跨	5	水准仪测量或用量尺
		跨径＞30m	±1/1500跨径			
		极值	拱腹四分点：允许偏差的2倍且反向			

注：序号3面偏位向外为“+”，向内为“–”，下同。

城市桥梁侧墙砌体施工检验批质量检验记录

渝市政验收6-5-4

单位(子单位)工程名称	重庆市渝中区××桥梁工程K1+000～K2+000合同段		
分部(子分部)工程名称	K1+000～K2+000合同段桥台		
分项工程名称	侧墙砌体施工	验收部位	2#台
施工单位	重庆市××市政工程(集团)有限公司	项目经理	陈××
分包单位	重庆××桥梁工程有限公司	负责人	张××
施工执行标准名称及编号	重庆市《城市桥梁工程施工质量验收规范》DBJ 50-086—2008		

项目	序号	施工质量验收规范规定：检查项目		规定值及允许偏差(mm)	施工单位检验记录							监理单位检验记录
主控项目	1	水泥、砂浆和水的质量		符合规范要求	检查试件试验报告，符合规范要求。							符合规范要求。
	2	石料质量及强度、砂浆强度		符合设计和规范要求	检查试件试验报告，符合设计和规范要求。							符合规范要求。
	3	砌筑方式		符合设计要求	砌缝互相错开，砌体内部砂浆饱满，符合设计要求。							符合规范要求。
	4											
	5											
	6											
	7											
	8											
一般项目	1	外侧平面偏位	无镶面	+30，-10								
			有镶面	+20，-10	15	10	12	6	9	-8	-4	符合规范要求。
	2	宽度		+40，-10	-5	12	6	9	-8	23	-9	符合规范要求。
	3	顶面高程		±10	8	6	-5	7	-9	5	2	符合规范要求。
	4	竖直度或坡度(%)	片石砌体	0.5	√	√	√	√	√	√	√	符合规范要求。
			块石、粗料石、混凝土镶面	0.3								

施工员	伍××	施工班组长	李××

施工单位检查评定结果

检查情况：

经检查，主控项目和一般项目均符合设计要求和重庆市《城市桥梁工程施工质量验收规范》(DBJ 50-086—2008)规定，评定合格。

项目专职质量员：李××

2015年5月20日

监理单位验收结论

验收意见：

同意施工单位评定结果，验收合格，同意进行下道工序施工。

专业监理工程师：张××

2015年5月20日

说明：

一般规定

1. 砌体所用石料或预制块的质量必须符合有关设计、规范要求。

2. 砂浆所用水泥、砂和水的质量必须满足规范要求，按规定配合比施工。

3. 砌体施工必须严格按照设计文件要求及相关施工规范规定进行。砌块应错缝、坐浆挤紧，嵌缝料和砂浆饱满，无空洞、宽缝、大堆砂浆填隙和假缝。

主控项目

1. 侧墙砌体砂浆所用的水泥、砂和水的质量必须符合有关规范的要求，按规定的配合比施工。石料质量、强度、砂浆强度必须符合设计与规范要求。检验数量：按抽样检测方案确定。检验方法：检查试件试验报告。

2. 砌筑方式必须符合设计要求，砌体内部砂浆必须饱满。检验数量：按抽样检测方案确定。检验方法：对砌筑过程同步目测，并做好详细记录。

一般项目

侧墙砌体允许偏差应符合下表规定。

表　侧墙砌体允许偏差

序号	检查项目		规定值或允许偏差	检验频率		检验方法
				范围	点数	
1	外侧平面偏位（mm）	无镶面	+30，-10	每侧墙	5	经纬仪测量
		有镶面	+20，-10			
2	宽度（mm）		+40，-10		5	用尺量
3	顶面高程（mm）		±10		5	水准仪测量
4	竖直度或坡度（%）	片石砌体	0.5	每侧墙面	2	吊垂线
		块石、粗料石、混凝土块镶面	0.3			

城市桥梁砌石工程(浆砌砌体)施工检验批质量验收记录表

渝市政验收6-5-5

单位(子单位)工程名称				重庆市渝中区××桥梁工程K1+000～K2+000合同段								
分部(子分部)工程名称				K1+000～K2+000合同段墩台								
分项工程名称				浆砌砌体施工			验收部位		2#墩台			
施工单位		重庆市××市政工程(集团)有限公司					项目经理		陈××			
分包单位		重庆××桥梁工程有限公司					负责人		张××			
施工执行标准名称及编号				重庆市《城市桥梁工程施工质量验收规范》DBJ 50-086—2008								
项目	序号	施工质量验收规范规定			施工单位检验记录							监理单位检验记录
		检查项目		规定值及允许偏差(mm)								
主控项目	1	水泥、砂浆和水的质量		符合规范要求	检查试件试验报告,符合规范要求。							符合规范要求。
	2	石料质量及强度、砂浆强度		符合设计和规范要求	检查试件试验报告,符合设计和规范要求。							符合规范要求。
	3	砌筑方式		符合设计要求	砌缝互相错开,砌体内部砂浆饱满,符合设计要求。							符合规范要求。
	4											
	5											
	6											
	7											
	8											
一般项目	1	顶面高度	料、块石	±15	7	8	-9	10	-12	11	8	符合规范要求。
			片石	±20								
	2	竖直度或坡度(%)	料、块石	0.3	√	√	√	√	√	√	√	符合规范要求。
			片石	0.5								
	3	断面尺寸	料石	±20	18	-12	11	-8	9	12	14	符合规范要求。
			块石	±30								
			片石	±50								
	4	表面平整度	料石	10	6	5	4	8	6	1	8	符合规范要求。
			块石	20								
			片石	30								
施工单位检查评定结果			施工员		伍××		施工班组长		李××			
			检查情况: 经检查,主控项目和一般项目均符合设计要求和重庆市《城市桥梁工程施工质量验收规范》(DBJ 50-086—2008)规定,评定合格。 项目专职质量员:李×× 2015年5月20日									
监理单位验收结论			验收意见: 同意施工单位评定结果,验收合格,同意进行下道工序施工。 专业监理工程师:张×× 2015年5月20日									

说明：

一般规定

1. 砌体所用石料或预制块的质量必须符合有关设计、规范要求。

2. 砂浆所用水泥、砂和水的质量必须满足规范要求，按规定配合比施工。

3. 砌体施工必须严格按照设计文件要求及相关施工规范规定进行。砌块应错缝、坐浆挤紧，嵌缝料和砂浆饱满，无空洞、宽缝、大堆砂浆填隙和假缝。

主控项目

1. 一般砌石工程砂浆所用的水泥、砂和水的质量必须符合有关规范的要求，按规定的配合比施工。石料质量、强度、砂浆强度必须符合设计与规范要求。检验数量：按抽样检测方案确定。检验方法：检查试件试验报告。

2. 砌筑方式必须符合设计要求，砌体内部砂浆必须饱满。检验数量：按抽样检测方案确定。检验方法：对砌筑过程同步目测，并做好详细记录。

一般项目

一般砌石工程允许偏差应符合表1、表2规定。

表1 浆砌砌体允许偏差

序号	检查项目		规定值或允许偏差	检验频率		检验方法
				范围	点数	
1	顶面高度(mm)	料、块石	±15	每20m	3	水准仪测量
		片石	±20			
2	竖直度或坡度(%)	料、块石	0.3		3	吊垂线
		片石	0.5			
3	断面尺寸(mm)	料石	±20		2	用尺量
		块石	±30			
		片石	±50			
4	表面平整度(mm)	料石	10		5	2m直尺
		块石	20			
		片石	30			

表2 干砌片石允许偏差

序号	检查项目	规定值或允许偏差	检验频率		检验方法
			范围	点数	
1	顶面高度(mm)	±30	每20m	3	水准仪测量
2	外形尺寸(mm)	±100		3	用尺量
3	厚度(mm)	±50		3	用尺量
4	表面平整度(mm)	50		5	2m直尺

城市桥梁砌石工程（干砌片石）施工检验批质量验收记录表

渝市政验收6-5-6

单位（子单位）工程名称	重庆市渝中区××桥梁工程K1+000～K2+000合同段		
分部（子分部）工程名称	K1+000～K2+000合同段墩台		
分项工程名称	干砌片石施工	验收部位	2#墩台
施工单位	重庆市××市政工程（集团）有限公司	项目经理	陈××
分包单位	重庆××桥梁工程有限公司	负责人	张××
施工执行标准名称及编号	重庆市《城市桥梁工程施工质量验收规范》DBJ 50-086—2008		

项目	序号	施工质量验收规范规定：检查项目	施工质量验收规范规定：规定值及允许偏差（mm）	施工单位检验记录							监理单位检验记录
主控项目	1	水泥、砂浆和水的质量	符合规范要求	检查试件试验报告，符合规范要求。							符合规范要求。
	2	石料质量及强度、砂浆强度	符合设计和规范要求	检查试件试验报告，符合设计和规范要求。							符合规范要求。
	3	砌筑方式	符合设计要求	砌缝互相错开，砌体内部砂浆饱满，符合设计要求。							符合规范要求。
	4										
	5										
	6										
	7										
	8										
一般项目	1	顶面高度	±30	20	−10	−15	16	−18	17	12	符合规范要求。
	2	外形尺寸	±100	98	−92	93	−85	76	75	76	符合规范要求。
	3	厚度	±50	32	23	25	−16	19	−13	36	符合规范要求。
	4	表面平整度	50	26	23	25	41	23	35	29	符合规范要求。
施工单位检查评定结果	施工员		伍××	施工班组长			李××				
	检查情况： 经检查，主控项目和一般项目均符合设计要求和重庆市《城市桥梁工程施工质量验收规范》（DBJ 50-086—2008）规定，评定合格。 项目专职质量员：李×× 2015年5月20日										
监理单位验收结论	验收意见： 同意施工单位评定结果，验收合格，同意进行下道工序施工。 专业监理工程师：张×× 2015年5月20日										

说明：

一般规定

1. 砌体所用石料或预制块的质量必须符合有关设计、规范要求。

2. 砂浆所用水泥、砂和水的质量必须满足规范要求，按规定配合比施工。

3. 砌体施工必须严格按照设计文件要求及相关施工规范规定进行。砌块应错缝、坐浆挤紧，嵌缝料和砂浆饱满，无空洞、宽缝、大堆砂浆填隙和假缝。

主控项目

1. 一般砌石工程砂浆所用的水泥、砂和水的质量必须符合有关规范的要求，按规定的配合比施工。石料质量、强度、砂浆强度必须符合设计与规范要求。检验数量：按抽样检测方案确定。检验方法：检查试件试验报告。

2. 砌筑方式必须符合设计要求，砌体内部砂浆必须饱满。检验数量：按抽样检测方案确定。检验方法：对砌筑过程同步目测，并做好详细记录。

一般项目

一般砌石工程允许偏差应符合表1、表2规定。

表1　浆砌砌体允许偏差

序号	检查项目		规定值或允许偏差	检验频率		检验方法
				范围	点数	
1	顶面高度(mm)	料、块石	±15	每20m	3	水准仪测量
		片石	±20			
2	竖直度或坡度(%)	料、块石	0.3		3	吊垂线
		片石	0.5			
3	断面尺寸(mm)	料石	±20		2	用尺量
		块石	±30			
		片石	±50			
4	表面平整度(mm)	料石	10		5	2m直尺
		块石	20			
		片石	30			

表2　干砌片石允许偏差

序号	检查项目	规定值或允许偏差	检验频率		检验方法
			范围	点数	
1	顶面高度(mm)	±30	每20m	3	水准仪测量
2	外形尺寸(mm)	±100		3	用尺量
3	厚度(mm)	±50		3	用尺量
4	表面平整度(mm)	50		5	2m直尺

城市桥梁施工混凝土原材料检验批质量检验记录

渝市政验收6-6-1

<table>
<tr><td colspan="3">单位(子单位)工程名称</td><td colspan="4">重庆市渝中区××桥梁工程K1+000～K2+000合同段</td></tr>
<tr><td colspan="3">分部(子分部)工程名称</td><td colspan="4">K1+000～K2+000合同段桥墩</td></tr>
<tr><td colspan="3">分项工程名称</td><td colspan="2">混凝土原材料</td><td>验收部位</td><td>2#桥墩</td></tr>
<tr><td colspan="2">施工单位</td><td colspan="3">重庆市××市政工程(集团)有限公司</td><td>项目经理</td><td>陈××</td></tr>
<tr><td colspan="2">分包单位</td><td colspan="3">重庆××桥梁工程有限公司</td><td>负责人</td><td>张××</td></tr>
<tr><td colspan="3">施工执行标准名称及编号</td><td colspan="4">重庆市《城市桥梁工程施工质量验收规范》DBJ 50-086—2008</td></tr>
<tr><td rowspan="2">项目</td><td rowspan="2">序号</td><td colspan="2">施工质量验收规范规定</td><td rowspan="2">施工单位检验记录</td><td colspan="2" rowspan="2">监理单位检验记录</td></tr>
<tr><td>检查项目</td><td>规定值及允许偏差</td></tr>
<tr><td rowspan="8">主控项目</td><td>1</td><td>水泥</td><td>符合规范规定和设计要求</td><td>检查产品合格证、出厂检验报告、进场复验报告,符合规范规定和设计要求。</td><td colspan="2">符合规范要求。</td></tr>
<tr><td>2</td><td>矿物掺合剂</td><td>符合规范规定和设计要求</td><td>检查产品合格证和进场复验报告,符合规范规定和设计要求。</td><td colspan="2">符合规范要求。</td></tr>
<tr><td>3</td><td>外加剂</td><td>符合规范规定和设计要求</td><td>检查产品合格证、出厂检验报告和进场复验报告,符合规范规定和设计要求。</td><td colspan="2">符合规范要求。</td></tr>
<tr><td>4</td><td></td><td></td><td></td><td colspan="2"></td></tr>
<tr><td>5</td><td></td><td></td><td></td><td colspan="2"></td></tr>
<tr><td>6</td><td></td><td></td><td></td><td colspan="2"></td></tr>
<tr><td>7</td><td></td><td></td><td></td><td colspan="2"></td></tr>
<tr><td>8</td><td></td><td></td><td></td><td colspan="2"></td></tr>
<tr><td rowspan="4">一般项目</td><td>1</td><td>细骨料</td><td>符合规范规定和设计要求</td><td>检查进场复验报告,符合规范规定和设计要求。</td><td colspan="2">符合规范要求。</td></tr>
<tr><td>2</td><td>粗骨料</td><td>符合规范规定和设计要求</td><td>检查进场复验报告,符合规范规定和设计要求。</td><td colspan="2">符合规范要求。</td></tr>
<tr><td>3</td><td>水质</td><td>符合规范规定</td><td>检查水质检验报告,符合规范规定。</td><td colspan="2">符合规范要求。</td></tr>
<tr><td>4</td><td></td><td></td><td></td><td colspan="2"></td></tr>
<tr><td colspan="2" rowspan="2">施工单位
检查评定结果</td><td colspan="2">施工员</td><td>伍××</td><td>施工班组长</td><td>李××</td></tr>
<tr><td colspan="5">检查情况:
经检查,主控项目和一般项目均符合设计要求和重庆市《城市桥梁工程施工质量验收规范》(DBJ 50-086—2008)规定,评定合格。
项目专职质量员:李××
2015年5月20日</td></tr>
<tr><td colspan="2">监理单位
验收结论</td><td colspan="5">验收意见:
同意施工单位评定结果,验收合格,同意进行下道工序施工。
专业监理工程师:张××
2015年5月20日</td></tr>
</table>

说明：

主控项目

1. 水泥进场时应对其品种、级别、包装或散装仓号、出厂合格证等进行检查，并应对其强度、安定性及其他必要的性能指标进行复验，其质量必须符合《通用硅酸盐水泥》（GB 175）等的规定和设计要求。当在使用中对水泥质量有怀疑或水泥出厂超过三个月（快硬硅酸盐水泥超过一个月）时，应进行复验，并按复验结果使用。检验数量：按同一生产厂家、同一等级、同一品种、同一批号且连续进场的水泥，袋装不超过2000kN为一批，散装不超过5000kN为一批，每批抽检一次。检验方法：检查产品合格证、出厂检验报告和进场复验报告。

2. 混凝土掺用的矿物掺和料，其粉煤灰、矿渣粉和硅灰分别应符合《用于水泥和混凝土中的粉煤灰》（GB 1596）、《用于水泥和混凝土中的粒化高炉矿渣粉》（GB/T 18046）和《高强高性能混凝土用矿物外加剂》（GB/T 18736）等现行国家标准的规定和设计要求。检验数量：按同品种、同级配且连续进场的矿物掺和料，每2000kN为一批，不足2000kN时，也按一批计。每批抽检一次。检验方法：检查产品合格证和进场复验报告。

3. 混凝土中掺用外加剂的质量及应用技术应符合《混凝土外加剂》（GB 8076）、《混凝土外加剂应用技术规范》（GB 50119）等和有关环境保护的规定。

预应力混凝土结构中，严禁使用含氯化物的外加剂。钢筋混凝土结构中，当使用含氯化物的外加剂时，混凝土中氯化物的总含量应符合本章混凝土配合比设计的说明规定。检验数量：按同一生产厂家、同品种、同批号且连续进场的外加剂，每500kN为一批，不足500kN时，也按一批计。每批抽检一次。检验方法：检查产品合格证、出厂检验报告和进场复验报告。

一般项目

1. 混凝土所用的细骨料的质量应符合《建筑用砂》（GB/T 14684）、《混凝土用机制砂质量标准及检验方法》（DB50/5017）和《特细砂混凝土应用技术规程》（DB 50/5028）等现行国家、地方标准的规定和设计要求。检验数量：按同产地、同品种、同规格且连续进场的细骨料，每6000kN为一批，不足6000kN时，也按一批计。每批抽检一次。检验方法：检查进场复验报告。

2. 混凝土所用的粗骨料应符合《建筑用卵石、碎石》（GB/T 14685）的规定和设计要求。检验数量：按同产地、同品种、同规格且连续进场的粗骨料，每6000kN为一批，不足6000kN时，也按一批计。每批抽检一次。检验方法：检查进场复验报告。

3. 混凝土宜采用饮用水；当采用其他水源时，水质应符合《混凝土拌合用水标准》（JGJ 63）的规定。检验数量：同一水源抽检不少于一次。检验方法：检查水质检验报告。

城市桥梁施工混凝土配合比设计检验批质量检验记录

渝市政验收6-6-2

单位(子单位)工程名称		重庆市渝中区××桥梁工程K1+000～K2+000合同段			
分部(子分部)工程名称		K1+000～K2+000合同段桥墩			
分项工程名称		混凝土配合比		验收部位	2#桥墩
施工单位		重庆市××市政工程(集团)有限公司		项目经理	陈××
分包单位		重庆××桥梁工程有限公司		负责人	张××
施工执行标准名称及编号		重庆市《城市桥梁工程施工质量验收规范》DBJ 50-086—2008			
项目	序号	施工质量验收规范规定 检查项目	施工质量验收规范规定 规定值及允许偏差	施工单位检验记录	监理单位检验记录
主控项目	1	配合比	符合规范规定和设计要求	检查配合比设计报告,符合规范规定和设计要求。	符合规范要求。
主控项目	2	氯化物和碱含量	符合规范规定和设计要求	检查原材料试验报告和氯化物、碱的总含量计算书,符合规范规定和合计要求。	符合规范要求。
主控项目	3				
主控项目	4				
主控项目	5				
主控项目	6				
主控项目	7				
主控项目	8				
一般项目	1	试件验证	符合规范规定	检查验证试验报告,符合规范规定。	符合规范要求。
一般项目	2				
一般项目	3				
一般项目	4				
		施工员	伍××	施工班组长	李××
施工单位检查评定结果		检查情况: 经检查,主控项目和一般项目均符合设计要求和重庆市《城市桥梁工程施工质量验收规范》(DBJ 50-086—2008)规定,评定合格。 项目专职质量员:李×× 2015年5月20日			
监理单位验收结论		验收意见: 同意施工单位评定结果,验收合格,同意进行下道工序施工。 专业监理工程师:张×× 2015年5月20日			

说明：

主控项目

1. 混凝土的配合比应根据实际使用的原材料性能、满足混凝土强度等级、耐久性和工作性等要求进行配合比设计，应符合《普通混凝土配合比设计规程》(JGJ 55)的规定和设计要求。

对有特殊要求的混凝土，其配合比设计尚应符合国家现行有关标准的专门规定。检验数量：同强度等级、同性能混凝土进行一次。检验方法：检查配合比设计报告。

2. 混凝土中氯化物和碱含量应符合下表的规定和设计要求。

表　混凝土中氯化物和碱含量要求

序号	环境条件或结构	最大氯离子含量（水泥重的百分比）	桥梁类别	最大碱含量(kg/m^3)
1	一般环境条件下	0.2	中、小桥	3.0
2	潮湿环境或有侵蚀性离子条件下	0.1	特大桥、大桥	1.8
3	预应力混凝土	0.06		

检验数量：同一配合比设计报告抽检不少于一次。检验方法：检查原材料试验报告和氯化物、碱的总含量计算书。

一般项目

首次使用的混凝土配合比应按现场使用的原材料进行验证，其工作性应满足设计配合比的要求。分别留置标准养护条件下的不同龄期的混凝土试件，作为验证的依据。检验数量：同强度等级、同性能混凝土进行一次。检验方法：检查验证试验报告。

城市桥梁施工混凝土施工检验批质量检验记录表

渝市政验收6-6-3

单位（子单位）工程名称		重庆市渝中区××桥梁工程K1+000～K2+000合同段			
分部（子分部）工程名称		K1+000～K2+000合同段桥墩			
分项工程名称		混凝土施工		验收部位	2#桥墩
施工单位		重庆市××市政工程（集团）有限公司		项目经理	陈海洋
分包单位		重庆××桥梁工程有限公司		负责人	张立国
施工执行标准名称及编号		重庆市《城市桥梁工程施工质量验收规范》DBJ 50-086—2008			
项目	序号	施工质量验收规范规定		施工单位检验记录	监理单位检验记录
		检查项目	规定值及允许偏差		
主控项目	1	施工技术方案	符合规范和设计要求	查施工技术方案及监理单位审批意见，符合规范和设计要求。	符合规范要求。
	2	原材料称量	符合规范规定	复称，符合规范规定。	符合规范要求。
	3	混凝土抗压强度	符合规范要求	检查施工记录及试件强度试验报告，符合规范要求。	符合规范要求。
	4	抗渗混凝土试件制取	符合规范规定	检查试件抗渗试验报告，符合规范规定。	符合规范要求。
	5	混凝土运输、浇筑及间歇全部时间	不超过混凝土的初凝时间	检查混凝土配合比报告、施工记录，符合规范规定。	符合规范要求。
一般项目	1	混凝土拌合物坍落度	符合施工方案要求	检查坍落度试验，符合施工方案要求。	符合规范要求。
	2	施工缝位置及处理	符合设计要求和施工技术方案	检查施工记录，符合设计要求和施工技术方案。	符合规范要求。
	3	后浇带留置位置	符合设计要求和施工技术方案	检查施工记录，符合设计要求和施工技术方案。	符合规范要求。
	4	养护	按施工技术方案执行	检查施工记录，符合施工技术方案。	符合规范要求。
施工单位检查评定结果		施工员	伍××	施工班组长	李××
		检查情况： 经检查，主控项目和一般项目均符合设计要求和重庆市《城市桥梁工程施工质量验收规范》（DBJ 50-086—2008）规定，评定合格。 项目专职质量员：李×× 2015年5月20日			
监理单位验收结论		验收意见： 同意施工单位评定结果，验收合格，同意进行下道工序施工。 专业监理工程师：张×× 2015年5月20日			

说明：

主控项目

1. 混凝土施工前，应结合工程的实际情况，根据有关技术规范和设计要求，编制控制混凝土施工质量的施工技术方案，确保混凝土的浇筑质量。当需要修改施工技术方案时，则应进行再审批。检验数量：同一施工技术方案检查一次。检验方法：查施工技术方案及监理单位审批意见。

2. 拌制混凝土的原材料每盘称量的偏差应符合下表的规定。

表　拌制混凝土的原材料每盘称量允许偏差

序号	材料名称	允许偏差	
		工地	工厂或搅拌站
1	水泥或干燥状态的掺和料	±2%	±1%
2	粗、细骨料	±3%	±2%
3	水、外加剂	±2%	±1%

注：①各种计量器具应定期校验，每次使用前应进行零点校核，保持计量准确；②当遇雨天或含水量有明显变化时，应增加含水率检测次数，并及时调整水和骨料的称量。

检验数量：每工作班抽查不少于一次。检验方法：复称。

3. 混凝土的抗压强度取样应符合重庆市《城市桥梁工程施工质量验收规范》附录F的要求。检验数量：按重庆市《城市桥梁工程施工质量验收规范》附录F执行。检验方法：检查施工记录及试件强度试验报告。

4. 对有抗渗要求的混凝土结构，其混凝土试件应在浇筑地点随机取样。试件的制取应符合下列规定。检验数量：同一工程、同一配合比、同一部位的混凝土，取样不应少于一组。检验方法：检查试件抗渗试验报告。

5. 混凝土运输、浇筑及间歇的全部时间不应超过混凝土的初凝时间。同一施工段的混凝土应连续浇筑，并应在底层混凝土初凝之前将上一层混凝土浇筑完毕。当底层混凝土初凝后浇筑上一层混凝土时，应按施工技术方案对施工缝的要求进行处理。检验数量：全部。检验方法：观察，检查混凝土配合比报告、施工记录。

一般项目

1. 混凝土拌和物的坍落度应符合施工方案的要求。检验数量：每工作班不应少于一次。检验方法：检查坍落度试验记录。

2. 施工缝的位置应在混凝土浇筑前按设计要求和施工技术方案确定。施工缝的处理应按施工技术方案执行。检验数量：全部。检验方法：观察，检查施工记录。

3. 后浇带的留置位置应按设计要求和施工技术方案确定。后浇带混凝土浇筑应按施工技术方案执行。检验数量：全部。检验方法：观察，检查施工记录。

4. 混凝土浇筑完毕后的养护，应按施工技术方案及时采取有效的养护措施。检验数量：全部。检验方法：观察，检查施工记录。

城市桥梁施工钢筋原材料检验批质量检验记录

渝市政验收6-7-1

单位(子单位)工程名称		重庆市渝中区××桥梁工程K1+000～K2+000合同段			
分部(子分部)工程名称		K1+000～K2+000合同段桥墩			
分项工程名称		钢筋原材料检验	验收部位	1#桥墩	
施工单位	重庆市××市政工程(集团)有限公司		项目经理	陈××	
分包单位	重庆××桥梁工程有限公司		负责人	张××	
施工执行标准名称及编号		重庆市《城市桥梁工程施工质量验收规范》DBJ 50-086—2008			
项目	序号	施工质量验收规范规定		施工单位检验记录	监理单位检验记录
		检查项目	规定值及允许偏差		
主控项目	1	力学性能试验	符合标准规定和设计要求	抽取同牌号、同炉号、同规格、同交货状态钢筋作力学试验,符合标准规定和设计要求。	符合规范要求。
	2				
	3				
	4				
	5				
	6				
	7				
	8				
一般项目	1	钢筋外观	符合规范规定	平直、无损伤,表面无裂纹、油污、颗粒状或片状老锈,符合规范规定。	符合规范要求。
	2				
	3				
	4				
施工单位检查评定结果	施工员		伍××	施工班组长	李××
	检查情况: 经检查,主控项目和一般项目均符合设计要求和重庆市《城市桥梁工程施工质量验收规范》(DBJ 50-086—2008)规定,评定合格。 项目专职质量员:李×× 2015年5月20日				
监理单位验收结论	验收意见: 同意施工单位评定结果,验收合格,同意进行下道工序施工。 专业监理工程师:张×× 2015年5月20日				

说明：

一般规定

1. 钢筋应按不同品种、牌号、规格和检验状态分别标识存放。在运输、加工和储存过程中应防止锈蚀、污染和变形。

2. 当钢筋的品种、级别或规格需要做变更时，应办理设计变更文件。

3. 预制构件的吊环，应采用未经冷拉的HPB335级热轧钢筋制作，严禁用其他钢筋代用。

主控项目

钢筋进场时，除了应具有出厂质量证明书外，还应按批抽取试件作力学性能试验，其质量必须符合《钢筋混凝土用热扎光园钢筋》(GB 13013)、《钢筋混凝土用热扎带肋钢筋》(GB 1499)和《低碳钢热扎园盘条》(GB/T 701)等现行国家标准的规定和设计要求。检验数量：按同牌号、同炉号、同规格、同交货状态的钢筋，每600kN为一批，不足600kN也按一批计。每批抽检一次。检验方法：检查产品合格证、出厂检验报告和进场复验报告。

一般项目

钢筋应平直、无损伤，表面不得有裂纹、油污、颗粒状或片状老锈。检验数量：全部。检验方法：观察。

城市桥梁施工钢筋加工和连接检验批质量检验记录

渝市政验收6-7-2

单位(子单位)工程名称			重庆市渝中区××桥梁工程K1+000～K2+000合同段								
分部(子分部)工程名称			K1+000～K2+000合同段桥墩								
分项工程名称			钢筋加工和连接				验收部位				1#桥墩
施工单位	重庆市××市政工程(集团)有限公司						项目经理				陈××
分包单位	重庆××桥梁工程有限公司						负责人				张××
施工执行标准名称及编号			重庆市《城市桥梁工程施工质量验收规范》DBJ 50-086—2008								
项目	序号	施工质量验收规范规定 检查项目		规定值及允许偏差	施工单位检验记录						监理单位检验记录
主控项目	1	加工		符合设计要求或规范规定	尺量检查,符合设计要求或规范规定。						符合规范要求。
	2	连(焊)接接头方式		符合设计要求和规范规定	符合设计要求和规范规定。						符合规范要求。
	3	力学性能试验		符合标准规范规定	检查产品合格证、接头力学性能试验报告,符合标准规范规定。						符合规范要求。
	4										
	5										
	6										
	7										
	8										
一般项目	1	钢筋冷拉率	HPB300	不大于2%	√	√	√	√	√	√	√	符合规范要求。
			HRB335、HRB400	不大于1%								
	2	受力钢筋长度		±10	8	7	−6	5	−4	1	2	符合规范要求。
	3	弯起钢筋各部分尺寸		±20	12	−15	13	17	18	−10	9	符合规范要求。
	4	箍筋、螺旋筋各部分尺寸		±5	1	4	−3	1	2	−4	3	符合规范要求。
	5	连(焊)接接头外观质量		符合标准规定	焊缝外观均匀,形式良好,符合标准规定。							符合规范要求。
施工单位检查评定结果	施工员				伍××		施工班组长				李××
	检查情况: 经检查,主控项目和一般项目均符合设计要求和重庆市《城市桥梁工程施工质量验收规范》(DBJ 50-086—2008)规定,评定合格。 项目专职质量员:李×× 2015年5月20日										
监理单位验收结论	验收意见: 同意施工单位评定结果,验收合格,同意进行下道工序施工。 专业监理工程师:张×× 2015年5月20日										

说明：

一般规定

1. 钢筋应按不同品种、牌号、规格和检验状态分别标识存放。在运输、加工和储存过程中应防止锈蚀、污染和变形。

2. 当钢筋的品种、级别或规格需要做变更时，应办理设计变更文件。

3. 预制构件的吊环，应采用未经冷拉的HPB235级热轧钢筋制作，严禁用其他钢筋代用。

主控项目

1钢筋的加工应符合设计要求。当设计无要求时，受力钢筋的弯制和末端的弯钩应符合表1的规定；箍筋的末端弯钩应符合表2的规定。

表1 受力钢筋制作和末端弯钩要求

序号	弯曲部位	弯曲角度	钢筋种类	弯曲直径	平直部分长度
1	末端弯钩	180°	R235	≥2.5*d*	≥3*d*
		135°	HRB335	≥4*d*	≥5*d*
			HRB400	≥5*d*	
		90°	HRB335	≥4*d*	≥10*d*
			HRB400	≥5*d*	
2	中间弯钩	90°以下	各种	≥20*d*	—

注：*d*为钢筋直径。

表2 箍筋末端弯钩要求

序号	结构类别	弯曲角度	钢筋种类	弯曲直径	平直部分长度
1	一般结构	90°/180°	各种	同表10.3.1-1且大于受力主筋直径	≥5*d*
		90°/90°			
2	抗震结构	135°/135°			≥10*d*

注：*d*为钢筋直径。

检验数量：按钢筋编号各抽查10%，且各不少于3件。检验方法：观察、尺量检查。

2. 钢筋连(焊)接接头的方式应符合设计要求和相关规定。检验数量：全部。检验方法：观察。

3. 钢筋连(焊)接接头，应按批抽取试件做力学性能检验，其质量必须符合《钢筋机械连接通用技术规程》(JGJ 107)、《钢筋焊接及验收规程》(JGJ 18)和《钢筋剥肋滚轧直螺纹连接技术规程》(DB 50/5027)等现行国家或地方标准的规定。检验数量：按有关规程确定。检验方法：检查产品合格证、接头力学性能试验报告。

一般项目

1. 钢筋调直宜采用机械方法，也可采用冷拉方法。当采用冷拉方法调直钢筋时，HPB300级钢筋的冷拉率不宜大于2%，HRB335级、HRB400级钢筋的冷拉率不宜大于1%。检验数量：每工作班同一类型钢筋、同一加工设备抽查不少于3件。检验方法：观察和尺量。

2. 钢筋的加工形状、尺寸应符合设计要求，其钢筋加工允许偏差应符合表3规定。

表3　钢筋加工允许偏差

序号	项　目	允许偏差	检验频率(mm)		检验方法
			范围	点数	
1	受力钢筋长度	±10	每根(每一类型抽查10%,且不少于5根)	1	用尺量
2	弯起钢筋各部分尺寸	±20		2	
3	箍筋、螺旋筋各部分尺寸	±5		2	用尺量,宽、高各计1点

检验数量及检验方法:按表的规定检验。

3. 钢筋连(焊)接接头,应进行外观质量检查,其质量必须符合《钢筋机械连接技术规程》(JGJ 107)、《钢筋焊接及验收规程》(JGJ 18)和《钢筋剥肋滚轧直螺纹连接技术规程》(DB 50/5027)等现行国家或地方标准的规定。检验数量:全部。检验方法:观察。

城市桥梁施工钢筋安装施工检验批质量检验记录

渝市政验收6-7-3

单位(子单位)工程名称	重庆市渝中区××桥梁工程K1+000～K2+000合同段		
分部(子分部)工程名称	K1+000～K2+000合同段桥墩		
分项工程名称	钢筋安装	验收部位	1#桥墩
施工单位	重庆市××市政工程(集团)有限公司	项目经理	陈××
分包单位	重庆××桥梁工程有限公司	负责人	张××
施工执行标准名称及编号	重庆市《城市桥梁工程施工质量验收规范》DBJ 50-086—2008		

	序号	施工质量验收规范规定：检查项目			规定值及允许偏差(mm)	施工单位检验记录							监理单位检验记录
主控项目	1	钢筋品种、规格、数量、位置、间距及预埋件			符合设计要求	检查产品合格证、出厂检验报告、进场复验报告,符合规范设计要求。							符合规范要求。
	2												
一般项目	1	同一截面内受力钢筋接头的截面积占受力钢筋总截面面积百分比			符合设计要求或规范规定	符合设计和规范要求。							符合规范要求。
	2	受拉、受压钢筋绑扎接头的搭接长度			符合规范规定	25d,符合规范规定。							符合规范要求。
	3	钢筋安装			牢固	牢固,无松动、变形,符合规范要求。							符合规范要求。
	4	受力钢筋间距	两排以上排距		±5								
			同排	梁、板、拱肋	±10								
				基础、锚碇、墩台、柱	±20	12	14	15	8	9	−10	−7	符合规范要求。
			灌注桩		±20								
	2	箍筋、横向水平钢筋、螺旋筋间距			±10	9	5	8	9	−5	−7	6	符合规范要求。
	3	钢筋骨架尺寸	长		±10	5	6	4	8	9	−5	−7	符合规范要求。
			宽、高或直径		±5	2	3	−2	1	−2	3	4	符合规范要求。
	4	弯起钢筋位置			±20	−10	−7	10	12	15	10	12	符合规范要求。
	5	保护层厚度	柱、梁、拱肋		±5								
			基础、锚碇、墩台		±10	8	9	−5	−7	5	6	7	符合规范要求。
			板		±3								
	6	钢筋网	网的长、宽		±10	5	8	9	−5	−7	4	8	符合规范要求。
			网眼尺寸		±10	2	5	8	9	−5	−7	7	符合规范要求。
			网对角线差		15	8	7	9	2	1	5	9	符合规范要求。
		施工员			伍××				施工班组长		李××		

施工单位检查评定结果

检查情况:

经检查,主控项目和一般项目均符合设计要求和重庆市《城市桥梁工程施工质量验收规范》(DBJ50-086-2008)规定,评定合格。

项目专职质量员:李××

2015年5月20日

监理单位验收结论

验收意见:

同意施工单位评定结果,验收合格,同意进行下道工序施工。

专业监理工程师:张××

2015年5月20日

说明:

主控项目

钢筋安装后,混凝土浇筑前,其品种、规格、数量、位置、间距及预埋件必须符合设计要求。检验数量:全部。检验方法:观察,尺量。

一般项目

1. 受力钢筋连(焊)接接头或绑扎接头应设置在内力较小处,并分散布置。配置在"同一截面"内受力钢筋接头的截面面积,占受力钢筋总截面面积的百分率,应符合设计要求;当设计未提出要求时,应符合下列规定:

(1)连(焊)接接头在受拉区不得大于50%,在受压区可不受限制;

(2)绑扎接头在受拉区不得大于25%,在受压区不得大于50%;

(3)钢筋接头应避开钢筋弯曲处,距弯曲点的距离不得小于钢筋直径的10倍,也不宜位于最大弯矩处;

(4)在同一根钢筋上应少设接头。"同一截面"内,同一根钢筋上不得超过一个接头。

注:①两连(焊)接接头在钢筋直径35倍范围且不小于500mm以内,两绑扎接头在1.3倍搭接长度范围且不小于500mm以内,均视为"同一截面";②装配式构件连接处的受力钢筋焊接接头,可不受本条限制。

2. 受拉钢筋绑扎接头的搭接长度,应符合表1的规定;受压钢筋绑扎接头的搭接长度,应取受拉钢筋绑扎接头的搭接长度的0.7倍。

表1　受拉钢筋绑扎接头的搭接长度

序号	钢筋类型	混凝土强度等级			
		<C20	C20	C25	>C25
1	R300	41d	39d	34d	36d
2	HRB335	55d	45d	40d	35d
	HRB400,KL400	—	55d	50d	45d

注:①表中d为钢筋直径;②当带肋钢筋直径不大于25mm时,其受拉钢筋绑扎接头的搭接长度应按表中减少5d采用,当带肋钢筋直径大于25mm时,其受拉钢筋绑扎接头的搭接长度应按表中增加5d采用;③当混凝土在凝固过程中受力钢筋易受扰动时,其搭接长度应按相应数乘以系数1.1取用;④在任何情况下,纵向受力钢筋的搭接长度不应小于300mm,受压钢筋的搭接长度不应小于200mm;⑤对有抗震要求的受力钢筋的搭接长度,当抗震烈度为七度及以上时应增加5d;⑥两根不同直径的钢筋搭接长度,以较细的钢筋直径计算;⑦受拉区内的R235级钢筋绑扎接头的末端应做弯钩,HRB335级、HRB400级钢筋绑扎接头末端可不做弯钩。直径≤12mm的受压钢筋R235级钢筋的末端,可不做弯钩,但搭接长度不应小于钢筋直径的30倍,钢筋搭接处,应在中心和两端用铁丝扎牢固;⑧施工中不能识别受拉区、受压区时,按受拉区办理。

检验数量:全部。检验方法:观察,尺量。

3. 安装后的钢筋必须牢固,在浇筑混凝土时不得松动或变形,存在的杂物应进行清理。检验数量:全部。检验方法:观察,尺量。

4. 钢筋安装位置的允许偏差应符合表2的规定,钢筋网的允许偏差应符合表3的规定。

表2 钢筋安装位置的允许偏差

序号	项目	允许偏差	检验频率(mm) 范围	检验频率(mm) 点数	检验方法
1	受力钢筋间距 两排以上排距	±5	每构件	2个断面	用尺量
	受力钢筋间距 同排 梁、板、拱肋	±10			
	受力钢筋间距 同排 基础、锚碇、墩台、柱	±20			
	受力钢筋间距 灌注桩	±20			
2	箍筋、横向水平钢筋、螺旋筋间距	±10	每构件	5	用尺量
3	钢筋骨架尺寸 长	±10	按骨架总数	30%	用尺量
	钢筋骨架尺寸 宽、高或直径	±5			
4	弯起钢筋位置	±20	每骨架	30%	用尺量
5	保护层厚度 柱、梁、拱肋	±5	每构件	8	用尺量,沿模板周边
	保护层厚度 基础、锚碇、墩台	±10			
	保护层厚度 板	±3			

表3 钢筋网的允许偏差

序号	项目	允许偏差	检验频率(mm) 范围	检验频率(mm) 点数	检验方法
1	网的长、宽	±10	每片	2	用尺量长、宽方向
2	网眼尺寸	±10	每片	3	用尺量,量3个网眼
3	网对角线差	15	每片	3	用尺量,量3个网眼

注:①小型构件的钢筋安装按总数抽查30%;②在腐蚀环境中保护层厚度不应出现负值。

检验数量及检验方法:按表的规定检验。

城市桥梁预应力原材料检验批质量检验记录

渝市政验收6-8-1

单位（子单位）工程名称	重庆市渝中区××桥梁工程K1+000 ~ K2+000合同段		
分部（子分部）工程名称	K1+000 ~ K2+000合同段桥墩		
分项工程名称	预应力原材料检验	验收部位	1#桥墩
施工单位	重庆市××市政工程（集团）有限公司	项目经理	陈××
分包单位	重庆××桥梁工程有限公司	负责人	张××
施工执行标准名称及编号	重庆市《城市桥梁工程施工质量验收规范》DBJ 50-086—2008		

项目	序号	施工质量验收规范规定		施工单位检验记录	监理单位检验记录
		检查项目	规定值及允许偏差		
主控项目	1	预应力筋力学性能试验	符合标准规定和设计要求	作横截面积和弹性模量试验，符合标准规定和设计要求。	符合规范要求。
	2	预应力锚具、夹具、连接器	符合标准规定和设计要求	检查产品合格证、出厂检验报告、进场复验报告，符合标准规定和设计要求。	符合规范要求。
	3	硅酸盐水泥	符合规范规定	检查产品合格证、出厂检验报告、进场复验报告，符合规范规定。	符合规范要求。
	4	水泥浆用外加剂	符合规范规定	检查产品合格证、出厂检验报告、进场复验报告，符合规范规定。	符合规范要求。
	5	波纹管尺寸和性能	符合规范规定和设计要求	检查产品合格证、出厂检验报告、进场复验报告，符合规范规定和设计要求。	符合规范要求。
一般项目	1	预应力筋外观质量	符合规范要求	无弯曲，表面无裂纹、小刺、机械损伤、氧化铁皮和油污，符合规范要求。	符合规范要求。
	2	预应力锚具、夹具、连接器外观质量	符合规范要求	符合规范要求。	符合规范要求。
	3	波纹管外观质量	符合规范要求	符合规范要求。	符合规范要求。
	4				

	施工员	伍××	施工班组长	李××
施工单位检查评定结果	检查情况： 经检查，主控项目和一般项目均符合设计要求和重庆市《城市桥梁工程施工质量验收规范》（DBJ 50-086—2008）规定，评定合格。 项目专职质量员：李×× 2015年5月20日			
监理单位验收结论	验收意见： 同意施工单位评定结果，验收合格，同意进行下道工序施工。 专业监理工程师：张×× 2015年5月20日			

说明：

一般规定

1. 预应力筋应按不同品种、牌号、规格和检验状态分别标识存放。在运输、加工和储存过程中应防止锈蚀、污染和变形。

2. 预应力张拉机具设备及仪表，应由专人使用和管理，并进行维护。千斤顶与压力表应配套校验，并配套使用，校验应符合以下规定：

(1)校验应在质量技术监督部门授权或考核合格的法定技术机构进行；

(2)千斤顶活塞的运行方向应与实际张拉工作状态一致；

(3)应采用耐震型、精度不低于1.5级(分度值不大于1MPa)的压力表；

(4)当千斤顶校验超过6个月或使用超过200次或在使用过程中出现不正常现象或检修以后应重新校验。

主控项目

1. 预应力筋进场时，除了应具有出厂质量证明书外，还应按批抽取试件作力学性能试验，其质量必须符合《预应力混凝土用钢丝》(GB/T 5223)、《预应力混凝土用钢绞线》(GB/T 5224)和《预应力混凝土用热处理钢筋》(GB 4463)等现行国家标准的规定和设计要求。

当需要复核计算伸长量时，可按批抽取试件作横截面面积和弹性模量试验。

检验数量：按同牌号、同炉号、同规格、同生产、同工艺、同交货状态的预应力钢筋，每60T为一批，不足60T也按一批计。每批抽检一次。检验方法：检查产品合格证、出厂检验报告和进场复验报告。

2. 预应力用锚具、夹具和连接器进场时，除了应具有出厂质量证明书外，还应抽取试件做硬度和静载锚固性能试验，其质量符合《预应力筋用锚具、夹具和连接器》(GB/T 14370)的规定和设计要求。

检验数量：按同一种类、同种材料和同一生产工艺且连续进场的预应力用锚具、夹具和连接器，每1000套为一批，不足1000套也按一批计。硬度试验每批抽检5%，且不少于5套。静载锚固性能试验是对大桥和特大桥工程，或当质量证明书不齐全、不正确或质量有疑点时，经对锚具、夹具和连接器试验合格后，应从同批中抽取6套锚具组成3个预应力筋锚具组装件，进行静载锚固性能试验。检验方法：检查产品合格证、出厂检验报告和进场复验报告。

3. 孔道压浆应采用普通硅酸盐水泥，质量和检验必须符合以下规定：

水泥进场时应对其品种、级别、包装或散装仓号、出厂合格证等进行检查，并应对其强度、安定性及其他必要的性能指标进行复验，其质量必须符合《通用硅酸盐水泥》(GB 175)等的规定和设计要求。

当在使用中对水泥质量有怀疑或水泥出厂超过三个月(快硬硅酸盐水泥超过一个月)时，应进行复验，并按复验结果使用。

检验数量：按同一生产厂家、同一等级、同一品种、同一批号且连续进场的水泥，袋装不超过2000kN为一批，散装不超过5000kN为一批，每批抽检一次。检验方法：检查产品合格证、出厂检验报告和进场复验报告。

4. 水泥浆用的外加剂的质量和检验必须符合以下规定：

混凝土中掺用外加剂的质量及应用技术应符合《混凝土外加剂》(GB 8076)、《混凝土外加剂应用技术规范》(GB 50119)等和有关环境保护的规定。

预应力混凝土结构中，严禁使用含氯化物的外加剂。钢筋混凝土结构中，当使用含氯化物的外加剂时，混凝土中氯化物的总含量应符合本章相关混凝土配合比设计的说明规定。

检验数量：按同一生产厂家、同品种、同批号且连续进场的外加剂，每500kN为一批，不足500kN时，也按一批计。每批抽检一次。检验方法：检查产品合格证、出厂检验报告和进场复验报告。

5. 预应力混凝土用波纹管的尺寸和性能指标应符合《预应力混凝土用金属螺旋管》(JG/T3013)、《预应力混凝土桥梁用塑料波纹管》(JT/T 529)的规定和设计要求。

检验数量：金属螺旋管按同厂家、同一批钢带、同规格，每50000m为一批，不足50000m也按一批计。每批抽检一次。塑料波纹管按同厂家、同规格，每10000m为一批，不足10000m也按一批计。每批抽检一次。检验方法：检查产品合格证、出厂检验报告和进场复验报告。

一般项目

1. 预应力筋使用前应进行外观检查,其质量应符合下列要求:

(1)有黏结预应力筋展开后应平顺,不得有弯折,表面不应有裂纹、小刺、机械损伤、氧化铁皮和油污等;

(2)无黏结预应力筋护套应光滑、无裂缝,无明显褶皱。检验数量:全部。检验方法:观察。

2. 预应力用锚具、夹具和连接器使用前应进行外观检查,其表面应无污物、锈蚀、机械损伤和裂纹。检验数量:全部。检验方法:观察。

3. 预应力混凝土用波纹管使用前应进行外观检查,其内外表面应清洁,无锈蚀,不应有油污、孔洞和不规则的褶皱、咬口,不应有开裂或脱扣。检验数量:全部。检验方法:观察。

城市桥梁施工预应力制作与安装检验批质量检验记录

渝市政验收6-8-2

单位(子单位)工程名称	重庆市渝中区××桥梁工程K1+000～K2+000合同段		
分部(子分部)工程名称	K1+000～K2+000合同段桥墩		
分项工程名称	预应力制作与安装	验收部位	1#桥墩
施工单位	重庆市××市政工程(集团)有限公司	项目经理	陈××
分包单位	重庆××桥梁工程有限公司	负责人	张××
施工执行标准名称及编号	重庆市《城市桥梁工程施工质量验收规范》DBJ 50-086—2008		

项目	序号	施工质量验收规范规定 检查项目		规定值及允许偏差(mm)	施工单位检验记录							监理单位检验记录
主控项目	1	预应力筋品种、级别、规格、数量、位置		符合设计要求	尺量,符合设计要求。							符合规范要求。
	2	预应力锚具夹具和连接器品种、规格、数量、位置		符合设计要求	尺量,符合设计要求。							符合规范要求。
一般项目	1	预应力筋下料质量		符合规范要求	梳板梳理,符合规范要求。							符合规范要求。
	2	预应力筋端部锚具制作质量		符合规范要求	清洁、无油污,检查试验报告,符合规范要求。							符合规范要求。
	3	有粘结预应力筋预留孔道用的材料、规格、数量、位置和形状		符合设计要求和规范规定	牢固,孔道平顺,密封良好,浆液通畅,符合设计要求和规范规定。							符合规范要求。
	4	无粘结预应力筋铺设		符合规范要求	牢固,锚具与垫板紧贴,护套完整,符合规范要求。							符合规范要求。
	5	防锈措施		符合规范规定	已采取防锈措施,符合规范规定。							符合规范要求。
	6	墩头钢丝同束长度相对差	$L>20$m	$L/5000$,且≤5	√	√	√	√	√	√	√	符合规范要求。
			$L=6\sim20$m	$L/3000$								
			$L<6$m	2								
	7	冷拉钢筋接头在同一平面的轴线偏位		2,且≤1/10直径	√	√	√	√	√	√	√	符合规范要求。
	8	预应力筋张拉后的位置与设计位置之间偏位		4%短边及5	√	√	√	√	√	√	√	符合规范要求。
	9	管道坐标	梁长方向	±30	12	−24	−21	−16	15	14	−13	符合规范要求。
			梁高方向	±10	6	3	−6	7	8	−7	9	符合规范要求。
	10	管道间距	同排	10	6	3	8	5	1	6	3	符合规范要求。
			上下层	10	7	3	1	2	7	4	6	符合规范要求。

	施工员	伍××	施工班组长	李××
施工单位检查评定结果	检查情况: 经检查,主控项目和一般项目均符合设计要求和重庆市《城市桥梁工程施工质量验收规范》(DBJ 50-086—2008)规定,评定合格。 项目专职质量员:李×× 2015年5月20日			
监理单位验收结论	验收意见: 同意施工单位评定结果,验收合格,同意进行下道工序施工。 专业监理工程师:张×× 2015年5月20日			

说明：

一般规定

1. 预应力筋应按不同品种、牌号、规格和检验状态分别标识存放。在运输、加工和储存过程中应防止锈蚀、污染和变形。

2. 预应力张拉机具设备及仪表，应由专人使用和管理，并进行维护。千斤顶与压力表应配套校验，并配套使用，校验应符合以下规定：

（1）校验应在质量技术监督部门授权或考核合格的法定技术机构进行；

（2）千斤顶活塞的运行方向应与实际张拉工作状态一致；

（3）应采用耐震型、精度不低于1.5级（分度值不大于1MPa）的压力表；

（4）当千斤顶校验超过6个月或使用超过200次或在使用过程中出现不正常现象或检修以后应重新校验。

主控项目

1. 预应力筋安装时，其品种、级别、规格、数量、位置必须符合设计要求。检验数量：全部。检验方法：观察，尺量。

2. 预应力锚具和连接器安装时，其品种、规格、数量、位置必须符合设计要求。检验数量：全部。检验方法：观察，尺量。

一般项目

1. 预应力筋下料质量应符合下列要求：

（1）预应力筋应采用砂轮锯或切断机切断，不得采用电弧切割；

（2）下料后的预应力筋在成束时，应用梳板进行梳理，并进行束号、规格、长度、下料人等标识。检验数量：全部。检验方法：观察，尺量。

2. 预应力筋端部锚具的制作质量应符合下列要求：

（1）挤压锚具制作时，挤压后预应力筋外端应露出挤压套筒1~5mm，挤压后单根锚具抗拔锚固力不得低于预应力筋标准抗拉强度的95%；

（2）钢绞线压花锚成型时，表面应清洁、无油污，梨形头尺寸和直线段长度应符合设计要求；

（3）钢丝镦头强度不得低于钢丝标准抗拉强度的98%。

检验数量：对挤压锚，每工作班抽查5%，且不少于5件；对压花锚，每工作班抽查3件；对钢丝镦头强度，每批抽查6个试件。检验方法：观察，尺量，检查试验报告。

3. 有黏结预应力筋预留孔道用的材料、规格、数量、位置和形状除应符合设计要求外，尚应符合下列规定：

（1）预留孔道的定位应牢固，浇筑混凝土时不应出现移位和变形；

（2）孔道应平顺，端部的预埋锚垫板应垂直于孔道中心线；

（3）成孔用管道应密封良好，接头应严密且不得漏浆；

（4）灌浆孔的间距：对波纹管不宜大于30m；对抽芯成形孔道不宜大于12m；

（5）在曲线孔道的曲线波峰部位应设置排气兼泌水管，必要时可在最低点设置排水孔；

（6）灌浆孔及泌水管的孔径应能保证浆液畅通。

检验数量：全部。检验方法：观察，尺量。

4. 无黏结预应力筋的铺设应符合下列要求：

（1）定位应牢固，浇筑混凝土时不应出现移位和变形；

（2）端部的预埋锚垫板应垂直于预应力筋；

（3）内埋式固定端垫板不应重叠，锚具与垫板应贴紧；

（4）无黏结预应力筋成束布置时应能保证混凝土密实并能裹住预应力筋；

（5）无黏结预应力筋的护套应完整，局部破损处应采用防水胶带绕紧密。

检验数量：全部。检验方法：观察。

5. 在浇筑混凝土前穿入孔道的后张法有黏结预应力筋,宜采取防止锈蚀的措施。检验数量:全部。检验方法:观察。

6. 先张预应力筋的制作和安装允许偏差应符合表1的规定。

表1 先张预应力筋制作和安装允许偏差

<table>
<tr><th rowspan="2">序号</th><th rowspan="2" colspan="2">项　目</th><th rowspan="2">允许偏差(mm)</th><th colspan="2">检验频率</th><th rowspan="2">检验方法</th></tr>
<tr><th>范围</th><th>点数</th></tr>
<tr><td rowspan="3">1</td><td rowspan="3">镦头钢丝同束长度相对差</td><td>L＞20m</td><td>L/5000,且≤5</td><td rowspan="5">每批</td><td rowspan="3">2</td><td rowspan="3">尺量</td></tr>
<tr><td>L=6~20m</td><td>L/3000</td></tr>
<tr><td>L＜6m</td><td>2</td></tr>
<tr><td>2</td><td colspan="2">冷拉钢筋接头在同一平面的轴线偏位</td><td>2,且≤1/10直径</td><td>抽查30%</td><td>拉线尺量</td></tr>
<tr><td>3</td><td colspan="2">预应力筋张拉后的位置与设计位置之间偏位</td><td>4%短边及5</td><td>全部</td><td>尺量</td></tr>
</table>

注:L为预应力束长。

检验数量及检验方法:按表的规定检验。

7. 后张预应力筋的安装允许偏差应符合表2的规定。

表2 后张预应力筋安装允许偏差

<table>
<tr><th rowspan="2">序号</th><th rowspan="2" colspan="2">项　目</th><th rowspan="2">允许偏差(mm)</th><th colspan="2">检验频率</th><th rowspan="2">检验方法</th></tr>
<tr><th>范围</th><th>点数</th></tr>
<tr><td rowspan="2">1</td><td rowspan="2">管道坐标</td><td>梁长方向</td><td>±30</td><td rowspan="4">抽查30%</td><td rowspan="2">10</td><td rowspan="2">尺量</td></tr>
<tr><td>梁高方向</td><td>±10</td></tr>
<tr><td rowspan="2">2</td><td rowspan="2">管道间距</td><td>同排</td><td>10</td><td rowspan="2">5</td><td rowspan="2">尺量</td></tr>
<tr><td>上下层</td><td>10</td></tr>
</table>

检验数量及检验方法:按表的规定检验。

城市桥梁体内预应力施工检验批质量检验记录

渝市政验收6-8-3

单位(子单位)工程名称	重庆市渝中区××桥梁工程K1+000～K2+000合同段		
分部(子分部)工程名称	K1+000～K2+000合同段桥墩		
分项工程名称	体内预应力施工	验收部位	1#桥墩
施工单位	重庆市××市政工程(集团)有限公司	项目经理	陈××
分包单位	重庆××桥梁工程有限公司	负责人	张××
施工执行标准名称及编号	重庆市《城市桥梁工程施工质量验收规范》DBJ 50-086—2008		

项目	序号	施工质量验收规范规定				施工单位检验记录							监理单位检验记录
		检查项目			规定值及允许偏差(mm)								
主控项目	1	预应力筋张拉或放张			符合规范和设计要求	查施工技术方案及监理单位审批意见,符合规范和设计要求。							符合规范要求。
	2	混凝土强度及龄期			符合设计要求;设计无要求时,混凝土强度不低于设计强度的80%及龄期不应少于7d	检查同条件下养护试件试验报告和施工记录,符合设计要求。							符合规范要求。
	3	预应力筋张拉或放张顺序和张拉工艺			符合设计及施工技术方案要求	符合设计及施工技术方案要求。							符合规范要求。
	4	先张预应力筋张拉	张拉力值(MPa)		符合设计规定	符合设计规定。							符合规范要求。
	5		张拉伸长率(%)		符合设计规定,设计未规定时为±6%	张拉伸长率4%,符合设计规定。							符合规范要求。
	6		断丝数(根)	钢丝、钢绞线	同一构件内断丝数不得超过总数的1%	无断丝,符合规范要求。							符合规范要求。
				钢筋	不允许								
	7	后张预应力筋张拉	张拉力值(MPa)		符合设计规定	符合设计规定。							符合规范要求。
	8		张拉伸长率(%)		符合设计规定,设计未规定时为±6%	张拉伸长率5%,符合设计规定。							符合规范要求。
	9		断丝、滑丝数(根)	钢束	每束1根,且每断面不得超过总数的1%	无断丝,符合规范要求。							符合规范要求。
				钢筋	不允许								
一般项目	1	锚固阶段张拉端预应力筋内缩量			符合设计要求	符合规范要求。							符合规范要求。
	2	支撑式锚具	螺帽缝隙		1	√	√	√	√	√	√	√	符合规范要求。
			每块后加垫板的缝隙			√	√	√	√	√	√	√	符合规范要求。
	3	锥塞式锚具			4	2	3	1	2	1	3	1	符合规范要求。
	4	夹片式锚具	有顶压		4	3	1	1	2	1	2	2	符合规范要求。
			无顶压		6								

施工单位检查评定结果	施工员	伍××	施工班组长	李××
	检查情况: 经检查,主控项目和一般项目均符合设计要求和重庆市《城市桥梁工程施工质量验收规范》(DBJ 50-086—2008)规定,评定合格。 项目专职质量员:李×× 2015年5月20日			
监理单位验收结论	验收意见: 同意施工单位评定结果,验收合格,同意进行下道工序施工。 专业监理工程师:张×× 2015年5月20日			

说明:

一般规定

1. 预应力筋应按不同品种、牌号、规格和检验状态分别标识存放。在运输、加工和储存过程中应防止锈蚀、污染和变形。

2. 预应力张拉机具设备及仪表,应由专人使用和管理,并进行维护。千斤顶与压力表应配套校验,并配套使用,校验应符合以下规定:

(1)校验应在质量技术监督部门授权或考核合格的法定技术机构进行;

(2)千斤顶活塞的运行方向应与实际张拉工作状态一致;

(3)应采用耐震型、精度不低于1.5级(分度值不大于1MPa)的压力表;

(4)当千斤顶校验超过6个月或使用超过200次或在使用过程中出现不正常现象或检修以后应重新校验。

主控项目

1. 预应力筋张拉或放张,应结合工程的实际情况,根据有关技术规范和设计要求,编制控制预应力筋张拉或放张施工质量的施工技术方案,确保预应力筋张拉或放张质量。当需要修改施工技术方案时,则应进行再审批。检验数量:同一施工技术方案检查一次。检验方法:查施工技术方案及监理单位审批意见。

2. 预应力筋张拉或放张时,混凝土的强度及龄期必须符合设计要求;当设计无要求时,则混凝土强度不得低于设计强度的80%及龄期不应少于7d。检验数量:全部。检验方法:检查同条件养护试件的试验报告及施工记录。

3. 预应力筋的张拉或放张顺序和张拉工艺应符合设计及施工技术方案的要求。检验数量:全部。检验方法:观察。

4. 先张预应力筋张拉允许偏差应符合表1的规定。

表1　先张预应力筋张拉允许偏差

序号	项　目		允许偏差	检验频率		检验方法
				范围	点数	
1	张拉力值(MPa)		符合设计规定	每束(根)	1	查压力表读数
2	张拉伸长率(%)		符合设计规定,设计未规定时为±6%		1	尺量
3	断丝数(根)	钢丝、钢绞线	同一构件内断丝数不得超过总数的1%		1	观察
		钢筋	不允许			

检验数量及检验方法:按表的规定检验。

5. 后张预应力筋张拉允许偏差应符合表2的规定。

表2　后张预应力筋张拉允许偏差

序号	项　目		允许偏差	检验频率		检验方法
				范围	点数	
1	张拉力值(MPa)		符合设计规定	每束(根)	1	查压力表读数
2	张拉伸长率(%)		符合设计规定,设计未规定时为±6%		1	尺量
3	断丝、滑丝数(根)	钢束	每束1根,且每断面不得超过总数的1%			观察
		钢筋	不允许			

检验数量及检验方法:按表的规定检验。

一般项目

锚固阶段张拉端预应力筋的内缩量应符合设计要求。当设计无要求时,张拉端预应力筋的内缩量允许偏差应不大于表3的规定。

表3　张拉端预应力筋内缩量允许偏差

序号	项　目		允许偏差(mm)	检验频率		检验方法
				范围	点数	
1	支承式锚具(镦头锚具)	螺帽缝隙	1	每个锚具	1点	尺量
		每块后加垫板的缝隙				
2	锥塞式锚具		4			
3	夹片式锚具	有顶压	4			
		无顶压	6			

检验数量及检验方法:按表的规定检验。

城市桥梁施工压浆和封锚检验批质量检验记录

渝市政验收6-8-4

单位(子单位)工程名称		重庆市渝中区××桥梁工程K1+000～K2+000合同段			
分部(子分部)工程名称		K1+000～K2+000合同段桥墩			
分项工程名称		压浆和封锚		验收部位	1#桥墩
施工单位		重庆市××市政工程(集团)有限公司		项目经理	陈××
分包单位		重庆××桥梁工程有限公司		负责人	张××
施工执行标准名称及编号		重庆市《城市桥梁工程施工质量验收规范》DBJ 50-086—2008			
项目	序号	施工质量验收规范规定		施工单位检验记录	监理单位检验记录
		检查项目	规定值及允许偏差		
主控项目	1	预应力孔道压浆	符合规范和设计要求	查施工技术方案及监理单位审批意见,符合规范和设计要求。	符合规范要求。
	2	孔道压浆	预应力筋张拉后7d内,最长不超过14d	检查压浆记录,符合设计要求。	符合规范要求。
	3	水泥浆抗压强度	符合设计要求;设计无要求时,不低于30MPa	检查抗压强度报告,抗压强度35Mpa,符合设计要求。	符合规范要求。
	4	移动混凝土构件时水泥浆强度	符合设计要求;设计无要求时,不低于设计强度80%		
一般项目	1	预应力筋锚固后外露部分长度	不小于预应力筋直径的1.5倍,且不小于30mm	尺量,符合设计要求。	符合规范要求。
	2	锚具及预应力筋封闭防护	符合设计和规范要求	符合设计要求。	符合规范要求。
	3	压浆用水泥浆的水灰比	0.35～0.40	检查抗压强度报告,水灰比0.38,符合设计要求。	符合规范要求。
	4	搅拌后3h泌水率	不大于2%	检查抗压强度报告,泌水率1%,符合设计要求。	符合规范要求。
	5	水泥浆稠度	14～18s	检查抗压强度报告,水泥浆稠度16s,符合设计要求。	符合规范要求。
施工单位检查评定结果	施工员	伍××		施工班组长	李××
	检查情况: 经检查,主控项目和一般项目均符合设计要求和重庆市《城市桥梁工程施工质量验收规范》(DBJ 50-086—2008)规定,评定合格。 项目专职质量员:李×× 2015年5月20日				
监理单位验收结论	验收意见: 同意施工单位评定结果,验收合格,同意进行下道工序施工。 专业监理工程师:张×× 2015年5月20日				

说明：

主控项目

1. 预应力孔道压浆应结合工程的实际情况，根据有关技术规范和设计要求，编制控制孔道压浆质量的施工技术方案，确保预应力压浆质量。当需要修改施工技术方案时，则应进行再审批。检验数量：同一施工技术方案检查一次。检验方法：查施工技术方案及监理单位审批意见。

2. 预应力筋张拉后应在7d内进行孔道压浆，当孔道内堵塞需要处理时，最长不得超过14d。孔道内水泥浆应饱满、密实。检验数量：全部。检验方法：观察，检查压浆记录。

3. 水泥浆的抗压强度必须符合设计要求，当设计无要求时，水泥浆的抗压强度应不低于30MPa。移动混凝土构件时水泥浆的抗压强度必须符合设计要求；当设计无要求时，水泥浆的抗压强度不应低于设计强度的80%。检验数量：每工作班应制取3组边长为70.7mm的立方体标准养护试件。检验方法：检查水泥浆抗压强度报告。

一般项目

1. 预应力筋锚固后的外露部分宜采用机械方法切割，其外露长度不宜小于预应力筋直径的1.5倍，且不宜小于30mm。检验数量：检查预应力筋总数的3%，且不少于5束。检验方法：观察和尺量。

2. 锚具及预应力筋封闭防护必须符合设计要求；当设计无要求时，应符合下列规定：

(1)凸出式锚固锚具的保护层厚度不小于50mm；

(2)外露预应力筋的保护层厚度不小于30mm；

(3)封锚混凝土的强度，不低于混凝土强度等级值的80%。

检验数量：全部。检验方法：观察。

3. 压浆用水泥浆的水灰比不应大于0.45，搅拌后3h泌水率不宜大于2%。泌水应能在24h内全部重新补水泥浆吸收，水泥浆稠度宜控制在14~18s之间。检验数量：同一配合比检查一次。检验方法：检查水泥浆性能试验报告。

城市桥梁体外预应力施工检验批质量检验记录

渝市政验收6-8-5

单位(子单位)工程名称			重庆市渝中区××桥梁工程K1+000～K2+000合同段		
分部(子分部)工程名称			K1+000～K2+000合同段桥墩		
分项工程名称			体外预应力施工	验收部位	1#桥墩
施工单位		重庆市××市政工程(集团)有限公司		项目经理	陈××
分包单位		重庆××桥梁工程有限公司		负责人	张××
施工执行标准名称及编号			重庆市《城市桥梁工程施工质量验收规范》DBJ 50-086—2008		
项目	序号	施工质量验收规范规定		施工单位检验记录	监理单位检验记录
		检查项目	规定值及允许偏差		
主控项目	1	成品束的加工、制作	符合设计要求	检查产品合格证、进场验收记录，符合设计要求。	符合规范要求。
	2	载荷试验	符合设计要求	检查荷载试验报告，符合设计要求。	符合规范要求。
	3	锚具外观	符合规范要求	无污物、锈蚀、机械损伤和裂纹，符合规范要求。	符合规范要求。
	4	锚固板、折角块	符合设计要求	检查验收记录，符合设计要求。	符合规范要求。
	5	张拉	符合规范和设计要求	符合规范和设计要求。	符合规范要求。
	6	体外预应力束、锚具安装时，品种、级别、规格、数量、位置	符合设计要求	尺量，符合设计要求。	符合规范要求。
	7	张拉顺序和张拉工艺	符合设计及施工技术方案要求	符合设计及施工技术方案要求。	符合规范要求。
	8	张拉力值(Mpa)	符合设计规定	符合设计规定。	符合规范要求。
		张拉伸长率(%)	符合设计规定，设计未规定时为±6%	符合设计要求。	符合规范要求。
		断丝数(根)	不允许	无断丝，符合规范要求。	符合规范要求。
一般项目	1	固定、防护	符合设计要求	牢固，防护措施得当，符合设计要求。	符合规范要求。
施工单位检查评定结果		施工员	伍××	施工班组长	李××
		检查情况： 经检查，主控项目和一般项目均符合设计要求和重庆市《城市桥梁工程施工质量验收规范》(DBJ 50-086—2008)规定，评定合格。 项目专职质量员：李×× 2015年5月20日			
监理单位验收结论		验收意见： 同意施工单位评定结果，验收合格，同意进行下道工序施工。 专业监理工程师：张×× 2015年5月20日			

说明:

一般规定

1. 预应力筋应按不同品种、牌号、规格和检验状态分别标识存放。在运输、加工和储存过程中应防止锈蚀、污染和变形。

2. 预应力张拉机具设备及仪表,应由专人使用和管理,并进行维护。千斤顶与压力表应配套校验,并配套使用,校验应符合以下规定:

(1)校验应在质量技术监督部门授权或考核合格的法定技术机构进行;

(2)千斤顶活塞的运行方向应与实际张拉工作状态一致;

(3)应采用耐震型、精度不低于1.5级(分度值不大于1MPa)的压力表;

(4)当千斤顶校验超过6个月或使用超过200次或在使用过程中出现不正常现象或检修以后应重新校验。

主控项目

1. 体外预应力成品束的加工、制作必须符合设计要求,出厂前应按设计要求进行载荷试验。进场时,应由生产、使用方进行验收,验收内容包括:出厂质量证明书、产品标识及外观质量等,并由双方签字。检验数量:全部。检验方法:检查产品合格证、进场验收记录。

2. 体外预应力束用锚具使用前应进行外观检查,其表面应无污物、锈蚀、机械损伤和裂纹。检验数量:全部。检验方法:观察。

3. 体外预应力束用锚固板、折角块必须符合设计要求,使用前应进行检查验收,合格后方可使用。检验数量:全部。检验方法:观察,检查验收记录。

4. 体外预应力束张拉,应结合工程的实际情况,根据有关技术规范和设计要求,编制控制体外预应力束张拉施工质量的施工技术方案,确保体外预应力束张拉质量。当需要修改施工技术方案时,则应进行再审批。检验数量:同一施工技术方案检查一次。检验方法:查施工技术方案及监理单位审批意见。

5. 体外预应力束、锚具安装时,其品种、级别、规格、数量、位置必须符合设计要求。检验数量:全部。检验方法:观察,尺量。

6. 体外预应力束的张拉顺序和张拉工艺应符合设计及施工技术方案的要求。检验数量:全部。检验方法:观察。

7. 体外预应力束张拉允许偏差应符合下表的规定。

表　体外预应力束张拉允许偏差

序号	项　目	允许偏差	检验频率		检验方法
			范围	点数	
1	张拉力值(MPa)	符合设计规定	每束	1	查压力表读数
2	张拉伸长率(%)	符合设计规定,设计未规定时为±6%			尺量
3	断丝数(根)	不允许			观察

检验数量及检验方法:按表的规定检验。

一般项目

体外预应力束的固定、防护必须符合设计要求。检验数量:全部。检验方法:观察。

城市桥梁工程钢结构原材料(钢材)检验批质量验收记录表

渝市政验收6-9-1

单位(子单位)工程名称	重庆市渝中区××桥梁工程K1+000～K2+000合同段				
分部(子分部)工程名称	K1+000～K2+000合同段钢箱梁				
分项工程名称	钢材检验		验收部位	1#节段梁体	
施工单位	重庆市××市政工程(集团)有限公司		项目经理	陈××	
包单位	重庆××桥梁工程有限公司		负责人	张××	
施工执行标准名称及编号	重庆市《城市桥梁工程施工质量验收规范》DBJ 50-086—2008				
项目	施工质量验收规范规定			施工单位检验记录	监理单位检验记录
	序号	检查项目	规定值及允许偏差		
主控项目	1	钢板及型钢质量	满足设计要求及规范规定	检查质量合格证明文件及检验报告,符合国家标准和设计要求。	符合规范要求。
	2	钢铸件的品种、规格、性能	符合国家标准和设计要求	检查质量合格证明文件及检验报告,符合国家标准和设计要求。	符合规范要求。
	3	进口钢材产品质量	符合设计和合同规定标准要求	检查质量合格证明文件及检验报告,符合国家标准和设计要求。	符合规范要求。
	4	抽样复检	符合国家产品标准和设计要求	符合国家标准和设计要求。	符合规范要求。
	5				
	6				
一般项目	1	钢板的尺寸、外形、重量及允许偏差	符合标准规定	尺量,符合标准规定。	符合规范要求。
	2	型钢尺寸、外形、重量及允许偏差	符合产品标准规定	尺量,符合产品标准规定。	符合规范要求。
	3	外观质量	符合规范要求	无裂纹、气泡、结疤、折叠、夹杂,无分层,符合规范要求。	符合规范要求。
	4				
	施工员		伍××	施工班组长	李××
施工单位检查评定结果	检查情况: 经检查,主控项目和一般项目均符合设计要求和重庆市《城市桥梁工程施工质量验收规范》(DBJ 50-086—2008)规定,评定合格。 项目专职质量员:李×× 2015年5月20日				
监理单位验收结论	验收意见: 同意施工单位评定结果,验收合格,同意进行下道工序施工。 专业监理工程师:张×× 2015年5月20日				

说明：

主控项目

1. 桥梁结构用的钢板及型钢质量应满足设计要求以及《桥梁用结构钢》(GB/T 714)的规定。钢铸件的品种、规格、性能等应符合现行国家产品标准和设计要求。进口钢材产品的质量应符合设计和合同规定标准的要求。检验数量：全部。检验方法：检查质量合格证明文件及检验报告等。

2. 对属于下列情况之一的钢材，应进行抽样复验，其复验结果应符合现行国家产品标准和设计要求：

(1)进口钢材；

(2)钢材混批；

(3)板厚等于或大于40mm，且设计有Z向性能要求的厚板；

(4)主梁、主拱等主要受力构件所采用的钢材；

(5)设计有复验要求的钢材；

(6)对质量有疑义的钢材。

检验数量：全部。检验方法：检查复验报告。

一般项目

1. 桥梁用钢板的尺寸、外形、重量及允许偏差应符合《热轧钢板和钢带的尺寸、外形、重量及允许偏差》(GB/T 709)的规定。检验数量：每一品种或每一炉批号、规格的钢板抽查5处。检验方法：用尺和游标卡尺量测。

2. 桥梁用型钢的尺寸、外形、重量及允许偏差应符合其产品标准的规定。检验数量：每一品种、规格的型钢抽查5处。检验方法：用尺和游标卡尺量测。

3. 钢材表面不得有裂纹、气泡、结疤、折叠、夹杂，钢材不得有分层。如有上述表面缺陷允许清理，清理深度从实际尺寸算起，不应大于钢材厚度公差之半，并保证最小厚度。清理处应平滑无棱角。检验数量：全部。检验方法：观察。判断疑似分层或夹杂性质可借助显微镜金相分析。

城市桥梁工程钢结构原材料(焊接材料)检验批质量验收记录表

渝市政验收6-9-2

单位(子单位)工程名称	重庆市渝中区××桥梁工程K1+000～K2+000合同段				
分部(子分部)工程名称	K1+000～K2+000合同段钢箱梁				
分项工程名称	钢结构焊接材料检验		验收部位	1#节段梁体	
施工单位	重庆市××市政工程(集团)有限公司		项目经理	陈××	
分包单位	重庆××桥梁工程有限公司		负责人	张××	
施工执行标准名称及编号	重庆市《城市桥梁工程施工质量验收规范》DBJ 50-086—2008				
项目	施工质量验收规范规定			施工单位检验记录	监理单位检验记录
	序号	检查项目	规定值及允许偏差		
主控项目	1	焊接材料的品种、规格、性能	符合国家产品标准和设计要求	检查质量合格证明文件及检验报告,符合国家标准和设计要求。	符合规范要求。
	2	抽检复查	符合国家标准和设计要求	符合国家标准和设计要求。	符合规范要求。
	3				
	4				
	5				
	6				
	7				
一般项目	1	焊钉及焊接瓷环的规格、尺寸及偏差	符合标准规定和设计要求	尺量,符合标准规定和设计要求。	符合规范要求。
	2	外观质量	符合规范规定	无药皮脱落、焊芯生锈等缺陷,焊丝表面均匀,无斑点,完整,符合规范要求。	符合规范要求。
	3				
	4				
	施工员	伍××	施工班组长	李××	
施工单位检查评定结果	检查情况: 经检查,主控项目和一般项目均符合设计要求和重庆市《城市桥梁工程施工质量验收规范》(DBJ 50-086—2008)规定,评定合格。 项目专职质量员:李×× 2015年5月20日				
监理单位验收结论	验收意见: 同意施工单位评定结果,验收合格,同意进行下道工序施工。 专业监理工程师:张×× 2015年5月20日				

说明:

主控项目

1. 焊接材料的品种、规格、性能等应符合现行国家产品标准和设计要求。检验数量:全部。检验方法:检查焊接材料的质量合格证明文件及检查报告等。

2. 焊接材料应进行抽样复验,结果应符合现行国家标准和设计要求。检验数量:按有关国家标准规定。检验方法:检查复验报告。

一般项目

1. 焊钉及焊接瓷环的规格、尺寸及偏差应符合《圆柱头焊钉》(GB 10433)中的规定。设计有要求的,按设计文件规定。检验数量:按量抽查1%,且不应少于10套。检验方法:用尺和游标卡尺量测。

2. 焊条外观不应有药皮脱落、焊芯生锈等缺陷;焊剂不应受潮结块。焊丝表面涂层需均匀,不得出现无镀层的斑点。每盘焊丝必须完整,只允许有二个丝头。检验数量:按量抽查1%,且不应少于10包。检验方法:观察。

城市桥梁工程钢结构原材料(连接用紧固标准件)检验批质量验收记录表

渝市政验收6-9-3

单位(子单位)工程名称		重庆市渝中区××桥梁工程K1+000～K2+000合同段			
分部(子分部)工程名称		K1+000～K2+000合同段钢箱梁			
分项工程名称		连接用紧固标准件检验		验收部位	1#节段梁体
施工单位		重庆市××市政工程(集团)有限公司		项目经理	陈××
分包单位		重庆××桥梁工程有限公司		负责人	张××
施工执行标准名称及编号		重庆市《城市桥梁工程施工质量验收规范》DBJ 50-086—2008			
项目	施工质量验收规范规定			施工单位检验记录	监理单位检验记录
	序号	检查项目	规定值及允许偏差		
主控项目	1	紧固标准件及标准配件品种、规格、性能	符合国家产品标准和设计要求	检查质量合格证明文件及检验报告，符合国家标准和设计要求。	符合规范要求。
	2	高强螺栓连接副	符合规范要求	符合国家标准和设计要求。	符合规范要求。
	3				
	4				
	5				
	6				
	7				
	8				
一般项目	1	外观质量	符合规范要求	表面涂油保护，无生锈和沾染脏物，螺纹无损伤，符合规范要求。	符合规范要求。
	2	硬度试验	符合规范规定	进行磁粉探伤，符合规范要求。	符合规范要求。
	3				
	4				
施工单位检查评定结果	施工员	伍××		施工班组长	李××
	检查情况： 经检查，主控项目和一般项目均符合设计要求和重庆市《城市桥梁工程施工质量验收规范》(DBJ50-086—2008)规定，评定合格。 项目专职质量员：李×× 2015年5月20日				
监理单位验收结论	验收意见： 同意施工单位评定结果，验收合格，同意进行下道工序施工。 专业监理工程师：张×× 2015年5月20日				

说明：

主控项目

1. 钢结构连接用高强度螺栓连接附、普通螺栓及辅助结构、人行天桥、外装修用的铆钉、自攻钉、拉铆钉、射钉、锚栓(机械型和化学试剂型)、地脚螺栓等紧固标准件及螺母、垫圈等标准配件，其品种、规格、性能等应符合现行国家产品标准和设计要求。高强度螺栓连接附出厂时应分别随箱带有扭矩系数和紧固轴力(预拉力)的检验报告。检验数量：全部。检验方法：检查产品的质量合格证明文件及检验报告等。

2. 高强度螺栓连接副的检验应按《钢结构工程施工质量验收规范》(GB 50205—2001)附录B的规定。检验数量：按照《钢结构工程施工质量验收规范》(GB 50205—2001)附录B的规定。检验方法：检查复验报告。

一般项目

1. 高强度螺栓连接副，应按包装箱配套供货，包装箱上应标明批号、规格、数量及生产日期。螺栓、螺母、垫圈外观表面应涂油保护，不应出现生锈和沾染脏物，螺纹不应损伤。检验数量：按包装箱数量抽查5%，且不应少于3箱。检验方法：观察。

2. 对主梁、主拱等主要受力构件所用的高强度螺栓应进行表面硬度试验，对8.8级的高强度螺栓其硬度应为HRC21 ~ HRC29；10.9级高强度螺纹其硬度应为HRC32 ~ HRC36，且不得有裂纹或损伤。检验数量：按规格抽查8只。检验方法：硬度计，0 ~ 10倍放大镜或磁粉探伤。

城市桥梁工程钢结构原材料(涂装材料)检验批质量验收记录表

渝市政验收6-9-4

<table>
<tr><td colspan="2">单位(子单位)工程名称</td><td colspan="4">重庆市渝中区××桥梁工程K1+000～K2+000合同段</td></tr>
<tr><td colspan="2">分部(子分部)工程名称</td><td colspan="4">K1+000～K2+000合同段钢箱梁</td></tr>
<tr><td colspan="2">分项工程名称</td><td>涂装材料检验</td><td>验收部位</td><td colspan="2">1#钢箱梁</td></tr>
<tr><td colspan="2">施工单位</td><td>重庆市××市政工程(集团)有限公司</td><td>项目经理</td><td colspan="2">陈××</td></tr>
<tr><td colspan="2">分包单位</td><td>重庆××桥梁工程有限公司</td><td>负责人</td><td colspan="2">张××</td></tr>
<tr><td colspan="2">施工执行标准名称及编号</td><td colspan="4">重庆市《城市桥梁工程施工质量验收规范》DBJ 50-086—2008</td></tr>
<tr><td rowspan="2">项目</td><td colspan="3">施工质量验收规范规定</td><td rowspan="2">施工单位检验记录</td><td rowspan="2">监理单位检验记录</td></tr>
<tr><td>序号</td><td>检查项目</td><td>规定值及允许偏差</td></tr>
<tr><td rowspan="8">主控项目</td><td>1</td><td>钢结构防腐涂料、稀释剂和固化剂及喷锌、喷铝等材料品种、规格、性能</td><td>符合国家产品标准和设计要求</td><td>检查产品质量合格证明文件及检验报告,符合国家产品标准和设计要求。</td><td>符合规范要求。</td></tr>
<tr><td>2</td><td></td><td></td><td></td><td></td></tr>
<tr><td>3</td><td></td><td></td><td></td><td></td></tr>
<tr><td>4</td><td></td><td></td><td></td><td></td></tr>
<tr><td>5</td><td></td><td></td><td></td><td></td></tr>
<tr><td>6</td><td></td><td></td><td></td><td></td></tr>
<tr><td>7</td><td></td><td></td><td></td><td></td></tr>
<tr><td>8</td><td></td><td></td><td></td><td></td></tr>
<tr><td rowspan="4">一般项目</td><td>1</td><td>防腐涂料的型号、名称、颜色及有效期</td><td>与质量证明文件相符</td><td>无结皮、结块、凝胶现象。</td><td>合格。</td></tr>
<tr><td>2</td><td></td><td></td><td></td><td></td></tr>
<tr><td>3</td><td></td><td></td><td></td><td></td></tr>
<tr><td>4</td><td></td><td></td><td></td><td></td></tr>
<tr><td rowspan="2">施工单位检查评定结果</td><td colspan="2">施工员</td><td>伍××</td><td>施工班组长</td><td>李××</td></tr>
<tr><td colspan="5">检查情况:
经检查,主控项目和一般项目均符合设计要求和重庆市《城市桥梁工程施工质量验收规范》(DBJ50-086—2008)规定,评定合格。
项目专职质量员:李××
2015年5月20日</td></tr>
<tr><td>监理单位验收结论</td><td colspan="5">验收意见:
同意施工单位评定结果,验收合格,同意进行下道工序施工。
专业监理工程师:张××
2015年5月20日</td></tr>
</table>

说明:

主控项目

钢结构防腐涂料、稀释剂和固化剂及喷锌、喷铝等材料的品种、规格、性能应符合现行国家产品标准和设计要求。检验数量:全部。检验方法:检查产品的质量合格证明文件及检验报告等。

一般项目

防腐涂料的型号、名称、颜色及有效期应与其质量证明文件相符。开启后,不应存在结皮、结块、凝胶等现象。检验数量:按桶数抽查,且不应少于3桶。检验方法:观察。

城市桥梁工程钢结构焊接(构件焊接)检验批质量验收记录表

渝市政验收6-9-5

<table>
<tr><td colspan="2">单位(子单位)工程名称</td><td colspan="4">重庆市渝中区××桥梁工程K1+000～K2+000合同段</td></tr>
<tr><td colspan="2">分部(子分部)工程名称</td><td colspan="4">K1+000～K2+000合同段钢箱梁</td></tr>
<tr><td colspan="2">分项工程名称</td><td colspan="2">构件焊接</td><td>验收部位</td><td>1#节段梁体</td></tr>
<tr><td colspan="2">施工单位</td><td colspan="2">重庆市××市政工程(集团)有限公司</td><td>项目经理</td><td>陈××</td></tr>
<tr><td colspan="2">分包单位</td><td colspan="2">重庆××桥梁工程有限公司</td><td>负责人</td><td>张××</td></tr>
<tr><td colspan="2">施工执行标准名称及编号</td><td colspan="4">重庆市《城市桥梁工程施工质量验收规范》DBJ 50-086—2008</td></tr>
<tr><td rowspan="2">项目</td><td colspan="3">施工质量验收规范规定</td><td rowspan="2">施工单位检验记录</td><td rowspan="2">监理单位检验记录</td></tr>
<tr><td>序号</td><td>检查项目</td><td>规定值及允许偏差</td></tr>
<tr><td rowspan="6">主控项目</td><td>1</td><td>焊接材料与母材的匹配</td><td>符合设计要求及国家标准规定</td><td>检查质量证明书和烘焙记录,符合设计要求及标准规定。</td><td>符合规范要求。</td></tr>
<tr><td>2</td><td>焊接工艺评定</td><td>符合规范要求</td><td>检查焊接工艺报告,符合规范要求。</td><td>符合规范要求。</td></tr>
<tr><td>3</td><td>超声波探伤</td><td>符合规范要求</td><td>检查超声波探伤记录,符合规范要求。</td><td>符合规范要求。</td></tr>
<tr><td>4</td><td>焊接试板检验</td><td>符合规范要求</td><td>检查试验报告,符合规范要求。</td><td>符合规范要求。</td></tr>
<tr><td>5</td><td>要求熔透的对接和角对接组合焊缝</td><td>符合规范要求</td><td>焊缝量规测量,符合规范要求。</td><td>符合规范要求。</td></tr>
<tr><td>6</td><td>一级、二级焊缝外观质量</td><td>符合规范要求</td><td>表面无气孔、夹渣、弧坑裂纹、电弧擦伤等缺陷,符合规范要求。</td><td>符合规范要求。</td></tr>
<tr><td rowspan="5">一般项目</td><td>1</td><td>焊前预热或焊后热处理的焊缝预热温度或后热温度</td><td>符合国家标准规定或按设计要求通过工艺试验确定</td><td>检查施工记录和工艺试验报告,符合标准和设计要求。</td><td>符合规范要求。</td></tr>
<tr><td>2</td><td>二级、三级焊缝外观质量</td><td>符合规范要求</td><td>表面无气孔、夹渣、弧坑,符合规范要求。</td><td>符合规范要求。</td></tr>
<tr><td>3</td><td>焊缝尺寸允许偏差</td><td>符合规范规定</td><td>焊缝量规量,符合规范规定。</td><td>符合规范要求。</td></tr>
<tr><td>4</td><td>凹形角焊缝焊缝金属与母材</td><td>符合规范要求</td><td>过渡平缓,表面无切痕,符合规范要求。</td><td>符合规范要求。</td></tr>
<tr><td>5</td><td>焊缝外观质量</td><td>符合规范要求</td><td>外形连续、均匀、饱满,成型较好,焊渣和飞溅物清除干净,符合规范要求。</td><td>符合规范要求。</td></tr>
<tr><td colspan="2"></td><td>施工员</td><td>伍××</td><td>施工班组长</td><td>李××</td></tr>
<tr><td colspan="2">施工单位检查评定结果</td><td colspan="4">检查情况:
经检查,主控项目和一般项目均符合设计要求和重庆市《城市桥梁工程施工质量验收规范》(DBJ 50-086—2008)规定,评定合格。
项目专职质量员:李××
2015年5月20日</td></tr>
<tr><td colspan="2">监理单位验收结论</td><td colspan="4">验收意见:
同意施工单位评定结果,验收合格,同意进行下道工序施工。
专业监理工程师:张××
2015年5月20日</td></tr>
</table>

说明：

主控项目

1. 焊条、焊丝、焊剂、电渣焊熔嘴等焊接材料与母材的匹配应符合设计要求及国家现行行业标准的规定。焊条、焊剂、焊丝、熔嘴等在使用前，应按其产品说明书及焊接工艺文件的规定进行烘焙和存放。检验数量：全部。检验方法：检查质量证明书和烘焙记录。

2. 首次采用的钢材、焊接材料、焊接方法、焊前预热、焊后热处理等，应进行焊接工艺评定，并应根据评定报告确定焊接工艺。检验数量：全部。检验方法：检查焊接工艺报告。

3. 设计要求全焊透的一、二级焊缝应采用超声波探伤进行内部缺陷的检验，超声波探伤不能对缺陷作出判断时，应采用射线探伤，其内部缺陷分级及探伤方法应符合《钢焊缝手工超声波探伤方法和探伤结果分级》(GB 11345)或《钢熔化焊对接接头射线照相和质量分级》(GB 3323)的规定：

(1) 焊缝超声波探伤内部质量分级应符合表1的规定；

表1　焊缝超声波探伤内部质量等级

序号	项 目	质量等级	适 用 范 围
1	对接焊缝	Ⅰ	主要杆件受拉横向对接焊缝
		Ⅱ	主要杆件受压横向对接焊缝、纵向对接焊缝
2	角焊缝	Ⅱ	主要角焊缝

(2) 焊缝超声波探伤范围和检验等级应符合表2的规定；距离一波幅曲线灵敏度及缺陷等级评定应符合相关规范GB 3323附录K的规定；其他要求应符合《钢焊缝手工超声波探伤方法和探伤结果分级》(GB 11345)的规定；

表2　焊缝超声波探伤内部质量等级

序号	焊接质量级别	探伤比例	探伤部位(mm)	板厚(mm)	检验等级
1	Ⅰ、Ⅱ级横向对接焊缝	100%	全长	10～46	B
				>46~56	B(双面双侧)
2	Ⅱ级纵向对接焊缝	100%	焊缝两端各1000	10～46	B
				>46~56	B(双面双侧)
3	Ⅱ级角焊缝	100%	两端螺栓孔部位并延长500，板梁主梁及纵横梁跨中加探1000	10～46	B
				>46~56	B(双面双侧)

(3)主要杆件受拉横向对接焊缝应按接头数量的10%(不少于一个焊接接头)进行射线探伤。范围为焊缝两端各250～300mm。焊缝长度大于1200mm时，中部加探250~300mm；

(4)焊缝的射线探伤应符合《钢熔化焊对接接头射线照相和质量分级》(GB 3323)的规定，射线照相质量等级为B级；焊缝内部质量为Ⅱ级；

(5)进行局部超声波探伤的焊缝，当发现裂纹或较多其他缺陷时，应扩大该条焊缝探伤范围，必要时可延至全长；进行射线探伤的焊缝，当发现超标缺陷时应加倍检验；

(6)用射线和超声波两种方法检验的焊缝，必须达到各自的质量要求，该焊缝方可认为合格。

检验数量：全部。检验方法：检查超声波或射线探伤记录。

4. 焊接试板检验应符合下列要求：

(1)受拉横向对接焊缝应按表3规定的数量焊接试板，经探伤后进行接头拉伸、侧弯和焊缝金属低温冲击试验，试验数量和试验结果应符合焊接工艺评定的有关规定；

表3 焊接试板数量

序号	接头长度(mm)	接头数量(个)	试板数量(件)
1	≤400	15	
2	>400且≤1000	10	1
3	>1000	5	

(2) 若试验结果不合格,可在原试板上重新取样试验,如试验结果仍不合格,则应先查明原因,然后对该试板代表的接头进行处理。

检验数量:按表的规定。检验方法:检查试验报告。

5. T剁接头、十字接头、角接接头等要求熔透的对接和角对接组合焊缝,其焊脚尺寸不应小于t/4,详见下图(a)、(b)、(c);设计有疲劳验算要求的主梁、横梁等构件的腹板与上翼缘连接焊缝的焊脚尺寸不应小于t/2,详见下图(d),且不应大于10mm。焊脚尺寸允许偏差为0~4mm。检验数量:资料全部;同类焊缝抽查10%,且不应少于3条。检验方法:观察检查,用焊缝量规测量。

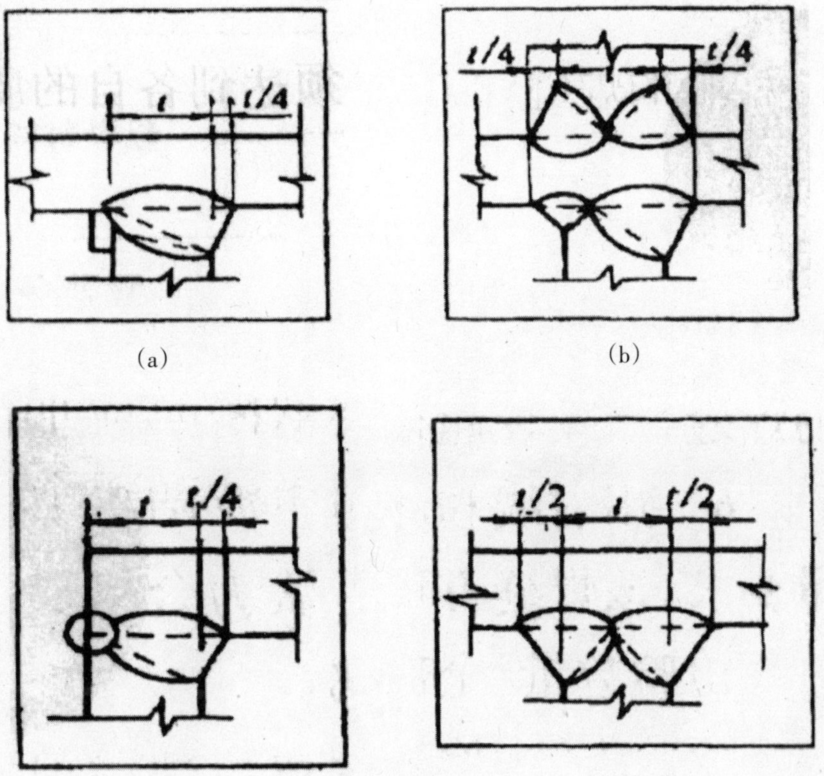

(a) (b) (c) (d)

图 焊脚尺寸

6. 焊缝表面不得有裂纹、焊瘤等缺陷。一级、二级焊缝不得有表面气孔、夹渣、弧坑裂纹、电弧擦伤等缺陷。且一级焊缝不得有咬边、未焊满、根部收缩等缺陷。对主要受力构件的受拉部位的凹形焊缝和设计规定的焊缝必须进行打磨。检验数量:每批同类构件抽查10%且不应少于3件;被抽查构件中,每一类型焊缝按条数抽查5%,且不应少于1条;每条检查1处,总抽查数不应少于10处。检验方法:观察检查或使用放大镜、焊缝量规和尺量。按设计要求,对不同类型焊缝采用磁粉探伤、超声探伤、X射线照相等项全做或组合选项的无损探伤检查。

一般项目

1. 对于需要进行焊前预热或焊后热处理的焊缝,其预热温度或后热温度应符合国家现行有关标准的规定或按设计要求通过工艺试验确定。预热区在焊道两侧,每侧宽度均应大于焊件厚度的1.5倍以上,且不应小于100mm;后热处理应在焊后立即进行,保温时间应根据板厚按25mm板厚1小时确定。检验数量:全部。检验方法:检查预热或后热施工记录和工艺试验报告。

2. 二级、三级焊缝外观质量标准应符合《钢结构工程施工质量验收规范》(GB 50205—2001)附录A的规定。三级对接焊缝应按三级焊缝标准进行外观质量检验。检验数量:每批同类构件抽查10%,且不应少于3件;被抽查构件中,每一种焊缝按条数抽查5%,且不应少于1条;每条检查1处,总抽查数不应少于10处。检验方法:观察检查或使用放大镜、焊缝量规和尺量。

3. 焊缝尺寸允许偏差应符合《钢结构工程施工质量验收规范》(GB 50205—2001)附录A的规定。检验数量:每批同类构件抽查10%,且不应少于3件;被抽查构件中,每种焊缝按条数各抽查5%,且不应少于1条;每条检查1处,总抽查数不应少于10处。检验方法:用焊缝量规量。

4. 焊成凹形的角焊缝焊缝金属与母材间应平缓过渡;加工成凹形的角焊缝不得在其表面留下切痕。检验数量:每批同类构件抽查10%,且不应少于3件。检验方法:观察。

5. 焊缝外观应达到外形连续、均匀、饱满,成型较好;焊道与焊道、焊道与基本金属间过渡较平滑,焊渣和飞溅物基本清除干净。检验数量:每批同类构件抽查10%,且不应少于3件;被抽查构件中,每种焊缝按条数各抽查5%,总抽查数不应少于5处。检验方法:观察。

城市桥梁工程钢结构焊接(焊钉(栓钉)焊接)检验批质量验收记录表

渝市政验收6-9-6

单位(子单位)工程名称		重庆市渝中区××桥梁工程K1+000～K2+000合同段			
分部(子分部)工程名称		K1+000～K2+000合同段钢箱梁			
分项工程名称		焊钉(栓钉)焊接		验收部位	1#节段梁体
施工单位		重庆市××市政工程(集团)有限公司		项目经理	陈××
分包单位		重庆××桥梁工程有限公司		负责人	张××
施工执行标准名称及编号		重庆市《城市桥梁工程施工质量验收规范》DBJ 50-086—2008			
项目	施工质量验收规范规定			施工单位检验记录	监理单位检验记录
	序号	检查项目	规定值及允许偏差		
主控项目	1	弯曲试验	符合规范要求	无肉眼可见裂纹,符合规范要求。	符合规范要求。
	2				
	3				
	4				
	5				
	6				
	7				
	8				
一般项目	1	焊钉根部焊脚	符合规范要求	焊脚均匀,无未熔合或不足,符合规范要求。	符合规范要求。
	2				
	3				
	4				
	施工员		伍××	施工班组长	李××
施工单位检查评定结果	检查情况: 经检查,主控项目和一般项目均符合设计要求和重庆市《城市桥梁工程施工质量验收规范》(DBJ 50-086—2008)规定,评定合格。 项目专职质量员:李×× 2015年5月20日				
监理单位验收结论	验收意见: 同意施工单位评定结果,验收合格,同意进行下道工序施工。 专业监理工程师:张×× 2015年5月20日				

说明:

主控项目

焊钉焊接后应进行弯曲试验检查,其焊缝和热影响区不应有肉眼可见的裂纹。检验数量:每批同类构件抽查10%,且不应少于10件;被抽查构件中,每件检查焊钉数量的1%,但不应少于1个。检验方法:焊钉弯曲30°后用角尺量和观察。

一般项目

焊钉根部焊脚应均匀,焊脚立面的局部未熔合或不足360°的焊脚应进行修补。检验数量:按总焊钉数量抽查1%,且不应少于10个。检验方法:观察。

城市桥梁工程钢结构紧固件(普通紧固件)连接检验批质量验收记录表

渝市政验收6-9-7

单位(子单位)工程名称	重庆市渝中区××桥梁工程K1+000～K2+000合同段				
分部(子分部)工程名称	K1+000～K2+000合同段钢箱梁				
分项工程名称	普通紧固件连接		验收部位	1#节段梁体	
施工单位	重庆市××市政工程(集团)有限公司		项目经理	陈××	
分包单位	重庆××桥梁工程有限公司		负责人	张××	
施工执行标准名称及编号	重庆市《城市桥梁工程施工质量验收规范》DBJ 50-086—2008				
项目	施工质量验收规范规定			施工单位检验记录	监理单位检验记录
	序号	检查项目	规定值及允许偏差		
主控项目	1	永久性连接螺栓	符合设计要求;对质量有疑义时,应进行螺栓实物最小拉力荷载复验,结果符合规范规定	尺量,符合设计要求。	符合规范要求。
	2				
	3				
	4				
	5				
	6				
一般项目	1	永久性普通螺栓紧固外漏丝扣	不少于2扣	牢固可靠,符合规范要求。	符合规范要求。
	2	外观质量	符合规范要求	紧固密贴,外观排列整齐,符合规范要求。	符合规范要求。
	3				
	4				
	施工员	伍××		施工班组长	李××
施工单位检查评定结果	检查情况: 经检查,主控项目和一般项目均符合设计要求和重庆市《城市桥梁工程施工质量验收规范》(DBJ 50-086—2008)规定,评定合格。 项目专职质量员:李×× 2015年5月20日				
监理单位验收结论	验收意见: 同意施工单位评定结果,验收合格,同意进行下道工序施工。 专业监理工程师:张×× 2015年5月20日				

说明:

主控项目

普通螺栓作为永久性连接螺栓时,当设计有要求或对其质量有疑义时,应进行螺栓实物最小拉力载荷复验。试验方法见相关规范GB 3098附录J。其结果应符合《紧固件机械性能螺栓、螺钉和螺柱》(GB 3098)的规定。检验数量:按连接节点数抽查1%,且不应少于3个。检验方法:观察和尺量。

一般项目

1. 永久性普通螺栓紧固应牢固、可靠,外露丝扣不应少于2扣。检验数量:按连接节点数抽查10%,且不应少于3个。检验方法:观察和用小锤敲击检查。

2. 自攻螺钉、钢拉铆钉、射钉等与连接钢板应紧固密贴,外观排列整齐。检验数量:按连接节点数抽查10%,且不应少于3个。检验方法:观察和用小锤敲击检查。

城市桥梁工程钢结构紧固件(高强度螺栓)连接检验批质量验收记录表

渝市政验收6-9-8

<table>
<tr><td colspan="3">单位(子单位)工程名称</td><td colspan="4">重庆市渝中区××桥梁工程K1+000～K2+000合同段</td></tr>
<tr><td colspan="3">分部(子分部)工程名称</td><td colspan="4">K1+000～K2+000合同段钢箱梁</td></tr>
<tr><td colspan="3">分项工程名称</td><td>高强度螺栓连接</td><td>验收部位</td><td colspan="2">1#节段梁体</td></tr>
<tr><td colspan="3">施工单位</td><td>重庆市××市政工程(集团)有限公司</td><td>项目经理</td><td colspan="2">段××</td></tr>
<tr><td colspan="3">分包单位</td><td>重庆××桥梁工程有限公司</td><td>负责人</td><td colspan="2">解××</td></tr>
<tr><td colspan="3">施工执行标准名称及编号</td><td colspan="4">重庆市《城市桥梁工程施工质量验收规范》DBJ 50-086—2008</td></tr>
<tr><td rowspan="2">项目</td><td colspan="3">施工质量验收规范规定</td><td colspan="2" rowspan="2">施工单位检验记录</td><td rowspan="2">监理单位检验记录</td></tr>
<tr><td>序号</td><td>检查项目</td><td>规定值及允许偏差</td></tr>
<tr><td rowspan="8">主控项目</td><td>1</td><td>抗滑移系数试验和复验</td><td>符合设计要求</td><td colspan="2">按照专项检验方案检查,符合设要求。</td><td>符合规范要求。</td></tr>
<tr><td>2</td><td>连接副终拧检查</td><td>符合规范规定</td><td colspan="2">符合规范要求。</td><td>符合规范要求。</td></tr>
<tr><td>3</td><td></td><td></td><td colspan="2"></td><td></td></tr>
<tr><td>4</td><td></td><td></td><td colspan="2"></td><td></td></tr>
<tr><td>5</td><td></td><td></td><td colspan="2"></td><td></td></tr>
<tr><td>6</td><td></td><td></td><td colspan="2"></td><td></td></tr>
<tr><td>7</td><td></td><td></td><td colspan="2"></td><td></td></tr>
<tr><td>8</td><td></td><td></td><td colspan="2"></td><td></td></tr>
<tr><td rowspan="4">一般项目</td><td>1</td><td>施拧顺序和初拧、复拧扭矩</td><td>符合设计要求和规范规定</td><td colspan="2">检查扭矩扳手标定记录和螺栓施工记录,符合设计和规范要求。</td><td>符合规范要求。</td></tr>
<tr><td>2</td><td>终拧后外露螺栓丝扣</td><td>2～3扣,允许有10%的螺栓丝扣外露1扣或4扣</td><td colspan="2">符合规范要求。</td><td>符合规范要求。</td></tr>
<tr><td>3</td><td>连接摩擦面</td><td>符合规范要求</td><td colspan="2">摩擦面干燥、整洁,无飞边、毛刺、焊接飞溅物、焊疤、氧化铁皮、污垢,符合规范要求。</td><td>符合规范要求。</td></tr>
<tr><td>4</td><td>螺栓孔</td><td>符合规范要求</td><td colspan="2">卡尺检量,符合规范要求。</td><td>符合规范要求。</td></tr>
<tr><td rowspan="2" colspan="2">施工单位检查评定结果</td><td>施工员</td><td>伍××</td><td>施工班组长</td><td colspan="2">李××</td></tr>
<tr><td colspan="5">检查情况:
经检查,主控项目和一般项目均符合设计要求和重庆市《城市桥梁工程施工质量验收规范》(DBJ 50-086—2008)规定,评定合格。
项目专职质量员:李××
2015年5月20日</td></tr>
<tr><td colspan="2">监理单位验收结论</td><td colspan="5">验收意见:
同意施工单位评定结果,验收合格,同意进行下道工序施工。
专业监理工程师:张××
2015年5月20日</td></tr>
</table>

说明：

主控项目

1. 应按《钢结构工程施工质量验收规范》（GB 50205—2001）附录B的规定分别进行高强度螺栓连接摩擦面的抗滑移系数试验和复验，现场处理的构件摩擦面应单独进行摩擦面抗滑移系数试验，其结果应符合设计要求。检验数量：按分部（子分部）工程划分规定的工程量每20000kN为一批，不足20000kN的可视为一批。选用两种及两种以上表面处理工艺时，每种处理工艺应单独检验。每批三组试件。或按照专项检验方案执行。检验方法：检查摩擦面抗滑移系数试验报告和复验报告。

2. 高强度螺栓连接副终拧完成1小时后，48小时内应进行终拧扭矩检查，检查结果应符合相关规范《钢结构工程施工质量验收规范》（GB 50205—2001）附录B的规定。检验数量：按节点数抽查10%，且不应少于10个；每个被抽查节点按螺栓数抽查10%，且不应少于2个。检验方法：见相关规范《钢结构工程施工质量验收规范》（GB 50205—2001）附录B。

一般项目

1. 高强度螺栓连接副的施拧顺序和初拧、复拧扭矩应符合设计要求和《钢结构高强度螺栓连接的设计施工及验收规程》（JGJ 82）的规定。检验数量：全部。检验方法：检查扭矩板手标定记录和螺栓施工记录。

2. 高强度螺栓连接附终拧后，螺栓丝扣外露应为2~3扣，其中允许有10%的螺栓丝扣外露1扣或4扣。检验数量：按节点数抽查5%，且不应少于10个。检验方法：观察。

3. 高强度螺栓连接摩擦面应保持干燥、整洁，不得有飞边、毛刺、焊接飞溅物、焊疤、氧化铁皮、污垢等。除设计要求外摩擦面不应涂漆。检验数量：全部。检验方法：观察。

4. 高强度螺栓应自由穿入螺栓孔。高强度螺栓孔不得采用气割扩孔，扩孔数量应征得设计同意。扩孔后的孔径不应超过1.2d（d为螺栓直径）。检验数量：全部被扩螺栓孔。检验方法：观察和用卡尺量。

城市桥梁工程钢零件及钢部件加工(切割)检验批质量验收记录表

渝市政验收6-9-9

单位(子单位)工程名称	重庆市渝中区××桥梁工程K1+000～K2+000合同段		
分部(子分部)工程名称	K1+000～K2+000合同段钢箱梁		
分项工程名称	钢零件及钢部件切割	验收部位	1#节段梁体
施工单位	重庆市××市政工程(集团)有限公司	项目经理	段××
分包单位	重庆××桥梁工程有限公司	负责人	解××
施工执行标准名称及编号	重庆市《城市桥梁工程施工质量验收规范》DBJ 50-086—2008		

项目	序号	施工质量验收规范规定 检查项目		规定值及允许偏差(mm)	施工单位检验记录							监理单位检验记录
主控项目	1	切割面和剪切面		符合规范要求	无裂纹、夹渣、分层和大于1mm的缺棱，符合规范要求。							符合规范要求。
	2											
	3											
	4											
	5											
	6											
	7											
	8											
一般项目	1	气割	零件宽度、长度	±2.5	1.6	1.8	−1.5	−1.3	1.6	1.0	1.2	符合规范要求。
	2		切割面平面度	0.05t且≤2.0	√	√	√	√	√	√	√	符合规范要求。
	3		割纹深度	0.3	0.1	0.2	0.1	0.1	0.2	0.2	0.1	符合规范要求。
	4		局部缺口深度	1.0	0.5	0.2	0.3	0.4	0.7	0.1	0.2	符合规范要求。
	5	机械剪切	零件宽度、长度	±3.0	2.1	1.2	−1.8	2.3	1.7	−1.5	1.9	符合规范要求。
	6		边缘缺棱	1.0	√	√	√	√	√	√	√	符合规范要求。
	7		型钢端部垂直度	2.0	√	√	√	√	√	√	√	符合规范要求。

施工单位检查评定结果	施工员	伍××	施工班组长	李××
	检查情况： 经检查，主控项目和一般项目均符合设计要求和重庆市《城市桥梁工程施工质量验收规范》(DBJ 50-086—2008)规定，评定合格。 项目专职质量员：李×× 2015年5月20日			
监理单位验收结论	验收意见： 同意施工单位评定结果，验收合格，同意进行下道工序施工。 专业监理工程师：张×× 2015年5月20日			

说明:

主控项目

钢材切割面或剪切面应无裂纹、夹渣、分层和大于1mm的缺棱。检验数量:全部。检验方法:观察或用放大镜及百分尺检查,有疑义时作渗透、磁粉或超声波探伤、X射线拍片检查。

一般项目

1. 气割允许偏差应符合表1的规定。

表1 气割允许偏差

序号	项 目	允许偏差(mm)	检验频率		检验方法
			范围	点数	
1	零件宽度、长度	±2.5	抽查10%,且不少于3个	1	用尺量
2	切割面平面度	0.05t且≤2.0			用水平尺量
3	割纹深度	0.3			用塞尺量
4	局部缺口深度	1.0			

注:表中t为切割面厚度。

检验数量和检验方法:按表的规定检验。

2. 机械剪切允许偏差应符合表2的规定。

表2 机械剪切允许偏差

序号	项 目	允许偏差(mm)	检验频率		检验方法
			范围	点数	
1	零件宽度、长度	±3.0	抽查10%,且不少于3个	1	用尺量
2	边缘缺棱	1.0			
3	型钢端部垂直度	2.0			用水平尺量

检验方法:按表的规定检验。

城市桥梁工程钢零件及钢部件加工(边缘加工)检验批质量验收记录表

渝市政验收6-9-10

单位(子单位)工程名称			重庆市渝中区××桥梁工程K1+000~K2+000合同段								
分部(子分部)工程名称			K1+000~K2+000合同段钢箱梁								
分项工程名称			钢零件及钢部件边缘加工		验收部位				1#节段梁体		
施工单位			重庆市××市政工程(集团)有限公司		项目经理				段××		
分包单位			重庆××桥梁工程有限公司		负责人				解××		
施工执行标准名称及编号			重庆市《城市桥梁工程施工质量验收规范》DBJ 50-086—2008								
项目	施工质量验收规范规定			施工单位检验记录							监理单位检验记录
	序号	检查项目	规定值及允许偏差(mm)								
主控项目	1	气割或机械切割零件边缘加工刨削量	≥2.0	检查工艺报告和施工记录,符合规范要求。							符合规范要求。
	2										
一般项目	1	零件宽度、长度	±1.0	−0.5	0.6	0.4	0.3	0.7	0.8	−0.5	符合规范要求。
	2	加工边直线度	$L/3000$且≤2.0	√	√	√	√	√	√	√	符合规范要求。
	3	相邻边夹角	±6	√	√	√	√	√	√	√	符合规范要求。
	4	加工边垂直度	$0.025t$且≤2.0	√	√	√	√	√	√	√	符合规范要求。
	5	加工面表面粗糙度	50	√	√	√	√	√	√	√	符合规范要求。
施工单位检查评定结果	施工员		伍××	施工班组长				李××			
	检查情况: 经检查,主控项目和一般项目均符合设计要求和重庆市《城市桥梁工程施工质量验收规范》(DBJ 50-086—2008)规定,评定合格。 项目专职质量员:李×× 2015年5月20日										
监理单位验收结论	验收意见: 同意施工单位评定结果,验收合格,同意进行下道工序施工。 专业监理工程师:张×× 2015年5月20日										

说明:

主控项目

气割或机械剪切的零件,需要进行边缘加工时,其刨削量不应小于2.0mm。检验数量:全部。检验方法:检查工艺报告和施工记录。

一般项目

边缘加工允许偏差应符合下表的规定。

表 边缘加工允许偏差

序号	项 目	允许偏差(mm)	检验频率		检验方法
			范围	点数	
1	零件宽度、长度(mm)	±1.0	抽查10%,且不少于3个	1	用尺量
2	加工边直线度(mm)	$L/3000$且≤2.0			
3	相邻两边夹角	±6			
4	加工边垂直度(mm)	$0.025t$且≤2.0			
5	加工面表面粗糙度	50			

注:表中L为零件长;t为厚度。

检验数量和检验方法:按表的规定检验。

城市桥梁工程钢零件及钢部件加工（制孔）检验批质量验收记录表

渝市政验收6-9-11

单位（子单位）工程名称	重庆市渝中区××桥梁工程K1+000～K2+000合同段		
分部（子分部）工程名称	K1+000～K2+000合同段钢箱梁		
分项工程名称	钢零件及钢部件制孔	验收部位	1#节段梁体
施工单位	重庆市××市政工程（集团）有限公司	项目经理	段××
分包单位	重庆××桥梁工程有限公司	负责人	解××
施工执行标准名称及编号	重庆市《城市桥梁工程施工质量验收规范》DBJ 50-086—2008		

项目	施工质量验收规范规定							施工单位检验记录							监理单位检验记录
	序号	检查项目			规定值及允许偏差（mm）										
主控项目	1	A、B级螺栓孔（Ⅰ类孔）	精度		H12			√	√	√	√	√	√	√	符合规范要求。
	2		孔壁表面粗糙度		≤12.5/μm			√	√	√	√	√	√	√	符合规范要求。
	3	C级螺栓孔（Ⅱ类孔）孔壁表面粗糙度			≤25/μm			√	√	√	√	√	√	√	符合规范要求。
	4	螺栓孔径	螺栓直径	螺栓孔径											
			M12	14	+0.5，0			√	√	√	√	√	√	√	符合规范要求。
	5		M16	18											
	6		M20	22	+0.7，0										
	7		M22	24											
	8		M24	26											
	9		M27	29											
	10		M30	33											
一般项目		螺栓孔孔距范围			主要杆件		次要杆件								
					桁梁杆件	板梁杆件									
	1	两相邻孔距			±0.4	±0.4	±0.4（±1.0）	√	√	√	√	√	√	√	符合规范要求。
	2	多组孔群两相邻孔群中心距			±0.8	±1.5	±1.0（±1.5）	√	√	√	√	√	√	√	符合规范要求。
	3	两端孔群中心距	l≤11m		±0.8	±4.0	±1.5	√	√	√	√	√	√	√	符合规范要求。
			l>11m		±1.0	±8.0	±2.0								
	4	孔群中心线与杆件中心线的横向偏移	腹板不拼接		2.0	2.0	2.0								
			腹板拼接		1.0	1.0	—	√	√	√	√	√	√	√	符合规范要求。

	施工员	伍××	施工班组长	李××
施工单位检查评定结果	检查情况： 经检查，主控项目和一般项目均符合设计要求和重庆市《城市桥梁工程施工质量验收规范》（DBJ 50-086—2008）规定，评定合格。 项目专职质量员：李×× 2015年5月20日			
监理单位验收结论	验收意见： 同意施工单位评定结果，验收合格，同意进行下道工序施工。 专业监理工程师：张×× 2015年5月20日			

说明：

主控项目

1. A、B级螺栓孔(Ⅰ类孔)应具有H12的精度，孔壁表面粗糙度R，不得大于12.5μm，其允许偏差应符合表1的规定。

表1 A、B级螺栓孔径的允许偏差

序号	螺栓公称或螺栓孔直径	允许偏差(mm)		检验频率		检验方法
		螺栓公称直径	螺栓孔直径	范围	点数	
1	10~18	0.00~0.18	+0.18 0.00	抽查10%，且不少于 3个	1	用游标卡尺或孔径量规检查
2	18~30	0.00~0.21	+0.21 0.00			
3	30~50	0.00~0.25	+0.25 0.00			

2. C级螺栓孔(Ⅱ类孔)，孔壁表面粗糙度R，不应大于25μm，其允许偏差应符合表12.5.6-2的规定。

检验数量和检验方法：按表2的规定检验。

表2 C级螺栓孔径的允许偏差

序号	项 目	允许偏差(mm)	检验频率		检验方法
			范围	点数	
1	直径	+1.0，0	抽查10%，且不少于3个	1	用游标卡尺或孔径量规检查
2	圆度	2.0			
3	垂直度	0.3t且≤2.0			

注：t为钢板厚度。

3. 螺栓孔孔径允许偏差应符合表3的规定。检验数量和检验方法：按表3的规定检验。

表3 螺栓孔孔径允许偏差

序号	螺栓直径	螺栓孔径	允许偏差(mm)	检验频率		检验方法
				范围	点数	
1	M12	14	+0.5,0	抽查10%，且不少于3个	1	用游标卡尺或孔径量规检查
2	M16	18			2	
3	M20	22				
4	M22	24	+0.7,0			
5	M24	26				
6	M27	29				
7	M30	33				

一般项目

螺栓孔孔距允许偏差应符合表4规定。检验数量和检验方法：按表4的规定检验。

表4 螺栓孔孔距允许偏差

序号	螺栓孔孔距范围		允许偏差(mm)			检验频率		检验方法
			主要杆件		次要杆件	范围	点数	
			桁梁杆件	板梁杆件				
1	两相邻孔距		±0.4	±0.4	±0.4(±1.0)②	抽查10%，且不少于3个	1	用尺量
2	多组孔群两相邻孔群中心距		±0.8	±1.5	±1.0(±1.5)②			
3	两端孔群中心距	l≤11m	±0.8	±4.0①	±1.5			
		l>11m	±1.0	±8.0①	±2.0			
4	孔群中心线与杆件中心线的横向偏移	腹板不拼接	2.0	2.0	2.0			
		腹板拼接	1.0	1.0	—			

注：①连接支座的孔群中心距允许偏差；②括号内数值为人检结构的允许偏差。

城市桥梁工程钢零件及钢部件加工(杆件组装)检验批质量验收记录表(一)

渝市政验收6-9-12

<table>
<tr><td colspan="2">单位(子单位)工程名称</td><td colspan="6">重庆市渝中区××桥梁工程K1+000～K2+000合同段</td></tr>
<tr><td colspan="2">分部(子分部)工程名称</td><td colspan="6">K1+000～K2+000合同段钢桁梁</td></tr>
<tr><td colspan="2">分项工程名称</td><td colspan="2">钢零件及钢部件杆件组装</td><td colspan="2">验收部位</td><td colspan="2">1#节段梁体</td></tr>
<tr><td colspan="2">施工单位</td><td colspan="2">重庆市××市政工程(集团)有限公司</td><td colspan="2">项目经理</td><td colspan="2">段××</td></tr>
<tr><td colspan="2">分包单位</td><td colspan="2">重庆××桥梁工程有限公司</td><td colspan="2">负责人</td><td colspan="2">解××</td></tr>
<tr><td colspan="2">施工执行标准名称及编号</td><td colspan="6">重庆市《城市桥梁工程施工质量验收规范》DBJ 50-086—2008</td></tr>
<tr><td rowspan="2">项目</td><td colspan="5">施工质量验收规范规定</td><td rowspan="2">施工单位检验记录</td><td rowspan="2">监理单位检验记录</td></tr>
<tr><td>序号</td><td>简图</td><td colspan="2">检查项目</td><td>规定值及允许偏差(mm)</td></tr>
<tr><td rowspan="13">主控项目</td><td rowspan="3">1</td><td rowspan="3">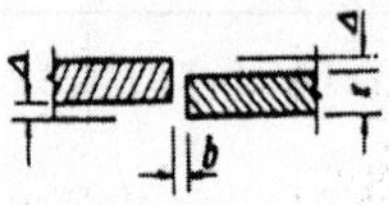</td><td rowspan="2">对接高低差Δ</td><td>t≥25</td><td>1.0</td><td rowspan="2">钢尺量，符合规范要求。</td><td rowspan="2">符合规范要求。</td></tr>
<tr><td>t<25</td><td>0.5</td></tr>
<tr><td colspan="2">对接间隙b</td><td>+1.0</td><td>钢尺量，符合规范要求。</td><td>符合规范要求。</td></tr>
<tr><td rowspan="3">2</td><td rowspan="3">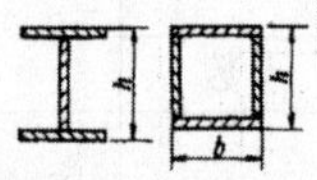</td><td colspan="2">桁梁的箱形杆件宽度b</td><td>±1.0(有拼接)</td><td>钢尺量，符合规范要求。</td><td>符合规范要求。</td></tr>
<tr><td colspan="2">桁梁的箱形杆件对角线差</td><td>2.0</td><td>钢尺量，符合规范要求。</td><td>符合规范要求。</td></tr>
<tr><td colspan="2">桁梁的工形杆件和箱形杆件高度h</td><td>+1.5,0</td><td>钢尺量，符合规范要求。</td><td>符合规范要求。</td></tr>
<tr><td>3</td><td>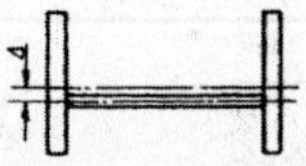</td><td colspan="2">盖板中心与腹板中心的偏移Δ</td><td>1.0</td><td>钢尺量，符合规范要求。</td><td>符合规范要求。</td></tr>
<tr><td>4</td><td>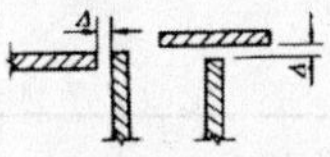</td><td colspan="2">组装间隙Δ</td><td>0.5</td><td>用塞尺，符合规范要求。</td><td>符合规范要求。</td></tr>
<tr><td rowspan="3">5</td><td rowspan="3">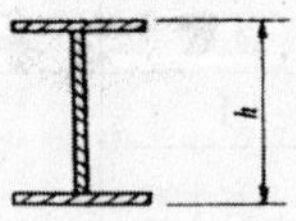</td><td colspan="2">纵横梁高度h</td><td>+1.5,0</td><td>尺量，符合规范要求。</td><td>符合规范要求。</td></tr>
<tr><td rowspan="2">板梁高度</td><td>h≤2m</td><td>+2.0,0</td><td rowspan="2">尺量，符合规范要求。</td><td rowspan="2">符合规范要求。</td></tr>
<tr><td>h>2m</td><td>+4.0,0</td></tr>
<tr><td>6</td><td>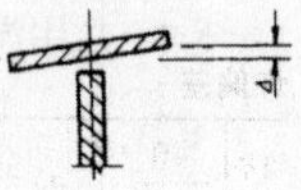</td><td colspan="2">盖板倾斜Δ</td><td>0.5</td><td>尺量，符合规范要求。</td><td>符合规范要求。</td></tr>
<tr><td colspan="5"></td><td></td><td></td></tr>
<tr><td rowspan="2">施工单位检查评定结果</td><td>施工员</td><td colspan="3">任××</td><td>施工班组长</td><td colspan="2">李××</td></tr>
<tr><td colspan="7">检查情况：
项目专职质量员：李××
201×年×月×日</td></tr>
<tr><td>监理单位验收结论</td><td colspan="7">验收意见：
专业监理工程师：张××
201×年×月×日</td></tr>
</table>

说明：

杆件组装允许偏差应符合表1、表2的规定。

表1　杆件组装允许偏差

<table>
<tr><th rowspan="2">序号</th><th rowspan="2">简　图</th><th rowspan="2" colspan="2">检查项目</th><th rowspan="2">允许偏差(mm)</th><th colspan="2">检验频率</th><th rowspan="2">检验方法</th></tr>
<tr><th>范围</th><th>点数</th></tr>
<tr><td rowspan="3">1</td><td rowspan="3">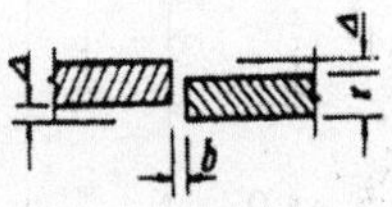</td><td rowspan="2">对接高低差Δ</td><td>t≥25</td><td>1.0</td><td rowspan="18">每件</td><td rowspan="18">2</td><td rowspan="7">钢尺量</td></tr>
<tr><td>t<25</td><td>0.5</td></tr>
<tr><td colspan="2">对接间隙b</td><td>+1.0</td></tr>
<tr><td rowspan="3">2</td><td rowspan="3">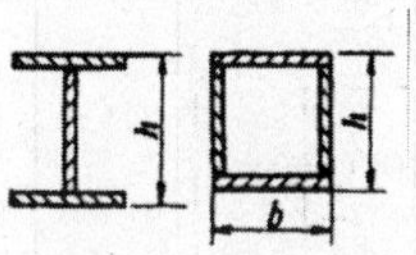</td><td colspan="2">桁梁的箱形杆件宽度b</td><td>±1.0
(有拼接)</td></tr>
<tr><td colspan="2">桁梁的箱形杆件对角线差</td><td>2.0</td></tr>
<tr><td colspan="2">桁梁的工形杆件和箱形杆件高度h</td><td>+1.5,0</td></tr>
<tr><td>3</td><td>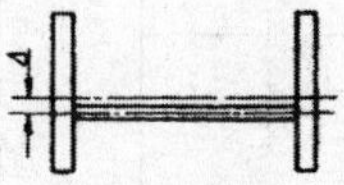</td><td colspan="2">盖板中心与腹板中心的偏移Δ</td><td>1.0</td></tr>
<tr><td>4</td><td>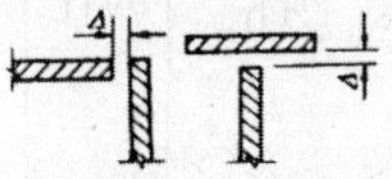</td><td colspan="2">组装间隙Δ</td><td>0.5</td><td>用塞尺量</td></tr>
<tr><td rowspan="3">5</td><td rowspan="3">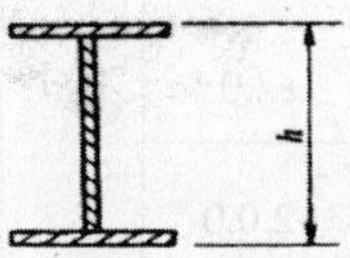</td><td colspan="2">纵横梁高度h</td><td>+1.5,0</td><td rowspan="10">用尺量</td></tr>
<tr><td rowspan="2">板梁高度</td><td>h≤2m</td><td>+2.0,0</td></tr>
<tr><td>h>2m</td><td>+4.0,0</td></tr>
<tr><td>6</td><td></td><td colspan="2">盖板倾斜Δ</td><td>0.5</td></tr>
<tr><td rowspan="2">7</td><td rowspan="2">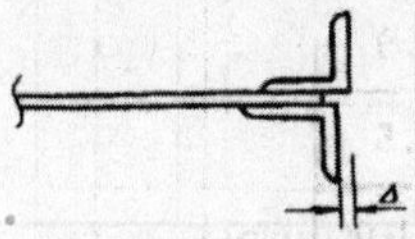</td><td rowspan="2">组合角钢肢高低差Δ</td><td>结合处</td><td>0.5</td></tr>
<tr><td>其余处</td><td>1.0</td></tr>
<tr><td rowspan="2">8</td><td rowspan="2">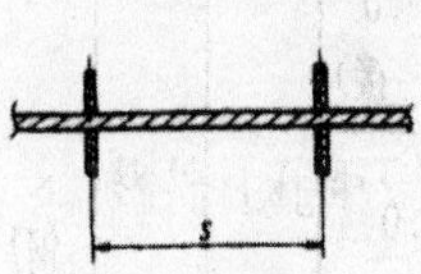</td><td rowspan="2">板梁，纵、横梁加劲肋间距s</td><td>有横向联结</td><td>±1.0</td></tr>
<tr><td>无横向联结</td><td>±3.0</td></tr>
<tr><td>9</td><td>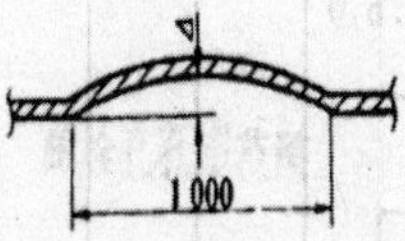</td><td colspan="2">板梁腹板，纵、横梁腹板的局部平面度Δ</td><td>1.0</td></tr>
<tr><td>10</td><td>磨光顶紧</td><td colspan="2">局部缝隙</td><td>≤0.2</td></tr>
</table>

检验数量和检验方法：按表的规定检验。

表2　杆件组装允许偏差

序号	简　图	检查项目		允许偏差(mm)	检验频率		检验方法
					范围	点数	
1	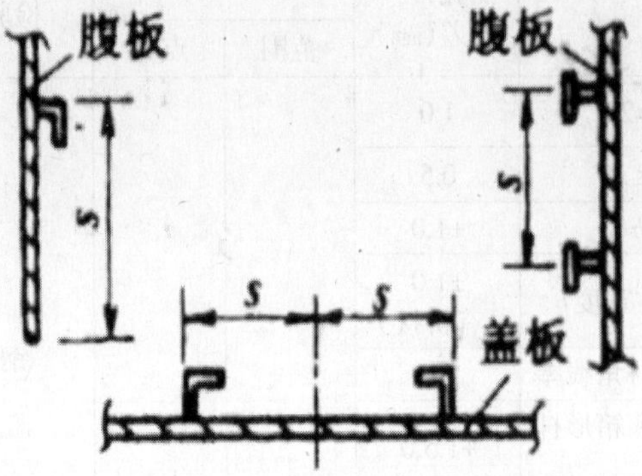	箱形梁盖板、腹板的纵肋、横肋间距 s		±1.0	每件	2	用尺量
2	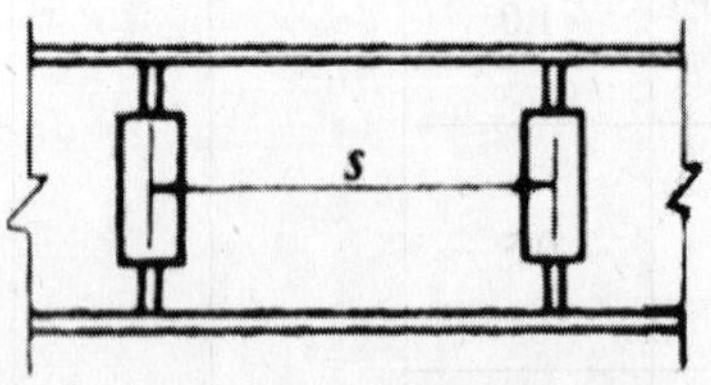	箱形梁隔板间距 s		±2.0			
3	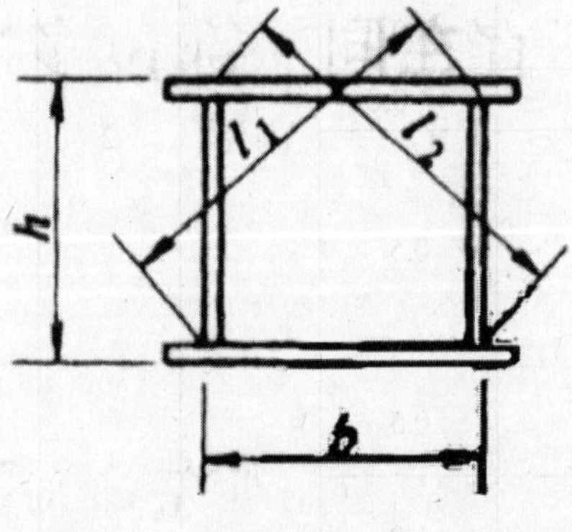	箱形梁宽度 b		±2.0			
		箱形梁高度 h	h≤2m	+2.0,0			
			h>2m	+4.0,0			
		箱形梁横断面对角线差		3.0			
		箱形梁旁弯 f		5.0			

检验数量和检验方法：按表的规定检验。

城市桥梁工程钢零件及钢部件加工(杆件组装)检验批质量验收记录表(二)

渝市政验收6-9-13

单位(子单位)工程名称	重庆市渝中区××桥梁工程K1+000~K2+000合同段		
分部(子分部)工程名称	K1+000~K2+000合同段钢桁梁		
分项工程名称	钢零件及钢部件杆件组装	验收部位	1#节段梁体
施工单位	重庆市××市政工程(集团)有限公司	项目经理	段××
分包单位	重庆××桥梁工程有限公司	负责人	解××
施工执行标准名称及编号	重庆市《城市桥梁工程施工质量验收规范》DBJ 50-086—2008		

项目	序号	检查项目			规定值及允许偏差(mm)	施工单位检验记录	监理单位检验记录
主控项目	7	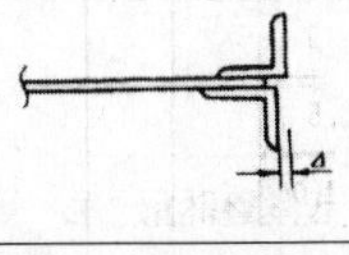	组合角钢肢高低差Δ	结合处	0.5	尺量,符合规范要求。	符合规范要求。
				其余处	1.0	尺量,符合规范要求。	符合规范要求。
	8	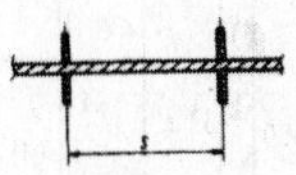	板梁,纵、横梁加劲肋间距s	有横向联结	±1.0	尺量,符合规范要求。	符合规范要求。
				无横向联结	±3.0		
	9	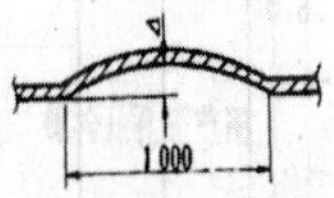	板梁腹板,纵、横梁腹板的局部平面度Δ		1.0	尺量,符合规范要求。	符合规范要求。
	10	磨光顶紧	局部缝隙		≤0.2	尺量,符合规范要求。	符合规范要求。
	11	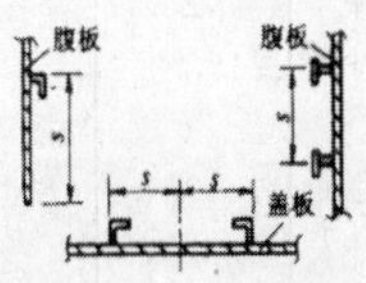	箱形梁盖板、腹板的纵肋、横肋间距s		±1.0		
	12	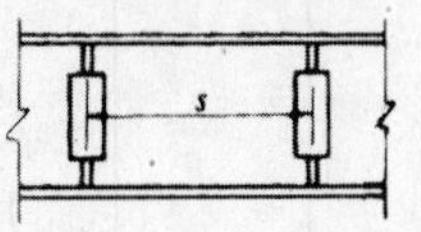	箱形梁隔板间距s		±2.0		
	13	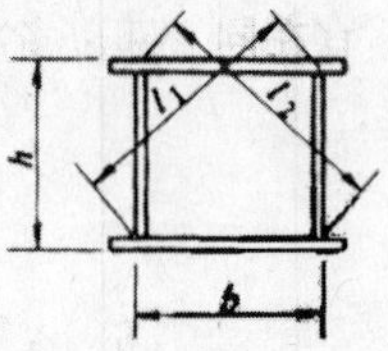	箱形梁宽度b		±2.0		
			箱形梁高度h	h≤2m	+2.0,0		
				h>2m	+4.0,0		
			箱形梁横断面对角线差		3.0		
			箱形梁旁弯f		5.0		
	施工员		伍××		施工班组长	李××	

施工单位检查评定结果	检查情况: 经检查,主控项目和一般项目均符合设计要求和重庆市《城市桥梁工程施工质量验收规范》(DBJ 50-086—2008)规定,评定合格。 项目专职质量员:李×× 2015年5月20日
监理单位验收结论	验收意见: 同意施工单位评定结果,验收合格,同意进行下道工序施工。 专业监理工程师:张×× 2015年5月20日

说明：

杆件组装允许偏差应符合表1、表2的规定。

表1　杆件组装允许偏差

序号	简图	检查项目		允许偏差(mm)	检验频率		检验方法
					范围	点数	
1	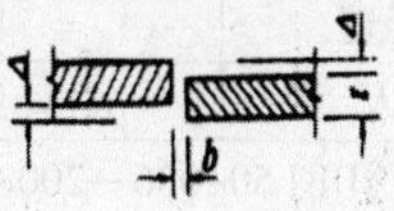	对接高低差Δ	t≥25	1.0			钢尺量
			t<25	0.5			
		对接间隙b		+1.0			
2	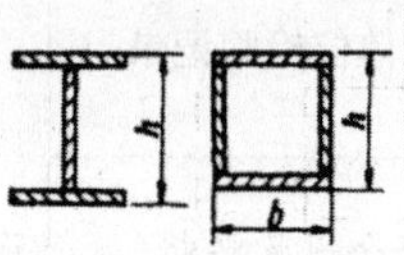	桁梁的箱形杆件宽度b		±1.0 (有拼接)			
		桁梁的箱形杆件对角线差		2.0			
		桁梁的工形杆件和箱形杆件高度h		+1.5,0			
3	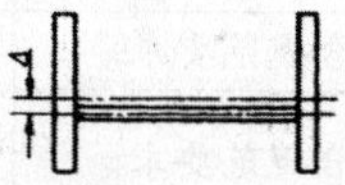	盖板中心与腹板中心的偏移Δ		1.0			
4	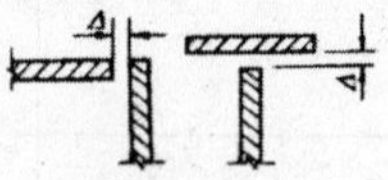	组装间隙Δ		0.5			用塞尺量
5		纵横梁高度h		+1.5,0			用尺量
		板梁高度	h≤2m	+2.0,0			
			h>2m	+4.0,0	每件	2	
6		盖板倾斜Δ		0.5			
7	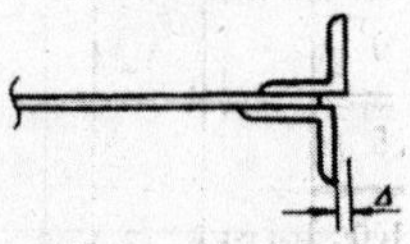	组合角钢肢高低差Δ	结合处	0.5			
			其余处	1.0			
8	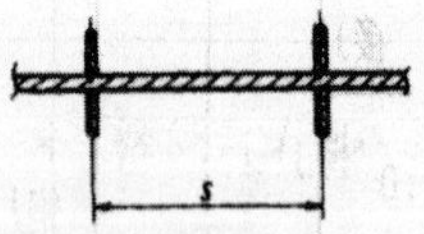	板梁，纵、横梁加劲肋间距s	有横向联结	±1.0			
			无横向联结	±3.0			
9	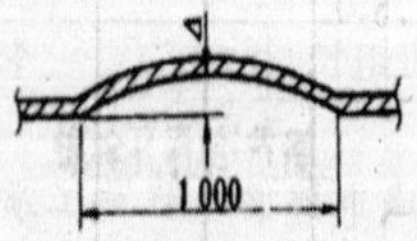	板梁腹板，纵、横梁腹板的局部平面度Δ		1.0			
10	磨光顶紧	局部缝隙		≤0.2			

检验数量和检验方法：按表的规定检验。

表2 杆件组装允许偏差

序号	简图	检查项目		允许偏差(mm)	检验频率		检验方法
					范围	点数	
1	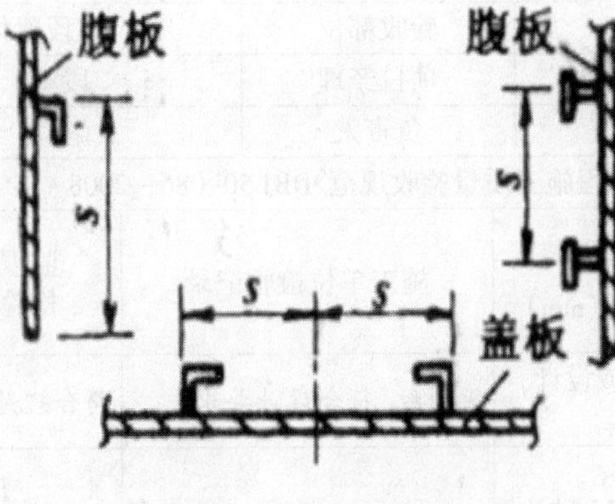	箱形梁盖板、腹板的纵肋、横肋间距s		±1.0	每件	2	用尺量
2	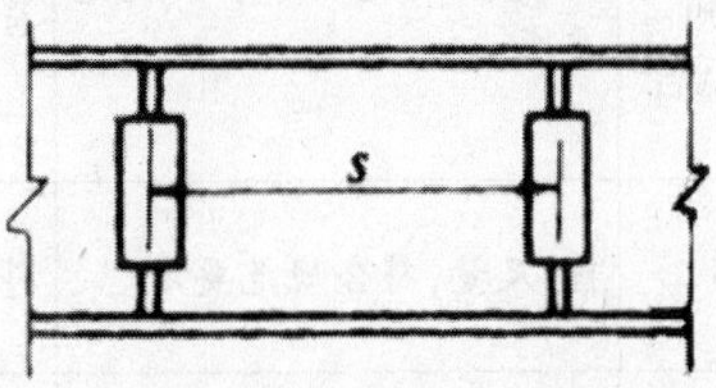	箱形梁隔板间距s		±2.0			
3	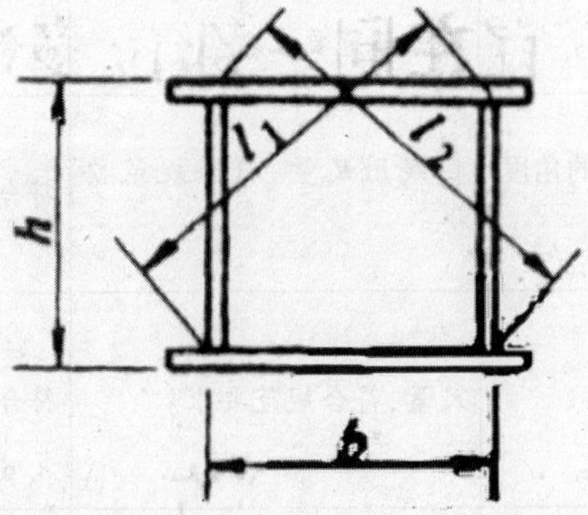	箱形梁宽度b		±2.0			
		箱形梁高度h	h≤2m	+2.0,0			
			h>2m	+4.0,0			
		箱形梁横断面对角线差		3.0			
		箱形梁旁弯f		5.0			

检验数量和检验方法：按表的规定检验。

城市桥梁工程钢零件及钢部件加工(校正和成型)检验批质量验收记录表(一)

渝市政验收6-9-14

单位(子单位)工程名称	重庆市渝中区××桥梁工程K1+000～K2+000合同段		
分部(子分部)工程名称	K1+000～K2+000合同段钢箱梁		
分项工程名称	钢零件及钢部件校正和成型	验收部位	1#节段梁体
施工单位	重庆市××市政工程(集团)有限公司	项目经理	段××
分包单位	重庆××桥梁工程有限公司	负责人	解××
施工执行标准名称及编号	重庆市《城市桥梁工程施工质量验收规范》DBJ 50-086—2008		

项目	施工质量验收规范规定					施工单位检验记录	监理单位检验记录
	序号	检查项目		规定值及允许偏差(mm)			
主控项目	1	结构钢的冷矫正、冷弯曲和加热矫正温度与工艺		符合产品说明书或设计要求		无裂纹,符合设计要求。	符合规范要求。
	2	热加工成型加热温度		900～1000℃;碳素结构钢和低合金结构钢在温度分别下降到700～800℃之前,结束加工;低合金结构钢自然冷却		温度控制适当,符合规范要求。	符合规范要求。
一般项目	1	钢板的局部平面度	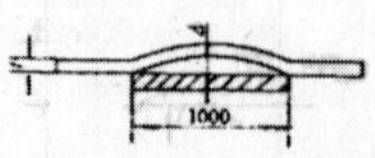	$t\leq14$	1.5	1m尺量,符合规范要求。	符合规范要求。
				$t>14$	1.0		
	2	型钢弯曲矢高	—	L/1000且≤5.0		符合规范要求。	符合规范要求。
	3	角钢肢的垂直度		b/100,双肢栓接角钢的角度≤90℃		拉线用尺量,符合规范要求。	符合规范要求。
	4	槽钢翼缘对腹板的垂直度	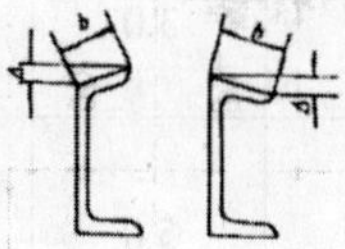	b/80		尺量,符合规范要求。	符合规范要求。
	5	工字钢、H型钢翼缘对腹板的垂直度	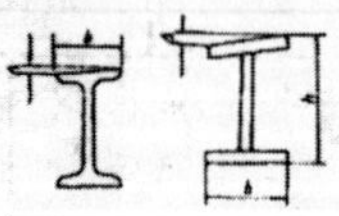	b/100		尺量,符合规范要求。	符合规范要求。

	施工员	伍××	施工班组长	李××
施工单位检查评定结果	检查情况: 经检查,主控项目和一般项目均符合设计要求和重庆市《城市桥梁工程施工质量验收规范》(DBJ50-086—2008)规定,评定合格。 项目专职质量员:李×× 2015年5月20日			
监理单位验收结论	验收意见: 同意施工单位评定结果,验收合格,同意进行下道工序施工。 专业监理工程师:张×× 2015年5月20日			

城市桥梁工程钢零件及钢部件加工(校正和成型)检验批质量验收记录表(二)

渝市政验收6-9-15

单位(子单位)工程名称	重庆市渝中区××桥梁工程K1+000～K2+000合同段		
分部(子分部)工程名称	K1+000～K2+000合同段钢箱梁		
分项工程名称	钢零件及钢部件校正和成型	验收部位	1#节段梁体
施工单位	重庆市××市政工程(集团)有限公司	项目经理	段××
分包单位	重庆××桥梁工程有限公司	负责人	解××
施工执行标准名称及编号	重庆市《城市桥梁工程施工质量验收规范》DBJ 50-086—2008		

项目	施工质量验收规范规定								施工单位检验记录	监理单位检验记录
	序号	检查项目(冷矫正和冷弯曲)		对应轴	规定值及允许偏差(mm) 矫正 r	矫正 f	弯曲 r	弯曲 f		
一般项目	6	钢板扁钢	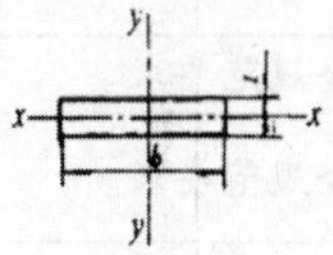	x-x	50t	$l^2/400t$	25t	$l^2/200t$	拉线尺量,符合规范要求。	符合规范要求。
				y-y(仅对扁钢轴线)	100b	$l^2/800b$	50b	$l^2/400b$	拉线尺量,符合规范要求。	符合规范要求。
	7	角钢	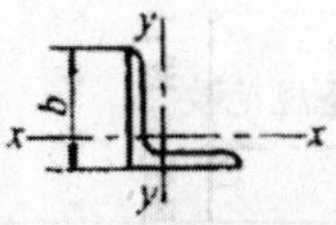	x-x	90b	$l^2/720b$	45b	$l^2/360b$	拉线尺量,符合规范要求。	符合规范要求。
	8	槽钢	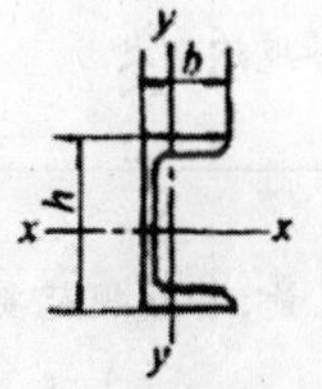	x-x	50h	$l^2/400t$	25h	$l^2/200t$	拉线尺量,符合规范要求。	符合规范要求。
				y-y	90b	$l^2/720b$	45b	$l^2/360b$	拉线尺量,符合规范要求。	符合规范要求。
	9	工字钢	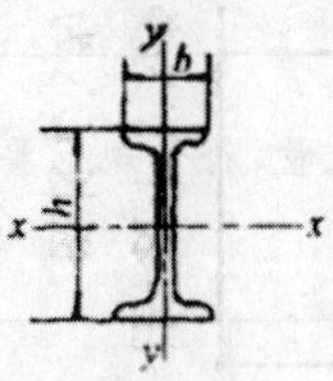	x-x	50h	$l^2/400h$	25h	$l^2/200h$	拉线尺量,符合规范要求。	符合规范要求。
				y-y	50b	$l^2/400h$	25b	$l^2/200b$	拉线尺量,符合规范要求。	符合规范要求。
	施工员				伍××				施工班组长	李××
施工单位检查评定结果	检查情况: 经检查,主控项目和一般项目均符合设计要求和重庆市《城市桥梁工程施工质量验收规范》(DBJ 50-086—2008)规定,评定合格。 项目专职质量员:李×× 2015年5月20日									
监理单位验收结论	验收意见: 同意施工单位评定结果,验收合格,同意进行下道工序施工。 专业监理工程师:张×× 2015年5月20日									

城市桥梁工程钢零件及钢部件加工(校正和成型)检验批质量验收记录表(三)

渝市政验收6-9-16

单位(子单位)工程名称	重庆市渝中区××桥梁工程K1+000～K2+000合同段		
分部(子分部)工程名称	K1+000～K2+000合同段钢梁		
分项工程名称	钢梁杆件矫正	验收部位	1#节段钢梁
施工单位	重庆市××市政工程(集团)有限公司	项目经理	段××
分包单位	重庆××桥梁工程有限公司	负责人	解××
施工执行标准名称及编号	重庆市《城市桥梁工程施工质量验收规范》DBJ 50-086—2008		

项目	施工质量验收规范规定				施工单位检验记录	监理单位检验记录
	序号	检查项目(钢梁、桁梁杆件矫正)		规定值及允许偏差(mm)		
一般项目	10	盖板对腹板的垂直度	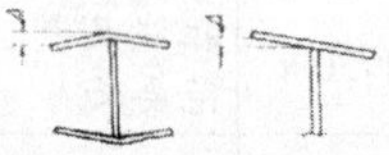	0.2(有孔部位)	直角尺和塞尺量,符合规范要求。	符合规范要求。
				1.5(其余部位)	直角尺,符合规范要求。	符合规范要求。
	11	盖板平面度	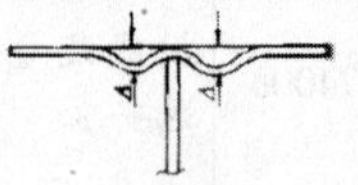	0.2(有孔部位)	直角尺,符合规范要求。	符合规范要求。
				1.0(其余部位)	直角尺,符合规范要求。	符合规范要求。
	12	箱形杆件对角线差	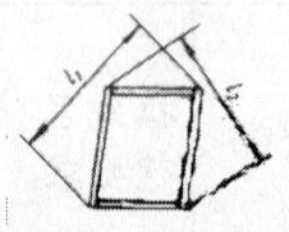	2.0	塞尺量,符合规范要求。	符合规范要求。
	13	工形、箱形杆件的扭曲	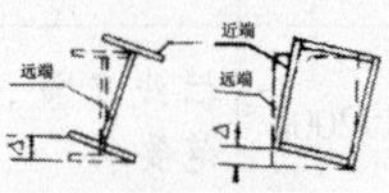	3.0	塞尺量,符合规范要求。	符合规范要求。
	14	整体节点板平面度	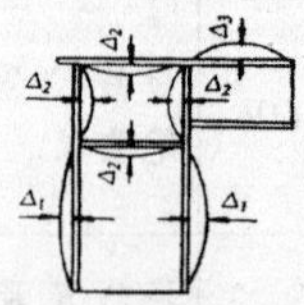	Δ_1:2.0 Δ_2:1.0 Δ_3:1.5	平尺和塞尺量,符合规范要求。	符合规范要求。
	15	板梁、纵、横梁腹板平面度	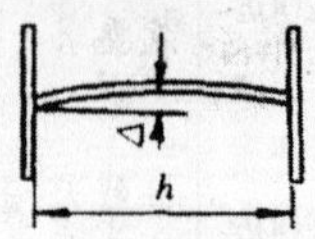	h/500且≤5.0	直尺和塞尺量,符合规范要求。	符合规范要求。
	16	工形、箱形杆件的弯曲纵、横梁的旁弯	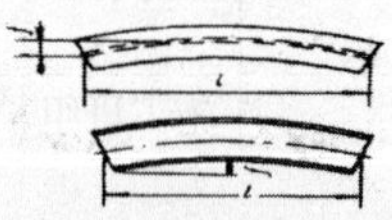	2.0(l≤4000) 3.0(l≤16000) 5.0(l>16000)	拉线用尺量,符合规范要求。	符合规范要求。
	17	板梁、纵、横梁的拱度	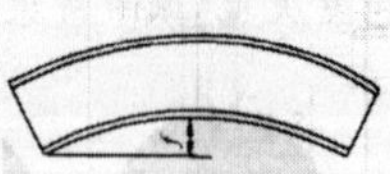	+3.0,0(不设拱度)	拉线用尺量,符合规范要求。	符合规范要求。
				+10.0,-3.0(设拱度)		
施工单位检查评定结果	施工员	伍××		施工班组长	李××	
	检查情况: 经检查,主控项目和一般项目均符合设计要求和重庆市《城市桥梁工程施工质量验收规范》(DBJ 50-086—2008)规定,评定合格。 项目专职质量员:李×× 2015年5月20日					
监理单位验收结论	验收意见: 同意施工单位评定结果,验收合格,同意进行下道工序施工。 专业监理工程师:张×× 2015年5月20日					

城市桥梁工程钢零件及钢部件加工(校正和成型)检验批质量验收记录表(四)

渝市政验收6-9-17

单位(子单位)工程名称	重庆市渝中区××桥梁工程K1+000～K2+000合同段		
分部(子分部)工程名称	K1+000～K2+000合同段钢箱梁		
分项工程名称	钢零件及钢部件校正和成型	验收部位	1#节段钢箱梁
施工单位	重庆市××市政工程(集团)有限公司	项目经理	段××
分包单位	重庆××桥梁工程有限公司	负责人	解××
施工执行标准名称及编号	重庆市《城市桥梁工程施工质量验收规范》DBJ 50-086—2008		

项目	序号	施工质量验收规范规定 检查项目(箱型梁校正)		规定值及允许偏差(mm)	施工单位检验记录	监理单位检验记录
一般项目	18	盖板对腹板的垂直度	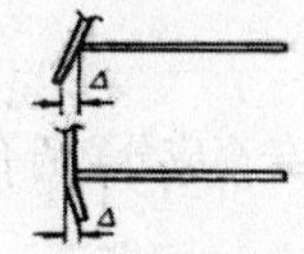	1.0(有孔部位)	直角尺量,符合规范要求。	符合规范要求。
				3.0(其余部位)	直角尺量,符合规范要求。	符合规范要求。
	19	隔板弯曲		纵、横向2.0	拉线尺量,符合规范要求。	符合规范要求。
	20	腹板平面	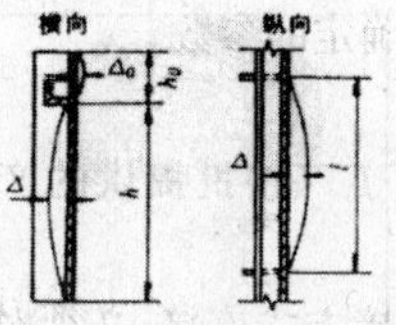	2.0(有孔部位) 横向$h/500$ 纵向$l/500$	平尺和塞尺量,符合规范要求。	符合规范要求。
	21	盖板平面度	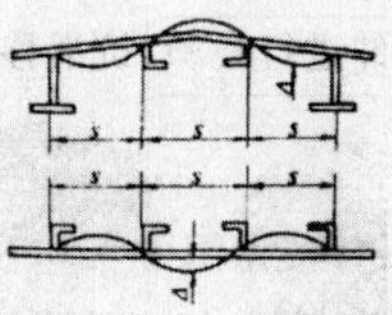	2.0(有孔部位) 横向$s/250$ 纵向4m范围4.0	平尺和塞尺量,符合规范要求。	符合规范要求。
	22	腹板平面度	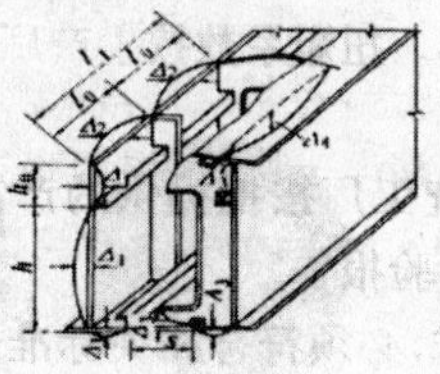	横向$\Delta_1=h/250$且≤3.0 纵向$\Delta_2=l_0/250$且≤5.0	拉线尺量,符合规范要求。	符合规范要求。
	23	盖板平面度		横向$\Delta_3=s/250$且≤5.0 纵向$\Delta_4=l_1/250$且≤5.0	拉线尺量,符合规范要求。	符合规范要求。
	24	扭曲		每米≤1.0且每段≤10	拉线尺量,符合规范要求。	符合规范要求。

施工单位检查评定结果	施工员	任××	施工班组长	李××
	检查情况: 经检查,主控项目和一般项目均符合设计要求和重庆市《城市桥梁工程施工质量验收规范》(DBJ 50-086—2008)规定,评定合格。 项目专职质量员:李×× 2015年5月20日			
监理单位验收结论	验收意见: 同意施工单位评定结果,验收合格,同意进行下道工序施工。 专业监理工程师:张×× 2015年5月20日			

说明：

主控项目

1. 碳素结构钢钢材在环境温度低于-16℃、低合金结构钢钢材在环境温度低于-12℃时，不应进行冷矫正和冷弯曲。主要受力零件冷作弯曲时，环境温度不应低于-5℃，内侧弯曲半径不得小于板厚的15倍，否则必须热弯。热弯温度应控制在900~1000℃之间。弯曲后的零件边缘不得产生裂纹。碳素结构钢和低合金结构钢钢材在加热矫正时，加热温度不应超过900℃，低合金结构钢在加热矫正后应自然冷却。特殊型号桥梁结构钢的冷矫正、冷弯曲和加热矫正温度与工艺应符合产品说明书或设计要求，碳素结构钢和低合金结构钢杆件，冷矫环境温度不宜低于5℃，冷矫总变形量不得大于2%，且应缓慢加力；热矫时加热温度应让控制在600～800℃之间，严禁过烧。不宜在同一部位多次重复加热。检验数量：全部。检验方法：检查制作工艺报告和施工记录。

2. 当零件采用热加工成型时，加热温度应控制在900~1000℃；碳素结构钢和低合金结构钢在温度分别下降到700~800℃之前，应结束加工；低合金结构钢应自然冷却。检验数量：全部。检验方法：检查制作工艺报告和施工记录。

一般项目

1. 钢材矫正后允许偏差、冷矫正和冷弯曲的最小曲率半径和最大弯曲矢高应分别符合表1和表2的规定。

表1 钢材矫正后允许偏差

序号	项目		允许偏差(mm)		检验频率		检验方法
					范围	点数	
1	钢板的局部平面度	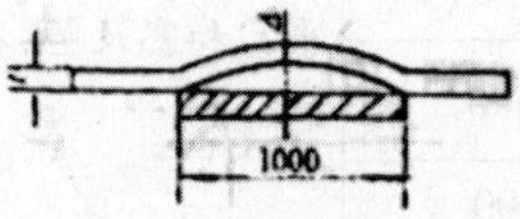	$t \leq 14$	1.5	每件	1	用1m平尺量
			$t > 14$	1.0			
2	型钢弯曲矢高	—	$L/1000$且≤5.0			2	拉线用尺量
3	角钢肢的垂直度		$b/100$，双肢栓接角钢的角度≤90℃				用直角尺及塞尺或尺量
4	槽钢翼缘对腹板的垂直度	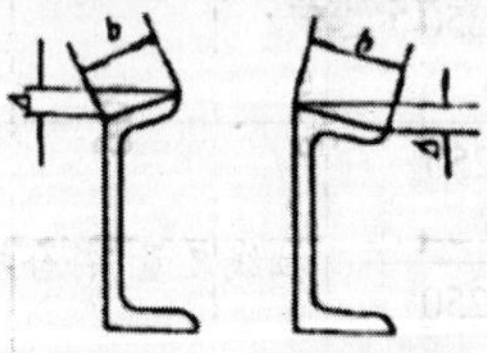	$b/80$				
5	工字钢、H型钢翼缘对腹板的垂直度		$b/100$				

注：表中t为钢板厚度；L为型钢的长度，b为角钢肢长或槽钢翼板长或工字钢翼板长值。

检验数量：全部。检验方法：按表的规定检验。

表2　冷矫正和冷弯曲的最小曲率半径和最大弯曲矢高

序号	项目		对应轴	允许偏差(mm) 矫正 r	矫正 f	弯曲 r	弯曲 f	检验频率 范围	点数	检验方法
1	钢板扁钢	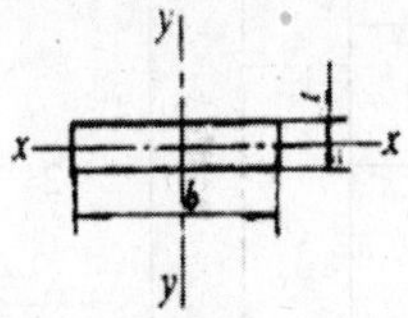	$x-x$	$50t$	$\frac{l^2}{400t}$	$25t$	$\frac{l^2}{200t}$	按件数抽查10%，且不少于3个	1	拉线用尺量
			$y-y$(仅对扁钢轴线)	$100b$	$\frac{l^2}{800b}$	$50b$	$\frac{l^2}{400b}$			
2	角钢	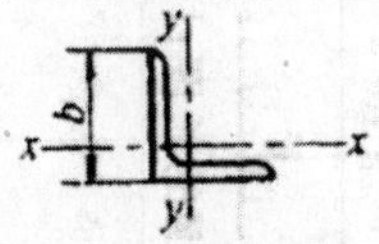	$x-x$	$90b$	$\frac{l^2}{720t}$	$45b$	$\frac{l^2}{360t}$			
3	槽钢	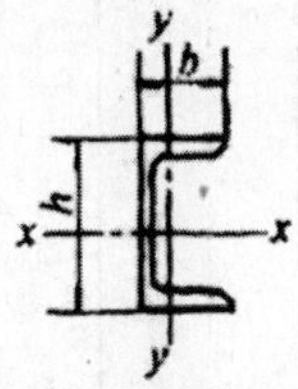	$x-x$	$50h$	$\frac{l^2}{400t}$	$25h$	$\frac{l^2}{200t}$		2	
			$y-y$	$90b$	$\frac{l^2}{720b}$	$45b$	$\frac{l^2}{360b}$			
4	工字钢	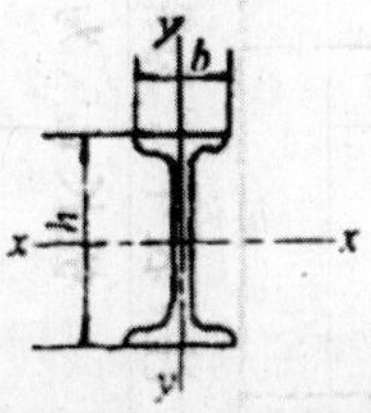	$x-x$	$50h$	$\frac{l^2}{400h}$	$25h$	$\frac{l^2}{200h}$			
			$y-y$	$50b$	$\frac{l^2}{400b}$	$25b$	$\frac{l^2}{200b}$			

注：r 为最小曲率半径；f 为最大弯曲矢高；l 为弯曲弦长；t 为钢板厚度；b 为角钢肢长或槽钢、工字钢翼板长。

检验数量和检验方法：按表的规定检验。

2. 矫正后的钢材表面，不得有明显的凹面或损伤，划痕深度不得大于0.5mm，且不应大于该钢材厚度负允许偏差的1/2。表面的不超限的划痕和损伤，都应进行磨光修整。检验数量：全部。 检验方法：观察和尺量。

3. 杆件矫正后允许偏差应符合表3和表4的规定。检验数量：按矫正件数抽查10%。

表3 板梁、桁梁杆件矫正允许偏差

序号	项目		允许偏差(mm)	检验频率		检验方法
				范围	点数	
1	盖板对腹板的垂直度	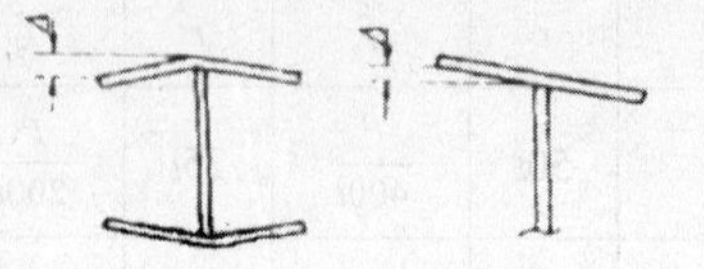	0.2(有孔部位) 1.5(其余部位)	每件	2	用直角尺和塞尺(或直尺)
2	盖板平面度	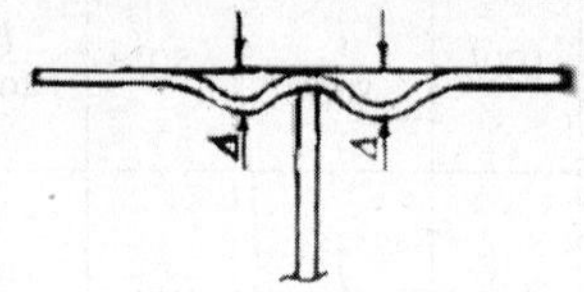	0.2(有孔部位) 1.0(其余部位)	每件	2	用直角尺或塞尺(或直尺)
3	箱形杆件对角线差	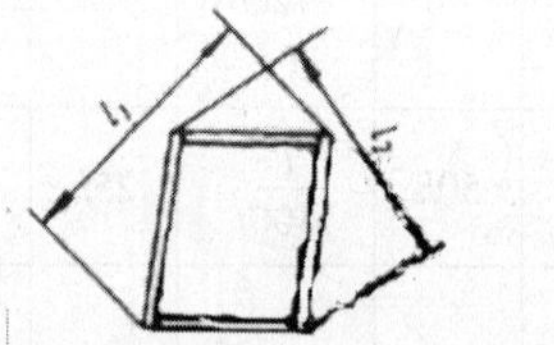	2.0	每件	4	用直角尺或塞尺(或平尺)
4	工形、箱形杆件的扭曲	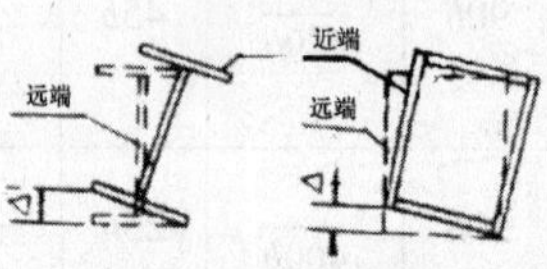	3.0	每件	4	用直角尺或塞尺(或平尺)
5	整体节点板平面度	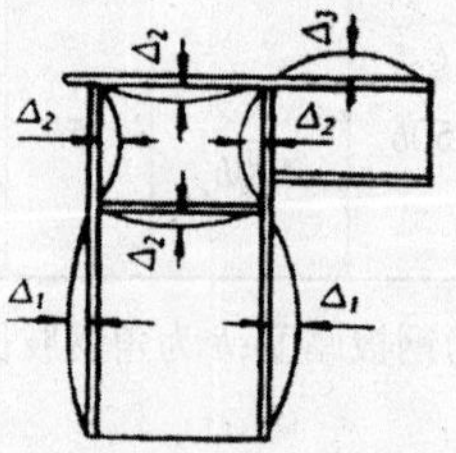	Δ1:2.0 Δ2:1.0 Δ3:1.5	每件	7	用平尺和塞尺
6	板梁、纵、横梁腹板平面度	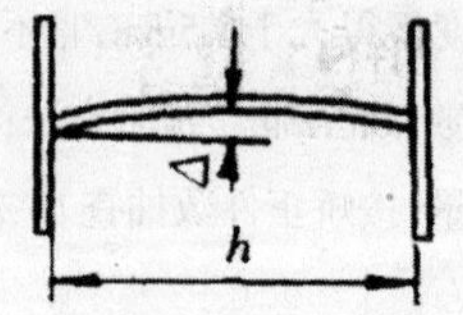	h/500且≤5.0	每件	7	用直尺和塞尺
7	工形、箱形杆件的弯曲纵、横梁的旁弯	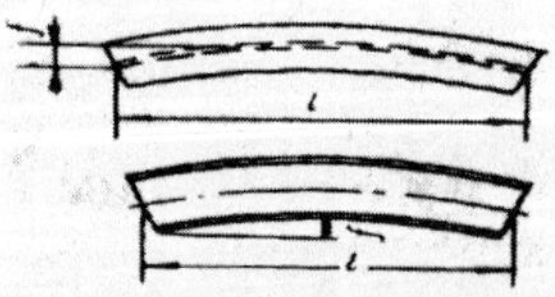	2.0(l≤4000) 3.0(l≤16000) 5.0(l>16000)	每件	1	拉线用尺量
8	板梁、纵、横梁的拱度	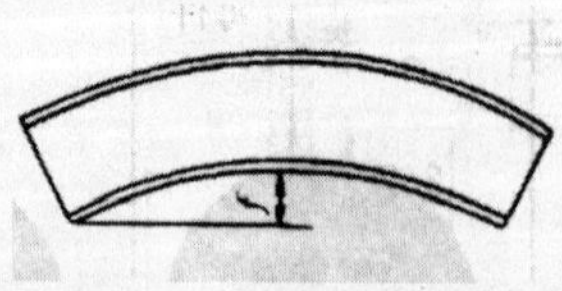	+3.0,0(不设拱度) +10.0,-3.0(设拱度)	每件	1	拉线用尺量

检验数量和检验方法:按表的规定检验。

表4 箱形梁矫正允许偏差

序号	项目		允许偏差(mm)	检验频率 范围	检验频率 点数	检验方法
1	盖板对腹板的垂直度	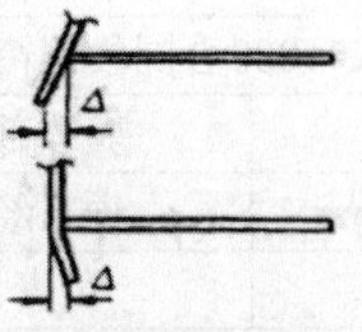	1.0(有孔部位)	每件	2	用直角尺或塞尺(或直尺)
			3.0(其余部位)			
2	隔板弯曲		纵、横向2.0		1	用拉线尺量
3	腹板平面	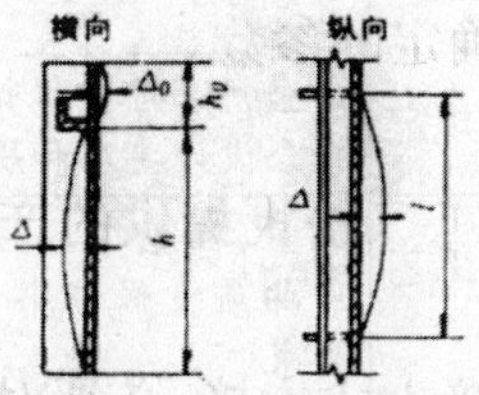	2.0(有孔部位)		1	用平尺和塞尺(或直尺)
			横向$h/500$		2	
			纵向$l/500$			
4	盖板平面度	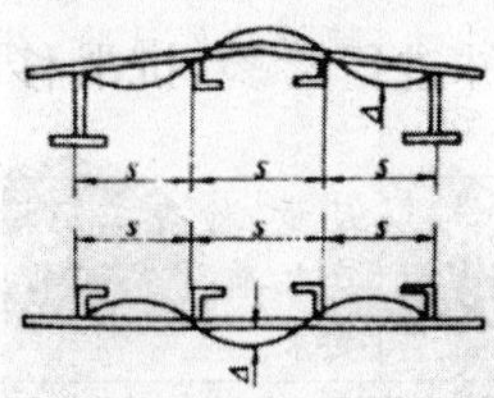	2.0(有孔部位)		1	
			横向$s/250$		2	
			纵向4m 范围4.0		3	
5	腹板平面度	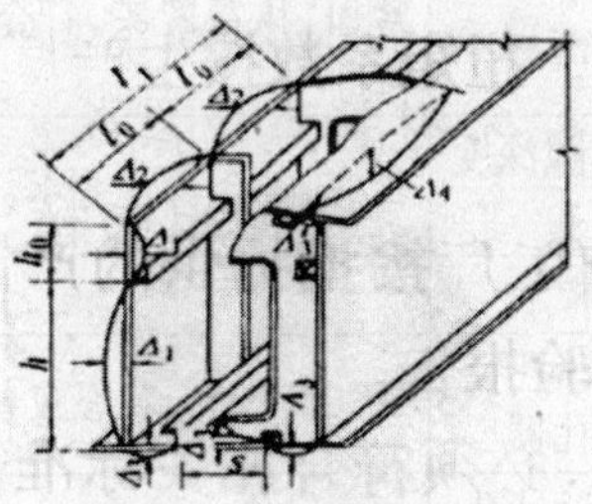	横向$\Delta_1=h/250$ 且≤3.0		2	用平尺或塞尺(或直尺)或拉线尺量
			纵向$\Delta_2=l_0/250$ 且≤5.0			
6	盖板平面度		横向$\Delta_3=s/250$ 且≤5.0		3	
			纵向$\Delta_4=l_1/250$ 且≤5.0			
7	扭曲		每米≤1.0 且每段≤10		1	

检验数量和检验方法：按表的规定检验。

城市桥梁工程钢结构预拼装检验批质量验收记录表(一)

渝市政验收6-9-18

单位(子单位)工程名称	重庆市渝中区××桥梁工程K1+000～K2+000合同段		
分部(子分部)工程名称	K1+000～K2+000合同段钢箱梁		
分项工程名称	钢结构预拼装	验收部位	1#节段钢箱梁
施工单位	重庆市××市政工程(集团)有限公司	项目经理	段××
分包单位	重庆××桥梁工程有限公司	负责人	解××
施工执行标准名称及编号	重庆市《城市桥梁工程施工质量验收规范》DBJ 50-086—2008		

项目	施工质量验收规范规定				施工单位检验记录	监理单位检验记录
	序号	检查项目		规定值及允许偏差(mm)		
主控项目	1	钢梁杆件或节段及零件的规格、质量		符合设计要求和规范规定	检查产品质量保证书、尺量,符合设计要求和规范规定。	符合规范要求。
	2	钢梁杆件或节段以焊接方式连接时,工装设备、焊接材料		符合设计要求和焊接工艺所确定的参数	尺量,检查工厂按批提供的产品质量保证书,符合设计要求。	符合规范要求。
	3	钢梁杆件或节段以栓接方式连接时,对栓接板摩擦面进行抗抗滑移动系数试件检验		符合设计要求	随梁试件试验,符合设计要求。	符合规范要求。
	4	高强度螺栓连接附的规格、质量、扭矩系数		符合设计要求和标准规定	尺量,检查工厂按批提供的产品质量保证书,符合设计要求。	符合规范要求。
	5	高强度螺栓连接附施拧		符合标准规定和施工工艺设计规定	符合标准规定和施工工艺设计规定。	符合规范要求。
	6	螺栓紧固情况		紧固,板层紧密	紧固,板层密实,符合规范规定。	符合规范要求。
	7	板层缝隙	板厚＜32mm	0.3mm塞尺深入缝隙深度≤20mm	密实,符合设计要求。	符合规范要求。
	8		板厚＞32mm	符合设计要求		
	9	试孔器检查	主桁螺栓孔	100%自由通过设计孔径小0.75mm的试孔器	试孔器检查,符合设计要求。	符合规范要求。
			桥面系和连接系螺栓孔	100%自由通过较设计孔径小1.0mm的试孔器		
			板梁螺栓孔	100%自由通过较设计孔径小1.5mm的试孔器		
	10	磨光顶紧节点预拼		必须按照工厂编号对号组拼,磨光顶紧处缝隙不大于0.2mm的密贴面积不应小于75%	塞尺检查,符合设计要求。	符合规范要求。
	施工员			伍××	施工班组长	李××

施工单位检查评定结果	检查情况: 经检查,主控项目和一般项目均符合设计要求和重庆市《城市桥梁工程施工质量验收规范》(DBJ 50-086—2008)规定,评定合格。 项目专职质量员:李×× 2015年5月20日
监理单位验收结论	验收意见: 同意施工单位评定结果,验收合格,同意进行下道工序施工。 专业监理工程师:张×× 2015年5月20日

城市桥梁工程钢结构预拼装检验批质量验收记录表(二)

渝市政验收6-9-19

单位(子单位)工程名称	重庆市渝中区××桥梁工程K1+000～K2+000合同段		
分部(子分部)工程名称	K1+000～K2+000合同段钢桁梁		
分项工程名称	钢桁梁预拼装	验收部位	1#节段梁体
施工单位	重庆市××市政工程(集团)有限公司	项目经理	段××
分包单位	重庆××桥梁工程有限公司	负责人	解××
施工执行标准名称及编号	重庆市《城市桥梁工程施工质量验收规范》DBJ 50-086—2008		

项目	序号	施工质量验收规范规定：检查项目			规定值及允许偏差(mm)	施工单位检验记录							监理单位检验记录
一般项目	1	钢桁梁预拼装	桁高		±2	1	0	−1	1	1	0	−1	符合规范要求。
	2		节间长度		±2	1	0	−1	0	0	−1	1	符合规范要求。
	3		旁弯		$L/5000$	√	√	√	√	√	√	√	符合规范要求。
	4		预拼装长度	$L\leqslant 50000$	±5	√	√	√	√	√	√	√	符合规范要求。
	5			$L>50000$	$\pm L/10000$								
	6		拱度	$f\leqslant 60$	±3	√	√	√	√	√	√	√	符合规范要求。
	7			$f>60$	$\pm 5, f/100$								
	8		对角线		±3	1	2	2	1	2	−1	−2	符合规范要求。
	9		主桁中心距		±3	2	−1	2	−2	1	1	2	符合规范要求。
	10	钢板梁预拼装	梁高	≤2m	±2								
				＞2m	±4								
	11		跨度		±8								
	12		全长		±15								
	13		主梁中心距		±3								
	14		旁弯		$L/5000$								
	15		平联接间对角线差		3								
	16		横联对角线差		4								
	17		主梁倾斜		5								
	18		支点高低差		3								

	施工员	伍××	施工班组长	李××
施工单位检查评定结果	检查情况： 经检查，主控项目和一般项目均符合设计要求和重庆市《城市桥梁工程施工质量验收规范》(DBJ 50-086—2008)规定，评定合格。 项目专职质量员：李×× 2015年5月20日			
监理单位验收结论	验收意见： 同意施工单位评定结果，验收合格，同意进行下道工序施工。 专业监理工程师：张×× 2015年5月20日			

城市桥梁工程钢结构预拼装检验批质量验收记录表(三)

渝市政验收6-9-20

单位(子单位)工程名称	重庆市渝中区××桥梁工程K1+000～K2+000合同段		
分部(子分部)工程名称	K1+000～K2+000合同段钢箱梁		
分项工程名称	钢箱梁预拼装	验收部位	1#节段钢箱梁
施工单位	重庆市××市政工程(集团)有限公司	项目经理	段××
分包单位	重庆××桥梁工程有限公司	负责人	解××
施工执行标准名称及编号	重庆市《城市桥梁工程施工质量验收规范》DBJ 50-086—2008		

项目	施工质量验收规范规定					施工单位检验记录							监理单位检验记录
	序号	检查项目			规定值及允许偏差(mm)								
一般项目	19	钢箱梁预拼装	梁高	$h≤2m$	±2	−1	0	0	1	−1	1	0	符合规范要求。
	20			$h>2m$	±5								
	21		跨度		±(5+0.5L)	√	√	√	√	√	√	√	符合规范要求。
	22		全长		±15	9	8	−5	6	7	−9	10	符合规范要求。
	23		腹板中心距		±3	1	1	2	−2	1	−2	1	符合规范要求。
	24		盖板宽		±4	2	−3	−1	2	−2	1	3	符合规范要求。
	25		横断面对角线差		<4	√	√	√	√	√	√	√	符合规范要求。
	26		旁弯		3+0.1L	√	√	√	√	√	√	√	符合规范要求。
	27		拱度		10,−5(L≤40)	√	√	√	√	√	√	√	符合规范要求。
	28		支点高低差		≤5	√	√	√	√	√	√	√	符合规范要求。
	29		盖板、腹板平面度		h/250,且≤8	√	√	√	√	√	√	√	符合规范要求。
	30		扭曲		每米不超过1,且每段≤10	√	√	√	√	√	√	√	符合规范要求。
	31	钢柱、墩、管构体等其他钢构件单元预拼装	多节柱	预拼装单元总长	±5.0								
				预拼装单元弯曲矢高	L/1500,且≤5.0								
				接口错边	2.0								
				预拼装单元柱身扭曲	H/200,且≤5.0								
				顶紧面至任一牛腿距离	±2.0								
	32		管构体	预拼装单元总长	±5.0								
				预拼装单元弯曲矢高	L/1500,且≤5.0								
				对口错边	t/10,且≤2.0								
				坡口间隙	+2.0,−1.0								
				各层柱顶	±4.0								
	33		构件平面总体拼装	相邻层梁与梁之间距离	±3.0								
				各层间框架两对角线差	H/2000,且≤5.0								
				任意两对角线之差	H/2000,且≤8.0								

施工员	伍××	施工班组长	李××

施工单位检查评定结果	检查情况： 经检查，主控项目和一般项目均符合设计要求和重庆市《城市桥梁工程施工质量验收规范》(DBJ 50-086—2008)规定，评定合格。 项目专职质量员：李×× 2015年5月20日
监理单位验收结论	验收意见： 同意施工单位评定结果，验收合格，同意进行下道工序施工。 专业监理工程师：张×× 2015年5月20日

说明：

主控项目

1. 钢梁杆件或节段及零件的规格、质量应符合设计要求和规范有关规定。检验数量：全部。检验方法：观察、测量和检查出厂产品合格证。

2. 钢梁杆件或节段如以焊接方式连接，工装设备、焊接材料必须符合设计要求和焊接工艺所确定的参数。检验数量：全部。检验方法：观察、尺量和检查工厂按批提供的产品质量保证书，焊接试件试验。

3. 钢梁杆件或节段如以栓接方式连接，必须对工厂随梁发送的栓接板摩擦面抗滑移系数试件进行检验，抗滑移系数符合设计要求才能进行杆件或节段拼装。检验数量：全部。检验方法：随梁试件进行试验。

4. 高强度螺栓连接附的规格、质量、扭矩系数必须符合设计要求和相关标准的规定。检验数量：连接附规格，全部。扭矩系数按生产厂家提供批号每批不少于8套分批检查。检验方法：观察、尺量，检查工厂按批提供的产品质量保证书，检查扭矩系数试验报告和见证检验报告。

5. 高强度螺栓连接附施拧，必须符合相关标准规定和施工工艺没计规定。检验数量：全部。每个栓群或节点板随机抽查10%，主桁和纵、横梁连接处或节段连接处不少于2副，其余节点不少于1副。检验方法：使用扭矩系数扳手或量角器检查。

6. 预拼时螺栓应紧固，使板层紧密。检验数量：冲钉不得少于孔眼总数的10%，螺栓不少于螺栓孔总数的20%。检验方法：塞尺检验。

7. 由板厚小于32mm板组成的板束，其板层缝隙必须满足0.3mm塞尺深入缝隙深度应不大于20mm的规定。由板厚大于32mm组成的板束，其密贴标准必须符合设计要求。检验数量：全部。检验方法：用0.3mm塞尺检查。

8. 钢梁预拼时，必须用试孔器检查所有螺栓孔，并应符合下列规定：

(1)主桁的螺栓孔应100%自由通过较设计孔径小0.75mm的试孔器；

(2)桥面系和连接系的螺栓孔应100%自由通过较设计孔径小1.0mm的试孔器；

(3)板梁的螺栓孔应100%自由通过较设计孔径小1.5mm的试孔器。检验数量：全部预拼装单元。检验方法：采用试孔器检查。

9. 磨光顶紧节点预拼，必须按照工厂的编号对号组拼，不得调换、调边或翻面拼装，磨光顶紧处缝隙不应大于0.2mm的密贴面积不应小于75%。检验数量：全部。检验方法：用0.2mm塞尺检查。

一般项目

1. 钢桁梁预拼装允许偏差应符合表1的规定。

表1　钢桁梁预拼装允许偏差

<table>
<tr><th rowspan="2">序号</th><th rowspan="2" colspan="2">项　目</th><th rowspan="2">允许偏差(mm)</th><th colspan="2">检验频率</th><th rowspan="2">检验方法</th></tr>
<tr><th>范围</th><th>点数</th></tr>
<tr><td>1</td><td colspan="2">桁高</td><td rowspan="2">±2</td><td rowspan="5">每拼 装段</td><td rowspan="3">5</td><td>用尺量上下弦杆中心距离</td></tr>
<tr><td>2</td><td colspan="2">节间长度</td><td>用尺量</td></tr>
<tr><td>3</td><td colspan="2">旁弯</td><td>$L/5000$</td><td rowspan="3">用尺量取桥面中心线与其预拼段全长L的两端中心所连接直线的偏差值</td></tr>
<tr><td rowspan="2">4</td><td rowspan="2">预拼装长度</td><td>$L \leqslant 50000$</td><td>±5</td><td rowspan="4">3</td></tr>
<tr><td>$L > 50000$</td><td>$\pm L/10000$</td></tr>
<tr><td rowspan="2">5</td><td rowspan="2">拱度</td><td>$f \leqslant 60$</td><td>±3</td><td rowspan="4">用尺量</td></tr>
<tr><td>$f > 60$</td><td>$\pm 5, f/100$</td></tr>
<tr><td>6</td><td colspan="2">对角线</td><td rowspan="2">±3</td><td rowspan="2">每节间</td><td rowspan="2">5</td></tr>
<tr><td>7</td><td colspan="2">主桁中心距</td></tr>
</table>

注：表小L为拼装段长度；f为计算拱度。

检验数量和检验方法：按表的规定检验。

2. 钢板梁预拼装允许偏差应符合表2的规定。

表2　钢板梁预拼装允许偏差

序号	项　目		允许偏差（mm）	检验频率		检验方法
				范围	点数	
1	梁高	≤2m	±2	每根梁	3	用尺量，桥面中心线及两侧各计1点
		＞2m	±4			
2	跨度		±8	每跨	1	用尺量取支座中心至支座中心
3	全长		±15		3	用尺量全桥长，桥面中心线及两侧 各计1点
4	主梁中心距		±3	每根梁		用尺量，跨中及两端各计1点
5	旁弯		$L/5000$			用尺量，取桥梁中心线与预拼段全长L的两端中心所连接直线的偏差值
6	平联节间对角线差		3		2	用尺量
7	横联对角线差		4			
8	主梁倾斜		5		3	用水平尺量$L/4$及$3L/4$各计1点
9	支点高低差		3	每只支座	1	支座处三点水平时，另一点翘起高度。用尺量

注：表中L为拼装段长度。

检验数量和检验方法：按表的规定检验。

3. 钢箱梁预拼装允许偏差应符合表3的规定。

表3　钢箱梁预拼装允许偏差

序号	项　目		允许偏差（mm）	检验频率		检验方法
				范围	点数	
1	梁高	h≤2m	±2	每个试装组件	5	拉线用尺量或用水准仪、水平尺检测
		h＞2m	±5			
2	跨度		±(5+0.5L)		3	拉线用钢尺量
3	全长		±15			用尺量或用水准仪、水平尺检测
4	腹板中心距		±3			
5	盖板宽		±4			
6	横断面对角线差		＜4		2	
7	旁弯		3+0.1L		3	
8	拱度		10,−5（L≤40000）		5	
9	支点高低差		≤5		2	
10	盖板、腹板平面度		h/250，且≤8		3	用直尺
11	扭曲		每米不超过1，且每段≤10			

注：表中L为跨度或预拼段长度以m计，h为盖板与加劲肋或加劲肋与加劲肋之间的距离。

检验数量和检验方法：按表的规定检验。

4. 钢柱、墩、管构体等其他钢构件单元预拼装允许偏差应符合表4的规定。

表4　钢柱、墩、管构体等其他钢构件单元预拼装允许偏差

序号	项　目		允许偏差(mm)	检验频率		检验方法
				范围	点数	
1	多节柱	预拼装单元总长	±5.0	每单元	1	用尺量全长
		预拼装单元弯曲矢高	$L/1500$,且≤5.0		3	沿全长量取最大点
		接口错边	2.0			用焊缝量规量
		预拼装单元柱身扭曲	$H/200$,且≤5.0			用拉线、吊线和尺量
		顶紧面至任一牛腿距离	±2.0		1	用尺量
2	管构件	预拼装单元总长	±5.0			
		预拼装单元弯曲矢高	$L/1500$,且≤5.0		3	用拉线、吊线和尺量
		对口错边	$t/10$,且≤2.0			用焊缝量规量
		坡口间隙	+2.0,−1.0			
3	构件平面总体预拼装	各层柱距	±4.0		1	用尺量
		相邻层梁与梁之间距离	±3.0			
		各层间框架两对角线之差	$H/2000$,且≤5.0		2	
		任意两对角线之差	$H/2000$,且≤8.0			

注:表中L为拼装单元长,H为柱高,t为钢板厚度。

检验数量和检验方法:按表的规定检验。

城市桥梁工程钢结构工地拼装和架设检验批质量验收记录表(一)

渝市政验收6-9-21

<table>
<tr><td colspan="3">单位(子单位)工程名称</td><td colspan="3">重庆市渝中区××桥梁工程K1+000～K2+000合同段</td></tr>
<tr><td colspan="3">分部(子分部)工程名称</td><td colspan="3">K1+000～K2+000合同段钢桁梁</td></tr>
<tr><td colspan="3">分项工程名称</td><td>钢桁梁杆件拼装和架设</td><td>验收部位</td><td>1#节段钢桁梁</td></tr>
<tr><td colspan="3">施工单位</td><td>重庆市××市政工程(集团)有限公司</td><td>项目经理</td><td>段××</td></tr>
<tr><td colspan="3">分包单位</td><td>重庆××桥梁工程有限公司</td><td>负责人</td><td>解××</td></tr>
<tr><td colspan="3">施工执行标准名称及编号</td><td colspan="3">重庆市《城市桥梁工程施工质量验收规范》DBJ 50-086—2008</td></tr>
<tr><td rowspan="2">项目</td><td colspan="3">施工质量验收规范规定</td><td rowspan="2">施工单位检验记录</td><td rowspan="2">监理单位检验记录</td></tr>
<tr><td>序号</td><td>检查项目</td><td>规定值及允许偏差(mm)</td></tr>
<tr><td rowspan="8">主控项目</td><td>1</td><td>整孔(段)钢梁及其所用剪力(联结)器、高强度螺栓连接附、零部件的规格、型号</td><td>符合设计要求和规范规定</td><td>检查工厂按批提供的产品质量保证书、复验,符合设计要求和规范规定。</td><td>符合规范要求。</td></tr>
<tr><td>2</td><td>焊缝质量</td><td>符合设计要求和规范规定</td><td>无裂纹、未熔合、夹渣、焊瘤等缺陷符合设计要求和规范规定。</td><td>符合规范要求。</td></tr>
<tr><td>3</td><td>钢桁梁、刚板梁、钢箱梁节段工地以高强度螺栓栓接时,节点摩擦面抗滑移系数,高强度螺栓连接附的规格、质量、扭矩系数</td><td>符合设计要求和规范规定</td><td>符合设计要求和规范规定。</td><td>符合规范要求。</td></tr>
<tr><td>4</td><td>在支架上拼装钢桁梁或钢箱梁时,冲钉和高强度螺栓数量</td><td>不少于孔眼总数的1/3,其中冲钉应占2/3,孔眼较少部位冲钉和高强度螺栓数量不少于6个</td><td>符合规范要求。</td><td>符合规范要求。</td></tr>
<tr><td>5</td><td>采用悬臂法或半悬臂法拼装钢桁梁或钢箱梁时,联结处冲钉数量</td><td>按所承受荷载计算决定,不得少于孔眼总数的一半,其余孔眼布置高强度螺栓</td><td>检查计算资料,符合规范要求。</td><td>符合规范要求。</td></tr>
<tr><td>6</td><td>杆件或节段拼装时栓接板面及栓孔处理,拼接出现摩擦间隙时,板面处理</td><td>符合标准规定</td><td>洁净、干燥、平整,符合规范要求。</td><td>符合规范要求。</td></tr>
<tr><td>7</td><td>扭矩法终拧检查扭矩,欠拧和超拧值</td><td>不大于规定值的10%,每个栓群或节点检查螺栓合格率不得小于80%</td><td>量角器量测,符合规范要求。</td><td>符合规范要求。</td></tr>
<tr><td>8</td><td>工地焊接焊钉柔性连接器的焊接质量</td><td>符合设计规定,当设计无规定时,应符合规范规定</td><td>弯曲试验,符合设计规定。</td><td>符合规范要求。</td></tr>
<tr><td rowspan="2" colspan="2">施工单位检查评定结果</td><td>施工员</td><td>伍××</td><td>施工班组长</td><td>李××</td></tr>
<tr><td colspan="4">检查情况:
经检查,主控项目和一般项目均符合设计要求和重庆市《城市桥梁工程施工质量验收规范》(DBJ 50-086—2008)规定,评定合格。
项目专职质量员:李××
2015年5月20日</td></tr>
<tr><td colspan="2">监理单位验收结论</td><td colspan="4">验收意见:
同意施工单位评定结果,验收合格,同意进行下道工序施工。
专业监理工程师:张××
2015年5月20日</td></tr>
</table>

城市桥梁工程钢结构工地拼装和架设检验批质量验收记录表(二)

渝市政验收6-9-22

单位(子单位)工程名称	重庆市渝中区××桥梁工程K1+000～K2+000合同段		
分部(子分部)工程名称	K1+000～K2+000合同段钢桁梁		
分项工程名称	钢桁梁杆件拼装和架设	验收部位	1#节段钢桁梁
施工单位	重庆市××市政工程(集团)有限公司	项目经理	段××
分包单位	重庆××桥梁工程有限公司	负责人	解××
施工执行标准名称及编号	重庆市《城市桥梁工程施工质量验收规范》DBJ 50-086—2008		

项目	序号	施工质量验收规范规定 检查项目			规定值及允许偏差(mm)	施工单位检验记录							监理单位检验记录
一般项目	1	钢桁梁杆件	联结杆件系统	高度	±1.5	0.8	−0.6	1.0	0.2	0.4	−0.8	1.2	符合规范要求。
				盖板宽度	±2.0	1.7	1.2	−1.4	0.8	0.9	1.1	1.3	符合规范要求。
				长度	±5	4	2	2	3	4	1	2	符合规范要求。
	2		纵横梁	纵梁高度	±1.0	0.8	0.4	−0.8	0.5	−0.3	0.2	0.4	符合规范要求。
				横梁高度	±1.5	1.2	1.1	−1.0	1.3	1.1	−0.8	0.7	符合规范要求。
				盖板宽度	±2.0	1.2	−1.3	0.8	−0.7	1.7	1.4	0.8	符合规范要求。
				纵梁长度	+0.5,−1.5	1.2	−1.3	0.1	0.2	0.4	−0.8	0.5	符合规范要求。
				横梁长度	±1.5	1.2	1.0	0.2	0.4	−0.8	0.5	−0.3	符合规范要求。
				旁弯	3	√	√	√	√	√	√	√	符合规范要求。
				上拱度	+3,0	√	√	√	√	√	√	√	符合规范要求。
				腹板平面度	*h*/500,且≤5	√	√	√	√	√	√	√	符合规范要求。
				盖板对腹板的垂直度	0.5(有孔部位) 1.5(其他部位)	√	√	√	√	√	√	√	符合规范要求。
	3		主桁杆件	高度	±1.0	0.2	0.4	−0.8	0.5	−0.3	0.2	0.7	符合规范要求。
				盖板宽度	±2.0	1.5	1.2	−1.3	0.8	−0.7	0.6	1.6	符合规范要求。
				长度	±5	2	3	4	2	1	3	2	符合规范要求。
				工形杆件的盖板对腹板的垂直度	0.5(有孔部位) 1.5(其他部位)	√	√	√	√	√	√	√	符合规范要求。
				弯曲	2.0(L≤4000) 3.0(4000<L≤16000) 5.0(L>16000)	√	√	√	√	√	√	√	符合规范要求。
				扭曲	3	√	√	√	√	√	√	√	符合规范要求。
		施工员			伍××	施工班组长				李××			

施工单位检查评定结果	检查情况: 经检查,主控项目和一般项目均符合设计要求和重庆市《城市桥梁工程施工质量验收规范》(DBJ 50-086—2008)规定,评定合格。 项目专职质量员:李×× 2015年5月20日
监理单位验收结论	验收意见: 同意施工单位评定结果,验收合格,同意进行下道工序施工。 专业监理工程师:张×× 2015年5月20日

城市桥梁工程钢结构工地拼装和架设检验批质量验收记录表(三)

渝市政验收6-9-23

单位(子单位)工程名称	重庆市渝中区××桥梁工程K1+000～K2+000合同段		
分部(子分部)工程名称	K1+000～K2+000合同段刚板梁		
分项工程名称	钢板梁构件拼装和架设	验收部位	1#节段钢板梁
施工单位	重庆市××市政工程(集团)有限公司	项目经理	段××
分包单位	重庆××桥梁工程有限公司	负责人	解××
施工执行标准名称及编号	重庆市《城市桥梁工程施工质量验收规范》DBJ 50-086—2008		

项目	序号	施工质量验收规范规定				施工单位检验记录							监理单位检验记录
		检查项目			规定值及允许偏差(mm)								
一般项目	4	钢板梁	梁高	≤2.0m	±2	1	0	−1	1	1	−1	0	符合规范要求。
				>2.0m	±4								
	5		跨度		±8	7	5	−6	2	5	−3	4	符合规范要求。
	6		全长		±15	−10	12	10	−11	14	9	8	符合规范要求。
	7		纵梁长度		+0.5,−1.5	0.1	0.2	−1.0	−0.8	0.1	0.2	−1.1	符合规范要求。
	8		横梁长度		±1.5	0.6	0.7	1.2	1.1	−1.0	1.3	0.8	符合规范要求。
	9		纵梁高度		±1.0	0.8	0.4	−0.8	0.5	−0.3	0.2	0.4	符合规范要求。
	10		横梁高度		±1.5	1.2	1.1	−1.0	1.3	1.1	−0.8	0.7	符合规范要求。
	11		纵、横梁旁弯		3	√	√	√	√	√	√	√	符合规范要求。
	12		主梁拱度	不设拱度	+3,0								
				设拱度	+10,−3	√	√	√	√	√	√	√	符合规范要求。
	13		两片主梁拱度差		4	√	√	√	√	√	√	√	符合规范要求。
	14		主梁腹板平面度		h/350且≤8	√	√	√	√	√	√	√	符合规范要求。
	15		纵横梁腹板平面度		h/500且≤5	√	√	√	√	√	√	√	符合规范要求。
	16		主梁、纵横梁盖板对腹板的垂直度	有孔部位	0.5	√	√	√	√	√	√	√	符合规范要求。
				其余部位	1.5	√	√	√	√	√	√	√	符合规范要求。

施工员	伍××	施工班组长	李××
施工单位检查评定结果	检查情况: 经检查,主控项目和一般项目均符合设计要求和重庆市《城市桥梁工程施工质量验收规范》(DBJ 50-086—2008)规定,评定合格。 项目专职质量员:李×× 2015年5月20日		
监理单位验收结论	验收意见: 同意施工单位评定结果,验收合格,同意进行下道工序施工。 专业监理工程师:张×× 2015年5月20日		

城市桥梁工程钢结构工地拼装和架设检验批质量验收记录表(四)

渝市政验收6-9-24

单位(子单位)工程名称	重庆市渝中区××桥梁工程K1+000～K2+000合同段		
分部(子分部)工程名称	K1+000～K2+000合同段钢箱梁		
分项工程名称	钢箱梁构件拼装和架设	验收部位	1#节段钢箱梁
施工单位	重庆市××市政工程(集团)有限公司	项目经理	段××
分包单位	重庆××桥梁工程有限公司	负责人	解××
施工执行标准名称及编号	重庆市《城市桥梁工程施工质量验收规范》DBJ 50-086—2008		

项目	序号	施工质量验收规范规定 检查项目			规定值及允许偏差(mm)	施工单位检验记录							监理单位检验记录
一般项目	17	钢箱梁	梁高	≤2.0m	±2								
				>2.0m	±4	2	−3	1	−2	3	−2	2	符合规范要求。
	18		跨度		±(5+0.5L)	√	√	√	√	√	√	√	符合规范要求。
	19		全长		±15	−8	7	−9	2	6	−5	4	符合规范要求。
	20		腹板中心距		±3	1	−2	1	−1	−2	1	2	符合规范要求。
	21		盖板宽度		±4	2	3	−2	1	−3	2	1	符合规范要求。
	22		横断面对角线差		4	√	√	√	√	√	√	√	符合规范要求。
	23		旁弯		3,±0.1L	√	√	√	√	√	√	√	符合规范要求。
	24		拱度		+10,-5	√	√	√	√	√	√	√	符合规范要求。
	25		支点高低差		5	√	√	√	√	√	√	√	符合规范要求。
	26		腹板平面度		h/250且≤8	√	√	√	√	√	√	√	符合规范要求。
	27		扭曲		每m≤1且每段≤10	√	√	√	√	√	√	√	符合规范要求。
	28	钢梯道梁	梁高		±2								
	29		梁宽		±3								
	30		梁长		±5								
	31		梯道梁安装孔位置		±3								
	32		梯道梁纵向挠曲矢高		≤L/1000								
	33		对角线差		4								
	34		梯道梁踏步间距		±5								
	35		踏步板不平直度		≤L/100								

	施工员	伍××	施工班组长	李××
施工单位检查评定结果	检查情况: 经检查,主控项目和一般项目均符合设计要求和重庆市《城市桥梁工程施工质量验收规范》(DBJ 50-086—2008)规定,评定合格。 项目专职质量员:李×× 2015年5月20日			
监理单位验收结论	验收意见: 同意施工单位评定结果,验收合格,同意进行下道工序施工。 专业监理工程师:张×× 2015年5月20日			

城市桥梁工程钢结构工地拼装和架设检验批质量验收记录表(五)

渝市政验收6-9-25

单位(子单位)工程名称	重庆市渝中区××桥梁工程K1+000～K2+000合同段		
分部(子分部)工程名称	K1+000～K2+000合同段钢墩柱		
分项工程名称	钢墩柱构件拼装和架设	验收部位	3#墩柱
施工单位	重庆市××市政工程(集团)有限公司	项目经理	段××
分包单位	重庆××桥梁工程有限公司	负责人	解××
施工执行标准名称及编号	重庆市《城市桥梁工程施工质量验收规范》DBJ 50-086—2008		

		施工质量验收规范规定			施工单位检验记录							监理单位检验记录
		序号	检查项目	规定值及允许偏差(mm)								
项目	钢墩柱	36	柱底面到柱顶支承面的距离	±5	2	−3	3	−4	1	−2	3	符合规范要求。
		37	柱身截面	±3	2	2	−1	2	1	−2	2	符合规范要求。
		38	柱身轴线与柱顶支承面垂直度	±5	4	2	−3	1	2	4	−3	符合规范要求。
		39	柱顶支承面几何尺寸	±3	1	−2	1	−1	2	1	2	符合规范要求。
		40	柱身挠曲	L/1000且≤10	√	√	√	√	√	√	√	符合规范要求。
		41	柱身接口错茬	≤3	√	√	√	√	√	√	√	符合规范要求。
	钢联结系杆件	42	杆件两端最外侧安装孔	±3								
		42	杆件两组安装孔距离	±3								
		44	杆件弯曲矢高	L/1000且≤10								

	施工员	伍××	施工班组长	李××
施工单位检查评定结果	检查情况： 经检查，主控项目和一般项目均符合设计要求和重庆市《城市桥梁工程施工质量验收规范》(DBJ 50-086—2008)规定，评定合格。 项目专职质量员：李×× 2015年5月20日			
监理单位验收结论	验收意见： 同意施工单位评定结果，验收合格，同意进行下道工序施工。 专业监理工程师：张×× 2015年5月20日			

城市桥梁工程钢结构工地拼装和架设检验批质量验收记录表(六)

渝市政验收6-9-26

单位(子单位)工程名称	重庆市渝中区××桥梁工程K1+000～K2+000合同段		
分部(子分部)工程名称	K1+000～K2+000合同段钢梁		
分项工程名称	钢梁构件拼装和架设	验收部位	1#节段钢梁
施工单位	重庆市××市政工程(集团)有限公司	项目经理	段××
分包单位	重庆××桥梁工程有限公司	负责人	解××
施工执行标准名称及编号	重庆市《城市桥梁工程施工质量验收规范》DBJ 50-086—2008		

项目	序号	施工质量验收规范规定 检查项目				规定值及允许偏差(mm)	施工单位检验记录							监理单位检验记录
一般项目	45	钢梁	轴线偏位	钢梁中线		10	7	6	8	7	8	9	5	符合规范要求。
				两孔相邻横梁中线相对偏差(m)		5	2	3	4	1	2	3	2	符合规范要求。
	46		梁底高程	墩台处梁底		±10	−8	5	7	8	−2	3	4	符合规范要求。
				两孔相邻横梁相对高差		5	2	3	4	1	2	4	2	符合规范要求。
	47		支座偏位	支座横桥向偏位		1	1	0	0	1	1	1	0	符合规范要求。
				固定支座顺桥项向偏差	连续梁或60m以上简支梁	20	12	15	17	12	10	9	8	符合规范要求。
					60m以下简支梁	10								
				活动支座按设计气温定位前偏差		3	1	2	2	1	1	2	1	符合规范要求。
	48		支座底板四角相对高差			2	1	0	1	1	0	0	1	符合规范要求。
	49		连接	对接焊缝的对接尺寸、气孔率		符合设计要求	符合设计要求。							符合规范要求。
				高强度螺栓扭矩(%)		±10	√	√	√	√	√	√	√	符合规范要求。
	50		涂膜厚度			不小于设计值		√	√	√	√	√	√	符合规范要求。
		施工员		伍××		施工班组长				李××				

施工单位检查评定结果	检查情况： 经检查，主控项目和一般项目均符合设计要求和重庆市《城市桥梁工程施工质量验收规范》(DBJ 50-086—2008)规定，评定合格。 项目专职质量员：李×× 2015年5月20日
监理单位验收结论	验收意见： 同意施工单位评定结果，验收合格，同意进行下道工序施工。 专业监理工程师：张×× 2015年5月20日

城市桥梁工程钢结构工地拼装和架设检验批质量验收记录表(七)

渝市政验收6-9-27

单位(子单位)工程名称	重庆市渝中区××桥梁工程K1+000～K2+000合同段		
分部(子分部)工程名称	K1+000～K2+000合同段钢柱		
分项工程名称	钢柱构件拼装和架设	验收部位	2#钢柱
施工单位	重庆市××市政工程(集团)有限公司	项目经理	段××
分包单位	重庆××桥梁工程有限公司	负责人	解××
施工执行标准名称及编号	重庆市《城市桥梁工程施工质量验收规范》DBJ 50-086—2008		

项目	施工质量验收规范规定				施工单位检验记录							监理单位检验记录
	序号	检查项目		规定值及允许偏差(mm)								
一般项目	51	钢柱	钢柱轴线对行、列定位轴线的偏移	≤5	2	3	4	1	2	1	3	符合规范要求。
	52		柱基高程	+10,-5	√	√	√	√	√	√	√	符合规范要求。
	53		挠曲矢高	H/1000且≤10	√	√	√	√	√	√	√	符合规范要求。
	54		钢柱轴线的垂直度 H≤10m	≤10	√	√	√	√	√	√	√	符合规范要求。
	55		钢柱轴线的垂直度 H>10m	≤H/1000且≤25								
	56	钢梯道安装	梯道平面高度	±15								
	57		梯道平台水平度	≤15								
	58		梯道侧向弯曲	≤10								
	59		梯道轴线对定位轴线的偏移	≤5								
	60		梯道栏杆高度和立杆间距	3								
	61		无障碍C型坡道和螺旋梯道高程	±15								

施工员	伍××	施工班组长	李××
施工单位检查评定结果	检查情况： 经检查，主控项目和一般项目均符合设计要求和重庆市《城市桥梁工程施工质量验收规范》(DBJ 50-086—2008)规定，评定合格。 项目专职质量员：李×× 2015年5月20日		
监理单位验收结论	验收意见： 同意施工单位评定结果，验收合格，同意进行下道工序施工。 专业监理工程师：张×× 2015年5月20日		

说明：

主控项目

1. 整孔(段)钢梁及其所用的剪力(联结)器、高强度螺栓连接附、零部件的规格、型号必须符合设计要求和钢结构原材料有关的规定。检验数量:全部。 检验方法:检查工厂按批提供的产品产品质量文件、抽样复验、检验报告。

2. 钢梁工地焊接时,焊缝质量必须符合设计要求和本章钢材原材料进场检验批有关规定。检验数量:全部。 检验方法:按设计要求探伤。

3. 钢桁架、钢板梁、钢箱梁节段工地以高强度螺栓栓接时,节点摩擦面的抗滑移系数,高强度螺栓连接附的规格、质量、扭矩系数必须符合设计要求和规范有关规定。检验数量:全部连接副。摩擦面抗滑移系数按钢梁生产厂提供的批号;每批不少于3套;扭矩系数按钢梁生产厂提供的批号,每批不少于8套。检验方法:观察、用尺量和检查工厂按批提供的产品质量保证书。现场扭矩系数试验和摩擦面抗滑移系数试验。

4. 在支架上拼装钢桁梁或钢箱梁时,冲钉和高强度螺栓总数量不得少于孔眼总数的1/3,其中冲钉应占2/3,孔眼较少部位冲钉和高强度螺栓数量不得少于6个。检验数量:全部。检验方法:观察。

5. 采用悬臂法或半悬臂法拼装钢桁梁或钢箱梁时,联结处冲钉数量应按所承受的荷载计算决定,但不得少于孔眼总数的一半,其余孔眼布置高强度螺栓。冲钉和高强度螺栓应均匀地安装。检验数量:全部。检验方法:观察和检查计算资料。

6. 杆件或节段拼装时栓接板面及栓孔必须洁净、干燥、平整。当拼装出现摩擦面间隙时,板面处理必须符合相关标准的规定。检验数量:全部。检验方法:观察和尺量。

7. 扭矩法终拧检查扭矩,欠拧和超拧值均不得大于规定值的10%,每个栓群或节点检查的螺栓合格率不得小于80%,并应对欠拧者补拧至规定扭矩,超拧者更换连接副后重新拧紧。扭角法终拧检查转角,不足读数应补拧至规定转角,超拧度数大于50者应更换连接副后重新拧紧。检验数量:全部。检验方法:用经过标定的扭矩板手或量角器量测。

8. 工地焊接焊钉柔性联结器的焊接质量,必须符合设计规定,当设计无规定时应符合下列规定:

(1)焊钉周边焊缝长度、宽度、高度、饱满度及焊钉与钢板的垂直度和结合程度,应符合焊接工艺;

(2)焊钉沿轴线方向焊缝平均高度应不小于0.2倍焊钉直径;

(3)焊钉沿轴线方向焊缝最小高度应不小于0.15倍焊钉直径;

(4)焊钉周边焊缝平均直径应不小于1.25倍焊钉直径;

(5)焊钉沿轴弯曲300后,焊缝和热影响区不应有肉眼可见的裂缝。

检验数量:抽检5%,但每工作班不少于2个。检验方法:进行300弯曲试验、观察和尺量。

一般项目

1. 钢桁梁杆件允许偏差应符合表1的规定。

表1　钢桁梁杆件允许偏差

序号	项目		允许偏差(mm)	检验频率		检验方法
				范围	点数	
1	联结杆件系统	高度	±1.5	每根杆件	2	用尺量，两端腹板各计1点
		盖板宽度	±2.0		1	用尺量，每2m测一次
		长度	±5			用尺量，量全长
2	纵横梁	纵梁高度	±1.0		2	用尺量，两端腹板各计1点
		横梁高度	±1.5			
		盖板宽度	±2.0		1	每2m测一次
		纵梁长度	+0.5 −1.5		2	用尺量，两端联结角钢背至背之间的距离各计1点
		横梁长度	±1.5			
3	纵横梁	旁弯	3		1	用尺量，在腹板一侧距离主焊缝100mm处拉线量
		上拱度	+3 0			用尺量，在下盖外侧拉线量
		腹板平面度	h/500，且≤5		3	用平尺量
		盖板对腹板的垂直度	0.5(有孔部位) 1.5(其他部位)			用直角尺量
4	主桁杆件	高度	±1.0		2	用尺量，两端腹板各计1点
		盖板宽度	±2.0①		1	用尺量，每2m测一次
		长度	±5			用尺量全长
		工形杆件的盖板对腹板的垂直度	0.5(有孔部位) 1.5(其他部位)			用直角尺量
		弯曲	2.0(L≤4000) 3.0(4000<L≤16000) 5.0(L>16000)			用直角尺量
		扭曲	3			杆件置于平台上，四角中有三角接触平台，悬空一角与平台间隙

注：表中h为高度，①箱形杆件有拼接要求时为±1.0；L为长度。

检验数量和检验方法：按表的规定检验。

2. 钢板梁允许偏差应符合表2的规定

表2 钢板梁允许偏差

序号	项目		允许偏差(mm)	检验频率		检验方法
				范围	点数	
1	梁高	≤2m	±2	每件	4	用钢尺测量两端腹板处高度
		>2m	±4			
2	跨度		±8		2	测量两支座中心距
3	全长		±15			测量全桥长度
4	纵梁长度		+0.5,-1.5			测量两端连接角钢背至背之间距离
5	横梁长度		±1.5			
6	纵梁高度		±1.0		4	测量两端腹板处高度
7	横梁高度		±1.5			
8	纵、横梁旁弯		3			梁立置时在腹板一侧主焊缝100mm处拉线测量
9	主梁拱度	不设拱度	+3,0			梁卧置时在下盖板外侧拉线测量
		设拱度	+10,-3			
10	两片主梁拱度差		4			
11	主梁腹板平面度		h/350且≤8		2	用平尺测量
12	纵、横梁腹板平面度		h/500且≤5			
13	主梁、纵、横梁盖板对腹板的垂直度	有孔部位	0.5			用直尺测量
		其余部位	1.5			

注:表中h为梁高。

检验数量和检验方法:按表的规定检验。

3. 钢箱梁允许偏差应符合表3的规定。

表3 钢箱梁允许偏差

序号	项目		允许偏差(mm)	检验频率		检验方法
				范围	点数	
1	梁高	≤2m	±2	每件	2	量两端腹板处高度
		>2m	±4			
2	跨度		±(5+0.15L)			量两支座中心距
3	全长		±15			测距仪或用尺量
4	腹板中心距		±3			量两端腹板中心距
5	盖板宽度		±4			用尺量
6	横断面对角线差		4			
7	旁弯		3, ±0.1L			沿全长拉线量取最大值
8	拱度		+10,-5			用水准仪测量
9	支点高低差		5			
10	腹板平面度		h/250且≤8			用平尺量
11	扭曲		每m≤1且每段≤10			拉线量

注:表中L为跨度,以m计;h为盖板与加劲肋或加劲肋与加劲肋之间的距离。

检验数量和检验方法:按表的规定检验。

4. 人行桥的钢梯道梁允许偏差应符合表4的规定。

表4　钢梯道梁允许偏差

序号	项目	允许偏差（mm）	检验频率		检验方法
			范围	点数	
1	梁高	±2	每件	2	用尺量
2	梁宽	±3			
3	梁长	±5			
4	梯道梁安装孔位置	±3			
5	梯道梁纵向挠曲矢高	≤L/1000			沿全长拉线量取最大值
6	对角线差	4			用尺量
7	梯道梁踏步间距	±5			
8	踏步板不平直度	≤1/100			

注：表中L为梁长。

检验数量和检验方法：按表的规定检验。

5. 钢墩柱允许偏差应符合表5的规定。

表5　钢墩柱允许偏差

序号	项目	允许偏差(mm)	检验频率		检验方法
			范围	点数	
1	柱底面到柱顶支承面的距离	±5	每件	2	用尺量
2	柱身截面	±3			
3	柱身轴线与柱顶支承面垂直度	±5			挂垂线量取
4	柱顶支承面几何尺寸	±3			用尺量
5	柱身挠曲	L/1000且≤10			
6	柱身接口错茬	≤3			

注：表中L为梁长。

检验数量和检验方法：按表的规定检验。

6. 钢联结系杆件允许偏差应符合表6的规定。

表6　钢联结系杆件允许偏差

序号	项目	允许偏差(mm)	检验频率		检验方法
			范围	点数	
1	杆件两端最外侧安装孔	±3	每件	2	用尺量
2	杆件两组安装孔距离	±3			
3	杆件弯曲矢高	L/1000且≤10			沿全长拉线量取最大值

注：表中L为梁长。

检验数量和检验方法：按表的规定检验。

7. 钢梁安装后允许偏差应符合表7的规定。

表7　钢梁安装后允许偏差

<table>
<tr><th rowspan="2">序号</th><th rowspan="2" colspan="3">项目</th><th rowspan="2">允许偏差(mm)</th><th colspan="2">检验频率</th><th rowspan="2">检验方法</th></tr>
<tr><th>范围</th><th>点数</th></tr>
<tr><td rowspan="2">1</td><td rowspan="2">轴线偏位</td><td colspan="2">钢梁中线(mm)</td><td>10</td><td rowspan="12">每件</td><td rowspan="2">2</td><td rowspan="2">用经纬仪测量</td></tr>
<tr><td colspan="2">两孔相邻横梁中线相对偏差(m)</td><td>5</td></tr>
<tr><td rowspan="2">2</td><td rowspan="2">梁底高程(mm)</td><td colspan="2">墩台处梁底</td><td>±10</td><td rowspan="2">4</td><td rowspan="2">用水准仪测量</td></tr>
<tr><td colspan="2">两孔相邻横梁相对高差</td><td>5</td></tr>
<tr><td rowspan="4">3</td><td rowspan="4">支座偏位(mm)</td><td colspan="2">支座横桥向偏位</td><td>1</td><td rowspan="4">2</td><td rowspan="4">用经纬仪测量</td></tr>
<tr><td rowspan="2">固定支座顺桥向偏差</td><td>连续梁或60m以上简支</td><td>20</td></tr>
<tr><td>60m以下简支梁</td><td>10</td></tr>
<tr><td colspan="2">活动支座按设计气温定位前偏差</td><td>3</td></tr>
<tr><td>4</td><td colspan="3">支座底板四角相对高差(mm)</td><td>2</td><td>4</td><td>用水准仪测量</td></tr>
<tr><td rowspan="2">5</td><td rowspan="2">连接</td><td colspan="2">对接焊缝的对接尺寸、气孔率</td><td>见《钢结构工程施工质量验收规范》(GB 50205—2001)附录A</td><td colspan="2">见《钢结构工程施工质量验收规范》(GB 50205—2001)附录A</td></tr>
<tr><td colspan="2">高强度螺栓扭矩</td><td>±10%</td><td colspan="2">见《钢结构工程施工质量验收规范》(GB 50205—2001)附录B</td></tr>
<tr><td>6</td><td colspan="3">涂膜厚度(mm)</td><td>不小于设计要求</td><td>3</td><td>用测厚仪量</td></tr>
</table>

检验数量和检验方法:按表的规定检验。

8. 钢柱安装允许偏差应符合表8的规定。

表8　钢柱安装允许偏差

<table>
<tr><th rowspan="2">序号</th><th rowspan="2" colspan="2">项目</th><th rowspan="2">允许偏差(mm)</th><th colspan="2">检验频率</th><th rowspan="2">检验方法</th></tr>
<tr><th>范围</th><th>点数</th></tr>
<tr><td>1</td><td colspan="2">钢柱轴线对行、列定位轴线的偏移</td><td>≤5</td><td rowspan="5">每件</td><td rowspan="5">2</td><td>用经纬仪测量</td></tr>
<tr><td>2</td><td colspan="2">柱基高程</td><td>+10,-5</td><td>用水准仪测量</td></tr>
<tr><td>3</td><td colspan="2">挠曲矢高</td><td>H/1000且≤10</td><td>沿全长拉线量取最大值</td></tr>
<tr><td rowspan="2">4</td><td rowspan="2">钢柱轴线的垂直度</td><td>H≤10m</td><td>≤10</td><td rowspan="2">用经纬仪或垂直线测量</td></tr>
<tr><td>H>10m</td><td>≤H/1000且≤25</td></tr>
</table>

注:表中H为柱高。

检验数量和检验方法:按表的规定检验。

9. 钢梯道和梯道平面安装允许偏差应符合表9的规定。

表9　钢梯道安装允许偏差

<table>
<tr><th rowspan="2">序号</th><th rowspan="2">项目</th><th rowspan="2">允许偏差(mm)</th><th colspan="2">检验频率</th><th rowspan="2">检验方法</th></tr>
<tr><th>范围</th><th>点数</th></tr>
<tr><td>1</td><td>梯道平面高度</td><td>±15</td><td rowspan="6">每件</td><td rowspan="6">2</td><td rowspan="2">用水准仪测量</td></tr>
<tr><td>2</td><td>梯道平台水平度</td><td>≤15①</td></tr>
<tr><td>3</td><td>梯道侧向弯曲</td><td>≤10</td><td>沿全长拉线量取最大值</td></tr>
<tr><td>4</td><td>梯道轴线对定位轴线的偏移</td><td>≤5</td><td>用经纬仪测量</td></tr>
<tr><td>5</td><td>梯道栏杆高度和立杆间距</td><td>3</td><td>用尺量</td></tr>
<tr><td>6</td><td>无障碍C型坡道和螺旋梯道高程</td><td>±15</td><td>用水准仪测量</td></tr>
</table>

注:①应保证梯道平台不积水,雨水可由上向下流出梯道。

检验数量和检验方法:按表的规定检验。

城市桥梁工程钢结构涂装(防腐涂料)检验批质量验收记录表

渝市政验收6-9-28

<table>
<tr><td colspan="3">单位(子单位)工程名称</td><td colspan="4">重庆市渝中区××桥梁工程K1+000～K2+000合同段</td></tr>
<tr><td colspan="3">分部(子分部)工程名称</td><td colspan="4">K1+000～K2+000合同段钢桁拱</td></tr>
<tr><td colspan="3">分项工程名称</td><td>钢桁拱防腐涂装</td><td colspan="2">验收部位</td><td>1#钢桁拱</td></tr>
<tr><td colspan="3">施工单位</td><td>重庆市××市政工程(集团)有限公司</td><td colspan="2">项目经理</td><td>段××</td></tr>
<tr><td colspan="3">分包单位</td><td>重庆××桥梁工程有限公司</td><td colspan="2">负责人</td><td>解××</td></tr>
<tr><td colspan="3">施工执行标准名称及编号</td><td colspan="4">重庆市《城市桥梁工程施工质量验收规范》DBJ 50-086—2008</td></tr>
<tr><td rowspan="2">项目</td><td colspan="3">施工质量验收规范规定</td><td colspan="2" rowspan="2">施工单位检验记录</td><td rowspan="2">监理单位检验记录</td></tr>
<tr><td>序号</td><td>检查项目</td><td>规定值及允许偏差(mm)</td></tr>
<tr><td rowspan="5">主控项目</td><td>1</td><td>钢结构构件组装、预拼装或钢结构安装工程检验批</td><td>施工质量验收合格</td><td colspan="2">符合规范要求。</td><td>符合规范要求。</td></tr>
<tr><td>2</td><td>涂装时环境温度和相对温度</td><td>符合产品说明书要求;当说明书无要求时,环境温度在5～38℃之间,相对湿度≤85%。</td><td colspan="2">用温度计和湿度计量测,符合产品说明书要求。</td><td>符合规范要求。</td></tr>
<tr><td>3</td><td>涂装时构件表面</td><td>不应有结露,涂装后4h内保护免受雨淋</td><td colspan="2">无结露,符合规范要求。</td><td>符合规范要求。</td></tr>
<tr><td>4</td><td>涂装前钢材表面除锈</td><td>符合设计要求和国家标准规定;设计无要求时,钢材表面除锈等级应符合规范规定</td><td colspan="2">无焊渣、焊疤、灰尘、油污、水和毛刺,符合设计和标准规定。</td><td>符合规范要求。</td></tr>
<tr><td>5</td><td>涂料、涂装遍数、涂层厚度</td><td>符合设计要求;当设计无要求时,涂层干漆膜总厚度室外应为150μm,其允许偏差为0～50μm,每遍涂层干漆膜厚度允许偏差为0～20μm</td><td colspan="2">用干漆膜测厚仪检查,符合设计要求。</td><td>符合规范要求。</td></tr>
<tr><td rowspan="4">一般项目</td><td>1</td><td>外观质量</td><td>符合规范要求</td><td colspan="2">涂层均匀,无明显皱皮、流坠、针眼和气泡,符合规范要求。</td><td>符合规范要求。</td></tr>
<tr><td>2</td><td>附着力测试</td><td>在检测处范围内,当涂层完整度达到70%以上时,涂层附着力应达到合格质量标准要求</td><td colspan="2">符合规范要求。</td><td>符合规范要求。</td></tr>
<tr><td>3</td><td>填缝所用腻子材料</td><td>符合规范要求</td><td colspan="2">与钢材和涂料作配伍试验,与涂料同做老化试验,符合规范要求。</td><td>符合规范要求。</td></tr>
<tr><td>4</td><td></td><td></td><td colspan="2"></td><td></td></tr>
<tr><td colspan="2" rowspan="2">施工单位检查评定结果</td><td>施工员</td><td>伍××</td><td>施工班组长</td><td colspan="2">李××</td></tr>
<tr><td colspan="5">检查情况:
经检查,主控项目和一般项目均符合设计要求和重庆市《城市桥梁工程施工质量验收规范》(DBJ50-086—2008)规定,评定合格。
项目专职质量员:李××
2015年5月20日</td></tr>
<tr><td colspan="2">监理单位验收结论</td><td colspan="5">验收意见:
同意施工单位评定结果,验收合格,同意进行下道工序施工。
专业监理工程师:张××
2015年5月20日</td></tr>
</table>

说明：

主控项目

1. 钢结构普通涂料涂装工程应在钢结构构件组装、预拼装或钢结构安装工程检验批的施工质量验收合格后进行。检验数量:全部。检验方法:检查资料。

2. 涂装时的环境温度和相对湿度应符合涂料产品说明书的要求。当产品说明书无要求时,环境温度宜在5～38℃之间,相对湿度不应大于85%。涂装时构件表面不应有结露。涂装后4h内应保护免受雨淋。检验数量:全部。检验方法:用温度计和湿度计量测。

3. 涂装前钢材表面除锈应符合设计要求和国家现行有关标准的规定。处理后的钢材表面不应有焊渣、焊疤、灰尘、油污、水和毛刺等。当设计无要求时,钢材表面除锈等级应符合下表的规定。

表　各种底漆或防锈漆要求最低的除锈等级

序号	除锈品种	除锈等级
1	油性酚醛、醇酸等底漆或防锈漆	Sa2
2	高氯化聚乙烯、氯化橡胶、氯磺化聚乙烯、环氧树脂、聚氨酯等底漆或防锈漆	Sa2
3	无机富锌、有机硅、过氯乙烯等底漆	Sa2.5

检验数量:按构件数抽查10%,且同类构件不应少于3件。检验方法:用铲刀检查和按《涂装前钢材表面锈蚀等级和除锈等级》(GB 8923)规定的图片对照观察检查。

4. 涂料、涂装遍数、涂层厚度均应符合设计要求。当设计对涂层厚度无要求时,涂层干漆膜总厚度:室外应为150μm,其允许偏差为0～50μm。每遍涂层干漆膜厚度的允许偏差为0~20μm。检验数量:按构件数抽查10%,且同类构件不应少于3件。检验方法:用干漆膜测厚仪检查。每个构件检测5处,每处的数值为3个相距50mm测点涂层干漆膜厚度的平均值。

一般项目

1. 构件表面不应误涂、漏涂,涂层不应脱皮和返锈。涂层应均匀,无明显皱皮、流坠、针眼和气泡。检验数量:全部。检验方法:观察。

2. 当钢结构处在有腐蚀介质环境或外露且设计有要求时,应进行涂层附着力测试。在检测处范围内,当涂层完整程度达到70%以上时,涂层附着力应达到合格质量标准的要求。检验数量:按构件数抽查1%,且不应少于3件,每件测3处。检验方法:按照《漆膜附着力测定法》(GB l720)或《色漆和清漆漆膜的划格试验》(GB 9286)执行。

3. 填缝所用腻子材料对钢材应无腐蚀作用。其使用寿命不应低于涂料寿命。检验数量:按同批次重量的10%抽查。检验方法:与钢材和涂料做配伍试验,与涂料同做老化试验。

城市桥梁工程钢结构涂装(喷铝和喷锌)检验批质量验收记录表

渝市政验收6-9-29

单位(子单位)工程名称	重庆市渝中区××桥梁工程K1+000～K2+000合同段				
分部(子分部)工程名称	K1+000～K2+000合同段钢桁拱				
分项工程名称	钢桁拱涂装喷锌		验收部位	1#钢桁拱	
施工单位	重庆市××市政工程(集团)有限公司		项目经理	段××	
分包单位	重庆××桥梁工程有限公司		负责人	解××	
施工执行标准名称及编号	重庆市《城市桥梁工程施工质量验收规范》DBJ 50-086—2008				
项目	施工质量验收规范规定			施工单位检验记录	监理单位检验记录
	序号	检查项目	规定值及允许偏差(mm)		
主控项目	1				
	2				
	3				
	4				
	5				
	6				
一般项目	1	热喷铝涂层厚度和附着力	符合规范要求	在15mm×15mm涂层上用刀刻划平行线,每线距离为涂层厚度10倍,两条线内涂层没有从钢材表面翘起,符合规范要求。	符合规范要求。
	2	热喷锌涂层厚度和附着力	符合规范要求	用游标卡尺测量厚度,用小锤敲击检测涂层与钢材附着力,符合规范要求。	符合规范要求。
	3				
	4				
	施工员	伍××		施工班组长	李××
施工单位检查评定结果	检查情况: 经检查,主控项目和一般项目均符合设计要求和重庆市《城市桥梁工程施工质量验收规范》(DBJ 50-086—2008)规定,评定合格。 项目专职质量员:李×× 2015年5月20日				
监理单位验收结论	验收意见: 同意施工单位评定结果,验收合格,同意进行下道工序施工。 专业监理工程师:张×× 2015年5月20日				

说明:

一般项目

1. 热喷铝涂层应进行厚度和附着力检查。检验数量:每批构件抽查10%,且同类构件不少于3件,每件构件检测5处。检验方法:在15mm×15mm涂层上用刀刻划平行线,每线距离为涂层厚度的10倍,两条线内的涂层不得从钢材表面翘起。

2. 热喷锌涂层应进行厚度和附着力检查。检验数量:每批构件抽查10%,且同类构件不少于3件,每件构件检测5处。检验方法:用5~10倍放大镜观察。用游标卡尺或测厚仪测量涂层厚度。用小锤敲击或刀刮检测涂层与钢材的附着力。

城市桥梁工程圬工桥墩(台)施工检验批质量检验记录

渝市政验收6-10-1

单位(子单位)工程名称	重庆市渝中区××桥梁工程K1+000～K2+000合同段		
分部(子分部)工程名称	K1+000～K2+000合同段圬工桥墩		
分项工程名称	圬工桥墩施工	验收部位	1#墩
施工单位	重庆市××市政工程(集团)有限公司	项目经理	段××
分包单位	重庆××桥梁工程有限公司	负责人	解××
施工执行标准名称及编号	重庆市《城市桥梁工程施工质量验收规范》DBJ 50-086—2008		

项目	施工质量验收规范规定				施工单位检验记录							监理单位检验记录
	序号	检查项目		规定值及允许偏差(mm)								
主控项目	1	圬工桥墩和台身砌体材料、水泥砂浆的性能、质量		符合设计要求	性能、质量符合设计要求,接缝填充密实。							符合规范要求。
	2											
	3											
	4											
	5											
	6											
一般项目	1	轴线偏位		10	8	6	5	7	2	5	3	符合规范要求。
	2	墩台宽度与长度	片石	+40,-10								
			块石	+30,-10	15	12	9	8	-11	-14	17	符合规范要求。
			粗料石	+20,-10								
	3	大面积平整度(2m直尺检查)	片石	30								
			块石	20	9	10	12	8	15	14	17	符合规范要求。
			粗料石	10								
	4	竖直度或坡度	片石	0.5%H								
			块石、粗料石	0.3%H	√	√	√	√	√	√	√	符合规范要求。
	5	墩台顶面高程		±10	√	√	√	√	√	√	√	符合规范要求。

施工单位检查评定结果	施工员	伍××	施工班组长	李××
	检查情况: 经检查,主控项目和一般项目均符合设计要求和重庆市《城市桥梁工程施工质量验收规范》(DBJ 50-086—2008)规定,评定合格。 项目专职质量员:李×× 2015年5月20日			
监理单位验收结论	验收意见: 同意施工单位评定结果,验收合格,同意进行下道工序施工。 专业监理工程师:张×× 2015年5月20日			

说明：

一般规定

1. 桥墩、桥台的模板、支架、砌体、钢筋、混凝土、预应力和钢结构等应符合相关规范规定。

2. 墩、台施工中应经常检查中线、高程，发现问题及时处理。墩、台施工完毕，应对全桥中线、高程、跨度贯通测量，并形成施工记录。同时标出各墩台中心线、支座十字线、梁端头线。

3. 墩、台施工完毕应及时对河道进行疏通清理，做好环境保护。

主控项目

圬工桥墩、台身砌体材料必须经检验合格后，方可进行砌筑。水泥砂浆的性能、质量必须符合设计要求，接缝填充密实。检验数量：全部。检验方法：按检验方案进行。

一般项目

圬工桥墩（台）位置及外形尺寸允许偏差见下表。

表　圬工桥墩（台）位置及外形尺寸允许偏差

序号	项目		允许偏差(mm)
1	名称	类别	
2	轴线偏位		10
3	墩台宽度与长度	片石	+40，-10
		块石	+30，-10
		粗料石	+20，-10
4	大面积平整度（2m直尺检查）	片石	30
		块石	20
		粗料石	10
5	竖直度或坡度	片石	0.5%H
		块石、粗料石	0.3%H
6	墩台顶面高程		±10

注：①H为墩台高度；②混凝土预制砌体允许偏差可按粗料石标准执行。

城市桥梁工程混凝土墩、台身施工检验批质量检验记录

渝市政验收6-10-2

单位(子单位)工程名称	重庆市渝中区××桥梁工程K1+000~K2+000合同段		
分部(子分部)工程名称	K1+000~K2+000合同段混凝土台身		
分项工程名称	混凝土台身施工	验收部位	1#台
施工单位	重庆市××市政工程(集团)有限公司	项目经理	段××
分包单位	重庆××桥梁工程有限公司	负责人	解××
施工执行标准名称及编号	重庆市《城市桥梁工程施工质量验收规范》DBJ 50-086—2008		

项目	序号	施工质量验收规范规定 检查项目		规定值及允许偏差(mm)	施工单位检验记录							监理单位检验记录
主控项目	1	水泥、砂、石、水、外掺剂及混合材料质量和规格		符合设计和规范要求,按规定配合比施工	检查产品合格证、出厂检验报告、进场复验报告和配合比设计报告,符合设计和规范要求。							符合规范要求。
	2	混凝土强度		符合规范要求	符合规范要求,试件试验报告:×××。							符合规范要求。
	3	钢筋混凝土墩用钢筋质量和施工		符合规范规定	检查产品合格证、出厂检验报告和进场复验报告,符合规范要求。							符合规范要求。
一般项目	1	混凝土墩(台)	断面尺寸	±20	12	−9	−13	14	10	8	12	符合规范要求。
			相邻间距	±20	−9	−13	14	10	12	−9	11	符合规范要求。
	2		竖直度或斜度	0.3%H且≤20	√	√	√	√	√	√	√	符合规范要求。
			顶面高程	±10	8	5	6	−7	4	−5	8	符合规范要求。
			轴线偏位	10	7	4	5	6	6	8	7	符合规范要求。
	3		节段间错台	3	1	2	2	2	1	2	1	符合规范要求。
			大面积平整度	5	4	3	2	3	4	2	1	符合规范要求。
	4		预埋件位置	符合设计规定,设计未规定时取10	√	√	√	√	√	√	√	符合规范要求。
	5	混凝土柱或双壁墩	断面尺寸	15								
	6		相邻间距	20								
	7		竖直度	0.3%H且≤20								
	8		顶面高程	±10								
	9		轴线偏位	10								
	10		节段间错台	3								
	11		预埋件位置	符合设计规定,设计未规定时取10								
	12	外观质量		符合规范要求								

施工单位检查评定结果	施工员	伍××	施工班组长	李××
	检查情况: 经检查,主控项目和一般项目均符合设计要求和重庆市《城市桥梁工程施工质量验收规范》(DBJ 50-086—2008)规定,评定合格。 项目专职质量员:李×× 2015年5月20日			
监理单位验收结论	验收意见: 同意施工单位评定结果,验收合格,同意进行下道工序施工。 专业监理工程师:张×× 2015年5月20日			

说明:

主控项目

1. 墩、台身、柱混凝土所用的水泥、砂、石、水、外掺剂及混合材料的质量和规格必须符合设计和有关规范要求,按规定的配合比施工。检验数量和方法:按规范有关规定执行。

2. 墩、台身、柱的混凝土强度应符合重庆市《城市桥梁工程施工质量验收规范》附录G的要求。检验数量与方法:按重庆市《城市桥梁工程施工质量验收规范》附录F、附录G执行。

3. 钢筋混凝土墩所用钢筋质量和施工应符合本章相关说明规定。

一般项目

1. 混凝土墩、台身允许偏差见表1及表2。

表1　混凝土墩(台)身允许偏差

序号	项目	允许偏差(mm)	检验频率		检验方法
			范围	点数	
1	断面尺寸	±20	每墩(台)	3个断面	尺量:检查
2	相邻间距	±20		3	尺或全站仪测量:检查顶、中、底
3	竖直度或斜度	0.3%H且不大于20		2	吊垂线或经纬仪
4	顶面高程	±10		3	水准仪测量
5	轴线偏位	10		2	全站仪或经纬仪纵、横
6	节段间错台	3		4	用尺量
7	大面积平整度	5		每20m² 测1处	2m直尺检查竖直、水平两个方向
8	预埋件位置	符合设计规定,设计未规定时取10		每件	用尺量

注:H为墩、台身高度。

表2　混凝土柱或双壁墩允许偏差

序号	项目	允许偏差(mm)	检验频率		检验方法
			范围	点数	
1	断面尺寸	±15	每柱	3个断面	尺量:检查
2	相邻间距	±20		3	尺或全站仪测量:检查顶、中、底
3	竖直度	0.3%H且不大于20		2	吊垂线或经纬仪
4	顶面高程	±10		3	水准仪测量
5	轴线偏位	10		2	全站仪或经纬仪纵、横
6	节段间错台	3		4	用尺量
7	预埋件位置	符合设计规定,设计未规定时取10		每件	用尺量

注:H为柱或双壁墩高度。

检验数量和方法:按表的规定检验。

2. 混凝土外观质量无严重缺陷,当发生时,则必须进行处理。检验数量:全部。检验方法:用尺量,用刻度放大镜量,按重庆市《城市桥梁工程施工质量验收规范》附录H执行。

城市桥梁工程装配式墩、台身施工检验批质量检验记录

渝市政验收6-10-3

单位(子单位)工程名称	重庆市渝中区××桥梁工程K1+000～K2+000合同段		
分部(子分部)工程名称	K1+000～K2+000合同段装配式墩身		
分项工程名称	装配式墩身施工	验收部位	1#墩
施工单位	重庆市××市政工程(集团)有限公司	项目经理	段××
分包单位	重庆××桥梁工程有限公司	负责人	解××
施工执行标准名称及编号	重庆市《城市桥梁工程施工质量验收规范》DBJ 50-086—2008		

项目	序号	检查项目		规定值及允许偏差(mm)	施工单位检验记录							监理单位检验记录
主控项目	1	预制件混凝土强度		符合规范要求	符合规范要求,试件试验报告:×××。							符合规范要求。
	2	钢筋混凝土墩所用钢筋(包括预应力筋)质量和施工		符合规范规定	检查产品合格证、出厂检验报告和进场复验报告,符合规范要求。							符合规范要求。
	3											
	4											
	5											
	6											
一般项目	1	预制节段胶结材料		符合设计要求	性能、质量报告符合设计要求,接缝填充密实。							符合规范要求。
	2	墩、台柱埋入基座坑内深度和砌块墩、台埋置深度		符合设计规定	符合设计要求。							符合规范要求。
	3	墩、台身安装	轴线偏位	10	8	7	9	2	1	5	9	符合规范要求。
	4		顶面高程	±10	6	3	6	-5	6	-7	8	符合规范要求。
	5		倾斜度	0.3%墩、台高,且≤20	√	√	√	√	√	√	√	符合规范要求。
	6		相邻墩、台柱间距	±15	10	11	-8	9	-7	13	7	符合规范要求。
	7		节段间错台	3	1	2	1	1	2	2	1	符合规范要求。

施工单位检查评定结果	施工员	伍××	施工班组长	李××
	检查情况: 经检查,主控项目和一般项目均符合设计要求和重庆市《城市桥梁工程施工质量验收规范》(DBJ 50-086—2008)规定,评定合格。 项目专职质量员:李×× 2015年5月20日			
监理单位验收结论	验收意见: 同意施工单位评定结果,验收合格,同意进行下道工序施工。 专业监理工程师:张×× 2015年5月20日			

说明:

主控项目

1. 预制件的混凝土强度应符合重庆市《城市桥梁工程施工质量验收规范》附录G的要求。检验数量与方法:按重庆市《城市桥梁工程施工质量验收规范》附录F、G执行。

2. 钢筋混凝土墩所用钢筋(包括预应力筋)质量和施工应符合相关规范规定。

一般项目

1. 预制节段胶结材料的性能、质量必须符合设计要求,接缝填充密实。墩、台柱埋入基座坑内的深度和砌块墩、台埋置深度,必须符合设计规定。检验数量:按抽样检测方案确定。检验方法:检查检验报告、检测报告。

2. 装配式墩、台身安装实测项目见下表。

表　墩、台身安装实测项目

序号	检查项目	规定值或允许偏差(mm)	检查方法和频率
1	轴线偏位	10	全站仪或经纬仪:纵、横各测量2点
2	顶面高程	±10	水准仪:检查4~8处
3	倾斜度	0.3%墩、台高,且≤20	吊垂线:检查4~8处
4	相邻墩、台柱间距	±15	尺量或全站仪:检查3处
5	节段间错台	3	尺量:每节检查2~4处

城市桥梁工程墩、台帽或盖梁施工检验批质量检验记录

渝市政验收6-10-4

单位(子单位)工程名称	重庆市渝中区××桥梁工程K1+000～K2+000合同段		
分部(子分部)工程名称	K1+000～K2+000合同段墩帽		
分项工程名称	墩帽施工	验收部位	1#墩
施工单位	重庆市××市政工程(集团)有限公司	项目经理	段××
分包单位	重庆××桥梁工程有限公司	负责人	解××
施工执行标准名称及编号	重庆市《城市桥梁工程施工质量验收规范》DBJ 50-086—2008		

项目	施工质量验收规范规定			施工单位检验记录							监理单位检验记录
	序号	检查项目	规定值及允许偏差(mm)								
主控项目	1	混凝土用水泥、砂、石、水、外掺剂及混合材料的质量和规格	符合设计和规范要求,按配合比施工	检查产品合格证、出厂检验报告、进场复验报告和配合比设计报告,符合设计和规范要求。							符合规范要求。
	2	混凝土强度	符合规范要求	符合规范要求,试块试验报告:×××。							符合规范要求。
	3	钢筋(包括预应力筋)质量和施工	符合规范规定	检查产品合格证、出厂检验报告和进场复验报告,符合规范要求。							符合规范要求。
	4										
	5										
	6										
	7										
	8										
一般项目	1	断面尺寸	±20	9	8	−5	10	11	14	−6	符合规范要求。
	2	顶面高程	±10	6	−5	4	8	6	−3	7	符合规范要求。
	3	轴线偏位	10	8	7	9	2	5	6	7	符合规范要求。
	4	支座垫石预留位置	10	3	6	5	8	7	9	2	符合规范要求。
	5	外观质量	符合规范要求	无蜂窝、夹渣、疏松、裂缝、麻面等缺陷,符合规范要求。							符合规范要求。

施工单位检查评定结果	施工员	伍××	施工班组长	李××
	检查情况: 经检查,主控项目和一般项目均符合设计要求和重庆市《城市桥梁工程施工质量验收规范》(DBJ 50-086—2008)规定,评定合格。 项目专职质量员:李×× 2015年5月20日			
监理单位验收结论	验收意见: 同意施工单位评定结果,验收合格,同意进行下道工序施工。 专业监理工程师:张×× 2015年5月20日			

说明:

主控项目

1. 墩、台帽或盖梁混凝土所用的水泥、砂、石、水、外掺剂及混合材料的质量和规格必须符合设计和有关规范要求,按规定的配合比施工。检验数量和方法:按相关规范有关规定执行。

2. 墩、台帽或盖梁的混凝土强度应符合重庆市《城市桥梁工程施工质量验收规范》附录G的要求。检验数量和方法:按重庆市《城市桥梁工程施工质量验收规范》附录F、G执行。

3. 所用钢筋(包括预应力筋)质量和施工应符合相关规范规定。

一般项目

1. 墩、台帽或盖梁实测项目允许偏差见下表。

表　墩、台帽或盖梁允许偏差

序号	项　目	允许偏差(mm)	检验频率		检验方法
			范围	点数	
1	断面尺寸	±20	每梁	3个断面	尺量:检查
2	顶面高程	±10		3~5	水准仪测量3~5点
3	轴线偏位	10		2	全站仪或经纬仪测纵、横差
4	支座垫石预留位置	10		每个	用尺量纵、横差

检验数量和方法:按表的规定检验。

2. 混凝土外观质量无严重缺陷,当发生时,则必须进行处理。检验数量:全部。检验方法:用尺量,用刻度放大镜量,按重庆市《城市桥梁工程施工质量验收规范》附录H执行。

城市桥梁工程拱桥组合桥台施工检验批质量检验记录

渝市政验收6-10-5

单位(子单位)工程名称	重庆市渝中区××桥梁工程K1+000～K2+000合同段		
分部(子分部)工程名称	K1+000～K2+000合同段拱桥		
分项工程名称	拱桥组合桥台施工	验收部位	1#拱
施工单位	重庆市××市政工程(集团)有限公司	项目经理	段××
分包单位	重庆××桥梁工程有限公司	负责人	解××
施工执行标准名称及编号	重庆市《城市桥梁工程施工质量验收规范》DBJ 50-086—2008		

项目	施工质量验收规范规定			施工单位检验记录							监理单位检验记录
	序号	检查项目	规定值及允许偏差(mm)								
主控项目	1	混凝土用水泥、砂、石、水、外掺剂及混合材料的质量和规格	符合设计和规范要求，按配合比施工	检查产品合格证、出厂检验报告、进场复验报告和配合比设计报告，符合设计和规范要求。							符合规范要求。
	2	混凝土强度	符合规范要求	符合规范要求，试块试验报告:×××。							符合规范要求。
	3	砌体材料	符合规范要求	检验合格，符合规范要求。							符合规范要求。
	4	砂浆所用水泥、砂、水的质量和规格	符合设计和规范要求，按配合比施工	检查产品合格证、出厂检验报告、进场复验报告和配合比设计报告，符合设计和规范要求。							符合规范要求。
	5										
	6										
	7										
	8										
一般项目	1	架设拱圈前，后台填土沉降完成量	设计值的85%以上	√	√	√	√	√	√	√	符合规范要求。
	2	台身后倾率	1/250	√	√	√	√	√	√	√	符合规范要求。
	3	架设拱圈前，后台填土完成量	90%以上	√	√	√	√	√	√	√	符合规范要求。
	4	桥台水平位移	在设计允许值内	√	√	√	√	√	√	√	符合规范要求。

	施工员	伍××	施工班组长	李××
施工单位检查评定结果	检查情况： 经检查，主控项目和一般项目均符合设计要求和重庆市《城市桥梁工程施工质量验收规范》(DBJ 50-086—2008)规定，评定合格。 项目专职质量员：李×× 2015年5月20日			
监理单位验收结论	验收意见： 同意施工单位评定结果，验收合格，同意进行下道工序施工。 专业监理工程师：张×× 2015年5月20日			

说明:

主控项目

1. 桥台混凝土所用的水泥、砂、石、水、外掺剂及混合材料的质量和规格必须符合设计和有关规范要求,按规定的配合比施工。检验数量和方法:按规范有关规定执行。

2. 桥台的混凝土强度应符合重庆市《城市桥梁工程施工质量验收规范》附录G的要求。检验数量与方法:按重庆市《城市桥梁工程施工质量验收规范》附录F、G执行。

3. 砌体材料必须经检验合格后,方可进行砌筑。砌体应错缝、坐浆挤紧,嵌缝料和砂浆饱满,无空洞、宽缝、大堆砂浆填缝和假缝。检验数量:全部。检验方法:按检验方案进行。

4. 砂浆所用的水泥、砂、水的质量和规格必须符合设计和有关规范要求,按规定的配合比施工。水泥砂浆的强度应符合重庆市《城市桥梁工程施工质量验收规范》附录I的要求。检验数量和方法:按重庆市《城市桥梁工程施工质量验收规范》附录I执行。

一般项目

拱桥组合桥台实测项目见下表规定。

表　拱桥组合桥台实测项目

序号	检查项目	允许偏差	检验频率		检验方法
			范围	点数	
1	架设拱圈前,台后填土沉降完成量	设计值的85%以上	每台	1	水准仪:测量台后上、下游两侧填土后至架设拱圈前高程差
2	台身后倾率	1/250		2	两侧墙吊垂线:检查沉降缝分离值推算
3	架设拱圈前,台后填土完成量	90%以上		1	按填土状况推算
4	桥台水平位移	在设计允许值内		2	全站仪或经纬仪

检验数量和方法:按表的规定检验。

城市桥梁工程钢及钢混凝土组合柱墩施工检验批质量验收记录表(一)

渝市政验收6-10-6

单位(子单位)工程名称	重庆市渝中区××桥梁工程K1+000~K2+000合同段		
分部(子分部)工程名称	K1+000~K2+000合同段钢混凝土组合墩柱		
分项工程名称	钢混凝土组合墩柱施工	验收部位	2#墩
施工单位	重庆市××市政工程(集团)有限公司	项目经理	段××
分包单位	重庆××桥梁工程有限公司	负责人	解××
施工执行标准名称及编号	重庆市《城市桥梁工程施工质量验收规范》DBJ 50-086—2008		

项目	施工质量验收规范规定					施工单位检验记录							监理单位检验记录
	序号	检查项目			规定值及允许偏差(mm)								
主控项目	1	钢结构制作与施工			符合规范要求	符合规范要求。							符合规范要求。
主控项目	2	混凝土用水泥、砂、石、水、外掺剂及混合材料的质量和规格			符合设计和规范要求,按配合比施工	检查产品合格证、出厂检验报告、进场复验报告和配合比设计报告,符合设计和规范要求。							符合规范要求。
主控项目	3	混凝土强度			符合规范要求	符合规范要求,试块试验报告:201502014。							符合规范要求。
一般项目	1	钢柱、墩、管构件等其他钢构件单元预拼装	多节柱	预拼装单元总长	±5.0	2.3	3.1	3.5	4.2	1.9	2.7	3.0	符合规范要求。
				预拼装单元弯曲矢高	L/1500且≤5.0	√	√	√	√	√	√	√	符合规范要求。
				接口错边	2.0	1.0	0.8	1.4	1.2	0.7	1.6	1.3	符合规范要求。
				预拼装单元柱身扭曲	H/200且≤5.0	√	√	√	√	√	√	√	符合规范要求。
				顶紧面至任一牛腿距离	±2.0	0.9	1.5	1.3	1.1	1.7	1.5	1.0	符合规范要求。
	2		管构件	预拼装单元总长	±5.0	1.5	2.7	3.4	4.2	1.9	2.7	3.1	符合规范要求。
				预拼装单元弯曲矢高	L/1500且≤5.0	√	√	√	√	√	√	√	符合规范要求。
				对口错边	t/10且≤2.0	√	√	√	√	√	√	√	符合规范要求。
				坡口间隙	+2.0,-1.0	√	√	√	√	√	√	√	符合规范要求。
	3		构件平面总体预拼装	各层柱距	±4.0	2.0	2.3	3.5	1.9	1.5	2.7	3.4	符合规范要求。
				相邻层梁与梁之间距离	±3.0	2	1	1	2	1	2	2	符合规范要求。
				各层间框两对角线之差	H/2000且≤5.0	√	√	√	√	√	√	√	符合规范要求。
				任意两对角线之差	H/2000且≤8.0	√	√	√	√	√	√	√	符合规范要求。
	施工员		伍××			施工班组长			李××				
施工单位检查评定结果	检查情况: 经检查,主控项目和一般项目均符合设计要求和重庆市《城市桥梁工程施工质量验收规范》(DBJ 50-086—2008)规定,评定合格。 项目专职质量员:李×× 2015年5月20日												
监理单位验收结论	验收意见: 同意施工单位评定结果,验收合格,同意进行下道工序施工。 专业监理工程师:张×× 2015年5月20日												

城市桥梁工程钢及钢混凝土组合柱墩施工检验批质量验收记录表（二）

渝市政验收6-10-7

单位（子单位）工程名称	重庆市渝中区××桥梁工程K1+000～K2+000合同段		
分部（子分部）工程名称	K1+000～K2+000合同段钢混凝土组合墩柱		
分项工程名称	钢混凝土组合墩柱	验收部位	2#墩
施工单位	重庆市××市政工程（集团）有限公司	项目经理	段××
分包单位	重庆××桥梁工程有限公司	负责人	解××
施工执行标准名称及编号	重庆市《城市桥梁工程施工质量验收规范》DBJ 50-086—2008		

项目	施工质量验收规范规定				施工单位检验记录							监理单位检验记录
	序号		检查项目	规定值及允许偏差（mm）								
一般项目	4	钢墩柱	柱底面到柱顶支承面的距离	±5	2	3	−4	1	2	−3	4	符合规范要求。
	5		柱身截面	±3	1	−2	2	2	−1	−2	1	符合规范要求。
	6		柱身轴线与柱顶支撑垂直度	±5	4	−2	3	2	1	−4	2	符合规范要求。
	7		柱顶支承面几何尺寸	±3	2	−1	2	−2	−1	1	1	符合规范要求。
	8		柱身挠曲	L/1000且≤10	√	√	√	√	√	√	√	符合规范要求。
	9		柱身接口错茬	≤3	√	√	√	√	√	√	√	符合规范要求。
	10											
	11											
	12											
	13											
	14											
	15											
	16											

	施工员	伍××	施工班组长	李××
施工单位检查评定结果	检查情况： 经检查，主控项目和一般项目均符合设计要求和重庆市《城市桥梁工程施工质量验收规范》（DBJ 50-086—2008）规定，评定合格。 项目专职质量员：李×× 2015年5月20日			
监理单位验收结论	验收意见： 同意施工单位评定结果，验收合格，同意进行下道工序施工。 专业监理工程师：张×× 2015年5月20日			

说明：

主控项目

1. 钢结构部分应按照相关规范执行。

2. 所采用的砂、石、水泥、水、外掺剂及混合材料的质量和规格必须符合设计和有关规范要求，按规定的配合比施工。检验数量：按抽样检测方案确定。检验方法：检查检测报告。

3. 混凝土强度应符合重庆市《城市桥梁工程施工质量验收规范》附录G的要求。检验数量：按重庆市《城市桥梁工程施工质量验收规范》附录F执行。检验方法：按重庆市《城市桥梁工程施工质量验收规范》附录G执行。

一般项目

1. 钢柱、墩、管构体等其他钢构件单元预拼装允许偏差应符合表1规定。

表1 钢柱、墩、管构体等其他钢构件单元预拼装允许偏差

序号	项目		允许偏差（mm）	检验频率		检验方法
				范围	点数	
1	多节柱	预拼装单元总长	±5.0	每单元	1	用尺量全长
		预拼装单元弯曲矢高	L/1500，且≤5.0		3	沿全长量取最大点
		接口错边	2.0			用焊缝量规测量
		预拼装单元柱身扭曲	H/200，且≤5.0			用拉线、吊线和尺量
		顶紧面至任一牛腿距离	±2.0		1	用尺量
2	管构件	预拼装单元总长	±5.0			
		预拼装单元弯曲矢高	L/1500，且≤5.0		3	用拉线、吊线和尺量
		对口错边	t/10，且≤2.0			用焊缝量规测量
		坡口间隙	+2.0 −1.0			
3	构件平面总体预拼装	各层柱距	±4.0		1	用尺量
		相邻层梁与梁之间距离	±3.0			
		各层间框架两对角线之差	H/2000，且≤5.0		2	
		任意两对角线之差	H/2000，且≤8.0			

注：表中L为拼装单元长；H为柱高；t为钢板厚度。

检验数量和检验方法：按表的规定检验。

2. 钢墩柱允许偏差应符合表2规定。

表2 钢墩柱允许偏差

序号	项目	允许偏差（mm）	检验频率		检验方法
			范围	点数	
1	柱底面到柱顶支承面的距离	±5	每件	2	用尺量
2	柱身截面	±3			
3	柱身轴线与柱顶支承垂直度	±5			挂垂线量取
4	柱顶支承面几何尺寸	±3			用尺量
5	柱身挠曲	L/1000，且≤10			
6	柱身接口错茬	≤3			

注：表中L为梁长。

检验数量和检验方法：按表的规定检验。

城市桥梁工程台背填土施工检验批质量验收记录表

渝市政验收6-10-8

<table>
<tr><td colspan="3">单位(子单位)工程名称</td><td colspan="10">重庆市渝中区××桥梁工程K1+000～K2+000合同段</td></tr>
<tr><td colspan="3">分部(子分部)工程名称</td><td colspan="10">K1+000～K2+000合同段墩台背填土</td></tr>
<tr><td colspan="3">分项工程名称</td><td colspan="4">墩台背填土</td><td colspan="4">验收部位</td><td colspan="2">2#墩</td></tr>
<tr><td colspan="3">施工单位</td><td colspan="4">重庆市××市政工程(集团)有限公司</td><td colspan="4">项目经理</td><td colspan="2">张××</td></tr>
<tr><td colspan="3">分包单位</td><td colspan="4">重庆××桥梁工程有限公司</td><td colspan="4">负责人</td><td colspan="2">李××</td></tr>
<tr><td colspan="3">施工执行标准名称及编号</td><td colspan="10">重庆市《城市桥梁工程施工质量验收规范》DBJ 50-086—2008</td></tr>
<tr><td rowspan="3">项目</td><td colspan="4">施工质量验收规范规定</td><td colspan="7" rowspan="3">施工单位检验记录</td><td rowspan="3">监理单位检验记录</td></tr>
<tr><td rowspan="2">序号</td><td rowspan="2">检查项目</td><td colspan="2">规定值及允许偏差</td></tr>
<tr><td>快速路、主干路</td><td>主干路及支路</td></tr>
<tr><td rowspan="6">主控项目</td><td>1</td><td>压实度(%)</td><td>96</td><td>95</td><td>√</td><td>√</td><td>√</td><td>√</td><td>√</td><td>√</td><td>√</td><td>符合规范要求。</td></tr>
<tr><td>2</td><td></td><td></td><td></td><td></td><td></td><td></td><td></td><td></td><td></td><td></td><td></td></tr>
<tr><td>3</td><td></td><td></td><td></td><td></td><td></td><td></td><td></td><td></td><td></td><td></td><td></td></tr>
<tr><td>4</td><td></td><td></td><td></td><td></td><td></td><td></td><td></td><td></td><td></td><td></td><td></td></tr>
<tr><td>5</td><td></td><td></td><td></td><td></td><td></td><td></td><td></td><td></td><td></td><td></td><td></td></tr>
<tr><td>6</td><td></td><td></td><td></td><td></td><td></td><td></td><td></td><td></td><td></td><td></td><td></td></tr>
<tr><td rowspan="4">一般项目</td><td>1</td><td>台身强度</td><td colspan="2">达到设计强度的75%以上方可填土</td><td>√</td><td>√</td><td>√</td><td>√</td><td>√</td><td>√</td><td>√</td><td>符合规范要求。</td></tr>
<tr><td>2</td><td></td><td></td><td></td><td></td><td></td><td></td><td></td><td></td><td></td><td></td><td></td></tr>
<tr><td>3</td><td></td><td></td><td></td><td></td><td></td><td></td><td></td><td></td><td></td><td></td><td></td></tr>
<tr><td>4</td><td></td><td></td><td></td><td></td><td></td><td></td><td></td><td></td><td></td><td></td><td></td></tr>
<tr><td colspan="3">施工员</td><td colspan="4">伍××</td><td colspan="4">施工班组长</td><td colspan="2">李××</td></tr>
<tr><td colspan="2">施工单位检查评定结果</td><td colspan="11">检查情况：
经检查，主控项目和一般项目均符合设计要求和重庆市《城市桥梁工程施工质量验收规范》(DBJ 50-086—2008)规定，评定合格。
项目专职质量员：李××
2015年5月20日</td></tr>
<tr><td colspan="2">监理单位验收结论</td><td colspan="11">验收意见：
同意施工单位评定结果，验收合格，同意进行下道工序施工。
专业监理工程师：张××
2015年5月20日</td></tr>
</table>

说明：

主控项目

台后搭板下的台后填土应分层填筑压实，填土预压沉降量控制应在施工桥头搭板前完成。背填土压实度见下表规定。

表　台背填土压实度

<table>
<tr><td rowspan="3">序号</td><td rowspan="3">实测项目</td><td colspan="2">规定值或允许偏差</td><td rowspan="3">检查方法和频率</td></tr>
<tr><td>快速路、主干路</td><td>主干路及支路</td></tr>
<tr><td>96</td><td>95</td></tr>
<tr><td>1</td><td>压实度(%)</td><td>96</td><td>95</td><td>灌砂法检验
每50m²每压实层至少检查1点</td></tr>
</table>

一般项目

台身强度达到设计强度的75%以上时，方可进行填土。拱桥台背填土必须在承受拱圈水平推力以前完成。检验数量：全部。检验方法：检查施工记录。

城市桥梁工程桥台搭板施工检验批质量验收记录表

渝市政验收6-10-9

<table>
<tr><td colspan="3">单位(子单位)工程名称</td><td colspan="10">重庆市渝中区××桥梁工程K1+000～K2+000合同段</td></tr>
<tr><td colspan="3">分部(子分部)工程名称</td><td colspan="10">K1+000～K2+000合同段桥台</td></tr>
<tr><td colspan="3">分项工程名称</td><td>桥台搭板施工</td><td colspan="4">验收部位</td><td colspan="5">1#桥台</td></tr>
<tr><td colspan="3">施工单位</td><td>重庆市××市政工程(集团)有限公司</td><td colspan="4">项目经理</td><td colspan="5">段××</td></tr>
<tr><td colspan="3">分包单位</td><td>重庆××桥梁工程有限公司</td><td colspan="4">负责人</td><td colspan="5">李××</td></tr>
<tr><td colspan="3">施工执行标准名称及编号</td><td colspan="10">重庆市《城市桥梁工程施工质量验收规范》DBJ 50-086—2008</td></tr>
<tr><td rowspan="2">项目</td><td colspan="4">施工质量验收规范规定</td><td colspan="7" rowspan="2">施工单位检验记录</td><td rowspan="2">监理单位检验记录</td></tr>
<tr><td>序号</td><td colspan="2">检查项目</td><td>规定值及允许偏差(mm)</td></tr>
<tr><td rowspan="8">主控项目</td><td>1</td><td colspan="2">桥台搭板与桥台连接的传力杆设置</td><td>符合设计要求</td><td colspan="7">检查安装记录,符合设计要求。</td><td>符合规范要求。</td></tr>
<tr><td>2</td><td colspan="2">砂、石、水泥、水、外掺剂及混合材料的质量和规格</td><td>符合设计和规范要求,按规定配合比施工</td><td colspan="7">检查检测报告,符合设计和规范要求。</td><td>符合规范要求。</td></tr>
<tr><td>3</td><td colspan="2">混凝土强度</td><td>符合规范要求</td><td colspan="7">符合规范要求,试块试验报告:×××。</td><td>符合规范要求。</td></tr>
<tr><td>4</td><td colspan="2">钢筋质量和施工</td><td>符合规范要求</td><td colspan="7">检查产品合格证、出厂检验报告、进场复验报告,符合规范要求。</td><td>符合规范要求。</td></tr>
<tr><td>5</td><td colspan="2"></td><td></td><td colspan="7"></td><td></td></tr>
<tr><td>6</td><td colspan="2"></td><td></td><td colspan="7"></td><td></td></tr>
<tr><td>7</td><td colspan="2"></td><td></td><td colspan="7"></td><td></td></tr>
<tr><td>8</td><td colspan="2"></td><td></td><td colspan="7"></td><td></td></tr>
<tr><td rowspan="5">一般项目</td><td>1</td><td rowspan="5">桥台搭板</td><td>宽度</td><td>±10</td><td>8</td><td>7</td><td>6</td><td>−5</td><td>4</td><td>−8</td><td>3</td><td>符合规范要求。</td></tr>
<tr><td>2</td><td>厚度</td><td>±5</td><td>3</td><td>−4</td><td>2</td><td>1</td><td>−2</td><td>4</td><td>2</td><td>符合规范要求。</td></tr>
<tr><td>3</td><td>长度</td><td>±10</td><td>8</td><td>7</td><td>5</td><td>6</td><td>4</td><td>5</td><td>3</td><td>符合规范要求。</td></tr>
<tr><td>4</td><td>顶面高程</td><td>±10</td><td>√</td><td>√</td><td>√</td><td>√</td><td>√</td><td>√</td><td>√</td><td>符合规范要求。</td></tr>
<tr><td>5</td><td>平整度</td><td>≤5</td><td>√</td><td>√</td><td>√</td><td>√</td><td>√</td><td>√</td><td>√</td><td>符合规范要求。</td></tr>
<tr><td colspan="3" rowspan="2">施工单位检查评定结果</td><td>施工员</td><td>伍××</td><td colspan="4">施工班组长</td><td colspan="4">李××</td></tr>
<tr><td colspan="10">检查情况:
经检查,主控项目和一般项目均符合设计要求和重庆市《城市桥梁工程施工质量验收规范》(DBJ 50-086—2008)规定,评定合格。
项目专职质量员:李××
2015年5月20日</td></tr>
<tr><td colspan="3">监理单位验收结论</td><td colspan="10">验收意见:
同意施工单位评定结果,验收合格,同意进行下道工序施工。
专业监理工程师:张××
2015年5月20日</td></tr>
</table>

说明：

主控项目

1. 桥台搭板与桥台连接的传力杆设置应符合设计要求。检验数量：全部.检验方法：观察检查和检查安装记录。

2. 所采用的砂、石、水泥、水、外掺剂及混合材料的质量和规格必须符合设计和有关规范要求，按规定的配合比施工。检验数量：按抽样检测方案确定。检验方法：检查检测报告。

3. 混凝土强度应符合重庆市《城市桥梁工程施工质量验收规范》附录G的要求。检验数量和方法：按重庆市《城市桥梁工程施工质量验收规范》附录F、G执行。

4. 所用钢筋质量和施工应符合相关规范规定。

一般项目

桥台搭板允许偏差应符合下表的规定。

表　桥台搭板允许偏差

<table>
<tr><th rowspan="2">序号</th><th rowspan="2">项目</th><th rowspan="2">允许偏差
（mm）</th><th colspan="2">检查频率</th><th rowspan="2">检验方法</th></tr>
<tr><th>范围</th><th>点数</th></tr>
<tr><td>1</td><td>宽度</td><td>±10</td><td rowspan="5">每块搭板</td><td rowspan="5">2</td><td rowspan="3">用尺量</td></tr>
<tr><td>2</td><td>厚度</td><td>±5</td></tr>
<tr><td>3</td><td>长度</td><td rowspan="2">±10</td></tr>
<tr><td>4</td><td>顶面高程</td><td>用水准仪测量</td></tr>
<tr><td>5</td><td>平整度</td><td>≤5</td><td>2m直尺</td></tr>
</table>

检验数量和检验方法：按表的规定检验。

城市桥梁工程梁(板)预制与架设梁桥(钢筋混凝土及预应力混凝土梁(板)预制与架设)

施工检验批质量验收记录表

渝市政验收6-11-1

单位(子单位)工程名称	重庆市渝中区××桥梁工程K1+000～K2+000合同段		
分部(子分部)工程名称	K1+000～K2+000合同段梁(板)预制与架设梁桥		
分项工程名称	钢筋混凝土及预应力混凝土梁(板)预制与架设	验收部位	1#节段
施工单位	重庆市××市政工程(集团)有限公司	项目经理	张××
分包单位	重庆××桥梁工程有限公司	负责人	李××
施工执行标准名称及编号	重庆市《城市桥梁工程施工质量验收规范》DBJ 50-086—2008		

项目	施工质量验收规范规定				施工单位检验记录							监理单位检验记录
	序号	检查项目		规定值及允许偏差(mm)								
主控项目	1	预制梁(板)混凝土强度		符合设计和规范要求	符合设计和规范要求,试块实验报告:20150321。							符合规范要求。
	2	钢筋(包括预应力筋)质量		符合规范规定	检查产品合格证、出厂检验报告、进场复验报告,符合规范规定。							符合规范要求。
	3	预制梁(板)场内移动或安装时混凝土强度和预应力混凝土构件的孔道水泥浆强度		达到设计规定强度,当设计无规定时,混凝土应达到设计强度的80%;水泥浆不低于构件混凝土设计规定强度的80%	检查混凝土和砂浆强度检测报告,符合设计要求。							符合规范要求。
一般项目	1	拆除和抽取预制梁(板)芯模时,混凝土抗压强度		不低于设计强度的30%	检查混凝土强度检测报告,符合设计要求。							符合规范要求。
	2	平面位置	顺桥纵轴线方向	5	4	2	1	2	1	3	4	符合规范要求。
			垂直桥纵轴线方向	10	8	7	6	5	4	8	7	符合规范要求。
	3	相邻两构件支点处高差		10	6	5	2	3	5	8	7	符合规范要求。
	4	相邻构件接缝宽度		10	6	5	8	7	3	3	4	符合规范要求。
	5	横隔梁相对位置	焊接	10	1	5	6	8	7	1	5	符合规范要求。
			现浇混凝土接头	20	11	15	17	12	13	16	18	符合规范要求。
	6	伸缩装置宽度		+10,-5	8	6	-4	-3	7	5	6	符合规范要求。
	7	支座板	每块位置	5	2	3	4	2	1	4	3	符合规范要求。
			每块边缘高差	1	√	√	√	√	√	√	√	符合规范要求。
			每根梁、板同端两支座板高差	2	1	0	1	0	1	1	1	符合规范要求。
	8	焊缝长度		不小于设计规定	√	√	√	√	√	√	√	符合规范要求。
	9	梁间焊接板高差		10	√	√	√	√	√	√	√	符合规范要求。
	10	梁间焊接板立缝		20	√	√	√	√	√	√	√	符合规范要求。

	施工员	伍××	施工班组长	李××
施工单位检查评定结果	检查情况: 经检查,主控项目和一般项目均符合设计要求和重庆市《城市桥梁工程施工质量验收规范》(DBJ50-086—2008)规定,评定合格。 项目专职质量员:李×× 2015年5月20日			
监理单位验收结论	验收意见: 同意施工单位评定结果,验收合格,同意进行下道工序施工。 专业监理工程师:张×× 2015年5月20日			

说明：

主控项目

1. 预制梁（板）混凝土强度必须符合设计和相关规范要求。检验数量和方法：按重庆市《城市桥梁工程施工质量验收规范》附录F、附录G执行。

2. 所用钢筋（包括预应力筋）质量和应符合相关规范规定。

3. 预制梁（板）场内移动或安装时的混凝土强度和预应力混凝土构件的孔道水泥浆强度应达到设计规定强度，当设计无规定时，混凝土应达到设计强度的80%；水泥浆应不低于构件混凝土设计规定强度的80%。检验数量：全部。检验方法：检查混凝土和水泥浆强度检测报告。

一般项目

1. 拆除和抽取预制梁（板）芯模时，混凝土抗压强度不宜低于设计强度的30%。检验数量：全部。检验方法：检查混凝土强度检测报告。

2. 钢筋混凝土及预应力混凝土梁（板）安装允许偏差应符合下表规定。

表　梁（板）安装允许偏差

序号	项目		允许偏差（mm）	检查频率		检验方法
				范围	点数	
1	平面位置	顺桥纵轴线方向	5		1	经纬仪
		垂直桥纵轴线方向	10			
2	相邻两构件支点处高差		10		2	钢尺测量
	相邻构件接缝宽度					
3	横隔梁相对位置	焊接	10	每孔 抽查25%	1	
		现浇混凝土接头	20			
4	伸缩装置宽度		+10,-5			
5	支座板	每块位置	5		2	钢尺测量，纵、横各1点
		每块边缘高差	1			
		每根梁、板同端两支座板高差	2			
6	焊缝长度		不小于设计规定	每个构件（每孔）抽查25%	1	钢尺测量
7	梁间焊接板高差		10			
8	梁间焊接板立缝		20		2	

检验数量和检验方法：按表的规定检验。

城市桥梁工程梁(板)预制与架设梁桥(钢—混凝土结合梁(板)预制与架设)

施工检验批质量验收记录表

渝市政验收6-11-2

单位(子单位)工程名称	重庆市渝中区××桥梁工程K1+000～K2+000合同段		
分部(子分部)工程名称	K1+000～K2+000合同段梁(板)预制与架设梁桥		
分项工程名称	钢—混凝土结合梁(板)预制与架设	验收部位	1#节段
施工单位	重庆市××市政工程(集团)有限公司	项目经理	张××
分包单位	重庆××桥梁工程有限公司	负责人	李××
施工执行标准名称及编号	重庆市《城市桥梁工程施工质量验收规范》DBJ 50-086—2008		

项目	序号	检查项目			规定值及允许偏差(mm)	施工单位检验记录							监理单位检验记录
主控项目	1	钢结构材料、制造			符合规范规定	检查产品合格证、出厂检验报告、进场复验报告,符合规范规定。							符合规范要求。
	2	预制或现浇混凝土强度			符合设计要求	符合设计要求,试块试验报告:×××。							符合规范要求。
	3	钢筋(包括预应力筋)质量和施工			符合规范规定	检查产品合格证、出厂检验报告、进场复验报告,符合规范规定。							符合规范要求。
一般项目	1	工字形钢梁段	梁高(mm)	主梁	±2	1.0	1.3	1.5	1.1	1.8	1.5	1.6	符合规范要求。
				横梁	±1.5	1.2	1.0	−0.9	0.8	0.7	1.1	1.4	符合规范要求。
	2		梁长(mm)	主梁	±2	1.3	−1.5	1.1	−1.8	0.9	−0.7	0.6	符合规范要求。
				横梁	±2	1.2	0.7	1.1	1.3	1.5	1.1	1.8	符合规范要求。
	3		梁宽(mm)	主梁	±2	1.6	−1.5	1.3	−1.5	−1.1	1.8	0.8	符合规范要求。
				横梁	±2	1.1	1.3	1.5	−1.1	1.8	1.3	1.0	符合规范要求。
	4		梁腹板平面度	主梁	h/350,且≤8	√	√	√	√	√	√	√	符合规范要求。
				横梁	h/500,且≤5	√	√	√	√	√	√	√	符合规范要求。
	5		拱度(mm)	主梁	+3,0	√	√	√	√	√	√	√	符合规范要求。
				两主梁差	3	2	1	2	1	2	1	2	符合规范要求。
	6		连接	焊缝尺寸	符合设计要求	符合设计要求。							符合规范要求。
				焊缝探伤		符合设计要求。							符合规范要求。
				高强螺栓扭矩(%)	±10	√	√	√	√	√	√	√	符合规范要求。
	7	混凝土尺寸(mm)		厚	+10,0	√	√	√	√	√	√	√	符合规范要求。
				宽	±30	22	21	−15	19	−18	13	15	符合规范要求。
	8	高程(mm)		L≤200	±20								
				L>200	±L/20000	√	√	√	√	√	√	√	符合规范要求。
	9	横坡(%)			±0.15	√	√	√	√	√	√	√	符合规范要求。
	10	混凝土板浇筑或安装顺序			符合设计要求	无露筋和空洞现象,符合设计要求。							符合规范要求。

施工员	伍××	施工班组长	李××

施工单位检查评定结果

检查情况:

经检查,主控项目和一般项目均符合设计要求和重庆市《城市桥梁工程施工质量验收规范》(DBJ 50-086—2008)规定,评定合格。

项目专职质量员:李××

2015年5月20日

监理单位验收结论

验收意见:

同意施工单位评定结果,验收合格,同意进行下道工序施工。

专业监理工程师:张××

2015年5月20日

说明：

主控项目

1. 钢—混凝土结合梁桥钢结构材料、制造按照相关规范规定执行。

2. 钢—混凝土结合梁桥预制或现浇混凝土强度必须符合设计要求。检验数量和方法：按重庆市《城市桥梁工程施工质量验收规范》附录F、附录G执行。

3. 所用钢筋（包括预应力筋）质量和施工应符合相关规范规定。

一般项目

1. 工地拼装架设工字形钢梁段允许偏差应符合表1规定。

表1　工字形钢梁段允许偏差

序号	检查项目		规定值或允许偏差	检查方法和频率
1	梁高（mm）	主梁	±2	尺量：每梁段检查2处
		横梁	±1.5	
2	梁长（mm）	主梁	±2	尺量：每梁段
		横梁	±2	
3	梁宽（mm）	主梁	±2	尺量：每梁段检查2处
		横梁	±2	
4	梁腹板平面度	主梁	h/350，且≤8	2m直尺：沿长度方向每段量2～3尺
		横梁	h/500，且≤5	
5	拱度（mm）	主梁	+3，0	在下翼缘外侧拉线测量：每段1处
		两主梁差	3	
6	连接	焊缝尺寸	符合设计要求	量规：检查全部
		焊缝探伤		超声：检查全部 射线：按设计规定，设计无规定时按10%抽查
		高强螺栓扭矩	±10%	测力扳手：检查5%，且不少于2个

检验数量和检验方法：按表的规定检验。

2. 混凝土板的浇筑或安装顺序必须按照设计要求，不得出现露筋和空洞现象。检验数量：全部。检验方法：外观检查。

3. 现浇混凝土板施工允许偏差应符合表2规定。

表2　现浇混凝土板施工允许偏差

序号	检查项目		规定值或允许偏差		检查方法和频率
1	混凝土尺寸（mm）	厚	+10，-0		尺量：每段2个断面
		宽	±30		
2	高程（mm）		L≤200m	±20	经纬仪：每跨检查5～11处
			L>200m	±L/20000	
3	横坡（%）		±0.15		水准仪：每跨测量3～8个断面

注：L为跨径。

检验数量和检验方法：按表的规定检验。

4. 剪力传递器（剪力键）必须满足设计要求。检验数量：全部。检验方法：外观检查。

城市桥梁工程梁(板)预制与架设梁桥(钢箱(桁)梁制造与安装)施工检验批质量验收记录表(一)

渝市政验收6-11-3

单位(子单位)工程名称	重庆市渝中区××桥梁工程K1+000～K2+000合同段				
分部(子分部)工程名称	K1+000～K2+000合同段梁(板)预制与架设梁桥				
分项工程名称	钢箱梁制造与安装		验收部位	1#节段	
施工单位	重庆市××市政工程(集团)有限公司		项目经理	张××	
分包单位	重庆××桥梁工程有限公司		负责人	李××	
施工执行标准名称及编号	重庆市《城市桥梁工程施工质量验收规范》DBJ 50-086—2008				
项目	施工质量验收规范规定			施工单位检验记录	监理单位检验记录
	序号	检查项目	规定值及允许偏差(mm)		
主控项目	1	整孔(段)钢梁及其所用剪力(联结)器、高强度螺栓连接附、零部件的规格、型号	符合设计要求和规范规定	检查工厂按批提供的产品质量保证书、尺量,符合设计要求和规范规定。	符合规范要求。
	2	焊缝质量	符合设计要求和规范规定	无裂纹、未熔合、夹渣、焊瘤等缺陷符合设计要求和规范规定。	符合规范要求。
	3	钢桁梁、刚板梁、钢箱梁节段工地以高强度螺栓栓接时,节点摩擦面抗滑移系数,高强度螺栓连接附的规格、质量、扭矩系数	符合设计要求和规范规定	符合设计要求和规范规定。	符合规范要求。
	4	在支架上拼装钢桁梁或钢箱梁时,冲钉和高强度螺栓数量	不少于孔眼总数的1/3,其中冲钉应占2/3,孔眼较少部位冲钉和高强度螺栓数量不少于6个	符合规范要求。	符合规范要求。
	5	采用悬臂法或半悬臂法拼装钢桁梁或钢箱梁时,联结处冲钉数量	按所承受荷载计算决定,不得少于孔眼总数的一半,其余孔眼布置高强度螺栓	检查计算资料,符合规范要求。	符合规范要求。
	6	杆件或节段拼装时栓接板面及栓孔处理	洁净、干燥、平整	洁净、干燥、平整,符合规范要求。	符合规范要求。
	7	杆件或节段拼装时,拼接出现摩擦间隙时,板面处理	符合标准规定	量角器量测,符合规范要求。	符合规范要求。
	8	扭矩法终拧检查扭矩,欠拧和超拧值	不大于规定值的10%,每个栓群或节点检查螺栓合格率不得小于80%	弯曲试验,符合设计规定。	符合规范要求。
	9	工地焊接焊钉柔性连接器的焊接质量	符合设计规定,当设计无规定时,应符合规范规定	检查工厂按批提供的产品质量保证书、尺量,符合设计要求和规范规定。	符合规范要求。
施工单位检查评定结果	施工员	伍××		施工班组长	李××
	检查情况: 经检查,主控项目和一般项目均符合设计要求和重庆市《城市桥梁工程施工质量验收规范》(DBJ 50-086—2008)规定,评定合格。 项目专职质量员:李×× 2015年5月20日				
监理单位验收结论	验收意见: 同意施工单位评定结果,验收合格,同意进行下道工序施工。 专业监理工程师:张×× 2015年5月20日				

城市桥梁工程梁（板）预制与架设梁桥（钢箱（桁）梁制造与安装）施工检验批质量验收记录表（二）

渝市政验收6-11-4

单位（子单位）工程名称	重庆市渝中区××桥梁工程K1+000～K2+000合同段		
分部（子分部）工程名称	K1+000～K2+000合同段梁（板）预制与架设梁桥		
分项工程名称	钢桁梁制造与安装	验收部位	1#节段
施工单位	重庆市××市政工程（集团）有限公司	项目经理	张××
分包单位	重庆××桥梁工程有限公司	负责人	李××
施工执行标准名称及编号	重庆市《城市桥梁工程施工质量验收规范》DBJ 50-086—2008		

项目	序号	检查项目			规定值及允许偏差（mm）	施工单位检验记录							监理单位检验记录
一般项目	1		联结杆件系统	高度	±1.5	1.2	1.0	0.9	−0.8	0.7	−1.1	1.4	符合规范要求。
				盖板宽度	±2.0	1.5	−1.2	1.1	0.9	1.0	−1.4	1.7	符合规范要求。
				长度	±5	4	2	3	2	3	1	2	符合规范要求。
	2	钢桁梁杆件	纵横梁	纵梁高度	±1.0	0.8	0.6	−0.5	0.7	−0.5	0.4	0.6	符合规范要求。
				横梁高度	±1.5	1.2	1.4	1.2	1.0	0.9	−0.8	0.7	符合规范要求。
				盖板宽度	±2.0	1.2	1.0	0.9	−0.8	1.5	−1.2	−1.4	符合规范要求。
				纵梁长度	+0.5，−1.5	0.2	0.3	−0.1	−0.4	1.0	0.5	−1.2	符合规范要求。
				横梁长度	±1.5	1.2	1.4	1.1	−0.9	1.1	−0.7	0.6	符合规范要求。
				旁弯	3	√	√	√	√	√	√	√	符合规范要求。
				上拱度	+3，0	√	√	√	√	√	√	√	符合规范要求。
				腹板平面度	h/500，且≤5	√	√	√	√	√	√	√	符合规范要求。
				盖板对腹板的垂直度	0.5（有孔部位） 1.5（其他部位）	√	√	√	√	√	√	√	符合规范要求。
	3		主桁杆件	高度	±1.0	0.5	0.4	0.8	0.6	−0.5	0.7	0.2	符合规范要求。
				盖板宽度	±2.0	1.2	1.1	−1.8	1.2	1.3	−1.0	1.3	符合规范要求。
				长度	±5	4	−4	−2	−3	2	3	2	符合规范要求。
				工形杆件的盖板对腹板的垂直度	0.5（有孔部位） 1.5（其他部位）	√	√	√	√	√	√	√	符合规范要求。
				弯曲	2.0（L≤4000） 3.0（4000<L≤16000） 5.0（L>16000）	√	√	√	√	√	√	√	符合规范要求。
				扭曲	3	√	√	√	√	√	√	√	符合规范要求。
	施工员	伍××		施工班组长	李××								

施工单位检查评定结果	检查情况： 经检查，主控项目和一般项目均符合设计要求和重庆市《城市桥梁工程施工质量验收规范》（DBJ 50-086—2008）规定，评定合格。 项目专职质量员：李×× 2015年5月20日
监理单位验收结论	验收意见： 同意施工单位评定结果，验收合格，同意进行下道工序施工。 专业监理工程师：张×× 2015年5月20日

城市桥梁工程梁(板)预制与架设梁桥(钢箱(桁)梁制造与安装)
施工检验批质量验收记录表(三)

渝市政验收6-11-5

单位(子单位)工程名称	重庆市渝中区××桥梁工程K1+000~K2+000合同段		
分部(子分部)工程名称	K1+000~K2+000合同段梁(板)预制与架设梁桥		
分项工程名称	钢板梁制造与安装	验收部位	1#节段
施工单位	重庆市××市政工程(集团)有限公司	项目经理	张××
分包单位	重庆××桥梁工程有限公司	负责人	李××
施工执行标准名称及编号	重庆市《城市桥梁工程施工质量验收规范》DBJ 50-086—2008		

项目	序号	施工质量验收规范规定				施工单位检验记录							监理单位检验记录
		检查项目			规定值及允许偏差(mm)								
一般项目	4	钢板梁	梁高	≤2.0m	±2	1	1	1	0	1	1	0	符合规范要求。
				>2.0m	±4								
	5		跨度		±8	5	4	−6	7	−3	−2	5	符合规范要求。
	6		全长		±15	12	11	9	−8	7	−6	8	符合规范要求。
	7		纵梁长度		+0.5,−1.5	0.2	0.3	−0.1	−0.4	1.0	0.5	−1.2	符合规范要求。
	8		横梁长度		±1.5	1.2	1.4	1.2	1.0	0.9	−0.8	0.7	符合规范要求。
	9		纵梁高度		±1.0	0.8	0.6	−0.5	0.7	−0.5	0.4	0.6	符合规范要求。
	10		横梁高度		±1.5	1.2	1.0	0.9	−0.8	0.7	−1.1	1.4	符合规范要求。
	11		纵、横梁旁弯		3	√	√	√	√	√	√	√	符合规范要求。
	12		主梁拱度	不设拱度	+3,0	√	√	√	√	√	√	√	符合规范要求。
				设拱度	+10,−3	√	√	√	√	√	√	√	符合规范要求。
	13		两片主梁拱度差		4	2	1	1	2	1	3	2	符合规范要求。
	14		主梁腹板平面度		h/350且≤8	√	√	√	√	√	√	√	符合规范要求。
	15		纵横梁腹板平面度		h/500且≤5	√	√	√	√	√	√	√	符合规范要求。
	16		主梁、纵横梁盖板对腹板的垂直度	有孔部位	0.5	√	√	√	√	√	√	√	符合规范要求。
				其余部位	1.5	√	√	√	√	√	√	√	符合规范要求。

施工单位检查评定结果	施工员	伍××	施工班组长	李××
	检查情况: 经检查,主控项目和一般项目均符合设计要求和重庆市《城市桥梁工程施工质量验收规范》(DBJ 50-086—2008)规定,评定合格。 项目专职质量员:李×× 2015年5月20日			
监理单位验收结论	验收意见: 同意施工单位评定结果,验收合格,同意进行下道工序施工。 专业监理工程师:张×× 2015年5月20日			

城市桥梁工程梁(板)预制与架设梁桥(钢箱(桁)梁制造与安装)

施工检验批质量验收记录表(四)

渝市政验收6-11-6

单位(子单位)工程名称	重庆市渝中区××桥梁工程K1+000~K2+000合同段		
分部(子分部)工程名称	K1+000~K2+000合同段(板)预制与架设梁桥		
分项工程名称	钢箱梁制造与安装	验收部位	1#节段
施工单位	重庆市××市政工程(集团)有限公司	项目经理	张××
分包单位	重庆××桥梁工程有限公司	负责人	李××
施工执行标准名称及编号	重庆市《城市桥梁工程施工质量验收规范》DBJ 50-086—2008		

项目	序号	检查项目			规定值及允许偏差(mm)	施工单位检验记录							监理单位检验记录
一般项目	17	钢箱梁	梁高	≤2.0m	±2	1	1	1	0	1	1	0	符合规范要求。
				>2.0m	±4								符合规范要求。
	18		跨度		±(5+0.5L)	√	√	√	√	√	√	√	符合规范要求。
	19		全长		±15	10	11	9	8	−7	−11	−12	符合规范要求。
	20		腹板中心距		±3	1	2	−1	−2	1	−2	1	符合规范要求。
	21		盖板宽度		±4	2	3	−2	3	−2	−1	1	符合规范要求。
	22		横断面对角线差		4	2	3	1	2	1	2	3	符合规范要求。
	23		旁弯		3,±0.1L	√	√	√	√	√	√	√	符合规范要求。
	24		拱度		+10,−5	√	√	√	√	√	√	√	符合规范要求。
	25		支点高低差		5	2	3	4	1	2	4	2	符合规范要求。
	26		腹板平面度		h/250且≤8	√	√	√	√	√	√	√	符合规范要求。
	27		扭曲		每m≤1且每段≤10	√	√	√	√	√	√	√	符合规范要求。

施工员	伍××	施工班组长	李××
施工单位检查评定结果	检查情况： 经检查，主控项目和一般项目均符合设计要求和重庆市《城市桥梁工程施工质量验收规范》(DBJ 50-086—2008)规定，评定合格。 项目专职质量员：李×× 2015年5月20日		
监理单位验收结论	验收意见： 同意施工单位评定结果，验收合格，同意进行下道工序施工。 专业监理工程师：张×× 2015年5月20日		

城市桥梁工程梁(板)预制与架设梁桥(钢箱(桁)梁制造与安装)施工检验批质量验收记录表(五)

渝市政验收6-11-7

单位(子单位)工程名称	重庆市渝中区××桥梁工程K1+000~K2+000合同段		
分部(子分部)工程名称	K1+000~K2+000合同段梁(板)预制与架设梁桥		
分项工程名称	钢梁制造与安装	验收部位	1#节段
施工单位	重庆市××市政工程(集团)有限公司	项目经理	张××
分包单位	重庆××桥梁工程有限公司	负责人	李××
施工执行标准名称及编号	重庆市《城市桥梁工程施工质量验收规范》DBJ 50-086—2008		

项目	序号	检查项目(施工质量验收规范规定)	规定值及允许偏差(mm)	施工单位检验记录							监理单位检验记录
一般项目	28	钢梁 轴线偏位 钢梁中线	10	6	3	6	7	6	3	8	符合规范要求。
一般项目	28	钢梁 轴线偏位 两孔相邻横梁中线相对偏差(m)	5	4	2	1	3	4	2	1	符合规范要求。
一般项目	29	钢梁 梁底高程 墩台处梁底	±10	9	−7	8	5	2	−6	7	符合规范要求。
一般项目	29	钢梁 梁底高程 两孔相邻横梁相对高差	5	2	3	4	2	1	2	3	符合规范要求。
一般项目	30	钢梁 支座偏位 支座横桥向偏位	1	√	√	√	√	√	√	√	符合规范要求。
一般项目	30	钢梁 支座偏位 固定支座顺桥项向偏差 连续梁或60m以上简支梁	20	15	16	12	10	14	17	16	符合规范要求。
一般项目	30	钢梁 支座偏位 固定支座顺桥项向偏差 60m以下简支梁	10								
一般项目	30	钢梁 支座偏位 活动支座按设计气温定位前偏差	3	√	√	√	√	√	√	√	符合规范要求。
一般项目	31	钢梁 支座底板四角相对高差	2	√	√	√	√	√	√	√	符合规范要求。
一般项目	32	钢梁 连接 对接焊缝的对接尺寸、气孔率		√	√	√	√	√	√	√	符合规范要求。
一般项目	32	钢梁 连接 高强度螺栓扭矩(%)	±10	√	√	√	√	√	√	√	符合规范要求。
一般项目	33	钢梁 涂膜厚度	不小于设计值	√	√	√	√	√	√	√	符合规范要求。

施工员	伍××	施工班组长	李××
施工单位检查评定结果	检查情况: 经检查,主控项目和一般项目均符合设计要求和重庆市《城市桥梁工程施工质量验收规范》(DBJ 50-086—2008)规定,评定合格。 项目专职质量员:李×× 2015年5月20日		
监理单位验收结论	验收意见: 同意施工单位评定结果,验收合格,同意进行下道工序施工。 专业监理工程师:张×× 2015年5月20日		

说明：

主控项目

钢箱（桁）梁钢结构材料、制作应符合规范有关规定。

一般项目

1. 钢桁梁杆件允许偏差应符合下表1。

表1　钢桁梁杆件允许偏差

序号	项目		允许偏差（mm）	检验频率		检验方法
				范围	点数	
1	联结杆件系统	高度	±1.5	每根杆件	2	用尺量，两端腹板各计1点
		盖板宽度	±2.0		1	用尺量，每2m测一次
		长度	±5			用尺量，量全长
2	纵横梁	纵梁高度	±1.0		2	用尺量，两端腹板各计1点
		横梁高度	±1.5			
		盖板宽度	±2.0		1	每2m测一次
		纵梁长度	+0.5 −1.5		2	用尺量，两端联结角钢背至背之间的距离各计1点
		横梁长度	±1.5			
3	纵横梁	旁弯	3		1	用尺量，在腹板一侧距离主焊缝100mm处拉线量
		上拱度	+3 0			用尺量，在下盖外侧拉线量
		腹板平面度	h/500，且≤5		3	用平尺量
		盖板对腹板的垂直度	0.5（有孔部位） 1.5（其他部位）			用直角尺量
4	主桁杆件	高度	±1.0		2	用尺量，两端腹板各计1点
		盖板宽度	±2.0①		1	用尺量，每2m测一次
		长度	±5			用尺量全长
		工形杆件的盖板对腹板的垂直度	0.5（有孔部位） 1.5（其他部位）			用直角尺量
		弯曲	2.0（L≤4000） 3.0（4000＜L≤16000） 5.0（L＞16000）			用直角尺量
		扭曲	3			杆件置于平台上，四角中有三角接触平台，悬空一角与平台间隙

注：表中h为高度，①箱形杆件有拼接要求时为±1.0；L为长度。

检验数量和检验方法：按表的规定检验。

2. 钢板梁允许偏差应符合表2的规定。

表2 钢板梁允许偏差

序号	项目		允许偏差(mm)	检验频率		检验方法
				范围	点数	
1	梁高	≤2m	±2	每件	4	用钢尺测量两端腹板处高度
		>2m	±4			
2	跨度		±8		2	测量两支座中心距
3	全长		±15			测量全桥长度
4	纵梁长度		+0.5,-1.5			测量两端连接角钢背至背之间距离
5	横梁长度		±1.5			
6	纵梁高度		±1.0		4	测量两端腹板处高度
7	横梁高度		±1.5			
8	纵、横梁旁弯		3		2	梁立置时在腹板一侧主焊缝100mm处拉线测量
9	主梁拱度	不设拱度	+3,0			梁卧置时在下盖板外侧拉线测量
		设拱度	+10,-3			
10	两片主梁拱度差		4			
11	主梁腹板平面度		h/350且≤8			用平尺测量
12	纵、横梁腹板平面度		h/500且≤5			
13	主梁、纵、横梁盖板对腹板的垂直度	有孔部位	0.5			用直尺测量
		其余部位	1.5			

注:表中h为梁高。

检验数量和检验方法:按表的规定检验。

3. 钢箱梁允许偏差应符合表3的规定。

表3 钢箱梁允许偏差

序号	项目		允许偏差(mm)	检验频率		检验方法
				范围	点数	
1	梁高	≤2m	±2	每件	2	量两端腹板处高度
		>2m	±4			
2	跨度		±(5+0.15L)			量两支座中心距
3	全长		±15			测距仪或用尺量
4	腹板中心距		±3			量两端腹板中心距
5	盖板宽度		±4			用尺量
6	横断面对角线差		4			
7	旁弯		3, ±0.1L			沿全长拉线量取最大值
8	拱度		+10,-5			用水准仪测量
9	支点高低差		5			
10	腹板平面度		h/250且≤8			用平尺量
11	扭曲		每m≤1且每段≤10			拉线量

注:表中L为跨度,以m计;h为盖板与加劲肋或加劲肋与加劲肋之间的距离。

检验数量和检验方法:按表的规定检验。

4. 钢梁安装后允许偏差应符合表4的规定。

表4　钢梁安装后允许偏差

序号	项目			允许偏差(mm)	检验频率		检验方法
					范围	点数	
1	轴线 偏位	钢梁中线(mm)		10	每件	2	用经纬仪测量
		两孔相邻横梁中线相对偏差(m)		5			
2	梁底高程（mm）	墩台处梁底		±10		4	用水准仪测量
		两孔相邻横梁相对高差		5			
3	支座偏位（mm）	支座横桥向偏位		1		2	用经纬仪测量
		固定支座顺桥向偏差	连续梁或60m以上简支	20			
			60m以下简支梁	10			
		活动支座按设计气温定位前偏差		3			
4	支座底板四角相对高差(mm)			2		4	用水准仪测量
5	连接	对接焊缝的对接尺寸、气孔率		见《钢结构工程施工质量验收规范》（GB 50205—2001）附录A			见《钢结构工程施工质量验收规范》(GB 50205—2001)附录A
		高强度螺栓扭矩		±10%			见《钢结构工程施工质量验收规范》(GB 50205—2001)附录B
6	涂膜厚度(mm)			不小于设计要求		3	用测厚仪量

检验数量和检验方法：按表的规定检验。

城市桥梁工程现浇混凝土梁(板)桥施工(固定支架现浇混凝土梁(板))

检验批质量验收记录表

渝市政验收6-11-8

单位(子单位)工程名称	重庆市渝中区××桥梁工程K1+000～K2+000合同段		
分部(子分部)工程名称	K1+000～K2+000合同段现浇混凝土梁桥施工		
分项工程名称	固定支架现浇混凝土梁	验收部位	1#节段
施工单位	重庆市××市政工程(集团)有限公司	项目经理	张××
分包单位	重庆××桥梁工程有限公司	负责人	李××
施工执行标准名称及编号	重庆市《城市桥梁工程施工质量验收规范》DBJ 50-086—2008		

项目	序号	检查项目（施工质量验收规范规定）	规定值及允许偏差(mm)	施工单位检验记录							监理单位检验记录
主控项目	1	水泥、砂、石、水、外掺剂及混合材料的质量和规格	符合设计和规范要求，按配合比施工	检查产品合格证、出厂检验报告、进场复验报告和配合比设计，符合设计和规范要求。							符合规范要求。
	2	混凝土强度	符合规范要求	符合规范要求，试块试验报告：×××。							符合规范要求。
	3	钢筋(包括预应力筋)质量和施工	符合规范规定	检查产品合格证、出厂检验报告和进场复验报告，符合规范要求。							符合规范要求。
一般项目	1	梁(板)体	符合规范要求	无露筋和空洞现象，符合规范要求。							符合规范要求。
	2	预埋件设置和固定	满足设计和施工技术规范规定	符合规范要求。							符合规范要求。
	3	支座预埋件 支座板 每一端两块支座板高差	3	1	2	1	2	2	1	1	符合规范要求。
		支座预埋件 支座板 每一支座板四角高差	2	1	1	0	0	1	0	1	符合规范要求。
		支座预埋件 支座板 支座板位置	3	2	1	2	1	1	2	2	符合规范要求。
	4	支座预埋件 螺栓 螺栓外露长度	±10	−6	−7	5	−3	4	2	8	符合规范要求。
		支座预埋件 螺栓 支座螺栓中心位置	2	1	1	1	1	0	0	1	符合规范要求。
	5	混凝土强度(MPa)	在合格标准内	√	√	√	√	√	√	√	符合规范要求。
	6	轴线偏位	10	8	7	9	2	3	5	8	符合规范要求。
	7	梁(板)顶面高程	±10	7	−3	−6	7	8	−5	2	符合规范要求。
	8	就地浇筑梁(板) 断面尺寸 高度	+5，−10	3	4	2	1	−5	−4	−8	符合规范要求。
		就地浇筑梁(板) 断面尺寸 顶宽	±30	21	25	21	−20	16	−11	19	符合规范要求。
		就地浇筑梁(板) 断面尺寸 顶、底、腹板或梁肋厚	+5，−0	3	4	2	1	4	3	2	符合规范要求。
		就地浇筑梁(板) 断面尺寸 箱梁底宽	±20	11	−19	15	16	17	13	−14	符合规范要求。
	9	就地浇筑梁(板) 长度	+5，−10	2	3	4	−5	−7	−3	2	符合规范要求。
	10	就地浇筑梁(板) 平整度	8	√	√	√	√	√	√	√	符合规范要求。
	11	混凝土外观质量	符合规范规定	符合规范要求。							符合规范要求。

施工单位检查评定结果	施工员	伍××	施工班组长	李××
	检查情况： 经检查，主控项目和一般项目均符合设计要求和重庆市《城市桥梁工程施工质量验收规范》(DBJ 50-086—2008)规定，评定合格。 项目专职质量员：李×× 2015年5月20日			
监理单位验收结论	验收意见： 同意施工单位评定结果，验收合格，同意进行下道工序施工。 专业监理工程师：张×× 2015年5月20日			

说明：

主控项目

1. 所用的水泥、砂、石、水、外掺剂及混合材料的质量和规格必须符合有关规范要求，按规定的配合比施工。检验数量：按抽样检测方案确定。检验方法：检查检测报告。

2. 混凝土强度必须符合设计或规范要求。按重庆市《城市桥梁工程施工质量验收规范》附录F、附录G执行。

3. 所用钢筋(包括预应力筋)质量和施工应符合规范有关规定。

一般项目

1. 梁(板)体不得出现露筋和空洞现象。检验数量：全部。检验方法：观察。

2. 预埋件的设置和固定应满足设计和施工技术规范的规定。检验数量：全部。检验方法：观察，尺量。

3. 梁体混凝土浇筑的支座预埋件允许偏差应符合表1的规定。

表1　支座预埋件在模板上的允许偏差

<table>
<tr><th rowspan="2">序号</th><th rowspan="2" colspan="2">项目</th><th rowspan="2">允许偏差(mm)</th><th colspan="2">检验频率</th><th rowspan="2">检验方法</th></tr>
<tr><th>范围</th><th>点数</th></tr>
<tr><td rowspan="3">1</td><td rowspan="3">支座板</td><td>每一端两块支座板的高差</td><td>3</td><td rowspan="3">每个支座</td><td rowspan="3">2</td><td rowspan="3">用尺量，纵、横各计1点</td></tr>
<tr><td>每一支座板四角高差</td><td>2</td></tr>
<tr><td>支座板位置</td><td>3</td></tr>
<tr><td rowspan="2">2</td><td rowspan="2">螺栓</td><td>螺栓外露长度</td><td>±10</td><td rowspan="2">每根螺栓</td><td>1</td><td>用尺量</td></tr>
<tr><td>支座螺栓中心位置</td><td>2</td><td>2</td><td>用尺量，纵、横各计1点</td></tr>
</table>

检验数量和检验方法：按表的规定检验。

4. 就地浇筑梁(板)允许偏差应满足表2的规定。

表2　就地浇筑梁(板)允许偏差

<table>
<tr><th>序号</th><th colspan="2">检查项目</th><th>规定值或允许偏差</th><th>检查方法和频率</th></tr>
<tr><td>1</td><td colspan="2">混凝土强度(MPa)</td><td>在合格标准内</td><td>按本章相关说明检查</td></tr>
<tr><td>2</td><td colspan="2">轴线偏位(mm)</td><td>10</td><td>全站仪或经纬仪：测量3处</td></tr>
<tr><td>3</td><td colspan="2">梁(板)顶面高程</td><td>±10</td><td>水准仪：检查3～5处</td></tr>
<tr><td rowspan="4">4</td><td rowspan="4">断面尺寸</td><td>高度</td><td>+5，-10</td><td rowspan="4">尺量：检查3个断面</td></tr>
<tr><td>顶宽</td><td>±30</td></tr>
<tr><td>箱梁底宽</td><td>±20</td></tr>
<tr><td>顶、底、腹板或梁肋厚</td><td>+5，-0</td></tr>
<tr><td>5</td><td colspan="2">长度(mm)</td><td>+5，-10</td><td>尺量：每梁(板)</td></tr>
<tr><td>6</td><td colspan="2">平整度(mm)</td><td>8</td><td>2m直尺：每侧面每梁长测1处</td></tr>
</table>

检验数量和检验方法：按表的规定检验。

5. 混凝土外观质量应满足：混凝土表面平整，色泽一致，无明显施工接缝；混凝土不得出现蜂窝、麻面；混凝土表面无裂缝。检验数量：全部。检验方法：观察。

城市桥梁工程现浇混凝土梁(板)桥施工(移动模架现浇混凝土梁(板))

检验批质量验收记录表

渝市政验收6-11-9

单位(子单位)工程名称	重庆市渝中区××桥梁工程K1+000~K2+000合同段		
分部(子分部)工程名称	K1+000~K2+000合同段现浇混凝土梁桥		
分项工程名称	移动模架现浇混凝土梁	验收部位	1#节段
施工单位	重庆市××市政工程(集团)有限公司	项目经理	张××
分包单位	重庆××桥梁工程有限公司	负责人	李××
施工执行标准名称及编号	重庆市《城市桥梁工程施工质量验收规范》DBJ 50-086—2008		

项目	施工质量验收规范规定					施工单位检验记录							监理单位检验记录
	序号	检查项目			规定值及允许偏差(mm)								
主控项目	1	水泥、砂、石、水、外掺剂及混合材料的质量和规格			符合设计和规范要求,按配合比施工	检查产品合格证、出厂检验报告、进场复验报告和配合比设计,符合设计和规范要求。							符合规范要求。
	2	混凝土强度			符合设计或规范要求	符合设计和规范要求,试块试验报告:×××。							符合规范要求。
	3	钢筋(包括预应力筋)质量和施工			符合规范规定	检查产品合格证、出厂检验报告和进场复验报告,符合规范要求。							符合规范要求。
一般项目	1	钢梁内外模板在滑动就位时,模板平面尺寸、高程、预拱度误差			必须在容许范围内	经纬仪量测,符合规范要求。							符合规范要求。
	2	混凝土内预应力筋管道、钢筋、预埋件设置			符合规范规定	符合规范要求。							符合规范要求。
	3	移动模架法施工梁(板)	混凝土强度(MPa)		在合格标准内	符合规范要求,试块试验报告:×××。							符合规范要求。
	4		轴线偏位		10	7	6	2	5	9	8	4	符合规范要求。
	5		梁(板)顶面高程		±10	6	−2	5	−9	6	−2	5	符合规范要求。
	6		断面尺寸	高度	+5,−10	3	4	2	1	−5	−4	−8	符合规范要求。
				顶宽	±30	21	12	−14	15	−18	19	−25	符合规范要求。
				顶、底、腹板或梁肋厚	+5,−0	2	3	4	1	3	2	4	符合规范要求。
				箱梁底宽	±20	16	17	12	−11	13	14	−12	符合规范要求。
	7		长度		+5,−10	3	4	2	1	−5	−4	−8	符合规范要求。
	8		平整度		8	√	√	√	√	√	√	√	符合规范要求。

施工单位检查评定结果	施工员	伍××	施工班组长	李××
	检查情况: 经检查,主控项目和一般项目均符合设计要求和重庆市《城市桥梁工程施工质量验收规范》(DBJ 50-086—2008)规定,评定合格。 项目专职质量员:李×× 2015年5月20日			
监理单位验收结论	验收意见: 同意施工单位评定结果,验收合格,同意进行下道工序施工。 专业监理工程师:张×× 2015年5月20日			

说明:

主控项目

1. 所用的水泥、砂、石、水、外掺剂及混合材料的质量和规格必须符合有关规范要求,按规定的配合比施工。检验数量:按抽样检测方案确定。检验方法:检查检测报告。

2. 混凝土强度必须符合设计或规范要求。按重庆市《城市桥梁工程施工质量验收规范》附录F、附录G执行。

3. 所用钢筋(包括预应力筋)质量和施工应符合规范有关规定。

一般项目

1. 箱梁内、外模板在滑动就位时,模板平面尺寸、高程、预拱度的误差必须在容许范围内。检验数量:全部。检验方法:经纬仪、水准仪测量。

2. 混凝土内预应力筋管道、钢筋、预埋件设置应符合规范相关规定。检验数量:按抽样检测方案确定。检验方法:参照相应方法。

3. 移动模架法施工的梁(板)允许偏差参见下表的规定。

表　移动模架法梁(板)允许偏差

序号	检查项目		规定值或允许偏差	检查方法和频率
1	混凝土强度(MPa)		在合格标准内	按第9章相关条款检查
2	轴线偏位(mm)		10	全站仪或经纬仪:测量3处
3	梁(板)顶面高程		±10	水准仪:检查3~5处
4	断面尺寸	高度	+5,-10	尺量:检查3个断面
		顶宽	±30	
		箱梁底宽	±20	
		顶、底、腹板或梁肋厚	+5,-0	
5	长度(mm)		+5,-10	尺量:每梁(板)
6	平整度(mm)		8	2m直尺:每侧面每梁长测1处

检验数量和检验方法:按表的规定检验。

城市桥梁工程现浇混凝土梁(板)桥施工(挂篮悬臂浇筑混凝土主梁)检验批质量验收记录表

渝市政验收6-11-10

单位(子单位)工程名称	重庆市渝中区××桥梁工程K1+000～K2+000合同段		
分部(子分部)工程名称	K1+000～K2+000合同段现浇混凝土梁桥施工		
分项工程名称	挂篮悬臂浇筑混凝土主梁	验收部位	13节段
施工单位	重庆市××市政工程(集团)有限公司	项目经理	张××
分包单位	重庆××桥梁工程有限公司	负责人	李××
施工执行标准名称及编号	重庆市《城市桥梁工程施工质量验收规范》DBJ 50-086—2008		

项目	序号	检查项目		规定值及允许偏差(mm)	施工单位检验记录							监理单位检验记录
主控项目	1	水泥、砂、石、水、外掺剂及混合材料的质量和规格		符合设计和规范要求,按配合比施工	检查产品合格证、出厂检验报告、进场复验报告和配合比设计,符合设计和规范要求。							符合规范要求。
	2	混凝土强度		符合设计或规范要求	符合设计和规范要求,试块试验报告:×××。							符合规范要求。
	3	钢筋(包括预应力筋)质量和施工		符合规范规定	检查产品合格证、出厂检验报告和进场复验报告,符合规范要求。							符合规范要求。
	4	临时锚固体系稳定安全系数		≤2	核算每个工作面,符合规范要求。							符合规范要求。
	5	相邻节段错台		≤5	接缝平整,符合规范要求。							符合规范要求。
一般项目	1	轴线偏位	L≤100m	10	8	7	9	2	3	5	6	符合规范要求。
			L>100m	L/10000								
	2	梁底高程	L≤100m	±20	14	11	-15	17	-16	13	12	符合规范要求。
			L>100m	L/5000								
			相邻节段高差	10	6	5	7	4	8	6	3	符合规范要求。
	3	断面尺寸	高度	+5,-10	3	4	2	1	-5	-4	-8	符合规范要求。
			顶宽	±30	21	12	-14	15	-18	19	-25	符合规范要求。
			顶、底、腹板厚	+10,-0	7	6	2	5	9	8	4	符合规范要求。
	4	长度	L	±10	8	9	-7	5	-6	4	8	符合规范要求。
	5	同跨对称点高	L≤100m	20	11	14	13	18	19	17	16	符合规范要求。
			L>100m	L/5000								
	6	预留孔道位置		≤4	√	√	√	√	√	√	√	符合规范要求。
	7	合拢龙口相对高差		符合设计要求	符合设计要求。							符合规范要求。

施工员	伍××	施工班组长	李××

施工单位检查评定结果

检查情况:

经检查,主控项目和一般项目均符合设计要求和重庆市《城市桥梁工程施工质量验收规范》(DBJ50-086—2008)规定,评定合格。

项目专职质量员:李××

2015年5月20日

监理单位验收结论

验收意见:

同意施工单位评定结果,验收合格,同意进行下道工序施工。

专业监理工程师:张××

2015年5月20日

说明：

主控项目

1. 所采用的砂、石、水泥、水、外掺剂及混合材料的质量和规格必须符合设计和有关规范要求，按规定的配合比施工。检验数量：按抽样检测方案确定。检验方法：检查检测报告。

2. 混凝土强度必须符合设计或规范要求。按重庆市《城市桥梁工程施工质量验收规范》附录F、附录G执行。

3. 所用钢筋（包括预应力筋）质量和施工应符合规范有关规定。

4. 臂浇筑法施工时，所采用的临时锚固体系的稳定安全系数不得小于2。检验数量：每个工作面。检验方法：核算。

5. 悬臂浇筑梁段时每个节段的模板接缝必须平整，相邻节段之间错台不得超过5mm。检验数量：全部。检验方法：1m靠尺测量。

一般项目

悬臂浇筑主梁允许偏差应符合下表规定。

表 悬臂浇筑主梁允许偏差

序号	项目		允许偏差（mm）	检验频率		检验方法
				范围	点数	
1	轴线偏位	$L\leq100m$	10	-	1	用经纬仪测量
		$L>100m$	$L/10000$			
2	梁底高程	$L\leq100m$	±20	每跨（节段）	3	用水平仪测量，中心线和两侧各计1点
		$L>100m$	$L/5000$			
		相邻节段高差	10			
3	断面尺寸	高度	+5，-10		2	用尺量，两端各计1点
		顶宽	±30			
		顶、底、腹板厚	+10，-0			
4	长度	L	±10		2	用尺量，两侧各1点
5	同跨对称点高	$L\leq100m$	20		3	用水平仪测量，中心线和两侧各计1点
		$L>100m$	$L/5000$			
6	预留孔道位置		≤4		1	用尺量
7	合拢龙口相对高差		符合设计要求	两边线、两腹板、中线	5	水准测量

注：L为梁跨径全长。

检验数量和检验方法：按表的规定检验。

城市桥梁工程节段预制与拼装混凝土梁桥施工检验批质量验收记录表(一)

渝市政验收6-11-11

单位(子单位)工程名称	重庆市渝中区××桥梁工程K1+000～K2+000合同段		
分部(子分部)工程名称	K1+000～K2+000合同段节段预制与拼装混凝土梁桥		
分项工程名称	节段预制与拼装混凝土梁桥	验收部位	1#节段
施工单位	重庆市××市政工程(集团)有限公司	项目经理	张××
分包单位	重庆××桥梁工程有限公司	负责人	李××
施工执行标准名称及编号	重庆市《城市桥梁工程施工质量验收规范》DBJ 50-086—2008		

项目	序号	检查项目（施工质量验收规范规定）			规定值及允许偏差(mm)	施工单位检验记录							监理单位检验记录
主控项目	1	水泥、砂、石、水、外掺剂及混合材料的质量和规格			符合设计和规范要求，按配合比施工	检查产品合格证、出厂检验报告、进场复验报告和配合比设计，符合设计和规范要求。							符合规范要求。
	2	混凝土强度			符合设计或规范要求	符合设计和规范要求，试块试验报告：20150215。							符合规范要求。
	3	钢筋(包括预应力筋)质量和施工			符合规范规定	检查产品合格证、出厂检验报告和进场复验报告，符合规范要求。							符合规范要求。
	4	预制梁节段强度			达到设计要求后方能按设计要求进行起吊、搬运、堆放，当设计无要求时，混凝土强度不得低于设计强度的80%	检查试块强度报告，符合设计要求。							符合规范要求。
	5	梁端接缝胶接材料品种、性能、质量			符合设计要求	检查配合比和检测报告，符合设计要求。							符合规范要求。
	6												
一般项目	1	梁段拼装接缝面处理方法、缝宽、匹配状况			符合设计及施工工艺要求	尺量，符合设计及施工工艺要求。							符合规范要求。
	2	节段梁预制	断面平整度		2	1	0	1	1	0	1	1	符合规范要求。
	3	节段梁预制	垂直度		0.15%h且≤3	√	√	√	√	√	√	√	符合规范要求。
	4	节段梁预制	长度		0，-2	√	√	√	√	√	√	√	符合规范要求。
	5	节段梁预制	断面尺寸	宽度	5，-2	2	1	3	-1	2	3	-1	符合规范要求。
				高度	±5	4	2	3	-4	-2	3	4	符合规范要求。
				厚度	±3	-2	1	2	1	1	-2	2	符合规范要求。
	6	节段梁预制	轴线位移	纵横轴线	4	2	3	2	3	2	2	3	符合规范要求。
				横隔梁轴线		3	2	2	2	3	2	2	符合规范要求。

施工员	张××	施工班组长	李××

施工单位检查评定结果	检查情况： 经检查，主控项目和一般项目均符合设计要求和重庆市《城市桥梁工程施工质量验收规范》(DBJ 50-086—2008)规定，评定合格。 项目专职质量员：李×× 2015年5月20日
监理单位验收结论	验收意见： 同意施工单位评定结果，验收合格，同意进行下道工序施工。 专业监理工程师：张×× 2015年5月20日

城市桥梁工程节段预制与拼装混凝土梁桥施工检验批质量验收记录表(二)

渝市政验收6-11-12

单位(子单位)工程名称	重庆市渝中区××桥梁工程K1+000～K2+000合同段		
分部(子分部)工程名称	K1+000～K2+000合同段节段预制与拼装混凝土梁桥		
分项工程名称	节段预制与拼装混凝土梁桥	验收部位	1#节段
施工单位	重庆市××市政工程(集团)有限公司	项目经理	张××
分包单位		负责人	李××
施工执行标准名称及编号	重庆市《城市桥梁工程施工质量验收规范》DBJ 50-086—2008		

	序号	检查项目				规定值及允许偏差(mm)	施工单位检验记录							监理单位检验记录
一般项目	7	节段梁预制	预埋件	支座板、锚垫板等	位置	10	6	5	4	8	6	7	8	符合规范要求。
					平面高差	5	2	3	4	1	2	3	2	符合规范要求。
				螺栓、锚筋等	位置	10	7	8	5	6	4	5	7	符合规范要求。
					外露尺寸	±10	8	−5	6	−4	5	2	3	符合规范要求。
	8		预留孔	吊孔	位置	10	8	5	6	4	6	5	4	符合规范要求。
				预应力筋孔道	位置	8	7	3	2	7	4	6	2	符合规范要求。
					孔径	2	1	1	1	1	0	1	0	符合规范要求。
	9	节段梁拼装	轴线偏位			10	5	6	7	4	3	6	5	符合规范要求。
	10		相邻节段间接缝高差		顶面	5	2	4	3	2	1	4	2	符合规范要求。
	11				底面	3	2	1	1	2	1	2	1	符合规范要求。
	12		支座轴线偏位			5	4	2	3	4	1	2	4	符合规范要求。
	13		接缝宽度				4	2	3	2	3	2	4	符合规范要求。
	14		梁长			+10,−20	√	√	√	√	√	√	√	符合规范要求。

施工单位检查评定结果	施工员	张××	施工班组长	李××
	检查情况： 经检查，主控项目和一般项目均符合设计要求和重庆市《城市桥梁工程施工质量验收规范》(DBJ 50-086—2008)规定，评定合格。 项目专职质量员：李×× 2015年5月20日			
监理单位验收结论	验收意见： 同意施工单位评定结果，验收合格，同意进行下道工序施工。 专业监理工程师：张×× 2015年5月20日			

说明：

主控项目

1. 所采用的砂、石、水泥、水、外掺剂及混合材料的质量和规格必须符合设计和有关规范要求，按规定的配合比施工。检验数量：按抽样检测方案确定。检验方法：检查检测报告。

2. 混凝土强度必须符合设计或规范要求。检验数量与方法：按重庆市《城市桥梁工程施工质量验收规范》附录F、附录G执行。

3. 所用钢筋（包括预应力筋）质量和施工应符合规范有关规定。

4. 预制梁节段强度达到设计要求后方能起吊、搬运、堆放，当设计无要求时，混凝土的强度不得低于设计强度的80%。检验数量：全部。检验方法：检查同条件养护试块强度报告。

5. 梁段接缝的胶接材料品种、性能、质量必须符合设计要求。其配合比在设计要求范围内，根据施工工艺对稠度和固化时间的要求进行试配确定，并留置抗拉强度和剥离强度试件。检验数量：全部。检验方法：检查配合比和检测报告。

一般项目

1. 梁段拼装接缝面的处理方法、缝宽、匹配状况必须符合设计及施工工艺要求。检验数量：全部。检验方法：观察、尺量。

2. 节段梁预制允许偏差应符合表1的规定。

表1 节段梁预制允许偏差

<table>
<tr><th rowspan="2">序号</th><th rowspan="2" colspan="3">项 目</th><th rowspan="2">允许偏差
（mm）</th><th colspan="2">检验频率</th><th rowspan="2">检验方法</th></tr>
<tr><th>范围</th><th>点数</th></tr>
<tr><td>1</td><td colspan="3">端面平整度</td><td>2</td><td rowspan="8">每个节段</td><td>6</td><td>2m直尺</td></tr>
<tr><td>2</td><td colspan="3">垂直度</td><td>0.15%h，且≤3</td><td>4</td><td>垂线检查</td></tr>
<tr><td>3</td><td colspan="3">长度</td><td>0，-2</td><td>3</td><td rowspan="4">尺量</td></tr>
<tr><td rowspan="3">4</td><td rowspan="3" colspan="2">断面尺寸</td><td>宽度</td><td>5，-2</td><td>3</td></tr>
<tr><td>高度</td><td>±5</td><td>3</td></tr>
<tr><td>厚度</td><td>±3</td><td>8</td></tr>
<tr><td rowspan="2">5</td><td rowspan="2" colspan="2">轴线位移</td><td>纵横轴线</td><td rowspan="2">4</td><td rowspan="2">2</td><td rowspan="2">经纬仪，纵、横各计1点</td></tr>
<tr><td>横隔梁轴线</td></tr>
<tr><td rowspan="4">6</td><td rowspan="4">预埋件</td><td rowspan="2">支座板、锚垫板等</td><td>位置</td><td>10</td><td rowspan="4">每个预埋件</td><td rowspan="7">1</td><td>尺量</td></tr>
<tr><td>平面高差</td><td>5</td><td>水准仪测量</td></tr>
<tr><td rowspan="2">螺栓、锚筋等</td><td>位置</td><td>10</td><td rowspan="4">尺量</td></tr>
<tr><td>外露尺寸</td><td>±10</td></tr>
<tr><td rowspan="3">7</td><td rowspan="3">预留孔</td><td>吊孔</td><td>位置</td><td>10</td><td rowspan="3">每个预埋孔</td></tr>
<tr><td rowspan="2">预应力筋孔道</td><td>位置</td><td>8</td></tr>
<tr><td>孔径</td><td>2</td><td>内卡尺</td></tr>
</table>

注：上表h为梁段的高度。

检验数量和检验方法：按表的规定检验。

3. 节段梁拼装允许偏差应符合表2的规定。

表2　节段梁拼装允许偏差

序号	项目		允许偏差(mm)	检验频率		检验方法
				范围	点数	
1	轴线偏位		10	每跨	5	经纬仪检查
2	相邻节段间接缝高差	顶面	5	每条接缝	2	用直尺
3		底面	3			
4	支座轴线偏位		5	每跨	8	用尺量
5	接缝宽度			每条接缝	3	
6	梁长		+10,-20	每跨		

检验数量和检验方法:按表的规定检验。

城市桥梁工程简支连续梁桥施工(T梁预制与安装)检验批质量验收记录表(一)

渝市政验收6-11-13

单位(子单位)工程名称	重庆市渝中区××桥梁工程K1+000～K2+000合同段		
分部(子分部)工程名称	K1+000～K2+000合同段简支连续梁桥		
分项工程名称	T梁预制	验收部位	1#梁
施工单位	重庆市××市政工程(集团)有限公司	项目经理	张××
分包单位	重庆××桥梁工程有限公司	负责人	李××
施工执行标准名称及编号	重庆市《城市桥梁工程施工质量验收规范》DBJ 50-086—2008		

项目	序号	施工质量验收规范规定：检查项目	施工质量验收规范规定：规定值及允许偏差(mm)	施工单位检验记录							监理单位检验记录
主控项目	1	水泥、砂、石、水、外掺剂及混合材料的质量和规格	符合设计和规范要求,按配合比施工	检查产品合格证、出厂检验报告、进场复验报告和配合比设计,符合设计和规范要求。							符合规范要求。
主控项目	2	混凝土强度	符合设计或规范要求	符合设计和规范要求,试块试验报告:×××。							符合规范要求。
主控项目	3	钢筋(包括预应力筋)质量和施工	符合规范规定	检查产品合格证、出厂检验报告和进场复验报告,符合规范要求。							符合规范要求。
主控项目	4	预制梁强度	达到设计要求后方能按设计要求进行起吊、搬运、堆放,当设计无要求时,混凝土强度不得低于设计强度的80%,存放时间符合设计要求	检查试块强度报告,符合设计要求。							符合规范要求。
一般项目	1	T梁预制：梁长度	+5,-10	2	3	-9	-5	2	4	3	符合规范要求。
一般项目	2	T梁预制：翼缘板宽度	±20	-15	14	11	13	-10	14	17	符合规范要求。
一般项目	3	T梁预制：梁高度	±5	2	3	4	1	-2	-3	1	符合规范要求。
一般项目	4	T梁预制：断面尺寸：翼缘板厚	+5,-0	4	1	-2	-3	1	3	2	符合规范要求。
一般项目	4	T梁预制：断面尺寸：马蹄高、宽	+5,-0	2	4	1	-2	-3	1	4	符合规范要求。
一般项目	4	T梁预制：断面尺寸：梁肋	+5,-0	2	1	4	1	-2	-3	1	符合规范要求。
一般项目	5	T梁预制：预拱度	±3	2	1	2	-1	-2	-2	1	符合规范要求。
一般项目	6	T梁预制：平整度	5	2	3	2	1	4	1	2	符合规范要求。
一般项目	7	T梁预制：横坡度(%)	±0.1	√	√	√	√	√	√	√	符合规范要求。
一般项目	8	T梁预制：二次预应力锚固齿板几何尺寸：几何尺寸	±5	√	√	√	√	√	√	√	符合规范要求。
一般项目	9	T梁预制：二次预应力锚固齿板几何尺寸：断面竖直倾斜度(%)	±0.1	√	√	√	√	√	√	√	符合规范要求。
一般项目	10	T梁预制：二次预应力锚固齿板几何尺寸：水平倾斜度(%)	±0.1	√	√	√	√	√	√	√	符合规范要求。
一般项目	11	T梁预制：横隔板及预埋件位置	5	√	√	√	√	√	√	√	符合规范要求。

施工单位检查评定结果	施工员	张××	施工班组长	李××
	检查情况: 经检查,主控项目和一般项目均符合设计要求和重庆市《城市桥梁工程施工质量验收规范》(DBJ50-086—2008)规定,评定合格。 项目专职质量员:李×× 2015年5月20日			
监理单位验收结论	验收意见: 同意施工单位评定结果,验收合格,同意进行下道工序施工。 专业监理工程师:张×× 2015年5月20日			

城市桥梁工程简支连续梁桥施工(T梁预制与安装)检验批质量验收记录表(二)

渝市政验收6-11-14

单位(子单位)工程名称			重庆市渝中区××桥梁工程K1+000～K2+000合同段								
分部(子分部)工程名称			K1+000～K2+000合同段简支连续梁桥								
分项工程名称			T梁预安装		验收部位				1#梁		
施工单位			重庆市××市政工程(集团)有限公司		项目经理				张××		
分包单位			重庆××桥梁工程有限公司		负责人				李××		
施工执行标准名称及编号			重庆市《城市桥梁工程施工质量验收规范》DBJ 50-086—2008								
项目	施工质量验收规范规定				施工单位检验记录						监理单位检验记录
	序号		检查项目	规定值及允许偏差(mm)							
一般项目	12	T梁安装	支座中心偏位	5	2	1	3	4	1	2	3	符合规范要求。
	13		倾斜度(%)	1.2	√	√	√	√	√	√	√	符合规范要求。
	14		T梁顶面纵向高程	+8,-5	√	√	√	√	√	√	√	符合规范要求。
	15		相邻T梁中心线顶面高程	8	6	5	4	7	2	3	5	符合规范要求。
	16		相邻T梁顶面边缘错台	20	12	11	17	18	12	14	16	符合规范要求。
	17		相邻跨T梁顶面端部相邻错台	5	3	3	4	1	2	4	2	符合规范要求。
	18		相邻跨T梁内预留二次预应力管道中心竖、横向相对错台	5	3	4	1	2	3	1	2	符合规范要求。
施工单位检查评定结果	施工员		张××		施工班组长				李××		
	检查情况： 经检查，主控项目和一般项目均符合设计要求和重庆市《城市桥梁工程施工质量验收规范》(DBJ 50-086—2008)规定，评定合格。 项目专职质量员：李×× 2015年5月20日										
监理单位验收结论	验收意见： 同意施工单位评定结果，验收合格，同意进行下道工序施工。 专业监理工程师：张×× 2015年5月20日										

说明：

主控项目

1. 所采用的砂、石、水泥、水、外掺剂及混合材料的质量和规格必须符合设计和有关规范要求，按规定的配合比施工。检验数量：按抽样检测方案确定。检验方法：检查检测报告。

2. 混凝土强度必须符合设计或规范要求。检验数量与方法：按重庆市《城市桥梁工程施工质量验收规范》附录F、附录G执行。

3. 所用钢筋(包括预应力筋)质量和施工应符合规范有关规定。

4. 预制梁必须在强度达到设计要求、张拉预应力、完成压浆且浆体强度达到设计要求后方能起吊、搬运、存放，当设计无要求时，混凝土的强度不得低于设计强度的80%。存放时间应符合设计要求。

一般项目

1. T梁预制允许偏差应符合表1之规定。

表1 T梁预制允许偏差

序号	检查项目	规定值或允许偏差	检验频率		检验方法
			范围	点数	
1	梁长度(mm)	+5,-10	每梁		用尺量
2	翼缘板宽度(mm)	±20	每梁	3	用尺量
3	梁高度(mm)	±5	每梁	2	用尺量
4	断面尺寸(mm)：翼缘板厚；马蹄高、宽梁肋	+5,-0	每梁	2	用尺量
5	预拱度(mm)	±3	跨中		
6	平整度(mm)	5	每侧面每10m梁长，每顶面每5m梁长	1	2m直尺
7	横坡度(%)	±0.1	每顶面每5m梁长	1	水准仪测量
8	二次预应力锚固齿板几何尺寸(mm)	±5	每齿板		水准仪测量
9	二次预应力锚固齿板端面竖直倾斜度(%)	±0.1	每锚		水准仪测量
10	二次预应力扁锚锚固齿板水平倾斜度(%)	±0.1	每锚		水准仪测量
11	横隔板及预埋件位置(mm)	5	每件		用尺量

2. T梁安装允许偏差应符合表2之规定。

表2 T梁安装允许偏差

序号	检查项目	规定值或允许偏差	检验频率		检验方法
			范围	点数	
1	支座中心偏位(mm)	5	每孔	4~6支座	用尺量
2	倾斜度(%)	1.2	每孔	3片梁	吊垂线
3	T梁顶面纵向高程(mm)	+8,-5	每孔	2片，每片3点	水准仪测量
4	相邻T梁中心线顶面高程(mm)	8	每相邻T梁		水准仪测量
6	相邻T梁顶面边缘错台(mm)	20	每相邻T梁纵向每10m梁长	1	用尺量
7	相邻跨T梁顶面端部相对错台(mm)	5	每相邻T梁端部		水准仪测量
8	相邻跨T梁内预留二次预应力管道中心竖、横向相对错位(mm)	5	每相邻跨T梁端部		测量测量

城市桥梁工程简支连续梁桥施工(空心板预制与安装)检验批质量验收记录表(一)

渝市政验收 6-11-15

单位(子单位)工程名称	重庆市渝中区××桥梁工程 K1+000～K2+000 合同段		
分部(子分部)工程名称	K1+000～K2+000 合同段简支连续梁桥		
分项工程名称	空心板预制	验收部位	1#梁
施工单位	重庆市××市政工程(集团)有限公司	项目经理	张××
分包单位	重庆××桥梁工程有限公司	负责人	李××
施工执行标准名称及编号	重庆市《城市桥梁工程施工质量验收规范》DBJ 50-086—2008		

项目	序号	施工质量验收规范规定 检查项目	规定值及允许偏差(mm)	施工单位检验记录							监理单位检验记录
主控项目	1	水泥、砂、石、水、外掺剂及混合材料的质量和规格	符合设计和规范要求,按配合比施工	检查产品合格证、出厂检验报告、进场复验报告和配合比设计,符合设计和规范要求。							符合规范要求。
主控项目	2	混凝土强度	符合设计或规范要求	符合设计和规范要求,试块试验报告:×××。							符合规范要求。
主控项目	3	钢筋(包括预应力筋)质量和施工	符合规范规定	检查产品合格证、出厂检验报告和进场复验报告,符合规范要求。							符合规范要求。
主控项目	4	预制空心板强度	达到设计要求后方能按设计要求进行起吊、搬运、堆放,当设计无要求时,混凝土强度不得低于设计强度的80%,存放时间符合设计要求	检查试块强度报告,符合设计要求。							符合规范要求。
一般项目	1	空心板预制 长度	+5,-10	2	3	-9	-5	2	4	3	符合规范要求。
一般项目	2	空心板预制 宽度	±20	-15	14	11	13	-10	14	17	符合规范要求。
一般项目	3	空心板预制 高度	±5	2	3	4	1	-2	-3	1	符合规范要求。
一般项目	4	空心板预制 断面尺寸 顶板厚	+5,-0	4	1	-2	-3	1	3	2	符合规范要求。
一般项目	4	空心板预制 断面尺寸 底板厚	+5,-0	2	4	1	-2	-3	1	4	符合规范要求。
一般项目	4	空心板预制 断面尺寸 腹板厚	+5,-0	2	1	4	1	-2	-3	1	符合规范要求。
一般项目	5	空心板预制 预拱度	±3	2	1	2	-1	-2	-2	1	符合规范要求。
一般项目	6	空心板预制 平整度	5	2	3	2	1	4	1	2	符合规范要求。
一般项目	7	空心板预制 横坡度(%)	±0.1	√	√	√	√	√	√	√	符合规范要求。
一般项目	8	空心板预制 二次预应力锚固齿板几何尺寸 几何尺寸	±5	√	√	√	√	√	√	√	符合规范要求。
一般项目	9	空心板预制 二次预应力锚固齿板几何尺寸 断面竖直倾斜度(%)	±0.1	√	√	√	√	√	√	√	符合规范要求。
一般项目	10	空心板预制 二次预应力锚固齿板几何尺寸 水平倾斜度(%)	±0.1	√	√	√	√	√	√	√	符合规范要求。
一般项目	11	空心板预制 横隔板及预埋件位置	5	√	√	√	√	√	√	√	符合规范要求。

施工单位检查评定结果	施工员	张××	施工班组长	李××
	检查情况: 经检查,主控项目和一般项目均符合设计要求和重庆市《城市桥梁工程施工质量验收规范》(DBJ 50-086—2008)规定,评定合格。 项目专职质量员:李×× 2015年5月20日			
监理单位验收结论	验收意见: 同意施工单位评定结果,验收合格,同意进行下道工序施工。 专业监理工程师:张×× 2015年5月20日			

城市桥梁工程简支连续梁桥施工(空心板预制与安装)检验批质量验收记录表(二)

渝市政验收6-11-16

单位(子单位)工程名称			重庆市渝中区××桥梁工程K1+000～K2+000合同段									
分部(子分部)工程名称			K1+000～K2+000合同段简支连续梁桥									
分项工程名称			空心板安装		验收部位				1#梁			
施工单位			重庆市××市政工程(集团)有限公司		项目经理				张××			
分包单位			重庆××桥梁工程有限公司		负责人				李××			
施工执行标准名称及编号			重庆市《城市桥梁工程施工质量验收规范》DBJ 50-086—2008									
项目	施工质量验收规范规定				施工单位检验记录							监理单位检验记录
	序号	检查项目		规定值及允许偏差(mm)								
一般项目	12	T梁安装	支座中心偏位	10	8	7	3	4	5	2	3	符合规范要求。
	13		倾斜度(%)	1.2	√	√	√	√	√	√	√	符合规范要求。
	14		顶面纵向高程	+8,-5	√	√	√	√	√	√	√	符合规范要求。
	15		相邻板梁中心线顶面高程	8	6	5	4	7	2	3	5	符合规范要求。
	16		相邻板梁顶面边缘错台	10	6	5	4	8	7	6	5	符合规范要求。
	17		相邻跨板梁顶面端部相邻错台	5	3	3	4	1	2	4	2	符合规范要求。
	18		相邻跨板梁内预留二次预应力管道中心竖、横向相对错台	5	3	4	1	2	3	1	2	符合规范要求。
施工单位检查评定结果	施工员		张××		施工班组长				李××			
	检查情况: 经检查,主控项目和一般项目均符合设计要求和重庆市《城市桥梁工程施工质量验收规范》(DBJ 50-086—2008)规定,评定合格。 项目专职质量员:李×× 2015年5月20日											
监理单位验收结论	验收意见: 同意施工单位评定结果,验收合格,同意进行下道工序施工。 专业监理工程师:张×× 2015年5月20日											

说明:

主控项目

1. 所采用的砂、石、水泥、水、外掺剂及混合材料的质量和规格必须符合设计和有关规范要求,按规定的配合比施工。检验数量:按抽样检测方案确定。检验方法:检查检测报告。

2. 混凝土强度必须符合设计或规范要求。检验数量与方法:按重庆市《城市桥梁工程施工质量验收规范》附录F、附录G执行。

3. 所用钢筋(包括预应力筋)质量和施工应符合规范有关规定。

4. 预制空心板必须在强度达到设计要求、张拉预应力、完成压浆且浆体强度达到设计要求后方能起吊、搬运、存放,当设计无要求时,混凝土的强度不得低于设计强度的80%。存放时间应符合设计要求。

一般项目

1. 空心板预制允许偏差应符合表1之规定。

表1　空心板预制允许偏差

序号	检查项目		规定值或允许偏差	检验频率		检验方法
				范围	点数	
1	长度(mm)		+5,-10	每板梁	1	用尺量
2	宽度(mm)		±20		3个断面	用尺量
3	高度(mm)		±5		2个断面	用尺量
4	断面尺寸(mm)	顶板厚	+5,-0		2个断面	用尺量
		底板厚				
		腹板厚				
5	预拱度(mm)		±3	跨中		水准仪测量
6	平整度(mm)		5	每侧面每10m梁长,每顶面每5m梁长	1	2m直尺
7	横坡度(%)		±0.1	每顶面每5m梁长	1	水准仪测量
8	二次预应力锚固齿板几何尺寸(mm)		±5	每锚固齿板		用尺量
9	二次预应力锚固齿板端面竖直倾斜度(%)		±0.1	每锚固齿板		用尺量
10	二次预应力扁锚锚固齿板水平倾斜度(%)		±0.1	每锚固齿板		用尺量
11	横隔板及预埋件位置(mm)		5	每件		用尺量

2.空心板安装允许偏差应符合表2之规定。

表2　空心板安装允许偏差

序号	检查项目	规定值或允许偏差	检验频率		检验方法
			范围	点数	
1	支座中心偏位(mm)	10	每孔	4~6个支座	用尺量
2	倾斜度(%)	1.2	每孔	3块板	吊垂线
3	顶面纵向高程(mm)	+8,-5	每孔	2块板,每块3点	水准仪测量
4	相邻板梁中心线顶面高程(mm)	8	每相邻板		水准仪测量
5	相邻板梁顶面边缘错台(mm)	10	每相邻板纵向每10m板长	1	用尺量
6	相邻跨板梁顶面端部相对错台(mm)	5	每相邻跨板端部		水准仪测量
7	相邻跨板梁内预留二次预应力管道中心竖、横向相对错位(mm)	5	每相邻跨板端部		用尺量

城市桥梁工程简支连续梁桥施工(T梁、空心板梁墩顶连续、墩梁固结构造)

检验批质量验收记录表

渝市政验收6-11-17

单位(子单位)工程名称	重庆市渝中区××桥梁工程K1+000~K2+000合同段		
分部(子分部)工程名称	K1+000~K2+000合同段简支连续梁桥		
分项工程名称	墩梁固结构造	验收部位	1#梁
施工单位	重庆市××市政工程(集团)有限公司	项目经理	张××
分包单位	重庆××桥梁工程有限公司	负责人	李××
施工执行标准名称及编号	重庆市《城市桥梁工程施工质量验收规范》DBJ 50-086—2008		

项目	施工质量验收规范规定			施工单位检验记录							监理单位检验记录
	序号	检查项目	规定值及允许偏差(mm)								
主控项目	1	水泥、砂、石、水、外掺剂及混合材料的质量和规格	符合设计和规范要求,按配合比施工,混凝土低收缩性能满足设计要求	检查产品合格证、出厂检验报告、进场复验报告和配合比设计,符合设计和规范要求。							符合规范要求。
主控项目	2	混凝土强度	符合设计或规范要求	符合设计和规范要求,试块试验报告:×××。							符合规范要求。
主控项目	3	钢筋(包括预应力筋)质量和施工	符合规范规定	检查产品合格证、出厂检验报告和进场复验报告,符合规范要求。							符合规范要求。
主控项目	4										
主控项目	5										
主控项目	6										
主控项目	7										
主控项目	8										
一般项目	1	T梁、空心板梁墩顶连续混凝土、墩梁固结混凝土浇筑前,T梁端面、T梁端横隔板靠墩侧面以及端横隔板靠墩侧面以外的T梁肋侧面,空心板梁端面、空心板梁端横隔板以外的箱内侧,桥墩盖梁顶面	按设计要求凿毛,或刷净水泥浆,或刷专用粘结剂等增加新老混凝土连接性能处理	符合设计和规范要求。							符合规范要求。
一般项目	2	高度	±5	2	-3	4	1	-2	3	1	符合规范要求。
一般项目	3	顶面标高	±10	5	4	-8	-6	2	7	-5	符合规范要求。
一般项目	4	平整度	5	1	4	2	3	1	2	3	符合规范要求。
一般项目	5	纵横坡度(%)	±0.1	√	√	√	√	√	√	√	符合规范要求。

施工单位检查评定结果	施工员	张××	施工班组长	李××
	检查情况: 经检查,主控项目和一般项目均符合设计要求和重庆市《城市桥梁工程施工质量验收规范》(DBJ 50-086—2008)规定,评定合格。 项目专职质量员:李×× 2015年5月20日			
监理单位验收结论	验收意见: 同意施工单位评定结果,验收合格,同意进行下道工序施工。 专业监理工程师:张×× 2015年5月20日			

说明：

主控项目

1. 所采用的砂、石、水泥、水、外掺剂及混合材料的质量和规格必须符合设计和有关规范要求，按规定的配合比施工。混凝土低收缩性能满足设计要求。检验数量：按抽样检测方案确定。检验方法：检查检测报告。

2. 混凝土强度必须符合设计或规范要求。检验数量与方法：按重庆市《城市桥梁工程施工质量验收规范》附录F、附录G执行。

3. 所用钢筋（包括二次预应力筋）质量和施工应符合规范相关规定。

一般项目

1. T梁、空心板梁墩顶连续混凝土、墩梁固结混凝土浇筑前，T梁端面、T梁端横隔板靠墩侧面以及端横隔板靠墩侧面以外的T梁肋侧面，空心板梁端面、空心板梁端横隔板以外的箱内侧，桥墩盖梁顶面应按设计要求凿毛，或刷净水泥浆，或刷专用粘接剂等增加新老混凝土连接性能的处理。检验数量：全部。检验方法：按预定方案进行检验。

2. T梁、空心板梁墩顶固结构造混凝土浇筑允许偏差应符合下表。

表　T梁、空心板梁墩顶固结构造混凝土浇筑允许偏差

序号	检查项目	规定值或允许偏差	检验频率		检验方法
			范围	点数	
1	高度(mm)	±5	每构造	3	用尺量
2	顶面标高(mm)	±10		3	水准仪测量
3	平整度(mm)	5	每构造顶面	3	2m直尺
			每构造上、下游侧面	2	
4	纵、横坡度(%)	±0.1	每构造	1	水准仪测量

城市桥梁工程简支连续梁桥施工(桥面连续构造)检验批质量验收记录表

渝市政验收6-11-18

<table>
<tr><td colspan="3">单位(子单位)工程名称</td><td colspan="10">重庆市渝中区××桥梁工程K1+000～K2+000合同段</td></tr>
<tr><td colspan="3">分部(子分部)工程名称</td><td colspan="10">K1+000～K2+000合同段简支连续梁桥</td></tr>
<tr><td colspan="3">分项工程名称</td><td>桥面连续构造</td><td colspan="3">验收部位</td><td colspan="6">1#梁</td></tr>
<tr><td colspan="3">施工单位</td><td>重庆市××市政工程(集团)有限公司</td><td colspan="3">项目经理</td><td colspan="6">张××</td></tr>
<tr><td colspan="3">分包单位</td><td>重庆××桥梁工程有限公司</td><td colspan="3">负责人</td><td colspan="6">李××</td></tr>
<tr><td colspan="3">施工执行标准名称及编号</td><td colspan="10">重庆市《城市桥梁工程施工质量验收规范》DBJ 50-086—2008</td></tr>
<tr><td rowspan="2">项目</td><td colspan="3">施工质量验收规范规定</td><td colspan="7" rowspan="2">施工单位检验记录</td><td rowspan="2">监理单位检验记录</td></tr>
<tr><td>序号</td><td>检查项目</td><td>规定值及允许偏差(mm)</td></tr>
<tr><td rowspan="6">主控项目</td><td>1</td><td>水泥、砂、石、水、外掺剂及混合材料的质量和规格</td><td>符合设计和规范要求,按配合比施工,混凝土低收缩性能满足设计要求</td><td colspan="7">检查产品合格证、出厂检验报告、进场复验报告和配合比设计,符合设计和规范要求。</td><td>符合规范要求。</td></tr>
<tr><td>2</td><td>混凝土强度</td><td>符合设计或规范要求</td><td colspan="7">符合设计和规范要求,试块试验报告:×××。</td><td>符合规范要求。</td></tr>
<tr><td>3</td><td>钢筋质量和施工</td><td>符合规范规定</td><td colspan="7">检查产品合格证、出厂检验报告和进场复验报告,符合规范要求。</td><td>符合规范要求。</td></tr>
<tr><td>4</td><td></td><td></td><td colspan="7"></td><td></td></tr>
<tr><td>5</td><td></td><td></td><td colspan="7"></td><td></td></tr>
<tr><td>6</td><td></td><td></td><td colspan="7"></td><td></td></tr>
<tr><td rowspan="6">一般项目</td><td>1</td><td>桥面连续构造混凝土浇筑前,梁(板)端部上部槽口断面</td><td>按设计要求凿毛,或刷净水泥浆,或刷专用粘结剂等增加新老混凝土连接性能处理</td><td colspan="7">符合设计要求。</td><td>符合规范要求。</td></tr>
<tr><td>2</td><td>厚度</td><td>±5</td><td>2</td><td>3</td><td>4</td><td>2</td><td>3</td><td>4</td><td>2</td><td>符合规范要求。</td></tr>
<tr><td>3</td><td>槽口顶面标高</td><td>±5</td><td>3</td><td>-4</td><td>2</td><td>3</td><td>-1</td><td>-3</td><td>2</td><td>符合规范要求。</td></tr>
<tr><td>4</td><td>槽口顶面平整度</td><td>2</td><td>√</td><td>√</td><td>√</td><td>√</td><td>√</td><td>√</td><td>√</td><td>符合规范要求。</td></tr>
<tr><td>5</td><td>顶面标高</td><td>±5</td><td>2</td><td>3</td><td>4</td><td>-4</td><td>2</td><td>3</td><td>-1</td><td>符合规范要求。</td></tr>
<tr><td>6</td><td>平整度</td><td>3</td><td>√</td><td>√</td><td>√</td><td>√</td><td>√</td><td>√</td><td>√</td><td>符合规范要求。</td></tr>
<tr><td colspan="2" rowspan="2">施工单位检查评定结果</td><td>施工员</td><td>张××</td><td colspan="4">施工班组长</td><td colspan="4">李××</td></tr>
<tr><td colspan="10">检查情况:
经检查,主控项目和一般项目均符合设计要求和重庆市《城市桥梁工程施工质量验收规范》(DBJ 50-086—2008)规定,评定合格。
项目专职质量员:李××
2015年5月20日</td></tr>
<tr><td colspan="2">监理单位验收结论</td><td colspan="10">验收意见:
同意施工单位评定结果,验收合格,同意进行下道工序施工。
专业监理工程师:张××
2015年5月20日</td></tr>
</table>

说明:

主控项目

1. 所采用的砂、石、水泥、水、外掺剂及混合材料的质量和规格必须符合设计和有关规范要求,按规定的配合比施工。混凝土低收缩性能满足设计要求。检验数量:按抽样检测方案确定。检验方法:检查检测报告。

2. 混凝土强度必须符合设计或规范要求。检验数量与方法:按重庆市《城市桥梁工程施工质量验收规范》附录F、附录G执行。

3. 所用钢筋质量和施工应符合相关规范有关规定。

一般项目

1. 桥面连续构造混凝土浇筑前,梁(板)端部上部槽口端面应按要求做凿毛,或刷净水泥浆,或刷专用黏结剂等增加新老混凝土连接性能的处理。检验数量:全部。检验方法:按预定方案进行检验。

2. 桥面连续构造混凝土浇筑允许偏差应符合下表规定。

表　桥面连续构造混凝土浇筑允许偏差

序号	检查项目	规定值或允许偏差	检验频率		检验方法
			范围	点数	
1	厚度(mm)	±5	每桥面连续构造	3	用尺量
2	槽口顶面标高(mm)	±5		3	水准仪测量
3	槽口顶面平整度(mm)	3		3	2m直尺
4	顶面标高(mm)	±5		3	水准仪测量
5	平整度(mm)	3		3	2m直尺

城市桥梁工程简支连续梁桥施工（桥面铺装垫层混凝土）检验批质量验收记录表

渝市政验收6-11-19

单位(子单位)工程名称	重庆市渝中区××桥梁工程K1+000～K2+000合同段		
分部(子分部)工程名称	K1+000～K2+000合同段简支连续梁桥		
分项工程名称	桥面铺装垫层混凝土	验收部位	桥面
施工单位	重庆市××市政工程(集团)有限公司	项目经理	张××
分包单位	重庆××桥梁工程有限公司	负责人	李××
施工执行标准名称及编号	重庆市《城市桥梁工程施工质量验收规范》DBJ 50-086—2008		

项目	施工质量验收规范规定			施工单位检验记录							监理单位检验记录
	序号	检查项目	规定值及允许偏差(mm)								
主控项目	1	水泥、砂、石、水、外掺剂及混合材料的质量和规格	符合设计和规范要求，按配合比施工，混凝土低收缩性能满足设计要求	检查产品合格证、出厂检验报告、进场复验报告和配合比设计，符合设计和规范要求。							符合规范要求。
	2	混凝土强度	符合设计或规范要求	符合设计和规范要求，试块试验报告：×××。							符合规范要求。
	3	钢筋质量和施工	符合规范规定	检查产品合格证、出厂检验报告和进场复验报告，符合规范要求。							符合规范要求。
	4										
	5										
	6										
一般项目	1	桥面连续构造混凝土浇筑前，T梁以及翼板现浇带顶面	按设计要求凿毛，或刷净水泥浆，或刷专用黏结剂等增加新老混凝土连接性能处理	符合设计要求。							符合规范要求。
	2	厚度	+10，-5	8	7	5	4	-2	-3	7	符合规范要求。
	3	顶面标高	±10	5	-6	8	-5	2	3	5	符合规范要求。
	4	平整度	5	2	1	4	2	3	1	2	符合规范要求。
	5	纵横坡度(%)	±0.1	√	√	√	√	√	√	√	符合规范要求。

施工单位检查评定结果	施工员	张××	施工班组长	李××

施工单位检查评定结果

检查情况：

经检查，主控项目和一般项目均符合设计要求和重庆市《城市桥梁工程施工质量验收规范》(DBJ 50-086—2008)规定，评定合格。

项目专职质量员：李××

2015年5月20日

监理单位验收结论

验收意见：

同意施工单位评定结果，验收合格，同意进行下道工序施工。

专业监理工程师：张××

2015年5月20日

说明：

主控项目

1. 所采用的砂、石、水泥、水、外掺剂及混合材料的质量和规格必须符合设计和有关规范要求，按规定的配合比施工。混凝土低收缩性能满足设计要求。检验数量：按抽样检测方案确定。检验方法：检查检测报告。

2. 混凝土强度必须符合设计或规范要求。检验数量与方法：按重庆市《城市桥梁工程施工质量验收规范》附录F、附录G执行。

3. 所用钢筋质量和施工应符合规范有关规定。

一般项目

1. 桥面铺装垫层混凝土浇筑前，T梁以及翼板现浇带顶面应按要求做凿毛，或刷净水泥浆，或刷专用黏结剂等增加新老混凝土连接性能的处理。检验数量：全部。 检验方法：按预定方案进行检验。

2. 桥面铺装垫层混凝土浇筑允许偏差应符合下表。

表　桥面铺装垫层混凝土浇筑允许偏差

序号	检查项目	规定值或允许偏差	检验频率		检验方法
			范围	点数	
1	厚度（mm）	+10，−5	每跨3个断面	3	用尺量
2	顶面标高（mm）	±10		3	水准仪测量
3	平整度（mm）	5	每10m梁长	3	2m直尺
4	纵横坡度（%）	±0.1	每跨	2~3	水准仪测量

城市桥梁工程连续钢构桥施工检验批质量验收记录表

渝市政验收6-11-20

单位(子单位)工程名称	重庆市渝中区××桥梁工程K1+000～K2+000合同段		
分部(子分部)工程名称	K1+000～K2+000合同段连续钢构桥		
分项工程名称	连续钢构桥	验收部位	连续钢构桥
施工单位	重庆市××市政工程(集团)有限公司	项目经理	张××
分包单位	重庆××桥梁工程有限公司	负责人	李××
施工执行标准名称及编号	重庆市《城市桥梁工程施工质量验收规范》DBJ 50-086—2008		

项目	施工质量验收规范规定			施工单位检验记录	监理单位检验记录
	序号	检查项目	规定值及允许偏差(mm)		
主控项目	1	墩底与承台浇筑龄期差	≤30d	检查施工记录,符合规范要求。	符合规范要求。
	2	0号块各层和各相邻梁端之间浇筑龄期差	≤15d	检查施工记录,符合规范要求。	符合规范要求。
	3	预应力钢束张拉时混凝土强度、龄期	满足设计要求;设计无要求时,跨径≤200m的预应力钢束张拉时混凝土龄期不小于5d,跨径>200m的预应力钢束张拉时混凝土龄期不小于7d	检查施工记录,符合设计要求。	符合规范要求。
	4	纵向预应力压浆	真空辅助压浆工艺,压浆饱满程度满足要求	检查施工记录,按比例开孔检查,符合设计要求。	符合规范要求。
	5	纵向预应力张拉质量	满足设计要求	检查施工记录,符合设计要求。	符合规范要求。
	6	竖向预应力采用精轧螺纹粗钢筋张拉	二次张拉工艺,张拉力满足设计要求	符合设计要求。	符合规范要求。
	7	盖帽	纵横竖向预应力锚头在张拉完成并压浆后均应加盖帽,并在盖帽内注入防腐油脂	压浆饱满,防腐油脂注入,符合规范要求。	符合规范要求。
一般项目	1	梁段浇注	一次浇注完成。0号块浇注不超过2次,第一次浇注分界面放在底板承托以上4～5m位置,混凝土初凝时间必须大于浇注时间	检查施工方案和施工记录,符合规范要求。	符合规范要求。
	2	结构超方	不超过设计允许值,二期恒载不超方	不超方,符合规范要求。	符合规范要求。
	3	边跨现浇段、边跨合拢、中跨合拢施工全过程	1.结构处于稳定变形状态; 2.结构处于平衡状态	检查施工方案和施工记录,符合规范要求。	符合规范要求。

施工单位检查评定结果	施工员	张××	施工班组长	李××
	检查情况: 经检查,主控项目和一般项目均符合设计要求和重庆市《城市桥梁工程施工质量验收规范》(DBJ 50-086—2008)规定,评定合格。 项目专职质量员:李×× 2015年5月20日			
监理单位验收结论	验收意见: 同意施工单位评定结果,验收合格,同意进行下道工序施工。 专业监理工程师:张×× 2015年5月20日			

说明:

主控项目

1. 墩底与承台浇注龄期差不得大于30d,0号块各层和各相邻梁段之间的浇注龄期差不得大于15d。检验数量:全部。检验方法:检查施工记录。

2. 预应力钢束张拉时混凝土的强度、龄期需满足设计要求。设计无明确要求时,跨径≤200m的预应力钢束张拉时混凝土的龄期不得小于5d。跨径>200m的预应力钢束张拉时混凝土的龄期不得小于7d。检验数量:全部。检验方法:检查施工记录。

3. 所有纵、横、竖向预应力锚头在张拉完成并压浆后均应加盖帽,并在盖帽内注入防腐油脂。检验数量:全部。检验方法:检查施工记录。

4. 纵向预应力应采用真空辅助压浆工艺进行压浆,压浆饱满程度必须满足要求。检验数量:按照预定方案进行检验。检验方法:①检查全部施工记录;②进行一定比例的开孔检查。

5. 纵向预应力的张拉质量必须满足设计要求。检验数量:全部。检验方法:①检查施工记录;②采用专门手段对不少于全部钢束数1%的钢束张拉力进行抽检。

6. 当竖向预应力采用精轧螺纹粗钢筋时,应采用二次张拉工艺,张拉力必须满足设计要求。检验数量:全部。检验方法:①检查施工记录; ②在不少于总根数1%的竖向预应力筋下设测力环,且用扭矩扳手做扭力测定。

一般项目

1. 梁段应一次浇注完成。零号块浇注不宜超过两次,第一次浇注的分界面宜放在底板以上4~5m的位置。混凝土的初凝时间必须大于浇注时间。检验数量:全部。检验方法:检查施工方案和施工记录。

2. 结构超方不得超过设计允许值。二期恒载不得超方。检验数量:全部。检验方法:①检查质检资料;②抽检混凝土容重和结构尺寸。

3. 边跨现浇段、边跨合拢、中跨合拢施工全过程应处于:①结构处于稳定变形状态;②结构处于平衡状态。检验数量:全部。检验方法:检查施工方案和施工记录。

城市桥梁工程拱桥拱座施工检验批质量验收记录表

渝市政验收6-12-1

单位(子单位)工程名称			重庆市渝中区××桥梁工程K1+000～K2+000合同段								
分部(子分部)工程名称			K1+000～K2+000合同段拱桥								
分项工程名称			拱座施工	验收部位				1#拱			
施工单位			重庆市××市政工程(集团)有限公司	项目经理				张××			
分包单位			重庆××桥梁工程有限公司	负责人				李××			
施工执行标准名称及编号			重庆市《城市桥梁工程施工质量验收规范》DBJ 50-086—2008								
项目	施工质量验收规范规定			施工单位检验记录							监理单位检验记录
	序号	检查项目	规定值及允许偏差(mm)								
主控项目	1	石料、砂浆强度	符合设计和规范要求	检查试块试验报告和标准养护试件试验报告,符合设计和规范要求。							符合规范要求。
	2	混凝土强度	符合设计和规范要求	符合设计和规范要求,试块试验报告:×××。							符合规范要求。
	3	钢筋质量和规格	符合设计和规范要求	检查产品合格证、出厂检验报告和进场复验报告,符合规范要求。							符合规范要求。
	4										
	5										
	6										
	7										
	8										
一般项目	1	轴线偏位	10	8	7	6	5	4	8	7	符合规范要求。
	2	断面尺寸	±20	12	−15	17	12	−13	15	16	符合规范要求。
	3	起拱线及起拱面各角点高程	±10	6	5	−4	8	−7	3	7	符合规范要求。
	4	相邻拱座间距	±15	8	−7	12	10	−9	8	14	符合规范要求。
	5	架设拱圈前,拱座沉陷完成量	≥设计值的85%	√	√	√	√	√	√	√	符合规范要求。
	6	拱建成后拱座水平位移	<设计值	√	√	√	√	√	√	√	符合规范要求。
	7	预埋件位置	5	2	3	4	2	1	2	3	符合规范要求。
施工单位检查评定结果	施工员		张××	施工班组长				李××			
	检查情况: 经检查,主控项目和一般项目均符合设计要求和重庆市《城市桥梁工程施工质量验收规范》(DBJ 50-086—2008)规定,评定合格。 项目专职质量员:李×× 2015年5月20日										
监理单位验收结论	验收意见: 同意施工单位评定结果,验收合格,同意进行下道工序施工。 专业监理工程师:张×× 2015年5月20日										

说明：

主控项目

1. 砌体拱座的石料、砂浆强度应符合设计和相关规范要求。石料强度、砂浆强度在达到设计规定后方可进行拱圈施工。检验数量：按抽样检测方案确定。检验方法：检查同条件养护试件试验报告，检查标准养护试件试验报告。

2. 现浇混凝土拱座的混凝土强度应符合设计和相关规范要求。现浇混凝土的强度在达到设计规定后方可进行拱圈施工。检验数量与方法：按重庆市《城市桥梁工程施工质量验收规范》附录F、附录G执行。

3. 所用钢筋质量和规格必须符合设计和有关规范要求。

一般项目

拱座允许偏差应符合下表的规定。

表　拱座允许偏差

<table>
<tr><th rowspan="2">序号</th><th rowspan="2">项　目</th><th rowspan="2">允许偏差(mm)</th><th colspan="2">检查频率</th><th rowspan="2">检验方法</th></tr>
<tr><th>范围</th><th>点数</th></tr>
<tr><td>1</td><td>轴线偏位</td><td>10</td><td rowspan="7">每只拱座</td><td rowspan="3">4</td><td>用经纬仪测量</td></tr>
<tr><td>2</td><td>断面尺寸</td><td>±20</td><td>用尺量</td></tr>
<tr><td>3</td><td>起拱线及起拱面各角点高程</td><td>±10</td><td>用水准仪测量</td></tr>
<tr><td>4</td><td>相邻拱座间距</td><td>±15</td><td>1</td><td>用经纬仪测量</td></tr>
<tr><td>5</td><td>架设拱圈前，拱座沉陷完成量</td><td>≥设计值的85%</td><td rowspan="3">2</td><td>用水准仪测量</td></tr>
<tr><td>6</td><td>拱建成后拱座水平位移</td><td><设计允许值</td><td>用经纬仪测量</td></tr>
<tr><td>7</td><td>预埋件位置</td><td>5</td><td>用尺量</td></tr>
</table>

检验数量和检验方法：按表列规定检验。

城市桥梁工程拱桥主拱施工(支架施工主拱)检验批质量验收记录表

渝市政验收6-12-2

单位(子单位)工程名称	重庆市渝中区××桥梁工程K1+000～K2+000合同段		
分部(子分部)工程名称	K1+000～K2+000合同段拱桥		
分项工程名称	支架施工主拱	验收部位	1#拱
施工单位	重庆市××市政工程(集团)有限公司	项目经理	张××
分包单位	重庆××桥梁工程有限公司	负责人	李××
施工执行标准名称及编号	重庆市《城市桥梁工程施工质量验收规范》DBJ 50-086—2008		

项目	序号	检查项目(施工质量验收规范规定)				规定值及允许偏差(mm)	施工单位检验记录							监理单位检验记录
主控项目	1	石料或混凝土块、砂浆强度				符合设计规定;设计无规定时应达到80%,方可进行拱上施工	检查试块试验报告和标准养护试件试验报告,符合设计和规范要求。							符合规范要求。
	2	拱圈砌体砂浆、拱石砌缝宽度、错缝				符合规定要求	砂浆饱满,符合规范要求。							符合规范要求。
	3	混凝土强度				符合设计和规范要求;设计无规定时应达到80%,方可进行拱上施工	符合设计和规范要求,试块试验报告:×××。							符合规范要求。
	4	钢筋质量和规格				符合设计和规范要求	检查产品合格证、出厂检验报告和进场复验报告,符合规范要求。							符合规范要求。
一般项目	1	拱圈放样	跨度		$L>20$m	$L/5000$,且≤10	√	√	√	√	√	√	√	符合规范要求。
	2				$L\leq20$m	4								
	3	拱架上砌筑拱圈	轴线和砌体外侧平面偏位		无镶面	+30,-10	√	√	√	√	√	√	√	符合规范要求。
					有镶面	+20,-10								
	4		拱圈厚度			不小于设计值,超厚不大于设计值的3%	√	√	√	√	√	√	√	符合规范要求。
	5		相邻镶面石块表面错位		料石、混凝土块	3	1	2	1	2	1	2	1	符合规范要求。
					石块	5								
	6	拱架上浇筑混凝土拱圈	轴线偏位		板拱	10	8	7	8	9	5	6	2	符合规范要求。
					肋拱	5								
	7		内弧线偏离设计弧线		$L\leq30$m	±20	11	14	-12	13	-15	17	10	符合规范要求。
					$L<30$m	$\pm L/1500$								
	8		断面尺寸		高度	±5	2	1	-4	2	3	-2	2	符合规范要求。
					顶面腹板厚	+10,0	3	8	7	4	6	5	2	符合规范要求。
	9		拱宽		板拱	±20	12	14	15	-16	17	-18	10	符合规范要求。
					肋拱	±10								
	10		拱肋间距			5	4	3	2	4	2	3	2	符合规范要求。
		施工员				张××	施工班组长				李××			

施工单位检查评定结果	检查情况: 经检查,主控项目和一般项目均符合设计要求和重庆市《城市桥梁工程施工质量验收规范》(DBJ50-086—2008)规定,评定合格。 项目专职质量员:李×× 2015年5月20日
监理单位验收结论	验收意见: 同意施工单位评定结果,验收合格,同意进行下道工序施工。 专业监理工程师:张×× 2015年5月20日

说明:

主控项目

1. 砌体拱的石料或混凝土块强度、砂浆强度应符合设计和相关规范要求。石料或混凝土块强度、砂浆强度在达到设计规定后(设计无规定时应达到80%)方可进行拱上建筑施工。检验数量:按抽样检测方案确定。检验方法:检查同条件养护试件试验报告,检查标准养护试件试验报告。

2. 拱圈砌体砂浆应饱满,拱石砌缝宽度、错缝距离应符合规定要求。检验数量:全部。检验方法:观察、尺量。

3. 现浇混凝土拱的混凝土强度应符合设计和相关规范要求。现浇混凝土的强度在达到设计规定后(设计无规定时应达到80%)方可进行拱上建筑施工。检验数量与方法:按重庆市《城市桥梁工程施工质量验收规范》附录F、附录G执行。

4. 所用钢筋质量和规格必须符合设计和有关规范要求。

一般项目

1. 拱圈放样允许偏差应符合表1的规定。

表1 拱圈放样允许偏差

序号	项目		允许偏差(mm)	检查频率		检验方法
				范围	点数	
1	跨度	$L>20$m	L/5000,且≤10	每跨	4	用经纬仪测量,桥中心线及两侧各计1点
2		$L\leq20$m	4			

注:表中L为拱圈跨径。

检验数量和检验方法:按表的规定检验。

2. 拱架上砌筑石拱允许偏差应符合表2的规定。

表2 拱架上砌筑拱圈允许偏差

序号	项目		允许偏差(mm)	检查频率		检验方法
				范围	点数	
1	轴线和砌体外侧平面偏位	无镶面	+30,-10	每跨(肋)	5	用经纬仪测量,拱脚、拱顶、L/4处各计1点
		有镶面	+20,-10			
2	拱圈厚度		不小于设计值,超厚不大于设计值的3%		5	用尺量拱脚、拱顶、L/4处各计1点
3	相邻镶面石块表面错位	料石、混凝土块	3		10	用尺量
		石块	5			

3. 拱架上浇筑混凝土拱圈允许偏差应符合表3的规定。

表3 拱架上浇筑混凝土拱圈允许偏差

序号	项目		允许偏差(mm)	检查频率		检验方法
				范围	点数	
1	轴线偏位	板拱	10	每跨(肋)	5	用经纬仪测量,拱脚、拱顶、L/4处各计1点
		肋拱	5			
2	内弧线偏离设计弧线	$L\leq30$m	±20			用水准仪测量,拱脚、拱顶L/4处各计1点
		$L>30$m	±L/1500			
3	断面尺寸	高度	±5		10	用尺量,每肋拱脚、拱顶、L/4处各计1点
		顶底腹板厚	+10,0			
4	拱宽	板拱	±20		5	
		肋拱	±10			
5	拱肋间距		5			

注:L为拱桥跨径。

检验数量和检验方法:按表的规定检验。

城市桥梁工程拱桥主拱施工(绳索吊装施工主拱)检验批质量验收记录表

渝市政验收6-12-3

单位(子单位)工程名称	重庆市渝中区××桥梁工程K1+000～K2+000合同段		
分部(子分部)工程名称	K1+000～K2+000合同段拱桥		
分项工程名称	绳索吊装施工主拱	验收部位	1#拱
施工单位	重庆市××市政工程(集团)有限公司	项目经理	陈××
分包单位	重庆××桥梁工程有限公司	负责人	张××
施工执行标准名称及编号	重庆市《城市桥梁工程施工质量验收规范》DBJ 50-086—2008		

项目	序号	检查项目	规定值及允许偏差(mm)	施工单位检验记录							监理单位检验记录
主控项目	1	预制拱箱混凝土强度	符合设计和规范要求	符合设计和规范要求,试块试验报告:×××。							符合规范要求。
主控项目	2	现浇混凝土主拱接头强度和质量	符合设计要求;设计无规定时,达到设计强度的80%方可进行拱上施工	检查试块试验报告和标准养护试件试验报告,符合设计和规范要求。							符合规范要求。
主控项目	3	钢筋质量和规格	符合设计和规范要求	检查产品合格证、出厂检验报告和进场复验报告,符合规范要求。							符合规范要求。
一般项目	1	预制拱圈节段 每段拱箱内弧长	+0,-10	-3	-4	-6	-8	-5	-4	-6	符合规范要求。
一般项目	2	预制拱圈节段 内弧偏离设计弧线	±5	2	-3	4	2	-3	-1	2	符合规范要求。
一般项目	3	预制拱圈节段 断面尺寸 顶底腹板厚	+10,0	8	7	9	2	5	5	9	符合规范要求。
一般项目	4	预制拱圈节段 断面尺寸 宽度与高度	+10,-5	8	7	5	6	-2	-3	4	符合规范要求。
一般项目	5	预制拱圈节段 平面度 肋拱	5	2	3	4	1	2	4	3	符合规范要求。
一般项目	6	预制拱圈节段 平面度 箱拱	10								
一般项目	7	预制拱圈节段 拱箱接头倾斜	±5	2	3	-4	-1	2	4	3	符合规范要求。
一般项目	8	主拱圈安装 预埋件位置 肋拱	5	2	3	4	1	2	4	3	符合规范要求。
一般项目		主拱圈安装 预埋件位置 箱拱	10								
一般项目	9	主拱圈安装 轴线横向偏位 $L \leqslant 60m$	10								
一般项目		主拱圈安装 轴线横向偏位 $L>60m$	$L/6000$	√	√	√	√	√	√	√	符合规范要求。
一般项目	10	主拱圈安装 拱圈高程 $L \leqslant 60m$	±20								
一般项目		主拱圈安装 拱圈高程 $L>60m$	$\pm L/3000$	√	√	√	√	√	√	√	符合规范要求。
一般项目	11	主拱圈安装 两对称接头点相对高差 $L \leqslant 60m$	20								
一般项目		主拱圈安装 两对称接头点相对高差 $L>60m$	$L/3000$	√	√	√	√	√	√	√	符合规范要求。
一般项目		主拱圈安装 两对称接头点相对高差 极值	2倍允许值且反向	√	√	√	√	√	√	√	符合规范要求。
一般项目	12	主拱圈安装 同跨各拱肋相对高差 $L \leqslant 60m$	20								
一般项目		主拱圈安装 同跨各拱肋相对高差 $L>60m$	$L/3000$	√	√	√	√	√	√	√	符合规范要求。
一般项目	13	主拱圈安装 同跨个拱肋间距	±10	8	7	9	-5	6	-5	2	符合规范要求。
		施工员	张××	施工班组长		李××					

施工单位检查评定结果	检查情况: 经检查,主控项目和一般项目均符合设计要求和重庆市《城市桥梁工程施工质量验收规范》(DBJ 50-086—2008)规定,评定合格。 项目专职质量员:李×× 2015年5月20日
监理单位验收结论	验收意见: 同意施工单位评定结果,验收合格,同意进行下道工序施工。 专业监理工程师:张×× 2015年5月20日

说明:

主控项目

1. 预制拱箱混凝土强度必须符合设计或规范要求。检验数量与方法:按重庆市《城市桥梁工程施工质量验收规范》附录F、附录G执行。

2. 现浇混凝土主拱接头强度和质量必须符合要求,只有在接头混凝土强度达到设计规定的强度(设计无规定时应达到80%)后方可进行拱上建筑安装。检验数量:按重庆市《城市桥梁工程施工质量验收规范》附录F执行。每个部位至少留置一组同条件养护试件。检验方法:按附录G执行。

3. 所用钢筋质量和规格必须符合设计和有关规范要求。

一般项目

1. 缆索吊装拱圈节段预制允许偏差应符合表1的规定。

表1 预制拱圈节段允许偏差

序号	项目		允许偏差	检查频率		检验方法
				范围	点数	
1	每段拱箱内弧长(mm)		+0,-10	每段		尺量
2	内弧偏离设计弧线(mm)		±5		3	样板
3	断面尺寸(mm)	顶底腹板厚	+10,0		3	尺量
		宽度与高度	+10,-5			
4	平面度(mm)	肋拱	5		3	拉线用尺量
		箱拱	10			
	拱箱接头倾斜(mm)		±5	端面	2	角尺
6	预埋件位置(mm)	肋拱	5		每件	尺量
		箱拱	10			

2. 缆索吊装主拱圈安装允许偏差应符合表2的规定。

表2 主拱圈安装允许偏差

序号	项目		允许偏差(mm)	区划频率		检验方法
				范围	点数	
1	轴线横向偏位	L≤60m	10	每跨(肋)	5	用经纬仪测量,拱脚、拱顶、L/4处各计1点
		L>60m	L/6000			
2	拱圈高程	L≤60m	±20			用水准仪测量,拱脚、拱顶L/4处各计1点
		L>60m	±L/3000			
3	两对称接头点相对高差	L≤60m	20	每个接头	1	用水准仪测量每个对称接头点
		L>60m	L/3000			
		极值	2倍允许值且反向			
4	同跨各拱肋相对高差	L≤60m	20	各肋	5	用水准仪测量,拱脚、拱顶L/4处各计1点
		L>60m	L/3000			
5	同跨各拱肋间距		±10			用尺量,拱脚、拱顶、L/4处各计1点

注:表中L为拱桥跨径。

检验数量和检验方法:按表的规定检验。

城市桥梁工程拱桥主拱施工(转体施工主拱)检验批质量验收记录表

渝市政验收6-12-4

单位(子单位)工程名称		重庆市渝中区××桥梁工程K1+000~K2+000合同段									
分部(子分部)工程名称		K1+000~K2+000合同段拱桥									
分项工程名称		转体施工主拱		验收部位				1#拱			
施工单位		重庆市××市政工程(集团)有限公司		项目经理				陈××			
分包单位		重庆××桥梁工程有限公司		负责人				张××			
施工执行标准名称及编号		重庆市《城市桥梁工程施工质量验收规范》DBJ 50-086—2008									
项目	施工质量验收规范规定			施工单位检验记录							监理单位检验记录
	序号	检查项目	规定值及允许偏差(mm)								
主控项目	1	拱肋混凝土强度	符合设计和规范要求	符合设计和规范要求,试块试验报告:×××。							符合规范要求。
	2	钢筋质量和规格	符合设计和规范要求	检查产品合格证、出厂检验报告和进场复验报告,符合规范要求。							符合规范要求。
	3	封盘混凝土、合龙段混凝土强度和质量	达到设计规定要求;设计无规定时应达到80%,方可进行松扣和拱上施工	检查试块试验报告和标准养护试件试验报告,符合设计和规范要求。							符合规范要求。
	4										
	5										
	6										
	7										
	8										
一般项目	1	轴线偏位	10	5	6	7	8	4	5	2	符合规范要求。
	2	跨中梁体顶面高程	±20	10	9	11	-13	15	-16	12	符合规范要求。
	3	同一截面两侧或相邻上部构件高差	10	6	7	8	4	5	4	7	符合规范要求。
	4										
施工单位检查评定结果	施工员		张××	施工班组长				李××			
	检查情况: 经检查,主控项目和一般项目均符合设计要求和重庆市《城市桥梁工程施工质量验收规范》(DBJ 50-086—2008)规定,评定合格。 项目专职质量员:李×× 2015年5月20日										
监理单位验收结论	验收意见: 同意施工单位评定结果,验收合格,同意进行下道工序施工。 专业监理工程师:张×× 2015年5月20日										

说明:

主控项目

1. 拱肋混凝土强度必须符合设计或规范要求。检验数量与方法:按重庆市《城市桥梁工程施工质量验收规范》附录F、附录G执行。

2. 所用钢筋质量和规格必须符合设计和有关规范要求。

3. 封盘混凝土、合龙段混凝土必须确保其强度和质量,只有在其强度达到设计规定的强度(设计无规定时应达到80%)后方可进行松扣和拱上建筑安装。检验数量:按重庆市《城市桥梁工程施工质量验收规范》附录F执行。每个部位至少留置一组同条件养护试件。检验方法:按附录G执行。

一般项目

转体合龙允许偏差应符合下表的规定。

表　转体合龙允许偏差

序号	项　目	允许偏差	检查频率		检验方法
			范围	点数	
1	轴线偏位(mm)	10	每跨(肋)	1	用经纬仪测量
2	跨中梁体顶面高程(mm)	±20		5	用水准仪测量,拱脚、拱顶和L/4各计1点
3	同一截面两侧或相邻上部构件高差(mm)	10			

注:表中L为梁长。

检验数量和检验方法:按表的规定检验。

城市桥梁工程拱桥主拱施工(劲性骨架施工主拱)检验批质量验收记录表

渝市政验收6-12-5

单位(子单位)工程名称	重庆市渝中区××桥梁工程K1+000～K2+000合同段		
分部(子分部)工程名称	K1+000～K2+000合同段拱桥		
分项工程名称	劲性骨架施工主拱	验收部位	1#拱
施工单位	重庆市××市政工程(集团)有限公司	项目经理	陈××
分包单位	重庆××桥梁工程有限公司	负责人	张××
施工执行标准名称及编号	重庆市《城市桥梁工程施工质量验收规范》DBJ 50-086—2008		

项目	序号	检查项目			规定值及允许偏差(mm)	施工单位检验记录							监理单位检验记录
主控项目	1	劲性骨架混凝土强度			符合设计和规范要求	符合设计和规范要求,试块试验报告:×××。							符合规范要求。
主控项目	2	钢筋质量和规格			符合设计和规范要求	检查产品合格证、出厂检验报告和进场复验报告,符合规范要求。							符合规范要求。
主控项目	3	拱上建筑安装			达到设计规定要求;设计无规定时应达到80%,方可进行拱上建筑安装	检查试块试验报告和标准养护试件试验报告,符合设计和规范要求。							符合规范要求。
一般项目	1	劲性骨架加工	杆件截面尺寸		不小于设计值	√	√	√	√	√	√	√	符合规范要求。
一般项目	2	劲性骨架加工	骨架高、宽		±10	8	7	8	−6	5	−4	6	符合规范要求。
一般项目	3	劲性骨架加工	内弧偏移设计弧线		10	5	6	7	8	4	5	2	符合规范要求。
一般项目	4	劲性骨架加工	每段的弧长		+10,−10	8	−7	−5	2	6	5	4	符合规范要求。
一般项目	5	劲性骨架加工	焊缝		符合设计要求	均匀、饱满、无缺陷,符合设计要求。							符合规范要求。
一般项目	6	劲性骨架安装	轴线偏位		$L/6000$	√	√	√	√	√	√	√	符合规范要求。
一般项目	7	劲性骨架安装	高程		$\pm L/3000$	√	√	√	√	√	√	√	符合规范要求。
一般项目	8	劲性骨架安装	对称点相对高差	允许	$L/3000$	√	√	√	√	√	√	√	符合规范要求。
一般项目	8	劲性骨架安装	对称点相对高差	极值	$L/1500$,且反向	√	√	√	√	√	√	√	符合规范要求。
一般项目	9	劲性骨架安装	焊缝		符合设计要求	均匀、饱满、无缺陷,符合设计要求。							符合规范要求。
一般项目	10	劲性骨架拱混凝土浇筑	轴线偏位	$L\leq60$m	10	8	7	8	4	5	2	4	符合规范要求。
一般项目	10	劲性骨架拱混凝土浇筑	轴线偏位	$L=200$m	50								
一般项目	10	劲性骨架拱混凝土浇筑	轴线偏位	$L>200$m	$L/4000$								
一般项目	11	劲性骨架拱混凝土浇筑	拱圈标高		$\pm L/3000$	√	√	√	√	√	√	√	符合规范要求。
一般项目	12	劲性骨架拱混凝土浇筑	对称点相对高差	允许	$L/300$	√	√	√	√	√	√	√	符合规范要求。
一般项目	12	劲性骨架拱混凝土浇筑	对称点相对高差	极值	$L/1500$,且反向	√	√	√	√	√	√	√	符合规范要求。
一般项目	13	劲性骨架拱混凝土浇筑	断面尺寸		±10	7	8	−6	−7	−5	2	4	符合规范要求。

施工单位检查评定结果	施工员	张××	施工班组长	李××
施工单位检查评定结果	检查情况: 经检查,主控项目和一般项目均符合设计要求和重庆市《城市桥梁工程施工质量验收规范》(DBJ 50-086—2008)规定,评定合格。 项目专职质量员:李×× 2015年5月20日			
监理单位验收结论	验收意见: 同意施工单位评定结果,验收合格,同意进行下道工序施工。 专业监理工程师:张×× 2015年5月20日			

说明：

主控项目

1. 劲性骨架混凝土强度必须符合设计或规范要求。检验数量与方法：按重庆市《城市桥梁工程施工质量验收规范》附录F、附录G执行。

2. 所用钢筋质量和规格必须符合设计和有关规范要求。详见相关规范第10章有关规定。

3. 劲性骨架混凝土强度强度必须达到设计规定的强度（设计无规定时应达到85%）后方可进行拱上建筑安装。检验数量：按重庆市《城市桥梁工程施工质量验收规范》附录F执行。每个部位至少留置一组同条件养护试件。检验方法：按附录G执行。

一般项目

1. 劲性骨架加工允许偏差应符合表1的规定。

表1　劲性骨架加工允许偏差

序号	项目	允许偏差	检查频率		检验方法
			范围	点数	
1	杆件截面尺寸(mm)	不小于设计	每段	2(端面)	尺量
2	骨架高、宽(mm)	±10		5	尺量
3	内弧偏离设计弧线(mm)	10		5	样板
4	每段的弧长(mm)	+10,-10		2(上下缘)	尺量
5	焊缝	符合设计要求		全部	超声

2. 劲性骨架安装允许偏差应符合表2的规定。

表2　劲性骨架安装允许偏差

序号	项　目		允许偏差	检查频率		检验方法
				范围	点数	
1	轴线偏位(mm)		$L/6000$	每跨(肋)	5	经纬仪检查拱顶、$L/4$及拱脚
2	高程(mm)		$\pm L/3000$		5+接头数	水准仪检查拱顶、$L/4$、拱脚及各接头点
3	对称点相对高差(mm)	允许	$L/3000$	每个接头	1	水准仪
		极值	$L/1500$，且反向			
4	焊缝		符合设计要求	每跨(肋)	全部	超声

注：L为跨径。

3. 劲性骨架拱混凝土浇筑允许偏差应符合表3的规定。

表3　劲性骨架拱混凝土浇筑允许偏差

<table>
<tr><th rowspan="2">序号</th><th rowspan="2" colspan="2">项　目</th><th rowspan="2" colspan="2">允许偏差</th><th colspan="2">检查频率</th><th rowspan="2">检验方法</th></tr>
<tr><th>范围</th><th>点数</th></tr>
<tr><td rowspan="3">1</td><td rowspan="3" colspan="2">轴线偏位(mm)</td><td>$L\le 60m$</td><td>10</td><td rowspan="7">每跨(肋)</td><td rowspan="7">5</td><td rowspan="3">经纬仪检查拱顶、$L/4$及拱脚</td></tr>
<tr><td>$L=200m$</td><td>50</td></tr>
<tr><td>$L>200m$</td><td>L/4000</td></tr>
<tr><td>2</td><td colspan="2">拱圈标高(mm)</td><td colspan="2">$\pm L/3000$</td><td rowspan="3">水准仪检查拱顶、$L/4$及拱脚</td></tr>
<tr><td rowspan="2">3</td><td rowspan="2">对称点相对高差(mm)</td><td>允许</td><td colspan="2">$L/3000$</td></tr>
<tr><td>极值</td><td colspan="2">$L/1500$，且反向</td></tr>
<tr><td>4</td><td colspan="2">断面尺寸(mm)</td><td colspan="2">±10</td><td>尺量检查拱顶、$L/4$及拱脚</td></tr>
</table>

注：①L为跨径；②L在60～200m间时，轴线偏位允许偏差内插。

城市桥梁工程拱桥主拱施工(钢管混凝土主拱)检验批质量验收记录表

渝市政验收6-12-6

单位(子单位)工程名称	重庆市渝中区××桥梁工程K1+000～K2+000合同段		
分部(子分部)工程名称	K1+000～K2+000合同段拱桥		
分项工程名称	钢管混凝土主拱	验收部位	1#拱
施工单位	重庆市××市政工程(集团)有限公司	项目经理	陈××
分包单位	重庆××桥梁工程有限公司	负责人	张××
施工执行标准名称及编号	重庆市《城市桥梁工程施工质量验收规范》DBJ 50-086—2008		

项目	序号	检查项目（施工质量验收规范规定）	规定值及允许偏差(mm)	施工单位检验记录							监理单位检验记录
主控项目	1	钢管用钢材质量及钢管制作	符合规范要求	检查产品合格证、出厂检验报告和进场复验报告,符合规范要求。							符合规范要求。
主控项目	2	自密实混凝土强度	符合设计或规范要求	符合设计和规范要求,试块试验报告:×××。							符合规范要求。
主控项目	3	接头焊接	符合设计要求	均匀、饱满,符合设计要求。							符合规范要求。
主控项目	4	管内混凝土强度	符合设计要求	符合设计和规范要求,试块试验报告:×××。							符合规范要求。
一般项目	1	钢管拱肋制作：钢管直径	±D/500及±5	√	√	√	√	√	√	√	符合规范要求。
一般项目	2	钢管拱肋制作：钢管中距	±5	4	2	3	-4	2	-3	4	符合规范要求。
一般项目	3	钢管拱肋制作：内弧偏离设计弧线	8	5	6	4	7	5	6	2	符合规范要求。
一般项目	4	钢管拱肋制作：拱肋内弧长	0,-10	-5	-9	-8	-5	-6	-7	-4	符合规范要求。
一般项目	5	钢管拱肋制作：节段对接错边	2	1	1	1	1	0	1	0	符合规范要求。
一般项目	6	钢管拱肋制作：节段平面度	3	2	1	2	1	2	2	1	符合规范要求。
一般项目	7	钢管拱肋制作：竖杆节间长度	±2	1	1	-1	-1	-1	1	1	符合规范要求。
一般项目	8	钢管拱肋制作：焊缝尺寸	符合设计要求	量测,符合设计要求。							符合规范要求。
一般项目	8	钢管拱肋制作：焊缝探伤	符合设计要求	超声波探伤,符合设计要求。							符合规范要求。
一般项目	9	钢管拱肋安装：轴线偏位	L/6000	√	√	√	√	√	√	√	符合规范要求。
一般项目	10	钢管拱肋安装：拱圈高程	±L/300	√	√	√	√	√	√	√	符合规范要求。
一般项目	11	钢管拱肋安装：对称点相对高差 允许	L/3000	√	√	√	√	√	√	√	符合规范要求。
一般项目	11	钢管拱肋安装：对称点相对高差 极值	L/1500,且反向	√	√	√	√	√	√	√	符合规范要求。
一般项目	12	钢管拱肋安装：拱肋接缝错边	0.2壁厚,且≤2	√	√	√	√	√	√	√	符合规范要求。
一般项目	13	钢管拱肋安装：焊缝尺寸	符合设计要求	量测,符合设计要求。							符合规范要求。
一般项目	13	钢管拱肋安装：焊缝探伤	符合设计要求	超声波探伤,符合设计要求。							符合规范要求。
一般项目		钢管拱肋混凝土浇筑：管内混凝土填充度	≥98%	√	√	√	√	√	√	√	符合规范要求。
一般项目		钢管拱肋混凝土浇筑：轴线偏位 L≤60m	10	8	7	8	5	4	6	7	符合规范要求。
一般项目		钢管拱肋混凝土浇筑：轴线偏位 L=200m	50								
一般项目		钢管拱肋混凝土浇筑：轴线偏位 L>200m	L/4000								
一般项目		钢管拱肋混凝土浇筑：拱圈高程	±L/3000	√	√	√	√	√	√	√	符合规范要求。
一般项目		钢管拱肋混凝土浇筑：对称点相对高差 允许	L/3000	√	√	√	√	√	√	√	符合规范要求。
一般项目		钢管拱肋混凝土浇筑：对称点相对高差 极值	L/1500,且反向	√	√	√	√	√	√	√	符合规范要求。
		施工员	张××	施工班组长				李××			

施工单位检查评定结果	检查情况: 经检查,主控项目和一般项目均符合设计要求和重庆市《城市桥梁工程施工质量验收规范》(DBJ 50-086—2008)规定,评定合格。 项目专职质量员:李×× 2015年5月20日
监理单位验收结论	验收意见: 同意施工单位评定结果,验收合格,同意进行下道工序施工。 专业监理工程师:张×× 2015年5月20日

说明:

主控项目

1. 钢管用钢材质量以及钢管制作要求应符合相关规范要求。

2. 管内采用自密实混凝土,其强度必须符合设计或规范要求。检验数量:按重庆市《城市桥梁工程施工质量验收规范》附录F执行。检验方法:按重庆市《城市桥梁工程施工质量验收规范》附录G执行。

3. 钢管混凝土拱桥钢管拱肋接头焊接质量满足设计要求后方可进行管内混凝土灌注施工。管内混凝土强度达到设计规定后方可进行拱上建筑或悬吊结构施工。检验数量:按抽样检测方案确定,每个接头均应检测。检验方法:检查同条件养护试件试验报告,检查标准养护试件试验报告。

一般项目

1. 钢管拱肋制作允许偏差应符合表1的规定。

表1 钢管拱肋制作允许偏差

序号	项目	允许偏差	检查频率		检验方法
			范围	点数	
1	钢管直径(mm)	±D/500及±5	每管	3	尺量
2	钢管中距(mm)	±5		3	尺量
3	内弧偏离设计 弧线(mm)	8	每段	3	样板
4	拱肋内弧长(mm)	+0,-10		1	尺量
5	节段对接错边(mm)	2	每接头	2	尺量检查各对接断面
6	节段平面度(mm)	3	每段	1	拉线测量
7	竖杆节间长度(mm)	±2	每节间	1	尺量
8	焊缝尺寸	符合设计要求	每段	全部	量规
	焊缝探伤				超声:检查全部 射线:符合设计规定,设计未规定时按5%抽查

注:D为钢管直径。

2. 钢管拱肋安装允许偏差应符合表2的规定。

表2 钢管拱肋安装允许偏差

序号	项目		允许偏差	检查频率		检验方法
				范围	点数	
1	轴线偏位(mm)		L/6000	每跨(肋)	5	经纬仪检查拱顶、L/4及拱脚
2	拱圈高程(mm)		±L/3000			水准仪检查拱顶、L/4及拱脚
3	对称点相对高差(mm)	允许	L/3000		各接头点	水准仪检查
		极值	L/1500,且反向			
4	拱肋接缝错边(mm)		0.2壁厚,且≤2	每接头	2	尺量
5	焊缝尺寸		符合设计要求	每跨(肋)	全部	量规
	焊缝探伤					超声:检查全部 射线:符合设计规定,设计未规定时按5%抽查

注:L为跨径。

3. 钢管拱肋混凝土浇筑允许偏差应符合表3的规定。

表3 钢管拱肋混凝土浇筑允许偏差

<table>
<tr><th rowspan="2">序号</th><th rowspan="2" colspan="2">项　目</th><th rowspan="2" colspan="2">允许偏差</th><th colspan="2">检查频率</th><th rowspan="2">检验方法</th></tr>
<tr><th>范围</th><th>点数</th></tr>
<tr><td>1</td><td colspan="2">管内混凝土填充度</td><td colspan="2">≥98%</td><td rowspan="5">每跨（肋）</td><td>5</td><td>用超声波检查拱顶、3L/8、5L/8及L/4</td></tr>
<tr><td rowspan="3">2</td><td rowspan="3" colspan="2">轴线偏位（mm）</td><td>L≤60</td><td>10</td><td rowspan="4">5</td><td rowspan="3">经纬仪检查拱顶、L/4及拱脚</td></tr>
<tr><td>L=200m</td><td>50</td></tr>
<tr><td>L>200m</td><td>L/4000</td></tr>
<tr><td>3</td><td colspan="2">拱圈高程（mm）</td><td colspan="2">±L/3000</td><td>水准仪检查拱顶、L/4及拱脚</td></tr>
<tr><td rowspan="2">4</td><td rowspan="2">对称点相对高差（mm）</td><td>允许</td><td colspan="2">L/3000</td><td rowspan="2">每接头</td><td rowspan="2">1</td><td rowspan="2">水准仪检查各接头点</td></tr>
<tr><td>极值</td><td colspan="2">L/150m，且反向</td></tr>
</table>

注：①L为跨径；②L在60~200m间时，轴线偏位允许偏差内插。

4. 钢管混凝土应保证管内混凝土饱满，管壁与混凝土紧密结合。检验数量：按检验方案确定。检验方法：观察出浆孔混凝土溢出情况，检查超声波检测报告，检查混凝土试件试验报告。

城市桥梁工程拱桥主拱施工（钢拱）检验批质量验收记录表

渝市政验收6-12-7

单位（子单位）工程名称	重庆市渝中区××桥梁工程K1+000～K2+000合同段		
分部（子分部）工程名称	K1+000～K2+000合同段拱桥		
分项工程名称	钢拱	验收部位	1#拱
施工单位	重庆市××市政工程（集团）有限公司	项目经理	陈××
分包单位	重庆××桥梁工程有限公司	负责人	张××
施工执行标准名称及编号	重庆市《城市桥梁工程施工质量验收规范》DBJ 50-086—2008		

项目	施工质量验收规范规定					施工单位检验记录							监理单位检验记录
	序号	检查项目			规定值及允许偏差（mm）								
主控项目	1	钢拱拱肋材质、加工制造、焊接、栓接、预拼等			符合规范规定	检查产品合格证、出厂检验报告、进场复验报告和施工记录，符合规范要求。							符合规范要求。
一般项目	1	钢箱拱（肋）制作	内弧偏离设计轴线		8	5	4	6	7	5	4	2	符合规范要求。
	2		每段拱肋内弧线		+0，-10	-2	-5	-6	-4	-8	-4	-7	符合规范要求。
	3		拱肋断面尺寸（钢拱桥）		±10	5	8	-7	5	6	-2	5	符合规范要求。
	4	钢箱拱（肋）安装	轴线横向偏位	拱顶	$L/5000$	√	√	√	√	√	√	√	符合规范要求。
	5			$L/4$	$L/6000$	√	√	√	√	√	√	√	符合规范要求。
	6		拱肋接缝错台		3	2	2	1	1	1	2	2	符合规范要求。
	7		拱脚		±20	15	-18	16	-17	11	12	13	符合规范要求。
	8		拱顶、接头点高程		按设计规定	√	√	√	√	√	√	√	符合规范要求。
	9	钢桁拱制作	桁高		±2	1	-1	-1	1	-1	-1	1	符合规范要求。
	10		节间长度		±2	1	1		-1	1	1	1	符合规范要求。
	11		旁弯		$L/5000$	√	√	√	√	√	√	√	符合规范要求。
	12		长度	$L\leqslant50000$	±5								
				$L>50000$	$\pm L/10000$	√	√	√	√	√	√	√	符合规范要求。
	13		拱度	$f\leqslant60$	±3								
				$f>60$	±5，$f/100$	√	√	√	√	√	√	√	符合规范要求。
	14		对角线		±3	-2	1	2	-1	2	-1	2	符合规范要求。
	15		主桁中心距		±3	2	2	-2	1	1	-2	2	符合规范要求。
	16	钢拱表面防护涂料和层数			符合设计要求	符合设计要求。							符合规范要求。

施工单位检查评定结果	施工员	张××	施工班组长	李××
	检查情况： 经检查，主控项目和一般项目均符合设计要求和重庆市《城市桥梁工程施工质量验收规范》（DBJ 50-086—2008）规定，评定合格。 项目专职质量员：李×× 2015年5月20日			
监理单位验收结论	验收意见： 同意施工单位评定结果，验收合格，同意进行下道工序施工。 专业监理工程师：张×× 2015年5月20日			

说明：

主控项目

钢拱拱肋材质、加工制造、焊接、栓接、预拼等质量验收按照规范相关规定执行。

一般项目

1. 钢箱拱(肋)制作允许偏差应符合表1的规定。

表1 钢箱拱(肋)制作允许偏差

序号	项 目	允许偏差(mm)	检查频率 范围	检查频率 点数	检验方法
1	内弧偏离设计轴线	8	每跨(肋)	3	用样板检查,拱脚、拱顶和L/4各计1点
2	每段拱肋内弧线	+0,-10		1	用尺量
3	拱肋断面尺寸(钢拱桥)	±10		5	用尺量,拱脚、拱顶和L/4各计1点

注:表中L为拱桥跨径。

检验数量和检验方法:按规定检验。

2. 钢箱拱(肋)安装允许偏差应符合表2的规定。

表2 钢箱拱(肋)安装允许偏差

序号	项 目		允许偏差(mm)	检查频率 范围	检查频率 点数	检验方法
1	轴线横向偏位	拱顶	L/5000	每肋	2	用经纬仪测量
		L/4	L/6000			
2	拱肋接缝错台		3		—	用钢尺量,每个接缝
3	拱脚		+20		3	用水准仪测量
4	拱顶、接头点高程		按设计规定		5	

注:表中L为拱桥跨径。

检验数量和检验方法:按表的规定检验。

3. 钢桁拱制作允许偏差应符合规范相应规定要求。

4. 钢拱表面防护涂料和层数应符合设计要求。检验数量:涂料遍数全部;涂层厚度每批抽查10%,且同类构件不少于3件。检验方法:观察;用干漆膜测厚仪检查。

城市桥梁工程拱桥腹孔、悬吊结构施工检验批质量验收记录表

渝市政验收6-12-8

单位(子单位)工程名称	重庆市渝中区××桥梁工程K1+000～K2+000合同段		
分部(子分部)工程名称	K1+000～K2+000合同段拱桥		
分项工程名称	腹孔结构	验收部位	1#拱
施工单位	重庆市××市政工程(集团)有限公司	项目经理	陈××
分包单位	重庆××桥梁工程有限公司	负责人	张××
施工执行标准名称及编号	重庆市《城市桥梁工程施工质量验收规范》DBJ 50-086—2008		

项目	序号	检查项目	规定值及允许偏差(mm)	施工单位检验记录							监理单位检验记录
主控项目	1	混凝土拱式腹孔结构(腹拱)混凝土强度	符合设计或规范要求,只有在混凝土强度达到设计规定强度后方可进行拱上建筑安装	符合设计和规范要求,试块试验报告:×××。							符合规范要求。
主控项目	2	钢筋混凝土梁式腹孔结构(梁、板)、悬吊结构(梁、板)混凝土强度	符合设计或规范要求,只有在混凝土强度达到设计规定强度后方可进行桥面施工	符合设计和规范要求,试块试验报告:×××。							符合规范要求。
主控项目	3	钢筋(包括预应力筋)质量和制安	符合规范规定	检查产品合格证、出厂检验报告、进场复验报告,符合规范要求。							符合规范要求。
一般项目	1	腹拱制作 每段拱箱内弧长	+0,-10	-2	-5	-6	-4	-8	-4	-7	符合规范要求。
一般项目	2	腹拱制作 内弧偏离设计弧线	±5	-2	3	4	2	-3	2	4	符合规范要求。
一般项目	3	腹拱制作 断面尺寸 顶底腹板厚	+10,0	8	7	5	6	4	8	4	符合规范要求。
一般项目	3	腹拱制作 断面尺寸 宽度与高度	+10,-5	9	8	5	-2	-1	4	5	符合规范要求。
一般项目	4	腹拱制作 平面度 肋拱	5	2	2	3	2	1	4	2	符合规范要求。
一般项目	4	腹拱制作 平面度 箱拱	10								
一般项目	5	腹拱制作 拱箱接头倾斜	±5	2	3	4	-2	1	-3	2	符合规范要求。
一般项目	6	腹拱制作 预埋件位置 肋拱	5	3	2	4	1	2	3	4	符合规范要求。
一般项目	6	腹拱制作 预埋件位置 箱拱	10								
一般项目	7	腹拱安装 轴线横向偏位	10	8	6	5	8	7	4	2	符合规范要求。
一般项目	8	腹拱安装 起拱线高程	±20	-15	14	12	-16	-17	18	13	符合规范要求。
一般项目	9	腹拱安装 相邻块件高差	5	2	3	4	2	3	2	2	符合规范要求。
一般项目	10	腹拱安装 跨径	±20	15	-15	14	12	-16	-17	18	符合规范要求。
一般项目	11	梁式腹孔结构(梁、板)制作、安装	符合规范规定	符合规范要求。							符合规范要求。
一般项目	12	悬吊结构(梁、板)制作、安装	符合规范规定	符合规范要求。							符合规范要求。
		施工员	张××	施工班组长	李××						

施工单位检查评定结果	检查情况: 经检查,主控项目和一般项目均符合设计要求和重庆市《城市桥梁工程施工质量验收规范》(DBJ 50-086—2008)规定,评定合格。 项目专职质量员:李×× 2015年5月20日
监理单位验收结论	验收意见: 同意施工单位评定结果,验收合格,同意进行下道工序施工。 专业监理工程师:张×× 2015年5月20日

说明：

主控项目

1. 混凝土拱式腹孔结构(腹拱)混凝土强度必须符合设计或规范要求，只有在其混凝土强度达到设计规定的强度后方可进行拱上建筑安装。检验数量与方法：按重庆市《城市桥梁工程施工质量验收规范》附录F、G执行。

2. 钢筋混凝土梁式腹孔结构(梁、板)、悬吊结构(梁、板)混凝土强度必须符合设计或规范要求，只有在其混凝土强度达到设计规定的强度后方可进行桥面系施工。检验数量与方法：按重庆市《城市桥梁工程施工质量验收规范》附录F、G执行。

3. 所用钢筋(包括预应力筋)质量和制安应符合规范有关规定。

一般项目

1. 腹拱安装允许偏差应符合下表的规定。

表　腹拱安装允许偏差

序号	项　目	允许偏差(mm)	检查频率		检验方法
			范围	点数	
1	轴线横向偏位	10	每跨(肋)	2	用经纬仪测量，纵、横轴线各计1点
2	起拱线高程	±20		1	用水准仪测量
3	相邻块件高差	5		5	用尺量
4	跨径	±20		2	用尺量或全站仪测量

检验数量和检验方法：按表的规定检验。

2. 梁式腹孔结构(梁、板)制作、安装允许偏差应符合规范相关规定。

3. 悬吊结构(梁、板)制作、安装允许偏差应符合规范相关规定。

城市桥梁工程中、下承式拱桥系杆、吊杆施工检验批质量验收记录表

渝市政验收6-12-9

单位(子单位)工程名称	重庆市渝中区××桥梁工程K1+000～K2+000合同段		
分部(子分部)工程名称	K1+000～K2+000合同段拱桥		
分项工程名称	吊杆安装	验收部位	吊杆
施工单位	重庆市××市政工程(集团)有限公司	项目经理	陈××
分包单位	重庆××桥梁工程有限公司	负责人	张××
施工执行标准名称及编号	重庆市《城市桥梁工程施工质量验收规范》DBJ 50-086—2008		

项目	施工质量验收规范规定					施工单位检验记录							监理单位检验记录
	序号	检查项目			规定值及允许偏差(mm)								
主控项目	1	柔性系杆、吊杆钢材、锚具			符合设计要求	系杆、吊杆合格，符合设计要求。							符合规范要求。
	2	外观质量			符合规范要求	安装直顺，无扭曲现象；保护层完整，无破损现象，符合规范要求。							符合规范要求。
	3	混凝土刚性系杆强度和质量			符合设计要求	符合设计要求。							符合规范要求。
	4												
	5												
	6												
	7												
	8												
一般项目	1	吊杆安装	吊杆的拉力(kN)		符合设计要求	测力仪检查量测，符合设计要求。							符合规范要求。
	2		吊点位置		10	8	7	5	6	4	6	4	符合规范要求。
	3		吊点高程	高程	±10	−5	−6	5	4	7	−3	5	符合规范要求。
				两侧	10	8	7	4	5	4	5	4	符合规范要求。
	4		吊杆锚固处保护		符合设计要求	符合设计要求。							符合规范要求。
	5	柔性系杆安装	张拉应力		符合设计要求								
	6		张拉伸长率(%)		符合设计规定，设计未规定时：±6								
	7	刚性系杆浇筑、预应力张拉			符合规范规定								
	施工员				张××	施工班组长			李××				

施工单位检查评定结果	检查情况： 经检查，主控项目和一般项目均符合设计要求和重庆市《城市桥梁工程施工质量验收规范》(DBJ 50-086—2008)规定，评定合格。 项目专职质量员：李×× 2015年5月20日
监理单位验收结论	验收意见： 同意施工单位评定结果，验收合格，同意进行下道工序施工。 专业监理工程师：张×× 2015年5月20日

说明：

主控项目

1. 柔性系杆、吊杆钢材、锚具应符合设计要求。系杆、吊杆经验收合格后才可安装。检验数量：全部。检验方法：观察。

2. 柔性系杆、吊杆安装顺直，无扭曲现象；系杆、吊杆的保护层完整，无破损现象；系杆拉力应与主拱推力匹配；吊杆拉力均匀。检验数量：全部。检验方法：观察、测试。

3. 混凝土刚性系杆强度和质量必须符合要求，只有在其混凝土强度达到设计规定的强度后方可进行桥道系施工。

一般项目

1. 吊杆安装允许偏差应符合表1的规定。

表1 吊杆安装允许偏差

序号	项 目		允许偏差	检查频率		检验方法
				范围	点数	
1	吊杆的拉力(kN)		符合设计要求	每根吊杆	1	用测力仪检查量测
2	吊点位置(mm)		10		4	用经纬仪测量
3	吊点高程(mm)	高程	±10		1	用水准仪测量
		两侧	10			
4	吊杆锚固处保护		符合设计要求			观察

检验数量和检验方法：按表的规定检验。

2. 柔性系杆安装允许偏差应符合表2的规定。

表2 柔性系杆允许偏差

序号	项 目	允许偏差	检查频率		检验方法
			范围	点数	
1	张拉应力(mm)	符合设计要求	每根	1	查油压表读数
2	张拉伸长率(%)	符合设计规定，设计未规定时：±6		1	尺量

3. 刚性系杆浇筑允许偏差、预应力张拉应符合预应力相关规范规定。

城市桥梁工程斜拉桥桥塔施工检验批质量验收记录表

渝市政验收6-13-1

单位(子单位)工程名称	重庆市渝中区××桥梁工程K1+000～K2+000合同段		
分部(子分部)工程名称	K1+000～K2+000合同段斜拉桥		
分项工程名称	桥塔施工	验收部位	1#塔
施工单位	重庆市××市政工程(集团)有限公司	项目经理	陈××
分包单位	重庆××桥梁工程有限公司	负责人	张××
施工执行标准名称及编号	重庆市《城市桥梁工程施工质量验收规范》DBJ 50-086—2008		

项目	序号	施工质量验收规范规定 检查项目	规定值及允许偏差(mm)	施工单位检验记录							监理单位检验记录
主控项目	1	现浇混凝土强度	符合设计和规范要求	符合设计和规范要求,试块试验报告:×××。							符合规范要求。
	2										
	3										
	4										
	5										
	6										
	7										
	8										
一般项目	1	轴线位移	10	7	5	4	6	3	5	5	符合规范要求。
	2	截面尺寸	±20	17	12	-15	11	17	14	-16	符合规范要求。
	3	垂直度	H/3000,且≤30	√	√	√	√	√	√	√	符合规范要求。
	4	塔顶高程	±20	-15	11	17	12	-15	11	13	符合规范要求。
	5	斜拉索锚固点高程	±10	9	8	-6	4	-7	6	5	符合规范要求。
	6	斜拉索预埋管轴线位移	10,且两端同向	√	√	√	√	√	√	√	符合规范要求。
	7	斜拉索预埋管倾角	满足设计要求	测角仪量测,符合设计要求。							符合规范要求。
	8	横梁断面尺寸	±10	6	5	4	-8	7	-6	2	符合规范要求。
	9	横梁高程	±10	4	4	-5	6	8	-7	5	符合规范要求。

施工单位检查评定结果	施工员	张××	施工班组长	李××
	检查情况: 经检查,主控项目和一般项目均符合设计要求和重庆市《城市桥梁工程施工质量验收规范》(DBJ 50-086—2008)规定,评定合格。 项目专职质量员:李×× 2015年5月20日			
监理单位验收结论	验收意见: 同意施工单位评定结果,验收合格,同意进行下道工序施工。 专业监理工程师:张×× 2015年5月20日			

说明:

主控项目

现浇混凝土强度应符合设计和相关规范要求。现浇混凝土的强度在达到设计规定后方可进行后期施工。检验数量与方法:按重庆市《城市桥梁工程施工质量验收规范》附录F、G执行。

一般项目

混凝土桥塔允许偏差应符合下表的规定。

表　桥塔允许偏差

序号	项　目	允许偏差	检验频率		检验方法
			范围	点数	
1	轴线位移(mm)	10	每对索距	2	用经纬仪测量,纵、横各计1点
2	断面尺寸(mm)	±20			用尺量,纵、横各计1点
3	垂直度(mm)	h/3000,且≤30			用经纬仪测量,纵、横各计1点
4	塔顶高程(mm)	±20	每座塔	4	用水准仪测量
5	斜拉索锚固点高程(mm)	±10	每根索	1	
6	斜拉索预埋管轴线位移(mm)	10,且两端同向			用经纬仪测量
7	斜拉索预埋管倾角	满足设计要求	每个管	1	用测角仪测量
8	横梁断面尺寸(mm)	±10	每根横梁	5	用尺量,沿全长(L)端部、L/4和L/2各计1点
9	横梁高程(mm)			4	用水准仪测量

注:表中h为桥塔全高;L为横梁长度。

检验数量和检验方法:按表的规定检验。

城市桥梁工程斜拉桥主梁（混凝土梁）施工检验批质量验收记录表（一）

渝市政验收6-13-2

单位（子单位）工程名称	重庆市渝中区××桥梁工程K1+000～K2+000合同段		
分部（子分部）工程名称	K1+000～K2+000合同段斜拉桥		
分项工程名称	混凝土主梁	验收部位	1#梁
施工单位	重庆市××市政工程（集团）有限公司	项目经理	陈××
分包单位	重庆××桥梁工程有限公司	负责人	张××
施工执行标准名称及编号	重庆市《城市桥梁工程施工质量验收规范》DBJ 50-086—2008		

项目	施工质量验收规范规定					施工单位检验记录							监理单位检验记录
	序号	检查项目			规定值及允许偏差（mm）								
主控项目	1	悬臂浇筑混凝土梁的混凝土强度			符合设计和规范要求，混凝土强度在达到设计规定后方可进行梁上建筑施工	检查同条件养护试件试验报告和标准养护试件试验报告，符合设计和规范、要求。							符合规范要求。
	2	悬臂拼装混凝土梁及合龙段混凝土强度和质量			符合要求，只有在合龙段混凝土强度达到设计规定的强度后方可进行梁上建筑施工	符合设计和规范要求，试件试验报告：×××。							符合规范要求。
一般项目	1	悬臂浇筑混凝土主梁	轴线位移	L≤100m	10	8	7	5	6	4	7	8	符合规范要求。
				L>100m	L/10000	√	√	√	√	√	√	√	
	2		截面尺寸	宽度	+5，-8	3	4	2	3	-5	-6	-7	符合规范要求。
				高度	+5，-8	-7	-5	-6	2	3	4	4	符合规范要求。
				壁厚	±5	4	2	2	3	2	4	2	符合规范要求。
	3		长度		±10	-8	7	5	6	-9	-8	5	符合规范要求。
	4		梁底高程	L≤100m	±20	15	-14	13	-11	17	-18	19	符合规范要求。
				L>100m	L/5000								
	5		节段高差		5	4	2	3	4	1	2	3	符合规范要求。
	6		合龙段高差		符合设计要求	符合设计和规范要求。							符合规范要求。
	7		管道坐标	梁长方向	30	26	25	21	20	18	19	21	符合规范要求。
				梁高方向	10	6	5	4	5	8	5	7	符合规范要求。
			管道间距	两排	10	3	7	8	4	5	9	5	符合规范要求。
				上下层	10	5	6	4	7	8	4	5	符合规范要求。
	8		斜拉索预埋管轴线位移		10，且两端同向	√	√	√	√	√	√	√	符合规范要求。

	施工员	张××	施工班组长	李××
施工单位检查评定结果	检查情况： 经检查，主控项目和一般项目均符合设计要求和重庆市《城市桥梁工程施工质量验收规范》（DBJ 50-086—2008）规定，评定合格。 项目专职质量员：李×× 2015年5月20日			
监理单位验收结论	验收意见： 同意施工单位评定结果，验收合格，同意进行下道工序施工。 专业监理工程师：张×× 2015年5月20日			

城市桥梁工程斜拉桥主梁（混凝土梁）施工检验批质量验收记录表（二）

渝市政验收6-13-3

单位（子单位）工程名称	重庆市渝中区××桥梁工程K1+000～K2+000合同段		
分部（子分部）工程名称	K1+000～K2+000合同段斜拉桥		
分项工程名称	混凝土主梁	验收部位	1#梁
施工单位	重庆市××市政工程（集团）有限公司	项目经理	陈××
分包单位	重庆××桥梁工程有限公司	负责人	张××
施工执行标准名称及编号	重庆市《城市桥梁工程施工质量验收规范》DBJ 50-086—2008		

项目	序号	检查项目			规定值及允许偏差(mm)	施工单位检验记录							监理单位检验记录
一般项目	9	悬臂拼装混凝土节段	节段与桥纵轴线位移	1号节段	≤2，且与桥轴线平行	√	√	√	√	√	√	√	符合规范要求。
				其他节段	≤5	√	√	√	√	√	√	√	符合规范要求。
	10		1号节段四角相对高差		≤2		√	√	√	√	√	√	
	11		节段间连接缝高差	0号节段与1号节段	≤2	√	√	√	√	√	√	√	符合规范要求。
				其他节段	≤3	√	√	√	√	√	√	√	符合规范要求。
	12		节段拼装立缝高度		±5	2	3	-4	-3	2	1	2	符合规范要求。
	13		拼装完成累计差后	半跨端部节段高	L/1000，且≤30	√	√	√	√	√	√	√	符合规范要求。
				上下游节段相对高程差	≤25	√	√	√	√	√	√	√	符合规范要求。
				全跨端部节段相对高程差	≤30	√	√	√	√	√	√	√	符合规范要求。
				全跨纵轴线与桥轴线偏差	L/3000，且≤30	√	√	√	√	√	√	√	符合规范要求。
	14												
施工员		张××			施工班组长	李××							
施工单位检查评定结果	检查情况： 经检查，主控项目和一般项目均符合设计要求和重庆市《城市桥梁工程施工质量验收规范》(DBJ 50-086—2008)规定，评定合格。 项目专职质量员：李×× 2015年5月20日												
监理单位验收结论	验收意见： 同意施工单位评定结果，验收合格，同意进行下道工序施工。 专业监理工程师：张×× 2015年5月20日												

说明：

主控项目

1. 悬臂浇筑混凝土梁的混凝土强度应符合设计和相关规范要求。混凝土的强度在达到设计规定后方可进行梁上建筑施工。检验数量：按抽样检测方案确定。检验方法：检查同条件养护试件试验报告，检查标准养护试件试验报告。

2. 悬臂拼装混凝土梁及合龙段混凝土强度和质量必须符合要求，只有在合龙段混凝土强度达到设计规定的强度后方可进行梁上建筑施工。检验数量：按抽样检测方案确定，每个部位至少留置一组同条件养护试件。检验方法：检查同条件养护试件试验报告，检查标准养护试件试验报告。

一般项目

1. 悬臂浇筑混凝土主梁允许偏差应符合表1的规定。

表1 悬臂浇筑混凝土主梁允许偏差

序号	项目		允许偏差	检验频率		检验方法
				范围	点数	
1	轴线位移(mm)	L≤100m	10	每合龙段	2	用经纬仪测量,两端各计1点
		L>100m	L/10000			
2	断面尺寸(mm)	宽度	+5,-8	每束	5	用尺量,沿全长(L)端部、L/4和L/2各计1点
		高度	+5,-8			
		壁厚	±5			
3	长度(mm)		±10	每根索	2	用尺量,两侧各计1点
4	梁底高程(mm)	L≤100m	±20		4	用水准仪测量
		L>100m	L/5000			
5	节段高差(mm)		5		3	用尺量,沿宽度两侧和中间各计1点
6	合龙段高差(mm)		符合设计要求	每根索	3	沿宽度两侧和中间各计1点
7	管道坐标(mm)	梁长方向	30		5	用尺量,沿全长端部、L/4和中间各计1点
		梁高方向	10			
	管道间距(mm)	两排	10			
		上下层				
8	斜拉索预埋管轴线位移(mm)		10,且两端同向		2	用经纬仪测量,两端各计1点

注:表中L为孔径全长。

检验数量和检验方法:按表的规定检验。

2. 悬臂拼装混凝土节段允许偏差应符合表2的规定。

表2 悬臂拼装混凝土节段允许偏差

序号	项目		允许偏差(mm)	检验频率		检验方法
				范围	点数	
1	节段与桥纵轴线位移	1号节段	≤2,且与桥轴线平行	每节段	2	用经纬仪测量
		其他节段	≤5			
2	1号节段四角相对高差		≤2		4	用水准仪测量
3	节段间连接缝高差	0号节段与1号节段	≤2		2	用尺量
		其他节段	≤3			
4	节段拼装立缝高度		±5			
5	拼装完成累计差后	半跨端部节段高	L/1000,且≤30	每端面	1	用水准仪测量
		上、下游节段相对高程差	≤25			
		全跨端部节段相对高程差	≤30			
		全跨纵轴线与桥纵轴线偏差	L/3000,且≤30			用经纬仪测量

注:表中L为孔径。

检验数量和检验方法:按表的规定检验。

城市桥梁工程斜拉桥主梁(钢混凝土结合梁)施工检验批质量验收记录表

渝市政验收6-13-4

单位(子单位)工程名称	重庆市渝中区××桥梁工程K1+000～K2+000合同段		
分部(子分部)工程名称	K1+000～K2+000合同段斜拉桥		
分项工程名称	混凝土结合梁	验收部位	1#梁
施工单位	重庆市××市政工程(集团)有限公司	项目经理	陈××
分包单位	重庆××桥梁工程有限公司	负责人	张××
施工执行标准名称及编号	重庆市《城市桥梁工程施工质量验收规范》DBJ 50-086—2008		

项目	序号	检查项目			规定值及允许偏差(mm)	施工单位检验记录							监理单位检验记录
主控项目	1	结合梁混凝土板的混凝土强度			符合设计和规范要求，混凝土强度在达到设计规定后方可进行后期施工	符合设计和规范要求，试件试验报告：×××。							符合规范要求。
	2	结合梁工字梁段拼装接头焊接或栓接质量			满足设计要求后方可进行后期施工	量规检查焊缝尺寸，超声符合设计要求。							符合规范要求。
一般项目	1	结合梁斜拉桥混凝土板	混凝土板尺寸	厚	+10，-0	9	8	5	6	7	8	5	符合规范要求。
				宽	±30	21	-25	-26	27	23	-20	21	符合规范要求。
	2		索力(kN)	允许	符合设计要求	测力仪量测每索，符合设计要求。							符合规范要求。
				极值	符合设计规定，设计未规定时与设计值相差6%	测力仪量测每索，符合设计要求。							符合规范要求。
	3		高程	$L \leq 200m$	±20	15	-12	-14	13	10	-11	12	符合规范要求。
				$L>200m$	$\pm L/10000$								
	4		横坡(%)		±0.15	√	√	√	√	√	√	√	符合规范要求。
	5		轴线偏位	$L \leq 200m$	10	5	6	4	8	4	6	7	符合规范要求。
				$L>200m$	$L/20000$								
			索力(kN)		满足设计要求	测力仪量测每索，符合设计要求。							符合规范要求。
	6		梁锚固高程或梁顶高程两主梁高差		10	8	7	5	6	4	5	8	符合规范要求。
	施工员				张××	施工班组长			李××				

施工单位检查评定结果	检查情况： 经检查，主控项目和一般项目均符合设计要求和重庆市《城市桥梁工程施工质量验收规范》(DBJ 50-086—2008)规定，评定合格。 项目专职质量员：李×× 2015年5月20日
监理单位验收结论	验收意见： 同意施工单位评定结果，验收合格，同意进行下道工序施工。 专业监理工程师：张×× 2015年5月20日

说明:

主控项目

1. 结合梁混凝土板的混凝土强度应符合设计和相关规范要求。混凝土的强度在达到设计规定后方可进行后期施工。检验数量:按抽样检测方案确定,每个部位至少留置一组同条件养护试件。检验方法:检查同条件养护试件试验报告,检查标准养护试件试验报告。

2. 结合梁工字梁段拼装接头焊接或栓接质量满足设计要求后方可进行后期施工。检验数量:按抽样检测方案确定,每个接头均应检测。检验方法:量规检查焊缝尺寸,超声或射线检查焊缝探伤,测力扳手检查高强螺栓扭矩。

一般项目

1. 结合梁斜拉桥混凝土板允许偏差,应符合表1的规定。

表1　结合梁斜拉桥混凝土板允许偏差

序号	检查项目		规定值或允许偏差		检查方法和频率
1	混凝土板尺寸(mm)	厚	+10,-0		尺量,每段2个断面
		宽	±30		
2	索力(kN)	允许	符合设计要求		测力仪:测每索
		极值	符合设计规定,设计未规定时与设计值相差6%		
3	高程(mm)		$L\leqslant200$m	±20	水准仪:每跨检查5~15处
			$L>200$m	$\pm L/10000$	
4	横坡(%)		±0.15		水准仪:每跨测量3~8个断面

注:表中L为跨径。

检验数量和检验方法:按表的规定检验。

2. 结合梁工字梁段悬臂拼装允许偏差,应符合表2的规定。

表2　结合梁工字梁段悬臂拼装允许偏差

序号	检查项目		规定值或允许偏差		检查方法和频率
1	轴线偏位		$L\leqslant200$m	10	经纬仪:每段测量2点
			$L>200$m	$L/20000$	
2	索力(kN)		满足设计要求		测力仪:检查每索
3	梁锚固高程或梁顶高程(mm)	两主梁高差	10		水准仪:测量每个锚固点或梁段两端中心

注:表中L为跨径。

检验数量和检验方法:按表的规定检验。

3. 钢梁的质量要求应符合相关规范规定。悬臂拼装的质量要求符合相关规范规定。

城市桥梁工程斜拉桥斜拉索施工检验批质量验收记录表

渝市政验收6-13-5

单位(子单位)工程名称	重庆市渝中区××桥梁工程K1+000～K2+000合同段		
分部(子分部)工程名称	K1+000～K2+000合同段斜拉桥		
分项工程名称	斜拉索施工	验收部位	4#索
施工单位	重庆市××市政工程(集团)有限公司	项目经理	陈××
分包单位	重庆××桥梁工程有限公司	负责人	张××
施工执行标准名称及编号	重庆市《城市桥梁工程施工质量验收规范》DBJ 50-086—2008		

项目	序号	检查项目		规定值及允许偏差(mm)	施工单位检验记录	监理单位检验记录
主控项目	1	斜拉索、锚具和减振装置的规格、品种和防腐等级		符合设计要求	检查产品合格证、检验报告，符合设计要求。	符合规范要求。
	2	斜拉索搬运和安装		符合规范规定	无弯曲、错压，锚头和保护层完好，无进水，符合规范规定。	符合规范要求。
	3	锚环与锚垫板		符合规范规定	居中、密贴，符合规范规定。	符合规范要求。
	4	斜拉索护管长度和索道管内填充		符合设计要求	索道管内无积水和其他杂物，符合设计要求。	符合规范要求。
	5	斜拉索张拉力及索力调整		符合设计要求	索力测试仪测试，符合设计要求。	符合规范要求。
	6					
	7					
	8					
一般项目	1	斜拉索外观质量		符合规范规定	表面色泽一致、无污染，防护层无压痕、损伤，符合规范规定。	符合规范要求。
	2	1.5倍设计索力预拉后冷铸锚的锚板内缩值		≤7	√ √ √ √ √ √ √	符合规范要求。
	3	长度	$L \le 100$m	≤20	√ √ √ √ √ √ √	符合规范要求。
			$L > 100$m	0.02%L		
	4	索力(终值)		设计规定	√ √ √ √ √ √ √	符合规范要求。
	5					

施工单位检查评定结果	施工员	张××	施工班组长	李××
	检查情况： 经检查，主控项目和一般项目均符合设计要求和重庆市《城市桥梁工程施工质量验收规范》(DBJ 50-086—2008)规定，评定合格。 项目专职质量员：李×× 2015年5月20日			
监理单位验收结论	验收意见： 同意施工单位评定结果，验收合格，同意进行下道工序施工。 专业监理工程师：张×× 2015年5月20日			

说明：

主控项目

1. 斜拉索、锚具和减振装置的规格、品种和防腐等级必须符合设计要求。检验数量:全部。检验方法:检查产品合格证、检验报告,观察和尺量。

2. 斜拉索搬运和安装时,应用有足够直径和刚度的专用索盘,严禁弯折、错压。不得撞伤锚头和损伤保护层。保护层不得进水。检验数量:全部。检验方法:检查施工记录和观察。

3. 锚环必须与锚垫板密贴并居中。检验数量:全部。检验方法:观察和尺量。

4. 斜拉索护管的长度和索道管内的填充必须符合设计要求。索道管内不得积水和其他杂物。检验数量:全部。检验方法:观察和尺量。

5. 斜拉索张拉力及索力调整必须符合设计要求。检验数量:全部。检验方法:用索力测试仪测试。

一般项目

1. 斜拉索表面色泽基本一致、无污染,防护层无明显压痕、损伤。锚环及其外丝允许有击伤,但不影响使用。检验数量:全部。检验方法:观察。

2. 斜拉索允许偏差应符合下表的规定。

表　斜拉索允许偏差

序号	项　目		允许偏差	检验频率		检验方法
				范围	点数	
1	1.5倍设计索力预拉后冷铸锚的锚板内缩值(mm)		≤7	每根索	1	用尺量
2	长度(mm)	L≤100m	≤20			
		L>100m	0.02%L			
3	索力(终值)		设计规定			索力测试仪测试

注:表中L为斜拉索长度。

检验数量和检验方法:按表的规定检验。

城市桥梁工程悬索桥混凝土索塔施工检验批质量验收记录表

渝市政验收6-14-1

单位(子单位)工程名称	重庆市渝中区××桥梁工程K1+000～K2+000合同段		
分部(子分部)工程名称	K1+000～K2+000合同段悬索桥		
分项工程名称	索塔施工	验收部位	1#塔
施工单位	重庆市××市政工程(集团)有限公司	项目经理	×××
分包单位	重庆××桥梁工程有限公司	负责人	×××
施工执行标准名称及编号	重庆市《城市桥梁工程施工质量验收规范》DBJ 50-086—2008		

项目	施工质量验收规范规定			施工单位检验记录							监理单位检验记录
	序号	检查项目	规定值及允许偏差(mm)								
主控项目	1	现浇混凝土强度	符合设计和规范要求，强度达到设计规定后方可进行后期施工	符合设计和规范要求，试块试验报告：×××。							符合规范要求。
	2										
	3										
	4										
	5										
	6										
	7										
	8										
一般项目	1	轴线位移	10	5	6	8	7	4	5	6	符合规范要求。
	2	断面尺寸	±20	12	14	−15	−16	12	11	13	符合规范要求。
	3	垂直度	符合设计规定，设计未规定时按塔高的1/3000，且不大于30	经纬仪量测，符合设计要求。							符合规范要求。
	4	塔顶高程	±20	14	−15	12	14	−16	12	11	符合规范要求。
	5	壁厚	±5	2	−3	2	−1	2	4	3	符合规范要求。
	6	预埋件位置	5	3	2	2	1	2	1	4	符合规范要求。
	7	索安底板面高程	+10，−0	8	9	7	5	6	2	4	符合规范要求。
	8	横梁断面尺寸	±10	9	−7	5	6	2	−4	7	符合规范要求。
	9	横梁高程	±10	3	5	−9	7	−5	6	2	符合规范要求。

施工单位检查评定结果	施工员	张××	施工班组长	李××
	检查情况： 经检查，主控项目和一般项目均符合设计要求和重庆市《城市桥梁工程施工质量验收规范》(DBJ 50-086—2008)规定，评定合格。 项目专职质量员：李×× 2015年5月20日			
监理单位验收结论	验收意见： 同意施工单位评定结果，验收合格，同意进行下道工序施工。 专业监理工程师：张×× 2015年5月20日			

说明：

主控项目

现浇混凝土强度应符合设计和相关规范要求。现浇混凝土的强度在达到设计规定后方可进行后期施工。检验数量:按抽样检测方案确定。检验方法:检查同条件养护试件试验报告,检查标准养护试件试验报告。

一般项目

允许偏差必须符合下表的规定。

表　悬索桥混凝土索塔允许偏差

序号	项　目	允许偏差(mm)	检查频率		检查方法
			范围	点数	
1	轴线位移	10	塔柱底	4	经纬仪测量
2	断面尺寸	±20	每段	3	用尺量
3	垂直度	符合设计规定,设计未规定时按塔高的1/3000,且≤30	每座塔	4	经纬仪测量
4	塔顶高程	±20	每座塔	4	用水准仪测量
5	壁厚	±5	每段每侧面	1	用尺量
6	预埋件位置	5	每件	—	用尺量
7	索鞍底板面高程	+10,-0	每索鞍	1	水准仪或全站仪测量
8	横梁断面尺寸	±10	每根横梁	梁端、L/4和L/2各计1点	用尺量
9	横梁高程	±10	每根横梁	4	用水准仪测量

注:表中L为横梁长度。

检验数量和检验方法:按表的规定检验。

城市桥梁工程悬索桥加劲梁(混凝土梁)施工检验批质量验收记录表

渝市政验收6-14-2

单位(子单位)工程名称	重庆市渝中区××桥梁工程K1+000～K2+000合同段		
分部(子分部)工程名称	K1+000～K2+000合同段悬索桥加劲梁		
分项工程名称	混凝土梁	验收部位	1#梁
施工单位	重庆市××市政工程(集团)有限公司	项目经理	陈××
分包单位	重庆××桥梁工程有限公司	负责人	张××
施工执行标准名称及编号	重庆市《城市桥梁工程施工质量验收规范》DBJ 50-086—2008		

项目	序号	检查项目		规定值及允许偏差(mm)	施工单位检验记录							监理单位检验记录
主控项目	1	拼装混凝土梁及合龙段混凝土强度和质量		符合设计要求,合龙段混凝土强度达到设计规定后方可进行梁上建筑施工	符合设计要求,试块试验报告:20150206。							符合规范要求。
	2											
	3											
	4											
	5											
	6											
	7											
	8											
一般项目	1	节段与桥纵轴线位移	1号节段	≤2且与桥轴线平行	√	√	√	√	√	√	√	符合规范要求。
	2		其他节段	≤5	√	√	√	√	√	√	√	符合规范要求。
	3	1号节段四角相对高差		≤2		√	√	√	√	√	√	符合规范要求。
	4	节段间连接缝高差	0号节段与1号节段	≤2	√	√	√	√	√	√	√	符合规范要求。
	5		其他节段	≤3	√	√	√	√	√	√	√	符合规范要求。
	6	节段拼装立缝高度		+10,-5	8	7	5	6	-2	-1	4	符合规范要求。
	7	拼装完成累计差后	半跨端部节段高	L/1000且≤30	√	√	√	√	√	√	√	符合规范要求。
	8		上、下游节段相对高程差	≤25	√	√	√	√	√	√	√	符合规范要求。
	9		全跨端部节段相对高程差	≤30	√	√	√	√	√	√	√	符合规范要求。
			全跨纵轴线与桥纵轴线偏差	L/3000且≤30	√	√	√	√	√	√	√	符合规范要求。

施工单位检查评定结果	施工员	张××	施工班组长	李××
	检查情况: 经检查,主控项目和一般项目均符合设计要求和重庆市《城市桥梁工程施工质量验收规范》(DBJ 50-086—2008)规定,评定合格。 项目专职质量员:李×× 2015年5月20日			
监理单位验收结论	验收意见: 同意施工单位评定结果,验收合格,同意进行下道工序施工。 专业监理工程师:张×× 2015年5月20日			

说明：

主控项目

拼装混凝土梁及合龙段混凝土强度和质量必须符合要求，只有在合龙段混凝土强度达到设计规定的强度后方可进行梁上建筑施工。检验数量：按抽样检测方案确定，每个部位至少留置一组同条件养护试件。检验方法：检查同条件养护试件试验报告，检查标准养护试件试验报告。

一般项目

混凝土主梁拼装节段允许偏差应符合下表的规定。

表　混凝土主梁拼装节段允许偏差

序号	项　目		允许偏差(mm)	检验频率		检验方法
				范围	点数	
1	节段与桥纵轴线位移	1号节段	≤2,且与桥轴线平行	每节段	2	用经纬仪测量
		其他节段	≤5			
2	1号节段四角相对高差		≤2		4	用水准仪测量
3	节段间连接缝高差	0号节段与1号节段	≤2		2	用尺量
		其他节段	≤3			
4	节段拼装立缝高度		+10,-5			
5	拼装完成累计差后	半跨端部节段高	L/1000,且≤30	每端面	1	用水准仪测量
		上、下游节段相对高程差	≤25			
		全跨端部节段相对高程差	≤30			
		全跨纵轴线与桥纵轴线偏差	L/3000,且≤30			用经纬仪测量

注：表中L为孔径。

检验数量和检验方法：按表的规定检验。

城市桥梁工程悬索桥加劲梁（钢混结合梁）施工检验批质量验收记录表

渝市政验收6-14-3

单位（子单位）工程名称	重庆市渝中区××桥梁工程K1+000～K2+000合同段		
分部（子分部）工程名称	K1+000～K2+000合同段悬索桥加劲梁		
分项工程名称	钢混结合梁	验收部位	1#梁
施工单位	重庆市××市政工程（集团）有限公司	项目经理	陈××
分包单位	重庆××桥梁工程有限公司	负责人	张××
施工执行标准名称及编号	重庆市《城市桥梁工程施工质量验收规范》DBJ 50-086—2008		

项目	序号	施工质量验收规范规定：检查项目			规定值及允许偏差（mm）	施工单位检验记录							监理单位检验记录
主控项目	1	结合梁混凝土板的混凝土强度			符合设计和规范要求，强度达到设计规定后方可进行后期施工	符合设计和规范要求，试块试验报告：20150207。							符合规范要求。
	2	结合梁工字梁段拼装接头焊接或栓接质量			满足设计要求后方可进行后期施工	焊缝均匀、饱满，符合设计要求。							符合规范要求。
	3												
	4												
	5												
	6												
	7												
	8												
一般项目	1	结合梁混凝土板	混凝土板尺寸	厚	+10，-0	8	7	5	6	4	7	8	符合规范要求。
				宽	±30	25	21	-19	18	-16	17	21	符合规范要求。
	2		高程	$L\leq200m$	±20	12	-14	-15	18	13	-12	14	符合规范要求。
				$L>200m$	$\pm L/10000$								
	3		横坡（%）		0.15	√	√	√	√	√	√	√	符合规范要求。
	4	结合梁工字梁段	轴线偏位	$L\leq200m$	10	6	5	9	7	4	5	2	符合规范要求。
				$L>200m$	$\pm L/20000$								
	5		梁锚固高程或梁顶高程	两主梁高差	10	8	7	5	2	1	4	5	符合规范要求。

施工单位检查评定结果	施工员	张××	施工班组长	李××
	检查情况： 经检查，主控项目和一般项目均符合设计要求和重庆市《城市桥梁工程施工质量验收规范》（DBJ 50-086—2008）规定，评定合格。 项目专职质量员：李×× 2015年5月20日			
监理单位验收结论	验收意见： 同意施工单位评定结果，验收合格，同意进行下道工序施工。 专业监理工程师：张×× 2015年5月20日			

说明:

主控项目

1. 结合梁混凝土板的混凝土强度应符合设计和相关规范要求。混凝土的强度在达到设计规定后方可进行后期施工。检验数量:按抽样检测方案确定,每个部位至少留置一组同条件养护试件。检验方法:检查同条件养护试件试验报告,检查标准养护试件试验报告。

2. 结合梁工字梁段拼装接头焊接或栓接质量满足设计要求后方可进行后期施工。检验数量:按抽样检测方案确定,每个接头均应检测。检验方法:量规检查焊缝尺寸,超声或射线检查焊缝探伤,测力扳手检查高强螺栓扭矩。

一般项目

1. 结合梁混凝土板允许偏差,应符合表1的规定。

表1 结合梁混凝土板允许偏差

<table>
<tr><th>序号</th><th colspan="2">检查项目</th><th colspan="2">规定值或允许偏差</th><th>检查方法和频率</th></tr>
<tr><td rowspan="2">1</td><td rowspan="2">混凝土板尺寸(mm)</td><td>厚</td><td colspan="2">+10,-0</td><td rowspan="2">尺量,每段2个断面</td></tr>
<tr><td>宽</td><td colspan="2">±30</td></tr>
<tr><td rowspan="2">2</td><td colspan="2" rowspan="2">高程(mm)</td><td>L≤200m</td><td>±20</td><td rowspan="2">水准仪:每跨检查5~15处</td></tr>
<tr><td>L>200m</td><td>±L/10000</td></tr>
<tr><td>3</td><td colspan="2">横坡(%)</td><td colspan="2">±0.15</td><td>水准仪:每跨测量3~8个断面</td></tr>
</table>

注:表中L为跨径。

检验数量和检验方法:按表的规定检验。

2. 结合梁工字梁段允许偏差,应符合表2的规定。

表2 结合梁工字梁段允许偏差

<table>
<tr><th>序号</th><th colspan="2">检查项目</th><th colspan="2">规定值或允许偏差</th><th>检查方法和频率</th></tr>
<tr><td rowspan="2">1</td><td colspan="2" rowspan="2">轴线偏位(mm)</td><td>L≤200m</td><td>10</td><td rowspan="2">经纬仪:每段测量2点</td></tr>
<tr><td>L>200m</td><td>L/20000</td></tr>
<tr><td>2</td><td>梁锚固高程或梁顶高程(mm)</td><td>两主梁高差</td><td colspan="2">10</td><td>水准仪:测量每个锚固点或梁段两端中心</td></tr>
</table>

注:表中L为跨径。

检验数量和检验方法:按表的规定检验。

城市桥梁工程悬索桥加劲梁(钢梁)施工检验批质量验收记录表

渝市政验收6-14-4

<table>
<tr><td colspan="3">单位(子单位)工程名称</td><td colspan="10">重庆市渝中区××桥梁工程K1+000～K2+000合同段</td></tr>
<tr><td colspan="3">分部(子分部)工程名称</td><td colspan="10">K1+000～K2+000合同段悬索桥加劲梁</td></tr>
<tr><td colspan="3">分项工程名称</td><td colspan="2">钢梁</td><td colspan="4">验收部位</td><td colspan="4">1#梁</td></tr>
<tr><td colspan="3">施工单位</td><td colspan="2">重庆市××市政工程(集团)有限公司</td><td colspan="4">项目经理</td><td colspan="4">×××</td></tr>
<tr><td colspan="3">分包单位</td><td colspan="2">重庆××桥梁工程有限公司</td><td colspan="4">负责人</td><td colspan="4">×××</td></tr>
<tr><td colspan="3">施工执行标准名称及编号</td><td colspan="10">重庆市《城市桥梁工程施工质量验收规范》DBJ 50-086—2008</td></tr>
<tr><td rowspan="2">项目</td><td colspan="4">施工质量验收规范规定</td><td colspan="7" rowspan="2">施工单位检验记录</td><td rowspan="2">监理单位检验记录</td></tr>
<tr><td>序号</td><td colspan="2">检查项目</td><td>规定值及允许偏差(mm)</td></tr>
<tr><td rowspan="6">主控项目</td><td>1</td><td colspan="2">梁段连接接头焊接或栓接质量</td><td>满足设计要求后方可进行后期施工</td><td colspan="7">焊缝均匀、饱满，无缺陷，符合设计要求。</td><td>符合规范要求。</td></tr>
<tr><td>2</td><td colspan="2"></td><td></td><td colspan="7"></td><td></td></tr>
<tr><td>3</td><td colspan="2"></td><td></td><td colspan="7"></td><td></td></tr>
<tr><td>4</td><td colspan="2"></td><td></td><td colspan="7"></td><td></td></tr>
<tr><td>5</td><td colspan="2"></td><td></td><td colspan="7"></td><td></td></tr>
<tr><td>6</td><td colspan="2"></td><td></td><td colspan="7"></td><td></td></tr>
<tr><td rowspan="4">一般项目</td><td>1</td><td rowspan="3">钢加劲梁</td><td>吊点偏位</td><td>20</td><td>12</td><td>15</td><td>17</td><td>12</td><td>13</td><td>14</td><td>18</td><td>符合规范要求。</td></tr>
<tr><td>2</td><td>同一梁两侧对称吊点处梁顶高差</td><td>20</td><td>15</td><td>16</td><td>17</td><td>12</td><td>14</td><td>15</td><td>13</td><td>符合规范要求。</td></tr>
<tr><td>3</td><td>相邻节段匹配高差</td><td>2</td><td>1</td><td>1</td><td>1</td><td>1</td><td>1</td><td>1</td><td>1</td><td>符合规范要求。</td></tr>
<tr><td></td><td></td><td></td><td></td><td></td><td></td><td></td><td></td><td></td><td></td><td></td><td></td></tr>
<tr><td rowspan="2" colspan="2">施工单位检查评定结果</td><td>施工员</td><td colspan="2">张××</td><td colspan="4">施工班组长</td><td colspan="4">李××</td></tr>
<tr><td colspan="11">检查情况：
经检查，主控项目和一般项目均符合设计要求和重庆市《城市桥梁工程施工质量验收规范》(DBJ 50-086—2008)规定，评定合格。
项目专职质量员：李××
2015年5月20日</td></tr>
<tr><td colspan="2">监理单位验收结论</td><td colspan="11">验收意见：
同意施工单位评定结果，验收合格，同意进行下道工序施工。
专业监理工程师：张××
2015年5月20日</td></tr>
</table>

说明：

主控项目

梁段连接接头焊接或栓接质量满足设计要求后方可进行后期施工。检验数量：按抽样检测方案确定，每个接头均应检测。检验方法：量规检查焊缝尺寸，超声或射线检查焊缝探伤，测力扳手检查高强螺栓扭矩。

一般项目

钢加劲梁允许偏差应符合下表的规定。

表　钢加劲梁允许偏差

序号	项目	规定值或允许偏差	检查方法和频率
1	吊点偏位(mm)	20	全站仪，检查每吊点
2	同一梁段两侧对称吊点处梁顶高差(mm)	20	水准仪：检查每吊点处
3	相邻节段匹配高差(mm)	2	尺量：每段

检验数量和检验方法：按表的规定检验。

城市桥梁工程悬索桥主缆施工检验批质量验收记录表

渝市政验收6-14-5

<table>
<tr><td colspan="3">单位(子单位)工程名称</td><td colspan="12">重庆市渝中区××桥梁工程K1+000～K2+000合同段</td></tr>
<tr><td colspan="3">分部(子分部)工程名称</td><td colspan="12">K1+000～K2+000合同段悬索桥主缆</td></tr>
<tr><td colspan="3">分项工程名称</td><td colspan="4">主缆施工</td><td colspan="3">验收部位</td><td colspan="5">1#缆</td></tr>
<tr><td colspan="3">施工单位</td><td colspan="4">重庆市××市政工程(集团)有限公司</td><td colspan="3">项目经理</td><td colspan="5">陈××</td></tr>
<tr><td colspan="3">分包单位</td><td colspan="4">重庆××桥梁工程有限公司</td><td colspan="3">负责人</td><td colspan="5">张××</td></tr>
<tr><td colspan="4">施工执行标准名称及编号</td><td colspan="11">重庆市《城市桥梁工程施工质量验收规范》DBJ 50-086—2008</td></tr>
<tr><td rowspan="2">项目</td><td colspan="6">施工质量验收规范规定</td><td colspan="7" rowspan="2">施工单位检验记录</td><td rowspan="2">监理单位检验记录</td></tr>
<tr><td>序号</td><td colspan="4">检查项目</td><td>规定值及允许偏差(mm)</td></tr>
<tr><td rowspan="8">主控项目</td><td>1</td><td colspan="4">主缆长度、主缆索股锚具和锚板规格、品种和主缆防护系统、除湿系统</td><td>符合设计要求</td><td colspan="7">检查产品合格证、检验报告,符合设计要求。</td><td>符合规范要求。</td></tr>
<tr><td>2</td><td colspan="4">索股钢丝搬运和安装</td><td>符合设计和规范要求</td><td colspan="7">无弯曲、错压,保护层无扭转和损伤,符合设计和规范要求。</td><td>符合规范要求。</td></tr>
<tr><td>3</td><td colspan="4">索股锚具锚环与锚垫板、锚杯内铸体材料规格和品种</td><td>符合设计和规范要求</td><td colspan="7">密贴居中,符合设计和规范要求。</td><td>符合规范要求。</td></tr>
<tr><td>4</td><td colspan="4"></td><td></td><td colspan="7"></td><td></td></tr>
<tr><td>5</td><td colspan="4"></td><td></td><td colspan="7"></td><td></td></tr>
<tr><td>6</td><td colspan="4"></td><td></td><td colspan="7"></td><td></td></tr>
<tr><td>7</td><td colspan="4"></td><td></td><td colspan="7"></td><td></td></tr>
<tr><td>8</td><td colspan="4"></td><td></td><td colspan="7"></td><td></td></tr>
<tr><td rowspan="9">一般项目</td><td>1</td><td colspan="4">索夹处主缆</td><td>符合规范要求</td><td colspan="7">无积水和其他杂物,符合规范要求。</td><td>符合规范要求。</td></tr>
<tr><td>2</td><td colspan="4">索股长度调整及索夹预应力调整</td><td>符合设计要求</td><td colspan="7">索力测试仪测试,符合设计要求。</td><td>符合规范要求。</td></tr>
<tr><td rowspan="4">3</td><td rowspan="7">主缆</td><td rowspan="4">索股高程</td><td rowspan="3">基准</td><td>中跨跨中</td><td>±L/2000</td><td>√</td><td>√</td><td>√</td><td>√</td><td>√</td><td>√</td><td>√</td><td>符合规范要求。</td></tr>
<tr><td>边跨跨中</td><td>±L/2000</td><td>√</td><td>√</td><td>√</td><td>√</td><td>√</td><td>√</td><td>√</td><td>符合规范要求。</td></tr>
<tr><td>上下游高差</td><td>10</td><td>5</td><td>6</td><td>4</td><td>7</td><td>5</td><td>6</td><td>5</td><td>符合规范要求。</td></tr>
<tr><td>一般</td><td>相对于基准索股</td><td>0,+5</td><td>√</td><td>√</td><td>√</td><td>√</td><td>√</td><td>√</td><td>√</td><td>符合规范要求。</td></tr>
<tr><td>4</td><td colspan="3">锚跨索股力偏差</td><td>符合设计要求</td><td colspan="7">符合设计要求。</td><td>符合规范要求。</td></tr>
<tr><td>5</td><td colspan="3">主缆空隙率(%)</td><td>±2</td><td>√</td><td>√</td><td>√</td><td>√</td><td>√</td><td>√</td><td>√</td><td>符合规范要求。</td></tr>
<tr><td>6</td><td colspan="3">主缆直径不圆度(%)</td><td>2</td><td>√</td><td>√</td><td>√</td><td>√</td><td>√</td><td>√</td><td>√</td><td>符合规范要求。</td></tr>
<tr><td rowspan="2">施工单位检查评定结果</td><td colspan="3">施工员</td><td colspan="3">张××</td><td colspan="4">施工班组长</td><td colspan="4">李××</td></tr>
<tr><td colspan="14">检查情况:
经检查,主控项目和一般项目均符合设计要求和重庆市《城市桥梁工程施工质量验收规范》(DBJ 50-086—2008)规定,评定合格。
项目专职质量员:李××
2015年5月20日</td></tr>
<tr><td>监理单位验收结论</td><td colspan="14">验收意见:
同意施工单位评定结果,验收合格,同意进行下道工序施工。
专业监理工程师:张××
2015年5月20日</td></tr>
</table>

说明：

主控项目

1. 主缆长度、主缆索股锚具和锚板的规格、品种和主缆防护系统、除湿系统必须符合设计要求。检验数量:全部。检验方法:检查产品合格证、检验报告,观察和尺量。

2. 索股钢丝搬运和安装时,应用有足够直径和刚度的专用索盘,严禁弯折、错压。不得扭转和损伤保护层,每根钢丝下料长度必须保证足够精确。主缆缠丝直径和强度必须符合设计要求。检验数量:全部。检验方法:检查施工记录和观察。

3. 索股锚具锚环必须与锚垫板密贴并居中。锚杯内铸体材料规格、品种必须符合设计要求。检验数量:全部。检验方法:观察和尺量。

一般项目

1. 索夹处主缆不得积水和其他杂物。检验数量:全部。检验方法:观察和尺量。

2. 索股长度调整及索夹预应力调整必须符合设计要求。检验数量:全部。检验方法:用油压表或索力测试仪或频率仪测试。

3. 主缆允许偏差应符合下表的规定。

表 主缆允许偏差

序号	项目			规定值或允许偏差	检查方法和频率
1	索股高程(mm)	基准	中跨跨中	±L/20000	全站仪:跨中测量
			边跨跨中	±L/20000	
			上下游高差	10	
		一般	相对于基准索股	0,+5	全站仪或专用卡尺:跨中测量
2	锚跨索股力偏差			符合设计要求	测力计:每索股检查
3	主缆空隙率(%)			±2	量直径和周长后计算:测索夹处和两索夹间
4	主缆直径不圆度(%)			2	紧缆后横竖直径之差,与设计直径相比,测两索夹间

注:L为中跨跨径。

检验数量和检验方法:按表的规定检验。

城市桥梁工程悬索桥吊杆(索)及索夹施工检验批质量验收记录表

渝市政验收6-14-6

单位(子单位)工程名称	重庆市渝中区××桥梁工程K1+000～K2+000合同段		
分部(子分部)工程名称	K1+000～K2+000合同段悬索桥吊杆		
分项工程名称	吊杆施工	验收部位	1#杆
施工单位	重庆市××市政工程(集团)有限公司	项目经理	陈××
分包单位	重庆××桥梁工程有限公司	负责人	张××
施工执行标准名称及编号	重庆市《城市桥梁工程施工质量验收规范》DBJ 50-086—2008		

项目	序号	检查项目		规定值及允许偏差(mm)	施工单位检验记录							监理单位检验记录
主控项目	1	柔性系杆、吊杆(索)钢材、锚具		符合设计要求	系杆、吊杆合格,符合设计要求。							符合规范要求。
	2	柔性系杆、吊杆(索)外观质量		符合规范规定	安装直顺,无扭曲现象;保护层完整,无破损现象,符合规范规定。							符合规范要求。
	3	索夹材料、类型、壁厚/内径及内壁摩擦系数		满足设计要求	符合设计要求。							符合规范要求。
	4											
	5											
	6											
	7											
	8											
一般项目	1	索夹偏位	纵向	10	6	5	4	7	8	5	6	符合规范要求。
			横向	3	1	2	1	2	2	2	1	符合规范要求。
	2	上、下游吊点高差		20	12	18	14	15	17	16	12	符合规范要求。
	3	螺杆紧固力(kN)		符合设计要求	压力表测试,符合设计要求。							符合规范要求。
	4											

施工单位检查评定结果	施工员	伍××	施工班组长	李××
	检查情况: 经检查,主控项目和一般项目均符合设计要求和重庆市《城市桥梁工程施工质量验收规范》(DBJ 50-086—2008)规定,评定合格。 项目专职质量员:李×× 2015年5月20日			
监理单位验收结论	验收意见: 同意施工单位评定结果,验收合格,同意进行下道工序施工。 专业监理工程师:张×× 2015年5月20日			

说明：

主控项目

1. 柔性系杆、吊杆(索)钢材、锚具应符合设计要求。系杆、吊杆(索)经验收合格后才可安装。检验数量:全部。检验方法:观察。

2. 柔性系杆、吊杆(索)安装顺直,无扭曲现象;系杆、吊杆(索)的保护层完整,无破损现象。系杆拉力应与主拱推力匹配。吊杆(索)拉力均匀。检验数量:全部。检验方法:观察、测试。

3. 索夹材料、类型、壁厚/内径及内壁摩擦系数必须满足设计要求。检验数量:全部。检验方法:观察、测试。

一般项目

吊杆(索)允许偏差应符合见下表的规定。

表 吊杆(索)允许偏差

序号	检查项目		规定值或允许偏差	检查方法和频率
1	索夹偏位(mm)	纵向	10	全站仪和钢尺:每个
		横向	3	全站仪:每个
2	上、下游吊点高差(mm)		20	水准仪:每个
3	螺杆紧固力(kN)		符合设计要求	压力表读数:每个

检验数量和检验方法:按表的规定检验。

城市桥梁工程悬索桥索鞍施工检验批质量验收记录表

渝市政验收6-14-7

单位（子单位）工程名称	重庆市渝中区××桥梁工程K1+000～K2+000合同段		
分部（子分部）工程名称	K1+000～K2+000合同段悬索桥索鞍		
分项工程名称	索鞍施工	验收部位	1#鞍
施工单位	重庆市××市政工程（集团）有限公司	项目经理	陈××
分包单位	重庆××桥梁工程有限公司	负责人	张××
施工执行标准名称及编号	重庆市《城市桥梁工程施工质量验收规范》DBJ 50-086—2008		

项目	施工质量验收规范规定					施工单位检验记录							监理单位检验记录
	序号	检查项目			规定值及允许偏差（mm）								
主控项目	1	索鞍材质、焊接质量			符合设计要求	查产品合格证、检验报告，焊缝均匀、饱满、无缺陷，符合设计要求。							符合规范要求。
	2												
	3												
	4												
	5												
	6												
	7												
	8												
一般项目	1	主索鞍	最终偏位	顺桥向	符合设计要求	全站仪量测，符合设计要求。							符合规范要求。
				横桥向	10	8	7	5	6	5	4	8	符合规范要求。
	2		高程		+20，-0	11	12	17	16	13	17	18	符合规范要求。
	3		四角高差		2	√	√	√	√	√	√	√	符合规范要求。
	4	散索鞍	底板轴线纵、横向偏位		5	2	3	4	3	2	1	3	符合规范要求。
			底板中心高程		±5	√	√	√	√	√	√	√	符合规范要求。
			底板扭转		2	√	√	√	√	√	√	√	符合规范要求。
			安装基线扭转		1	√	√	√	√	√	√	√	符合规范要求。
			散索鞍竖向倾斜角		符合设计要求	经纬仪量测，符合设计要求。							符合规范要求。
	施工员		伍××			施工班组长			李××				
施工单位检查评定结果	检查情况： 经检查，主控项目和一般项目均符合设计要求和重庆市《城市桥梁工程施工质量验收规范》（DBJ 50-086—2008）规定，评定合格。 项目专职质量员：李×× 2015年5月20日												
监理单位验收结论	验收意见： 同意施工单位评定结果，验收合格，同意进行下道工序施工。 专业监理工程师：张×× 2015年5月20日												

说明：

主控项目

索鞍材质、焊接质量必须符合设计要求。检验数量：全部。检验方法：检查产品合格证、检验报告。

一般项目

索鞍允许偏差应符合表1和表2的规定。

表1 主索鞍允许偏差

序号	检查项目		规定值或允许偏差	检查方法和频率
1	最终偏位(mm)	顺桥向	符合设计要求	经纬仪或全站仪：每鞍测量
		横桥向	10	
2	高程(mm)		+20，-0	全站仪：每鞍测量1处
3	四角高差(mm)		2	水准仪或全站仪：每鞍测量四角

检验数量和检验方法：按表的规定检验。

表2 散索鞍允许偏差

序号	检查项目	规定值或允许偏差	检查方法和频率
1	底板轴线纵、横向偏位(mm)	5	经纬仪：每鞍测量
2	底板中心高程(mm)	±5	水准仪：每鞍测量
3	底板扭转(mm)	2	经纬仪或全站仪：每鞍测量
4	安装基线扭转(mm)	1	经纬仪或全站仪：每鞍测量
5	散索鞍竖向倾斜角	符合设计要求	经纬仪或全站仪：每鞍测量

检验数量和检验方法：按表的规定检验。

城市桥梁工程悬索桥锚碇施工检验批质量验收记录表

渝市政验收6-14-8

单位(子单位)工程名称	重庆市渝中区××桥梁工程K1+000~K2+000合同段		
分部(子分部)工程名称	K1+000~K2+000合同段悬索桥		
分项工程名称	锚碇施工	验收部位	锚碇
施工单位	重庆市××市政工程(集团)有限公司	项目经理	陈××
分包单位	重庆××桥梁工程有限公司	负责人	张××
施工执行标准名称及编号	重庆市《城市桥梁工程施工质量验收规范》DBJ 50-086—2008		

项目	序号	施工质量验收规范规定 检查项目			规定值及允许偏差(mm)	施工单位检验记录							监理单位检验记录
主控项目	1	混凝土强度			符合设计和规范要求,强度达到设计规定后方可进行后期施工	检查同条件养护试件试验报告和标准养护试件试验报告,符合设计和规范要求。							符合规范要求。
	2												
	3												
	4												
	5												
	6												
	7												
	8												
一般项目	1	锚碇混凝土块体	混凝土强度(MPa)		不低于设计强度	√	√	√	√	√	√	√	符合规范要求。
	2		轴线偏位	基础	20	15	14	13	17	18	19	12	符合规范要求。
				槽口	10	6	5	4	8	6	5	8	符合规范要求。
	3		断面尺寸		±30	23	25	-24	26	-27	-21	20	符合规范要求。
	4		基底高程	土质	±50	45	-42	47	-42	36	38	35	符合规范要求。
				石质	+50,-200								
	5		顶面高程		±20	√	√	√	√	√	√	√	符合规范要求。
	6		预埋件位置		符合设计要求	经纬仪测量,符合设计要求。							符合规范要求。
	7		大面积平整度		8	√	√	√	√	√	√	√	符合规范要求。

施工单位检查评定结果	施工员	伍××	施工班组长	李××
	检查情况: 经检查,主控项目和一般项目均符合设计要求和重庆市《城市桥梁工程施工质量验收规范》(DBJ 50-086—2008)规定,评定合格。 项目专职质量员:李×× 2015年5月20日			
监理单位验收结论	验收意见: 同意施工单位评定结果,验收合格,同意进行下道工序施工。 专业监理工程师:张×× 2015年5月20日			

说明：

主控项目

混凝土强度应符合设计和相关规范要求。混凝土的强度在达到设计规定后方可进行后期施工。检验数量：按抽样检测方案确定。检验方法：检查同条件养护试件试验报告，检查标准养护试件试验报告。

一般项目

锚碇混凝土块体允许偏差应符合下表的规定。

表　锚碇混凝土块体允许偏差

序号	检查项目		规定值或允许偏差	检查方法和频率
1	混凝土强度(MPa)		不低于设计强度	查试验报告和计算
2	轴线偏位(mm)	基础	20	经纬仪：逐个检查
		槽口	10	
3	断面尺寸(mm)		±30	尺量：检查3～5处
4	基底高程(mm)	土质	±50	水准仪或全站仪：测8～10处
		石质	+50，-200	
5	顶面高程(mm)		±20	水准仪或全站仪：测8～10处
6	预埋件位置(mm)		符合设计要求	尺量或经纬仪：每件
7	大面积平整度(mm)		8	2m直尺：每20m²测1处×3尺

检验数量和检验方法：按表的规定检验。

城市桥梁工程支座安装检验批质量验收记录表

渝市政验收6-15-1

单位(子单位)工程名称	重庆市渝中区××桥梁工程K1+000～K2+000合同段		
分部(子分部)工程名称	K1+000～K2+000合同段桥梁支座		
分项工程名称	支座安装	验收部位	1#座
施工单位	重庆市××市政工程(集团)有限公司	项目经理	陈××
分包单位	重庆××桥梁工程有限公司	负责人	张××
施工执行标准名称及编号	重庆市《城市桥梁工程施工质量验收规范》DBJ 50-086—2008		

项目	施工质量验收规范规定 序号	检查项目		规定值及允许偏差(mm)	施工单位检验记录							监理单位检验记录
主控项目	1	支座品种、规格、材料、性能、结构及涂装质量		符合设计要求和标准规定	检查产品合格证，符合设计要求和标准规定。							符合规范要求。
	2	支座安装前，桥梁跨距、支座位置及预留锚栓孔位置、尺寸和支座垫石顶面高程、平整度等		符合设计要求	经纬仪、水准仪测量和尺量，符合设计要求。							符合规范要求。
	3	支座接触、垫层材料质量		符合设计要求	密贴无空隙，符合设计要求。							符合规范要求。
	4	固定支座及活动支座安装位置及方向		符合设计要求	符合设计要求。							符合规范要求。
	5	支座锚栓规格及埋置深度和螺栓外露长度		符合设计要求	符合设计要求。							符合规范要求。
	6	活动支座注油润滑		符合设计要求	检查润滑材料产品合格证，符合设计要求。							符合规范要求。
一般项目	1	支座中心线与主梁中心线偏差		±2	1	1	−1	1	1	1	−1	符合规范要求。
	2	支座顶面高程		±5	2	4	−3	−2	4	−2	3	符合规范要求。
	3	支座板四角高差	承压力≤5000kN	＜1	√	√	√	√	√	√	√	符合规范要求。
			承压力＞5000kN	＜2								
	4	上下座板中心十字线扭转		2	√	√	√	√	√	√	√	符合规范要求。
	5	一孔梁四个支座中，一个支座不平整限值		3	√	√	√	√	√	√	√	符合规范要求。
	6	固定支座的上下座板及中线的纵横错动量		4	√	√	√	√	√	√	√	符合规范要求。
	7	活动支座	支座上下挡块偏差交叉角	＜5′	√	√	√	√	√	√	√	符合规范要求。
	8	活动支座	活动支座的纵向错动量(按设计温度定位后)	3	√	√	√	√	√	√	√	符合规范要求。

施工单位检查评定结果	
施工员	伍×× 施工班组长 李××
	检查情况： 经检查，主控项目和一般项目均符合设计要求和重庆市《城市桥梁工程施工质量验收规范》(DBJ 50-086—2008)规定，评定合格。 项目专职质量员：李×× 2015年5月20日
监理单位验收结论	验收意见： 同意施工单位评定结果，验收合格，同意进行下道工序施工。 专业监理工程师：张×× 2015年5月20日

说明:

主控项目

1. 支座品种、规格、材料、性能、结构及涂装质量必须符合设计要求和相关产品标准的规定。检验数量:全部。检验方法:检查产品合格证、观察。

2. 支座安装前,应检查桥梁跨距、支座位置及预留锚栓孔位置、尺寸和支座垫石顶面高程、平整度等均应符合设计要求。检验数量:全部。检验方法:用经纬仪、水准仪测量和尺量。

3. 支座接触必须密贴无空隙,垫层材料质量及强度应符合设计要求。检验数量:全部。检验方法:观察或用塞尺检查。

4. 固定支座及活动支座安装位置及方向必须符合设计要求。检验数量:全部。检验方法:观察。

5. 支座锚栓规格及埋置深度和螺栓外露长度等应符合设计要求,支座锚栓固结应在支座及锚栓位置调整准确后进行施工,预留锚栓孔固结料必须填满捣实。梁体就位后或预应力张拉前应解除上下支座垫板间的临时联结。检验数量:全部。检验方法:观察和用尺量。

6. 活动支座应按设计要求注油润滑。检验数量:全部。检验方法:检查润滑材料的产品合格证书和观察。

一般项目

支座安装允许偏差应符合下表的规定。

表 支座安装允许偏差

<table>
<tr><th rowspan="2">序号</th><th rowspan="2" colspan="2">项 目</th><th rowspan="2">允许偏差</th><th colspan="2">检查频率</th><th rowspan="2">检验方法</th></tr>
<tr><th>范围</th><th>点数</th></tr>
<tr><td>1</td><td colspan="2">支座中心线与主梁中心线偏差(mm)</td><td>±2</td><td rowspan="9">每个支座</td><td>4</td><td>用经纬仪测量,纵、横各计2点</td></tr>
<tr><td>2</td><td colspan="2">支座顶面高程(mm)</td><td>±5</td><td>1</td><td rowspan="3">用水准仪测量</td></tr>
<tr><td rowspan="2">3</td><td rowspan="2">支座板四角高差(mm)</td><td>承压力≤5000kN</td><td><1</td><td rowspan="2">4</td></tr>
<tr><td>承压力>5000kN</td><td><2</td></tr>
<tr><td>4</td><td colspan="2">上下座板中心十字线扭转(mm)</td><td>2</td><td>1</td><td>用直角尺和尺量</td></tr>
<tr><td>5</td><td colspan="2">一孔梁体四个支座中,一个支座不平整限值(mm)</td><td>3</td><td rowspan="2">4</td><td>用水准仪测量</td></tr>
<tr><td>6</td><td colspan="2">固定支座的上下座板及中线的纵横错动量(mm)</td><td>4</td><td>用尺量,纵、横各计1点</td></tr>
<tr><td>7</td><td rowspan="2">活动支座</td><td>支座上下挡块偏差交叉角</td><td><5′</td><td>1</td><td rowspan="2">用尺量</td></tr>
<tr><td>8</td><td>活动支座的纵向错动量(按设计温度定位后)(mm)</td><td>3</td><td>2</td></tr>
</table>

检验数量和检验方法:按表的规定检验。

城市桥梁工程伸缩缝安装检验批质量验收记录表

渝市政验收6-15-2

<table>
<tr><td colspan="3">单位(子单位)工程名称</td><td colspan="10">重庆市渝中区××桥梁工程K1+000～K2+000合同段</td></tr>
<tr><td colspan="3">分部(子分部)工程名称</td><td colspan="10">K1+000～K2+000合同段桥梁伸缩缝</td></tr>
<tr><td colspan="3">分项工程名称</td><td colspan="4">伸缩缝安装</td><td colspan="4">验收部位</td><td colspan="2">2#缝</td></tr>
<tr><td colspan="3">施工单位</td><td colspan="4">重庆市××市政工程(集团)有限公司</td><td colspan="4">项目经理</td><td colspan="2">陈××</td></tr>
<tr><td colspan="3">分包单位</td><td colspan="4">重庆××桥梁工程有限公司</td><td colspan="4">负责人</td><td colspan="2">张××</td></tr>
<tr><td colspan="3">施工执行标准名称及编号</td><td colspan="10">重庆市《城市桥梁工程施工质量验收规范》DBJ 50-086—2008</td></tr>
<tr><td rowspan="2">项目</td><td colspan="3">施工质量验收规范规定</td><td colspan="8" rowspan="2">施工单位检验记录</td><td rowspan="2">监理单位检验记录</td></tr>
<tr><td>序号</td><td>检查项目</td><td>规定值及允许偏差(mm)</td></tr>
<tr><td rowspan="7">主控项目</td><td>1</td><td>伸缩装置的型式和规格</td><td>符合设计要求</td><td colspan="8">尺量,符合设计要求。</td><td>符合规范要求。</td></tr>
<tr><td>2</td><td>缝宽</td><td>按设计规定和安装时气温进行调整</td><td colspan="8">锚固牢靠,无堵塞、渗漏、变形和干裂等现象,符合设计要求。</td><td>符合规范要求。</td></tr>
<tr><td>3</td><td></td><td></td><td colspan="8"></td><td></td></tr>
<tr><td>4</td><td></td><td></td><td colspan="8"></td><td></td></tr>
<tr><td>5</td><td></td><td></td><td colspan="8"></td><td></td></tr>
<tr><td>6</td><td></td><td></td><td colspan="8"></td><td></td></tr>
<tr><td>7</td><td></td><td></td><td colspan="8"></td><td></td></tr>
<tr><td rowspan="6">一般项目</td><td>1</td><td>水泥混凝土强度</td><td>符合设计要求</td><td colspan="8">检查试验报告,符合设计要求。</td><td>符合规范要求。</td></tr>
<tr><td>2</td><td>伸缩装置安装 顺桥平整度</td><td>符合道路标准</td><td colspan="8">符合设计要求。</td><td>符合规范要求。</td></tr>
<tr><td>3</td><td>伸缩装置安装 缝宽</td><td>符合设计要求</td><td colspan="8">符合设计要求。</td><td>符合规范要求。</td></tr>
<tr><td>4</td><td>伸缩装置安装 与桥面高差</td><td>2</td><td>1</td><td>0</td><td>1</td><td>0</td><td>0</td><td>1</td><td colspan="2">1</td><td>符合规范要求。</td></tr>
<tr><td>5</td><td>伸缩装置安装 顺直度</td><td>5</td><td>2</td><td>3</td><td>4</td><td>2</td><td>3</td><td>2</td><td colspan="2">1</td><td>符合规范要求。</td></tr>
<tr><td>6</td><td></td><td></td><td colspan="8"></td><td></td></tr>
<tr><td rowspan="2">施工单位检查评定结果</td><td colspan="2">施工员</td><td>伍××</td><td colspan="6">施工班组长</td><td colspan="3">李××</td></tr>
<tr><td colspan="12">检查情况:
经检查,主控项目和一般项目均符合设计要求和重庆市《城市桥梁工程施工质量验收规范》(DBJ 50-086—2008)规定,评定合格。
项目专职质量员:李××
2015年5月20日</td></tr>
<tr><td>监理单位验收结论</td><td colspan="12">验收意见:
同意施工单位评定结果,验收合格,同意进行下道工序施工。
专业监理工程师:张××
2015年5月20日</td></tr>
</table>

说明：

主控项目

1. 伸缩装置的型式和规格必须符合设计要求。检验数量：全部。检验方法：观察和尺量。

2. 缝宽应按设计规定和安装时的气温进行调整。伸缩装置缝面应平整，伸缩性能必须有效，伸缩装置必须锚固牢靠。不得有堵塞、渗漏、变形和开裂等现象。伸缩装置处，结构物的缝隙应符合设计要求，上下贯通。不得有任何破损。检验数量：全部。检验方法：观察。

一般项目

1. 伸缩装置两侧保护带，其水泥混凝土强度应符合设计要求，无收缩渗水；伸缩装置与保护带、保护带与桥面衔接应平整、无缝隙。检验数量：全部。检验方法：观察和检查试验报告。

2. 伸缩装置安装允许偏差应符合下表的规定。

表　伸缩装置安装允许偏差

序号	项　目	允许偏差(mm)	检查频率		检验方法
			范围	点数	
1	顺桥平整度	符合道路标准	每条缝	每车道1点	用平尺和塞尺量
2	缝宽	符合设计要求			用尺任意选点量测
3	与桥面高差	2			用平尺和塞尺量
4	顺直度	5			用1m直尺量，垂直于接缝，量取最大值

检验数量和检验方法：按表的规定检验。

城市桥梁工程桥面防水层施工检验批质量验收记录表

渝市政验收6-16-1

单位(子单位)工程名称	重庆市渝中区××桥梁工程K1+000～K2+000合同段		
分部(子分部)工程名称	K1+000～K2+000合同段桥面		
分项工程名称	防水层施工	验收部位	桥面
施工单位	重庆市××市政工程(集团)有限公司	项目经理	陈××
分包单位	重庆××桥梁工程有限公司	负责人	张××
施工执行标准名称及编号	重庆市《城市桥梁工程施工质量验收规范》DBJ 50-086—2008		

项目	施工质量验收规范规定			施工单位检验记录							监理单位检验记录
	序号	检查项目	规定值及允许偏差(mm)								
主控项目	1	防水层所用原材料品种、规格、性能、质量	符合国家标准和设计要求	检查材料合格证、质量检验报告，符合设计要求。							符合规范要求。
	2										
	3										
	4										
一般项目	1	基底处理	符合规范要求	坚实、平整，表面干燥，无积水、浮浆、空鼓、严重开裂层等现象，符合规范要求。							符合规范要求。
	2	卷材防水层各层之间及与基层之间	符合规范要求	粘贴紧密、结合牢固，表面平整，符合规范要求。							符合规范要求。
	3	涂料防水层厚度	符合设计要求，不得有漏涂处，最小厚度不小于设计厚度的80%	无漏涂处，符合设计要求。							符合规范要求。
	4	防水层接茬搭接宽度	不小于设计规定	√	√	√	√	√	√	√	符合规范要求。
	5	防水涂膜厚度	符合设计规定，设计未规定时：±0.1	√	√	√	√	√	√	√	符合规范要求。
	6	粘结强度(MPa)	不小于设计要求，且≥0.3(常温)，≥0.2(气温≥35℃＞)	√	√	√	√	√	√	√	符合规范要求。
	7	抗剪强度(MPa)	不小于设计要求，且≥0.4(常温)，≥0.3(气温≥35℃＞)	√	√	√	√	√	√	√	符合规范要求。
	8	剥离强度(N/mm^2)	不小于设计要求，且≥0.3(常温)，≥0.2(气温≥35℃＞)	√	√	√	√	√	√	√	符合规范要求。

施工单位检查评定结果	施工员	伍××	施工班组长	李××
	检查情况： 经检查，主控项目和一般项目均符合设计要求和重庆市《城市桥梁工程施工质量验收规范》(DBJ 50-086—2008)规定，评定合格。 项目专职质量员：李×× 2015年5月20日			
监理单位验收结论	验收意见： 同意施工单位评定结果，验收合格，同意进行下道工序施工。 专业监理工程师：张×× 2015年5月20日			

说明：

一般规定

1. 钢筋、混凝土和钢结构等的模板、支架、钢筋、混凝土和钢结构制作、安装等均应符合规范有关规定。

2. 排水设施的结构型式、进水口位置、排水管坡度、管径、管道材料均应符合设计要求。

3. 水泥混凝土桥面铺装层表面应坚实、平整、无裂纹，且有足够的粗糙度。

4. 沥青混凝土桥面铺装面层与基层必须结合牢固。

5. 钢桥面板上沥青混凝土铺装的黏结层、沥青混合料的级配应符合设计要求。

6. 钢桥面板上沥青混凝土铺装应左右两幅平行对称分段铺筑。

7. 防水层基层应达到表面坚实、平整、干燥。铺设防水层前应将基层表面松散物和浮尘彻底清除干净。

8. 防水层应严禁在雨、雪天和五级风以上的条件下施工，且基底表面的含水量应小于15%。其施工环境气温条件应符合表1的规定。

表1　防水层施工环境气温条件

序号	防水层材料	施工环境气温
1	有机防水涂料	溶剂型-5～35℃，水溶剂5～35℃
2	沥青	不低于5℃

9. 声屏与防眩设施整体应与路线线型一致，声屏设施应保持其连续性，不得留有间隙(伸缩缝部位应按设计规定处理)。

10. 声屏与防眩板的材质、几何尺寸应符合设计要求。

11. 防眩板的荧光标识面迎向行车方向，遮光角应符合设计要求。

主控项目

防水层所用原材料的品种、规格、性能、质量等必须符合国家产品标准和设计要求。并至少应有不低于桥面沥青混凝土铺装层使用年限的寿命，能适应动荷载及混凝土桥面开裂时不损坏的特点。检验数量：全部。检验方法：检查材料合格证、质量检验报告。

一般项目

1. 防水材料铺装前，基底必须坚实、平整，表面应干燥，无积水、浮浆、空鼓、严重开裂层等现象。检验数量：全部。检验方法：观察。

2. 卷材防水层各层之间及与基层之间应粘贴紧密、结合牢固；卷材防水层表面应平整，不得有空鼓、起泡和褶皱等现象。检验数量：按铺设每100m^{2}抽查1处，每处10m^2，且不小于3处。检验方法：观察。

3. 涂料防水层的厚度应符合设计要求，不得有漏涂处，最小厚度不应小于设计厚度80%。检验数量：按铺设每100m^{2}抽查1处，每处10m^2，且不小于3处。检验方法：针测法或割取20mm×20mm实样用卡尺量。

4. 卷材防水层允许偏差应符合表2的规定。

表2　防水层允许偏差

序号	项　目	允许偏差(mm)	检查频率		检验方法
			范围	点数	
1	接茬搭接宽度	不小于设计规定	每20延米	1	用尺量

5. 防水层实测项目见表3。

表3 防水层实测项目

项次	检查项目	规定值或允许偏差	检查方法和频率
1	防水涂膜厚度(mm)	符合设计规定,设计未规定时:±0.1	测厚仪:每200m²测4点或按材料用量推算
2	粘结强度(MPa)	不小于设计要求,且≥0.3(常温),≥0.2(气温≥35℃>)	拉拔仪:每200m²测4点(拉拔速度:l0mm/min)
3	抗剪强度(MPa)	不小于设计要求,且≥0.4(常温),≥0.3(气温≥35℃>)	剪切仪:1组3个(剪切速度:10mm/min)
4	剥离强度(N/mm²)	不小于设计要求,且≥0.3(常温),≥0.2(气温≥35°C)	900剥离仪:1组3个(剥离速度:100mm/min)

注:剥离强度仅适用于卷材类或加胎体涂膜类防水层。

城市桥梁工程桥面铺装检验批质量验收记录表

渝市政验收6-16-2

单位(子单位)工程名称	重庆市渝中区××桥梁工程K1+000～K2+000合同段		
分部(子分部)工程名称	K1+000～K2+000合同段桥面		
分项工程名称	桥面铺装	验收部位	桥面
施工单位	重庆市××市政工程(集团)有限公司	项目经理	陈××
分包单位	重庆××桥梁工程有限公司	负责人	张××
施工执行标准名称及编号	重庆市《城市桥梁工程施工质量验收规范》DBJ 50-086—2008		

项目	序号	检查项目			规定值及允许偏差(mm)	施工单位检验记录							监理单位检验记录
主控项目	1	水泥混凝土桥面铺装层结构			符合规范规定	检查试验报告，符合规范要求。							符合规范要求。
	2												
	3												
	4												
	5												
	6												
	7												
	8												
一般项目	1	沥青混凝土桥面铺装层外观质量			符合规范要求	表面平整密实，无泛油、裂纹、松散、麻面等现象，符合规范要求。							符合规范要求。
	2	水泥混凝土面层	平整度		符合道路面层标准	√	√	√	√	√	√	√	符合规范要求。
	3		厚度		+10，-5	√	√	√	√	√	√	√	符合规范要求。
	4		纵断面高程	面层	符合道路面层标准	√	√	√	√	√	√	√	符合规范要求。
	5			次面层	±10	8	6	5	-4	7	4	-5	符合规范要求。
	6		横坡度(%)		±0.3	√	√	√	√	√	√	√	符合规范要求。
	7	沥青混凝土面层	平整度		符合道路面层标准	√	√	√	√	√	√	√	符合规范要求。
	8		总厚度		+10，-5	√	√	√	√	√	√	√	符合规范要求。
	9		纵断高程		符合道路面层标准	√	√	√	√	√	√	√	符合规范要求。
	10		横坡度(%)		±0.3	√	√	√	√	√	√	√	符合规范要求。
	11		压实度(%)		96	√	√	√	√	√	√	√	符合规范要求。

	施工员	伍××	施工班组长	李××
施工单位检查评定结果	检查情况： 经检查，主控项目和一般项目均符合设计要求和重庆市《城市桥梁工程施工质量验收规范》(DBJ 50-086—2008)规定，评定合格。 项目专职质量员：李×× 2015年5月20日			
监理单位验收结论	验收意见： 同意施工单位评定结果，验收合格，同意进行下道工序施工。 专业监理工程师：张×× 2015年5月20日			

说明：

主控项目

水泥混凝土桥面铺装层结构应符合相关规范有关规定。检验数量：全部。检验方法：观察、检查试验报告。

一般项目

1. 沥青混凝土桥面铺装层表面平整密实，不应有泛油、裂纹、松散、麻面等现象。检验数量：全部。检验方法：观察。

2. 水泥混凝土铺装内的钢筋网片位置、高度及搭接长度应符合设计要求。水泥混凝土面层允许偏差应符合表1的规定。

表1　水泥混凝土面层允许偏差

序号	项　目		允许偏差（mm）	检查频率		检验方法
				范围	点数	
1	平整度		符合道路面层标准	每20延米	3	用平尺和塞尺量
2	厚度		+10，-5		1	用尺量
3	纵断面高程	面层	符合道路面层标准			用水准仪测量
		次面层	±10			
4	横坡度		±0.3%		2	

检验数量和检验方法：按表的规定检验。

3. 沥青混凝土面层允许偏差应符合表2的规定。

表2　沥青混凝土面层允许偏差

序号	项　目	允许偏差（mm）	检查频率		检验方法
			范围	点数	
1	平整度	符合道路面层标准	每20延米	1	用平尺和塞尺量或用平整度仪量测
2	总厚度	+10，-5			用尺量
3	纵断高程	符合道路面层标准			用水准仪测量
4	横坡度	±0.3%		2	
5	压实度（%）	96		1	钻孔腊封法或仪器测量

检验数量和检验方法：按表的规定检验。

城市桥梁工程钢桥面防水黏结层施工检验批质量验收记录表

渝市政验收6-16-3

单位(子单位)工程名称	重庆市渝中区××桥梁工程K1+000～K2+000合同段		
分部(子分部)工程名称	K1+000～K2+000合同段桥面		
分项工程名称	钢桥面防水黏结层施工	验收部位	钢桥面防水粘结层
施工单位	重庆市××市政工程(集团)有限公司	项目经理	陈××
分包单位	重庆××桥梁工程有限公司	负责人	张××
施工执行标准名称及编号	重庆市《城市桥梁工程施工质量验收规范》DBJ 50-086—2008		

项目	施工质量验收规范规定			施工单位检验记录	监理单位检验记录
	序号	检查项目	规定值及允许偏差(mm)		
主控项目	1	防水黏结材料质量和技术性能	符合设计和规范要求	检查材料合格证、质量检验报告,符合设计和规范要求。	符合规范要求。
	2	桥面锈蚀处理及桥面清理	符合规范要求	无灰尘、油污和其他污物,符合规范要求。	符合规范要求。
	3				
	4				
	5				
	6				
	7				
	8				
一般项目	1	洒布黏结层	符合要求	潮湿度、环境温度适合,符合规范要求。	符合规范要求。
	2	防水黏结层材料的加热温度和洒布温度	符合要求	加热温度和洒布温度适合,符合规范要求。	符合规范要求。
	3	洒布厚度	符合规范要求	均匀、平整、密实,无破损、气孔和起皱现象,无油污和其他污染现象,符合规范要求。	符合规范要求。
	4	钢桥面清洁度	符合设计要求	无灰尘、油污和其他污物,符合设计要求。	符合规范要求。
	5	黏结层厚度	符合设计要求	测厚仪量测,符合设计要求。	符合规范要求。
	6	黏结层与钢板底漆间结合力(MPa)	不小于设计值	√ √ √ √ √ √	符合规范要求。
	7	防水层厚度	符合设计要求	√ √ √ √ √ √	符合规范要求。
施工单位检查评定结果	施工员	伍××		施工班组长	李××
	检查情况: 经检查,主控项目和一般项目均符合设计要求和重庆市《城市桥梁工程施工质量验收规范》(DBJ 50-086—2008)规定,评定合格。 项目专职质量员:李×× 2015年5月20日				
监理单位验收结论	验收意见: 同意施工单位评定结果,验收合格,同意进行下道工序施工。 专业监理工程师:张×× 2015年5月20日				

城市桥梁工程钢桥面沥青混凝土铺装检验批质量验收记录表

渝市政验收 6-16-4

单位（子单位）工程名称	重庆市渝中区××桥梁工程K1+000～K2+000合同段		
分部（子分部）工程名称	K1+000～K2+000合同段桥面		
分项工程名称	钢桥面沥青混凝土铺装	验收部位	钢桥面
施工单位	重庆市××市政工程（集团）有限公司	项目经理	陈××
分包单位	重庆××桥梁工程有限公司	负责人	张××
施工执行标准名称及编号	重庆市《城市桥梁工程施工质量验收规范》DBJ 50-086—2008		

项目	序号	施工质量验收规范规定：检查项目				规定值及允许偏差（mm）	施工单位检验记录							监理单位检验记录
主控项目	1	沥青混合料的矿料质量及级配				符合设计和规范规定	检查材料合格证、质量检验报告，符合设计和规范规定。							符合规范要求。
	2	沥青材料及混合料各项指标				符合设计和规范要求	检查材料合格证、质量检验报告，符合设计和规范要求。							符合规范要求。
	3	碾压温度				符合要求	温度适合，符合规范要求。							符合规范要求。
	4													
	5													
	6													
	7													
	8													
一般项目	1	沥青混合料拌合				符合规范要求	无花白、粗细料分离和结团成块现象，符合规范要求。							符合规范要求。
	2	铺装	平整度	快速主干路	*IRI*(m/km)	2.5	√	√	√	√	√	√	√	符合规范要求。
	3				σ	1.5	√	√	√	√	√	√	√	符合规范要求。
	4			其他道路	*IRI*(m/km)	4.2	√	√	√	√	√	√	√	符合规范要求。
	5				σ	2.5	√	√	√	√	√	√	√	符合规范要求。
	6				最大间隙h	5	√	√	√	√	√	√	√	符合规范要求。
	7		平均厚度			+0，-5	√	√	√	√	√	√	√	符合规范要求。
			抗滑构造深度			符合设计要求	砂铺法检测，符合设计要求。							符合规范要求。
			横坡（%）			±0.3	√	√	√	√	√	√	√	符合规范要求。

	施工员	伍××	施工班组长	李××
施工单位检查评定结果	检查情况： 经检查，主控项目和一般项目均符合设计要求和重庆市《城市桥梁工程施工质量验收规范》（DBJ 50-086—2008）规定，评定合格。 项目专职质量员：李×× 2015年5月20日			
监理单位验收结论	验收意见： 同意施工单位评定结果，验收合格，同意进行下道工序施工。 专业监理工程师：张×× 2015年5月20日			

说明：

主控项目

1. 沥青混合料的矿料质量及矿料级配应符合设计要求和施工规范的规定。检验数量：全部。检验方法：检查材料合格证、质量检验报告。

2. 沥青材料及混合料的各项指标应符合设计和施工规范的要求，对每日生产的沥青混合料应做抽提试验（包括马歇尔稳定度试验）。检验数量：全部。检验方法：检查材料合格证、质量检验报告。

3. 严格控制各种矿料和沥青用量及各种材料和沥青混合料的加热温度，碾压温度应符合要求。检验数量：全部。检验方法：测试。

一般项目

1. 拌和后的沥青混合料应均匀一致；无花白、粗细料分离和结团成块现象。检验数量：全部。

检验方法：观察，测试。

2. 实测项目见下表。

表　钢桥面板上沥青混凝土铺装实测项目

<table>
<tr><th>项次</th><th colspan="3">检查项目</th><th>规定值或允许偏差</th><th>检查方法和频率</th></tr>
<tr><td>1</td><td rowspan="5">平整度</td><td rowspan="2">快速主干路</td><td>IRI(m/km)</td><td>2.5</td><td>按碾压吨位与遍数检查</td></tr>
<tr><td rowspan="4">2</td><td>σ(mm)</td><td>1.5</td><td rowspan="3">平整度仪：全桥每车道连续检测，每100m计算IRI或σ</td></tr>
<tr><td rowspan="3">其他道路</td><td>IRI(m/km)</td><td>4.2</td></tr>
<tr><td>σ(mm)</td><td>2.5</td></tr>
<tr><td>最大间隙h(mm)</td><td>5</td><td>3m直尺，每100m测3处×3尺</td></tr>
<tr><td>3</td><td colspan="3">平均厚度（mm）</td><td>+0,-5</td><td>按沥青混凝土实际用量推算</td></tr>
<tr><td>4</td><td colspan="3">抗滑构造深度（mm）</td><td>符合设计要求</td><td>砂铺法：每200m查1处</td></tr>
<tr><td>5</td><td colspan="3">横坡（%）</td><td>±0.3</td><td>水准仪：每200m测4个断面</td></tr>
</table>

城市桥梁工程排水设施施工检验批质量验收记录表

渝市政验收 6-16-5

<table>
<tr><td colspan="3">单位(子单位)工程名称</td><td colspan="9">重庆市渝中区××桥梁工程K1+000～K2+000合同段</td></tr>
<tr><td colspan="3">分部(子分部)工程名称</td><td colspan="9">K1+000～K2+000合同段桥梁排水设施</td></tr>
<tr><td colspan="3">分项工程名称</td><td colspan="2">排水设施施工</td><td colspan="4">验收部位</td><td colspan="3">排水管</td></tr>
<tr><td colspan="3">施工单位</td><td colspan="2">重庆市××市政工程(集团)有限公司</td><td colspan="4">项目经理</td><td colspan="3">陈××</td></tr>
<tr><td colspan="3">分包单位</td><td colspan="2">重庆××桥梁工程有限公司</td><td colspan="4">负责人</td><td colspan="3">张××</td></tr>
<tr><td colspan="3">施工执行标准名称及编号</td><td colspan="9">重庆市《城市桥梁工程施工质量验收规范》DBJ 50-086—2008</td></tr>
<tr><td rowspan="2">项目</td><td colspan="3">施工质量验收规范规定</td><td colspan="7" rowspan="2">施工单位检验记录</td><td rowspan="2">监理单位检验记录</td></tr>
<tr><td>序号</td><td>检查项目</td><td>规定值及允许偏差(mm)</td></tr>
<tr><td rowspan="2">主控项目</td><td>1</td><td>排水管</td><td>符合规范要求</td><td colspan="7">排水通畅、接口严密不漏水，符合规范要求。</td><td>符合规范要求。</td></tr>
<tr><td>2</td><td>桥面进水口与周围桥面</td><td>符合规范要求</td><td colspan="7">牢固连接不渗水，符合规范要求。</td><td>符合规范要求。</td></tr>
<tr><td rowspan="4">一般项目</td><td>1</td><td>进水口框高</td><td>0,-10</td><td>-3</td><td>-4</td><td>-5</td><td>-7</td><td>-6</td><td>-3</td><td>-2</td><td>符合规范要求。</td></tr>
<tr><td>2</td><td>井位与路边线吻合</td><td>±20</td><td>12</td><td>14</td><td>-15</td><td>13</td><td>17</td><td>15</td><td>-14</td><td>符合规范要求。</td></tr>
<tr><td>3</td><td></td><td></td><td></td><td></td><td></td><td></td><td></td><td></td><td></td><td></td></tr>
<tr><td>4</td><td></td><td></td><td></td><td></td><td></td><td></td><td></td><td></td><td></td><td></td></tr>
<tr><td rowspan="2">施工单位检查评定结果</td><td colspan="2">施工员</td><td>伍××</td><td colspan="4">施工班组长</td><td colspan="4">李××</td></tr>
<tr><td colspan="11">检查情况：
经检查，主控项目和一般项目均符合设计要求和重庆市《城市桥梁工程施工质量验收规范》(DBJ 50-086—2008)规定，评定合格。
项目专职质量员：李×× 2015年5月20日</td></tr>
<tr><td>监理单位验收结论</td><td colspan="11">验收意见：
同意施工单位评定结果，验收合格，同意进行下道工序施工。
专业监理工程师：张×× 2015年5月20日</td></tr>
</table>

说明：

主控项目

排水管应排水畅通和接口严密不漏水；桥面的进水口与周围的桥面牢固连接不渗水。检验数量：全部。检验方法：观察。

一般项目

排水设施安装允许偏差应符合下表的规定。

表　排水设施安装允许偏差

<table>
<tr><td rowspan="2">序号</td><td rowspan="2">项　目</td><td rowspan="2">允许偏差(mm)</td><td colspan="2">检查频率</td><td rowspan="2">检验方法</td></tr>
<tr><td>范围</td><td>点数</td></tr>
<tr><td>1</td><td>进水口框高差</td><td>0,-10</td><td rowspan="2">每孔</td><td rowspan="2">1</td><td rowspan="2">用尺量</td></tr>
<tr><td>2</td><td>井位与路边线吻合</td><td>±20</td></tr>
</table>

检验数量和检验方法：按表的规定检验。

城市桥梁工程防撞护栏、隔离设施与栏杆施工检验批质量验收记录表

渝市政验收 6-16-6

单位(子单位)工程名称	重庆市渝中区××桥梁工程 K1+000 ~ K2+000 合同段		
分部(子分部)工程名称	K1+000 ~ K2+000 合同段防撞护栏		
分项工程名称	防撞护栏施工	验收部位	防撞护栏
施工单位	重庆市××市政工程(集团)有限公司	项目经理	陈××
分包单位	重庆××桥梁工程有限公司	负责人	张××
施工执行标准名称及编号	重庆市《城市桥梁工程施工质量验收规范》DBJ 50-086—2008		

项目	施工质量验收规范规定 序号	检查项目			规定值及允许偏差(mm)	施工单位检验记录							监理单位检验记录
主控项目	1	防撞护栏、隔离设施的水泥混凝土强度、栏杆高度			符合设计规定和规范要求	牢固、稳定,符合设计规定和规范要求。							符合规范要求。
	2	防撞护栏和隔离设施的伸缩缝设置			符合规范规定	检查试验报告,符合规范要求。							符合规范要求。
	3	防撞护栏钢构件焊接及焊缝			满足设计和规范要求	焊接牢固,焊缝饱满、均匀,符合设计和规范要求。							符合规范要求。
	4												
一般项目	1	栏杆杆件强度			满足设计要求	无弯曲断裂现象,安装牢固,填缝料饱满平整,符合设计要求。							符合规范要求。
	2	制作	防撞护栏、隔离设施	顺直度	4	2	3	1	2	3	2	1	符合规范要求。
				相邻孔高差	3	1	2	2	2	1	1	2	符合规范要求。
				伸缩缝宽度	±5	4	−2	3	2	1	−4	2	符合规范要求。
				断面宽	±3	−1	2	2	1	2	−1	2	符合规范要求。
				断面高	满足设计要求	√	√	√	√	√	√	√	符合规范要求。
	3		栏杆	顺直度	3	1	2	1	2	2	3	2	符合规范要求。
				立柱垂直度	4	2	3	2	3	3	2	3	符合规范要求。
				相邻孔高差	5	4	4	2	3	4	2	3	符合规范要求。
	4	安装	预埋件位置		5	4	2	3	4	2	4	1	符合规范要求。
	5		栏杆平面偏位		4	3	2	2	2	3	1	2	符合规范要求。
	6		扶手高度		±10	−9	−8	5	6	−2	7	4	符合规范要求。
	7		柱顶高差		4	3	2	2	1	2	1	3	符合规范要求。
	8		接缝两侧扶手高差		3	1	1	1	2	2	1	2	符合规范要求。
	9		竖杆或柱纵横向竖直度		4	2	3	2	3	2	1	2	符合规范要求。
	施工员		伍××			施工班组长				李××			
施工单位检查评定结果	检查情况: 经检查,主控项目和一般项目均符合设计要求和重庆市《城市桥梁工程施工质量验收规范》(DBJ 50-086—2008)规定,评定合格。 项目专职质量员:李××　　2015年5月20日												
监理单位验收结论	验收意见: 同意施工单位评定结果,验收合格,同意进行下道工序施工。 专业监理工程师:张××　　2015年5月20日												

说明:

主控项目

1. 防撞护栏、隔离设施的水泥混凝土强度应符合设计规定。栏杆高度必须符合设计和规范要求。栏杆安装必须牢固、稳定。检验数量:全部。检验方法:观察、检查试验报告。

2. 防撞护栏和隔离设施的伸缩缝必须同桥孔的伸缩缝在同一垂直面上,且防撞护栏伸缩缝应确保设计的宽度。检验数量:全部。检验方法:观察、检查试验报告。

3. 防撞护栏上的钢构件应焊接牢固,焊缝应满足设计和有关规范的要求,并按设计要求进行防护。检验数量:全部。检验方法:观察、检查试验报告。

一般项目

1. 栏杆杆件不得有弯曲或断裂现象。栏杆必须在人行道板铺完后方可安装。栏杆安装必须牢固,其杆件连接处的填缝料必须饱满平整,强度应满足设计要求。

2. 防撞护栏、隔离设施与栏杆允许偏差应符合表1、表2的规定。

表1　防撞护栏、隔离设施与栏杆制作允许偏差

<table>
<tr><th rowspan="2">序号</th><th rowspan="2" colspan="2">项　　目</th><th rowspan="2">允许偏差(mm)</th><th colspan="2">检查频率</th><th rowspan="2">检验方法</th></tr>
<tr><th>范围</th><th>点数</th></tr>
<tr><td rowspan="5">1</td><td rowspan="5">防撞护栏、隔离设施</td><td>顺直度</td><td>4</td><td rowspan="5">每孔</td><td rowspan="8">1</td><td>拉20m线量取最大值</td></tr>
<tr><td>相邻孔高差</td><td>3</td><td rowspan="4">用尺量</td></tr>
<tr><td>伸缩缝宽度</td><td>±5</td></tr>
<tr><td>断面宽</td><td rowspan="2">±3</td></tr>
<tr><td>断面高</td></tr>
<tr><td rowspan="3">2</td><td rowspan="3">栏杆</td><td>顺直度</td><td>3</td><td rowspan="2">每孔侧顺、横桥轴方向</td><td>沿全长拉10m线量取最大值</td></tr>
<tr><td>立柱垂直度</td><td>4</td><td>吊锤线</td></tr>
<tr><td>相邻孔高差</td><td>5</td><td>每孔</td><td>每孔用尺量</td></tr>
<tr><td>3</td><td colspan="2">预埋件位置(mm)</td><td colspan="3">5</td><td>尺量:每件</td></tr>
</table>

表2　防撞护栏、隔离设施与栏杆安装允许偏差

<table>
<tr><th>序号</th><th>检查项目</th><th>规定值或允许偏差(mm)</th><th>检查方法和频率</th></tr>
<tr><td>1</td><td>栏杆平面偏位</td><td>4</td><td>经纬仪、钢尺拉线检查:每30m检查1处</td></tr>
<tr><td>2</td><td>扶手高度</td><td>±10</td><td rowspan="2">水准仪:抽查20%</td></tr>
<tr><td>3</td><td>柱顶高差</td><td>4</td></tr>
<tr><td>4</td><td>接缝两侧扶手高差</td><td>3</td><td>尺量:抽查20%</td></tr>
<tr><td>5</td><td>竖杆或柱纵横向竖直度</td><td>4</td><td>吊垂线:抽查20%</td></tr>
</table>

检验数量和检验方法:按表的规定检验。

城市桥梁工程人行道结构施工检验批质量验收记录表

渝市政验收 6-16-7

单位(子单位)工程名称	重庆市渝中区××桥梁工程K1+000～K2+000合同段		
分部(子分部)工程名称	K1+000～K2+000合同段桥梁人行道		
分项工程名称	人行道施工	验收部位	人行道
施工单位	重庆市××市政工程(集团)有限公司	项目经理	陈××
分包单位	重庆××桥梁工程有限公司	负责人	张××
施工执行标准名称及编号	重庆市《城市桥梁工程施工质量验收规范》DBJ 50-086—2008		

项目	施工质量验收规范规定			施工单位检验记录							监理单位检验记录
	序号	检查项目	规定值及允许偏差(mm)								
主控项目	1	预制人行道板	符合设计要求和标准规定	符合设计要求。							符合规范要求。
	2										
	3										
	4										
	5										
	6										
	7										
	8										
一般项目	1	路缘石顺直	10	8	7	5	6	5	7	8	符合规范要求。
	2	路缘石顶面标高	±10	5	4	6	4	2	5	7	符合规范要求。
	3	纵、横坡度(%)	±0.3	√	√	√	√	√	√	√	符合规范要求。
	4	平整度	预制板2,现浇5	√	√	√	√	√	√	√	符合规范要求。
	5	相邻板块高差	2	√	√	√	√	√	√	√	符合规范要求。

施工单位检查评定结果	施工员	伍××	施工班组长	李××
	检查情况: 经检查,主控项目和一般项目均符合设计要求和重庆市《城市桥梁工程施工质量验收规范》(DBJ 50-086—2008)规定,评定合格。 项目专职质量员:李×× 2015年5月20日			
监理单位验收结论	验收意见: 同意施工单位评定结果,验收合格,同意进行下道工序施工。 专业监理工程师:张×× 2015年5月20日			

说明:

主控项目

预制人行道板必须符合设计要求和相关产品标准的规定。检验数量:全部。检验方法:观察和检查产品出厂合格证。

一般项目

1. 预制人行道板安装必须平整稳定,不平处要用砂浆填平。水泥混凝土面层要平整,打格线条要顺直、无裂缝,纵横坡度要符合设计要求。检验数量:全部。检验方法:观察。

2. 悬臂式人行道必须在横向与主梁牢固联结。人行道板必须在人行道梁锚固后方可铺设。

3. 人行道允许偏差应符合下表的规定。

表　人行道允许偏差

<table>
<tr><th rowspan="2">序号</th><th rowspan="2">项　　目</th><th rowspan="2">允许偏差(mm)</th><th colspan="2">检查频率</th><th rowspan="2">检验方法</th></tr>
<tr><th>范围</th><th>点数</th></tr>
<tr><td>1</td><td>路缘石顺直(mm)</td><td>10</td><td rowspan="5">每20延米</td><td rowspan="2">2</td><td>拉20m线量取最大值</td></tr>
<tr><td>2</td><td>路缘石顶面标高(mm)</td><td>±10</td><td rowspan="2">用水准仪测量</td></tr>
<tr><td>3</td><td>纵、横坡度</td><td>±0.3%</td><td rowspan="2">3</td></tr>
<tr><td>4</td><td>平整度(mm)</td><td>预制板2,现浇5</td><td>用3m直尺量取最大值</td></tr>
<tr><td>5</td><td>相邻板块高差(mm)</td><td>2</td><td>2</td><td>用尺量</td></tr>
</table>

检验数量和检验方法:按表的规定检验。

城市桥梁工程避雷装置施工检验批质量验收记录表

渝市政验收 6-16-8

单位(子单位)工程名称	重庆市渝中区××桥梁工程 K1+000 ~ K2+000 合同段		
分部(子分部)工程名称	K1+000 ~ K2+000 合同段桥梁避雷装置		
分项工程名称	避雷装置施工	验收部位	避雷装置
施工单位	重庆市××市政工程(集团)有限公司	项目经理	陈××
分包单位	重庆××桥梁工程有限公司	负责人	张××
施工执行标准名称及编号	重庆市《城市桥梁工程施工质量验收规范》DBJ 50-086—2008		

项目	施工质量验收规范规定				施工单位检验记录	监理单位检验记录
	序号	检查项目		规定值及允许偏差(mm)		
主控项目	1	避雷装置的结构及接地装置的接地电阻值		符合设计要求	检查接地电阻测试记录,符合设计要求。	符合规范要求。
	2	避雷装置制作及安装		符合设计要求	固定牢靠,防腐良好,符合设计要求。	符合规范要求。
	3					
	4					
	5					
	6					
	7					
	8					
一般项目	1	接地线焊接搭接长度	圆钢	≥6d	√ √ √ √ √ √ √	符合规范要求。
	2		扁钢	≥2b		
	3		扁钢搭接焊的棱边数3	—	符合设计要求。	符合规范要求。
	4					
	5					

施工单位检查评定结果	施工员	伍××	施工班组长	李××
	检查情况: 经检查,主控项目和一般项目均符合设计要求和重庆市《城市桥梁工程施工质量验收规范》(DBJ50-086-2008)规定,评定合格。 项目专职质量员:李×× 2015年5月20日			
监理单位验收结论	验收意见: 同意施工单位评定结果,验收合格,同意进行下道工序施工。 专业监理工程师:张×× 2015年5月20日			

说明:

主控项目

1. 避雷装置的结构及接地装置的接地电阻值必须符合设计要求。检验数量:全部。检验方法:实测或检查接地电阻测试记录。

2. 避雷装置安装应固定牢靠,防腐良好,单针式避雷装置针体应垂直,避雷网规格尺寸和弯曲半径正确;避雷针及支持件的制作质量应符合设计要求。检验数量:全部。检验方法:观察检查和实测或检查安装记录。

一般项目

接地线焊接搭接长度规定应符合下表规定。

表　接地线焊接搭接长度规定

序号	项　　目	允许偏差(mm)	检查频率		检验方法
			范围	点数	
1	圆钢	≥6d	每接地装置	5	用尺量
	扁钢	≥2b			
2	扁钢搭接焊的棱边数3	—		4	

注:表中 b 为扁钢宽度;d 为圆钢直径。

检验数量和检验方法:按表的规定检验。

城市桥梁工程声屏与防眩设施施工检验批质量验收记录表

渝市政验收 6-16-9

单位(子单位)工程名称	重庆市渝中区××桥梁工程 K1+000 ~ K2+000 合同段		
分部(子分部)工程名称	K1+000 ~ K2+000 合同段桥梁声屏与防眩设施		
分项工程名称	声屏与防眩设施施工	验收部位	声屏与防眩设施
施工单位	重庆市××市政工程(集团)有限公司	项目经理	陈××
分包单位	重庆××桥梁工程有限公司	负责人	张××
施工执行标准名称及编号	重庆市《城市桥梁工程施工质量验收规范》DBJ 50-086—2008		

项目	序号	施工质量验收规范规定 检查项目		规定值及允许偏差(mm)	施工单位检验记录							监理单位检验记录
主控项目	1	声屏与防眩设施安装与钢筋混凝土预埋件连接		符合规范要求	牢固连接，符合规范要求。							符合规范要求。
	2											
	3											
	4											
	5											
	6											
	7											
	8											
一般项目	1	声屏安装	竖直度	5	√	√	√	√	√	√	√	符合规范要求。
	2		高度	±5	√	√	√	√	√	√	√	符合规范要求。
	3		顺直度	±10	√	√	√	√	√	√	√	符合规范要求。
	4		防眩板顺直度	±3	√	√	√	√	√	√	√	符合规范要求。
	5	防眩设施	竖直度	4	√	√	√	√	√	√	√	符合规范要求。
	6		板条设置间距	±5	2	−3	4	2	−3	2	−1	符合规范要求。
	7		防眩高度	±5	3	4	−1	2	3	−4	2	符合规范要求。

施工单位检查评定结果	施工员	伍××	施工班组长	李××
	检查情况： 经检查，主控项目和一般项目均符合设计要求和重庆市《城市桥梁工程施工质量验收规范》(DBJ 50-086—2008)规定，评定合格。 项目专职质量员：李×× 2015年5月20日			
监理单位验收结论	验收意见： 同意施工单位评定结果，验收合格，同意进行下道工序施工。 专业监理工程师：张×× 2015年5月20日			

说明:

主控项目

声屏和防眩设施的安装必须与钢筋混凝土预埋件牢固连接。检验数量:每跨抽查50%。检验方法:观察。

一般项目

1. 声屏安装允许偏差应符合表1规定。

表1　声屏安装允许偏差

序号	项　　目	允许偏差(mm)	检查频率		检验方法
			范围	点数	
1	竖直度	5	每200延米	4	用靠尺量
2	高度	±5			用尺量
3	顺直度	±10			用10m线量取最大值

检验数量和检验方法:按表的规定检验。

2. 防眩设施允许偏差应符合表2的规定。

表2　防眩设施允许偏差

序号	项　　目	允许偏差(mm)	检查频率		检验方法
			范围	点数	
1	防眩板顺直度	±3	每200延米	4	用10m线量取最大值
2	竖直度	4			用靠尺量
3	板条设置间距	±5			用尺量
4	防眩高度	±5			

检验数量和检验方法:按表的规定检验。

城市桥梁工程航标施工检验批质量验收记录表

渝市政验收 6-16-10

单位(子单位)工程名称	重庆市渝中区××桥梁工程 K1+000 ~ K2+000 合同段				
分部(子分部)工程名称	K1+000 ~ K2+000 合同段航标				
分项工程名称	航标施工		验收部位	航标	
施工单位	重庆市××市政工程(集团)有限公司		项目经理	陈××	
分包单位	重庆××桥梁工程有限公司		负责人	张××	
施工执行标准名称及编号	重庆市《城市桥梁工程施工质量验收规范》DBJ 50-086—2008				
项目	施工质量验收规范规定			施工单位检验记录	监理单位检验记录
	序号	检查项目	规定值及允许偏差(mm)		
主控项目	1				
	2				
	3				
	4				
	5				
	6				
	7				
	8				
一般项目	1	航标的结构及装置	符合设计和规范要求	检查产品质量报告和安装记录,符合设计和规范要求。	符合规范要求。
	2				
	3				
	4				
施工单位检查评定结果	施工员	伍××		施工班组长	李××
	检查情况: 经检查,主控项目和一般项目均符合设计要求和重庆市《城市桥梁工程施工质量验收规范》(DBJ 50-086—2008)规定,评定合格。 项目专职质量员:李×× 2015年5月20日				
监理单位验收结论	验收意见: 同意施工单位评定结果,验收合格,同意进行下道工序施工。 专业监理工程师:张×× 2015年5月20日				

说明:

一般项目

航标的结构及装置必须符合设计要求和相关规范的要求。检验数量:全部。检验方法:检查产品质量报告及安装记录。

城市桥梁工程检修设施施工检验批质量验收记录表

渝市政验收 6-16-11

单位(子单位)工程名称	重庆市渝中区××桥梁工程K1+000 ~ K2+000合同段		
分部(子分部)工程名称	K1+000 ~ K2+000合同段检修设施		
分项工程名称	检修设施施工	验收部位	检修设施
施工单位	重庆市××市政工程(集团)有限公司	项目经理	陈××
分包单位	重庆××桥梁工程有限公司	负责人	张××
施工执行标准名称及编号	重庆市《城市桥梁工程施工质量验收规范》DBJ 50-086—2008		

项目	施工质量验收规范规定			施工单位检验记录	监理单位检验记录
	序号	检查项目	规定值及允许偏差(mm)		
主控项目	1				
	2				
	3				
	4				
	5				
	6				
	7				
	8				
一般项目	1	检修设施材质、制作、安装、防护	符合设计和规范要求	检查检查产品合格证、出厂检验报告、进场复验报告、安装施工记录,符合设计和规范要求。	符合规范要求。
	2				
	3				
	4				

施工员	伍××	施工班组长	李××
施工单位检查评定结果	检查情况: 经检查,主控项目和一般项目均符合设计要求和重庆市《城市桥梁工程施工质量验收规范》(DBJ 50-086—2008)规定,评定合格。 项目专职质量员:李×× 2015年5月20日		
监理单位验收结论	验收意见: 同意施工单位评定结果,验收合格,同意进行下道工序施工。 专业监理工程师:张×× 2015年5月20日		

说明:

一般项目

检修设施材质、制作、安装、防护必须符合设计要求和相关规范的要求。检验数量:全部。检验方法:实测或检查记录。

城市桥梁工程照明施工(灯杆、灯具安装)检验批质量验收记录表(一)

渝市政验收 6-17-1

单位(子单位)工程名称	重庆市渝中区××桥梁工程K1+000～K2+000合同段					
分部(子分部)工程名称	K1+000～K2+000合同段照明施工					
分项工程名称	灯杆、灯具安装			验收部位	灯杆、灯具	
施工单位	重庆市××市政工程(集团)有限公司			项目经理	陈××	
分包单位	重庆××桥梁工程有限公司			负责人	张××	
施工执行标准名称及编号	重庆市《城市桥梁工程施工质量验收规范》DBJ 50-086—2008					
项目	施工质量验收规范规定				施工单位检验记录	监理单位检验记录
	序号	检查项目		规定值及允许偏差(mm)		
主控项目	1	每套灯具导电部分对地绝缘电阻		>2MΩ	兆欧表检测，符合设计要求。	符合规范要求。
	2	每根金属灯杆		符合设计要求	灯杆接地，符合设计要求	符合规范要求。
	3	灯杆与结构连接		符合设计要求	符合设计要求。	符合规范要求。
	4	气体放电灯灯座导线		额定电压不低于500V的铜芯绝缘导线，功率小于400W的最小允许线芯截面为$1.5mm^2$，功率在400W至1000W的最小允许线芯截面为$2.5mm^2$	采用铜芯绝缘导线，额定电压800V，功率1000W，符合设计要求。	符合规范要求。
	5	熔断器安装		符合规范规定	采用15A熔丝，符合规范要求。	符合规范要求。
	6	灯臂、灯盘、灯杆内穿线		符合规范规定	内穿线无接头，穿线孔光滑无毛刺，符合规范要求。	符合规范要求。
	7	灯杆	垂直偏差	<40	√ √ √ √ √ √ √	符合规范要求。
			横向位置偏移	<100	√ √ √ √ √ √ √	符合规范要求。
	8	平均照度初始值		高于设计平均照度维持值的40%，均匀度达到设计要求	照度计量测，符合设计要求。	符合规范要求。
施工单位检查评定结果	施工员	伍××		施工班组长	李××	
	检查情况： 经检查，主控项目和一般项目均符合设计要求和重庆市《城市桥梁工程施工质量验收规范》(DBJ 50-086—2008)规定，评定合格。 项目专职质量员：李×× 2015年5月20日					
监理单位验收结论	验收意见： 同意施工单位评定结果，验收合格，同意进行下道工序施工。 专业监理工程师：张×× 2015年5月20日					

说明:

一般规定

1. 桥梁路灯安装和调试用各类计量器具,应检定合格,使用时在有效期内。

2. 漏电保护装置应做模拟动作试验。

3. 接地(PE)或接零(PEN)支线必须单独与接地(PE)或接零(PEN)干线相连接,不得串联连接。

4. 同一桥梁路灯安装高度(从光源到地面)、仰角、方向宜保持一致。

5. 灯杆位置应合理选择,灯杆不得设置在易被车辆碰撞地点,且与供电线路等空中障碍物的空中距离应符合供电有关规定。

6. 灯座的相线应接在中心触点端子上,零线应接在螺纹口端子上。

主要设备、材料进场验收

1. 主要设备、材料应有进场验收记录,确认符合设计和规定,才能在施工中应用。

2. 变压器、箱式变电所应查验合格证和随带技术文件,以及出厂试验记录。并检查:铭牌、附件齐全,绝缘件无缺损、裂纹,充油部分不渗漏,充气高压设备气压指示正常,涂层完整。

3. 高低压成套配电柜、不间断电源柜、控制柜(屏、台)配电箱应查验合格证和随带技术文件。不间断电源柜应有出厂试验记录。实行生产许可证和安全认证制度的产品,应有许可证编号和安全认证标志。并检查:铭牌,柜内元器件无损坏丢失、接线无脱落,涂层完整,无明显碰撞凹陷。

4. 照明灯具及附件应作下列检查:

(1)查验合格证。新型气体放电灯具应有随带技术文件。

(2)灯具涂层完整,无损伤,附件齐全。

(3)对成套灯具的绝缘电阻、内部接线等性能进行现场抽样检测。灯具的绝缘电阻值不小于 2MΩ,内部接线为铜芯绝缘导线。

5. 电线、电缆应作下列检查:

(1)按批查验合格证和生产许可证编号。

(2)包装完好,电线、电缆绝缘层护套层完整无损,厚度均匀。电缆无压扁、扭曲,铠装不松卷,外层有明显标识和生产厂标。

6. 电缆桥架、线槽应做下列检查:

(1)查验合格证。

(2)部件齐全,表面光滑、不变形。钢制桥架涂层完整,无锈蚀。玻璃钢制桥架色泽均匀,无破损碎裂。铝合金桥架涂层完整,无扭曲变形,无压扁,表面无划伤。

7. 金属灯杆(柱)应做下列检查:

(1)按批查验合格证。

(2)涂层完整,根部检查门、接线盒及附件齐全。地脚螺孔位置按提供的附图尺寸,允许偏差±2mm。

8. 钢筋混凝土电杆应做下列检查:

(1)按批查验合格证。

(2)表面平整、光滑,无缺角露筋,无纵向、横向裂缝,杆身平直,弯曲不大于杆长的 1/1000。

城市桥梁工程照明施工(灯杆、灯具安装)检验批质量验收记录表(二)

渝市政验收 6-17-2

单位(子单位)工程名称	重庆市渝中区××桥梁工程K1+000 ~ K2+000合同段		
分部(子分部)工程名称	K1+000 ~ K2+000合同段照明施工		
分项工程名称	灯杆、灯具施工	验收部位	灯杆、灯具
施工单位	重庆市××市政工程(集团)有限公司	项目经理	陈××
分包单位	重庆××桥梁工程有限公司	负责人	张××
施工执行标准名称及编号	重庆市《城市桥梁工程施工质量验收规范》DBJ 50-086—2008		

项目	施工质量验收规范规定			施工单位检验记录	监理单位检验记录
	序号	检查项目	规定值及允许偏差(mm)		
一般项目	1	灯杆、灯具外观	符合规范要求	外观整洁,符合规范要求。	符合规范要求。
	2	杆高≥9m金属灯杆的壁厚	≥4	数字测厚仪测量电杆根部,符合规范要求。	符合规范要求。
	3	灯杆根部接线孔朝向	一致朝向人行道侧	符合规范要求。	符合规范要求。
	4	灯臂与道路纵向垂直偏差	≤3°	固定牢靠,符合规范要求。	符合规范要求。
	5	结面与地面	+5,-0	地脚螺丝不露出地面,结面与地面齐平,符合规范要求。	符合规范要求。
	6	灯具安装	纵向中心线和灯臂纵向中心线一致,横向水平线与地面平行,紧固后目测无歪斜	紧固,目测无歪斜,符合规范要求。	符合规范要求。
	7	灯具配件	符合规范要求	配件齐全、完好,无机械损伤、变形、油漆剥落、灯罩破裂等现象,符合规范要求。	符合规范要求。
	8	气体放电灯	符合规范要求	安装功率因数补偿电容,符合规范要求。	符合规范要求。
		螺母紧固	符合规范要求	加平垫圈或弹簧垫圈,符合规范要求。	符合规范要求。
		混凝土杆路灯灯臂与道路纵向成90°	≤3°	紧密,符合规范要求。	符合规范要求。
		架空引下线	符合规范要求	不从高压线间穿过,符合规范要求。	符合规范要求。
		架空引下线搭接处离电杆中心	300 ~ 400	搭接电杆两侧,符合规范要求。	符合规范要求。
		中杆灯和高杆灯的灯杆、灯盘、配线、升降机构	符合标准规定	符合规范要求。	符合规范要求。
		验收资料文件	符合规范规定	产品说明书、试验记录、合格证件、安装图纸等技术文件齐全,符合规范要求。	符合规范要求。

	施工员	伍××	施工班组长	李××
施工单位检查评定结果	检查情况: 经检查,主控项目和一般项目均符合设计要求和重庆市《城市桥梁工程施工质量验收规范》(DBJ 50-086—2008)规定,评定合格。 项目专职质量员:李×× 2015年5月20日			
监理单位验收结论	验收意见: 同意施工单位评定结果,验收合格,同意进行下道工序施工。 专业监理工程师:张×× 2015年5月20日			

说明:

主控项目

1. 每套灯具的导电部分对地绝缘电阻大于 2MΩ。检验数量:随机抽查 10%。检验方法:用 1000 伏兆欧表。

2. 每根金属灯杆必须接地或接零。检验数量:全部。检验方法:观察和检查资料。

3. 灯杆与结构的连接应符合设计要求。基础地脚螺栓在与灯杆连接时,应采用双螺母和加垫圈,在有震动的部位还应加弹簧垫圈。检验数量:全部。检验方法:观察和检查资料。

4. 气体放电灯的灯座导线,应使用额定电压不低于 500V 的铜芯绝缘导线。功率小于 400W 的最小允许线芯截面应为 1.5mm²,功率在 400~1000W 的最小允许线芯截面应为 2.5mm²。检验方法:观察。

5. 气体放电灯应在镇流器的进电侧安装熔断器。熔丝的选择应符合下列规定:

(1)250W 及以下高压汞灯、150W 及以下高压纳灯采用 4A 熔丝;

(2)400W 高压汞灯和 250W 高压纳灯采用 6A 熔丝;

(3)400W 高压纳灯采用 10A 熔丝;

(4)1000W 高压纳灯和高压汞灯采用 15A 熔丝。

检验方法:观察。

6. 在灯臂、灯盘、灯杆内穿线不得有接头,穿线孔或管口应光滑、无毛刺。检验方法:观察。

7. 灯杆垂直偏差应小于 40㎜,横向位置偏移应小于 100㎜。检验数量:随机抽查 10%。检验方法:经纬仪。

8. 竣工时的平均照度初始值应高于设计平均照度维持值的 40%,均匀度达到设计要求。检验数量:一个挡距。检验方法:用照度计实测。

一般项目

1. 灯杆、灯具外观整洁。

2. 金属灯杆在杆高 9m 及以上时,壁厚应等于或大于 4mm。检验数量:5 根(按一定比例)。检验方法:用数字测厚仪测量电杆根部。

3. 灯杆根部接线孔的朝向应一致,宜朝向人行道侧。检验数量:全部。检验方法:观察。

4. 灯臂应固定牢靠,与道路纵向垂直偏差不应大于 3°。检验方法:经纬仪。

5. 灯杆安装完毕后,根部应做混凝土或人行道砖块结面。地脚螺栓不应露出地面,结面与地面平齐,误差应在+5mm 以内。检验数量:全部。检验方法:观察和卷尺。

6. 灯具安装纵向中心线和灯臂纵向中心线应一致,灯具横向水平线应与地面平行,紧固后目测应无歪斜。检验数量:全部。检验方法:观察。

7. 灯具配件应齐全,无机械损伤、变形、油漆剥落、灯罩破裂等现象。灯具的效率不应低于 70%,防护等级、密封性能必须在 IP55 以上。检验数量:全部。检验方法:观察和检查资料。

8. 气体放电灯应安装功率因数补偿电容。检验数量:全部。检验方法:观察。

9. 各种螺母紧固,应加平垫圈或弹簧垫圈。紧固后螺丝露出螺母不得少于两个螺距。检验方法:观察。

10. 混凝土杆上路灯灯臂的抱箍应紧固,灯臂方向与道路纵向应成 90°,误差不得大于 3°。引下线应使用铜芯绝缘导线,且松紧一致。

11. 架空引下线严禁从高压线间穿过。

12. 架空引下线应对称搭接在电杆的两侧,搭接处离电杆中心宜为 300 ~ 400mm,引下线接头不得超过一个,不同规格的导线不得对接。

13. 中杆灯和高杆灯的灯杆、灯盘、配线、升降机构等应符合现行行业标准《高杆照明设施技术条件》(CJ/T 3076)的规定。

14. 验收应提交下列资料和文件:

(1)项目竣工文字和图纸资料;

(2)设计变更文件；

(3)灯杆、灯具、光源、镇流器等生产厂提供的产品说明书、试验记录、合格证件以及安装图纸等技术文件；

(4)安装检测记录。

城市桥梁工程照明施工线路敷设检验批质量验收记录表(一)

渝市政验收 6-17-3

单位(子单位)工程名称	重庆市渝中区××桥梁工程 K1+000～K2+000 合同段		
分部(子分部)工程名称	K1+000～K2+000 合同段照明线路		
分项工程名称	照明线路敷设	验收部位	照明线路
施工单位	重庆市××市政工程(集团)有限公司	项目经理	陈××
分包单位	重庆××桥梁工程有限公司	负责人	张××
施工执行标准名称及编号	重庆市《城市桥梁工程施工质量验收规范》DBJ 50-086—2008		

项目	施工质量验收规范规定			施工单位检验记录	监理单位检验记录
	序号	检查项目	规定值及允许偏差		
主控项目	1	金属电缆桥架、支架、导管	接地或接零可靠,全长应不少于2处与接地或接零干线连接	接地可靠,符合规范要求。	符合规范要求。
	2	电缆敷设	符合设计要求	无绞拧、压扁、护层断裂和表面严重划伤、机械损伤等缺陷,符合设计要求。	符合规范要求。
	3	三相或单相交流单芯电缆	符合规范要求	不单独穿于金属导管内,符合规范要求。	符合规范要求。
	4	不同回路、不同电压等级和交流与直流的电缆、电线	不穿于同一导管内,同一交流回路的导线应穿于同一导管内,且管内导线不得有接头	管内导线无接头,符合规范要求。	符合规范要求。
	5	低压电线、电缆线间和线对地的绝缘电阻值	$>10M\Omega$	兆欧表量测,符合规范要求。	符合规范要求。
	6	电缆穿管敷设	符合规范要求	全部置于人行道板下方等预留通道中,符合规范要求。	符合规范要求。
	7	电缆接头	符合规范要求	置于检查井中,符合规范要求。	符合规范要求。
	8	三相四线制	符合规范要求	采用四芯等截面电缆,符合规范要求。	符合规范要求。
	9	拉线绝缘子自然悬垂与地面距离	$\geq 2.5m$	符合规范要求。	符合规范要求。
	10	架空线路在同一档中,同一个导线上接头	不超过一个,导线接头位置与导线固定处距离大于0.5m	符合规范要求。	符合规范要求。

	施工员	伍××	施工班组长	李××
施工单位检查评定结果	检查情况: 经检查,主控项目和一般项目均符合设计要求和重庆市《城市桥梁工程施工质量验收规范》(DBJ 50-086—2008)规定,评定合格。 项目专职质量员:李××　　2015年5月20日			
监理单位验收结论	验收意见: 同意施工单位评定结果,验收合格,同意进行下道工序施工。 专业监理工程师:张××　　2015年5月20日			

城市桥梁工程照明施工线路敷设检验批质量验收记录表(二)

渝市政验收 6-17-4

单位(子单位)工程名称		重庆市渝中区××桥梁工程K1+000 ~ K2+000合同段		
分部(子分部)工程名称		K1+000 ~ K2+000合同段照明线路		
分项工程名称		照明线路敷设	验收部位	照明线路
施工单位		重庆市××市政工程(集团)有限公司	项目经理	陈××
分包单位		重庆××桥梁工程有限公司	负责人	张××
施工执行标准名称及编号		重庆市《城市桥梁工程施工质量验收规范》DBJ 50-086—2008		

项目	序号	检查项目	规定值及允许偏差	施工单位检验记录	监理单位检验记录
		施工质量验收规范规定			
一般项目	1	电缆穿管时,电缆总截面面积	≤导管截面积40%	符合规范要求。	符合规范要求。
	2	电缆导管连接	符合规范要求	管孔对准,接缝严密,无渗水,符合规范要求。	符合规范要求。
	3	电缆导管弯曲半径	不小于电缆最小允许弯曲半径	符合规范要求。	符合规范要求。
	4	电缆防震措施	符合规范规定	伸缩缝处留有余缆,符合规范要求。	符合规范要求。
	5	标志牌设置	电缆首端、末端和分支处	标志牌设置明显,符合规范要求。	符合规范要求。
	6	单芯电缆敷设	中性线和保护线按规定颜色区分	颜色区分,符合规范要求。	符合规范要求。
	7	桥架与支架间螺栓、桥架间连接板螺栓固定	紧固无遗漏,螺母位于桥架外侧	紧固无遗漏,符合规范要求。	符合规范要求。
	8	电缆敷设的弯曲半径	符合规范规定	符合规范要求。	符合规范要求。
	9	架空线路的横担安装	符合规范规定	安装平直,符合规范要求。	符合规范要求。
	10	验收资料文件	符合规范规定	项目竣工文字和图纸资料、设计变更文件、各种试验和检查记录等齐全,符合规范要求。	符合规范要求。

施工单位检查评定结果	施工员	伍××	施工班组长	李××
	检查情况: 经检查,主控项目和一般项目均符合设计要求和重庆市《城市桥梁工程施工质量验收规范》(DBJ 50-086—2008)规定,评定合格。 项目专职质量员:李×× 2015年5月20日			
监理单位验收结论	验收意见: 同意施工单位评定结果,验收合格,同意进行下道工序施工。 专业监理工程师:张×× 2015年5月20日			

说明：

主控项目

1. 金属电缆桥架、支架、导管必须接地或接零可靠，全长应不少于 2 处与接地或接零干线连接。非镀锌电缆桥架间连接板的两端跨接铜芯接地线，接地线的最小允许线芯截面不小于 $4mm^2$；镀锌电缆桥架间连接板的两端不跨接接地线，但连接板的两端不少于两个有防松螺母或防松垫圈的连接固定螺栓。检验数量：全部。检验方法：观察和资料。

2. 电缆敷设严禁有绞拧、压扁、护层断裂和表面严重划伤、机械损伤等缺陷。检验方法：观察。

3. 三相或单相的交流单芯电缆，不得单独穿于金属导管内。检验方法：观察。

4. 不同回路、不同电压等级和交流与直流的电缆、电线，不应穿于同一导管内，同一交流回路的导线应穿于同一导管内，且管内导线不得有接头。检验方法：观察和检查资料。

5. 低压电线、电缆的线间和线对地间的绝缘电阻值必须大于 10MΩ。检验方法：用 1000 伏兆欧表。

6. 电缆应穿管敷设，并全部置于人行道板下方等预留通道中。检验方法：观察和检查资料。

7. 电缆不得有接头，接头必须置于检查井中。检验方法：观察和检查资料。

8. 三相四线制应采用四芯等截面电缆。检验方法：观察和检查资料。

9. 电缆应按设计要求敷设。检验方法：卷尺和检查资料。

10. 拉线穿越带电线路时，应在拉线上下加装绝缘子，拉线绝缘子自然悬垂时距地面不应小于 2.5m。检验方法：观察。

11. 架空线路在同一档内，同一根导线上的接头不应超过一个。导线接头的位置与导线固定处的距离应大于 0.5m。检验方法：观察。

一般项目

1. 电缆穿管时，电缆的总截面积不应超过导管截面积的 40%。检验方法：观察和检查资料。

2. 电缆导管连接时，管孔应对准，接缝应严密，不得有水渗入。检验方法：观察。

3. 电缆导管的弯曲半径不应小于电缆最小允许弯曲半径。

4. 应采取电缆防震措施，伸缩缝处电缆应留有适量的余缆。检验方法：观察和检查资料。

5. 电缆的首端、末端和分支处应设标志牌。检验方法：观察和检查资料。

6. 采用单芯电缆敷设时，中性线和保护线应按规定用不同的颜色进行区别。检验方法：观察。

7. 桥架与支架间的螺栓、桥架间连接板螺栓固定紧固无遗漏，螺母应位于桥架外侧。检验方法：观察。

8. 电缆在任何敷设方式及全部路径条件的上、下、左、右改变部位，其弯曲半径应符合下列规定：

(1)聚氯乙烯绝缘电缆为电缆外径的 10 倍；

(2)聚氯乙烯铠装绝缘电缆为电缆外径的 20 倍；

(3)交联聚乙烯多芯绝缘电缆为电缆外径的 15 倍；

(4)交联聚乙烯单芯绝缘电缆为电缆外径的 20 倍。

9. 架空线路的横担安装，直线杆应装于受电侧；分支杆、转角杆、终端杆应装于拉线侧。横担的安装应平正，安装偏差应符合下列规定：

(1)横担端部上下偏差不应大于 20mm；

(2)横担端部左右偏差不应大于 20mm；

(3)最上层横担距杆顶不应小于 200mm。

检验方法：观察和卷尺测量。

10. 验收应提交下列资料和文件：

(1)项目竣工文字和图纸资料；

(2)设计变更文件；

(3)各种试验和检查记录等。

城市桥梁工程照明施工变配电安装检验批质量验收记录表(一)

渝市政验收 6-17-5

单位(子单位)工程名称	重庆市渝中区××桥梁工程 K1+000 ~ K2+000 合同段				
分部(子分部)工程名称	K1+000 ~ K2+000 合同段照明变配电				
分项工程名称	变配电安装		验收部位	2#配电柜	
施工单位	重庆市××市政工程(集团)有限公司		项目经理	×××	
分包单位	重庆××桥梁工程有限公司		负责人	×××	
施工执行标准名称及编号	重庆市《城市桥梁工程施工质量验收规范》DBJ 50-086—2008				
项目	施工质量验收规范规定			施工单位检验记录	监理单位检验记录
	序号	检查项目	规定值及允许偏差		
主控项目	1	设备检查	符合规范规定	无机械损伤,附件齐全,各组合部件无松动和脱落,符合规范规定。	符合规范要求。
	2	桥梁结构上的预埋件、预留孔	符合设计要求,达到设备安装强度要求	检查,符合规范规定。	符合规范要求。
	3	接地装置	符合规范规定	连接可靠,紧固件及防松零件齐全,符合规范规定。	符合规范要求。
	4	箱式变电站和落地式配电箱的基础	高于箱外地坪,周围排水通畅	排水通畅,符合规范规定。	符合规范要求。
	5	柜、屏、台、箱、盘的金属框架集基础型钢	可靠接地或接零	接零,符合规范规定。	符合规范要求。
	6	柜、屏、台、箱、盘间线路线间和线对地面的绝缘电阻值	馈电线路大于0.5MΩ,二次回路大于1MΩ	兆欧表量测,符合规范规定。	符合规范要求。
	7	配电箱、盘、柜、屏的零线和保护线	经汇流排配出,带有漏电保护的回路,漏电保护装置动作电流不大于30mA,动作时间不大于0.1s	现场模拟试验,符合规范规定。	符合规范要求。
施工单位检查评定结果	施工员	伍××		施工班组长	李××
	检查情况: 经检查,主控项目和一般项目均符合设计要求和重庆市《城市桥梁工程施工质量验收规范》(DBJ 50-086—2008)规定,评定合格。 项目专职质量员:李×× 2015年5月20日				
监理单位验收结论	验收意见: 同意施工单位评定结果,验收合格,同意进行下道工序施工。 专业监理工程师:张×× 2015年5月20日				

城市桥梁工程照明施工变配电安装检验批质量验收记录表（二）

渝市政验收 6-17-6

单位(子单位)工程名称	重庆市渝中区××桥梁工程K1+000～K2+000合同段		
分部(子分部)工程名称	K1+000～K2+000合同段照明变配电		
分项工程名称	变配电安装	验收部位	2#配电柜
施工单位	重庆市××市政工程(集团)有限公司	项目经理	×××
分包单位	重庆××桥梁工程有限公司	负责人	×××
施工执行标准名称及编号	重庆市《城市桥梁工程施工质量验收规范》DBJ 50-086—2008		

项目	施工质量验收规范规定：序号	检查项目	规定值及允许偏差(mm)	施工单位检验记录	监理单位检验记录
一般项目	1	室外柱上式变压器安装	符合规范要求	固定牢靠，警告标牌悬挂明显，符合规范要求。	符合规范要求。
	2	室内变压器安装位置：墙壁	≥800	卷尺测量，符合规范要求。	符合规范要求。
		室内变压器安装位置：门	≥1000	卷尺测量，符合规范要求。	符合规范要求。
	3	变压器本体就位	符合规范规定	符合规范要求。	符合规范要求。
	4	变压器附件安装	符合规范规定	畅通，固定牢靠，符合规范要求。	符合规范要求。
	5	箱式变电站基础	符合设计要求	排水措施良好，符合规范要求。	
	6	箱式变电站安装	符合规范规定	安装良好、资料齐全，符合规范要求。	
	7	柜、屏、台、箱、盘内配线	符合规范要求	无接头，无绞接现象，导线连接紧密，不伤芯线，不断股，符合规范要求。	符合规范要求。
	8	柜、屏、台、箱、盘内配线电流回路	符合规范要求	铜芯绝缘导线，电压800V，截面3.0mm²，符合规范要求。	符合规范要求。
	9	各类柜、屏、台、箱、盘的正面以及背面各电器、端子排、电缆芯线和所配导线的端部、标识器件	符合规范要求	编号、名称、用途、操作位置，字迹清晰、准确、工整、不易脱色，符合规范要求。	符合规范要求。
	10	柜、屏、台、箱、盘相互间或与基础型钢连接	符合规范要求	镀锌螺栓连接，防松零件齐全，符合规范要求。	符合规范要求。
	11	柜、屏、台、箱、盘单独或成列安装：垂直度	<1.5	√ √ √ √ √ √ √	符合规范要求。
	12	柜、屏、台、箱、盘单独或成列安装：水平偏差：相邻两盘顶部	<2	√ √ √ √ √ √ √	符合规范要求。
		柜、屏、台、箱、盘单独或成列安装：水平偏差：成列盘顶部	<5	√ √ √ √ √ √ √	符合规范要求。
	13	柜、屏、台、箱、盘单独或成列安装：盘面偏差：相邻两盘边	<1	√ √ √ √ √ √ √	符合规范要求。
		柜、屏、台、箱、盘单独或成列安装：盘面偏差：成列盘面	<5	√ √ √ √ √ √ √	符合规范要求。
	14	柜、屏、台、箱、盘单独或成列安装：盘间接缝	<2	√ √ √ √ √ √ √	符合规范要求。
	15	柜、屏、台、箱、盘内两导体间、导电体与裸露的不带电的导电体间允许最小电气间隙及爬电距离	符合规范规定	卷尺测量，符合规范要求。	符合规范要求。
	16	变压器连续运行24h	符合规范要求	无异常，合格。	符合规范要求。
	17	验收资料文件	符合规范规定	项目竣工资料，变更设计文件，产品说明书、试验记录、合格证件及安装图纸等技术文件，安装技术记录、检查记录，试验报告，备品备件移交清单齐全，符合规范要求。	符合规范要求。
检查人员	施工员	伍××	施工班组长	李××	

施工单位检查评定结果	检查情况： 经检查，主控项目和一般项目均符合设计要求和重庆市《城市桥梁工程施工质量验收规范》(DBJ 50-086—2008)规定，评定合格。 项目专职质量员：李×× 2015年5月20日
监理单位验收结论	验收意见： 同意施工单位评定结果，验收合格，同意进行下道工序施工。 专业监理工程师：张×× 2015年5月20日

说明：

主控项目

1. 设备的检查应符合下列规定：不得有机械损伤，附件齐全，各组合部件无松动和脱落。箱式变电站内部电器部件及连接无损坏；油浸式变压器密封处应良好，无渗漏油现象；所有螺栓应紧固，并有防松措施，绝缘螺栓应无损坏，防松绑扎完好；铁芯应无变形，无多点接地；绕组绝缘层应完整，无缺损、变位现象；引出线绝缘包扎牢固，无破损、拧弯现象，引出线绝缘距离合格，引出线与套管的连接应牢靠，接线正确。检验方法：观察和检查资料。

2. 桥梁结构上的预埋件、预留孔应符合设计要求，达到设备安装的强度要求。检验方法：观察。

3. 接地装置引出的接地干线与变压器的低压侧中性点直接连接，接地干线与箱式变电站的N母线和PE母线直接连接。变压器箱体、干式变压器的支架或外壳应接地。所有连接应可靠，紧固件及防松零件齐全。检验方法：观察。

4. 箱式变电站和落地式配电箱的基础应高于箱外地坪，周围排水通畅。用地脚螺栓固定的螺帽齐全，拧紧牢固。自由安放的应垫平放正。金属箱式变电站和落地式配电箱的箱体应接地或接零可靠，且有标识。检验方法：观察。

5. 柜、屏、台、箱、盘的金属框架及基础型钢必须接地或接零可靠。装有电器的可开启门，门和框架的接地端子间应用裸编织铜带连接，且有标识。箱门开启应无障碍阻挡。检验方法：观察。

6. 柜、屏、台、箱、盘间线路的线间和线对地间的绝缘电阻值，馈电线路必须大于0.5MΩ，二次回路必须大于1MΩ。检验方法：用1000伏兆欧表。

7. 配电箱、盘、柜、屏应分别设置零线和保护线汇流排，零线和保护线经汇流排配出。带有漏电保护的回路，漏电保护装置动作电流不大于30mA，动作时间不大于0.1s。检验方法：现场模拟试验。

一般项目

1. 室外柱上式变压器安装应符合下列要求：

(1)柱上台架所用钢铁构件应热浸锌防腐处理；

(2)变压器在台架平稳就位后，应固定牢靠；

(3)变压器应在明显位置悬挂警告牌；

(4)变压器台架距离地面不得小于2.5m；

(5)跌落式熔断器的安装位置距离地面不得小于5m，相间距离不应小于0.7m，不应安装在有机动车行驶的道路侧；

(6)熔丝的规格应符合设计要求，无弯曲、压扁或损伤，熔体与尾线应压接牢固；

(7)变压器高压引下线、母线应采用多股绝缘线，之间的距离不应小于300mm，中间不得有接头。其导线截面应按变压器额定电流选择，但铜线不应小于16mm^2，铝线不应小于25mm^2。

检验方法：观察和卷尺测量。

2. 室内变压器安装距离墙壁不应小于800mm，距门不应小于1000mm，中心应在屋顶吊环垂线位置。裸露带电部分应有相应的安全防范措施。检验方法：观察和卷尺测量。

3. 变压器本体就位应符合下列规定：

(1)变压器基础的轨道应水平，轮距与轨距应适合；

(2)当使用封闭母线连接时，应使其套管中心线与封闭母线安装中心线相符；

(3)装有滚轮的变压器就位后，应将滚轮用能拆卸的制动装置加以固定；

(4)柱上变压器应将滚轮拆卸掉。

检验方法:观察和卷尺测量。

4. 变压器附件安装应符合下列规定:

(1)油枕放气孔和导油孔应畅通,油标玻璃管应完好;

(2)油枕与支架、油箱应固定牢靠;

(3)干燥器中的干燥剂应未失效。干燥器与油枕间管路的连接应密封,管道应畅通;

(4)温度计信号接点应动作正确,导通良好。温度计座应密封良好,无渗漏现象和不得进水;

(5)变压器绝缘油质量必须合格。

检验方法:观察和检查资料。

5. 箱式变电站的基础应符合设计要求,电缆室应有通风口,并有防止小动物进入箱内和良好的排水措施。检验方法:观察。

6. 箱式变电站安装完毕后,应符合下列规定:

(1)箱内及各元件表面应清洁、干燥、无异物;

(2)操作机构、开关等可动元器件应灵活、可靠、准确。对装有温度显示、温度控制、风机、凝露控制等装置的设备,应根据电气性能要求和安装使用说明书进行检查;

(3)所有主回路、接地回路及辅助回路接点应牢固,并应符合电气原理图的要求;

(4)变压器、高(低)压开关柜及所有的电器元件设备安装螺栓应紧固;

(5)辅助回路的电器整定值应准确,仪表与互感器的变比及接线极性应正确,所有电器元件应无异常;

(6)变压器绝缘电阻:干燥环境条件下,高压对低压及对地绝缘电阻不应小于300MΩ,低压对地绝缘电阻不应小于100MΩ。潮湿环境条件下,绝缘电阻不应小于20MΩ;

(7)低压开关设备的绝缘电阻值不应小于0.5MΩ,并在运行前的通电试验中无异常。

检验方法:观察和检查资料。

7. 柜、屏、台、箱、盘内配线整齐,导线不应有接头,无绞接现象。导线连接紧密,不伤芯线,不断股。垫圈下螺丝两侧压的导线截面积相同,同一端子上导线连接不得多于2根,防松垫圈等零件齐全。二次回路连线应成束绑扎,不同电压等级、交流、直流线路以及计算机控制线路应分别绑扎,且有标识。检验方法:观察。

8. 柜、屏、台、箱、盘内的配线电流回路应采用铜芯绝缘导线,其电压不应低于500V,其截面不应小于2.5mm^2,其他回路截面不应小于1.5mm^2;当电子元件回路、弱电回路采取锡焊连接时,在满足载流量和电压降及有足够机械强度的情况下,可采用不小于0.5mm^{2}截面的绝缘导线。检验方法:观察。

9. 各类柜、屏、台、箱、盘的正面以及背面各电器、端子排、电缆芯线和所配导线的端部、标识器件等应标明编号、名称、用途、操作位置,其标明的字迹应清晰、准确、工整、不易脱色。文字、图纸技术资料完整。检验方法:观察。

10. 柜、屏、台、箱、盘相互间或与基础型钢应用镀锌螺栓连接,且防松零件齐全。检验方法:观察。

11. 柜、屏、台、箱、盘单独或成列安装的允许偏差应符合表1规定:

表1 安装的允许偏差

序号	项目		允许偏差(mm)
1	垂直度		<1.5
2	水平偏差	相邻两盘顶部	<2
		成列盘顶部	<5
3	盘面偏差	相邻两盘边	<1
		成列盘面	<5
4	盘间接缝		<2

检验方法：卷尺测量。

12. 柜、屏、台、箱、盘内两导体间、导电体与裸露的不带电的导体间允许最小电气间隙及爬电距离应符合表2的规定。屏顶上小母线不同相或不同极的裸露截流部分之间、裸露截流部分与未经绝缘的金属体之间电气间隙不得小于12mm，爬电距离不得小于20mm。

表2　允许最小电气间隙爬电距离

序号	额定电压(V)	带电间隙(mm)		爬电距离(mm)	
		额定工作电流		额定工作电流	
		≤63A	>63A	≤63A	>63A
1	U≤60	3.0	5.0	3.0	5.0
2	60<U≤300	5.0	6.0	6.0	8.0
4	300<U≤500	8.0	10.0	10.0	12.0

检验方法：卷尺测量。

13. 变压器投入运行后，连续运行24小时无异常即可视为合格。

14. 验收应提交下列资料和文件：

(1)项目竣工资料；

(2)变更设计的文件；

(3)制造厂提供的产品说明书、试验记录、合格证件以及安装图纸等技术文件；

(4)安装技术记录、检查记录等；

(5)试验报告；

(6)备品备件移交清单。

城市桥梁工程照明施工控制系统安装检验批质量验收记录表

渝市政验收6-17-7

单位(子单位)工程名称	重庆市渝中区××桥梁工程K1+000～K2+000合同段		
分部(子分部)工程名称	K1+000～K2+000合同段照明控制系统		
分项工程名称	照明控制系统	验收部位	照明控制系统
施工单位	重庆市××市政工程(集团)有限公司	项目经理	×××
分包单位	重庆××桥梁工程有限公司	负责人	×××
施工执行标准名称及编号	重庆市《城市桥梁工程施工质量验收规范》DBJ 50-086—2008		

项目	施工质量验收规范规定			施工单位检验记录	监理单位检验记录
	序号	检查项目	规定值及允许偏差		
主控项目	1	开关控制器	符合规范规定	性能可靠、操作简单,符合规范要求。	符合规范要求。
	2	采用集中控制系统时,运动终端的控制	具有在通信中断情况下自动和手动开关的控制功能	资料及功能齐全,符合规范要求。	符合规范要求。
	3	节能控制措施	符合规范要求	资料齐全,节能,符合规范要求。	符合规范要求。
	4	遥控信号发射塔的防雷、避雷设施	符合规范要求	有防雷、避雷设施,符合规范要求。	符合规范要求。
一般项目	1	光控开关的广电接收器安装	避免有光干扰的位置	无光干扰,符合规范要求。	符合规范要求。
	2	单板(片)机和微机等控制设备	与其他电器隔离安装,并设屏蔽装置	有屏蔽装置,符合规范要求。	符合规范要求。
	3	装有电子控制设备的柜(箱、盘)	防尘、防潮、防水措施,避免太阳照射,必要时加设通风装置	有防尘、防潮、防水、通风措施,符合规范要求。	符合规范要求。
	4	控制系统元器件	可靠、精确	可靠、精确,符合规范要求。	符合规范要求。
	5	遥控系统的通讯方式	经济、可靠、范围覆盖能力强,快速传送准确数据	快速传送准确数据,符合规范要求。	符合规范要求。
	6	遥控系统应用模块功能	齐全、实用	功能齐全、实用,符合规范要求。	
	7	控制电器前保护装置安装	已安装保护装置	有安全保护装置,符合规范要求。	符合规范要求。
	8	有线控制系统控制线	标识明显,不搭接其他电器	标志明显,无搭接,符合规范要求。	符合规范要求。

施工单位检查评定结果	施工员	伍××	施工班组长	李××
	检查情况: 经检查,主控项目和一般项目均符合设计要求和重庆市《城市桥梁工程施工质量验收规范》(DBJ 50-086—2008)规定,评定合格。 项目专职质量员:李×× 2015年5月20日			
监理单位验收结论	验收意见: 同意施工单位评定结果,验收合格,同意进行下道工序施工。 专业监理工程师:张×× 2015年5月20日			

说明:

主控项目

1. 开关控制电器应符合下列规定:

(1)工作电压应为 180 ~ 250V 的范围;

(2)照度调试范围应为 0 ~ 50lx;

(3)产品出厂调试照度与环境照度应一致;

(4)时间精度应小于±1s/d,定时时间误差不应累计;

(5)应具有多种定时开、关方式;

(6)性能可靠、操作简单,具有较强的抗干扰能力,存储数据不丢失;

(7)适用环境温度范围应在-15 ~ 55℃。

检验方法:观察和检查资料。

2. 采用集中控制系统时,远动终端应具有在通信中断的情况下自动和手动开关的控制功能。

检验方法:观察和检查资料。

3. 具有节能的控制措施。检验方法:观察和检查资料。

4. 遥控信号发射塔必须安装防雷、避雷设施。检验方法:观察和检查资料。

一般项目

1. 光控开关的光电接收器应安装在避免有光干扰的位置。检验方法:观察。

2. 单板(片)机和微机等控制设备应与其他电器隔离安装,并应设有屏蔽装置。检验方法:观察。

3. 装有电子控制设备的柜(箱、盘)应有防尘、防潮、防水等措施,避免太阳照射,必要时加设通风装置。检验方法:观察。

4. 计算机集中控制室应有防尘、防潮、控温设施,并布局合理、整洁。检验方法:观察和检查资料。

5. 控制系统的元器件应保证其可靠性和精确度。遥控系统采集到的电参数应满足系统对电流、电压、功率、电量、亮灯率、终端箱内温度、门状等参数的需要。检验方法:观察和检查资料。

6. 遥控系统采取的通讯方式应具备经济性、可靠性和范围覆盖能力,能快速传送准确的数据。检验方法:观察和检查资料。

7. 遥控系统的应用模块应功能齐全、实用,具备权限认证,远程控制,设备故障报警,设备和地理信息查询、维护,数据统计、归档和打印,并能进行数据处理,通过分析判断,将运行故障显示或报警。检验方法:观察和检查资料。

8. 控制电器前应安装保护装置。检验方法:观察。

9. 有线控制系统中的控制线应有明显标识,并不得搭接其他电器。检验方法:观察。

城市桥梁工程照明施工安全保护安装检验批质量验收记录表

渝市政验收6-17-8

单位(子单位)工程名称	重庆市渝中区××桥梁工程K1+000～K2+000合同段		
分部(子分部)工程名称	K1+000～K2+000合同段安全保护系统		
分项工程名称	安全保护系统	验收部位	安全保护系统
施工单位	重庆市××市政工程(集团)有限公司	项目经理	×××
分包单位	重庆××桥梁工程有限公司	负责人	×××
施工执行标准名称及编号	重庆市《城市桥梁工程施工质量验收规范》DBJ 50-086—2008		

项目	施工质量验收规范规定			施工单位检验记录	监理单位检验记录
	序号	检查项目	规定值及允许偏差(mm)		
主控项目	1	接地装置的接地电阻	符合设计要求	电阻测量仪测量,符合设计要求。	符合规范要求。
	2	接零保护的保护零线	严禁装设熔断器或开关	无装设熔断器或开关,符合规范要求。	符合规范要求。
	3	保护零线和相线材质	符合规范要求	材质相同,符合规范要求。	符合规范要求。
	4	接地装置的导体截面	符合规范要求	符合热稳定和机械强度要求,符合规范要求。	符合规范要求。
	5	电气装置金属部分	均接零或接地	接地,符合规范要求。	符合规范要求。
	6	接地线	不得利用蛇皮管、裸铝导线一级电缆金属护套层,接地线不得兼作他用	接地线不作它用,符合规范要求。	符合规范要求。
一般项目	1	灯杆、配电箱等金属设备采用接地保护时,接地电阻	≤4Ω	接地电阻测量仪测量,符合规范要求。	符合规范要求。
	2	地体 埋深	≥600	√ √ √ √ √ √ √	符合规范要求。
		地体 垂直接地体间距	≥其长度2倍	√ √ √ √ √ √ √	符合规范要求。
		地体 水平接地体间距	≥5000	√ √ √ √ √ √ √	符合规范要求。
	3	电气设备带电部分	符合规范要求	有防直接触摸保护装置,符合规范要求。	符合规范要求。
	4	接地体连接	焊接	焊接牢固,防腐处理,符合规范要求。	符合规范要求。
	5	接地线明敷	符合规范规定	敷设位置正确,符合规范要求。	符合规范要求。
	6	接地体连接搭接长度	符合规范规定	搭接焊焊缝饱满,符合规范要求。	符合规范要求。

施工单位检查评定结果	施工员	伍××	施工班组长	李××
	检查情况: 经检查,主控项目和一般项目均符合设计要求和重庆市《城市桥梁工程施工质量验收规范》(DBJ 50-086—2008)规定,评定合格。 项目专职质量员:李××　　2015年5月20日			
监理单位验收结论	验收意见: 同意施工单位评定结果,验收合格,同意进行下道工序施工。 专业监理工程师:张××　　2015年5月20日			

说明:

主控项目

1. 测试接地装置的接地电阻值必须符合设计要求。检验方法:用接地电阻测量仪测量和检查资料。

2. 采用接零保护时,保护零线上严禁装设熔断器或开关。检验方法:观察和检查资料。

3. 保护零线和相线的材质应相同。当相线的截面在35mm^{2}及以下时,保护零线的最小截面应为16mm^2;当相线的截面在35mm^{2}以上时,保护零线的最小截面不得小于相线截面的50%。检验方法:观察和检查资料。

4. 接地装置的导体截面应符合热稳定和机械强度要求。材料采用钢材时，应热浸锌防腐处理。最小允许规格、尺寸应符合下表的规定：

表 最小允许规格、尺寸

序号	种类		敷设位置及使用类别			
			地上		地下	
			室内	室外	交流电流回路	直流电流回路
1	圆钢直径(mm)		6	8	10	12
2	扁钢	截面(mm)	60	100	100	100
		厚度(mm)	3	4	4	6
3	角钢厚度(mm)		2	2.5	4	6
4	钢管管壁厚度(mm)		2.5	2.5	3.5	4.5

检验方法：卷尺测量。

5. 电气装置的下列金属部分，均应接零或接地：

(1)变压器、配电屏(柜、箱、盘)等的金属底座或外壳；

(2)室内外配电装置的金属构架及靠近带电部位的金属遮拦和金属门；

(3)电力电缆的金属护套、接线盒和保护管；

(4)配电和路灯的金属杆塔；

(5)其他因绝缘破坏可能使其带电的外露导体。

检验方法：观察。

6. 不得利用蛇皮管、裸铝导线以及电缆的金属护套层作接地线。接地线不得兼作他用。

检验方法：观察。

一般项目

1. 灯杆、配电箱等金属设备采用接地保护时，其接地电阻不应大于 4Ω。检验方法：用接地电阻测量仪测量。

2. 地体埋深不应小于 600mm，垂直接地体的间距不应小于其长度的 2 倍，水平接地体的间距不应小于 5000mm。检验方法：卷尺测量和检查资料。

3. 电气设备的带电部分应有防直接触摸保护装置。检验方法：观察。

4. 接地体的连接应采用焊接。焊接应牢固并应进行防腐处理，接至电气设备上的接地线应采用镀锌螺栓连接。对有色金属接地线不能采用焊接时，可用镀锌螺栓连接。

5 明敷接地线应符合下列规定：

(1)敷设位置不应妨碍设备的拆卸和检修；

(2)接地线应水平或垂直敷设，在直线段上不应起伏或弯曲；

(3)支架的距离：水平直线段应为 500 ~ 1500mm，垂直直线段应为 1500 ~ 3000mm，转弯部分应为 300 ~ 500mm；

(4)水平敷设时，距地面应为 250 ~ 300mm 与墙壁间的距离应为 100 ~ 150mm；

(5)跨越伸缩缝时应将接地线弯成弧状。

检验方法：卷尺测量和检查资料。

6. 接地体的连接应采用搭接焊，焊缝饱满。其搭接长度应符合下列规定：

(1)扁钢为其宽度的 2 倍，并焊接两长边和一端边；

(2)圆钢为其直径的 6 倍；

(3)圆钢与扁钢连接时，其长度为圆钢直径的 6 倍；

(4)扁钢与角钢连接时，应在其接触部位两侧边和一端边进行焊接。

检验方法：卷尺测量和检查资料。

城市桥梁工程混凝土结构外观质量检查验收记录表

渝市政验收6-18-1

工程名称	重庆市渝中区××桥梁工程K1+000～K2+000合同段				
施工单位	重庆市××市政工程(集团)有限公司				
检查项目	检查内容	检查情况	评价意见		
			好	中	差
混凝土外观	表面平整,光泽均匀,拼缝整齐,棱角分明,线条顺直,轮廓清晰	表面平整,棱角分明,线条顺直。	√		
	模板接缝处无显著高差,局部蜂窝麻面、缺角掉边、跑模等已经修整平整	接缝处无显著高差,无缺角掉边。	√		
	混凝土表面无木材、棉纱、塑料等杂物镶嵌,无铁丝螺栓及钢筋外露	无杂物镶嵌。	√		
	表面无粉刷、涂饰	表面无粉刷、涂饰。	√		
防撞墙	线形基本顺直,伸缩缝垂直且按规定填充嵌缝材料	线顺直。	√		
桥墩、桥台	沉降标志按规定设置并保持完整	沉降标志设置完整。	√		
	桥台及挡土墙泄水孔排水畅通,沉降缝垂直且按规定填充嵌缝材料	排水畅通。	√		
检查人员	施工员	伍××	施工班组长	李××	
施工单位检查评定结果	检查情况: 经检查,主控项目和一般项目均符合设计要求和重庆市《城市桥梁工程施工质量验收规范》(DBJ 50-086—2008)规定,评定合格。 项目专职质量员:李×× 2015年5月20日				
监理单位验收结论	验收意见: 同意施工单位评定结果,验收合格,同意进行下道工序施工。 专业监理工程师:张×× 2015年5月20日				

说明:

一般规定

1. 城市桥梁的外观应简洁大方、流畅挺拔,并满足城市的景观要求。

2. 城市桥梁外观质量应符合本章规定。外观质量验收不合格的工程,应进行返修。

一般项目

1. 混凝土结构外观应表面平整,光泽均匀,拼缝整齐,棱角分明,线条顺直,轮廓清晰。模板接缝处无显著高差,局部蜂窝、麻面、缺角、掉边、跑模等已经修整平整。混凝土表面无木材、棉纱、塑料等杂物镶嵌,无铁丝、螺栓及钢筋外露。除设计要求外,混凝土表面应无粉刷、涂饰。检验数量:全部。检验方法:按照重庆市《城市桥梁工程施工质量验收规范》附录H进行检查与缺陷识别。

2. 防撞墙外观质量合格除应符合相关规范要求外,还应符合下列要求:线型基本顺直,伸缩缝垂直且按规定填充嵌缝材料。检验数量:全部。检验方法:观察、实测。

3. 桥墩、桥台外观质量合格除应符合相关规范要求外,还应符合下列要求:

(1)沉降标志按规定设置并保持完整;

(2)桥台及挡土墙泄水孔排水畅通,沉降缝垂直且按规定填充嵌缝材料。

检验数量:全部。检验方法:观察。

城市桥梁工程钢结构外观质量检查验收记录表

渝市政验收6-18-2

工程名称	重庆市渝中区××桥梁工程K1+000~K2+000合同段				
施工单位	重庆市××市政工程(集团)有限公司				
检查项目	检查内容	检查情况	评价意见		
			好	中	差
钢板	表面平整,无裂痕、凹陷、划伤、咬底等明显缺陷	表面平整,无明显缺陷。	√		
	焊缝无裂痕、未熔合、夹渣、未填满弧坑等缺陷	焊缝无裂痕、未熔合、夹渣缺陷。	√		
涂层	平整均匀,无漏涂、泛锈、剥落,无明显皱皮、流坠、针眼、气泡、划伤等缺陷	平整均匀,无漏涂、泛锈、剥落缺陷。	√		
检查人员	施工员	伍××	施工班组长	李××	
施工单位检查评定结果	检查情况: 经检查,主控项目和一般项目均符合设计要求和重庆市《城市桥梁工程施工质量验收规范》(DBJ 50-086—2008)规定,评定合格。 项目专职质量员:李×× 2015年5月20日				
监理单位验收结论	验收意见: 同意施工单位评定结果,验收合格,同意进行下道工序施工。 专业监理工程师:张×× 2015年5月20日				

说明:

一般规定

1. 城市桥梁的外观应简洁大方、流畅挺拔,并满足城市的景观要求。

2. 城市桥梁外观质量应符合本章规定。外观质量验收不合格的工程,应进行返修。

一般项目

1. 钢板表面应平整,无裂痕、凹陷、划伤、咬底等明显缺陷。焊缝无裂痕、未熔合、夹渣、未填满弧坑等缺陷。检验数量:全部。检验方法:观察、实测。

2. 表面涂层应平整均匀,无漏涂、泛锈、剥落,无明显皱皮、流坠、针眼、气泡、划伤等缺陷。检验数量:全部。检验方法:观察。

城市桥梁工程桥面外观质量检查验收记录表

渝市政验收6-18-3

工程名称	重庆市渝中区××桥梁工程K1+000～K2+000合同段				
施工单位	重庆市××市政工程(集团)有限公司				
检查项目	检查内容	检查情况	评价意见		
			好	中	差
道路	桥面道路平整密实	平整密实。	√		
排水设施	桥面排水设施应畅通，排水井内无杂物堵塞，其位置及高程应符合排水要求。泄水管安装牢固可靠，金属泄水管进行防腐处理	排水设施应畅通，泄水管安装牢固可靠。	√		
防水材料	卷材防水层表面平整，不得有空鼓、脱层、裂缝、翘边、油包、气鼓和皱褶等现象	防水层表面平整，无气鼓、褶皱现象。	√		
	涂料防水层厚度均匀一致，不得有漏涂处	涂料防水层厚度均匀一致。	√		
	防水层与泄水口、汇水槽接合部位密封，不得有漏封处	无漏封处。	√		
铺装	水泥混凝土桥面铺装面层表面坚实、平整，无裂缝，有足够的粗糙度；面层伸缩缝直顺，灌缝密实	坚实、平整，无裂缝，灌缝密实。	√		
	沥青混凝土桥面铺装层表面坚实、平整，无裂纹、松散、油包、麻面	表面坚实、平整，无裂纹。	√		
	桥面铺装层与桥头路接茬紧密、平顺	接茬紧密、平顺。	√		
伸缩装置	桥面伸缩缝安装平整、牢固、不漏水，缝宽符合设计要求	伸缩缝安装平整、牢固、不漏水。	√		
地袱、缘石、挂板	地袱、缘石、挂板安装牢固，水泥混凝土构件无孔洞、露筋、蜂窝、麻面、缺棱、掉角等缺陷，安装线形流畅平顺	安装牢固，无蜂窝、麻面等缺陷，线形流畅平顺。	√		
防护设施	混凝土栏杆、防撞护栏、防撞墩、隔离墩安装牢固、稳定；防护网网面平整，无明显翘曲、凸凹现象；混凝土结构表面无孔洞、露筋、蜂窝、麻面、缺棱、掉角等缺陷，线形流畅平顺	安装牢固、稳定，网面无明显翘曲、凸凹现象，混凝土结构表面无孔洞、露筋等缺陷。	√		
检查人员	施工员	伍××	施工班组长	李××	
施工单位检查评定结果	检查情况： 经检查，主控项目和一般项目均符合设计要求和重庆市《城市桥梁工程施工质量验收规范》(DBJ 50-086—2008)规定，评定合格。 项目专职质量员：李×× 2015年5月20日				
监理单位验收结论	验收意见： 同意施工单位评定结果，验收合格，同意进行下道工序施工。 专业监理工程师：张×× 2015年5月20日				

说明：

一般规定

1. 城市桥梁的外观应简洁大方、流畅挺拔，并满足城市的景观要求。

2. 城市桥梁外观质量应符合本章规定。外观质量验收不合格的工程，应进行返修。

混凝土结构

1. 混凝土结构外观应表面平整，光泽均匀，拼缝整齐，棱角分明，线条顺直，轮廓清晰。模板接缝处无显著高差，局部蜂窝、麻面、缺角、掉边、跑模等已经修整平整。混凝土表面无木材、棉纱、塑料等杂物镶嵌，无铁丝、螺栓及钢筋外露。除设计要求外，混凝土表面应无粉刷、涂饰。

检验数量：全部。检验方法：按照重庆市《城市桥梁工程施工质量验收规范》附录H进行检查与缺陷识别。

2. 防撞墙外观质量合格除应符合相关规范要求外，还应符合下列要求：线型基本顺直，伸缩缝垂直且按规定填充嵌缝材料。检验数量：全部。检验方法：观察、实测。

3. 桥墩、桥台外观质量合格除应符合相关规范要求外，还应符合下列要求：

(1)沉降标志按规定设置并保持完整；

(2)桥台及挡土墙泄水孔排水畅通，沉降缝垂直且按规定填充嵌缝材料。

检验数量：全部。检验方法：观察。

钢结构

1. 钢板表面应平整，无裂痕、凹陷、划伤、咬底等明显缺陷。焊缝无裂痕、未熔合、夹渣、未填满弧坑等缺陷。检验数量：全部。检验方法：观察、实测。

2. 表面涂层应平整均匀，无漏涂、泛锈、剥落，无明显皱皮、流坠、针眼、气泡、划伤等缺陷。检验数量：全部。检验方法：观察。

桥面

桥面道路应平整密实，且符合《城市道路工程质量验收规范》的质量标准。桥面伸缩缝应安装平整、牢固、不漏水，缝宽应符合设计要求。桥面排水设施应通畅，排水井内无杂物堵塞，其位置及高程应符合排水要求。检验数量：全部。检验方法：观察、实测。

城市桥梁工程装饰工程外观质量检查验收记录表

渝市政验收6-18-4

工程名称	重庆市渝中区××桥梁工程K1+000～K2+000合同段				
施工单位	重庆市××市政工程（集团）有限公司				
检查项目	检查内容	检查情况	评价意见		
			好	中	差
抹面	表面光滑、洁净、色泽均匀、无抹纹，抹面分隔条的宽度和深度均匀一致，无错缝、缺棱掉角	表面光滑、洁净，无错缝、缺棱掉角。	√		
	水刷石石粒清晰，均匀分布，紧密平整，无掉粒和接茬痕迹	石粒清晰，均匀分布，紧密平整。	√		
	水磨石表面平整、光滑，石子显露密实均匀，无砂眼、磨纹和漏磨处。分格条位置准确、直顺	表面平整、光滑，石子显露密实均匀。	√		
	剁斧石剁纹均匀、深浅一致、无漏剁处，不剁边条宽窄一致，棱角无损坏	剁纹均匀、深浅一致，棱角无损坏。	√		
饰面	镶饰面板的墙（柱）表面平整、洁净、色泽协调，石材表面不起碱、污痕，无显著的光泽受损处，无裂痕和缺损；饰面板嵌缝平直、密实，宽度和深度符合设计要求，嵌填材料色泽一致	表面平整、洁净、色泽协调，嵌填材料色泽一致。	√		
	贴饰面砖的墙（柱）表面平整、洁净、色泽一致，镶贴无歪斜、翘曲、空鼓、掉角和裂纹等现象。嵌缝平直、连续、密实，宽度和深度一致	表面平整、洁净、色泽一致，镶贴无歪斜、翘曲等现象。	√		
涂饰	表面平整光洁，色泽一致。无脱皮、漏刷、返锈、透底、流坠、皱纹等现象	表面平整光洁，色泽一致，无脱皮、漏刷。	√		

检查人员	施工员	伍××	施工班组长	李××
施工单位检查评定结果	检查情况： 经检查，主控项目和一般项目均符合设计要求和重庆市《城市桥梁工程施工质量验收规范》（DBJ50-086—2008）规定，评定合格。 项目专职质量员：李××　　2015年5月20日			
监理单位验收结论	验收意见： 同意施工单位评定结果，验收合格，同意进行下道工序施工。 专业监理工程师：张××　　2015年5月20日			

说明：

一般项目

城市桥梁装饰工程外观质量应符合《建筑装饰装修工程质量验收规范》（GB 50201）有关章节的外观质量标准。

第七章　市政园林绿化工程施工质量验收表格填写示例

城市园林绿化工程施工质量验收基本规定与程序

1　工程质量验收一般规定

1.1　园林绿化工程的质量验收,应按检验批、分项工程、分部(子分部)工程、单位(子单位)工程的顺序进行。园林绿化工程的分项、分部、单位工程可按附表 A 进行划分。

1.2　园林绿化工程施工质量验收应符合下列规定:

(1)参加工程施工质量验收的各方人员应具备规定的资格。

(2)园林绿化工程的施工应符合施工设计文件的要求。

(3)园林绿化工程施工质量应符合相关规范及国家现行相关专业验收标准的规定。

(4)工程质量的验收均应在施工单位自行检查评定的基础上进行。

(5)隐蔽工程在隐蔽前应有施工单位通知有关单位进行验收,并应形成验收文件。

(6)分项工程的质量应按主控项目和一般项目验收。

(7)关系到植物成活的水、土、基质,涉及结构安全的试块、试件及有关材料,应按规定进行见证取样检测。

(8)承担见证取样检测及有关结构安全检测的单位应具有相应资质。

1.3　园林绿化工程物资的主要原材料、成品、半成品、配件、器具和设备必须具有质量合格证明文件,规格型号及性能检测报告,应符合国家现行技术标准及设计要求。植物材料、工程物资进场时应做检查验收,并经监理工程师核查确认,形成相应的检查记录。

1.4　工程竣工验收后,建设单位应将有关文件和技术资料归档。

2　质量验收

2.1　相关规范的分项、分部、单位工程质量等级均应为“合格”。

2.2　检验批质量验收应符合下列规定:

(1)主控项目和一般项目的质量经抽样检验应合格。

(2)应具有完整的施工操作依据、质量检查记录。

2.3　分项工程质量验收应符合下列规定:

(1)分项工程质量验收的项目和要求,应符合相关规范附表 B 的规定。

(2)分项工程所含的检验批,均应符合合格质量的规定。

(3)分项工程所含的检验批的质量验收记录应完整。

2.4　分部(子分部)工程质量验收应符合下列规定:

(1)分部(子分部)工程所含分项工程的质量均应验收合格。

(2)质量控制资料应完整。

(3)栽植土质量、植物病虫害检疫,有关安全及功能的检验和抽查检测结果应符合有关规定。

(4)观感质量验收应符合要求。

2.5 单位(子单位)工程质量验收应符合下列规定:

(1)单位(子单位)工程所含分部(子分部)工程的质量均应验收合格。

(2)质量控制资料应完整。

(3)单位(子单位)工程所含分部工程有关安全和功能的检测资料应完整。

(4)观感质量验收应符合要求。

(5)乔灌木成活率及草坪覆盖率应不低于95%。

2.6 园林绿化工程的检验批、分项工程、分部(子分部)工程的质量验收记录应符合相关规范附录C的规定。

2.7 园林绿化单位(子单位)工程质量竣工验收报告应符合相关规范附录D的规定。

2.8 当园林绿化工程质量不符合要求时,应按下列规定进行处理:

(1)经返工或整改处理的检验批应重新进行验收。

(2)经有资质的检验单位检测鉴定能够达到设计要求的检验批,应予以验收。

(3)经由资质的检测单位检测鉴定达不到设计要求,但经原设计单位和建设单位认可能够满足植物生长要求、安全和使用功能的检验批,可予以验收。

(4)经返工或整改处理的分项、分部工程,虽然降低质量和改变外观尺寸但仍能满足安全使用、基本的观赏要求并能保证植物成活,可按技术处理方案和协商文件进行验收。

2.9 通过返修或整改处理仍不能保证植物成活、基本的观赏和安全要求的分部工程、单位(子单位)工程,严禁验收。

3 质量验收的程序和组织

3.1 检验批和分项工程的验收,应符合下列规定:

(1)施工单位首先应对检验批和分项工程进行自检。自检合格后填写检验批和“分项工程和质量验收记录”,施工单位项目机构专业质量检验员和项目专业技术负责人应分别在验收记录相关栏目签字后向监理单位或建设单位报验。

(2)监理工程师组织施工单位专业质检员和项目专业技术负责人共同按规范规定进行验收并填写验收结果。

3.2 分部(子分部)工程验收,应符合下列规定:

(1)分部(子分部)工程验收应在各检验批和所有分项工程验收完成后进行验收;应在施工单位项目专业技术负责人签字后,向监理单位或建设单位进行报验。

(2)总监理工程师(建设单位项目负责人)应组织施工单位项目负责人和项目技术、质量负责人及有关人员进行验收。

(3)勘察、设计单位项目负责人,应参加园林建构筑的地基基础、主题结构工程分部(子分部)工程验收。

3.3 单位工程的验收,应在分部工程验收完成后,施工单位依据质量标准、设计文件等组织有关人员进行自检、评定,并确认下列要求:

(1)已完成工程设计文件和合同约定的各项内容。

(2)工程使用的主要材料、构配件和设备有进场试验报告。

(3)工程施工质量符合规范规定。分项、分部工程检查评定合格符合要求后，施工单位向监理单位或建设单位提交工程质量竣工验收报告和完整质量资料，由监理单位或建设单位组织预验收。

3.4　单位工程竣工验收，应由建设单位负责人或项目负责人组织设计、施工单位负责人或项目负责人及施工单位的技术、质量负责人和监理单位总监理工程师均应参加验收，有质量监督要求的，应请质量监督部门参加，并形成验收文件。

3.5　单位工程有分包单位施工时，分包单位对所承包的工程项目，应按相关规范规定的程序验收，总包单位派人参加。分包工程完成后，应将有关资料交总包单位。

3.6　在一个单位工程中，其中子单位工程已经完成，且满足生产要求或具备使用条件，施工单位、监理单位已经预验收合格，对该子单位工程，建设单位可组织验收；由几个施工单位负责施工的单位工程，其中的施工单位负责的子单位工程已按设计文件完成并自检及监理预验收合格，也可按规定程序组织验收。

3.7　当参加验收各方对工程质量验收意见不一致时，可请当地园林绿化工程建设行政主管部门或园林绿化工程质量监督机构协调处理。

3.8　单位工程验收合格后，建设单位应在规定时间内将工程竣工验收报告和有关文件，报园林绿化行政主管部门备案。

附表 A 园林绿化单位(子单位)工程、分部(子分部)工程、分项工程划分

单位(子单位)工程	分部(子分部)工程		分项工程
绿化工程	栽植基础工程	栽植前土壤处理	栽植土、栽植前场地处理栽植土回填及地形造型、栽植土施肥和表层整理
		重盐碱、重黏土地土壤改良工程	管沟、隔淋(渗水)层开槽、排盐(水)管敷设、隔淋(渗水)层
		设施顶面栽植基层(盘)工程	耐根穿刺防水层、排蓄水层、过滤层、栽植土、设施障碍性面层栽植基盘
		坡面绿化防护栽植基层工程	坡面绿化防护栽植层工程(坡面整理、混凝土格构、固土网垫、格栅、土木合成材料、喷射基质)
		水湿生植物栽植槽工程	水湿生植物栽植槽、栽植土
	栽植工程	常规栽植	植物材料、栽植穴(槽)、苗木运输和假植、苗木修剪、树木栽植、竹类栽植、草坪及草本地被播种、草坪及草本地被分栽、铺设草块及草卷、运动场草坪、花卉栽植
		大树移植	大树挖掘及包装、大树吊装运输、大树栽植
		水湿生植物栽植	湿生类植物、挺水植物、浮水植物、栽植
		设施绿化栽植	设施顶面栽植工程、设施顶面垂直绿化
		坡面绿化栽植	喷播、铺植、分栽
	养护	施工期养护	施工期的植物养护(支撑、浇灌水、裹干、中耕、除草、浇水、施肥、除虫、修剪抹芽等)
园林附属工程		园路与广场铺装工程	基层,面层(碎拼花岗岩、卵石、嵌草、混凝土板块、侧石、冰梅、花街铺地、大方砖、压模、透水砖、小青砖、自然石块、水洗石、透水混凝土面层)
		假山、叠石、置石工程	地基基础、山石拉底、主体、收顶、置石
		园林理水工程	管道安装、潜水泵安装、水景喷头安装
		园林设施安装	座椅(登)、标牌、果皮箱、栏杆、喷灌喷头等安装

附表 B 园林绿化分项工程质量验收项目和要求(条款为规范相关条目)

序号	分项 工程名称	主控项目	一般项目	检验方法	检查数量
1	栽植土	4.1.3条第1,2,3款	4.1.1条4.1.3条第4,5款	经有资质检测单位测试	每500m^3或2000m^2为一检验批,随机取样5处,每处100g组成一组试样。500m^3或2000m^2以下取样不少于3处
2	栽植前场地清理	4.1.4条第2,4款	4.1.4条第5,6款	观察、测量	1000m^2检查3处,不足1000m^2检查不少于1处
3	栽植土回填及地形造型	4.1.5条第2,4款	4.1.5条第3,5,6款	经纬仪、水准仪、钢尺测量	1000m^2检查3处,不足1000m^2检查不少于1处
4	栽植土施肥和表层整理	4.1.6条第1款	4.1.6条第2款	试验、检测、报告、观察、尺量	1000m^2检查3处,不足1000m^2检查不少于1处
5	栽植穴、槽	4.2.3条第1款,4.2.4条、4.2.6条	4.2.5条、4.2.7条、4.2.8条	观察、测量	100个穴检查20个,不足20个全数检查

续表

序号	分项 工程名称	主控项目	一般项目	检验方法	检查数量
6	植物材料	4.3.1条、4.3.2条	4.3.3条、4.3.4条	观察、测量	每100株检查10株，不少于20株，全数检查。草坪、地被、花卉按面积抽查10%，$4m^2$为一个点，至少五个点，$30m^2$全数检查
7	苗木运输和假植	4.4.3条、4.4.6条	4.4.4条、4.4.5条、4.4.7条	观察	每车按20%的苗株进行检查
8	苗木修剪	4.5.4条第1,2款	4.5.4条第3,4,5款	观察、测量	100株检查10株，少于20株的全数检查
9	树木栽植	4.6.1条第2,6,7,10款	4.6.1条第3,4,5,8款、4.6.4条、4.6.5条	观察、测量	100株价差10株，少于20株的全数检查。成活率全数检查
10	浇灌水	4.6.2条第1,2,4款	4.6.2条第3,5,6款	测试及观察	100株检查10株，不足20株的全数检查
11	支撑	4.6.3条第2,3款	4.6.3条第4,5,6款	晃动支撑物	每100株检查10株，不足50株的全数检查
12	大树挖掘包装	4.7.3条第2款中的3,4	4.7.3条第2款中的5,6,7	观察、尺量	全数检查
13	大树吊装运输	4.7.1条第1,2款	4.7.4条第3,4款	观察	全数检查
14	大树栽植	4.7.5条第1,2,5款	4.7.5条第3,4,6,7,8款	观察、尺量	全数检查
15	草坪和草木地被播种	4.8.1条第2,5,6,7款4.8.5条	4.8.1条第1,3,4款	观察、测量及检查种子发芽实验报告	$500m^2$检查3处，每点面积为$4m^2$全部检查，不足$500m^2$检查不少于2处
16	喷播种植	4.13.3条第2,3款	4.13.3条第4,5,6款	检查种子覆盖料及土壤稳定剂合格证，观察	$1000m^2$检查3处，每点面积为$4m^2$，不足$500m^2$检查不少于2处
17	草坪和草本地被分栽	4.8.2条第3,4款4.8.5条	4.8.2条第5,6款	观察、尺量	$1000m^2$检查3处，每点面积为$4m^2$，不足$500m^2$检查不少于2处
18	铺设草块和草卷	4.8.3条第4,7,8款，4.8.5条	4.8.3条第5,6款	观察、尺量，查看施工记录	$500m^2$检查3处，每点面积为$4m^2$，不足$500m^2$检查不少于2处
19	运动场草坪	4.8.4条第1,2,3款，4.8.5条	4.8.4条第4,5,6款	测量、环刀取样、观测	$500m^2$检查3处，不足$500m^2$检查不少于2处
20	花卉栽植	4.9.2条第1,2,5款	4.9.2条第3,4款	观测、尺量	$500m^2$检查3处，每点面积为$4m^2$，不足$500m^2$检查不少于2处
21	水湿生植物栽植槽	4.10.3条第1,2款	4.10.3条第3款	检查材料检测报告，观察、尺量	$100m^2$检查3处，不足$100m^2$检查不少于2处
22	水湿生植物栽植	4.10.2条、4.10.4条	4.10.6条、4.10.7条	检查测试报告及栽植数、成活数记录报告	$500m^2$检查3处，不足$500m^2$检查不少于2处
23	竹类栽植	4.11.3条，4.11.6条第1,2,3款	4.11.4条，4.11.5条，4.11.6条第5,6款，4.11.7条	观察、尺量	100株检查10株，不足20株全数检查

续表

序号	分项 工程名称	主控项目	一般项目	检验方法	检查数量
24	耐根穿刺防水层	4.12.4条第1款1,4,6	4.12.4条第1款2,5,7	观察、尺量	每50延米检查1处，不足50延米全数检查
25	排蓄水层	4.12.4条第2款1.2	4.12.4条第2款4,5	观察、尺量	每50延米检查1处，不足50延米全数检查
26	过滤层	4.12.4条第1,2款	4.12.4条第3款2,3		每50延米检查1处，不足50延米全数检查
27	设施障碍性面层栽植基盘	4.12.5条第1,2款	4.12.5条第3款	观察、尺量	100m²检查3处，不足100m²检查不少于2处
28	设施顶面栽植工程	4.12.6条第6,7,8款	4.12.6条第9,10款	观察、尺量	100m²检查3处，不足100m²检查不少于2处
29	设施立面垂直绿化	4.12.7条第1,4款	4.12.7条第2,3,5款	观察、尺量	100株检查10株，不足20株全数检查
30	坡面绿化防护栽植层工程	4.13.2条第1,2款	4.13.2条第3款	观察、照片分析、尺量	500m²检查3处，不足500m²检查不少于2处
31	排盐（渗水）管沟隔淋（渗水）层开槽	4.14.3条第1款1,2	4.14.3条第1款3	测量	1000m²检查3点，不足1000m²检查不少于2点
32	排盐（渗水）管敷设	4.14.3条第2款1,2,3	4.14.3条第2款4,5,6	测量	200m²检查3点，不足200m²检查不少于2点
33	隔淋（渗水）层	4.14.3条第3款1,2	4.14.3第3款3,4	测量	1000m²检查3点，不足1000m²检查不少于2点
34	施工期植物养护	4.15.2条第1,2,3,5,8	4.15.2条第4,6,7款,4.15.4条	检查施工日志、观察	1000m²检查3处，不足1000m²检查不少于2处，每处面积不小于50m²
35	碎拼花岗岩面层	5.1.1条	5.1.2条、5.1.14条	靠尺、契形塞尺、测量	200m²检查3处，不足200m²检查不少于1处
36	卵石面层	5.1.1条	5.1.3条、5.1.14条	靠尺、楔形塞尺、测量	200m²检查3处，不足200m²检查不少于1处
37	嵌草地面	5.1.1条	5.1.4条、5.1.14条	观察、尺量	200m²检查3处，不足200m²检查不少于1处
38	水泥花砖混凝土板块面层	5.1.1条	5.1.5条、5.1.14条	拉5m线靠尺、楔形尺、观察	200m²检查3处，不足200m²检查不少于1处
39	测石安装	5.1.1条	5.1.15条、5.1.14条	水准仪、尺量、观察	200m²检查3处，不足200m²检查不少于1处
40	冰梅面层	5.1.1条	5.1.6条、5.1.14条	靠尺、楔形塞尺，量测	200m²检查3处，不足200m²检查不少于1处
41	花街铺地面层	5.1.1条	5.1.7条、5.1.14条	观察、尺量	200m²检查3处，不足200m²检查不少于1处
42	大方砖面层	5.1.1条	5.1.8条、5.1.14条	拉5m线靠尺、楔形塞尺、量测	200m²检查3处，不足200m²检查不少于1处
43	压模面层	5.1.1条	5.1.9条、5.1.14条	靠尺、楔形塞尺，量测	200m²检查3处，不足200m²检查不少于1处
44	透水砖面层	5.1.1条	5.1.10条、5.1.14条	拉5m线靠尺、楔形塞尺、量测	200m²检查3处，不足200m²检查不少于1处

续表

序号	分项 工程名称	主控项目	一般项目	检验方法	检查数量
45	小青砖(黄道砖)面层	5.1.1条	5.1.11条、5.1.14条	拉5m线、靠尺、观察,量测	$200m^2$检查3处,不足$200m^2$检查不少于1处
46	自然块石面层	5.1.1条	5.1.12条、5.1.14条	拉5m线、观察,量测	$200m^2$检查3处,不足$200m^2$检查不少于1处
47	水洗石面层	5.1.1条	5.1.13条、5.1.14条	靠尺、楔形塞尺,量测	$200m^2$检查3处,不足$200m^2$检查不少于1处
48	假山、叠石、置石工程	5.2.4条,5.2.5条,5.2.6条,5.2.7条第4,5款	5.2.7条第1,2,3,6,7,8,9款,5.2.8条,5.2.9条	观察、尺量、锤击、查阅资料	假山叠石主体工程以一座叠石为一检验批,或以每20延米长为一检验批,全数检查
49	水景管道安装	5.3.2条第1,4款	5.3.2条第2,3款	观察、测量	50延米检查3处,不足50延米检查不少于2处
50	水景潜水泵安装	5.3.3条第1,3款	5.3.3条第2,4,5款	观察、测量	全数检查
51	水景喷泉的喷头安装	5.3.7条第1,2款	5.3.7条第3,4,5款	观察、测量	全数检查
52	座椅(凳)、标牌、果皮箱安装	5.4.1条第1,2,5,6款	5.4.1条第3,4款	手动、观察	全数检查
53	园林护栏	5.4.2条第3,4,5,6,7款	5.4.2条第1,8,9款	观察、手动、尺量	100延米检查3处,不足100延米检查不少于2处
54	喷灌喷头安装	5.4.3条第1,3款	5.4.3条第2,4款	手动、观察、尺量	全数检查

附表1　园林绿化工程分部分项检验批质量验收记录表

渝市政验收一

单位工程名称	××园林	分项工程名称	树木栽植	验收部位	园区
施工单位	××园林	专业工长	李××	项目负责人	赵××
施工执行标准名称及编号	《园林绿化工程施工及验收规范》(CJJ 82—2012)				
分包单位		分包负责人		施工班组长	
质量验收规范的规定		施工单位检查评定结果		监理单位验收记录	
主控项目	1				
	2				
	3				
	4				
	5				
	6				
	7				
	8				
一般项目	1				
	2				
	3				
	4				
施工单位检查评定结果	检查情况： 经自检，主控项目、一般项目均符合设计要求和《园林绿化工程施工及验收规范》(CJJ 82—2012)要求，评定合格。 项目专业质量检验：　2015年5月20日				
监理（建设）单位验收记录	验收意见： 同意施工单位评定结果，验收合格，同意进行下道工序施工。 监理工程师： （建设单位项目专业技术负责人）：　2015年5月20日				

说明：本表用于园林工程检验批质量验收。

1.“验收部位”：是验收的那个检验批的抽样范围，要标注清楚，如××园区A区、××园区水景园等。

2.“施工执行标准名称及编号”：施工操作工艺若是企业标准，企业标准应有编制人、批准人、批准时间、执行时间、标准名称及编号，填写表时只要将标准名称及编号填写上。

3.“主控项目”、“一般项目”、“施工单位检查评定记录”：对定量项目直接填写检查的数据；对定性项目原则上采用问答式填写，一一对应。

4.“监理（建设）单位验收记录”：对主控项目、一般项目应逐项进行验收。对符合验收规范规定的项目，填写“合格”或“符合要求”，对不符合验收规范规定的项目，暂不填写，待处理后再验收，但应做标记。

5.“主控项目”、“一般项目”、“施工单位检查评定记录”等以《园林绿化工程施工及验收规范》(CJJ 82—2012)划分为标准，也可参照重庆市地方标准：《重庆市城市道路工程施工质量验收规范》(DBJ 50-078—2008)、《重庆市城镇道路附属附属设施工程施工质量验收规范》(DBJ 50-128—2011)、《重庆市城镇给水排水构筑物及管道工程施工质量验收规范》(DBJ 50-108—2010)等等一系列施工验收标准规范。

6.“施工单位检查评定结果”：施工单位自行检查评定合格后，应注明“主控项目全部合格，一般项目满足规范规定要求”。专业质量检查员代表企业逐项检查评定合格，填写并清楚写明结果，签字后交监理工程师或建设单位项目专业技术负责人验收。

7.“监理(建设)单位验收结论”：主控项目、一般项目验收合格，混凝土、砂浆试件强度待试验报告出来后判定，其余项目已全部验收合格，注明“同意验收”。专业监理监理工程师(建设单位的专业技术负责人)签字。

附表2 分项工程质量验收记录表

单位工程名称	××公园路园林绿化工程			检验批数	25
施工单位	××绿地园林公司	项目负责人	赵××	项目技术负责人	李××
分包单位	××远大园林公司	分包单位负责人	黄××	分包项目负责人	李××

序号	检验批部位、单项、区段	施工单位检查评定结果	监理(建设)单位验收结论
1	园区、草坪和草木地被播种、A段	观察、测量及种子发芽试验报告,符合规范要求。	种子发芽试验报告,符合规范要求。
2	园区、喷播种植、A段	检查种子覆盖料、有土壤稳定剂合格证明。	符合规范要求。
3	园区、花卉栽植、A段	尺量,检查,符合规范要求。	符合规范要求。
4	园区、水湿生植物栽植,观景池	有测试报告,检查栽植数、成活数记录报告,符合规范要求。	测试报告,检查栽植数、成活数记录报告,符合规范要求。
5	园区、设施障碍性面层栽植基盘、B段	观察、尺量,符合规范要求。	符合规范要求。
6	园区、坡面绿化防护栽植层工程、园区、	观察、照片分析,符合规范要求。	符合规范要求。
7			
8			
9			
10			
11			
12			
13			
14			
15			
检查结论	经检查,符合设计和相关规范要求,合格。 项目专业技术负责人:李×× 2015年5月20日	验收结论	同意验收。 监理工程师:张×× (建设单位项目专业技术负责人) 2015年5月20日

说明:本表用于分项工程质量验收。

分项工程是在检验批验收合格的基础上进行,是一个统计表,没有实质性验收内容。一是检查检验批是否将整个工程覆盖了,有没有漏掉的部位;二是检查有混凝土、砂浆强度要求的检验批,到龄期后能否达到规范规定;三是将检验批的资料统一,依次进行登记整理。

监理单位的专业监理工程师(或建设单位的专业负责人)应逐项审查,同意项填写“合格或符合要求”,不同意项暂不填写,待处理后再验收,但应做标记。

附表3 分部(子分部)工程质量验收记录表

<table>
<tr><td>工程名称</td><td colspan="6">重庆市××区公园路园林绿化工程</td></tr>
<tr><td>施工单位</td><td colspan="2">江津绿地园林公司</td><td>项目负责人</td><td>赵××</td><td>项目技术负责人</td><td>李××</td></tr>
<tr><td>分包单位</td><td colspan="2">济南远大园林公司</td><td>分包单位负责人</td><td>黄××</td><td>分包项目负责人</td><td>李××</td></tr>
<tr><td>序号</td><td colspan="2">分项工程名称</td><td colspan="2">施工单位检查意见</td><td colspan="2">验收意见</td></tr>
<tr><td>1</td><td colspan="2">栽植土基层处理</td><td colspan="2">符合规范要求,合格。</td><td colspan="2" rowspan="6">资料齐全,符合规范要求,同意验收。</td></tr>
<tr><td>2</td><td colspan="2">栽植土进场</td><td colspan="2">符合规范要求,合格。</td></tr>
<tr><td>3</td><td colspan="2">园林植物运输和假植</td><td colspan="2">符合规范要求,合格。</td></tr>
<tr><td>4</td><td colspan="2">花卉种植工程</td><td colspan="2">符合规范要求,合格。</td></tr>
<tr><td>5</td><td colspan="2">大树移植工程</td><td colspan="2">符合规范要求,合格。</td></tr>
<tr><td>6</td><td colspan="2"></td><td colspan="2"></td></tr>
<tr><td colspan="3">质量控制资料</td><td colspan="2">8份,符合规范要求。</td><td colspan="2">符合规范要求。</td></tr>
<tr><td colspan="3">结构实体检验报告</td><td colspan="2">1份。</td><td colspan="2">符合规范要求。</td></tr>
<tr><td colspan="3">观感质量验收</td><td colspan="2">合格。</td><td colspan="2">符合规范要求。</td></tr>
<tr><td rowspan="4">验收意见</td><td>分包单位</td><td colspan="5">符合规范要求,合格。
项目经理:黄×× 2015年6月1日</td></tr>
<tr><td>施工单位</td><td colspan="5">符合规范要求,合格。
项目经理:李×× 2015年6月1日</td></tr>
<tr><td>设计单位</td><td colspan="5">符合设计要求。
项目负责人:王×× 2015年6月1日</td></tr>
<tr><td>监理(建设)单位</td><td colspan="5">符合规范要求,同意验收。
总监理工程师:许××
(建设单位项目专业负责人) 2015年6月1日</td></tr>
</table>

说明:本表用于分部(子分部)工程质量验收。

1."分项工程名称":按分项工程第一个检验批施工先后的顺序,将分项工程名称填写上,在第二格栏内分别填写各分项工程实际的检验批数量,并将各分项工程评定表按顺序附在表后。

2."施工单位检查评定":填写施工单位自行检查评定的结果。自检符合要求的打"√"标注。否则打"×"标注。监理单位或建设单位由总监理工程师或建设单位项目专业技术负责人组织审查,符合要求后,在验收意见栏内签注"同意验收"意见。

3."质量控制资料":验收的分部(子分部)工程的质量控制资料项目,按资料核查的要求,逐项进行核查。全部项目都通过,即可在施工单位检查评定栏内打"√"标注检查合格。监理单位总监理工程师组织审查,在符合要求后,在验收意见栏内签注"同意验收"意见。

4."结构实体检验报告":检测内容按单位(子单位)工程安全和功能检验资料核查及主要功能抽查记录中相关内容确定摸查和抽查项目。每个检测项目都通过审查,即可在施工单位检查评定栏内打"√"标注检查合格。由项目经理送监理单位或建设单位验收,监理单位总监理工程师或建设单位项目专业负责人组织审查,符合要求在验收意见栏内签注"同意验收"意见。

5."观感质量验收":由施工单位项目经于是组织进行现场检查,经检查合格将施工单位填写的内容填写好后,由项目经理签字交监理单位或建设单位验收。监理单位由总监理工程师或建设单位项目专业负责人组织验收,质量评价为好、一般、差。验收评价结论填写在分部(子分部)工程观感质量验收意见栏。

6. 验收单位签字认可。参与工程建设单位的有关人员应亲自签名,以示负责,以便追查质量责任。

勘察单位可只签认地基基础分部(子分部)工程,由项目负责人亲自签认;

设计单位可只签地基基础、主体结构及重要安装分部(子分部)工程,由项目负责人亲自签认;

施工单位总承包单位必须签认,由项目经理亲自签认,有分包单位的分包单位也必须签认其分包的分部(子分部)工程,由分包项目经理亲自签认;

监理单位作为验收方,由总监理工程师亲自签认验收。如果按规定不委托监理单位的工程,可由建设单位项目专业负责人亲自签认验收;

地基基础、主体、幕墙等重要的分部(子分部)工程,验收合格后,验收单位应在签字栏加盖公章。

附表4 园林绿化单位(子单位)工程质量竣工验收报告

工程名称	重庆市××区公园路园林绿化工程				
施工单位	××绿地园林公司	技术负责人	赵××	开工日期	2014年12月28日
项目负责人	××远大园林公司	项目技术负责人	黄××	竣工日期	2015年03月08日
工程概况					
工程造价工作量	526万元	构筑物面积	$560m^2$		
		绿化面积	$4500m^2$		
本次竣工验收工程概况描述： 共检查验收绿化工程(包含栽植基础工程，栽植工程和养护工程等)子分部12项，合格12项，资料齐全，过程控制有效。符合国家现行法律、法规和工程建设标准要求；符合设计和施工合同要求。同意该工程验收。 监理单位：重庆××园林监理公司 总监理工程师：李×× 时间：2015年4月1日					

说明：

1. 施工单位在单位工程完工，经自检合格并达到竣工验收条件后，填定园林绿化单位(子单位)工程质量竣工验收报告，并附相应的竣工资料(包括分包单位的竣工资料)报项目监理部，申请工程竣工验收。

2. 总监理工程师组织项目监理部人员与承包单位根据现行有关法律、法规、工程建设标准、设计文件及施工合同，共同对工程进行检查验收。对存在的问题，应及时要求承包单位整改。整改完毕验收合格后由总监理工程师签署验收意见。

附表5　园林绿化单位(子单位)工程质量竣工验收记录

<table>
<tr><td colspan="2">工程名称</td><td colspan="5">重庆市××区公园路园林绿化工程</td></tr>
<tr><td colspan="2">施工单位</td><td>××绿地园林公司</td><td>技术负责人</td><td>赵××</td><td>开工日期</td><td>2014年12月28日</td></tr>
<tr><td colspan="2">项目负责人</td><td>××远大园林公司</td><td>项目技术负责人</td><td>黄××</td><td>竣工日期</td><td>2015年3月8日</td></tr>
<tr><td>序号</td><td>项目</td><td colspan="4">验收记录</td><td>验收结论</td></tr>
<tr><td>1</td><td>分包工程</td><td colspan="4">共16分部,经查16分部,符合标准及设计要求16分部。</td><td>经各专业分部工程验收,工程质量符合验收标准,同意验收。</td></tr>
<tr><td>2</td><td>质量控制资料核查</td><td colspan="4">共核查25项,经审查符合要求25项,经核定符合规范要求25项。</td><td>质量控制资料经核查共35项,均符合设计和相关规范要求,同意验收。</td></tr>
<tr><td>3</td><td>安全和主要使用功能及涉及植物成活要素核查及抽查结果</td><td colspan="4">共核查9项,符合要求9项,共抽查8项,符合要求8项,经返工处理符合要求0项。</td><td>植物成活要素核查符合要求,抽查结果符合规范规定。</td></tr>
<tr><td>4</td><td>观感质量验收</td><td colspan="4">共抽查8项,符合要求8项,不符合要求0项。</td><td>符合设计和规范要求。</td></tr>
<tr><td>5</td><td>植物成活率</td><td colspan="4">共抽查10项,符合要求10项,不符合要求0项。</td><td>符合规范要求。</td></tr>
<tr><td>6</td><td>综合结论</td><td colspan="5">符合设计要求和施工规范规定,同意验收。</td></tr>
<tr><td rowspan="2">参加验收单位</td><td>建设单位
(公章)</td><td colspan="2">监理单位
(公章)</td><td colspan="2">施工单位
(公章)</td><td>勘察、设计单位
(公章)</td></tr>
<tr><td>单位(项目)负责人:
邱××
2015年6月1日</td><td colspan="2">总监理工程师:
赵××
2015年6月1日</td><td colspan="2">单位负责人:
李××
2015年6月1日</td><td>单位(项目)负责人:
张××
2015年6月1日</td></tr>
</table>

说明:本表用于单位(子单位)工程质量竣工验收。

1.“分部工程”:由施工单位的项目经理组织有关人员逐个分部(子分部)进行检查评定。注明共验收几个分部,经验收符合标准及设计要求的几个分部。审查验收的分部工程全部符合要求,由监理单位在验收结论栏内写上“同意验收”的结论。

2.“质量控制资料核查”:先由施工单位检查合格,再提交监理单位验收。将各子分部工程审查的资料逐项进行统计,填入验收记录栏内。由总监理工程师或建设单位项目负责人组织审查符合要求后,在验收记录栏格内填写项数。在验收结论栏内写上“同意验收”的意见。同时在单位(子单位)工程质量竣工验收记录表中的序号2栏内的验收结论栏内填“同意验收”。

3.“安全和主要使用功能及涉及植物成活要素核查及抽查结果”:一是在分部(子分部)进行了安全和功能检测的项目,要核查其检测报告结论是否符合设计要求。二是在单位工程进行的安全和功能抽测报告的结论是否达到设计要求及规范规定,由施工单位检查评定合格,再提交验收,由总监理工程师或建设单位项目负责人组织审查,按项目逐个进行核查验收。然后统计核查的项数和抽查的项数,填入验收记录栏,并分别统计符合要求的项数,分别填入验收记录栏相应的空档内。由总监理工程师或建设单位项目负责人在验收结论栏内填写“同意验收”的结论。如果返工处理后仍达不到设计要求,就要按不合格处理程序进行处理。

4.“观感质量验收”:按核查的项目数及符合要求的项目数填写在验收记录栏内,如果没有影响结构安全和使用功能的项目,由总监理工程师或建设单位项目负责人为主导意见,评价好、一般、差,则不论评价为好、一般、差的项目,都可作为符合要求的项目。由总监理工程师或建设单位项目负责人在验收结论栏内填写“同意验收”的结论。如果有不符合要求的项目,就要按不合格处理程序进行处理。

5.“质量验收结论”:由项目经理组织有关人员对验收内容逐项进行查对,并将表格中应填写内容进行填写,自检评定符合要求后,在验收记录栏内填写各有关项数,交建设单位组织验收。验收时,在建设单位组织下,由建设单位相关专业人员及监理单位专业监理工程师和设计单位、施工单位相关人员分别核查验收有关项目,并由监理工程师组织进行现场观感质量检查。经各项目审查符合要求时,由监理单位或建设单位在“验收结论”栏内填写“同意验收”的意见。各栏均同意验收且经各参加检验方共同同意商定后,由建设单位填写“质量验收结论”,可填写为“通过验收”。

6.“参加验收单位”签名:设计单位、施工单位、监理单位、建设单位都同意验收时,其各单位的单位项目负责人要亲自签字,以示对工程质量的负责,并加盖单位公章,注明签字验收的年月日。

附表6　园林绿化单位（子单位）工程质量控制资料核查记录

序号	项目	资料名称	份数	核查意见	核查人
1	绿化工程	图纸会审、设计变更、洽商记录、定点放线记录	22	资料完备。	庞××
2		园林植物进场检验记录以及材料、配件出厂合格证书和进场检验记录	24	齐全有效。	庞××
3		隐蔽工程验收记录及相关材料检测试验记录	5	资料完备。	庞××
4		施工记录	30	齐全有效。	庞××
5		分项、分部工程质量验收记录	41	资料完备。	庞××
1	园林附属工程	图纸会审、设计变更、洽商记录	7	齐全有效。	王××
2		工程定位测量、放线记录	6	资料完备。	王××
3		原材料出厂合格证书及进场检（试）验报告	12	齐全有效。	王××
4		施工试验报告及见证检测报告	11	资料完备。	王××
5		隐蔽工程验收记录	8	齐全有效。	王××
6		施工记录	21	资料完备。	王××
7		预制构件	2	齐全有效。	王××
8		地基基础	3	资料完备。	王××
9		管道、设备强度试验、严密性实验记录	2	齐全有效。	王××
10		系统清洗、灌水、通水实验记录	3	资料完备。	王××
11		分项、分部工程质量验收记录	26	齐全有效。	王××
12		工程质量事故及事故调查处理资料	1	处理及时。	王××
13		新材料、新工艺施工记录	4	齐全有效。	王××

结论： 工程质量过程控制资料齐全有效，符合相关规范要求和合同规定，同意验收。 施工单位项目负责人：秦×× 2015年5月18日	结论： 工程质量过程控制资料齐全有效，核查有效，符合相关规范要求和合同规定，同意验收。 总监理工程师：王×× （建设单位项目负责人）　2015年5月18日

说明：本表用于单位工程质量控制资料核查。

1. 总承包单位应将各分部、子分部工程应有的质量保证资料进行核查，图纸会审及变更记录，定位测量放线记录、施工操作依据，原材料、构配件等质量证书、按规定进行检验的检测报告、隐蔽工程验收记录、施工中有关施工试验、测试、检验等，以及抽样检测项目的检测报告等。其目的是强调工程结构、设备性能、使用功能方面主要技术性能的检验。

2. 质量保证资料主要是判定其是否能够反映保证结构安全和主要使用功能是否达到设计要求，所以规定质量保证资料应完整。

3. 验收检查（抽查）记录由检查人员填写，“结论”由总监理工程师或建设单位项目负责人填写。

4. 单位工程应按下列原则进行划分：

(1)具有独立施工条件及使用功能的为一个单位工程；

(2)园林绿化工程可以为一个或多个单位工程；

(3)园林附属设施可以单位工程。

5. 单位工程质量验收合格应符合下列规定：

(1)所含分部工程的质量均应验收合格；

(2)施工质量保证资料应完整；

(3)所含分部工程中关键工序验收资料应完整；

(4)对实体量测的抽查结果应符合相关规范规定要求；

(5)外观质量验收应符合要求。

附表7　园林绿化单位(子单位)工程安全功能和植物成活要素检验资料核查及主要功能抽查记录

工程名称	×××××		施工单位	×××××	
序号	安全和功能检查项目	份数	核查意见	抽查结果	核(抽)查人
1	有防水要求的淋(蓄)水试验记录	3	合格。	符合规范要求。	王××
2	山石牢固性检查记录	4	合格。	符合规范要求。	王××
3	喷泉水景效果检查记录	2	合格。	符合规范要求。	王××
4	排盐(渗水)管道通水试验记录	3	合格。	符合规范要求。	王××
5	土壤理化性质检测报告	5	合格。	符合规范要求。	王××
6	水理化性质检测报告	3	合格。	符合规范要求。	王××
7	种子发芽试验记录	8	合格。	符合规范要求。	王××

结论:

有防水要求的淋(蓄)水试验记录抽查3项,合格3项,合格100%。

山石牢固性检查记录抽查4项,合格4项,合格100%。

喷泉水景效果检查记录抽查2项,合格2项,合格100%。

排盐(渗水)管道通水试验记录抽查5项,合格5项,合格100%。

水理化性质检测报告抽查3项,合格3项,合格100%。

种子发芽试验记录抽查8项,合格8项,合格100%。

各项目资料齐全,试验、检验记录符合要求,各项记录反映过程控制实际情况,符合相关规范要求规定。同意竣工验收。

施工单位项目负责人:邱××　　　　　　总监理工程师:王××
(建设单位项目负责人)

2015年5月20日　　　　　　2015年5月20日

注:抽查项目由验收组协商确定。

说明:本表适用于工程安全和功能检验资料核查及主要功能抽查。

主要功能项目的抽查结果应符合相关专业质量验收规范的规定。目的主要是综合检验工程质量能否保证工程的功能,满足使用要求。这项抽查检测是复查性和验证性的。

通常主要功能抽测项目,应为有关项目最终的综合性的使用功能,如环境检测、路基路面现场测试、照明全负荷试验检测、智能系统运行等。

"结论"由总监理工程师或建设单位项目负责人进行填写。

附表8 园林绿化单位(子单位)工程观感质量检查记录

序号	项目		抽查质量情况										质量评价		
													好	一般	差
1	绿化工程	绿地的平整度及造型	√	√	√	√	√						好		
2		生长势	√	√	√	√	√	√	√	√			好		
3		植株形态	√	√	√	√	√	√	√	√			好		
4		定位、朝向	√	√	√	√							好		
5		植物配置	√	√	√	√	√	√	√				好		
6		外观效果	√	√	√	√							好		
1	园林附属工程	园路:表面洁净	√	√	√	√	√	√	√				好		
2		色泽一致	√	√	√	√	√	√					好		
3		图案清晰	√	√	√	√	√	√	√	√	√		好		
4		平整度	√	√	√	√	√	√	√	√	√	√	好		
5		曲线圆润	√	√	√	√	√	√	√				好		
6		假山、叠石:色泽相近	√	√									好		
7		纹理统一	√	√	√	√	√						好		
8		形态自然完整	√	√	√	√							好		
9		水景水池:颜色、纹理、质感协调统一	√	√	√	√	√	√	√				好		
10		设施安装:防锈处理、色泽鲜明、不起皱皮及疙瘩	√	√	√								好		
观感质量评价	该工程外观质量检查符合相关规范要求,观感质量综合评价为“好”,同意验收。														
检查结论	施工单位项目负责人签字:李×× 2015年5月20日								总监理工程师签字:吴××(建设单位项目负责人) 2015年5月20日						

注:质量评价为差的项目,应进行返修。

说明:

1. 验收检查(抽查)记录由检查人员填写,检查结论由总监理工程师填写。

2. 工程质量观感检查是工程竣工后进行的一项重要验收工作,是对工程的一个全面检查。工程质量观感验收分为“好”、“一般”、“差”三个等级,检查的方法、程序及标准与分部工程相同,属综合性验收。

3. 观感质量检查不是单纯的外观检查,而是实地对工程的一个全面检查,核实质量控制资料,核查分项、分部工程验收的正确性,对在分项工程中不能检查的项目进行检查等。

4. 参加验收的各方代表,经共同检查确认没有影响结构安全和使用功能等问题,可共同商定评价意见。评价为“好”或“一般”的项目由总监理工程师在“检查结论”栏内填写验收结论。

5. 抽查质量状况也可根据实际情况填写具体数据。

6. 观感质量的验收方法和内容与分部、子分部工程的观感质量评价一样,评价时,要在现场由参加检查验收的监理工程师共同确定,并由总监理工程师签认,总监理工程师的意见应有主导性。"检查意见"由总监理工程师或建设单位项目负责人填写。

7. 如有被评价为"差"的项目,属不合格项,应返工修理,并重新验收。

附表9 园林绿化单位(子单位)工程植物成活覆盖率统计记录

工程名称	×××××		施工单位	×××××	
序号	植物类型	种植数量	成活覆盖率	抽查结果	核(抽)查人
1	常绿乔木	135株	95%	观察、测量,成活率符合规范标准。	张××
2	常绿灌木				
3	绿篱	150m^2	96%	测量、环刀取样、观测,符合规范要求。	王××
4	落叶乔木	135株	100%	观察、测量,成活率符合规范标准。	张××
5	落叶灌木				
6	色块(带)				
7	花卉				
8	藤本植物				
9	水湿生植物				
10	竹子	150株	100%	观察、测量,成活率符合规范标准。	张××
11	草坪	2000m^2	98%	观察、尺量、查施工记录,符合规范要求。	王××
12	地被	1200m^2	99%	观察、尺量、查施工记录,符合规范要求。	王××
13					
14					
15					
16					
结论: 该工程外观质量检查符合相关规范要求,观感质量综合评价为“好”,同意验收。 施工单位项目负责人签字:李××　　总监理工程师签字:王×× （建设单位项目负责人） 2015年5月20日　　2015年5月20日					

注:树木花卉按株统计;草坪按覆盖率统计。抽查项目由验收组协商确定。

说明:

1. 验收检查(抽查)记录由检查人员填写,检查结论由总监理工程师填写。

2. 工程质量观感检查是工程竣工后进行的一项重要验收工作,是对工程的一个全面检查。工程质量观感验收分为“好”、“一般”、“差”三个等级,检查的方法、程序及标准与分部工程相同,属综合性验收。

3. 观感质量检查不是单纯的外观检查,而是实地对工程的一个全面检查,核实质量控制资料,核查分项、分部工程验收的正确性,对在分项工程中不能检查的项目进行检查等。

4. 参加验收的各方代表,经共同检查确认没有影响结构安全和使用功能等问题,可共同商定评价意见。评价为“好”或“一般”的项目由总监理工程师在“检查结论”栏内填写验收结论。

5. 抽查质量状况也可根据实际情况填写具体数据。

6. 观感质量的验收方法和内容与分部、子分部工程的观感质量评价一样,评价时,要在现场由参加检查验收的监理工程师共同确定,并由总监理工程师签认,总监理工程师的意见应有主导性。“检查意见”由总监理工程师或建设单位项目负责人填写。

7. 如有被评价为“差”的项目,属不合格项,应返工修理,并重新验收。

城市园林绿化工程栽植土检验批质量验收记录表

渝市政验收7-1-1

单位工程名称	渝中龙湖商业街绿化工程	分项工程名称	栽植土	验收部位	广场
施工单位	××区城建园林公司	专业工长	李××	项目负责人	王××
施工执行标准名称及编号	《园林绿化工程施工及验收规范》(CJJ 82—2012)				
分包单位	××城建一分公司	分包负责人	张××	施工班组长	王××

项目	序号	质量验收规范的规定 项目	规定或允许偏差	施工单位检查评定结果							监理单位验收记录
主控项目	1	土壤pH值	符合本地区栽植土标准或按pH值5.6～8.0进行选择	检查测试，在标准范围内，合格。							符合规范要求。
主控项目	2	土壤全盐量	0.1%～0.3%	检查测试，在标准范围内，合格。							符合规范要求。
主控项目	3	土壤容重	1.0～1.35g/cm^3	检查测试，在标准范围内，合格。							符合规范要求。
一般项目	1	绿化栽植土壤有效土层厚度 一般栽植 乔木 胸径≥20cm	≥180	200	210	220	230	190	210	250	符合规范要求。
一般项目	1	绿化栽植土壤有效土层厚度 一般栽植 乔木 胸径<20cm	≥150 ≥100	120	132	140	150	130	120	140	符合规范要求。
一般项目	1	绿化栽植土壤有效土层厚度 一般栽植 灌木 大、中灌木、大藤本	≥90	95	95	92	100	102	96	98	符合规范要求。
一般项目	1	绿化栽植土壤有效土层厚度 一般栽植 灌木 小灌木、宿根花卉、小藤本	≥40								
一般项目	1	绿化栽植土壤有效土层厚度 一般栽植 棕榈类	≥90								
一般项目	1	绿化栽植土壤有效土层厚度 一般栽植 竹类 大径	≥80								
一般项目	1	绿化栽植土壤有效土层厚度 一般栽植 竹类 中、小径	≥50	55	60	62	52	53	55	58	符合规范要求。
一般项目	1	绿化栽植土壤有效土层厚度 一般栽植 草坪、花卉、草本地被	≥30	32	35	42	30	35	32	36	符合规范要求。
一般项目	1	绿化栽植土壤有效土层厚度 设施顶面绿化 乔木	≥80	82	85	90	83	86	84	85	符合规范要求。
一般项目	1	绿化栽植土壤有效土层厚度 设施顶面绿化 灌木	≥45	50	52	53	55	52	51	54	符合规范要求。
一般项目	1	绿化栽植土壤有效土层厚度 设施顶面绿化 草坪、花卉、草本地被	≥15	18	20	17	16	21	20	22	符合规范要求。
一般项目	2	土壤有机质含量	≥1.5%	合格。							符合规范要求。
一般项目	3	土壤块径	≤5cm	检查合格。							符合规范要求。
一般项目	4										

施工单位检查评定结果	经自检，主控项目、一般项目均符合设计要求和《园林绿化工程施工及验收规范》(CJJ 82—2012)要求，评定合格。 项目专业质量检验：王×× 2015年5月20日
监理（建设）单位验收记录	验收意见： 同意施工单位评定结果，验收合格，同意进行下道工序施工。 监理工程师：赵×× （建设单位项目专业技术负责人） 2015年5月20日

说明：

检验方法与检验数量：经有资质检测单位测试，每 $500m^3$ 或 $2000m^2$ 为一检验批，随机取样 5 处，每处 100g 组成一组试样；$500m^3$ 或 $2000m^2$ 以下，取样不得少于 3 处。

主控项目

园林植物栽植土应包括客土、原土利用、栽植基质等，栽植土应符合下列规定：

1. 土壤 pH 值应符合本地区栽植土标准或按 pH 值 5.6~8.0 进行选择；

2. 土壤全盐含量应为 0.1%~0.3%；

3. 土壤容重应为 1.0~1.35g/cm^3。

一般项目

1. 绿化栽植或播种前应对该地区的土壤理化性质进行化验分析，采取相应的土壤改良、施肥和置换客土等措施，绿化栽植土壤有效土层厚度应符合下表规定。

表　绿化栽植土壤有效土层厚度

项次	项目	植被类型		土层厚度（cm）	检验方法
1	一般栽植	乔木	胸径≥20cm	≥180	挖样洞，观察或尺量检查
			胸径<20cm	≥150（深根） ≥100（浅根）	
		灌木	大、中灌木、大藤本	≥90	
			小灌木、宿根花卉、小藤本	≥40	
		棕榈类			
		竹类	大径	≥80	
			中、小径	≥50	
		草坪、花卉、草本地被		≥30	
2	设施顶面绿化	乔木		≥80	
		灌木		≥45	
		草坪、花卉、草本地被		≥15	

2. 土壤有机质含量不应小于 1.5%。

3. 土壤块径不应大于 5cm。

城市园林绿化工程栽植前场地清理检验批质量验收记录表

渝市政验收 7-1-2

单位工程名称	渝中商业街绿化工程	分项工程名称	栽植前场地清理	验收部位	广场
施工单位	××区城建园林公司	专业工长	李××	项目负责人	王××
施工执行标准名称及编号	《园林绿化工程施工及验收规范》(CJJ 82—2012)				
分包单位	××城建一分公司	分包负责人	张××	施工班组长	王××

项目		质量验收规范的规定	施工单位检查评定结果	监理单位验收记录
主控项目	1	现场内的渣土、工程废料、宿根性杂草、树根及其有害污染物清除干净	杂草及有害物清理干净，符合种植要求。	符合规范要求。
	2	场地标高及清理程度应符合设计和栽植要求	场地标高满足要求，清理达到栽植要求。	符合规范要求。
	3			
	4			
	5			
	6			
	7			
	8			
一般项目	1	填垫范围内不应有坑洼、积水	填垫范围内平整，无积水。	符合规范要求。
	2	对软泥和不透水层应进行处理	对不透水层进行了有效处理。	符合规范要求。
	3			
	4			

施工单位检查评定结果	经自检，主控项目、一般项目均符合设计要求和《园林绿化工程施工及验收规范》(CJJ 82—2012)要求，评定合格。 项目专业质量检验：王×× 2015年5月20日
监理（建设）单位验收记录	同意施工单位评定结果，验收合格，同意进行下道工序施工。 监理工程师：赵×× （建设单位项目专业技术负责人） 2015年5月20日

说明：

检验数量：1000m²检查3处，不足1000m²检查不少于1处。检验方法：观察，测量。

主控项目

1. 应将现场内的渣土、工程废料、宿根性杂草、树根及其有害污染物清除干净。
2. 场地标高及清理程度应符合设计和栽植要求。

一般项目

1. 填垫范围内不应有坑洼、积水。
2. 对软泥和不透水层进行处理。

城市园林绿化工程栽植土回填及地形造型工程检验批质量验收记录表

渝市政验收 7-1-3

单位工程名称	渝中龙湖商业街绿化工程	分项工程名称	栽植土回填及地形造型	验收部位	广场A区
施工单位	××区城建园林公司	专业工长	李××	项目负责人	王××
施工执行标准名称及编号	《园林绿化工程施工及验收规范》(CJJ 82—2012)				
分包单位	××城建一分公司	分包负责人	张××	施工班组长	王××

	序号	质量验收规范的规定：项目	质量验收规范的规定：规定或允许偏差	施工单位检查评定结果							监理单位验收记录
主控项目	1	造型胎土、栽植土	符合设计要求并有检测报告	查土质检测报告，符合规范要求。							符合规范要求。
主控项目	2	回填土及地形造型的范围、厚度、标高、造型及坡度	符合设计要求	回填土符合要求。							符合规范要求。
主控项目	3										
主控项目	4										
主控项目	5										
主控项目	6										
主控项目	7										
主控项目	8										
一般项目	1	回填土壤夯实	分层适度夯实或自然沉降达到基本稳定，严禁用机械反复碾压	分层夯实，自然沉降稳定，符合要求。							符合规范要求。
一般项目	2	地形造型	自然顺畅	坡度自然。							符合规范要求。
一般项目	3	地形造型尺寸和高程：边界线位置	±50	-20	23	34	-42	35	43	-15	符合规范要求。
一般项目	4	地形造型尺寸和高程：等高线位置	±10	5	-2	5	4	6	-6	9	符合规范要求。
一般项目	5	地形造型尺寸和高程：地形相对标高(cm) ≤100	±5								
一般项目	5	地形造型尺寸和高程：地形相对标高(cm) 101～200	±10	-7	4	8	6	5	3	6	符合规范要求。
一般项目	5	地形造型尺寸和高程：地形相对标高(cm) 201～300	±15								
一般项目	5	地形造型尺寸和高程：地形相对标高(cm) 301～500	±20								
施工单位检查评定结果	经自检，主控项目、一般项目均符合设计要求和《园林绿化工程施工及验收规范》(CJJ 82—2012)要求，评定合格。 项目专业质量检验：王××　　2015年5月20日										
监理(建设)单位验收记录	同意施工单位评定结果，验收合格，同意进行下道工序施工。 监理工程师：赵×× (建设单位项目专业技术负责人)　　2015年5月20日										

说明：

检验数量：1000m²检查3处，不足1000m²检查不少于1处。检验方法：观察，经纬仪、水准仪、钢尺测量。

主控项目

栽植土回填及地形造型应符合下列规定：

1. 造型胎土、栽植土应符合设计要求并检测报告。

2. 回填土及地形造型的范围、厚度、标高、造型及坡度均应符合设计要求。

一般项目

1. 地形造型应自然顺畅。

2. 地形造型尺寸和高程允许偏差应符合下表的规定。

表　地形造型尺寸和高程允许偏差

项次	项目		尺寸要求	允许偏差(cm)	检验方法
1	边界线位置		设计要求	±50	经纬仪、钢尺测量
2	等高线位置		设计要求	±10	经纬仪、钢尺测量
3	地形相对标高(cm)	≤100	回填土方自然沉降以后	±5	水准仪、钢尺测量每1000m²
		101~200		±10	
		201~300		±15	
		301~500		±20	

城市园林绿化工程栽植土施肥和表层整理检验批质量验收记录表

渝市政验收7-1-4

单位工程名称	渝中龙湖商业街绿化工程	分项工程名称	栽植土施肥和表层整理	验收部位	广场A区
施工单位	××区城建园林公司	专业工长	李××	项目负责人	王××
施工执行标准名称及编号	《园林绿化工程施工及验收规范》(CJJ 82—2012)				
分包单位	××城建一分公司	分包负责人	张××	施工班组长	王××

项目	序号	质量验收规范的规定 项目	质量验收规范的规定 规定或允许偏差	施工单位检查评定结果	监理单位验收记录
主控项目	1	商品肥料	有产品合格证明,或经过试验证明符合要求	有产品合格证明,符合施工要求。	符合规范要求。
	2	有机肥	充分腐熟方可使用		
	3	无机肥料	测定绿地土壤有效养分含量,并宜采用缓释性无机肥	采用缓释性无机肥。	符合规范要求。
	4				
	5				
	6				
一般项目	1	栽植土表层	不得有明显低洼和积水处,花坛、花境栽植地30cm深的表土层必须疏松	30cm深的表土层整理疏松。	符合规范要求。
	2	栽植土表层土块粒径:大、中乔木	≤5cm	4.1 1.3 3 2.3 4.2 3.5 2	符合规范要求。
	3	栽植土表层土块粒径:小乔木、大中灌木、大藤本	≤4cm	1 1.3 3 2.3 3.2 1.5 2	符合规范要求。
	4	栽植土表层土块粒径:竹类、小灌木、宿根花卉、小藤本	≤3cm	1.2 1.3 2.3 2.3 2.2 1.5 2	符合规范要求。
	5	栽植土表层土块粒径:草坪、草花、地被	≤2cm	合格。	符合规范要求。
	6	栽植土表层与道路(挡土墙或侧石)接壤	栽植土低于侧石3~5cm,栽植土与边口线基本平直	栽植土表层低于侧石,符合规范要求。	符合规范要求。
	7	栽植土表层整地后坡度	平整略有坡度,设计无要求时坡度0.3%~0.5%	栽植土表层坡度合适。	符合规范要求。
施工单位检查评定结果	经自检,主控项目、一般项目均符合设计要求和《园林绿化工程施工及验收规范》(CJJ 82—2012)要求,评定合格。 项目专业质量检验:王×× 2015年5月20日				
监理(建设)单位验收记录	同意施工单位评定结果,验收合格,同意进行下道工序施工。 监理工程师:赵×× (建设单位项目专业技术负责人) 2015年5月20日				

说明：

检验数量：1000m²检查3处，不足1000m²检查不少于1处。检验方法：试验、检测报告、观察、尺量。

主控项目

栽植土施肥和表层整理应符合下列规定：

1. 商品肥料应有产品合格证明，或已经过试验证明符合要求；

2. 有机肥应充分腐熟方可使用；

3. 施用无机肥料应测定绿地土壤有效养分含量，并宜采用缓释性无机肥。

一般项目

栽植土表层整理应按下列方式进行：

1. 栽植土表层不得有明显低洼和积水处，花坛、花镜栽植地30cm深的表层土必须疏松；

2. 栽植土表层应整洁，所含石砾中粒径大于3cm的不得超过10%，粒径小于2.5cm不得超过20%，杂草等杂物不应超过10%；土块粒径应符合下表的规定。

表　栽植土表层土块粒径规范要求

项次	项目	栽植土粒径(cm)
1	大、中乔木	≤5
2	小乔木、大中灌木、大藤本	≤4
3	竹类、小灌木、宿根花卉、小藤本	≤3
4	草坪、草花、地被	≤2

3. 栽植土表层与道路(挡土墙或侧石)接壤土，栽植土应低于侧石3~5cm；栽植土与边口线基本平直。

4. 栽植土表层整地后应平整略有坡度，当无设计要求时，其坡度宜为0.3%~0.5%。

城市园林绿化工程栽植穴、槽施工检验批质量验收记录表

渝市政验收7–1–5

<table>
<tr><td colspan="3">单位工程名称</td><td>渝中龙湖商业街绿化工程</td><td>分项工程名称</td><td colspan="3">栽植穴、槽</td><td colspan="3">验收部位</td><td>广场A区</td></tr>
<tr><td colspan="3">施工单位</td><td>××区城建园林公司</td><td>专业工长</td><td colspan="3">李××</td><td colspan="3">项目负责人</td><td>王××</td></tr>
<tr><td colspan="3">施工执行标准名称及编号</td><td colspan="9">《园林绿化工程施工及验收规范》(CJJ 82—2012)</td></tr>
<tr><td colspan="3">分包单位</td><td>××城建一分公司</td><td>分包负责人</td><td colspan="3">张××</td><td colspan="3">施工班组长</td><td>王××</td></tr>
<tr><td rowspan="2">项目</td><td rowspan="2">序号</td><td colspan="3">质量验收规范的规定</td><td colspan="6" rowspan="2">施工单位检查评定结果</td><td rowspan="2">监理单位验收记录</td></tr>
<tr><td colspan="2">项目</td><td>规定或允许偏差</td></tr>
<tr><td rowspan="8">主控项目</td><td>1</td><td colspan="2">栽植穴、槽定点放线</td><td>符合设计图纸要求，位置准确，标记明显</td><td colspan="6">栽植穴、槽位置准确，有标志。</td><td>符合规范要求。</td></tr>
<tr><td rowspan="2">2</td><td rowspan="2">栽植穴、槽</td><td>直径</td><td>＞土球或裸根苗根系展幅40～60cm</td><td>50</td><td>55</td><td>60</td><td>58</td><td>50</td><td>53 | 55</td><td>符合规范要求。</td></tr>
<tr><td>穴深</td><td>穴径的3/4～4/5</td><td>√</td><td>√</td><td>√</td><td>√</td><td>√</td><td>√ | √</td><td>符合规范要求。</td></tr>
<tr><td>3</td><td colspan="3">栽植穴、槽底部遇有不透水层及重黏土层时，应进行疏松或采取排水措施</td><td colspan="6">排水措施合理。</td><td>符合规范要求。</td></tr>
<tr><td>4</td><td colspan="2"></td><td></td><td colspan="6"></td><td></td></tr>
<tr><td>5</td><td colspan="2"></td><td></td><td colspan="6"></td><td></td></tr>
<tr><td>6</td><td colspan="2"></td><td></td><td colspan="6"></td><td></td></tr>
<tr><td rowspan="7">一般项目</td><td>1</td><td colspan="3">栽植穴、槽挖出的表层土和底土应分别堆放，底部应施基肥并回填表土或改良土</td><td colspan="6">基肥施用合理，表土回填合适。</td><td>符合规范要求。</td></tr>
<tr><td>2</td><td colspan="3">土壤干燥时栽植前灌水浸穴、槽</td><td colspan="6">栽植前穴、槽已灌水浸润。</td><td>符合规范要求。</td></tr>
<tr><td>3</td><td colspan="3">当土壤密实度大于1.35g/cm³或渗透系数小于10⁻⁴cm/s时，采取扩大树穴，疏松土壤等措施</td><td colspan="6">疏松土壤措施得当。</td><td>符合规范要求。</td></tr>
<tr><td>4</td><td colspan="2"></td><td></td><td colspan="6"></td><td></td></tr>
<tr><td>5</td><td colspan="2"></td><td></td><td colspan="6"></td><td></td></tr>
<tr><td>6</td><td colspan="2"></td><td></td><td colspan="6"></td><td></td></tr>
<tr><td>7</td><td colspan="2"></td><td></td><td colspan="6"></td><td></td></tr>
<tr><td colspan="2">施工单位检查评定结果</td><td colspan="10">经自检，主控项目、一般项目均符合设计要求和《园林绿化工程施工及验收规范》(CJJ 82—2012)要求，评定合格。
项目专业质量检验：王××　　2015年5月20日</td></tr>
<tr><td colspan="2">监理(建设)单位验收记录</td><td colspan="10">同意施工单位评定结果，验收合格，同意进行下道工序施工。
监理工程师：赵××
(建设单位项目专业技术负责人)　　2015年5月20日</td></tr>
</table>

说明：

检查数量:100 个穴检查 20 个,不足 20 个全数检查。检验方法:观察、测量。

主控项目

1. 栽植穴、槽定点放线应符合设计图纸要求,位置准确,标记明显。

2. 栽植穴、槽的直径应大于土球或裸根苗木根系展幅 40~60cm,穴深宜为穴径的 3/4~4/5 穴、槽应垂直下挖,上口下底应相等。

3. 栽植槽底部遇有不透水层或重黏土层时,应进行疏松或采取排水措施。

一般项目

1. 栽植穴、槽挖出的表层土和底土应分别堆放,底部应施基肥并回填表土或改良土。

2. 土壤干燥时应于栽植前灌水浸穴、槽。

3. 当土壤密实度大于 $1.35g/cm^3$ 或渗透系数小于 $10^{-4}cm/s$ 时,应采取扩大树穴,疏松土壤等措施。

城市园林绿化工程植物材料检验批质量验收记录表(一)

渝市政验收7-1-6

单位工程名称	渝中龙湖商业街绿化工程	分项工程名称	植物材料	验收部位	广场A区
施工单位	××区城建园林公司	专业工长	李××	项目负责人	王××
施工执行标准名称及编号	《园林绿化工程施工及验收规范》(CJJ 82—2012)				
分包单位	××城建一分公司	分包负责人	张××	施工班组长	王××

项目	序号	质量验收规范的规定 项目			规定或允许偏差	施工单位检查评定结果	监理单位验收记录
主控项目	1	植物材料种类、品种名称及规格			符合设计要求	检查植物材料清单,符合设计要求。	符合规范要求。
主控项目	2	严禁使用带有严重病虫害的植物材料,非检疫对象的病虫害危害程度或危害痕迹不得超过树体的5%~10%。自外省市及国外引进的植物材料应有植物检疫证。				使用本地树种,无病害。	符合规范要求。
一般项目	1	植物材料外观质量	乔木灌木	姿态和长势	树干符合设计要求,树冠较完整,分枝点和分枝合理,生长势良好	树冠完整,生长良好。	符合规范要求。
一般项目	2	植物材料外观质量	乔木灌木	病虫害	危害程度不超过树体的5%~10%	无病虫害。	符合规范要求。
一般项目	3	植物材料外观质量	乔木灌木	土球苗	土球完整,规格符合要求,包装牢固	土球包装完整。	符合规范要求。
一般项目	4	植物材料外观质量	乔木灌木	裸根苗根系	根系完整,切口平整,规格符合要求	根系完整,生态良好。	符合规范要求。
一般项目	5	植物材料外观质量	乔木灌木	容器苗木	规格符合要求,容器完整、苗木不陡长、根系发育良好不外露	容器完整,苗木长势良好。	符合规范要求。
一般项目	6	植物材料外观质量	棕榈类植物		主干挺直,树冠匀称,土球符合要求,根系完整		
一般项目	7	植物材料外观质量	草卷、草块、草束		草卷、草块长宽尺寸基本一致,厚度均匀,杂草不超过5%,草高适度,根系好,草芯鲜活	草卷、草块长宽尺寸基本一致,根系发达,草芯鲜活。	符合规范要求。
一般项目	8	植物材料外观质量	花苗、地被、绿篱及模纹色块植物		株型茁壮,根系基本良好,无伤苗,茎、叶污染,病虫害危害程度不超过植株的5%~10%	株型茁壮,根系良好,无伤苗。	符合规范要求。
一般项目	9	植物材料外观质量	整型景观树		姿态独特、曲虬苍劲、质朴古拙,株高不小于150cm,多干式桩景的叶片托盘不少于7个,土球完整	景观树高于200 cm,土球完整。	符合规范要求。
施工单位检查评定结果	经自检,主控项目、一般项目均符合设计要求和《园林绿化工程施工及验收规范》(CJJ 82—2012)要求,评定合格。 项目专业质量检验:王×× 2015年5月20日						
监理(建设)单位验收记录	验收意见: 同意施工单位评定结果,验收合格,同意进行下道工序施工。 监理工程师:赵×× (建设单位项目专业技术负责人) 2015年5月20日						

城市园林绿化工程植物材料检验批质量验收记录表(二)

渝市政验收7-1-7

单位工程名称	渝中龙湖商业街绿化工程	分项工程名称	植物材料	验收部位	广场A区
施工单位	××区城建园林公司	专业工长	李××	项目负责人	王××
施工执行标准名称及编号	《园林绿化工程施工及验收规范》(CJJ 82—2012)				
分包单位	××城建一分公司	分包负责人	张××	施工班组长	王××

项目	序号	质量验收规范的规定					施工单位检查评定结果	监理单位验收记录
		项目				规定或允许偏差(cm)		
一般项目	10	植物材料规格	乔木	胸径(cm)	≤5	-0.2		
					6~9	-0.5		
					10~15	-0.8	抽查100株检查10株,每株1点,合格96,合格率96%,符合要求。	
					16~20	-1.0		
				高度	—	-20	符合规范要求,合格。	符合规范要求。
				冠径	—	-20	符合规范要求,合格。	符合规范要求。
	11		灌木	高度(cm)	≥100	-10	抽查100株检查10株,每株1点,合格96,合格率96%,符合要求。	符合规范要求。
					<100	-5		
				冠径(cm)	≥100	-10	符合规范要求。	符合规范要求。
					<100	-5		
	12		球类苗木	冠径(cm)	<50	0		
					50~100	-5	共19株,全数检查,合格96%。	符合规范要求。
					110~200	-10	符合规范要求,合格。	符合规范要求。
					>200	-20		
				高度(cm)	<50	0		
					50~100	-5	符合规范要求,合格。	符合规范要求。
					110~200	-10	符合规范要求,合格。	符合规范要求。
					>200	-20		
	13		藤本	主蔓长(cm)	≥150	-10	符合规范要求,合格。	符合规范要求。
				主蔓径(cm)	≥1	0	符合规范要求,合格。	符合规范要求。
	14		棕榈类植物	株高(cm)	≤100	0		
					101~250	-10	符合规范要求,合格。	符合规范要求。
					251~400	-20	符合规范要求,合格。	符合规范要求。
					>400	-30		
				地径(cm)	≤10	-1		
					11~40	-2	符合规范要求,合格。	符合规范要求。
					>40	-3		

施工单位检查评定结果	经自检,主控项目、一般项目均符合设计要求和《园林绿化工程施工及验收规范》(CJJ 82—2012)要求,评定合格。 项目专业质量检验:王××　　2015年5月20日
监理(建设)单位验收记录	验收意见: 同意施工单位评定结果,验收合格,同意进行下道工序施工。 监理工程师:赵×× (建设单位项目专业技术负责人)　　2015年5月20日

说明：

检验数量：每 100 株检查 10 株，少于 20 株，全数检查。草坪、地被、花卉按面积抽查 10%，4m² 为一点，至少 5 个点，≤30m² 全数检查。检验方法：观察、量测。

主控项目

1. 植物材料种类、品种名称及规格应符合设计要求。

2. 严禁使用带有严重病虫害的植物材料，非检疫对象的病虫害危害程度或危害痕迹不得超过树体的 5%~10%。自外省市及国外引进的植物材料应有植物检疫证。

一般项目

1. 植物材料的外观质量要求和检验方法应符合表 1 的规定。

表 1　植物材料外观质量要求和检验方法

项次	项目		质量要求	检验方法
1	乔木灌木	姿态和长势	树干符合设计要求，树冠较完整，分枝点和分枝合理，生长势良好	检验数量：每100株检查10株，没株为1点，少于20株全数检查。检验方法：观察、量测
		病虫害	危害程度不超过树体的5%~10%	
		土球苗	土球完整，规格符合要求，包装牢固	
		裸根苗根系	根系完整，切口平整规格符合要求	
		容器苗木	规格符合要求，容器完整、苗木不徒长、根系发育良好不外露	
2	棕榈类植物		主干挺直，树冠匀称，土球符合要求，根系完整	
3	草卷、草块、草束		草卷、草块长宽尺寸基本一致，厚度均匀，杂草不超过5%，草高适度，根系好，草芯鲜活	检验数量：按面积抽查10%，4m²为一点，不少于5个点。≤30m²应全数检查。检验方法：观察
4	花苗、地被、绿篱及模纹色块植物		株型茁壮，根系基础良好，无伤苗，茎、叶无污染，病虫害危害程度不超过植株的5%~10%	检验数量：按数量抽查10%，10株为1点，不少于5点。≤50株应全数检查。检验方法：观察
5	整型景观树		姿态独特、质朴古拙，株高不小于150cm，多干式桩景的叶片托盘不少于7个，土球完整	检验数量：全数检查。检验方法：观察、尺量

2. 植物材料规格允许偏差和检查方法有约定的应符合约定要求，无约定的应符合表 2 规定。

表 2　植物材料规格允许偏差和检查方法

项次	项 目			允许偏差（cm）	检查频率		检验方法
					范围	点数	
1	乔木	胸径	≤5cm	−0.2	每100株检查10株，每株1点，少于20株全数检查	10	量测
			6~9cm	−0.5			
			10~15cm	−0.8			
			16~20cm	−1.0			
		高度	–	−20			
		冠幅	–	−20			
2	灌木	高度	≥100cm	−10			
			<100cm	−5			
		冠径	≥100cm	−10			
			<100cm	−5			

续表

项次	项目			允许偏差(cm)	检查频率		检验方法
					范围	点数	
3	球类苗木	冠径	＜50cm	0	每100株检查10株,每株为1点,少于20株全数检查	10	量测
			50~100cm	−5			
			110~200cm	−10			
			＞200cm	−20			
		高度	＜50cm	0			
			50~100cm	−5			
			110~200cm	−10			
			＞200cm	−20			
4	藤本	主蔓长	≥150cm	−10			
		主蔓茎	≥1cm	0			
5	棕榈类植物	株高	≤100cm	0	每100株检查10株,每株为1点,少于29株全数检查	10	量测
			101~250cm	−10			
			251~400cm	−20			
			＞400cm	−30			
		地径	≤10cm	−1			
			11~40cm	−2			
			＞40cm	−3			

城市园林绿化工程苗木运输和假植检验批质量验收记录表

渝市政验收7-2-1

<table>
<tr><td colspan="2">单位工程名称</td><td>渝中龙湖商业街绿化工程</td><td>分项工程名称</td><td>苗木运输和假植</td><td>验收部位</td><td>广场A区</td></tr>
<tr><td colspan="2">施工单位</td><td>××区城建园林公司</td><td>专业工长</td><td>李××</td><td>项目负责人</td><td>王××</td></tr>
<tr><td colspan="2">施工执行标准名称及编号</td><td colspan="5">《园林绿化工程施工及验收规范》(CJJ 82—2012)</td></tr>
<tr><td colspan="2">分包单位</td><td>××城建一分公司</td><td>分包负责人</td><td>张××</td><td>施工班组长</td><td>王××</td></tr>
<tr><td>项目</td><td>序号</td><td colspan="2">质量验收规范的规定</td><td colspan="2">施工单位检查评定结果</td><td>监理单位验收记录</td></tr>
<tr><td rowspan="8">主控项目</td><td>1</td><td colspan="2">运输吊装苗木的机具和车辆的工作吨位,必须满足苗木吊装、运输的需要,并制定相应的安全操作措施</td><td colspan="2">运输吊装苗木的机具和车辆满足苗木吊装、运输的需要,有相应的安全操作措施。</td><td>符合规范要求。</td></tr>
<tr><td>2</td><td colspan="2">苗木运到现场,当天不能栽植的应及时进行假植</td><td colspan="2">有施工运输技术措施,保证及时运到或假植。</td><td>符合规范要求。</td></tr>
<tr><td>3</td><td colspan="2"></td><td colspan="2"></td><td></td></tr>
<tr><td>4</td><td colspan="2"></td><td colspan="2"></td><td></td></tr>
<tr><td>5</td><td colspan="2"></td><td colspan="2"></td><td></td></tr>
<tr><td>6</td><td colspan="2"></td><td colspan="2"></td><td></td></tr>
<tr><td>7</td><td colspan="2"></td><td colspan="2"></td><td></td></tr>
<tr><td>8</td><td colspan="2"></td><td colspan="2"></td><td></td></tr>
<tr><td rowspan="4">一般项目</td><td>1</td><td colspan="2">裸根苗木运输时,应进行覆盖,保持根部湿润。装车、运输、卸车时不得损伤苗木</td><td colspan="2">有相关运输及装卸技术方案,苗木无损伤。</td><td>符合规范要求。</td></tr>
<tr><td>2</td><td colspan="2">带土球苗木装车和运输时排列顺序应合理,捆绑稳固,卸车时应轻取轻放,不得损伤苗木及散球</td><td colspan="2">合格。</td><td>符合规范要求。</td></tr>
<tr><td>3</td><td colspan="2">裸根苗可在栽植现场附近选择适合地点,根据根幅大小,挖假植沟假植。假植时间较长时,根系应用湿土埋严,不得透风,根系不得失水</td><td colspan="2">符合规范要求。</td><td>符合规范要求。</td></tr>
<tr><td>4</td><td colspan="2">带土球苗木的假植,可将苗木码放整齐,土球四周培土,喷水保持土球湿润</td><td colspan="2">假植苗木处理得当。</td><td>符合规范要求。</td></tr>
<tr><td colspan="2">施工单位检查评定结果</td><td colspan="5">经自检,主控项目、一般项目均符合设计要求和《园林绿化工程施工及验收规范》(CJJ 82—2012)要求,评定合格。
项目专业质量检验:王×× 2015年5月20日</td></tr>
<tr><td colspan="2">监理(建设)单位验收记录</td><td colspan="5">同意施工单位评定结果,验收合格,同意进行下道工序施工。
监理工程师:赵××
(建设单位项目专业技术负责人) 2015年5月20日</td></tr>
</table>

说明:

检验数量:每车按20%苗株进行检查。检验方法:观察。

主控项目

1. 输吊装苗木的机具和车辆的工作吨位,必须满足苗木吊装、运输的需要,并应制定相应的安全操作措施。

2. 苗木运到现场,当天不能栽植的应及时进行假植。

一般项目

1. 裸根苗木运输时,应进行覆盖,保持根部湿润。装车、运输、卸车时应不得损伤苗木。

2. 带土球苗木装车和运输时排列顺序应合理,捆绑稳固,卸车时应轻取轻放,不得损伤苗木及散球。

3. 苗木假植应符合下列规定:

(1)裸根苗可在栽植现场附近选择适合地点,根据根幅大小,挖假植沟假植。假植时间较长时,根系应用湿土埋严,不得透风,根系不得失水。

(2)带土球苗木假植,可将苗木码放整齐,土球四周培土,喷水保持土球湿润。

城市园林绿化工程苗木修剪检验批质量验收记录表

渝市政验收7-2-2

<table>
<tr><td colspan="2">单位工程名称</td><td>渝中龙湖商业街绿化工程</td><td>分项工程名称</td><td>苗木修剪</td><td>验收部位</td><td>广场A区</td></tr>
<tr><td colspan="2">施工单位</td><td>××区城建园林公司</td><td>专业工长</td><td>李××</td><td>项目负责人</td><td>王××</td></tr>
<tr><td colspan="2">施工执行标准名称及编号</td><td colspan="5">《园林绿化工程施工及验收规范》(CJJ 82—2012)</td></tr>
<tr><td colspan="2">分包单位</td><td>××城建一分公司</td><td>分包负责人</td><td>张××</td><td>施工班组长</td><td>王××</td></tr>
<tr><td>项目</td><td>序号</td><td>质量验收规范的规定</td><td colspan="2">施工单位检查评定结果</td><td colspan="2">监理单位验收记录</td></tr>
<tr><td rowspan="8">主控项目</td><td>1</td><td>苗木修剪整形应符合设计要求,当设计无要求时,修剪整形应保持原树形</td><td colspan="2">苗木修剪整形符合设计要求,修剪后与原形状一致。</td><td colspan="2">符合规范要求。</td></tr>
<tr><td>2</td><td>苗木应无损伤断枝、枯枝、严重病虫枝等</td><td colspan="2">无损伤断枝、枯枝、严重病虫枝。</td><td colspan="2">符合规范要求。</td></tr>
<tr><td>3</td><td></td><td colspan="2"></td><td colspan="2"></td></tr>
<tr><td>4</td><td></td><td colspan="2"></td><td colspan="2"></td></tr>
<tr><td>5</td><td></td><td colspan="2"></td><td colspan="2"></td></tr>
<tr><td>6</td><td></td><td colspan="2"></td><td colspan="2"></td></tr>
<tr><td>7</td><td></td><td colspan="2"></td><td colspan="2"></td></tr>
<tr><td>8</td><td></td><td colspan="2"></td><td colspan="2"></td></tr>
<tr><td rowspan="4">一般项目</td><td>1</td><td>落叶树木的枝条应从基部剪除,不留木橛,剪口平滑,不得劈裂</td><td colspan="2">落叶树木的枝条从基部剪除,剪口平滑,无劈裂。</td><td colspan="2">符合规范要求。</td></tr>
<tr><td>2</td><td>枝条短截时应留外芽,剪口应距留芽位置上方0.5cm</td><td colspan="2">枝条短截时应留外芽,距离适当。</td><td colspan="2">符合规范要求。</td></tr>
<tr><td>3</td><td>修剪直径2cm以上大枝及粗根时,截口应削平并涂防腐剂</td><td colspan="2">修剪大枝及粗根时,截口应削平涂有防腐剂。</td><td colspan="2">符合规范要求。</td></tr>
<tr><td>4</td><td></td><td colspan="2"></td><td colspan="2"></td></tr>
<tr><td colspan="2">施工单位检查评定结果</td><td colspan="5">经自检,主控项目、一般项目均符合设计要求和《园林绿化工程施工及验收规范》(CJJ 82—2012)要求,评定合格。
项目专业质量检验:王××　　2015年5月20日</td></tr>
<tr><td colspan="2">监理(建设)单位验收记录</td><td colspan="5">同意施工单位评定结果,验收合格,同意进行下道工序施工。
监理工程师:赵××
(建设单位项目专业技术负责人)　　2015年5月20日</td></tr>
</table>

说明:

检验数量:100株检查10株,不足20株的全数检查。检验方法:观察测量。

主控项目

1. 苗木修剪整形应符合设计要求,当无要求时,修剪整形应保持原树形。

2. 苗木应无损伤断枝、枯枝、严重病虫枝等。

一般项目

1. 落叶树木的枝条应从基部剪除,不留木橛,剪口平滑,不得劈裂。

2. 枝条短截时应留外芽,剪口应距留芽位置上方0.5cm。

3. 修剪直径2cm以上大枝及粗根时,截口应削平并涂防腐剂。

城市园林绿化工程树木栽植检验批质量验收记录表

渝市政验收7-2-3

<table>
<tr><td>单位工程名称</td><td colspan="3">渝中龙湖商业街绿化工程</td><td>分项工程名称</td><td>树木栽植</td><td>验收部位</td><td>广场A区</td></tr>
<tr><td>施工单位</td><td colspan="3">××区城建园林公司</td><td>专业工长</td><td>李××</td><td>项目负责人</td><td>王××</td></tr>
<tr><td colspan="3">施工执行标准名称及编号</td><td colspan="5">《园林绿化工程施工及验收规范》(CJJ 82—2012)</td></tr>
<tr><td>分包单位</td><td colspan="3">××城建一分公司</td><td>分包负责人</td><td>张××</td><td>施工班组长</td><td>王××</td></tr>
<tr><td>项目</td><td>序号</td><td colspan="2">质量验收规范的规定</td><td colspan="3">施工单位检查评定结果</td><td>监理单位验收记录</td></tr>
<tr><td rowspan="4">主控项目</td><td>1</td><td colspan="2">栽植的树木品种、规格、位置应符合设计规定</td><td colspan="3">树木品种、规格、位置符合设计要求。</td><td>符合规范要求。</td></tr>
<tr><td>2</td><td colspan="2">除特殊景观树外,树木栽植应保持直立,不得倾斜</td><td colspan="3">合格。</td><td>符合规范要求。</td></tr>
<tr><td>3</td><td colspan="2">行道树或行列栽植的树木应在一条线上,相邻植株规格应合理搭配</td><td colspan="3">合格。</td><td>符合规范要求。</td></tr>
<tr><td>4</td><td colspan="2">树木栽植成活率不应低于95%;名贵树木栽植成活率应达到100%</td><td colspan="3">成活率符合标准要求。</td><td>符合规范要求。</td></tr>
<tr><td rowspan="11">一般项目</td><td>1</td><td colspan="2">带土球树木栽植前应去除土球不易降解的包装物</td><td colspan="3">合格。</td><td>符合规范要求。</td></tr>
<tr><td>2</td><td colspan="2">栽植时应注意观赏面的合理朝向,树木栽植深度应与原种植线持平</td><td colspan="3">合格。</td><td>符合规范要求。</td></tr>
<tr><td>3</td><td colspan="2">栽植树木回填的栽植土应分层踏实</td><td colspan="3">合格。</td><td>符合规范要求。</td></tr>
<tr><td>4</td><td colspan="2">绿篱及色块栽植时,株行距、苗木高度、冠幅大小应均匀搭配,树形丰满的一面应向外</td><td colspan="3">符合要求。</td><td>符合规范要求。</td></tr>
<tr><td rowspan="6">5</td><td rowspan="6">非种植季节树木栽植</td><td>苗木可提供环状断根进行处理或在适宜季节起苗,用容器假植,带土球栽植</td><td colspan="3">合格。</td><td>符合规范要求。</td></tr>
<tr><td>落叶乔木、灌木类应进行适当修剪并应保持原树冠形态,剪除部分侧枝,保留的侧枝应进行短截,并适当加大土球体积</td><td colspan="3">符合要求。</td><td>符合规范要求。</td></tr>
<tr><td>可摘叶的应摘去部分叶片,但不得伤害幼芽</td><td colspan="3">合格。</td><td>符合规范要求。</td></tr>
<tr><td>夏季可采取遮荫、树木裹干保湿、树冠喷雾或喷施抗蒸腾剂,较少水分蒸发;冬季应采取防风防寒措施</td><td colspan="3">措施合理有效。</td><td>符合规范要求。</td></tr>
<tr><td>掘苗时根部可喷布促进生根激素,栽植时可加施保水剂,栽植后树体可注射营养剂</td><td colspan="3">符合规范要求。</td><td>符合规范要求。</td></tr>
<tr><td>苗木栽植宜在阴雨或傍晚进行</td><td colspan="3">符合规范要求。</td><td>符合规范要求。</td></tr>
<tr><td>6</td><td colspan="2">干旱地区或干旱季节,树木栽植应大力推广抗蒸腾剂、防腐促根、免修剪、营养液滴注等新技术。采用土球苗,加强水分管理措施</td><td colspan="3">符合规范要求。</td><td>符合规范要求。</td></tr>
<tr><td>施工单位检查评定结果</td><td colspan="7">经自检,主控项目、一般项目均符合设计要求和《园林绿化工程施工及验收规范》(CJJ 82—2012)要求,评定合格。
项目专业质量检验:王××
2015年5月20日</td></tr>
<tr><td>监理(建设)单位验收记录</td><td colspan="7">同意施工单位评定结果,验收合格,同意进行下道工序施工。
监理工程师:赵××
(建设单位项目专业技术负责人)
2015年5月20日</td></tr>
</table>

说明：

检验数量：100 株检查 10 株，不足 20 株的全数检查。成活率全数检查。检验方法：观察、测量。

主控项目

树木栽植应符合下列规定：

(1)栽植的树木品种、规格、位置应符合设计规定。

(2)除特殊景观树外，树木栽植应保持直立，不得倾斜。

(3)行道树或行列栽植的树木应在一条线上，相邻植株规格应合理搭配。

(4)树木栽植成活率不应低于 95%；名贵树木栽植成活率应达 100%。

一般项目

1. 树木栽植应符合下列规定：

(1)带土球树木栽植前应去除土球不易降解的包装物。

(2)栽植时应注意观赏面的合理朝向，树木栽植深度应与原种植线持平。

(3)栽植树木回填的栽植土应分层踏实。

(4)绿篱及色块栽植时，株行距、苗木高度、冠幅大小应均匀搭配，树形丰满的一面应向外。

2. 非种植季节进行树木栽植时，应根据不同情况采取下列措施：

(1)苗木可提供环状断根进行处理或在适宜季节起苗，用容器假植，带土球栽植。

(2)落叶乔木、灌木类应进行适当修剪并应保持原树冠形态，剪除部分侧枝，保留的侧枝应进行短截，并适当加大土球体积。

(3)可摘叶的应摘去部分叶片，但不得伤害幼芽。

(4)夏季可采取遮荫、树木裹干保湿、树冠喷雾或喷施抗蒸腾剂，较少水分蒸发；冬季应采取防风防寒措施。

(5)掘苗时根部可喷布促进生根激素，栽植时可加施保水剂，栽植后树体可注射营养剂。

(6)苗木栽植宜在阴雨或傍晚进行。

3. 干旱地区或干旱季节，树木栽植应大力推广抗蒸腾剂、防腐促根、免修剪、营养液滴注等新技术。采用土球苗，加强水分管理措施。

城市园林绿化工程树木浇灌水工程检验批质量验收记录表

渝市政验收7-2-4

单位工程名称	渝中龙湖商业街绿化工程	分项工程名称	树木浇灌水	验收部位	广场A区
施工单位	××区城建园林公司	专业工长	李××	项目负责人	王××
施工执行标准名称及编号	《园林绿化工程施工及验收规范》(CJJ 82—2012)				
分包单位	××城建一分公司	分包负责人	张××	施工班组长	王××

项目	序号	质量验收规范的规定	施工单位检查评定结果	监理单位验收记录
主控项目	1	树木栽植后应在栽植穴直径周围筑高10～20cm围堰，堰应筑实	树木栽植后栽植穴直径周围已筑高10～20cm围堰，堰应筑实。	符合规范要求。
	2	浇灌树木的水质应符合国家标准规定	浇灌树木的水质符合《农田灌溉水质标准》(GB 5084)。	符合规范要求。
	3	每次浇灌水量应满足植物成活及生长需要	水量充足。	符合规范要求。
	4			
	5			
	6			
	7			
	8			
一般项目	1	浇水时应在穴中防治缓冲垫	合格。	符合规范要求。
	2	新栽树木应在浇透水后及时封堰，以后根据当地情况及时补水	补水合量及时。	符合规范要求。
	3	对浇水后出现的树木倾斜，应及时扶正，并加以固定	无倾倒树木。	符合规范要求。
	4			
施工单位检查评定结果	经自检，主控项目、一般项目均符合设计要求和《园林绿化工程施工及验收规范》(CJJ 82—2012)要求，评定合格。 项目专业质量检验：王×× 2015年5月20日			
监理(建设)单位验收记录	同意施工单位评定结果，验收合格，同意进行下道工序施工。 监理工程师：赵×× (建设单位项目专业技术负责人) 2015年5月20日			

说明：

检验数量：100株检查10株，不足20株的全数检查。检验方法：测试及观察。

主控项目

树木浇灌水应符合下列规定：

1. 树木栽植后应在栽植穴直径周围筑高10~20cm围堰，堰应筑实。
2. 浇灌树木水质应符合现行国家标准《农田灌溉水质标准》(GB 5084)的规定。
3. 每次浇灌水量应满足植物成活及需要。

一般项目

1. 浇水时应在穴中放置缓冲垫。
2. 新栽树木应在浇透水后及时封堰，以后根据当地情况及时补水。
3. 对浇水后出现树木倾斜，应及时扶正，并加以固定。

城市园林绿化工程树木支撑检验批质量验收记录表

渝市政验收7-2-5

<table>
<tr><td colspan="3">单位工程名称</td><td>渝中龙湖商业街绿化工程</td><td>分项工程名称</td><td>树木支撑</td><td>验收部位</td><td>广场A区</td></tr>
<tr><td colspan="3">施工单位</td><td>××区城建园林公司</td><td>专业工长</td><td>李××</td><td>项目负责人</td><td>王××</td></tr>
<tr><td colspan="3">施工执行标准名称及编号</td><td colspan="5">《园林绿化工程施工及验收规范》(CJJ 82—2012)</td></tr>
<tr><td colspan="3">分包单位</td><td>××城建一分公司</td><td>分包负责人</td><td>张××</td><td>施工班组长</td><td>王××</td></tr>
<tr><td>项目</td><td>序号</td><td colspan="2">质量验收规范的规定</td><td colspan="2">施工单位检查评定结果</td><td colspan="2">监理单位验收记录</td></tr>
<tr><td rowspan="8">主控项目</td><td>1</td><td colspan="2">支撑物的支柱应埋入土中不少于30cm,支撑物、牵拉物与地面连接点的链接应牢固</td><td colspan="2">支撑物的支柱埋深40cm,牵拉物与地面连接点链接牢固。</td><td colspan="2">符合规范要求。</td></tr>
<tr><td>2</td><td colspan="2">连接树木的支撑点应在树木主干上,其连接处应衬软垫,并绑缚牢固</td><td colspan="2">符合要求。</td><td colspan="2">符合规范要求。</td></tr>
<tr><td>3</td><td colspan="2"></td><td colspan="2"></td><td colspan="2"></td></tr>
<tr><td>4</td><td colspan="2"></td><td colspan="2"></td><td colspan="2"></td></tr>
<tr><td>5</td><td colspan="2"></td><td colspan="2"></td><td colspan="2"></td></tr>
<tr><td>6</td><td colspan="2"></td><td colspan="2"></td><td colspan="2"></td></tr>
<tr><td>7</td><td colspan="2"></td><td colspan="2"></td><td colspan="2"></td></tr>
<tr><td>8</td><td colspan="2"></td><td colspan="2"></td><td colspan="2"></td></tr>
<tr><td rowspan="4">一般项目</td><td>1</td><td colspan="2">支撑物、牵拉物的强度能够保证支撑有效;用软牵拉固定时,应设置警示标志</td><td colspan="2">有警示标志。</td><td colspan="2">符合规范要求。</td></tr>
<tr><td>2</td><td colspan="2">针叶常绿树的支撑高度应不低于树木主干的2/3,落叶树支撑高度为树木主干高度的1/2</td><td colspan="2">符合要求,合格。</td><td colspan="2">符合规范要求。</td></tr>
<tr><td>3</td><td colspan="2">同规格同树种的支撑物、牵拉物的长度、支撑角度、绑缚形式以及支撑材料宜统一</td><td colspan="2">符合要求,合格。</td><td colspan="2">符合规范要求。</td></tr>
<tr><td>4</td><td colspan="2"></td><td colspan="2"></td><td colspan="2"></td></tr>
<tr><td colspan="3">施工单位检查评定结果</td><td colspan="5">经自检,主控项目、一般项目均符合设计要求和《园林绿化工程施工及验收规范》(CJJ 82—2012)要求,评定合格。
项目专业质量检验:王××　　2015年5月20日</td></tr>
<tr><td colspan="3">监理(建设)单位验收记录</td><td colspan="5">同意施工单位评定结果,验收合格,同意进行下道工序施工。
监理工程师:赵××
(建设单位项目专业技术负责人)　　2015年5月20日</td></tr>
</table>

说明:

检验数量:每100株检查10株,不足50株的全数检查。检验方法:晃动支撑物。

主控项目

树木支撑应符合下列规定:

1. 支撑物的支柱应埋入土中不少于30cm,支撑物、牵拉物与地面连接点的链接应牢固。

2. 连接树木的支撑点应在树木主干上,其连接处应衬软垫,并绑缚牢固。

一般项目

1. 支撑物、牵拉物的强度能够保证支撑有效;用软牵拉固定时,应设置警示标志。

2. 针叶常绿树的支撑高度应不低于树木主干的2/3,落叶树支撑高度为树木主干高度的1/2。

3. 同规格同树种的支撑物、牵拉物的长度、支撑角度、绑缚形式以及支撑材料宜统一。

城市园林绿化工程大树移植（挖掘包装）施工检验批质量验收记录表

渝市政验收7-3-1

单位工程名称	渝中龙湖商业街绿化工程	分项工程名称	大树移植（挖掘包装）	验收部位	广场	
施工单位	××区城建园林公司	专业工长	李××	项目负责人	王××	
施工执行标准名称及编号	《园林绿化工程施工及验收规范》（CJJ 82—2012）					
分包单位	××城建一分公司	分包负责人	张××	施工班组长	王××	

项目	序号	质量验收规范的规定	施工单位检查评定结果	监理单位验收记录
主控项目	1	土球规格应为树木胸径的6~10倍，土球高度为土球直径的2/3，土球底部直径为土球直径的1/3；土台规格应上大下小，下部边长比上部边长少1/10	符合规范要求。	符合规范要求。
主控项目	2	树根应用手锯锯断，锯口平滑无劈裂并不得露出土球表面	合格。	符合规范要求。
一般项目	1	土球软质包装应紧实无松动，腰绳宽度应大于10cm	土球软质包装紧实无松动，腰绳宽度大于10cm。	符合规范要求。
一般项目	2	土球直径1m以上的应做封底处理	土球直径1m以上的已做封底处理。	符合规范要求。
一般项目	3	土台的箱板包装应立柱，稳定牢固，符合规范要求	土台的箱板包装有立柱，稳定牢固，符合规范要求。	符合规范要求。
一般项目	4			
施工单位检查评定结果		经自检，主控项目、一般项目均符合设计要求和《园林绿化工程施工及验收规范》（CJJ82—2012）要求，评定合格。 项目专业质量检验：王××　　2015年5月20日		
监理（建设）单位验收记录		同意施工单位评定结果，验收合格，同意进行下道工序施工。 监理工程师：赵×× （建设单位项目专业技术负责人）　　2015年5月20日		

说明：

检验数量：全数检查。检验方法：观察、尺量。

主控项目

1. 土球规格应为树木胸径的6~10倍，土球高度为土球直径的2/3，土球底部直径为土球直径的1/3；土台规格应上大下小，下部边长比上部边长少1/10。

2. 树根应用手锯锯断，锯口平滑无劈裂并不得露出土球表面。

一般项目

1. 土球软质包装应紧实无松动，腰绳宽度就大于10cm。

2. 土球直径1m以上的应作封底处理。

3. 土球软质包装应立支柱，稳定牢固，并应符合下列要求：

（1）修平的土台尺寸应大于边板长度5cm，土台面平滑，不得有砖石等突出土台；

（2）土台顶边应高于边板上口1~2cm，土台底边应低于边板下口1~2cm；边板与土台应紧密严实；

（3）边板与边板、底板与边板、顶板与边板应订装牢固无松动；箱板上端与坑壁、底板与坑底应支牢、稳定无松动。

城市园林绿化工程大树移植(吊装运输)施工检验批质量验收记录表

渝市政验收7-3-2

单位工程名称		渝中龙湖商业街绿化工程	分项工程名称	大树移植(吊装运输)	验收部位	广场
施工单位		××区城建园林公司	专业工长	李××	项目负责人	王××
施工执行标准名称及编号		《园林绿化工程施工及验收规范》(CJJ 82—2012)				
分包单位		××城建一分公司	分包负责人	张××	施工班组长	王××
项目	序号	质量验收规范的规定		施工单位检查评定结果	监理单位验收记录	
主控项目	1	运输吊装苗木的机具和车辆的工作吨位,必须满足苗木吊装、运输的需要,并应制定相应的安全操作措施		吊装机具和车辆的工作吨位,满足苗木吊装、运输的需要,有相应安全操作措施。	符合规范要求。	
	2	吊装、运输时,应对大树的树干、枝条、根部的土球、土台采取保护措施		有相应安全保护措施。	符合规范要求。	
	3					
	4					
	5					
	6					
	7					
	8					
一般项目	1	大树吊装就位时,应注意选好主要观赏面的方向		按规范操作,合格。	符合规范要求。	
	2	应及时用软垫层支撑、固定树体		符合规范要求。	符合规范要求。	
	3					
	4					
施工单位检查评定结果		经自检,主控项目、一般项目均符合设计要求和《园林绿化工程施工及验收规范》(CJJ82—2012)要求,评定合格。 项目专业质量检验:王×× 2015年5月20日				
监理(建设)单位验收记录		同意施工单位评定结果,验收合格,同意进行下道工序施工。 监理工程师:赵×× (建设单位项目专业技术负责人) 2015年5月20日				

说明:

检验数量:全数检查。检验方法:观察。

主控项目

大树移植的吊装运输,应符合下列规定:

1. 大树吊装、运输的机具、设备应符合相关规范规定,运输吊装苗木的机具和车辆的工作吨位,必须满足苗木吊装、运输的需要,并应制定相应的安全操作措施。

2. 吊装、运输时,应对大树的树干、枝条、根部的土球、土台采取保护措施。

一般项目

1. 大树吊装就位时,应注意选好主要观赏面的方向。

2. 应及时用软垫层支撑、固定树体。

城市园林绿化工程大树移植(栽植)施工检验批质量验收记录表

渝市政验收7-3-3

单位工程名称	渝中龙湖商业街绿化工程	分项工程名称	大树移植(栽植)	验收部位	广场B区
施工单位	××区城建园林公司	专业工长	李××	项目负责人	王××
施工执行标准名称及编号	《园林绿化工程施工及验收规范》(CJJ 82—2012)				
分包单位	××城建一分公司	分包负责人	张××	施工班组长	王×8

项目	序号	质量验收规范的规定	施工单位检查评定结果	监理单位验收记录
主控项目	1	大树的规格、种类、树形、树势应符合设计要求	大树的规格、种类、树形、树势符合设计要求。	符合规范要求。
	2	定点放线应符合施工图规定	查测量定位记录表,定点施工符合施工图规定。	符合规范要求。
	3	栽植深度应保持下沉后原土痕和地面等高或略高,树干或树木的重心应与地面保持垂直	符合规范要求。	符合规范要求。
	4			
	5			
	6			
	7			
	8			
一般项目	1	栽植穴应根据系或土球的直径加大60~80cm,深度增加20~30cm	符合规范要求。	符合规范要求。
	2	种植土球树木,应将土球放稳,拆除包装物;大树修剪应符合规范要求	符合规范要求。	符合规范要求。
	3	栽植回填土壤应用种植土,肥料应充分腐熟,加上混合均匀,回填土应分层捣实、培土高度恰当	符合规范要求。	符合规范要求。
	4	大树栽植后设立支撑应牢固,并进行裹干保湿,栽植后应及时浇水	符合规范要求。	符合规范要求。
	5	大树栽植后,应对新植树木进行细致的养护和管理,应配备专职技术人员做好修剪、剥芽、喷雾、叶面施肥、浇水、排水、搭荫棚、包裹树干、设置风障、防台风、防寒和病虫害防治等管理工作	有专职人员养护,措施得当、有效。	符合规范要求。
施工单位检查评定结果		经自检,主控项目、一般项目均符合设计要求和《园林绿化工程施工及验收规范》(CJJ 82—2012)要求,评定合格 项目专业质量检验:王×× 2015年5月20日		
监理(建设)单位验收记录		同意施工单位评定结果,验收合格,同意进行下道工序施工。 监理工程师:赵×× (建设单位项目专业技术负责人) 2015年5月20日		

说明：

检验数量：全数检查。检验方法：观察、尺量。

主控项目

大树移栽时应符合下列规定：

1. 大树的规格、种类、树形、树势应符合设计要求。

2. 定点放线应符合施工图规定。

3. 栽植深度应保持下沉后原土痕和地面等高或略高，树干或树木的重心应与地面保持垂直。

一般项目

1. 栽植穴应根据系或土球的直径加大60~80cm，深度增加20~30cm。

2. 种植土球树木，应将土球放稳，拆除包装物；大树修剪应符合规范下列规定：

（1）苗木修剪整形应符合设计要求，当无要求时，修剪整形应保持原树形。

（2）苗木应无损伤断枝、枯枝、严重病虫枝等。

（3）落叶树木的枝条应从基部剪除，不留木橛，剪口平滑，不得劈裂。

（4）枝条短截时应留外芽，剪口应距留芽位置上方0.5cm。

（5）修剪直径2cm以上大枝及粗根时，截口应削平并涂防腐剂。

3. 栽植回填土壤应用种植土，肥料应充分腐熟，加上混合均匀，回填土应分层捣实、培土高度恰当。

4. 大树栽植后设立支撑应牢固，并进行裹干保湿，栽植后应及时浇水。

5. 大树栽植后，应对新植树木进行细致的养护和管理，应配备专职技术人员做好修剪、剥芽、喷雾、叶面施肥、浇水、排水、搭荫棚、包裹树干、设置风障、防台风、防寒和病虫害防治等管理工作。

城市园林绿化工程草坪和草本地被播种检验批质量验收记录表

渝市政验收7-4-1

单位工程名称	渝中龙湖商业街绿化工程	分项工程名称	草坪和草本地被播种	验收部位	广场B区
施工单位	××区城建园林公司	专业工长	李××	项目负责人	王××
施工执行标准名称及编号	《园林绿化工程施工及验收规范》(CJJ 82—2012)				
分包单位	××城建一分公司	分包负责人	张××	施工班组长	王××

项目	序号	质量验收规范的规定	施工单位检查评定结果	监理单位验收记录
主控项目	1	播种前应做发芽试验和催芽处理，确定合理的播种量，不同草种的播种量可按照规范进行播种	符合规范要求。	符合规范要求。
	2	播种时应先浇水浸地，保持土壤湿润，并将表层土耧细耙平，坡度应达到0.3%~0.5%并轻压	符合规范要求。	符合规范要求。
	3	用等量沙土与种子拌匀进行散播，播种后应均匀覆细土0.3~0.5cm并轻压	符合规范要求。	符合规范要求。
	4	播种后应及时喷水，种子萌发前，干旱地区应每天喷水1~2次，水点宜细密均匀，浸透土层8~10cm，保持土表湿润，不应有积水，出苗后可减少喷水次数，土壤宜见湿见干	按规范施工，合格。	符合规范要求。
	5	草坪和草本地被的播种、分栽，草块、草卷铺设及运动场草坪成坪后覆盖度应不低于95%；单块裸露面积应不大于$25cm^2$，杂草及病虫害的面积应不大于5%	符合规范要求。	符合规范要求。
	6			
	7			
	8			
一般项目	1	应选择适合本地的优良种子；草坪、草本地被种子纯度应达到95%以上；冷地型草坪种子发芽率应达到85%以上，暖季型草坪种子发芽率应达到70%以上	检查种子发芽试验报告，符合规范要求。	符合规范要求。
	2	播种前应对种子进行消毒、杀菌	播种前已对种子进行消毒、杀菌。	符合规范要求。
	3	整地前应进行土壤处理，防治地下害虫	整地前已进行土壤处理，预防治地下害虫。	符合规范要求。
	4			
施工单位检查评定结果		经自检，主控项目、一般项目均符合设计要求和《园林绿化工程施工及验收规范》(CJJ 82—2012)要求，评定合格 项目专业质量检验：王×× 2015年5月20日		
监理（建设）单位验收记录		同意施工单位评定结果，验收合格，同意进行下道工序施工。 监理工程师：赵×× （建设单位项目专业技术负责人） 2015年5月20日		

说明：

检验数量：500m²检查3处，每点面积为4m²，不足500m²检查不少于2处。检验方法：观察、测量及种子发芽试验报告。

主控项目

草坪和草本地被播种应符合下列规定：

1. 播种前应做发芽试验和催芽处理，确定合理的播种量，不同草种的播种量可按照下表进行播种。

表 不同草种播种量

草坪种类	精细播种量（g/m²）	粗放播种量（g/m²）
剪股颖	3~5	5~8
早熟禾	8~10	10~15
多年生黑麦草	25~30	30~40
高羊茅	20~25	25~35
羊胡子草	7~10	10~15
结缕草	8~10	10~15
狗牙根	15~20	20~25

2. 播种时应先浇水浸地，保持土壤湿润，并将表层土耧细耙平，坡度应达到0.3%~0.5%并轻压。

3. 用等量沙土与种子拌匀进行散播，播种后应均匀覆细土0.3~0.5cm并轻压。

4. 播种后应及时喷水，种子萌发前，干旱地区应每天喷水1~2次，水点宜细密均匀，浸透土层8~10cm，保持土表湿润，不应有积水，出苗后可减少喷水次数，土壤宜见湿见干。

5. 草坪和草本地被的播种、分栽，草块、草卷铺设及运动场草坪成坪后应符合下列规定：

（1）成坪后覆盖度应不低于95%。

（2）单块裸露面积应不大于25cm²。

（3）杂草及病虫害的面积应不大于5%。

一般项目

1. 应选择适合本地的优良种子；草坪、草本地被种子纯度应达到95%以上；冷地型草坪种子发芽率应达到85%以上，暖季型草坪种子发芽率应达到70%以上。

2. 播种前应对种子进行消毒、杀菌。

3. 整地前应进行土壤处理，防治地下害虫。

城市园林绿化工程喷播种植检验批质量验收记录表

渝市政验收7-4-2

<table>
<tr><td colspan="2">单位工程名称</td><td>渝中龙湖商业街绿化工程</td><td>分项工程名称</td><td>喷播种植</td><td>验收部位</td><td>广场B区</td></tr>
<tr><td colspan="2">施工单位</td><td>××区城建园林公司</td><td>专业工长</td><td>李××</td><td>项目负责人</td><td>王××</td></tr>
<tr><td colspan="3">施工执行标准名称及编号</td><td colspan="4">《园林绿化工程施工及验收规范》(CJJ82-2012)</td></tr>
<tr><td colspan="2">分包单位</td><td>××城建一分公司</td><td>分包负责人</td><td>张××</td><td>施工班组长</td><td>王××</td></tr>
<tr><td>项目</td><td>序号</td><td colspan="2">质量验收规范的规定</td><td colspan="2">施工单位检查评定结果</td><td>监理单位验收记录</td></tr>
<tr><td rowspan="8">主控项目</td><td>1</td><td colspan="2">喷播前应检查锚杆网片固定情况,清理坡面</td><td colspan="2">喷播机具合格。</td><td>符合规范要求。</td></tr>
<tr><td>2</td><td colspan="2">喷播的种子覆盖料、土壤稳定剂的配合比应符合设计要求</td><td colspan="2">喷播的种子覆盖料、土壤稳定剂的配合比符合设计要求。</td><td>符合规范要求。</td></tr>
<tr><td>3</td><td colspan="2"></td><td colspan="2"></td><td></td></tr>
<tr><td>4</td><td colspan="2"></td><td colspan="2"></td><td></td></tr>
<tr><td>5</td><td colspan="2"></td><td colspan="2"></td><td></td></tr>
<tr><td>6</td><td colspan="2"></td><td colspan="2"></td><td></td></tr>
<tr><td>7</td><td colspan="2"></td><td colspan="2"></td><td></td></tr>
<tr><td>8</td><td colspan="2"></td><td colspan="2"></td><td></td></tr>
<tr><td rowspan="5">一般项目</td><td>1</td><td colspan="2">播种覆盖应均匀无漏,喷播厚度均匀一致</td><td colspan="2">播种覆盖均匀无漏,喷播厚度均匀一致。</td><td>符合规范要求。</td></tr>
<tr><td>2</td><td colspan="2">喷播应从上到下依次进行</td><td colspan="2">喷播顺序合理。</td><td>符合规范要求。</td></tr>
<tr><td>3</td><td colspan="2">在强降雨季节喷播应注意覆盖</td><td colspan="2"></td><td></td></tr>
<tr><td>4</td><td colspan="2"></td><td colspan="2"></td><td></td></tr>
<tr><td>5</td><td colspan="2"></td><td colspan="2"></td><td></td></tr>
<tr><td colspan="2">施工单位检查评定结果</td><td colspan="5">经自检,主控项目、一般项目均符合设计要求和《园林绿化工程施工及验收规范》(CJJ 82—2012)要求,评定合格。
项目专业质量检验:王×× 2015年5月20日</td></tr>
<tr><td colspan="2">监理(建设)单位验收记录</td><td colspan="5">同意施工单位评定结果,验收合格,同意进行下道工序施工。
监理工程师:赵××
(建设单位项目专业技术负责人) 2015年5月20日</td></tr>
</table>

说明:

检验数量:1000m² 检查3处,每点面积为16m²,不足1000m² 检查不少于2处。检验方法:检查种子盖料及土壤稳定剂合格证明,观察。

主控项目

园林植物栽植土应包括客土、原土利用、栽植基质等,栽植土应符合下列规定:

1. 土壤全盐含量应为0.1%~0.3%;

2. 土壤容重应为1.0~1.35g/cm³。

一般项目

1. 土壤有机质含量不应小于1.5%。

2. 土壤块径不应大于5cm。

3. 栽植土应见证取样,经有资质检验单位检测并在栽植前取得符合要求的测试结果。

城市园林绿化工程草坪和草本地被分栽检验批质量验收记录表

渝市政验收7-4-3

<table>
<tr><td colspan="2">单位工程名称</td><td>渝中龙湖商业街绿化工程</td><td>分项工程名称</td><td>草坪和草本地被分栽</td><td>验收部位</td><td>广场B区</td></tr>
<tr><td colspan="2">施工单位</td><td>××区城建园林公司</td><td>专业工长</td><td>李××</td><td>项目负责人</td><td>王××</td></tr>
<tr><td colspan="3">施工执行标准名称及编号</td><td colspan="4">《园林绿化工程施工及验收规范》(CJJ 82—2012)</td></tr>
<tr><td colspan="2">分包单位</td><td>××城建一分公司</td><td>分包负责人</td><td>张××</td><td>施工班组长</td><td>王××</td></tr>
<tr><td>项目</td><td>序号</td><td colspan="2">质量验收规范的规定</td><td>施工单位检查评定结果</td><td colspan="2">监理单位验收记录</td></tr>
<tr><td rowspan="3">主控项目</td><td>1</td><td colspan="2">分栽的植物材料应注意保鲜，不萎蔫</td><td>符合规范要求。</td><td colspan="2">符合规范要求。</td></tr>
<tr><td>2</td><td colspan="2">干旱地区或干旱季节，栽植前应先浇水浸地，浸水深度应达10cm以上</td><td></td><td colspan="2"></td></tr>
<tr><td>3</td><td colspan="2">草坪和草本地被的播种、分栽，草块、草卷铺设及运动场草坪成坪后覆盖度应不低于95%；单块裸露面积应不大于25cm²，杂草及病虫害的面积应不大于5%</td><td>符合规范要求。</td><td colspan="2">符合规范要求。</td></tr>
<tr><td rowspan="4">一般项目</td><td>1</td><td colspan="2">草坪分栽植物的株行距，每丛的单株数应满足设计要求，设计无明确要求时，可按丛的组行距15cm×15cm～20cm×20cm，成品字形，或以1m²植物材料可按1:3~1:4的系数进行栽植</td><td>草坪分栽植物的株行距，每丛的单株数满足设计要求。</td><td colspan="2">符合规范要求。</td></tr>
<tr><td>2</td><td colspan="2">栽植后应平整地面，适度压实，立即浇水</td><td>栽植后地面平整，压实，浇水。</td><td colspan="2">符合规范要求。</td></tr>
<tr><td>3</td><td colspan="2"></td><td></td><td colspan="2"></td></tr>
<tr><td>4</td><td colspan="2"></td><td></td><td colspan="2"></td></tr>
<tr><td colspan="2">施工单位检查评定结果</td><td colspan="5">经自检，主控项目、一般项目均符合设计要求和《园林绿化工程施工及验收规范》(CJJ 82—2012)要求，评定合格。
项目专业质量检验：王××　　2015年5月20日</td></tr>
<tr><td colspan="2">监理(建设)单位验收记录</td><td colspan="5">同意施工单位评定结果，验收合格，同意进行下道工序施工。
监理工程师：赵××
(建设单位项目专业技术负责人)　　2015年5月20日</td></tr>
</table>

说明：

检验数量：500m²检查3处，每点面积为4m²，不足500m²检查不少于2处。检验方法：观察、尺量。

主控项目

1. 草坪和草本地被植物分栽应符合下列规定：

(1)分栽的植物材料应注意保鲜，不萎蔫。

(2)干旱地区或干旱季节，栽植钱应先浇水浸地，浸水深度应达10cm以上。

2. 草坪和草本地被的播种、分栽，草块、草卷铺设及运动场草坪成坪后应符合下列规定：

(1)成坪后覆盖度应不低于95%。

(2)单块裸露面积应不大于25cm²。

(3)杂草及病虫害的面积应不大于5%。

一般项目

1. 草坪分栽植物的株行距，每丛的单株数应满足设计要求，设计无明确要求时，可按丛的组行距15cm×15cm～20cm×20cm，成品字形，或以1m²植物材料可按1:3~1:4的系数进行栽植。

2. 栽植后应平整地面，适度压实，立即浇水。

城市园林绿化工程铺设草块和草卷检验批质量验收记录表

渝市政验收 7-4-4

<table>
<tr><td colspan="2">单位工程名称</td><td>龙湖商业街绿化工程</td><td>分项工程名称</td><td>铺设草块和草卷</td><td>验收部位</td><td>广场B区</td></tr>
<tr><td colspan="2">施工单位</td><td>××区城建园林公司</td><td>专业工长</td><td>李××</td><td>项目负责人</td><td>王××</td></tr>
<tr><td colspan="3">施工执行标准名称及编号</td><td colspan="4">《园林绿化工程施工及验收规范》(CJJ 82—2012)</td></tr>
<tr><td colspan="2">分包单位</td><td>××城建一分公司</td><td>分包负责人</td><td>张××</td><td>施工班组长</td><td>王××</td></tr>
<tr><td>项目</td><td>序号</td><td colspan="2">质量验收规范的规定</td><td colspan="2">施工单位检查评定结果</td><td>监理单位验收记录</td></tr>
<tr><td rowspan="4">主控项目</td><td>1</td><td colspan="2">草卷、草块铺设前应先浇水地细整找平，不得有低洼处</td><td colspan="2">场地已整理找平。</td><td>符合规范要求。</td></tr>
<tr><td>2</td><td colspan="2">草块、草卷在铺设后应进行滚压或拍打与土壤密切接触</td><td colspan="2">符合规范要求。</td><td>符合规范要求。</td></tr>
<tr><td>3</td><td colspan="2">铺设草卷、草块，应及时浇透水，浸湿土壤厚度应大于10cm</td><td colspan="2">铺设草卷、草块，应及时浇透水，浸湿土壤厚度符合规范要求。</td><td>符合规范要求。</td></tr>
<tr><td>4</td><td colspan="2">草坪和草本地被的播种、分栽，草块、草卷铺设及运动场草坪成坪后覆盖度应不低于95%；单块裸露面积应不大于25cm^2，杂草及病虫害的面积应不大于5%</td><td colspan="2">草坪和草本地被的播种、分栽，草块、草卷铺设及运动场草坪成坪后覆盖度达标。</td><td>符合规范要求。</td></tr>
<tr><td rowspan="4">一般项目</td><td>1</td><td colspan="2">草地排水坡度适当，不应有坑洼积水</td><td colspan="2">草地排水坡度适当，无坑洼积水。</td><td>符合规范要求。</td></tr>
<tr><td>2</td><td colspan="2">铺设草卷、草块应相互衔接不留缝，高度一致，间铺缝隙应均匀，并填以栽植土</td><td colspan="2">符合规范要求。</td><td>符合规范要求。</td></tr>
<tr><td>3</td><td colspan="2"></td><td colspan="2"></td><td></td></tr>
<tr><td>4</td><td colspan="2"></td><td colspan="2"></td><td></td></tr>
<tr><td colspan="2">施工单位检查评定结果</td><td colspan="5">经自检，主控项目、一般项目均符合设计要求和《园林绿化工程施工及验收规范》(CJJ 82—2012)要求，评定合格。
项目专业质量检验：王×× 2015年5月20日</td></tr>
<tr><td colspan="2">监理（建设）单位验收记录</td><td colspan="5">同意施工单位评定结果，验收合格，同意进行下道工序施工。
监理工程师：赵××
（建设单位项目专业技术负责人） 2015年5月20日</td></tr>
</table>

说明：

检验数量：500m^{2}检查3处，每点面积为4m^2，不足500m^{2}检查不少于2处。检验方法：观察、尺量，查看施工记录。

主控项目

1. 草卷、草块铺设前应先浇水地细整找平，不得有低洼处。

2. 草块、草卷在铺设后应进行滚压或怕打与土壤密切接触。

3. 铺设草卷、草块，应及时浇透水，浸湿土壤厚度应大于10cm。

4. 草坪和草本地被的播种、分栽，草块、草卷铺设及运动场草坪成坪后应符合下列规定：

(1)成坪后覆盖度应不低于95%。

(2)单块裸露面积应不大于25cm^2。

(3)杂草及病虫害的面积应不大于5%。

一般项目

1. 草地排水泡坡度适当，不应有坑洼积水。

2. 铺设草卷、草块应相互衔接不留缝，高度一致，间铺缝隙应均匀，并填以栽植土。

城市园林绿化工程运动场地草坪施工检验批质量验收记录表

渝市政验收7-4-5

单位工程名称	渝中体育场绿地工程	分项工程名称	运动场地草坪	验收部位	广场B区
施工单位	××区城建园林公司	专业工长	李××	项目负责人	王××
施工执行标准名称及编号	《园林绿化工程施工及验收规范》(CJJ 82—2012)				
分包单位	××城建一分公司	分包负责人	张××	施工班组长	王××

项目	序号	质量验收规范的规定：项目	规定或允许偏差(cm)	施工单位检查评定结果							监理单位验收记录
主控项目	1	运动场草坪的排水层、渗水层、根系层、草坪层应符合设计要求		排水层、渗水层、根系层、草坪层符合设计要求。							符合规范要求。
	2	根系层的土壤应浇水沉降，进行水夯实，基质铺设细致均匀，整体紧实度适宜		根系层的土壤已浇水沉降，水夯实，基质铺设细致均匀，整体紧实度适宜。							符合规范要求。
	3	根系层土壤理化性质应符合规范规定		根系层土壤理化性质符合规范规定。							符合规范要求。
	4										
	5										
	6										
	7										
	8										
一般项目	1	铺植草块，大小厚度应均匀，缝隙严密，草块与表层基质结合紧密		符合规范要求。							符合规范要求。
	2	成坪后草坪层的覆盖度应均匀，草坪颜色无明显差异，无明显裸露斑块，无明显杂草和病虫害症状，茎密度应为2~4枚/cm^2		符合规范要求。							符合规范要求。
	3	根系相对标高	+2,0	√	√	√	√	√	√	√	符合规范要求。
	4	排水坡降	≤0.5%	√	√	√	√	√	√	√	符合规范要求。
	5	根系层土壤块径	≤1.0	√	√	√	√	√	√	√	符合规范要求。
	6	根系层平整度	≤2	1	0.5	0.3	0.9	1.5	0.6	1.8	符合规范要求。
	7	根系层厚度	±1	−0.2	0.5	0.3	0.8	−0.9	0.7	0.8	符合规范要求。
	8	草坪层草高修剪控制	±1	0.5	0.3	0.8	−0.9	0.7	0.8	−0.4	符合规范要求。
施工单位检查评定结果	经自检，主控项目、一般项目均符合设计要求和《园林绿化工程施工及验收规范》(CJJ 82—2012)要求，评定合格。 项目专业质量检验：王××　　2015年5月20日										
监理(建设)单位验收记录	同意施工单位评定结果，验收合格，同意进行下道工序施工。 监理工程师：赵×× (建设单位项目专业技术负责人)　　2015年5月20日										

说明：

检验数量:500m²检查3处,不足500m²检查不少于2处。检验方法:测量、环刀取样、观测。

主控项目

1. 运动场草坪的排水层、渗水层、根系层、草坪层应符合设计要求。

2. 根系层的土壤应浇水沉降,进行水夯实,基质铺设细致均匀,整体紧实度适宜。

3. 根系层土壤理化性质应符合以下规定。

(1)土壤pH值应符合本地区栽植土标准或按pH值5.6~8.0进行选择。

(2)土壤全盐含量应为0.1%~0.3%。

(3)土壤容重应为1.0~1.35g/cm³。

(4)土壤有机质含量不应小于1.5%。

(5)土壤块径不应大于5cm。

(6)栽植土应见证取样,经有资质检验单位检测并在栽植前取得符合要求的测试结果。

4. 栽植土验收批及取样方法应符合下列规定:

(1)客土每500m³或2000m²为一检验批,应于土层20cm及50cm处,随机取样5处,每处取样100g,混合后组成一组试样;原状土2000m²以下,随机取样不得少于3处;

(2)原状土在同一区域每2000mm²为一检验批,应于土层20cm及50cm处,随机取样5处,每处取样100g,混合后组成一组试样;栽植基质200m³以下,随机取样不得少于3袋。

5. 草坪和草本地被的播种、分栽,草块、草卷铺设及运动场草坪成坪后应符合下列规定:

(1)成坪后覆盖度应不低于95%。

(2)单块裸露面积应不大于25cm²。

(3)杂草及病虫害的面积应不大于5%。

一般项目

1. 铺植草块,大小厚度应均匀,缝隙严密,草块与表层基质结合紧密。

2. 成坪后草坪层的覆盖度应均匀,草坪颜色无明显差异,无明显裸露斑块,无明显杂草和病虫害症状,茎密度应为2~4枚/cm²。

3. 运动场根系层相对标高、排水坡降、厚度、平整度允许偏差应符合下表的规定。

表　运动场根系层相对标高、排水坡降、厚度、平整度允许偏差

项次	项目	尺寸要求(cm)	允许偏差(cm)	检查数量		检验方法
				范围	点数	
1	根系层相对标高	设计要求	+2.0	500m²	3	测量(水准仪)
2	排水坡度	设计要求	≤0.5%			
3	根系层土塘块径	运动型	≤1.0	500m²	3	观察
4	根系层平整度	设计要求	≤2	500m²	3	测量(水准仪)
5	根系层厚度	设计要求	±1	500m²	3	挖样洞(或环刀取样)量取
6	草坪层草高修剪控制	4.5~6.0	±1	500m²	3	观察、检查剪草记录

城市园林绿化工程花卉栽植检验批质量验收记录表

渝市政验收7-5-1

<table>
<tr><td colspan="3">单位工程名称</td><td>渝中鹅岭公园绿地工程</td><td>分项工程名称</td><td>花卉栽植</td><td>验收部位</td><td>广场B区</td></tr>
<tr><td colspan="3">施工单位</td><td>××区城建园林公司</td><td>专业工长</td><td>李××</td><td>项目负责人</td><td>王××</td></tr>
<tr><td colspan="3">施工执行标准名称及编号</td><td colspan="5">《园林绿化工程施工及验收规范》(CJJ 82—2012)</td></tr>
<tr><td colspan="3">分包单位</td><td>××城建一分公司</td><td>分包负责人</td><td>张××</td><td>施工班组长</td><td>王××</td></tr>
<tr><td>项目</td><td>序号</td><td colspan="2">质量验收规范的规定</td><td colspan="2">施工单位检查评定结果</td><td colspan="2">监理单位验收记录</td></tr>
<tr><td rowspan="8">主控项目</td><td>1</td><td colspan="2">花苗的品种、规格、栽植放样、栽植密度、栽植图案均应符合设计要求</td><td colspan="2">花苗的品种、规格、栽植放样、栽植密度、栽植图案均符合设计要求。</td><td colspan="2">符合规范要求。</td></tr>
<tr><td>2</td><td colspan="2">花卉栽植土及表层土整理应符合规范规定</td><td colspan="2">栽植土及表层土整理符合规范规定。</td><td colspan="2">符合规范要求。</td></tr>
<tr><td>3</td><td colspan="2">花苗应覆盖地面，成活率不低于95%</td><td colspan="2">花苗覆盖地面，成活率96%。</td><td colspan="2">符合规范要求。</td></tr>
<tr><td>4</td><td colspan="2"></td><td colspan="2"></td><td colspan="2"></td></tr>
<tr><td>5</td><td colspan="2"></td><td colspan="2"></td><td colspan="2"></td></tr>
<tr><td>6</td><td colspan="2"></td><td colspan="2"></td><td colspan="2"></td></tr>
<tr><td>7</td><td colspan="2"></td><td colspan="2"></td><td colspan="2"></td></tr>
<tr><td>8</td><td colspan="2"></td><td colspan="2"></td><td colspan="2"></td></tr>
<tr><td rowspan="4">一般项目</td><td>1</td><td colspan="2">株行距应均匀，高低搭配应恰当</td><td colspan="2">株行距均匀，高低搭配恰当。</td><td colspan="2">符合规范要求。</td></tr>
<tr><td>2</td><td colspan="2">栽植深度应适当，根部土壤应压实，花苗不得沾污泥</td><td colspan="2">栽植深度适当，根部土壤压实，花苗无沾污泥。</td><td colspan="2">符合规范要求。</td></tr>
<tr><td>3</td><td colspan="2"></td><td colspan="2"></td><td colspan="2"></td></tr>
<tr><td>4</td><td colspan="2"></td><td colspan="2"></td><td colspan="2"></td></tr>
<tr><td colspan="3">施工单位检查评定结果</td><td colspan="5">经自检，主控项目、一般项目均符合设计要求和《园林绿化工程施工及验收规范》(CJJ 82—2012)要求，评定合格。
项目专业质量检验：王×× 2015年5月20日</td></tr>
<tr><td colspan="3">监理(建设)单位验收记录</td><td colspan="5">同意施工单位评定结果，验收合格，同意进行下道工序施工。
监理工程师：赵××
(建设单位项目专业技术负责人) 2015年5月20日</td></tr>
</table>

说明：

检验数量：500m²检查3处，每点面积为4m²，不足500m²检查不少于2处。检验方法：观察、尺量。

主控项目

花卉栽植应符合下列规定：

1. 花苗的品种、规格、栽植放样、栽植密度、栽植团均应符合设计要求。

2. 花卉栽植土及表层土整理应符合以下规定。

(1)土壤pH值应符合本地区栽植土标准或按pH值5.6~8.0进行选择。

(2)土壤全盐含量应为0.1%~0.3%。

(3)土壤容重应为1.0~1.35g/cm³。

(4)土壤有机质含量不应小于1.5%。

(5)土壤块径不应大于5cm。

(6)栽植土应见证取样，经有资质检验单位检测并在栽植前取得符合要求的测试结果。

3. 栽植土验收批及取样方法应符合下列规定：

(1)客土每 500m³ 或 2000m² 为一检验批，应于土层 20cm 及 50cm 处，随机取样 5 处，每处取样 100g，混合后组成一组试样；原状土 2000m² 以下，随机取样不得少于 3 处；

(2)原状土在同一区域每 2000mm² 为一检验批，应于土层 20cm 及 50cm 处，随机取样 5 处，每处取样 100g，混合后组成一组试样；栽植基质 200m³ 以下，随机取样不得少于 3 袋。

4. 草坪和草本地被的播种、分栽，草块、草卷铺设及运动场草坪成坪后应符合下列规定：

(1)成坪后覆盖度应不低于 95%。

(2)单块裸露面积应不大于 25cm²。

(3)杂草及病虫害的面积应不大于 5%。

5. 栽植土施肥应按下列方式进行：

(1)商品肥料应有产品合格证明，或已经过试验证明符合要求；

(2)有机肥应充分腐熟方可使用；

(3)施用无机肥料应测定绿地土壤有效养分含量，并宜采用缓释性无机肥。

6. 花苗应覆盖地面，成活率不低于 95%。

一般项目

1. 株行距应均匀，高低搭配应恰当。

2. 栽植深度应适当，根部土壤应压实，花苗不得沾污泥。

城市园林绿化工程水湿生植物栽植槽施工检验批质量验收记录表

渝市政验收7-5-2

<table>
<tr><td colspan="2">单位工程名称</td><td>渝中鹅岭公园绿地工程</td><td colspan="3">分项工程名称</td><td colspan="2">水湿生植物栽植槽</td><td colspan="2">验收部位</td><td>水景园</td></tr>
<tr><td colspan="2">施工单位</td><td>××区城建园林公司</td><td colspan="3">专业工长</td><td colspan="2">李××</td><td colspan="2">项目负责人</td><td>王××</td></tr>
<tr><td colspan="2">施工执行标准名称及编号</td><td colspan="9">《园林绿化工程施工及验收规范》(CJJ 82—2012)</td></tr>
<tr><td colspan="2">分包单位</td><td>××城建一分公司</td><td colspan="3">分包负责人</td><td colspan="2">张××</td><td colspan="2">施工班组长</td><td>王××</td></tr>
<tr><td rowspan="9">主控项目</td><td colspan="2">质量验收规范的规定</td><td colspan="7">施工单位检查评定结果</td><td>监理单位验收记录</td></tr>
<tr><td>1</td><td>栽植槽的材料、结构、防渗应符合设计要求</td><td colspan="7">栽植槽的材料、结构、防渗符合设计要求。</td><td>符合规范要求。</td></tr>
<tr><td>2</td><td>槽内不宜采用轻质土或栽培基质</td><td colspan="7">槽内已采用硬质土基底处理。</td><td>符合规范要求。</td></tr>
<tr><td>3</td><td></td><td colspan="7"></td><td></td></tr>
<tr><td>4</td><td></td><td colspan="7"></td><td></td></tr>
<tr><td>5</td><td></td><td colspan="7"></td><td></td></tr>
<tr><td>6</td><td></td><td colspan="7"></td><td></td></tr>
<tr><td>7</td><td></td><td colspan="7"></td><td></td></tr>
<tr><td>8</td><td></td><td colspan="7"></td><td></td></tr>
<tr><td rowspan="4">一般项目</td><td>1</td><td>栽植槽土层厚度应符合设计要求，无设计要求的应大于50cm</td><td>55</td><td>60</td><td>65</td><td>55</td><td>60</td><td>58</td><td>60</td><td>符合规范要求。</td></tr>
<tr><td>2</td><td></td><td colspan="7"></td><td></td></tr>
<tr><td>3</td><td></td><td colspan="7"></td><td></td></tr>
<tr><td>4</td><td></td><td colspan="7"></td><td></td></tr>
<tr><td colspan="2">施工单位检查评定结果</td><td colspan="9">经自检，主控项目、一般项目均符合设计要求和《园林绿化工程施工及验收规范》(CJJ 82—2012)要求，评定合格。
项目专业质量检验：王××
2015年5月20日</td></tr>
<tr><td colspan="2">监理(建设)单位验收记录</td><td colspan="9">同意施工单位评定结果，验收合格，同意进行下道工序施工。
监理工程师：赵××
(建设单位项目专业技术负责人)
2015年5月20日</td></tr>
</table>

说明：

检验数量：$100m^2$检查3处，不足$100m^2$检查不少于2处。检验方法：材料检测报告、观察、尺量。

主控项目

水景园、水湿生植物景观、人工湿地的水湿生植物栽植槽工程应符合下列规定：

1. 栽植槽的材料、结构、防渗应符合设计要求。

2. 槽内不宜采用轻质土或栽培基质。

一般项目

栽植槽土层厚度应符合设计要求，无设计要求的应大于50cm。

城市园林绿化工程水湿生植物栽植施工检验批质量验收记录表

渝市政验收7-5-3

单位工程名称	渝中鹅岭公园绿地工程	分项工程名称	水湿生植物栽植	验收部位	水景园
施工单位	××区城建园林公司	专业工长	李治水	项目负责人	王彬
施工执行标准名称及编号	《园林绿化工程施工及验收规范》(CJJ 82—2012)				
分包单位	济南城建一分公司	分包负责人	张××	施工班组长	王××

项目	序号	质量验收规范的规定	施工单位检查评定结果	监理单位验收记录
主控项目	1	水湿生植物栽植地的土壤质量不良时，应更换合格的栽植土，使用的栽植土和肥料不得污染水源	水湿生植物栽植地的土壤质量符合要求，栽植土和肥料采取措施不污染水源。	符合规范要求。
	2	水湿生植物栽植的品种和单位面积栽植数应符合设计要求	品种和单位面积栽植数符合设计要求。	符合规范要求。
	3			
	4			
	5			
	6			
	7			
	8			
一般项目	1	水湿生植物栽植后至长出新株期间应控制水位，严防新生苗(株)浸泡窒息死亡	水位控制合理，新苗长势良好。	符合规范要求。
	2	水湿生植物栽植成活后单位面积内拥有成活苗(芽)数应符合规范规定	已检查测试报告及栽植数、成活数记录报告，成活后单位面积内拥有成活苗(芽)数据符合设计要求。	符合规范要求。
	3			
	4			
施工单位检查评定结果		经自检，主控项目、一般项目均符合设计要求和《园林绿化工程施工及验收规范》(CJJ 82—2012)要求，评定合格。 项目专业质量检验：王××　　2015年5月20日		
监理(建设)单位验收记录		同意施工单位评定结果，验收合格，同意进行下道工序施工。 监理工程师：赵×× (建设单位项目专业技术负责人)　　2015年5月20日		

说明：

检验数量：500m²检查3处，不足500m²检查不少于2处。检验方法：测试报告及栽植数、成活数记录报告。

主控项目

1. 水湿生植物栽植地的土壤质量不良时，应更换合格的栽植土，使用的栽植土和肥料不得污染水源。

2. 水湿生植物的病虫害防治应采用生物和物理防治方法，严禁药物污染水源。

一般项目

1. 水湿生植物栽植后至长出新株期间应控制水位，严防新生苗(株)浸泡窒息死亡。

2. 水湿生植物栽植成活后单位面积内拥有成活苗(芽)数应符合下表的规定。

表　水湿生植物栽植成活后单位面积拥有成活苗(芽)数

项次	种类、名称		单位	每m²内成活苗(芽)数	地下部、水下部特征
1	水湿生类	千屈菜	丛	9~12	地下具粗硬根茎
		鸢尾(耐湿类)	株	9~12	地下具鳞茎
		落新妇	株	9~12	地下具根状茎
		地肤	株	6~9	地下具明显主根
		萱草	株	9~12	地下具肉质短根茎
2	挺水类	荷花	株	≥1	地下具横生多节根状茎
		雨久花	株	6~8	地下具匍匐状短茎
		石菖蒲	株	6~8	地下具硬质根茎
		香蒲	株	4~6	地下具粗壮匍匐根茎
		菖蒲	株	4~6	地下具较偏肥根茎
		水葱	株	6~8	地下具横生粗壮根茎
		芦苇	株	≥1	地下具粗壮根状茎
		茭白	株	4~6	地下具匍匐茎
		慈菇、荸荠、泽泻	株	6~8	地下具根茎
3	浮水类	睡莲	盆	按设计要求	地下具横生或直立块状根茎
		菱角	株	9~12	地下根茎
		大漂	丛	控制在繁殖水域内	根悬浮垂水中

城市园林绿化工程竹类栽植施工检验批质量验收记录表(一)

渝市政验收7-5-4

单位工程名称	渝中鹅岭公园绿地工程	分项工程名称	竹类栽植	验收部位	广场B区
施工单位	××区城建园林公司	专业工长	李××	项目负责人	王××
施工执行标准名称及编号	《园林绿化工程施工及验收规范》(CJJ 82—2012)				
分包单位	××城建一分公司	分包负责人	张××	施工班组长	王××

项目	序号	质量验收规范的规定			施工单位检查评定结果	监理单位验收记录
主控项目	1	竹类挖掘	散生竹母竹	可根据母竹最下一盘枝杈生长方向确定来鞭、去鞭走向进行挖掘	按规范操作。	符合规范要求。
	2			母竹必须带鞭,中小型散生竹宜留来鞭20~30cm,去鞭30~40cm	符合规范要求。	符合规范要求。
	3			切断竹鞭截面应光滑,不得撕裂	符合要求。	符合规范要求。
	4			应沿竹鞭两侧深挖40cm,截断母竹底根,挖出的母竹与竹鞭结合应良好,根系完整	符合规范要求。	符合规范要求。
	5		丛生竹母竹	挖掘时应在母竹25~30cm的外围,扒开表土,由远至近逐渐深挖,应严防损伤竿基部芽眼,竿基部的须根应尽量保留	符合规范要求。	符合规范要求。
	6			在母竹一侧应找准母竹竿柄与老竹竿基的连接点,切断母竹竿柄,连蔸一起挖,切断操作时,不得劈裂竿柄,竿基	符合规范要求。	符合规范要求。
	7			每蔸分株根数应根据竹类特性及竹竿大小确定母竹竿数,大竹种可单株挖蔸,小竹种可3~5株成墩挖掘	符合规范要求。	符合规范要求。
	8	竹类材料品种、规格应符合设计要求			材料品种、规格应符合设计要求。	符合规范要求。
	9	放样定位应准确			放样定位准确。	符合规范要求。
	10	栽植地应选择土层深厚、肥沃、疏松、湿润、光照充足,排水良好的壤土。对较黏重的土壤及盐碱土应进行换土或土壤改良并符合规范要求			栽植地符合种植条件。	符合规范要求。
施工单位检查评定结果	经自检,主控项目、一般项目均符合设计要求和《园林绿化工程施工及验收规范》(CJJ 82—2012)要求,评定合格。 项目专业质量检验:王××　　2015年5月20日					
监理(建设)单位验收记录	同意施工单位评定结果,验收合格,同意时行下道工序施工。 监理工程师:赵×× (建设单位项目专业技术负责人)　　2015年5月20日					

城市园林绿化工程竹类栽植施工检验批质量验收记录表(二)

渝市政验收7-5-5

单位工程名称	渝中鹅岭公园绿地工程	分项工程名称	竹类栽植	验收部位	广场B区
施工单位	××区城建园林公司	专业工长	李××	项目负责人	王××
施工执行标准名称及编号	《园林绿化工程施工及验收规范》(CJJ 82—2012)				
分包单位	××城建一分公司	分包负责人	张××	施工班组长	王××

项目	序号	质量验收规范的规定		施工单位检查评定结果	监理单位验收记录
一般项目	1	包装运输	竹类应采用软包装进行包扎,并应喷水保湿	有软包装包扎,喷水保湿。	符合规范要求。
	2		竹苗长途运输应篷布遮盖,中途应喷水或于根部置放保湿材料	篷布遮盖。	符合规范要求。
	3		竹苗装卸时应轻装轻放,不得损伤竹竿与竹鞭之间的着生点和鞭芽	符合要求。	符合规范要求。
	4	修剪	散生竹竹苗修剪时,挖出的母竹宜留枝5~7盘,将顶稍剪去,剪口应平滑;不打尖修剪的竹苗栽后应进行喷水保湿	按规范进行。	符合规范要求。
	5		丛生竹竹苗修剪时,竹竿应留枝2~3盘,应靠近节间斜向将顶梢截除;切口应平滑呈马耳形	专人修剪,按规范施工,符合规范要求。	符合规范要求。
	6	栽植	栽植穴的规格及间距可根据设计要求及竹蔸大小进行挖掘,丛生竹的栽植穴宜大于根蔸的1~2倍;中小型散生竹的栽植穴规格应比鞭长40~60cm,宽40~50cm,深20~40cm		
	7		竹类栽植,应先将表土填于穴底,深浅适宜,拆除竹苗包装物,将竹蔸入穴,根鞭应舒展,竹鞭在土中深度宜20~25cm;覆土深度宜比母竹原土痕高3~5cm,进行踏实及时浇水,渗水后覆土	栽植深浅适宜,覆土深度合理。	符合规范要求。
	8	养护	栽植后应立柱或横杆互相支撑,严防晃动	栽植后有立柱或横杆互相支撑,无晃动。	符合规范要求。
			栽后应及时浇水	浇水及时。	符合规范要求。
			发现露鞭时应及时进行覆土并及时除草松土,严禁踩踏根、鞭、芽	养护措施合理有效。	符合规范要求。
施工单位检查评定结果	经自检,主控项目、一般项目均符合设计要求和《园林绿化工程施工及验收规范》(CJJ 82—2012)要求,评定合格。 项目专业质量检验:王××　　2015年5月20日				
监理(建设)单位验收记录	同意施工单位评定结果,验收合格,同意进行下道工序施工。 监理工程师:赵×× (建设单位项目专业技术负责人)　　2015年5月20日				

说明:

检验数量:100株检查10株,不足20株全数检查。检验方法:观察、尺量。

主控项目

1. 竹类的挖掘应符合下列规定:

(1)散生竹母竹挖掘:①可根据母竹最下一盘枝杈生长方向确定来鞭、去鞭走向进行挖掘;②母竹必须带鞭,中小型散生竹宜留来鞭 20~30cm,去鞭 30~40cm;③切断竹鞭截面应光滑,不得撕裂;④应沿竹鞭两侧深挖 40cm,截断母竹底根,挖出的母竹与竹鞭结合应良好,根系完整。

(2)丛生竹母竹挖掘:①挖掘时应在母竹 25~30cm 的外围,扒开表土,由远至近逐渐深挖,应严防损伤竿基部芽眼,竿基部的须根应尽量保留;②在母竹一侧应找准母竹竿柄与老竹竿基的连接点,切断母竹竿柄,连蔸一起挖,切断操作时,不得劈裂竿柄,竿基;③每蔸分株根数应根据竹类特性及竹竿大小确定母竹竿数,大竹种可单株挖蔸,小竹种可 3~5 株成墩挖掘。

2. 竹类栽植应符合下列规定:

(1)竹类材料品种、规格应符合设计要求。

(2)放样定位应准确。

(3)栽植地应选择土层深厚、肥沃、疏松、湿润、光照充足、排水良好的壤土(华北地区宜背风向阳)。

3. 对较黏重的土壤及盐碱土应进行换土或土壤改良并符合规范要求。

园林植物栽植土应包括客土、原土利用、栽植基质等,栽植土应符合下列规定:

(1)土壤 pH 值应符合本地区栽植土标准或按 pH 值 5.6~8.0 进行选择。

(2)土壤全盐含量应为 0.1%~0.3%。

(3)土壤容重应为 1.0~1.35g/cm^3。

(4)土壤有机质含量不应小于 1.5%。

(5)土壤块径不应大于 5cm。

(6)栽植土应见证取样,经有资质检验单位检测并在栽植前取得符合要求的测试结果。

(7)栽植土验收批及取样方法应符合下列规定:①客土每 500m^3 或 2000m^2 为一检验批,应于土层 20cm 及 50cm 处,随机取样 5 处,每处取样 100g,混合后组成一组试样;原状土 2000m^2 以下,随机取样不得少于 3 处;②原状土在同一区域每 2000mm^2 为一检验批,应于土层 20cm 及 50cm 处,随机取样 5 处,每处取样 100g,混合后组成一组试样;栽植基质 200m^3 以下,随机取样不得少于 3 袋。

一般项目

1. 竹类的包装运输应符合下列规定:

(1)竹类应采用软包装进行包扎,并应喷水保湿。

(2)竹苗长途运输应篷布遮盖,中途应喷水或于根部置放保湿材料。

(3)竹苗装卸时应轻装轻放,不得损伤竹竿与竹鞭之间的着生点和鞭芽。

2. 竹类修剪应符合下列规定:

(1)散生竹竹苗修剪时,挖出的母竹宜留枝 5~7 盘,将顶稍剪去,剪口应平滑;不打尖修剪的竹苗栽后应进行喷水保湿。

(2)丛生竹竹苗修剪时,竹竿应留枝 2~3 盘,应靠近节间斜向将顶梢截除;切口应平滑呈马耳形。

3. 竹类栽植应符合下列规定:

(1)栽植穴的规格及间距可根据设计要求及竹蔸大小进行挖掘,丛生竹的栽植穴宜大于根蔸的 1~2 倍;中小型散生竹的栽植穴规格应比鞭长 40~60cm,宽 40~50cm,深 20~40cm。

(2)竹类栽植,应先将表土填于穴底,深浅适宜,拆除竹苗包装物,将竹蔸入穴,根鞭应舒展,竹鞭在土中深度宜 20~25cm;覆土深度宜比母竹原土痕高 3~5cm,进行踏实及时浇水,渗水后覆土。

4. 竹类栽植后的养护应符合下列规定:

(1)栽植后应立柱或横杆互相支撑,严防晃动。

(2)栽后应及时浇水。

(3)发现露鞭时应及时进行覆土并及时除草松土,严禁踩踏根、鞭、芽。

城市园林绿化工程设施空间绿化耐根穿刺防水层施工检验批质量验收记录表

渝市政验收7-6-1

<table>
<tr><td>单位工程名称</td><td colspan="2">渝中鹅岭公园绿地工程</td><td>分项工程名称</td><td>空间绿化防水层</td><td>验收部位</td><td>广场A区</td></tr>
<tr><td>施工单位</td><td colspan="2">××区城建园林公司</td><td>专业工长</td><td>李××</td><td>项目负责人</td><td>王××</td></tr>
<tr><td>施工执行标准名称及编号</td><td colspan="6">《园林绿化工程施工及验收规范》(CJJ 82—2012)</td></tr>
<tr><td>分包单位</td><td colspan="2">××城建一分公司</td><td>分包负责人</td><td>张××</td><td>施工班组长</td><td>王××</td></tr>
<tr><td>项目</td><td>序号</td><td>质量验收规范的规定</td><td colspan="2">施工单位检查评定结果</td><td colspan="2">监理单位验收记录</td></tr>
<tr><td rowspan="6">主控项目</td><td>1</td><td>耐根穿刺防水层的材料品种、规格、性能应符合设计及相关标准要求</td><td colspan="2">查材料进场报告，品种、规格、性能应符合设计及相关标准要求。</td><td colspan="2">符合规范要求。</td></tr>
<tr><td>2</td><td>卷材接缝应牢固、严密符合设计要求</td><td colspan="2">卷材接缝牢固、严密符合设计要求。</td><td colspan="2">符合规范要求。</td></tr>
<tr><td>3</td><td>施工完成应进行蓄水或淋水实验，24h内不得有渗漏或积水</td><td colspan="2">施工完成并进行蓄水或淋水实验，24h内无渗漏或积水。</td><td colspan="2">符合规范要求。</td></tr>
<tr><td>4</td><td></td><td colspan="2"></td><td colspan="2"></td></tr>
<tr><td>5</td><td></td><td colspan="2"></td><td colspan="2"></td></tr>
<tr><td>6</td><td></td><td colspan="2"></td><td colspan="2"></td></tr>
<tr><td rowspan="4">一般项目</td><td>1</td><td>耐根穿刺防水层材料应见证抽样复检</td><td colspan="2">见证抽样复检，合格。</td><td colspan="2">符合规范要求。</td></tr>
<tr><td>2</td><td>耐根穿刺防水层的细部结构、密封材料嵌填膺密实饱满，粘结牢固无气泡、开裂等缺陷</td><td colspan="2">符合规范要求。</td><td colspan="2">符合规范要求。</td></tr>
<tr><td>3</td><td>立面防水层应收头入槽，封严</td><td colspan="2"></td><td colspan="2"></td></tr>
<tr><td>4</td><td>成品应注意保护，检查施工现场不得堵塞排水口</td><td colspan="2">成品保护措施合理有效。</td><td colspan="2">符合规范要求。</td></tr>
<tr><td>施工单位检查评定结果</td><td colspan="6">经自检，主控项目、一般项目均符合设计要求和《园林绿化工程施工及验收规范》(CJJ 82—2012)要求，评定合格。
项目专业质量检验：王×× 2015年5月20日</td></tr>
<tr><td>监理(建设)单位验收记录</td><td colspan="6">同意施工单位评定结果，验收合格，同意进行下道工序施工。
监理工程师：赵××
(建设单位项目专业技术负责人) 2015年5月20日</td></tr>
</table>

说明：

检验数量：每50延米检查1处，不足50延米全数检查。检验方法：观察、尺量。

主控项目

耐根穿刺防水层按下列方式进行：

1. 耐根穿刺防水层的材料品种、规格、性能应符合设计及相关标准要求。
2. 卷材接缝应牢固、严密符合设计要求。
3. 施工完成应进行蓄水或淋水实验，24h内不得有渗漏或积水。

一般项目

1. 耐根穿刺防水层材料应见证抽样复检。
2. 耐根穿刺防水层的细部结构、密封材料嵌填膺密实饱满，粘结牢固无气泡、开裂等缺陷。
3. 立面防水层应收头入槽，封严。
4. 成品应注意保护，检查施工现场不得堵塞排水口。

城市园林绿化工程设施空间绿化排蓄水层施工检验批质量验收记录表

渝市政验收7-6-2

<table>
<tr><td colspan="2">单位工程名称</td><td>渝中鹅岭公园绿地工程</td><td>分项工程名称</td><td>空间绿化排蓄水层</td><td>验收部位</td><td>广场A区</td></tr>
<tr><td colspan="2">施工单位</td><td>××区城建园林公司</td><td>专业工长</td><td>李××</td><td>项目负责人</td><td>王××</td></tr>
<tr><td colspan="2">施工执行标准名称及编号</td><td colspan="5">《园林绿化工程施工及验收规范》(CJJ 82—2012)</td></tr>
<tr><td colspan="2">分包单位</td><td>××城建一分公司</td><td>分包负责人</td><td>张××</td><td>施工班组长</td><td>王××</td></tr>
<tr><td>项目</td><td>序号</td><td colspan="2">质量验收规范的规定</td><td colspan="2">施工单位检查评定结果</td><td>监理单位验收记录</td></tr>
<tr><td rowspan="8">主控项目</td><td>1</td><td colspan="2">凹凸形塑料排蓄水板厚度、顺槎搭接宽度应符合设计要求,设计无要求时,搭接宽度应大于15cm</td><td colspan="2">凹凸形塑料排蓄水板厚度、顺槎搭接宽度符合设计要求。</td><td>符合规范要求。</td></tr>
<tr><td>2</td><td colspan="2">采用卵石、陶粒等材料铺设排蓄水层的其铺设厚度应符合设计要求</td><td colspan="2">采用卵石、陶粒等材料铺设排蓄水层的其铺设厚度符合设计要求。</td><td>符合规范要求。</td></tr>
<tr><td>3</td><td colspan="2"></td><td colspan="2"></td><td></td></tr>
<tr><td>4</td><td colspan="2"></td><td colspan="2"></td><td></td></tr>
<tr><td>5</td><td colspan="2"></td><td colspan="2"></td><td></td></tr>
<tr><td>6</td><td colspan="2"></td><td colspan="2"></td><td></td></tr>
<tr><td>7</td><td colspan="2"></td><td colspan="2"></td><td></td></tr>
<tr><td>8</td><td colspan="2"></td><td colspan="2"></td><td></td></tr>
<tr><td rowspan="4">一般项目</td><td>1</td><td colspan="2">四周设置明沟的,排蓄水层应铺至明沟边缘</td><td colspan="2">符合要求。</td><td>符合规范要求。</td></tr>
<tr><td>2</td><td colspan="2">挡土墙下设排水管的,排水管与天沟或落水口应合理搭接,坡度适当</td><td colspan="2">符合要求,合格。</td><td>符合规范要求。</td></tr>
<tr><td>3</td><td colspan="2"></td><td colspan="2"></td><td></td></tr>
<tr><td>4</td><td colspan="2"></td><td colspan="2"></td><td></td></tr>
<tr><td colspan="2">施工单位检查评定结果</td><td colspan="5">经自检,主控项目、一般项目均符合设计要求和《园林绿化工程施工及验收规范》(CJJ 82—2012)要求,评定合格
项目专业质量检验:王××　　2015年5月20日</td></tr>
<tr><td colspan="2">监理(建设)单位验收记录</td><td colspan="5">同意施工单位评定结果,验收合格,同意进行下道工序施工。
监理工程师:赵××
(建设单位项目专业技术负责人)　　2015年5月20日</td></tr>
</table>

说明:

检验数量:每50延米检查1处,不足50延米全数检查。检验方法:观察、尺量。

主控项目

排蓄水层按下列方式进行:

1. 凹凸形塑料排蓄水板厚度、顺槎搭接宽度应符合设计要求,设计无要求时,搭接宽度应大于15cm。
2. 采用卵石、陶粒等材料铺设排蓄水层的,其铺设厚度应符合设计要求。

一般项目

1. 四周设置明沟,排蓄水层应铺至明沟边缘。
2. 挡土墙下设排水管的,排水管与天沟或落水口应合理搭接,坡度适当。

城市园林绿化工程设施空间绿化过滤层施工检验批质量验收记录表

渝市政验收7-6-3

单位工程名称	渝中鹅岭公园绿地工程	分项工程名称	空间绿化过滤层	验收部位	广场A区
施工单位	××区城建园林公司	专业工长	李××	项目负责人	王××
施工执行标准名称及编号	《园林绿化工程施工及验收规范》(CJJ82—2012)				
分包单位	××城建一分公司	分包负责人	张××	施工班组长	王××

项目	序号	质量验收规范的规定	施工单位检查评定结果	监理单位验收记录
主控项目	1	过滤层的材料规格、品种应符合设计要求	过滤层的材料规格、品种符合设计要求。	符合规范要求。
	2			
	3			
	4			
	5			
	6			
	7			
	8			
一般项目	1	采用单层卷状聚丙烯或聚酯无纺布材料，单位面积质量必须大于150g/m²，搭接缝的有效宽度应达到10~20cm	查材料报验单，符合规范要求。	符合规范要求。
	2	采用双层组合卷状材料：上层蓄水棉，单位面积质量应达到200~300g/m²；下层无纺布材料，单位面积质量应达到100~150g/m²；卷材铺设在排(蓄)水层上，向栽植地四周延伸，高度与种植层齐高，端部收头应用粘剂粘结，粘结宽度不得小于5cm，或用金属条固定	查材料报验单，符合规范要求。	符合规范要求。
	3			
	4			

施工单位检查评定结果	经自检，主控项目、一般项目均符合设计要求和《园林绿化工程施工及验收规范》(CJJ 82—2012)要求，评定合格。 项目专业质量检验：王×× 2015年5月20日
监理(建设)单位验收记录	同意施工单位评定结果，验收合格，同意进行下道工序施工。 监理工程师：赵×× (建设单位项目专业技术负责人) 2015年5月20日

说明：

检验数量：每50延米检查1处，不足50延米全数检查。检验方法：观察、尺量。

主控项目

过滤层的材料规格、品种应符合设计要求。

一般项目

1. 采用单层卷状聚丙烯或聚酯无纺布材料，单位面积质量必须大于150g/m²，搭接缝的有效宽度应达到10~20cm。

2. 采用双层组合卷状材料：上层蓄水棉，单位面积质量应达到200~300g/m²；下层无纺布材料，单位面积质量应达到100~150g/m²；卷材铺设在排(蓄)水层上，向栽植地四周延伸，高度与种植层齐高，端部收头应用黏合剂黏结，黏结宽度不得小于5cm，或用金属条固定。

城市园林绿化工程设施障碍性面层栽植基盘施工检验批质量验收记录表

渝市政验收7-6-4

单位工程名称		渝中鹅岭公园绿地工程	分项工程名称	面层栽植基盘	验收部位	广场A区
施工单位		××区城建园林公司	专业工长	李××	项目负责人	王××
施工执行标准名称及编号		《园林绿化工程施工及验收规范》(CJJ 82—2012)				
分包单位		××城建一分公司	分包负责人	张××	施工班组长	王××
项目	序号	质量验收规范的规定	施工单位检查评定结果		监理单位验收记录	
主控项目	1	透水、排水、透气、渗管等构造材料和栽植土(基质)应符合栽植要求	透水、排水、透气、渗管等构造材料和栽植土(基质)符合栽植要求。		符合规范要求。	
	2	施工做法应符合设计和规范要求	按《园林工程施工工艺标准》，施工做法符合设计和规范要求。		符合规范要求。	
	3					
	4					
	5					
	6					
	7					
	8					
一般项目	1	障碍性层面栽植基盘的透水、透气系统或结构性能良好，浇灌后无积水，雨期无洪涝	透水、透气系统或结构性能良好，浇灌后无积水，保证雨期无洪涝。		符合规范要求。	
	2					
	3					
	4					
施工单位检查评定结果		经自检，主控项目、一般项目均符合设计要求和《园林绿化工程施工及验收规范》(CJJ 82—2012)要求，评定合格。 项目专业质量检验：王×× 2015年5月20日				
监理(建设)单位验收记录		同意施工单位评定结果，验收合格，同意进行下道工序施工。 监理工程师：赵伟明 (建设单位项目专业技术负责人) 2015年5月20日				

说明：

检验数量：100m²检查3处，不足100m²检查不少于2处。检验方法：观察、尺量。

主控项目

设施面层不适宜做栽植基层的障碍性层面栽植基盘工程应符合下列规定：

1. 透水、排水、透气、渗管等构造材料和栽植土(基质)应符合栽植要求。

2. 施工做法应符合设计和规范要求。

一般项目

障碍性层面栽植基盘的透水、透气系统或结构性能良好，浇灌后无积水，雨期无洪涝。

城市园林绿化设施顶面栽植工程施工检验批质量验收记录表

渝市政验收7-6-5

单位工程名称	渝中鹅岭公园绿地工程	分项工程名称	顶面种植	验收部位	广场A区
施工单位	××区城建园林公司	专业工长	李××	项目负责人	王××
施工执行标准名称及编号	《园林绿化工程施工及验收规范》(CJJ 82—2012)				
分包单位	××城建一分公司	分包负责人	张××	施工班组长	王××

项目	序号	质量验收规范的规定	施工单位检查评定结果	监理单位验收记录
主控项目	1	植物材料的种类、品种和植物配置方式应符合设计要求	材料的种类、品种和植物配置方式符合设计要求。	符合规范要求。
	2	自制或采用成套树木固定牵引装置、预埋件等应符合设计要求，支撑操作使栽植的树木牢固	采用成套树木固定牵引装置、预埋件等符合设计要求，支撑操作使栽植的树木牢固。	符合规范要求。
	3	树木栽植成活率不应低于95%；名贵树木栽植成活率应达到100%	现场抽查树木栽植成活率98%。	符合规范要求。
	4	成坪后覆盖度应不低于95%	覆盖度98%。	符合规范要求。
	5			
	6			
	7			
	8			
一般项目	1	植物栽植定位符合设计要求	按定位施工，符合设计要求。	符合规范要求。
	2	植物材料栽植，应及时进行养护和管理，不得有严重枯黄死亡、植被裸露和明显病虫害	养护和管理及时，无严重枯黄死亡、植被裸露和明显病虫害。	符合规范要求。
	3			
	4			
施工单位检查评定结果	经自检，主控项目、一般项目均符合设计要求和《园林绿化工程施工及验收规范》(CJJ 82—2012)要求，评定合格。 项目专业质量检验：王××　　2015年5月20日			
监理(建设)单位验收记录	同意施工单位评定结果，验收合格，同意进行下道工序施工。 监理工程师：赵×× (建设单位项目专业技术负责人)　　2015年5月20日			

说明：

检验数量：$100m^2$检查3处，不足$100m^2$检查不少于2处。检验方法：观察、尺量。

主控项目

1. 植物材料的种类、品种和植物配置方式应符合设计要求。
2. 自制或采用成套树木固定牵引装置、预埋件等应符合设计要求，支撑操作使栽植的树木牢固。
3. 树木栽植成活率不应低于95%；名贵树木栽植成活率应达100%。
4. 草坪和草本地被的播种、分栽，草块、草卷铺设及运动场草坪成坪后覆盖度应不低于95%。

一般项目

1. 植物栽植定位符合设计要求。
2. 植物材料栽植，应及时进行养护和管理，不得有严重枯黄死亡、植被裸露和明显病虫害。

城市园林绿化工程设施立面垂直绿化施工检验批质量验收记录表

渝市政验收7-6-6

单位工程名称	渝中鹅岭公园绿地工程	分项工程名称	立面垂直绿化	验收部位	广场A区
施工单位	××区城建园林公司	专业工长	李××	项目负责人	王××
施工执行标准名称及编号	《园林绿化工程施工及验收规范》(CJJ 82—2012)				
分包单位	××城建一分公司	分包负责人	张××	施工班组长	王××

项目	序号	质量验收规范的规定	施工单位检查评定结果	监理单位验收记录
主控项目	1	低层建筑物、构筑物的外立面，围栏前为自然地面，符合栽植土标准时，可进行整地栽植	整地栽植条件具备。	符合规范要求。
	2	垂直绿化栽植的品种、规格应符合设计要求	垂直绿化栽植的品种、规格符合设计要求。	符合规范要求。
	3			
	4			
	5			
	6			
	7			
	8			
一般项目	1	建筑物、构筑物的外立面及围栏的立地条件较差，可利用栽植槽栽植，槽的高度宜为50~60cm，宽度宜为50cm，种植槽应有排水孔；栽植土应符合规范规定	符合相关规范要求。	符合规范要求。
	2	建筑物、构筑物里面较光滑时，应加设载体后再进行栽植	已按规范要求操作。	符合规范要求。
	3	植物材料栽植后应牵引、固定、浇水	符合规范要求。	符合规范要求。
	4			
施工单位检查评定结果	经自检，主控项目、一般项目均符合设计要求和《园林绿化工程施工及验收规范》(CJJ 82—2012)要求，评定合格。 项目专业质量检验：王××　　2015年5月20日			
监理（建设）单位验收记录	同意施工单位评定结果，验收合格，同意进行下道工序施工。 监理工程师：赵×× （建设单位项目专业技术负责人）　　2015年5月20日			

说明：

检验数量：100株检查10株，不足20株全数检查。检验方法：观察、尺量。

主控项目

设施的里面及围栏的垂直绿化应根据立地条件进行栽植，并符合下列规定：

1. 低层建筑物、构筑物的外立面，围栏前为自然地面，符合栽植土标准时，可进行整地栽植。

2. 垂直绿化栽植的品种、规格应符合设计要求。

一般项目

1. 建筑物、构筑物的外立面及围栏的立地条件较差，可利用栽植槽栽植，槽的高度宜为50~60cm，宽度宜为50cm，种植槽应有排水孔。

2. 园林植物栽植土应包括客土、原土利用、栽植基质等，栽植土应符合下列规定：

(1)土壤 pH 值应符合本地区栽植土标准或按 pH 值 5.6~8.0 进行选择。

(2)土壤全盐含量应为 0.1%~0.3%。

(3)土壤容重应为 1.0~1.35g/cm³。

(4)土壤有机质含量不应小于 1.5%。

(5)土壤块径不应大于 5cm。

(6)栽植土应见证取样，经有资质检验单位检测并在栽植前取得符合要求的测试结果。

(7)栽植土验收批及取样方法应符合下列规定：客土每 500m³ 或 2000m² 为一检验批，应于土层 20cm 及 50cm 处，随机取样 5 处，每处取样 100g，混合后组成一组试样；原状土 2000m² 以下，随机取样不得少于 3 处；原状土在同一区域每 2000mm² 为一检验批，应于土层 20cm 及 50cm 处，随机取样 5 处，每处取样 100g，混合后组成一组试样；栽植基质 200m³ 以下，随机取样不得少于 3 袋。

3. 建筑物、构筑物里面较光滑时，应加设载体后再进行栽植。

4. 植物材料栽植后应牵引、固定、浇水。

城市园林绿化工程坡面绿化防护栽植层工程施工检验批质量验收记录表

渝市政验收7-6-7

<table>
<tr><td colspan="2">单位工程名称</td><td>渝中鹅岭公园绿地工程</td><td>分项工程名称</td><td>地面铺装</td><td>验收部位</td><td>广场</td></tr>
<tr><td colspan="2">施工单位</td><td>××区城建园林公司</td><td>专业工长</td><td>李××</td><td>项目负责人</td><td>王××</td></tr>
<tr><td colspan="2">施工执行标准名称及编号</td><td colspan="5">《园林绿化工程施工及验收规范》(CJJ 82—2012)</td></tr>
<tr><td colspan="2">分包单位</td><td>××城建一分公司</td><td>分包负责人</td><td>张××</td><td>施工班组长</td><td>王××</td></tr>
<tr><td>项目</td><td>序号</td><td>质量验收规范的规定</td><td colspan="2">施工单位检查评定结果</td><td colspan="2">监理单位验收记录</td></tr>
<tr><td rowspan="8">主控项目</td><td>1</td><td>用于坡面栽植层的栽植土(基质)理化性状应符合规范规定</td><td colspan="2">坡面栽植层的栽植土(基质)理化性状符合规范规定。</td><td colspan="2">符合规范要求。</td></tr>
<tr><td>2</td><td>混凝土格构、固土网垫、格栅、土工合成材料、喷射基质等施工做法应符合设计和规范要求</td><td colspan="2">混凝土格构、固土网垫、格栅、土工合成材料、喷射基质等施工做法符合设计和规范要求。</td><td colspan="2">符合规范要求。</td></tr>
<tr><td>3</td><td></td><td colspan="2"></td><td colspan="2"></td></tr>
<tr><td>4</td><td></td><td colspan="2"></td><td colspan="2"></td></tr>
<tr><td>5</td><td></td><td colspan="2"></td><td colspan="2"></td></tr>
<tr><td>6</td><td></td><td colspan="2"></td><td colspan="2"></td></tr>
<tr><td>7</td><td></td><td colspan="2"></td><td colspan="2"></td></tr>
<tr><td>8</td><td></td><td colspan="2"></td><td colspan="2"></td></tr>
<tr><td rowspan="4">一般项目</td><td>1</td><td>喷射基质不应剥落;栽植土或基质表面无明显沟蚀、流失;栽植土(基质)的肥效不得少于3个月</td><td colspan="2">符合规范要求。</td><td colspan="2">符合规范要求。</td></tr>
<tr><td>2</td><td></td><td colspan="2"></td><td colspan="2"></td></tr>
<tr><td>3</td><td></td><td colspan="2"></td><td colspan="2"></td></tr>
<tr><td>4</td><td></td><td colspan="2"></td><td colspan="2"></td></tr>
<tr><td colspan="2">施工单位检查评定结果</td><td colspan="5">经自检,主控项目、一般项目均符合设计要求和《园林绿化工程施工及验收规范》(CJJ 82—2012)要求,评定合格。
项目专业质量检验:王××　　2015年5月20日</td></tr>
<tr><td colspan="2">监理(建设)单位验收记录</td><td colspan="5">同意施工单位评定结果,验收合格,同意进行下道工序施工。
监理工程师:赵××
(建设单位项目专业技术负责人)　　2015年5月20日</td></tr>
</table>

说明:

检验数量:500m²检查3处,不足500m²检查不少于2处。检验方法:观察、照片分析、尺量。

主控项目

1. 用于坡面栽植层的栽植土(基质)理化性状应符合规范规定:

园林植物栽植土应包括客土、原土利用、栽植基质等,栽植土应符合下列规定:

(1)土壤pH值应符合本地区栽植土标准或按pH值5.6~8.0进行选择。

(2)土壤全盐含量应为0.1%~0.3%。

(3)土壤容重应为1.0~1.35g/cm³。

(4)土壤有机质含量不应小于1.5%。

(5)土壤块径不应大于5cm。

(6)栽植土应见证取样，经有资质检验单位检测并在栽植前取得符合要求的测试结果。

(7)栽植土验收批及取样方法应符合下列规定：客土每 500m^3 或 2000m^2 为一检验批，应于土层 20cm 及 50cm 处，随机取样 5 处，每处取样 100g，混合后组成一组试样；原状土 2000m^2 以下，随机取样不得少于 3 处；原状土在同一区域每 2000mm^2 为一检验批，应于土层 20cm 及 50cm 处，随机取样 5 处，每处取样 100g，混合后组成一组试样；栽植基质 200m^3 以下，随机取样不得少于 3 袋。

2. 混凝土格构、固土网垫、格栅、土工合成材料、喷射基质等施工做法应符合设计和规范要求。

一般项目

喷射基质不应剥落；栽植土或基质表面无明显沟蚀、流失；栽植土(基质)的肥效不得少于 3 个月。

城市园林绿化工程排盐(渗水)管沟隔淋(渗水)层开槽施工检验批质量验收记录表

渝市政验收7-6-8

单位工程名称		渝中鹅岭公园绿地工程		分项工程名称		管道敷设		验收部位			A区绿地
施工单位		××区城建园林公司		专业工长		李××		项目负责人			王××
施工执行标准名称及编号		《园林绿化工程施工及验收规范》(CJJ 82—2012)									
分包单位		××城建一分公司		分包负责人		张××		施工班组长			王××
项目	序号	质量验收规范的规定		施工单位检查评定结果							监理单位验收记录
		项目	规定或允许偏差(cm)								
主控项目	1	开槽范围、槽底高程应符合设计要求,槽底应高于地下水标高		开槽范围、槽底高程符合设计要求,槽底高于地下水标高。							符合规范要求。
	2	槽底不得有淤泥、软土层		槽底无淤泥、软土层。							
	3										
	4										
	5										
	6										
	7										
	8										
一般项目	1	槽底应找平和适度压实		槽底已找平并人工压实。							符合规范要求。
	2	槽底高程	±2	1.2	1.5	−1	1.2	−1.1	1.8	−1.6	符合规范要求。
		槽底平整度	±3	1	2	−1	1.2	−2.1	2	1	符合规范要求。
	3										
	4										
施工单位检查评定结果		经自检,主控项目、一般项目均符合设计要求和《园林绿化工程施工及验收规范》(CJJ 82—2012)要求,评定合格。 项目专业质量检验:王××　　2015年5月20日									
监理(建设)单位验收记录		同意施工单位评定结果,验收合格,同意进行下道工序施工。 监理工程师:赵×× (建设单位项目专业技术负责人)　　2015年5月20日									

说明:

检验数量:1000m²检查3个点,不足1000m²检查不少于2个点。检验方法:测量。

主控项目

重盐碱、重黏土地的排盐(渗水)、隔淋(渗水)层工程应符合下列规定:

1. 开槽范围、槽底高程应符合设计要求,槽底应高于地下水标高。

2. 槽底不得有淤泥、软土层。

一般项目

槽底应找平和适度压实,槽底标高和平整度允许偏差应符合下表规定。

表 排盐（渗水）、隔淋（渗水）层铺设厚度允许偏差

<table>
<tr><th rowspan="2">项次</th><th rowspan="2" colspan="2">项目</th><th rowspan="2">尺寸要求(cm)</th><th rowspan="2">允许偏差(cm)</th><th colspan="2">检查数量</th><th rowspan="2">检查方法</th></tr>
<tr><th>范围</th><th>点数</th></tr>
<tr><td rowspan="2">1</td><td rowspan="2">槽底</td><td>槽底高程</td><td>设计要求</td><td>±2</td><td rowspan="2">1000m²</td><td>5~10</td><td rowspan="2">测量</td></tr>
<tr><td>槽底平整度</td><td>设计要求</td><td>±3</td><td>5~10</td></tr>
<tr><td rowspan="3">2</td><td rowspan="3">排盐管（渗水管）</td><td>每100m坡度</td><td>设计要求</td><td>≤1</td><td>200m</td><td>5</td><td>测量</td></tr>
<tr><td>水平移位</td><td>设计要求</td><td>±3</td><td>200m</td><td>3</td><td>量测</td></tr>
<tr><td>排盐（渗水）管底至排盐（渗水）沟底距离</td><td>12cm</td><td>±2</td><td>200m</td><td>3</td><td>量测</td></tr>
<tr><td rowspan="3">3</td><td rowspan="3">隔淋（渗水）层</td><td rowspan="3">厚度</td><td>16~20</td><td>±2</td><td rowspan="3">1000m²</td><td rowspan="3">5~10</td><td rowspan="3">量测</td></tr>
<tr><td>11~15</td><td>±1.5</td></tr>
<tr><td>≤10</td><td>±1</td></tr>
<tr><td rowspan="3">4</td><td rowspan="3">观察井</td><td>主排盐（渗水）管入井管底标高</td><td rowspan="3">设计要求</td><td>0
−5</td><td rowspan="3">每座</td><td rowspan="3">3</td><td rowspan="3">测量
量测</td></tr>
<tr><td>观察井至排盐（渗水）管底距离</td><td>±2</td></tr>
<tr><td>井盖标高</td><td>±2</td></tr>
</table>

城市园林绿化工程排盐(渗水)管敷设施工检验批质量验收记录表

渝市政验收7-6-9

单位工程名称	渝中鹅岭公园绿地工程	分项工程名称	排盐管敷设	验收部位	A区绿地
施工单位	××区城建园林公司	专业工长	李××	项目负责人	王××
施工执行标准名称及编号	《园林绿化工程施工及验收规范》(CJJ 82—2012)				
分包单位	××城建一分公司	分包负责人	张××	施工班组长	王××

项目	质量验收规范的规定				施工单位检查评定结果							监理单位验收记录
	序号	项目		规定或允许偏差(cm)								
主控项目	1	排盐管(渗水管)敷设走向、长度、间距及过路管的处理应符合设计要求			排盐管(渗水管)敷设走向、长度、间距及过路管的处理符合设计要求。							符合规范要求。
	2	管材规格、性能符合设计和使用功能要求,并有出厂合格证			管材规格、性能符合设计要求,并检查出厂合格证。							符合规范要求。
	3	排盐(渗水)管应通顺有效,主排盐(渗水)管应与外界市政排水管网接通,终端管底标高应高于排水管管中15cm以上			符合规范要求。							符合规范要求。
	4											
	5											
	6											
一般项目	1	排盐(渗水)沟断面和填埋材料应符合设计要求			符合设计和相关要求。							符合规范要求。
	2	排盐(渗水)管的连接与观察井的连接末端排盐管的封堵应符合设计要求			符合规范要求。							符合规范要求。
	3	排盐管(渗水管)	每100m坡度	≤1	0.1	0.3	0.2	0.5	0.3	0.8	0.4	符合规范要求。
			水平移位	±3	1	2	−1	1.2	−2.1	2	1	符合规范要求。
			排盐(渗水)管底至排盐(渗水)沟底距离	±2	1.2	1.5	−1	1.2	−1.1	1.8	−1.6	符合规范要求。
	4	观察井	主排盐(渗水)管入井管底标高	0 −5	−4	−3.5	−2	−1	−2.8	−3	−4	符合规范要求。
			观察井至排盐(渗水)管底距离	±2	1.2	−1.5	1.8	1.6	1.7	−1.8	1.4	符合规范要求。
			井盖标高	±2	−1.5	1.8	1.6	1.7	−1.8	1.4	1.5	符合规范要求。
施工单位检查评定结果	经自检,主控项目、一般项目均符合设计要求和《园林绿化工程施工及验收规范》(CJJ 82—2012)要求,评定合格。 项目专业质量检验:王××　　2015年5月20日											
监理(建设)单位验收记录	同意施工单位评定结果,验收合格,同意进行下道工序施工。 监理工程师:赵×× (建设单位项目专业技术负责人)　　2015年5月20日											

说明：

检验数量：200m 检查 3 个点，不足 200m 检查不少于 2 个点。检验方法：测量。

主控项目

排盐管（渗水管）敷设按下列方式进行：

1. 排盐管（渗水管）敷设走向、长度、间距及过路管的处理应符合设计要求。

2. 棺材规格、性能符合设计和使用功能要求，并有出厂合格证。

3. 排盐（渗水）管应通顺有效，主排盐（渗水）管应与外界市政排水管网接通，终端管底标高应高于排水管管中 15cm 以上。

一般项目

1. 排盐（渗水）沟断面和填埋材料应符合设计要求。

2. 排盐（渗水）管的连接与观察井的连接末端排盐管的封堵应符合设计要求。

3. 排盐（渗水）管观察井允许偏差应符合下表规定。

表　排盐（渗水）、隔淋（渗水）层铺设厚度允许偏差

项次	项目		尺寸要求（cm）	允许偏差（cm）	检查数量		检查方法
					范围	点数	
1	槽底	槽底高程	设计要求	±2	1000m²	5~10	测量
		槽底平整度	设计要求	±3		5~10	
2	排盐管（渗水管）	每 100m 坡度	设计要求	≤1	200m	5	测量
		水平移位	设计要求	±3	200m	3	量测
		排盐（渗水）管底至排盐（渗水）沟底距离	12cm	±2	200m	3	量测
3	隔淋（渗水）层	厚度	16~20	±2	1000㎡	5~10	量测
			11~15	±1.5			
			≤10	±1			
4	观察井	主排盐（渗水）管入井管底标高	设计要求	0 −5	每座	3	测量 量测
		观察井至排盐（渗水）管底距离		±2			
		井盖标高		±2			

城市园林绿化工程隔淋(渗水)层施工检验批质量验收记录表

渝市政验收7-6-10

单位工程名称	渝中鹅岭公园绿地工程	分项工程名称	地面铺装	验收部位	广场
施工单位	××区城建园林公司	专业工长	李××	项目负责人	王××
施工执行标准名称及编号	《园林绿化工程施工及验收规范》(CJJ 82—2012)				
分包单位	××城建一分公司	分包负责人	张××	施工班组长	王××

项目	质量验收规范的规定				施工单位检查评定结果							监理单位验收记录
	序号	项目		规定或允许偏差(cm)								
主控项目	1	隔淋(渗水)层的材料及铺设厚度应符合设计要求			隔淋(渗水)层的材料及铺设厚度符合设计要求。							符合规范要求。
	2	铺设隔淋(渗水)层时,不得损坏排盐(渗水)管			铺设隔淋(渗水)层时,对排盐(渗水)管有安全防护措施。							符合规范要求。
	3											
	4											
	5											
	6											
	7											
	8											
一般项目	1	石屑淋层材料中石粉和泥土含量不得超过10%,其他淋(渗水)层材料中也不得掺杂黏土、石灰等黏结物			符合规范要求。							符合规范要求。
	2	隔淋(渗水)层厚度	16～20	±2								符合规范要求。
			11～15	±1.5	−1	−1.3	1.4	1.3	1.3	−1.2	−0.9	
			≤10	±1								
	3											
	4											

施工单位检查评定结果	经自检,主控项目、一般项目均符合设计要求和《园林绿化工程施工及验收规范》(CJJ 82—2012)要求,评定合格。 项目专业质量检验:王×× 2015年5月20日
监理(建设)单位验收记录	同意施工单位评定结果,验收合格,同意进行下道工序施工。 监理工程师:赵×× (建设单位项目专业技术负责人) 2015年5月20日

说明:

检验数量:1000m²检查3个点,不足1000m²检查不少于2个点。检验方法测量。

主控项目

1. 隔淋(渗水)层的材料及铺设厚度应符合设计要求。
2. 铺设隔淋(渗水)层时,不得损坏排盐(渗水)管。

一般项目

1. 石屑淋层材料中石粉和泥土含量不得超过10%,其他淋(渗水)层材料中也不得掺杂黏土、石灰等黏结物。
2. 排盐(渗水)、隔淋(渗水)层铺设厚度允许偏差应符合下表的要求。

表　排盐(渗水)、隔淋(渗水)层铺设厚度允许偏差

项次	项目		尺寸要求(cm)	允许偏差(cm)	检查数量		检查方法
					范围	点数	
1	槽底	槽底高程	设计要求	±2	1000m²	5~10	测量
		槽底平整度	设计要求	±3		5~10	
2	排盐管(渗水管)	每100m坡度	设计要求	≤1	200m	5	测量
		水平移位	设计要求	±3	200m	3	量测
		排盐(渗水)管底至排盐(渗水)沟底距离	12cm	±2	200m	3	量测
3	隔淋(渗水)层	厚度	16~20	±2	1000m²	5~10	量测
			11~15	±1.5			
			≤10	±1			
4	观察井	主排盐(渗水)管入井管底标高	设计要求	0 −5	每座	3	测量 量测
		观察井至排盐(渗水)管底距离		±2			
		井盖标高		±2			

城市园林绿化工程施工期植物养护检验批质量验收记录表

渝市政验收7-6-11

<table>
<tr><td>单位工程名称</td><td colspan="2">渝中鹅岭公园绿地工程</td><td>分项工程名称</td><td>植物养护</td><td>验收部位</td><td>A区绿地</td></tr>
<tr><td>施工单位</td><td colspan="2">××区城建园林公司</td><td>专业工长</td><td>李××</td><td>项目负责人</td><td>王××</td></tr>
<tr><td>施工执行标准名称及编号</td><td colspan="6">《园林绿化工程施工及验收规范》(CJJ 82—2012)</td></tr>
<tr><td>分包单位</td><td colspan="2">××城建一分公司</td><td>分包负责人</td><td>张××</td><td>施工班组长</td><td>王××</td></tr>
<tr><td rowspan="6">主控项目</td><td colspan="2">质量验收规范的规定</td><td colspan="2">施工单位检查评定结果</td><td colspan="2">监理单位验收记录</td></tr>
<tr><td>1</td><td>根据植物习性和墒情及时浇水</td><td colspan="2">符合规范要求。</td><td colspan="2">符合规范要求。</td></tr>
<tr><td>2</td><td>结合中耕除草，平整树台</td><td colspan="2">符合规范要求。</td><td colspan="2">符合规范要求。</td></tr>
<tr><td>3</td><td>加强病虫害观测，控制突发性病虫害发生，主要病虫害防治应及时</td><td colspan="2">主要病虫害防治应及时，无病虫害发生。</td><td colspan="2">符合规范要求。</td></tr>
<tr><td>4</td><td>树木应及时剥芽、去蘖、疏枝整形。草坪应适时进行修剪</td><td colspan="2">草坪与树木修剪整形，符合规范要求。</td><td colspan="2">符合规范要求。</td></tr>
<tr><td>5</td><td>对树木应加强支撑、绑扎及裹干措施，做好防强风、干热、洪涝、越冬防寒等工作</td><td colspan="2">有支撑绑扎措施，防热及防寒措施得当。</td><td colspan="2">符合规范要求。</td></tr>
<tr><td rowspan="4">一般项目</td><td>1</td><td>根据植物生长情况应及时追肥、施肥</td><td colspan="2">追肥、施肥及时。</td><td colspan="2">符合规范要求。</td></tr>
<tr><td>2</td><td>花坛、花境应及时清除残花败叶，保障植株生长健壮</td><td colspan="2">花坛、花境环境卫生良好，植株生长健壮。</td><td colspan="2">符合规范要求。</td></tr>
<tr><td>3</td><td>绿地应保持整洁；做好维护管理工作，及时清理枯枝、落叶、杂草、垃圾</td><td colspan="2">绿地维护管理适当。</td><td colspan="2">符合规范要求。</td></tr>
<tr><td>4</td><td>对生长不良、枯死、损坏、缺株的园林植物应及时更换或补栽，用于更换及补栽的植物材料应和原植株的种类、规格一致</td><td colspan="2">及时补种补栽，无缺株植物，符合设计要求。</td><td colspan="2">符合规范要求。</td></tr>
<tr><td>施工单位检查评定结果</td><td colspan="6">经自检，主控项目、一般项目均符合设计要求和《园林绿化工程施工及验收规范》(CJJ 82—2012)要求，评定合格。
项目专业质量检验：王××
2015年5月20日</td></tr>
<tr><td>监理（建设）单位验收记录</td><td colspan="6">同意施工单位评定结果，验收合格，同意进行下道工序施工。
监理工程师：赵××
（建设单位项目专业技术负责人）
2015年5月20日</td></tr>
</table>

说明：

检验数量：1000m^{2}以下检查不少于3处，每处面积不小于50m^2。检验方法：检查施工日记、观察。

主控项目

绿化栽植工程应编制养护管理计划，并按计划认真组织实施，养护计划应包括下列内容：

1. 根据植物习性和墒情及时浇水。

2. 结合中耕除草，平整树台。

3. 加强病虫害观测，控制突发性病虫害发生，主要病虫害防治应及时。

4. 树木应及时剥芽、去蘖、疏枝整形。草坪应适时进行修剪。

5. 对树木应加强支撑绑扎及裹干措施，做好防强风、干热、洪涝、越冬防寒等工作。

一般项目

1. 根据植物生长情况应及时追肥、施肥。

2. 花坛、花境应及时清除残花败叶，保障植株生长健壮。

3. 绿地应保持整洁；做好维护管理工作，及时清理枯枝、落叶、杂草、垃圾。

4. 对生长不良、枯死、损坏、缺株的园林植物应及时更换或补栽，用于更换及补栽的植物材料应和原植株的种类、规格一致。

城市园林绿化工程园路、广场地面铺装碎拼花岗岩面层施工检验批质量验收记录表

渝市政验收 7-7-1

<table>
<tr><td colspan="2">单位工程名称</td><td colspan="2">渝中鹅岭公园绿地工程</td><td>分项工程名称</td><td colspan="2">地面铺装</td><td colspan="4">验收部位</td><td>广场</td></tr>
<tr><td colspan="2">施工单位</td><td colspan="2">××区城建园林公司</td><td>专业工长</td><td colspan="2">李××</td><td colspan="4">项目负责人</td><td>王××</td></tr>
<tr><td colspan="2">施工执行标准名称及编号</td><td colspan="10">《园林绿化工程施工及验收规范》(CJJ 82—2012)</td></tr>
<tr><td colspan="2">分包单位</td><td colspan="2">××城建一分公司</td><td>分包负责人</td><td colspan="2">张××</td><td colspan="4">施工班组长</td><td>王××</td></tr>
<tr><td rowspan="2">项目</td><td rowspan="2">序号</td><td colspan="2">质量验收规范的规定</td><td colspan="7" rowspan="2">施工单位检查评定结果</td><td rowspan="2">监理单位验收记录</td></tr>
<tr><td>项目</td><td>规定或允许偏差</td></tr>
<tr><td rowspan="3">主控项目</td><td>1</td><td colspan="2">地面工程基层、面层所用材料的品种、质量、规格,各结构层纵横向坡度、厚度、标高和平整度应符合设计要求;面层与基层的结合(黏结)必须牢固,不得空鼓、松动,面层不得积水。园路的弧度应顺畅自然</td><td colspan="7">基层砂浆配合比报告单具备:编号 0102325,预制混凝土砌块面层:500mm×500mm×15mm。面层基层结合牢固,无积水。园路弧度顺畅。</td><td>符合规范要求。</td></tr>
<tr><td>2</td><td colspan="2"></td><td colspan="7"></td><td></td></tr>
<tr><td>3</td><td colspan="2"></td><td colspan="7"></td><td></td></tr>
<tr><td rowspan="4">一般项目</td><td>1</td><td colspan="2">材料边缘呈自然碎裂形状,形态基本相似,不宜出现尖锐角及规则形</td><td colspan="7">材料边缘呈自然碎裂形状,无尖锐角及规则形。</td><td>符合规范要求。</td></tr>
<tr><td>2</td><td colspan="2">色泽及大小搭配协调,接缝大小、深浅一致</td><td colspan="7">色泽及大小搭配协调,接缝大小、深浅一致。</td><td>符合规范要求。</td></tr>
<tr><td>3</td><td colspan="2">表面洁净,地面不积水</td><td colspan="7">表面洁净,地面无积水。</td><td>符合规范要求。</td></tr>
<tr><td>4</td><td>表面平整度</td><td>3</td><td>1. 2</td><td>2</td><td>1.8</td><td>2.1</td><td>2</td><td>2.2</td><td>2</td><td>符合规范要求。</td></tr>
<tr><td colspan="2">施工单位检查评定结果</td><td colspan="10">经自检,主控项目、一般项目均符合设计要求和《园林绿化工程施工及验收规范》(CJJ 82—2012)要求,评定合格。
项目专业质量检验:王×× 2015年5月20日</td></tr>
<tr><td colspan="2">监理(建设)单位验收记录</td><td colspan="10">同意施工单位评定结果,验收合格,同意进行下道工序施工。
监理工程师:赵××
(建设单位项目专业技术负责人) 2015年5月20日</td></tr>
</table>

说明:

检验数量:200m²检查 3 处,不足 200m²检查不少于 1 处。检验方法:靠尺、楔形塞尺、量测。

主控项目

地面工程基层、面层所用材料的品种、质量、规格,各结构层纵横向坡度、厚度、标高和平整度应符合设计要求;面层与基层的结合(黏结)必须牢固,不得空鼓、松动,面层不得积水。园路的弧度应顺畅自然。

一般项目

1. 碎拼花岗岩面层(包括其他不规则路面面层)应符合下列要求:

(1)材料边缘呈自然碎裂形状,形态基本相似,不宜出现尖锐角及规则形。

(2)色泽及大小搭配协调,接缝大小、深浅一致。

(3)表面洁净,地面不积水。

2. 嵌草地面面层应符合下列规定:

(1)块料不应由裂纹、缺陷、铺设平稳,表面清洁。

(2)块料之间应填种植土,种植土厚度不宜小于 8cm,种植土填充面应低于块料上表面 1~2cm。

(3)嵌草平整,不得积水。

城市园林绿化工程园路、广场地面铺装卵石面层施工检验批质量验收记录表

渝市政验收7-7-2

单位工程名称	渝中鹅岭公园绿地工程	分项工程名称	地面铺装	验收部位	广场
施工单位	××区城建园林公司	专业工长	李××	项目负责人	王××
施工执行标准名称及编号	《园林绿化工程施工及验收规范》(CJJ 82—2012)				
分包单位	××城建一分公司	分包负责人	张××	施工班组长	王××

项目	序号	质量验收规范的规定 项目	规定或允许偏差	施工单位检查评定结果							监理单位验收记录
主控项目	1	地面工程基层、面层所用材料的品种、质量、规格，各结构层纵横向坡度、厚度、标高和平整度应符合设计要求；面层与基层的结合(黏结)必须牢固，不得空鼓、松动，面层不得积水。园路的弧度应顺畅自然		基层砂浆配合比报告单具备：编号0102325，预制混凝土砌块面层：500mm×500mm×15mm。面层基层结合牢固，无积水。园路弧度顺畅。							符合规范要求。
	2										
一般项目	1	卵石面层应按排水方向调坡		卵石面层排水方向顺坡。							符合规范要求。
	2	面层铺贴前应对基础进行清理后刷素水泥浆一遍		符合施工工艺。							符合规范要求。
	3	水泥砂浆厚度不应低于4cm，强度等级不应低于M10		水泥砂浆强度等级M10。厚度高于4cm。							符合规范要求。
	4	卵石颜色搭配协调、颗粒清晰、大小均匀、石粒清洁，排列方式一致(特殊拼花要求除外)		卵石颜色搭配协调、颗粒清晰、大小均匀、石粒清洁。							符合规范要求。
	5	露面卵石铺设应均匀，窄面向上，无明显下沉颗粒，并达到全铺设面70%以上，嵌入砂浆厚度为卵石整体60%		全面检查，符合施工规范要求。							符合规范要求。
	6	砂浆强度达到设计强度的70%时，应冲洗石子表面		按施工规范要求施工。							符合规范要求。
	7	带状卵石铺装大于6延米时，应设伸缩缝		带状卵石铺装大于6延米，设有伸缩缝。							符合规范要求。
	8	表面平整度	4	2.1	3.2	2	3	1	2	3	符合规范要求。
		接缝高低差	4	1.5	2.2	2	1	3	2	1	符合规范要求。
		板块(卵石)间隙宽度	5	2.1	4.2	2	4	1	3	3	符合规范要求。
施工单位检查评定结果	经自检，主控项目、一般项目均符合设计要求和《园林绿化工程施工及验收规范》(CJJ 82—2012)要求，评定合格。 项目专业质量检验：王××　　2015年5月20日										
监理(建设)单位验收记录	同意施工单位评定结果，验收合格，同意进行下道工序施工。 监理工程师：赵×× (建设单位项目专业技术负责人)　　2015年5月20日										

说明：

检验数量：200m²检查3处，不足200m²检查不少于1处。检验方法：靠尺、楔形塞尺、量测。

主控项目

地面工程基层、面层所用材料的品种、质量、规格，各结构层纵横向坡度、厚度、标高和平整度应符合设计要求；面层与基层的结合（黏结）必须牢固，不得空鼓、松动，面层不得积水。园路的弧度应顺畅自然。

一般项目

1. 卵石面层应符合下列规定：

（1）卵石面层应按排水方向调坡。

（2）面层铺贴前应对基础进行清理后刷素水泥浆一遍。

（3）水泥砂浆厚度不应低于4cm，强度等级不应低于M10。

（4）卵石颜色搭配协调、颗粒清晰、大小均匀、石粒清洁，排列方式一致（特殊拼花要求除外）。

（5）露面卵石铺设应均匀，窄面向上，无明显下沉颗粒，并达到全铺设面70%以上，嵌入砂浆厚度为卵石整体60%。

（6）砂浆强度达到设计强度的70%时，应冲洗石子表面。

（7）带状卵石铺装大于6延米时，应设伸缩缝。

2. 嵌草地面面层应符合下列规定：

（1）块料不应有裂纹、缺陷，铺设平稳，表面清洁。

（2）块料之间应填种植土，种植土厚度不宜小于8cm，种植土填充面应低于块料上表面1~2cm。

（3）嵌草平整，不得积水。

城市园林绿化工程园路、广场地面铺装嵌草地面施工检验批质量验收记录表

渝市政验收7-7-3

单位工程名称	渝中鹅岭公园绿地工程	分项工程名称	地面铺装	验收部位	广场
施工单位	××区城建园林公司	专业工长	李××	项目负责人	王××
施工执行标准名称及编号	《园林绿化工程施工及验收规范》(CJJ 82—2012)				
分包单位	××城建一分公司	分包负责人	张××	施工班组长	王××

	序号	质量验收规范的规定		施工单位检查评定结果							监理单位验收记录
		项目	规定或允许偏差								
主控项目	1	地面工程基层、面层所用材料的品种、质量、规格，各结构层纵横向坡度、厚度、标高和平整度应符合设计要求；面层与基层的结合(黏结)必须牢固，不得空鼓、松动，面层不得积水。园路的弧度应顺畅自然		基层砂浆配合比报告单具备：编号0102325，预制混凝土砌块面层：600mm×600mm×15mm。面层基层结合牢固，无积水。园路弧度顺畅。							符合规范要求。
	2										
	3										
	4										
	5										
	6										
	7										
	8										
一般项目	1	块料不应有裂纹、缺陷，铺设平稳，表面清洁		块料无裂纹、缺陷、铺设平稳，表面清洁。							符合规范要求。
	2	块料之间应填种植土，种植土厚度不宜小于8cm，种植土填充面应低于块料上表面1~2cm		块料之间应填种植土，种植土厚度大于8cm，种植土填充面低于块料上表面。							符合规范要求。
	3	嵌草平整，不得积水		嵌草平整，无积水。							符合规范要求。
	4	表面平整度	5	2.1	4.2	2	3	1	2	3	符合规范要求。
		接缝高低差	3	3	2.2	2	1.8	2	1	2	符合规范要求。
		缝格平直	3	2.6	2	2	2	1	1	2	符合规范要求。
		板块(卵石)间隙宽度	3	2.2	2	1	2. 2	2.5	2	1	符合规范要求。
施工单位检查评定结果	经自检，主控项目、一般项目均符合设计要求和《园林绿化工程施工及验收规范》(CJJ 82—2012)要求，评定合格。 项目专业质量检验：王××　　2015年5月20日										
监理(建设)单位验收记录	同意施工单位评定结果，验收合格，同意进行下道工序施工。 监理工程师：赵×× (建设单位项目专业技术负责人)　　2015年5月20日										

说明：

检验数量：200m²检查3处，不足200m²检查不少于1处。检验方法：观察、尺量。

主控项目

地面工程基层、面层所用材料的品种、质量、规格，各结构层纵横向坡度、厚度、标高和平整度应符合设计要求；面层与基层的结合(黏结)必须牢固，不得空鼓、松动，面层不得积水。园路的弧度应顺畅自然。

一般项目

1. 草地面面层应符合下列规定：

(1)块料不应由裂纹、缺陷、铺设平稳，表面清洁。

(2)块料之间应填种植土，种植土厚度不宜小于8cm，种植土填充面应低于块料上表面1~2cm。

(3)嵌草平整，不得积水。

2. 园路、广场地面铺装工程允许偏差和检验方法应符合下表的规定。

表　园路、广场地面铺装工程的允许偏差和检验方法

项次	项目	允许偏差(mm)																			检验方法
		基层				面层															
		土	混凝土、炉渣	砂、碎石	块石	碎拼花岗岩	卵石	嵌草地面	水泥花砖	混凝土板块	花岗岩	侧石	冰梅	花街铺地	大方砖	压模	透水砖	小青砖(黄道砖)	自然块石	水洗石	
1	表面平整度	15	10	15	15	3	4	5	5	4	1	—	3	5	4	3	4	5	10	3	用2m靠尺和楔形塞尺检查
2	厚度	在个别地方不大于设计厚度的1/10		-10%		—	—	—	—	—	—	—	—	3	8	—	3	3	—	—	尺量检查
3	标高	+0 -50	± 10	± 20	± 30	—	—	—	—	—	—	—	—	—	—	—	—	—	—	—	用水准仪检查
4	缝格平直	—	—	—	—	—	—	3	3	3	2	—	—	3	3	—	3	3	8	—	拉5m线和尺量检查
5	接缝高低差	—	—	—	—	—	4	3	0.5	1.5	0.5	3	—	2	1	—	1	2	—	1	尺量和楔形塞尺检查
6	板块(卵石)间隙宽度	—	—	—	—	—	5	3	2	6	1	2	—	—	2	—	3	3	—	—	尺量检查
7	尺量偏差	—	—	—	—	—	—	—	—	—	—	—	—	—	3	—	3	3	—	—	尺量检查

城市园林绿化工程园路、广场地面铺装水泥花砖混凝土板块面层施工检验批质量验收记录表

渝市政验收 7-7-4

单位工程名称	渝中鹅岭公园绿地工程	分项工程名称	地面铺装	验收部位	广场
施工单位	××区城建园林公司	专业工长	李××	项目负责人	王××
施工执行标准名称及编号	《园林绿化工程施工及验收规范》(CJJ 82—2012)				
分包单位	××城建一分公司	分包负责人	张××	施工班组长	王××

项目	序号	质量验收规范的规定		施工单位检查评定结果							监理单位验收记录
		项目	规定或允许偏差								
主控项目	1	地面工程基层、面层所用材料的品种、质量、规格,各结构层纵横向坡度、厚度、标高和平整度应符合设计要求;面层与基层的结合(黏结)必须牢固,不得空鼓、松动,面层不得积水。园路的弧度应顺畅自然		基层砂浆配合比报告单具备:编号 0102325,预制混凝土砌块面层:600mm×600mm×15mm。面层基层结合牢固,无积水。园路弧度顺畅。							符合规范要求。
	2										
	3										
	4										
	5										
	6										
	7										
	8										
一般项目	1	在铺贴前,应对板块的规格尺寸、外观质量、色泽等进行预选。浸水湿润晾干待用		板块的规格尺寸:400mm×400mm×15mm,检验单号:20150201,符合设计要求。							符合规范要求。
	2	勾缝和压缝应采用同品种、同强度等级、同颜色的水泥,并做好养护和保护		同色水泥,强度:C25。							符合规范要求。
	3	面层的表面应洁净,图案清晰,色泽一致,接缝平整,深浅一致,周边顺直,板块无裂缝、掉角和缺棱登缺陷		面层的表面洁净,图案清晰,色泽一致,接缝平整。							符合规范要求。
	4	表面平整度	4	1.2	2.2	2	3	3.2	2.5	2	符合规范要求。
		接缝高低差	1.5	1.2	1.3	1	0.8	0.6	0.5	1	符合规范要求。
		缝格平直	3	2.2	2	1	2.2	2.5	2	1	符合规范要求。
		板块(卵石)间隙宽度	6	2.3	2	3	4.2	3.5	4	6	符合规范要求。

施工单位检查评定结果	经自检,主控项目、一般项目均符合设计要求和《园林绿化工程施工及验收规范》(CJJ 82—2012)要求,评定合格。 项目专业质量检验:王×× 2015年5月20日
监理(建设)单位验收记录	同意施工单位评定结果,验收合格,同意进行下道工序施工。 监理工程师:赵×× (建设单位项目专业技术负责人) 2015年5月20日

说明：

检验数量：$200m^2$检查3处，不足$200m^2$检查不少于1处。检验方法：拉5m线、靠尺、楔形塞尺，量测。

主控项目

地面工程基层、面层所用材料的品种、质量、规格，各结构层纵横向坡度、厚度、标高和平整度应符合设计要求；面层与基层的结合（黏结）必须牢固，不得空鼓、松动，面层不得积水。园路的弧度应顺畅自然。

一般项目

1. 水泥花砖、混凝土板块、花岗岩等面层应符合下列规定：

(1)在铺贴前，应对板块的规格尺寸、外观质量、色泽等进行预选，浸水湿润晾干待用。

(2)勾缝和压缝应采用同品种、同强度等级、同颜色的水泥，并做好养护和保护。

(3)面层的表面应洁净，图案清晰，色泽一致，接缝平整，深浅一致，周边顺直，板块无裂缝、掉角和缺棱登缺陷。

2. 园路、广场地面铺装工程允许偏差和检验方法应符合下表的规定。

表　园路、广场地面铺装工程的允许偏差和检验方法

项次	项目	允许偏差(mm)																			检验方法
		基层		面层																	
		土	混凝土、炉渣	砂、碎石	块石	碎拼花岗岩	卵石	嵌草地面	水泥花砖	混凝土板块	花岗岩	侧石	冰梅	花街铺地	大方砖	压模	透水砖	小青砖（黄道砖）	自然块石	水洗石	
1	表面平整度	15	10	15	15	3	4	5	5	4	1	—	3	5	4	3	4	5	10	3	用2m靠尺和楔形塞尺检查
2	厚度	在个别地方不大于设计厚度的1/10		-10%		—	—	—	—	—	—	—	—	3	8	—	3	3	—	—	尺量检查
3	标高	+0 −50	±10	±20	±30	—	—	—	—	—	—	—	—	—	—	—	—	—	—	—	用水准仪检查
4	缝格平直	—	—	—	—	—	—	3	3	3	2	—	—	3	3	—	3	3	8	—	拉5m线和尺量检查
5	接缝高低差	—	—	—	—	—	4	3	0.5	1.5	0.5	3	—	2	1	—	1	2	—	1	尺量和楔形塞尺检查
6	板块（卵石）间隙宽度	—	—	—	—	—	5	3	2	6	1	2	—	—	2	—	3	3	—	—	尺量检查
7	尺量偏差	—	—	—	—	—	—	—	—	—	—	—	—	—	3	—	3	3	—	—	尺量检查

城市园林绿化工程园路、广场地面铺装侧石安装检验批质量验收记录表

渝市政验收7-7-5

单位工程名称	渝中鹅岭公园绿地工程	分项工程名称	地面铺装	验收部位	广场
施工单位	××区城建园林公司	专业工长	李××	项目负责人	王××
施工执行标准名称及编号	《园林绿化工程施工及验收规范》(CJJ 82—2012)				
分包单位	××城建一分公司	分包负责人	张××	施工班组长	王××

项目	序号	质量验收规范的规定		施工单位检查评定结果							监理单位验收记录
		项目	规定或允许偏差								
主控项目	1	地面工程基层、面层所用材料的品种、质量、规格,各结构层纵横向坡度、厚度、标高和平整度应符合设计要求;面层与基层的结合(黏结)必须牢固,不得空鼓、松动,面层不得积水。园路的弧度应顺畅自然		基层砂浆配合比报告单具备:编号0102325,预制混凝土砌块面层:600mm×600mm×15mm。面层基层结合牢固,无积水。园路弧度顺畅。							符合规范要求。
	2										
	3										
	4										
	5										
	6										
	7										
	8										
一般项目	1	底部和外侧应坐浆,安装稳固		底部和外侧坐浆,安装稳固。							符合规范要求。
	2	顶面应平整、线条应顺直		顶面平整、线条顺直。							符合规范要求。
	3	曲线段应圆滑,无明显折角		曲线段圆滑折角。							符合规范要求。
	4	接缝高低差	3	2.6	2	2	2	1	1	2	符合规范要求。
		板块(卵石)间隙宽度	2	2	0.2	1	0.3	1	1	1	符合规范要求。
施工单位检查评定结果	经自检,主控项目、一般项目均符合设计要求和《园林绿化工程施工及验收规范》(CJJ 82—2012)要求,评定合格。 项目专业质量检验:王××　2015年5月20日										
监理(建设)单位验收记录	同意施工单位评定结果,验收合格,同意进行下道工序施工。 监理工程师:赵×× (建设单位项目专业技术负责人)　2015年5月20日										

说明:

检验数量:100延米检查3处,不足100延米检查不少于1处。检验方法:水准仪、尺量、观察。

主控项目

地面工程基层、面层所用材料的品种、质量、规格,各结构层纵横向坡度、厚度、标高和平整度应符合设计要求;面层与基层的结合(黏结)必须牢固,不得空鼓、松动,面层不得积水。园路的弧度应顺畅自然。

一般项目

1. 水泥花砖、混凝土板块、花岗岩等面层应符合下列规定:

(1)在铺贴前,应对板块的规格尺寸、外观质量、色泽等进行预选,浸水湿润晾干待用。

(2)勾缝和压缝应采用同品种、同强度等级、同颜色的水泥,并做好养护和保护。

(3)面层的表面应洁净,图案清晰,色泽一致,接缝平整,深浅一致,周边顺直,板块无裂缝、掉角和缺棱登缺陷。

2. 园路、广场地面铺装工程允许偏差和检验方法应符合下表的规定。

表　园路、广场地面铺装工程的允许偏差和检验方法

项次	项目	允许偏差(mm)																			检验方法
		基层		面层																	
		土	混凝土、炉渣	砂、碎石	块石	碎拼花岗岩	卵石	嵌草地面	水泥花砖	混凝土板块	花岗岩	侧石	冰梅	花街铺地	大方砖	压模	透水砖	小青砖(黄道砖)	自然块石	水洗石	
1	表面平整度	15	10	15	15	3	4	5	5	4	1	—	3	5	4	3	4	5	10	3	用2m靠尺和楔形塞尺检查
2	厚度	在个别地方不大于设计厚度的1/10		−10%		—	—	—	—	—	—	—	—	3	8	—	3	3	—	—	尺量检查
3	标高	+0 −50	±10	±20	±30	—	—	—	—	—	—	—	—	—	—	—	—	—	—	—	用水准仪检查
4	缝格平直	—	—	—	—	—	—	3	3	3	2	—	—	3	3	—	3	3	8	—	拉5m线和尺量检查
5	接缝高低差	—	—	—	—	—	4	3	0.5	1.5	0.5	3	—	2	1	—	1	2	—	1	尺量和楔形塞尺检查
6	板块(卵石)间隙宽度	—	—	—	—	—	5	3	2	6	1	2	—	—	2	—	3	3	—	—	尺量检查
7	尺量偏差	—	—	—	—	—	—	—	—	—	—	—	—	—	3	—	3	3	—	—	尺量检查

城市园林绿化工程园路、广场地面铺装冰梅面层施工检验批质量验收记录表

渝市政验收 7-7-6

单位工程名称	渝中鹅岭公园绿地工程	分项工程名称	地面铺装	验收部位	广场
施工单位	××区城建园林公司	专业工长	李××	项目负责人	王××
施工执行标准名称及编号	《园林绿化工程施工及验收规范》(CJJ 82—2012)				
分包单位	××城建一分公司	分包负责人	张××	施工班组长	王××

项目	序号	质量验收规范的规定：项目	质量验收规范的规定：规定或允许偏差	施工单位检查评定结果	监理单位验收记录
主控项目	1	地面工程基层、面层所用材料的品种、质量、规格,各结构层纵横向坡度、厚度、标高和平整度应符合设计要求;面层与基层的结合(黏结)必须牢固,不得空鼓、松动,面层不得积水。园路的弧度应顺畅自然		基层砂浆配合比报告单具备:编号 0102325,预制混凝土砌块面层:600mm×600mm×15mm。面层基层结合牢固,无积水。园路弧度顺畅。	符合规范要求
	2				
	3				
	4				
	5				
	6				
一般项目	1	面层的色泽、质感、纹理、块体规格大小应符合设计要求		材料进场报验单号:20150120,面层材料色泽、质感、纹理、块体规格符合设计要求。	符合规范要求。
	2	石质材料要求强度均匀,抗压强度不小于30MPa;软质面层石材要求细滑、耐磨,表面应洁净		石质材料要求强度均匀,抗压强度大于30MPa;试验单号:20150201。	符合规范要求。
	3	板块面宜五边以上为主,块体大小不宜均匀,符合一点三线原则,不得出现正多边形及阴角(内凹角)、直角		板块面五边以上为主,无正多边形及阴角、直角。	符合规范要求。
	4	垫层应采用同品种、同强度等级的水泥,并做好养护和保护		垫层水泥报验单号:050203,强度:C30,施工养护符合要求。	符合规范要求。
	5	面层的表面应洁净,图案清晰,色泽一致,接缝平整,深浅一致,留缝宽度一致,周边顺直,大小适中		面层的表面应洁净,图案清晰,留缝宽度一致。	符合规范要求。
	6	表面平整度	3	2.2	2	1.8	2	1	2	1	符合规范要求。
施工单位检查评定结果		经自检,主控项目、一般项目均符合设计要求和《园林绿化工程施工及验收规范》(CJJ 82—2012)要求,评定合格。 项目专业质量检验:王×× 2015年5月20日			
监理(建设)单位验收记录		同意施工单位评定结果,验收合格,同意进行下道工序施工。 监理工程师:赵×× (建设单位项目专业技术负责人) 2015年5月20日			

说明:

检验数量:200m²检查3处,不足200m²检查不少于1处。检验方法:靠尺、楔形塞尺,量测。

主控项目

地面工程基层、面层所用材料的品种、质量、规格,各结构层纵横向坡度、厚度、标高和平整度应符合设计要求;面层与基层的结合(黏结)必须牢固,不得空鼓、松动,面层不得积水。园路的弧度应顺畅自然。

一般项目

1. 冰梅面层应符合下列规定：

(1)面层的色泽、质感、纹理、块体规格大小应符合设计要求。

(2)石质材料要求强度均匀，抗压强度不小于 30MPa；软质面层石材要求细滑、耐磨，表面应洁净。

(3)板块面宜五边以上为主，块体大小不宜均匀，符合一点三线原则，不得出现正多边形及阴角（内凹角）、直角。

(4)垫层应采用同品种、同强度等级的水泥，并做好养护和保护。

(5)面层的表面应洁净，图案清晰，色泽一致，接缝平整，深浅一致，留缝宽度一致，周边顺直，大小适中。

2. 园路、广场地面铺装工程允许偏差和检验方法应符合下表的规定。

表　园路、广场地面铺装工程的允许偏差和检验方法

项次	项目	允许偏差(mm)																			检验方法
		基层				面层															
		土	混凝土、炉渣	砂、碎石	块石	碎拼花岗岩	卵石	嵌草地面	水泥花砖	混凝土板块	花岗岩	侧石	冰梅	花街铺地	大方砖	压模	透水砖	小青砖（黄道砖）	自然块石	水洗石	
1	表面平整度	15	10	15	15	3	4	5	5	4	1	—	3	5	4	3	4	5	10	3	用2m靠尺和楔形塞尺检查
2	厚度	在个别地方不大于设计厚度的1/10		-10%		—	—	—	—	—	—	—	—	3	8	—	3	3	—	—	尺量检查
3	标高	+0 -50	±10	±20	±30	—	—	—	—	—	—	—	—	—	—	—	—	—	—	—	用水准仪检查
4	缝格平直	—	—	—	—	—	—	3	3	3	2	—	—	3	3	—	3	3	8	—	拉5m线和尺量检查
5	接缝高低差	—	—	—	—	—	4	3	0.5	1.5	0.5	3	—	2	1	—	1	2	—	1	尺量和楔形塞尺检查
6	板块（卵石）间隙宽度	—	—	—	—	—	5	3	2	6	1	2	—	—	2	—	3	3	—	—	尺量检查
7	尺量偏差	—	—	—	—	—	—	—	—	—	—	—	—	—	3	—	3	3	—	—	尺量检查

城市园林绿化工程园路、广场地面铺装花街铺地面层施工检验批质量验收记录表

渝市政验收7-7-7

<table>
<tr><td colspan="2">单位工程名称</td><td colspan="2">渝中鹅岭公园绿地工程</td><td colspan="2">分项工程名称</td><td colspan="2">地面铺装</td><td colspan="2">验收部位</td><td>广场</td></tr>
<tr><td colspan="2">施工单位</td><td colspan="2">××区城建园林公司</td><td colspan="2">专业工长</td><td colspan="2">李××</td><td colspan="2">项目负责人</td><td>王××</td></tr>
<tr><td colspan="2">施工执行标准名称及编号</td><td colspan="9">《园林绿化工程施工及验收规范》(CJJ 82—2012)</td></tr>
<tr><td colspan="2">分包单位</td><td colspan="2">××城建一分公司</td><td colspan="2">分包负责人</td><td colspan="2">张××</td><td colspan="2">施工班组长</td><td>王××</td></tr>
<tr><td rowspan="2">项目</td><td rowspan="2">序号</td><td colspan="2">质量验收规范的规定</td><td colspan="6" rowspan="2">施工单位检查评定结果</td><td rowspan="2">监理单位验收记录</td></tr>
<tr><td>项目</td><td>规定或允许偏差</td></tr>
<tr><td rowspan="8">主控项目</td><td>1</td><td colspan="2">地面工程基层、面层所用材料的品种、质量、规格，各结构层纵横向坡度、厚度、标高和平整度应符合设计要求；面层与基层的结合(黏结)必须牢固，不得空鼓、松动，面层不得积水。园路的弧度应顺畅自然</td><td colspan="6">基层砂浆配合比报告单具备：编号0102325，预制混凝土砌块面层：600mm×600mm×15mm。面层基层结合牢固，无积水。园路弧度顺畅。</td><td>符合规范要求。</td></tr>
<tr><td>2</td><td colspan="2"></td><td colspan="6"></td><td></td></tr>
<tr><td>3</td><td colspan="2"></td><td colspan="6"></td><td></td></tr>
<tr><td>4</td><td colspan="2"></td><td colspan="6"></td><td></td></tr>
<tr><td>5</td><td colspan="2"></td><td colspan="6"></td><td></td></tr>
<tr><td>6</td><td colspan="2"></td><td colspan="6"></td><td></td></tr>
<tr><td>7</td><td colspan="2"></td><td colspan="6"></td><td></td></tr>
<tr><td>8</td><td colspan="2"></td><td colspan="6"></td><td></td></tr>
<tr><td rowspan="7">一般项目</td><td>1</td><td colspan="2">纹样、图案、线条大小长短规格应统一、对称</td><td colspan="6">材料进场报验单号：20150120，铺装材料纹样、图案、线条统一，符合设计要求。</td><td>符合规范要求。</td></tr>
<tr><td>2</td><td colspan="2">填充料宜色泽丰富，镶嵌应均匀，露面部分不应由明显的锋口和尖角</td><td colspan="6">填充料色泽丰富，镶嵌均匀。</td><td>符合规范要求。</td></tr>
<tr><td>3</td><td colspan="2">完成面的表面洁净，图案清晰，色泽同一，接缝平整，深浅一致</td><td colspan="6">完成面的表面洁净，图案清晰。</td><td>符合规范要求。</td></tr>
<tr><td rowspan="4">4</td><td>表面平整度</td><td>5</td><td>2.1</td><td>4.2</td><td>2</td><td>3</td><td>1</td><td>2</td><td>3</td><td>符合规范要求。</td></tr>
<tr><td>厚度</td><td>3</td><td>3</td><td>2.2</td><td>2</td><td>1.8</td><td>2</td><td>1</td><td>2</td><td>符合规范要求。</td></tr>
<tr><td>缝格平直</td><td>3</td><td>2.6</td><td>2</td><td>2</td><td>2</td><td>1</td><td>1</td><td>2</td><td>符合规范要求。</td></tr>
<tr><td>接缝高低差</td><td>2</td><td>2</td><td>0.2</td><td>1</td><td>0.3</td><td>1</td><td>1</td><td>1</td><td>符合规范要求。</td></tr>
<tr><td colspan="3">施工单位检查评定结果</td><td colspan="8">经自检，主控项目、一般项目均符合设计要求和《园林绿化工程施工及验收规范》(CJJ 82—2012)要求，评定合格。
项目专业质量检验：王××　　2015年5月20日</td></tr>
<tr><td colspan="3">监理(建设)单位验收记录</td><td colspan="8">同意施工单位评定结果，验收合格，同意进行下道工序施工。
监理工程师：赵××
(建设单位项目专业技术负责人)　　2015年5月20日</td></tr>
</table>

说明：

检验数量:200m²检查3处,不足200m²检查不少于1处。检验方法:观察、尺量。

主控项目

地面工程基层、面层所用材料的品种、质量、规格,各结构层纵横向坡度、厚度、标高和平整度应符合设计要求;面层与基层的结合(黏结)必须牢固,不得空鼓、松动,面层不得积水。园路的弧度应顺畅自然。

一般项目

1. 花街铺地面层应符合下列规定:

(1)纹、图案、线条大小长短规格应统一、对称。

(2)填充料宜色泽丰富,镶嵌应均匀,露面部分不应有明显的锋口和尖角。

(3)完成面的表面洁净,图案清晰,色泽同意,接缝平整,深浅一致。

2. 园路、广场地面铺装工程允许偏差和检验方法应符合下表的规定。

表 园路、广场地面铺装工程的允许偏差和检验方法

项次	项目	允许偏差(mm)																			检验方法
		基层		面层																	
		土	混凝土、炉渣	砂、碎石	块石	碎拼花岗岩	卵石	嵌草地面	水泥花砖	混凝土板块	花岗岩	侧石	冰梅	花街铺地	大方砖	压模	透水砖	小青砖(黄道砖)	自然块石	水洗石	
1	表面平整度	15	10	15	15	3	4	5	5	4	1	—	3	5	4	3	4	5	10	3	用2m靠尺和楔形塞尺检查
2	厚度	在个别地方不大于设计厚度的1/10	−10%			—	—	—	—	—	—	—	—	3	8	—	3	3	—	—	尺量检查
3	标高	+0 −50	±10	±20	±30	—	—	—	—	—	—	—	—	—	—	—	—	—	—	—	用水准仪检查
4	缝格平直	—	—	—	—	—	—	3	3	3	2	—	—	3	3	—	3	3	8	—	拉5m线和尺量检查
5	接缝高低差	—	—	—	—	—	4	3	0.5	1.5	0.5	3	—	2	1	—	1	2	—	1	尺量和楔形塞尺检查
6	板块(卵石)间隙宽度	—	—	—	—	—	5	3	2	6	1	2	—	—	2	—	3	3	—	—	尺量检查
7	尺量偏差	—	—	—	—	—	—	—	—	—	—	—	—	—	3	—	3	3	—	—	尺量检查

城市园林绿化工程园路、广场地面铺装大方砖面层施工检验批质量验收记录表

渝市政验收7-7-8

单位工程名称	渝中鹅岭公园绿地工程	分项工程名称	地面铺装	验收部位	广场
施工单位	××区城建园林公司	专业工长	李××	项目负责人	王××
施工执行标准名称及编号	《园林绿化工程施工及验收规范》(CJJ 82—2012)				
分包单位	××城建一分公司	分包负责人	张××	施工班组长	王××

项目	序号	质量验收规范的规定：项目	质量验收规范的规定：规定或允许偏差	施工单位检查评定结果							监理单位验收记录
主控项目	1	地面工程基层、面层所用材料的品种、质量、规格，各结构层纵横向坡度、厚度、标高和平整度应符合设计要求；面层与基层的结合(黏结)必须牢固，不得空鼓、松动，面层不得积水。园路的弧度应顺畅自然		基层砂浆配合比报告单具备：编号0102325，预制混凝土砌块面层：600mm×600mm×15mm。面层基层结合牢固，无积水。园路弧度顺畅。							符合规范要求。
	2										
	3										
	4										
	5										
	6										
	7										
	8										
一般项目	1	大方砖色泽应一致，棱角齐全，不应有隐裂及明显气孔，规格尺寸符合设计要求		材料检验单号：020105，大方砖尺寸：500mm×500mm×15mm。							符合规范要求。
	2	方砖铺设面四角应平整，合缝均匀，缝线通直，砖缝油灰饱满		方砖铺设面四角应平整，灌浆均匀饱满。							符合规范要求。
	3	砖面桐油涂刷应均匀，涂刷遍数应符合设计规定，不得漏刷		砖面桐油涂刷均匀，过水试验通过。							符合规范要求。
	4	表面平整度	4	1.5	3	2.5	3	2	1	2	符合规范要求。
		厚度	8	5.5	7	6.2	4	3	2	4	符合规范要求。
		缝格平直	3	2.2	2	1.8	2	1	2	1	符合规范要求。
		接缝高低差	1	0.2	0.2	0.8	0.9	0.8	0.6	0.4	符合规范要求。
		板块(卵石)间隙宽度	2	0.2	1	0.3	1	1	1	1	符合规范要求。
		尺量偏差	3	2.6	2	2	2	1	1	2	符合规范要求。

施工单位检查评定结果	经自检，主控项目、一般项目均符合设计要求和《园林绿化工程施工及验收规范》(CJJ 82—2012)要求，评定合格。 项目专业质量检验：王×× 2015年5月20日
监理(建设)单位验收记录	同意施工单位评定结果，验收合格，同意进行下道工序施工。 监理工程师：赵×× (建设单位项目专业技术负责人) 2015年5月20日

说明：

检验方法：200m²检查3处，不足200m²检查不少于1处。检验方法：拉5m线、靠尺、楔形塞尺，量测。

主控项目

地面工程基层、面层所用材料的品种、质量、规格，各结构层纵横向坡度、厚度、标高和平整度应符合设计要求；面层与基层的结合（黏结）必须牢固，不得空鼓、松动，面层不得积水。园路的弧度应顺畅自然。

一般项目

1. 大方砖层面应符合下列规定：

（1）大方砖色泽应一致，棱角齐全，不应有隐裂及明显气孔，规格尺寸符合设计要求。

（2）方砖铺设面四角应平整，合缝均匀，缝线通直，砖缝油灰饱满。

（3）砖面桐油涂刷应均匀，涂刷遍数应符合设计规定，不得漏刷。

2. 园路、广场地面铺装工程允许偏差和检验方法应符合下表的规定。

表　园路、广场地面铺装工程的允许偏差和检验方法

项次	项目	允许偏差(mm)																			检验方法
		基层		面层																	
		土	混凝土、炉渣	砂、碎石	块石	碎拼花岗岩	卵石	嵌草地面	水泥花砖	混凝土板块	花岗岩	侧石	冰梅	花街铺地	大方砖	压模	透水砖	小青砖（黄道砖）	自然块石	水洗石	
1	表面平整度	15	10	15	15	3	4	5	5	4	1	—	3	5	4	3	4	5	10	3	用2m靠尺和楔形塞尺检查
2	厚度	在个别地方不大于设计厚度的1/10		-10%		—	—	—	—	—	—	—	—	3	8	—	3	3	—	—	尺量检查
3	标高	+0 -50	±10	±20	±30	—	—	—	—	—	—	—	—	—	—	—	—	—	—	—	用水准仪检查
4	缝格平直	—	—	—	—	—	—	3	3	3	2	—	—	3	3	—	3	3	8	—	拉5m线和尺量检查
5	接缝高低差	—	—	—	—	—	4	3	0.5	1.5	0.5	3	—	2	1	—	1	2	—	1	尺量和楔形塞尺检查
6	板块（卵石）间隙宽度	—	—	—	—	—	5	3	2	6	1	2	—	—	2	—	3	3	—	—	尺量检查
7	尺量偏差	—	—	—	—	—	—	—	—	—	—	—	—	—	3	—	3	3	—	—	尺量检查

城市园林绿化工程园路、广场地面铺装压模面层施工检验批质量验收记录表

渝市政验收7-7-9

<table>
<tr><td colspan="2">单位工程名称</td><td colspan="2">渝中鹅岭公园绿地工程</td><td colspan="3">分项工程名称</td><td colspan="2">地面铺装</td><td colspan="2">验收部位</td><td>广场</td></tr>
<tr><td colspan="2">施工单位</td><td colspan="2">××区城建园林公司</td><td colspan="3">专业工长</td><td colspan="2">李××</td><td colspan="2">项目负责人</td><td>王××</td></tr>
<tr><td colspan="2">施工执行标准名称及编号</td><td colspan="10">《园林绿化工程施工及验收规范》(CJJ 82—2012)</td></tr>
<tr><td colspan="2">分包单位</td><td colspan="2">××城建一分公司</td><td colspan="3">分包负责人</td><td colspan="2">张××</td><td colspan="2">施工班组长</td><td>王××</td></tr>
<tr><td rowspan="2">项目</td><td rowspan="2">序号</td><td colspan="2">质量验收规范的规定</td><td colspan="7" rowspan="2">施工单位检查评定结果</td><td rowspan="2">监理单位验收记录</td></tr>
<tr><td>项目</td><td>规定或允许偏差</td></tr>
<tr><td rowspan="8">主控项目</td><td>1</td><td colspan="2">地面工程基层、面层所用材料的品种、质量、规格,各结构层纵横向坡度、厚度、标高和平整度应符合设计要求;面层与基层的结合(黏结)必须牢固,不得空鼓、松动,面层不得积水。园路的弧度应顺畅自然</td><td colspan="7">基层砂浆配合比报告单具备:编号0102325,预制混凝土砌块面层:600mm×600mm×15mm。面层基层结合牢固,无积水。园路弧度顺畅。</td><td>符合规范要求。</td></tr>
<tr><td>2</td><td colspan="2"></td><td colspan="7"></td><td></td></tr>
<tr><td>3</td><td colspan="2"></td><td colspan="7"></td><td></td></tr>
<tr><td>4</td><td colspan="2"></td><td colspan="7"></td><td></td></tr>
<tr><td>5</td><td colspan="2"></td><td colspan="7"></td><td></td></tr>
<tr><td>6</td><td colspan="2"></td><td colspan="7"></td><td></td></tr>
<tr><td>7</td><td colspan="2"></td><td colspan="7"></td><td></td></tr>
<tr><td>8</td><td colspan="2"></td><td colspan="7"></td><td></td></tr>
<tr><td rowspan="4">一般项目</td><td>1</td><td colspan="2">压模面层不得开裂,基层设计有要求的,按设计处理,设计无要求的,应采用双层双向钢筋混凝土浇捣</td><td colspan="7">双层双向钢筋混凝土浇捣压模面层。面层均匀平整,符合设计要求。</td><td>符合规范要求。</td></tr>
<tr><td>2</td><td colspan="2">路面每隔10m,应设伸缩缝</td><td colspan="7">路面伸缩缝间隔小于10m。</td><td>符合规范要求。</td></tr>
<tr><td>3</td><td colspan="2">完成面应色泽均匀、平整,块体边缘清晰,无翘曲</td><td colspan="7">完成面色泽均匀,平整。</td><td>符合规范要求。</td></tr>
<tr><td>4</td><td>表面平整度</td><td>3</td><td>2.1</td><td>1.5</td><td>2</td><td>2</td><td>1</td><td>2.5</td><td>1</td><td>符合规范要求。</td></tr>
<tr><td colspan="3">施工单位检查评定结果</td><td colspan="9">经自检,主控项目、一般项目均符合设计要求和《园林绿化工程施工及验收规范》(CJJ 82—2012)要求,评定合格。
项目专业质量检验:王××　　2015年5月20日</td></tr>
<tr><td colspan="3">监理(建设)单位验收记录</td><td colspan="9">同意施工单位评定结果,验收合格,同意进行下道工序施工。
监理工程师:赵××
(建设单位项目专业技术负责人)　　2015年5月20日</td></tr>
</table>

说明:

检验数量:200m²检查3处,不足200m²检查不少于1处。检验方法:靠尺、楔形塞尺,量测。

主控项目

地面工程基层、面层所用材料的品种、质量、规格,各结构层纵横向坡度、厚度、标高和平整度应符合设计要求;面层与基层的结合(黏结)必须牢固,不得空鼓、松动,面层不得积水。园路的弧度应顺畅自然。

一般项目

1.压模面层应符合下列规定:

(1)压模面层不得开裂,基层设计有要求的,按设计处理,设计无要求的,应采用双层双向钢筋混凝土浇捣。

(2)路面每隔 10m 应设伸缩缝。

(3)完成面应色泽均匀、平整,块体边缘清晰,无翘曲。

2. 园路、广场地面铺装工程允许偏差和检验方法应符合下表的规定。

表 园路、广场地面铺装工程的允许偏差和检验方法

项次	项目	允许偏差(mm)																			检验方法
		基层				面层															
		土	混凝土、炉渣	砂、碎石	块石	碎拼花岗岩	卵石	嵌草地面	水泥花砖	混凝土板块	花岗岩	侧石	冰梅	花街铺地	大方砖	压模	透水砖	小青砖(黄道砖)	自然块石	水洗石	
1	表面平整度	15	10	15	15	3	4	5	5	4	1	—	3	5	4	3	4	5	10	3	用2m靠尺和楔形塞尺检查
2	厚度	在个别地方不大于设计厚度的1/10		-10%		—	—	—	—	—	—	—	—	3	8	—	3	3	—	—	尺量检查
3	标高	+0 -50	±10	±20	±30	—	—	—	—	—	—	—	—	—	—	—	—	—	—	—	用水准仪检查
4	缝格平直	—	—	—	—	—	—	3	3	3	2	—	—	3	3	—	3	3	8	—	拉5m线和尺量检查
5	接缝高低差	—	—	—	—	—	4	3	0.5	1.5	0.5	3	—	2	1	—	1	2	—	1	尺量和楔形塞尺检查
6	板块(卵石)间隙宽度	—	—	—	—	—	5	3	2	6	1	2	—	—	2	—	3	3	—	—	尺量检查
7	尺量偏差	—	—	—	—	—	—	—	—	—	—	—	—	—	3	—	3	3	—	—	尺量检查

城市园林绿化工程园路、广场地面铺装透水砖面层施工检验批质量验收记录表

渝市政验收7-7-10

单位工程名称	渝中鹅岭公园绿地工程	分项工程名称	地面铺装	验收部位	广场
施工单位	××区城建园林公司	专业工长	李××	项目负责人	王××
施工执行标准名称及编号	《园林绿化工程施工及验收规范》(CJJ 82—2012)				
分包单位	××城建一分公司	分包负责人	张××	施工班组长	王××

项目	序号	质量验收规范的规定		施工单位检查评定结果							监理单位验收记录
		项目	规定或允许偏差								
主控项目	1	地面工程基层、面层所用材料的品种、质量、规格，各结构层纵横向坡度、厚度、标高和平整度应符合设计要求；面层与基层的结合(黏结)必须牢固，不得空鼓、松动，面层不得积水。园路的弧度应顺畅自然		基层砂浆配合比报告单具备：编号0102325，预制混凝土砌块面层：600mm×600mm×15mm。面层基层结合牢固，无积水。园路弧度顺畅。							符合规范要求。
	2										
	3										
	4										
	5										
	6										
	7										
	8										
一般项目	1	透水砖的规格及厚度应统一		检验单号：0102003，透水砖尺寸：400mm×400mm×15mm。							符合规范要求。
	2	铺设前必须先按铺设范围排砖，边沿部位形成小粒砖时，必须调整砖块的间距或进行两边切割		施工顺序合理，小粒砖位置合理。							符合规范要求。
	3	面砖块间隙应均匀，色泽一致，排列形式符合设计要求，表面平整，不应松动		面砖块间隙均匀，排列有序，符合设计要求。							符合规范要求。
	4	表面平整度	4	1.5	3	2.5	3	2	1	2	符合规范要求。
		厚度	3	2.6	2	2	2	1	1	2	符合规范要求。
		缝格平直	3	2.2	2	1.8	2	1	2	1	符合规范要求。
		接缝高低差	1	0.2	0.2	0.8	0.9	0.8	0.6	0.4	符合规范要求。
		板块(卵石)间隙宽度	3	1.6	2	1	2	1	1	2	符合规范要求。
		尺量偏差	3	1.2	2	1. 8	2	1	2	1	符合规范要求。
施工单位检查评定结果	经自检，主控项目、一般项目均符合设计要求和《园林绿化工程施工及验收规范》(CJJ 82—2012)要求，评定合格。 项目专业质量检验：王××　　2015年5月20日										
监理(建设)单位验收记录	同意施工单位评定结果，验收合格，同意进行下道工序施工。 监理工程师：赵×× (建设单位项目专业技术负责人)　　2015年5月20日										

说明：

检验数量：200m²检查3处，不足200m²检查不少于1处。检验方法：拉5m线、靠尺、楔形塞尺，量测。

主控项目

地面工程基层、面层所用材料的品种、质量、规格，各结构层纵横向坡度、厚度、标高和平整度应符合设计要求；面层与基层的结合（黏结）必须牢固，不得空鼓、松动，面层不得积水。园路的弧度应顺畅自然。

一般项目

1. 透水砖面层应符合下列规定：

(1)透水砖的规格及厚度应统一。

(2)铺设前必须先按铺设范围排砖，边沿部位形成小粒砖时，必须调整砖块的间距或进行两边切割。

(3)面砖块间隙应均匀，色泽一致，排列形式符合设计要求，表面平整不应松动。

2. 园路、广场地面铺装工程允许偏差和检验方法应符合下表的规定。

表　园路、广场地面铺装工程的允许偏差和检验方法

项次	项目	允许偏差(mm)																			检验方法
		基层		面层																	
		土	混凝土、炉渣	砂、碎石	块石	碎拼花岗岩	卵石	嵌草地面	水泥花砖	混凝土板块	花岗岩	侧石	冰梅	花街铺地	大方砖	压模	透水砖	小青砖（黄道砖）	自然块石	水洗石	
1	表面平整度	15	10	15	15	3	4	5	5	4	1	—	3	5	4	3	4	5	10	3	用2m靠尺和楔形塞尺检查
2	厚度	在个别地方不大于设计厚度的1/10		-10%		—	—	—	—	—	—	—	—	3	8	—	3	3	—	—	尺量检查
3	标高	+0 -50	±10	±20	±30	—	—	—	—	—	—	—	—	—	—	—	—	—	—	—	用水准仪检查
4	缝格平直	—	—	—	—	—	—	3	3	3	2	—	—	3	3	—	3	3	8	—	拉5m线和尺量检查
5	接缝高低差	—	—	—	—	—	4	3	0.5	1.5	0.5	3	—	2	1	—	1	2	—	1	尺量和楔形塞尺检查
6	板块（卵石）间隙宽度	—	—	—	—	—	5	3	2	6	1	2	—	—	2	—	3	3	—	—	尺量检查
7	尺量偏差	—	—	—	—	—	—	—	—	—	—	—	—	—	3	—	3	3	—	—	尺量检查

城市园林绿化工程园路、广场地面铺装小青砖(黄道砖)面层施工检验批质量验收记录表

渝市政验收7-7-11

<table>
<tr><td colspan="2">单位工程名称</td><td colspan="2">渝中鹅岭公园绿地工程</td><td colspan="2">分项工程名称</td><td colspan="2">地面铺装</td><td colspan="3">验收部位</td><td>广场</td></tr>
<tr><td colspan="2">施工单位</td><td colspan="2">××区城建园林公司</td><td colspan="2">专业工长</td><td colspan="2">李××</td><td colspan="3">项目负责人</td><td>王××</td></tr>
<tr><td colspan="2">施工执行标准名称及编号</td><td colspan="10">《园林绿化工程施工及验收规范》(CJJ 82—2012)</td></tr>
<tr><td colspan="2">分包单位</td><td colspan="2">××城建一分公司</td><td colspan="2">分包负责人</td><td colspan="2">张××</td><td colspan="3">施工班组长</td><td>王××</td></tr>
<tr><td rowspan="2">项目</td><td rowspan="2">序号</td><td colspan="2">质量验收规范的规定</td><td colspan="7" rowspan="2">施工单位检查评定结果</td><td rowspan="2">监理单位验收记录</td></tr>
<tr><td>项目</td><td>规定或允许偏差</td></tr>
<tr><td rowspan="8">主控项目</td><td>1</td><td colspan="2">地面工程基层、面层所用材料的品种、质量、规格,各结构层纵横向坡度、厚度、标高和平整度应符合设计要求;面层与基层的结合(黏结)必须牢固,不得空鼓、松动,面层不得积水。园路的弧度应顺畅自然</td><td colspan="7">基层砂浆配合比报告单具备:编号0102325,预制混凝土砌块面层:400mm×400mm×15mm。面层基层结合牢固,无积水。园路弧度顺畅。</td><td>符合规范要求。</td></tr>
<tr><td>2</td><td colspan="2"></td><td colspan="7"></td><td></td></tr>
<tr><td>3</td><td colspan="2"></td><td colspan="7"></td><td></td></tr>
<tr><td>4</td><td colspan="2"></td><td colspan="7"></td><td></td></tr>
<tr><td>5</td><td colspan="2"></td><td colspan="7"></td><td></td></tr>
<tr><td>6</td><td colspan="2"></td><td colspan="7"></td><td></td></tr>
<tr><td>7</td><td colspan="2"></td><td colspan="7"></td><td></td></tr>
<tr><td>8</td><td colspan="2"></td><td colspan="7"></td><td></td></tr>
<tr><td rowspan="8">一般项目</td><td>1</td><td colspan="2">小青砖(黄道砖)规格、色泽应统一,厚薄一致,不应缺棱掉角,上面应四角通直,均为直角</td><td colspan="7">进场材料检验单号:0102003,小青砖尺寸质量符合要求,施工验收合格。</td><td>符合规范要求。</td></tr>
<tr><td>2</td><td colspan="2">面砖块间排列应紧密,色泽均匀,表面平整,不应松动</td><td colspan="7">块间排列紧密,色泽均匀。</td><td>符合规范要求。</td></tr>
<tr><td rowspan="6">3</td><td>表面平整度</td><td>5</td><td>2.2</td><td>1</td><td>4.2</td><td>3</td><td>1</td><td>2</td><td>1</td><td>符合规范要求。</td></tr>
<tr><td>厚度</td><td>3</td><td>1.6</td><td>2</td><td>1</td><td>2</td><td>1</td><td>1</td><td>2</td><td>符合规范要求。</td></tr>
<tr><td>缝格平直</td><td>3</td><td>1.2</td><td>2</td><td>1.8</td><td>2</td><td>1</td><td>2</td><td>1</td><td>符合规范要求。</td></tr>
<tr><td>接缝高低差</td><td>2</td><td>0.2</td><td>1</td><td>0.3</td><td>1</td><td>1</td><td>1</td><td>1</td><td>符合规范要求。</td></tr>
<tr><td>板块(卵石)间隙宽度</td><td>3</td><td>1.2</td><td>1</td><td>2</td><td>2</td><td>2</td><td>1</td><td>5</td><td>符合规范要求。</td></tr>
<tr><td>尺量偏差</td><td>3</td><td>2.3</td><td>2</td><td>2.2</td><td>2</td><td>1</td><td>2</td><td>1</td><td>符合规范要求。</td></tr>
<tr><td colspan="2">施工单位检查评定结果</td><td colspan="10">经自检,主控项目、一般项目均符合设计要求和《园林绿化工程施工及验收规范》(CJJ 82—2012)要求,评定合格。
项目专业质量检验:王××　　2015年5月20日</td></tr>
<tr><td colspan="2">监理(建设)单位验收记录</td><td colspan="10">同意施工单位评定结果,验收合格,同意进行下道工序施工。
监理工程师:赵××
(建设单位项目专业技术负责人)　　2015年5月20日</td></tr>
</table>

说明：

检验数量：200m²检查3处，不足200m²检查不少于1处。检验方法：拉5m线、靠尺、楔形塞尺，量测。

主控项目

地面工程基层、面层所用材料的品种、质量、规格，各结构层纵横向坡度、厚度、标高和平整度应符合设计要求；面层与基层的结合（黏结）必须牢固，不得空鼓、松动，面层不得积水。园路的弧度应顺畅自然。

一般项目

1.小青砖（黄道砖）面层应符合下列规定：

（1）小青砖（黄道砖）规格、色泽应统一，厚薄一致，不应缺棱掉角，上面应四角通直，均为直角。

（2）面砖块间排列应紧密，色泽均匀，表面平整，不应松动。

2. 园路、广场地面铺装工程允许偏差和检验方法应符合下表的规定。

表 园路、广场地面铺装工程的允许偏差和检验方法

项次	项目	允许偏差（mm）																			检验方法
		基层		面层																	
		土	混凝土、炉渣	砂、碎石	块石	碎拼花岗岩	卵石	嵌草地面	水泥花砖	混凝土板块	花岗岩	侧石	冰梅	花街铺地	大方砖	压模	透水砖	小青砖（黄道砖）	自然块石	水洗石	
1	表面平整度	15	10	15	15	3	4	5	5	4	1	—	3	5	4	3	4	5	10	3	用2m靠尺和楔形塞尺检查
2	厚度	在个别地方不大于设计厚度的1/10		-10%		—	—	—	—	—	—	—	—	3	8	—	3	3	—	—	尺量检查
3	标高	+0 -50	±10	±20	±30	—	—	—	—	—	—	—	—	—	—	—	—	—	—	—	用水准仪检查
4	缝格平直	—	—	—	—	—	—	3	3	3	2	—	—	3	3	—	3	3	8	—	拉5m线和尺量检查
5	接缝高低差	—	—	—	—	—	4	3	0.5	1.5	0.5	3	—	2	1	—	1	2	—	1	尺量和楔形塞尺检查
6	板块（卵石）间隙宽度	—	—	—	—	—	5	3	2	6	1	2	—	—	2	—	3	3	—	—	尺量检查
7	尺量偏差	—	—	—	—	—	—	—	—	—	—	—	—	—	3	—	3	3	—	—	尺量检查

城市园林绿化工程园路、广场地面铺装自然块石面层施工检验批质量验收记录表

渝市政验收7-7-12

单位工程名称	渝中鹅岭公园绿地工程	分项工程名称	地面铺装	验收部位	广场
施工单位	××区城建园林公司	专业工长	李××	项目负责人	王××
施工执行标准名称及编号	《园林绿化工程施工及验收规范》（CJJ 82—2012）				
分包单位	××城建一分公司	分包负责人	张××	施工班组长	王××

项目	序号	质量验收规范的规定		施工单位检查评定结果										监理单位验收记录
		项目	规定或允许偏差											
主控项目	1	地面工程基层、面层所用材料的品种、质量、规格，各结构层纵横向坡度、厚度、标高和平整度应符合设计要求；面层与基层的结合（黏结）必须牢固，不得空鼓、松动，面层不得积水。园路的弧度应顺畅自然		基层砂浆配合比报告单具备：编号0102325，预制混凝土砌块面层：600mm×600mm×15mm。面层基层结合牢固，无积水。园路弧度顺畅。										符合规范要求。
	2													
	3													
	4													
	5													
	6													
	7													
	8													
一般项目	1	铺设区域基底土应预先夯实、无沉陷		铺设区域基底层工作完成，夯实。										符合规范要求。
	2	铺设用的自然块石应选用具有较平坦大面的石块，块体间排列紧密，高度一致，踏面平整，无倾斜、翘动		自然块石尺寸符合规范，块体间排列紧密，路面平整。										符合规范要求。
	3	表面平整度	10	2	5	3	1	5	4	3	5	2	3	符合规范要求。
		缝格平直	8	5	3	1	5	4	3	5	7	6	4	符合规范要求。

施工单位检查评定结果	经自检，主控项目、一般项目均符合设计要求和《园林绿化工程施工及验收规范》（CJJ 82—2012）要求，评定合格。 项目专业质量检验：王××　　2015年5月20日
监理（建设）单位验收记录	同意施工单位评定结果，验收合格，同意进行下道工序施工。 监理工程师：赵×× （建设单位项目专业技术负责人）　　2015年5月20日

说明：

检验数量：200m²检查3处，不足200m²检查不少于1处。检验方法：拉5m线、靠尺、楔形塞尺，量测。

主控项目

地面工程基层、面层所用材料的品种、质量、规格，各结构层纵横向坡度、厚度、标高和平整度应符合设计要求；面层与基层的结合（黏结）必须牢固，不得空鼓、松动，面层不得积水。园路的弧度应顺畅自然。

一般项目

1. 自然块石面层应符合下列规定：

（1）铺设区域基底土应预先夯实、无沉陷。

（2）铺设用的自然块石应选用具有较平坦大面的石块，块体间排列紧密，高度一致，踏面平整，无倾斜、翘动。

2. 园路、广场地面铺装工程允许偏差和检验方法应符合下表的规定。

表 园路、广场地面铺装工程的允许偏差和检验方法

项次	项目	允许偏差(mm)																			检验方法
		基层				面层															
		土	混凝土、炉渣	砂、碎石	块石	碎拼花岗岩	卵石	嵌草地面	水泥花砖	混凝土板块	花岗岩	侧石	冰梅	花街铺地	大方砖	压模	透水砖	小青砖(黄道砖)	自然块石	水洗石	
1	表面平整度	15	10	15	15	3	4	5	5	4	1	—	3	5	4	3	4	5	10	3	用2m靠尺和楔形塞尺检查
2	厚度	在个别地方不大于设计厚度的1/10		-10%		—	—	—	—	—	—	—	—	3	8	—	3	3	—	—	尺量检查
3	标高	+0 -50	±10	±20	±30	—	—	—	—	—	—	—	—	—	—	—	—	—	—	—	用水准仪检查
4	缝格平直	—	—	—	—	—	—	3	3	3	2	—	—	3	3	—	3	3	8	—	拉5m线和尺量检查
5	接缝高低差	—	—	—	—	—	4	3	0.5	1.5	0.5	3	—	2	1	—	1	2	—	1	尺量和楔形塞尺检查
6	板块(卵石)间隙宽度	—	—	—	—	—	5	3	2	6	1	2	—	—	2	—	3	3	—	—	尺量检查
7	尺量偏差	—	—	—	—	—	—	—	—	—	—	—	—	—	3	—	3	3	—	—	尺量检查

城市园林绿化工程园路、广场地面铺装水洗石面层施工检验批质量验收记录表

渝市政验收7-7-13

单位工程名称	渝中鹅岭公园绿地工程	分项工程名称	地面铺装	验收部位	广场
施工单位	××区城建园林公司	专业工长	李××	项目负责人	王××
施工执行标准名称及编号	《园林绿化工程施工及验收规范》（CJJ 82—2012）				
分包单位	××城建一分公司	分包负责人	张××	施工班组长	王××

项目	序号	质量验收规范的规定		施工单位检查评定结果							监理单位验收记录
		项目	规定或允许偏差								
主控项目	1	地面工程基层、面层所用材料的品种、质量、规格，各结构层纵横向坡度、厚度、标高和平整度应符合设计要求；面层与基层的结合（黏结）必须牢固，不得空鼓、松动，面层不得积水。园路的弧度应顺畅自然		基层砂浆配合比报告单具备：编号0102325，预制混凝土砌块面层：600mm×600mm×15mm。面层基层结合牢固，无积水。园路弧度顺畅。							符合规范要求。
	2										
	3										
	4										
	5										
	6										
	7										
	8										
一般项目	1	水洗石铺装的细卵石（混合卵石除外）应色泽统一、颗粒大小均匀，规格符合设计要求		水洗石材料尺寸在规范允许范围，铺装的细卵石色泽统一。							符合规范要求。
	2	路面的石子表面色泽应清晰洁净，不应有水泥浆残留开裂		路面石子大小在规范允许范围，表面清晰洁净。							符合规范要求。
	3	酸洗液冲洗彻底，不得残留腐蚀痕迹		草酸清洗面层洁净，无残留与腐蚀。							符合规范要求。
	4	表面平整度	3	1.2	1.3	2.2	2.1	2.5	1.8	2.6	符合规范要求。
		接缝高低差	1	0.2	0.8	0.6	0.7	0.8	0.5	0.5	符合规范要求。

施工单位检查评定结果	经自检，主控项目、一般项目均符合设计要求和《园林绿化工程施工及验收规范》（CJJ 82—2012）要求，评定合格。 项目专业质量检验：王×× 2015年5月20日
监理（建设）单位验收记录	同意施工单位评定结果，验收合格，同意进行下道工序施工。 监理工程师：赵×× （建设单位项目专业技术负责人） 2015年5月20日

说明：

检验数量：200m²检查3处，不足200m²检查不少于1处。检验方法：拉5m线、靠尺、楔形塞尺，量测。

主控项目

地面工程基层、面层所用材料的品种、质量、规格，各结构层纵横向坡度、厚度、标高和平整度应符合设计要求；面层与基层的结合（黏结）必须牢固，不得空鼓、松动，面层不得积水。园路的弧度应顺畅自然。

一般项目

1. 洗石面层应符合下列要求：

（1）水洗石铺装的细卵石（混合卵石除外）应色泽统一、颗粒大小均匀，规格符合设计要求。

（2）路面的石子表面色泽应清晰洁净，不应有水泥浆残留开裂。

（3）酸洗液冲洗彻底，不得残留腐蚀痕迹。

2. 路、广场地面铺装工程允许偏差和检验方法应符合下表的规定。

表 园路、广场地面铺装工程的允许偏差和检验方法

项次	项目	允许偏差（mm）																			检验方法
		基层		面层																	
		土	混凝土、炉渣	砂、碎石	块石	碎拼花岗岩	卵石	嵌草地面	水泥花砖	混凝土板块	花岗岩	侧石	冰梅	花街铺地	大方砖	压模	透水砖	小青砖（黄道砖）	自然块石	水洗石	
1	表面平整度	15	10	15	15	3	4	5	5	4	1	—	3	5	4	3	4	5	10	3	用2m靠尺和楔形塞尺检查
2	厚度	在个别地方不大于设计厚度的1/10		-10%		—	—	—	—	—	—	—	—	3	8	—	3	3	—	—	尺量检查
3	标高	+0 -50	±10	±20	±30	—	—	—	—	—	—	—	—	—	—	—	—	—	—	—	用水准仪检查
4	缝格平直	—	—	—	—	—	—	3	3	3	2	—	—	3	3	—	3	3	8	—	拉5m线和尺量检查
5	接缝高低差	—	—	—	—	—	4	3	0.5	1.5	0.5	3	—	2	1	—	1	2	—	1	尺量和楔形塞尺检查
6	板块（卵石）间隙宽度	—	—	—	—	—	5	3	2	6	1	2	—	—	2	—	3	3	—	—	尺量检查
7	尺量偏差	—	—	—	—	—	—	—	—	—	—	—	—	—	3	—	3	3	—	—	尺量检查

城市园林绿化附属工程假山、叠石、置石工程施工检验批质量验收记录表（一）

渝市政验收7-8-1

单位工程名称	渝中鹅岭公园绿地工程	分项工程名称	假山、叠石、置石	验收部位	水景园
施工单位	××区城建园林公司	专业工长	李××	项目负责人	王××
施工执行标准名称及编号	《园林绿化工程施工及验收规范》(CJJ 82—2012)				
分包单位	××城建一分公司	分包负责人	张××	施工班组长	王××
主控项目		质量验收规范的规定	施工单位检查评定结果	监理单位验收记录	
	1	假山叠石基础工程及主体构造应符合设计和安全规定，假山结构和主峰稳定性应符合抗风、抗震强度要求	假山叠石基础工程安全，符合抗震、抗风等要求。	符合规范要求。	
	2	假山地基基础承载力应大于山石总荷载的1.5倍；灰土基础应低于地平面20cm，其面积应大于假山底面积，外沿宽出50cm	假山基础承载力满足山石总荷载要求。	符合规范要求。	
	3	假山设在陆地上，应选用C20以上混凝土制作基础；假山设在水中，应选用C25混凝土或不低于M7.5的水泥砂浆砌石块制作基础。根据不同地势、地质有特殊要求的可做特殊处理	水中假山峰选用混凝土强度为C30，基础部分砌石制作水泥砂浆为M10。	符合规范要求。	
	4	假山石拉底施工应做到统筹向背、曲折错落、断续相间、连接互咬；拉底石材应坚实、耐压，不得用风化石块做基石	假山石拉底施工统筹向背、曲折错落、断续相间、拉底石坚实、耐压。	符合规范要求。	
	5	假山山洞的洞壁凹凸面不得影响游人安全，洞杯应有采光，不得积水	假山山洞的洞壁凹凸面不影响游人安全，洞杯有采光，无积水。	符合规范要求。	
	6	假山、叠石、布置临路侧、山洞洞顶和洞壁的岩面应圆润，不得带有锐角	假山、叠石、布置临路侧、山洞洞顶和洞壁的岩面应圆润，角度大于90°。	符合规范要求。	
	7				
	8				
施工单位检查评定结果	经自检，主控项目、一般项目均符合设计要求和《园林绿化工程施工及验收规范》(CJJ 82—2012)要求，评定合格。 项目专业质量检验：王××　　2015年5月20日				
监理（建设）单位验收记录	同意施工单位评定结果，验收合格，同意进行下道工序施工。 监理工程师：赵×× （建设单位项目专业技术负责人）　　2015年5月20日				

城市园林绿化附属工程假山、叠石、置石工程施工检验批质量验收记录表(二)

渝市政验收7-8-2

单位工程名称	渝中鹅岭公园绿地工程	分项工程名称	假山、叠石、置石	验收部位	水景园
施工单位	××区城建园林公司	专业工长	李××	项目负责人	王××
施工执行标准名称及编号	《园林绿化工程施工及验收规范》(CJJ 82—2012)				
分包单位	××城建一分公司	分包负责人	张××	施工班组长	王××

项目	序号	质量验收规范的规定	施工单位检查评定结果	监理单位验收记录
一般项目	1	主体山石应错缝叠压,纹理统一。叠石或景石放置时,应注意主面方向,掌握重心。山体最外侧的峰石底部应灌注1:2水泥砂浆。每块叠石的刹石不应少于4个受力点,刹石不应外露。每层之间应补缝填陷,并灌1:2水泥砂浆	每块叠石的刹石多个受力点,不外露,主体山石错缝叠压,纹理统一。	符合规范要求。
	2	假山、叠石和景石布置后的石块间缝隙,应先填塞、链接、嵌实,用1:2的水泥砂浆进行勾缝。勾缝应做到自然平整、无遗漏。明缝不应超过2cm宽,暗缝应凹入石面1.5~2cm,砂浆干燥后色泽应于石料色泽相近	水泥砂浆勾缝,自然无遗漏,假山、叠石和景石布置后的石块间缝隙已处理。	符合规范要求。
	3	跌水、山洞的山石长度不应小于150cm,整块大体量山石应稳定不得倾斜。横向挑出的山石后部配重不小于悬挑重量的2倍,压脚石应确保牢固,粘结材料应满足强度要求。辅助加固构件(银锭扣、铁爬钉、铁扁担、各类吊架等)承载力和数量应保证达到山体的结构安全及艺术效果要求,铁件表面应做防锈处理。	跌水、山洞的山石长度在150cm内,大体山石稳固,粘结材料满足强度要求。	符合规范要求。
	4	登山道的走向应自然,踏步铺设应平整、牢固,高度以14~16cm为宜,除特殊位置外,高度不得大于25cm,宽度不应小于30cm	登山道的走向应自然,踏步铺设应平整,高度15cm。	符合规范要求。
	5	溪流景石的自然驳岸的布置,应体现溪流的自然感,并与周围环境协调。汀步安置应稳固,面平整。设计无要求时,汀步便道边距不应大于30cm,高差不宜大于5cm	溪流景石自然,汀步便道边距20cm,高差4cm,符合规范要求。	符合规范要求。
	6	壁峰不宜过厚,应采用嵌入墙体为主,与墙体脱离部分应有可靠排水措施。墙体内应预埋铁件钩托石块,保证稳固	壁峰嵌入墙体为主,有排水措施,墙体内有钢筋铁钩托石,保证稳固。	符合规范要求
	7	假山、叠石、外形艺术处理应石不宜杂、纹不宜乱、块不宜匀、缝不宜多,形态自然完整	假山、叠石、外形艺术处理得当,形态自然完整。	符合规范要求。
	8			
施工单位检查评定结果		经自检,主控项目、一般项目均符合设计要求和《园林绿化工程施工及验收规范》(CJJ 82—2012)要求,评定合格。 项目专业质量检验:王××　　2015年5月20日		
监理(建设)单位验收记录		同意施工单位评定结果,验收合格,同意进行下道工序施工。 监理工程师:赵×× (建设单位项目专业技术负责人)　　2015年5月20日		

城市园林绿化附属工程假山、叠石、置石工程施工检验批质量验收记录表(三)

渝市政验收7-8-3

单位工程名称	渝中鹅岭公园绿地工程	分项工程名称	假山、叠石、置石	验收部位	水景园
施工单位	××区城建园林公司	专业工长	李××	项目负责人	王××
施工执行标准名称及编号	《园林绿化工程施工及验收规范》(CJJ 82—2012)				
分包单位	××城建一分公司	分包负责人	张××	施工班组长	王××

项目	序号	质量验收规范的规定	施工单位检查评定结果	监理单位验收记录
一般项目	9	收顶的山石应选用体量较大、轮廓和体态富于特征的山石	收顶山石体量大，轮廓和体态有特征。	符合规范要求。
	10	收顶施工应自后向前、由主及次、自上而下分层作业。每层的高度宜为30~80cm，不得在凝固期间强行施工，影响胶结料强度	收顶施工自后向前、由主及次、自上而下分层作业，每层高度60cm。	符合规范要求。
	11	顶部管线、水路、孔洞应预埋、预留，事后不得凿穿	顶部管线、水路、孔洞已做预埋、预留。	符合规范要求。
	12	结构承重受力用石必须有足够的强度	结构承重受力用石强度符合要求。	符合规范要求。
	13	置石石材、石种应统一，整体协调	石材石种统一。	符合规范要求。
	14	置石的色泽、造型应符合设计要求		
	15	特置山石应选择体量较大、色泽纹理奇特、造型轮廓突出、具有动势的山石；石高与观赏距离应保持1:2~1:3之间；单块高度大于120cm的山石与地坪、墙基贴节处应用混凝土窝脚，亦可采用整形基座或坐落在自然的山石面上	特置山石应体量、色泽、纹理、造型符合设计要求。按施工规范施工。	符合规范要求。
	16	对置山石应以两块山石为组合，互相呼应。宜立于建筑门前两侧或道路入口两侧	对置山石两块，在园区入口，符合设计要求。	符合规范要求。
	17	散置山石应有疏有密，远近结合，彼此呼应。不可众石纷杂，凌乱无章	散置山石有疏有密，远近结合，符合设计要求。	符合规范要求。
	18	群置山石应石之大小不等、石之间据不等、石之高低不等，应主从有别，宾主分明，搭配适宜	群置山石大小不等、搭配适宜，符合设计要求。	符合规范要求。
施工单位检查评定结果	经自检，主控项目、一般项目均符合设计要求和《园林绿化工程施工及验收规范》(CJJ 82—2012)要求，评定合格 项目专业质量检验：王××　　2015年5月20日			
监理(建设)单位验收记录	同意施工单位评定结果，验收合格，同意进行下道工序施工。 监理工程师：赵×× (建设单位项目专业技术负责人)　　2015年5月20日			

说明：

检验数量：假山叠石主体工程以一座叠石为一检验批，或以每20延米长为一检验批，全数检查。检验方法：观察、尺量、锤击、查阅资料。

主控项目

1. 假山叠石基础工程及主体构造应符合设计和安全规定，假山结构和主峰稳定性应符合抗风、抗震强度要求。

2. 假山叠石的基础应符合下列规定：

(1)假山地基基础承载力应大于山石总荷载的1.5倍；灰土基础应低于地平面20cm，其面积应大于假山底面积，外沿宽出50cm。

(2)假山设在陆地上，应选用C20以上混凝土制作基础；假山设在水中，应选用C25混凝土或不低于M7.5的水泥砂浆砌石块制作基础。根据不同地势、地质有特殊要求的可做特殊处理。

(3)假山石拉底施工应做到统筹向背、曲折错落、断续相间、连接互咬；拉底石材应坚实、耐压，不得用风化石块做基石。

3. 假山、叠石主体工程应符合下列规定：

(1)假山山洞的洞壁凹凸面不得影响游人安全，洞杯应有采光，不得积水。

(2)假山、叠石、布置临路侧、山洞洞顶和洞壁的岩面应圆润，不得带有锐角。

一般项目

1. 假山、叠石主体工程应符合下列规定：

(1)主体山石应错缝叠压，纹理统一。叠石或景石放置时，应注意主面方向，掌握重心。山体最外侧的峰石底部应灌注1:2水泥砂浆。每块叠石的刹石不应少于4个受力点，刹石不应外露。每层之间应补缝填陷，并灌1:2水泥砂浆。

(2)假山、叠石和景石布置后的石块间缝隙，应先填塞、链接、嵌实，用1:2的水泥砂浆进行勾缝。勾缝应做到自然平整、无遗漏。明缝不应超过2cm宽，暗缝应凹入石面1.5~2cm，砂浆干燥后色泽应于石料色泽相近。

(3)跌水、山洞的山石长度不应小于150cm,整块大体量山石应稳定不得倾斜。横向挑出的山石后部配重不小于悬挑重量的2倍，压脚石应确保牢固，粘结材料应满足强度要求。辅助加固构件（银锭扣、铁爬钉、铁扁担、各类吊架等）承载力和数量应保证达到山体的结构安全及艺术效果要求，铁件表面应做防锈处理。

(4)登山道的走向应自然，踏步铺设应平整、牢固，高度以14~16cm为宜，除特殊位置外，高度不得大于25cm，宽度不应小于30cm。

(5)溪流景石的自然驳岸的布置，应体现溪流的自然感，并与周围环境协调。汀步安置应稳固，面平整。设计无要求时，汀步便道边距不应大于30cm，高差不宜大于5cm。

(6)壁峰不宜过厚，应采用嵌入墙体为主，与墙体脱离部分应有可靠排水措施。墙体内应预埋铁件钩托石块，保证稳固。

(7)假山、叠石、外形艺术处理应石不宜杂、纹不宜乱、块不宜匀、缝不宜多，形态自然完整。

2. 假山收顶工程应符合下列要求：

(1)收顶的山石应选用体量较大、轮廓和体态富于特征的山石。

(2)收顶施工应自后向前、由主及次、自上而下分层作业。每层的高度宜为30~80cm，不得在凝固期间强行施工，影响胶结料强度。

(3)顶部管线、水路、孔洞应预埋、预留，事后不得凿穿。

(4)结构承重受力用石必须有足够的强度。

3. 置石的主要形式有特置、对置、散置、山石器设等。置石工程应符合下列规定：

(1)置石石材、石种应统一，整体协调。

(2)植石的材质色泽、造型应符合设计要求。

(3)特置山石应符合下列要求：①应选择体量较大、色泽纹理奇特、造型轮廓突出、具有动势的山石。②石高与观赏距离应保持1:2~1:3之间。③单块高度大于120cm的山石与地坪、墙基贴节处应用混凝土窝脚，亦可采用整形基座或坐落在自然的山石面上。

(4)对置山石应以两块山石为组合，互相呼应。宜立于建筑门前两侧或道路入口两侧。

(5)散置山石应有疏有密，远近结合，彼此呼应。不可众石纷杂，凌乱无章。

(6)群置山石应石之大小不等、石之间据不等、石之高低不等，应主从有别、宾主分明、搭配适宜。

城市园林绿化附属工程水景管道安装施工检验批质量验收记录表

渝市政验收7-8-4

<table>
<tr><td>单位工程名称</td><td colspan="2">渝中鹅岭公园绿地工程</td><td>分项工程名称</td><td>水景管道安装</td><td>验收部位</td><td>水景园</td></tr>
<tr><td>施工单位</td><td colspan="2">××区城建园林公司</td><td>专业工长</td><td>李××</td><td>项目负责人</td><td>王××</td></tr>
<tr><td>施工执行标准名称及编号</td><td colspan="6">《园林绿化工程施工及验收规范》(CJJ 82—2012)</td></tr>
<tr><td>分包单位</td><td colspan="2">××城建一分公司</td><td>分包负责人</td><td>张××</td><td>施工班组长</td><td>王××</td></tr>
<tr><td>项目</td><td>序号</td><td colspan="2">质量验收规范的规定</td><td colspan="2">施工单位检查评定结果</td><td>监理单位验收记录</td></tr>
<tr><td rowspan="8">主控项目</td><td>1</td><td colspan="2">管道安装宜先安装主管，后安装支管，管道位置和标高应符合设计要求</td><td colspan="2">主管、支管安装顺序正确，检查，位置和标高符合设计要求。</td><td>符合规范要求。</td></tr>
<tr><td>2</td><td colspan="2">各种材质的管材连接应保证不渗漏</td><td colspan="2">各种材质的管材连接有防渗漏措施。</td><td>符合规范要求。</td></tr>
<tr><td>3</td><td colspan="2"></td><td colspan="2"></td><td></td></tr>
<tr><td>4</td><td colspan="2"></td><td colspan="2"></td><td></td></tr>
<tr><td>5</td><td colspan="2"></td><td colspan="2"></td><td></td></tr>
<tr><td>6</td><td colspan="2"></td><td colspan="2"></td><td></td></tr>
<tr><td>7</td><td colspan="2"></td><td colspan="2"></td><td></td></tr>
<tr><td>8</td><td colspan="2"></td><td colspan="2"></td><td></td></tr>
<tr><td rowspan="4">一般项目</td><td>1</td><td colspan="2">配水管网管道水平安装时，应有2‰~5‰的坡度朝向泄水点</td><td colspan="2">配水管网管道水平安装坡度朝向正确，向泄水方向。</td><td>符合规范要求。</td></tr>
<tr><td>2</td><td colspan="2">管道下料时，管道切口应平整，并与管中心垂直</td><td colspan="2">管道切口应平整，并与管中心垂直。</td><td>符合规范要求。</td></tr>
<tr><td>3</td><td colspan="2"></td><td colspan="2"></td><td></td></tr>
<tr><td>4</td><td colspan="2"></td><td colspan="2"></td><td></td></tr>
<tr><td>施工单位检查评定结果</td><td colspan="6">经自检，主控项目、一般项目均符合设计要求和《园林绿化工程施工及验收规范》(CJJ 82—2012)要求，评定合格。
项目专业质量检验：王×× 2015年5月20日</td></tr>
<tr><td>监理(建设)单位验收记录</td><td colspan="6">同意施工单位评定结果，验收合格，同意进行下道工序施工。
监理工程师：赵××
(建设单位项目专业技术负责人) 2015年5月20日</td></tr>
</table>

说明：

检验数量：50延长米检查3处，不足50延长米检查不少于2处。检验方法：观察、测量。

主控项目

水景管道安装应符合下列规定：

1. 管道安装宜先安装主管，后安装支管，管道位置和标高应符合设计要求。
2. 各种材质的管材连接应保证不渗漏。

一般项目

1. 配水管网管道水平安装时，应有2‰~5‰的坡度朝向泄水点。
2. 管道下料时，管道切口应平整，并与管中心垂直。

城市园林绿化附属工程水景潜水泵安装施工检验批质量验收记录表

渝市政验收7-8-5

单位工程名称	渝中鹅岭公园绿地工程	分项工程名称	水景潜水泵安装	验收部位	水景园
施工单位	××区城建园林公司	专业工长	李××	项目负责人	王××
施工执行标准名称及编号	《园林绿化工程施工及验收规范》(CJJ 82—2012)				
分包单位	××城建一分公司	分包负责人	张××	施工班组长	王××

项目	序号	质量验收规范的规定	施工单位检查评定结果	监理单位验收记录
主控项目	1	潜水泵应采用法兰连接	潜水泵用法兰连接,管道顺畅。	符合规范要求。
	2	潜水泵轴线应与总管轴线平行或垂直	潜水泵轴线与总管轴线平行。	符合规范要求。
	3			
	4			
	5			
	6			
	7			
	8			
一般项目	1	同组喷泉用的潜水水泵应安装同一高程	潜水泵高程统一。	符合规范要求。
	2	潜水泵淹没深度小于50cm时,在泵吸入口处应加装防护罩开关	潜水泵吸入口有防护罩开关。	符合规范要求。
	3	潜水泵电缆采用防水型电缆,控制开关应采用漏电保护开关	已检查,潜水泵电缆采用防水型电缆,控制开关采用漏电保护开关。	符合规范要求。
	4			

施工单位检查评定结果	经自检,主控项目、一般项目均符合设计要求和《园林绿化工程施工及验收规范》(CJJ 82—2012)要求,评定合格。 项目专业质量检验:王×× 2015年5月20日
监理(建设)单位验收记录	同意施工单位评定结果,验收合格,同意进行下道工序施工。 监理工程师:赵×× (建设单位项目专业技术负责人) 2015年5月20日

说明:

检验数量:全数检查。检验方法:观察、测量。

主控项目

水景潜水泵规格应符合设计规定,安装应符合下列规定:

1. 潜水泵应采用法兰连接。

2. 潜水泵轴线应与总管轴线平行或垂直。

一般项目

1. 同组喷泉用的潜水水泵应安装同一高程。

2. 潜水泵淹没深度小于50cm时,在泵吸入口处应加装防护罩开关。

3. 潜水泵电缆应采用防水型电缆,控制开关应采用漏电保护开关。

城市园林绿化附属工程水景喷泉喷头安装施工检验批质量验收记录表

渝市政验收7-8-6

<table>
<tr><td colspan="2">单位工程名称</td><td>渝中鹅岭公园绿地工程</td><td>分项工程名称</td><td>水景喷泉喷头安装</td><td>验收部位</td><td>水景园</td></tr>
<tr><td colspan="2">施工单位</td><td>××区城建园林公司</td><td>专业工长</td><td>李××</td><td>项目负责人</td><td>王××</td></tr>
<tr><td colspan="2">施工执行标准名称及编号</td><td colspan="5">《园林绿化工程施工及验收规范》(CJJ 82—2012)</td></tr>
<tr><td colspan="2">分包单位</td><td>××城建一分公司</td><td>分包负责人</td><td>张××</td><td>施工班组长</td><td>王××</td></tr>
<tr><td>项目</td><td>序号</td><td colspan="2">质量验收规范的规定</td><td colspan="2">施工单位检查评定结果</td><td>监理单位验收记录</td></tr>
<tr><td rowspan="8">主控项目</td><td>1</td><td colspan="2">管网应在安装完成试压合格并进行冲洗后,方可安装喷头</td><td colspan="2">喷头安装按施工规范,符合要求。</td><td>符合规范要求。</td></tr>
<tr><td>2</td><td colspan="2">喷头前应有长度不小于10倍于喷头公称尺寸的直线管段或设整流装置</td><td colspan="2">喷头前长度合适,有整流装置。</td><td>符合规范要求。</td></tr>
<tr><td>3</td><td colspan="2"></td><td colspan="2"></td><td></td></tr>
<tr><td>4</td><td colspan="2"></td><td colspan="2"></td><td></td></tr>
<tr><td>5</td><td colspan="2"></td><td colspan="2"></td><td></td></tr>
<tr><td>6</td><td colspan="2"></td><td colspan="2"></td><td></td></tr>
<tr><td>7</td><td colspan="2"></td><td colspan="2"></td><td></td></tr>
<tr><td>8</td><td colspan="2"></td><td colspan="2"></td><td></td></tr>
<tr><td rowspan="4">一般项目</td><td>1</td><td colspan="2">确定喷头距水池边缘合理距离,溅水不得溅至水池外面的地面上或收水线以内</td><td colspan="2">确定喷头距水池边缘距离合理。</td><td>符合规范要求。</td></tr>
<tr><td>2</td><td colspan="2">同组喷泉用喷头的安装形式宜相同</td><td colspan="2">喷泉用喷头的安装形式相同。</td><td>符合规范要求。</td></tr>
<tr><td>3</td><td colspan="2">隐蔽安装的喷头,喷口出流方向水流轨迹上不应有障碍物</td><td colspan="2">检查隐蔽安装的喷头,喷口出流方向水流轨迹上无障碍物。</td><td>符合规范要求。</td></tr>
<tr><td>4</td><td colspan="2"></td><td colspan="2"></td><td></td></tr>
<tr><td colspan="2">施工单位检查评定结果</td><td colspan="5">经自检,主控项目、一般项目均符合设计要求和《园林绿化工程施工及验收规范》(CJJ 82—2012)要求,评定合格。
项目专业质量检验:王×× 2015年5月20日</td></tr>
<tr><td colspan="2">监理(建设)单位验收记录</td><td colspan="5">同意施工单位评定结果,验收合格,同意进行下道工序施工。
监理工程师:赵××
(建设单位项目专业技术负责人) 2015年5月20日</td></tr>
</table>

说明:

检验数量:全数检查。检验方法:观察、测量。

主控项目

水景喷泉的喷头安装应符合下列规定;

1. 管网应在安装完成试压合格并进行冲洗后,方可安装喷头。

2. 喷头前应有长度不小于10倍于喷头公称尺寸的直线管段或设整流装置。

一般项目

1. 确定喷头距水池边缘合理距离,溅水不得溅至水池外面的地面上或收水线以内。

2. 同组喷泉用喷头的安装形式宜相同。

3. 隐蔽安装的喷头,喷口出流方向水流轨迹上不应有障碍物。

说明：

检验：100延米检查3处，不足100延米检查不少于2处。检验方法：观察、手动检查、尺量。

主控项目

1. 金属护栏和钢筋混凝土护栏应设置基础，基础强度和埋深应符合设计要求；设计无明确要求时，高度在1.5m以下的护栏，其混凝土基础尺寸不应小于30cm×30cm×30cm；高度在1.5m以上的护栏，其混凝土基础尺寸不应小于40cm×40cm×40cm。

2. 园林护栏基础采用的混凝土强度不应低于C20。

3. 现场加工的金属护栏应做防锈处理。

4. 栏杆之间、栏杆与基础之间的连接应紧实牢固。金属栏杆的焊接应符合国家现行相关标准的要求。

5. 竹木制护栏的主桩下埋深度不应小于50cm。主桩的下埋部分应做防腐处理。主桩之间的间距不应大于6m。

一般项目

1. 竹木质护栏、金属护栏、钢筋混凝土护栏、绳索护栏灯均应属于维护绿地及具有一定观赏效果的隔栏。

2. 栏杆空隙应符合设计要求，设计未提出明确要求的，宜为15cm以下。

3. 护栏整体应垂直、平顺。

城市园林绿化附属设施园林护栏安装施工检验批质量验收记录表

渝市政验收7-9-2

单位工程名称	渝中鹅岭公园绿地工程	分项工程名称	园林护栏施工	验收部位	园区护栏
施工单位	××区城建园林公司	专业工长	李××	项目负责人	王××
施工执行标准名称及编号	《园林绿化工程施工及验收规范》(CJJ 82—2012)				
分包单位	××城建一分公司	分包负责人	张××	施工班组长	王××

项目	序号	质量验收规范的规定	施工单位检查评定结果	监理单位验收记录
主控项目	1	金属护栏和钢筋混凝土护栏应设置基础，基础强度和埋深应符合设计要求；设计无明确要求时，高度在1.5m以下的护栏，其混凝土基础尺寸不应小于30cm×30cm×30cm；高度在1.5m以上的护栏，其混凝土基础尺寸不应小于40cm×40cm×40cm	金属护栏和钢筋混凝土护栏设置基础，基础强度C30为和埋深50cm符合设计和规范要求。	符合规范要求。
	2	园林护栏基础采用的混凝土强度不应低于C20	园林护栏基础采用的混凝土强度C30。	符合规范要求。
	3	现场加工的金属护栏应做防锈处理	金属护栏已做防锈处理。	符合规范要求。
	4	栏杆之间、栏杆与基础之间的连接应紧实牢固。金属栏杆的焊接应符合国家现行相关标准的要求	栏杆之间、栏杆与基础之间的连接应紧实牢固。	符合规范要求。
	5	竹木制护栏的主桩下埋深度不应小于50cm.主桩的下埋部分应做防腐处理。主桩之间的间距不应大于6m	竹木制护栏的主桩下埋深度60cm，主桩的下埋部分已做防腐处理。	符合规范要求。
	6			
	7			
	8			
一般项目	1	竹木质护栏、金属护栏、钢筋混凝土护栏、绳索护栏灯均应属于维护绿地及具有一定观赏效果的隔栏	竹木质护栏有造型，具有观赏和实用性。	符合规范要求。
	2	栏杆空隙应符合设计要求，设计未提出明确要求的，宜为15cm以下	栏杆空隙12～15cm，符合要求。	符合规范要求。
	3	护栏整体应垂直、平顺	护栏整体垂直平顺。	符合规范要求。
	4			
施工单位检查评定结果		经自检，主控项目、一般项目均符合设计要求和《园林绿化工程施工及验收规范》(CJJ 82—2012)要求，评定合格 项目专业质量检验：王×× 2015年5月20日		
监理（建设）单位验收记录		同意施工单位评定结果，验收合格，同意进行下道工序施工。 监理工程师：赵×× （建设单位项目专业技术负责人） 2015年5月20日		

城市园林绿化附属设施座椅(凳)、标牌、果皮箱安装施工检验批质量验收记录表

渝市政验收7-9-1

单位工程名称	渝中鹅岭公园绿地工程	分项工程名称	座椅(凳)、标牌、果皮箱	验收部位	园区
施工单位	××区城建园林公司	专业工长	李××	项目负责人	王××
施工执行标准名称及编号	《园林绿化工程施工及验收规范》(CJJ 82—2012)				
分包单位	××城建一分公司	分包负责人	张××	施工班组长	王××
项目	序号	质量验收规范的规定	施工单位检查评定结果	监理单位验收记录	
主控项目	1	座椅(凳)、标牌、果皮箱的质量应符合相关产品标准的规定,并应通过产品检验合格	查产品合格主与产品标识,抽验产品。座椅(凳)、标牌、果皮箱的质量符合要求。	符合规范要求。	
	2	座椅(凳)、标牌、果皮箱材质、规格、形状、色彩、安装位置应符合设计要求,标牌的指示方向应准确无误	座椅(凳)、标牌、果皮箱材质、规格、形状、色彩、安装位置符合设计要求,标牌的指示方向准确无误。	符合规范要求。	
	3	座椅(凳)、果皮箱应安装牢固无松动,标牌支柱安装应直立不倾斜,支柱表面应整洁无毛刺,标牌与支柱连接、支柱与基础连接应牢固无松动	安装牢固无松动。	符合规范要求。	
	4	金属部分及其连接件应做防锈处理	金属部分及其连接件已做防锈处理。	符合规范要求。	
	5				
一般项目	1	座椅(凳)、标牌、果皮箱的安装方法应按照产品安装说明或设计要求进行	座椅(凳)、标牌、果皮箱的安装方法符合产品说明。	符合规范要求。	
	2	安装基础应符合设计要求	安装基础牢固,符合设计要求。	符合规范要求。	
施工单位检查评定结果	经自检,主控项目、一般项目均符合设计要求和《园林绿化工程施工及验收规范》(CJJ 82—2012)要求,评定合格。 项目专业质量检验:王×× 2015年5月20日				
监理(建设)单位验收记录	同意施工单位评定结果,验收合格,同意进行下道工序施工。 监理工程师:赵×× (建设单位项目专业技术负责人) 2015年5月20日				

说明:

检验数量:全数检查。检验方法:手动检查、观察。

主控项目

座椅(凳)、标牌、果皮箱的安装应符合下列规定:

1. 座椅(凳)、标牌、果皮箱的质量应符合相关产品标准的规定,并应通过产品检验合格。

2. 座椅(凳)、标牌、果皮箱材质、规格、形状、色彩、安装位置应符合设计要求,标牌的指示方向应准确无误。

3. 座椅(凳)、果皮箱应安装牢固无松动,标牌支柱安装应直立不倾斜,支柱表面应整洁无毛刺,标牌与支柱连接、支柱与基础连接应牢固无松动。

4. 金属部分及其连接件应做防锈处理。

一般项目

1. 座椅(凳)、标牌、果皮箱的安装方法应按照产品安装说明或设计要求进行。

2. 安装基础应符合设计要求。